# 建筑施工手册

（第五版）

3

《建筑施工手册》（第五版）编委会

中国建筑工业出版社

图书在版编目（CIP）数据

建筑施工手册 3/《建筑施工手册》（第五版）编委会.—5版.
北京：中国建筑工业出版社，2011.12（2023.4重印）
ISBN 978-7-112-13693-3

Ⅰ.①建… Ⅱ.①建… Ⅲ.①建筑工程-工程施工-技术手册
Ⅳ.①TU7-62

中国版本图书馆CIP数据核字（2011）第227145号

《建筑施工手册》（第五版）共分5个分册，本册为第3分册。本书共分10章，主要内容包括：钢筋工程；混凝土工程；预应力工程；钢结构工程；索膜结构工程；钢-混凝土组合结构工程；砌体工程；季节性施工；幕墙工程；门窗工程。

近年来，我国先后对建筑材料、建筑结构设计、建筑技术、建筑施工质量验收等标准、规范进行了全面的修订，并新颁布了多项规范、标准，本书修订紧密结合现行规范，符合新规范要求；对近年来发展较快的施工技术内容作了大量的补充，反映了住房和城乡建设部重点推广的新材料、新技术、新工艺；充分体现权威性、科学性、先进性、实用性、便捷性，内容更全面、更系统、更丰富、更新颖，是建筑施工技术人员的好参谋、好助手。

本书可供建筑施工工程技术人员、管理人员使用，也可供大专院校相关专业师生参考。

* * *

责任编辑：郦锁林 周世明 郭 栋 岳建光 范业庶 万 李
责任设计：赵明霞
责任校对：张 颖 关 健

建筑施工手册
（第五版）
3
《建筑施工手册》（第五版）编委会
*
中国建筑工业出版社出版、发行（北京西郊百万庄）
各地新华书店、建筑书店经销
北京红光制版公司制版
天津翔远印刷有限公司印刷
*
开本：787×1092毫米 1/16 印张：73 字数：1817千字
2012年12月第五版 2023年4月第二十三次印刷
定价：150.00元
ISBN 978-7-112-13693-3
（22777）
如有印装质量问题，可寄本社退换
（邮政编码100037）

# 《建筑施工手册》（第五版）编委会

# 参编单位

同济大学
哈尔滨工业大学
东南大学
华东理工大学
上海建工一建集团有限公司
上海建工二建集团有限公司
上海建工四建集团有限公司
上海建工五建集团有限公司
上海建工七建集团有限公司
上海市机械施工有限公司
上海市基础工程有限公司
上海建工材料工程有限公司
上海市建筑构件制品有限公司
上海华东建筑机械厂有限公司
北京城建二建设工程有限公司
北京城建安装工程有限公司
北京城建勘测设计研究院有限责任公司
北京城建中南土木工程集团有限公司
北京市第三建筑工程有限公司
北京市建筑工程研究院有限责任公司
北京建工集团有限责任公司总承包部
北京建工博海建设有限公司
北京中建建筑科学研究院有限公司
全国化工施工标准化管理中心站
中建二局土木工程有限公司
中建钢构有限公司
中国建筑第四工程局有限公司
贵州中建建筑科研设计院有限公司
中国建筑第五工程局有限公司
中建五局装饰幕墙有限公司
中建（长沙）不二幕墙装饰有限公司
中国建筑第六工程局有限公司
中国建筑第七工程局有限公司
中建八局第一建设有限公司
中建八局第二建设有限公司
中建八局第三建设有限公司
中建八局第四建设有限公司
上海中建八局装饰装修有限公司
中建八局工业设备安装有限责任公司
中建土木工程有限公司
中建城市建设发展有限公司
中外园林建设有限公司
中国建筑装饰工程有限公司
深圳海外装饰工程有限公司
北京房地集团有限公司
中建电子工程有限公司
江苏扬安机电设备工程有限公司

# 第五版出版说明

《建筑施工手册》自 1980 年问世，1988 年出版了第二版，1997 年出版了第三版，2003 年出版了第四版，作为建筑施工人员的常备工具书，长期以来在工程技术人员心中有着较高的地位，对促进工程技术进步和工程建设发展作出了重要的贡献。

近年来，建筑工程领域新技术、新工艺、新材料的应用和发展日新月异，我国先后对建筑材料、建筑结构设计、建筑技术、建筑施工质量验收等标准、规范进行了全面的修订，并陆续颁布出版。为使手册紧密结合现行规范，符合新规范要求，充分体现权威性、科学性、先进性、实用性、便捷性，内容更全面、更系统、更丰富、更新颖，我们对《建筑施工手册》（第四版）进行了全面修订。

第五版分 5 册，全书共 37 章，与第四版相比在结构和内容上有很大变化，主要为：

（1）根据建筑施工技术人员的实际需要，取消建筑施工管理分册，将第四版中“31 施工项目管理”、“32 建筑工程造价”、“33 工程施工招标与投标”、“34 施工组织设计”、“35 建筑施工安全技术与管理”、“36 建设工程监理”共计 6 章内容改为“1 施工项目管理”、“2 施工项目技术管理”两章。

（2）将第四版中“6 土方与基坑工程”拆分为“8 土石方及爆破工程”、“9 基坑工程”两章；将第四版中“17 地下防水工程”扩充为“27 防水工程”；将第四版中“19 建筑装饰装修工程”拆分为“22 幕墙工程”、“23 门窗工程”、“24 建筑装饰装修工程”；将第四版中“22 冬期施工”扩充为“21 季节性施工”。

（3）取消第四版中“15 滑动模板施工”、“21 构筑物工程”、“25 设备安装常用数据与基本要求”。在本版中增加“6 通用施工机械与设备”、“18 索膜结构工程”、“19 钢—混凝土组合结构工程”、“30 既有建筑鉴定与加固”、“32 机电工程施工通则”。

同时，为了切实满足一线工程技术人员需要，充分体现作者的权威性和广泛性，本次修订工作在组织模式、表现形式等方面也进行了创新，主要有以下几个方面：

（1）本次修订采用由我社组织、单位参编的模式，以中国建筑工程总公司（中国建筑股份有限公司）为主编单位，以上海建工集团股份有限公司、北京城建集团有限责任公司、北京建工集团有限责任公司等单位为副主编单位，以同济大学等单位为参编单位。

（2）书后贴有网上增值服务标，凭 ID、SN 号可享受网络增值服务。增值服务内容由我社和编写单位提供，包括：标准规范更新信息以及手册中相应内容的更新；新工艺、新工法、新材料、新设备等内容的介绍；施工技术、质量、安全、管理等方面的案例；施工类相关图书的简介；读者反馈及问题解答等。

本手册修订、审稿过程中，得到了各编写单位及专家的大力支持和帮助，我们表示衷心地感谢；同时也感谢第一版至第四版所有参与编写工作的专家对我们出版工作的热情支持，希望手册第五版能继续成为建筑施工技术人员的好参谋、好助手。

中国建筑工业出版社<br>2012 年 12 月

# 第五版执笔人

## 1

| 分项 | 执笔人 |
| --- | --- |
| 1 施工项目管理 | 赵福明 田金信 刘 杨 周爱民 姜 旭 张守健 李忠富 李晓东 尉家鑫 王 锋 |
| 2 施工项目技术管理 | 邓明胜 王建英 冯爱民 杨 峰 肖绪文 黄会华 唐 晓 王立营 陈文刚 尹文斌 李江涛 |
| 3 施工常用数据 | 王要武 赵福明 彭明祥 刘 杨 关 柯 宋福渊 刘长滨 罗兆烈 |
| 4 施工常用结构计算 | 肖绪文 王要武 赵福明 刘 杨 原长庆 耿冬青 张连一 赵志缙 赵 帆 |
| 5 试验与检验 | 李鸿飞 宫远贵 宗兆民 秦国平 邓有冠 付伟杰 曹旭明 温美娟 韩军旺 陈 洁 孟凡辉 李海军 王志伟 张 青 |
| 6 通用施工机械与设备 | 龚 剑 王正平 黄跃申 汪思满 姜向红 龚满哗 章尚驰 |

## 2

| 分项 | 执笔人 |
| --- | --- |
| 7 建筑施工测量 | 张晋勋 秦长利 李北超 刘 建 马全明 王荣权 罗华丽 纪学文 张志刚 李 剑 许彦特 任润德 吴来瑞 邓学才 陈云祥 |
| 8 土石方及爆破工程 | 李景芳 沙友德 张巧芬 黄兆利 江正荣 |
| 9 基坑工程 | 龚 剑 朱毅敏 李耀良 姜 峰 袁 芬 袁 勇 葛兆源 赵志缙 赵 帆 |
| 10 地基与桩基工程 | 张晋勋 金 淮 高文新 李 玲 刘金波 庞 炜 马 健 高志刚 江正荣 |
| 11 脚手架工程 | 龚 剑 王美华 邱锡宏 刘 群 尤雪春 张 铭 徐 伟 葛兆源 杜荣军 姜传库 |
| 12 吊装工程 | 张 琨 周 明 高 杰 梁建智 叶映辉 |
| 13 模板工程 | 张显来 侯君伟 毛凤林 汪亚东 胡裕新 王京生 安兰慧 崔桂兰 任海波 阎明伟 邵 畅 |

## 3

| 分项 | 执笔人 |
| --- | --- |
| 14 钢筋工程 | 秦家顺 沈兴东 赵海峰 王士群 刘广文 程建军 杨宗放 |

15 混凝土工程 龚 剑 吴德龙 吴 杰 冯为民 朱毅敏 汤洪家 陈尧亮 王庆生

16 预应力工程 李晨光 王 丰 仝为民 徐瑞龙 钱英欣 刘 航 周黎光 宋慧杰 杨宗放

17 钢结构工程 王 宏 黄 刚 戴立先 陈华周 刘 曙 李 迪 郑伟盛 赵志缙 赵 帆 王 辉

18 索膜结构工程 龚 剑 朱 骏 张其林 吴明儿 郝晨均

19 钢-混凝土组合结构工程 陈成林 丁志强 肖绪文 马荣全 赵锡玉 刘玉法

20 砌体工程 谭 青 黄延铮 朱维益

21 季节性施工 万利民 蔡庆军 刘桂新 赵亚军 王桂玲 项翥行

22 幕墙工程 李水生 贺雄英 李群生 李基顺 张 权 侯君伟

23 门窗工程 张晓勇 戈祥林 葛乃剑 黄 贵 朱帷财 唐际宇 王寿华

**4**

24 建筑装饰装修工程 赵福明 高 岗 王 伟 谷晓峰 徐 立 刘 杨 邓 力 王文胜 陈智坚 罗春雄 曲彦斌 白 洁 宓文喆 李世伟 侯君伟

25 建筑地面工程 李忠卫 韩兴争 王 涛 金传东 赵 俭 王 杰 熊杰民

26 屋面工程 杨秉钧 朱文键 董 曦 谢 群 葛 磊 杨 东 张文华 项桦太

27 防水工程 李雁鸣 刘迎红 张 建 刘爱玲 杨玉苹 谢 婧 薛振东 邹爱玲 吴 明 王 天

28 建筑防腐蚀工程 侯锐钢 王瑞堂 芦 天 修良军

29 建筑节能与保温隔热工程 费慧慧 张 军 刘 强 肖文凤 孟庆礼 梅晓丽 鲍宇清 金鸿祥 杨善勤

30 既有建筑鉴定与加固改造 薛 刚 吴学军 邓美龙 陈 娣 李金元 张立敏 王林枫

31 古建筑工程 赵福明 马福玲 刘大可 马炳坚 路化林 蒋广全 王金满 安大庆 刘 杨 林其浩 谭 放 梁 军

**5**

32 机电工程施工通则 刘 青 韦 薇 鞠 东

| | | |
|---|---|---|
| 33 | 建筑给水排水及采暖工程 | 纪宝松　张成林　曹丹桂　陈　静　孙　勇　赵民生　王建鹏　邵　娜　刘　涛　苗冬梅　赵培森　王树英　田会杰　王志伟 |
| 34 | 通风与空调工程 | 孔祥建　向金梅　王　安　王　宇　李耀峰　吕善志　鞠硕华　刘长庚　张学助　孟昭荣 |
| 35 | 建筑电气安装工程 | 王世强　谢刚奎　张希峰　陈国科　章小燕　王建军　张玉年　李显煜　王文学　万金林　高克送　陈御平 |
| 36 | 智能建筑工程 | 苗　地　邓明胜　崔春明　薛居明　庞　晖　刘　淼　郎云涛　陈文晖　刘亚红　霍冬伟　张　伟　孙述璞　张青虎 |
| 37 | 电梯安装工程 | 李爱武　刘长沙　李本勇　秦　宾　史美鹤　纪学文 |

## 手册第五版审编组成员（按姓氏笔画排列）

卜一德　马荣华　叶林标　任俊和　刘国琦　李清江　杨嗣信　汪仲琦　张学助
张金序　张婀娜　陆文华　陈秀中　赵志缙　侯君伟　施锦飞　唐九如　韩东林

## 出版社审编人员

胡永旭　余永祯　刘　江　郦锁林　周世明　曲汝铎　郭　栋　岳建光　范业庶
曾　威　张伯熙　赵晓菲　张　磊　万　李　王砾瑶

# 第四版出版说明

《建筑施工手册》自1980年出版问世，1988年出版了第二版，1997年出版了第三版。由于近年来我国建筑工程勘察设计、施工质量验收、材料等标准规范的全面修订，新技术、新工艺、新材料的应用和发展，以及为了适应我国加入WTO以后建筑业与国际接轨的形势，我们对《建筑施工手册》（第三版）进行了全面修订。此次修订遵循以下原则：

1. 继承发扬前三版的优点，充分体现出手册的权威性、科学性、先进性、实用性，同时反映我国加入WTO后，建筑施工管理与国际接轨，把国外先进的施工技术、管理方法吸收进来。精心修订，使手册成为名副其实的精品图书，畅销不衰。

2. 近年来，我国先后对建筑材料、建筑结构设计、建筑工程施工质量验收规范进行了全面修订并实施，手册修订内容紧密结合相应规范，符合新规范要求，既作为一本资料齐全、查找方便的工具书，也可作为规范实施的技术性工具书。

3. 根据国家施工质量验收规范要求，增加建筑安装技术内容，使建筑安装施工技术更完整、全面，进一步扩大了手册实用性，满足全国广大建筑安装施工技术人员的需要。

4. 增加补充建设部重点推广的新技术、新工艺、新材料，删除已经落后的、不常用的施工工艺和方法。

第四版仍分5册，全书共36章。与第三版相比，在结构和内容上有很大变化，第四版第1、2、3册主要介绍建筑施工技术，第4册主要介绍建筑安装技术，第5册主要介绍建筑施工管理。与第三版相比，构架不同点在于：（1）建筑施工管理部分内容集中单独成册；（2）根据国家新编建筑工程施工质量验收规范要求，增加建筑安装技术内容，使建筑施工技术更完整、全面；（3）将第三版其中22装配式大板与升板法施工、23滑动模板施工、24大模板施工精简压缩成滑动模板施工一章；15木结构工程、27门窗工程、28装饰工程合并为建筑装饰装修工程一章；根据需要，增加古建筑施工一章。

第四版由中国建筑工业出版社组织修订，来自全国各施工单位、科研院校、建筑工程施工质量验收规范编制组等专家、教授共61人组成手册编写组。同时成立了《建筑施工手册》（第四版）审编组，在中国建筑工业出版社主持下，负责各章的审稿和部分章节的修改工作。

本手册修订、审稿过程中，得到了很多单位及个人的大力支持和帮助，我们表示衷心地感谢。

# 第四版总目（主要执笔人）


## 1

1 施工常用数据 关柯 刘长滨 罗兆烈
2 常用结构计算 赵志缙 赵帆
3 材料试验与结构检验 张青
4 施工测量 吴来瑞 邓学才 陈云祥
5 脚手架工程和垂直运输设施 杜荣军 姜传库
6 土方与基坑工程 江正荣 赵志缙 赵帆
7 地基处理与桩基工程 江正荣

## 2

8 模板工程 侯君伟
9 钢筋工程 杨宗放
10 混凝土工程 王庆生
11 预应力工程 杨宗放
12 钢结构工程 赵志缙 赵帆 王辉
13 砌体工程 朱维益
14 起重设备与混凝土结构吊装工程 梁建智 叶映辉
15 滑动模板施工 毛凤林

## 3

16 屋面工程 张文华 项桦太
17 地下防水工程 薛振东 邹爱玲 吴明 王天
18 建筑地面工程 熊杰民
19 建筑装饰装修工程 侯君伟 王寿华
20 建筑防腐蚀工程 侯锐钢 芦天
21 构筑物工程 王寿华 温刚
22 冬期施工 项翥行
23 建筑节能与保温隔热工程 金鸿祥 杨善勤
24 古建筑施工 刘大可 马炳坚 路化林 蒋广全

## 4

25 设备安装常用数据与基本要求 陈御平 田会杰
26 建筑给水排水及采暖工程 赵培森 王树瑛 田会杰 王志伟
27 建筑电气安装工程 杨南方 尹辉 陈御平
28 智能建筑工程 孙述璞 张青虎
29 通风与空调工程 张学助 孟昭荣
30 电梯安装工程 纪学文

## 5

31 施工项目管理 田金信 周爱民

32　建筑工程造价　　　　　　　　丛培经
33　工程施工招标与投标　　　　　张　琰　郝小兵
34　施工组织设计　　　　　　　　关　柯　王长林　董玉学　刘志才
35　建筑施工安全技术与管理　　　杜荣军
36　建设工程监理　　　　　　　　张　莹　张稚麟

## 手册第四版审编组成员（按姓氏笔画排列）

王寿华　王家隽　朱维益　吴之昕　张学助　张　琰　张惠宗
林贤光　陈御平　杨嗣信　侯君伟　赵志缙　黄崇国　彭圣浩

## 出版社审编人员

胡永旭　余永祯　周世明　林婉华　刘　江　时咏梅　郦锁林

# 第三版出版说明

《建筑施工手册》自1980年出版问世，1988年出版了第二版。从手册出版、二版至今已16年，发行了200余万册，施工企业技术人员几乎人手一册，成为常备工具书。这套手册对于我国施工技术水平的提高，施工队伍素质的培养，起了巨大的推动作用。手册第一版荣获1971～1981年度全国优秀科技图书奖。第二版荣获1990年建设部首届全国优秀建筑科技图书部级奖一等奖。在1991年8月5日的新闻出版报上，这套手册被誉为“推动着我国科技进步的十部著作”之一。同时，在港、澳地区和日本、前苏联等国，这套手册也有相当的影响，享有一定的声誉。

近十年来，随着我国经济的振兴和改革的深入，建筑业的发展十分迅速，各地陆续兴建了一批对国计民生有重大影响的重点工程，高层和超高层建筑如雨后春笋，拔地而起。通过长期的工程实践和技术交流，我国建筑施工技术和管理经验有了长足的进步，积累了丰富的经验。与此同时，许多新的施工验收规范、技术规程、建筑工程质量验评标准及有关基础定额均已颁布执行。这一切为修订《建筑施工手册》第三版创造了条件。

现在，我们奉献给读者的是《建筑施工手册》(第三版)。第三版是跨世纪的版本，修订的宗旨是：要全面总结改革开放以来我国在建筑工程施工中的最新成果，最先进的建筑施工技术，以及在建筑业管理等软科学方面的改革成果，使我国在建筑业管理方面逐步与国际接轨，以适应跨世纪的要求。

新推出的手册第三版，在结构上作了调整，将手册第二版上、中、下3册分为5个分册，共32章。第1、2分册为施工准备阶段和建筑业管理等各项内容，分10章介绍；除保留第二版中的各章外，增加了建设监理和建筑施工安全技术两章。3～5册为各分部工程的施工技术，分22章介绍；将第二版各章在顺序上作了调整，对工程中应用较少的技术，作了合并或简化，如将砌块工程并入砌体工程，预应力板柱并入预应力工程，装配式大板与升板工程合并；同时，根据工程技术的发展和国家的技术政策，补充了门窗工程和建筑节能两部分。各章中着重补充近十年采用的新结构、新技术、新材料、新设备、新工艺，对建设部颁发的建筑业“九五”期间重点推广的10项新技术，在有关各章中均作了重点补充。这次修订，还将前一版中存在的问题作了订正。各章内容均符合国家新颁规范、标准的要求，内容范围进一步扩大，突出了资料齐全、查找方便的特点。

我们衷心地感谢广大读者对我们的热情支持。我们希望手册第三版继续成为建筑施工技术人员工作中的好参谋、好帮手。

1997年4月

## 手册第三版主要执笔人

### 第1册

1　常用数据　　关　柯　刘长滨　罗兆烈

2　施工常用结构计算　　赵志缙　赵　帆
3　材料试验与结构检验　　项翥行
4　施工测量　　吴来瑞　陈云祥
5　脚手架工程和垂直运输设施　　杜荣军　姜传库
6　建筑施工安全技术和管理　　杜荣军

## 第2册

7　施工组织设计和项目管理　　关　柯　王长林　田金信　刘志才　董玉学　周爱民
8　建筑工程造价　　唐连珏
9　工程施工的招标与投标　　张　琰
10　建设监理　　张稚麟

## 第3册

11　土方与爆破工程　　江正荣　赵志缙　赵　帆
12　地基与基础工程　　江正荣
13　地下防水工程　　薛振东
14　砌体工程　　朱维益
15　木结构工程　　王寿华
16　钢结构工程　　赵志缙　赵　帆　范懋达　王　辉

## 第4册

17　模板工程　　侯君伟　赵志缙
18　钢筋工程　　杨宗放
19　混凝土工程　　徐　帆
20　预应力混凝土工程　　杨宗放　杜荣军
21　混凝土结构吊装工程　　梁建智　叶映辉　赵志缙
22　装配式大板与升板法施工　　侯君伟　戎　贤　朱维益　张晋元　孙　克
23　滑动模板施工　　毛凤林
24　大模板施工　　侯君伟　赵志缙

## 第5册

25　屋面工程　　杨　扬　项桦太
26　建筑地面工程　　熊杰民
27　门窗工程　　王寿华
28　装饰工程　　侯君伟
29　防腐蚀工程　　芦　天　侯锐钢　白　月　陆士平
30　工程构筑物　　王寿华
31　冬季施工　　项翥行
32　隔热保温工程与建筑节能　　张竹荪

# 第二版出版说明

《建筑施工手册》（第一版）自 1980 年出版以来，先后重印七次，累计印数达 150 万册左右，受到广大读者的欢迎和社会的好评，曾荣获 1971～1981 年度全国优秀科技图书奖。不少读者还对第一版的内容提出了许多宝贵的意见和建议，在此我们向广大读者表示深深的谢意。

近几年，我国执行改革、开放政策，建筑业蓬勃发展，高层建筑日益增多，其平面布局、结构类型复杂、多样，各种新的建筑材料的应用，使得建筑施工技术有了很大的进步。同时，新的施工规范、标准、定额等已颁布执行，这就使得第一版的内容远远不能满足当前施工的需要。因此，我们对手册进行了全面的修订。

手册第二版仍分上、中、下三册，以量大面广的一般工业与民用建筑，包括相应的附属构筑物的施工技术为主。但是，内容范围较第一版略有扩大。第一版全书共 29 个项目，第二版扩大为 31 个项目，增加了“砌块工程施工”和“预应力板柱工程施工”两章。并将原第 3 章改名为“施工组织与管理”、原第 4 章改名为“建筑工程招标投标及工程概预算”、原第 9 章改名为“脚手架工程和垂直运输设施”、原第 17 章改名为“钢筋混凝土结构吊装”、原第 18 章改名为“装配式大板工程施工”。除第 17 章外，其他各章均增加了很多新内容，以更适应当前施工的需要。其余各章均作了全面修订，删去了陈旧的和不常用的资料，补充了不少新工艺、新技术、新材料，特别是施工常用结构计算、地基与基础工程、地下防水工程、装饰工程等章，修改补充后，内容更为丰富。

手册第二版根据新的国家规范、标准、定额进行修订，采用国家颁布的法定计量单位，单位均用符号表示。但是，对个别计算公式采用法定计量单位计算数值有困难时，仍用非法定单位计算，计算结果取近似值换算为法定单位。

对于手册第一版中存在的各种问题，这次修订时，我们均尽可能一一作了订正。

在手册第二版的修订、审稿过程中，得到了许多单位和个人的大力支持和帮助，我们衷心地表示感谢。

## 手册第二版主要执笔人

### 上　册

| 项目名称 | 修订者 |
|---|---|
| 1. 常用数据 | 关　柯　刘长滨 |
| 2. 施工常用结构计算 | 赵志缙　应惠清　陈　杰 |
| 3. 施工组织与管理 | 关　柯　王长林　董五学　田金信 |
| 4. 建筑工程招标投标及工程概预算 | 侯君伟 |
| 5. 材料试验与结构检验 | 项翥行 |
| 6. 施工测量 | 吴来瑞　陈云祥 |

7. 土方与爆破工程　　江正荣
8. 地基与基础工程　　江正荣　朱国梁
9. 脚手架工程和垂直运输设施　　杜荣军

## 中　　册

10. 砖石工程　　朱维益
11. 木结构工程　　王寿华
12. 钢结构工程　　赵志缙　范懋达　王　辉
13. 模板工程　　王壮飞
14. 钢筋工程　　杨宗放
15. 混凝土工程　　徐　帆
16. 预应力混凝土工程　　杨宗放
17. 钢筋混凝土结构吊装　　朱维益
18. 装配式大板工程施工　　侯君伟

## 下　　册

19. 砌块工程施工　　张稚麟
20. 预应力板柱工程施工　　杜荣军
21. 滑升模板施工　　王壮飞
22. 大模板施工　　侯君伟
23. 升板法施工　　朱维益
24. 屋面工程　　项桦太
25. 地下防水工程　　薛振东
26. 隔热保温工程　　韦延年
27. 地面与楼面工程　　熊杰民
28. 装饰工程　　侯君伟　徐小洪
29. 防腐蚀工程　　侯君伟
30. 工程构筑物　　王寿华
31. 冬期施工　　项翥行

1988 年 12 月

# 第一版出版说明

《建筑施工手册》分上、中、下三册，全书共二十九个项目。内容以量大面广的一般工业与民用建筑，包括相应的附属构筑物的施工技术为主，同时适当介绍了各工种工程的常用材料和施工机具。

手册在总结我国建筑施工经验的基础上，系统地介绍了各工种工程传统的基本施工方法和施工要点，同时介绍了近年来应用日广的新技术和新工艺。目的是给广大施工人员，特别是基层施工技术人员提供一本资料齐全、查找方便的工具书。但是，就这个本子看来，有的项目新资料收入不多，有的项目写法上欠简练，名词术语也不尽统一；某些规范、定额，因为正在修订中，有的数据规定仍取用旧的。这些均有待再版时，改进提高。

本手册由国家建筑工程总局组织编写，共十三个单位组成手册编写组。北京市建筑工程局主持了编写过程的编辑审稿工作。

本手册编写和审查过程中，得到各省市基建单位的大力支持和帮助，我们表示衷心的感谢。

## 手册第一版主要执笔人

### 上　册

| | | |
|---|---|---|
| 1. 常用数据 | 哈尔滨建筑工程学院 | 关　柯　陈德蔚 |
| 2. 施工常用结构计算 | 同济大学 | 赵志缙　周士富<br>潘宝根 |
| | 上海市建筑工程局 | 黄进生 |
| 3. 施工组织设计 | 哈尔滨建筑工程学院 | 关　柯　陈德蔚<br>王长林 |
| 4. 工程概预算 | 镇江市城建局 | 左鹏高 |
| 5. 材料试验与结构检验 | 国家建筑工程总局第一工程局 | 杜荣军 |
| 6. 施工测量 | 国家建筑工程总局第一工程局 | 严必达 |
| 7. 土方与爆破工程 | 四川省第一机械化施工公司 | 郭瑞田 |
| | 四川省土石方公司 | 杨洪福 |
| 8. 地基与基础工程 | 广东省第一建筑工程公司 | 梁　润 |
| | 广东省建筑工程局 | 郭汝铭 |
| 9. 脚手架工程 | 河南省第四建筑工程公司 | 张肇贤 |

### 中　册

| | | |
|---|---|---|
| 10. 砌体工程 | 广州市建筑工程局 | 余福荫 |
| | 广东省第一建筑工程公司 | 伍于聪 |
| | 上海市第七建筑工程公司 | 方　枚 |

| | | |
|---|---|---|
| 11. 木结构工程 | 山西省建筑工程局 | 王寿华 |
| 12. 钢结构工程 | 同济大学 | 赵志缙　胡学仁 |
| | 上海市华东建筑机械厂 | 郑正国 |
| | 北京市建筑机械厂 | 范懋达 |
| 13. 模板工程 | 河南省第三建筑工程公司 | 王壮飞 |
| 14. 钢筋工程 | 南京工学院 | 杨宗放 |
| 15. 混凝土工程 | 江苏省建筑工程局 | 熊杰民 |
| 16. 预应力混凝土工程 | 陕西省建筑科学研究院 | 徐汉康　濮小龙 |
| | 中国建筑科学研究院 | |
| | 建筑结构研究所 | 裴　骕　黄金城 |
| 17. 结构吊装 | 陕西省机械施工公司 | 梁建智　于近安 |
| 18. 墙板工程 | 北京市建筑工程研究所 | 侯君伟 |
| | 北京市第二住宅建筑工程公司 | 方志刚 |

## 下　　册

| | | |
|---|---|---|
| 19. 滑升模板施工 | 河南省第三建筑工程公司 | 王壮飞 |
| | 山西省建筑工程局 | 赵全龙 |
| 20. 大模板施工 | 北京市第一建筑工程公司 | 万嗣诠　戴振国 |
| 21. 升板法施工 | 陕西省机械施工公司 | 梁建智 |
| | 陕西省建筑工程局 | 朱维益 |
| 22. 屋面工程 | 四川省建筑工程局建筑工程学校 | 刘占罴 |
| 23. 地下防水工程 | 天津市建筑工程局 | 叶祖涵　邹连华 |
| 24. 隔热保温工程 | 四川省建筑科学研究所 | 韦延年 |
| | 四川省建筑勘测设计院 | 侯远贵 |
| 25. 地面工程 | 北京市第五建筑工程公司 | 白金铭　阎崇贵 |
| 26. 装饰工程 | 北京市第一建筑工程公司 | 凌关荣 |
| | 北京市建筑工程研究所 | 张兴大　徐晓洪 |
| 27. 防腐蚀工程 | 北京市第一建筑工程公司 | 王伯龙 |
| 28. 工程构筑物 | 国家建筑工程总局第一工程局二公司 | 陆仁元 |
| | 山西省建筑工程局 | 王寿华　赵全龙 |
| 29. 冬季施工 | 哈尔滨市第一建筑工程公司 | 吕元骐 |
| | 哈尔滨建筑工程学院 | 刘宗仁 |
| | 大庆建筑公司 | 黄可荣 |

手册编写组组长单位　北京市建筑工程局（主持人：徐仁祥　梅　璋　张悦勤）

手册编写组副组长单位　国家建筑工程总局第一工程局（主持人：俞佾文）

同济大学（主持人：赵志缙　黄进生）

手 册 审 编 组 成 员　王壮飞　王寿华　朱维益　张悦勤　项翥行　侯君伟　赵志缙

出 版 社 审 编 人 员　夏行时　包瑞麟　曲士蕴　李伯宁　陈淑英　周　谊　林婉华　胡凤仪　徐竞达　徐焰珍　蔡秉乾

1980 年 12 月

# 总目录

**1**

1 施工项目管理
2 施工项目技术管理
3 施工常用数据
4 施工常用结构计算
5 试验与检验
6 通用施工机械与设备

**2**

7 建筑施工测量
8 土石方及爆破工程
9 基坑工程
10 地基与桩基工程
11 脚手架工程
12 吊装工程
13 模板工程

**3**

14 钢筋工程
15 混凝土工程
16 预应力工程
17 钢结构工程
18 索膜结构工程
19 钢一混凝土组合结构工程
20 砌体工程
21 季节性施工
22 幕墙工程
23 门窗工程

**4**

24 建筑装饰装修工程
25 建筑地面工程
26 屋面工程
27 防水工程
28 建筑防腐蚀工程
29 建筑节能与保温隔热工程
30 既有建筑鉴定与加固改造
31 古建筑工程

**5**

32 机电工程施工通则
33 建筑给水排水及采暖工程
34 通风与空调工程
35 建筑电气安装工程
36 智能建筑工程
37 电梯安装工程

# 目　录

## 14　钢筋工程


14.1　材料 …………………………………… 1
14.1.1　钢筋品种与规格 …………………… 1
14.1.1.1　热轧（光圆、带肋）钢筋 …… 1
14.1.1.2　余热处理钢筋 …………………… 5
14.1.1.3　冷轧带肋钢筋 …………………… 7
14.1.1.4　冷轧扭钢筋 ……………………… 8
14.1.1.5　冷拔螺旋钢筋 …………………… 9
14.1.1.6　冷拔低碳钢丝…………………… 10
14.1.2　钢筋性能……………………………… 11
14.1.2.1　钢筋力学性能…………………… 11
14.1.2.2　钢筋锚固性能…………………… 13
14.1.2.3　钢筋冷弯性能…………………… 14
14.1.2.4　钢筋焊接性能…………………… 15
14.1.3　钢筋质量控制………………………… 15
14.1.3.1　检查项目和方法………………… 15
14.1.3.2　热轧钢筋检验…………………… 16
14.1.3.3　冷轧带肋钢筋检验……………… 17
14.1.3.4　冷轧扭钢筋检验………………… 18
14.1.3.5　冷拔螺旋钢筋检验……………… 19
14.1.3.6　冷拔低碳钢丝检验……………… 20
14.1.4　钢筋现场存放与保护………………… 20
14.2　配筋构造 …………………………… 21
14.2.1　一般规定……………………………… 21
14.2.1.1　混凝土保护层…………………… 21
14.2.1.2　钢筋锚固………………………… 22
14.2.1.3　钢筋连接………………………… 24
14.2.2　板……………………………………… 26
14.2.2.1　受力钢筋………………………… 26
14.2.2.2　分布钢筋………………………… 27
14.2.2.3　构造钢筋………………………… 27
14.2.2.4　板上开洞………………………… 28
14.2.2.5　板柱节点………………………… 29
14.2.3　梁……………………………………… 29
14.2.3.1　受力钢筋………………………… 29
14.2.3.2　弯起钢筋………………………… 31
14.2.3.3　箍筋……………………………… 31
14.2.3.4　纵向构造钢筋…………………… 33
14.2.3.5　附加横向钢筋…………………… 33
14.2.4　柱……………………………………… 34
14.2.4.1　纵向受力钢筋…………………… 34
14.2.4.2　箍筋……………………………… 36
14.2.5　剪力墙………………………………… 36
14.2.6　基础…………………………………… 38
14.2.6.1　条形基础………………………… 38
14.2.6.2　独立基础………………………… 38
14.2.6.3　筏板基础………………………… 39
14.2.6.4　箱形基础………………………… 39
14.2.6.5　桩基承台………………………… 40
14.2.7　抗震配筋要求………………………… 40
14.2.7.1　一般规定………………………… 40
14.2.7.2　框架梁…………………………… 41
14.2.7.3　框架柱与框支柱………………… 42
14.2.7.4　框架梁柱节点…………………… 42
14.2.7.5　剪力墙及连梁…………………… 43
14.2.8　钢筋焊接网…………………………… 44
14.2.8.1　钢筋焊接网品种与规格………… 44
14.2.8.2　钢筋焊接网锚固与搭接………… 45
14.2.8.3　楼板中的应用…………………… 46
14.2.8.4　墙板中的应用…………………… 47
14.2.8.5　梁柱箍筋笼中的应用…………… 48
14.2.9　预埋件和吊环………………………… 48
14.2.9.1　预埋件…………………………… 48
14.2.9.2　吊环……………………………… 49
14.2.10　结构配筋图 ………………………… 50
14.2.10.1　一般规定 ……………………… 50
14.2.10.2　梁平法施工图 ………………… 51
14.2.10.3　柱平法施工图 ………………… 52
14.2.10.4　剪力墙平法施工图 …………… 53
14.3　钢筋配料 …………………………… 53
14.3.1　钢筋下料长度计算…………………… 53

14.3.2 钢筋长度计算中的特殊问题……… 56
14.3.3 配料计算的注意事项………………… 59
14.3.4 配料单与料牌……………………… 59
14.4 钢筋代换 ……………………… 59
14.4.1 代换原则……………………………… 59
14.4.2 等强代换方法………………………… 59
14.4.3 构件截面的有效高度影响………… 60
14.4.4 代换注意事项………………………… 60
14.5 钢筋加工 ……………………… 61
14.5.1 钢筋除锈……………………………… 61
14.5.2 钢筋调直……………………………… 62
14.5.2.1 机具设备………………………… 62
14.5.2.2 调直工艺………………………… 63
14.5.3 钢筋切断……………………………… 64
14.5.3.1 机具设备………………………… 64
14.5.3.2 切断工艺………………………… 66
14.5.4 钢筋弯曲……………………………… 66
14.5.4.1 机具设备………………………… 66
14.5.4.2 弯曲成型工艺…………………… 68
14.5.5 钢筋加工质量检验………………… 70
14.5.6 现场钢筋加工场地的布置………… 70
14.6 钢筋焊接连接 ………………… 71
14.6.1 一般规定……………………………… 71
14.6.2 钢筋闪光对焊………………………… 74
14.6.2.1 对焊设备………………………… 74
14.6.2.2 对焊工艺………………………… 75
14.6.2.3 对焊参数………………………… 76
14.6.2.4 对焊接头质量检验……………… 78
14.6.2.5 对焊缺陷及消除措施…………… 78
14.6.3 钢筋电阻点焊………………………… 79
14.6.3.1 点焊设备………………………… 79
14.6.3.2 点焊工艺………………………… 79
14.6.3.3 点焊参数………………………… 79
14.6.3.4 钢筋焊接网质量检验…………… 81
14.6.3.5 点焊缺陷及消除措施…………… 81
14.6.4 钢筋电弧焊…………………………… 82
14.6.4.1 电弧焊设备和焊条……………… 82
14.6.4.2 帮条焊和搭接焊………………… 84
14.6.4.3 预埋件电弧焊…………………… 84
14.6.4.4 坡口焊…………………………… 85
14.6.4.5 熔槽帮条焊……………………… 85
14.6.4.6 窄间隙焊………………………… 86
14.6.4.7 电弧焊接头质量检验…………… 86
14.6.5 钢筋电渣压力焊……………………… 87
14.6.5.1 焊接设备与焊剂………………… 87
14.6.5.2 焊接工艺与参数………………… 89
14.6.5.3 电渣压力焊、接头质量检验……………………………… 90
14.6.5.4 焊接缺陷及消除措施…………… 90
14.6.6 钢筋气压焊…………………………… 91
14.6.6.1 焊接设备………………………… 91
14.6.6.2 焊接工艺………………………… 91
14.6.6.3 气压焊接头质量检验…………… 92
14.6.6.4 焊接缺陷及消除措施…………… 93
14.6.7 钢筋埋弧压力焊与预埋件钢筋埋弧螺柱焊……………………… 93
14.6.7.1 焊接设备………………………… 93
14.6.7.2 焊接工艺………………………… 94
14.6.7.3 焊接参数………………………… 95
14.6.7.4 预埋件钢筋T形接头质量检验……………………………… 95
14.6.7.5 焊接缺陷及消除措施…………… 96
14.7 钢筋机械连接 ………………… 97
14.7.1 一般规定……………………………… 97
14.7.2 钢筋套筒挤压连接…………………… 99
14.7.2.1 钢套筒…………………………… 99
14.7.2.2 挤压设备………………………… 99
14.7.2.3 挤压工艺 ……………………… 100
14.7.2.4 工艺参数 ……………………… 101
14.7.2.5 异常现象及消除措施 ………… 102
14.7.3 钢筋毛镦粗直螺纹套筒连接 …… 102
14.7.3.1 机具设备 ……………………… 102
14.7.3.2 镦粗直螺纹套筒 ……………… 102
14.7.3.3 钢筋加工与检验 ……………… 104
14.7.3.4 现场连接施工 ………………… 104
14.7.4 钢筋滚轧直螺纹连接 …………… 104
14.7.4.1 滚轧直螺纹加工与检验 ……… 105
14.7.4.2 滚轧直螺纹套筒 ……………… 105
14.7.4.3 现场连接施工 ………………… 106
14.7.5 施工现场接头的检验与验收 …… 107
14.8 钢筋安装 ……………………… 108
14.8.1 钢筋现场绑扎 …………………… 108
14.8.1.1 准备工作 ……………………… 108
14.8.1.2 钢筋绑扎搭接接头 …………… 109
14.8.1.3 基础钢筋绑扎 ………………… 109

14.8.1.4　柱钢筋绑扎 …………………… 110
14.8.1.5　墙钢筋绑扎 …………………… 110
14.8.1.6　梁板钢筋绑扎 ………………… 110
14.8.1.7　特殊节点钢筋绑扎 …………… 111
14.8.2　钢筋网与钢筋骨架安装 ……………… 112
14.8.2.1　绑扎钢筋网与钢筋骨架安装 …………………………… 112
14.8.2.2　钢筋焊接网安装 ……………… 113
14.8.3　植筋施工 …………………………… 113
14.8.3.1　钢筋胶粘剂 …………………… 113
14.8.3.2　植筋用孔径与孔深 …………… 113
14.8.3.3　植筋施工方法 ………………… 114
14.8.4　钢筋安装质量控制 ………………… 115
14.8.5　钢筋安装成品保护 ………………… 118
14.9　绿色施工 …………………………………… 118
参考文献 ………………………………………… 119

## 15　混凝土工程

15.1　混凝土的原材料 ………………………… 121
15.1.1　水泥 …………………………………… 121
15.1.1.1　通用水泥的分类 ……………… 121
15.1.1.2　通用水泥的技术要求 ………… 121
15.1.1.3　通用水泥的选用 ……………… 122
15.1.1.4　水泥的质量控制 ……………… 123
15.1.2　石 ……………………………………… 124
15.1.2.1　石的分类 ……………………… 124
15.1.2.2　石的技术要求 ………………… 124
15.1.2.3　碎石和卵石的选用 …………… 125
15.1.2.4　碎石和卵石的质量控制 …… 125
15.1.3　砂 ……………………………………… 126
15.1.3.1　砂的分类 ……………………… 126
15.1.3.2　砂的技术要求 ………………… 126
15.1.3.3　砂的选用 ……………………… 128
15.1.3.4　砂的质量控制 ………………… 128
15.1.4　掺合料 ………………………………… 128
15.1.4.1　掺合料的分类 ………………… 129
15.1.4.2　掺合料的技术要求 …………… 129
15.1.4.3　掺合料的选用 ………………… 131
15.1.4.4　掺合料的质量控制 …………… 131
15.1.5　外加剂 ………………………………… 132
15.1.5.1　外加剂的分类 ………………… 132
15.1.5.2　外加剂的技术要求 …………… 132
15.1.5.3　外加剂的选用 ………………… 135
15.1.5.4　外加剂的质量控制 …………… 135
15.1.6　拌合用水 ……………………………… 136
15.1.6.1　拌合用水的分类 ……………… 136
15.1.6.2　拌合用水的技术要求 ……… 136
15.1.6.3　拌合用水的选用 ……………… 136
15.1.6.4　拌合用水的质量管理 ……… 137
15.2　混凝土的配合比设计 …………………… 137
15.2.1　普通混凝土配合比设计 …………… 137
15.2.1.1　普通混凝土配合比设计依据 ………………………………… 137
15.2.1.2　普通混凝土配合比设计步骤 ………………………………… 137
15.2.2　有特殊要求的混凝土配合比设计 ………………………………… 143
15.2.2.1　抗渗混凝土 …………………… 143
15.2.2.2　抗冻混凝土 …………………… 143
15.2.2.3　高强混凝土 …………………… 144
15.2.2.4　泵送混凝土 …………………… 145
15.2.2.5　大体积混凝土 ………………… 146
15.3　混凝土搅拌 ………………………………… 147
15.3.1　常用搅拌机的分类 ………………… 147
15.3.2　常用搅拌机的技术性能 …………… 147
15.3.3　混凝土搅拌站制备混凝土 ……… 150
15.3.4　现场搅拌机制备混凝土 ………… 150
15.3.5　混凝土搅拌的技术要求 ………… 150
15.3.6　混凝土搅拌的质量控制 ………… 150
15.4　混凝土运输 ………………………………… 151
15.4.1　混凝土水平运输车 ………………… 151
15.4.2　混凝土水平运输的质量控制 …… 151
15.5　混凝土输送 ………………………………… 152
15.5.1　借助起重机械的混凝土垂直输送 ………………………………… 152
15.5.1.1　吊斗混凝土垂直输送 ……… 152
15.5.1.2　推车混凝土垂直输送 ……… 152
15.5.2　借助溜槽的混凝土输送 ………… 153
15.5.3　泵送混凝土输送 …………………… 153
15.5.3.1　混凝土泵的类型 ……………… 153
15.5.3.2　混凝土泵送机械的选型 …… 156
15.5.3.3　混凝土泵布置数量 ………… 158
15.5.3.4　混凝土泵送机械的布置 …… 159
15.5.3.5　混凝土泵送配管的选用

与设计 …………………… 159
15.5.3.6 混凝土泵送配管布置 ……… 161
15.5.3.7 混凝土泵与输送管的连接方式 …………………… 163
15.5.3.8 混凝土泵送布料杆选型与布置 …………………… 163
15.5.3.9 混凝土泵送施工技术 ……… 164
15.5.4 混凝土泵送的质量控制 ………… 165
15.5.5 工程实例 ……………………… 168
15.6 混凝土浇筑 ……………………… 170
15.6.1 混凝土浇筑的准备工作 ………… 170
15.6.1.1 制定施工方案 ……………… 170
15.6.1.2 现场具备浇筑的施工实施条件 …………………… 170
15.6.2 混凝土浇筑基本要求 …………… 171
15.6.3 混凝土浇筑 …………………… 173
15.6.3.1 梁、板混凝土浇筑 ………… 173
15.6.3.2 水下混凝土浇筑 …………… 175
15.6.3.3 施工缝或后浇带处混凝土浇筑 …………………… 178
15.6.3.4 现浇结构叠合层上混凝土浇筑 …………………… 178
15.6.3.5 超长结构混凝土浇筑技术要求 …………………… 178
15.6.3.6 型钢混凝土浇筑 …………… 179
15.6.3.7 钢管混凝土结构浇筑 ……… 179
15.6.3.8 自密实混凝土结构浇筑 …… 180
15.6.3.9 清水混凝土结构浇筑 ……… 180
15.6.3.10 预制装配结构现浇节点混凝土浇筑………………… 181
15.6.3.11 大体积混凝土的浇筑方法…………………… 181
15.6.3.12 预应力混凝土结构浇筑…… 183
15.6.4 泵送混凝土浇筑的技术要求 …… 183
15.7 混凝土振捣 ……………………… 184
15.7.1 混凝土振捣设备的分类 ………… 184
15.7.2 采用振动棒振捣混凝土 ………… 184
15.7.3 采用表面振动器振捣混凝土 …… 185
15.7.4 采用附着振动器振捣混凝土 …… 185
15.7.5 混凝土分层振捣的最大厚度要求 …………………… 185
15.7.6 特殊部位的混凝土振捣 ………… 185
15.8 混凝土养护 ……………………… 186
15.8.1 混凝土洒水养护 ……………… 186
15.8.2 混凝土覆盖养护 ……………… 186
15.8.3 混凝土喷涂养护 ……………… 186
15.8.4 混凝土加热养护 ……………… 187
15.8.5 混凝土养护的质量控制 ………… 187
15.9 混凝土施工缝及后浇带 ………… 188
15.9.1 施工缝的类型 ………………… 188
15.9.2 后浇带的类型 ………………… 188
15.9.3 水平施工缝的留设 …………… 188
15.9.4 垂直施工缝与后浇带的留设 …… 189
15.9.5 设备基础施工缝的留设 ………… 190
15.9.6 承受动力作用的设备基础施工缝的留设 ………………… 191
15.9.7 常用类型施工缝的处理方法 …… 191
15.9.8 后浇带的处理 ………………… 191
15.9.9 工程实例 ……………………… 192
15.10 混凝土裂缝控制 ………………… 192
15.10.1 混凝土裂缝的分类……………… 192
15.10.2 混凝土裂缝形成的主要原因…… 194
15.10.3 混凝土裂缝控制的计算………… 194
15.10.4 混凝土裂缝控制的方法………… 203
15.10.4.1 结构设计控制……………… 203
15.10.4.2 混凝土材料控制…………… 205
15.10.4.3 混凝土运输、输送、浇筑施工控制…………………… 206
15.10.4.4 混凝土养护控制…………… 208
15.10.4.5 大体积混凝土裂缝控制…… 208
15.10.5 大体积混凝土测温技术………… 209
15.10.6 工程实例……………………… 212
15.11 高性能混凝土施工技术 ………… 212
15.11.1 高性能混凝土的原材料………… 212
15.11.2 高性能混凝土配合比设计……… 214
15.11.2.1 高性能混凝土配合比设计依据…………………… 214
15.11.2.2 高性能混凝土配合比设计步骤…………………… 217
15.11.3 高性能混凝土制备与施工技术…………………… 219
15.12 特殊条件下的混凝土施工 …… 221
15.12.1 冬期混凝土施工………………… 221
15.12.2 高温混凝土施工………………… 223
15.12.3 雨期混凝土施工………………… 225

15.13　常用特种混凝土施工技术 …… 225
15.13.1　纤维混凝土…………………………… 225
15.13.1.1　钢纤维混凝土……………… 226
15.13.1.2　玻璃纤维混凝土…………… 229
15.13.1.3　聚丙烯纤维混凝土………… 231
15.13.2　聚合物水泥混凝土……………… 232
15.13.2.1　聚合物水泥混凝土的原材料……………………… 232
15.13.2.2　聚合物水泥混凝土的配合比……………………… 233
15.13.2.3　聚合物水泥混凝土的施工………………………… 233
15.13.2.4　聚合物水泥混凝土的应用………………………… 233
15.13.3　轻骨料混凝土…………………… 234
15.13.3.1　轻骨料的性能……………… 234
15.13.3.2　轻骨料混凝土的基本性能……………………… 234
15.13.3.3　轻骨料混凝土的配合比设计……………………… 235
15.13.3.4　轻骨料混凝土的施工……… 239
15.13.4　耐火混凝土……………………… 241
15.13.4.1　耐火混凝土的原材料选择……………………… 242
15.13.4.2　耐火混凝土的配合比设计……………………… 242
15.13.4.3　耐火混凝土的施工………… 244
15.13.5　耐腐蚀混凝土…………………… 246
15.13.5.1　水玻璃耐酸混凝土………… 246
15.13.5.2　硫磺耐酸混凝土…………… 247
15.13.5.3　沥青耐酸混凝土…………… 249
15.13.6　重混凝土………………………… 250
15.13.6.1　重混凝土的技术性能……… 251
15.13.6.2　重混凝土配合比设计……… 251
15.13.6.3　重混凝土的施工…………… 251
15.14　现浇混凝土结构质量检查 …… 252
15.14.1　现浇混凝土结构分项工程质量检查………………………… 252
15.14.2　混凝土强度检测………………… 254
15.14.2.1　试件制作和强度检测……… 254
15.14.2.2　混凝土结构同条件养护试件强度检验……………… 254
15.15　混凝土缺陷修整 ………………… 255
15.15.1　混凝土缺陷种类…………………… 255
15.15.2　混凝土结构外观缺陷的修整…… 256
15.15.3　混凝土结构尺寸偏差缺陷的修整………………………………… 256
15.15.4　裂缝缺陷的修整…………………… 256
15.15.5　修补质量控制……………………… 257
15.16　预制装配混凝土 ……………………… 258
15.16.1　施工预算…………………………… 258
15.16.2　构件制作的材料要求……………… 259
15.16.2.1　模具……………………………… 259
15.16.2.2　钢筋……………………………… 259
15.16.2.3　饰面材料………………………… 259
15.16.2.4　门窗框…………………………… 260
15.16.3　构件制作的生产工艺……………… 260
15.16.3.1　模具组装………………………… 260
15.16.3.2　饰面铺贴………………………… 260
15.16.3.3　门窗框安装……………………… 260
15.16.3.4　钢筋安装………………………… 260
15.16.3.5　成型……………………………… 260
15.16.3.6　养护……………………………… 261
15.16.3.7　脱模……………………………… 261
15.16.4　构件的质量检验…………………… 261
15.16.4.1　主控项目………………………… 261
15.16.4.2　一般项目………………………… 261
15.16.5　构件的运输堆放…………………… 265
15.16.5.1　运输……………………………… 265
15.16.5.2　堆放……………………………… 265
15.16.6　构件的吊装………………………… 265
15.16.6.1　吊点和吊具……………………… 265
15.16.6.2　吊装……………………………… 265
15.16.7　构件的成品保护…………………… 266
15.16.8　构件与现浇结构的连接…………… 267
15.16.9　质量控制…………………………… 267
15.16.9.1　主控项目………………………… 267
15.16.9.2　一般项目………………………… 267
15.17　混凝土工程的绿色施工 ……… 268
15.17.1　绿色施工的施工管理……………… 268
15.17.1.1　组织管理………………………… 268
15.17.1.2　规划管理………………………… 268
15.17.1.3　实施管理………………………… 269
15.17.1.4　评价管理………………………… 269
15.17.1.5　人员安全与健康管理…………… 269
15.17.2　环境保护技术要点………………… 269

15.17.3 节材与材料资源利用技术要点……………………………… 271
15.17.4 节水与水资源利用的技术要点……………………………… 271
15.17.5 节能与能源利用的技术要点…… 272
15.17.6 节地与施工用地保护的技术要点……………………………… 273
15.17.7 绿色施工在混凝土工程中的运用……………………………… 273
15.17.7.1 钢筋工程……………………… 273
15.17.7.2 脚手架及模板工程……………… 274
15.17.7.3 混凝土工程……………………… 274
参考文献 ………………………………… 274

## 16 预应力工程

16.1 预应力材料 ……………………………… 275
16.1.1 预应力筋品种与规格 ……………… 275
16.1.1.1 预应力钢丝 ……………………… 276
16.1.1.2 预应力钢绞线 …………………… 279
16.1.1.3 螺纹钢筋及钢拉杆 ……………… 283
16.1.1.4 不锈钢绞线 ……………………… 285
16.1.2 预应力筋性能 ……………………… 286
16.1.2.1 应力—应变曲线 ………………… 286
16.1.2.2 应力松弛 ………………………… 286
16.1.2.3 应力腐蚀 ………………………… 287
16.1.3 涂层与二次加工预应力筋 ………… 287
16.1.3.1 镀锌钢丝和钢绞线 ……………… 287
16.1.3.2 环氧涂层钢绞线 ………………… 288
16.1.3.3 铝包钢绞线 ……………………… 289
16.1.3.4 无粘结钢绞线 …………………… 290
16.1.3.5 缓粘结钢绞线 …………………… 291
16.1.4 质量检验 …………………………… 291
16.1.4.1 钢丝验收 ………………………… 292
16.1.4.2 钢绞线验收 ……………………… 292
16.1.4.3 螺纹钢筋及钢拉杆验收 ………… 292
16.1.4.4 其他预应力钢材验收 …………… 293
16.1.5 预应力筋存放 ……………………… 293
16.1.6 其他材料 …………………………… 294
16.1.6.1 制孔用管材 ……………………… 294
16.1.6.2 灌浆材料 ………………………… 299
16.1.6.3 防护材料 ………………………… 300
16.2 预应力锚固体系 ………………………… 300
16.2.1 性能要求 …………………………… 300
16.2.1.1 锚具的基本性能 ………………… 300
16.2.1.2 夹具的基本性能 ………………… 302
16.2.1.3 连接器的基本性能 ……………… 302
16.2.2 钢绞线锚固体系 …………………… 302
16.2.2.1 单孔夹片锚固体系 ……………… 302
16.2.2.2 多孔夹片锚固体系 ……………… 303
16.2.2.3 扁形夹片锚固体系 ……………… 304
16.2.2.4 固定端锚固体系 ………………… 305
16.2.2.5 钢绞线连接器 …………………… 306
16.2.2.6 环锚 ……………………………… 307
16.2.3 钢丝束锚固体系 …………………… 308
16.2.3.1 镦头锚固体系 …………………… 308
16.2.3.2 钢质锥形锚具 …………………… 309
16.2.3.3 单根钢丝夹具 …………………… 309
16.2.4 螺纹钢筋锚固体系 ………………… 309
16.2.4.1 螺纹钢筋锚具 …………………… 309
16.2.4.2 螺纹钢筋连接器 ………………… 310
16.2.5 拉索锚固体系 ……………………… 311
16.2.5.1 钢绞线压接锚具 ………………… 311
16.2.5.2 冷铸镦头锚具 …………………… 311
16.2.5.3 热铸镦头锚具 …………………… 312
16.2.5.4 钢绞线拉索锚具 ………………… 312
16.2.5.5 钢拉杆 …………………………… 313
16.2.6 质量检验 …………………………… 314
16.2.6.1 检验项目与要求 ………………… 314
16.2.6.2 锚固性能试验 …………………… 315
16.3 张拉设备及配套机具 …………………… 316
16.3.1 液压张拉设备 ……………………… 316
16.3.1.1 穿心式千斤顶 …………………… 317
16.3.1.2 前置内卡式千斤顶 ……………… 320
16.3.1.3 双缸千斤顶 ……………………… 320
16.3.1.4 锥锚式千斤顶 …………………… 321
16.3.1.5 拉杆式千斤顶 …………………… 321
16.3.1.6 扁千斤顶 ………………………… 322
16.3.1.7 千斤顶使用注意事项与维护 ……………………………… 322
16.3.2 油泵 ………………………………… 323
16.3.2.1 通用电动油泵 …………………… 323
16.3.2.2 超高压变量油泵 ………………… 324
16.3.2.3 小型电动油泵 …………………… 324
16.3.2.4 手动油泵 ………………………… 325
16.3.2.5 外接油管与接头 ………………… 325

16.3.2.6　油泵使用注意事项与维护 …… 326
16.3.3　张拉设备标定与张拉空间要求 …… 327
16.3.3.1　张拉设备标定 …… 327
16.3.3.2　液压千斤顶标定 …… 328
16.3.3.3　张拉空间要求 …… 329
16.3.4　配套机具 …… 329
16.3.4.1　组装机具 …… 329
16.3.4.2　穿束机具 …… 331
16.3.4.3　灌浆机具 …… 331
16.3.4.4　其他机具 …… 332
16.4　预应力混凝土施工计算及构造 …… 333
16.4.1　预应力筋线形 …… 333
16.4.2　预应力筋下料长度 …… 334
16.4.2.1　钢绞线下料长度 …… 334
16.4.2.2　钢丝束下料长度 …… 335
16.4.2.3　长线台座预应力筋下料长度 …… 335
16.4.3　预应力筋张拉力 …… 336
16.4.4　预应力损失 …… 337
16.4.4.1　锚固损失 …… 337
16.4.4.2　摩擦损失 …… 339
16.4.4.3　弹性压缩损失 …… 340
16.4.4.4　应力松弛损失 …… 341
16.4.4.5　收缩徐变损失 …… 341
16.4.5　预应力筋张拉伸长值 …… 342
16.4.6　计算示例 …… 342
16.4.7　施工构造 …… 345
16.4.7.1　先张法施工构造 …… 345
16.4.7.2　后张法施工构造 …… 346
16.4.7.3　典型节点施工构造 …… 348
16.4.7.4　其他施工构造 …… 349
16.5　预应力混凝土先张法施工 …… 349
16.5.1　台座 …… 349
16.5.1.1　墩式台座 …… 349
16.5.1.2　槽式台座 …… 351
16.5.1.3　预应力混凝土台面 …… 352
16.5.2　一般先张法工艺 …… 353
16.5.2.1　工艺流程 …… 353
16.5.2.2　预应力筋的加工与铺设 …… 353
16.5.2.3　预应力筋张拉 …… 354
16.5.2.4　预应力筋放张 …… 356
16.5.2.5　质量检验 …… 357
16.5.3　折线张拉工艺 …… 358
16.5.3.1　垂直折线张拉 …… 358
16.5.3.2　水平折线张拉 …… 359
16.5.4　先张预制构件 …… 359
16.5.4.1　先张预制板 …… 359
16.5.4.2　先张预制桩 …… 364
16.6　预应力混凝土后张法施工 …… 367
16.6.1　有粘结预应力施工 …… 367
16.6.1.1　特点 …… 367
16.6.1.2　施工工艺 …… 367
16.6.1.3　施工要点 …… 367
16.6.1.4　质量验收 …… 382
16.6.2　后张无粘结预应力施工 …… 386
16.6.2.1　特点 …… 386
16.6.2.2　施工工艺 …… 386
16.6.2.3　施工要点 …… 386
16.6.2.4　质量验收 …… 390
16.6.3　后张缓粘结预应力施工 …… 393
16.6.3.1　特点 …… 393
16.6.3.2　施工工艺 …… 394
16.6.3.3　施工要点 …… 394
16.6.3.4　质量验收 …… 394
16.6.4　后张预制构件 …… 394
16.6.4.1　后张预制混凝土梁 …… 394
16.6.4.2　后张预制混凝土屋架 …… 396
16.6.5　体外预应力 …… 397
16.6.5.1　概述 …… 397
16.6.5.2　一般要求 …… 397
16.6.5.3　施工工艺 …… 398
16.6.5.4　施工要点 …… 398
16.6.5.5　质量验收 …… 404
16.7　特种预应力混凝土结构施工 …… 404
16.7.1　预应力混凝土高耸结构 …… 404
16.7.1.1　技术特点 …… 404
16.7.1.2　施工要点 …… 405
16.7.1.3　质量验收 …… 406
16.7.2　预应力混凝土储仓结构 …… 406
16.7.2.1　技术特点 …… 406
16.7.2.2　施工要点 …… 408
16.7.2.3　质量验收 …… 410
16.7.3　预应力混凝土超长结构 …… 410
16.7.3.1　技术特点 …… 410

16.7.3.2 预应力混凝土超长结构的要求与构造 …… 410
16.7.3.3 施工要点 …… 411
16.7.3.4 质量验收 …… 411
16.7.4 预应力结构的开洞及加固 …… 411
16.7.4.1 预应力结构开洞施工要点 … 411
16.7.4.2 体外预应力加固施工要点 … 413
16.8 预应力钢结构施工 …… 414
16.8.1 预应力钢结构分类 …… 414
16.8.2 预应力索布置与张拉力仿真计算 …… 419
16.8.2.1 预应力索的布置形式 …… 419
16.8.2.2 张拉力仿真计算 …… 419
16.8.3 预应力钢结构计算要求 …… 419
16.8.4 预应力钢结构常用节点 …… 420
16.8.4.1 一般规定 …… 420
16.8.4.2 张拉节点 …… 421
16.8.4.3 锚固节点 …… 421
16.8.4.4 转折节点 …… 422
16.8.4.5 拉索交叉节点 …… 423
16.8.5 钢结构预应力施工 …… 425
16.8.5.1 工艺流程 …… 425
16.8.5.2 施工要点 …… 425
16.8.5.3 安全措施 …… 429
16.8.6 质量验收及监测 …… 429
16.8.6.1 质量验收 …… 429
16.8.6.2 预应力钢结构监测 …… 431
16.8.6.3 结构健康监测 …… 433
16.9 预应力工程施工组织管理 …… 433
16.9.1 施工内容与管理 …… 433
16.9.1.1 预应力专项施工内容 …… 433
16.9.1.2 预应力专项施工管理组织机构 …… 434
16.9.2 施工方案 …… 434
16.9.2.1 工程概况 …… 434
16.9.2.2 预应力专项施工准备 …… 434
16.9.2.3 预应力专项施工工艺及流水施工方式 …… 434
16.9.2.4 主要工序技术要点、质量要求 …… 435
16.9.2.5 施工组织机构 …… 436
16.9.2.6 安全、质量、进度目标及保证措施 …… 436
16.9.3 施工质量控制 …… 437
16.9.3.1 专项施工质量保证体系人员职责 …… 437
16.9.3.2 专项施工质量计划 …… 437
16.9.3.3 专项施工质量控制 …… 438
16.9.4 安全管理 …… 438
16.9.4.1 专项施工安全保证体系 …… 438
16.9.4.2 专项施工安全保证计划及实施 …… 438
16.9.4.3 专项施工安全控制措施 …… 438
16.9.5 绿色施工 …… 439
16.9.6 技术文件 …… 439
参考文献 …… 439

## 17 钢结构工程

17.1 钢结构材料 …… 443
17.1.1 建筑钢材的牌号 …… 443
17.1.2 常用钢材的化学成分和机械性能 …… 446
17.1.2.1 钢材的化学成分 …… 446
17.1.2.2 钢材的机械性能 …… 448
17.1.3 建筑钢材的选择与代用 …… 450
17.1.3.1 结构钢材的选择 …… 450
17.1.3.2 对钢材性能的要求 …… 452
17.1.3.3 钢材的代用和变通办法 …… 453
17.1.4 钢材的验收与堆放 …… 453
17.1.4.1 钢材的验收 …… 453
17.1.4.2 钢材的堆放 …… 459
17.2 钢结构施工详图设计 …… 461
17.2.1 施工详图设计基本原则 …… 461
17.2.2 施工详图设计的内容 …… 461
17.2.3 图纸提交与验收 …… 462
17.2.4 设计修改 …… 462
17.2.5 常用软件 …… 463
17.2.6 施工详图设计管理流程 …… 463
17.2.7 施工详图设计审查 …… 464
17.3 钢结构加工制作 …… 466
17.3.1 加工制作工艺流程 …… 466
17.3.2 零部件加工 …… 466
17.3.2.1 放样 …… 466
17.3.2.2 号料 …… 468
17.3.2.3 切割 …… 469

17.3.2.4　矫正 …………………………… 470
17.3.2.5　边缘加工 ……………………… 472
17.3.2.6　滚圆 …………………………… 472
17.3.2.7　煨弯 …………………………… 472
17.3.2.8　制孔 …………………………… 473
17.3.2.9　组装 …………………………… 474
17.3.3　H型钢结构加工 …………………… 474
17.3.3.1　加工工艺流程 ………………… 474
17.3.3.2　加工工艺及操作要点 ……… 474
17.3.3.3　加工注意事项 ………………… 475
17.3.4　管结构加工 ………………………… 476
17.3.4.1　加工工艺流程 ………………… 476
17.3.4.2　加工工艺及操作要点 ……… 476
17.3.4.3　加工注意事项 ………………… 477
17.3.5　箱形结构加工 ……………………… 478
17.3.5.1　加工工艺流程图 …………… 478
17.3.5.2　加工工艺及操作要点 ……… 478
17.3.5.3　加工注意事项 ………………… 482
17.3.6　十字结构加工 ……………………… 482
17.3.6.1　加工工艺流程 ………………… 483
17.3.6.2　加工工艺及操作要点 ……… 484
17.3.6.3　加工注意事项 ………………… 485
17.3.7　异形构件加工 ……………………… 485
17.3.7.1　组合目字形柱 ………………… 485
17.3.7.2　空间弯扭箱形构件 ………… 489
17.3.8　钢结构预拼装 ……………………… 490
17.3.8.1　钢结构预拼装的目的 ……… 491
17.3.8.2　预拼装准备工作 …………… 491
17.3.8.3　预拼装质量验收标准 ……… 491
17.3.9　工厂除锈 …………………………… 492
17.3.9.1　钢材表面锈蚀和除锈等级 … 492
17.3.9.2　常见钢结构除锈工艺 ……… 493
17.3.9.3　除锈方法的选择 …………… 494
17.3.10　工厂涂装………………………… 495
17.3.10.1　常见防腐涂料………………… 495
17.3.10.2　防腐涂料施工工艺………… 496
17.3.10.3　防腐涂装施工注意事项…… 497
17.4　钢结构连接 ……………………… 497
17.4.1　钢结构连接的主要方式 ………… 497
17.4.2　紧固件连接 ………………………… 498
17.4.2.1　普通紧固件连接 …………… 499
17.4.2.2　高强度螺栓连接 …………… 502
17.4.3　焊接连接 …………………………… 506
17.4.4　其他连接 …………………………… 513
17.5　钢结构运输、堆放和拼装 ……… 514
17.5.1　钢结构包装 ………………………… 514
17.5.1.1　钢结构包装原则 …………… 514
17.5.1.2　产品包装方法 ……………… 515
17.5.1.3　包装注意事项 ……………… 515
17.5.2　钢构件运输 ………………………… 515
17.5.2.1　常用运输方式 ……………… 515
17.5.2.2　技术参数 …………………… 516
17.5.2.3　运输前准备工作 …………… 516
17.5.2.4　构件运输的基本要求 ……… 517
17.5.3　构件成品现场检验及缺陷处理 … 518
17.5.3.1　构件现场检验 ……………… 518
17.5.3.2　构件缺陷现场处理 ………… 520
17.5.4　构件堆放 …………………………… 520
17.5.4.1　构件堆放场 ………………… 520
17.5.4.2　构件堆放面积计算 ………… 521
17.5.4.3　构件堆放方法 ……………… 522
17.5.4.4　构件堆放注意事项 ………… 522
17.5.5　构件现场拼装 ……………………… 522
17.5.5.1　现场拼装准备工作 ………… 523
17.5.5.2　拼装整体流程 ……………… 523
17.5.5.3　拼装注意事项 ……………… 523
17.6　钢结构安装………………………… 524
17.6.1　单层钢结构安装 ………………… 524
17.6.1.1　适用范围 …………………… 524
17.6.1.2　结构安装特点 ……………… 524
17.6.1.3　钢结构安装准备 …………… 525
17.6.1.4　施工工艺 …………………… 528
17.6.1.5　测量校正 …………………… 534
17.6.1.6　注意事项 …………………… 535
17.6.2　高层及超高层钢结构安装 ……… 536
17.6.2.1　适用范围 …………………… 536
17.6.2.2　钢结构安装前准备工作 …… 536
17.6.2.3　高层钢结构安装施工工艺 … 537
17.6.2.4　安装注意事项 ……………… 546
17.6.3　大跨度结构安装 ………………… 547
17.6.3.1　一般安装方法及适用范围 … 547
17.6.3.2　高空拼装法 ………………… 548
17.6.3.3　滑移施工法 ………………… 553
17.6.3.4　单元或整体提升法 ………… 558
17.6.3.5　综合施工法 ………………… 561
17.6.4　塔桅结构安装 ……………………… 566

17.6.4.1 塔桅结构安装的特点 ……… 566
17.6.4.2 塔桅结构安装与校正 ……… 566
17.6.4.3 塔桅结构安装的注意事项 ……… 569
17.6.5 悬挑结构安装 ……… 570
17.6.5.1 悬挑结构特点 ……… 570
17.6.5.2 悬挑结构的安装准备工作 ……… 571
17.6.5.3 悬挑结构的安装与校正 ……… 571
17.6.5.4 悬挑结构安装注意事项 ……… 571
17.7 钢结构测量 ……… 572
17.7.1 测量准备 ……… 572
17.7.2 平面控制 ……… 573
17.7.3 高程控制 ……… 574
17.7.4 单层及大跨度钢结构测量 ……… 575
17.7.5 多高层钢结构施工测量 ……… 580
17.7.6 高耸结构的施工测量 ……… 591
17.8 钢结构的焊接施工 ……… 591
17.8.1 焊接准备 ……… 591
17.8.2 焊接工艺 ……… 595
17.8.3 高层钢结构焊接 ……… 608
17.8.4 钢管桁架焊接 ……… 611
17.8.5 空心球钢管网架结构焊接 ……… 614
17.8.6 铸钢节点焊接工艺 ……… 615
17.8.7 厚板的焊接 ……… 617
17.9 现场防火涂装 ……… 619
17.9.1 常见防火涂料 ……… 619
17.9.2 防火涂料的选用 ……… 621
17.9.3 防火涂料施工工艺 ……… 622
17.9.3.1 一般规定 ……… 622
17.9.3.2 超薄型防火涂料施工工艺 ……… 622
17.9.3.3 薄型防火涂料施工工艺 ……… 623
17.9.3.4 厚型防火涂料施工工艺 ……… 623
17.9.4 防火涂装注意事项 ……… 624
17.10 钢结构工程质量控制 ……… 625
17.10.1 钢结构检验批的划分 ……… 625
17.10.2 原材料及成品验收 ……… 626
17.10.3 工厂加工质量控制 ……… 629
17.10.3.1 加工制作质量控制流程 ……… 629
17.10.3.2 原材料采购过程质量控制 ……… 630
17.10.3.3 工厂加工质量的控制要求 ……… 631
17.10.4 现场安装质量控制 ……… 632
17.10.4.1 现场安装质量管理 ……… 632
17.10.4.2 现场安装质量控制 ……… 633
17.10.4.3 钢结构安装质量保证措施 ……… 633
17.11 安全防护措施 ……… 639
17.11.1 钢结构施工安全通道的设置 ……… 639
17.11.2 钢结构施工起重设备安全 ……… 642
17.11.3 钢结构施工个人安全防护 ……… 644
17.11.4 钢结构施工临边及洞口安全防护 ……… 647
17.11.5 钢结构自身整体安全及局部安全防护 ……… 649
17.12 有关绿色施工的技术要求 ……… 649
参考文献 ……… 651

**18 索膜结构工程**

18.1 索膜结构的特点、类型及材料 ……… 652
18.1.1 索膜结构特点 ……… 652
18.1.1.1 自洁性 ……… 652
18.1.1.2 透光性 ……… 653
18.1.1.3 大跨度 ……… 653
18.1.1.4 轻量结构 ……… 653
18.1.1.5 防火性和耐久性 ……… 653
18.1.1.6 安装的复杂性 ……… 653
18.1.2 索膜结构类型 ……… 653
18.1.2.1 充气膜结构 ……… 653
18.1.2.2 张拉膜结构 ……… 654
18.1.3 索膜结构材料 ……… 655
18.1.3.1 拉索与锚具 ……… 655
18.1.3.2 膜材 ……… 655
18.2 索膜结构的深化设计 ……… 656
18.2.1 初始状态确定 ……… 657
18.2.2 索膜结构荷载效应分析 ……… 658
18.2.3 索膜结构裁剪分析 ……… 658
18.3 索膜结构的制作 ……… 659
18.3.1 钢制卷尺 ……… 659
18.3.2 膜材原匹检查 ……… 659
18.3.2.1 膜材的清扫 ……… 660

18.3.2.2 膜材的处理 ………… 660
18.3.2.3 膜材的储存 ………… 660
18.3.3 裁剪 ………… 660
18.3.3.1 制作环境 ………… 661
18.3.3.2 膜布裁剪操作要求 ………… 661
18.3.4 研磨 ………… 661
18.3.5 热合 ………… 661
18.3.5.1 膜材的热合准备 ………… 662
18.3.5.2 作业顺序 ………… 662
18.3.5.3 热合温度管理 ………… 662
18.3.5.4 热合品质确认 ………… 662
18.3.5.5 FEP胶卷的处理 ………… 662
18.3.6 收边 ………… 663
18.3.7 打孔 ………… 663
18.3.8 成品检查 ………… 663
18.3.8.1 作业内容 ………… 663
18.3.8.2 使用工具 ………… 663
18.3.8.3 作业顺序 ………… 663
18.3.8.4 捆包要求 ………… 664
18.3.9 索结构的制作 ………… 664
18.4 索膜结构的安装 ………… 664
18.4.1 工艺流程 ………… 664
18.4.2 施加预张力 ………… 665
18.4.3 安装前的复测 ………… 666
18.4.4 膜面的保管 ………… 666
18.4.5 搁置平台搭设 ………… 666
18.4.6 膜面的检查 ………… 666
18.4.7 绳网拉设 ………… 666
18.4.8 膜面安装 ………… 666
18.4.9 周边固定 ………… 667
18.4.10 提升膜面 ………… 667
18.4.11 调整及张拉膜面 ………… 667
18.5 施工设备 ………… 667
18.5.1 制作设备、检测试验设备 ………… 667
18.5.2 安装工具和设备 ………… 668
18.6 质量检验 ………… 669
18.6.1 制品品质基准 ………… 669
18.6.2 工厂内品质标准 ………… 669
18.6.3 膜材的检验分类 ………… 670
18.6.4 膜材进货检查 ………… 671
18.6.4.1 物性检验 ………… 671
18.6.4.2 外观检验 ………… 672
18.6.5 热合品质检验要领 ………… 672
18.6.6 工程自检要领 ………… 672
18.6.6.1 裁剪工程检验 ………… 672
18.6.6.2 熔接工程自主检验 ………… 673
18.6.6.3 修饰工程自主检验 ………… 673
18.6.6.4 制作检验要领 ………… 674
18.6.7 膜面安装验收单 ………… 674
18.7 保修及维护保养 ………… 675
18.7.1 维护要求 ………… 675
18.7.2 维护检查 ………… 675
18.7.2.1 定期检查 ………… 675
18.7.2.2 专门检查 ………… 675
18.7.2.3 清洁程序 ………… 675

**19 钢-混凝土组合结构工程**

19.1 钢-混凝土组合结构的分类与特点 ………… 677
19.1.1 钢-混凝土组合结构的分类 ………… 677
19.1.2 钢-混凝土组合结构的特点 ………… 678
19.2 组合结构深化设计与加工制作 ………… 678
19.3 组合结构施工总体部署 ………… 678
19.3.1 钢-混凝土组合结构的施工流程 ………… 678
19.3.1.1 钢-混凝土组合结构的施工流程 ………… 678
19.3.1.2 钢-混凝土组合结构的施工流程安排注意事项 ………… 679
19.3.2 施工段划分 ………… 680
19.3.2.1 竖向施工段划分 ………… 680
19.3.2.2 水平施工段划分 ………… 681
19.3.3 主要大型施工设备的选择 ………… 681
19.3.3.1 起重机械的选择 ………… 681
19.3.3.2 施工升降机的选择 ………… 681
19.3.3.3 混凝土输送泵的选择 ………… 681
19.3.4 模板与支撑体系的选择 ………… 681
19.4 组合结构的施工 ………… 682
19.4.1 一般规定 ………… 682
19.4.1.1 材料 ………… 682
19.4.1.2 一般构造要求 ………… 682
19.4.2 型钢混凝土结构施工 ………… 687
19.4.2.1 型钢混凝土梁施工 ………… 687

19.4.2.2 型钢混凝土柱、剪力墙施工 …… 691
19.4.3 钢-混凝土组合梁施工 …… 701
19.4.3.1 钢-混凝土组合梁的特点与应用 …… 701
19.4.3.2 钢-混凝土组合梁的组成、节点形式 …… 701
19.4.3.3 钢-混凝土组合梁的施工工艺 …… 704
19.4.4 钢管混凝土柱施工 …… 707
19.4.4.1 钢管混凝土的构造要求 …… 707
19.4.4.2 钢管柱制作及组装 …… 708
19.4.4.3 钢管混凝土节点形式 …… 710
19.4.4.4 钢管混凝土柱施工流程 …… 712
19.4.4.5 钢管混凝土柱的施工技术要点 …… 714
19.4.4.6 梁与钢管柱节点施工 …… 716
19.4.4.7 钢管开洞 …… 716
19.4.4.8 密实度检测 …… 716
19.4.5 压型钢板与混凝土组合楼板 …… 717
19.4.5.1 压型钢板与钢筋混凝土组合楼板的构造 …… 717
19.4.5.2 压型钢板与混凝土组合楼板的施工流程 …… 719
19.4.5.3 施工阶段压型钢板及组合楼板的设计 …… 720
19.4.5.4 耐火与耐久性 …… 723
19.4.6 柱脚施工 …… 723
19.4.6.1 柱脚节点形式及构造 …… 723
19.4.6.2 柱脚施工 …… 725
19.5 绿色施工 …… 729
19.6 质量保证措施 …… 730
19.6.1 深化设计质量控制措施 …… 730
19.6.2 原材料质量控制措施 …… 730
19.6.3 测量质量控制措施 …… 731
19.6.4 焊接质量控制措施 …… 731
19.6.5 现场安装质量控制措施 …… 733
参考文献 …… 734

## 20 砌 体 工 程

20.1 砌体结构特性 …… 735
20.1.1 砌体结构材料强度等级和应用范围 …… 735
20.1.1.1 砌体结构材料 …… 735
20.1.1.2 砌体材料的强度等级 …… 736
20.1.1.3 砌体结构的应用范围 …… 736
20.1.2 影响砌体结构强度的主要因素 …… 736
20.1.2.1 块材和砂浆的强度 …… 736
20.1.2.2 砂浆的性能 …… 736
20.1.2.3 块体的形状和灰缝厚度 …… 737
20.1.2.4 砌筑质量 …… 737
20.1.3 砌体结构的构造措施 …… 737
20.1.3.1 墙、柱高度的控制 …… 737
20.1.3.2 一般构造要求 …… 738
20.1.4 砌体结构裂缝防治措施 …… 740
20.1.4.1 砌体裂缝概述 …… 740
20.1.4.2 设计构造措施 …… 742
20.1.4.3 施工保证措施 …… 744
20.1.4.4 砌体结构裂缝处理措施 …… 744
20.1.5 砌体结构抗震构造措施 …… 745
20.1.5.1 多层砌体房屋的局部尺寸限制 …… 745
20.1.5.2 防震缝的设置 …… 745
20.2 砌筑砂浆 …… 745
20.2.1 原材料要求 …… 745
20.2.2 砂浆技术条件 …… 747
20.2.3 砂浆配合比的计算与确定 …… 747
20.2.3.1 水泥混合砂浆配合比计算 …… 747
20.2.3.2 水泥砂浆配合比选用 …… 749
20.2.3.3 配合比试配、调整与确定 …… 749
20.2.3.4 砌筑砂浆配合比计算实例 …… 749
20.2.4 砂浆的拌制与使用 …… 750
20.2.5 砂浆强度的增长关系 …… 750
20.3 砖砌体工程 …… 751
20.3.1 砌筑用砖 …… 751
20.3.1.1 烧结普通砖 …… 751
20.3.1.2 粉煤灰砖 …… 752
20.3.1.3 烧结多孔砖 …… 753
20.3.1.4 蒸压灰砂空心砖 …… 755
20.3.2 烧结普通砖砌体 …… 756
20.3.2.1 砌筑前准备 …… 756

20.3.2.2　砖基础 …………………………… 757
20.3.2.3　砖墙 ……………………………… 757
20.3.2.4　砖柱 ……………………………… 759
20.3.2.5　砖垛 ……………………………… 759
20.3.2.6　砖平拱 …………………………… 760
20.3.2.7　钢筋砖过梁 ……………………… 760
20.3.3　烧结多孔砖砌体 ……………………… 761
20.4　混凝土小型空心砌块砌体工程 …………………………… 762
20.4.1　混凝土小型空心砌块 ………………… 762
20.4.1.1　普通混凝土小型空心砌块 ………………………… 762
20.4.1.2　轻骨料混凝土小型空心砌块 ………………………… 763
20.4.2　混凝土小型空心砌块砌体 ……… 764
20.4.2.1　一般构造要求 …………………… 764
20.4.2.2　夹心墙构造 ……………………… 765
20.4.2.3　芯柱设置 ………………………… 765
20.4.2.4　小砌块施工 ……………………… 767
20.4.2.5　芯柱施工 ………………………… 768
20.4.3　新型空心砌块 ………………………… 769
20.4.3.1　框架结构填充 PK 混凝土小型空心砌块 ………………… 769
20.5　石砌体工程 ………………………………… 770
20.5.1　砌筑用石 ……………………………… 770
20.5.2　毛石砌体 ……………………………… 771
20.5.2.1　毛石砌体砌筑要点 ……………… 771
20.5.2.2　毛石基础 ………………………… 771
20.5.2.3　毛石墙 …………………………… 772
20.5.3　料石砌体 ……………………………… 772
20.5.3.1　料石砌体砌筑要点 ……………… 772
20.5.3.2　料石基础 ………………………… 773
20.5.3.3　料石墙 …………………………… 773
20.5.3.4　料石平拱 ………………………… 773
20.5.3.5　料石过梁 ………………………… 774
20.5.4　石挡土墙 ……………………………… 774
20.6　配筋砌体工程 ……………………………… 774
20.6.1　面层和砖组合砌体 …………………… 774
20.6.1.1　面层和砖组合砌体构造 …… 774
20.6.1.2　面层和砖组合砌体施工 …… 775
20.6.2　构造柱和砖组合砌体 ………………… 776
20.6.2.1　构造柱和砖组合砌体构造 ……………………………… 776
20.6.2.2　构造柱和砖组合砌体施工 ……………………………… 776
20.6.3　网状配筋砖砌体 ……………………… 777
20.6.3.1　网状配筋砖砌体构造 ……… 777
20.6.3.2　网状配筋砖砌体施工 ……… 777
20.6.4　配筋砌块砌体 ………………………… 777
20.6.4.1　配筋砌块砌体构造 ………… 777
20.6.4.2　筋砌块砌体施工 …………… 778
20.7　填充墙砌体工程 ……………………… 779
20.7.1　烧结空心砖砌体 ……………………… 779
20.7.1.1　烧结空心砖 ……………………… 779
20.7.1.2　烧结空心砖施工 ………………… 781
20.7.2　蒸压加气混凝土砌块砌体 ……… 782
20.7.2.1　蒸压加气混凝土砌块 ……… 782
20.7.2.2　蒸压加气混凝土砌块砌体构造 ………………………… 784
20.7.2.3　蒸压加气混凝土砌块砌体施工 ………………………… 784
20.7.2.4　干法砌筑蒸压加气混凝土砌块 ………………………… 785
20.8　冬期施工 ………………………………… 788
20.9　砌体安全技术 …………………………… 789
20.10　砌体工程质量控制 ………………… 790
20.10.1　质量标准 …………………………… 790
20.10.1.1　砌筑砂浆的质量标准 ……… 791
20.10.1.2　砖砌体工程的质量标准 …… 791
20.10.1.3　混凝土小型空心砌块砌体工程的质量标准 ……………… 793
20.10.1.4　石砌体工程的质量标准 …… 794
20.10.1.5　配筋砌体工程的质量标准 ………………………………… 795
20.10.1.6　填充墙砌体工程的质量标准 ………………………………… 796
20.10.2　质量保证措施 ……………………… 798
20.10.2.1　质量目标 ……………………… 798
20.10.2.2　质量保证体系 ………………… 798
20.10.2.3　组织保证措施 ………………… 798
20.10.2.4　质量管理制度 ………………… 799
20.10.2.5　阶段性施工质量控制措施 ………………………………… 800
20.10.2.6　消除质量通病的措施 ……… 800

20.11 绿色施工 …… 801
20.11.1 环境保护…… 801
20.11.1.1 环境因素识别与管理…… 801
20.11.1.2 施工过程环境控制要求…… 802
20.11.1.3 环境监测要求…… 805
20.11.2 资源利用…… 807
20.11.2.1 节水…… 807
20.11.2.2 砂浆回收…… 807

## 21 季节性施工

21.1 冬期施工 …… 808
21.1.1 冬期施工管理 …… 808
21.1.1.1 冬期施工基本资料（气象资料） …… 808
21.1.1.2 冬期施工准备工作 …… 809
21.1.2 建筑地基基础工程 …… 822
21.1.2.1 一般规定 …… 822
21.1.2.2 土方工程 …… 822
21.1.2.3 地基处理 …… 827
21.1.2.4 桩基础 …… 827
21.1.2.5 基坑支护 …… 828
21.1.3 砌体工程 …… 828
21.1.3.1 一般规定 …… 828
21.1.3.2 材料要求 …… 829
21.1.3.3 外加剂法 …… 830
21.1.3.4 暖棚法 …… 832
21.1.3.5 外墙外保温施工 …… 832
21.1.4 钢筋工程 …… 833
21.1.4.1 钢筋负温下的性能与应用 …… 833
21.1.4.2 钢筋负温冷拉和冷弯 …… 834
21.1.4.3 钢筋负温焊接 …… 834
21.1.4.4 钢筋负温机械连接 …… 837
21.1.5 混凝土工程 …… 837
21.1.5.1 一般规定 …… 838
21.1.5.2 混凝土的材料要求 …… 838
21.1.5.3 混凝土的拌制 …… 840
21.1.5.4 混凝土的运输和浇筑 …… 841
21.1.5.5 混凝土强度估算 …… 843
21.1.5.6 蓄热法和综合蓄热法养护 …… 847
21.1.5.7 暖棚法养护 …… 850
21.1.5.8 电加热法养护 …… 851
21.1.5.9 蒸汽养护法 …… 853
21.1.5.10 掺外加剂法 …… 854
21.1.5.11 混凝土质量控制 …… 855
21.1.6 钢结构工程 …… 856
21.1.6.1 一般规定 …… 856
21.1.6.2 钢结构制作 …… 857
21.1.6.3 钢结构安装 …… 859
21.1.6.4 钢结构负温焊接 …… 860
21.1.6.5 钢结构防腐 …… 861
21.1.7 屋面工程 …… 861
21.1.7.1 保温层施工 …… 861
21.1.7.2 找平层施工 …… 861
21.1.7.3 屋面防水层施工 …… 862
21.1.7.4 隔气层施工 …… 864
21.1.8 建筑装饰装修工程 …… 864
21.1.8.1 一般规定 …… 865
21.1.8.2 抹灰工程 …… 865
21.1.8.3 饰面砖（板）工程 …… 866
21.1.8.4 涂饰工程 …… 868
21.1.8.5 幕墙及玻璃工程 …… 869
21.1.9 混凝土构件安装工程 …… 869
21.1.9.1 构件的堆放及运输 …… 869
21.1.9.2 构件的吊装 …… 870
21.1.9.3 构件的连接与校正 …… 970
21.1.10 越冬工程维护 …… 870
21.1.10.1 一般规定 …… 870
21.1.10.2 在建工程 …… 871
21.1.10.3 停、缓建工程 …… 871
21.2 雨期施工 …… 873
21.2.1 施工准备 …… 873
21.2.1.1 气象资料 …… 873
21.2.1.2 施工准备 …… 874
21.2.2 设备材料防护 …… 875
21.2.2.1 土方工程 …… 875
21.2.2.2 基坑支护工程 …… 875
21.2.2.3 钢筋工程 …… 875
21.2.2.4 模板工程 …… 876
21.2.2.5 混凝土工程 …… 876
21.2.2.6 脚手架工程 …… 876
21.2.2.7 砌筑工程 …… 877
21.2.2.8 钢结构工程 …… 877
21.2.2.9 防水工程 …… 878
21.2.2.10 屋面工程 …… 878

21.2.2.11　装饰装修工程 …… 878
21.2.2.12　建筑安装工程 …… 879
21.2.3　排水、防（雨）水 …… 880
21.2.4　防雷 …… 881
21.2.4.1　避雷针的设置 …… 881
21.2.4.2　避雷器 …… 881
21.2.4.3　防止感应雷击的措施 …… 882
21.2.4.4　接地装置 …… 882
21.2.4.5　工频接地电阻 …… 882
21.2.5　防台风 …… 882
21.3　暑期施工 …… 883
21.3.1　暑期施工概念 …… 883
21.3.2　暑期施工措施 …… 884
21.3.2.1　混凝土工程施工 …… 884
21.3.2.2　暑期施工管理措施 …… 886
21.3.2.3　暑期高温天气施工防暑降温措施 …… 887
21.4　绿色施工 …… 887
21.4.1　雨期施工 …… 887
21.4.2　暑期施工 …… 887

## 22　幕　墙　工　程

22.1　施工测量放线与埋件处理 …… 888
22.1.1　准备工作 …… 888
22.1.2　主体建筑测量放线施工流程 …… 889
22.1.3　测量放样误差控制标准 …… 895
22.1.4　测量结构偏差 …… 895
22.1.5　资料汇总 …… 896
22.1.6　测量放线质量保证措施 …… 896
22.1.7　安全防护措施 …… 897
22.1.8　预埋件与结构的检查 …… 897
22.1.9　预埋件的施工 …… 902
22.2　玻璃幕墙 …… 906
22.2.1　构造 …… 906
22.2.2　材料选用要求 …… 917
22.2.3　安装工具 …… 921
22.2.4　加工制作 …… 922
22.2.5　节点构造（含防雷） …… 926
22.2.6　层间防火处理 …… 932
22.2.7　安装施工 …… 933
22.2.8　安全措施 …… 961
22.2.9　质量要求 …… 961
22.3　金属幕墙 …… 963
22.3.1　金属幕墙施工顺序 …… 963
22.3.2　金属幕墙龙骨安装 …… 964
22.3.3　金属幕墙安装及调整 …… 967
22.3.4　金属幕墙注胶与交验 …… 968
22.4　石材幕墙 …… 968
22.4.1　石材幕墙施工顺序 …… 968
22.4.2　立柱安装 …… 968
22.4.3　横梁安装 …… 968
22.4.4　石材金属挂件安装 …… 969
22.4.5　石材面板安装前的准备工作 …… 969
22.4.6　石材面板安装及调整 …… 969
22.4.7　石材打胶（开放式除外） …… 971
22.4.8　石材质量及色差控制 …… 971
22.5　人造板材幕墙 …… 971
22.5.1　人造板材幕墙的主要类型 …… 971
22.5.2　人造板材幕墙施工顺序 …… 972
22.5.3　立柱安装 …… 972
22.5.4　横梁安装 …… 974
22.5.5　人造板材金属挂件安装 …… 974
22.5.6　人造板材安装前的准备工作 …… 975
22.5.7　人造板材安装及调整 …… 976
22.5.8　人造板材质量及色差控制 …… 977
22.5.9　人造板材幕墙打胶与交验 …… 977
22.6　采光顶 …… 979
22.6.1　采光顶施工顺序 …… 979
22.6.2　测量放线及龙骨安装与调整 …… 979
22.6.3　附件安装及调整 …… 981
22.6.4　面板安装前的准备工作 …… 981
22.6.5　面板安装及调整 …… 982
22.6.6　注胶、清洁和交验 …… 983
22.7　双层（呼吸式）玻璃幕墙 …… 984
22.7.1　双层玻璃幕墙施工顺序 …… 986
22.7.2　转接件的安装调试 …… 987
22.7.3　单元式双层幕墙主要吊装设备的安装及调试 …… 988
22.7.4　马道格栅、进出风口、遮阳百叶等附属设施制作及安装 …… 993
22.7.5　构件式双层幕墙玻璃安装、注胶 …… 995
22.7.6　控制系统安装及调试 …… 996
22.8　太阳能光伏发电玻璃幕墙

(光电幕墙) ………………………… 997
22.8.1 施工顺序 ………………………… 998
22.8.2 立柱安装 ………………………… 998
22.8.3 横梁安装 ………………………… 999
22.8.4 电池组件安装前的准备工作…… 1000
22.8.5 电池组件安装及调整…………… 1001
22.8.6 打胶……………………………… 1003
22.8.7 太阳能电缆线布置……………… 1003
22.8.8 电气设备安装调试……………… 1003
22.8.9 发电监控系统与演示软件安装与调试……………………………… 1007
22.9 幕墙成品保护 …………………… 1010
22.9.1 成品保护概述及成品保护组织机构……………………………… 1010
22.9.2 生产加工阶段成品保护措施…… 1011
22.9.3 包装阶段成品保护措施………… 1011
22.9.4 运输过程中成品保护措施……… 1012
22.9.5 施工现场半成品保护措施……… 1013
22.9.6 施工过程中成品保护措施……… 1013
22.9.7 移交前成品保护………………… 1014
22.10 幕墙相关试验 ………………… 1014
22.10.1 试验计划 ……………………… 1014
22.10.2 试验标准及试验方法 ………… 1015
22.10.3 试验后程序 …………………… 1023
22.11 安全生产 ……………………… 1025
22.11.1 安全概述 ……………………… 1025
22.11.2 施工安全具体措施 …………… 1025
22.11.3 安全设施硬件投入 …………… 1030

**23 门窗工程**

23.1 木门窗……………………………… 1032
23.1.1 木门窗分类……………………… 1032
23.1.2 木门窗技术要求………………… 1032
23.1.2.1 材料…………………………… 1032
23.1.2.2 外观质量……………………… 1033
23.1.2.3 木门窗安装要点……………… 1035
23.1.2.4 木门窗制作与安装质量标准………………………………… 1037
23.2 木复合门 ………………………… 1039
23.2.1 木复合门的种类与标记………… 1039
23.2.2 木复合门技术要求……………… 1041
23.2.2.1 材料…………………………… 1041
23.2.2.2 人造板………………………… 1042
23.2.2.3 尺寸偏差和形位偏差………… 1042
23.2.2.4 外观要求……………………… 1043
23.2.2.5 理化和力学性能……………… 1044
23.2.2.6 甲醛释放量…………………… 1045
23.2.2.7 特殊性能……………………… 1045
23.2.2.8 装配要求及检验方法………… 1045
23.3 铝合金门窗 ……………………… 1046
23.3.1 铝合金门窗的种类和规格……… 1046
23.3.1.1 用途…………………………… 1046
23.3.1.2 命名和标记…………………… 1048
23.3.2 铝合金门窗技术要求…………… 1048
23.3.2.1 型材…………………………… 1048
23.3.2.2 外观…………………………… 1049
23.3.2.3 尺寸…………………………… 1050
23.3.3 铝合金门窗安装要点…………… 1051
23.3.3.1 成品堆放及测量复核要点………………………………… 1051
23.3.3.2 框的安装要点………………… 1052
23.3.3.3 扇的安装要点………………… 1054
23.3.3.4 五金件的安装要点…………… 1054
23.3.3.5 玻璃的安装要点……………… 1055
23.3.3.6 门窗保护及清理要点………… 1056
23.3.4 铝合金门窗安装质量标准……… 1057
23.4 铝塑复合门窗 …………………… 1058
23.4.1 铝塑复合门窗的种类和代号…… 1058
23.4.2 铝塑复合门窗的规格…………… 1059
23.4.3 铝塑复合门窗的标记方法……… 1059
23.4.4 铝塑复合门窗材质要求………… 1060
23.4.4.1 铝塑复合型材………………… 1060
23.4.4.2 玻璃…………………………… 1060
23.4.4.3 密封及弹性材料……………… 1060
23.4.4.4 五金件、附件、紧固件、增强型钢………………………… 1061
23.4.5 铝塑复合门窗质量要求………… 1061
23.4.5.1 外观质量要求………………… 1061
23.4.5.2 门、窗的装配质量标准……… 1061
23.4.5.3 门、窗的性能………………… 1062
23.5 塑钢门窗 ………………………… 1065
23.5.1 塑钢门窗的种类和规格………… 1065
23.5.2 门窗及其材料质量要求………… 1072
23.5.3 塑钢门窗安装要点……………… 1072

23.5.4　塑钢门窗安装质量标准…………　1078
23.6　彩板门窗　……………………　1080
23.6.1　彩板门窗的种类和规格…………　1080
23.6.2　彩板门窗安装要点………………　1082
23.6.3　彩板门窗安装质量标准…………　1084
23.7　特种门窗　……………………　1085
23.7.1　防火门……………………………　1085
23.7.1.1　防火门的种类及代号………　1085
23.7.1.2　防火门的规格………………　1087
23.7.1.3　防火门的标记方法…………　1087
23.7.1.4　防火门及材料质量要求……　1088
23.7.1.5　木质防火门…………………　1092
23.7.1.6　钢制防火门…………………　1099
23.7.2　防盗门……………………………　1102
23.7.2.1　防盗门的种类、标记及安全级别……………………　1102
23.7.2.2　防盗门的技术要求…………　1103
23.7.2.3　防盗门安装质量标准………　1104
23.7.3　卷帘门窗…………………………　1104
23.7.3.1　卷帘门窗的种类……………　1104
23.7.3.2　卷帘门窗的节点构造………　1105
23.7.3.3　卷帘门窗安装要点…………　1105
23.7.3.4　卷帘门窗安装质量标准……　1106
23.7.4　金属转门…………………………　1107
23.7.4.1　金属转门的种类和规格……　1107
23.7.4.2　金属转门的技术要求………　1107
23.7.4.3　金属转门安装质量标准……　1108
23.8　纱门窗……………………………　1108
23.8.1　纱门窗的种类与标记……………　1108
23.8.2　纱门窗型材质量要求……………　1109
23.8.3　纱门窗的安装要点………………　1111
23.8.4　纱门窗安装质量标准……………　1111
23.9　铝木复合门窗　…………………　1112
23.9.1　铝木复合门窗的种类和标记……　1112
23.9.1.1　品种分类……………………　1112
23.9.1.2　功能类型……………………　1112
23.9.1.3　规格…………………………　1113
23.9.1.4　命名、标记…………………　1113
23.9.2　门窗及其材料质量要求…………　1114
23.9.2.1　铝合金型材…………………　1114
23.9.2.2　木材…………………………　1114
23.9.2.3　水性涂料……………………　1116
23.9.2.4　玻璃…………………………　1116
23.9.2.5　密封材料……………………　1116
23.9.2.6　五金配件、紧固件…………　1116
23.9.3　铝木复合门窗安装要点…………　1116
23.9.4　铝木复合门窗安装质量标准……　1117
23.10　门窗节能………………………　1120
23.10.1　外门窗主要节能要求　…………　1120
23.10.2　门窗节能性能指标参数　………　1124
23.10.3　门窗节能技术、措施　…………　1128
23.10.4　外门窗节能质量验收　…………　1128
23.11　门窗绿色施工　………………　1129
23.11.1　环境保护　………………………　1129
23.11.2　节材与材料资源利用　…………　1129

# 14 钢筋工程

## 14.1 材 料

### 14.1.1 钢筋品种与规格

钢筋混凝土用钢筋主要有热轧光圆钢筋、热轧带肋钢筋、余热处理钢筋、冷轧带肋钢筋、冷轧扭钢筋、冷拔螺旋钢筋、冷拔低碳钢丝等。钢筋工程施工宜应用高强度钢筋及专业化生产的成型钢筋。

常用钢筋的强度标准值应具有不小于95%的保证率。钢筋屈服强度、抗拉强度的标准值及极限应变应满足表14-1的要求。

**钢筋强度标准值及极限应变** **表14-1**

| 钢筋种类 | 抗拉强度设计值 $f_y$<br>抗压强度设计值 $f'_y$<br>(N/mm²) | 屈服强度 $f_{yk}$<br>(N/mm²) | 抗拉强度 $f_{stk}$<br>(N/mm²) | 极限变形 $\varepsilon_{su}$(%) |
|---|---|---|---|---|
| HPB235 | 210 | 235 | 370 | 不小于10.0 |
| HPB300 | 270 | 300 | 420 | |
| HRB335、HRBF335 | 300 | 335 | 455 | 不小于7.5 |
| HRB335E、HRBF335E | 300 | 335 | 455 | 不小于9.0 |
| HRB400、HRBF400 | 360 | 400 | 540 | 不小于7.5 |
| HRB400E、HRBF400E | 360 | 400 | 540 | 不小于9.0 |
| RRB400 | 360 | 400 | 540 | 不小于7.5 |
| HRB500、HRBF500 | 435 | 500 | 630 | 不小于7.5 |
| HRB500E、HRBF500E | 435 | 500 | 630 | 不小于9.0 |
| RRB500 | 435 | 500 | 630 | 不小于7.5 |

注：表中屈服强度的符号 $f_{yk}$ 在相关钢筋产品标准中表达为 $R_{eL}$，抗拉强度的符号 $f_{stk}$ 在相关钢筋产品标准中表达为 $R_m$。

施工过程中应采取防止钢筋混淆、锈蚀或损伤的措施。在同一工程中不应同时应用HPB235和HPB300两种光圆钢筋，以避免错用。

当需要进行钢筋代换时，应办理设计变更文件。

#### 14.1.1.1 热轧（光圆、带肋）钢筋

热轧光圆钢筋是经热轧成型，横截面通常为圆形，表面光滑的成品钢筋。

热轧带肋钢筋是经热轧成型，横截面通常为圆形，且表面带肋的混凝土结构用钢材，

包括普通热轧钢筋和细晶粒热轧钢筋。

普通热轧钢筋是按热轧状态交货的钢筋，其金相组织主要是铁素体加珠光体，不得有影响使用性能的其他组织存在。

细晶粒热轧钢筋是在热轧过程中，通过控轧和控冷工艺形成的细晶粒钢筋，其金相组织主要是铁素体加珠光体，不得有影响使用性能的其他组织存在，晶粒度不粗于 9 级。

1. 牌号及化学成分

(1) 热轧钢筋的牌号的构成及其含义见表 14-2。

**热轧钢筋牌号及其含义** **表 14-2**

<table>
<tr><th>产品名称</th><th>牌号</th><th>牌号构成</th><th>英文字母含义</th></tr>
<tr><td rowspan="2">热轧光圆钢筋</td><td>HPB235</td><td rowspan="2">由 HPB+屈服强度的特征值构成</td><td rowspan="2">HPB-热轧光圆钢筋的英文（Hot rolled Plain Bars）缩写</td></tr>
<tr><td>HPB300</td></tr>
<tr><td rowspan="6">普通热轧带肋钢筋</td><td>HRB335</td><td rowspan="3">由 HRB+屈服强度的特征值构成</td><td rowspan="6">HRB-热轧带肋钢筋的英文（Hot rolled Ribbed Bars）的缩写<br>E-有较高抗震要求的钢筋在已有牌号后加 E</td></tr>
<tr><td>HRB400</td></tr>
<tr><td>HRB500</td></tr>
<tr><td>HRB335E</td><td rowspan="3">由 HRB+屈服强度的特征值+E 构成</td></tr>
<tr><td>HRB400E</td></tr>
<tr><td>HRB500E</td></tr>
<tr><td rowspan="6">细晶粒热轧带肋钢筋</td><td>HRBF335</td><td rowspan="3">由 HRBF+屈服强度的特征值构成</td><td rowspan="6">HRBF-在热轧带肋钢筋的英文缩写后加“细”的英文（Fine）首位字母<br>E-有较高抗震要求的钢筋在已有牌号后加 E</td></tr>
<tr><td>HRBF400</td></tr>
<tr><td>HRBF500</td></tr>
<tr><td>HRBF335E</td><td rowspan="3">由 HRBF+屈服强度的特征值+E 构成</td></tr>
<tr><td>HRBF400E</td></tr>
<tr><td>HRBF500E</td></tr>
</table>

(2) 热轧钢筋的化学成分见表 14-3。

**热轧钢筋化学成分** **表 14-3**

<table>
<tr><th rowspan="2">牌 号</th><th colspan="6">化学成分（质量分数）(%)，不大于</th></tr>
<tr><th>C</th><th>Si</th><th>Mn</th><th>P</th><th>S</th><th>Ceq</th></tr>
<tr><td>HPB235</td><td>0.22</td><td>0.30</td><td>0.65</td><td rowspan="2">0.045</td><td rowspan="2">0.050</td><td rowspan="2">—</td></tr>
<tr><td>HPB300</td><td>0.25</td><td>0.55</td><td>1.50</td></tr>
<tr><td>HRB335<br>HRB335E<br>HRBF335<br>HRBF335E</td><td rowspan="3">0.25</td><td rowspan="3">0.80</td><td rowspan="3">1.6</td><td rowspan="3">0.045</td><td rowspan="3">0.045</td><td>0.52</td></tr>
<tr><td>HRB400<br>HRB400E<br>HRBF400<br>HRBF400E</td><td>0.54</td></tr>
<tr><td>HRB500<br>HRB500E<br>HRBF500<br>HRBF500E</td><td>0.55</td></tr>
</table>

注：1. 热轧光圆钢筋中残余元素铬、镍、铜含量应不大于 0.30%，供方如能保证可不作分析；
2. 碳当量 Ceq（百分比）值：Ceq=C+Mn/6+（Cr+V+Mo）/5+（Cu+Ni）/15；
3. 钢的氮含量应不大于 0.012%，供方如能保证可不作分析。钢中如有足够数量的氮结合元素，含氮量的限制可适当放宽；
4. 钢筋的成品化学成分允许偏差应符合 GB/T 222 的规定，碳当量 Ceq 的允许偏差为+0.03%。

2. 尺寸、外形、重量及允许偏差

(1) 公称直径范围及推荐直径

钢筋的公称直径范围为6～50mm，《钢筋混凝土用钢》(GB1499）推荐的钢筋公称直径为6mm、8mm、10mm、12mm、16mm、20mm、25mm、32mm、40mm、50mm。

（2）公称横截面面积与理论重量

钢筋公称截面面积与理论重量见表14-4。

钢筋公称截面面积及理论重量　　表14-4

| 公称直径（mm） | 公称截面面积（$mm^2$） | 理论重量（kg/m） |
|---|---|---|
| 6（6.5） | 28.27（33.18） | 0.222（0.260） |
| 8 | 50.27 | 0.395 |
| 10 | 78.54 | 0.617 |
| 12 | 113.1 | 0.888 |
| 14 | 153.9 | 1.21 |
| 16 | 201.1 | 1.58 |
| 18 | 254.5 | 2.00 |
| 20 | 314.2 | 2.47 |
| 22 | 380.1 | 2.98 |
| 25 | 490.9 | 3.85 |
| 28 | 615.8 | 4.83 |
| 32 | 804.2 | 6.31 |
| 36 | 1018 | 7.99 |
| 40 | 1257 | 9.87 |
| 50 | 1964 | 15.42 |

注：表中的理论重量按密度7.85g/$cm^3$计算。公称直径6.5mm的产品为过渡性产品。

（3）钢筋的表面形状及允许偏差

1）光圆钢筋的界面形状为圆形。

2）带有纵肋的月牙肋钢筋，其外形见图14-1。

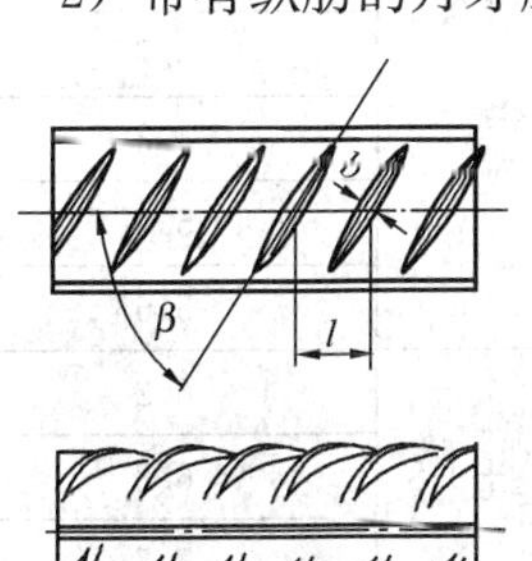
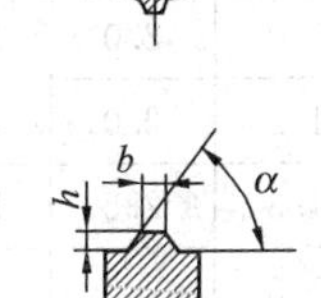
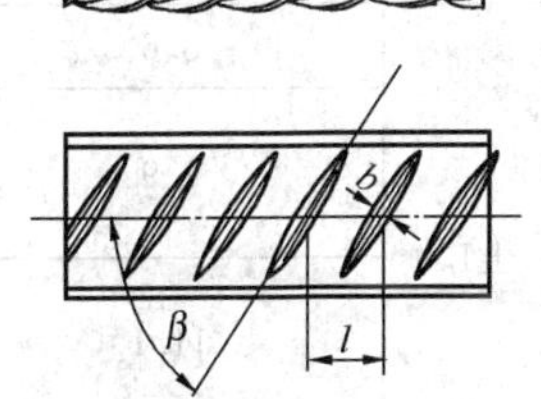
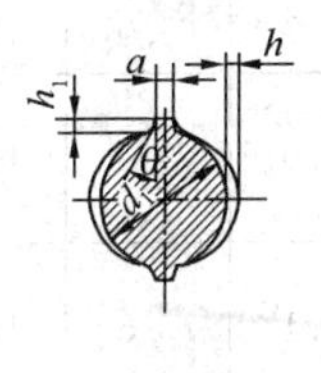
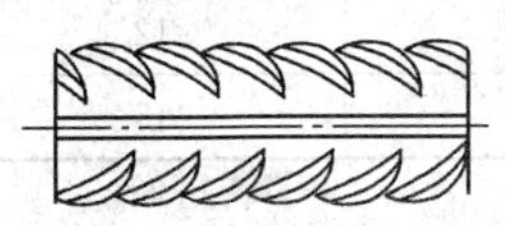
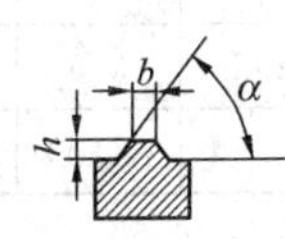

图14-1　月牙肋钢筋（带纵肋）表面及截面形状
$d_1$—钢筋内径；$\alpha$—横肋斜角；$h$—横肋高度；$\beta$—横肋与轴线夹角；$h_1$—纵肋高度；$\theta$—纵肋斜角；$a$—纵肋顶宽；$l$—横肋间距；$b$—横肋顶宽

3）光圆钢筋的直径允许偏差和不圆度应符合表14-5的规定，钢筋实际重量与理论重量的偏差符合表14-6规定时，钢筋直径允许偏差不作交货条件。

光圆钢筋直径允许偏差　　表14-5

| 公称直径（mm） | 允许偏差（mm） | 不圆度（mm） |
|---|---|---|
| 6（6.5）<br>8<br>10<br>12 | ±0.3 | ≤0.4 |
| 14<br>16<br>18<br>20<br>22 | ±0.4 | |

钢筋实际重量与理论重量的允许偏差　　表14-6

| 公称直径（mm） | 实际重量与理论重量的偏差（%） |
|---|---|
| 6～12 | ±7 |
| 14～22 | ±5 |

4）带肋钢筋横肋设计原则应符合下列规定：

①横肋与钢筋轴线的夹角$\beta$不应小于45°；当夹角大于70°时，钢筋相对两面上横肋的方向应相反。

②横肋公称间距不得大于钢筋公称直径的0.7倍。

③横肋侧面与钢筋表面的夹角$\beta$不应小于45°。

④钢筋相邻两面上横肋末端之间的间隙（包括纵肋宽度）总和不应大于钢筋公称周长的20%。

⑤当钢筋公称直径不大于12mm时，相对肋面积不应小于0.055；公称直径为14mm和16mm时，相对肋面积不应小于0.060；公称直径大于16mm时，相对肋面积不应小于0.065。

⑥带有纵肋的月牙肋钢筋，其尺寸允许偏差应符合表14-7的规定，钢筋实际重量与理论重量的偏差符合表14-8规定时，钢筋直径允许偏差不作交货条件。

**带肋钢筋允许偏差（mm）**　　**表14-7**

| 公称直径 $d$ | 内径 $d_1$ | | 横肋高 $h$ | | 纵肋高 $h_1$（不大于） | 横肋宽 $b$ | 纵肋宽 $a$ | 间距 $l$ | | 横肋末端最大间隙（公称周长的10%弦长） |
|---|---|---|---|---|---|---|---|---|---|---|
| | 公称尺寸 | 允许偏差 | 公称尺寸 | 允许偏差 | | | | 公称尺寸 | 允许偏差 | |
| 6 | 5.8 | ±0.3 | 0.6 | ±0.3 | 0.8 | 0.4 | 1.0 | 4.0 | | 1.8 |
| 8 | 7.7 | | 0.8 | +0.4<br>−0.3 | 1.1 | 0.5 | 1.5 | 5.5 | | 2.5 |
| 10 | 9.6 | | 1.0 | ±0.4 | 1.3 | 0.6 | 1.5 | 7.0 | ±0.5 | 3.1 |
| 12 | 11.5 | ±0.4 | 1.2 | +0.4<br>−0.5 | 1.6 | 0.7 | 1.5 | 8.0 | | 3.7 |
| 14 | 13.4 | | 1.4 | | 1.8 | 0.8 | 1.8 | 9.0 | | 4.3 |
| 16 | 15.4 | | 1.5 | | 1.9 | 0.9 | 1.8 | 10.0 | | 5.0 |
| 18 | 17.3 | | 1.6 | ±0.5 | 2.0 | 1.0 | 2.0 | 10.0 | | 5.6 |
| 20 | 19.3 | | 1.7 | | 2.1 | 1.2 | 2.0 | 10.0 | | 6.2 |
| 22 | 21.3 | ±0.5 | 1.9 | | 2.4 | 1.3 | 2.5 | 10.5 | ±0.8 | 6.8 |
| 25 | 24.2 | | 2.1 | ±0.6 | 2.6 | 1.5 | 2.5 | 12.5 | | 7.7 |
| 28 | 27.2 | | 2.2 | | 2.7 | 1.7 | 3.0 | 12.5 | | 8.6 |
| 36 | 31.0 | ±0.6 | 2.4 | +0.8<br>−0.7 | 3.0 | 1.9 | 3.0 | 14.0 | ±1.0 | 9.9 |
| 36 | 35.0 | | 2.6 | +1.0<br>−0.8 | 3.2 | 2.1 | 3.5 | 15.0 | | 11.1 |
| 40 | 38.7 | ±0.7 | 2.9 | ±1.1 | 3.5 | 2.2 | 3.5 | 15.0 | | 12.4 |
| 50 | 48.5 | ±0.8 | 3.2 | ±1.2 | 3.8 | 2.5 | 4.0 | 16.0 | | 15.5 |

注：1. 纵肋斜角$\theta$为0°～30°；

2. 尺寸$a$、$b$为参考数据。

带肋钢筋实际重量与理论重量的允许偏差　　表 14-8

| 公称直径（mm） | 实际重量与理论重量的偏差（%） |
| --- | --- |
| 6～12 | ±7 |
| 14～20 | ±5 |
| 22～50 | ±4 |

（4）长度及允许偏差

钢筋可以盘卷交货，每盘应是一条钢筋，允许每批有 5%的盘数（不足两盘时可有两盘）由两条钢筋组成。其盘重及盘径由供需双方协商确定。

钢筋通常按定尺长度交货。光圆钢筋按定尺长度交货的直条钢筋其长度允许偏差范围为 0～+50mm。带肋钢筋按定尺交货时的长度允许偏差为±25mm，当要求最小长度时，其偏差为+50mm；当要求最大长度时，其偏差为−50mm。

（5）弯曲度和端部

直条钢筋的弯曲度应不影响正常使用，总弯曲度不大于钢筋总长度的 0.4%。

钢筋端部应剪切正直，局部变形应不影响使用。

**14.1.1.2　余热处理钢筋**

余热处理钢筋是热轧后立即穿水，进行表面控制冷却，然后芯部余热自身完成回火处理所得的成品钢筋。

1. 牌号及化学成分

余热处理钢筋的牌号及化学成分应符合表 14-9 的规定。

余热处理钢筋的化学成分　　表 14-9

| 表面形状 | 强度代号 | 牌号 | 化学成分（%） | | | | |
| --- | --- | --- | --- | --- | --- | --- | --- |
| | | | C | Si | Mn | P | S |
| | | | | | | 不大于 | |
| 月牙肋 | KL400 | 20MnSi | 0.17～0.25 | 0.40～0.80 | 1.20～1.60 | 0.045 | 0.045 |

钢中的铬、镍、铜的残余含量应各不大于 0.30%，其总量不大于 0.60%。经需方同意，铜的残余含量可不大于 0.35%。供方保证可不作分析。

氧气转炉的氮含量不应大于 0.008%，采用吹氧复合吹炼工艺冶炼的钢，氮含量可不大于 0.012%。供方保证可不作分析。

2. 尺寸、外形、重量及允许偏差

（1）钢筋的公称直径范围为 8～40mm。

（2）公称横截面面积和理论重量与热轧钢筋相同，见表 14-4。

（3）余热处理钢筋采用月牙肋表面形状，如图 14-1，其尺寸及允许偏差应符合表 14-10的规定。

**月牙肋钢筋允许偏差**（mm）　　**表 14-10**

| 公称直径 $d$ | 内径 $d$ | | 横肋高 $h$ | | 纵肋高 $h_1$ | | 横肋宽 $b$ | 纵肋宽 $a$ | 间距 $l$ | | 横肋末端最大间隙（公称周长的10%弦长） |
|---|---|---|---|---|---|---|---|---|---|---|---|
| | 公称尺寸 | 允许偏差 | 公称尺寸 | 允许偏差 | 公称尺寸 | 允许偏差 | | | 公称尺寸 | 允许偏差 | |
| 8 | 7.7 | | 0.8 | +0.4 −0.2 | 0.8 | ±0.5 | 0.5 | 1.5 | 5.5 | | 2.5 |
| 10 | 9.6 | | 1.0 | ±0.4 −0.3 | 1.0 | | 0.6 | 1.5 | 7.0 | | 3.1 |
| 12 | 11.5 | ±0.4 | 1.2 | | 1.2 | | 0.7 | 1.5 | 8.0 | ±0.5 | 3.7 |
| 14 | 13.4 | | 1.4 | ±0.4 | 1.4 | | 0.8 | 1.8 | 9.0 | | 4.3 |
| 16 | 15.4 | | 1.5 | | 1.5 | ±0.8 | 0.9 | 1.8 | 10.0 | | 5.0 |
| 18 | 17.3 | | 1.6 | +0.5 −0.4 | 1.6 | | 1.0 | 2.0 | 10.0 | | 5.6 |
| 20 | 19.3 | | 1.7 | ±0.5 | 1.7 | | 1.2 | 2.0 | 10.0 | | 6.2 |
| 22 | 21.3 | ±0.5 | 1.9 | | 1.9 | | 1.3 | 2.5 | 10.5 | | 6.8 |
| 25 | 24.2 | | 2.1 | ±0.6 | 2.1 | ±0.9 | 1.5 | 2.5 | 12.5 | ±0.8 | 7.7 |
| 28 | 27.2 | | 2.2 | | 2.2 | | 1.7 | 3.0 | 12.5 | | 8.6 |
| 32 | 31.0 | ±0.6 | 2.4 | +0.8 −0.7 | 2.4 | | 1.9 | 3.0 | 14.0 | | 9.9 |
| 36 | 35.0 | | 2.6 | +1.0 −0.8 | 2.6 | ±1.1 | 2.1 | 3.5 | 15.0 | 1.0 | 11.1 |
| 40 | 38.7 | ±0.7 | 2.9 | ±1.1 | 2.9 | | 2.2 | 3.5 | 15.0 | | 12.4 |

注：1. 纵肋斜角 $\theta$ 为 0°～30°；

2. 尺寸 $a$、$b$ 为参考数据。

（4）余热处理钢筋的重量允许偏差见表 14-11。

**余热处理钢筋的重量允许偏差**　　**表 14-11**

| 公称直径（mm） | 实际重量与公称重量的偏差（%） |
|---|---|
| 8～12 | ±7 |
| 14～20 | ±5 |
| 22～24 | ±4 |

（5）长度及允许偏差

钢筋按直条交货时，其通常长度为 3.5～12m。其中长度为 3.5m 至小于 6m 之间的钢筋不应超过每批重量的 3%。

带肋钢筋以盘卷钢筋交货时每盘应是一整条钢筋，其盘重及盘径应由供需双方协商。

钢筋按定尺或倍尺长度交货时，应在合同中注明。其长度允许偏差不应大于＋50mm。

（6）弯曲度和端部

钢筋每米弯曲度不应大于 4mm，总弯曲度不应大于钢筋总长度的 0.4%。

### 14.1.1.3 冷轧带肋钢筋

冷轧带肋钢筋是热轧盘条经过冷轧后，在其表面带有沿长度方向均匀分布的三面或二面横肋的钢筋。

1. 牌号及化学成分

CRB550、CRB650、CRB800、CRB970 钢筋用盘条的参考牌号及化学成分（熔炼分析）见表 14-12，60 钢的 Ni、Cr、Cu 含量（质量分数）各不大于 0.25%。

**冷轧带肋钢筋用盘条的参考牌号和化学成分　　表 14-12**

| 钢筋牌号 | 盘条牌号 | 化学成分（质量分数）（%） | | | | | |
|---|---|---|---|---|---|---|---|
| | | C | Si | Mn | V，Ti | S | P |
| CRB550 | Q215 | 0.09～0.15 | ≤0.30 | 0.25～0.55 | — | ≤0.05 | ≤0.045 |
| CRB650 | Q235 | 0.14～0.22 | ≤0.30 | 0.30～0.65 | — | ≤0.05 | ≤0.045 |
| CRB800 | 24MnTi | 0.19～0.27 | 0.17～0.37 | 1.20～1.60 | Ti：0.01～0.05 | ≤0.045 | ≤0.045 |
| | 20MnSi | 0.17～0.25 | 0.40～0.80 | 1.20～1.60 | — | ≤0.045 | ≤0.045 |
| CRB970 | 41MnSiV | 0.37～0.45 | 0.60～1.10 | 1.00～1.4 | V：0.05～0.12 | ≤0.045 | ≤0.045 |
| | 60 | 0.57～0.65 | 0.17～0.37 | 0.50～0.80 | — | ≤0.035 | ≤0.035 |

2. 尺寸、外形、重量及允许偏差

（1）公称直径范围及推荐直径

CRB550 钢筋的公称直径范围为 4～12mm，CRB650 及以上牌号钢筋的公称直径为 4mm、5mm、6mm。

（2）公称横截面面积与理论重量

三面肋和两面肋钢筋的尺寸、重量及允许偏差应符合表 14-13 的规定。

**三面肋和两面肋钢筋的尺寸、重量及允许偏差　　表 14-13**

| 公称直径 $d$（mm） | 公称横截面积（$mm^2$） | 重量 | | 横肋中点高 | | 横肋 1/4 处高 $h_{1/4}$（mm） | 横肋顶宽 $b$（mm） | 横肋间隙 | | 相对肋面积 $f_r$ 不小于 |
|---|---|---|---|---|---|---|---|---|---|---|
| | | 理论重量（kg/m） | 允许偏差（%） | $h$（mm） | 允许偏差（mm） | | | $l$（mm） | 允许偏差（%） | |
| 4 | 12.6 | 0.099 | ±4 | 0.30 | +0.10<br>−0.05 | 0.24 | −0.2$d$ | 4.0 | ±15 | 0.036 |
| 4.5 | 15.9 | 0.125 | | 0.32 | | 0.26 | | 4.0 | | 0.039 |
| 5 | 19.6 | 0.154 | | 0.32 | | 0.26 | | 4.0 | | 0.039 |
| 5.5 | 23.7 | 0.186 | | 0.40 | | 0.32 | | 5.0 | | 0.039 |
| 6 | 28.3 | 0.222 | | 0.40 | | 0.32 | | 5.0 | | 0.039 |
| 6.5 | 33.2 | 0.261 | | 0.46 | | 0.37 | | 5.0 | | 0.045 |
| 7 | 38.5 | 0.302 | | 0.46 | | 0.37 | | 5.0 | | 0.045 |
| 7.5 | 44.2 | 0.347 | | 0.55 | | 0.44 | | 6.0 | | 0.045 |
| 8 | 50.3 | 0.395 | | 0.55 | | 0.44 | | 6.0 | | 0.045 |
| 8.5 | 56.7 | 0.445 | | 0.55 | ±0.10 | 0.44 | | 7.0 | | 0.045 |
| 9 | 63.6 | 0.499 | | 0.75 | | 0.60 | | 7.0 | | 0.052 |
| 9.5 | 70.8 | 0.556 | | 0.75 | | 0.60 | | 7.0 | | 0.052 |
| 10 | 78.5 | 0.617 | | 0.75 | | 0.60 | | 7.0 | | 0.052 |
| 10.5 | 86.5 | 0.679 | | 0.75 | | 0.60 | | 7.4 | | 0.052 |
| 11 | 95.0 | 0.746 | | 0.85 | | 0.68 | | 7.4 | | 0.056 |
| 11.5 | 103.8 | 0.815 | | 0.95 | | 0.76 | | 8.4 | | 0.056 |
| 12 | 113.1 | 0.888 | | 0.95 | | 0.76 | | 8.4 | | 0.056 |

(3) 其他要求

1) 钢筋通常按盘卷交货，CRB550 钢筋也可按直条交货。钢筋按直条交货时，其长度及允许偏差按供需双方协商确定。

2) 盘卷钢筋的重量不小于 100kg，每盘应由一根钢筋组成，CRB650 及以上牌号钢筋不得有焊接接头。

3) 直条钢筋的每米弯曲度不大于 4mm，总弯曲度不应大于钢筋总长度的 0.4%。

**14.1.1.4 冷轧扭钢筋**

冷轧扭钢筋是低碳钢热轧圆盘条经专用钢筋冷轧扭机调直、冷轧并冷扭一次成型，具有规定截面形状和节距的连续螺旋状钢筋。其形状见图 14-2。

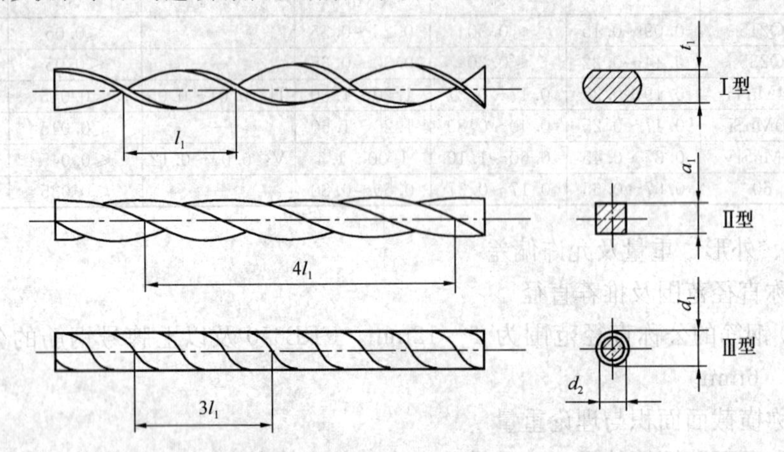


图 14-2 冷轧扭钢筋形状及截面控制尺寸

$l_1$—节距；$t_1$—轧扁厚度；$a_1$—边长；$d_1$—外圆直径；$d_2$—内圆直径

1. 原材料

生产冷轧扭钢筋用的原材料宜优先选用符合《低碳钢无扭控冷热轧盘条》(YB4027)规定的低碳钢无扭控冷热轧盘条（高速线材），也可选用符合《低碳钢热轧圆盘条》(GB/T701) 规定的低碳钢热轧圆盘条。

2. 分类、型号与标志

冷轧扭钢筋按其截面形状不同分为三种类型：近似矩形截面为Ⅰ型，近似正方形截面为Ⅱ型，近似圆形截面为Ⅲ型。

3. 尺寸、外形、重量及允许偏差

(1) 冷轧扭钢筋的截面控制尺寸、节距应符合表 14-14 的规定。

**截面控制尺寸、节距** **表 14-14**

| 强度级别 | 型号 | 标志直径 $d$ (mm) | 截面控制尺寸 (mm)，不小于 | | | | 节距 $l_1$ (mm) 不大于 |
|---|---|---|---|---|---|---|---|
| | | | 轧扁厚度 ($t_1$) | 正方形边长 ($a_1$) | 外圆直径 ($d_1$) | 内圆直径 ($d_2$) | |
| CTB550 | Ⅰ | 6.5 | 3.7 | — | — | — | 75 |
| | | 8 | 4.2 | — | — | — | 95 |
| | | 10 | 5.3 | — | — | — | 110 |
| | | 12 | 6.2 | — | — | — | 150 |

续表

| 强度级别 | 型号 | 标志直径 $d$ (mm) | 截面控制尺寸（mm），不小于 | | | | 节距 $l_1$（mm）不大于 |
|---|---|---|---|---|---|---|---|
| | | | 轧扁厚度（$t_1$） | 正方形边长（$a_1$） | 外圆直径（$d_1$） | 内圆直径（$d_2$） | |
| CTB550 | Ⅱ | 6.5 | — | 5.40 | — | — | 30 |
| | | 8 | — | 6.50 | — | — | 40 |
| | | 10 | — | 8.10 | — | — | 50 |
| | | 12 | — | 9.60 | — | — | 80 |
| | Ⅲ | 6.5 | — | — | 6.17 | 5.67 | 40 |
| | | 8 | — | — | 7.59 | 7.09 | 60 |
| | | 10 | — | — | 9.49 | 8.89 | 70 |
| CTB650 | Ⅲ | 6.5 | — | — | 6.00 | 5.50 | 30 |
| | | 8 | — | — | 7.38 | 6.88 | 50 |
| | | 10 | — | — | 9.22 | 8.67 | 70 |

（2）冷轧扭钢筋的公称横截面面积和理论质量应符合表 14-15 的规定。

**公称横截面面积和理论质量　　表 14-15**

| 强度级别 | 型号 | 标志直径 $d$（mm） | 公称横截面面积 $A_s$（$mm^2$） | 公称重量（kg/m） |
|---|---|---|---|---|
| CTB550 | Ⅰ | 6.5 | 29.50 | 0.232 |
| | | 8 | 45.30 | 0.356 |
| | | 10 | 68.30 | 0.536 |
| | | 12 | 96.14 | 0.755 |
| | Ⅱ | 6.5 | 29.20 | 0.229 |
| | | 8 | 42.30 | 0.332 |
| | | 10 | 66.10 | 0.519 |
| | | 12 | 92.74 | 0.728 |
| | Ⅲ | 6.5 | 29.86 | 0.234 |
| | | 8 | 45.24 | 0.355 |
| | | 10 | 70.69 | 0.555 |
| CTB650 | Ⅲ | 6.5 | 28.20 | 0.221 |
| | | 8 | 42.73 | 0.335 |
| | | 10 | 66.76 | 0.524 |

（3）冷轧扭钢筋定尺长度允许偏差：单根长度大于 8m 时为±15mm；单根长度不大于 8m 时为±10mm。

（4）重量偏差：冷轧扭钢筋实际重量和公称重量的负偏差不应大于 5%。

（5）冷轧扭钢筋外观质量：冷轧扭钢筋表面不应有影响钢筋力学性能的裂纹、折叠、结疤、压痕、机械损伤或其他影响使用的缺陷。

**14.1.1.5　冷拔螺旋钢筋**

1. 原材料

制造钢筋的盘条应符合《低碳钢热轧圆盘条》（GB/T 701）或《低碳钢无扭控冷热轧盘条》（YB4027）的有关规定。

牌号和化学成分（熔炼分析）应符合表 14-16 的规定。Cr、Ni、Cu 各残余含量不大于 0.30%，若供方保证，可不做检验。

冷拔螺旋钢筋的化学成分　表 14-16

| 级别代号 | 牌号 | 化学成分（%） | | | | | |
|---|---|---|---|---|---|---|---|
| | | C | Si | Mn | Ti | P | S |
| LX550 | Q215 | 0.00～0.15 | ≤0.30 | 0.25～0.55 | — | ≤0.050 | ≤0.045 |
| LX650 | Q235 | 0.14～0.22 | ≤0.30 | 0.30～0.65 | — | ≤0.050 | ≤0.045 |
| LX800 | 24MnTi | 0.19～0.27 | 0.17～0.37 | 1.20～1.60 | 0.01～0.55 | ≤0.045 | ≤0.045 |

2. 分类、代号与标志

（1）分类：螺旋钢筋按抗拉强度分为 3 级：LX550、LX650、LX800。

（2）代号：冷拔螺旋钢筋代号：LX“×××”（L 为“冷”字的汉语拼音字头，X 为“旋”字的汉语拼音字头；后面“×××”为三位阿拉伯数字，表示钢筋抗拉强度等级的数值）。

3. 尺寸、外形、重量及允许偏差

螺旋钢筋公称直径范围为 4～12mm，推荐螺旋钢筋 LX550 和 LX650 的公称直径为（4）、5、6、7、8、9、10、12mm。LX800 的公称直径为 5mm。

冷拔螺旋钢筋的尺寸、重量及允许偏差应符合表 14-17 的规定。

冷拔螺旋钢筋的尺寸、重量及允许偏差　表 14-17

| 公称直径 $d$ (mm) | 公称横截面积 (mm$^2$) | 重量 | | 槽深 | | 筋顶宽 | 螺旋角 | | 相对槽面积 $f_r$ |
|---|---|---|---|---|---|---|---|---|---|
| | | 理论重量 (kg/m) | 允许偏差不大于 (%) | $h$ (mm) | 允许偏差不大于 (mm) | $b$ (mm) | $\alpha$ (°) | 允许偏差 (°) | |
| 4 | 12.56 | 0.0986 | ±4 | 0.17 | −0.05<br>+0.10 | 0.2D<br>～<br>0.3D | 72 | ±5 | 0.030 |
| 5 | 19.63 | 0.1541 | | 0.18 | | | | | |
| 6 | 28.27 | 0.2219 | | 0.20 | | | | | |
| 7 | 38.48 | 0.3021 | | 0.22 | | | | | |
| 8 | 50.27 | 0.3946 | | 0.24 | | | | | |
| 9 | 63.62 | 0.4994 | | 0.26 | | | | | |
| 10 | 78.54 | 0.6165 | | 0.30 | | | | | |

#### 14.1.1.6　冷拔低碳钢丝

1. 原材料

（1）拔丝用热轧圆盘条应符合《低碳钢热轧圆盘条》（GB/T 701）的规定。

（2）甲级冷拔低碳钢丝应采用《低碳钢热轧圆盘条》（GB/T 701）规定的供拉丝用盘条进行拔制。

（3）热轧圆盘条经机械剥壳或酸洗除去表面氧化皮和浮锈后，方可进行拔丝操作。

（4）每次拉拔操作引起的钢丝直径减缩率不应超过 15%。

（5）允许热轧圆盘条对焊后进行冷拔，但必须是同一钢号的圆盘条，甲级冷拔低碳钢丝成品中不允许有焊接接头。

（6）在冷拔过程中，不得酸洗和退火，冷拔低碳钢丝成品不允许对焊。

2. 分类、型号与标记

（1）分类：冷拔低碳钢丝分为甲、乙两级。甲级冷拔低碳钢丝适用于作预应力筋；乙级冷拔低碳钢丝适用于作焊接网、焊接骨架、箍筋和构造筋。

(2) 代号：冷拔低碳钢丝的代号为CDW（"CDW"为Cold-DrawnWire的英文字头）。

(3) 标记：标记内容包含冷拔低碳钢丝名称、公称直径、抗拉强度、代号及标准号。

3. 直径、横截面积及表面质量

(1) 冷拔低碳钢丝的公称直径、允许偏差及公称横截面面积应符合表14-18的规定。

**冷拔低碳钢丝的公称直径、允许偏差及公称横截面面积**　　**表14-18**

| 公称直径 $d$（mm） | 直径允许偏差（mm） | 公称横截面积 $s$（$mm^2$） |
|---|---|---|
| 3.0 | ±0.06 | 7.07 |
| 4.0 | ±0.08 | 12.57 |
| 5.0 | ±0.10 | 19.63 |
| 6.0 | ±0.12 | 28.27 |

(2) 冷拔低碳钢丝的表面不应有裂纹、小刺、油污及其他机械损伤。表面允许有浮锈，但不得出现锈皮及肉眼可见的锈蚀麻坑。

## 14.1.2 钢　筋　性　能

### 14.1.2.1 钢筋力学性能

1. 热轧钢筋

(1) 热轧钢筋的屈服强度 $R_{eL}$、抗拉强度 $R_m$、断后伸长率 $A$、最大力总伸长率 $A_{gt}$ 等力学性能特征值应符合表14-19的规定。表14-19所列各力学特征值，可作为交货检验的最小保证值。

**热轧钢筋力学性能**　　**表14-19**

| 牌　号 | $R_{eL}$（MPa） | $R_m$（MPa） | $A$（%） | $A_{gt}$（%） |
|---|---|---|---|---|
| | 不小于 | | | |
| HPB235 | 235 | 370 | 25.0 | 10.0 |
| HPB300 | 300 | 420 | | |
| HRB335<br>HRBF335 | 335 | 455 | 17.0 | 7.5 |
| HRB335E<br>HRBF335E | 335 | 455 | 17.0 | 9.0 |
| HRB400<br>HRBF400 | 400 | 540 | 16.0 | 7.5 |
| HRB400E<br>HRBF400E | 400 | 540 | 16.0 | 9.0 |
| HRB500<br>HRBF500 | 500 | 630 | 15.0 | 7.5 |
| HRB500E<br>HRBF500E | 500 | 630 | 15.0 | 9.0 |

(2) 根据供需双方协议，伸长率类型可从 $A$ 或 $A_{gt}$ 中选定。如伸长率类型未经协议确定，则伸长率采用 $A$，仲裁检验时采用 $A_{gt}$。

(3) 直径28～40mm各牌号钢筋断后伸长率 $A$ 可降低1%，直径大于40mm各牌号钢筋的断后伸长率 $A$ 可降低2%。

(4) 对有抗震要求的结构，其纵向受力钢筋的性能应满足设计要求；当设计无具体要求时，对按一、二、三级抗震等级设计的框架和斜撑构件（含梯段）中的纵向受力钢筋应采用 HRB335E、HRB400E、HRB500E、HRBF335E、HRBF400E、HRBF500E 钢筋(GB 1499.2 规定，对有较高要求的抗震结构，其适用的钢筋牌号为在表 14-9 中已有带肋钢筋牌号后加 E)。其强度和最大力下总伸长率的实测值应符合下列规定：

1）钢筋的抗拉强度实测值与屈服强度实测值的比值不应小于 1.25；

2）钢筋的屈服强度实测值与屈服强度标准值的比值不应大于 1.30；

3）钢筋的最大力下总伸长率不应小于 9%。

(5) 对没有明显屈服强度的钢，屈服强度特征值 $R_{eL}$ 应采用规定非比例延伸强度 $R_{p0.2}$。

(6) 除采用冷拉方法调直钢筋外，带肋钢筋不得经过冷拉后使用。

(7) 施工中发现钢筋脆断、焊接性能不良或力学性能显著不正常等现象时，应停止使用该批钢筋，并应对该批钢筋进行化学成分检验或其他专项检验。

2. 冷轧带肋钢筋

冷轧带肋钢筋的力学性能和工艺性能应符合表 14-20 的规定。

**冷轧带肋钢筋的力学性能和工艺性能　　表 14-20**

| 牌号 | $R_{p0.2}$ (MPa) 不小于 | $R_m$ (MPa) 不小于 | 伸长率（%）不小于 | | 弯曲试验 180° | 反复弯曲次数 | 应力松弛 初始应力相当于公称抗拉强度的 70% |
|---|---|---|---|---|---|---|---|
| | | | $A_{11.3}$ | $A_{100}$ | | | 1000h 松弛率（%）不大于 |
| CRB550 | 500 | 550 | 8.0 | — | $D=3d$ | | — |
| CRB650 | 585 | 650 | — | 4.0 | — | 3 | 8 |
| CRB800 | 720 | 800 | — | 4.0 | — | 3 | 8 |
| CRB970 | 875 | 970 | — | 4.0 | — | 3 | 8 |

注：表中 $D$ 为弯芯直径，$d$ 为钢筋公称直径。

3. 冷轧扭钢筋

冷轧扭钢筋力学性能应符合表 14-21 规定。

**力学性能和工艺性能指标　　表 14-21**

| 强度级别 | 型号 | 抗拉强度 $\sigma_b$ (N/mm²) | 伸长率 $A$（%） | 180°弯曲试验（弯心直径=3$d$） | 应力松弛率（%）（当 $\sigma_{con}=0.7f_{ptk}$） | |
|---|---|---|---|---|---|---|
| | | | | | 10h | 1000h |
| CTB550 | Ⅰ | ≥550 | $A_{11.3}$≥4.5 | 受弯曲部位钢筋表面不得产生裂纹 | — | — |
| | Ⅱ | ≥550 | $A$≥10 | | — | — |
| | Ⅲ | ≥550 | $A$≥12 | | — | — |
| CTB650 | Ⅲ | ≥650 | $A_{100}$≥4 | | ≤5 | ≤8 |

注：1. $d$ 为冷轧扭钢筋标志直径。

2. $A$、$A_{11.3}$分别表示以标距 $5.65\sqrt{S_0}$ 或 $11.3\sqrt{S_0}$（$S_0$ 为试样原始截面面积）的试样拉断伸长率，$A_{100}$表示标距为 100mm 的试样拉断伸长率。

3. $\sigma_{con}$为预应力钢筋张拉控制应力；$f_{ptk}$为预应力冷轧扭钢筋抗拉强度标准值。

4. 冷拔螺旋钢筋

（1）冷拔螺旋钢筋的力学性能应符合表 14-22 的规定。

冷拔螺旋钢筋力学性能　　表 14-22

| 级别代号 | 屈服强度 $\sigma_{0.2}$（MPa）不小于 | 抗拉强度 $\sigma_b$（MPa）不小于 | 伸长率不小于（%） | | 冷弯 180° | | 应力松弛 $\sigma_{con}=0.7\sigma_b$ | |
|---|---|---|---|---|---|---|---|---|
| | | | $\delta_{10}$ | $\delta_{100}$ | D=弯心直径 | | 1000h 不大于（%） | 10h 不大于（%） |
| LX550 | 500 | 550 | 8 | — | $D=3d$ | 受弯曲部位表面不得产生裂缝 | — | |
| LX650 | 520 | 650 | — | 4 | $D=4d$ | | 8 | 5 |
| LX800 | 540 | 800 | — | 4 | $D=5d$ | | 8 | 5 |

注：1. 抗拉强度值应按公称直径 $d$ 计算；
2. 伸长率测量标距 $\delta_{10}$ 为 $10d$；$\delta_{100}$ 为 100mm；
3. 对成盘供应的 LX650 和 LX800 级钢筋，经调直后的抗拉强度仍应符合表中规定。

（2）螺旋钢筋的力学性能和工艺性能应符合表 14-22 的规定。当其进行冷弯试验时，受弯曲部位表面不得产生裂纹。

（3）钢筋的强屈比 $\sigma_b/\sigma_{0.2}$ 应不小于 1.05。

（4）生产厂在保证 1000h 应力松弛率合格的基础上，经常性试验可进行 10h 应力松弛试验。

5. 冷拔低碳钢丝

冷拔低碳钢丝的力学性能应符合表 14-23 的规定。

冷拔低碳钢丝的力学性能　　表 14-23

| 级　别 | 公称直径 $d$（mm） | 抗拉强度 $R$（MPa）不小于 | 断后伸长率 $A_{100}$（%）不小于 | 反复弯曲次数/（次/180°）不小于 |
|---|---|---|---|---|
| 甲级 | 5.0 | 650 | 3.0 | 4 |
| | | 600 | | |
| | 4.0 | 700 | 2.5 | |
| | | 650 | | |
| 乙级 | 3.0、4.0、5.0、6.0 | 550 | 2.0 | |

注：甲级冷拔低碳钢丝作预应力筋用时，如经机械调直则抗拉强度标准值应降低 50MPa。

**14.1.2.2　钢筋锚固性能**

在混凝土中的钢筋，由于混凝土对其具有粘结、摩擦、咬合作用，形成一种握裹力，使钢筋不容易被轻易地拔出，钢筋和混凝土便能够共同受力，从而使钢筋混凝土结构具有一定的承载能力。

根据《混凝土结构设计规范》（GB 50010），当计算中充分利用钢筋的抗拉强度时，受拉钢筋的锚固应符合下列要求：

（1）基本锚固长度应按式（14-1）、式（14-2）计算：

钢筋
$$l_{ab}=\alpha\frac{f_y}{f_t}d \tag{14-1}$$

预应力筋
$$l_{ab}=\alpha\frac{f_{py}}{f_t}d \tag{14-2}$$

（2）当采取不同的埋置方式和构造措施时，锚固长度应按式（14-3）计算：

$$l_a = \zeta_a l_{ab} \tag{14-3}$$

式中　$l_{ab}$——受拉钢筋的基本锚固长度；

$l_a$——受拉钢筋的锚固长度，不应小于 $15d$，且不小于 200mm；

$f_y$、$f_{py}$——钢筋、预应力筋的抗拉强度设计值；

$f_t$——混凝土轴心抗拉强度设计值；当混凝土强度等级高于 C60 时，按 C60 取值；

$d$——钢筋的公称直径；

$\zeta_a$——锚固长度修正系数，多个系数可以连乘计算；

$\alpha$——锚固钢筋的外形系数，按表 14-24 取用。

**锚固钢筋的外形系数**　　**表 14-24**

| 钢筋类型 | 光面钢筋 | 带肋钢筋 | 螺旋肋钢筋 | 三股钢绞线 | 七股钢绞线 |
|---|---|---|---|---|---|
| $\alpha$ | 0.16 | 0.14 | 0.13 | 0.16 | 0.17 |

(3) 纵向受拉带肋钢筋的锚固长度修正系数应根据钢筋的锚固条件按下列规定取用：

1) 当钢筋的公称直径大于 25mm 时，修正系数取 1.10；

2) 对环氧树脂涂层钢筋，修正系数取 1.25；

3) 施工过程中易受扰动的钢筋，修正系数取 1.10；

4) 当纵向受力钢筋的实际配筋面积大于其设计计算面积时，修正系数取设计计算面积与实际配筋面积的比值，但对有抗震设防要求及直接承受动力荷载的结构构件，不应考虑此项修正；

5) 锚固区混凝土保护层厚度较大时，锚固长度修正系数可按表 14-25 确定。

**保护层厚度较大时的锚固长度修正系数 $\zeta_a$**　　**表 14-25**

| 保护层厚度 | 不小于 $3d$ | 不小于 $5d$ |
|---|---|---|
| 侧边、角部 | 0.8 | 0.7 |

### 14.1.2.3　钢筋冷弯性能

1. 热轧钢筋

(1) 热轧钢筋按表 14-26 规定的弯芯直径弯曲 180°后，钢筋受弯曲部位表面不得产生裂纹。

**钢筋弯芯直径**　　**表 14-26**

| 牌　号 | 公称直径 $d$ (mm) | 弯芯直径 |
|---|---|---|
| HPB235<br>HPB300 | 6～22 | $d$ |
| HRB335<br>HRB335E<br>HRBF335<br>HRBF335E | 6～25 | $3d$ |
| | 28～40 | $4d$ |
| | >40～50 | $5d$ |
| HRB400<br>HRB400E<br>HRBF400<br>HRBF400E | 6～25 | $4d$ |
| | 28～40 | $5d$ |
| | >40～50 | $6d$ |
| HRB500<br>HRB500E<br>HRBF500<br>HRBF500E | 6～25 | $6d$ |
| | 28～40 | $7d$ |
| | >40～50 | $8d$ |

注：$d$ 为钢筋直径。

（2）根据需方要求，钢筋可进行反向弯曲性能试验。

1）反向弯曲试验的弯芯直径比弯曲试验相应增加一个钢筋公称直径。

2）反向弯曲试验：先正向弯曲90°后再反向弯曲20°，两个弯曲角度均应在去载之前测量。经反向弯曲试验后，钢筋受弯曲部位表面不得产生裂纹。

2. 冷轧带肋钢筋

1）冷轧带肋钢筋进行弯曲试验时，受弯曲部位表面不得产生裂纹。反复弯曲试验的弯曲半径应符合表14-27的规定。

**冷轧带肋钢筋反复弯曲试验的弯曲半径**（mm）　**表14-27**

| 钢筋公称直径 | 4 | 5 | 6 |
|---|---|---|---|
| 弯曲半径 | 10 | 15 | 15 |

2）钢筋的强屈比 $R_m/R_{p0.2}$ 比值不应小于1.03，经供需双方协议可用 $A_{gt}\geqslant 2.0\%$ 代替 $A$。

3）供方在保证1000h松弛率合格基础上，允许使用推算法确定1000h松弛。

**14.1.2.4　钢筋焊接性能**

（1）钢筋的焊接工艺及接头的质量检验与验收应符合相关行业标准的规定。

（2）普通热轧钢筋在生产工艺、设备有重大变化及新产品生产时进行型式检验。

（3）细晶粒热轧钢筋的焊接工艺应经试验确定。

（4）余热处理钢筋不宜进行焊接。

## 14.1.3　钢筋质量控制

**14.1.3.1　检查项目和方法**

1. 主控项目

（1）钢筋进场时，应按国家现行相关标准的规定抽取试件作力学性能和重量偏差检验，检验结果必须符合有关标准的规定。

检查数量：按进场的批次和产品的抽样检验方案确定。

检验方法：检查产品合格证、出厂检验报告和进场复验报告。

（2）对有抗震设防要求的结构，其纵向受力钢筋的性能应满足设计要求；当设计无具体要求时，对按一、二、三级抗震等级设计的框架和斜撑构件（含梯段）中的纵向受力钢筋应采用HRB335E、HRB400E、HRB500E、HRBF335E、HRBF400E或HRBF500E钢筋，其强度和最大力下总伸长率的实测值应符合下列规定：

1）钢筋的抗拉强度实测值与屈服强度实测值的比值不应小于1.25；

2）钢筋的屈服强度实测值与强度标准值的比值不应大于1.30；

3）钢筋的最大力下总伸长率不应小于9%。

检查数量：按进场的批次和产品的抽样检验方案确定。

检验方法：检查进场复验报告。

（3）当发现钢筋脆断、焊接性能不良或力学性能显著不正常等现象时，应对该批钢筋进行化学成分检验或其他专项检验。

检验方法：检查化学成分等专项检验报告。

2. 一般项目

钢筋应平直、无损伤，表面不得有裂纹、油污、颗粒状或片状老锈。

检查数量：进场时和使用前全数检查。

检验方法：观察。

**14.1.3.2 热轧钢筋检验**

钢筋的检验分为特征值检验和交货检验。

1. 特征值检验

特征值检验适用于下列情况：

(1) 供方对产品质量控制的检验。

(2) 需方提出要求，经供需双方协议一致的检验。

(3) 第三方产品认证及仲裁检验。

特征值检验规则应按《钢筋混凝土用钢》(GB 1499) 的规定进行。

2. 交货检验

交货检验适用于钢筋验收批的检验。

(1) 组批规则

钢筋应按批进行检查和验收，每批由同一牌号、同一炉罐号、同一规格的钢筋组成。每批重量通常不大于60t。超过60t部分，每增加40t（或不足40t的余数），增加一个拉伸试验试样和一个弯曲试验试样。

允许由同一牌号、同一冶炼方法、同一浇筑方法的不同炉罐号组成混合批，但各炉罐号含碳量之差不大于0.02%，含锰量之差不大于0.15%。混合批的重量不大于60t。

(2) 检验项目和取样数量

检验项目和取样数量应符合表14-28的规定。

**热轧钢筋检验项目及取样数量** **表14-28**

| 序号 | 检验项目 | 取样数量 | 取样方法 | 试验方法 |
|---|---|---|---|---|
| 1 | 化学成分<br>(熔炼分析) | 1 | GB/T 20066 | GB/T 223<br>GB/T 4336 |
| 2 | 拉伸 | 2 | 任选两根钢筋切取 | GB/T 228、GB 1499 |
| 3 | 弯曲 | 2 | 任选两根钢筋切取 | GB/T 232、GB 1499 |
| 4 | 反向弯曲 | 1 | | YB/T 5126、GB 1499 |
| 5 | 疲劳试验 | 供需双方协议 | | |
| 6 | 尺寸 | 逐支 | | GB 1499 |
| 7 | 表面 | 逐支 | | 目视 |
| 8 | 重量偏差 | | | GB 1499 |
| 9 | 晶粒度 | 2 | 任选两根钢筋切取 | GB/T 6394 |

注：1. 对化学分析和拉伸试验结果有争议时，仲裁试验分别按《黑色金属国家标准》(GB/T 223)、《金属材料室温拉伸试验方法》(GB/T 228) 进行；

2. 第4、5、9项检验项目仅适用于热轧带肋钢筋。

(3) 检验方法

1) 表面质量

钢筋应无有害表面缺陷。只要经过钢丝刷刷过的试样的重量、尺寸、横截面积和拉伸性能不低于相关要求，锈皮、表面不平整或氧化铁皮不作为拒收的理由。当带有以上规定的缺陷以外的表面缺陷的试样不符合拉伸性能或弯曲性能要求时，则认为这些缺陷是有害的。

2）拉伸、弯曲、反向弯曲试验

①拉伸、弯曲、反向弯曲试验试样不允许进行车削加工。

②计算钢筋强度用截面面积采用表 14-4 所列公称横截面积。

③最大总伸长率 $A_{gt}$ 的检验，除按表 14-28 规定及采用《金属材料室温拉伸试验方法》(GB/T 228）的有关试验方法外，也可采用《钢筋混凝土用钢》（GB 1499）附录 A 的方法。

④反向弯曲试验时，经正向弯曲的试样，应在 100℃温度下保温不少于 30min，经自然冷却后再反向弯曲。当供方能保证钢筋经人工时效后的反向弯曲性能时，正向弯曲后的试样亦可在室温下直接进行反向弯曲。

3）尺寸测量

①钢筋直径的测量精确到 0.1mm。

②带肋钢筋纵肋、横肋高度的测量采用测量同一截面两侧横肋中心高度平均值的方法，即测取钢筋最大外径，减去该处内径，所得数值的一半为该处肋高，应精确到 0.1mm。

③带肋钢筋横肋间距采用测量平均肋距的方法进行测量。即测取钢筋一面上第 1 个与第 11 个横肋的中心距离，该数值除以 10 即为横肋间距，应精确到 0.1mm。

4）重量偏差的测量

①测量钢筋重量偏差时，试样应从不同钢筋上截取，数量不少于 5 支，每支试样长度不小于 500mm。长度应逐支测量，应精确到 1mm。测量试样总重量时，应精确到不大于总重量的 1%。

②钢筋实际重量与理论重量的偏差（%）按式（14-4）计算：

$$\text{重量偏差}=\frac{\text{试样实际总重量}-(\text{试样总长度}\times\text{理论重量})}{\text{试样总长度}\times\text{理论重量}}\times 100 \tag{14-4}$$

**14.1.3.3　冷轧带肋钢筋检验**

1. 组批规则

冷轧带肋钢筋应按批进行检查和验收，每批应由同一牌号、同一外形、同一规格、同一生产工艺和同一交货状态钢筋组成，每批不大于 60t。

2. 检查项目和取样数量

冷轧带肋钢筋检验的取样数量应符合表 14-29 的规定。

**冷轧带肋钢筋检验项目、取样数量及试验方法　　表 14-29**

| 序　号 | 试验项目 | 试验数量 | 取样数量 | 试验方法 |
|---|---|---|---|---|
| 1 | 拉伸试验 | 每盘 1 个 | 在每（任）盘中随机切取 | GB/T 228 |
| 2 | 弯曲试验 | 每批 2 个 | | GB/T 232 |
| 3 | 反复弯曲试验 | 每批 2 个 | | GB/T 238 |
| 4 | 应力松弛试验 | 定期 1 个 | | GB/T 10120、GB 13788 |
| 5 | 尺寸 | 逐盘 | — | GB 13788 |
| 6 | 表面 | 逐盘 | — | 目视 |
| 7 | 重量偏差 | 每盘 1 个 | — | GB13788 |

注：表中试验数量栏中的"盘"指生产钢筋的"原料盘"。

#### 14.1.3.4　冷轧扭钢筋检验

1. 检验分类

(1) 出厂检验

冷轧扭钢筋的出厂检验以验收批为基础，冷轧扭钢筋交货时应按表 14-30 的规定进行检验。

(2) 型式检验

凡属下列情况之一者，冷轧扭钢筋应进行型式检验：

1) 新产品或老产品转厂生产的试制定型鉴定（包括技术转让）；

2) 正式生产后，当结构、材料、工艺有改变而可能影响产品性能时；

3) 正常生产每台（套）钢筋冷轧扭机累积产量达 1000t 后周期性进行；

4) 长期停产后恢复生产时；

5) 出厂检验与上次型式检验有较大差别时；

6) 国家质量监督机构提出进行型式检验要求时。

冷轧扭钢筋的出厂检验和型式检验的项目内容、取样数量和测试方法应符合表 14-30 的规定。

**冷轧扭钢筋的检验项目、取样数量和测试方法　　表 14-30**

| 序　号 | 检验项目 | 取样数量 | | 测试方法 | 备　注 |
|---|---|---|---|---|---|
| | | 出厂检验 | 型式检验 | | |
| 1 | 外观 | 逐根 | 逐根 | 目测 | |
| 2 | 截面控制尺寸 | 每批 3 根 | 每批 3 根 | JG 190 | |
| 3 | 节距 | 每批 3 根 | 每批 3 根 | JG 190 | |
| 4 | 定尺长度 | 每批 3 根 | 每批 3 根 | JG 190 | |
| 5 | 质量 | 每批 3 根 | 每批 3 根 | JG 190 | |
| 6 | 化学成分 | — | 每批 3 根 | GB 223.69 | 仅当材料的力学性能指标不符合 JG 190 时进行 |
| 7 | 拉伸试验 | 每批 2 根 | 每批 3 根 | JG 190 | 可采用前五项同批试样 |
| 8 | 180°弯曲试验 | 每批 1 根 | 每批 3 根 | GB/T 232 | |

2. 验收分批规则

冷轧扭钢筋验收批应由同一型号、同一强度等级、同一规格尺寸、同一台（套）轧机生产的钢筋组成，且每批不应大于 20t，不足 20t 按一批计。

3. 判定规则

(1) 当全部检验项目均符合《冷轧扭钢筋》(JG 190) 规定时，则该批型号的冷轧扭钢筋判定为合格。

(2) 当检验项目中一项或几项检验结果不符合《冷轧扭钢筋》(JG 190) 相关规定时，则应从同一批钢筋中重新加倍随机抽样，对不合格项目进行复检。若试样复检后合格，则可判定该批钢筋合格。否则应根据不同项目按下列规则判定：

1）当抗拉强度、伸长率、180°弯曲性能不合格或质量负偏差大于5%时，判定该批钢筋为不合格。

2）当钢筋力学与工艺性能合格，但截面控制尺寸（轧扁厚度、边长或内外圆直径）小于《冷轧扭钢筋》（JG 190）规定值或节距大于《冷轧扭钢筋》（JG 190）规定值时，该批钢筋应复验后降直径规格使用。

**14.1.3.5 冷拔螺旋钢筋检验**

1. 钢筋试验项目及方法

（1）冷拔螺旋钢筋的试验项目、取样方法、试验方法应符合表14-31的规定。

**冷拔螺旋钢筋的试验方法** **表14-31**

| 序 号 | 试验项目 | 试验数量 | 取样方法 | 试验方法 |
|---|---|---|---|---|
| 1 | 化学成分（熔炼分析） | 每炉1个 | GB 222 | GB 222 |
| 2 | 拉伸试验 | 逐盘1个 | 在每（任）盘中的任意一端去300mm后切取 | GB 228、GB 6397 |
| 3 | 弯曲试验 | 每批2个 | | GB 232 |
| 4 | 松弛试验 | 定期1个 | | 冷拔螺旋钢筋产品标准 |
| 5 | 尺寸 | 逐盘1个 | | 卡尺、投影仪 |
| 6 | 表面 | 逐盘 | | 肉眼 |
| 7 | 重量误差 | 逐盘1个 | | 冷拔螺旋钢筋产品标准 |

（2）钢筋松弛试验要点

1）试验期间试样的环境温度应保持在20±2℃。

2）试样可进行机械校直，但不得进行任何热处理和其他冷加工。

3）加在试样上的初始荷载为试样实际强度的70%乘以试样的工程面积。

4）加荷载速度为200±50MPa/min，加荷完毕保持2min后开始计算松弛值。

5）试样长度不小于公称直径的60倍。

2. 尺寸测量及重量偏差的测量

1）槽深及筋顶宽通过取10处实测，取平均值求得。尺寸测量精度精确到0.02mm。

2）重量偏差的测量。测量钢筋重量偏差时，试样长度应不小于0.5m。钢筋重量偏差值按式（14-5）计算：

$$\text{重量偏差}=\frac{\text{实际重量}-（\text{总长度}\times\text{公称重量}）}{\text{总长度}\times\text{公称重量}}\times100 \quad (14\text{-}5)$$

3. 检验规则

（1）钢筋的质量

由供方进行检查和验收，需方有权进行复查。

（2）组批规则

钢筋应成批验收。每批应由同一牌号、同一规格和同一级别的钢筋组成，每批重量不大于50t。

（3）取样数量

钢筋的取样数量应符合表14-30的规定。

供方在保证屈服强度合格的条件下，可以不逐盘进行屈服强度试验。如用户有特殊要求，应在合同中注明。

供方应定期进行应力松弛测定。如需方要求，供方应提供交货批的应力松弛值。

**14.1.3.6　冷拔低碳钢丝检验**

1. 检验方法

（1）冷拔低碳钢丝的表面质量用目视检查。

（2）冷拔低碳钢丝的直径应采用分度值不低于 0.01mm 的量具测量，测量位置应为同一截面的两个垂直方向，试验结果为两次测量值的平均值，修约到 0.01mm。

（3）拉伸试验应按《金属材料室温拉伸试验方法》(GB/T 228) 的规定进行。计算抗拉强度时应取冷拔低碳钢丝的公称横截面面积值。

（4）断后伸长率的测定应按《金属材料室温拉伸试验方法》（GB/T 228）的规定进行。在日常检验时，试样的标距划痕不得导致断裂发生在划痕处。试样长度应保证试验机上下钳口之间的距离超过原始标距 50mm。测量断后标距的量具最小刻度应不小于 0.1mm。测得的伸长率应修约到 0.5%。

2. 检验规则

（1）组批规则

冷拔低碳钢丝应成批进行检查和验收，每批冷拔低碳钢丝应由同一钢厂、同一钢号、同一总压缩率、同一直径组成，甲级冷拔低碳钢丝每批质量不大于 30t，乙级冷拔低碳钢丝每批质量不大于 50t。

（2）检查项目和取样数量

冷拔低碳钢丝的检查项目为表面质量、直径、抗拉强度、断后伸长率及反复弯曲次数。

冷拔低碳钢丝的直径每批抽查数量不少于 5 盘。

甲级冷拔低碳钢丝抗拉强度、断后伸长率及反复弯曲次数应逐盘进行检验；乙级冷拔低碳钢丝抗拉强度、断后伸长率及反复弯曲次数每批抽查数量不少于 3 盘。

（3）复检规则

冷拔低碳钢丝的表面质量检查时，如有不合格者应予以剔除。

甲级冷拔低碳钢丝的直径、抗拉强度、断后伸长率及反复弯曲次数如有某检验项目不合格时，不得进行复检。

乙级冷拔低碳钢丝的直径、抗拉强度、断后伸长率及反复弯曲次数如有某检验项目不合格时，可从该批冷拔低碳钢丝中抽取双倍数量的试样进行复检。

（4）判定规则

甲级冷拔低碳钢丝如有某检验项目不合格时，该批冷拔低碳钢丝判定为不合格。

乙级冷拔低碳钢丝所检项目合格或复检合格时，则该批冷拔低碳钢丝判定为合格；如复检中仍有某检验项目不合格，则该批冷拔低碳钢丝判定为不合格。

## 14.1.4　钢筋现场存放与保护

（1）施工现场的钢筋原材料及半成品存放及加工场地应采用混凝土硬化，且排水效果良好。对非硬化的地面，钢筋原材料及半成品应架空放置。

（2）钢筋在运输和存放时，不得损坏包装和标志，并应按牌号、规格、炉批分别堆放整齐，避免锈蚀或油污。

(3) 钢筋存放时，应挂牌标识钢筋的级别、品种、状态，加工好的半成品还应标识出使用的部位。

(4) 钢筋存放及加工过程中，不得污染。

(5) 钢筋轻微的浮锈可以在除锈后使用。但锈蚀严重的钢筋，应在除锈后，根据锈蚀情况，降规格使用。

(6) 冷加工钢筋应及时使用，不能及时使用的应做好防潮和防腐保护。

(7) 当钢筋在加工过程中出现脆裂、裂纹、剥皮等现象，或施工过程中出现焊接性能不良或力学性能显著不正常等现象时，应停止使用该批钢筋，并重新对该批钢筋的质量进行检测、鉴定。

# 14.2 配 筋 构 造

## 14.2.1 一 般 规 定

### 14.2.1.1 混凝土保护层

1. 混凝土结构的环境类别

混凝土建筑结构暴露的环境类别应按表 14-32 进行划分。

**混凝土结构的环境类别** **表 14-32**

| 环境类别 | 条 件 |
|---|---|
| 一 | 室内干燥环境；无侵蚀性静水浸没环境 |
| 二 a | 室内潮湿环境；非严寒和非寒冷地区的露天环境；非严寒和非寒冷地区与无侵蚀性的水或土壤直接接触的环境；严寒和寒冷地区的冰冻线以下与无侵蚀性的水或土壤直接接触的环境 |
| 二 b | 干湿交替环境；水位频繁变动环境；严寒和寒冷地区的露天环境；严寒和寒冷地区冰冻线以上与无侵蚀性的水或土壤直接接触的环境 |
| 三 a | 严寒和寒冷地区冬季水位变动区环境；受除冰盐影响环境；海风环境 |
| 三 b | 盐渍土环境；受除冰盐作用环境；海岸环境 |
| 四 | 海水环境 |
| 五 | 受人为或自然的侵蚀性物质影响的环境 |

注：1. 室内潮湿环境是指构件表面经常处于结露或湿润状态的环境；
2. 严寒和寒冷地区的划分应符合现行国家标准《民用建筑热工设计规程》(GB 50176) 的有关规定；
3. 海岸环境和海风环境宜根据当地情况，考虑主导风向及结构所处迎风、背风部位等因素的影响，由调查研究和工程经验确定；
4. 受除冰盐影响环境指受到除冰盐盐雾影响的环境；受除冰盐作用环境指被除冰盐溶液溅射的环境以及使用除冰盐地区的洗车房、停车楼等建筑；
5. 暴露的环境是指混凝土结构表面所处的环境。

2. 混凝土保护层的最小厚度

(1) 构件中受力钢筋的保护层厚度（钢筋外边缘至构件表面的距离）不应小于钢筋的公称直径。设计使用年限为 50 年的混凝土结构，最外层钢筋的保护层厚度应符合表 14-33 的规定。

纵向受力钢筋的混凝土保护层最小厚度（mm）　　表 14-33

| 环境类别 | 一 a | 二 a | 二 b | 三 a | 三 b |
|---|---|---|---|---|---|
| 板、墙、壳 | 15 | 20 | 25 | 30 | 40 |
| 梁、柱、杆 | 20 | 25 | 35 | 40 | 50 |

注：1. 混凝土强度等级不大于 C25 时，表中保护层厚度数值增加 5mm；
2. 钢筋混凝土基础宜设置混凝土垫层，基础中钢筋的保护层厚度应从垫层顶面算起，且不应小于 40mm。

(2) 当有充分依据并采取下列有效措施时，可适当减小混凝土保护层的厚度。

1）构件表面有可靠的防护层；

2）采用工厂化生产的预制构件；

3）在混凝土中掺加阻锈剂或采用阴极保护处理等防锈措施；

4）当地下室墙体采取可靠的建筑防水做法或防护措施时，与土层接触一侧钢筋的保护层厚度可适当减少，但不应小于 25mm。

(3) 当梁、柱、墙中纵向受力钢筋的混凝土保护层厚度大于 50mm 时，宜对保护层采取有效的构造措施。当在保护层内配置防裂、防剥落的钢筋网片时，网片钢筋的保护层厚度不应小于 25mm，其直径不宜大于 8mm，间距不应大于 150mm。对于梁，网片应配置在梁底和梁侧，梁侧的网片钢筋应延伸至梁的 2/3 处，两个方向上表层网片钢筋的截面面积均不应小于相应混凝土保护层（图 14-3 阴影部分）面积的 1%，见图 14-3。

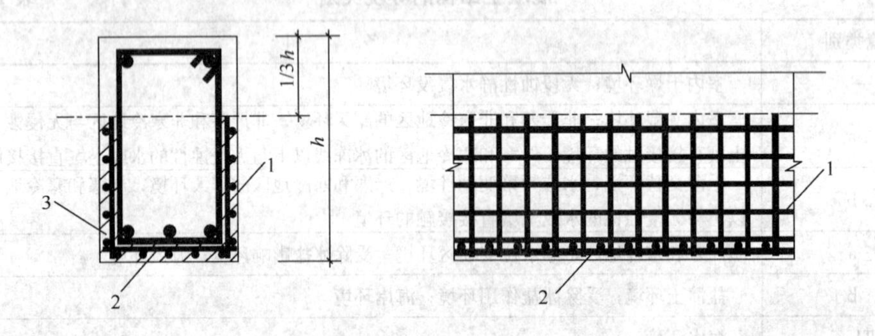


图 14-3　配置表层钢筋网片的构造要求

1—梁侧表层钢筋网片；2—梁底表层钢筋网片；3—配置网片钢筋区域

(4) 特殊条件下的混凝土保护层。

1）设计使用年限为 100 年的混凝土结构，最外层钢筋的混凝土保护层厚度不应小于表 14-33 数值的 1.4 倍。

2）机械连接套筒的保护层厚度宜满足有关钢筋最小保护层厚度的规定。

3）防水混凝土结构钢筋保护层厚度应根据结构的耐久性和工程环境选用，迎水面钢筋保护层厚度不应小于 50mm。

**14.2.1.2　钢筋锚固**

(1) 当计算中充分利用钢筋的抗拉强度时，受拉钢筋的锚固长度按式（14-1）、式（14-3）计算，不应小于表 14-34 规定的数值，且不应小于 200mm。

**受拉钢筋的最小锚固长度 $l_a$（mm）** **表 14-34**

| 混凝土强度 \ 钢筋规格 / 钢筋直径 | | HPB235 | HPB300 | HRB335 | | HRB400 | | HRB500 | |
|---|---|---|---|---|---|---|---|---|---|
| | | 普通钢筋 | 普通钢筋 | 普通钢筋 | 环氧树脂涂层钢筋 | 普通钢筋 | 环氧树脂涂层钢筋 | 普通钢筋 | 环氧树脂涂层钢筋 |
| C20 | $d\leqslant 25$ | $31d$ | $39d$ | $38d$ | $48d$ | — | — | — | — |
| | $d>25$ | $31d$ | $39d$ | $42d$ | $53d$ | — | — | — | — |
| C25 | $d\leqslant 25$ | $27d$ | $34d$ | $33d$ | $42d$ | $40d$ | $50d$ | $48d$ | $60d$ |
| | $d>25$ | $27d$ | $34d$ | $37d$ | $46d$ | $44d$ | $55d$ | $53d$ | $66d$ |
| C30 | $d\leqslant 25$ | $24d$ | $30d$ | $29d$ | $37d$ | $33d$ | $44d$ | $43d$ | $54d$ |
| | $d>25$ | $24d$ | $30d$ | $33d$ | $41d$ | $39d$ | $48d$ | $47d$ | $59d$ |
| C35 | $d\leqslant 25$ | $22d$ | $28d$ | $27d$ | $34d$ | $33d$ | $40d$ | $39d$ | $49d$ |
| | $d>25$ | $22d$ | $28d$ | $30d$ | $37d$ | $36d$ | $44d$ | $43d$ | $54d$ |
| C40 | $d\leqslant 25$ | $20d$ | $25d$ | $25d$ | $31d$ | $29d$ | $37d$ | $36d$ | $49d$ |
| | $d>25$ | $20d$ | $25d$ | $28d$ | $34d$ | $33d$ | $41d$ | $40d$ | $50d$ |
| C45 | $d\leqslant 25$ | $19d$ | $24d$ | $23d$ | $29d$ | $28d$ | $35d$ | $34d$ | $43d$ |
| | $d>25$ | $19d$ | $24d$ | $26d$ | $32d$ | $31d$ | $39d$ | $38d$ | $47d$ |
| C50 | $d\leqslant 25$ | $18d$ | $23d$ | $22d$ | $28d$ | $27d$ | $33d$ | $32d$ | $40d$ |
| | $d>25$ | $18d$ | $23d$ | $25d$ | $31d$ | $30d$ | $37d$ | $36d$ | $45d$ |
| C55 | $d\leqslant 25$ | $18d$ | $22d$ | $21d$ | $27d$ | $26d$ | $32d$ | $31d$ | $39d$ |
| | $d>25$ | $18d$ | $22d$ | $24d$ | $30d$ | $29d$ | $36d$ | $35d$ | $43d$ |
| ≥C60 | $d\leqslant 25$ | $17d$ | $21d$ | $21d$ | $26d$ | $25d$ | $31d$ | $30d$ | $38d$ |
| | $d>25$ | $17d$ | $21d$ | $23d$ | $29d$ | $28d$ | $34d$ | $33d$ | $41d$ |

注：1. 当光圆钢筋受拉时，其末端应做 180°弯钩，弯后平直段长度不应小于 $3d$，当为受压时，可不做弯钩；

2. 混凝土结构中的纵向受压钢筋，当计算中充分利用其抗压强度时，锚固长度不应小于相应受拉锚固长度的 70%；

3. $d$ 为锚固钢筋的直径。

（2）当符合下列条件时，表 14-34 的锚固长度应进行修正。

1）当钢筋在混凝土施工过程中易受扰动（如滑模施工）时，其锚固长度应乘以修正系数 1.10；

2）当纵向受力钢筋的实际配筋面积大于其设计计算面积时，其锚固长度修正系数取设计计算面积与实际配筋面积的比值，但对有抗震设防要求及直接承受动力荷载的结构构件，不应考虑此项修正；

3）锚固钢筋的保护层为 $3d$ 时修正系数可取 0.80，保护层厚度为 $5d$ 时修正系数可取 0.70，中间按内插取值，此处 $d$ 为锚固钢筋的直径；

4）当纵向受拉普通钢筋末端采用弯钩或机械锚固措施时（图 14-4），锚固长度修正系数取 0.60。

采用机械锚固措施时，焊缝和螺纹长度应满足承载力要求，螺栓锚头和焊接锚板的承压净面积不应小于锚固钢筋截面积的 4 倍；螺栓锚头的规格应符合标准的要求；螺栓锚头和焊接锚板的钢筋净间距不宜小于 $4d$，否则应考虑群锚效应对锚固的不利影响；截面角部的弯钩和一侧贴焊锚筋的布筋方向宜向截面内侧偏置。受压钢筋不应采用末端弯钩和一侧贴焊锚筋的锚固措施。

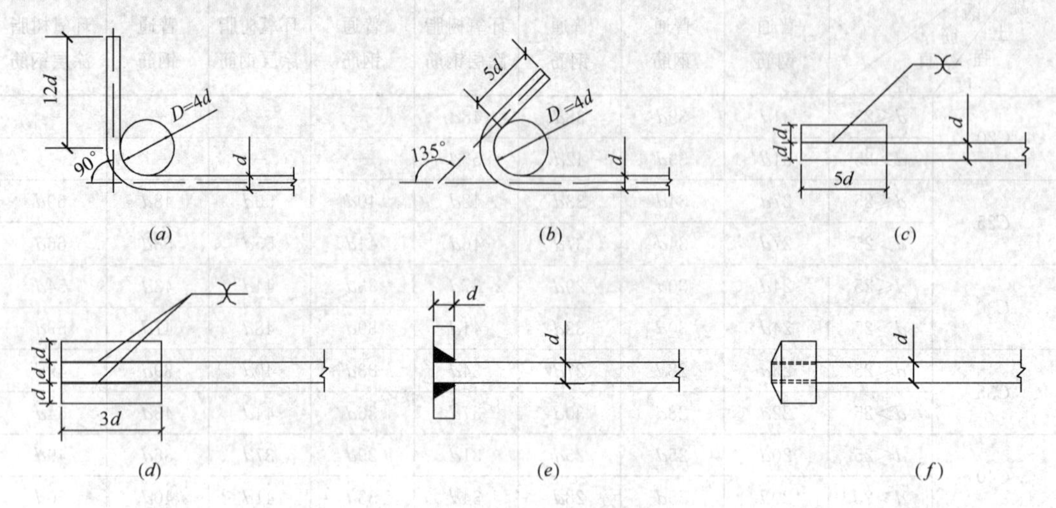


图 14-4　钢筋机械锚固的形式及构造要求

(a) 90°弯钩；(b) 135°弯钩；(c) 一侧贴焊锚筋；

(d) 两侧贴焊锚筋；(e) 穿孔塞焊锚板；(f) 螺栓锚头

(3) 当锚固钢筋的保护层厚度不大于 $5d$ 时，锚固长度范围内应配置横向构造钢筋，其直径不应小于 $d/4$；对梁、柱、斜撑等构件构造钢筋间距不应大于 $5d$，对板、墙等平面构件构造钢筋间距不应大于 $10d$，且均不大于 100mm，此处 $d$ 为锚固钢筋的直径。

(4) 承受动力荷载的预制构件，应将纵向受力钢筋末端焊接在钢板或角钢上，钢板或角钢应可靠地锚固在混凝土中。钢板或角钢的尺寸应按计算确定，其厚度不宜小于 10mm。其他构件中的受力普通钢筋的末端也可通过焊接钢板或型钢实现锚固。

#### 14.2.1.3　钢筋连接

1. 接头使用规定

(1) 绑扎搭接宜用于受拉钢筋直径不大于 25mm 以及受压钢筋直径不大于 28mm 的连接；轴心受拉及小偏心受拉杆件（如桁架和拱的拉杆）的纵向受力钢筋不得采用绑扎搭接。

(2) 细晶粒热轧带肋钢筋以及直径大于 28mm 的带肋钢筋，其焊接应经试验确定；余热处理钢筋不宜焊接。

(3) 直接承受动力荷载的结构构件中，其纵向受拉钢筋不得采用绑扎搭接接头，也不宜采用焊接接头，除端部锚固外不得在钢筋上焊有附件。当直接承受吊车荷载的钢筋混凝土吊车梁、屋面梁及屋架下弦的纵向受拉钢筋采用焊接接头时，应采用闪光对焊，并去掉接头的毛刺及卷边。

(4) 混凝土结构中受力钢筋的连接接头宜设置在受力较小处；在同一根受力钢筋上宜少设接头。在结构的重要构件和关键传力部位，纵向受力钢筋不宜设置连接接头。

(5) 同一构件中相邻纵向受力钢筋的绑扎搭接接头或机械连接接头宜相互错开，焊接接头应相互错开。

2. 接头面积允许百分率

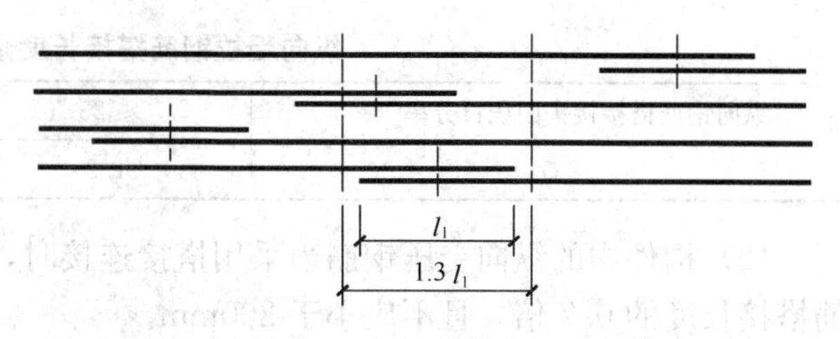


图 14-5 同一连接区段内的纵向受拉钢筋绑扎搭接接头

(1) 钢筋绑扎搭接接头连接区段的长度为 $1.3l_l$（$l_l$ 为搭接长度），凡搭接接头中点位于该连接区段长度内的搭接接头均属于同一连接区段（图14-5）。同一连接区段内，纵向受拉钢筋搭接接头面积百分率应符合设计要求；当设计无具体要求时，应符合下列规定：

1) 对梁类、板类及墙类构件，不宜大于25%；

2) 对柱类构件，不宜大于50%；

3) 当工程中确有必要增大接头面积百分率时，对梁类构件不应大于50%；对板、墙、柱及预制构件的拼接处，可根据实际情况放宽；

4) 纵向受压钢筋搭接接头面积百分率，不宜大于50%；

5) 并筋采用绑扎连接时，应按每根单筋错开搭接的方式连接。接头面积百分率应按同一连接区段内所有的单根钢筋计算。

(2) 钢筋机械连接接头连接区段的长度为 $35d$（$d$ 为连接钢筋的较小直径）。凡接头中点位于该连接区段长度内的机械连接接头均属于同一连接区段。同一连接区段内，纵向受力钢筋的接头面积百分率应符合设计要求，当设计无具体要求时，应符合下列规定：

1) 纵向受拉钢筋接头面积百分率不宜大于50%，但对板、墙、柱及预制构件的拼接处，可根据实际情况放宽。纵向受压钢筋的接头百分率不受限制；

2) 设置在有抗震设防要求的框架梁端、柱端的箍筋加密区的机械连接接头，不应大于50%；

3) 直接承受动力荷载的结构构件中，当采用机械连接接头时，不应大于50%。

(3) 钢筋焊接接头连接区段的长度为 $35d$（$d$ 为连接钢筋的较小直径）且不小于500mm，凡接头中点位于该连接区段长度内的焊接接头均属于同一连接区段。纵向受拉钢筋接头面积百分率不宜大于50%，但对预制构件的拼接处，可根据实际情况放宽。纵向受压钢筋的接头百分率不受限制。

(4) 当直接承受吊车荷载的钢筋混凝土吊车梁、屋面梁及屋架下弦的纵向受拉钢筋必须采用焊接接头时，接头百分率不应大于25%，焊接接头连接区段的长度应取为 $45d$（$d$ 为纵向受力钢筋的较大直径）。

3. 绑扎接头搭接长度

(1) 纵向受拉钢筋绑扎搭接接头的搭接长度，应根据位于同一连接区段内的钢筋搭接接头面积百分率按表14-35中的公式计算，且不应小于300mm。

**纵向受拉钢筋绑扎搭接长度计算表** **表 14-35**

| 纵向受拉钢筋绑扎搭接长度 $l_l$ | | 注：<br>1. 当不同直径钢筋搭接时，其值按较小的直径计算<br>2. 并筋中钢筋的搭接长度应按单筋分别计算<br>3. 式中 $\zeta_l$ 为搭接长度修正系数，按表14-36取用，中间值按内插取值 |
|---|---|---|
| 抗震 | 非抗震 | |
| $l_{lE}=\zeta_l l_{aE}$ | $l_l=\zeta_l l_a$ | |

纵向受拉钢筋搭接长度修正系数　**表 14-36**

| 纵向钢筋搭接接头面积百分率（%） | ≤25 | 50 | 100 |
|---|---|---|---|
| $\zeta_l$ | 1.2 | 1.4 | 1.6 |

（2）构件中的纵向受压钢筋当采用搭接连接时，其受压搭接长度不应小于纵向受拉钢筋搭接长度的 0.7 倍，且不应小于 200mm。

（3）在梁、柱类构件的纵向受力钢筋搭接长度范围内应按设计要求配置横向构造钢筋。当设计无具体要求时，应符合下列规定：

1）构造钢筋直径不应小于搭接钢筋较大直径的 0.25 倍；

2）对梁、柱、斜撑等构件构造钢筋间距不应大于 $5d$，对板、墙等平面构件构造钢筋间距不应大于 $10d$，且均不大于 100mm，此处 $d$ 为搭接较大钢筋的直径；

3）当受压钢筋直径大于 25mm 时，应在搭接接头两个端面外 100mm 范围内各设置两道箍筋。

## 14.2.2 板

### 14.2.2.1 受力钢筋

（1）采用绑扎钢筋配筋时，板中受力钢筋的直径选用见表 14-37。

板中受力钢筋的直径（mm）　**表 14-37**

| 项　目 | 支撑板 | | | 悬臂板 | |
|---|---|---|---|---|---|
| | 板　厚 | | | 悬挑长度 | |
| | $h<100$ | $100\leqslant h\leqslant 150$ | $h>150$ | $l\leqslant 500$ | $l>500$ |
| 钢筋直径 | 6～8 | 8～12 | 12～16 | 8～10 | 8～12 |

（2）板中受力钢筋的间距要求见表 14-38。

板中受力钢筋的间距（mm）　**表 14-38**

| 序　号 | 项 | 目 | 最大钢筋间距 | 最小钢筋间距 |
|---|---|---|---|---|
| 1 | 跨　中 | 板厚 $h\leqslant 150$ | 200 | 70 |
| | | $1000>$板厚 $h>150$ | $\leqslant 1.5h$ 且$\leqslant 250$ | 70 |
| | | 板厚 $h\geqslant 1000$ | $1/3h$ 且$\leqslant 500$ | 70 |
| 2 | 支　座 | 下　部 | 400 | 70 |
| | | 上　部 | 200 | 70 |

注：1. 表中支座处下部受力钢筋截面面积不应小于跨中受力钢筋截面面积的 1/3；
2. 板中受力钢筋一般距墙边或梁边 50mm 开始配置。

（3）单向板和双向板可采用分离式配筋或弯起式配筋。分离式配筋因施工方便，已成为工程中主要采用的配筋方式。

采用分离式配筋的多跨板，板底钢筋宜全部伸入支座，支座负弯矩钢筋向跨内的延伸长度应覆盖负弯矩图并满足钢筋锚固的要求（图 14-6）。

简支板或连续板下部纵向受力钢筋伸入支座的锚固长度不应小于钢筋直径的 5 倍，且宜伸过支座中心线。当连续板内温度、收缩应力较大时，伸入支座的长度宜适当增加。

对与边梁整浇的板，支座负弯矩钢筋的锚固长度应不小于 $l_a$，如图 14-6 所示。

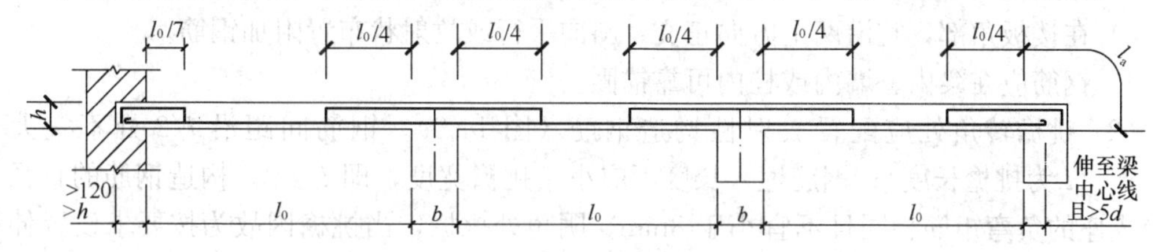


图 14-6 连续板的分离式配筋

（4）在双向板的纵横两个方向上均需配置受力钢筋。承受弯矩较大方向的受力钢筋，应布置在受力较小钢筋的外层。

（5）板与墙或梁整体浇筑或连续板下部纵向受力钢筋各跨单独配置时，伸入支座内的锚固长度 $l_{as}$，宜伸至墙或梁中心线且不应小于 $5d$（如图 14-7 所示），当连续板内温度、收缩应力较大时，伸入支座的锚固长度宜适当增加。

（6）现浇混凝土空心楼盖中的非预应力纵向受力钢筋可分区均匀布置，也可在肋宽范围内适当集中布置，在整个楼板范围内的钢筋间距均不宜大于 250mm。

当内模为筒芯时，顺筒方向的纵向受力钢筋与筒芯的净距不得小于 10mm，在肋宽范围内，宜根据肋宽大小设置构造钢筋；内模为箱体时，纵向受力钢筋与箱体的净距不得小于 10mm，肋宽范围内应布置箍筋。

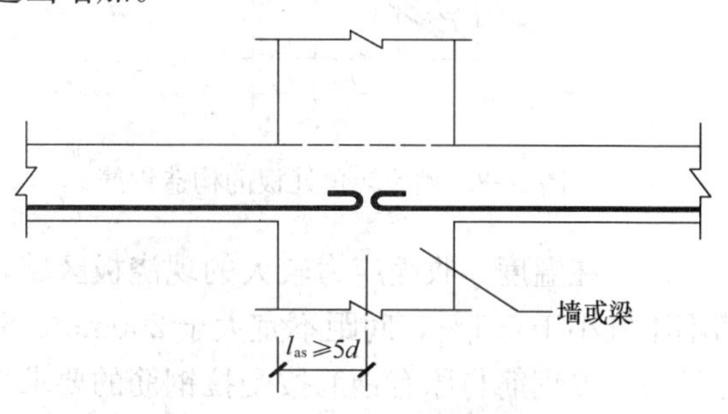


图 14-7 板与墙或梁整体现浇时下部受力钢筋的锚固长度

**14.2.2.2 分布钢筋**

（1）单向板中单位长度上分布钢筋的截面面积不宜小于单位宽度上受力钢筋截面面积的 15%，且不宜小于该方向板截面面积的 0.15%；分布钢筋的间距不宜大于 250mm，直径不宜小于 6mm。

对集中荷载较大的情况或对防止出现裂缝要求较严时，分布钢筋的截面面积应适当增加，其间距不宜大于 200mm。

（2）分布钢筋应配置在受力钢筋的转折处及直线段，在梁截面范围可不配置。

**14.2.2.3 构造钢筋**

（1）对与梁、墙整体浇筑或嵌固在承重砌体墙内的现浇混凝土板，应沿支承周边配置上部构造钢筋，其直径不宜小于 8mm，间距不宜大于 200mm，并应符合下列规定：

1）单位宽度内的配筋面积不宜小于跨中相应方向板底钢筋截面面积的 1/3。与混凝土梁或混凝土墙整体浇筑单向板的非受力方向，钢筋截面面积尚不宜小于板跨中相应方向纵向钢筋截面面积的 1/3。

2）构造钢筋自梁边、柱边、墙边伸入板内的长度不宜小于 $l_0/4$，砌体墙支座处钢筋伸入板边的长度不宜小于 $l_0/7$，其中计算跨度 $l_0$ 对单向板按受力方向考虑，对双向板按短边方向考虑。

3）在楼板角部，宜沿两个方向正交、斜向平行或放射状布置附加钢筋。

4）钢筋应在梁内、墙内或柱内可靠锚固。

（2）挑檐转角处应配置放射性构造钢筋（图 14-8）。钢筋间距沿 $l/2$ 处不宜大于 200mm（$l$ 为挑檐长度）；钢筋埋入长度不应小于挑檐宽度，即 $l_a \geqslant l$。构造钢筋的直径与边跨支座的负弯矩筋相同且不宜小于 8mm。阴角处挑檐，当挑檐因故为按要求设置伸缩缝（间距≤12m），且挑檐长度 $l \geqslant 1.2$m 时，宜在板上下面各设置 3 根 $\phi$10～$\phi$14 的构造钢筋（图 14-9）。

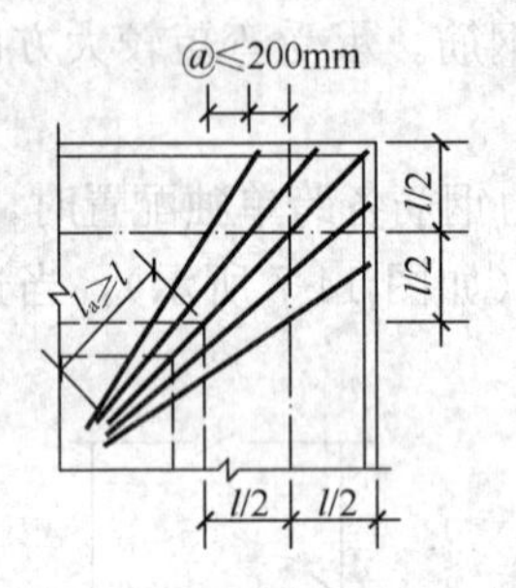


图 14-8　挑檐转角处板的构造钢筋

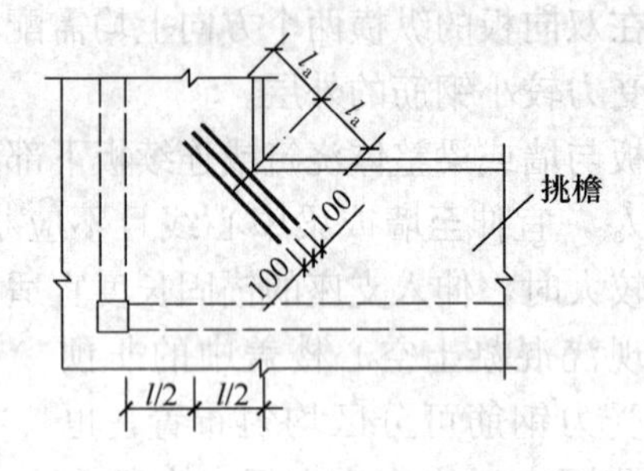


图 14-9　挑檐阴角处板的构造钢筋

（3）在温度、收缩应力较大的现浇板区域，应在板的表面双向配置防裂构造钢筋。配筋率不宜小于 0.1%，间距不宜大于 200mm。防裂构造钢筋可利用原有钢筋贯通布置，也可另行设置钢筋与原有钢筋按受拉钢筋的要求搭接或在周边构件中锚固。

（4）混凝土厚板及卧置于地基上的基础筏板，当板的厚度大于 2m 时，除应沿板的上下表面布置纵、横方向钢筋外，尚宜在板厚度不超过 1m 范围内设置与板面平行的构造钢筋网片，网片钢筋直径不宜小于 12mm，纵横方向的间距不宜大于 300mm。

（5）当混凝土板的厚度不小于 150mm 时，对板的无支承边的端部，宜设置 U 形构造钢筋，并与板顶、板底的钢筋搭接，搭接长度不宜小于 U 形构造钢筋直径的 15 倍且不宜小于 200mm，也可采用板面、板底钢筋分别向下、上弯折搭接的形式。

（6）现浇混凝土空心楼盖构造钢筋应符合下列规定：

1）楼盖角部空心楼板、顶板底均应配置构造钢筋，配筋的范围从支座中心算起，两个方向的延伸长度均不小于所在角区格板短边跨度的 1/4，构造钢筋在支座处应按受拉钢筋锚固。

2）构造钢筋可采用正交钢筋网片，板顶、板底构造钢筋在两个方向的配筋率均不应小于 0.2%，且直径不宜小于 8mm，间距不宜大于 200mm。

3）边支承板空心楼盖中，墙边或梁边每侧的实心板带宽度宜取 $0.2h_s$（$h_s$ 为楼板厚度），且不应小于 50mm，实心板带内应配置构造钢筋。

4）柱支承板楼盖中区格板周边的楼板实心区域应配置构造钢筋。

#### 14.2.2.4　板上开洞

（1）圆洞或方洞垂直于板跨方向的边长（直径）小于 300mm 时，可将板的受力钢筋绕过洞口，并可不设孔洞的附加钢筋，见图 14-10。

（2）当 300≤$d$（$b$）≤1000mm 时，且在孔洞周边无集中荷载时，应沿洞边每侧配置加强钢筋，其面积不小于洞口宽度内被切断的受力钢筋面积的 1/2，且根据板面荷载大小选用 2$\phi$8～2$\phi$12。

（3）当 $d$（$b$）＞300mm 且孔洞周边有集中荷载时或 $d$（$b$）＞1000mm 时，应在孔洞边加设边梁。

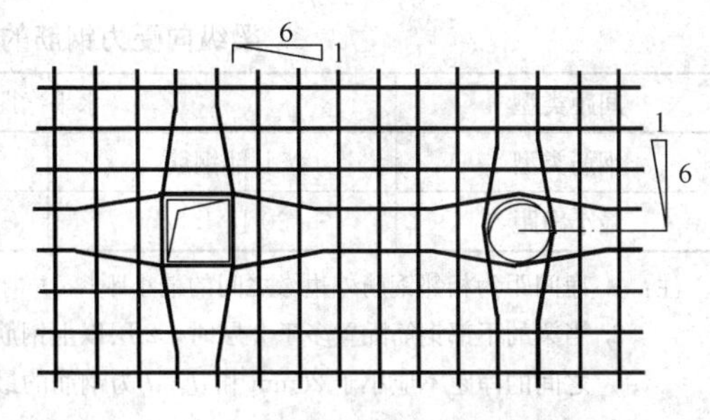


图 14-10 矩形洞边长和圆形洞直径不大于 300mm 时钢筋构造

（4）当现浇混凝土空心楼板需要开洞时，洞口的周边应保证至少 100mm 宽的实心混凝土带，并应在洞边布置补偿钢筋，每方向的补偿钢筋面积不应小于切断钢筋的面积。

**14.2.2.5 板柱节点**

在板柱节点处，为提高板的冲切强度，可配置抗冲切箍筋或弯起钢筋，并应符合下列构造要求：

（1）板的厚度不应小于 150mm。

（2）箍筋及相应的架立钢筋应配置在与 45°冲切破坏锥面相交的范围内，且从集中荷载作用面或柱截面边缘向外的分布长度不应小于 1.5$h_0$，箍筋应做成封闭式，直径不应小于 6mm，其间距不应大于 $h_0/3$，且不应大于 100mm（图 14-11$a$）。

（3）弯起钢筋的弯起角度可根据板的厚度在 30°～45°之间选取；弯起钢筋的倾斜段应与冲切破坏锥面相交（图 14-11$b$），其交点应在集中荷载作用面或柱截面边缘以外 $h/2$～$2/3h$ 的范围内。弯起钢筋直径不宜小于 12mm，且每一方向不宜小于 3 根。

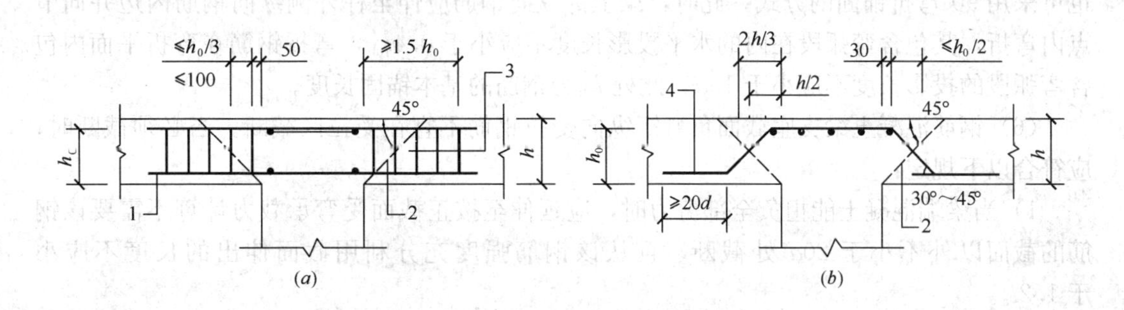


图 14-11 板柱节点处的加强配筋

（$a$）配置箍筋；（$b$）配置弯起钢筋

1—架立钢筋；2—冲切破坏锥面；3—箍筋；4—弯起钢筋

## 14.2.3 梁

**14.2.3.1 受力钢筋**

（1）纵向受力钢筋的直径：当梁高 $h$≥300mm 时，不应小于 10mm；当梁高 $h$＜300mm 时，不应小于 8mm。

（2）纵向受力钢筋的最小净距要求见表 14-39。

梁纵向受力钢筋的最小净间距（mm）　表 14-39

| 间距类型 | 水平净距 | | 垂直净距 |
|---|---|---|---|
| 钢筋类型 | 上部钢筋 | 下部钢筋 | 25 且 $d$ |
| 最小净距 | 30 且 $1.5d$ | 25 且 $d$ | |

注：1. 净间距为相邻钢筋外边缘之间的最小距离；
2. 当梁的下部钢筋配置多于 2 层时，2 层以上钢筋水平方向的中距应比下边 2 层的中距增大一倍；各层钢筋之间的净距不应小于 25mm 和 $d$，$d$ 为钢筋的最大直径。

（3）在梁的配筋密集区域宜采用并筋的配筋形式。

（4）简支梁和连续梁简支端的下部纵向受力钢筋伸入支座的锚固长度 $l_{as}$，应符合下列规定：

1）当梁端混凝土能担负全部剪力时，$l_{as} \geqslant 5d$；当梁端剪力大于混凝土担负能力时，对带肋钢筋 $l_{as} \geqslant 12d$，对光圆钢筋 $l_{as} \geqslant 15d$。

2）当下部纵向受力钢筋伸入梁支座范围内不足 $l_{as}$时，可采取弯钩或机械锚固措施。

3）支撑在砌体结构上的钢筋混凝土独立梁，在纵向受力钢筋的锚固长度 $l_{as}$范围内应配置不少于 2 个箍筋，其直径不宜小于纵向受力钢筋最大直径的 0.25 倍，间距不宜大于纵向受力钢筋最小直径的 10 倍，当采取机械锚固措施时，钢筋间距尚不宜大于钢筋最小直径的 5 倍。

（5）框架梁上部纵向钢筋伸入中间层端节点的锚固长度，当采用直线锚固形式时不应小于 $l_a$，且应伸过柱中心线不宜小于 $5d$（$d$ 为梁上部纵向钢筋的直径）。当柱截面尺寸不满足直线锚固要求时，可采用钢筋端部加机械锚头的锚固方式，上部纵向钢筋伸至柱外侧纵向钢筋内边，包括机械锚头在内的水平投影锚固长度不应小于 $0.4l_{ab}$；梁上部纵向钢筋也可采用 90°弯折锚固的方式，此时，梁上部纵向钢筋应伸至柱外侧纵向钢筋内边并向节点内弯折，其包含弯弧段在内的水平投影长度不应小于 $0.4l_{ab}$，弯折钢筋在弯折平面内包含弯弧段的投影长度不应小于 $15d$，此处 $l_{ab}$为钢筋的基本锚固长度。

（6）钢筋混凝土梁支座截面负弯矩纵向受拉钢筋不宜在受拉区截断。当必须截断时，应符合以下规定：

1）当梁端混凝土能担负全部剪力时，应延伸至按正截面受弯承载力计算不需要该钢筋的截面以外不小于 $20d$ 处截断，且从该钢筋强度充分利用截面伸出的长度不应小于 $1.2l_a$。

2）当梁端剪力大于混凝土担负能力时，应延伸至按正截面受弯承载力计算不需要该钢筋的截面以外不小于 $h_0$ 且不小于 $20d$ 处截断，且从该钢筋强度充分利用截面伸出的长度不应小于 $1.2l_a+h_0$。

3）若按上述规定确定的截断点仍位于负弯矩受拉区内，则应延伸至按正截面受弯承载力计算不需要该钢筋的截面以外不小于 $1.3h_0$ 且不小于 $20d$ 处截断，且从该钢筋强度充分利用截面伸出的延伸长度不应小于 $1.2l_a+1.7h_0$。

（7）在悬臂梁中，应有不少于两根上部钢筋伸至悬臂梁外端，并向下弯折不小于 $12d$；其余钢筋不应在梁的上部截断，而应按规定的弯起点位置向下弯折，并锚固在梁的下边。

（8）沿梁截面周边布置的受扭纵向钢筋的间距不应大于 200mm 及梁截面短边长度；

除应在梁截面四角设置受扭纵向钢筋外，其余受扭纵向钢筋宜沿截面周边均匀对称布置。受扭钢筋应按受拉钢筋锚固在支座内。

**14.2.3.2 弯起钢筋**

（1）弯起钢筋一般是由纵向钢筋弯起而成。弯起钢筋的弯起角度一般宜为45°；当梁高>800mm时，可弯起60°；梁截面高度较小，并有集中荷载时，可为30°。

（2）弯起钢筋的弯终点外应留有平行于梁轴线方向的锚固长度，在受拉区不应小于20$d$，在受压区不应小于10$d$，$d$为弯起钢筋的直径，对光圆钢筋在末端应设置弯钩。

（3）弯起钢筋应在同一截面中与梁轴线对称成对弯起，当两个截面中各弯起一根钢筋时，这两根钢筋也应沿梁轴线对称弯起。梁底（顶）层钢筋中的角部钢筋不应弯起。

（4）在梁的受拉区中，弯起钢筋的弯起点可设在按正截面受弯承载力计算不需要该钢筋的截面之前；但弯起钢筋与梁中心线交点应在不需要该钢筋的截面之外，同时，弯起点与计算充分利用该钢筋的截面之间的距离不应小于$h_0/2$，见图14-12。设置弯起钢筋时，从支座起前一排的弯起点至后一排的弯终点的距离$S_{max}$应符合表14-40的规定。

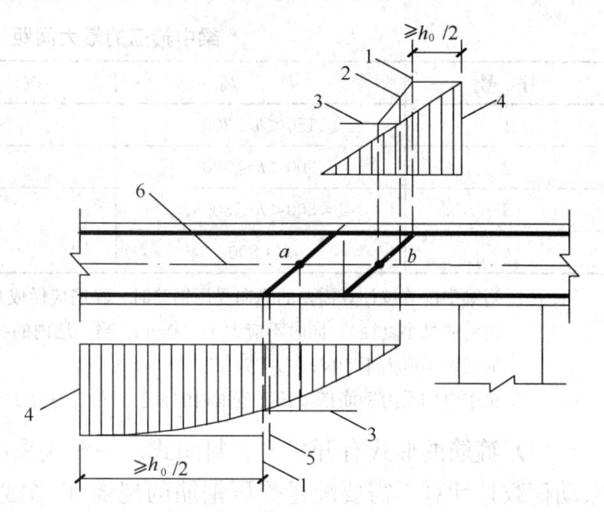


图14-12 弯起钢筋弯起点与弯矩图形的关系
1—受拉区的弯起点；2—按计算不需要钢筋"$b$"的截面；3—正截面受弯承载力图；4—按计算充分利用钢筋强度的截面；5—按计算不需要钢筋"$a$"的截面；6—梁中心线

**$S_{max}$的取值（mm）** **表14-40**

| 梁高$h$ | 150<$h$≤300 | 300<$h$≤500 | 500<$h$≤800 | $h$>800 |
|---|---|---|---|---|
| $S_{max}$ | 150 | 200 | 250 | 300 |

（5）当纵向受力钢筋不能在需要的位置弯起，或弯起钢筋不足以承受剪力时，需增设附加斜钢筋，且其两端应锚固在受压区内（鸭筋），且不得采用浮筋，见图14-13。

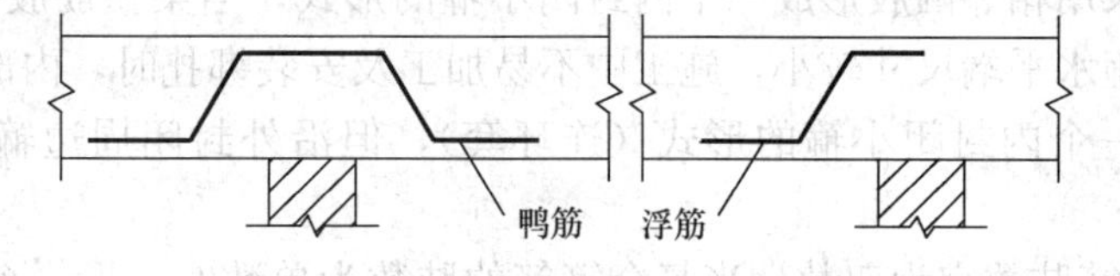


图14-13 附加斜钢筋（鸭筋）的设置

**14.2.3.3 箍筋**

（1）梁的箍筋设置：对梁高$h$>300mm，应沿梁全长设置；对梁高为150～300mm，可仅在构件两端各1/4跨度范围内设置，但当在构件中部1/2跨度范围内有集中荷载作用时，则应沿梁全长设置；对梁高$h$<150mm，可不设置箍筋。

梁支座处的箍筋从梁边（或墙边）50mm开始设置，支座范围内每隔100～200mm设置箍筋，并在纵向钢筋的端部宜设置一道箍筋。

(2) 梁中箍筋的直径：对梁高 $h \leqslant 800$mm，不宜小于 6mm；对梁高 $h > 800$mm，不宜小于 8mm。梁中配有计算需要的纵向受压钢筋时，箍筋直径还不应小于纵向受压钢筋最大直径的 0.25 倍。

(3) 梁中箍筋的最大间距宜符合表 14-41 的规定。

**梁中箍筋的最大间距**（mm）　　**表 14-41**

| 序　号 | 梁　　高 | 按计算配置箍筋 | 按构造配置箍筋 |
|---|---|---|---|
| 1 | $150 < h \leqslant 300$ | 150 | 200 |
| 2 | $300 < h \leqslant 500$ | 200 | 300 |
| 3 | $500 < h \leqslant 800$ | 250 | 350 |
| 4 | $h > 800$ | 300 | 400 |

注：1. 当梁中配有按计算需要的纵向受压钢筋时，箍筋应做成封闭式，箍筋的间距不应大于 $15d$（$d$ 为纵向受压钢筋的最小直径），同时不应大于 400mm；当一层内的纵向受压钢筋多于 5 根且直径大于 18mm 时，箍筋的间距不应大于 $10d$；

2. 梁中纵向受力钢筋搭接长度范围内的箍筋间距应符合 14.2.1.3 条的规定。

(4) 箍筋的形式有开口式和封闭式。一般应采用封闭式箍筋；开口式箍筋只能用于无振动荷载且计算不需要配置受压钢筋的现浇 T 形截面梁的跨中部分。抗扭箍筋应做成封闭式，且应沿截面周边布置；当采用复合箍筋时，位于截面内部的箍筋不应计入抗扭箍筋面积。

封闭式箍筋的末端应做成 135°弯钩，对于抗扭结构弯钩端头平直段长度不应小于 $10d$，一般结构不宜小于 $5d$。

(5) 箍筋的基本形式为双肢箍筋。当梁的宽度不大于 400mm 但一层内的纵向受压钢筋多于 4 根，或梁的宽度大于 400mm 且一层内的纵向受压钢筋多于 3 根，应设置复合箍筋。当梁箍筋为双肢箍时，梁上部纵筋、下部纵筋及箍筋的排布无关联，各自独立排布。当梁箍筋为复合箍时，梁上部纵筋、下部纵筋及箍筋的排布有关联，钢筋排布应符合下列要求：

1) 梁上部纵筋、下部纵筋及复合箍筋排布时应遵循对称均匀原则。

2) 梁复合箍筋应采用截面周边外封闭大箍加内封闭小箍的组合方式（大箍套小箍）。内部复合箍筋可采用相邻两肢形成一个内封闭小箍的形式；当梁箍筋肢数≥6，相邻两肢形成的内封闭小箍水平端尺寸较小，施工中不易加工及安装绑扎时，内部复合箍筋也可采用非相邻肢形成一个内封闭小箍的形式（连环套），但沿外封闭周边箍筋重叠不应多于三层。

3) 梁复合箍筋肢数宜为双数，当复合箍筋的肢数为单数时，设一个单肢箍。单肢箍筋应同时钩住纵向钢筋和外封闭箍筋。

4) 梁箍筋转角处应有纵向钢筋，当箍筋上部转角处的纵向钢筋未能贯通全跨时，在跨中上部可设置架立筋（架立筋的直径：当梁的跨度小于 4m 时，不宜小于 8mm；当梁的跨度为 4～6m 时，不宜小于 10mm；当梁的跨度大于 6m 时，不宜小于 12mm。架立筋与梁纵向钢筋搭接长度为 150mm）。

5) 梁上部通长筋应对称均匀设置，通长筋宜置于箍筋转角处。

6）梁同一跨内各组箍筋的复合方式应完全相同。当同一组内复合箍筋各肢位置不能满足对称性要求时，此跨内每相邻两组箍筋各肢的安装绑扎位置应沿梁纵向交错对称排布。

7）梁横截面纵向钢筋与箍筋排布时，除考虑本跨内钢筋排布关联因素外，还应综合考虑相邻跨之间的关联影响。

8）内部复合箍筋应紧靠外封闭箍筋一侧绑扎。当有水平拉筋时，拉筋在外封闭箍筋的另一侧绑扎。

（6）封闭箍筋弯钩位置：当梁顶部有现浇板时，弯钩位置设置在梁顶；当梁底部有现浇板时，弯钩位置设置在梁底；当梁顶部或底部均无现浇板时，弯钩位置设置于梁顶部。相邻两组复合箍筋平面及弯钩位置沿梁纵向对称排布。

**14.2.3.4 纵向构造钢筋**

（1）当梁端按简支计算但实际受到部分约束时，应在支座区上部设置纵向构造钢筋，其截面面积不应小于梁跨中下部纵向受力钢筋计算所需截面面积的1/4，且不应少于两根，该纵向构造钢筋自支座边缘向跨内伸出的长度不应小于$0.2l_0$（$l_0$为该跨的计算跨度）。

（2）对架立钢筋，当梁的跨度小于4m时，直径不宜小于8mm；当梁的跨度为4～6m时，直径不应小于10mm；当梁的跨度大于6m时，直径不宜小于12mm。

（3）当梁的腹板高度（扣除翼缘厚度后截面高度）$h_w \geqslant 450$mm时，梁侧应沿高度配置纵向构造钢筋（腰筋），按构造设置时，一般伸至梁端，不做弯钩；若按计算配置时，则在梁端应满足受拉时的锚固要求。每侧纵向构造钢筋的间距不宜大于200mm，截面面积不应小于腹板截面面积$bh_w$的0.1%，但当梁宽较大时可以适当放松。

（4）梁的两侧纵向构造钢筋宜用拉筋联系，拉筋应同时钩住纵筋和箍筋。当梁宽≤350mm时拉筋直径不宜小于6mm，梁宽＞350mm时拉筋直径不宜小于8mm。拉筋间距一般为非加密区箍筋间距的两倍，且≤600mm。当梁侧向拉筋多于一排时，相邻上下排拉筋应错开设置。

（5）对钢筋混凝土薄腹梁或需作疲劳验算的钢筋混凝土梁，应在下部1/2梁高的腹板内沿两侧配置直径为8～14mm、间距为100～150mm的纵向构造钢筋，并应按下密上疏的方式布置；在上部1/2梁高的腹板内，纵向构造钢筋按一般规定配置。

**14.2.3.5 附加横向钢筋**

（1）在梁下部或截面高度范围内有集中荷载作用时，应在该处设置附加横向钢筋（吊筋、箍筋）承担。附加横向钢筋应布置在长度$s$（$s=2h_1+3b$）的范围内（图14-14）。附加横向钢筋宜优先采用箍筋，间距为$8d$（$d$为箍筋直径），最大间距应小于正常箍筋间距。当采用吊筋时，其弯起段应伸至梁上边缘，且末端水平段长度在受拉区不应小于$20d$，在受压区不应小于$10d$（$d$为吊筋直径）。

（2）当构件的内折角处于受拉区时，应增设箍筋（图14-15）。该箍筋应能承受未在受压区锚固的纵向受拉钢筋$A_{s1}$的合力，且在任何情况下不应小于全部纵向钢筋$A_s$合力的35%。

梁内折角处附加箍筋的配置范围$s$，可按式（14-6）计算。

$$s = h\tan\frac{3}{8}\alpha \tag{14-6}$$

式中　$h$——梁内折角处高度（mm）；

　　　$\alpha$——梁的内折角（°）。

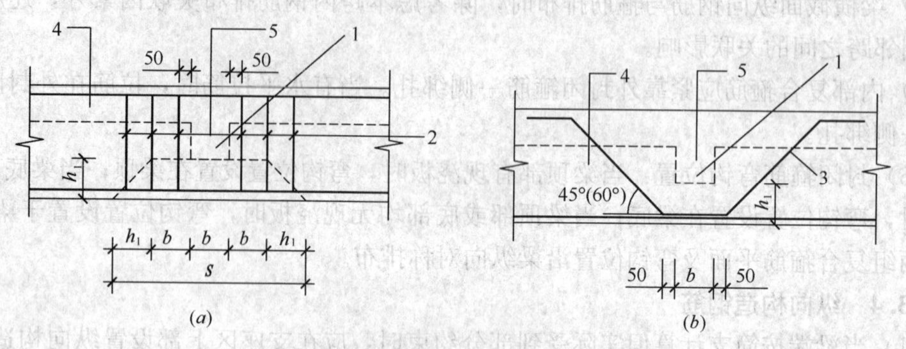


图 14-14　集中荷载作用处的附加横向钢筋

(*a*) 附加箍筋；(*b*) 附加吊筋

1—传递集中荷载的位置；2—附加箍筋；3—附加吊筋；4—主梁；5—次梁

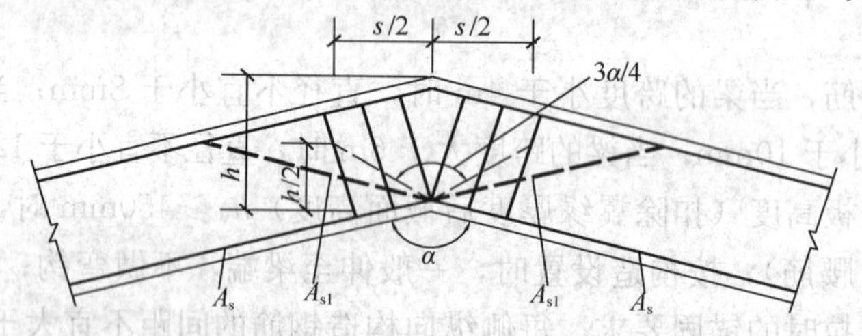


图 14-15　钢筋混凝土梁内折角处配筋

## 14.2.4　柱

### 14.2.4.1　纵向受力钢筋

（1）柱中纵向受力钢筋的配置，应符合下列规定：

1）纵向受力钢筋的直径不宜小于 12mm，全部纵向钢筋的配筋率不宜大于 5%；圆柱中纵向钢筋宜沿周边均匀布置，根数不宜少于 8 根，且不应少于 6 根。

2）柱中纵向受力钢筋的净间距不应小于 50mm，且不宜大于 300mm；对水平浇筑的预制柱，其纵向钢筋的最小净间距可按梁的有关规定取用。

3）在偏心受压柱中，垂直于弯矩作用平面的侧面上的纵向受力钢筋以及轴心受压柱中各边的纵向受力钢筋，其中距不宜大于 300mm。

4）当偏心受压柱的截面高度不小于 600mm 时，在柱的侧面上应设置直径不小于 10mm 的纵向构造钢筋，并相应设置复合箍筋或拉筋。

（2）现浇柱中纵向钢筋的接头，应优先采用焊接或机械连接。接头宜设置在柱的弯矩较小区段。

（3）柱变截面位置纵向钢筋构造应符合下列规定：

1）下柱伸入上柱搭接钢筋的根数及直径，应满足上柱受力的要求；当上下柱内钢筋直径不同时，搭接长度应按上柱内钢筋直径计算。

2）下柱伸入上柱的钢筋折角不大于 1∶6 时，下柱钢筋可不切断而弯伸至上柱（图 14-16*a*）；当折角大于 1∶6 时，应设置插筋或将上柱钢筋锚在下柱内（图 14-16*b*）。

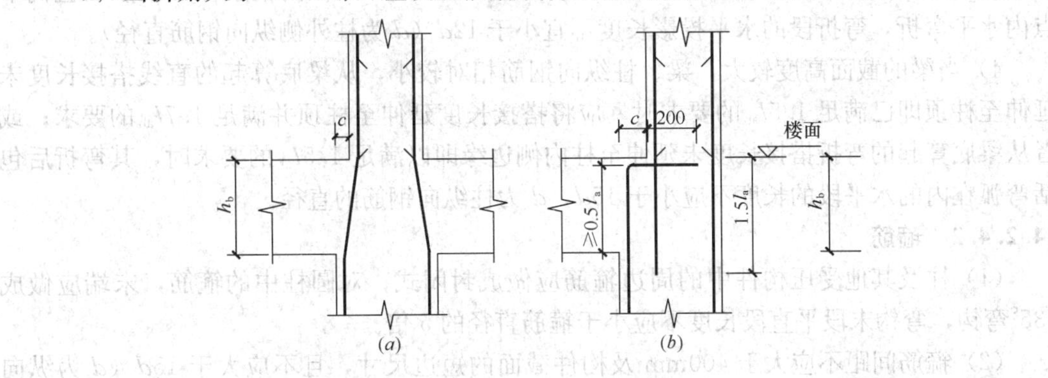


图 14-16　柱变截面位置纵向钢筋构造

(*a*) $c/h_b \leqslant 1/6$；(*b*) $c/h_b > 1/6$

（4）顶层柱中纵向钢筋的锚固，应符合下列规定：

1）顶层中间节点的柱纵向钢筋及顶层端节点的内侧柱纵向钢筋可用直线方式锚入顶层节点，其自梁底标高算起的锚固长度不应小于 $l_a$，且柱纵向钢筋必须伸至柱顶。当截面尺寸不满足直线锚固要求时，可采用 90°弯折锚固措施，此时包括弯弧在内的钢筋垂直投影锚固长度不应小于 $0.5l_{ab}$，在弯折平面内包含弯弧段的水平投影长度不宜小于 $12d$（$d$ 为纵向钢筋直径）；也可采用带锚头的机械锚固措施，此时包含锚头在内的竖向锚固长度不应小于 $0.5l_{ab}$。当柱顶有现浇板且板厚不小于 100mm 时，柱纵向钢筋也可向外弯折，弯折后的水平投影长度不宜小于 $12d$。此处，$l_{ab}$ 为纵向钢筋的基本锚固长度。

2）框架顶层端节点处，可将柱外侧纵向钢筋的相应部分弯入梁内作梁上部纵向钢筋使用（图 14-17*a*），其搭接长度不应小于 $1.5l_{ab}$；其中，伸入梁内的外侧纵向钢筋截面面积不宜小于外侧纵向钢筋全部截面面积的 65%。梁宽范围以外的柱外侧纵向钢筋宜沿节点顶部伸至柱内边，并向下弯折不小于 $8d$ 后截断，当柱纵向钢筋位于柱顶第二层时，可不向下弯折。当有现浇板且板厚不小于 100mm 时，梁宽范围以外的纵向钢筋可伸人现浇板内，其长度与伸入梁的柱纵向钢筋相同。

3）框架梁顶节点处，也可将梁上部纵向钢筋弯入柱内与柱外侧纵向钢筋搭接（图 14-17*b*），其搭接长度竖直段不应小于 $1.7l_{ab}$。当梁上部纵向钢筋的配筋率大于 1.2%时，

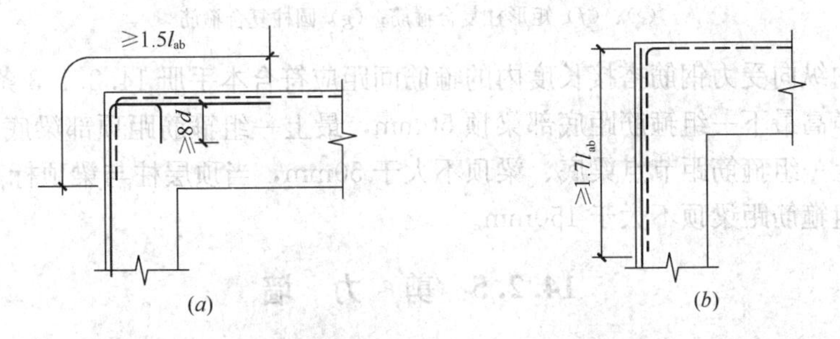


图 14-17　顶层端节点梁柱纵向钢筋在节点内的锚固与搭接

(*a*) 搭接接头沿顶层端节点外侧及梁端顶部布置；(*b*) 搭接接头沿节点外侧直线布置

弯入柱外侧的梁上部纵向钢筋应满足以上规定的搭接长度，且宜分两批截断，其截断点之间的距离不宜小于 $20d$（$d$ 为梁上部纵向钢筋直径）。柱外侧纵向钢筋伸至柱顶后宜向节点内水平弯折，弯折段的水平投影长度不宜小于 $12d$（$d$ 为柱外侧纵向钢筋直径）。

4）当梁的截面高度较大，梁、柱纵向钢筋相对较小，从梁底算起的直线搭接长度未延伸至柱顶即已满足 $1.5l_{ab}$ 的要求时，应将搭接长度延伸至柱顶并满足 $1.7l_{ab}$ 的要求；或者从梁底算起的弯折搭接长度未延伸至柱内侧边缘即以满足 $1.5l_{ab}$ 的要求时，其弯折后包括弯弧在内的水平段的长度不应小于 $15d$，$d$ 为柱纵向钢筋的直径。

**14.2.4.2　箍筋**

（1）柱及其他受压构件中的周边箍筋应做成封闭式；对圆柱中的箍筋，末端应做成135°弯钩，弯钩末段平直段长度不应小于箍筋直径的5倍。

（2）箍筋间距不应大于400mm及构件截面的短边尺寸，且不应大于 $15d$（$d$ 为纵向受力钢筋的最小直径）。

（3）箍筋直径不应小于 $d/4$，且不应小于6mm（$d$ 为纵向钢筋的最大直径）。

（4）当柱中全部纵向受力钢筋的配筋率大于3%时，箍筋直径不应小于8mm，间距不应大于纵向受力钢筋最小直径的10倍，且不应大于200mm；箍筋末端应做成135°弯钩，弯钩端头平直段长度不应小于 $10d$（$d$ 为箍筋直径），箍筋也可焊成封闭环式。

（5）当柱截面短边尺寸大于400mm且各边纵向钢筋多于3根时，或当柱截面短边尺寸不大于400mm但各边纵向钢筋多于4根时，应设置复合箍筋（图14-18）。

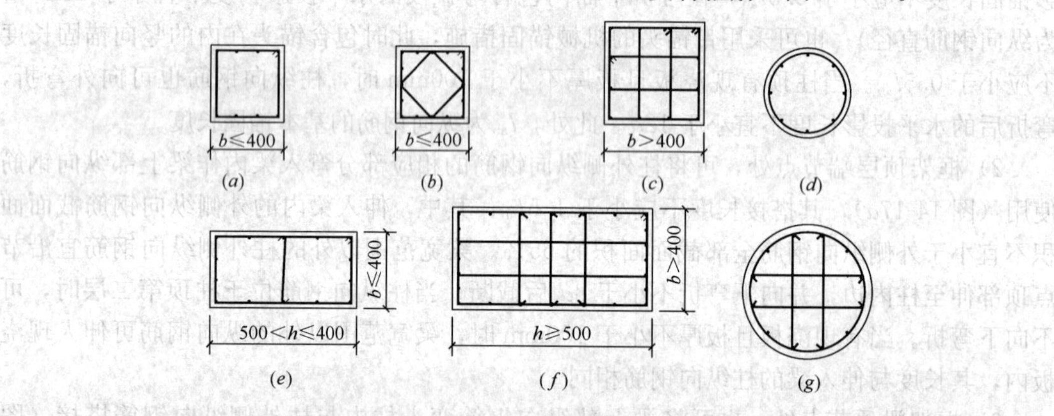


图 14-18　矩形与圆形截面柱的箍筋形式

（a）方柱箍筋；（b）、（c）方柱复合箍筋；（d）圆柱箍筋；
（e）、（f）矩形柱复合箍筋；（g）圆柱复合箍筋

（6）柱中纵向受力钢筋搭接长度内的箍筋间距应符合本手册14.2.1.3条的规定。

（7）柱净高最下一组箍筋距底部梁顶50mm，最上一组箍筋距顶部梁底50mm，节点区最下、最上一组箍筋距节点梁底、梁顶不大于50mm，当顶层柱与梁顶标高相同时，节点区最上一组箍筋距梁顶不大于150mm。

## 14.2.5　剪　力　墙

（1）钢筋混凝土剪力墙水平及竖向分布钢筋的直径不应小于8mm，间距不应大于300mm。

(2) 厚度大于160mm的剪力墙应配置双排分布钢筋网；结构中重要部位的剪力墙，当其厚度不大于160mm时，也宜配置双排分布钢筋网。

双排分布钢筋网应沿墙的两个侧面布置，且应采用拉筋联系；拉筋直径不宜小于6mm，间距不宜大于600mm；对重要部位的墙宜适当增加拉筋的数量。

(3) 剪力墙水平分布钢筋的搭接长度不应小于$1.2l_a$。同排水平分布钢筋的搭接接头之间以及上、下相邻水平分布钢筋的搭接接头之间沿水平方向的净间距不宜小于500mm。剪力墙竖向分布钢筋可在同一高度搭接，搭接长度不应小于$1.2l_a$。带边框的墙，水平和竖向分布钢筋宜贯穿柱、梁或锚固在柱、梁内。

(4) 剪力墙水平分布钢筋应伸至墙端，并向内水平弯折$10d$后截断（$d$为水平分布钢筋直径），见图14-19（$a$）。当剪力墙端部有翼墙或转角的墙时，水平分布钢筋应伸至翼墙或转角外边，并向两侧水平弯折$15d$后截断，见图14-19（$b$）。

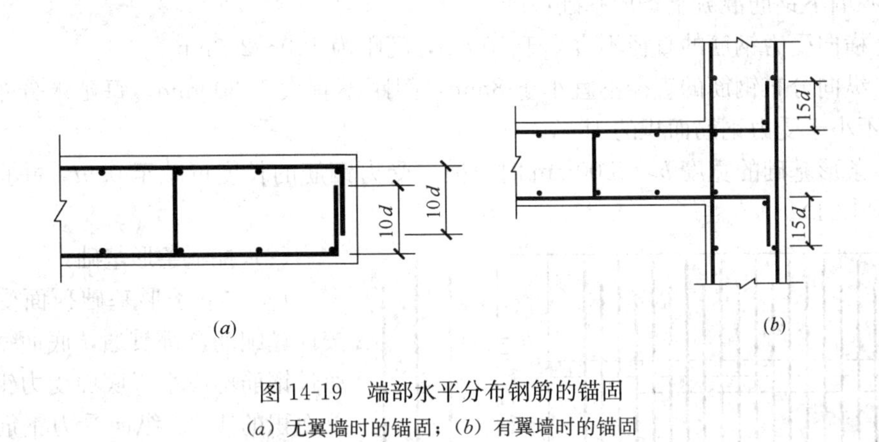


图14-19 端部水平分布钢筋的锚固

（$a$）无翼墙时的锚固；（$b$）有翼墙时的锚固

在房屋角部，沿剪力墙外侧的水平分布筋宜沿外墙边连续弯入翼墙内，见图14-20（$a$）；当需要在纵横墙转角处设置搭接接头时，沿外墙边的水平分布钢筋的总搭接长度不应小于$1.3l_a$，见图14-20（$b$）。

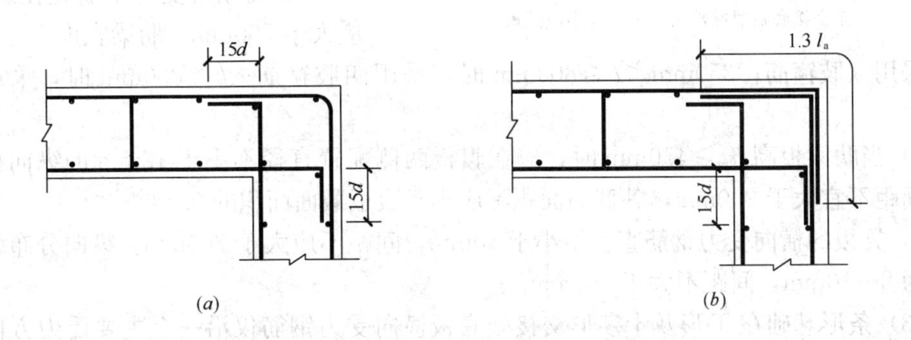


图14-20 转角处水平分布钢筋的配筋构造

（$a$）外侧水平钢筋连续通过转角；（$b$）外侧水平钢筋设搭接接头

(5) 剪力墙墙肢两端的竖向受力钢筋不宜少于4根直径12mm的钢筋或2根直径16mm的钢筋，且沿该竖向钢筋方向宜配置直径不小于6mm、间距为250mm的箍筋或拉筋。

（6）剪力墙洞口上、下两边的水平纵向钢筋截面面积分别不宜小于洞口截断的水平分布钢筋总面积的1/2。纵向钢筋自洞口边伸入墙内的长度不应小于受拉钢筋的锚固长度。剪力墙洞口连梁应沿全长配置箍筋，箍筋直径不宜小于6mm，间距不宜大于150mm。在顶层洞口连梁纵向钢筋伸入墙内的锚固长度范围内，应设置相同的箍筋。门窗洞边的竖向钢筋应按受拉钢筋锚固在顶层连梁高度范围内。

（7）钢筋混凝土剪力墙的水平和竖向分布钢筋的配筋率不应小于0.2%。结构中重要部位的剪力墙，其水平和竖向分布钢筋的配筋率宜适当提高。剪力墙中温度、收缩应力较大的部位，水平分布钢筋的配筋率可适当提高。

## 14.2.6　基　　础

### 14.2.6.1　条形基础

（1）墙下钢筋混凝土条形基础：

1）横向受力钢筋的直径不宜小于10mm，间距为100～200mm。

2）纵向分布钢筋的直径不宜小于8mm，间距不宜大于300mm，每延米分布钢筋的面积应不小于受力钢筋面积的15%。

3）条形基础的宽度 $b \geqslant 2500$mm时，横向受力钢筋的长度可减至0.9$l$，并宜交错布置（图14-21）。

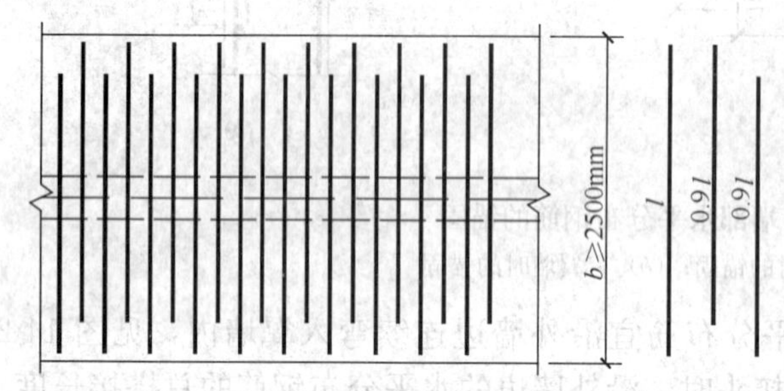


图14-21　条形基础底板配筋减短10%构造

注：进入底板交接区的受力钢筋和无交接底板时端部第一根钢筋不应减短。

（2）柱下条形基础：

1）柱下条形基础顶面受力钢筋按计算配筋全部贯通，底面钢筋中的通长钢筋不应小于底面受力钢筋截面总面积的1/3。纵向受力钢筋的直径不应小于12mm。

2）肋梁箍筋应采用封闭式，其直径不应小于8mm，间距不应小于15$d$（$d$为纵向受力钢筋直径），也不应大于500mm。肋梁宽度 $b \leqslant 350$mm时，采用双肢箍筋；350mm $< b \leqslant$ 800mm时，采用四肢箍筋；$b >$ 800mm时，采用六肢箍筋。

3）当肋梁板高 $h_w \geqslant 450$mm时，应在腹板两侧配置直径不小于12mm的纵向构造钢筋，间距不宜大于200mm，其截面面积不应小于腹板截面面积的0.1%。

4）翼板的横向受力钢筋直径不小于10mm，间距不应大于200mm。纵向分布钢筋的直径为8～10mm，间距不大于250mm。

（3）条形基础在T形及十字形交接处底板横向受力钢筋仅沿一个主要受力方向通长布置，另一方向的横向受力钢筋可布置到主要受力方向底板宽度1/4处（图14-22$a$、$b$）；在拐角处底板横向受力钢筋应沿两个方向布置（图14-22$c$）。

### 14.2.6.2　独立基础

（1）独立基础系双向受力，受力钢筋的直径不宜小于10mm，间距为100～200mm。沿短边方向的受力钢筋一般置于长边受力钢筋的上面。当基础边长 $B \geqslant 2500$mm时（除基

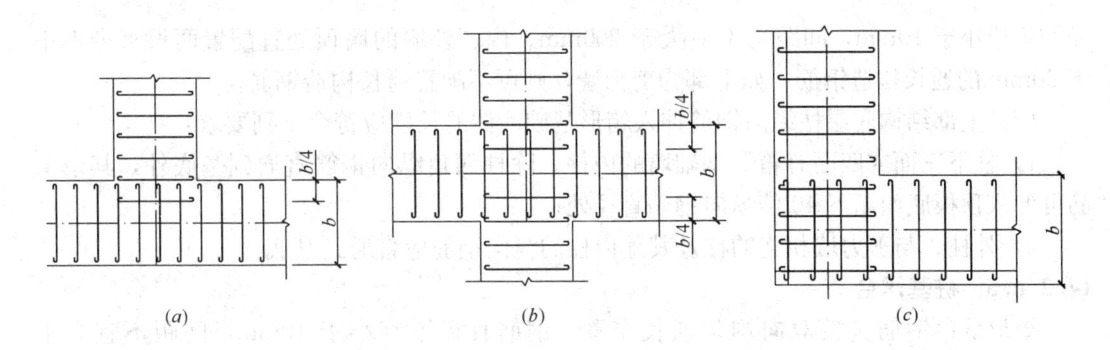


图 14-22 条形基础交接处配筋

(a) T形交接处；(b) 十字形交接处；(c) 拐角处

础支承在桩上外），受力钢筋的长度可缩减10%，交错布置。

(2) 现浇柱下独立基础的插筋的数量、直径、间距以及钢筋种类应与柱中纵向受力钢筋相同，下端宜做成直弯钩，放在基础的钢筋网上（图 14-23）；当柱为轴心受压或小偏心受压、基础高度 $h \geqslant 1200$mm，或柱为大偏心受压、基础高度 $h \geqslant 1400$mm 时，可仅将四角的插筋伸至底板钢筋网上，其余插筋锚固在基础顶面下 $l_a$ 或 $l_{aE}$（有抗震设防要求时）处。插筋的箍筋与柱中箍筋相同，基础内设置二个。

(3) 预制柱下杯形基础，当 $t/h_2 < 0.65$ 时（$t$ 为杯口宽度，$h_2$ 为杯口外壁高度），杯口需要配筋，见图 14-24。

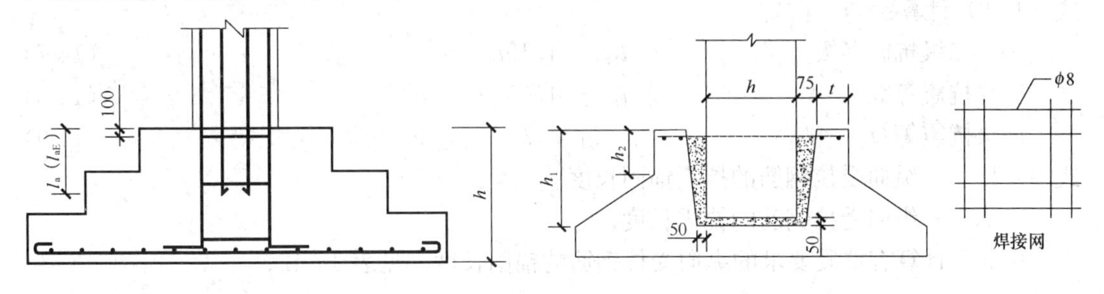


图 14-23 现浇柱下独立基础配筋

图 14-24 杯形基础配筋

**14.2.6.3 筏板基础**

(1) 筏板基础的钢筋间距不应小于150mm，宜为200～300mm，受力钢筋直径不宜小于12mm。采用双向钢筋网片配置在板的顶面和底面。

(2) 当筏板的厚度 $h \geqslant 1000$mm 时，端部宜设置直径为12～20mm的钢筋网，间距为250～300mm；当 500mm $< h <$ 1000mm 时宜将上部与下部钢筋端部弯折 $20d$；当 $h \leqslant$ 500mm 时，顶、底部钢筋端部可弯折 $12d$。

(3) 当筏板的厚度大于2m时，宜沿板厚度方向间距不超过1m设置与板面平行的构造钢筋网片，其直径不宜小于12mm，纵横方向的间距不宜大于300mm。

(4) 对梁板式筏基，墙柱的纵向钢筋要贯通基础梁而插入筏板底部（或中部钢筋网的位置），并且应从梁上皮起满足锚固长度的要求。

**14.2.6.4 箱形基础**

(1) 箱形基础的顶板、底板及墙体均应采用双层双向配筋。墙体的竖向和水平钢筋直径均不应小于 10mm，间距均不应大于 200mm。内、外墙的墙顶处宜配置两根直径不小于 20mm 的通长构造钢筋，如上部为剪力墙，则可不配置通长构造钢筋。

（2）上部结构底层柱纵向钢筋伸入箱形基础墙体的长度应符合下列要求：

1）柱下三面或四面有箱形基础墙的内柱，除柱四角纵向钢筋直通到基底外，其余钢筋可伸入顶板底面以下 40 倍纵向钢筋直径处；

2）外柱、与剪力墙相连的柱及其他内柱的纵向钢筋应直通到基底。

**14.2.6.5　桩基承台**

矩形承台钢筋应按双向均匀通长布置，钢筋直径不宜小于 10mm，间距不宜大于 200mm；三桩承台钢筋应按三向板带均匀布置，且最里面的三根钢筋围成的三角形应在柱截面范围内。承台梁的主筋直径不宜小于 12mm，架立筋不宜小于 10mm，箍筋直径不宜小于 6mm。

## 14.2.7　抗 震 配 筋 要 求

根据设防烈度、结构类型和房屋高度，抗震等级分为一、二、三、四级。

**14.2.7.1　一般规定**

（1）结构构件中的纵向受力钢筋宜选用 HRB335、HRB400、HRB500 级钢筋。按一、二、三级抗震等级设计时，框架结构中纵向受力钢筋应符合 14.1.2.1 的要求。

（2）抗震区受拉钢筋锚固长度。纵向受拉钢筋的抗震锚固长度 $l_{aE}$ 应按式（14-7）~式（14-9）计算：

一、二级抗震等级　　$l_{aE} = 1.15 l_a$　　(14-7)

三级抗震等级　　$l_{aE} = 1.05 l_a$　　(14-8)

四级抗震等级　　$l_{aE} = l_a$　　(14-9)

式中　$l_{aE}$——纵向受拉钢筋的抗震锚固长度；

$l_a$——纵向受拉钢筋的锚固长度。

由此可计算有抗震要求的纵向受拉钢筋的锚固长度，见表 14-42。

**纵向受拉钢筋抗震锚固长度 $l_{aE}$**　　**表 14-42**

| 钢筋种类与直径 / 混凝土强度与抗震等级 | | HPB235 | HPB300 | HRB335 | | | | HRB400 | | | | HRB500 | | | |
|---|---|---|---|---|---|---|---|---|---|---|---|---|---|---|---|
| | | 普通钢筋 | 普通钢筋 | 普通钢筋 | | 环氧树脂涂层钢筋 | | 普通钢筋 | | 环氧树脂涂层钢筋 | | 普通钢筋 | | 环氧树脂涂层钢筋 | |
| | | | | $d\leqslant25$ | $d>25$ | $d\leqslant25$ | $d>25$ | $d\leqslant25$ | $d>25$ | $d\leqslant25$ | $d>25$ | $d\leqslant25$ | $d>25$ | $d\leqslant25$ | $d>25$ |
| C20 | 一、二级抗震等级 | $36d$ | $45d$ | $44d$ | $49d$ | $55d$ | $61d$ | — | — | — | — | — | — | — | — |
| | 三级抗震等级 | $33d$ | $41d$ | $40d$ | $45d$ | $51d$ | $56d$ | — | — | — | — | — | — | — | — |
| C25 | 一、二级抗震等级 | $31d$ | $39d$ | $38d$ | $42d$ | $48d$ | $53d$ | $46d$ | $51d$ | $58d$ | $63d$ | $55d$ | $61d$ | $69d$ | $76d$ |
| | 三级抗震等级 | $28d$ | $36d$ | $35d$ | $39d$ | $44d$ | $48d$ | $42d$ | $46d$ | $53d$ | $58d$ | $50d$ | $55d$ | $63d$ | $69d$ |
| C30 | 一、二级抗震等级 | $29d$ | $35d$ | $33d$ | $37d$ | $42d$ | $46d$ | $40d$ | $44d$ | $51d$ | $56d$ | $49d$ | $54d$ | $62d$ | $68d$ |
| | 三级抗震等级 | $25d$ | $32d$ | $31d$ | $34d$ | $39d$ | $43d$ | $37d$ | $41d$ | $47d$ | $51d$ | $45d$ | $50d$ | $56d$ | $62d$ |
| C35 | 一、二级抗震等级 | $25d$ | $32d$ | $31d$ | $34d$ | $39d$ | $43d$ | $37d$ | $41d$ | $47d$ | $51d$ | $45d$ | $50d$ | $56d$ | $62d$ |
| | 三级抗震等级 | $23d$ | $29d$ | $28d$ | $31d$ | $35d$ | $39d$ | $34d$ | $38d$ | $43d$ | $47d$ | $41d$ | $45d$ | $51d$ | $56d$ |

续表

| 混凝土强度与抗震等级 | 钢筋种类与直径 | HPB235 | HPB300 | HRB335 | | | | HRB400 | | | | HRB500 | | | |
|---|---|---|---|---|---|---|---|---|---|---|---|---|---|---|---|
| | | 普通钢筋 | 普通钢筋 | 普通钢筋 | | 环氧树脂涂层钢筋 | | 普通钢筋 | | 环氧树脂涂层钢筋 | | 普通钢筋 | | 环氧树脂涂层钢筋 | |
| | | | | $d\leqslant25$ | $d>25$ | $d\leqslant25$ | $d>25$ | $d\leqslant25$ | $d>25$ | $d\leqslant25$ | $d>25$ | $d\leqslant25$ | $d>25$ | $d\leqslant25$ | $d>25$ |
| C40 | 一、二级抗震等级 | $23d$ | $29d$ | $29d$ | $32d$ | $36d$ | $39d$ | $33d$ | $37d$ | $42d$ | $46d$ | $41d$ | $45d$ | $51d$ | $56d$ |
| | 三级抗震等级 | $21d$ | $26d$ | $26d$ | $29d$ | $33d$ | $36d$ | $30d$ | $34d$ | $38d$ | $42d$ | $38d$ | $42d$ | $47d$ | $52d$ |
| C45 | 一、二级抗震等级 | $22d$ | $28d$ | $26d$ | $30d$ | $34d$ | $37d$ | $32d$ | $35d$ | $40d$ | $44d$ | $39d$ | $43d$ | $49d$ | $54d$ |
| | 三级抗震等级 | $20d$ | $25d$ | $24d$ | $27d$ | $30d$ | $33d$ | $29d$ | $32d$ | $37d$ | $40d$ | $36d$ | $39d$ | $45d$ | $49d$ |
| C50 | 一、二级抗震等级 | $21d$ | $26d$ | $25d$ | $29d$ | $32d$ | $36d$ | $31d$ | $34d$ | $39d$ | $43d$ | $37d$ | $41d$ | $46d$ | $51d$ |
| | 三级抗震等级 | $19d$ | $24d$ | $23d$ | $25d$ | $29d$ | $32d$ | $28d$ | $31d$ | $35d$ | $39d$ | $34d$ | $38d$ | $43d$ | $47d$ |
| C55 | 一、二级抗震等级 | $20d$ | $25d$ | $24d$ | $27d$ | $31d$ | $34d$ | $30d$ | $33d$ | $37d$ | $41d$ | $36d$ | $40d$ | $45d$ | $50d$ |
| | 三级抗震等级 | $18d$ | $23d$ | $22d$ | $25d$ | $28d$ | $31d$ | $27d$ | $30d$ | $34d$ | $38d$ | $33d$ | $36d$ | $41d$ | $45d$ |
| ≥C60 | 一、二级抗震等级 | $19d$ | $24d$ | $24d$ | $27d$ | $30d$ | $33d$ | $29d$ | $31d$ | $36d$ | $40d$ | $35d$ | $38d$ | $43d$ | $48d$ |
| | 三级抗震等级 | $17d$ | $22d$ | $22d$ | $24d$ | $28d$ | $30d$ | $26d$ | $29d$ | $33d$ | $36d$ | $32d$ | $35d$ | $40d$ | $44d$ |

注：1. 当钢筋在混凝土施工过程中易受扰动（如滑模施工）时，其锚固长度乘以修正系数 1.1；

2. 在任何情况下，锚固长度不得小于 250mm；

3. $d$ 为纵向钢筋直径。

（3）采用搭接接头时，纵向受拉钢筋的抗震搭接长度 $l_{lE}$，应按表 14-35 的要求计算。

（4）纵向受力钢筋连接接头的位置宜避开梁端、柱端箍筋加密区；当无法避开时，应采用满足等强度要求的高质量机械连接或焊接，且钢筋接头面积百分率不应超过 50％。

（5）箍筋宜采用焊接封闭箍筋、连续螺旋箍筋或连续复合螺旋箍筋。当采用非焊接封闭箍筋时，其末端应做成 135°弯钩，弯钩端头平直段长度不应小于箍筋直径的 10 倍；在纵向受力钢筋搭接长度范围内的箍筋间距不应大于搭接钢筋较小直径的 5 倍，且不宜大于 100mm。

**14.2.7.2 框架梁**

（1）框架梁梁端截面的底部和顶部纵向受力钢筋截面面积的比值，除按计算确定外，一级抗震等级不应小于 0.5；二、三级抗震等级不应小于 0.3。

（2）梁端箍筋的加密区长度、箍筋最大间距和箍筋最小直径应按表 14-43 采用。

**梁端箍筋加密区的构造要求　　表 14-43**

| 抗震等级 | 箍筋加密区长度（二者取大值） | 箍筋最大间距（三者取最小值） | 箍筋最小直径（mm） |
|---|---|---|---|
| 一 | $2h$，500mm | $6d$、$h/4$、100mm | 10 |
| 二 | $1.5h$，500mm | $8d$、$h/4$、100mm | 8 |
| 三 | | $8d$、$h/4$、150mm | 8 |
| 四 | | | 6 |

注：1. $d$ 为纵向钢筋直径；$h$ 为梁的高度。梁端纵向钢筋配筋率＞2％时，表中箍筋最小直径增加 2mm；

2. 箍筋直径大于 12mm、数量不少于 4 肢且肢距不大于 150mm 时，一、二级的最大间距应允许适当放宽，但不得大于 150mm。

（3）沿梁全长顶面和底面至少应各配置两根通长的纵向钢筋。对一、二级抗震等级，钢筋直径不应小于 14mm，且分别不应少于梁两端顶面和底面纵向受力钢筋中较大截面面积的 1/4；对三、四级抗震等级，钢筋直径不应小于 12mm。

（4）梁箍筋加密区长度内的箍筋间距：对一级抗震等级，不宜大于 200mm 和 20 倍箍筋直径的较大值；对二、三级抗震等级，不宜大于 250mm 和 20 倍箍筋直径的较大值；各抗震等级下，均不宜大于 300mm。

（5）梁端设置的第一个箍筋应距框架节点边缘不应大于 50mm；非加密区的箍筋间距不宜大于加密区间距的 2 倍。

#### 14.2.7.3 框架柱与框支柱

（1）框架柱与框支柱上、下两端箍筋应加密。加密区的箍筋最大间距和箍筋最小直径应符合表 14-44 的规定。

**柱端箍筋加密区的构造要求**　　**表 14-44**

| 抗震等级 | 箍筋最大间距（mm）（两者取最小值） | 箍筋最小直径（mm） |
|---|---|---|
| 一 | $6d$，100 | 10 |
| 二 | $8d$，100 | 8 |
| 三 | $8d$，150（柱根 100） | 8 |
| 四 | $8d$，150（柱根 100） | 6（柱根 8） |

注：柱根系指底层柱下端的箍筋加密区范围。

（2）框支柱与剪跨比不大于 2 的框架柱应在柱全高范围内加密箍筋，且箍筋间距不应大于 100mm。

（3）一级抗震等级框架柱的箍筋直径大于 12mm 且箍筋肢距不大于 150mm 及二级抗震等级的框架柱的箍筋直径不小于 10mm 且箍筋肢距不大于 200mm 时，除底层柱下端外，箍筋间距应允许采用 150mm；四级抗震等级框架柱剪跨比不大于 2 时，箍筋直径不应小于 8mm。

（4）框架柱的箍筋加密区长度，应取柱截面长边尺寸（或圆形截面直径）、柱净高的 1/6 和 500mm 中的最大值。一、二级抗震等级的角柱应沿柱全高加密箍筋。底层柱根箍筋加密区长度应取不小于该层柱净高的 1/3；当有刚性地面时，除柱端箍筋加密区外尚应在刚性地面上、下各 500mm 的高度范围内加密箍筋。

（5）柱箍筋加密区内的箍筋肢距：一级抗震等级不宜大于 200mm；二、三级抗震等级不宜大于 250mm 和 20 倍箍筋直径中的较大值；四级抗震等级不宜大于 300mm。此外，每隔一根纵向钢筋宜在两个方向有箍筋或拉筋约束；当采用拉筋时且箍筋与纵向钢筋有绑扎时，拉筋宜紧靠纵向钢筋并勾住箍筋。

（6）在柱箍筋加密区外，箍筋的体积配筋率不宜小于加密区配筋率的 1/2；对一、二级抗震等级，箍筋间距不应大于 $10d$；对三、四级抗震等级，箍筋间距不应大于 $15d$（$d$ 为纵向钢筋直径）。

（7）螺旋箍筋的搭接长度不应小于锚固长度 $l_{aE}$，且不小于 300mm，且末端应做成 135°弯钩，弯钩末端平直段长度不应小于箍筋直径的 10 倍，并钩住纵筋。

#### 14.2.7.4 框架梁柱节点

（1）框架中间层中间节点处，框架梁的上部纵向钢筋应贯穿中间节点。贯穿中柱的每根纵向钢筋直径，对于 9 度设防烈度的各类框架和一级抗震等级的框架结构，当柱为矩形截面时，不宜大于柱在该方向截面尺寸的 1/25，当柱为圆形截面时，不宜大于纵向钢筋所在位置柱截面弦长的 1/25；对一、二、三级抗震等级，当柱为矩形截面时，不宜大于柱在该方向截面尺寸的 1/20，对圆柱截面，不宜大于纵向钢筋所在位置柱截面弦长的 1/20。

（2）对于框架中间层中间节点、中间层端节点、顶层中间节点以及顶层端节点，梁、柱纵向钢筋在节点部位的锚固和搭接，应符合图 14-25 的相关构造规定。

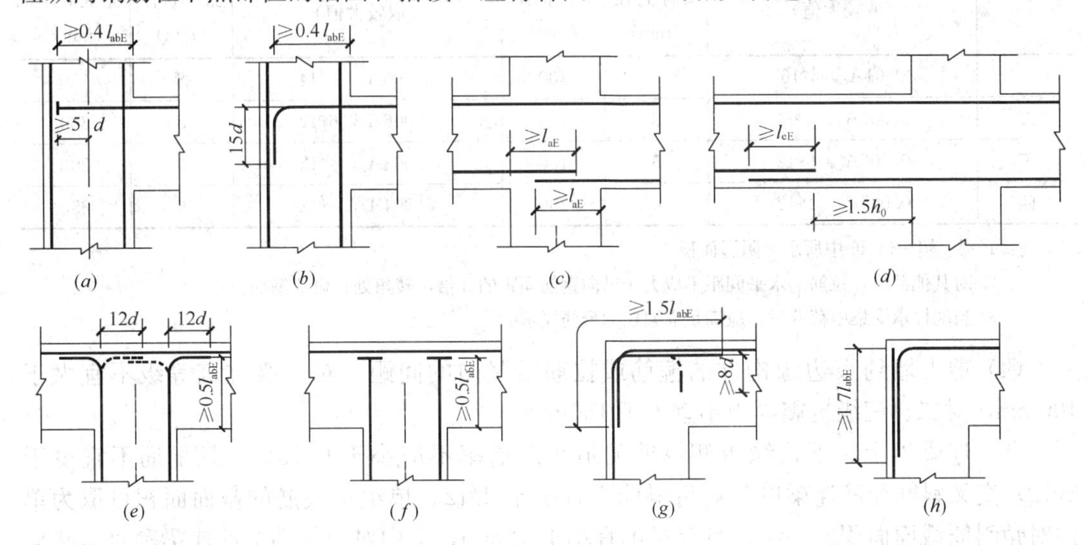


图 14-25 梁和柱的纵向受力钢筋在节点区的锚固和搭接

（a）中间层端节点梁筋加锚头（锚板）锚固；（b）中间层端节点梁筋 90°弯折锚固；（c）中间层中间节点梁筋在节点内直锚固；（d）中间层中间节点梁筋在节点外搭接；（e）顶层中间节点柱筋 90°弯折锚固；（f）顶层中间节点柱筋加锚头（锚板）锚固；（g）钢筋在顶层端节点外侧和梁端顶部弯折搭接；（h）钢筋在顶层端节点外侧直线搭接

### 14.2.7.5 剪力墙及连梁

（1）一、二、三级抗震等级的剪力墙的水平和竖向分布钢筋配筋率均不应小于 0.25%；四级抗震等级剪力墙不应小于 0.2%，分布钢筋间距不宜大于 300mm；其直径不应小于 8mm，且不宜大于墙厚的 1/10；竖向分布钢筋直径不宜小于 10mm。

部分框支剪力墙结构的剪力墙加强部位，水平和竖向分布钢筋配筋率不应小于 0.3%，钢筋间距不应大于 200mm。对高度小于 24m 且剪压比很小的四级抗震等级剪力墙，其竖向分布筋最小配筋率应允许按 0.15%采用。

（2）剪力墙厚度大于 140mm 时，其竖向和水平向分布钢筋不应少于双排布置。在底部加强部位，边缘构件以外的墙体中，拉筋间距应适当加密。

（3）剪力墙端部设置的构造边缘构件（暗柱、端柱、翼墙和转角墙）（图 14-26）的纵向钢筋除应满足计算要求外，尚应符合表 14-45 的要求。

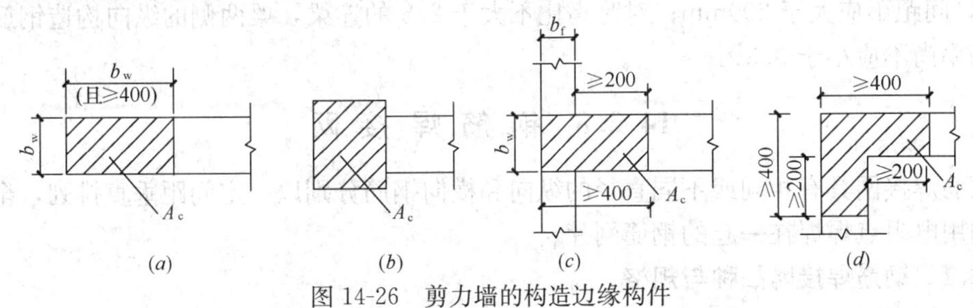


图 14-26 剪力墙的构造边缘构件

（a）暗柱；（b）端柱；（c）翼墙；（d）转角墙

构造边缘构件的构造配筋要求　　表 14-45

| 抗震等级 | 底部加强部位 | | | 其他部位 | | |
|---|---|---|---|---|---|---|
| | 纵向钢筋最小配筋量（取较大值） | 箍筋、拉筋 | | 纵向钢筋最小配筋量（取较大值） | 箍筋、拉筋 | |
| | | 最小直径（mm） | 最大间距（mm） | | 最小直径（mm） | 最大间距（mm） |
| 一 | $0.01A_c$，6$\phi$16 | 8 | 100 | $0.008A_c$，6$\phi$14 | 8 | 150 |
| 二 | $0.008A_c$，6$\phi$14 | 8 | 150 | $0.006A_c$，6$\phi$12 | 8 | 200 |
| 三 | $0.006A_c$，6$\phi$12 | 6 | 150 | $0.005A_c$，4$\phi$12 | 6 | 200 |
| 四 | $0.005A_c$，4$\phi$12 | 6 | 200 | $0.004A_c$，4$\phi$12 | 6 | 250 |

注：1. $A_c$ 为图 14-26 中所示的阴影面积；

2. 对其他部位，拉筋的水平间距不应大于纵向钢筋间距的 2 倍，转角处宜设置箍筋；

3. 当端柱承受集中荷载时，应满足框架柱的配筋要求。

（4）剪力墙约束边缘构件的箍筋或拉筋沿竖向的间距，对一级抗震等级不宜大于 100mm，对二、三级抗震等级不宜大于 150mm。

（5）连梁沿上、下边缘单侧纵筋的最小配筋率不应小于 0.15%，且配筋不宜少于 2$\phi$12；交叉斜筋配筋连梁单向对角斜筋不宜少于 2$\phi$12，单组折线筋的截面面积可取为单向对角斜筋截面面积的一半，且直径不宜小于 12mm，集中对角斜筋配筋连梁和对角暗撑连梁中每组对角斜筋应至少由 4 根直径不小于 14mm 的钢筋组成。

（6）交叉斜筋配筋连梁的对角斜筋在梁端部位应设置不少于 3 根拉筋，拉筋的间距不应大于连梁宽度和 200mm 的较小值，直径不应小于 6mm；集中对角斜筋配筋连梁应在梁截面内沿水平方向及竖直方向设置双向拉筋，拉筋应勾住外侧纵向钢筋，间距不应大于 200mm，直径不应小于 8mm；对角暗撑配筋连梁中暗撑箍筋的外缘沿梁截面宽度方向不宜小于梁宽的一半，另一方向不宜小于梁宽的 1/5；对角暗撑约束箍筋的间距不宜大于暗撑钢筋直径的 6 倍，当计算间距小于 100mm 时可取 100mm，箍筋肢距不应大于 350mm。除集中对角斜筋配筋连梁以外，其余连梁的水平钢筋及箍筋形成的钢筋网之间应采用拉筋拉结，拉筋直径不宜小于 6mm，间距不宜大于 400mm。

（7）连梁纵向受力钢筋、交叉斜筋伸入墙内的锚固长度不应小于 $l_{aE}$，且不应小于 600mm；顶层连梁纵向钢筋伸入墙体的长度范围内，应配置间距不大于 150mm 的构造箍筋，箍筋直径应与该连梁的箍筋直径相同。

（8）剪力墙的水平分布钢筋可作为连梁的纵向构造钢筋在连梁范围内贯通。当梁的腹板高度 $h_w$ 不小于 450mm 时，其两侧面沿梁高范围设置的纵向构造钢筋的直径不应小于 10mm，间距不应大于 200mm；对跨高比不大于 2.5 的连梁，梁两侧的纵向构造钢筋的面积配筋率尚不应小于 0.3%。

## 14.2.8　钢 筋 焊 接 网

钢筋焊接网具有相同或不同直径的纵向和横向钢筋分别以一定间距垂直排列，全部交叉点均用电阻点焊焊在一起的钢筋网片。

### 14.2.8.1　钢筋焊接网品种与规格

（1）钢筋焊接网宜采用 CRB 550 级冷轧带肋钢筋或 HRB 400 级热轧带肋钢筋制作，

也可采用 CRB 550 级冷拔光面钢筋制作。

(2) 钢筋焊接网可分为定型焊接网和定制焊接网两种。

1) 定型焊接网在两个方向上的钢筋间距和直径可以不同，但在同一方向上的钢筋宜有相同的直径、间距和长度。

2) 定制焊接网的形状、尺寸应根据设计和施工要求，由供需双方协商确定。

(3) 钢筋焊接网的规格，应符合下列规定：

1) 钢筋直径：冷轧带肋钢筋或冷拔光面钢筋为 4～12mm，冷加工钢筋直径在 4～12mm 范围内可采用 0.5mm 晋级，受力钢筋宜采用 5～12mm；热轧带肋钢筋宜采用 6～16mm。

2) 焊接网长度不宜超过 12m，宽度不宜超过 3.3m。

3) 焊接网制作方向的钢筋间距宜为 100mm、150mm、200mm，与制作方向垂直的钢筋间距宜为 100～400mm，且应为 10mm 的整倍数。焊接网的纵向、横向钢筋可以采用不同种类的钢筋。

4) 焊接网钢筋强度设计值：对冷轧带肋钢筋、热轧带肋钢筋和冷拔光圆钢筋 $f_y=360\text{N/mm}^2$，轴心受拉和小偏心受拉构件的钢筋抗拉强度设计值大于 $300\text{N/mm}^2$ 时，仍应按 $300\text{N/mm}^2$ 取用。

**14.2.8.2 钢筋焊接网锚固与搭接**

(1) 对受拉钢筋焊接网，其最小锚固长度 $l_a$ 应符合表 14-46 的规定。

**钢筋焊接网的最小锚固长度** **表 14-46**

| 焊接网钢筋类别 | | 混凝土强度等级 | | | | |
|---|---|---|---|---|---|---|
| | | C20 | C25 | C30 | C35 | ≥C40 |
| CRB550 级钢筋焊接网 | 锚固长度内无横筋 | 40*d* | 35*d* | 30*d* | 28*d* | 25*d* |
| | 锚固长度内有横筋 | 30*d* | 26*d* | 23*d* | 21*d* | 20*d* |
| HRB400 级钢筋焊接网 | 锚固长度内无横筋 | 45*d* | 40*d* | 35*d* | 32*d* | 30*d* |
| | 锚固长度内有横筋 | 35*d* | 31*d* | 28*d* | 25*d* | 23*d* |
| 冷拔光面钢筋焊接网 | | 35*d* | 30*d* | 27*d* | 25*d* | 23*d* |

注：1. 当焊接网中的纵向钢筋为并筋时，其锚固长度应按表中数值乘以系数 1.4 后取用；
2. 当锚固区内无横筋、焊接网的纵向钢筋净距不小于 5*d*（*d* 为纵向钢筋直径）且纵向钢筋保护层厚度不小于 3*d* 时，表中钢筋的锚固长度可乘以 0.8 的修正系数，但不应小于本表注 3 规定的最小锚固长度值；
3. 在任何情况下，锚固区内有横筋的焊接网的锚固长度不应小于 200mm；锚固区内无横筋时焊接网钢筋的锚固长度，对冷轧带肋钢筋不应小于 200mm，对热轧带肋钢筋不应小于 250mm；
4. *d* 为纵向受力钢筋。

(2) 钢筋焊接网的搭接接头，应设置在受力较小处，且应符合下列规定：

1) 两片焊接网末端之间钢筋搭接接头的最小搭接长度（采用叠搭法或扣搭法），不应小于最小锚固长度 $l_a$ 的 1.3 倍，且不应小于 200mm，在搭接区内每张焊接网片的横向钢筋不得少于一根，两网片最外一根横向钢筋之间搭接长度不应小于 50mm（图 14-27*a*）。

2) 当搭接区内两张网片中有一片横向钢筋（采用平搭法）时，带肋钢筋焊接网的最小搭接长度不应小于锚固区无横筋时的最小锚固长度 $l_a$ 的 1.3 倍，且不应小于 300mm。当搭接区纵向受力钢筋的直径 $d\geqslant 10\text{mm}$ 时，其搭接长度再增加 5*d*。

3）冷拔光面钢筋焊接网在搭接长度范围内每张网片的横向钢筋不应少于二根，两片焊接网最外边横向钢筋间的搭接长度（采用叠搭法或扣搭法）不应少于一个网格加 50mm（图 14-27*b*），也不应小于 $l_a$ 的 1.3 倍，且不应小于 200mm。当搭接区内一张网片无横向钢筋且无附加钢筋、网片或附加锚固构造措施时，不得采用搭接。

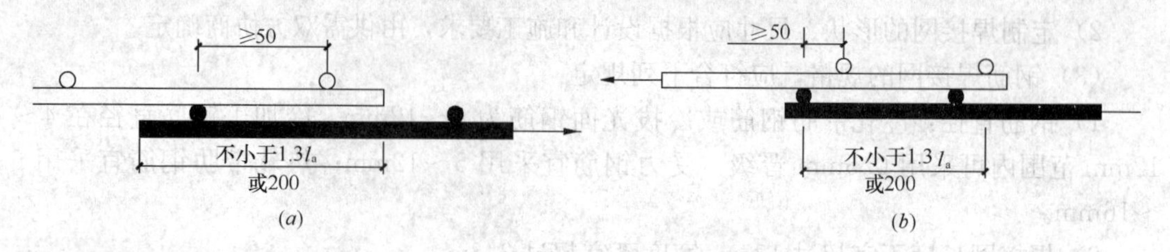


图 14-27　钢筋焊接网搭接接头

（*a*）冷轧带肋钢筋；（*b*）冷拔光面钢筋

4）钢筋焊接网在受压方向的搭接长度，应取受拉钢筋搭接长度的 0.7 倍，且不应小于 150mm。

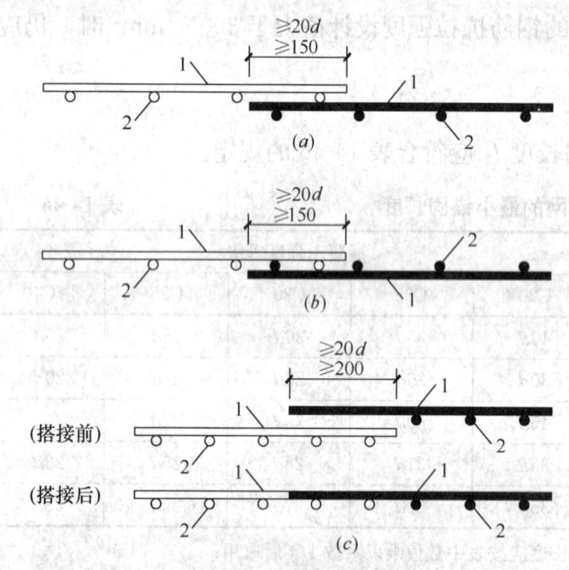


图 14-28　钢筋焊接网在非受力方向的搭接

（*a*）叠搭法；（*b*）扣搭法；（*c*）平搭法

1—分布钢筋；2—受力钢筋

5）钢筋焊接网在非受力方向的分布钢筋的搭接，当采用叠搭法（图 14-28*a*）或扣搭法（图 14-28*b*）时，在搭接范围内每个网片至少应有一根受力主筋，搭接长度不应小于 20*d*（*d* 为分布钢筋直径），且不应小于 150mm；当采用平搭法（图 14-28*c*）且一张网片在搭接区内无受力钢筋时，其搭接长度不应小于 20*d* 且不应小于 200mm。当搭接区纵向受力钢筋的直径 $d \geqslant 8$mm 时，其搭接长度不应小于 25*d*。

6）带肋钢筋焊接网双向配筋的面网宜采用平搭法。搭接宜设置在距梁边 1/4 净跨区段以外，其搭接长度不应小于 30*d*（*d* 为搭接方向钢筋直径），且不应小于 250mm。

#### 14.2.8.3　楼板中的应用

（1）板中受力钢筋的直径不宜小于 5mm。当板厚 $h \leqslant 150$mm 时，其间距不宜大于 200mm；当板厚 $h > 150$mm 时，其间距不宜大于 1.5*h*，且不宜大于 250mm。

（2）板的钢筋焊接网应按板的梁系区格布置，尽量减少搭接。单向板底网的受力主筋和现浇双向板短跨方向下部钢筋焊接网不宜设置搭接。双向板长跨方向底网搭接宜布置于梁边 1/3 净跨区段内（图 14-29）。满铺面网的搭接宜设置在梁边 1/4 净跨区段以外且面网与底网的搭接宜错开。

（3）网片最外侧钢筋距梁边的距离不应大于该方向钢筋间距的 1/2，且不宜大

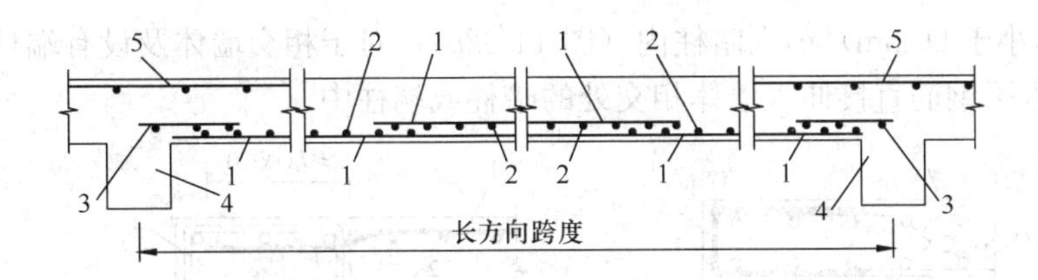


图 14-29 钢筋焊接网在双向板长跨方向的搭接

1—长跨方向钢筋；2—短跨方向钢筋；3—伸入支座的附加网片；
4—支承梁；5—支座上部钢筋

于 100mm。

（4）楼板面网与柱的连接可采用整张网片套在柱上（图 14-30*a*），然后再与其他网片搭接；也可将面网在两个方向铺至柱边，其余部分采用附加钢筋补足（图 14-30*b*）。

（5）当楼板开洞时，可将通过洞口的钢筋切断，按等强度设计原则增设附加绑扎短钢筋加强。

**14.2.8.4 墙板中的应用**

（1）剪力墙中作为分布钢筋的焊接网可按一楼层为一个竖向单元，其竖向搭接可设置在楼层面之上，搭接长度不应小于 400mm 或 40*d*（*d* 为竖向分布钢筋直径）。在搭接范围内，下层的焊接网不设水平分布钢筋，搭接时应将下层网的竖向钢筋与上层网的钢筋绑扎牢固（图 14-31）。

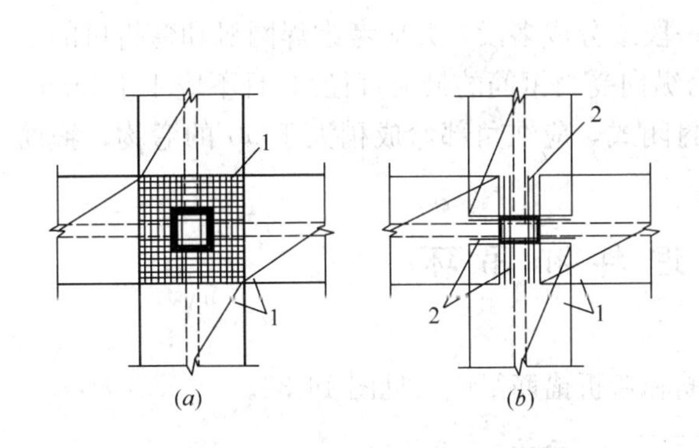


图 14-30 楼板上层钢筋焊接网与柱的连接

（*a*）焊接网套柱连接；（*b*）附加钢筋连接

1—焊接网的面网；2—附加锚固筋

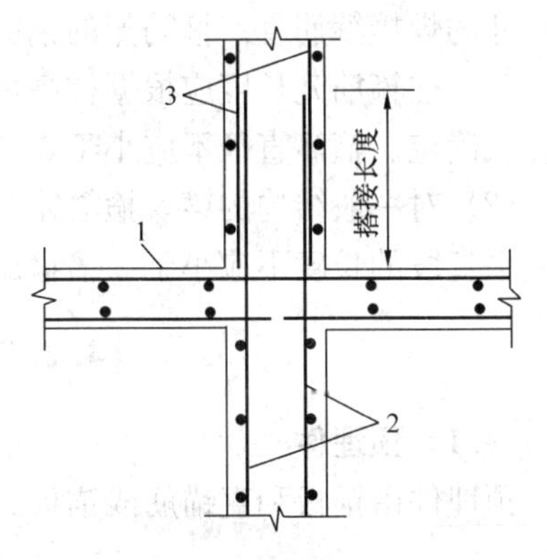


图 14-31 钢筋焊接网的竖向搭接

1—楼板；2—下层焊接网；3—上层焊接网

（2）墙体中钢筋焊接网在水平方向的搭接可采用平搭法或扣搭法。

（3）当墙体端部无暗柱或端柱时，可用现场绑扎的“U”形附加钢筋连接。附加钢筋的间距宜与钢筋焊接网水平钢筋的间距相同，其直径可按等强度设计原则确定（图 14-32*a*），附加钢筋的锚固长度不应小于最小锚固长度。焊接网水平分布钢筋末端宜有垂直于墙面的 90°直钩，直钩长度为 5*d*～10*d*，且不小于 50mm。

（4）当墙体端部设有暗柱时，焊接网的水平钢筋可伸入暗柱内锚固，该伸入部分可不焊接竖向钢筋，或将焊接网设在暗柱外侧，并将水平分布钢筋弯成直钩（直钩长度为 5*d*

～10$d$，且不小于 50mm）锚入暗柱内（图 14-32$b$）；对于相交墙体及设有端柱的情况，可将焊接网的水平钢筋直接伸入墙体相交处的暗柱或端柱中。

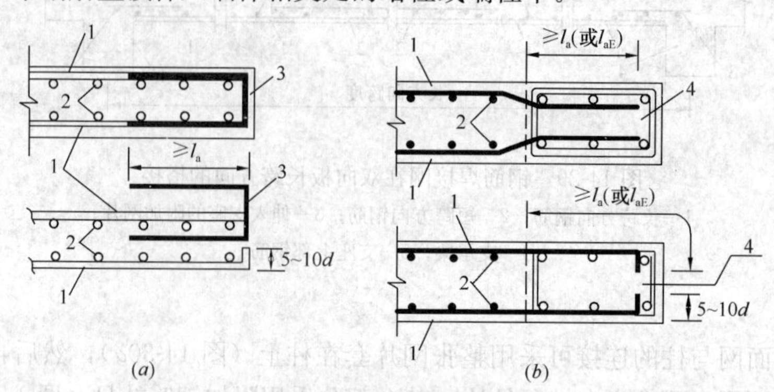


图 14-32　钢筋焊接网在墙体端部的构造

（$a$）墙端无暗柱；（$b$）墙端设有暗柱

1—焊接网水平钢筋；2—焊接网竖向钢筋；3—附加连接钢筋；4—暗柱

（5）墙体内双排钢筋焊接网之间应设置拉筋连接，其直径不应小于 6mm，间距不应大于 700mm；对重要部位的剪力墙宜适当增加拉筋的数量。

#### 14.2.8.5　梁柱箍筋笼中的应用

焊接箍筋笼是梁、柱箍筋用附加纵筋连接先焊成平面网片，然后用弯折机弯成设计形状尺寸的焊接箍筋骨。箍筋笼的钢筋采用带肋钢筋制作时，应符合以下规定：

（1）柱箍筋笼长度应根据柱高可采用一段或分成多段，并应考虑焊网机和弯折机的工艺参数确定。箍筋直径不应小于 $d/4$（$d$ 为纵向受力钢筋的最大直径），且不应小于 5mm。

（2）对一般结构的梁，箍筋笼应做成封闭式，应在角部弯成稍大于 90°的弯钩，箍筋末端平直段的长度不应小于 5 倍箍筋直径。

### 14.2.9　预 埋 件 和 吊 环

#### 14.2.9.1　预埋件

预埋件由锚板和直锚筋或锚板、直锚筋和弯折锚筋组成，见图 14-33。

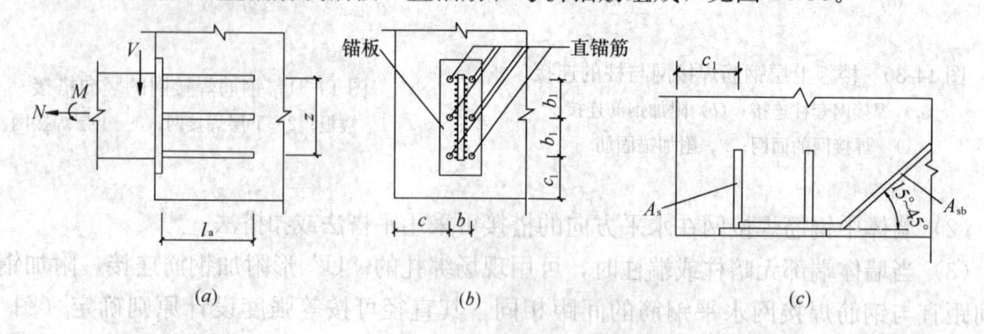


图 14-33　预埋件的形式与构造

（$a$）（$b$）由锚板和直锚筋组成的预埋件；（$c$）由锚板、直锚筋和弯折锚筋组成的预埋件

（1）受力预埋件的锚筋应采用 HRB400 或 HPB300 钢筋，不应采用冷加工钢筋。

（2）预埋件的受力直锚筋不宜少于 4 根，且不宜多于 4 排；其直径不宜小于 8mm，且不宜大于 25mm。受剪预埋件的直锚筋可采用 2 根。预埋件的锚筋应位于构件外层主筋内侧。

（3）受力预埋件的锚板宜采用 Q235、Q345 级钢。直锚筋与锚板应采用 T 形焊。当锚筋直径不大于 20mm 时，宜采用压力埋弧焊；当锚筋直径大于 20mm 时，宜采用穿孔塞焊。当采用手工焊时，焊缝高度不宜小于 6mm 和 $0.5d$（HPB300 级）或 $0.6d$（HRB400 级钢筋），$d$ 为锚筋直径。

（4）锚板厚度宜大于锚筋直径的 0.6 倍，受拉和受弯预埋件的锚板厚度尚宜大于 $b/8$（$b$ 为锚筋间距），见图 14-33（$a$）。锚筋中心至锚板边缘的距离不应小于 $2d$ 和 20mm。

对受拉和受弯预埋件，其锚筋的间距 $b$、$b_1$ 和锚板至构件边缘的距离 $c$、$c_1$，均不应小于 $3d$ 和 45mm（图 14-33$b$）。

对受剪预埋件，其锚筋的间距 $b$ 及 $b_1$ 不应大于 300mm，且 $b_1$ 不应小于 $6d$ 和 70mm；锚筋至构件边缘的距离 $c_1$ 不应小于 $6d$ 和 70mm，$b$、$c$ 不应小于 $3d$ 和 45mm（图 14-33$b$）。

（5）受拉直锚筋和弯折锚筋的锚固长度应不小于受拉钢筋锚固长度 $l_a$；当锚筋采用 HPB300 级钢筋时末端还应有弯钩。当无法满足锚固长度的要求时，应采取其他有效的锚固措施。受剪和受压直锚筋的锚固长度不应小于 $15d$（$d$ 为锚筋直径）。

弯折锚筋与钢板间的夹角不宜小于 15°，也不宜大于 45°（图 14-33$c$）。

（6）考虑地震作用的预埋件，其实配的锚筋截面面积应比计算值增大 25%，且应相应调整锚板厚度。锚筋的锚固长度应不小于 $1.1l_a$。在靠近锚板处，宜设置一根直径不小于 10mm 的封闭箍筋。预埋件不宜设置在塑性铰区；当不能避免时应采取有效措施。

铰接排架柱顶预埋件的直锚筋：对一级抗震等级应为 4 根直径 16mm，对二级抗震等级应为 4 根直径 14mm。

**14.2.9.2　吊环**

（1）吊环的形式与构造，见图 14-34 所示。其中：图（$a$）为吊环用于梁、柱等截面高度较大的构件；图（$b$）为吊环用于截面高度较小的构件；图（$c$）为吊环焊在受力钢筋上，埋入深度不受限制；图（$d$）为吊环用于构件较薄且无焊接条件时，在吊环上压几根短钢筋或钢筋网片加固。

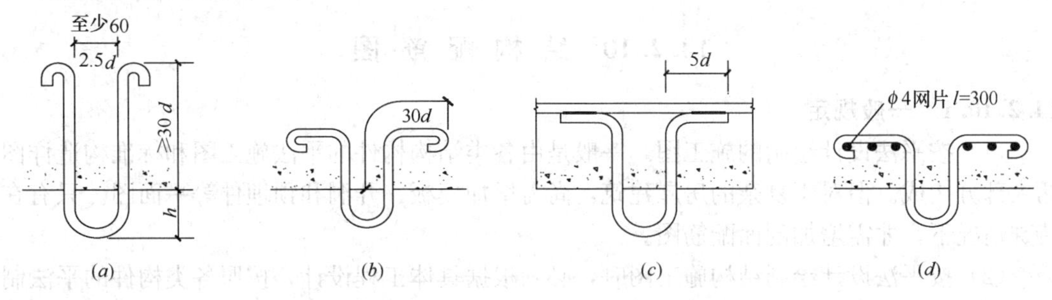


图 14-34　吊环形式

吊环的弯心直径为 $2.5d$（$d$ 为吊环钢筋直径），且不得小于 60mm。

吊环锚入混凝土的深度不应小于 $30d$，并应焊接或绑扎在钢筋骨架上，$d$ 为吊环钢筋的直径。埋深不够时，可焊在受力钢筋上。

吊环露出混凝土的高度，应满足穿卡环的要求；但也不宜太长，以免遭到反复弯折。

（2）吊环的设计计算，应满足下列要求：

1）吊环应采用 HPB300 级钢筋制作，严禁使用冷加工钢筋；

2）在构件自重标准值作用下，每个吊环按 2 个截面计算的吊环应力不大于 65N/mm²（已考虑超载系数、吸附系数、动力系数、钢筋弯折引起的应力集中系数、钢筋角度影响系数等）。

3）构件上设有 4 个吊环时，设计时仅取 3 个吊环进行计算。吊环的应力计算公式：

$$\sigma = \frac{9800G}{n \cdot A_s} \tag{14-10}$$

式中　$A_s$——一个吊环的钢筋截面面积（mm²）；

$G$——构件重量（t）；

$\sigma$——吊环的拉应力（N/mm²）；

$n$——吊环截面个数；2 个吊环时为 4，4 个吊环时为 6。

根据上式算出吊环直径与构件重量的关系，列于表 14-47。

**吊环选用表**　　　　**表 14-47**

| 吊环直径（mm） | 构件重量（t） | | 吊环露出混凝土的高度 $h$（mm） |
|---|---|---|---|
| | 二个吊环 | 四个吊环 | |
| 6 | 0.75 | 1.12 | 50 |
| 8 | 1.33 | 2.00 | 50 |
| 10 | 2.08 | 3.12 | 50 |
| 12 | 3.00 | 4.50 | 60 |
| 14 | 4.08 | 6.12 | 60 |
| 16 | 5.33 | 8.00 | 70 |
| 18 | 6.75 | 10.12 | 70 |
| 20 | 8.33 | 12.50 | 80 |
| 22 | 10.08 | 15.12 | 90 |
| 25 | 13.02 | 19.52 | 100 |
| 28 | 16.33 | 24.49 | 110 |

## 14.2.10　结构配筋图

### 14.2.10.1　一般规定

（1）按平法设计绘制的施工图，一般是由各类结构构件的平法施工图和标准构造详图两大部分构成。但对于复杂的房屋建筑，尚需增加模板、开洞和预埋件等平面图。只有在特殊情况下，才需增加剖面配筋图。

（2）按平法设计绘制结构施工图时，必须根据具体工程设计，按照各类构件的平法制图规则，在按结构（标准）层绘制的平面布置图上直接表示各构件的尺寸、配筋。

（3）在平法施工图上表示各构件尺寸和配筋的方式，分为平面注写方式、列表注写方式和截面注写方式等三种。

（4）在平法施工图上，应将所有构件进行编号，编号中含有类型代号和序号等。其中，类型代号应与标准构造详图上所注类型代号一致，使两者结合构成完整的结构设计图。

（5）在平法施工图上，应注明包括地下和地上各结构层楼地面标高、结构层高及相应的结构层号等。

（6）为了确保施工人员准确无误地按平法施工图进行施工，在具体工程施工图中必须注明所选用平法标准图的图集号，以免图集升版后在施工中用错版本。

**14.2.10.2 梁平法施工图**

（1）梁平法施工图是在梁平面布置图上，采用平面注写方式或截面注写方式表达。

对于轴线未居中的梁应标注其偏心定位尺寸（贴柱边的梁可不注）。

（2）平面注写方式，系在梁平面布置图上分别在不同编号的梁中各选一根表达。

平面注写分为集中标注与原位标注两类。集中标注表达梁的通用数值，原位标注表达梁的特殊数值。当集中标注中的某项数值不适用于梁的某部位时，则将该项数值原位标注。施工时，原位标注取值优先。

（3）梁集中标注的内容有五项必注值及一项选注值（集中标注可以从梁的任意一跨引出），规定如下：

1）梁编号为必注值，由梁类型代号、序号、跨数及有无悬挑代号组成。例 KL3（2A）表示第 3 号框架梁，两跨，一端有悬挑（A 为一端悬挑，B 为两端悬挑）。

2）梁截面尺寸为必注值，等截面梁用 $b\times h$ 表示；加腋梁用 $b\times h$、$yc_1\times c_2$ 表示，其中 $c_1$ 为腋长，$c_2$ 为腋高；当有悬挑梁且根部和端部的高度不同时，用斜线分隔根部与端部的高度值，即为 $b\times h_1/h_2$。

3）梁箍筋为必注值，包括钢筋级别、直径、加密区与非加密区间距及肢数。箍筋加密区与非加密区的不同间距及肢数需用斜线“/”分隔，箍筋肢数应写在括号内。

例：$\phi$10@100/200（2）表示箍筋为 HPB300 钢筋，直径 10mm，加密区间距 100mm，非加密区间距为 200mm，均为两肢箍。

抗震结构中的非框架梁、悬挑梁、井字梁，及非抗震结构中的各类梁，采用不同的箍筋间距及肢数时，也可用斜线“/”隔开，先注写支座端部的箍筋，在斜线后注写梁跨中部的箍筋。

例：13$\phi$10@100/200（4）表示箍筋为 HPB300 级钢筋，直径 10mm，梁的两端各有 13 个四肢箍，间距 100；梁跨中部分间距为 200mm，均为四肢箍。

4）梁上部通长筋或梁立筋配置为必注值，所注规格与根数应根据结构受力要求及箍筋肢数等构造要求而定。当同排纵筋中既有通长筋又有架立筋时，应用加号“＋”将通长筋和架立筋相连。注写时须将角部纵筋写在加号的前面，架立筋写在加号后面的括号内，以示不同直径及与通长筋的区别。

例：2Φ22＋（4$\phi$12）用于六肢箍，其中 2Φ22 为通长筋，4$\phi$12 为架立筋。

当梁的上部纵筋和下部纵筋均为贯通筋，且多数跨配筋相同时，此项可加注下部钢筋的配筋值，用分号“；”隔开。

例：3Φ22；3Φ20 表示梁的上部配置 3Φ22 的通长筋，梁的下部配置 3Φ20 的通长筋。

5）梁侧面纵向构造钢筋或受扭钢筋配置为必注值。构造钢筋以大写字母 G 开头，接续注写设置在梁两个侧面的总配筋值，且对称配置。

例：G4$\phi$12 表示梁的两个侧面共配置 4$\phi$12 纵向构造钢筋，每侧各配置 2 根。

受扭纵向钢筋以大写字母 N 开头，接续注写配置在梁两个侧面的总配筋值，且对称配置。

例：N6 Φ 22 表示梁的两个侧面共配置 6 Φ 22 的受扭纵向钢筋，每侧各配置 3 根。

6）梁顶面标高高差为选注值。

梁顶面标高的高差，系指相对于结构层楼面标高的高差值。有高差时，须将其写入括号内，无高差时不注。

（4）梁原位标注的内容规定如下：

1）梁支座上部纵筋含通长筋在内的所有纵筋，当上部纵筋多于一排时，用斜线“/”将各排纵筋自上而下分开；当同排纵筋有两种直径时，用加号“+”将两种直径的纵筋相连，角部钢筋在前；当梁中间支座两边的上部纵筋不同时，须在支座两边分别标注。

2）梁下部纵筋多于一排时，用斜线“/”隔开；当同排纵筋有两种直径时，用加号“+”并连；当梁下部纵筋不全部伸入支座时，将梁支座下部纵筋减少的数量写在括号内。

3）附加箍筋或吊筋，将其直接画在平面图中的主梁上，用线引注总配筋值。

4）当在梁上集中标注的内容不适用于某跨或某悬挑部分时，将其不同数值原位标注在该跨或该悬挑部位。

（5）截面注写方式

1）截面注写方式是在标准层绘制的梁平面布置图上，分别在不同编号的梁中各选择一根梁用剖面号引出配筋图，并在其上注写截面尺寸和配筋具体数值的方式。

2）在截面配筋详图上注写截面尺寸、上部筋、下部筋、侧面构造筋或受扭筋以及箍筋的具体数值，其表达形式与平面注写方式相同。

**14.2.10.3　柱平法施工图**

（1）柱平法施工图是在柱平面布置图上采用列表注写方法或截面注写方式表达。

（2）列表注写方式，是在柱平面布置图上，分别在同一编号的柱中选择一个（有时需要选择几个）截面标注几何参数代号；在柱表中注写柱号、柱段起止标高、几何尺寸（含柱截面对轴线的偏心情况）与配筋的具体数值，并配以各种柱截面形状及其箍筋类型图。

注写柱纵筋。当柱纵筋直径相同，各边根数也相同时（包括矩形柱、圆柱和芯柱），将纵筋注写在“全部纵筋”一栏中；除此之外，柱纵筋分角筋、截面 $b$ 边中部筋和 $h$ 边中部筋三项分别注写（对于采用对称配筋的矩形截面柱，可仅注写一侧中部筋）。

注写箍筋类型号及箍筋肢数。具体工程所设计的各种箍筋类型图以及箍筋复合的具体方式，需画在表的上部或图中的适当位置，并在其上标注与表中相对应的 $b$、$h$ 和类型号。

注写箍筋级别、直径和间距等。当为抗震设计时，用斜线“/”区分柱端箍筋加密区与柱身非加密区长度范围内箍筋的不同间距。

（3）截面注写方式，是在柱平面布置图的柱截面上，分别在同一编号的柱中选择一个截面，直接注写截面尺寸 $b \times h$，角筋或全部纵筋、箍筋具体数值，以及在柱截面配筋图上标注柱截面与轴线关系的具体数值。

当纵筋采用两种直径时，需再注写截面各边中部筋的具体数值（对于采用对称配筋的矩形截面柱，可仅在一侧注写中部筋）。

#### 14.2.10.4 剪力墙平法施工图

剪力墙平法施工图是在剪力墙平面布置图上采用列表注写方式或截面注写方式表达。

采用列表注写方式时，分别列出剪力墙柱、剪力墙身和剪力墙梁表，对应于剪力墙平面布置图上的编号，绘制截面配筋图并注写几何尺寸与配筋具体数值。

采用截面注写方式时，以直接在墙柱、墙身、墙梁上注写截面尺寸和配筋具体数值。

剪力墙的洞口表示方法。在剪力墙平面布置图上绘制洞口示意，并标注洞口中心的平面定位尺寸；在洞口中心位置引注洞口编号、洞口几何尺寸、洞口中心相对标高、洞口每边补强钢筋等四项内容。

## 14.3 钢 筋 配 料

钢筋配料是现场钢筋的深化设计，即根据结构配筋图，先绘出各种形状和规格的单根钢筋简图并加以编号，然后分别计算钢筋下料长度和根数，填写配料单。

钢筋配料时应优化配料方案。钢筋配料优化可采用编程法和非编程法，编程法钢筋配料优化是运用计算机编程软件，通过编制钢筋优化配料程序，寻找用量最省的下料方法，快速而准确地提供钢筋利用率最佳的优化下料方案，并以表格、文字形式输出，供钢筋加工时使用；非编程法钢筋配料优化是通过电子表格软件（如 Excel）中构造钢筋截断方案，进行配料优化计算，选择较优化的下料方案，并以表格、文字形式输出，供钢筋加工时使用。

钢筋配料剩下的钢筋头应充分利用，可通过机械连接或焊接、加工等工艺手段，提高钢筋利用率，节约资源。

### 14.3.1 钢筋下料长度计算

钢筋因弯曲或弯钩会使其长度变化，在配料中不能直接根据图纸中尺寸下料；必须了解混凝土保护层、钢筋弯曲、弯钩等规定，再根据图中尺寸计算其下料长度。

各种钢筋下料长度计算如下：

直钢筋下料长度＝构件长度－保护层厚度＋弯钩增加长度

弯起钢筋下料长度＝直段长度＋斜段长度－弯曲调整值＋弯钩增加长度

箍筋下料长度＝箍筋周长＋箍筋调整值

上述钢筋如需搭接，应增加钢筋搭接长度。

1. 弯曲调整值

（1）钢筋弯曲后的特点：一是沿钢筋轴线方向会产生变形，主要表现为长度的增加或减小，即以轴线为界，往外凸的部分（钢筋外皮）受拉伸而长度增加，而往里凹的部分（钢筋内皮）受压缩而长度减小；二是弯曲处形成圆弧（如图 14-35）。而钢筋的量度方法一般沿直线量外包尺寸（如图 14-36），因此，弯曲钢筋的量度尺寸大于下料尺寸，而两者之间的差值称为弯曲调整值。

（2）对钢筋进行弯折时，图 14-36 中用 $D$ 表示弯折处圆弧所属圆的直径，通常称为“弯弧内直径”。钢筋弯曲调整值与钢筋弯弧内直径和钢筋直径有关。

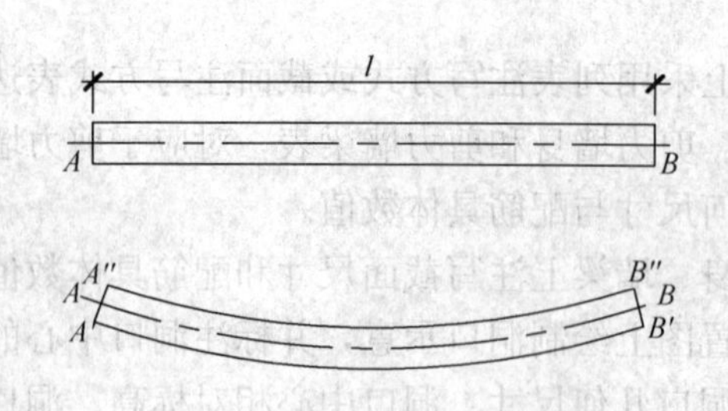


图 14-35　钢筋弯曲变形示意图

$A'B' \geqslant AB \geqslant A''B''$

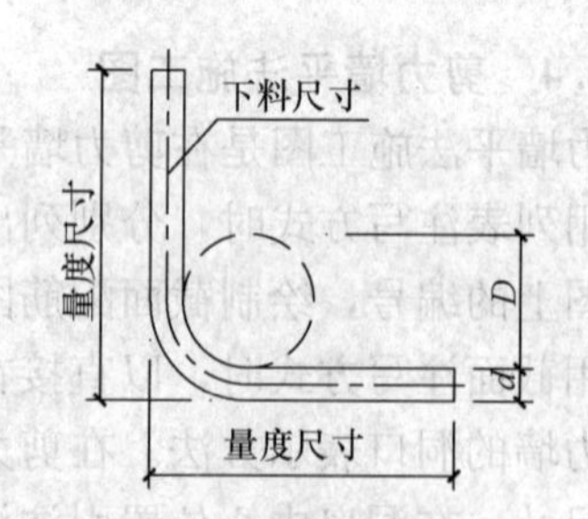


图 14-36　钢筋弯曲时的量度方法

（3）光圆钢筋末端应作 180°弯钩，其弯弧内直径不应小于钢筋直径的 2.5 倍；当设计要求钢筋末端需作 135°弯钩时，HRB335、HRB400、HRB500 级钢筋的弯弧内直径不应小于钢筋直径的 4 倍；钢筋作不大于 90°弯折时，弯折处的弯弧内直径不应小于钢筋直径的 5 倍。据理论推算并结合实践经验，钢筋弯曲调整值列于表 14-48。

**钢筋弯曲调整值　　表 14-48**

| 钢筋弯曲角度 | 30° | 45° | 60° | 90° | 135° |
|---|---|---|---|---|---|
| 光圆钢筋弯曲调整值 | 0.3$d$ | 0.54$d$ | 0.9$d$ | 1.75$d$ | 0.38$d$ |
| 热轧带肋钢筋调整值 | 0.3$d$ | 0.54$d$ | 0.9$d$ | 2.08$d$ | 0.11$d$ |

注：$d$ 为钢筋直径。

（4）对于弯起钢筋，中间部位弯折处的弯曲直径 $D$ 不应小于 5$d$。按弯弧内直径 $D=5d$ 推算，并结合实践经验，可得常见弯起钢筋的弯曲调整值见表 14-49。

**常见弯起钢筋的弯曲调整值　　表 14-49**

| 弯起角度 | 30° | 45° | 60° |
|---|---|---|---|
| 弯曲调整值 | 0.34$d$ | 0.67$d$ | 1.22$d$ |

2. 弯钩增加长度

钢筋的弯钩形式有三种：半圆弯钩、直弯钩及斜弯钩（图 14-37）。半圆弯钩是最常用的一种弯钩。直弯钩一般用在柱钢筋的下部、板面负弯矩筋、箍筋和附加钢筋中。斜弯钩只用在直径较小的钢筋中。

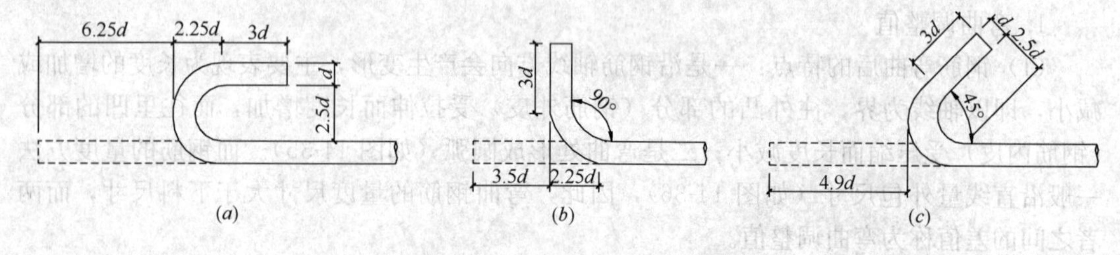


图 14-37　钢筋弯钩计算简图

（$a$）半圆弯钩；（$b$）直弯钩；（$c$）斜弯钩

光圆钢筋的弯钩增加长度，按图14-37所示的简图（弯弧内直径为2.5$d$、平直部分为3$d$）计算：对半圆弯钩为6.25$d$，对直弯钩为3.5$d$，对斜弯钩为4.9$d$。

在生产实践中，由于实际弯弧内直径与理论弯弧内直径有时不一致，钢筋粗细和机具条件不同等而影响平直部分的长短（手工弯钩时平直部分可适当加长，机械弯钩时可适当缩短），因此在实际配料计算时，对弯钩增加长度常根据具体条件，采用经验数据，见表14-50。

**半圆弯钩增加长度参考表（用机械弯）** **表 14-50**

| 钢筋直径（mm） | ≤6 | 8～10 | 12～18 | 20～28 | 32～36 |
|---|---|---|---|---|---|
| 一个弯钩长度（mm） | 40 | 6$d$ | 5.5$d$ | 5$d$ | 4.5$d$ |

3. 弯起钢筋斜长

弯起钢筋斜长计算简图，见图14-38。弯起钢筋斜长系数见表14-51。

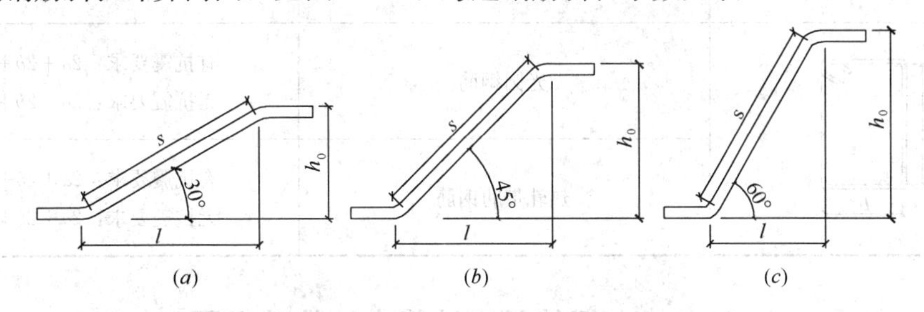


图14-38 弯起钢筋斜长计算简图

（$a$）弯起角度30°；（$b$）弯起角度45°；（$c$）弯起角度60°

**弯起钢筋斜长系数** **表 14-51**

| 弯起角度 | $\alpha=30°$ | $\alpha=45°$ | $\alpha=60°$ |
|---|---|---|---|
| 斜边长度 $s$ | $2h_0$ | $1.41h_0$ | $1.15h_0$ |
| 底边长度 $l$ | $1.732h_0$ | $h_0$ | $0.575h_0$ |
| 增加长度 $s-l$ | $0.268h_0$ | $0.41h_0$ | $0.575h_0$ |

注：$h_0$ 为弯起高度。

4. 箍筋下料长度

箍筋的量度方法有“量外包尺寸”和“量内皮尺寸”两种。箍筋尺寸的特点是一般以量内皮尺寸计值，并且采用与其他钢筋不同的弯钩大小。

（1）箍筋形式

一般情况下，箍筋做成“闭式”，即四面都为封闭。箍筋的末端一般有半圆弯钩、直弯钩、斜弯钩三种。用热轧光圆钢筋或冷拔低碳钢丝制作的箍筋，其弯钩的弯曲直径应大于受力钢筋直径，且不小于箍筋直径的2.5倍；弯钩平直部分的长度：对一般结构，不宜小于箍筋直径的5倍，对有抗震要求的结构，不应小于箍筋直径的10倍和75mm。

（2）箍筋下料长度

按量内皮尺寸计算，并结合实践经验，常见的箍筋下料长度见表14-52。

**箍 筋 下 料 长 度**　　**表 14-52**

| 式　样 | 钢筋种类 | 下料长度 |
|---|---|---|
| 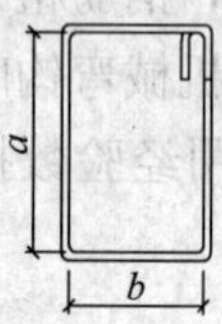  | 光圆钢筋 | $2a+2b+16.5d$ |
|  | 热轧带肋钢筋 | $2a+2b+17.5d$ |
| 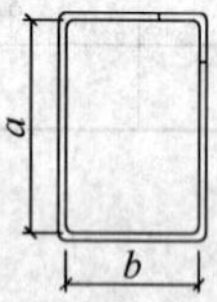  | 光圆钢筋<br>热轧带肋钢筋 | $2a+2b+14d$ |
| 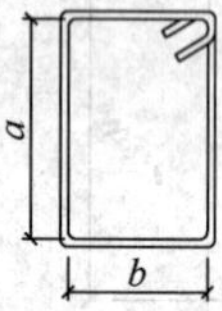  | 光圆钢筋 | 有抗震要求：$2a+2b+27d$<br>无抗震要求：$2a+2b+17d$ |
|  | 热轧带肋钢筋 | 有抗震要求：$2a+2b+28d$<br>无抗震要求：$2a+2b+18d$ |

## 14.3.2　钢筋长度计算中的特殊问题

1. 变截面构件箍筋

根据比例原理，每根箍筋的长短差数 Δ，可按式（14-11）计算（图 14-39）：

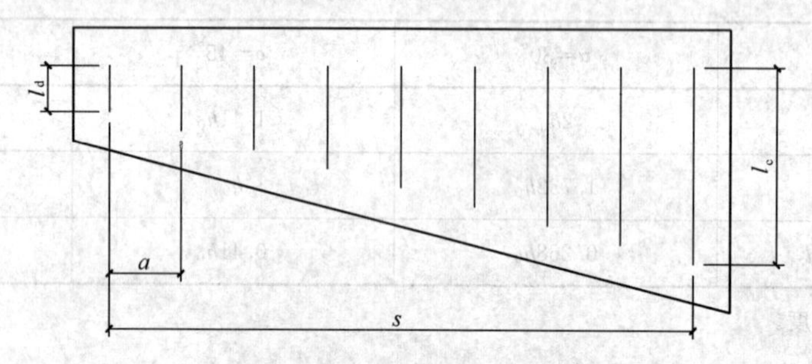


图 14-39　变截面构件箍筋

$$\Delta=\frac{l_c-l_d}{n-1} \tag{14-11}$$

式中　$l_c$——箍筋的最大高度；

　　　$l_d$——箍筋的最小高度；

　　　$n$——箍筋个数，等于 $s/a+1$（$s/a$ 不一定是整数，但 $n$ 应为整数，所以，$s/a$ 要从带小数的数进为整数）；

　　　$s$——最长箍筋和最短箍筋之间的总距离；

　　　$a$——箍筋间距。

2. 圆形构件钢筋

在平面为圆形的构件中，配筋形式有两种：按弦长布置、按圆形布置。

（1）按弦长布置 先根据下式算出钢筋所在处弦长，再减去两端保护层厚度，得出钢筋长度。

当配筋为单数间距时（图 9-40$a$）：

$$l_i = a\sqrt{(n+1)^2-(2i-1)^2} \tag{14-12}$$

当配筋为双数间距时（图 9-40$b$）：

$$l_i = a\sqrt{(n+1)^2-(2i)^2} \tag{14-13}$$

式中 $l_i$——第 $i$ 根（从圆心向两边计数）钢筋所在的弦长；

$a$——钢筋间距；

$n$——钢筋根数，等于 $D/a-1$（$D$——圆直径）；

$i$——从圆心向两边计数的序号数。

（2）按圆形布置

一般可用比例方法先求出每根钢筋的圆直径，再乘圆周率算得钢筋长度（图 14-41）。

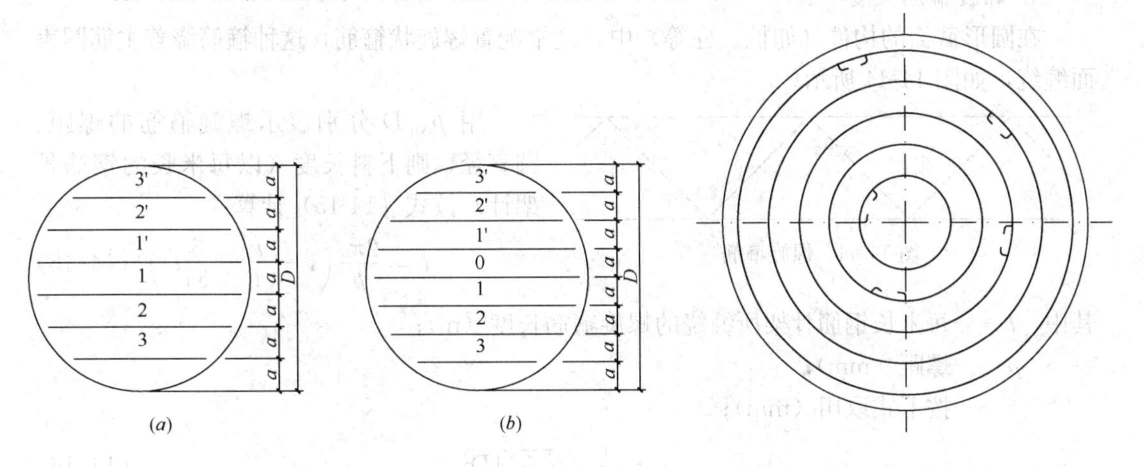


图 14-40 圆形构件钢筋（按弦长布置）

（$a$）单数间距；（$b$）双数间距

图 14-41 圆形构件钢筋（按圆形布置）

3. 曲线构件钢筋

（1）曲线钢筋长度，根据曲线形状不同，可分别采用下列方法计算。

圆曲线钢筋的长度，可用圆心角 $\theta$ 与圆半径 $R$ 直接算出。

抛物线钢筋的长度 $L$ 可按式（14-14）计算（图 14-42）。

$$L=\left(1+\frac{8h^2}{3l^2}\right)l \tag{14-14}$$

式中 $l$——抛物线的水平投影长度；

$h$——抛物线的矢高。

其他曲线状钢筋的长度，可用渐近法计算，即分段按直线计，然后总加。

图 14-43 所示的曲线构件，设曲线方程式 $y=f(x)$，沿水平方向分段，每段长度为 $l$（一般取为 0.5m），求已知 $x$ 值时的相应 $y$ 值，然后计算每段长度。例如，第三段长度为 $\sqrt{(y_3-y_2)^2+l^2}$。

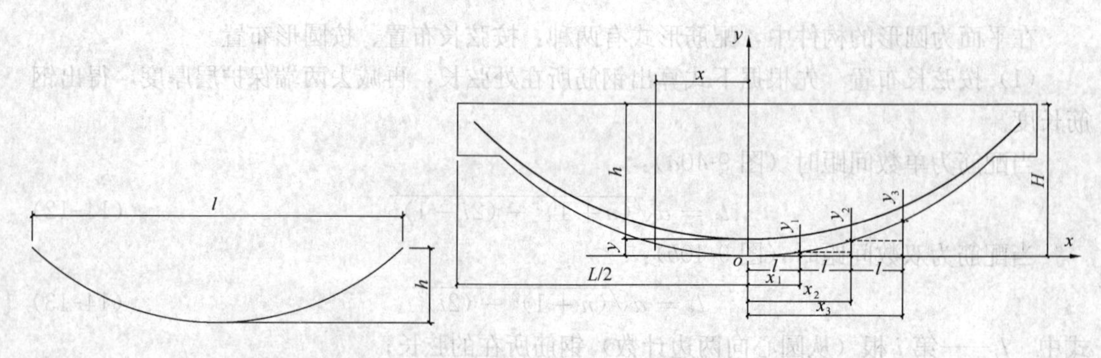


图 14-42　抛物线钢筋长度

图 14-43　曲线钢筋长度

(2) 曲线构件箍筋高度，可根据已知曲线方程式求解。其法是先根据箍筋的间距确定 $x$ 值，代入曲线方程式求 $y$ 值，然后计算该处的梁高 $h=H-y$，再扣除上下保护层厚度，即得箍筋高度。

4. 螺旋箍筋长度

在圆形截面的构件（如桩、柱等）中，经常配置螺旋状箍筋，这种箍筋绕着主筋圆表面缠绕，如图 14-44 所示。

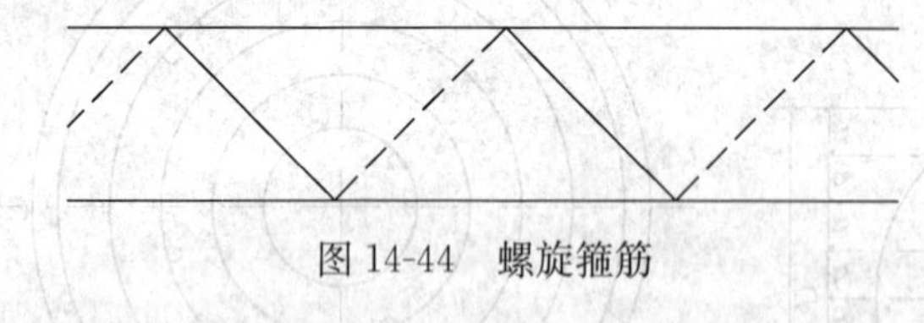

图 14-44　螺旋箍筋

用 $p$、$D$ 分别表示螺旋箍筋的螺距、圆直径，则下料长度（以每米长的钢筋骨架计）按式（14-15）计算：

$$l=\frac{2\pi a}{p}\left(1-\frac{t}{4}-\frac{3}{64}t^2\right) \quad (14\text{-}15)$$

其中　$l$——每米长钢筋骨架所缠绕的螺旋箍筋长度（m）；

$p$——螺距（mm）；

$a$——按下式取用（mm）；

$$a=\frac{1}{4}\sqrt{p^2+4D^2} \quad (14\text{-}16)$$

$D$——螺旋箍筋的圆直径（取箍筋中心距）（mm）；

$t$——按式（14-17）取用：

$$t=\frac{4a^2-D^2}{4a^2} \quad (14\text{-}17)$$

$\pi$——圆周率。

考虑在钢筋施工过程中对螺旋箍筋下料长度并不要求过高（一般是用盘条状钢筋直接放盘卷成），而且还受到某些具体因素的影响（例如钢筋回弹力大小、钢筋接头的多少等），使计算结果与实际产生人为的误差，因此，过分强调计算精确度也并不具有实际意义，所以在实际施工中，也可以套用机械工程中计算螺杆行程的公式计算螺旋箍筋的长度，见式（14-18）。

$$l=\frac{1}{p}\sqrt{(\pi D)^2+p^2} \quad (14\text{-}18)$$

式中　$1/p$——每 1m 长钢筋骨架缠多少圈箍筋；将螺旋线展开成一直角三角形，其高为

螺距 $p$，底宽为展开的圆周长，便得等号右边的第二个因式。

对一些外形比较复杂的构件，用数学方法计算钢筋长度有困难时，也可利用 CAD 软件进行电脑放样的办法求钢筋长度。

### 14.3.3 配料计算的注意事项

（1）在设计图纸中，钢筋配置的细节问题没有注明时，一般可按构造要求处理。

（2）配料计算时，应考虑钢筋的形状和尺寸在满足设计要求的前提下有利于加工安装。

（3）配料时，还要考虑施工需要的附加钢筋。例如，基础双层钢筋网中保证上层钢筋网位置用的钢筋撑脚，墙板双层钢筋网中固定钢筋间距用的钢筋撑铁，柱钢筋骨架增加四面斜筋撑，后张预应力构件固定预留孔道位置的定位钢筋等。

### 14.3.4 配料单与料牌

钢筋配料计算完毕，填写配料单。

列入加工计划的配料单，将每一编号的钢筋制作一块料牌，作为钢筋加工的依据与钢筋安装的标志。

钢筋配料单和料牌，应严格校核，必须准确无误，以免返工浪费。

## 14.4 钢 筋 代 换

当钢筋的品种、级别或规格需作变更时，应办理设计变更文件。

### 14.4.1 代 换 原 则

钢筋的代换可参照以下原则进行：

（1）等强度代换：当构件受强度控制时，钢筋可按强度相等的原则进行代换。

（2）等面积代换：当构件按最小配筋率配筋时，钢筋可按面积相等的原则进行代换。

（3）当构件受裂缝宽度或挠度控制时，代换后应进行裂缝宽度或挠度验算。

### 14.4.2 等 强 代 换 方 法

建立钢筋代换公式的依据为：代换后的钢筋强度≥代换前的钢筋强度，按式(14-19)、式（14-20）、式（14-21）计算。

$$A_{S2} f_{y2} n_2 \geqslant A_{S1} f_{y1} n_1 \tag{14-19}$$

$$n_2 \geqslant A_{S1} f_{y1} n_1 / A_{S2} f_{y2} \tag{14-20}$$

即：

$$n_2 \geqslant \frac{n_1 d_1^2 f_{y1}}{d_2^2 f_{y2}} \tag{14-21}$$

式中 $A_{S2}$——代换钢筋的计算面积；

$A_{S1}$——原设计钢筋的计算面积；

$n_2$——代换钢筋根数；

$n_1$——原设计钢筋根数；

$d_2$——代换钢筋直径；

$d_1$——原设计钢筋直径；

$f_{y2}$——代换钢筋抗拉强度设计值，见表 14-1；

$f_{y1}$——原设计钢筋抗拉强度设计值，见表 14-1。

式（14-21）有两种特例：

（1）当代换前后钢筋牌号相同，即 $f_{y1}=f_{y2}$，而直径不同时，简化为式（14-22）：

$$n_2 \geqslant n_1 \frac{d_1^2}{d_2^2} \tag{14-22}$$

（2）当代换前后钢筋直径相同，即 $d_1=d_2$，而牌号不同时，简化为式（14-23）：

$$n_2 \geqslant n_1 \frac{f_{y1}}{f_{y2}} \tag{14-23}$$

### 14.4.3　构件截面的有效高度影响

对于受弯构件，钢筋代换后，有时由于受力钢筋直径加大或钢筋根数增多，而需要增加排数，则构件的有效高度 $h_0$ 减小，使截面强度降低。通常对这种影响可凭经验适当增加钢筋面积，然后再作截面强度复核。

对矩形截面的受弯构件，可根据弯矩相等，按式（14-24）复核截面强度。

$$N_2\left(h_{02}-\frac{N_2}{2f_c b}\right) \geqslant N_1\left(h_{01}-\frac{N_1}{2f_c b}\right) \tag{14-24}$$

式中　$N_1$——原设计的钢筋拉力（N），即 $N_1=A_{s1}f_{y1}$；

$N_2$——代换钢筋拉力（N），即 $N_2=A_{s2}f_{y2}$；

$h_{01}$——代换前构件有效高度（mm），即原设计钢筋的合力点至构件截面受压边缘的距离；

$h_{02}$——代换后构件有效高度（mm），即代换钢筋的合力点至构件截面受压边缘的距离；

$f_c$——混凝土的抗压强度设计值（$N/mm^2$），对 C20 混凝土为 $9.6N/mm^2$，对 C25 混凝土为 $11.9N/mm^2$，对 C30 混凝土为 $14.3N/mm^2$；

$b$——构件截面宽度（mm）。

### 14.4.4　代 换 注 意 事 项

（1）钢筋代换时，要充分了解设计意图、构件特征和代换材料性能，并严格遵守现行混凝土结构设计规范的各项规定；凡重要结构中的钢筋代换，应征得设计单位同意。

（2）代换后，仍能满足各类极限状态的有关计算要求及必要的配筋构造规定（如受力钢筋和箍筋的最小直径、间距、锚固长度、配筋百分率以及混凝土保护层厚度等）；在一般情况下，代换钢筋还必须满足截面对称的要求。

（3）对抗裂要求高的构件（如吊车梁、薄腹梁、屋架下弦等），不得用光圆钢筋代替 HRB335、HRB400、HRB500 带肋钢筋，以免降低抗裂度。

（4）梁内纵向受力钢筋与弯起钢筋应分别进行代换，以保证正截面与斜截面强度。

（5）偏心受压构件或偏心受拉构件（如框架柱、受力吊车荷载的柱、屋架上弦等）钢筋代换时，应按受力状态和构造要求分别代换。

（6）吊车梁等承受反复荷载作用的构件，应在钢筋代换后进行疲劳验算。

（7）当构件受裂缝宽度控制时，代换后应进行裂缝宽度验算。如代换后裂缝宽度有一定增大（但不超过允许的最大裂缝宽度，被认为代换有效），还应对构件作挠度验算。

（8）当构件受裂缝宽度控制时，如以小直径钢筋代换大直径钢筋，强度等级低的钢筋代替强度等级高的钢筋，则可不作裂缝宽度验算。

（9）同一截面内配置不同种类和直径的钢筋代换时，每根钢筋拉力差不宜过大（同品种钢筋直径差一般不大于 5mm），以免构件受力不匀。

（10）进行钢筋代换的效果，除应考虑代换后仍能满足结构各项技术性要求之外，同时还要保证用料的经济性和加工操作的要求。

（11）对有抗震要求的框架，不宜以强度等级较高的钢筋代替原设计中的钢筋；当必须代换时，应按钢筋受拉承载力设计值相等的原则进行代换，并应满足正常使用极限状态和抗震构造措施要求。

（12）受力预埋件的钢筋应采用未经冷拉的 HPB300、HRB335、HRB400 级钢筋；预制构件的吊环应采用未经冷拉的 HPB300 级钢筋制作，严禁用其他钢筋代换。

## 14.5 钢 筋 加 工

### 14.5.1 钢 筋 除 锈

（1）钢筋的表面应洁净。油渍、漆污和用锤敲击时能剥落的浮皮、铁锈等应在使用前清除干净。在焊接前，焊点处的水锈应清除干净。钢筋除锈可采用机械除锈和手工除锈两种方法：

1）机械除锈可采用钢筋除锈机或钢筋冷拉、调直过程除锈；

对直径较细的盘条钢筋，通过冷拉和调直过程自动去锈；粗钢筋采用圆盘铁丝刷除锈机除锈。

除锈机如图 14-45 所示。该机的圆盘钢丝刷有成品供应，其直径为 200～300mm、厚度为 50～100mm、转速一般为 1000r/min，电动机功率为 1.0～1.5kW。为了减少除锈时灰尘飞扬，应装设排尘罩和排尘管道。

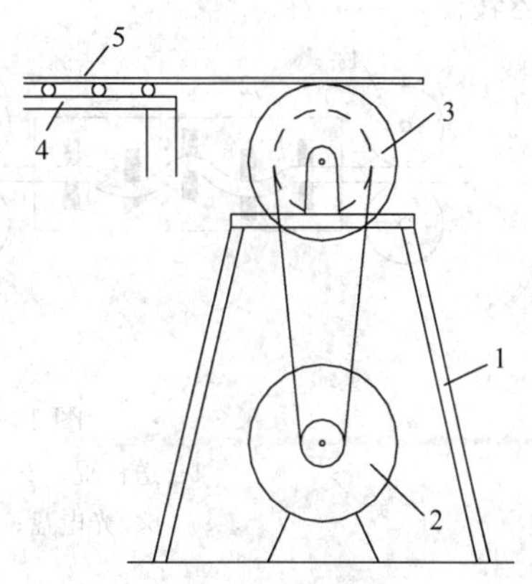

图 14-45 电动除锈机

1—支架；2—电动机；3—圆盘钢丝刷；4—滚轴台；5—钢筋

2）手工除锈可采用钢丝刷、砂盘、喷砂等除锈或酸洗除锈。

工作量不大或在工地设置的临时工棚中操作时，可用麻袋布擦或用钢刷子刷；对于较粗的钢筋，用砂盘除锈法，即制作钢槽或木槽，槽内放置干燥的粗砂和细石子，将有锈的钢筋穿进砂盘中来回抽拉。

（2）对于有起层锈片的钢筋，应先用小锤敲击，使锈片剥落干净，再用砂盘或除锈机除锈；对于因麻坑、斑点以及锈皮去层而使钢筋截面损伤的钢筋，使用前应鉴定是否降级使用或另做其他处置。

## 14.5.2 钢 筋 调 直

钢筋应平直，无局部曲折。对于盘条钢筋在使用前应调直，调直可采用调直机调直和卷扬机冷拉调直两种方法。

### 14.5.2.1 机具设备

1. 钢筋调直机

钢筋调直机的技术性能，见表 14-53。

钢筋调直机技术性能　　表 14-53

| 机械型号 | 钢筋直径（mm） | 调直速度（m/min） | 断料长度（mm） | 电机功率（kW） | 外形尺寸（mm）长×宽×高 | 机重（kg） |
|---|---|---|---|---|---|---|
| GT 3/8 | 3～8 | 40、65 | 300～6500 | 9.25 | 1854×741×1400 | 1280 |
| GT 4/10 | 4～14 | 30、54 | 300～8000 | 5.5 | 1700×800×1365 | 1200 |
| GT 6/12 | 6～12 | 36、54、72 | 300～6500 | 12.6 | 1770×535×1457 | 1230 |

注：表中所列的钢筋调直机断料长度误差均≤3mm。

2. 数控钢筋调直切断机

数控钢筋调直切断机是在原有调直机的基础上，采用光电测长系统和光电计数装置，准确控制断料长度，并自动计数。该机的工作原理，如图 14-46 所示。在该机摩擦轮（周长 100mm）的同一轴上装有一个穿孔光电盘（分为 100 等分），光电盘的一侧装有一只小灯泡，另一侧装有一只光电管。当钢筋通过摩擦轮带动光电盘时，灯泡光线通过每个小孔照射光电管，就被光电管接收而产生脉冲讯号（每次讯号为钢筋长 1mm），控制仪长度部位数字上立即示出相应读数。当信号积累到给定数字（即钢丝调直到所指定长度）时，控制仪立即发出指令，使切断装置切断钢丝。与此同时长度部位数字回到零，根数部位数字显示出根数，这样连续作业，当根数信号积累至给定数字时，即自动切断电源，停止运转。

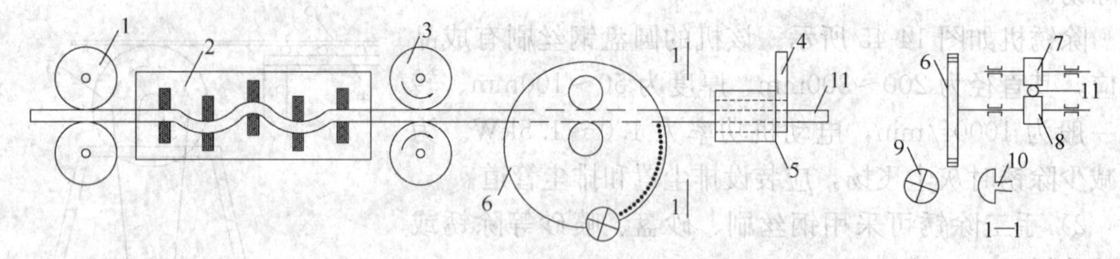


图 14-46 数控钢筋调直切断机工作简图

1—送料辊；2—调直装置；3—牵引辊；4—上刀口；5—下刀口；6—光电盘；7—压轮；8—摩擦轮；9—灯泡；10—光电管

钢筋数控调直切断机断料精度高（偏差仅约 1～2mm），并实现了钢丝调直切断自动化。

3. 卷扬机拉直设备

卷扬机拉直设备见图 14-47 所示。该法设备简单，宜用于施工现场或小型构件厂。

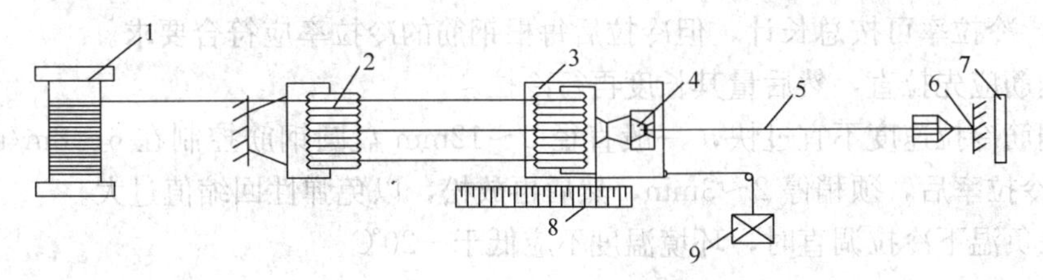


图 14-47 卷扬机拉直设备布置

1—卷扬机；2—滑轮组；3—冷拉小车；4—钢筋夹具；

5—钢筋；6—地锚；7—防护壁；8—标尺；9—荷重架

钢筋夹具常用的有：月牙式夹具和偏心式夹具。

月牙式夹具主要靠杠杆力和偏心力夹紧，使用方便，适用于 HPB235 级、HPB300 级及 HRB335 级粗细钢筋。

偏心式夹具轻巧灵活，适用于 HPB235 级盘圆钢筋拉直，特别是当每盘最后不足定尺长度时，可将其钩在挂链上，使用方便。

**14.5.2.2 调直工艺**

(1) 要根据钢筋的直径选用牵引辊和调直模，并要正确掌握牵引辊的压紧程度和调直模的偏移量。

牵引辊槽宽，一般在钢筋穿过辊间之后，保证上下压辊间有 3mm 以内的间隙为宜。压辊的压紧程度要做到既保证钢筋能顺利地被牵引前进，却无明显的转动，而在被切断的瞬时钢筋和压辊间又能允许发生打滑。

调直模的偏移量（图 14-48），根据其磨耗程度及钢筋品种通过试验确定；调直筒两端的调直模一定要在调直前后导孔的轴心线上，这是钢筋能否调直的一个关键。

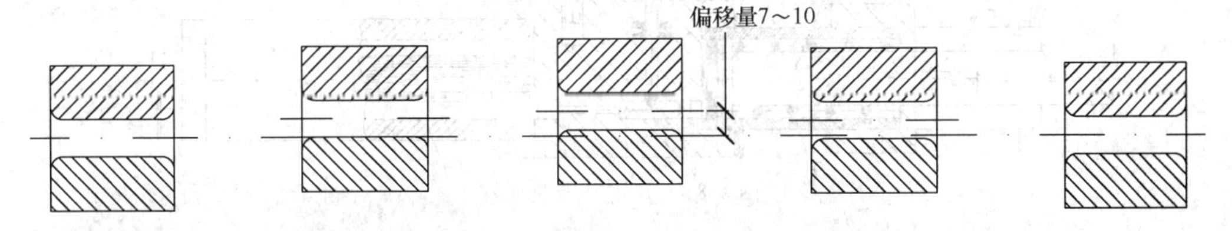


图 14-48 调直模的安装

应当注意：冷拔低碳钢丝经调直机调直后，其抗拉强度一般要降低 10%～15%。使用前应加强检验，按调直后的抗拉强度选用。

(2) 当采用冷拉方法调直盘圆钢筋时，可采用控制冷拉率方法。HPB235 级及 HPB300 级钢筋的冷拉率不宜大于 4%；HRB335 级、HRB400 级及 RRB400 级冷拉率不宜大于 1%。

钢筋伸长值 $\Delta l$ 按式 (14-25) 计算。

$$\Delta l = rL \tag{14-25}$$

式中 $r$——钢筋的冷拉率（%）；

$L$——钢筋冷拉前的长度（mm）。

1）冷拉后钢筋的实际伸长值应扣除弹性回缩值，一般为0.2%～0.5%。冷拉多根连接的钢筋，冷拉率可按总长计，但冷拉后每根钢筋的冷拉率应符合要求。

2）钢筋应先拉直，然后量其长度再行冷拉。

3）钢筋冷拉速度不宜过快，一般直径6～12mm盘圆钢筋控制在6～8m/min，待拉到规定的冷拉率后，须稍停2～3min，然后再放松，以免弹性回缩值过大。

4）在负温下冷拉调直时，环境温度不应低于－20℃。

## 14.5.3 钢 筋 切 断

### 14.5.3.1 机具设备

钢筋切断机具有断线钳、手压切断器、手动液压切断器、钢筋切断机等。

1. 手动液压切断器

SYJ-16型手动液压切断器（图14-49）的工作原理：把放油阀按顺时针方向旋紧；揿动压杆6使柱塞5提升，吸油阀8被打开，工作油进入油室；提起压杆，工作油便被压缩进入缸体内腔，压力油推动活塞3前进，安装在活塞杆前部的刀片2即可断料。切断完毕后立即按逆时针方向旋开放油阀，在回位弹簧的作用下，压力油又流回油室，刀头自动缩回缸内，如此重复动作，以实现钢筋的切断。

SYJ-16型手动液压切断器的工作总压力为80kN，活塞直径为36mm，最大行程30mm，液压泵柱塞直径为8mm，单位面积上的工作压力79MPa，压杆长度438mm，压杆作用力220N，切断器长度为680mm，总重6.5kg，可切断直径16mm以下的钢筋。这种机具体积小、重量轻，操作简单，便于携带。

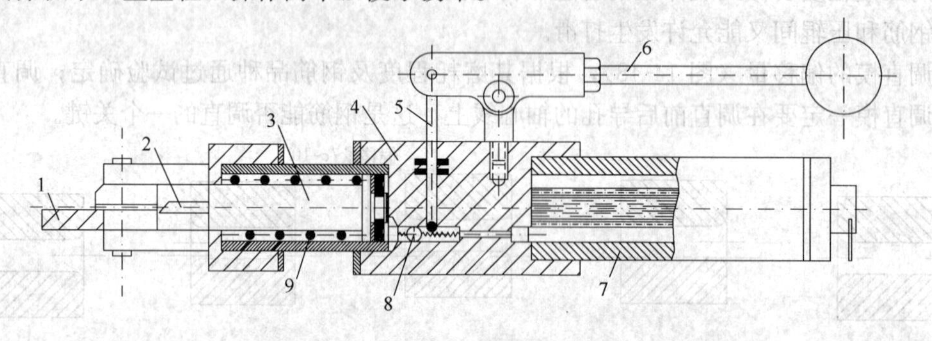


图14-49　SYJ-16型手动液压切断器

1—滑轨；2—刀片；3—活塞；4—缸体；5—柱塞；
6—压杆；7—贮油筒；8—吸油阀；9—回位弹簧

SYJ-16型手动液压切断器易发生的故障及其排除方法见表14-54。

**SYJ-16型手动液压切断器易发生的故障及其排除　　表14-54**

| 故障现象 | 故 障 原 因 | 排 除 方 法 |
|---|---|---|
| 揿动压杆，活塞不上长升 | 1. 没有旋紧开关<br>2. 液压油黏度太大或没有装入液压油<br>3. 吸油钢球被污物堵塞 | 1. 按顺时针方向旋紧开关<br>2. 调换或装入液压油<br>3. 清除污物 |
| 揿动压杆，活塞一上一下 | 1. 进油钢球渗漏或被污物垫起<br>2. 连接不良，开关没旋紧 | 1. 修磨阀门线口或清除污物<br>2. 更换零件，旋紧开关 |

续表

| 故障现象 | 故 障 原 因 | 排 除 方 法 |
|---|---|---|
| 活塞上升后不回位 | 1. 超载过大，活塞杆弯曲<br>2. 回位弹簧失灵<br>3. 滑道与刀头间夹垫铁物 | 1. 拆修更换活塞<br>2. 拆修更换弹簧<br>3. 清除铁屑及杂物 |
| 漏油和渗油 | 1. 密封失效<br>2. 连接处松动 | 1. 换新密封环<br>2. 检修、旋紧 |

2. 电动液压切断机

DYJ-32 型电动液压切断机（图 14-50）的工作总压力为 320kN，活塞直径为 95mm，最大行程 28mm，液压泵柱塞直径为 12mm，单位面积上的工作压力 45.5MPa，液压泵输油率为 4.5L/min，电动机功率为 3kW，转数 1440r/min。机器外形尺寸为 889mm（长）×396mm（宽）×398mm（高），总重 145kg。

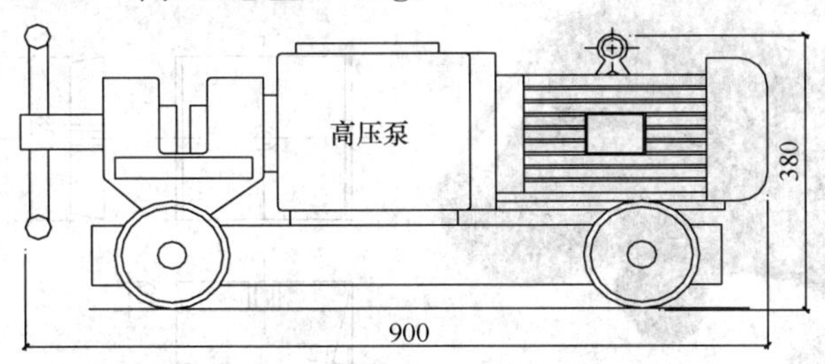


图 14-50 DYJ-32 型电动液压切断机

3. 钢筋切断机

常用的钢筋切断机（表 14-55）可切断钢筋最大公称直径为 40mm。

**钢筋切断机主要技术性能** **表 14-55**

| 参 数 名 称 | 型 号 | | | | |
|---|---|---|---|---|---|
| | GQL40 | GQ40 | GQ40A | GQ40B | GQ50 |
| 切断钢筋直径（mm） | 6～40 | 6～40 | 6～40 | 6～40 | 6～50 |
| 切断次数（次/min） | 38 | 40 | 40 | 40 | 30 |
| 电动机型号 | Y100L2－4 | Y100L－2 | Y100L－2 | Y100L－2 | Y132S－4 |
| 功率（kW） | 3 | 3 | 3 | 3 | 5.5 |
| 转速（r/min） | 1420 | 2880 | 2880 | 2880 | 1450 |
| 外形尺寸 长（mm） | 685 | 1150 | 1395 | 1200 | 1600 |
| 宽（mm） | 575 | 430 | 556 | 490 | 695 |
| 高（mm） | 984 | 750 | 780 | 570 | 915 |
| 整机重量（kg） | 650 | 600 | 720 | 450 | 950 |
| 传动原理及特点 | 偏心轴 | 开式、插销离合器曲柄 | 凸轮、滑键离合器 | 全封闭曲柄连杆转键离合器 | 曲柄连杆传动半开式 |

GQ40 型钢筋切断机的外形见图 14-51。

**14.5.3.2　切断工艺**

在切断过程中，如发现钢筋有劈裂、缩头或严重的弯头等必须切除。

（1）将同规格钢筋根据不同长度长短搭配，统筹排料；一般应先断长料，后断短料，以减少短头接头和损耗。

（2）断料应避免用短尺量长料，以防止在量料中产生累计误差。宜在工作台上标出尺寸刻度并设置控制断料尺寸用的挡板。

（3）钢筋切断机的刀片应由工具钢热处理制成，刀片的形状可参考图 14-52。使用前应检查刀片安装是否正确、牢固，润滑及空车试运转应正常。固定刀片与冲切刀片的水平间隙以 0.5mm～1mm 为宜；固定刀片与冲切刀片刀口的距离：对直径≤20mm 的钢筋宜重叠 1～2mm，对直径＞20mm 的钢筋宜留 5mm 左右。

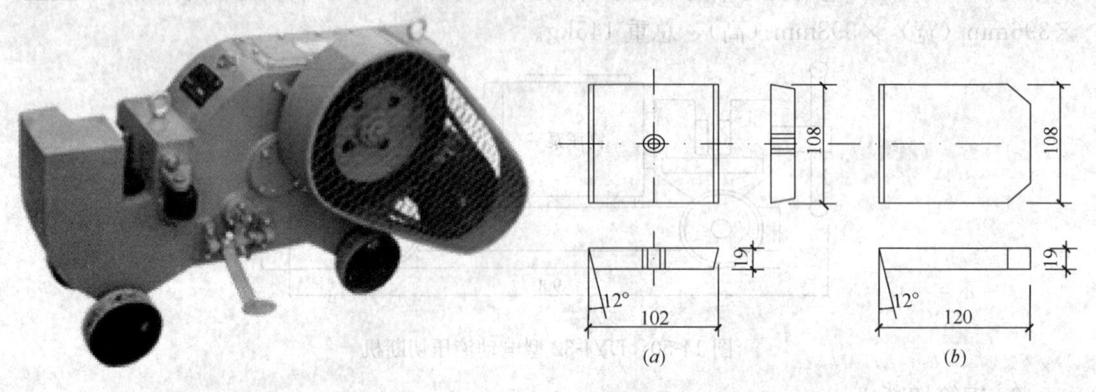


图 14-51　GQ40 型钢筋切断机

图 14-52　钢筋切断机的刀片形状
（a）冲切刀片；（b）固定刀片

（4）如发现钢筋的硬度异常（过硬或过软，与钢筋牌号不相称），应及时向有关人员反映，查明情况。

（5）钢筋的断口，不得有马蹄形或起弯等现象。

（6）向切断机送料时，应将钢筋摆直，避免弯成弧形。操作者应将钢筋握紧，并应在冲切刀片向后退时送进钢筋；切断较短钢筋时，宜将钢筋套在钢管内送料，防止发生人身或设备安全事故。

（7）在机器运转时，不得进行任何修理、校正工作；不得触及运转部位，不得取下防护罩，严禁将手置于刀口附近。

（8）禁止切断机切断技术性能规定范围以外的钢材以及超过刀刃硬度的钢筋。

（9）使用电动液压切断机时，操作前应检查油位是否满足要求，电动机旋转方向是否正确。

## 14.5.4　钢　筋　弯　曲

**14.5.4.1　机具设备**

1. 钢筋弯曲机

常用弯曲机、弯箍机型号及技术性能见图 14-53 和表 14-56、表 14-57。

图 14-53 GW40 型钢筋弯曲机

钢筋弯曲机主要技术性能 表 14-56

| 参数名称 | | 型号 | | | | |
|---|---|---|---|---|---|---|
| | | GW32 | GW32A | GW40 | GW40A | GW50 |
| 弯曲钢筋直径 $d$（mm） | | 6～32 | 6～32 | 6～40 | 6～40 | 25～50 |
| 钢筋抗拉强度（MPa） | | 450 | 450 | 450 | 450 | 450 |
| 弯曲速度（r/min） | | 10/20 | 8.8/16.7 | 5 | 9 | 2.5 |
| 工作盘直径 $d$（mm） | | 360 | | 350 | 350 | 320 |
| 电动机 | 功率（kW） | 2.2 | 4 | 3 | 3 | 4 |
| | 转速（r/min） | 1420 | | 1420 | 1420 | 1420 |
| 外形尺寸 | 长（mm） | 875 | 1220 | 870 | 1050 | 1450 |
| | 宽（mm） | 615 | 1010 | 760 | 760 | 800 |
| | 高（mm） | 945 | 865 | 710 | 828 | 760 |
| 整机重量（kg） | | 340 | 755 | 400 | 450 | 580 |
| 结构原理及特点 | | 齿轮传动，角度控制半自动双速 | 全齿轮传动，半自动化双速 | 蜗轮蜗杆传动单速 | 齿轮传动，角度控制半自动单速 | 蜗轮蜗杆传动，角度控制半自动单速 |

钢筋弯箍机主要技术性能 表 14-57

| 参数名称 | | 型号 | | | |
|---|---|---|---|---|---|
| | | SGWK8B | GJG4/10 | GJG4/12 | LGW60Z |
| 弯曲钢筋直径 $d$（mm） | | 4～8 | 4～10 | 4～12 | 4～10 |
| 钢筋抗拉强度（MPa） | | 450 | 450 | 450 | 450 |
| 工作盘转速（r/min） | | 18 | 30 | 18 | 22 |
| 电动机 | 功率（kW） | 2.2 | 2.2 | 2.2 | 3 |
| | 转速（r/min） | 1420 | 1430 | 1420 | |
| 外形尺寸 | 长（mm） | 1560 | 910 | 1280 | 2000 |
| | 宽（mm） | 650 | 710 | 810 | 950 |
| | 高（mm） | 1550 | 860 | 790 | 950 |

2. 手工弯曲工具

手工弯曲成型所用的工具一般在工地自制，可采用手摇扳手弯制细钢筋、卡筋与扳头弯制粗钢筋。手动弯曲工具的尺寸，见表14-58与表14-59。

**手摇扳手主要尺寸**（mm）　　**表14-58**

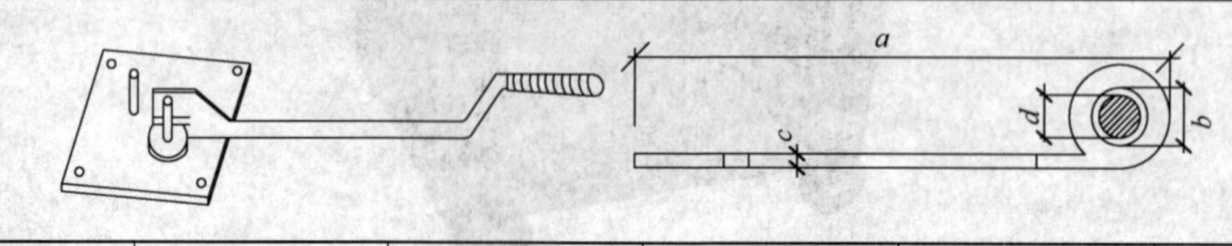


| 项　次 | 钢筋直径 | *a* | *b* | *c* | *d* |
|---|---|---|---|---|---|
| 1 | ϕ6 | 500 | 18 | 16 | 16 |
| 2 | ϕ8～10 | 600 | 22 | 18 | 20 |

**卡盘与扳头（横口扳手）主要尺寸**（mm）　　**表14-59**

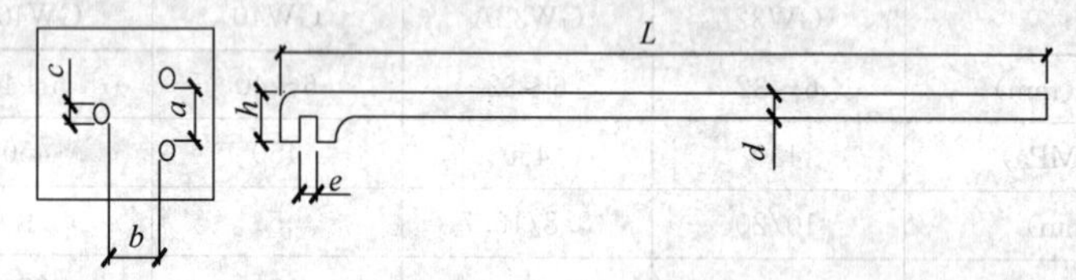


| 项　次 | 钢筋直径 | 卡盘 | | | 扳头 | | | |
|---|---|---|---|---|---|---|---|---|
| | | *a* | *b* | *c* | *d* | *e* | *h* | *L* |
| 1 | ϕ12～16 | 50 | 80 | 20 | 22 | 18 | 40 | 1200 |
| 2 | ϕ18～22 | 65 | 90 | 25 | 28 | 24 | 50 | 1350 |
| 3 | ϕ25～32 | 80 | 100 | 30 | 38 | 34 | 76 | 2100 |

### 14.5.4.2　弯曲成型工艺

1. 画线

钢筋弯曲前，对形状复杂的钢筋（如弯起钢筋），根据钢筋料牌上标明的尺寸，用石笔将各弯曲点位置画出。画线时应注意：

（1）根据不同的弯曲角度扣除弯曲调整值，其扣法是从相邻两段长度中各扣一半；

（2）钢筋端部带半圆弯钩时，该段长度画线时增加0.5*d*（*d*为钢筋直径）；

（3）画线工作宜从钢筋中线开始向两边进行；两边不对称的钢筋，也可从钢筋一端开始画线，如画到另一端有出入时，则应重新调整。

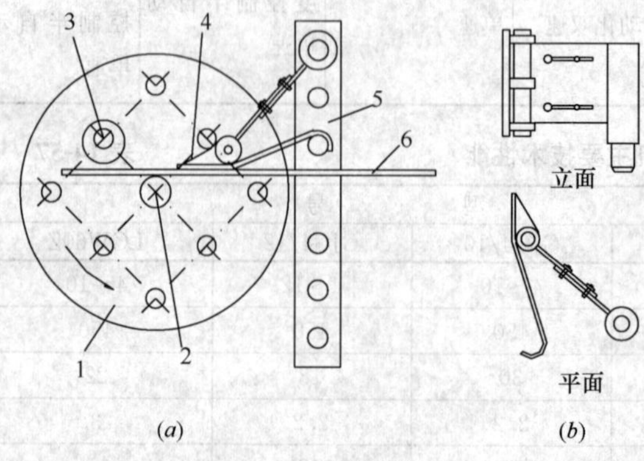


图14-54　钢筋弯曲成型

（*a*）工作简图；（*b*）可变挡架构造

1—工作盘；2—心轴；3—成型轴；4—可变挡架；5—插座；6—钢筋

2. 钢筋弯曲成型

钢筋在弯曲机上成型时（图14-54），心轴直径应是钢筋直径的2.5～5.0倍，成型轴宜加偏心轴套，以便适应不同直径的钢筋弯曲需要。弯曲细钢筋时，为了使弯弧一侧的钢筋保持平直，挡铁轴宜做成可变挡架或固定挡架（加铁板调整）。

钢筋弯曲点线和心轴的关系，如图 14-55 所示。由于成型轴和心轴在同时转动，就会带动钢筋向前滑移。因此，钢筋弯 90°时，弯曲点线约与心轴内边缘齐；弯 180°时，弯曲点线距心轴内边缘为 1.0～1.5$d$（钢筋硬时取大值）。

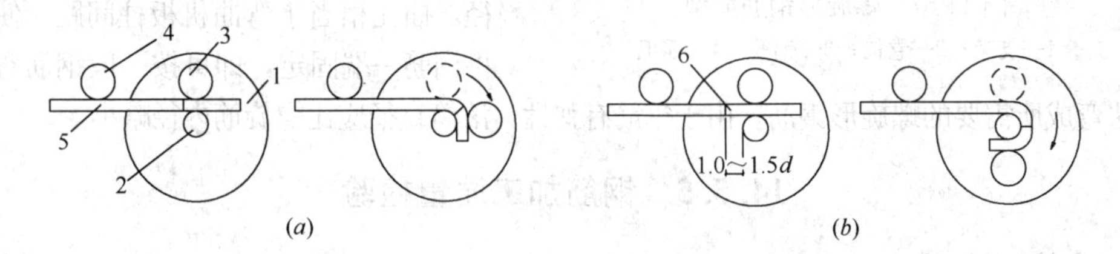


图 14-55　弯曲点线与心轴关系

（a）弯 90°；（b）弯 180°

1—工作盘；2—心轴；3—成型轴；4—固定挡铁；5—钢筋；6—弯曲点线

注意：对 HRB335、HRB400、HRB500 钢筋，不能过量弯曲再回弯，以免弯曲点处发生裂纹。

第 1 根钢筋弯曲成型后与配料表进行复核，符合要求后再成批加工；对于复杂的弯曲钢筋（如预制柱牛腿、屋架节点等）宜先弯 1 根，经过试组装后，方可成批弯制。

3. 曲线形钢筋成型

弯制曲线形钢筋时（图 14-56），可在原有钢筋弯曲机的工作盘中央，放置一个十字架和钢套；另外在工作盘四个孔内插上短轴和成型钢套（和中央钢套相切）。插座板上的挡轴钢套尺寸，可根据钢筋曲线形状选用。钢筋成型过程中，成型钢套起顶弯作用，十字架只协助推进。

4. 螺旋形钢筋成型

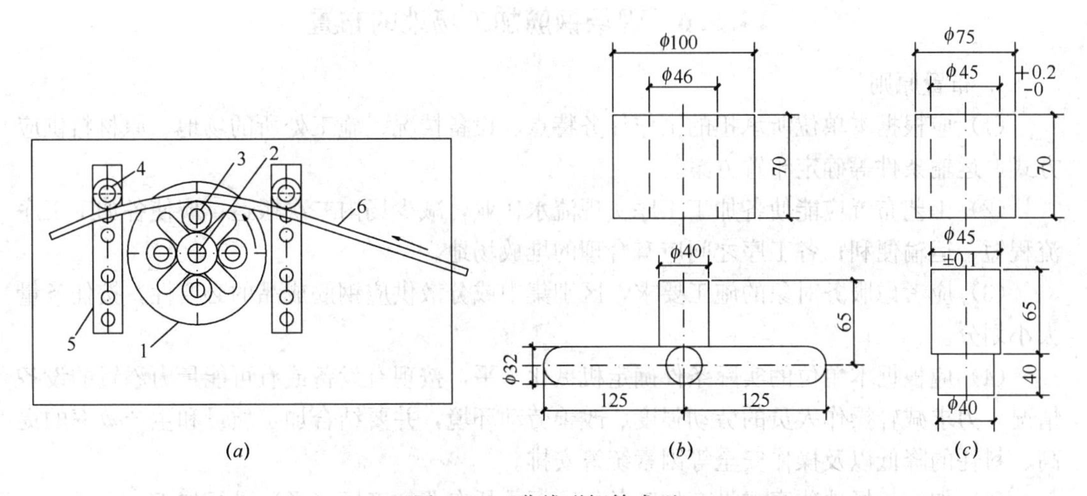


图 14-56　曲线形钢筋成型

（a）工作简图；（b）十字撑及圆套详图；（c）桩柱及圆套详图

1—工作盘；2—十字撑及圆套；3—桩柱及圆套；4—挡轴钢套；5—插座板；6—钢筋

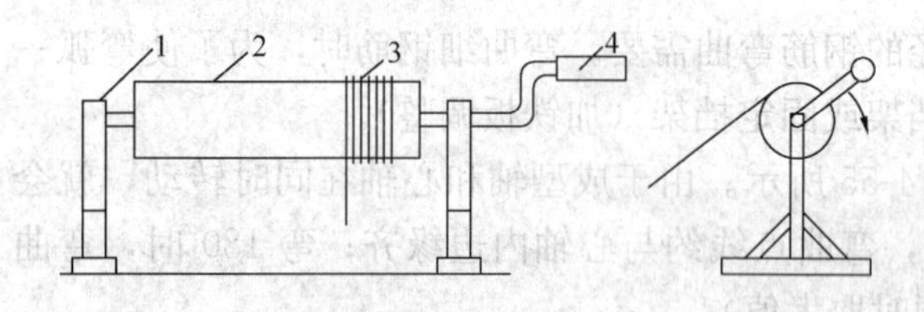


图 14-57 螺旋形钢筋成型

1—支架；2—卷筒；3—钢筋；4—摇把

螺旋形钢筋成型，小直径钢筋一般可用手摇滚筒成型（图 14-57），较粗钢筋（$\phi$16～30mm）可在钢筋弯曲机的工作盘上安设一个型钢制成的加工圆盘，圆盘外直径相当于需加工螺旋筋（或圆箍筋）的内径，插孔相当于弯曲机板柱间距。使用时将钢筋一端固定，即可按一般钢筋弯曲加工方法弯成所需要的螺旋形钢筋。由于钢筋有弹性，滚筒直径应比螺旋筋内径略小。

## 14.5.5 钢筋加工质量检验

1. 主控项目

受力钢筋的弯钩和弯折应符合现行规范的规定；

检查数量：按每工作班同一类型钢筋、同一加工设备抽查不应少于 3 件。

检查方法：钢尺检查。

2. 一般项目

（1）钢筋宜采用机械调直方法，也可采用冷拉调直方法。当采用冷拉方法调直钢筋时，钢筋调直冷拉延伸率应符合 14.5.2.2 条第 2 点的规定。

（2）钢筋加工的形状、尺寸应符合设计要求，其偏差应符合表 14-60 的规定。

检查数量与方法，与主控项目相同。

钢筋加工的允许偏差 **表 14-60**

| 项　　目 | 允许偏差（mm） |
|---|---|
| 受力钢筋顺长度方向全长的净尺寸 | ±10 |
| 弯起钢筋的弯折位置 | ±20 |
| 箍筋内净尺寸 | ±5 |

## 14.5.6 现场钢筋加工场地的布置

1. 布置原则

（1）应根据本单位所承担的工作任务特点、设备情况、施工处所的场地、原材料供应方式、运输条件等确定布置方案。

（2）工艺布置应能使各加工工序实现流水作业，减少场内二次搬运；应使各加工工序流程短、运输便利；各工序之间应有合理的堆放场地。

（3）应考虑服务对象的施工要求，区别集中或分散供应钢筋成品的必要性，按任务量大小划分。

（4）应根据本单位的实际条件确定机械化水平，按现有设备或有可能量力添置的设备情况，力求减轻操作人员的劳动强度、改善劳动环境，并要结合加工质量和生产效率的提高、料耗的降低以及操作安全等因素统筹安排。

（5）如施工场地狭窄或没有加工条件，可委托专业加工厂（场）进行加工。

2. 布置方案

（1）场地位置选择

钢筋加工场地宜设置在施工现场各单体工程的周边，并应在塔吊覆盖区域之内。

（2）场地布置

1）场地布置应按照原材→加工→半成品的加工流程，将场地分成钢筋原材存放区、钢筋加工成型区和半成品钢筋存放区。在不同施工阶段，对钢筋施工场地进行适当调整，以满足结构施工需要。

2）多单体同时施工的工程或单体建筑较大的工程，钢筋加工场地应设置明显的标志；比如：1号加工场地或者4号楼加工场地。

3）钢筋加工场地应作混凝土硬化处理，通水通电，并应有良好的排水设施。钢筋堆场、加工场、成品堆放场地应有紧密的联系，保证最大程度减少二次用工。

4）场地布置时，应根据施工需要，充分考虑钢筋的调直、切断、弯曲、对焊、机械连接等加工场地，并应根据钢筋机械的布置确定钢筋原材料的堆放位置。

5）钢筋原材料不得直接放置在地面上，直条钢筋原材料堆场通常设置条形基础。条形基础可以是砖基础，也可以是钢筋混凝土基础，应符合下列要求：

①条形基础的地基必须进行处理，保证具有足够的承载力。

②条形基础必须具有足够的抗压、抗拉强度。一般如果是砖基础，应在其顶部设置钢筋混凝土圈梁或设置型钢作为圈梁用。

③条形基础间距以2m为宜，条形基础之间部分应作简单的硬化，并设置好排水坡度。条形基础的长度根据阶段性需要进场的钢筋数量确定，空间上必须保证各种规格的钢筋能够被很好地标识。

6）圆盘钢筋堆场可和调直场地一并考虑布设，并应做硬化处理。

7）在钢筋的加工区应搭设钢筋棚。钢筋棚应安全、合理和适用，宜工具化、定型化，并应做好安全防护。

# 14.6　钢筋焊接连接

## 14.6.1　一般规定

钢筋采用焊接连接时，各种接头的焊接方法、接头形式和适用范围见表14-61。

**钢筋焊接方法的运用范围**　　**表14-61**

| 焊接方法 | 接头形式 | 适用范围 | |
|---|---|---|---|
| | | 钢筋牌号 | 钢筋直径（mm） |
| 电阻点焊 | | HPB300<br>HRB335HRBF335<br>HRB400HRBF400<br>CRB550 | 6～16<br>6～16<br>6～16<br>5～12 |
| 闪光对焊 | | HPB300<br>HRB335HRBF335<br>HRB400HRBF400<br>HRB500HRBF500<br>RRB400 | 8～22<br>8～32<br>8～32<br>10～32<br>10～32 |
| 箍筋闪光对焊 | | HPB300<br>HRB335HRBF335<br>HRB400HRBF400 | 6～16<br>6～16<br>6～16 |

续表

| 焊接方法 | | | 接头形式 | 适用范围 | |
|---|---|---|---|---|---|
| | | | | 钢筋牌号 | 钢筋直径（mm） |
| 电弧焊 | 帮条焊 | 双面焊 | | HPB300<br>HRB335HRBF335<br>HRB400HRBF400<br>HRB500HRBF500 | 6～22<br>6～40<br>6～40<br>6～40 |
| | | 单面焊 | | HPB300<br>HRB335HRBF335<br>HRB400HRBF400<br>HRB500HRBF500 | 6～22<br>6～40<br>6～40<br>6～40 |
| | 搭接焊 | 双面焊 | | HPB300<br>HRB335HRBF335<br>HRB400HRBF400<br>HRB500HRBF500 | 6～22<br>6～40<br>6～40<br>6～40 |
| | | 单面焊 | | HPB300<br>HRB335HRBF335<br>HRB400HRBF400<br>HRB500HRBF500 | 6～22<br>6～40<br>6～40<br>6～40 |
| | 熔槽帮条焊 | | | HPB300<br>HRB335HRBF335<br>HRB400HRBF400<br>HRB500HRBF500 | 20～22<br>20～40<br>20～40<br>20～40 |
| | 坡口焊 | 平焊 | | HPB300<br>HRB335HRBF335<br>HRB400HRBF400<br>HRB500HRBF500 | 18～40<br>18～40<br>18～40<br>18～40 |
| | | 立焊 | | HPB300<br>HRB335HRBF335<br>HRB400HRBF400<br>HRB500HRBF500 | 18～40<br>18～40<br>18～40<br>18～40 |
| | 钢筋与钢板搭接焊 | | | HPB300<br>HRB335HRBF335<br>HRB400HRBF400<br>HRB500HRBF500 | 8～40<br>8～40<br>8～40<br>8～40 |
| | 窄间隙焊 | | | HPB300<br>HRB335HRBF335<br>HRB400HRBF400 | 16～40<br>16～40<br>16～40 |
| | 预埋件电弧焊 | 角焊 | | HPB300<br>HRB335HRBF335<br>HRB400HRBF400<br>HRB500HRBF500 | 6～25<br>6～25<br>6～25<br>6～25 |
| | | 穿孔塞焊 | | HPB300<br>HRB335HRBF335<br>HRB400HRBF400<br>HRB500HRBF500 | 20～25<br>20～25<br>20～25<br>20～25 |
| | | 预埋件钢筋埋弧压力焊<br>埋弧螺柱焊 | | HPB300<br>HRB335HRBF335<br>HRB400HRBF400<br>HRB500HRBF500 | 6～25<br>6～25<br>6～25<br>6～25 |

续表

| 焊接方法 | | 接头形式 | 适用范围 | |
|---|---|---|---|---|
| | | | 钢筋牌号 | 钢筋直径（mm） |
| 电渣压力焊 | | | HPB300<br>HRB335HRBF335<br>HRB400HRBF400<br>HRB500HRBF500 | 12～32<br>12～32<br>12～32<br>12～32 |
| 气压焊 | 固态 | | HPB300<br>HRB335HRBF335<br>HRB400HRBF400<br>HRB500HRBF500 | 12～40<br>12～40<br>12～40<br>12～40 |
| | 熔态 | | | |

注：1. 电阻点焊时，适用范围的钢筋直径指两根不同直径钢筋交叉叠接中较小钢筋的直径；

2. 电弧焊含焊条电弧焊和 $CO_2$ 气体保护电弧焊；

3. 在生产中，对于有较高要求的抗震结构用钢筋，在牌号后加 E（例如：HRB400E，HRBF400E）可参照同级别钢筋施焊；

4. 生产中，如果有 HPB235 钢筋需要进行焊接时，可参考采用 HPB300 钢筋的焊接工艺参数。

钢筋焊接应符合下列规定：

（1）细晶粒热轧钢筋 HRBF335、HRBF400、HRBF500 施焊时，可采用与 HRB335、HRB400、HRB500 钢筋相同的或者近似的，并经试验确认的焊接工艺参数。直径大于 28mm 的带肋钢筋，焊接参数应经试验确定；余热处理钢筋不宜焊接。

（2）电渣压力焊适用于柱、墙、构筑物等现浇混凝土结构中竖向受力钢筋的连接；不得在竖向焊接后横置于梁、板等构件中作水平钢筋使用。

（3）在工程开工正式焊接之前，参与该项施焊的焊工应进行现场条件下的焊接工艺试验，并经试验合格后，方可正式生产。试验结果应符合质量检验与验收时的要求。焊接工艺试验的资料应存于工程档案。

（4）钢筋焊接施工之前，应清除钢筋、钢板焊接部位以及钢筋与电极接触处表面上的锈斑、油污、杂物等；钢筋端部当有弯折、扭曲时，应予以矫直或切除。

（5）带肋钢筋闪光对焊、电弧焊、电渣压力焊和气压焊，宜将纵肋对纵肋安放和焊接。

（6）焊剂应存放在干燥的库房内，若受潮时，在使用前应经 250～350℃烘焙 2h。使用中回收的焊剂应清除熔渣和杂物，并应与新焊剂混合均匀后使用。

（7）两根同牌号、不同直径的钢筋可进行闪光对焊、电渣压力焊或气压焊，闪光对焊时直径差不得超过 4mm，电渣压力焊或气压焊时，其直径差不得超过 7mm。焊接工艺参数可在大、小直径钢筋焊接工艺参数之间偏大选用，两根钢筋的轴线应在同一直线上。对接头强度的要求，应按较小直径钢筋计算。

（8）两根同直径、不同牌号的钢筋可进行电渣压力焊或气压焊，其钢筋牌号应在表 14-61 的范围内，焊接工艺参数按较高牌号钢筋选用，对接头强度的要求按较低牌号钢筋强度计算。

(9) 进行电阻点焊、闪光对焊、埋弧压力焊时，应随时观察电源电压的波动情报况；当电源电压下降大于5%、小于8%时，应采取提高焊接变压器级数的措施；当大于或等于8%时，不得进行焊接。

(10) 在环境温度低于−5℃条件下施焊时，焊接工艺应符合下列要求：

1) 闪光对焊，宜采用预热—闪光焊或闪光—预热—闪光焊；可增加调伸长度，采用较低变压器级数，增加预热次数和间歇时间。

2) 电弧焊时，宜增大焊接电流，减低焊接速度。电弧帮条焊或搭接焊时，第一层焊缝应从中间引弧，向两端施焊；以后各层控温施焊，层间温度控制在150～350℃之间。多层施焊时，可采用回火焊道施焊。

(11) 当环境温度低于−20℃时，不宜进行各种焊接。雨天、雪天不宜在现场进行施焊；必须施焊时，应采取有效遮蔽措施。焊后未冷却接头不得碰到冰雪。在现场进行闪光对焊或电弧焊，当超过四级风力时，应采取挡风措施。进行气压焊，当超过三级风力时，应采取挡风措施。

(12) 焊机应经常维护保养和定期检修，确保正常使用。

## 14.6.2 钢筋闪光对焊

### 14.6.2.1 对焊设备

闪光对焊的设备为闪光对焊机。闪光对焊机的种类很多，型号复杂。在建筑工程中常用的是UN系列闪光对焊机。外观如图14-58所示。

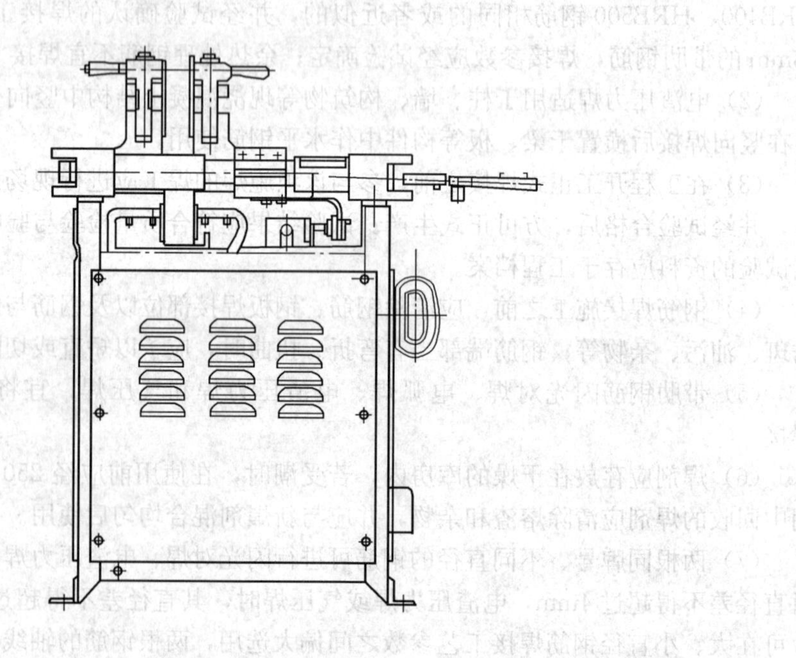

图14-58 闪光对焊机

常用对焊机有$UN_1$-75、$UN_1$-100、$UN_2$-150、$UN_{17}$-150-1等型号，根据钢筋直径和需用功率选用，常用对焊机技术性能见表14-62。

**常用对焊机技术性能　　表 14-62**

| 项次 | 项目 | | 单位 | 焊机型号 | | | |
|---|---|---|---|---|---|---|---|
| | | | | $UN_1$-75 | $UN_1$-100 | $UN_2$-150 | $UN_{17}$-150-1 |
| 1 | 额定容量 | | kVA | 75 | 100 | 150 | 150 |
| 2 | 初级电压 | | V | 220/380 | 380 | 380 | 380 |
| 3 | 次级电压调整范围 | | V | 3.52～7.94 | 4.5～7.6 | 4.05～8.1 | 3.8～7.6 |
| 4 | 次级电压调整级数 | | | 8 | 8 | 15 | 15 |
| 5 | 额定持续率 | | % | 20 | 20 | 20 | 50 |
| 6 | 钳口夹紧力 | | kN | 20 | 40 | 100 | 160 |
| 7 | 最大顶锻力 | | kN | 30 | 40 | 65 | 80 |
| 8 | 钳口最大距离 | | mm | 80 | 80 | 100 | 90 |
| 9 | 动钳口最大行程 | | mm | 30 | 50 | 27 | 80 |
| 10 | 动钳口最大烧化行程 | | mm | | | | 20 |
| 11 | 焊件最大预热压缩量 | | mm | | | 10 | |
| 12 | 连续闪光焊时钢筋最大直径 | | mm | 12～16 | 16～20 | 20～25 | 20～25 |
| 13 | 预热闪光焊时钢筋最大直径 | | mm | 32～36 | 40 | 40 | 40 |
| 14 | 生产率 | | 次/h | 75 | 20～30 | 80 | 120 |
| 15 | 冷却水消耗量 | | L/h | 200 | 200 | 200 | 500 |
| 16 | 压缩空气 | 压力 | N/mm$^2$ | | | 5.5 | 6 |
| | | 消耗量 | m$^3$/h | | | 15 | 5 |
| 17 | 焊机重量 | | kg | 445 | 465 | 2500 | 1900 |
| 18 | 外形尺寸 | 长 | mm | 1520 | 1800 | 2140 | 2300 |
| | | 宽 | mm | 550 | 550 | 1360 | 1100 |
| | | 高 | mm | 1080 | 1150 | 1380 | 1820 |

#### 14.6.2.2 对焊工艺

闪光对焊工艺可以分为连续闪光焊、预热一闪光焊、闪光一预热一闪光焊。采取的焊接工艺应根据焊接的钢筋直径、焊机容量、钢筋牌号等具体情况而定。连续闪光焊的钢筋直径上限见表 14-63。

**连续闪光焊钢筋直径上限　　表 14-63**

| 焊机容量（kVA） | 钢筋牌号 | 钢筋直径（mm） |
|---|---|---|
| 160（150） | HPB300<br>HRB335HRBF335<br>HRB400HRBF400<br>HRB500HRBF500 | 22<br>22<br>20<br>20 |
| 100 | HPB300<br>HRB335HRBF335<br>HRB400HRBF400<br>HRB500HRBF500 | 20<br>20<br>18<br>16 |
| 80（75） | HPB300<br>HRB335HRBF335<br>HRB400HRBF400 | 16<br>14<br>12 |

注：对于有较高要求的抗震结构用钢筋在牌号后加 E（例如：HRB400E、HRBF400E），可参照同级别钢筋进行闪光对焊。当超过表中规定，钢筋断面平整的采用预热一闪光焊；钢筋端面不平整的闪光-预热-闪光焊。

1. 连续闪光焊

连续闪光焊的工艺过程包括：连续闪光和顶锻过程（图 14-59*a*）。施焊时，先闭合一次电路，使两根钢筋端面轻微接触，此时端面的间隙中即喷射出火花般熔化的金属微粒——闪光，接着徐徐移动钢筋使两端面仍保持轻微接触，形成连续闪光。当闪光到预定的长度，使钢筋端头加热到将近熔点时，就以一定的压力迅速进行顶锻。先带电顶锻，再无电顶锻到一定长度，焊接接头即告完成。

2. 预热—闪光焊

预热—闪光焊是在连续闪光焊前增加一次预热过程，以扩大焊接热影响区。其工艺过程包括：预热、闪光和顶锻过程（图 14-59*b*）。施焊时先闭合电源，然后使两根钢筋端面交替地接触和分开，这时钢筋端面的间隙中即发出断续的闪光，而形成预热过程。当钢筋达到预热温度后进入闪光阶段，随后顶锻而成。

3. 闪光-预热-闪光焊

闪光-预热闪光焊是在预热闪光焊前加一次闪光过程，目的是使不平整的钢筋端面烧化平整，使预热均匀。其工艺过程包括：一次闪光、预热、二次闪光及顶锻过程（图 14-59*c*）。施焊时首先连续闪光，使钢筋端部闪平，然后同预热闪光焊。

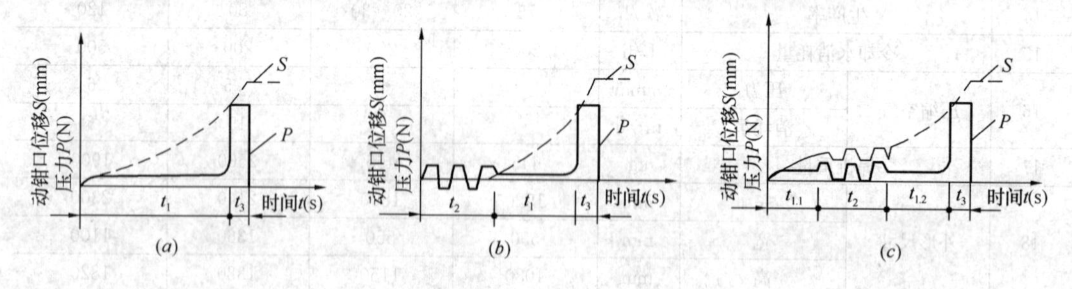


图 14-59　钢筋闪光对焊工艺过程图解

(*a*) 连续闪光焊；(*b*) 预热闪光焊；(*c*) 闪光-预热-闪光焊

$t_1$—闪光时间；$t_{1.1}$—一次闪光时间；$t_{1.2}$—二次闪光时间；$t_2$—预热时间；$t_3$—顶锻时间

### 14.6.2.3　对焊参数

1. 纵向钢筋闪光对焊

闪光对焊参数包括：调伸长度、闪光留量（图 14-60）、闪光速度、顶锻留量、顶锻速度、顶锻压力及变压器级次。采用预热闪光焊时，还要有预热留量与预热频率等参数。

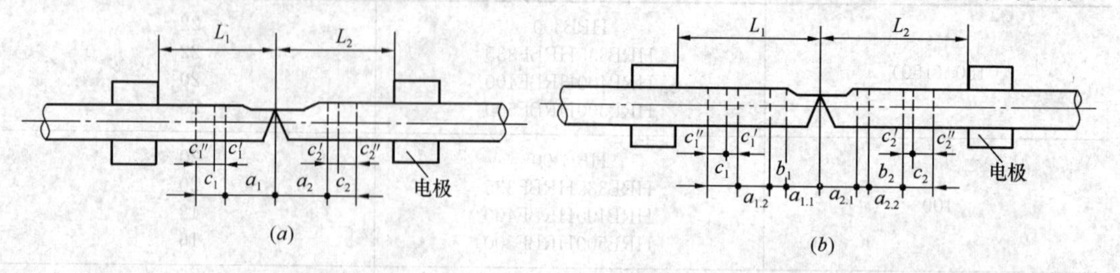


图 14-60　钢筋闪光对焊留量图

(*a*) 连续闪光焊：$L_1$、$L_2$—调伸长度；$a_1+a_2$—烧化留量；$c_1+c_2$—顶锻留量；$c'_1+c'_2$—有电顶锻留量；$c''_1+c''_2$—无电顶锻留量；(*b*) 闪光—预热闪光焊：$L_1$、$L_2$—调伸长度；$a_{1.1}+a_{2.1}$—一次烧化留量；$a_{1.2}+a_{2.2}$—二次烧化留量；$b_1+b_2$—预热留量；$c'_1+c'_2$—有电顶锻留量；$c''_1+c''_2$—无电顶锻留量

(1) 调伸长度。调伸长度的选择，应随着钢筋牌号的提高和钢筋直径的加大而增长。主要是减缓接头的温度梯度，防止在热影响区产生淬硬组织。一般调伸长度取值：HRB335级钢筋为1.0～1.5$d$（$d$—钢筋直径）。当焊接HRB400、HRB500钢筋时，调伸长度宜在40～60mm内选用。

(2) 烧化留量与闪光速度。烧化留量的选择，应根据焊接工艺方法确定。当连续闪光焊接时，烧化过程应较长。烧化留量应等于两根钢筋在断料时切断机刀口严重压伤部分（包括端面的不平整度），再加8mm。预热—闪光焊时的烧化留量不应小于10mm。闪光—预热—闪光焊时，应区分一次烧化留量和二次烧化留量。一次烧化留量不应小于10mm。闪光速度由慢到快，开始时近于零，而后约1mm/s，终止时达1.5～2mm/s。

(3) 预热留量与预热频率。需要预热时，宜采用电阻预热法。预热留量取值：预热留量应为1～2mm，预热次数应为1～4次；每次预热时间应为1.5～2s，间歇时间应为3～4s。

(4) 顶锻留量、顶锻速度与顶锻压力。顶锻留量应为4～10mm，并应随钢筋直径的增大和钢筋牌号的提高而增加。其中，有电顶锻留量约占1/3，无电顶锻留量约占2/3，焊接时必须控制得当。焊接HRB500钢筋时，顶锻留量宜稍为增大，以确保焊接质量。

顶锻速度应越快越好，特别是顶锻开始的0.1s应将钢筋压缩2～3mm，使焊口迅速闭合不致氧化，而后断电并以6mm/s的速度继续顶锻至结束。

顶锻压力应足以将全部的熔化金属从接头内挤出，而且还要使邻近接头处（约10mm）的金属产生适当的塑性变形。

(5) 变压器级次。变压器级次用以调节焊接电流大小。要根据钢筋牌号、直径、焊机容量以及不同的工艺方法，选择合适变压器级数。若变压器级数太低，次级电压也低，焊接电流小，就会使闪光困难，加热不足，更不能利用闪光保护焊口免受氧化；相反，如果变压器级数太高，闪光过强，也会使大量热量被金属微粒带走，钢筋端部温度升不上去。

钢筋级别高或直径大，其级次要高。焊接时如火花过大并有强烈声响，应降低变压器级次。当电压降低5%左右时，应提高变压器级次1级。

(6) RRB400钢筋闪光对焊。与热轧钢筋比较，应减小调伸长度，提高焊接变压器级数，缩短加热时间，快速顶锻，形成快热快冷条件，使热影响区长度控制在钢筋直径的0.6倍范围之内。

(7) HRB500钢筋焊接。应采用预热—闪光焊或闪光—预热—闪光焊工艺。当接头拉伸试验结果发生脆性断裂，或弯曲试验不能达到规定要求时，尚应在焊机上进行焊后热处理。焊后热处理工艺应符合下列要求：

1) 待接头冷却至常温，将电极钳口调至最大间距，重新夹紧；

2) 应采用最低的变压器级数，进行脉冲式通电加热；每次脉冲循环，应包括通电时间和间歇时间，并宜为3s；

3) 焊后热处理温度应在750～850℃之间，随后在环境温度下自然冷却。

(8) 当直接承受吊车荷载的钢筋混凝土吊车梁、屋面梁及屋架下弦的纵向受力钢筋采用闪光对焊接头时，应去掉接头的毛刺及卷边；同一连接区段内纵向受拉钢筋焊接接头面积百分率不应大于25%，焊接接头连接区段的长度应取45$d$，$d$为纵向受力钢筋的较大直径。

（9）在闪光对焊生产中，当出现异常现象或焊接缺陷时，应查找原因，采取措施，及时消除。

2. 箍筋闪光对焊

（1）箍筋闪光对焊的焊点位置宜设在箍筋受力较小一边。不等边的多边形柱箍筋对焊点位置宜设在两个边上。箍筋下料长度应预留焊接总留量Δ，其中包括烧化留量A、预热留量B和顶端留量C。当采用切断机下料时，增加压痕长度，采用闪光—预热闪光焊工艺时，焊接总留量Δ随之增大，约为1.0$d$～1.5$d$。计算值应经试焊后核对确定。

（2）应精心将下料钢筋按设计图纸规定尺寸弯曲成型，制成待焊箍筋，并使两个对焊头完全对准，具有一定弹性压力。待焊箍筋应进行加工质量的检查，按每一工作班、同一牌号钢筋、同一加工设备完成的待焊箍筋作为一个检验批，每批抽查不少于3件。检查项目包括：①箍筋内净空尺寸是否符合设计图纸规定，允许偏差在±5mm之内；②两钢筋头应完全对准。

（3）箍筋闪光对焊宜使用100kVA的箍筋专用对焊机，焊接变压器级数应适当提高，二次电流稍大；无电顶锻时间延长数秒钟。

**14.6.2.4　对焊接头质量检验**

1. 纵向受力钢筋闪光焊

（1）在同一台班内，由同一焊工完成的300个同牌号、同直径钢筋焊接接头应作为一批。当同一台班内焊接的接头数量较少，可在一周之内累计计算；累计仍不足300个接头时，应按一批计算。

（2）力学性能检验时，应从每批接头中随机切取6个接头，其中3个做拉伸试验，3个做弯曲试验；异径接头可只做拉伸试验。

（3）闪光对焊接头外观检查。接头处不得有横向裂纹；与电极接触处的钢筋表面不得有明显烧伤；接头处的弯折角不得大于3°；接头处的轴线偏移不得大于钢筋直径的0.1倍，且不得大于2mm。

2. 箍筋闪光对焊

（1）箍筋闪光对焊接头检验批数量分成两种：当钢筋直径为10mm及以下，为1200个；钢筋直径为12mm及以上，为600个。每个检验批随机抽取5%个箍筋闪光对焊接头作外观检查；随机切取3个对焊接头做拉伸试验。

（2）箍筋闪光对焊接头外观质量检查。对焊接头表面应呈圆滑状，不得有横向裂纹；轴线偏移不大于钢筋直径0.1倍；弯折角度不得大于3°；对焊接头所在直线边凹凸不得大于5mm；对焊箍筋内净空尺寸的允许偏差在±5mm之内；与电极接触无明显烧伤。

**14.6.2.5　对焊缺陷及消除措施**

在闪光对焊生产中，当出现异常现象或焊接缺陷时，应查找原因，采取措施，及时消除。常见的闪光对焊异常现象和焊接缺陷的消除措施见表14-64。

**闪光对焊异常现象和焊接缺陷的消除措施**　　表14-64

| 序　号 | 异常现象和焊接缺陷 | 消　除　措　施 |
| --- | --- | --- |
| 1 | 烧化过分激烈并产生强烈的爆炸声 | 1. 降低变压器级数<br>2. 减慢烧化速度 |

续表

| 序 号 | 异常现象和焊接缺陷 | 消 除 措 施 |
| --- | --- | --- |
| 2 | 闪光不稳定 | 1. 清除电极底部和表面的氧化物<br>2. 提高变压器级数<br>3. 加快烧化速度 |
| 3 | 接头中有氧化膜、未焊透和夹渣 | 1. 增加预热程度<br>2. 加快临近顶锻时的烧化程度<br>3. 确保带电顶锻过程<br>4. 增大顶锻压力<br>5. 加快顶锻速度 |
| 4 | 接头中有缩孔 | 1. 降低变压器级数<br>2. 避免烧化过程过分激烈<br>3. 适当增大顶锻留量及顶锻压力 |
| 5 | 焊缝金属过烧 | 1. 减少预热程度<br>2. 加快烧化速度，缩短焊接时间<br>3. 避免过多带电顶锻 |
| 6 | 接头区域裂纹 | 1. 检验钢筋的碳、硫、磷含量，若不符合规定时应更换钢筋<br>2. 采取低频预热方法，增加预热程度 |
| 7 | 钢筋表面微熔及烧伤 | 1. 消除钢筋被夹紧部位的铁锈和油污<br>2. 消除电极内表面的氧化物<br>3. 改进电极槽口形状，增大接触面积<br>4. 夹紧钢筋 |
| 8 | 接头弯折或轴线偏移 | 1. 正确调整电极位置<br>2. 修整电极切口或更换易变形的电极<br>3. 切除或矫直钢筋的接头 |

## 14.6.3 钢筋电阻点焊

### 14.6.3.1 点焊设备

点焊机有手提式点焊机、单点点焊机（图 14-61）、多头点焊机和悬挂式点焊机。

### 14.6.3.2 点焊工艺

钢筋焊接骨架和钢筋焊接网可由 HPB300、HRB335、HRBF335、HRB400、HRBF400、HRB500、CRB550 钢筋制成。当两根钢筋直径不同时，焊接骨架较小钢筋直径小于或等于 10mm 时，大、小钢筋直径之比不宜大于 3；当较小钢筋直径为 12～16mm 时，大、小钢筋直径之比，不宜大于 2。焊接网较小钢筋直径不得小于较大钢筋直径的 0.6 倍。

电阻点焊的工艺过程中应包括预压、通电、锻压三个阶段，见图 14-62。

### 14.6.3.3 点焊参数

钢筋电焊参数主要有：通电时间、电流强度、电极压力、焊点压入深度。电阻点焊应根据钢筋牌号、直径及焊机性能等具体情况，选择合适的变压器级数。焊接通电时间和电极压力。当采用 DN3-75 型点焊机焊接 HPB300 钢筋时，焊接通电时间应符合表 14-65 的规定；电极压力应符合表 14-66 的规定。

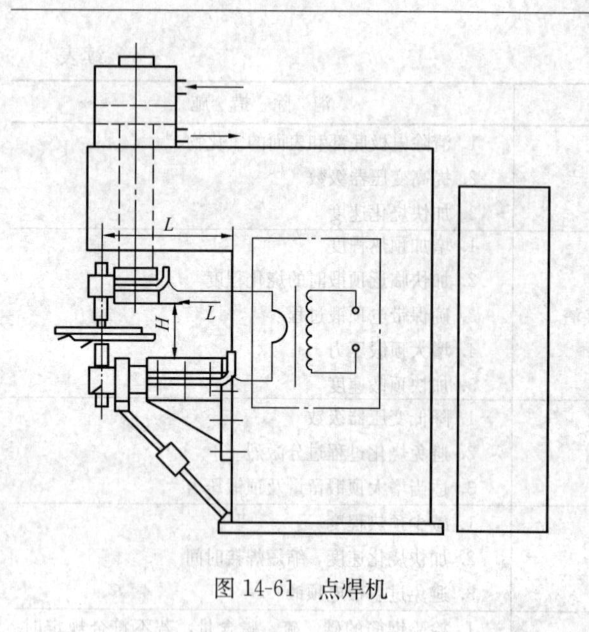


图 14-61 点焊机

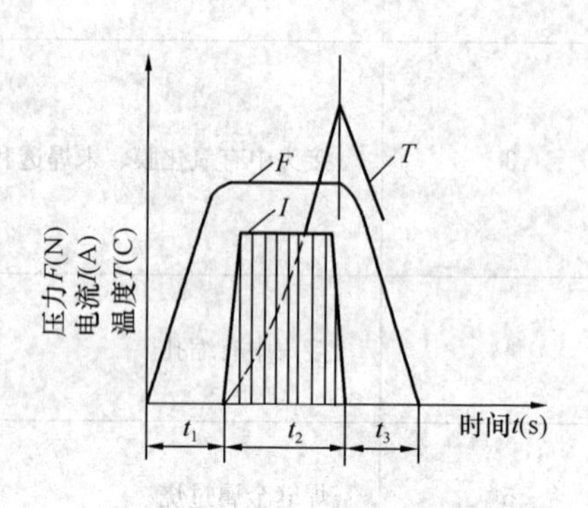


图 14-62 电焊过程示意图

$t_1$—预压时间；$t_2$—通电时间；$t_3$—锻压时间

**焊接通电时间（s）** **表 14-65**

| 变压器级数 | 较小钢筋直径（mm） | | | | | | |
|---|---|---|---|---|---|---|---|
| | 4 | 5 | 6 | 8 | 10 | 12 | 14 |
| 1 | 0.10 | 0.12 | | | | | |
| 2 | 0.08 | 0.07 | | | | | |
| 3 | | | 0.22 | 0.70 | 1.50 | | |
| 4 | | | 0.20 | 0.60 | 1.25 | 2.50 | 4.00 |
| 5 | | | | 0.50 | 1.00 | 2.00 | 3.50 |
| 6 | | | | 0.40 | 0.75 | 1.50 | 3.00 |
| 7 | | | | | 0.50 | 1.20 | 2.50 |

注：点焊 HRB335、HRB335F、HRB400、HRBF400、HRB500 或 CRB550 钢筋时，焊接通电时间可延长20%～25%

**电 极 压 力（N）** **表 14-66**

| 较小钢筋直径（mm） | HPB300 | HRB335<br>HRB400<br>HRB500<br>CRB500 |
|---|---|---|
| 4 | 980～1470 | 1470～1960 |
| 5 | 1470～1960 | 1960～2450 |
| 6 | 1960～2450 | 2450～2940 |
| 8 | 2450～2940 | 2940～3430 |
| 10 | 2940～3920 | 3430～3920 |
| 12 | 3430～4410 | 4410～4900 |
| 14 | 3920～4900 | 4900～5800 |

钢筋多头点焊机宜用于同规格焊接网的成批生产。当点焊生产时，除符合上述规定外，尚应准确调整好各个电极之间的距离、电极压力，并应经常检查各个焊点的焊接电流和焊接通电时间。焊点的压入深度应为较小钢筋直径的18%～25%。

#### 14.6.3.4 钢筋焊接网质量检验

（1）凡钢筋牌号、直径及尺寸相同的焊接骨架和焊接网应视为同一类型制品，且每300件作为一批，一周内不足300件的亦应按一批计算。

（2）外观检查应按同一类型制品分批检查，每批抽查5%，且不得少于10件。

（3）力学性能检验的试件，应从每批成品中切取；切取过试件的制品，应补焊同牌号、同直径的钢筋，其每边的搭接长度不应小于2个空格的长度；当焊接骨架所切取试样的尺寸小于规定的试样尺寸，或受力钢筋直径大于8mm时，可在生产过程中制作模拟焊接试验网片，从中切取试样。

（4）由几种直径钢筋组合的焊接骨架或焊接网，应对每种组合的焊点作力学性能检验。

（5）热轧钢筋的焊点应作剪切试验，试件应为3件；对冷轧带肋钢筋还应沿钢筋焊接网两个方向各截取一个试样进行拉伸试验。

（6）焊接骨架外形尺寸检查和外观质量检查结果，应符合下列要求：

每件制品的焊点脱落、漏焊数量不得超过焊点总数的4%，且相邻两焊点不得有漏焊及脱落；焊接骨架的允许偏差见表14-67。

（7）钢筋焊接网间距的允许偏差取±10mm和规定间距的±5%的较大值。网片长度和宽度的允许偏差取±25mm和规定长度的±0.5%的较大值。网片两对角线之差不得大于10mm；网格数量应符合设计规定。

**焊接骨架的允许偏差** **表14-67**

| 项目 | | 允许偏差（mm） |
|---|---|---|
| 焊接骨架 | 长度 | ±10 |
| | 宽度 | ±5 |
| | 高度 | ±5 |
| 骨架箍筋间距 | | ±10 |
| 受力主筋 | 间距 | ±15 |
| | 排距 | ±5 |

焊接网交叉点开焊数量不得大于整个网片交叉点总数的1%，并且任一根横筋上开焊点数不得大于该根横筋交叉点总数的1/2；焊接网最外边钢筋上的交叉点不得开焊；

钢筋焊接网表面不应有影响使用的缺陷。当性能符合要求时，允许钢筋表面存在浮锈和因矫直造成的钢筋表面轻微损伤。

#### 14.6.3.5 点焊缺陷及消除措施

点焊制品焊接缺陷及消除措施见表14-68。

**点焊制品焊接缺陷及消除措施　表 14-68**

| 缺　陷 | 产生原因 | 消除措施 |
|---|---|---|
| 焊点过烧 | 1. 变压器级数过高<br>2. 通电时间太长<br>3. 上下电极不对中心<br>4. 继电器接触失灵 | 1. 降低变压器级数<br>2. 缩短通电时间<br>3. 切断电源，校正电极<br>4. 清理触点，调节间隙 |
| 焊点脱落 | 1. 电流过小<br>2. 压力不够<br>3. 压入深度不足<br>4. 通电时间太短 | 1. 提高变压器级数<br>2. 加大弹簧压力或调大气压<br>3. 调整二电极间距离符合压入深度要求<br>4. 延长通电时间 |
| 钢筋表面烧伤 | 1. 钢筋和电极接触表面太脏<br>2. 焊接时没有预压过程或预压力过小<br>3. 电流过大<br>4. 电极变形 | 1. 清刷电极与钢筋表面的铁锈和油污<br>2. 保证预压过程和适当的预压力<br>3. 降低变压器级数<br>4. 修理或更换电极 |

## 14.6.4　钢 筋 电 弧 焊

### 14.6.4.1　电弧焊设备和焊条

钢筋电弧焊包括焊条电弧焊和 $CO_2$ 气体保护电弧焊两种工艺方法。

$CO_2$ 气体保护电弧焊设备由焊接电源、送丝系统、焊枪、供气系统、控制电路等 5 部分组成。

钢筋二氧化碳气体保护电弧焊时，主要的焊接工艺参数有焊接电流、极性、电弧电压（弧长）、焊接速度、焊丝伸出长度（干伸长）、焊枪角度、焊接位置、焊丝尺寸。施焊时，应根据焊机性能，焊接接头形状、焊接位置，选用正确焊接工艺参数。

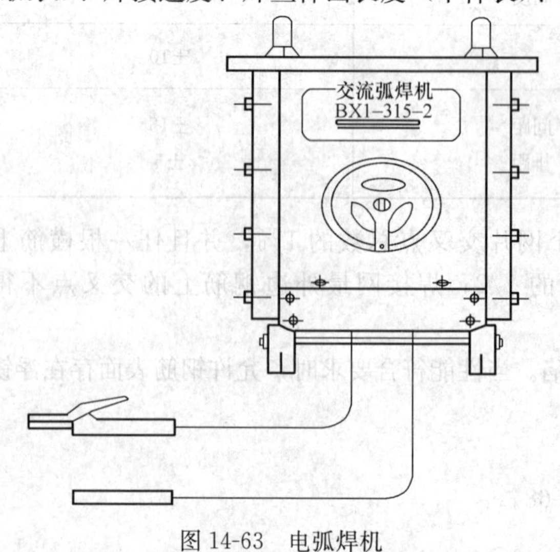

图 14-63　电弧焊机

电弧焊设备主要有弧焊机、焊接电缆、电焊钳等。弧焊机可分为交流弧焊机和直流弧焊机两类。交流弧焊机（焊接变压器）常用的型号有 $BX_3$-120-1、$BX_3$-300-2、$BX_3$-500-2（图 14-63）和 $BX_2$-1000 等；直流弧焊机常用的型号有 $AX_1$-165、$AX_4$-300-1、AX-320、$AX_5$-500、$AX_3$-500 等。

焊条性能应符合现行国家标准《碳素焊条》（GB/T 5117）或《低合金钢焊条》（GB/T 5118）的规定，其型号应根据设计确定；采用的焊丝应符合现行国家标准《气体保护电弧焊用碳钢、低合金钢焊丝》（GB/T 8110）的规定。若设计无规定时，焊条和焊丝可按表 14-69 选用。

**钢筋电弧焊使用的焊条牌号**　　**表 14-69**

| 钢筋牌号 | 搭接焊、帮条焊 | 坡口焊、熔槽帮条焊、预埋件穿孔塞焊 | 窄间隙焊 | 钢筋与钢板搭接焊、预埋件 T 型角焊 |
|---|---|---|---|---|
| HPB235 | GB/T 5117：E43XX<br>GB/T 8110：ER49、50-X | GB/T 5117：E43XX<br>GB/T 8110：ER49、50-X | GB/T 5117：E43XX<br>GB/T 8110：ER49、50-X | GB/T 5117：E43XX<br>GB/T 8110：ER49、50-X |
| HPB300 | GB/T 5117：E43XX<br>GB/T 8110：ER49、50-X | GB/T 5117：E43XX<br>GB/T 8110：ER49、50-X | GB/T 5117：E43XX<br>GB/T 8110：ER49、50-X | GB/T 5117：E43XX<br>GB/T 8110：ER49、50-X |
| HRB335<br>HRBF335 | GB/T 5117：E43XX E50XX<br>GB/T 5118：E50XX-X<br>GB/T 8110：ER49、50-X | GB/T 5117：E50XX<br>GB/T 5118：E50XX-X<br>GB/T 8110：ER49、50-X | GB/T 5117：E5015、16<br>GB/T 5118：E5015、16-X<br>GB/T 8110：ER49、50-X | GB/T 5117：E43XX E50XX<br>GB/T 5118：E50XX-X<br>GB/T 8110：ER49、50-X |
| HRB400<br>HRBF400 | GB/T 5117：E50XX<br>GB/T 5118：E50XX-X<br>GB/T 8110：ER50-X | GB/T 5118：E55XX-X<br>GB/T 8110：ER50、55-X | GB/T 5118：E5515、16-X<br>GB/T 8110：ER50、55-X | GB/T 5117：E50XX<br>GB/T 5118：E50XX-X<br>GB/T 8110：ER50-X |
| HRB500<br>HRBF500 | GB/T 5118：E55、60XX-X<br>GB/T 8110：ER55-X | GB/T 5118：E60XX-X | GB/T 5118：E6015、16-X | GB/T 5118：E55、60XX-X<br>GB/T 8110：ER55-X |
| KL400 | GB/T 5118：E55XX-X<br>GB/T 8110：ER55-X | GB/T 5118：E55XX-X | GB/T 5118：E5515、16-X | GB/T 5118：E55XX-X<br>GB/T 8110：ER55-X |

钢筋电弧焊包括帮条焊、搭接焊、坡口焊、窄间隙焊和熔槽帮条焊 5 种接头形式。焊接时，应符合下列要求：

（1）应根据钢筋牌号、直径、接头形式和焊接位置，选择焊接材料，确定焊接工艺和焊接参数；

（2）焊接时，引弧应在垫板、帮条或形成焊缝的部位进行，不得烧伤主筋；

（3）焊接地线与钢筋应接触良好；

（4）焊接过程中应及时清渣，焊缝表面应光滑，焊缝余高应平缓过渡，弧坑应填满。

### 14.6.4.2　帮条焊和搭接焊

帮条焊和搭接焊均分单面焊和双面焊。

帮条焊时，宜采用双面焊（图 14-64*a*）；当不能进行双面焊时，方可采用单面焊（图 14-64*b*）帮条长度应符合表 14-70 的规定。当帮条牌号与主筋相同时，帮条直径可与主筋相同或小一个规格。当帮条直径与主筋相同时，帮条牌号可与主筋相同或低一个牌号。

搭接焊时，宜采用双面焊（图 14-65*a*）。当不能进行双面焊时，方可采用单面焊（图 14-65*b*）。

帮条焊接头或搭接焊接头的焊缝厚度 $s$ 不应小于主筋直径的 0.3 倍；焊缝宽度 $b$ 不应小于主筋直径的 0.8 倍（图 14-66）。

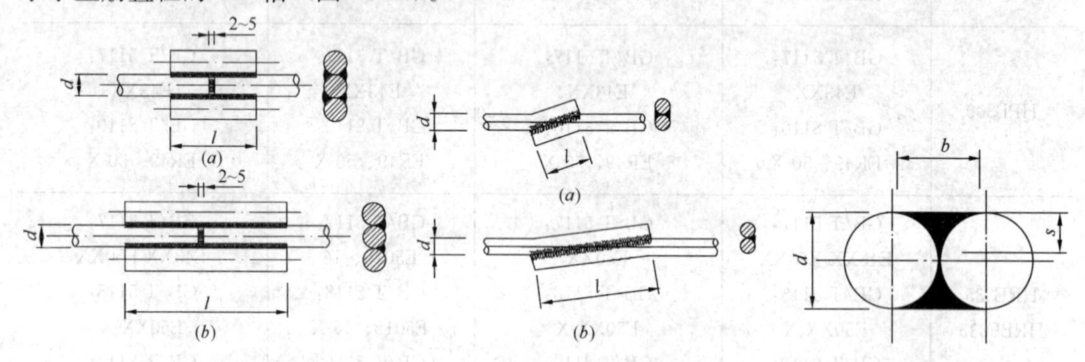


图 14-64　钢筋帮条焊接头
（*a*）双面焊；（*b*）单面焊
*d*—钢筋直径；*l*—帮条长度

图 14-65　钢筋搭接焊接头
（*a*）双面焊；（*b*）单面焊
*d*—钢筋直径；*l*—搭接长度

图 14-66　焊缝尺寸示意图
*b*—焊缝宽度；*s*—焊缝厚度；
*d*—钢筋直径

**钢 筋 帮 条 长 度**　　　　**表 14-70**

| 钢筋牌号 | 焊缝形式 | 帮条长度 $l$ |
|---|---|---|
| HPB300 | 单面焊 | $\geqslant 8d$ |
| | 双面焊 | $\geqslant 4d$ |
| HPB235<br>HRB335<br>HRB400<br>RRB400 | 单面焊 | $\geqslant 10d$ |
| | 双面焊 | $\geqslant 5d$ |

注：$d$ 为主筋直径（mm）。

帮条焊或搭接焊时，钢筋的装配和焊接应符合下列要求：

帮条焊时，两主筋端面的间隙应为 2～5mm；帮条与主筋之间应用四点定位焊固定；定位焊缝与帮条端部的距离宜大于或等于 20mm；

搭接焊时，焊接端钢筋应预弯，并应使两钢筋的轴线在同一直线上；用两点固定；定位焊缝与搭接端部的距离宜大于或等于 20mm；

焊接时，应在帮条焊或搭接焊形成焊缝中引弧；在端头收弧前应填满弧坑，并应使主焊缝与定位焊缝的始端和终端熔合。

### 14.6.4.3　预埋件电弧焊

预埋件钢筋电弧焊 T 形接头可分为角焊和穿孔塞焊两种（图 14-67）。装配和焊接时，当采用 HPB235 钢筋时，角焊缝焊脚（K）不得小于钢筋直径的 0.5 倍；采用 HRB335 和 HRB400 钢筋时，焊脚（K）不得小于钢筋直径的 0.6 倍；施焊中，不得使钢筋咬边和烧伤。

钢筋与钢板搭接焊时，焊接接头（图 14-68）应符合下列要求：

HPB235 钢筋的搭接长度（$l$）不得小于 4 倍钢筋直径，HRB335 和 HRB400 钢筋搭接长度（$l$）不得小于 5 倍钢筋直径；

焊缝宽度不得小于钢筋直径的 0.6 倍，焊缝厚度不得小于钢筋直径的 0.35 倍。

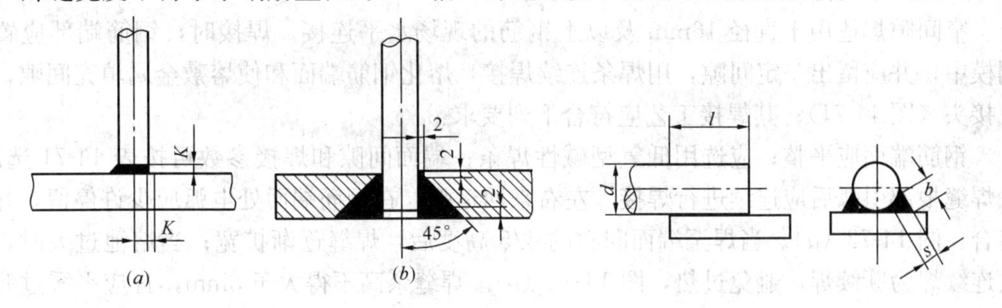


图 14-67 预埋件钢筋电弧焊 T 形接头
（a）角焊；（b）穿孔塞焊
K—焊脚

图 14-68 钢筋与钢板搭接焊接头
d—钢筋直径；l—搭接长度；
b—焊缝宽度；s—焊缝厚度

#### 14.6.4.4 坡口焊

坡口焊是将二根钢筋的连接处切割成一定角度的坡口，辅助以钢垫板进行焊接连接的一种工艺。坡口焊的准备工作要求：

（1）坡口面应平顺，切口边缘不得有裂纹、钝边和缺棱；

（2）坡口角度可按图 14-69 中数据选用；

（3）钢垫板厚度宜为 4～6mm，长度宜为 40～60mm；平焊时。垫板宽度应为钢筋直径加 10mm；立焊时，垫板宽度宜等于钢筋直径。

坡口焊的焊接工艺应注意，焊缝的宽度应大于 V 形坡口的边缘 2～3mm，焊缝余高不得大于 3mm，并平缓过渡至钢筋表面；钢筋与钢垫板之间，应加焊二、三层侧面焊缝；当发现接头中有弧坑、气孔及咬边等缺陷时，应立即补焊。

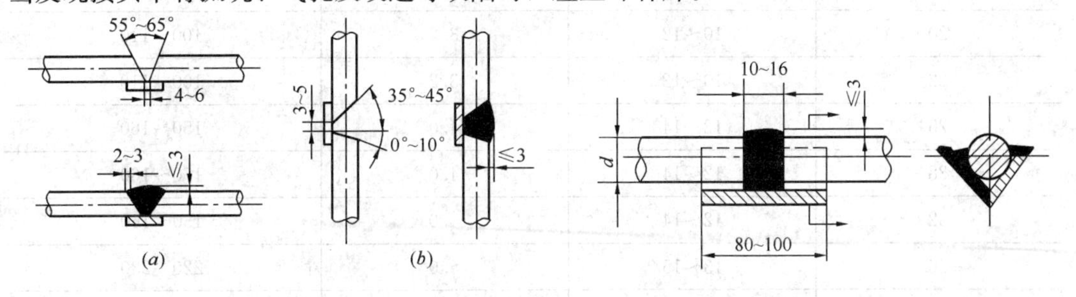


图 14-69 钢筋坡口焊
（a）平焊；（b）立焊

图 14-70 钢筋熔槽帮条焊接头

#### 14.6.4.5 熔槽帮条焊

熔槽帮条焊是在焊接的两钢筋端部形成焊接熔槽，融化金属焊接钢筋的一种方法。

熔槽帮条焊适用于直径 20mm 及以上钢筋的现场安装焊接。焊接时加角钢作垫板模，接头形式（图 14-70）、角钢尺寸和焊接工艺应符合下列要求：

角钢边长宜为 40～60mm；钢筋端头应加工平整；从接缝处垫板引弧后应连续施焊，并应使钢筋端部熔合，防止未焊透、气孔或夹渣；焊接过程中应停焊清渣 1 次；焊平后，再进行焊缝余高的焊接，其高度不得大于 3mm；钢筋与角钢垫板之间，应加焊侧面焊缝 1～3层，焊缝应饱满，表面应平整。

**14.6.4.6　窄间隙焊**

窄间隙焊适用于直径 16mm 及以上钢筋的现场水平连接。焊接时，钢筋端部应置于铜模中，并应留出一定间隙，用焊条连续焊接，熔化钢筋端面和使熔敷金属填充间隙，形成接头（图 14-71）；其焊接工艺应符合下列要求：

钢筋端面应平整；应选用低氢型碱性焊条；端面间隙和焊接参数可按表 14-71 选用；从焊缝根部引弧后应连续进行焊接，左右来回运弧，在钢筋端面处电弧应少许停留，并使熔合，图 14-72（*a*）。当焊至端面间隙的 4/5 高度后，焊缝逐渐扩宽；当熔池过大时，应改连续焊为断续焊，避免过热，图 14-72（*b*）。焊缝余高不得大于 3mm，且应平缓过渡至钢筋表面，图 14-72（*c*）。

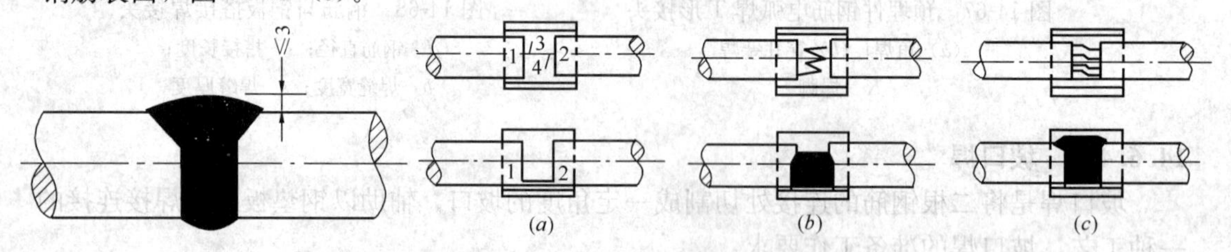


图 14-71　钢筋窄间隙焊接头

图 14-72　窄间隙焊工艺工程

（*a*）焊接初期；（*b*）焊接中期；（*c*）焊接末期

**窄间隙焊端间隙和焊接参数**　　　**表 14-71**

| 钢筋直径（mm） | 端面间隙（mm） | 焊条直径（mm） | 焊接电流（A） |
|---|---|---|---|
| 16 | 9～11 | 3.2 | 100～110 |
| 18 | 9～11 | 3.2 | 100～110 |
| 20 | 10～12 | 3.2 | 100～110 |
| 22 | 10～12 | 3.2 | 100～110 |
| 25 | 12～14 | 4.0 | 150～160 |
| 28 | 12～14 | 4.0 | 150～160 |
| 32 | 12～14 | 4.0 | 150～160 |
| 36 | 13～15 | 5.0 | 220～230 |
| 40 | 13～15 | 5.0 | 220～230 |

**14.6.4.7　电弧焊接头质量检验**

（1）在现浇混凝土结构中，应以 300 个同牌号钢筋、同型式接头作为一批；在房屋结构中，应在不超过二楼层中 300 个同牌号钢筋、同型式接头作为一批。每批随机切取 3 个接头，做拉伸试验。在装配式结构中，可按生产条件制作模拟试件，每批 3 个，做拉伸试验。钢筋与钢板电弧搭接焊接头可只进行外观检查。

（2）电弧焊接头外观检查结果，应符合下列要求：

焊缝表面应平整，不得有凹陷或焊瘤；焊接接头区域不得有肉眼可见的裂纹；咬边深度、气孔、夹渣等缺陷允许值及接头尺寸的允许偏差，应符合表 14-72 的规定；坡口焊、熔槽帮条焊和窄间隙焊接头的焊缝余高不得大于 3mm。

（3）当模拟试件试验结果不符合要求时，应进行复验。复验应从现场焊接接头中切取，其数量和要求与初始试验时相同。

**钢筋电弧焊接头尺寸偏差及缺陷允许值** **表 14-72**

| 名称 | | 单位 | 接头形式 | | |
|---|---|---|---|---|---|
| | | | 帮条焊 | 搭接焊<br>钢筋与钢板搭接焊<br>搭接焊 | 坡口焊<br>窄间隙焊<br>熔槽帮条焊 |
| 棒体沿接头中心线的纵向偏移 | | mm | 0.3$d$ | — | — |
| 接头处弯折角 | | ° | 3 | 3 | 3 |
| 接头处钢筋轴线的位移 | | mm | 0.1$d$ | 0.1$d$ | 0.1$d$ |
| 焊缝宽度 | | mm | +0.1$d$ | +0.1$d$ | — |
| 焊缝长度 | | mm | −0.3$d$ | −0.3$d$ | — |
| 横向咬边深度 | | mm | 0.5 | 0.5 | −0.5 |
| 在长 2$d$ 焊缝表面上气孔及夹渣 | 数量 | 个 | 2 | 2 | — |
| | 面积 | mm$^2$ | 6 | 6 | — |
| 在全部焊缝表面上气孔及夹渣 | 数量 | 个 | — | — | 2 |
| | 面积 | mm$^2$ | — | — | 6 |

注：$d$ 为钢筋直径（mm）。

## 14.6.5 钢筋电渣压力焊

钢筋电渣压力焊是将两钢筋安放成竖向对接形式，利用焊接电流通过两钢筋端面间隙，在焊剂层下形成电弧过程和电渣过程，产生电弧热和电阻热，熔化钢筋，加压完成的一种压焊方法。适用于钢筋混凝土结构中竖向或斜向（倾斜度在 4∶1 范围内）钢筋的连接。电渣压力焊设备见图 14-73。

### 14.6.5.1 焊接设备与焊剂

1. 电渣压力焊设备

电渣压力焊设备包括：焊接电源、控制箱、焊接机头（夹具）、焊剂盒等，如图 14-73。

（1）焊接电源

竖向电渣压力焊的电源，可采用一般的 $BX_3$-500 型或 $BX_2$-1000 型交流弧焊机，也可采用专用电源 JSD-600 型、JSD-1000 型（性能见表 14-73）。一台焊接电源可供数个焊接机头交替使用。电渣压力焊焊机容量应根据所焊钢筋直径选定。

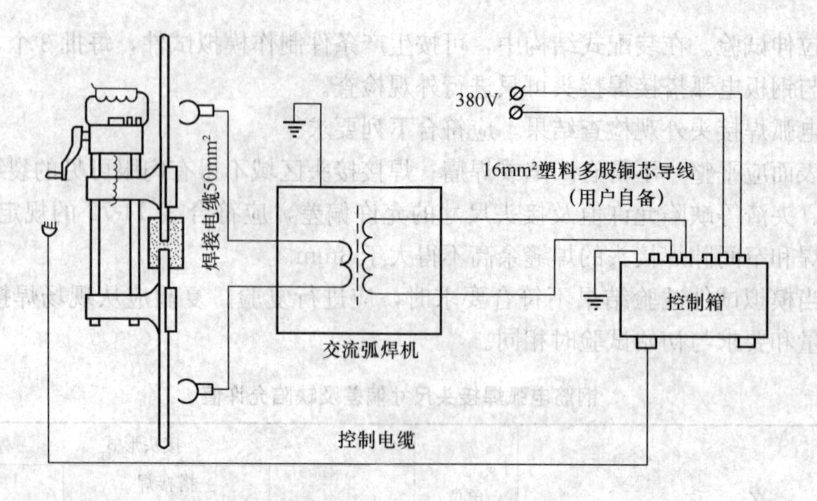


图 14-73　电渣压力焊设备

**竖向电渣压力焊电源性能**　　　　**表 14-73**

| 项　　目 | 单　　位 | JSD-600 | JSD-1000 |
|---|---|---|---|
| 电源电压 | V | 380 | 380 |
| 相数 | 相 | 1 | 1 |
| 输入容量 | kVA | 45 | 76 |
| 空载电压 | V | 80 | 78 |
| 负载持续率 | % | 60/35 | 60/35 |
| 初级电流 | A | 116 | 196 |
| 次级电流 | A | 600/750 | 1000/1200 |
| 次级电压 | V | 22～45 | 22～45 |
| 焊接钢筋直径 | mm | 14～32 | 22～40 |

（2）焊接机头

焊接机头有杠杆单柱式、丝杆传动双柱式等。LDZ 型为杠杆单柱式焊接机头，由单导柱、夹具、手柄、监控仪表、操作把等组成，下夹具固定在钢筋上，上夹具利用手动杠杆可沿单柱上、下滑动，以控制上钢筋的运动和位置；MH 型机头为丝杆传动双柱式，由伞形齿轮箱、手柄、升降丝杆、夹具、夹紧装置、双导柱等组成，上夹具在双导柱上滑动，利用丝杆螺母的自锁特性使上钢筋容易定位，夹具定位精度高，卡住钢筋后无需调整对中度，宜优先选用。

（3）焊剂盒

焊剂盒呈圆形，由两个半圆形铁皮组成，内径为 80～100mm，与所焊钢筋的直径相适应。

2. 电渣压力焊焊剂

HJ431 焊剂为一种高锰高硅低氟焊剂，是一种最常用熔炼型焊剂；此外，HJ330 焊剂是一种中锰高硅低氟焊剂，应用亦较多，这两种焊剂的化学成分见表 14-74。

**HJ330 和 HJ431 焊剂化学成分（%）** **表 14-74**

| 焊剂牌号 | $SiO_2$ | $CaF_2$ | CaO | MgO | $Al_2O_3$ |
|---|---|---|---|---|---|
| HJ330 | 44～48 | 3～6 | ≤3 | 16～20 | ≤4 |
| HJ431 | 40～44 | 3～6.5 | ≤5.5 | 5～7.5 | ≤4 |
| 焊剂牌号 | MnO | FeO | $K_2O+NaO$ | S | P |
| HJ330 | 22～26 | ≤1.5 | — | ≤0.08 | ≤0.08 |
| HJ431 | 34～38 | ≤1.8 | — | ≤0.08 | ≤0.08 |

#### 14.6.5.2 焊接工艺与参数

1. 焊机容量选择

电渣压力焊可采用交流或直流焊接电源，焊机容量应根据所焊钢筋直径选定。钢筋电渣压力焊宜采用次级空载电压较高（TSV 以上）的交流或直流焊接电源。一般 32mm 直径及以下的钢筋焊接时，可采用容量为 600A 的焊接电源；32mm 直径及以上的钢筋焊接时，应采用容量为 1000A 的焊接电源。

2. 确定焊接参数

钢筋焊接前，应根据钢筋牌号、直径、接头形式和焊接位置，选择适宜焊接电流、电压和通电时间，见表 14-75 的规定。不同直径钢筋焊接时，应按较小直径钢筋选择参数，焊接通电时间可延长。

**电渣压力焊焊接参数** **表 14-75**

| 钢筋直径（mm） | 焊接电流（A） | 焊接电压（V） | | 焊接通电时间（s） | |
|---|---|---|---|---|---|
| | | 电弧过程 $u_{2.1}$ | 电渣过程 $u_{2.2}$ | 电弧过程 $t_1$ | 电渣过程 $t_2$ |
| 12 | 160～180 | | | 9 | 2 |
| 14 | 200～220 | | | 12 | 3 |
| 16 | 200～250 | | | 14 | 4 |
| 18 | 250～300 | | | 15 | 5 |
| 20 | 300～350 | | | 17 | 5 |
| 22 | 350～400 | 35～45 | 22～27 | 18 | 6 |
| 25 | 400～450 | | | 21 | 6 |
| 28 | 500～550 | | | 24 | 6 |
| 32 | 600～650 | | | 27 | 7 |
| 36 | 700～750 | | | 30 | 8 |
| 40 | 850～900 | | | 33 | 9 |

注：直径 12mm 钢筋电渣压力焊时，应采用小型焊接夹具，上下两钢筋对正，不偏歪，多做焊接工艺试验，确保焊接质量。

3. 焊前准备

钢筋焊接施工之前，应清除钢筋或钢板焊接部位和与电极接触的钢筋表面上的锈斑、油污、杂物等；钢筋端部有弯折、扭曲时，应予以矫直或切除；

焊接夹具应有足够的刚度，在最大允许荷载下应移动灵活，操作方便。钢筋夹具的上下钳口应夹紧于上、下钢筋上；钢筋一经夹紧，不得晃动；

焊剂筒的直径与所焊钢筋直径相适应，以防在焊接过程中烧坏。电压表、时间显示器应配备齐全，以便操作者准备掌握各项焊接参数；检查电源电压，当电源电压降大于5%，则不宜进行焊接。异直径的钢筋电渣压力焊，钢筋的直径差不得大于7mm。

4. 施焊

电渣压力焊过程分为引弧过程、电弧过程、电渣过程、顶压过程四个阶段，见图14-74。

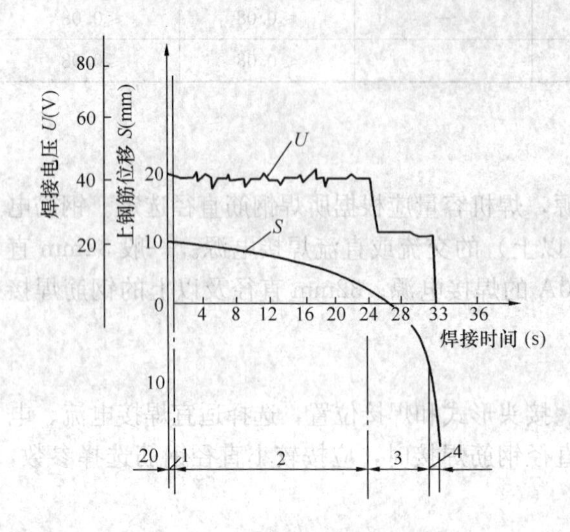


图 14-74　钢筋电渣压力焊工艺

1—引弧过程；2—电弧过程；3—电渣过程；4—顶压过程

（1）引弧过程：引弧宜采用铁丝圈或焊条头引弧法，亦可采用直接引弧法。

（2）电弧过程：引燃电弧后，靠电弧的高温作用，将钢筋端头的凸出部分不断烧化，同时将接头周围的焊剂充分熔化，形成渣池。

（3）电渣过程：渣池形成一定的深度后，将上钢筋缓缓插入渣池中，此时电弧熄灭，进入电渣过程。由于电流直接通过渣池，产生大量的电阻热，使渣池温度升到接近2000℃，将钢筋端头迅速而均匀地熔化。

（4）顶压过程：当钢筋端头达到全截面熔化时，迅速将上钢筋向下顶压，将熔化的金属、熔渣及氧化物等杂质全部挤出结合面，同时切断电源，施焊过程结束。

5. 接头焊毕，应停歇20～30s后，方可回收焊剂和卸下夹具，并敲去渣壳，四周焊包应均匀，当钢筋直径为25mm及以下时不得小于4mm；当钢筋直径为28mm及以上时不得小于6mm。

**14.6.5.3　电渣压力焊、接头质量检验**

（1）在现浇钢筋混凝土结构中，以300个同牌号钢筋接头作为一批；在房屋结构中，应在不超过二个楼层中300个同牌号钢筋接头作为一批；当不足300个接头时，仍应作为一批。每批随机切取3个接头做拉伸试验。

（2）电渣压力焊接头外观检查要求是四周焊包凸出钢筋表面的高度符合要求；钢筋与电极接触处，应无烧伤缺陷；接头处的弯折角不得大于3°；接头处的轴线偏移不得大于钢筋直径的0.1倍，且不得大于2mm。

**14.6.5.4　焊接缺陷及消除措施**

在电渣压力焊焊接生产中焊工应进行自检，当发现偏心、弯折、烧伤等焊接缺陷时，应查找原因和采取措施，及时消除。常见电渣压力焊焊接缺陷及消除措施见表14-76。

**电渣压力焊焊接缺陷及消除措施　　表 14-76**

| 序　号 | 焊接缺陷 | 措　　施 |
|---|---|---|
| 1 | 轴线偏移 | 1. 矫直钢筋端部<br>2. 正确安装夹具和钢筋<br>3. 避免过大的顶压力<br>4. 及时修理或更换夹具 |

续表

| 序　号 | 焊接缺陷 | 措　施 |
|---|---|---|
| 2 | 弯折 | 1. 矫直钢筋端部<br>2. 注意安装和扶持上钢筋<br>3. 避免焊后过快卸夹具<br>4. 修改或更换夹具 |
| 3 | 咬边 | 1. 减小焊接电流<br>2. 缩短焊接时间<br>3. 注意上钳口的起点和终点，确保上钢筋顶压到位 |
| 4 | 未焊合 | 1. 增大焊接电流<br>2. 避免焊接时间过短<br>3. 检修夹具，确保上钢筋下送自如 |

## 14.6.6 钢筋气压焊

气压焊按加热温度和工艺方法的不同，可分为固态气压焊和熔态气压焊两种，可根据设备等情况选择采用。

### 14.6.6.1 焊接设备

钢筋气压焊的焊接设备主要包括供气装置、多嘴环管加热器、加压器、焊接夹具等，如图 14-75 所示。供气装置包括氧气瓶、溶解乙炔气瓶（或乙炔发生器）、干式回火防止器、减压器及胶管等。多嘴环管加热器是由氧-乙炔混合室与加热圈组成的加热器具。加压器由油泵、油压表、油管、顶压油缸组成的压力源装置。

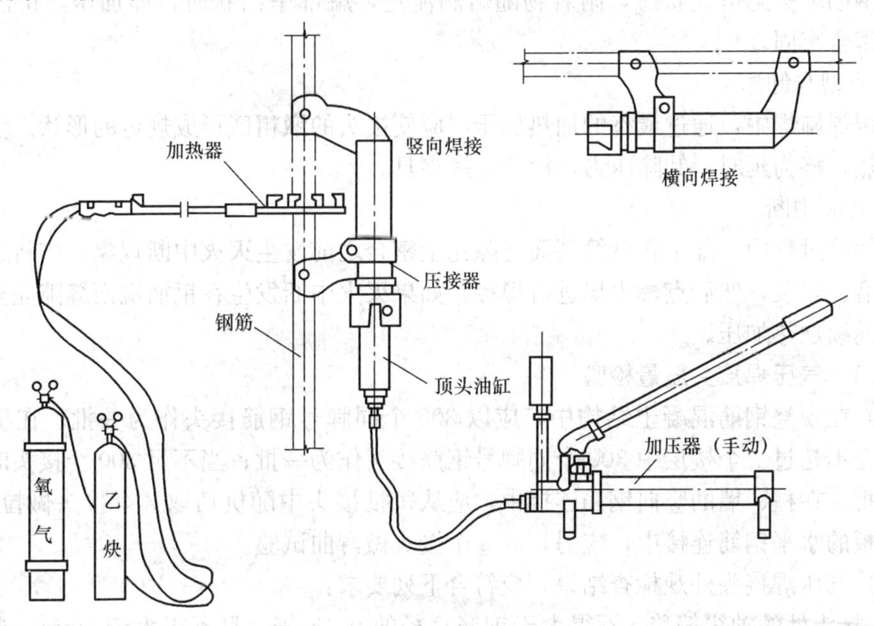


图 14-75　气压焊工艺

### 14.6.6.2 焊接工艺

1. 焊前准备

施焊前，钢筋端面应切平，并宜与钢筋轴线相垂直（为避免出现端面不平现象，导致压接困难，钢筋尽量不使用切断机切断，而应使用砂轮锯切断）；切断面还要用磨光机打磨见新，露出金属光泽；将钢筋端部约 100mm 范围内的铁锈、黏附物以及油污清除干净；钢筋端部若有弯折或扭曲，应矫正或切除。

考虑到钢筋接头的压缩量，下料长度要按图纸尺寸多出钢筋直径的 0.6～1 倍。

根据竖向钢筋（气压焊多数用于垂直位置焊接）接长的高度搭设必要的操作架子，确保工人扶直钢筋时操作方便，并防止钢筋在夹紧后晃动。

2. 安装钢筋

安装焊接夹具和钢筋时，应将两根钢筋分别夹紧，并使它们的轴线处于同一直线上，加压顶紧，两根钢筋局部缝隙不得大于 3mm。

3. 焊接工艺过程

（1）采用固态气压焊时，其焊接工艺应符合下列要求：

焊前钢筋端面应切平、打磨，使其露出金属光泽，钢筋安装夹牢，预压顶紧后，两钢筋端面局部间隙不得大于 3mm。气压焊加热开始至钢筋端面密合前，应采用碳化焰集中加热。钢筋端面密合后可采用中性焰宽幅加热，使钢筋端部加热至 1150～1250℃。气压焊顶压时，对钢筋施加的顶压力应为 30～40N/mm²。常用三次加压法工艺过程。当采用半自动钢筋固态气压焊时，应使用钢筋常温直角切断机断料，两钢筋端面间隙控制在 1～2mm，钢筋端面平滑，可直接焊接。另外，由于采用自动液压加压，可一人操作。

（2）采用熔态气压焊时，其焊接工艺应符合下列要求：

安装时，两钢筋端面之间应预留 3～5mm 间隙。气压焊开始时，首先使用中性焰加热，待钢筋端头至熔化状态，附着物随熔滴流走，端部呈凸状时，即加压，挤出熔化金属，并密合牢固。

4. 成型与卸压

气压焊施焊中，通过最终的加热加压，应使接头的镦粗区形成规定的形状。然后，应停止加热，略为延时，卸除压力，拆下焊接夹具。

5. 灭火中断

在加热过程中，如果在钢筋端面缝隙完全密合之前发生灭火中断现象，应将钢筋取下重新打磨、安装，然后点燃火焰进行焊接。如果灭火中断发生在钢筋端面缝隙完全密合之后，可继续加热加压。

**14.6.6.3　气压焊接头质量检验**

（1）在现浇钢筋混凝土结构中，应以 300 个同牌号钢筋接头作为一批；在房屋结构中，应在不超过二个楼层中 300 个同牌号钢筋接头作为一批；当不足 300 个接头时，仍应作为一批。在柱、墙的竖向钢筋连接中，应从每批接头中随机切取 3 个接头做拉伸试验；在梁、板的水平钢筋连接中，应另切取 3 个接头做弯曲试验。

（2）气压焊接头外观检查结果，应符合下列要求：

1）接头处的轴线偏移 $e$ 不得大于钢筋直径的 0.15 倍，且不得大于 4mm；当不同直径钢筋焊接时，应按较小钢筋直径计算；当大于上述规定值，但在钢筋直径的 0.30 倍以下时，可加热矫正；当大于 0.30 倍时，应切除重焊；

2）接头处的弯折角不得大于 3°；当大于规定值时，应重新加热矫正；

3）固态气压焊接头镦粗直径不得小于钢筋直径的 1.4 倍，熔态气压焊接头镦粗直径不得小于钢筋直径的 1.2 倍；当小于上述规定值时，应重新加热镦粗；

4）镦粗长度 $l$ 不得小于钢筋直径的1.0倍，且凸起部分平缓圆滑；当小于上述规定值时，应重新加热镦长。

#### 14.6.6.4 焊接缺陷及消除措施

气压焊焊接缺陷及消除措施见表14-77。

气压焊焊接缺陷及消除措施　　表14-77

| 焊接缺陷 | 产生原因 | 措施 |
| --- | --- | --- |
| 轴线偏移 | 1. 焊接夹具变形，两夹头不同心，或夹具刚度不足<br>2. 两钢筋安装不正<br>3. 钢筋结合端面倾斜<br>4. 钢筋未夹紧进行焊接 | 1. 检查夹具，及时修理或更换<br>2. 重新安装夹紧<br>3. 切平钢筋端面<br>4. 焊接前夹紧钢筋 |
| 弯折 | 1. 焊接夹具变形，两夹头不同心；<br>2. 顶压油缸有效行程不够<br>3. 焊接夹具拆卸过早 | 1. 检查夹具，及时修理或更换<br>2. 缩短钢筋自由段长度<br>3. 熄火后30秒后再拆卸夹具 |
| 镦粗直径不够 | 1. 焊接夹具动夹头有效行程不够<br>2. 顶压油缸有效行程不够<br>3. 加热温度不够<br>4. 压力不够 | 1. 检查夹具和顶压油缸，及时更换<br>2. 采用适宜的加热温度及压力 |
| 镦粗长度不足 | 1. 加热幅度不够宽<br>2. 顶压力过大，顶压过急 | 1. 增大加热幅度<br>2. 加压时应平稳 |
| 钢筋表面严重烧伤 | 火焰功率过大；加热时间过长；加热器摆动不匀 | 调整加热火焰，正确掌握方法 |
| 未焊合 | 1. 加热温度不够或热量分部不均<br>2. 顶压力过小<br>3. 结合断面不洁<br>4. 断面氧化<br>5. 中途灭火或火焰不当 | 合理选择焊接参数，正确掌握操作方法 |

### 14.6.7 钢筋埋弧压力焊与预埋件钢筋埋弧螺柱焊

钢筋埋弧压力焊用于钢筋和钢板T形焊接，是将钢筋与钢板安放成T形接头形式，利用焊接电流通过，在焊剂层下产生电弧，形成熔池，加压完成的一种压焊方法。

预埋件钢筋埋弧螺柱焊是用电弧螺柱焊焊枪夹持钢筋，使钢筋垂直对准钢板，采用螺柱焊电源设备产生强电流、短时间的焊接电弧，在熔剂层保护下使钢筋焊接端面与钢板产生熔池后，适时将钢筋插入熔池，形成T形接头的焊接方法。

#### 14.6.7.1 焊接设备

埋弧压力焊设备主要包括焊接电源、焊接机构和控制系统。焊接前应根据钢筋直径大小，选用500型或1000型弧焊变压器作为焊接电源；焊接机构应操作方便、灵活；宜装有高频引弧装置；焊接地线宜采取对称接地法（图14-76），以减少电弧偏移；操作台面上应装有电压表和电流表；控制系统应灵敏、准确；并应配备时间显示装置或时间继电器，以控制焊接通电时间。

预埋件钢筋埋弧螺柱焊设备应包括：埋弧螺柱焊机、焊枪、焊接电缆、控制电缆和钢筋夹头等。埋弧螺柱焊焊枪有电磁提升式和电机拖动式两种，生产中，应根据钢筋直径和长度，选用合适的焊枪。

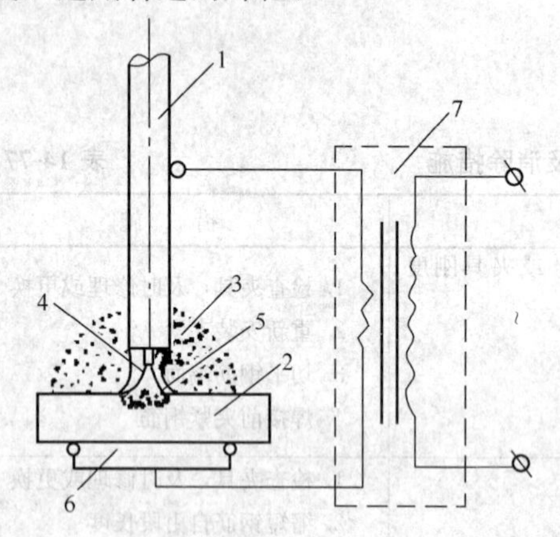


图 14-76　对称接地示意图

1—钢筋；2—钢板；3—焊剂；4—电弧；5—熔池；6—铜板电极；7—焊接变压器

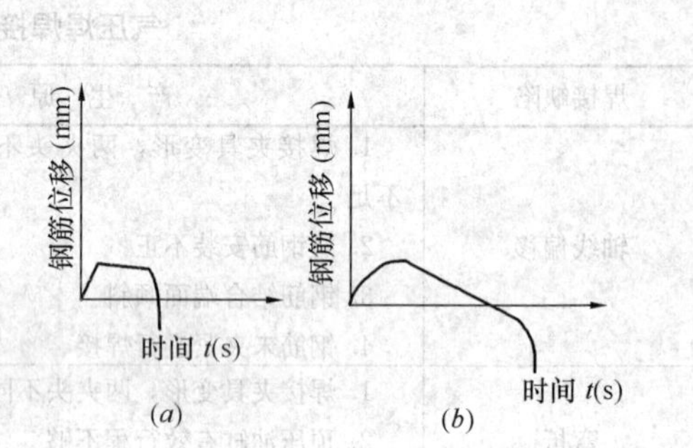


图 14-77　预埋件钢筋埋弧压力焊上筋位移图解

（a）小直径钢筋；（b）大直径钢筋

### 14.6.7.2　焊接工艺

（1）埋弧压力焊工艺过程：钢板放平，并与铜板电极接触紧密；将锚固钢筋夹于夹钳内，应夹牢，并应放好挡圈，注满焊剂；通高频引弧装置和焊接电源后，应立即将钢筋上提，引燃电弧，使电弧稳定燃烧，再渐渐下送（图 14-77），迅速顶压但不得用力过猛；敲去渣壳，四周焊包凸出钢筋表面的高度不得小于 4mm。采用 500 型焊接变压器时，焊接参数见表 14-78。

**埋弧压力焊焊接参数**　　**表 14-78**

| 钢筋牌号 | 钢筋直径（mm） | 引弧提升高度（mm） | 电弧电压（v） | 焊接电流（A） | 焊接通电时间（s） |
|---|---|---|---|---|---|
| HPB235<br>HPB300<br>HRB335<br>HRB335E<br>HRBF335<br>HRBF335E<br>HRB400<br>HRB400E<br>HRBF400<br>HRBF400E | 6 | 2.5 | 30～35 | 400～450 | 2 |
| | 8 | 2.5 | 30～35 | 500～600 | 3 |
| | 10 | 2.5 | 30～35 | 500～650 | 5 |
| | 12 | 3.0 | 30～35 | 500～650 | 8 |
| | 14 | 3.5 | 30～35 | 500～650 | 15 |
| | 16 | 3.5 | 30～40 | 500～650 | 22 |
| | 18 | 3.5 | 30～40 | 500～650 | 30 |
| | 20 | 3.5 | 30～40 | 500～650 | 33 |
| | 22 | 4.0 | 30～40 | 500～650 | 36 |
| | 25 | 4.0 | 30～40 | 500～650 | 40 |

采用 1000 型焊接变压器，可用大电流、短时间的强参数焊接法，以提高劳动生产率。

（2）埋弧螺柱焊机由晶闸管整流器和调节-控制系统组成，有多种型号。在生产中，应根据钢筋直径选用，见表 14-79。

焊机选用 表 14-79

| 序号 | 钢筋直径（mm） | 焊机型号 | 焊接电流调节范围（A） |
|---|---|---|---|
| 1 | 6～10 | RSM—1000 | —1000 |
| 2 | 12 | RSM—1000/RSM—2500 | —1000/—2500 |
| 3 | 14 | RSM—2500 | —2500 |
| 4 | 16～25 | RSM—2500/RSM—3150 | —2500/—3150 |
| 5 | 28 | RSM—3150 | —3150 |

预埋件钢筋埋弧螺柱焊工艺应符合下列要求：

将预埋件钢板放平，在钢板的最远处对称点，用两根接地电缆的一端与螺柱焊机电源的正极（+）连接，另一端连接接地钳，与钢板接触紧密、牢固。将钢筋推入焊枪的夹持钳内，顶紧于钢板，在焊剂挡圈内注满焊剂。选择合适的焊接参数，分别在焊机和焊枪上设定，参数见表 14-80。拨动焊枪上按钮“开”，接通电源，钢筋上提，引燃电弧。经设定燃弧时间，钢筋插入熔池，自动断电；停息数秒钟，打掉渣壳，焊接完成。电磁铁提升式钢筋埋弧螺柱焊工艺过程见图 14-78。

埋弧螺柱焊焊接参数 表 14-80

| 钢筋牌号 | 钢筋直径（mm） | 焊接电流（A） | 焊接时间（s） | 伸出长度（mm） | 提伸长度（mm） | 焊剂牌号 |
|---|---|---|---|---|---|---|
| HPB300<br>HRB335<br>HRB335E<br>HRBF335<br>HRBF335E<br>HRB400<br>HRB400E<br>HRBF400<br>HRBF400E | 12 | 600 | 3 | 6 | 8 | HJ431 |
| | 14 | 700 | 3.2 | 7 | 9 | |
| | 16 | 800 | 4.8 | 8 | 10 | |
| | 18 | 850 | 6.0 | 8 | 10 | |
| | 20 | 920 | 7 | 9 | 11 | |
| | 25 | 1200 | 10 | 9 | 11 | |

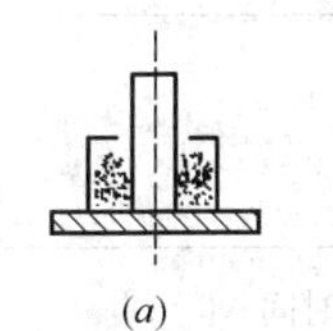
(*a*)
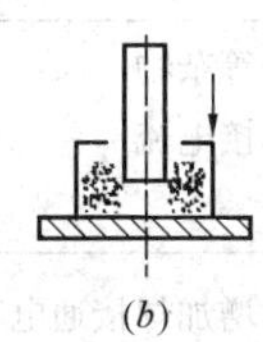
(*b*)
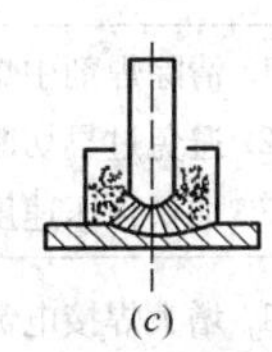
(*c*)
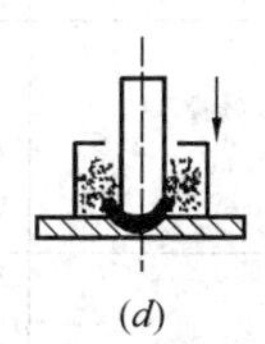
(*d*)
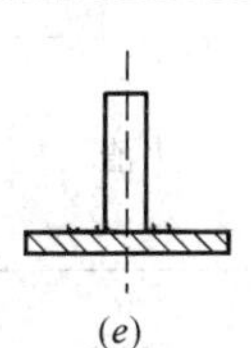
(*e*)

图 14-78 预埋件钢筋埋弧螺柱焊示意图

(*a*) 套上焊剂挡圈，顶紧钢筋，注满焊剂；(*b*) 接通电源，钢筋上提，引燃电弧；(*c*) 燃弧；(*d*) 钢筋插入熔池，自动断电；(*e*) 打掉渣壳，焊接完成

**14.6.7.3 焊接参数**

埋弧压力焊的焊接参数效应包括引弧提升高度、电弧电压、焊接电流和焊接通电时间。

预埋件钢筋埋弧螺柱焊焊接参数，主要有焊接电流和焊接通电时间，均在焊机上设定；钢筋伸出长度、钢筋提升量，在焊枪上设定。

**14.6.7.4 预埋件钢筋 T 形接头质量检验**

预埋件钢筋 T 形接头的外观检查，应从同一台班内完成的同一类型预埋件中抽查

5%，且不得少于10件。

当进行力学性能检验时，应以300件同类型预埋件作为一批。一周内连续焊接时，可累计计算。当不足300件时，亦应按一批计算。应从每批预埋件中随机切取3个接头做拉伸试验，试件的钢筋长度应大于或等于200mm，钢板的长度和宽度均应大于或等于60mm。

预埋件钢筋T形接头外观检查结果，应符合下列要求：四周焊包凸出钢筋表面的高度不得小于4mm；钢筋咬边深度不得超过0.5mm；钢板应无焊穿，根部应无凹陷现象；钢筋相对钢板的直角偏差不得大于3°。

预埋件钢筋T形接头拉伸试验结果，3个试件的抗拉强度要求，HPB300钢筋接头不得小于400N/mm²，HRB335、HRBF335钢筋接头不得小于435N/mm²，HRB400、HRBF400钢筋接头不得小于520N/mm²，HRB500、HRBF500钢筋接头不得小于610N/mm²。

当试验结果，3个试件中有小于规定值时，应进行复验。复验时，应再取6个试件。复验结果，其抗拉强度均达到上述要求时，应评定该批接头为合格品。

**14.6.7.5 焊接缺陷及消除措施**

在埋弧压力焊生产中，焊工应自检，当发现焊接缺陷时，应查找原因和采取措施，及时消除。埋弧压力焊常见焊接缺陷及消除措施见表14-81。

**埋弧压力焊常见焊接缺陷及消除措施** **表14-81**

| 焊接缺陷 | 措施 |
|---|---|
| 钢筋咬边 | 1. 减小焊接电流或缩短焊接时间<br>2. 增大压入量 |
| 气孔 | 1. 烘培焊剂<br>2. 清除钢板和钢筋上的铁锈、油污 |
| 夹渣 | 1. 清除焊剂中熔渣等杂物<br>2. 避免过早切断焊接电流<br>3. 加快顶压速度 |
| 未焊合 | 1. 增大焊接电流，增加焊接通电时间<br>2. 适当加大顶压力 |
| 焊包不均匀 | 1. 保证焊接地线的接触良好<br>2. 使焊接处对称导电 |
| 钢板焊穿 | 1. 减小焊接电流或减少焊接通电时间<br>2. 避免钢板局部悬空 |
| 钢筋淬硬脆断 | 1. 减小焊接电流，延长焊接时间<br>2. 检查钢筋化学成分 |
| 钢板凹陷 | 1. 减小焊接电流、延长焊接时间<br>2. 减小顶压力．减小压入量 |

# 14.7 钢筋机械连接

## 14.7.1 一般规定

钢筋连接时，宜选用机械连接接头，并优先采用直螺纹接头。钢筋机械连接方法分类及适用范围，见表14-82。钢筋机械连接接头的设计、应用与验收应符合行业标准《钢筋机械连接技术规程》(JGJ 107) 和各类机械连接接头技术规程的规定。

**钢筋机械连接方法分类及适用范围** **表14-82**

<table>
<tr><th colspan="2" rowspan="2">机械连接方法</th><th colspan="2">适用范围</th></tr>
<tr><th>钢筋级别</th><th>钢筋直径（mm）</th></tr>
<tr><td colspan="2">钢筋套筒挤压连接</td><td>HRB335、HRB400<br>HRBF335、HRBF400<br>HRB335E、HRBF335E、<br>HRB400E、HRBF400E<br>RRB400</td><td>16～40<br>16～40</td></tr>
<tr><td colspan="2">钢筋镦粗直螺纹套筒连接</td><td>HRB335、HRBF335、<br>HRB400、HRBF400<br>HRB335E、HRBF335E、<br>HRB400E、HRBF400E</td><td>16～40</td></tr>
<tr><td rowspan="3">钢筋滚轧直螺纹连接</td><td>直接滚轧</td><td rowspan="3">HRB335、HRB400、RRB400<br>HRBF335、HRBF400<br>HRB335E、HRBF335E、<br>HRB400E、HRBF400E</td><td>16～40</td></tr>
<tr><td>挤肋滚轧</td><td>16～40</td></tr>
<tr><td>剥肋滚轧</td><td>16～40</td></tr>
</table>

根据抗拉强度以及高应力和大变形条件下反复拉压性能的差异，接头应分为下列三个等级：

Ⅰ级 接头抗拉强度等于被连接钢筋的实际拉断强度或不小于1.10倍钢筋抗拉强度标准值，残余变形小并具有高延性及反复拉压性能。

Ⅱ级 接头抗拉强度不小于被连接钢筋抗拉强度标准值，残余变形较小并具有高延性及反复拉压性能。

Ⅲ级 接头抗拉强度不小于被连接钢筋屈服强度标准值的1.25倍，残余变形较小并具有一定的延性及反复拉压性能。

结构设计图纸中应列出设计选用的钢筋接头等级和应用部位。接头等级的选定应符合下列规定：

（1）混凝土结构中要求充分发挥钢筋强度或对延性要求高的部位应优先选用Ⅱ级接头。当在同一连接区段内必须实施100％钢筋接头的连接时，应采用Ⅰ级接头。

（2）混凝土结构中钢筋应力较高但对延性要求不高的部位可采用Ⅲ级接头。

钢筋连接件的混凝土保护层厚度宜符合现行国家标准《混凝土结构设计规范》(GB 50010）中受力钢筋的混凝土保护层最小厚度的规定，且不得小于15mm。连接件之间的横向净距不宜小于25mm。

结构构件中纵向受力钢筋的接头宜相互错开。钢筋机械连接的连接区段长度应按$35d$计算。在同一连接区段内有接头的受力钢筋截面面积占受力钢筋总截面面积的百分率（以下简称接头百分率)，应符合下列规定：

(1) 接头宜设置在结构构件受拉钢筋应力较小部位，当需要在高应力部位设置接头时，在同一连接区段内Ⅲ级接头的接头百分率不应大于25%，Ⅱ级接头的接头百分率不应大于50%。Ⅰ级接头的接头百分率除下述第（2）条所列情况外可不受限制。

(2) 接头宜避开有抗震设防要求的框架的梁端、柱端箍筋加密区；当无法避开时，应采用Ⅱ级接头或Ⅰ级接头，且接头百分率不应大于50%。

(3) 受拉钢筋应力较小部位或纵向受压钢筋，接头百分率可不受限制。

(4) 对直接承受动力荷载的结构构件，接头百分率不得大于50%。

(5) 机械连接套筒的保护层厚度宜满足有关钢筋最小保护层厚度的规定。机械连接套筒的横向净间距不宜小于25mm；套筒外箍筋的间距仍应满足相应的构造要求。

当对具有钢筋接头的构件进行试验并取得可靠数据时，接头的应用范围可根据工程实际情况进行调整。

Ⅰ级、Ⅱ级、Ⅲ级的接头性能应符合表14-83、表14-84的规定。

**钢筋机械接头抗拉强度**　　　　**表 14-83**

| 接 头 等 级 | Ⅰ级 | Ⅱ级 | Ⅲ级 |
|---|---|---|---|
| 抗拉强度 | $f_{mst}^{o} \geqslant f_{stk}$ 断于钢筋<br>$f_{mst}^{o} \geqslant 1.10 f_{stk}$ 断于接头 | $f_{mst}^{o} \geqslant f_{stk}$ | $f_{mst}^{o} \geqslant 1.25 f_{yk}$ |

表中符号含义：

$f_{yk}$——钢筋屈服强度标准值；

$f_{stk}$——钢筋抗拉强度标准值；

$f_{mst}^{o}$——接头试件实测抗拉强度。

**钢筋机械接头变形性能**　　　　**表 14-84**

| 接头等级 | | Ⅰ级 | Ⅱ级 | Ⅲ级 |
|---|---|---|---|---|
| 单向拉伸 | 残余变形(mm) | $u_0 \leqslant 0.10$ ($d \leqslant 32$)<br>$u_0 \leqslant 0.14$ ($d > 32$) | $u_0 \leqslant 0.14$ ($d \leqslant 32$)<br>$u_0 \leqslant 0.16$ ($d > 32$) | $u_0 \leqslant 0.14$ ($d \leqslant 32$)<br>$u_0 \leqslant 0.16$ ($d > 32$) |
| | 最大力总伸长率(%) | $A_{sgt} \geqslant 6.0$ | $A_{sgt} \geqslant 6.0$ | $A_{sgt} \geqslant 3.0$ |
| 高应力反复拉压 | 残余变形(mm) | $u_{20} \leqslant 0.3$ | $u_{20} \leqslant 0.3$ | $u_{20} \leqslant 0.3$ |
| 大变形反复拉压 | 残余变形(mm) | $u_4 \leqslant 0.3$，且 $u_8 \leqslant 0.6$ | $u_4 \leqslant 0.3$，且 $u_8 \leqslant 0.6$ | $u_4 \leqslant 0.6$ |

表中符号含义：

$A_{sgt}$——接头试件的最大力总伸长率；

$d$——钢筋公称直径；

$u_0$——接头试件加载至 $0.6 f_{yk}$ 并卸载后在规定标距内的残余变形；

$u_{20}$——接头经高应力反复拉压20次后的残余变形；

$u_4$——接头经大变形反复拉压4次后的残余变形；

$u_8$——接头经大变形反复拉压8次后的残余变形。

对直接承受动力荷载的结构构件，设计应根据钢筋应力变化幅度提出接头的抗疲劳性能要求。当设计无专门要求时，接头的疲劳应力幅限值不应小于表14-85普通钢筋疲劳应力幅限值的80%。

普通钢筋疲劳应力幅限值（$N/mm^2$） 表 14-85

| 疲劳应力比值 $\rho_s^f$ | 疲劳应力幅限值 $\Delta f_y^f$ | | 疲劳应力比值 $\rho_s^f$ | 疲劳应力幅限值 $\Delta f_y^f$ | |
|---|---|---|---|---|---|
| | HRB335 | HRB400 | | HRB335 | HRB400 |
| 0 | 175 | 175 | 0.5 | 115 | 123 |
| 0.1 | 162 | 162 | 0.6 | 97 | 16 |
| 0.2 | 154 | 156 | 0.7 | 77 | 85 |
| 0.3 | 144 | 149 | 0.8 | 54 | 60 |
| 0.4 | 131 | 137 | 0.9 | 28 | 31 |

注：当纵向受拉钢筋采用闪光接触对焊连接时，其接头处的钢筋疲劳应力幅限值应按表中数值乘以 0.8 取用。

## 14.7.2 钢筋套筒挤压连接

### 14.7.2.1 钢套筒

（1）钢套筒的材料宜选用强度适中、延性好的优质钢材，其实测力学性能应符合下列要求：屈服强度 $\sigma_s=225\sim350N/mm^2$，抗拉强度 $\sigma_b=375\sim500N/mm^2$，延伸率 $\delta_5\geqslant20\%$，硬度 HRB=60～80 或 HB=102～133。钢套筒的屈服承载力和抗拉承载力的标准值不应小于被连接钢筋的屈服承载力和抗拉承载力标准值的 1.10 倍。

连接套筒进场时必须有产品合格证；套筒的几何尺寸应满足产品设计图纸要求，与机械连接工艺技术配套选用，套筒表面不得有裂缝、折叠、结疤等缺陷。套筒应有保护盖，有明显的规格标记；并应分类包装存放，不得露天存放，不得混淆，防止锈蚀和油污。

（2）钢套筒的规格和尺寸参见表 14-86。

钢套筒的规格和尺寸 表 14-86

| 钢套筒型号 | 钢套筒尺寸（mm） | | | 压接标志道数 |
|---|---|---|---|---|
| | 外 径 | 壁 厚 | 长 度 | |
| G40 | 70 | 12 | 240 | 8×2 |
| G36 | 63 | 11 | 216 | 7×2 |
| G32 | 56 | 10 | 192 | 6×2 |
| G28 | 50 | 8 | 168 | 5×2 |
| G25 | 45 | 7.5 | 150 | 4×2 |
| G22 | 40 | 6.5 | 132 | 3×2 |
| G20 | 36 | 6 | 120 | 3×2 |

（3）套筒的尺寸偏差应符合表 14-87 的要求。

套筒的尺寸偏差（mm） 表 14-87

| 套筒外径 $D$ | 外径允许偏差 | 壁厚（$t$）允许偏差 | 长度允许偏差 |
|---|---|---|---|
| ≤50 | ±0.5 | $+0.12t$<br>$-0.10t$ | ±2 |
| >50 | ±0.01D | $+0.12t$<br>$-0.10t$ | ±2 |

### 14.7.2.2 挤压设备

钢筋冷挤压设备主要有挤压设备（超高压电动油泵、挤压连接钳、超高压油管）、挤压机、悬挂平衡器（手动葫芦）、吊挂小车、划标志用工具以及检查压痕卡板等。

YJ型挤压设备的型号与参数见表14-88。

**钢筋挤压设备的主要技术参数　　表14-88**

<table>
<tr><th colspan="2">设备型号</th><th>YJH－25</th><th>YJH－32</th><th>YJH－40</th><th>YJ650Ⅲ</th><th>YJ800Ⅲ</th></tr>
<tr><td rowspan="5">压接钳</td><td>额定压力（MPa）</td><td>80</td><td>80</td><td>80</td><td>53</td><td>52</td></tr>
<tr><td>额定挤压力（kN）</td><td>760</td><td>760</td><td>900</td><td>650</td><td>800</td></tr>
<tr><td>外形尺寸（mm）</td><td>$\phi$150×433</td><td>$\phi$150×480</td><td>$\phi$170×530</td><td>$\phi$155×370</td><td>$\phi$170×450</td></tr>
<tr><td>重量（kg）</td><td>28</td><td>33</td><td>41</td><td>32</td><td>48</td></tr>
<tr><td>适用钢筋（mm）</td><td>20～25</td><td>25～32</td><td>32～40</td><td>20～28</td><td>32～40</td></tr>
<tr><td rowspan="5">超高压泵站</td><td>电机</td><td colspan="3">380V，50Hz，1.5kW</td><td colspan="2">380V，50Hz，1.5kW</td></tr>
<tr><td>高压泵</td><td colspan="3">80MPa，0.8L/min</td><td colspan="2">80MPa，0.8L/min</td></tr>
<tr><td>低压泵</td><td colspan="3">2.0MPa，4.0～6.0L/min</td><td colspan="2">—</td></tr>
<tr><td>外形尺寸（mm）</td><td colspan="3">790×540×785（长×宽×高）</td><td colspan="2">390×525（高）</td></tr>
<tr><td>重量（kg）</td><td>96</td><td>油箱容积（L）</td><td>20</td><td colspan="2">40，油箱12</td></tr>
<tr><td colspan="2">超高压胶管</td><td colspan="5">100MPa，内径6.0mm，长度3.0m（5.0m）</td></tr>
</table>

#### 14.7.2.3　挤压工艺

操作人员必须持证上岗。

1. 挤压前应准备

（1）钢筋端头和套管内壁的锈皮、泥砂、油污等应清理干净；

（2）钢筋端部要平直，弯折应矫直，被连接的带肋钢筋应花纹完好；

（3）对套筒作外观尺寸检查，钢套筒的几何尺寸及钢筋接头位置必须符合设计要求，套筒表面不得有裂缝、折叠、结疤等缺陷，以免影响压接质量；

（4）应对钢筋与套筒进行试套，如钢筋有马蹄、弯折或纵肋尺寸过大者，应预先矫正或用砂轮打磨；

（5）不同直径钢筋的套筒不得相互混用；

（6）钢筋连接端要画线定位，确保在挤压过程中能按定位标记检查钢筋伸入套筒内的长度；

（7）检查挤压设备情况，并进行试挤压，符合要求后才能正式挤压。

2. 挤压操作要求

（1）应按标记检查钢筋插入套筒内深度，钢筋端头离套筒长度中点不宜超过10mm；

（2）挤压时挤压机与钢筋轴线应保持垂直；

（3）压接钳就位，要对正钢套筒压痕位置标记，压模运动方向与钢筋两纵肋所在的平面相垂直；

（4）挤压宜从套筒中央开始，依次向两端挤压；

（5）施压时，主要控制压痕深度。宜先挤压一端套筒（半接头），在施工作业区插入待接钢筋后再挤压另一端套筒。

3. 挤压工艺

（1）钢筋半接头连接工艺

装好高压油管和钢筋配用限位器、套管压模→插入钢筋顶到限位器上扶正、挤压→退回柱塞、取下压模和半套管接头

（2）连接钢筋挤压工艺

半套管插入待连接的钢筋上→放置压模和垫块、挤压→退回柱塞及导向板，装上垫块、挤压→退回柱塞再加垫块、挤压→退回柱塞、取下垫块、压模，卸下挤压机

**14.7.2.4　工艺参数**

施工前在选择合适材质和规格的钢套筒以及压接设备、压模后，接头性能主要取决于挤压变形量这一关键的工艺参数。挤压变形量包括压痕最小直径和压痕总宽度。参数选择见表14-89、表14-90。

**不同规格钢筋连接时的参数选择　表14-89**

| 连接钢筋规格 | 钢套筒型号 | 压模型号 | 压痕最小直径允许范围（mm） | 压痕最小总宽度（mm） |
|---|---|---|---|---|
| φ40～φ36 | G40 | φ40端M40 | 60～63 | ≥80 |
| | | φ36端M36 | 57～60 | ≥80 |
| φ36～φ32 | G36 | φ36端M36 | 54～57 | ≥70 |
| | | φ32端M32 | 51～54 | ≥70 |
| φ32～φ28 | G32 | φ32端M32 | 48～51 | ≥60 |
| | | φ28端M28 | 45～48 | ≥60 |
| φ28～φ25 | G28 | φ28端M28 | 41～44 | ≥55 |
| | | φ25端M25 | 38～41 | ≥55 |
| φ25～φ22 | G25 | φ25端M25 | 37～39 | ≥50 |
| | | φ22端M22 | 35～37 | ≥50 |
| φ25～φ20 | G25 | φ25端M25 | 37～39 | ≥50 |
| | | φ20端M20 | 33～35 | ≥50 |
| φ22～φ20 | G22 | φ22端M22 | 32～34 | ≥45 |
| | | φ20端M20 | 31～33 | ≥45 |
| φ22～φ18 | G22 | φ22端M22 | 32～34 | ≥45 |
| | | φ18端M18 | 29～31 | ≥45 |
| φ20～φ18 | G20 | φ20端M20 | 29～31 | ≥45 |
| | | φ18端M18 | 28～30 | ≥45 |

**同规格钢筋连接时的参数选择　表14-90**

| 连接钢筋规格 | 钢套筒型号 | 压模型号 | 压痕最小直径允许范围（mm） | 压痕最小总宽度（mm） |
|---|---|---|---|---|
| φ40～φ40 | G40 | M40 | 60～63 | ≥80 |
| φ36～φ36 | G36 | M36 | 54～57 | ≥70 |
| φ32～φ32 | G32 | M32 | 48～51 | ≥60 |
| φ28～φ28 | G28 | M28 | 41～44 | ≥55 |
| φ25～φ25 | G25 | M25 | 37～39 | ≥50 |
| φ22～φ22 | G22 | M22 | 32～34 | ≥45 |
| φ20～φ20 | G20 | M20 | 29～31 | ≥45 |
| φ18～φ18 | G18 | M18 | 27～29 | ≥40 |

### 14.7.2.5　异常现象及消除措施

在套筒挤压连接中，当出现异常现象或连接缺陷时，宜按表 14-91 查找原因，采取措施，及时消除。

钢筋套筒挤压连接异常现象及消除措施　　表 14-91

| 项　次 | 异常现象和缺陷 | 原因或消除措施 |
|---|---|---|
| 1 | 挤压机无挤压力 | (1) 高压油管连接位置不正确；<br>(2) 油泵故障 |
| 2 | 钢套筒套不进钢筋 | (1) 钢筋弯折或纵肋超偏差；<br>(2) 砂轮修磨纵肋 |
| 3 | 压痕分布不匀 | 压接时将压模与钢套筒的压接标志对正 |
| 4 | 接头弯折超过规定值 | (1) 压接时摆正钢筋；<br>(2) 切除或调直钢筋弯头 |
| 5 | 压接程度不够 | (1) 泵压不足；<br>(2) 钢套筒材料不符合要求 |
| 6 | 钢筋伸入套筒内长度不够 | (1) 未按钢筋伸入位置、标志挤压；<br>(2) 钢套筒材料不符合要求 |
| 7 | 压痕明显不均 | 检查钢筋在套筒内伸入度是否有压空现象 |

## 14.7.3　钢筋毛镦粗直螺纹套筒连接

### 14.7.3.1　机具设备

(1) 钢筋液压冷镦机，是钢筋端头镦粗的专用设备。其型号有：HJC200 型，适用于 $\phi$18～40 的钢筋端头镦粗；HJC250 型，适用于 $\phi$20～40 的钢筋端头镦粗；另外还有：GZD40、CDJ-50 型等。

(2) 钢筋直螺纹套丝机，是将已镦粗或未镦粗的钢筋端头切削成直螺纹的专用设备。其型号有：GZL-40、HZS-40、GTS-50 型等。

(3) 扭力扳手、量规（通规、止规）等。

### 14.7.3.2　镦粗直螺纹套筒

1. 材质要求

对 HRB335 级钢筋，采用 45 号优质碳素钢；对 HRB400 级钢筋，采用 45 号经调质处理，或用性能不低于 HRB400 钢筋性能的其他钢材。

2. 规格型号及尺寸

(1) 同径连接套筒，分右旋和左右旋两种（图 14-79），其尺寸见表 14-92 和表 14-93。

同径右旋连接套筒　　表 14-92

| 型号与标记 | $Md \times t$ | $D$ (mm) | $L$ (mm) | 型号与标记 | $Md \times t$ | $D$ (mm) | $L$ (mm) |
|---|---|---|---|---|---|---|---|
| A20S-G | 24×2.5 | 36 | 50 | A32S-G | 36×3 | 52 | 72 |
| A22S-G | 26×2.5 | 40 | 55 | A36S-G | 40×3 | 58 | 80 |
| A25S-G | 29×2.5 | 43 | 60 | A40S-G | 44×3 | 65 | 90 |
| A28S-G | 32×3 | 46 | 65 | | | | |

注：$Md \times t$ 为套筒螺纹尺寸；$D$ 为套筒外径；$L$ 为套筒长度。

**同径左右旋连接套筒** **表 14-93**

| 型号与标记 | $Md\times t$ | $D$（mm） | $L$（mm） | $l$（mm） | $b$（mm） |
|---|---|---|---|---|---|
| A20SLR-G | 24×2.5 | 38 | 56 | 24 | 8 |
| A22SLR-G | 26×2.5 | 42 | 60 | 26 | 8 |
| A25SLR-G | 29×2.5 | 45 | 66 | 29 | 8 |
| A28SLR-G | 32×3 | 48 | 72 | 31 | 10 |
| A32SLR-G | 36×3 | 54 | 80 | 35 | 10 |
| A36SLR-G | 40×3 | 60 | 86 | 38 | 10 |
| A40SLR-G | 44×3 | 67 | 96 | 43 | 10 |

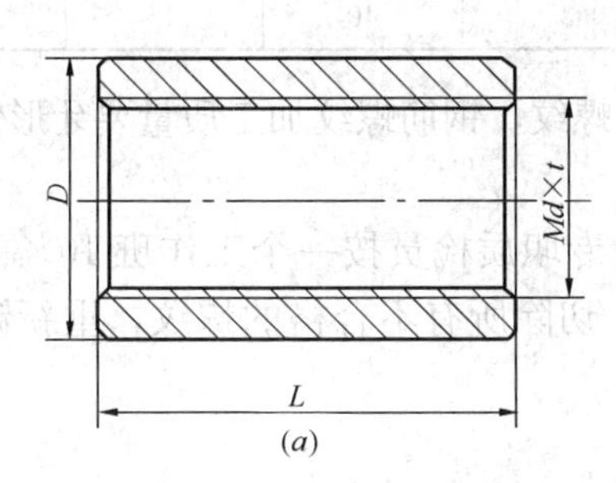


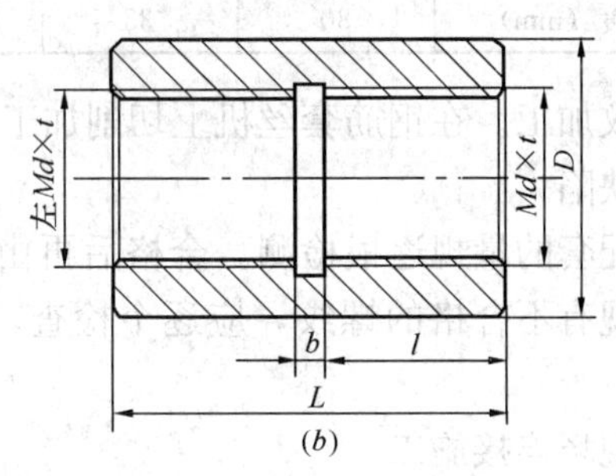


图 14-79 同径连接套筒

(a) 右旋；(b) 左右旋

（2）异径连接套筒见表 14-94。

**异 径 连 接 套 筒**（mm） **表 14-94**

| 简 图 | 型号与标记 | $Md_1\times t$ | $Md_2\times t$ | $b$ | $D$ | $l$ | $L$ |
|---|---|---|---|---|---|---|---|
| | AS20-22 | M26×2.5 | M24×2.5 | 5 | ϕ42 | 26 | 57 |
| | AS22-25 | M29×2.5 | M26×2.5 | 5 | ϕ45 | 29 | 63 |
| | AS25-28 | M32×3 | M29×2.5 | 5 | ϕ48 | 31 | 67 |
| | AS28-32 | M36×3 | M32×3 | 6 | ϕ54 | 35 | 76 |
| | AS32-36 | M40×3 | M36×3 | 6 | ϕ60 | 38 | 82 |
| | AS36-40 | M44×3 | M40×3 | 6 | ϕ67 | 43 | 92 |

（3）可调节连接套筒见表 14-95。

**可调节连接套筒** **表 14-95**

| 简 图 | 型号和规格 | 钢筋规格 $\phi$（mm） | $D_0$（mm） | $L_0$（mm） | $L'$（mm） | $L_1$（mm） | $L_2$（mm） |
|---|---|---|---|---|---|---|---|
| | DSJ—22 | 22 | 40 | 73 | 52 | 35 | 35 |
| | DSJ—25 | 25 | 45 | 79 | 52 | 40 | 40 |
| | DSJ—28 | 28 | 48 | 87 | 60 | 45 | 45 |
| | DSJ—32 | 32 | 55 | 89 | 60 | 50 | 50 |
| | DSJ—36 | 36 | 64 | 97 | 66 | 55 | 55 |
| | DSJ—40 | 40 | 68 | 121 | 84 | 60 | 60 |

#### 14.7.3.3 钢筋加工与检验

(1) 钢筋下料。下料应采用砂轮切割机，切口的端面应与轴线垂直。

(2) 端头镦粗。在液压冷镦机上将钢筋端头镦粗。不同规格钢筋冷镦后的尺寸见表14-96。镦粗头与钢筋轴线倾斜不得大于3°，不得出现与钢筋轴线相垂直的横向裂缝。

镦粗头外形尺寸　　表14-96

| 钢筋规格 $\phi$ (mm) | 22 | 25 | 28 | 32 | 36 | 40 |
|---|---|---|---|---|---|---|
| 镦粗直径 $\phi$ (mm) | 26 | 29 | 32 | 36 | 40 | 44 |
| 镦粗部分长度 (mm) | 30 | 33 | 35 | 40 | 44 | 50 |

(3) 螺纹加工。在钢筋套丝机上切削加工螺纹，钢筋螺纹加工质量要牙形饱满，无断牙、秃牙等缺陷。

(4) 用配套的量规逐根检测。合格后再由专职质检员按一个工作班10%的比例抽样校验。如发现有不合格的螺纹，应逐个检查，切除所有不合格的螺纹，重新镦粗和加工螺纹。

#### 14.7.3.4 现场连接施工

(1) 对连接钢筋可自由转动的，先将套筒预先部分或全部拧入一个被连接钢筋的端头螺纹上，而后转动另一根被连接钢筋或反拧套筒到预定位置，最后用扳手转动连接钢筋，使其相互对顶锁定连接套筒。

(2) 对于钢筋完全不能转动的部位，如弯折钢筋或施工缝、后浇带等部位，可将锁定螺母和连接套筒预先拧入加长的螺纹内，再反拧入另一根钢筋端头螺纹上，最后用锁定螺母锁定连接套筒；或配套应用带有正反螺纹的套筒，以便从一个方向上能松开或拧紧两根钢筋。

(3) 直螺纹钢筋连接时，应采用扭力扳手按表14-97规定的最小扭矩值把钢筋接头拧紧。

直螺纹钢筋接头组装时的最小扭矩值　　表14-97

| 钢筋直径 (mm) | ≤16 | 18～20 | 22～25 | 28～32 | 36～40 |
|---|---|---|---|---|---|
| 拧紧力矩 (N·m) | 100 | 180 | 240 | 300 | 360 |

(4) 镦粗直螺纹钢筋连接注意要点

1) 镦粗头的基圆直径应大于丝头螺纹外径，长度应大于1.2倍套筒长度，冷镦粗过渡段坡度应≤1∶3；

2) 镦粗头不得有与钢筋轴线相垂直的横向表面裂纹；

3) 不合格的镦粗头，应切去后重新镦粗。不得对镦粗头进行二次镦粗；

4) 如选用热镦工艺镦粗钢筋，则应在室内进行钢筋镦头加工。

### 14.7.4 钢筋滚轧直螺纹连接

滚轧直螺纹根据螺纹成型方式不同可分为三种：直接滚轧直螺纹、挤压肋滚轧直螺纹、剥肋滚轧直螺纹。

钢筋滚轧直螺纹连接是利用金属材料塑性变形后冷作硬化增强金属强度的特性，使接头母材等强的连接方法。根据滚轧直螺纹成型方式，又可分为：直接滚轧螺纹、挤压肋滚轧螺纹、剥肋滚轧螺纹三种类型。

1. 直接滚轧螺纹

螺纹加工简单，设备投入少，但螺纹精度差，由于钢筋粗细不均，导致螺纹直径出现差异，接头质量受一定的影响。

2. 挤肋滚轧螺纹

采用专用挤压机先将钢筋端头的横肋和纵肋进行预压平处理，然后再滚轧螺纹。其目的是减轻钢筋肋对成型螺纹的影响。此法对螺纹精度有一定的提高，但仍不能从根本上解决钢筋直径差异对螺纹精度的影响。

3. 剥肋滚轧螺纹

采用剥肋滚丝机，先将钢筋端头的横肋和纵肋进行剥切处理，使钢筋滚丝前的直径达到同一尺寸，然后进行螺纹滚轧成型。此法螺纹精度高，接头质量稳定。

### 14.7.4.1 滚轧直螺纹加工与检验

1. 主要机械

钢筋滚丝机（型号：GZL-32、GYZL-40、GSJ-40、HGS40 等）；钢筋端头专用挤压机；钢筋剥肋滚丝机等。

2. 主要工具

卡尺、量规、通端环规、止端环规、管钳、力矩扳手等。

### 14.7.4.2 滚轧直螺纹套筒

滚轧直螺纹接头用连接套筒，采用优质碳素钢。连接套筒的类型有：标准型、正反丝型、变径型、可调节连接套筒等，与镦粗直螺纹套筒类型基本相同。滚轧直螺纹套筒的规格尺寸应符合表 14-98～表 14-100 的规定。

**标准型套筒几何尺寸**（mm）　　**表 14-98**

| 规　格 | 螺纹直径 | 套筒外径 | 套筒长度 | 规　格 | 螺纹直径 | 套筒外径 | 套筒长度 |
|---|---|---|---|---|---|---|---|
| 16 | M16.5×2 | 26 | 45 | 28 | M29×3 | 44 | 80 |
| 18 | M19×2.5 | 29 | 55 | 32 | M33×3 | 49 | 90 |
| 20 | M21×2.5 | 31 | 60 | 36 | M37×3.5 | 54 | 98 |
| 22 | M23×2.5 | 33 | 65 | 40 | M41×3.5 | 59 | 105 |
| 25 | M26×3 | 39 | 70 | | | | |

**常用变径型套筒几何尺寸**（mm）　　**表 14-99**

| 套筒规格 | 外径 | 小端螺纹 | 大端螺纹 | 套筒长度 | 套筒规格 | 外径 | 小端螺纹 | 大端螺纹 | 套筒长度 |
|---|---|---|---|---|---|---|---|---|---|
| 16～18 | 29 | M16.5×2 | M19×2.5 | 50 | 25～28 | 44 | M26×3 | M29×3 | 75 |
| 16～20 | 31 | M16.5×2 | M21×2.5 | 53 | 25～32 | 49 | M26×3 | M33×3 | 80 |
| 18～20 | 31 | M19×2.5 | M21×2.5 | 58 | 28～32 | 49 | M29×3 | M33×3 | 85 |
| 18～22 | 33 | M19×2.5 | M23×2.5 | 60 | 28～36 | 54 | M29×3 | M37×3.5 | 89 |
| 20～22 | 33 | M21×2.5 | M23×2.5 | 63 | 32～36 | 54 | M33×3 | M37×3.5 | 94 |
| 20～25 | 39 | M21×2.5 | M26×3 | 65 | 32～40 | 59 | M33×3 | M41×3.5 | 98 |
| 22～25 | 39 | M23×2.5 | M26×3 | 68 | 36～40 | 59 | M37×3.5 | M41×3.5 | 102 |
| 22～28 | 44 | M23×2.5 | M29×3 | 73 | | | | | |

可调型套筒几何尺寸（mm）　表 14-100

| 规格 | 螺纹直径 | 套筒总长 | 旋出后长度 | 增加长度 | 规格 | 螺纹直径 | 套筒总长 | 旋出后长度 | 增加长度 |
|---|---|---|---|---|---|---|---|---|---|
| 16 | M16.5×2 | 118 | 141 | 96 | 28 | M29×3 | 199 | 239 | 159 |
| 18 | M19×2.5 | 141 | 169 | 114 | 32 | M33×3 | 222 | 267 | 117 |
| 20 | M21×2.5 | 153 | 183 | 123 | 36 | M37×3.5 | 244 | 293 | 195 |
| 22 | M23×2.5 | 166 | 199 | 134 | 40 | M41×3.5 | 261 | 314 | 209 |
| 25 | M26×3 | 179 | 214 | 144 | | | | | |

### 14.7.4.3　现场连接施工

1. 工艺流程

下料→（端头挤压或剥肋）→滚轧螺纹加工→试件试验→钢筋连接→质量检查。

2. 操作要点

（1）钢筋下料：同镦粗直螺纹。

（2）钢筋端头加工（直接滚轧螺纹无此工序）：钢筋端头挤压采用专用挤压机，挤压力根据钢筋直径和挤压机的性能确定，挤压部分的长度为套筒长度的 1/2＋2$P$（$P$ 为螺距）。

（3）滚轧螺纹加工：将待加工的钢筋夹持在夹钳上，开动滚丝机或剥肋滚丝机，扳动给进装置，使动力头向前移动，开始滚丝或剥肋滚丝，待滚轧到调整位置后，设备自动停机并反转，将钢筋退出滚轧装置，扳动给进装置将动力头复位停机，螺纹即加工完成。

（4）剥肋滚丝头加工尺寸应符合表 14-101 的规定，丝头加工长度为标准型套筒长度的 1/2，其公差为＋2$P$（$P$ 为螺距）；直接滚轧螺纹和挤压滚轧螺纹的加工尺寸按相应标准。

剥肋滚丝头加工尺寸（mm）　表 14-101

| 钢筋规格 | 剥肋直径 | 螺纹尺寸 | 丝头长度 | 完整丝扣圈数 |
|---|---|---|---|---|
| 16 | 15.1±0.2 | M16.5×2 | 22.5 | ≥8 |
| 18 | 16.9±0.2 | M19×2.5 | 27.5 | ≥7 |
| 20 | 18.8±0.2 | M21×2.5 | 30 | ≥8 |
| 22 | 20.8±0.2 | M23×2.5 | 32.5 | ≥9 |
| 25 | 23.7±0.2 | M26×3 | 35 | ≥9 |
| 28 | 26.6±0.2 | M29×3 | 40 | ≥10 |
| 32 | 30.5±0.2 | M33×3 | 45 | ≥11 |
| 36 | 34.5±0.2 | M37×3.5 | 49 | ≥9 |
| 40 | 38.1±0.2 | M41×3.5 | 52.5 | ≥10 |

（5）现场连接施工

1）连接钢筋时，钢筋规格和套筒规格必须一致，钢筋和套筒的丝扣应干净、完好无损；

2）采用预埋接头时，连接套筒的位置、规格和数量应符合设计要求。带连接套筒的钢筋应固定牢，连接套筒的外露端应有保护盖；

3）直螺纹接头的连接应使用管钳和力矩扳手进行；连接时，将待安装的钢筋端部的塑料保护帽拧下来露出丝口，并将丝口上的水泥浆等污物清理干净。将两个钢筋丝头在套筒中央位置相互顶紧，当采用加锁母型套筒时应用锁母锁紧，接头拧紧力矩符合表14-102规定，力矩扳手的精度为±5%；

滚轧直螺纹钢筋接头拧紧力矩值　　表14-102

| 钢筋直径（mm） | ≤16 | 18～20 | 22～25 | 28～32 | 36～40 |
|---|---|---|---|---|---|
| 拧紧力矩（N·m） | 80 | 160 | 230 | 300 | 360 |

注：当不同直径的钢筋连接时，拧紧力矩值按较小直径钢筋的相应值取用。

4）检查连接丝头定位标色并用管钳旋合顶紧。钢筋连接完毕后，标准型接头连接套筒外应有外露螺纹，且连接套筒单边外露有效螺纹不得超过$2P$；

5）连接水平钢筋时，必须将钢筋托平。钢筋的弯折点与接头套筒端部距离不宜小于200mm，且带长套丝接头应设置在弯起钢筋平直段上。

### 14.7.5　施工现场接头的检验与验收

工程中应用钢筋机械接头时，应由该技术提供单位提交有效的型式检验报告。

钢筋连接工程开始前，应对不同钢筋生产厂的进场钢筋进行接头工艺检验；施工过程中，更换钢筋生产厂时，应补充进行工艺检验。工艺检验应符合下列规定：

（1）每种规格钢筋的接头试件不应少于3根；

（2）每根试件的抗拉强度和3根接头试件的残余变形的平均值均应符合表14-83和表14-84的规定；

（3）接头试件在测量残余变形后可再进行抗拉强度试验，并宜按表14-103中的单向拉伸加载制度进行试验；

接头试件形式检验的加载制度　　表14-103

| 试验项目 | | 加载制度 |
|---|---|---|
| 单向拉伸 | | 0→$0.6f_{yk}$→0（测量残余变形）→最大拉力（记录抗拉强度）→0（测定最大力总伸长率） |
| 高应力反复拉压 | | 0→（$0.9f_{yk}$→$-0.5f_{yk}$）→破坏<br>（反复20次） |
| 大变形反复拉压 | Ⅰ级<br>Ⅱ级 | 0→（$2\varepsilon_{yk}$→$-0.5f_{yk}$）→（$5\varepsilon_{yk}$→$-0.5f_{yk}$）→破坏<br>（反复4次）　（反复4次） |
| | Ⅲ级 | 0→（$2\varepsilon_{yk}$→$-0.5f_{yk}$）→破坏<br>（反复4次） |

（4）第一次工艺检验中1根试件抗拉强度或3根试件的残余变形平均值不合格时，允许再抽3根试件进行复检，复检仍不合格时判为工艺检验不合格。

接头安装前应检查连接件产品合格证及套筒表面生产批号标识；产品合格证应包括适用钢筋直径和接头性能等级、套筒类型、生产单位、生产日期以及可追溯产品原材料力学性能和加工质量的生产批号。

现场检验应按《钢筋机械连接技术规程》(JGJ 107)进行接头的抗拉强度试验、加工和安装质量检验；对接头有特殊要求的结构，应在设计图纸中另行注明相应的检验项目。

接头的现场检验应按验收批进行。同一施工条件下采用同一批材料的同等级、同型式、同规格接头，应以500个为一个验收批进行检验与验收，不足500个也应作为一个验收批。

螺纹接头安装后每一验收批，应抽取其中10%的接头进行拧紧扭矩校核，拧紧扭矩值不合格数超过被校核接头数的5%时，应重新拧紧全部接头，直到合格为止。

对接头的每一验收批，必须在工程结构中随机截取3个接头试件作抗拉强度试验，按设计要求的接头等级进行评定。当3个接头试件的抗拉强度均符合表14-83相应等级的强度要求时，该验收批应评为合格。如有1个试件的抗拉强度不符合要求，应再取6个试件进行复检。复检中如仍有1个试件的抗拉强度不符合要求，则该验收批应评为不合格。

现场检验连续10个验收批抽样试件抗拉强度试验一次合格率为100%时，验收批接头数量可扩大1倍。

现场截取抽样试件后，原接头位置的钢筋可采用同等规格的钢筋进行搭接连接，或采用焊接及机械连接方法补接。

对抽检不合格的接头验收批，应由建设方会同设计等有关方面研究后提出处理方案。

# 14.8　钢　筋　安　装

## 14.8.1　钢筋现场绑扎

### 14.8.1.1　准备工作

(1) 熟悉设计图纸，并根据设计图纸核对钢筋的牌号、规格，根据下料单核对钢筋的规格、尺寸、形状、数量等。

(2) 准备好绑扎用的工具，主要包括钢筋钩或全自动绑扎机、撬棍、扳子、绑扎架、钢丝刷、石笔(粉笔)、尺子等。

(3) 绑扎用的铁丝一般采用20～22号镀锌铁丝，直径≤12mm的钢筋采用22号铁丝，直径>12mm的钢筋采用20号铁丝。铁丝的长度只要满足绑扎要求即可，一般是将整捆的铁丝切割为3～4段。

(4) 准备好控制保护层厚度的砂浆垫块或塑料垫块、塑料支架等。

砂浆垫块需要提前制作，以保证其有一定的抗压强度，防止使用时粉碎或脱落。其大小一般为50mm×50mm，厚度为设计保护层厚度。墙、柱或梁侧等竖向钢筋的保护层垫块在制作时需埋入绑扎丝。

塑料垫块有两类，一类是梁、板等水平构件钢筋底部的垫块，另一类是墙、柱等竖向构件钢筋侧面保护层的垫块(支架)，见图14-80。

图14-80　塑料垫块示意图
(a) 水平钢筋保护层垫块；
(b) 竖向钢筋保护层支架

(5) 绑扎墙、柱钢筋前，先搭设好脚手架，一是作为绑扎钢筋的操作平台，二是用于对钢筋的临时固定，防止钢筋倾斜。

(6) 弹出墙、柱等结构的边线和标高控制线，用于控制钢筋的位置和高度。

**14.8.1.2 钢筋绑扎搭接接头**

钢筋的绑扎接头应在接头中心和两端用铁丝扎牢。同一构件中相邻纵向受力钢筋的绑扎搭接接头宜相互错开。绑扎搭接接头中钢筋的横向净距不应小于钢筋直径，且不应小于25mm。

钢筋绑扎搭接接头的其他要求见第14.2.1.3条。

**14.8.1.3 基础钢筋绑扎**

(1) 按基础的尺寸分配好基础钢筋的位置，用石笔（粉笔）将其位置画在垫层上。

(2) 将主次钢筋按画出的位置摆放好。

(3) 当有基础底板和基础梁时，基础底板的下部钢筋应放在梁筋的下部。对基础底板的下部钢筋，主筋在下分布筋在上；对基础底板的上部钢筋，主筋在上分布筋在下。

(4) 基础底板的钢筋可以采用八字扣或顺扣，基础梁的钢筋应采用八字口，防止其倾斜变形。绑扎铁丝的端部应弯入基础内，不得伸入保护层内。

(5) 根据设计保护层厚度垫好保护层垫块。垫块间距一般为1～1.5m。下部钢筋绑扎完后，穿插进行预留、预埋的管道安装。

(6) 钢筋马凳可用钢筋弯制、焊制，当上部钢筋规格较大、较密时，也可采用型钢等材料制作，其规格及间距应通过计算确定。常见的样式见图14-81。

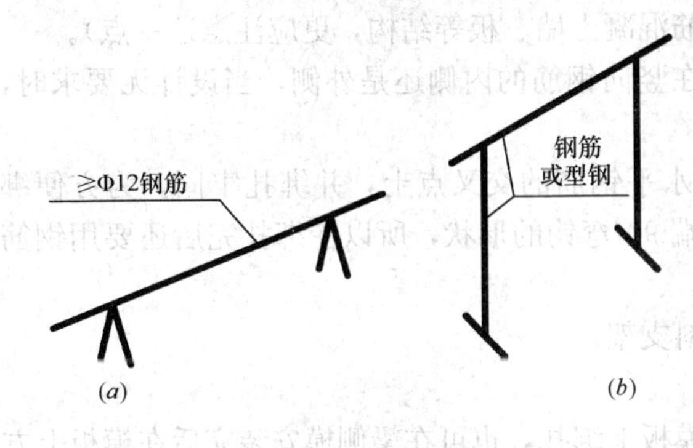

图14-81 马凳示意图

(7) 桩钢筋成型及安装

1) 分段制作的钢筋笼，其接头宜采用焊接或机械式接头（钢筋直径大于20mm），并应遵守国家现行标准《钢筋机械连接通用技术规程》(JGJ 107)、《钢筋焊接及验收规程》(JGJ 18) 和《混凝土结构工程施工质量验收规范》(GB 50204) 的规定。

2) 加劲箍宜设在主筋外侧，当因施工工艺有特殊要求时也可置于内侧。

3) 钢筋笼一般先在钢筋场制作成型，然后用吊车吊起送入桩孔。

4) 当钢筋笼的长度较长时，可采用双吊车吊装。吊装时，先用一台吊车将钢筋笼上部吊起，再用另一台吊车吊起钢筋笼下部，离地高度约1m左右，然后第一台吊车再继续起吊并调整吊钩的位置，直至钢筋笼完全竖直，将钢筋笼吊至桩孔上方并与桩孔对正，最后将钢筋笼缓慢送入桩孔。

5) 在下放钢筋笼时，设置好保护层垫块。

6) 也可采用简易的方法：先在桩孔上方搭设绑扎钢筋的脚手架，将钢管水平放在桩孔上用于临时支撑钢筋笼，并在脚手架顶部用手拉葫芦（电动葫芦）将第一段钢筋笼吊住，待第一段钢筋笼绑扎完后，将水平支撑钢管抽出，用手拉葫芦（电动葫芦）将已经绑扎完钢筋笼缓缓放入桩孔内，再在桩孔上方继续绑扎上面一段钢筋笼，然后将第二段放入桩孔，依次类推，直至钢筋笼全部完成。

#### 14.8.1.4　柱钢筋绑扎

（1）根据柱边线调整钢筋的位置，使其满足绑扎要求。

（2）计算好本层柱所需的箍筋数量，将所有箍筋套在柱的主筋上。

（3）将柱子的主筋接长，并把主筋顶部与脚手架做临时固定，保持柱主筋垂直。然后将箍筋从上至下以此绑扎。

（4）柱箍筋要与主筋相互垂直，矩形柱箍筋的端头应与模板面成135°角。柱角部主筋的弯钩平面与模板面的夹角，对矩形柱应为45°角；对多边形柱应为模板内角的平分角；对圆形柱钢筋的弯钩平面应与模板的切平面垂直；中间钢筋的弯钩平面应与模板面垂直；当采用插入式振捣器浇筑小型截面柱时，弯钩平面与模板面的夹角不得小于15°。

（5）柱箍筋的弯钩叠合处，应沿受力钢筋方向错开设置，不得在同一位置。

（6）绑扎完成后，将保护层垫块或塑料支架固定在柱主筋上。

#### 14.8.1.5　墙钢筋绑扎

（1）根据墙边线调整墙插筋的位置，使其满足绑扎要求。

（2）每隔2～3m绑扎一根竖向钢筋，在高度1.5m左右的位置绑扎一根水平钢筋。然后把其余竖向钢筋与插筋连接，将竖向钢筋的上端与脚手架作临时固定并校正垂直。

（3）在竖向钢筋上画出水平钢筋的间距，从下往上绑扎水平钢筋。墙的钢筋网，除靠近外围两行钢筋的相交点全部扎牢外，中间部分交叉点可间隔交错扎牢，但应保证受力钢筋不产生位置偏移；双向受力的钢筋，必须全部扎牢。绑扎应采用八字扣，绑扎丝的多余部分应弯入墙内（特别是有防水要求的钢筋混凝土墙、板等结构，更应注意这一点）。

（4）应根据设计要求确定水平钢筋是在竖向钢筋的内侧还是外侧，当设计无要求时，按竖向钢筋在里水平钢筋在外布置。

（5）墙筋的拉结筋应勾在竖向钢筋和水平钢筋的交叉点上，并绑扎牢固。为方便绑扎，拉结筋一般做成一端135°弯钩，另一端90°弯钩的形状，所以在绑扎完后还要用钢筋扳子把90°的弯钩弯成135°。

（6）在钢筋外侧绑上保护层垫块或塑料支架。

#### 14.8.1.6　梁板钢筋绑扎

（1）梁钢筋可在梁侧模安装前在梁底模板上绑扎，也可在梁侧模安装完后在模板上方绑扎，绑扎成钢筋笼后再整体放入梁模板内。第二种绑扎方法一般只用于次梁或梁高较小的梁。

（2）梁钢筋绑扎前应确定好主梁和次梁钢筋的位置关系，次梁的主筋应在主梁的主筋上面。楼板钢筋则应在主梁和次梁主筋的上面。

（3）先穿梁上部钢筋，再穿下部钢筋，最后穿弯起钢筋，然后根据在事先画好的箍筋控制点将箍筋分开，间隔一定距离先将其中的几个箍筋与主筋绑扎好，然后再依次绑扎其他箍筋。

（4）梁箍筋的接头部位应在梁的上部，除设计有特殊要求外，应与受力钢筋垂直设置；箍筋弯钩叠合处，应沿受力钢筋方向错开设置。

（5）梁端第一个箍筋应在距支座边缘50mm处。

（6）当梁主筋为双排或多排时，各排主筋间的净距不应小于25mm，且不小于主筋的直径。现场可用短钢筋作垫在两排主筋之间，以控制其间距，短钢筋方向与主筋垂直。当梁主筋最大直径不大于25mm时，采用25mm短钢筋作垫铁；当梁主筋最大直径大于25mm时，采用与梁主筋规格相同的短钢筋作垫铁。短钢筋的长度为梁宽减两个保护层厚度，短钢筋不应伸入混凝土保护层内。

（7）板钢筋绑扎前先在模板上画出钢筋的位置，然后将主筋和分布筋摆在模板上，主筋在下分布筋在上，调整好间距后依次绑扎。对于单向板钢筋，除靠近外围两行钢筋的相交点全部扎牢外，中间部分交叉点可间隔交错绑扎牢固，但应保证受力钢筋不产生位置偏移；双向受力的钢筋，必须全部扎牢。相邻绑扎扣应成八字形，防止钢筋变形。

（8）板底层钢筋绑扎完，穿插预留预埋管线的施工，然后绑扎上层钢筋。

（9）在两层钢筋间应设置马凳，以控制两层钢筋间的距离。马凳的形式如图14-82所示，间距一般为1m。如上层钢筋的规格较小容易弯曲变形时，其间距应缩小，或采用图14-81（*a*）中样式的马凳。

（10）对楼梯钢筋，应先绑扎楼梯梁钢筋，再绑扎休息平台板和斜板的钢筋。休息平台板或斜板钢筋绑扎时，主筋在下分布筋在上，所有交叉点均应绑扎牢固。

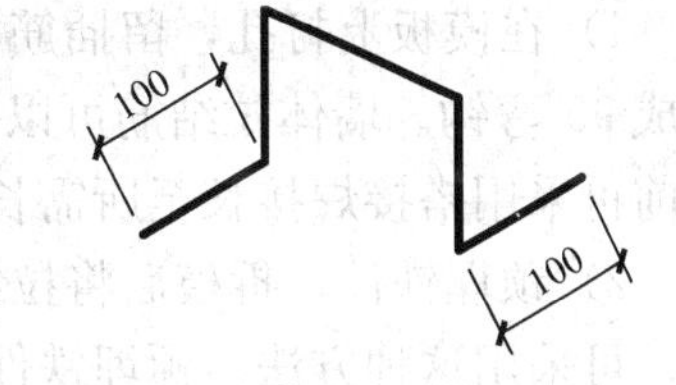

图14-82 楼板钢筋马凳示意图

**14.8.1.7 特殊节点钢筋绑扎**

1. 钢筋绑扎的细部构造要求

（1）过梁箍筋应有一根在暗柱内，且距暗柱边50mm；

（2）楼板的纵横钢筋距墙边（或梁边）50mm；

（3）梁、柱接头处的箍筋距柱边50mm；

（4）次梁两端箍筋距主梁50mm；

（5）阳台留出竖向钢筋距墙边50mm；

（6）墙面水平筋或暗柱箍筋距楼（地）面30～50mm；墙面纵向筋距暗柱、门口边50mm；

（7）钢筋绑扎时的绑扣应朝向内侧。

2. 复合箍筋的安装

（1）复合箍筋的外围应选用封闭箍筋。梁类构件复合箍筋宜尽量选用封闭箍筋，单数肢也可采用拉筋；柱类构件复合箍筋可全部采用拉筋；

（2）复合箍筋的局部重叠不宜少于2层。当构件两个方向均采用复合箍筋时，外围封闭箍筋应位于两个方向的内部箍筋（或拉筋）中间。当拉筋设置在复合箍筋内部不对称的一边时，沿构件周线方向相邻箍筋应交错布置；

（3）拉筋宜紧靠封闭箍筋，并勾住纵向钢筋。

3. 体育场看台钢筋的绑扎

体育场看台板有平板、折板等形式。平板式看台板钢筋的绑扎方法与普通楼板的钢筋的绑扎方法相同。折板钢筋应在折板的竖向模板支设前绑扎，钢筋的位置应满足设计要求。

4. 斜柱钢筋的绑扎

斜柱钢筋的绑扎方法与普通柱基本相同，但应在绑扎过程中，对斜柱钢筋进行临时支撑，防止其倾斜或扭曲。

5. 预埋件的安装

(1) 柱、墙、梁等结构侧面的预埋件，应在模板支设前安装。混凝土底部或顶部的预埋件安装前，要先在模板或钢筋上画出预埋件的位置。

(2) 结构侧面的预埋件安装时，先根据结构轴线及标高控制线确定预埋件的位置和高度，与钢筋骨架临时固定，然后再根据保护层厚度调整其伸出钢筋骨架的尺寸，然后再与钢筋骨架固定牢固。

(3) 梁底或板底的预埋件，应在模板安装完成后安装就位，并临时固定，钢筋绑扎时再与钢筋绑扎牢固。

(4) 混凝土顶面的预埋件，应在模板及钢筋安装完成后安装。

6. 墙体拉结筋的留置

(1) 填充墙拉结筋的留置有以下几种常用的方法：

1) 在模板上打孔，留插筋。为方便拆模，其外露端部先不做弯钩，拆模后再将末端弯成90°弯钩。墙体拉结筋可以一次留足长度，也可先预埋100～200mm长插筋，墙体砌筑前再采用搭接焊接长至所需长度。焊缝长度为：单面搭接焊$10d$，双面搭接焊$5d$。

2) 预埋铁件，拆模后将拉结筋与铁件进行焊接。对于钢模板，一般无法在模板上打孔，可采用这种方法。预埋铁件的样式见图14-83。

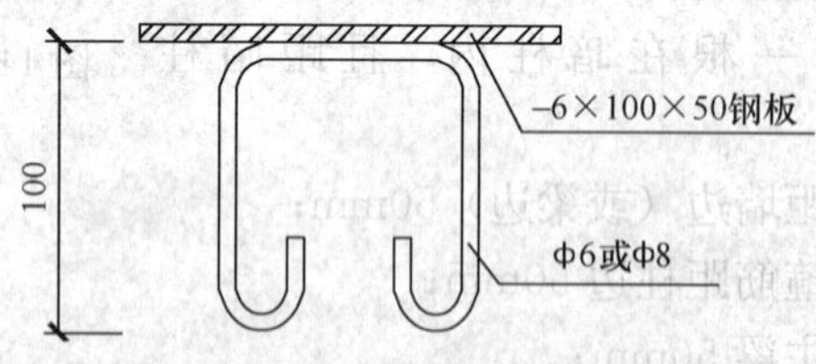


图14-83　拉结筋预埋件

3) 植筋。这种方法安装简便，拉结筋位置容易控制，但是由于锚固胶的耐久性还不是十分确切，而且植筋的质量也存在很多问题，因此有些地区不允许采用植筋的方法留置拉结筋。如需采用这种方法，事先应与当地主管部门和设计单位进行协商。

(2) 砖混结构的拉结筋，在砌筑时随砌随放。

(3) 拉结筋采用$\phi6$圆钢，竖向间距为500mm，长度应根据设计要求及有关图集确定。

## 14.8.2　钢筋网与钢筋骨架安装

### 14.8.2.1　绑扎钢筋网与钢筋骨架安装

(1) 为便于运输，绑扎钢筋网的尺寸不宜过大，一般以两个方向的边长均不超过5m为宜。对钢筋骨架，如果是在现场绑扎成型，长度一般不超过12m；如果是在场外绑扎成型，长度一般不超过9m。

(2) 对于尺寸较大的钢筋网，运输和吊装时应采取防止变形的措施，如在钢筋网上绑扎两道斜向钢筋形成“X”形。钢筋骨架也可采取类似方法，形式见图14-84。防变形钢筋应在吊装就位后拆除。

(3) 钢筋骨架的长度不大于6m时，可采用两点吊装，当长度大于6m时，应采用钢

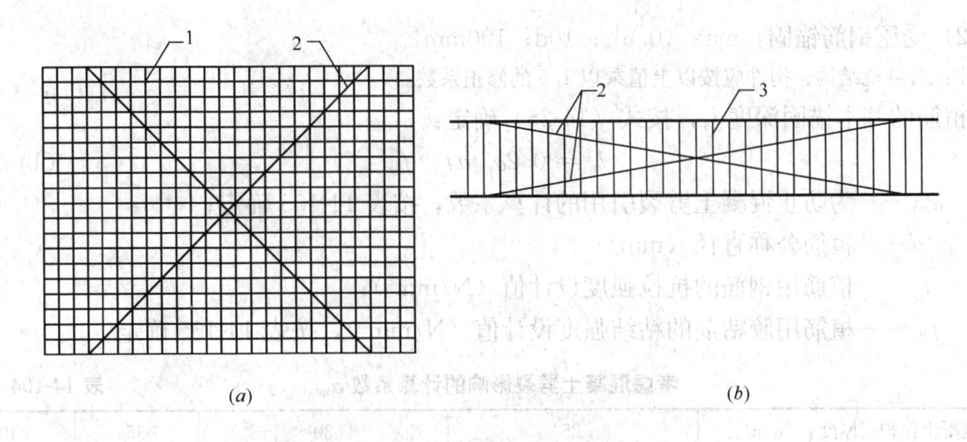


图 14-84 绑扎钢筋网和钢筋骨架的防变形措施

1—钢筋网；2—防变形钢筋；3—钢筋骨架

扁担 4 点吊装。

（4）钢筋网或钢筋骨架的连接要求见 14.2.8 节。

**14.8.2.2 钢筋焊接网安装**

（1）钢筋焊接网在运至现场后，应按不同规格分类堆放，并设置料牌，防止错用。

（2）对两端需要伸入梁内的钢筋焊接网，在安装时可将两侧梁的钢筋向两侧移动，将钢筋焊接网就位后，再将梁的钢筋复位。如果上述方法仍不能将钢筋焊接网放入，也可先将钢筋焊接网的一边伸入梁内，然后将钢筋焊接网适当向上弯曲，把钢筋焊接网的另一侧也深入梁内，并慢慢将钢筋焊接网恢复平整。

（3）钢筋焊接网安装时，下层钢筋网需设置保护层垫块，其间距应根据焊接钢筋网的规格大小适当调整，一般为 500～1000mm。

（4）双层钢筋网之间应设置钢筋马凳或支架，以控制两层钢筋网的间距。马凳或支架的间距一般为 500～1000mm。

（5）对需要绑扎搭接的焊接钢筋网，每个交叉点均要绑扎牢固，另外还应符合 14.2.8 节的要求。

## 14.8.3 植筋施工

**14.8.3.1 钢筋胶粘剂**

（1）植筋用的胶粘剂必须选用改性环氧类和改性乙烯基酯类（包括改性氨基甲酸酯）的胶粘剂，其填料必须在工厂制胶时加入，严禁在施工现场加入。胶粘剂的性能必须符合《混凝土结构加固设计规范》（GB 50367）的规定。

（2）当植筋的直径大于 22mm 时，应采用《混凝土结构加固设计规范》（GB 50367）规定的 A 级胶。

**14.8.3.2 植筋用孔径与孔深**

（1）承重结构植筋的锚固深度必须经设计计算确定，严禁按短期拉拔试验值或厂商技术手册的推荐值采用。

（2）当按构造要求植筋时，其最小锚固长度应符合下列构造要求：

1）受拉钢筋锚固：max｛$0.3l_s$；10d；100mm｝；

2）受压钢筋锚固：max｛0.6$l_s$；10d；100mm｝。

注：对悬挑结构、构件应按以上值乘以1.5的修正系数。

植筋的基本锚固深度 $l_s$，按式（14-26）确定：

$$l_s = 0.2\alpha_{spt} d f_y / f_{bd} \tag{14-26}$$

式中　$\alpha_{spt}$——为防止混凝土劈裂引用的计算系数，按表14-105确定；

$d$——植筋公称直径（mm）；

$f_y$——植筋用钢筋的抗拉强度设计值（$N/mm^2$）；

$f_{bd}$——植筋用胶粘剂的粘结强度设计值（$N/mm^2$），按表14-105确定。

**考虑混凝土劈裂影响的计算系数 $\alpha_{spt}$**　　**表14-104**

| 混凝土保护层厚度 $c$（mm） | | 25 | | 30 | | 35 | ≥40 |
|---|---|---|---|---|---|---|---|
| 箍筋设置情况 | 直径 $\phi$（mm） | 6 | 8或10 | 6 | 8或10 | ≥6 | ≥6 |
| | 间距 $s$（mm） | 在植筋锚固深度范围内，$s$ 不应大于100mm | | | | | |
| 植筋直径 $d$（mm） | ≤20 | 1.0 | | 1.0 | | 1.0 | 1.0 |
| | 25 | 1.1 | 1.05 | 1.05 | 1.0 | 1.0 | 1.0 |
| | 32 | 1.25 | 1.15 | 1.15 | 1.1 | 1.1 | 1.05 |

注：当植筋直径介于表列数值之间时，可按线性内插法确定 $\alpha_{spt}$ 值。

**粘结强度设计值 $f_{bd}$（$N/mm^2$）**　　**表14-105**

| 胶粘剂等级 | 构造条件 | 混凝土强度等级 | | | | |
|---|---|---|---|---|---|---|
| | | C20 | C25 | C30 | C40 | ≥60 |
| A级胶或B级胶 | $s_1$≥5d；$s_2$≥2.5d | 2.3 | 2.7 | 3.4 | 3.6 | 4.0 |
| A级胶 | $s_1$≥6d；$s_2$≥3.0d | 2.3 | 2.7 | 3.6 | 4.0 | 4.5 |
| | $s_1$≥7d；$s_2$≥3.5d | 2.3 | 2.7 | 4.0 | 4.5 | 5.0 |

注：1. 当使用表中 $f_{bd}$ 值时，其构件的混凝土保护层厚度，应不低于现行国家标准《混凝土结构设计规范》（GB 50010）的规定值；

2. 表中 $s_1$ 为植筋间距；$s_2$ 为植筋边距；

3. 表中 $f_{bd}$ 值仅适用于带肋钢筋的粘结锚固。

（3）钻孔的直径应按表14-106确定。

**植筋直径与钻孔直径设计值**　　**表14-106**

| 钢筋直径 $d$（mm） | 钻孔直径 $D$（mm） | 钢筋直径 $d$（mm） | 钻孔直径 $D$（mm） |
|---|---|---|---|
| 12 | 15 | 22 | 28 |
| 14 | 18 | 25 | 31 |
| 16 | 20 | 28 | 35 |
| 18 | 22 | 32 | 40 |
| 20 | 25 | | |

#### 14.8.3.3　植筋施工方法

（1）植筋的施工流程：钻孔→清孔→注胶→安装钢筋→胶粘剂固化。

（2）钻孔的直径和深度应符合要求，其深度的允许偏差为＋20，－0mm，垂直度允许偏差为5°。钻孔应避开受力钢筋，对于废孔，应用化学锚固胶或高强度等级的树脂水泥砂浆填实。

(3) 用空压机或手动气筒彻底吹净孔内碎渣和粉尘，再用丙酮擦拭孔道，并保持孔道干燥。

(4) 向孔内注胶粘剂，胶的数量应满足锚固要求。

(5) 将钢筋插入孔内，进行临时固定，并按照厂家提供的养护条件进行固化养护，固化期间禁止扰动。

(6) 当所植钢筋与原钢筋搭接时，其受拉钢筋搭接长度 $l_l$，应根据位于同一连接区域内的钢筋搭接接头面积百分率，按式(14-27)确定：

$$l_l = \zeta l_d \quad (14\text{-}27)$$

式中 $\zeta$——受拉钢筋搭接长度修正系数，按表14-107取值。

$l_d$——植筋锚固深度设计值，$l_d \geqslant \psi_N \psi_{ae} l_s$；

$\psi_{ae}$——考虑植筋位移延性要求的修正系数；当混凝土强度等级低于C30时，对6度区及7度区一、二类场地，取 $\psi_{ae}=1.1$；对7度区三、四类场地及8度区，取 $\psi_{ae}=1.25$。当混凝土强度高于C30时，取 $\psi_{ae}=1.0$；

$\psi_N$——考虑各种因素对植筋受拉承载力影响而需加大锚固深度的修正系数，根据《混凝土结构加固设计规范》(GB 50367)确定；$\psi_N=\psi_{br}\psi_w\psi_T$；

$\psi_{br}$——考虑结构构件受力状态对承载力影响的系数；当为悬挑结构构件时，$\psi_{br}=1.5$；当为非悬挑的重要构件接长时，$\psi_{br}=1.15$；当为其他构件时，$\psi_{br}=1.0$；

$\psi_w$——混凝土孔壁潮湿影响系数，对耐潮湿型胶粘剂，按产品说明书的规定值采用，但不得低于1.1；

$\psi_T$——使用环境的温度($T$)影响系数，当 $T \leqslant 60$℃时，取 $\psi_T=1.0$；当60℃$<T\leqslant$80℃时，应采用耐中温胶粘剂，并按产品说明书规定的 $\psi_T$ 采用，当 $T>80$℃时，应采用耐高温胶粘剂，并应采取有效措施的隔热措施。

**纵向受拉钢筋搭接长度修正系数** **表14-107**

| 纵向受拉钢筋搭接接头面积百分率(%) | ≤25 | 50 | 100 |
|---|---|---|---|
| ζ值 | 1.2 | 1.4 | 1.6 |

注：1. 钢筋搭接接头面积百分率定义按现行国家标准《混凝土结构设计规范》(GB 50010)的规定采用；
2. 当实际搭接接头面积百分率介于表列数值之间时，按线性内插法确定ζ值；
3. 对梁类构件，受拉钢筋搭接接头面积百分率不应超过50%。

(7) 新植钢筋在与原有钢筋在搭接部位的净间距，不得大于 $6d$。当净间距超过 $4d$ 时，则搭接长度应增加 $2d$。

(8) 植筋时，其钢筋宜先焊后种植；若有困难必须后焊，其焊点距基材混凝土表面应 $\geqslant 20d$ 且 $\geqslant$200mm，并应用冰水浸湿的毛巾包裹植筋的根部。

## 14.8.4 钢筋安装质量控制

1. 隐蔽验收

在浇筑混凝土之前，应进行钢筋隐蔽工程验收，其内容包括：

（1）纵向受力钢筋的品种、规格、数量、位置等；

（2）钢筋的连接方式、接头位置、接头数量、接头面积百分率等；

（3）箍筋、横向钢筋的品种、规格、数量、间距等；

（4）预埋件的规格、数量、位置等。

2. 钢筋连接

（1）主控项目

1）纵向受力钢筋的连接方式应符合设计要求。

检查数量：全数检查。

检验方法：观察。

2）在施工现场，应按国家现行标准《钢筋机械连接技术规程》（JGJ 107）、《钢筋焊接及验收规程》（JGJ 18）的规定抽取钢筋机械连接接头、焊接接头试件作力学性能检验，其质量应符合有关规程的规定。

对于直接承受动力荷载的结构，采用机械连接、焊接接头时应检查相应的专项试验报告。

检查数量：按有关规程确定。

检验方法：检查产品合格证、接头力学性能试验报告。

（2）一般项目

1）钢筋的接头宜设置在受力较小处。同一纵向受力钢筋不宜设置两个或两个以上接头。接头末端至钢筋弯起点的距离不应小于钢筋直径的 10 倍。

检查数量：全数检查。

检验方法：观察，钢尺检查。

2）在施工现场，应按国家现行标准《钢筋机械连接技术规程》（JGJ 107）、《钢筋焊接及验收规程》（JGJ 18）的规定对钢筋机械连接接头、焊接接头的外观进行检查，其质量应符合有关规程的规定。

检查数量：全数检查。

检验方法：观察。

3. 钢筋安装

（1）主控项目

1）钢筋安装时，受力钢筋的品种、级别、规格和数量必须符合设计要求。

检查数量：全数检查。

检验方法：观察，钢尺检查。

（2）一般项目

1）钢筋安装位置的偏差应符合表 14-108 的规定。

检查数量：在同一检验批内，对梁、柱和独立基础，应抽查构件数量的 10%，且不少于 3 件；对墙和板，应按有代表性的自然间抽查 10%，且不少于 3 间；对大空间结构，墙可按相邻轴线间高度 5m 左右划分检查面，板可按纵、横轴线划分检查面，抽查 10%，且均不少于 3 面。

钢筋安装位置的允许偏差和检验方法 表 14-108

| 项目 | | | 允许偏差（mm） | 检验方法 |
|---|---|---|---|---|
| 绑扎钢筋网 | 长、宽 | | ±10 | 钢尺检查 |
| | 网眼尺寸 | | ±20 | 钢尺量连续三档，取最大值 |
| 绑扎钢筋骨架 | 长 | | ±10 | 钢尺检查 |
| | 宽、高 | | ±5 | 钢尺检查 |
| 受力钢筋 | 间距 | | ±10 | 钢尺量两端、中间各一点，取最大值 |
| | 排距 | | ±5 | |
| | 保护层厚度 | 基础 | ±10 | 钢尺检查 |
| | | 柱、梁 | ±5 | 钢尺检查 |
| | | 板、墙、壳 | ±3 | 钢尺检查 |
| 绑扎箍筋、横向钢筋间距 | | | ±20 | 钢尺量连续三档，取最大值 |
| 钢筋弯起点位置 | | | 20 | 钢尺检查 |
| 预埋件 | 中心线位置 | | 5 | 钢尺检查 |
| | 水平高差 | | +3，0 | 钢尺和塞尺检查 |

注：1. 检查预埋件中心线位置时，应沿纵、横两个方向量测，并取其中的较大值；

2. 表中梁类、板类构件上部纵向受力钢筋保护层厚度的合格点率应达到90%及以上，且不得有超过表中数值1.5倍的尺寸偏差。

4. 桩钢筋

（1）钢筋笼制作应对钢筋规格、焊条规格、品种、焊口规格、焊缝长度、焊缝外观和质量、主筋和箍筋的制作偏差等进行检查。

（2）钢筋笼的材质、尺寸应符合设计要求，钢筋笼制作允许偏差应符合表14-109的要求。

钢筋笼制作允许偏差 表 14-109

| 项 目 | 允许偏差（mm） |
|---|---|
| 主筋间距 | ±10 |
| 箍筋间距 | ±20 |
| 钢筋笼直径 | ±10 |
| 钢筋笼长度 | ±100 |

（3）应对钢筋笼安放的实际位置等进行检查，并填写相应质量检测、检查记录。

5. 植筋

（1）钻孔的质量检查应包括下列内容：

1）钻孔的位置、直径、孔深和垂直度，允许偏差见表14-110；

钻孔质量的要求 表 14-110

| 检查项目 | 钻孔深度允许偏差（mm） | 垂直度允许偏差（°） | 位置允许偏差（mm） |
|---|---|---|---|
| 允许偏差 | +20<br>−0 | 5 | 5 |

2）钻孔的清孔情况；

3）钻孔周围混凝土是否存在缺陷、是否已基本干燥，环境温度是否符合要求；

4）钻孔是否伤及钢筋。

(2) 锚固质量的检查应符合下列要求：

1）对于化学植筋应对照施工图检查植筋位置、尺寸、垂直（水平）度及胶浆外观固化情况等；用铁钉刻划检查胶浆固化程度，以手拔摇方式初步检验被连接件是否锚牢锚实等；

2）按《混凝土结构加固设计规范》（GB 50367）及《混凝土结构后锚固技术规程》（JGJ 145）要求进行锚固承载力检验，并符合要求。

### 14.8.5 钢筋安装成品保护

(1) 浇筑混凝土时，在柱、墙的钢筋上套上 PVC 套管或包裹塑料薄膜保护，并且及时用湿布将被污染的钢筋擦净。

(2) 对尚未浇筑的后浇带钢筋，可采用覆盖胶合板或木板的方法进行保护，当其上部有车辆通过或有较大荷载时，应覆盖钢板保护。

## 14.9 绿色施工

1. 绿色施工原则

实施绿色施工，应对施工策划、材料采购、现场施工、工程验收等各阶段进行控制，加强对整个施工过程的管理和监督。

2. 绿色施工要点

(1) 环境保护技术要点

1）钢材堆放区和加工区地面应进行硬化，防止扬尘。

2）钢筋加工采用低噪声、低振动的机具，采取隔音与隔振措施，避免或减少施工噪声和振动。在施工场界对噪声进行实时监测与控制。现场噪声排放不得超过国家标准《建筑施工场界环境噪声排放标准》（GB 12523）的规定。

3）电焊作业采取遮挡措施，避免电焊弧光外泄。

4）对于化学品等有毒材料、油料的储存地，应有严格的隔水层设计，做好渗漏液收集和处理。

(2) 节材与材料资源利用技术要点

1）图纸会审时，应审核节材与材料资源利用的相关内容，尽可能降低材料损耗。

2）根据施工进度、库存情况等合理安排材料的采购、进场时间和批次，减少库存。

3）现场材料堆放有序，储存环境适宜，措施得当。保管制度健全，责任落实。

4）材料运输工具适宜，装卸方法得当，减少损坏和变形。根据现场平面布置情况就近卸载，避免和减少二次搬运。

5）就近取材，施工现场 500km 以内生产的钢材及其他材料用量占总用量的 70%以上。

6）推广使用高强钢筋，减少资源消耗。

7）尽量采用钢筋工厂化加工和配送。

8）优化钢筋配料下料方案。钢筋制作前应对下料单及样品进行复核，无误后方可批量下料。

9）现场钢筋加工棚采用工具式可周转的防护棚。

10）在施工现场进行钢筋加工时，应设置钢筋废料专用收集槽

(3) 节能与能源利用的技术要点

1）优先使用国家、行业推荐的节能、高效、环保的钢筋设备和机具，如选用变频技术的节能设备等。

2）在施工组织设计中，合理安排钢筋工程的施工顺序、工作面，以减少作业区域的机具数量，相邻作业区充分利用共有的机具资源。安排施工工艺时，应优先考虑耗用电能的或其他能耗较少的施工工艺。避免设备额定功率远大于使用功率或超负荷使用设备的现象。

3）建立施工机械设备管理制度，开展用电、用油计量，完善设备档案，及时做好维修保养工作，使机械设备保持低耗、高效的状态。

4）选择功率与负载相匹配的钢筋机械设备，避免大功率钢筋机械设备低负载长时间运行。机械设备宜使用节能型油料添加剂，在可能的情况下，考虑回收利用，节约油量。

5）临时用电优先选用节能电线和节能灯具，线路合理设计、布置，用电设备宜采用自动控制装置。采用声控、光控等节能照明灯具。

6）照明设计以满足最低照度为原则，照度不应超过最低照度的20%。

(4) 节地与施工用地保护的技术要点

1）根据施工规模及现场条件等因素合理确定临时设施，如临时加工厂、现场钢筋棚及材料堆场等。

2）钢筋加工棚及材料堆放场地应做到科学、合理、紧凑，充分利用原有建筑物、构筑物、道路。在满足环境、职业健康与安全及文明施工要求的前提下尽可能减少废弃地和死角，钢筋施工设施占地面积有效利用率大于90%。

3）施工现场的加工厂、作业棚、材料堆场等布置应尽量靠近已有交通线路或即将修建的正式或临时交通线路，缩短运输距离。

4）钢筋工程临时设施布置应注意远近结合（本期工程与下期工程），努力减少和避免大量临时建筑拆迁和场地搬迁。

# 参考文献

1 《建筑施工手册》(第四版)编写组. 建筑施工手册(第四版). 北京：中国建筑工业出版社，2003.

2 中华人民共和国国家标准. 混凝土结构工程施工质量验收规范规范(GB 50204—2002)[S]. 北京：中国建筑工业出版社，2002.

3 中华人民共和国国家标准. 混凝土结构设计规范(GB 50010—2010)[S]. 北京：中国建筑工业出版社，2011.

4 中华人民共和国行业标准. 钢筋机械连接技术规程(JGJ 107—2010)[S]. 北京：中国建筑工业出版社，2010.

5 中国建筑第八工程局. 建筑工程技术标准 1[M]. 北京：中国建筑工业出版社，2005.

6 侯君伟. 钢筋工手册[M]. 北京：中国建筑工业出版社，2009.
7 中华人民共和国行业标准. 钢筋焊接网混凝土结构技术规程(JGJ 114—2003)[S]. 北京：中国建筑工业出版社，2009.
8 中华人民共和国国家标准. 钢筋混凝土用钢　第 1 部分　热轧光圆钢筋(GB 1499. 1—2008)[S]. 北京：中国标准出版社，2008.
9 中华人民共和国国家标准. 钢筋混凝土用钢　第 2 部分　热轧带肋钢筋(GB 1499. 2—2007)[S]. 北京：中国标准出版社，2007.
10 中华人民共和国行业标准. 混凝土结构后锚固技术规程(JGJ 145—2007)[S]. 北京：中国建筑工业出版社，2004.

# 15 混凝土工程

## 15.1 混凝土的原材料

### 15.1.1 水　　泥

水泥是一种最常用的水硬性胶凝材料。水泥呈粉末状，加入适量水后，成为塑性浆体，既能在空气中硬化，又能在水中硬化，并能把砂、石散状材料牢固地胶结在一起。土木建筑工程中最为常用的是通用硅酸盐水泥（以下简称通用水泥）。

**15.1.1.1　通用水泥的分类**

通用水泥分为：硅酸盐水泥、普通硅酸盐水泥、矿渣硅酸盐水泥、火山灰质硅酸盐水泥、粉煤灰硅酸盐水泥、复合硅酸盐水泥。通用水泥的组分与强度等级见表 15-1。

**通用水泥的组分与强度等级**　　　　**表 15-1**

| 品　种 | 标准编号 | 组分（质量分数，%） | | 代　号 | 强度等级 |
|---|---|---|---|---|---|
| | | 熟料＋石膏 | 混合材料 | | |
| 硅酸盐水泥 | GB 175—2007 | 100 | — | P·Ⅰ | 42.5、42.5R、52.5<br>52.5R、62.5、62.5R |
| | | ≥95 | ≤5 | P·Ⅱ | |
| 普通硅酸盐水泥 | GB 175—2007 | ≥80 且＜95 | ＞5 且≤20 | P·O | 42.5、42.5R<br>52.5、52.5R |
| 矿渣硅酸盐水泥 | GB 175—2007 | ≥50 且＜80 | ＞20 且≤50 | P·S·A | 32.5、32.5R、42.5<br>42.5R、52.5、52.5R |
| | | ≥30 且＜50 | ＞50 且≤70 | P·S·B | |
| 火山灰质硅酸盐水泥 | GB 175—2007 | ≥60 且＜80 | ＞20 且≤40 | P·P | 32.5、32.5R、42.5<br>42.5R、52.5、52.5R |
| 粉煤灰硅酸盐水泥 | GB 175—2007 | ≥60 且＜80 | ＞20 且≤40 | P·F | 32.5、32.5R、42.5<br>42.5R、52.5、52.5R |
| 复合硅酸盐水泥 | GB 175—2007 | ≥50 且＜80 | ＞20 且≤50 | P·C | 32.5、32.5R、42.5<br>42.5R、52.5、52.5R |

注：混合材料的品种包括粒化高炉矿渣、火山灰质混合材料、粉煤灰、石灰石。

**15.1.1.2　通用水泥的技术要求**

（1）通用水泥的物理指标应符合表 15-2 的规定。

**通用水泥的物理指标** **表 15-2**

| 品种 | 强度等级 | 抗压强度（MPa） | | 抗折强度（MPa） | | 凝结时间 | 安定性 | 细度 |
|---|---|---|---|---|---|---|---|---|
| | | 3d | 28d | 3d | 28d | | | |
| 硅酸盐水泥 | 42.5 | ≥17.0 | ≥42.5 | ≥3.5 | ≥6.5 | 初凝时间不小于 45min，终凝时间不大于 390min | 沸煮法合格 | 比表面积不小于 300m²/kg |
| | 42.5R | ≥22.0 | | ≥4.0 | | | | |
| | 52.5 | ≥23.0 | ≥52.5 | ≥4.0 | ≥7.0 | | | |
| | 52.5R | ≥27.0 | | ≥5.0 | | | | |
| | 62.5 | ≥28.0 | ≥62.5 | ≥5.0 | ≥8.0 | | | |
| | 62.5R | ≥32.0 | | ≥5.5 | | | | |
| 普通硅酸盐水泥 | 42.5 | ≥17.0 | ≥42.5 | ≥3.5 | ≥6.5 | 初凝时间不小于 45min，终凝时间不大于 600min | 沸煮法合格 | 比表面积不小于 300m²/kg |
| | 42.5R | ≥22.0 | | ≥4.0 | | | | |
| | 52.5 | ≥23.0 | ≥52.5 | ≥4.0 | ≥7.0 | | | |
| | 52.5R | ≥27.0 | | ≥5.0 | | | | |
| 矿渣硅酸盐水泥<br>火山灰质硅酸盐水泥<br>粉煤灰硅酸盐水泥<br>复合硅酸盐水泥 | 32.5 | ≥10.0 | ≥32.5 | ≥2.5 | ≥5.5 | 初凝时间不小于 45min，终凝时间不大于 390min | 沸煮法合格 | 80μm 方孔筛筛余不大于 10%或 45μm 方孔筛筛余不大于 30% |
| | 32.5R | ≥15.0 | | ≥3.5 | | | | |
| | 42.5 | ≥15.0 | ≥42.5 | ≥3.5 | ≥6.5 | | | |
| | 42.5R | ≥19.0 | | ≥4.0 | | | | |
| | 52.5 | ≥21.0 | ≥52.5 | ≥4.0 | ≥7.0 | | | |
| | 52.5R | ≥23.0 | | ≥4.5 | | | | |

（2）通用水泥的化学指标应符合表 15-3 的规定。

**通用水泥的化学指标（%）** **表 15-3**

| 品种 | 代号 | 不溶物 | 烧失量 | 三氧化硫 | 氧化镁 | 氯离子 | 碱含量 |
|---|---|---|---|---|---|---|---|
| 硅酸盐水泥 | P·Ⅰ | ≤0.75 | ≤3.0 | ≤3.5 | ≤5.0 | ≤0.06 | 若使用活性骨料，用户要求提供低碱水泥时，水泥中的碱含量应不大于 0.60%或由买卖双方确定 |
| | P·Ⅱ | ≤1.50 | ≤3.5 | | | | |
| 普通硅酸盐水泥 | P·O | — | ≤5.0 | | | | |
| 矿渣硅酸盐水泥 | P·S·A | — | — | ≤4.0 | ≤6.0 | | |
| | P·S·B | — | — | | — | | |
| 火山灰质硅酸盐水泥 | P·P | — | — | ≤3.5 | ≤6.0 | | |
| 粉煤灰硅酸盐水泥 | P·F | — | — | | | | |
| 复合硅酸盐水泥 | P·C | — | — | | | | |

**15.1.1.3 通用水泥的选用**

通用水泥品种与强度等级应根据设计、施工要求以及工程所处环境确定，可按表 15-4 选用。

通用水泥的选用表 表 15-4

| | 混凝土工程特点或所处环境条件 | 优先选用 | 可以使用 | 不得使用 |
|---|---|---|---|---|
| 环境条件 | 在普通气候环境中的混凝土 | 普通硅酸盐水泥 | 矿渣硅酸盐水泥、火山灰质硅酸盐水泥、粉煤灰硅酸盐水泥 | — |
| | 在干燥环境中的混凝土 | 普通硅酸盐水泥 | 矿渣硅酸盐水泥 | 火山灰质硅酸盐水泥、粉煤灰硅酸盐水泥 |
| | 在高湿度环境中或永远处在水下的混凝土 | 矿渣硅酸盐水泥 | 普通硅酸盐水泥、火山灰质硅酸盐水泥、粉煤灰硅酸盐水泥 | — |
| | 严寒地区的露天混凝土、寒冷地区的处在水位升降范围内的混凝土 | 普通硅酸盐水泥 | 矿渣硅酸盐水泥 | 火山灰质硅酸盐水泥、粉煤灰硅酸盐水泥 |
| | 受侵蚀性环境水或侵蚀性气体作用的混凝土 | 根据侵蚀性介质的种类、浓度等具体条件按规定选用 | | |
| | 厚大体积的混凝土 | 粉煤灰硅酸盐水泥、矿渣硅酸盐水泥 | 普通硅酸盐水泥、火山灰质硅酸盐水泥 | 硅酸盐水泥 |

#### 15.1.1.4 水泥的质量控制

(1) 水泥进场时应对其品种、级别、包装或散装仓号、出厂日期等进行检查，并应对其强度、安定性及其他必要的性能指标进行复验，其质量必须符合现行国家标准《通用硅酸盐水泥》(GB 175) 等的规定。

(2) 当在使用中对水泥质量有怀疑或水泥出厂超过三个月（快硬硅酸盐水泥超过一个月）时，应进行复验，并按复验结果使用。

钢筋混凝土结构、预应力混凝土结构中，严禁使用含氯化物的水泥。

(3) 检查数量：按同一生产厂家、同一等级、同一品种、同一批号且连续进场的水泥，袋装不超过 200t 为一批，散装不超过 500t 为一批，每批抽样不少于一次。

(4) 检验方法：水泥的强度、安定性、凝结时间和细度，应分别按《水泥胶砂强度检验方法（ISO 法）》(GB/T 17671)、《水泥标准稠度用水量、凝结时间、安定性检验方法》(GB/T 1346)、《水泥比表面积测定方法（勃氏法）》(GB/T 8074) 和《水泥细度检验方法 筛析法》(GB/T 1345) 的规定进行检验。

(5) 水泥在运输时不得受潮和混入杂物。不同品种、强度等级、出厂日期和出厂编号的水泥应分别运输装卸，并做好明显标志，严防混淆。

(6) 散装水泥宜在专用的仓罐中贮存并有防潮措施。不同品种、强度等级的水泥不得混仓，并应定期清仓。

袋装水泥应在库房内贮存，库房应尽量密闭。堆放时应按品种、强度等级、出厂编号、到货先后或使用顺序排列成垛，堆放高度一般不超过 10 包。临时露天暂存水泥也应用防雨篷布盖严，底板要垫高，并有防潮措施。

## 15.1.2　石

### 15.1.2.1　石的分类

石可分为碎石或卵石。由天然岩石或卵石经破碎、筛分而成的，公称粒径大于5.00mm的岩石颗粒，称为碎石；由自然条件作用形成的，公称粒径大于5.00mm的岩石颗粒，称为卵石。

### 15.1.2.2　石的技术要求

1. 颗粒级配

碎石或卵石的颗粒级配，应符合表15-5的规定。

**碎石或卵石的颗粒级配范围**　　**表15-5**

| 级配情况 | 公称粒径(mm) | 累计筛余，按质量（%） | | | | | | | | | | | |
|---|---|---|---|---|---|---|---|---|---|---|---|---|---|
| | | 方孔筛筛孔边长尺寸（mm） | | | | | | | | | | | |
| | | 2.36 | 4.75 | 9.5 | 16.0 | 19.0 | 26.5 | 31.5 | 37.5 | 53.0 | 63.0 | 75.0 | 90.0 |
| 连续粒级 | 5～10 | 95～100 | 80～100 | 0～15 | 0 | — | — | — | — | — | — | — | — |
| | 5～16 | 95～100 | 85～100 | 30～60 | 0～10 | 0 | — | — | — | — | — | — | — |
| | 5～20 | 95～100 | 90～100 | 40～80 | — | 0～10 | 0 | — | — | — | — | — | — |
| | 5～25 | 95～100 | 90～100 | — | 30～70 | — | 0～5 | 0 | — | — | — | — | — |
| | 5～31.5 | 95～100 | 90～100 | 70～90 | — | 15～45 | — | 0～5 | 0 | — | — | — | — |
| | 5～40 | — | 95～100 | 70～90 | — | 30～65 | — | — | 0～5 | 0 | — | — | — |
| 单粒级 | 10～20 | — | 95～100 | 85～100 | — | 0～15 | 0 | — | — | — | — | — | — |
| | 16～31.5 | — | 95～100 | — | 85～100 | — | — | 0～10 | 0 | — | — | — | — |
| | 20～40 | — | — | 95～100 | — | 80～100 | — | — | 0～10 | 0 | — | — | — |
| | 31.5～63 | — | — | — | 95～100 | — | — | 75～100 | 45～75 | — | 0～10 | 0 | — |
| | 40～80 | — | — | — | — | 95～100 | — | — | 70～100 | — | 30～60 | 0～10 | 0 |

混凝土用石宜采用连续粒级。

单粒级宜用于组合成满足要求的连续粒级，也可与连续粒级混合使用，以改善其级配或配成较大粒度的连续粒级。

2. 质量指标

碎石和卵石的质量指标应符合表15-6的规定。

**碎石和卵石的质量指标**　　**表15-6**

| 项目 | | | 质量指标 |
|---|---|---|---|
| 含泥量（按质量计,%） | 混凝土强度等级 | ≥C60 | ≤0.5 |
| | | C55～C30 | ≤1.0 |
| | | ≤C25 | ≤2.0 |
| 泥块含量（按质量计,%） | 混凝土强度等级 | ≥C60 | ≤0.2 |
| | | C55～C30 | ≤0.5 |
| | | ≤C25 | ≤0.7 |

续表

| 项 | 目 | | | 质量指标 |
|---|---|---|---|---|
| 针、片状颗粒含量（按质量计，%） | 混凝土强度等级 | ≥C60 | | ≤8 |
| | | C55～C30 | | ≤15 |
| | | ≤C25 | | ≤25 |
| 碎石压碎指标值（%） | 混凝土强度等级 | 沉积岩 | C60～C40 | ≤10 |
| | | | ≤C35 | ≤16 |
| | | 变质岩或深层的火成岩 | C60～C40 | ≤12 |
| | | | ≤C35 | ≤20 |
| | | 喷出的火成岩 | C60～C40 | ≤13 |
| | | | ≤C35 | ≤30 |
| 卵石、碎卵石压碎指标值（%） | 混凝土强度等级 | | C60～C40 | ≤12 |
| | | | ≤C35 | ≤16 |
| 有害物质含量 | 硫化物及硫酸盐含量（折算成$SO_3$，按质量计，%） | | | ≤1.0 |
| | 卵石中有机物含量（用比色法试验） | | | 颜色应不深于标准色。当颜色深于标准色时，应配制成混凝土进行强度对比试验，抗压强度比不应低于0.95 |
| 坚固性 | 混凝土所处的环境条件及其性能要求 | 在严寒及寒冷地区室外使用并经常处于潮湿或干湿交替状态下的混凝土<br>对于有抗疲劳、耐磨、抗冲击要求的混凝土<br>有腐蚀介质作用或经常处于水位变化区的地下结构混凝土 | 5次循环后的质量损失（%） | ≤8 |
| | | 其他条件下使用的混凝土 | | ≤12 |
| 含碱量（kg/m³） | 当活性骨料时，混凝土中的碱含量 | | | ≤3 |

**15.1.2.3 碎石和卵石的选用**

制备混凝土拌合物时，宜选用粒形良好、质地坚硬、颗粒洁净的碎石或卵石。碎石或卵石宜采用连续粒级，也可用单粒级组合成满足要求的连续粒级。

（1）混凝土用的碎石或卵石，其最大颗粒粒径不得超过构件截面最小尺寸的1/4，且不得超过钢筋最小净间距的3/4。

（2）对实心混凝土板，碎石或卵石的最大粒径不宜超过板厚的1/3，且不得超过40mm。

（3）泵送混凝土用碎石的最大粒径不应大于输送管内径的1/3，卵石的最大粒径不应大于输送管内径的2/5。

**15.1.2.4 碎石和卵石的质量控制**

1. 验收

使用单位应按碎石或卵石的同产地同规格分批验收。采用大型工具运输的，以 400m³ 或 600t 为一验收批。采用小型工具运输的，以 200m³ 或 300t 为一验收批。不足上述量者，应按验收批进行验收。

每验收批碎石或卵石至少应进行颗粒级配、含泥量、泥块含量和针、片状颗粒含量检验。

当碎石或卵石的质量比较稳定、进料量又较大时，可以 1000t 为一验收批。

当使用新产源的碎石或卵石时，应由生产单位或使用单位按质量要求进行全面检验，质量应符合国家现行标准《普通混凝土用砂、石质量及检验方法标准》（JGJ 52）的规定。

2. 运输和堆放

碎石或卵石在运输、装卸和堆放过程中，应防止颗粒离析、混入杂质，并按产地、种类和规格分别堆放。碎石或卵石的堆放高度不宜超过 5m，对于单粒级或最大粒径不超过 20mm 的连续粒级，其堆料高度可增加到 10m。

## 15.1.3 砂

### 15.1.3.1 砂的分类

（1）按加工方法不同，砂分为天然砂、人工砂和混合砂。

由自然条件作用形成的，公称粒径小于 5.00mm 的岩石颗粒，称为天然砂。天然砂分为河砂、海砂和山砂。

由岩石经除土开采、机械破碎、筛分而成的，公称粒径小于 5.00mm 的岩石颗粒，称为人工砂。

由天然砂与人工砂按一定比例组合而成的砂，称为混合砂。

（2）按细度模数不同，砂分为粗砂、中砂、细砂和特细砂，其范围应符合表 15-7 的规定。

**砂的细度模数**　　**表 15-7**

| 粗细程度 | 细度模数 | 粗细程度 | 细度模数 |
|---|---|---|---|
| 粗　砂 | 3.7～3.1 | 细　砂 | 2.2～1.6 |
| 中　砂 | 3.0～2.3 | 特细砂 | 1.5～0.7 |

### 15.1.3.2 砂的技术要求

1. 颗粒级配

混凝土用砂除特细砂以外，砂的颗粒级配按公称直径 630μm 筛孔的累计筛余量（以质量百分率计），分成三个级配区，且砂的颗粒级配应处于表 15-8 中的某一区内。

**砂的颗粒级配区**　　**表 15-8**

| 公称粒径 | 级配区 | | |
|---|---|---|---|
| | Ⅰ区 | Ⅱ区 | Ⅲ区 |
| | 累计筛余（%） | | |
| 5.00mm | 10～0 | 10～0 | 10～0 |
| 2.50mm | 35～5 | 25～0 | 15～0 |

续表

| 公称粒径 | 级配区 | | |
|---|---|---|---|
| | Ⅰ区 | Ⅱ区 | Ⅲ区 |
| | 累计筛余（%） | | |
| 1.25mm | 65～35 | 50～10 | 25～0 |
| 630μm | 85～71 | 70～41 | 40～16 |
| 315μm | 95～80 | 92～70 | 85～55 |
| 160μm | 100～90 | 100～90 | 100～90 |

2. 天然砂的质量指标

天然砂的质量指标应符合表15-9的规定。

**天然砂的质量指标** **表15-9**

| 项目 | | | 质量指标 | |
|---|---|---|---|---|
| 含泥量（按质量计，%） | 混凝土强度等级 | ≥C60 | ≤2.0 | |
| | | C55～C30 | ≤3.0 | |
| | | ≤C25 | ≤5.0 | |
| 泥块含量（按质量计，%） | 混凝土强度等级 | ≥C60 | ≤0.5 | |
| | | C55～C30 | ≤1.0 | |
| | | ≤C25 | ≤2.0 | |
| 海砂中的贝壳含量（按质量计，%） | 混凝土强度等级 | ≥C40 | ≤3 | |
| | | C35～C30 | ≤5 | |
| | | C25～C15 | ≤8 | |
| 有害物质含量 | 云母含量（按质量计，%） | | ≤2.0 | |
| | 轻物质含量（按质量计，%） | | ≤1.0 | |
| | 硫化物及硫酸盐含量（折算成 $SO_3$，按质量计，%） | | ≤1.0 | |
| | 有机物含量（用比色法试验） | | 颜色不应深于标准色，当颜色深于标准色时，应按水泥胶砂强度试验方法进行强度对比试验，抗压强度比不应低于0.95 | |
| 坚固性 | 混凝土所处的环境条件及其性能要求 | 在严寒及寒冷地区室外使用并经常处于潮湿或干湿交替状态下的混凝土<br>对于有抗疲劳、耐磨、抗冲击要求的混凝土<br>有腐蚀介质作用或经常处于水位变化区的地下结构混凝土 | 5次循环后的质量损失（%） | ≤8 |
| | | 其他条件下使用的混凝土 | | ≤10 |
| 氯离子含量（%） | 对于钢筋混凝土用砂 | | ≤0.06 | |
| | 对于预应力混凝土用砂 | | ≤0.02 | |
| 碱含量（$kg/m^3$） | 当活性骨料时，混凝土中的碱含量 | | ≤3 | |

3. 人工砂或混合砂的质量指标

人工砂或混合砂的质量指标应符合表15-10的规定。

**人工砂或混合砂的质量指标　　表15-10**

| 项目 | | | 质量指标 | |
|---|---|---|---|---|
| | | | MB<1.40（合格） | MB≥1.40（不合格） |
| 石粉含量（%） | 混凝土强度等级 | ≥C60 | ≤5.0 | ≤2.0 |
| | | C55～C30 | ≤7.0 | ≤3.0 |
| | | ≤C25 | ≤10.0 | ≤5.0 |
| 总压碎值指标（%） | | | <30 | |
| 碱含量（kg/m³） | 当活性骨料时，混凝土中的碱含量 | | ≤3 | |

**15.1.3.3　砂的选用**

制备混凝土拌合物时，宜选用级配良好、质地坚硬、颗粒洁净的天然砂、人工砂和混合砂。

配制混凝土时宜优先选用Ⅱ区砂。

当采用Ⅰ区砂时，应提高砂率，并保持足够的水泥用量，以满足混凝土的和易性。

当采用Ⅲ区砂时，宜适当降低砂率，以保证混凝土强度。

当采用特细砂时，应符合相应的规定。

配制泵送混凝土时，宜选用中砂。

使用海砂时，其质量指标应符合现行行业标准《海砂混凝土应用技术规范》（JGJ 206）的规定。

**15.1.3.4　砂的质量控制**

1. 验收

使用单位应按砂的同产地同规格分批验收。采用大型工具运输的，以400m³或600t为一验收批。采用小型工具运输的，以200m³或300t为一验收批。不足上述量者，应按验收批进行验收。

每验收批砂至少应进行颗粒级配、含泥量、泥块含量检验。对于海砂或有氯离子污染的砂，还应检验其氯离子含量；对于海砂，还应检验贝壳含量；对于人工砂及混合砂，还应检验石粉含量。

当砂的质量比较稳定、进料量又较大时，可以1000t为一验收批。

当使用新产源的砂时，应由生产单位或使用单位按质量要求进行全面检验，质量应符合国家现行标准《普通混凝土用砂、石质量及检验方法标准》(JGJ 52)的规定。

2. 运输和堆放

砂在运输、装卸和堆放过程中，应防止颗粒离析、混入杂质，并按产地、种类和规格分别堆放。

## 15.1.4　掺合料

掺合料是混凝土的主要组成材料，它起着改善混凝土性能的作用。在混凝土中加入适量的掺合料，可以起到降低温升，改善工作性，增进后期强度，改善混凝土内部结构，提高耐久性，节约资源的作用。

### 15.1.4.1 掺合料的分类

1. 粉煤灰

粉煤灰是指电厂煤粉炉烟道气体中收集的粉末。

粉煤灰按煤种分为F类和C类；按其技术要求分为Ⅰ级、Ⅱ级、Ⅲ级。

2. 粒化高炉矿渣粉

粒化高炉矿渣粉是指以粒化高炉矿渣为主要原料，掺加少量石膏磨细制成一定细度的粉体。

粒化高炉矿渣粉按其技术要求分为S105、S95、S75。

3. 沸石粉

沸石粉是指用天然沸石粉配以少量无机物经细磨而成的一种良好的火山灰质材料。

沸石粉按其技术要求分为Ⅰ级、Ⅱ级、Ⅲ级。

4. 硅灰

硅灰是指铁合金厂在冶炼硅铁合金或金属硅时，从烟尘中收集的一种飞灰。

### 15.1.4.2 掺合料的技术要求

1. 粉煤灰的技术要求

粉煤灰的技术要求应符合表15-11的规定。

**粉煤灰的技术要求** **表15-11**

| 项　　目 | 技术要求 | | | |
|---|---|---|---|---|
| | Ⅰ级 | Ⅱ级 | Ⅲ级 | |
| 细度（45μm方孔筛筛余），不大于（%） | F类粉煤灰 | 12.0 | 25.0 | 45.0 |
| | C类粉煤灰 | | | |
| 需水量比，不大于（%） | F类粉煤灰 | 95 | 105 | 115 |
| | C类粉煤灰 | | | |
| 烧失量，不大于（%） | F类粉煤灰 | 5.0 | 8.0 | 15.0 |
| | C类粉煤灰 | | | |
| 含水量，不大于（%） | F类粉煤灰 | 1.0 | | |
| | C类粉煤灰 | | | |
| 三氧化硫，不大于（%） | F类粉煤灰 | 3.0 | | |
| | C类粉煤灰 | | | |
| 游离氧化钙，不大于（%） | F类粉煤灰 | 1.0 | | |
| | C类粉煤灰 | 4.0 | | |
| 安定性<br>雷氏夹沸煮后增加距离，不大于（mm） | C类粉煤灰 | 5.0 | | |
| 放射性 | F类粉煤灰 | 合格 | | |
| | C类粉煤灰 | | | |
| 碱含量 | F类粉煤灰 | 由买卖双方协商确定 | | |
| | C类粉煤灰 | | | |

2. 粒化高炉矿渣粉的技术要求

粒化高炉矿渣粉的技术要求应符合表 15-12 的规定。

**粒化高炉矿渣粉的技术要求　表 15-12**

| 项目 | | | 技术要求 | | |
|---|---|---|---|---|---|
| | | | S105 | S95 | S75 |
| 密度（g/cm³） | | ≥ | 2.8 | | |
| 比表面积（m²/kg） | | ≥ | 500 | 400 | 300 |
| 活性指数（%） | ≥ | 7d | 95 | 75 | 55 |
| | | 28d | 105 | 95 | 75 |
| 流动度比（%） | | ≥ | 95 | | |
| 含水量（质量分数，%） | | ≤ | 1.0 | | |
| 三氧化硫（质量分数，%） | | ≤ | 4.0 | | |
| 氯离子（质量分数，%） | | ≤ | 0.06 | | |
| 烧失量（质量分数，%） | | ≤ | 3.0 | | |
| 玻璃体含量（质量分数，%） | | ≥ | 85 | | |
| 放射性 | | | 合格 | | |

3. 沸石粉的技术要求

沸石粉的技术要求应符合表 15-13 的规定。

**沸石粉的技术要求　表 15-13**

| 项目 | | 技术要求 | | |
|---|---|---|---|---|
| | | Ⅰ级 | Ⅱ级 | Ⅲ级 |
| 吸铵值（mmol/100g） | ≥ | 130 | 100 | 90 |
| 细度（80μm 筛筛余，%） | ≤ | 4.0 | 10 | 15 |
| 需水量比（%） | ≤ | 125 | 120 | 120 |
| 28d 抗压强度比（%） | ≥ | 75 | 70 | 62 |

4. 硅灰的技术要求

硅灰的技术要求应符合表 15-14 的规定。

**硅灰的技术要求　表 15-14**

| 项　目 | 指　标 | 项　目 | 指　标 |
|---|---|---|---|
| 固含量（液料） | 按生产厂控制值的±2% | 需水量比 | ≤125% |
| 总碱量 | ≤1.5% | 比表面积（BET 法） | ≥15m²/g |
| $SiO_2$ 含量 | ≥85.0% | 活性指数（7d 快速法） | ≥105% |
| 氯含量 | ≤0.1% | 放射性 | $I_{ra}$≤1.0 和 $I_r$≤1.0 |
| 含水率（粉料） | ≤3.0% | 抑制碱骨料反应性 | 14d 膨胀率降低值≥35% |
| 烧失量 | ≤4.0% | 抗氯离子渗透性 | 28d 电通量之比≤40% |

注：1. 硅灰浆折算为固体含量按此表进行检验；

2. 抑制碱骨料反应性和抗氯离子渗透性为选择性试验项目，由供需双方协商决定。

**15.1.4.3 掺合料的选用**

1. 粉煤灰的选用

Ⅰ级粉煤灰允许用于后张预应力钢筋混凝土构件及跨度小于6m的先张预应力钢筋混凝土构件。

Ⅱ级粉煤灰主要用于普通钢筋混凝土和轻骨料钢筋混凝土。

Ⅲ级粉煤灰主要用于无筋混凝土和砂浆。

2. 粒化高炉矿渣粉的选用

S105级粒化高炉矿渣粉主要用于高性能钢筋混凝土。

S95级粒化高炉矿渣粉主要用于普通钢筋混凝土。

S75级粒化高炉矿渣粉主要用于无筋混凝土和砂浆。

3. 沸石粉的选用

主要用于高性能混凝土，以降低新拌混凝土的泌水与离析，提高混凝土的密实性，改善混凝土的力学性能和耐久性能。

4. 硅灰的选用

主要用于高强混凝土，能显著提高混凝土的强度和耐久性能。

**15.1.4.4 掺合料的质量控制**

1. 粉煤灰验收

使用单位以连续供应的200t相同厂家、相同等级、相同种类的粉煤灰为一验收批。不足上述量者，应按验收批进行验收。

每验收批粉煤灰至少应进行细度、需水量比、含水量和雷氏法安定性（F类粉煤灰可每季度测定一次）检验。当有要求时尚应进行其他项目检验。

2. 粒化高炉矿渣粉验收

使用单位以连续供应的200t相同厂家、相同等级、相同种类的粒化高炉矿渣粉为一验收批。不足上述量者，应按验收批进行验收。

每验收批粒化高炉矿渣粉至少应进行活性指数和流动度比检验。当有要求时尚应进行其他项目检验。

3. 沸石粉验收

使用单位以连续供应的200t相同厂家、相同等级、相同种类的沸石粉为一验收批。不足上述量者，应按验收批进行验收。

每验收批沸石粉至少应进行吸铵值、细度、活性指数和需水量比检验。当有要求时尚应进行其他项目检验。

4. 硅灰验收

使用单位以连续供应的50t相同厂家、相同等级、相同种类的硅灰为一验收批。不足上述量者，应按验收批进行验收。

每验收批硅灰至少应进行烧失量、活性指数和需水量比检验。当有要求时尚应进行其他项目检验。

5. 运输和贮存

掺合料在运输和贮存时不得受潮、混入杂物，应防止污染环境，并应标明掺合料种类及其厂名、等级等。

## 15.1.5　外　加　剂

在混凝土拌合过程中掺入，并能按要求改善混凝土性能，一般不超过水泥质量的5%（特殊情况除外）的材料称为混凝土外加剂。

### 15.1.5.1　外加剂的分类

混凝土外加剂按其主要功能分为：

（1）改善混凝土拌合物流动性能的外加剂，包括各种减水剂、引气剂和泵送剂等。

（2）调节混凝土凝结时间、硬化性能的外加剂，包括缓凝剂、早强剂和速凝剂等。

（3）改善混凝土耐久性能的外加剂，包括引气剂、防水剂和阻锈剂等。

（4）改善混凝土其他性能的外加剂，包括加气剂、膨胀剂、防冻剂等。

### 15.1.5.2　外加剂的技术要求

1. 掺外加剂混凝土的性能指标

（1）减水率、泌水率比、含气量

掺外加剂混凝土的减水率、泌水率比、含气量指标应符合表15-15的规定。

**掺外加剂混凝土的减水率、泌水率比、含气量指标　表15-15**

| 外加剂品种及代号 | | | 减水率（%），不小于 | 泌水率比（%），不大于 | 含气量（%） |
|---|---|---|---|---|---|
| 高性能减水剂 | 早强型 | HPWR-A | 25 | 50 | ≤6.0 |
| | 标准型 | HPWR-S | 25 | 60 | ≤6.0 |
| | 缓凝型 | HPWR-R | 25 | 70 | ≤6.0 |
| 高效减水剂 | 标准型 | HWR-S | 14 | 90 | ≤3.0 |
| | 缓凝型 | HWR-R | 14 | 100 | ≤4.5 |
| 普通减水剂 | 早强型 | WR-A | 8 | 95 | ≤4.0 |
| | 标准型 | WR-S | 8 | 100 | ≤4.0 |
| | 缓凝型 | WR-R | 8 | 100 | ≤5.5 |
| 引气减水剂 | | AEWR | 10 | 70 | ≥3.0 |
| 泵送剂 | | PA | 12 | 70 | ≤5.5 |
| 早强剂 | | $A_C$ | — | 100 | — |
| 缓凝剂 | | Re | — | 100 | — |
| 引气剂 | | AE | 6 | 70 | ≥3.0 |

注：1. 减水率、泌水率比、含气量为推荐性指标；

2. 表中所列数据为掺外加剂混凝土与基准混凝土的差值或比值。

（2）凝结时间之差、1h经时变化量

掺外加剂混凝土的凝结时间之差、1h经时变化量指标应符合表15-16的规定。

**掺外加剂混凝土的凝结时间之差、1h经时变化量指标　表15-16**

| 外加剂品种及代号 | | | 凝结时间之差（min） | | 1h经时变化量 | |
|---|---|---|---|---|---|---|
| | | | 初凝 | 终凝 | 坍落度（mm） | 含气量（%） |
| 高性能减水剂 | 早强型 | HPWR-A | －90～＋90 | | — | — |
| | 标准型 | HPWR-S | －90～＋120 | | ≤80 | — |
| | 缓凝型 | HPWR-R | ＞＋90 | — | ≤60 | — |

续表

| 外加剂品种及代号 | | | 凝结时间之差（min） | | 1h经时变化量 | |
|---|---|---|---|---|---|---|
| | | | 初凝 | 终凝 | 坍落度（mm） | 含气量（%） |
| 高效减水剂 | 标准型 | HWR-S | －90～＋120 | | — | — |
| | 缓凝型 | HWR-R | ＞＋90 | — | — | — |
| 普通减水剂 | 早强型 | WR-A | －90～＋90 | | — | — |
| | 标准型 | WR-S | －90～＋120 | | — | — |
| | 缓凝型 | WR-R | ＞＋90 | — | — | — |
| 引气减水剂 | | AEWR | －90～＋120 | | — | －1.5～＋1.5 |
| 泵送剂 | | PA | — | | ≤80 | — |
| 早强剂 | | Ac | －90～＋90 | — | — | — |
| 缓凝剂 | | Re | ＞＋90 | — | — | — |
| 引气剂 | | AE | －90～＋120 | | — | －1.5～＋1.5 |

注：1. 凝结时间之差、1h经时变化量为推荐性指标；

2. 表中所列数据为掺外加剂混凝土与基准混凝土的差值或比值；

3. 凝结时间之差性能指标中的“－”号表示提前，“＋”号表示延缓；

4. 1h含气量经时变化指标中的“－”号表示含气量增加，“＋”号表示含气量减少。

（3）抗压强度比、收缩率比

掺外加剂混凝土的抗压强度比、收缩率比指标应符合表15-17的规定。

**掺外加剂混凝土的抗压强度比、收缩率比指标** **表15-17**

| 外加剂品种及代号 | | | 抗压强度比（%），不小于 | | | | 收缩率比（%），不大于 |
|---|---|---|---|---|---|---|---|
| | | | 1d | 3d | 7d | 28d | 28d |
| 高性能减水剂 | 早强型 | HPWR-A | 180 | 170 | 145 | 130 | 110 |
| | 标准型 | HPWR-S | 170 | 160 | 150 | 140 | 110 |
| | 缓凝型 | HPWR-R | — | — | 140 | 130 | 110 |
| 高效减水剂 | 标准型 | HWR-S | 140 | 130 | 125 | 120 | 135 |
| | 缓凝型 | HWR-R | — | — | 125 | 120 | 135 |
| 普通减水剂 | 早强型 | WR-A | 135 | 130 | 110 | 100 | 135 |
| | 标准型 | WR-S | — | 115 | 115 | 110 | 135 |
| | 缓凝型 | WR-R | — | — | 110 | 110 | 135 |
| 引气减水剂 | | AEWR | — | 115 | 110 | 100 | 135 |
| 泵送剂 | | PA | — | — | 115 | 110 | 135 |
| 早强剂 | | Ac | 135 | 130 | 100 | 100 | 135 |
| 缓凝剂 | | Re | — | — | 100 | 100 | 135 |
| 引气剂 | | AE | — | 95 | 95 | 90 | 135 |

注：1. 抗压强度比、收缩率比为强制性指标；

2. 表中所列数据为掺外加剂混凝土与基准混凝土的差值或比值。

（4）相对耐久性

掺外加剂混凝土的相对耐久性指标应符合表 15-18 的规定。

**掺外加剂混凝土的相对耐久性指标　　表 15-18**

| 外加剂品种及代号 | | | 相对耐久性（200 次,%），不小于 |
|---|---|---|---|
| 高性能减水剂 | 早强型 | HPWR-A | — |
| | 标准型 | HPWR-S | — |
| | 缓凝型 | HPWR-R | — |
| 高效减水剂 | 标准型 | HWR-S | — |
| | 缓凝型 | HWR-R | — |
| 普通减水剂 | 早强型 | WR-A | — |
| | 标准型 | WR-S | — |
| | 缓凝型 | WR-R | — |
| 引气减水剂 | | AEWR | 80 |
| 泵送剂 | | PA | — |
| 早强剂 | | $A_C$ | — |
| 缓凝剂 | | Re | — |
| 引气剂 | | AE | 80 |

注：1. 相对耐久性为强制性指标；

2. 相对耐久性（200 次）性能指标中的“≥80”表示将 28d 龄期的受检混凝土试件快速冻融循环 200 次后，动弹性模量保留值≥80%。

## 2. 匀质性指标

匀质性指标应符合表 15-19 的规定。

**匀 质 性 指 标　　表 15-19**

| 项　　目 | 指　　标 |
|---|---|
| 氯离子含量（%） | 不超过生产厂控制值 |
| 总碱量（%） | 不超过生产厂控制值 |
| 含固量（%） | $S$>25%时，应控制在 0.95$s$～1.05$s$；<br>$S$≤25%时，应控制在 0.90$s$～1.10$s$ |
| 含水率（%） | $W$>5%时，应控制在 0.90$W$～1.10$W$；<br>$W$≤5%时，应控制在 0.80$W$～1.20$W$ |
| 密度（$g/cm^3$） | $D$>1.1 时，应控制在 $D$±0.03；<br>$D$≤1.1%时，应控制在 $D$±0.02 |
| 细度 | 应在生产厂控制范围内 |
| pH 值 | 应在生产厂控制范围内 |
| 硫酸钠含量（%） | 不超过生产厂控制值 |

注：1. 生产厂应在相关的技术资料中表示产品匀质性指标的控制值；

2. 对相同和不同批次之间的匀质性和等效性的其他要求，可由供需双方商定；

3. 表中的 $S$、$W$ 和 $D$ 分别为含固量、含水率和密度的生产厂控制值。

**15.1.5.3 外加剂的选用**

1. 高性能减水剂

高性能减水剂是国内外近年来开发的新型外加剂品种，目前主要为聚羧酸盐类产品。它使混凝土在减水、保坍、增强、收缩及环保等方面具有优良性能的系列减水剂。

高性能减水剂适用于各类预制和现浇钢筋混凝土、预应力钢筋混凝土工程，适用于超高强、清水、自密实等高性能混凝土。

2. 高效减水剂

高效减水剂具有较高的减水率，较低引气量，是我国使用量大、面广的外加剂品种。

高效减水剂适用于各类预制和现浇钢筋混凝土、预应力钢筋混凝土工程。适用于高强、中等强度混凝土，早强、浅度抗冻、大流动混凝土。

3. 普通减水剂

普通减水剂的主要成分为木质素磺酸盐，通常由亚硫酸盐法生产纸浆的副产品制得。具有一定的缓凝、减水和引气作用。

普通减水剂适用于各种现浇及预制（不经蒸养工艺）混凝土、钢筋混凝土及预应力混凝土，中低强度混凝土。适用于大模板施工、滑模施工及日最低气温+5℃以上混凝土施工。多用于大体积混凝土、泵送混凝土、有轻度缓凝要求的混凝土。不宜单独用于蒸养混凝土。

4. 引气剂及引气减水剂

引气剂是一种在搅拌过程中具有在砂浆或混凝土中引入大量、均匀分布的微气泡，而且在硬化后能保留在其中的一种外加剂。

引气减水剂是兼有引气和减水功能的外加剂，它是由引气剂与减水剂复合组成。

引气剂及引气减水剂适用于抗渗混凝土、抗冻混凝土、抗硫酸盐混凝土、贫混凝土、轻骨料混凝土以及对饰面有要求的混凝土，引气剂不宜用于蒸养混凝土及预应力混凝土。

5. 泵送剂

泵送剂是用于改善混凝土泵送性能的外加剂，它由减水剂、缓凝剂、引气剂、润滑剂等多种组分复合而成。

泵送剂适用于各种需要采用泵送工艺的混凝土。

6. 早强剂

早强剂是能加速水泥水化和硬化，促进混凝土早期强度增长的外加剂，可缩短混凝土养护龄期，加快施工进度，提高模板和场地周转率。

早强剂适用于蒸养混凝土及常温、低温和最低温度不低于−5℃环境中施工的有早强要求或防冻要求的混凝土工程。严禁用于饮水工程及与食品相接触的工程。

7. 缓凝剂

缓凝剂是可在较长时间内保持混凝土工作性，延缓混凝土凝结和硬化时间的外加剂。

缓凝剂适用于炎热气候条件下施工的混凝土、大体积混凝土，以及需长距离运输或较长时间停放的混凝土。不宜用于日最低气温5℃以下施工的混凝土，也不宜单独用于有早强要求的混凝土及蒸养混凝土。

**15.1.5.4 外加剂的质量控制**

1. 外加剂验收

使用单位以连续供应的10t相同厂家、相同等级、相同种类的外加剂为一验收批。不足上述量者，应按验收批进行验收。

每验收批外加剂至少应进行密度、减水率、含固量（含水率）和pH值检验。当有要求时尚应进行其他项目检验。

2. 运输和贮存

外加剂应按不同厂家、不同品种、不同等级分别存放，标识清晰。

液体外加剂应放置在阴凉干燥处，防止日晒、受冻、污染、进水和蒸发，如发现有沉淀等现象，需经性能检验合格后方可使用。

粉状外加剂应防止受潮结块，如发现有结块等现象，需经性能检验合格后方可使用。

## 15.1.6　拌　合　用　水

一般符合国家标准的生活饮用水，可直接用于拌制、养护各种混凝土。其他来源的水使用前，应按有关标准进行检验后方可使用。

### 15.1.6.1　拌合用水的分类

拌合用水按其来源不同分为饮用水、地表水、地下水、再生水、混凝土企业设备洗涮水和海水等。

### 15.1.6.2　拌合用水的技术要求

（1）混凝土拌合用水水质要求应符合表15-20的规定。

**混凝土拌合用水水质要求**　　**表15-20**

| 项　目 | 预应力混凝土 | 钢筋混凝土 | 素混凝土 |
|---|---|---|---|
| pH值 | ≥5.0 | ≥4.5 | ≥4.5 |
| 不溶物（mg/L） | ≤2000 | ≤2000 | ≤5000 |
| 可溶物（mg/L） | ≤2000 | ≤5000 | ≤10000 |
| 氯化物（以$CL^-$计，mg/L） | ≤500 | ≤1000 | ≤3500 |
| 硫酸盐（以$SO_4^{2-}$计，mg/L） | ≤600 | ≤2000 | ≤2700 |
| 碱含量（mg/L） | ≤1500 | ≤1500 | ≤1500 |

注：1. 对于设计使用年限为100年的结构混凝土，氯离子含量不得超过500mg/L；
2. 对使用钢丝或经热处理钢筋的预应力混凝土，氯离子含量不得超过350mg/L；
3. 碱含量按$Na_2O+0.658K_2O$计算值来表示。采用非碱活性骨料时，可不检验碱含量。

（2）地表水、地下水、再生水的放射性应符合现行国家标准《生活饮用水卫生标准》（GB 5749）的规定。

（3）被检验水样与饮用水样进行水泥凝结时间对比试验，试验所得的水泥初凝时间差及终凝时间差均不应大于30min。

（4）被检验水样与饮用水样进行水泥胶砂强度对比试验，被检验水样配制的水泥胶砂3d和28d强度不应低于饮用水配制的水泥胶砂3d和28d强度的90%。

### 15.1.6.3　拌合用水的选用

（1）符合国家标准的生活饮用水是最常使用的混凝土拌合用水，可直接用于拌制各种混凝土。

（2）地表水和地下水首次使用前，应按有关标准进行检验后方可使用。

（3）海水可用于拌制素混凝土，但未经处理的海水严禁用于拌制钢筋混凝土、预应力混凝土。有饰面要求的混凝土也不应用海水拌制。

（4）混凝土企业设备洗涮水不宜用于预应力混凝土、装饰混凝土、加气混凝土和暴露于腐蚀环境的混凝土；不得用于使用碱活性或潜在碱活性骨料的混凝土。

#### 15.1.6.4 拌合用水的质量管理

水质检验、水样取样、检验期限和频率应符合现行行业标准《混凝土用水标准》（JGJ 63）的规定。

## 15.2 混凝土的配合比设计

### 15.2.1 普通混凝土配合比设计

普通混凝土配合比设计，一般应根据混凝土强度等级及施工所要求的混凝土拌合物坍落度（维勃稠度）指标进行。如果混凝土还有其他技术指标，除在计算和试配过程中予以考虑外，尚应增加相应的试验项目，进行试验确认。

#### 15.2.1.1 普通混凝土配合比设计依据

（1）混凝土拌合物工作性能，如坍落度、扩展度、维勃稠度等；

（2）混凝土力学性能，如抗压强度、抗折强度等；

（3）混凝土耐久性能，如抗渗、抗冻、抗侵蚀等。

#### 15.2.1.2 普通混凝土配合比设计步骤

1. 普通混凝土配合比计算

（1）计算混凝土配制强度

1）当混凝土的设计强度等级小于C60时，配制强度应按下式计算：

$$f_{cu,0} \geqslant f_{cu,k} + 1.645\sigma \tag{15-1}$$

式中 $f_{cu,0}$——混凝土配制强度（MPa）；

$f_{cu,k}$——混凝土立方体抗压强度标准值（MPa）；

$\sigma$——混凝土强度标准差（MPa）。

$\sigma$的取值，当具有近1～3个月的同一品种、同一强度等级混凝土的强度资料时，其混凝土强度标准差$\sigma$应按下式求得：

$$\sigma = \sqrt{\frac{\sum_{i=1}^{n} f_{cu,i}^2 - nm_{f_{cu}}^2}{n-1}} \tag{15-2}$$

式中 $f_{cu,i}$——统计周期内同一品种混凝土第$i$组试件的强度值（MPa）；

$m_{f_{cu}}$——统计周期内同一品种混凝土$n$组试件强度平均值（MPa）；

$n$——统计周期内同一品种混凝土试件总组数，$n \geqslant 30$。

对强度等级不大于C30的混凝土：当$\sigma$计算值不小于3.0MPa时，应按照计算结果取值；当$\sigma$计算值小于3.0MPa时，$\sigma$应取3.0MPa。对于强度等级大于C30且小于C60的混凝土：当$\sigma$计算值不小于4.0MPa时，应按照计算结果取值；当$\sigma$计算值小于4.0MPa时，

$\sigma$应取4.0MPa。

当没有近期的同一品种、同一强度等级混凝土强度统计资料时，其强度标准差$\sigma$可按表15-21取值。

**强度标准差$\sigma$取值表**　　表15-21

| 混凝土强度等级 | ≤C20 | C25～C45 | C50～C55 |
|---|---|---|---|
| $\sigma$（MPa） | 4.0 | 5.0 | 6.0 |

注：在采用本表时，施工单位可根据实际情况，对$\sigma$值作适当调整。

2）当混凝土的设计强度等级大于或等于C60时，配制强度应按下式计算：

$$f_{cu,0} \geqslant 1.15 f_{cu,k} \tag{15-3}$$

(2) 计算出所要求的水胶比值

当混凝土强度等级不大于C60，混凝土水胶比宜按下式计算：

$$\frac{W}{B} = \frac{\alpha_a \cdot f_b}{f_{cu,0} + \alpha_a \cdot \alpha_b \cdot f_b} \tag{15-4}$$

式中　$\alpha_a$、$\alpha_b$——回归系数，取值应符合表15-23的规定；

$W/B$——水胶比；

$f_{cu,0}$——混凝土配制强度（MPa）；

$f_b$——胶凝材料（水泥与矿物掺合料按使用比例混合）28d胶砂强度（MPa），试验方法应按现行国家标准《水泥胶砂强度检验方法（ISO法）》（GB/T 17671）执行；当无实测值时，可按下列规定确定：

①根据3d胶砂强度或快测强度推定28d胶砂强度关系式推定$f_b$值；

②当矿物掺合料为粉煤灰和粒化高炉矿渣粉时，可按下式推算$f_b$值：

$$f_b = \gamma_f \cdot \gamma_s \cdot f_{ce} \tag{15-5}$$

式中　$\gamma_f$、$\gamma_s$——粉煤灰影响系数和粒化高炉矿渣粉影响系数，可按表15-22选用；

$f_{ce}$——28d胶砂抗压强度（MPa），可实测，也可按式（15-6）确定。

**粉煤灰影响系数$\gamma_f$和粒化高炉矿渣粉影响系数$\gamma_s$**　　表15-22

| 种类 / 掺量（%） | 粉煤灰影响系数$\gamma_f$ | 粒化高炉矿渣粉影响系数$\gamma_s$ |
|---|---|---|
| 0 | 1.00 | 1.00 |
| 10 | 0.85～0.95 | 1.00 |
| 20 | 0.75～0.85 | 0.95～1.00 |
| 30 | 0.65～0.75 | 0.90～1.00 |
| 40 | 0.55～0.65 | 0.80～0.90 |
| 50 | — | 0.70～0.85 |

注：1. 采用Ⅰ级、Ⅱ级粉煤灰宜取上限值；

2. 采用S75级粒化高炉矿渣粉宜取下限值，采用S95级粒化高炉矿渣粉宜取上限值，采用S105级粒化高炉矿渣粉可取上限值加0.05；

3. 当超出表中的掺量时，粉煤灰和粒化高炉矿渣粉影响系数应经试验确定。

1）回归系数 $\alpha_a$、$\alpha_b$ 应根据工程所用的水泥、骨料，通过试验由建立的水灰比与混凝土强度关系式确定；若不具备上述试验统计资料时，其回归系数可按表 15-23 选用。

**回归系数 $\alpha_a$、$\alpha_b$ 选用表** **表 15-23**

| 粗骨料品种 | 碎　石 | 卵　石 |
|---|---|---|
| $\alpha_a$ | 0.53 | 0.49 |
| $\alpha_b$ | 0.20 | 0.13 |

2）当无水泥 28d 胶砂抗压强度实测值时，式（15-3）中 $f_{ce}$ 值可按下式确定：

$$f_{ce}=\gamma_c\cdot f_{ce,g} \tag{15-6}$$

式中 $\gamma_c$——水泥强度等级值的富余系数，可按实际统计资料确定；

$f_{ce,g}$——水泥强度等级值（MPa）。

3）$f_{ce}$ 值也可根据 3d 强度或快速强度推定 28d 强度关系式推定得出。

4）计算所得的混凝土的最大水胶比应符合现行国家标准《混凝土结构设计规范》（GB 50010）的规定。混凝土的最小胶凝材料用量应符合表 15-24 的规定，配制 C15 及其以下强度等级的混凝土，可不受限制。

**混凝土的最小胶凝材料用量** **表 15-24**

| 最大水胶比 | 最小胶凝材料用量（kg/m³） | | |
|---|---|---|---|
| | 素混凝土 | 钢筋混凝土 | 预应力混凝土 |
| 0.60 | 250 | 280 | 300 |
| 0.55 | 280 | 300 | 300 |
| 0.50 | 320 | | |
| ≤0.45 | 330 | | |

（3）选取每立方米混凝土的用水量

1）干硬性和塑性混凝土用水量的确定

① 当水灰比在 0.40～0.80 范围内时，根据粗骨料的品种、粒径及施工要求的混凝土拌合物稠度，其用水量可按表 15-25、表 15-26 取用。

**干硬性混凝土的用水量（kg/m³）** **表 15-25**

| 拌合物稠度 | | 卵石最大粒径（mm） | | | 碎石最大粒径（mm） | | |
|---|---|---|---|---|---|---|---|
| 项　目 | 指　标 | 10.0 | 20.0 | 40.0 | 16.0 | 20.0 | 40.0 |
| 维勃稠度（s） | 16～20 | 175 | 160 | 145 | 180 | 170 | 155 |
| | 11～15 | 180 | 165 | 150 | 185 | 175 | 160 |
| | 5～10 | 185 | 170 | 155 | 190 | 180 | 165 |

**塑性混凝土的用水量（kg/m³）** **表 15-26**

| 拌合物稠度 | | 卵石最大粒径（mm） | | | | 碎石最大粒径（mm） | | | |
|---|---|---|---|---|---|---|---|---|---|
| 项目 | 指标 | 10.0 | 20.0 | 31.5 | 40.0 | 16.0 | 20.0 | 31.5 | 40.0 |
| 坍落度（mm） | 10～30 | 190 | 170 | 160 | 150 | 200 | 185 | 175 | 165 |
| | 35～50 | 200 | 180 | 170 | 160 | 210 | 195 | 185 | 175 |

续表

| 拌合物稠度 | | 卵石最大粒径（mm） | | | | 碎石最大粒径（mm） | | | |
|---|---|---|---|---|---|---|---|---|---|
| 项目 | 指标 | 10.0 | 20.0 | 31.5 | 40.0 | 16.0 | 20.0 | 31.5 | 40.0 |
| 坍落度（mm） | 55～70 | 210 | 190 | 180 | 170 | 220 | 205 | 195 | 185 |
| | 75～90 | 215 | 195 | 185 | 175 | 230 | 215 | 205 | 195 |

注：1. 本表用水量系采用中砂时的平均取值。如采用细砂时，每立方米混凝土用水量可增加 5～10kg；如采用粗砂时，则可减少 5～10kg；

2. 掺用各种外加剂或掺合料时，用水量应相应调整。

② 当水灰比小于 0.40 的混凝土或采用特殊成型工艺的混凝土用水量应通过试验确定。

2）流动性和大流动性混凝土的用水量的确定

① 以表 15-25 中坍落度为 90mm 的用水量为基础，按坍落度每增大 20mm 用水量增加 5kg，计算出未掺外加剂时的混凝土的用水量。

② 掺外加剂时的混凝土用水量可用下式计算：

$$w_{wa} = m_{w0}\ (1-\beta) \tag{15-7}$$

式中 $w_{wa}$ ——掺外加剂混凝土每立方米混凝土的用水量（kg）；

$m_{w0}$ ——未掺外加剂混凝土每立方米混凝土的用水量（kg）；

$\beta$——外加剂的减水率（%），经试验确定。

（4）计算每立方米混凝土的水泥用量

每立方米混凝土的水泥用量可按下式计算：

$$m_{co} = \frac{c}{w} \times m_0 = \frac{1}{c/B} \times m_0 \tag{15-8}$$

所计算的水泥用量应符合表 15-24 所规定的最小水泥用量。混凝土的最大水泥用量不宜大于 550kg/m³。

（5）选取混凝土砂率

1）混凝土坍落度为 10～60mm 混凝土砂率，可根据粗骨料品种、粒径及水灰比按表 15-27 选取。

混凝土的砂率（%） 表 15-27

| 水灰比 W/B | 卵石最大粒径（mm） | | | 碎石最大粒径（mm） | | |
|---|---|---|---|---|---|---|
| | 10 | 20 | 40 | 16 | 20 | 40 |
| 0.40 | 26～32 | 25～31 | 24～30 | 30～35 | 29～34 | 27～32 |
| 0.50 | 30～35 | 29～34 | 28～33 | 33～38 | 32～37 | 30～35 |
| 0.60 | 33～38 | 32～37 | 31～36 | 36～41 | 35～40 | 33～38 |
| 0.70 | 36～41 | 35～40 | 34～39 | 39～44 | 38～43 | 36～41 |

注：1. 本表数值系中砂的选用砂率，对细砂或粗砂，可相应地减少或增大砂率；

2. 只用一个单粒级粗骨料配制混凝土时，砂率应适当增大；

3. 对薄壁构件，砂率取偏大值；

4. 本表中的砂率系指砂与骨料总量的质量比。

2）坍落度大于 60mm 的混凝土砂率，可经试验确定，也可在表 15-26 的基础上，按坍落度每增大 20mm，砂率增大 1%的幅度予以调整。

3）坍落度小于 10mm 的混凝土，其砂率应经试验确定。

（6）计算粗、细骨料的用量

在已知混凝土用水量、水泥用量和砂率的情况下，按体积法或重量法求出粗、细骨料的用量，从而得出混凝土的初步配合比。

1）体积法又称绝对体积法。这个方法是假定混凝土组成材料绝对体积的总和等于混凝土的体积，因而得到下列方程式，并解之。

$$\frac{m_{c0}}{\rho_c}+\frac{m_{g0}}{\rho_g}+\frac{m_{s0}}{\rho_s}+\frac{m_{w0}}{\rho_w}+0.01\alpha=1 \tag{15-9}$$

$$m_{s0}/(m_{g0}+m_{s0})\times100\%=\beta_s \tag{15-10}$$

式中 $m_{c0}$——每立方米混凝土的水泥用量（kg）；

$m_{g0}$——每立方米混凝土的粗骨料用量（kg）；

$m_{s0}$——每立方米混凝土的细骨料用量（kg）；

$m_{w0}$——每立方米混凝土的用水量（kg）；

$\rho_c$——水泥密度（$kg/m^3$），可取 2900～3100$kg/m^3$；

$\rho_g$——粗骨料的表观密度（$kg/m^3$）；

$\rho_s$——细骨料的表观密度（$kg/m^3$）；

$\rho_w$——水的密度（$kg/m^3$），可取 1000；

$\alpha$——混凝土的含气量百分数在不使用引气剂外加剂时，$\alpha$ 可取为 1；

$\beta_s$——砂率（%）。

在上述关系式中，$\rho_g$ 和 $\rho_s$ 应按现行行业标准《普通混凝土用砂、石质量及检验方法标准》（JGJ 52）所规定的方法测得。

2）重量法又称为假定重量法。这种方法是假定混凝土拌合物的重量为已知，从而，可求出单位体积混凝土的骨料总用量（重量），进而分别求出粗、细骨料的重量，得出混凝土的配合比。

$$m_{c0}+m_{s0}+m_{g0}+m_{w0}=m_{cp} \tag{15-11}$$

$$m_{s0}/(m_{g0}+m_{s0})\times100\%=\beta_s \tag{15-12}$$

式中 $m_{cp}$——每立方米混凝土拌合物的假定重量（kg），其值可取 2350～2450kg。

2. 普通混凝土配合比的试配

按照工程中实际使用的材料和搅拌方法，根据计算出的配合比进行试拌。混凝土试拌的数量不应少于表 15-28 所规定的数值，如需要进行抗冻、抗渗或其他项目试验，应根据实际需要计算用量。采用机械搅拌时，拌合量应不少于该搅拌机额定搅拌量的四分之一。

如果试拌的混凝土坍落度或维勃稠度不能满足要求，或黏聚性和保水性不好时，应在保证水灰比不变条件下相应调整用水量或砂率，直至符合要求为止。然后提出供检验混凝土强度用的基准配合比。混凝土强度试块的边长，应符合表 15-29 的规定。

**混凝土试配的最小搅拌量　　表 15-28**

| 骨料最大粒径（mm） | 拌合物数量（L） |
|---|---|
| 31.5 及以下 | 20 |
| 40.0 | 25 |

**混凝土立方体试块边长　　表 15-29**

| 骨料最大粒径（mm） | 试块边长（mm） |
|---|---|
| ≤30 | 100×100×100 |
| ≤40 | 150×150×150 |
| ≤60 | 200×200×200 |

制作混凝土强度试块时，至少应采用三个不同的配合比，其中一个是按上述方法得出的基准配合比，另外两个配合比的水灰比，应较基准配合比分别增加和减少 0.05，其用水量应该与基准配合比相同，砂率可分别增加和减少 1%。

当不同水灰比的混凝土拌合物坍落度与要求值的差超过允许偏差时，可通过增、减用水量进行调整。

制作混凝土强度试件时，尚需试验混凝土的坍落度或维勃稠度、黏聚性、保水性及混凝土拌合物的表观密度，作为代表这一配合比的混凝土拌合物的各项基本性能。

每种配合比应至少制作一组（3 块）试件，标准养护到 28d 时进行试压；有条件的单位也可同时制作多组试件，供快速检验或较早龄期的试压，以便提前定出混凝土配合比供施工使用。但以后仍必须以标准养护到 28d 的检验结果为依据调整配合比。

3. 普通混凝土配合比的调整和确定

经过试配以后，便可按照所得的结果确定混凝土的施工配合比。由试验得出的混凝土强度与其相对应的灰水比（$C/W$）关系，用作图法或计算法求出与混凝土配制强度（$f_{cu,0}$）相对应的灰水比，并应按下列原则确定每立方米混凝土的材料用量：

(1) 用水量（$m_w$）应在基准配合比用水量的基础上，根据制作强度试件时测得的坍落度或维勃稠度进行调整确定；

(2) 水泥用量（$m_c$）应以用水量乘以选定出来的灰水比计算确定；

(3) 粗骨料和细骨料用量（$m_g$ 和 $m_s$）应在基准配合比的粗骨料和细骨料用量的基础上，按选定的灰水比进行调整后确定。

经试配确定配合比后，尚应按下列步骤进行校正：

(1) 根据上述方法确定的材料用量计算混凝土的表观密度计算值 $\rho_{c,c}$：

$$\rho_{c,c} = m_c + m_s + m_g + m \tag{15-13}$$

(2) 计算混凝土配合比校正系数 $\delta$：

$$\delta = \rho_{c,t} / \rho_{c,c} \tag{15-14}$$

式中　$\rho_{c,c}$——混凝土表观密度计算值（kg/m³）；

　　　$\rho_{c,t}$——混凝土表观密度实测值（kg/m³）。

(3) 当混凝土表观密度实测值与计算值之差的绝对值不超过计算值的 2%时，计算调整后的材料用量确定的配合比即为确定的设计配合比；当二者之差超过 2%时，应将配合比中每项材料用量均乘以校正系数 δ，即为确定的设计配合比。

(4) 设计配合比是以干燥状态骨料为基准，而实际工程使用的骨料都含有一定的水分，故必须进行修正，修正后的配合比称为施工配合比。

## 15.2.2　有特殊要求的混凝土配合比设计

### 15.2.2.1　抗渗混凝土

（1）抗渗混凝土所用原材料应符合下列规定：

1）水泥宜采用普通硅酸盐水泥；

2）粗骨料宜采用连续级配，其最大粒径不宜大于40mm，含泥量不得大于1.0%，泥块含量不得大于0.5%；

3）细骨料宜采用中砂，含泥量不得大于3.0%，泥块含量不得大于1.0%；

4）抗渗混凝土宜掺用外加剂和矿物掺合料；粉煤灰应采用F类，并不应低于Ⅱ级。

（2）抗渗混凝土配合比的计算方法和试配步骤除应遵守现行行业标准《普通混凝土配合比设计规程》（JGJ 55）的规定外，尚应符合下列规定：

1）每立方米混凝土中的水泥和矿物掺合料总量不宜小于320kg；

2）砂率宜为35%～45%；

3）最大水灰比应符合表15-30的规定。

**抗渗混凝土最大水灰比　　表15-30**

| 抗渗等级 | 最大水灰比 | |
|---|---|---|
| | C20～C30混凝土 | C30以上混凝土 |
| P6 | 0.60 | 0.55 |
| P8～P12 | 0.55 | 0.50 |
| >P12 | 0.50 | 0.45 |

4）掺用引气剂的抗渗混凝土，其含气量宜控制在3.0%～5.0%。

（3）进行抗渗混凝土配合比设计时，尚应增加抗渗性能试验，并应符合下列规定：

1）试配要求的抗渗水压值应比设计值提高0.2MPa；

2）试配时，宜采用水灰比最大的配合比作抗渗试验，其试验结果应符合下式要求：

$$P_t \geqslant P/10 + 0.2 \tag{15-15}$$

式中　$P_t$——6个试件中4个未出现渗水时的最大水压值（MPa）；

$P$——设计要求的抗渗等级值。

3）掺引气剂的混凝土还应进行含气量试验，含气量宜控制在3.0%～5.0%。

### 15.2.2.2　抗冻混凝土

（1）抗冻混凝土所用原材料应符合下列规定：

1）应选用硅酸盐水泥或普通硅酸盐水泥；

2）宜选用连续级配的粗骨料，其含泥量不得大于1.0%，泥块含量不得大于0.5%；

3）细骨料含泥量不得大于3.0%，泥块含量不得大于1.0%；

4）粗骨料和细骨料均应进行坚固性试验，并应符合现行行业标准《普通混凝土用砂、石质量及检验方法标准》（JGJ 52）的规定；

5）钢筋混凝土和预应力混凝土不应掺用含有氯盐的外加剂；

6）抗冻混凝土宜掺用引气剂，掺用引气剂的混凝土最小含气量应符合表15-31的规定。

掺引气型外加剂混凝土含气量限值　　表 15-31

| 粗骨料最大公称粒径（mm） | 混凝土含气量限值（%） | 粗骨料最大公称粒径（mm） | 混凝土含气量限值（%） |
|---|---|---|---|
| 10 | 7.0 | 25 | 5.0 |
| 15 | 6.0 | 40 | 4.5 |
| 20 | 5.5 | | |

（2）抗冻混凝土配合比的计算方法和试配步骤除应遵守现行行业标准《普通混凝土配合比设计规程》（JGJ 55）的规定外，供试配用的最大水胶比和最小胶凝材料用量应符合表 15-32 的规定。

抗冻混凝土的最大水胶比和最小胶凝材料用量　　表 15-32

| 设计抗冻等级 | 最大水胶比 | | 最小胶凝材料用量 |
|---|---|---|---|
| | 无引气剂时 | 掺引气剂时 | |
| F50 | 0.55 | 0.60 | 300 |
| F100 | 0.50 | 0.55 | 320 |
| 不低于 F150 | — | 0.50 | 350 |

（3）复合矿物掺合料掺量应符合表 15-33 的规定。

抗冻混凝土中复合矿物掺合料掺量限值　　表 15-33

| 矿物掺合料种类 | 水胶比 | 对应不同水泥品种的矿物掺合料掺量 | |
|---|---|---|---|
| | | 硅酸盐水泥（%） | 普通硅酸盐水泥（%） |
| 复合矿物掺合料 | ≤0.40 | ≤60 | ≤50 |
| | >0.40 | ≤50 | ≤40 |

注：1. 采用硅酸盐水泥和普通硅酸盐水泥之外的通用硅酸盐水泥时，混凝土中水泥混合材和复合矿物掺合料用量之和应不大于普通硅酸盐水泥（混合材掺量按 20%计）混凝土中水泥混合材和复合矿物掺合料用量之和；
2. 复合矿物掺合料中各矿物掺合料组分的掺量不宜超过表中单掺时的限量。

**15.2.2.3　高强混凝土**

（1）配制高强混凝土所用原材料应符合下列规定：

1）应选用质量稳定、强度等级不低于 42.5 级的硅酸盐水泥或普通硅酸盐水泥；

2）粗骨料的最大粒径不宜大于 25mm，针片状颗粒含量不宜大于 5.0%；含泥量不应大于 0.5%，泥块含量不宜大于 0.2%；

3）细骨料的细度模数宜为 2.6～3.0，含泥量不应大于 2.0%，泥块含量不应大于 5.0%；

4）宜采用不小于 25%的高性能减水剂；

5）宜复合掺用粒化高炉矿渣、粉煤灰和硅灰等矿物掺合料；粉煤灰应采用 F 类，并不应低于Ⅱ级；强度等级不低于 C80 的高强混凝土宜掺用硅灰。

（2）高强混凝土配合比应经试验确定。在缺乏试验依据的情况下，高强混凝土配合比设计宜符合下列要求：

1）水胶比、胶凝材料用量和砂率可按表 15-34 选取，并应经试配确定；

高强混凝土水胶比、胶凝材料用量和砂率　表 15-34

| 强度等级 | 水胶比 | 胶凝材料用量（kg/m³） | 砂率（%） |
|---|---|---|---|
| ＞C60，＜C80 | 0.28～0.33 | 480～560 | 35～42 |
| ≥C80，＜C100 | 0.26～0.28 | 520～580 | |
| C100 | 0.24～0.26 | 550～600 | |

2）外加剂和矿物掺合料的品种、掺量，应通过试配确定；矿物掺合料掺量宜为 25%～40%；硅灰掺量不宜大于 10%；

3）水泥用量不宜大于 500kg/m³。

（3）在试配过程中，应采用三个不同的配合比进行混凝土强度试验，其中一个可为依据表 15-33 计算后调整拌合物的试拌配合比，另外两个配合比的水胶比，宜较试拌配合比分别增加和减少 0.02。

（4）高强混凝土设计配合比确定后，尚应用该配合比进行不少于三盘混凝土的重复试验，每盘混凝土应至少成型一组试件，每组混凝土的抗压强度不应低于配制强度。

（5）高强混凝土抗压强度宜采用标准试件通过试验测定；使用非标准尺寸试件时，尺寸折算系数应由试验确定。

**15.2.2.4　泵送混凝土**

（1）泵送混凝土所采用的原材料应符合下列规定：

1）泵送混凝土宜选用硅酸盐水泥、普通硅酸盐水泥、矿渣硅酸盐水泥和粉煤灰硅酸盐水泥；

2）粗骨料宜采用连续级配，其针片状颗粒含量不宜大于 10%；粗骨料的最大粒径与输送管径之比宜符合表 15-35 的规定；

粗骨料的最大粒径与输送管径之比　表 15-35

| 石子品种 | 泵送高度（m） | 粗骨料最大粒径与输送管径比 |
|---|---|---|
| 碎石 | ＜50 | ≤1∶3.0 |
| | 50～100 | ≤1∶4.0 |
| | ＞100 | ≤1∶5.0 |
| 卵石 | ＜50 | ≤1∶2.5 |
| | 50～100 | ≤1∶3.0 |
| | ＞100 | ≤1∶4.0 |

3）泵送混凝土宜采用中砂，其通过公称直径 315μm 筛孔的颗粒含量不应少于 15%；

4）泵送混凝土应掺用泵送剂或减水剂，并宜掺用粉煤灰或其他活性矿物掺合料。

（2）泵送混凝土配合比设计：

泵送混凝土配合比设计应根据混凝土原材料、混凝土运输距离、混凝土泵与混凝土输送管径、泵送距离、气温等具体施工条件试配。必要时，应通过试泵送确定泵送混凝土的配合比。

泵送混凝土试配时要求的坍落度值按下式计算：

可按现行行业标准《混凝土泵送施工技术规程》（JGJ/T 10）的规定选用。

$$T_t = T_p + \Delta T \quad (15\text{-}16)$$

式中 $T_t$——试配时要求的坍落度值；

$T_p$——入泵时要求的坍落度值；

$\Delta T$——试验测得在预计时间内的坍落度经时损失值。

对不同泵送高度，入泵时混凝土的坍落度，也可按表 15-36 选用。

**混凝土入泵坍落度与泵送高度关系** **表 15-36**

| 最大泵送高度（m） | 50 | 100 | 200 | 400 | 400 以上 |
|---|---|---|---|---|---|
| 入泵坍落度（mm） | 100～140 | 150～180 | 190～220 | 230～260 | — |
| 入泵扩展度（mm） | — | — | — | 450～590 | 600～740 |

混凝土入泵时的坍落度允许误差应符合表 15-37 的规定。

**混凝土坍落度允许误差** **表 15-37**

| 坍落度（mm） | 坍落度允许误差（mm） |
|---|---|
| 100～160 | ±20 |
| ＞160 | ±30 |

混凝土经时坍落度损失值可按表 15-38 选用。

**混凝土经时坍落度损失值** **表 15-38**

| 大气温度（℃） | 10～20 | 20～30 | 30～35 |
|---|---|---|---|
| 混凝土经时坍落度损失值（mm） | 5～25 | 25～35 | 35～50 |

注：掺粉煤灰与其他外加剂时，混凝土经时坍落度损失可根据施工经验确定。无施工经验时，应通过试验确定。

（3）泵送混凝土配合比的计算方法和步骤除应遵守现行行业标准《普通混凝土配合比设计规程》（JGJ 55）的规定外，尚应符合下列规定：

1）泵送混凝土的用水量与水泥与矿物掺合料的总量之比不宜大于 0.60；

2）泵送混凝土的水泥与矿物掺合料的总量不宜小于 300kg/m³；

3）泵送混凝土的砂率宜为 35%～45%；

4）掺用引气型外加剂时，其混凝土含气量不宜大于 4%；

5）掺粉煤灰的泵送混凝土配合比设计，必须经过试配确定，并应符合国家现行标准的有关规定。

### 15.2.2.5 大体积混凝土

（1）大体积混凝土所用原材料应符合下列规定：

1）水泥应选用中、低热硅酸盐水泥或低热矿渣硅酸盐水泥，水泥 3d 的水化热不宜大于 240kJ/kg，7d 的水化热不宜大于 270kJ/kg。水化热试验方法应按国家现行标准《水泥水化热测定方法》（GB/T 12959）执行。

2）细骨料宜采用中砂，其细度模数宜采用中砂，含泥量不应大于 3.0%。

3）粗骨料宜选用连续级配，最大公称粒径不宜小于 31.5mm，含泥量不应大于 1%。

4）大体积混凝土宜矿物掺合料和缓凝型减水剂。

（2）大体积混凝土的配合比设计：

大体积混凝土配合比的计算方法和步骤除应遵守现行行业标准《普通混凝土配合比设计规程》(JGJ 55)的规定外，尚应符合下列规定：

1）当设计采用混凝土60d或90d龄期强度时，宜采用标准试件进行抗压强度试验。

2）水胶比不宜大于0.55，用水量不宜大于175kg/m³。

3）在保证混凝土性能要求的前提下，宜提高每立方米混凝土中的粗骨料用量；砂率宜为38%～42%。

4）在保证混凝土性能要求的前提下，应减少胶凝材料中的水泥用量，提高矿物掺合料掺量，混凝土中矿物掺合料掺量应符合相关的规定。

5）在配合比试配和调整时，控制混凝土绝热温升不宜大于50℃。

6）配合比应满足施工对混凝土拌合物泌水的要求。

7）粉煤灰掺量不宜超过胶凝材料用量的40%；矿粉的掺量不宜超过胶凝材料用量的50%；粉煤灰和矿粉掺合料的总量不宜大于混凝土中胶凝材料用量的50%。

(3) 大体积混凝土在制备前，应进行常规配合比试验，并应进行水化热、泌水率、可泵性等对大体积混凝土控制裂缝所需的技术参数的试验；必要时其配合比设计应当通过试泵送。

(4) 在确定混凝土配合比时，应根据混凝土的绝热温升、温控施工方案的要求等，提出混凝土制备时粗细骨料和拌合用水及入模温度控制的技术措施。

## 15.3 混凝土搅拌

### 15.3.1 常用搅拌机的分类

常用的混凝土搅拌机按其搅拌原理主要分为强制式搅拌机和自落式搅拌机两类。

1. 强制式搅拌机

强制式搅拌机的搅拌鼓筒筒内有若干组叶片，搅拌时叶片绕竖轴或卧轴旋转，将各种材料强行搅拌，真正搅拌均匀。这种搅拌机适用于搅拌干硬性混凝土、流动性混凝土和轻骨料混凝土等，具有搅拌质量好、搅拌速度快、生产效率高、操作简便及安全可靠等优点。

2. 自落式搅拌机

自落式搅拌机的搅拌鼓筒是垂直放置的。随着鼓筒的转动，混凝土拌合料在鼓筒内做自由落体式翻转搅拌，从而达到搅拌的目的。这种搅拌机适用于搅拌塑性混凝土和低流动性混凝土，搅拌质量、搅拌速度等与强制式搅拌机比相对要差一些。

### 15.3.2 常用搅拌机的技术性能

常用混凝土搅拌机的主要技术性能见表15-39～表15-43。

**锥形反转出混凝土搅拌机的主要技术性能** **表15-39**

| 型号 | 单位 | JZY150 | JZC200 | JZC350 | JZ500 | JZ750 |
|---|---|---|---|---|---|---|
| 额定出料容量 | L | 150 | 200 | 350 | 500 | 750 |
| 额定进料容量 | L | 240 | 200 | 350 | 500 | 1200 |

续表

| 型　　号 | 单位 | JZY150 | JZC200 | JZC350 | JZ500 | JZ750 |
|---|---|---|---|---|---|---|
| 每小时工作循环 | 次数 | ＞30 | ＞40 | ＞40 | | |
| 拌筒转速 | r/min | 18 | 16.3 | 14.5 | 16 | 13 |
| 最大骨料粒径 | mm | 60 | 60 | 60 | 80 | 80 |
| 生产能力 | $m^3$/h | 4.5～6 | 6～8 | 12～14 | 18～20 | 22.5 |
| 搅拌电动机型号 | | JO2-41-2 | Y112M-4 | Y132S-4-B3 | Y132S-4bB5 | Y132M-4B5 |
| 搅拌电动机功率 | kW | 4 | 4 | 5.5 | 5.5×2 | 7.5×2 |
| 搅拌电动机转速 | r/min | 1400 | 1440 | 1440 | | 1440 |
| 提升电动机型号 | | | | | YEZ32-4 | $ZD_1$-41-4 |
| 提升电动机功率 | kW | | | | 4.5 | 7.5 |
| 提升电动机转速 | r/min | | | | | 1400 |

**锥形倾翻出料混凝土搅拌机的主要技术性能**　　**表 15-40**

| 型　　号 | 单位 | JF750 | JF1000 | JF1500 | JF3000 |
|---|---|---|---|---|---|
| 额定出料容量 | L | 750 | 1000 | 1500 | 3000 |
| 额定进料容量 | L | 1200 | 1600 | 2400 | 4800 |
| 搅拌筒转速 | r/min | 16 | 14 | 13 | 10.5 |
| 搅拌时额定功率 | kW | 5.5×2 | 7.5×2 | 7.5×2 | 17×2 |
| 工作时倾角 | (°) | 15 | 15 | 15 | 15 |
| 倾料时倾角 | (°) | 55 | 55 | 55 | 55 |
| 搅拌最少时间 | s/次 | 60～90 | 60～90 | 60～90 | 60～90 |
| 骨料最大粒径 | mm | 80 | 120 | 150 | 250 |
| 搅拌筒叶片数 | 片 | 4 | 3 | 3 | 3 |
| 动力传递方式 | | 行星摆线针轮减速器（速比 1∶7） | | | |
| 电控气动倾翻机构 工作气压（MPa） | | 0.5～0.7 | | 0.7 | 0.7 |
| 电控气动倾翻机构 耗气（L/次） | | | 106 | 137 | 449 |
| 电控气动倾翻机构 气管直径（mm） | | | 12 | 12 | 25 |

**立轴涡浆式混凝土搅拌机的主要技术性能**　　**表 15-41**

| 型　　号 | 单位 | JW250 | JW250R | JW350 | JW500 | JW1000 |
|---|---|---|---|---|---|---|
| 额定出料容量 | L | 250 | 250 | 350 | 500 | 1000 |
| 额定进料容量 | L | 400 | 400 | 560 | 800 | 1000 |
| 搅拌叶片转速 | r/min | 36 | 32 | 32 | 28.5 | 20 |
| 搅拌时间 | s/次 | 72 | 72 | 90 | 90 | 120 |
| 碎石最大粒径 | mm | 40 | 40 | 40 | 40 | 60 |
| 卵石最大粒径 | mm | 60 | 60 | 60 | 80 | 60 |
| 生产率 | $m^3$/h | 10～12 | 12.5 | 14～21 | 20～25 | 40 |

续表

| 型号 | | 单位 | JW250 | JW250R | JW350 | JW500 | JW1000 |
|---|---|---|---|---|---|---|---|
| 搅拌电动机 | 型号 | | Y160L-4 | 290B柴油机 | JO3-1801M-4 | Y225M-6 | JO3-280S-8 |
| | 功率 | kW | 15 | 13.2 | 22 | 30 | 55 |
| | 转速 | r/min | 1460 | 1800 | 1460 | 980 | 970 |
| 水箱容量（L） | | | 50 | 42 | | 20～120 | 20～190 |
| 液压泵电动机 | 型号 | | | | JW6324 | | |
| | 功率 | kW | | | 0.25 | 0.25 | |
| | 转速 | r/min | | | 137 | | |

**单卧轴式混凝土搅拌机的主要技术性能** **表 15-42**

| 型号 | | 单位 | JD150Ⅰ | JD250Ⅱ | JD200 | JD250 | JD350 |
|---|---|---|---|---|---|---|---|
| 额定出料容量 | | L | 150 | 150 | 200 | 250 | 350 |
| 额定进料容量 | | L | 240 | 240 | 300 | 400 | 560 |
| 搅拌时间 | | s/次 | | 30 | 35～50 | 30～45 | |
| 碎石最大粒径 | | mm | 40 | 40 | 40 | 40 | 40 |
| 卵石最大粒径 | | mm | 60 | 60 | 60 | 80 | 60 |
| 搅拌轴转速 | | r/min | 43.7 | 38.6 | 36.3 | 30 | 29.2 |
| 料斗提升速度 | | m/s | | 0.34 | 0.3 | | 0.27 |
| 生产率 | | $m^3/h$ | 7.5～9 | 7.5～9 | 10～14 | 12～15 | 17～21 |
| 搅拌电动机 | 型号 | | Y132-4 | Y132S-4 | Y132M-4 | Y132M-4 | Y160H |
| | 功率 | kW | 5.5 | | 7.5 | 11 | 15 |
| | 转速 | r/min | | | 1500 | 1460 | 1450 |

**双卧轴强制式混凝土搅拌机的主要技术性能** **表 15-43**

| 型号 | | 单位 | JS350 | JS500 | JS500B | JS1000 | JS1500 |
|---|---|---|---|---|---|---|---|
| 额定出料容量 | | L | 350 | 500 | 500 | 1000 | 1500 |
| 额定进料容量 | | L | 560 | 800 | 800 | 1600 | 2400 |
| 搅拌时间 | | s/次 | 30～50 | 35～45 | | | |
| 碎石最大粒径 | | mm | 40 | 60 | 60 | 60 | 60 |
| 卵石最大粒径 | | mm | 60 | 80 | 80 | 80 | 80 |
| 搅拌轴转速 | | r/min | 36 | 35.4 | 33.7 | 24.3 | 22.5 |
| 料斗提升速度 | | m/s | 19 | 19 | 18 | | |
| 生产率 | | $m^3/h$ | 14～21 | 25～35 | 20～24 | 50～60 | 70～90 |
| 搅拌电动机 | 型号 | | Y160L-4-B5 | Y180-4-B3 | JO2-62-4 | XWD37-11 | |
| | 功率 | kW | 15 | 18.5 | 17 | 37 | 44 |
| | 转速 | r/min | 1460 | 1450 | 1460 | | |

### 15.3.3　混凝土搅拌站制备混凝土

固定式搅拌站，供应一定范围内的分散工地所需要的混凝土。砂、石、水泥、水、掺合料、外加剂都能自动控制称量、自动下料，组成一条联动线。操作简便，称量准确。本装置设有水泥贮存罐和螺旋输送器，散装和袋装水泥均可使用。其不足之处是砂、石堆放还需辅以铲车送料。

这种搅拌站，自动化程度高，可减轻工人的劳动强度，改善劳动条件，提高生产效率，投资不大，可满足一般现场和预制构件厂的需要。

### 15.3.4　现场搅拌机制备混凝土

移动式搅拌站，具有占地面积小、投资省、转移灵活等特点，适用于工程分散、工期短、混凝土量不大的施工现场。

### 15.3.5　混凝土搅拌的技术要求

（1）混凝土原材料按重量计的允许累计偏差，不得超过下列规定：

1）水泥、外掺料±1%；

2）粗细骨料±2%；

3）水、外加剂±1%。

（2）混凝土搅拌时间：

搅拌时间是影响混凝土质量及搅拌机生产效率的重要因素之一。不同搅拌机类型及不同稠度的混凝土拌合物有不同搅拌时间。混凝土搅拌时间可按表15-44采用。

混凝土搅拌的最短时间（s）　　表15-44

| 混凝土坍落度（mm） | 搅拌机机型 | 搅拌机出料量（L） | | |
|---|---|---|---|---|
| | | ＜250 | 250～500 | ＞500 |
| ≤40 | 强制式 | 60 | 90 | 120 |
| ＞40且＜100 | 强制式 | 60 | 60 | 90 |
| ≥100 | 强制式 | 60 | | |

注：1. 混凝土搅拌的最短时间系指全部材料装入搅拌筒中起，到开始卸料止的时间；

2. 当掺有外加剂与矿物掺合料时，搅拌时间应适当延长；

3. 当采用其他形式的搅拌设备时，搅拌的最短时间应按设备说明书的规定或经试验确定；

4. 采用自落式搅拌机时，搅拌时间宜延长30s。

（3）混凝土原材料投料顺序：

投料顺序应从提高混凝土搅拌质量，减少叶片、衬板的磨损，减少拌合物与搅拌筒的粘结，减少水泥飞扬，改善工作环境，提高混凝土强度，节约水泥方面综合考虑确定。

### 15.3.6　混凝土搅拌的质量控制

在拌制工序中，拌制的混凝土拌合物的均匀性应按要求进行检查。要检查混凝土均匀性时，应在搅拌机卸料过程中，从卸料流出的1/4～3/4之间部位采取试样。检测结果应符合下列规定：

(1) 混凝土中砂浆密度，两次测值的相对误差不应大于0.8%。

(2) 单位体积混凝土中粗骨料含量，两次测值的相对误差不应大于5%。

(3) 混凝土搅拌的最短时间应符合相应规定。

(4) 混凝土拌合物稠度，应在搅拌地点和浇筑地点分别取样检测，每工作班不少于抽检两次。

(5) 根据需要，如果应检查混凝土拌合物其他质量指标时，检测结果也应符合国家现行标准《混凝土质量控制标准》(GB 50164) 的要求。

## 15.4 混 凝 土 运 输

混凝土水平运输一般指混凝土自搅拌机中卸出来后，运至浇筑地点的地面运输。混凝土如采用预拌混凝土且运输距离较远时，混凝土地面运输多用混凝土搅拌运输车；如来自工地搅拌站，则多用载重1t的小型机动翻斗车，近距离也用双轮手推车，有时还用皮带运输机和窄轨翻斗车。

### 15.4.1 混凝土水平运输车

混凝土搅拌车是在汽车底盘上安装搅拌筒，直接将混凝土拌合物装入搅拌筒内，运至施工现场，供浇筑作业需要。它是一种用于长距离输送混凝土的高效能机械。为保证混凝土经长途运输后，仍不致产生离析现象，混凝土搅拌筒在运输途中始终在不停地慢速转动，从而使筒内的混凝土拌合物可连续得到搅拌。

翻斗车具有轻便灵活、结构简单、转弯半径小、速度快、能自动卸料、操作维护简便等特点，适用于短距离水平运输混凝土以及砂、石等散装材料。翻斗车仅限用于运送坍落度小于80mm的混凝土拌合物，并应保证运送容器不漏浆，内壁光滑平整，具有覆盖设施。

### 15.4.2 混凝土水平运输的质量控制

预拌混凝土应采用符合规定的运输车运送。运输车在运送时应能保持混凝土拌合物的均匀性，不应产生分层离析现象。

运输车在装料前应将筒内积水排尽。

当需要在卸料前掺入外加剂时，外加剂掺入后搅拌运输车应快速进行搅拌，搅拌的时间应由试验确定。

严禁向运输车内的混凝土任意加水。

混凝土的运送时间系指从混凝土由搅拌机卸入运输车开始至该运输车开始卸料为止。运送时间应满足合同规定，当合同未作规定时，采用搅拌运输车运送的混凝土，宜在1.5h内卸料；采用翻斗车运送的混凝土，宜在1.0h内卸料；当最高气温低于25℃时，运送时间可延长0.5h。如需延长运送时间，则应采取相应的技术措施，并应通过试验验证。

混凝土的运送频率，应能保证混凝土施工的连续性。

运输车在运送过程中应采取措施，避免遗撒。

## 15.5 混凝土输送

在混凝土施工过程中，混凝土的现场输送和浇筑是一项关键的工作。它要求迅速、及时，并且保证质量以及降低劳动消耗，从而在保证工程要求的条件下降低工程造价。混凝土输送方式应按施工现场条件，根据合理、经济的原则确定。

混凝土输送是指对运输至现场的混凝土，采用输送泵、溜槽、吊车配备斗容器、升降设备配备小车等方式送至浇筑点的过程。为提高机械化施工水平、提高生产效率，保证施工质量，宜优先选用预拌混凝土泵送方式。输送混凝土的管道、容器、溜槽不应吸水、漏浆，并应保证输送通畅。输送混凝土时应根据工程所处环境条件采取保温、隔热、防雨等措施。常见的混凝土垂直输送有借助起重机械的混凝土垂直输送和泵管混凝土垂直输送。

### 15.5.1 借助起重机械的混凝土垂直输送

#### 15.5.1.1 吊斗混凝土垂直输送

吊车配备斗容器输送混凝土时应符合下列规定：

(1) 应根据不同结构类型以及混凝土浇筑方法选择不同的斗容器；

(2) 斗容器的容量应根据吊车吊运能力确定；

(3) 运输至施工现场的混凝土宜直接装入斗容器进行输送；

(4) 斗容器宜在浇筑点直接布料；

(5) 输送过程中散落的混凝土严禁用于结构浇筑。

#### 15.5.1.2 推车混凝土垂直输送

1. 升降设备

升降设备包括用于运载人或物料的升降电梯、用于运载物料的升降井架以及混凝土提升机。采用升降设备配合小车输送混凝土在工程中时有发生，为了保证混凝土浇筑质量，要求编制具有针对性的施工方案。运输后的混凝土若采用先卸料，后进行小车装运的输送方式，装料点应采用硬地坪或铺设钢板形式与地基土隔离，硬地坪或钢板面应湿润并不得有积水。为了减少混凝土拌合物转运次数，通常情况下不宜采用多台小车相互转载的方式输送混凝土。升降设备配备小车输送混凝土时应符合下列规定：

(1) 升降设备和小车的配备数量、小车行走路线及卸料点位置应能满足混凝土浇筑需要；

(2) 运输至施工现场的混凝土宜直接装入小车进行输送，小车宜在靠近升降设备的位置进行装料。

2. 施工电梯配合推车混凝土垂直输送

按施工电梯的驱动形式，可分为钢索牵引、齿轮齿条曳引和星轮滚道曳引三种形式。目前国内外大部分采用的是齿轮齿条曳引的形式，星轮滚道是最新发展起来的，传动形式先进，但目前其载重能力较小。

按施工电梯的动力装置又可分为电动和电动-液压两种。电力驱动的施工电梯，工作速度约40m/min，而电动-液压驱动的施工电梯其工作速度可达96m/min。

施工电梯的主要部件由基础、立柱导轨井架、带有底笼的平面主框架、梯笼和附墙支撑组成。

其主要特点是用途广泛，适应性强，安全可靠，运输速度高，提升高度最高可达400m以上。

3. 井架配合推车混凝土垂直输送

主要用于高层建筑混凝土灌注时的垂直运输机械，由井架、抬灵扒杆、卷扬机、吊盘、自动倾泻吊斗及钢丝缆风绳等组成，具有一机多用、构造简单、装拆方便等优点。起重高度一般为25～40m。

4. 混凝土提升机配合推车混凝土垂直输送

混凝土提升机是供快速输送大量混凝土的提升设备。它是由钢井架、混凝土提升斗、高速卷扬机等组成，其提升速度可达50～100m/min。当混凝土提升到施工楼层后，卸入楼面受料斗，再采用其他楼面运输工具（如手推车等）运送到施工部位浇筑。一般每台容量为0.5m$^3$×2的双斗提升机，当其提升速度为75m/min，最高高度可达120m，混凝土输送能力可达20m$^3$/h。因此对混凝土浇筑量较大的工程，特别是高层建筑，是很经济适用的混凝土垂直运输机具。

## 15.5.2 借助溜槽的混凝土输送

借助溜槽的混凝土输送应符合下列规定：

（1）溜槽内壁应光滑，开始浇筑前应用砂浆润滑槽内壁；当用水润滑时应将水引出舱外，舱面必须有排水措施；

（2）使用溜槽，应经过试验论证，确定溜槽高度与合适的混凝土坍落度；

（3）溜槽宜平顺，每节之间应连接牢固，应有防脱落保护措施；

（4）运输和卸料过程中，应避免混凝土分离，严禁向溜槽内加水；

（5）当运输结束或溜槽堵塞经处理后，应及时清洗，且应防止清洗水进入新浇混凝土仓内。

## 15.5.3 泵送混凝土输送

泵送混凝土是在混凝土泵的压力推动下沿输送管道进行运输并在管道出口处直接浇筑的混凝土。混凝土的泵送施工已经成为高层建筑和大体积混凝土施工过程中的重要方法，泵送施工不仅可以改善混凝土施工性能、提高混凝土质量，而且可以改善劳动条件、降低工程成本。随着商品混凝土应用的普及，各种性能要求不同的混凝土均可泵送，如高性能混凝土、补偿收缩混凝土等。

混凝土泵能一次连续地完成水平运输和垂直运输，效率高、劳动力省、费用低，尤其对于一些工地狭窄和有障碍物的施工现场，用其他运输工具难以直接靠近施工工程，混凝土泵则能有效地发挥作用。混凝土泵运输距离长，单位时间内的输送量大，三四百米高的高层建筑可一泵到顶，上万立方米的大型基础亦能在短时间内浇筑完毕，非其他运输工具所能比拟，优越性非常显著，因而在建筑行业已推广应用多年，尤其是预拌混凝土生产与泵送施工相结合，彻底改变了施工现场混凝土工程的面貌。

### 15.5.3.1 混凝土泵的类型

常用的混凝土输送泵有汽车泵、拖泵（固定泵）、车载泵三种类型。按驱动方式，混凝土泵分为两大类，即活塞（亦称柱塞式）泵和挤压式泵。目前我国主要应用活塞式混凝土泵，它结构紧凑、传动平稳，又易于安装在汽车底盘上组成混凝土泵车。

根据其能否移动和移动的方式，分为固定式拖式和汽车式。汽车式泵移动方便，灵活机动，到新的工作地点不需进行准备作业即可进行浇筑，因而是目前大力发展的机种。汽车式泵又分为带布料杆和不带布料杆的两种，大多数是带布料杆的。

挤压式泵按其构造形式，又分为转子式双滚轮型、直管式三滚轮型和带式双槽型三种。目前尚在应用的为第一种。挤压式泵一般均为液压驱动。

将液压活塞式混凝土泵固定安装在汽车底盘上，使用时开至需要施工的地点，进行混凝土泵送作业，称为混凝土汽车泵或移动泵车。这种泵车使用方便，适用范围广，它既可以利用在工地配置装接的管道输送到较远、较高的混凝土浇筑部位，也可以发挥随车附带的布料杆作用，把混凝土直接输送到需要浇筑的地点。混凝土泵车的输送能力一般为 $80m^3/h$。常用混凝土泵车基本参数见表 15-45。

**常用混凝土泵车基本参数**　　**表 15-45**

| 设备名称 | 37m 输送泵车 | 37m 输送泵车 | 42m 输送泵车 | 45m 输送泵车 | 48m 输送泵车 | 52m 输送泵车 | 56m 输送泵车 | 66m 输送泵车 |
|---|---|---|---|---|---|---|---|---|
| 生产厂商 | 三一重工 | 三一重工 | 三一重工 | 三一重工 | 三一重工 | 三一重工 | 三一重工 | 三一重工 |
| 型号 | SY5295THB-37 | SY5271THB-37Ⅲ | SY5363THB-42 | SY5401THB-45 | SY5416THB-48 | SY5500THB-52 | SY5500THB-56V | SY5600THB-66 |
| 自重 | 28800kg | 27495kg | 36300kg | 40000kg | 41120kg | 48500kg | 49500kg | 63800kg |
| 全长 | 11700mm | 11800mm | 13780mm | 12590mm | 13050mm | 14366mm | 14880mm | 15800mm |
| 总宽 | 2500mm | 2500mm | 2500mm | 2500mm | 2500mm | 2500mm | 2500mm | 2500mm |
| 总高 | 3920mm | 3990mm | 3990mm | 3990mm | 3990mm | 3995mm | 3995mm | 3995mm |
| 最小转弯直径 | 19.8m | 18.4m | 25.9m | 25.9m | 24.6m | 25m | 25m | |
| 最大速度 | 80km/h | 80km/h | 80km/h | 80km/h | 80km/h | 80km/h | 80km/h | 80km/h |
| 驱动方式 | 液压式 | 液压式 | 液压式 | 液压式 | 液压式 | 液压式 | 液压式 | 液压式 |
| 混凝土理论排量 | 低压 $120m^3/h$ | 低压 $120m^3/h$ | 低压 $120m^3/h$ | 低压 $140m^3/h$ | 低压 $140m^3/h$ | 低压 $140m^3/h$ | 低压 $120m^3/h$ | 低压 $200m^3/h$ |
| | 高压 $67m^3/h$ | 高压 $67m^3/h$ | 高压 $67m^3/h$ | 高压 $100m^3/h$ | 高压 $100m^3/h$ | 高压 $100m^3/h$ | 高压 $67m^3/h$ | 高压 $110m^3/h$ |
| 理论泵送压力 | 高压 11.8MPa | 高压 11.8MPa | 高压 11.8MPa | 高压 12MPa | 高压 12MPa | 高压 12MPa | 高压 12MPa | 高压 11.8MPa |
| | 低压 6.3MPa | 低压 6.3MPa | 低压 6.3MPa | 低压 8.5MPa | 低压 8.5MPa | 低压 8.5MPa | 低压 6.3MPa | 低压 6.3MPa |
| 理论泵送次数 | 高压 13 次/min | 高压 13 次/min | 高压 13 次/min | 高压 14 次/min | 高压 14 次/min | 高压 14 次/min | 高压 13 次/min | 高压 16 次/min |
| | 低压 24 次/min | 低压 24 次/min | 低压 24 次/min | 低压 20 次/min | 低压 20 次/min | 低压 20 次/min | 低压 24 次/min | 低压 28 次/min |

续表

| 设备名称 | 37m输送泵车 | 37m输送泵车 | 42m输送泵车 | 45m输送泵车 | 48m输送泵车 | 52m输送泵车 | 56m输送泵车 | 66m输送泵车 |
|---|---|---|---|---|---|---|---|---|
| 坍落度 | 140～230mm | 140～230mm | 140～230mm | 140～230mm | 140～230mm | 140～230mm | 140～230mm | 140～230mm |
| 最大骨料尺寸 | 40mm | 40mm | 40mm | 40mm | 40mm | 40mm | 40mm | 40mm |
| 高低压切换 | 自动切换 | 自动切换 | 自动切换 | 自动切换 | 自动切换 | 自动切换 | 自动切换 | 自动切换 |
| 臂架形式 | 四节卷折全液压 | 四节卷折全液压 | 四节卷折全液压 | 五节卷折全液压 | 五节卷折全液压 | 五节卷折全液压 | 五节卷折全液压 | 五节卷折全液压 |
| 最大垂直高度 | 36.6m | 36.6m | 41.7m | 44.8m | 47.8m | 51.8m | 55.6m | 65.6m |
| 输送管径 | DN125 | DN125 | DN125 | DN125 | DN125 | DN125 | DN125 | DN125 |
| 末端软管长 | 3m | 3m | 3m | 3m | 3m | 3m | 3m | 3m |
| 臂架水平长度 | 32.6m | 32.6m | 38m | 40.8m | 43.8m | 47.4m | 51.6m | 61.1m |
| 臂架垂直高度 | 36.6m | 36.6m | 41.7m | 44.8m | 47.8m | 51.8m | 55.6m | 65.6m |
| 液压系统压力 | 32MPa | 32MPa | 32MPa | 32MPa | 32MPa | 32MPa | 32MPa | 32MPa |
| 臂架垂直深度 | 19.9m | 19.9m | 23.8m | 27.8m | 30m | 32.9m | 35.9m | 45.3m |
| 最小展开高度 | 8.4m | 8.4m | 10m | 8.6m | 10.8m | 11.2m | 10.8m | 26.5m |
| 前支腿展开宽度 | 7160mm | 6200mm | 8800mm | 9030mm | 9780mm | 10640mm | 10640mm | 12300mm |
| 后支腿展开宽度 | 6870mm | 7230mm | 8450mm | 9570mm | 9860mm | 10560mm | 10560mm | 13800mm |
| 前后支腿距离 | 6980mm | 6850mm | 8300mm | 9090mm | 9470mm | 10320mm | 10320mm | 13100mm |

拖泵使用时，需用汽车将它拖带至施工地点，然后进行混凝土输送。这种形式的混凝土泵主要由混凝土推送机构、分配闸机构、料斗搅拌装置、操作系统、清洗系统等组成。它具有输送能力大、输送高度高等特点，一般最大水平输送距离超过1000m，最大垂直输送高度超过400m，输送能力为85m³/h左右，适用于高层及超高层建筑的混凝土输送，见图15-1。常用混凝土

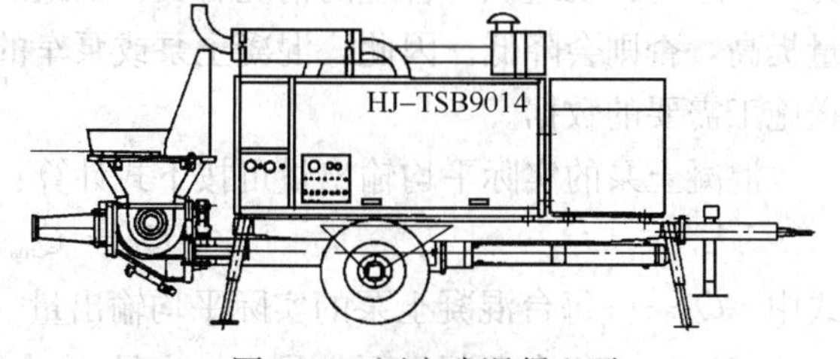


图15-1 固定式混凝土泵

拖泵基本参数见表 15-46。

**常用混凝土拖泵基本参数　　表 15-46**

| 拖泵型号 技术参数 | | HBT60C −1816DⅢ | HBT80C −1816Ⅲ | HBT80C −2118D | HBT80C −2122 | HBT80C −2013DⅢ | HBT90C −2016DⅢ | HBT90CH 2122D | HBT90CH 2135D |
|---|---|---|---|---|---|---|---|---|---|
| 混凝土理论输送排量（$m^3/h$） | 低压大排量 | 75 | 85 | 87.8 | 85 | 85 | 95 | 90 | 87 |
| | 高压小排量 | 45 | 55 | 55 | 50 | 50 | 60 | 60 | 53 |
| 混凝土理论输送压力（MPa） | 低压大排量 | 10 | 10 | 10.8 | 10 | 8 | 10 | 14 | 19 |
| | 高压小排量 | 16 | 16 | 18 | 22 | 14 | 16 | 22 | 35 |
| 输送缸直径×行程（mm） | | $\phi$200×1800 | $\phi$200×1800 | $\phi$200×2100 | $\phi$200×2100 | $\phi$230×2000 | $\phi$230×2000 | $\phi$200×2100 | $\phi$180×2100 |
| 主油泵排量（mL/r） | | 190 | 320 | 554 | 380 | 190 | 260 | 380 | 520 |
| 最大骨料尺寸（混凝土管径 $\phi$150）（mm） | | 50 | | | | | | | |
| 最大骨料尺寸（混凝土管径 $\phi$125）（mm） | | 40 | | | | | | | |
| 混凝土坍落度（mm） | | 100～230 | | | | | | | |
| 主动力功率（kW） | | 161 | 132 | 181 | 160 | 161 | 181 | 360 | 546 |
| 料斗容积（$m^3$） | | 0.7 | 0.7 | 0.7 | 0.7 | 0.7 | 0.7 | 0.7 | 0.7 |
| 上料高度（mm） | | 1450 | 1420 | 1420 | 1420 | 1420 | 1420 | 1420 | 1420 |
| 理论输送距离（m）（$\phi$125） | 水平 | 850 | 850 | 1000 | 1000 | 700 | 850 | 1300 | 2500 |
| | 垂直 | 250 | 250 | 320 | 320 | 200 | 250 | 480 | 850 |
| 外形尺寸 | 长（mm） | 6691 | 6891 | 7385 | 7390 | 7190 | 7190 | 7126 | 7450 |
| | 宽（mm） | 2075 | 2075 | 2099 | 2099 | 2075 | 2075 | 2330 | 2480 |
| | 高（mm） | 2628 | 2295 | 2635 | 2900 | 2628 | 2628 | 2750 | 1950 |
| 整机质量（kg） | | 6300 | 6800 | 8500 | 7300 | 6800 | 6800 | 12000 | 13000 |

### 15.5.3.2　混凝土泵送机械的选型

由于各种输送泵的施工要求和技术参数不同，泵的选型应根据工程特点、混凝土输送高度和距离、混凝土工作性确定。

1. 混凝土泵的实际平均输出量

混凝土泵或泵车的输出量与泵送距离有关，泵送距离增大，实际的输出量就要降低。另外，还与施工组织与管理的情况有关，如组织管理情况良好，作业效率高，则实际输出量提高，否则会降低。因此，混凝土泵或泵车的实际平均输出量数据才是我们实际组织泵送施工需要的数据。

混凝土泵的实际平均输出量可按下式计算：

$$Q_1 = Q_{max}\alpha_1\eta \tag{15-17}$$

式中　$Q_1$——每台混凝土泵的实际平均输出量（$m^3/h$）；

$Q_{max}$——每台混凝土泵的最大输出量（$m^3/h$）；

$\alpha_1$——配管条件系数，取0.8～0.9；

$\eta$——作业效率，根据混凝土搅拌运输车向混凝土泵供料的间断时间、拆装混凝土输送管和供料停歇等情况，可取0.5～0.7。

2. 混凝土泵的最大水平输送距离

混凝土泵和泵车的最大水平输送距离，取决于泵的类型、泵送压力、输送管径和混凝土性质。最大水平输送距离可按下列方法之一确定。

（1）根据产品技术性能表上提供的数据或曲线。

（2）由试验确定。由于试验需布置一定的设备，该方法虽然可靠，但一般不采取。

（3）根据混凝土泵的最大出口压力、配管情况、混凝土性能和输出量，按下式进行计算：

$$L_{max}=\frac{P_{max}}{\Delta p_H} \tag{15-18}$$

式中 $L_{max}$——混凝土泵的最大水平输送距离（m）；

$P_{max}$——混凝土泵的最大出口压力（Pa）；

$\Delta p_H$——混凝土在水平输送管内流动每米产生的压力损失（Pa/m），可按下列公式计算

$$\Delta P_H=\left\{\frac{2}{r}\left[K_1+K_2\left(1+\frac{t_2}{t_1}\right)\overline{V}\right]\right\}\beta$$

$$\left.\begin{aligned}K_1&=(3.00-0.10S)\times10^{-2}(\text{Pa})\\K_2&=(4.00-0.10S)\times10^{-2}(\text{Pa}\cdot\text{s/m})\end{aligned}\right\} \tag{15-19}$$

式中 $r$——输送管半径（m）；

$K_1$——黏着系数；

$K_2$——速度系数；

$t_2$——在混凝土推动下混凝土流动的时间；

$t_1$——分配阀的阀门转换时混凝土停止流动的时间；

$\overline{V}$——一个工作循环时间内的平均流速（m/s）；

$\beta$——径向压力与轴向压力之比值；

$S$——混凝土拌合物的坍落度（cm）。

（4）在泵送混凝土施工中，输送管的布置除水平管外，还可能有向上的垂直管和弯管、锥形管、软管等，与直管相比，弯管、锥形管、软管的流动阻力大，引起的压力损失也大，还需加上管内混凝土拌合物的重量，因而引起的压力损失比水平直管大得多。在进行混凝土泵选型、验算其运输距离时，可把向上垂直管、弯管、锥形管、软管等按表15-47换算成水平长度。

**混凝土输送管的水平换算长度** **表15-47**

| 管类别或布置状态 | 换算单位 | 管规格 | | 水平换算长度（m） |
|---|---|---|---|---|
| 向上垂直管 | 每米 | 管径（mm） | 100 | 3 |
| | | | 125 | 4 |
| | | | 150 | 5 |

续表

| 管类别或布置状态 | 换算单位 | 管规格 | | 水平换算长度（m） |
|---|---|---|---|---|
| 倾斜向上管（输送管倾斜角为α，见下图） | 每米 | 管径（mm） | 100 | cosα＋3sinα |
| | | | 125 | cosα＋4sinα |
| | | | 150 | cosα＋5sinα |
| 垂直向下及倾斜向下管 | 每米 | — | | 1 |
| 锥形管 | 每根 | 锥径变化（mm） | 175→150 | 4 |
| | | | 150→125 | 8 |
| | | | 125→100 | 16 |
| 弯管（弯头张角为β，β≤90°，图A.0.1） | 每只 | 弯曲半径（mm） | 500 | 12β/90 |
| | | | 1000 | 9β/90 |
| 胶管 | 每根 | 长3m～5m | | 20 |

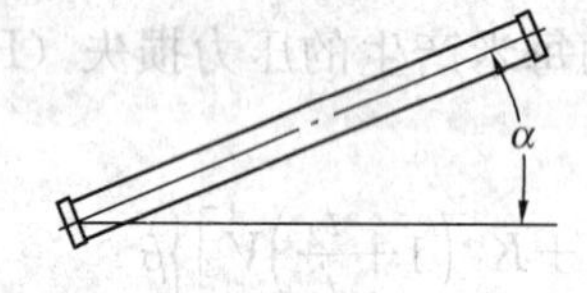


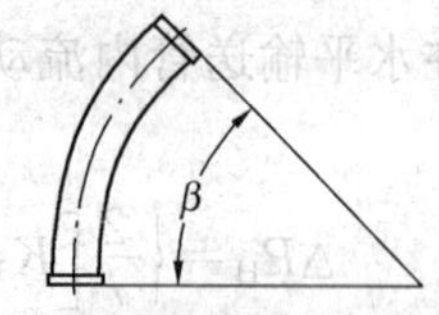


（5）混凝土泵的最大水平输送距离，还可根据混凝土泵的最大出口压力与表15-48和表15-49提供的换算压力损失进行验算。

**混凝土泵送的换算压力损失　表15-48**

| 管件名称 | 换算量 | 换算压力损失（MPa） | 管件名称 | 换算量 | 换算压力损失（MPa） |
|---|---|---|---|---|---|
| 水平管 | 每20m | 0.10 | 管道连接环（管卡） | 每只 | 0.10 |
| 垂直管 | 每5m | 0.10 | 截止阀 | 每个 | 0.80 |
| 45°弯管 | 每只 | 0.05 | 3～5m橡皮软管 | 每根 | 0.20 |
| 90°弯管 | 每只 | 0.10 | | | |

**附属于泵体的换算压力损失值　表15-49**

| 部位名称 | 换算量 | 换算压力损失（MPa） | 部位名称 | 换算量 | 换算压力损失（MPa） |
|---|---|---|---|---|---|
| Y形管175→125mm | 每只 | 0.05 | 混凝土泵启动内耗 | 每台 | 2.8 |
| 分配阀 | 每个 | 0.80 | | | |

（6）混凝土泵的泵送能力的计算结果应符合下列要求：

1）混凝土输送管道的配管整体水平换算长度，应不超过计算所得的最大水平泵送距离。

2）表15-48和表15-49换算的总压力损失，应小于混凝土泵正常工作的最大出口压力。

#### 15.5.3.3　混凝土泵布置数量

混凝土输送泵的配备数量，应根据混凝土一次浇筑量和每台泵的输送能力以及现场施工条件经计算确定。混凝土泵配备数量可根据现行行业标准《混凝土泵送施工技术规程》

(JGJ/T 10）的相关规定进行计算。对于一次浇筑量较大，浇筑时间较长的工程，为避免输送泵可能遇到的故障而影响混凝土浇筑，应考虑设置备用泵。

（1）混凝土泵台数的需求则按下式计算：

$$N_2 = \frac{Q}{TQ_1} \tag{15-20}$$

式中 $N_2$——混凝土泵台数（台）；

$Q$——混凝土浇筑量（$m^3$）；

$Q_1$——每台混凝土泵的实际平均输出量（$m^3/h$）；

$T$——混凝土泵送施工作业时间（h）。

（2）对于重要工程或整体性要求较高的工程，混凝土泵的所需台数，除根据计算确定外，尚需有一定的备用台数。

（3）常用混凝土泵车基本参数，见表15-46。

（4）常用混凝土拖泵基本参数，见表15-47。

#### 15.5.3.4 混凝土泵送机械的布置

混凝土泵或泵车在现场的布置，要根据工程的轮廓形状、工程量分布、地形和交通条件等而定，应考虑下列情况：

（1）输送泵设置的位置应满足施工要求，场地应平整、坚实，道路畅通；

（2）输送泵的作业范围不得有阻碍物；输送泵设置位置应有防范高空坠物的设施；

（3）输送泵设置位置的合理与否直接关系到输送泵管距离的长短、输送泵管弯管的数量，进而影响混凝土输送能力。为了最大限度发挥混凝土输送能力，合理设置输送泵的位置显得尤为重要；

（4）输送泵采用汽车泵时，其布料杆作业范围不得有障碍物、高压线等；采用汽车泵、拖泵或车载泵进行泵送施工时，应离开建筑物一定距离，防止高空坠物。在建筑下方固定位置设置拖泵进行混凝土泵送施工时，应在拖泵上方设置安全防护设施；

（5）为保证混凝土泵连续工作，每台泵的料斗周围最好能同时停留两辆混凝土搅拌运输车，或者能使其快速交替；

（6）为确保混凝土质量和缩短混凝土浇筑时间，最好考虑一泵到顶，避免采用接力泵；

（7）为便于混凝土泵的清洗，其位置最好接近供水和排水设施，同时，还要考虑供电方便；

（8）高层建筑采用接力泵泵送混凝土时，接力泵的位置应使上、下泵的输送能力匹配。设置接力泵的楼面要验算其结构的承载能力，必要时应采取加固措施。

#### 15.5.3.5 混凝土泵送配管的选用与设计

1. 混凝土泵送配管的选用与设计原则

（1）混凝土输送泵管应根据输送泵的型号、拌合物性能、总输出量、单位输出量、输送距离以及粗骨料粒径等进行选择；

（2）混凝土粗骨料最大粒径不大于25mm时，可采用内径不小于125mm的输送泵管；混凝土粗骨料最大粒径不大于40mm时，可采用内径不小于150mm的输送泵管；

(3) 输送泵管安装接头应严密，输送泵管道转向宜平缓；

(4) 输送泵管应采用支架固定，支架应与结构牢固连接，输送泵管转向处支架应加密。支架应通过计算确定，必要时还应对设置位置的结构进行验算；

(5) 垂直向上输送混凝土时，地面水平输送泵管的直管和弯管总的折算长度不宜小于0.2倍的垂直输送高度，且不宜小于15m；

(6) 输送泵管倾斜或垂直向下输送混凝土，且高差大于20m时，应在倾斜或垂直管下端设置直管或弯管，直管或弯管总的折算长度不宜小于1.5倍高差；

(7) 垂直输送高度大于100m时，混凝土输送泵出料口处的输送泵管位置应设置截止阀；

(8) 混凝土输送泵管及其支架应经常进行过程检查和维护。

2. 混凝土输送管和配件

混凝土输送管有直管、弯管、锥形管和软管。除软管外，目前建筑工程施工中应用的混凝土输送管多为壁厚2mm的电焊钢管，其使用寿命约为1500～2000$m^3$（输送混凝土量），以及少量壁厚4.5mm、5.0mm的高压无缝钢管，常用的规格及最小内径要求见表15-50、表15-51。

**常用混凝土输送管规格**　　**表 15-50**

| 种　类 | | 管　径 (mm) | | |
|---|---|---|---|---|
| | | 100 | 125 | 150 |
| 焊接直管 | 外径 | 109 | 135 | 159.2 |
| | 内径 | 105 | 131 | 155.2 |
| | 壁厚 | 2 | 2 | 2 |
| 无缝直管 | 外径 | 114.3 | 139.8 | 165.2 |
| | 内径 | 105.3 | 130.8 | 155.2 |
| | 壁厚 | 4.5 | 4.5 | 5 |

**混凝土输送管最小内径要求**　　**表 15-51**

| 粗骨料最大粒径 (mm) | 输送管最小内径 (mm) | 粗骨料最大粒径 (mm) | 输送管最小内径 (mm) |
|---|---|---|---|
| 25 | 125 | 40 | 150 |

直管常用的规格管径为100mm、125mm和150mm，相应的英制管径则为4B、5B和6B，长度系列有0.5m、1.0m、2.0m、3.0m、4.0m几种，由焊接直管或无缝直管制成。

弯管多用拉拔钢管制成，常用规格管径亦为100mm、125mm和150mm，弯曲角度有90°、45°、30°及15°，常用曲率半径为1.0m和0.5m。

锥形管也多用拉拔钢管制成，主要用于不同管径的变换处，常用的有$\phi175\sim\phi150$mm、$\phi150\sim\phi125$mm、$\phi125\sim\phi100$mm，长度多为1m。在混凝土输送管中必须要有锥形管来过渡。锥形管的截面由大变小，混凝土拌合物的流动阻力增大，所以锥形管处亦是容易管路堵塞之处。

软管多为橡胶软管，是用螺旋状钢丝加固，外包橡胶用高温压制而成，具有柔软、质轻的特性。多是设置在混凝土输送管路末端，利用其柔性好的特点作为一种混凝土拌合物浇筑工具，用其将混凝土拌合物直接浇筑入模。常用的软管管径为100mm和125mm，长度一般为5m。

输送管管段之间的连接环，要求装拆迅速、有足够强度和密封不漏浆。有各种形式的快速装拆连接环可供选用。

在泵送过程中（尤其是向上泵送时），泵送一旦中断，混凝土拌合物会倒流产生背压。由于存在背压，在重新启动泵送时，阀的换向会发生困难。由于产生倒流，泵的吸入效率会降低，还会使混凝土拌合物的质量发生变化，易产生堵塞。为避免产生倒流和背压，在输送管的根部近混凝土泵出口处要增设一个截止阀。

**15.5.3.6 混凝土泵送配管布置**

混凝土输送管应根据工程特点、施工现场情况和制定的混凝土浇筑方案进行配管。正确的布置输送管道，是配管设计的重要内容之一。配管设计的原则是满足工程要求，便于混凝土浇筑和管段装拆，尽量缩短管线长度，少用弯管和软管。

应选用没有裂纹、弯折和凹陷等缺陷且有出厂证明的输送管。在同一条管线中，应采用相同管径的混凝土输送管。同时采用新、旧管段时，应将新管段布置在近混凝土出口泵送压力较大处，管线尽可能布置成横平竖直。

配管设计应绘制布管简图，列出各种管件、管连接环和弯管、软管的规格和数量，提出备件清单。

1. 输送管道布置及防护的总原则

（1）管道经过的路线应比较安全，不得使用有损伤裂纹或壁厚太薄的输送管，泵机附近及操作人员附近的输送管要加相应防护。

（2）为了不使管路支设在新浇筑的混凝土上面，进行管路布置时，要使混凝土浇筑移动方向与泵送方向相反。在混凝土浇筑过程中，只需拆除管段，而不需增设管段。

（3）输送管道应尽可能短，弯头尽可能少，以减小输送阻力。各管卡一定要紧到位，保证接头处可靠密封，不漏浆。应定期检查管道，特别是弯管等部位的磨损情况，以防爆管。

（4）管道只能用木料等较软的物件与管件接触支承，每个管件都应有两个固定点，管件要避免同岩石、混凝土建筑物等直接摩擦。各管路要有可靠的支撑，泵送时不得有大的振动和滑移。

（5）在浇筑平面尺寸大的结构物（如楼板等）时，要结合配管设计考虑布料问题，必要时要设布料设备，使其能覆盖整个结构平面，能均匀、迅速地进行布料。

（6）夏季要用湿草袋覆盖输送管并经常淋水，防止混凝土因高温而使坍落度损失太大，造成堵管；在严寒季节要用保温材料包扎输送管，防止混凝土受冻，并保证混凝土拌合物的入模温度。

（7）前端浇筑处的软管宜垂直放置，确需水平放置的要严忌过分弯曲。

2. 典型的输送管道布置方式

（1）水平布置一般要求

管线应遵守输送管道布置的总原则并尽可能平直，通常需要对已连接好的管道的高、低加以调整，使混凝土泵处于稍低的位置，略微向上则泵送最为有利。

（2）向高处泵送混凝土施工

向高处泵送混凝土可分为垂直升高和倾斜升高两种，升高段尽可能用垂直管，不要用倾斜管，这样可以减少管线长度和泵送压力。向高处泵送混凝土时，混凝土泵的泵送压力不仅要克服混凝土拌合物在管中流动时的黏着力和摩擦阻力，同时还要克服混凝土拌合物在输送高度范围内的重力。在泵送过程中，在混凝土泵的分配阀换向吸入混凝土时或停泵时，混凝土拌合物的重力将对混凝土泵产生一个逆流压力，该逆流压力的大小与垂直向上配管的高度成正比，配管高度越高，逆流压力越大。该逆流压力会降低混凝土泵的容积效率，为此，一般需在垂直向上配管下端与混凝土泵之间配置一定长度的水平管。利用水平管中混凝土拌合物与管壁之间的摩擦阻力来平衡混凝土拌合物的逆流压力或减少逆流压力的影响。为此，《混凝土泵送施工技术规程》（JGJ/T 10）规定：垂直向上配管时，地面水平管长度不宜小于垂直管长度的1/4，且不宜小于15m；或遵守产品说明书中的规定。如因场地条件限制无法满足上述要求时，可采取设置弯管等办法解决。向高处泵送的布管应努力做到以下要求：

1）如果倾斜升高的升高段倾角大于45°时，可按垂直管对待；倾角小于45°时，水平段长度可适当减少，水平段长度也可以用换算水平距离相当的弯管来代替。水平段管道的长度如因条件限制，不能达到规定数值时，还可以用其他方法调整，如适当降低混凝土坍落度，当坍落度在10cm以下时，水平段长度可按升高高度的1/2布设。另外，如果从泵到升高段之间的水平管略有向下倾斜，水平段也可适当缩短。

2）一般泵送高度超过20m时，单靠设置水平管的办法不足以平衡逆流压力，则应在混凝土泵Y形管出料口3～6m处的输送管根部设置截止阀，以防混凝土拌合物反流。当混凝土输送高度超过混凝土泵的最大输送高度时，可用接力泵（后继泵）进行泵送。接力泵出料的水平管长度亦不宜小于其上垂直管长度的1/4，且不宜小于15m，而且应设一个容量约1m$^3$带搅拌装置的储料斗。

3）升高段采用垂直管时，对垂直管要采取措施固定在墙、柱或楼板顶预留孔处，以减少振动，每节管不得少于1个固定点，在管子和固定物之间宜安放缓冲物（木垫块等）。垂直管下端的弯管，不应作为上部管道的支撑点，宜设钢支撑承受垂直管的重量。如果将垂直管固定在脚手架上时，根据需要可对脚手架进行加固。升高段为倾斜管，则应将斜管部分固定，防止斜管在泵送时向下滑移。

4）在垂直升高段管道末端，一般都接上水平管。在泵送时，这段水平管的轴向振动和冲击，会引起垂直管的横向摆动，这是很危险的，因此要严格注意把这段水平管和垂直管与临近的建筑物牢牢固定。

（3）向下坡泵送的管道布置

向下坡泵送时，如果管道向下倾角较大，混凝土可能因自重而自流，使砂石骨料在坡底弯管处堆积，造成混凝土离析堵管，同时又容易在斜管上部形成空腔，再次泵送时产生“气弹簧”效应堵管。根据倾斜向下泵送混凝土自流的情况，分为三种类型：

1）混凝土不自流的情况：管道倾角小于4°或在4°～7°范围而混凝土坍落度较低时，一般可不采取其他措施。

2）混凝土完全自流的情况：管道倾角大于15°，斜管直通到浇筑点时，混凝土能完全自流出去，也不必采取其他措施。

3）混凝土不完全自流的情况：管道倾斜角度大于7°，斜管下部还有水平管或其他管件，混凝土能在斜管段自流却又在下部滞留，在斜管上部形成气腔。这种情况对泵送最为不利，可采取下列措施：增加斜管下部管件的阻力，如在斜管下部接上总长度相当于斜管段落差5倍以上的水平管，或使用换算长度相当的弯管；在斜管末端接一段向上翘起的管子；在斜管末端接上软管，再用卡环调节流量；在斜管上端的弯管上装一个排气阀门，当泵送中断后再次开泵时，用它排出管内的气体。

以上所述为泵送混凝土中输送管道布置的基本形式，实际上输送管道的布置要根据施工现场的实际情况和具体的要求而定。输送管道的布置是方便混凝土泵送，有效减小混凝土输送管道的堵塞，顺利实现混凝土泵送的前提之一。

**15.5.3.7 混凝土泵与输送管的连接方式**

1. 三种常用连接方式

（1）直接连接输送管与混凝土泵出口成一直线。

（2）U形连接，即180°连接，泵的出口通过两个90°弯管与输送管连接。

（3）L形连接泵的出口通过一个90°弯管与输送管连接，输送管与混凝土泵相垂直。

2. 不同连接方式的优缺点

（1）采用直接连接时，混凝土从混凝土泵分配阀直接泵入输送管，泵送阻力较小，但混凝土泵换向时，泵送管路和分配阀中的高压混凝土会向混凝土泵直接释放压力，混凝土泵将受到较大的反作用力，使液压系统冲击较大。

（2）采用U形连接时，由于混凝土出口直接接两个弯管，所以泵送阻力较大，但对混凝土泵的反冲作用力被可靠固定的两个弯管进行缓冲，因此混凝土受冲击较小，在向上泵送时，这种缓冲作用尤其明显。

（3）采用L形连接时，由于采用了一个弯管，泵送阻力及泵机收缩的反冲作用力介于上述两种情况之间，但由于冲击方向与混凝土泵安装方向垂直，混凝土泵会产生横向振动。

3. 不同连接方式的适用

在水平泵送时，可以采用U形连接或直接连接；在向上泵送特别是高度超过15m或者向下泵送时，应采用U形连接，假如用直接连接方式，则混凝土泵要承受高压混凝土在换向期间释压和管路中混凝土自重的冲击；L形连接方式用于水平泵送，或因受地形条件限制不能用其他方式连接的场合，原则上不能用于向上泵送。

**15.5.3.8 混凝土泵送布料杆选型与布置**

1. 混凝土输送布料设备的选择和布置规定。

（1）布料设备的选择应与输送泵相匹配；布料设备的混凝土输送管内径宜与混凝土输送泵管内径相同。

（2）布料设备的数量及位置应根据布料设备工作半径、施工作业面大小以及施工要求确定。

（3）布料设备应安装牢固，且应采取抗倾覆稳定措施；布料设备安装位置处的结构或施工设施应进行验算，必要时应采取加固措施。

（4）应经常对布料设备的弯管壁厚进行检查，磨损较大的弯管应及时更换。

（5）布料设备作业范围不得有阻碍物，并应有防范高空坠物的设施。

（6）布料设备的爬升工况应结合整个结构施工工况，回转范围内应减少其他高于臂架的设施、设备。

（7）布料设备布置位置应考虑尽可能设置在一些留洞井道内，减少结构的遗留工作，如电梯井道。

2. 混凝土布料杆的选型

目前我国布料杆的类型主要有楼面式布料杆、井式布料杆、壁挂式布料杆及塔式布料杆。布料杆主要有臂架、转台和回转机构、爬升装置、立柱、液压系统及电控系统组成。布料杆多数采用油缸顶升式及油缸自升式两种方式提升布料杆。

（1）楼面式布料杆

目前市场中楼面式布料杆最大布料半径达32m，臂架回转均为365°，采用四节卷折全液压式臂架，输送管径为*DN*125mm。如三一重工中的楼面式布料杆型号主要有HGR28、HGR32、HG32C，布料臂架上的末端泵管的管端还装有3m长的橡胶软管，有利于布料。

（2）井式布料杆

目前市场中井式布料杆最大布料半径为32m，杆臂架回转均为365°，采用四节卷折全液压式臂架。输送管径为*DN*125mm。如三一重工中的井式布料杆型号主要有HGD28、HGD32。布料臂架上的末端泵管的管端还装有3m长的橡胶软管，有利于布料。

（3）壁挂式布料杆

目前市场中壁挂式布料杆最大布料半径为38m，臂架回转均为365°，采用四节卷折全液压式臂架。输送管径为*DN*125mm。如三一重工中的壁挂式布料杆型号主要有HGB28、HGB32、HGB38。布料臂架上的末端泵管的管端还装有3m长的橡胶软管，有利于布料。

（4）塔式布料杆

目前市场中塔式布料杆最大布料半径为41m，臂架回转均为365°，采用三至四节卷折全液压式臂架。输送管径为*DN*125mm。如三一重工中的塔式布料杆型号主要有HGT24-L、HGT38、HGT41。布料臂架上的末端泵管的管端还装有3m长的橡胶软管，有利于布料。

**15.5.3.9　混凝土泵送施工技术**

1. 混凝土泵送主要规定

（1）应先进行泵水检查，并湿润输送泵的料斗、活塞等直接与混凝土接触的部位；泵水检查后，应清除输送泵内积水；

（2）输送混凝土前，应先输送水泥砂浆对输送泵和输送管进行润滑，然后开始输送混凝土；

（3）输送混凝土速度应先慢后快、逐步加速，应在系统运转顺利后再按正常速度输送；

（4）输送混凝土过程中，应设置输送泵集料斗网罩，并应保证集料斗有足够的混凝土余量。

2. 超高泵送混凝土的施工工艺

在混凝土泵启动后，按照水→水泥砂浆的顺序泵送，以湿润混凝土泵的料斗、混凝土缸及输送管内壁等直接与混凝土拌合物接触的部位。其中，润滑用水、水泥砂浆的数量根据每次具体泵送高度进行适当调整，控制好泵送节奏。

泵水的时候，要仔细检查泵管接缝处，防止漏水过猛，较大的漏水在正式泵送时会造成漏浆而引起堵管。一般的商品混凝土在正式泵送混凝土前，都只是泵送水和砂浆作为润管之用，根据施工超高层的经验，可以在泵送砂浆前加泵纯水泥浆。纯水泥浆在投入泵车进料口前，先添加少量的水搅拌均匀。

在泵管顶部出口处设置组装式集水箱来收集泵管在润管时产生的污水和水泥砂浆等废料。

开始泵送时，要注意观察泵的压力和各部分工作的情况。开始时混凝土泵应处于慢速、匀速并随时可反泵的状态，待各方面情况正常后再转入正常泵送。正常泵送时，应尽量不停顿地连续进行，遇到运转不正常的情况时，可放慢泵送速度。当混凝土供应不及时时，宁可降低泵送速度，也要保持连续泵送，但慢速泵送的时间不能超过混凝土浇筑允许的延续时间。不得已停泵时，料斗中应保留足够的混凝土，作为间隔推动管路内混凝土之用。

在临近泵送结束时，可按混凝土→水泥砂浆→水的顺序泵送收尾。

3. 超高结构混凝土泵送施工过程控制

(1) 施工前应编制混凝土泵送施工方案，计算现场施工润滑用水、水泥浆、水泥砂浆的数量及混凝土实际筑筑量，并制定泵送混凝土浇筑计划，内容包括混凝土浇筑时间、各时间段浇筑量及各施工环节的协调搭接等。

(2) 在泵送过程中，要定时检查活塞的冲程，不使其超过允许的最大冲程。为了减缓机械设备的磨损程度，宜采用较长的冲程进行运转。

(3) 在泵送过程中，还应注意料斗的混凝土量，应保持混凝土面不低于上口 20cm，否则易吸入空气形成阻塞。遇到该情况时，宜进行反泵将混凝土反吸到料斗内，除气后再进行正常泵送。

(4) 输送管路在夏季或高温时，由于管道温度升高加快脱水而形成阻塞，可采用湿草帘等加以覆盖。气温低时，亦应覆盖保暖，防止长距离泵送时受冻。

(5) 在泵送混凝土过程中，水箱中应经常保持充满水的状态，以备急需之用。

(6) 在混凝土泵送中，若需接长输送管时，应预先用水、水泥浆、水泥砂浆进行湿润和内壁润滑处理等工作。

(7) 泵送结束前要估计残留在输送管路中的混凝土量，该部分混凝土经清洁处理后仍能使用。对泵送过程中废弃的和多余的混凝土拌合物，应按预先设定场地用于处理和安置。

(8) 当泵送混凝土中掺有缓凝剂时，需控制缓凝时间不宜太短，否则不仅会降低混凝土工作性能，而且浇筑时模板侧压力大，造成拆模困难而影响施工进度。

### 15.5.4 混凝土泵送的质量控制

混凝土运送至浇筑地点，如混凝土拌合物出现离析或分层现象，应对混凝土拌合物进行二次搅拌。

混凝土运至浇筑地点时，应检测其稠度，所测稠度值应符合设计和施工要求，其允许偏差值应符合有关标准的规定。

混凝土拌合物运至浇筑地点时的入模温度，最高不宜超过35℃，最低不宜低于5℃。

泵送混凝土外观质量控制：

优良品质的泵送混凝土必须满足设计强度、耐久性及经济性三方面的要求。要使其达到优良的质量，除了在管理体系上（如施工单位的质量保证体系、建设和监理单位的质量检查体系）加以控制外，还应对影响混凝土品质的主要因素加以控制，关键在于对原材料的质量、施工工艺的控制及混凝土的质量检测等。混凝土的质量状况直接影响结构的设计可靠性。因此，保证结构设计可靠度的有效办法，是对混凝土的生产进行控制。混凝土质量控制一般可分为生产控制和合格控制。而混凝土质量控制的内容，又可分为结构和构件的外观质量和内在质量（即混凝土强度）的控制。对常见的外观质量要做好以下预防措施：

（1）对于混凝土几何尺寸变形的预防措施

要防止模板的变形，首先得从模板的支撑系统分析解决问题。模板的支撑系统主要由模板、横挡、竖挡、内撑、外撑和穿墙对拉螺杆组成。为了使整个模板系统承受混凝土侧压力时不变形、不发生胀模现象，必须注意以下几个问题：

1）在模板制作过程中，尽量使模板统一规格，使用面积较大的模板，对于中小型构造物，一般使用木模，经计算中心压力后，在保证模板刚度的前提下，统一钻拉杆孔，以便拉杆和横挡或竖挡连接牢固，形成一个统一的整体，防止模板变形。

2）确保模板加固牢靠。不管采用什么支撑方式，混凝土上料运输的脚手架不得与模板系统发生联系，以免运料和工人操作时引起模板变形。浇筑混凝土时，应经常观察模板、支架、堵缝等情况。如发现有模板走动，应立即停止浇筑，并应在混凝土凝结前修整完好。

3）每次使用之前，要检查模板变形情况，禁止使用弯曲、凹凸不平或缺棱少角等变形模板。

（2）对于混凝土表面产生蜂窝、麻面、气泡的预防措施

1）严格控制配合比，保证材料计量准确。现场必须注意砂石材料的含水量，根据含水量调整现场配合比。加水时应制作加水曲线，校核搅拌机的加水装置，从而控制好混凝土的水灰比，减少施工配合比与设计配合比的偏差，保证混凝土质量。

2）混凝土拌合要均匀，搅拌时间不得低于规定的时间，以保证混凝土良好的和易性及均匀性，从而预防混凝土表面产生蜂窝。

3）浇筑时如果混凝土倾倒高度超过2m，为防止产生离析要采取串筒、溜槽等措施下料。

4）振捣应分层捣固，振捣间距要适当，必须掌握好每一层插振的振捣时间。注意掌握振捣间距，使插入式振捣器的插入点间距不超过其作用半径的1.5倍（方格形排列）或1.75倍（交错形排列）。平板振捣器应分段振捣，相邻两段间应搭接振捣5cm左右。附着式振捣器安装间距为1.0～1.5m，振捣器与模板的距离不应大于振捣器有效作用半径的1/2。在振捣上层混凝土时，应将振动棒插入下层混凝土5～10cm，以保证混凝土的整体性，防止出现分层产生蜂窝。

5）控制好拆模时间，防止过早拆模。夏季混凝土施工不少于24h拆模；当气温低于20℃时，不应小于30h拆模，以免使混凝土黏在模板上产生蜂窝。

6）板面要清理干净，浇筑混凝土前应用清水充分洗净模板，不留积水，模板缝隙要堵严，模板接缝控制在2mm左右，并采用玻璃胶涂密实、平整以防止漏浆。

7）尽量采用钢模代替木模，钢模脱模剂涂刷要均匀，不得漏刷。脱模剂选择轻机油较好，拆模后在阳光下不易挥发，不会留下任何痕迹，并且可以防止钢模生锈。

（3）对产生露筋的预防措施

1）要注意固定好垫块，水泥砂浆垫块要植入铁丝并绑扎在钢筋上以防止振捣时移位，检查时不得踩踏钢筋，如有钢筋踩弯或脱扣者，应及时调直，补扣绑好。要避免撞击钢筋以防止钢筋移位，钢筋密集处可采用带刀片的振捣棒来振捣，配料所用石子最大粒径不超过结构截面最小尺寸的1/4，且不得大于钢筋净距的3/4。

2）壁较薄、高度较大的结构，钢筋多的部位应采用以30mm和50mm两种规格的振捣棒为主，每次振捣时间控制在5～10s。对于锚固区等钢筋密集处，除用振捣棒充分振捣外，还应配以人工插捣及模皮锤敲击等辅助手段。

3）振捣时先使用插入式振捣器振捣梁腹混凝土，使其下部混凝土溢出与箱梁底板混凝土相结合，然后再充分振捣使两部分混凝土完全融合在一起，从而消除底板与腹板之间出现脱节和空虚不实的现象。

4）操作时不得踩踏钢筋。采用泵送混凝土时，由于布料管冲击力很大，不得直接放在钢筋骨架上，要放在专用脚手架上或支架上，以免造成钢筋变形或移位。

（4）预防缝隙夹层产生的措施

1）用压缩空气或射水清除混凝土表面杂物及模板上黏着的灰浆。

2）在模板上沿施工缝位置通条开口，以便清理杂物和进行冲洗。全部清理干净后，再将通条开口封板，并抹水泥浆等，然后再继续浇筑混凝土。浇筑前，施工缝宜先铺、抹水泥浆或与混凝土相同配比的石子砂浆一起浇筑。

（5）对骨料显露、颜色不匀及砂痕的预防措施

1）模板应尽量采用有同种吸收能力的内衬，防止钢筋锈蚀。

2）严格控制砂、石材料级配，水泥、砂尽量使用同一产地和批号的产品，严禁使用山砂或深颜色的河砂，采用泌水性小的水泥。

3）尽可能采用同一条件养护，结构物各部分物件在拆模之前应保持连续湿润。

（6）对于混凝土裂缝的处理

混凝土裂缝出现后，要根据设计允许裂缝宽度、裂缝实际宽度和裂缝出现的原因，综合考虑是否需要处理。一般对裂缝宽度超过0.3mm或由于承载力不够产生的裂缝，必须进行处理。表面裂缝较细、较浅，数量不多时，可将裂缝处理干净，刷环氧树脂：对较深、较宽的裂缝，需剔开混凝土保护层，确定裂缝的深度和走向，然后采用压力灌注环氧树脂。

混凝土工程外观质量的检测指标包括：混凝土构件的轴线、标高和尺寸是否准确；门窗口、洞口位置是否准确；阴阳角是否顺直；主体垂直度是否符合要求；施工缝、接槎处是否严密；结构表面是否密实，有无蜂窝、孔洞、漏筋、缝隙、夹渣层等缺陷。

## 15.5.5　工　程　实　例

1. 概况

(1) 外筒概述

本工程为筒中筒结构体系。其中外筒由24根钢管混凝土立柱、46组环梁以及部分斜撑组成。外筒平面示意如图15-2所示。

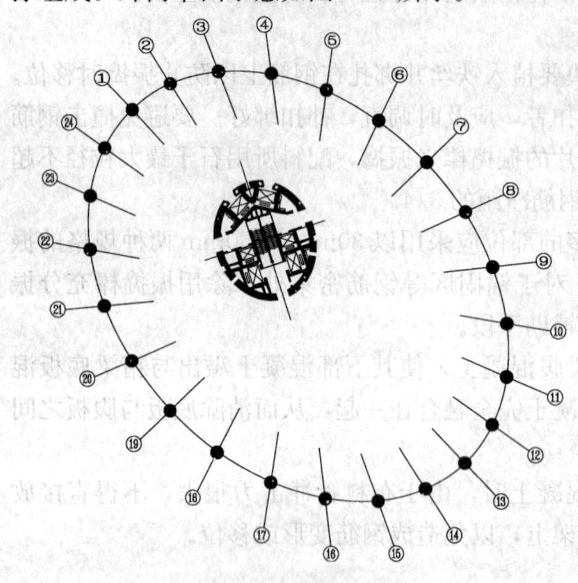

图15-2　外筒平面布置

(2) 工序搭接

核心筒施工钢管柱约60m，钢管柱吊装的分界面以楼面径向梁或径向支撑进行划分。

2. 第二环以上钢管混凝土浇捣方法分类

(1) 28m以下采用汽车泵停在路边浇筑

钢管端口在汽车泵泵送范围内的可采用汽车泵直接浇筑，汽车泵可停靠于基坑外侧道路上。

(2) 43m以下采用改装的HGB38布料杆浇筑

直接将布料杆的底座焊接于一块桥面板上，利用300TM履带吊或M900D塔吊将走道板吊装至32.8m功能层的钢梁上并焊接固定，从核心筒内的泵管接水平管至布料杆底座的泵管口，以此进行钢管混凝土浇筑。

(3) 43m以上采用HGB38布料杆

3. 布料杆

(1) 布料杆布置

布料杆安装于核心筒短轴处的门框之间，随外墙升高而爬升。

(2) 布料杆安装

初次安装时，混凝土结构开始施工到79.600m，钢结构完成第四环。安装三个爬升框，分别位于48.400m、53.600m和58.800m标高。布料机的巴杆高出较高的爬升框约5.2m。这时，布料杆上方的空间受整体提升钢平台限制，第一节臂杆不能向上竖直工作，随着核心筒结构的施工，第一节臂杆可以全范围工作。

从48.4m开始在核心筒短轴对称（东西侧）的两个外墙门框上各预埋12根螺母，待预埋好三层螺母后开始安装布料杆。

(3) 布料杆的爬升

1) 布料杆爬升时，布料杆的臂架一般要处于垂直折叠状态，回转机构处于制动状态。在爬升前注意立柱与爬升框架的垂直度，确保垂直度不大于0.5°。

2) 爬升过程分为爬升框的爬升和立柱的爬升。爬升顺序是：先爬升上爬升框，然后爬升下爬升框，再爬升立柱，每次爬升高度根据需要而定。

(4) 布料杆使用

经计算，在18环钢外筒以下及38环钢外筒以上，布料杆将与环梁和钢立柱在平面上均不相干，也就是说不妨碍钢管立柱的吊装。至于细腰段位置环梁在平面位置上相碰的问题，将通过提升布料杆或局部钢外筒结构后装等手段来解决。

4. 混凝土泵送施工

(1) 混凝土泵送方案的确定

根据核心筒的特点，考虑混凝土施工过程的连续性，确定混凝土泵送的方案为一泵一管一次直接泵送到顶的方案，同时另外设置备泵一台，备用泵管一根。为满足高泵压大方量的施工要求，需使用特制的厚壁管，接口处使用牛筋密封圈。

底部水平泵管根据现场各施工阶段总平面情况进行设置，水平管和竖向管道的长度比例要恰当，随着核芯筒的逐步升高，在一定的高度要再加设水平弯管以增加水平管的长度，调整比例，防止回泵压力过大。在本工程上，由于核芯筒内的水平距离狭小，选择对调竖向管道位置的方法进行比例调整。

两根竖向泵管的布置选择在核心筒消防电梯前室平台的位置。

(2) 泵送混凝土设备选型

经资料收集和比较，选定国内合资企业三一重工的HBT90CH-2135D型号特制混凝土输送泵。经计算该型号的混凝土输送泵能满足本工程一次到顶的泵送要求。

(3) 泵送混凝土输送管的配置

1) 输送管的配备

混凝土输送管是将混凝土运载至浇筑位置的设备，一般有直管、弯管、锥形管等。目前施工常用的混凝土输送管多为壁厚为2mm的电焊钢管，而本工程的泵送混凝土输送管均采用管壁加厚的高压无缝钢管。输送管管段之间的连接环，具有连接牢固可靠、装拆迅速、有足够的强度和密封不漏浆的性质。有时，在输送管内壁上进行镀一层膜，起到光滑润壁的效果，减少泵送混凝土流动时的阻力同时延长输送管的使用寿命。

2) 输送管道的布置

泵送混凝土输送管道布置总原则：

① 管道经过的路线应比较安全，泵机及操作人员附近的输送管要相应加设防护。

② 输送管道应尽可能短，弯头尽可能少，以减小输送阻力。各管卡连接紧密到位，保证接头处可靠密封，不漏浆。定期检查管道，特别是弯管等部位的磨损情况，防止爆管。

③ 管道只能用木料等较软的物件与管件接触支承，每个管件都应有两个固定点，各管路要有可靠的支撑，泵送时不得有大的振动和滑移。

④ 在浇筑平面尺寸大的结构物时，要结合配管设计考虑布料问题，必要时要加设布料设备，使其能覆盖整个结构平面，能均匀、迅速地进行布料。

(4) 混凝土泵送施工

在混凝土泵启动后，按照水→水泥浆→水泥砂浆的顺序泵送，以湿润混凝土泵的料斗、混凝土缸及输送管内壁等直接与混凝土拌合物接触的部位。其中，润滑用水、水泥浆或水泥砂浆的数量根据每次具体泵送高度进行适当调整，控制好泵送节奏。

开始泵送时，要注意观察泵的压力和各部分工作的情况。开始时混凝土泵应处于慢速、匀速并随时可反泵的状态，待各方面情况正常后再转入正常泵送。正常泵送时，应尽量不停顿地连续进行，遇到运转不正常的情况时，可放慢泵送速度。当混凝土供应不及时时，宁可降低泵送速度，也要保持连续泵送，但慢速泵送的时间不能超过混凝土浇筑允许的延续时间。不得已停泵时，料斗中应保留足够的混凝土，作为间隔推动管路内混凝土之用。

5. 泵管清洗

在泵旁边建一个 $24m^3$ 水池或建两个水箱（沉淀池容积约 $9m^3$），接两个 2～3″的水管至两台泵旁边，作水洗之循环利用。

制作一个斗承（容积约 $4m^3$ 左右），用于承接水洗时从布料杆流出的不干净的混凝土和部分脏水。

水洗原理与方法：

60m 以下高度时，采用海绵塞的通用水洗方法。

60m 以上高度时，不用海绵塞的水洗方法。每次混凝土泵送结束时（最后一搅拌车混凝土放料完毕，拖泵料斗尚未排空时），紧接着泵送约半搅拌车砂浆（提前搅拌好，$3m^3$ 左右），然后再直接泵水清洗（不使用海绵塞，其原理几乎与泵送混凝土的原理完全一样），泵送多高，水洗多高。当浇筑层泵管出口（或布料杆软管出口）出现过渡层混凝土（与正常混凝土不一样，事实上是砂水混合物）时，用斗承盛装直到出水，然后反抽（上海环球通过经验摸索，在浇筑层泵管出口出现过渡层混凝土即反抽）。

最后拆开输送管，将冲洗水放入沉淀池，如此完成整个管路清洗。

图 15-3　吊斗

6. 泵和布料杆无法浇筑

可采用大型吊斗浇筑，吊斗容量约 $10m^3$，装满混凝土后的总重量约 30t，采用 300TM 履带吊或 M900D 塔吊吊运，吊斗见图 15-3。

# 15.6 混 凝 土 浇 筑

## 15.6.1 混凝土浇筑的准备工作

### 15.6.1.1 制定施工方案

现浇混凝土结构的施工方案应包括下列内容：

（1）混凝土输送、浇筑、振捣、养护的方式和机具设备的选择；

（2）混凝土浇筑、振捣技术措施；

（3）施工缝、后浇带的留设；

（4）混凝土养护技术措施。

### 15.6.1.2 现场具备浇筑的施工实施条件

1. 机具准备及检查

搅拌机、运输车、料斗、串筒、振动器等机具设备按需要准备充足，并考虑发生故障时的修理时间。重要工程，应有备用的搅拌机和振动器。特别是采用泵送混凝土，一定要有备用泵。所用的机具均应在浇筑前进行检查和试运转，同时配有专职技工，随时检修。浇筑前，必须核实一次浇筑完毕或浇筑至某施工缝前的工程材料，以免停工待料。

2. 保证水电及原材料的供应

在混凝土浇筑期间，要保证水、电、照明不中断。为了防备临时停水停电，事先应在浇筑地点储备一定数量的原材料（如砂、石、水泥、水等）和人工拌合捣固用的工具，以防出现意外的施工停歇缝。

3. 掌握天气季节变化情况

加强气象预测预报的联系工作。在混凝土施工阶段应掌握天气的变化情况，特别在雷雨台风季节和寒流突然袭击之际，更应注意，以保证混凝土连续浇筑顺利进行，确保混凝土质量。

根据工程需要和季节施工特点，应准备好在浇筑过程中所必需的抽水设备和防雨、防暑、防寒等物资。

4. 隐蔽工程验收，技术复核与交底

模板和隐蔽工程项目应分别进行预检和隐蔽验收，符合要求后，方可进行浇筑。检查时应注意以下几点：

（1）模板的标高、位置与构件的截面尺寸是否与设计符合，构件的预留拱度是否正确；

（2）所安装的支架是否稳定，支柱的支撑和模板的固定是否可靠；

（3）模板的紧密程度；

（4）钢筋与预埋件的规格、数量、安装位置及构件接点连接焊缝，是否与设计符合。

在浇筑混凝土前，模板内的垃圾、木片、刨花、锯屑、泥土和钢筋上的油污、鳞落的铁皮等杂物，应清除干净。

木模板应浇水加以润湿，但不允许留有积水。湿润后，木模板中尚未胀密的缝隙应贴严，以防漏浆。

金属模板中的缝隙和孔洞也应予以封闭，现场环境温度高于35℃时宜对金属模板进行洒水降温。

5. 其他

输送浇筑前应检查混凝土送料单，核对配合比，检查坍落度，必要时还应测定混凝土扩展度，在确认无误后方可进行混凝土浇筑。

### 15.6.2 混凝土浇筑基本要求

（1）混凝土浇筑应保证混凝土的均匀性和密实性。混凝土宜一次连续浇筑，当不能一次连续浇筑时，可留设施工缝或后浇带分块浇筑。

（2）混凝土浇筑过程应分层进行，分层浇筑应符合表15-60规定的分层振捣厚度要求，上层混凝土应在下层混凝土初凝之前浇筑完毕。

（3）混凝土运输、输送入模的过程宜连续进行，从搅拌完成到浇筑完毕的延续时间不宜超过表15-52的规定，且不应超过表15-53的限值规定。掺早强型减水外加剂、早强剂的混凝土以及有特殊要求的混凝土，应根据设计及施工要求，通过试验确定允许时间。

运输到输送入模的延续时间限值（min）　　表15-52

| 条　件 | 气　温 | |
|---|---|---|
| | ≤25℃ | ＞25℃ |
| 不掺外加剂 | 90 | 60 |
| 掺外加剂 | 150 | 120 |

混凝土运输、输送、浇筑及间歇的全部时间限值（min）　　表15-53

| 条　件 | 气　温 | |
|---|---|---|
| | ≤25℃ | ＞25℃ |
| 不掺外加剂 | 180 | 150 |
| 掺外加剂 | 240 | 210 |

注：有特殊要求的混凝土，应根据设计及施工要求，通过试验确定允许时间。

（4）混凝土浇筑的布料点宜接近浇筑位置，应采取减少混凝土下料冲击的措施，并应符合下列规定：

1）宜先浇筑竖向结构构件，后浇筑水平结构构件；

2）浇筑区域结构平面有高差时，宜先浇筑低区部分再浇筑高区部分。

（5）柱、墙模板内的混凝土浇筑倾落高度应满足表15-54的规定，当不能满足规定时，应加设串筒、溜管、溜槽等装置。

柱、墙模板内混凝土浇筑倾落高度限值（m）　　表15-54

| 条　件 | 混凝土倾落高度 | 条　件 | 混凝土倾落高度 |
|---|---|---|---|
| 骨料粒径大于25mm | ≤3 | 骨料粒径小于等于25mm | ≤6 |

注：当有可靠措施能保证混凝土不产生离析时，混凝土倾落高度可不受上表限制。

（6）混凝土浇筑后，在混凝土初凝前和终凝前宜分别对混凝土裸露表面进行抹面处理。

（7）结构面标高差异较大处，应采取防止混凝土反涌的措施，并且宜按“先低后高”的顺序浇筑混凝土。

（8）浇筑混凝土时应分段分层连续进行，浇筑层高度应根据混凝土供应能力、一次浇筑方量、混凝土初凝时间、结构特点、钢筋疏密综合考虑决定，一般为使用插入式振捣器时，振捣器作用部分长度的1.25倍。

（9）浇筑混凝土应连续进行，如必须间歇，其间歇时间应尽量缩短，并应在前层混凝土初凝之前，将次层混凝土浇筑完毕。间歇的最长时间应按所用水泥品种、气温及混凝土凝结条件确定，一般超过2h应按施工缝处理（当混凝土凝结时间小于2h时，则应当执行混凝土的初凝时间）。

(10) 在施工作业面上浇筑混凝土时应布料均衡。应对模板和支架进行观察和维护，发生异常情况应及时进行处理。混凝土浇筑应采取措施避免造成模板内钢筋、预埋件及其定位件移位。

(11) 在地基上浇筑混凝土前，对地基应事先按设计标高和轴线进行校正，并应清除淤泥和杂物。同时注意排除开挖出来的水和开挖地点的流动水，以防冲刷新浇筑的混凝土。

(12) 多层框架按分层分段施工，水平方向以结构平面的伸缩缝分段，垂直方向按结构层次分层。在每层中先浇筑柱，再浇筑梁、板。洞口浇筑混凝土时，应使洞口两侧混凝土高度大体一致。振捣时，振捣棒应距洞边 30cm 以上，从两侧同时振捣，以防止洞口变形，大洞口下部模板应开口并补充振捣。构造柱混凝土应分层浇筑，内外墙交接处的构造柱和墙同时浇筑，振捣要密实。采用插入式振捣器捣实普通混凝土的移动间距不宜大于作用半径的 1.5 倍，振捣器距离模板不应大于振捣器作用半径的 1/2，不碰撞各种预埋件。

## 15.6.3 混凝土浇筑

混凝土的浇筑，应预先根据工程结构特点、平面形状和几何尺寸、混凝土制备设备和运输设备的供应能力、泵送设备的泵送能力、劳动力和管理能力以及周围场地大小、运输道路情况等条件，划分混凝土浇筑区域。并明确设备和人员的分工，以保证结构浇筑的整体性和按计划进行浇筑。

混凝土的浇筑宜按以下顺序进行：在采用混凝土输送管输送混凝土时，应由远而近浇筑；在同一区的混凝土，应按先竖向结构后水平结构的顺序，分层连续浇筑；当不允许留施工缝时一区域之间、上下层之间的混凝土浇筑时间，不得超过混凝土初凝时间。混凝土泵送速度较快，框架结构的浇筑要很好地组织，要加强布料和捣实工作，对预埋件和钢筋太密的部位，要预先制定技术措施，确保顺利进行布料和振捣密实。

### 15.6.3.1 梁、板混凝土浇筑

(1) 柱、墙混凝土设计强度比梁、板混凝土设计强度高一个等级时，柱、墙位置梁、板高度范围内的混凝土经设计单位同意，可采用与梁、板混凝土设计强度等级相同的混凝土进行浇筑。

(2) 柱、墙混凝土设计强度比梁、板混凝土设计强度高两个等级及以上时，应在交界区域采取分隔措施。分隔位置应在低强度等级的构件中，且距高强度等级构件边缘不应小于 500mm，柱梁板结构分隔位置可参考图 15-4 设置；墙梁板结构分隔位置可参考图 15-5 设置。

(3) 宜先浇筑高强度等级混凝土，后浇筑低强度等级混凝土。

(4) 柱、剪力墙混凝土浇筑应符合下列规定：

1) 浇筑墙体混凝土应连续进行，间隔时间不应超过混凝土初凝时间。

2) 墙体混凝土浇筑高度应高出板底 20～30mm。柱混凝土墙体浇筑完毕之后，将上口甩出的钢筋加以整理，用木抹子按标高线将墙上表面混凝土找平。

3) 柱墙浇筑前底部应先填 5～10cm 厚与混凝土配合比相同的减石子砂浆，混凝土应分层浇筑振捣，使用插入式振捣器时每层厚度不大于 50cm，振捣棒不得触动钢筋和预埋件。

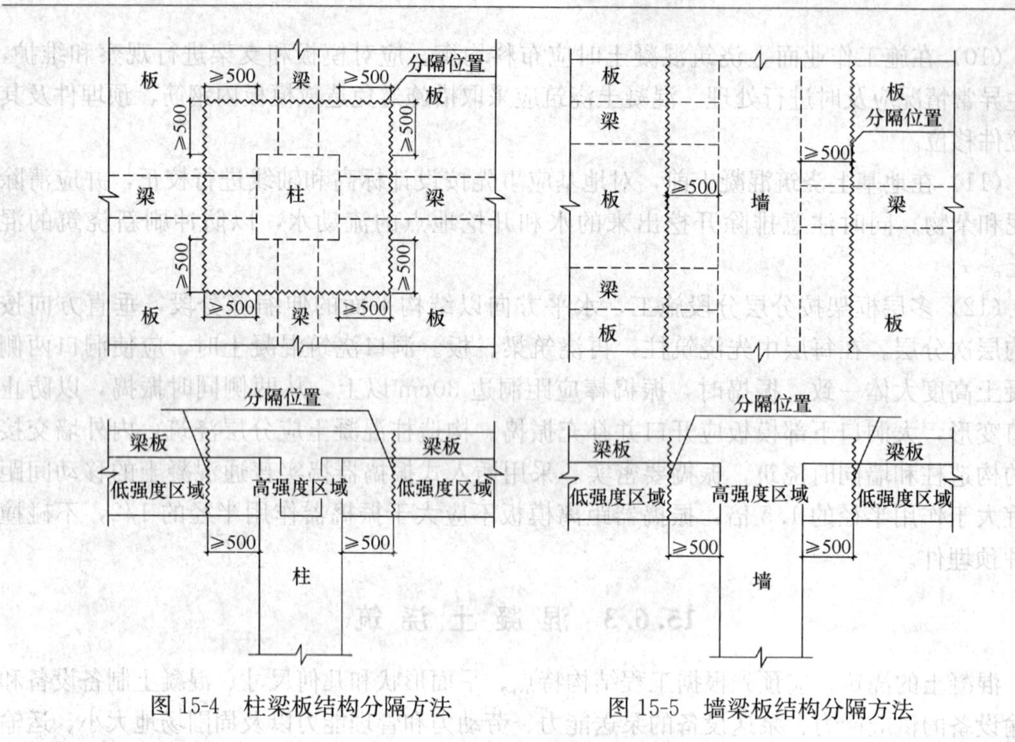


图 15-4　柱梁板结构分隔方法　　图 15-5　墙梁板结构分隔方法

4）柱墙混凝土应一次浇筑完毕，如需留施工缝时应留在主梁下面。无梁楼板应留在柱帽下面。在墙柱与梁板整体浇筑时，应在柱浇筑完毕后停歇 2h，使其初步沉实，再继续浇筑。

5）浇筑一排柱的顺序应从两端同时开始，向中间推进，以免因浇筑混凝土后由于模板吸水膨胀，断面增大而产生横向推力，最后使柱发生弯曲变形。

6）剪力墙浇筑应采取长条流水作业，分段浇筑，均匀上升。墙体混凝土的施工缝一般宜设在门窗洞口上，接槎处混凝土应加强振捣，保证接槎严密。

（5）梁、板同时浇筑，浇筑方法应由一端开始用“赶浆法”，即先浇筑梁，根据梁高分层浇筑成阶梯形，当达到板底位置时再与板的混凝土一起浇筑，随着阶梯形不断延伸，梁板混凝土浇筑连续向前进行。

（6）和板连成整体高度大于 1m 的梁，允许单独浇筑，其施工缝应留在板底以下 2～3mm 处。浇捣时，浇筑与振捣必须紧密配合，第一层下料慢些，梁底充分振实后再下第二层料，用“赶浆法”保持水泥浆沿梁底包裹石子向前推进，每层均应振实后再下料，梁底及梁侧部位要注意振实，振捣时不得触动钢筋及预埋件。

（7）浇筑板混凝土的虚铺厚度应略大于板面，用平板振捣器垂直浇筑方向来回振捣，厚板可用插入式振捣器顺浇筑方向托拉振捣，并用铁插尺检查混凝土厚度，振捣完毕后用长木抹子抹平。施工缝处或有预埋件及插筋处用木抹子找平。浇筑板混凝土时不允许用振捣棒铺摊混凝土。

（8）肋形楼板的梁板应同时浇筑，浇筑方法应先将梁根据高度分层浇捣成阶梯形，当达到板底位置时即与板的混凝土一起浇捣，随着阶梯形的不断延长，则可连续向前推进。倾倒混凝土的方向应与浇筑方向相反。

（9）浇筑无梁楼盖时，在离柱帽下5cm处暂停，然后分层浇筑柱帽，下料必须倒在柱帽中心，待混凝土接近楼板底面时，即可连同楼板一起浇筑。

（10）当浇筑柱梁及主次梁交叉处的混凝土时，一般钢筋较密集，特别是上部负钢筋又粗又多，因此，既要防止混凝土下料困难，又要注意砂浆挡住石子不下去。必要时，这一部分可改用细石混凝土进行浇筑，与此同时，振捣棒头可改用片式并辅以人工捣固配合。

**15.6.3.2 水下混凝土浇筑**

1. 水下混凝土浇筑方法的选择

水下浇筑混凝土的浇筑方法，有开底容器法、倾注法、装袋叠置法、柔性管法、导管法和泵压法。

倾注法类似于干地的斜面分层浇筑法，施工技术比较简单，但只用于水深不超过2m的浅水区使用。

装袋叠置法虽然施工比较简单，但袋与袋之间有接缝，整体性较差，一般只用于对整体性要求不高的水下抢险、堵漏和防冲工程，或在水下立模困难的地方用作水下模板。

柔性管法是较新的一种施工方法，能保证水下混凝土的整体性和强度，可以在水下浇筑较薄的板，并能得到规则的表面。

导管法和泵压法是工程上应用最广泛的浇筑方法，可用于规模较大的水下混凝土工程，能保证混凝土的整体性和强度，可在深水中施工（泵压法水深不宜超过15m），要求模板密封条件较好。

2. 导管法浇筑水下混凝土时的技术要求

用导管法施工时，进入导管内的第一批混凝土，能否在隔水条件下顺利到达仓底，并使导管底部埋入混凝土内一定深度，是能否顺利浇筑水下混凝土的重要环节。为此，就必须采用悬挂在导管上部的顶门或吊塞作为隔绝环境水。顶门用木板或钢板制作，吊塞可以用各种材料制成圆球形，在正式浇筑前，用吊绳把滑塞悬挂在承料漏斗下面的导管内，随着混凝土的浇筑面一起下滑，至接近管底时将吊绳剪断，在混凝土自身质量推动下滑塞下落，混凝土冲出管口并将导管底部埋入混凝土内。此外，采用自由滑动软塞或底塞，也可以达到以上目的。

导管直径与导管通过能力和粗骨料的最大粒径有关，可参照表15-55。

**导管直径与导管通过能力和粗骨料最大粒径　　表15-55**

| 导管的直径（mm） | 100 | 150 | 200 | 250 | 300 |
|---|---|---|---|---|---|
| 导管通过的能力（$m^3/h$） | 3.0 | 6.5 | 12.5 | 18.0 | 26.0 |
| 允许粗骨料最大粒径（mm） | 20 | 20 | 碎石20<br>卵石40 | 40 | 60 |

为了保证导管底部埋入混凝土内，在开始浇筑阶段，首批混凝土推动滑塞冲出导管后，在管脚处堆高不宜小于0.5m，以便导管口埋入在混凝土的深度不小于0.3m。首批混凝土宜采用坍落度较小的混凝土拌合物，使其流入仓内的混凝土坡率约为0.25。

用刚性管浇筑水下混凝土时，整个浇筑过程应连续进行，直到一次浇筑所需高度或高出水面为止，以减少环境水对混凝土的不利影响，也减少凝固后清除强度不符合的混凝土数量。

对于已浇筑的混凝土不宜搅动，使其在较好的环境中逐渐凝固和硬化。

(1) 导管的作用半径

导管的作用半径 $R_t$，混凝土拌合物水下扩散平均坡率为 $i$，混凝土的上升高度则为 $i \cdot R_t$。同时在流动性保持指标 $t_h$ 的时间内，舱面上升高度为 $t_h \cdot I$（$I$ 为水下混凝土面上升的速度，m/h）。两者应相等，即 $i \cdot R_t = t_h \cdot I$（图 15-6）。

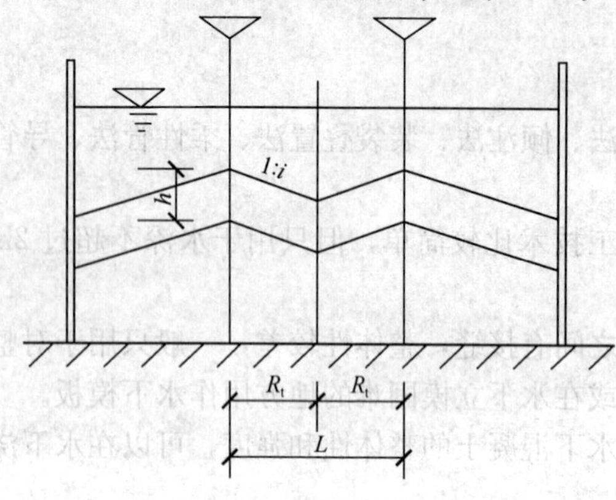


图 15-6　导管作用半径

在浇筑阶段，一般要求水下混凝土面坡率小于 1/5，如果以平均坡率 $i=1/6$ 倒入，上式则得：

$$R_t = 6t_h \cdot I \tag{15-21}$$

用此可以求得导管作用半径来布置导管。

(2) 导管插入混凝土内的深度及一次提升高度的确定

导管埋入已浇筑混凝土内越深，混凝土向四周均匀扩散的效果越好，混凝土更密实，表面也更平坦。但如果埋入过深，混凝土在导管内流动不畅，不仅对浇筑速度有影响，而且易造成堵管事故。因此，导管法施工有个最佳埋入深度，该值与混凝土的浇筑强度和拌合物的性质有关。它约等于流动性保持指标 $t_h$ 与混凝土面上升速度 $I$ 乘积的 2 倍。

$$h_t = 2t_h I \tag{15-22}$$

式中　$h_t$——导管插入混凝土内的最佳深度（m）；

$t_h$——水下混凝土拌合物的流动性保持指标（h）；

$I$——舱面混凝土面上升速度（m/h）。

导管插入混凝土内的最大深度，可按下式计算

$$h_{tmax} = K \cdot t_f \cdot I \tag{15-23}$$

式中　$h_{tmax}$——导管最大插入深度（m）；

$t_f$——混凝土的初凝时间（h）；

$I$——混凝土面上升速度（m/h）；

$K$——系数，一般取 0.8～1.0。

导管的最小插入深度从混凝土拌合物在舱面的扩散坡面，不陡于 1∶5 和极限扩散半径不小于导管间距考虑：

$$h_{tmin} = i \cdot L_t \tag{15-24}$$

式中　$h_{tmin}$——导管最小插入深度（m）；

$i$——混凝土面扩散坡率，1/6～1/5；

$L_t$——导管之间的间距（m）。

由以上求得的导管插入最大深度和插入的最小深度，可求出导管的一次提升高度：

$$h = h_{tmax} - h_{tmin} \tag{15-25}$$

(3) 混凝土的超压力

为保证混凝土能顺利通过导管下注，导管底部的混凝土柱压力应等于或大于仓内水压力和导管底部必需的超压力之和，即

$$\gamma_c H_c \geqslant P + \gamma_w \cdot H_{cw} \tag{15-26}$$

$$H_c \geqslant \frac{P - \gamma_w H_{cw}}{\gamma_c} \tag{15-27}$$

式中 $H_c$——导管顶部至已浇筑混凝土面的高度（m）；

$H_{cw}$——水面至已浇筑混凝土的高度（m）；

$\gamma_c$、$\gamma_w$——分别为水下混凝土拌合物和水的重度（$kN/m^3$）；

$P$——混凝土的最小超压力（$kN/m^2$），见表 15-56。

**混凝土最小超压力** **表 15-56**

| 仓面类型 | 钻 孔 | 大 仓 面 | | | |
|---|---|---|---|---|---|
| 导管作用半径（m） | | ≤2.5 | 3.0 | 3.5 | 4.0 |
| 最小超压力（$kN/m^2$） | 75 | 75 | 100 | 150 | 250 |

（4）混凝土面的上升速度

当一次浇筑水下混凝土的高度不高时，最好使其上升速度能在混凝土拌合物初凝之前浇筑到设计高度。因此，混凝土面的上升速度为

$$I = H/t_f \tag{15-28}$$

式中 $I$——混凝土面的上升速度（m/h）；

$H$——混凝土一次浇筑高度（m）；

$t_f$——混凝土的初凝时间（h）。

在导管法实际施工中，对于大仓面宜使混凝土上面的上升速度为 0.3～0.4m/h，小仓面可达 0.5～1.0m/h，但不能小于 0.2m/h。

3. 泵压法施工工艺

用混凝土泵浇筑水下混凝土，具有很多的优越性：能够增大水下混凝土拌合物的水下扩散范围，一根浇筑管浇筑的面积比较大，减少浇筑管的提升次数，终浇筑阶段也有足够的超压力。与导管法相比，泵压法需要专门的输送设备，要求有较大的浇筑强度和搅拌能力，且不宜用于水深超过 15m 的水下工程。

泵压混凝土的浇筑方法，主要有导管浇筑法、导管开浇法和输送管直接浇筑法 3 种。

（1）导管浇筑法

导管浇筑法是把混凝土压送到导管上面的承料漏斗中，用前面介绍的导管法进行浇筑，混凝土泵只是作为一种运输设备。

（2）导管开浇法

混凝土泵的输送量和泵的压力，都很难根据施工的需要进行调整。但是，由于泵压混凝土下注的流速往往很大，在开浇阶段若不采取有效措施，水容易倒灌入管内而造成返水事故，管口不能很快地埋入已浇筑的混凝土中，严重影响水下混凝土的质量。

导管开浇法即在开浇阶段用导管法进行浇筑，待浇筑管埋入混凝土内 1m 以上时，再

拆去承料漏斗，将水平输送管与浇筑管连接起来，然后继续进行压注。

（3）输送管直接浇筑法

将与混凝土泵水平输送管直接连接的垂直浇筑管直接插至仓底，自始至终用这套浇筑设备进行浇筑。采用这种方法浇筑，在开浇阶段需要利用陶穴法、防冲盘法或辅助管法来降低浇筑管内混凝土的下注速度，使管口能尽快埋入已浇筑混凝土内。

4. 柔性管法施工工艺

用柔性管浇筑，当管内无混凝土拌合物通过时，柔性管则被外面的水压力压扁，减少了水浮力的不利影响，能防止水侵入管内。当管内充满混凝土拌合物后，管子就被混凝土自重产生的侧压力撑开，使混凝土缓慢下降（约 2.5m/min）这样可以减少下冲力，从而避免产生混凝土离析，同时也不要求柔性管口埋入混凝土内一定深度。当管内无混凝土时，管被水压力压扁，便可上提并移至新的位置。因此允许间歇浇筑，并可以浇筑水下薄层混凝土，还可以得到比较规则的平面。柔性管分为单层柔性管和双层柔性管。

**15.6.3.3　施工缝或后浇带处混凝土浇筑**

施工缝或后浇带处浇筑混凝土应符合下列规定：

（1）结合面应采用粗糙面，结合面应清除浮浆、疏松石子、软弱混凝土层，并清理干净。

（2）结合面处应采用洒水方法进行充分湿润，并不得有积水。

（3）施工缝处已浇筑混凝土的强度不应小于 1.2MPa。

（4）柱、墙水平施工缝水泥砂浆接浆层厚度不应大于 30mm，接浆层水泥砂浆应与混凝土浆液同成分。

（5）后浇带混凝土强度等级及性能应符合设计要求；当设计无要求时，后浇带强度等级宜比两侧混凝土提高一级，并宜采用减少收缩的技术措施进行浇筑。

（6）施工缝位置附近回弯钢筋时，要做到钢筋周围的混凝土不受松动和损坏。钢筋上的油污、水泥砂浆及浮锈等杂物也应清除。

（7）从施工缝处开始继续浇筑时，要注意避免直接靠近缝边下料。机械振捣前，宜向施工缝处逐渐推进，并距 80～100cm 处停止振捣，但应加强对施工缝接缝的捣实工作，使其紧密结合。

**15.6.3.4　现浇结构叠合层上混凝土浇筑**

（1）在主要承受静力荷载的叠合梁上，叠合面上应有凹凸差不小于 6mm 的粗糙面，并不得疏松和有浮浆。

（2）当浇筑叠合板时，叠合面应有凹凸不小于 4mm 的粗糙面。

（3）当浇筑叠合式受弯构件时，应按设计要求确定支撑的设置。

（4）结合面上浇筑混凝土前应洒水进行充分湿润，并不得有积水。

**15.6.3.5　超长结构混凝土浇筑技术要求**

超长结构混凝土浇筑应符合下列规定：

（1）可留设施工缝分仓浇筑，分仓浇筑间隔时间不应少于 7d；

（2）当留设后浇带时，后浇带封闭时间不得少于 14d；

（3）超长整体基础中调节沉降的后浇带，混凝土封闭时间应通过监测确定，当差异沉降趋于稳定后方可封闭后浇带；

（4）后浇带的封闭时间尚应经设计单位认可。

**15.6.3.6 型钢混凝土浇筑**

混凝土的浇筑质量是型钢混凝土结构质量好坏的关键。尤其是梁柱节点、主次梁交接处、梁内型钢凹角处等，由于型钢、钢筋和箍筋相互交错，会给混凝土的浇筑和振捣带来一定的困难，因此，施工时应特别注意确保混凝土的密实性。型钢混凝土结构浇筑应符合下列规定：

（1）混凝土强度等级为C30以上，宜用商品混凝土泵送浇捣，先浇捣柱后浇捣梁。混凝土粗骨料最大粒径不应大于型钢外侧混凝土保护层厚度的1/3，且不宜大于25mm。

（2）混凝土浇筑应有充分的下料位置，浇筑应能使混凝土充盈整个构件各部位。

（3）在柱混凝土浇筑过程中，型钢周边混凝土浇筑宜同步上升，混凝土浇筑高差不应大于500mm，每个柱采用4个振捣棒振捣至顶。

（4）在梁柱接头处和梁的型钢翼缘下部，由于浇筑混凝土时有部分空气不易排出，或因梁的型钢混凝土翼缘过宽影响混凝土浇筑，需在型钢翼缘的一些部位预留排气孔和混凝土浇筑孔。

（5）梁混凝土浇筑时，在工字钢梁下翼缘板以下从钢梁一侧下料，用振捣器在工字钢梁一侧振捣，将混凝土从钢梁底挤向另一侧，待混凝土高度超过钢梁下翼缘板100mm以上时，改为两侧两人同时对称下料，对称振捣，待浇至上翼缘板100mm时再从梁跨中开始下料浇筑，从梁的中部开始振捣，逐渐向两端延伸，至上翼缘下的全部气泡从钢梁梁端及梁柱节点位置穿钢筋的孔中排出为止。

**15.6.3.7 钢管混凝土结构浇筑**

钢管混凝土的浇筑常规方法有从管顶向下浇筑及混凝土从管底顶升浇筑。不论采取何种方法，对底层管柱，在浇筑混凝土前，应先灌入约100mm厚的同强度等级水泥砂浆，以便和基础混凝十更好地连接，也避免了浇筑混凝土时发生粗骨料的弹跳现象。采用分段浇筑管内混凝土且间隔时间超过混凝土终凝时间时，每段浇筑混凝土前，都应采取灌水泥砂浆的措施。

通过试验，管内混凝土的强度可按混凝土标准试块自然养护28d的抗压强度采用，也可按标准试块标准养护28d强度的0.9采用。

钢管混凝土结构浇筑应符合下列规定：

（1）宜采用自密实混凝土浇筑。

（2）混凝土应采取减少收缩的措施，减少管壁与混凝土间的间隙。

（3）在钢管适当位置应留有足够的排气孔，排气孔孔径应不小于20mm；浇筑混凝土应加强排气孔观察，确认浆体流出和浇筑密实后方可封堵排气孔。

（4）当采用粗骨料粒径不大于25mm的高流态混凝土或粗骨料粒径不大于20mm的自密实混凝土时，混凝土最大倾落高度不宜大于9m；倾落高度大于9m时应采用串筒、溜槽、溜管等辅助装置进行浇筑。

（5）混凝土从管顶向下浇筑时应符合下列规定：

1）浇筑应有充分的下料位置，浇筑应能使混凝土充盈整个钢管；

2）输送管端内径或斗容器下料口内径应比钢管内径小，且每边应留有不小于100mm

的间隙；

3）应控制浇筑速度和单次下料量，并分层浇筑至设计标高；

4）混凝土浇筑完毕后应对管口进行临时封闭。

（6）混凝土从管底顶升浇筑时应符合下列规定：

1）应在钢管底部设置进料输送管，进料输送管应设止流阀门，止流阀门可在顶升浇筑的混凝土达到终凝后拆除；

2）合理选择混凝土顶升浇筑设备，配备上下通信联络工具，有效控制混凝土的顶升或停止过程；

3）应控制混凝土顶升速度，并均衡浇筑至设计标高。

**15.6.3.8　自密实混凝土结构浇筑**

自密实混凝土浇筑应符合下列规定：

（1）应根据结构部位、结构形状、结构配筋等确定合适的浇筑方案。

（2）自密实混凝土粗骨料最大粒径不宜大于20mm。

（3）浇筑应能使混凝土充填到钢筋、预埋件、预埋钢构周边及模板内各部位。

（4）自密实混凝土浇筑布料点应结合拌合物特性选择适宜的间距，必要时可通过试验确定混凝土布料点下料间距。

（5）自密实混凝土浇筑时，尽量减少泵送过程对混凝土高流动性的影响，使其和易性能不变。

（6）浇筑时在浇注范围内尽可减少浇筑分层（分层厚度取为1m），使混凝土的重力作用得以充分发挥，并尽量不破坏混凝土的整体黏聚性。

（7）使用钢筋插棍进行插捣，并用锤子敲击模板，起到辅助流动和辅助密实的作用。

（8）自密实混凝土浇筑至设计高度后可停止浇筑，20min后再检查混凝土标高，如标高略低再进行复筑，以保证达到设计要求。

（9）在自密实混凝土入模前，应进行拌合物工作性检验。

**15.6.3.9　清水混凝土结构浇筑**

清水混凝土结构浇筑应符合下列规定：

（1）应根据结构特点进行构件分区，同一构件分区应采用同批混凝土，并应连续浇筑。

（2）同层或同区内混凝土构件所用材料牌号、品种、规格应一致，并应保证结构外观色泽符合要求。

（3）竖向构件浇筑时应严格控制分层浇筑的间歇时间，避免出现混凝土层间接缝痕迹。

（4）混凝土浇筑前，清理模板内的杂物，完成钢筋、管线的预留预埋，施工缝的隐蔽工程验收工作。

（5）混凝土浇筑先在根部浇筑30～50mm厚与混凝土同配比的水泥砂浆后，随铺砂浆随浇混凝土。

（6）混凝土振点应从中间向边缘分布，且布棒均匀，层层搭扣，遍布浇筑的各个部位，并应随浇筑连续进行。振捣棒的插入深度要大于浇筑层厚度，插入下层混凝土中

50mm。振捣过程中应避免敲振模板、钢筋，每一振点的振动时间，应以混凝土表面不再下沉、无气泡逸出为止，一般为20～30s，避免过振发生离析。

（7）其他同普通混凝土。

**15.6.3.10 预制装配结构现浇节点混凝土浇筑**

（1）预制构件与现浇混凝土部分连接应按设计图纸与节点施工。预制构件与现浇混凝土接触面，构件表面应作凿毛处理。

（2）预制构件锚固钢筋应按现行规范、规程执行，当有专项设计图纸时，应满足设计要求。

（3）采用预埋件与螺栓形式连接时，预埋件和螺栓必须符合设计要求。

（4）浇筑用混凝土、砂浆、水泥浆的强度及收缩性能应满足设计要求，骨料最大尺寸不应小于浇筑处最小尺寸的四分之一。设计无规定时，混凝土、砂浆的强度等级值不应低于构件混凝土强度等级值，并宜采取快硬措施。

（5）装配节点处混凝土、砂浆浇筑应振捣密实，并采取保温保湿养护措施。混凝土浇筑时，应采取留置必要数量的同条件试块或其他混凝土实体强度检测措施，以核对混凝土的强度已达到后续施工的条件。临时固定措施，可以在不影响结构安全性前提下分阶段拆除，对拆除方法、时间及顺序，应事先进行验算及制定方案。

（6）预制阳台与现浇梁、板连接时，预制阳台预留锚固钢筋必须符合设计要求与满足现行规范长度。

（7）预制楼梯与现浇梁板的连接，当采用预埋件焊接连接时，先施工梁板后焊接、放置楼梯，焊接满足设计要求。当采用锚固钢筋连接时，锚固钢筋必须符合设计要求。

（8）预制构件在现浇混凝土叠合构件中应符合下列规定

1）在主要承受静力荷载的梁中，预制构件的叠合面应有凹凸差不小于6mm的粗糙面，并不得疏松和有浮浆。

2）当浇筑叠合板时，预制板的表面应有凹凸不小于4mm的粗糙面。

（9）装配式结构的连接节点应逐个进行隐蔽工程检查，并填写记录。

**15.6.3.11 大体积混凝土的浇筑方法**

基础大体积混凝土结构浇筑应符合下列规定：

（1）用多台输送泵接输送泵管浇筑时，输送泵管布料点间距不宜大于10m，并宜由远而近浇筑。

（2）用汽车布料杆输送浇筑时，应根据布料杆工作半径确定布料点数量，各布料点浇筑速度应保持均衡。

（3）宜先浇筑深坑部分再浇筑大面积基础部分。

（4）基础大体积混凝土浇筑最常采用的方法为斜面分层；如果对混凝土流淌距离有特殊要求的工程，混凝土可采用全面分层或分块分层的浇筑方法。斜面分层浇筑方法见图15-7；全面分层浇筑方法见图15-8；分块分层浇筑方法见图15-9。在保证各层混凝土连续浇筑的条件下，层与层之间的间歇时间应尽可能缩短，以满足整个混凝土浇筑过程连续。

（5）混凝土分层浇筑应采用自然流淌形成斜坡，并应沿高度均匀上升，分层厚度不宜大于500mm。混凝土每层的厚度$H$应符合表15-57的规定，以保证混凝土能够振捣密实。

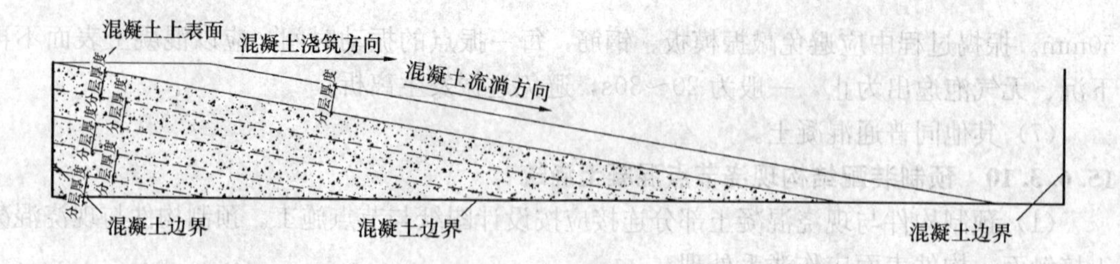


图 15-7 基础大体积混凝土斜面分层浇筑方法示意图

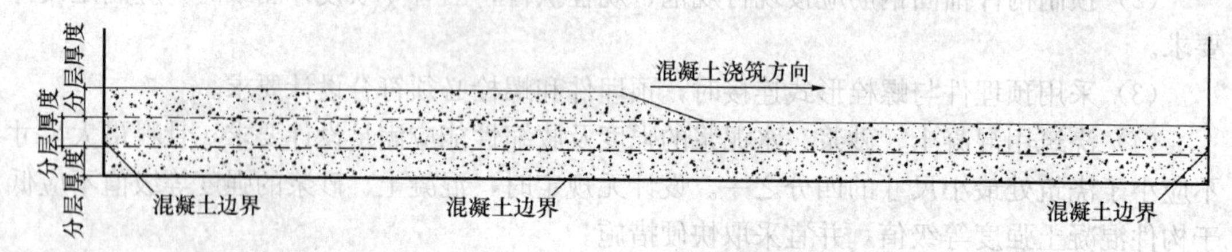


图 15-8 基础大体积混凝土全面分层浇筑方法示意图

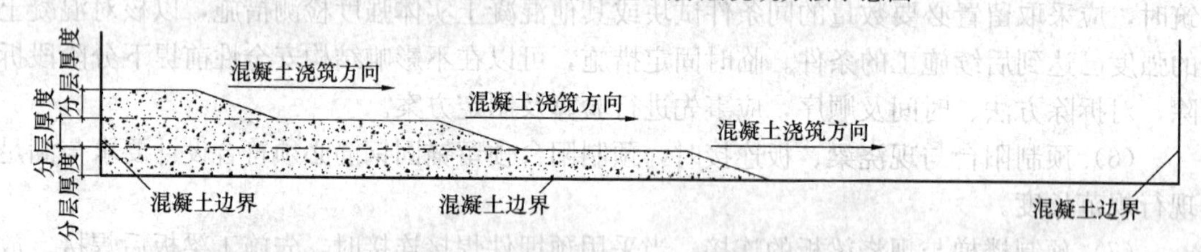


图 15-9 基础大体积混凝土分块分层浇筑方法示意图

**大体积混凝土的浇筑层厚度** **表 15-57**

| 混凝土种类 | 混凝土振捣方法 | 混凝土浇筑层厚度（mm） |
|---|---|---|
| 普通混凝土 | 插入式振捣 | 振动作用半径的 1.25 倍 |
| | 表面振捣 | 200 |
| | 人工振捣 | |
| | （1）在基础、无筋混凝土或配筋稀疏构件中 | 250 |
| | （2）在梁、墙板、柱结构中 | 240 |
| | （3）在配筋稠密的结构中 | 150 |
| 轻骨料混凝土 | 插入式振捣 | 300 |
| | 表面振捣（振动时需加荷） | 200 |

（6）混凝土浇筑后，在混凝土初凝前和终凝前宜分别对混凝土裸露表面进行抹面处理，抹面次数宜适当增加。

（7）混凝土拌合物自由下落的高度超过 2m 时，应采用串筒、溜槽或振动管下落工艺，以保证混凝土拌合物不发生离析。

（8）大体积混凝土施工由于采用流动性大的混凝土进行分层浇筑，上下层施工的间隔时间较长，经过振捣后上涌的泌水和浮浆易顺着混凝土坡面流到坑底，所以基础大体积混凝土结构浇筑应有排除积水或混凝土泌水的有效技术措施。可以在混凝土垫层施工时预先在横向做出 2cm 的坡度，在结构四周侧模的底部开设排水孔，使泌水及时从孔中自然流出。当混凝土大坡面的坡脚接近顶端时，应改变混凝土的浇筑方向，即从顶端往回浇筑，与原斜坡相交成一个集水坑，另外有意识地加强两侧模板外的混凝土浇筑强度，这样集水坑逐步在中间缩小成小水潭，然后用泵及时将泌水排除。采用这种方法适用于排除最后阶段的所有泌水。

**15.6.3.12 预应力混凝土结构浇筑**

（1）应避免预应力锚垫板与波纹管连接处及预应力筋连接处的管道移位或脱落。

（2）应采取措施保证预应力锚固区等配筋密集部位混凝土浇筑密实。

### 15.6.4 泵送混凝土浇筑的技术要求

泵送混凝土浇筑应符合下列规定：

（1）为了防止初泵时混凝土配合比的改变，在正式泵送前应用水、水泥浆、水泥砂浆进行预泵送，以润滑泵和输送管内壁，一般 $1m^3$ 水泥砂浆可润滑约 300m 长的管道。水、水泥浆和水泥砂浆的用量，见表 15-58。

水、水泥浆和水泥砂浆润滑混凝土泵和输送管内壁用量　表 15-58

| 输送管长度（m） | 水（L） | 水泥浆用量（稠度为粥状） | 水泥砂浆 | |
|---|---|---|---|---|
| | | | 用量（$m^3$） | 配合比（水泥：砂） |
| <100 | 30 | 100 | 0.5 | 1：2 |
| 100～200 | 30 | 100 | 1.0 | 1：1 |
| >200 | 30 | 100 | 1.0 | 1：1 |

（2）开始泵送混凝土时，混凝土泵送应处于低速、匀速并随时可反泵的状态，并时刻观察泵的输送压力，当确认各方面均正常后，才能提高到正常运转速度。

（3）混凝十泵送要连续进行，尽量避免出现泵送中断。

（4）在混凝土泵送过程中，如经常发生泵送困难或输送管堵塞时，施工管理人员应检查混凝土的配合比、和易性、匀质性以及配管方案、操作方法等，以便对症下药，及时解决问题。

（5）混凝土泵送即将结束时，应正确计算尚需要的混凝土数量，协调供需关系，避免出现停工待料或混凝土多余浪费。尚需混凝土的数量，不可漏计输送管的混凝土，其数量可参考表 15-59。

混凝土泵送结束输送管内混凝土数量　表 15-59

| 输送管径 | 每 100m 输送管内的混凝土量（$m^3$） | 每立方米混凝土量的输送管长度（m） |
|---|---|---|
| 100A | 1.0 | 100 |
| 125A | 1.5 | 75 |
| 150A | 2.0 | 50 |

（6）泵送混凝土浇筑区域划分以及浇筑顺序应符合下列规定：

1）宜根据结构平立面形状及尺寸、混凝土供应、混凝土浇筑设备、场地内外条件等划分每台泵浇筑区域及浇筑顺序；

2）采用硬管输送混凝土时，宜由远而近浇筑；多根输送管同时浇筑时，其浇筑速度宜保持一致；

3）宜采用先浇筑竖向结构构件后浇筑水平结构构件的顺序进行浇筑；

4）浇筑区域结构平面有高差时，宜先浇筑低区部分再浇筑高区部分。

(7) 当混凝土入模时，输送管或布料杆的软管出口应向下，并尽量接近浇筑面，必要时可以借用溜槽、串筒或挡板，以免混凝土直接冲击模板和钢筋。

(8) 为了便于集中浇筑，保证混凝土结构的整体性和施工质量，浇筑中要配备足够的振捣机具和操作人员。

(9) 混凝土浇筑完毕后，输送管道应及时用压力水清洗，清洗时应设置排水设施，不得将清水流到混凝土或模板里。

(10) 混凝土泵送浇筑应保持连续；当混凝土供应不及时，应采取间歇泵送方式，放慢泵送速度。

(11) 混凝土布料设备出口或混凝土泵管出口应采取缓冲措施进行布料，柱、墙模板内混凝土浇筑应使混凝土缓慢下落。

(12) 混凝土浇筑结束后，多余或废弃的混凝土不得用于未浇筑的结构部位。

## 15.7　混 凝 土 振 捣

混凝土振捣应能使模板内各个部位混凝土密实、均匀，不应漏振、欠振、过振。

### 15.7.1　混凝土振捣设备的分类

混凝土振捣可采用插入式振动棒、平板振动器或附着振动器表15-60，必要时可采用人工辅助振捣。

振动设备分类　　表15-60

| 分　类 | 说　明 |
|---|---|
| 内部振动器（插入式振动器） | 形式有硬管的、软管的。振动部分有锤式、棒式、片式等。振动频率有高有低。主要适用于大体积混凝土、基础、柱、梁、墙、厚度较大的板，以及预制构件的捣实工作当钢筋十分稠密或结构厚度很薄时，其使用就会受到一定的限制 |
| 表面振动器（平板式振动器） | 其工作部分是一钢制或木制平板，板上装一个带偏心块的电动振动器。振动力通过平板传递给混凝土，由于其振动作用深度较小，仅使用于表面积大而平整的结构物、如平板、地面、屋面等构件 |
| 外部振动器（附着式振动器） | 这种振动器通常是利用螺栓或钳形夹具固定在模板外侧，不与混凝土直接接触，借助模板或其他物体将振动力传递到混凝土。由于振动作用不能深远，仅适用于振捣钢筋较密、厚度较小以及不宜使用插入式振动器的结构构件 |

### 15.7.2　采用振动棒振捣混凝土

振动棒振捣混凝土应符合下列规定：

(1) 应按分层浇筑厚度分别进行振捣，振动棒的前端应插入前一层混凝土中，插入深度不应小于50mm。

（2）振动棒应垂直于混凝土表面并快插慢拔均匀振捣；当混凝土表面无明显塌陷、有水泥浆出现、不再冒气泡时，可结束该部位振捣。

（3）混凝土振动棒移动的间距应符合下列规定：

1）振动棒与模板的距离不应大于振动棒作用半径的0.5倍；

2）采用方格形排列振捣方式时，振捣间距应满足1.4倍振动棒的作用半径要求（图15-10）；采用三角形排列振捣方式时，振捣间距应满足1.7倍振动棒的作用半径要求（图15-11）。综合两种情况，对振捣间距作出1.4倍振动棒的作用半径要求。

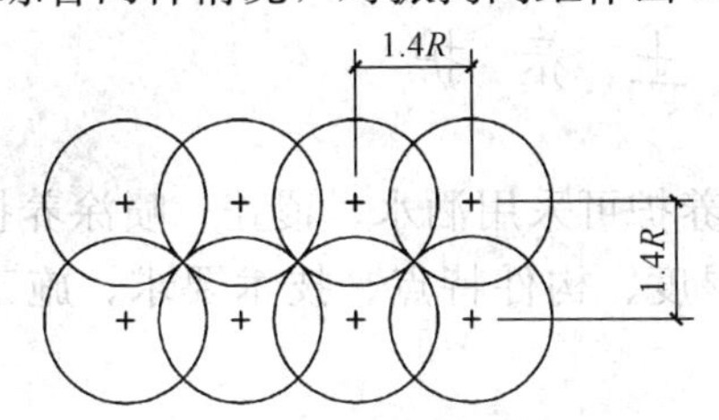


图15-10 方格形排列振动棒插点布置图

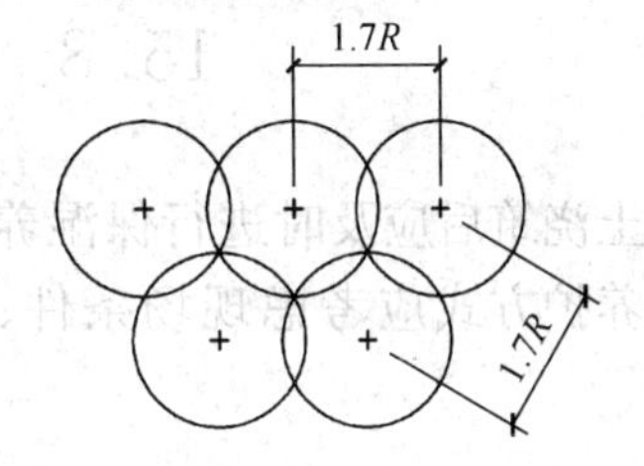


图15-11 三角形排列振动棒插点布置图

注：$R$为振动棒的作用半径。

（4）振动棒振捣混凝土应避免碰撞模板、钢筋、钢构、预埋件等。

### 15.7.3 采用表面振动器振捣混凝土

表面振动器振捣混凝土应符合下列规定：

（1）表面振动器振捣应覆盖振捣平面边角；

（2）表面振动器移动间距应覆盖已振实部分混凝土边缘；

（3）倾斜表面振捣时，应由低处向高处进行振捣。

### 15.7.4 采用附着振动器振捣混凝土

附着振动器振捣混凝土应符合下列规定：

（1）附着振动器应与模板紧密连接，设置间距应通过试验确定；

（2）附着振动器应根据混凝土浇筑高度和浇筑速度，依次从下往上振捣；

（3）模板上同时使用多台附着振动器时应使各振动器的频率一致，并应交错设置在相对面的模板上。

### 15.7.5 混凝土分层振捣的最大厚度要求

混凝土分层振捣的厚度应符合表15-61的规定。

**混凝土分层振捣厚度** **表15-61**

| 振捣方法 | 混凝土分层振捣最大厚度 | 附着振动器 | 根据设置方式，通过试验确定 |
|---|---|---|---|
| 振动棒 | 振动棒作用部分长度的1.25倍 | 表面振动器 | 200mm |

### 15.7.6 特殊部位的混凝土振捣

特殊部位的混凝土应采取下列加强振捣措施：

(1) 宽度大于0.3m的预留洞底部区域应在洞口两侧进行振捣，并适当延长振捣时间；宽度大于0.8m的洞口底部，应采取特殊的技术措施。

(2) 后浇带及施工缝边角处应加密振捣点，并适当延长振捣时间。

(3) 钢筋密集区域或型钢与钢筋结合区域应选择小型振动棒辅助振捣、加密振捣点，并适当延长振捣时间。

(4) 基础大体积混凝土浇筑流淌形成的坡顶和坡脚应适时振捣，不得漏振。

## 15.8 混 凝 土 养 护

混凝土浇筑后应及时进行保湿养护，保湿养护可采用洒水、覆盖、喷涂养护剂等方式。选择养护方式应考虑现场条件、环境温湿度、构件特点、技术要求、施工操作等因素。

### 15.8.1　混凝土洒水养护

洒水养护应符合下列规定：

(1) 洒水养护宜在混凝土裸露表面覆盖麻袋或草帘后进行，也可采用直接洒水、蓄水等养护方式；洒水养护应保证混凝土处于湿润状态。

(2) 洒水养护用水应符合《混凝土用水标准》(JGJ 63) 的规定。

(3) 当日最低温度低于5℃时，不应采用洒水养护。

(4) 应在混凝土浇筑完毕后的12h内进行覆盖浇水养护。

### 15.8.2　混凝土覆盖养护

覆盖养护应符合下列规定：

(1) 覆盖养护应在混凝土终凝后及时进行。

(2) 覆盖应严密，覆盖物相互搭接不宜小于100mm，确保混凝土处于保温保湿状态。

(3) 覆盖养护宜在混凝土裸露表面覆盖塑料薄膜、塑料薄膜加麻袋、塑料薄膜加草帘。

(4) 塑料薄膜应紧贴混凝土裸露表面，塑料薄膜内应保持有凝结水，保证混凝土处于湿润状态。

(5) 覆盖物应严密，覆盖物的层数应按施工方案确定。

### 15.8.3　混凝土喷涂养护

养生液养护是将可成膜的溶液喷洒在混凝土表面上，溶液挥发后在混凝土表面凝结成一层薄膜，使混凝土表面与空气隔绝，封闭混凝土中的水分不再被蒸发，而完成水化作用。喷涂养护剂养护应符合下列规定：

(1) 应在混凝土裸露表面喷涂覆盖致密的养护剂进行养护。

(2) 养护剂应均匀喷涂在结构构件表面，不得漏喷。养护剂应具有可靠的保湿效果，保湿效果可通过试验检验。

(3) 养护剂使用方法应符合产品说明书的有关要求。

（4）墙、柱等竖向混凝土结构在混凝土的表面不便浇水或使用塑料薄膜养护时，可采用涂刷或喷洒养生液进行养护，以防止混凝土内部水分的蒸发。

（5）涂刷（喷洒）养护液的时间，应掌握混凝土水分蒸发情况，在不见浮水、混凝土表面以手指轻按无指印时进行涂刷或喷洒。过早会影响薄膜与混凝土表面结合，容易过早脱落，过迟会影响混凝土强度。

（6）养护液涂刷（喷洒）厚度以 2.5$m^2$/kg 为宜，厚度要求均匀一致。

（7）养护液涂刷（喷洒）后很快就形成薄膜，为达到养护目的，必须加强保护薄膜完整性，要求不得有损坏破裂，发现有损坏时及时补刷（补喷）养护液。

### 15.8.4 混凝土加热养护

1. 蒸汽养护

蒸汽养护是由轻便锅炉供应蒸汽，给混凝土提供一个高温高湿的硬化条件，加快混凝土的硬化速度，提高混凝土早期强度的一种方法。用蒸汽养护混凝土，可以提前拆模（通常 2d 即可拆模），缩短工期，大大节约模板。

为了防止混凝土收缩而影响质量，并能使强度继续增长，经过蒸汽养护后的混凝土，还要放在潮湿环境中继续养护，一般洒水 7～21d，使混凝土处于相对湿度在 80%～90%的潮湿环境中。为了防止水分蒸发过快，混凝土制品上面可遮盖草帘或其他覆盖物。

2. 太阳能养护

太阳能养护是直接利用太阳能加热养护棚（罩）内的空气，使内部混凝土能够在足够的温度和湿度下进行养护，获得早强。在混凝土成型、表面找平收面后，在其上覆盖一层黑色塑料薄膜（厚 0.12～0.14mm），再盖一层气垫薄膜（气泡朝下）。塑料薄膜应采用耐老化的，接缝应采用热粘合。覆盖时应紧贴四周，用砂袋或其他重物压紧盖严，防止被风吹开而影响养护效果。塑料薄膜若采用搭接时，其搭接长度不小于 30cm。

### 15.8.5 混凝土养护的质量控制

（1）混凝土的养护时间应符合下列规定：

1）采用硅酸盐水泥、普通硅酸盐水泥或矿渣硅酸盐水泥配制的混凝土不应少于 7d；采用其他品种水泥时，养护时间应根据水泥性能确定；

2）采用缓凝型外加剂、大掺量矿物掺合料配制的混凝土不应少于 14d；

3）抗渗混凝土、强度等级 C60 及以上的混凝土不应少于 14d；

4）后浇带混凝土的养护时间不应少于 14d；

5）地下室底层墙、柱和上部结构首层墙、柱宜适当增加养护时间；

6）基础大体积混凝土养护时间应根据施工方案确定。

（2）基础大体积混凝土裸露表面应采用覆盖养护方式。当混凝土表面以内 40～80mm 位置的温度与环境温度的差值小于 25℃时，可结束覆盖养护。覆盖养护结束但尚未到达养护时间要求时，可采用洒水养护方式直至养护结束。

（3）柱、墙混凝土养护方法应符合下列规定：

1）地下室底层和上部结构首层柱、墙混凝土带模养护时间不宜少于 3d；带模养护结束后可采用洒水养护方式继续养护，必要时也可采用覆盖养护或喷涂养护剂养护方式继续养护。

2）其他部位柱、墙混凝土可采用洒水养护；必要时，也可采用覆盖养护或喷涂养护剂养护。

（4）混凝土强度达到 1.2N/mm² 前，不得在其上踩踏、堆放荷载、安装模板及支架。

（5）同条件养护试件的养护条件应与实体结构部位养护条件相同，并应采取措施妥善保管。

（6）施工现场应具备混凝土标准试块制作条件，并应设置标准试块养护室或养护箱。标准试块养护应符合国家现行有关标准的规定。

## 15.9　混凝土施工缝及后浇带

随着钢筋混凝土结构的普遍运用，在现浇混凝土施工过程中由于技术或施工组织上的原因不能连续浇筑，且停留时间超过混凝土的初凝时间，前后浇筑混凝土之间的接缝处便形成了混凝土施工缝。施工缝是结构受力薄弱部位，一旦设置和处理不当就会影响整个结构的性能与安全。因此，施工缝不能随意设置，必须严格按照规定预先选定合适的部位设置施工缝。

高层建筑、公共建筑及超长结构的现浇整体钢筋混凝土结构中通常设置后浇带，使大体积混凝土可以分块施工，加快施工进度及缩短工期。由于不设永久性的沉降缝，简化了建筑结构设计，提高了建筑物的整体性，也减少了渗漏水的现象。

施工缝和后浇带的留设位置应在混凝土浇筑之前确定。施工缝和后浇带宜留设在结构受剪力较小且便于施工的位置。受力复杂的结构构件或有防水抗渗要求的结构构件，施工缝留设位置应经设计单位认可。

### 15.9.1　施工缝的类型

混凝土施工缝的设置一般分两种：水平施工缝和竖直施工缝。水平施工缝一般设置在竖向结构中，一般设置在墙、柱或厚大基础等结构。垂直施工缝一般设置在平面结构中，一般设置在梁、板等构件中。

### 15.9.2　后浇带的类型

混凝土后浇带的设置一般分两种：沉降后浇带和伸缩后浇带。沉降后浇带有效地解决了沉降差的问题，使高层建筑和裙房的结构及基础设计为整体。伸缩后浇带可减少温度、收缩的影响，从而避免有害裂缝的产生。

### 15.9.3　水平施工缝的留设

水平施工缝的留设位置应符合下列规定：

（1）柱、墙施工缝可留设在基础、楼层结构顶面，柱施工缝宜距结构上表面 0～100mm，墙施工缝宜距结构上表面 0～300mm。基础、楼层结构顶面的水平施工缝留设见图 15-12。

（2）柱、墙施工缝也可留设在楼层结构底面，施工缝宜距结构下表面 0～50mm。当

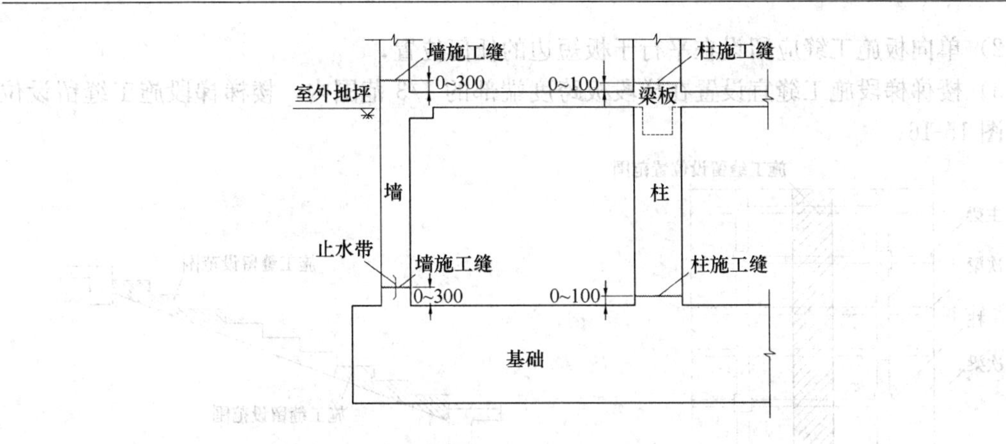


图 15-12　基础、楼层结构顶面留设水平施工缝范例

板下有梁托时，可留设在梁托下 0～20mm。柱在楼层结构底面的水平施工缝留设见图 15-13，墙在楼层结构底面的水平施工缝留设见图 15-14。

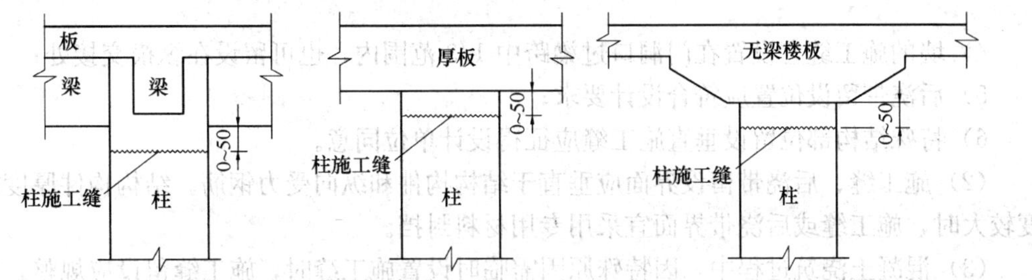


图 15-13　柱在楼层结构底面留设水平施工缝范例

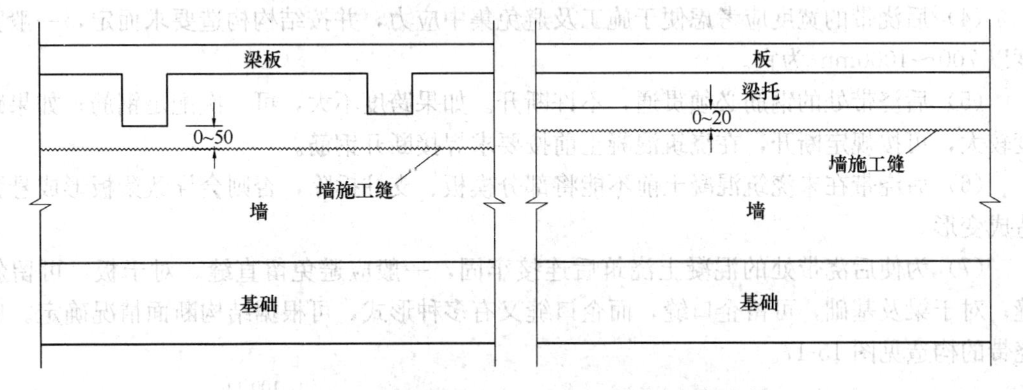


图 15-14　墙在楼层结构底面留设水平施工缝范例

（3）高度较大的柱、墙、梁以及厚度较大的基础可根据施工需要在其中部留设水平施工缝；必要时，可对配筋进行调整，并应征得设计单位认可。

（4）特殊结构部位留设水平施工缝应征得设计单位同意。

### 15.9.4　垂直施工缝与后浇带的留设

（1）垂直施工缝和后浇带的留设位置应符合下列规定：

1）有主次梁的楼板施工缝应留设在次梁跨度中间的 1/3 范围内，有主次梁的楼板施工缝留设位置见图 15-15；

2）单向板施工缝应留设在平行于板短边的任何位置；

3）楼梯梯段施工缝宜设置在梯段板跨度端部的 1/3 范围内，楼梯梯段施工缝留设位置见图 15-16；

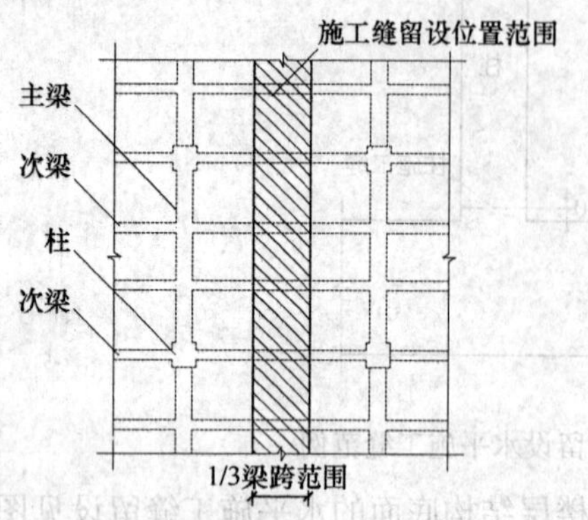


图 15-15　主次梁结构垂直施工缝留设位置范例　　图 15-16　楼梯垂直施工缝留设位置范例

4）墙的施工缝宜设置在门洞口过梁跨中 1/3 范围内，也可留设在纵横交接处；

5）后浇带留设位置应符合设计要求；

6）特殊结构部位留设垂直施工缝应征得设计单位同意。

(2) 施工缝、后浇带留设界面应垂直于结构构件和纵向受力钢筋。结构构件厚度或高度较大时，施工缝或后浇带界面宜采用专用材料封挡。

(3) 混凝土浇筑过程中，因特殊原因需临时设置施工缝时，施工缝留设应规整，并宜垂直于构件表面，必要时可采取增加插筋、事后修凿等技术措施。

(4) 后浇带的宽度应考虑便于施工及避免集中应力，并按结构构造要求而定，一般宽度以 700～1000mm 为宜。

(5) 后浇带处的钢筋必须贯通，不许断开。如果跨度不大，可一次配足钢筋；如果跨度较大，可按规定断开，在浇筑混凝土前按要求焊接断开钢筋。

(6) 后浇带在未浇筑混凝土前不能将部分模板、支柱拆除，否则会导致梁板形成悬臂造成变形。

(7) 为使后浇带处的混凝土浇筑后连接牢固，一般应避免留直缝。对于板，可留斜缝；对于梁及基础，可留企口缝，而企口缝又有多种形式，可根据结构断面情况确定。后浇带的构造见图 15-17。

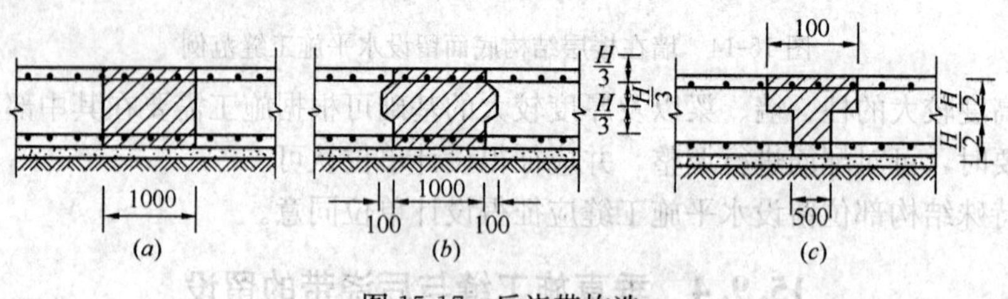


图 15-17　后浇带构造

## 15.9.5　设备基础施工缝的留设

设备基础施工缝留设位置应符合下列规定：

(1) 水平施工缝应低于地脚螺栓底端，与地脚螺栓底端的距离应大于150mm。当地脚螺栓直径小于30mm时，水平施工缝可留设在深度不小于地脚螺栓埋入混凝土部分总长度的3/4处。

(2) 垂直施工缝与地脚螺栓中心线的距离不应小于250mm，且不应小于螺栓直径的5倍。

### 15.9.6 承受动力作用的设备基础施工缝的留设

承受动力作用的设备基础施工缝留设位置应符合下列规定：

(1) 标高不同的两个水平施工缝，其高低接合处应留设成台阶形，台阶的高宽比不应大于1.0；

(2) 在水平施工缝处继续浇筑混凝土前，应对地脚螺栓进行一次复核校正；

(3) 垂直施工缝或台阶形施工缝的垂直面处应加插钢筋，插筋数量和规格应由设计确定；

(4) 施工缝的留设应经设计单位认可。

### 15.9.7 常用类型施工缝的处理方法

在施工缝处继续浇筑混凝土时，混凝土抗压强度不应小于1.2N/mm$^2$，可通过试验来确定。这样可保证混凝土在受到振动棒振动时而不影响混凝土强度继续增长的最低限度。同时必须对施工缝进行必要的处理：

(1) 应仔细清除施工缝处的垃圾、水泥薄膜、松动的石子以及软弱的混凝土层。对于达到强度、表面光洁的混凝土面层还应加以凿毛，用水冲洗干净并充分湿润，且不得积水。

(2) 要注意调整好施工缝位置附近的钢筋。要确保钢筋周围的混凝土不受松动和损坏，应采取钢筋防锈或阻锈等技术措施进行保护。

(3) 在浇筑前，为了保证新旧混凝土的结合，施工缝处应先铺一层厚度为1～1.5cm的水泥砂浆，其配合比与混凝土内的砂浆成分相同。

(4) 从施工缝处开始继续浇筑时，要注意避免直接向施工缝边投料。机械振捣时，宜向施工缝处渐渐靠近，并距80～100mm处停止振捣。但应保证对施工缝的捣实工作，使其结合紧密。

(5) 对于施工缝处浇筑完新混凝土后要加强养护。当施工缝混凝土浇筑后，新浇混凝土在12h以内就应根据气温等条件加盖草帘浇水养护。如果在低温或负温下则应该加强保温，还要覆盖塑料布阻止混凝土水分的散失。

(6) 水池、地坑等特殊结构要求的施工缝处理，要严格按照施工图纸要求和有关规范执行。

(7) 承受动力作用的设备基础的水平施工缝继续浇筑混凝土前，应对地脚螺栓进行一次观测校准。

### 15.9.8 后浇带的处理

(1) 在后浇带四周应做临时保护措施，防止施工用水流进后浇带内，以免施工过程中污染钢筋，堆积垃圾。

（2）不同类型后浇带混凝土的浇筑时间是不同的，应按设计要求进行浇筑。伸缩后浇带应根据在先浇部分混凝土的收缩完成情况而定，一般为施工后60d；沉降后浇带宜在建筑物基本完成沉降后进行。

（3）在浇筑混凝土前，将整个混凝土表面按照施工缝的要求进行处理。后浇带混凝土必须采用减少收缩的技术措施，混凝土的强度应比原结构强度提高一个等级，其配合比通过试验确定，宜掺入早强减水剂，精心振捣，浇筑后并保持至少15d的湿润养护。

### 15.9.9　工　程　实　例

1. 工程概况

某工程基坑呈135m×79.2m矩形布置，基坑面积约为10500$m^2$，混凝土强度等级为C45P8 R60。根据设计要求，在梁板和底板内分别设置若干条施工后浇带和沉降后浇带。

2. 后浇带止水

在后浇带底部外置橡胶止水带，在后浇带中间部位设置埋入式橡胶止水带。

3. 后浇带封闭

后浇带混凝土浇捣前，先清理好后浇带内的垃圾、模板等杂物，再用泥浆泵抽掉后浇带内积水，断开后浇带钢筋，开出1000mm×1000mm的洞口，供工人进出后浇带。清理完成后，将割断的钢筋焊接补齐。由于断开部位在同一界面，焊接长度满足12$d$。后浇带采用减少收缩的技术措施，其混凝土强度等级提高5MPa。混凝土浇捣完成后应注意早期的养护，后浇带封闭时间在3～4月之间。温度变化较大，视温度情况采取覆盖薄膜或喷水养护，以防产生收缩裂缝。

## 15.10　混凝土裂缝控制

### 15.10.1　混凝土裂缝的分类

混凝土裂缝大体有以下几种：

1. 干缩裂缝

干缩裂缝多出现在混凝土养护结束后的一段时间或是混凝土浇筑完毕后的一周左右。水泥浆中水分的蒸发会产生干缩，且这种收缩是不可逆的。干缩裂缝的产生主要是由于混凝土内外水分蒸发程度不同而导致变形不同的结果：混凝土受外部条件的影响，表面水分损失过快，变形较大，内部湿度变化较小变形较小，较大的表面干缩变形受到混凝土内部约束，产生较大拉应力而产生裂缝。相对湿度越低，水泥浆体干缩越大，干缩裂缝越易产生。干缩裂缝多为表面性的平行线状或网状浅细裂缝，宽度多在0.05～0.2mm之间，大体积混凝土中平面部位多见，较薄的梁板中多沿其短向分布。干缩裂缝通常会影响混凝土的抗渗性，引起钢筋的锈蚀影响混凝土的耐久性，在水压力的作用下会产生水力劈裂影响混凝土的承载力等。混凝土干缩主要和混凝土的原材料、施工、环境因素等有关。

2. 塑性收缩裂缝

塑性收缩是指混凝土在凝结之前，表面因失水较快而产生的收缩。塑性收缩裂缝一般在干热或大风天气出现，裂缝多呈中间宽、两端细且长短不一，互不连贯状态。较短的裂缝一般长20～30cm，较长的裂缝可达2～3m，宽1～5mm。其产生的主要原因为：混凝土在终凝前几乎没有强度或强度很小，或者混凝土刚刚终凝而强度很小时，受高温或较大风力的影响，混凝土表面失水过快，造成毛细管中产生较大的负压而使混凝土体积急剧收缩，而此时混凝土的强度又无法抵抗其本身收缩，因此产生龟裂。影响混凝土塑性收缩开裂的主要因素有水胶比、混凝土的凝结时间、环境温度、风速、相对湿度等。

3. 沉降裂缝

沉降裂缝的产生是由于结构地基土质不匀、松软，或回填土不实或浸水而造成不均匀沉降所致。或者因为模板刚度不足，模板支撑间距过大或支撑底部松动等导致，特别是在冬季，模板支撑在冻土上，冻土化冻后产生不均匀沉降，致使混凝土结构产生裂缝。此类裂缝多为深入或贯穿性裂缝，其走向与沉陷情况有关，一般沿与地面垂直或呈30°～45°角方向发展，较大的沉降裂缝，往往有一定的错位，裂缝宽度往往与沉降量成正比关系。裂缝宽度受温度变化的影响较小。地基变形稳定之后，沉降裂缝也基本趋于稳定。

4. 温差裂缝

温差裂缝多发生在大体积混凝土表面或温差变化较大地区的混凝土结构中。混凝土浇筑后，在硬化过程中，水泥水化产生大量的水化热（当水泥用量在350～550 kg/m³，每立方米混凝土将释放出17500～27500kJ的热量，从而使混凝土内部温度升达70℃左右甚至更高）。由于混凝土的体积较大，大量的水化热聚积在混凝土内部而不易散发，导致内部温度急剧上升，而混凝土表面散热较快，这样就形成内外的较大温差，较大的温差造成内部与外部热胀冷缩的程度不同，使混凝土表面产生一定的拉应力。当拉应力超过混凝土的抗拉强度极限时，混凝土表面就会产生裂缝，这种裂缝多发生在混凝土施工中后期。在混凝土的施工中当温差变化较大，或者是混凝土受到寒潮的袭击等，会导致混凝土表面温度急剧下降，而产生收缩，表面收缩的混凝土受内部混凝土的约束，将产生很大的拉应力而产生裂缝，这种裂缝通常只在混凝土表面较浅的范围内产生。

温差裂缝的走向通常无一定规律，大面积结构裂缝常纵横交错。梁板类长度尺寸较大的结构，裂缝多平行于短边；深入和贯穿性的温差裂缝一般与短边方向平行或接近平行，裂缝沿着长边分段出现，中间较密。裂缝宽度大小不一，受温度变化影响较为明显，冬季较宽，夏季较窄。高温膨胀引起的混凝土温度裂缝是通常中间粗两端细，而冷缩裂缝的粗细变化不太明显。此种裂缝的出现会引起钢筋的锈蚀，混凝土的碳化，降低混凝土的抗冻融、抗疲劳及抗渗能力等。

5. 荷载裂缝

地基沉陷、结构超载或结构主筋位移减小了断面有效高度，都会引起扭裂缝。荷载裂缝通常包括受弯、受剪、受扭缝。受弯裂缝垂直于梁轴，常发生在梁跨间中央，裂缝的宽度和长短随着应力的大小变化；受剪的裂缝多在梁的支点附近出现，它与梁轴斜向相交；受扭的裂缝是一种斜裂缝，与受剪裂缝形态相似。

6. 化学反应引起的裂缝

碱骨料反应裂缝和钢筋锈蚀引起的裂缝是钢筋混凝土结构中最常见的由于化学反应而

引起的裂缝。

混凝土拌合后会产生一些碱性离子，这些离子与某些活性骨料产生化学反应并吸收周围环境中的水而体积增大，造成混凝土酥松、膨胀开裂。这种裂缝一般出现在混凝土结构使用期间，一旦出现很难补救，因此应在施工中采取有效措施进行预防。

### 15.10.2 混凝土裂缝形成的主要原因

混凝土裂缝产生原因：模板及其支撑不牢，产生变形或局部沉降；混凝土和易性不好，浇筑后产生分层，出现裂缝；养护不好引起裂缝；拆模不当，引起开裂；冬期施工时拆除保温材料时温差过大，引起裂缝；大体积混凝土由于水化热，使内部与表面温差过大，产生裂缝；大面积现浇混凝土由于收缩和温度应力产生裂缝；主筋严重位移，使结构受拉区开裂；混凝土初凝后又受扰动，产生裂缝；构件受力过早或超载引起裂缝；基础不均匀沉降引起开裂；设计不合理或使用不当引起开裂等。

### 15.10.3 混凝土裂缝控制的计算

1. 温度场分析

(1) 混凝土拌合温度

混凝土拌合温度又称出机温度，指混凝土拌合物离开搅拌机时的温度。可用下式计算：

$$T_c \Sigma Wc = \Sigma T_i Wc \tag{15-29}$$

式中 $T_c$——混凝土拌合温度；

$W$——材料质量（kg）；

$c$——材料比热（kJ/kg·K）；

$T_i$——各种材料初始温度。

(2) 混凝土浇筑温度

混凝土浇筑温度可用下式计算：

$$T_j = T_c + (T_q - T_c)(A_1 + A_2 + A_3 + \cdots\cdots + A_n) \tag{15-30}$$

式中 $T_j$——混凝土的浇筑温度；

$T_c$——混凝土的拌合温度；

$T_q$——混凝土运输和浇筑时的室外气温；

$A_1$，$A_2$，…，$A_n$——温度损失系数。

(3) 边界处理

由于通常混凝土养护时设置保温层，此时边界问题可以采用虚厚度的方法来处理，即在真实厚度延拓一个虚厚度 $h$，可计算如下：

$$h = K \cdot \frac{\lambda}{\beta} \tag{15-31}$$

式中 $\lambda$——混凝土的导热系数（$W/m^2 \cdot K$）；

$\beta$——混凝土模板及保温层的传热系数（$W/m^2 \cdot K$）；

$K$——计算折减系数，可取 0.666。

这里，$\beta$ 可按下式计算：

$$\beta=\frac{1}{\Sigma\frac{\delta_i}{\lambda_i}+\frac{1}{\beta_i}} \tag{15-32}$$

式中 $\delta_i$——保温材料的厚度（m）；

$\lambda_i$——保温材料导热系数（$W/m^2 \cdot K$）；

而 $\beta_i$ 为空气传热系数（$W/m^2 \cdot K$）。

（4）温度变形

假定温度变形线性相关于温差变化，温度应变可由下式得出：

$$\varepsilon_{th}=A\cdot\Delta T \tag{15-33}$$

式中 $A$——温度膨胀系数，相关于龄期、配合比和湿度，出于简化考虑，假设

$$A=A(t,h,\cdots)=\text{const} \tag{15-34}$$

2. 湿度场分析

宏观湿度扩散模型主要采用 Bazant 建议的微分方程，如下：

$$\frac{\partial}{\partial x}\left(k_x\frac{\partial h}{\partial x}\right)+\frac{\partial}{\partial y}\left(k_y\frac{\partial h}{\partial y}\right)+\frac{\partial}{\partial z}\left(k_z\frac{\partial h}{\partial z}\right)+k_h\frac{\partial q}{\partial t}+k_T\frac{\partial T}{\partial t}=\frac{\partial h}{\partial t} \tag{15-35}$$

其中，$\frac{\partial h}{\partial t}$ 为单位体积混凝土的水分含量，$k_x$，$k_y$ 和 $k_z$ 为扩散系数，$T$ 为温度值，$k_h$ 和 $k_T$ 为影响参数，分别反映水化过程和温度变化对于湿度的影响，简化考虑认为各向扩散系数相等，都可以表示为 $D(h)$。

3. 应力分析方法

基于上述理论，可以进行混凝土结构的有限元解析和数值计算。混凝土内部瞬态温度场的数值计算可采用伽辽金法，最后可得到如下方程：

$$[K_1]\{T\}-([K_2]+[K_2])\{\dot{T}\}-\{P\}=0 \tag{15-36}$$

这里，$[K_1]$、$[K_2]$、$[K_3]$ 和 $\{P\}$ 可表达为如下矩阵形式：

$$[K_1]=\iiint[B]^T[D]\cdot[B]\cdot dN \tag{15-37}$$

$$[K_2]=\iint\alpha[N]^T[N]\cdot ds \tag{15-38}$$

$$[K_3]=\iiint c\gamma[N]^T[N]\cdot dV \tag{15-39}$$

$$\{P\}=\{P_1\}+\{P_3\} \tag{15-40}$$

4. 耦合分析

混凝土早期应力应变的有限元解析主要采用增量法，因此也同温湿场分布的求解一样，划分为若干时间步长，一步一步完成求解，由于早期变形主要包括温度变形、收缩变形和徐变，任意时间段 $i$，任一点处的应变可通过下式表达：

$$\Delta\varepsilon_i^{ToT}=\Delta\varepsilon_i^{sh}+\Delta\varepsilon_i^{th}+\Delta\varepsilon_i^{cr} \tag{15-41}$$

然后可采用初应力法，将其视为初荷载作用于混凝土结构来进行三维有限元分析，如下：

$$[K(t)]\cdot[\delta(t)]=[R]+\iiint[B]^T[\Delta\sigma(t)]dV \tag{15-42}$$

其中

$$[\Delta\sigma(t)] = [D(t)] \cdot [\Delta\varepsilon(t)] + [\Delta D(t)] \cdot [\varepsilon(t)] \tag{15-43}$$

有限元分析过程中还充分考虑了龄期、徐变、变形等因素的影响。

5. 钢筋作用

有限元分析过程中，配筋主要等效为钢筋薄膜，并将其刚度贡献加入实体单刚矩阵中，则整个单刚矩阵可表达为：

$$[K] = [K_c] + [K_s] \tag{15-44}$$

其中，$K_s$ 即为钢筋薄膜的贡献矩阵，如下式：

$$[K_s] = \iint [B]^T [L]^T [D_s] \cdot [L] \cdot [B] \cdot t_1 \cdot dA \tag{15-45}$$

这里，$[L]$ 为坐标转换矩阵，$[D_s]$ 为钢筋薄膜平面内应力应变关系矩阵，如下式：

$$[D_s] = \begin{bmatrix} E_s & & \\ & \dfrac{t_2}{t_2}E_s & \\ & & 0 \end{bmatrix} \tag{15-46}$$

而 $t_1$、$t_2$ 分别为薄膜平面内两方向上的厚度，可由下式求出：

$$t = \frac{A_s}{a_s} \cdot \frac{E_s - E_c}{E_s} \tag{15-47}$$

式中　$A_s$——单根配筋面积；

$a_s$——配筋间距；

$E_c$、$E_s$——分别为混凝土和钢筋的弹模。

6. 混凝土工程裂宽分析

裂缝宽度是施工单位、设计单位以及业主都十分关心的问题，裂缝宽度计算的主要依据是粘结滑移理论与无滑移理论的结合。裂缝宽度的计算公式如下：

$$w_{max} = \left(1.5c + 0.16\frac{d}{\mu}\right) \cdot \frac{\sigma_c}{E_c} \cdot \varphi \tag{15-48}$$

式中　$c$——混凝土结构保护层厚度，考虑工程实际，一般取为 25mm；

$d$——抗裂面钢筋截面直径（mm）；

$\mu$——抗裂面配筋率（%）；

$\sigma_c$——某点处混凝土结构应力（MPa）；

$E_c$——混凝土弹性模量（MPa）；

$\varphi$——重要度系数。

重要度系数 $\varphi$ 的选取，综合考虑了规范规定以及实际工程施工环境，可参考表 15-62～表 15-64。

**建筑结构的安全等级**　　**表 15-62**

| 安全等级 | 破坏后果 | 建筑物类型 |
| --- | --- | --- |
| 一级 | 很严重 | 重要的建筑物 |
| 二级 | 严重 | 一般的建筑物 |
| 三级 | 不严重 | 次要的建筑物 |

**混凝土结构的环境类别　　表 15-63**

| 环境类别 | 说　　明 |
|---|---|
| 一 | 室内干燥环境；<br>无侵蚀性静水浸没环境 |
| 二 a | 室内潮湿环境；<br>非严寒和非寒冷地区的露天环境；<br>非严寒和非寒冷地区与无侵蚀性的水或土壤直接接触的环境；<br>严寒和寒冷地区的冰冻线以下与无侵蚀性的水或土壤直接接触的环境 |
| 二 b | 干湿交替环境；<br>水位频繁变动环境；<br>严寒和寒冷地区的露天环境；<br>严寒和寒冷地区冰冻线以上与无侵蚀性的水或土壤直接接触的环境 |
| 三 a | 严寒和寒冷地区冬季水位变动区环境；<br>受除冰盐影响环境；<br>海风环境 |
| 三 b | 盐渍土环境；<br>受除冰盐作用环境；<br>海岸环境 |
| 四 | 海水环境 |
| 五 | 受人为或自然的侵蚀性物质影响的环境 |

注：1. 室内潮湿环境是指构件表面经常处于结露或湿润状态的环境；
2. 严寒和寒冷地区的划分应符合现行国家标准《民用建筑热工设计规范》(GB 50176) 的有关规定；
3. 海岸环境和海风环境宜根据当地情况，考虑主导风向及结构所处迎风、背风部位等因素的影响，由调查研究和工程经验确定；
4. 受除冰盐影响环境是指受到除冰盐盐雾影响的环境；受除冰盐作用环境是指被除冰盐溶液溅射的环境以及使用除冰盐地区的洗车房、停车楼等建筑；
5. 暴露的环境是指混凝土结构表面所处的环境。

根据上述两表格内限定情况，决定用户实际工程重要度系数 $\varphi$ 的选取（表格内的 A、B、C 为重要度系数 $\varphi$ 的等级）。

**重要度系数 $\varphi$ 的等级　　表 15-64**

| 安全等级 \ 环境类别 | 一 | 二（a、b） | 三（a、b） |
|---|---|---|---|
| 一 | C | C | C |
| 二 | B | B | C |
| 三 | A | B | C |

其中，系数 $\varphi$ 的取值按表 15-65。

**重要度系数 $\varphi$　　表 15-65**

| $\varphi$ 等级 | A | B | C |
|---|---|---|---|
| 取值 | 1.0 | 1.3 | 1.5 |

7. 大体积混凝土应力（温度、收缩）计算

(1) 绝热温升计算

1) 水泥的水化热

$$Q_\tau = \frac{1}{n+\tau} Q_0 \tau \tag{15-49}$$

式中 $Q_\tau$——在龄期 $\tau$ 时的累积水化热（kJ/kg）；

$Q_0$——水泥水化热总量（kJ/kg）；

$\tau$——龄期（d）；

$n$——常数，随水泥品种、比表面积等因素不同而异。为便于计算可将上式改写为：

$$\frac{\tau}{Q_\tau} = \frac{n}{Q_0} + \frac{\tau}{Q_0} \tag{15-50}$$

根据水泥水化热“直接法”试验测试结果，以龄期 $\tau$ 为横坐标，$\tau/Q_\tau$ 为纵坐标画图，可得到一条直线，此直线的斜率为 $1/Q_0$，即可求出水泥水化热总量 $Q_0$。其值亦可根据下式进行计算：

$$Q_0 = \frac{4}{7/Q_7 - 3/Q_3} \tag{15-51}$$

2）胶凝材料水化热总量

通常 $Q$ 值是在水泥、掺合料、外加剂用量确定后根据实际配合比通过试验得出。当无试验数据时，可考虑根据下述公式进行计算：

$$Q = kQ_0 \tag{15-52}$$

$Q$——胶凝材料水化热总量（kJ/kg）；

$k$——不同掺量掺合料水化热调整系数，见表 15-66。

**不同掺量掺合料水化热调整系数** **表 15-66**

| 掺量* | 0 | 10% | 20% | 30% | 40% |
|---|---|---|---|---|---|
| 粉煤灰（$k_1$） | 1 | 0.96 | 0.95 | 0.93 | 0.82 |
| 矿渣粉（$k_2$） | 1 | 1 | 0.93 | 0.92 | 0.84 |

* 表中掺量为掺合料占总胶凝材料用量的百分比。

当现场采用粉煤灰与矿粉双掺时，$k$ 值按照下式计算：

$$k = k_1 + k_2 - 1 \tag{15-53}$$

式中 $k_1$——粉煤灰掺量对应系数；

$k_2$——矿粉掺量对应系数。

3）混凝土的绝热温升

因水泥水化热引起混凝土的绝热温升值可按下式计算：

$$T(t) = \frac{WQ}{c\rho}(1 - e^{-mt}) \tag{15-54}$$

式中 $T(t)$——混凝土龄期为 $t$ 时的绝热温升（℃）；

$W$——1m³ 混凝土的胶凝材料用量（kg/ m³）；

$c$——混凝土的比热，一般为 0.92～1.0〔kJ/（kg·℃）〕；

$\rho$——混凝土的重力密度，2400～2500（kg/ m³）；

$m$——与水泥品种、浇筑温度等有关的系数，0.3～0.5（$d^{-1}$）；

$t$——混凝土龄期（d）。

(2) 收缩变形计算

1) 混凝土收缩的相对变形值可按下式计算：

$$\varepsilon_y(t)=\varepsilon_y^0(1-e^{-0.01t})\cdot M_1\cdot M_2\cdot M_3\cdots M_{11} \quad (15\text{-}55)$$

式中 $\varepsilon_y(t)$——龄期为 $t$ 时混凝土收缩引起的相对变形值；

$\varepsilon_y^0$——在标准试验状态下混凝土最终收缩的相对变形值，取 $3.24\times10^{-4}$；

$M_1$、$M_2$、…、$M_{11}$——考虑各种非标准条件的修正系数，可按表 15-67 取用。

2) 混凝土收缩相对变形值的当量温度可按下式计算

$$T_y(t)=\varepsilon_y(t)/\alpha \quad (15\text{-}56)$$

式中 $T_y(t)$——龄期为 $t$ 时，混凝土的收缩当量温度；

$\alpha$——混凝土的线膨胀系数，取 $1.0\times10^{-5}$。

**混凝土收缩变形不同条件影响修正系数** 表 15-67

| 水泥品种 | 矿渣水泥 | 低热水泥 | 普通水泥 | 火山灰水泥 | 抗硫酸盐水泥 | — | — | — |
|---|---|---|---|---|---|---|---|---|
| $M_1$ | 1.25 | 1.10 | 1.0 | 1.0 | 0.78 | — | — | — |
| 水泥细度 ($m^2/kg$) | 300 | 400 | 500 | 600 | — | — | — | — |
| $M_2$ | 1.0 | 1.13 | 1.35 | 1.68 | — | — | — | — |
| 水胶比 | 0.3 | 0.4 | 0.5 | 0.6 | — | — | — | — |
| $M_3$ | 0.85 | 1.0 | 1.21 | 1.42 | — | — | — | — |
| 胶浆量（%） | 20 | 25 | 30 | 35 | 40 | 45 | 50 | — |
| $M_4$ | 1.0 | 1.2 | 1.45 | 1.75 | 2.1 | 2.55 | 3.03 | |
| 养护时间 (d) | 1 | 2 | 3 | 4 | 5 | 7 | 10 | 14～180 |
| $M_5$ | 1.11 | 1.11 | 1.09 | 1.07 | 1.04 | 1 | 0.96 | 0.93 |
| 环境相对湿度（%） | 25 | 30 | 40 | 50 | 60 | 70 | 80 | 90 |
| $M_6$ | 1.25 | 1.18 | 1.1 | 1.0 | 0.88 | 0.77 | 0.7 | 0.54 |
| $\bar{r}$ | 0 | 0.1 | 0.2 | 0.3 | 0.4 | 0.5 | 0.6 | 0.7 |
| $M_7$ | 0.54 | 0.76 | 1 | 1.03 | 1.2 | 1.31 | 1.4 | 1.43 |
| $\frac{E_sF_s}{E_cF_c}$ | 0.00 | 0.05 | 0.10 | 0.15 | 0.20 | 0.25 | — | — |
| $M_8$ | 1.00 | 0.85 | 0.76 | 0.68 | 0.61 | 0.55 | — | — |
| 减水剂 | 无 | 有 | — | — | — | — | — | — |
| $M_9$ | 1 | 1.3 | — | — | — | — | — | — |
| 粉煤灰掺量（%） | 0 | 20 | 30 | 40 | — | — | — | — |
| $M_{10}$ | 1 | 0.86 | 0.89 | 0.90 | — | — | — | — |
| 矿粉掺量（%） | 0 | 20 | 30 | 40 | — | — | — | — |
| $M_{11}$ | 1 | 1.01 | 1.02 | 1.05 | — | — | — | — |

注：1. $\bar{r}$——水力半径的倒数，为构件截面周长（L）与截面积（F）之比，$\bar{r}=100L/F\ (m^{-1})$；

$E_sF_s/E_cF_c$——配筋率，$E_s$、$E_c$——钢筋、混凝土的弹性模量（$N/mm^2$），$F_s$、$F_c$——钢筋、混凝土的截面积（$mm^2$）；

2. 粉煤灰（矿渣粉）掺量——指粉煤灰（矿渣粉）掺合料重量占胶凝材料总重的百分数。

（3）弹性模量计算

混凝土的弹性模量可按下式计算：

$$E(t) = \beta E_0(1 - e^{-\varphi t}) \tag{15-57}$$

式中　$E(t)$——混凝土龄期为 $t$ 时，混凝土的弹性模量（$N/mm^2$）；

$E_0$——混凝土的弹性模量，一般近似取标准条件下养护 28d 的弹性模量，可按表 15-68 取用；

$\beta$——掺合料修正系数，该系数取值应以现场试验数据为准，在施工准备阶段和现场无试验数据时，可参考下述方法进行计算：

$$\beta = \beta_1 \cdot \beta_2 \tag{15-58}$$

$\beta_1$——粉煤灰掺量对应系数，取值参见不同掺量掺合料弹性模量调整系数表 15-69；

$\beta_2$——矿渣粉掺量对应系数，取值参见不同掺量掺合料弹性模量调整系数表 15-69；

$\varphi$——系数，应根据所用混凝土试验确定，当无试验数据时，可近似地取 $\varphi$ ＝0.09。

**在标准养护条件下龄期为 28d 时的弹性模量**　　**表 15-68**

| 混凝土强度等级 | 混凝土弹性模量（$N/mm^2$） | 混凝土强度等级 | 混凝土弹性模量（$N/mm^2$） |
|---|---|---|---|
| C25 | $2.80\times10^4$ | C35 | $3.15\times10^4$ |
| C30 | $3.0\times10^4$ | C40 | $3.25\times10^4$ |

**不同掺量掺合料弹性模量调整系数**　　**表 15-69**

| 掺量 | 0 | 20% | 30% | 40% |
|---|---|---|---|---|
| 粉煤灰（$\beta_1$） | 1 | 0.99 | 0.98 | 0.96 |
| 矿渣粉（$\beta_2$） | 1 | 1.02 | 1.03 | 1.04 |

（4）温升、温差计算

1）温升估算

浇筑体内部温度场计算可采用有限单元法或一维差分法。

①有限单元法：有限单元法可使用成熟的商用有限元计算程序或自编的经过验证的有限元程序。

②一维差分法：采用一维差分法，可将混凝土沿厚度分许多有限段 $\Delta x$，时间分许多有限段 $\Delta t$。相邻三点的编号为 $n-1$、$n$、$n+1$，在第 $k$ 时间里，三点的温度 $T_{n-1,k}$、$T_{n,k}$ 及 $T_{n+1,k}$，经过 $\Delta t$ 时间后，中间点的温度 $T_{n,k+1}$，可按差分式求得：

$$T_{n,k+1} = \frac{T_{n-1,k} + T_{n+1,k}}{2} \cdot 2a\frac{\Delta t}{\Delta x^2} - T_{n,k}\left(2a\frac{\Delta t}{\Delta x^2} - 1\right) + \Delta T_{n,k} \tag{15-59}$$

式中　$a$——混凝土导温系数，取 $0.0035m^2/h$。

浇筑第一层时取相应位置温度为初始温度，混凝土入模温度为混凝土初始温度，当达到混凝土上表面时，可假定上表面边界温度为大气温度。

混凝土内部热源在 $t_1$ 和 $t_2$ 时刻之间散热所产生的温差：

$$\Delta T = T_{max}(e^{-mt_1} - e^{-mt_2}) \tag{15-60}$$

在混凝土与相应位置接触面上的散热温升可取 $\Delta T/2$。

2）温差计算

①混凝土浇筑体的里表温差可按下式计算：

$$\Delta T_1(t) = T_m(t) - T_b(t) \tag{15-61}$$

式中 $\Delta T_1(t)$——龄期为 $t$ 时，混凝土浇筑体的里表温差（℃）；

$T_m(t)$——龄期为 $t$ 时，混凝土浇筑体内的最高温度，可通过温度场计算或实测求得（℃）；

$T_b(t)$——龄期为 $t$ 时，混凝土浇筑体内的表层温度，可通过温度场计算或实测求得（℃）；

②混凝土浇筑体的综合降温差可按下式计算：

$$\Delta T_2(t) = \frac{1}{6}[4T_m(t) + T_{bm}(t) + T_{dm}(t)] + T_y(t) - T_w(t) \tag{15-62}$$

式中 $\Delta T_2(t)$——龄期为 $t$ 时，混凝土浇筑体在降温过程中的综合降温（℃）；

$T_m(t)$——在混凝土龄期为 $t$ 内，混凝土浇筑体内的最高温度，可通过温度场计算或实测求得（℃）；

$T_{bm}(t)$、$T_{dm}(t)$——混凝土浇筑体达到最高温度 $T_{max}$ 时，其块体上、下表层的温度（℃）；

$T_y(t)$——龄期为 $t$ 时，混凝土收缩当量温度（℃）；

$T_w(t)$——混凝土浇筑体预计的稳定温度或最终稳定温度（可取计算龄期 $t$ 时的日平均温度或当地年平均温度）（℃）。

（5）温度应力计算

1）自约束拉应力的计算可按下式计算：

$$\sigma_z(t) = \frac{\alpha}{2} \cdot \sum_{i=1}^{n} \Delta T_{1i}(t) \cdot E_i(t) \cdot H_i(\tau, t) \tag{15-63}$$

式中 $\sigma_z(t)$——龄期为 $t$ 时，因混凝土浇筑体里表温差产生自约束拉应力的累计值（MPa）；

$\Delta T_{1i}(t)$——龄期为 $t$ 时，在第 $i$ 计算区段混凝土浇筑体里表温差的增量（℃），可按下式计算：

$$\Delta T_{1i}(t) = \Delta T_1(t) - \Delta T_1(i-j) \tag{15-64}$$

其中 $j$——为第 $i$ 计算区段步长（d）；

$E_i(t)$——第 $i$ 计算区段，龄期为 $t$ 时，混凝土的弹性模量（$N/mm^2$）；

$\alpha$——混凝土的线膨胀系数；

$H_i(\tau, t)$——在龄期为 $\tau$ 时产生的约束应力，延续至 $t$ 时（d）的松弛系数，可按表 15-70 取值。

在施工准备阶段，最大自约束应力也可按下式计算：

$$\tau_{zmax} = \frac{\alpha}{2} \cdot E(t) \cdot \Delta T_{1max} \cdot H(\tau, t) \tag{15-65}$$

混凝土的松弛系数表　**表 15-70**

| τ=2d | | τ=5d | | τ=10d | | τ=20d | |
|---|---|---|---|---|---|---|---|
| t | H (τ, t) | t | H (τ, t) | t | H (τ, t) | t | H (τ, t) |
| 2 | 1 | 5 | 1 | 10 | 1 | 20 | 1 |
| 2.25 | 0.426 | 5.25 | 0.510 | 10.25 | 0.551 | 20.25 | 0.592 |
| 2.5 | 0.342 | 5.5 | 0.443 | 10.5 | 0.499 | 20.5 | 0.549 |
| 2.75 | 0.304 | 5.75 | 0.410 | 10.75 | 0.476 | 20.75 | 0.534 |
| 3 | 0.278 | 6 | 0.383 | 11 | 0.457 | 21 | 0.521 |
| 4 | 0.225 | 7 | 0.296 | 12 | 0.392 | 22 | 0.473 |
| 5 | 0.199 | 8 | 0.262 | 14 | 0.306 | 25 | 0.367 |
| 10 | 0.187 | 10 | 0.228 | 18 | 0.251 | 30 | 0.301 |
| 20 | 0.186 | 20 | 0.215 | 20 | 0.238 | 40 | 0.253 |
| 30 | 0.186 | 30 | 0.208 | 30 | 0.214 | 50 | 0.252 |
| ∞ | 0.186 | ∞ | 0.200 | ∞ | 0.210 | ∞ | 0.251 |

式中　$\tau_{zmax}$——最大自约束应力（MPa）；

$\Delta T_{1max}$——混凝土浇筑后可能出现的最大里表温差（℃）；

$E(t)$——与最大里表温差 $\Delta T_{1max}$ 相对应龄期 $t$ 时，混凝土的弹性模量（N/mm²）；

$H(\tau,t)$——在龄期为 $\tau$ 时产生的约束应力，延续至 $t$ 时（d）的松弛系数，可按表 15-70 取值。

2）外约束拉应力可按下式计算：

$$\sigma_x(t)=\frac{\alpha}{1-\mu}\sum_{i=1}^{n}\Delta T_{2i}(t)\cdot E_i(t)\cdot H_i(t_1)\cdot R_i(t) \tag{15-66}$$

式中　$\sigma_x(t)$——龄期为 $t$ 时，因综合降温差，在外约束条件下产生的拉应力（MPa）；

$\Delta T_{2i}(t)$——龄期为 $t$ 时，在第 $i$ 计算区段内，混凝土浇筑体综合降温差的增量（℃），可按下式计算：

$$\Delta T_{2i}(t)=\Delta T_2(t)-\Delta T_2(t-k) \tag{15-67}$$

$\mu$——混凝土的泊松比，取 0.15；

$R_i(t)$——龄期为 $t$ 时，在第 $i$ 计算区段，外约束的约束系数，可按下式计算：

$$R_i(t)=1-\frac{1}{\cosh\left(\beta_i\cdot\frac{L}{2}\right)} \tag{15-68}$$

其中

$$\beta_i=\sqrt{\frac{C_x}{HE(t)}} \tag{15-69}$$

$L$——混凝土浇筑体的长度（mm）；

$H$——混凝土浇筑体的厚度，该厚度为块体实际厚度与保温层换算混凝土虚拟厚度之和（mm）；

$C_x$——外约束介质的水平变形刚度（N/mm³），一般可按表 15-71 取值。

不同外约束介质下 $C_x$ 取值（$10^{-2}$N/mm³） 表 15-71

| 外约束介质 | 软黏土 | 砂质黏土 | 硬黏土 | 风化岩、低强度等级素混凝土 | C10 级以上配筋混凝土 |
|---|---|---|---|---|---|
| $C_x$ | 1～3 | 3～6 | 6～10 | 60～100 | 100～150 |

(6) 抗温度裂缝计算

混凝土抗拉强度可按下式计算

$$f_{tk}(t)=f_{tk}(1-e^{-\gamma t}) \quad (15\text{-}70)$$

式中 $f_{tk}(t)$——混凝土龄期为 $t$ 时的抗拉强度标准值（N/mm²）；

$f_{tk}$——混凝土抗拉强度标准值（N/mm²）；

$\gamma$——系数，应根据所用混凝土试验确定，当无试验数据时，可近似地取 $\gamma=0.3$。

$$\sigma_z\leqslant\lambda f_{tk}(t)/K \quad (15\text{-}71)$$

$$\sigma_x\leqslant\lambda f_{tk}(t)/K \quad (15\text{-}72)$$

式中 $K$——防裂安全系数，取 $K=1.15$；

$\lambda$——掺合料对混凝土抗拉强度影响系数，$\lambda=\lambda_1\cdot\lambda_2$，取值参见表 15-72。

不同掺量掺合料抗拉强度调整系数 表 15-72

| 掺量 | 0 | 20% | 30% | 40% |
|---|---|---|---|---|
| 粉煤灰（$\lambda_1$） | 1 | 1.03 | 0.97 | 0.92 |
| 矿渣粉（$\lambda_2$） | 1 | 1.13 | 1.09 | 1.10 |

## 15.10.4 混凝土裂缝控制的方法

### 15.10.4.1 结构设计控制

1. 一般规定

(1) 设计混凝土结构构件时，对其承受的永久荷载和可变荷载应按现行国家标准《建筑结构荷载规范》(GB 50009) 中的规定采用；施工过程中的临时荷载，可按预期的最大值确定；机械运转或运输机具运转时产生的动荷载，按特殊荷载确定。设计时应避免在设计使用年限内发生结构构件不应有的超载。

(2) 设计时除应符合现行国家标准《混凝土结构设计规范》(GB 50010) 的规定外，尚应根据当地地震烈度等级、建筑物的规模、体量、体形、平面尺寸、地基基础情况、结构体系类别、当地气候条件、使用功能需要、使用环境、装饰要求、施工技术条件、房屋维护管理条件等因素，全面慎重地考虑对混凝土结构构件采取有效设计措施，控制混凝土收缩、温度变化、地基基础不均匀沉降等原因产生的裂缝。

(3) 控制最大裂缝宽度的目标值

钢筋混凝土结构构件的最大裂缝宽度限值是保证结构构件耐久性的设计目标值，见表 15-73。

**钢筋混凝土结构最大裂缝宽度限值　表 15-73**

| 环境类别 | 一 | 二（a，b） | 三（a，b） |
|---|---|---|---|
| 最大裂缝宽度限值（mm） | 0.30（0.40） | 0.20 | 0.20 |

需要考虑防止漏水的最大裂缝宽度的目标值要根据可靠资料确定。

（4）对较长的建筑结构在设计时可采取分割措施（设置沉降缝、防震缝、伸缩缝等）将建筑物分割为长度较短的若干结构单元，以减少混凝土收缩、温度变化或地基不均匀沉降产生的结构构件内部拉应力。也可采取加强结构构件刚度或增设除按通常承载力计算所需结构构件配筋量外的构造钢筋或设置后浇带或对地基进行处理等措施。

（5）应采取有效措施加强建筑物屋面、外墙或构件外露表面的保温、隔热性能，减少温度变化和日照对混凝土结构构件产生的不利影响。

（6）对跨度较大的混凝土受弯构件宜采用预加应力或采取其他有效措施防止正截面、斜截面裂缝的开展并减小其宽度。

2. 基本控制措施

（1）在板的温度、收缩应力较大区域（如跨度较大并与混凝土梁及墙整浇的双向板的角部和中部区域或当垂直于现浇单向板跨度方向的长度大于 8m 时沿板长度的中部区域等）宜在板未配筋表面配置控制温度收缩裂缝的构造钢筋。

（2）在房屋下列部位的现浇混凝土楼板、屋面板内应配置抗温度收缩钢筋：当房屋平面体形有较大凹凸时，在房屋凹角处的楼板；房屋两端阳角处及山墙处的楼板；房屋南面外墙设大面积玻璃窗时，与南向外墙相邻的楼板；房屋顶层的屋面板；与周围梁、柱、墙等构件整浇且受约束较强的楼板。

（3）当楼板内需要埋置管线时，现浇楼板的设计厚度不宜小于 110mm。管线必须布置在上下钢筋网片之间，管线不宜立体交叉穿越，并沿管线方向在板的上下表面一定宽度范围内采取防裂措施。

（4）楼板开洞时，当洞的直径或宽度（垂直于构件跨度方面的尺寸）不大于 300mm 时，可将受力钢筋绕过洞边，不需截断受力钢筋和设置洞边附加钢筋。当洞的直径较大时，应在洞边加设边梁或在洞边每侧配置附加钢筋。每侧附加钢筋的面积应不小于孔洞直径内或相应方向宽度内被截断受力钢筋面积的一半。

对单向板受力方向的附加钢筋应伸至支座内，另一方向的附加钢筋应伸过洞边，不小于钢筋的锚固长度。对双向板两方向的附加钢筋应伸至支座内。

（5）为控制现浇剪力墙结构因混凝土收缩和温度变化较大而产生的裂缝，墙体中水平分布筋除满足强度计算要求外，其配筋率不宜小于 0.4%，钢筋间距不宜大于 100mm。外墙墙厚宜大于 160mm，并宜双排配置分布钢筋。

（6）对现浇剪力墙结构的端山墙、端开间内纵墙、顶层和底层墙体，均宜比按计算需要量适当增加配置水平和竖向分布钢筋配筋数量。

（7）在长大建筑物中为减小施工过程中由于混凝土收缩对结构形成开裂的可能性，应根据结构条件采取“抗放结合”的综合措施。

（8）为解决高层建筑与裙房间沉降差异过大而设置的“沉降后浇带”，应在相邻两侧的结构满足设计允许的沉降差异值后，方可浇筑后浇带内的混凝土。此类后浇带内的钢筋宜截断并采用搭接连接方法，后浇带的宽度应大于钢筋的搭接长度，且不应小于800mm。

（9）楼板、屋面板采用普通混凝土时，其强度等级不宜大于C30，基础底板、地下室外墙不宜大于C35。

（10）框架结构较长（超过规范规定设置伸缩缝的长度）时，纵向梁的侧边宜配置足够的抗温度收缩钢筋。

3. 特殊措施

（1）为控制水泥水化热产生的混凝土裂缝，除施工中应采取有效措施降低混凝土在硬化过程中的水化温升外，设计中应在预计可能产生裂缝的部位配置足够的构造钢筋或设置诱导缝。

（2）为控制因冻融产生的混凝土裂缝，在外露的混凝土构件表面应采用有效的防冻处理，缓和混凝土的急剧降温，并采用有效的防水措施，保持混凝土的干燥状态。

（3）为控制混凝土内氯化物引起钢筋锈蚀产生的裂缝，应根据混凝土结构所处的环境条件，按《混凝土结构设计规范》（GB 50010）的规定确定构件的最小混凝土保护层厚度和最大氯离子含量。

（4）为控制有可能受外部侵入的氯化物引起钢筋锈蚀产生的裂缝，必要时可在构件表面采取保护措施，预防氯化物的侵入，此外设计中也应严格控制裂缝宽度的限值。

**15.10.4.2 混凝土材料控制**

1. 一般规定

为了控制混凝土的有害裂缝，应妥善选定组成材料和配合比，以使所制备的混凝土除符合设计和施工所要求的性能外，还应具有抵抗开裂所需要的功能。

2. 材料

水泥宜用硅酸盐水泥、普通硅酸盐水泥或矿渣硅酸盐水泥。对大体积混凝土，宜采用中热硅酸盐水泥、低热硅酸盐水泥、低热矿渣硅酸盐水泥。对防裂抗渗要求较高的混凝土，所用水泥的铝酸三钙含量不宜大于8%。使用时水泥的温度不宜超过60℃。其他材料如骨料、矿物掺合料、外加剂、水、钢筋应符合现行有关标准的规定，选用外加剂时必须根据工程具体情况先做水泥适应性及实际效果试验。

3. 配合比

（1）干缩率。混凝土90d的干缩率宜小于0.06%。

（2）坍落度。在满足施工要求的条件下，尽量采用较小的混凝土坍落度。

（3）用水量。不宜大于180kg/m$^3$。

（4）水泥用量。普通强度等级的混凝土宜为270～450kg/m$^3$，高强混凝土不宜大于550kg/m$^3$。

（5）水胶比。应尽量采用较小的水胶比。混凝土水胶比不宜大于0.60。

（6）砂率。在满足工作性要求的前提下，应采用较小的砂率。

（7）泌水量。宜小于0.3mL/m$^2$。

（8）宜采用引气剂或引气减水剂。

4. 其他特殊措施

（1）用于有外部侵入氯化物的环境时，钢筋混凝土结构或部件所用的混凝土应采取下列措施之一：

1）水胶比应控制在0.55以下；

2）混凝土表面宜采用密实、防渗措施；

3）必要时可在混凝土表面涂刷防护涂料等以阻隔氯盐对钢筋混凝土的腐蚀。

（2）对因水泥水化热产生的裂缝的控制措施

1）尽量采用水化热低的水泥；

2）优化混凝土配合比，提高骨料含量；

3）尽量减少单方混凝土的水泥用量；

4）延长评定混凝土强度等级的龄期；

5）掺矿物拌合料替代部分水泥。

（3）对因冻融产生的裂缝的控制措施

1）采用引气剂或引气减水剂；

2）混凝土含气量宜控制在5%左右；

3）水胶比不宜大于0.5。

#### 15.10.4.3 混凝土运输、输送、浇筑施工控制

1. 一般规定

钢筋混凝土工程施工时，除满足通常所要求的混凝土物理力学性能及耐久性能外，还应控制有害裂缝的产生。为此，事先要妥善制订好能满足上述要求的施工组织设计、相关的技术方案和质量控制措施，相应的技术交底，切实贯彻执行。

2. 模板的安装及拆除

（1）模板及其支架应根据工程结构形式、荷载大小、地基土类别、施工程序、施工机具和材料供应等条件进行设计。模板及其支架应具有足够的承载能力、刚度和稳定性，能可靠地承受浇筑混凝土的自重、侧压力、施工过程中产生的荷载，以及上层结构施工时产生的荷载。

（2）安装的模板须构造紧密、不漏浆、不渗水，不影响混凝土均匀性及强度发展，并能保证构件形状正确规整。

（3）安装模板时，为确保钢筋保护层厚度，应准确配置混凝土垫块或钢筋定位器等。

（4）模板的支撑立柱应置于坚实的地面上，并应具有足够的刚度、强度和稳定性，间距适度，防止支撑沉陷，引起模板变形。上下层模板的支撑立柱应对准。

（5）模板及其支架的拆除顺序及相应的施工安全措施在制定施工技术方案时应考虑周全。拆除模板时，不应对楼层形成冲击荷载。拆除的模板及支架应随拆随清运，不得对楼层形成局部过大的施工荷载。模板及其支架拆除时混凝土结构可能尚未形成设计要求的受力体系，必要时应加设临时支撑。

（6）底模及其支架拆除时的混凝土强度应符合设计要求。

（7）后浇带模板的支顶及拆除易被忽视，由此常造成结构缺陷，应予以特别注意，须严格按施工技术方案执行。

（8）已拆除模板及其支架的结构，在混凝土强度达到设计要求的强度后，方可承受全部使用荷载。当施工荷载所产生的效应比使用荷载的效应更为不利时，必须经过核算并加设临时支撑。

3. 混凝土的制备

(1) 应优先采用预拌混凝土，其质量应符合《预拌混凝土》(GB/T 14902) 的规定。

(2) 预拌混凝土的订购除按《预拌混凝土》(GB/T 14902) 的规定进行外，对品质、种类相同的混凝土，原则上要在同一预拌混凝土厂订货。如在两家或两家以上的预拌混凝土厂订货时，应保证各预拌混凝土厂所用主要材料及配合比相同，制备工艺条件基本相同。

(3) 施工者要事先制订好关于混凝土制备的技术操作规程和质量控制措施。

4. 混凝土的运输

(1) 运输混凝土时，应能保持混凝土拌合物的均匀性。

(2) 运输车在装料前应将车内残余混凝土及积水排尽。当需在卸料前补掺外加剂调整混凝土拌合物的工作性时，外加剂掺入后运输车应进行快速搅拌，搅拌时间应由试验确定。

(3) 运至浇筑地点混凝土的坍落度应符合要求，当有离析时，应进行二次搅拌，搅拌时间应由试验确定。

(4) 由搅拌、运输到浇筑入模，当气温不高于25℃时，持续时间不宜大于90min；当气温高于25℃时，持续时间不宜大于60min。当在混凝土中掺加外加剂或采用快硬水泥时，持续时间应由试验确定。

5. 混凝土的浇筑

(1) 为了获得匀质密实的混凝土，浇筑时要考虑结构的浇筑区域、构件类别，钢筋配置状况以及混凝土拌合物的品质，选用适当机具与浇筑方法。

(2) 浇筑之前要检查模板及其支架、钢筋及其保护层厚度、预埋件等的位置、尺寸，确认正确无误后，方可进行浇筑。

(3) 混凝土的一次浇筑量要适应各环节的施工能力，以保证混凝土的连续浇筑。

(4) 对现场浇筑的混凝土要进行监控。运抵现场的混凝土坍落度不能满足施工要求时，可采取经试验确认的可靠方法调整坍落度，严禁随意加水。在降雨雪时不宜在露天浇筑混凝土。

(5) 浇筑墙、柱等较高构件时，一次浇筑高度以混凝土不离析为准，一般每层不超过500mm，摊平后再浇筑上层，浇筑时要注意振捣到位使混凝土充满端头角落。

(6) 当楼板、梁、墙、柱一起浇筑时，先浇筑墙、柱，待混凝土沉实后，再浇筑梁和楼板。当楼板与梁一起浇筑时，先浇筑梁，再浇筑楼板。

(7) 浇筑时要防止钢筋、模板、定位筋等的移动和变形。

(8) 浇筑的混凝土要充填到钢筋、埋设物周围及模板内各角落，要振捣密实，不得漏振，也不得过振，更不得用振捣器拖赶混凝土。

(9) 分层浇筑混凝土时，要注意使上下层混凝土一体化。应在下一层混凝土初凝前将上一层混凝土浇筑完毕。在浇筑上层混凝土时，须将振捣器插入下一层混凝土5cm左右以便形成整体。

(10) 由于混凝土的泌水、骨料下沉，易产生塑性收缩裂缝，此时应对混凝土表面进行压实抹光。在浇筑混凝土时，如遇高温、太阳暴晒、大风天气，浇筑后应立即用塑料膜覆盖，避免发生混凝土表面硬结。

(11) 对大体积混凝土，应控制浇筑后的混凝土内外温差、混凝土表面与环境温差不超过25℃。

(12) 滑模施工时应保持模板平整光洁，并严格控制混凝土的凝结时间与滑模速率匹配，防止滑模时产生拉裂、塌陷。

(13) 板类（含底板）混凝土面层浇筑完毕后，应在初凝后终凝前进行二次抹压。

(14) 应按设计要求合理设置后浇带，后浇带混凝土的浇筑时间应符合设计要求。当无设计要求时，后浇带应在其两侧混凝土龄期至少 6 周后再行浇筑，且应加强该处混凝土的养护工作。

(15) 施工缝处浇筑混凝土前，应将接茬处剔凿干净，浇水湿润，并在接茬处铺水泥砂浆或涂混凝土界面剂，保证施工缝处结合良好。

**15.10.4.4 混凝土养护控制**

(1) 养护是防止混凝土产生裂缝的重要措施，必须充分重视，并制定养护方案，派专人负责养护工作。

(2) 混凝土浇筑完毕，在混凝土凝结后即须进行妥善的保温、保湿养护。

(3) 浇筑后采用覆盖、洒水、喷雾或用薄膜保湿等养护措施。保温、保湿养护时间，对硅酸盐水泥、普通硅酸盐水泥或矿渣硅酸盐水泥拌制的混凝土，不得少于 7d；对掺用缓凝型外加剂或有抗渗要求的混凝土，不得少于 14d。

(4) 底板和楼板等平面结构构件，混凝土浇筑收浆和抹压后，用塑料薄膜覆盖，防止表面水分蒸发，混凝土硬化至可上人时，揭去塑料薄膜，铺上麻袋或草帘，用水浇透，有条件时尽量蓄水养护。

(5) 截面较大的柱子，宜用湿麻袋围裹喷水养护，或用塑料薄膜围裹自生养护，也可涂刷养护液。

(6) 墙体混凝土浇筑完毕，混凝土达到一定强度（1～3d）后，必要时应及时松动两侧模板，离缝约 3～5mm，在墙体顶部架设淋水管，喷淋养护。拆除模板后，应在墙两侧覆挂麻袋或草帘等覆盖物，避免阳光直照墙面，地下室外墙宜尽早回填土。

(7) 冬期施工不能向裸露部位的混凝土直接浇水养护，应用塑料薄膜和保温材料进行保温、保湿养护。保温材料的厚度应经热工计算确定。

(8) 当混凝土外加剂对养护有特殊要求时，应严格按其要求进行养护。

**15.10.4.5 大体积混凝土裂缝控制**

(1) 大体积混凝土施工配合比设计应符合本手册的规定，并应加强混凝土养护工作。

(2) 结构构造设计：

1) 合理的平面和立面设计，避免截面的突出，从而减小约束应力；

2) 合理布置分布钢筋，尽量采用小直径、密间距，变截面处加强分布筋；

3) 大体积混凝土宜采用后期强度作为配合比设计、强度评定及验收的依据。基础混凝土龄期可取为 60d（56d）或 90d；柱、墙混凝土强度等级不低于 C80 时，龄期可取为 60d（56d）。采用混凝土后期强度时，龄期应经设计单位确认。

4) 采用滑动层来减小基础的约束。

(3) 施工技术措施：

1) 用保温隔热法对大体积混凝土进行养护。

2) 大体积混凝土施工时，应对混凝土进行温度控制，并应符合下列规定：

①混凝土入模温度不宜大于 30℃；混凝土浇筑体最大温升值不宜大于 50℃；

②在覆盖养护阶段，混凝土浇筑体表面以内40～80mm位置处的温度与混凝土浇筑体表面温度差值不宜大于25℃；结束覆盖养护后，混凝土浇筑体表面以内40～80mm位置处的温度差值不宜大于25℃；

③混凝土浇筑体内部相邻两测点的温度差值不宜大于25℃；

④混凝土降温速率不宜大于2.0℃/d；当有可靠经验时，降温速率要求可适当放宽。

3）用草袋和塑料薄膜进行保温和保湿。

4）用跳仓法和企口缝。

5）用后浇带减少混凝土收缩。

6）应按基础、柱、墙大体积混凝土的特点采取针对性裂缝控制技术措施，并编制施工方案。大体积混凝土施工方案应包括以下内容：

①原材料的技术要求，配合比的选择；

②混凝土内部温升计算，混凝土内外温差估算；

③混凝土运输方法；

④混凝土浇筑、振捣、养护措施；

⑤混凝土测温方案；

⑥裂缝控制技术措施。

7）结构内部测温点的测温应与混凝土浇筑、养护过程同步进行。

8）基础大体积混凝土环境温度测点应距基础边一定位置，柱、墙大体积混凝土环境温度测点应距结构边一定位置，测温应与混凝土养护过程同步进行。

### 15.10.5 大体积混凝土测温技术

（1）基础大体积混凝土测温点设置应符合下列规定：

1）宜选择具有代表性的两个交叉竖向剖面进行测温，竖向剖面交叉宜通过中部区域。

2）竖向剖面的周边及内部应设置测温点周边及内部测温点宜上下、左右对齐；每个竖向位置设置的测温点不应少于3处，间距不宜小于0.5m且不宜大于1.0m；每个横向设置的测温点不应少于4处，间距不应小于0.5m且不应大于10m。图15-18以矩形基础为例，根据对称性以及最长边选择了两个具有代表性的基础半个竖向剖面进行测温点设置；图15-19以圆形基础案例，根据对称性选择了两个竖向半剖面进行测温点设置；两个案例说明了测温点布置的一般方法。

3）周边测温点应设置在混凝土浇筑体表面以内40～80mm位置处，竖向剖面交叉处应设置内部测温点。

4）混凝土浇筑体表面温度测温点宜布置在保温覆盖层底部或模板内侧表面有代表性的位置，且各不应少于2处。环境温度测温点不应少于2处。

5）对基础厚度不大于1.6m，裂缝控制技术措施完善的工程可不进行测温。

（2）柱、墙、梁大体积混凝土测温点设置应符合下列规定：

1）柱、墙、梁结构实体最小尺寸大于2m，且混凝土强度等级不小于C60时，应进行测温。

2）测温点宜设置在沿纵向的两个横向剖面中，测温点宜上下、左右对齐横向剖面中的中部区域应设置测温点，测温点设置不应少于2点，间距不宜小于0.5m且不宜大于

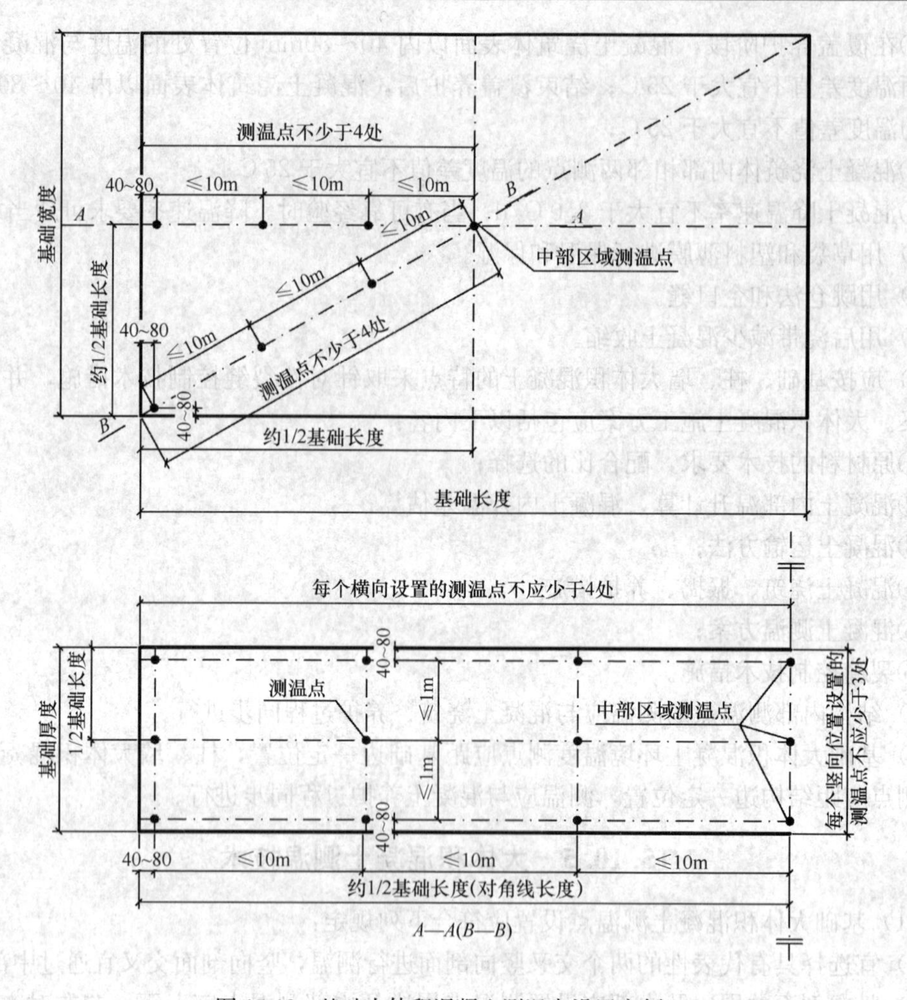


图 15-18　基础大体积混凝土测温点设置案例一

1.0m。横向剖面周边的测温点宜设置在距浇筑体表面内 40～80mm 位置。

3）模板内侧表面测温点设置不应少于 1 点，环境温度测温点不应少于 1 点。

4）可根据第一次测温结果，完善温差控制技术措施，后续施工可不进行测温。

（3）大体积混凝土测温应符合下列规定：

1）宜根据每个测温点被混凝土初次覆盖时的温度确定各测点部位混凝土的入模温度；

2）浇筑体周边表面以内测温点、浇筑体表面测温点、环境测温点的测温，应与混凝土浇筑、养护过程同步进行；

3）应按测温频率要求及时提供测温报告，测温报告应包含各测温点的温度数据、温差数据、代表点位的温度变化曲线、温度变化趋势分析等内容；

4）混凝土浇筑体表面以内 40～80mm 位置的温度与环境温度的差值小于 20℃时，可停止测温。

（4）大体积混凝土测温频率应符合下列规定：

1）第 1 天至第 4 天，每 4h 不少于一次；

2）第 5 天至第 7 天，每 8h 不少于一次；

3）第 7 天至测温结束，每 12h 不少于一次。

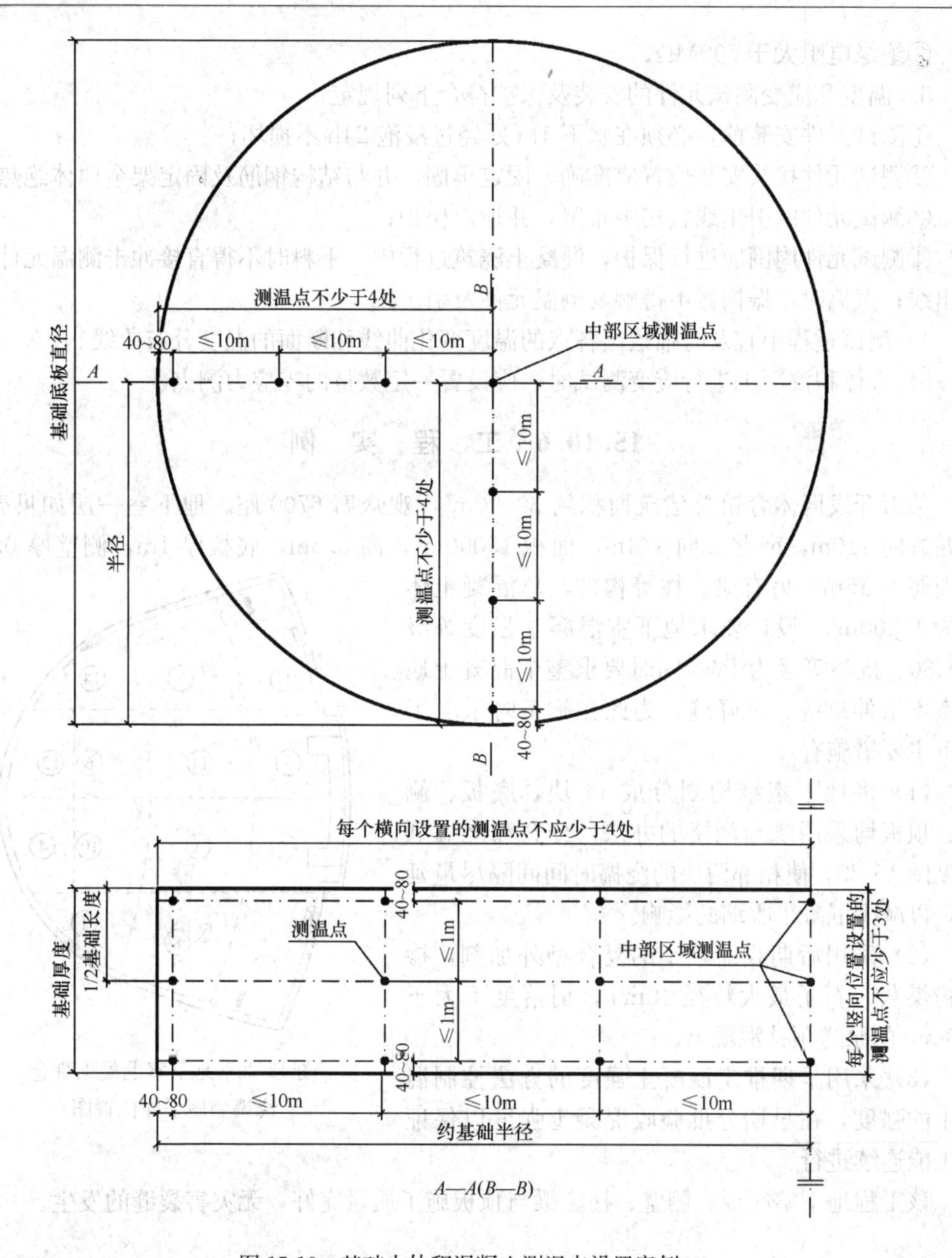


图 15-19 基础大体积混凝土测温点设置案例二

(5) 温度测量控制措施

1) 测温元件的选择应符合下列规定:

①测温元件的测温误差应不大于 0.3℃(25℃环境下);

②测试范围:−30~150℃;

③绝缘电阻大于 500MΩ。

2) 应变测试元件的选择应符合下列规定:

①测试误差应不大于 1.0με;

②测试范围:−1000~1000με;

③绝缘电阻大于500MΩ。

3）温度和应变测试元件的安装及保护符合下列规定：

①测试元件安装前，必须在水下1m处经过浸泡24h不损坏；

②测试元件接头安装位置应准确，固定牢固，并与结构钢筋及固定架金属体绝热；

③测试元件的引出线宜集中布置，并加以保护；

④测试元件周围应进行保护，混凝土浇筑过程中，下料时不得直接冲击测温元件及其引出线；振捣时，振捣器不得触及测温元件及引出线。

4）测试过程中宜及时描绘出各点的温度变化曲线和断面的温度分布曲线。

5）大体积混凝土进行应变测试时，应设置一定数量的零应力测点。

### 15.10.6 工 程 实 例

某市开发区体育馆总建筑面积约30000m²，观众席6700座。地下室一层如贝壳形，东西方向110m，南北方向144m，面积15000m²，高5.6m，底板厚1m，侧壁厚0.5m，顶板厚0.15m，另有梁、柱等构件，总混凝土体积为17200m³。设计要求地下室混凝土强度等级为C30、抗渗等级为P6，同时要求整个混凝土地下室不留伸缩缝、沉降缝。为此在施工时采取了以下主要措施有：

（1）将地下室结构划分成14块，底板、侧壁、顶板均采用跳仓浇捣的办法，分仓和浇捣顺序见图15-20。使相邻两块的浇捣时间间隔尽量延长，以减少混凝土收缩的影响。

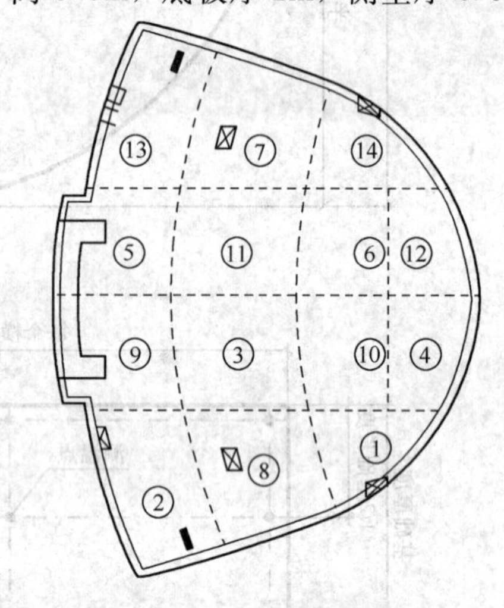


图15-20　地下室混凝土跳仓浇捣顺序平面位置图

（2）采用后期收缩较小的复合型外加剂，掺加粉煤灰，石子最大粒径40mm，坍落度不大于160mm的泵送预拌混凝土。

（3）采用早期推定混凝土强度的方法控制混凝土的强度，在早期分批验收混凝土强度以保证施工能连续进行。

该工程地下室底板、侧壁、柱、梁与顶板施工质量完好，无灾害裂缝的发生。

## 15.11　高性能混凝土施工技术

高性能混凝土是指具有高强度、高工作性、高耐久性的混凝土，这种混凝土的拌合物具有大流动性和可泵性，不离析，而且保塑时间可根据工程需要来调整，便于浇捣密实。它是一种以耐久性和可持续发展为基本要求并适合工业化生产与施工的混凝土，是一种环保型、集约型的绿色混凝土。

### 15.11.1 高性能混凝土的原材料

1. 水泥

宜选用与外加剂相容性好，强度等级大于42.5级的硅酸盐水泥、普通硅酸盐水泥或特种水泥（调粒水泥、球状水泥）。为保证混凝土体积稳定，宜选用$C_3S$含量高、而$C_3A$含量低（小于8%）的水泥。一般不宜选用$C_3A$含量高、细度小的早强型水泥。在含碱活性骨料应用较集中的环境下，应限制水泥的总碱含量不超过0.6%。

2. 外加剂

外加剂要有较好的分散减水效果，能减少用水量，改善混凝土的工作性，从而提高混凝土的强度和耐久性。高效减水剂是配制高性能混凝土必不可少的。宜选用减水率高（20%～30%），与水泥相容性好，含碱量低，坍落度经时损失小的品种，如聚羟基羧酸系、接枝共聚物等，掺量一般为胶凝材料总量的0.8%～2.0%。

3. 矿物掺合料

在高性能混凝土中加入较大量的磨细矿物掺合料，可以起到降低温升，改善工作性，增进后期强度，改善混凝土内部结构，提高耐久性，节约资源等作用。常用的矿物掺合料有粉煤灰、粒化高炉矿渣微粉、沸石粉、硅粉等。矿物掺合料不仅有利于提高水化作用和强度、密实性和工作性，降低空隙率，改善孔径结构，而且对抵抗侵蚀和延缓性能退化等均有较大的作用。

（1）粉煤灰

粉煤灰在混凝土中发挥火山灰效应、形态效应、微骨料效应等作用。高性能混凝土所用粉煤灰对性能有所要求，要选用含碳量低、需水量小以及细度小的Ⅰ级或Ⅱ级粉煤灰（烧失量低于5%，需水量比小于105%，细度45μm筛余量小于25%）。

（2）粒化高炉矿渣粉

粒化高炉矿渣通过水淬后形成大量的玻璃体，另外还含有少量的$C_2S$结晶组分，具有轻微的自硬性，矿渣的活性与碱度、玻璃体含量及细度等因素有关。粒化高炉矿渣粉（简称矿粉）是粒化高炉矿渣磨细到比表面积400～800$m^2$/kg而成的。在配制高性能混凝土时，磨细矿渣的适宜掺量随矿渣细度的增加而增大，最高可占胶凝材料的70%。

（3）超细沸石粉

超细沸石粉主要成分有$SiO_2$、$Al_2O_3$、$Fe_2O_3$、CaO等，是一种结晶矿物。用于高性能混凝土的细沸石粉，与其他火山灰质掺合料类似，平均粒径<10μm，具有微填充效应与火山灰活性效应。掺量以5%～10%为宜。超细沸石粉配制的高性能混凝土，还具有优良的抗渗性和抗冻性，对混凝土中的碱骨料反应有很强的抑制作用。但是这种混凝土的收缩与徐变系数均略大于相应的普通混凝土。

（4）硅灰

硅灰主要成分是无定形$SiO_2$。$SiO_2$含量越高、细度越细其活性越高。以10%的硅灰等量取代水泥，混凝土强度可提高25%以上。硅灰掺量越高，需水量越大，自收缩增大。一般将硅灰的掺量控制在5%～10%之间，并用高效减水剂来调节需水量。

4. 骨料

混凝土中骨料体积约占混凝土总体积的65%～85%。粗骨料的岩石种类、粒径、粒形、级配以及软弱颗粒和石粉含量将会影响拌合物的和易性及硬化后的强度，而细骨料的粗细和级配对混凝土流变性能的影响更为显著。

（1）粗骨料

粗骨料宜选用质地坚硬、级配良好的石灰岩、花岗岩、辉绿岩、玄武岩等碎石或碎卵石，母岩的立方体抗压强度应比所配制的混凝土强度至少高20%；针、片状含量不大于5.0%，不得混入软弱颗粒；含泥量不大于0.5%；泥块含量不大于0.2%；一般最大粒径不大于25mm，高性能混凝土石子合理最大粒径见表15-74。

**高性能混凝土石子的合理最大粒径** **表15-74**

| 强度等级 | 石子最大粒径（mm） | 强度等级 | 石子最大粒径（mm） |
| --- | --- | --- | --- |
| C50及C50以下 | 按施工要求选择 | C70 | ≤15 |
| C60 | ≤20 | C80 | ≤10 |

（2）细骨料

细骨料宜选用质地坚硬、级配良好的河砂或人工砂，细度模量为2.6～3.2，通过公称粒径为315μm筛孔的砂不应少于15%；含泥量不大于1.0%；泥块含量不大于0.5%。当采用人工砂时，更应注意控制砂子的级配和含粉量。

5. 拌合水

高性能混凝土的单方用水量不宜大于175kg/m³。

## 15.11.2 高性能混凝土配合比设计

高性能混凝土配合比设计不同于普通混凝土配合比设计。至今为止，还没有比较规范的高性能混凝土配合比设计方法，绝大多数高性能混凝土配合比是研究人员在粗略计算的基础上通过试验来确定的。由于矿物细掺合料和化学外加剂的应用，混凝土拌合物组分增加了，影响配合比的因素也增加了，这又给配合比设计带来一定难度，这里仅参照部分研究人员的试验结果，提出高性能混凝土配合比设计的一些原则。

### 15.11.2.1 高性能混凝土配合比设计依据

高性能混凝土的配合比设计应根据混凝土结构工程的要求，确保其施工要求的工作性，以及结构混凝土的强度和耐久性。耐久性设计应针对混凝土结构所处外部环境中劣化因素作用，使结构在设计使用年限内不超过容许劣化状态。

1. 试配强度确定

（1）当高性能混凝土的设计强度等级小于C60时，配制强度应按式（15-1）确定，这里 $f_{cu,k}$ 取混凝土的设计强度等级值（MPa）。

（2）当高性能混凝土的设计强度等级不小于C60时，配制强度应按式（15-3）确定。

2. 抗碳化耐久性设计

高性能混凝土的水胶比宜按下式确定：

$$\frac{W}{B} \leqslant \frac{5.83c}{\alpha \times \sqrt{t}} + 38.3 \tag{15-73}$$

式中 $\frac{W}{B}$ ——水胶比；

$c$——钢筋的混凝土保护层厚度（cm）；

$\alpha$——碳化区分系数，室外取1.0，室内取1.7；

$t$——设计使用年限（年）。

3. 抗冻害耐久性设计

冻害地区可分为微冻地区、寒冷地区、严寒地区。应根据冻害设计外部劣化因素的强弱，按不同冻害地区或盐冻地区混凝土水胶比最大值（表 15-75）的规定确定水胶比的最大值。

不同冻害地区或盐冻地区混凝土水胶比最大值 表 15-75

| 外部劣化因素 | 水胶比（W/B）最大值 |
| --- | --- |
| 微冻地区 | 0.50 |
| 寒冷地区 | 0.45 |
| 严寒地区 | 0.40 |

高性能混凝土的抗冻性（冻融循环次数）可采用现行国家标准《普通混凝土长期性能和耐久性能试验方法标准》（GB/T 50082）规定的快冻法测定。应根据混凝土的冻融循环次数按表 15-76 确定混凝土的抗冻耐久性指数，并符合下式的要求：

$$K_m = \frac{PN}{300} \tag{15-74}$$

式中 $K_m$——混凝土的抗冻耐久性指数；

$N$——混凝土试件冻融试验进行至相对弹性模量等于 60%时的冻融循环次数；

$P$——参数，取 0.6。

高性能混凝土的抗冻耐久性指数 表 15-76

| 混凝土结构所处环境条件 | 冻融循环次数 | 抗冻耐久性指数 $K_m$ |
| --- | --- | --- |
| 严寒地区 | ≥300 | ≥0.8 |
| 寒冷地区 | ≥300 | 0.60～0.79 |
| 微冻地区 | 所要求的冻融循环次数 | <0.60 |

受海水作用的海港工程混凝土的抗冻性测定时，应以工程所在地的海水代替普通水制作的混凝土试件。当无海水时，可用 3.5%的氯化钠溶液代替海水，并按现行国家标准《普通混凝土长期性能和耐久性能试验方法标准》（GB/T 50082）规定的快冻法测定。抗冻耐久性指数可按表 15 74 确定，并应符合相应的要求。

高性能混凝土的骨料除应满足上述的规定外，其品质尚应符合表 15-77 要求。

骨料的品质要求 表 15-77

| 混凝土结构所处环境 | 细骨料 | | 粗骨料 | |
| --- | --- | --- | --- | --- |
| | 吸水率（%） | 坚固性试验质量损失（%） | 吸水率（%） | 坚固性试验质量损失（%） |
| 严寒地区 | ≤3.5 | ≤10 | ≤3.0 | ≤12 |
| 寒冷地区 | ≤3.0 | | ≤2.0 | |
| 微冻地区 | | | | |

对抗冻性混凝土宜采用引气剂或引气型减水剂。当水胶比小于 0.30 时，可不掺引气剂；当水胶比不小于 0.30 时，宜掺入引气剂。经过试验鉴定，高性能混凝土的含气量应达到 3%～5%的要求。

4. 抗盐害耐久性设计

抗盐害耐久性设计时，对海岸盐害地区，可根据盐害外部劣化因素分为：准盐害环境地区（离海岸 250～1000m）；一般盐害环境地区（离海岸 50～250m）；中盐害环境地区（离海岸 50m 以内）。盐湖周边 250m 以内范围也属重盐害环境地区。

高性能混凝土中氯离子含量宜小于胶凝材料用量的 0.06%，并应符合现行国家标准《混凝土质量控制标准》（GB 50164）的规定。

盐害地区，高耐久性混凝土的表面裂缝宽度宜小于 $c/30$（$c$——混凝土保护层厚度，mm）。

高性能混凝土抗氯离子渗透性、扩散性，应以 56d 龄期、6h 的总导电量（C）确定，其测定方法应符合《普通混凝土长期性能和耐久性能试验方法标准》（GB/T 50082）的规定。根据混凝土导电量和抗氯离子渗透性，可按表 15-78 进行混凝土定性分类。

**根据混凝土导电量试验结果对混凝土的分类　　表 15-78**

| 6h 导电量（C） | 氯离子渗透性 | 可采用的典型混凝土种类 |
|---|---|---|
| 2000～4000 | 中 | 中等水胶比（0.40～0.60）普通混凝土 |
| 1000～2000 | 低 | 低水胶比（<0.40）普通混凝土 |
| 500～1000 | 非常低 | 低水胶比（<0.38）混凝土 |
| <500 | 可忽略不计 | 低水胶比（<0.30）混凝土 |

混凝土的水胶比应按混凝土结构所处环境条件采用，见表 15-79。

**混凝土结构所处不同环境的水胶比最大值　　表 15-79**

| 混凝土结构所处环境 | 水胶比最大值 |
|---|---|
| 准盐害环境地区 | 0.50 |
| 一般盐害环境地区 | 0.45 |
| 重盐害环境地区 | 0.40 |

5. 抗硫酸盐腐蚀耐久性设计

抗硫酸盐腐蚀混凝土采用的水泥，其矿物组成应符合 $C_3A$ 小于 5%，$C_3S$ 含量小于 50%的要求；其矿物微细粉应选用低钙粉煤灰、偏高岭土、矿渣、天然沸石粉或硅粉等。

胶凝材料的抗硫酸盐腐蚀性应按规定方法进行检测，并按表 15-80 评定。

**胶砂膨胀率、抗蚀系数抗硫酸性能评定指标　　表 15-80**

| 试件膨胀率 | 抗蚀系数 | 抗硫酸盐等级 | 抗硫酸盐性能 |
|---|---|---|---|
| >0.4% | <1.0 | 低 | 受侵蚀 |
| 0.4%～0.35% | 1.0～1.1 | 中 | 耐侵蚀 |
| 0.34%～0.25% | 1.2～1.3 | 高 | 抗侵蚀 |
| ≤0.25% | >1.4 | 很高 | 高抗侵蚀 |

注：检验结构如出现试件膨胀率与抗蚀系数不一致的情况，应以试件的膨胀率为准。

抗硫酸盐腐蚀混凝土的最大水胶比宜按表 15-81 确定。

**抗硫酸盐腐蚀混凝土的最大水胶比　　表 15-81**

| 外部劣化因素 | 水胶比（$W/B$）最大值 |
|---|---|
| 微冻地区 | 0.50 |
| 寒冷地区 | 0.45 |
| 严寒地区 | 0.40 |

6. 抑制碱-骨料反应有害膨胀

混凝土结构或构件在设计使用期限内，不应因发生碱-骨料反应而导致开裂和强度下降。

为预防碱-硅反应破坏，混凝土中碱含量不宜超过表15-82的要求。

**预防碱-硅反应破坏的混凝土碱含量** **表15-82**

| 试件膨胀率 | 抗蚀系数 | 抗硫酸盐等级 | 抗硫酸盐性能 |
|---|---|---|---|
| >0.4% | <1.0 | 低 | 受侵蚀 |
| 0.4%～0.35% | 1.0～1.1 | 中 | 耐侵蚀 |
| 0.34%～0.25% | 1.2～1.3 | 高 | 抗侵蚀 |
| ≤0.25% | >1.4 | 很高 | 高抗侵蚀 |

检验骨料的碱活性，宜按《普通混凝土长期性能和耐久性能试验方法标准》（GB/T 50082）的规定进行。

当骨料含有碱-硅反应活性时，应掺入矿物微细粉，并宜采用玻璃砂浆棒法确定各种微细粉的掺量及其抑制碱-硅反应的效果。

当骨料中含有碱-碳酸盐反应活性时，应掺入粉煤灰、沸石与粉煤灰复合粉、沸石与矿渣复合粉或者沸石与硅灰复合粉等，并宜采用小混凝土柱法确定其掺量和检验其抑制效果。

**15.11.2.2 高性能混凝土配合比设计步骤**

1. 强度与拌合水用量估算

高性能混凝土的强度等级小于C60的拌合物用水量可参照《普通混凝土配合比设计规程》（JGJ/T 55）选用。高性能混凝土的强度等级在C60～C100，取5个平均强度为75MPa、85MPa、95MPa、105MPa、115MPa等，对应的强度等级分别为A、B、C、D、E，最大用水量按表15-25估计，骨料最大粒径为10～20mm，对外加剂、粗细骨料中的含水量进行修正。

2. 估算水泥浆体体积组成

表15-83是在浆体体积0.35m³时按细掺料掺加的三种情况分别列出，即情况1为不加细掺料；情况2为25%的粉煤灰矿渣粉；情况3为10%的硅灰加15%的粉煤灰。粉煤灰和矿渣粉的密度分别为2.9g/cm³和2.3g/cm³；硅灰密度取为2.1 g/cm³。减去拌合水和0.01m³的含气量，按细掺料的三种情况计算浆体体积组成。

3. 估算骨料用量

根据骨料总体积为0.65m³，假设强度等级A的第一盘配料组粗—细骨料体积比为3∶2，则得出粗、细骨料体积分别为0.39m³和0.26m³。其他等级的混凝土（B～E），由于随着强度的提高，其用水量减少，高效减水剂用量增加，故粗、细骨料的体积比可大一些。如B级取3.05∶1.95，C级取3.10∶1.90，D级取3.15∶1.85，E级取3.20∶1.80。

4. 计算混凝土各组成材料用量

利用上述的数据可计算出各种材料饱和面干质量，得出第一盘试配料配合比实例，见表15-84。

5. 高效减水剂用量

减水剂用量应通过试验，减水剂品种应根据与胶结料的相容量试验选择。掺量按固体计，可以为胶凝材料总量的0.8%～2.0%。建议第一盘试配用1%。

**0.35m³ 浆体中各组分体积含量（m³）　表 15-83**

| 强度等级 | 水 | 空气 | 胶凝材料总量 | 情况1 | 情况2 | 情况3 |
|---|---|---|---|---|---|---|
| | | | | PC | PC+FA（或 BFS） | PC+FA（或 BFS）+CSF |
| A | 0.16 | 0.02 | 0.17 | 0.17 | 0.1275 + 0.0425 | 0.1275 + 0.0255 + 0.0170 |
| B | 0.15 | 0.02 | 0.18 | 0.18 | 0.1350 + 0.0450 | 0.1350 + 0.0270 + 0.0180 |
| C | 0.14 | 0.02 | 0.19 | 0.19 | 0.1425 + 0.0475 | 0.1425 + 0.0285 + 0.0190 |
| D | 0.13 | 0.02 | 0.20 | — | 0.1500 + 0.0500 | 0.1500 + 0.0300 + 0.0200 |
| E | 0.12 | 0.02 | 0.19 | — | 0.1575 + 0.0525 | 0.1575 + 0.0315 + 0.0210 |

注：1. 表中符号 A～E 为强度等级；

2. PC 为硅酸盐水泥；FA 为粉煤灰；BFS 为矿渣粉；CSF 为凝聚硅灰。

**第一盘试配料配合比实例　表 15-84**

| 强度等级 | 平均强度（MPa） | 细掺料情况 | 胶凝材料（kg/m³） PC | FA BFS | CSF | 总用①水量（kg/m³） | 粗集料（kg/m³） | 细集料（kg/m³） | 材料总量（kg/m³） | W/B |
|---|---|---|---|---|---|---|---|---|---|---|
| A | 75 | 1 | 534 | — | — | 160 | 1050 | 690 | 2434 | 0.30 |
| | | 2 | 400 | 106 | — | 160 | 1050 | 690 | 2406 | 0.32 |
| | | 3 | 400 | 64 | 36 | 160 | 1050 | 690 | 2400 | 0.32 |
| B | 85 | 1 | 565 | — | — | 150 | 1070 | 670 | 2455 | 0.27 |
| | | 2 | 423 | 113 | — | 150 | 1070 | 670 | 2426 | 0.28 |
| | | 3 | 423 | 68 | 38 | 150 | 1070 | 670 | 2419 | 0.28 |
| C | 95 | 1 | 597 | — | — | 145 | 1090 | 650 | 2482 | 0.24 |
| | | 2 | 477 | 119 | — | 145 | 1090 | 650 | 2481 | 0.24 |
| | | 3 | 477 | 71 | 40 | 145 | 1090 | 650 | 2473 | 0.25 |
| D | 105 | 2 | 471 | 125 | — | 140 | 1110 | 630 | 2476 | 0.23 |
| | | 3 | 471 | 75 | 42 | 140 | 1110 | 630 | 2468 | 0.24 |
| E | 115 | 2 | 495 | 131 | — | 140 | 1120 | 630 | 2506 | 0.22 |
| | | 3 | 495 | 79 | 44 | 135 | 1120 | 620 | 2493 | 0.22 |

① 未扣除塑化剂中的水。

### 6. 配合比试配和调整

上述步骤是建立在许多假设的基础上，需要应用实际材料在试验室进行多次试验，逐步调整。混凝土拌合物的坍落度，可用增减高效减水剂来调整，增加高效减水剂用量，可能引起拌合物离析、泌水或缓凝。此时可增加砂率和减小砂的细度模数来克服离析、泌水现象。对于缓凝，可采用其他品种的减水剂和水泥进行试验。应当注意，混凝土拌合物工作性不良是由水泥与外加剂适应性差引起的，若调整高效减水剂用量可能作用不大时，应更换水泥品种和厂家。如果混凝土 28d 强度低于预计强度，可减少用水量，并重新进行试配验证。

高性能混凝土配制强度同普通混凝土一样也必须大于设计要求的强度标准值，以满足强度保证率的要求。混凝土配制强度（$f_{cu,0}$）仍可按式（15-1）和式（15-3）计算。

混凝土强度标准差，当试件组数不小于 30 时，应按式（15-2）计算。

对于强度等级不大于 C30 的混凝土，当混凝土强度标准差计算值不小于 3.0MPa 时，应按上式计算结果取值；当混凝土强度标准差计算值小于 3.0MPa 时，应取 3.0MPa。

对于强度等级大于 C30 且小于 C60 的混凝土，当混凝土强度标准差计算值不小于 4.0MPa 时，应按上式计算结果取值；当混凝土强度标准差计算值小于 4.0MPa 时，应取 4.0MPa。

当没有近期的同一品种、同一强度等级混凝土强度资料时，其强度标准差 $\sigma$ 可按表 15-21 取值。

高性能混凝土试配时，应采用工程中实际使用的原材料并采用强制式搅拌机搅拌。制作混凝土强度试件的同时，应检验混凝土的工作性，非免振捣混凝土可用坍落度和坍落流动度来评定，同时观察拌合物的黏聚性、保水性，并测定拌合物的表观密度。试配时的强度试件最好按 1d、7d、28d 和 90d 制作，以便找出该混凝土强度发展规律。

高性能混凝土配合比设计要求高，考虑的因素多，原材料的选择与组合范围宽，因此配合比设计及试验工作量大。随着高性能混凝土技术的发展与经验的积累，其配合比设计和质量控制的计算机化是今后配合比设计的发展方向。

7. 高性能混凝土应用配合比参考

现将 C60～C100 高性能混凝土的典型配合比列表，见表 15-85。当强度降低或提高时，参数范围可适当延伸。

**高性能混凝土的典型配比** **表 15-85**

| 强度等级 | | C60～C100 | 强度等级 | | C60～C100 |
|---|---|---|---|---|---|
| 胶凝材料浆体体积（%） | | 28～32 | 高效减水剂①（%） | | 0.5～2.0 |
| 水泥用量（$kg/m^3$） | | 330～500 | 水胶比 | | 0.22～0.32 |
| 胶凝材料 | 粉煤灰（%） | 15～30 | 砂率 | 碎石（%） | 0.34～0.42 |
| | 矿渣粉（%） | 20～30 | | 卵石（%） | 0.26～0.36 |
| | 硅灰（%） | 5～15 | 最大用水量 | 塑性混凝土（$kg/m^3$） | 140～160 |
| | 超细沸石粉（%） | 5～10 | | 自流平混凝土（$kg/m^3$） | 130～150 |

① 按总胶凝材料重量计。

### 15.11.3 高性能混凝土制备与施工技术

高性能混凝土的形成不仅取决于原材料、配合比以及硬化后的物理力学性能，也与混凝土的制备与施工有决定性关系。高性能混凝土的制备与施工应同工程设计紧密结合，制作者必须了解设计的要求、结构构件的使用功能、使用环境以及使用寿命等。

1. 高性能混凝土的拌制

（1）高性能混凝土的配料

高性能混凝土的配料可以采用各种类型配料设备，但更适宜商品化生产方式。混凝土搅拌站应配有精确的自动称量系统和计算机自动控制系统，并能对原材料品质均匀性、配比参数的变化等，通过人机对话进行监控、数据采集与分析。但无论哪种配料方式，均必须严格按配合比重量计量。计量允许偏差严于普通混凝土施工规范：水泥和掺合料±1%，粗、细骨料±2%，水和外加剂±1%。配制高性能混凝土必须准确控制用水量，砂、石中的含水量应及时测定，并按测定值调整用水量和砂、石用量。严禁在拌合物出机后加水，必要时可在搅拌车中二次添加高效减水剂。高效减水剂可采用粉剂或水剂，并应采用后掺法。当采用水剂时，应在混凝土用水量中扣除溶液用水量；当采用粉剂时，应适当延长搅拌时间（不少于30s）。

(2) 高性能混凝土的搅拌

高性能混凝土由于水胶比低，胶凝材料总量大，黏性大，同时又有较高的密实度要求，不易拌合均匀，所以对搅拌机的型式与搅拌工艺有一定要求。应采用卧轴强制式搅拌机搅拌。搅拌时应注意外加剂的投入时间，应在其他材料充分搅拌均匀后再加入，而不能使其与水泥接触，否则将影响高性能混凝土的质量。

高性能混凝土的搅拌时间，应该按照搅拌设备的要求，一般现场搅拌时间不少于120s，预拌混凝土搅拌时间不少于90s。

2. 高性能混凝土拌合物的运输和浇筑

(1) 高性能混凝土拌合物的运输

长距离运输拌合物应使用混凝土搅拌车，短距离运输可用翻斗车或吊斗。装料前应考虑坍落度损失，湿润容器内壁和清除积水。

第一盘混凝土拌合物出料后应先进行开盘鉴定。按规定检测拌合物工作度（包括冬季施工出罐温度），并按计划留置各种试件。混凝土拌合物的输送应根据混凝土供应申请单，按照混凝土计算用量以及混凝土的初凝、终凝时间，运输时间、运距，确定运输间隔。混凝土拌合物进场后，除按规定验收质量外，还应记录预拌混凝土出场时间、进场时间、入模时间和浇筑完毕的时间。

(2) 高性能混凝土拌合物的浇筑

现场搅拌的混凝土出料后，应尽快浇筑完毕。使用吊斗浇筑时，浇筑下料高度超过3m时应采用串筒。浇筑时要均匀下料，控制速度，防止空气进入。除自密实高性能混凝土外，应采用振捣器捣实，一般情况下应用高频振捣器，垂直点振，不得平拉。浇筑方式，应分层浇筑、分层振捣，用振捣棒振捣应控制在振捣棒有效振动半径范围之内。混凝土浇筑应连续进行，施工缝应在混凝土浇筑之前确定，不得随意留置。在浇筑混凝土的同时按照施工试验计划，留置好必要的试件。不同强度等级混凝土现浇相连接时，接缝应设置在低强度等级构件中，并离开高强度等级构件一定距离。当接缝两侧混凝土强度等级不同且分先后施工时，可在接缝位置设置固定的筛网（孔径5mm×5mm），先浇筑高强度等级混凝土，后浇筑低强度等级混凝土。

高性能混凝土最适于泵送，泵送的高性能混凝土宜采用预拌混凝土，也可以现场搅拌。高性能混凝土泵送施工时，应根据施工进度，加强组织管理和现场联络调度，确保连续均匀供料，泵送混凝土应遵守《混凝土泵送施工技术规程》(JCJ/T 10) 的规定。

使用泵送进行浇筑，坍落度应为120～200mm（由泵送高度确定）。泵管出口应与浇筑面形成一个50～80cm高差，便于混凝土下落产生压力，推动混凝土流动。输送混凝土的起始水平管段长度不应小于15m。现场搅拌的混凝土应在出机后60min内泵送完毕。预拌混凝土应在其1/2初凝时间内入泵，并在初凝前浇筑完毕。冬期以及雨季浇筑混凝土时，要专门制定冬、雨期施工方案。

高性能混凝土的工作性还包括易抹性。高性能混凝土胶凝材料含量大，细粉增加，低水胶比，使高性能混凝土拌合物十分黏稠，难于被抹光，表面会很快形成一层硬壳，容易产生收缩裂纹，所以要求尽早安排多道抹面程序，建议在浇筑后30min之内抹光。对于高性能混凝土的易抹性，目前仍缺少可行的试验方法。

3. 高性能混凝土的养护

混凝土的养护是混凝土施工的关键步骤之一。对于高性能混凝土，由于水胶比小，浇筑以后泌水量很少。当混凝土表面蒸发失去的水分得不到充分补充时，使混凝土塑性收缩加剧，而此时混凝土尚不具有抵抗变形所需的强度，就容易导致塑性收缩裂缝的产生，影响耐久性和强度。另外高性能混凝土胶凝材料用量大，水化温升高，由此导致的自收缩和温度应力也在加大，对于流动性很大的高性能混凝土，由于胶凝材料量大，在大型竖向构件成型时，会造成混凝土表面浆体所占比例较大，而混凝土的耐久性受近表层影响最大，所以加强表层的养护对高性能混凝土显得尤为重要。

为了提高混凝土的强度和耐久性，防止产生收缩裂缝，很重要的措施是混凝土浇筑后立即喷养护剂或用塑料薄膜覆盖。用塑料薄膜覆盖时，应使薄膜紧贴混凝土表面，初凝后掀开塑料薄膜，用木抹子搓平表面，至少搓2遍。搓完后继续覆盖，待终凝后立即浇水养护。养护日期不少于7d（重要构件养护14d）。对于楼板等水平构件，可采用覆盖草帘或麻袋湿养护，也可采用蓄水养护；对墙柱等竖向构件，采用能够保水的木模板对养护有利，也可在混凝土硬化后，用草帘、麻袋等包裹，并在外面再裹以塑料薄膜，保持包裹物潮湿。应该注意：尽量减少用喷洒养护剂来代替水养护，养护剂也绝非不透水，且有效时间短，施工中很容易损坏。

混凝土养护除保证合适的湿度外，也是保证混凝土有合适的温度。高性能混凝土比普通混凝土对温度和湿度更加敏感，混凝土的入模温度、养护湿度应根据环境状况和构件所受内、外约束程度加以限制。养护期间混凝土内部最高温度不应高于75℃，并采取措施使混凝土内部与表面的温度差小于25℃。

## 15.12 特殊条件下的混凝土施工

（1）根据当地多年气象资料统计，当室外日平均气温连续5日稳定低于5℃时，应采取冬期施工措施；当室外日平均气温连续5日稳定高于5℃时，可解除冬期施工措施。当混凝土未达到受冻临界强度而气温骤降至0℃以下时，应按冬期施工的要求采取应急防护措施。

（2）当日平均气温达到30℃及以上时，应按高温施工要求采取措施。

（3）雨季和降雨期间，应按雨期施工要求采取措施。

（4）混凝土冬期施工应按现行行业标准《建筑工程冬期施工规程》（JGJ/T 104）的相关规定进行热工计算。

### 15.12.1 冬期混凝土施工

（1）冬期施工配制混凝土宜选用硅酸盐水泥或普通硅酸盐水泥。采用蒸汽养护时，宜选用矿渣硅酸盐水泥。

（2）冬期施工混凝土用粗、细骨料中不得含有冰、雪冻块及其他易冻裂物质。

（3）冬期施工混凝土用外加剂应符合现行国家标准《混凝土外加剂应用技术规范》(GB 50119）的有关规定。采用非加热养护方法时，混凝土中宜掺入引气剂、引气型减水剂或含有引气组分的外加剂，混凝土含气量宜控制在3.0%～5.0%。

（4）冬期施工混凝土配合比应根据施工期间环境气温、原材料、养护方法、混凝土性能要求等经试验确定，并宜选择较小的水胶比和坍落度。

（5）冬期施工混凝土搅拌前，原材料的预热应符合下列规定：

1）宜加热拌合水。当仅加热拌合水不能满足热工计算要求时，可加热骨料。拌合水与骨料的加热温度可通过热工计算确定，加热温度不应超过表15-86的规定。

2）水泥、外加剂、矿物掺合料不得直接加热，应事先储于暖棚内预热。

**拌合水及骨料最高加热温度（℃）**　　**表 15-86**

| 水泥强度等级 | 拌合水 | 骨　料 |
|---|---|---|
| 42.5以下 | 80 | 60 |
| 42.5、42.5R及以上 | 60 | 40 |

（6）冬期施工混凝土搅拌应符合下列规定：

1）液体防冻剂使用前应搅拌均匀，由防冻剂溶液带入的水分应从混凝土拌合水中扣除；

2）蒸汽法加热骨料时，应加大对骨料含水率测试频率，并将由骨料带入的水分从混凝土拌合水中扣除；

3）混凝土搅拌前应对搅拌机械进行保温或采用蒸汽进行加温，搅拌时间应比常温搅拌时间延长30～60s；

4）混凝土搅拌时应先投入骨料与拌合水，预拌后再投入胶凝材料与外加剂。胶凝材料、引气剂或含引气组分外加剂不得与60℃以上热水直接接触。

（7）混凝土拌合物的出机温度不宜低于10℃，入模温度不应低于5℃。对预拌混凝土或需远距离输送的混凝土，混凝土拌合物的出机温度可根据运输和输送距离经热工计算确定，但不宜低于15℃。大体积混凝土的入模温度可根据实际情况适当降低。

（8）混凝土运输、输送机具及泵管应采取保温措施。当采用泵送工艺浇筑时，应采用水泥浆或水泥砂浆对泵和泵管进行润滑、预热。混凝土运输、输送与浇筑过程中应进行测温，温度应满足热工计算的要求。

（9）混凝土浇筑前，应清除地基、模板和钢筋上的冰雪和污垢，并应进行覆盖保温。

（10）混凝土分层浇筑时，分层厚度不应小于400mm。在被上一层混凝土覆盖前，已浇筑层的温度应满足热工计算要求，且不得低于2℃。

（11）采用加热方法养护现浇混凝土时，应考虑加热产生的温度应力对结构的影响，并应合理安排混凝土浇筑顺序与施工缝留置位置。

（12）冬期浇筑的混凝土，其受冻临界强度应符合下列规定：

1）当采用蓄热法、暖棚法、加热法施工时，采用硅酸盐水泥、普通硅酸盐水泥配制的混凝土，不应低于设计混凝土强度等级值的30%；采用矿渣硅酸盐水泥、粉煤灰硅酸盐水泥、火山灰质硅酸盐水泥、复合硅酸盐水泥配制的混凝土时，不应低于设计混凝土强度等级值的40%；

2）当室外最低气温不低于−15℃时，采用综合蓄热法、负温养护法施工的混凝土受冻临界强度不应低于4.0 MPa；当室外最低气温不低于−30℃时，采用负温养护法施工的混凝土受冻临界强度不应低于5.0MPa；

3）强度等级等于或高于C50的混凝土，不宜低于设计混凝土强度等级值的30%；

4）对有抗冻耐久性要求的混凝土，不宜低于设计混凝土强度等级值的70%。

（13）混凝土结构工程冬期施工养护应符合下列规定：

1）当室外最低气温不低于−15℃时，对地面以下的工程或表面系数不大于$5m^{-1}$的结构，宜采用蓄热法养护，并应对结构易受冻部位加强保温措施；

2）当采用蓄热法不能满足要求时，对表面系数为$5m^{-1}$～$15m^{-1}$的结构，可采用综合蓄热法养护。采用综合蓄热法养护时，混凝土中应掺加具有减水、引气性能的早强剂或早强型外加剂；

3）对不易保温养护，且对强度增长无具体要求的一般混凝土结构，可采用掺防冻剂的负温养护法进行施工；

4）当上述方法不能满足施工要求时，可采用暖棚法、蒸汽加热法、电加热法等方法，但应采取措施降低能耗。

（14）混凝土浇筑后，对裸露表面应采取防风、保湿、保温措施，对边、棱角及易受冻部位应加强保温。在混凝土养护和越冬期间，不得直接对负温混凝土表面浇水养护。

（15）模板和保温层在混凝土达到要求强度，且混凝土表面温度冷却到5℃后方可拆除。对墙、板等薄壁结构构件，宜延长模板拆除时间。当混凝土表面温度与环境温度之差大于20℃时，拆模后的混凝土表面应立即进行保温覆盖。

（16）混凝土强度未达到受冻临界强度和设计要求时，应继续进行养护。工程越冬期间，应编制越冬维护方案并进行保温维护。

（17）混凝土工程冬期施工应加强对骨料含水率、防冻剂掺量的检查以及原材料、入模温度、实体温度和强度的监测。依据气温的变化，检查防冻剂掺量是否符合配合比与防冻剂说明书的规定，并根据需要进行配合比的调整。

（18）混凝土冬期施工期间，应按相关标准的规定对混凝土拌合水温度、外加剂溶液温度、骨料温度、混凝土出机温度、浇筑温度、入模温度以及养护期间混凝土内部和大气温度进行测量。

（19）冬期施工混凝土强度试件的留置除应符合现行国家标准《混凝土结构工程施工质量验收规范》（GB 50204）的规定外，尚应增设与结构同条件养护试件不少于2组。同条件养护试件应在解冻后进行试验。

### 15.12.2 高温混凝土施工

（1）高温施工时，对露天堆放的粗、细骨料应采取遮阳防晒等措施。必要时，可对粗骨料进行喷雾降温。

（2）高温施工混凝土配合比设计除应满足第15.2节的要求外，尚应符合下列规定：

1）应考虑原材料温度、环境温度、混凝土运输方式与时间对混凝土初凝时间、坍落度损失等性能指标的影响，根据环境温度、湿度、风力和采取温控措施的实际情况，对混凝土配合比进行调整；

2）宜在近似现场运输条件、时间和预计混凝土浇筑作业最高气温的天气条件下，通过混凝土试拌和与试运输的工况试验后，调整并确定适合高温天气条件下施工的混凝土配合比；

3）宜采用低水泥用量的原则，并可采用粉煤灰取代部分水泥，宜选用水化热较低的水泥；

4）混凝土坍落度不宜小于70mm。

(3) 混凝土的搅拌应符合下列规定：

1）应对搅拌站料斗、储水器、皮带运输机、搅拌楼采取遮阳防晒措施；

2）对原材料进行直接降温时，宜采用对水、粗骨料进行降温的方法。当对水直接降温时，可采用冷却装置冷却拌合用水，并对水管及水箱加设遮阳和隔热设施，也可在水中加碎冰作为拌合用水的一部分。混凝土拌合时掺加的固体冰应确保在搅拌结束前融化，且在拌合用水中应扣除其重量；

3）原材料入机温度不宜超过表15-87的规定。

原材料最高入机温度（℃）　表15-87

| 原材料 | 入机温度 | 原材料 | 入机温度 |
|---|---|---|---|
| 水泥 | 70 | 水 | 25 |
| 骨料 | 30 | 粉煤灰等掺合料 | 60 |

4）混凝土拌合物出机温度不宜大于30℃。出机温度可按下式进行估算。必要时，可采取掺加干冰等附加控温措施。

①暑期施工混凝土加冰拌合时，混凝土拌合物出机温度可按下式进行估算：

$$T=\frac{0.22\ (T_gW_g+T_sW_s+T_cW_c+T_mW_m)\ +T_wW_w+T_gW_{wg}+T_sW_{ws}-79.6W_i}{0.22\ (W_g+W_s+W_c+W_m)\ +W_w+W_{wg}+W_{ws}+W_i}$$

式中 $T_g$、$T_s$——石子、砂子入机温度（℃）；

$T_c$、$T_m$——水泥、拌合料（粉煤灰、矿粉等）入机温度（℃）；

$T_w$——正常搅拌水温度（℃）；

$W_g$、$W_s$——石子、砂子干重量（kg）；

$W_c$、$W_m$——水泥、拌合料（粉煤灰、矿粉等）重量（kg）；

$W_w$、$W_i$——搅拌水、冰重量（kg）；

$W_{wg}$、$W_{ws}$——石子、砂子含水重量（kg）。

注：骨料含水与骨料温度相同。

②暑期施工混凝土不加冰拌合时，混凝土拌合物出机温度可按下式进行估算：

$$T=\frac{0.22\ (T_gW_g+T_sW_s+T_cW_c+T_mW_m)\ +T_wW_w+T_gW_{wg}+T_sW_{ws}}{0.22\ (W_g+W_s+W_c+W_m)\ +W_w+W_{wg}+W_{ws}}$$

式中符合意义同上。

(4) 宜采用白色涂装的混凝土搅拌运输车运输混凝土；对混凝土输送管应进行遮阳覆盖，并应洒水降温。

(5) 混凝土浇筑入模温度不应高于35℃。

(6) 混凝土浇筑宜在早间或晚间进行，且宜连续浇筑。当水分蒸发速率大于1 kg/

(m² · h) 时，应在施工作业面采取挡风、遮阳、喷雾等措施。混凝土水分蒸发速率可用下式进行估算：

$$E=5[(T_b+18)^{2.5}-r(T_a+18)^{2.5}](V+4)\times10^{-6}$$

式中 $E$——水的蒸发速率 [kg/ (m² · h)]；

$r$——混凝土水分蒸发面以上 1.5m 高度测得大气相对湿度（%）；

$T_a$——混凝土水分蒸发面以上 1.5m 高度测得大气温度（℃）；

$T_b$——混凝土（湿）表面温度（℃）；

$V$——混凝土水分蒸发面以上 0.5m 高度测得水平风速（km/h）。

（7）混凝土浇筑前，施工作业面宜采取遮阳措施，并应对模板、钢筋和施工机具采用洒水等降温措施，但浇筑时模板内不得有积水。

（8）混凝土浇筑完成后，应及时进行保湿养护。侧模拆除前宜采用带模湿润养护。

### 15.12.3 雨期混凝土施工

（1）雨期施工期间，对水泥和掺合料应采取防水和防潮措施，并应对粗、细骨料含水率实时监测，及时调整混凝土配合比。

（2）应选用具有防雨水冲刷性能的模板脱模剂。

（3）雨期施工期间，对混凝土搅拌、运输设备和浇筑作业面应采取防雨措施，并应加强施工机械检查维修及接地接零检测工作。

（4）除采用防护措施外，小雨、中雨天气不宜进行混凝土露天浇筑，且不应开始大面积作业面的混凝土露天浇筑；大雨、暴雨天气不应进行混凝土露天浇筑。

（5）雨后应检查地基面的沉降，并应对模板及支架进行检查。

（6）应采取措施防止基槽或模板内积水。基槽或模板内和混凝土浇筑分层面出现积水时，排水后方可浇筑混凝土。

（7）混凝土浇筑过程中，对因雨水冲刷致使水泥浆流失严重的部位，应采取补救措施后方可继续施工。

（8）在雨天进行钢筋焊接时，应采取挡雨等安全措施。

（9）混凝土浇筑完毕后，应及时采取覆盖塑料薄膜等防雨措施。

（10）台风来临前，应对尚未浇筑混凝土的模板及支架采取临时加固措施；台风结束后，应检查模板及支架，已验收合格的模板及支架应重新办理验收手续。

## 15.13 常用特种混凝土施工技术

### 15.13.1 纤维混凝土

纤维混凝土指在水泥基混凝土中掺入乱向均匀分布的短纤维形成的复合材料。包括钢纤维混凝土、玻璃纤维混凝土、合成纤维混凝土等。一般而言，钢纤维混凝土适用于对抗拉、抗剪、弯拉强度和抗裂、抗冲击、抗疲劳、抗震、抗爆等性能要求较高的工程或其局部部位；合成纤维混凝土适用于非结构性裂缝控制，以及对弯曲韧性和抗冲击性能有一定要求的工程或其局部部位。

### 15.13.1.1　钢纤维混凝土

钢纤维混凝土是用一定量乱向分布的钢纤维增强的以水泥为粘结料的混凝土。钢纤维混凝土已广泛应用于建筑工程、水利工程、公路桥梁工程、公路路面和机场道面工程、铁路工程、港口及海洋工程等。

1. 钢纤维的技术要求

(1) 钢纤维的强度。

一般情况下，钢纤维抗拉强度不得低于 380MPa。当工程有特殊要求时，钢纤维抗拉强度可由需方根据技术与经济条件提出。从钢纤维角度，可通过改进钢纤维表面及其形状来改善钢纤维与混凝土之间的粘结。

(2) 钢纤维的尺寸和形状

常见钢纤维外形如表 15-88 所示。

**常见钢纤维外形**　　**表 15-88**

| 名称 | | 外形 |
|---|---|---|
| 平直形 | | |
| 异形 | 波浪形 | |
| | 压痕形 | |
| | 扭曲形 | |
| | 端钩形 | |
| | 大头形 | |

各类钢纤维混凝土工程，对钢纤维几何参数的要求见表 15-89。

**钢纤维几何参数参考范围**　　**表 15-89**

| 工程类别 | 长度（标称长度）(mm) | 直径（等效直径）(mm) | 长径比 |
|---|---|---|---|
| 一般浇筑钢纤维混凝土 | 20～60 | 0.3～0.9 | 30～80 |
| 钢纤维喷射混凝土 | 20～35 | 0.3～0.8 | 30～80 |
| 钢纤维混凝土抗震框架节点 | 35～60 | 0.3～0.9 | 50～80 |
| 钢纤维混凝土铁路轨枕 | 30～35 | 0.3～0.6 | 50～70 |
| 层布式钢纤维混凝土复合路面 | 30～120 | 0.3～1.2 | 60～100 |

注：标称长度指异型纤维两端点间的直线距离；等效直径指非圆截面按截面面积等效原则换算的圆形截面直径。

(3) 混凝土用钢纤维技术要求

混凝土用钢纤维的技术要求如表 15-90 所示。

**混凝土用钢纤维的技术要求**　　**表 15-90**

| 项目 | 平直形 | 异形 |
|---|---|---|
| 长度和直径的尺寸偏差 | 不超过±10% | |
| 形状合格率 | — | 不低于 85% |

续表

| 项目 | | 平直形 | 异形 |
| --- | --- | --- | --- |
| 抗拉强度 $f_{fst}$ | 380 级 | $380N/mm^2 \leqslant f_{fst} < 600\ N/mm^2$ | |
| | 600 级 | $600\ N/mm^2 \leqslant f_{fst} < 1000\ N/mm^2$ | |
| | 1000 级 | $f_{fst} \geqslant 1000\ N/mm^2$ | |
| 弯折性能 | | 能承受一次弯折 90°不断裂 | |
| 杂质限制 | | 表面不得粘有油污及妨碍钢纤维与水泥基粘结的有害物质；不得混有妨碍水泥硬化的化学成分；因加工造成的粘结连片、表面严重锈蚀的纤维、铁锈粉等杂质总量不超过钢纤维重量的 1% | |

2. 钢纤维的生产方法与特征

钢纤维的加工制造方法主要有四种：钢丝切断法、薄板剪切法、钢锭铣削法和熔抽法。四种钢纤维的基本特征如表 15-91 所示。

四种钢纤维的基本特征 表 15-91

| 类型 | 截面形状 | 表面状况 | 优点 | 缺点 | 提高粘结力方法 |
| --- | --- | --- | --- | --- | --- |
| 切断型钢纤维 | 圆形 | 冷拔表面较光滑 | 制作方法简单，抗拉强度高 | 与混凝土粘结强度较小；成本高 | 压痕、折弯 |
| 剪切型钢纤维 | 矩形 | 切断面较粗糙 | 钢纤维形状不规则，与混凝土粘结强度较大 | 刀具寿命短 | 扭转、折弯 |
| 铣削型钢纤维 | 三角形 | 铣削面粗糙 | 钢纤维轴向扭曲，可增大粘结力；可制极细纤维 | 刀具寿命短 | 扭转、折弯 |
| 熔抽型钢纤维 | 月牙形 | 氧化皮膜 | 原材料为废钢，成本低；制造工艺简单，生产效率高 | 氧化层影响粘结 | 两端较粗 |

3. 钢纤维混凝土的配合比设计

（1）基本要求

钢纤维混凝土配合比除满足普通混凝土的一般要求外，还要求抗拉强度或抗弯强度、韧性及施工时拌合物和易性等满足要求。在某些条件下尚应满足抗冻性、抗渗性、抗冲磨、抗腐蚀性、抗冲击、耐疲劳、抗爆等性能要求。钢纤维混凝土的配合比设计要保证纤维在混凝土中分散的均匀性以及纤维与混凝土之间的粘结强度。

（2）原材料

1）钢纤维。所用钢纤维的品种、几何参数、体积率等应符合国家现行有关钢纤维混凝土结构设计和施工规程的规定，满足设计要求的钢纤维混凝土强度、韧性和耐久性，并满足拌合物的和易性与施工要求，避免发生钢纤维的结团和堵塞混凝土泵送管或喷射管。对有耐腐蚀和耐高温要求的结构物，宜选用不锈钢钢纤维。

2）胶凝材料，宜采用高强度等级普通硅酸盐水泥或硅酸盐水泥。钢纤维混凝土中的胶凝材料用量比普通混凝土中的大，钢纤维混凝土的胶凝材料用量不宜小于 $360kg/m^3$。当钢纤维体积率或基体强度等级较高时胶凝材料用量可适当增加，但不宜大于 $550kg/m^3$。原材料中宜掺加粉煤灰、矿粉、硅灰等矿物掺合料，掺合料掺量的选择应通过试验确定。

3）外加剂。宜选用高效减水剂。对抗冻性有要求的钢纤维混凝土宜选用引气型减水剂或同时加引气剂和减水剂。钢纤维喷射混凝土宜采用无碱速凝剂，其掺量根据凝结试验确定。拌制钢纤维混凝土所选用的外加剂性能应符合《混凝土外加剂应用技术规范》（GB 50119）的规定。

（3）配合比设计

钢纤维混凝土配合比设计采用试验一计算法。步骤如下：

1）根据强度标准值（或设计值）以及施工配制强度的提高系数，确定试配抗压强度与抗拉强度（或试配抗压强度与弯拉强度）。

2）根据试配抗压强度计算水灰比。

3）根据试配抗拉强度（或弯拉强度、弯曲韧度比）的要求，计算或通过已有资料确定钢纤维体积率。

4）根据施工要求的稠度通过试验或已有资料确定单位体积用水量，如掺用外加剂时尚应考虑外加剂的影响。

5）通过试验或有关资料确定合理的砂率。

6）按绝对体积法或假定质量密度法计算材料用量，确定试配配合比。

7）按试配配合比进行拌合物性能试验，调整单位体积用水量和砂率，确定强度试验用基准配合比。

8）根据强度试验结果调整水灰比和钢纤维体积率，确定施工配合比。

钢纤维混凝土的水灰比不宜大于 0.50；对于以耐久性为主要要求的钢纤维混凝土，不得大于 0.45。钢纤维混凝土胶凝材料总用量不宜小于 360kg/m$^3$，但也不宜大于 550kg/m$^3$。钢纤维混凝土坍落度值可比相应普通混凝土要求值小 20mm。

钢纤维混凝土试配配合比确定后，应进行拌合物性能试验，检查其稠度、黏聚性、保水性是否满足施工要求。若不满足，则应在保持水灰比和钢纤维体积率不变的条件下，调整单位体积用水量或砂率，直到满足要求。

4．钢纤维混凝土的施工

（1）搅拌

钢纤维混凝土施工宜采用机械搅拌。钢纤维混凝土的搅拌工艺应确保钢纤维在拌合物中分散均匀，不产生结团，宜优先采用将钢纤维、水泥、粗细骨料先干拌而后加水湿拌的方法；也可采用在混合料拌合过程中分散加入钢纤维的方法。必要时可采用钢纤维分散机布料。

钢纤维混凝土的搅拌时间应通过现场搅拌试验确定，并应较普通混凝土规定的搅拌时间延长 1～2min。采用先干拌后加水的搅拌方式时，干拌时间不宜少于 1.5min。

（2）运输、浇筑和养护

钢纤维混凝土的运输应缩短运输时间。运输过程中应避免拌合物离析，如产生离析应做二次搅拌。所采用的运输器械应易于卸料。

钢纤维混凝土的浇筑方法应保证钢纤维的分布均匀性和结构的连续性。在浇筑过程中严禁因拌合料干涩而加水。钢纤维混凝土应采用机械振捣，不得采用人工插捣，还应保证混凝土密实及钢纤维分布均匀。结构构件中应避免钢纤维外露，宜将模板的尖角和棱角修成圆角。

钢纤维混凝土可采用与普通混凝土相同的养护方法。特殊工程的构件养护符合有关规定。

**15.13.1.2 玻璃纤维混凝土**

玻璃纤维增强混凝土，有时也称为玻璃纤维增强水泥，是在水泥中掺入玻璃纤维而配制的复合材料。由于玻璃纤维的直径仅为5～20μm，几乎与水泥颗粒接近，该种纤维所用结合材料为水泥浆，或者还掺入细砂，几乎不使用粒径较大的粗骨料。

玻璃纤维混凝土集轻质、高强和高韧性于一体。玻璃纤维混凝土的应用受玻璃纤维自身耐碱性较差的限制，随着耐碱玻璃纤维的发展而用途越来越广泛。目前，玻璃纤维混凝土主要用于非承重构件和半承重构件，其制品多为薄板型材料，可以制成外墙板、隔墙板、通风管道、阳台栏板、活动房屋、下水管道、流动售货亭、汽车站候车亭等。

1. 耐碱玻璃纤维的基本要求

耐碱玻璃纤维通过在配方中加入适量的锆、钛等耐碱性能较好的元素，从而提高玻璃纤维的耐碱性腐蚀能力。

2. 玻璃纤维混凝土的配合比设计

玻璃纤维混凝土配合比设计方法与水泥砂浆基本相同，其配合比因施工方法的不同而不同，应通过试验确定满足工程要求的施工配合比。表15-92列出了玻璃纤维混凝土的参考配合比。

**玻璃纤维混凝土参考配合比** 表15-92

| 施工方法 | | 配合比 | | | |
|---|---|---|---|---|---|
| | | 灰砂比 | 水灰比 | 玻璃纤维 | |
| | | | | 品种 | 体积掺量/% |
| 1 | 预拌成型法 | 1∶1.0～1∶1.2 | 0.32～0.38 | 短切无捻纱 | 3～4 |
| 2 | 压制成型法 | 1∶1.2～1∶1.5 | 0.7～0.8 | 短切无捻纱 | 3～4 |
| 3 | 注模成型法 | 1∶1.1～1∶1.2 | 0.50～0.60 | 短切无捻纱 | 3～5 |
| 4 | 直接喷射法 | 1∶0.3～1∶0.5 | 0.32～0.38 | 短切无捻纱 | 3～5 |
| 5 | 铺网-喷浆法 | 1∶1.0～1∶1.5 | 0.42～0.45 | 网格布 | 4～6 |
| 6 | 缠绕法 | 1∶0.4～1∶0.6 | 0.6～0.7 | 连续无捻纱 | 12～15 |

注：可掺加适量增黏剂，如聚乙烯醇或甲基纤维素等，掺量根据试验确定，一般为水泥用量的1%～5%。

3. 玻璃纤维混凝土的施工工艺

玻璃纤维混凝土施工工艺与普通混凝土传统施工方法有较大不同。目前国内外所用施工技术主要有预拌成型法、压制成型法、注模成型法、直接喷涂法、喷射抽吸法、铺网一喷浆法、缠绕法等。

（1）预拌成型法

预拌成型法不需要特殊成型装置，搅拌采用强制式搅拌机。做法是：先在搅拌机中干拌水泥和砂，再将增黏剂溶于少量拌合水中，然后将短切玻璃纤维分散到有增黏剂的水中，最后与拌合水同时加入到水泥-砂的混合物中，边加边搅拌，直至均匀。拌好的混凝土料宜分层入模，每层厚度以不超过25mm为宜，并采用平板式振动器分层捣实。

由于可以灌入异型的模型，所以能够制作多种类型的制品，也适用于制作大型构件。

(2) 压制成型法

采用预拌成型法浇筑成型后，在模板的一面或两面采用滤膜（如纤维毡、纸毡等）进行真空脱水过滤，以减少已成型混凝土中的水分，而使混凝土的强度提高，而且可以缩短脱模时间。由于采用真空脱水，因此在搅拌时为增加拌合物的流动性可适当增加水灰比。

(3) 注模成型法

在预拌时通过适当加大水灰比以提高拌合物的流动度，然后用泵送的方法，浇筑到密闭的模具内成型。此法特别适用于生产一些外形复杂的混凝土构件。

(4) 直接喷射法

利用专门的施工机械喷射机进行施工的方法即为直接喷射法。施工时利用压缩空气，通过两个喷嘴分别喷射短切玻璃纤维和拌制好的水泥砂浆，并使喷出的短切纤维与雾化的水泥砂浆在空间混合后喷射到模具内成型。当达到一定厚度后，用压辊或振动抹刀压实。

用直接喷射法时，纤维喷枪的喷嘴与受喷面的距离应为300～400mm，纤维喷枪与砂浆喷枪喷射方向的夹角保持在28°～32°。

此法适用于成型厚度较薄的制品，是一种可充分发挥玻璃纤维增强效果、制品性能稳定、工艺比较简单的方法。

(5) 喷射抽吸法

喷射抽吸法与直接喷射法的不同处在于采用了可抽真空的模具，在喷射成型后增加真空吸水工序。真空吸水后，可使拌合料成为具有一定形状的湿坯，用真空吸盘将湿坯吸至另一模具内，再进行模塑成型。

采用喷射抽吸法，不仅制品的质量均匀、强度较高，而且可以生产形状较复杂的制品。

(6) 铺网-喷浆法

铺网-喷浆法的施工方法为：先用砂浆喷枪在模具上喷一层砂浆，然后铺一层玻璃纤维网格布；再喷一层砂浆，接着铺第二层玻璃纤维网格布。如此反复喷铺至规定厚度，振压抹平收光（也可采用真空抽吸）。每层砂浆的厚度根据需要在10～25mm。

(7) 缠绕法

生产玻璃纤维增强混凝土管材制品可采用缠绕法。其施工工艺为：预先将连续的玻璃纤维无捻纱浸渍在配制好的水泥浆浆槽中，然后将其按预定的角度和螺距缠绕在卷筒上。缠绕过程中将水泥砂浆及短纤维喷在沾满水泥浆的连续玻璃纤维无捻纱上，然后用辊压机碾压，并利用抽吸法除去多余的水泥浆和水。缠绕法制品中纤维体积率很高，可以超过15%，因此混凝土强度很高。另外，此法容易实现生产过程自动化。

将生产出的管材在未硬化时沿管边纵向切开，也可生产出板材制品。

4. 玻璃纤维混凝土的技术性能及应用

(1) 玻璃纤维混凝土的技术性能

玻璃纤维混凝土的密度一般在1900～2100kg/m³，具有较好的抗拉、抗弯、抗冲击等性能，其易加工成型，且装饰性好、成本较低。玻璃纤维混凝土使用温度不宜超过80℃，其防火性能也较好：由两层厚各为10mm的玻璃纤维混凝土板，内夹100mm厚的珍珠岩水泥内芯组成的复合板，其耐火度可达4h以上。玻璃纤维混凝土的技术性能见表15-93。

玻璃纤维混凝土的技术性能 表 15-93

| 抗拉强度（MPa） | | 抗弯强度（MPa） | | 抗冲击强度（摆锤法） | 弹性模量（$10^4$MPa） | 吸水率 | 抗冻性 |
|---|---|---|---|---|---|---|---|
| 初裂 | 极限 | 初裂 | 极限 | | | | |
| 4.0～5.0 | 7.5～9.0 | 7.0～8.0 | 15～25 | 15～30kJ/m² | 2.6～3.1 | 10%～15% | 25次 |

（2）玻璃纤维混凝土的应用

玻璃纤维混凝土可以应用于建筑工程、土木工程、市政工程、农业工程、渔业工程等。举例如下：

1）建筑工程：非承重外部用板材，如波形板、复合外墙板、窗饰板、屋面用瓦（板）、外装饰浮雕等；内墙板材，如复合夹芯板、防火内墙板、隔声板及高强内墙板等；内部装饰装修，如顶棚板、护墙板以及通风和电缆管道等。

2）土木工程：如永久性模板、快速车道的挡土墙、水下管道、管道衬砌等。

3）市政工程：遮阳亭、候车廊、路标等。

4）农业工程：沼气池、太阳能灶壳体、塑料暖棚支架等。

5）渔业工程：浮标、浮浅桥、人工渔礁等。

### 15.13.1.3 聚丙烯纤维混凝土

1. 聚丙烯纤维

聚丙烯纤维包括聚丙烯单丝纤维和聚丙烯膜裂纤维，混凝土中多使用聚丙烯膜裂纤维。聚丙烯膜裂纤维是一种束状的合成纤维，呈网状结构，耐化学腐蚀，可抗强碱、强酸（发烟硝酸除外），对人体无毒性，但是其耐燃性差、弹性模量低、极限延伸率大，表面具有憎水性，不易被水泥浆浸湿，且在紫外线或氧气作用下易老化。使用前应放在黑色容器或袋中，以防止紫外线直接照射而老化。聚丙烯纤维物理力学性能见表 15-94。

聚丙烯纤维物理力学指标参考值 表 15-94

| 纤维名称 | 密　度（g/cm³） | 抗拉强度（MPa） | 弹性模量（×10³MPa） | 极限延伸率（%） | 耐碱性 | 耐光性 |
|---|---|---|---|---|---|---|
| 聚丙烯单丝纤维 | 0.91 | 285～570 | 3～9 | 15～28 | 好 | 不好 |
| 聚丙烯膜裂纤维 | 0.91 | 450～650 | 8～10 | 8～10 | 好 | 不好 |

2. 成型工艺及配料要求

聚丙烯纤维混凝土的配合比设计原则与钢纤维混凝土相同。其成型工艺不同，其配比也有所不同。采用预拌法成型，聚丙烯膜裂纤维的体积掺量一般在 0.4%～6%，其水灰比也较大。采用喷射法成型，聚丙烯膜裂纤维的体积掺量可达 1.5%～2.0%，但一般不使用粗骨料，而只使用细砂，其水灰比也较小。聚丙烯纤维混凝土应采用机械搅拌，拌合时间比普通混凝土适当延长 40～60s。

3. 聚丙烯纤维混凝土性能

聚丙烯纤维可用于防止混凝土或砂浆早期收缩开裂，有时也可用于提高砂浆或混凝土的抗渗性、抗磨性和抗冲击、抗疲劳性能。聚丙烯纤维与同强度等级素混凝土（C20～C40）主要性能参数比较见表 15-95。

聚丙烯纤维与同强度等级素混凝土性能比较　　表 15-95

| 项　目 | 聚丙烯纤维混凝土 | |
|---|---|---|
| | 聚丙烯纤维掺量 | 相对素混凝土性能变化 |
| 收缩裂缝 | 0.9 | 降低 55% |
| 28d 收缩率 | 0.9 | 降低 10% |
| 抗渗性 | 0.9 | 提高 29%～43% |
| 50 次冻融循环强度损失 | 0.9 | 损失 0.6% |
| 冲击耗能 | 1.0～2.0 | 提高 70% |
| 弯曲疲劳强度 | 1.0 | 提高 6%～8% |

4. 应用领域

聚丙烯纤维用于土木工程领域，多用于提高混凝土的抗裂性能，提高抗冲击性及降低自身质量等。聚丙烯纤维混凝土既可用于制作预制品，也可用于现场施工。如用于非承重挂板、人孔盖板、下水管、上水浮体等预制构件，用于车库工业地板的路面、停车场、构造钢板上组成的复合楼板、加固河堤等现浇构件。

## 15.13.2　聚合物水泥混凝土

聚合物水泥混凝土，亦称聚合物改性混凝土，是在普通混凝土的拌合物中加入聚合物而制成的性能明显改善的复合材料。聚合物的使用方法与混凝土外加剂一样，可将它们与水泥、骨料、水一起进行搅拌。采用现有普通混凝土的设备，即能生产聚合物水泥混凝土。

### 15.13.2.1　聚合物水泥混凝土的原材料

1. 聚合物

聚合物水泥混凝土所用的聚合物总体可分三类：①聚合物水分散体，即乳胶，是应用最广泛的一种。②水溶性聚合物，如纤维素衍生物、聚丙烯酸盐、糠醇等。③液体聚合物，如不饱和聚酯、环氧树脂等。

在水泥中掺加的聚合物与水泥具有良好的适应性，应满足：①水泥的凝结硬化和胶结性能无不良影响；②在水泥的碱性介质中不被水解或破坏；③对钢筋无锈蚀作用。

2. 助剂

（1）稳定剂。水泥溶出的多价离子（指 $Ca^{2+}$、$Al^{3+}$）等因素，往往使聚合物乳液产生破乳，出现凝聚现象，使聚合物乳液不能在水泥中均匀分散。通常需加入适量稳定剂，如 OP 型乳化剂、均染剂 102、农乳 600 等。

（2）消泡剂。聚合物乳液和水泥拌合时，由于乳液中的乳化剂和稳定剂等表面活性剂的影响，通常在搅拌过程中产生许多小泡，凝结后混凝土的孔隙率增加，强度明显下降。因此，必须添加适量的消泡剂。消泡剂的选择应注意：①化学稳定性良好；②表面张力较消泡介质低；③不溶于被消泡介质中。此外，消泡剂还应具有良好的分散性、破泡性、抑泡性及碱性。

常用的消泡剂有：①醇类消泡剂，如异丁烯醇、3-辛醇等；②脂肪酸酯类消泡剂，如甘油（三）硬脂酸异戊酯等；③磷酸酯类消泡剂，如磷酸三丁酯等；④有机硅类消泡剂，如二烷基聚硅氧烷等。消泡剂的针对性非常强，必须认真试验选择。工程实践证明，通常多种消泡剂复合使用，可达到较好的效果。

（3）抗水剂。对于耐水性较差的聚合物，如乳胶树脂及其乳化剂、稳定剂，使用时尚需加抗水剂。

（4）促凝剂。乳胶树脂等聚合物掺量较大时，会延缓聚合物水泥混凝土的凝结，可加入促凝剂促进水泥的凝结。

**15.13.2.2 聚合物水泥混凝土的配合比**

聚合物水泥混凝土除考虑混凝土的一般性能外，还应当考虑到聚合物水泥混凝土的影响因素，如：聚合物的种类及掺量、水灰比、消泡剂及稳定剂的掺量和种类等。

聚合物水泥混凝土的水灰比，主要以被要求的和易性来确定。设计聚合物水泥混凝土配合比，除考虑混凝土的和易性及抗压强度外，还应考虑抗拉强度、抗弯强度、粘结强度、不透水性和耐腐蚀性等。以上各性能的关键是聚灰比，即聚合物和水泥在整个固体中的重量比，其他大致可按普通水泥混凝土进行。

一般情况下，聚灰比控制在5%～20%，水灰比根据设计的和易性适当选择，一般控制在0.30～0.60。

**15.13.2.3 聚合物水泥混凝土的施工**

1. 拌制工艺

聚合物水泥混凝土的拌制，可使用与普通水泥混凝土一样的搅拌设备。聚合物和水泥一样均作为胶结材料，其掺加方式为在加水搅拌时掺入。聚合物水泥混凝土的搅拌时间应较普通混凝土稍长，一般为3～4min。

聚合物另一种掺加方法是将聚合物粉末直接掺入水泥中，待掺加聚合物的水泥混凝土凝结后，加热混凝土使其中聚合物溶化，溶化的聚合物便侵入混凝土的孔隙中，待冷却后聚合物凝固后即成。使用该掺加方法的聚合物水泥混凝土的抗渗性能良好。

2. 施工工艺

（1）基层处理

在正式浇筑聚合物水泥混凝土前，应认真进行基层处理：首先用钢丝刷刷去基层表面浮浆及污物，用溶剂洗掉油污；其次检查可能出现的孔隙、裂缝等缺陷，进行开槽冲洗，并用砂浆进行堵塞修补；最后进行检查，并用水冲洗干净，用棉纱擦去游离的水分。

（2）施工要点

聚合物水泥砂浆施工，应注意：①分层涂抹，每层厚度以7～10mm为宜；对层厚超过10mm的，一般压抹2～3遍为宜。②在抹平时，应边抹边用木片、棉纱等将抹子上黏附一层聚合物薄膜拭掉。③大面积涂抹，应每隔3～4m留设宽15mm的缝。

聚合物水泥混凝土，其浇筑和振捣与普通水泥混凝土一样，但需在较短时间内浇筑完毕。混凝土硬化前，必须注意养护，应注意不能洒水养护或遭雨淋，避免混凝土的表面形成一层白色脆性聚合物薄膜，影响表面美观和使用性能。

**15.13.2.4 聚合物水泥混凝土的应用**

（1）修补材料，用于房屋建筑中混凝土裂缝的修补，路面桥梁、水库大坝、溢洪道、港口码头混凝土的修补等。

(2) 粘结材料，用于粘结瓷砖、新旧混凝土之间的粘结等。

(3) 面层材料，用于公共建筑、民用及工业厂房的地面、路面、通道、楼梯、站台及公路、桥梁、机场跑道等。

(4) 防腐蚀涂层，用于化工车间（化学实验室）的地面、墙面、屋面板、高压引入管、钢筋混凝土防腐保护以及港口码头的钢筋混凝土海水池防腐保护层等。

(5) 防水材料，用于混凝土屋面板、游泳池、化粪池、卫生间、水泥库等。

(6) 表面装饰和保护，直接作为建筑物墙面的装饰层，也可作为要进一步装饰用的找平层，还可用作各种结构的保护层，如隧道、地沟、坑道、管道、桥面板训练场等的保护层。

(7) 用作预应力聚合物改性水泥混凝土，在减少或相同水泥用量的条件下减少梁的高度及混凝土的横截面积，或在梁的横截面、高度相同时减少张拉钢筋用量，提高构件的抗裂性。

(8) 用作水下不分散聚合物改性混凝土，用于水工建筑物的施工和修补，也可用于桥梁、船坞、海上钻井平台、海岸防波堤的施工。

## 15.13.3 轻骨料混凝土

轻骨料混凝土是用轻粗骨料、轻砂（或普通砂）、胶凝材料和水配制而成的干表观密度不大于 1950kg/m³ 的混凝土。按细骨料品种可分为砂轻混凝土和全轻混凝土。砂轻混凝土是由普通砂或部分轻砂做细骨料配制而成的轻骨料混凝土，全轻混凝土是由轻砂做细骨料配制而成的轻骨料混凝土。

### 15.13.3.1 轻骨料的性能

轻骨料是堆积密度不大于 1100kg/m³ 的轻粗骨料和堆积密度不大于 1200kg/m³ 的轻细骨料的总称。按品种可分为页岩陶粒、粉煤灰陶粒、黏土陶粒、自燃煤矸石、火山渣（浮石）轻骨料等；按外形可分为圆球型、普通型和碎石型轻骨料。

页岩陶粒、粉煤灰陶粒、黏土陶粒、自燃煤矸石及火山渣系符合现行国家标准《轻集料及其试验方法》(GB/T 17431)。

轻骨料的性能主要以颗粒级配、堆积密度、筒压强度、吸水率、抗冻性作为控制轻骨料质量要求和配制轻骨料混凝土时选择轻骨料品种的依据。

### 15.13.3.2 轻骨料混凝土的基本性能

1. 分类

(1) 按强度等级。按立方体抗压强度标准值确定，其等级划分为：LC5.0；LC7.5；LC10；LC15；LC20；LC25；LC30；LC35；LC40；LC45；LC50；LC55；LC60。

(2) 按表观密度。轻骨料混凝土按其干表观密度可分为十四个等级，从 600 级到 1900 级。某一密度等级轻骨料混凝土的密度标准值，可取该密度等级干表观密度变化范围的上限值。

(3) 按用途。轻骨料混凝土按其用途可分为保温轻骨料混凝土、结构保温轻骨料混凝土、结构轻骨料混凝土。

2. 结构轻骨料混凝土的强度标准值

结构轻骨料混凝土的强度标准值按表 15-96 采用。

**结构轻骨料混凝土的强度标准值**（MPa） **表 15-96**

| 强度种类 | | 轴心抗压 | 轴心抗拉 |
|---|---|---|---|
| 符号 | | $f_{ck}$ | $f_{tk}$ |
| 混凝土强度等级 | LC15 | 10.0 | 1.27 |
| | LC20 | 13.4 | 1.54 |
| | LC25 | 16.7 | 1.78 |
| | LC30 | 20.1 | 2.01 |
| | LC35 | 23.4 | 2.20 |
| | LC40 | 26.8 | 2.39 |
| | LC45 | 29.6 | 2.51 |
| | LC50 | 32.4 | 2.64 |
| | LC55 | 35.5 | 2.74 |
| | LC60 | 38.5 | 2.85 |

注：自燃煤矸石混凝土轴心抗拉强度标准值应按表中值乘以系数 0.85；浮石或火山渣混凝土轴心抗拉强度标准值应按表中值乘以系数 0.80。

### 15.13.3.3 轻骨料混凝土的配合比设计

1. 配合比设计一般要求

轻骨料混凝土的配合比设计主要应满足抗压强度等级、密度、工作性的要求，并在满足设计强度等级和特殊性能的前提下，尽量节约水泥，降低成本。

轻骨料混凝土的配合比应通过计算和试配确定。轻骨料混凝土的试配强度按式（15-70）确定。

混凝土强度标准差应根据同品种、同强度等级轻骨料混凝土统计资料计算确定。计算时，强度试件组数不应少于 25 组。当无统计资料时，强度标准差可按表 15-97 取值。

**轻骨料混凝土强度标准差 $\sigma$**（MPa） **表 15-97**

| 混凝土强度等级 | 低于 LC20 | LC20～LC35 | 高于 LC35 |
|---|---|---|---|
| $\sigma$ | 4.0 | 5.0 | 6.0 |

轻骨料混凝土中轻粗骨料宜采用同一品种的轻骨料。为改善某些性能而掺入另一品种粗骨料时，其合理掺量应通过试验确定。使用化学外加剂或矿物掺合料时，其品种、掺量和对水泥的适应性，必须通过试验确定。

2. 配合比基本参数的选择

轻骨料混凝土配合比设计的基本参数，主要包括水泥强度等级和用量、用水量和有效水灰比、轻骨料密度和强度、粗细骨料的总体积、砂率、外加剂和掺合料等。

（1）配制轻骨料混凝土用的水泥品种可选用硅酸盐水泥、普通硅酸盐水泥、矿渣水泥、火山灰水泥及粉煤灰水泥。不同试配强度的轻骨料混凝土的水泥用量可按表 15-98 选用。

（2）轻骨料混凝土配合比中的水灰比应以净水灰比表示，即不包括轻骨料 1h 吸水量在内的净用水量与水泥用量之比。配制全轻混凝土时，允许以总水灰比表示，但必须加以说明。轻骨料混凝土最大水灰比和最小水泥用量的限值应符合表 15-99 的规定。

**轻骨料混凝土的水泥用量（kg/m³）　　表 15-98**

| 混凝土试配强度（MPa） | 轻骨料密度等级 | | | | | | |
|---|---|---|---|---|---|---|---|
| | 400 | 500 | 600 | 700 | 800 | 900 | 1000 |
| <5.0 | 260～320 | 250～300 | 230～280 | | | | |
| 5.0～7.5 | 280～360 | 260～340 | 240～320 | 220～300 | | | |
| 7.5～10 | | 280～370 | 260～350 | 240～320 | | | |
| 10～15 | | | 280～350 | 260～340 | 240～330 | | |
| 15～20 | | | 300～400 | 280～380 | 270～370 | 260～360 | 250～350 |
| 20～25 | | | | 330～400 | 320～390 | 310～380 | 300～370 |
| 25～30 | | | | 380～450 | 370～440 | 360～430 | 350～420 |
| 30～40 | | | | 420～500 | 390～490 | 380～480 | 370～470 |
| 40～50 | | | | | 430～530 | 420～520 | 410～510 |
| 50～60 | | | | | 450～550 | 440～540 | 430～530 |

注：1. 表中横线以上为采用 32.5 级水泥时水泥用量值；横线以下为采用 42.5 级水泥时的水泥用量值；
2. 表中下限值适用于圆球型和普通型轻粗骨料，上限值适用于碎石型轻粗骨料和全轻混凝土；
3. 最高水泥用量不宜超过 550kg/m³。

**轻骨料混凝土的最大水灰比和最小水泥用量　　表 15-99**

| 混凝土所处的环境条件 | 最大水灰比 | 最小水泥用量（kg/m³） | |
|---|---|---|---|
| | | 配筋混凝土 | 素混凝土 |
| 不受风雪影响的混凝土 | 不作规定 | 270 | 250 |
| 受风雪影响的露天混凝土；位于水中及水位升降范围内的混凝土和潮湿环境中的混凝土 | 0.50 | 325 | 300 |
| 寒冷地区位于水位升降范围内的混凝土和受水压或除冰盐作用的混凝土 | 0.45 | 375 | 350 |
| 严寒和寒冷地区位于水位升降范围内和受硫酸盐、除冰盐等腐蚀的混凝土 | 0.40 | 400 | 375 |

注：1. 严寒地区指最寒冷月份的月平均温度低于－15℃者，寒冷地区指最寒冷月份的月平均温度处于－5～－15℃者；
2. 水泥用量不包括掺合料；
3. 寒冷和严寒地区用的轻骨料混凝土应掺入引气剂，其含气量宜为5%～8%。

（3）轻骨料混凝土的净用水量根据稠度（坍落度或维勃稠度）和施工要求，可按表 15-100 选用。

**轻骨料混凝土的净用水量　　表 15-100**

| 轻骨料混凝土用途 | 稠　度 | | 净用水量（kg/m³） |
|---|---|---|---|
| | 维勃稠度（s） | 坍落度（mm） | |
| 预制构件及制品： | | | |
| （1）振动加压成型 | 10～20 | — | 45～140 |
| （2）振动台成型 | 5～10 | 0～10 | 140～180 |

续表

| 轻骨料混凝土用途 | 稠　度 | | 净用水量（kg/m³） |
|---|---|---|---|
| | 维勃稠度（s） | 坍落度（mm） | |
| （3）振捣棒或平板振动器振实 | — | 30～80 | 165～215 |
| 现浇混凝土：<br>（1）机械振捣<br>（2）人工振捣或钢筋密集 | <br>—<br>— | <br>50～100<br>≥80 | <br>180～225<br>200～230 |

注：1. 表中值适用于圆球型和普通型轻粗骨料，对碎石型轻粗骨料，宜增加 10kg 左右的用水量；
2. 掺加外加剂时，宜按其减水率适当减少用水量，并按施工稠度要求进行调整；
3. 表中值适用于砂轻混凝土；若采用轻砂时，宜取轻砂 1h 吸水率为附加水量；若无轻砂吸水率数据时，可适当增加用水量，并按施工稠度要求进行调整。

（4）轻骨料混凝土的砂率可按表 15-101 选用。当采用松散体积法设计配合比时，表中数值为松散体积砂率；当采用绝对体积法设计配合比时，表中数值为绝对体积砂率。当采用松散体积法设计配合比时，粗细骨料松散状态的总体积可按表 15-102 选用。

**轻骨料混凝土的砂率　表 15-101**

| 轻骨料混凝土用途 | 细骨料品种 | 砂率（%） |
|---|---|---|
| 预制构件 | 轻 砂<br>普通砂 | 35～50<br>30～40 |
| 现浇混凝土 | 轻 砂<br>普通砂 | —<br>35～45 |

注：1. 当混合使用普通砂和轻砂作细骨料时，砂率宜取中间值，宜按普通砂和轻砂的混合比例进行插入计算；
2. 当采用圆球型轻粗骨料时，砂率宜取表中值下限；采用碎石型时，则宜取上限。

**粗细骨料总体积　表 15-102**

| 轻粗骨料粒型 | 细骨料品种 | 粗细骨料总体积（m³） |
|---|---|---|
| 圆球型 | 轻 砂<br>普通砂 | 1.25～1.50<br>1.10～1.40 |
| 普通型 | 轻 砂<br>普通砂 | 1.30～1.60<br>1.10～1.50 |
| 碎石型 | 轻 砂<br>普通砂 | 1.35～1.65<br>1.10～1.60 |

3. 配合比计算与调整

砂轻混凝土和全轻混凝土宜采用松散体积法进行配合比计算，砂轻混凝土也可采用绝对体积法。配合比计算中粗细骨料用量均应以干燥状态为基准。

（1）松散体积法

松散体积法即以给定每立方米混凝土的粗细骨料松散总体积为基础进行计算，然后按设计要求的混凝土干表观密度为依据进行校核，最后通过试验调整得出配合比。其设计步骤为：

1）根据设计要求的轻骨料混凝土的强度等级、混凝土的用途，确定粗细骨料的种类和粗骨料的最大粒径；

2）测定粗骨料的堆积密度、筒压强度和1h吸水率，并测定细骨料的堆积密度；

3）按式（15-1）计算混凝土配制强度；

4）按表15-98、表15-99选择水泥用量；

5）根据施工稠度的要求，按表15-100选择净用水量；

6）根据混凝土用途按表15-101选取松散体积砂率；

7）根据粗细集料的类型，按表15-102选用粗细骨料总体积，并按式（15-75）～式（15-78）计算每立方米混凝土的粗细骨料用量：

$$V_s = V_t \cdot S_p \tag{15-75}$$

$$m_s = V_s \cdot \rho_{is} \tag{15-76}$$

$$V_a = V_t - V_s \tag{15-77}$$

$$m_a = V_a \cdot \rho_{ia} \tag{15-78}$$

式中　$V_s$、$V_a$、$V_t$——分别为每立方米细骨料、粗骨料和粗细骨料的松散体积（$m^3$）；

$m_s$、$m_a$——分别为每立方米细骨料和粗骨料的用量（kg）；

$S_p$——松散体积砂率（%）；

$\rho_{is}$、$\rho_{ia}$——分别为细骨料和粗骨料的堆积密度（$kg/m^3$）。

8）根据净用水量和附加水量的关系按式（15-79）计算总用水量：

$$m_{wt} = m_{wn} + m_{wa} \tag{15-79}$$

式中　$m_{wt}$——每立方米混凝土的总用水量（kg）；

$m_{wn}$——每立方米混凝土的净用水量（kg）；

$m_{wa}$——每立方米混凝土的附加水量（kg）。

附加水量应根据粗骨料的预湿处理方法和细骨料的品种，按表15-103列公式计算。

9）按式（15-80）计算混凝土干表观密度（$\rho_{cd}$），并与设计要求的干表观密度进行对比，如其误差大于2%，则应重新调整和计算配合比。

$$\rho_{cd} = 1.15m_c + m_a + m_s \tag{15-80}$$

**附加水量的计算方法　　表15-103**

| 项　目 | 附加水量（$m_{wa}$） |
|---|---|
| 粗骨料预湿，细骨料为普砂 | $m_{wa}=0$ |
| 粗骨料不预湿，细骨料为普砂 | $m_{wa}=m_a \cdot w_a$ |
| 粗骨料预湿，细骨料为轻砂 | $m_{wa}=m_a \cdot w_s$ |
| 粗骨料不预湿，细骨料为轻砂 | $m_{wa}=m_a \cdot w_a + m_s \cdot w_s$ |

注：1. $w_a$、$w_s$分别为粗、细集料的1h吸水率；

2. 当轻集料含水时，必须在附加水量中扣除自然含水量。

（2）绝对体积法

1）根据设计要求的轻骨料混凝土的强度等级、密度等级和混凝土的用途，确定粗细骨料的种类和粗骨料的最大粒径。

2）测定粗骨料的堆积密度、颗粒表观密度、筒压强度和1h吸水率，并测定细骨料的堆积密度和相对密度。

3）按式（15-1）计算混凝土配制强度。

4）按表15-98、表15-99选择水泥用量。

5）根据制品生产工艺和施工条件要求的混凝土稠度指标，按表15-100选择净用水量。

6）根据轻骨料混凝土用途按表15-101选取砂率。

7）按式（15-81）～式（15-84）计算粗细骨料的用量：

$$V_s=\left[1-\left(\frac{m_c}{\rho_c}+\frac{m_{wn}}{\rho_w}\right)\div 1000\right]\cdot S_p \tag{15-81}$$

$$m_s=V_s\cdot\rho_s\cdot 1000 \tag{15-82}$$

$$V_a=1-\left(\frac{m_c}{\rho_c}+\frac{m_{wn}}{\rho_w}+\frac{m_s}{\rho_s}\right]\div 1000 \tag{15-83}$$

$$m_a=V_a\cdot\rho_{ap} \tag{15-84}$$

式中　$V_s$——每立方米混凝土的细骨料绝对体积（$m^3$）；

$m_c$——每立方米混凝土的水泥用量（kg）；

$\rho_c$——水泥的相对密度，可取 $\rho_c=2.9\sim3.1$；

$\rho_w$——水的密度，可取 $\rho_w=1.0$；

$V_a$——每立方米混凝土的轻粗骨料绝对体积（$m^3$）；

$\rho_s$——细骨料密度，采用普通砂时，为砂的相对密度，可取 $\rho_s=2.6$；采用轻砂时，为轻砂的颗粒表观密度（$g/cm^3$）；

$\rho_{ap}$——轻粗骨料的颗粒表观密度（$kg/m^3$）。

8）根据净用水量和附加水量的关系，按式（15-79）计算总用水量；附加水量按表15-103所列公式计算。

9）按式（15-80）计算混凝土干表观密度（$\rho_{cd}$），并与设计要求的干表观密度进行对比，如其误差大于2%，则应重新调整和计算配合比。

（3）计算出的轻骨料混凝土配合比必须通过试配予以调整。

#### 15.13.3.4　轻骨料混凝土的施工

轻骨料混凝土的施工工艺，基本上与普通混凝土相同。但由于轻骨料的堆积密度小，呈多孔结构、吸水率较大，配制而成的轻骨料混凝土也具有某些特征。

1. 堆放及预湿

轻骨料应按不同品种分批运输和堆放，不得混杂。运输和堆放应保持颗粒混合均匀，减少离析。采用自然级配时，堆放高度不宜超过2m，并防止树叶、泥土和其他有害物质混入。轻砂的堆放和运输宜采取防雨措施，并防止风刮飞扬。

轻骨料吸水量很大，会使混凝土拌合物的和易性很难控制。在气温高于或等于5℃的季节施工时，根据工程需要，预湿时间可按外界气温和来料的自然含水状态确定，提前半天或一天对轻粗骨料进行淋水或泡水预湿，然后滤干水分进行投料。在气温低于5℃时，可不进行预湿处理。

2. 配料和拌制

在批量拌制轻骨料混凝土前应对轻骨料的含水率及其堆积密度进行测定，在批量生产过程中，应对轻骨料的含水率及其堆积密度进行抽查。雨天施工或发现拌合物稠度反常时也应测定轻骨料的含水率及其堆积密度。对预湿处理的轻粗骨料，可不测其含水率，但应测定其湿堆积密度。

轻骨料混凝土拌制必须采用强制式搅拌机搅拌。轻骨料混凝土拌合物的粗骨料经预湿处理和未经预湿处理，应采用不同的搅拌工艺流程，见图 15-21 和图 15-22。

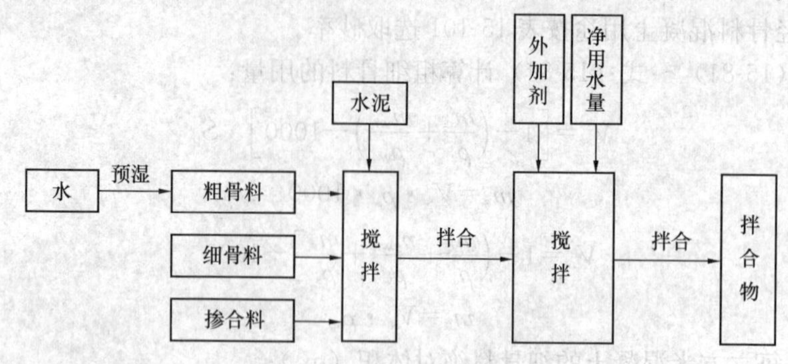


图 15-21　使用预湿处理的轻骨料混凝土搅拌工艺流程

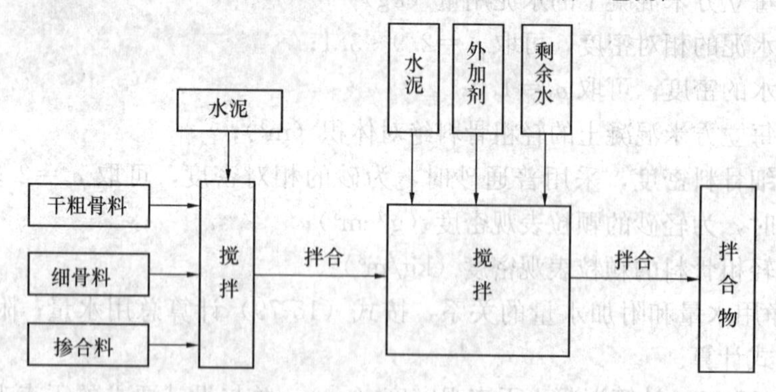


图 15-22　使用未预湿处理的轻骨料混凝土搅拌工艺流程

外加剂应在轻骨料吸水后加入，以免吸入骨料内部失去作用。当用预湿处理的轻粗骨料时，液体外加剂可按图 15-21 所示加入；当用未预湿处理的轻粗骨料时，液体外加剂可按图 15-22 所示加入，采用粉状外加剂，可与水泥同时加入。

轻骨料混凝土全部加料完毕后的搅拌时间，在不采用搅拌运输车运送混凝土拌合物时，砂轻混凝土不宜少于 3min；全轻或干硬性砂轻混凝土宜为 3～4min。对强度低而易破碎的轻骨料，应严格控制混凝土的搅拌时间。合理的搅拌时间，最好通过试拌确定。

3. 运输

轻骨料表观密度较小，在轻骨料混凝土运输过程中易上浮，导致产生离析。在运输中应采取措施减少坍落度损失和防止离析。当产生拌合物稠度损失或离析较重时，浇筑前应采用二次拌合，可采取在卸料前掺入适量减水剂进行搅拌的措施，但不得二次加水。

轻骨料混凝土从搅拌机卸料起到浇入模内止的延续时间，不宜超过 45min。

如采用混凝土泵输送轻骨料混凝土，可将粗骨料预先吸水至接近饱和状态，避免在泵压力下大量吸水，导致混凝土拌合物变得干硬，增大混凝土与管道摩擦，引起管道堵塞。

4. 浇筑和成型

轻骨料混凝土拌合物应采用机械振捣成型。对流动性大、能满足强度要求的塑性拌合物以及结构保温类和保温类轻骨料混凝土拌合物，可采用插捣成型。

当采用插入式振动器时，插点间距不应大于振动棒的振动作用半径的一倍。

振捣延续时间应以拌合物捣实和避免轻骨料上浮为原则。振捣时间随混凝土拌合物坍落度、振捣部位等不同而异，一般宜控制在10～30s。

现场浇筑竖向结构物，应分层浇筑，每层浇筑厚度宜控制在300～350mm。轻骨料混凝土拌合物浇筑倾落自有高度不应超过1.5m，否则，应加串筒、斜槽或溜管等辅助工具。

浇筑上表面积较大的构件，当厚度小于或等于200mm时，宜采用表面振动成型；当厚度大于200mm时，宜先用插入式振捣器振捣密实后，再用平板式振捣器进行表面振捣。

浇筑成型后，宜采用拍板、刮板、辊子或振动抹子等工具，及时将浮在表层的轻粗骨料颗粒压入混凝土内。若颗粒上浮面积较大，可采用表面振动器复振，使砂浆返上，再作抹面。

5. 养护和修补

轻骨料混凝土浇筑成型后应及时覆盖和喷水养护。

采用自然养护时，用普通硅酸盐水泥、硅酸盐水泥、矿渣水泥拌制的轻骨料混凝土，湿养护时间不应少于7d；用粉煤灰水泥、火山灰水泥拌制的轻骨料混凝土及在施工中掺缓凝型外加剂的混凝土，湿养护时间不应少于14d。轻骨料混凝土构件用塑料薄膜覆盖养护时，全部表面应覆盖严密，保持膜内有凝结水。

轻骨料混凝土构件采用蒸汽养护时，成型后静停时间不宜少于2h，以防止混凝土表面起皮、酥松等现象，并应控制升温和降温速度，一般以15～25℃/h为宜。

保温和结构保温类轻骨料混凝土构件及构筑物的表面缺陷，宜采用原配合比砂浆修补。

6. 质量检验和验收

轻骨料混凝土拌合物的和易性波动大，尤其是超过45min或用干轻骨料拌制，更易使拌合物的和易性变坏。施工中要经常检查拌合物的和易性，一般每班不少于一次，以便及时调整用水量。

对轻骨料混凝土的质量检验，主要包括其强度和表观密度两方面。

### 15.13.4 耐火混凝土

由适当胶结料、耐火骨料、外加剂和水按一定比例配制而成，能长期经受高温作用，并在此高温下能保持所需的物理力学性能的混凝土，称为耐火混凝土。耐火混凝土属于不定型耐火材料。

耐火混凝土的分类方法很多，主要的分类方法有：按胶凝材料不同分类、按骨料矿物成分不同分类、按堆积密度不同分类和按用途不同分类，见表15-104。

耐火混凝土的分类 表15-104

| | |
|---|---|
| 按胶凝材料 | 水硬性耐火混凝土、火硬性耐火混凝土、硬性耐火混凝土 |
| 按骨料矿物成分 | 铝质耐火混凝土、硅质耐火混凝土、镁质耐火混凝土 |
| 按堆积密度 | 普通耐火混凝土、轻质耐火混凝土 |
| 按用途 | 结构用耐火混凝土、普通耐火混凝土、超耐火混凝土、耐热混凝土 |

### 15.13.4.1 耐火混凝土的原材料选择

1. 耐火混凝土的胶结材料

硅酸盐类水泥、铝酸盐类水泥、水玻璃胶结材料、磷酸胶结材料、黏土胶结材料等均可用作耐火混凝土的胶结材料。

（1）硅酸盐类水泥与铝酸盐类水泥

选用硅酸盐类水泥，常采用掺加混合料的方法改善其耐火性能和提高其耐火温度。铝酸盐水泥具有一定的耐高温性，特别是当其中 $C_2A$ 含量提高到 60%～70%，可获得较高的耐火度，是耐火混凝土优选的胶结材料。用于配制耐火混凝土的硅酸盐类水泥和铝酸盐类水泥，除应符合国家标准所规定的各项技术指标外，水泥中不得含有石灰岩类杂质，矿渣硅酸盐水泥中矿渣的掺量不得大于 50%。

（2）水玻璃胶结材料

用作耐火混凝土的水玻璃胶结材料通常选用模数为 2.4～3.0，相对密度为 1.38～1.42 的硅酸钠，并常掺加氟硅酸钠为水玻璃的促硬剂。氟硅酸钠掺量一般为水玻璃的 12%～15%。

（3）磷酸胶结材料

目前，直接采用磷酸配制耐火混凝土也很普遍。磷酸浓度是决定耐火混凝土耐高温性能的重要因素。磷酸胶结材料一般由工业磷酸调制而成，一般磷酸（$H_3PO_4$）含量不得大于 85%。为节约成本，可将电镀用废磷酸经蒸发浓缩到相对密度为 1.48～1.50，再与浓度为 50%的工业磷酸对半调制成相对密度 1.38～1.42 的磷酸溶液，其效果也不亚于工业磷酸。

（4）黏土胶结材料

配制耐火混凝土所用的黏土胶结材料，多采用软质黏土，或称结合黏土，其能在水中分散，可塑性良好，烧结性能优良。黏土胶结材料来源容易、价格比较便宜、能满足一般工程的要求，因此其应用最为广泛。

2. 磨细掺合料

耐火混凝土的磨细掺合料可起填充孔隙、保证密度及改善施工性能的作用。掺加的磨细掺合料最主要的是不应含有在高温下易产生分解的杂质，如石灰石、方解石等，以免影响耐火混凝土的强度和耐火性。应选用熔点高、高温下不变形且含有一定量 $Al_2O_3$ 的材料。

3. 耐火骨料

骨料本身耐热性能对耐火混凝土耐热性能具有重要影响。耐火混凝土所用骨料应具备在高温下体积变化小，高温不分解的特点，即热膨胀系数较小、熔点高，并且在常温和高温下具有较高强度。粗细骨料的化学组成不同，其影响混凝土的高温性能和适用范围也不相同。此外，应限制骨料的最大粒径，选好骨料级配。

### 15.13.4.2 耐火混凝土的配合比设计

耐火混凝土的配合比设计除要满足普通混凝土的强度、和易性和耐久性，还必须满足设计要求的耐火性能。胶结材料的用量、水灰比或水胶比、掺合料的用量、骨料级配和砂率等都对耐火混凝土的耐火性能有重要影响。一般而言，胶结材料用量增加，耐火性能降低，在满足和易性和强度条件下，尽量减少胶结材料用量；水灰比增加，耐火性能下降，施工条件允许情况下，尽量减少用水量，降低水灰比；掺合料本身耐火性能较好，常温时对强度要求不高的耐火混凝土可增加掺合料用量；应避免骨料导致的和易性差及混凝土密实度下降。砂率宜控制在40%～50%。

耐火混凝土的配合比设计应综合考虑混凝土的强度、使用条件、极限使用温度、材料来源、经济效益等。耐火混凝土配合比设计的计算较为繁琐，整个过程与轻骨料混凝土基本相同。一般可采用经验配合比作为初始配合比，通过试拌调整，确定适用的配合比。

各种耐火混凝土的材料组成、极限使用温度和适用范围见表15-105，表15-106，表15-107分别为硅酸盐水泥耐火混凝土、水玻璃耐火混凝土配合比实例。

**耐火混凝土的组成材料、极限使用温度和适用范围　　表15-105**

| 耐火混凝土名称 | 极限使用温度(℃) | 材料组成及用量(kg/m³) | | | 混凝土最低强度等级 | 适用范围 |
|---|---|---|---|---|---|---|
| | | 胶结料 | 掺合料 | 粗细骨料 | | |
| 普通水泥耐火混凝土和矿渣水泥耐火混凝土 | 700 | 普通水泥(300～400) | 水渣、粉煤灰(150～300) | 高炉重矿渣、红砖、安山岩、玄武岩(1300～1800) | C15 | 温度变化不剧烈，无酸、碱侵蚀的工程 |
| | | 矿渣水泥(350～450) | 水渣、黏土熟料、黏土砖(0～200) | 高炉重矿渣、红砖、安山岩、玄武岩(1400～1900) | C15 | 温度变化不剧烈，无酸、碱侵蚀的工程 |
| | 900 | 普通水泥(300～400) | 耐火度不低于1600℃的黏土熟料、黏土砖(150～300) | 耐火度不低于1610℃的黏土熟料、黏土砖(1400～1600) | C15 | 无酸、碱侵蚀的工程 |
| | | 矿渣水泥(350～450) | 耐火度不低于1670℃的黏土熟料、黏土砖(100～200) | 耐火度不低于1610℃的黏土熟料、黏土砖(1400～1600) | C15 | 无酸、碱侵蚀的工程 |
| | 1200 | 普通水泥(300～400) | 耐火度不低于1670℃的黏土熟料、黏土砖、钒土熟料(150～300) | 耐火度不低于1670℃的黏土熟料、黏土砖、钒土熟料(1400～1600) | C20 | 无酸、碱侵蚀的工程 |
| 钒土水泥耐火混凝土 | 1300 | 钒土水泥(300～400) | | 耐火度不低于1730℃的黏土砖、钒土熟料、高铝砖(1400～1700) | C20 | 宜用于厚度小于400mm的结构，无酸、碱侵蚀的工程 |
| 水玻璃耐火混凝土 | 600 | 水玻璃(300～400)加氟硅酸钠(占水玻璃重量的12%～15%) | 黏土熟料、黏土砖、石英石(300～600) | 安山岩、玄武岩、辉绿岩(1550～1650) | C15 | 可用于受酸(氢氟酸除外)作用的工程，但不得用于经常有水蒸气及水作用的部位 |
| | 900 | 水玻璃(300～400)加氟硅酸钠(占水玻璃重量的12%～15%) | 耐火度不低于1670℃的黏土熟料、黏土砖(300～600) | 耐火度不低于1610℃的黏土熟料、黏土砖(1200～1300) | C15 | 可用于受酸(氢氟酸除外)作用的工程，但不得用于经常有水蒸气及水作用的部位 |

续表

| 耐火混凝土名称 | 极限使用温度(℃) | 材料组成及用量(kg/m³) | | | 混凝土最低强度等级 | 适用范围 |
|---|---|---|---|---|---|---|
| | | 胶结料 | 掺合料 | 粗细骨料 | | |
| 水玻璃耐火混凝土 | 1200 | 水玻璃（300～400）加氟硅酸钠（占水玻璃重量的（12%～15%） | 一等冶金镁砂或煤砖（见注2）（500～6000） | 一等冶金镁砂或煤砖（1700～1800） | C15 | 可用于受氯化钠、硫酸钠、碳酸钠、氟化钠溶液作用的工程，但不得用于受酸作用及有水蒸气及水作用的部位 |

注：1. 表中所列极限使用温度为平面受热时的极限使用温度，对于双面受热或全部受热的结构，应经过计算和试验后确定；
2. 用镁质材料配制的耐火混凝土图宜制成预制砌块，并在40～60℃的温度下烘干后使用；
3. 耐火混凝土得强度等级以100mm×100mm×100mm试块的烘干，抗压强度乘以0.9系数而得；
4. 用水玻璃配制的耐火混凝土及用普通水泥和矿渣水泥配制的耐火混凝土，必须加入掺合料；钒土水泥配制的耐火混凝土也宜加掺合料；
5. 极限使用温度在350℃及350℃以上的普通水泥和矿渣水泥耐火混凝土，可不加掺合料；
6. 极限使用温度为700℃的矿渣水泥耐火混凝土，如水泥中矿渣含量大于50%，可不加掺合料；
7. 按上述各项要求，由试验室确定施工配合比。

**硅酸盐水泥系列耐火混凝土配合比实例**（kg/m³）　　**表 15-106**

| 胶凝材料 | | 掺合料 | | 粗集料 | | 细集料 | | 水 | 强度等级 | 最高工作温度 |
|---|---|---|---|---|---|---|---|---|---|---|
| 种类 | 用量 | 种类 | 用量 | 种类 | 用量 | 种类 | 用量 | | | |
| 硅酸盐水泥 | 340 | 黏土熟料粉 | 300 | 碎黏土熟料 | 700 | 黏土熟料砂 | 550 | 280 | C20 | 1100℃ |
| 硅酸盐水泥 | 320 | 红砖 | 320 | 碎红砖 | 650 | 红砖砂 | 580 | 270 | C20 | 900℃ |
| 硅酸盐水泥 | 350 | 矿渣粉 | 300 | 碎黏土熟料 | 680 | 黏土熟料砂 | 550 | 285 | C20 | 1000℃ |
| 矿渣水泥 | 480 | 粉煤灰 | 120 | 碎红砖 | 720 | 红砖砂 | 600 | 285 | C20 | 900℃ |
| 普通硅酸盐水泥 | 360 | 粉煤灰 | 200 | 碎红砖 | 700 | 红砖砂 | 600 | 270 | C15 | 1000℃ |

注：1. 所有品种水泥等级强度都为42.5；
2. 粉煤灰为Ⅱ级。

**水玻璃耐火混凝土配合比实例**（kg/m³）　　**表 15-107**

| 胶凝材料 | 粗集料 | | 细集料 | | 掺合料 | | 固化剂 | 强度等级 | 最高工作温度 |
|---|---|---|---|---|---|---|---|---|---|
| 水玻璃 | 品种 | 用量 | 品种 | 用量 | 品种 | 用量 | 氟硅酸钠 | | |
| 300 | 镁砖碎块 | 1100 | 镁砂 | 600 | 镁砖粉 | 600 | 30 | C15 | 1200℃ |
| 350 | 镁砖碎块 | 1150 | 镁砂 | 550 | 镁砖粉 | 550 | 35 | C20 | 1200℃ |
| 350 | 黏土熟料块 | 80 | 黏土熟料砂 | 500 | 黏土熟料粉 | 500 | 35 | C20 | 1000℃ |

注：1. 水玻璃的模数为2.4～3.0，相对密度为1.38～1.40，波美度为40°B′e；
2. 氟硅酸钠纯度≥95%。

### 15.13.4.3　耐火混凝土的施工

1. 搅拌与运输

（1）拌制水泥耐火混凝土时，水泥和掺合料必须拌合均匀。拌制水玻璃耐火混凝土时，氟硅酸钠和掺合料必须先混合均匀。

（2）耐火混凝土宜采用强制式搅拌机搅拌。以黏土、水泥或水玻璃作为胶凝材料的耐火混凝土，先将原料干混1min，然后加水（或水玻璃）湿混2～4min，总搅拌时间不少于3min。搅拌好的料宜在30min之内用完。

（3）在满足施工要求条件下，耐火混凝土的用水量（或水玻璃用量）应尽量少用。如用机械振捣，可控制在2cm左右，用人工捣固，宜控制在4cm左右。

（4）耐火混凝土拌合物，可采用间歇式机械运往施工现场，亦可采用混凝土泵运送。

2. 耐火混凝土浇筑

耐火混凝土应分层浇筑，分层振捣。它可以采用机械振动成型或人工捣固成型，后者只适用于施工部位复杂，用量较少的特殊场合。不同捣实方法的耐火混凝土，其挠捣层厚度不同，但每层厚度不应超过30cm。

3. 耐火混凝土的养护制度

根据其种类不同，耐火混凝土的养护制度可参考表15-108。

**耐火混凝土的养护制度** **表15-108**

| 混凝土种类 | 养护环境 | 养护温度（℃） | 养护时间（d） |
|---|---|---|---|
| 黏土耐火混凝土 | 自然养护 | >20 | 3～7 |
| 高铝水泥耐火混凝土 | 水中养护或潮湿养护 | 15～20 | >3 |
| 硅酸盐水泥耐火混凝土 | 水中养护、潮湿养护 | 15～25 | >7 |
| 镁质水泥耐火混凝土 | 蒸汽养护 | 60～80 | 0.5～1 |
| 磷酸盐耐火混凝土 | 自然养护 | >20 | 3～7 |
| 水玻璃耐火混凝土 | 自然养护 | 15～30 | 7～14 |

4. 热烘烤处理

耐火混凝土非常重要的工艺特点是：需要经过烘烤以后才能使用。养护后待混凝土达到70%强度才能进行热烘烤处理。耐火混凝土的烘烤制度可参照表15-109。

**耐火混凝土烘烤热处理制度** **表15-109**

| 砌体厚度（mm） | <200 | | | 200～400 | | | >400 | | |
|---|---|---|---|---|---|---|---|---|---|
| 升温速度和时间 / 温度（℃） | 升温速度（℃/h） | 需要时间（h） | 累计时间（h） | 升温速度（℃/h） | 需要时间（h） | 累计时间（h） | 升温速度（℃/h） | 需要时间（h） | 累计时间（h） |
| 常温～150 | 20 | 7 | 0 | 15 | 9 | 0 | 10 | 13 | 0 |
| 150±10保温 | — | 24 | 31 | — | 32 | 41 | 10 | 40 | 53 |
| 150～350 | 20 | 10 | 41 | 15 | 13 | 54 | 10 | 20 | 73 |
| 350±10保温 | — | 24 | 65 | — | 32 | 86 | 10 | 40 | 113 |
| 350～600 | 20 | 13 | 73 | 15 | 17 | 103 | 10 | 25 | 138 |
| 600±10保温 | — | 16 | 94 | — | 24 | 127 | — | 32 | 170 |
| 600～使用温度 | 35 | — | — | 25 | — | — | 20 | — | — |

### 15.13.5 耐腐蚀混凝土

耐腐蚀混凝土是由耐腐蚀胶粘剂、硬化剂、耐腐蚀粉料和粗、细骨料及外加剂按一定的比例组成，经过搅拌、成型和养护后可直接使用的耐腐蚀材料。

**15.13.5.1 水玻璃耐酸混凝土**

水玻璃耐酸混凝土是由水玻璃作胶结材料，氟硅酸钠作硬化剂，以及耐酸粉料和耐酸骨料或另掺外加剂按一定比例配合而成。它能抵抗绝大部分酸类对混凝土的侵蚀作用，且具有材源广、成本低等优点，已在我国防腐工程中广泛应用，如浇筑地面整体面层、设备基础，化工、冶金等工业中的大型构筑物的外壳及内衬和大型设备如储酸槽、反应塔等防腐蚀工程。其缺点是不耐碱，抗渗和耐水性能差，施工较复杂，养护周期长。

1. 原材料选择

(1) 胶结材料水玻璃具有两项重要的技术性能指标：模数和比密度。

(2) 为加速水玻璃硬化，常使用氟硅酸钠（$Na_2SiF_6$）作为水玻璃耐酸混凝土的固化剂。

(3) 耐酸骨料要求其自身耐酸度高、级配良好及不含泥等杂质。常采用的有石英石、花岗石、安山岩、辉绿岩、石英砂、人造铸石或酸性耐火黏土砖等。

(4) 耐酸粉料是由天然耐酸岩或人造耐酸石材经磨细加工而成，用作水玻璃耐酸混凝土的填料，常用的有铸石粉、石英粉、瓷粉等。

(5) 掺加改性剂提高混凝土密实度，可改善耐酸混凝土的强度和抗渗性，常用的有呋喃类有机单体、水溶性低聚物、水溶性树脂及烷方基磺酸盐等。

2. 配合比设计

(1) 水玻璃耐酸混凝土配合比的设计应综合考虑混凝土的强度要求、耐酸性要求、抗水性要求及施工性能和成本等。

(2) 设计步骤：

1) 水玻璃用量及模数、相对密度的选择。水玻璃用量根据和易性、抗酸及抗水性确定，选择原则是在确保施工和易性情况下水玻璃尽量少用。通常，每 $1m^3$ 耐酸混凝土水玻璃用量控制在 250～300kg 之间。水玻璃最常使用的模数为 2.6～2.8，密度为 1.38～1.42$g/cm^3$。

2) 确定氟硅酸钠掺量。氟硅酸钠掺量不宜过多，一般掺量为水玻璃用量的 12%～15%。

3) 确定耐酸粉料及骨料用量。粉料的掺量以 400～550$kg/m^3$ 为宜。粗、细骨料的总用量，可由每 $1m^3$ 耐酸混凝土总重量（约 2300～2400$kg/m^3$）减去水玻璃、氟硅酸钠和耐酸粉料三者的用量求得，再根据砂率分别求得细骨料和粗骨料用量。砂率一般选择在 38%～45%。

3. 施工工艺

(1) 施工准备

1) 水玻璃的配制：水玻璃经过模数、密度调整合格后方能使用。

2) 基层表面要求平整，以保证砌筑质量。

3) 需设置隔离层的，隔离层可采用树脂玻璃钢、耐酸橡胶板、沥青油毡、铅板或涂层等。隔离层要求搭接缝平整、严密、不渗漏，并与基层有较好的粘结强度。

4）如需设置钢筋，钢筋应除锈并涂刷耐酸涂层（如环氧、过氯乙烯漆等）作保护，且宜采用焊接网架，如采用绑扎钢筋，应注意钢丝头不得外露出混凝土保护层。钢筋的耐酸混凝土保护层应在25mm以上。

（2）施工工艺

1）水玻璃耐酸混凝土宜选用强制式搅拌机，搅拌时间4～5min。先将粉料、粗细骨料与氟硅酸钠干拌1～2min，然后加入水玻璃湿拌2～3min，直至均匀为止。

2）搅拌好的水玻璃混凝土，不允许加入任何材料，并需在水玻璃加入起30min内用完。

3）浇筑大面积地面工程时，应分格浇筑，分格缝内可嵌入聚氯乙烯胶泥或沥青胶泥。浇筑厚度超过20cm时，应分层浇筑及分层捣实。

4）水玻璃耐酸混凝土终凝时间较长，模板支撑必须牢固，拼缝严密，表面平整，并防止水玻璃流失。

5）耐酸贮槽的浇筑以一次连续浇灌成型不留施工缝为宜，如必须留施工缝时，下次浇筑前应将施工缝凿毛，清理干净后涂一层同类型的耐酸稀胶泥，稍干后再继续浇筑。

6）水玻璃耐酸混凝土拆模时间与温度有关：5～10℃时，不低于7d；10～15℃时，不少于5d；16～20℃时，不少于3d；21～30℃时，不少于2d；30℃以上时，1d可拆模。

7）拆模后，如有蜂窝、麻面、裂纹等缺陷，应将该处混凝土凿去并清理干净，然后薄涂一层水玻璃胶泥，待稍干后再用水玻璃胶泥砂浆进行修补。

（3）养护工艺

1）成型和养护期间做好防潮、防冻和防晒。

2）宜在15～30℃的干燥环境中施工和养护。温度低于10℃时应采取冬期施工措施，如采用电热、热风、暖气等人工加热措施。

3）养护应避免急冷急热或局部过热，不得与水接触或采用蒸汽养护，也要防止冲击和震动。

4）水玻璃耐酸混凝土在不同养护温度下的养护期为：10～20℃时，不少于12d；21～30℃时，不少于6d；31～35℃时，不少于3d。

（4）酸化处理

1）酸化处理可提高水玻璃耐酸混凝土的稳定性。酸化处理的龄期应根据试件强度来确定，一般在完成混凝土养护期后进行。

2）酸化处理所用酸品种和浓度可参照：①40％～60％浓度的硫酸；②15％～25％浓度的盐酸，或1∶2～3的盐酸酒精溶液；③40％～45％浓度的硝酸。

3）酸化处理时，宜在15～30℃下进行。每次酸化处理前，应清除表面析出的白色结晶物。

4）酸化处理，要求涂刷均匀，不少于4次，每次间隔时间为8～10h。

**15.13.5.2 硫磺耐酸混凝土**

硫磺耐酸混凝土是以熔融硫磺为胶结材料，与耐酸粉料和耐酸骨料配制而成。其优点是硬化快、强度高，结构密实，抗渗、耐水、耐稀酸性能好，施工方便，无需养护，特别适用于抢修工程、耐酸设备基础、浇筑整体地坪面层等工程部位，可用作贮酸池衬里（地上或地下）、过滤池、电解槽、桥面、工业地面、下水管等。缺点是收缩性大、耐火性差，较脆，不耐磨，易出现裂纹和起鼓，不宜用于温度高于90℃以及与明火接触、冷热交替频繁、温度急剧变化和直接承受撞击的部位及面层嵌缝材料。

1. 原材料选择

（1）胶结材料硫磺。工业用的块状或粉状硫磺，呈黄色，熔点为120℃，要求含硫量不小于98.5%，含水率不大于1%，且无机械杂质。

（2）常用的耐酸粉料有石英粉、辉绿岩粉、安山岩粉等，当用于耐氢氟酸的硫磺混凝土时，可用耐酸率大于94%石墨粉或硫酸钡。耐酸粉料的细度要求通过0.25mm筛孔筛余率≤5%，通过0.08mm筛孔筛余率为10%～30%；含水率不大于0.5%。使用前烘干。

（3）耐酸细骨料常用石英砂，要求耐酸率不低于94%，含水率小于0.5%，含泥量不大于1%，用孔径1mm的筛过筛，筛余率不大于5%。使用前烘干。

（4）耐酸粗骨料常用石英石、花岗石和耐酸碎砖块等，要求耐酸率应不小于94%，浸酸安定性应合格，不含泥土；粒径要求：20～40mm的含量不小于85%，10～20mm的含量不大于15%；使用前要烘干。

（5）多采用聚硫橡胶作为增韧剂，按硫磺用量的1%～3%掺入，以改善硫磺混凝土的脆性及和易性，提高抗拉强度。固态聚硫橡胶应质软、富弹性，细致无杂质，使用前应烘干。还可使用二氯乙烷、二氯乙基缩甲醛及双环戊二烯等。此外，还可掺加少量短切纤维提高韧性。

2. 配合比设计

硫磺混凝土的配合比设计多是根据工程需要及经验配制，其原则是：粗骨料有适当的空隙率，硫磺胶泥有一定的流动度，以便能获得硫磺用量最少而又密实的混合物。

硫磺胶泥、砂浆及混凝土的参考配合比见表15-110。

**硫磺胶泥、砂浆及混凝土的参考配合比** 表15-110

| 材料名称 | 配合比（质量百分比） | | | | | |
|---|---|---|---|---|---|---|
| | 硫磺 | 粗骨料 | 细骨料 | 粉料 | 增韧剂 | 短切纤维 |
| 硫磺砂浆 | 48～53 | — | 30～35 | 8～10 | 2～3 | 0～1 |
| 硫磺混凝土 | 28～33 | 50～55 | 10～13 | 5～8 | 1.5～2.0 | 0～1 |

3. 配制工艺和施工要点

（1）配制工艺

1）熬制硫磺胶结料。将硫磺破碎成3～4cm碎块，按配比称量投入特制的砂锅中，温度控制在130～150℃，加热使硫磺干燥脱水至熔化，加热的同时边加料边搅拌，要注意防止局部过热，且加入量控制在砂锅容积的1/3～1/2。

2）另用设备将粉料及细骨料在130～140℃温度下干燥预热，并保持130℃左右待用。

3）在熬制好的熔融态硫磺中加入经130℃预热干燥的粉料、细骨料，边加边搅拌，加热温度保持在140～150℃左右，直至无气泡时为止。

4）加入粒度小于20mm的聚硫橡胶及一些纤维材料，并加强搅拌，温度控制在150～160℃，待全部加完，再熬3～4h，直到物料均匀，颜色一致，泡沫完全消失后即可使用。可在保持物料温度 135～150℃下进行浇筑，也可注入小模制成砂浆块，需浇筑时再重新熔融浇筑。

（2）硫磺混凝土施工要点

1）浇筑前必须进行粗骨料的干燥和预热，应保证浇筑时粗骨料温度不低于 40℃。

2）熬制硫磺胶泥或砂浆，见上述配制工艺。

3）注模施工。①搅拌注模法，即将干燥预热后的粗骨料投入熬制硫磺胶泥或砂浆的锅中，保持温度不低于 140℃，搅拌均匀后注入模具。此法一般用于小型构件或砌块。②填充注模法，即将干燥预热后的耐酸粗骨料预先虚铺在模板（或模具）内，每层厚度不宜大于 40cm。在浇注点，可在铺放骨料时每隔 35cm 左右预埋直径 6～8cm 的钢管作为浇注孔，边浇边抽出。浇筑应连续进行，不得中断。分层浇筑的，浇筑第二层前应将第一层表面收缩孔中的针状物凿除。浇灌立面时，每层硫磺混凝土的水平施工缝应露出石子，垂直施工缝应相互错开。

4）施工中要特别注意安全防护。工作人员操作时要戴口罩、手套等保护用品；熬制地点应在下风向；室内熬制应设排气罩；施工人员站在上风方向；熬制硫磺要严格控制温度，防止着火。发现黄烟应立即撤火降温，局部燃烧时可撒石英粉灭火。

**15.13.5.3 沥青耐酸混凝土**

沥青耐酸混凝土的特点是整体无缝，有一定弹性，材料来源广泛，价格比较低廉，施工简单方便，无需养护，冷固后即可使用，能耐中等浓度的无机酸、碱和盐类的腐蚀。其缺点是耐热性较差，使用温度一般不能高于 60℃，而且易老化，强度比较低，遇重物易变形，色泽不美观，用于室内影响光线等。沥青耐酸混凝土多用作基础、地坪的垫层或面层。

1. 原材料选择

沥青耐酸混凝土是由胶凝材料沥青、粉料、粗细骨料和纤维状填料等组成。

（1）配制沥青耐酸混凝土所用的沥青材料，主要是石油沥青和煤沥青。在实际工程施工中，一般选用 10 号或 30 号建筑石油沥青．不与空气直接接触的部位，例如在地下和隐蔽工程中，也可以使用煤沥青。

（2）配制沥青耐酸混凝土的粉料，可采用石英粉、辉绿岩粉、瓷粉等耐酸粉料。当用于耐氢氟酸工程时，可用耐酸率大于 94%石墨粉或硫酸钡。粉料的湿度应不大于 1%，细度要求通过 0.25mm 筛孔筛余率≤5%，通过 0.08mm 筛孔筛余率为 10%～30%。

（3）配制沥青耐酸混凝土的粗细骨料，采用石英岩、花岗岩、玄武岩、辉绿岩、安山岩等耐酸石料制成的碎石或砂子，其耐酸率不应小于 94%，吸水率不应大于 2%，含泥量不应大于 1%。细骨料应用级配良好的砂，最大粒径不超过 1.25mm，孔隙率不应大于 40%；粗骨料的最大粒径不超过面层分层铺设厚度的 2/3，一般不大于 25mm，孔隙率不应大于 45%。

（4）配制沥青耐酸混凝土的纤维状填料，一般可采用 6 级石棉绒，如可采用角闪石类石棉。要求含水率小于 7%，在施工条件允许时，也可采用长度 4～6mm 的玻璃纤维。

2. 配合比设计

沥青耐酸混凝土的配合比，应根据试验确定。在进行初步配合比设计时，可参考表 15-111。

沥青耐酸混凝土的参考配合比 表 15-111

| 混凝土种类 | 粉料和骨料混合物 | 沥青含量（质量分数,%） |
| --- | --- | --- |
| 细粒式沥青混凝土 | 100 | 8～10 |
| 中粒式沥青混凝土 | 100 | 7～9 |

3. 配制工艺和施工工艺

（1）配制工艺

将沥青碎块加热至160～180℃后搅拌脱水、去渣，使其不再起泡沫，直至沥青升到规定温度时（建筑石油沥青200～230℃，普通石油沥青250～270℃）为止。当用两种不同软化点的沥青时，应先熔化低软化点的沥青，待其熔融后，再加入高软化点的沥青。

按设计的施工配合比，将预热至140℃左右的干燥粉料和骨料混合均匀，随即将熬制好、温度为200～230℃的沥青逐渐加入，并进行强烈搅拌，直至全部粉料和骨料被沥青包裹均匀为止。

沥青耐酸混凝土的拌合温度应当适宜，当环境温度在5℃以上时为160～180℃，当环境温度在－10～5℃时为190～210℃。

（2）施工工艺

在沥青耐酸混凝土摊铺前，在已涂有沥青冷底子油的水泥砂浆或混凝土基层上，先涂一层沥青稀胶泥（沥青：粉料＝100：30）。一般情况下，沥青耐酸混凝土的摊铺温度为150～160℃，压实后的温度为110℃；当环境温度在0℃以下时，摊铺温度为170～180℃，压实后的温度不低于100℃，摊铺后应用铁滚进行压实。为防止铁滚表面黏结沥青混凝土，可涂刷防粘剂（柴油：水＝1：2）。

沥青耐酸混凝土应尽量不留施工缝。如果工程量较大，确实需要留设施工缝时，垂直施工缝应留成斜槎并加强密实。继续施工时，应把槎面处清理干净，然后覆盖一层热沥青砂浆，或热沥青混凝土进行预热，预热后将覆盖层除去，涂一层热沥青或沥青稀胶泥后继续施工。当采用分层施工时，上下层的垂直施工缝要错开，水平施工缝之间也应涂一层热沥青或沥青稀胶泥。

细粒式沥青耐酸混凝土，每层的压实厚度不宜超过30mm；中粒式沥青耐酸混凝土，每层的压实厚度不应超过60mm。混凝土的虚铺厚度应经试验确定。当采用平板式振动器时，一般为压实厚度的1.3倍。

沥青耐酸混凝土如果表层有起鼓、裂缝、脱落等缺陷，可将缺陷处挖除，清理干净后涂上一层热沥青，然后用沥青砂浆或沥青混凝土趁热填补压实。

### 15.13.6 重混凝土

重混凝土是指密度大于2500kg/m$^3$ 的混凝土，多用于结构配重和防辐射，一般用密度较大的钢质材料、铁矿石、重晶石等为骨料配制。另一种方法是通过用特种胶结料配制，如高铁质钡矾土水泥、含硫酸钡的高密度水泥等，但由于特种水泥不易生产且价格昂贵，一般不采用。有时由于配重需要，也有用铁粉等作为胶凝材料取代部分水泥以提高混凝土密度。对于防辐射用重混凝土，除了要密度大，还需含大量结合水，且热导率高、热膨胀系数和干燥收缩率小。当然，一定的结构强度、良好的匀质性等也是必不可少的。

#### 15.13.6.1 重混凝土的技术性能

1. 堆积密度

堆积密度是重混凝土区别于普通混凝土的主要指标，也是其配重及防射线效果的主要指标。重混凝土使用要求不同，其选用的密度也不同。重混凝土堆积密度确定后，可通过不同密度的骨料合理搭配实现特定的密度值。

2. 热导率

对于防辐射重混凝土，热导率高，即导热性好，可使局部的温升最小。其导热性很大程度上由骨料性质决定。磁铁矿配制的重混凝土，其导热性与普通混凝土大致相同；采用钢铁块骨料配制的重混凝土，其导热性比普通混凝土高；采用重晶石配制的重混凝土，其导热系数比普通混凝土小。

#### 15.13.6.2 重混凝土配合比设计

1. 配合比设计基本要求

重混凝土由于采用了相对密度较大的材料作为骨料，在进行配合比设计时，应确保混凝土强度、流动性（适宜浇筑且不离析）及密度满足要求。为保证重混凝土的防护能力，还要考虑化学结合水含量。

2. 配合比设计步骤

重混凝土配合比设计与普通混凝土配合比设计基本相同，包括配制强度的计算、确定水灰比和用水量、计算水泥用量、计算粗细骨料用量、计算砂率、计算砂、石用量以及试拌校正。

#### 15.13.6.3 重混凝土的施工

重混凝土的施工，由于其采用了重骨料，在实现混凝土的工作性的同时还要确保骨料的不离析。在重混凝土搅拌、运输、浇筑过程中要注意以下问题：

（1）搅拌及运输。为保证设备的完好，设备中重混凝土量不宜过多，以免造成搅拌叶因过载而损坏。重混凝土堆积密度越大，数量应相应减少。

（2）重混凝土的搅拌时间较普通混凝土拌合时间应适当延长，最适宜时间可由试验确定。

（3）着重检查模板的加固措施，保证在混凝土自重或较大的侧压力下不发生损坏和变形。

（4）在雨、雪、风等天气情况下，不宜浇筑重混凝土。

（5）重混凝土浇筑要使用振捣器，防止浇筑过程重混凝土分层。浇筑时发生分层现象，应立即查找原因消除分层；对已浇筑完毕混凝土发生分层的，可利用振捣器向其中压入粗骨料以改进质量。

（6）分层浇筑重混凝土时，施工前可预填骨料灌浆混凝土，可避免骨料下沉，并有利于重混凝土堆积密度均匀。

（7）采用褐铁矿为骨料的重混凝土，不宜加入过多的拌合水，且不适用先将重骨料填充于模板中再压入水泥砂浆的浇筑方法。

（8）对于大体积重混凝土的施工，要采取一定的导温措施，防止水泥水化热集中造成的温差裂缝。

（9）重视混凝土养护，尤其对用于防中子射线的重混凝土。

## 15.14　现浇混凝土结构质量检查

混凝土结构质量控制可按现行国家标准《混凝土结构工程施工质量验收规范》（GB 50204）执行。

### 15.14.1　现浇混凝土结构分项工程质量检查

（1）混凝土结构施工质量检查可分为过程控制检查和拆模后的实体质量检查。过程控制检查应在混凝土施工全过程中，按照施工段划分和工序安排及时进行；拆模后的实体质量检查应在混凝土表面未做处理和装饰前进行。

（2）混凝土结构质量的检查，应符合下列规定：

1）检查的频率、时间、方法和参加检查的人员，应当根据质量控制的需要确定；

2）施工单位应对完成施工的部位或成果的质量进行自检，自检应全数检查；

3）混凝土结构质量检查应做出记录。对于返工和修补的构件，应有返工修补前后的记录，并应有图像资料；

4）混凝土结构质量检查中，对于已经隐蔽、不可直接观察和量测的内容，可检查隐蔽工程验收记录；

5）需要对混凝土结构的性能进行检验时，应委托有资质的检测机构检测并出具检测报告。

（3）混凝土结构的质量过程控制检查宜包括下列内容：

1）模板

① 模板与模板支架的安全性；

② 模板位置、尺寸；

③ 模板的刚度和密封性；

④ 模板涂刷隔离剂及必要的表面湿润；

⑤ 模板内杂物清理。

2）钢筋及预埋件

① 钢筋的规格、数量；

② 钢筋的位置；

③ 钢筋的保护层厚度；

④ 预埋件（预埋管线、箱盒、预留孔洞）规格、数量、位置及固定。

3）混凝土拌合物

① 坍落度、入模温度等；

② 大体积混凝土的温度测控。

4）混凝土浇筑

① 混凝土输送、浇筑、振捣等；

② 混凝土浇筑时模板的变形、漏浆等；

③ 混凝土浇筑时钢筋和预埋件（预埋管线、预留孔洞）位置；

④ 混凝土试件制作；

⑤ 混凝土养护；

⑥ 施工载荷加载后，模板与模板支架的安全性。

(4) 混凝土结构拆除模板后的实体质量检查宜包括下列内容：

1) 构件的尺寸、位置：

① 轴线位置、标高；

② 截面尺寸、表面平整度；

③ 垂直度（构件垂直度、单层垂直度和全高垂直度）。

2) 预埋件：

① 数量；

② 位置。

3) 构件的外观缺陷。

4) 构件的连接及构造做法。

(5) 混凝土结构质量过程控制检查、拆模后实体质量检查的方法与合格判定，应符合现行国家标准《混凝土结构工程施工质量验收规范》(GB 50204) 及相关标准的规定。相关标准未做规定时，可在施工方案中作出规定并经监理单位批准后实施。

(6) 混凝土施工：

1) 结构混凝土的强度等级必须符合设计要求。用于检查结构构件混凝土强度的试件，应在混凝土的浇筑地点随机抽取。取样与试件留置应符合下列规定：

① 每拌制 100 盘且不超过 $100m^3$ 的同配合比的混凝土，取样不得少于一次；

② 每工作班拌制的同一配合比的混凝土不足 100 盘时，取样不得少于一次；

③ 当一次连续浇筑超过 $1000m^3$ 时，同一配合比的混凝土每 $200m^3$ 取样不得少于一次；

④ 每一楼层、同一配合比的混凝土，取样不得少于一次；

⑤ 每次取样应至少留置一组标准养护试件，同条件养护试件的留置组数应根据实际需要确定。

检验方法：检查施工记录及试件强度试验报告。

2) 对有抗渗要求的混凝土结构，其混凝土试件应在浇筑地点随机取样。同一工程、同一配合比的混凝土，取样不应少于一次，留置组数可根据实际需要确定。

检验方法：检查试件抗渗试验报告。

3) 混凝土原材料每盘称量的偏差应符合表 15-112 的规定。

检查数量：每工作班抽查不应少于一次。

检验方法：复称。

**原材料每盘称量的允许偏差　　表 15-112**

| 材料名称 | 允许偏差 |
|---|---|
| 水泥、掺合料 | ±2% |
| 粗、细骨料 | ±3% |
| 水、外加剂 | ±2% |

注：1. 各种衡器应定期校验，每次使用前应进行零点校核，保持计量准确；
2. 当遇雨天或含水率有显著变化时，应增加含水率检测次数，并及时调整水和骨料的用量。

4) 混凝土运输、浇筑及间歇的全部时间不应超过混凝土的初凝时间。同一施工段的混凝土应连续浇筑，并应在底层混凝土初凝之前将上一层混凝土浇筑完毕。

当底层混凝土初凝后浇筑上一层混凝土时，应按施工技术方案中对施工缝的要求进行处理。

检查数量：全数检查。

检验方法：观察，检查施工记录。

## 15.14.2 混凝土强度检测

### 15.14.2.1 试件制作和强度检测

（1）混凝土试样应在混凝土浇筑地点随机抽取，取样频率应符合下列规定：

1）每100盘，但不超过100m$^3$ 的同配合比的混凝土，取样次数不得少于一次；

2）每一工作班拌制的同配合比的混凝土不足100盘时其取样次数不得少于一次。

注：预拌混凝土应在预拌混凝土厂内按上述规定取样。混凝土运到施工现场后，尚应按本条的规定抽样检验。

（2）每组三个试件应在同一盘混凝土中取样制作。其强度代表值的确定，应符合下列规定：

1）取三个试件强度的算术平均值作为每组试件的强度代表值；

2）当一组试件中强度的最大值或最小值与中间值之差超过中间似的15%时，取中间值作为该组试件的强度代表值；

3）当一组试件中强度的最大值和最小值与中间值之差均超过中间值的15%时，该组试件的强度不应作为评定的依据。

（3）当采用非标准尺寸试件时，应将其抗压强度折算为标准试件抗压强度。折算系数按下列规定采用：

1）对边长为100mm的立方体试件取0.95；

2）对边长为200mm的立方体试件取1.05。

（4）每批混凝土试样应制作的试件总组数，除应考虑混凝土强度评定所必需的组数外，还应考虑为检验结构或构件施工阶段混凝土强度所必需的试件组数。

（5）检验评定混凝土强度用的混凝土试件，其标准成型方法、标准养护条件及强度试验方法均应符合现行国家标准《普通混凝土力学性能试验方法》（GB/T 50081）的规定。

（6）当检验结构或构件拆模、出池、出厂、吊装、预应力筋张拉或放张，以及施工期间需短暂负荷的混凝土强度时，其试件的成型方法和养护条件应与施工中采用的成型方法和养护条件相同。

### 15.14.2.2 混凝土结构同条件养护试件强度检验

（1）同条件养护试件的留置方式和取样数量，应符合下列要求：

1）同条件养护试件所对应的结构构件或结构部位，应由监理（建设）、施工等各方共同选定；

2）对混凝土结构工程中的各混凝土强度等级，均应留置同条件养护试件；

3）同一强度等级的同条件养护试件，其留置的数量应根据混凝土工程量和重要性确定，不宜少于10组，且不应少于3组；

4）同条件养护试件拆模后，应放置在靠近相应结构构件或结构部位的适当位置，并应采取相同的养护方法。

（2）同条件养护试件应在达到等效养护龄期时进行强度试验。

等效养护龄期应根据同条件养护试件强度与在标准养护条件下28d龄期试件强度相等

的原则确定。

（3）同条件自然养护试件的等效养护龄期及相应的试件强度代表值，宜根据当地的气温和养护条件，按下列规定确定：

1）等效养护龄期可取按日平均温度逐日累计达到600℃·d时所对应的龄期，0℃及以下的龄期不计入；等效养护龄期不应小于14d，也不宜大于60d；

2）同条件养护试件的强度代表值应根据强度试验结果按现行国家标准《混凝土强度检验评定标准》（GB/T 50107）的规定确定后，乘折算系数取用；折算系数宜取为1.10，也可根据当地的试验统计结果作适当调整。

（4）冬期施工、人工加热养护的结构构件，其同条件养护试件的等效养护龄期可按结构构件的实际养护条件，由监理（建设）、施工等各方根据规定共同确定。

## 15.15 混凝土缺陷修整

### 15.15.1 混凝土缺陷种类

混凝土结构缺陷可分为尺寸偏差缺陷和外观缺陷。尺寸偏差缺陷和外观缺陷可分为一般缺陷和严重缺陷。混凝土结构尺寸偏差超出规范规定，但尺寸偏差对结构性能和使用功能未构成影响时，属于一般缺陷；而尺寸偏差对结构性能和使用功能构成影响时，属于严重缺陷。外观缺陷分类应符合表15-113的规定。

**混凝土结构外观缺陷分类** **表15-113**

| 名称 | 现　　象 | 严重缺陷 | 一般缺陷 |
|---|---|---|---|
| 露筋 | 构件内钢筋未被混凝土包裹而外露 | 纵向受力钢筋有露筋 | 其他钢筋有少量露筋 |
| 蜂窝 | 混凝土表面缺少水泥砂浆而形成石子外露 | 构件主要受力部位有蜂窝 | 其他部位有少量蜂窝 |
| 孔洞 | 混凝土中孔穴深度和长度均超过保护层厚度 | 构件主要受力部位有孔洞 | 其他部位有少量孔洞 |
| 夹渣 | 混凝土中夹有杂物且深度超过保护层厚度 | 构件主要受力部位有夹渣 | 其他部位有少量夹渣 |
| 疏松 | 混凝土中局部不密实 | 构件主要受力部位有疏松 | 其他部位有少量疏松 |
| 裂缝 | 缝隙从混凝土表面延伸至混凝土内部 | 构件主要受力部位有影响结构性能或使用功能的裂缝 | 其他部位有少量不影响结构性能或使用功能的裂缝 |
| 连接部位缺陷 | 构件连接处混凝土有缺陷及连接钢筋、连接件松动 | 连接部位有影响结构传力性能的缺陷 | 连接部位有基本不影响结构传力性能的缺陷 |
| 外形缺陷 | 缺棱掉角、棱角不直、翘曲不平、飞边凸肋等 | 清水混凝土构件有影响使用功能或装饰效果的外形缺陷 | 其他混凝土构件有不影响使用功能的外形缺陷 |
| 外表缺陷 | 构件表面麻面、掉皮、起砂、沾污等 | 具有重要装饰效果的清水混凝土构件有外表缺陷 | 其他混凝土构件有不影响使用功能的外表缺陷 |

施工过程中发现混凝土结构缺陷时，应认真分析缺陷产生的原因。对严重缺陷施工单位应制定专项修整方案，方案经论证审批后方可实施，不得擅自处理。

### 15.15.2　混凝土结构外观缺陷的修整

(1) 混凝土结构外观一般缺陷修整应符合下列规定：

1) 对于露筋、蜂窝、孔洞、夹渣、疏松、外表缺陷，应凿除胶结不牢固部分的混凝土，清理表面，洒水湿润后用1：2～1：2.5水泥砂浆抹平；

2) 应封闭裂缝；

3) 连接部位缺陷、外形缺陷可与面层装饰施工一并处理。

(2) 混凝土结构外观严重缺陷修整应符合下列规定：

1) 对于露筋、蜂窝、孔洞、夹渣、疏松、外表缺陷，应凿除胶结不牢固部分的混凝土至密实部位，清理表面，支设模板，洒水湿润后并涂抹混凝土界面剂，采用比原混凝土强度等级高一级的细石混凝土浇筑密实，养护时间不应少于7d。

2) 开裂缺陷修整应符合下列规定：

① 对于民用建筑的地下室、卫生间、屋面等接触水介质的构件，均应注浆封闭处理，注浆材料可采用环氧、聚氨酯、氰凝、丙凝等。对于民用建筑不接触水介质的构件，可采用注浆封闭、聚合物砂浆粉刷或其他表面封闭材料进行封闭；

② 对于无腐蚀介质工业建筑的地下室、屋面、卫生间等接触水介质的构件以及有腐蚀介质的所有构件，均应注浆封闭处理，注浆材料可采用环氧、聚氨酯、氰凝、丙凝等。对于无腐蚀介质工业建筑不接触水介质的构件，可采用注浆封闭、聚合物砂浆粉刷或其他表面封闭材料进行封闭。

3) 清水混凝土的外形和外表严重缺陷，宜在水泥砂浆或细石混凝土修补后用磨光机械磨平。

### 15.15.3　混凝土结构尺寸偏差缺陷的修整

(1) 混凝土结构尺寸偏差一般缺陷，可采用装饰修整方法修整。

(2) 混凝土结构尺寸偏差严重缺陷，应会同设计单位共同制定专项修整方案，结构修整后应重新检查验收。

### 15.15.4　裂缝缺陷的修整

裂缝的出现不但会影响结构的整体性和刚度，还会引起钢筋的锈蚀，加速混凝土的碳化，降低混凝土的耐久性和抗疲劳、抗渗能力。因此根据裂缝的性质和具体情况要区别对待，及时处理，以保证建筑物的安全使用。

混凝土裂缝的修补措施主要有以下一些方法：表面修补法，灌浆、嵌逢封堵法，结构加固法，混凝土置换法，电化学防护法以及仿生自愈合法。

1. 表面修补法

表面修补法是一种简单、常见的修补方法，它主要适用于稳定和对结构承载能力没有影响的表面裂缝以及深进裂缝的处理。通常的处理措施是在裂缝的表面涂抹水泥浆、环氧胶泥或在混凝土表面涂刷油漆、沥青等防腐材料，在防护的同时为了防止混凝土受各种作用的影响继续开裂，通常可以采用在裂缝的表面粘贴玻璃纤维布等措施。

2. 灌浆、嵌逢封堵法

灌浆法主要适用于对结构整体性有影响或有防渗要求的混凝土裂缝的修补，它是利用压力设备将胶结材料压入混凝土的裂缝中，胶结材料硬化后与混凝土形成一个整体，从而起到封堵加固的目的。常用的胶结材料有水泥浆、环氧树脂、甲基丙烯酸酯、聚氨酯等化学材料。

嵌缝法是裂缝封堵中最常用的一种方法，它通常是沿裂缝凿槽，在槽中嵌填塑性或刚性止水材料，以达到封闭裂缝的目的。常用的塑性材料有聚氯乙烯胶泥、塑料油膏、丁基橡胶等；常用的刚性止水材料为聚合物水泥砂浆。

3. 结构加固法

当裂缝影响到混凝土结构的性能时，就要考虑采取加固法对混凝土结构进行处理。结构加固中常用的主要有以下几种方法：加大混凝土结构的截面面积，在构件的角部外包型钢、采用预应力法加固、粘贴钢板加固、增设支点加固以及喷射混凝土补强加固。

4. 混凝土置换法

混凝土置换法是处理严重损坏混凝土的一种有效方法，此方法是先将损坏的混凝土剔除，然后再置换入新的混凝土或其他材料。常用的置换材料有：普通混凝土或水泥砂浆、聚合物或改性聚合物混凝土或砂浆。

5. 电化学防护法

电化学防腐是利用施加电场在介质中的电化学作用，改变混凝土或钢筋混凝土所处的环境状态，钝化钢筋，以达到防腐的目的。阴极防护法、氯盐提取法、碱性复原法是化学防护法中常用而有效的三种方法。这种方法的优点是防护方法受环境因素的影响较小，适用钢筋、混凝土的长期防腐，既可用于已裂结构也可用于新建结构。

6. 仿生自愈合法

仿生自愈合法是一种新的裂缝处理方法，它模仿生物组织对受创伤部位自动分泌某种物质，而使创伤部位得到愈合的机能，在混凝土的传统组分中加入某些特殊组分（如含胶粘剂的液芯纤维或胶囊），在混凝土内部形成智能型仿生自愈合神经网络系统，当混凝土出现裂缝时分泌出部分液芯纤维可使裂缝重新愈合。

### 15.15.5 修补质量控制

混凝土缺陷是混凝土结构中普遍存在的一种现象，它的出现不仅会降低建筑物的抗渗能力，影响建筑物的使用功能，而且会引起钢筋的锈蚀，混凝土的碳化，降低材料的耐久性，影响建筑物的承载能力，因此要严格控制混凝土缺陷修补质量：

(1) 对于所要凿除的混凝土范围必须严格按照方案进行凿除，并清洗干净；

(2) 在完成修补后，应加强修补范围内混凝土养护；

(3) 当要对结构进行加固时，需严格按照方案进行加固；

(4) 如采取增大截面面积进行加固并修补时，应考虑到日后的装饰效果，需与用户沟通；

(5) 要派专人进行验收，并签写验收单。

混凝土缺陷应针对其成因制定合理的修补方案，但还需贯彻预防为主的原则，完善设计及加强施工等方面的管理，使结构尽量不出现裂缝或尽量减少裂缝数量和宽度，以确保结构安全。

## 15.16 预制装配混凝土

预制装配混凝土是以构件加工单位工厂化制作而形成的成品混凝土构件，其经装配、连接，结合部分现浇而形成的混凝土结构即为预制装配式混凝土结构。预制装配混凝土构件生产、模具制作、现场装配各流程和环节，应有健全的技术质量及安全保证体系。施工前，应熟悉图纸，掌握有关技术要求及细部构造，编制专项施工方案，构件生产、现场吊装、成品验收等应制定专项技术措施。

### 15.16.1 施工预算

装配式混凝土结构施工前，应根据设计要求和施工方案进行必要的施工验算。

预制构件在脱模、吊运、运输、安装等环节的施工验算，应将构件自重乘以脱模吸附系数或动力系数作为等效荷载标准值，并应符合下列规定：

(1) 脱模吸附系数宜取为1.5，并可根据构件和模具表面状况适当增减。对于复杂情况，脱模吸附系数宜根据试验确定；

(2) 构件吊运、运输时，动力系数可取1.5；构件翻转及安装过程中就位、临时固定时，动力系数可取1.2。当有可靠经验时，动力系数可根据实际受力情况和安全要求适当增减。

预制构件的施工验算宜符合下列规定：

(1) 钢筋混凝土和预应力混凝土构件正截面边缘的混凝土法向压应力应满足：

$$\sigma_{cc} \leqslant 0.8f'_{ck} \tag{15-85}$$

(2) 钢筋混凝土和预应力混凝土构件正截面边缘的混凝土法向拉应力宜满足：

$$\sigma_{ct} \leqslant 1.0f'_{tk} \tag{15-86}$$

对预应力混凝土构件的端部正截面边缘的混凝土法向拉应力可适当放松，但不应大于$1.2f'_{tk}$。

(3) 对施工过程中允许出现裂缝的钢筋混凝土构件，其正截面边缘混凝土法向拉应力限值可适当放松，但开裂截面处受拉钢筋的应力应满足：

$$\sigma_s \leqslant 0.7f_{yk} \tag{15-87}$$

(4) 叠合构件尚应符合现行国家标准《混凝土结构设计规范》(GB 50010) 的有关规定。

式中 $\sigma_{cc}$、$\sigma_{ct}$——各施工环节在荷载标准组合作用下产生的构件正截面边缘混凝土法向压应力、拉应力（N/mm²），可按毛截面计算；

$f'_{ck}$、$f'_{tk}$——与各施工环节的混凝土立方体抗压强度相应的抗拉、抗压强度标准值（N/mm²）；

$\sigma_s$——各施工环节在荷载标准组合作用下的受拉钢筋应力，应按开裂截面计算（N/mm²）；

$f_{yk}$——受拉钢筋强度标准值（N/mm²）。

预制构件中的预埋吊件及临时支撑宜按下式进行计算：

$$K_c S_c \leqslant R_c \tag{15-88}$$

式中 $K_c$——施工安全系数，可按表15-114的规定取值；当有可靠经验时，可根据实际情况适当增减；对复杂或特殊情况，宜通过试验确定；

$S_c$——施工阶段荷载标准组合作用下的效应值，施工阶段的荷载标准值可按本规范附录A的有关规定取值；

$R_c$——根据国家现行相关标准并按材料强度标准值计算或根据试验确定的预埋吊件、临时支撑、连接件的承载力。

**预埋吊件及临时支撑的施工安全系数 $K_C$** 　　**表15-114**

| 项　目 | 施工安全系数（$K_c$） | 项　目 | 施工安全系数（$K_c$） |
|---|---|---|---|
| 临时支撑 | 2 | 普通预埋吊件 | 4 |
| 临时支撑的连接件<br>预制构件中用于连接临时支撑的预埋件 | 3 | 多用途的预埋吊件 | 5 |

注：对采用HPB300钢筋吊环形式的预埋吊件，应符合现行国家标准《混凝土结构设计规范》（GB 50010）的有关规定。

## 15.16.2 构件制作的材料要求

### 15.16.2.1 模具

构件制作的精度控制，模具是一个重要组成部分。模具制作应尺寸准确，具有足够的刚度、强度和稳定性，严密、不漏浆，构造合理，适合钢筋入模、混凝土浇捣和养护等要求，且在过程控制、调节及重复、多次使用中，能够始终处于尺寸正确和感观良好状况。

模具应便于清理和隔离剂的涂刷。模具每次使用后，必须清理干净。

### 15.16.2.2 钢筋

钢筋质量必须符合现行有关标准的规定。钢筋成品中配件、埋件、连接件等应符合有关标准规定和设计文件要求。

钢筋进场后应按钢筋的品种、规格、批次等分别堆放，并有可靠的措施避免锈蚀和玷污。

钢筋的骨架尺寸应准确，宜采用专用成型架绑扎成型。加强筋应有两处以上部位绑扎固定。钢筋入模时应严禁表面沾上作为隔离剂的油类物质。

### 15.16.2.3 饰面材料

石材、面砖灯饰面材料质量应符合现行有关标准的规定。饰面砖、石材应按编号、品种、数量、规格、尺寸、颜色、用途等分类放置，标识清楚并登记入册。

面砖在入模铺设前，应先将单块面砖根据构件加工图的要求分块制成套件，套件的尺寸应根据构件饰面转的大小、图案、颜色取一个或若干个单元组成，每块套件尺寸不宜大于300mm×600mm。面砖套件制作前，应检查入套面砖是否有破损，翘曲和变形等质量问题，不合格的面砖不得用于面砖套件。面砖套件制作时，应在定型模具中进行。饰面材料的图案、排列、色泽和尺寸应符合设计要求。

石材在入模铺设前，应根据构件加工图核对石材尺寸，并提前24h在石材背面涂刷处理剂。

#### 15.16.2.4　门窗框

门窗的品种、规格、尺寸、性能和开启方向、型材壁厚和连接方式等应符合设计要求。

### 15.16.3　构件制作的生产工艺

#### 15.16.3.1　模具组装

在生产模位区，根据生产操作空间进行模具的布置排列。模具组装前，模板必须清理干净，在与混凝土接触的模板表面应均匀涂刷脱模剂，饰面材料铺贴范围内不得涂刷脱模剂。

模具的安装与固定，要求平直、紧密、不倾斜、尺寸准确。

#### 15.16.3.2　饰面铺贴

饰面砖、石材铺贴前应清理模具，按预制加工图分类编号与对号铺放。饰面砖、石材铺放应按控制尺寸和标高在模具上设置标记，并按标记固定和校正饰面砖、石材。入模后，应根据模具设置基准进行预铺设，待全部尺寸调整无误后，再用双面胶带或硅胶将面砖套件或石材位置固定牢固。饰面材料与混凝土的结合应牢固，之间连接件的结构、数量、位置和防腐处理应符合设计要求。满粘法施工的石材和面砖等饰面材料与混凝土之间应无空鼓。饰面材料铺设后表面应平整，接缝应顺直，接缝的宽度和深度应符合设计要求。

涂料饰面的构件表面应平整、光滑，棱角、线槽应顺畅，大于1mm的气孔应进行填充修补。预制构件装饰涂饰施工应按现行国家标准《住宅装饰装修工程施工规范》(GB 50327)执行。

#### 15.16.3.3　门窗框安装

门窗框应直接安装在墙板构件的模具中，门窗框安装的位置应符合设计要求。生产时，应在模具体系上设置限位框或限位件进行固定，防止门框和窗框移位。门窗框与模板接触面应采用双面胶密封保护，与混凝土的连接可依靠专用金属拉片固定。门窗框应采取纸包裹和遮盖等保护措施，不得污染、划伤和损坏门窗框。在生产、吊装完成纸包裹和遮盖等之前，禁止撕除门窗保护。

#### 15.16.3.4　钢筋安装

在模外成型的钢筋骨架，吊到模内整体拼装连接。钢筋骨架尺寸必须准确，骨架吊运时应用多吊点的专用吊架进行，防止钢筋骨架在吊运时变形。钢筋骨架应轻放入模，在模具内应放置塑料垫块，防止钢筋骨架直接接触饰面砖或石材。入模后尽量避免移动钢筋骨架，防止引起饰面材料移动、走位。钢筋骨架应采用垫、吊等可靠方式，确保钢筋各部位的保护层厚度。

#### 15.16.3.5　成型

构件浇筑成型前必须逐件进行隐蔽项目检测和检查。隐蔽项目检测和检查的主要项目有模具、隔离剂及隔离剂涂刷、钢筋成品（骨架）质量、保护层控制措施、预留孔道、配件和埋件等。

混凝土投料高度应小于500mm，混凝土的铺设应均匀，构件表面应平整。可采用插入式振动棒振捣，逐排振捣密实，振动器不应碰到面砖、预埋件。单块预制构件混凝土浇筑过程应连续进行，以避免单块构件施工缝或冷缝出现。

配件、埋件、门框和窗框处混凝土应密实，配件、埋件和门窗外露部分应有防止污损的措施，并应在混凝土浇筑后将残留的混凝土及时擦拭干净。混凝土表面应及时用泥板抹平提浆，需要时还应对混凝土表面进行二次抹面。

#### 15.16.3.6 养护

预制构件混凝土浇筑完毕后，应及时养护。构件采用低温蒸汽养护，蒸养可在原生产模位上进行。蒸养分静停、升温、恒温和降温四个阶段。静停从构件混凝土全部浇捣完毕开始计算，静停时间不宜少于2h。升温速度不得大于15℃/h。恒温时最高温度不宜超过55℃，恒温时间不宜少于3h。降温速度不宜大于10℃/h。为确保蒸养质量，蒸养的过程尽量采用自动控制，不能自动控制的，车间要安排专人进行人工控制。

#### 15.16.3.7 脱模

预制构件蒸汽养护后，蒸养罩内外温差小于20℃时，方可进行脱罩作业。预制构件拆模起吊前应检验其同条件养护混凝土的试块强度，达到设计强度75%方能拆模起吊。应根据模具结构按序拆除模具，不得使用振动构件方式拆模。预制构件起吊前，应确认构件与模具间的连接部分完全拆除后方可起吊。预制构件起吊的吊点设置，除强度应符合设计要求外，还应满足预制构件平稳起吊的要求，构件起吊宜以4～6点吊进行。

### 15.16.4 构件的质量检验

#### 15.16.4.1 主控项目

（1）预制构件应在明显部位标明生产单位、构件型号、生产日期和质量验收标志。构件上的预埋件、插筋和预留孔洞的规格、位置和数量应符合标准图或设计的要求。

（2）预制构件的外观质量不应有严重缺陷。对已经出现的严重缺陷，应按技术处理方案进行处理，并重新检查验收。

（3）预制构件不应有影响结构性能和安装、使用功能的尺寸偏差。对超过尺寸允许偏差且影响结构性能和安装、使用功能的部位，应按技术处理方案进行处理，并重新检查验收。

#### 15.16.4.2 一般项目

（1）预制构件的混凝土强度应按现行国家标准《混凝土强度检验评定标准》(GB/T 50107)的规定分批检验评定。

（2）预制构件制作模具尺寸允许偏差的检验见表15-115，其允许偏差值可参见相关标准或设计规定。

**模具尺寸允许偏差值** **表15-115**

| 测定部位 | 允许偏差（mm） | 检验方法 |
|---|---|---|
| 边长 | ±2 | 钢尺四边测量 |
| 板厚 | +1，0 | 钢尺测量，取2边平均值 |
| 扭曲 | 2 | 四角用两根细线交叉固定，钢尺测中心点高度 |
| 翘曲 | 3 | 四角固定细线，钢尺测细线到钢模边距离，取最大值 |
| 表面凹凸 | 2 | 靠尺和塞尺检查 |

续表

| 测定部位 | 允许偏差（mm） | | 检　验　方　法 |
|---|---|---|---|
| 弯曲 | 2 | | 四角用两根细线交叉固定，钢尺测细线到钢模边距离 |
| 对角线误差 | 2 | | 细线测两根对角线尺寸，取差值 |
| 预埋件位置（中心线） | ±2 | | 钢尺检查 |
| 侧向扭度 | $H \leqslant 300$ | 1.0 | 两角用细线固定，钢尺测中心点高度 |
| | $H > 300$ | 2.0 | 两角用细线固定，钢尺测中心点高度 |

注：$H$ 为模具高度。

（3）固定在模板上的预埋件、预留孔和预留洞的安装位置的偏差检验见表 15-116，其允许偏差值可参见相关标准或设计规定。

**预埋件和预留孔洞的允许偏差检验　　表 15-116**

| 项　　目 | | 检验方法 |
|---|---|---|
| 预埋钢板 | 中心线位置 | 钢尺检查 |
| | 安装平整度 | 靠尺和塞尺检查 |
| 预埋管、预留孔中心线位置 | | 钢尺检查 |
| 插　筋 | 中心线位置 | 钢尺检查 |
| | 外露长度 | 钢尺检查 |
| 预埋吊环 | 中心线位置 | 钢尺检查 |
| | 外露长度 | 钢尺检查 |
| 预留洞 | 中心线位置 | 钢尺检查 |
| | 尺　寸 | 钢尺检查 |
| 预埋接驳器 | 中心线位置 | 钢尺检查 |

（4）钢筋安装时，钢筋网和钢筋成品（骨架）安装位置的允许偏差检验见表 15-117，其允许偏差值可参见相关标准或设计规定。

**钢筋网和钢筋成品（骨架）尺寸允许偏差检验　　表 15-117**

| 项　　目 | | | 检　验　方　法 |
|---|---|---|---|
| 绑扎钢筋网 | 长、宽 | | 钢尺检查 |
| | 网眼尺寸 | | 钢尺量连续三档，取最大值 |
| 绑扎钢筋骨架 | 长 | | 钢尺检查 |
| | 宽、高 | | 钢尺检查 |
| 受力钢筋 | 间距 | | 钢尺量两端、中间各一点，取最大值 |
| | 排距 | | |
| | 保护层 | 基础 | 钢尺检查 |
| | | 柱、梁 | 钢尺检查 |
| | | 板、墙、壳 | 钢尺检查 |
| 绑扎钢筋、横向钢筋间距 | | | 钢尺量连续三档，取最大值 |

续表

| 项目 | | 检验方法 |
|---|---|---|
| 钢筋弯起点位置 | | 钢尺检查 |
| 预埋件 | 中心线位置 | 钢尺检查 |
| | 水平高差 | 钢尺和塞尺检查 |

注：当尺寸偏差检查的合格点率小于80%，或出现超过允许偏差1.5倍的检查项目时，应进行返修（返工），并再次进行尺寸偏差检查。

(5) 外墙板饰面砖、石材粘贴允许偏差检验见表15-118，其允许偏差值可参见相关标准或设计规定门。

**外墙板饰面砖、石材粘贴的允许偏差检验　　表15-118**

| 项次 | 项目 | 检验方法 |
|---|---|---|
| 1 | 立面垂直度 | 用2m拖线板检查 |
| 2 | 表面平整度 | 用2m靠尺和塞尺检查 |
| 3 | 阳角方正 | 用拖线板检查 |
| 4 | 墙裙上口平直 | 拉5m线，不足5m拉通线，用钢直尺检查 |
| 4 | 接缝平直 | |
| 5 | 接缝深度 | 用钢直尺和塞尺检查 |
| 6 | 接缝宽度 | 用钢直尺检查 |

(6) 门框和窗框安装位置应逐件检验，门框和窗框安装位置允许偏差检验见表15-119，其允许偏差值可参见相关标准或设计规定。

**门框和窗框安装允许偏差检验　　表15-119**

| 项目 | | 检验方法 |
|---|---|---|
| 锚固脚片 | 中心线位置 | 钢尺检查 |
| | 外露长度 | 钢尺检查 |
| 门窗框定位 | | 钢尺检查 |
| 门窗框对角线 | | 钢尺检查 |
| 门窗框的水平度 | | 钢尺检查 |

(7) 预制构件的外观质量不宜有一般缺陷，构件的外观质量应符合表15-120。对已经出现的一般缺陷，应按技术处理方案进行处理，并重新检查验收。

**门框和窗框安装允许偏差检验　　表15-120**

| 名称 | 现象 | 质量要求 | 检验方法 |
|---|---|---|---|
| 露筋 | 构件内钢筋未被混凝土包裹而外露 | 主筋不应有，其他允许有少量 | 观察 |
| 蜂窝 | 混凝土表面缺少水泥砂浆而形成石子外露 | 主筋部位和搁置点位置不应有，其他允许有少量 | |
| 孔洞 | 混凝土中孔穴深度和长度均超过保护层厚度 | 不应有 | 观察 |

续表

| 名称 | 现　象 | 质量要求 | 检验方法 |
|---|---|---|---|
| 裂缝 | 缝隙从混凝土表面延伸至混凝土内部 | 影响结构性能的裂缝不应有，不影响结构性能或使用功能的裂缝不宜有 | 观察 |
| 连接部位缺陷 | 构件连接处混凝土缺陷及连接钢筋、连接件松动 | 不应有 | 观察 |
| 外形缺陷 | 内表面缺棱掉角、棱角不直、翘曲不平等，外表面面砖粘结不牢、位置偏差、面砖嵌缝没有达到横平竖直，转角面砖棱角不直、面砖表面翘曲不平等 | 清水表面不应有，混水表面不宜有 | 观察 |
| 外表缺陷 | 构件内表面麻面、掉皮、起砂、沾污等，外表面面砖污染、铝窗框保护纸破坏 | 清水表面不应有，混水表面不宜有 | 观察 |

(8) 构件的尺寸允许偏差检验见表15-121，其允许偏差值可参见相关标准或设计规定。

**构件尺寸允许偏差检验　　表15-121**

| 项　目 | | 检验方法 |
|---|---|---|
| 长度 | 板 | 钢尺检查 |
| | 墙板 | |
| 宽度 | 板、墙板 | 钢尺量一端及中部，取其中较大值 |
| 高（厚）度 | 板 | 钢尺量一端及中部，取其中较大值 |
| | 墙板 | |
| 侧向弯曲 | 板 | 拉线、钢尺量最大侧向弯曲处 |
| | 墙板 | |
| 对角线差 | 板 | 钢尺量两个对角线 |
| | 墙板 | |
| 表面平整度 | 板、墙板 | 2m靠尺和塞尺检查 |
| 翘曲 | 板、墙板 | 调平尺在两端量测 |
| 预埋钢板 | 中心线位置 | 靠尺和塞尺检查 |
| | 安装平整度 | |
| 插　筋 | 中心线位置 | 钢尺检查 |
| | 外露长度 | |
| 预埋吊环 | 中心线位置 | 钢尺检查 |
| | 外露长度 | |
| 预留洞 | 中心线位置 | 钢尺检查 |
| | 尺寸 | |
| 预埋管、预留孔中心线位置 | | 钢尺检查 |
| 预埋接驳器中心线位置 | | 钢尺检查 |

## 15.16.5 构件的运输堆放

### 15.16.5.1 运输

预制构件运输宜选用低平板车，车上应设有专用架，且有可靠的稳定构件措施。预制构件混凝土强度达到设计强度时方可运输。

预制构件采用装箱方式运输时，箱内四周应采用木材、混凝土块作为支撑物，构件接触部位用柔性垫片填实，支撑牢固不得有松动。

预制外墙板宜采用竖直立放式运输，预制叠合楼板、预制阳台板、预制楼梯可采用平放运输，并正确选择支垫位置。

### 15.16.5.2 堆放

预制构件运送到施工现场后，应按规格、品种、所用部位、吊装顺序分别设置堆场。现场驳放堆场应设置在吊车工作范围内，避免起吊盲点，堆垛之间宜设置通道。

现场运输道路和堆放堆场应平整坚实，并有排水措施。运输车辆进入施工现场的道路，应满足预制构件的运输要求。卸放、吊装工作范围内，不得有障碍物，并应有可满足预制构件周转使用的场地。

预制外墙板可采用插放或靠放，堆放架应有足够的刚度，并需支垫稳固，防止倾倒或下沉。宜将相邻堆放架连成整体，预制外墙板应外饰面朝外，对连接止水条、高低口、墙体转角等薄弱部位应加强保护。

预制叠合楼板可采用叠放方式，层与层之间应垫平、垫实，各层支垫必须在一条垂直线上，最下面一层支垫应通长设置。叠放层数不应大于 6 层。

## 15.16.6 构件的吊装

### 15.16.6.1 吊点和吊具

预制构件起吊时的吊点合力应与构件重心重合，宜采用可调式横吊梁均衡起吊就位。

预制构件吊具宜采用标准吊具，吊具应经计算，有足够安全度。吊具可采用预埋吊环或埋置式接驳器的形式。

### 15.16.6.2 吊装

预制装配混凝土构件，有多种装配体系与连接工法，预制构件吊装方法应按照不同吊装工况和构件类型选用。

（1）预制构件安装前应按吊装流程核对构件编号，清点数量。吊装流程可按同一类型的构件，以顺时针或逆时针方向依次进行。构件吊装的有条理性，对楼层安全围挡和作业安全有利。

（2）预制构件搁置(放)的底面应清理干净，按楼层标高控制线垫放硬垫块，逐块安装。

（3）预制构件吊装前，应根据预制构件的单件重量、形状、安装高度、吊装现场条件来确定机械型号与配套吊具，回转半径应覆盖吊装区域，并便于安装与拆除。选择构件吊装机型，要遵循小车回转半径和大臂的长度距离；最大吊点的单件不利吨量与起吊限量的相符；建筑物高度与吊机的可吊高度一致。

（4）为了保证预制构件安装就位准确，预制构件吊装前，应按设计要求在构件和相应的支承结构上标志中心线、标高等控制尺寸，按设计要求校核预埋件及连接钢筋等，并作出标志。

（5）预制构件应按标准图或设计的要求吊装。起吊时绳索与构件水平面的夹角不宜小于45°，否则应采用吊架或经验算确定。

（6）预制构件吊装应采用慢起、快升、缓放的操作方式，应避免小车由外向内水平靠放的作业方式和猛放、急刹等现象。预制外墙板就位宜采用由上而下插入式安装形式，保证构件平稳放置。

（7）预制构件吊装校正，可采用“起吊——就位——初步校正——精细调整”的作业方式，先粗放，后精调，充分利用和发挥垂直吊运工效，缩短吊装工期。

（8）预制构件吊装前应进行试吊，吊钩与限位装置的距离不应小于1m。起吊应依次逐级增加速度，不应越档操作。构件吊装下降时，构件根部应系好揽风绳控制构件转动，保证构件就位平稳。

（9）采用后挂预制外墙板的形式，安装前应检查、复核连接预埋件的数量、位置、尺寸和标高，并避免后浇填充连梁内的预留筋与预制外墙板埋件螺栓相碰。

（10）后挂的预制外墙板吊装，应先将楼层内埋件和螺栓连接、固定后，再起吊预制外墙板，预制外墙板上的埋件、螺栓与楼层结构形成可靠连接后，再脱钩、松钢丝绳和卸去吊具。

（11）先行吊装的预制外墙板，安装时与楼层应有可靠安全的临时支撑。与预制外墙板连接的临时调节杆、限位器应在混凝土强度达到设计要求后方可拆除。

（12）预制叠合楼板、预制阳台板、预制楼梯需设置支撑时应经过计算，符合设计要求。支撑体系可采用钢管排架、单支顶或门架式等。支撑体系拆除应符合现行国家标准《混凝土结构工程施工质量验收规范》（GB 50204）底模拆除时的混凝土强度要求。

（13）预制外墙板相邻两板之间的连接，可采用设置预埋件焊接或螺栓连接形式，控制板与板之间位置，可在外墙板上、中、下各设1个连接端（点），保证板之间的固定牢固。做法可采用构件上预埋接驳器，用铁件（卡）连接。

（14）预制外墙板饰面材料碰损，应在安装前修补，掉换、修补饰面材料应采用配套粘结剂。凡涉及结构性的损伤，需经设计、施工和制作单位协商处理，应满足结构安全、使用功能。

### 15.16.7　构件的成品保护

预制构件在运输、堆放、安装施工过程中及装配后均要做好成品保护。预制构件在运输过程中宜在构件与刚性搁置点处填塞柔性垫片，以防止运输车辆颠簸对预制构件造成破坏。现场预制构件堆放附近2m内不应进行电焊、气焊以及使用大、中型机械进行施工，避免对堆放的成品预制构件可能产生施工作业的破坏。

预制外墙板饰面砖、石材、涂刷表面可采用贴膜或用其他专业材料保护。构件饰面材料保护应选用无褪色或污染的材料，以防揭纸（膜）后，表面被污。预制构件暴露在空气中的预埋铁件应抹防锈漆，防止产生锈蚀。预埋螺栓孔还应用海绵棒进行填塞，防止混凝土浇捣时将其堵塞。

预制楼梯安装后，为避免楼层内后续施工导致的预制楼梯碰磕，踏步口宜用铺设木条或其他覆盖形式保护。预制外墙板安装完毕后，门、窗框全部用槽型木框给予保护，以防铝框表面产生划痕。

### 15.16.8 构件与现浇结构的连接

预制构件与现浇混凝土部分连接应按设计图纸与节点施工。预制构件与现浇混凝土接触面，构件表面宜采用拉毛或表面露石处理，也可采用凿毛的处理方法。

预制构件外墙模施工时，应先将外墙模安装到位，再进行内衬现浇混凝土剪力墙的钢筋绑扎。预制阳台板与现浇梁、板连接时，应先将预制阳台板安装到位，再进行现浇梁、板的钢筋绑扎。

预制构件插筋影响现浇混凝土结构部分钢筋绑扎时，应采用在预制构件上预留接驳器，待现浇混凝土结构钢筋绑扎完成后，再将锚筋旋入接驳器，完成锚筋与预制构件之间的连接。

预制楼梯与现浇梁板采用预埋件焊接连接时，应先施工梁板，后放置、焊接楼梯；当采用锚固钢筋连接时，应先放置楼梯，后施工梁板。

### 15.16.9 质 量 控 制

**15.16.9.1 主控项目**

（1）进入现场的预制构件，其外观质量、尺寸偏差及结构性能应符合设计及相关技术标准要求。

（2）预制构件与结构之间的连接应符合设计要求。

（3）预制构件临时吊装支撑应符合设计及相关技术标准要求。

（4）承受内力的后浇混凝土接头和拼缝，当其混凝土强度未达到设计要求时，不得吊装上一层结构构件；当设计无具体要求时，应在混凝土强度不小于 $10N/mm^2$ 或具有足够的支承时方可吊装上一层结构构件。已安装完毕的装配整体式结构，应在混凝土强度达到设计要求后，方可承受全部设计荷载。

**15.16.9.2 一般项目**

（1）预制构件码放和运输时的支承位置和方法应符合标准图或设计的要求。

（2）预制构件安装就位后，应根据水准点和轴线校正位置。预制构件吊装尺寸偏差检验方法见表 15-122，其允许偏差值可参见相关标准或设计规定。

吊装尺寸偏差检验方法 表 15-122

| 项 目 | 检 验 方 法 |
|---|---|
| 轴线位置 | 钢尺检查 |
| 底模上表面标高 | 水准仪或拉线、钢尺检查 |
| 每块外墙板垂直度 | 2m 拖线板检查（四角预埋件限位） |
| 相邻两板表面高低差 | 2m 靠尺和塞尺检查 |
| 外墙板外表面平整度（含面砖） | 2m 靠尺和塞尺检查 |
| 空腔处两板对接对缝偏差 | 钢尺检查 |
| 外墙板单边尺寸偏差 | 钢尺量一端及中部，取其中较大值 |
| 连接件位置偏差 | 钢尺检查 |
| 斜撑杆位置偏差 | 钢尺检查 |

（3）装配整体式结构中的接头和拼缝应符合设计要求，当设计无具体要求时应符合下列规定：

1）承受内力的接头和拼缝应采用混凝土浇筑，其强度等级应比构件混凝土强度等级提高一级；

2）不承受内力的接头和拼缝应采用混凝土或砂浆浇筑，其强度等级混凝土不应低于C15或砂浆强度不小于M15；

3）用于接头和拼缝的混凝土或砂浆，宜采取低收缩和快硬混凝土或砂浆，在浇筑过程中应振捣密实，并应采取必要的养护措施。

# 15.17　混凝土工程的绿色施工

绿色施工是指工程建设中，在保证质量、安全等基本要求的前提下，通过科学管理和技术进步，最大限度地节约资源与减少对环境负面影响的施工活动，实现四节一环保（节能、节地、节水、节材和环境保护）。绿色施工是建筑全寿命周期中的一个重要阶段。实施绿色施工，应进行总体方案优化。在规划、设计阶段，应充分考虑绿色施工的总体要求，为绿色施工提供基础条件。实施绿色施工，应对施工策划、材料采购、现场施工、工程验收等各阶段进行控制，加强对整个施工过程的管理和监督。

绿色施工总体框架由施工管理、环境保护、节材与材料资源利用、节水与水资源利用、节能与能源利用、节地与施工用地保护六个方面组成。这六个方面涵盖了绿色施工的基本指标，同时包含了施工策划、材料采购、现场施工、工程验收等各阶段的指标的子集。

## 15.17.1　绿色施工的施工管理

绿色施工管理主要包括组织管理、规划管理、实施管理、评价管理和人员安全与健康管理五个方面。

### 15.17.1.1　组织管理

（1）建立绿色施工管理体系，并制定相应的管理制度与目标。

（2）项目经理为绿色施工第一责任人，负责绿色施工的组织实施及目标实现，并指定绿色施工管理人员和监督人员。

### 15.17.1.2　规划管理

（1）编制绿色施工方案。该方案应在施工组织设计中独立成章，并按有关规定进行审批。

（2）绿色施工方案应包括以下内容：

1）环境保护措施，制定环境管理计划及应急救援预案，采取有效措施，降低环境负荷，保护地下设施和文物等资源。

2）节材措施，在保证工程安全与质量的前提下，制定节材措施。如进行施工方案的节材优化，建筑垃圾减量化，尽量利用可循环材料等。

3）节水措施，根据工程所在地的水资源状况，制定节水措施。

4）节能措施，进行施工节能策划，确定目标，制定节能措施。

5）节地与施工用地保护措施，制定临时用地指标、施工总平面布置规划及临时用地节地措施等。

**15.17.1.3 实施管理**

（1）绿色施工应对整个施工过程实施动态管理，加强对施工策划、施工准备、材料采购、现场施工、工程验收等各阶段的管理和监督。

（2）应结合工程项目的特点，有针对性地对绿色施工作相应的宣传，通过宣传营造绿色施工的氛围。

（3）定期对职工进行绿色施工知识培训，增强职工绿色施工意识。

**15.17.1.4 评价管理**

（1）对照本导则的指标体系，结合工程特点，对绿色施工的效果及采用的新技术、新设备、新材料与新工艺，进行自评估。

（2）成立专家评估小组，对绿色施工方案、实施过程至项目竣工，进行综合评估。

**15.17.1.5 人员安全与健康管理**

（1）制定施工防尘、防毒、防辐射等职业危害的措施，保障施工人员的长期职业健康。

（2）合理布置施工场地，保护生活及办公区不受施工活动的有害影响。施工现场建立卫生急救、保健防疫制度，在安全事故和疾病疫情出现时提供及时救助。

（3）提供卫生、健康的工作与生活环境，加强对施工人员的住宿、膳食、饮用水等生活与环境卫生等管理，明显改善施工人员的生活条件。

## 15.17.2 环境保护技术要点

1. 扬尘控制

（1）运送土方、垃圾、设备及建筑材料等，不污损场外道路。运输容易散落、飞扬、流漏的物料的车辆，必须采取措施封闭严密，保证车辆清洁。施工现场出口应设置洗车槽。

（2）土方作业阶段，采取洒水、覆盖等措施，达到作业区目测扬尘高度小于1.5m，不扩散到场区外。

（3）结构施工、安装装饰装修阶段，作业区目测扬尘高度小于0.5m。对易产生扬尘的堆放材料应采取覆盖措施；对粉末状材料应封闭存放；场区内可能引起扬尘的材料及建筑垃圾搬运应有降尘措施，如覆盖、洒水等；浇筑混凝土前清理灰尘和垃圾时尽量使用吸尘器，避免使用吹风器等易产生扬尘的设备；机械剔凿作业时可用局部遮挡、掩盖、水淋等防护措施；高层或多层建筑清理垃圾应搭设封闭性临时专用道或采用容器吊运。

（4）施工现场非作业区达到目测无扬尘的要求。对现场易飞扬物质采取有效措施，如洒水、地面硬化、围挡、密网覆盖、封闭等，防止扬尘产生。

（5）构筑物机械拆除前，做好扬尘控制计划。可采取清理积尘、拆除体洒水、设置隔挡等措施。

（6）构筑物爆破拆除前，做好扬尘控制计划。可采用清理积尘、淋湿地面、预湿墙体、屋面敷水袋、楼面蓄水、建筑外设高压喷雾状水系统、搭设防尘排栅和直升机投水弹等综合降尘。选择风力小的天气进行爆破作业。

（7）在场界四周隔挡高度位置测得的大气总悬浮颗粒物（TSP）月平均浓度与城市背

景值的差值不大于0.08mg/$m^3$。

2. 噪声与振动控制

(1) 现场噪声排放不得超过国家标准《建筑施工场界环境噪声排放标准》(GB 12523)的规定。

(2) 在施工场界对噪音进行实时监测与控制。监测方法执行国家标准《建筑施工场界噪声测量方法》(GB 12524)。

(3) 使用低噪声、低振动的机具，采取隔声与隔振措施，避免或减少施工噪声和振动。

3. 光污染控制

(1) 尽量避免或减少施工过程中的光污染。夜间室外照明灯加设灯罩，透光方向集中在施工范围。

(2) 电焊作业采取遮挡措施，避免电焊弧光外泄。

4. 水污染控制

(1) 施工现场污水排放应达到国家标准《污水综合排放标准》(GB 8978)的要求。

(2) 在施工现场应针对不同的污水，设置相应的处理设施，如沉淀池、隔油池、化粪池等。

(3) 污水排放应委托有资质的单位进行废水水质检测，提供相应的污水检测报告。

(4) 保护地下水环境。采用隔水性能好的边坡支护技术。在缺水地区或地下水位持续下降的地区，基坑降水尽可能少地抽取地下水；当基坑开挖抽水量大于50万$m^3$时，应进行地下水回灌，并避免地下水被污染。

(5) 对于化学品等有毒材料、油料的储存地，应有严格的隔水层设计，做好渗漏液收集和处理。

5. 土壤保护

(1) 保护地表环境，防止土壤侵蚀、流失。因施工造成的裸土，及时覆盖砂石或种植速生草种，以减少土壤侵蚀；因施工造成容易发生地表径流土壤流失的情况，应采取设置地表排水系统、稳定斜坡、植被覆盖等措施，减少土壤流失。

(2) 沉淀池、隔油池、化粪池等不发生堵塞、渗漏、溢出等现象。及时清掏各类池内沉淀物，并委托有资质的单位清运。

(3) 对于有毒有害废弃物如电池、墨盒、油漆、涂料等应回收后交有资质的单位处理，不能作为建筑垃圾外运，避免污染土壤和地下水。

(4) 施工后应恢复施工活动破坏的植被（一般指临时占地内）。与当地园林、环保部门或当地植物研究机构进行合作，在先前开发地区种植当地或其他合适的植物，以恢复剩余空地地貌或科学绿化，补救施工活动中人为破坏植被和地貌造成的土壤侵蚀。

6. 建筑垃圾控制

(1) 制定建筑垃圾减量化计划，如住宅建筑，每1万$m^2$的建筑垃圾不宜超过400t。

(2) 加强建筑垃圾的回收再利用，力争建筑垃圾的再利用和回收率达到30%，建筑物拆除产生的废弃物的再利用和回收率大于40%。对于碎石类、土石方类建筑垃圾，可采用地基填埋、铺路等方式提高再利用率，力争再利用率大于50%。

(3) 施工现场生活区设置封闭式垃圾容器，施工场地生活垃圾实行袋装化，及时清运。对建筑垃圾进行分类，并收集到现场封闭式垃圾站，集中运出。

7. 地下设施、文物和资源保护

（1）施工前应调查清楚地下各种设施，做好保护计划，保证施工场地周边的各类管道、管线、建筑物、构筑物的安全运行。

（2）施工过程中一旦发现文物，立即停止施工，保护现场并通报文物部门并协助做好工作。

（3）避让、保护施工场区及周边的古树名木。

（4）逐步开展统计分析施工项目的 $CO_2$ 排放量，以及各种不同植被和树种的 $CO_2$ 固定量的工作。

## 15.17.3 节材与材料资源利用技术要点

（1）图纸会审时，应审核节材与材料资源利用的相关内容，达到材料损耗率比定额损耗率降低30%。

（2）根据施工进度、库存情况等合理安排材料的采购、进场时间和批次，减少库存。

（3）现场材料堆放有序。储存环境适宜，措施得当。保管制度健全，责任落实。

（4）材料运输工具适宜，装卸方法得当，防止损坏和遗洒。根据现场平面布置情况就近卸载，避免和减少二次搬运。

（5）采取技术和管理措施提高模板、脚手架等的周转次数。

（6）优化安装工程的预留、预埋、管线路径等方案。

（7）应就地取材，施工现场500km以内生产的建筑材料用量占建筑材料总重量的70%以上。

（8）推广使用预拌混凝土和商品砂浆。准确计算采购数量、供应频率、施工速度等，在施工过程中动态控制。结构工程使用散装水泥。

（9）推广使用高强钢筋和高性能混凝土，减少资源消耗。

（10）优化钢结构制作和安装方法。大型钢结构宜采用工厂制作，现场拼装，宜采用分段吊装、整体提升、滑移、顶升等安装方法，减少方案的措施用材量。

（11）应选用耐用、维护与拆卸方便的周转材料和机具。

（12）推广采用外墙保温板替代混凝土施工模板的技术。

（13）现场办公和生活用房采用周转式活动房。现场围挡应最大限度地利用已有围墙，或采用装配式可重复使用围挡封闭。力争工地临房、临时围挡材料的可重复使用率达到70%。

## 15.17.4 节水与水资源利用的技术要点

（1）施工中采用先进的节水施工工艺。

（2）施工现场喷洒路面、绿化浇灌不宜使用市政自来水。现场搅拌用水、养护用水应采取有效的节水措施，严禁无措施浇水养护混凝土。

（3）施工现场供水管网应根据用水量设计布置，管径合理、管路简捷，采取有效措施减少管网和用水器具的漏损。

（4）现场机具、设备、车辆冲洗用水必须设立循环用水装置。施工现场办公区、生活区的生活用水采用节水系统和节水器具，提高节水器具配置比率。项目临时用水应使用节水型产品，安装计量装置，采取针对性的节水措施。

(5) 施工现场建立可再利用水的收集处理系统，使水资源得到梯级循环利用。

(6) 施工现场分别对生活用水与工程用水确定用水定额指标，并分别计量管理。

(7) 大型工程的不同单项工程、不同标段、不同分包生活区，凡具备条件的应分别计量用水量。在签订不同标段分包或劳务合同时，将节水定额指标纳入合同条款，进行计量考核。

(8) 对混凝土搅拌站点等用水集中的区域和工艺点进行专项计量考核。施工现场建立雨水、中水或可再利用水的搜集利用系统。

(9) 处于基坑降水阶段的工地，宜优先采用地下水作为混凝土搅拌用水、养护用水、冲洗用水和部分生活用水。

(10) 现场机具、设备、车辆冲洗、喷洒路面、绿化浇灌等用水，优先采用非传统水源，尽量不使用市政自来水。

(11) 大型施工现场，尤其是雨量充沛地区的大型施工现场建立雨水收集利用系统，充分收集自然降水用于施工和生活中适宜的部位。

(12) 力争施工中非传统水源和循环水的再利用量大于30%。在非传统水源和现场循环再利用水的使用过程中，应制定有效的水质检测与卫生保障措施，确保避免对人体健康、工程质量以及周围环境产生不良影响。

### 15.17.5 节能与能源利用的技术要点

(1) 制定合理施工能耗指标，提高施工能源利用率。

(2) 优先使用国家、行业推荐的节能、高效、环保的施工设备和机具，如选用变频技术的节能施工设备等。

(3) 施工现场分别设定生产、生活、办公和施工设备的用电控制指标，定期进行计量、核算、对比分析，并有预防与纠正措施。

(4) 在施工组织设计中，合理安排施工顺序、工作面，以减少作业区域的机具数量，相邻作业区充分利用共有的机具资源。安排施工工艺时，应优先考虑耗用电能的或其他能耗较少的施工工艺。避免设备额定功率远大于使用功率或超负荷使用设备的现象。

(5) 根据当地气候和自然资源条件，充分利用太阳能、地热等可再生能源。

(6) 建立施工机械设备管理制度，开展用电、用油计量，完善设备档案，及时做好维修保养工作，使机械设备保持低耗、高效的状态。

(7) 选择功率与负载相匹配的施工机械设备，避免大功率施工机械设备低负载长时间运行。机电安装可采用节电型机械设备，如逆变式电焊机和能耗低、效率高的手持电动工具等，以利节电。机械设备宜使用节能型油料添加剂，在可能的情况下，考虑回收利用，节约油量。

(8) 合理安排工序，提高各种机械的使用率和满载率，降低各种设备的单位耗能。

(9) 利用场地自然条件，合理设计生产、生活及办公临时设施的体形、朝向、间距和窗墙面积比，使其获得良好的日照、通风和采光。南方地区可根据需要在其外墙窗设遮阳设施。

(10) 临时设施宜采用节能材料，墙体、屋面使用隔热性能好的材料，减少夏天空调、冬天取暖设备的使用时间及耗能量。

(11) 合理配置采暖、空调、风扇数量，规定使用时间，实行分段分时使用，节约用电。

(12) 临时用电优先选用节能电线和节能灯具，临电线路合理设计、布置，临电设备宜采用自动控制装置。采用声控、光控等节能照明灯具。

(13) 照明设计以满足最低照度为原则，照度不应超过最低照度的20%。

### 15.17.6 节地与施工用地保护的技术要点

(1) 根据施工规模及现场条件等因素合理确定临时设施，如临时加工厂、现场作业棚及材料堆场、办公生活设施等的占地指标。临时设施的占地面积应按用地指标所需的最低面积设计。

(2) 要求平面布置合理、紧凑，在满足环境、职业健康与安全及文明施工要求的前提下尽可能减少废弃地和死角，临时设施占地面积有效利用率大于90%。

(3) 应对深基坑施工方案进行优化，减少土方开挖和回填量，最大限度地减少对土地的扰动，保护周边自然生态环境。

(4) 红线外临时占地应尽量使用荒地、废地，少占用农田和耕地。工程完工后，及时对红线外占地恢复原地形、地貌，使施工活动对周边环境的影响降至最低。

(5) 利用和保护施工用地范围内原有绿色植被。对于施工周期较长的现场，可按建筑永久绿化的要求，安排场地新建绿化。

(6) 施工总平面布置应做到科学、合理，充分利用原有建筑物、构筑物、道路、管线为施工服务。

(7) 施工现场搅拌站、仓库、加工厂、作业棚、材料堆场等布置应尽量靠近已有交通线路或即将修建的正式或临时交通线路，缩短运输距离。

(8) 临时办公和生活用房应采用经济、美观、占地面积小、对周边地貌环境影响较小，且适合于施工平面布置动态调整的多层轻钢活动板房、钢骨架水泥活动板房等标准化装配式结构。生活区与生产区应分开布置，并设置标准的分隔设施。

(9) 施工现场围墙可采用连续封闭的轻钢结构预制装配式活动围挡，减少建筑垃圾，保护土地。

(10) 施工现场道路按照永久道路和临时道路相结合的原则布置。施工现场内形成环形通路，减少道路占用土地。

(11) 临时设施布置应注意远近结合（本期工程与下期工程），努力减少和避免大量临时建筑拆迁和场地搬迁。

### 15.17.7 绿色施工在混凝土工程中的运用

#### 15.17.7.1 钢筋工程

(1) 施工现场设置废钢筋池，收集现场钢筋断料、废料等制作钢筋马凳。

(2) 委派专人对现场的钢筋环箍、马凳进行收集，避免出现浪费现象。

(3) 严格控制钢筋绑扎搭界倍数，杜绝钢筋搭界过长产生的钢筋浪费现象。

(4) 推广钢筋专业化加工和配送。

（5）优化钢筋配料和下料方案。钢筋及钢结构制作前应对下料单及样品进行复核，无误后方可批量下料。

**15.17.7.2　脚手架及模板工程**

（1）围护阶段的支撑施工宜采用旧模板。

（2）主体阶段利用钢模代替原有的部分木模板。

（3）结构阶段宜尽量采用短木方再接长的施工工艺。

（4）提高模板在标准层阶段的周转次数，其中模板周转次数一般为 4 次，木方周转次数为 6～7 次。

（5）利用废旧模板，结构部位的洞口可采用废旧模板封闭。

（6）优先选用制作、安装、拆除一体化的专业队伍进行模板工程施工。

（7）模板应以节约自然资源为原则，推广使用定型钢模、钢框竹模、竹胶板。

（8）施工前应对模板工程的方案进行优化。多层、高层建筑使用可重复利用的模板体系，模板支撑宜采用工具式支撑。

（9）优化高层建筑的外脚手架方案，采用整体提升、分段悬挑等方案。

**15.17.7.3　混凝土工程**

（1）在混凝土配制过程中尽量使用工业废渣，如粉煤灰、高炉矿渣等，来代替水泥，既节约了能源，保护环境，也能提高混凝土的各种性能。

（2）可以使用废弃混凝土、废砖块、废砂浆作为骨料配制混凝土。

（3）利用废混凝土制备再生水泥，作为配制混凝土的材料。

（4）采取数字化技术，对大体积混凝土、大跨度结构等专项施工方案进行优化。

（5）准确计算采购数量、供应频率、施工速度等，在施工过程中动态控制。

（6）对现场模板的尺寸、质量复核，防止爆模、漏浆及模板尺寸大而产生的混凝土浪费。在钢筋上焊接标志筋，控制混凝土的面标高。

（7）混凝土余料利用。结构混凝土多余的量用于浇捣现场道路、排水沟、混凝土垫块及砌体工程门窗混凝土块。

## 参 考 文 献


[1]　吴中伟，廉慧珍．高性能混凝土．北京：中国铁道出版社，1999.

[2]　迟培云等．现代混凝土技术．上海：同济大学出版社，1999.

[3]　张俊利．新型混凝土外加剂的选用．北京：中国建材工业出版社，2003.

[4]　陈肇元等，高强混凝土及其应用．北京：清华大学出版社，1992.

[5]　冯乃谦．实用混凝土大全．北京：科学技术出版社，2005.

[6]　冯浩，朱清江．混凝土外加剂工程应用手册．北京：中国建筑工业出版社，2005.

[7]　廉慧珍，张青．国内外自密实高性能混凝土研究及应用现状．施工技术，1999.

[8]　杨嗣信．高层建筑施工手册．北京：中国建筑工业出版社，2001.

[9]　朱效荣等．绿色高性能混凝土的研究．沈阳，辽宁大学出版社，2005.

[10]　冯浩，朱清江．混凝土外加剂应用手册．北京：中国建筑工业出版社，1999.

[11]　王铁梦．建筑物的裂缝控制．上海：上海科学技术出版社，1997.

[12]　朱伯芳．大体积混凝土温度应力与温度控制．北京：中国电力出版社，1999.

# 16 预应力工程

本章适用于工业与民用建筑及构筑物中的现浇后张预应力混凝土及预制的先张法或后张法预应力混凝土构件，同时适用于渡槽、筒仓、高耸构筑物、桥梁等工程。另外，还适用于预应力钢结构、预应力结构的加固及体外预应力工程。

预应力施工应遵循以下规定：

（1）预应力施工必须由具有预应力专项施工资质的专业施工单位进行。

（2）预应力专业施工单位或预制构件的生产商所完成的深化设计应经原设计单位认可。

（3）在施工前，预应力专业施工单位或预制构件的生产商应根据设计文件，编制专项施工方案。

（4）预应力混凝土工程应依照设计要求的施工顺序施工，并应考虑各施工阶段偏差对结构安全度的影响。必要时应进行施工监测，并采取相应调整措施。

## 16.1 预 应 力 材 料

### 16.1.1 预应力筋品种与规格

预应力筋按材料类型可分为金属预应力筋和非金属预应力筋。非金属预应力筋，主要有碳纤维复合材料（CFRP）、玻璃纤维复合材料（GFRP）等，目前国内外在部分工程中有少量应用。在建筑结构中使用的主要是预应力高强钢筋。

预应力高强钢筋是一种特殊的钢筋品种，使用的都是高强度钢材。主要有钢丝、钢绞线、钢筋（钢棒）等。高强度低松弛预应力筋已成为我国预应力筋的主导产品。

目前工程中常用的预应力钢材品种有：

（1）预应力钢绞线，常用直径 $\phi$12.7、$\phi$15.2，极限强度 1860MPa，作为主导预应力筋品种用于各类预应力结构。

（2）预应力钢丝，常用直径 $\phi$5、$\phi$7、$\phi$9，极限强度 1470、1570、1860MPa，一般用于后张预应力结构或先张预应力构件。

（3）预应力螺纹钢筋及钢拉杆等，预应力螺纹钢筋抗拉强度为 980、1080、1230MPa，主要用于桥梁、边坡支护等，用量较少。预应力钢拉杆直径一般在 $\phi$20～$\phi$210，抗拉强度为 375～850MPa，预应力钢拉杆主要用于大跨度空间钢结构、船坞、码头及坑道等领域。

（4）不锈钢绞线等。

常用预应力钢材弹性模量见表 16-1。

预应力钢材弹性模量（$\times10^5$N/mm²）　**表 16-1**

| 种　类 | $E_s$ |
| --- | --- |
| 消除应力钢丝、中强度预应力钢丝 | 2.05 |
| 钢绞线 | 1.95 |

注：必要时钢绞线可采用实测的弹性模量。

预应力筋应根据结构受力特点、工程结构环境条件、施工工艺及防腐蚀要求等选用，其规格和力学性能应符合相应的国家或行业产品标准的规定。

**16.1.1.1　预应力钢丝**

预应力钢丝是用优质高碳钢盘条经过表面准备、拉丝及稳定化处理而成的钢丝总称。预应力钢丝根据深加工要求不同和表面形状不同分类如下：

1. 冷拉钢丝

冷拉钢丝是用盘条通过拔丝模拔轧辊经冷加工而成产品，以盘卷供货的钢丝，可用于制造铁路轨枕、压力水管、电杆等预应力混凝土先张法构件。

2. 消除应力钢丝（普通松弛型 WNR）

消除应力钢丝（普通松弛型）是冷拔后经高速旋转的矫直辊筒矫直，并经回火处理的钢丝。钢丝经矫直回火后，可消除钢丝冷拔中产生的残余应力，提高钢丝的比例极限、屈强比和弹性模量，并改善塑性；同时获得良好的伸直性，施工方便。

3. 消除应力钢丝（低松弛型 WLR）

消除应力钢丝（低松弛型）是冷拔后在张力状态下（在塑性变形下）经回火处理的钢丝。这种钢丝，不仅弹性极限和屈服强度提高，而且应力松弛率大大降低，因此特别适用于抗裂要求高的工程，同时钢材用量减少，经济效益显著，这种钢丝已逐步在建筑、桥梁、市政、水利等大型工程中推广应用。

4. 刻痕钢丝

刻痕钢丝是用冷轧或冷拔方法使钢丝表面产生规则间隔的凹痕或凸纹的钢丝，见图16-1。这种钢丝的性能与矫直回火钢丝基本相同，但由于钢丝表面凹痕或凸纹可增加与混凝土的握裹粘结力，故可用于先张法预应力混凝土构件。

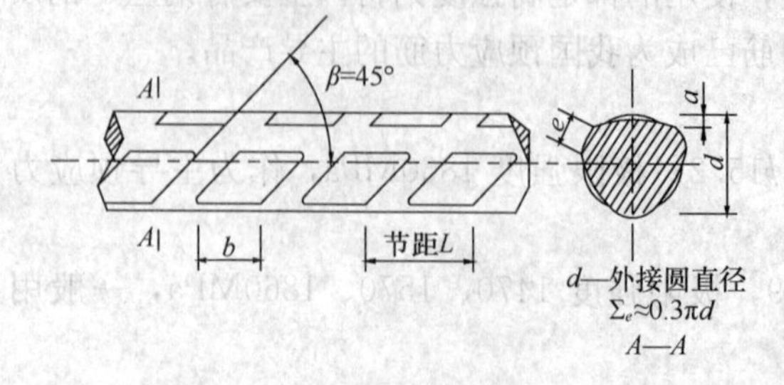


图 16-1　三面刻痕钢丝示意图

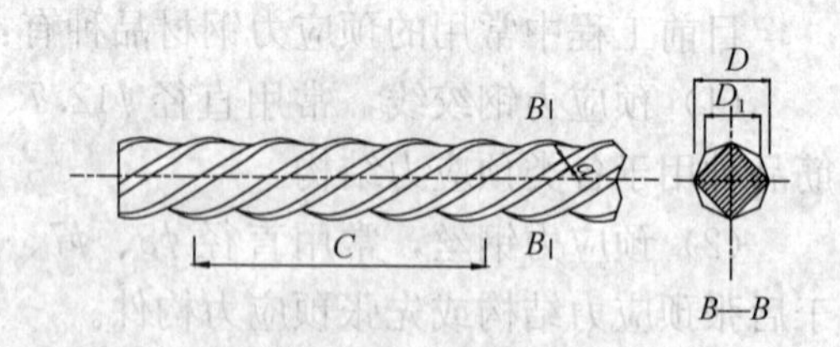


图 16-2　螺旋肋钢丝示意图

5. 螺旋肋钢丝

螺旋肋钢丝是通过专用拔丝模冷拔方法使钢丝表面沿长度方向上产生规则间隔的肋条的钢丝，见图 16-2。钢丝表面螺旋肋可增加与混凝土的握裹力。这种钢丝可用于先张法预应力混凝土构件。

预应力钢丝的规格与力学性能应符合国家标准《预应力混凝土用钢丝》（GB/T 5223—2002/XG2—2008）的规定，见表16-2～表16-7。

**光圆钢丝尺寸及允许偏差、每米参考质量** **表16-2**

| 公称直径 $d_n$（mm） | 直径允许偏差（mm） | 公称横截面面积 $S_n$（$mm^2$） | 每米参考质量（g/m） |
|---|---|---|---|
| 3.00 | ±0.04 | 7.07 | 55.5 |
| 4.00 | | 12.57 | 98.6 |
| 5.00 | ±0.05 | 19.63 | 154 |
| 6.00 | | 28.27 | 222 |
| 6.25 | | 30.68 | 241 |
| 7.00 | | 38.48 | 302 |
| 8.00 | ±0.06 | 50.26 | 394 |
| 9.00 | | 63.62 | 499 |
| 10.00 | | 78.54 | 616 |
| 12.00 | | 113.1 | 888 |

**螺旋肋钢丝的尺寸及允许偏差** **表16-3**

| 公称直径 $d_n$（mm） | 螺旋肋数量（条） | 基圆尺寸 | | 外轮廓尺寸 | | 单肋尺寸 | 螺旋肋导程 $C$（mm） |
|---|---|---|---|---|---|---|---|
| | | 基圆直径 $D_1$（mm） | 允许偏差（mm） | 外轮廓直径 $D$（mm） | 允许偏差（mm） | 宽度 $a$（mm） | |
| 4.00 | 4 | 3.85 | ±0.05 | 4.25 | ±0.05 | 0.90～1.30 | 24～30 |
| 4.80 | 4 | 4.60 | | 5.10 | | 1.30～1.70 | 28～36 |
| 5.00 | 4 | 4.80 | | 5.30 | | | |
| 6.00 | 4 | 5.80 | | 6.30 | | 1.60～2.00 | 30～38 |
| 6.25 | 4 | 6.00 | | 6.70 | | | 30～40 |
| 7.00 | 4 | 6.73 | | 7.46 | ±0.10 | 1.80～2.20 | 35～45 |
| 8.00 | 4 | 7.75 | | 8.45 | | 2.00～2.40 | 40～50 |
| 9.00 | 4 | 8.75 | | 9.45 | | 2.10～2.70 | 42～52 |
| 10.00 | 4 | 9.75 | | 10.45 | | 2.50～3.00 | 45～58 |

**三面刻痕钢丝尺寸及允许偏差** **表16-4**

| 公称直径 $d_n$（mm） | 刻痕深度 | | 刻痕长度 | | 节　距 | |
|---|---|---|---|---|---|---|
| | 公称深度 $a$（mm） | 允许偏差（mm） | 公称长度 $b$（mm） | 允许偏差（mm） | 公称节距 $L$（mm） | 允许偏差（mm） |
| ≤5.00 | 0.12 | ±0.05 | 3.5 | ±0.05 | 5.5 | ±0.05 |
| ＞5.00 | 0.15 | | 5.0 | | 8.0 | |

注：公称直径指横截面面积等同于光圆钢丝横截面面积时所对应的直径。

**冷拉钢丝的力学性能　　表 16-5**

| 公称直径 $d_n$（mm） | 抗拉强度 $\sigma_b$（MPa）不小于 | 规定非比例伸长应力 $\sigma_{p0.2}$（MPa）不小于 | 最大力下总伸长率（$L_0$=200mm）$\delta_{gt}$（%）不小于 | 弯曲次数（次/180°）不小于 | 弯曲半径 $R$（mm） | 断面收缩率 $\phi$（%）不小于 | 每 210mm 扭矩的扭转次数 $n$ 不小于 | 初始应力相当于 70% 公称抗拉强度时，1000h 后应力松弛率 $r$（%）不大于 |
|---|---|---|---|---|---|---|---|---|
| 3.00 | 1470 | 1100 | 1.5 | 4 | 7.5 | — | — | 8 |
| 4.00 | 1570 | 1180 | | 4 | 10 | 35 | 8 | |
| 5.00 | 1670 | 1250 | | 4 | 15 | | 8 | |
| | 1770 | 1330 | | | | | | |
| 6.00 | 1470 | 1100 | | 5 | 15 | 30 | 7 | |
| 7.00 | 1570 | 1180 | | 5 | 20 | | 6 | |
| 8.00 | 1670 | 1250 | | 5 | 20 | | 5 | |
| | 1770 | 1330 | | | | | | |

**消除应力刻痕钢丝的力学性能　　表 16-6**

| 公称直径 $d_n$（mm） | 抗拉强度 $\sigma_b$（MPa）不小于 | 规定非比例伸长应力 $\sigma_{p0.2}$（MPa）不小于 | | 最大力下总伸长率（$L_0$ = 200mm）$\delta_{gt}$（%）不小于 | 弯曲次数（次/180°）不小于 | 弯曲半径 $R$（mm） | 应力松弛性能 | | |
|---|---|---|---|---|---|---|---|---|---|
| | | | | | | | 初始应力相当于公称抗拉强度的百分数（%） | 1000h 后应力松弛 $r$（%）不大于 | |
| | | WLR | WNR | | | | | WLR | WNR |
| | | | | | | | 对所有规格 | | |
| ≤5.0 | 1470 | 1290 | 1250 | 3.5 | 3 | 15 | 60 | 1.5 | 4.5 |
| | 1570 | 1380 | 1330 | | | | | | |
| | 1670 | 1470 | 1410 | | | | | | |
| | 1770 | 1560 | 1500 | | | | 70 | 2.5 | 8 |
| | 1860 | 1640 | 1580 | | | | | | |
| >5.0 | 1470 | 1290 | 1250 | | | 20 | 80 | 4.5 | 12 |
| | 1570 | 1380 | 1330 | | | | | | |
| | 1670 | 1470 | 1410 | | | | | | |
| | 1770 | 1560 | 1500 | | | | | | |

**消除应力光圆及螺旋肋钢丝的力学性能** **表 16-7**

| 公称直径 $d_n$ (mm) | 抗拉强度 $\sigma_b$ (MPa) 不小于 | 规定非比例伸长应力 $\sigma_{p0.2}$ (MPa) 不小于 | | 最大力下总伸长率 ($L_0$=200mm) $\delta_{gt}$ (%) 不小于 | 弯曲次数 (次/180°) 不小于 | 弯曲半径 $R$ (mm) | 应力松弛性能 | | |
|---|---|---|---|---|---|---|---|---|---|
| | | | | | | | 初始应力相当于公称抗拉强度的百分数(%) | 1000h 后应力松弛 $r$(%)不大于 | |
| | | WLR | WNR | | | | | WLR | WNR |
| | | | | | | | 对所有规格 | | |
| 4.0 | 1470 | 1290 | 1250 | 3.5 | 3 | 10 | 60 | 1.0 | 4.5 |
| | 1570 | 1380 | 1330 | | | | | | |
| 4.8 | 1670 | 1470 | 1410 | | 4 | 15 | | | |
| 5.0 | 1770 | 1560 | 1500 | | | | | | |
| | 1860 | 1640 | 1580 | | | | | | |
| 6.0 | 1470 | 1290 | 1250 | | 4 | 15 | 70 | 2.0 | 8 |
| 6.25 | 1570 | 1380 | 1330 | | 4 | 20 | | | |
| 7.0 | 1670 | 1470 | 1410 | | 4 | 20 | | | |
| | 1770 | 1560 | 1500 | | | | | | |
| 8.0 | 1470 | 1290 | 1250 | | 4 | 20 | 80 | 4.5 | 12 |
| 9.0 | 1570 | 1380 | 1330 | | 4 | 25 | | | |
| 10.0 | 1470 | 1290 | 1250 | | 4 | 25 | | | |
| 12.0 | | | | | 4 | 30 | | | |

### 16.1.1.2 预应力钢绞线

预应力钢绞线是由多根冷拉钢丝在绞线机上成螺旋形绞合，并经连续的稳定化处理而成的总称。钢绞线的整根破断力大，柔性好，施工方便，在土木工程中的应用非常广泛。

预应力钢绞线按捻制结构不同可分为：1×2 钢绞线、1×3 钢绞线和 1×7 钢绞线等，外形示意见图 16-3。其中 1×7 钢绞线用途最为广泛，即适用先张法，又适用于后张法预应力混凝土结构。它是由 6 根外层钢丝围绕着一根中心钢丝顺一个方向扭结而成。1×2 钢绞线和 1×3 钢绞线仅用于先张法预应力混凝土构件。

钢绞线根据加工要求不同又可分为：标准型钢绞线、刻痕钢绞线和模拔钢绞线。

1. 标准型钢绞线

标准型钢绞线即消除应力钢绞线，是由冷拉光圆钢丝捻制成的钢绞线，标准型钢绞线力学性能优异、质量稳定、价格适中，是我国土木建筑工程中用途最广、用量最大的一种预应力筋。

2. 刻痕钢绞线

刻痕钢绞线是由刻痕钢丝捻制成的钢绞线，可增加钢绞线与混凝土的握裹力。其力学性能与标准型钢绞线相同。

3. 模拔钢绞线

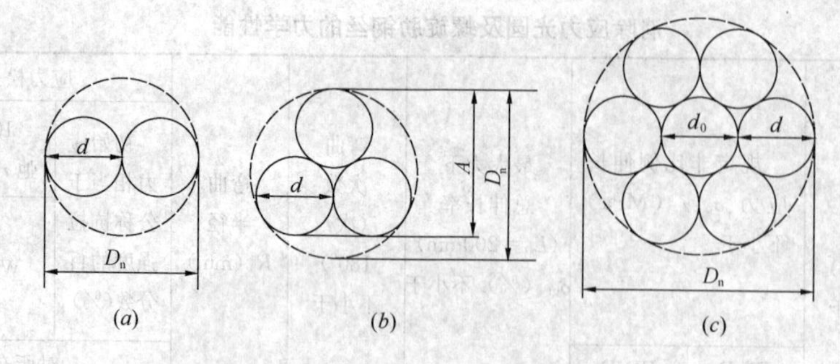


图 16-3　预应力钢绞线

(*a*) 1×2 钢绞线；(*b*) 1×3 钢绞线；(*c*) 1×7 钢绞线；
*d*—外层钢丝直径；$d_0$—中心钢丝直径；
$D_n$—钢绞线公称直径；*A*—1×3 钢绞线测量尺寸

模拔钢绞线是在捻制成形后，再经模拔处理制成。这种钢绞线内的各根钢丝为面接触，使钢绞线的密度提高约 18%。在相同截面面积时，该钢绞线的外径较小，可减少孔道直径；在相同直径的孔道内，可使钢绞线的数量增加，而且它与锚具的接触面较大，易于锚固。

钢绞线的规格和力学性能应符合现行国家标准《预应力混凝土用钢绞线》（GB/T 5224）的规定，见表 16-8～表 16-13。

**1×2 结构钢绞线尺寸及允许偏差、每米参考质量　　表 16-8**

| 钢绞线结构 | 公称直径 | | 钢绞线直径允许偏差 (mm) | 钢绞线参考截面积 $S_n$ ($mm^2$) | 每米钢绞线参考质量 (g/m) |
|---|---|---|---|---|---|
| | 钢绞线直径 $D_n$ (mm) | 钢丝直径 *d* (mm) | | | |
| 1×2 | 5.00 | 2.50 | +0.15<br>−0.05 | 9.82 | 77.1 |
| | 5.80 | 2.90 | | 13.2 | 104 |
| | 8.00 | 4.00 | +0.25<br>−0.10 | 25.1 | 197 |
| | 10.00 | 5.00 | | 39.3 | 309 |
| | 12.00 | 6.00 | | 56.5 | 444 |

**1×3 结构钢绞线尺寸及允许偏差、每米参考质量　　表 16-9**

| 钢绞线结构 | 公称直径 | | 钢绞线测量尺寸 *A* (mm) | 测量尺寸 *A* 允许偏差 (mm) | 钢绞线参考截面积 $S_n$ ($mm^2$) | 每米钢绞线参考质量 (g/m) |
|---|---|---|---|---|---|---|
| | 钢绞线直径 $D_n$ (mm) | 钢丝直径 *d* (mm) | | | | |
| 1×3 | 6.20 | 2.90 | 5.41 | +0.15<br>−0.05 | 19.8 | 155 |
| | 6.50 | 3.00 | 5.60 | | 21.2 | 166 |
| | 8.60 | 4.00 | 7.46 | +0.20<br>−0.10 | 37.7 | 296 |
| | 8.74 | 4.05 | 7.56 | | 38.6 | 303 |
| | 10.80 | 5.00 | 9.33 | | 58.9 | 462 |
| | 12.90 | 6.00 | 11.2 | | 84.8 | 666 |
| 1×3 I | 8.74 | 4.05 | 7.56 | | 38.6 | 303 |

**1×7 结构钢绞线尺寸及允许偏差、每米参考质量** **表 16-10**

| 钢绞线结构 | 公称直径 $D_n$（mm） | 直径允许偏差（mm） | 钢绞线参考截面积 $S_n$（$mm^2$） | 每米钢绞线参考质量（g/m） | 中心钢丝直径 $d_0$ 加大范围（%）不小于 |
|---|---|---|---|---|---|
| 1×7 | 9.50 | +0.30<br>−0.15 | 54.8 | 430 | 2.5 |
| | 11.10 | | 74.2 | 582 | |
| | 12.70 | +0.40<br>−0.20 | 98.7 | 775 | |
| | 15.20 | | 140 | 1101 | |
| | 15.70 | | 150 | 1178 | |
| | 17.80 | | 191 | 1500 | |
| (1×7) C | 12.70 | +0.40<br>−0.20 | 112 | 890 | |
| | 15.20 | | 165 | 1295 | |
| | 18.00 | | 223 | 1750 | |

**1×2 结构钢绞线力学性能** **表 16-11**

| 钢绞线结构 | 钢绞线公称直径 $D_n$（mm） | 抗拉强度 $R_m$（MPa）不小于 | 整根钢绞线的最大力 $F_m$（kN）不小于 | 规定非比例延伸力 $F_{p0.2}$（kN）不小于 | 最大力总伸长率（$L_0 \geqslant 400mm$）$A_{gt}$（%）不小于 | 初始负荷相当于公称最大力的百分数（%） | 应力松弛性能 1000h 后应力松弛率 $r$（%）不大于 |
|---|---|---|---|---|---|---|---|
| | | | | | 对所有规格 | 对所有规格 | 对所有规格 |
| 1×2 | 5.00 | 1570 | 15.4 | 13.9 | 3.5 | 60 | 1.0 |
| | | 1720 | 16.9 | 15.2 | | | |
| | | 1860 | 18.3 | 16.5 | | | |
| | | 1960 | 19.2 | 17.3 | | | |
| | 5.80 | 1570 | 20.7 | 18.6 | | | |
| | | 1720 | 22.7 | 20.4 | | | |
| | | 1860 | 24.6 | 22.1 | | | |
| | | 1960 | 25.9 | 23.3 | | 70 | 2.5 |
| | 8.00 | 1470 | 36.9 | 33.2 | | | |
| | | 1570 | 39.4 | 35.5 | | | |
| | | 1720 | 43.2 | 38.9 | | 80 | 4.5 |
| | | 1860 | 46.7 | 42.0 | | | |
| | | 1960 | 49.2 | 44.3 | | | |
| | 10.00 | 1470 | 57.8 | 52.0 | | | |
| | | 1570 | 61.7 | 55.5 | | | |
| | | 1720 | 67.6 | 60.8 | | | |
| | | 1860 | 73.1 | 65.8 | | | |
| | | 1960 | 77.0 | 69.3 | | | |
| | 12.00 | 1470 | 83.1 | 74.8 | | | |
| | | 1570 | 88.7 | 79.8 | | | |
| | | 1720 | 92.7 | 87.5 | | | |
| | | 1860 | 105 | 94.5 | | | |

注：规定非比例延伸力 $F_{p0.2}$ 值不小于整根钢绞线公称最大力 $F_m$ 的 90%。

**1×3 结构钢绞线力学性能　　表 16-12**

| 钢绞线结构 | 钢绞线公称直径 $D_n$（mm） | 抗拉强度 $R_m$（MPa）不小于 | 整根钢绞线的最大力 $F_m$（kN）不小于 | 规定非比例延伸力 $F_{p0.2}$（kN）不小于 | 最大总伸长率（$L_0$≥400mm）$A_{gt}$（%）不小于 | 应力松弛性能 | |
|---|---|---|---|---|---|---|---|
| | | | | | | 初始负荷相当于公称最大力的百分数（%） | 1000h 后应力松弛率 $r$（%）不大于 |
| 1×3 | 6.20 | 1570 | 31.1 | 28.0 | 对所有规格 | 对所有规格 | 对所有规格 |
| | | 1720 | 34.1 | 30.7 | | | |
| | | 1860 | 36.8 | 33.1 | | | |
| | | 1960 | 38.8 | 34.9 | | | |
| | 6.50 | 1570 | 33.3 | 30.0 | | | |
| | | 1720 | 36.5 | 32.9 | | | |
| | | 1860 | 39.4 | 35.5 | | 60 | 1.0 |
| | | 1960 | 41.6 | 37.4 | | | |
| | 8.60 | 1470 | 55.4 | 49.9 | | | |
| | | 1570 | 59.2 | 53.3 | | | |
| | | 1720 | 64.8 | 58.3 | 3.5 | 70 | 2.5 |
| | | 1860 | 70.1 | 63.1 | | | |
| | | 1960 | 73.9 | 66.5 | | | |
| | 8.74 | 1570 | 60.6 | 54.5 | | | |
| | | 1670 | 64.5 | 58.1 | | | |
| | | 1860 | 71.8 | 64.6 | | | |
| | 10.80 | 1470 | 86.6 | 77.9 | | | |
| | | 1570 | 92.5 | 83.3 | | | |
| | | 1720 | 101 | 90.9 | | 80 | 4.5 |
| | | 1860 | 110 | 99.0 | | | |
| | | 1960 | 115 | 104 | | | |
| | 12.90 | 1470 | 125 | 113 | | | |
| | | 1570 | 133 | 120 | | | |
| | | 1720 | 146 | 131 | | | |
| | | 1860 | 158 | 142 | | | |
| | | 1960 | 166 | 149 | | | |
| 1×3I | 8.74 | 1570 | 60.6 | 54.5 | | | |
| | | 1670 | 64.5 | 58.1 | | | |
| | | 1860 | 71.8 | 64.6 | | | |

注：规定非比例延伸力 $F_{p0.2}$值不小于整根钢绞线公称最大力 $F_m$ 的 90%。

**1×7 结构钢绞线力学性能　　表 16-13**

| 钢绞线结构 | 钢绞线公称直径 $D_n$（mm） | 抗拉强度 $R_m$（MPa）不小于 | 整根钢绞线的最大力 $F_m$（kN）不小于 | 规定非比例延伸力 $F_{p0.2}$（kN）不小于 | 最大总伸长率（$L_0$≥400mm）$A_{gt}$（%）不小于 | 应力松弛性能 | |
|---|---|---|---|---|---|---|---|
| | | | | | | 初始负荷相当于公称最大力的百分数（%） | 1000h 后应力松弛率 $r$（%）不大于 |
| 1×7 | 9.50 | 1720 | 94.3 | 84.9 | 对所有规格 | 对所有规格 | 对所有规格 |
| | | 1860 | 102 | 91.8 | | | |
| | | 1960 | 107 | 96.3 | | | |
| | 11.10 | 1720 | 128 | 115 | | 60 | 1.0 |
| | | 1860 | 138 | 124 | | | |
| | | 1960 | 145 | 131 | | | |
| | 12.70 | 1720 | 170 | 153 | | | |
| | | 1860 | 184 | 166 | 3.5 | 70 | 2.5 |
| | | 1960 | 193 | 174 | | | |
| | 15.20 | 1470 | 206 | 185 | | | |
| | | 1570 | 220 | 198 | | | |
| | | 1670 | 234 | 211 | | | |
| | | 1720 | 241 | 217 | | 80 | 4.5 |
| | | 1860 | 260 | 234 | | | |
| | | 1960 | 274 | 247 | | | |
| | 15.70 | 1770 | 266 | 239 | | | |
| | | 1860 | 279 | 251 | | | |
| | 17.80 | 1720 | 327 | 294 | | | |
| | | 1860 | 353 | 318 | | | |
| (1×7)C | 12.70 | 1860 | 208 | 187 | | | |
| | 15.20 | 1820 | 300 | 270 | | | |
| | 18.00 | 1720 | 384 | 346 | | | |

注：规定非比例延伸力 $F_{p0.2}$ 值不小于整根钢绞线公称最大力 $F_m$ 的 90%。

### 16.1.1.3　螺纹钢筋及钢拉杆

1. 螺纹钢筋

精轧螺纹钢筋是一种用热轧方法在整根钢筋表面上轧出带有不连续的外螺纹、不带纵肋的直条钢筋，见图 16-4。该钢筋用连接器进行接长，端头锚固直接用螺母进行锚固。

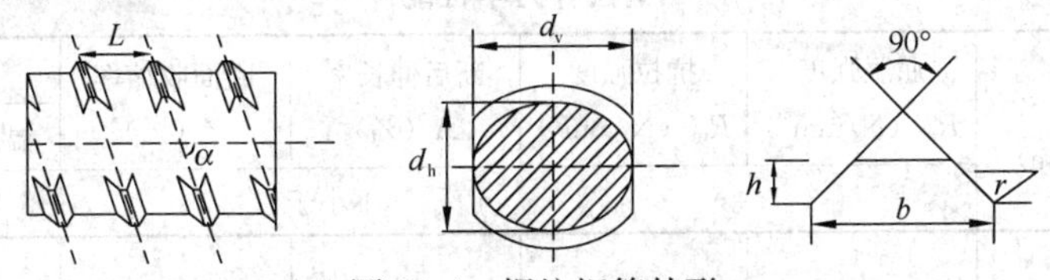


图 16-4　螺纹钢筋外形

$d_h$—基圆直径；$d_v$—基圆直径；$h$—螺纹高；$b$—螺纹底宽；
$L$—螺距；$r$—螺纹根弧；$\alpha$—导角

这种钢筋具有连接可靠、锚固简单、施工方便、无需焊接等优点。

螺纹钢筋的规格和力学性能应符合现行国家标准《预应力混凝土用螺纹钢筋》(GB/T 20065)的规定，见表16-14、表16-15。

**螺纹钢筋规格　　表16-14**

| 公称直径(mm) | 公称截面面积($mm^2$) | 有效界面系数 | 理论截面面积($mm^2$) | 理论重量(kg/m) |
|---|---|---|---|---|
| 18 | 254.5 | 0.95 | 267.9 | 2.11 |
| 25 | 490.9 | 0.94 | 522.2 | 4.10 |
| 32 | 804.2 | 0.95 | 846.5 | 6.65 |
| 40 | 1256.6 | 0.95 | 1322.7 | 10.34 |
| 50 | 1963.5 | 0.95 | 2066.8 | 16.28 |

**螺纹钢筋力学性能　　表16-15**

| 级别 | 屈服强度 $R_{eL}$ (MPa) | 抗拉强度 $R_m$ (MPa) | 断后伸长率 $A$ (%) | 最大力下总伸长率 $A_{gt}$ (%) | 应力松弛性能 | |
|---|---|---|---|---|---|---|
| | 不小于 | | | | 初始应力 | 1000h后应力松弛率 $V_r$ (%) |
| PSB785 | 785 | 980 | 7 | 3.5 | $0.8R_{eL}$ | ≤3 |
| PSB830 | 830 | 1030 | 6 | | | |
| PSB930 | 930 | 1080 | 6 | | | |
| PSB1080 | 1080 | 1230 | 6 | | | |

注：无明显屈服时，用规定非比例延伸强度($R_{p0.2}$)代替。

2. 预应力钢拉杆

预应力钢拉杆是由优质碳素结构钢、低合金高强度结构钢和合金结构钢等材料经热处理后制成的一种光圆钢棒，钢棒两端装有耳板或叉耳，中间装有调节套筒组成钢拉杆，见图16-42。其直径一般在$\phi$20～$\phi$210。预应力钢拉杆按杆体屈服强度分为345、460、550和650MPa四种强度级别。预应力钢拉杆主要用于大跨度空间钢结构、船坞、码头及坑道等领域。

预应力钢拉杆的力学性能应符合现行国家标准《钢拉杆》(GB/T 20934)的规定，见表16-16。

**钢拉杆力学性能　　表16-16**

| 强度级别 | 杆件直径 $d$ (mm) | 屈服强度 $R_{el}$ ($N/mm^2$) | 抗拉强度 $R_m$ ($N/mm^2$) | 断后伸长率 $A$ (%) | 断面收缩率 $Z$ (%) | 冲击吸收功 $A_{KV}$ | |
|---|---|---|---|---|---|---|---|
| | | | | | | 温度(℃) | J |
| | | 不小于 | | | | | |
| GLG345 | 20～210 | 345 | 470 | 21 | — | 0 | 34 |
| | | | | | | −20 | |
| | | | | | | −40 | 27 |

续表

| 强度级别 | 杆件直径 $d$（mm） | 屈服强度 $R_{el}$（N/mm²） | 抗拉强度 $R_m$（N/mm²） | 断后伸长率 $A$（%） | 断面收缩率 $Z$（%） | 冲击吸收功 $A_{KV}$ | |
|---|---|---|---|---|---|---|---|
| | | | | | | 温度（℃） | J |
| | | 不小于 | | | | | |
| GLG460 | 20～180 | 460 | 610 | 19 | 50 | 0 | 34 |
| | | | | | | −20 | |
| | | | | | | −40 | 27 |
| GLG550 | 20～150 | 550 | 750 | 17 | | 0 | 34 |
| | | | | | | −20 | |
| | | | | | | −40 | 27 |
| GLG650 | 20～120 | 650 | 850 | 15 | 45 | 0 | 34 |
| | | | | | | −20 | |
| | | | | | | −40 | 27 |

#### 16.1.1.4 不锈钢绞线

不锈钢绞线，也称不锈钢索，是由一层或多层多根圆形不锈钢丝绞合而成，适用于玻璃幕墙等结构拉索，也可用于栏杆索等装饰工程。

国产建筑用不锈钢索按构造类型，可分为1×7、1×19、1×37及1×61等。按强度级别，可分为1330MPa和1100MPa。其最小拉断力 $F_b=\sigma_b\times A\times 0.86$（$\sigma_b$ 为不锈钢丝公称抗拉强度），弹性模量为（1.20±0.10）$\times 10^5$MPa。

不锈钢绞线的直径允许偏差：1×7结构为±0.20mm，1×19结构为±0.25mm，1×37结构为±0.30mm，1×61结构为±0.40mm。

不锈钢绞线的结构与性能应符合现行行业标准《建筑用不锈钢绞线》（JG/T 200）的规定，见表16-17。

**不锈钢绞线的结构和性能参数　　　表 16-17**

| 钢绞线公称直径(mm) | 结　构 | 公称金属截面积(mm²) | 钢丝公称直径(mm) | 钢绞线计算最小破断拉力 | | 每米理论质量(g/m) | 交货长度(m)≥ |
|---|---|---|---|---|---|---|---|
| | | | | 高强度级(kN) | 中强度级(kN) | | |
| 6.0 | 1×7 | 22.0 | 2.00 | 28.6 | 22.0 | 173 | 600 |
| 7.0 | 1×7 | 30.4 | 2.35 | 39.5 | 30.4 | 239 | 600 |
| 8.0 | 1×7 | 38.6 | 2.65 | 50.2 | 38.6 | 304 | 600 |
| 10.0 | 1×7 | 61.7 | 3.35 | 80.2 | 61.7 | 486 | 600 |
| 6.0 | 1×19 | 21.5 | 1.20 | 28.0 | 21.5 | 170 | 500 |
| 8.0 | 1×19 | 38.2 | 1.60 | 49.7 | 38.2 | 302 | 500 |
| 10.0 | 1×19 | 59.7 | 2.00 | 77.6 | 59.7 | 472 | 500 |
| 12.0 | 1×19 | 86.0 | 2.40 | 112 | 86.0 | 680 | 500 |
| 14.0 | 1×19 | 117 | 2.80 | 152 | 117 | 925 | 500 |
| 16.0 | 1×19 | 153 | 3.20 | 199 | 153 | 1209 | 500 |
| 16.0 | 1×37 | 154 | 2.30 | 200 | 154 | 1223 | 400 |

续表

| 绞线公称直径(mm) | 结　构 | 公称金属截面积($mm^2$) | 钢丝公称直径(mm) | 钢绞线计算最小破断拉力 | | 每米理论质量(g/m) | 交货长度(m)≥ |
|---|---|---|---|---|---|---|---|
| | | | | 高强度级(kN) | 中强度级(kN) | | |
| 18.0 | 1×37 | 196 | 2.60 | 255 | 196 | 1563 | 400 |
| 20.0 | 1×37 | 236 | 2.85 | 307 | 236 | 1878 | 400 |
| 22.0 | 1×37 | 288 | 3.15 | 375 | 288 | 2294 | 400 |
| 24.0 | 1×37 | 336 | 3.40 | 437 | 336 | 2673 | 400 |
| 26.0 | 1×61 | 403 | 2.90 | 524 | 403 | 3228 | 300 |
| 28.0 | 1×61 | 460 | 3.10 | 598 | 460 | 3688 | 300 |
| 30.0 | 1×61 | 538 | 3.35 | 699 | 538 | 4307 | 300 |
| 32.0 | 1×61 | 604 | 3.55 | 785 | 604 | 4837 | 300 |
| 34.0 | 1×61 | 692 | 3.80 | 899 | 692 | 5542 | 300 |

## 16.1.2 预 应 力 筋 性 能

### 16.1.2.1 应力—应变曲线

钢丝或钢绞线的应力—应变曲线没有明显的屈服点，见图16-5。钢丝拉伸在比例极限前，$\sigma$—ε关系为直线变化，超过比例极限$\sigma_p$后，$\sigma$—ε关系变为非线性。由于预应力钢丝或钢绞线没有明显的屈服点，一般以残余应变为0.2%时的强度定为屈服强度$\sigma_{0.2}$。当钢丝拉伸超过$\sigma_{0.2}$后，应变ε增加较快，当钢丝拉伸至最大应力$\sigma_b$时，应变ε继续发展，在$\sigma$—ε曲线上呈现为一水平段，然后断裂。

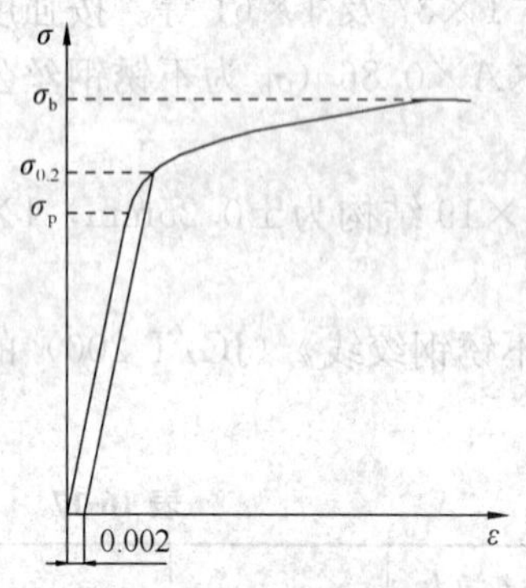

图16-5　预应力筋的应力—应变曲线

比例极限$\sigma_p$，习惯上采用残余应变为0.01%时的应力。

屈服强度，国际上还没有一个统一标准。例如，国际预应力协会取残余应变为0.1%时的应力作为屈服强度$\sigma_{0.1}$，我国和日本取残余应变为0.2%时的应力作为屈服强度$\sigma_{0.2}$，美国取加载1%伸长时的应力作为屈服强度$\sigma_{1\%}$。所以，当遇到这一术语时应注意其确切的定义。

### 16.1.2.2 应力松弛

预应力筋的应力松弛是指钢材受到一定的张拉力之后，在长度与温度保持不变的条件下，其应力随时间逐渐降低的现象。此降低值称为应力松弛损失。产生应力松弛的原因主要是由于金属内部位错运动使一部分弹性变形转化为塑性变形引起的。

预应力筋的松弛性能实验应按现行国家标准《金属应力松弛试验方法》（GB/T 10120）的规定进行。试件的初始应力应按相关产品标准或协议的规定选取，环境温度为20±1℃，在松弛试验机上分别读取不同时间的松弛损失率，实验应持续1000h或持续一个较短的期间推算至1000h的松弛率。

应力松弛与钢材品种、时间、温度、初始预应力等多种因素有关。

1. 应力松弛与钢材品种的关系

钢丝和钢绞线的应力松弛率比热处理钢筋和精轧螺纹钢筋大，采用低松弛钢绞线或钢丝，其松弛损失比普通松弛的可减少70%～80%。

2. 应力松弛与时间的关系

应力松弛随时间发展而变化，开始几小时内松弛量较大，24小时内完成约50%以上，以后将以递减速率而延续数年乃至数十年才能完成。为此，通常以1000h实验确定的松弛损失，乘以放大系数作为结构使用寿命的长期松弛损失。对试验数据进行回归分析得出：钢丝应力松弛损失率 $R_t = A\lg t + B$ 与时间 $t$ 有较好的对数线性关系，一年松弛损失率相当于1000h的1.25倍，50年松弛损失率为1000h的1.725倍。

3. 应力松弛与温度的关系

松弛损失随温度的上升而急剧增加，根据国外试验资料，40℃时1000h松弛损失率约为20℃时的1.5倍。

4. 应力松弛与初始预应力的关系

初始预应力大，松弛损失也大。当 $\sigma_i > 0.7\sigma_b$ 时，松弛损失率明显增大，呈非线性变化。当 $\sigma_i \leqslant 0.5\sigma_b$ 时，松弛损失率可忽略不计。

采用超张拉工艺，可以减少应力损失。

#### 16.1.2.3 应力腐蚀

预应力筋的应力腐蚀是指预应力筋在拉应力与腐蚀介质同时作用下发生的腐蚀现象。应力腐蚀破裂的特征是钢材在远低于破坏应力的情况下发生断裂，事先无预兆而突发性，断口与拉力垂直。钢材的冶金成分和晶体结构直接影响抗腐蚀性能。

预应力筋腐蚀的数量级与后果比普通钢筋要严重得多。这不仅因为强度等级高的钢材对腐蚀更灵敏，还因为预应力筋的直径相对较小，这样，尽管一层薄薄的锈蚀或一个锈点就能显著减小钢材的横截面积，引起应力集中，最终导致结构的提前破坏。预应力钢材通常对两种类型的锈蚀是灵敏的，即电化学腐蚀和应力腐蚀。在电化学腐蚀中，必须有水溶液存在，还需要空气（氧）。应力腐蚀是在一定的应力和环境条件下，引起钢材脆化的腐蚀。不同钢材对腐蚀的灵敏度是不同的。

预应力筋的防腐技术有很多种类，如镀锌、镀锌铝合金、涂塑、涂尼龙、阴极保护以及涂环氧有机涂层等，可根据工程实际和环境情况选用。

### 16.1.3 涂层与二次加工预应力筋

#### 16.1.3.1 镀锌钢丝和钢绞线

镀锌钢丝是用热镀方法在钢丝表面镀锌制成。镀锌钢绞线的钢丝应在捻制钢绞线之前进行热镀锌。镀锌钢丝和钢绞线的抗腐蚀能力强，主要用于缆索、体外索及环境条件恶劣的工程结构等。镀锌钢丝应符合现行国家标准《桥梁缆索用热镀锌钢丝》(GB/T 17101) 的规定，镀锌钢绞线应符合现行行业标准《高强度低松弛预应力热镀锌钢绞线》(YB/T 152) 的规定。

镀锌钢丝和镀锌钢绞线的规格和力学性能，分别列于表16-18和表16-19。钢丝和钢绞线经热镀锌后，其屈服强度稍微降低。

镀锌钢丝和镀锌钢绞线锌层表面质量应具有连续的锌层，光滑均匀，不得有局部脱锌、露铁等缺陷，但允许有不影响锌层质量的局部轻微刻痕。

**镀锌钢丝的规格和力学性能**　　　**表 16-18**

| 公称直径 $d_n$(mm) | 公称截面积 $S_n$($mm^2$) | 每米参考质量(g/m) | 强度级别 $R_m$(MPa) | 规定非比例伸长强度 $R_{p0.2}$(MPa) | | 断后伸长率($L_0$=250mm) $A$(%)不小于 | 应力松弛性能 | | |
|---|---|---|---|---|---|---|---|---|---|
| | | | | 无松弛或Ⅰ级松弛要求不小于 | Ⅱ级松弛要求不小于 | | 初始荷载(公称荷载)(%) | 1000h 后应力松弛率 $r$(%)不大于 | |
| | | | | | | | 对所有钢丝 | Ⅰ级松弛 | Ⅱ级松弛 |
| 5.00 | 19.6 | 153 | 1670 | 1340 | 1490 | 4.0 | 70 | 7.5 | 2.5 |
| | | | 1770 | 1420 | 1580 | | | | |
| | | | 1860 | 1490 | 1660 | | | | |
| 7.00 | 38.5 | 301 | 1670 | — | 1490 | 4.0 | 70 | 7.5 | 2.5 |
| | | | 1770 | | 1580 | | | | |

注：1. 钢丝的公称直径、公称截面积、每米参考质量均应包含锌层在内；

2. 按钢丝公称面积确定其荷载值，公称面积应包括锌层厚度在内；

3. 强度级别为实际允许抗拉强度的最小值。

**镀锌钢绞线的规格和力学性能**　　　**表 16-19**

| 公称直径(mm) | 公称截面积($mm^2$) | 理论质量(kg/m) | 强度级别(MPa) | 最大负载 $F_b$ (kN) | 屈服负载 $F_{p0.2}$ (kN) | 伸长率 $\delta$ (%) | 松弛 | |
|---|---|---|---|---|---|---|---|---|
| | | | | | | | 初载为公称负载的 (%) | 1000h 应力松弛损失 $R_{1000}$ (%) |
| 12.5 | 93 | 0.730 | 1770 | 164 | 146 | ≥3.5 | 70 | ≤2.5 |
| | | | 1860 | 173 | 154 | | | |
| 12.9 | 100 | 0.785 | 1770 | 177 | 158 | | | |
| | | | 1860 | 186 | 166 | | | |
| 15.2 | 139 | 1.091 | 1770 | 246 | 220 | | | |
| | | | 1860 | 259 | 230 | | | |
| 15.7 | 150 | 1.178 | 1770 | 265 | 236 | | | |
| | | | 1860 | 279 | 248 | | | |

注：弹性模量为（1.95±0.17）×$10^5$MPa。

### 16.1.3.2　环氧涂层钢绞线

环氧涂层钢绞线是通过特殊加工使每根钢丝周围形成一层环氧树脂保护膜制成，见图 16-6（*a*），涂层厚度 0.12～0.18mm。该保护膜对各种腐蚀环境具有优良的耐蚀性，同时这种钢绞线具有与母材相同的强度特性和粘结强度，且其柔软性与喷涂前相同。环氧涂层钢绞线应符合现行国家标准《环氧涂层七丝预应力钢绞线》（GB/T 21073）的规定。

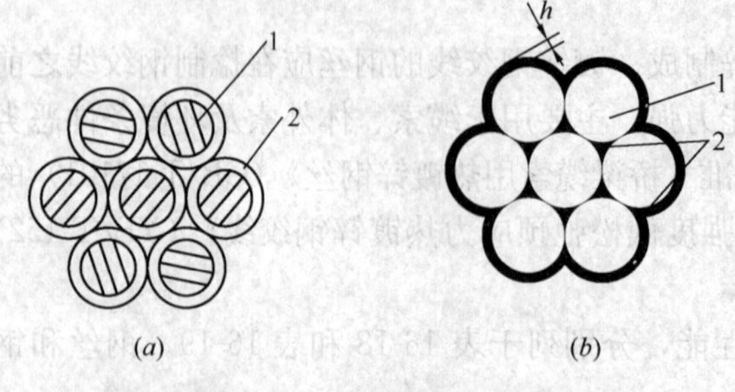


图 16-6　环氧涂层钢绞线

（*a*）环氧涂层钢绞线；（*b*）填充型环氧涂层钢绞线

1—钢绞线；2—环氧树脂涂层；*h*—涂层厚度

近些年，环氧涂层钢绞线进一步发展成为填充型环氧涂层钢绞线，见图 16-6（*b*），涂层厚度 0.4～1.1mm。其特点是中心丝与外围 6 根边丝间的间隙全部被环氧树脂填充，从而避免了因钢丝间存在毛细现象而导致内部钢丝锈蚀。由于钢丝间隙无相对滑动，提高了抗疲劳性能。填充型环氧涂层钢绞线应符合现行行业标准《填充型环氧涂层钢绞线》(JT/T 737)的规定。

填充型环氧涂层钢绞线具有良好的耐蚀性和黏附性，适用于腐蚀环境下的先张法或后张法构件、海洋构筑物、斜拉索、吊索等。

#### 16.1.3.3 铝包钢绞线

铝包钢绞线由铝包钢单线组成，具有强度大、耐腐蚀性好、导电率高等优点，广泛用于高压架空电力线路的地线、千米级大跨越的输电线、铁道用承力索及铝包钢芯系列产品的加强单元等。

结构索用铝包钢绞线是在原有电力部门使用的铝包钢绞线基础上开发的新产品。该产品表面发亮、耐蚀性好，已用于一些预应力索网结构等工程。表16-20列出了一种铝包钢绞线的企业标准参数。

铝包钢绞线的结构和近似性能表 表16-20

| 型号 | 标称面积 ($mm^2$) | 结构根数/直径 (Nos/mm) | 外径 $D$ (mm) | 计算拉断力 (kN) | 计算质量 (kN/km) | 弹性模量 ($kN/mm^2$) | 线膨胀系数 | 最小铝层厚度 $D$ (%) |
|---|---|---|---|---|---|---|---|---|
| JLB14 | 50 | 7/3.00 | 9.00 | 70.81 | 356.8 | 161.4 | $12.0\times10^{-6}$ | 5 |
| | 55 | 7/3.20 | 9.60 | 78.54 | 406.00 | | | |
| | 65 | 7/3.50 | 10.50 | 93.95 | 485.7 | | | |
| | 70 | 7/3.60 | 10.80 | 97.47 | 513.8 | | | |
| | 80 | 7/3.80 | 11.40 | 108.61 | 572.5 | | | |
| | 90 | 7/4.16 | 12.48 | 130.15 | 686.1 | | | |
| | 100 | 19/2.60 | 13.00 | 144.36 | 730.4 | | | |
| | 120 | 19/2.85 | 14.25 | 173.45 | 877.6 | | | |
| | 150 | 19/3.15 | 15.75 | 206.56 | 1072.0 | | | |
| | 185 | 19/3.50 | 17.50 | 255.01 | 1323.5 | | | |
| | 210 | 19/3.75 | 18.75 | 287.07 | 1519.3 | | | |
| | 240 | 19/4.00 | 20.00 | 326.62 | 1728.6 | | | |
| | 300 | 37/3.20 | 22.40 | 415.11 | 2167.1 | | | |
| | 380 | 37/3.60 | 25.20 | 515.22 | 2742.8 | | | |
| | 420 | 37/3.80 | 26.60 | 574.07 | 3056.0 | | | |
| | 465 | 37/4.00 | 28.00 | 636.07 | 3386.2 | | | |
| | 510 | 37/4.20 | 29.40 | 701.25 | 3733.2 | | | |
| JLB20 | 50 | 7/3.00 | 9.00 | 59.67 | 329.3 | 147.2 | $13.0\times10^{-6}$ | 10 |
| | 55 | 7/3.20 | 9.60 | 67.90 | 374.7 | | | |
| | 65 | 7/3.50 | 10.50 | 76.98 | 448.3 | | | |
| | 70 | 7/3.60 | 10.80 | 81.44 | 474.2 | | | |
| | 80 | 7/3.80 | 11.40 | 89.31 | 528.4 | | | |

续表

| 型　号 | 标称面积 ($mm^2$) | 结构根数 /直径 (Nos/mm) | 外径 $D$ (mm) | 计算拉断力 (kN) | 计算质量 (kN/km) | 弹性模量 ($kN/mm^2$) | 线膨胀系数 | 最小铝层厚度 $D$ (%) |
|---|---|---|---|---|---|---|---|---|
| JLB20 | 90 | 7/4.16 | 12.48 | 101.04 | 633.2 | 147.2 | $13.0\times10^{-6}$ | 10 |
| | 100 | 19/2.60 | 13.00 | 121.66 | 674.1 | | | |
| | 120 | 19/2.85 | 14.25 | 146.18 | 810.0 | | | |
| | 150 | 19/3.15 | 15.75 | 178.57 | 989.4 | | | |
| | 185 | 19/3.50 | 17.50 | 208.94 | 1221.5 | | | |
| | 210 | 19/3.75 | 18.75 | 236.08 | 1402.3 | | | |
| | 240 | 19/4.00 | 20.00 | 260.01 | 1595.5 | | | |
| | 300 | 37/3.20 | 22.40 | 358.87 | 2000.2 | | | |
| | 380 | 37/3.60 | 25.20 | 430.48 | 2531.6 | | | |
| | 420 | 37/3.80 | 26.60 | 472.07 | 2820.6 | | | |
| | 465 | 37/4.00 | 28.00 | 493.79 | 3125.4 | | | |
| | 510 | 37/4.20 | 29.40 | 544.39 | 3445.7 | | | |

#### 16.1.3.4　无粘结钢绞线

无粘结钢绞线是以专用防腐润滑油脂涂敷在钢绞线表面上作涂料层并用塑料作护套的钢绞线制成，见图16-7。是一种在施加预应力后沿全长与周围混凝土不粘结的预应力筋。

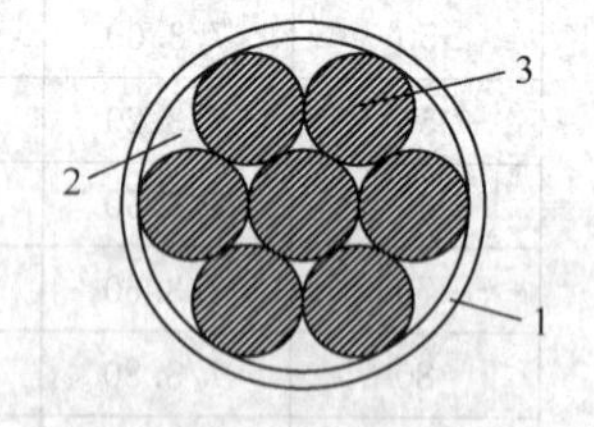

图 16-7　无粘结钢绞线

1—塑料护套；2—油脂；3—钢绞线

无粘结钢绞线主要用于后张预应力混凝土结构中的无粘结预应力筋，也可用于暴露、腐蚀或可更换要求环境中的体外索、拉索等。无粘结钢绞线应符合现行行业标准《无粘结预应力钢绞线》(JG 161) 的规定，见表 16-21。

无粘结筋组成材料质量要求，其钢绞线的力学性能应符合现行国家标准《预应力混凝土用钢绞线》(GB/T 5224) 的规定。并经检验合格后，方可制作无粘结预应力筋。防腐油脂其质量应符合现行行业标准《无粘结预应力筋专用防腐润滑脂》(JG 3007) 的要求。护套材料应采用高密度聚乙烯树脂，其质量应符合现行国家标准《高密度聚乙烯树脂》(GB 11116) 的规定。护套颜色宜采用黑色，也可采用其他颜色，但此时添加的色母材料不能降低护套的性能。

无粘结预应力钢绞线规格及性能　　表 16-21

| 钢绞线 | | | 防腐润滑脂重量 $W_3$ (g/m) 不小于 | 护套厚度 (mm) 不小于 | $\mu$ | $\kappa$ |
|---|---|---|---|---|---|---|
| 公称直径 (mm) | 公称截面积 ($mm^2$) | 公称强度 (MPa) | | | | |
| 9.50 | 54.8 | 1720 | 32 | 0.8 | 0.04～0.10 | 0.003～0.004 |
| | | 1860 | | | | |
| | | 1960 | | | | |

续表

| 钢绞线 | | | 防腐润滑脂重量 $W_3$（g/m）不小于 | 护套厚度（mm）不小于 | $\mu$ | $\kappa$ |
|---|---|---|---|---|---|---|
| 公称直径（mm） | 公称截面积（$mm^2$） | 公称强度（MPa） | | | | |
| 12.70 | 98.7 | 1720 | 43 | 1.0 | 0.04～0.10 | 0.003～0.004 |
| | | 1860 | | | | |
| | | 1960 | | | | |
| 15.20 | 140.0 | 1570 | 50 | 1.0 | 0.04～0.10 | 0.003～0.004 |
| | | 1670 | | | | |
| | | 1720 | | | | |
| | | 1860 | | | | |
| | | 1960 | | | | |
| 15.70 | 150.0 | 1770 | 53 | 1.0 | 0.04～0.10 | 0.003～0.004 |
| | | 1860 | | | | |

注：经供需双方协商，也生产供应其他强度和直径的无粘结预应力钢绞线。

#### 16.1.3.5 缓粘结钢绞线

缓粘结钢绞线是用缓慢凝固的水泥基缓凝剂或特种树脂涂料涂敷在钢绞线表面上，并外包压波的塑料护套制成，见图 16-8。这种缓粘结钢绞线既有无粘结预应力筋施工工艺简单，不用预埋管和灌浆作业，施工方便、节省工期的优点；同时在性能上又具有有粘结预应力抗震性能好、极限状态预应力钢筋强度发挥充分、节省钢材的优势，具有很好的结构性能和推广应用前景。

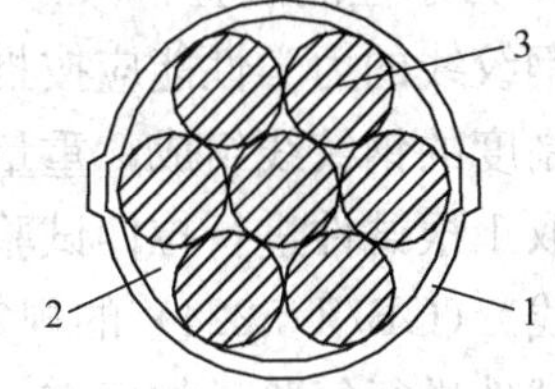

图 16-8 缓粘结钢绞线
1—塑料护套；2—缓粘结涂料；3—钢绞线

这种缓粘结钢绞线的涂料经过一定时间固化后，伴随着固化剂的化学作用，特种涂料不仅有较好的内聚力，而且和被粘结物表面产生很强的粘结力，由于塑料护套表面压波，又与混凝土产生了较好的粘结力，最终形成有粘结预应力筋的安全性高，并具有较强的防腐蚀性能等优点。国内外均有成功应用的工程，如北京市新少年宫工程等。

缓粘结型涂料采用特种树脂与固化剂配制而成。根据不同工程要求，可选用固化时间 3～6 个月或更长的涂料。

### 16.1.4 质 量 检 验

预应力筋进场时，每一合同批应附有质量证明书，在每捆（盘）上都应挂有标牌。在质量证明书中应注明供方、预应力筋品种、强度级别、规格、重量和件数、执行标准号、盘号和检验结果、检验日期、技术监督部门印章等。在标牌上应注明供方、预应力筋品种、强度级别、规格、盘号、净重、执行标准号等。

预应力筋进场验收应符合下列规定。

#### 16.1.4.1　钢丝验收

1. 外观检查

预应力钢丝的外观质量应逐盘（卷）检查。钢丝表面不得有油污、氧化铁皮、裂纹或机械损伤，但表面上允许有回火色和轻微浮锈。

2. 力学性能试验

钢丝的力学性能应按批抽样试验，每一检验批应由同一牌号、同一规格、同一生产工艺制度的钢丝组成，重量不应大于 60t；从同一批中任意选取 10%盘（不少于 6 盘），在每盘中任意一端截取 2 根试件，分别做拉伸试验和弯曲试验，拉伸或弯曲试件每 6 根为一组，当有一项试验结果不符合现行国家标准《预应力混凝土用钢丝》（GB 5223）的规定时，则该盘钢丝为不合格品；再从同一批未经试验的钢丝盘中取双倍数量的试件重做试验，如仍有一项试验结果不合格，则该批钢丝判为不合格品，也可逐盘检验取用合格品；在钢丝的拉伸试验中，同时可测定弹性模量，但不作为交货条件。

对设计文件中指定要求的钢丝疲劳性能、可镦性等，在订货合同中注明交货条件和验收要求并再进行抽样试验。

#### 16.1.4.2　钢绞线验收

1. 外观检查

钢绞线的外观质量应逐盘检查，钢绞线表面不得带有油污、锈斑或机械损伤，但允许有轻微浮锈和回火色；钢绞线的捻距应均匀，切断后不松散。

2. 力学性能试验

钢绞线的力学性能应按批抽样试验，每一检验批应由同一牌号、同一规格、同一生产工艺制度的钢绞线组成，重量不应大于 60t；从同一批中任意选取 3 盘，在每盘中任意一端截取 1 根试件进行拉伸试验；当有一项试验结果不符合现行国家标准《预应力混凝土用钢绞线》（GB/T 5224）的规定时，则不合格盘报废；再从未试验过的钢绞线中取双倍数量的试件进行复验，如仍有一项不合格，则该批钢绞线判为不合格品。

对设计文件中指定要求的钢绞线疲劳性能、偏斜拉伸性能等，在订货合同中注明交货条件和验收要求并再进行抽样试验。

#### 16.1.4.3　螺纹钢筋及钢拉杆验收

1. 螺纹钢筋

（1）外观检查

精轧螺纹钢筋的外观质量应逐根检查，钢筋表面不得有锈蚀、油污、裂纹、起皮或局部缩颈，其螺纹制作面不得有凹凸、擦伤或裂痕，端部应切割平整。

允许有不影响钢筋力学性能、工艺性能以及连接的其他缺陷。

（2）力学性能试验

精轧螺纹钢筋的力学性能应按批抽样试验，每一检验批重量不应大于 60t，从同一批中任取 2 根，每根取 2 个试件分别进行拉伸和冷弯试验。当有一项试验结果不符合有关标准的规定时，应取双倍数量试件重做试验，如仍有一项复验结果不合格，该批高强精轧螺纹钢筋判为不合格品。

2. 钢拉杆

（1）外观检查

钢拉杆的表面应光滑，不允许有目视可见的裂纹、折叠、分层、结疤和锈蚀等缺陷。经机加工的钢拉杆组件表面粗糙度应不低于Ra12.5，钢拉杆表面防护处理按有关规范规定。

（2）力学性能试验

钢拉杆的力学性能检查，应符合现行国家标准《钢拉杆》（GB/T 20934）的规定。对以同一炉批号原材料、按同一热处理制度制作的同一规格杆体，组装数量不超过50套的钢拉杆为一批，每批抽取2套进行成品拉力试验，若不符合要求时，允许加倍抽样复验，如果复验中仍有一套不符合要求时，则需逐套检验。

钢拉杆其他检验项目，如无损检测等，应符合现行国家标准《钢拉杆》（GB/T 20934）的规定。

#### 16.1.4.4 其他预应力钢材验收

1. 外观检查

（1）镀锌钢丝、镀锌钢绞线和环氧钢绞线的涂层表面应连续完整、均匀光滑、无裂纹、无明显褶皱和机械损伤。

（2）无粘结钢绞线的外观质量应逐盘检查，其护套表面应光滑、无凹陷、无裂纹、无气孔、无明显褶皱和机械损伤。

2. 力学性能试验

（1）镀锌钢丝、镀锌钢绞线的力学性能应符合现行国家标准《桥梁缆索用热镀锌钢丝》（GB/T 17101）和现行行业标准《高强度低松弛预应力热镀锌钢绞线》（YB/T 152）的规定。

（2）涂层预应力筋中所用的钢丝或钢绞线的力学性能必须按本章第16.1.4.1条或16.1.4.2条的要求进行复验。

3. 其他

（1）镀锌钢丝、镀锌钢绞线和环氧钢绞线的涂层厚度、连续性和黏附力应符合国家现行有关标准的规定。

（2）无粘结钢绞线的涂包质量、油脂重量和护套厚度应符合现行行业标准《无粘结预应力钢绞线》（JG 161）的规定。

（3）缓粘结钢绞线的涂层材料、厚度、缓粘结时间应符合有关标准的规定。

### 16.1.5 预 应 力 筋 存 放

预应力筋对腐蚀作用较为敏感。预应力筋在运输与存放过程中如遭受雨淋、湿气或腐蚀介质的侵蚀，易发生锈蚀，不仅质量降低，而且可能出现腐蚀，严重情况下会造成钢材张拉脆断。因此，预应力材料必须保持清洁，在装运和存放过程中应避免机械损伤和锈蚀。进场后需长期存放时，应定期进行外观检查。

预应力筋运输与储存时，应满足下列要求：

（1）成盘卷的预应力筋，宜在出厂前加防潮纸、麻布等材料包装。应确保其盘径不致过小而影响预应力材料的力学性能。

（2）装卸无轴包装的钢绞线、钢丝时，宜采用C形钩或三根吊索，也可采用叉车。每次吊运一件，避免碰撞而损害钢绞线。涂层预应力筋装卸时，吊索应包橡胶、尼龙等柔性材料并应轻装轻卸，不得摔掷或在地上拖拉，严禁锋利物品损坏涂层和护套。

（3）预应力筋应分类、分规格装运和堆放。在室外存放时，不得直接堆放在地面上，必须采取垫枕木并用防水布覆盖等有效措施，防止雨露和各种腐蚀性气体、介质的影响。

（4）长期存放应设置仓库，仓库应干燥、防潮、通风良好、无腐蚀气体和介质。在潮湿环境中存放，宜采用防锈包装产品、防潮纸内包装、涂敷水溶性防锈材料等。

（5）无粘结预应力筋存放时，严禁放置在受热影响的场所。环氧涂层预应力筋不得存放在阳光直射的场所。缓粘结预应力筋的存放时间和温度应符合相关标准的规定。

（6）如储存时间过长，宜用乳化防锈剂喷涂预应力筋表面。

## 16.1.6　其他材料

### 16.1.6.1　制孔用管材

后张预应力结构及构件中预制孔用管材有金属波纹管（螺旋管）、薄壁钢管和塑料波纹管等。按照相邻咬口之间的凸出部（即波纹）的数量分为单波纹和双波纹；按照截面形状分为圆形和扁形；按照径向刚度分为标准型和增强型；按照表面处理情况分为镀锌金属波纹管和不镀锌金属波纹管。

梁类构件宜采用圆形金属波纹管，板类构件宜采用扁形金属波纹管，施工周期较长或有腐蚀性介质环境的情况应选用镀锌金属波纹管。塑料波纹管宜用于曲率半径小及抗疲劳要求高的孔道。钢管宜用于竖向分段施工的孔道或钢筋过于密集，波纹管容易被挤扁或损坏的区域。

孔道成型用管道应具有足够的刚度和密封性，在搬运、安装及混凝土浇筑过程中应不易出现变形，其咬口、接头应严密，且不应漏浆。

孔道成型用管道应根据结构特点、施工工艺、施工周期及使用部位等合理选用，其规格和性能应符合现行国家或行业产品标准的规定。孔道成型用圆形管道的内径应至少比预应力筋或连接器的轮廓直径大 6mm，其内截面积应不小于预应力筋截面积的 2.5 倍。钢管的壁厚不应小于其内径的 1/50，且不宜小于 2mm。

1. 金属波纹管

金属波纹管是后张有粘结预应力施工中最常用的预留孔道材料，见图 16-9。金属波纹管具有自重轻、刚度好、弯曲成形容易、连接简单、与混凝土粘结性好等优点，广泛应用于各类直线与曲线孔道。工程中一般常采用镀锌双波金属波纹管。

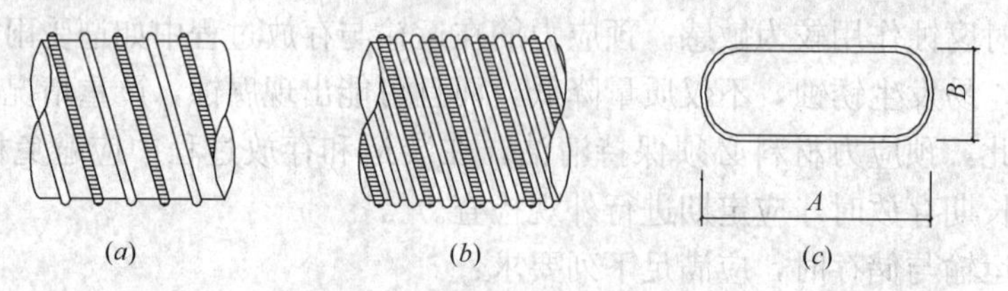


图 16-9　波纹管示意图
(*a*) 圆形单波纹管；(*b*) 圆形双波纹管；(*c*) 扁形波纹管

扁金属波纹管是由圆形波纹管经过机械装置压制成椭圆形的。扁波纹管通常和扁形锚具配套使用。常用的扁形波纹管配套 3～5 孔锚具。通常用于预应力混凝土扁梁、预应力混凝土楼板或预应力薄壁构筑物中。

圆形波纹管和扁形波纹管的规格，见表 16-22 和表 16-23。金属波纹管的波纹高度应根据管径及径向刚度要求确定，且不应小于：圆管内径≤95mm 为 2.5mm，圆管内径≥96mm为 3.0mm。

**圆形波纹管规格**（mm）　**表 16-22**

| 圆管内径 | | 40 | 45 | 50 | 55 | 60 | 65 | 70 | 75 | 80 | 85 | 90 | 95 | 96 | 102 | 108 | 114 | 120 | 126 | 132 |
|---|---|---|---|---|---|---|---|---|---|---|---|---|---|---|---|---|---|---|---|---|
| 允许偏差 | | ±0.5 | | | | | | | | | | | | | | | | | | |
| 最小钢带厚度 | 标准型 | 0.28 | | 0.30 | | | | | | 0.35 | | | | 0.40 | | | | | | |
| | 增强型 | 0.30 | | 0.35 | | | | 0.40 | | | 0.45 | | | 0.50 | | | | | | 0.6 |

注：1. 直径 95mm 的波纹管仅用作连接用管；

2. 当有可靠的工程经验时，钢带厚度可进行适当调整；

3. 表中未列尺寸的规格由供需双方协议确定。

**扁形波纹管规格**（mm）　**表 16-23**

| | | 适用于 $\phi$12.7 预应力钢绞线 | | | 适用于 $\phi$15.2 预应力钢绞线 | | |
|---|---|---|---|---|---|---|---|
| 短轴方向 | 长度 $B$ | 20 | 20 | 20 | 22 | 22 | 22 |
| | 允许偏差 | 0，+1.0 | | | 0，+1.5 | | |
| 长轴方向 | 长度 $A$ | 52 | 65 | 78 | 60 | 76 | 90 |
| | 允许偏差 | ±1.0 | | | ±1.5 | | |
| 最小钢带厚度 | 标准型 | 0.30 | 0.35 | 0.40 | 0.35 | 0.40 | 0.45 |
| | 增强型 | 0.35 | 0.40 | 0.45 | 0.40 | 0.45 | 0.50 |

注：表中未列尺寸的规格由供需双方协议确定。

金属波纹管的长度，由于运输的关系，每根长 4～6m，在施工现场采用接头连接使用。

由于波纹管重量轻，体积大，长途运输不经济。当工程用量大或没有波纹管供应的边远地区，可以在施工现场生产波纹管。生产厂家可将卷管机和钢带运到施工现场加工，这时波纹管的生产长度可根据实际工程需要确定，不仅施工方便而且减少了接头数量。

金属波纹管应具有：在外荷载的作用下具有足够的抵抗变形的能力（径向刚度）和在浇筑混凝土过程中水泥浆不渗入管内两项基本要求。

（1）径向刚度性能

金属波纹管径向刚度要求，应符合表 16-24 的规定。

（2）抗渗漏性能

金属波纹管抗渗性能分别有承受集中荷载后抗渗漏和弯曲抗渗漏两种。经规定的集中荷载作用后或在规定的弯曲情况下，金属波纹管允许水泥浆泌水渗出，但不得渗出水泥浆。

金属波纹管径向刚度要求　　表 16-24

<table>
<tr><th colspan="3">截 面 形 状</th><th>圆 形</th><th>扁 形</th></tr>
<tr><td rowspan="2">集中荷载（N）</td><td colspan="2">标准型</td><td rowspan="2">800</td><td rowspan="2">500</td></tr>
<tr><td colspan="2">增强型</td></tr>
<tr><td rowspan="2">均布荷载（N）</td><td colspan="2">标准型</td><td rowspan="2">$F=0.31d^2$</td><td rowspan="2">$F=0.15d_e^2$</td></tr>
<tr><td colspan="2">增强型</td></tr>
<tr><td rowspan="4">$\delta$</td><td rowspan="2">标准型</td><td>$d\leqslant75$mm</td><td>≤0.20</td><td rowspan="2">≤0.20</td></tr>
<tr><td>$d>75$mm</td><td>≤0.15</td></tr>
<tr><td rowspan="2">增强型</td><td>$d\leqslant75$mm</td><td>≤0.10</td><td rowspan="2">≤0.15</td></tr>
<tr><td>$d>75$mm</td><td>≤0.08</td></tr>
</table>

注：表中：圆管内径及扁管短轴长度均为公称尺寸；

$F$——均布荷载值（N）；

$d$——圆管直径（mm）；

$d_e$——扁管等效直径（mm），$d_e=\frac{2(A+B)}{\pi}$；

$\delta$——内径变化比，$\delta=\frac{\Delta d}{d}$ 或 $\delta=\frac{\Delta d}{B}$，式中 $\Delta d$ 为外径变形值。

承受荷载后的抗渗漏试验是按做集中荷载下径向刚度试验方法，给波纹管施加集中荷载至变形达到圆管内径或扁管短轴尺寸的20%，制成集中荷载后抗渗漏性能试验试件。试件放置方法见图16-10，将试件竖放，将加荷部位置于下部，下端封严，用水灰比为0.50，由普通硅酸盐水泥配制的纯水泥浆灌满试件，观察表面渗漏情况30min；也可用清水灌满试件，如果试件不渗水，可不再用水泥浆进行试验。

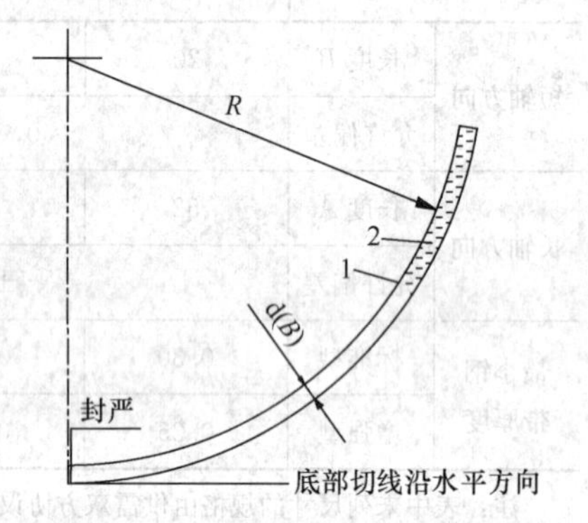


图 16-10　弯曲后抗渗漏性能试验方法图

1—试件；2—纯水泥浆

弯曲抗渗漏试验是将波纹管弯成圆弧，圆弧半径 $R$：圆管为30倍内径且不大于800倍组成预应力筋的钢丝直径；扁管短轴方向为4000mm。试件长度见表16-25和表16-26。

圆管试件长度与规格对应表（mm）　　表 16-25

| 圆管内径 | ＜70 | 70～100 | ＞100 |
|---|---|---|---|
| 试件长度 | 2000 | 2500 | 3000 |

扁管试件长度与规格对应表（mm）　　表 16-26

<table>
<tr><td rowspan="2">扁管规格</td><td>短轴 $B$</td><td>20</td><td>20</td><td>20</td><td>22</td><td>22</td><td>22</td></tr>
<tr><td>长轴 $A$</td><td>52</td><td>65</td><td>78</td><td>60</td><td>76</td><td>90</td></tr>
<tr><td colspan="2">试件长度</td><td colspan="3">2000</td><td colspan="3">2500</td></tr>
</table>

金属波纹管应按批进行检验。每批应由同一个钢带生产厂生产的同一批钢带所制造的金属波纹管组成。每半年或累计50000m生产量为一批，取产量最多的规格。

全部金属波纹管经外观检查合格后，从每批中取产量最多的规格、长度不小于 $5d$ 且不小于 300mm 的试件 2 组（每组 3 根），先检查波纹管尺寸后，分别进行集中荷载下径向刚度试验和承受集中荷载后抗渗漏试验。另外从每批中取产量最多的规格、长度按表 16-25 和表 16-26 规定的试件 3 根，进行弯曲抗渗漏试验。当检验结果有不合格项目时，应取双倍数量的试件对该不合格项目进行复检，复检仍不合格时，该批产品为不合格品，或逐根检验取合格品。

2. 塑料波纹管

塑料波纹管的耐腐蚀性能优于金属波纹管，能有效地保护预应力筋不受外界的腐蚀，使得预应力筋具有更好的耐久性；同等条件下，塑料波管的摩擦系数小于金属波纹管的摩擦系数，减小了张拉过程中预应力的摩擦损失；塑料波纹管的柔韧性强，易弯曲且不开裂，特别适用于曲率半径较小的预应力筋；密封性能和抗渗漏性能优于金属波纹管，更适用于真空灌浆；塑料波纹管具有较好的抗疲劳性能，能提高预应力构件的抗疲劳能力。

塑料波纹管按截面形状可分为圆形和扁形两大类，其规格见表 16-27 和表 16-28。圆形塑料波纹管的长度规格一般为 6、8、10m，偏差 0～+10mm。扁形塑料波纹管可成盘供货，每盘长度可根据工程需要和运输情况而定。塑料波纹管的波峰为 4～5mm，波距为 30～60mm。

**圆形塑料波纹管规格** **表 16-27**

| 管内径 $d$ (mm) | 标称值 | 50 | 60 | 75 | 90 | 100 | 115 | 130 |
|---|---|---|---|---|---|---|---|---|
| | 允许偏差 | ±1.0 | | | ±2.0 | | | |
| 管外径 $D$ (mm) | 标称值 | 63 | 73 | 88 | 106 | 116 | 131 | 146 |
| | 允许偏差 | ±1.0 | | | ±2.0 | | | |
| 管壁厚 $s$ (mm) | 标称值 | 2.5 | | | 3.0 | | | |
| | 允许偏差 | +0.5 | | | | | | |
| 不圆度 | | 6.0% | | | | | | |

**扁形塑料波纹管规格** **表 16-28**

| 短轴内径 $U_2$ (mm) | 标称值 | 22 | | | |
|---|---|---|---|---|---|
| | 允许偏差 | +0.5 | | | |
| 长轴内径 $U_1$ (mm) | 标称值 | 41 | 55 | 72 | 90 |
| | 允许偏差 | ±1.0 | | | |
| 管壁厚 $s$ (mm) | 标称值 | 2.5 | | 3.0 | |
| | 允许偏差 | +0.5 | | | |

塑料波纹管应满足不圆度、环刚度、局部横向荷载和柔韧性等基本要求。

所有试件在试验前应按试验环境（23±2)℃进行状态调节 24h 以上。

(1) 不圆度

沿塑料波纹管同一截面量测管材的最大外径 $d_{max}$ 和最小外径 $d_{min}$，按式（16-1）计算管材的不圆度值 $\Delta d$ 。取 5 个试样的试验结果的算术平均值作为不圆度，其值应符合表 16-27 的规定。

$$\Delta d=\frac{d_{\max}-d_{\min}}{d_{\max}+d_{\min}}\times 200\%\tag{16-1}$$

（2）环刚度

从5根管材上各取长（300±10）mm试样一段，两端应与轴线垂直切平。按现行国家标准《热塑性塑料管材环刚度的测定》（GB/T 9647）的规定进行，上压板下降速度为5±1mm/min，记录当试样垂直方向的内径变形量为原内径的3%时的负荷，按式（16-2）计算其环刚度，应不小于6kN/m²。

$$S=\left(0.0186+0.025\times\frac{\Delta Y}{d_i}\right)\times\frac{F}{\Delta Y\cdot L}\tag{16-2}$$

式中　$S$——试样的环刚度，6kN/m²；

$\Delta Y$——试样内径垂直方向3%变化量（m）；

$F$——试样内径垂直方向3%变形时的负荷（kN）；

$d_i$——试样内径（m）；

$L$——试样长度（m）。

（3）局部横向荷载

取样件长1100mm，在样件中部位置波谷处取一点，用$R$=6mm的圆柱顶压头施加横向荷载$F$，加载图示见图16-11。要求在30s内达到规定荷载值800kN，持荷2min后观察管材表面是否破裂；卸载5min后，在加载处测量塑料波纹管外径的变形量。取5个样件的平均值不得超过管材外径的10%。

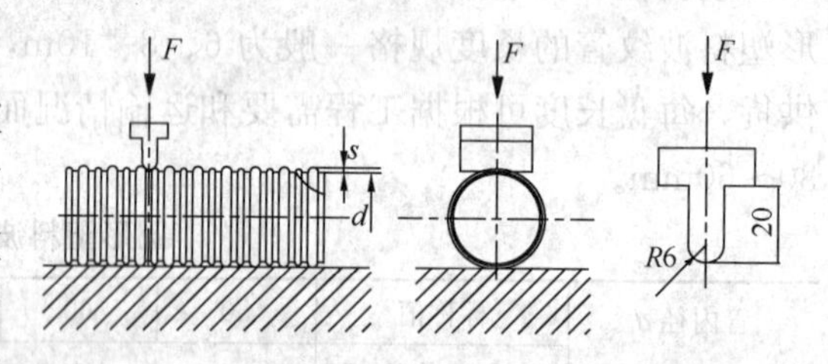

图16-11　塑料波纹管横向荷载试验图

（4）柔韧性

将一根长1100mm的样件，垂直地固定在测试平台上，按图16-12所示位置安装两块弧形模板，其圆弧半径$r$应符合表16-29的规定。

**塑料波纹管柔韧性试验圆弧半径值**（mm）　**表16-29**

| 内径 $d$ | 曲率半径 $r$ | 试验长度 $L$ | 内径 $d$ | 曲率半径 $r$ | 试验长度 $L$ |
|---|---|---|---|---|---|
| ≤90 | 1500 | 1100 | >90 | 1800 | 1100 |

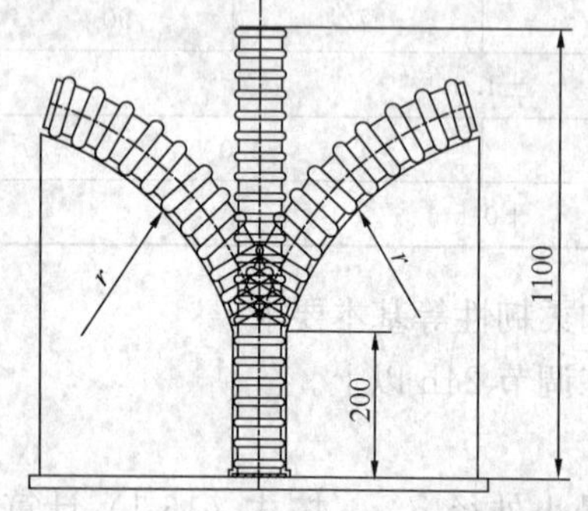

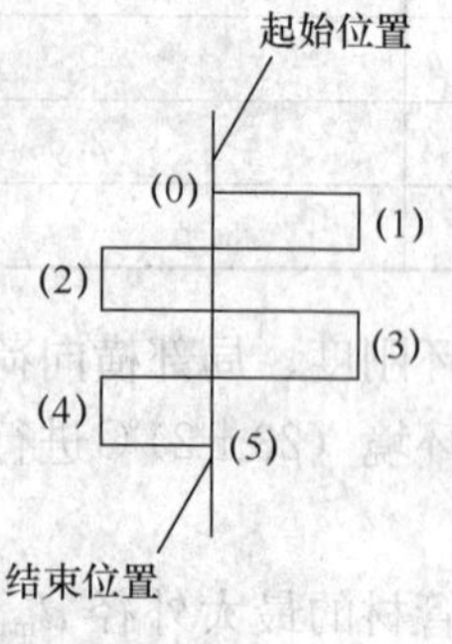

图16-12　塑料波纹管柔韧性试验图

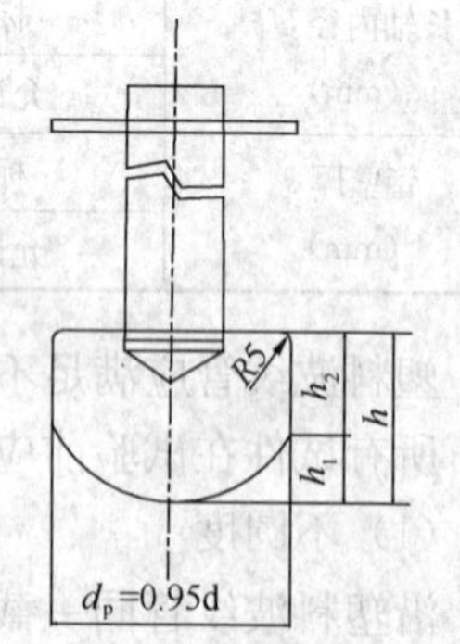

图16-13　塞规的外形图

$d_p$为圆形塑料波纹管内径；

$h=1.25d_p$，$h_1=0.5d_p$，$h_2=0.75d_p$。

在样件上部900mm的范围内，用手向两侧缓慢弯曲样件至弧形模板位置（见图16-12），左右往复弯曲5次。按图16-13所示做一塞规，当样件弯曲至最终结束位置保持弯曲状态2min后，观察塞规如能顺利地从波纹管中通过，则柔韧性合格。

塑料波纹管应按批进行验收。同一配方、同一生产工艺、同一设备稳定连续生产的数量不超过10000m的产品为一批。

塑料波纹管经外观质量检验合格后，检验其他指标均合格时，则判该批产品为合格品。

若其他指标中有一项不合格，则在该产品中重新抽取双倍样品制作试样，对指标中的不合格项目进行复检，复检全部合格，判该批产品为合格批；检测结果若仍有一项不合格，则判该批产品为不合格。

3. 薄壁钢管

薄壁钢管由于自身的刚度大，主要应用于竖向布置的预应力管道和钢筋过于密集，波纹管容易挤扁或易破损的区域。薄壁钢管用于竖向布置的预应力孔道时应注意，当薄壁钢管内有预应力筋时，薄壁钢管的连接最好采用套扣连接，避免使用焊接连接。

4. 波纹管进场验收

预应力混凝土用波纹管的性能与质量应符合现行行业标准《预应力混凝土用金属波纹管》(JG 225) 和《预应力混凝土桥梁用塑料波纹管》(JT/T 529) 的规定。

波纹管进场时或在使用前应采用目测方法全数进行外观检查，金属波纹管外观应清洁，内外表面无油污、锈蚀、孔洞和不规则的折皱，咬口无开裂、无脱扣。塑料波纹管的外观应光泽、色泽均匀，有一定的柔韧性，内外壁不允许有隔体破裂、气泡、裂口、硬块和影响使用的划伤。

波纹管的内径、波高和壁厚等尺寸偏差不应超出允许值。

波纹管进场时每一合同批应附有质量证明书，并做进场复验。当使用单位能提供近期采用的相同品牌和型号波纹管的检验报告或有可靠的工程经验时，金属波纹管可不做径向刚度、抗渗漏性能的检测，塑料波纹管可不做环刚度、局部横向荷载和柔韧性的检测。

波纹管应分类、分规格存放。金属波纹管应垫枕木并用防水毡布覆盖，并应避免变形和损伤。塑料波纹管储存时应远离热源和化学品的污染，并应避免暴晒。

金属波纹管吊装时，不得在其中部单点起吊；搬运时，不得抛摔或拖拉。

**16.1.6.2 灌浆材料**

对于后张有粘结预应力体系，预应力筋张拉后，孔道应尽快灌浆，可以避免预应力筋锈蚀和减少应力松弛损失。同时利用水泥浆的强度将预应力筋和结构构件混凝土粘结形成整体共同工作，以控制超载时裂缝的间距与宽度并改善梁端锚具的应力集中状况。

(1) 孔道灌浆宜采用强度等级不低于42.5MPa的普通硅酸盐水泥配制的水泥浆。水泥的质量应符合现行国家标准《通用硅酸盐水泥》(GB 175) 的规定。

(2) 灌浆用水泥浆的水灰比不应大于0.4；搅拌后泌水率不宜大于1%，泌水应能在24h内全部重新被水泥浆吸收。

(3) 为了改善水泥浆体性能，可适量掺入高效外加剂，其掺量应经试验确定，水灰比可减至0.32～0.38。

(4) 水泥及外加剂中不应含有对预应力筋有害的化学成分，其中氯离子的含量不应超过水泥重量的0.02%。

(5) 孔道灌浆用外加剂应符合现行国家标准《混凝土外加剂》(GB 8067) 和《混凝土外加剂应用技术规范》(GB 50119) 的规定。

(6) 孔道灌浆用水泥和外加剂进场时应附有质量证明书，并做进场复验。

**16.1.6.3　防护材料**

预应力端头锚具封闭保护宜采用与结构构件同强度等级的细石混凝土，或采用微膨胀混凝土、无收缩砂浆等。无粘结预应力筋锚具封闭前，无粘结筋端头和锚具夹片应涂防腐蚀油脂，并安装配套的塑料防护帽，或采用全封闭锚固体系防护系统。

# 16.2　预应力锚固体系

锚固体系是保证预应力混凝土结构的预加应力有效建立的关键装置。锚固系统通常是指锚具、夹具、连接器及锚下支撑系统等。锚具用以永久性保持预应力筋的拉力并将其传递给混凝土，主要用于后张法结构或构件中；夹具是先张法构件施工时为了保持预应力筋拉力，并将其固定在张拉台座（或钢模）上用的临时性锚固装置，后张法夹具是将千斤顶（或其他张拉设备）的张拉力传递到预应力筋的临时性锚固装置，因此夹具属于工具类的临时锚固装置，也称工具锚；连接器是预应力筋的连接装置，用于连续结构中，可将多段预应力筋连接成完整的长束，是先张法或后张法施工中将预应力从一段预应力筋传递到另一段预应力筋的装置；锚下支撑系统包括锚垫板、喇叭管、螺旋筋或网片等。

预应力筋用锚具、夹具和连接器按锚固方式不同，可分为夹片式（单孔与多孔夹片锚具）、支承式（镦头锚具、螺母锚具）、铸锚式（冷铸锚具、热铸锚具）、锥塞式（钢质锥形锚具）和握裹式（挤压锚具、压接锚具、压花锚具）等。支承式锚具锚固过程中预应力筋的内缩量小，即锚具变形与预应力筋回缩引起的损失小，适用于短束筋，但对预应力筋下料长度的准确性要求严格；夹片式锚具对预应力筋的下料长度精度要求较低，成束方便，但锚固过程中内缩量大，预应力筋在锚固端损失较大，适用于长束筋，当用于锚固短束时应采取专门的措施。

工程设计单位应根据结构要求、产品技术性能、适用性和张拉施工方法等选用匹配的锚固体系。

## 16.2.1　性 能 要 求

锚具、夹具和连接器应具有可靠的锚固性能、足够的承载能力和良好的适用性，以保证充分发挥预应力筋的强度，并安全地实现预应力张拉作业。锚具、夹具和连接器的性能应符合现行国家标准《预应力筋用锚具、夹具和连接器》(GB/T 14370) 和现行行业标准《预应力筋用锚具、夹具和连接器应用技术规程》(JGJ 85) 的规定。

**16.2.1.1　锚具的基本性能**

1. 锚具静载锚固性能

锚具的静载锚固性能，应由预应力筋-锚具组装件静载试验测定的锚具效率系数 $\eta_a$ 和达到实测极限拉力时组装件受力长度的总应变 $\varepsilon_{apu}$ 确定。

锚具效率系数 $\eta_a$ 应按式（16-3）计算：

$$\eta_a = \frac{F_{apu}}{\eta_p \cdot F_{pm}} \tag{16-3}$$

式中　$F_{apu}$——预应力筋-锚具组装件的实测极限拉力；

$F_{pm}$——预应力筋的实际平均极限抗拉力，由预应力筋试件实测破断荷载平均值计算得出；

$\eta_p$——预应力筋的效率系数，应按下列规定取用：预应力筋-锚具组装件中预应力筋为1～5根时，$\eta_p=1$；6～12根时，$\eta_p=0.99$；13～19根时，$\eta_p=0.98$；20根以上时，$\eta_p=0.97$。

预应力筋-锚具组装件的静载锚固性能，应同时满足下列两项要求：

$$\eta_a \geqslant 0.95;\ \varepsilon_{apu} \geqslant 2.0\%$$

当预应力筋-锚具组装件达到实测极限拉力时，应当是由预应力筋的断裂，而不应由锚具的破坏所导致；试验后锚具部件会有残余变形，但应能确认锚具的可靠性。夹片式锚具的夹片在预应力筋拉应力未超过 $0.8f_{ptk}$ 时不允许出现裂纹。

预应力筋-锚具组装件破坏时，夹片式锚具的夹片可出现微裂或一条纵向断裂裂缝。

2. 疲劳荷载性能

用于主要承受静、动荷载的预应力混凝土结构，预应力筋-锚具组装件除应满足静载锚固性能要求外，尚需满足循环次数为200万次的疲劳性能试验。

当锚固的预应力筋为钢丝、钢绞线或热处理钢筋时，试验应力上限取预应力钢材抗拉强度标准值 $f_{ptk}$ 的65%，疲劳应力幅度不小于80MPa。如工程有特殊需要，试验应力上限及疲劳应力幅度取值可以另定。当锚固的预应力筋为有明显屈服台阶的预应力钢材时，试验应力上限取预应力钢材抗拉强度标准值 $f_{ptk}$ 的80%，疲劳应力幅度取80MPa。

试件经受200万次循环荷载后，锚具零件不应疲劳破坏。预应力筋在锚具夹持区域发生疲劳破坏的截面面积不应大于总截面面积的5%。

3. 周期荷载性能

用于有抗震要求结构中的锚具，预应力筋-锚具组装件还应满足循环次数为50次的周期荷载试验。当锚固的预应力筋为钢丝、钢绞线或热处理钢筋时，试验应力上限取预应力钢材抗拉强度标准值 $f_{ptk}$ 的80%，下限取预应力钢材抗拉强度标准值 $f_{ptk}$ 的40%；当锚固的预应力筋为有明显屈服台阶的预应力钢材时，试验应力上限取预应力钢材抗拉强度标准值 $f_{ptk}$ 的90%，下限取预应力钢材抗拉强度标准值 $f_{ptk}$ 的40%。

试件经50次循环荷载后预应力筋在锚具夹持区域不应发生破断。

4. 工艺性能

（1）锚具应满足分级张拉、补张拉和放松拉力等张拉工艺要求。锚固多根预应力筋用的锚具，除应具有整束张拉的性能外，尚应具有单根张拉的可能性。

（2）承受低应力或动荷载的夹片式锚具应具有防止松脱的性能。

（3）当锚具使用环境温度低于－50℃时，锚具尚应符合低温锚固性能要求。

（4）夹片式锚具的锚板应具有足够的刚度和承载力，锚板性能由锚板的加载试验确定，加载至 $0.95f_{ptk}$ 后卸载，测得的锚板中心残余挠度不应大于相应锚垫板上口直径的1/600；加载至 $1.2f_{ptk}$ 时，锚板不应出现裂纹或破坏。

（5）与后张预应力筋用锚具（或连接器）配套的锚垫板、锚固区域局部加强钢筋，在规定的试件尺寸及混凝土强度下，应满足锚固区传力性能要求。

#### 16.2.1.2　夹具的基本性能

预应力筋-夹具组装件的静载锚固性能，应由预应力筋-夹具组装件静载试验测定的夹具效率系数 $\eta_g$ 确定。夹具的效率系数 $\eta_g$ 应按式（16-4）计算：

$$\eta_g=\frac{F_{gpu}}{F_{pm}} \tag{16-4}$$

式中　$F_{gpu}$——预应力筋-夹具组装件的实测极限拉力。

预应力筋-夹具组装件的静载锚固性能试验结果应满足：$\eta_g \geqslant 0.92$。

当预应力筋-夹具组装件达到实测极限拉力时，应当是由预应力筋的断裂，而不应由夹具的破坏所导致。

夹具应具有良好的自锚性能、松锚性能和安全的重复使用性能。主要锚固零件应具有良好的防锈性能。夹具的可重复使用次数不宜少于 300 次。

#### 16.2.1.3　连接器的基本性能

在张拉预应力后永久留在混凝土结构或构件中的预应力筋连接器，都必须符合锚具的性能要求；如在张拉后还须放张和拆除的连接器，则必须符合夹具的性能要求。

### 16.2.2　钢绞线锚固体系

#### 16.2.2.1　单孔夹片锚固体系

单孔夹片锚固体系见图 16-14。

单孔夹片锚具是由锚环与夹片组成，见图 16-15。夹片的种类很多，按片数可分为三片式或二片式。二片式夹片的背面上部锯有一条弹性槽，以提高锚固性能，但夹片易沿纵向开裂；也有通过优化夹片尺寸和改进热处理工艺，取消了弹性槽。按开缝形式可分为直开缝与斜开缝。直开缝夹片最为常用；斜开缝夹片主要用于锚固 7$\phi$5 平行钢丝束，在 20 世纪 90 年代后张预应力结构工程中有相当数量的应用。国内各厂家的单孔夹片锚具型号

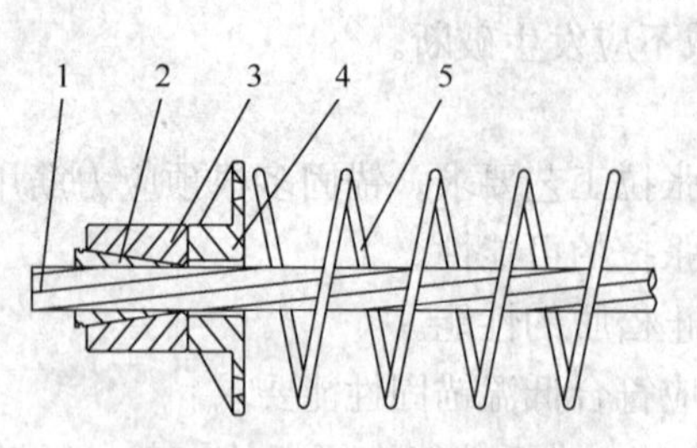


图 16-14　单孔夹片锚固体系示意图

1—预应力筋；2—夹片；3—锚环；
4—承压板；5—螺旋筋

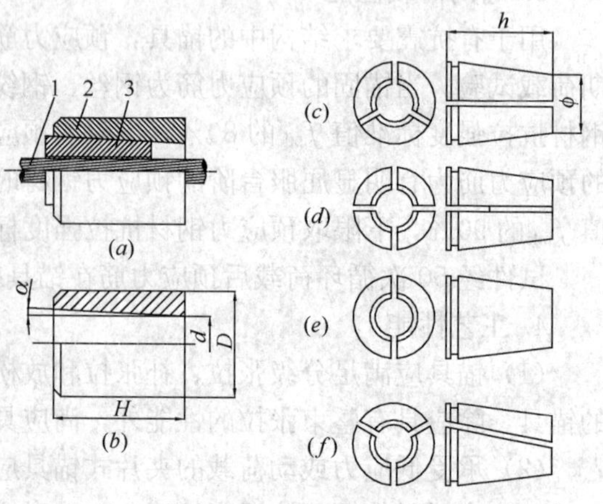


图 16-15　单孔夹片锚具

（a）组装图；（b）锚环；（c）三片式夹片；
（d）二片式夹片；（e）二片式夹片；（f）斜开缝夹片
1—预应力筋；2—锚环；3—夹片

与规格略有不同，应注意配套使用。采用限位自锚张拉工艺时，预应力筋锚固时夹片自动跟进，不需要顶压；采用带顶压器张拉工艺时，锚固时顶压夹片以减小回缩损失。

单孔夹片锚具的锚环，也可与承压钢板合一，采用铸钢制成，图16-16为一种带承压板的锚具。

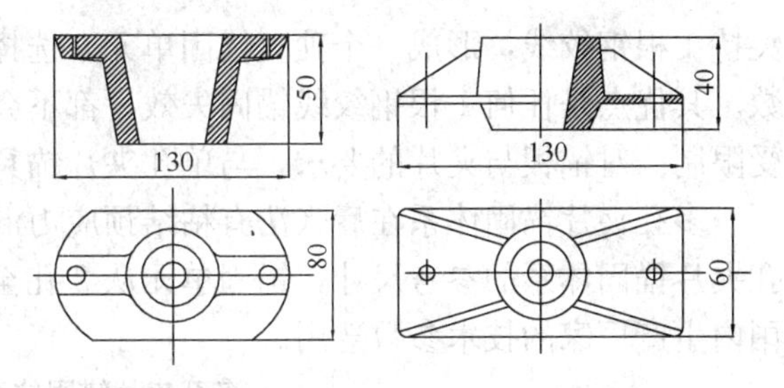


图16-16 带承压板的锚环示意图

单孔夹片锚具主要用于锚固 $\phi^s12.7$、$\phi^s15.2$ 钢绞线制成的预应力筋，也可用于先张法夹具。

单孔二夹片式锚具的参考尺寸见表16-30。

单孔二夹片式锚具参考尺寸 表16-30

| 锚具型号 | 锚环 | | | | 夹片 | | |
|---|---|---|---|---|---|---|---|
| | $D$ | $H$ | $d$ | $a$ | $\phi$ | $h$ | 形式 |
| M13-1 | 40 | 42 | 16 | 6°30′ | 17 | 40 | 二片直开缝（带钢丝圈） |
| M15-1 | 46 | 48 | 18 | | 20 | 45 | |
| M13-1 | 43 | 13 | 16 | 6°00′ | 17 | 38 | 二片直开缝（无弹性槽） |
| M15-1 | 46 | 48 | 18 | | 19 | 43 | |

### 16.2.2.2 多孔夹片锚固体系

多孔夹片锚固体系一般称为群锚，是由多孔夹片锚具、锚垫板（也称喇叭管）、螺旋筋等组成，见图16-17。这种锚具是在一块多孔的锚板上，利用每个锥形孔装一副夹片，

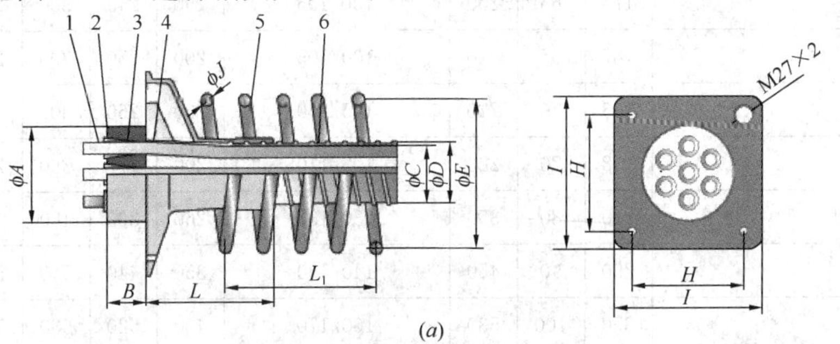


(a)

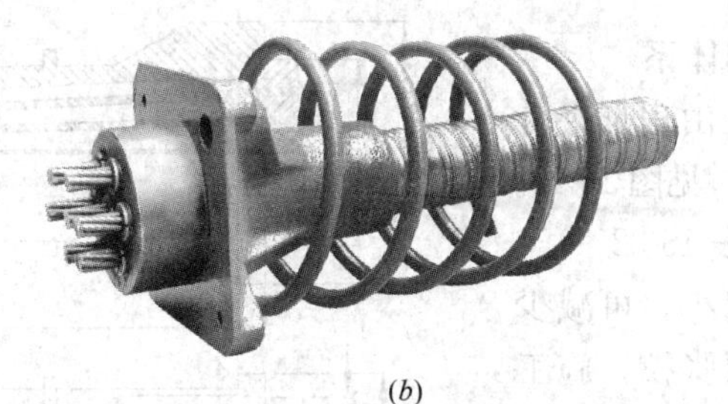

(b)

图16-17 多孔夹片锚固体系

(a) 尺寸示意图；(b) 外观图片

1—钢绞线；2—夹片；3—锚环；4—锚垫板（喇叭口）；5—螺旋筋；6—波纹管

夹持1根钢绞线，形成一个独立锚固单元，选择锚固单元数量即可确定锚固预应力筋的根数。其优点是任何1根钢绞线锚固失效，都不会引起整体锚固失效。每束钢绞线的根数不受限制。对锚板与夹片的要求，与单孔夹片锚具相同。

多孔夹片锚固体系在后张法有粘结预应力混凝土结构中用途最广。表16-31列出了多孔夹片锚固体系的参考尺寸，锚固单元从2孔至55孔可供选择。工程设计施工时可参考国内生产厂家的技术参数选用。

**多孔夹片锚固体系参考尺寸**　　**表16-31**

| 钢绞线直径—根数 | $\phi A$ | $B$ | $L$ | $\phi C/\phi D$ | $H$ | $I$ | $L_1$ | $\phi E$ | $\phi J$ | 圈数 |
|---|---|---|---|---|---|---|---|---|---|---|
| 15-2 | 83 | 45 | | | | 120 | 150 | 120 | 8 | 4 |
| 15-3 | 83 | 45 | 85 | 50/55 | 100 | 130 | 160 | 130 | 10 | 4 |
| 15-4 | 98 | 45 | 90 | 55/60 | 110 | 140 | 200 | 140 | 12 | 4 |
| 15-5 | 108 | 50 | 110 | 55/60 | 120 | 150 | 200 | 150 | 12 | 4 |
| 15-6 | 125 | 50 | 120 | 70/75 | 140 | 180 | 200 | 180 | 12 | 4 |
| 15-7 | 125 | 55 | 120 | 70/75 | 140 | 180 | 200 | 180 | 12 | 4 |
| 15-8 | 135 | 55 | 140 | 80/85 | 160 | 200 | 250 | 200 | 14 | 5 |
| 15-9 | 147 | 55 | 160 | 80/85 | 170 | 210 | 250 | 210 | 14 | 5 |
| 15-10 | 158 | 55 | 180 | 90/95 | 170 | 210 | 300 | 210 | 14 | 5 |
| 15-11 | 158 | 60 | 180 | 90/95 | 170 | 210 | 300 | 210 | 14 | 5 |
| 15-12、13 | 168 | 60 | 190 | 90/95 | 180 | 225 | 300 | 225 | 16 | 5 |
| 15-14、15 | 178 | 65 | 200 | 100/105 | 190 | 240 | 300 | 240 | 16 | 5 |
| 15-16 | 187 | 65 | 210 | 100/105 | 200 | 250 | 300 | 250 | 18 | 5 |
| 15-17 | 195 | 70 | 220 | 105/110 | 200 | 260 | 300 | 260 | 18 | 5 |
| 15-18、19 | 198 | 70 | 220 | 105/110 | 200 | 270 | 360 | 270 | 18 | 6 |
| 15-25、27、31 | 270 | 80 | 350 | 130/137 | 260 | 360 | 480 | 510 | 20 | 8 |
| 15-37 | 290 | 90 | 450 | 140/150 | 350 | 440 | 540 | 570 | 22 | 9 |
| 15-55 | 350 | 100 | 530 | 160/170 | 400 | 520 | 630 | 700 | 26 | 9 |

### 16.2.2.3　扁形夹片锚固体系

扁形夹片锚固体系是由扁形夹片锚具、扁形锚垫板等组成，见图16-18。该锚固体系的参考尺寸见表16-32。

扁锚具有张拉槽口扁小，可减少混凝土板厚，钢绞线单根张拉，施工方便等优点；主要适用于楼板、扁梁、低高度箱梁，以及桥面横向预应力束等。

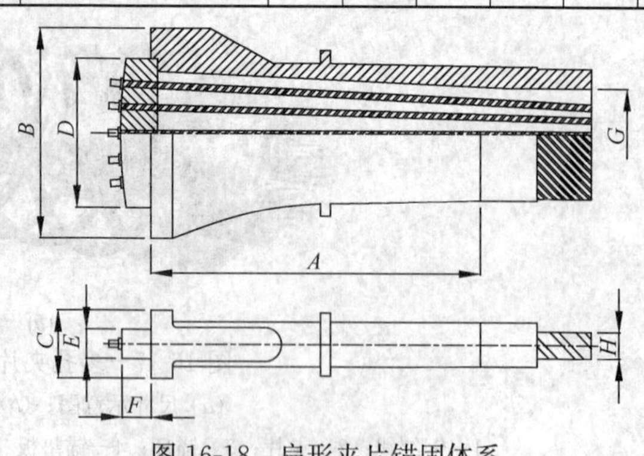

图16-18　扁形夹片锚固体系

扁形夹片锚固体系参考尺寸 表 16-32

| 钢绞线直径-根数 | 扁形锚垫板（mm） | | | 扁形锚板（mm） | | |
|---|---|---|---|---|---|---|
| | *A* | *B* | *C* | *D* | *E* | *F* |
| 15-2 | 150 | 160 | 80 | 80 | 48 | 50 |
| 15-3 | 190 | 200 | 90 | 115 | 48 | 50 |
| 15-4 | 230 | 240 | 90 | 150 | 48 | 50 |
| 15-5 | 270 | 280 | 90 | 185 | 48 | 50 |

### 16.2.2.4 固定端锚固体系

固定端锚固体系有：挤压锚具、压花锚具、环形锚具等类型。其中，挤压锚具既可埋在混凝土结构内，也可安装在结构之外，对有粘结预应力钢绞线、无粘结预应力钢绞线都适用，是应用范围最广的固定端锚固体系。压花锚具适用于固定端空间较大且有足够的粘结长度的固定端。环形锚具可用于墙板结构、大型构筑物墙、墩等环形结构。

在一些特殊情况下，固定端锚具也可选用夹片锚具，但必须安装在构件外，并需要有可靠的防松脱处理，以免浇筑混凝土时或有外界干扰时夹片松开。

1. 挤压锚具

挤压锚具是在钢绞线一端部安装异形钢丝衬圈（或开口直夹片）和挤压套，利用专用挤压设备将挤压套挤过模孔后，使其产生塑性变形而握紧钢绞线，异形钢丝衬圈（或开口直夹片）的嵌入，增加钢套筒与钢绞线之间的摩阻力，挤压套与钢绞线之间没有任何空隙，紧紧握住，形成可靠的锚固，见图 16-19。

挤压锚具后设钢垫板与螺旋筋，用于单根预应力钢绞线时见图 16-19；用于多根有粘结预应力钢绞线时见图 16-20。当一束钢绞线根数较多，设置整块钢垫板有困难时，可采用分块或单根挤压锚具形式，但应散开布置，各个单根钢垫板不能重叠。

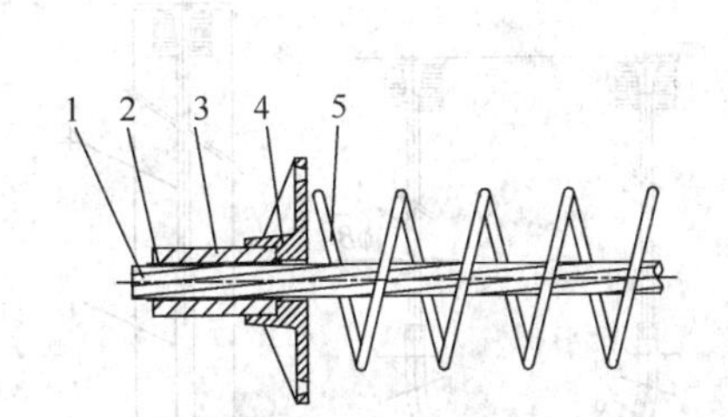

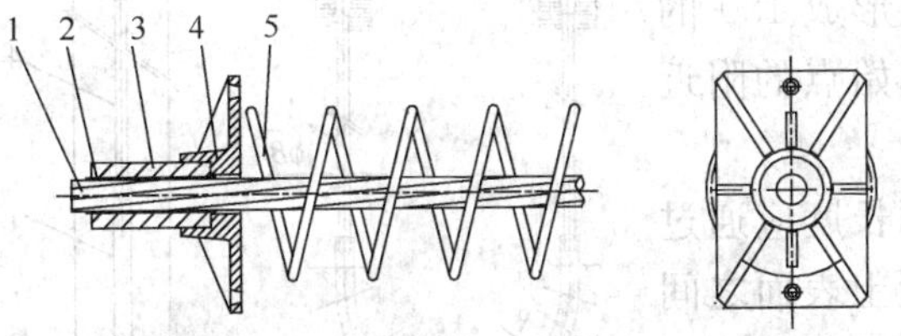

图 16-19 单根挤压锚锚固体系示意图

1—钢绞线；2—挤压片；3—挤压锚环；4—挤压锚垫板；5—螺旋筋

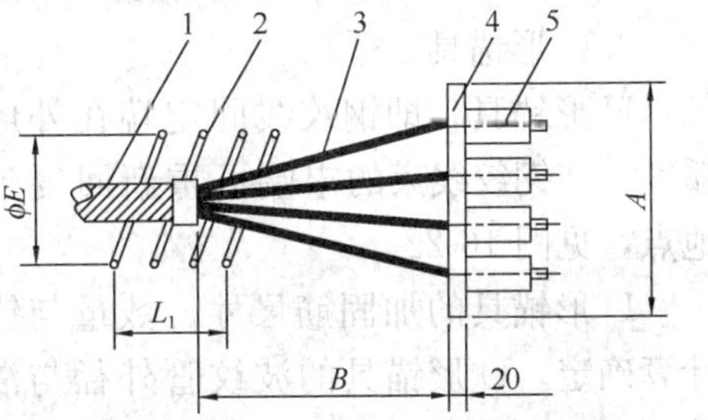

图 16-20 多根钢绞线挤压锚锚固体系示意图

1—波纹管；2—螺旋筋；3—钢绞线；4—垫板；5—挤压锚具

表 16-33 列出了固定端挤压锚具的参考尺寸。

挤压式固定端锚具参考尺寸（mm） 表 16-33

| 型号 | *A* | *B* | $L_1$ | $\phi E$ | 螺旋筋直径 | 圈 数 |
|---|---|---|---|---|---|---|
| JYM15-2 | 100×100 | 180 | 150 | 120 | 8 | 3 |
| JYM15-3 | 120×120 | 180 | 150 | 130 | 10 | 3 |
| JYM15-4 | 150×150 | 240 | 200 | 150 | 12 | 4 |

续表

| 型号 | $A$ | $B$ | $L_1$ | $\phi E$ | 螺旋筋直径 | 圈数 |
|---|---|---|---|---|---|---|
| JYM15-5 | 170×170 | 300 | 220 | 170 | 12 | 4 |
| JYM15-6、7 | 200×200 | 380 | 250 | 200 | 14 | 5 |
| JYM15-8、9 | 220×220 | 440 | 270 | 240 | 14 | 5 |
| JYM15-12 | 250×250 | 500 | 300 | 270 | 16 | 6 |

2. 压花锚具

压花锚具是利用专用液压轧花机将钢绞线端头压成梨形头的一种握裹式锚具，见图16-21。这种锚具适用于固定端空间较大且有足够的粘结长度的有粘结钢绞线。

如果是多根钢绞线的梨形头应分排埋置在混凝土内。为提高压花锚四周混凝土及散花头根部混凝土抗裂强度，在梨形头头部配置构造筋，在梨形头根部配置螺旋筋。混凝土强度不低于C30，压花锚具距离构件截面边缘不小于30mm，第一排压花锚的锚固长度，对$\phi^s$15.2钢绞线不小于900mm，每排相隔至少为300mm。

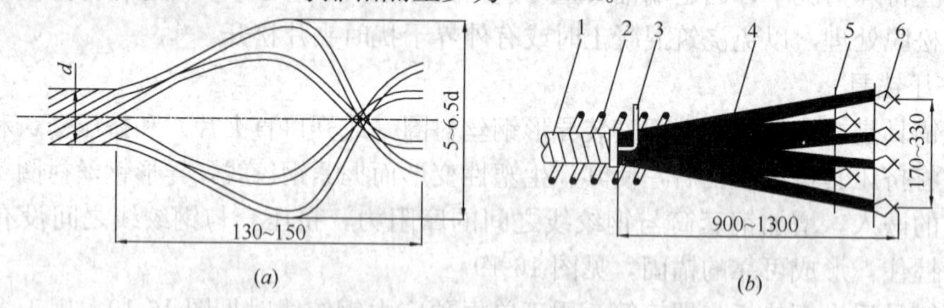


图16-21　压花锚具示意图

(a) 单根钢绞线压花锚具；(b) 多根钢绞线压花锚具

1—波纹管；2—螺旋筋；3—排气孔；4—钢绞线；5—构造筋；6—压花锚具

3. U形锚具

U形锚具，即钢绞线固定端在外形上形成180°的弧度，使钢绞线束的末端可重新回复到起始点的附近地点，见图16-22。

U形锚具的加固筋尺寸、数量与锚固长度应通过计算确定。U形锚具的波纹管外径与混凝土表面之间的距离，应不小于波纹管外径尺寸。

因该锚具的特殊形状，预埋管再穿束难度大，因此一般采用预先将钢绞线穿入波纹管内，并置入结构中定位固定后再浇筑混凝土的方法。

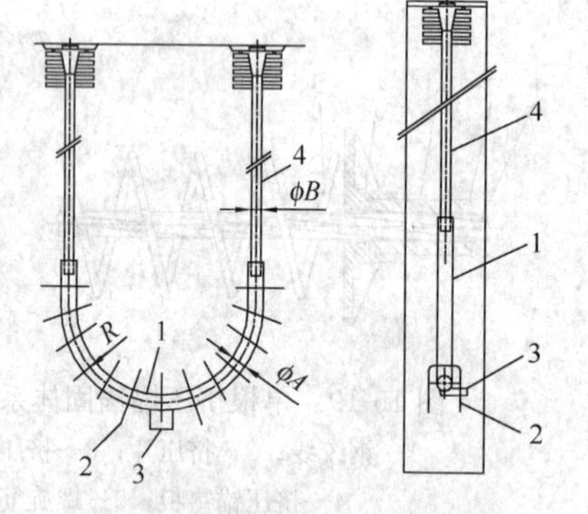


图16-22　U形锚具示意图

1—$\phi A$环形波纹管；2—U形加固筋；3—灌浆管；4—$\phi B$直线波纹管

#### 16.2.2.5　钢绞线连接器

1. 单根钢绞线连接器

单根钢绞线锚头连接器是由带外螺纹的夹片锚具、挤压锚具与带内螺纹的套筒组成，见图16-23。前段筋采用带外螺纹的夹片锚具锚固，后段筋的挤压锚具穿在带内螺纹的套筒内，利用该套筒的内螺纹拧在夹片锚具锚环的外螺纹上，达到连接作用。

单根钢绞线接长连接器是由2个带内螺纹的夹片锚具和1个带外螺纹的连接头组成，

见图 16-24。为了防止夹片松脱，在连接头与夹片之间装有弹簧。

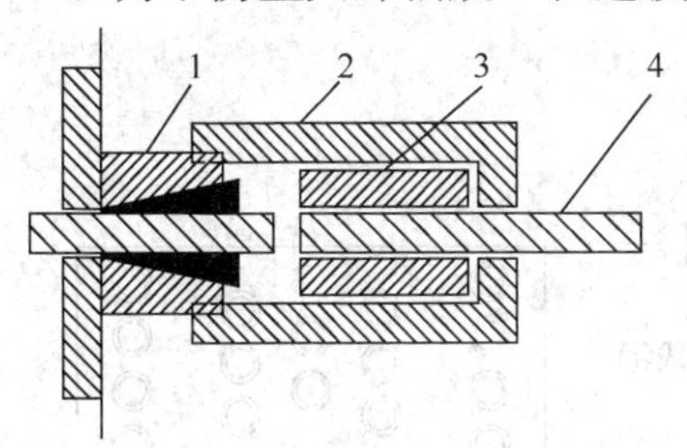


图 16-23 单根钢绞线连接器

1—带外螺纹的锚环；2—带内螺纹的套筒；3—挤压锚具；4—钢绞线

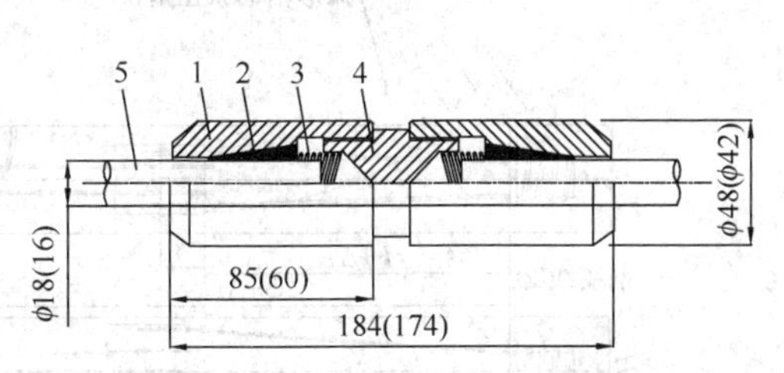


图 16-24 单根钢绞线接长连接器

1—带内螺纹的加长锚环；2—带外螺纹的连接头；3—连接器弹簧；4—夹片；5—钢绞线

2. 多根钢绞线连接器

多根钢绞线锚头连接器主要由连接体、夹片、挤压锚具、护套、约束圈等组成，见图 16-25。其连接体是一块增大的锚板。锚板中部锥形孔用于锚固前段预应力束，锚板外周边的槽口用于挂后段预应力束的挤压锚具。

多根钢绞线接长连接器设置在孔道的直线区段，用于接长预应力筋。接长连接器与锚头连接器的不同处是将锚板上的锥形孔改为孔眼，两段钢绞线的端部均用挤压锚具固定。张拉时连接器应有足够的活动空间。接长连接器的构造见图 16-26。

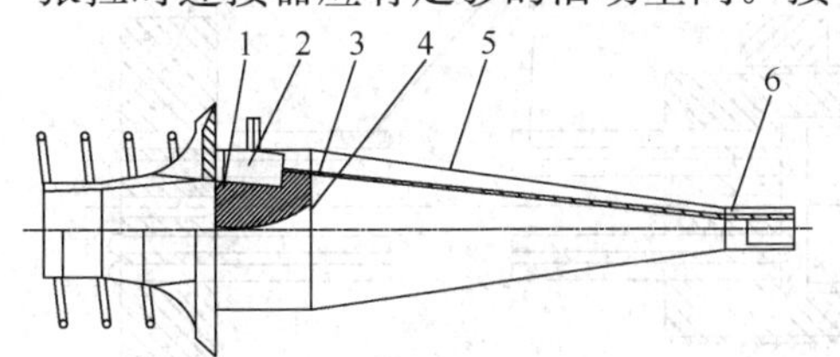


图 16-25 多根钢绞线连接器

1—连接体；2—挤压锚具；3—钢绞线；4—夹片锚具；5—护套；6—约束圈

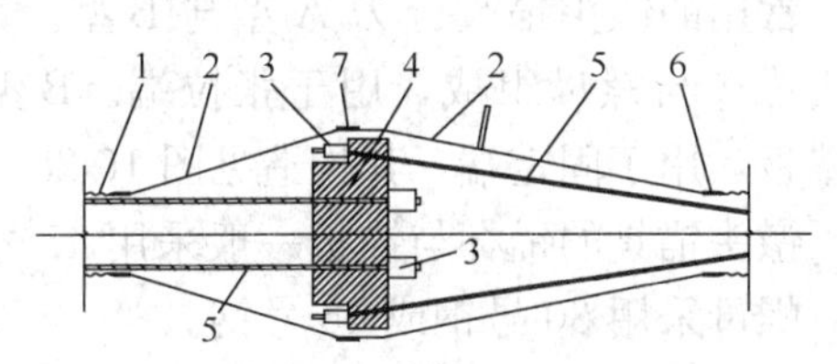


图 16-26 多根钢绞线接长连接器

1—波纹管；2—护套；3—挤压锚具；4—锚板；5—钢绞线；6—钢环；7—打包钢条

### 16.2.2.6 环锚

环锚应用于圆形结构的环状钢绞线束，或使用在两端不能安装普通张拉锚具的钢绞线束。

该锚具的预应力筋首尾锚固在同一块锚板上，见图 16-27。张拉时需加变角块在一个方向进行张拉。表 16-34 列出了环形锚具的参考尺寸。

**环形锚具参考尺寸** **表 16-34**

| 钢绞线直径—根数 | $A$ | $B$ | $C$ | $D$ | $F$ | $H$ |
|---|---|---|---|---|---|---|
| 15-2 | 160 | 65 | 50 | 50 | 150 | 200 |
| 15-4 | 160 | 80 | 90 | 65 | 800 | 200 |
| 15-6 | 160 | 100 | 130 | 80 | 800 | 200 |
| 15-8 | 210 | 120 | 160 | 100 | 800 | 250 |
| 15-12 | 290 | 120 | 180 | 110 | 800 | 320 |
| 15-14 | 320 | 125 | 180 | 110 | 1000 | 340 |

注：参数 $E$、$G$ 应根据工程结构确定，$\Delta L$ 为环形锚索张拉伸长值。

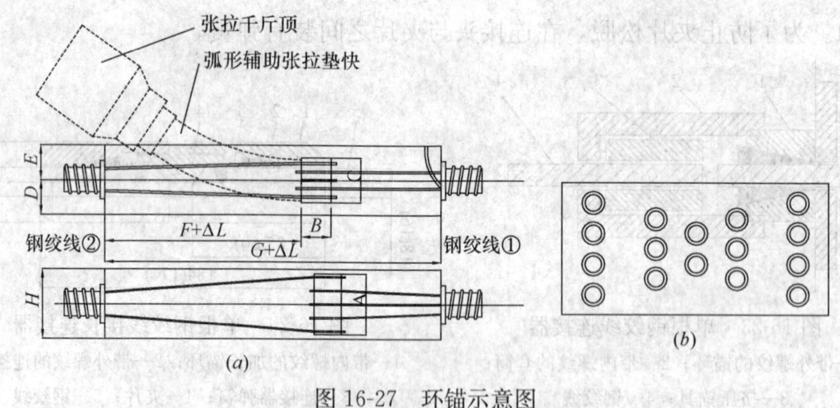


图 16-27　环锚示意图

(a) 环锚有关尺寸；(b) 环锚锥孔

## 16.2.3　钢丝束锚固体系

### 16.2.3.1　镦头锚固体系

镦头锚固体系适用于锚固任意根数的 $\phi5$ 或 $\phi7$ 钢丝束。镦头锚具的型式与规格可根据相关产品选用。

1. 常用镦头锚具

常用的镦头锚具分为 A 型与 B 型。A 型由锚杯与螺母组成，用于张拉端。B 型为锚板，用于固定端，其构造见图 16-28。

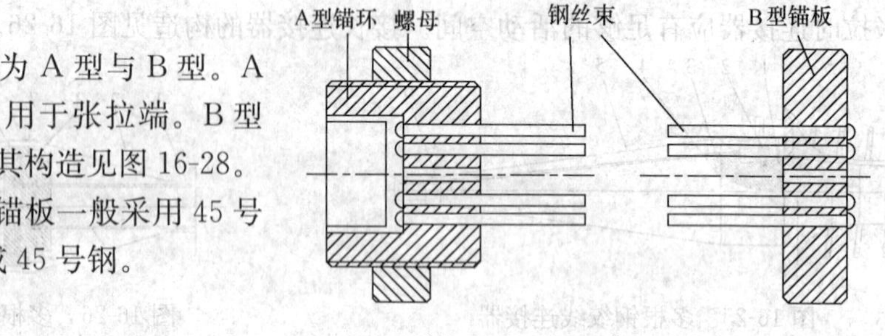


图 16-28　钢丝束镦头锚具

镦头锚具的锚杯与锚板一般采用 45 号钢，螺母采用 30 号钢或 45 号钢。

2. 特殊型镦头锚具

(1) 锚杆型锚具。由锚杆、螺母和半环形垫片组成，见图 16-29。锚杆直径小，构件端部无需扩孔。

(2) 锚板型锚具。由带外螺纹的锚板与垫片组成，见图 16-30。但另一端锚板应由锚板芯与锚板环用螺纹连接，以便锚芯穿过孔道。

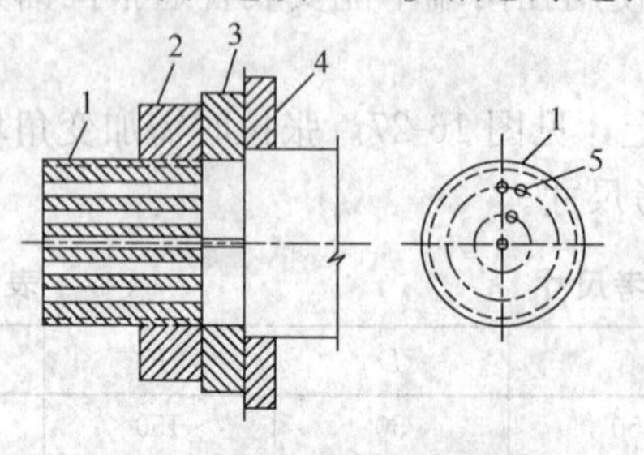


图 16-29　锚杆型镦头锚具

1—锚杆；2—螺母；3—半环形垫片；4—预埋钢板；5—锚孔

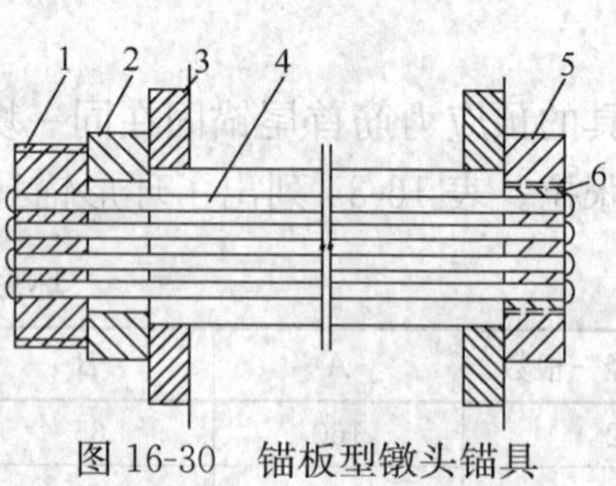

图 16-30　锚板型镦头锚具

1—带外螺纹的锚板；2—半环形垫片；3—预埋钢板；4—钢丝束；5—锚板环；6—锚芯

(3) 钢丝束连接器

当采用镦头锚具时，钢丝束的连接器，可采用带内螺纹的套筒或带外螺纹的连杆，见图 16-31。

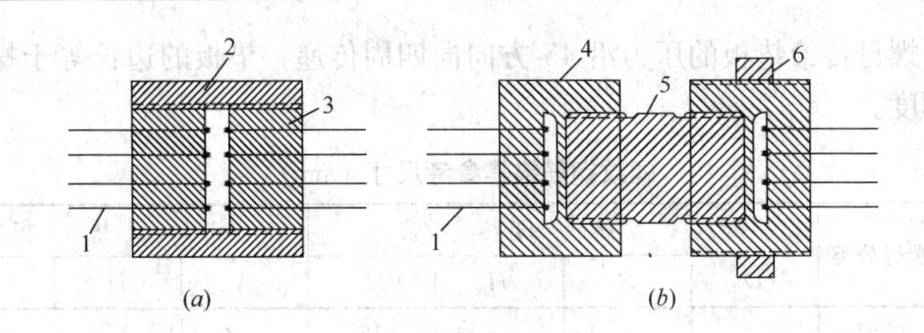


图 16-31　钢丝束连接器

(*a*) 带内螺纹的套筒；(*b*) 带外螺纹的套筒

1—钢丝；2—套筒；3—锚板；4—锚杆；5—连杆；6—螺母

#### 16.2.3.2　钢质锥形锚具

钢质锥形锚具由锚环与锚塞组成，适用于锚固 6～30$\phi$5 和 12～24$\phi$7 钢丝束，见图 16-32。

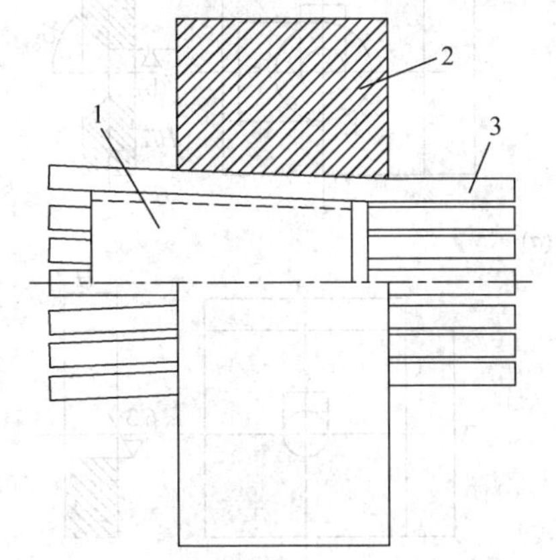


图 16-32　钢质锥形锚具

1—锚塞；2—锚环；3—钢丝束

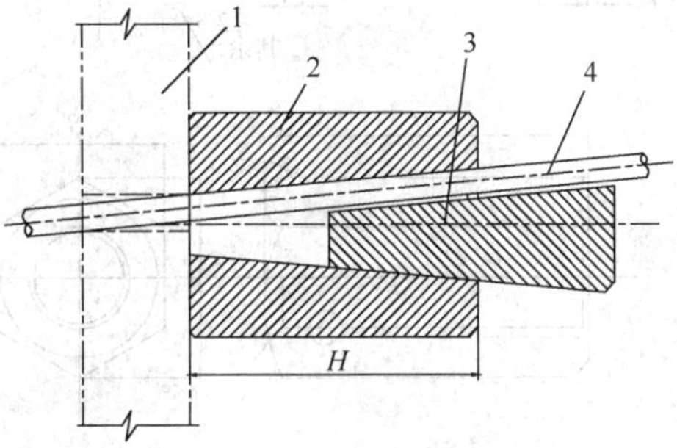

图 16-33　锥销夹具

1—定位板；2—套筒；3—齿板；4—钢丝

#### 16.2.3.3　单根钢丝夹具

1. 锥销式夹具

锥销式夹具由套筒与锥塞组成，见图 16-33，适用于夹持单根直径 4～7mm 的冷拉钢丝和消除应力钢丝等。

2. 夹片式夹具

夹片式夹具由套筒和夹片组成，见图 16-34，适用于夹持单根直径 5～7mm 的消除应力钢丝等。套筒内装有弹簧圈，随时将夹片顶紧，以确保成组张拉时夹片不滑脱。

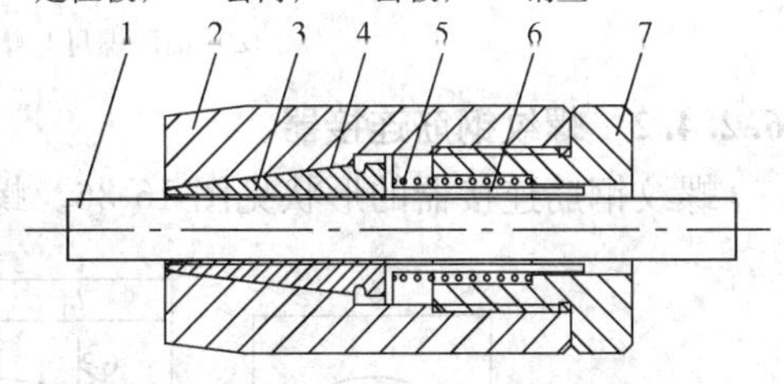


图 16-34　单根钢丝夹片夹具

1—钢丝；2—套筒；3—夹片；4—钢丝圈；5—弹簧圈；6—顶杆；7—顶盖

### 16.2.4　螺纹钢筋锚固体系

#### 16.2.4.1　螺纹钢筋锚具

螺纹钢筋锚具包括螺母与垫板，是利用与该钢筋螺纹匹配的特制螺母锚固的一种支承式锚具，见图 16-35。表 16-35 列出了螺纹钢筋锚具的参考尺寸。

螺纹钢筋锚具螺母分为平面螺母和锥面螺母两种，垫板相应地分为平面垫板与锥面垫板两种。由于螺母传给垫板的压力沿45°方向向四周传递，垫板的边长等于螺母最大外径加2倍垫板厚度。

**螺纹钢筋锚具参考尺寸（mm）　　表16-35**

| 钢筋直径 | 螺母分类 | 螺母 | | | | 垫板 | | | |
|---|---|---|---|---|---|---|---|---|---|
| | | $D$ | $S$ | $H$ | $H_1$ | $A$ | $H$ | $\phi$ | $\phi'$ |
| 25 | 锥面 | 57.7 | 50 | 54 | 13 | 120 | 20 | 35 | 62 |
| | 平面 | | | | — | | | | — |
| 32 | 锥面 | 75 | 65 | 72 | 16 | 140 | 24 | 45 | 76 |
| | 平面 | | | | — | | | | — |

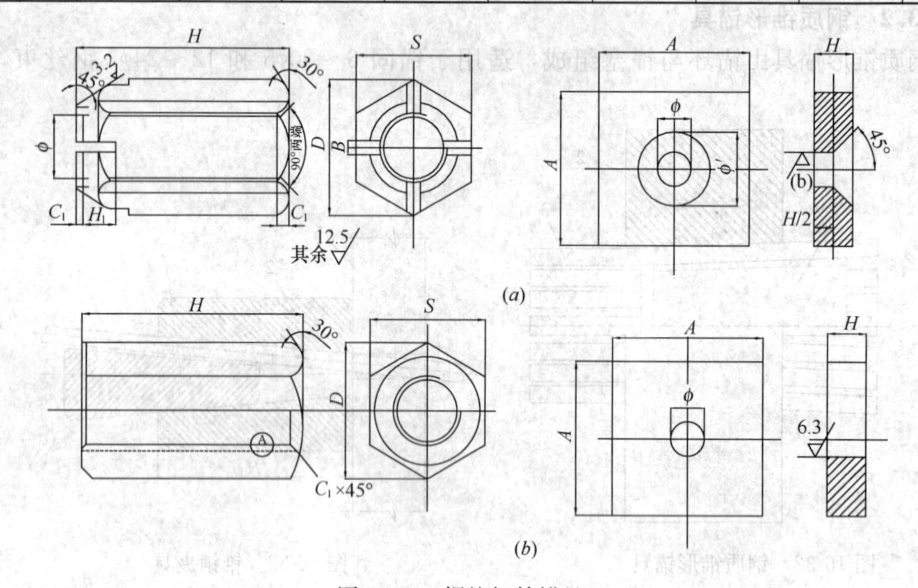


图16-35　螺纹钢筋锚具

（$a$）锥面螺母与垫板；（$b$）平面螺母与垫板

### 16.2.4.2　螺纹钢筋连接器

螺纹钢筋连接器的形状见图16-36。螺纹钢筋连接器的参考尺寸表16-36。

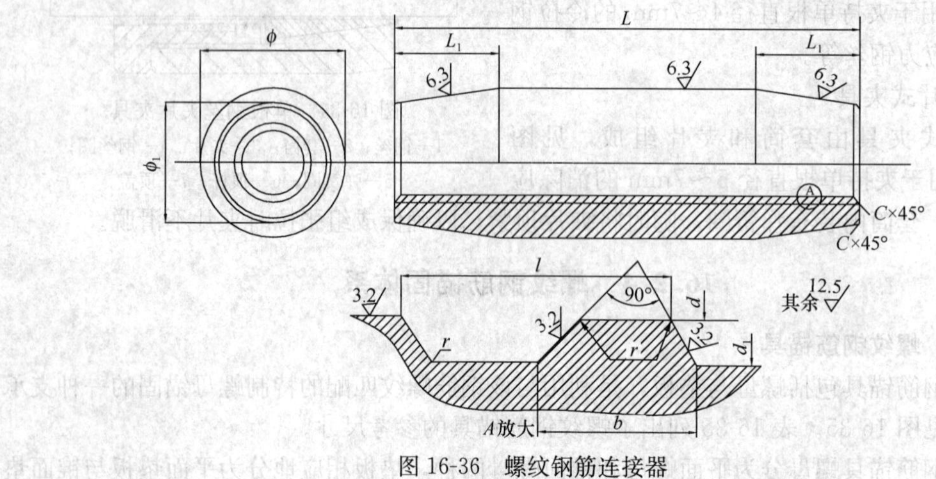


图16-36　螺纹钢筋连接器

螺纹钢筋连接器尺寸（mm） 表 16-36

| 公称直径 | $\phi$ | $\phi_1$ | $L$ | $L_1$ | $d$ | $d_1$ | $l$ | $b$ |
|---|---|---|---|---|---|---|---|---|
| 25 | 50 | 45 | 126 | 45 | 25.5 | 29.7 | 12 | 8 |
| 32 | 60 | 54 | 168 | 60 | 32.5 | 37.5 | 16 | 9 |

## 16.2.5 拉索锚固体系

预应力空间钢结构因其承载力高、改善结构的受力性能、节约钢材、可以表现出优美的建筑造型等优点得到大量的应用，在 2008 北京奥运场馆中广泛采用，取得了极好的效果。随着我国大跨度公共建筑发展的需要，预应力拉索在钢结构、混凝土结构工程中应用日益增多。其锚固体系是基于钢绞线夹片锚具、钢丝束镦头锚具与钢棒钢拉杆锚具等基础上发展起来的，主要包括：钢绞线压接锚具、冷（热）铸镦头锚具和钢绞线拉索锚具及钢拉杆等。

### 16.2.5.1 钢绞线压接锚具

钢绞线压接锚具是利用钢索液压压接机将套筒径向压接在钢绞线端头的一种握裹式锚具，见图 16-37。钢绞线压接锚具的端头分为用于张拉端的螺杆式端头、用于固定端的叉耳及耳板端头。如在叉耳或耳板与压接段之间安装调节螺杆，也可用张拉端。

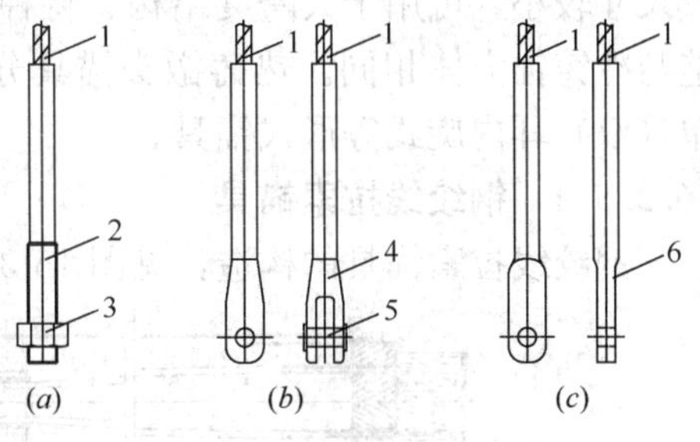


图 16-37 钢绞线压接锚具

（a）螺杆端头；（b）叉耳端头；（c）耳板端头

1—钢绞线；2—螺杆；3—螺母；

4—叉耳；5—轴销；6—耳板

### 16.2.5.2 冷铸镦头锚具

冷铸镦头锚具分为张拉端和固定端两种形式，采用环氧树脂、铁砂等冷铸材料进行浇筑和锚固。这种锚具有较高的抗疲劳性能，在大跨度斜拉索中广泛采用。

冷铸镦头锚具的构造，见图 16-38。其筒体内锥形段灌注环氧铁砂。当钢丝受力时，借助于楔形原理，对钢丝产生夹紧力。钢丝穿过锚板后在尾部镦头，形成抵抗拉力的第二道防线。前端延长筒灌注弹性模量较低的环氧岩粉，并用尼龙环控制钢丝的位置。筒体上有梯形外螺纹和圆螺母，便于调整索力和更换新索。张拉端锚具还有梯形内螺纹，以便与张拉杆连接。

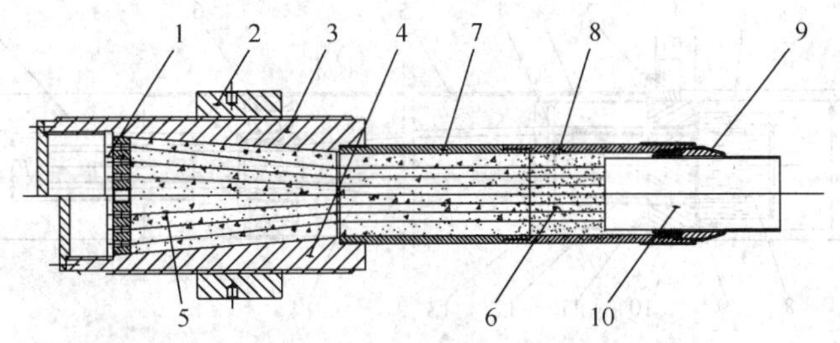


图 16-38 冷铸镦头锚具构造

1—锚头锚板；2—螺母；3—张拉端锚杯；4—固定端锚杯；5—冷铸料；

6—密封料；7—下连接筒；8—上连接筒；9—热收缩套管；10—索体

冷铸镦头锚具技术参数，见表 16-37。

冷铸镦头锚具技术参数　　表 16-37

| 规格 | $D_1$ (mm) | $L_1$ (mm) | $D_2$ (mm) | $L_2$ (mm) | 拉索外径 (mm) | 破断索力 (kN) |
|---|---|---|---|---|---|---|
| 5-55 | ϕ135 | 300 | ϕ185 | 70 | 51 | 1803 |
| 5-85 | ϕ165 | 335 | ϕ215 | 90 | 61 | 2787 |
| 5-127 | ϕ185 | 355 | ϕ245 | 90 | 75 | 4164 |
| 7-55 | ϕ175 | 350 | ϕ225 | 90 | 68 | 3535 |
| 7-85 | ϕ205 | 410 | ϕ275 | 110 | 83 | 5463 |
| 7-127 | ϕ245 | 450 | ϕ315 | 135 | 105 | 8162 |

### 16.2.5.3　热铸镦头锚具

热铸镦头锚具就是用低熔点的合金代替环氧树脂、铁砂浇筑和锚固，且没有延长筒，其尺寸较小，可用于大跨度结构、特种结构等 19～42$\phi$5、$\phi$7 钢丝束。热铸镦头锚具的构造与冷铸锚大体相同。热铸镦头锚具分为叉耳式、单（双）螺杆式、单耳式（耳环式）、单（双）耳内旋式等形式锚具。

### 16.2.5.4　钢绞线拉索锚具

钢绞线拉索锚具的构造，见图 16-39。

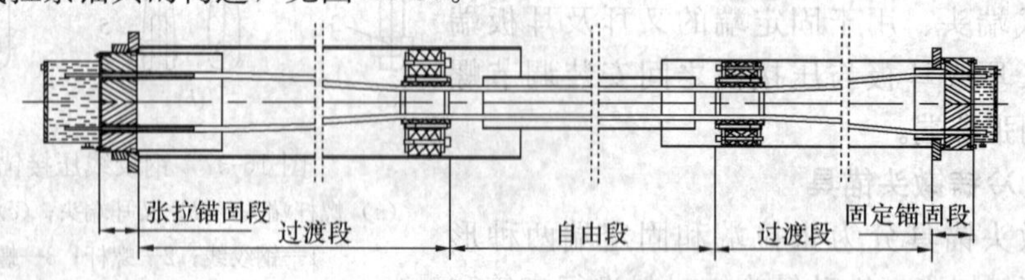


图 16-39　钢绞线拉索锚具构造

1. 张拉端锚具

张拉端锚具构造见图 16-40。对于短索可在锚板外缘加工螺纹，配以螺母承压；对于长索，由于索长调整量大，而锚板厚度有限，因此需要用带支承筒的锚具，锚板位于支承筒顶面，支承筒依靠外面的螺母支承在锚垫板上。为了防止低应力状态下的夹片松动，设有防松装置。

2. 固定端锚具

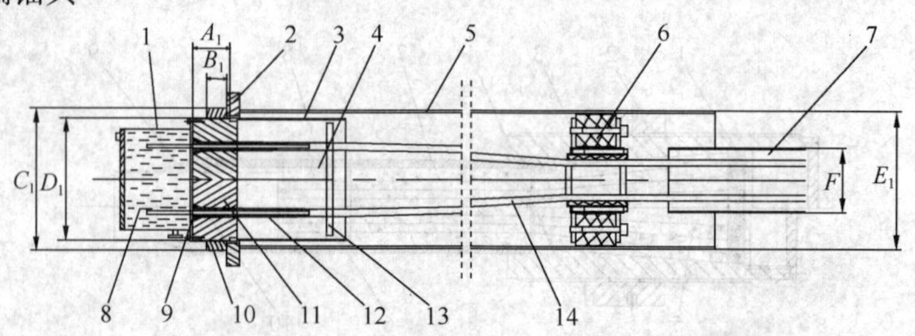


图 16-40　张拉锚固段及过渡段结构示意图

1—防护帽；2—锚垫板；3—过渡管；4—定位浆体；5—导管；6—定位器；7—索套管；8—防腐润滑脂；9—夹片；10—调整螺母；11—锚板；12—穿线管；13—密封装置；14—钢绞线

固定端锚具构造见图16-41。可省去支承筒与螺母。拉索过渡段由锚垫板、预埋管、索导管、减振装置等组成。减振装置可减轻索的振动对锚具产生的不利影响。

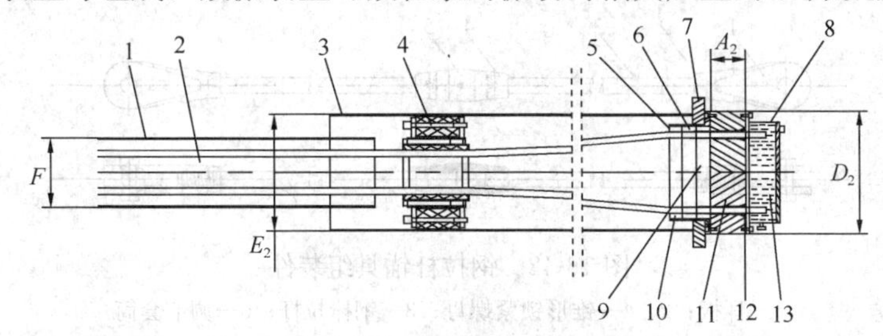


图16-41　固定锚固段及过渡段结构示意图

1—索套管；2—钢绞线；3—导管；4—定位器；5—过渡管；6—密封装置；7—锚垫板；8—防护帽；9—定位浆体；10—穿线管；11—锚板；12—夹片；13—防腐润滑脂

拉索锚具内一般灌注油脂或石蜡等；对抗疲劳要求高的锚具一般灌注粘结料。钢绞线拉索锚具的抗疲劳性能好，施工适应性强，在体外预应力结构索和大跨度斜拉索中得到日益广泛的应用。常用钢绞线拉索锚具技术参数，见表16-38。

**常用钢绞线拉索锚具技术参数**（mm）　　**表16-38**

| 斜拉索规格型号 | DR张拉端 | | | | | DS固定端 | | |
|---|---|---|---|---|---|---|---|---|
| | 锚板外径 $D_1$ | 锚板厚度 $A_1$ | 螺母外径 $C_1$ | 螺母厚度 $B_1$ | 导管参考尺寸 $E_1$ | 锚板外径 $D_2$ | 锚板厚度 $A_2$ | 导管参考尺寸 $E_2$ |
| 15-12 | Tr190×6 | 90 | 230 | 50 | $\phi$219×6.5 | 185 | 85 | $\phi$180×4.5 |
| 15-19 | Tr235×8 | 105 | 285 | 65 | $\phi$267×6.5 | 230 | 100 | $\phi$219×6.5 |
| 15-22 | Tr255×8 | 115 | 310 | 75 | $\phi$299×8 | 250 | 100 | $\phi$219×6.5 |
| 15-31 | Tr285×8 | 135 | 350 | 95 | $\phi$325×8 | 280 | 125 | $\phi$245×6.5 |
| 15-37 | Tr310×8 | 145 | 380 | 105 | $\phi$356×8 | 300 | 150 | $\phi$273×6.5 |
| 15-43 | Tr350×8 | 150 | 425 | 115 | $\phi$406×9 | 340 | 155 | $\phi$325×8 |
| 15-55 | Tr385×8 | 170 | 470 | 130 | $\phi$419×10 | 380 | 175 | $\phi$325×8 |
| 15-61 | Tr385×8 | 185 | 470 | 145 | $\phi$419×10 | 380 | 190 | $\phi$356×8 |
| 15-73 | Tr440×8 | 185 | 530 | 145 | $\phi$508×11 | 430 | 190 | $\phi$406×9 |
| 15-85 | Tr440×8 | 215 | 540 | 175 | $\phi$508×11 | 430 | 220 | $\phi$406×9 |
| 15-91 | Tr490×8 | 215 | 590 | 160 | $\phi$559×13 | 480 | 230 | $\phi$457×10 |
| 15-109 | Tr505×8 | 220 | 610 | 180 | $\phi$559×13 | 495 | 240 | $\phi$457×10 |
| 15-127 | Tr560×8 | 260 | 670 | 200 | $\phi$610×13 | 550 | 290 | $\phi$508×11 |

注：1. 本表的锚具尺寸同时适应$\phi$15.7mm钢绞线斜拉索；

2. 当斜拉索规格与本表不相同时，锚具应选择邻近较大规格，如15-58的斜拉索应选配15-61斜拉索锚具；

3. 当所选的斜拉索规格超过本表的范围，可咨询相关专业厂商。

### 16.2.5.5　钢拉杆

钢拉杆锚具组装件，见图16-42。它由两端耳板、钢棒拉杆、调节套筒、锥形锁紧螺母等组成。拉杆材料为热处理钢材。两端耳板与结构支承点用轴销连接。钢棒拉杆可由多根接长，端头有螺纹。调节套筒既是连接器，又是锚具，内有正反牙。钢棒张拉时，收紧调节套筒，使钢棒建立预应力。

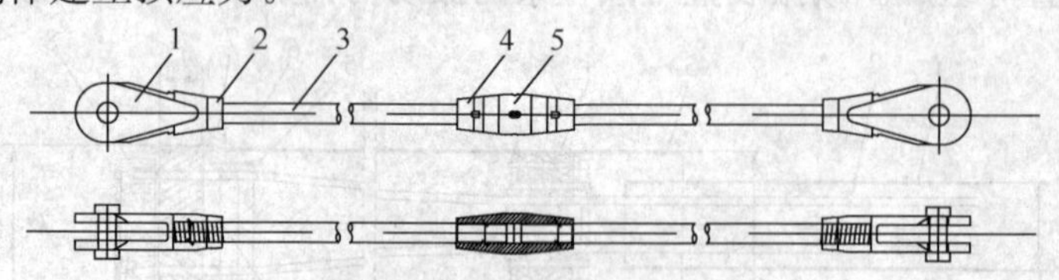


图 16-42　钢拉杆锚具组装件

1—耳板；2、4—锥形锁紧螺母；3—钢棒拉杆；5—调节套筒

## 16.2.6　质 量 检 验

锚具、夹具和连接器的质量验收，应符合现行国家标准《预应力筋用锚具、夹具和连接器》（GB/T 14370）、现行行业标准《预应力筋用锚具、夹具和连接器应用技术规程》（JGJ 85）和现行国家标准《混凝土结构工程施工质量验收规范》（GB 50204）的规定。

锚具、夹具和连接器进场时，应按合同核对锚具的型号、规格、数量及适用的预应力筋品种、规格和强度等。生产厂家应提供产品质量保证书和产品技术手册。产品按合同验收后，应按下列规定进行进场检验，检验合格后方可在工程中应用。

### 16.2.6.1　检验项目与要求

进场验收时，同一种材料和同一生产工艺条件下生产的产品，同批进场时可视为同一检验批。每个检验批的锚具不宜超过 2000 套。连接器的每个检验批不宜超过 500 套。夹具的检验批不宜超过 500 套。获得第三方独立认证的产品，其检验批的批量可扩大 1 倍。验收合格的产品，存放期超过 1 年，重新使用时应进行外观检查。

1. 锚具检验项目

(1) 外观检查

从每批产品中抽取 2%且不少于 10 套锚具，检查外形尺寸、表面裂纹及锈蚀情况。其外形尺寸应符合产品质保书所示的尺寸范围，且表面不得有机械损伤、裂纹及锈蚀；当有下列情况之一时，本批产品应逐套检查，合格者方可进入后续检验：

1）当有 1 个零件不符合产品质保书所示的外形尺寸，则应另取双倍数量的零件重做检查，仍有 1 件不合格；

2）当有 1 个零件表面有裂纹或夹片、锚孔锥面有锈蚀。

对配套使用的锚垫板和螺旋筋可按以上方法进行外观检查，但允许表面有轻度锈蚀。螺旋筋的钢筋不应采用焊接连接。

(2) 硬度检验

对硬度有严格要求的锚具零件，应进行硬度检验。从每批产品中抽取 3%且不少于 5 套样品（多孔夹片式锚具的夹片，每套抽取 6 片）进行检验，硬度值应符合产品质保书的要求。如有 1 个零件硬度不合格时，应另取双倍数量的零件重做检验，如仍有 1 件不合格，则应对本批产品逐个检验，合格者方可进入后续检验。

(3) 静载锚固性能试验

在外观检查和硬度检验都合格的锚具中抽取样品，与相应规格和强度等级的预应力筋组装成3个预应力筋-锚具组装件，进行静载锚固性能试验。每束组装件试件试验结果都必须符合本章第16.2.1.1条的要求。当有一个试件不符合要求，应取双倍数量的锚具重做试验，如仍有一个试件不符合要求，则该批锚具判为不合格品。

2. 夹具检验项目

夹具进场验收时，应进行外观检查、硬度检验和静载锚固性能试验。检验和试验方法与锚具相同；静载锚固性能试验结果都必须符合本章第16.2.1.2条的要求。

3. 连接器的检验

永久留在混凝土结构或构件中的预应力筋连接器，应符合锚具的性能要求；在施工中临时使用并需要拆除的连接器，应符合夹具的性能要求。

另外，用于主要承受动荷载、有抗震要求的重要预应力混凝土结构，当设计提出要求时，应按现行国家标准《预应力筋用锚具、夹具和连接器》(GB/T 14370)的规定进行疲劳性能、周期荷载性能试验；锚具应用于环境温度低于－50℃的工程时，尚应进行低温锚固性能试验。

国家标准《混凝土结构工程施工质量验收规范》(GB 50204—2002)第6.2.3条注：对于锚具用量较少的一般工程，如供货方提供有效的试验报告，可不做静载锚固性能试验。为了便于执行，中国工程建设标准化协会标准《建筑工程预应力施工规程》(CECS 180：2005)第3.3.11条的条文说明进行了如下补充说明：

1）设计单位无特殊要求的工程可作为一般工程；

2）多孔夹片锚具不大于200套或钢绞线用量不大于30t，可界定为锚具用量较少的工程；

3）生产厂家提供的由专业检测机构测定的静载锚固性能试验报告，应与供应的锚具为同条件同系列的产品，有效期一年，并以生产厂有严格的质保体系、产品质量稳定为前提；

4）如厂家提供的单孔和多孔夹片锚具的夹片是通用产品，对一般工程可采用单孔锚具静载锚固性能试验考核夹片质量；

5）单孔夹片锚具、新产品锚具等仍按正常规定做静载锚固性能试验。

**16.2.6.2 锚固性能试验**

预应力筋-锚具或夹具组装件应按图16-43的装置进行静载试验；预应力筋-连接器组装件应按图16-44的装置进行静载试验。

1. 一般规定

(1) 试验用预应力筋可由检测单位或受检单位提供，同时还应提供该批钢材的质量质保书。试验用预应力筋应先在有代表性的部位至少取6根试件进行母材力学性能试验，试验结果必须符合国家现行标准的规定。其实测抗拉强度平均值 $f_{pm}$ 应符合本工程选定的强度等级，超过上一等级时不应采用。

(2) 试验用预应力筋-锚具（夹具或连接器）组装件中，预应力筋的受力长度不宜小于3m。单根钢绞线的组装件试件，不包括夹持部位的受力长度不应小于0.8m。

(3) 如预应力筋在锚具夹持部位有偏转角度时，宜在该处安设轴向可移动的偏转装置（如钢环或多孔梳子板等）。

(4) 试验用锚固零件应擦拭干净，不得在锚固零件上添加影响锚固性能的介质，如金刚砂、石墨、润滑剂等。

(5) 试验用测力系统，其不确定度不得大于2%；测量总应变的量具，其标距的不确定度不得大于标距的0.2%；其指示应变的不确定度不得大于0.1%。

2. 试验方法

预应力筋-锚具组装件应在专门的装置进行静载锚固性能试验，见图16-43。预应力筋-连接器组装件应按图16-44进行静载锚固性能试验。加载之前应先将各根预应力筋的初应力调匀，初应力可取钢材抗拉强度标准值 $f_{ptk}$ 的5%～10%。正式加载步骤为：按预应力筋抗拉强度标准值 $f_{ptk}$ 的20%、40%、60%、80%，分4级等速加载，加载速度每分钟宜为100MPa；达到80%后，持荷1h；随后用低于100MPa/min加载速度逐渐加载至完全破坏，荷载达到最大值 $F_{apu}$ 或预应力筋破断。

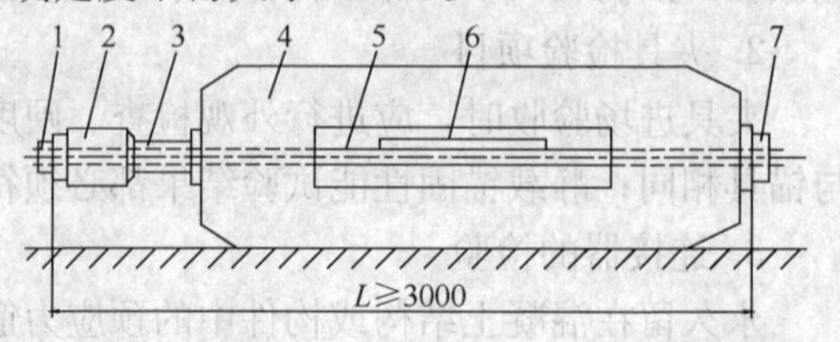


图16-43　预应力筋-锚具组装件静载试验装置
1—张拉端试验锚具；2—加荷载用千斤顶；3—荷载传感器；4—承力台座；5—预应力筋；6—测量总应变的装置；7—固定端试验锚具

用试验机进行单根预应力筋-锚具组装件静载试验时，在应力达到 $0.8f_{ptk}$ 时，持荷时间可以缩短，但不应少于10min。

3. 测量与观察的项目

试验过程中，应选取有代表性的预应力筋和锚具零件，测量其间的相对位移。加载速度不应超过100MPa/min；在持荷期间，如其相对位移继续增加、不能稳定，表明已失去可靠的锚固能力。

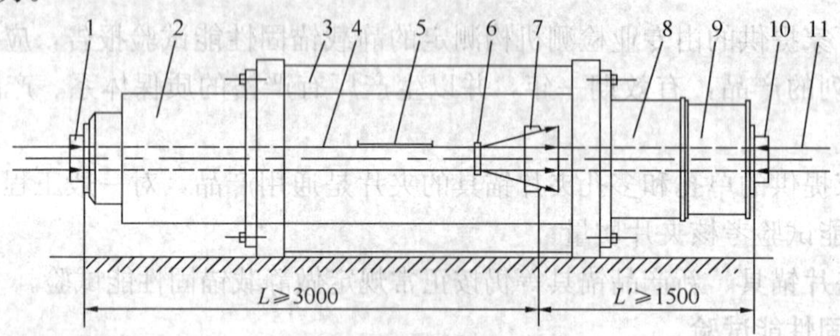


图16-44　预应力筋-连接器组装件静载试验装置
1—张拉端试验锚具；2—加荷载用千斤顶；3—承力台座；4—连续段预应力筋；5—测量总应变的量具；6—转向约束钢环；7—试验连接器；8—附加承力圆筒或穿心式千斤顶；9—荷载传感器；10—固定端锚具；11—被接段预应力筋

# 16.3　张拉设备及配套机具

预应力施工常用的设备和配套机具包括：液压张拉设备及配套油泵，施工组装、穿束和灌浆机具及其他机具等。

## 16.3.1　液 压 张 拉 设 备

液压张拉设备是由液压张拉千斤顶、电动油泵和张拉油管等组成。张拉设备应装有测力仪表，以准确建立预应力值。张拉设备应由经专业操作培训且合格的人员使用和维护，并按规定进行有效标定。

液压张拉千斤顶按结构形式不同可分为穿心式、实心式。穿心式千斤顶可分为前卡式、后卡式和穿心拉杆式；实心式千斤顶可分为顶推式、机械自锁式和实心拉杆式。

以下简单介绍几种工程常用千斤顶形式。

#### 16.3.1.1 穿心式千斤顶

穿心式千斤顶是一种具有穿心孔，利用双液压缸张拉预应力筋和顶压锚具的双作用千斤顶。这种千斤顶适应性强，既适用于张拉需要顶压的锚具；配上撑脚与拉杆后，也可用于张拉螺杆锚具和镦头锚具。该系列产品有：YC20D型、YC60型和YC120型千斤顶等。

1. YC60型千斤顶

YC60型千斤顶，主要由张拉油缸、顶压油缸、顶压活塞、穿心套、保护套、端盖堵头、连接套、撑套、回程弹簧和动、静密封圈等组成。该千斤顶配上撑杆与拉杆后，见图16-45。

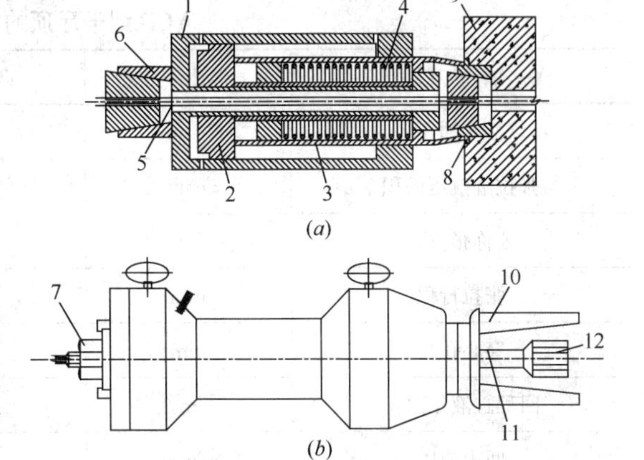


图16-45 YC60型千斤顶

(a) 夹片式构造简图；(b) 螺杆式加撑脚示意图

1—张拉油缸；2—顶压油缸（即张拉活塞）；3—顶压活塞；4—弹簧；5—预应力筋；6—工具锚；7—螺帽；8—工作锚；9—混凝土构件；10—撑脚；11—张拉杆；12—连接器

张拉预应力筋时，A油嘴进油、B油嘴回油，顶压油缸、连接套和撑套连成一体右移顶住锚环；张拉油缸、端盖螺母及堵头和穿心套连成一体带动工具锚左移张拉预应力筋。

顶压锚固时，在保持张拉力稳定的条件下，B油嘴进油，顶压活塞、保护套和顶压头连成一体右移将夹片强力顶入锚环内。

张拉缸采用液压回程，此时A油嘴回油、B油嘴进油。

张拉活塞采用弹簧回程，此时A、B油嘴同时回油，顶压活塞在弹簧力作用下回程复位。

2. YC120型千斤顶

YC120型千斤顶的构造见图16-46，其主要特点是：该千斤顶由张拉千斤顶和顶压千斤顶两个独立部件“串联”组成，但需多一根高压输油管和增设附加换向阀。它具有构造

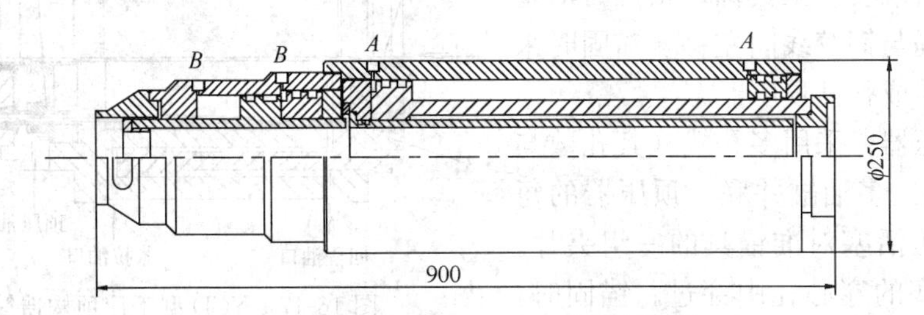


图16-46 YC120型千斤顶构造简图

A—张拉油路；B—顶压油路

简单、制作精度容易保证、装拆修理方便和通用性大等优点，但其轴向长度较大，预留钢绞线较长。

3. 大孔径穿心式千斤顶

大孔径穿心式千斤顶，又称群锚千斤顶，是一种具有一个大口径穿心孔，利用单液缸张拉预应力筋的单作用千斤顶。这种千斤顶广泛用于张拉大吨位钢绞线束；配上撑脚与拉杆后也可作为拉杆式穿心千斤顶。根据千斤顶构造上的差异与生产厂家不同，可分为三大系列产品：YCD 型、YCQ 型、YCW 型千斤顶；每一系列产品又有多种规格。

(1) YCD 型千斤顶

YCD 型千斤顶的技术性能见表 16-39。

**YCD 型千斤顶的技术性能** **表 16-39**

| 项 目 | 单 位 | YCD120 | YCD200 | YCD350 |
|---|---|---|---|---|
| 额定油压 | $N/mm^2$ | 50 | 50 | 50 |
| 张拉缸液压面积 | $cm^2$ | 290 | 490 | 766 |
| 公称张拉力 | kN | 1450 | 2450 | 3830 |
| 张拉行程 | mm | 180 | 180 | 250 |
| 穿心孔径 | mm | 128 | 160 | 205 |
| 回程缸液压面积 | $cm^2$ | 177 | 263 | — |
| 回程油压 | $N/mm^2$ | 20 | 20 | 20 |
| $n$ 个液压顶压缸面积 | $cm^2$ | $n\times5.2$ | $n\times5.2$ | $n\times5.2$ |
| $n$ 个顶压缸顶压力 | kN | $n\times26$ | $n\times26$ | $n\times26$ |
| 外形尺寸 | mm | $\phi315\times550$ | $\phi370\times550$ | $\phi480\times671$ |
| 主机重量 | kg | 200 | 250 | — |
| 配套油泵 | | ZB4-500 | ZB4-500 | ZB4-500 |
| 适用 $\phi15$ 钢绞线束 | 根 | 4～7 | 8～12 | 19 |

注：摘自有关厂家产品资料。

YCD 型千斤顶的构造，见图 16-47。这类千斤顶具有大口径穿心孔，其前端安装顶压器，后端安装工具锚。张拉时活塞杆带动工具锚与钢绞线向左移，锚固时采用液压顶压器或弹性顶压器。

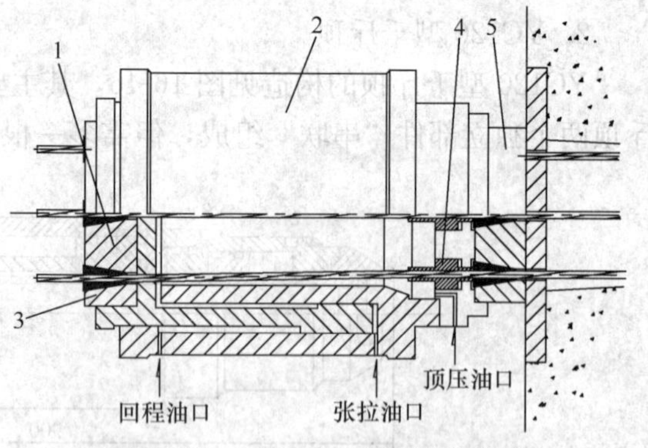

图 16-47 YCD 型千斤顶构造简图

1—工具锚；2—千斤顶缸体；3—千斤顶活塞；4—顶压器；5—工作锚

液压顶压器：采用多孔式（其孔数与锚具孔数同），多油缸并联。顶压器的每个穿心式顶压活塞对准锚具的一组夹片。钢绞线从活塞的穿心孔中穿过。锚固时，穿心活塞同时外伸，分别顶压锚具的每组夹片，每组顶压力为 25kN。这种顶压器的优点在于能够向外露长度不同的夹片，分别进行等载荷的强力顶压锚固。这种做法，可降低锚具加工的尺寸精度，增加锚固的可靠性，减少夹片滑移回缩损失。

弹性顶压器：采用橡胶制筒形弹性元件，每一弹性元件对准一组夹片，钢绞线从弹性元件的孔中穿过。张拉时，弹性顶压器的壳体把弹性元件顶压在夹片上。由于弹性元件与夹片之间有弹性，钢绞线能正常地拉出来。张拉后无顶锚工序，利用钢绞线内缩将夹片带进锚固。这种做法，可使千斤顶的构造简化、操作方便，但夹片滑移回缩损失较大。

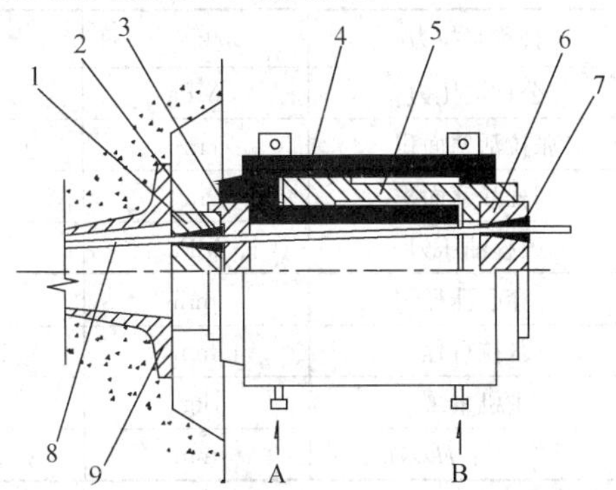

图 16-48 YCQ 型千斤顶的构造简图

1—工作锚板；2—夹片；3—限位板；4—缸体；5—活塞；6—工具锚板；7—工具夹片；8—钢绞线；9—铸铁整体承压板

A—张拉时进油嘴；B—回缩时进油嘴

(2) YCQ 型千斤顶

YCQ 型千斤顶的构造，见图 16-48。这类千斤顶的特点是不顶锚，用限位板代替顶压器。限位板的作用是在钢绞线束张拉过程中限制工作锚夹片的外伸长度，以保证在锚固时夹片有均匀一致和所期望的内缩值。这类千斤顶的构造简单、造价低、无需顶锚、操作方便，但要求锚具的自锚性能可靠。在每次张拉到控制油压值或需要将钢绞线锚住时，只要打开截止阀，钢绞线即随之被锚固。另外，这类千斤顶配有专门的工具锚，以保证张拉锚固后退楔方便。YCQ 型千斤顶技术性能见表 16-40。

**YCQ 型千斤顶技术性能** **表 16-40**

| 项　目 | 单　位 | YCQ100 | YCQ200 | YCQ350 | YCQ500 |
|---|---|---|---|---|---|
| 额定油压 | $N/mm^2$ | 63 | 63 | 63 | 63 |
| 张拉缸活塞面积 | $cm^2$ | 219 | 330 | 550 | 783 |
| 理论张拉力 | kN | 1380 | 2080 | 3460 | 4960 |
| 张拉行程 | mm | 150 | 150 | 150 | 200 |
| 回程缸活塞面积 | $cm^2$ | 113 | 185 | 273 | 427 |
| 回程油压 | $N/mm^2$ | <30 | <30 | <30 | <30 |
| 穿心孔直径 | mm | 90 | 130 | 140 | 175 |
| 外形尺寸 | mm | $\phi$258×440 | $\phi$340×458 | $\phi$420×446 | $\phi$490×530 |
| 主机重量 | kg | 110 | 190 | 320 | 550 |

注：摘自有关厂家产品资料。

(3) YCW 型千斤顶

YCW 型千斤顶是在 YCQ 型千斤顶的基础上发展起来的。近几年来，又进一步开发出 YCW 型轻量化千斤顶，它不仅体积小、重量轻，而且强度高，密封性能好。该系列产品的技术性能，见表 16-41。YCW 型千斤顶加撑脚与拉杆后，可用于镦头锚具和冷铸镦头锚具，见图 16-49。

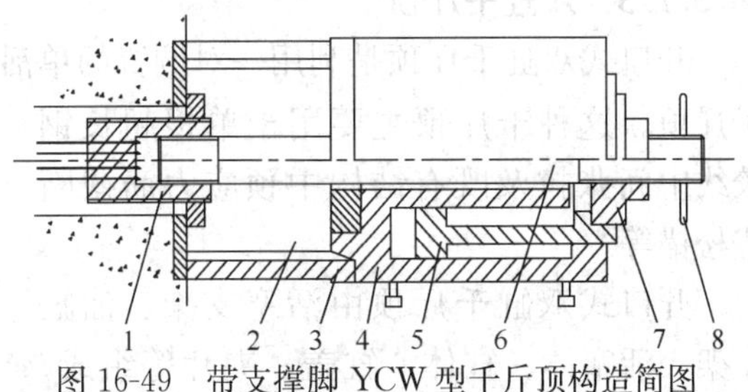

图 16-49 带支撑脚 YCW 型千斤顶构造简图

1—锚具；2—支撑环；3—撑脚；4—油缸；5—活塞；6—张拉杆；7—张拉杆螺母；8—张拉杆手柄

YCWB 型千斤顶技术性能 表 16-41

| 项目 | 单位 | YCW100B | YCW150B | YCW250B | YCW400B |
|---|---|---|---|---|---|
| 公称张拉力 | kN | 973 | 1492 | 2480 | 3956 |
| 公称油压力 | MPa | 51 | 50 | 54 | 52 |
| 张拉活塞面积 | $cm^2$ | 191 | 298 | 459 | 761 |
| 回程活塞面积 | $cm^2$ | 78 | 138 | 280 | 459 |
| 回程油压力 | MPa | ＜25 | ＜25 | ＜25 | ＜25 |
| 穿心孔径 | mm | 78 | 120 | 140 | 175 |
| 张拉行程 | mm | 200 | 200 | 200 | 200 |
| 主机重量 | kg | 65 | 108 | 164 | 270 |
| 外形尺寸 $\phi D\times L$ | mm | $\phi$214×370 | $\phi$285×370 | $\phi$344×380 | $\phi$432×400 |

注：摘自有关厂家产品资料。

#### 16.3.1.2 前置内卡式千斤顶

前置内卡式千斤顶是将工具锚安装在千斤顶前部的一种穿心式千斤顶。这种千斤顶的优点是节约预应力筋，使用方便，效率高。

YCN25 型前卡式千斤顶由外缸、活塞、内缸、工具锚、顶压头等组成，见图 16-50。张拉时既可自锁锚固，也可顶压锚固。采用顶压锚固时，需在千斤顶端部装顶压器，在油泵路上加装分流阀。

YCN25 型前卡式千斤顶的技术性能：张拉力 250kN、额定压力 50MPa、张拉行程 200mm、穿心孔径 18mm、外形尺寸 $\phi$110×550mm、主机重量 22kg，适用于单根钢绞线张拉或多孔锚具单根张拉。

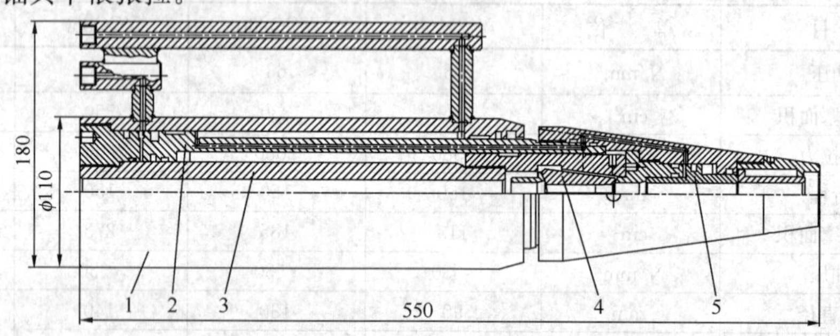


图 16-50 YCN25 型前卡式千斤顶构造简图

1—外缸；2—活塞；3—内缸；4—工具锚；5—顶压头

#### 16.3.1.3 双缸千斤顶

开口式双缸千斤顶是利用一对倒置的单活塞杆缸体将预应力筋卡在其间开口处的一种千斤顶。这种千斤顶主要用于单根超长钢绞线中间张拉及既有结构中预应力筋截断或松锚等。

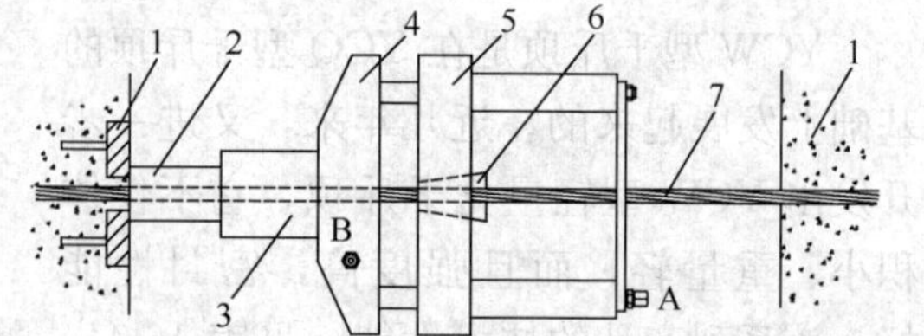


图 16-51 开口式双缸千斤顶构造简图

1—承压板；2—工作锚；3—顶压器；4—活塞支架；5—油缸支架；6—夹片；7—预应力筋；A、B—油嘴

开口式双缸千斤顶由活塞支架、油缸支架、活塞体、缸体、缸盖、夹片等组成，见图 16-51。当油缸支架 A 油嘴进油，活塞支架 B 油嘴回油时，液压油分流到两侧缸

体内，由于活塞支架不动，缸体支架后退带动预应力筋张拉。反之，B油嘴进油，A油嘴回油时，缸体支架复位。

开口式双杠千斤顶的公称张拉力为180kN，张拉行程为150mm，额定压力为40MPa，主机重量为47kg。

#### 16.3.1.4 锥锚式千斤顶

锥锚式千斤顶是一种具有张拉、顶锚和退楔功能的三作用千斤顶，用于张拉锚固钢丝束钢质锥形锚具。

锥锚式千斤顶由张拉油缸、顶压油缸、顶杆、退楔装置等组成，见图16-52，技术参数见表16-42。楔块夹住预应力钢丝后，从A油嘴进油，顶杆伸出将锥形锚塞顶入锚环内；从B油嘴继续进油，千斤顶卸荷回油，利用退楔翼片退楔，顶杆靠弹簧回程。

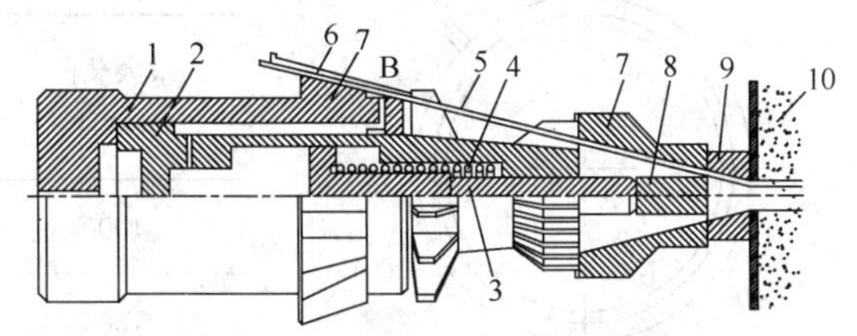


图16-52 YZ锥锚式千斤顶构造简图

1—张拉油缸；2—顶压油缸（张拉活塞）；3—顶压活塞；4—弹簧；5—预应力筋；6—楔块；7—对中套；8—锚塞；9—锚环；10—混凝土构件

YZ型锥锚式千斤顶技术性能 表16-42

| 型号 | 公称张拉力(kN) | 张拉行程(mm) | 主机重量(kg) | 外形尺寸(mm) |
|---|---|---|---|---|
| YZ600 | 600 | 200 | 170 | $\phi$330×818 |
| YZ850 | 850 | 250 | 136 | $\phi$370×796 |
| | | 400 | 155 | $\phi$400×981 |
| YZ1500 | 1500 | 300 | 180 | $\phi$394×892 |

#### 16.3.1.5 拉杆式千斤顶

拉杆式千斤顶由主油缸、主缸活塞、回油缸、回油活塞、连接器、传力架、活塞拉杆等组成。图16-53是用拉杆式千斤顶张拉时的工作示意图。张拉前，先将连接器旋在预应力的螺丝端杆上，相互连接牢固。千斤顶由传力架支承在构件端部的钢板上。张拉时，高压油进入主油缸、推动主缸活塞及拉杆，通过连接器和螺丝端杆，预应力筋被拉伸。千斤顶拉力的大小可由油泵压力表的读数直接显示。当张拉力达到规定值时，拧紧螺丝端杆上的螺母，此时张拉完成的预应力筋被锚固在构件的端部。锚固后回油缸进油，推动回油活塞工作，千斤顶脱离构件，主缸活塞、拉杆和连接器回到原始位置。最后将连接器从螺丝端杆上卸掉，卸下千斤顶，张拉结束。

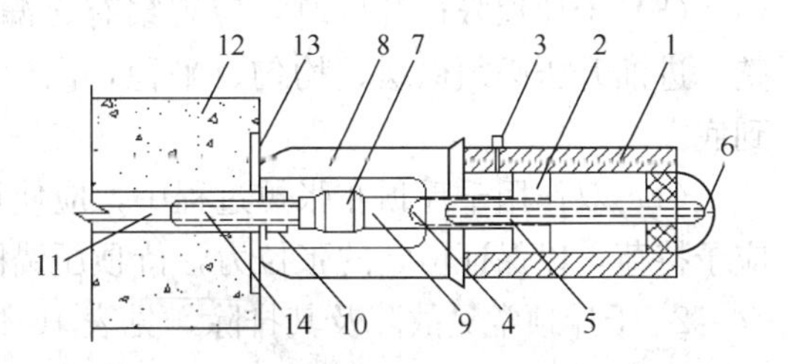


图16-53 拉杆式千斤顶张拉示意图

1—主油缸；2—主缸活塞；3—进油孔；4—回油缸；5—回油活塞；6—回油孔；7—连接器；8—传力架；9—拉杆；10—螺母；11—预应力筋；12—混凝土构件；13—承压板；14—螺丝端杆

目前常用的一种千斤顶是YL60型拉杆式千斤顶。另外，还生产YL400型和YL500型千斤顶，其张拉力分别为4000kN和5000kN，主要用于张拉力大的螺纹钢筋等张拉。

#### 16.3.1.6　扁千斤顶

扁千斤顶采取薄型设计，轴向尺寸很小，见图16-54，常用于狭小的工作空间，如更换桥梁支座。扁千斤顶技术参数见表16-43。

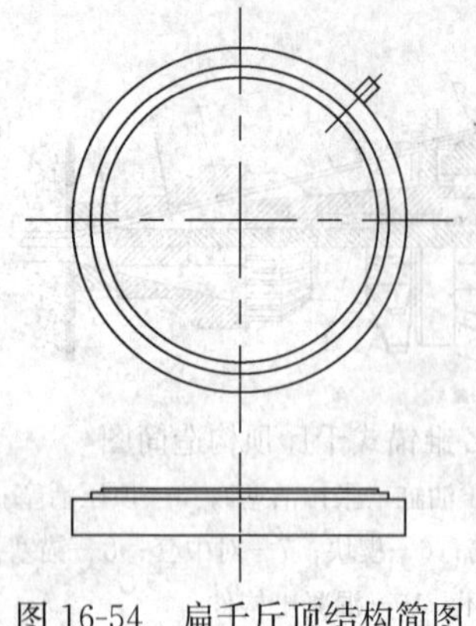

图16-54　扁千斤顶结构简图

扁千斤顶技术参数　表16-43

| 最大载荷(kN) | 最大行程(mm) | 工作压力(MPa) | 外形尺寸(mm) |
|---|---|---|---|
| 1000 | 15 | 50 | ϕ220×50 |
| 1600 | 15 | 51 | ϕ258×60 |
| 2500 | 18 | 50 | ϕ310×78 |
| 3500 | 18 | 49 | ϕ380×107 |

扁千斤顶使用时，需在千斤顶和张顶构件之间放置垫块。

扁千斤顶有临时性使用和永久性使用两种情况。临时性使用是指千斤顶完成张顶后，拆除复原；永久性使用是指千斤顶作为结构的一部分永久保留在结构物中。

#### 16.3.1.7　千斤顶使用注意事项与维护

1. 千斤顶使用注意事项

(1) 千斤顶不允许在超过规定的负荷和行程的情况下使用。

(2) 千斤顶在使用时活塞外露部分如果粘上灰尘杂物，应及时用油擦洗干净。使用完毕后，各油缸应回程到底，保持进、出口的洁净，加覆盖保护，妥善保管。

(3) 千斤顶张拉升压时，应观察有无漏油和千斤顶位置是否偏斜，必要时应回油调整。进油升压必须徐缓、均匀、平稳，回油降压时应缓慢松开回油阀，并使各油缸回程到底。

(4) 双作用千斤顶在张拉过程中，应使顶压油缸全部回油。在顶压过程中，张拉油缸应予持荷，以保证恒定的张拉力，待顶压锚固完成时，张拉缸再回油。

2. 千斤顶常见故障及其排除，见表16-44。

千斤顶常见故障及其排除方法　表16-44

| 故障现象 | 故障的可能原因 | 排除方法 |
|---|---|---|
| 漏油 | 1. 油封失灵<br>2. 油嘴连接部位不密封 | 1. 检查或更换密封圈<br>2. 修理连接油嘴或更换垫片 |
| 千斤顶张拉活塞不动或运动困难 | 1. 操作阀用错<br>2. 回程缸没有回油<br>3. 张拉缸漏油<br>4. 油量不足<br>5. 活塞密封圈胀得太紧 | 1. 正确使用操作阀<br>2. 使张拉缸回油<br>3. 按漏油原因排除<br>4. 加足油量<br>5. 检查密封圈规格或更换 |
| 千斤顶活塞运行不稳定 | 油缸中存有空气 | 空载往复运行几次排除空气 |

续表

| 故障现象 | 故障的可能原因 | 排除方法 |
|---|---|---|
| 千斤顶缸体或活塞刮伤 | 1. 密封圈上混有铁屑或砂粒<br>2. 缸体变形 | 1. 检验密封圈，清理杂物，修理缸体和活塞<br>2. 检验缸体材料、尺寸、硬度，修复或更换 |
| 千斤顶连接油管开裂 | 1. 油管拆卸次数过多、使用过久<br>2. 压力过高<br>3. 焊接不良 | 1. 注意装拆，避免弯折，不易修复时应更换油管<br>2. 检查油压表是否失灵，压力是否超过规定压力<br>3. 焊接牢固 |

## 16.3.2 油　　泵

### 16.3.2.1 通用电动油泵

预应力用电动油泵是用电动机带动与阀式配流的一种轴向柱塞泵。油泵的额定压力应等于或大于千斤顶的额定压力。

ZB4-500 型电动油泵是目前通用的预应力油泵，主要与额定压力不大于 50MPa 的中等吨位的预应力千斤顶配套使用，也可供对流量无特殊要求的大吨位千斤顶和对油泵自重无特殊要求的小吨位千斤顶使用，技术性能见表 16-45。

**ZB4-500 型电动油泵技术性能　　表 16-45**

| | | | | | | | |
|---|---|---|---|---|---|---|---|
| 柱塞 | 直径 | mm | $\phi10$ | 电动机 | 功率 | kW | 3 |
| | 行程 | mm | 6.8 | | 转数 | r/min | 1420 |
| | 个数 | 个 | 2×3 | 用油种类 | | 10 号或 20 号机械油 | |
| 额定油压 | | MPa | 50 | 油箱容量 | | L | 42 |
| 公称流量 | | L/min | 2×2 | 外形尺寸 | | mm | 745×494×1052 |
| 出油嘴数 | | 个 | 2 | 重量 | | kg | 120 |

ZB4-500 型电动油泵由泵体、控制阀、油箱小车和电器设备等组成，见图 16-55。

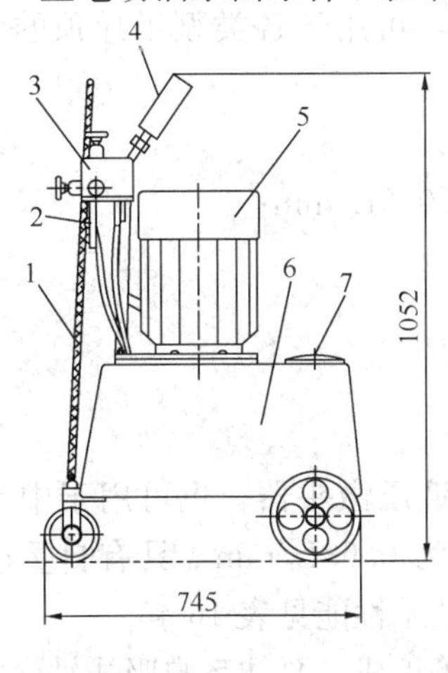


(a)

(b)

图 16-55　ZB4-500 型电动油泵

(a) 电动油泵结构简图；(b) 电动油泵外形图

1—拉手；2—电气开关；3—组合控制阀；4—压力表；5—电动机；6—油箱小车；7—加油口

泵体采用阀式配流的双联式轴向定量泵结构型式。双联式即将同一泵体的柱塞分成两组，共用一台电动机，由公共的油嘴进油，左、右油嘴各自出油，左、右两路的流量和压力互不干扰。

控制阀由节流阀、截止阀、溢流阀、单向阀、压力表和进油嘴、出油嘴、回油嘴组成。节流阀控制进油速度，关闭时进油最快。截止阀控制卸荷，进油时关闭，回油时打开。单向阀控制持荷。溢流阀用于控制最高压力，保护设备。

**16.3.2.2　超高压变量油泵**

（1）ZB10/320-4/800 型电动油泵

ZB10/320-4/800 型电动油泵是一种大流量、超高压的变量油泵，主要与张拉力1000kN 以上或工作压力在 50MPa 以上的预应力液压千斤顶配套使用。

ZB10/320-4/800 型电动油泵的技术性能如下：

额定油压：一级 32MPa；二级 80MPa；

公称流量：一级 10L/min；二级 4L/min；

电动机功率：7.5kW，油泵转速 1450r/min；

油箱容量：120L；

外形尺寸：1100mm×590mm×1120mm；

空泵重量：270kg。

ZB10/320-4/800 型电动油泵由泵体、变量阀、组合控制阀、油箱小车、电气设备等组成。泵体采用阀式配流的轴向柱塞泵，设有 3×$\phi$12 和 3×$\phi$14 两组柱塞副。由泵体小柱塞输出的油液经变量阀直接到控制阀，大柱塞输出油液经单向阀和小柱塞输出油液汇成一路到控制阀。当工作压力超过 32MPa 时，活塞顶杆右移推开变量阀锥阀，使大柱塞输出油液空载流回油箱。此时，单向阀关闭，小柱塞油液不返流而继续向控制阀供油。在电动机功率恒定条件下，因输出流量小而获得较高的工作压力。

（2）ZB618 型电动油泵

ZB618 型电动油泵，即 ZB6/1-800 型电动油泵，可用于各类型千斤顶的张拉，主要特点：

1）0～15MPa 为低压大流量，每分钟流量为 6L；

2）15～25MPa 为变量区，由 6L/min 逐步变为 0.6L/min；

3）25～80MPa 为高压小流量定量区 1L/min；

4）扳动一个手柄，即可实现换向式保压；

5）体积小，重量轻（70kg）。

**16.3.2.3　小型电动油泵**

ZB1-630 型油泵主要用于小吨位液压千斤顶和液压镦头器，也可用于中等吨位千斤顶，见图 16-56。该油泵额定油压为 63MPa，流量为 0.63L/min，具有自重轻、操作简单、携带方便，对高空作业、场地狭窄尤为适用，技术性能见表 16-46。

该油泵由泵体、组合控制阀、邮箱继电器开关等组成。泵体系自吸式轴向柱塞泵。组合控制阀由单向阀、节流阀、截止阀、换向阀、安全阀、油嘴和压力表组成。换向阀手柄居中，各路通 0；手柄顺时针旋紧，上油路进油，下油路回油；反时针旋松，则下油路进油，上油路回油。

**ZB1-630 型电动油泵技术性能** **表 16-46**

| | | | | | | | |
|---|---|---|---|---|---|---|---|
| 柱塞 | 直径 | mm | $\phi$8 | 电动机 | 功率 | kW | 1.1 |
| | 行程 | mm | 5.57 | | 转数 | r/min | 1400 |
| | 个数 | 个 | 3 | 用油种类 | | 10 号或 20 号机械油 | |
| 额定油压 | | MPa | 63 | 油箱容量 | | L | 18 |
| 公称流量 | | L/min | 1 | 外形尺寸 | | mm | 501×306×575 |
| 出油嘴数 | | 个 | 2 | 重量 | | kg | 55 |

### 16.3.2.4 手动油泵

手动油泵是将手动的机械能转化为液体的压力能的一种小型液压泵站，见图 16-57。加装踏板弹簧复位机构，可改为脚动操作。

手动油泵特点：动力为人工手动，高压，超小型，携带方便、操作简单，应用范围广，主机重量根据油箱容量不同一般为 8～20kg。

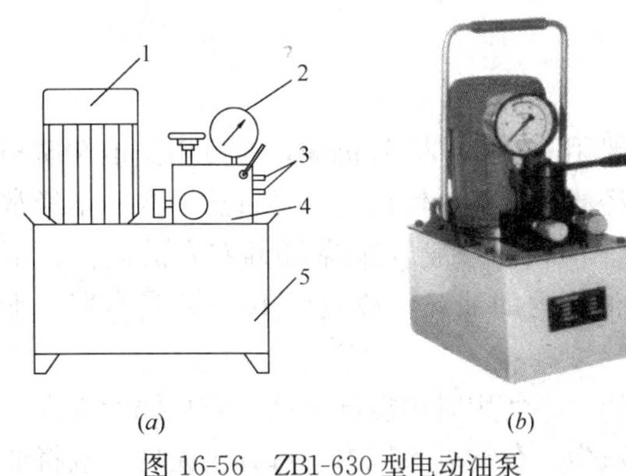


图 16-56 ZB1-630 型电动油泵

(a) 电动油泵结构简图；(b) 电动油泵外形图

1—泵体；2—压力表；3—油嘴；4—组合控制阀；5—油箱

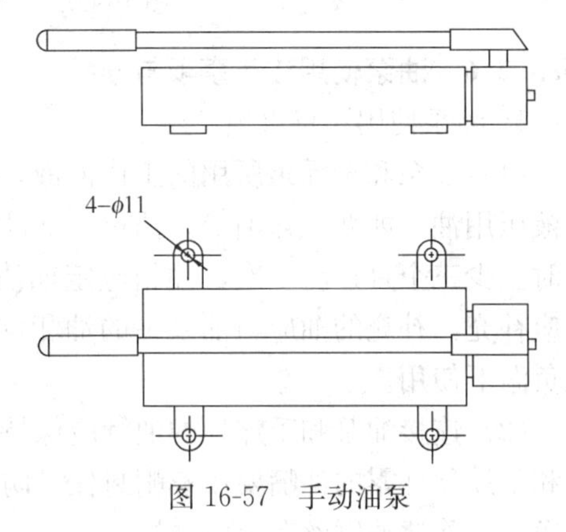


图 16-57 手动油泵

### 16.3.2.5 外接油管与接头

1. 钢丝编织胶管及接头组件连接千斤顶和油泵，见图 16-58。推荐采用钢丝编织胶管。

根据千斤顶的实际工作压力，选择钢丝编织胶管与接头组件。但须注意，连接螺母的螺纹应与液压千斤顶定型产品的油嘴螺纹（M16×1.5）一致。

2. 油嘴及垫片

YC60 型千斤顶、LD10 型钢丝镦头器和 ZB4-500 型电动油泵三种定型产品采用的统一油嘴为 M16×1.5 平端油嘴，见图 16-59，垫片为 $\phi$13.5×$\phi$7×2（外径×外径×厚）紫铜

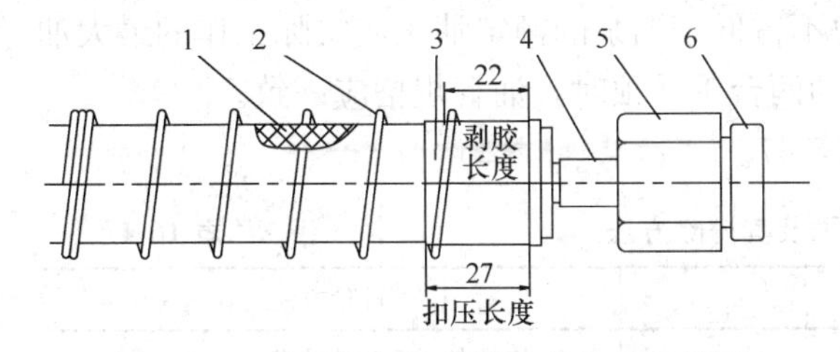


图 16-58 编织钢丝胶管接头组件结构简图

1—钢丝编制胶管；2—保护弹簧；3—接头外套；4—接头芯子；5—接头螺母；6—防尘堵头

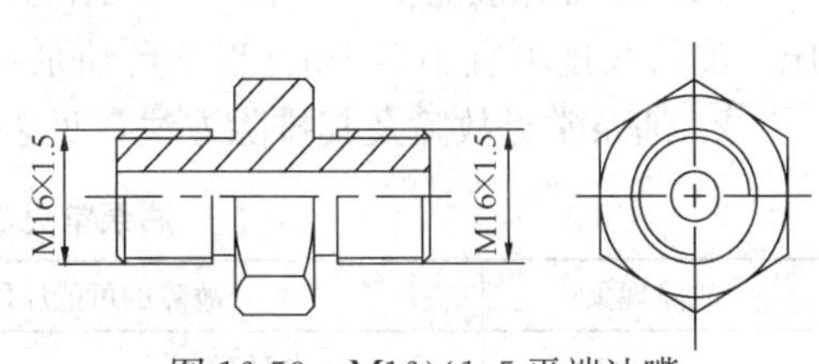


图 16-59 M16×1.5 平端油嘴

垫片（加工后应经退火处理）。

3. 自封式快装接头

为了解决接头装卸需用扳手，卸下的接头漏油造成油液损失和环境污染问题，可采用一种内径6mm的三层钢丝编织胶管和自封式快装接头。该接头完全能承受50N/mm²的油压，而且柔软易弯折，不需工具就能迅速装卸。卸下的管道接头能自动密封，油液不会流失，使用极为方便，结构见图16-60。

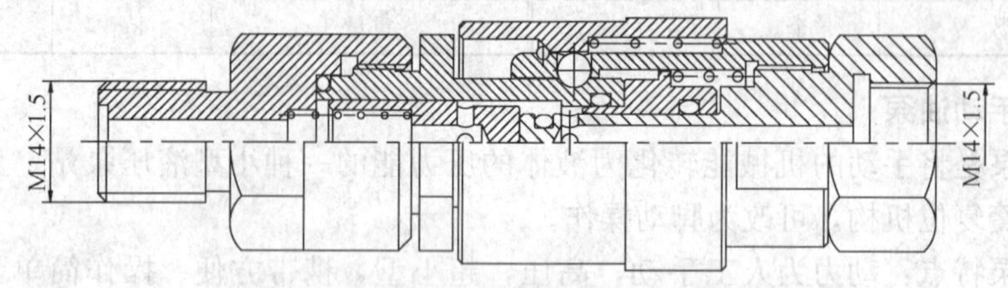


图16-60　自封式快速接头结构简图

### 16.3.2.6　油泵使用注意事项与维护

1. 油泵使用注意事项

（1）油泵和千斤顶所用的工作油液，一般用10号或20号机油，亦可用其他性质相近的液压用油，如变压器油等。油箱的油液需经滤清，经常使用时每月过滤一次，不经常使用时至少三个月过滤一次，油箱应定期清洗。油箱内一般应保持85%左右的油位，不足时应补充，补充的油应与油泵中的油相同。油箱内的油温一般应以10～40℃为宜，不宜在负温下使用。

（2）连接油泵和千斤顶的油管应保持清洁，不使用时用螺丝封堵，防止泥沙进入。油泵和千斤顶外露的油嘴要用螺帽封住，防止灰尘、杂物进入机内。每日用完后，应将油泵擦净，清除滤油铜丝布上的油垢。

（3）油泵不宜在超负荷下工作，安全阀须按设备额定油压或使用油压调整压力，严禁任意调整。

（4）接电源时，机壳必须接地线。检查线路绝缘情况后，方可试运转。

（5）油泵运转前，应将各油路调节阀松开，待压力表慢慢退回至零位后，方可卸开千斤顶的油管接头螺帽。严禁在负荷时拆换油管或压力表等。

（6）油泵停止工作时，应先将回油阀缓缓松开，待压力表慢慢退回至零位后，方可卸开千斤顶的油管接头螺母。严禁在负荷时拆换油管或压力表等。

（7）配合双作用千斤顶的油泵，宜采用两路同时输油的双联式油泵（ZB4/500型）。

（8）耐油橡胶管必须耐高压，工作压力不得低于油泵的额定油压或实际工作的最大油压。油管长度不宜小于3m。当一台油泵带动两台千斤顶时，油管规格应一致。

2. 油泵常见故障及其排除方法，见表16-47。

油泵常见故障及其排除方法　　表16-47

| 故障现象 | 故障的可能原因 | 排除方法 |
|---|---|---|
| 不出油、出油不足或波动 | 1. 泵体内存有空气<br>2. 漏油<br>3. 油箱液面太低 | 1. 旋拧各手柄排出空气<br>2. 查找漏点予以清除<br>3. 添加新油 |

续表

| 故障现象 | 故障的可能原因 | 排除方法 |
| --- | --- | --- |
| 不出油、出油不足或波动 | 4. 油太稀、太黏或太脏<br>5. 泵体之油网堵塞<br>6. 泵体的柱塞卡住、吸油弹簧失效和柱塞与套筒磨损<br>7. 泵体的进排油阀密封不严、配合不好 | 4. 调和适当或更换新油<br>5. 清洗去污<br>6. 清洗柱塞与套筒或更换损坏件<br>7. 清洗阀口或更换阀座、弹簧和密封圈 |
| 压力表上不去 | 1. 泵体内存有空气<br>2. 漏油<br>3. 控制阀上的安全阀口损坏或阀失灵<br>4. 控制阀上的送油阀口损坏或阀杆锥端损坏<br>5. 泵体的进排油阀密封不严、配合不好<br>6. 泵体的柱塞套筒过度磨损 | 1. 旋拧各手柄排出空气<br>2. 查找漏点予以清除<br>3. 锪平阀口并更换损坏件<br>4. 锪平接合处阀口和修换阀杆<br>5. 清洗阀口或更换阀座、弹簧和密封圈<br>6. 更换新件 |
| 持压时表针回降 | 1. 外漏<br>2. 控制阀上的持压单向阀失灵<br>3. 回油阀密封失灵 | 1. 查找漏点予以清除<br>2. 清洗和修刮阀口，敲击钢球或更换新件<br>3. 清洗与修好回油阀口和阀杆 |
| 泄露 | 1. 焊缝或油管路破裂<br>2. 螺纹松动<br>3. 密封垫片失效<br>4. 密封圈破裂<br>5. 泵体的进排油阀口破坏或柱塞与套筒磨损过度 | 1. 重新焊好或更换损坏件<br>2. 拧紧各丝堵、接头和各有关螺钉<br>3. 更换新片<br>4. 更换新件<br>5. 修复阀口或更换阀座、弹簧、柱塞和套筒 |
| 噪声 | 1 进排油路有局部堵塞<br>2. 轴承或其他件损坏和松动<br>3. 吸油管等混入空气 | 1. 除去堵塞物使油路畅通<br>2. 换件或拧紧<br>3. 排气 |

## 16.3.3 张拉设备标定与张拉空间要求

### 16.3.3.1 张拉设备标定

施加预应力用的机具设备及仪表，应由专人使用和管理，并应定期维护和标定。

张拉设备应配套标定，以确定张拉力与压力表读数的关系曲线。标定张拉设备用的压力检测装置精度等级不应低于 0.4 级，量程应为该项试验最大压力的 120%～200%。标定时，千斤顶活塞的运行方向，应与实际张拉工作状态一致。

张拉设备的标定期限，不宜超过半年。当发生下列情况之一时，应对张拉设备重新标定：

(1) 千斤顶经过拆卸修理；

(2) 千斤顶久置后重新使用；

（3）压力表受过碰撞或出现失灵现象；

（4）更换压力表；

（5）张拉中预应力筋发生多根破断事故或张拉伸长值误差较大。

#### 16.3.3.2　液压千斤顶标定

千斤顶与压力表应配套标定，以减少积累误差，提高测力精度。

1. 用压力试验机标定

穿心式、锥锚式和台座式千斤顶的标定，可在压力试验机上进行。

标定时，将千斤顶放在试验机上并对准中心。开动油泵向千斤顶供油，使活塞运行至全部行程的1/3左右，开动试验机，使压板与千斤顶接触。当试验机处于工作状态时，再开动油泵，使千斤顶张拉或顶压试验机。分级记录试验机吨位和对应的压力表读数，重复三次，求其平均值，即可绘出油压与吨位的标定曲线，供张拉时使用。如果需要测试孔道摩擦损失，则标定时将千斤顶进油嘴关闭，用试验机压千斤顶，得出千斤顶被动工作时油压与吨位的标定曲线。

根据液压千斤顶标定方法的试验研究得出：

（1）用油膜密封的试验机，其主动与被动工作室的吨位读数基本一致；因此用千斤顶试验机时，试验机的吨位读数不必修正。

（2）用密封圈密封的千斤顶，其正向与反向运行时内摩擦力不相等，并随着密封圈的做法、缸壁与活塞的表面状态、液压油的黏度等变化。

（3）千斤顶立放与卧放运行时的内摩擦力差异小。因此，千斤顶立放标定时的表读数用于卧放张拉时不必修正。

2. 用标准测力计标定

用测力计标定千斤顶是一种简单可靠的方法，准确程度较高。常用的测力计有水银压力计、压力传感器或弹簧测力环等，标定装置如图16-61、图16-62所示。

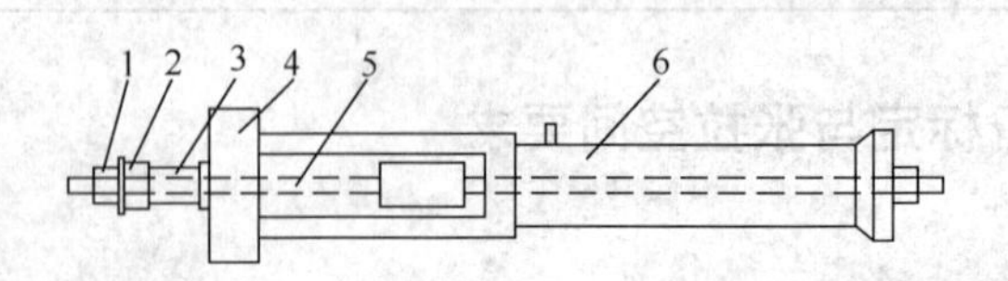


图16-61　用穿心式压力传感器标定千斤顶

1—螺母；2—垫板；3—穿心式压力传感器；4—横梁；5—拉杆；6—穿心式千斤顶

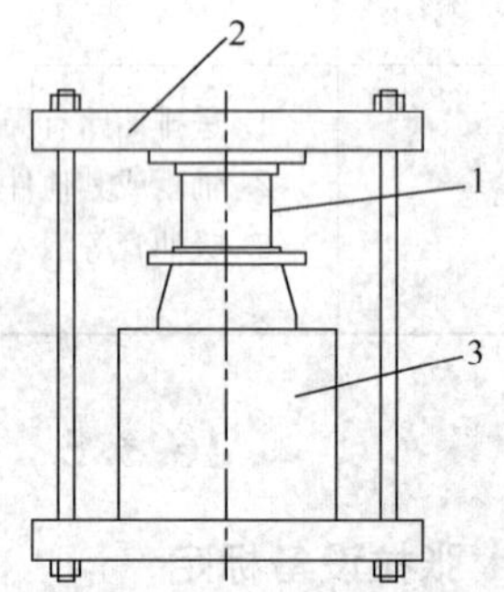


图16-62　用压力传感器（或水银压力计）标定千斤顶

1—压力传感器（或水银压力计）；2—框架；3—千斤顶

标定时，千斤顶进油，当测力计达到一定分级载荷读数N1时，读出千斤顶压力表上相应的读数p1；同样可得对应读数N2、p2；N3、p3；…。此时，N1、N2、N3…即为对应于压力表读数p1、p2、p3…时的实际作用力。重复三次，求其平均值。将测得的各值绘成标定曲线。实际使用时，可由此标定曲线找出与要求的N值相对应的p值。

此外，也可采用两台千斤顶卧放对顶并在其连接处装标准测力计进行标定。千斤顶A进油，B关闭时，读出两组数据：(1) N-Pa 主动关系，供张拉预应力筋时确定张力端拉力用；(2) N-Pb 被动关系，供测试孔道摩擦损失时确定固定端拉力用。反之，可得N-Pb主关系，N-Pa被动关系。

#### 16.3.3.3 张拉空间要求

施工时应根据所用预应力筋的种类及其张拉锚固工艺情况，选用张拉设备。预应力筋的张拉力不宜大于设备额定张拉力的90%，预应力筋的一次张拉伸长值不应超过设备的最大张拉行程。当一次张拉不足时，可采取分级重复张拉的方法，但所用的锚具与夹具应适应重复张拉的要求。

千斤顶张拉所需空间，见图16-63和表16-48。

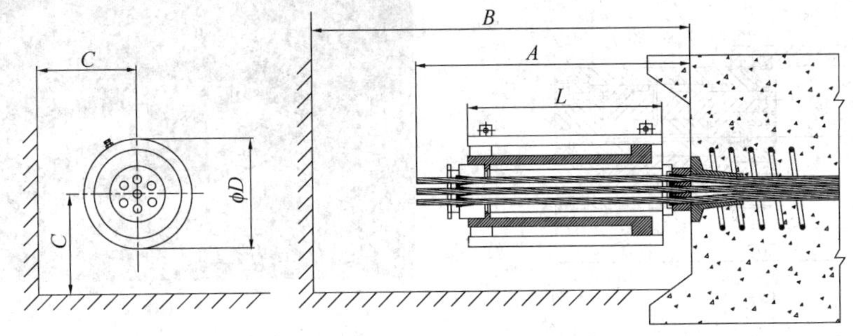


图16-63 千斤顶张拉空间示意图

千斤顶张拉空间 表16-48

| 千斤顶型号 | 千斤顶外径 D (mm) | 千斤顶长度 L (mm) | 活塞行程 (mm) | 最小工作空间 | | 钢绞线预留长度 A (mm) |
|---|---|---|---|---|---|---|
| | | | | B (mm) | C (mm) | |
| YCW100B | 214 | 370 | 200 | 1200 | 150 | 570 |
| YCW150B | 285 | 370 | 200 | 1250 | 190 | 570 |
| YCW250B | 344 | 380 | 200 | 1270 | 220 | 590 |
| YCW350B | 410 | 400 | 200 | 1320 | 255 | 620 |
| YCW400B | 432 | 400 | 200 | 1320 | 265 | 620 |

### 16.3.4 配套机具

#### 16.3.4.1 组装机具

1. 挤压机

挤压机是预应力施工重要配套机具之一，用于预应力钢绞线挤压式固定端的制作，外观见图16-64。

挤压锚具组装时，挤压机的活塞杆推动套筒通过喇叭形挤压模，使套筒变细，挤压簧或挤压片碎断，一半嵌入外钢套，一半压入钢绞线，从而增加钢套筒与钢绞线之间的摩阻力，形成挤压头。挤压后预应力筋外露长度不应小于1mm。

2. 紧楔机

紧楔机是用于夹片式固定端及挤压式固定端的制作，外观见图16-65。在夹片式固定

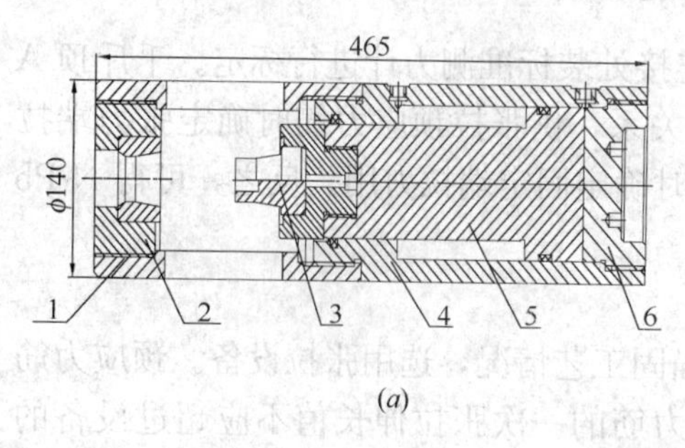


(*a*)

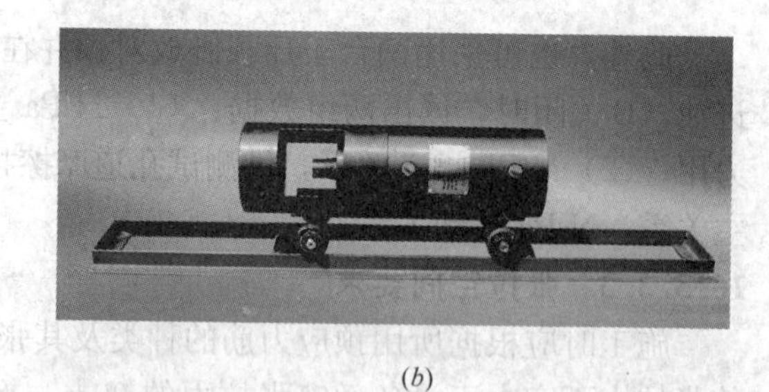

(*b*)

图 16-64　挤压机

(*a*) 挤压机结构简图；(*b*) 挤压机外形图

1—套筒；2—挤压模；3—挤压顶杆；4—外缸；5—活塞；6—端盖

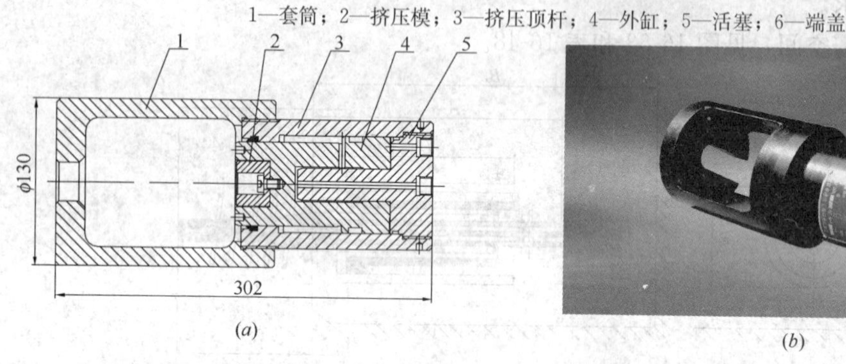


(*a*)

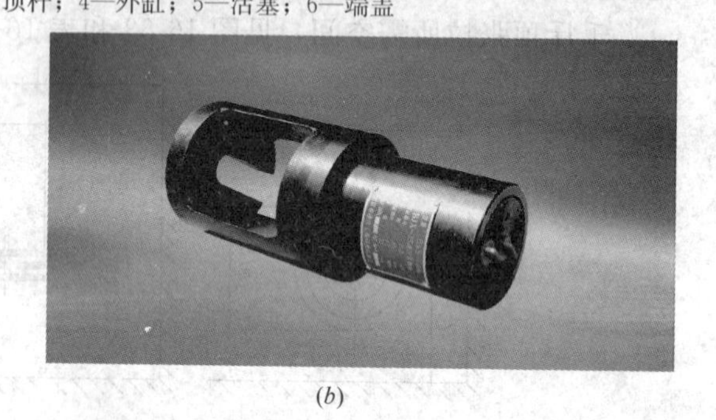

(*b*)

图 16-65　紧楔机

(*a*) 紧楔机结构简图；(*b*) 紧楔机外形图

1—套筒；2—限位块；3—外缸；4—内缸；5—活塞

端的制作中，用紧楔机将夹片压入锚环而将夹片与锚环楔紧；在挤压式固定端的制作中，紧楔机将挤压后的挤压锚环压入配套的挤压锚座中，使得挤压锚具与锚座牢固连接，避免在混凝土振捣过程中与锚座分离，影响张拉及施工质量。

3. 镦头机

对 $\phi7$、$\phi9$ 的预应力钢丝进行镦头的配套机具，外观见图 16-66，常用于先张法构件的施工。在镦头过程中，将钢丝插入镦头机后，镦头机内部的夹片和镦头模即可将钢丝头部压成圆

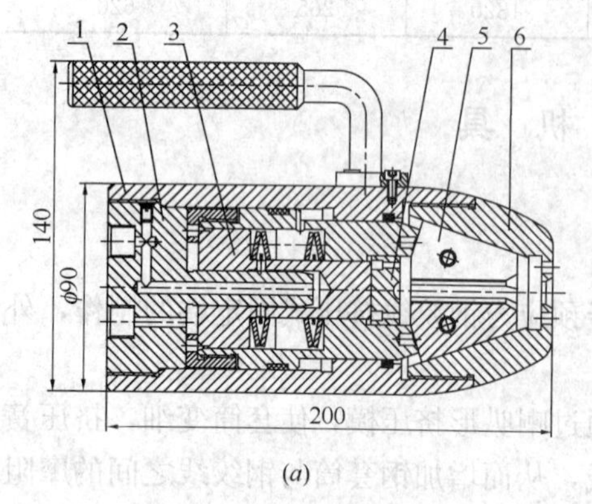


(*a*)

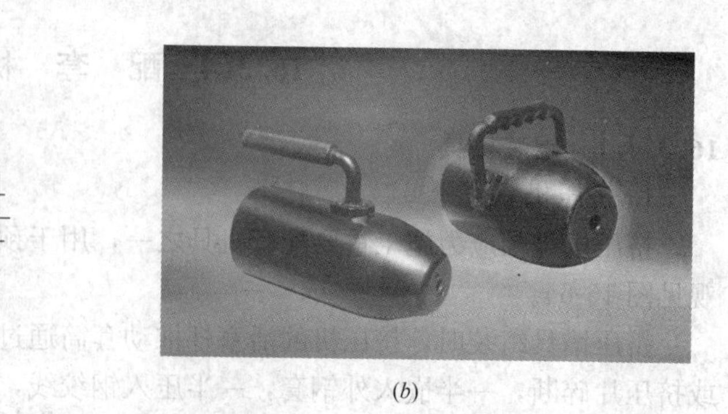

(*b*)

图 16-66　镦头机

(*a*) 镦头机结构简图；(*b*) 镦头机外形图

1—外缸；2—端盖；3—活塞；4—镦头模；5—镦头夹片；6—镦头机锚环

形。镦头锚加工简单，张拉方便，锚固可靠，成本较低，但对钢丝束的等长要求较严。

镦头要求：头型直径应符合 1.4～1.5 倍钢丝直径，头型圆整，不偏歪，颈部母材不受损伤，镦头钢丝强度不得低于钢丝强度标准值的 98%。

4. 液压剪

用于预应力锚具张拉后外露钢绞线的穴内切断，可保证钢绞线端头不露出建筑外立面，外观见图 16-67。

5. 轧花机

轧花机可将钢绞线轧成梨形 H 形锚头，外观见图 16-68。直径 15.2mm 预应力钢绞线轧花后梨形头部尺寸应符合有关规范和标准的要求。H 形锚固体系包括含梨形自锚头的一段钢绞线、支托梨形自锚头用的钢筋支架、螺旋筋、约束圈、金属波纹管等。

图 16-67 液压剪

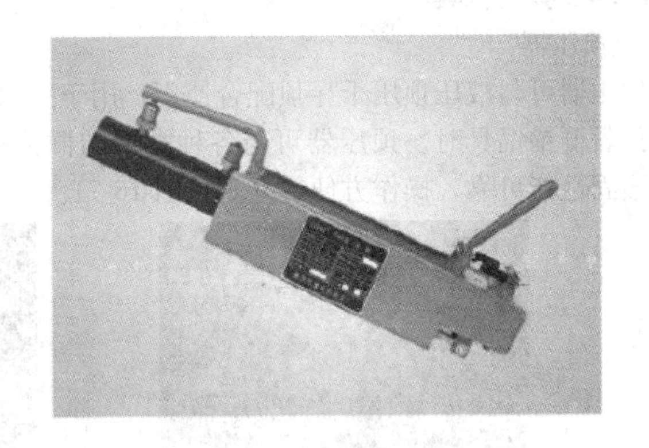

图 16-68 轧花机

#### 16.3.4.2 穿束机具

穿束机适用于预应力钢绞线穿束施工（后张法），穿束机通过内部的辊子对钢绞线施加牵引力，将钢绞线穿入预制的孔道内，具有操作简单，穿束速度快，施工成本低等优点。施工操作时只需 2～3 人即可，不需用吊车、装载机等大型机械配合。图 16-69 所示为工人正在用穿束机穿预应力筋。

图 16-69 采用穿束机穿束

#### 16.3.4.3 灌浆机具

灌浆泵主要用于建筑和桥梁等预应力工程中，作为孔道灌浆的专用设备，如后张法预应力工程的波纹管内灌浆，灌浆后需保证腔体内浆体饱满，无空气、水侵入，从而保证工程的质量，外观见图 16-70。

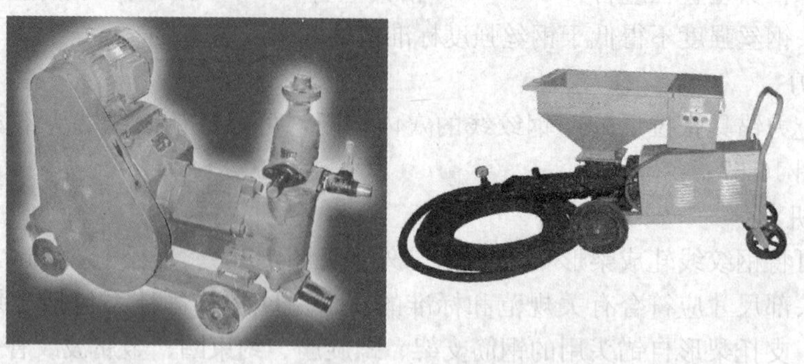

图 16-70　灌浆泵

#### 16.3.4.4　其他机具

1. 顶压器

顶压器可与液压顶压千斤顶配合使用，用于空间无法布置单孔千斤顶位置的张拉，如单根预紧群锚锚具时。顶压器可与各种类型的群锚锚具配合使用，其作用在于限位和顶压，锚固性能可靠，操作方便，外观见图 16-71。

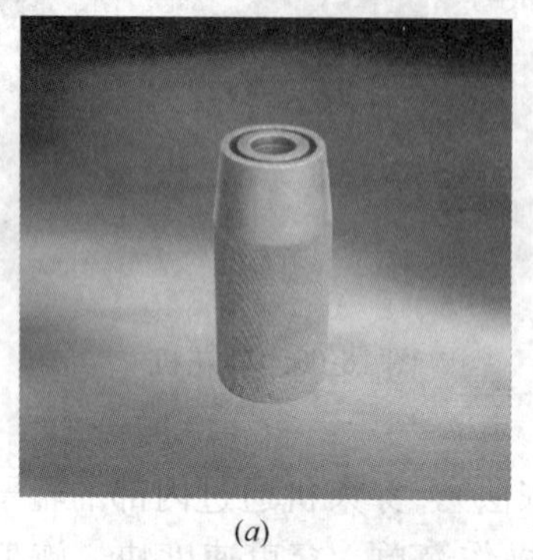

(*a*)

(*b*)

图 16-71　不同形式的顶压器

(*a*) 单孔顶压器；(*b*) 群锚顶压器

2. 变角张拉器

用于需要偏斜张拉的结构，分为单孔变角器和群锚变角器，外观见图 16-72，通过若

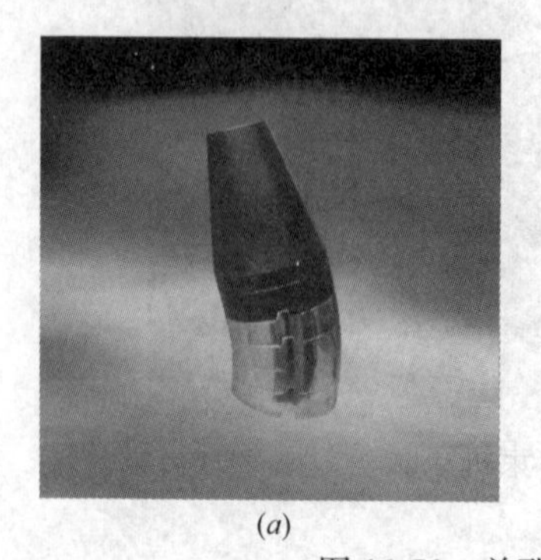

(*a*)

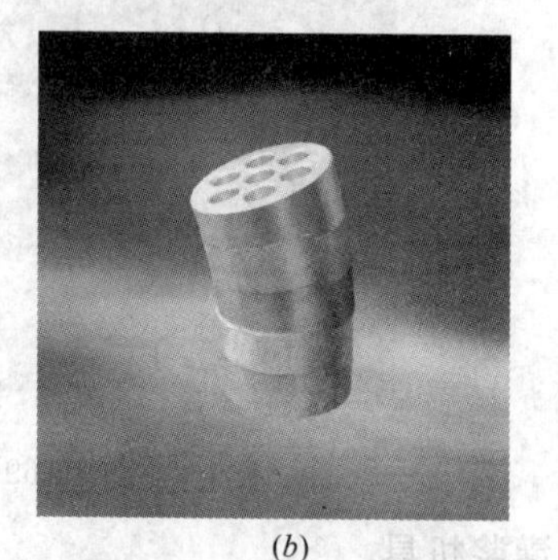

(*b*)

图 16-72　单孔变角器和群锚变角器

(*a*) 单孔变角器；(*b*) 群锚变角器

干个转角块将原有钢绞线延长线的角度逐步改变至方便张拉的角度。转角张拉器也可附加液压顶压功能。

## 16.4 预应力混凝土施工计算及构造

### 16.4.1 预应力筋线形

在预应力混凝土构件和结构中，预应力筋由一系列的正反抛物线或抛物线及直线组合而成。预应力筋的布置应尽可能与外弯矩相一致，并尽量减少孔道摩擦损失及锚具数量。常见的预应力筋布置有以下几种形状，见图16-73。

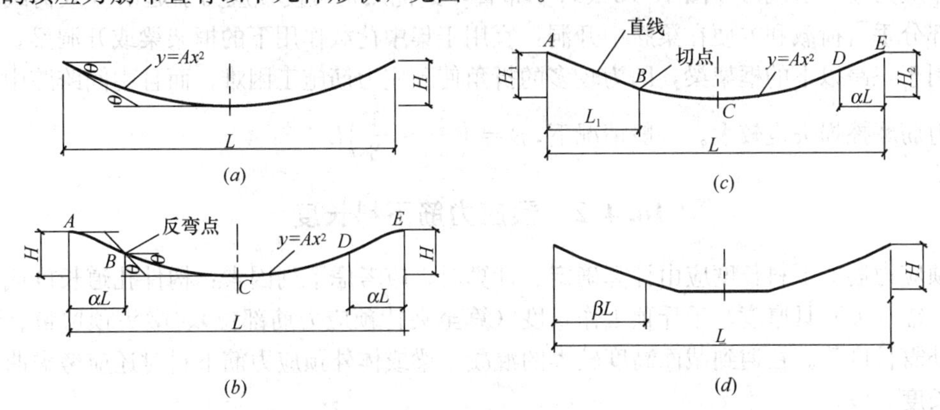


图16-73 预应力筋线形

1. 单抛物线形

预应力筋单抛物线形［图16-73（$a$）］是最基本的线形布置，一般仅适用于简支梁。其摩擦角计算见式（16-5），抛物线方程见式（16-6）。

$$\theta=\frac{4H}{L} \tag{16-5}$$

$$y=Ax^2, A=\frac{4H}{L^2} \tag{16-6}$$

2. 正反抛物线

预应力筋正、反抛物线形［图16-73（$b$）］布置其优点是与荷载弯矩图相吻合，通常适用于支座弯矩与跨中弯矩基本相等的单跨框架梁或连续梁的中跨。预应力筋外形从跨中$C$点至支座$A$（或$E$）点采用两段曲率相反的抛物线，在反弯点$B$（或$D$）处相接并相切，$A$（或$E$）点与$C$点分别为两抛物线的顶点。反弯点的位置距梁端的距离$aL$，一般取为$(0.1\sim0.2)L$。图中抛物线方程见式（16-7）。

$$y=Ax^2 \tag{16-7}$$

式中 跨中区段
$$A=\frac{2H}{(0.5-a)L^2}$$

梁端区段
$$A=\frac{2H}{aL^2}$$

3. 直线与抛物线形相切

预应力筋直线与抛物线形［图 16-73（$c$）］相切布置，其优点是可以减少框架梁跨中及内支座处的摩擦损失，一般适用于双跨框架梁或多跨连续梁的边跨梁外端。预应力筋外形在 $AB$ 段为直线而在其他区段为抛物线，$B$ 点为直线与抛物线的切点，切点至梁端的距离 $L_1$，可按式（16-8）或式（16-9）计算：

$$L_1 = \frac{L}{2}\sqrt{1-\frac{H_1}{H_2}+2a\frac{H_1}{H_2}} \tag{16-8}$$

$$当 H_1 = H_2 时, L_1 = 0.5L\sqrt{2a} \tag{16-9}$$

式中 $a = 0.1 \sim 0.2$。

4. 双折线形

预应力筋双折线形［图 16-73（$d$）］布置，其优点是可使预应力引起的等效荷载直接抵消部分垂直荷载和方便在梁腹中开洞，宜用于集中荷载作用下的框架梁或开洞梁。但是不宜用于三跨以上的框架梁，因为较多的折角使预应力筋施工困难，而且中间跨跨中处的预应力筋摩擦损失也较大。一般情况下，$\beta = \left(\frac{1}{4} \sim \frac{1}{3}\right)L$。

## 16.4.2　预应力筋下料长度

预应力筋的下料长度应由计算确定。计算时，应考虑下列因素：构件孔道长度或台座长度、锚（夹）具厚度、千斤顶工作长度（算至夹持预应力筋部位）、镦头预留量、预应力筋外露长度等。在遇到截面高度较大的混凝土梁或体外预应力筋下料时还应考虑曲线或折线长度。

### 16.4.2.1　钢绞线下料长度

后张法预应力混凝土构件中采用夹片式锚具时，见图 16-74，钢绞线束的下料长度 $L$，按式（16-10）或式（16-11）计算。

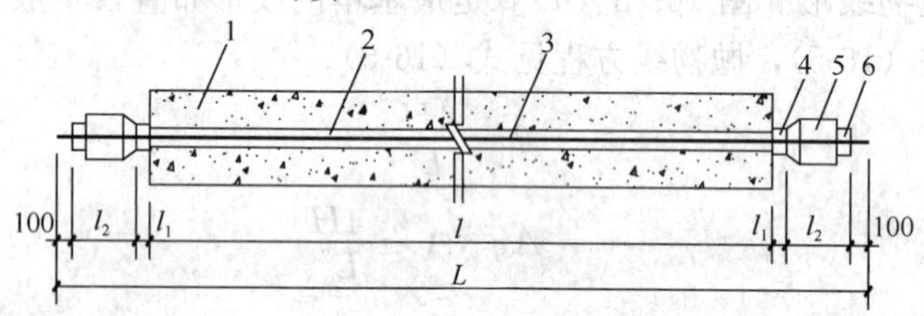


图 16-74　钢绞线下料长度计算简图

1—混凝土构件；2—孔道；3—钢绞线；4—夹片式工作锚；
5—穿心式千斤顶；6—夹片式工具锚

（1）两端张拉：

$$L = l + 2(l_1 + l_2 + 100) \tag{16-10}$$

（2）一端张拉：

$$L = l + 2(l_1 + 100) + l_2 \tag{16-11}$$

式中　$l$ ——构件的孔道长度，对抛物线形孔道长度 $L_p$，可按 $L_p = \left(1+\frac{8h^2}{3l^2}\right)l$ 计算；

$l_1$ ——夹片式工作锚厚度；

$l_2$——张拉用千斤顶长度（含工具锚），当采用前卡式千斤顶时，仅计算至千斤顶体内工具锚处；

$h$——预应力筋抛物线的矢高。

#### 16.4.2.2 钢丝束下料长度

后张法混凝土构件中采用钢丝束镦头锚具时，见图16-75。钢丝的下料长度 $L$ 可按钢丝束张拉后螺母位于锚杯中部计算，见式（16-12）。

$$L = l + 2(h + s) - K(H - H_1) - \Delta L - c \tag{16-12}$$

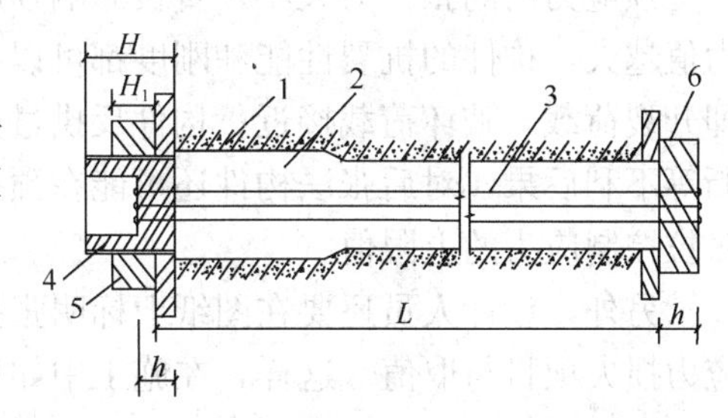


图16-75 采用镦头锚具时钢丝下料长度计算简图

1—混凝土构件；2—孔道；3—钢丝束；4—锚杯；5—螺母；6—锚板

式中 $l$——构件的孔道长度，按实际丈量；

$h$——锚杯底部厚度或锚板厚度；

$s$——钢丝镦头留量，对 $\phi^P5$ 取10mm；

$K$——系数，一端张拉时取0.5，两端张拉时取1.0；

$H$——锚杯高度；

$H_1$——螺母高度；

$\Delta L$——钢丝束张拉伸长值；

$c$——张拉时构件混凝土的弹性压缩值。

#### 16.4.2.3 长线台座预应力筋下料长度

先张法长线台座上的预应力筋，见图16-76，可采用钢丝和钢绞线。根据张拉装置不同，可采取单根张拉方式与整体张拉方式。预应力筋下料长度 $L$ 的基本算法见式（16-13）。

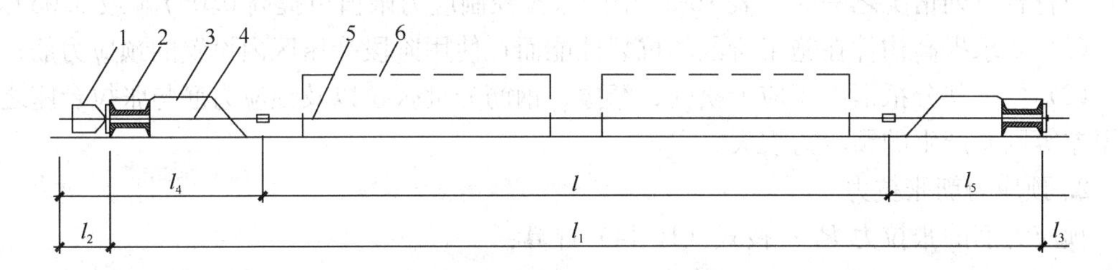


图16-76 长线台座预应力筋下料长度计算简图

1—张拉装置；2—钢横梁；3—台座；4—工具式拉杆；5—预应力筋；6—待浇混凝土的构件

$$L = l_1 + l_2 + l_3 - l_4 - l_5 \tag{16-13}$$

式中 $l_1$——长线台座长度；

$l_2$——张拉装置长度（含外露预应力筋长度）；

$l_3$——固定端所需长度；

$l_4$——张拉端工具式拉杆长度；

$l_5$——固定端工具式拉杆长度。

如预应力筋直接在钢横梁上张拉与锚固，则可取消 $l_4$ 与 $l_5$ 值。

同时，预应力筋下料长度应满足构件在台座上排列要求。

### 16.4.3 预应力筋张拉力

预应力筋的张拉力大小，直接影响预应力效果。一般而言，张拉力越高，建立的预应力值越大，构件的抗裂性能和刚度都可以提高。但是如果取值太高，则易产生脆性破坏，即开裂荷载与破坏荷载接近；构件反拱过大不易恢复；由于钢材不均匀性而使预应力筋拉断等不利后果，对后张法构件还可能在预拉区出现裂缝或产生局压破坏，因此规范规定了张拉控制应力的上限值。

另外，设计人员还要在图纸上标明张拉控制应力的取值，同时尽可能注明所考虑的预应力损失项目与取值。这样，在施工中如遇到实际情况所产生的预应力损失与设计取值不一致，为调整张拉力提供可靠依据，以准确建立预应力值。

1. 张拉控制应力

预应力筋的张拉控制应力 $\sigma_{con}$ ，不宜超过表 16-49 的数值。

**张拉控制应力限值** **表 16-49**

| 项 次 | 预应力筋种类 | 张拉控制应力限值 |
|---|---|---|
| 1 | 消除应力钢丝、钢绞线 | $0.75f_{ptk}$ |
| 2 | 中强度预应力钢丝 | $0.70f_{ptk}$ |
| 3 | 预应力螺纹钢筋 | $0.85f_{pyk}$ |

注：1. 预应力钢筋的强度标准值，应按相应规范采用；

2. 消除应力钢丝、钢绞线、中强度预应力钢丝的张拉控制应力不宜小于 $0.4f_{ptk}$ ，预应力螺纹钢筋的张拉应力控制值不宜小于 $0.5f_{pyk}$。

当符合下列情况之一时，表 16-30 中的张拉控制应力限值可提高 $0.05f_{ptk}$ 或 $0.05f_{pyk}$：

（1）要求提高构件在施工阶段的抗裂性能而在使用阶段受压区内设置的预应力筋；

（2）要求部分抵消由于应力松弛、摩擦、钢筋分批张拉以及预应力筋与张拉台座之间的温差等因素产生的预应力损失。

2. 预应力筋张拉力

预应力筋的张拉力 $P_j$ ；按式（16-14）计算：

$$P_j = \sigma_{con} \times A_p \tag{16-14}$$

式中 $\sigma_{con}$ ——预应力筋的张拉控制应力；

$A_p$ ——预应力筋的截面面积。

在混凝土结构施工中，当预应力筋需要超张拉时，其最大张拉控制应力 $\sigma_{con}$ ：对消除应力钢丝和钢绞线为 $0.8f_{ptk}$（ $f_{ptk}$ 为预应力筋抗拉强度标准值），对预应力螺纹钢筋为 $0.95f_{pyk}$（ $f_{pyk}$ 为预应力筋屈服强度标准值）。但锚具下口建立的最大预应力值：对预应力应力钢丝和钢绞线不宜大于 $0.7f_{ptk}$ ，对预应力螺纹钢筋不宜大于 $0.85f_{pyk}$ 。

3. 预应力筋有效预应力值

预应力筋中建立的有效预应力值 $\sigma_{pe}$ 可按式（16-15）计算：

$$\sigma_{pe} = \sigma_{con} - \sum_{i=1}^{n} \sigma_{li} \tag{16-15}$$

式中 $\sigma_{li}$ ——第 $i$ 项预应力损失值。

对预应力钢丝及钢绞线，其有效预应力值 $\sigma_{pe}$ 不宜大于 $0.6f_{ptk}$ ，也不宜小于 $0.4f_{ptk}$ 。

### 16.4.4 预应力损失

预应力筋应力损失是指预应力筋的张拉应力在构件的施工及使用过程中，由于张拉工艺和材料特性等原因而不断地降低。

预应力筋应力损失一般分为两类：瞬间损失和长期损失。瞬间损失指的是施加预应力时短时间内完成的损失，包括孔道摩擦损失、锚固损失、混凝土弹性压缩损失等。另外，对先张法施工，有热养护损失；对后张法施工，有时还有锚口摩擦损失、变角张拉损失等。长期损失指的是考虑了材料的时间效应所引起的预应力损失，主要包括预应力筋应力松弛损失和混凝土收缩、徐变损失等。

#### 16.4.4.1 锚固损失

张拉端锚固时由于锚具变形和预应力筋内缩引起的预应力损失（简称锚固损失），根据预应力筋的形状不同，分别采取下列算法。

1. 直线预应力筋的锚固损失 $\sigma_{l1}$ ，可按式（16-16）计算：

$$\sigma_{l1}=\frac{a}{l}E_s \tag{16-16}$$

式中 $a$ ——张拉端锚具变形和预应力筋内缩值（mm），按表 16-50 取用；

$l$ ——张拉端至锚具端之间的距离（mm）；

$E_s$ ——预应力筋弹性模量（N/mm²）。

块体拼成的结构，其预应力损失尚应计及块体间填缝的预压变形。当采用混凝土或砂浆为填缝材料时，每条填缝的预压变形值可取为1mm。

**锚具变形和预应力筋内缩值 *a*（mm）** **表 16-50**

| 项次 | 锚具类别 | | $a$ |
|---|---|---|---|
| 1 | 支承式锚具（钢丝束镦头锚具等） | 螺帽缝隙 | 1 |
| | | 每块后加垫板的缝隙 | 1 |
| 2 | 夹片式锚具 | 有顶压时 | 5 |
| | | 无顶压时 | 6～8 |

注：1. 表中的锚具变形和预应力筋内缩值也可根据实测数据确定；

2. 其他类型的锚具变形和预应力筋内缩值应根据实测数据确定。

2. 后张法构件曲线或折线预应力筋的锚固损失 $\sigma_{l1}$ ，应根据预应力筋与孔道壁之间反向摩擦影响长度 $l_f$ 范围内的预应力筋变形值等于锚具变形和钢筋内缩值的条件确定；同时，假定孔道摩擦损失的指数曲线简化为直线（$\theta\leqslant30°$），并假定正、反摩擦损失斜率相等，得出基本算式（16-17）为：

$$a=\frac{\omega}{E_s} \tag{16-17}$$

式中 $\omega$ ——锚固损失的应力图形面积，见图 16-77；

$E_s$ ——预应力筋的弹性模量。

1）对单一抛物线形预应力筋的情况，预应力筋的锚固损失可按式（16-18）～式

(16-20) 计算：

$$\sigma_{l1} = 2ml_{\mathrm{f}} \quad (16\text{-}18)$$

$$l_{\mathrm{f}} = \sqrt{\frac{aE_{\mathrm{s}}}{m}} \quad (16\text{-}19)$$

$$m = \frac{\sigma_{\mathrm{con}}\left(\kappa l/2 + \mu\theta\right)}{l} \quad (16\text{-}20)$$

式中　$m$——孔道摩擦损失的斜率；

$l_{\mathrm{f}}$——孔道反向摩擦影响长度；

$\kappa$——考虑孔道每米长度局部偏差的摩擦系数，按表 16-51 取用；

$\mu$——预应力钢筋与孔道壁之间的摩擦系数，按表 16-51 取用。

从图 16-77 中可以看出：

a. 当 $l_{\mathrm{f}} \leqslant l/2$ 时，跨中处的锚固损失等于零；

b. $l_{\mathrm{f}} > l/2$ 时，跨中处锚固损失 $\sigma_{l1} = 2m\left(l_{\mathrm{f}} - \dfrac{l}{2}\right)$。

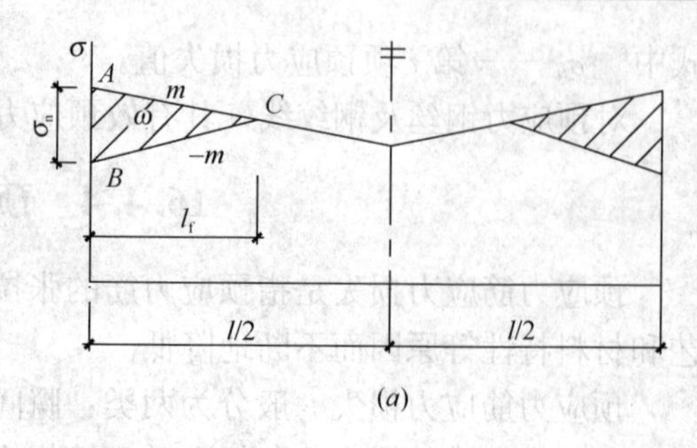


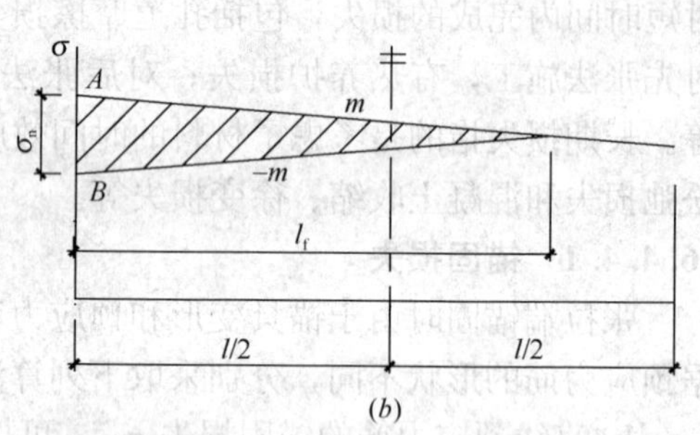


图 16-77　预应力筋锚固损失计算简图

(a) $l_{\mathrm{f}} \leqslant l/2$；(b) $l_{\mathrm{f}} > l/2$

2）对正反抛物线组成的预应力筋，锚固损失消失在曲线反弯点外的情况（图 16-78），预应力筋的锚固损失可按式（16-21）～式（16-24）计算：

$$\sigma_{l1} = 2m_1\left(l_1 - c\right) + 2m_2\left(l_{\mathrm{f}} - l_1\right) \quad (16\text{-}21)$$

$$l_{\mathrm{f}} = \sqrt{\frac{aE_{\mathrm{s}} - m_1\left(l_1^2 - c^2\right)}{m_2} + l_1^2} \quad (16\text{-}22)$$

$$m_1 = \frac{\sigma_{\mathrm{A}}\left(\kappa l_1 - \kappa c + \mu\theta\right)}{l_1 - c} \quad (16\text{-}23)$$

$$m_2 = \frac{\sigma_{\mathrm{B}}\left(\kappa l_2 + \mu\theta\right)}{l_2} \quad (16\text{-}24)$$

3）对折线预应力筋，锚固损失消失在折点外的情况（图 16-79），预应力筋的锚固损失可按式（16-25）和式（16-26）计算：

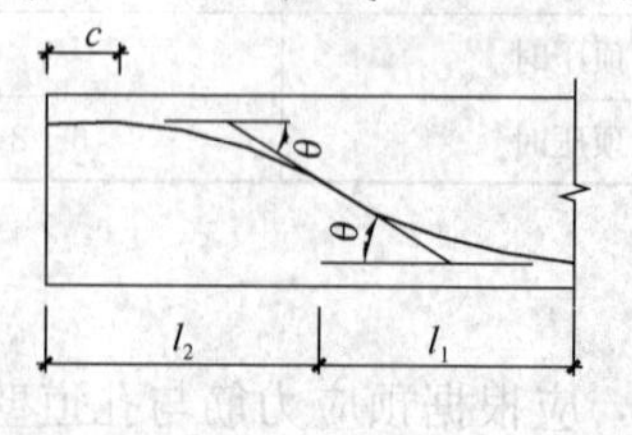


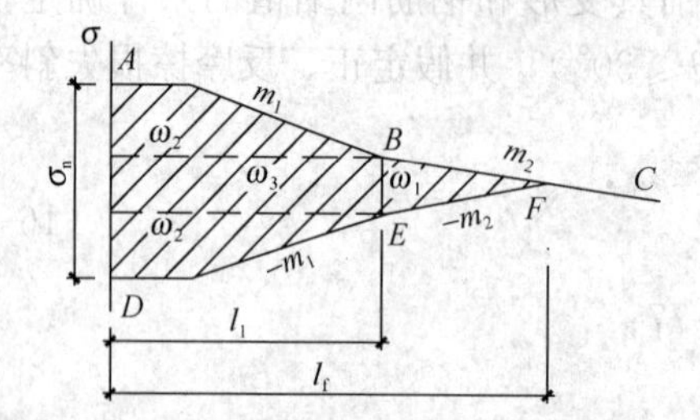


图 16-78　锚固损失消失在曲线反弯点外的计算简图

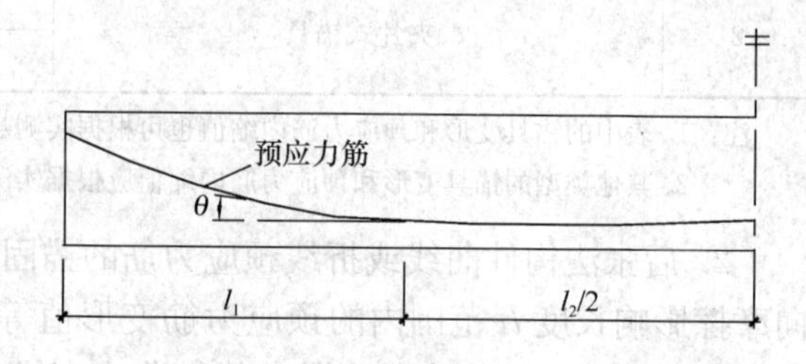


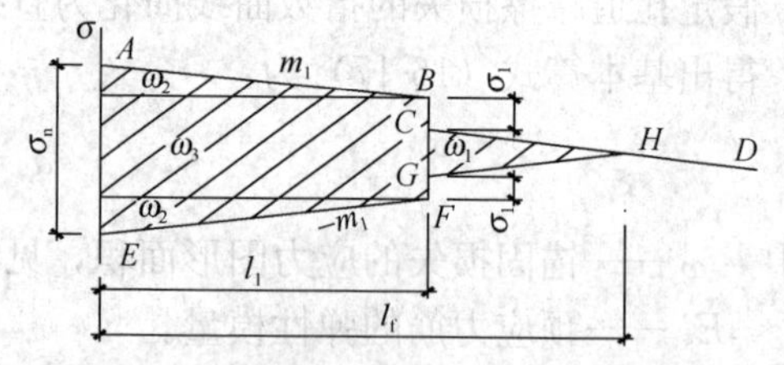


图 16-79　锚固损失消失在折点外的计算简图

$$\sigma_{l1} = 2m_1 l_1 + 2\sigma_1 + 2m_2 (l_f - l_1) \quad (16\text{-}25)$$

$$l_f = \sqrt{\frac{aE_s - m_1 l_1^2 - 2\sigma_1 l_1}{m_2} + l_1^2} \quad (16\text{-}26)$$

式中

$$m_1 = \sigma_{con} \times k$$

$$\sigma_1 = \sigma_{con}(1 - kl_1)\mu\theta$$

$$m_2 = \sigma_{con}(1 - kl_1)(1 - \mu\theta) \times k$$

对于多种曲率组成的预应力筋，均可从（16-22）基本算式推出 $l_f$ 计算式，再求 $\sigma_{l1}$ 。

#### 16.4.4.2 摩擦损失

1. 预应力筋与孔道壁之间的摩擦引起的预应力损失 $\sigma_{l2}$（简称孔道摩擦损失），可按式（16-27）计算（图 16-80）：

$$\sigma_{l2} = \sigma_{con}\left(1 - \frac{1}{e^{\kappa x + \mu\theta}}\right) \quad (16\text{-}27)$$

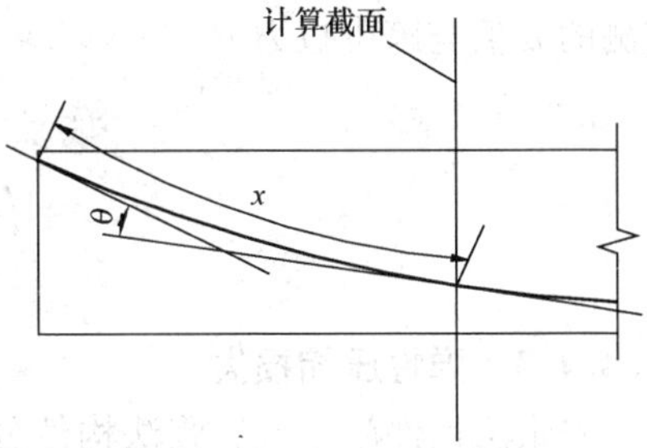

式中 $\kappa$——考虑孔道每米长度局部偏差的摩擦系数，按表 16-51 取用；

$x$——从张拉端至计算截面的孔道长度（m），可近似取该段孔道在纵轴上的投影长度（m）；

$\mu$——预应力钢筋与孔道壁之间的摩擦系数，按表 16-51 取用；

$\theta$——从张拉端至计算截面曲线孔道各部分切线的夹角之和（rad）。



图 16-80 孔道摩擦损失计算简图

摩 擦 系 数 表 16-51

| 项 次 | 孔道成型方式 | $\kappa$ | $\mu$ | |
|---|---|---|---|---|
| | | | 钢绞线、钢丝束 | 预应力螺纹钢筋 |
| 1 | 预埋金属波纹管 | 0.0015 | 0.25 | 0.50 |
| 2 | 预埋塑料波纹管 | 0.0015 | 0.15 | — |
| 3 | 预埋钢管 | 0.0010 | 0.30 | — |
| 4 | 抽芯成型 | 0.0014 | 0.55 | 0.60 |
| 5 | 无粘结预应力钢绞线 | 0.0040 | 0.09 | — |

注：摩擦系数也可根据实测数据确定。

当 $\kappa x + \mu\theta \leqslant 0.3$ 时，$\sigma_{l2}$ 可按下列近似公式（16-28）计算：

$$\sigma_{l2} = (\kappa x + \mu\theta)\sigma_{con} \quad (16\text{-}28)$$

对多种曲率或直线段与曲线段组成的曲线束，应分段计算孔道摩擦损失。

对空间曲线束，可按平面曲线束计算孔道摩擦损失。但 $\theta$ 角应取空间曲线包角，$x$ 应取空间曲线弧长。

2. 现场实测

对重要的预应力混凝土工程，应在现场测定实际的孔道摩擦损失。其常用的测试方法有：精密压力表法与传感器法。

（1）精密压力表法在预应力筋的两端各安装一台千斤顶，测试时首先将固定端千斤顶的油缸拉出少许，并将回油阀关死；然后开动千斤顶进行张拉，当张拉端压力表读数达到预定的张拉力时，读出固定端压力表读数并换算成张拉力。两端张拉力差值即为孔道摩擦损失。

（2）传感器法在预应力筋的两端千斤顶尾部各装一台传感器。测试时用电阻应变仪读出两端传感器的应变值。将应变值换算成张拉力，即可求得孔道摩擦损失。

如实测孔道摩擦损失与计算值相差较大，导致张拉力相差不超过±5%，则应调整张拉力，建立准确的预应力值。

根据张拉端拉力 $P_j$ 与实测固定端拉力 $P_a$，可按式（16-29）和式（16-30）分别算出实测的 $\mu$ 值与跨中拉力 $P_m$

$$\mu=\frac{-\ln\left(\frac{P_a}{P_j}\right)-kx}{\theta} \tag{16-29}$$

$$P_m=\sqrt{P_a\cdot P_j} \tag{16-30}$$

#### 16.4.4.3　弹性压缩损失

先张法构件放张或后张法构件分批张拉时，由于混凝土受到弹性压缩引起的预应力损失平均值，称为弹性压缩损失。

1. 先张法弹性压缩损失

先张法构件放张时，预应力传递给混凝土使构件缩短，预应力筋随着构件缩短而引起的应力损失 $\sigma_{l3}$，可按式（16-31）计算：

$$\sigma_{l3}=E_s\frac{\sigma_{pc}}{E_c} \tag{16-31}$$

式中　$E_s$、$E_c$——分别为预应力筋、混凝土的弹性模量；

$\sigma_{pc}$——预应力筋合力点处的混凝土压应力。

（1）对轴心受预压的构件可按式（16-32）计算：

$$\sigma_{pc}=\frac{P_{y1}}{A} \tag{16-32}$$

式中　$P_{y1}$——扣除张拉阶段预应力损失后的张拉力，可取 $P_{y1}=0.9P_j$；

$A$——混凝土截面面积，可近似地取毛截面面积。

（2）对偏心受预压的构件可按式（16-33）计算：

$$\sigma_{pc}=\frac{P_{y1}}{A}+\frac{P_{y1}e^2}{I}-\frac{M_Ge}{I} \tag{16-33}$$

式中　$M_G$——构件自重引起的弯矩；

$e$——构件重心至预应力筋合力点的距离；

$I$——毛截面惯性矩。

2. 后张法弹性压缩损失

当全部预应力筋同时张拉时，混凝土弹性压缩在锚固前完成，所以没有弹性压缩损失。

当多根预应力筋依次张拉时，先批张拉的预应力筋，受后批预应力筋张拉所产生的混凝土压缩而引起的平均应力损失 $\sigma_{l3}$，可按式（16-34）计算：

$$\sigma_{l3} = 0.5 E_s \frac{\sigma_{pc}}{E_c} \tag{16-34}$$

式中 $\sigma_{pc}$——同式（16-32）与式（16-33），但不包括第一批预应力筋张拉力。

对配置曲线预应力筋的框架梁，可近似地按轴心受压计算 $\sigma_{l3}$。

后张法弹性压缩损失在设计中一般没有计算在内，可采取超张拉措施将弹性压缩平均损失值加到张拉力内。

**16.4.4.4 应力松弛损失**

预应力筋的应力松弛损失 $\sigma_{l4}$，可按式（16-35）～式（16-37）计算。

1. 消除应力钢丝、钢绞线

普通松弛：

$$\sigma_{l4} = 0.4\left(\frac{\sigma_{con}}{f_{ptk}} - 0.5\right)\sigma_{con} \tag{16-35}$$

低松弛：

当 $\sigma_{con} \leqslant 0.7 f_{ptk}$ 时

$$\sigma_{l4} = 0.125\left(\frac{\sigma_{con}}{f_{ptk}} - 0.5\right)\sigma_{con} \tag{16-36}$$

当 $0.7 f_{ptk} < \sigma_{con} \leqslant 0.8 f_{ptk}$ 时

$$\sigma_{l4} = 0.2\left(\frac{\sigma_{con}}{f_{ptk}} - 0.575\right)\sigma_{con} \tag{16-37}$$

2. 中强度预应力钢丝

$$\sigma_{l4} = 0.08\sigma_{con}$$

3. 预应力螺纹钢筋

$$\sigma_{l4} = 0.03\sigma_{con}$$

**16.4.4.5 收缩徐变损失**

混凝土收缩、徐变引起的预应力损失 $\sigma_{l5}$，可按式（16-38）和式（16-39）计算：

对先张法：

$$\sigma_{l5} = \frac{60 + 340\dfrac{\sigma_{pc}}{f'_{cu}}}{1 + 15\rho} \tag{16-38}$$

对后张法：

$$\sigma_{l5} = \frac{55 + 300\dfrac{\sigma_{pc}}{f'_{cu}}}{1 + 15\rho} \tag{16-39}$$

式中 $\sigma_{pc}$——受拉区或受压区预应力筋在各自的合力点处混凝土法向应力；

$f'_{cu}$——施加预应力时的混凝土立方体抗压强度；

$\rho$——受拉区或受压区的预应力筋和非预应力筋的配筋率。

计算 $\sigma_{pc}$ 时，预应力损失值仅考虑混凝土预压前（第一批）的损失，并可根据构件制作情况考虑自重的影响。$\sigma_{pc}$ 值不得大于 $0.5 f'_{cu}$。

施加预应力时的混凝土龄期对徐变损失的影响也较大。对处于高湿度条件的结构，按上述方法算得的 $\sigma_{l5}$ 值可降低 50%；对处于干燥环境的结构，$\sigma_{l5}$ 值应增加 30%。

对现浇后张部分预应力混凝土梁板结构，可近似取 50～80N/mm²，先张法可近似取 60～100N/mm²，当构件自重大、活载小时取小值。

## 16.4.5　预应力筋张拉伸长值

1. 一端张拉时，预应力筋张拉伸长值可按下列公式计算：

对一段曲线或直线预应力筋：

$$\Delta l=\frac{\frac{1}{2}\sigma_{con}\left(1+e^{-(\mu\theta+\kappa x)}\right)-\sigma_0}{E_p}\times l \tag{16-40}$$

对多曲线段或直线段与曲线段组成的预应力筋，张拉伸长值应分段计算后叠加：

$$\Delta l_p^c=\sum_{i=1}^{n}\frac{(\sigma_{i1}+\sigma_{i2})l_i}{2E_s} \tag{16-41}$$

2. 两端张拉时，预应力筋张拉伸长值可按下列公式计算：

$$\Delta l=\frac{\frac{\sigma_{con}}{4}\left(3+e^{-(\mu\theta+\kappa x)}\right)-\sigma_0}{E_p}\times l \tag{16-42}$$

式中　$\Delta l$——预应力筋伸长值；

$\sigma_{con}$——张拉控制应力；

$\sigma_0$——张拉初始应力，取 $\sigma_0=(10\%\sim20\%)\sigma_{con}$；

$E_p$——预应力筋弹性模量；

$\mu$——孔道摩擦系数；

$\kappa$——孔道偏摆系数；

$l$——预应力筋有效长度；

$x$——曲线孔道长度，以 m 计；

$l_i$——第 $i$ 线段预应力筋的长度；

$\sigma_{i1}$、$\sigma_{i2}$——分别为第 $i$ 线段两端预应力筋的应力。

3. 预应力筋的张拉伸长值，应在建立初拉力后进行测量。实际伸长值 $\Delta l_p^0$ 可按下列公式计算：

$$\Delta l_p^0=\Delta l_{p1}^0+\Delta l_{p2}^0-a-b-c \tag{16-43}$$

式中　$\Delta l_{p1}^0$——从初拉力至最大张拉力之间的实测伸长值；

$\Delta l_{p2}^0$——初拉力以下的推算伸长值，可用图解法或计算法确定；

$a$——千斤顶体内的预应力筋张拉伸长值；

$b$——张拉过程中工具锚和固定端工作锚楔紧引起的预应力筋内缩值；

$c$——张拉阶段构件的弹性压缩值。

## 16.4.6　计 算 示 例

**【例 1】**　21m 单跨预应力混凝土大梁的预应力筋布置如图 16-81（$a$）所示。预应力筋采用 2 束 $9\phi^s15.2$ 钢绞线束，其锚固端采用夹片锚具。预应力筋强度标准值 $f_{ptk}=1860\text{N/mm}^2$，张拉控制应力 $\sigma_{con}=0.7\times1860=1302\text{N/mm}^2$，弹性模量 $E_s=1.95\times10^5\text{N/mm}^2$。预应力筋孔道采用 $\phi80$ 预埋金属波纹管成型，$\kappa=0.0015$，$\mu=0.25$。采用夹片式锚具锚固时预应力筋内缩值 $a=5\text{mm}$。拟采用一端张拉工艺，是否合适。

**【解】**　1. 孔道摩擦损失 $\sigma_{l2}$

$\theta=\frac{4\times(1300-150-250)}{21000}=0.171\text{rad}$

由于 $\kappa x+\mu\theta=0.25\times0.171\times2+0.0015\times21=0.117<0.3$

则从 $A$ 点至 $C$ 点：$\sigma_{l2}=\sigma_{con}(\kappa x+\mu\theta)=1302\times0.117=152.3\text{N/mm}^2$

2. 锚固损失 $\sigma_{l1}$

已知 $m=\frac{\sigma_{con}(\kappa x+\mu\theta)}{L}=152.3/21000=0.007254\text{N/mm}^2/\text{mm}$

代入 $l_f=\sqrt{\frac{\alpha E_s}{m}}=\sqrt{\frac{5\times1.95\times10^5}{0.007254}}=11593\text{mm}$

张拉端 $\sigma_{l1}=2ml_f=168\text{N/mm}^2$

3. 预应力筋应力［图 16-81（$b$）］

张拉端 $\sigma_A=1302-168=1134\text{N/mm}^2$

固定端 $\sigma_c=1302-152.3=1149.7\text{N/mm}^2$

4. 小结

锚固损失影响长度 $l_f>l/2=10500\text{mm}$，$\sigma_A<\sigma_C$，则该曲线预应力筋应采用一端张拉工艺。

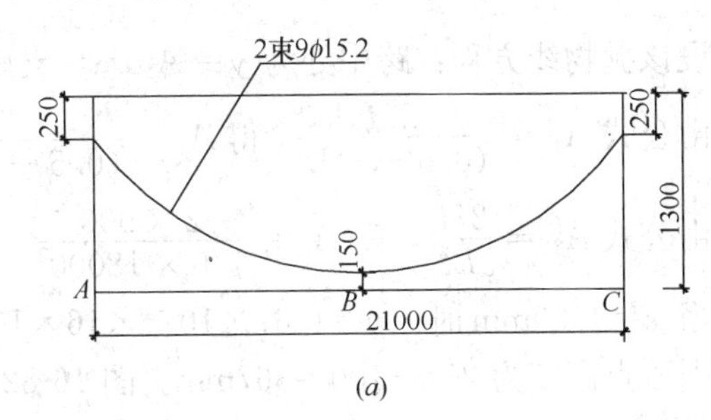


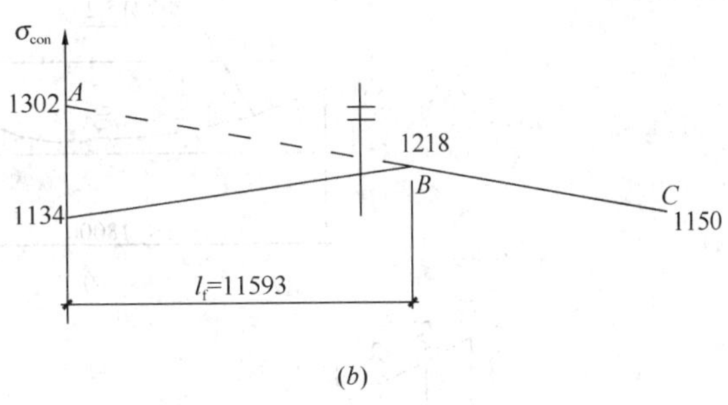


图 16-81 例题 1 预应力混凝土梁
（$a$）预应力筋布置（单位 mm）；（$b$）预应力筋张拉锚固阶段建立的应力（单位 MPa）

**【例 2】** 某工业厂房采用双跨预应力混凝土框架结构体系。其双跨预应力混凝土框架梁的尺寸与预应力筋布置见图 16-82（$a$）所示，预应力筋采用 2 束 7$\phi^s$15.2 钢绞线束，由边支座处斜线、跨中处抛物线与内支座处反向抛物线组成，反弯点距内支座的水平距离 $\alpha l=1/6\times18000=3000\text{mm}$。预应力筋强度标准值 $f_{ptk}=1860\text{N/mm}^2$，张拉控制应力 $\sigma_{con}=0.75\times1860=1395\text{N/mm}^2$，弹性模量 $E_s=1.95\times10^5\text{N/mm}^2$。

预应力筋孔道采用 $\phi$70 预埋金属波纹管成型，$\kappa=0.0015$，$\mu=0.25$。

预应力筋两端采用夹片锚固体系，张拉端锚固时预应力筋内缩值 $a=5\text{mm}$。该工程双跨预应力框架梁采用两端张拉工艺。试求：

（1）曲线预应力筋各点坐标高度；

（2）张拉锚固阶段预应力筋建立的应力；

（3）曲线预应力筋张拉伸长值。

**【解】** 1. 曲线预应力筋各点坐标高度

直线段 $AB$ 的投影长度 $L_1$，按 $L_1=\frac{L}{2}\sqrt{1-\frac{H_1}{H_2}+2\alpha\frac{H_1}{H_2}}$ 计算得：

$$L_1=\frac{18000}{2}\sqrt{1-\frac{800}{900}+2\times\frac{1}{6}\times\frac{800}{900}}=5745\text{mm}$$

设该抛物线方程：跨中处为 $y=A_1x^2$，支座处为 $y=A_2x^2$，

由公式 $A_1=\dfrac{2H}{(0.5-\alpha)L^2}$，得 $A_1=\dfrac{2\times900}{(0.5-1/6)\times18000^2}=1.67\times10^{-5}$

由公式 $A_2=\dfrac{2H}{\alpha L^2}$，得 $A_2=\dfrac{2\times900}{1/6\times18000^2}=3.33\times10^{-5}$

当 $x$=4000mm 时，$y=1.67\times10^{-5}\times16\times10^6=267$mm

则该点高度为 267+100=367mm。图 16-82（*b*）绘出曲线预应力筋坐标高度。

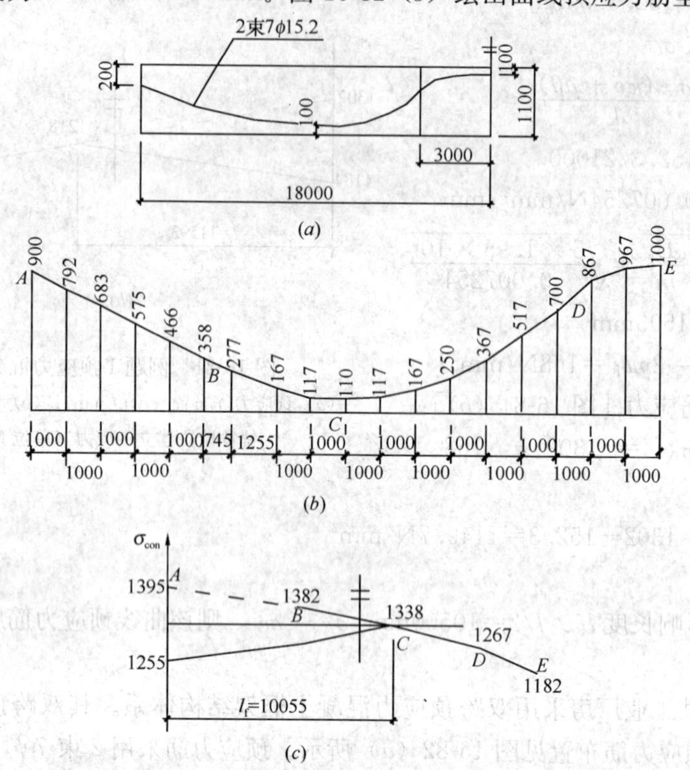


图 16-82　例题 2 预应力筋预应力梁

（*a*）预应力筋布置（单位：mm）；（*b*）曲线预应力筋坐标高度（单位：mm）；

（*c*）预应力筋张拉锚固阶段建立的应力（单位：MPa）

2. 张拉锚固阶段预应力筋建立的应力［图 16-82（*c*）］

预应力筋各段实际长度计算：

$$AB\text{ 段 } L_T=\sqrt{623^2+5745^2}=5779\text{mm}$$

$$CD\text{ 段 } L_T=L\left(1+\frac{8H^2}{3L^2}\right)=6000\times\left(1+\frac{8\times600^2}{3\times12000^2}\right)=6040\text{mm}$$

同理可计算 *BC* 段=3261mm，*DE* 段=3020mm。

预应力各筋各线段 $\theta$ 角计算：

*AB* 段　　$\theta=0$

*CD* 段　　$\theta=\dfrac{4\times600}{12000}=0.2\text{rad}$

同理可计算出 *BC* 段 $\theta$=0.1087rad，*DE* 段 $\theta$=0.2rad。

张拉时预应力筋各线段终点应力计算，列于表 16-52。

预应力筋各线段终点应力计算　　表 16-52

| 线段 | $L_T$（m） | $\theta$ | $kL_T+\mu\theta$ | $e^{-(kL_T+\mu\theta)}$ | 终点应力（N/mm²） | 张拉伸长值（mm） |
|---|---|---|---|---|---|---|
| *AB* | 5.779 | 0 | 0.00867 | 0.991 | 1383 | 41.1 |
| *BC* | 3.261 | 0.1087 | 0.0321 | 0.968 | 1339 | 22.4 |
| *CD* | 6.040 | 0.2 | 0.0591 | 0.943 | 1263 | 39.1 |
| *DE* | 3.020 | 0.2 | 0.0545 | 0.947 | 1196 | 18.5 |

合计 121.1mm

锚固时预应力筋各线段应力计算：

$$m_1=\frac{1395-1383}{5745}=0.0021\text{N/mm}^3$$

$$m_2=\frac{1383-1339}{3255}=0.0135\text{N/mm}^3$$

$L_f$由公式 $l_f=\sqrt{\dfrac{\alpha E_s-m_1(L_1^2-c^2)}{m_2}+L_1^2}$，代入数据得 $L_f=10005$mm。

$A$ 点锚固损失：$\sigma_{l1}=2m_1(L_1-c)+2m_2(l_f-L_1)$ 代入数据得

$$\sigma_{l1}=2\times0.0021\times5745+2\times0.0135\times(10005-5745)=139\text{N/mm}^2$$

$B$ 点锚固损失：$\sigma_{l1}=2m_2(l_f-L_1)$ 代入数据得

$$\sigma_{l1}=2\times0.0135\times(10005-5745)=115\text{N/mm}^2$$

3. 曲线预应力筋张拉伸长值

该工程双跨曲线预应力筋采取两端张拉方式，按分段简化计算张拉伸长值。

$AB$ 段张拉伸长值 $\Delta l_{AB}=\dfrac{(1395+1382)\times5779}{2\times1.95\times10^5}=41.1$mm

同理的其他各段张拉伸长值，填在表 16-52 中。

双跨曲线预应力筋张拉伸长值总计为(41.1+22.4+39.1+18.5)×2=242.2mm

## 16.4.7 施 工 构 造

### 16.4.7.1 先张法施工构造

1. 先张法预应力筋的混凝土保护层最小厚度应符合表 16-53 的规定。

先张法预应力筋的混凝土保护层最小厚度（mm）　　表 16-53

| 环境类别 | 构件类型 | 混凝土强度等级 | |
|---|---|---|---|
| | | C30～C40 | ≥C50 |
| 一类 | 板 | 15 | 15 |
| | 梁 | 20 | 20 |
| 二类 | 板 | 25 | 20 |
| | 梁 | 35 | 30 |
| 三类 | 板 | 30 | 25 |
| | 梁 | 40 | 35 |

注：混凝土结构的环境类别，应符合现行国家标准《混凝土结构设计规范》（GB 50010）的规定。

2. 当先张法预应力钢丝难以按单根方式配筋时，可采用相同直径钢丝并筋方式配筋。并筋的等效直径，对双并筋应取单筋直径的1.4倍，对三并筋应取单筋直径的1.7倍。并筋的保护层厚度、锚固长度和预应力传递长度等均应按等效直径考虑。

3. 先张法预应力钢筋之间的净间距应根据浇筑混凝土、施加预应力及钢筋锚固等要求确定。先张法预应力钢筋的净间距不应小于其公称直径或等效直径的2.5倍，且应符合下列规定：对单根钢丝，不应小于15mm；对1×3钢绞线，不应小于20mm；对1×7股钢绞线，不应小于25mm。

4. 对先张法预应力混凝土构件，预应力钢筋端部周围的混凝土应采取下列加强措施：

（1）对单根配置的预应力钢筋，其端部宜设置长度不小于150mm且不少于4圈的螺旋筋；当有可靠经验时，亦可利用支座垫板上的插筋代替螺旋筋，但插筋数量不应少于4根，其长度不宜小于120mm；

（2）对分散布置的多根预应力钢筋，在构件端部10$d$（$d$为预应力钢筋的公称直径）范围内应设置3～5片与预应力钢筋垂直的钢筋网；

（3）对采用预应力钢丝配筋的薄板，在板端100mm范围内应适当加密横向钢筋。

5. 对槽形板类构件，应在构件端部100mm范围内沿构件板面设置附加横向钢筋，其数量不应少于2根。

对预制肋形板，宜设置加强其整体性和横向刚度的横肋。端横肋的受力钢筋应弯入纵肋内。当采用先张长线台座法生产有端横肋的预应力混凝土肋形板时，应在设计和制作上采取防止放张预应力时端横肋产生裂缝的有效措施。

6. 对预应力钢筋在构件端部全部弯起的受弯构件或直线配筋的先张法构件，当构件端部与下部支承结构焊接时，应考虑混凝土收缩、徐变及温度变化所产生的不利影响，宜在构件端部可能产生裂缝的部位设置足够的非预应力纵向构造钢筋。

**16.4.7.2　后张法施工构造**

1. 后张有粘结预应力

（1）预应力筋孔道的内径宜比预应力筋和需穿过孔道的连接器外径大6～15mm，孔道截面面积宜取预应力筋净面积的3.5～4.0倍。

（2）后张法预应力筋孔道的净间距和保护层应符合下列规定：

1）对预制构件，孔道之间的水平净间距不宜小于50mm；孔道至构件边缘的净间距不宜小于30mm，且不宜小于孔道直径的一半；

2）在框架梁中，预留孔道在竖直方向的净间距不应小于孔道外径，水平方向的净间距不应小于1.5倍孔道外径；从孔壁算起的混凝土保护层厚度，梁底不宜小于50mm，梁侧不宜小于40mm；板底不应小于30mm。

（3）预应力筋孔道的灌浆孔宜设置在孔道端部的锚垫板上；灌浆孔的间距不宜大于30m。竖向构件，灌浆孔应设置在孔道下端；对超高的竖向孔道，宜分段设置灌浆孔。灌浆孔直径不宜小于20mm。

预应力筋孔道的两端应设置排气孔。曲线孔道的高差大于0.5m时，在孔道峰顶处应设置泌水管，泌水管可兼做灌浆孔。

（4）后张法预应力混凝土构件中，曲线预应力钢丝束、钢绞线束的曲率半径不宜小于4m；对折线配筋的构件，在预应力钢筋弯折处的曲率半径可适当减小。

曲线预应力筋的端头，应有与曲线段相切的直线段，直线段长度不宜小于300mm。

(5) 预应力筋张拉端可采用凸出式和凹入式做法，采用凸出式做法时，锚具位于梁端面或柱表面，张拉后用细石混凝土封裹。采用凹入式做法时，锚具位于梁（柱）凹槽内，张拉后用细石混凝土填平。

凸出式锚固端锚具的保护层厚度不应小于50mm，外露预应力筋的混凝土保护层厚度：处于一类环境时，不应小于20mm；处于二、三类易受腐蚀环境时，不应小于50mm。

(6) 预应力筋张拉端锚具最小间距应满足配套的锚垫板尺寸和张拉用千斤顶的安装要求。锚固区的锚垫板尺寸、混凝土强度、截面尺寸和间接钢筋（网片或螺旋筋）配置等必须满足局部受压承载力要求。锚垫板边缘至构件边缘的距离不宜小于50mm。

当梁端面较窄或钢筋稠密时，可将跨中处同排布置的多束预应力筋转变为张拉端竖向多排布置或采取加腋处理。

(7) 预应力筋固定端可采取与张拉端相同的做法或采取内埋式做法。内埋式固定端的位置应位于不需要预压力的截面外，且不宜小于100mm。对多束预应力筋的内埋式固定端，宜采取错开布置方式，其间距不宜小于300mm，且距构件边缘不宜小于40mm。

(8) 多跨超长预应力筋的连接，可采用对接法和搭接法。采用对接法时，混凝土逐段浇筑和张拉后，用连接器接长。采用搭接法时，预应力筋可在中间支座处搭接，分别从柱两侧梁的顶面或加宽梁的梁侧面处伸出张拉，也可从加厚的楼板延伸至次梁处张拉。

2. 后张无粘结预应力

(1) 为满足不同耐火等级的要求，无粘结预应力筋的混凝土保护层最小厚度应符合表16-54、表16-55的规定。

**板的混凝土保护层最小厚度**（mm） **表16-54**

| 约束条件 | 耐火极限（h） | | | |
|---|---|---|---|---|
| | 1 | 1.5 | 2 | 3 |
| 简支 | 25 | 30 | 40 | 55 |
| 连续 | 20 | 20 | 25 | 30 |

**梁的混凝土保护层最小厚度**（mm） **表16-55**

| 约束条件 | 梁 宽 $b$ | 耐火极限（h） | | | |
|---|---|---|---|---|---|
| | | 1 | 1.5 | 2 | 3 |
| 简支 | $200 \leqslant b < 300$ | 45 | 50 | 65 | 采取特殊措施 |
| | $b \geqslant 300$ | 40 | 45 | 50 | 65 |
| 连续 | $200 \leqslant b < 300$ | 40 | 40 | 45 | 50 |
| | $b \geqslant 300$ | 40 | 40 | 40 | 45 |

注：当防火等级较高、混凝土保护层厚度不能满足要求时，应使用防火涂料。

(2) 板中无粘结预应力筋的间距宜采用200～500mm，最大间距可取板厚的6倍，且不宜大于1m。抵抗温度力用无粘结预应力筋的间距不受此限制。单根无粘结预应力筋的曲率半径不宜小于2.0m。

板中无粘结预应力筋采取带状（2～4根）布置时，其最大间距可取板厚的12倍，且不宜大于2.4m。

（3）当板上开洞时，板内被孔洞阻断的无粘结预应力筋可分两侧绕过洞口铺设。无粘结预应力筋至洞口的距离不宜小于150mm，水平偏移的曲率不宜小于6.5m，洞口四周应配置构造钢筋加强。

（4）在现浇板柱节点处，每一方向穿过柱的无粘结预应力筋不应少于2根。

（5）梁中集束布置无粘结预应力筋时，宜在张拉端分散为单根布置，间距不宜小于60mm，合力线的位置应不变。当一块整体式锚垫板上有多排预应力筋时，宜采用钢筋网片。

（6）无粘结预应力筋的张拉端宜采取凹入式做法。锚具下的构造可采取不同体系，但必须满足局部受压承载力要求。无粘结预应力筋和锚具的防护应符合结构耐久性要求。

（7）无粘结预应力筋的固定端宜采取内埋式做法，设置在构件端部的墙内、梁柱节点内或梁、板跨内。当固定端设置在梁、板跨内时，无粘结预应力筋跨过支座处不宜小于1m，且应错开布置，其间距不宜小于300mm。

**16.4.7.3　典型节点施工构造**

1. 后浇带处预应力筋处理方法

（1）利用搭接筋，如图16-83（*a*）所示。

这种做法的优点是：预应力筋在结构混凝土强度达到张拉要求后即可张拉，除预应力缝针筋外，其余预应力筋均不必等后浇带混凝土强度达到要求后才张拉。缺点是预应力筋及锚具用量较大，不经济。

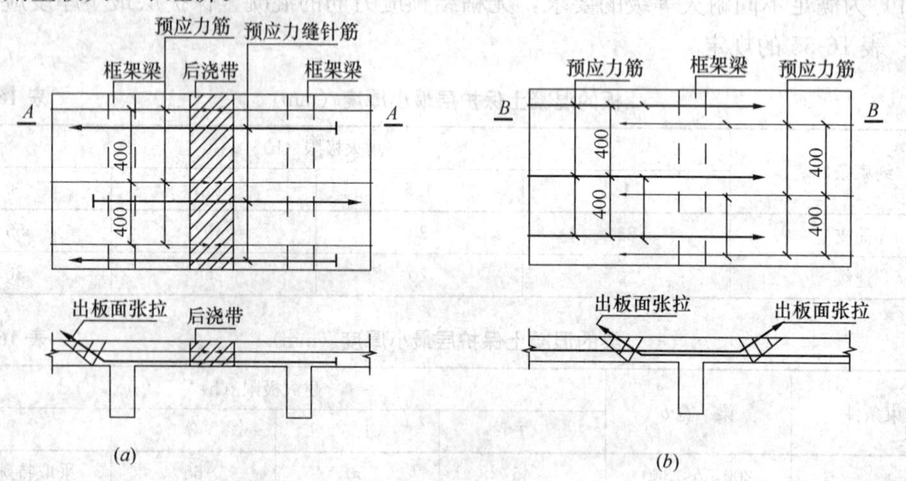


图16-83　后浇带搭接做法图

（2）不考虑后浇带的预留位置，最大限度地利用规范对筋长的要求（即单端张拉的预应力筋长度不超过30m，两端张拉的预应力筋长度不超过60m），并考虑结构跨度，来布置预应力筋，前后预应力筋在框架梁处搭接，如图16-83（*b*）所示。

这种做法的缺点是：跨过后浇带的所有预应力筋，都必须等后浇带浇注混凝土完毕，且其强度达到张拉要求后，才能进行张拉。但它节省了材料，比利用缝针筋的做法要经济。

2. 有高差的梁或板的连接处预应力筋处理方法，如图 16-84 所示。

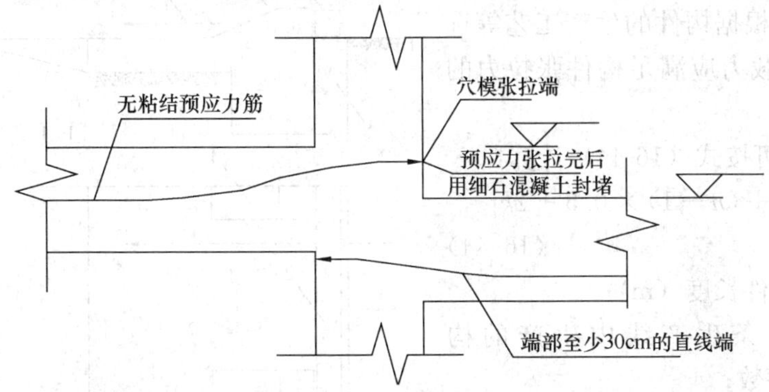


图 16-84　有高差的梁或板的连接处预应力筋处理方法简图

#### 16.4.7.4　其他施工构造

1. 大面积预应力筋混凝土梁板结构施工时，应考虑多跨梁板施加预应力和混凝土早期收缩受柱或墙约束的不利因素，宜设置后浇带或施工缝。后浇带的间距宜取 50～70m，应根据结构受力特点、混凝土施工条件和施加预应力方式等确定。

2. 梁板施加预应力的方向有相邻墙或剪力墙时，应使梁板与墙之间暂时隔开，待预应力筋张拉后，再浇筑混凝土。

3. 同一楼层中当预应力梁板周围有多跨钢筋混凝土梁板时，两者宜暂时隔开，待预应力筋张拉后，再浇筑混凝土。

4. 当预应力梁与刚度大的柱或墙刚接时，可将梁柱节点设计成在框架梁施加预应力阶段无约束的滑动支座，张拉后做成刚接。

## 16.5　预应力混凝土先张法施工

先张法是将张拉的预应力筋临时锚固在台座或钢模上，然后浇筑混凝土，待混凝土达到设计或有关规定的强度（一般不低于设计混凝土强度标准值的 75%）后放张预应力筋，并切断构件外的预应力筋，借助混凝土与预应力筋间的握裹力，对混凝土构件施加预应力。先张法适用于预制预应力混凝土构件的工厂化生产。采用台座法生产时，预应力筋的张拉锚固、混凝土构件的浇筑养护和预应力筋的放张等均在台座上进行，台座成为承担预张拉力的设备之一。

### 16.5.1　台　　座

台座在先张法构件生产中是主要的承力设备，它承受预应力筋的全部张拉力。台座在受力状态下的变形、滑移会引起预应力的损失和构件的变形，因此台座应有足够的强度、刚度和稳定性。

台座的形式有多种，但按构造型式主要可分为墩式台座和槽式台座两类，其他形式的台座也是介于这两者之间。选用时可根据构件种类、张拉吨位和施工条件确定。

#### 16.5.1.1　墩式台座

墩式台座是由台墩、台面与横梁三部分组成，见图 16-85。目前常用的是台墩与台面共同受力的墩式台座。其长度通常为 50～150m，也可根据构件的生产工艺等选定。台座的承载力应满足构件张拉力的要求。

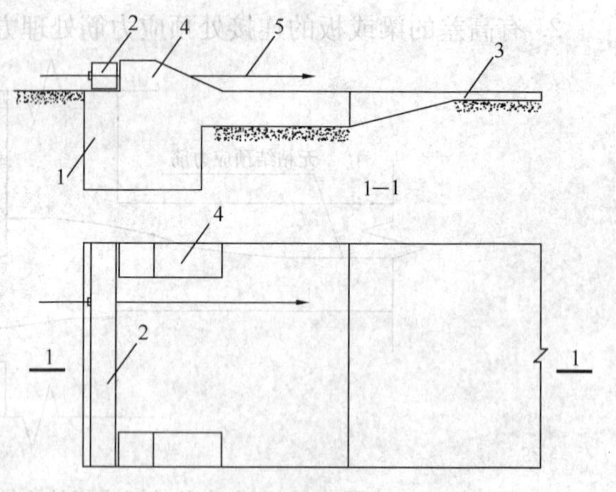

图 16-85　钢筋混凝土墩式台座示意图

1—台墩；2—横梁；3—台面；4—牛腿；5—预应力筋

台座长度可按式（16-44）计算：

$$L = l \times n + (n-1) \times 0.5 + 2k \tag{16-44}$$

式中　$l$——构件长度（m）；

$n$——一条生产线内生产的构件数；

0.5——两根构件相邻端头间的距离（m）；

$k$——台座横梁到第一根构件端头的距离；一般为 1.25～1.5m。

台座的宽度主要取决于构件的布筋宽度、张拉与浇筑混凝土是否方便，一般不大于 2m。

在台座的端部应留出张拉操作用地和通道，两侧要有构件运输和堆放的场地。

1. 台墩

承力台墩一般由现浇钢筋混凝土而成。台墩应有合适的外伸部分，以增大力臂而减少台墩自重。台墩应具有足够的强度、刚度和稳定性。稳定性验算一般包括抗倾覆验算与抗滑移验算。

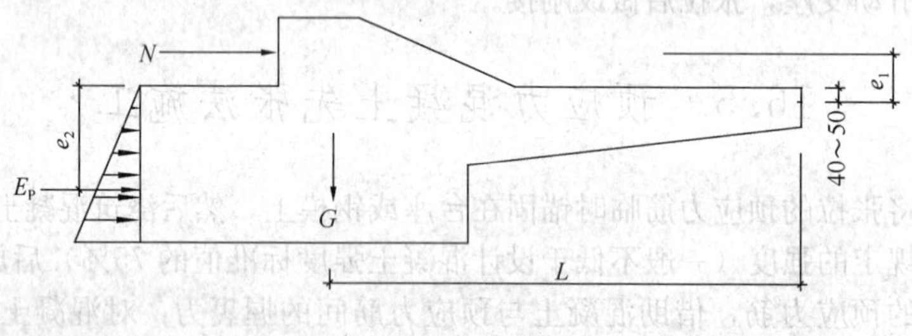

图 16-86　计算简图

台墩的抗倾覆验算，参照图 16-86 可按式（16-45）进行计算：

$$K = \frac{M_1}{M} = \frac{GL + E_p e_2}{N e_1} \geqslant 1.50 \tag{16-45}$$

式中　$K$——抗倾覆安全系数，一般不小于 1.50；

$M$——倾覆力矩（N·m），由预应力筋的张拉力产生；

$N$——预应力筋的张拉力（N）；

$e_1$——张拉力合力作用点至倾覆点的力臂（m）；

$M_1$——抗倾覆力矩（N·m），由台座自重力和主动土压力等产生；

$G$——台墩的自重（N）；

$L$——台墩重心至倾覆点的力臂（m）；

$E_p$——台墩后面的被动土压力合力（N），当台墩埋置深度较浅时，可忽略不计；

$e_2$——被动土压力合力至倾覆点的力臂（m）。

台墩倾覆点的位置，对与台面共同工作的台墩，按理论计算倾覆点应在混凝土台面的表面处；但考虑到台墩的倾覆趋势使得台面端部顶点出现局部应力集中和混凝土面层的施工质量，因此倾覆点的位置宜取在混凝土台面往下 40～50mm 处。

台墩的抗滑移验算可按式（16-46）进行：

$$K_c = \frac{N_1}{N} \geqslant 1.30 \tag{16-46}$$

式中 $K_c$——抗滑移安全系数，一般不小于 1.30；

$N_1$——抗滑移的力（N），对独立的台墩，由侧壁土压力和底部摩阻力等产生。对与台面共同工作的台墩，以往在抗滑移验算中考虑台面的水平力、侧壁土压力和底部摩阻力共同工作。通过分析认为混凝土的弹性模量（C20 混凝土 $E_c=2.55\times10^4$ N/mm²）和土的压缩模量（低压缩土 $E_s=20$N/mm²。）相差极大。两者不可能共同工作；而底部摩阻力也较小（约占 5%），可略去不计；实际上台墩的水平推力几乎全部传给台面，不存在滑移问题。因此，台墩与台面共同工作时，可不作抗滑移计算，而应验算台面的承载力。

台墩的牛腿和延伸部分，分别按钢筋混凝土结构的牛腿和偏心受压构件计算。

横梁的挠度不应大于 2mm，并不得产生翘曲。预应力筋的定位板必须安装准确，其挠度不大于 1mm。

2. 台面

台面一般是在夯实的碎石垫层上浇筑一层厚度为 60～100mm 的混凝土而成。其水平承载力 P 可按式（16-47）计算：

$$P = \frac{\varphi A f_c}{K_1 K_2} \tag{16-47}$$

式中 $\varphi$——轴心受压纵向弯曲系数，取 $\varphi=1$；

$A$——台面截面面积（mm²）；

$f_c$——混凝土轴心抗压强度设计值（N/mm²）；

$K_1$——超载系数，取 1.25；

$K_2$——考虑台面截面不均匀和其他影响因素的附加安全系数，取 1.5。

台面伸缩缝可根据当地温差和经验设置。一般 10m 左右设置一条，也可采用预应力混凝土滑动台面，不留施工缝。

**16.5.1.2 槽式台座**

槽式台座由端柱、传力柱、柱垫、上下横梁、砖墙和台面等组成，既可承受张拉力，又可作为蒸汽养护槽，适用于张拉吨位较高的大型构件，如吊车梁、屋架、薄腹梁等。

1. 槽式台座构造（图 16-87）

（1）台座的长度一般选用 50～80m，也可根据工艺要求确定，宽度随构件外形及制作方式而定，一般不小于 1m。

（2）槽式台座一般与地面相平，以便运送混凝土和蒸汽养护。但需考虑地下水位和排水等问题。

（3）端柱、传力柱的端面必须平整，对接接头必须紧密；柱与柱垫连接必须牢靠。

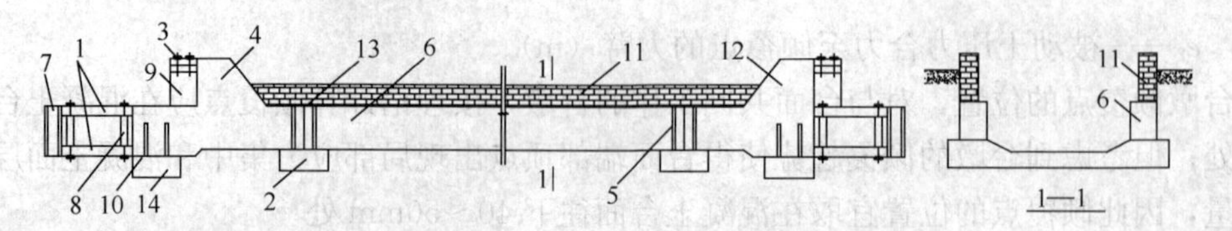


图 16-87　槽式台座构造示意图

1—下横梁；2—基础板；3—上横梁；4—张拉端柱；5—卡环

6—中间传力柱；7—钢横梁；8、9—垫块；10—连接板；

11—砖墙；12—锚固端柱；13—砂浆嵌缝；14—支座底板

2. 槽式台座计算要点

槽式台座亦需进行强度和稳定性计算。端柱和传力柱的强度按钢筋混凝土结构偏心受压构件计算。槽式台座端柱抗倾覆力矩由端柱、横梁自重力及部分张拉力组成。

3. 拼装式台座

拼装式台座是由压柱与横梁组装而成，适用于施工现场临时生产预制构件用。

(1) 拼装式钢台座是由格构式钢压柱、箱形钢横梁、横向连系工字钢、张拉端横梁导轨、放张系统等组成。这种台座型钢的线膨胀系数与受力钢绞线的线膨胀系数一致，热养护时无预应力损失。

拼装式钢台座的优点：装拆快、效率高、产品质量好、支模振捣方便，适用于施工现场预制工作量较大的情况。

(2) 拼装式混凝土台座，根据施工条件和工程进度，因地制宜利用废旧构件或工程用构件组成。待预应力构件生产任务完成后，组成台座的构件仍可用于工程上。

### 16.5.1.3　预应力混凝土台面

普通混凝土台面由于受温差的影响，经常会发生开裂，导致台面使用寿命缩短和构件质量下降。为了解决这一问题，预制构件厂采用了预应力混凝土滑动台面。

预应力混凝土滑动台面的做法（图 16-88）是在原有的混凝土台面或新浇的混凝土基层上刷隔离剂。张拉预应力钢丝。浇筑混凝土面层。待混凝土达到放张强度后切断钢丝，台面就发生滑动。

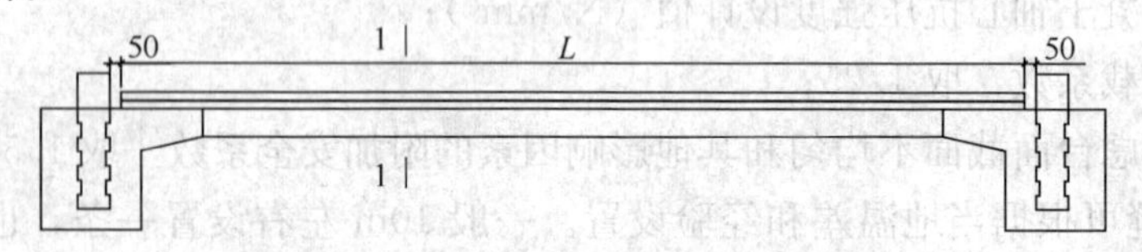


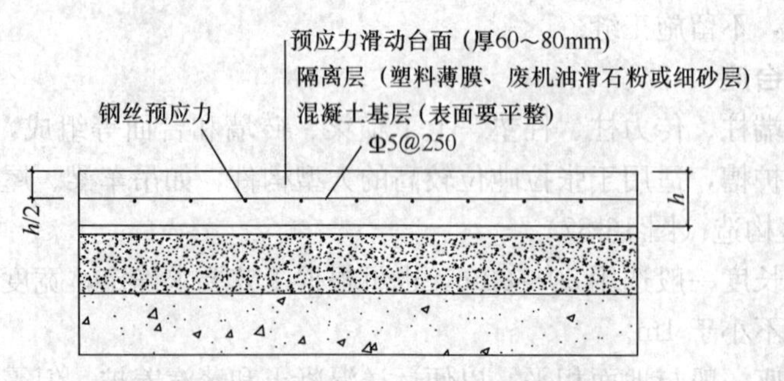


图 16-88　预应力混凝土滑动台面

台面由于温差引起的温度应力 $\sigma_0$，可按式（16-48）计算：

$$\sigma_0 = 0.5\mu\gamma\left(1+\frac{h_1}{h}\right)L \tag{16-48}$$

式中 $L$——台面长度（m）；

$\gamma$——混凝土重力密度（kg/m³）；

$h$——预应力台面厚度（mm）；

$h_1$——台面上堆积物的折算厚度（mm）；

$\mu$——台面与基层混凝土的摩擦系数，对皂脚废机油或废机油滑石粉隔离剂为 0.65。

为了使预应力台面不出现裂缝，台面的预压应力 $\sigma_{pc}$ 应满足式（16-49）：

$$\sigma_{pc} > \sigma_0 - 0.5f_{tk} \tag{16-49}$$

式中 $f_{tk}$——混凝土的抗拉强度标准值（N/mm²）。

预应力台面用的钢丝，可选用各种预应力钢丝，居中配置，$\sigma_{con}=0.70f_{ptk}$。混凝土可选用 C30 或 C40。

预应力台面的基层要平整，隔离层要好。以减少台面的咬合力、粘结力与摩擦力。浇筑混凝土后要加强养护，以免出现收缩裂缝。预应力台面宜在温差较小的季节施工。以减少温差引起的温度应力。

## 16.5.2 一般先张法工艺

### 16.5.2.1 工艺流程

一般先张法的施工工艺流程包括：预应力筋的加工、铺设；预应力筋张拉；预应力筋放张；质量检验等。

### 16.5.2.2 预应力筋的加工与铺设

1. 预应力筋的加工

预应力钢丝和钢绞线下料，应采用砂轮切割机，不得采用电弧切割。

2. 预应力筋的铺设

长线台座台面（或胎模）在铺设预应力筋前应涂隔离剂。隔离剂不应沾污预应力筋，以免影响预应力筋与混凝土的粘结。如果预应力筋遭受污染，应使用适宜的溶剂加以清洗干净。在生产过程中应防止雨水冲刷台面上的隔离剂。

预应力筋与工具式螺杆连接时，可采用套筒式连接器（图 16-89）。

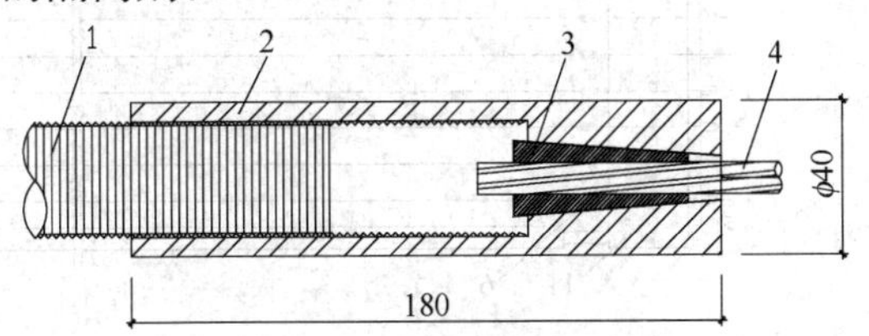


图 16-89 套筒式连接器

1—螺杆或精轧螺纹钢筋；2—套筒；3—工具式夹片；4—钢绞线

3. 预应力筋夹具

夹具是将预应力筋锚固在台座上并承受预张力的临时锚固装置，夹具应具有良好的锚固性能和重复使用性能，并有安全保障。先张法的夹具可分为用于张拉的张拉端夹具和用于锚固的锚固端夹具，夹具的性能应满足国家现行标准《预应力筋用锚具、夹具和连接器》（GB/T 14370）和《预应力筋用锚具、夹具和连接器应用技术规程》（JGJ 85）的要求。

夹具可按照所夹持的预应力筋种类分为钢丝夹具和钢绞线夹具。

钢丝夹具：可夹持直径 3～5mm 的钢丝，钢丝夹具包括锥形夹具和镦头夹具。

钢绞线夹具：可采用两片式或三片式夹片锚具，可夹持不同直径的钢绞线。

**16.5.2.3　预应力筋张拉**

1. 预应力钢丝张拉

(1) 单根张拉

张拉单根钢丝，由于张拉力较小，张拉设备可选择小型千斤顶或专用张拉机张拉。

(2) 整体张拉

1) 在预制厂以机组流水法或传送带法生产预应力多孔板时，还可在钢模上用镦头梳筋板夹具整体张拉。钢丝两端镦头，一端卡在固定梳筋板上，另一端卡在张拉端的活动梳筋板上。用张拉钩钩住活动梳筋板，再通过连接套筒将张拉钩和拉杆式千斤顶连接，即可张拉。

2) 在两横梁式长线台座上生产刻痕钢丝配筋的预应力薄板时，钢丝两端采用单孔镦头锚具（工具锚）安装在台座两端钢横梁外的承压钢板上，利用设置在台墩与钢横梁之间的两台台座式千斤顶进行整体张拉。也可采用单根钢丝夹片式夹具代替镦头锚具，便于施工。

当钢丝达到张拉力后，锁定台座式千斤顶，直到混凝土强度达到放张要求后，再放松千斤顶。

(3) 钢丝张拉程序

预应力钢丝由于张拉工作量大，宜采用一次张拉程序。0→(1.03～1.05)$\sigma_{con}$(锚固)其中，1.03～1.05 是考虑测力的误差、温度影响、台座横梁或定位板刚度不足、台座长度不符合设计取值、工人操作影响等。

2. 预应力钢绞线张拉

(1) 单根张拉

在两横梁式台座上，单根钢绞线可采用与钢绞线张拉力配套的小型前卡式千斤顶张拉，单孔夹片工具锚固定。为了节约钢绞线，也可采用工具式拉杆与套筒式连接器，如图 16-90 所示。

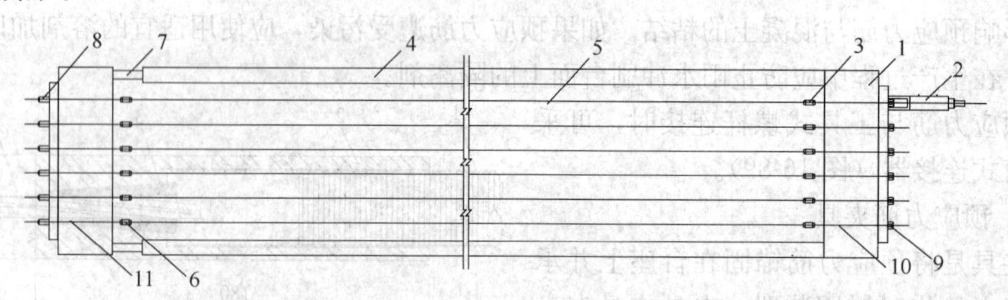


图 16-90　单根钢绞线张拉示意图

1—横梁；2—千斤顶；3、6—连接器；4—槽式承力架；5—预应力筋；7—放张装置；8—锚固端锚具；9—张拉端螺帽锚具；10、11—钢绞线连接拉杆

预制空心板梁的张拉顺序可先从中间向两侧逐步对称张拉。对预制梁的张拉顺序也要左右对称进行。如梁顶与梁底均配有预应力筋，则也要上下对称张拉，防止构件产生较大的反拱。

（2）整体张拉

在三横梁式台座上，可采用台座式千斤顶整体张拉预应力钢绞线，见图16-91。台座式千斤顶与活动横梁组装在一起，利用工具式螺杆与连接器将钢绞线挂在活动横梁上。张拉前，宜采用小型千斤顶在固定端逐根调整钢绞线初应力。张拉时，台座式千斤顶推动活动横梁带动钢绞线整体张拉。然后用夹片锚或螺母锚固在固定横梁上。为了节约钢绞线，其两端可再配置工具式螺杆与连接器。对预制构件较少的工程，可取消工具式螺杆，直接将钢绞线用夹片式锚具锚固在活动横梁上。如利用台座式千斤顶整体放张，则可取消锚固端放张装置。在张拉端固定横梁与锚具之间加U形垫片，有利于钢绞线放张。

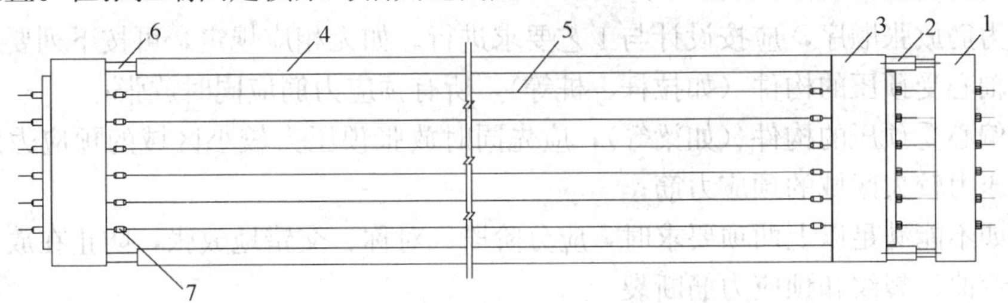


图16-91 三横梁式成组张拉装置

1—活动横梁；2—千斤顶；3—固定横梁；4—槽式台座；

5—预应力筋；6—放张装置；7—连接器

（3）钢绞线张拉程序

采用低松弛钢绞线时，可采取一次张拉程序。

对单根张拉：0→$\sigma_{con}$（锚固）

对整体张拉：0→初应力调整→$\sigma_{con}$（锚固）

3. 预应力张拉值校核

预应力筋的张拉力，一般采用张拉力控制，伸长值校核，张拉时预应力筋的理论伸长值与实际伸长值的允许偏差为±6%。

预应力筋张拉锚固后，应采用测力仪检查所建立的预应力值，其偏差不得大于或小于设计规定相应阶段预应力值的5%。

预应力筋张拉应力值的测定有多种仪器可以选择使用，一般对于测定钢丝的应力值多采用弹簧测力仪、电阻应变式传感仪和弓式测力仪。对于测定钢绞线的应力值，可采用压力传感器、电阻式应变传感器或通过连接在油泵上的液压传感器读数仪直接采集张拉力等。

预应力钢丝内力的检测，一般在张拉锚固后1小时内进行。此时，锚固损失已完成，钢筋松弛损失也部分产生。检测时预应力设计规定值应在设计图纸上注明，当设计无规定时，可按表16-49取用。

4. 张拉注意事项

（1）张拉时，张拉机具与预应力筋应在一条直线上；同时在台面上每隔一定距离放一根圆钢筋头或相当于保护层厚度的其他垫块，以防预应力筋因自重下垂，破坏隔离剂，沾污预应力筋。

（2）预应力筋张拉并锚固后，应保证测力表读数始终保持设计所需的张拉力。

（3）预应力筋张拉完毕后，对设计位置的偏差不得大于5mm，也不得大于构件截面最短边长的4%。

（4）在张拉过程中发生断丝或滑脱钢丝时，应予以更换。

（5）台座两端应有防护设施。张拉时沿台座长度方向每隔4～5m放一个防护架，两端严禁站人，也不准进入台座。

**16.5.2.4　预应力筋放张**

预应力筋放张时，混凝土的强度应符合设计要求；如设计无规定，不应低于设计的混凝土强度标准值的75%。

1. 放张顺序

预应力筋放张顺序，应按设计与工艺要求进行。如无相应规定，可按下列要求进行：

（1）轴心受预压的构件（如拉杆、桩等），所有预应力筋应同时放张；

（2）偏心受预压的构件（如梁等），应先同时放张预压力较小区域的预应力筋，再同时放张预压力较大区域的预应力筋；

（3）如不能满足以上两项要求时，应分阶段、对称、交错地放张，防止在放张过程中构件产生弯曲、裂纹和预应力筋断裂。

2. 放张方法

预应力筋的放张，应采取缓慢释放预应力的方法进行，防止对混凝土结构的冲击。常用的放张方法如下：

（1）千斤顶放张

用千斤顶拉动单根拉杆或螺杆，松开螺母。放张时由于混凝土与预应力筋已结成整体，松开螺母所需的间隙只能是最前端构件外露钢筋的伸长，因此，所施加的应力需要超过控值。

采用两台台座式千斤顶整体缓慢放松（图16-92），应力均匀，安全可靠。放张用台座式千斤顶可专用或与张拉合用。为防止台座式千斤顶长期受力，可采用垫块顶紧，替换千斤顶承受压力。

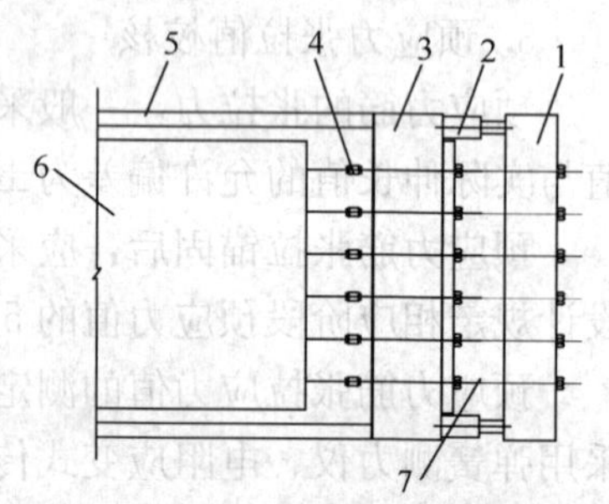

图16-92　两台千斤顶放张

1—活动横梁；2—千斤顶；3—横梁；4—绞线连接器；5—承力架；6—构件；7—拉杆

（2）机械切割或氧炔焰切割

对先张法板类构件的钢丝或钢绞线，放张时可直接用机械切割或氧炔焰切割。放张工作宜从生产线中间处开始，以减少回弹量且有利于脱模；对每一块板，应从外向内对称放张，以免构件扭转而端部开裂。

3. 放张注意事项

（1）为了检查构件放张时钢丝与混凝土的粘结是否可靠，切断钢丝时应测定钢丝往混凝土内的回缩数值。

钢丝回缩值的简易测试方法是在板端贴玻璃片和在靠近板端的钢丝上贴胶带纸用游标卡尺读数，其精度可达0.1mm。

钢丝的回缩值不应大于1.0mm。如果最多只有20%的测试数据超过上述规定值的20%，则检查结果是令人满意的。如果回缩值大于上述数值，则应加强构件端部区域的分布钢筋、提高放张时混凝土强度等。

（2）放张前，应拆除侧模，使放张时构件能自由变形，否则将损坏模板或使构件开裂。对有横肋的构件（如大型屋面板），其端横肋内侧面与板面交接处做出一定的坡度或做成大圆弧，以便预应力筋放张时端横肋能沿着坡面滑动。必要时在胎模与台面之间设置滚动支座。这样，在预应力筋放张时，构件与胎模可随着钢筋的回缩一起自由移动。

（3）用氧炔焰切割时。应采取隔热措施，防止烧伤构件端部混凝土。

**16.5.2.5 质量检验**

先张法预应力施工质量，应按现行国家标准《混凝土结构工程施工质量验收规范》（GB 50204）的规定进行验收。

1. 主控项目

（1）预应力筋进场时，应按现行国家标准《预应力混凝土用钢丝》（GB/T 5223）、《预应力混凝土用钢绞线》（GB/T 5224）等的规定抽取试件作力学性能检验，其质量必须符合有关标准的规定。

检查数量：按进场的批次和产品的抽样检验方案确定。

检验方法：检查产品合格证、出厂检验报告和进场复验报告。

（2）预应力筋用夹具的性能应符合现行国家标准《预应力筋用锚具、夹具和连接器》（GB/T 14370）和行业标准《预应力筋用锚具、夹具和连接器应用技术规程》（JGJ 85）的规定。

检验方法：检查产品合格证和出厂检验报告。

（3）预应力筋铺设时，其品种、级别、规格、数量等必须符合设计要求。

检查数量：隐蔽工程验收时全数检查。

检验方法：观察与钢尺检查。

（4）先张法预应力施工时，应选用非油类隔离剂．并应避免沾污预应力筋。

检查数量：全数检查。

检验方法：观察。

（5）预应力筋放张时，混凝土强度应符合设计要求；如设计无规定，不应低于设计的混凝土强度标准值的75%。

检查数量：全数检查。

检验方法：检查同条件养护试件试验报告。

（6）预应力筋张拉锚固后实际建立的预应力值与工程设计规定检验值的相对允许偏差为±5%。

检查数量：每工作班抽查预应力筋总数的1%，且不少于3束。

检验方法：检查预应力筋应力检测记录。

（7）在浇筑混凝土前发生断裂或滑脱的预应力筋必须予以更换。

检验方法：全数观察。检查张拉纪录。

（8）预应力筋放张时，宜缓慢放松锚固装置。使各根预应力筋同时缓慢放松。

检验方法：全数观察检查。

2. 一般项目

（1）钢丝两端采用镦头夹具时，对短线整体张拉的钢丝，同组钢丝长度的极差不得大于2mm。钢丝镦头的强度不得低于钢丝强度标准值的98%。

检查数量：每工作班抽查预应力筋总数的3%，且不少于3束。对钢丝镦头强度，每批钢丝检查 6 个镦头试件。

检验方法：观察、钢尺检查。检查钢丝镦头试验报告。

（2）锚固时张拉端预应力筋的内缩量应符合设计要求。

检查数量：每工作班抽查预应力筋总数的 3%，且不少于 3 束。

检验方法：钢尺检查。

（3）先张法预应力筋张拉后与设计位置的偏差不得大于 5mm，且不得大于构件截面短边边长的 4%。

检查数量：每工作班抽查预应力筋总数的 3%，且不少于 3 束。

检验方法：钢尺检查。

## 16.5.3　折线张拉工艺

桁架式或折线式吊车梁配置折线预应力筋，可充分发挥结构受力性能，节约钢材，减轻自重。折线预应力筋可采用垂直折线张拉（构件竖直浇筑）和水平折线张拉（构件平卧浇筑）两种方法。

### 16.5.3.1　垂直折线张拉

图 16-93 为利用槽形台座制作折线式吊车梁的示意图，共 12 个转折点。在上下转折点处设置上下承力架，以支撑竖向力。预应力筋张拉可采用两端同时或分别按 25%$\sigma_{con}$逐级加荷至 100%$\sigma_{con}$的方式进行，以减少预应力损失。

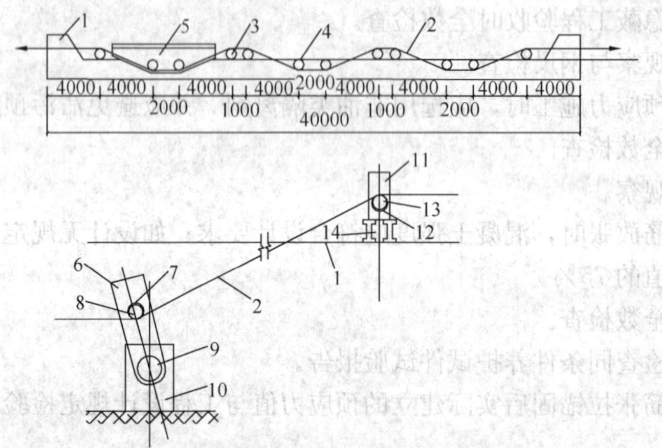


图 16-93　折线形吊车梁预应力筋垂直折线张拉示意图

1—台座；2—预应力筋；3—上支点（即圆钢管 12）；4—下支点（即圆钢管 7）
5—吊车梁；6—下承力架；7、12—钢管；8、13—圆柱轴；9—连销；10—地锚；
11—上承力架；14—工字钢梁

为了减少预应力损失，应尽可能减少转角次数，据实测，一般转折点不宜超过 10 个（故台座也不宜过长）。为了减少摩擦，可将下承力架做成摆动支座，摆动位置用临时拉索控制。上承力架焊在两根工字钢梁上，工字钢梁搁置在台座上，为使应力均匀，还可在工字钢梁下设置千斤顶，将钢梁及承力架向上顶升一定的距离，以补足预应力（成为横向张拉）。

钢筋张拉完毕后浇筑混凝土。当混凝土达一定强度后，两端同时放松钢筋，最后抽出转折点的圆柱轴 8、13，只剩下支点钢管 7、12 埋在混凝土构件内（钢管直径 $D \geqslant 2.5$ 倍钢筋直径）。

#### 16.5.3.2　水平折线张拉

图 16-94 为利用预制钢筋混凝土双肢柱作为台座压杆，在现场对生产桁架式吊车梁的示意图。在预制柱上相应于钢丝弯折点处，套以钢筋抱箍 5，并装置短槽钢 7，连以焊接钢筋网片，预应力筋通过网片而弯折。为承受张拉时产生的横向水平力，在短槽钢上安置木撑 6、8。

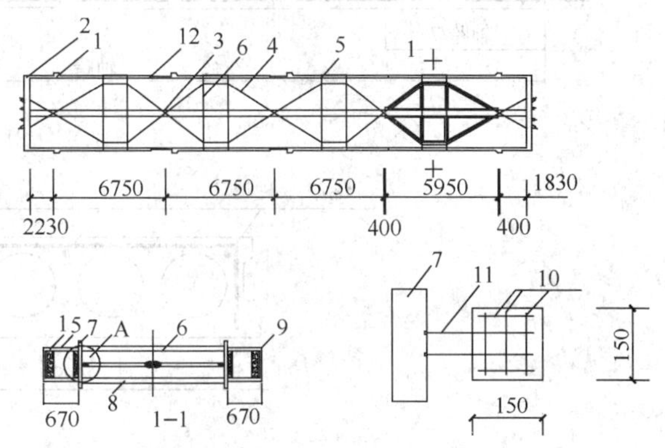


图 16-94　预应力筋水平折线张拉示意图

1—台座；2—横梁；3—直线预应力筋；4—折线预应力筋；5—钢筋抱箍；6、8—木撑；7—8 号槽钢；9—70×70 方木；10—3$\phi$10 钢筋；11—2$\phi$18 钢筋；12—砂浆填缝

两根折线钢筋可用 4 台千斤顶在两端同时张拉，或采用两台千斤顶同时在一端张拉后，再在另一端补张拉。为减少应力损失，可在转折点处采取横向张拉，以补足预应力。

### 16.5.4　先 张 预 制 构 件

先张法主要适用于生产预制预应力混凝土构件。采用先张法生产的预制预应力混凝土构件包括预制预应力混凝土板、梁、桩等众多种类。

#### 16.5.4.1　先张预制板

目前国内应用的先张预应力混凝土板的种类较多，包括预应力混凝土圆孔板、SP 预应力空心板、预应力混凝土叠合板的实心底板、预应力混凝土双 T 板等。

1. 预应力混凝土圆孔板

预应力混凝土圆孔板是目前最为常见的先张预应力预制构件之一，主要适用于非抗震设计及抗震设防烈度不大于 8 度的地区。预应力混凝土圆孔板根据其厚度和适用跨度分为两类，一类板厚 120mm，适用跨度范围 2.1～4.8m；另一类板厚 180mm，适用跨度范围 4.8～7.2m。预应力钢筋采用消除应力的低松弛螺旋肋钢丝 $\phi^{H}5$，抗拉强度标准值为 1570MPa，构造钢筋采用 HRB335 级钢筋。图 16-95 为 0.5m 宽 120mm 厚的预应力混凝土圆孔板截面示意图。

预应力混凝土圆孔板可采用长线法台座张拉预应力，也可采用短线法钢模模外张拉预应力。设计时应考虑张拉端锚具变形和钢筋内缩引起的预应力损失以及温差引起的预应力损失。

构件堆放运输时，场地应平整压实。每垛堆放层数不宜超过 10 层。垫木应放在距板端 200～300mm 处，并做到上下对齐，垫平垫实，不得有一角脱空的现象。堆放、起吊、运输过程中不得将板翻身侧放。

安装时板的混凝土立方体抗压强度应达到设计混凝土强度的 100%，板安装后应及时浇筑拼缝混凝土。灌缝前应将拼缝内杂物清理干净，并用清水充分湿润。灌缝应采用强度等级不低于 C20 的细石混凝土并掺微膨胀剂。混凝土振捣应密实，并注意浇水养护。

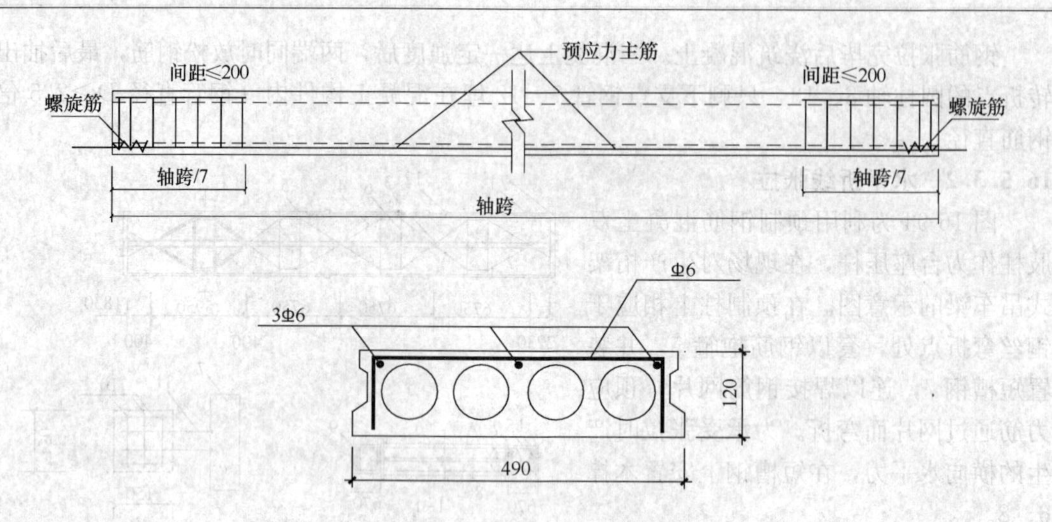


图 16-95　预应力圆孔板截面示意图

施工均布荷载不应大于 2.5kN/m²，荷载不均匀时单板范围内折算均布荷载不宜大于 2.0kN/m²，施工中应防止构件受到冲击作用。

在有抗震设防要求的地区安装圆孔板时，板支座宜采用硬架支模的方式，并保证板与支座实现可靠的连接。

2. SP 预应力空心板

SP 预应力空心板特指美国 SPANCRETE 公司及其授权的企业生产的预应力混凝土空心板。主要适用于抗震设防烈度不大于 8 度的地区。SP 预应力空心板一般板宽为 1200mm，板的厚度为 100～380mm，适用跨度范围为 3～18m。有关 SP 板轴跨与板厚的对应关系如表 16-56 所示。

**SP 板轴跨与板厚对应关系**（单位：mm）　　**表 16-56**

| 板　厚 | | 100 | 120 | 150 |
|---|---|---|---|---|
| 轴跨 | SP | 3000～5100 | 3000～6000 | 4500～7500 |
| | SPD | 4200～6300 | 4800～7200 | 5400～9000 |
| 板厚 | | 180 | 200 | 250 |
| 轴跨 | SP | 4800～9000 | 5100～10200 | 5700～12600 |
| | SPD | 6900～10200 | 7200～10800 | 8400～13800 |
| | 40SP | 4800～9000 | 5100～10200 | 5700～12600 |
| 板厚 | | 300 | 380 | |
| 轴跨 | SP | 6900～15000 | 8400～18000 | |
| | SPD | 9600～15000 | 12000～18000 | |
| | 40SP | 6900～15000 | 8400～18000 | |

注：表中 SP 指无叠合层的 SP 板，钢绞线保护层厚度 20mm；40SP 指无叠合层的 SP 板，钢绞线保护层厚度 40mm；SPD 指在 SP 板顶面现浇 50～60mm 厚细石混凝土叠合层的板。

SP 板的预应力钢筋多采用 1860 级的 1×7 低松弛钢绞线，直径包括 9.5、11.1、12.7mm 三种，有时也采用 1570 级的 1×3 低松弛钢绞线，直径 8.6mm。图 16-96 为

1.2m 宽 200mm 厚的 SP 板截面示意图。

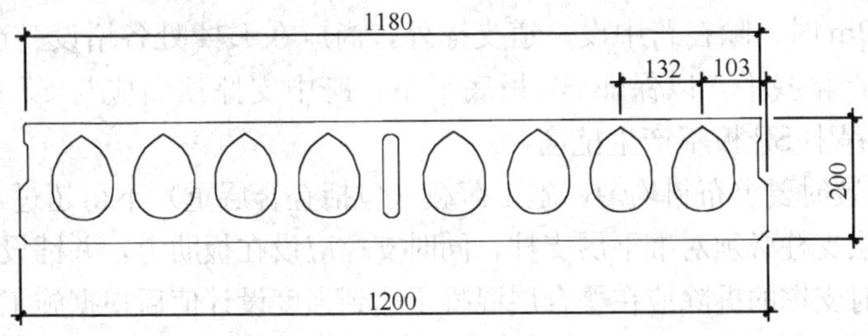


图 16-96 SP 板截面示意图

放张预应力钢绞线时板的混凝土立方体抗压强度必须达到设计混凝土强度等级值的 75%，并应同时在两端左右对称放张，严禁采用骤然放张。

生产时应对板采取有效措施，并确认钢绞线放张时不会导致板面开裂。对采用 12 根和 12 根以上直径 12.7mm 钢绞线的板，更应采取加强板端部抗裂能力或取消部分钢绞线端部一定长度内的握裹力等特殊措施，以防止放张板面开裂。如采取降低预应力张拉控制值时，应注意其对板允许荷载表的影响，采取取消部分钢绞线端部一定长度内的握裹力措施时应考虑对板端部抗裂和承载能力的影响。

空心板端部预应力钢绞线的实测回缩（缩入混凝土切割面）值应符合下列规定：

每块板各端的所有钢绞线回缩值的平均值，不得大于 2mm；并且单根钢绞线的回缩值不得大于 3mm（板端部涂油的钢绞线的允许回缩值另行确定）。回缩值不合格的板应根据实际情况经特殊处理后方可使用。

构件堆放、运输时，场地应平整压实。每垛堆放总高度不宜超过 2.0m，垫木应放在距板端 200～300mm 处，并做到上下对齐，垫平垫实，不得有一角脱空的现象。堆放、起吊、运输过程中不得将板翻身侧放。SP 板的支承处应平整，保证板端在支承处均匀受力。为减轻承重墙对板端的约束和便于拉齐板缝，在板底设置塑胶垫片会取得较好效果。

安装 SP 板时，一般宜将两块板之间板底靠紧安置。但板顶缝宽不宜小于 20mm。

为了保证空心板楼（屋）盖体系中，相邻 SP 板之间能相互传递剪力和协调相邻板间垂直变位，应做好板缝的灌缝工作。因此，应注意以下事项：

一般应采用强度不小于 $20N/mm^2$ 的水泥砂浆，或强度不小于 C20 的细石混凝土灌实。灌缝用砂浆或细石混凝土应有良好的和易性，保证板间的键槽能浇注密实。所有 SP 板 SPD 板的灌浆工作，均应在吊装板后，进行其他工序前尽快实施。在灌缝砂浆强度小于 $10N/mm^2$ 时，板面不得进行任何施工工作。灌缝前应采取措施（加临时支撑或在相邻板间加夹具等）保证相邻板底平整。灌缝前应清除板缝中的杂物，按具体工程设计要求设置好缝中钢筋，并使板缝保持清洁湿润状态，灌浇后应注意养护，必须保证板缝浇灌密实。

SPD 板顶面应有凹凸差不小于 4mm 的人工粗糙面。以保证叠合面的抗剪强度大于 $0.4N/mm^2$。应在 SPD 板叠合层中间配置直径≥6mm，间距 200mm 的钢筋网，或直径 4～5mm间距 200mm 的焊接钢筋网片。浇筑叠合层混凝土前，SP 板板面必须清扫干净，并浇水充分湿润（冬季施工除外），但不能积水。浇筑叠合层混凝土时，采用平板振动器振捣密实，以保证与 SP 板结合成一整体。浇筑后采用覆盖浇水养护。SPD 板在浇注叠合层阶段，应设有可靠支撑，支撑位置应按下列规定：

当跨度 $L\leqslant 9$m 时，在跨中设一道支撑；

当跨度 $L>9$m 时，除在跨中设一道支撑外，尚应在 L/4 处各增设一道支撑。

支撑顶面应严格找平，以保证 SP 板底平整，跨中支撑顶面应与 SP 板底顶紧，保证在浇注叠合层过程中 SP 板不产生挠度。

SP 板施工安装时要求布料均匀，施工荷载（包括叠合层重）不得超过 2.5kN/mm$^2$。在多层建筑中，上层支柱必须对准下层支柱，同时支撑应设在板肋上，并铺设垫板，以免板受支柱的冲切。临时支撑的拆除应在叠合层混凝土达到强度设计值后根据施工规范规定执行。

3. 预应力混凝土叠合板

预应力混凝土叠合板指施工阶段设有可靠支撑的叠合式受弯构件。其采用 50mm 或 60mm 厚实心预制预应力混凝土底板，上浇叠合层混凝土，形成完全粘结。主要适用于非抗震设计及抗震设防烈度不大于 8 度的地区。

预应力混凝土叠合板的材料和规格详见表 16-57。

**预应力混凝土叠合板规格**　　**表 16-57**

| 底板厚度（mm）/叠合层厚（mm） | | 50/60、70、80<br>60/80、90 | |
|---|---|---|---|
| 底板预应力筋 | 钢筋种类 | 螺旋肋钢丝 | 冷轧带肋钢筋 |
| | 直径（mm） | $\phi^{H}5$ | $\phi^{R}5$ |
| | 抗拉强度标准值（N/mm$^2$） | 1570 | 800 |
| | 抗拉强度设计值（N/mm$^2$） | 1110 | 530 |
| | 弹性模量 | $2.05\times10^5$ | $1.9\times10^5$ |
| 底板构造钢筋种类 | | 冷轧带肋钢筋 CRB550（$\phi^{R}5$）<br>也可采用 HPB300 或 HRB335 级钢筋 | |
| 支座负钢筋种类 | | HRB335、HRB400 级钢筋 | |
| 吊钩 | | HPB300 级钢筋 | |
| 底板混凝土强度等级 | | C40 | |
| 叠合层混凝土强度等级 | | C30 | |

图 16-97 为典型的 50mm 厚的预制预应力混凝土底板示意图。

叠合板如需开洞，需在工厂生产中先在板底中预留孔洞（孔洞内预应力钢筋暂不切除），叠合层混凝土浇筑时留出孔洞，叠合板达到强度后切除孔洞内预应力钢筋。洞口处加强钢筋及洞板承载能力由设计人员根据实际情况进行设计。

底板上表面应做成凹凸不小于 4mm 的人工粗糙面，可用网状滚筒等方法成型。

底板吊装时应慢起慢落，并防止与其他物体相撞。

堆放场地应平整夯实，堆放时使板与地面之间应有一定的空隙，并设排水措施。板两端（至板端 200mm）及跨中位置均应设置垫木，当板标志长度≤3.6m 时跨中设一条垫木，板标志长度>3.6m 时跨中设两条垫木，垫木应上下对齐。不同板号应分别堆放，堆放高度不宜多于 6 层。堆放时间不宜超过两个月。

混凝土的强度达到设计要求后方能出厂。运输时板的堆放要求同上，但要设法在支点处绑扎牢固，以防移动或跳动。在板的边部或与绳索接触处的混凝土，应采用衬垫加以

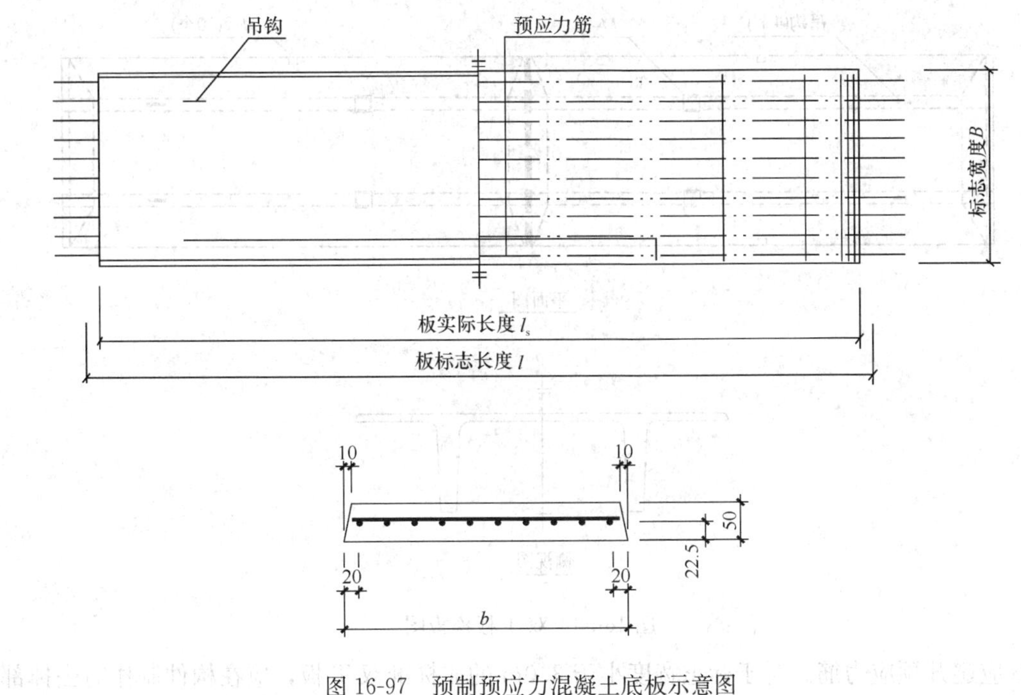


图 16-97 预制预应力混凝土底板示意图

保护。

底板就位前应在跨中及紧贴支座部位均设置由柱和横撑等组成的临时支撑。当轴跨 $l \leqslant 3.6$m 时跨中设一道支撑；当轴跨 $3.6\text{m} < l \leqslant 5.4$m 时跨中设两道支撑；当轴跨 $l > 5.4$m 时跨中设三道支撑。支撑顶面应严格抄平，以保证底板板底面平整。多层建筑中各层支撑应设置在一条竖直线上，以免板受上层立柱的冲切。

临时支撑拆除应根据施工规范规定，一般保持连续两层有支撑。施工均布荷载不应大于 1.5kN/mm²，荷载不均匀时单板范围内折算均布荷载不宜大于 1kN/mm²，否则应采取加强措施。施工中应防止构件受到冲击作用。

4. 预应力混凝土双 T 板

预应力混凝土双 T 板通常采用先张法工艺生产，适用于非抗震设计及抗震设防烈度不大于 8 度的地区。

预应力混凝土双 T 板混凝土强度等级为 C40、C45、C50。当环境类别为二 b 类时，双 T 坡板的混凝土强度等级均为 C50。预应力钢筋采用低松弛的螺旋肋钢丝或 1×7 钢绞线。

双 T 板板面、肋梁、横肋中钢筋网片采用 CRB550 级冷轧带肋钢筋及 HPB300 级钢筋。钢筋网片宜采用电阻点焊，其性能应符合相关标准的规定。预埋件锚板采用 Q235B 级钢，锚筋采用 HPB300 级钢筋或 HRB335 级钢筋。预埋件制作及双 T 坡板安装焊接采用 E43 型焊条。吊钩采用未经冷加工的 HPB300 级钢筋或 Q235 热轧圆钢。

预应力混凝土双 T 板标志宽度为 3m，实际宽度 2.98m。跨度 9～24m，屋面坡度 2%。典型的双 T 板模板图见图 16-98。

放张时双 T 板混凝土强度一般应达到设计混凝土强度等级的 100%。

当肋梁与支座混凝土梁采用螺栓连接时，应在肋梁端部预埋 $\phi$20（内径）钢管。预埋

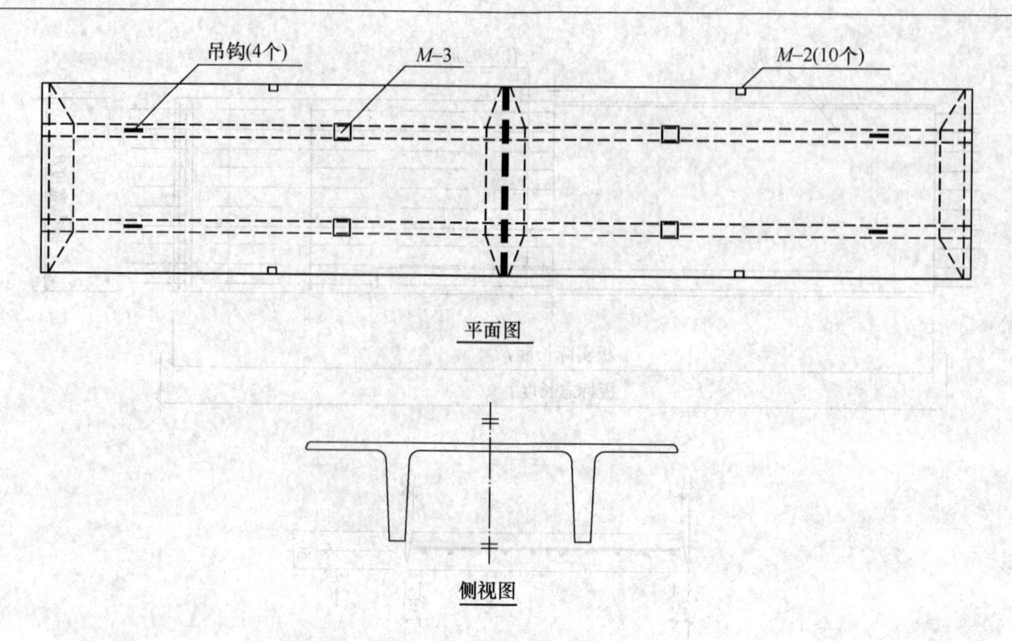


图 16-98 双 T 板模板图

钢管应避开预应力筋。对于标志宽度小于 3.0m 的非标准双 T 板，应在构件制作时去掉部分翼板，但不应伤及肋梁。

双 T 板吊装时应保证所有吊钩均匀受力，并宜采用专用吊具。双 T 板堆放场地应平整压实。堆放时，除最下层构件采用通长垫木外，上层的垫木宜采用单独垫木。垫木应放在距板端 200～300mm 处，并做到上下对齐，垫平垫实。构件堆放层数不宜超过 5 层，见图 16-99。

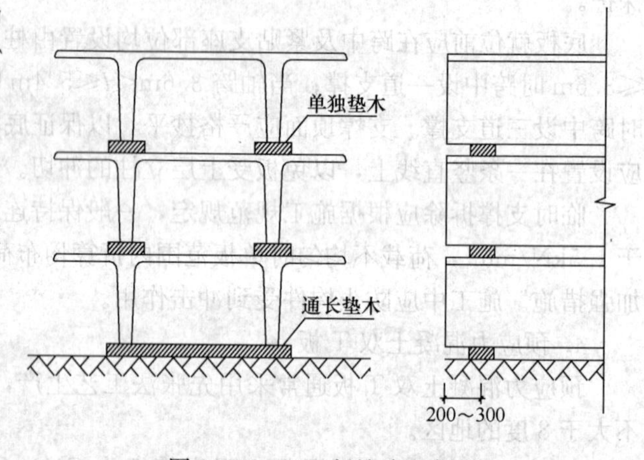


图 16-99 双 T 板堆放示意图

双 T 板运输时应有可靠的锚固措施，运输时垫木的摆放要求与堆放时相同。运输时构件层数不宜超过 3 层。

安装过程中双 T 板承受的荷载（包括双 T 板自重）不应大于该构件的标准组合荷载限值。安装过程中应防止双 T 板遭受冲击作用。安装完毕后，外露铁件应做防腐、防锈处理。

#### 16.5.4.2 先张预制桩

1. 预应力混凝土空心方桩

预应力混凝土空心方桩一般采用离心成型方法制作，预应力通过先张法施加。作为一种新型的预制混凝土桩，预应力混凝土空心方桩具有承载力高、生产周期短、节约材料等优点。目前我国的预应力混凝土空心方桩适用于非抗震区及抗震设防烈度不超过 8 度的地区，因此可在我国大部分地区应用。常见预应力混凝土空心方桩的截面如图 16-100 所示。

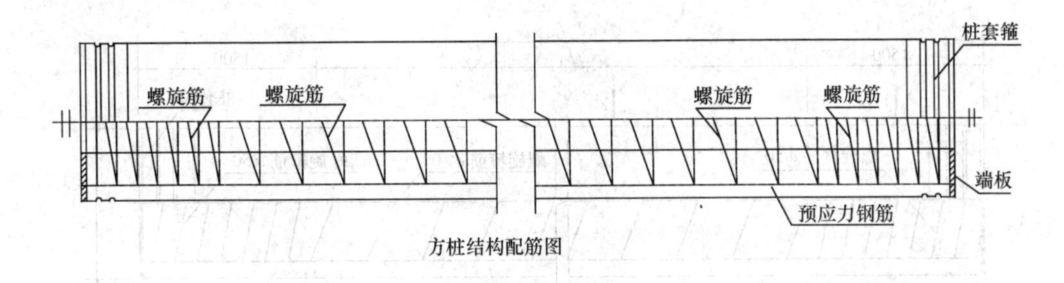


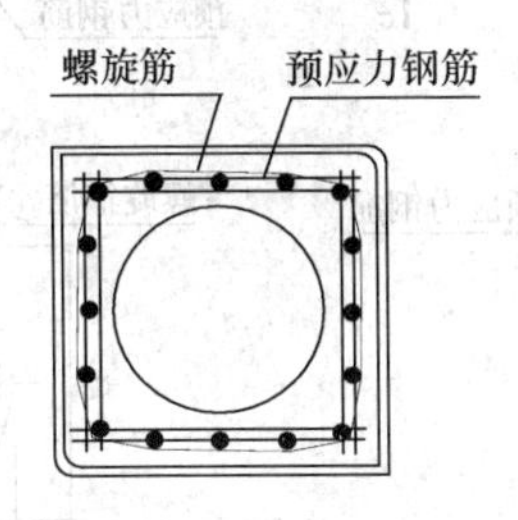


图 16-100 空心方桩截面示意

预应力钢筋镦头应采用热墩工艺，镦头强度不得低于该材料标准强度的 90%。采用先张法施加预应力工艺，张拉力应计算后确定，并采用张拉应力和张拉伸长值双重控制来确保张拉力的控制。

成品放置应标明合格印章及制造厂、产品商标、标记、生产日期或编号等内容。堆放场地与堆放层数的要求应符合国家现行标准《预应力混凝土空心方桩》(JG 197) 的规定。

空心方桩吊装宜采用两支点法，支点位置距桩端 0.21$L$（$L$ 为桩长）。若采用其他吊法，应进行吊装验算。

预应力混凝土空心方桩可采用锤击法和静压法进行施工。采用锤击法时，应根据不同的工程地质条件以及桩的规格等，并结合各地区的经验，合理选择锤重和落距。采用静压法时，可根据具体工程地质情况合理选择配重，压桩设备应有加载反力读数系统。

蒸汽养护后的空心方桩应在常温下静停 3 天后方可沉桩施工。空心方桩接桩可采用钢端板焊接法，焊缝应连续饱满。桩帽和送桩器应与方桩外形相匹配，并应有足够的强度、刚度和耐打性。桩帽和送桩器的下端面应开孔，使桩内腔与外界相通。

在沉桩过程中不得任意调整和校正桩的垂直度。沉桩时，出现贯入度、桩身位移等异常情况时，应停止沉桩，待查明原因并进行必要的处理后方可继续施工。桩穿越硬土层或进入持力层的过程中除机械故障外，不得随意停止施工。空心方桩一般不宜截桩，如遇特殊情况确需截桩时，应采用机械法截桩。

2. 预应力混凝土管桩

预应力混凝土管桩包括预应力高强混凝土管桩（PHC）、预应力混凝土管桩（PC）、预应力混凝土薄壁管桩（PTC）。预应力均通过先张法施加。PHC、PC 桩适用于非抗震和抗震设防烈度不超过 7 度的地区，PTC 桩适用于非抗震和抗震设防烈度不超过 6 度的地区。常见预应力混凝土管桩的截面如图 16-101 所示。

制作管桩的混凝土质量应符合现行国家标准《混凝土质量控制标准》(GB 50164)、《先张法预应力混凝土管桩》(GB 13476)、《先张法预应力混凝土薄壁管桩》(JC 888) 的规定，并应按上述标准的要求进行检验。

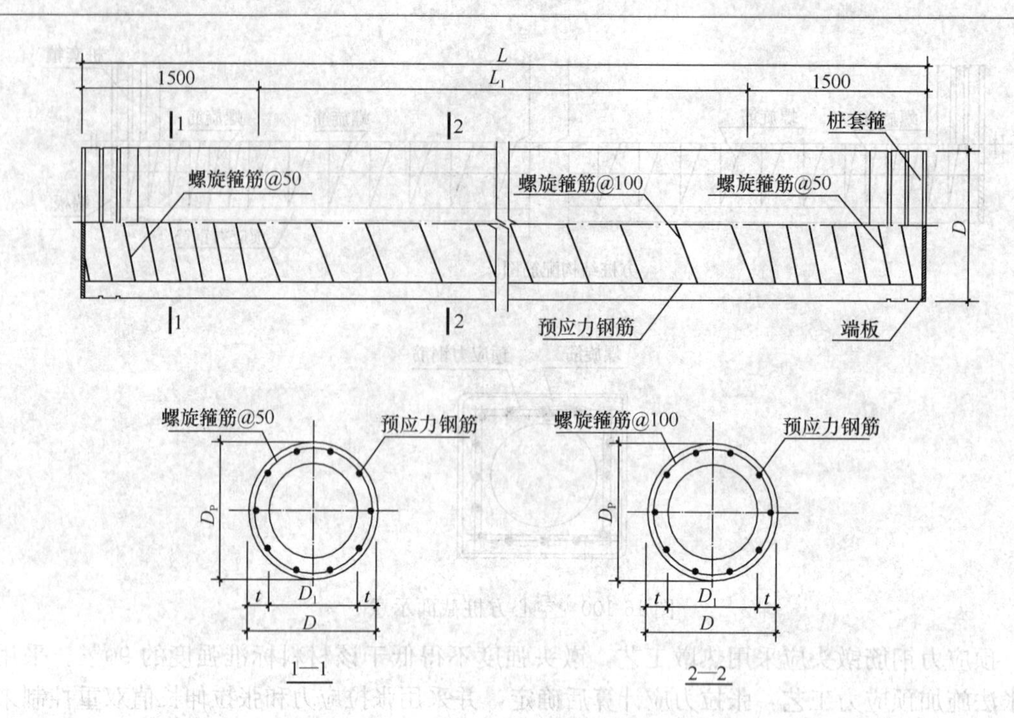


图 16-101　预应力混凝土管桩截面示意

沉桩施工时，应根据设计文件、地勘报告、场地周边环境等选择合适的沉桩机械。管桩的施工也分锤击法和静压法两种，锤击法沉桩机械采用柴油锤、液压锤，不宜采用自由落锤打桩机；静压法沉桩宜采用液压式机械，按施工方法分为顶压式和抱压式两种。

管桩的混凝土必须达到设计强度及龄期（常压养护为 28d，压蒸养护为 1d）后方可沉桩。

锤击法沉桩：桩帽或送桩器与管桩周围的间隙应为 5～10mm；桩锤与桩帽、桩帽与桩顶之间加设弹性衬垫，衬垫厚度应均匀，且经锤击压实后的厚度不宜小于 120mm，在打桩期间应经常检查，及时更换和补充。

静压法沉桩：采用顶压式桩机时，桩帽或送桩器与桩之间应加设弹性衬垫；抱压式桩机时，夹持机构中夹具应避开桩身两侧合缝位置。PTC 桩不宜采用抱压式沉桩。

沉桩过程中应经常观测桩身的垂直度，若桩身垂直度偏差超过 1%，应找出原因并设法纠正；当桩尖进入较硬土层后，严禁用移动桩架等强行回扳的方法纠偏。

每一根桩应一次性连续打（压）到底，接桩、送桩连续进行，尽量减少中间停歇时间。

沉桩过程中，出现贯入度反常、桩身倾斜、位移、桩身或桩顶破损等异常情况时，应停止沉桩，待查明原因并进行必要的处理后，方可继续进行施工。

上、下节桩拼接成整桩时，宜采用端板焊接连接或机械快速接头连接，接头连接强度应不小于管桩桩身强度。

冬期施工的管桩工程应按现行行业标准《建筑工程冬期施工规程》（JGJ/T 104）的有关规定，根据地基的主要冻土性能指标，采用相应的措施。宜选用混凝土有效预压应力值较大且采用蒸压养护工艺生产的 PHC 桩。

# 16.6 预应力混凝土后张法施工

后张法是指结构或构件成型之后，待混凝土达到要求的强度后，在结构或构件中进行预应力筋的张拉，并建立预压应力的方法。

由于后张法预应力施工不需要台座，比先张法预应力施工灵活便利，目前现浇预应力混凝土结构和大型预制构件均采用后张法施工。后张法预应力施工按粘结方式可以分为有粘结预应力、无粘结预应力和缓粘结预应力三种形式。

后张法施工所用的成孔材料，通常是金属波纹管和塑料波纹管等。

后张法施工所用的预应力筋主要是预应力钢绞线、预应力钢丝及精轧螺纹钢，也有在高腐蚀环境中采用非金属材料制成的预应力筋等。

## 16.6.1 有粘结预应力施工

**16.6.1.1 特点**

后张有粘结预应力是应用最普遍的一种预应力形式，有粘结预应力施工既可以用于现浇混凝土构件中，也可以用于预制构件中，两者施工顺序基本相同。有粘结预应力施工最主要的特点是在预应力筋张拉后要进行孔道灌浆，使预应力筋包裹在水泥浆中，灌注的水泥浆既起到保护预应力筋的作用，又起到传递预应力的效果。

**16.6.1.2 施工工艺**

后张法有粘结预应力施工通常包括铺设预应力筋管道、预应力筋穿束、预应力筋张拉锚固、孔道灌浆、防腐处理和封堵等主要施工程序。

**16.6.1.3 施工要点**

1. 预应力筋制作

（1）钢绞线下料

钢绞线的下料，是指在预应力筋铺设施工前，将整盘的钢绞线，根据实际铺设长度并考虑曲线影响和张拉端长度，切成不同的长度。如果是一端张拉的钢绞线，还要在固定端处预先挤压固定端锚具和安装锚座。

成卷的钢绞线盘重量大需要吊车将成卷的钢绞线吊到下料位置，开始下料时，由于钢绞线的弹力大，在无防护的情况下放盘时，钢绞线容易弹出伤人并发生绞线紊乱现象。可设置一个简易牢固的铁笼，将钢绞线罩在铁笼内，铁笼应紧贴钢绞线盘，再剪开钢绞线的包装钢带。将绞线头从盘卷心抽出。铁笼的尺寸不易过大，以刚好能包裹住钢绞线线盘的外径为合适。铁笼也可以在施工现场用脚手管临时搭设，但要牢固结实，能承受松开钢绞线产生的推力，铁笼竖杆有足够的密度，防止钢绞线头从缝隙中弹出，保证作业人员安全操作。

钢绞线下料宜用砂轮切割机切割。不得采用电弧切。砂轮切割机具有操作方便、效率高、切口规则等优点。

（2）钢绞线固定端锚具的组装

1）挤压锚具组装

挤压锚具组装通常是在下料时进行，然后再运到施工现场铺放，也可以将挤压机运至铺放施工现场进行挤压组装。

2）压花锚具成型

压花锚具是通过挤压钢绞线，使其局部散开，形成梨状钢丝与混凝土握裹而形成锚固端区。

3）质量要求

挤压锚具制作时，压力表读数应符合操作说明书的规定，挤压后预应力筋外端应露出挤压套筒 1～5mm。

钢绞线压花锚成形时，表面应清洁、无油污，梨形头尺寸和直线段长度应符合设计要求。

（3）预应力钢丝下料

1）钢丝下料

消除应力钢丝开盘后，可直接下料。钢丝下料时如发现钢丝表面有电接头或机械损伤，应随时剔除。

采用镦头锚具时，钢丝的长度偏差允许值要求较严。为了达到规定要求，钢丝下料可用钢管限位法或用牵引索在拉紧状态下进行。钢管固定在木板上，钢管内径比钢丝直径大 3～5mm，钢丝穿过钢管至另一端角铁限位器时，用切断装置切断。限位器与切断器切口间的距离，即为钢丝的下料长度。

2）钢丝编束

为保证钢丝束两端钢丝的排列顺序一致，穿束与张拉时不致紊乱，每束钢丝都须进行编束。

采用镦头锚具时，根据钢丝分圈布置的特点，首先将内圈和外圈钢丝分别用铁丝顺序编扎，然后将内圈钢丝放在外圈钢丝内扎牢。为了简化钢丝编束，钢丝的一端可直接穿入锚杯，另一端距端部约 20cm 处编束，以便穿锚板时钢丝不紊乱。钢丝束的中间部分可根据长度适当编扎几道。

3）钢丝镦头

钢丝镦粗的头型，通常有蘑菇型和平台型两种。前者受锚板的硬度影响大，如锚板较软，镦头易陷入锚孔而断于镦头处；后者由于有平台，受力性能较好。

钢丝束两端采用镦头锚具时，同束钢丝下料长度的极差应不大于钢丝长度的 1/5000，且不得大于 5mm；对长度小于 10m 的钢丝束极差可取 2mm。

钢丝镦头尺寸应不小于规定值、头型应圆整端正；钢丝镦头的圆弧形周边如出现纵向微小裂纹尚可允许，如裂纹长度已延伸至钢丝母材或出现斜裂纹或水平裂纹，则不允许。

钢丝镦头强度不得低于钢丝强度标准值的 98%。

2. 预留孔道

预应力预留孔道的形状和位置通常要根据结构设计图纸的要求而定。最常见的有直线形、曲线形、折线形和 U 形等形状。

预留孔道的直径，应根据孔道内预应力筋的数量、曲线孔道形状和长度、穿筋难易程度等因素确定。对于孔道曲率较大或孔道长度较长的预应力构件，应适当选择孔径较大的波纹管，否则在同一孔道中，先穿入的预应力筋比较容易，而后穿入的预应力筋会非常困难。孔道面积宜为预应力筋净面积的 4 倍左右。表 16-58 列出了常用钢绞线数量与波纹管直径的关系参考值。

常用 15.2mm 钢绞线数量与波纹管直径的关系（参考值） 表 16-58

| 锚具型号 | 钢绞线（根数） | 波纹管外径（mm） | 接头管外径（mm） | 孔道、绞线面积比 |
|---|---|---|---|---|
| 15—3 | 3 | 50 | 55 | 4.7 |
| 15—4 | 4 | 55 | 60 | 4.2 |
| 15—5 | 5 | 60 | 65 | 4.0 |
| 15—6/7 | 6/7 | 70 | 75 | 3.9 |
| 15—8/9 | 8/9 | 80 | 85 | 4.0 |
| 15—12 | 12 | 95 | 100 | 4.2 |
| 15—15 | 15 | 100 | 105 | 3.7 |
| 15—19 | 19 | 115 | 120 | 3.9 |
| 15—22 | 22 | 130 | 140 | 4.3 |
| 15—27 | 27 | 140 | 150 | 4.1 |
| 15—31 | 31 | 150 | 160 | 4.1 |

注：表中 15-3 代表可锚固直径 15.2mm，3 根钢绞线。

（1）预应力孔道的间距与保护层应符合下列规定：

1）对预制构件，孔道的水平净间距不宜小于 30mm，且不应小于粗骨料直径的 1.25 倍；孔道至构件边缘的净间距不应小于 30mm，且不应小于孔道半径。

2）对现浇构件，预留孔道在竖直方向的净间距不应小于孔道半径，水平方向净间距不宜小于孔道直径的 1.5 倍。从孔壁算起的混凝土最小保护层厚度，梁底不宜小于 50mm，梁侧不宜小于 40mm。

（2）预留孔道方法：预留孔道通常有预埋管法和抽芯法两种。

预埋管法是在结构或构件绑扎骨架钢筋时先放入金属波纹管、塑料波纹管或钢管，形成预应力筋的孔道。埋在混凝土中的孔道材料一次性永久地留在结构或构件中；抽芯法是在绑扎骨架钢筋时先放入橡胶管或钢管，混凝土浇注后，当混凝土强度达到一定要求时抽出橡胶管或钢管，形成预应力孔道，橡胶管或钢管可以重复使用。

（3）常用的后张预埋管材料主要有：金属波纹管、塑料波纹管、普通薄壁钢管（厚度通常为 2mm）等材料。

（4）预留孔道铺设施工

1）金属波纹管的连接：

金属波纹管的连接，通常采用对接的方法，用大一号同型波纹管做接头管，旋转波纹管连接。接头管的长度宜为管径的 3～4 倍，两端旋入长度应大致相等。普通波纹管通常为 200～400mm，其两端采用密封胶带缠绕包裹，见图 16-102。

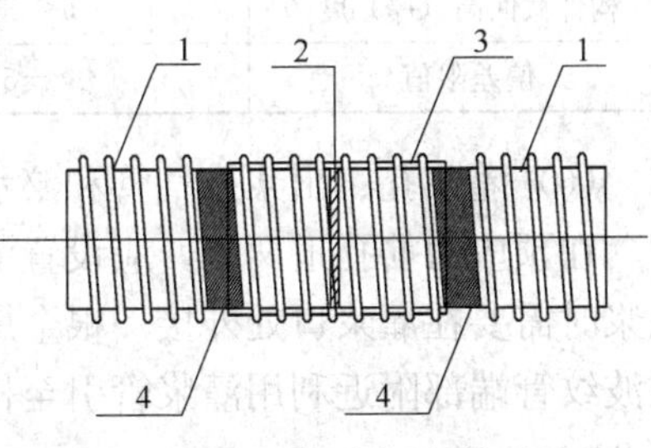

图 16-102 波纹管连接构造图
1—波纹管；2—接口处；
3—接头管；4—封口胶带

2）塑料波纹管的连接：

塑料波纹管的波纹分直肋和螺旋肋两种，螺旋肋塑料波纹管的连接方式与金属波纹管相同，即采用直径大一号的塑料接头管套在塑料波纹管上，旋转到波纹管对接处，用塑料封口胶带缠裹严密；对于直肋塑料波纹管，一般有专用接头管，通常也是直径大一号的塑料波纹管，分成两半，在接口处对接并用细铅丝绑扎后再用塑料防水胶带缠裹严密。对大口径的塑料波纹管也可采用专用的塑料焊接机热熔焊接。塑料接头套管的长度不小于300mm。

3）波纹管的铺设安装：

金属波纹管或塑料波纹管铺设安装前，应按设计要求在箍筋上标出预应力筋的曲线坐标位置，点焊或绑扎钢筋马凳。马凳间距：对圆形金属波纹管宜为1.0～1.5m，对扁波纹管和塑料波纹管宜为0.8～1.0m。波纹管安装后，应与一字形或井字形钢筋马凳用铁丝绑扎固定。

钢筋马凳应与钢筋骨架中的箍筋电焊或牢固绑扎。为防止钢筋马凳在穿预应力筋过程中受压变形，钢筋马凳材料应考虑波纹管和钢绞线的重量，可选择直径10mm以上的钢筋制成。

波纹管安装就位过程中，应避免大曲率弯管和反复弯曲，以防波纹管管壁开裂。同时还应防止电气焊施工烧破管壁或钢筋施工中扎破波纹管。浇筑混凝土时，在有波纹管的部位也应严禁用钢筋捣混凝土，防止损坏波纹管。

在合梁的侧模板前，应对波纹管的密封情况进行检查，如发现有破裂的地方要用防水胶带缠裹好，在确定没有破洞或裂缝后方可合梁的侧模板。

竖向预应力结构采用薄壁钢管成孔时应采用定位支架固定，每段钢管的长度应根据施工分层浇筑的高度确定。钢管接头处宜高于混凝土浇筑面500～800mm，并用堵头临时封口，防止杂物或灰浆进入孔道内。薄壁钢管连接宜采用带丝扣套管连接。也可采用焊接连接，接口处应对齐，焊口应均匀连续。

（5）波纹管的铺设绑扎质量要求：

1）预留孔道及端部埋件的规格、数量、位置和形状应符合设计要求；

2）预留孔道的定位应准确，绑扎牢固，浇筑混凝土时不应出现位移和变形；

3）孔道应平顺，不能有死弯，弯曲处不能开裂，端部的预埋喇叭管或锚垫板应垂直于孔道的中心线；

4）接口处，波纹管口要相接，接头管长度应满足要求，绑扎要密封牢固；

5）波纹管控制点的设计偏差应符合表16-59的规定。

**预应力筋束形（孔道）控制点设计位置允许偏差（mm）　表16-59**

| 构件截面高（厚）度 | $h\leqslant300$ | $300<h\leqslant1500$ | $h>1500$ |
|---|---|---|---|
| 偏差限值 | ±5 | ±10 | ±15 |

（6）灌浆孔、出浆排气管和泌水管

在预应力筋孔道两端，应设置灌浆孔和出浆孔。灌浆孔通常位于张拉端的喇叭管处，灌浆时需要在灌浆口处外接一根金属灌浆管；如果在没有喇叭管处（如锚固端），可设置在波纹管端部附近利用灌浆管引至构件外。为保证浆液畅通，灌浆孔的内孔径一般不宜小于20mm。

曲线预应力筋孔道的波峰和波谷处，可间隔设置排气管，排气管实际上起到排气、出浆和泌水的作用，在特殊情况下还可作为灌浆孔用。波峰处的排气管伸出梁面的高度不宜小于 500mm，波底处的排气管应从波纹管侧面开口接出伸至梁上或伸到模板外侧。对于多跨连续梁，由于波纹管较长，如果从最初的灌浆孔到最后的出浆孔距离很长，则排气管也可兼用作灌浆孔用于连续接力式灌浆。其间距对于预埋波纹管孔道不宜大于 30m。为防止排气管被混凝土挤扁，排气管通常由增强硬塑料管制成，管的壁厚应大于 2mm。

金属波纹管留灌浆孔（排气孔、泌水孔）的做法是在波纹管上开孔，直径在 20～30mm，用带嘴的塑料弧形盖板与海绵垫覆盖，并用铁丝扎牢，塑料盖板的嘴口与塑料管用专业卡子卡紧。如图 16-103 所示。

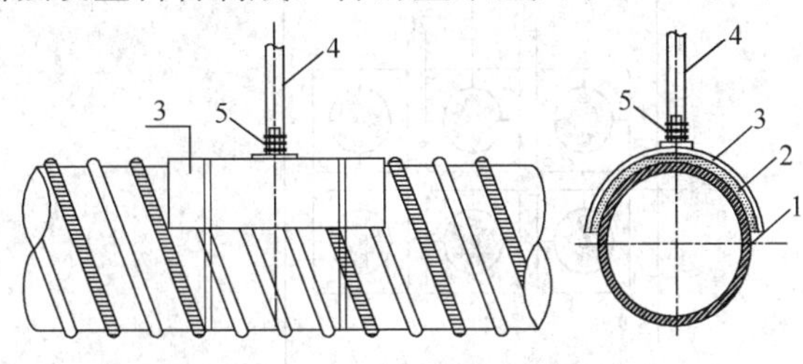


图 16-103　灌浆孔的设置示意图

1—波纹管；2—海绵垫；3—塑料盖板；4—塑料管；5—固定卡子

在波谷处设置泌水管，应使塑料管朝两侧放置，然后从梁上伸出来。不能朝上放置，否则张拉预应力筋后可能造成预应力筋堵住排气孔的现象出现，如图 16-104。

钢绞线在波峰与波谷位置及排气管的安装见图 16-105。

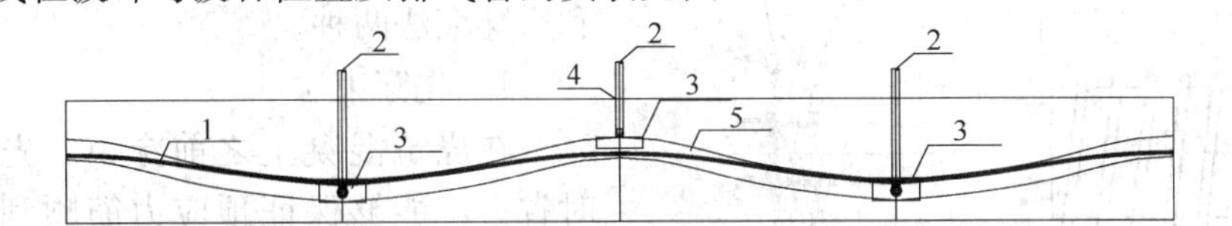


图 16-104　预应力筋在波纹管中位置图

1—预应力筋；2—排气孔；3—塑料弧形盖板；4—塑料管；5—波纹管孔道

图 16-105　钢绞线在波峰与波谷位置及排气管的安装位置图

(*a*) 波谷；(*b*) 波峰

3. 张拉端、锚固端铺设

(1) 张拉端的布置

张拉端的布置，应考虑构件尺寸、局部承压、锚固体系合理布置等，同时满足张拉施工设备空间要求。通常承压板的间隔设置在 20～50mm 为宜，如图 16-106 所示。

有粘结预应力筋设在梁柱节点的张拉端上如图 16-107 所示。

(2) 固定端的布置

有粘结预应力钢绞线的固定端通常采用挤压锚具，在梁柱节点处，锚固端的挤压锚具应均匀散开放在混凝土支座内，波纹管应伸入混凝土支座内。如图 16-108 所示。

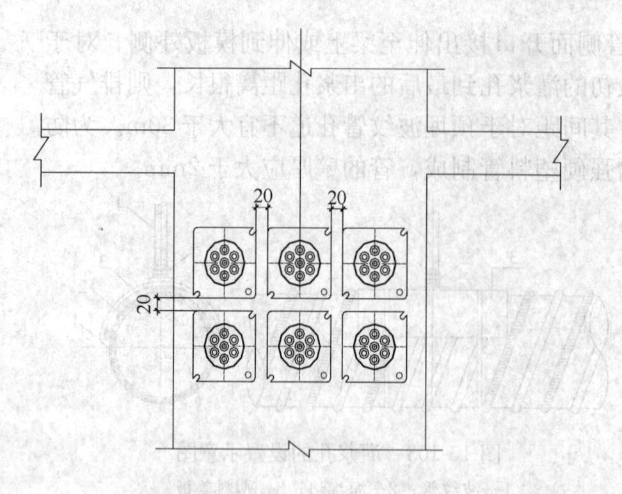


图 16-106　柱端预应力锚固图

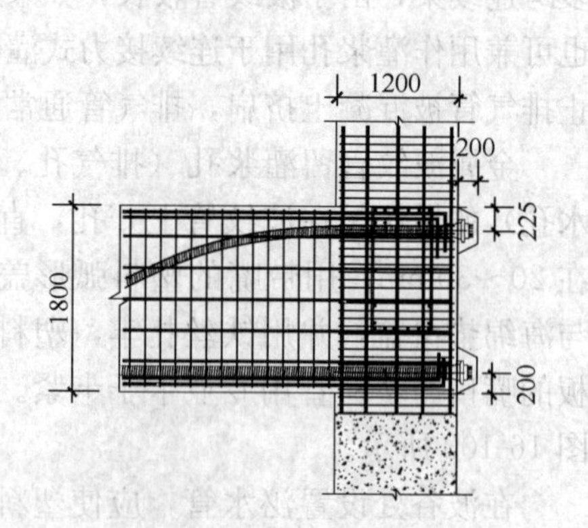


图 16-107　梁柱节点处张拉端示意图

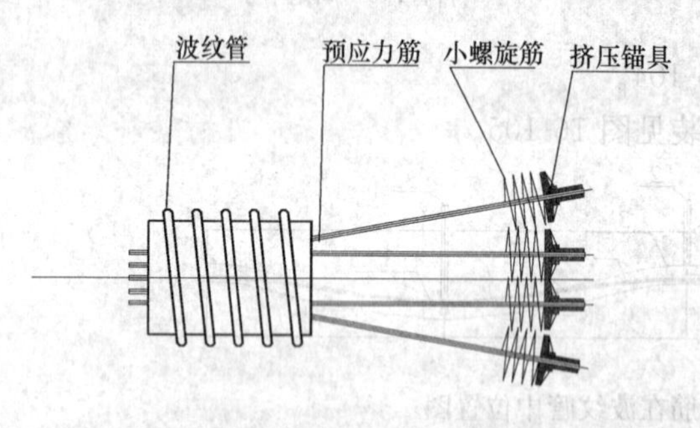


图 16-108　固定端的设置

4. 预应力筋穿束

(1) 根据穿束时间，可分为先穿束法和后穿束法两种。

1) 先穿束法

在浇筑混凝土之前穿束。先穿束法省时省力，能够保证预应力筋顺利放入孔道内；如果波纹管绑扎不牢固，预应力筋的自重会引起的波纹管变位，会影响到矢高的控制，如果穿入的钢绞线不能及时张拉和灌浆，钢绞线易生锈。

2) 后穿束法

后穿束法是在浇筑混凝土之后穿束。此法可在混凝土养护期内进行，穿束不占工期。穿束后即行张拉，预应力筋易于防锈。对于金属波纹管孔道，在穿预应力筋时，预应力筋的端部应套有保护帽，防止预应力筋损坏波纹管。

(2) 穿束方法

根据一次穿入预应力筋的数量，可分为整束穿束、多根穿束和单根穿束。钢丝束应整束穿；钢绞线宜采用整束穿，也可用多根或单根穿。穿束工作可采用人工、卷扬机或穿束机进行。

1) 人工穿束

对曲率不是很大，且长度不大于 30m 的曲线束，适宜人工穿束。

人工穿束可利用起重设备将预应力筋吊放到脚手架上，工人站在脚手架上逐步穿入孔内。预应力筋的前端应安装保护帽或用塑料胶带将端头缠绕牢固形成一个厚厚的圆头，防止预应力筋（主要是钢绞线）的端部损坏波纹管壁，以便顺利通过孔道。对多波曲线束且长度超过 80m 的孔道，宜采用特制的牵引头（钢丝网套套住要牵引的预应力筋端部），工人在前头牵引，后头推送，用对讲机保持前后两端同时出现。

钢绞线编束宜用 20 号铁丝绑扎，间距 2～3m。编束时应先将钢绞线理顺，并尽量使各根钢绞线松紧一致。如钢绞线单根穿入孔道，则不编束。

2）用卷扬机穿束

对多波曲率较大，孔道直径偏小且束长大于 80m 的预应力筋，也可采用卷扬机穿束。钢绞线与钢丝绳间用特制的牵引头连接。每次牵引一组 2～3 根钢绞线，穿束速度快。

卷扬机宜采用慢速，每分钟约 10m，电动机功率为 1.5～2.0kW。

3）用穿束机穿束

用穿束机穿束适宜于大型桥梁与构筑物单根穿钢绞线的情况。

穿束机有两种类型：一是由油泵驱动链板夹持钢绞线传送，速度可任意调节，穿束可进可退，使用方便；二是由电动机经减速箱减速后由两对滚轮夹持钢绞线传送，进退由电动机正反转控制。穿束时，钢绞线前头应套上一个金属子弹头形壳帽。

5. 预应力筋张拉锚固

(1) 准备工作

1）混凝土强度

预应力筋张拉前，应提供构件混凝土的强度试压报告。混凝土试块采用同条件养护与标准养护。当混凝土的立方体强度满足设计要求后，方可施加预应力。

施加预应力时构件的混凝土强度等级应在设计图纸上标明；如设计无要求时，对于 C40 混凝土不应低于设计强度的 75%。对于 C30 或 C35 混凝土则不应低于设计强度的 100%。

现浇混凝土施加预应力时，混凝土的龄期：对后张预应力楼板不宜小于 5d，对于后张预应力大梁不宜小于 7d。

对于有通过后浇带的预应力构件，应使后浇带的混凝土强度也达到上述要求后再进行张拉。

后张预应力构件为了搬运等需要，可提前施加一部分预应力，以承受自重等荷载。张拉时混凝土的立方体强度不应低于设计强度等级的 60%。必要时进行张拉端的局部承压计算，防止混凝土因强度不足而产生裂缝。

2）构件张拉端部位清理

锚具安装前，应清理锚垫板端面的混凝土残渣和喇叭管口内的封堵与杂物。应检查喇叭管或锚垫板后面的混凝土是否密实，如发现有空洞，应剔凿补实后，再开始张拉。

应仔细清理喇叭口外露的钢绞线上的混凝土残渣和水泥浆，如果锚具安装处的钢绞线上留有混凝土残渣或水泥浆，将严重影响夹片锚具的锚固性能，张拉后可能发生钢绞线回缩的现象。

3）张拉操作平台搭设

高空张拉预应力筋时，应搭设安全可靠的操作平台。张拉操作台应能承受操作人员与张拉设备的重量，并装有防护栏杆。一般情况下平台可站 3～5 人，操作面积为 3～5m$^2$，为了减轻操作平台的负荷，张拉设备应尽量移至靠近的楼板上，无关人员不得停留在操作平台上。

4）锚具与张拉设备准备

①锚具

锚具应有产品合格报告，进场后应经过检验合格方可使用。锚具外观应干净整洁，允许锚具带有少量的浮锈，但不能锈蚀严重。

*a*. 钢绞线束夹片锚固体系：安装锚具时应注意工作锚环或锚板对中，夹片必须安装橡胶圈或钢丝圈，均匀打紧并外露一致；

*b*. 钢丝束锥形锚固体系：由于钢丝沿锚环周边排列且紧靠孔壁。因此安装钢质锥形锚具时必须严格对中，钢丝在锚环周边应分布均匀；

*c*. 钢丝束镦头锚固体系：由于穿束关系，其中一端锚具要后装，并进行镦头。配套的工具式拉杆与连接套筒应事先准备好；此外还应检查千斤顶的撑脚是否适用。

②张拉设备准备

预应力筋张拉应采用相应吨位的千斤顶整束张拉。对直线形或平行排放的预应力钢绞线束，在各根钢绞线互不叠压时也可采用小型千斤顶逐根张拉。

张拉设备应于进场前进行配套标定，配套使用。标定过的张拉设备在使用 6 个月后要再次进行标定才能继续使用。在使用中张拉设备出现不正常现象或千斤顶检修后，应重新标定。

预应力筋张拉设备和仪表应根据预应力筋的种类、锚具类型和张拉力合理选用。张拉设备的正常使用范围为 25%～90%额定张拉力。

张拉用压力表的精度不低于 0.4 级。标定张拉设备的试验机或测力精度不应低于 ±0.5%。

安装张拉设备时，对直线预应力筋，应使张拉力的作用线与预应力筋的中心线重合；对曲线预应力筋，应使张拉力的作用线与预应力筋中心线末端的切线重合。

安装多孔群锚千斤顶时，千斤顶上的工具锚孔位与构件端部工作锚的孔位排列要一致，以防钢绞线在千斤顶穿心孔内错位或交叉。

③资料准备

预应力筋张拉前，应提供设备标定证书并计算所需张拉力、压力读数表、张拉伸长值，并说明张拉顺序和方法，填写张拉申请单。

（2）预应力筋张拉

1）预应力筋张拉顺序

预应力构件的张拉顺序，应根据结构受力特点、施工方便、操作安全等因素确定。

对现浇预应力混凝土框架结构，宜先张拉楼板、次梁，后张拉主梁。

对预制屋架等平卧叠浇构件，应从上而下逐榀张拉。预应力构件中预应力筋的张拉顺序，应遵循对称张拉原则。应使混凝土不产生超应力、构件不扭转与侧弯、结构不变位等；因此，对称张拉是一项重要原则。同时还应考虑到尽量减少张拉设备的移动次数。

后张法预应力混凝土屋架等构件，一般在施工现场平卧重叠制作。重叠层数为 3～4 层。其张拉顺序宜先上后下逐层进行。为了减少上下层之间因摩擦引起的预应力损失，可逐层加大张拉力。

2）预应力筋张拉方式

预应力筋的张拉方法，应根据设计和施工计算要求采取一端张拉或两端张拉。

①一端张拉方式：预应力筋只在一端张拉，而另一端作为固定端不进行张拉。由于受摩擦的影响，一端张拉会使预应力筋的两端应力值不同，当预应力筋的长度超过一定值（曲线配筋约为 30m）时锚固端与张拉端的应力值的差别将明显加大，因此采用一端张拉

的预应力筋，其长度不宜超过30m。如设计人员根据计算或实际条件认为可以放宽以上限制的话，也可采用一端张拉。

②两端张拉方式：对预应力筋的两端进行张拉和锚固，通常一端先张拉，另一端补张拉。

两端张拉通常是在一端张拉到设计值后，再移至另一端张拉，补足张拉力后锚固。如果预应力筋较长，先张拉一端的预应力筋伸长值较长，通常要张拉两个缸程以上，才能到设计值，而另一端则伸长值很小。

③分批张拉方式：对配有多束预应力筋的同一构件或结构，分批进行预应力筋的张拉。由于后批预应力筋张拉所产生的混凝土弹性压缩变形会对先批张拉的预应力筋造成预应力损失；所以先批张拉的预应力筋张拉力应加上该弹性压缩损失值或将弹性压缩损失平均值统一增加到每根预应力筋的张拉力内。

现浇混凝土结构或构件自身的刚度较大时，一般情况下后批张拉对先批张拉造成的损失并不大，通常不计算后批张拉对先批张拉造成的预应力损失，并调整张拉力，而是在张拉时，将张拉力提高1.03倍，来消除这种损失。这样做也使得预应力筋的张拉变得简单快捷。

④分段张拉方式：在多跨连续梁板分段施工时，通长的预应力筋需要逐段进行张拉的方式。对大跨度多跨连续梁，在第一段混凝土浇筑与预应力筋张拉锚固后，第二段预应力筋利用锚头连接器接长，以形成通长的预应力筋。

当预应力结构中设置后浇带时，为减少梁下支撑体系的占用时间，可先张拉后浇带两侧预应力筋，用搭接的预应力筋将两侧预应力连接起来。

⑤分阶段张拉方式：在后张预应力转换梁等结构中，因为荷载是分阶段逐步加到梁上的，预应力筋通常不允许一次张拉完成。为了平衡各阶段的荷载，需要采取分阶段逐步施加预应力。分阶段施加预应力有两种方法，一种是对全部的预应力筋分阶段进行如30%、70%、100%的多次张拉方式进行。另一种是分阶段对如30%、70%、100%的预应力筋进行张拉的方式进行。第一种张拉方式需要对锚具进行多次张拉。

分阶段所加荷载不仅是外载（如楼层重量），也包括由内部体积变化（如弹性缩短、收缩与徐变）产生的荷载。梁的跨中处下部与上部纤维应力应控制在容许范围内。这种张拉方式具有应力、挠度与反拱容易控制、材料省等优点。

⑥补偿张拉方式：在早期预应力损失基本完成后，再进行张拉的方式。采用这种补偿张拉，可克服弹性压缩损失，减少钢材应力松弛损失，混凝土收缩徐变损失等，以达到预期的预应力效果。

3）张拉操作顺序

预应力筋的张拉操作顺序，主要根据构件类型、张拉锚固体系、松弛损失等因素确定。

①采用低松弛钢丝和钢绞线时，张拉操作程序为$0\rightarrow\sigma_{con}$（锚固）。

②采用普通松弛预应力筋时，按下列超张拉程序进行操作：

对镦头锚具等可卸载锚具$0\rightarrow1.05\sigma_{con}$（持荷2min）$\rightarrow\sigma_{con}$（锚固）。

对夹片锚具等不可卸载夹片式锚具$0\rightarrow1.03\sigma_{con}$（锚固）。

以上各种张拉操作程序，均可分级加载、对曲线预应力束，一般以$0.2\sigma_{con}\rightarrow0.25\sigma_{con}$

为量伸长起点，分 3 级加载 $0.2\sigma_{con}$（$0.6\sigma_{con}$ 及 $1.0\sigma_{con}$）或 4 级加载（$0.25\sigma_{con}$、$0.50\sigma_{con}$、$0.75\sigma_{con}$ 及 $1.0\sigma_{con}$），每级加载均应量测张拉伸长值。

当预应力筋长度较大，千斤顶张拉行程不够时，应采取分级张拉、分级锚固。第二级初始油压为第一级最终油压。

预应力筋张拉到规定力值后，持荷复验伸长值，合格后进行锚固。

4）张拉伸长值校核

关于张拉伸长值的计算，详见 16.4.5 节。预应力筋张拉伸长值的量测，应在建立初应力之后进行。其实际伸长值可按公式（16-43）计算。

关于推算伸长值，初应力以下的推算伸长值 $\Delta L_2$，可根据弹性范围内张拉力与伸长值成正比的关系，用计算法或图解法确定。

采用图解法时，图 16-109 以伸长值为横坐标，张拉力为纵坐标，将各级张拉力的实测伸长值标在图上，绘成张拉力与伸长值关系线 $CAB$，然后延长此线与横坐标交于 $O'$ 点，则 $OO'$ 段即为推算伸长值。

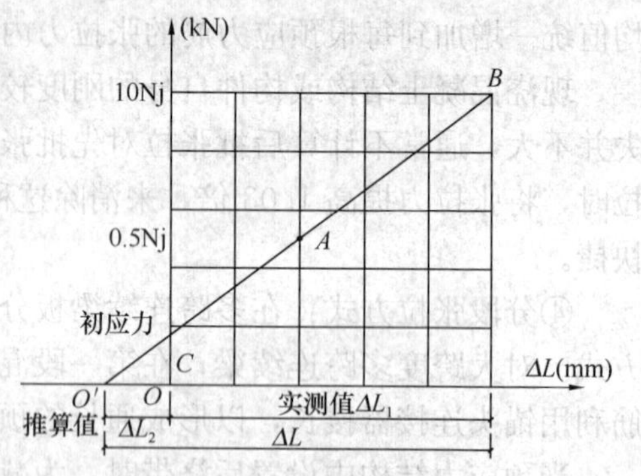

图 16-109　图解法计算伸长值

此外，在锚固时应检查张拉端预应力筋的内缩值，以免由于锚固引起的预应力损失超过设计值。如实测的预应力筋内缩量大于规定值。则应改善操作工艺，更换限位板或采取超张拉等方法弥补。

5）张拉安全要求与注意事项

①在预应力张拉作业中，必须特别注意安全。因为预应力持有很大的能量，如果预应力筋被拉断或锚具与张拉千斤顶失效，巨大能量急剧释放，有可能造成很大危害。因此，在任何情况下作业人员不得站在顶应力筋的两端，同时在张拉千斤顶的后面应设立防护装置。

②操作千斤顶和测量伸长值的人员，应站在千斤顶侧面操作，严格遵守操作规程。油泵开动过程中，不得擅自离开岗位。如需离开，必须把油阀门全部松开或切断电路。

③采用锥锚式千斤顶张拉钢丝束时，先使千斤顶张拉缸进油，至压力表略有启动时暂停，检查每根钢丝的松紧并进行调整，然后再打紧楔块。

④钢丝束镦头锚固体系在张拉过程中应随时拧上螺母，以保证安全；锚固时如遇钢丝束偏长或偏短，应增加螺母或用连接器解决。

⑤工具锚夹片，应注意保持清洁和良好的润滑状态。工具锚夹片第一次使用前，应在夹片背面涂上润滑脂。以后每使用 5～10 次，应将工具锚上的夹片卸下，向工具锚板的锥形孔中重新涂上一层润滑剂，以防夹片在退锚时卡住。润滑剂可采用石墨、二硫化铝、石蜡或专用退锚润滑剂等。

⑥多根钢绞线束夹片锚固体系如遇到个别钢绞线滑移，可更换夹片，用小型千斤顶单根张拉。

6）张拉质量要求

在预应力张拉通知单中，应写明张拉结构与构件名称、张拉力、张拉伸长值、张拉千斤顶与压力表编号、各级张拉力的压力表读数，以及张拉顺序与方法等说明，以保证张拉质量。

①施加预应力时混凝土强度应满足设计要求，且不低于现浇结构混凝土最小龄期：对后张预应力楼板不宜小于5d，对后张预应力大梁不宜小于7d。另外，预应力筋张拉时的环境温度不宜低于－15℃；

②张拉顺序应符合设计要求，当设计无具体要求时，应遵循均匀、对称的张拉原则，并应使构件或结构的受力均匀；

③预应力筋张拉伸长实测值与计算值的偏差应不大于±6%。允许误差的合格率应达到95%，且最大偏差不应超过10%；

④预应力筋张拉时，发生断裂或滑脱的数量严禁超过同一截面预应力筋总根数的3%，且每束钢丝不得超过一根；对多跨双向连续板和密肋板，其同一截面应按每跨计算；

⑤锚固时张拉端预应力筋的内缩量，应符合设计要求；如设计无要求，应符合相关规范的规定；

⑥预应力锚固时夹片缝隙均匀，外露长度一致（一般为2～3mm），且不应大于4mm；

⑦预应力筋张拉后，应检查构件有无开裂现象。如出现有害裂缝，应会同设计单位处理。

6. 孔道灌浆

预应力张拉后利用灌浆泵将水泥浆压灌到预应力孔道中去，其作用：一是保护预应力筋以免锈蚀；二是使预应力筋与构件混凝土有效粘结，以控制超载时裂缝的间距与宽度并减轻梁端锚具的负荷。

预应力筋张拉完成并经检验合格后，应尽早进行孔道灌浆。

(1) 灌浆前准备工作

灌浆前应全面检查预应力筋孔道、灌浆孔、排气孔、泌水管等是否通畅。对抽芯成孔的混凝土孔道宜用水冲洗后灌浆；对预埋管成型的孔道不得用水冲洗孔道，必要时可采用压缩空气清孔。

灌浆设备的配备必须确保连续工作的条件，根据灌浆高度、长度、束形等条件选用合适的灌浆泵。灌浆泵应配备计量校验合格的压力表。灌浆前应检查配备设备、灌浆管和阀门的可靠性。在锚垫板上灌浆孔处宜安装单向阀门。注入泵体的水泥浆应经筛滤，滤网孔径不宜大于2mm，与灌浆管连接的出浆孔孔径不宜小于10mm。

灌浆前，对可能漏浆处采用高强度等级水泥浆或结构胶等封堵，待封堵材料达到一定强度后方可灌浆。

(2) 灌浆材料

1) 孔道灌浆采用普通硅酸盐水泥和水拌制。水泥的质量应符合现行国家标准《通用硅酸盐水泥》(GB 175) 的规定。

孔道灌浆用水泥的质量是确保孔道灌浆质量的关键。根据现行国家标准《混凝土结构工程施工质量验收规范》(GB 50204) 有关规定，灌浆用水泥标准养护28d抗压强度不应小于30N/mm$^2$的规定，选用品质优良的32.5MPa的普通硅酸盐水泥配置的水泥浆，可满足抗压强度要求。如果设计要求水泥浆的抗压强度大于30N/mm$^2$，宜选用42.5MPa的普通硅酸盐水泥配置。

2）灌浆用水泥浆的水灰比一般不大于 0.4；搅拌后泌水率不宜大于 1%，泌水应能在 24h 内全部重新被水泥浆吸收；自由膨胀率不应大于 10%。

3）水泥浆中宜掺入高性能外加剂。严禁掺入各种含氯盐或对预应力筋有腐蚀作用的外加剂。掺入外加剂后，水泥浆的水灰比可降为 0.35～0.38。

所采购的外加剂应与水泥做适应性试验并确定掺量后，方可使用。

4）所购买的合成灌浆料应有产品使用说明书，产品合格证书，并在规定的期限内使用。

5）水泥浆试块用边长 70.7mm 立方体制作。

6）水泥浆应采用机械搅拌，应确保灌浆材料搅拌均匀。灌浆过程中应不断搅拌，以防泌水沉淀。水泥浆停留时间过长发生沉淀离析时，应进行二次灌浆。

7）水泥浆的可灌性以流动度控制：采用流淌法测定时直径不应小于 150mm，采用流锥法测定时应为 12～18s。

（3）水泥浆流动度检测方法

水泥浆流动度可采用流锥法或流淌法测定。采用流锥法测定时，流动度为 12～18s，采用流淌法测定时不小于 150mm，即可满足灌浆要求。

1）流锥法

①指标控制

水泥浆流动度是通过测量一定体积的水泥浆从一个标准尺寸的流锥仪中流出的时间确定。水泥浆的流出时间控制在 12～18s（根据水泥性能、气温、孔道曲线长度等因素试验确定），即可满足灌浆要求。

②测试用具

流锥仪测定流动度试验。图 16-110 示出流锥仪的尺寸，用不锈钢薄板或塑料制成。水泥浆总容积为 1725±50mm³，漏斗内径为 12.7mm。

秒表——最小读数不大于 0.5s。

铁支架——保持流锥体垂直稳定，锥斗下口与容量杯上口距离 100～150mm。

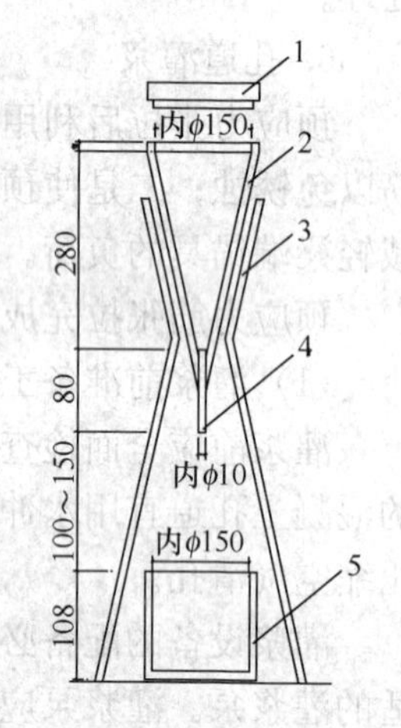


图 16-110　流锥仪示意图

1—滤网；2—漏斗；3—支架；4—漏斗口；5—容量杯

③测试方法

流锥仪安放稳定后，先用湿布湿润流锥仪内壁，向流锥仪内注入水泥浆，任其流出部分浆体排出空气后，用手指按住出料口，并将容量杯放置在流锥仪出料口下方，继续向锥体内注浆至规定刻度。打开秒表，同时松开手指；当从出料口连续不断流出水泥浆注满量杯时停止秒表。秒表指示的时间即水泥浆流出时间（流动度值）。测量中，如果水泥浆流局部中断，应重做实验。

④测量结果

用流锥法连续做 3 次流动度，取其平均值。

2）流淌法

①指标控制

水泥浆流动度是通过测量一定体积的水泥将从一个标准尺寸的流淌仪提起后，在一定时间内流淌的直径确定。水泥浆的流淌直径不小于150mm，即可满足灌浆要求。

②测试用具

流淌仪应符合图16-111所示的尺寸要求。

玻璃板一平面尺寸为250mm×250mm。

直钢尺一长度250mm，最小刻度1mm。

③测试方法

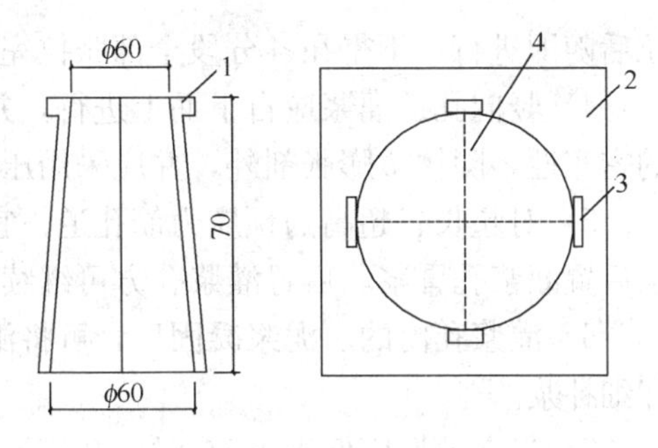

图16-111 流淌仪示意图

1—流淌仪；2—玻璃板；3—手柄；4—测量直径

预先将流淌仪放在玻璃板上，再将拌好的水泥浆注入流淌器内，抹平后双手迅速将流淌仪竖直提起，在水泥浆自然流淌30s后，量两个垂直方向流淌后的直径长度。

④测试结果

用流淌仪测定水泥浆流动度，连续做三次试验，取其平均值。

(4) 灌浆设备

灌浆设备包括：搅拌机、灌浆泵、贮浆桶、过滤网、橡胶管和灌浆嘴等。目前常用的电动灌浆泵有：柱塞式、挤压式和螺旋式。柱塞式又分为带隔膜和不带隔膜两种形状。螺旋泵压力稳定。带隔膜的柱塞泵的活塞不易磨损，比较耐用。灌浆泵应根据液浆高度、长度、束形等选用，并配备计量校验合格的压力表。

灌浆泵使用注意事项：

1) 使用前应检查球阀是否损坏或存有干水泥浆等；

2) 启动时应进行清水试车，检查各管道接头和泵体盘根是否漏水；

3) 使用时应先开动灌浆泵，然后再放入水泥浆；

4) 使用时应随时搅拌浆斗内水泥浆，防止沉淀；

5) 用完后，泵和管道必须清理干净，不得留有余浆。

灌浆嘴必须接上阀门，以保安全和节省水泥浆。橡胶管宜用带5～7层帆布夹层的厚胶管。

(5) 灌浆工艺

灌浆前应全面检查构件孔道及灌浆孔、泌水孔、排气孔是否畅通。对抽拔管成孔，可采用压力水冲洗孔道。对预埋管成孔，必要时可采用压缩空气清孔。

灌浆顺序宜先灌下层孔道，后浇上层孔道。灌浆工作应缓慢均匀地进行。不得中断，并应排气通顺。在灌满孔道封闭排气孔后，应再继续加压至0.5～0.7MPa，稳压1～2min后封闭灌浆孔。

当发生孔道阻塞、串孔或中断灌浆时应及时冲洗孔道或采取其他措施重新灌浆。

当孔道直径较大，采用不掺微膨胀减水剂的水泥浆灌浆时，可采用下列措施：

1) 二次压浆法：二次压浆的时间间隔为30～45min。

2) 重力补浆法：在孔道最高点处400mm以上，连续不断补浆，直至浆体不下沉为止。

3) 采用连接器连接的多跨连续预应力筋的孔道灌浆，应在连接器分段的预应力筋张拉后随即进行，不得在各分段全部张拉完毕后一次连续灌浆。

4）竖向孔道灌浆应自下而上进行，并应设置阀门，阻止水泥浆回流。为确保其灌浆的密实性，除掺微膨胀剂外，并应采用压力补浆。

5）对超长、超高的预应力筋孔道，宜采用多台灌浆泵接力灌浆，从前置灌浆孔灌浆至后置灌浆孔冒浆，后置灌浆孔方可继续灌浆。

6）灌浆孔内的水泥浆凝固后，可将泌水管切割至构件表面；如管内有空隙，局部应仔细补浆。

7）当室外温度低于＋5℃时，孔道灌浆应采取抗冻保温措施。当室外温度高于35℃时，宜在夜间进行灌浆。水泥浆灌入前的浆体温度不应超过35℃。

8）孔道灌浆应填写施工记录，表明灌浆日期、水泥品种、强度等级、配合比、灌浆压力和灌浆情况。

(6) 冬季灌浆

在北方地区冬季进行有粘结预应力施工时，由于不能满足平均气温高于＋5℃的基本要求，因此在北方地区冬季进行预应力的灌浆施工，需要对预应力混凝土构件采取升温保温措施，必须保证预应力构件的温度达到＋5℃以上时才可以灌浆。

冬季灌浆时，应在温度较高的中午时间进行灌浆作业，灌浆用水可以采用电加热的方法，将水温加热到摄氏50℃以上，趁热搅拌，连续灌浆，防止在灌浆过程中出现浆体温度低于＋5℃。应保证灌浆作业不停顿一次顺利完成。

灌浆结束仍需要对结构或构件采取必要的保温措施，直至浆体达到规定强度。

(7) 真空辅助灌浆

真空辅助压浆是在预应力筋孔道的一端采用真空泵抽吸孔道中的空气，使孔道内形成负压0.1MPa的真空度，然后在孔道的另一端采用灌浆泵进行灌浆。真空辅助灌浆的优点是：

①在真空状态下，孔道内的空气、水分以及混在水泥浆中的气泡大部分可排除，增强了浆体的密实度；

②孔道在真空状态下，减小了由于孔道高低弯曲而使浆体自身形成的压头差，便于浆体充盈整个孔道，尤其是一些异形关键部位；

③真空辅助灌浆的过程是一个连续且迅速的过程，缩短了灌浆时间。

真空辅助灌浆尤其对超长孔道、大曲率孔道、扁管孔道、腐蚀环境的孔道等有明显效果。真空辅助灌浆用真空泵，可选择气泵型真空泵或水循环型真空泵。为保证孔道有良好的密封性，宜采用塑料波纹管留孔。采用真空辅助灌浆工艺时，应重视水泥浆的配合比，可掺入专门研制的孔道灌浆外加剂，能显著提高浆体的密实度。根据不同的水泥浆强度等级要求，其水灰比可为0.30～0.35。高速搅拌浆机有助于水泥颗粒分散，增加浆体的流动度。为达到封锚闭气的要求，可采用专用灌浆罩封闭，增加封锚细石混凝土厚度等闭气措施。孔道内适当的真空度有助于增加浆体的密实性。锚头灌浆罩内应设置排气阀，即可排除少量余气，有可观察锚头浆体的密实性。

预应力筋孔道灌浆前，应切除外露的多余钢绞线并进行封锚。

孔道灌浆时，在灌浆端先将灌浆阀、排气阀全部关闭。在排浆端启动真空泵，使孔道真空度达到－0.08～－0.1MPa并保持稳定，然后启动灌浆泵开始灌浆。在灌浆过程中，真空泵应保持连续工作，待抽真空端有浆体经过时关闭通向真空泵的阀门，同时打开位于排浆端上方的排浆阀门，排出少许浆体后关闭。灌浆工作继续按常规方法完成。

1）真空灌浆施工设备

除了传统的压浆施工设备外，还需要配备真空泵、空气滤清器及配件等，见图16-112。抽气速率为$2m^3$/min，极限真空为4000Pa，功率为4kW，重量为80kg。

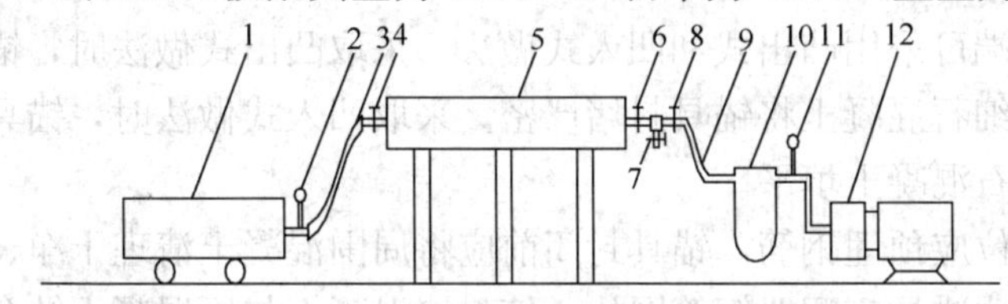


图16-112 示出真空辅助压浆设备布置情况

1—灌浆泵；2—压力表；3—高压橡胶管；4、6、7、8—阀门；5—预应力构件；9—透明管；10—空气滤清器；11—真空表；12——真空泵

2）真空灌浆施工工艺

①在预应力筋孔道灌浆之前，应切除外露的钢绞线，进行封锚。封锚方式有两种：用保护罩封锚或用无收缩水泥砂浆封锚。前者应严格做到密封要求，排气口朝正上方，在灌浆后3h内拆除，周转使用；后者覆盖层厚度应大于15mm，封锚后24～36h，方可灌浆。

②将灌浆阀、排气阀全部关闭，启动真空泵真空，使真空度达到－0.06～－0.1MPa并保持稳定。

③启动灌浆泵，当灌浆泵输出的浆体达到要求稠度时，将泵上的输送管接到锚垫板上的引出管上，开始灌浆。

④灌浆过程中，真空泵保持连续工作。

⑤待抽真空端的空气滤清器有浆体经过时，关闭空气滤清器前端的阀门，稍后打开排气阀，当水泥浆从排气阀顺畅流出，且稠度与灌入的浆体相当时，关闭构件端阀门。

⑥灌浆泵继续工作，压力达到0.6MPa左右，持压1～2min，关闭灌浆泵及灌浆端阀门，完成灌浆。

（8）灌浆质量要求

1）灌浆用水泥浆的配合比应通过试验确定，施工中不得随意变更。每次灌浆作业至少测试2次水泥浆的流动度，并应在规定的范围内。

2）灌浆试块采用边长70.7mm的立方体试件。其标准养护28d的抗压强度不应低于$30N/mm^2$。移动构件或拆除底模时，水泥浆试块强度不应低于$15N/mm^2$。

3）孔道灌浆后，应检查孔道上凸部位灌浆密实性；如有空隙，应采取人工补浆措施。

4）对孔道阻塞或孔道灌浆密实情况有怀疑时，可局部凿开或钻孔检查，但以不损坏结构为前提。

5）灌浆后的孔道泌水孔、灌浆孔、排气孔等均应切平，并用砂浆填实补平。

6）锚具封闭后与周边混凝土之间不得有裂纹。

7. 张拉端锚具的防腐处理和封堵

预应力筋张拉完成后应尽早进行锚具的防腐处理和封堵工作。

（1）锚具端部外露预应力筋的切断

预应力筋在张拉完成后，应采用砂轮锯或液压剪等机械方法切除锚具处外露的预应力筋头。

(2) 锚具表面的防腐蚀处理

为防止锚具的锈蚀，宜先刷一遍防锈漆或涂一层环氧树脂保护。

(3) 锚具的封堵

预应力筋张拉端可采用凸出式和凹入式做法。采取凸出式做法时，锚具位于梁端面或柱表面，张拉后用细石混凝土将锚具封堵严密。采取凹入式做法时，锚具位于梁（柱）凹槽内，张拉后用细石混凝土填平。

在锚具封堵部位应预埋钢筋，锚具封闭前应将周围混凝土清理干净、凿毛或封堵前涂刷界面剂，对凸出式锚具应配置钢筋网片，使封堵混凝土与原混凝土结合牢固。

**16.6.1.4　质量验收**

后张有粘结预应力施工质量，应按现行国家标准《混凝土结构工程施工质量验收规范》(GB 50204) 等有关规范及标准的规定进行验收。

1. 原材料

(1) 主控项目

1) 预应力筋进场时，高强钢丝的规格和力学性能应符合现行国家标准《预应力混凝土用钢丝》(GB 5223) 的规定；钢绞线应符合现行国家标准《预应力混凝土用钢绞线》(GB/T 5224) 的规定；其他预应力筋的规格和力学性能应符合相应的国家或行业产品标准的规定。

检查数量：按进场的批次和产品的抽样检验方案确定。

检验方法：检查产品合格证、出厂检验报告和进场复验报告。

2) 预应力筋用锚具、夹具和连接器应按设计要求采用，其性能应符合现行国家标准《预应力筋用锚具、夹具和连接器》(GB/T 14370) 和现行行业标准《预应力筋用锚具、夹具和连接器应用技术规程》(JGJ 85) 的规定。

检查数量：按进场批次和产品的抽样检验方案确定。

检验方法：检查产品合格证、出厂检验报告和进场复验报告。

注：对锚具用量较少的一般工程，如供货方提供有效的试验报告，可不作静载锚固性能试验。

3) 孔道灌浆用水泥应采用普通硅酸盐水泥，其质量应符合现行国家标准《通用硅酸盐水泥》(GB 175) 的规定。孔道灌浆用外加剂的质量应符合现行国家标准《混凝土外加剂》(GB 8076) 的规定。

检查数量：按进场批次和产品的抽样检验方案确定。

检验方法：检查产品合格证、出厂检验报告和进场复验报告。

注：对孔道灌浆用水泥和外加剂用量较少的一般工程，当有可靠依据时，可不作材料性能的进场复验。

(2) 一般项目

1) 预应力筋使用前应进行外观检查，其质量应符合下列要求：

有粘结预应力筋展开后应平顺，不得有弯折，表面不应有裂纹、小刺、机械损伤、氧化铁皮和油污等；

检查数量：全数检查。

检验方法：观察。

2）预应力筋用锚具、夹具和连接器使用前应进行外观检查，其表面应无污物、锈蚀、机械损伤和裂纹。

检查数量：全数检查。

检验方法：观察。

3）预应力混凝土用波纹管的尺寸和性能应符合现行行业标准《预应力混凝土用金属波纹管》(JG 225）和《预应力混凝土桥梁用塑料波纹管》(JT/T 529）的规定。

检查数量：按进场批次和产品的抽样检验方案确定。

检验方法：检查产品合格证、出厂检验报告和进场复验报告。

注：对波纹管用量较少的一般工程，当有可靠依据时，可不做径向刚度、抗渗漏性能的进场复验。

4）预应力混凝土用波纹管在使用前应进行外观检查，其内外表面应清洁，无锈蚀，不应有油污、孔洞和不规则的褶皱，咬口不应有开裂或脱扣。

检查数量：全数检查。

检验方法：观察。

2. 制作与安装

（1）主控项目

1）预应力筋安装时，其品种、级别、规格、数量必须符合设计要求。

检查数量：全数检查。

检验方法：观察，钢尺检查。

2）施工过程中应避免电火花损伤预应力筋；受损伤的预应力筋应予以更换。

检查数量：全数检查。

检验方法：观察。

（2）一般项目

1）预应力筋下料应符合下列要求：

①预应力筋应采用砂轮锯或切断机切断，不得采用电弧切割；

②当钢丝束两端采用镦头锚具时，同一束中各根钢丝长度的极差不应大于钢丝长度的1/5000，且不应大于5mm。当成组张拉长度不大于10m的钢丝时，同组钢丝长度的极差不得大于2mm。

检查数量：每工作班抽查预应力筋总数的3%，且不少于3束。

检验方法：观察，钢尺检查。

2）预应力筋端部锚具的制作质量应符合下列要求：

①挤压锚具制作时压力表油压应符合操作说明书的规定，挤压后预应力筋外端应露出挤压套筒1～5mm；

②钢绞线压花锚成形时，表面应清洁、无油污，梨形头尺寸和直线段长度应符合设计要求；

③钢丝镦头的强度不得低于钢丝强度标准值的98%。

检查数量：对挤压锚，每工作班抽查5%，且不应少于5件；对压花锚，每工作班抽查3件；对钢丝镦头强度，每批钢丝检查6个镦头试件。

检验方法：观察，钢尺检查，检查镦头强度试验报告。

3）后张法有粘结预应力筋预留孔道的规格、数量、位置和形状除应符合设计要求外，尚应符合下列规定：

①预留孔道的定位应牢固，浇筑混凝土时不应出现移位和变形；

②孔道应平顺，端部的预埋锚垫板应垂直于孔道中心线；

③成孔用管道应密封良好，接头应严密且不得漏浆；

④灌浆孔的间距：对预埋金属螺旋管不宜大于30m；对抽芯成形孔道不宜大于12m；

⑤在曲线孔道的曲线波峰部位应设置排气兼泌水管，必要时可在最低点设置排水孔；

⑥灌浆孔及泌水管的孔径应能保证浆液畅通。

检查数量：全数检查。

检验方法：观察，钢尺检查。

4）预应力筋束形控制点的设计位置偏差应符合表16-59的规定。

检查数量：在同一检验批内，抽查各类型构件中预应力筋总数的5%，且对各类型构件均不少于5束，每束不应少于5处。

检验方法：钢尺检查。

注：束形控制点的竖向位置偏差合格点率应达到90%以上，且不得有超过表中数值1.5倍的尺寸偏差。

5）浇筑混凝土前穿入孔道的后张法有粘结预应力筋，宜采取防止锈蚀的措施。

检查数量：全数检查。

检验方法：观察。

3. 张拉

（1）主控项目

1）预应力筋张拉时，混凝土强度应符合设计要求；当设计无具体要求时，不应低于设计的混凝土立方体抗压强度标准值的75%。

检查数量：全数检查。

检验方法：检查同条件养护试件试验报告。

2）预应力筋的张拉力、张拉顺序及张拉工艺应符合设计及施工技术方案的要求，并应符合下列规定：

①当施工需要超张拉时，最大张拉应力不应大于现行国家标准《混凝土结构设计规范》（GB 50010）的规定；

②张拉工艺应能保证同一束中各根预应力筋的应力均匀一致；

③后张法有粘结施工中，当预应力筋是逐根或逐束张拉时，应保证各阶段不出现对结构不利的应力状态；同时宜考虑后批张拉预应力筋所产生的结构构件的弹性压缩对先批张拉预应力筋的影响，确定张拉力；

④当采用应力控制方法张拉时，应校核预应力筋的伸长值。实际伸长值与设计计算理论伸长值的相对允许偏差为±6%。

检查数量：全数检查。

检验方法：检查张拉记录。

3）预应力筋张拉锚固后实际建立的预应力值与工程设计规定检验值的相对允许偏差为±5%。

检查数量：对后张法有粘结施工，在同一检验批内，抽查预应力筋总数的3%，且不少于5束。

检验方法：对后张法有粘结施工，检查见证张拉记录。

4）张拉过程中应避免预应力筋断裂或滑脱；当发生断裂或滑脱时，必须符合下列规定：对后张法有粘结预应力结构构件，断裂或滑脱的数量严禁超过同一截面预应力筋总根数的3%，且每束钢丝不得超过一根；对多跨双向连续板，其同一截面应按每跨计算。

检查数量：全数检查。

检验方法：观察，检查张拉记录。

（2）一般项目

锚固阶段张拉端预应力筋的内缩量应符合设计要求；当设计无具体要求时，应符合表16-50的规定。

检查数量：每工作班抽查预应力筋总数的3%，且不少于3束。

检验方法：钢尺检查。

4. 灌浆及封锚

（1）主控项目

1）后张法有粘结预应力筋张拉后应尽早进行孔道灌浆，孔道内水泥浆应饱满、密实。

检查数量：全数检查。

检验方法：观察，检查灌浆记录。

2）锚具的封闭保护应符合设计要求；当设计无具体要求时，应符合下列规定：

①应采取防止锚具腐蚀和遭受机械损伤的有效措施；

②凸出式锚固端锚具的保护层厚度不应小于50mm；

③外露预应力筋的保护层厚度：处于一类环境时，不应小于20mm；处于二、三类的环境时，不应小于50mm。

检查数量：在同一检验批内，抽查预应力筋总数的5%，且不少于5处。

检验方法：观察，钢尺检查。

（2）一般项目

1）后张法预应力筋锚固后的外露部分宜采用机械方法切割，其外露长度不应小于30mm，且不应小于1.5倍的预应力筋直径。

检查数量：在同一检验批内，抽查预应力筋总数的3%，且不少于5束。

检验方法：观察，钢尺检查。

2）灌浆用水泥浆的水灰比不应大于0.42，搅拌后3h泌水率不宜大于2%，且不应大于3%。泌水应能在24h内全部重新被水泥浆吸收。

检查数量：同一配合比检查一次。

检验方法：检查水泥浆性能试验报告。

3）灌浆用水泥浆的抗压强度不应小于30N/mm$^2$。

检查数量：每工作班留置一组边长为70.7mm的立方体试件。

检验方法：检查水泥浆试件强度试验报告。

注：1. 一组试件由6个试件组成，试件应标准养护28d；

2. 抗压强度为一组试件的平均值，当一组试件中抗压强度最大值或最小值与平均值相差超过20%时，应取中间4个试件强度的平均值。

## 16.6.2　后张无粘结预应力施工

### 16.6.2.1　特点

1. 无粘结预应力施工工艺简便：

(1) 无粘结预应力筋可以直接铺放在混凝土构件中，不需要铺设波纹管和灌浆施工，施工工艺比有粘结预应力施工要简便。

(2) 无粘结预应力筋都是单根筋锚固，它的张拉端做法比有粘结预应力张拉端（带喇叭管）的做法所占用的空间要小很多，在梁柱节点钢筋密集区域容易通过，组装张拉端比较容易。

(3) 无粘结预应力筋的张拉都是逐根进行的，单根预应力筋的张拉力比群锚的张拉力要小，因此张拉设备要轻便。

2. 无粘结预应力筋耐腐蚀性优良：无粘结预应力筋由于有较厚的高密度聚乙烯包裹层和里面的防腐润滑油脂保护，因此它的抗腐蚀能力优良。

3. 无粘结预应力适合楼盖体系：通常单根无粘结预应力筋直径较小，在板、扁梁结构构件中容易形成二次抛物线形状，能够更好地发挥预应力矢高的作用。

### 16.6.2.2　施工工艺

无粘结预应力主要施工工艺包括：无粘结预应力筋铺放、混凝土浇筑养护、预应力筋张拉、张拉端的切筋和封堵处理等。

### 16.6.2.3　施工要点

1. 无粘结预应力筋的下料与搬运

无粘结预应力筋下料应依据施工图纸同时考虑预应力筋的曲线长度、张拉设备操作时张拉端的预留长度等。

楼板中的预应力筋下料时，通常不需要考虑预应力筋的曲线长度影响。当梁的高度大于1000mm或多跨连续梁下料时则需要考虑预应力曲线对下料长度的影响。

无粘结预应力筋下料切断应用砂轮锯切割，严禁使用电气焊切割。

无粘结预应力筋应整盘包装吊装搬运，搬运过程要防止无粘结预应力筋外皮出现破损。为防止在吊装过程中将预应力筋勒出死弯，吊装搬运过程中严禁采用钢丝绳或其他坚硬吊具直接勾吊无粘结预应力筋，宜采用吊装带或尼龙绳勾吊预应力筋。

无粘结预应力筋、锚具及配件运到工地，应妥善保存放在干燥平整的地方，夏季施工时应尽量避免夏日阳光的暴晒。预应力筋堆放时下边要放垫木，防止泥水污染预应力筋，并避免外皮破损和锚具锈蚀。

2. 无粘结预应力筋矢高控制

为保证无粘结预应力筋的矢高准确、曲线顺滑，要求结构中支承间隔不超过2m。支承件要与下铁绑扎牢固，防止浇注和振捣混凝土时，位置发生偏移。

梁中预应力筋矢高控制，通常是采用直径12mm螺纹钢筋，按照规定的高度要求点焊或绑扎在梁的箍筋位置。

3. 无粘结预应力端模和支撑体系

张拉端处的端模需要穿过无粘结筋、安装穴模，因此张拉端处的端模通常要采用木模板或竹塑板，以便于开孔。

根据预应力筋的平、剖面位置在端模板上放线开孔，对于采用直径 15.2mm 钢绞线的无粘结预应力筋，开孔的孔径在 25～30mm 范围。

为加快楼板模板的周转，支撑体系采用早拆模板体系。

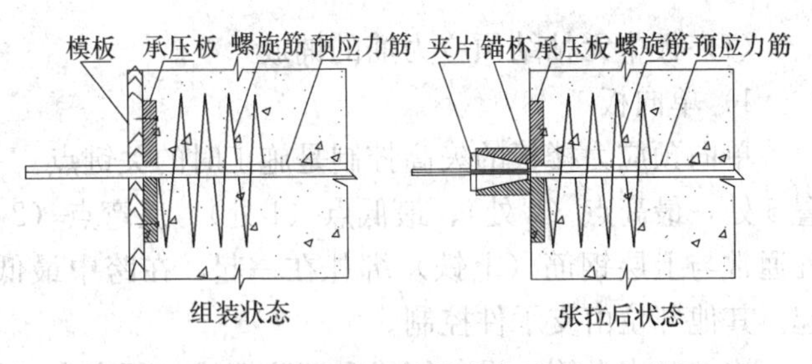


图 16-113 外露式无粘结张拉端锚具组装图

4. 无粘结预应力张拉端和固定端节点构造

(1) 张拉端节点构造，见图 16-113 和图 16-114。

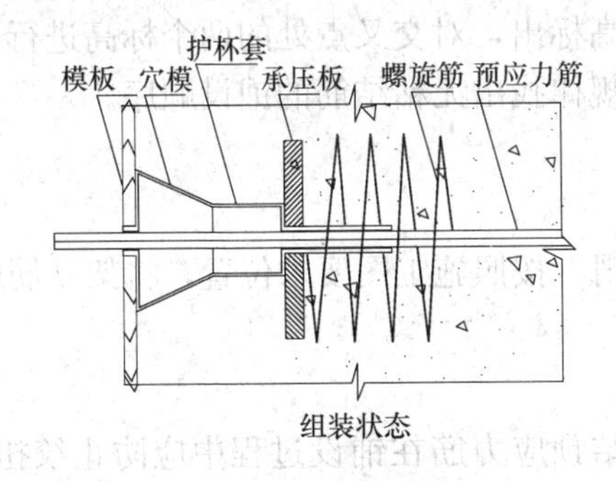


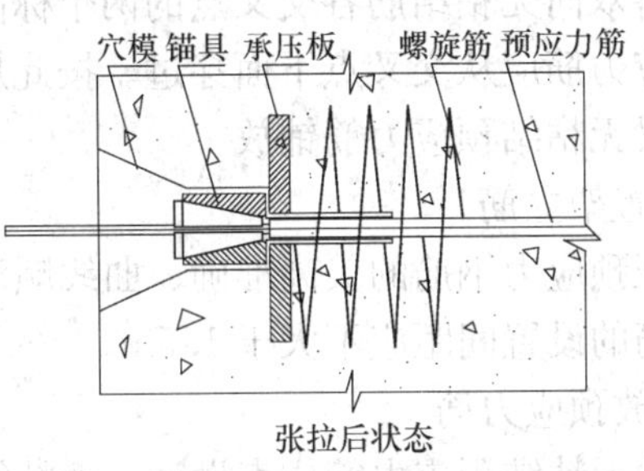


图 16-114 穴模式无粘结张拉端锚具组装图

(2) 固定端节点构造，见图 16-115。

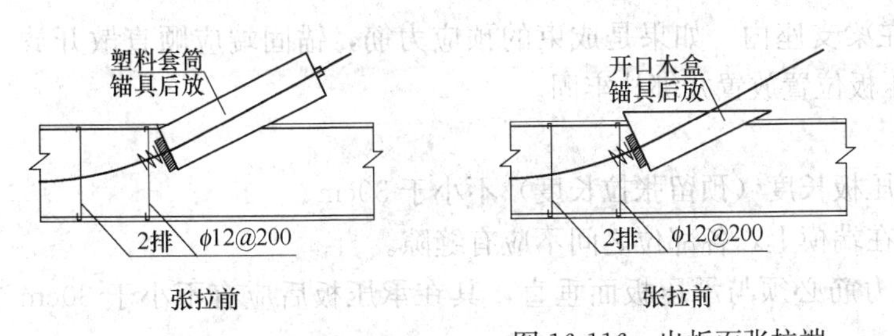


图 16-115 无粘结锚固端锚具组装图

(3) 出板面张拉端布置，见图 16-116。

(4) 节点安装要求：

1) 要求无粘结预应力筋伸出承压板长度不小于 300mm。

2) 张拉端承压板应可靠固定在端模上。

3) 螺旋筋应固定在张拉端及固定端的承压板之面。

4) 无粘结预应力筋必须与承压板面垂直，并在承压板后保证有不小于 400mm 的直线段。

5. 无粘结预应力筋的铺放



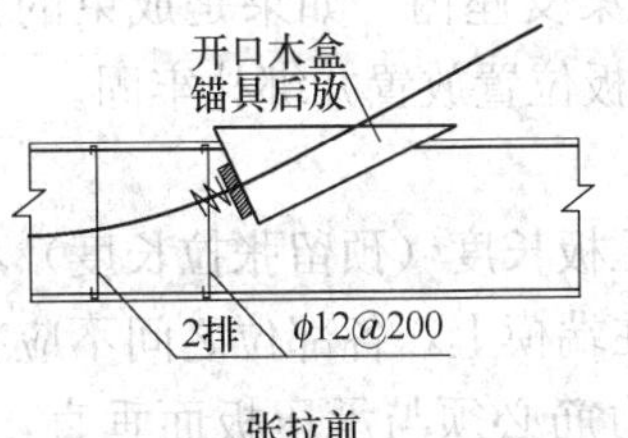


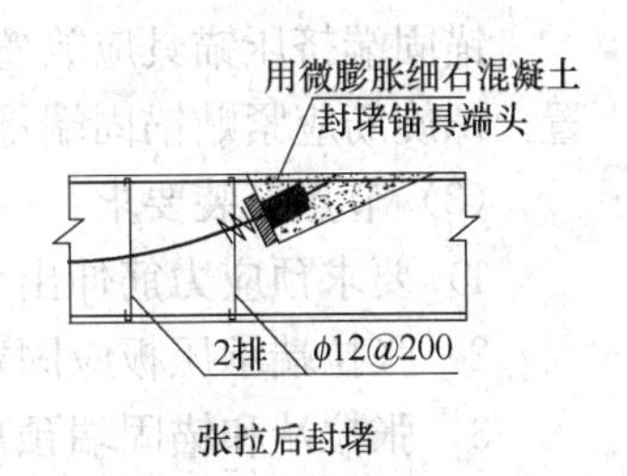


图 16-116 出板面张拉端

(1) 板中无粘结预应力筋的铺放

1) 单向板

单向预应力楼板的矢高控制是施工时的关键点。一般每跨板中预应力筋矢高控制点设置5处，最高点(2处)、最低点(1处)、反弯点(2处)。预应力筋在板中最高点的支座处通常与上层钢筋(上铁)绑扎在一起，在跨中最低点处与底层钢筋(底铁)绑扎在一起。其他部位由支承件控制。

施工时当电管、设备管线和消防管线与预应力筋位置发生冲突时，应首先保证预应力筋的位置与曲线正确。

2) 双向板

双向无粘结筋铺放需要相互穿插，必须先编出无粘结筋的铺设顺序。其方法是在施工放样图上将双向无粘结筋各交叉点的两个标高标出，对交叉点处的两个标高进行比较，标高低的预应力筋应从交叉点下面穿过。按此规律找出无粘结筋的铺设顺序。

(2) 梁无粘结预应力筋铺放

1) 设置架立筋

为保证预应力钢筋的矢高准确、曲线顺滑，按照施工图要求位置，将架立筋就位并固定。架立筋的设置间距应不大于1.5m。

2) 铺放预应力筋

梁中的无粘结预应力筋成束设计，无粘结预应力筋在铺设过程中应防止绞扭在一起，保持预应力筋的顺直。无粘结预应力筋应绑扎固定，防止在浇筑混凝土过程中预应力筋移位。

3) 梁柱节点张拉端设置

无粘结预应力筋通过梁柱节点处，张拉端设置在柱子上。根据柱子配筋情况可采用凹入式或凸出式节点构造。

6. 张拉端与固定端节点安装

(1) 张拉端组装固定

应按施工图中规定的无粘结预应力筋的位置在张拉端模板上钻孔。张拉端的承压板可采用钉子固定在端模板上或用点焊固定在钢筋上。

无粘结预应力曲线筋或折线筋末端的切线应与承压板相垂直，曲线段的起始点至张拉锚固点应有不小于300mm的直线段。

当张拉端采用凹入式做法时，可采用塑料穴模或泡沫塑料、木块等形成凹槽。具体做法见图16-114。

(2) 固定端安装

锚固端挤压锚具应放置在梁支座内。如果是成束的预应力筋，锚固端应顺直散开放置。螺旋筋应紧贴锚固端承压板位置放置并绑扎牢固。

(3) 节点安装要求：

1) 要求预应力筋伸出承压板长度(预留张拉长度)不小于30cm。

2) 张拉端承压板应固定在端模上，各部位之间不应有缝隙。

3) 张拉端和锚固端预应力筋必须与承压板面垂直，其在承压板后应有不小于30cm的直线段。

7. 无粘结预应力筋铺放的注意事项

1）运到工地的预应力筋均应带有编号标牌，预应力筋的铺放要与施工图所示的编号相对应。

2）预应力筋铺放应满足设计矢高的控制要求。

3）预应力筋铺放要保持顺直，防止互相扭绞，各束间保持平行走向。节点组装件安装牢固，不得留有间隙。

4）张拉端的承压板应安装牢固，防止振捣混凝土时移位，并须保持张拉作用线与承压板垂直（绑扎时应保持预应力筋与锚杯轴线重合）；穴模组装应保证密闭，防止浇筑时有混凝土进入。

5）在张拉端和固定端处，螺旋筋要紧靠承压板，并绑扎牢固，防止浇筑或振捣时跑开。

6）无粘结筋外包塑料皮若有破损要用水密性胶带缠补好。

7）施工中，在预应力筋周围使用电气焊，要有防护措施。

8. 混凝土的浇筑及振捣

预应力筋铺放完成后，应由施工单位、质量检查部门、监理进行隐检验收，确认合格后，方可浇注混凝土。

浇注混凝土时应认真振捣，保证混凝土的密实。尤其是承压板、锚板周围的混凝土严禁漏振，不得有蜂窝或孔洞，保证密实。

应制作同条件养护的混凝土试块2～3组，作为张拉前的混凝土强度依据。

在混凝土初凝之后（浇筑后2～3天内），可以开始拆除张拉端部模板，清理张拉端，为张拉做准备。

9. 无粘结预应力筋张拉

同条件养护的混凝土试块达到设计要求强度后（如无设计要求，不应低于设计强度的75%）方可进行预应力筋的张拉。

（1）张拉设备及机具

单根无粘结预应力筋通常采用200～250kN前卡液压式千斤顶和油泵。千斤顶应带有顶压装置。

（2）张拉前准备

1）在张拉端要准备操作平台，张拉操作平台可以利用原有的脚手架，如果没有则要单独搭设。操作平台要有可靠安全防护措施。

2）应清理锚垫板表面，并检查锚垫板后面的混凝土质量。如有空鼓现象，应在无粘结预应力筋张拉前修补。张拉端清理干净后，将无粘结筋外露部分的塑料皮沿承压板根部割掉，测量并记录预应力筋初始外露长度。

3）与承压板面不垂直的预应力筋，可在端部进行垫片处理，保证承压板面与锚具和张拉作用力线垂直。

4）根据设计要求确定单束预应力筋控制张拉力值，计算出其理论伸长值。

5）张拉用千斤顶和油泵应由专业检测单位标定，并配套使用。

6）如果张拉部位距离电源较远，应事先准备380V、15～20A带有漏电保护器的电源箱连接至张拉位置。

(3) 张拉过程

无粘结预应力筋的张拉顺序应符合设计要求，如设计无要求时，可采用分批、分阶段对称张拉或依次张拉。无粘结预应力混凝土楼盖结构的张拉顺序，宜先张拉楼板，后张拉楼面梁。板中的无粘结预应力筋，可依次顺序张拉。梁中的无粘结预应力筋宜对称张拉。

当施工需要超张拉时，无粘结预应力筋的张拉程序宜为：从应力为零开始张拉至1.03倍预应力筋的张拉控制应力 $\sigma_{con}$ 锚固。此时，最大张拉应力不应大于钢绞线抗拉强度标准值的80%。

(4) 张拉注意事项

1) 当采用应力控制方法张拉时，应校核无粘结预应力筋的伸长值，当实际伸长值与设计计算伸长值相对偏差超过±6%时，应暂停张拉，查明原因并采取措施予以调整后，方可继续张拉。

2) 预应力筋张拉前严禁拆除梁板下的支撑，待该梁板预应力筋全部张拉后方可拆除。(如果在超长结构中，无粘结预应力筋是为降低温度应力而设置的，设计时未考虑承担竖向荷载的作用，则下部支撑的拆除与预应力筋张拉与否无关)。

3) 对于两端张拉的预应力筋，两个张拉端应分别按程序张拉。

4) 无粘结曲线预应力筋的长度超过30m时，宜采取两端张拉。当筋长超过60m时宜采取分段张拉。如遇到摩擦损失较大，宜先预张拉一次再张拉。

5) 在梁板顶面或墙壁侧面的斜槽内张拉无粘结预应力筋时，宜采用变角张拉装置。

10. 无粘结预应力筋锚固区防腐处理

无粘结预应力筋的锚固区，必须有严格的密封防护措施。

无粘结顶应力筋锚固后的外露长度不小于30mm，多余部分用砂轮锯或液压剪等机械切割，但不得采用电弧切割。

在外露锚具与锚垫板表面涂以防锈漆或环氧涂料。为了使无粘结预应力筋端头全封闭，可在锚具端头涂防腐润滑油脂后，罩上封端塑料盖帽。对凹入式锚固区。锚具表面经上述处理后，再用微膨胀混凝土或低收缩防水砂浆密封。对凸出式锚固区，可采用外包钢筋混凝土圈梁封闭。对留有后浇带的锚固区，可采取二次浇筑混凝土的方法封锚，见图16-117。

穴模内用细石混凝土或高强度等级水泥砂浆封堵

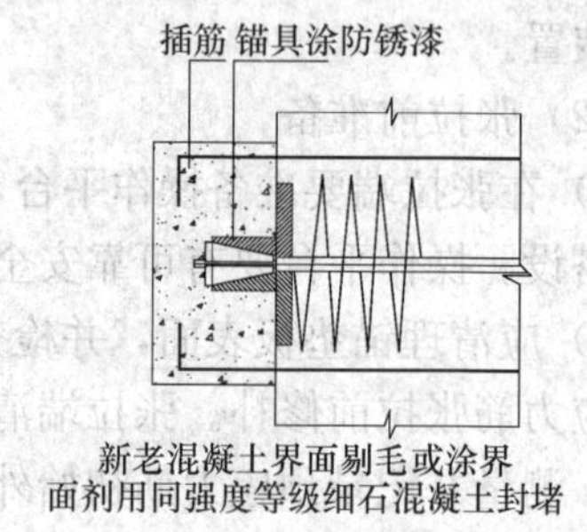


图16-117 锚具封堵示意图

**16.6.2.4 质量验收**

无粘结预应力施工质量，应按现行国家标准《混凝土结构工程施工质量验收规范》(GB 50204) 和现行行业标准《无粘结预应力混凝土结构技术规程》(JGJ 92) 等有关规范及标准的规定进行验收。

1. 原材料

（1）主控项目：

1）预应力筋进场时，应按现行国家标准《预应力混凝土用钢绞线》（GB/T 5224）等的规定抽取试件作力学性能检验，其质量必须符合有关标准的规定。

检验数量：按进场的批次和产品的抽样检验方案确定。

检验方法：检查产品合格证、出厂检验报告和进场复验报告。

2）无粘结预应力筋的涂包质量应符合现行行业标准《无粘结预应力钢绞线》（JG 161）的规定。

检查数量：每 60t 为一批，每批抽取一组试件。

检验方法：观察，检查产品合格证、出厂检验报告和进场复验报告。

注：当有工程经验，并经观察认为质量有保证时，可不作油脂用量和护套厚度的进场复验。

3）预应力筋用锚具、夹具和连接器应按设计要求采用，其性能应符合现行国家标准《预应力筋用锚具、夹具和连接器》（GB/T 14370）和现行行业标准《预应力筋用锚具、夹具和连接器应用技术规程》（JGJ 85）的规定。

检查数量：按进场批次和产品的抽样检验方案确定。

检验方法：检查产品合格证、出厂检验报告和进场复验报告。

注：对锚具用量较少的一般工程，如供货方提供有效的试验报告，可不作静载锚固性能试验。

（2）一般项目：

1）与预应力筋使用前应进行外观检查，其质量应符合下列要求：

①无粘结预应力筋展开后应平顺，不得有弯折，表面不得有裂纹、小刺、机械损伤、氧化铁皮和油污等。

②无粘结预应力筋护套应光滑、无裂缝、无明显褶皱。

检查数量：全数检查。

检验方法：观察。

注：无粘结预应力筋护套轻微破损者应外包防水塑料胶带修补；严重破损者不得使用。

③润滑油脂用量：对 $\phi^s$12.7 钢绞线不应小于 43g/m，对 $\phi^s$15.2 钢绞线不应小于 50g/m，对 $\phi^s$15.7 钢绞线不应小于 53g/m；

④护套厚度：对于一、二类环境不应小于 1.0mm，对于三类环境应按设计要求确定。

2）预应力筋用锚具、夹具和连接器使用前应进行外观检查，其表面应无污物、锈蚀、机械损伤和裂纹。

检查数量：全数检查。

检验方法：观察。

2. 制作与安装

（1）主控项目：

1）预应力筋安装时，其品种、级别、规格、数量必须符合设计要求。

检查数量：全数检查。

检查方法：观察，钢尺检查。

2）施工过程应避免电火花损伤预应力筋；受损伤的预应力筋应予以更换。

检查数量：全数检查。

检查方法：观察。

（2）一般项目：

1）预应力筋下料应符合下列要求：

预应力筋应采用砂轮锯或切断机切断，不得采用电弧切割。

检查数量：全数检查。

检验方法：观察。

2）预应力筋端部锚具的制作质量应符合下列要求：

挤压锚具制作时压力表油压应符合操作说明书的规定，挤压后预应力筋外端应露出挤压套筒 1～5mm；

检查数量：对挤压锚，每工作班抽查 5%，且不应少于 5 件。

检验方法：观察，钢尺检查。

3）预应力筋束形控制点的竖向位置偏差应符合预应力筋束形（孔道）控制点竖向位置允许偏差表 16-59 的规定。

检查数量：在同一检验批内，抽查各类型构件中预应力筋总数的 5%，且对各类型构件均不少于 5 束，每束不应少于 5 处。

检验方法：钢尺检查。

注：束形控制点的竖向位置偏差合格点率应达到 90%以上，且不得有超过表中数值 1.5 倍的尺寸偏差。

4）无粘结预应力筋的铺设尚应符合下列要求：

①无粘结预应力筋的定位应牢固，浇筑混凝土时不应出现移位和变形；

②端部的预埋锚垫板应垂直于预应力筋；

③内埋式固定端垫板不应重叠，锚具与垫板应贴紧；

④无粘结预应力筋成束布置时应能保证混凝土密实并能裹住预应力筋；

⑤无粘结预应力筋的护套应完整，局部破损处应采用防水胶带缠绕紧密。

检查数量：全数检查。

检验方法：观察。

3. 张拉和放张

（1）主控项目：

1）预应力筋张拉或放张时，混凝土强度应符合设计要求；当设计无具体要求时，不应低于设计的混凝土立方体抗压强度标准值的 75%。

检查数量：全数检查。

检验方法：检查同条件养护试件试验报告。

2）预应力筋的张拉力、张拉或放张顺序及张拉工艺应符合设计及施工技术方案的要求，并应符合下列规定：

①当施工需要超张拉时，最大张拉应力不应大于现行国家标准《混凝土结构设计规范》(GB 50010）的规定；

②张拉工艺应能保证同一束中各根预应力筋的应力均匀一致；

③当预应力筋是逐根或逐束张拉时，应保证各阶段不出现对结构不利的应力状态；同时宜考虑后批张拉预应力筋所产生的结构构件的弹性压缩对先批张拉预应力筋的影响，确定张拉力；

④当采用应力控制方法张拉时，应校核预应力筋的伸长值。实际伸长值与设计计算理论伸长值的相对允许偏差为±6%。

检查数量：全数检查。

检验方法：检查张拉记录。

3）预应力筋张拉锚固后实际建立的预应力值与工程设计规定检验值的相对允许偏差为±5%。

检查数量：在同一检验批内，抽查预应力筋总数的3%，且不少于5束。

检验方法：检查见证张拉记录。

4）张拉过程中应避免预应力筋断裂或滑脱；当发生断裂或滑脱时，必须符合下列规定：

对后张法预应力结构构件，断裂或滑脱的数量严禁超过同一截面预应力筋总根数的3%，且每束钢丝不得超过一根；对多跨双向连续板，其同一截面应按每跨计算。

检查数量：全数检查。

检验方法：观察，检查张拉记录。

（2）一般项目

锚固阶段张拉端预应力筋的内缩量应符合设计要求；当设计无具体要求时，应符合张拉端预应力筋的内缩量限值表16-50的规定。

检查数量：每工作班抽查预应力筋总数的3%，且不少于3束。

检验方法：钢尺检查。

4. 封锚

（1）主控项目

锚具的封闭保护应符合设计要求；当设计无具体要求时，应符合下列规定：

①应采取防止锚具腐蚀和遭受机械损伤的有效措施；

②凸出式锚固端锚具的保护层厚度不应小于50mm；

③外露预应力筋的保护层厚度：处于正常环境时，不应小于20mm；处于易受腐蚀的环境时，不应小于50mm。

检查数量：在同一检验批内，抽查预应力筋总数的5%，且不少于5处。

检验方法：观察，钢尺检查。

（2）一般项目

无粘结预应力筋锚固后的外露部分宜采用机械方法切割，其外露长度不宜小于预应力筋直径的1.5倍，且不宜小于30mm。

检查数量：在同一检验批内，抽查预应力筋总数的3%，且不少于5束。

检验方法：观察，钢尺检查。

无粘结预应力混凝土工程的验收，除检查有关文件、记录外，尚应进行外观抽查。

## 16.6.3 后张缓粘结预应力施工

### 16.6.3.1 特点

缓粘结钢绞线既有无粘结预应力筋施工工艺简单，克服有粘结预应力技术施工工艺复杂、节点使用条件受限的弊端，不用预埋管和灌浆作业，施工方便、节省工期的优点；同时在性能上又具有有粘结预应力抗震性能好、极限状态预应力钢筋强度发挥充分，节省钢材的优势。同时又消除了有粘结预应力孔道灌浆有可能不密实而造成的安全隐患和耐久性问题，并具有较强的防腐蚀性能等优点，具有很好的结构性能和推广应用前景。

**16.6.3.2 施工工艺**

缓粘结钢绞线与无粘结钢绞线相比，只是其中的涂料层不同，因此其施工工艺及顺序与无粘结钢绞线基本相同。

**16.6.3.3 施工要点**

缓粘结钢绞线的施工要点可参考无粘结钢绞线的施工要点，但要注意缓粘结钢绞线的张拉时间不能超过缓粘结钢绞线生产厂家给出的缓粘结涂料开始固化的时间。

**16.6.3.4 质量验收**

缓粘结钢绞线的施工质量验收，可按照设计要求并参考相关标准进行质量验收。

### 16.6.4 后张预制构件

目前国内采用后张法生产的预制预应力混凝土构件主要包括预制预应力混凝土梁、预制预应力混凝土屋架等。

**16.6.4.1 后张预制混凝土梁**

后张预制预应力混凝土梁种类较多，市政和铁路桥梁大量采用大跨度后张预制预应力混凝土梁，在建筑工程领域，工业厂房经常采用6m跨度的后张预应力混凝土吊车梁和预应力混凝土工字形屋面梁等。

1. 后张预应力混凝土吊车梁

目前通用的后张预应力混凝土吊车梁一般跨度为6m，采用等高工字形截面，适用的厂房跨度12～33m。适用于非地震区及抗震设防烈度不超过8度的各类场地以及9度Ⅰ、Ⅱ类场地。

后张预应力混凝土吊车梁模板图如图16-118所示。

后张预应力混凝土吊车梁中普通钢筋采用HPB300级和HRB335级热轧钢筋，预应力钢筋采用1860级1×7标准型低松弛钢绞线（$\phi^{s}15.2$），有粘结预应力孔道采用金属波纹管。

吊车梁混凝土强度等级C40～C50。施工时如采用蒸汽养护，温度不得超过60℃，否则应将混凝土强度等级提高20%。

吊车梁制作时，梁宜立捣，宜用附模式振捣器或小型振动棒振捣，振捣棒不得触及波纹管，必须保证混凝土、特别是曲线预应力孔道下部混凝土密实。为了便于混凝土浇灌、振捣，可先将混凝土浇捣到上翼缘下表面，再放置上部预应力钢筋的波纹管，然后再浇筑上翼缘混凝土。

梁体混凝土的强度达到设计要求的90%后方可张拉预应力钢筋。直线预应力钢筋采用一端张拉，另一端为非张拉端；下部曲线预应力筋采用两端张拉。张拉程序是先张拉上部直线束，然后再顺序张拉下部预应力束。张拉控制应力$\sigma_{con}$取$0.75f_{ptk}=1395\text{N/mm}^2$。

使用单根张拉千斤顶时，在顶压器前端须加顶压套管，多孔夹片锚成束张拉时，宜两束在两端同步张拉。如只用一台千斤顶张拉时，可采用两束分级轮流张拉，预应力钢绞线张拉时应保持孔道轴线中心，锚具中心和千斤顶中心“三心一线”。张拉至$1.03\sigma_{con}$时，

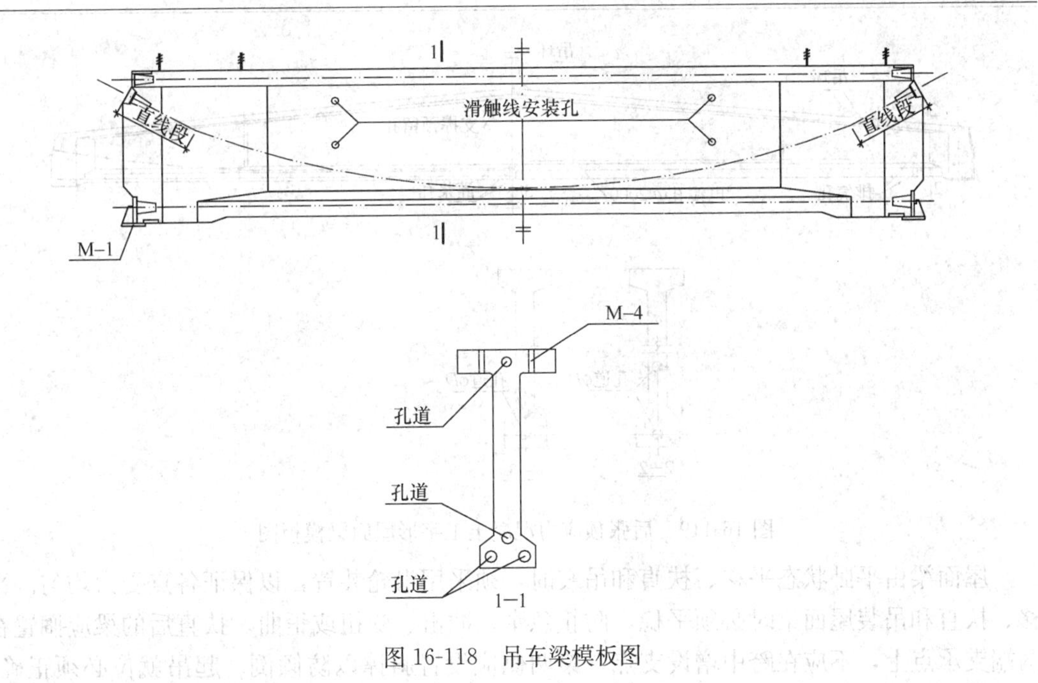


图 16-118 吊车梁模板图

须持荷 3min 后再锚固。孔道灌浆在正温下进行，且强度达到 15N/mm² 后方可移动构件。构件端部的锚固区必须灌注密实。

吊车梁堆放、运输和吊装时应该保持正位立放，两个支点距梁端各不大于 1m，梁上未设吊钩，起吊时按两点（位置同支点）钢丝绳捆绑或用专用夹具起吊。如施工需要，可自行设置吊钩，吊钩应采用 HPB300 级钢筋制作，严禁使用冷加工钢筋，并在安装后割去外留段以便铺设钢轨。

安装后，吊车梁中心线和定位轴线的偏差不大于 5mm；梁顶标高偏差不大于 ＋10mm，－5mm；轨道中心线与梁中心线的偏差不大于 15mm。

2. 后张预应力混凝土工字形屋面梁

后张预应力混凝土工字形屋面梁根据其跨度不同分为单坡和双坡两种。9m 和 12m 跨度为单坡梁，12～18m 跨度为双坡梁。主要用于柱距为 6m、屋面坡度为 1/10 的单层工业厂房。该类结构一般适用于非抗震设计和抗震设防烈度≤8 度的各类场地地区。典型的工字形屋面梁模板图见图 16-119。

后张预应力混凝土工字形屋面梁混凝土强度等级为 C40；预应力钢筋采用 1860 级直径为 15.2mm 的低松弛预应力钢绞线，非预应力钢筋采用 HPB300、HRB335 级热轧普通钢筋。

孔道采用预埋金属波纹管成型。波纹管应密封良好，接头严密不漏浆，并有一定的轴向刚度。波纹管的尺寸与位置应正确，波纹管应平顺。施工时，应设置井字形钢筋架固定波纹管，端部的预埋锚垫板应垂直于孔道中心线。在梁两端应设置灌浆孔或排气孔。

屋面梁可直立生产也可平卧生产。当同条件养护的混凝土立方体强度达到设计强度等级的 30％时方可脱模；100％时始可张拉预应力钢筋。张拉预应力钢筋可采用平卧张拉和直立张拉两方案。平卧张拉时，应采取措施减少侧向弯曲；平卧生产的梁直立张拉时，应先将屋面梁扶直，扶直过程中应采取措施使梁全长不离地面，避免横向弯曲。

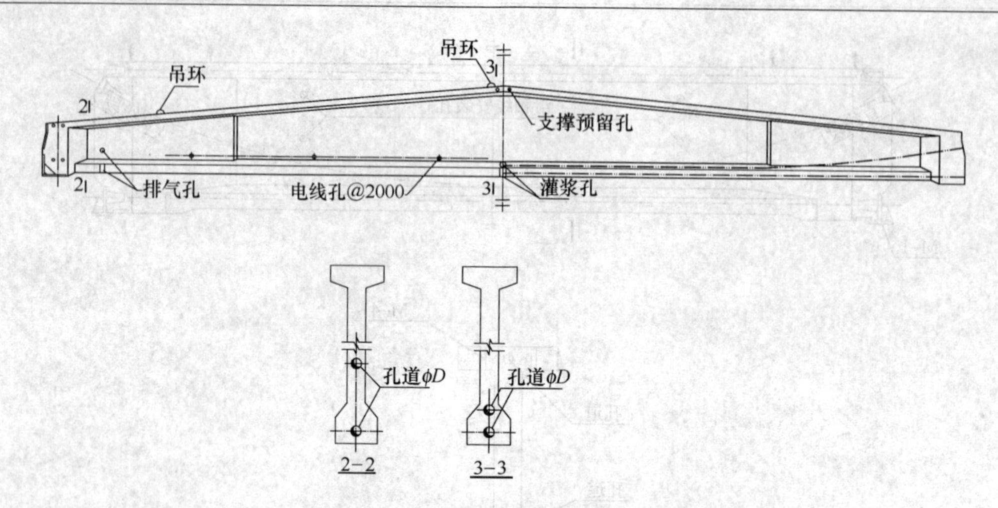


图 16-119 后张预应力混凝土工字形屋面梁模板图

屋面梁由平卧状态平移、扶直和吊装时，须采用滑轮装置，以保证各点受力均匀。平移、扶直和吊装屋面梁时必须平稳，防止急牵、冲击、受扭或歪曲。扶直后的梁应搁置在两端支承点上，不应在跨中增设支点。梁两侧应设置斜撑以防倾倒。起吊就位必须正确，吊装时应采取措施，防止平面外失稳。

#### 16.6.4.2 后张预制混凝土屋架

后张预制预应力混凝土屋架主要为折线形屋架，跨度为18～30m。后张有粘结预应力筋配置于屋架下弦，下弦预应力杆件按二级裂缝控制等级验算，其他拉杆按三级裂缝控制等级验算。后张预应力混凝土屋架适用于非抗震设计和抗震设防烈度不超过 8 度的地区。典型的屋架模板图如图 16-120 所示。

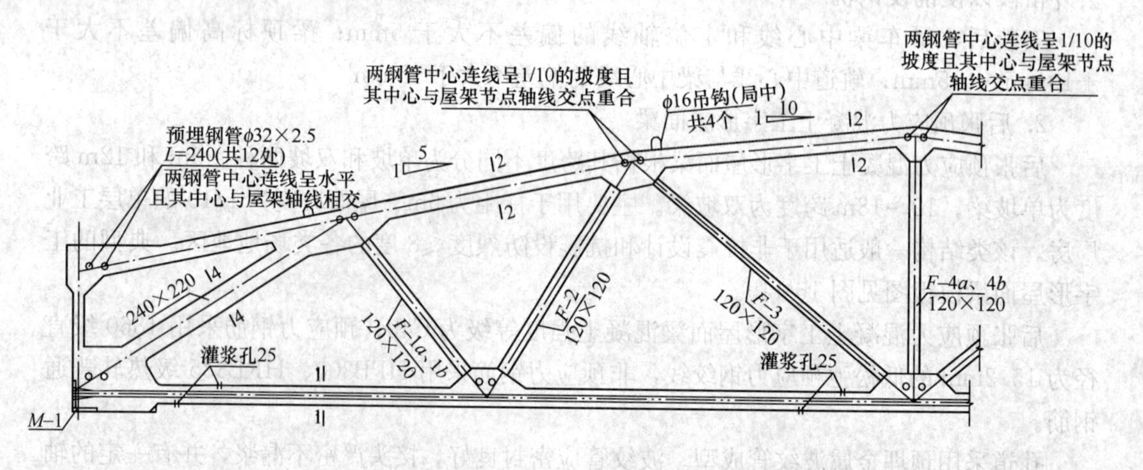


图 16-120 后张预制预应力混凝土屋架模板图

屋架平卧叠层生产时，叠层最多为 4 层，但应设隔离层。下层屋架混凝土强度等级到达 C20 后，方可浇筑上层屋架。当混凝土强度等级达到 100%设计强度等级时，方可张拉预应力筋。叠层生产的屋架，应先上层后下层逐层进行张拉。

屋架由平卧扶直或吊装按图 16-121（以 24m 屋架为例）进行，并宜采用滑轮装置以保证每点受力均匀；扶直和吊装时，应设杉杆临时加固上弦。起吊必须平稳，勿使屋架受扭或歪曲，亦不得急速冲击起吊。

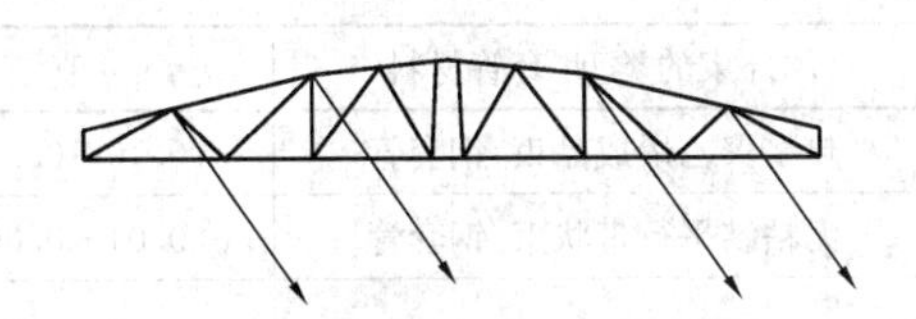
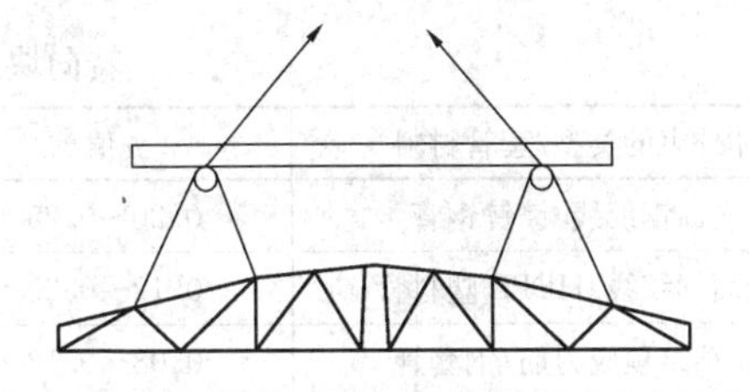

图 16-121 屋架平卧扶直及吊装示意图

## 16.6.5 体外预应力

### 16.6.5.1 概述

体外预应力是后张预应力体系的重要组成部分和分支之一，是与传统的布置于混凝土结构构件体内的有粘结或无粘结预应力相对应的预应力类型。体外预应力可以定义为：由布置于承载结构主体截面之外的后张预应力束产生的预应力，预应力束仅在锚固区及转向块处与构件相连接。

体外预应力束的锚固体系必须与束体的类型和组成相匹配，可采用常规后张锚固体系或体外预应力束专用锚固体系。对于有整体调束要求的钢绞线夹片锚固体系，可采用锚具外螺母支撑承力方式。对低应力状态下的体外预应力束，其锚具夹片应装配防松装置。

体外预应力锚具应满足分级张拉及调索补张拉预应力筋的要求；对于有更换要求的体外预应力束，体外束、锚固体系及转向器均应考虑便于更换束的可行性要求。

对于有灌浆要求的体外预应力体系，体外预应力锚具或其附件上宜设置灌浆孔或排气孔。灌浆孔的孔位及孔径应符合灌浆工艺要求，且应有与灌浆管连接的构造。

体外预应力锚具应有完善的防腐蚀构造措施，且能满足结构工程的耐久性要求。

### 16.6.5.2 一般要求

体外预应力束仅在锚固区及转向块处与钢筋混凝土梁相连接，应满足以下要求：

（1）体外束锚固区和转向块的设置应根据体外束的设计线形确定，对多折线体外束，转向块宜布置在距梁端 1/4～1/3 跨度的范围内，必要时可增设中间定位用转向块，对多跨连续梁采用多折线体外束时，可在中间支座或其他部位增设锚固块。

（2）体外束的锚固区与转向块之间或两个转向块之间的自由段长度不宜大于 8m，超过该长度应设置防振动装置。

（3）体外束在每个转向块处的弯折角度不应大于 15°，其与转向块的接触长度由设计计算确定，用于制作体外束的钢绞线，应按偏斜拉伸试验方法确定其力学性能。转向块的最小曲率半径按表 16-60 采用。

转向块处最小曲率半径　表 16-60

| 钢绞线束（根数与规格） | 最小曲率半径（m） | 钢绞线束（根数与规格） | 最小曲率半径（m） |
|---|---|---|---|
| $7\phi^s15.2$（$12\phi^s12.7$） | 2.5 | $27\phi^s15.2$（$37\phi^s12.7$） | 3.5 |
| $12\phi^s15.2$（$19\phi^s12.7$） | 2.5 | $37\phi^s15.2$（$55\phi^s12.7$） | 4.5 |
| $19\phi^s15.2$（$31\phi^s12.7$） | 3.0 | | |

(4) 体外预应力束与转向块之间的摩擦系数 $\mu$，可按表 16-61 取值。

转向块处摩擦系数 $\mu$ 表 16-61

| 体外束的类型/套管材料 | $\mu$ 值 | 体外束的类型/套管材料 | $\mu$ 值 |
|---|---|---|---|
| 光面钢绞线/镀锌钢管 | 0.20～0.25 | 热挤聚乙烯成品束/钢套管 | 0.10～0.15 |
| 光面钢绞线/HDPE 塑料管 | 0.12～0.20 | 无粘结平行带状束/钢套管 | 0.04～0.06 |
| 无粘结预应力筋/钢套管 | 0.08～0.12 | | |

(5) 体外束的锚固区除进行局部受压承载力计算，尚应对牛腿、钢托件等进行抗剪设计与验算。

(6) 转向块应根据体外束产生的垂直分力和水平分力进行设计，并应考虑转向块处的集中力对结构整体及局部受力的影响，以保证将预应力可靠地传递至梁体。

(7) 体外束的锚固区宜设置在梁端混凝土端块、牛腿处或钢托件处，应保证传力可靠且变形符合设计要求。

在混凝土矩形、工字形或箱形截面梁中，转向块可设在结构体外或箱形梁的箱体内。转向块处的钢套管鞍座应预先弯曲成型，埋入混凝土中。体外束的弯折也可采用隔梁、肋梁等形式。

(8) 对可更换的体外束，在锚固端和转向块处，与结构相连接的鞍座套管应与体外束的外套管分离，以方便更换体外束。

**16.6.5.3 施工工艺**

新建体外预应力结构工程中，体外束的锚固区和转向块应与主体结构同步施工。预埋锚固件、锚下构造、转向导管及转向器的定位坐标、方向和安装精度应符合设计要求，节点区域混凝土必须精心振捣，保证密实。

体外束的制作应保证满足束体在所使用环境的耐久性防护等级要求，并能抵抗施工和使用中的各种外力作用。当有防火要求时，应涂刷防火涂料或采取其他可靠的防火措施。

体外束外套管的安装应保证连接平滑和完全密闭。体外束体线形和安装误差应符合设计和施工限值要求。在穿束过程中应防止束体护套受机械损伤。

体外束的张拉应保证构件对称均匀受力，必要时可采取分级循环张拉方式；对于超长体外预应力束，为了防止反复张拉使夹片锚固效率降低或失效，采用“双撑脚与双工具锚”(见图 16-122) 张拉施工工艺；对可更换或需在使用过程中调整束力的体外束应保留必要的预应力筋外露长度。

体外束在使用过程中完全暴露于空气中，应保证其耐久性。对刚性外套管，应具有可靠的防腐蚀性能，在使用一定时期后应能重新涂刷防腐蚀涂层；对高密度聚乙烯等塑料外套管，应保证长期使用的耐老化性能，必要时应可更换。体外束的防护完成后，按要求安装固定减振装置。

体外束的锚具应设置全密封防护罩，对不更换的体外束，可在防护罩内灌注水泥浆体或其他防腐蚀材料；对可更换的束在防护罩内灌注油脂或其他可清洗的防腐蚀材料。

**16.6.5.4 施工要点**

1. 体外预应力施工要点

(1) 施工准备

施工准备包括体外预应力束的制作、验收、运输、现场临时存放；锚固体系和转向器、减振器的验收与存放；体外预应力束安装设备的准备；张拉设备标定与准备；灌浆材料与设备准备等。

（2）体外预应力束锚固与转向节点施工

新建体外预应力结构锚固区的锚下构造和转向块的固定套管均需与建筑或桥梁的主体结构同步施工。锚下构造和转向块部件必须保证定位准确，安装与固定牢固可靠，此施工工艺过程是束形建立的关键性工艺环节。

（3）体外预应力束的安装与定位

对于有双层套筒的体外预应力体系，需在固定套管内先安装锚固区内层套管，转向器内层套管或转向器的分体式分丝器等，并根据设计或体系的要求，将双层间的间隙封闭并灌浆。随后进行体外束下料并安装体外预应力束主体，成品束可一次完成穿束；使用分丝器的单根独立体系，需逐根穿入单根钢绞线或无粘结钢绞线。安装锚固体系之前，实测并精确计算张拉端需剥除外层 HDPE 护套长度，如采用水泥基浆体防护，则需用适当方法清除表面油脂。

（4）张拉与束力调整

体外预应力束穿束过程中，可同时安装体外束锚固体系，对于双层套筒体系需先安装内层密封套筒，同时安装和连接锚固区锚下套筒与体外束主体的密封连接装置，以保证锚固系统与体外束的整体密闭性。锚固体系（包括锚板和夹片）安装就位后，即可单根预紧或整体预张。确认预紧后的体外束主体、转向器及锚固系统定位正确无误之后，按张拉程序进行张拉作业，张拉采取以张拉力控制为主，张拉伸长值校核的双控法。

对于超长体外预应力束，为了防止反复张拉锚固使夹片锚固效率降低或失效，采用“双撑脚与双工具锚”张拉施工工艺（图 16-122），该工艺原理系在大吨位张拉千斤顶后部或前部增加一套过渡撑脚及过渡工具锚，在工作锚板之后设特制张拉限位装置，以保证在整个张拉过程中工作锚夹片始终处于放松状态。在完成每个行程回油后均由过渡工具锚夹片锁紧钢绞线，多次张拉直至设计张拉力值。由于特制限位装置的作用，在张拉过程中，工作锚夹片不至于退出锚孔，在回油倒顶时，工作锚夹片不会咬住钢绞线，工作锚夹片始终处于“自由”状态，在张拉到位后，旋紧特制限位装置的螺母，压紧工作锚夹片，随后千斤顶回油放张，使工作锚夹片锚固钢绞线。图 16-122（*a*）为千斤顶前置张拉超长体外束方案，图 16-122（*b*）为千斤顶后置张拉超长体外束方案。

张拉过程中，构件截面内对称布置的体外预应力束要保证对称张拉，两套张拉油泵的张拉力值需控制同步；按张拉程序进行分级张拉并校核伸长值，实际测量伸长值与理论计算伸长值之间的偏差应控制在±6%之内。图 16-123 为体外预应力超长束张拉工艺流程简图。

体外预应力束的张拉力需要调整的情形：1）设计与施工工艺要求分级张拉或单根张拉之后进行整体调束；2）结构工程在经过一定使用期之后补偿预应力损失；3）其他需调整束张拉力的情况。

（5）体外预应力束锚固系统防护与减振器安装施工

张拉施工完成并检测与验收合格后，对锚固系统和转向器内部各空隙部分进行防腐蚀防护工艺处理，根据不同的体外预应力系统，防护主要可选择工艺包括：1）灌注高性能

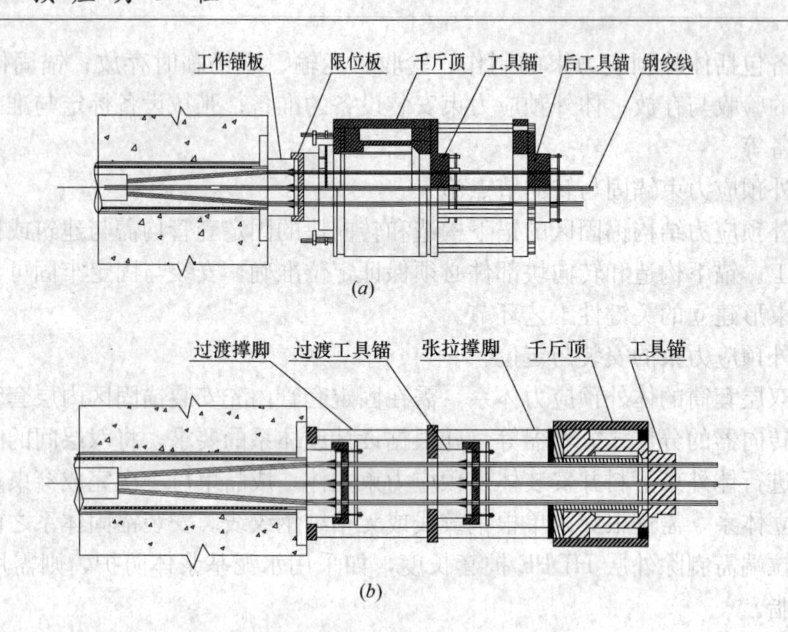


图 16-122　体外预应力超长束张拉千斤顶布置简图

(a) 超长体外束千斤顶前置；(b) 超长体外束千斤顶后置

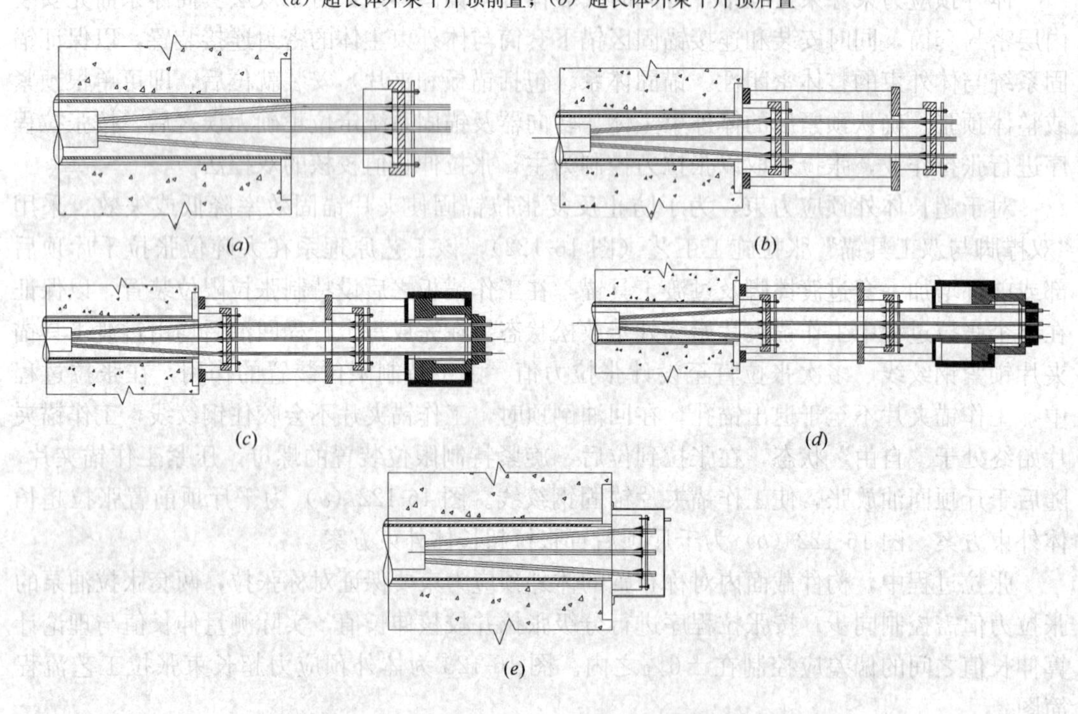


图 16-123　体外预应力超长束张拉工艺流程简图

(a) 安装体外束、锚具与特制限位板；(b) 安装过渡撑脚和过渡工具箱；
(c) 安装张拉撑脚和张拉设备；(d) 体外束张拉；(e) 锚固并防护

水泥基浆体或聚合物砂浆浆体；2）灌注专用防腐油脂或石蜡等；3）其他种类防腐处理方法。灌注防护材料之前，按设计规定，锚固体系导管及转向器导管等之间的间隙内要求填入橡胶板条或其他弹性材料对各连接部位进行密封，锚具采用防护罩封闭。

体外预应力束体防护完成后，按工程设计要求的预定位置安装体外束主体减振器，安装固定减振器的支架并与主体结构之间进行固定，以保证减振器发挥作用。

2. 无粘结钢绞线逐根穿束体外索施工

在斜拉桥施工中广泛采用钢绞线拉索，其主要优势在于施工简便，索材料的运输和安装所需要投入的大型设备少，索的更换方便，大型和超长拉索造价相对降低，索的受力性能优越等。施工可参照国家现行标准《无粘结钢绞线斜拉索技术条件》（JT/T 771）执行。

（1）体外束的安装与定位

1）设置牵引系统

牵引系统由卷扬机和循环钢丝绳、牵引绳（$\phi5$ 高强钢丝）和连接器、放束钢支架、工作平台等组成。

2）安装梁端锚具

钢绞线锚具为夹片式群锚，为体外预应力束专用锚具，利用定位孔固定于锚垫板上。

3）安装外套管

体外束的外套管可采用 HDPE 套管或钢管等。HDPE 套管的优点是重量轻、防腐性能好、成本低、现场施工与安装简便。

4）钢绞线的安装

采用卷扬机等牵引设备将无粘结钢绞线逐根牵引入 HDPE 外套管内并穿过锚具后锚固就位，使用单根张拉千斤顶按设计要求张拉预紧至规定初始应力。

注意当钢绞线拉出锚环面后，调整钢绞线两端长度，检查单根钢绞线外层聚乙烯塑料防护套剥除长度是否准确，然后在张拉端和固定端对应的钢绞线锚孔内安装夹片。

（2）体外束的张拉

钢绞线体外束的张拉，可以安装就位后整体张拉；或采用两阶段张拉法，即先化整为零，逐根安装、逐根张拉，再进行整体调束张拉到位。

1）整体张拉

钢绞线体外索安装预紧就位后，使用大吨位千斤顶对体外索进行整体张拉。张拉完成后，对所有锚固夹片进行顶压锚固，以保证工作夹片锚固的平整度，之后安装夹片防松装置。

2）两阶段张拉法

当转向器采用分体式分丝器时，需按编号对应顺序逐根将钢绞线穿过分丝器，穿束完成后即形成各根钢绞线平行的体外预应力整体束。单根钢绞线张拉可采用小型千斤顶逐根张拉的方式。逐根张拉采用“等值张拉法”的原理，即每根钢绞线的张拉力均相等，以满足每根钢绞线索均匀受力的要求。在单根钢绞线张拉完毕后，还需对体外索进行整体张拉，以检验并达到设计要求的张拉力。在全部钢绞线张拉完成后，对所有锚固夹片进行顶压锚固，以保证工作夹片锚固的平整度。顶压完成后，用手持式砂轮切割机切除多余的钢绞线，但要注意保留以后换束时所需的工作长度。安装锚环后的橡胶垫、夹片防松限位板，以便防止夹片松脱。

（3）体外束的防护

无粘结钢绞线多层防护束可选择如下防护工艺与材料：1）高性能水泥基浆体或聚合物砂浆浆体；2）专用防腐油脂或石蜡；3）采用无粘结涂环氧树脂钢绞线，束主体亦可不灌浆。锚具采用防护罩封闭，防护罩内灌入专用防腐材料。

3. 钢与混凝土组合箱梁桥体外预应力施工

体外束在钢箱梁中的锚固区和转向节点处需采取加强措施，以避免体外预应力作用下钢结构局部失稳或过大变形；锚固区锚下构造和转向节点钢套管一般在钢结构加工厂与钢箱梁整体制作，以保证体外束的束形准确；钢箱梁端部锚固区段常采用灌注补偿收缩混凝土的做法，以提高局部抗压承载力；体外束在穿过非转向节点钢梁横隔板时，必须设置过渡钢套管，过渡钢套管定位应准确，两端为喇叭口形状并倒角圆滑处理；体外束可选用成品索，以简化施工过程并保证耐久性。

钢与混凝土组合箱梁桥体外预应力施工工艺流程包括：钢箱梁制作与现场组装→施工机具准备→钢套管内安装转向器、安装钢套管与转向器之间的橡胶密封条→体外索穿束→灌注钢套管与转向器之间的浆体→张拉体外索→安装转向器与体外索之间的橡胶密封条→灌注索体与转向器之间及锚固端延长筒内的浆体→安装锚具防松装置及锚固系统防护罩→安装减振器。

（1）钢箱梁制作与现场组装：钢箱梁一般在工厂分段加工制作，运输至现场后组装为整体，其中锚固区锚下构造和转向节点钢套管在钢结构加工厂与箱梁整体制作并安装完成。

（2）施工机具的准备：张拉机具与设备配套的标定，辅助机具的调试。各种机具设备进入施工工地现场后，使用之前均应进行试运行，以确保处于正常状态，然后即可在工作台面就位。穿束时将牵引设备以及滑轮组布置在适当的位置。

（3）钢套管内安装转向器、安装钢套管与转向器之间的橡胶密封条：将转向器安装于钢套管内，并且临时固定，转向器两端外露出长度相同。钢套管与转向器之间的密封使用20mm左右厚的纯橡胶板割成适当宽度的橡胶条，将橡胶密封条塞满套管与转向器之间的空隙，也可采用其他弹性密封材料封堵二者之间的空隙。

（4）体外索穿束：为了方便施工时放索，成品索的端头均设有便于与钢丝绳连接的连接装置“牵引头”，在工厂内制作完成的成品索卷制成盘运抵工地就位，利用牵引设备牵引成品索缓慢放索并穿过对应的预留孔。牵引过程中，采用可靠的保护措施防止索体表面的HDPE护套受到损伤。在体外索进入钢箱梁的锚固端延长钢套管前，根据精确测量的钢梁两端锚固点之间的实际距离，准确剥除体外束成品索体两端HDPE护套层，确保在张拉后索体HDPE层进入预埋管的长度不小于300mm，随后用清洗剂清除裸露的钢绞线的防腐油脂并安装锚具及夹片。

（5）第一次灌浆（灌注钢套管与转向器之间浆体）：钢套管与转向器之间的孔道两端，留设灌浆管和排气管，从低点灌浆，高点排气。灌浆均采用无收缩灌浆料，按灌浆施工有关规范和设计要求进行灌浆施工。

（6）体外索张拉：安装体外预应力锚具及夹片，各根钢绞线孔位要对齐，锚具紧贴垫板，并注意保护各组装件不受污染。成品索采用大吨位千斤顶进行整体张拉，张拉控制程序为：0→10%$\sigma_{con}$→100%$\sigma_{con}$（持荷2min）→锚固，或采用规范与设计许可的其他张拉控制程序。当体外索长度大于80m时，为防止反复张拉使夹片锚固效率降低或失效，采用“双撑脚与双工具锚”张拉施工工艺。钢箱梁体外索张拉应保证对称进行，张拉时采取同步控制措施，每完成一个张拉行程，测量伸长值并进行校核。

(7) 安装转向器与体外索之间的橡胶密封条：施工方法与安装钢套管与转向器之间的橡胶板相同。

(8) 第二次灌浆（灌注索体与转向器之间及锚固端延长筒内的浆体）：施工方法与第一次灌浆相同。

(9) 安装锚具防松装置及锚固系统防护罩：使用机械方法整齐地切除锚头两端的多余钢绞线，钢绞线在锚板端面外的保留长度为30～50mm。安装防松装置并拧紧螺母，保证有效地防止夹片松脱。对于有换索和补张拉要求的工程，钢绞线在锚板端面外的保留长度应符合放张工艺要求。随后在锚头上安装上保护罩，保护罩内灌注专用防腐油脂、石蜡或其他防腐材料。

(10) 安装减振器：按设计位置安装减振器并可靠固定就位。

4. 预制混凝土节段箱梁桥体外预应力施工要点

体外束在预制节段箱梁中的锚固区和转向节点处的设计配筋构造需在各预制节段制作过程中加以保证；预制箱梁节段在短线法台座或长线法台座上使用"匹配浇筑"方法制作，节段箱梁运至施工现场后，采用架桥机械或支撑大梁整跨拼装施工；锚固区导管和转向节点钢套管或转向器在预制加工厂与箱梁整体制作，从而保证体外束的束形准确；采用环氧树脂胶结缝的各预制节段之间的施工拼装间隙，使用临时预应力来压紧与消除。体外束可选用成品索或无粘结钢绞线多层防护束体系。

预制混凝土节段箱梁桥体外预应力施工工艺流程包括：预制混凝土节段箱梁制作与施工现场拼装→施工机具准备→转向器（如分体式转向器）的安装、安装钢套管与转向器之间的橡胶密封条→转向器与钢套管之间灌注浆体→预应力筋下料与穿束→安装体外预应力锚具及张拉体外束→锚固系统预埋管内灌浆→安装锚具防松装置和锚固系统防护罩→安装减振装置。

(1) 预制混凝土节段箱梁制作与施工现场拼装：在预制工厂内或现场制作预制混凝土箱梁节段，节段梁间可用环氧树脂胶涂抹粘结或采用干接缝。采用架桥机安装预制节段箱梁。

(2) 施工机具的准备：张拉千斤顶与油泵配套进行标定，调试辅助机具。有关机具设备进入施工工地现场后，使用之前均应进行试运行，以保证处于正常状态。

(3) 转向器（如分体式转向器）的安装：根据设计位置将转向器分丝管按编号对应放置，清理分丝管与孔道之间的杂物。调节分丝管位置，确保其与设计曲线位置相符。

(4) 安装钢套管与转向器之间的橡胶密封条：用20mm左右厚的纯橡胶板割成适当宽度的橡胶条，用橡胶条塞满套管与转向器两端之间的空隙，也可采用其他弹性密封材料封堵二者间的空隙。

(5) 钢套管与转向器之间灌注浆体：灌浆前先对预埋管进行清洁处理，灌浆时从最低点的灌浆孔灌入，由最高点的排气孔排气和排浆，并由下层往上层灌浆。灌浆应缓慢、均匀地进行且不得中断，当排气孔冒出与进浆孔相同浓度的浆体时停止灌浆，持压1min后封堵灌浆管。

灌浆时应制备浆体强度试块，张拉前浆体强度需要达到设计要求。

(6) 预应力筋下料与穿索：体外预应力材料进场验收应对其质量证明书、包装、标志和规格等进行全面检查。无粘结预应力筋成品盘运抵工地就位，在梁端头放置放线架固定索盘，采用人工或机械牵引。牵引过程中，采用可靠的保护措施防止无粘结预应力筋外包的HDPE护套受到机械损伤。在无粘结预应力筋进入锚固端的预埋管之前，根据精确测量的两端锚固的实际距离，剥除两端 HDPE 外套层，确保在张拉后无粘结预应力筋的 HDPE 层进入预埋管的长度不小于 300mm，清除裸露钢绞线的防腐油脂，以保证钢绞线与浆体之间的握裹力。穿束完成后，检查无粘结预应力筋外包 HDPE 有无破损。

（7）安装体外预应力锚具及张拉体外束：张拉机具设备应与锚具配套使用，根据体外束的类型选用相应的千斤顶及相配套电动油泵。安装预埋端部的密封装置及锚头内密封筒，锚垫板，分别在体外束两端装上工作锚板及夹片，先用小型千斤顶进行单根预紧，预紧应力为 5%$\sigma_{con}$。预紧完毕后安装大吨位千斤顶进行体外索整体张拉。张拉达到设计控制应力后，锚固并退出千斤顶，旋紧专用压板的螺母压紧夹片。1）体外束的张拉控制应力应符合设计要求，并考虑锚口预应力损失；2）体外束张拉采用应力控制为主，测量伸长值进行校核，实测伸长值与理论计算伸长值的偏差值应控制在±6%以内。

（8）锚固系统预埋管内灌浆：与工序（5）要求相同。

（9）安装锚具防松装置和锚固系统防护罩：采用机械方法切除锚具夹片外多余钢绞线，保留长度为 30～50mm。安装防松装置并拧紧螺母，防止夹片松脱。对于有调索和换索要求的工程，钢绞线在锚板端面外的保留长度应符合二次张拉工艺要求。锚具上安装上保护罩并灌注专用防腐油脂或其他防腐材料。

（10）安装减振装置：安装减振橡胶块装置并与钢支架固定。

#### 16.6.5.5　质量验收

体外预应力结构质量验收除应符合现行有关规范与标准要求，尚应考虑其特殊性要求。根据工程设计与使用需求，可以安排施工期间和结构使用期内的各种检测项目，如体外预应力束的应力精确测试和长期监测、转向器摩擦系数测试及转向器处预应力筋横向挤压试验及各种工艺试验等。

## 16.7　特种预应力混凝土结构施工

工程中常见的特种混凝土结构包括支挡结构、深基坑支护结构、贮液池、水塔、筒仓、电视塔、烟囱及核电站安全壳等。随着预应力技术的高速发展，高强钢绞线及大吨位张拉锚固体系的推广应用，使得特种混凝土结构能够向大体量与复杂体形等发展。超长大体积基础、如采用后张预应力技术的电视塔不断突破新的高度，大体积混凝土超长结构，应用日益增多，各种预应力混凝土储罐和筒仓、如大型混凝土贮水池、天然气储罐、混凝土贮煤筒仓等，应用广泛，核电站也采用了预应力大型混凝土安全壳。

本节主要介绍了预应力混凝土高耸结构、储罐和筒仓、超长结构以及体外预应力等特种混凝土结构的预应力施工技术。

### 16.7.1　预应力混凝土高耸结构

#### 16.7.1.1　技术特点

电视塔、水塔、烟囱等属于高耸结构，一般在塔壁中布置竖向预应力筋。竖向预应力筋的长度随塔式结构的高度不同而不同，最长可达 300m。国内目前建成的竖向超长预应力塔式结构中，一般采用大吨位钢绞线束夹片锚固体系，后张有粘结预应力法施工。

塔式结构一般由一个或多个筒体结构组合而成，如中央电视塔是单圆筒形高耸结构，塔高

405m，塔身的竖向预应力筋束布置见图 16-124，第一组从－14.3～＋112.0m，共 20 束 7$\phi^s$15.2 钢绞线；第二组从－14.3～＋257.5m，共 64 束 7$\phi^s$15.2 钢绞线；第三组和第四组预应力筋布置在桅杆中，分别为 24 束和 16 束 7$\phi^s$15.2 钢绞线，所有预应力筋采用 7 孔群锚锚固。南京电视塔是肢腿式高耸结构，塔高 302m；上海东方明珠电视塔是一座带三个球形仓的柱肢式高耸结构，塔高 450m。

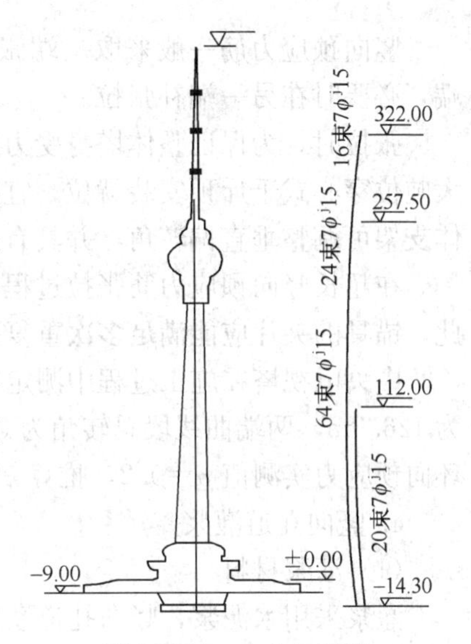

图 16-124 中央电视塔竖向预应力筋布置

由于塔式结构在受力特点上类似于悬臂结构，其内力呈下大上小的分布特点。因此，塔身的竖向预应力筋布置通常也按下大上小的原则布置，预应力筋的束数随高度减小，一般可根据高度分为几个阶梯。

#### 16.7.1.2 施工要点

1. 竖向预应力孔道铺设

超高预应力竖向孔道铺设，主要考虑施工期较长，孔道铺设受塔身混凝土施工的其他工序影响，易发生堵塞和过大的垂直偏差，一般采用镀锌钢管以提高可靠性。

镀锌钢管应考虑塔身模板体系施工的工艺分段连接，上下节钢管可采用螺纹套管加电焊的方法连接。每根孔道上口均加盖，以防异物掉入堵塞孔道，此外，随塔体的逐步升高，应采取定期检查并通孔的措施，严格检查钢管连接部位及灌浆孔与孔道的连接部位，保证无漏浆。孔道铺设应采用定位支架，每隔 2.5m 设一道，必须固定牢靠，以保证其准确位置。竖管每段的垂直度应控制在 5‰以内。灌浆孔的间距应根据灌浆方式与灌浆泵压力确定，一般介于 20～60m 之间。

2. 竖向预应力筋束

竖向预应力筋穿入孔道包括“自下而上”和“自上而下”两种工艺。每种工艺中又有单根穿入和整束穿入两种方法，应根据工程的实际情况采用。

（1） 自下而上的穿束方式

自下而上的穿束工艺的主要设备包括提升系统、放线系统、牵引钢丝绳与预应力筋束的连接器以及临时卡具等。提升系统以及连接器的设计必须考虑预应力筋束的自重以及提升过程中的摩阻力。由于穿束的摩阻力较大，可达预应力筋自重的 2～3 倍，应采用穿束专用连接头，以保证穿束过程中不会滑脱。

（2） 自上而下的穿束方式

自上而下的穿束需要在地面上将钢绞线编束后盘入专用的放线盘，吊上高空施工平台，同时使放线盘与动力及控制装置连接，然后将整束慢慢放出，送入孔道。预应力筋开盘后要求完全伸直，否则易卡在孔道内，因此，放线盘的体积相对较大，控制系统也相对复杂。

无论采用自下而上，还是采用自上而下的穿束方式，均应特别注意安全，防止预应力筋滑脱伤人。

中央电视塔和天津电视塔采用了自下而上的穿束方式，加拿大多伦多电视塔、上海东方明珠电视塔以及南京电视塔采用了自上而下的穿束方法。

3. 竖向预应力筋张拉

竖向预应力筋一般采取一端张拉。其张拉端根据工程的实际情况可设置在下端或上端，必要时在另一端补张拉。

张拉时，为保证整体塔身受力的均匀性，一般应分组沿塔身截面对称张拉。为了便于大吨位穿心式千斤顶安装就位，宜采用机械装置升降千斤顶，机械装置设计时应考虑其主体支架可调整垂直偏转角，并具有手摇提升机构等。

在超长竖向预应力筋张拉过程中，由于张拉伸长值很大，需要多次倒换张拉行程；因此，锚具的夹片应能满足多次重复张拉的要求。

中央电视塔在施工过程中测定了竖向孔道的摩擦损失。其第一段竖向预应力筋的长度为126.3m，两端曲线段总转角为0.544rad，实测孔道摩擦损失为15.3%～18.5%，参照环向预应力实测值$\mu=0.2$，推算$\kappa$值为0.0004～0.0006。

4. 竖向孔道灌浆

(1) 灌浆材料

灌浆采用水泥浆，竖向孔道灌浆对浆体有一定的特殊要求，如要求浆体具有良好的可泵性、合适的凝结时间，收缩和泌水量少等。一般应掺入适量减水剂和膨胀剂以保证浆体的流动性和密实性。

(2) 灌浆设备与工艺

灌浆可采用挤压式、活塞式灰浆泵等。采用垂直运输机械将搅拌机和灌浆泵运至各个灌浆孔部位的平台处，现场搅拌灌浆，灌浆时所有水平伸出的灌浆孔外均应加截门，以防止灌浆后浆液外流。

竖向孔道内的浆体，由于泌水和垂直压力的作用，水分汇集于顶端而产生孔隙，特别是在顶端锚具之下的部位，该孔隙易导致预应力筋的锈蚀，因此，顶端锚具之下和底端锚具之上的孔隙，必须采取可靠的填充措施，如采用手压泵在顶部灌浆孔局部二次压浆或采用重力补浆的方法，保证浆体填充密实。

#### 16.7.1.3　质量验收

高耸结构竖向有粘结预应力工程的质量验收除了应符合现行有关规范与标准要求，尚应考虑其特殊性要求。

根据材料类别，划分为预应力筋、镀锌钢管、灌浆水泥等检验批和锚具检验批。原材料的批量划分、质量标准和检验方法应符合国家现行有关产品标准的规定。

根据施工工艺流程，划分为制作、安装、张拉、灌浆及封锚等检验批。各检验批的范围可按高耸结构的施工段划分。

### 16.7.2　预应力混凝土储仓结构

#### 16.7.2.1　技术特点

混凝土的储罐、筒仓、水池等结构，由于体积庞大、池壁或仓壁较薄，在内部储料压力或水压力、土压力及温度作用下，池壁或仓壁易产生裂缝，加之抗渗性和耐久性要求高，一般设计为预应力混凝土结构，以提高其抗裂能力和使用性能。对于平面为圆形的储罐、筒仓和水池等，通常沿其圆周方向布置预应力筋。环向预应力筋一般通过设置的扶壁柱进行锚固和张拉。预应力筋可以采用有粘结预应力筋或无粘结预应力筋。

1. 环向有粘结预应力

环向有粘结预应力筋根据不同结构布置，绕筒壁形成一定的包角，并锚固在扶壁柱上。上下束预应力筋的锚固位置应错开。图16-125为四扶壁环形储仓的预应力筋布置图，其内径为25m，壁厚为400mm。筒壁外侧有四根扶壁柱。筒壁内的环向预应力筋采用$9\phi^{s}15.2$钢绞线束，间距为0.3～0.6m，包角为180°，锚固在相对的两根扶壁柱上。其锚固区构造见图16-126。

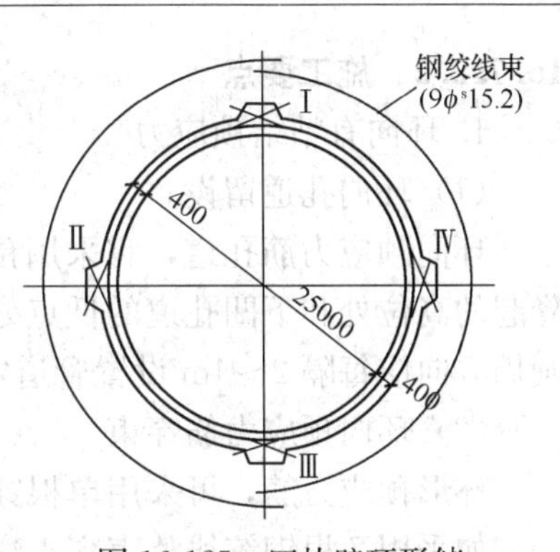


图16-125　四扶壁环形储仓环向预应力筋布置

图16-127为三扶壁环形结构环向预应力筋布置。其内径为36m，壁厚为1m，外侧有三根扶壁柱，总高度为73m。筒壁内的环向预应力筋采用$11\phi^{s}15.7$钢绞线束，双排布置，竖向间距为350mm，包角为250°，锚固在壁柱侧面，相邻束错开120°。

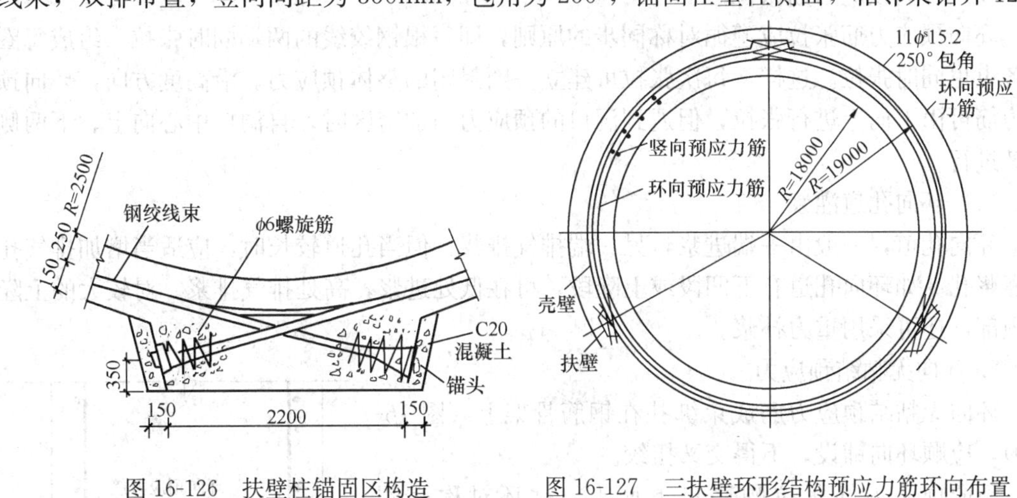


图16-126　扶壁柱锚固区构造

图16-127　三扶壁环形结构预应力筋环向布置

2. 环向无粘结预应力

环向无粘结预应力筋在筒壁内成束布置，在张拉端改为分散布置，单根或采用群锚整体张拉。根据筒（池）壁张拉端的构造不同，可分为有扶壁柱形式和无扶壁柱形式。

图16-128所示环向结构设有四个扶壁柱，环向预应力筋按180°包角设置。池壁中无粘结预应力筋采用多根钢绞线并束布置的方式，端部采用多孔群锚锚固，见图16-129。

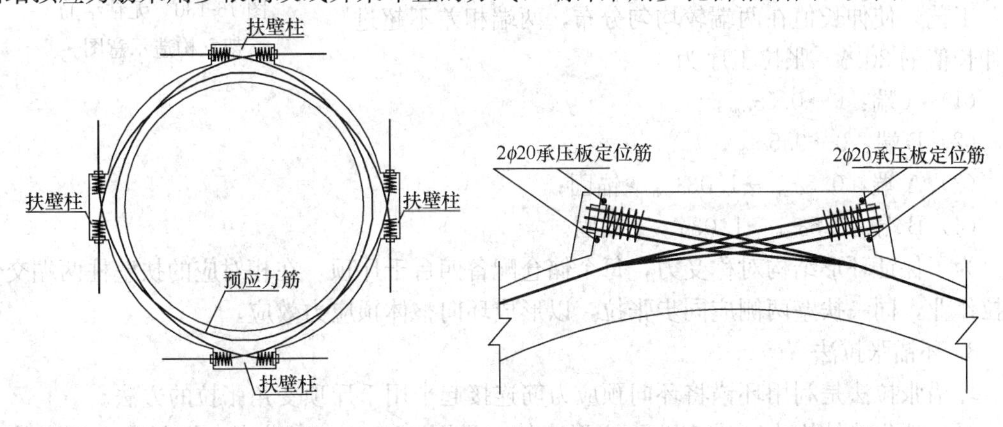


图16-128　四扶壁柱结构环向无粘结筋布置

图16-129　预应力筋张拉端构造

### 16.7.2.2　施工要点

1. 环向有粘结预应力

(1) 环向孔道留设

环向预应力筋孔道，宜采用预埋金属波纹管成型，也可采用镀锌钢管。环向孔道向上隆起的高位处和下凹孔道的低点处设排气口、排水口及灌浆口。为保证孔道位置正确，沿圆周方向应每隔 2～4m 设置管道定位支架。

(2) 环向预应力筋穿束

环形预应力筋，可采用单根穿入，也可采用成束穿入的方法。

如采用 7 根钢绞线整束穿入法，牵引和推送相结合，牵引工具使用网套技术，网套与牵引钢缆连接。

(3) 环向预应力筋张拉

环向预应力筋张拉应遵循对称同步的原则，即每根钢绞线的两端同时张拉，组成每圈的各束也同时张拉。这样，每次张拉可建立一圈封闭的整体预应力。沿高度方向，环向预应力筋可由下向上进行张拉，但遇到洞口的预应力筋加密区时，自洞口中心向上、下两侧交替进行。

(4) 环向孔道灌浆

环向孔道，一般由一端进浆，另一端排气排浆，但当孔道较长时，应适当增加排气孔和灌浆孔。如环向孔道有下凹段或上隆段，可在低处进浆，高处排气排浆。对较大的上隆段顶部，还可采用重力补浆。

2. 环向无粘结预应力

环向无粘结预应力筋成束绑扎在钢筋骨架上（图 16-130），应顺环向铺设，不得交叉扭绞。

环向预应力筋张拉顺序自下而上，循环对称交圈张拉。

对于多孔群锚单根张拉（包括环向及径向）应采取“逐根逐级循环张拉”工艺，即张拉应力 $0\rightarrow0.5\sigma_{con}\rightarrow1.03\sigma_{con}\rightarrow$锚固。

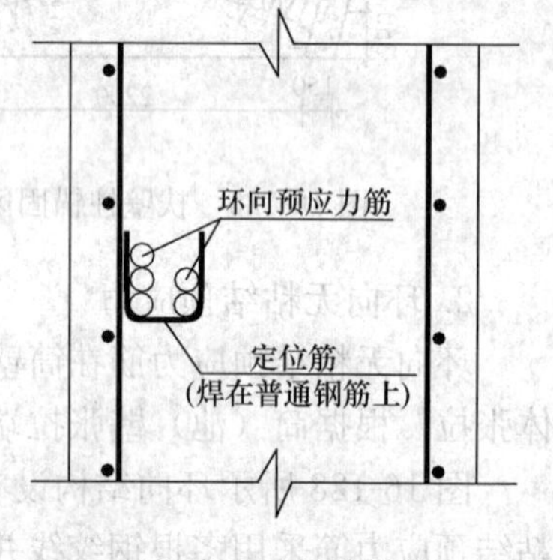

图 16-130　无粘结筋架立构造示意图

两端张拉环向预应力筋时，宜采取“两端循环分级张拉”工艺，使伸长值在两端较均匀分布，两端相差不超过总伸长值的 20%。张拉工序为：

(1) A 端：$0\rightarrow0.5\sigma_{con}$；

(2) B 端：$0\rightarrow0.5\sigma_{con}$；

(3) A 端：$0.5\sigma_{con}\rightarrow1.03\sigma_{con}\rightarrow$锚固；

(4) B 端：$0.5\sigma_{con}\rightarrow1.03\sigma_{con}\rightarrow$锚固。

为了保证环形结构对称受力，每个储仓配备四台千斤顶，在相对应的扶壁柱两端交错张拉作业，同一扶壁两侧应同步张拉，以形成环向整体预应力效应。

3. 环锚张拉法

环锚张拉法是利用环锚将环向预应力筋连接起来用千斤顶变角张拉的方法。

蛋形消化池结构为三维变曲面蛋形壳体，见图 16-131。壳壁中，沿竖向和环向均布置了后张有粘结预应力钢绞线，壳体外部曲线包角为120°。每圈张拉凹槽有三个，相邻圈张拉凹槽错开30°。通过弧形垫块变角将钢绞线束引出张拉（图16-132）。张拉后用混凝土封闭张拉凹槽，使池外表保持光滑曲面。

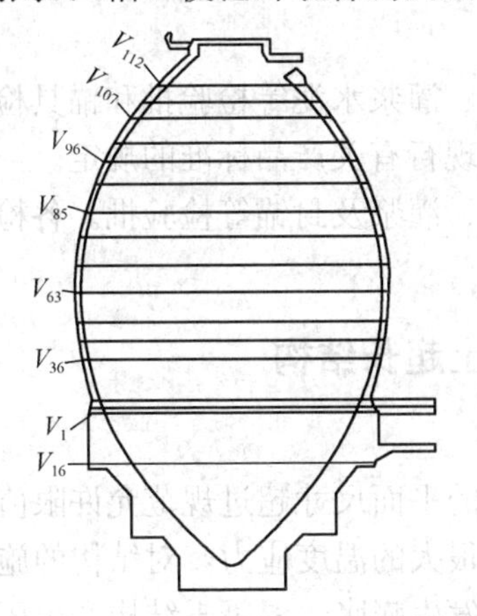


图16-131 蛋形消化池环向预应力筋

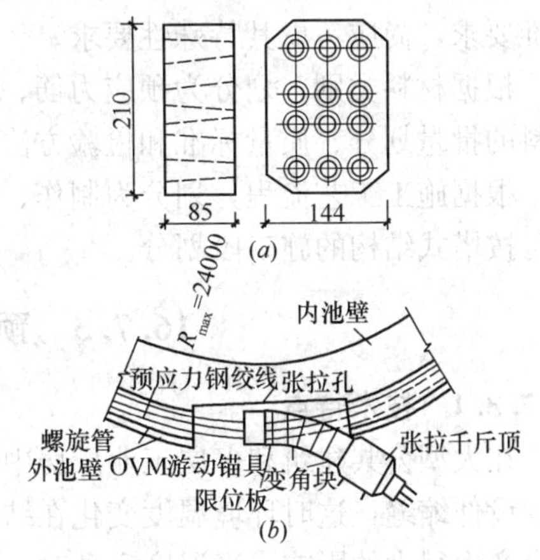


图16-132 环锚与变角张拉

环向束张拉采用三台千斤顶同步进行。张拉时分层进行，张拉一层后，旋转30°，再张拉上一层。为了使环向预应力筋张拉时初应力一致，采用单根张拉至20%$\sigma_{con}$，然后整束张拉。

环形结构内径为6.5m，混凝土衬砌厚度为0.65m，采用双圈环锚无粘结预应力技术，见图16-133。每束预应力筋由8$\phi^s$15.7无粘结钢绞线分内外两层绕两圈布置，两层钢绞线间距为130mm，钢绞线包角为2×360°。沿洞轴线每米布置2束预应力筋。环锚凹槽交错布置在洞内下半圆中心线两侧各45°的位置。预留内部凹槽长度为1.54m，中心深度为0.25m，上口宽度为0.28m，下口宽度为0.30m。

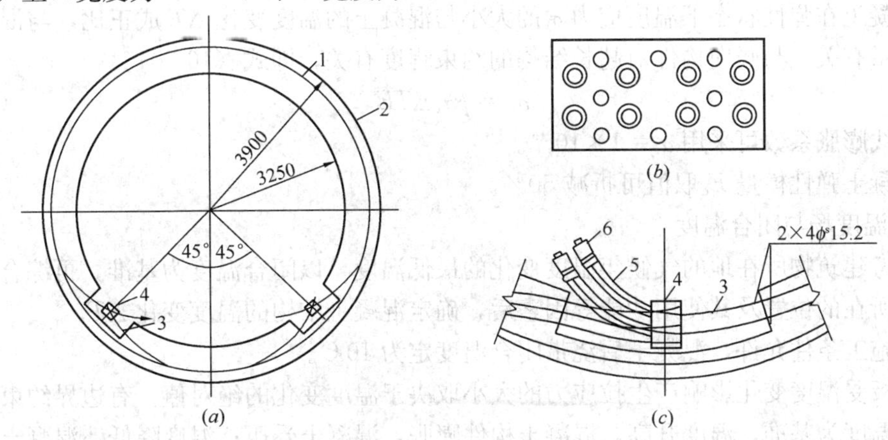


图16-133 无粘结预应力筋布置

采用钢板盒外贴塑料泡沫板形成内部凹槽。预应力筋张拉通过2套变角器直接支撑于锚具上进行变角张拉锚固。张拉锚固后，因锚具安装和张拉操作需要而割除防护套管的外露部分钢绞线，重新穿套高密度聚乙烯防护套管并注入防腐油进行防腐处理，然后用无收缩混凝土回填。

#### 16.7.2.3　质量验收

储仓结构有粘结预应力工程和无粘结预应力工程的质量验收除应符合现行有关规范与标准要求，尚应考虑其特殊性要求。

根据材料类别，划分为预应力筋、金属螺旋管、灌浆水泥等检验批和锚具检验批。原材料的批量划分、质量标准和检验方法应符合国家现行有关产品标准的规定。

根据施工工艺流程，划分为制作、安装、张拉、灌浆及封锚等检验批。各检验批的范围可按塔式结构的施工段划分。

### 16.7.3　预应力混凝土超长结构

#### 16.7.3.1　技术特点

在大型公共建筑和多层工业厂房中，建筑结构的平面尺寸超过规范允许限值，且不设或少设伸缩缝，这时环境温度变化在结构内部产生很大的温度应力，对结构的施工和使用都会产生很大的影响，当温度升高时，混凝土体积发生膨胀，混凝土结构产生压应力，温度下降时，混凝土体积发生收缩，混凝土结构产生拉应力。

由于混凝土的抗压强度远大于其抗拉强度，因此，在超长结构中要考虑温度降低时对混凝土结构引起的拉应力的影响，在混凝土结构中配置预应力筋，对混凝土施加预压应力以抵抗温度拉应力的影响，是超长结构克服混凝土温度应力的有效措施之一。

#### 16.7.3.2　预应力混凝土超长结构的要求与构造

由于大面积混凝土板内温度应力的分布很复杂，很多超长超大结构的温度配筋都是根据设计者的经验沿结构长向施加一定数值的预应力（平均压应力一般在 1～3MPa）。

预应力筋在多数情况下为无粘结筋，也可采用有粘结筋。

1. 温度应力经验计算公式

混凝土在弹性状态下温度应力 $\sigma_t$ 的大小与混凝土的温度变化 $\Delta T$ 成正比，与混凝土的弹性模量有关，与竖向构件对超长结构的约束程度有关，即式（16-50）。

$$\sigma_t = \beta \alpha_c \Delta T E_c \tag{16-50}$$

式中，线膨胀系数可采用 $\alpha_c = 1 \times 10^{-5}$。

混凝土弹性模量 $E_c$ 取值可折减 50%。

2. 温度场与闭合温度

参考建筑物所在地的气候年温度变化的最低温度，以闭合温度为基准，再综合考虑计算楼板所在的位置及其使用功能等因素后，确定混凝土结构的温度变化 $\Delta T$。

如施工条件允许，混凝土后浇带闭合温度定为 10℃。

楼板受温度变化影响产生拉应力的大小取决于温度变化的绝对值。有边界约束时，以闭合时温度为基准，温度升高，混凝土构件膨胀，混凝土受压；温度降低，混凝土构件收缩，混凝土受拉。

3. 竖向构件约束影响

混凝土收缩或温度下降引起的拉应力使每段板向着自己的重心处收缩，若不考虑竖向构件（筒、墙、柱等）的刚度，这种变形将是自由的（不产生内力）；若竖向构件的刚度为无穷大，则板内的温度变形几乎完全得不到释放，故在板内产生的拉应力最大（大小约

为 $\alpha_c \Delta TE_c$）。通常竖向构件的刚度对温度变形起到约束，约束程度影响系数设为 $\beta$，$0\leqslant\beta\leqslant1$。

4. 当结构形式为梁板结构时，梁板共同受温度变化的影响，因此应考虑梁板共同受温度拉力，故须将梁端面折算为板厚。

5. 预应力筋为温度构造筋，束形主要为在板中直线预应力筋，也可为曲线配筋。设计时，沿结构长方向连续布置预应力筋。布筋原则以单束预应力筋张拉损失不大于 25% 为原则，即单端张拉时长度不超过 30m，双端张拉时长度不超过 60m。

6. 预应力筋分段铺设时，应考虑搭接长度，图 16-134 为一种构造方式。

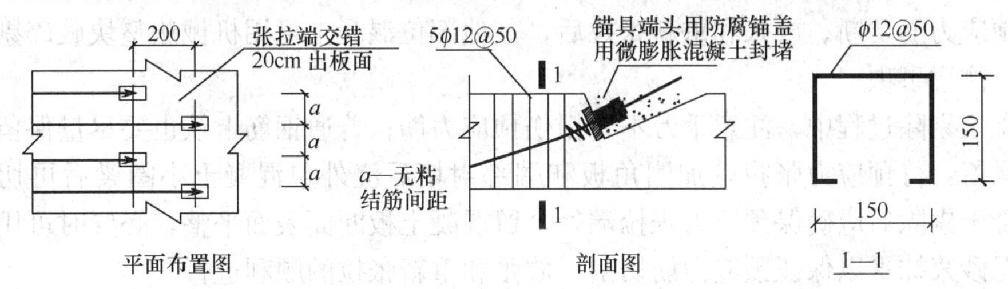


图 16-134 无粘结预应力筋搭接构造布置

**16.7.3.3 施工要点**

1. 预应力筋铺放

预应力筋需根据铺放顺序。按照流水施工段，要求保证预应力筋的设计位置。

2. 节点安装

符合设计构造措施图示的要求，并满足有粘结或无粘结预应力施工对节点的各项要求。

3. 预应力张拉

混凝土达到设计要求的强度后方可进行预应力筋张拉；混凝土后浇带闭合温度定为 10℃，达到设计强度后进行后浇带的预应力筋张拉；预应力筋张拉完后，应立即测量校核伸长值。

4. 预应力张拉端处理

预应力筋张拉完毕及孔道灌浆完成后，采用机械方法，将外露预应力筋切断，且保留在锚具外侧的外露预应力筋长度不应小于 30mm，将张拉端及其周围清理干净，用细石混凝土或无收缩砂浆浇筑填实并振捣密实。

**16.7.3.4 质量验收**

预应力混凝土超长结构的质量验收除应符合现行有关规范与标准要求，尚应考虑其特殊性要求。

## 16.7.4 预应力结构的开洞及加固

**16.7.4.1 预应力结构开洞施工要点**

1. 板底支撑系统的搭设

在开洞剔凿混凝土板前，需在开洞处及相关板（同一束预应力筋所延伸的板）板底搭设支撑系统。开洞洞口所在处的板底及周边相关板底可采用满堂红支搭方案，也可采用十字双排架木支搭方法。

2. 预应力混凝土板开洞混凝土的剔除

(1) 剔除顺序

剔除要严格按既定的顺序进行，待先开洞部位一侧预应力筋切断、放张和重新张拉后，再将其余部位混凝土剔除，然后再将另一侧的预应力筋切断、放张和重新张拉。

(2) 技术要求

混凝土的剔除采用人工剔凿和机械钻孔两种方法。先开洞时，由于预应力筋的位置不确定，因此必须采用人工剔凿，剔凿方向由离轴线较近一侧向较远一侧进行，待先开洞部位一侧预应力筋切断、放张和重新张拉后，其他部位混凝土可用机械法整块破碎剔除。

(3) 注意事项

混凝土剔除过程中，注意千万不要损伤预应力筋；普通钢筋上铁也要尽量保留，下铁需全部保留，待预应力张拉端加固角板和端部封堵后浇外包混凝土小圈梁后再切除。另外，混凝土剔除后应确保预应力张拉端处余留混凝土板断面表面平整，必要时可用高强度等级水泥砂浆抹平以保证预应力筋切割、放张和重新张拉的顺利进行。

3. 预应力筋的切断

(1) 准备工作

剔除露出的预应力筋的塑料外包皮，安装工具式开口垫板及开口式双缸千斤顶，为防止放张时预应力筋回缩造成千斤顶难以拆卸回缸，双缸千斤顶的活塞出缸尺寸不得大于180mm，且放张时千斤顶处于出缸状态。另外，在预应力筋切断位置左右各100mm处，用铅丝缠绕并绑牢以避免断筋时由于回缩造成钢绞线各丝松散开。

(2) 技术要求

切断预应力筋时，用气焊熔断预应力筋。切断位置应考虑预应力筋放张后回缩尺寸、保证预应力筋重新张拉时外露长度。

(3) 注意事项

预应力筋的切断顺序应与混凝土的剔凿顺序相同；切断前，应先检查该筋原张拉端、锚固端混凝土是否开裂和其他质量问题，并注意端部封挡熔断预应力筋时，严禁在该筋对面及原张拉端、锚固端处站人。

4. 放张

预应力筋切断后，油泵回油并拆除双缸千斤顶及工具式开口垫板。

5. 重新张拉

(1) 预应力筋张拉端端面处理

张拉端端面要保持平整，由于预应力筋张拉端出板端面时位置不能保证，为了避免张拉时因保护层不够而使板较薄一侧混凝土被压碎而有必要进行张拉端面加固，加固可以用结构胶粘角形钢板或角形钢板与余留普通钢筋焊牢。

(2) 张拉预应力筋

补张拉预应力筋同原设计要求一致。张拉完毕并按设计加固后方可拆梁板底的支撑。

(3) 浇筑外包混凝土圈梁

预应力筋张拉完成后，锚具外余留300mm，并将筋头拆散以埋在外包圈梁里，浇筑外包圈梁即可。

#### 16.7.4.2 体外预应力加固施工要点

1. 锚固节点和转向节点的设计与加工制作

建筑或桥梁采用体外预应力加固，首先应进行结构加固设计与施工可行性分析，确定体外预应力束布置和节点施工的可操作性，确认在原结构上开洞、植筋及新增混凝土与钢结构等施工对原结构的损伤在受力允许的程度之内。体外预应力束与被加固结构之间通过锚固节点和转向节点相连接，因此锚固节点和转向节点设计是能否实现加固效果的关键。锚固节点和转向节点块可采用混凝土结构或钢结构，新增结构与原结构常采用植筋及横向短预应力筋加强来连接。新增混凝土锚固节点和转向节点块结构在原结构相应部位施工；新增钢结构锚固节点和转向节点块采用钢板和钢管焊接而成，应保证焊缝质量和与原结构连接的可靠性。

2. 锚固节点和转向节点的安装

根据体外预应力束布置要求在原结构适当位置上开洞，以穿过体外预应力束；按设计位置植筋或植锚栓等，以安装锚固钢件、支座及跨中转向节点钢件，钢件与原结构混凝土连接的界面应打磨清扫干净，然后用结构胶粘接和锚栓固定，钢件与混凝土之间的空隙用无收缩砂浆封堵密实。新增混凝土锚固节点和转向节点施工，首先植筋和绑扎普通钢筋，安装锚固节点锚下组件和转向节点体外束导管等，支模板并浇筑混凝土，混凝土必须充分振捣密实。

3. 体外预应力束的下料与安装

体外成品索或无粘结筋在工厂内加工制作，成盘运输到工地现场，根据实际需要切割下料。根据体外预应力束在预埋管或密封筒内的长度要求、钢绞线张拉伸长量及工作长度计算总下料长度及需要剥除体外预应力束两端 HDPE 护层的长度。对于局部灌水泥基浆体的体外预应力束，要求将剥除 HDPE 段的钢绞线表面油脂清除，以保证钢绞线与灌浆浆体的粘结力。体外束下料完成后，成品束可一次完成穿束；使用分丝器的单根独立体系，需逐根穿入单根钢绞线或无粘结钢绞线，安装可依据索自重与现场条件使用机械牵引或人工牵引穿束。

4. 体外预应力束的张拉

体外预应力束张拉应遵循分级对称的原则，张拉时梁两侧或箱形梁内的对称体外预应力束应同步张拉，以避免出现平面外弯曲。体外预应力成品索宜采用大吨位千斤顶进行整体张拉，张拉控制程序为：$0 \rightarrow 10\%\sigma_{con} \rightarrow 100\%\sigma_{con}$（持荷 2min）→锚固，或采用规范与设计许可的张拉控制程序。钢结构梁体外索张拉应计算结构局部承压能力，防止局部失稳，同时采取对称同步控制措施，每完成一个张拉行程，测量伸长值并进行校核。张拉过程中需要对被加固结构进行同步监测，以保证加固效果实现。

5. 体外预应力束与节点的防护

体外预应力束张拉完成后，根据体外预应力锚固体系更换或调索力对锚具外保留钢绞线长度的要求，用机械切割方法切除锚具外伸多余的钢绞线，采用防护罩或设计体系提供的防护组件进行体外预应力束耐久性防护。建筑结构工程中，对转向节点钢件和锚固钢件、锚具等涂防锈漆，锚具也可采用防护罩防护，采用混凝土将楼板上的孔洞进行封堵，对柱端的张拉节点采用混凝土将整个钢件和张拉锚具封闭。对外露的体外预应力束及节点进行防火处理。

# 16.8　预应力钢结构施工

## 16.8.1　预应力钢结构分类

预应力钢结构是指在设计、制造安装、施工和使用过程中，采用人为方法引入预应力以提高结构强度、刚度和稳定性的各类钢结构。即在结构中，通过对索施加预应力，显著改善结构受力状态、减小结构挠度、对结构受力性能实行有效控制。此结构体系既充分发挥高强度预应力索体的作用，又提高了普通钢结构件的利用，取得了节约钢材的显著经济效益，又达到跨越大跨度的目的。

预应力钢结构的组成元素为：高强拉索，主要为高强度金属或非金属拉索，目前国内普遍采用的是强度超过 1450MPa 的不锈钢拉索和强度超过 1670MPa 的镀锌拉索；钢结构，包括各种类别的钢结构形式，如钢网架、钢网壳、平面钢桁架、空间钢桁架、钢拱架等。

预应力钢结构的主要技术内容包括：拉索材料及制作技术；设计技术；拉索节点、锚固技术；拉索安装、张拉；拉索端头防护；施工监测、维护及观测等。

预应力钢结构主要特点是：充分利用材料的弹性强度潜力以提高承载能力；改善结构的受力状态以节约钢材；提高结构的刚度和稳定性，调整其动力性能；创新结构承载体系、达到超大跨度的目的和保证建筑造型。

高强度索体和普通强度刚性材料均能充分在结构中发挥作用，特别是索体在结构中性能的充分发挥，大大降低了用钢量，降低了施工成本和结构自重，具有显著的经济性。预应力钢结构同非预应力钢结构相比要节约材料，降低钢耗，但节约程度要看采用预应力技术的是现代创新结构体系（如索穹顶和索膜结构等），还是传统结构体系（如网架、网壳等）。对前者而言，由于大量采用预应力拉索而排除了受弯杆件，加之采用了轻质高强的围护结构（如压型钢板及人工合成膜材等），其承重结构体系变得十分轻巧，与传统非预应力结构相比，其结构自重成倍或几倍地降低，例如汉城奥运会主赛馆直径约 120m 的索穹顶结构自重仅有 14.6kg/m$^2$。

预应力钢结构一般分为如下几类：

1. 张弦梁结构

张弦梁结构是由弦、撑杆和梁组合而成的新型自平衡体系，如图 16-135、图 16-136 所示。梁是刚度较大的压弯构件，又称刚性构件，刚性构件通常为梁、拱、桁架、网壳等多种形式。弦是柔性的引入预应力的索或拉杆。撑杆是连接上部刚性梁构件与下部柔性索的传力载体，一般采用钢管构件。

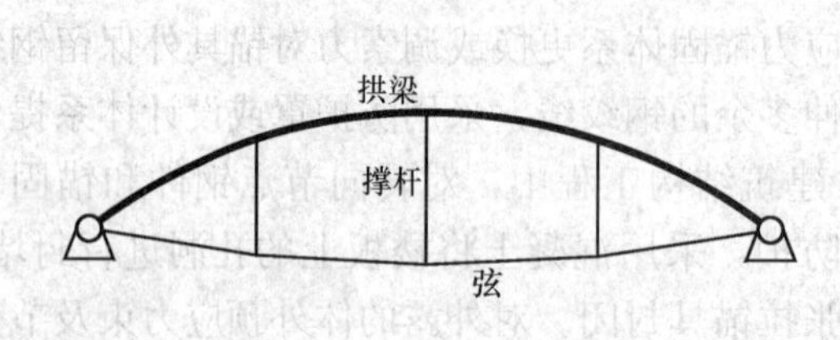


图 16-135　平面张弦梁结构

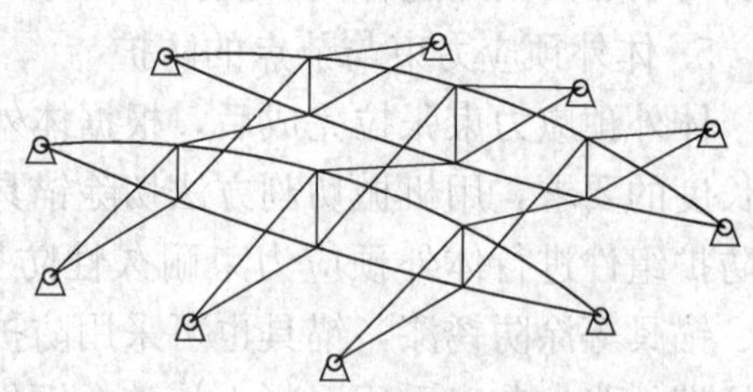

图 16-136　空间张弦梁结构

张弦梁结构总体上可分为平面和空间两种结构。平面张弦梁结构是指其结构构件位于同一平面内，且以平面内受力为主的张弦梁结构。平面张弦梁结构根据上弦构件的形状可分为三种基本形状：直线形张弦梁、拱形张弦梁、人字形张弦梁。空间张弦梁结构是以平面张弦梁结构为基本组成单元，通过不同形式的空间布置索形成的以空间受力为主的张弦梁结构。张弦梁目前分为四类：单向张弦梁结构（图 16-137），双向张弦梁结构（图 16-138），多向张弦梁结构（图 16-139），辐射式张弦梁结构（图 16-140）。

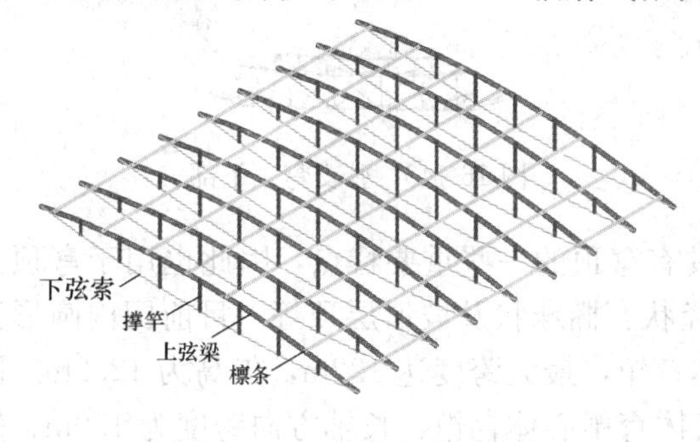


图 16-137 单向张弦梁结构

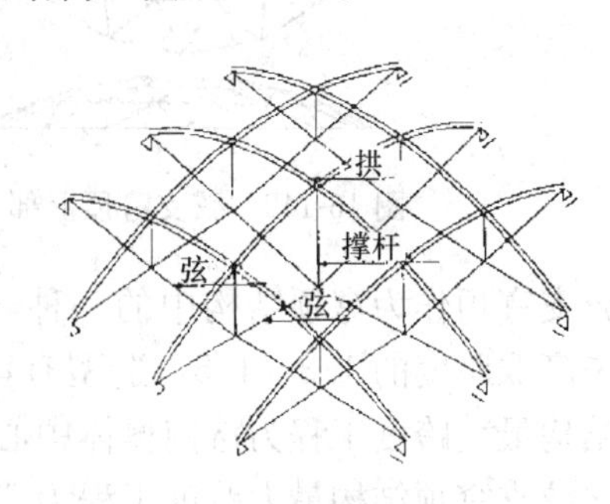


图 16-138 双向张弦梁结构

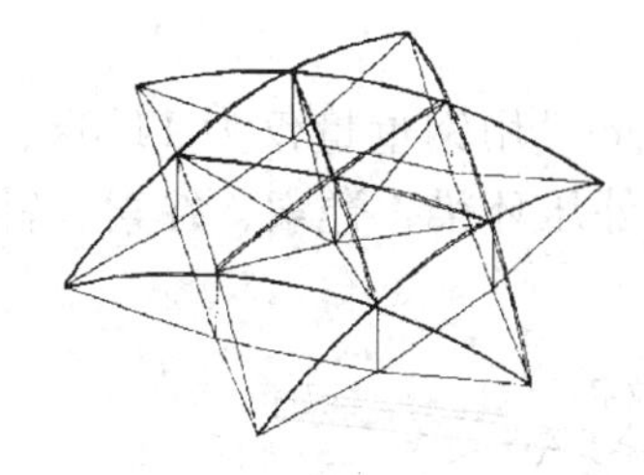

图 16-139 多向张弦梁结构

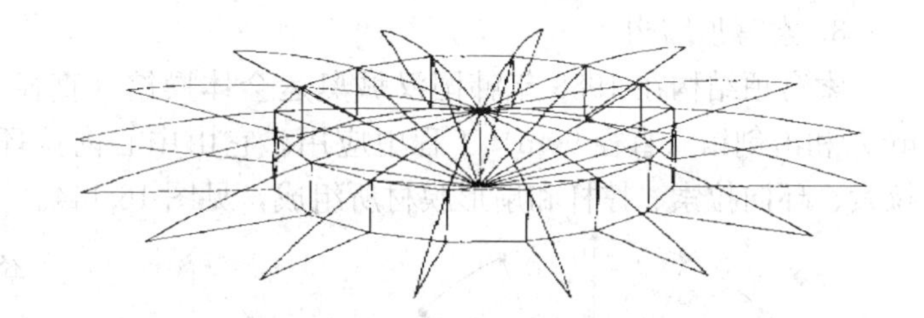

图 16-140 辐射式张弦梁结构

2. 弦支穹顶结构

弦支穹顶结构体系由单层网壳和下端的撑杆、索组成的体系（如图 16-141～图 16-143 所示）。其中各层撑杆的上端与单层网壳相对应的各层节点铰接，下端由径向拉索与单层网壳的下一层节点连接，同一层的撑杆下端由环向箍索连接在一起，使整个结构形成一个完整的结构体系。

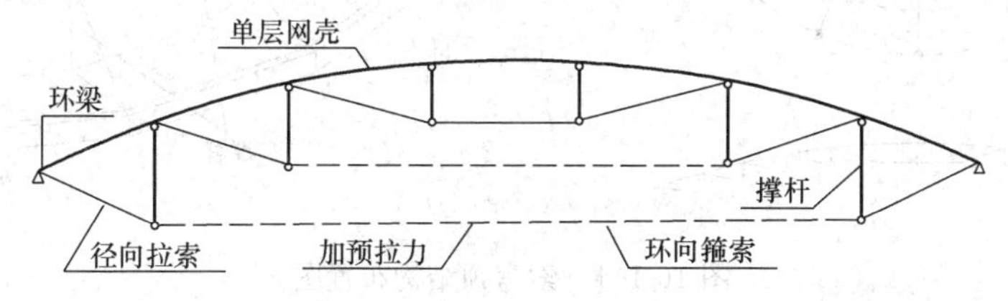


图 16-141 弦支穹顶结构体系简图

从结构体系上看，弦支穹顶作为刚、柔结合的新型杂交结构，与单层网壳结构及索穹顶等柔性结构相比：由于钢索的作用，使单层网壳具有较好的刚度，施工方法比索穹顶更加简单；下部预应力体系可以增加结构的刚度，提高结构的稳定性，降低环梁内力，改善结构的受力性能，因此，弦支穹顶结构很好地综合了两者的结构特性，构成了一种全新的、性能优良的结构体系。

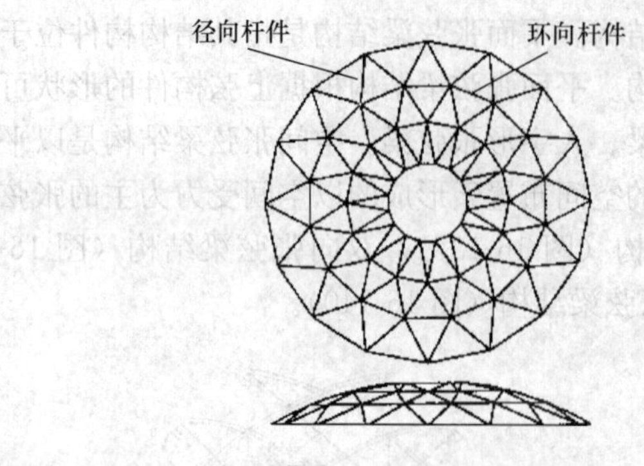


图 16-142　弦支穹顶上部

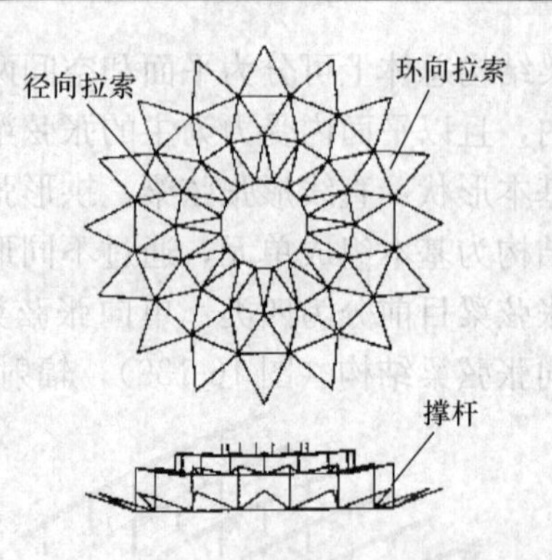


图 16-143　弦支穹顶下部

弦支穹顶作为穹顶结构中的一种，具有穹顶的一些重要特点，因此也用于穹顶工程中，矢高取跨度的 1/3～1/5，造型有穹隆状、椭球状及坡形层顶等。目前国内圆形弦支穹顶结构最大跨度工程为济南奥体中心体育馆，最大跨度达 122m，矢高为 12.2m。国内椭球状弦支穹顶结构最大跨度工程为武汉体育中心体育馆，长轴方向跨度为 130m，短轴方向跨度为 110m。

3. 索穹顶结构

索穹顶结构在 1988 年韩国汉城奥运会体操馆（直径 120m，用钢重量仅为 14.6kg/m$^2$）和击剑馆（直径 90m）工程中应用。它由中心内拉环、外压环梁、脊索、谷索、斜拉索、环向拉索、撑杆和扇形膜材所组成，见图 16-144。

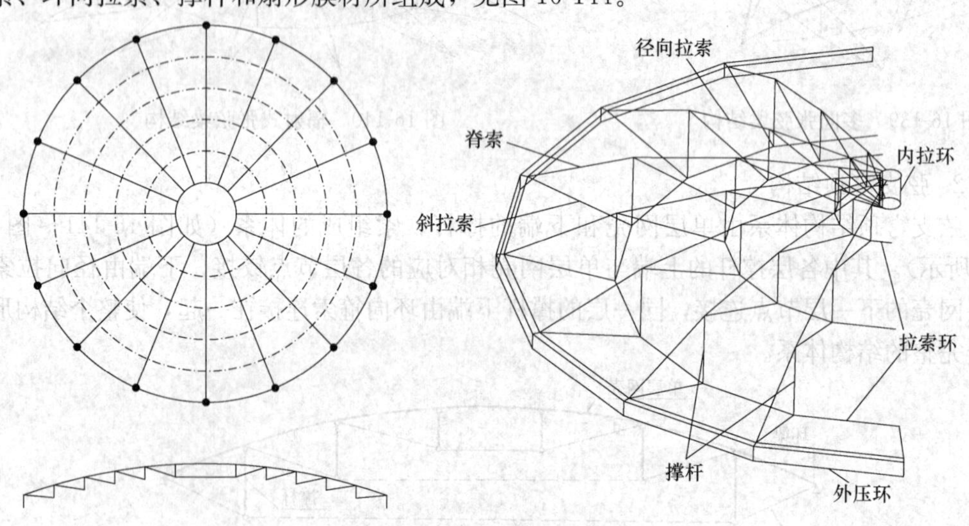


图 16-144　索穹顶结构布置图

索穹顶是一种结构效率极高的全张体系，同时具有受力合理、自重轻、跨度大和结构形式美观新颖的特点，是一种有广阔应用前景的大跨度结构形式。

索穹顶主要包括两种类型：Levy 型索穹顶（图 16-145）和 Geiger 型索穹顶（图 16-146）。

索穹顶结构的主要构件系钢索，该结构大量采用预应力拉索及短小的压杆群，能充分利用钢材的抗拉强度，并使用薄膜材料作屋面，所以结构自重很轻，且结构单位面积的平均重量和平均造价不会随结构跨度的增加而明显增大，因此该结构形式非常适合超大跨度建筑的屋盖设计。

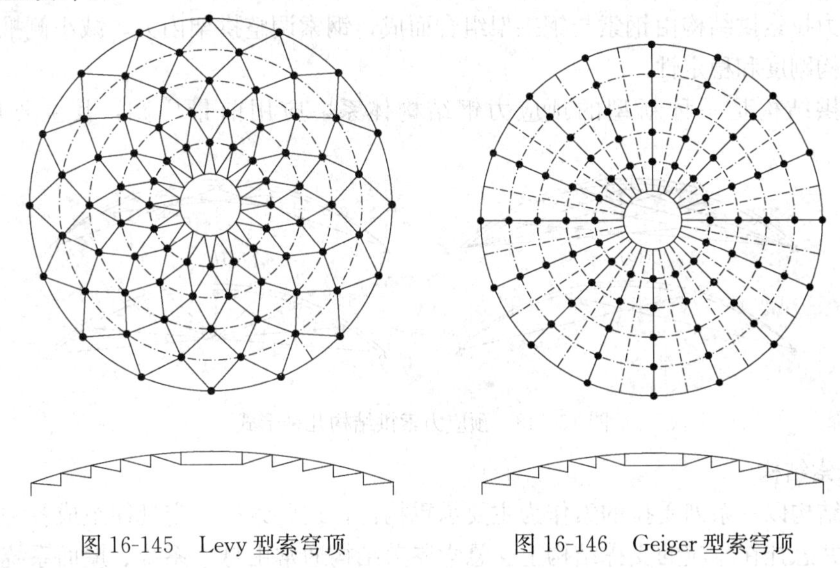

图 16-145 Levy 型索穹顶　　图 16-146 Geiger 型索穹顶

4. 吊挂结构

吊挂结构由支撑结构、屋盖结构及吊索三部分组成。支撑结构主要型式有立柱、钢架、拱架或悬索。吊索分斜向与直向两类，索段内不直接承受荷载，故呈直线或折线状。吊索一端挂于支撑结构上，另一端与屋盖结构相连，形成弹性支点，减小其跨度及挠度。被吊挂的屋盖结构常有网架、网壳、立体桁架、折板结构及索网等，形式多样。

预应力吊挂结构体系主要有以下两种类型：平面吊挂结构和空间吊挂结构。按吊索的几何形状可分为斜向吊挂结构［图 16-147（*a*）］和竖向吊挂结构［图 16-147（*b*）］两种。吊索的形式可分为放射式［图 16-147（*c*）］、竖琴式［图 16-147（*d*）］、扇式［图 16-147（*e*）］和星式［图 16-147（*f*）］。

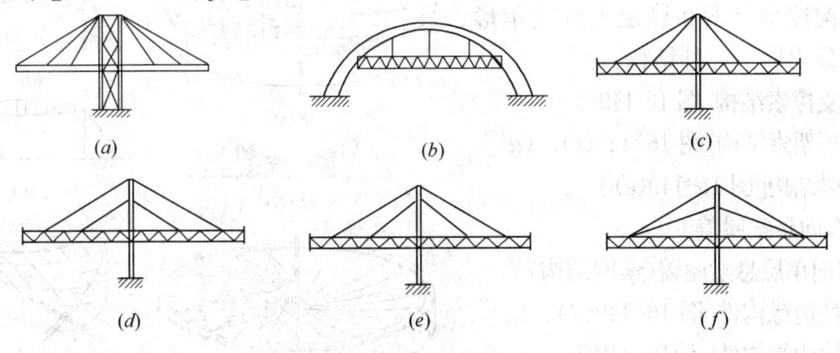


图 16-147 吊挂结构

吊挂结构利用室外拉索代替室内立柱，这样可以获得更大的室内空间，适用于大跨度的体育场馆、会展中心等要求大空间的结构，上部高耸于屋面之上的结构与拉索可以组合出挺拔的造型。

5. 拉索拱结构

为降低甚至消除拱脚推力，目前工程界有效的方法是使用钢索将两拱脚相连。结构形式为钢索与钢拱架组合，称为“预应力拉索拱结构”。其特点如下：

预应力拉索拱结构由钢索与钢拱架组合而成，钢索调整拱架内力，减小侧推力，提高钢拱架结构刚度和稳定性。

拉索拱结构是一种新型的预应力钢结构体系，应用前景广阔，其主要形式见图16-148。

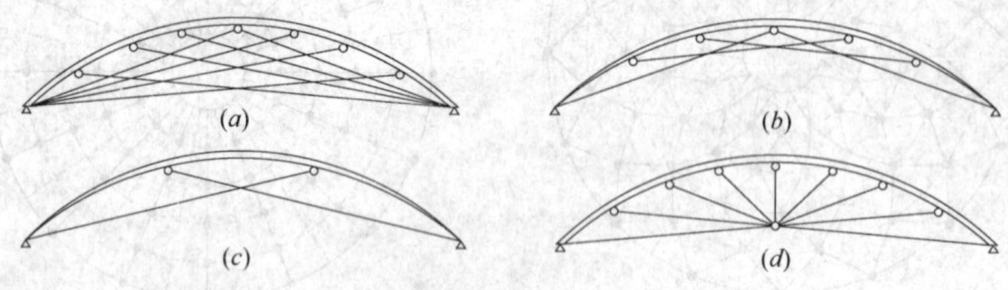


图 16-148　预应力索拱结构几种形式

6. 悬索结构

悬索结构以一系列受拉的索作为主要承重构件，这些索按一定规律组成各种不同形式的体系，并悬挂在相应的支撑结构上。悬索屋盖结构通常由悬索系统、屋面系统和支撑系统三部分构成。

根据悬索结构的表现形状，可以分为以下几种类型：

(1) 单向悬索屋盖

1) 单向单层悬索屋盖结构［由一群平行走向的承重索组成，见图 16-149(*a*)］

2) 单向双层悬索屋盖结构

由一群平行走向的承重索（负高斯曲面）和一层稳定索（正高斯曲线）组成，该结构按承重索和稳定索的支承形式的不同分为以下三种结构：

①柱支撑索结构[图 16-149(*b*)]

②索桁架索结构[图 16-149(*c*)、(*d*)]

③索梁结构[图 16-149(*e*)]

(2) 双向悬索屋盖

1) 双向单层悬索屋盖(索网结构)

①刚性边缘构件[图 16-149(*f*)、(*g*)]

②柔性边缘构件[图 16-149(*h*)]

2) 双向双层悬索屋盖[图 16-149(*i*)]

(3) 辐射状悬索屋盖

1) 单层辐射状悬索屋盖[图 16-149(*j*)]

2) 双层辐射状悬索屋盖[图 16-149(*k*)]

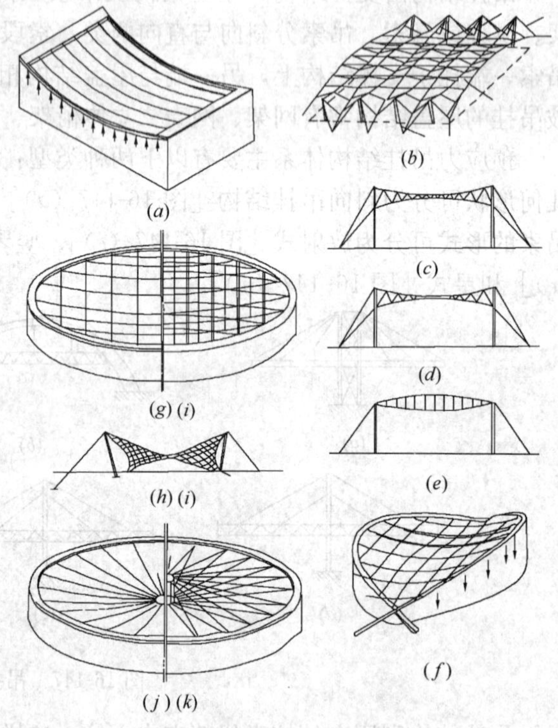


图 16-149　悬索结构类型

## 16.8.2 预应力索布置与张拉力仿真计算

### 16.8.2.1 预应力索的布置形式

预应力拉索在钢结构中的布置形式主要有两类，一类是体内布索，一类是钢结构体外布索。体内索主要是考虑建筑空间限制，为了改善钢结构的受力性能，在钢结构内部进行布索，布索形式可以选择在下弦直线布置，也可以选择在钢结构内部进行折线布置。体外布索主要是指钢结构与拉索相互独立，钢索位于钢结构外部。钢索位于钢结构下方，通过施加预应力改善结构受力性能，减小拱结构的拱脚推力，增加结构稳定性能的作用。钢索位于钢结构上方主要通过桅杆对下部钢结构起到吊挂的作用。

按照索体本身的布置形式进行分类分成：单向布置、双向布置、多向布置、环向布置。单向布置是指各个拉索间接近平行，按照一定的间距布置。双向布置拉索主要用于结构长宽相差不大，拉索布置成双向，对结构共同作用，有时也有一个方向拉索主要起稳定作用。多向布置一般用于圆形或者椭圆形结构中，根据建筑要求布置成多向张拉结构，如多向张弦梁等。环向布置主要是在穹顶结构中，包括弦支穹顶和索穹顶等中，拉索的穹顶下方布置成圆形或椭圆形。

### 16.8.2.2 张拉力仿真计算

预应力钢结构的张拉力设计给定，按照设计数值进行张拉。但设计中经常给定的都是施工完成状态的张拉力，这就需要施工单位根据设计要求及现场钢结构的施工方案确定拉索的张拉顺序和分级。然后根据拟定的张拉顺序和分级进行施工仿真计算，根据施工仿真计算结果来判断确定的张拉顺序和分级是否满足结构设计要求以及施工过程中结构的安全性，是否会出现部分杆件变形和应力较大，造成结构安全性有问题。如果经过施工仿真计算，选定的张拉顺序和分级合理，则根据施工仿真计算结果给出每一步的张拉力，并报设计和监理审批，作为最终的施工张拉力。

## 16.8.3 预应力钢结构计算要求

(1) 在预应力钢结构的计算中，对于布置有悬索或折线形索时必须考虑悬索的几何非线性影响。对于斜拉索，则当索长较长时应考虑由于索自重影响而引起斜拉索刚度的折减，通过公式反映对于弹性模量的折减。一般希望斜拉索的作用点与水平夹角大于30°，当接近或小于30°时，必须考虑斜拉索的几何非线性影响。

(2) 对于预应力网架等以配置悬索组合的预应力钢结构的计算时，应注意索与其他结构的位移协调问题，即索在预应力张拉时荷载作用下，其索力是沿索长连续的，在这种情况下应对索建立独立的位移参数，并在竖向与其他结构协调。

(3) 对于预应力结构设计时必须认真考虑结构的预应力索的各项要求，在预应力态应达到积极平衡自重、调整结构位移、实现结构主动控制的目的。

(4) 由于预应力钢结构跨度大，因此必须考虑地震作用的影响，如何使索不发生应力松弛而至结构失效是关键，其地震作用分为竖向作用（对跨中受力杆件影响大）与水平作用（对下部结构与支座杆件有影响），进行抗震分析可采用振型分解反应谱法与时程分析法。结构构件的地震作用效应和其他荷载效应的基本组合应按现行国家标准《建筑抗震设计规范》(GB 50011) 有关规定执行。

（5）由于大跨度屋盖自重较轻，特别当用于体育场挑蓬结构时，其风荷载作用影响较大，应对各风向角下最大正风压、负风压进行分析，并需认真考虑其屋盖的体型系数与风振系数。

（6）温度影响也应在设计计算中详细考虑。对于温度影响，当结构条件许可时可考虑放的方式，即允许屋盖结构可实现一定程度的温度变形，这要求支座处理或下部结构允许一定的变形。当屋盖结构与下部结构均需整体考虑时，应验算温度应力。

（7）预应力索的设计控制应力，预应力索的设计强度一般取索标准强度的 0.4 倍，即 $f=0.4f_{ptk}$，索的最小控制应力不宜小于 $f=0.2f_{ptk}$。索是预应力钢结构中最关键的因素，必须要有比普通钢结构更大的安全储备，最小控制应力要求除保证在索材在弹性设计状态下受力外，在各种工况下皆需保证索力大于零，同时也应确保索的线形与端部锚具的有效作用。此外，预应力锚固损失、松弛损失和摩擦损失应在实际张拉中予以补偿。

（8）预应力索的用材宜选用高强材料，如高强钢绞线或高强钢丝或高强钢棒，采用高强材料可有效减轻结构耗钢量并减小预应力索或预应力拉杆在锚固与连接节点的尺寸。对于预应力索（拉杆）可选用成品索（拉杆），这些成品索（拉杆）已在工程里完成整索的制作（包括索的外防护与两端锚固节点）。也可采用带防护的单根钢绞线的集合索。对于内力不大的预应力索（拉杆）可采用耳板式节点（这时索应严格控制长度公差），对于大内力的拉索与悬索的成品宜采用铸锚节点。

（9）预应力索锚固节点，特别是对于大吨位预应力斜拉索或悬索锚固节点应进行周密空间三维有限元分析，同时也必须要仔细考虑锚头的布置空间与施工张拉要求。

（10）设计和计算应满足国家现行标准《钢结构设计规范》（GB 50017）、《预应力钢结构技术规程》（CECS212）。

## 16.8.4　预应力钢结构常用节点

### 16.8.4.1　一般规定

（1）根据预应力钢结构的特点和拉索节点的连接功能，其节点类型可分为张拉节点、锚固节点、转折节点、索杆连接节点和交叉节点等主要类型。

（2）预应力钢结构的连接构造应保证结构受力明确，尽量减小应力集中和次应力，减小焊接残余应力，避免材料多向受拉，防止出现脆性破坏，同时便于制作、安装和维护。

（3）构件拼接或节点连接的计算及其构造要求应执行现行国家标准《钢结构设计规范》（GB 50017）的规定。

（4）在张拉节点、锚固节点和转折节点的局部承压区，应进行局部承压强度验算，并采取可靠的加强措施满足设计要求。对构造、受力复杂的节点可采用铸钢节点。

（5）对于索体的张拉节点应保证节点张拉区有足够的施工空间，便于操作，锚固可靠；锚固节点应保证传力可靠，预应力损失低，施工方便。

（6）室内或有特殊要求的节点耐火极限应不低于结构本身的耐火极限。

（7）预应力索体、锚具及其节点应有可靠的防腐措施，并便于施工和修复。

（8）预应力钢结构节点区受力复杂，当拉索受力较大、节点形状复杂或采用新型节点时，应对节点进行平面或空间有限元分析，全面掌握节点的应力大小和应力分布状况，指导节点设计。

（9）对重要、复杂的节点，根据设计需要，宜进行足尺或缩尺模型的承载力试验，节点模型试验的荷载工况应尽量与节点的实际受力状态一致。

（10）根据节点的重要性、受力大小和复杂程度，节点的承载力应高于构件的承载力，并具有足够的安全储备，一般不宜小于1.2～1.5倍的构件承载力设计值。

**16.8.4.2 张拉节点**

（1）高强拉索的张拉节点应保证节点张拉区有足够的施工空间，便于施工操作，锚固可靠。对于张拉力较大的拉索，可采用液压张拉千斤顶或其他专用张拉设备进行张拉；对于张拉力较小的拉索，可采用花篮调节螺栓或直接拧紧螺帽等方法施加预应力。

（2）张拉节点与主体结构的连接应考虑超张拉和使用荷载阶段拉索的实际受力大小，确保连接安全。常用的平面空间受力的张拉节点构造示意图，见图16-150。

（3）通过张拉节点施加拉索预应力时，应根据设计需要和节点强度，采用专门的拉索测力装置监控实际张拉力值，确保节点和结构安全。

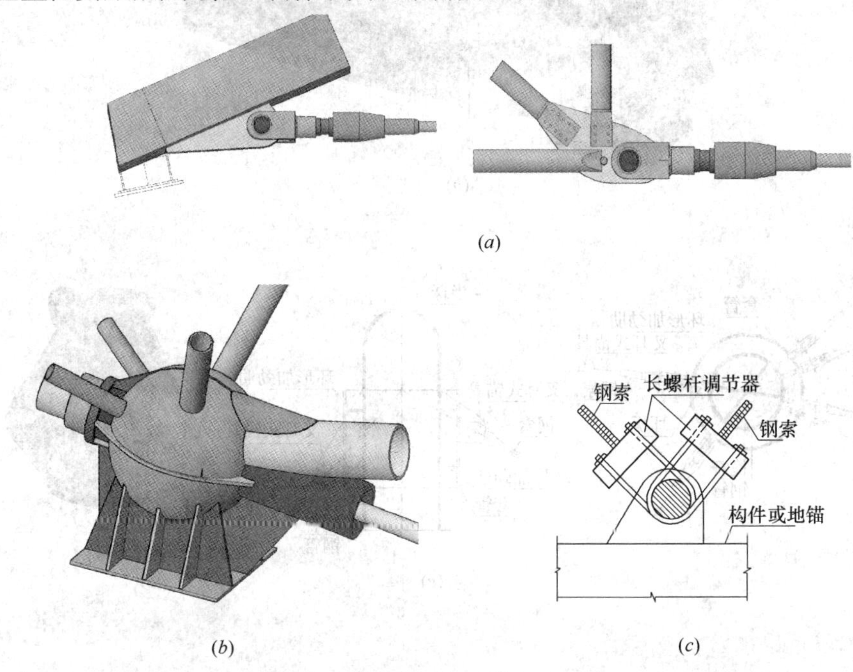


(*a*)

(*b*) (*c*)

图16-150 张拉节点的构造示意图

（*a*）叉耳锚具张拉端节点；（*b*）冷铸锚张拉端节点；（*c*）螺杆调节式张拉端节点

**16.8.4.3 锚固节点**

（1）锚固节点应采用传力可靠、预应力损失低和施工便利的锚具，尤其应注意锚固区的局部承压强度和刚度的保证。

（2）锚固节点区域受力状态复杂、应力水平较高，设计人员应特别重视主要受力杆件、板域的应力分析及连接计算，采取的构造措施应可靠、有效，避免出现节点区域因焊缝重叠、开孔等易导致严重残余应力和应力集中的情况。常用的拉索锚固节点构造示意图见图16-151。

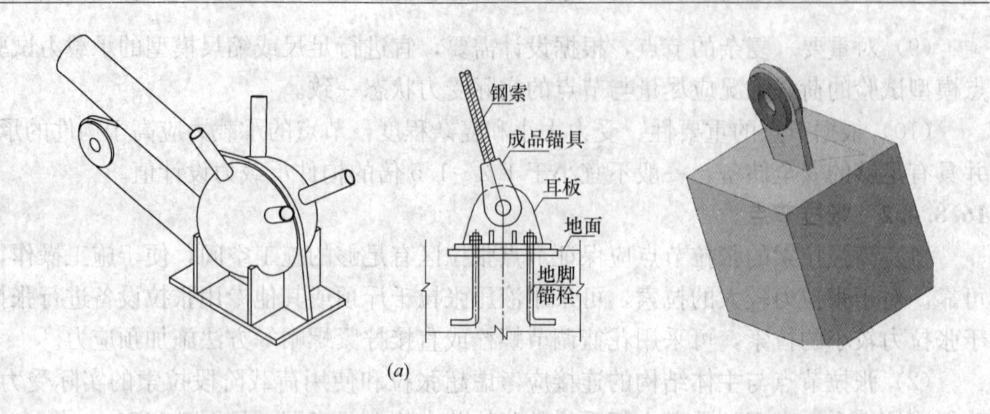


(a)

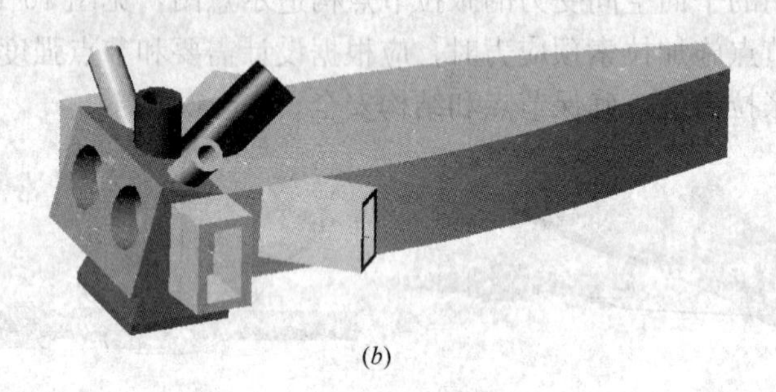

(b)

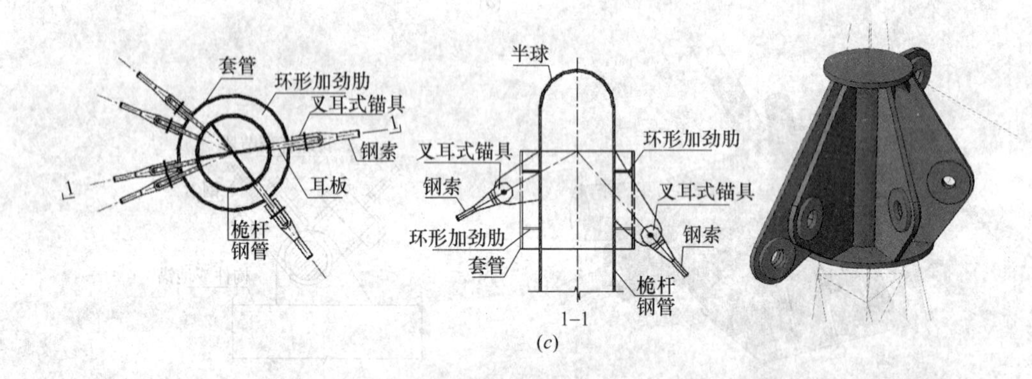


(c)

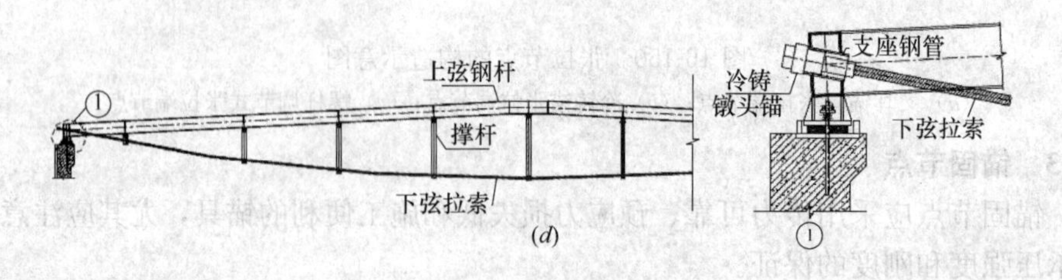


(d)

图 16-151　锚固节点构造示意图

(a) 叉耳锚具锚固节点；(b) 冷铸锚具锚固节点；(c) 桅杆结构节点；(d) 张弦桁架节点

### 16.8.4.4　转折节点

转折节点是使拉索改变角度并顺滑传力的一种节点，一般与主体结构连接。转折节点应设置滑槽或孔道供拉索准确定位和改变角度，如拉索需要在节点内滑动，则滑槽或孔道内摩擦阻力宜小，可采用润滑剂或衬垫等低摩擦系数材料；转折节点沿拉索夹角平分线方向对主体结构施加集中力，应注意验算该处的局部承压强度和该集中力对主体结构的影响，并采取加强措施。拉索转折节点处于多向应力状态，其强度降低应在设计中考虑。图16-152是转折节点的构造示意图。

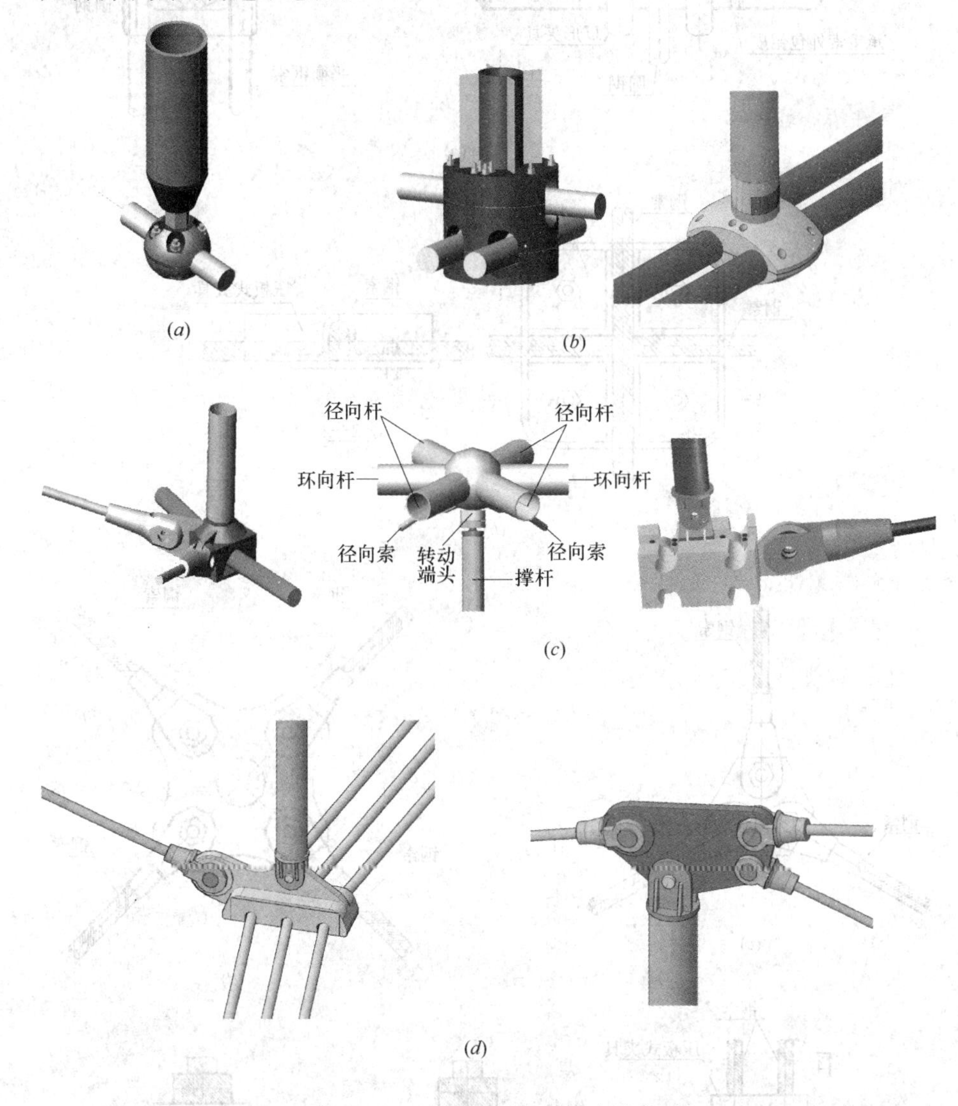


图 16-152 索杆转折节点构造示意图

(a) 张弦梁单索转折节点；(b) 张弦梁双索转折节点；(c) 弦支穹顶环索节点；(d) 索穹顶环索节点

#### 16.8.4.5 拉索交叉节点

拉索交叉节点是将多根平面或空间相交的拉索集中连接的一种节点，多个方向的拉力在交叉节点汇交、平衡。拉索交叉节点应根据拉索交叉的角度优化连接节点板的外形，避免因拉索夹角过小而相撞，同时应采取必要措施避免节点板由于开孔和造型切角等因素引起应力集中区，必要时，应进行平面或空间的有限元分析。交叉节点构造示意图见图16-153。

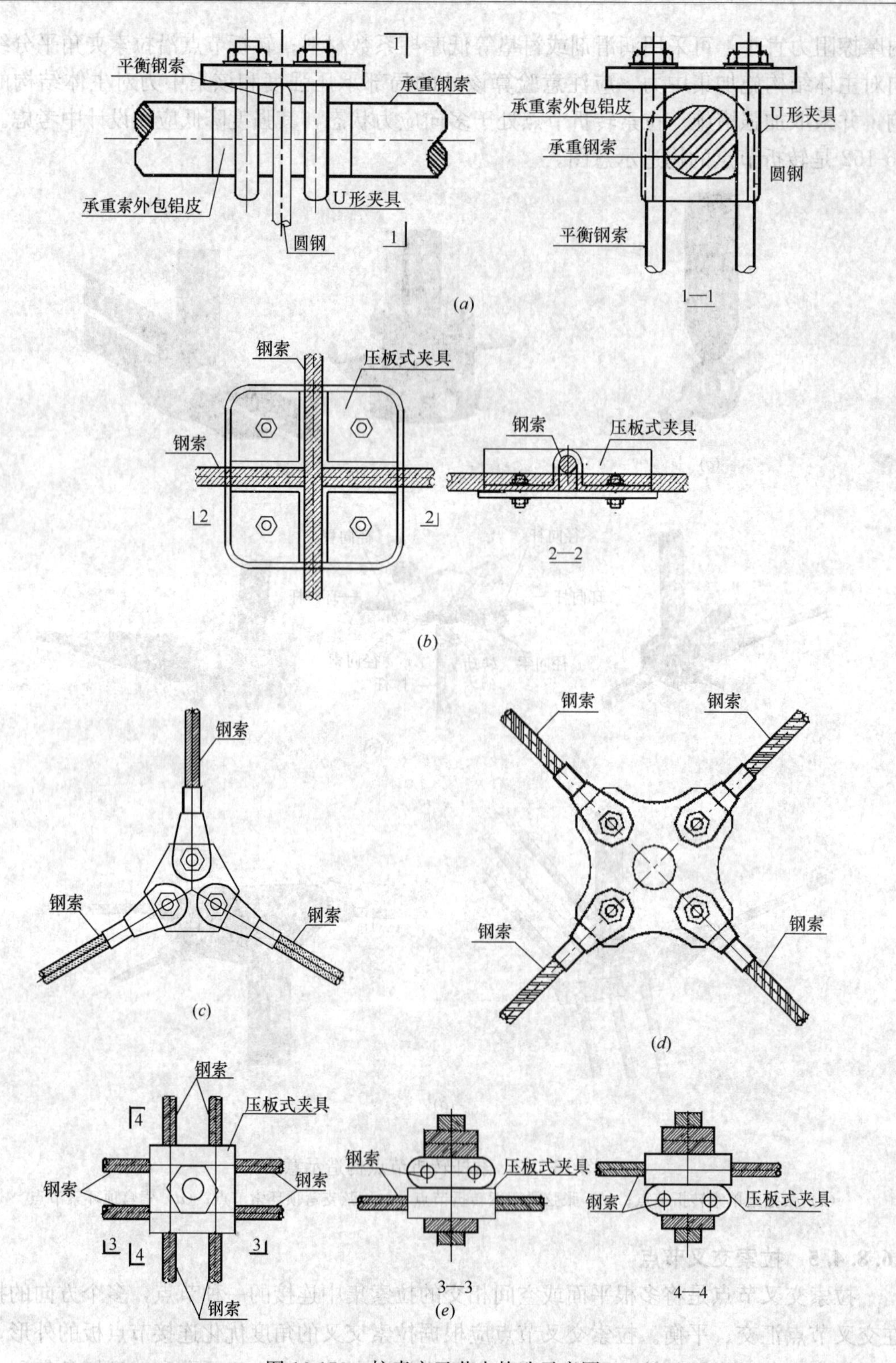


图 16-153　拉索交叉节点构造示意图

(a) U形夹具式节点；(b) 单层压板式夹具节点；(c) 销接式三向节点；
(d) 销接式四向节点；(e) 双层压板式夹具节点

## 16.8.5　钢结构预应力施工

### 16.8.5.1　工艺流程

钢结构预应力施工工艺流程如图 16-154 所示。

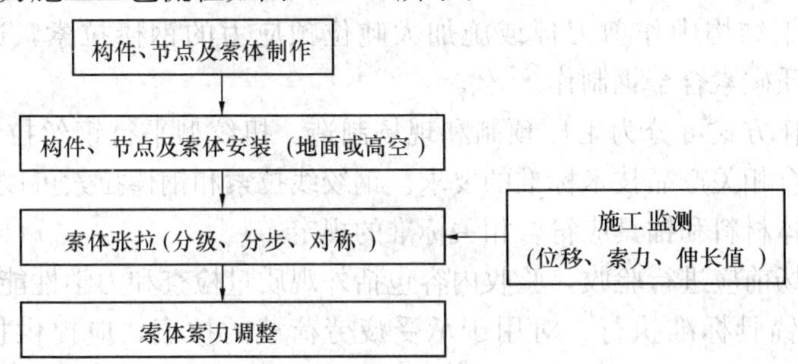


图 16-154　钢结构预应力施工工艺流程

### 16.8.5.2　施工要点

1. 施工准备（深化设计与施工仿真计算）

根据设计及预应力施工工艺要求，计算出索体的下料长度、索体各节点的安装位置及加工图。针对具体工程建立结构整体模型，进行施工仿真计算，对结构各阶段预应力施工中的各工况进行复核，并模拟预应力张拉施工全过程。对复杂空间结构须计算施工张拉时，各索相互影响，找出最合理的张拉顺序和张拉力的大小，并提供索体张拉时每级张拉力的大小、结构的变形、应力分布情况，作为施工监测依据，并且作为选择合理、确保质量要求的工装和张拉设备的依据。

预应力钢结构施工仿真计算一般采用有限元方法计算，施工过程中应严格按结构要求施工操作，确保结构施工及结构使用期内的安全。

拉索工厂内的下料长度应是无应力长度。首先应计算每根拉索的长度基数，再对这一长度基数进行若干项修正，即可得出下料长度。修正内容为：

（1）初拉力作用下拉索弹性伸长值；

（2）初拉力作用下拉索的垂度修正；

（3）张拉端锚具位置修正；

（4）固定端锚具位置修正；

（5）下料的温度与设计中采用的温度不一致时，应考虑温度修正；

（6）为应力下料时，应考虑应力下料的修正；

（7）采用冷铸锚时，应计入钢丝墩头所需的长度，一般取 1.5$d$，采用张拉式锚具时，应计入张拉千斤顶工作所需的长度。

2. 索体制作

（1）钢丝束拉索的钢丝通常为镀锌钢丝，其强度级别为 1570MPa、1670MPa 等。钢丝束拉索的外层 PE 分为单层与双层。双层 PE 套的内层为黑色耐老化的 PE 层，厚度为 3～4mm；外层为根据业主需要确定的彩色 PE 层，厚度为 2～3mm。锚头分为冷铸锚和热铸锚两种，冷铸锚为锚头内灌入环氧钢砂，其加热固化温度低于 180℃，不影响索头的抗疲劳性能。热铸锚为锚头内灌入锌铜合金，浇铸温度小于 480℃，试验表明也不影响其抗疲劳性能。对用于室内有一定防火要求的小规格拉索，建议采用热铸锚。

钢绞线拉索的钢绞线可采用镀锌或环氧涂层钢绞线，其强度等级为1670MPa、1770MPa、1860MPa。由于索结构规范规定索力不超过$0.4f_{ptk}$，与普通预应力张拉相比处于低应力状态，为防止滑索，故采用带有压板的夹片锚具。

在大型空间钢结构中作剪刀撑或施加大吨位预应力的钢棒拉索，通常采用延性达16%～19%的优质碳素合金钢制作。

(2) 拉索制作方式可分为工厂预制和现场制造。扭绞型平行钢丝拉索应采用工厂预制，其制作应符合相关产品技术标准的要求。钢绞线拉索和钢棒拉索可以预制也可在现场组装制作，其索体材料和锚具应符合相关标准的规定。

(3) 拉索进场前应进行验收，验收内容包括外观质量检查和力学性能检验，检验指标按相应的钢索和锚具标准执行。对用于承受疲劳荷载的拉索，应提供抗疲劳性能检测结果。

(4) 工厂预制拉索的供货长度为无应力长度。计算无应力长度时，应扣除张拉工况下索体的弹性伸长值。对索膜结构、空间钢结构的拉索，应将拉索与周边承力结构做整体计算，既考虑边缘承力结构的变形又考虑拉索的张拉伸长后确定拉索供货长度。拉索在工厂制作后，一般卷盘出厂，卷盘的盘径与运输方式有关。

采用钢丝拉索时，成品拉索在出厂前应按规定做预张拉等检查，钢绞线拉索主要检查预应力钢材本身的性能以及外包层的质量。

(5) 现场制索时，应根据上部结构的几何尺寸及索头形式确定拉索的初始长度。现场组装拉索，应采取相应的措施，保证拉索内各股预应力筋平行分布。现场组装拉索，特别注意各索股防护涂层的保护，并采取必要的技术措施，保证各索股受力均匀。

(6) 钢索制作下料长度应满足深化设计在自重作用下的计算长度进行下料，制作完成后，应进行预张拉，预张拉力为设计索力的1.2～1.4倍，并在预张拉力等于规定的索力情况下，在索体上标记出每个连接点的安装位置。为方便施工，索体宜单独成盘出厂。

(7) 拉索在整个制造和安装过程中，应预防腐蚀、受热、磨损和避免其他有害的影响。

(8) 拉索安装前，对拉索或其他组装件的所有损伤都应鉴定和补救。损坏的钢绞线、钢棒或钢丝均应更换。受损的非承载部件应加以修补。

3. 索体安装

预应力钢结构刚性件的安装方法有高空散装、分块（榀）安装、高空滑移（上滑移一单榀、逐榀和累积滑移、下移法一地面分块（榀）拼装滑移后空中整体拼装）、整体提升法（地面整体拼装后，整体吊装、柱顶提升、顶升）等。其索体安装时，可根据钢结构构件的安装选择合理的安装方法，与其平行作业，充分利用安装设备及脚手架，达到缩短工期、节约设备投资的目标。

索体的安装方法还应根据拉索的构造特点、空间受力状态和施工技术条件，在满足工程质量要求的前提下综合确定，常用的安装方法有三种，是以索体张拉方法（整体张拉法、部分张拉法、分散张拉法）相对应的，施工要点如下：

(1) 施工脚手架搭设：拉索安装前，应根据定位轴线的标高基准点复核预埋件和连接点的空间位置和相关配合尺寸。应根据拉索受力特点、空间状态以及施工技术条件，在满足工程质量的前提下综合确定拉索的安装方法。安装方法确定后，施工单位应会同设计单位和其他相关单位，依据施工方案对拉索张拉时支撑结构的内力和位移进行验算，必要时采取加固措施。张拉施工脚手架搭设时，应避让索体节点安装位置或提供可临时拆除的条件。

（2）索体安装平台搭设：为确保拼装精度和满足质量要求，安装台架必须具有足够的支承刚度。特别是，当预应力钢结构张拉后，结构支座反力可能有变化，支座处的胎架在设计、制作和吊装时应采取有针对性的措施。安装胎架搭设应确保索体各连接节点标高位置和安装、张拉操作空间的设计要求。

（3）室外存放拉索：应置于遮蓬中防潮、防雨。成圈的产品应水平堆放；重叠堆放时应逐层加垫木，以避免锚具压损拉索的护层。应特别注意保护拉索的护层和锚具的连接部位，防止雨水侵入。当除拉索外其他金属材料需要焊接和切削时，其施工点与拉索应保持移动距离或采取保护措施。

（4）放索：为了便于索体的提升、安装，应在索体安装前，在地面利用放线盘、牵引及转向等装置将索体放开，并提升就位。索体在移动过程中，应采取防止与地面接触造成索头和索体损伤的有效措施。

（5）索体安装时结构防护：拉索安装过程中应注意保护已经做好的防锈、防火涂层的构件，避免涂层损坏。若构件涂层和拉索护层被损坏，必须及时修补或采取措施保护。

（6）索体安装：索体安装应根据设计图纸及整体结构施工安装方案要求，安装各向索体，同时要严格按索体上的标记位置、张拉方式和张拉伸长值进行索具节点安装。

（7）为保证拉索吊装时不使PE护套损伤，应采用软质吊装带吊装，严禁采用钢丝绳吊装。在雨期进行拉索安装时，应注意不损伤索头的密封，以免索头进水。

（8）传力索夹的安装，要考虑拉索张拉后直径变小对索夹夹持力的影响。索夹间固定螺栓一般分为初拧、中拧和终拧三个过程，也可根据具体使用条件将后两个过程合为一个过程。在拉索张拉前可对索夹螺栓进行初拧，拉索张拉后应对索夹进行中拧，结构承受全部恒载后可对索夹做进一步拧紧检查并终拧。拧紧程度可用扭力扳手控制。

4. 索体张拉及监测

（1）张拉设备标定

张拉用设备和仪器应按有关规定进行计量标定。施加索力和其他预应力必须采用专用设备。

（2）施工中，应根据设备标定有效期内数据进行张拉，确保预应力施加的准确性。

张拉控制原则：根据设计和施工仿真计算确定优化的张拉顺序和程序，以及其他张拉控制技术参数（张拉控制应力和伸长值）。在张拉操作中，应建立以索力控制为主或结构变形控制为主的规定，并提供每根索体规定索力的偏差。

（3）张拉方法

施加预应力的方法有三种：整体张拉法、分部张拉法和分散张拉法。

1）整体张拉法

整体张拉法是有效的拉索张拉方式之一。张拉机具可采用计算机控制的液压千斤顶集群，同时同步张拉、同步控制张拉伸长值，以便最大限度地符合设计要求。

2）分部张拉法

采用分部张拉法时应对空间结构进行整体受力分析，建立模型并建立合理的计算方法，充分考虑多根索张拉的相互影响。根据分析结果，可采用分级张拉、桁架位移监控与千斤顶拉力双控的张拉工艺。施工过程的应力应变控制值可由计算机模拟有限元计算得到。

3）分散张拉法

分散张拉法即各根索单独张拉，适用各种索的力值建立相互影响较少结构。

（4）张拉监测及索力调整

1）预应力索的张拉顺序必须严格按照设计要求进行。当设计无规定时，应考虑结构受力特点、施工方便、操作安全等因素，且以对称张拉为原则，由施工单位编制张拉方案，经设计单位同意后执行。

2）张拉前，应设置支承结构，将索就位并调整到规定的初始位置。安装锚具并初步固定，然后按设计规定的顺序进行预应力张拉。拉索宜设置预应力调节装置。张拉预应力宜采用油压千斤顶。张拉过程中应监测索体的位置变化，并对索力、结构关键节点的位移进行监控。

3）对直线索可采取一端张拉，对折线索宜采取两端张拉。几个千斤顶同时工作时，应同步加载。索体张拉后应保持顺直状态。

4）拉索应按相关技术文件和规定分级张拉，且在张拉过程中复核张拉力。

5）拉索可根据布置在结构中的不同形式、不同作用和不同位置采取不同的方式进行张拉。对拉索施加预应力可采用液压千斤顶直接张拉方法，也可采用结构局部下沉或抬高、支座位移等方式对拉索施加预应力，还可沿与索正交的横向牵拉或顶推对拉索施加预应力。

6）预应力索拱结构的拉索张拉应验算张拉过程中结构平面外的稳定性，平面索拱结构宜在单元结构安装到位和单元间联系杆件安装形成具有一定空间刚度的整体结构后，将拉索张拉至设计索力。倒三角形拱截面等空间索拱结构的拉索可在制作拼装台座上直接对索拱结构单元进行张拉。张拉中应监控索拱结构的变形。

7）预应力索桁和索网结构的拉索张拉，应综合考虑边缘支承构件、索力和索结构刚度间的相互影响和相互作用，对承重索和稳定索宜分阶段、分批、分级，对称均匀循环施加张拉力。必要时选择对称区间，在索头处安装拉压传感器，监控循环张拉索的相互影响，并作为调整索力的依据。

8）空间钢网架和网壳结构的拉索张拉，应考虑多索分批张拉相互间的影响。单层网壳和厚度较小的双层网壳拉索张拉时，应注意防止整体或局部网壳失稳。

9）吊挂结构的拉索张拉，应考虑塔、柱、钢架和拱架等支撑结构与被吊挂结构的变形协调和结构变形对索力的影响。必要时应做整体结构分析，决定索的张拉顺序和程序，每根索应施加不同张拉力，并计算结构关键点的变形量，以此作为主要监控对象。

10）其他新结构的拉索张拉，应考虑预应力拉索与新结构共同作用的整体结构有限元分析计算模型，采用模拟索张拉的虚拟拉索张拉技术，进行各种施工阶段和施工荷载条件下的组合工况分析，确定优化的拉索张拉顺序和程序，以及其他张拉控制的技术参数。

11）拉索张拉时应计算各次张拉作业的拉力和结构变形值。在张拉中，应建立以索力控制为主或结构变形控制为主的规定。对拉索的张拉，应规定索力的允许偏差或结构变形的允许偏差。

12）拉索张拉时可直接用千斤顶与配套校验的压力表监控拉索的张拉力。必要时，另用安装在索头处的拉压传感器或其他测力装置同步监控拉索的张拉力。结构变形测试位置通常设置在对结构变形较敏感的部位，如结构跨中、支撑端部等，测试仪器根据精度和要求而定，通常采用百分表、全站仪等。通过施工分析，确定在施工中变形较大的节点，作为张拉控制中结构变形控制的监测点。

13）每根拉索张拉时都应做好详细的记录。记录应包括：记录人、日期、时间和环境温度、索力和结构变形的测量值。

14）索力调整、位移标高或结构变形的调整应采用整索调整方法。

15）索力、位移调整后，对钢绞线拉索夹片锚具应采取防止松脱措施，使夹片在低应力动载下不松动。对钢丝拉索索端的铸锚连接螺纹、钢棒拉索索端的锚固螺纹应检查螺纹咬合丝扣数量和螺母外侧丝扣长度是否满足设计要求，并应在螺纹上加防止松脱装置。

#### 16.8.5.3 安全措施

（1）索体现场制作下料时，应防止索体弹出伤人，尤其原包装放线时宜用放线架约束，近距离内不得有其他人员。

（2）施工脚手架、索体安装平台及通道应搭设可靠，其周边应设置护栏、安全网，施工人员应佩戴安全带、严防高空坠落。

（3）索体安装时，应采取放索约束措施，防止拉索甩出或滑脱伤人。

（4）预应力施工作业处的竖向上、下位置严禁其他人员同时作业，必要时应设置安全护栏和安全警示标志。

（5）张拉设备使用前，应清洗工具锚夹片，检查有无损坏，保证足够的夹持力。

（6）索体张拉时，两端正前方严禁站人或穿越，操作人员应位于千斤顶侧面、张拉操作过程中严禁手摸千斤顶缸体，并不得擅自离开岗位。

### 16.8.6 质量验收及监测

#### 16.8.6.1 质量验收

1. 索体材料、生产制作等应符合现行国家产品标准和设计要求。

检查数量：全数检查。

检验方法：检查产品的质量合格证明文件、标志及检验报告等。

2. 索体制作

索体制作偏差检查数量和检验方法见表 16-62。

索体制作允许偏差　　表 16-62

| 项次 | 检查项目 | 规定值或允许偏差 | 检查方法 | 检查数量 |
|---|---|---|---|---|
| 1 | 索体下料长度（m） | 索长＜100m 偏差≯20mm<br>索长＞100m 偏差≯1/5000 | 标定过的钢卷尺 | 全数 |
| 2 | PE 防护层厚度（mm） | ＋1.0<br>－0.5 | 卡尺测量 | 10%且≮3 |
| 3 | 锚板孔眼直径 $D$（mm） | $d \leqslant D \leqslant 1.1d$ | 量规 | 全数 |

续表

| 项次 | 检查项目 | 规定值或允许偏差 | 检查方法 | 检查数量 |
|---|---|---|---|---|
| 4 | 镦头尺寸（mm） | 镦头直径≥1.4$d$<br>镦头高度≥$d$ | 游标卡尺 | 每种规格10%且≮3<br>每批产品3/1000 |
| 5 | 冷铸填料强度<br>（环氧铁砂） | ≥147MPa | 试件边长31.62mm | 3件/批 |
| 6 | 锚具附近密封处理 | 符合设计要求 | 目测 | 全数 |
| 7 | 锚具回缩量 | ≯6mm | 卧式张拉设备 | 全数 |

3. 索体拼装

索体安装中，其拼装偏差、检查方法和数量见表16-63。

**索体拼装允许偏差**　　**表16-63**

| 部位 | 项次 | 检查项目 | 规定值或允许偏差 | 检查方法 | 检查数量 |
|---|---|---|---|---|---|
| 索体 | 1 | 跨度最外两端安装孔或两端支承面最外侧距离 | +5<br>−10 | 钢卷尺 | 按拼装单元全数检查 |
| 撑杆 | 1 | 跨中高度 | ±10mm | 钢卷尺 | 10%且≮3 |
| | 2 | 长度 | ±4mm | 钢卷尺 | 10%且≮3 |
| | 3 | 两端最外侧安装孔距离 | ±3mm | 钢卷尺 | 10%且≮3 |
| | 4 | 弯曲矢高 | $L$/1000且≯10mm | 用拉线和钢尺 | 10%且≮3 |
| | 5 | 撑杆垂直度 | $L$/100 | 用拉线和钢尺 | 要求 |
| 构件平面总体拼装 | 1 | 任意两对角线差 | ≤$H$/2000且≯8mm | 钢卷尺 | 按拼装单元全数检查 |
| | 2 | 相邻构件对角线差 | ≤$H$/2000且≯5mm | 钢卷尺 | 按拼装单元全数检查 |
| | 3 | 构件跨度 | ±4mm | 钢卷尺 | 按拼装单元全数检查 |

4. 索体张拉施工

索体张拉允许偏差、检查方法及检查数量见表16-64。

**索体张拉允许偏差**　　**表16-64**

| 部位 | 项次 | 检查项目 | 规定值或允许偏差 | 检查方法 | 检查数量 |
|---|---|---|---|---|---|
| 索体 | 1 | 实际张拉力 | ±5% | 标定传感器 | 全数 |
| 撑杆 | 1 | 垂直度 | $L$/100 | 用拉线和钢尺 | 设计要求 |
| 钢结构 | 1 | 应力值 | 设计要求 | 传感器 | 设计要求 |
| | 2 | 起拱值 | 设计要求起拱±$L$/5000<br>设计未要求起拱±$L$/2000 | 全站仪 | 设计要求 |
| | 3 | 支座水平位移值 | +5 | 位移计 | 设计要求 |

5. 质量保证措施

（1）由于预应力钢索的可调节量不大，因此施工中要严格控制钢结构的安装精度在相关规范要求范围以内。钢结构安装过程中必须进行钢结构尺寸的检查与复核，根据复核后的实际尺寸对计算机施工仿真模拟的计算模型进行调整、重新计算，用计算出的新数据指导预应力张拉施工，并作为张拉施工监测的理论依据。

（2）钢撑杆的上节点安装要严格按全站仪打点确定的位置进行，下节点安装要严格按钢索在工厂预张拉时做好标记的位置进行，以保证钢撑杆的安装位置符合设计要求。若钢撑杆上节点的安装位置由于钢结构拼装的精度有所调整，则钢撑杆下节点在纵、横向索上的位置要重新调整确定。

（3）拉索应置于防潮防雨的遮篷中存放，成圈产品应水平堆放，重叠堆放时逐层间应加垫木，避免锚具压伤拉索护层；拉索安装过程中应注意保护护层，避免护层损坏。如出现损坏，必须及时修补或采取措施。

（4）为了消除索的非弹性变形，保证在使用时的弹性工作，应在工厂内进行预张拉，一般选取钢丝极限强度的50%～55%为预张力，持荷时间为0.5～2.0h。

（5）拉力检测采用油压传感器及振弦应变计或锚索计测试，油压传感器安装于液压千斤顶油泵上，通过专用传感器显示仪器可随时监测到预应力钢索的拉力，以保证预应力钢索施工完成后的应力与设计单位要求的应力吻合。同时在每个分区具有代表性的预应力钢索上采用动测法或锚索计监测实际的索力，以保证预应力钢索施工完成后的应力与设计单位要求的应力吻合。张拉力按标定的数值进行，用变形值和压力传感器数值进行校核。

（6）张拉严格按照操作规程进行，张拉设备形心应与预应力钢索在同一轴线上；张拉时应控制给油速度，给油时间不应低于0.5min；当压力达到钢索设计拉力时，超张拉5%左右，然后停止加压，完成预应力钢索张拉；实测变形值与计算变形值相差超过允许误差时，应停止张拉，报告工程师进行处理。

（7）钢结构的位移和应力与预应力钢索的张拉力是高度相关的，即可以通过钢结构的变形计算出预应力钢索的应力。在预应力钢索张拉的过程中，结合施工仿真计算结果，对钢结构采用水准仪及百分表或静力水准测量设备进行结构变形监测；安装振弦式应变计监测实际的钢结构内力；安装锚索计监测实际的索力。

#### 16.8.6.2 预应力钢结构监测

预应力钢结构监测主要有预应力索索力、钢结构变形及钢结构应力等。

1. 预应力索索力监测

拉索索力的监测主要有两部分内容：一是在每根拉索张拉时实时监测张拉索的索力；二是由于很多钢结构并非单向结构，索力在分批张拉时后张拉的拉索对前期张拉的拉索索力会产生影响，在实际施工时要对这些影响进行监测。第一种索力监测主要采用位于液压张拉设备上的高精度油压表或者油压传感器随着张拉进行监测，油压传感器示意图如图16-155所示。第二种索力监测方法，除了采用第一种监测方法，用张拉工装加液压设备一同进行测量外，为了提高工作效率，通常采用如下方法进行测试：1）动力测试方法；2）压力传感器测试方法；3）磁通量传感器测试方法；4）弓式测力仪测量。测量仪器如图16-155。

2. 钢结构变形监测

钢结构变形监测主要是在施工过程中，尤其是在张拉时，由于预应力钢结构为柔性结构，张拉过程中结构位形随时在改变，尤其是在张拉力平衡完成钢结构自重后，很小的索

图 16-155　拉索索力监测设备
（a）高精度油压表；（b）油压传感器；（c）索力动测仪；
（d）压力传感器；（e）磁通量传感器；（f）弓式测力仪

力就会引起很大的结构变形，因此要实时监测整个钢结构的变形，包括跨中起拱和支座位移，以确保钢结构施工安全和与设计状态相符，测量仪器如图 16-156 所示。

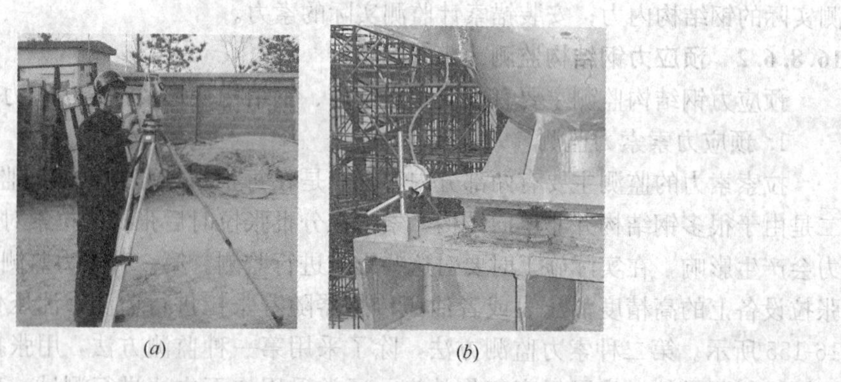

图 16-156　钢结构变形监测设备
（a）全站仪；（b）百分表

3. 钢结构应力监测

钢结构在张拉过程中经历着不同的受力状态，每根钢结构杆件的应力也随张拉力变化而发生改变，同时钢结构在张拉过程中的受力状态与设计状态不同，由于张拉起拱的不同步，存在结构受力不均匀的特点。因此有必要对施工仿真计算中应力变化较大，绝对数值较大的危险钢结构杆件的应力进行监测。由于现场的环境的复杂性，一般现场监测不能采用应变片进行监测，通常采用振弦应变计或者光纤光栅应变计进行监测。两种仪器如图16-157所示。

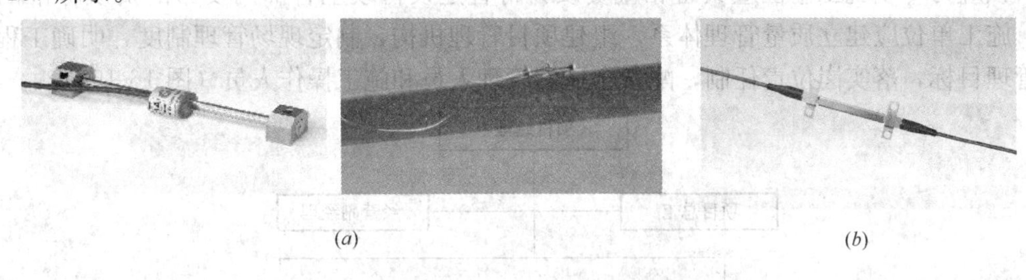

(*a*)　　(*b*)

图 16-157　钢结构应力监测设备

(*a*) 振弦式应变计；(*b*) 光纤光栅应变计

#### 16.8.6.3　结构健康监测

应定期测量预应力钢结构中拉索的内力，并做记录。与初始值对比，如发现异常应及时报告。当量测内力与设计值相差大于±10%时，应及时调整或补偿索力。

应定期监测钢丝索是否有断丝、磨损、腐蚀情况，及时更换索体。

应定期检查索体是否有渗水等异常情况，防护涂层是否完好；对出现损伤的索和防护涂层应及时修复。

应定期对预应力施加装置、可调节头、螺栓螺母等进行检查，发现问题应及时处理。

应定期监测结构体系中的预应力索状态，包括索的力值、变化情况。

在大风、暴雨、大雪等恶劣天气过程中及过程后，使用单位应及时检查预应力钢结构体系有无异常，并采取必要的措施。

## 16.9　预应力工程施工组织管理

### 16.9.1　施工内容与管理

预应力分项工程施工应遵循现行国家标准《混凝土结构工程施工质量验收规范》(GB 50240) 的规定，严格遵守工程图纸和施工方案进行施工，并具有健全的质量管理体系、施工质量控制和质量检验制度。

#### 16.9.1.1　预应力专项施工内容

1. 会同设计单位、总包单位和监理单位对预应力工程图纸进行会审，了解设计意图和掌握技术难点，进行预应力图纸的深化设计。预应力混凝土的深化设计中，除应明确采用的材料、工艺体系外，尚应明确预应力筋束形定位坐标图、预应力筋分段张拉锚固方案、张拉端及固定端的局部加强构造大样、锚具封闭大样、孔道摩擦系数取值等内容。

2. 编制预应力专项技术的实施方案。

3. 提供合格的预应力施工用钢绞线、锚夹具、波纹管和其他配件等材料，并负责进场报验。

4. 负责预应力筋铺放、节点安装、预应力张拉和灌浆、张拉后预应力张拉端的处理。

5. 提供工程验收资料及整套工程竣工资料。

#### 16.9.1.2　预应力专项施工管理组织机构

预应力专项施工单位应具备相应资质，符合建设行政主管部门发布的资质标准的要求。施工单位应建立质量管理体系，组建项目管理机构，制定现场管理制度，明确工程质量管理目标，落实岗位责任制，配备合适的管理人员和施工操作人员（图 16-158）。

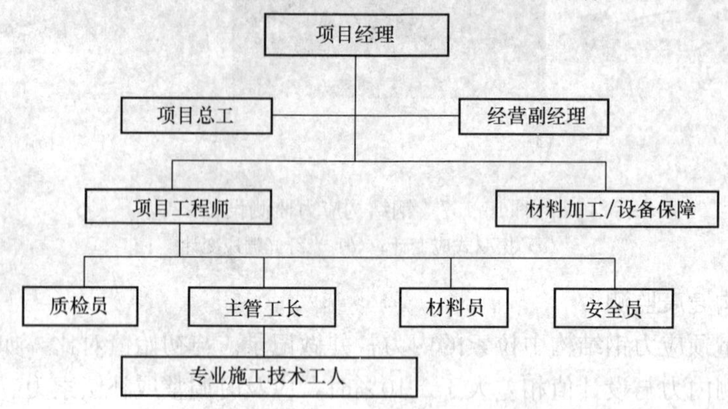


图 16-158　预应力专项施工管理组织机构

### 16.9.2　施　工　方　案

与钢筋混凝土相比，预应力混凝土的材料种类多，质量要求高，其施工顺序与所采用张拉锚固体系及设计假定密切相关。因此，在施工前，有必要根据设计意图，制定详细的施工方案，应根据设计图，明确相关工艺材料及有关规范所规定的相应适用内容。

预应力专项工程施工方案应包括下列内容：工程概况、施工顺序、工艺流程；预应力施工方法，包括预应力筋制作、孔道预留、预应力筋安装、预应力筋张拉、孔道灌浆和封锚等；材料采购和检验、机械配备和张拉设备标定；施工进度和劳动力安排、材料供应计划；有关工序（模板、钢筋、混凝土等）的配合要求；施工质量要求和质量保证措施；施工安全要求和安全保证措施；施工现场管理机构等。

#### 16.9.2.1　工程概况

工程结构概况和特点、采用预应力体系的部位、特点、专项技术的重点和难点等。

#### 16.9.2.2　预应力专项施工准备

1. 预应力材料采购、试验和进场报验，材料加工、组装和标识，机械配备和张拉设备标定；

2. 施工进度和劳动力安排、材料供应计划；

3. 预应力专项技术施工交底等。

#### 16.9.2.3　预应力专项施工工艺及流水施工方式

预应力混凝土工程专项施工有如下特点：

1）预应力筋张拉端、锚固端位置与后浇混凝土或施工缝等有时不吻合，可造成施工时模板、钢筋流水段划分不清，应在预应力施工技术方案中确定。

2）预应力结构张拉前不允许拆除承重支撑，张拉后的结构尚应保证施工荷载满足设计要求。

3）施工工艺应综合考虑预应力筋分段、结构分段、结构后浇带或施工缝的合理关系，尽量减少交叉影响，以提高施工速度。在编制施工组织设计时，应根据预应力工艺特点，采取合理的施工流水段，以保证模板工程、钢筋及预应力工程等主要工序合理流水。

对于高层预应力混凝土结构施工，一般按结构分层竖向流水施工，主要施工部位或工序为：柱、墙、筒体结构、模板、混凝土施工→楼盖结构梁、模板、钢筋及预应力筋、混凝土施工→进入下一循环。预应力筋张拉施工一般滞后2～3层。当结构平面尺寸较大时，每一标准层又可分为几个小流水段，形成水平及竖向阶梯流水段。

对于大面积多层预应力混凝土结构工程，当结构分段按常规方法留结构缝断开时，施工流水段可按结构分段，或将结构段分成小流水段，此结构段内预应力筋一般是连续配置，因而模板、钢筋及预应力筋宜整段流水。当结构平面尺寸过大而不设置结构缝时，在结构设计时一般会设后浇带或分段施工缝，此时结构内的预应力筋都是连续配置，有时一束预应力筋会穿越1～2个后浇带，因而结构施工流水段应考虑预应力筋的特点综合划分。

对预应力混凝土结构施工中模板与支撑形式和数量的选用，则主要考虑下述因素：

1）混凝土强度增长速度与设计要求的张拉时混凝土强度；

2）施工荷载大小；

3）总体施工进度及工期要求。

#### 16.9.2.4 主要工序技术要点、质量要求

1. 预应力材料进场控制项目

1）钢绞线、挤压锚具：须提供合格证及检测报告，并依据监理公司要求进行见证取样。

2）预应力专业资质证书、营业执照、施工安全许可证。

3）预应力专业操作人员施工上岗证。

4）预应力施工方案、技术交底。

2. 预应力筋的铺设要求

1）使用电气焊应远离预应力筋、波纹管及其他相关材料。

2）严禁踩踏预应力筋、波纹管等。

3）如有普通钢筋与预应力筋、波纹管及其张拉端有冲突，应避让，以保证预应力筋及相应部件位置。

4）预应力筋张拉前严禁拆除结构下部支撑。

5）预应力筋数量及间距应符合设计要求。

6）预应力筋矢高，相应控制点矢高误差应满足规范要求。

7）无粘结筋外皮破损处应用塑料胶带包裹处理。

8）有粘结应力筋波纹管应严防破损、如有破损，应用胶带包扎好。

9）有粘结波纹管接头及端头应封堵结实，避免浇筑混凝土时向波纹管内漏水泥浆。

10）应在有粘结预应力锚固端及设计规定处设置出气孔。

11）预应力筋张拉端应固定牢固、预应力筋应垂直于承压板或喇叭口端面。

3. 预应力筋的张拉要求

1）张拉前应提供相应部位混凝土同条件试块报告，强度不得低于设计要求强度。

2）张拉设备应经国家检测部门标定，并提供标定书。

3）预应力筋张拉力应符合设计及行业规范要求。

4）预应力张拉应采用张拉应力控制，伸长值校核方法张拉时应作张拉记录。

5）张拉完后将锚具外部预应力筋切除时不得用电弧割，应采用砂轮锯等机械方法。切夹片外至少保留 30mm 或 1.5 倍预应力筋直径。

4. 预应力孔道灌浆

1）灌浆应在张拉后尽快进行，冬期施工气温在 5℃以下不宜进行灌浆施工。

2）灌浆采用普通硅酸盐水泥，水灰比不应大于 0.4。

3）灌浆时，每一工作班应留取不少于三组 70.7mm 边长的立方体试件，标准养护 28 天，其抗压强度不应大于 30MPa；孔道灌浆应填写施工记录。

**16.9.2.5　施工组织机构**

预应力分项施工组织结构一般由项目经理、技术负责人、项目工程师、施工工长、质检员、安全员、材料员及施工作业人员等组成。

**16.9.2.6　安全、质量、进度目标及保证措施**

1. 安全管理措施

（1）与总包单位安全生产管理体系挂钩，同时建立自身的安全保障体系，由项目负责人全面管理，每个班组设安全员一名，具体负责预应力施工的安全。

（2）在进行技术交底时，同时进行安全施工交底。

（3）张拉操作人员必须持证上岗。

（4）张拉作业时，在任何情况下严禁站在预应力筋端部正后方位置。操作人员严禁站在千斤顶后部。在张拉过程中，不得擅自离开岗位。

（5）油泵与千斤顶的操作者必须紧密配合，只有在千斤顶就位妥当后方可开动油泵。油泵操作人员必须精神集中，平稳给油回油，应密切注视油压表读数，张拉到位或回缸到底时须及时将控制手柄置于中位，以免回油压力瞬间迅速加大。

（6）张拉过程中，锚具和其他机具严防高空坠落伤人。油管接头处和张拉油缸端部严禁手触站人，应站在油缸两侧。

（7）预应力施工人员进入现场应遵守工地各项安全措施要求。

2. 质量保证措施

（1）加强技术管理，认真贯彻国家规定、规范、操作规程及各项管理制度。

（2）建立完整的质量管理体系，项目管理部设置质量管理领导小组，由项目负责人和总工程师全权负责，选择精干、有丰富经验的专业质量检查员，对各工序进行质量检查监督和技术指导。

（3）预应力张拉操作人员，必须经过培训，持证上岗。

（4）应加强施工全过程中的质量预控，密切配合建设、监理、总包三方人员的检查与验收，按规定做好隐蔽工程记录。

（5）加强原材料的管理工作，严格执行各种材料的检验制度，对进场的材料和设备必须认真检验，并及时向总包单位和监理方提供材质证明、试验报告和设备报验单。

(6) 优化施工方案，认真做好图纸会审和技术交底。每层、段都要有明确和详细的技术交底。施工中随时检查施工措施的执行情况，做好施工记录。按时进行施工质量检查掌握施工情况。

3. 进度保证体系

(1) 工期保证体系构成

预应力施工工期由项目部全面负责协调各职能部门，组成工期保证体系。

(2) 工程进度计划

预应力筋下料组装及配件一般在加工厂提前完成，现场铺筋按段占用相应工作日。而其他工作应按土建结构施工整体部署及工期，穿插或平行进行预应力施工。

(3) 计划管理保证

在总包工期的宏观控制下，预应力分项工程每段的施工进度计划应与总包进度相协调，以确保工期。

(4) 劳动力安排保证

根据总包工期要求，适时调整劳动力，并保证作业人员按时进场，做到不窝工，不延误工期。

(5) 物资设备保证

保证材料供应，确保各种机械设备的正常运转，不因材料机械耽误施工，有足够的各类机械以保证生产的需求。

(6) 技术措施保证

根据总包确定的施工流水段，组织切合实际的交叉作业，编制可行而又高效的施工方案和技术措施，采用合理的工艺流程，及时做好针对性的技术交底。

(7) 强化中控手段

强化自检、互检、专业检，发挥中控手段的作用，缩短工序时间，提高一次合格率，使施工进入良性循环。

## 16.9.3 施工质量控制

### 16.9.3.1 专项施工质量保证体系人员职责

(1) 项目经理：全面负责预应力分项工程的质量、进度和安全。

(2) 项目总工程师：审核所有技术方案。

(3) 项目工程师：负责编制施工方案，指导对施工人员的技术交底，负责各种施工措施的落实，负责施工技术资料的管理。

(4) 质检员：负责工程质量的检查，按图纸、规范及合同的要求对工程的进度和质量落实进行检查、把关，对施工人员进行质量意识教育，按规范操作，确保质量。

(5) 现场工长：负责施工现场全面管理，组织施工，协调各单位的关系，确保工程质量、工程进度及工程安全的落实、实施。

(6) 材料员：负责工程物资的供应，做到材料及时，材证齐全，不合格材料不准进场，负责质量设备的标定管理，检验检查。

### 16.9.3.2 专项施工质量计划

由项目经理主持编制施工质量计划。根据承包合同、设计文件、有关专项施工质量验收规范及相关法规等编制出体现预应力专项施工全过程控制的质量计划。

作为对外质量保证和对内质量控制的依据文件，质量计划应包括质量目标、管理职责、资源提供、材料采购控制、机械设备控制、施工工艺过程控制、不合格品控制等多方面的内容。

**16.9.3.3　专项施工质量控制**

（1）预应力分项工程应严格按照设计图纸和施工方案进行施工。因特殊情况需要变更，应经监理单位批准后方可实施。

（2）预应力分项工程施工前应由项目技术负责人向有关施工人员技术交底，并在施工过程中检查执行情况。

（3）预应力分项工程项目负责人、施工人员和技术工人，应持证上岗。

（4）预应力分项工程施工应遵循有关规范的规定，并具有健全的质量管理体系、施工质量控制和质量检验制度。

（5）预应力分项工程施工质量应由施工班组自检、施工单位质量检查员抽查及监理工程师监控等三级把关；对后张预应力筋的张拉质量，应做见证记录。

## 16.9.4　安　全　管　理

**16.9.4.1　专项施工安全保证体系**

预应力施工安全由项目经理牵头，各级领导参加，同时由安全部全面负责协调各职能组，组成安全保证体系。

**16.9.4.2　专项施工安全保证计划及实施**

认真贯彻“安全第一”、“预防为主”的安全生产制度，落实“管生产必须管安全”“安全生产、人人有责”的原则，明确各级领导、工程技术人员、相关管理人员的安全职责，增强各级管理人员的安全责任心，真正把安全生产工作落实到实处。

**16.9.4.3　专项施工安全控制措施**

（1）认真贯彻、落实国家“重点防范，预防为主”的方针，严格执行国家、地方及企业安全技术规范、规章、制度。

（2）建立落实安全生产责任制，与各施工组签订安全生产责任书。

（3）认真做好进场安全教育及进场后的经常性的安全教育及安全生产宣传工作。

（4）建立落实安全技术交底制度，各级交底必须履行签字手续。

（5）预应力作业人员必持证上岗，且所持证件必须是有效证件。

（6）认真做好安全检查，做到有制度有记录。根据国家规范、施工方案要求内容，对现场发现的安全隐患进行整改。

（7）施工用电严格执行现行行业标准《施工现场临时用电安全技术规范》（JGJ 46），且应有专项临电施工组织设计，强调突出线缆架设及线路保护，严格采用三级配电二级保护的三相五线制，每台设备和电动工具都应安装漏电保护装置，漏电保护装置必须灵敏可靠。

（8）现场防火制定专门的消防措施。按规定配备有效的消防器材，指定专人负责，实行动火审批制度。对全体施工人员进行防火安全教育，努力提高其防火意识。

（9）对所有可能坠落的物体要求。

### 16.9.5 绿 色 施 工

(1) 真贯彻落实《中华人民共和国环境保护法》等有关法律法规及遵照各企业环境管理要求。

(2) 应设立专职或兼职环保员，负责本施工区域内的日常环保工作的实施与检查，对存在的问题及时进行整改。

(3) 当施工材料运到工地后，在使用前应根据不同标识码放整齐，不准乱堆乱放，影响环境卫生。

(4) 张拉灌浆及其他预应力设备表面应保持清洁，没有油污。对于漏油的设备应及时查明原因并封堵好，对于无法封堵的设备应及时更换。漏在地上的油污要清理干净。

(5) 对于施工中的固体废弃物应放入回收桶并到指定地点倾倒。

(6) 灌浆浆体搅拌浆时，应避免粉尘散落，污染环境。

### 16.9.6 技 术 文 件

1. 预应力分项工程的设计及变更文件。
2. 预应力施工方案及有关变更记录。
3. 预应力筋（孔道）设计竖向坐标、预应力筋锚固端构造等详图。
4. 预应力材料（预应力筋、锚具、波纹管、灌浆水泥等）质量证明书。
5. 预应力筋和锚具等进场复检报告。
6. 张拉设备配套标定报告。
7. 预应力筋铺设实际坐标检查记录。
8. 预应力筋张拉记录。
9. 孔道灌浆及封锚记录、水泥浆试块强度试验报告。
10. 检验批质量验收记录。

## 参 考 文 献


[1] 中华人民共和国国家标准．混凝土结构设计规范(GB 50010—2010)．北京：中国建筑工业出版社，2011.

[2] 中华人民共和国国家标准．混凝土结构工程施工质量验收规范(GB 50204—2002)．北京：中国建筑工业出版社，2002.

[3] 中华人民共和国国家标准．混凝土结构工程施工规范(最新修改征求意见稿)．北京：中国建筑工业出版社，2011.

[4] 中华人民共和国国家标准．预应力混凝土用钢丝(GB/T 5223—2002)．北京：中国标准出版社，2002.

[5] 中华人民共和国国家标准．预应力混凝土用钢绞线(GB/T 5224—2003)．北京：中国标准出版社，2003.

[6] 中华人民共和国国家标准．预应力筋用锚具、夹具和连接器(GB/T 14370—2007)．北京：中国标准出版社，2008.

[7] 中华人民共和国国家标准．预应力混凝土用螺纹钢筋(GB/T 20065—2006)．北京：中国标准出版

社，2006.
[8]　中华人民共和国国家标准．预应力混凝土用钢棒(GB/T 5223.3—2005)．北京：中国标准出版社，2006.
[9]　中华人民共和国国家标准．桥梁缆索用热镀锌钢丝(GB/T 17101—2008)．北京：中国标准出版社，2009.
[10]　中华人民共和国国家标准．钢拉杆(GB/T 20934—2007)．北京：中国标准出版社，2008.
[11]　中华人民共和国国家标准．金属应力松弛试验方法(GB/T 10120—1996)．北京：中国标准出版社，1996.
[12]　中华人民共和国国家标准．混凝土外加剂(GB 8076—2008)．北京：中国标准出版社，2008.
[13]　中华人民共和国国家标准．钢筋混凝土筒仓设计规范(GB 50077—2003)．北京：中国计划出版社，2003.
[14]　中华人民共和国国家标准．混凝土结构加固设计规范(GB 50367—2006)．北京：中国建筑工业出版社，2006.
[15]　中华人民共和国国家标准．给水排水工程构筑物结构设计规范 GB 50069—2002．北京：中国建筑工业出版社，2003.
[16]　中华人民共和国国家标准．混凝土外加剂应用技术规范(GB 50119—2003)．北京：中国建筑工业出版社，2003.
[17]　中华人民共和国国家标准．钢结构设计规范(GB 50017—2003)．北京：中国计划出版社，2003.
[18]　中华人民共和国国家标准．钢结构工程施工质量验收规范(GB 50205—2001)．北京：中国计划出版社，2003.
[19]　中华人民共和国国家标准．钢结构工程施工规范(最新修改征求意见稿)．北京：中国建筑工业出版社，2011.
[20]　中华人民共和国行业标准．高强度低松弛预应力热镀锌钢绞线(YB/T 152—1999)．北京：中国标准出版社，2000.
[21]　中华人民共和国行业标准．无粘结预应力钢绞线(JG 161—2004)．北京：中国标准出版社，2004.
[22]　中华人民共和国行业标准．预应力混凝土用金属波纹管(JG 225—2007)．北京：中国标准出版社，2007.
[23]　中华人民共和国行业标准．预应力混凝土桥梁用塑料波纹管(JT/T 529—2004)．北京：中国标准出版社，2004.
[24]　中华人民共和国行业标准．填充型环氧涂层钢绞线(JT/T 737—2009)．北京：中国标准出版社，2009.
[25]　中华人民共和国行业标准．建筑用不锈钢绞线(JT/T 200—2007)．北京：中国标准出版社，2007.
[26]　中华人民共和国行业标准．无粘结钢绞线斜拉索技术条件(JT/T 529—2009)．北京：中国标准出版社，2009.
[27]　中华人民共和国行业标准．预应力筋用锚具、夹具和连接器应用技术规程(JGJ 85—2010)．北京：中国建筑工业出版社，2010.
[28]　中华人民共和国行业标准．无粘结预应力混凝土结构技术规程(JGJ 92—2004)．北京：中国建筑工业出版社，2004.
[29]　中华人民共和国行业标准．预应力用液压千斤顶(JG/T 321—2011)．北京：中国标准出版社，2011.
[30]　中华人民共和国行业标准．预应力用电动油泵(JG/T 319—2011)．北京：中国标准出版社，2011.
[31]　中华人民共和国行业标准．预应力筋用挤压机(JG/T 322—2011)．北京：中国标准出版社，2011.

[32] 中华人民共和国行业标准．预应力钢绞线用轧花机(JGJ/T 323—2011)．北京：中国标准出版社，2011.
[33] 中华人民共和国行业标准．预应力筋用液压镦头器(JG/T 320—2011)．北京：中国标准出版社，2011.
[34] 中国工程建设标准化协会标准．给水排水工程预应力混凝土圆形水池结构技术规程(CECS216：2006)．北京中国计划出版社，2006.
[35] 中国工程建设标准化协会标准．建筑工程预应力施工规程(CECS180：2005)．北京：中国计划出版社，2005.
[36] 中国工程建设标准化协会标准．预应力钢结构技术规程(CECS212：2006)．北京：中国计划出版社，2006.
[37] 中国建筑标准设计研究院．预应力混凝土圆孔板，国家建筑标准设计图集 SG435－1～2.
[38] 中国建筑标准设计研究院．预应力混凝土双 T 板，国家建筑标准设计图集 09SG432－3.
[39] 中国建筑标准设计研究院．6m 后张法预应力混凝土吊车梁，国家建筑标准设计图集 04G426.
[40] 中国建筑标准设计研究院，SP 预应力空心板，国家建筑标准设计图集 05SG408.
[41] 中国建筑标准设计研究院，预应力混凝土叠合板，国家建筑标准设计图集 06SG439－1.
[42] 中国建筑标准设计研究院，预应力混凝土管桩，国家建筑标准设计图集 03SG409.
[43] 中国建筑标准设计研究院，预应力混凝土空心方桩，国家建筑标准设计图集 08SG360.
[44] 杜拱辰．预应力混凝土理论、应用和推广简要历史．预应力技术简讯(总第 234 期)，2007，(1).
[45] 杜拱辰．现代预应力混凝土结构．北京：中国建筑工业出版社，1988.
[46] 陶学康．后张预应力混凝土设计手册．北京：中国建筑工业出版社，1996.
[47] BEN C. GERWICK，JR. 预应力混凝土结构施工(第二版)．北京：中国铁道出版社，1999.
[48] 薛伟辰．现代预应力结构设计．北京：中国建筑工业出版社，2003.
[49] 朱新实，刘效尧．预应力技术及材料设备(第二版)．北京：人民交通出版社，2005.
[50] 杨宗放，李金根．现代预应力工程施工(第二版)．北京：中国建筑工业出版社，2008.
[51] 杨宗放．建筑工程预应力施工规程　内容简介．建筑技术，Vol. 35，No. 12 2004(12).
[52] 陶学康，林远征．无粘结预应力混凝土结构技术规程　修订简介，第八届后张预应力学术交流会，温州，2004(8).
[53] 重庆市交通委员会，重庆交通学院．横张预应力混凝土桥梁设计施工指南．北京：人民交通出版社，2005.
[54] 李晨光，刘航，段建华，黄芳玮．体外预应力结构技术与工程应用．北京：中国建筑工业出版社，2008.
[55] 熊学玉，黄鼎业．预应力工程设计施工手册．北京：中国建筑工业出版社，2003.
[56] 李国平．预应力混凝土结构设计原理．北京：人民交通出版社，2000.
[57] 陆赐麟，尹思明，刘锡良．现代预应力钢结构．北京：人民交通出版社，2003.
[58] 林寿，杨嗣信等．建筑工程新技术丛书③预应力技术．北京：中国建筑工业出版社，2009.
[59] 朱彦鹏．特种结构．武汉：武汉理工大学出版社，2004.
[60] 马芹永．土木工程特种结构．北京：高等教育出版社，2005.
[61] 莫骄，特种结构设计．北京：中国计划出版社，2006.
[62] 付乐，佟慧超，郑宇等．简明特种结构设计施工资料集成．北京：中国电力出版社，2005.
[63] 刘航，张工文，李晨光，李明敬．大型污水处理工程预应力水池结构设计，第四届全国预应力结构理论与工程应用学术会议论文集，2006，12，上海．
[64] 张工文，刘航，李晨光，李明敬．大型污水处理工程预应力施工，建筑技术开发，2007，(10).
[65] 刘航，李晨光，白常举．体外预应力加固钢筋混凝土框架梁试验研究，建筑技术，1999，(12).

[66] 刘航，李晨光．体外预应力加固钢筋混凝土承重梁计算方法研究，第六届后张预应力学术交流会论文集，杭州，2000，(05).
[67] 李晨光，刘航．体外预应力加固钢筋混凝土框架梁试验研究和计算方法，结构工程师，2000 年增刊，第五届全国预应力结构理论及工程应用学术会议，上海，2000，12.
[68] 熊学玉，顾炜，雷丽英．体外预应力混凝土结构的预应力损失估算，工业建筑，2004，(07).
[69] 孔保林．体外预应力加固体系的预应力损失估算，河北建筑科技学院学报，2002，(03).
[70] 胡志坚，胡钊芳．实用体外预应力结构预应力损失估算方法，桥梁建设，2006，(01).
[71] 牛斌．体外预应力混凝土梁极限状态分析，土木工程学报，2000，33(3)：7～15.
[72] 张仲先，张耀庭．体外预应力混凝土梁体外筋应力增量的试验与研究，铁道工程学报，2003，No. 4，75～80.
[73] 王彤，王宗林，张树仁等．任意配筋条件下体外预应力混凝土简支梁极限分析，中国公路学报，2002，No. 2，61～67.
[74] 蓝宗建，庞同和，刘航等．部分预应力混凝土梁裂缝闭合性能的试验研究，建筑结构学报，1998 年第 1 期，33～40.
[75] J. M. 盖尔，W. 韦孚．杆系结构分析．边启光译．北京：中国水利电力出版社，1983．
[76] 蓝宗建，朱万福，黄德富．钢筋混凝土结构．南京：江苏科学技术出版社，1988.
[77] 杨晔．体外预应力混凝土桥梁抗剪承载力试验研究．同济大学硕士学位论文，2004.
[78] 李国平，沈殷．体外预应力混凝土简支梁抗剪承载力计算方法．土木工程学报，2007，(02).
[79] 秦杰，陈新礼，徐瑞龙．国家体育馆双向张弦节点设计与试验研究．北京：工业建筑，2007，(1).
[80] 徐瑞龙，秦杰，张然．国家体育馆双向张弦结构预应力施工技术，北京：施工技术，2007，(11).
[81] 王泽强，秦杰，徐瑞龙．2008 年奥运会羽毛球馆弦支穹顶结构预应力施工技术，北京：施工技术，2007，(11).
[82] 王泽强，秦杰，徐瑞龙．2008 年奥运会羽毛球馆弦支穹顶结构预应力施工技术，北京：施工技术，2007，(11).
[83] 周黎光，仝为民，杜彦凯．中国石油大厦双向张弦梁工程预应力施工技术，北京：施工技术，2008，3.
[84] 吕李青，仝为民，周黎光．2008 年奥运会乒乓球馆预应力施工技术，北京：施工技术，2007，(11).
[85] 吕李青，仝为民，周黎光．天津滨海国际会展中心(二期)预应力钢结构施工技术．施工技术，2008，(4).
[86] T. Y. Lin，NED H. Burns，Design of Prestressed Concrete Structures，Third Edition，John Wiley and Sons，New York，1981.
[87] David P. Billington，"Historical Perspective on Prestressed Concrete"，PCI Journal，January-February 2004，pp. 14-30.
[88] POST-TENSIONING MANUAL，SIXTH EDITION，By Post-tensioning Institute，U. S. A. 2006.
[89] Virlogeux，M. Nonlinear Analysis of Externally Prestressed Structures，Proceedings of the FIP Symposium，Jerusalem，Sept. 1998.
[90] M. H. Harajli. Strengthening of Concrete Beams by External Prestressing. PCI Journal V. 38，No. 6，Nov. －Dec. 1993.
[91] Angel C. Aparicio and Gonzalo Ramos. Flexural Strength of Externally Prestressed Concrete Bridges. ACI Structure Journal，V. 93，No. 5，Sept. -Oct. 1996.

# 17 钢结构工程

## 17.1 钢 结 构 材 料

### 17.1.1 建筑钢材的牌号

1. 常用建筑钢材分类

钢结构工程中使用的建筑钢材的类型见图 17-1。

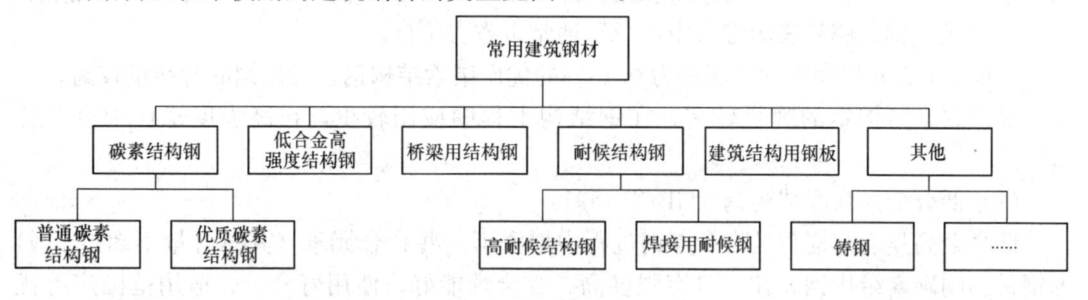


图 17-1 建筑钢材类型

2. 常用钢材牌号表示方法

《钢铁产品牌号表示方法》（GB/T 221）规定了上述主要建筑钢材牌号的表示原则。钢材牌号可集中表明钢材的主要力学性能、冶炼工艺及内在质量等。下面对钢结构工程中常用的建筑钢材牌号表示方法加以说明。

（1）碳素结构钢

碳素结构钢为碳素钢的一种，含碳量为 0.05%～0.70%，个别可高达 0.90%，有普通碳素结构钢与优质碳素结构钢两类。为保证其塑性、韧性及冷弯性能等，建筑钢结构工程中，主要采用低碳钢，其含碳量一般为 0.03%～0.25%。

1）普通碳素结构钢（GB/T 700）

普通碳素结构钢又称碳素结构钢。钢结构工程常用的普通碳素结构钢牌号通常由四部分按顺序组成：

第一部分：代表屈服强度的拼音字母“Q”。

第二部分：屈服强度数值（以 $N/mm^2$ 或 MPa 为单位）。

第三部分（必要时）：代表质量等级的符号，用字母 A、B、C、D……表示，A 为最低等级，随字母顺序级别依次升高。

第四部分（必要时）：代表脱氧方法的符号，“F”表示沸腾钢，“Z”表示镇静钢，“TZ”表示特殊镇静钢。牌号表示方法中，“Z”及“TZ”通常可省去不标。

例如：Q235AF代表屈服强度为235N/mm²、质量等级为A级的沸腾钢。

《碳素结构钢》（GB/T 700）规定的普通碳素钢牌号有Q195、Q215、Q235、Q275等，其中Q195钢不设质量等级，Q215钢设A、B两等级，Q235及Q275钢设A、B、C、D四等级。工程中应用最广泛的是Q235钢。

2）优质碳素结构钢（GB/T 699）

优质碳素钢是为满足不同的加工要求，而赋予相应性能的碳素钢。其钢质纯净，杂质少，力学性能好。根据含锰量分为普通含锰量（小于0.80%）和较高含锰量（0.80%～1.20%）两组。

优质碳素结构钢牌号通常由四部分按顺序组成：

第一部分：代表钢材中的平均碳含量（以万分之几计），以两位阿拉伯数字表示。

第二部分（必要时）：当钢材的含锰量较高时，加锰元素符号Mn。

第三部分（必要时）：代表优质钢的冶金质量等级，优质钢不加字母，高级优质钢、特级优质钢分别以字母A、E表示。

第四部分（必要时）：代表脱氧方法的符号，“F”表示沸腾钢，“b”表示半镇静钢，“Z”表示镇静钢。牌号表示方法中，“Z”通常可省去不标。

例如：15Mn代表平均含碳量为0.15%的优质碳素结构钢，且该钢的含锰量较高。

优质碳素结构钢的牌号较多，在钢结构工程中应用较少，在高强度螺栓中有部分应用。

(2) 低合金高强度结构钢（GB/T 1591）

低合金高强度结构钢是指在炼钢过程中增添了一些合金元素（其总含量不超过5%）的钢材。同碳素结构钢相比，具有强度高、综合性能好、使用寿命长、适用范围广等优点，尤其在大跨度或重负载结构中其优点更为突出，一般可比碳素结构钢节约20%左右的用钢量。

低合金高强度结构钢的牌号表示方法与普通碳素结构钢基本一致，即由代表屈服强度的拼音字母“Q”、屈服强度数值、质量等级符号（A、B、C、D、E，A表示最低级别，E表示最高级别）等按顺序排列表示。对于具有厚度方向性能要求的钢板，则在上述规定牌号后加上代表厚度方向（Z向）性能级别的符号。

例如：Q345DZ15代表屈服强度为345N/mm²、质量等级为D级且厚度方向性能级别为Z15级的低合金高强度结构钢。

低合金高强度结构钢的牌号共有Q345、Q390、Q420、Q460、Q500、Q550、Q620、Q690八种，其中Q345、Q390、Q420均设置A、B、C、D、E五种质量等级，其余牌号钢仅设置C、D、E三种质量等级，体现了对高强度结构钢质量上的高要求。

(3) 桥梁用结构钢（GB/T 714）

《桥梁用结构钢》（GB/T 714）为桥梁建筑行业的专用标准，其规定的内容和技术要求一般都严于建筑钢结构。

桥梁用结构钢牌号的表示方法也与普通碳素结构钢基本一致，即由代表屈服强度的拼音字母“Q”、屈服强度数值、桥梁用结构钢的拼音字母“q”、质量等级符号（C、D、E）等按顺序组成。

例如：Q345qC代表屈服强度为345N/mm²、质量等级为C级的桥梁用结构钢。

桥梁用钢结构的牌号有 Q235q、Q345q、Q370q、Q420q 四种，其中 Q235q 设置 C、D 两种级别，Q345q、Q370q、Q420q 均设置 C、D、E 三种质量等级。

（4）耐候结构钢（GB/T 4171）

耐候钢为冶炼过程中加入少量特定合金元素（一般指 Cu、P、Cr、Ni 等），使之在金属基体表面上形成保护层，以提高钢材的耐腐蚀性能的钢种。包括高耐候结构钢和焊接用耐候钢两种。

耐候结构钢的牌号由代表屈服强度的拼音字母“Q”、屈服强度数值、“高耐候”或“耐候”的拼音字母“GNH”或“NH”、质量等级符号（A、B、C、D、E）等按顺序组成。

例如：Q355GNHC 代表屈服强度为 355N/mm$^2$、质量等级为 C 级的高耐候结构钢。

高耐候结构钢牌号有：Q295GNH、Q355GNH、Q265GNH、Q310GNH 等；焊接用耐候钢牌号有：Q235NH、Q295NH、Q355NH、Q415NH、Q460NH、Q500NH、Q550NH 等。

（5）建筑结构用钢板（GB/T 19879）

建筑结构用钢板主要适用于高层建筑结构、大跨度结构及其他重要建筑结构。除此以外的一般建筑结构形式，由于对钢材性能要求并不突出，钢铁产品的通用标准一般已能满足要求。

建筑结构用钢板由代表屈服强度的拼音字母“Q”、屈服强度数值、代表高性能建筑结构用钢的拼音字母“GJ”、质量等级符号（B、C、D、E）等按顺序组成。对于具有厚度方向性能要求的钢板，则在上述规定牌号后加上代表厚度方向（Z 向）性能级别的符号。

例如：Q345GJCZ25 代表屈服强度为 345N/mm$^2$、质量等级为 C 级且厚度方向性能级别为 Z25 级的建筑结构用钢板。

建筑结构用钢板牌号有 Q235GJ、Q345GJ、Q390GJ、Q420GJ、Q460GJ 五种，其中 Q235GJ、Q345GJ 钢设有 B、C、D、E 四种质量等级，其余牌号钢仅设 C、D、E 三种质量等级。

（6）其他

铸钢（GB/T 11352）。

建筑钢结构，尤其在大跨度情况下，支座及构造复杂的节点，有时会采用铸钢。

铸钢牌号由代表铸钢的拼音字母“ZG”、该牌号铸钢的屈服强度最低值、该牌号铸钢的抗拉强度最低值三部分按顺序组成，并在两数值之间用“一”隔开。

例如：ZG230-450 代表最低屈服强度、最低抗拉强度分别为 230N/mm$^2$、450N/mm$^2$ 的铸钢。

一般工程用铸钢牌号有：ZG200-400、ZG230-450、ZG270-500、ZG310-570、ZG340-640 等。

3. 国内外常用牌号钢材对照

目前，国内部分大型钢结构工程采用国外进口钢材，表 17-1 为国内外常用建筑结构钢材的牌号对照。

国内外常用建筑结构钢材的牌号对照　表 17-1

| 品　名 | 中国 GB | 美国 ASTM | 日本 JIS | 德国 DIN、DIN EN | 英国 BS、BS EN | 法国 NFA、NF EN | 国际标准化组织 ISO630 |
|---|---|---|---|---|---|---|---|
| | 牌　号 | | | | | | |
| 普通碳素结构钢 | Q215A | Gr. C<br>Gr. 58 | SS330<br>SPHC | — | 040A12 | — | — |
| | Q235A | Gr. D | SS400<br>SM400A | — | 080A15 | — | E235B |
| | Q235B | Gr. D | SS400<br>SM400A | S235JR<br>S235JRG1<br>S235JRG2 | S235JR<br>S235JRG1<br>S235JRG2 | S235JR<br>S235JRG1<br>S235JRG2 | E235B |
| | Q255A | — | SS400<br>SM400A | — | — | — | — |
| | Q275 | — | SS490 | — | — | — | E275A |
| 优质碳素结构钢 | 15 | 1015 | S15C<br>S17C | CK15<br>Fe360B | 08M15 | XC12<br>Fe306B | C15E4 |
| | 20 | 1020 | S20C<br>S22C | C22 | IC22 | C22 | — |
| | 15Mn | 1019 | — | — | 080A15 | — | — |
| 低合金高强度结构钢 | Q345C | Gr. 50<br>Gr. A<br>Gr. C，Gr. D<br>A808M | SPPC590 | S335J0 | S335J0 | S335J0 | E355DD |
| | Q345E | Type7<br>Gr. 50 | SPPC590 | S355NL<br>S355ML | S355NL<br>S355ML | S355NL<br>S355ML | E355E<br>E355DD |
| | Q420B | Gr. 60<br>Gr. E | SEV295<br>SEV345 | S420NL<br>S420ML | S420NL<br>S420ML | S420NL<br>S420ML | S420C<br>E420CC |
| | Q420C | Gr. B<br>Type7 | SEV295<br>SEV345 | S420NL<br>S420ML | S420NL<br>S420ML | S420NL<br>S420ML | HS420D<br>E420DD |
| | Q460D | Gr. 65 | SM570<br>SMA570W<br>SMA570P | S460NL<br>S460ML | S460NL<br>S460ML | S460NL<br>S460ML | E460DD<br>F460E |

## 17.1.2　常用钢材的化学成分和机械性能

### 17.1.2.1　钢材的化学成分

1. 碳素结构钢及低合金高强度结构钢

表 17-2 为常用碳素结构钢的化学成分（GB/T 700），表 17-3 为常用低合金高强度结构钢的化学成分（GB/T 1591）。

**常用碳素结构钢的化学成分（熔炼分析）　　表 17-2**

<table>
<tr><th rowspan="2">牌号</th><th rowspan="2">统一代号①</th><th rowspan="2">等　级</th><th colspan="5">化学成分（质量分数,%），不大于</th><th rowspan="2">脱氧方法</th></tr>
<tr><th>C</th><th>Si</th><th>Mn</th><th>P</th><th>S</th></tr>
<tr><td rowspan="2">Q215</td><td>U12152</td><td>A</td><td rowspan="2">0.15</td><td rowspan="2">0.35</td><td rowspan="2">1.20</td><td rowspan="2">0.045</td><td>0.050</td><td rowspan="2">F、Z</td></tr>
<tr><td>U12155</td><td>B</td><td>0.045</td></tr>
<tr><td rowspan="4">Q235</td><td>U12352</td><td>A</td><td>0.22</td><td rowspan="4">0.35</td><td rowspan="4">1.4</td><td rowspan="2">0.045</td><td>0.050</td><td rowspan="2">F、Z</td></tr>
<tr><td>U12355</td><td>B</td><td>0.20②</td><td>0.045</td></tr>
<tr><td>U12358</td><td>C</td><td rowspan="2">0.17</td><td>0.040</td><td>0.040</td><td>Z</td></tr>
<tr><td>U12359</td><td>D</td><td>0.035</td><td>0.035</td><td>TZ</td></tr>
<tr><td rowspan="4">Q275</td><td>U12752</td><td>A</td><td>0.24</td><td rowspan="4">0.35</td><td rowspan="4">1.50</td><td rowspan="2">0.045</td><td>0.050</td><td>F、Z</td></tr>
<tr><td>U12755</td><td>B</td><td>(0.21～0.22)③</td><td>0.045</td><td>Z</td></tr>
<tr><td>U12758</td><td>C</td><td rowspan="2">0.20</td><td>0.040</td><td>0.040</td><td>Z</td></tr>
<tr><td>U12759</td><td>D</td><td>0.035</td><td>0.035</td><td>TZ</td></tr>
</table>

① 表中为镇静钢、特殊镇静钢牌号的统一数字，沸腾钢牌号的统一数字代号如下：

Q195F——U11950；Q215AF——U12150，Q215BF——U12153；Q235AF——U12350，Q235BF——U12353；Q275AF——U12750。

② 经需方同意，Q235B 的碳含量可不大于 0.22%。

③ 当钢材的厚度（或直径）不大于 40mm 时，碳含量不大于 0.21%；当钢材的厚度（或直径）大于 40mm 时，碳含量不大于 0.22%。

**常用低合金高强度结构钢的化学成分（熔炼分析）　　表 17-3**

<table>
<tr><th rowspan="3">牌号</th><th rowspan="3">质量等级</th><th colspan="15">化学成分①②（质量分数,%）</th></tr>
<tr><th rowspan="2">C</th><th rowspan="2">Si</th><th rowspan="2">Mn</th><th>P</th><th>S</th><th>Nb</th><th>V</th><th>Ti</th><th>Cr</th><th>Ni</th><th>Cu</th><th>N</th><th>Mo</th><th>B</th><th>Als</th></tr>
<tr><th colspan="11">不大于</th><th>不小于</th></tr>
<tr><td rowspan="5">Q345</td><td>A</td><td rowspan="3">≤0.20</td><td rowspan="5">≤0.50</td><td rowspan="5">≤1.70</td><td>0.035</td><td>0.035</td><td rowspan="5">0.07</td><td rowspan="5">0.15</td><td rowspan="5">0.20</td><td rowspan="5">0.30</td><td rowspan="5">0.50</td><td rowspan="5">0.30</td><td rowspan="5">0.012</td><td rowspan="5">0.10</td><td rowspan="5">—</td><td rowspan="2">—</td></tr>
<tr><td>B</td><td>0.035</td><td>0.035</td></tr>
<tr><td>C</td><td>0.030</td><td>0.030</td><td rowspan="3">0.015</td></tr>
<tr><td>D</td><td rowspan="2">≤0.18</td><td>0.030</td><td>0.025</td></tr>
<tr><td>E</td><td>0.025</td><td>0.020</td></tr>
<tr><td rowspan="5">Q390</td><td>A</td><td rowspan="5">≤0.20</td><td rowspan="5">≤0.50</td><td rowspan="5">≤1.70</td><td>0.035</td><td>0.035</td><td rowspan="5">0.07</td><td rowspan="5">0.20</td><td rowspan="5">0.20</td><td rowspan="5">0.30</td><td rowspan="5">0.50</td><td rowspan="5">0.30</td><td rowspan="5">0.015</td><td rowspan="5">0.10</td><td rowspan="5">—</td><td rowspan="2">—</td></tr>
<tr><td>B</td><td>0.035</td><td>0.035</td></tr>
<tr><td>C</td><td>0.030</td><td>0.030</td><td rowspan="3">0.015</td></tr>
<tr><td>D</td><td>0.030</td><td>0.025</td></tr>
<tr><td>E</td><td>0.025</td><td>0.020</td></tr>
<tr><td rowspan="5">Q420</td><td>A</td><td rowspan="5">≤0.20</td><td rowspan="5">≤0.50</td><td rowspan="5">≤1.70</td><td>0.035</td><td>0.035</td><td rowspan="5">0.07</td><td rowspan="5">0.20</td><td rowspan="5">0.20</td><td rowspan="5">0.30</td><td rowspan="5">0.80</td><td rowspan="5">0.30</td><td rowspan="5">0.015</td><td rowspan="5">0.20</td><td rowspan="5">—</td><td rowspan="2">—</td></tr>
<tr><td>B</td><td>0.035</td><td>0.035</td></tr>
<tr><td>C</td><td>0.030</td><td>0.030</td><td rowspan="3">0.015</td></tr>
<tr><td>D</td><td>0.030</td><td>0.025</td></tr>
<tr><td>E</td><td>0.025</td><td>0.020</td></tr>
<tr><td rowspan="3">Q460</td><td>C</td><td rowspan="3">≤0.20</td><td rowspan="3">≤0.60</td><td rowspan="3">≤1.80</td><td>0.030</td><td>0.030</td><td rowspan="3">0.11</td><td rowspan="3">0.20</td><td rowspan="3">0.20</td><td rowspan="3">0.30</td><td rowspan="3">0.80</td><td rowspan="3">0.55</td><td rowspan="3">0.015</td><td rowspan="3">0.20</td><td rowspan="3">0.004</td><td rowspan="3">0.015</td></tr>
<tr><td>D</td><td>0.030</td><td>0.025</td></tr>
<tr><td>E</td><td>0.025</td><td>0.020</td></tr>
</table>

① 型材及棒材 P、S 含量可提高 0.005%，其中 A 级钢上限可为 0.045%。

② 当细化晶粒元素组合加入时，20(Nb+V+Ti)≤0.22%，20(Mo+Cr)≤0.30%。

2. 建筑结构用钢板

根据《建筑结构用钢板》(GB/T 19879)，建筑结构用钢板的化学成分见表 17-4。

**建筑结构用钢板的化学成分　　　表 17-4**

| 牌号 | 质量等级 | 厚度 (mm) | 化学成分（质量分数，%） | | | | | | | | | | | |
|---|---|---|---|---|---|---|---|---|---|---|---|---|---|---|
| | | | C | Si | Mn | P | S | V | Nb | Ti | Als | Cr | Cu | Ni |
| Q235GJ | B | 6～100 | ≤0.20 | ≤0.35 | 0.60～1.20 | ≤0.025 | ≤0.015 | — | — | — | ≥0.015 | ≤0.30 | ≤0.30 | ≤0.30 |
| | C | | | | | | | | | | | | | |
| | D | | ≤0.18 | | | ≤0.020 | | | | | | | | |
| | E | | | | | | | | | | | | | |
| Q345GJ | B | 6～100 | ≤0.20 | ≤0.55 | ≤1.60 | ≤0.025 | ≤0.015 | 0.020～0.150 | 0.015～0.060 | 0.010～0.030 | ≥0.015 | ≤0.30 | ≤0.30 | ≤0.30 |
| | C | | | | | | | | | | | | | |
| | D | | ≤0.18 | | | ≤0.020 | | | | | | | | |
| | E | | | | | | | | | | | | | |
| Q390GJ | C | 6～100 | ≤0.20 | ≤0.55 | ≤1.60 | ≤0.025 | ≤0.015 | 0.020～0.200 | 0.015～0.060 | 0.010～0.030 | ≥0.015 | ≤0.30 | ≤0.30 | ≤0.70 |
| | D | | ≤0.18 | | | ≤0.020 | | | | | | | | |
| | E | | | | | | | | | | | | | |
| Q420GJ | C | 6～100 | ≤0.20 | ≤0.55 | ≤1.60 | ≤0.025 | ≤0.015 | 0.020～0.200 | 0.015～0.060 | 0.010～0.030 | ≥0.015 | ≤0.40 | ≤0.30 | ≤0.70 |
| | D | | ≤0.18 | | | ≤0.020 | | | | | | | | |
| | E | | | | | | | | | | | | | |
| Q460GJ | C | 6～100 | ≤0.20 | ≤0.55 | ≤1.60 | ≤0.025 | ≤0.015 | 0.020～0.200 | 0.015～0.060 | 0.010～0.030 | ≥0.015 | ≤0.40 | ≤0.30 | ≤0.70 |
| | D | | ≤0.18 | | | ≤0.020 | | | | | | | | |
| | E | | | | | | | | | | | | | |

### 17.1.2.2　钢材的机械性能

1. 碳素结构钢及低合金高强度结构钢

表 17-5 为常用碳素结构钢的抗拉强度、冲击韧性等机械性能，表 17-6 为常用低合金高强度结构钢的机械性能。

**常用碳素结构钢的机械性能　　　表 17-5**

| 牌号 | 质量等级 | 屈服强度 $R_{eH}$ ($N/mm^2$)，不小于 | | | | | | 抗拉强度① $R_m$ ($N/mm^2$) | 断后伸长率 $A$ (%)，不小于 | | | | | 冲击试验（V 型缺口） | |
|---|---|---|---|---|---|---|---|---|---|---|---|---|---|---|---|
| | | 厚度（或直径，mm） | | | | | | | 厚度（或直径，mm） | | | | | 温度 (℃) | 冲击吸收功（纵向，J），不小于 |
| | | ≤16 | >16～40 | >40～60 | >60～100 | >100～150 | >150～200 | | ≤40 | >40～60 | >60～100 | >100～150 | >150～200 | | |
| Q215 | A | 215 | 205 | 195 | 185 | 175 | 165 | 335～450 | 31 | 30 | 29 | 27 | 26 | — | — |
| | B | | | | | | | | | | | | | 20 | 27 |
| Q235 | A | 235 | 225 | 215 | 215 | 195 | 185 | 370～500 | 26 | 25 | 24 | 22 | 21 | — | — |
| | B | | | | | | | | | | | | | 20 | 27② |
| | C | | | | | | | | | | | | | 0 | |
| | D | | | | | | | | | | | | | −20 | |
| Q275 | A | 275 | 265 | 255 | 245 | 225 | 215 | 410～540 | 22 | 21 | 20 | 18 | 17 | — | — |
| | B | | | | | | | | | | | | | 20 | 27 |
| | C | | | | | | | | | | | | | 0 | |
| | D | | | | | | | | | | | | | −20 | |

① 厚度大于 100mm 的钢材，抗拉强度下限允许降低 $20N/mm^2$。宽带钢（包括剪切钢板）抗拉强度上限不作为交货条件。

② 厚度小于 25mm 的 Q235B 级钢材，如供方能保证冲击吸收值合格，经需方同意，可不作检验。

**常用低合金高强度结构钢的机械性能** 表 17-6

<table>
<tr><th rowspan="4">牌号</th><th rowspan="4">质量等级</th><th colspan="17">拉伸试验①②③</th><th colspan="4">夏比（V型）冲击试验</th><th colspan="3">弯曲试验</th></tr>
<tr><th colspan="9" rowspan="2">以下公称厚度（直径，边长）下屈服强度 $R_{eL}$（MPa）</th><th colspan="3" rowspan="2">以下公称厚度（直径，边长）下抗拉强度 $R_m$（MPa）</th><th colspan="5">断后伸长率 $A$（%）</th><th rowspan="3">试验温度（℃）</th><th colspan="3">冲击吸收能量 $KV_2$④（J）</th><th rowspan="3">试样方向</th><th colspan="2">180°弯曲试验【$d$=弯心直径，$h$=试样厚度（直径）】</th></tr>
<tr><th colspan="5">公称厚度（直径，边长）</th><th colspan="3">公称厚度（直径，边长）</th><th colspan="2">钢材厚度（直径，边长）</th></tr>
<tr><th>≤16mm</th><th>>16～40mm</th><th>>40～63mm</th><th>>63～80mm</th><th>>80～100mm</th><th>>100～150mm</th><th>>150～200mm</th><th>>200～250mm</th><th>>250～400mm</th><th>≤150mm</th><th>150～250mm</th><th>250～400mm</th><th>≤40mm</th><th>>40～100mm</th><th>>100～150mm</th><th>>150～250mm</th><th>>250～400mm</th><th>12～150mm</th><th>>150～250mm</th><th>>250～400mm</th><th>≤16mm</th><th>>16～100mm</th></tr>
<tr><td rowspan="5">Q345</td><td>A</td><td rowspan="5">≥345</td><td rowspan="5">≥335</td><td rowspan="5">≥325</td><td rowspan="5">≥315</td><td rowspan="5">≥305</td><td rowspan="5">≥285</td><td rowspan="5">≥275</td><td rowspan="5">≥265</td><td rowspan="3">—</td><td rowspan="5">450～630</td><td rowspan="5">450～600</td><td rowspan="3">—</td><td rowspan="2">≥20</td><td rowspan="2">≥19</td><td rowspan="2">≥18</td><td rowspan="2">≥17</td><td rowspan="3">—</td><td>—</td><td>—</td><td>—</td><td>—</td><td rowspan="17">宽度不小于600mm的扁平材，拉伸试验取横向试样。宽度小于600mm的扁平材、型材及棒材取纵向试样</td><td rowspan="17">2h</td><td rowspan="17">3h</td></tr>
<tr><td>B</td><td>20</td><td rowspan="4">≥34</td><td rowspan="4">≥27</td><td rowspan="2">—</td></tr>
<tr><td>C</td><td rowspan="3">≥21</td><td rowspan="3">≥20</td><td rowspan="3">≥19</td><td rowspan="3">≥18</td><td>0</td></tr>
<tr><td>D</td><td rowspan="2">≥265</td><td rowspan="2">450～600</td><td rowspan="2">≥17</td><td>−20</td><td rowspan="2">27</td></tr>
<tr><td>E</td><td>−40</td></tr>
<tr><td rowspan="5">Q390</td><td>A</td><td rowspan="5">≥390</td><td rowspan="5">≥370</td><td rowspan="5">≥350</td><td rowspan="5">≥330</td><td rowspan="5">≥330</td><td rowspan="5">≥310</td><td rowspan="5">—</td><td rowspan="5">—</td><td rowspan="5">—</td><td rowspan="5">470～650</td><td rowspan="5">—</td><td rowspan="5">—</td><td rowspan="5">≥20</td><td rowspan="5">≥19</td><td rowspan="5">≥18</td><td rowspan="5">—</td><td rowspan="5">—</td><td>—</td><td>—</td><td>—</td><td rowspan="5">—</td></tr>
<tr><td>B</td><td>20</td><td rowspan="4">≥34</td><td rowspan="4">—</td></tr>
<tr><td>C</td><td>0</td></tr>
<tr><td>D</td><td>−20</td></tr>
<tr><td>E</td><td>−40</td></tr>
<tr><td rowspan="5">Q420</td><td>A</td><td rowspan="5">≥420</td><td rowspan="5">≥400</td><td rowspan="5">≥380</td><td rowspan="5">≥360</td><td rowspan="5">≥360</td><td rowspan="5">≥340</td><td rowspan="5">—</td><td rowspan="5">—</td><td rowspan="5">—</td><td rowspan="5">500～680</td><td rowspan="5">—</td><td rowspan="5">—</td><td rowspan="5">≥19</td><td rowspan="5">≥18</td><td rowspan="5">≥18</td><td rowspan="5">—</td><td rowspan="5">—</td><td>—</td><td>—</td><td rowspan="5">—</td><td rowspan="5">—</td></tr>
<tr><td>B</td><td>20</td><td rowspan="4">≥34</td></tr>
<tr><td>C</td><td>0</td></tr>
<tr><td>D</td><td>−20</td></tr>
<tr><td>E</td><td>−40</td></tr>
<tr><td rowspan="3">Q460</td><td>C</td><td rowspan="3">≥460</td><td rowspan="3">≥440</td><td rowspan="3">≥420</td><td rowspan="3">≥400</td><td rowspan="3">≥400</td><td rowspan="3">≥380</td><td rowspan="3">—</td><td rowspan="3">—</td><td rowspan="3">—</td><td rowspan="3">530～720</td><td rowspan="3">—</td><td rowspan="3">—</td><td rowspan="3">≥17</td><td rowspan="3">≥16</td><td rowspan="3">≥16</td><td rowspan="3">—</td><td rowspan="3">—</td><td>0</td><td rowspan="3">≥34</td><td rowspan="3">—</td><td rowspan="3">—</td></tr>
<tr><td>D</td><td>−20</td></tr>
<tr><td>E</td><td>−40</td></tr>
</table>

① 当屈服不明显时，可测量 $R_{p0.2}$ 代替下屈服强度。

② 宽度不小于 600mm 的扁平材，拉伸试验取横向试样；宽度小于 600mm 的的扁平材、型材及棒材取纵向试样，断后伸长率最小值相应提高 1%（绝对值）。

③ 厚度>250～400mm 的数值适用于扁平材。

④ 冲击试验取纵向试样。

2. 建筑结构用钢板

建筑结构用钢板的机械性能见表 17-7。

**建筑结构用钢板的机械性能　　表 17-7**

| 牌号 | 质量等级 | 屈服强度 $R_{eH}$（N/mm²） | | | | 抗拉强度 $R_M$（N/mm²） | 伸长率 $A$（%） | 冲击功（纵向）$A_{kv}$（J） | | 180°弯曲试验 $d$=弯心直径 $a$=试样厚度 | | 屈强比 $R_{eH}/R_M$ |
|---|---|---|---|---|---|---|---|---|---|---|---|---|
| | | 钢板厚度（mm） | | | | | | | | 钢板厚度（mm） | | |
| | | 6～16 | ＞16～35 | ＞35～50 | ＞50～100 | | ≥ | 温度（℃） | ≥ | ≤16 | ＞16 | ≤ |
| Q235GJ | B | ≥235 | 235～355 | 225～345 | 215～335 | 400～510 | 23 | 20 | 34 | $d=2a$ | $d=3a$ | 0.80 |
| | C | | | | | | | 0 | | | | |
| | D | | | | | | | −20 | | | | |
| | E | | | | | | | −40 | | | | |
| Q345GJ | B | ≥345 | 345～460 | 335～455 | 325～445 | 490～610 | 22 | 20 | 34 | $d=2a$ | $d=3a$ | 0.83 |
| | C | | | | | | | 0 | | | | |
| | D | | | | | | | −20 | | | | |
| | E | | | | | | | −40 | | | | |
| Q390GJ | C | ≥390 | 390～510 | 380～500 | 370～490 | 490～650 | 20 | 0 | 34 | $d=2a$ | $d=3a$ | 0.85 |
| | D | | | | | | | −20 | | | | |
| | E | | | | | | | −40 | | | | |
| Q420GJ | C | ≥420 | 420～550 | 410～540 | 400～530 | 520～680 | 19 | 0 | 34 | $d=2a$ | $d=3a$ | 0.85 |
| | D | | | | | | | −20 | | | | |
| | E | | | | | | | −40 | | | | |
| Q460GJ | C | ≥460 | 460～600 | 450～590 | 440～580 | 550～720 | 17 | 0 | 34 | $d=2a$ | $d=3a$ | 0.85 |
| | D | | | | | | | −20 | | | | |
| | E | | | | | | | −40 | | | | |

注：1. 拉伸试样采用系数为 5.65 的比例试样；

2. 伸长率按有关标准进行换算时，表中伸长率 $A$=17%，与 $A_{gmm}$=20%相当。

## 17.1.3　建筑钢材的选择与代用

### 17.1.3.1　结构钢材的选择

为保证结构的承载能力和防止在一定条件下出现脆性破坏，结构钢材的选用应根据结构的重要性、荷载特性、结构形式、应力状态、连接方法、钢材厚度和工作环境等因素综合考虑，选用合适的钢材牌号和材性。表 17-8 为结构钢材的一般选用原则。

**结构钢材的选用原则　　表 17-8**

<table>
<tr><th colspan="2" rowspan="2">结构受力情况</th><th rowspan="2">结构类型</th><th rowspan="2">工作温度 $T$</th><th colspan="2">选用钢材</th></tr>
<tr><th>焊接结构</th><th>非焊接结构</th></tr>
<tr><td rowspan="8">直接承受动力荷载或振动荷载的结构</td><td rowspan="3">需要计算疲劳的结构</td><td rowspan="3">特重级和重级工作制吊车梁，重级和中级工作制吊车桁架，工作繁重且扰力较大的动力设备的支承结构或其他类似结构等需要验算疲劳者，以及吊车起重量 $Q \geqslant 50$t 的中级工作制吊车梁</td><td>$T \leqslant -20$℃</td><td>Q235-D Q345-D Q390-E Q420-E</td><td>Q235-C Q345-C Q390-D Q420-D</td></tr>
<tr><td>$T > -20$℃～0℃</td><td>Q235-C Q345-C Q390-D Q420-D</td><td rowspan="2">Q235-B. F Q345-B Q390-B Q420-B</td></tr>
<tr><td>$T > 0$℃</td><td>Q235-B Q345-B Q390-B Q420-B</td></tr>
<tr><td rowspan="5">不需要计算疲劳的结构</td><td rowspan="3">吊车起重量 $Q > 50$t 的轻级工作制吊车桁架，跨度 $L \geqslant 24$m、$Q < 50$t 的中级工作制吊车梁（或轻级工作制吊车桁架）以及其他跨度较大的类似结构</td><td>$T \leqslant -20$℃</td><td>Q235-C Q345-C Q390-D Q420-D</td><td>Q235-B. F Q345-D Q390-B Q420-B</td></tr>
<tr><td>$T > -20$℃～0℃</td><td>Q235-B Q345-B Q390-C Q420-C</td><td rowspan="2">Q235-A. F Q345-A Q390-A Q420-A</td></tr>
<tr><td>$T > 0$℃</td><td>Q235-B. F Q345-B Q390-B Q420-B</td></tr>
<tr><td rowspan="2">$L < 24$m、$Q < 50$t 的中级工作制吊车梁（或轻级工作制吊车桁架）、轻级工作制吊车梁，单轨吊车梁。悬挂式吊车梁或其他跨度较小的类似结构</td><td>$T \leqslant -20$℃</td><td>Q235-B Q345-B Q390-C Q420-C</td><td rowspan="2">Q235-A. F Q345-A Q390-A Q420-A</td></tr>
<tr><td>$T > -20$℃</td><td>Q235-B. F Q345-B Q390-B Q420-B</td></tr>
<tr><td rowspan="8">承受静载或间接承受动力荷载的结构</td><td rowspan="2">厚度大于16mm 的重要的受拉和受弯杆件</td><td rowspan="2">张拉结构的拉杆、大跨度屋盖结构、塔桅结构、高烟囱、跨度 $L \geqslant 30$m 的屋架（屋面梁）、桁架和 $L \geqslant 24$m 的托架（托梁），高层建筑的框架结构和柱间支撑，耗能梁或其他类似结构</td><td>$T \leqslant -20$℃</td><td>Q235-B Q345-B Q235-C Q345-C Q390-B Q420-B Q390-C Q420-C</td><td>Q235-B. F Q345-B Q390-B Q420-B</td></tr>
<tr><td>$T > -20$℃</td><td>Q235-B Q345-B Q390-B Q420-B</td><td>Q235-A. F Q345-A Q390-A Q420-A</td></tr>
<tr><td rowspan="2">主要的或工作条件较差的承重结构</td><td rowspan="2">大、中型单层厂房，多层建筑的框架结构，高大的支架，跨度不大的桁架，楼、屋盖梁，重型平台梁，贮仓、漏斗，贮罐以及柱间支撑等</td><td>$T \leqslant -30$℃</td><td>Q235-B Q345-B Q390-B Q420-B</td><td rowspan="2">Q235-A. F Q345-A Q390-A Q420-A</td></tr>
<tr><td>$T > -30$℃</td><td>Q235-B. F Q345-A Q390-A Q345-B Q390-B Q420-A Q420-B</td></tr>
<tr><td rowspan="2">一般承重结构</td><td rowspan="2">小型建筑的承重骨架、大窗、檩条，柱间支撑，支柱，一般支架等</td><td>$T \leqslant -30$℃</td><td>Q235-B Q345-A Q345-B</td><td rowspan="2">Q235-A. F Q345-A</td></tr>
<tr><td>$T > -30$℃</td><td>Q235-B. F Q345-A</td></tr>
<tr><td rowspan="2">辅助结构</td><td rowspan="2">辅助结构，如墙架结构、一般工作平台、过道平台、楼梯、栏杆、支撑以及由构造决定的其他次要构件</td><td>$T \leqslant -30$℃</td><td>Q235-B</td><td rowspan="2">Q235-A. F</td></tr>
<tr><td>$T > -30$℃</td><td>Q235-B. F</td></tr>
</table>

注：1. 在 $T \leqslant -20$℃的寒冷地区，为提高抗脆能力，表中对某些构件适当提高了钢材的质量等级，如不需要验算疲劳的跨度较大的非焊接吊车梁和受静载的主要用于一般承重结构中的低合金高强度结构钢；

2. 表中钢号标有两个质量等级处表示当有条件时宜采用较高的质量等级；

3. 对 A8 级吊车的吊车梁可采用桥梁用结构钢；

4. 在高烈度地震区的钢结构或类似结构可视具体情况适当提高钢材的质量等级。

### 17.1.3.2　对钢材性能的要求

《钢结构设计规范》(GB 50017) 规定：

(1) 承重结构的钢材宜采用Q235钢、Q345钢、Q390钢、Q420钢，其质量应分别符合《碳素结构钢》(GB/T 700) 和《低合金高强度结构钢》(GB/T 1591) 的规定。采用其他牌号钢材时，尚应符合相关标准的规定和要求。

(2) 承重结构采用的钢材应具有抗拉强度，伸长率，屈服强度和硫、磷含量的合格证明，对于焊接结构尚应具有碳含量的合格保证。焊接承重结构以及重要的非焊接承重结构采用的钢材应具有冷弯试验的合格保证。

(3) 对于需要验算疲劳的焊接结构钢材，应具有常温冲击韧性的合格保证。当结构工作温度不高于0℃但高于－20℃时，Q235钢和Q345钢应具有0℃冲击韧性的合格保证；对Q390钢和Q420钢应具有－20℃的冲击韧性的合格保证。当结构工作温度不高于－20℃时，对Q235钢和Q345钢应具有－20℃冲击韧性的合格保证；对Q390钢和Q420钢应具有－40℃的冲击韧性的合格保证。

(4) 对于需要验算疲劳的非焊接结构的钢材亦应具有常温冲击韧性的合格保证。当结构工作温度不高于－20℃时，对Q235钢和Q345钢应具有0℃冲击韧性的合格保证；对Q390钢和Q420钢应具有－20℃的冲击韧性的合格保证。

(5) 钢铸件采用的铸钢材质应符合《一般工程用铸造碳钢件》(GB/T 11352) 的规定。

(6) 当焊接承重结构为防止钢材的层状撕裂而采用Z向钢时，其材质应符合《厚度方向性能钢板》(GB/T 5313) 的规定。

(7) 对采用外露环境，且对耐腐蚀有特殊要求的或在腐蚀性气态和固态介质作用下的承重结构，宜采用耐候钢，其质量要求应符合《耐候结构钢》(GB/T 4171) 的规定。

《高层民用建筑钢结构技术规程》(JGJ 99) 规定：

(1) 高层建筑钢结构的钢材，宜采用Q235等级为B、C、D的碳素结构钢，以及Q345等级为B、C、D、E的低合金高强度结构钢。其质量标准应分别符合《碳素结构钢》(GB/T 700) 和《低合金高强度结构钢》(GB/T 1591) 的规定。当有可靠根据时，可采用其他牌号的钢材。

(2) 承重结构的钢材应保证抗拉强度、伸长率、屈服点、冷弯试验、冲击韧性合格和硫、磷含量符合限值。对焊接结构尚应保证碳含量符合限值。

(3) 抗震结构钢材的强屈比不应小于1.2；应有明显的屈服台阶；伸长率应大于20%；应有良好的可焊性。

(4) 承重结构处于外露情况和低温环境时，其钢材性能尚应符合耐大气腐蚀和避免低温冷脆的要求。

(5) 采用焊接连接的节点，当板厚等于或大于50mm，并承受沿板厚方向的拉力作用时，应按《厚度方向性能钢板》(GB/T 5313) 的规定附加板厚方向的断面收缩率，并不得小于该标准Z15级规定的允许值。

(6) 高层建筑钢结构采用的钢材强度设计值，按《高层民用建筑钢结构技术规程》(JGJ 99) 的规定采用。

(7) 钢材的物理性能，应按《钢结构设计规范》(GB 50017) 的规定采用。高层建筑钢结构的设计和钢材订货文件中，应注明所采用钢材的牌号、等级和对Z向性能的附加保证要求。

**17.1.3.3 钢材的代用和变通办法**

钢结构应按照上述17.1.3.1及17.1.3.2的要求选择钢材的牌号，并提出对钢材的性能要求，施工单位不可随意更改或代用。因钢材规格供应短缺或其他原因必须代用时，必须与设计单位共同研究确定，并办理书面代用手续后方可实施代用，以下为钢材代用的一般原则。

(1) 以高强度钢代替低强度钢时，应力求经济合理，并应综合考察代用钢材的性能，如塑性、韧性、可焊性等，是否满足要求。

(2) 低强度钢原则上不可代替高强度钢。必须代用时，需重新计算确定钢材的材质和规格，并须经原设计单位同意。

(3) 钢材机械性能所需的保证项目仅有一项不合格者，可按以下原则处理：

1) A级普通碳素结构钢当冷弯性能合格时，抗拉强度的上限值可以不作为交货条件。

2) 普通碳素结构钢、低合金高强度结构钢及建筑结构用钢板冲击功值按一组3个试样单值的算术平均值计算，允许其中1个试样单值低于规定值，但不得低于规定值的70%。否则，可以从同一抽样产品上再取3个试样进行试验，先后6个试样的平均值不得低于规定值，允许有2个试样低于规定值，但其中低于规定值70%的试样只允许有1个。

3) 耐候结构钢冲击功值按一组3个试样单值的算术平均值计算，允许其中1个试样单值低于规定值，但不得低于规定值的70%。

## 17.1.4 钢材的验收与堆放

**17.1.4.1 钢材的验收**

为实现从源头上控制钢结构工程的质量，必须严格执行钢材的验收制度，以下为钢材验收的主要内容：

(1) 核对钢材的名称、规格、型号、材质、钢材的制造标准、数量等是否与采购单、合同等相符。

(2) 核对钢材的质量保证书是否与钢材上打印的记号相符。根据《碳素结构钢》(GB/T 700)、《低合金高强度结构钢》(GB/T 1591)、《建筑结构用钢板》(GB/T 19879)及本章17.1.2中的规定等核查钢材的炉号、钢号、化学成分及机械性能等。关于钢材的化学成分，《钢的成品化学成分允许偏差》(GB/T 222) 允许其与规定的标准数值有一定偏差，见表17-9。

**钢材化学成分允许偏差（%）** **表17-9**

| 元素 | 规定化学成分上限值 | 允许偏差 | |
|---|---|---|---|
| | | 上偏差 | 下偏差 |
| C | ≤0.25 | 0.02 | 0.02 |
| | >0.25～0.55 | 0.03 | 0.03 |
| | >0.55 | 0.04 | 0.04 |

续表

| 元　素 | 规定化学成分上限值 | 允许偏差 | |
|---|---|---|---|
| | | 上偏差 | 下偏差 |
| Mn | ≤0.80 | 0.03 | 0.03 |
| | >0.80～1.70 | 0.06 | 0.06 |
| Si | ≤0.37 | 0.03 | 0.03 |
| | >0.37 | 0.05 | 0.05 |
| S | ≤0.05 | 0.005 | — |
| | >0.05～0.35 | 0.02 | 0.01 |
| P | ≤0.06 | 0.005 | — |
| | >0.06～0.15 | 0.01 | 0.01 |
| V | ≤0.20 | 0.02 | 0.01 |
| Ti | ≤0.20 | 0.02 | 0.01 |
| Nb | 0.015～0.060 | 0.005 | 0.005 |
| Cu | ≤0.55 | 0.05 | 0.05 |
| Cr | ≤1.50 | 0.05 | 0.05 |
| Ni | ≤1.00 | 0.05 | 0.05 |
| Pb | 0.15～0.35 | 0.03 | 0.03 |
| Al | ≥0.015 | 0.003 | 0.003 |
| N | 0.010～0.020 | 0.005 | 0.005 |
| Ca | 0.002～0.006 | 0.002 | 0.0005 |

（3）钢材复验

1）对属于下列情况之一的钢材，应进行抽样复验。

①国外进口钢材；

②钢材混批；

③板厚等于或大于40mm，且设计有Z向性能要求的厚板；

④安全等级为一级的建筑结构和大跨度钢结构中主要受力构件所采用的钢材；

⑤设计有复验要求的钢材；

⑥对质量有疑义的钢材。

2）钢材复验内容应包括力学性能试验和化学成分分析，其取样、制样及试验方法可按表17-10中所列的现行国家标准或其他现行国家标准执行。

**钢材的化学成分分析和力学性能试验标准　　表17-10**

| 序　号 | 标　准　号 | 标　准　名　称 |
|---|---|---|
| 1 | GB/T 20066 | 《钢和铁化学成分测定用试样的取样和制样方法》 |
| 2 | GB/T 222 | 《钢的成品化学成分允许偏差》 |
| 3 | GB/T 223 | 《钢铁及合金化学分析方法》 |
| 4 | GB/T 4336 | 《碳素钢和中低合金钢火花源原子发射光谱分析方法》 |

续表

| 序号 | 标准号 | 标准名称 |
|---|---|---|
| 5 | GB/T 2975 | 《钢及钢产品力学性能试验取样位置及试样制备》 |
| 6 | GB/T 228 | 《金属材料室温拉伸试验方法》 |
| 7 | GB/T 229 | 《金属材料夏比摆锤冲击试验方法》 |
| 8 | GB/T 232 | 《金属材料弯曲试验方法》 |

3）当设计文件无特殊要求时，钢材抽样复验的检验批宜按下列规定执行。

①对Q235、Q345且板厚小于40mm的钢材，对每个钢厂首批（每种牌号600t）的钢板或型钢，同一牌号、不同规格的材料组成检验批，按200t为一批，当首批复试合格可扩大至400t为一批；

②对Q235、Q345且板厚大于或等于40mm的钢材，对每个钢厂首批（每种牌号600t）的钢板或型钢，同一牌号、不同规格的材料组成检验批，按100t为一批，当首批复试合格可扩大至400t为一批；

③对Q390钢材，对每个钢厂首批（每种牌号600t），同一牌号、不同规格的材料组成检验批，按60t为一批，当首批复试合格可扩大至300t为一批；

④对Q420和Q460钢材，每个检验批由同一牌号、同一炉号、同一厚度、同一交货状态的钢板组成，且每批重量不大于60t；厚度方向断面收缩率复验，Z15级钢板每个检验批由同一牌号、同一炉号、同一厚度、同一交货状的钢板组成，且每批重量不大于25t，Z25、Z35级钢板逐张复验；厚度方向性能钢板逐张探伤复验。

（4）应对钢材进行外观检查，检查内容应包括：结疤、裂纹、分层、重皮、砂孔、变形、机械损伤等缺陷。有上述缺陷的应另行堆放，以便研究处理。钢材表面的锈蚀深度，应不大于其厚度负偏差的0.5倍。锈蚀等级的划分和除锈等级见国家标准GB 8923。

（5）核查钢材的外形尺寸。有关国家标准中规定了各类钢材外形尺寸的允许偏差。

1）热轧钢板的厚度允许偏差（GB/T 709—2006）见表17-11。

**热轧钢板的厚度允许偏差**（mm） **表17-11**

| 公称厚度 | 下列公称宽度的厚度允许偏差 | | | |
|---|---|---|---|---|
| | ≤1500 | >1500～2500 | >2500～4000 | >4000～4800 |
| 3.00～5.00 | ±0.45 | ±0.55 | ±0.65 | — |
| >5.00～8.00 | ±0.50 | ±0.60 | ±0.75 | — |
| >8.00～15.0 | ±0.55 | ±0.65 | ±0.80 | ±0.90 |
| >15.0～25.0 | ±0.65 | ±0.75 | ±0.90 | ±1.10 |
| >25.0～40.0 | ±0.70 | ±0.80 | ±1.00 | ±1.20 |
| >40.0～60.0 | ±0.80 | ±0.90 | ±1.10 | ±1.30 |
| >60.0～100 | ±0.90 | ±1.10 | ±1.30 | ±1.50 |
| >100～150 | ±1.20 | ±1.40 | ±1.60 | ±1.80 |
| >150～200 | ±1.40 | ±1.60 | ±1.80 | ±1.90 |
| >200～250 | ±1.60 | ±1.80 | ±2.00 | ±2.20 |
| >250～300 | ±1.80 | ±2.00 | ±2.20 | ±2.40 |
| >300～400 | ±2.00 | ±2.20 | ±2.40 | ±2.60 |

注：1. 本表为N类（正偏差与负偏差相等）热扎钢板厚度允许偏差表；

2. A、B、C类热扎钢板厚度、宽度、长度及不平度等允许偏差，见现行国家标准GB/T 709—2006。

2）热轧角钢尺寸、外形允许偏差（GB/T 706—2008），见表 17-12。

**热轧角钢尺寸、外形允许偏差**（mm）　　**表 17-12**

| 项目 | | 允许偏差 | | 图示 |
|---|---|---|---|---|
| | | 热轧等边角钢 | 热轧不等边角钢 | |
| 边宽度（*B*，*b*） | 边宽度[①]≤56 | ±0.8 | ±0.8 | 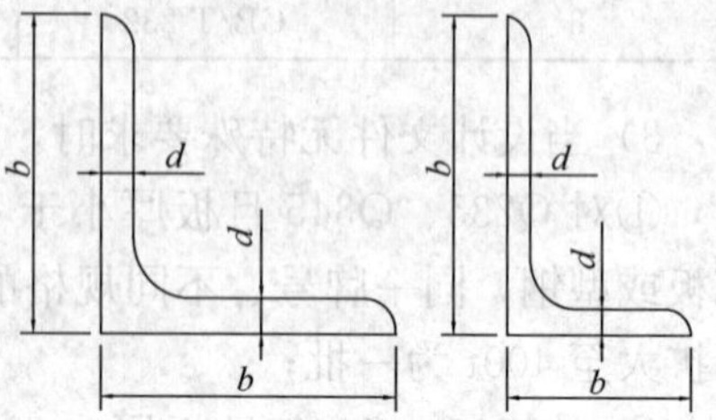 |
| | >56～90 | ±1.2 | ±1.8 | |
| | >90～140 | ±1.8 | ±2.0 | |
| | >140～200 | ±2.5 | ±2.5 | |
| | >200 | ±3.5 | ±3.5 | |
| 边厚度（*d*） | 边宽度[①]≤56 | ±0.4 | | |
| | >56～90 | ±0.6 | | |
| | >90～140 | ±0.7 | | |
| | >140～200 | ±1.0 | | |
| | >200 | ±1.4 | | |
| 长度（*L*） | ≤8000 | +50<br>0 | | 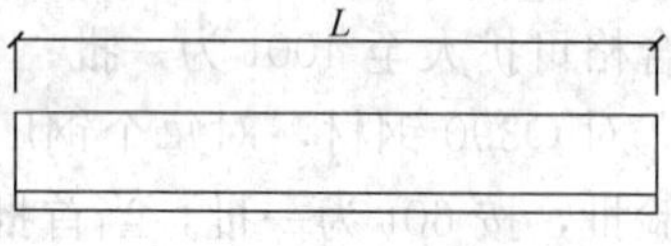 |
| | >8000 | +80<br>0 | | |
| 顶端直角 | | α≤50′ | | 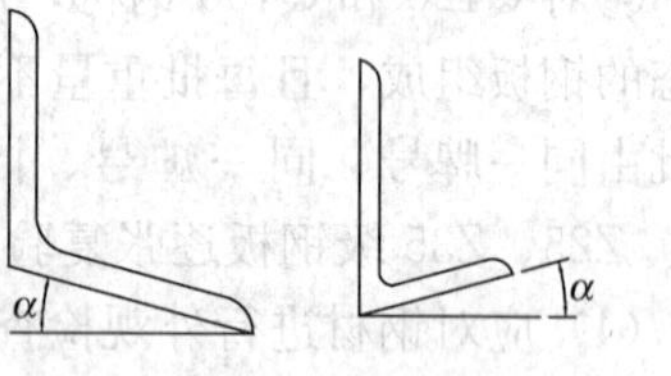 |
| 弯曲度 | | 每米弯曲度≤3mm<br>总弯曲度≤总长度的 0.30% | | 适用于上下、左右大弯曲 |

① 热轧不等边角钢按长边宽度 B。

3）热轧工字钢及热轧槽钢尺寸、外形允许偏差（GB/T 706—2008），见表 17-13。

**热轧工字钢、热轧槽钢尺寸、外形允许偏差**（mm）　　**表 17-13**

| 项目 | | 允许偏差 | 图示 |
|---|---|---|---|
| 高度（*h*） | <100 | ±1.5 | 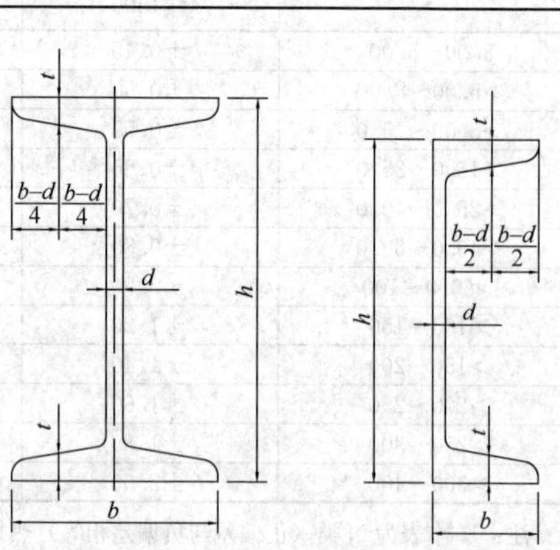 |
| | 100～<200 | ±2.0 | |
| | 200～<400 | ±3.0 | |
| | ≥400 | ±4.0 | |
| 宽度（*b*） | <100 | ±1.5 | |
| | 100～<150 | ±2.0 | |
| | 150～<200 | ±2.5 | |
| | 200～<300 | ±3.0 | |
| | 300～<400 | ±3.5 | |
| | ≥400 | ±4.0 | |
| 腹板厚度（*d*） | <100 | ±0.4 | |
| | 100～<200 | ±0.5 | |
| | 200～<300 | ±0.7 | |
| | 300～<400 | ±0.8 | |
| | ≥400 | ±0.9 | |

续表

| 项目 | | 允许偏差 | 图示 |
|---|---|---|---|
| 长度（$L$） | ≤8000 | +50<br>0 | 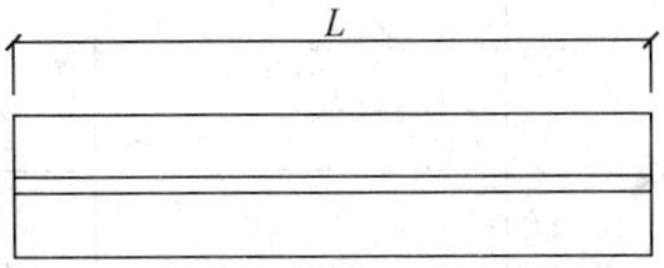 |
| | >8000 | +80<br>0 | |
| 外缘斜度（$T$） | | $T\leqslant 1.5\%b$<br>$2T\leqslant 2.5\%b$ | 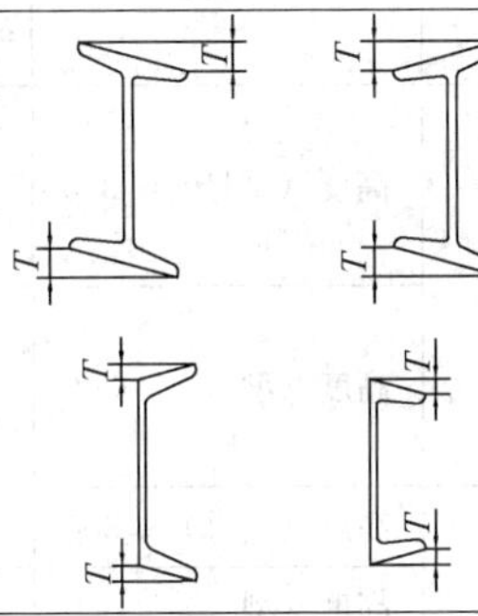 |
| 腹板挠度（$\delta$） | | $\delta\leqslant 0.15b$ | 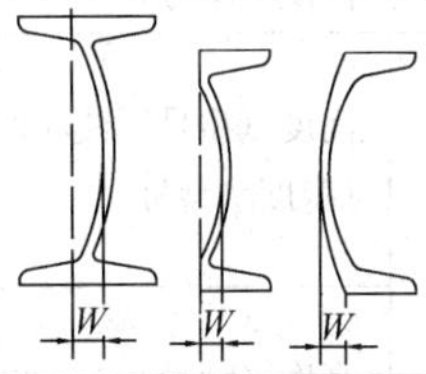 |
| 弯曲度 | 工字钢 | 每米弯曲度≤2mm<br>总弯曲度≤总长度的0.20% | 适用于上下、左右大弯曲 |
| | 槽钢 | 每米弯曲度≤3mm<br>总弯曲度≤总长度的0.30% | |

4）热轧H型钢（宽、中、窄翼缘）尺寸、外形允许偏差（GB/T 11263—2005），见表17-14。

**热轧H型钢（宽、中、窄翼缘）尺寸、外形允许偏差**（mm） **表17-14**

| 项目 | | | 允许偏差 | 图示 |
|---|---|---|---|---|
| 高度 $H$（按型号） | | <400 | ±2.0 | 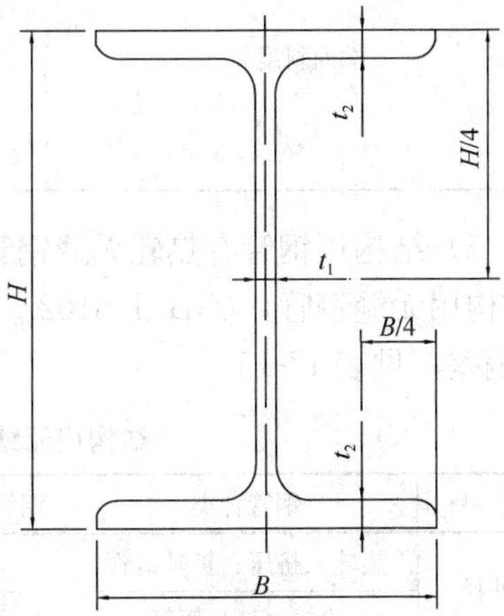 |
| | | 400～600 | ±3.0 | |
| | | ≥600 | ±4.0 | |
| 宽度 $B$（按型号） | | <100 | ±2.0 | |
| | | 100～200 | ±2.5 | |
| | | ≥200 | ±3.0 | |
| 厚度 | $t_1$ | <5 | ±0.5 | |
| | | 5～<16 | ±0.7 | |
| | | 16～<25 | ±1.0 | |
| | | 25～<40 | ±1.5 | |
| | | ≥40 | ±2.0 | |
| | $t_2$ | <5 | ±0.7 | |
| | | 5～<16 | ±1.0 | |
| | | 16～<25 | ±1.5 | |
| | | 25～<40 | ±1.7 | |
| | | ≥40 | ±2.0 | |

续表

| 项目 | | 允许偏差 | 图示 |
| --- | --- | --- | --- |
| 长度 | ≤7m | +60<br>0 | |
| | >7m | 长度每增加1m或不足1m时，正偏差在上述基础上加5mm | |
| 翼缘斜度 $T$ | 高度（型号）≤300 | $T$≤1.0%$B$。但允许偏差的最小值为1.5mm | 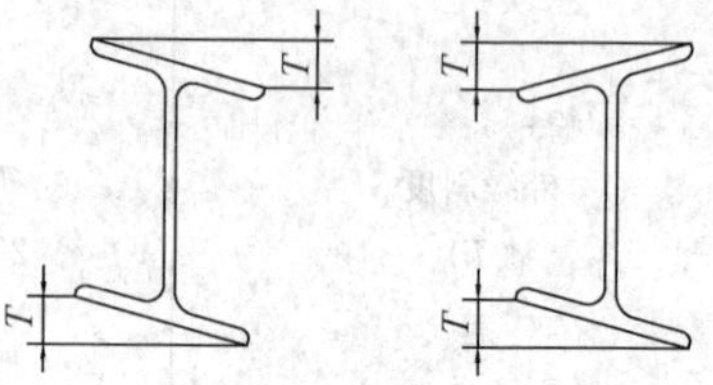 |
| | 高度（型号）>300 | $T$≤1.2%$B$。但允许偏差的最小值为1.5mm | |
| 弯曲度 | 高度（型号）≤300 | ≤长度的0.15% | 适用于上下、左右大弯曲 |
| | 高度（型号）>300 | ≤长度的0.15% | |
| 中心偏差 $S$ | 高度（型号）≤300且宽度（型号）≤200 | ±2.5 | $S=(b_1-b_2)/2$ 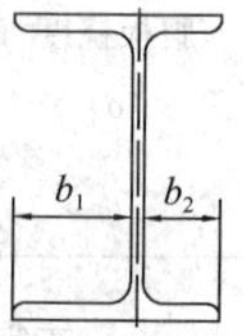 |
| | 高度（型号）>300且宽度（型号）>200 | ±3.5 | |
| 腹板弯曲度 $W$ | 高度（型号）<400 | ≤2.0 | 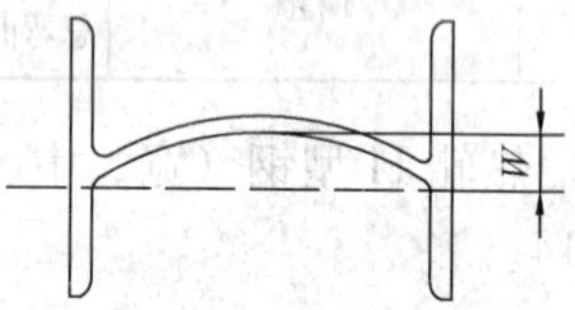 |
| | 400～<600 | ≤2.5 | |
| | ≥600 | ≤3.0 | |
| 端面斜度 $e$ | | $e$≤1.6%（$H$或$B$），但允许偏差的最小值为3.0mm | 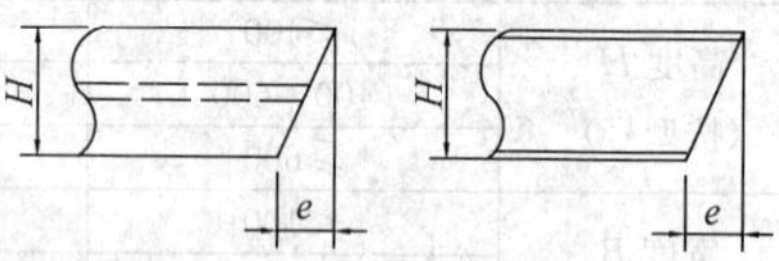 |

5）结构用钢管有热轧无缝钢管和焊接用钢管两大类，焊接钢管一般由钢带卷焊而成。《结构用无缝钢管》（GB/T 8162—2008）规定了一般工程结构用无缝钢管的外形、尺寸允许偏差，见表17-15。

**结构用无缝钢管的外形、尺寸允许偏差（mm）　表17-15**

| 项目 | 钢管种类 | 钢管公称外径 | $S/D$ | 允许偏差 |
| --- | --- | --- | --- | --- |
| 外径 | 热轧（挤压、扩）钢管 | — | — | ±1%$D$或±0.50，取其中较大者 |
| | 冷拔（轧）钢管 | — | — | ±1%$D$或±0.30，取其中较大者 |

续表

| 项 目 | 钢管种类 | 钢管公称外径 | S/D | 允许偏差 |
| --- | --- | --- | --- | --- |
| 壁厚 | 热轧（挤压）钢管 | ≤102 | — | ±12.5%S或±0.40，取其中较大者 |
| | | >102 | ≤0.05 | ±15%S或±0.40，取其中较大者 |
| | | | >0.05～0.10 | ±12.5%S或±0.40，取其中较大者 |
| | | | >0.10 | +12.5%S<br>−10%S |
| | 热扩钢管 | — | | ±15%S |
| | 冷拔（轧）钢管 | 钢管公称壁厚 | | 允许偏差 |
| | | ≤3 | | +12.5%S<br>−10%S 或±0.15，取其中较大者 |
| | | >3 | | +12.5%S<br>−10%S |

注：D—钢管的直径；S—钢管的壁厚。

**17.1.4.2 钢材的堆放**

1. 堆放原则

钢材的堆放要以减少钢材的变形和锈蚀、节约用地、钢材提取和运转的方便为原则，同时为便于查找及管理，钢材堆放时宜按品种、规格分别堆放。

2. 室外堆放

(1) 堆放场地应平整、坚固，避免因场地较软而导致钢材变形；堆放在结构物上时，宜进行结构物的受力验算。

(2) 堆放场一般应高于四周地面或具备较好的排水能力，堆顶面宜略有倾斜并尽量使钢材截面的背面向上或向外（图 17-2），以便雨水及时排走。

(3) 构件下面须有木垫或条石，以免钢材与地面接触而受潮锈蚀。

(4) 构件堆场附近不应存放对钢材有腐蚀作用的物品。

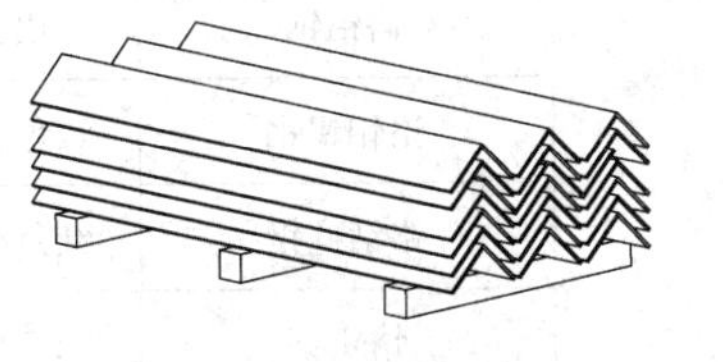

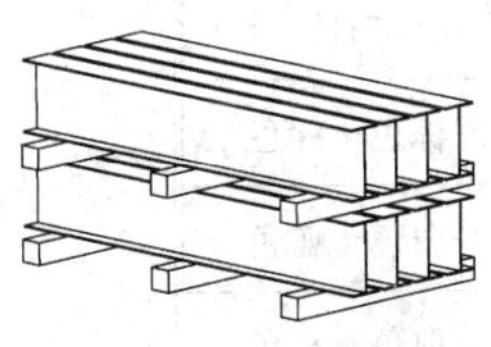

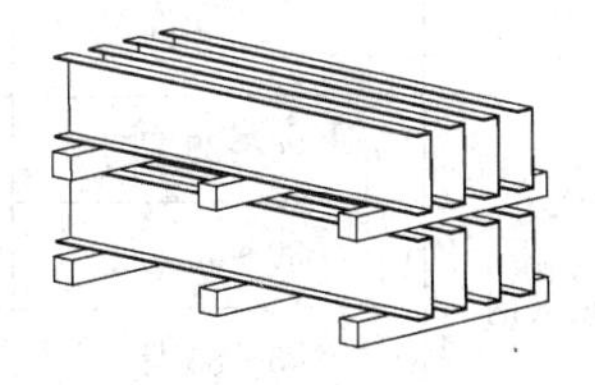

图 17-2 钢材露天堆放

3. 室内堆放

(1) 在保证室内地面不返潮的情况下，可直接将钢材堆放在地面上，否则需采取防潮措施或在下方设置木垫或条石，堆与堆之间应留出走道（图 17-3）。

(2) 保证地面坚硬，满足钢材堆放的要求。

(3) 应根据钢材的使用情况合理布置各种规格钢材在堆场的堆放位置，近期需使用的钢材应布置在堆场外侧，便于提取。

4. 堆放注意事项

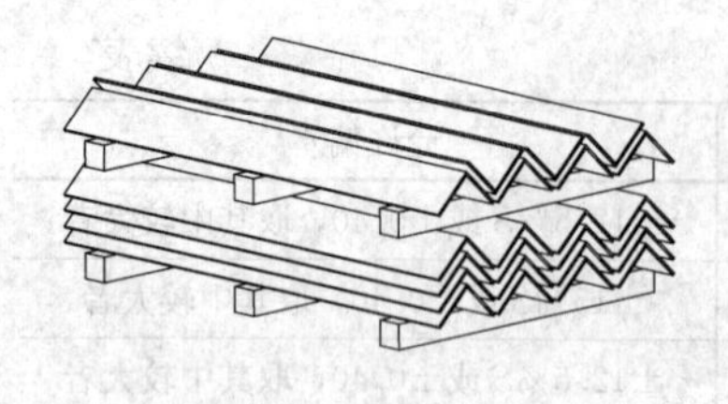
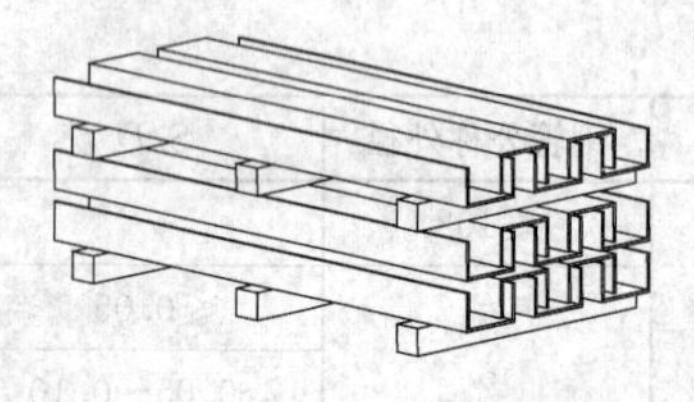
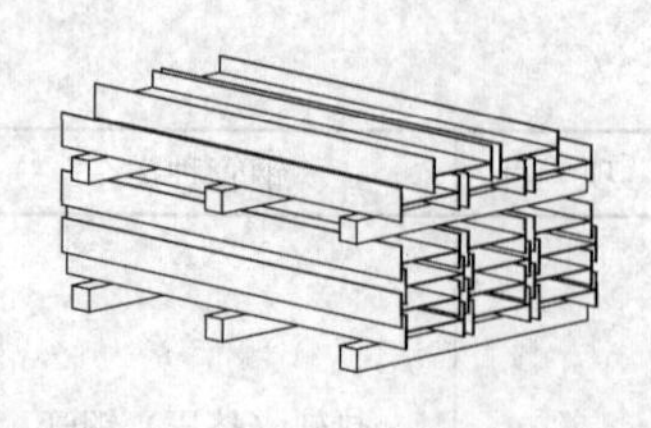

图 17-3　钢材在仓库内堆放

（1）堆放时每隔 5～6 层放置楞木，其间距以不引起钢材明显的弯曲变形为宜。楞木要上下对齐，在同一垂直平面内。

（2）为增加堆放钢材的稳定性，可使钢材互相勾连，或采取其他措施。这样，钢材的堆放高度可达到所堆宽度的两倍；否则，钢材堆放的高度不应大于其宽度。一般应一端对齐，在前面立标牌写清工程名称、牌号、规格、长度、数量和材质验收证明书编号等。钢材端部根据其钢号涂以不同颜色的油漆，油漆的颜色可按表 17-16 选用。

钢材牌号与色漆对照　　表 17-16

| 名　称 | | 涂色标记 |
|---|---|---|
| 普通碳素钢 | Q195（1 号钢） | 蓝色 |
| | Q215（2 号钢） | 黄色 |
| | Q235（3 号钢） | 红色 |
| | Q255（4 号钢） | 黑色 |
| | Q275（5 号钢） | 绿色 |
| | 6 号钢 | 白色＋黑色 |
| | 7 号钢 | 红色＋棕色 |
| | 特种钢 | 加涂铝白色一条 |
| 优质碳素钢 | 5～15 号 | 白色 |
| | 20～25 号 | 棕色＋绿色 |
| | 30～40 号 | 白色＋蓝色 |
| | 45～85 号 | 白色＋棕色 |
| | 15Mn～40Mn | 白色两条 |
| | 45Mn～70Mn | 绿色三条 |
| 合金结构钢 | 锰钢 | 黄色＋蓝色 |
| | 硅锰钢 | 红色＋黑色 |
| 合金结构钢 | 锰钒钢 | 蓝色＋绿色 |
| | 钼钢 | 紫色 |
| | 钼铬钢 | 紫色＋绿色 |
| | 钼铬锰钢 | 紫色＋白色 |
| | 硼钢 | 紫色＋蓝色 |
| | 铬钢 | 绿色＋黄色 |
| | 铬硅钢 | 蓝色＋红色 |
| | 铬锰钢 | 蓝色＋黑色 |
| | 铬铝钢 | 铝白色 |
| | 铬钼铝钢 | 黄色＋紫色 |
| | 铬锰硅钢 | 红色＋紫色 |
| | 铬钒钢 | 绿色＋黑色 |
| | 铬锰钛钢 | 黄色＋黑色 |
| | 铬钨钒钢 | 棕色＋黑色 |
| | 铬硅钼钒钢 | 紫色＋棕色 |

（3）钢材的标牌应定期检查。选用钢材时，要顺序寻找，不准乱翻。余料退库时要检查有无标识，当退料无标识时，要及时核查清楚，重新标识后再入库。

（4）考虑材料堆放时便于搬运，要在料堆之间留有一定宽度的通道以便运输。

（5）角钢、槽钢、工字钢等型钢的堆放可按图 17-2、图 17-3 的方式进行。

## 17.2 钢结构施工详图设计

施工详图设计是钢结构工程施工的第一道工序，也是至关重要的一步，详图设计的质量直接影响整个工程的施工质量。其工作是将原钢结构设计图翻样成可指导施工的详图。

### 17.2.1 施工详图设计基本原则

（1）钢结构施工详图的编制必须符合《建筑结构可靠度设计统一标准》（GB 50068）、《钢结构设计规范》（GB 50017）、《钢结构工程施工质量验收规范》（GB 50205）、《钢结构焊接规范》（GB 50661）及其他现行规范、标准的规定。

（2）施工详图设计必须符合原设计图纸，根据设计单位提出的有关技术要求，对原设计不合理内容提出合理化建议，所做修改意见须经原设计单位书面认可后方可实施。

（3）钢结构施工详图设计单位出施工详图必须以便于制作、运输、安装和降低工程成本为原则。

（4）原设计单位要求详图设计单位补充设计的部分，如节点设计等，详图设计单位需出具该部分内容设计计算书或说明书，并通过原设计单位签字认可。

（5）钢结构施工详图为直接指导施工的技术文件，其内容必须简单易懂，尺寸标注清晰，且具有施工可操作性。

### 17.2.2 施工详图设计的内容

1. 节点设计

详图设计时参照相应典型节点进行设计；若结构设计无明确要求时，同种形式的连接可以参照相应典型节点；若无典型节点的情况，应提出由原设计确定计算原则后由施工详图设计单位补充完成。

2. 施工详图设计

详图基本由图纸目录、相关说明、平面定位图、构件布置图、节点图、预埋件图、构件详图、零件图等几部分组成，其中还应包括材料统计表和汇总表（包括高强度螺栓、栓钉统计表）、标准做法图、索引图和图表编号等。

（1）施工详图上的尺寸应以 mm 为单位，标高单位为 m，标高为相对标高。

（2）在设计图没有特别指明的情况下，高强度螺栓孔径按《钢结构高强度螺栓连接的设计、施工及验收规程》（JGJ 82）选用。

3. 构件布置图

构件布置图主要提供构件数量位置及指导安装使用。施工详图中的构件布置图方位一定要与结构设计图中的平面图相一致。构件布置图主要由总平面图、纵向剖面图、横向剖面图组成。

4. 构件详图

至少应包含以下内容：

（1）构件细部、质量表、材质、构件编号、焊接标记、连接细部和锁口等；

（2）螺栓统计表，螺栓标记、直径、长度、强度等级；栓钉统计表；

（3）轴线号及相对应的轴线位置；

（4）布置索引图；

（5）方向；构件的对称和相同标记（构件编号对称，此构件也应视为对称）；

（6）图纸标题、编号、改版号、出图日期；

（7）加工厂、安装单位所需要的信息。

5. 根据施工要求，对于下述部位应选取节点绘示

（1）较复杂结构的安装节点；

（2）安装时有附加要求处；

（3）有代表性的不同材料的构件连接处。当连接方法不相同或不类似时，需一一表示；

（4）主要的安装拼接接头，特别是有现场焊接的部位。

6. 整个结构和每根构件的紧固螺栓清单

应包括：

（1）螺栓（直径、长度、数量、强度等级），螺栓长度的确定方法须严格遵循《钢结构高强度螺栓连接的设计、施工及验收规程》（JGJ 82）。

（2）构件编号，详图号。

7. 图纸清单

（1）应注明详图号、构件号、数量、质量、构件类别、改版号、提交日期。

（2）文字：图纸上书写的文字、数字和符号等，均应清晰、端正、排列整齐，标点符号应清楚正确，所有文字、资料、清单、图纸均使用简体中文。

8. 构件清单

应注明构件编号、数量、净重和类别。

### 17.2.3　图纸提交与验收

（1）施工详图设计单位提供给钢结构安装单位的施工详图必须经过自己单位内部自审、互审和专业审核，再由技术负责人批准后才能提交给钢结构安装单位，经过钢结构安装单位审查后，整理并报审设计院及业主。送审图纸一般提供电子档和A3白图1套。

（2）钢结构安装单位根据钢结构设计图、相关标准对详图设计单位的施工详图进行审核；审核时如发现问题，应通知详图设计单位及时予以修改。

（3）钢结构施工详图设计工期：施工详图的提交必须满足工程实施的现场施工进度和加工厂制作、连续供货要求。

（4）钢结构施工详图的提交：详图设计单位按照施工单位、设计院及业主意见对详图进行修改，并经设计单位签字确认后，向钢结构施工单位提供正式版蓝图以及相关技术文件资料。钢结构施工单位确认无误后签收。

### 17.2.4　设 计 修 改

施工详图的设计必须完全依据原钢结构设计图，不得随意更改。如原结构设计发生了修改或者详图在设计中出现错误、缺陷和不完善等问题，其详图必须相应进行修改，修改

以设计修改（变更）通知单或升版图的形式发放。

（1）无论何种原因需对原详图进行修改，均按以下方法进行：

1）所绘图纸必须填写版本号，初版为0版本，对于图纸的每一次升版，都应加上云线与版次，目录和构件清单也作相应的升版，在同一张图中进行第二次升版时，应删除前一版的云线。

2）在修改记录栏内写明修改原因、修改时间，并应有修改和校审人员签名。

3）更改版本号。

（2）图纸目录必须与同时发放的图纸相一致，若图纸升版，目录也必须相应升版。

（3）所有图纸均按最新版本进行施工。

（4）图纸换版后，旧版图纸自动作废。

### 17.2.5 常 用 软 件

钢结构详图设计软件发展迅速且不断改进，目前常用软件主要有 AutoCAD、Xsteel（Tekla Structures）等。

1. AutoCAD 软件

AutoCAD 是现在较为流行、使用很广的计算机辅助设计和图形处理软件。首先，按建筑轴线及结构标高进行杆件中心线空间建模；其次，杆件断面进行实体空间建模，并按杆件受力性能划分主次，使次要杆件被主要杆件裁切（减集），从而自动生成杆件端口的空间相交曲线；最后形成施工详图。

2. Xsteel 软件

Xsteel（Tekla Structures）是一套多功能的详图设计软件，具有三维实体结构模型与结构分析完全整合、三维钢结构细部设计、三维钢筋混凝土设计、项目管理、自动生产加工详图、材料表自动产生系统的功能。三维模型包含了设计、制造、安装的全部资讯需求，所有的图面与报告完全整合在模型中产生一致的输出文件，可以获得更高的效率与更好的结果，让设计者可以在更短的时间内作出更正确的设计。

强化了细部设计相关功能的标准配置，用户可以创建任意完整的三维模型，可以精确地设计和创建出任意尺寸的、复杂的钢结构三维模型，三维模型中包含加工制造及现场安装所需的一切信息，并可以生成相应的制造和安装信息，供所有项目参与者共享。

钢结构施工详图设计由 Xsteel 软件建立钢结构的三维实体模型后，生成 CAD 的构件和零件图，用 CAD 正式出图。

### 17.2.6 施工详图设计管理流程

施工详图设计一般由总工程师负责具体安排施工详图设计工作，由总工办进行综合协调和控制，以确保设计的完整、优质、对接良好等。施工详图设计单位应在整个施工详图设计开始之前充分理解原设计意图和具体要求，并与设计单位、业主、监理等充分沟通和协商，达成一致后才进行正式的施工详图设计。

1. 节点设计质量管理流程（图 17-4）

2. 施工详图设计图纸质量管理流程（图 17-5）

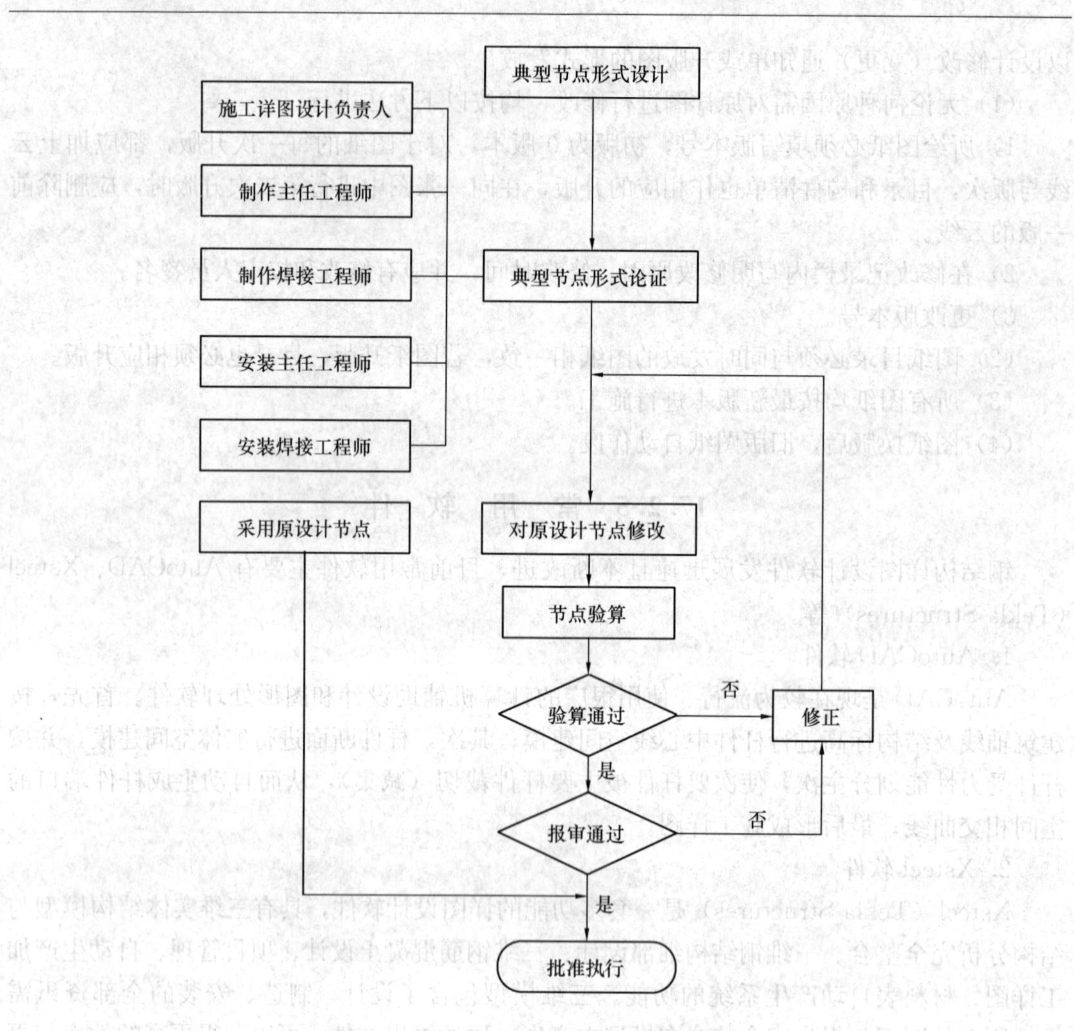


图 17-4　节点施工详图设计质量管理流程

## 17.2.7　施工详图设计审查

钢结构施工详图设计要严格执行“二校三审”制度，各级审查人员承担相应的责任。

1. 自检（自校）

设计人员在完成设计文件和图纸初稿后，就应进行自检，仔细检查有无错误、遗漏，与其他专业的相关部分有无矛盾或冲突，自检的主要内容如下：

（1）是否符合任务书及有关协议文件要求，是否达到规定的设计目标；

（2）是否符合原设计图纸和要求；

（3）是否符合现行规范、规程、图集等标准的有关规定；

（4）图纸中的尺寸、数量等是否正确且无遗漏；

（5）图面质量是否符合要求。

2. 校对（专校）

在自检的基础上，由设计人员互相校对，或由专职校对人员校对，校对的主要内容如下：

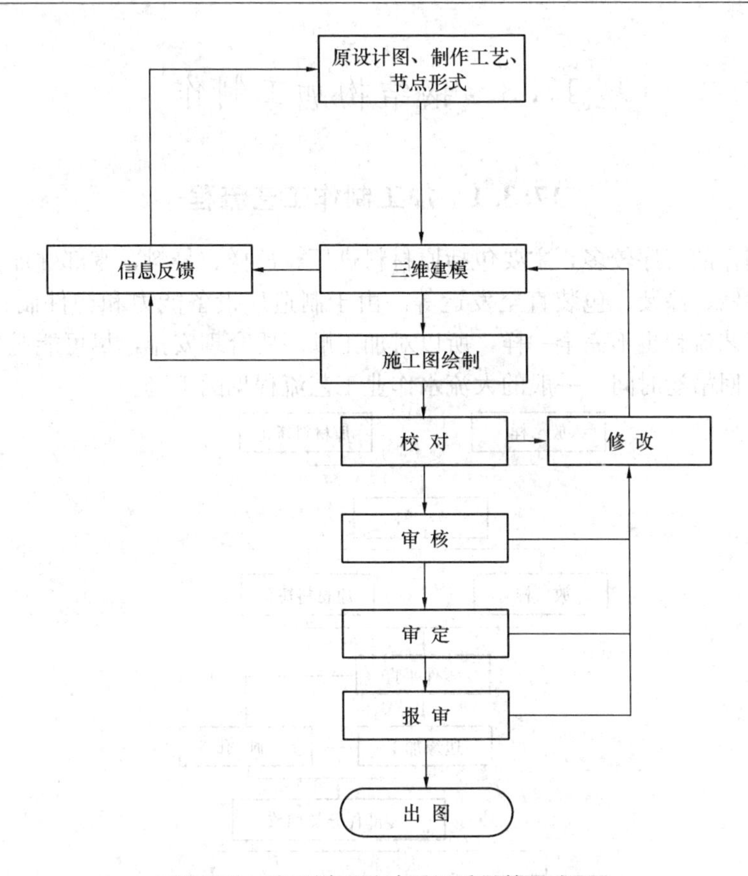


图 17-5 施工详图设计图纸质量管理流程

(1) 核对详图中构件截面规格、材质等是否符合原设计图纸和要求；

(2) 是否符合现行规范、规程、图集等标准的有关规定；

(3) 图纸中的尺寸、数量等是否正确无遗漏。

3. 审核

经过校对的设计文件和图纸，由深化设计负责人进行审核，审核的主要内容如下：

(1) 结构布置是否符合原设计结构体系；

(2) 主要构件的截面规格、材质等是否符合原设计图纸和要求；

(3) 关键节点是否符合原设计意图和现行规范、规程、图集等标准的有关规定；

(4) 关键图纸有无差错；

(5) 施工详图格式、图面表达是否满足要求，图纸数量是否齐全。

4. 审定

审定工作由施工详图设计单位的总工程师负责，审定的主要内容如下：

(1) 施工详图是否符合设计任务书要求，达到设计目标；

(2) 结构布置是否符合原设计结构体系，是否符合相关规范标准；

(3) 施工详图格式、图面表达是满足要求，图纸数量是否齐全。

5. 审批

审批工作由原设计单位负责，施工详图须经过原设计单位审批并签字后，方可下发使用。

# 17.3　钢结构加工制作

## 17.3.1　加工制作工艺流程

钢结构制作的工序较多，主要包括原材料进厂、放样、号料、零部件加工、组装、焊接、检测、除锈、涂装、包装直至发运等。由于制造厂设备能力和构件制作要求各有不同，制定的工艺流程也不完全一样，所以对加工顺序要合理安排，尽可能避免或减少工件倒流，减少来回吊运时间。一般的大流水作业工艺流程见图17-6。

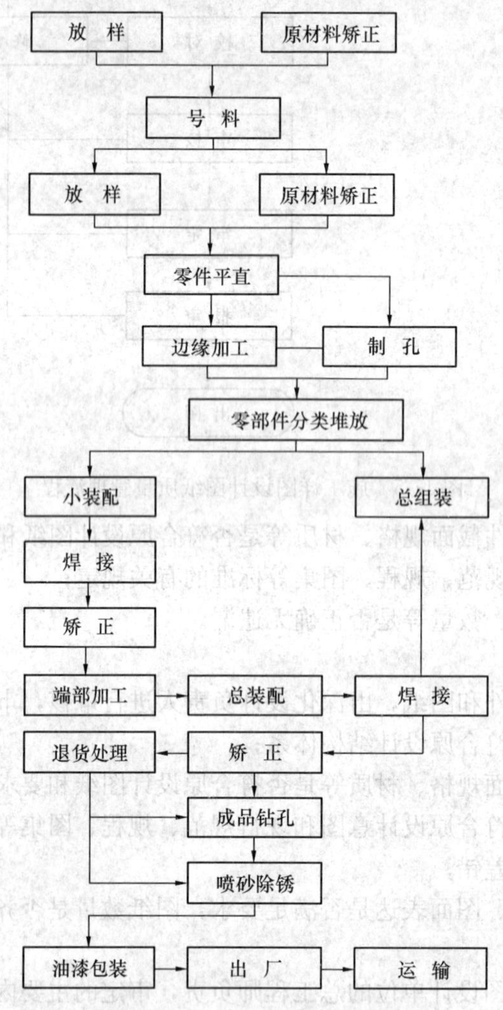


图17-6　大流水作业工艺流程图

## 17.3.2　零部件加工

### 17.3.2.1　放样

放样是钢结构制作的首道工序，设计图纸上不可知的尺寸或近似尺寸可以在放样时得到。放样是以设计图纸为准，发现问题则应及时反馈给设计师，以便及时改进并完善设计。放样方法有以下几种：

1. 手工放样

在样台上以1∶1实尺放样，俗称放大样。放样后经过技术部门或质检员认可，再制作样板。在样板上写明如下内容和符号：部件名称，零件编号，钢材牌号、规格、数量，标出中心线（ФΦ）、对合线（‡）、接缝线（$）、断线（$）、折变线（ϕ）以及其他加工符号。对于对称的零部件，可以制作半块样板，其对称中心线用符号（|◎）表示，称为反中线。为了防止样板变形，应在样板上画一根直线，称作基准或检验线。

大的构件样板，可用8mm×75mm木条制作，小构件样板可用黄板纸（俗称马粪纸）等材料制作。

2. 比例放样与光学投影放样

由于钢结构构件大型化和实尺放样样台的限制，大型钢构件可采用比例放样和光学投影放样。能一次将外板的外形尺寸和外板的加工肋骨线位置通过1∶10的比例放样展开放大到号料机上，图形误差不大于2mm。采用比例放样后的工时为实尺放样的60%，采用光学投影放样后的工时为手工放样的40%，比例放样占地面积为实尺放样与手工放样的20%，由此可见其优越性。

3. 数学放样与数控号料、切割

随着电子计算机技术的发展，数学放样逐渐被用来对空间弯曲、表面平滑的构件进行结构排列和结构展开，最后输出数据（到计算机），进行数控切割；或输入肋骨冷弯机，进行肋骨的加工。数字放样是把放样、号料、切割三道工序转变为计算机数据处理、数控号料、切割这三道工序。若已知钢板规格，则运用电子计算机进行排料（套料），然后将数据输入数控切割机，就可割出所需形状的外板。但对要进行冷加工及火工热加工的双向曲度外板，则仍然需要手工展开肋骨剖面线，制作三角样板作为加工外板用。

放样时，铣、刨的工件要考虑加工余量，所有加工边一般要留加工余量5mm。焊接构件要按工艺要求放出焊接收缩量，除表17-17中给出的预放收缩量外，还可参考表17-18所给出的预放收缩量数值。

**各种钢材焊接接头的预放收缩量（手工焊或半自动焊）** **表17-17**

| 名称 | 接头式样 | 预放收缩量（一个接头处）(mm) | | 注释 |
|---|---|---|---|---|
| | | δ=8～16 | δ=20～40 | |
| 钢板对接 | V形单面坡口<br>X形双面坡口 | 1.5～2 | 2.5～3 | 无坡口对接预放收缩比较小些 |
| 槽钢对接 | | 1～1.5 | | 大规格型钢的预放收缩量比较小些 |
| 工字钢对接 | | 1～1.5 | | |

**自动焊工字形构件（梁柱为主或其他部件）的预放收缩量（mm）　表 17-18**

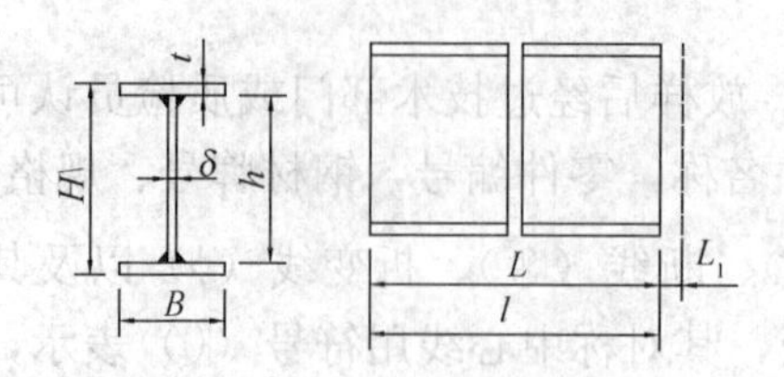

$t$—翼缘板厚度；$H$—工字形高度；
$B$—翼缘板高度；$l$—件长；
$\delta$—腹板厚度；$L$—收缩后的长度；
$h$—腹板厚度；$L_1$—预放收缩量；
◣—焊缝高度；

| $H$ | $\delta$ | $B$ | $t$ | ◣ | 预放量 | $H$ | $\delta$ | $B$ | $t$ | ◣ | 预放量 | $H$ | $\delta$ | $B$ | $t$ | ◣ | 预放量 |
|---|---|---|---|---|---|---|---|---|---|---|---|---|---|---|---|---|---|
| 400 | 8 | 160 | 15 | 6～7 | 5～6 | 600 | 14 | 600 | 20 | 10～11 | 3.5 | 1000 | 12 | 420 | 25 | 10～11 | 3.5 |
| 400 | 8 | 200 | 15 | 6～7 | 5～6 | 600 | 14 | 600 | 25 | 10～11 | 3 | 1000 | 16 | 500 | 25 | 10～11 | 3 |
| 400 | 8 | 300 | 15 | 6～7 | 4～4.5 | 600 | 16 | 600 | 30 | 10～11 | 2.5 | 1000 | 18 | 500 | 30 | 10～11 | 3 |
| 400 | 10 | 360 | 15 | 6～7 | 3 | 800 | 16 | 600 | 40 | 10～11 | 2 | 1000 | 20 | 600 | 30 | 10～11 | 3 |
| 400 | 12 | 420 | 15 | 8～9 | 6 | 800 | 10 | 240 | 15 | 8～9 | 3 | 1000 | 20 | 600 | 40 | 10～11 | 2 |
| 400 | 14 | 420 | 20 | 8～9 | 4 | 800 | 10 | 210 | 20 | 8～9 | 6 | 1200 | 14 | 600 | 25 | 10～11 | 3 |
| 400 | 14 | 420 | 20 | 8～9 | 3.5 | 800 | 10 | 300 | 20 | 8～9 | 5 | 1200 | 16 | 600 | 30 | 10～11 | 3 |
| 400 | 16 | 420 | 30 | 8～9 | 2.5 | 800 | 10 | 360 | 20 | 8～9 | 4 | 1500 | 14 | 600 | 25 | 10～11 | 3 |
| 400 | 16 | 420 | 40 | 10～11 | 3.5 | 800 | 12 | 360 | 25 | 8～9 | 3.5 | 1500 | 16 | 600 | 30 | 10～11 | 2.5 |
| 500 | 8 | 200 | 15 | 6～7 | 5～6 | 800 | 12 | 420 | 25 | 8～9 | 3 | 1600 | 16 | 600 | 25 | 10～11 | 2 |
| 500 | 8 | 240 | 15 | 6～7 | 4.5 | 800 | 14 | 500 | 25 | 10～11 | 3.5 | 1600 | 18 | 600 | 30 | 10～11 | 2 |
| 600 | 8 | 240 | 15 | 6～7 | 4 | 800 | 14 | 600 | 25 | 8～9 | 3 | 1800 | 20 | 600 | 30 | 10～11 | 2 |
| 600 | 8 | 300 | 15 | 6～7 | 3 | 1000 | 12 | 300 | 25 | 8～9 | 3.5 | 1800 | 20 | 600 | 40 | 10～11 | 1.5 |
| 600 | 12 | 420 | 15 | 8～9 | 4 | 1000 | 12 | 300 | 25 | 8～9 | 3.5 | 2000 | 20 | 600 | 30 | 10～11 | 1.5 |
| 600 | 12 | 420 | 20 | 8～9 | 3.5 | 1000 | 12 | 360 | 25 | 8～9 | 3 | 2000 | 20 | 600 | 40 | 10～11 | 1.5 |
| 600 | 12 | 420 | 25 | 8～9 | 2.5 | 1000 | 12 | 420 | 25 | 10～11 | 3.5 | 2200 | 20 | 600 | 40 | 10～11 | 1.5 |

注：此表为 10m 长度范围内预放收缩量表。

如果图纸要求桁架起拱，放样时上、下弦应同时起拱。起拱时，一般规定垂直杆的方向仍然垂直于水平方向线，而不与下弦杆垂直。

样板、样杆的精度要求，见表 17-19。

**样板、样杆制作尺寸的允许偏差　表 17-19**

| 项　目 | 允许偏差 | 项　目 | 允许偏差 |
|---|---|---|---|
| 平行线距离和分段尺寸 | ±0.5mm | 样板对角线差 | 1.0mm |
| 样板长度 | ±0.5mm | 样杆长度 | ±1.0mm |
| 样板宽度 | ±0.5mm | 样板的角度 | ±20′ |

### 17.3.2.2　号料

号料是利用样板、样杆或根据图纸，在板料及型钢上画出孔的位置和零件形状的加工界线。号料的一般工作内容包括：检查核对材料；在材料上画出切割、铣、刨、弯曲、钻孔等加工位置；打冲孔；标注出零件的编号等。

常用的号料方法有：

(1) 集中号料法。由于钢材的规格多种多样，为减少原材料的浪费，提高生产效率，应把同厚度的钢板零件和相同规格的型钢零件，集中在一起进行号料，称为集中号料法。

(2) 套料法。在号料时，要精心安排板料零件的形状位置，把同厚度的各种不同形状的零件和同一形状的零件，进行套料，称为套料法。

(3) 统计计算法。是在型钢下料时采用的一种方法。号料时应将所有同规格型钢零件的长度归纳在一起，先把较长的排出来，再算出余料的长度，然后把和余料长度相同或略短的零件排上，直至整根料被充分利用为止。这种先进行统计安排再号料的方法称为统计计算法。

(4) 余料统一号料法。将号料后剩下的余料按厚度、规格与形状基本相同的集中在一起，把较小的零件放在余料上进行号料，称为余料统一号料法。

号料应以有利于切割和保证零件质量为原则。号料所画的实笔线条粗细以及粉线在弹线时的粗细均不得超过 1mm；号料敲凿子印间距，直线为 40～60mm，圆弧为 20～30mm。号料允许偏差见表 17-20。

**号料允许偏差**（mm） **表 17-20**

| 项 目 | 允许偏差 | 项 目 | 允许偏差 |
|---|---|---|---|
| 零件外形尺寸 | ±1.0 | 孔距 | ±0.5 |

#### 17.3.2.3 切割

号料以后的钢材，须按其所需的形状和尺寸进行切割下料。常用的切割方法有：机械切割、气割、等离子切割，其使用设备、特点及适用范围见表 17-21。

**各种切割方法分类比较** **表 17-21**

| 类 别 | 使用设备 | 特点及适用范围 |
|---|---|---|
| 机械剪切 | 剪板机<br>型钢冲剪机<br>联合冲剪机 | 切割速度快、切口整齐、效率高，适用于薄钢板、冷弯檩条的切割 |
| | 无齿锯 | 切割速度快，可切割不同形状、不同类别的各类型钢、钢管和钢板，切口不光洁，噪声大，适于锯切精度要求较低的构件或下料留有余量，最后尚需精加工的构件 |
| | 砂轮锯 | 切口光滑、生刺较薄，易清除，噪声大，粉尘多，适于切割薄壁型钢及小型钢管，切割材料的厚度不宜超过 4mm |
| | 锯床 | 切割精度高，适于切割各类型钢及梁、柱等型钢构件 |
| 气割 | 自动切割 | 切割精度高，速度快，在其数控精度时可省去放样、画线等工序而直接切割，适于钢板切割 |
| | 手工切割 | 设备简单，操作方便，费用低，切口精度较差，能够切割各种厚度的钢材 |
| 等离子切割 | 等离子切割机 | 切割温度高，冲刷力大，切割边质量好，变形小，可以切割任何高熔点金属，特别是不锈钢、铝、铜及其合金等，切割材料的厚度可至 20～30mm |

机械剪切高强度的零件厚度不宜大于12.0mm，剪切面应平整。碳素结构钢在环境温度低于−20℃、低合金高强度结构钢在环境温度低于−15℃时，不得进行剪切、冲孔。

气割前钢材切割区域表面应清理干净。切割时，应根据设备类型、钢材厚度、切割气体等因素选择适合的工艺参数。

钢网架（桁架）用钢管杆件宜用管子车床或数控相贯线切割机下料，下料时应预放加工余量和焊接收缩量，焊接收缩量可由工艺试验确定。

机械剪切、气割及钢管杆件切割允许偏差见表17-22。

**机械剪切、气割及钢管切割允许偏差（mm）　　表17-22**

| 项目 | | 允许偏差 |
|---|---|---|
| 气割 | 零件宽度、长度 | ±3.0 |
| | 切割面平面度 | $0.05t$，且不应大于2.0 |
| | 割纹深度 | 0.3 |
| | 局部缺口深度 | 1.0 |
| 机械剪切 | 零件宽度、长度 | ±3.0 |
| | 边缘缺棱 | 1.0 |
| | 型钢端部垂直度 | 2.0 |
| 钢管杆件加工 | 长度 | ±1.0 |
| | 端面对管轴的垂直度 | $0.005r$ |
| | 管口曲线 | 1.0 |

注：$t$—切割面厚度；$r$—钢管半径。

**17.3.2.4　矫正**

钢结构矫正是指利用钢材的塑性、热胀冷缩特性，通过外力或加热作用，使钢材反变形，以使材料或构件达到平直及一定几何形状要求，并符合技术标准的工艺方法。

1. 钢材矫正的形式

（1）矫直：消除材料或构件的弯曲；

（2）矫平：消除材料或构件的翘曲或凹凸不平；

（3）矫形：对构件的一定几何形状进行整形。

2. 钢材矫正的常用方法

（1）机械矫正：机械矫正钢材是在专用机械或专用矫正机上进行的。常用的矫正机械有滚板机、型钢矫正机、H型钢矫正机、管材（圆钢）调直机等。

（2）加热矫正：当钢材型号超过矫正机负荷能力或构件形式不适于采用机械矫正时，采用加热矫正（通常采用火焰矫正）。加热矫正不但可以用于钢材的矫正，还可以用于矫正构件制造过程中和焊接工序产生的变形，其操作方便灵活，因而应用非常广泛。

（3）加热和机械联合矫正：实际工程中往往综合采用加热矫正和机械矫正。

3. 钢材矫正的工艺要求

（1）碳素结构钢在环境温度低于−16℃、低合金高强度结构钢在环境温度低于−12℃时，不应进行冷矫正和冷弯曲。碳素结构钢和低合金高强度结构钢在加热矫正时，加热温度不应超过900℃。低合金高强度结构钢在加热矫正后应自然冷却。

（2）矫正后的钢材表面，不应有明显的凹面或损伤，划痕深度不得大于 0.5mm，且不应大于该钢材厚度负允许偏差的 1/2。

（3）冷矫正和冷弯曲的最小曲率半径和最大弯曲矢高应符合表 17-23 的要求。

（4）钢材矫正后的允许偏差，应符合表 17-24 要求。

冷矫正和冷弯曲的最小曲率半径和最大弯曲矢高（mm） 表 17-23

| 钢材类别 | 图例 | 对应轴 | 矫正 | | 弯曲 | |
|---|---|---|---|---|---|---|
| | | | $r$ | $f$ | $r$ | $f$ |
| 钢板、扁钢 | 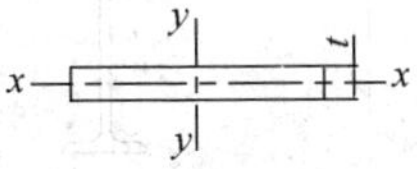 | x-x | $50t$ | $\frac{l^2}{400t}$ | $25t$ | $\frac{l^2}{200t}$ |
| | | y-y（仅对扁钢轴线） | $100b$ | $\frac{l^2}{800b}$ | $50b$ | $\frac{l^2}{400b}$ |
| 角钢 | 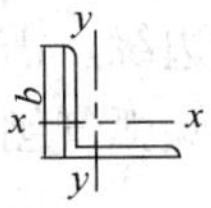 | x-x | $90b$ | $\frac{l^2}{720b}$ | $45b$ | $\frac{l^2}{360b}$ |
| 槽钢 | 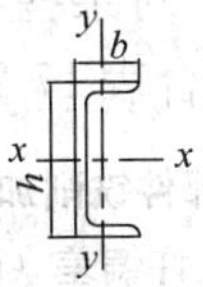 | x-x | $50h$ | $\frac{l^2}{400h}$ | $25h$ | $\frac{l^2}{200h}$ |
| | | y-y | $90b$ | $\frac{l^2}{720b}$ | $45b$ | $\frac{l^2}{360b}$ |
| 工字钢 | 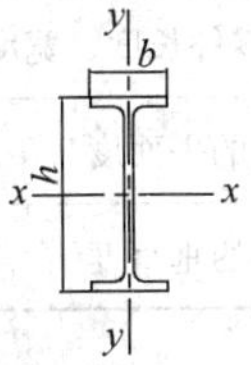 | x-x | $50h$ | $\frac{l^2}{400h}$ | $25h$ | $\frac{l^2}{200h}$ |
| | | y-y | $50b$ | $\frac{l^2}{400b}$ | $25b$ | $\frac{l^2}{200b}$ |

注：$r$—曲率半径；$f$—弯曲矢高；$l$—弯曲弦长；$t$—板厚；$b$—宽度。

钢材矫正后的允许偏差（mm） 表 17-24

| 项目 | | 允许偏差 | 图例 |
|---|---|---|---|
| 钢板的局部平面度 | $t \leqslant 14$ | 1.5 | 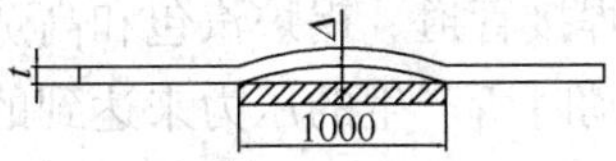 1000 |
| | $t>14$ | 1.0 | |
| 型钢弯曲矢高 | | $l/1000$ 且不应大于 5.0 | |
| 角钢肢的垂直度 | | $b/100$ 且双肢栓接角钢的角度不得大于 90° | 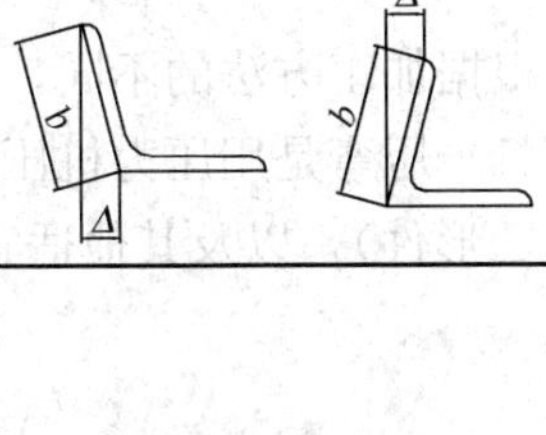 |

续表

| 项　目 | 允许偏差 | 图　例 |
|---|---|---|
| 槽钢翼缘对腹板的垂直度 | $b/80$ | |
| 工字钢、H型钢翼缘对腹板的垂直度 | $b/100$ 且不大于 2.0 | |

#### 17.3.2.5　边缘加工

边缘加工系指板件的外露边缘、焊接边缘、直接传力的边缘，需要进行铲、刨、铣等的加工。常用的边缘加工方法主要有：铲边、刨边、铣边、碳弧气刨、气割和坡口机加工等。边缘加工的允许偏差见表 17-25。

焊缝坡口一般可采用气割、铲削、刨边机加工等方法；对某些零部件精度要求较高时，可采用铣床进行边缘铣削加工，加工后的允许偏差应符合表 17-26 的规定。

**边缘加工的允许偏差　　表 17-25**

| 项　目 | 允许偏差 |
|---|---|
| 零件宽度、长度 | ±1.0mm |
| 加工边直线度 | $L/3000$，且不应大于 2.0mm |
| 相邻两边夹角 | ±6′ |
| 加工面垂直度 | $0.025t$，且不应大于 0.5mm |
| 加工面表面粗糙度 | 0.05mm |

**零部件铣削加工后的允许偏差（mm）　　表 17-26**

| 项　目 | 允许偏差 |
|---|---|
| 两端铣平时零件长度、宽度 | ±1.0 |
| 铣平面的平面度 | 0.3 |
| 铣平面的垂直度 | $L/1500$ |

#### 17.3.2.6　滚圆

滚圆也称卷板，是指在外力的作用下，使钢板的外层纤维伸长，内层纤维缩短而产生弯曲变形（中层纤维不变）。当圆筒半径较大时，可在常温状态下卷圆，如半径较小和钢板较厚时，应将钢板加热后卷圆。

滚圆是在卷板机（又叫滚板机、轧圆机）上进行的，它主要用于滚圆各种容器、大直径焊接管道、锅炉汽包和高炉等壁板之用。在卷板上滚圆时，板材的弯曲是由上滚轴向下移动时所产生的压力来达到的。

#### 17.3.2.7　煨弯

在钢结构的制造过程中，弯曲、弯扭等形式的构件一般采用煨弯的工艺进行加工制作。

根据加工方法的不同，煨弯分为压弯、滚弯和拉弯。

（1）压弯是用压力机压弯钢板，此种方法适用于一般直角弯曲（V形件）、双直角弯曲（U形件），以及其他适宜弯曲的构件。

（2）滚弯是用卷板机滚弯钢板，此种方法适用于滚制圆筒形构件及其他弧形构件。

（3）拉弯是用转臂拉弯机和转盘拉弯机拉弯钢板，它主要用于将长条板材拉制成不同曲率的弧形构件。

根据加热程度的不同，煨弯又可分为冷弯和热弯。

（1）冷弯是在常温下进行弯制加工，此法适用于一般薄板、型钢等的加工。

（2）热弯是将钢材加热至950～1100℃，在模具上进行弯制加工，它适用于厚板及较复杂形状构件、型钢等的加工。

钢管弯曲成型的允许偏差见表17-27。

**钢管弯曲成型的允许偏差（mm）　　表17-27**

| 项　目 | 允许偏差 | 项　目 | 允许偏差 |
|---|---|---|---|
| 直径（$d$） | $\pm d/200$ 且≤±5.0 | 管中间圆度 | $d/100$ 且≤8.0 |
| 构件长度 | ±3.0 | 弯曲矢高 | $L/1500$ 且≤5.0 |
| 管口圆度 | $d/200$ 且≤5.0 | | |

### 17.3.2.8 制孔

孔加工在钢结构制造中占有一定的比重，尤其是高强度螺栓的采用，使孔加工不仅在数量上，而且在精度要求上都有了很大的提高。制孔可采用钻孔、冲孔、铣孔、铰孔、镗孔和锪孔等方法。制孔应符合下列规定：

（1）采用钻孔制孔时，应符合以下规定：

1）钻孔前宜进行定位画线和打样冲孔控制点（数控钻床可由数控程序控制直接进行钻孔），采用成叠钻孔时，应保持零件边缘对齐；

2）钻孔后若需扩孔、镗孔或铰孔，钻孔时宜按表17-28留出合理的切削余量。

**扩孔、镗孔、铰孔切削余量（mm）　　表17-28**

| 序号 | 孔直径 | 扩孔或镗孔 | 粗铰孔 | 精铰孔 |
|---|---|---|---|---|
| 1 | 6～10 | 0.8～1.0 | 0.1～0.15 | 0.04 |
| 2 | 10～18 | 1.0～1.5 | 0.1～0.15 | 0.05 |
| 3 | 18～30 | 1.5～2.0 | 0.15～0.2 | 0.05 |
| 4 | 30～50 | 1.5～2.0 | 0.2～0.3 | 0.06 |

（2）采用冲孔制孔时，应符合以下规定：

1）冲孔孔径不得小于钢材的厚度，且当环境温度低于－20℃时，禁止冲孔；

2）在工字钢和槽钢翼缘上冲孔时，应用斜面冲模，其斜表面应和翼缘的斜面相一致；

3）冲孔上、下模的间隙宜为板厚的10％～15％，冲模硬度一般为HRC40～50；

4）一般情况下在需要所冲的孔上再钻大时，则冲孔宜比指定的直径小3mm。

（3）制成的螺栓孔，应垂直于所在位置的钢材表面，倾斜度应小于1/20，其孔周边应无毛刺、破裂、喇叭口或凹凸的痕迹，切屑应清除干净。

（4）制成孔眼的边缘不应有裂纹、飞刺和大于1.0mm的缺棱，由于清除飞刺而产生的缺棱不得大于1.5mm。

（5）高强度螺栓连接件当采用大圆孔或槽孔时，只可在同一个摩擦面中的盖板或芯板按相应的扩大孔型制孔，其余仍按标准圆孔制孔。

#### 17.3.2.9　组装

组装，亦可称拼装、装配、组立。组装工序是把制备完成的半成品和零件按图纸规定的运输单元，装配成构件或者部件，然后将其连接成为整体的过程。

钢结构构件宜在工作平台和组装胎架上组装，常用的方法有地样法、仿形复制装配法、立装、卧装、胎模装配法等，具体见表17-29。

钢结构构件组装的方法及适用范围　　表17-29

| 序号 | 方法名称 | 方法内容 | 适用范围 |
|---|---|---|---|
| 1 | 地样法 | 用1∶1的比例在装配平台上放出构件实样，然后根据零件在实样上的位置，分别组装起来成为构件 | 桁架、构架等小批量结构的组装 |
| 2 | 仿形复制装配法 | 先用地样法组装成单面（单片）的结构，然后定位点焊牢固，将其翻身，作为复制胎模，在其上面装配另一单面的结构，往返两次组装 | 横断面互为对称的桁架结构 |
| 3 | 立装 | 根据构件的特点及其零件的稳定位置，选择自上而下或自下而上地装配 | 放置平稳，高度不大的结构或者大直径的圆筒 |
| 4 | 卧装 | 将构件放置于卧的位置进行的装配 | 断面不大，但长度较大的细长的构件 |
| 5 | 胎模装配法 | 将构件的零件用胎模定位在其装配位置上的组装方法 | 制造构件批量大、精度高的产品 |

### 17.3.3　H型钢结构加工

#### 17.3.3.1　加工工艺流程

H型钢结构的加工工艺方框流程见图17-7。

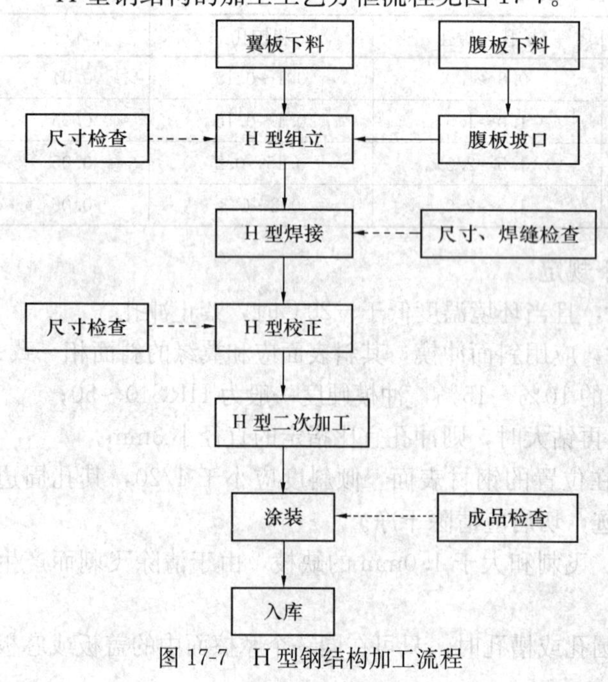


图17-7　H型钢结构加工流程

#### 17.3.3.2　加工工艺及操作要点

（1）放样、下料：钢板放样采用计算机放样，放样时根据零件加工、焊接等要求加放一定加工余量及焊接收缩量；钢板下料切割前需保证钢板平直，必要时采用矫平机进行矫平并进行表面清理。切割设备主要采用数控等离子、火焰多头直条切割机等。

（2）零件加工：加劲板，牛腿翼缘、腹板等小件采用数控切割或半自动切割机进行切割下料。坡口加工采用半自动切割机。

（3）H型钢的组装：H型钢的翼板下料后应标出腹板组装的定位线，翼板标出宽度方向中心线，以此为基准进行H型钢的组装。H型钢组装在H型钢组立机上或设置胎架进行组装，组装定位焊所采用的焊接材料须与正式焊缝的要求相同。为防止在焊接时产生过大的变形，拼装可适当用斜撑进行加强处理，斜撑间隔视H型钢的腹板厚度进行设置。

（4）H型钢的焊接：H型构件组装好后吊入自动埋弧焊机上进行焊接，焊接顺序如图17-8所示。按焊接规范参数进行施焊。对于钢板较厚的构件焊前应预热，预热采用电加热器进行，预热温度按对应的要求进行控制。

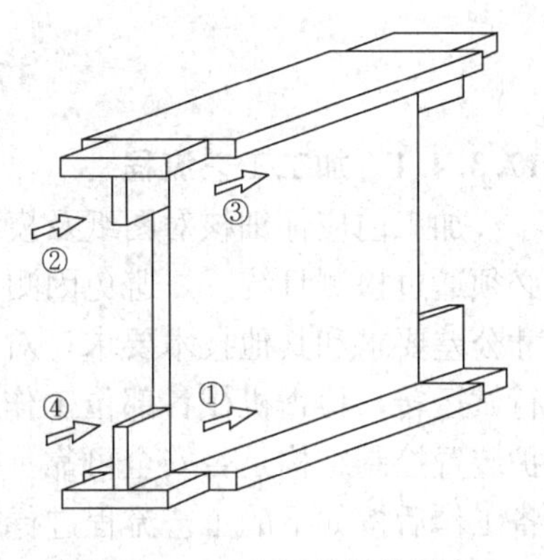

图17-8 H型钢的焊接顺序

（5）H型钢矫正：H型钢翼板的平面度，采用H型钢翼缘矫正机进行矫正。H型钢翼板与腹板的垂直度及旁弯，采用火焰校正，矫正温度控制在600～800℃，采用红外测温仪进行温控。

#### 17.3.3.3 加工注意事项

（1）所使用的计量器具必须经过计量部门的校验复核，合格并符合国家标准要求的，方能使用。

（2）钢材进行矫正时应注意环境温度，碳素结构钢在环境温度低于－16℃、低合金高强度结构钢在环境温度低于－12℃时不应进行冷矫正。采用加热矫正时，加热温度、冷却方式应符合表17-30的规定。

**加热矫正工艺要求** **表17-30**

| 加热温度、冷却方式 | Q345 | Q235 | 加热温度、冷却方式 | Q345 | Q235 |
|---|---|---|---|---|---|
| 加热至850～900℃然后水冷 | × | × | 加热至850～900℃，然后自然冷却到650℃以下后水冷 | × | × |
| 加热至850～900℃然后自然冷却 | ○ | ○ | 加热至600～650℃后直接水冷 | × | ○ |

注：1. ×—不可实施；○—可实施；

2. 上述温度为钢材表面温度，冷却时当温度下降到200～400℃时，须将外力全部解除，使其自然收缩。

（3）焊接H型钢长度方向应按焊缝不同形式及构件截面，每米放出0.3～0.8mm余量，每道全熔透加劲板约放出0.75mm余量。对H型钢截面高度（腹板宽度）的加工余量，主焊缝采用角焊缝时用公差控制；全熔透时，应在零件图上规定2mm余量；当用火焰进行校正时，截面高度应放出3～4mm余量。构件的长度方向应放出足够的余量，校正完毕后切头。当采取机械加工处理（刨或铣）时，应放5mm机加工余量。

切割时应明确相应正负公差。如H型钢腹板、牛腿长度应放出0～2mm正公差；加劲板应放出0～2mm负公差。详细公差值应根据具体结构形式在工艺文件上进行规定。

余量值和公差应在首件或首批构件完成时，记录好收缩值，作为后批构件缩放余量的依据。当无法判断收缩量时，应通过工艺试验确定或加大余量切头。

（4）装配时，应选择正确的基准面。钢柱标高方向以柱底安装孔为装配基准，截面方向以截面中心线为装配基准。钢梁长度方向以左端孔中心为装配基准，截面方向以钢梁上表面为装配基准。牛腿以牛腿腹板为装配基准，并保证垂直。

## 17.3.4 管结构加工

### 17.3.4.1 加工工艺流程

加工前应仔细核对图纸及模型，确认无误后方可进行加工；各道工序使用的测量工具必须通过检测且统一，避免因测量工具引起质量纠纷；认真阅读工艺文件，了解工件的尺寸公差要求和其他技术要求；对所用的机械进行试运转，检查机械各部位工作是否正常，防护装置控制结构是否安全可靠。按要求做好准备工作后按如下的工艺流程进行加工。

1. 管桁架加工工艺流程（图 17-9）

2. 钢管柱加工工艺流程（图 17-10）

### 17.3.4.2 加工工艺及操作要点

1. 钢管桁架

(1) 编程：根据设计模型运用相贯线切割程序编制软件编制相应的切割下料程序。编制的程序中包含以下信息：管件长度，坡口角度，焊接间隙等。管件相贯顺序应遵循以下原则：较小管径的钢管贯于较大管径的钢管上；相同管径壁厚较小的钢管贯于壁厚较大的钢管上；同时，在加工前确定各区域连接部位间的相贯顺序，并严格执行，防止贯口切割重复。

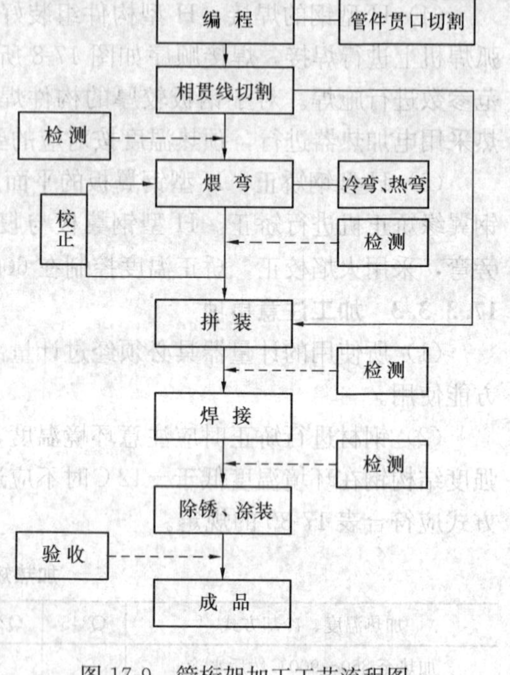


图 17-9 管桁架加工工艺流程图

由程序生成的管件长度和设计模型或图纸中管件长度间的误差要在设计允许的范围内；焊接坡口形式以及焊接间隙等均严格按照设计的相关说明执行。

(2) 相贯线切割下料：相贯线切割过程中应及时做好构件标识及其保护工作。钢管的标识必须清晰明了，按照构件分类堆放，同时做好加工、交接记录，防止生产混乱。

(3) 煨弯：若钢管件是直管零件，不需要弯制成型，检验合格后可直接进行下一工序拼装的制作。管件若需要弯曲，按照弯制成型加热程度可以分为热弯成型和冷弯成型。

(4) 弯管检测：管件弯制完成后，需要对其煨弯的弧度进行检验，是否达到精度要求。

(5) 拼装：管桁架需要进行预拼装时，应根据本手册 17.3.8 节的相关拼装步骤和条款进行。

2. 钢管柱

(1) 下料：零件校平、下料、拼版。

(2) 压头：采用大型油压机进行钢板两端部压头，用专用模具压制直边端的预弯段，其弯曲半径应小于实际弯曲半径。钢板端部的压制次数为至少三次，先在钢板端部 150mm 范围内压一次，然后在 300mm 范围内重压二次，以减小钢板的弹性，防止头部失

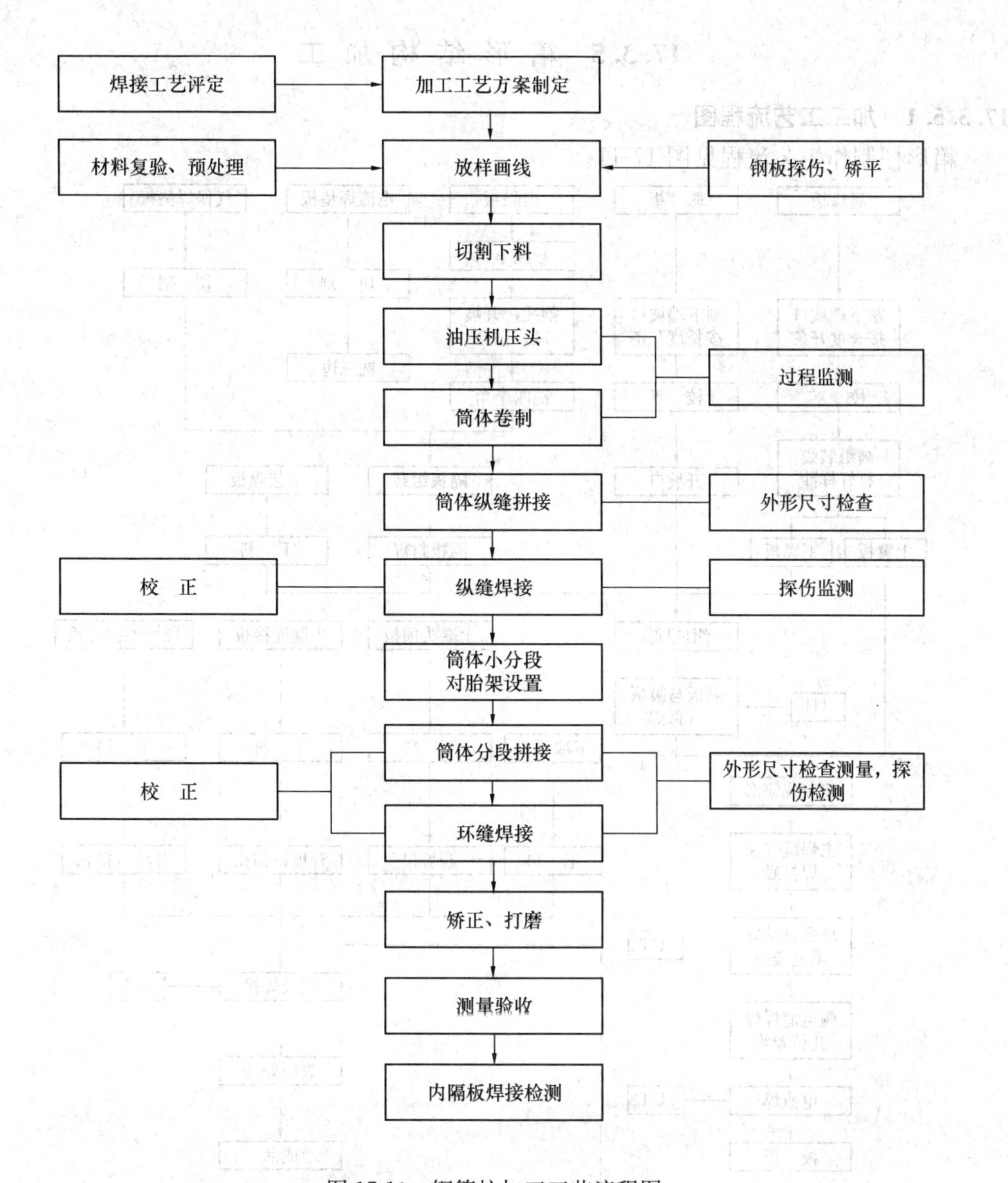


图 17-10 钢管柱加工工艺流程图

圆，压制后用不小于500mm的样板检查，切割两端余量后并开坡口。

（3）卷制：卷管时采用渐进式卷管，不得强制成型。

**17.3.4.3 加工注意事项**

（1）在加工制作过程中，同一构件的管件应同一批次加工，在堆放及转运过程中也应集中，避免管件混淆。

（2）在整个加工制作过程中，应始终注意构件号的标识的保护，避免引起混淆。

（3）制作过程中使用火焰加工时，操作人员应精神集中，避免被火焰及高温工件烧伤、烫伤。

（4）在吊运过程中应严格按起重规程执行，避免出现人员碰伤、砸伤。

## 17.3.5　箱形结构加工

### 17.3.5.1　加工工艺流程图

箱形柱制作工艺流程见图 17-11。

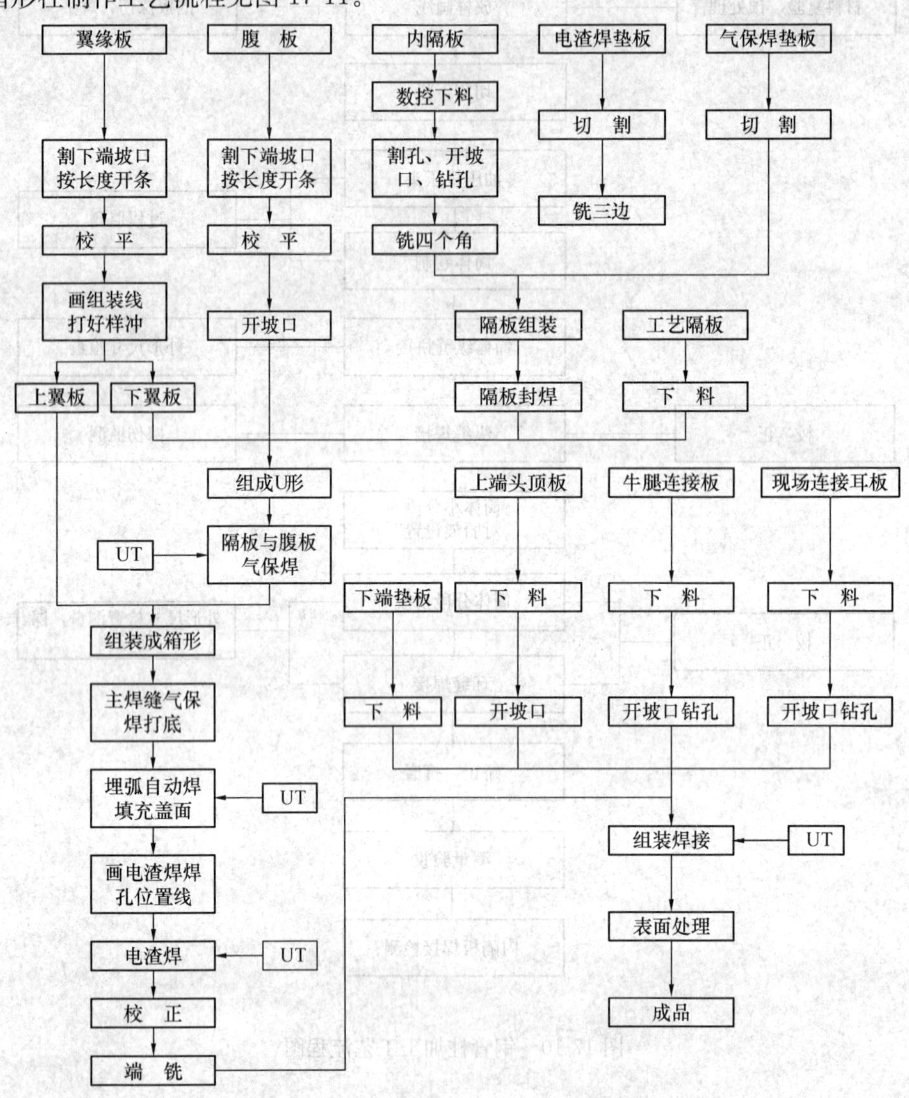


图 17-11　箱形柱制作工艺流程图

### 17.3.5.2　加工工艺及操作要点

1. 零件下料与加工

（1）主材进行下料时，采用龙门式平行火焰切割机进行下料，以确保主材的平直度。翼缘板和腹板下料具体要求为：宽度公差±1mm、垂直度公差 1mm，翼板腹板两侧同时切割；在板材宽度的端头先用横向割刀切割坡口，单面 35°留 2mm 钝边，坡口与纵向切割线保证垂直；然后以实际长度下料。

实际下料长度＝柱长＋2mm（割缝补偿量）＋0.5mm（隔板电渣焊收缩量）＋3mm

（柱本身焊接收缩量）+4mm（上端头铣削量）$-G$（下端头预留间隙）。

主材腹板的坡口加工采用半自动气体切割机进行，腹板的两边坡口应同时切割，以防一边切割后旁弯。

图 17-12 为箱体全焊透及部分焊透翼缘板与坡口的形式。

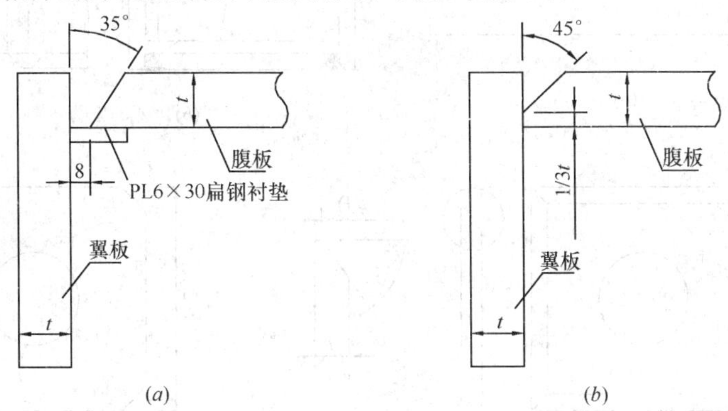


图 17-12 箱体全焊透及部分焊透翼缘板与坡口的形式

（$a$）箱体全焊透翼缘板与腹板坡口形式；（$b$）箱体部分焊透翼缘板与腹板坡口形式

$t$—翼板，腹板厚度

在部分熔透和全焊透坡口交界位置，用气割将过渡处在部分焊透坡口处割除一个小三角块，再用砂轮打磨以平缓过渡，见图 17-13。

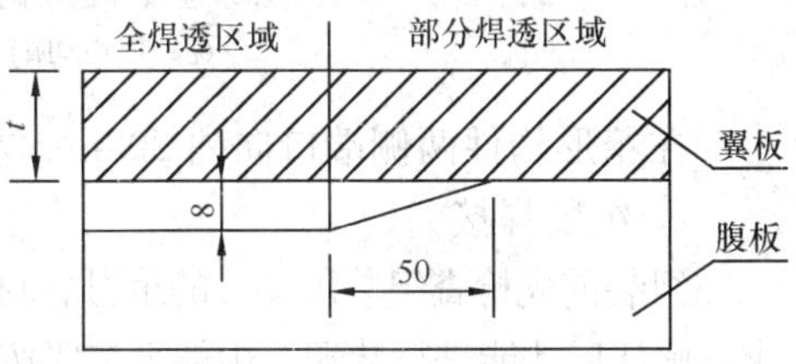


图 17-13 部分熔透和全焊透坡口交界处理

四块立板都应检查弯曲度，对弯曲超过 3mm 的应校直后交装配。

（2）隔板及衬板的下料，隔板利用数控切割，尺寸规定为：

$b_1$＝箱体内壁宽度（$B-2t$）+8mm（铣削量）

$b_2$＝箱体内壁宽度－50mm（电渣焊焊孔 25mm×2）

式中 $B$——箱体外壁宽度；

$t$——箱体翼板厚度。

电渣焊衬垫板亦可由定制的扁钢在带锯上按实际长度下料，可不用铣边。

（3）连接耳板、工艺隔板、上端端铣处顶板和下端衬垫板按图纸给定尺寸和相应工艺要求切割备料，见图 17-14。

1）连接板钻孔时孔边距比图纸尺寸加大 1mm，以保证焊完后孔到箱体的距离符合图纸尺寸，见图 17-14（$a$）。

2）下端坡口处衬垫板下成四块规格一样的，一短边抵住另一长边围成圈，若为 6mm 可用扁钢衬垫条，按长度切割，见图 17-14（$b$）。

3）顶板下料，取 16mm 板材，尺寸比 $B-2t$ 小 1～2mm，以便最后推进去封堵焊接，四边单面坡口 45°，留 4mm 钝边，见图 17-14（$c$）。

4）工艺隔板下料，取 8mm 板材，用剪板机定位剪切，长宽公差±1.0mm，对角线公差 2.0mm，四个角倒角 25mm×25mm，见图 17-14（$d$）。

上述上端头顶板和工艺隔板若图纸有要求时可切割人孔或气孔。

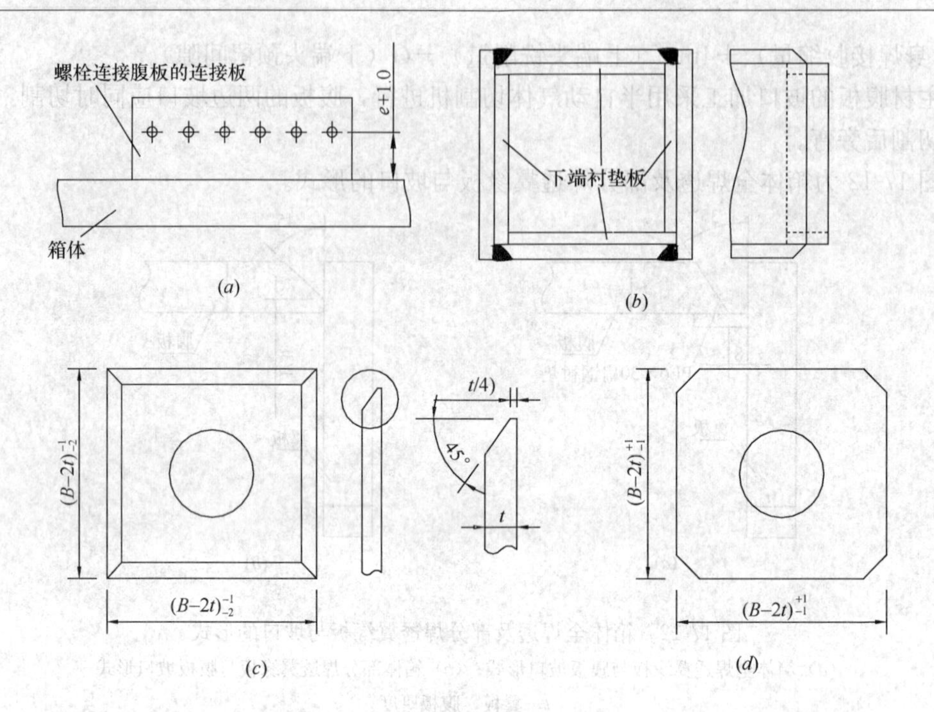


图 17-14　零件切割备料

（a）连接耳板切割备料；（b）下端衬垫板切割备料；

（c）顶板切割下料；（d）工艺隔板切割下料

在箱形构件两侧端口向内 200mm 左右，必须安置防止变形的工艺隔板。

2. 组装焊接

组装前先检查组装用零件的编号、材质、尺寸、数量和加工精度等是否符合图纸和工艺要求，确认后才能进行装配，构件组装要按照工艺流程进行。组装应在箱形组立机上进行。

（1）将一块翼缘板上胎架，从下端坡口处（包含预留现场对接的间隙）开始画线，按每个隔板收缩 0.5mm、主焊缝收缩 3mm 均匀分摊到每个间距，然后画隔板组装线的位置，隔板中心线延长到两侧并在两侧的翼板厚度方向中心打样冲点（后续钻电渣焊孔画线的基准），见图 17-15。

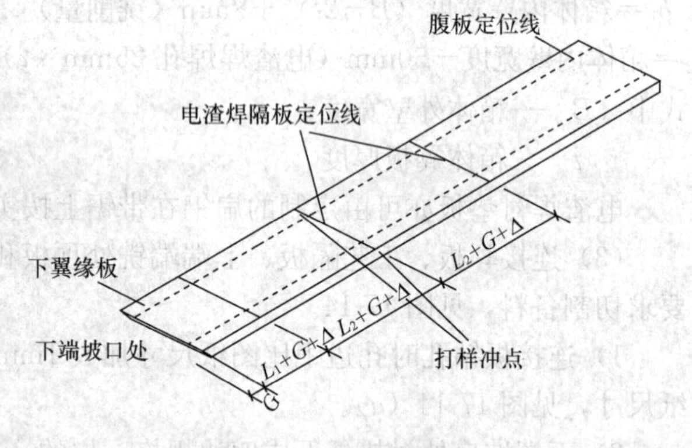


图 17-15　翼缘板画线

（2）内加劲隔板装配。为保证箱形柱的截面尺寸在 $B\pm2.0$mm 范围内，采用内加劲隔板组件（图 17-16）的几何尺寸和正确形状来保证。在隔板组件装配前，对 4 块已铣边的工艺垫板和加工好坡口的隔板在隔板组立机上进行装配，并进行焊接，保证其几何尺寸在允许范围内。

（3）将隔板按已画好的定位线装在下翼缘板上，并点焊固定，为了提高柱子的刚性及抗扭能力，在部分焊透的区域每 1.5m 处设置一块工艺隔板。

（4）再组装两块侧板，在胎架上进行拼装、校正、定位，定位焊的位置应在焊缝的反

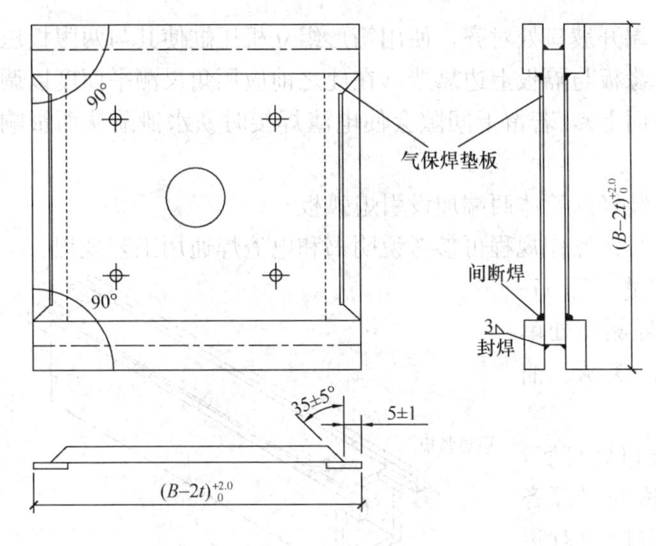

图 17-16 内加劲隔板装配

面。将腹板与翼缘板下端对齐(此处对齐可省去以前制作构件时组装焊接完后再切割余量切坡口的工序，之后只需铣削上端头即可)，并将腹板与翼缘板和隔板顶紧，然后装腹板的熔透焊处衬垫板，下侧的垫板应与下翼缘板顶紧，上侧的垫板上端应与部分焊透处钝边齐平。垫板的长度可以任意切割，但须保证全焊透位置下面均有衬垫板，以防焊接时铁水流到箱体空间内，如图 17-17 所示。

当柱本身较长时，为防止腹板组装发生扭曲，可在箱形组立机上增设一些定位夹具，如图 17-18 所示。

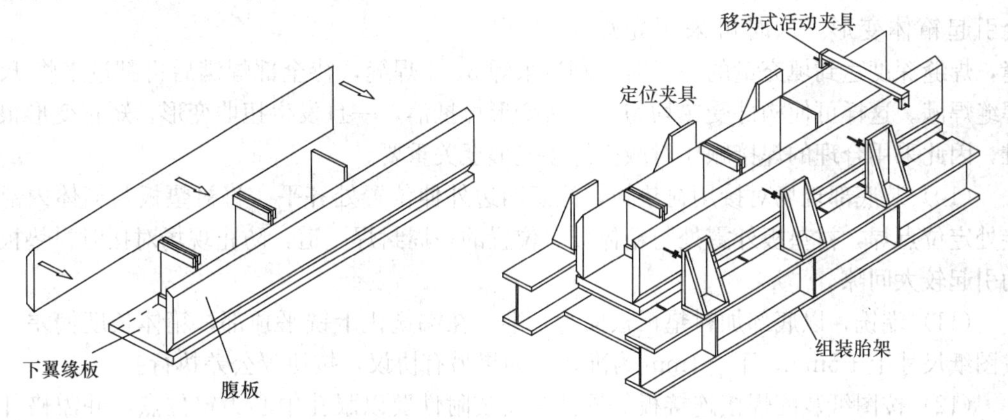

图 17-17 箱体侧板组装　　图 17-18 采用定位夹具组装

(5) 对隔板进行焊接，隔板与侧板为单面 V 形坡口留间隙衬垫焊，采用二氧化碳气体保护焊焊接，由于隔板单独焊接时会引起变形拉弯隔板，须在两隔板中间加撑杆固定住，可防止因焊接热输入引起隔板错动，必要时也可在两腹板之间加撑杆。

对于隔板间距较窄部位，为便于气体保护焊操作，应在组装时坡口朝外；当隔板又比较密集时，采用先装中间两块隔板，焊好后探伤合格才可从中间向两边依次退着装焊。

须保证隔板与腹板的焊接质量，探伤合格后方可盖板。

(6) 装上翼缘板(图 17-19)，组装前清理 U 形

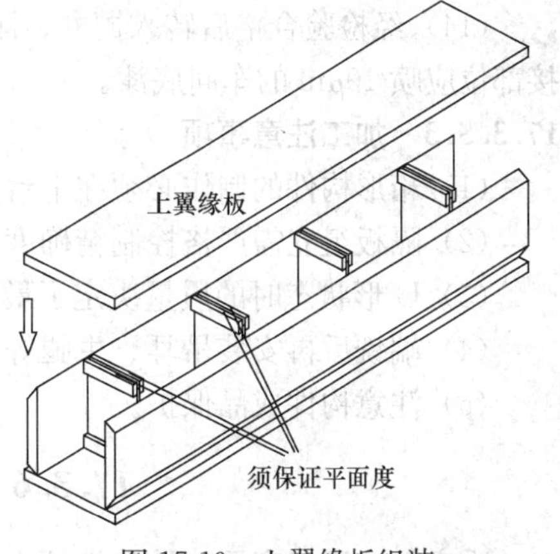

图 17-19 上翼缘板组装

口内部的所有杂物，将上翼缘板下端开坡口处对齐，使用箱形组立机压缸使其与两腹板压紧，需要注意的是一定要使得上翼缘板与隔板上边靠严（在此之前应用角尺测平面度以调节隔板上端的工艺垫块在同一水平面上），若留下间隙会使电渣焊接时铁水泄漏从而影响电渣焊质量。

(7) 将坡口内点焊固定，在组装好的箱体两端加设引熄弧板。

(8) 电渣焊，并作 UT 探伤，具体操作规程可参考说明书和电渣焊通用工艺规程。

(9) 焊接箱体自身四条纵向焊缝（图 17-20）。焊接前在焊缝范围内和焊缝外侧面处单边 30mm 范围内须清除氧化皮、铁锈、油污等。

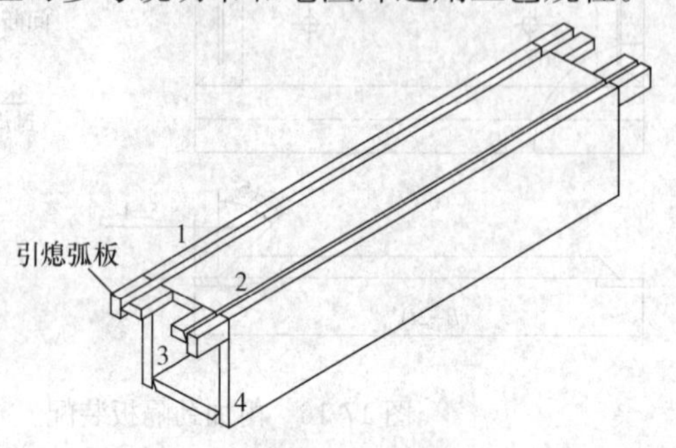

图 17-20　箱体纵向焊缝焊接

先用气体保护焊焊接全焊透坡口处打底，然后当焊透部分的焊缝与部分焊透的根部齐平时再纵向埋弧自动焊，主角焊缝同向对称焊接，以减少扭曲变形。

若坡口填充量较大，如单面全部焊接完会引起箱体变形，这时可采用先焊 1、2 焊缝，焊缝深度达到填充量的一半时，翻过来焊 3、4 焊缝，待全部焊满后再翻过来将 1、2 焊缝焊满。这样可使构件受热均匀，焊接变形可抵消，一旦发生扭曲变形，矫正变形很困难，因此采用合理的焊接顺序对减少焊接变形至关重要。

(10) 装底部现场对接用衬垫板，注意四边外伸位置处齐平。将衬垫板与箱体内部连接处定位点焊，衬垫板外露处与箱体坡口位置的一周封焊一道，防止现场对接时衬垫板错动引起较大间隙。

(11) 端铣，以底部加衬垫板板面为基准，在端铣机上铣平顶部，箱体长度偏差一般按图纸尺寸上＋5mm、下－1mm 为准，但如果另有协议，按协议公差执行。

(12) 按图纸装配焊接连接板等零件，安装附件要以眼孔中心为定位点，并需格外注意第一只眼孔距板边缘的距离，如有栓钉最后焊接。

(13) 按箱体精度要求进行校正。因箱形梁的刚性比较强，矫正时需加外力配合局部加热的方法。

(14) 经检验合格后转入抛丸、涂漆工序，浇筑混凝土部位不准涂漆，上下端工地焊接部位应喷 10$\mu$m 的车间底漆。

**17.3.5.3　加工注意事项**

(1) 箱形构件的制作必须在平台上进行，否则会发生弯扭。

(2) 隔板组立需严格控制精确度，以保证箱形构件尺寸不发生偏差。

(3) U 形状态时的质量决定了最后箱形构件的成型，需严格控制其质量。

(4) 端铣后再安装吊耳、牛腿等附件。

(5) 注意构件成品保护。

## 17.3.6　十 字 结 构 加 工

十字柱多用于高层建筑劲性柱内钢骨。柱本体由一个 H 型钢和两个 T 型钢焊接而成；

柱上一般有牛腿、加劲板、栓钉等零部件。

构件制作基本思路为：将十字柱本体拆分为一个 H 型钢和两个 T 型钢分别制作后焊接成十字形钢；牛腿组焊成部件；最后进行总装、焊接。

**17.3.6.1 加工工艺流程**

十字形柱加工工艺流程见图 17-21。

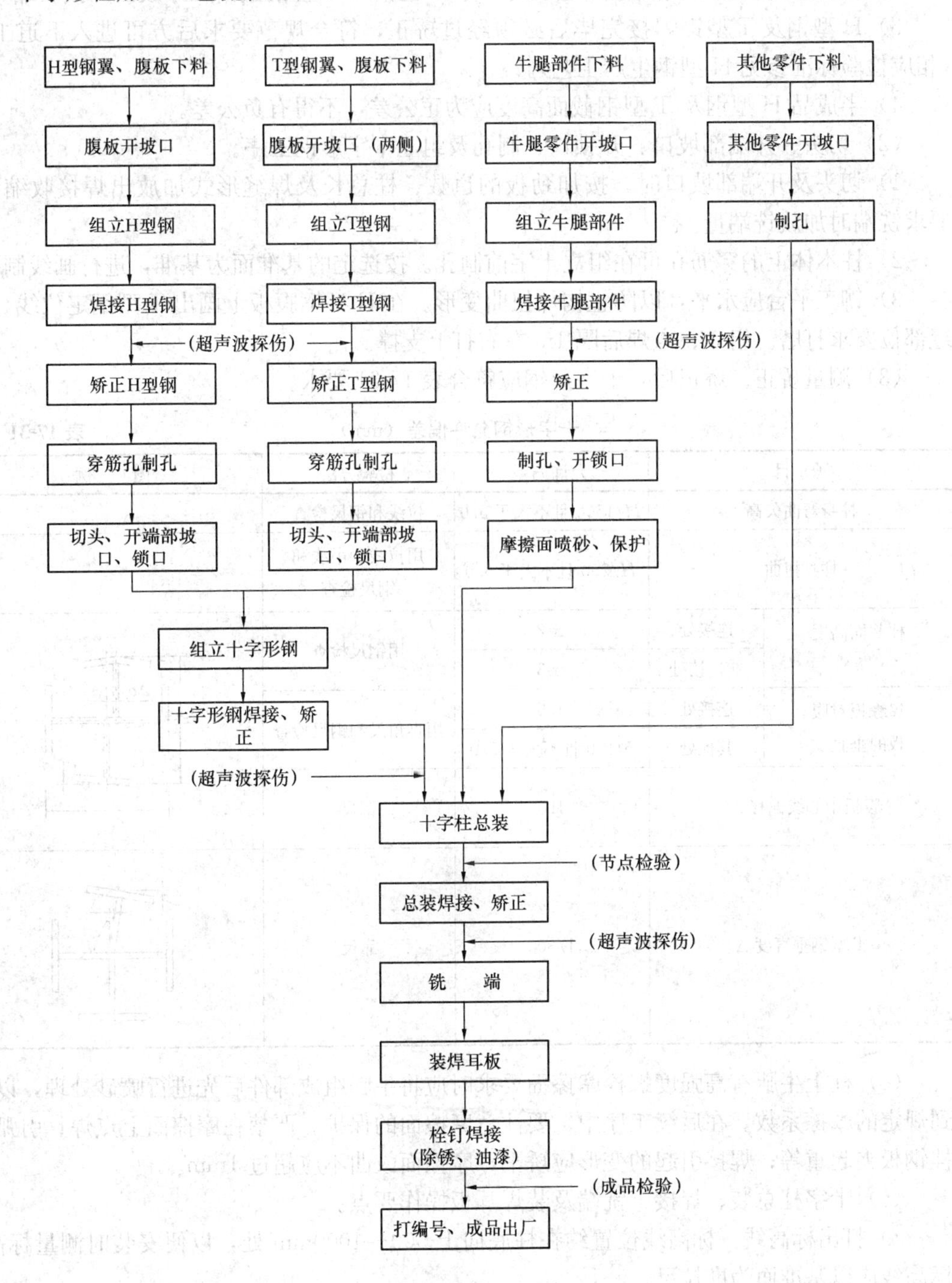


图 17-21 十字形柱加工工艺流程图

#### 17.3.6.2　加工工艺及操作要点

(1) 按H型钢及通用制作工艺制作H型钢及T型钢，但有以下几点需注意。

1) 下料时，腹板宽度方向放取0～+2mm公差，加劲板取0～−2mm公差；长度方向按焊接形式不同放出足够焊接收缩量。

2) 在组立时应按不同的主焊缝形式，将H型钢和T型钢截面尺寸放出焊接收缩量。

3) H型钢及T型钢焊接完毕后必须经过矫正，符合规范要求后方可进入下道工序(相应检验标准参见H型钢生产工艺)。

4) 半成品H型钢及T型钢截面高度应为正公差，不得有负公差。

(2) 切头、开端部坡口、开锁口、制孔及组立十字形钢工序。

1) 切头及开端部坡口时，按加劲板的道数、柱总长及焊缝形式加放出焊接收缩量；要求铣端时加放铣端量。

2) 柱本体上的穿筋孔可在组立十字前制孔。按选定的基准面为基准，进行画线制孔。

3) 铆工平台应水平，以防止构件扭曲变形。在H型钢腹板上画出T型钢定位线，焊缝部位要求打磨。组立、点焊后隔1m左右打上支撑。

(3) 测量矫正。矫正后，十字形钢应符合表17-31要求。

**十字形钢允许偏差** (mm)　　**表17-31**

| 项　目 | | 允许偏差 | 检验方法 | 图　例 |
|---|---|---|---|---|
| 柱身弯曲矢高 | | $H$/1500且不大于5.0 | 拉线和钢尺检查 | |
| 柱身扭曲 | | $H$/250且不大于5.0 | 用拉线、吊线和钢尺检查 | |
| 柱截面高度 $h$ | 连接处 | ±2 | 用钢尺检查 | |
| | 非连接处 | ±3 | | |
| 翼缘板对腹板的垂直度 | 连接处 | 1.5 | 用直角尺和钢尺检查 | |
| | 其他处 | $b$/100且不大于5.0 | | |
| 腹板中心线偏移Δ$b$ | | 1.5 | 钢尺 | |
| T型钢垂直度Δ | | 1/300 | 靠尺 | |

(4) 柱上牛腿有高强度螺栓摩擦面要求时应将牛腿组成部件后先进行喷砂处理，以达到规定的摩擦系数。在后续工序中，要注意摩擦面的保护。严禁在摩擦面上点焊、引弧及挂钢板夹起重等；焊接引起的变形应矫平，摩擦面鼓曲不应超过1mm。

(5) 十字柱总装、焊接、铣端及装焊耳板操作要点。

1) 打出标高线。标高线位置约在柱底向上500～1000mm处，以便安装时测量标高。标高线应以基准面为准拉尺。

2) 所有牛腿安装应以标高线或基准面为基准拉尺。牛腿上应打上方向标记。

3）焊接时应注意焊接顺序，尽量减小焊接变形。焊接完毕后进行矫正。

4）铣端应铣去柱余长，并保证端部垂直度。

5）装焊耳板关系到柱安装定位，应引起足够重视。安装位置应严格按图纸施工。

（6）栓钉焊接、清渣、除锈、油漆、编号等工序按通用工艺执行。在此不作赘述。

#### 17.3.6.3 加工注意事项

（1）基准面的选择。要求铣端时，应以柱下端为基准面，上端留出铣端量。不要求铣端时，应选择柱上端作为基准面。

（2）十字组立应以基准面对齐进行组立，主焊缝为全熔透焊缝时应在截面尺寸上放出相应的焊接收缩量。

（3）十字形钢焊接应优先考虑埋弧焊进行焊接。焊接时，应注意关注焊接变形情况，注意焊接顺序，尽量减小焊接变形。

（4）由于十字形截面约束度小，焊接时易于变形，应严格控制焊接顺序，采用对称施焊。

（5）整个焊接工作必须在胎具上进行，利用丝杆、夹具把零件固定在胎具上，通过不同的焊接顺序，使焊接变形达到平衡。

（6）如利用胎具仍达不到控制变形的效果，则应加设临时支撑，焊完冷却后再行拆除，构件的长度在最后一道工序加工。

### 17.3.7 异形构件加工

现代大型钢结构工程中，大量采用异形构件，该类构件构造复杂，对加工制作的工艺要求高，质量控制难。以组合目字形柱和空间弯扭箱形构件为主，对其加工制作工艺进行介绍。

#### 17.3.7.1 组合目字形柱

钢结构工程建筑造型上的倾斜，使得结构上的受力异常复杂，以CCTV主楼钢结构工程为例，其在设计中大量使用了板厚为80～100mm且抵抗矩较大的组合目字形柱，其典型的效果图及截面尺寸见图17-22。

1. 加工工艺流程

典型组合目字形柱加工工艺流程见图17-23。

2. 加工工艺及操作要点

（1）零件放样、下料

应用计算机放样和数控编程录入技术提高放样下料精度。所有零件均预置焊接收缩补偿余量。下料尺寸＝理论尺寸＋焊接收缩量＋加工余量－焊接间隙。

为了控制钢板的切割热变形，钢板下料采用多头自动切割机进行精密切割，以控制切割过程中受热不均。另外下料时严格控制切割工艺参数，保证零件切割表面质量。

坡口质量直接影响着厚板焊接质量，为保证焊接坡口质量，零件坡口将采用半自动切割机进行切割，切割后打磨光顺。

（2）零件矫平、矫直

目字形柱零件板材厚度较厚，为了消除钢板的轧制应力及切割热变形，钢板下料后采用专用钢板矫平机进行矫平，钢板平整度控制在1mm/m$^2$以内。

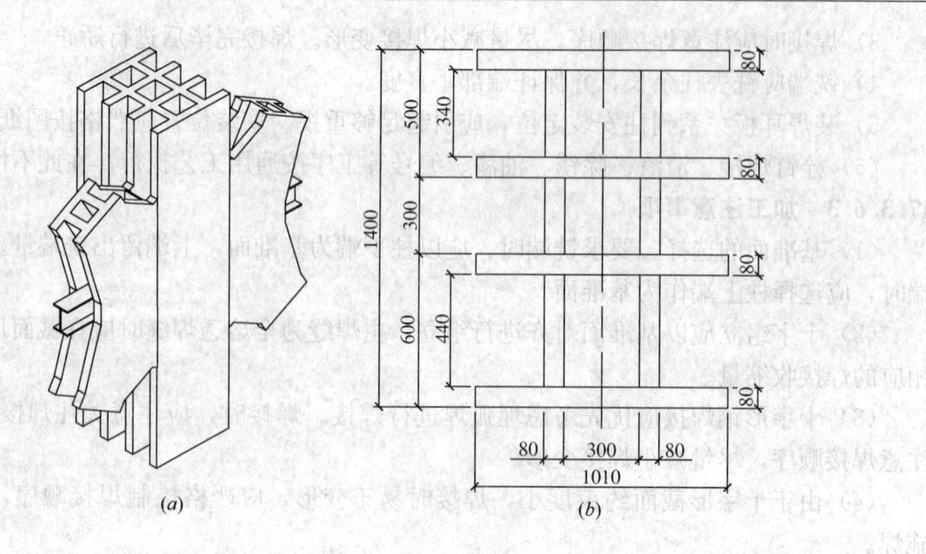


图 17-22　组合目字形柱
(*a*) 效果图；(*b*) 截面尺寸

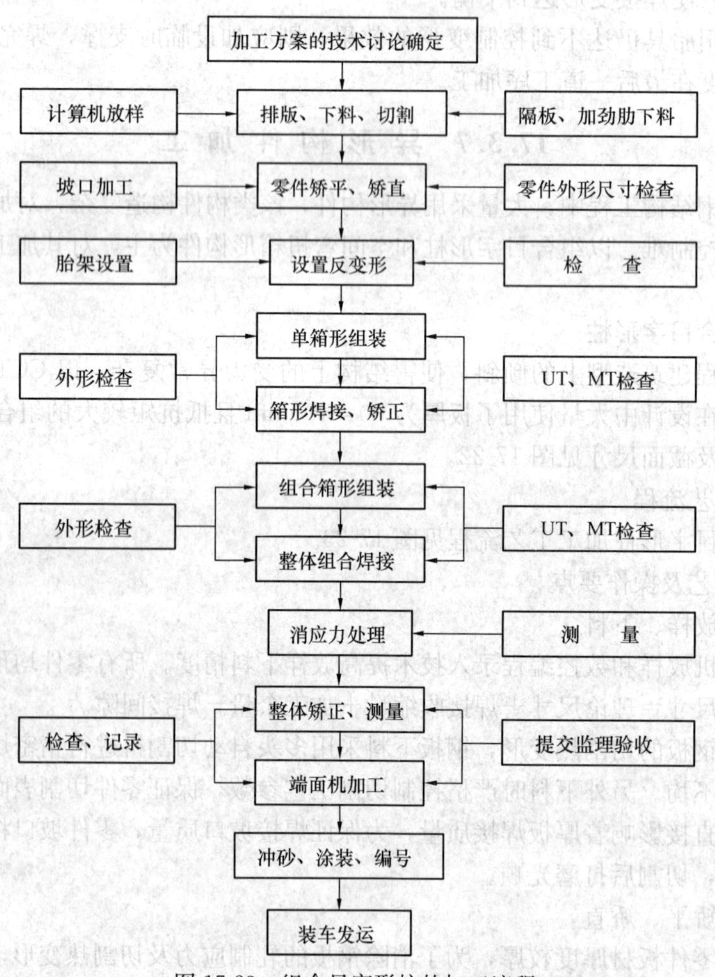


图 17-23　组合目字形柱的加工流程

(3) 设置反变形

目字形柱为一组合箱形柱，其外侧两翼缘板为非对称施焊，焊后易产生较大的焊接角变形，且难于矫正。施工中为减少厚板的焊接变形，组装前采用大功率油压机进行预设反变形。反变形参数根据工艺试验或以往类似工程施工经验确定。

(4) 单箱形组装

目字形柱是由两个箱形柱组合而成，制造时先分别组装成2个单箱形柱。组装时主要通过工装胎架进行组装，其组装次序为：先定位一侧翼缘板→再定位中间两腹板→最后定位另一侧翼缘板。单箱形组装过程主要通过专用工装夹具和千斤顶进行控制，其翼缘板垂直度及箱形宽度尺寸精度得到良好的控制。

(5) 箱形焊接、矫正

焊接方法：因箱形柱腹板的内部施焊空间小，腹板与翼缘板的角焊缝坡口宜采用单面坡口（反面贴衬垫）形式。其焊接方法采用$CO_2$气体保护焊打底、埋弧焊盖面的方法进行。

焊前预热：腹板焊接前进行预热，其预热温度根据工艺试验确定，一般控制在100～150℃；预热方式采用远红外电加热板进行加热。

焊接顺序：焊接时应采取合理的焊接顺序及较低焊接能量进行。先对称施焊上侧两角焊缝至1/3腹板厚度，再翻身对称焊接下侧两角焊缝至1/3腹板厚度，采取轮流施焊直至全部焊完，其优点在于可减小焊接变形及防止焊接裂纹的产生。

焊后矫正：焊后进行箱形矫正，主要采用热矫正，其矫正温度宜控制在600～800℃。

(6) 组合箱形组装

单箱形组装焊接完后进行组合箱形的组装。其组装次序为：先定位一侧单箱形→组装中间两腹板→组装另一侧单箱形。其组装方法参见“(4) 单箱形组装”。

(7) 整体组合焊接

整体组合焊接参见“(5) 箱形焊接、矫正”。

(8) 消应力处理

由于厚板焊接后存在较大的焊接残余应力，焊后采用超声冲击进行消应力处理。该方法主要利用大功率超声波推动冲击工具以每秒2万次以上的频率冲击金属物体表面，使金属表面产生较大的压缩塑性变形，从而达到消除应力的良好效果。

(9) 整体矫正、测量

组装焊接完后要求进行完工测量，对于尺寸超差的应进行矫正，矫正方法主要采用热矫法进行。

(10) 端面机加工

为了控制箱形柱的整体尺寸精度及其端面的垂直度要求，整体组装后进行端面铣削加工。

(11) 组装牛腿、焊接及矫正

1) 目字形柱制作完后进行牛腿的组装和焊接，组装前先在专用钳工平台上画出牛腿结构安装线，装配时严格按线装配，并保证牛腿垂直度要求。

2) 牛腿组装前还应设置组装胎架，其技术要点如下：

①按图纸理论尺寸，进行胎架地面画线放样，画出钢柱中心线、端面企口线、各牛腿

中心角度线、楼层标高等水平投影线，用小铁板与地面固定牢固，敲上洋冲印，作为钢柱定位、牛腿安装的基准线，并提交专职检查员验收。

②设立胎架，胎架模板上口水平度必须保证±0.5mm，且不得有明显的晃动状，胎架须用斜撑。

3）组装胎架设置完毕后进行牛腿组装工作，组装要求如下：

①将钢柱本体吊上胎架，必须严格按胎架底线进行定位，定位时必须保证定对端面企口线、两端中心线，特别是钢柱左右两侧中心线要保证水平。

②按牛腿节点地面中心线进行安装牛腿，定对胎架地面角度中心线和左右两侧的水平度、端面垂直度以及端面企口线，然后与钢柱本体进行定位焊接，交专职检查员验收合格后即可进行牛腿节点的焊接。

③牛腿的焊接采用双数焊工进行对称施焊，焊接方法采用$CO_2$气体保护焊。牛腿组装焊接完后采用热矫法进行矫正。

（12）冲砂、涂装、编号

构件涂装前要求进行冲砂除锈处理，构件的涂装严格按照设计要求及涂料的施工要求执行。构件涂装完后要求在醒目位置采用油漆做好构件编号标识。

（13）装车发运

构件装车时应捆扎牢固，其下部应采用枕木进行支垫，以防止构件的油漆因损坏而脱落。

3. 加工注意事项

（1）为了保证切割质量，厚板切割前先进行切割表面渗碳硬度试验，切割采用数控精密切割，选用高纯度98.0%以上的丙烯气体加99.99%的液氧气体，可保证切割端面光滑、平直、无缺口、挂渣，坡口采用专用坡口切割机进行切割，切割后检查零件外形尺寸并进行坡口打磨处理，同时用硬度检查计对焊接坡口处进行硬度检测，符合要求方可使用。

（2）由于钢柱板厚较厚，且存在结构焊接不对称的情况，易造成焊接角变形的产生，为保证钢柱焊后的外形尺寸、直线度、平整度符合设计和规范要求，宜先预设焊接反变形（焊接反变形量须按试件焊后进行实测），典型目字形钢柱外侧两块面板由于存在不对称焊接情况，故需设置反变形。

（3）组合目字形柱的组装胎架设置。由于单根钢柱质量较大，钢板超厚，组装胎架必须具有很强的刚性，采用箱形组装流水线进行组装将无法保证组装精度要求，所以为了保证组装精度，特别是组装间隙的控制，必须采用专用组装胎架进行组装。根据钢柱的外形特点、制作工艺要求，制作单根箱形重型组装胎架和整体组装胎架。

胎架要求：

1）胎架平台必须采用有预埋件的重型组装平台，保证足够的刚性。

2）胎架模板工作面必须进行铣平加工，以保证组装精度。

3）胎架定位必须采用全站仪进行组立测量，以保证构件组装定位精度。

（4）目字形柱本体组装焊接矫正后，在安装节点或牛腿之前，必须进行细致的外形尺寸的检测和画线工作，由于钢柱钢板很厚、刚性极大，若钢柱存在扭曲、中心线不直等情况，对工程质量将极为不利，而对于钢柱质量大、结构复杂的特点，一般检测画线方法不能满足精度控制要求，为此，需制定能适合该结构特点的检测和画线方法。从实际情况出发，可采用以下方法进行检测和画线，见图 17-24。

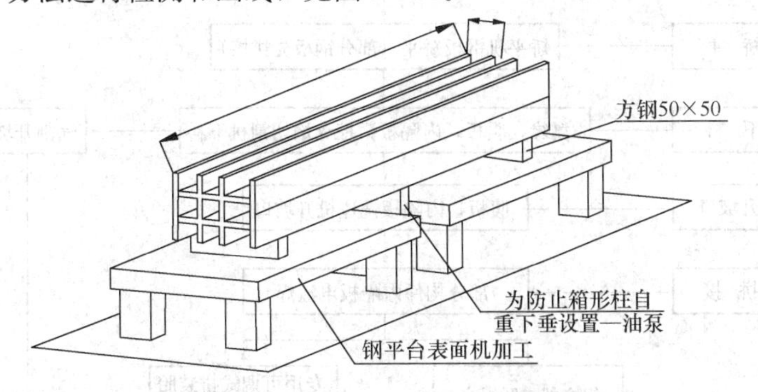


图 17-24 检测和画线示意

#### 17.3.7.2 空间弯扭箱形构件

空间弯扭箱形构件在深圳湾体育中心（春茧）钢结构屋盖中有大量采用。其截面规格繁多，囊括了从□300×300 到□700×450 八种不同的截面规格；板厚从 10mm 到 60mm 不等；材质普遍采用 Q345C，应力较大处局部用到了 Q460D。

1. 加工工艺流程

典型空间弯扭箱形构件加工工艺流程方框图，见图 17-25。

2. 加工工艺及操作要点

（1）零件展开放样、画线

扭曲箱形四块壁板均为空间弯扭形状，为控制放样下料精度，壁板的展开尤其重要。为提高放样速度及精度，采用计算机精确放样。

根据箱形弯扭构件的成型特点，在 3D3S 基础上研制开发出空间任意扭曲箱形构件自动生成软件，可较好地满足扭曲壁板的展开。该软件采用三次样条函数拟合弯扭构件的四条棱线，再输入箱体壁厚，就可自动生成扭曲箱形实体模型，从而可以得到壁板上任意点的空间坐标，让程序自动进行对壁板的展开，将计算机生成的展开线型数据输入数控切割机，就可进行壁板的下料切割。

（2）弯扭箱体的组装

组装步骤为：下壁板检测；内隔板组装；组装两侧壁板；封盖上壁板。

3. 加工注意事项

（1）弯扭构件加工前，必须完善深化设计的每一环节。其对深化设计的特殊要求有：

1）鉴于构件外形为弯扭状的特性，主视图外形和零件的位置关系用线性尺寸难以表达，应采用坐标法表达。

2）图纸深化应以现场吊装块为设计出图单元。吊装块即为布置图表达单元，在此基础上再细分到单根构件的加工图。

（2）通过制作精确定位的 L 形装配胎架来实现弯扭构件的组装，胎架制作应综合考虑弯扭壁板的制作及测量、弯扭箱体的组装及测量、弯扭牛腿与弯扭箱体的组装定位等工序的要求，做到一次定位，精确制作。

（3）由于该弯扭构件网格间距小，焊缝集中，焊接加热和焊缝收缩易导致较大的焊接

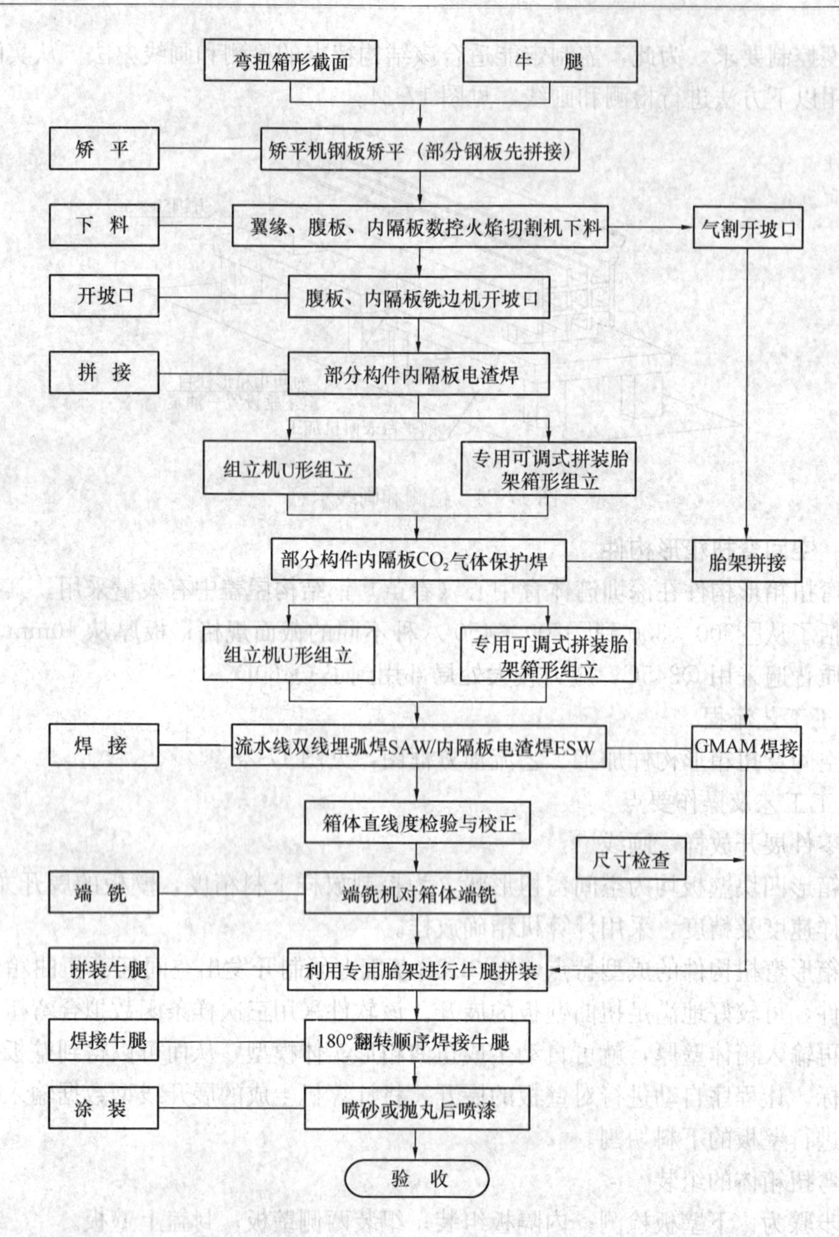


图 17-25 弯扭箱形构件加工工艺流程

变形，同时板件弯扭过程内部已积聚了部分内应力，为保证焊接质量，控制焊接变形和焊接残余应力，应采用以下几点措施：

1）采用加密的刚性固定隔板，减小焊接变形，保持薄壁箱形的外观尺寸；

2）采用预热和厚保温措施，减小焊缝收缩变形。

## 17.3.8 钢结构预拼装

当合同文件或设计文件要求时，应进行钢构件预拼装。钢构件预拼装可采用实体预拼装或计算机辅助模拟预拼装。当同一类型构件较多时，可选择一定数量的代表性构件进行预拼装。

#### 17.3.8.1 钢结构预拼装的目的

检验制作的精度及整体性，以便及时调整、消除误差，从而确保构件现场顺利吊装，减少现场特别是高空安装过程中对构件的安装调整时间，有力保障工程的顺利实施。

通过对构件的预拼装，及时掌握构件的制作装配精度，对某些超标项目进行调整，并分析产生原因，在以后的加工过程中及时加以控制。

#### 17.3.8.2 预拼装准备工作

1. 预拼装方案制定

预拼装前一般需制定预拼装的方案，主要包括预拼装方法（整体预拼装、分段预拼装和分层预拼装）选择、预拼装的流程及预拼装注意事项等内容。预拼装的方法很多，需根据构件的结构特点、场地条件，结合工厂的加工能力、机械设备等情况，选择能有效控制组装精度、耗工少、效益高的方法。

2. 场地准备

构件预拼装要有较宽阔、平整、坚固的场地，并应设置在起重设备的工作范围内，以便于拼装作业。

3. 预拼装胎具、机具及人员准备

根据预拼装方法、结构特点等选用或制作相应的装配胎具（如组装平台、铁凳、胎架等）和机具（如吊装设备、夹具等），胎具应有足够的刚度。同时需根据拼装工作量做好人员准备工作。

4. 检查待组装零部件的质量

所有待预拼装的零部件必须是经过质量检验部门检验合格的钢结构成品，预拼装前需检查其质量检验记录。

#### 17.3.8.3 预拼装质量验收标准

钢结构预拼装的允许偏差见表17-32。

**钢结构预拼装的允许偏差**（mm） **表 17-32**

<table>
<tr><th>构件类型</th><th colspan="2">项　　目</th><th>允许偏差</th><th>检验方法</th></tr>
<tr><td rowspan="5">多节柱</td><td colspan="2">预拼装单元总长</td><td>±5.0</td><td>用钢尺检查</td></tr>
<tr><td colspan="2">预拼装单元弯曲矢高</td><td>$L$/1500，且≤1.0</td><td>用拉线和钢尺检查</td></tr>
<tr><td colspan="2">接口错边</td><td>2.0</td><td>用焊缝量规检查</td></tr>
<tr><td colspan="2">预拼装单元柱身扭曲</td><td>$h$/200，且≤5.0</td><td>用拉线、吊线和钢尺检查</td></tr>
<tr><td colspan="2">顶紧面至任一牛腿距离</td><td>±2.0</td><td rowspan="2">用钢尺检查</td></tr>
<tr><td rowspan="5">梁、桁架</td><td colspan="2">跨度最外两端安装孔或<br>两端支撑面最外侧距离</td><td>+5.0<br>−10.0</td></tr>
<tr><td colspan="2">接口截面错位</td><td>2.0</td><td>用焊缝量规检查</td></tr>
<tr><td rowspan="2">拱度</td><td>设计要求起拱</td><td>±$L$/5000</td><td rowspan="2">用拉线和钢尺检查</td></tr>
<tr><td>设计未要求起拱</td><td>$L$/2000<br>0</td></tr>
<tr><td colspan="2">节点处杆件轴线错位</td><td>4.0</td><td>画线后用钢尺检查</td></tr>
</table>

续表

| 构件类型 | 项　目 | 允许偏差 | 检验方法 |
|---|---|---|---|
| 管构件 | 预拼装单元总长 | ±5.0 | 用钢尺检查 |
| | 预拼装单元弯曲矢高 | $L/1500$，且≤10.0 | 用拉线和钢尺检查 |
| | 对口错边 | $t/10$，且≤3.0 | 用焊缝量规检查 |
| | 坡口间隙 | +2.0<br>−1.0 | |
| 构件平面总体预拼装 | 各楼层柱距 | ±4.0 | 用钢尺检查 |
| | 相邻楼层梁与梁之间距离 | ±3.0 | |
| | 各层间框架梁对角线之差 | $H/2000$，且≤5.0 | |
| | 任意梁对角线之差 | $\Sigma H/2000$，且≤8.0 | |

## 17.3.9　工　厂　除　锈

### 17.3.9.1　钢材表面锈蚀和除锈等级

1. 钢材表面锈蚀等级

《涂装前钢材表面锈蚀等级和除锈等级》（GB 8923—1988）给钢材表面分成 A、B、C、D 四个锈蚀等级。

A 等级：全面地覆盖着氧化皮而几乎没有铁锈；

B 等级：已发生锈蚀，并有部分氧化皮剥落；

C 等级：氧化皮因锈蚀而剥落，或者可以刮除，并有少量点蚀；

D 等级：氧化皮因锈蚀而全面剥落，并普遍发生点蚀。

2. 钢材除锈方法及等级

钢材除锈有喷射或抛射除锈、手工和动力工具除锈、火焰除锈三种方法。

（1）喷射或抛射除锈，用字母“Sa”表示，分四个等级。

Sa1 等级：轻度的喷射或抛射除锈。钢材表面应无可见的油脂或污垢，没有附着不牢的氧化皮、铁锈和油漆涂层等附着物。参见现行国家标准 GB 8923 或 ISO 8501-1 的典型样本照片（以下同）BSa1、CSa1 和 DSa1。

Sa2 等级：彻底的喷射或抛射除锈。钢材表面无可见的油脂和污垢，氧化皮、铁锈等附着物已基本清除，其残留物应是牢固附着的。参见 BSa2、CSa2 和 DSa2。

Sa2½ 等级：非常彻底的喷射或抛射除锈。钢材表面无可见的油脂、污垢、氧化皮、铁锈和油漆涂层等附着物，任何残留的痕迹应仅是点状或条状的轻微色斑。参见 ASa2½。BSa2½、CSa2½ 和 DSa2½。

Sa3 等级：使钢材表观洁净的喷射或抛射除锈。钢材表面无可见的油脂、污垢、氧化皮、铁锈和油漆等附着物，该表面应显示均匀的金属光泽。参见 ASa3、BSa3、Csa3、DSa3。

（2）手工和动力工具除锈，以字母“St”表示，只有两个等级。

St2 等级：彻底的手工和动力工具除锈。钢材表面无可见的油脂和污垢，没有附着不牢的氧化皮、铁锈和油漆涂层等附着物。参见 BSt2、CSt2 和 DSt2。

St3 等级：非常彻底的手工和动力工具除锈。钢材表面应无可见的油脂和污垢，并且没有附着不牢的氧化皮、铁锈和油漆涂层等附着物。除锈应比 St2 更为彻底，底材显露部分的表面应具有金属光泽。参见 BSt3、CSt3、DSt3。

（3）火焰除锈，以字母“F1”表示，它包括在火焰加热作业后，以动力钢丝刷清除加热后附着在钢材表面的产物。只有一个等级。

F1 等级：钢材表面应无氧化皮、铁锈和油漆层等附着物，任何残留的痕迹应仅为表面变色（不同颜色的暗影），参见 AF1、BF1、CF1 和 DF1。

3. 各国除锈等级的对应关系

由于各国制定钢材表面的除锈等级时，基本上都以国际、瑞典和美国的除锈标准作为蓝本。因此，各国的除锈等级大体上是可以对应采用的。各国除锈等级对应关系见表 17-33。

**各国除锈等级对应关系表** **表 17-33**

| GB 8923<br>（中国） | SISO 55900<br>（瑞典） | SSPC<br>（美国） | DIN 55928<br>（德国） | BS 4232<br>（英国） | JSRASPSS<br>（日本造船协会） | |
|---|---|---|---|---|---|---|
| 轻度的喷射或抛射除锈 Sa1 | Sa1 | SP-7 | Sa1 | | （喷砂） | （喷丸） |
| 彻底的喷射或抛射除锈 Sa2 | Sa2 | SP-6 | Sa2 | 三级 | Sa1 | Sh1 |
| 非常彻底的喷射或抛射除锈 Sa2 $\frac{1}{2}$ | Sa2 $\frac{1}{2}$ | SP-10 | Sa2 $\frac{1}{2}$ | 二级 | Sa2 | Sh2 |
| 使钢材表面洁净的喷射或抛射除锈 Sa3 | Sa3 | SP-5 | Sa3 | 一级 | Sa3 | Sh3 |
| 彻底的手工和动力工具除锈 St2 | St2 | SP-2 | St2 | | | |
| 非常彻底的手工和动力工具除锈 St3 | St3 | SP-3 | St3 | | | |
| 火焰除锈 Fl | | SP-4 | F1 | | | |
| | | SP-8（酸洗） | Be（酸洗） | | | |

## 17.3.9.2 常见钢结构除锈工艺

1. 手工和动力工具除锈

（1）手工除锈工具有砂布、钢丝刷、铲刀、尖锤、平面砂轮机、动力钢丝刷等。

（2）手工除锈一般只能除掉疏松的氧化皮、较厚的锈和鳞片状的旧涂层，且生产效率低，劳动强度大。工厂除锈不宜采用此法，一般在不能采用其他方法除锈时可采用此法。

（3）动力工具除锈是利用压缩空气或电能为动力，使除锈工具产生圆周式或往复式的运动，当与钢材表面接触时利用其摩擦力和冲击力来清除锈和氧化皮等物。动力工具除锈比手工工具除锈效率高、质量好，是目前一般涂装工程除锈常用的方法。其常用工具有：气动端型平面砂磨机、气动角向平面砂磨机、电动角向平面砂磨机、直柄砂轮机、风动钢丝刷、风动打锈锤、风动齿形旋转式除锈器、风动气铲等。

2. 喷射或抛射除锈

（1）除锈的一般规定

1）钢材表面进行喷射除锈时，必须使用除去油污和水分的压缩空气。否则油污和水分在喷射过程中附着在钢材表面，会影响涂层的附着力和耐久性。检查油污和水分是否分离干净的简易方法：将白布或白漆靶板，用压缩空气吹 1min，用肉眼观察其表面，应无油污、水珠和黑点。

2）喷射或抛射所使用的磨料必须符合质量标准和工艺要求。对允许重复使用的磨料，必须根据规定的质量标准进行检验，合格的才能重复使用。

3）喷射或抛射的施工环境，其相对湿度不应大于85%，或控制钢材表面温度高于空气露点3℃以上。湿度过大，钢材表面和金属磨料易生锈。

4）除锈后的钢材表面，必须用压缩空气或毛刷等工具将锈尘和残余磨料清除干净，方可进行下道工序。

5）除锈验收合格的钢材，在厂房内存放的应于24h内涂完底漆；在厂房外存放的应于当班涂完底漆。

（2）喷射除锈

分干喷射法和湿喷射法两种。其原理是利用经过油、水分离处理过的压缩空气将磨料带入并通过喷嘴以高速喷向钢材表面，靠磨料的冲击和摩擦力将氧化铁皮、铁锈及污物等除掉，同时使表面获得一定的粗糙度。喷射除锈效率高、质量好，但要有一定的设备和喷射用磨料，费用较高。目前世界上工业发达国家，为保证涂装质量，普遍采用喷射除锈法。

（3）抛射除锈

抛射除锈是利用抛射机叶轮中心吸入磨料和叶尖抛射磨料的作用，使磨料在抛射机的叶轮内，由于自重，经漏斗进入分料轮，同叶轮一起高速旋转的分料轮使磨料分散，并从定向套口飞出。从定向套口飞出的磨料被叶轮再次加速后，射向物件表面，以高速的冲击和摩擦除去钢材表面的锈和氧化铁皮等污物。

3. 酸洗除锈

酸洗除锈亦称化学除锈，其原理是利用酸洗液中的酸与金属氧化物进行化学反应，使金属氧化物溶解，生成金属盐并溶于酸液中，而除去钢材表面上的氧化物及锈。酸洗除锈质量比手工和动力机械除锈的好，与喷射除锈质量相当。但酸洗后钢材表面不能造成喷射除锈那样的粗糙度。在酸洗过程中产生的酸雾对人和建筑物有害。酸洗除锈一次性投资较大，工业过程也较多，最后一道清洗工序不彻底，将对涂层质量有严重的影响。

**17.3.9.3　除锈方法的选择**

钢材表面处理是涂装工程中重要的一环，其质量好坏严重影响涂装工程的质量。欧美一些国家认为除锈质量要影响涂装效果的60%以上。钢材表面除锈方法有：手工工具除锈、手工机械除锈、喷射或抛射除锈、酸洗除锈和火焰除锈等。各种除锈方法的特点见表17-34。

**各种除锈方法的特点**　　**表17-34**

| 除锈方法 | 设备工具 | 优　点 | 缺　点 |
|---|---|---|---|
| 手工、机械 | 砂布、钢丝刷、铲刀、尖锤、平面砂轮机、动力钢丝刷等 | 工具简单、操作方便、费用低 | 劳动强度大、效率低、质量差，只能满足一般的涂装要求 |
| 喷射 | 空气压缩机、喷射机、油水分离器等 | 能控制质量，获得不同要求的表面粗糙度 | 设备复杂、需要一定操作技术、劳动强度较高、费用高、污染环境 |
| 酸洗 | 酸洗槽、化学药品、厂房等 | 效率高、适用大批件、质量较高、费用较低 | 污染环境、废液不易处理、工艺要求较严 |

选择除锈方法时，除要根据各种方法的特点和防护效果外，还要根据涂装的对象、目的、钢材表面的原始状态、要求达到的除锈等级、现有的施工设备和条件、施工费用等，进行综合比较，最后才能确定。

## 17.3.10 工 厂 涂 装

### 17.3.10.1 常见防腐涂料

1. 防腐涂料的组成和作用

防腐涂料一般由不挥发组分和挥发组分（稀释剂）两部分组成。涂刷在物件表面后，挥发组分逐渐挥发逸出，留下不挥发组分干结成膜，所以不挥发组分的成膜物质叫做涂料的固体组分。成膜物质又分为主要、次要和辅助成膜物质三种。主要成膜物质可以单独成膜，也可以粘结颜料等物质共同成膜，它是涂料的基础，也常称基料、添料或漆基。

2. 防腐涂料产品分类、命名和型号

（1）我国涂料产品的分类方法

按《涂料产品分类和命名》（GB/T 2705—2003）的规定，涂料产品分类是以涂料基料中主要成膜物质为基础。根据对成膜物质的分类，相应对涂料品种分为17大类。涂料类别代号见表17-35。

**涂料类别代号表** **表17-35**

| 序号 | 代号 | 涂料类别 | 序号 | 代号 | 涂料类别 |
|---|---|---|---|---|---|
| 1 | Y | 油脂漆类 | 10 | X | 烯树脂漆类 |
| 2 | T | 天然树脂漆类 | 11 | B | 丙烯酸漆类 |
| 3 | F | 酚醛树脂漆类 | 12 | Z | 聚酯漆类 |
| 4 | L | 沥青漆类 | 13 | H | 环氧树脂漆类 |
| 5 | C | 醇酸树脂漆类 | 14 | S | 聚氨酯漆类 |
| 6 | A | 氨基树脂漆类 | 15 | W | 元素有机漆类 |
| 7 | Q | 硝基漆类 | 16 | J | 橡胶漆类 |
| 8 | M | 纤维素漆类 | 17 | E | 其他漆类 |
| 9 | G | 过氯乙烯漆类 | | | |

（2）我国涂料命名方式

涂料名称由三部分组成，即颜色或颜料的名称、成膜物质的名称、基本名称，可用简单的公式表达：涂料全名＝颜色或颜料名称＋成膜物名称＋基本名称。

（3）涂料型号

为了区别同一类型的各种涂料，在名称之前必须有型号。涂料型号以一个汉语拼音字母和几个阿拉伯数字所组成。字母表示涂料类别（表17-35），位于型号的前面；第一、二位数字表示涂料产品基本名称；第三、四位数字表示涂料产品序号。

例如：

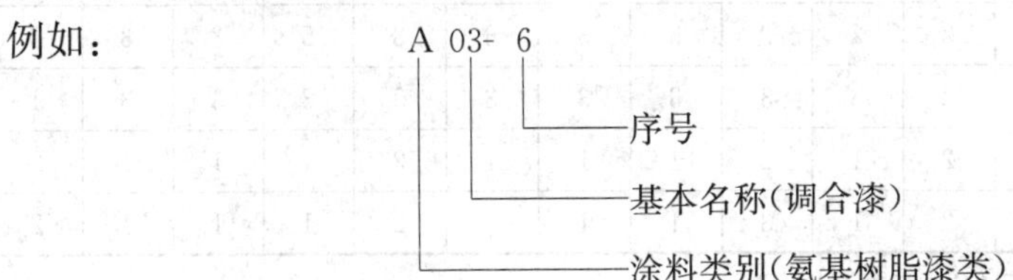

### 17.3.10.2　防腐涂料施工工艺

随着涂料工业和涂装技术的发展，新的涂料施工方法和施工机具不断出现。每一种方法和机具均有其各自的特点和适用范围，所以正确选择施工方法是涂装施工管理工作的主要组成部分。合理的施工方法，对保证涂装质量、施工进度、节约材料和降低成本有很大的作用。常用涂料的施工方法见表17-36。各种涂料与相适应的施工方法见表17-37。

**常用涂料的施工方法**　　**表17-36**

| 施工方法 | 适用涂料的特性 | | | 被涂物 | 使用工具或设备 | 主要优缺点 |
|---|---|---|---|---|---|---|
| | 干燥速度 | 黏度 | 品种 | | | |
| 刷涂法 | 干性较慢 | 塑性小 | 油性漆<br>酚醛漆<br>醇酸漆等 | 一般构件及建筑物，各种设备和管道等 | 各种毛刷 | 投资少，施工方法简单，适于各种形状及大小面的涂装；缺点是装饰性较差，施工效率低 |
| 手工滚涂法 | 干性较慢 | 塑性小 | 油性漆<br>酚醛漆<br>醇酸漆等 | 一般大型平面的构件和管道等 | 滚子 | 投资少、施工方法简单，适用大面积的涂装；缺点同刷涂法 |
| 浸涂法 | 干性适当，流平性好，干燥速度适中 | 触变性好 | 各种合成树脂涂料 | 小型零件、设备和机械部件 | 浸漆槽、离心及真空设备 | 设备投资较少，施工方法简单，涂料损失少，适用于构造复杂构件；缺点是流平性不太好，有流挂现象，溶剂易挥发 |
| 空气喷涂法 | 挥发快和易干燥 | 黏度小 | 各种硝基漆、橡胶漆、建筑乙漆、聚氨酯漆等 | 各种大型构件及设备和管道 | 喷枪、空气压缩机、油水分离器等 | 设备投资较小，施工方法较复杂，施工效率较刷涂法高；缺点是消耗溶剂量大，污染现场，易引起火灾 |
| 无气喷涂法 | 具有高沸点溶剂的涂料 | 高不挥发分，有触变性 | 厚浆型涂料和高不挥发分涂料 | 各种大型钢结构、桥梁、管道、车辆和船舶等 | 高压无气喷枪、空气压缩机等 | 设备投资较多，施工方法较复杂，效率比空气喷涂法高，能获得厚涂层；缺点是要损失部分涂料，装饰性较差 |

注：本表摘自宝钢指挥部施工技术处编制的《钢结构涂装手册》。

**各种涂料与相适应的施工方法**　　**表17-37**

| 施工方法＼涂料种类 | 酯胶漆 | 油性调合漆 | 醇酸调合漆 | 酚酸漆 | 醇酸漆 | 沥青漆 | 硝基漆 | 聚氨酯漆 | 丙烯酸漆 | 环氧树脂漆 | 过氯乙烯漆 | 氯化橡胶漆 | 氯磺化聚乙烯漆 | 聚酯漆 | 乳胶漆 |
|---|---|---|---|---|---|---|---|---|---|---|---|---|---|---|---|
| 刷涂 | 1 | 1 | 1 | 1 | 2 | 2 | 4 | 4 | 4 | 3 | 4 | 3 | 2 | 2 | 1 |
| 滚涂 | 2 | 1 | 1 | 2 | 2 | 3 | 5 | 3 | 3 | 3 | 5 | 3 | 3 | 2 | 2 |
| 浸涂 | 3 | 4 | 3 | 2 | 3 | 3 | 3 | 3 | 3 | 3 | 3 | 3 | 3 | 1 | 2 |
| 空气喷涂 | 2 | 3 | 2 | 2 | 1 | 2 | 1 | 1 | 1 | 2 | 1 | 1 | 1 | 2 | 2 |
| 无气喷涂 | 2 | 3 | 2 | 2 | 1 | 3 | 1 | 1 | 1 | 2 | 1 | 1 | 1 | 2 | 2 |

注：1—优；2—良；3—中；4—差；5—劣。

#### 17.3.10.3 防腐涂装施工注意事项

（1）防腐涂装应注意原料性能、配方设计、制造工艺、贮存保管、表面处理、施工技术以及环境气候等，以免涂料在贮存、施工过程中以及成膜后出现某些异常现象：如清漆产生浑浊，施工中产生针孔，涂装后施工过程中产生失光、起泡、龟裂等。

（2）由于硝基漆类使用过量的苯类溶剂稀释、环氧树脂漆类用汽油稀释、过氯乙烯漆类用含醇类较多的稀释剂稀释等原因，常导致涂装施工出现析出现象。对于硝基漆类应通过添加脂类溶剂，环氧树脂漆类通过采用苯、甲苯、二甲苯或丁醇与二甲苯稀释，过氯乙烯漆类在稀释剂中避免含有醇类等方式来避免析出。

（3）防腐涂装施工过程中，由于施工环境及施工器具不清洁、漆皮混入等原因，常导致涂料起粒（粗粒）。因此施工前应打扫现场，并保证施工器具清洁干净。

（4）防腐涂料施工现场或车间不允许堆放易燃物品，并应远离易燃物品仓库。

（5）防腐涂料施工中使用的擦过溶剂和涂料的棉纱、棉布等物品应存放在带盖的铁桶内，并定期处理掉。

（6）严禁向下水道倾倒涂料和溶剂。

（7）防腐涂料使用前需要加热时，采用热载体、电感加热等方法，并远离涂装施工现场。

（8）防腐涂料涂装施工时，严禁使用铁棒等金属物品敲击金属物体和漆桶，如需敲击应使用木制工具，防止因此产生摩擦或撞击火花。

（9）在涂料仓库和涂装施工现场使用的照明灯应有防爆装置，临时电气设备应使用防爆型的，并定期检查电路及设备的绝缘情况。在使用溶剂的场所，应禁止使用闸刀开关，要使用三向插头。防止产生电气火花。

（10）对于接触导致的侵害，施工人员应采取穿工作服，戴手套和防护眼镜等措施，尽量不与溶剂接触。施工现场应装好通风排气装置，减少有毒气体的浓度。

## 17.4 钢结构连接

### 17.4.1 钢结构连接的主要方式

钢结构工程主要的连接方式有焊接、紧固件连接（包括普通紧固件连接、高强度螺栓连接）等，目前应用最多的是焊接和高强度螺栓连接。各连接方法的优缺点和适用范围见表17-38。

**钢结构主要连接方式的优缺点和适用范围　　　　表17-38**

| 连接方式 | 优缺点 | 适用范围 |
|---|---|---|
| 焊接 | 1. 对构件几何形体适应性强，构造简单，易于自动化；<br>2. 不消弱构件截面，节约钢材；<br>3. 焊接程序严格，易产生焊接变形、残余应力、微裂纹等焊接缺陷，质检工作量大；<br>4. 对疲劳敏感性强 | 除少数直接承受动力荷载的结构的连接（如重级工作制吊车梁）与有关构件的连接在目前不宜使用焊接外，其他可广泛用于工业与民用建筑钢结构中 |

续表

| 连接方式 | | 优 缺 点 | 适 用 范 围 |
|---|---|---|---|
| 普通紧固件连接 | A、B级 | 1. 栓径与孔径间空隙小，制造与安装较复杂，费工费料；<br>2. 能承受拉力及剪力 | 用于有较大剪力的安装连接 |
| | C级 | 1. 栓径与孔径间有较大空隙，结构拆装方便；<br>2. 只能承受拉力；<br>3. 费料 | 1. 适用于安装连接和需要装拆的结构；<br>2. 用于承受拉力的连接，如有剪力作用，需另设支托 |
| 高强度螺栓连接 | | 1. 连接紧密，受力好，耐疲劳；<br>2. 安装简单迅速，施工方便，可拆换，便于养护与加固；<br>3. 摩擦面处理略微复杂，造价略高 | 广泛用于工业与民用建筑钢结构中，也可用于直接承受动力荷载的钢结构 |

## 17.4.2　紧 固 件 连 接

螺栓作为钢结构主要连接紧固件，通常用于钢结构中构件间的连接、固定、定位等，钢结构中使用的连接螺栓一般分普通螺栓和高强度螺栓两种。

1. 螺栓承载力计算

钢结构工程普通螺栓、高强度螺栓连接计算公式，见表17-39；摩擦面的抗滑移系数，见表17-40；单个高强度螺栓的预拉力，见表17-41。

**普通螺栓、高强度螺栓连接计算公式　　表17-39**

| 类别 | 项次 | 计算公式 | 符号意义 |
|---|---|---|---|
| 普通螺栓 | 受剪连接 | 单个螺栓受剪承载力设计值：$N_V^b = n_V \frac{\pi d^2}{4} f_V^b$<br>单个螺栓承压承载力设计值：$N_c^b = d\Sigma t f_c^b$<br>取二者较小值 | $N_V^b$、$N_t^b$、$N_c^b$——每一普通螺栓的受剪、受拉和承压承载力设计值；<br>$n_V$——剪面数量；<br>$d$——螺栓杆直径；<br>$\Sigma t$——在不同受力方向中一个受力方向的承压构件总厚度的较小值；<br>$f_V^b$、$f_t^b$、$f_c^b$——螺栓的抗剪、抗拉、承压强度设计值； |
| | 杆轴方向受拉连接 | 单个螺栓受拉承载力设计值：$N_t^b = \frac{\pi d_e^2}{4} f_t^b$ | |
| | 同时受剪和受拉连接 | 每一螺栓应满足：$\sqrt{\left(\frac{N_V}{N_V^b}\right)^2 + \left(\frac{N_t}{N_t^b}\right)^2} \leqslant 1$ 且<br>$N_V \leqslant N_c^b$ | |
| 高强度螺栓 | 抗剪连接 | 单个摩擦型高强度螺栓的抗剪承载力设计值：<br>$N_V^b = 0.9 n_f \mu P$<br>单个承压型高强度螺栓的抗剪承载力设计值与普通螺栓相同，但剪切面在螺纹处时，应按螺纹处的有效面积计算 | $N_V$、$N_t$——普通的柱所承受的剪力和拉力<br>$N_V^b$、$N_t^b$、$N_c^b$——单个摩擦型和承压性高强度螺栓的受剪、受拉和承压承载力设计值；<br>$n_f$——传力摩擦面数量； |

续表

| 类别 | 项次 | 计算公式 | 符号意义 |
| --- | --- | --- | --- |
| 高强度螺栓 | 抗拉连接 | 单个摩擦型高强度螺栓在杆轴方向受拉的承载力设计值：$N_t^b=0.8P$<br>单个承压型高强度螺栓在杆轴方向受拉的承载力设计值：$N_t^b=0.8P$ | $\mu$——摩擦面的抗滑移系数；<br>$P$——单个高强度螺栓的预拉力，按表 17-31 采用；<br>$N_V$、$N_t$——单个高强度螺栓承受的剪力、拉力 |
| | 同时受剪和受拉连接 | 每一摩擦型高强度螺栓应满足：$\frac{N_V}{N_V^b}+\frac{N_t}{N_t^b}\leqslant 1$<br>每一承压性高强度螺栓应满足：<br>$\sqrt{\left(\frac{N_V}{N_V^b}\right)^2+\left(\frac{N_t}{N_t^b}\right)^2}\leqslant 1$ 且 $N_V\leqslant N_c^b/1.2$ | |

**摩擦面的抗滑移系数** **表 17-40**

| 连接处构件接触面的处理方法 | 构件的钢号 | | |
| --- | --- | --- | --- |
| | Q235 钢 | Q345 钢、Q390 钢 | Q420 钢 |
| 喷砂（丸） | 0.45 | 0.50 | 0.50 |
| 喷砂（丸）后涂无机富锌漆 | 0.35 | 0.40 | 0.40 |
| 喷砂（丸）后生赤锈 | 0.45 | 0.50 | 0.50 |
| 钢丝刷清除浮锈或未经处理的干净轧制表面 | 0.30 | 0.35 | 0.40 |

**单个高强度螺栓的预拉力**（kN） **表 17-41**

| 螺栓的性能等级 | 螺栓公称直径（mm） | | | | | |
| --- | --- | --- | --- | --- | --- | --- |
| | M16 | M20 | M22 | M24 | M27 | M30 |
| 8.8 级 | 80 | 125 | 150 | 175 | 230 | 280 |
| 10.9 级 | 100 | 155 | 190 | 225 | 290 | 355 |

2. 螺栓的布置

螺栓连接接头中螺栓的排列布置主要有并列和交错排列两种形式，螺栓间的间距确定既要考虑连接效果（连接强度和变形），同时要考虑螺栓的施工，通常情况下螺栓的最大、最小容许距离见表 17-42。

### 17.4.2.1 普通紧固件连接

钢结构普通螺栓连接即将普通螺栓、螺母、垫圈机械地和连接件连接在一起形成的一种连接形式。

1. 普通螺栓种类

(1) 普通螺栓的材性

螺栓按照性能等级分为 3.6、4.6、4.8、5.6、5.8、6.8、8.8、9.8、10.9、12.9 十个等级，其中 8.8 级及以上等级的螺栓材质为低碳合金钢或中碳钢并经热处理（淬火、回火），统称为高强度螺栓，8.8 级以下（不含 8.8 级）统称为普通螺栓。

**螺栓的最大、最小容许间距**　　**表 17-42**

| 名称 | 位置和方向 | | | 最大容许距离（取两者的较小值） | 最小容许距离 |
|---|---|---|---|---|---|
| 中心间距 | 外排（垂直内力方向或顺内力方向） | | | $8d_0$ 或 $12t$ | $3d_0$ |
| | 中间排 | 垂直内力方向 | | $16d_0$ 或 $24t$ | |
| | | 顺内力方向 | 构件受压力 | $12d_0$ 或 $18t$ | |
| | | | 构件受拉力 | $16d_0$ 或 $24t$ | |
| | 沿对角线方向 | | | — | |
| 中心至构件边缘距离 | 顺内力方向 | | | $4d_0$ 或 $8t$ | $2d_0$ |
| | 垂直内力方向 | 剪切边或手工气割边 | | | $1.5d_0$ |
| | | 轧制边、自动气割或锯割边 | 高强度螺栓 | | |
| | | | 其他螺栓或铆钉 | | $1.2d_0$ |

注：1. $d_0$—螺栓或铆钉的孔径；$t$—外层较薄板件的厚度；

2. 钢板边缘与刚性构件（如角钢、槽钢）相连的螺栓或铆钉的最大间距，可按中间排的数值采用。

螺栓性能等级标号由两部分数字组成，分别表示螺栓的公称抗拉强度和材质的屈强比。例如性能等级 4.6 级的螺栓其含意为：第一部分数字（4.6 中的“4”）为螺栓材质公称抗拉强度（$N/mm^2$）的 1/100；第二部分数字（4.6 中的“6”）为螺栓材质屈服比的 10 倍；两部分数字的乘积（4×6，即“24”）为螺栓材质公称屈服点（$N/mm^2$）的 1/10。

（2）普通螺栓的规格

普通螺栓按照形式可分为六角头螺栓、双头螺栓、沉头螺栓等；按制作精度可分为 A、B、C 级三个等级，A、B 级为精制螺栓，C 级为粗制螺栓，钢结构用连接螺栓，除特殊注明外，一般即为普通粗制 C 级螺栓。

2. 普通螺栓施工

（1）一般要求

1）普通螺栓可采用普通扳手紧固，螺栓紧固的程度应能使被连接件接触面、螺栓头和螺母与构件表面密贴。普通螺栓紧固应从中间开始，对称向两边进行，大型接头宜采用复拧。

2）普通螺栓作为永久性连接螺栓时，应符合下列要求：

①对一般的螺栓连接，螺栓头和螺母下面应放置平垫圈，以增大承压面积。

②螺栓头下面放置的垫圈一般不应多于 2 个，螺母头下的垫圈一般不应多于 1 个。

③对于设计有要求防松动的螺栓、锚固螺栓应采用有防松装置的螺母或弹簧垫圈或用人工方法采取防松措施。

④对于承受动荷载或重要部位的螺栓连接，应按设计要求放置弹簧垫圈，弹簧垫圈必须设置在螺母一侧。

⑤对于工字钢、槽钢类型钢应尽量使用斜垫圈，使螺母和螺栓头部的支承面垂直于螺杆。

⑥螺栓紧固外露丝扣应不少于 2 扣，紧固质量检验可采用锤敲或力矩扳手检验，要求螺栓不颤头和偏移。

(2) 螺栓直径及长度的选择

1) 螺栓直径。螺栓直径的确定原则上应由设计人员按等强原则通过计算确定，但对某一个工程来讲，螺栓直径规格应尽可能少，有的还需要适当归类，便于施工和管理；一般情况螺栓直径应与被连接件的厚度相匹配，表17-43为不同的连接厚度所推荐选用的螺栓直径。

**不同的连接厚度所推荐选用的螺栓直径**（mm） **表17-43**

| 连接件厚度 | 4～6 | 5～8 | 7～11 | 10～14 | 13～20 |
|---|---|---|---|---|---|
| 推荐螺栓直径 | 12 | 16 | 20 | 24 | 27 |

2) 螺栓长度。螺栓的长度通常是指螺栓螺头内侧面到螺杆端头的长度，一般都是5mm进制（长度超长的螺栓，采用10mm、20mm进制），影响螺栓长度的因素主要有：被连接件的厚度、螺母高度、垫圈的数量及厚度等。一般可按式（17-1）计算。

$$L = \delta + H + nh + C \tag{17-1}$$

式中 $\delta$——被连接件总厚度（mm）；

$H$——螺母高度（mm）；

$n$——垫圈个数；

$h$——垫圈厚度（mm）；

$C$——螺纹外露部分长度（mm，2～3扣为宜，一般为5mm）。

(3) 常用螺栓连接形式

钢板、槽钢、工字钢、角钢等常用螺栓连接形式见表17-44。

**钢板、型钢常用螺栓连接形式** **表17-44**

| 材料种类 | 连接形式 | | 说明 |
|---|---|---|---|
| 钢板 | 平接连接 | 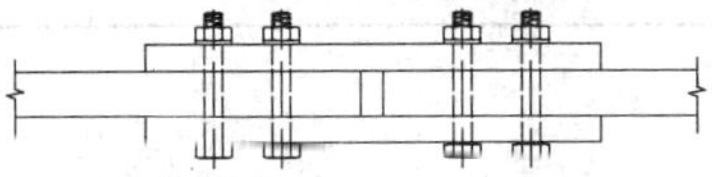 | 用双面拼接板，力的传递不产生偏心作用 |
| | | 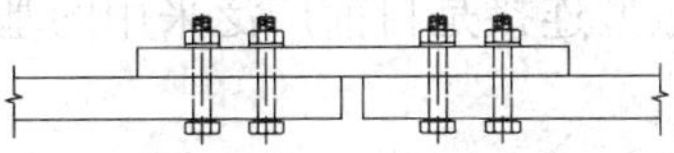 | 用单面拼接板，力的传递具有偏心作用，受力后连接部发生弯曲 |
| | | 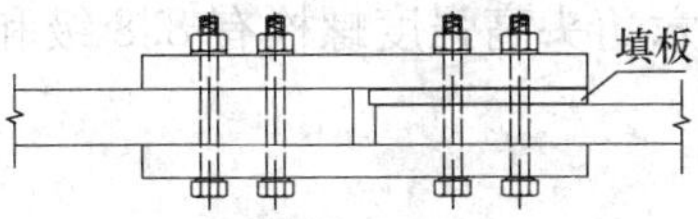 填板 | 板件厚度不同的拼接，须设置填板并将填板伸出拼接板以外；用焊件或螺栓固定 |
| | 搭接连接 | 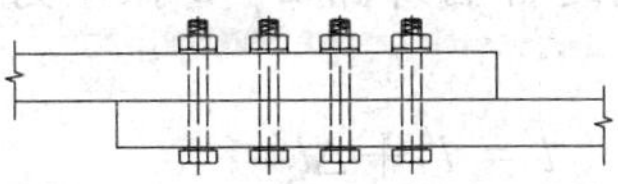 | 传力偏心只有在受力不大时采用 |
| | T形连接 | 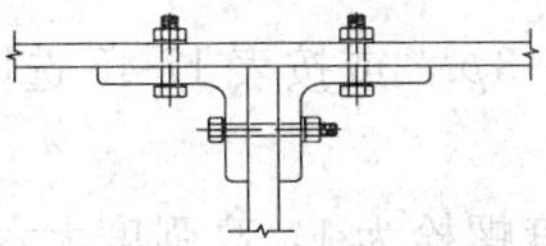 | |

续表

| 材料种类 | | 连接形式 | 说明 |
|---|---|---|---|
| 槽钢 | | 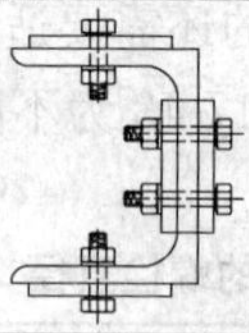 | 应符合等强度原则，拼接板的总面积不能小于被拼接的杆件截面积，且各支面积分布与材料面积大致相等 |
| 工字钢 | | 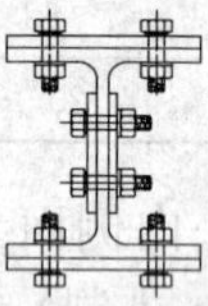 | 同槽钢 |
| 角钢 | 角钢与钢板 | 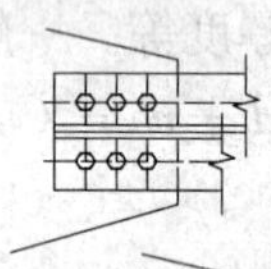 | 适用于角钢与钢板连接受力较大的部位 |
| | | 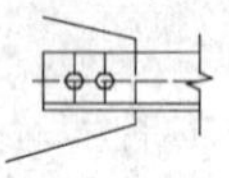 | 适用于一般受力的接长或连接 |
| | 角钢与角钢 | 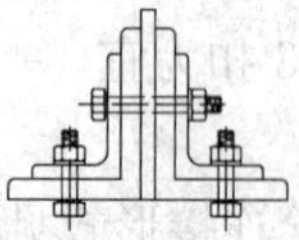 | 适用于小角钢等截面连接 |
| | | 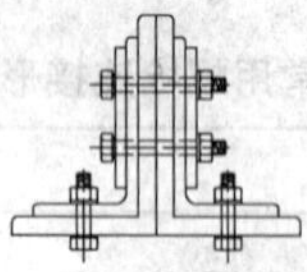 | 适用于大角钢等同面连接 |

**17.4.2.2　高强度螺栓连接**

高强度螺栓连接按其受力状况，可分为摩擦型连接、摩擦—承压型连接、承压型连接和张拉型连接等几种类型，其中摩擦型连接是目前广泛采用的基本连接形式。

1. 高强度螺栓种类

高强度螺栓从外形上可分为大六角头和扭剪型两种；按性能等级可分为 8.8 级、10.9 级、12.9 级等，目前我国使用的大六角头高强度螺栓有 8.8 级和 10.9 级两种，扭剪型高强度螺栓只有 10.9 级一种。

2. 高强度螺栓长度

高强度螺栓长度应以螺栓连接副终拧后外露 2～3 扣丝为标准计算，可按式（17-2）计算。

$$l = l' + \Delta l \tag{17-2}$$

式中　$l'$——连接板层总厚度；

$\Delta l$——附加长度 $\Delta l = m + ns + 3p$，或按表 17-45 选取；

$m$——高强度螺母公称厚度；

$n$——垫圈个数，扭剪型高强度螺栓为 1，高强度大六角头螺栓为 2；

$s$——高强度垫圈公称厚度（当采用大圆孔或槽孔时，高强度垫圈公称厚度按实际厚度取值）；

$p$——螺纹的螺距。

**高强度螺栓附加长度 $\Delta l$（mm）** **表 17-45**

| 高强度螺栓种类 | 螺栓规格 | | | | | | |
|---|---|---|---|---|---|---|---|
| | M12 | M16 | M20 | M22 | M24 | M27 | M30 |
| 高强度大六角头螺栓 | 23 | 30 | 35.5 | 39.5 | 43 | 46 | 50.5 |
| 扭剪型高强度螺栓 | — | 26 | 31.5 | 34.5 | 38 | 41 | 45.5 |

注：本表附加长度 $\Delta l$ 由标准圆孔垫圈公称厚度计算确定的。

选用的高强度螺栓公称长度应取修约后的长度，根据计算出的螺栓长度 $l$ 按修约间隔 5mm 进行修约。

3. 高强度螺栓摩擦面处理

（1）高强度螺栓连接处的摩擦面可根据设计抗滑移系数的要求选用喷砂（丸）、喷砂后生赤锈、喷砂后涂无机富锌漆、手工打磨等处理方法：

1）采用喷砂（丸）法时，一般要求砂（丸）粒径为 1.2～1.4mm，喷射时间为 1～2min，喷射风压为 0.5MPa，表面呈银灰色，表面粗糙度达到 45～50μm。

2）采用喷砂后生赤锈法时，应将硼砂处理后的表面放置露天自然生锈，理想生锈时间为 60～90d。

3）采用喷砂后涂无机富锌漆时，涂层厚度一般可取为 0.6～0.8μm。

4）采用手工砂轮打磨时，打磨方向应与受力方向垂直，且打磨范围不小于螺栓孔径的 4 倍。

（2）高强度螺栓连接摩擦面应符合以下规定：

1）连接处钢板表面应平整、无焊接飞溅、无毛刺和飞边、无油污等；

2）经处理后的摩擦面应按《钢结构工程施工质量验收规范》（GB 50205）的规定进行抗滑移系数试验，试验结果满足设计文件的要求；

3）经处理后的摩擦面应采取保护措施，不得在摩擦面上作标记；

4）若摩擦面采用生锈处理方法时，安装前应以细钢丝垂直于构件受力方向刷除摩擦面上的浮锈。

4. 高强度螺栓连接施工

（1）一般规定

1）对于制作厂已处理好的钢构件摩擦面，安装前应按《钢结构工程施工质量验收规范》（GB 50205）的规定进行高强度螺栓连接摩擦面的抗滑移系数复验，现场处理的钢构件摩擦面应单独进行摩擦面抗滑移系数试验，其结果应符合相关设计文件要求。

2）高强度螺栓施工前宜按《钢结构工程施工质量验收规范》（GB 50205）的相关规定检查螺栓孔的精度、孔壁表面粗糙度、孔径及孔距的允许偏差等。孔距超出允许偏差时，应采用与母材相匹配的焊条补焊后重新制孔，每组孔中经补焊重新钻孔的数量不得超过该组螺栓数量的 20%。

3）高强度螺栓连接的板叠接触面应平整。对因板厚公差、制造偏差或安装偏差等产生的接触面间隙，应按表 17-46 规定进行处理。

**接触面间隙处理**　　**表 17-46**

| 项目 | 示意图 | 处理方法 |
|---|---|---|
| 1 |  | $t$<1.0mm 时不予以处理 |
| 2 |  | $t$=1～3mm 时将厚板一侧磨成 1∶10 的缓坡，使间隙小于 1.0mm |
| 3 |  | $t$>3.0mm 时加垫板，垫板厚度不小于 3mm，最多不超过三层，垫板材质和摩擦面处理方法应与构件相同 |

4）对每一个连接接头，应先用临时螺栓或冲钉定位，为防止损伤螺纹引起扭矩系数的变化，严禁把高强度螺栓作为临时螺栓使用。对一个接头来说，临时螺栓和冲钉的数量原则上应根据该接头可能承担的荷载计算确定，并应符合下列规定：

①不得少于安装螺栓总数的 1/3；

②不得少于两个临时螺栓；

③冲钉穿入数量不宜多于临时螺栓的 30%。

5）高强度螺栓的穿入，应在结构中心位置调整后进行，其穿入方向应以施工方便为准，力求一致。安装时要注意垫圈的正反面，即：螺母带圆台面的一侧应朝向垫圈有倒角的一侧；对于大六角头高强度螺栓连接副靠近螺头一侧的垫圈，其有倒角的一侧朝向螺栓头。

6）高强度螺栓的安装应能自由穿入孔，严禁强行穿入，如不能自由穿入时，该孔应用铰刀进行修整，修整后孔的最大直径应小于 1.2 倍螺栓直径。修孔时，为了防止铁屑落入板叠缝中，铰孔前应将四周螺栓全部拧紧，使板叠密贴后再进行，严禁气割扩孔。

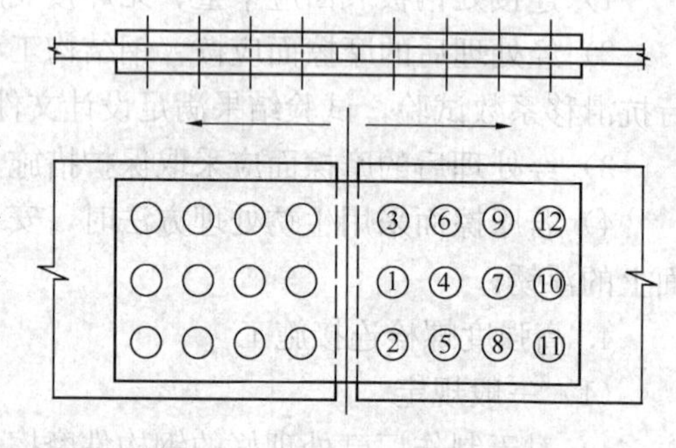

图 17-26　一般节点施拧顺序

7）高强度螺栓安装应采用合理顺序施拧。典型节点宜采用下列顺序施拧：

①一般节点从中心向两端施拧，见图 17-26；

②箱形节点按图 17-27 中 $A$、$C$、$B$、$D$ 顺序施拧；

③工字梁节点螺栓群按图 17-28 中①～⑥顺序施拧；

④H 形截面柱对接节点按先翼缘后腹板顺序施拧；

⑤两个节点组成的螺栓群，按先主要构件节点，后次要构件节点顺序施拧。

⑥高强度螺栓和焊接并用的连接节点，当设计文件无特殊规定时，宜按先螺栓紧固后

焊接的施工顺序施拧。

8）高强度螺栓连接副的初拧、复拧、终拧宜在1d内完成。

9）当高强度螺栓连接副保管时间超过6个月后使用时，必须按《钢结构工程施工质量验收规范》（GB 50205）的要求重新进行扭矩系数或紧固轴力试验，检验合格后，方可使用。

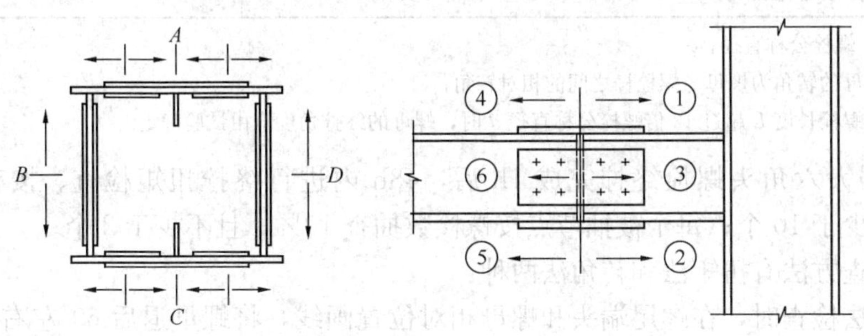


图 17-27 箱形节点施拧顺序　　图 17-28 工字梁节点施拧顺序

（2）大六角头高强度螺栓连接施工

1）高强度大六角头螺栓连接副，施拧可采用扭矩法或转角法：

①扭矩法施工，根据扭矩系数 $k$、螺栓预拉力 $P$（一般考虑施工过程中预拉力损失10%，即螺栓施工预拉力 $P$ 按1.1倍的设计顶拉力取值）计算确定施工扭矩值，使用扭矩扳手（手动、电动、风动）按施工扭矩值进行终拧；

②转角法施工（图 17-29），转角法施工次序：初拧→初拧检查→画线→终拧→终拧检查→作标记。

2）高强度大六角头螺栓连接副施工应符合下列规定：

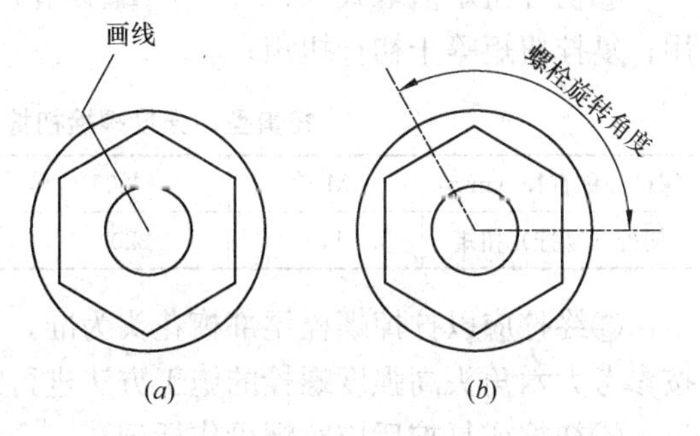


图 17-29 转角法施工方法

①施工用的扭矩扳手使用前应进行校正，其扭矩相对误差不得大于±5%；校正用的扭矩扳手，其扭矩相对误差不得大于±3%。

②施拧时，应在螺母上施加扭矩。

③施拧应分为初拧和终拧，大型节点应在初拧和终拧之间增加复拧。初拧扭矩可取施工终拧扭矩的50%，复拧扭矩应等于初拧扭矩。终拧扭矩可按式（17-3）计算确定：

$$T_c = kP_c d \tag{17-3}$$

式中 $T_c$——施工终拧扭矩（N·m）；

$k$——高强度螺栓连接副的扭矩系数平均值，取0.110～0.150；

$P_c$——高强度螺栓施工预拉力（kN），可按单个螺栓设计预拉力的1.1倍取用；

$d$——高强度螺栓公称直径（mm）。

④采用转角法施工时，初拧（复拧）后连接副的终拧角度应满足表 17-47 的要求。

⑤初拧或复拧后应对螺母涂画颜色标记，终拧后对螺母涂画另一种颜色标记。

初拧（复拧）后连接副的终拧转角　　表 17-47

| 螺栓长度 $L$ | 螺母转角 | 连接状态 |
|---|---|---|
| $L \leqslant 4d$ | 1/3 圈（120°） | 连接形式为一层芯板加两层盖板 |
| $4d < L \leqslant 8d$ 或 200mm 及以下 | 1/2 圈（180°） | |
| $8d < L \leqslant 12d$ 或 200mm 以上 | 2/3 圈（240°） | |

注：1. $d$—螺栓公称直径；
2. 螺母的转角为螺母与螺栓杆之间的相对转角；
3. 当螺栓长度 $L$ 超过 12 倍螺栓公称直径 $d$ 时，螺母的终拧角度应由试验确定。

3）高强大六角头螺栓终拧完成 1h 后，48h 内进行终拧扭矩检查、按节点数抽查 10%，且不少于 10 个；每个被抽节点按螺栓数抽查 10%，且不少于 2 个。

扭矩检查方法有扭矩法和转角法两种：

①扭矩法检查时，在螺尾端头和螺母相对位置画线，将螺母退后 60°左右，用扭矩扳手测定拧回至原来位置处的扭矩值。该扭矩值与施工扭矩值的偏差在 10%以内为合格。

②转角法检查时，a. 检查初拧后在螺母与相对位置所画的终拧起始线和终止线所夹的角度是否满足要求。b. 在螺尾端头和螺母相对位置画线，然后全部卸松螺母，再按规定的初拧扭矩和终拧角度重新拧紧螺栓，观察与原画线是否重合。终拧转角偏差在 10°范围内为合格。

（3）扭剪型高强度螺栓连接施工

1）扭剪型高强度螺栓连接副宜采用专用电动扳手施拧，施工时应符合下列规定：

①施拧应分为初拧和终拧，大型节点应在初拧和终拧之间增加复拧；

②初拧扭矩值取式（17-3）中 $T_c$ 计算值的 50%，其中 $k$ 取 0.13，也可按表 17-48 选用；复拧扭矩等于初拧扭矩；

扭剪型高强度螺栓初拧（复拧）扭矩值（N·m）　　表 17-48

| 螺栓公称直径（mm） | M16 | M20 | M22 | M24 | M27 | M30 |
|---|---|---|---|---|---|---|
| 初拧（复拧）扭矩 | 115 | 220 | 300 | 390 | 560 | 760 |

③终拧应以拧掉螺栓尾部梅花头为准，对于个别不能用专用扳手进行终拧的螺栓，可按参考大六角头高强度螺栓的施工方法进行终拧，扭矩系数 $k$ 取 0.13；

④初拧或复拧后应对螺母作标记。

2）扭剪型高强度螺栓，除因构造原因无法使用专用扳手终拧掉梅花头者外，未在终拧中拧掉梅花头的螺栓数不应大于该节点螺栓数的 5%。扭矩检查按节点数抽查 10%，但不少于 10 个节点，被抽查节点中梅花头未拧掉的螺栓全数进行终拧扭矩检查。检查方法亦可采用扭矩法和转角法，试验方法同大六角头高强度螺栓。

### 17.4.3 焊 接 连 接

一直以来，焊接连接都是钢结构最主要的连接方法。其突出的优点是构造简单、不受构件外形尺寸的限制、不削弱构件截面、节约钢材、加工方便、易于采用自动化操作、连接的密封性好、刚度大；缺点是焊接残余应力和残余变形对结构有不利影响，焊接结构的低温冷脆问题也比较突出。随着科学技术的进步，我国的焊接技术也有了很大的提高，出现了许多新式的焊接工艺和设备，但同时也面临巨大的考验，特别是我国近年来大型钢结构建筑（如超高层、大跨结构等）发展迅速，高强度钢材在复杂环境下的焊接技术还有待提高。

1. 常用的建筑钢结构焊接方法和设备

金属的焊接方法的主要种类为熔焊、压焊和钎焊。目前，建筑钢结构焊接都采用熔焊。熔焊是以高温集中热源加热待连接金属，使之局部熔化，冷却后形成牢固连接的一种焊接方法。按加热能源的不同，熔焊可以分为：电弧焊、电渣焊、气焊、等离子焊、电子束焊、激光焊等。限于成本、应用条件等原因，在建筑钢结构领域中，广泛使用的是电弧焊。一般地，电弧焊可分为熔化电极与不熔化电极电弧焊、气体保护与自保护电弧焊、栓焊；以焊接过程的自动进行程度不同还可分为手工焊和半自动、自动焊。在电弧焊中，以药皮焊条手工电弧焊、自动和半自动埋弧焊、$CO_2$ 气体保护焊在建筑钢结构工程中应用最为广泛。另外，在某些特殊应用场合，则必须使用电渣焊和栓焊。

（1）药皮焊条手工电弧焊

1）适用范围

药皮焊条手工电弧焊是一种适应性很强的焊接方法。它在钢结构中使用十分广泛，一般可在室内、室外及高空中平、横、立、仰的位置进行施焊。

2）焊接原理

在涂有药皮的金属电极与焊件之间施加一定电压时，由于电极的强烈放电而使气体电离产生焊接电弧。电弧高温足以使焊条和工件局部熔化，形成气体、熔渣和熔池，气体和熔渣对熔池起保护作用，同时，熔渣在与熔池金属起冶金反应后凝固成为焊渣，熔池凝固后成为焊缝，固态焊渣则覆盖于焊缝金属表面。图 17-30 所示即为药皮焊条手工电弧焊的基本原理。

3）焊接设备

按电源类型的不同，药皮焊条手工电弧焊的焊接设备可分为交流电弧焊机、直流电弧焊机及交直流两用电弧焊机。常见的交流弧焊机又可分为动铁式（BX1 系列）、动圈式（BX3 系列）和抽头式（BX6 系列）。

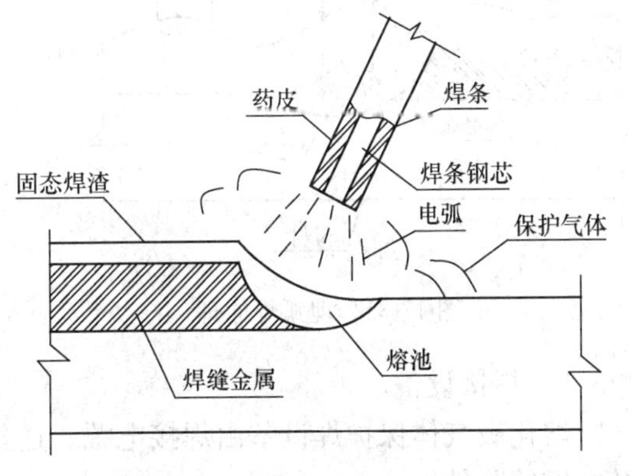

图 17-30 药皮焊条手工电弧焊原理

（2）埋弧焊

1）适用范围

埋弧焊由于其突出的优点，已成为大型构件制作中应用最广的高效焊接方法，且特别适用于梁柱板等的大批量拼装、制作焊缝。不过，由于其焊接设备及条件的限制，埋弧焊一般用于钢结构加工制作厂中。

2）焊接原理

埋弧焊与药皮焊条电弧焊一样，都是利用电弧热作为熔化金属的热源，但与药皮焊条电弧焊不同的是焊丝外表没有药皮，熔渣是由覆盖在焊接坡口区的焊剂形成的。当焊丝与母材之间施加电压并互相接触引燃电弧后，电弧热将焊丝端部及电弧区周围的焊剂及母材熔化，形成金属熔滴、熔池及熔渣。金属熔池受到浮于表面的熔渣和焊剂蒸汽的保护而不与空气接触，避免氮、氢、氧有害气体的侵入。随着焊丝向焊接坡口前方移动，熔池冷却凝固后形成焊缝，熔渣冷却后成渣壳，见图17-31。与药皮焊条电弧焊一样，熔渣与熔化金属发生冶金反应，从而影响并改善焊缝的化学成分和力学性能。

3）焊接设备

埋弧焊设备可分为半自动埋弧焊和自动埋弧焊两种。自动埋弧焊机按特定用途可分为角焊机和对、角焊通用焊机；按使用功能可分为单丝或多丝；按机头行走方式可分为独立小车式、门架式或悬臂式。

(3) $CO_2$ 气体保护焊

1）适用范围

$CO_2$ 气体保护焊主要用于焊接低碳钢及低合金钢等黑色金属。对于不锈钢，由于焊缝金属有增碳现象，影响抗晶间腐蚀性能，所以只能用于对焊缝性能要求不高的不锈钢焊件。此外，$CO_2$ 焊还可用于耐磨零件的堆焊、铸钢件的焊补以及电铆焊等方面。目前，$CO_2$ 气体保护焊在我国建筑钢结构方面基本得到了普及。

2）焊接原理（图17-32）

$CO_2$ 气体保护焊是用喷枪喷出 $CO_2$ 气体作为电弧焊的保护介质，使熔化金属与空气隔绝，以保持焊接过程的稳定。由于焊接时没有焊剂产生的熔渣，故便于观察焊缝的成型过程，但操作时需在室内避风处，在工地则需打设防风棚。

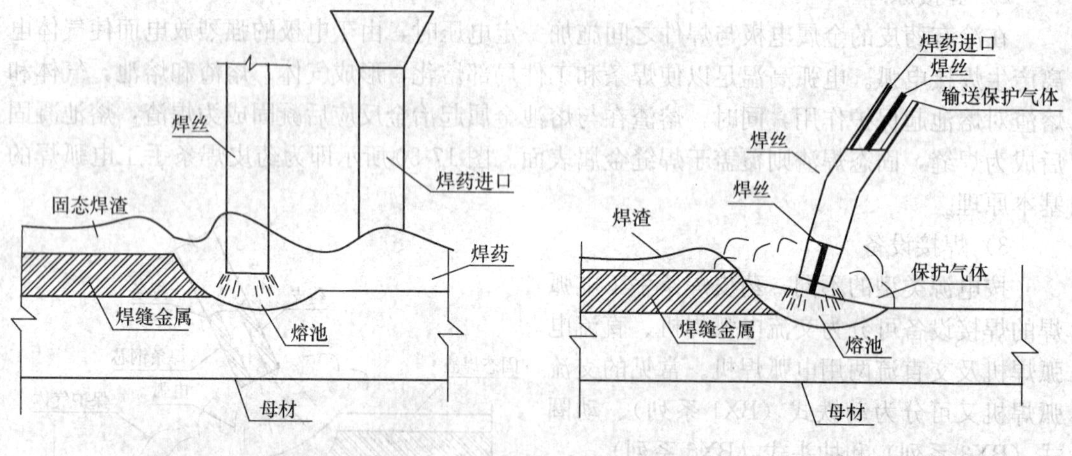


图17-31　埋弧焊原理　　图17-32　$CO_2$ 气体保护电弧焊原理

3）焊接设备

熔化极气体保护焊设备由焊接电源、送丝机两大部分和气瓶、流量计、预热器、焊枪及电缆等附件组成。

国内企业生产的 $CO_2$ 气体保护焊机经过十几年的自主开发和对引进的国外技术的吸收，已经在钢结构制造厂和施工工地条件下得到了广泛的应用，表17-49所示为具有代表性的产品型号及技术参数。

(4) 电渣焊和栓钉焊

电渣焊是利用电流通过熔渣所产生的电阻热作为热源，将填充金属和母材熔化，凝固后形成金属原子间牢固连接，它是一种用于立焊位置的焊接方法。电渣焊一般可分为熔嘴电渣焊、非熔嘴电渣焊、丝极电渣焊和板极电渣焊。建筑钢结构中较多采用管状熔嘴和非熔嘴电渣焊，是箱形梁、柱隔板与腹板全焊透连接的必要手段。

国产各种二氧化碳气体保护焊焊机技术参数实例 表 17-49

| 型号 | DYNA AUTO | | NBC-315 | NBC-500 | NB-500 | NB-630 | NBC-500R | NBC-600R | NBC-500-1 | NZ-630 自动焊 |
|---|---|---|---|---|---|---|---|---|---|---|
| | XC-350 | XC-500 | | | | | | | | |
| 电源 | 三相 380V/50Hz | | | | | | | | | |
| 输入容量（kV·A） | 18 | 30.8 | 12.7 | 26.9 | 17.9 | 22 | 32 | 45 | 18.8 | 36 |
| 空载电压（V） | | | 18.5～41.5 | 21.5～51.5 | | | | | 21～49 | |
| 额定电流（A） | 350 | 500 | 315 | 500 | 500 | 630 | 500 | 600 | 400 | 630 |
| 负载持续率（%） | 50 | 60 | 60 | 60 | 60 | 60 | 60 | 80 | 60 | 60 |
| 电流调整范围（A） | 50～350 | 50～500 | 60～315 | 100～500 | 50～500 | 50～630 | 50～500 | 50～600 | 80～400 | 110～630 |
| 电压调整范围（V） | 15～36 | 15～45 | | | 14～44 | 20～35 | 15～42 | 15～48 | 18～34 | 20～44 |
| 电压调整级数（级） | | | 40 | 40 | | | | | | |
| 电源质量（kg） | 96 | 146 | 132 | 230 | 280 | 280 | 222 | 315 | 166 | 179 |
| 电源外形尺寸（mm） | 348×592×642 | 400×607×850 | 790×520×645 | 890×560×670 | 600×400×800 | 600×400×800 | 465×665×890 | 565×720×920 | 434×685×1005 | 600×770×1000 |
| 送丝机质量（kg） | | | | | 8 | 15 | | | | 焊车质量 19 |
| 适用焊丝直径（mm） | 0.8～1.6 | 0.8～1.6 | 0.8、1.0、1.2、1.6 | | 1～1.6 | 1.2～3.2 | 1.2、1.6 | 1.2、1.6 | 1.0、1.2、1.6 | 1.2～2.0 |
| 送丝速度（m/min） | 1.5～15 | 1.5～15 | | | 0.5～7.1 | 0.8～4.6 | | | 3～16 | 1～12 |

栓钉焊是在栓钉与母材之间通以电流，局部加热熔化栓钉端头和局部母材，并同时施加压力挤出液态金属，使栓钉整个截面与母材形成牢固结合的焊接方法。栓钉焊一般可分为电弧栓钉焊和储能栓钉焊。目前，栓钉焊主要用于栓钉与钢构件的连接。

2. 焊接材料

一般来说，药皮焊条手工电弧焊的焊接材料主要是药皮焊条；埋弧焊的焊接材料主要是焊丝和焊剂；$CO_2$ 气体保护焊的焊接材料主要是焊丝和 $Ar+CO_2$ 的混合气体。

（1）焊条

1）焊条的型号

焊条型号根据熔敷金属的力学性能、药皮类型、焊接位置和使用电流种类划分。其型号表示方法标记如下：

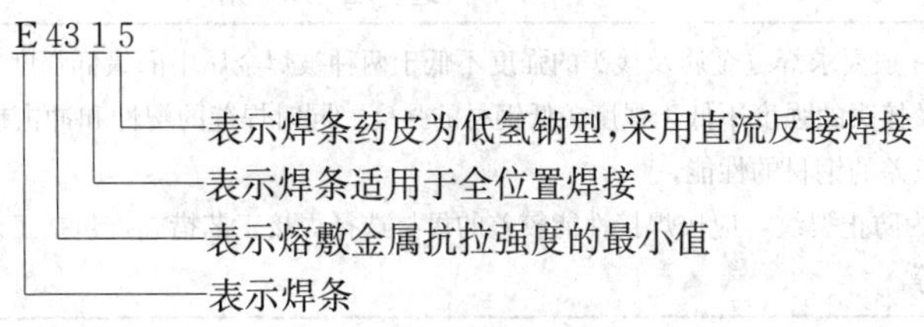

按用途的不同，焊条可分为结构钢焊条、不锈钢焊条、低温钢焊条、铸铁焊条和特殊用途焊条等；按熔渣的碱度不同，焊条又可分为酸性焊条和碱性焊条。目前，钢结构工程上主要使用结构钢焊条，即碳钢焊条和低合金钢焊条，用于焊接碳钢和低合金高强钢。

2）焊条的选用

同种钢焊接时焊条选用的一般原则见表17-50，异种钢、复合钢焊接时焊条选用的一般原则见表17-51。

**同种钢焊接时焊条选用的一般原则　　表17-50**

| 类别 | 选用原则 |
|---|---|
| 焊接材料的力学性能和化学成分 | 1. 对于普通结构钢，应选用抗拉强度等于或稍高于母材的焊条；<br>2. 对于合金结构钢，通常要求焊缝金属的主要合金成分与母材金属相同或相近；<br>3. 在被焊结构刚性大、接头应力高、焊缝容易产生裂纹的情况下，可以考虑选用比母材强度低一级的焊条；<br>4. 当母材中碳及硫、磷等元素含量偏高时，应选用抗裂性能好的低氢型焊条 |
| 焊件的使用性能和工作条件 | 1. 对承受动载荷和冲击载荷的焊件，应选用塑性和韧性指标较高的低氢型焊条；<br>2. 接触腐蚀介质的焊件，应选用相应的不锈钢焊条或其他耐腐蚀焊条；<br>3. 在高温或低温条件下工作的焊件，应选用相应的耐热钢或低温钢焊条 |
| 焊件的结构特点和受力状态 | 1. 对结构形状复杂、刚性大及大厚度焊件，应选用抗裂性能好的低氢型焊条；<br>2. 对焊接部位难以清理干净的焊件，应选用氧化性强，对铁锈、氧化皮、油污不敏感的酸性焊条；<br>3. 对受条件限制不能翻转的焊件，有些焊缝处于非平焊位置时，应选用全位置焊接的焊条 |
| 施工条件及设备 | 1. 在没有直流电源而焊接结构又要求必须使用低氢型焊条的场合，应选用交、直流两用低氢型焊条；<br>2. 在狭小或通风条件差的场所，应选用酸性焊条或低尘焊条 |
| 改善操作工艺性能 | 在满足产品性能要求的条件下，尽量选用电弧稳定、飞溅少、焊缝成形均匀整齐、容易脱渣的工艺性能好的酸性焊条。焊条工艺性能要满足施焊操作需要。如在非水平位置施焊时，应选用适于各种位置焊接的焊条；在向下立焊、管道焊接、底层焊接、盖面焊、重力焊时，可选用相应的专用焊条 |
| 合理的经济效益 | 1. 在满足使用性能和操作工艺性的条件下，尽量选用成本低、效率高的焊条；<br>2. 对于焊接工作量大的结构，应尽量采用高效率焊条，或选用封底焊条、立向下焊条等专用焊条，以提高焊接生产率 |

**异种钢、复合钢焊接时焊条选用的一般原则　　表17-51**

| 类　别 | 选　用　原　则 |
|---|---|
| 强度级别不同的碳钢和低合金钢，低合金钢和低合金钢的焊接 | 1. 一般要求焊缝金属及接头的强度不低于两种被焊金属中的最低强度，因此选用焊条应能保证焊缝及接头的强度不低于强度较低钢材的强度，同时焊缝的塑性和冲击韧性应不低于强度较高而塑性较差的钢材的性能；<br>2. 为防止裂纹，应按焊接性能较差的母材选择焊接工艺措施，包括工艺参数、预热温度及焊后处理等 |

续表

| 类别 | 选用原则 |
|---|---|
| 低合金钢和奥氏体型不锈钢的焊接 | 1. 通常按照对熔敷金属化学成分限定的数值来选用焊条，建议使用铬镍含量高于母材及塑性、抗裂性较好的不锈钢焊条；<br>2. 对于非重要结构的焊接，可选用与不锈钢成分相应的焊条 |
| 不锈钢复合钢板的焊接 | 为了防止基体碳素钢对不锈钢熔敷金属产生的稀释作用，建议对基层、过渡层、覆层的焊接选用三种不同性能的焊条：<br>1. 对基层（碳钢或低合金钢）的焊接，选用相应强度等级的结构钢焊条；<br>2. 对过渡层（即覆层和基体交界面）的焊接，选用铬、镍含量比不锈钢板高的塑性、抗裂性较好的奥氏体型不锈钢焊条；<br>3. 覆层直接与腐蚀介质接触，应使用相应成分的奥氏体型不锈钢焊条 |

（2）焊丝、焊剂

1）埋弧焊用焊丝

结构钢埋弧焊用焊丝有碳锰钢、锰硅钢、锰钼钢和锰钼钒钢。其化学成分等技术要求应符合《熔化焊用钢丝》(GB/T 14957)。埋弧焊常用的焊丝牌号有：H08A、H08MnA、H10MnSi、H08MnMoA 和 H08Mn2MoVA 等。

2）埋弧焊用焊剂

埋弧焊焊剂在焊接过程中起隔离空气、保护焊缝金属不受空气侵害和参与熔池金属冶金反应的作用。按制造方法的不同，焊剂可分为熔炼焊剂和非熔炼焊剂。对于非熔炼焊剂，根据焊剂烘焙温度的不同，又分为黏结焊剂和烧结焊剂。

①埋弧焊焊剂的型号

埋弧焊所用的焊接材料焊丝和焊剂，当两者的组配方式不同所产生的焊缝性能完全不同，因此设计和施工时要根据焊缝要求的化学成分和力学性能合理选择焊剂和焊丝的匹配。

按照《埋弧焊用碳钢焊丝和焊剂》(GB/T 5293) 的规定，低碳钢用埋弧焊焊剂型号与焊丝牌号的组合表示方法如下：

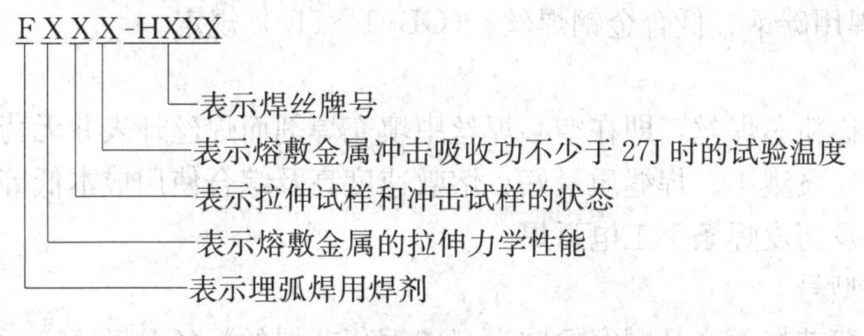


按照《埋弧焊用低合金钢焊丝和焊剂》(GB/T 12470) 的规定，低合金钢用埋弧焊焊剂型号与焊丝牌号的组合表示方法如下：

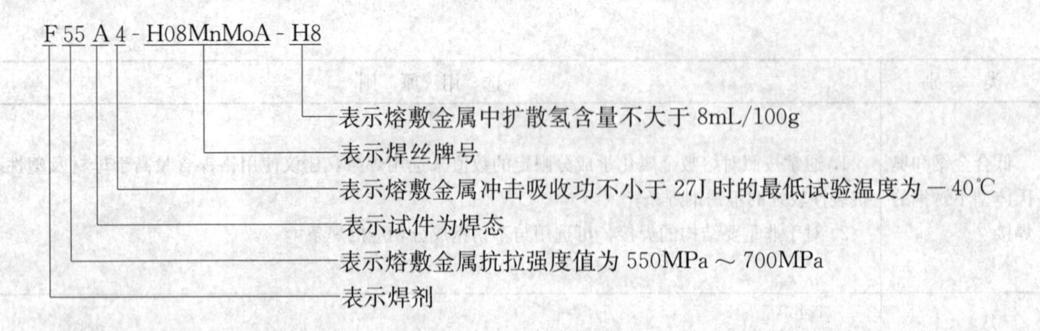


②埋弧焊焊剂系列产品牌号

埋弧焊焊剂有熔炼焊剂、烧结焊剂两种，焊剂系列产品牌号表示方法如下：

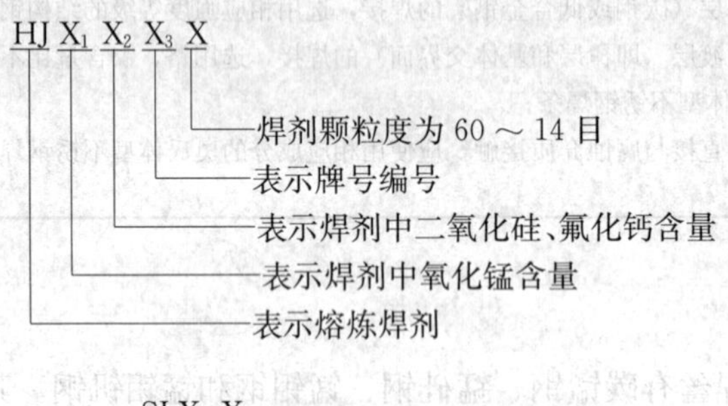


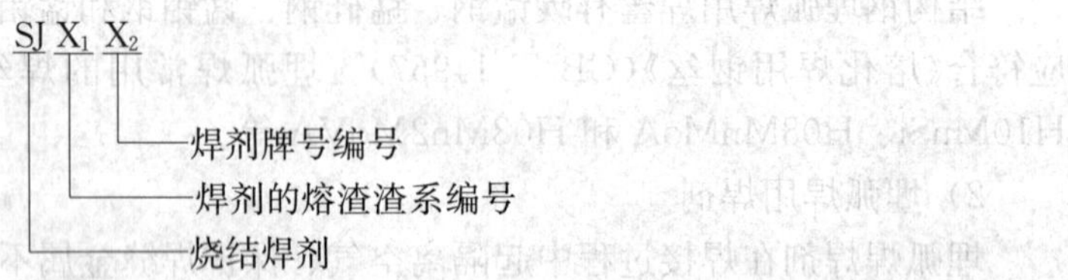


3）$CO_2$ 气体保护焊用焊丝

$CO_2$ 气体保护焊用焊丝可分为实芯焊丝和药芯焊丝两大类。

①实芯焊丝

$CO_2$ 气体保护焊的电弧及熔池处于氧化性气氛中，使用的焊丝必须考虑加入脱氧成分 Si 并补充母材中 Mn、Si 的损失，因此对于碳钢和一般低合金结构钢均必须使用 H08Mn2Si 低合金钢焊丝，才能满足焊缝性能要求，必要时还应根据冲击韧性及其他要求（如减小飞溅等）通过焊丝添加适当的微量元素。对于 Q420、Q460 级低合金钢，焊丝的选择应根据母材的强度及冲击韧性要求使用含 Mo 或专用焊丝进行合理匹配，并须符合《气体保护电弧焊用碳钢、低合金钢焊丝》（GB/T 8110）规定。

②药芯焊丝

药芯焊丝亦称粉芯焊丝，即在空心焊丝中填充焊剂而焊丝外表并无药皮。由于药芯焊丝具有电弧稳定，飞溅小、焊缝质量好、熔敷速度高及综合使用成本低等优点，其综合成本低于实芯焊丝及药皮焊条手工电弧焊。

③药芯焊丝型号

结构用国产药芯焊丝产品国家标准为《碳钢药芯焊丝》（GB/T 10045）及《低合金钢药芯焊丝》（GB/T 17493），碳钢药芯焊丝型号举例如下：

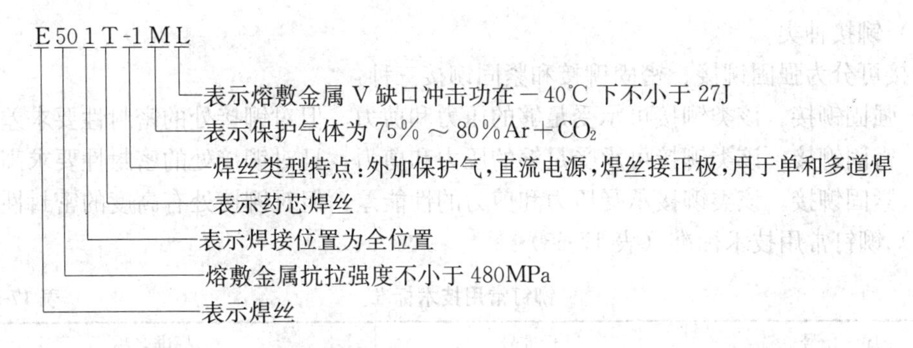


低合金钢药芯焊丝型号举例如下：

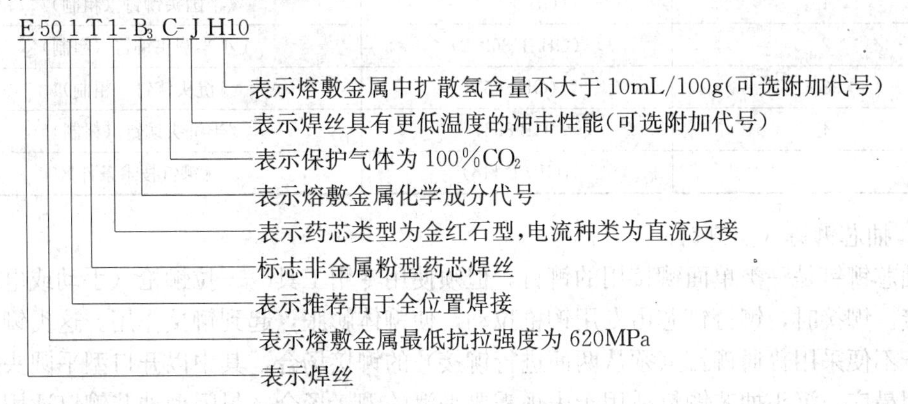


(3) 保护气体

气体保护焊所用的保护气体有：纯 $CO_2$ 气体及 $CO_2$ 气体和其他惰性气体混合的混合气体，最常用的混合气体是 $Ar+CO_2$ 的混合气体。

$CO_2$ 气体的纯度对焊缝的质量有一定的影响。化工行业标准《焊接用二氧化碳》(HG/T 2537—1993) 对二氧化碳的技术条件作出了严格规定，见表 17-52。

**二氧化碳的技术条件** **表 17-52**

| 项目 | 组分含量 | | |
|---|---|---|---|
| | 优等品 | 一等品 | 合格品 |
| 二氧化碳 (V/V，$10^{-2}$) | ≥99.9 | ≥99.7 | ≥99.5 |
| 液态水 | 不得检出 | 不得检出 | 不得检出 |
| 油 | | | |
| 水蒸气＋乙醇含量 (m/m，$10^{-2}$) | ≥0.005 | ≥0.02 | ≥0.05 |
| 气味 | 无异味 | 无异味 | 无异味 |

优等品用于大型钢结构工程中的低合金高强度结构钢，特别是厚钢板以及约束力大的节点的焊接；一等品用于碳素结构钢的厚板焊接；合格品用于轻钢结构的中薄钢板焊接。

## 17.4.4 其他连接

钢结构工程中有时会采用铆钉、抽芯铆钉（拉铆钉）、焊钉和自攻螺钉等。

1. 铆钉

(1) 铆接种类

铆接可分为强固铆接、密固铆接和紧固铆接三种：

1) 强固铆接。该类铆接可承受足够的压力和剪力，但对铆接处的密封性要求差；

2) 密固铆接。该类铆接可承受足够的压力和剪力，且对铆接处的密封性要求高；

3) 紧固铆接。该类铆接承受压力和剪力的性能差，但对铆接处有高度的密封性要求。

(2) 铆钉常用技术标准（表17-53）

**铆钉常用技术标准**　　**表17-53**

| 序　号 | 标准号 | 标准名称 |
|---|---|---|
| 1 | (GB 863.1) | 《半圆头铆钉（粗制）》 |
| 2 | (GB/T 863.2) | 《小半圆头铆钉（粗制）》 |
| 3 | (GB 865) | 《沉头铆钉（粗制）》 |
| 4 | (GB 866) | 《半沉头铆钉（粗制）》 |
| 5 | (GB/T 116) | 《铆钉技术条件》 |

2. 抽芯铆钉（拉铆钉）

抽芯铆钉是一类单面铆接用的铆钉，但须使用专用工具——拉铆枪（手动或电动）进行铆接。铆接时，铆钉钉芯由专用铆枪拉动，使铆体膨胀，起到铆接作用。这类铆钉特别适用于不便采用普通铆钉（须从两面进行铆接）的铆接场合，其中以开口型平圆头抽芯铆钉应用最广，沉头抽芯铆钉适用于表现需要平滑的铆接场合，封闭型抽芯铆钉适用于要求随较高载荷和具有一定密封性能的铆接场合。以开口型平圆头抽芯铆钉为例，通常规格有2.4mm、3.2mm、4mm、4.8mm、6.4mm五个系列。

3. 自攻螺钉

自攻螺钉多用于薄的金属板（钢板、锯板等）之间的连接。连接时，先对被连接件制出螺纹底孔，再将自攻螺钉拧入被连接件的螺纹底孔中。由于自攻螺钉的螺纹表面具有较高的硬度（≥HRC45），可在被连接件的螺纹底孔中攻出内螺纹，从而形成连接。

4. 焊钉

由于光能和钉头（或无钉头）构成的异类紧固件，用焊接方法将其固定连接在一个零件（或构件）上面，以便再与其他零件进行连接。

# 17.5 钢结构运输、堆放和拼装

## 17.5.1 钢 结 构 包 装

### 17.5.1.1 钢结构包装原则

(1) 包装应根据产品的性能要求、结构形状、尺寸及质量、刚度和路程、运输方式（铁路、公路、水路）及地区气候条件等具体情况进行。也应符合国家有关车、船运输法规规定。

(2) 产品包装应在产品检验合格、随机文件齐全、漆膜完全干燥后进行。

(3) 产品包装应具有足够强度；保证产品能经受多次装卸；运输无损坏、变形、降低精度、锈蚀、残失；能安全可靠地运抵目的地。

(4) 带螺纹的产品应对螺纹部分涂上防锈剂，并加包裹，或用塑料套管护套。经刨铣加工的平面、法兰盘连接平面、销轴和销轴孔、管类端部内壁等宜加以保护。

(5) 对特长、特宽、特重、特殊结构形状及高精度要求产品应采用专用设计包装装置。

(6) 包装标志：大型包装的重心点、起吊位置、防雨防潮标记、工程项目号、供货号、货号、品名、规格、数量、质量、生产厂号、体积（长×宽×高），收发地点、单位、运输号码等。

(7) 标志应正确、清晰、整齐、美观、色泽鲜明、不易褪色剥落，一般用与构件色泽不同的油漆，在规定部位进行手刷或喷刷。标志文字、图案规格大小，应视所包装构件而定。

(8) 包装同样需经检验合格，方可发运出厂。包装清单应与实物相一致，以便接货、检查、验收。

**17.5.1.2 产品包装方法**

(1) 散件出厂的杆件，应采用钢带打捆，钢带应用专用打包机打紧，若杆件较长，应多设置几个捆扎点。要保证在运输时，构件无窜动且坚固可靠。

(2) 对于大构件的钢柱和横梁，采取单独包装，在构件的上下配有木块，采用双头螺栓将木块固定在构件上，每个构件至少配置两处，但应注明吊点位置，以正确指导构件的装卸。

(3) 高强度螺栓和连接螺栓按成套的形式进行供货，采用木箱单独包装。成箱包装的构件和标准件，要保证箱内构件在运输过程中无窜动，且箱体坚固可靠。

(4) 同一构件的散件应尽量包装在一起，打包时应注意保护涂装油漆，且每一包构件均应有相应的清单，以便于现场核查、装配。

**17.5.1.3 包装注意事项**

(1) 油漆干燥，零部件的标记书写正确，方可进行打包；包装时应保护构件涂层不受伤害。

(2) 包装时应保证构件不变形，不损坏，不散失，需水平放置，以防变形。

(3) 待运物堆放需平整、稳妥、垫实，搁置干燥、无积水处，防止锈蚀；构件应按种类、安装顺序分区存放，以便于查找。

(4) 相同、相似的钢构件叠放时，各层钢构件的支点应在同一垂直线上，防止钢构件被压坏或变形。底层垫枕应有足够的支承面，防止支点下沉。

## 17.5.2 钢构件运输

**17.5.2.1 常用运输方式**

常用的钢结构运输方式主要有：铁路运输、公路运输、水上运输等。

1. 公路运输

由于公路运输网一般比铁路、水路网的密度要大十几倍，分布面也广，公路运输在时间方面的机动性也比较大，车辆可随时调度、装运，各环节之间的衔接时间较短，因此，公路运输在钢结构运输中占了很大部分比重。

2. 铁路运输

铁路运输具有安全程度高、运输速度快、运输距离长、运输能力大、运输成本低等优点，且具有污染小、潜能大、不受天气条件影响的优势，但是由于铁路运输网还不够密集，一般只能到大、中城市，而且货运方面往往供不应求，现在铁路运输在钢结构运输中所占比例小于公路运输。

3. 水上运输

水上运输可分为海洋运输和内河运输，具有载运量大、运输成本低、投资省、运行速度较慢、灵活性和连续性较差等特点。

(1) 海洋运输：一般用于钢结构出口时的运输，成本小，但周期长。

(2) 内河运输：由于我国的内河运输不够发达，水路运输网不够密集，且运输周期长，在当前的钢结构运输中几乎占不到多少比重。

**17.5.2.2　技术参数**

1. 公路运输

装车尺寸应考虑沿途路面、桥、隧道等的净空尺寸，见表17-54。一般情况公路运输装运的高度极限为4.5m，如需通过隧道时，则高度极限为4m，构件长出车身不得超过2m。

**各级公路行车道宽度**（m）　　**表17-54**

| 公路等级 | 净空各部分名称 | | 净空尺寸：路宽15 | 净空尺寸：路宽9 | 净空尺寸：2个路宽7.5+分车带 | 净空尺寸：2个路宽7+分车带 |
|---|---|---|---|---|---|---|
| a、b | 人行道或安全带边缘间宽度 $J$ | | 15.0 | 9.0 | 7.5 | 7.0 |
| | 下承式桥桁架间净宽 $B$ | | 15.5 | 9.5 | 8.0 | 7.5 |
| | 路拱顶点起至高度为5m处的净宽顶间距 $A$ | | 12.5 | 6.5 | 6.5 | 6.0 |
| | 净空顶角宽度 $E$ | | 1.5 | 1.5 | 0.75 | 0.75 |
| | 人行道宽度 $R$ | | ≥0.75 | | | |
| c | 公路宽 | $J$ | $B$ | $A$ | $H$ | $H_1$ |
| | 7 | 7 | 8.5 | 6.0 | 5.0 | 3.5 |
| | 4.5 | 4.5 | 6.0 | 3.5 | 4.5 | 3.0 |

2. 铁路运输

钢结构构件的铁路运输，一般由生产厂负责向车站提出车皮计划，经由车间调拨车皮装运。铁路运输应遵守国家火车装车限界（图17-33），当超过影线部分而未超出外框时，应预先向铁路部门提出超宽（或超高）通行报告，经批准后可在规定的时间运送。

3. 水上运输

(1) 海洋运输：由于海洋运输要求比较严格，除了国际通用标准外，各国还有不同的具体要求。因此，运输前应与海港取得联系，在到达港口后由海港负责装船，所以要根据离岸码头和到岸港口的装卸能力，来确定钢结构产品运输的外形尺寸、单件质量——即每夹或每箱的总重。

(2) 内河运输：应按我国的水路运输标准，根据船形大小、载重量及港口码头的起重能力，确定构件运输单元的尺寸，使其不超过当地的起重能力和船体尺寸。

**17.5.2.3　运输前准备工作**

1. 技术准备

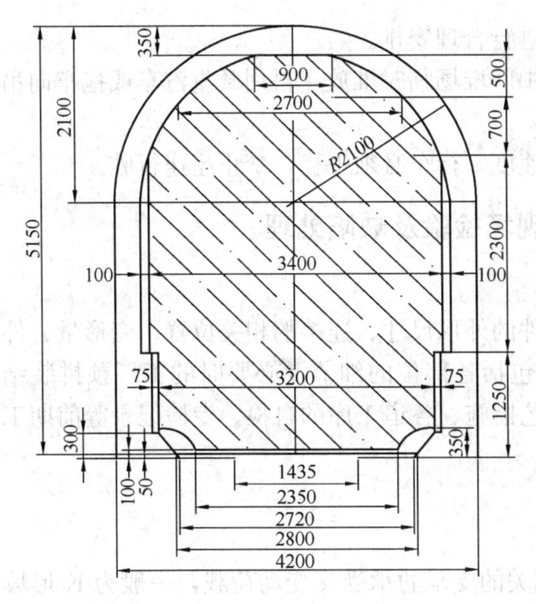


图 17-33 铁路运输装车界限尺寸

(1) 编制运输方案

编制运输方案应根据构件的形状尺寸，结合道路条件、现场起重设备、运输方式、构件运输时间要求等主要因素，制订切实可行且经济实用的运输方案。

(2) 运输架设计及制作

根据构件的外形尺寸、质量及有关成品保护要求设计制作各种类型构件的运输架（支承架）。运输架要构造简单、受力合理、满足要求、经济实用及装拆方便。

(3) 运输时构件的受力验算

根据构件运输时的支承布置、考虑运输时可能产生的碰撞冲击等，验算构件的强度、稳定、变形。如不满足要求，应进行加固措施。

2. 运输工具准备

现在钢构件的运输一般多用汽车，这里以汽车为例。钢结构制作单位应按照编制好的运输方案，组织运输车辆、起重机及相关配套设施等，并及时追踪动态，反馈信息，建立车辆调配台账，保证钢结构的运输安全按时到达，满足客户的需求。

3. 运输条件准备

(1) 现场运输道路的修筑

一般应按照车辆类型、形状尺寸、总体质量等，确定修筑临时道路的标准等级、路面宽度及路基路面结构要求。

(2) 运输线路的实地考察

钢结构制作单位应在杆件正式发运前，组织专业人士对运输线路进行实地考察和复核，确保运输方案的可行性和实用性。

(3) 构件运输试运行

将装运最大尺寸的构件的运输架安装在车辆上，模拟构件尺寸，沿运输道路试运行。

#### 17.5.2.4 构件运输的基本要求

实际情况下，影响构件运输的因素有很多，一般来说，构件运输应满足的基本要求有：

(1) 钢构件的垫点和装卸车时的吊点，不论上车运输或卸车堆放，都应按要求进行。叠放在车上或堆放在现场上的构件，构件之间的垫木要在同一条垂直线上，且厚度相等。

(2) 构件在运输时要固定牢靠，以防在运输中途倾倒，或在道路转弯时车速过高被甩出。对于屋架等重心较高、支承面较窄的构件，应用支架固定。

(3) 根据工期、运距、构件质量、尺寸和类型以及工地具体情况，选择合适的运输车辆和装卸机械。

(4) 根据吊装顺序，先吊先运，保证配套供应。

(5) 对于不容易调头和又重又长的构件，应根据其安装方向确定装车方向，以利于卸车就位。必要时，在加工场地生产时，就应进行合理安排。

(6) 若采用铁路或水路运输时，须设置中间堆场临时堆放，再用载重汽车或拖车向吊装现场转运。

(7) 根据路面、天气情况好坏掌握行车速度，行车必须平稳，禁止超速行驶。

### 17.5.3　构件成品现场检验及缺陷处理

#### 17.5.3.1　构件现场检验

钢结构成品的现场检验项目主要包括构件的外形尺寸、连接的相关位置、变形量、外观质量及制作资料的验收和交接等，同时也包括各部位的细节及必要时的工厂预拼装结果。成品检查工作应在材料质量保证书、工艺措施、各道工序的自检、专检记录等前期工作完备无误的情况下进行。

1. 钢柱的检验

(1) 实腹式钢柱检验要点

1) 对于有吊车梁的钢柱，悬臂部分及相关的支承肋承受交变动荷载，一般为K形坡口焊缝，并且应保证全熔透。另外由于板材尺寸不能满足需要而进行拼装时，拼装焊缝必须全熔透，保证与母材等强度。一般情况下，除外观质量的检查外，上述两类焊缝要进行超声波探伤内部质量检查，成品现场检验时应予重点注意。

2) 柱端、悬臂等有连接的部位，要注意检查相关尺寸，特别是高强度螺栓连接时，更要加强控制。另外，柱底板的平直度、钢柱的侧弯等要注意检查控制。

3) 当设计图要求柱身与底板要刨平顶紧的，需按现行国家标准的要求对接触面进行磨光顶紧检查，以确保力的有效传递。

4) 钢柱柱脚不采用地脚螺栓，而直接插入基础预留孔，再进行二次灌浆固定的，要注意检查插入混凝土部分不得涂漆。

5) 箱形柱一般都设置内部加劲肋，为确保钢柱尺寸，并起到加强作用，内肋板需经加工刨平、组装焊接几道工序。由于柱身封闭后无法检查，应注意加强工序检查，内肋板加工刨平、装配贴紧情况，以及焊接方法和质量均符合设计要求。

(2) 空腹式钢柱检验要点

空腹钢柱（格构件）的检查要点基本同于实腹钢柱。由于空腹钢柱截面复杂，要经多次加工、小组装、再总装到位。因此，空腹柱在制作中各部位尺寸的配合十分重要，在其质量控制检查中要侧重于单体构件的工序检查。检验方法用钢尺、拉线、吊线等方法。

2. 吊车梁的检验

(1) 吊车梁的焊缝因受冲击和疲劳影响，其上翼缘板与腹板的连接焊缝要求全熔透，一般视板厚大小开成V或K形坡口。焊后要对焊缝进行超声波探伤检查，探伤比例应按设计文件的规定执行。如若设计的要求为抽检，检查时应重点检查两端的焊缝，其长度不应小于梁高，梁中间应再抽检300mm以上的长度。抽检若发现超标缺陷，应对该焊缝进行全部检查。由于板料尺寸所限，吊车梁钢板需要拼装时，翼缘板与腹板的拼缝要错开200mm以上，且拼缝要错开加劲肋200mm以上。拼接缝要求与母材等强度，全熔透焊接，并进行超声波探伤的检查。

(2) 吊车梁外形尺寸控制，原则上长度负公差。上下翼缘板边缘要整齐光洁，切忌有凹坑，上翼缘板的边缘状态是检查重点，要特别注意。无论吊车梁是否要求起拱，焊后都不允许下挠。要注意控制吊车上翼缘板与轨道接触面的平面度不得大于1.0mm。

3. 钢屋架的检验

（1）在钢屋架的检查中，要注意检查节点处各型钢重心线交点的重合状况。重心线的偏移会造成局部弯矩，影响钢屋架的正常工作状态。造成钢结构工程的隐患。产生重心线偏移的原因，可能是组装胎具变形或装配时杆件未靠紧胎模所致。如发生重心线偏移超出规定的允许偏差（3mm）时，应及时提供数据，请设计人员进行验算，如不能使用，应拆除更换。

（2）钢屋架上的连接焊缝较多，但每段焊缝的长度又不长，极易出现各种焊接缺陷。因此，要加强对钢屋架焊缝的检查工作，特别是对受力较大的杆件焊缝，要作重点检查控制，其焊缝尺寸和质量标准必须满足设计要求和现行国家标准的规定。

（3）为保证安装工作的顺利进行，检查中要严格控制连接部位孔的加工，孔位尺寸要在允许的公差范围之内，对于超过允许偏差的孔要及时作出相应的技术处理。

（4）设计要求起拱的，必须满足设计规定，检查中要控制起拱尺寸及其允许偏差，特别是吊车桁架，即使未要求起拱处理，组焊后的桁架也严禁下挠。

（5）由两支角钢背靠背组焊的杆件，其夹缝部位在组装前应按要求除锈、涂漆，检查中对这些部位应给予注意。

4. 平台、栏杆、扶梯的检验

平台、栏杆、扶梯虽是配套产品，但其制作质量也直接影响人的安全，要确保其牢固性，有以下几点要加以注意：

（1）由于焊缝不长，分布零散，在检查中要重点防止出现漏焊现象。检查中要注意构件间连接的牢固性，如爬梯用的圆钢要穿过扁钢，再焊牢固。采用间断焊的部位，其转角和端部一定要有焊缝，不得有开口现象。构件不得有尖角外露，栏杆上的焊接接头及转角处要磨光。

（2）栏杆和扶梯一般都分开制作，平台根据需要可以整件出厂，也可以分段出厂，各构件间相互关联的安装孔距，在制作中要作为重点检查项目进行控制。

5. 球节点的检验

（1）焊接球节点

1）用漏模热轧的半圆球，其壁厚会发生不均匀，靠半圆球的上口偏厚，上模的底部与侧边的过渡区偏薄。网架的球节点规定壁厚最薄处的允许减薄量为13%且不得大于1.5mm。球的厚度可用超声波测厚仪测量。

2）球体不允许有“长瘤”现象，“荷叶边”应在切边时切去。半圆球切口应用车床切削或半自动气割切割，在切口的同时做出坡口。

3）成品球直径经常有偏小现象，这是由于上模磨损或考虑冷却收缩率不够等所致。如负偏差过大，会造成网架总拼尺寸偏小。

4）焊接球节点是由两个热轧后经机床加工的两个半圆球相对焊成的。如果两个半圆球互相对接的接缝处是圆滑过渡的（即在同一圆弧上），则不产生对口错边量，如两个半圆球对得不准，或有大小不一，则在接缝处将产生错边量。不论球大小，错边量一律不得大于1mm。

(2) 螺栓球节点

螺栓球节点现场检验时应重点关注各螺孔的螺纹尺寸、螺孔角度、螺孔端面距球心尺寸等，应符合现行国家标准的要求。螺孔角度的量测可采用测量芯棒、高度尺、分度尺等配合进行。

**17.5.3.2 构件缺陷现场处理**

钢构件现场检验旨在保证进入现场的构件成品满足设计及有关现行国家标准的要求，质量控制的重点应放在钢结构制作厂。由于构件在长途运输过程中可能出现部分变形，以及加工厂自身可能存在的加工质量问题，对于现场检验缺陷超出允许偏差范围的构件，应视缺陷的严重程度及现场的处理能力（由于场地、设备、经验等原因，现场处理能力往往有限），综合判断返厂修补或现场处理。

1. 焊缝缺陷的现场处理

(1) 常见的焊缝缺陷有焊脚尺寸不够、焊缝错边超标、焊缝漏焊（楼梯、栏杆等小型构件上）、焊缝存在气孔和夹渣等，这些缺陷一般可以在现场予以处理，如去除缺陷处的焊缝金属后补焊等。

(2) 对接焊缝（如多节柱对接焊缝）的预留坡口角度未达标，可通过现场打磨的方式进行处理。部分构件出现多余外露的焊接衬垫板，可现场割除，对平整度有要求的，尚应打磨平整。

(3) 对于焊缝无损探伤不合格的焊缝缺陷，可采用碳弧气刨后重焊的方法进行现场处理。

2. 构件外观及外形尺寸缺陷的现场处理

(1) 对于部分严重的构件缺陷，如构件长度、构件表面平直度、加工面垂直度、构件造型偏差过大等，限于现场的缺陷处理能力，一般需返厂维修。

(2) 对于少量设计要求开孔但漏开孔缺陷，一般可视孔的重要程度采用气割开孔或钻孔、铰孔等方式进行现场制孔，螺栓孔不得采用气割开孔。

(3) 孔径小于设计要求的螺栓孔，可采用铰刀进行扩孔；孔径大于设计要求螺栓孔，可采用与母材等强焊接金属补焊后铰刀扩孔的方式进行处理。

(4) 对于构件运输过程中产生的少量变形，一般可通过千斤顶、拉索等机械矫正或局部火焰矫正的方式进行处理。

## 17.5.4 构 件 堆 放

**17.5.4.1 构件堆放场**

构件堆放场有分布在建筑物的周围，也有分布在其他地方。一般来说，构件的堆放应遵循以下几点原则：

(1) 构件堆放场的大小和形状一般根据现场条件、构件分段分节、塔式起重机位置及工期等划定，且应符合工程建设总承包的总平面布置。

(2) 构件应尽量堆放在吊装设备的取吊范围之内，以减少现场二次倒运。

(3) 构件堆放场地的地基要坚实，地面平整干燥，排水良好。

(4) 堆放场地内应备有足够的垫木、垫块，使构件得以放平、放稳，以防构件因堆放方法不正确而产生变形。

**17.5.4.2 构件堆放面积计算**

钢结构的堆场面积，可按式（17-4）的经验公式计算：

$$F = f \cdot g \cdot t \tag{17-4}$$

钢结构构件堆场面积，也可按式（17-5）的经验公式计算：

$$F = Q_{max} \cdot \alpha \cdot K_1 \tag{17-5}$$

钢结构构件堆场面积亦可根据场地允许的单位荷载按式（17-6）进行估算：

$$F = \frac{Q}{q} \cdot K_2 \tag{17-6}$$

式中 $F$——钢结构构件堆放场地总面积（$m^2$）；

$f$——每根钢构件占用的面积；

$g$——每天吊装构件的数量；

$t$——构件的储存天数；

$Q_{max}$——构件的月最大储存量（t），根据构件进场时间和数量按月计算储存量，取最大值；

$\alpha$——经验用地指标（$m^2/t$），一般为 7～8$m^2/t$；叠堆构件时取 7$m^2/t$，不叠堆构件时取 8$m^2/t$；

$K_1$——综合系数，取 1.0～1.3，按辅助用地情况取用；

$Q$——同时堆放的钢结构构件质量（t）；

$K_2$——考虑装卸等因素的面积计算系数，一般取 1.1～1.2；

$q$——包括通道在内的每平方米堆放场地面积上的平均单位负荷（$kN/m^2$），按表 17-55 取用。根据不同钢结构构件的质量 $Q_1$、$Q_2$……$Q_n$（$Q_1+Q_2+\cdots+Q_n=Q$）和不同钢结构构件在每平方米堆放场地面积上的单位荷载 $q_1$、$q_2$……$q_n$ 按式（17-7）计算：

$$q = \frac{Q_1 q_1 + Q_2 q_2 + \cdots + Q_n q_n}{Q_1 + Q_2 + \cdots + Q_n} \tag{17-7}$$

**钢结构构件堆放场地的单位荷载** **表 17-55**

| 类　别 | 钢结构构件及堆放方式 | 计入通道的单位负载（$kN/m^2$） |
|---|---|---|
| 钢柱 | 5t 以内的轻型实体柱 | 6.00 |
| | 15t 以内的中型格构柱 | 3.25 |
| | 15t 以上重型柱 | 6.50 |
| 钢吊车梁 | 10t 以内的（竖放） | 5.00 |
| | 10t 以上的（竖放） | 10.00 |
| 钢桁架 | 3t 以内的（竖放） | 1.00 |
| | 3t 以内的（平放） | 0.60 |
| | 3t 以上的（竖放） | 1.30 |
| | 3t 以上的（平放） | 0.70 |
| 其他构件 | 檩条、构架、连接杆件（实体） | 5.00 |
| | 格构式檩条等 | 1.70 |
| | 池罐钢板 | 10.00 |
| | 池罐节段 | 3.00 |

【例 1】 某地下室钢结构工程，每根巨型钢柱占用面积 72m²，每天吊装构件 10 根，现场需储备 3d 的吊装量，试求需用钢结构构件堆放场地的面积。

【解】 $F=f \cdot g \cdot t=72\times10\times3=2160\text{m}^2$

故知，该工程的钢柱堆放场地面积为 2160m²。

【例 2】 某厂房钢结构工程，月最大需用量为 600t，试求需用钢结构构件堆放场地面积。

【解】 取 $\alpha=7.5\ \text{m}^2/\text{t}$，$K_1=1.2$，

$$F = Q_{\max} \cdot \alpha \cdot K_1 = 600\times7.5\times1.2=5400\text{m}^2$$

故知，需用钢结构构件堆场面积为 5400m²。

**17.5.4.3 构件堆放方法**

（1）单层堆放。在规划好的堆放场地内，根据构件的尺寸大小安置好垫块或枕木，同时注意留有足够的间隙用于构件的预检及装卸操作，将构件按编号放置好。对于场地较为宽松，且堆放大型、异形构件时，可以直接安置枕木放置，亦可放置在专门制作的胎架上。

（2）多层堆放。多层堆放是在下层构件上再行叠放构件，底层构件的堆放跟单层堆放相同，上一层构件堆放时必须在下层构件上安置垫块或枕木。注意将先吊装的构件放在最上面一层，同时支撑点应放置在同一竖直高度。

**17.5.4.4 构件堆放注意事项**

（1）钢结构产品不得直接放在地上，应垫高 200mm 以上。

（2）侧向刚度较大的构件可水平堆放，当多层叠放时，必须使各层垫木在同一垂线上。

（3）构件应按型号、编号、吊装顺序、方向，依次分类配套堆放。堆放位置应按吊装平面布置规定，并应在起重机回转半径范围内。先吊的构件放在靠近起重机一侧，后吊的依次排放，并考虑到吊装和装车方向，避免吊装时转向和二次倒运，影响效率而且易于损坏构件。

（4）大型构件的小零件应放在构件的空档内，用螺栓或铁丝固定在构件上。

（5）对侧向刚度较差、重心较高、支承面较窄的构件，如屋架、托架薄腹屋面梁等，宜直立放置，除两端设垫木支承外，并应在两侧加设撑木，或将数榀构件以方木、8 号钢丝绑扎连在一起，使其稳定，支撑及连接处不得少于 3 处。

（6）构件叠层堆放时，一般柱子不宜超过 2 层，梁不超过 3 层，大型屋面板、圆孔板不超过 8 层，楼板、楼梯板不超过 6 层，钢屋架平放不超过 3 层，钢檩条不超过 6 层，钢结构堆垛高度一般不超过 2m，堆垛间需留 2m 宽通道。

（7）构件堆放应有一定挂钩、绑扎操作、净距和净空。一般来说，相邻构件的间距不得小于 0.2m，与建筑物相距 2.0～2.5m，构件每隔 2～3 堆垛应有 1 条纵向通道，每隔 25m 留 1 道横向通道，宽应不小于 0.7m。另外，堆放场应修筑环行运输道路，其宽度单行道不少于 4m，双行道不少于 6m。

## 17.5.5 构件现场拼装

构件的现场拼装在网壳结构运用较为广泛，一般有桁架分段单元的拼装和网架分块单

位的拼装两种，在此仅以桁架现场拼装为例加以叙述。

**17.5.5.1　现场拼装准备工作**

1. 技术准备

（1）编制现场拼装作业指导书。

（2）验算拼装胎架的稳定性与安全性。

（3）预先做好测量校正的内业计算工作。

2. 材料准备

（1）构件进场必须根据工程实施的进度编制详细的进场计划，并根据计划的要求进行。

（2）进场构件必须具备：原材质量证明书、原材复检报告、钢构件产品质量合格证、焊接工艺评定报告、焊接施焊记录、焊缝外观检查报告、焊缝无损检测报告、构件尺寸检验报告、干漆涂膜厚度检测报告、摩擦面抗滑移系数检测报告。

（3）严格遵守工程所在地有关建筑施工的各项规定及现场监理公司对安装前施工资料的要求。

3. 设备与人员准备

根据编写的拼装作业指导书，组织人员与设备到位。

4. 构件进场和卸货

（1）构件进场根据现场安装分区（分节）有计划、有顺序地配套搬入现场，严防顺序颠倒和不配套的构件搬入而造成现场混乱。

（2）卸车时构件要放在适当的支架上或枕木上，注意不要使构件变形和扭曲。

（3）运送、装卸构件时，轻拿轻放，不可拖拉，以避免将表面划伤。

（4）卸货作业时必须由工地有资格的人员负责，对构件在运输过程中发生的变形，与有关人员协商采取措施在安装前加以修复。

**17.5.5.2　拼装整体流程**

桁架分段单元拼装流程及步骤分别见图17-34、图17-35。

**17.5.5.3　拼装注意事项**

（1）拼装场地宜选在安装设计位置下方附近，方便吊装。

（2）拼装胎架的搭设必须平稳可靠。

（3）弦杆的定位要注意两端的方向。

（4）腹杆的安装根据难易程度进行，一般是按先难后易的顺序进行。

（5）周转使用的胎架在重

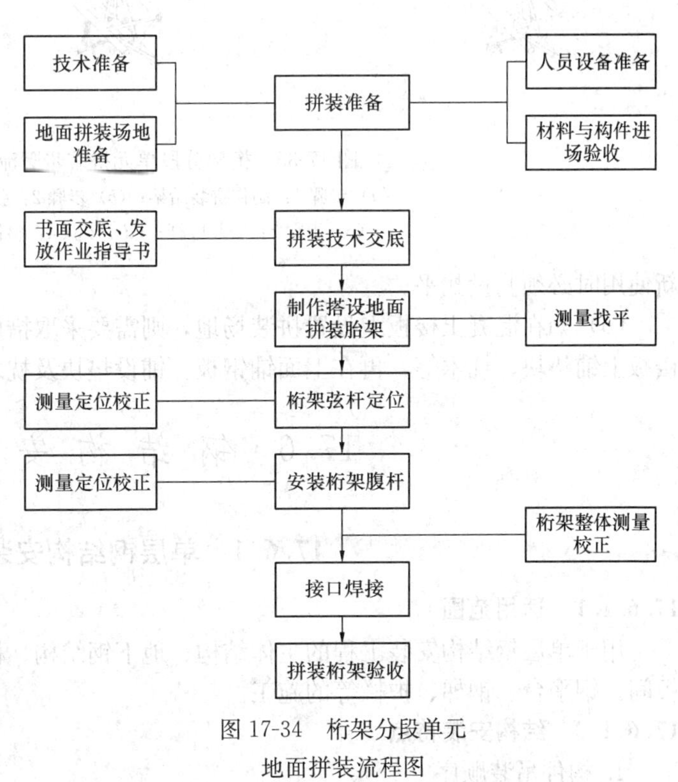


图17-34　桁架分段单元地面拼装流程图

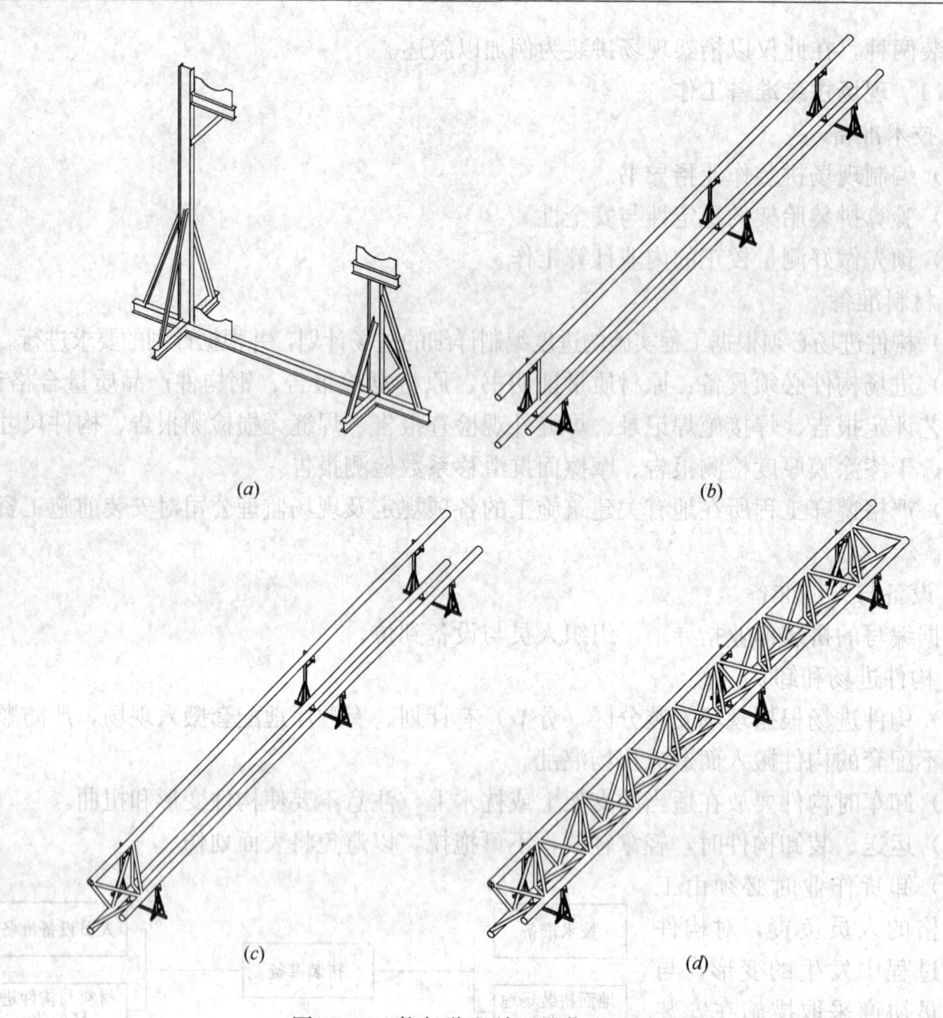

图 17-35　桁架分段单元拼装步骤流程图
(*a*) 步骤 1：制作拼装胎架；(*b*) 步骤 2：弦杆定位；
(*c*) 步骤 3：安装腹杆；(*d*) 步骤 4：整体验收

新使用时必须测量找平。

(6) 如在混凝土楼板上设置拼装场地，则需要采取措施对混凝土楼板进行保护，即在楼板上铺垫块、枕木等，再在上面铺钢板。铺设垫块及枕木时，需考虑现场排水畅通。

# 17.6　钢 结 构 安 装

## 17.6.1　单层钢结构安装

### 17.6.1.1　适用范围

用于单层钢结构安装工程的主体结构、地下钢结构、檩条及墙架等次要构件、标准样板间、钢平台、钢梯、护栏等的施工。

### 17.6.1.2　结构安装特点

1. 构件吊装顺序

(1) 最佳的施工方法是先吊装竖向构件，后吊装平面构件，这样施工的目的是减少建筑物的纵向长度安装累积误差，保证工程质量。

(2) 竖向构件吊装顺序：柱（混凝土、钢）—连系梁（混凝土、钢）—柱间钢支撑—吊车梁（混凝土、钢）—制动桁架—托架（混凝土、钢）等，单种构件吊装流水作业，既保证体系纵列形成排架，稳定性好，又能提高生产效率。

(3) 平面构件吊装顺序：主要以形成空间结构稳定体系为原则，其工艺流程见图17-36。

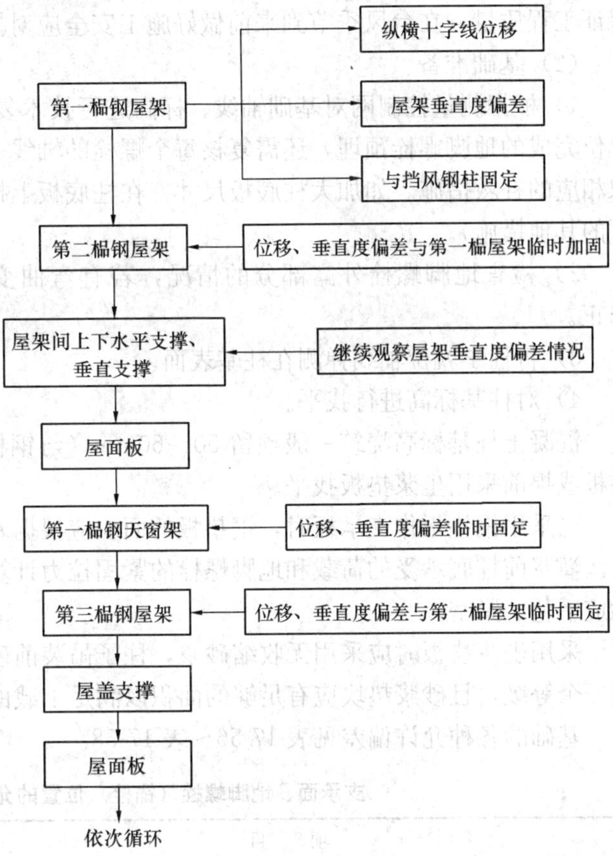

图17-36 平面构件吊装顺序工艺流程图

2. 标准样板间安装

选择有柱间支撑的钢柱，柱与柱形成排架，将屋盖系统安装完毕形成空间结构稳定体系，各项安装误差都在允许之内或更小，依次安装，要控制有关间距尺寸，相隔几间，复核屋架垂直度偏差即可。

3. 几种情况说明

(1) 并列高低跨吊装，考虑屋架下弦伸长后柱子向两侧偏移问题，先吊高跨后吊低跨，凭经验可预留柱的垂直度偏差值。

(2) 并列大跨度与小跨度：先吊装大跨度后吊装小跨度。

(3) 并列间数多的与间数少的屋盖吊装：先吊间数多的，后吊间数少的。

(4) 并列有屋架跨与露天跨吊装：先吊有屋架跨后吊露天跨。

(5) 以上几种情况也适合于门式刚架轻型钢结构屋盖施工。

#### 17.6.1.3 钢结构安装准备

单层钢结构安装工程施工准备阶段主要内容有：技术准备、机具设备准备、材料准备、作业条件准备等。

1. 技术准备

技术准备工作主要包含：编制施工组织设计、现场基础准备。

(1) 编制单层钢结构安装施工组织设计

主要内容包括：工程概况与特点；施工组织与部署；施工准备工作计划；施工进度计划；施工现场平面布置图；劳动力、机械设备、材料和构件供应计划；质量保证措施和安全措施；环境保护措施等。

在工程概况的编写中由于单层钢结构安装工程施工的特点，对于工程所在地的气候情况，尤其是雨水、台风情况要作详细的说明，以便于在工期允许的情况下避开雨期施工以保证工程质量，在台风季节到来前做好施工安全应对措施。

(2) 基础准备

1) 根据测量控制网对基础轴线、标高进行技术复核。如对于在钢结构施工前由土建单位完成的地脚螺栓预埋，还需复核每个螺栓的轴线、标高，对超出规范要求的，必须采取相应的补救措施。如加大柱底板尺寸，在柱底板上按实际螺栓位置重新钻孔（或设计认可的其他措施）。

2) 检查地脚螺栓外露部分的情况，若有弯曲变形、螺牙损坏的螺栓，必须对其修正。

3) 将柱子就位轴线弹测在柱基表面。

4) 对柱基标高进行找平。

混凝土柱基标高浇筑一般预留 50～60mm（与钢柱底设计标高相比），在安装时用钢垫板或提前采用坐浆垫板找平。

当采用钢垫板作支承板时，钢垫板的面积应根据基础混凝土的抗压强度、柱脚底板下二次灌浆前柱底承受的荷载和地脚螺栓的紧固拉力计算确定。垫板与基础面和柱底面的接触应平整、紧密。

采用坐浆垫板时应采用无收缩砂浆，柱子吊装前砂浆垫块的强度应高于基础混凝土强度一个等级，且砂浆垫块应有足够的面积以满足承载的要求。

基础的各种允许偏差见表 17-56～表 17-58。

**支承面、地脚螺栓（锚栓）位置的允许偏差（mm）　　表 17-56**

| 项　目 | | 允许偏差 |
|---|---|---|
| 支承面 | 标高 | ±3.0 |
| | 水平度 | $L/1000$ |
| 地脚螺栓（锚栓） | 螺栓中心偏移 | 5.0 |
| | 螺栓露出长度 | +30.0<br>0.0 |
| | 螺纹长度 | +30.0<br>0.0 |
| 预留孔中心偏移 | | 10.0 |

**坐浆垫板的允许偏差（mm）　　表 17-57**

| 项　目 | 允许偏差 | 项　目 | 允许偏差 |
|---|---|---|---|
| 顶面标高 | 0.0<br>−3.0 | 水平度 | $L/1000$ |
| | | 位置 | 20.0 |

**杯口尺寸的允许偏差（mm）　　表 17-58**

| 项　目 | 允许偏差 | 项　目 | 允许偏差 |
|---|---|---|---|
| 底面标高 | 0.0<br>−5.0 | 杯口垂直度 | $H/100$，且不应大于 10.0 |
| 杯口深度 $H$ | ±5.0 | 位置 | 10.0 |

2. 机具设备准备

(1) 起重设备选择

1) 一般单层钢结构安装的起重设备宜按履带式、汽车式、塔式的顺序选用。由于单层钢结构普遍存在面积大、跨度大的特点，应优先考虑使用起重量大、移动方便的履带式和汽车式起重机；对于跨度大、高度高的重型工业厂房主体结构的吊装，宜选用塔式起重机。

2) 缺乏起重设备或吊装工作量不大、厂房不高的情况下，可考虑采用独角桅杆、人字桅杆、悬臂桅杆及回转式桅杆等吊装。

3) 位于狭窄地段或采用敞开式施工方案（厂房内设备基础先施工）的单层厂房，宜采用双机抬吊吊装法进行厂房屋面结构的吊装，亦可采用单机在设备基础上铺设枕木垫道吊装。

(2) 其他机具设备

单层钢结构安装工程其他常用的施工机具有电焊机、栓钉机、卷扬机、空压机、捯链、滑车、千斤顶等。

3. 材料准备

材料准备包括钢构件的准备，普通螺栓和高强度螺栓的准备，焊接材料的准备等。

(1) 钢构件的准备

钢构件的准备包括钢构件堆放场的准备和钢构件的检验。

1) 钢构件堆放场的准备

钢构件通常在专门的钢结构加工厂制作，然后运至现场直接吊装或经过组拼装后进行吊装。钢构件力求在吊装现场就近堆放，并遵循“重近轻远”（即重构件摆放的位置离吊机近一些，反之可远一些）的原则。对规模较大的工程需另设立钢构件堆放场，以满足钢构件进场堆放、检验、组装和配套供应的要求。

钢构件在吊装现场堆放时一般沿吊车开行路线两侧按轴线就近堆放。其中钢柱和钢屋架等大件放置，应依据吊装工艺作平面布置设计，避免现场二次倒运困难。钢梁、支撑等可按吊装顺序配套供应堆放，为保证安全，堆垛高度一般不超过2m和三层。

钢构件堆放应以不产生超出规范要求的变形为原则。

2) 钢构件验收

在钢结构安装前应对钢结构构件进行检查，其项目包含钢结构构件的变形、钢结构构件的标记、钢结构构件的制作精度和孔眼位置等。在钢结构构件的变形和缺陷超出允许偏差时应进行处理。

(2) 高强度螺栓的准备

钢结构设计用高强度螺栓连接时应根据图纸要求分规格统计所需高强度螺栓的数量并配套供应至现场。应检查其出厂合格证、扭矩系数或紧固轴力（预拉力）的检验报告是否齐全，并按规定作紧固轴力或扭矩系数复验。

对钢结构连接件摩擦面的抗滑移系数进行复验。

(3) 焊接材料的准备

钢结构焊接施工之前应对焊接材料的品种、规格、性能进行检查，各项指标应符合现行国家标准和设计要求。检查焊接材料的质量合格证明文件、检验报告及中文标志等。对重要钢结构采用的焊接材料应进行抽样复验。

#### 17.6.1.4　施工工艺

1. 吊装方法及顺序

单层钢结构安装工程施工时对于柱子、柱间支撑和吊车梁一般采用单件流水法吊装。可一次性将柱子安装并校正后再安装柱间支撑、吊车梁等构件。此种方法尤其适合移动较方便的履带式起重机。采用汽车式起重机时，考虑到移动的不方便，可以以 2～3 个轴线为一个单元进行节间构件安装。

屋盖系统吊装通常采用"节间综合法"（即吊车一次吊完一个节间的全部屋盖构件后再吊装下一个节间的屋盖构件）。

2. 工艺流程图（图 17-37）

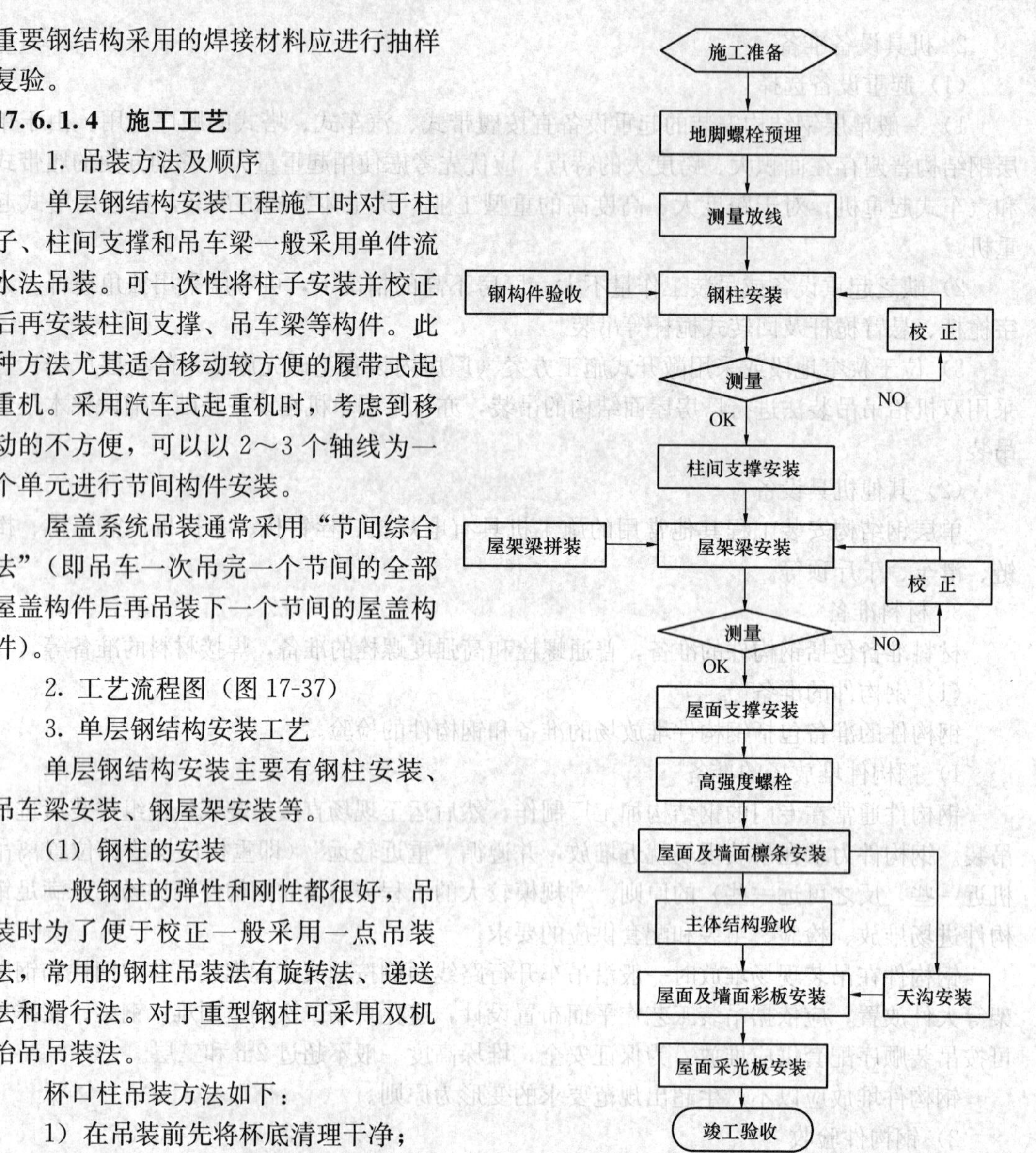


图 17-37　单层钢结构安装工艺流程

3. 单层钢结构安装工艺

单层钢结构安装主要有钢柱安装、吊车梁安装、钢屋架安装等。

(1) 钢柱的安装

一般钢柱的弹性和刚性都很好，吊装时为了便于校正一般采用一点吊装法，常用的钢柱吊装法有旋转法、递送法和滑行法。对于重型钢柱可采用双机抬吊吊装法。

杯口柱吊装方法如下：

1）在吊装前先将杯底清理干净；

2）操作人员在钢柱吊至杯口上方后，各自站好位置，稳住柱脚并将其插入杯口；

3）在柱子降至杯底时停止落钩，用撬棍撬柱子，使其中线对准杯底中线，然后缓慢将柱子落至底部；

4）拧紧柱脚螺栓。

钢柱安装的允许偏差见表 17-59。

(2) 钢吊车梁的安装

钢吊车梁安装一般采用工具式吊耳或捆绑法进行吊装。在进行安装以前应将吊车梁的分中标记引至吊车梁的端头，以利于吊装时按柱牛腿的定位轴线临时定位。钢吊车梁安装的允许偏差见表 17-60。

单层钢结构中钢柱安装允许偏差（mm） 表 17-59

| 项目 | | | 允许偏差 | 检验方法 | 图例 |
|---|---|---|---|---|---|
| 柱脚底座中心线对定位轴线的偏移 | | | 5.0 | 用吊线和钢尺检查 | 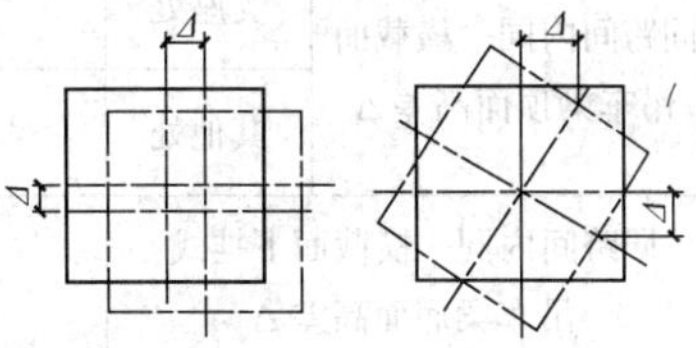 |
| 柱基准点标高 | 有吊车梁的柱 | | +3.0<br>−5.0 | 用水准仪检查 | 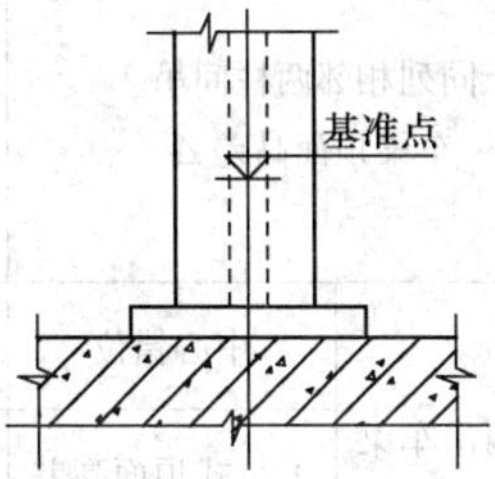 |
| | 无吊车梁的柱 | | +5.0<br>−8.0 | | |
| 弯曲矢高 | | | $H/1200$，<br>且不大于 15.0 | 用经纬仪或拉线和钢尺检查 | |
| 柱轴线垂直度 | 单层柱 | $H\leqslant10$m | $H/1000$ | 用经纬仪或吊线和钢尺检查 | 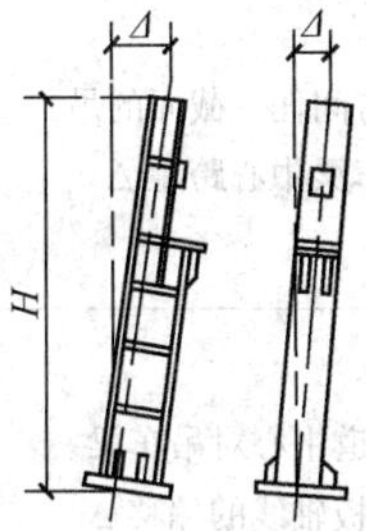 |
| | | $H>10$m | $H/1000$，<br>且不大于 25.0 | | |
| | 多节柱 | 单节柱 | $H/1000$，<br>且不大于 10.0 | | |
| | | 柱全高 | 35.0 | | |

钢吊车梁安装的允许偏差（mm） 表 17-60

| 项目 | | 允许偏差 | 检验方法 | 图例 |
|---|---|---|---|---|
| 梁的跨中垂直度 Δ | | $h/500$ | 用吊线和钢尺检查 | 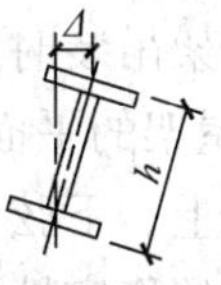 |
| 侧向弯曲矢高 | | $l/1500$，且不大于 10.0 | 用拉线和钢尺检查 | |
| 垂直上拱矢高 | | 10.0 | | |
| 两端支座中心位移 Δ | 安装在钢柱上时，对牛腿中心的偏移 | 5.0 | | |
| | 安装在混凝土柱上时，对定位轴线的偏移 | 5.0 | | |
| 吊车梁支座加劲板中心与柱子承压加劲板中心的偏移 $\Delta_1$ | | $t/2$ | 用吊线和钢尺检查 | |

续表

| 项目 | | 允许偏差 | 检验方法 | 图例 |
|---|---|---|---|---|
| 同跨间内同一横截面吊车梁顶面高差Δ | 支座处 | 10.0 | 用经纬仪、水准仪和钢尺检查 | 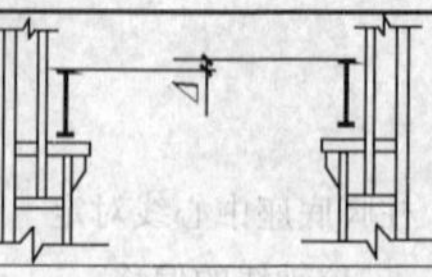 |
| | 其他处 | 15.0 | | |
| 同跨间内同一横截面下挂式吊车梁底面高差Δ | | 10.0 | | |
| 同列相邻两柱间吊车梁顶面高差Δ | | $l$/1500，且不大于10.0 | 用水准仪和钢尺检查 | 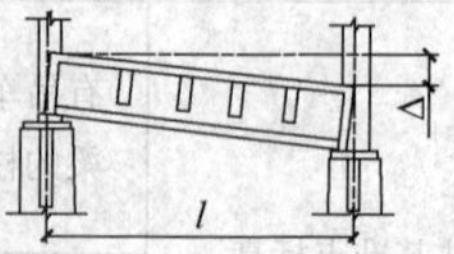 |
| 相邻两吊车梁接头部位Δ | 中心错位 | 3.0 | 用钢尺检查 | 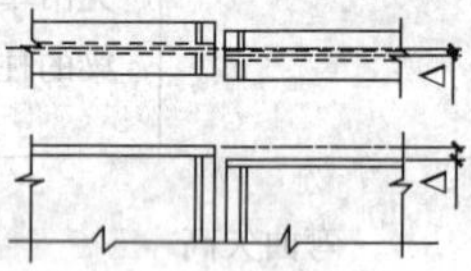 |
| | 上承式顶面高差 | 1.0 | | |
| | 下承式底面高差 | 1.0 | | |
| 同跨间任一截面的吊车梁中心跨距Δ | | ±10.0 | 用经纬仪和光电距仪检查；跨度小时可用钢尺检查 | 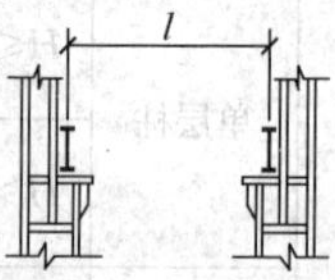 |
| 轨道中心对吊车梁腹板轴线的偏移Δ | | $t/2$ | 用吊线和钢尺检查 | 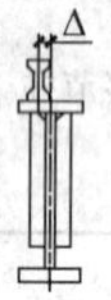 |

(3) 钢屋架的安装

1) 钢屋架吊装稳定验算

钢屋架吊装时，屋架本身应具有一定刚度，同时应合理布置吊点位置或采用加固措施(主要是屋架的平面外加固)，保证吊装过程中屋架不失稳。

对于上、下弦为双拼角钢的钢屋架，如其最小规格能满足表17-61要求时，可保证吊装过程中的稳定性要求。不满足表17-61要求以及其他形式的屋架，可通过内力计算（参见本手册“常用结构计算”一章）获得屋架中单根杆件内力，取最不利杆件按表17-62计算杆件稳定性。

**保证屋架吊装稳定性的弦杆最小规格**（mm）　**表17-61**

| 弦杆截面 | 屋架跨度（m） | | | | | | |
|---|---|---|---|---|---|---|---|
| | 12 | 15 | 18 | 21 | 24 | 27 | 30 |
| 上弦杆 ┐┌ | 90×60×8 | 100×75×8 | 100×75×8 | 120×80×8 | 120×80×8 | 150×100×12 | 200×120×12 |

续表

| 弦杆截面 | 屋架跨度（m） | | | | | | |
|---|---|---|---|---|---|---|---|
| | 12 | 15 | 18 | 21 | 24 | 27 | 30 |
| 下弦杆 ⌋⌊ | 65×6 | 75×8 | 90×8 | 90×8 | 120×80×8 | 120×80×10 | 150×100×10 |

**杆件的强度、稳定性验算** **表 17-62**

| 构件类型 | 项次 | | 计算公式 | 符号意义 |
|---|---|---|---|---|
| 轴心受压构件 | 强度 | | $\frac{N}{A_n}\leqslant f$ | $N$——轴心受压构件的轴压力设计值；<br>$A$、$A_n$——轴心受压构件毛截面、净截面面积；<br>$f$——钢材的轴心抗压强度设计值；<br>$\varphi$——轴心受压构件稳定系数（取两方向稳定系数较大值） |
| | 稳定性 | 平面内 | $\frac{N}{\varphi A}\leqslant f$ | |
| | | 平面外 | | |
| 压弯构件 | 强度 | | $\frac{N}{A_n}\pm\frac{M_x}{\gamma_x W_{nx}}\pm\frac{M_y}{\gamma_y W_{ny}}\leqslant f$ | $N$——压弯构件的轴向压力设计值；<br>$M_x$、$M_y$——绕 $x$、$y$ 轴弯矩设计值；<br>$N'_{Ex}$——参数，$N'_{Ex}=\pi^2EA/(1.1\lambda_x^2)$；<br>$\lambda_x$——构件 x 方向计算长细比；<br>$A$、$A_n$——轴心受压构件毛截面、净截面面积；<br>$f$——钢材的轴心抗压强度设计值；<br>$\varphi_x$——弯矩作用平面内的轴心受压构件稳定系数；<br>$\varphi_y$——弯矩作用平面外的轴心受压构件稳定系数；<br>$\varphi_b$——均匀弯曲的受弯构件整体稳定系数；<br>$\gamma_x$——构件截面塑性发展系数；<br>$W_{1x}$、$W_{2x}$——对受压、受拉纤维的毛截面模量；<br>$W_{nx}$、$W_{ny}$——对截面 $x$、$y$ 轴的净截面模量；<br>$\beta_{mx}$、$\beta_{tx}$——等效弯矩系数 |
| | 稳定性 | 平面内 | 式 1：$\frac{N}{\varphi_x A}+\frac{\beta_{mx}M_x}{\gamma_x W_{1x}\left(1-0.8\frac{N}{N'_{Ex}}\right)}\leqslant f$<br>式 2：$\left\lvert\frac{N}{A}-\frac{\beta_{mx}M_x}{\gamma_x W_{2x}\left(1-1.25\frac{N}{N'_{Ex}}\right)}\right\rvert\leqslant f$ | |
| | | 平面外 | $\frac{N}{\varphi_y A}+\eta\frac{\beta_{tx}M_x}{\varphi_b W_{1x}}\leqslant f$ | |

注：1. 本表中所指构件均为实腹式构件；
2. 式 1 适用于弯矩作用在对称轴平面内（绕 $x$ 轴）的实腹式压弯构件；对于弯矩作用于对称轴平面内且使较大翼缘受压的单轴对称压弯构件，除需满足式 1，尚应按式 2 复核受拉侧强度；
3. 表中的相关系数可按《钢结构设计规范》（GB 50017）的相关要求执行。

2）一般钢屋架安装

钢屋架在安装前应进行强度、稳定性等验算，不满足要求时应采取加固措施，一般可通过在屋架上、下弦杆绑扎固定加固杆件的方式予以加强。

钢屋架吊装时的注意事项如下：

①绑扎时必须绑扎在屋架节点上，以防止钢屋架在吊点处发生变形。绑扎节点的选择应符合钢屋架标准图要求或经计算确定。

②屋架吊装就位时应以屋架下弦两端的定位标记和柱顶的轴线标记严格定位并点焊加以临时固定。

③第一榀屋架吊装就位后，应在屋架上弦两侧对称设缆风绳固定（图 17-38），第二榀屋架就位后，每坡用一个屋架间调整器，进行屋架垂直度校正，再固定两端支座处并安装屋架间水平及垂直支撑。

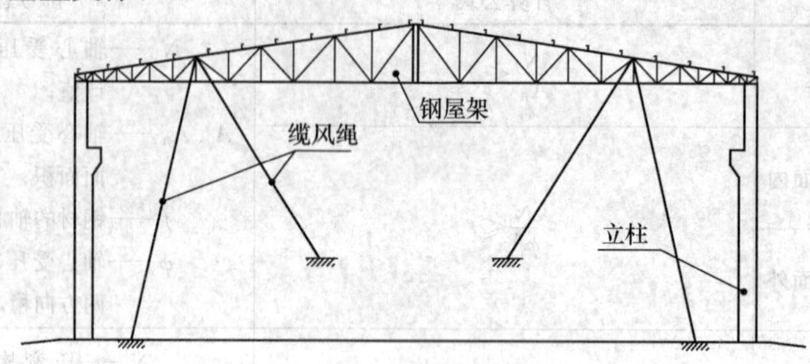


图 17-38　第一榀屋架吊装就位示意

钢屋架安装允许偏差见表 17-63。

**钢屋（托）架、桁架、梁及受压杆件垂直度和侧向弯曲矢高的允许偏差（mm）　表 17-63**

| 项目 | | 允许偏差 | 图例 |
|---|---|---|---|
| 跨中的垂直度 | | $h/250$，且不应大于 15.0 | 1—1 |
| 侧向弯曲矢高 $f$ | $l \leqslant 30$m | $l/1000$，且不应大于 10.0 | |
| | 30m$<l$ $\leqslant 60$m | $l/1000$，且不应大于 30.0 | |
| | $l>60$m | $l/1000$，且不应大于 50.0 | |

3）预应力钢屋架安装

预应力钢屋架是一种刚柔并济的新型结构形式，由于其承载力高、结构变形小、稳定性好、对下部结构要求低和适用跨度大等优点，在钢结构工程中运用越来越多。其常用的结构形式有：张弦梁、弦支穹顶、索穹顶、拉索拱等。典型施工工艺流程见图 17-39。

预应力钢屋架安装工艺的重点在于索体的安装、张拉施工及施工过程中的检测和索力调整等，其技术要点如下：

①索体安装

*a*. 索体安装前应根据拉索构造特点、空间受力状态和施工条件等综合确定拉索安装方法（整体张拉法、分布张拉法和分散张拉法），并搭设施工胎架及索体安装平台（应确保索体各连接节点标高位置和安装、张拉操作空间的要求）。

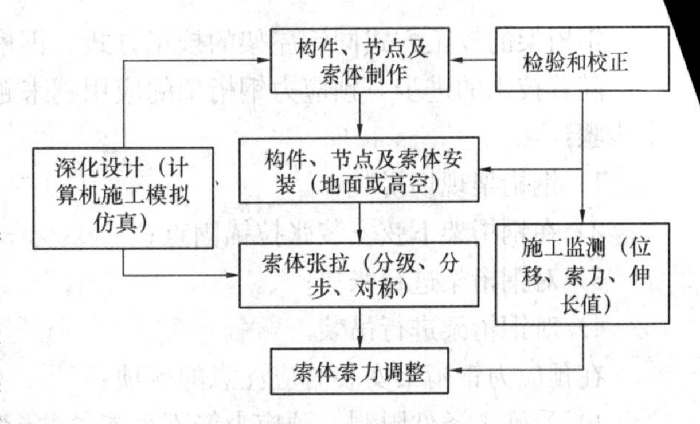


图 17-39 预应力钢屋架安装工艺流程

*b*. 索体室外存放时，应注意防潮、防雨。构件焊接、切割施工时，其施工点应与拉索保持移动距离或采取保护措施。

*c*. 索体安装前应在地面利用放线盘、牵引及转向等装置将索体放开，并提升就位。

*d*. 当风力大于三级、气温低于4℃时，不宜进行拉索安装。

*e*. 传力索夹安装需考虑拉索张拉后直径变小对索夹夹具持力的影响。索夹间螺栓一般分为初拧（拉索张拉前）、中拧（拉索张拉后）和终拧（结构承受全部恒载后）等过程。

②张拉施工及检测

*a*. 根据设计和施工仿真计算确定优化张拉顺序和程序。张拉操作中应建立以索力控制为主或结构变形控制为主的规定，并提供每根索体规定索力和伸长值的偏差。

*b*. 张拉预应力宜采用油压千斤顶，张拉过程中应监测索体位置变化，并对索力、结构关键节点的位置进行监控。

*c*. 预制拉索应进行整体张拉，由单根钢绞线组成的群锚拉索可逐根张拉。

*d*. 对直线索可采用一端张拉，对折线索宜采用两端张拉。多个千斤顶同时工作时，应同步加载。索体张拉后应保持顺直状态。

*e*. 索力调整、位移标高或结构变形的调整应采用整索调整方法。

*f*. 索力、位置调整后，对钢绞线拉索夹片锚具应采取放松措施，使夹片在低应力动载下不松动。

(4) 平面钢桁架的安装

一般来说钢桁架的侧向稳定性较差（可参照屋架进行强度、稳定性验算），在条件允许的情况下最好经扩大拼装后进行组合吊装，即在地面上将两榀桁架及其上的天窗架、檩条、支撑等拼装成整体，一次进行吊装，这样不但能提高工作效率，也有利于提高吊装稳定性。

桁架临时固定如需用临时螺栓和冲钉，则每个节点应穿入的数量必须经过计算确定，并应符合下列规定：

1) 不得少于安装孔总数的1/3；

2) 至少应穿两个临时螺栓；

3) 冲钉穿入数量不宜多于临时螺栓的30%；

4) 扩钻后的螺栓的孔不得使用冲钉。

架的校正方式同钢屋架的校正方式。钢桁架安装的允许偏差见表17-53。

着技术的进步，预应力钢桁架的应用越来越广泛，预应力钢桁架的安装分为以下几骤：

1）钢桁架现场拼装；

2）在钢桁架下弦安装张拉锚固点；

3）对钢桁架进行张拉；

4）对钢桁架进行吊装。

在预应力钢桁架安装时应注意的事项：

1）受施工条件限制，预应力筋不可能紧贴桁架下弦，但应尽量靠近桁架下弦；

2）在张拉时为防止桁架下弦失稳，应经过计算后按实际情况在桁架下弦加设固定隔板；

3）在吊装时应注意不得碰撞张拉筋。

（5）门式刚架安装

门式刚架的特点一般是跨度大，侧向刚度很小。安装程序必须保证结构形成稳定的空间体系，并不导致结构永久变形。应根据场地和起重设备条件最大限度地将扩大拼装工作在地面完成。

安装顺序宜先从靠近山墙的有柱间支撑的两榀刚架开始，在刚架安装完毕后应将其间的檩条、支撑、隅撑等全部装好，并检查其垂直度，然后以这两榀刚架为起点，向房屋另一端顺序安装。

除最初安装的两榀刚架外，所有其余刚架间的檩条、墙梁和檐檩的螺栓均应在校准后再行拧紧。

刚架安装宜先立柱子，然后将在地面组装好的斜梁吊起就位，并与柱连接。构件吊装应选择好吊点，大跨度构件的吊点须经计算确定，对于侧向刚度小、腹板宽厚比大的构件，应采取防止构件扭曲和损坏的措施。构件的捆绑部位，应采取防止构件局部变形和损坏的措施。

**17.6.1.5　测量校正**

1. 钢柱的校正

（1）柱基标高调整。根据钢柱实际长度、柱底平整度、钢牛腿顶部距柱底部距离（重点要保证钢牛腿顶部标高值）来控制基础找平标高。

（2）平面位置校正。在起重机不脱钩的情况下将柱底定位线与基础定位轴线对准，缓慢落至标高位置。

（3）钢柱校正。优先采用缆风绳校正（同时柱脚底板与基础间间隙垫上垫铁），对于不便采用缆风绳校正的钢柱可采用可调撑杆校正。

2. 吊车梁的校正

吊车梁的校正包括标高调整、纵横轴线和垂直度的调整。注意吊车梁的校正必须在结构形成刚度单元以后才能进行。

（1）用经纬仪将柱子轴线投到吊车梁牛腿面等高处，据图纸计算出吊车梁中心线到该轴线的理论长度 $l$。

（2）每根吊车梁测出两点，用钢尺和弹簧秤校核这两点到柱子轴线的距离 $l_{实}$，看 $l_{实}$

是否等于 $l_{理}$ 并以此对吊车梁纵轴进行校正。

（3）当吊车梁纵横轴线误差符合要求后，复查吊车梁跨度。

（4）吊车梁的标高和垂直度的校正可通过对钢垫板的调整来实现。

注意吊车梁垂直度的校正应和吊车梁轴线的校正同时进行。

3. 钢屋架的校正

钢屋架垂直度的校正方法如下：在屋架下弦一侧拉一根通长钢丝（与屋架下弦轴线平行），同时在屋架上弦中心线反出一个同等距离的标尺，用线坠校正。也可用一台经纬仪，放在柱顶一侧，与轴线平移 $a$ 距离，在对面柱子上同样有一距离为 $a$ 的点，从屋架中线处用标尺挑出 $a$ 距离，三点在一个垂面上即可使屋架垂直。

钢屋架全站仪测量法（图 17-40）：

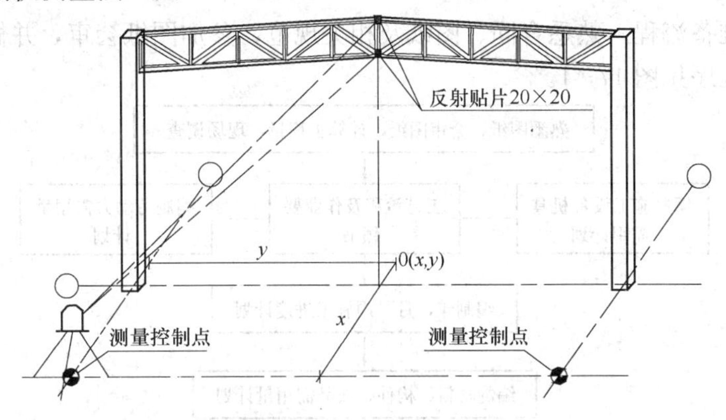


图 17-40 钢屋架全站仪测量法

（1）在构件跨中上、下弦侧面各选定一特定点，将激光反射贴片贴在该点上。

（2）根据场地的通视条件，测放出架设全站仪的最佳位置。

（3）内业计算构件上所标示的该特征观测点与全站仪架设点位之间的坐标关系，并做好参数记录，以备屋架校正时用。

（4）架设全站仪于选定的测量观测点上，根据内业计算成果。结合当日气象值设置好坐标参数及气象改正，准确无误后分别照准仪器于构件上激光反射贴片，得出构件空间位置的实测三维坐标，通过捯链调节屋架跨中的直线度和垂直度至规范允许范围内。

### 17.6.1.6 注意事项

1. 双机抬吊注意事项

（1）尽量选用同类型起重机。

（2）根据起重机能力，对起吊点进行荷载分配。

（3）各起重机的荷载不宜超过其起重能力的 80%。

（4）双机抬吊，在操作过程中，要互相配合，动作协调，以防一台起重机失重而使另一台起重机超载，造成安全事故。

（5）信号指挥：分指挥必须听从总指挥。

2. 安装注意事项

（1）各种支撑的拧紧程度，以不将构件拉弯为原则。

（2）不得利用已安装就位的构件起吊其他重物，不得在主要受力部位焊其他物件。檩条和墙梁安装时，应设置拉条并拉紧，但不应将檩条和墙梁拉弯。

(3) 刚架在施工中以及人员离开现场的夜间，均应采用支撑和缆绳充分固定。

## 17.6.2 高层及超高层钢结构安装

### 17.6.2.1 适用范围

用于指导多层与高层钢结构工程安装及验收工作。主要针对框架结构，框架剪力墙结构，框架支撑结构，框架核心筒结构，筒体结构，以及型钢混凝土组合结构和钢管混凝土中的钢结构，屋顶特殊节框架构筑物等多、高层钢结构体系编写。

### 17.6.2.2 钢结构安装前准备工作

1. 内业准备

(1) 内业准备流程。熟悉合同、图纸及相关规范，参加图纸会审，并做好施工现场调查记录等，其程序见图17-41。

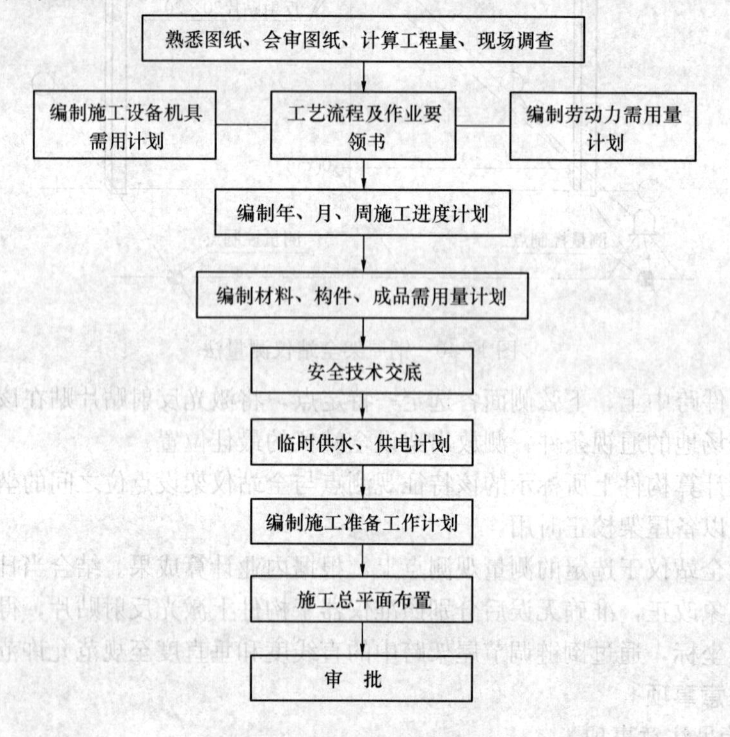


图17-41 内业准备流程

(2) 施工总平面规划。主要包括结构平面纵横轴线尺寸，主要塔式起重机的布置及工作范围，机械开行路线，配电箱及电焊机布置，现场施工道路，消防道路，排水系统，构件堆放位置等。如果现场堆放构件场地不足时，可选择中转场地。

2. 测量基准点交接与轴线测放

依据总包提供的测量基准控制点，测放钢结构安装的主控轴线，并对所有钢柱定位轴线和标高进行放线测量，总包复查。

3. 人员、机具设备、材料的落实

编制详细的机具设备、工具、材料进场计划，根据施工进度安排构件进场，对构件进行验收或修理，满足施工要求。

制作爬梯、砌体吊笼、作业吊篮、防风棚等钢结构安装专用工具，方便施工。

4. 吊装准备

（1）根据构件质量和单层的构件数量，裁剪出不同长度、不同规格的钢丝绳作为吊装绳和缆风绳。

（2）根据钢柱的长度和截面尺寸，按规定制作出不同规格的足够数量的爬梯。

（3）根据钢柱、钢梁的型号及构件的种类准备不同规格的卡环。

（4）根据堆场的大小及构件类型准备合格的枕木若干。

（5）另外还要准备好吊装用夹具、校正钢柱用的垫块、缆风绳、捯链、千斤顶等施工必备工具。

#### 17.6.2.3 高层钢结构安装施工工艺

1. 施工工艺流程（图 17-42）

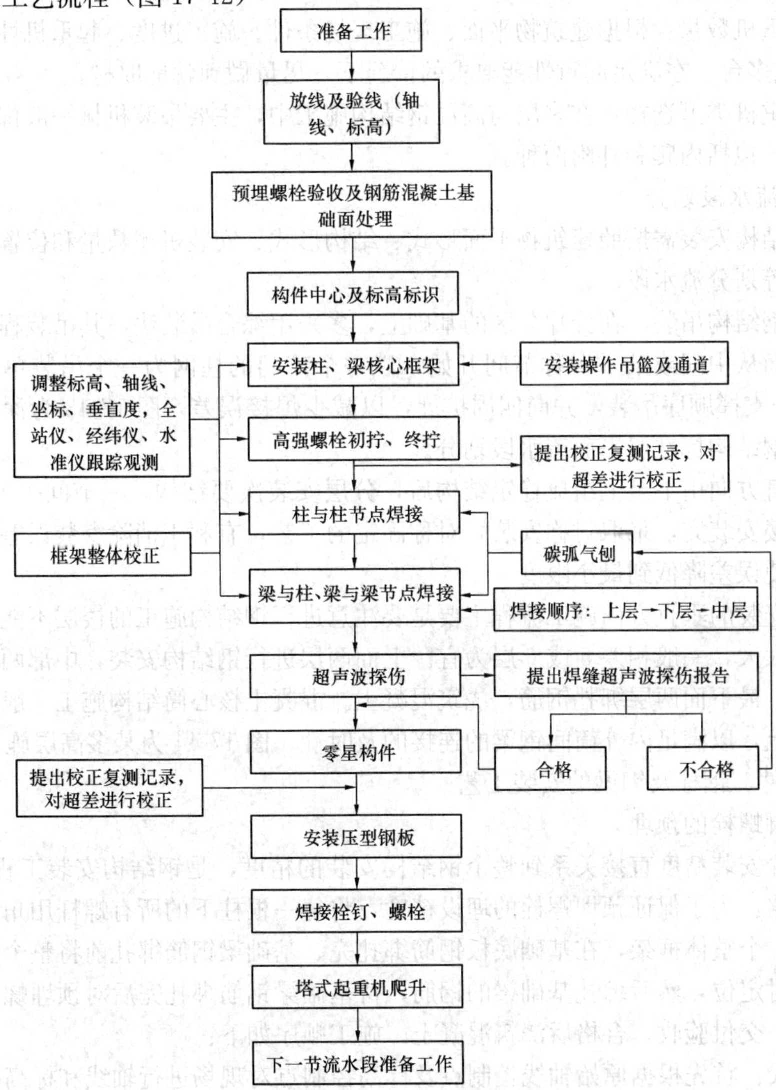

准备工作
放线及验线（轴线、标高）
预埋螺栓验收及钢筋混凝土基础面处理
构件中心及标高标识
安装柱、梁核心框架
安装操作吊篮及通道
调整标高、轴线、坐标、垂直度，全站仪、经纬仪、水准仪跟踪观测
高强螺栓初拧、终拧
提出校正复测记录，对超差进行校正
柱与柱节点焊接
框架整体校正
碳弧气刨
梁与柱、梁与梁节点焊接
焊接顺序：上层→下层→中层
超声波探伤
提出焊缝超声波探伤报告
合格
不合格
零星构件
提出校正复测记录，对超差进行校正
安装压型钢板
焊接栓钉、螺栓
塔式起重机爬升
下一节流水段准备工作

图 17-42 多层与高层钢结构安装工艺流程

2. 吊装方案的确定

根据现场情况，多层与高层钢结构工程结构特点、平面布置及钢结构质量等，钢构件吊装一般选择采用塔式起重机。在地下部分如果钢构件较重的，也可选择采用汽车式起重机或履带式起重机完成。

对于汽车式起重机直接进场即可进行吊装作业；对于履带式起重机需要组装好后才能进行钢构件的吊装；塔式起重机的安装和爬升较为复杂，而且要设置固定基础或行走式轨道基础。当工程需要设置几台吊装机具时，要注意机具不要相互影响。

塔式起重机的选择应注意以下内容：

(1) 起重机性能：塔式起重机根据吊装范围的最重构件、位置及高度，选择相应塔式起重机最大起重力矩（或双机起重力矩的80%）所具有的起重量、回转半径、起重高度。除此之外，还应考虑塔式起重机高空使用的抗风性能，起重卷扬机滚筒对钢丝绳的容绳量，吊钩的升降速度。

(2) 起重机数量：根据建筑物平面、施工现场条件、施工进度、起重机性能等，布置1台、2台或多台。在满足起重性能要求的情况下，尽量做到就地取材。

(3) 起重机类型选择：在多层与高层钢结构施工中，主要吊装机械一般都选用自升式塔式起重机，包括内爬和外附两种。

3. 安装流水段划分

高层钢结构安装需按照建筑物平面形式、结构形式、安装机械数量和位置、工期及现场施工条件等划分流水段。

多高层钢结构吊装，在分片分区的基础上，多采用综合吊装法，其吊装程序一般是：

(1) 平面从中间或某一对称节间开始，以一个节间的柱网为一个吊装单元，按钢柱⟶钢梁⟶支撑顺序吊装，并向四周扩展，以减少焊接误差。图17-43为深圳证券交易所营运中心钢结构标准层平面流水段划分。

(2) 垂直方向由下至上组成稳定结构后，分层安装次要结构，一节间一节间钢构件、一层楼一层楼安装完，采取对称安装，对称固定的工艺，有利于消除安装误差积累和节点焊接变形，使误差降低到最小限度。

钢结构安装的垂直方向施工流程主要是要注意进行钢结构施工的楼层不能与土建施工的楼层相差太大，一般相差5或6层为宜。上面两层进行钢结构安装，中部两层进行压型钢板的铺设，最下面两层绑扎钢筋，浇筑混凝土。混凝土核心筒结构施工一般领先钢结构安装6层以上，以满足内外筒间钢梁的连接的及时性。图17-44为某多高层施工顺序。

4. 预埋件、钢柱及钢梁的安装工艺

(1) 地脚螺栓的预埋

地脚螺栓安装精度直接关系到整个钢结构安装的精度，是钢结构安装工程的第一步。埋设整体思路：为了保证预埋螺栓的埋设精度，将每一根柱下的所有螺杆用角钢或钢模板连系制作为一个整体框架，在基础底板钢筋绑扎完、基础梁钢筋绑扎前将整个框架进行整体就位并临时定位，然后绑扎基础梁的钢筋，待基础梁钢筋绑扎完后对预埋螺栓进行第二次校正定位，交付验收，合格后浇筑混凝土。施工顺序如下：

测量放线：首先根据原始轴线控制点及标高控制点对现场进行轴线和标高控制点的加密，然后根据控制线测放出的轴线再测放出每一个埋件的中心十字交叉线和至少两个标高

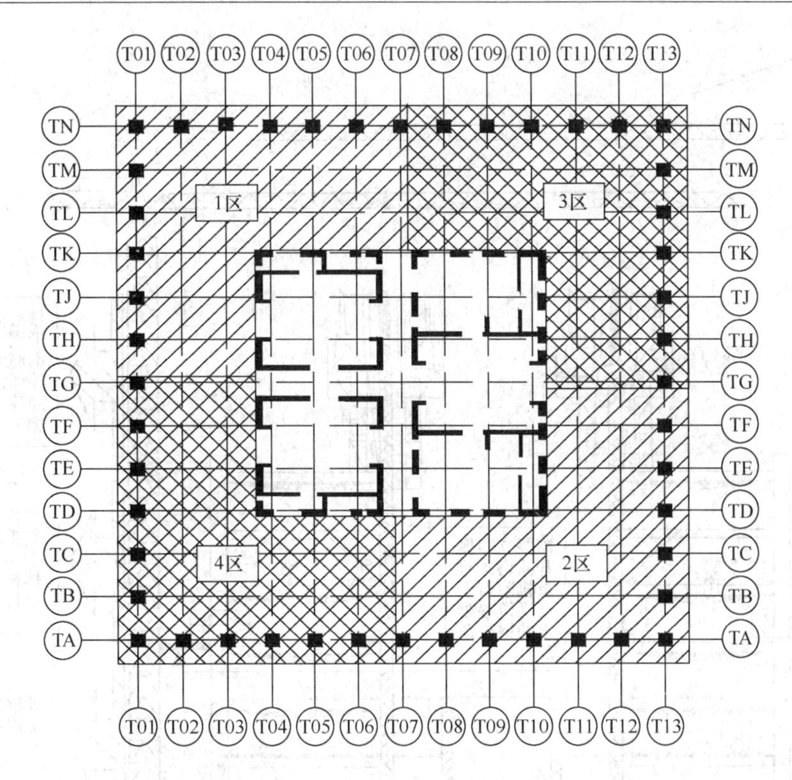


图 17-43 深圳证券交易所营运中心钢结构标准层平面流水段划分

控制点。

螺栓套架的制作：螺栓定位套架的制作采用的角钢等型钢将预埋螺栓固定为一个整体(图 17-45)。预埋螺栓的制作精度：预埋螺栓中心线的间距≤2mm，预埋螺栓顶端的相对高差≤2mm。

预埋螺栓的埋设：在底板钢筋绑扎完成之后、地板梁钢筋绑扎之前，预埋件的埋设工作即可插入。根据测量工所测放出的轴线，将预埋螺栓整体就位，首先找准埋件上边四根固定角钢的纵横向中心线（预先量定并刻画好），并使其与测量定位的基准线吻合；然后用水准仪测出埋件四个角上螺栓顶面的标高，高度不够时在埋件下边四根固定角钢的四个角下用钢筋或者角钢抄平。

地脚螺栓预埋时，预埋螺栓埋设质量不仅要保证埋件埋设位置准确，更重要的是固定支架牢固，因此，为了防止在浇筑混凝土时埋件产生位移和变形，除了保证该埋件整体框架有一定的强度以外，还必须采取相应的加固措施：先把支架底部与底板钢筋焊牢固定，四边加设刚性支撑，一端连接整体框架，另一端固定在地基底板的钢筋上；待基础梁的钢筋绑扎完毕，再把预埋件与基础梁的钢筋焊接为一个整体，在螺栓固定前后应注意对埋件的位置及标高进行复测。

加固示意图见图 17-46。

地脚螺栓在浇筑前应再次复核，确认其位置及标高准确、固定牢靠后方可进入浇筑工序；混凝土浇筑前，螺纹上要涂黄油并包上油纸，外面再装上套管，浇筑过程中，要对其进行监控，便于出现移位时可尽快纠正。

地脚螺栓的埋设精度，直接影响到结构的安装质量，所以埋设前后必须对预埋螺栓的

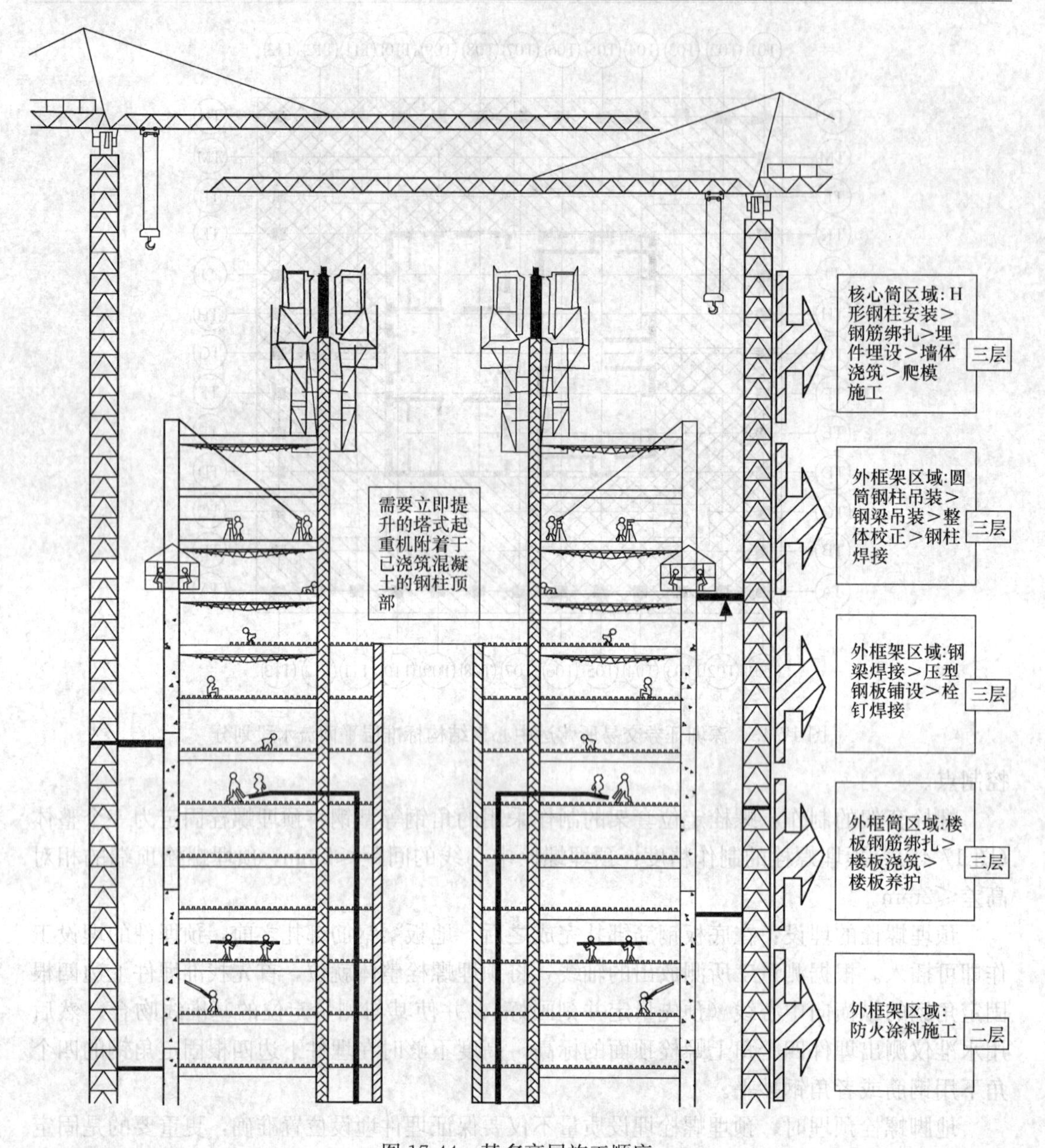


图 17-44　某多高层施工顺序

轴线、标高及螺栓的伸出长度进行认真的核查、验收。标高以及水平度的调整一定要精益求精，确保钢柱就位。

对已安装就位弯曲变形的地脚螺栓，严禁碰撞和损坏，钢柱安装前要将螺纹清理干净，对已损伤的螺牙要进行修复。

整个支架应在钢筋绑扎之前进行埋设，固定完后，土建再进行绑扎，绑扎钢筋时不得随意移动固定支架及地脚螺栓。

土建施工时一定要注意成品保护，避免使安装好的地脚螺栓松动、移位。

（2）钢柱的安装

钢柱安装顺序：按先内筒的安装、后外筒的安装，先中部后四周，先下后上的安装顺

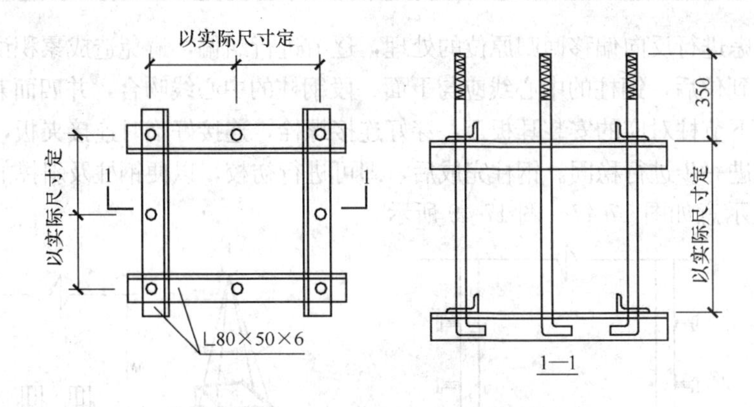


图 17-45 预埋件整体预埋示意图

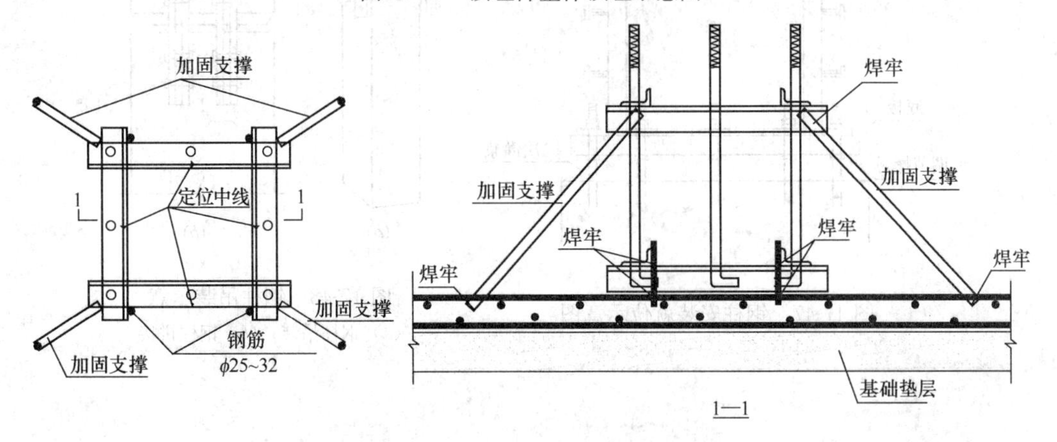


图 17-46 加固示意图

序进行安装。钢柱吊点设置在钢柱的顶部，直接用临时连接板（连接板至少 4 块）。

1）第一段钢柱的吊装

安装前要对预埋件进行复测，并在基础上进行放线。根据钢柱的柱底标高调整好螺杆上的螺母，然后钢柱直接安装就位。当由于螺杆长度影响，螺母无法调整时，可以在基础上设置垫板进行垫平，就是在钢柱四角设置垫板，并由测量人员跟踪抄平，使钢柱直接安装就位即可。每组垫板宜不多于 4 块。垫板与基础面和柱底面的接触应平整、紧密。此方法适用于混凝土标高大于设计标高的部分。

钢柱用塔式起重机吊升到位后，首先将钢柱底板穿入地脚螺栓，放置在调节好的螺母上，并将柱的四面中心线与基础放线中心线对齐吻合，四面兼顾，中心线对准或已使偏差控制在规范许可的范围以内时，穿上压板，将螺栓拧紧。即为完成钢柱的就位工作。

当钢柱与相应的钢梁吊装完成并校正完毕后，及时通知土建单位对地脚进行二次灌浆，对钢柱进一步稳固。钢柱内需浇筑混凝土时，土建单位应及时插入。

2）上部钢柱的吊装

上部钢柱的安装与首段钢柱的安装不同点在于柱脚的连接固定方式。钢柱吊点设置在钢柱的上部，利用四个临时连接耳板作为吊点。吊装前，下节钢柱顶面和本节钢柱底面的渣土和浮锈要清除干净，保证上下节钢柱对接面接触顶紧。

下节钢柱的顶面标高和轴线偏差、钢柱扭曲值一定要控制在规范的要求以内，在上节钢柱吊装时要考虑进行反向偏移回归原位的处理，逐节进行纠偏，避免造成累积误差过大。

钢柱吊装到位后，钢柱的中心线应与下面一段钢柱的中心线吻合，并四面兼顾，活动双夹板平稳插入下节柱对应的安装耳板上，穿好连接螺栓，连接好临时连接夹板，并及时拉设缆风绳对钢柱进一步进行稳固。钢柱完成后，即可进行初校，以便钢柱及斜撑的安装。

钢柱吊装示意如图 17-47～图 17-49 所示。

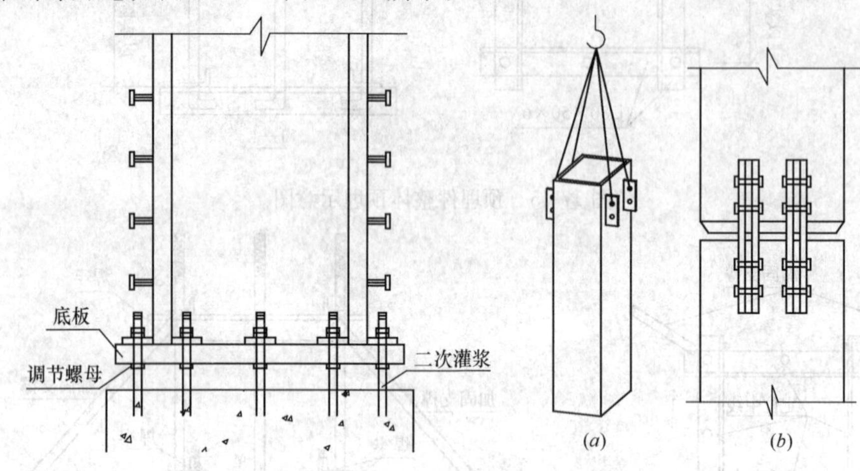


图 17-47　钢柱安装就位示意图

图 17-48　钢柱吊装示意
(*a*) 钢柱吊装；(*b*) 钢柱拼接

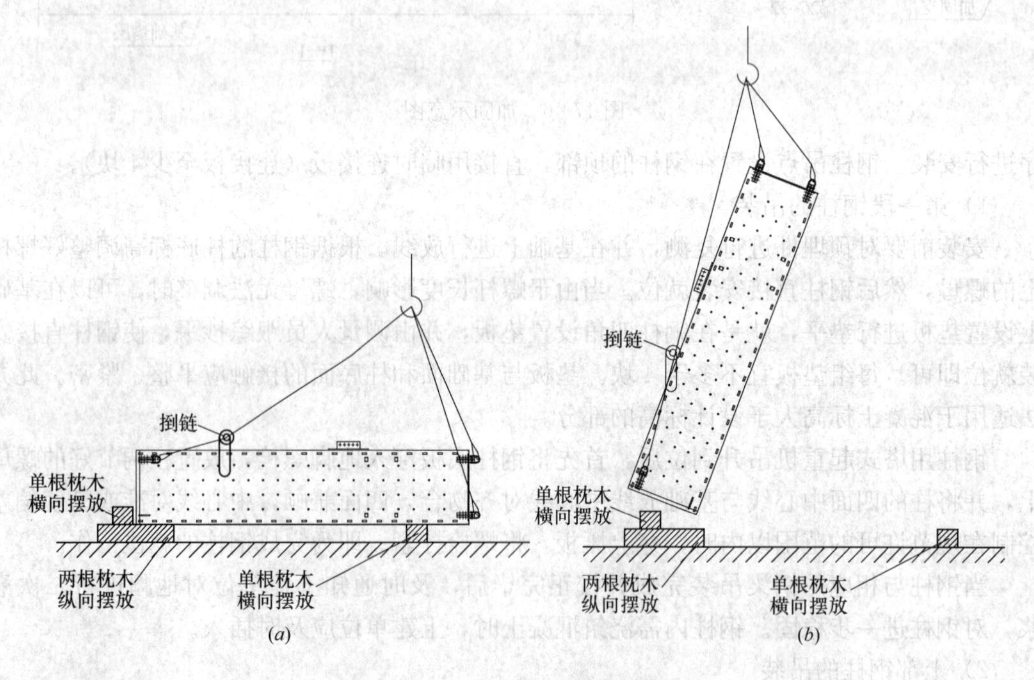


图 17-49　倾斜钢柱吊装示意

3) 巨型组合钢柱的安装

超高层钢结构中存在的巨型组合钢柱的安装一般采用分片吊装的方法，现场组合焊接成整体。组合柱的分解以满足吊装设备起重能力、便于现场安装焊接为原则。图 17-50 为某高层组合钢柱分解示意。

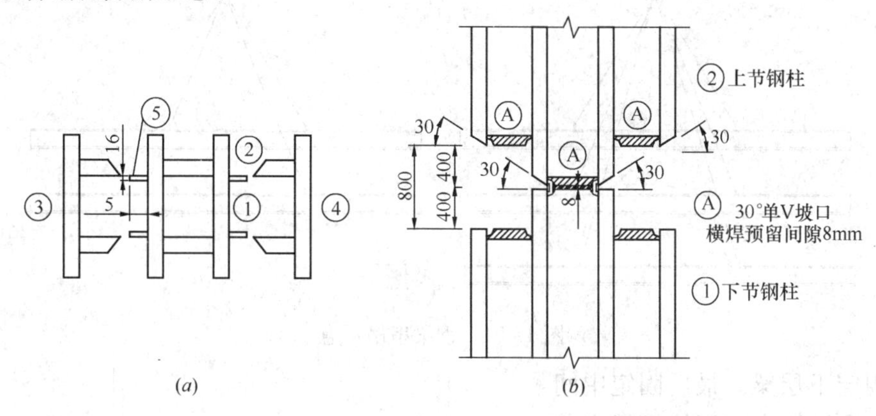


图 17-50 组合钢柱分解示意

(3) 钢梁的安装

钢梁的数量一般是钢柱的几倍，起重吊钩每次上下的时间随着建筑物的升高越来越长，所以选择安全快速的绑扎、提升、卸钩的方法直接影响吊装效率。钢梁吊装就位时必须用普通螺栓进行临时连接，并在塔式起重机的起重性能内对钢梁进行串吊。钢梁的连接形式有栓接和栓焊连接。钢梁安装时可先将腹板的连接板用临时螺栓进行临时固定，待调校完毕后，更换为高强度螺栓并按设计和规范要求进行高强度螺栓的初拧及终拧以及钢梁焊接。

1) 钢梁安装顺序

总体随钢柱的安装顺序进行，相邻钢柱安装完毕后，及时连接之间的钢梁使安装的构件及时形成稳定的框架，并且每天安装完的钢柱必须用钢梁连接起来，不能及时连接的应拉设缆风绳进行临时稳固。按先主梁后次梁、先下层后上层的安装顺序进行安装。

2) 钢梁吊点的设置

钢梁吊装时为保证吊装安全及提高吊装速度，根据以往超高层钢结构工程的施工经验，建议由制作厂制作钢梁时预留吊装孔，作为吊点。

钢梁若没有预留吊装孔，可以使用钢丝绳直接绑扎在钢梁上。吊索角度不得小于45°。为确保安全，防止钢梁锐边割断钢丝绳，要对钢丝绳在翼板的绑扎处进行防护。

3) 钢梁吊装方法

为了加快施工进度，提高工效，对于质量较轻的钢梁可采用一机多吊（串吊）的方法。如图 17-51 所示。

4) 钢梁的就位与临时固定

钢梁吊装前，应清理钢梁表面污物；对产生浮锈的连接板和摩擦面在吊装前进行除锈。

待吊装的钢梁应装配好附带的连接板，并用工具包装好螺栓。

钢梁吊装就位时要注意钢梁的上下方向以及水平方向，确保安装正确。

钢梁安装就位时，及时夹好连接板，对孔洞有偏差的接头应用冲钉配合调整跨间距，然后再用普通螺栓临时连接。普通安装螺栓数量按规范要求不得少于该节点螺栓总数的30%，且不得少于2个。

为了保证结构稳定、便于校正和精确安装，对于多楼层的结构层，应首先固定顶层

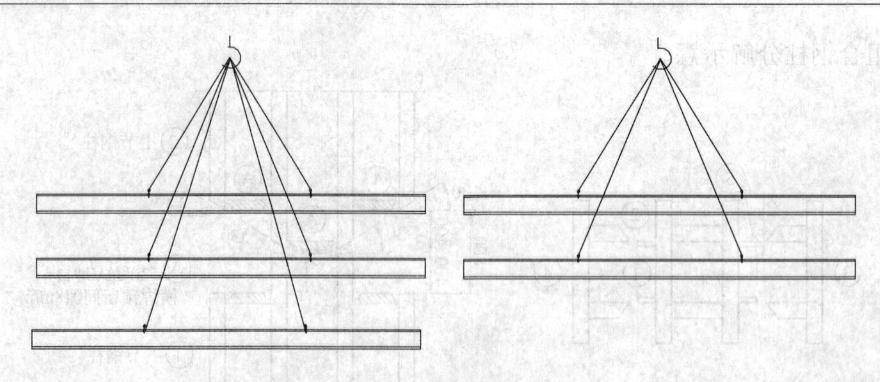
图 17-51　钢梁串吊示意

梁，再固定下层梁，最后固定中间梁。当一个框架内的钢柱钢梁安装完毕后，及时对此进行测量校正。

(4) 斜撑安装

斜撑的安装为嵌入式安装，即在两侧相连接的钢柱、钢梁安装完成后，再安装斜撑。为了确保斜撑的准确就位，斜撑吊装时应使用捯链进行配合，将斜撑调节至就位角度，确保快速就位连接，见图 17-52。

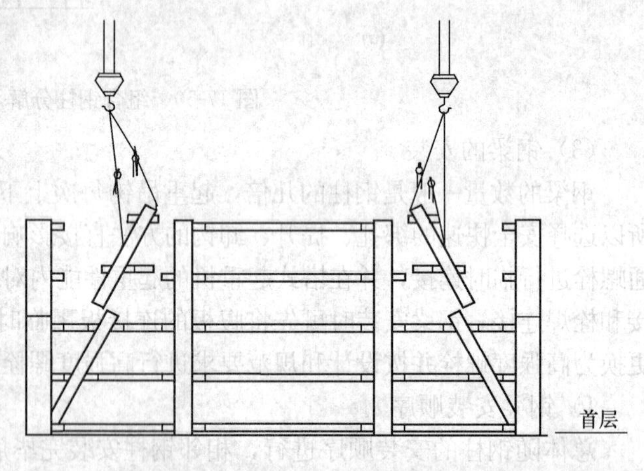

图 17-52　斜撑安装示意

(5) 桁架安装

桁架是结构的主要受力和传力结构，一般截面较大，板材较厚，施工中应尽量不分段整体吊装，若必须要分段，也应在起重设备允许的范围内尽量少分段，以减少焊缝收缩对精度的影响。分段后桁架段与段之间的焊接应按照正确的流程和顺序进行施焊，先上下弦，再中间腹杆，由中间向两边对称进行施焊。散件高空组装顺序为先上弦、再下弦和竖向直腹杆，最后嵌入中间斜腹杆，然后进行整体校正焊接。同时，应根据桁架跨度和结构特点的不同设置胎架支撑，并按设计要求进行预起拱。图 17-53 为桁架吊装示意。

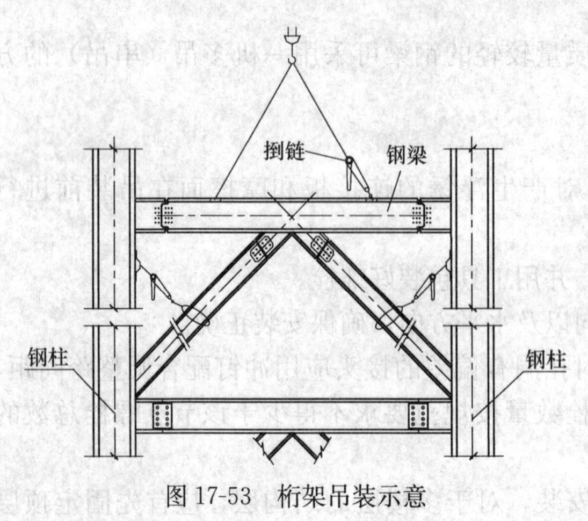

图 17-53　桁架吊装示意

5. 钢结构构件的校正

钢构件安装完成并形成稳定框架后，应及时进行校正，钢构件校正应先进行局部构件校正，再进行整体校正，主要使用捯链、楔铁、千斤顶进行调整，采用全站仪、经纬仪、水准仪进行数据观测。同时标高控制常采用相对标高进行控制，控制相对高度。

钢柱吊装就位后，应先调整钢柱柱顶标高，再调整钢柱轴线位移，最后调整钢柱垂直度；钢梁吊装前应检查校正柱牛腿处标高和柱间距离，吊装过程中监测钢柱垂直度变化情况，并及时校正。

（1）钢柱顶标高检查及误差调整

每节钢柱的长度制造允许误差 $\Delta h$ 和接头焊缝的收缩值 $\Delta w$，通过柱顶标高测量，可在上一节钢柱吊装的接头间隙中及时调整。但对于每节柱子长度受荷载后的压缩值 $\Delta z$，由于荷载的不断增加，下部已安装的各节柱的压缩值也不断增加，难以通过制作长度的预先加长来精确控制压缩值。因此，要根据设计提供每层钢柱在主体结构吊装封顶时的荷载压缩值，在吊装时，每节钢柱的柱顶标高控制都从＋1.00cm 的标高基准线引测，使每次吊装的柱顶标高达到设计标高，利用接头间隙及时调整 $\Delta h+\Delta w+\Delta z$ 的综合误差。

具体方法：首先在柱顶架设水准仪，测量各柱顶标高，根据标高偏差进行调整。可切割上节柱的衬垫板（3mm 内）或加高垫板（5mm 内），进行上节柱的标高偏差调整。若标高误差太大，超过了可调节的范围，则将误差分解至后几节柱中调节。

（2）钢柱轴线调整

上下柱连接保证柱中心线重合。如有偏差，采用反向纠偏回归原位的处理方法，在柱与柱的连接耳板的不同侧面加入垫板（垫板厚度为 0.5～1.0mm），拧紧螺栓。另一个方向的轴线偏差通过旋转、微移钢柱，同时进行调整。钢柱中心线偏差调整每次在 3mm 以内，如偏差过大则分 2～3 次调整。上节钢柱的定位轴线不允许使用下一节钢柱的定位轴线，应从控制网轴线引至高空，保证每节钢柱的安装标准，避免过大的累积误差。

（3）钢柱垂直度调整

在钢柱偏斜方向的一侧顶升千斤顶。在保证单节柱垂直度不超过规范要求的前提下，将柱顶偏移控制到零，最后拧紧临时连接耳板的高强度螺栓。临时连接板的螺栓孔可在吊装前进行预处理，比螺栓直径扩大约 4mm。

高层钢结构安装的允许偏差，见表 17-64。

**高层钢结构安装的允许偏差**（mm） **表 17-64**

| 项　　目 | 允许偏差 | 检验方法 |
|---|---|---|
| 底层柱柱底轴线对定位轴线偏移 | 3.0 | 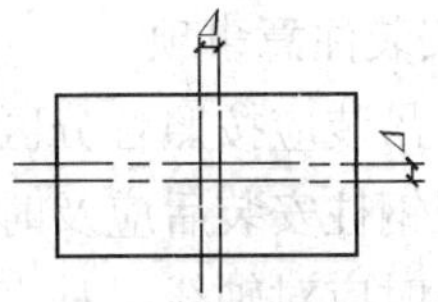 |
| 柱子定位轴线 | 1.0 | 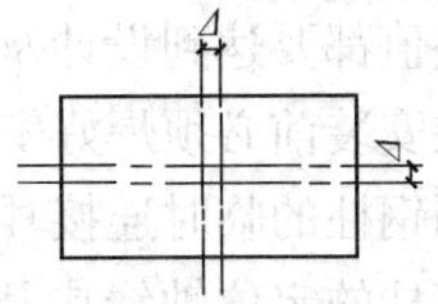 |
| 单节柱的垂直度 | $h$/1000，<br>且不大于 10.0 | 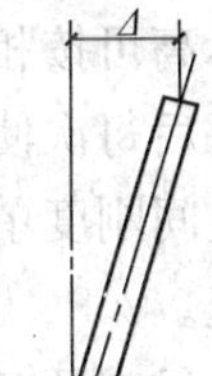 |

续表

| 项　目 | 允许偏差 | 检验方法 |
|---|---|---|
| 上、下柱连接处的错口Δ | 3.0 | 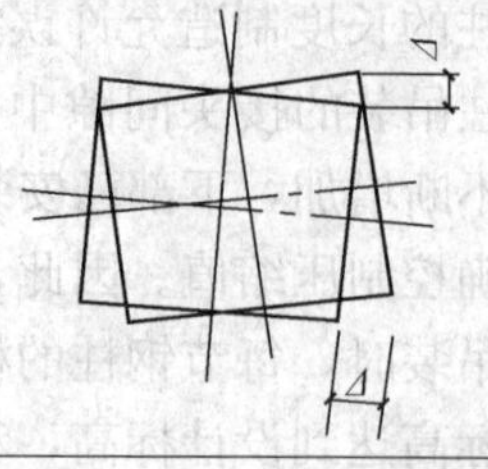  |
| 同一层柱的各柱顶高度差Δ | 5.0 | 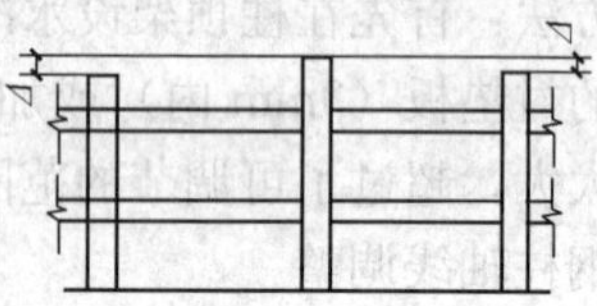  |
| 同一根梁两端顶面的高差Δ | $l/1000$，<br>且不大于10.0 | 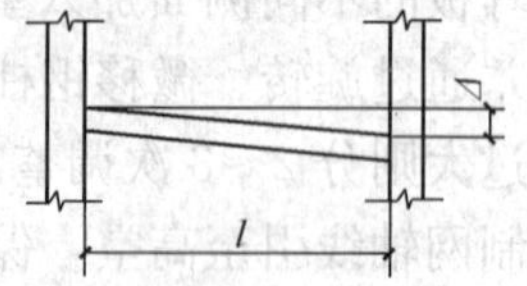  |
| 主梁与次梁表面的高差Δ | ±2.0 | 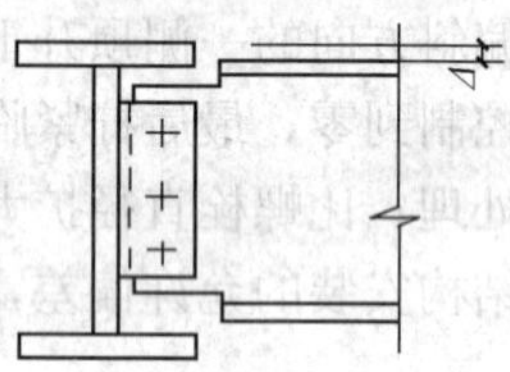  |

### 17.6.2.4 安装注意事项

1. 钢柱安装注意事项

（1）钢柱吊装应按照各分区的安装顺序进行，并及时形成稳定的框架体系。

（2）每根钢柱安装后应及时进行初步校正，以利于钢梁安装和后续校正。

（3）校正时应对轴线、垂直度、标高、焊缝间隙等因素进行综合考虑，全面兼顾，每个分项的偏差值都要达到设计及规范要求。

（4）钢柱安装前必须焊好安全环及绑牢爬梯并清理污物。

（5）利用钢柱的临时连接耳板作为吊点，吊点必须对称，确保钢柱吊装时为垂直状。

（6）每节柱的定位轴线应从地面控制线直接从基准线引上，不得从下层柱的轴线引上。结构的楼层标高可按相对标高进行，安装第一节柱时从基准点引出控制标高在混凝土基础或钢柱上，以后每次使用此标高，确保结构标高符合设计及规范要求。

（7）在形成空间刚度单元后，应及时催促土建单位对柱底板和基础顶面之间的空隙进行混凝土二次浇筑。

（8）钢柱定位后应及时将垫板、螺母与钢柱底板点焊牢固。

（9）上部钢柱之间的连接板待校正完毕，并全部焊接完毕后，将连接板割掉，并打磨光滑，并涂上防锈漆。割除时不要伤害母材。

（10）起吊前，钢构件应横放在垫木上，起吊时，不得使钢构件在地面上有拖拉现象，回转时，需有一定的高度。起钩、旋转、移动三个动作交替缓慢进行，就位时缓慢下落，防止擦坏螺栓丝口。

2. 钢梁安装注意事项

（1）在钢梁的标高、轴线的测量校正过程中，一定要保证已安装好的标准框架的整体安装精度。

（2）钢梁安装完成后应检查钢梁与连接板的贴合方向。

（3）钢梁的吊装顺序应严格按照钢柱的吊装顺序进行，及时形成框架，保证框架的垂直度，为后续钢梁的安装提供方便。

（4）处理产生偏差的螺栓孔时，只能采用绞孔机扩孔，不得采用气割扩孔的方式。

（5）安装时应用临时螺栓进行临时固定，不得将高强度螺栓直接穿入。

（6）安装后应及时拉设安全绳，以便于施工人员行走时挂设安全带，确保施工安全。

（7）当电梯井内部的钢梁完成后及时安装钢梯，以方便相邻楼层的上下。

3. 斜撑安装注意事项

斜撑安装应在一根钢丝绳上设置捯链以调整斜撑的倾斜角度，使安装就位方便。尽量避免上下钢梁全部安装完毕后，再来安装上下梁之间的斜撑。

## 17.6.3　大跨度结构安装

大跨度结构体系大体上可分为三大分支，即刚性体系、柔性体系和杂交体系。本章所述大跨度结构既包括网架、网壳、桁架等刚性体系，亦涵盖拉索—网架、拉索—网壳、拱—索、索—桁架等部分杂交体系。

### 17.6.3.1　一般安装方法及适用范围

大跨度结构体系的安装方法及使用范围见表 17-65。

安装方法及适用范围　表 17-65

<table>
<tr><th colspan="2">安装方法</th><th>内容</th><th>适用范围</th></tr>
<tr><td rowspan="4">高空拼装法</td><td rowspan="2">高空散装法</td><td>单杆件拼装</td><td rowspan="2">全支架拼装的各种网格结构，也可根据结构特点采用少支架的悬挑拼装施工方法</td></tr>
<tr><td>小拼单元拼装</td></tr>
<tr><td rowspan="2">分条（分块）吊装法</td><td>条状单元组装</td><td rowspan="2">分割后结构的刚度和受力状况改变较小的空间网格结构</td></tr>
<tr><td>块状单元组装</td></tr>
<tr><td colspan="2" rowspan="2">滑移施工法</td><td>单条滑移法</td><td rowspan="2">能设置平行滑轨的各种空间网格结构，尤其适用于跨越施工（待安装的屋盖结构下部不允许搭设支架或行走起重机）或场地狭窄、起重运输不便等情况</td></tr>
<tr><td>逐条积累滑移法</td></tr>
<tr><td colspan="2" rowspan="2">单元或整体提升法</td><td>利用拔杆提升</td><td rowspan="2">周边支承及多点支承空间网格结构</td></tr>
<tr><td>利用结构提升</td></tr>
<tr><td colspan="2" rowspan="2">单元或整体顶升法</td><td>利用网架支撑柱顶升</td><td rowspan="2">支点较少的空间网格结构</td></tr>
<tr><td>设置临时顶升架顶升</td></tr>
</table>

续表

| 安 装 方 法 | 内 容 | 适 用 范 围 |
| --- | --- | --- |
| 整体吊装法 | 单机、多机吊装 | 中小型空间网格结构，吊装时可在高空平移或旋转就位 |
| | 单根、多根拔杆吊装 | |
| 折叠展开式整体提升法 | 地面折叠拼装，整体提升，补杆件 | 柱面网壳结构，在地面或接近地面的工作平台上折叠起来拼装，然后将折叠的机构用提升设备提升到设计标高，最后在高空补足原先去掉的杆件，使机构变成结构 |

**17.6.3.2 高空拼装法**

高空拼装是指搭设支撑胎架（脚手架或型钢支架）将构（杆）件直接在设计位置进行拼装的一种施工方法，又称为高空原位拼装法。根据结构形式的不同，高空拼装法又可以分为高空散装法和分条（分块）吊装法。

1. 高空散装法

高空散装是指搭设满堂支撑胎架，将小拼单元或散件（单根杆件及单个节点）直接在设计位置进行总拼的方法，适用于网架、网壳等空间结构的安装。该施工方法可以有效降低构件的起重要求，但需要搭设大量的拼装支撑体系，需要大量的材料，支撑的搭设时间较长，工期较长，并且需要结构下方有合适的场地。

（1）确定合理的高空拼装顺序

安装顺序应根据网架形式、支承类型、结构受力特征、杆件小拼单元、临时稳定的边界条件、施工机械设备的性能和施工场地情况等诸多因素综合确定。高空拼装顺序应能保证拼装的精度、减少累积误差。

1）平面呈矩形的周边支承两向正交斜放网架

①总的安装顺序是由建筑物的一端向另一端呈三角形推进。

②网片安装过程中，为防止累积误差，应由屋脊网线分别向两边安装。

2）平面呈矩形的三边支承两向正交斜放网架（或网壳）

①总的安装顺序是在纵向应由建筑物的一端向另一端呈平行四边形推进，在横向应由三边框架内侧逐渐向大门方向（外侧）逐条安装。

②网架安装顺序可先由短跨方向按起重机作业半径性能划分为若干个安装长条区（如图 17-54 中所示的 *A*、*B*、*C*、*D* 四个安装长条区），各长条区按顺序（如 *A*～*D*）依次流水安装网架（或网壳）。

3）平面呈方形由两向正交正放桁架和两向正交斜放拱索桁架组成的周边支承网架（或网壳）

总的安装顺序是先安装拱桁架，再安装索桁架，在拱索桁架已固定且已形成能够承受自重的结构体系后，再对称安装周边四角、三角形网架（或网壳）。见图 17-55。

4）平面呈椭圆形悬挑式钢罩棚网架（或网壳）

总的安装顺序是先将接近支承柱的部分网架（因其与看台较接近）采用高空散装法在脚手架上完成；而悬挑段因与看台段较远，故先在地面上拼成块体（吊装单元），吊到高处通过拼装段与根部散装段组成完整的网架（或网壳），见图 17-56。

（2）严格控制基准轴线位置、标高及垂直偏差，并及时纠正

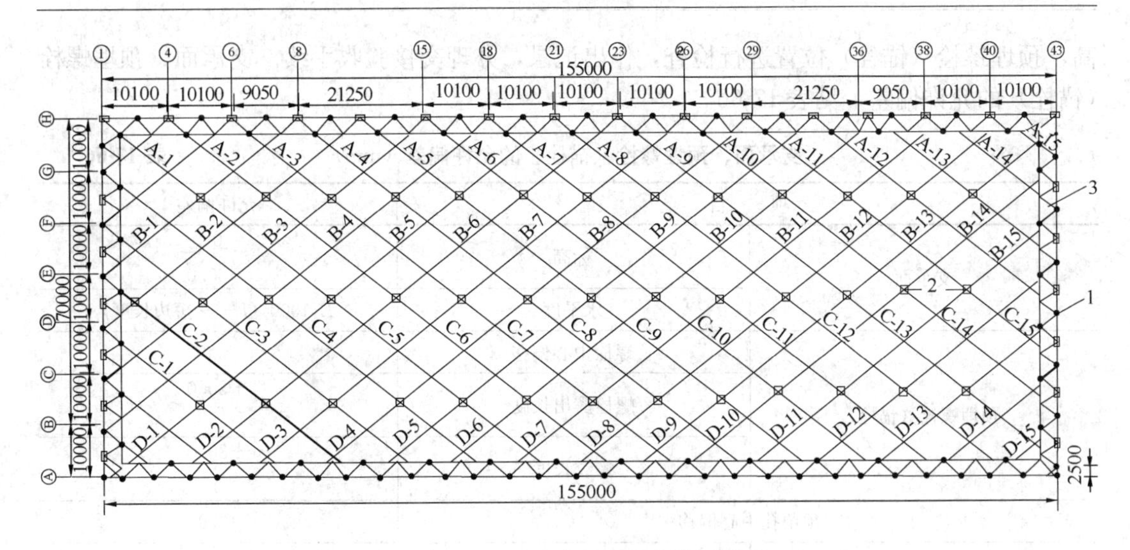


图 17-54 三边支承网架安装顺序

1—柱子；2—临时支点；3—网架

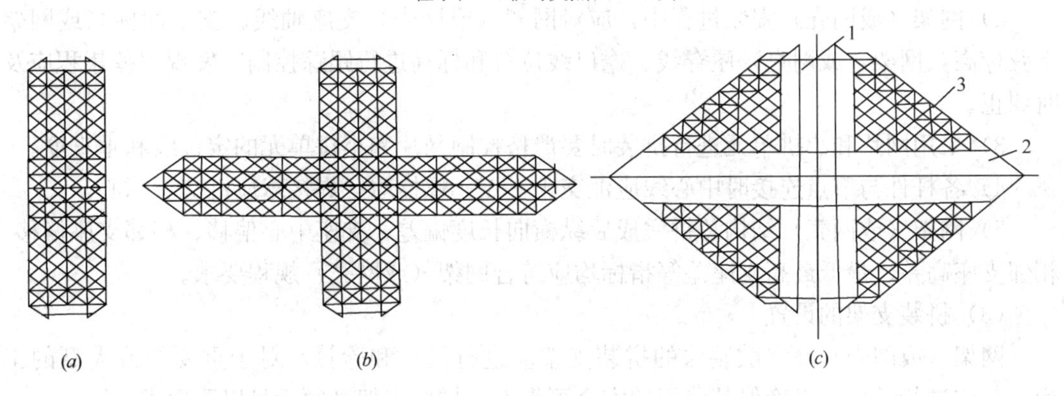


图 17-55 拱索支承网架安装顺序

（a）拱区域安装；（b）索区域安装；（c）三角区安装

1—拱桁架；2—索桁架；3—三角区网架

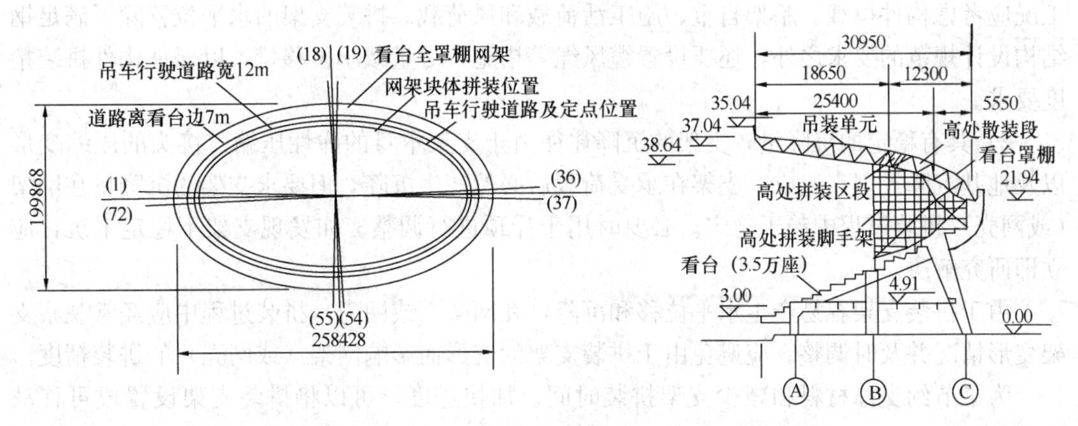


图 17-56 悬挑式钢罩棚网架安装顺序

1）网架（或网壳）安装应对建筑物的定位轴线（即基准轴线）、支座轴线以支承面标高，预埋螺栓（锚栓）位置进行检查，作出记录，办理交接验收手续。支承面、预埋螺栓（锚栓）的允许偏差，见表 17-66。

**支承面、预埋螺栓（锚栓）的允许偏差（mm）　　表 17-66**

| 项　目 | | 允许偏差 |
| --- | --- | --- |
| 支承面 | 标高 | 0<br>−30.0 |
| | 水平度 | $L$/1000（$L$——短边长度） |
| 预埋螺栓（锚栓） | 螺栓中心偏移 | 5.0 |
| | 螺栓露出长度 | +30.0<br>0 |
| | 螺纹长度 | +30.0<br>0 |
| 预留孔中心偏移 | | 10.0 |
| 检查数量 | 按柱基数抽查 10%，且不少于 3 个 | |

2）网架（或网壳）安装过程中，应对网架（或网壳）支座轴线、支承面标高或网架下弦标高，网架（或网壳）屋脊线、檐口线位置和标高进行跟踪控制。发现误差累积应及时纠正。

3）采用网片和小拼单元进行拼装时要严格控制网片和小拼单元的定位线和垂直度。

4）各杆件与节点连接时中心线应汇交于一点，螺栓球、焊接球应汇交于球心。

5）网架（或网壳）结构总拼完成后纵横向长度偏差、支座中心偏移、相邻支座偏移、相邻支座高差、最低最高支座差等指标均应符合网架（或网壳）规程要求。

（3）拼装支架的设置

网架（或网壳）高空散装法的拼装支架应进行设计和验算，对于重要的或大型的工程，还应进行试压，以确保其使用的安全可靠性。拼装支架必须满足以下要求：

1）具有足够的强度和刚度，拼装支架应通过验算除满足强度和变形要求外，还应满足单肢及整体稳定要求，符合《钢结构设计规范》（GB 50017）的规定。一般情况下荷载工况应考虑构件恒载、胎架自重、施工活荷载和风荷载。拼装支架的水平位移除了满足钢结构设计规范的要求之外，还要设置缆风绳等措施，尽量减小位移量，以保证构件拼装精度要求。

2）具有稳定的沉降量，支架的沉降往往由于支架本身的弹性压缩、接头的压缩变形以及地基沉降等因素造成。支架在承受荷载后必然产生沉降，但要求支架的沉降量在网架（或网壳）拼装过程中趋于稳定。必要时用千斤顶进行调整。如发现支架不稳定下沉，应立即研究解决。

由于拼装支架容易产生水平位移和沉降，在网架（或网壳）拼装过程中应经常观察支架变形情况并及时调整。应避免由于拼装支架的变形而影响网架（或网壳）的拼装精度。

为了节约支撑材料和减少支架拼装时间、加快进度，可以将拼装支架设置成可移动支架。

（4）支撑点的拆除

1）拼装支撑点（临时支座）拆除必须遵循“变形协调，卸载均衡”的原则，否则会导致临时支座超载失稳，或者网架（或网壳）结构局部甚至整体受损。

2）临时支座拆除顺序和方法：由中间向四周，以中心对称的方式进行。为防止个别支撑点集中受力，宜根据各支撑点的结构自重挠度值，采用分区分阶段按比例下降或用每步不大于10mm的等步下降法拆除临时支撑点。

3）拆除临时支撑点应注意事项：检查千斤顶行程是否满足支撑点下降高度，关键支撑点处要增设备用千斤顶。降落过程中，统一指挥，责任到人，遇有问题由总指挥处理解决。

2. 分条（分块）吊装法

高空分条（分块）吊装法是指搭设点式型钢支撑（体系）或条形脚手架支撑，将结构进行合理分条（分块），然后由起重机械吊装至安装位置，高空拼接，并将次桁架（或次结构）随后补装上的安装方法。

对网架（或网壳）结构来说，一般采用分块或分条的方法，其中块状分割指沿网架（或网壳）纵横方向分割后的矩形或正方形，条状是指沿网架长跨方向分割为几段，每段的长度可以是一个至三个网格，其长度方向为网架短跨的方向。

对大跨度空间桁架来说，一般采用分段拼装法，对于双向交叉空间桁架，把弦杆截面稍大的桁架作为主桁架分段拼装，另一方向桁架作为次桁架分单元或散件安装。

（1）网架（或网壳）分块拼装的工艺特点和技术要点

1）网架分条分块单元的划分，主要根据起重机的负荷能力和网架的结构特点而定。由于条（块）状单元是在地面进行拼装，和高空散件拼装法相比，高空作业大量减少，支撑支架用料也大量减少，比较经济。这种安装方法适用于分割后刚度和受力状况改变较小的中小型网架（或网壳）。

图17-57所示为某斜放四角锥网架块状单元划分方法工程实例，图中虚线部分为临时加固的杆件。

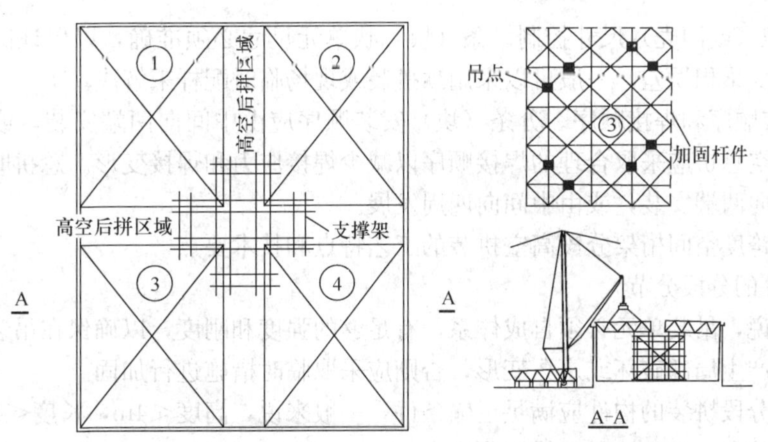


图17-57 斜放四角锥网架块状单元划分方法示例

注：①～④为块状单元。

2）分条（块）单元自身应是几何不变体系，同时还应有足够的刚度，否则应该加固。对于正放类网架而言，在分割成条（块）状单元后，自身在自重作用下能够形成几何不变体系，并且具有一定的刚度，一般不需要进行加固。但对于斜放类网架，在分割成条

(块)状单元后，由于上弦为菱形结构可变体系，因而必须加固之后才能吊装。图 17-58 所示为斜放四角锥网架划分成条状单元后几种上弦加固方法。

3) 网架(或网壳)挠度控制。网架条状单元在吊装就位过程中为平面受力体系，而网架结构是按空间结构进行设计的，因而条状单元在总拼前的挠度要比网架形成整体后该处的挠度大，因此在总拼前须在合拢处用支撑顶起，调整挠度使其与整体网架挠度符合。但当设计已考虑了分条吊装法而加大了网架高度时可另当别论。块状单元在地面拼装后，应模拟高空支撑条件，拆除全部地面支墩后观察施工挠度，必要时也要调整其挠度。

图 17-59 为某工程分四个条状单元，在各单元中部设一个支顶点，共设六个点(每点用一根钢管和一个千斤顶)。

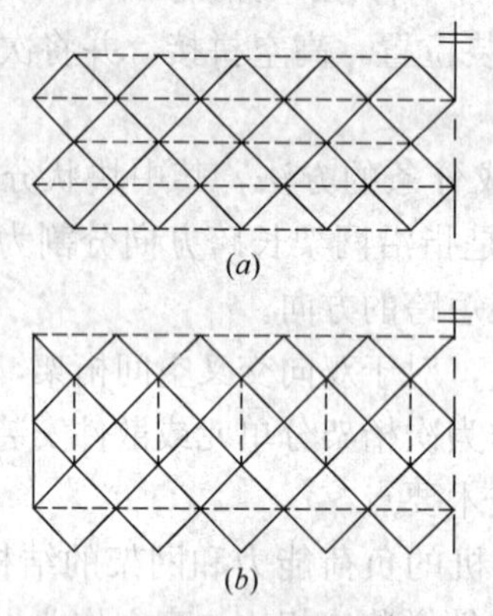


图 17-58　斜放四角锥网架上弦加固方案
注：图中虚线部分为临时加固杆件。

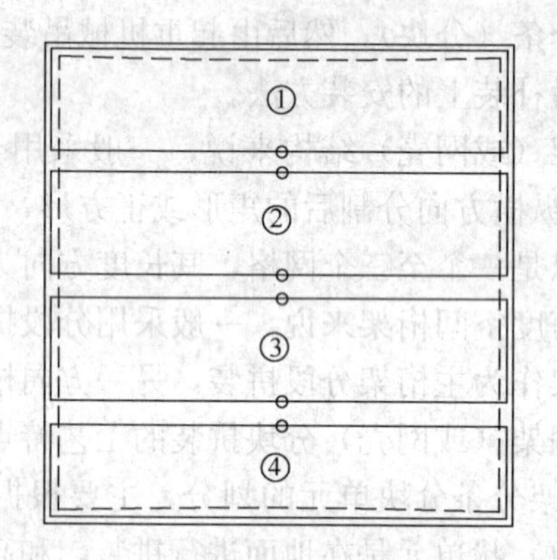


图 17-59　条状单元安装后支顶点位置
○—支顶点；①～④—单元编号

4) 网架(或网壳)尺寸控制。条(块)状单元尺寸必须准确，以保证高空总拼时节点吻合或减少累积误差，一般可以采用预拼装或现场临时配杆来解决。

5) 安装顺序和焊接顺序。分条(块)安装顺序应由中间向两端安装，或由中间向四周发展。高空总拼应采取合理的焊接顺序以减少焊接应力和焊接变形。总拼时的施焊顺序也是由中间向两端安装，或由中间向四周发展。

(2) 大跨度空间桁架分段高空拼装的工艺特点和技术要点

1) 构件的分段分节

一般来说，吊装单元必须自成体系，有足够的强度和刚度，以确保在吊装及安装过程中单元不会产生局部破坏或永久变形，否则应采取临时措施进行加固。

在工厂分段拼装的构件应满足运输条件，一般来说，高度＜4m，长度＜18m。

桁架上弦和下弦的分段口错开距离在 500mm 以上。

复杂节点建议使用铸钢件或在工厂制作。

图 17-60 为桁架的分段分节示意。

2) 支撑胎架的设计和布置

支撑胎架可以采用钢管脚手架，也可以采用型钢支架；支撑胎架可以是点式，也可以是框架体系。

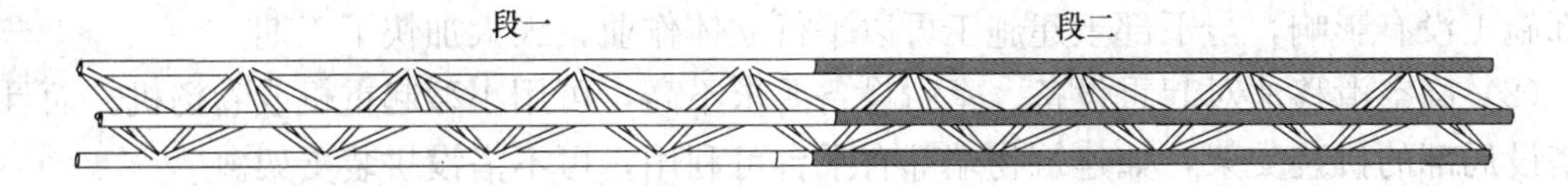


图 17-60 桁架的分段分节

对于平面桁架结构一般采用点式支撑，对于空间桁架体系一般采用框架支撑体系。

支撑胎架一般设置在桁架分段处附近，支撑柱最好布置在混凝土柱头上，或通过一些转换结构将力传递到混凝土基础上，并对混凝土基础承载力进行计算复核。对支撑胎架设置在回填土上的情况，要进行混凝土基础设计，甚至要设置桩基，以满足支撑受力要求。

支撑顶部的设计要满足桁架的校正和支撑卸载的要求。

对支撑胎架要进行复核计算，其强度、刚度和整体稳定性均要满足《钢结构设计规范》(GB 50017）的规定。一般情况下荷载工况考虑构件恒载、胎架自重、施工活荷载和风荷载。拼装支架的水平位移除了满足钢结构设计规范的要求之外，还要设置缆风绳等措施，尽量减小位移量，以保证构件拼装精度要求。

在安装过程中要适时对支撑垂直度、位移、支座沉降以及节点焊缝进行实时监测，发现问题及时解决。

3）高空拼装

①拼装顺序

拼装顺序的设计宜考虑对称施工，减少累积误差，控制焊接、温差等造成的结构内应力。对环向闭合结构或超长结构体系，考虑设置合拢缝。但应尽量考虑可以流水施工，方便机械设备和材料的组织。

②拼装措施

为了提高构件高空拼装精度和速度，可设置一些临时连接板。连接板尺寸及布置方式见图 17-61。

连接板孔径 18mm，连接选用 8.8 级 M16 螺栓。

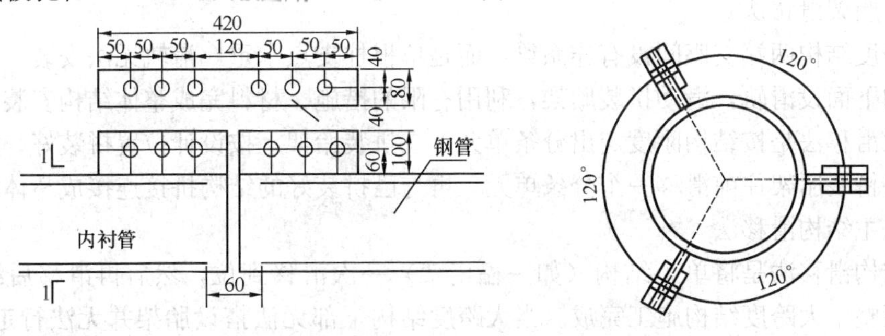


图 17-61 拼装临时连接板

### 17.6.3.3 滑移施工法

滑移施工法是指利用在事先设置的滑轨上滑移分条的单元或者胎架来完成屋盖整体安装的方法。根据滑移对象和方法可分为累积滑移法、胎架滑移法、主结构滑移法。

1. 滑移施工法特点

(1) 由于在土建完成框架、圈梁以后进行，而且主结构是架空作业的，因此对建筑物内部施工没有影响，与下部土建施工可以平行立体作业，大大加快了工期。

（2）高空滑移法对起重设备、牵引设备要求不高，可用小型起重机或卷扬机。而且只需搭设局部的拼装支架，如建筑物端部有平台可利用，可不搭设拼装支架。

（3）采用单条滑移法时，摩擦阻力较小，如再加上滚轮，小跨度时用人力撬棍即可撬动前进。当用累积滑移法时，牵引力逐渐加大，即使为滑动摩擦方式，也只需用小型卷扬机即可。因为结构滑移时速度不能过快（≤1m/min），一般均需通过滑轮组变速。

2. 滑移施工法适用范围

（1）滑移法可用于建筑平面为矩形、梯形或多边形等平面。

（2）支承情况可为周边简支、或点支承与周边支承相结合等情况。

（3）当建筑平面为矩形时滑轨可设在两边圈梁上，实行两点牵引。

（4）当跨度较大时，可在中间增设滑轨，实行三点或四点牵引，这时结构不会因分条后加大挠度，或者当跨度较大时，也可采取加反梁办法解决。

（5）滑移法适用于现场狭窄、山区等地区施工，也适用于跨越施工；如车间屋盖的更换，轧钢，机械等厂房内设备基础、设备与屋面结构平行施工。

3. 施工方法

（1）累积滑移法

累积滑移法指先将条状单元滑移一段距离后（能连接上第二单元的宽度即可），连接好第二条单元后，两条一起再滑移一段距离（宽度同上），再连接第三条，三条又一起滑移一段距离，如此循环操作直至接上最后一条单元为止。以桁架为例，先以两榀桁架为一个单元，将桁架分段吊装至高空拼装胎架上，一次拼装二榀桁架，通过柱帽杆、檩条的连接使之成为一个单元，之后落放到仅作施工用的滑移轨道上，利用卷扬机等设备牵拉进行等标高滑移，滑移二个柱距，再组装第三榀，同法安装第四榀，将完成的四榀桁架作为一个整体长距离滑移到位，同法完成剩余大单元的累积滑移，剩余二榀桁架直接落放就位，完成整个屋盖的安装，其安装示意见图 17-62。

（2）胎架滑移法

大跨度结构两端支座间没有连系梁，而是单根柱支点承重，滑轨无法安装，为此在拼装胎架的下面设滑轨，滑动拼装胎架，利用有限的措施、材料完成整体结构安装。

胎架滑移法是按结构刚度定出分条单元，在拼装胎架上按设计位置拼装好，降落拼装支点，将拼装胎架往前滑移一个分条单元，再与已拼装好的结构拼接连接成整体的方法。

（3）主结构滑移法

主结构滑移法是将单个结构（如一榀桁架）一次滑移到位，然后再滑移后续单个结构，直至整个大跨度结构施工完成。当大跨度结构下部无法搭设胎架并无法行走吊机时，可选择此滑移法。此滑移方法对滑移轨道要求较高，而且单个结构必须加设加固措施，但是此滑移法对桁架上部结构（如屋面）施工影响较小，将前几个单个结构滑移完成后即可插入桁架上部结构的施工。

4. 滑移施工法相关技术要求

（1）材料的关键要求

1）拼装承重支架一般用扣件式钢管脚手架，如采用已建的建筑物作操作平台，用槽钢等型钢作胎具即可。

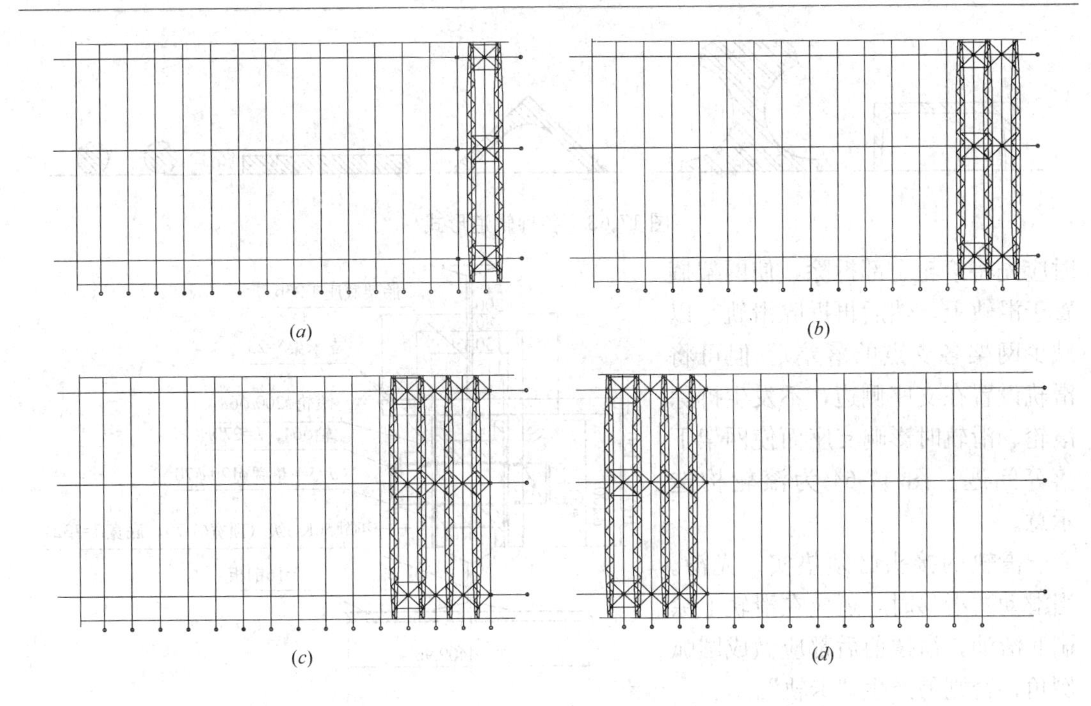


图 17-62 滑移工艺流程

(a) 在拼装胎架上组装二榀桁架形成稳定单元；(b) 滑移两个柱距，组装第三榀桁架；
(c) 三榀滑移后组装第四榀桁架；(d) 四榀桁架长距离滑移到位

2) 滑道设置：根据网架大小，可用圆钢、钢板、角钢、槽钢、钢轨、四氟板加滚轮等，一般为 Q235 钢。

3) 牵引用的钢丝绳的质量和安全系数应符合有关规定，以免出现安全事故。

(2) 技术质量关键要求

1) 挠度控制

当单条滑移时，施工挠度情况与分条安装法相同。当逐条累积滑移时，滑移过程中单元仍然是两端自由搁置的立体桁架。如网架设计时未考虑分条滑移的特点，网架高度设计得较小，这时网架滑移时的挠度将会超过形成整体后的挠度，处理办法是增加施工起拱度、开口部分增加三层网架、在中间增设滑轨等。

组合网架由于无上弦且是钢筋混凝土板，不允许出现在施工中产生一定挠度后又抬高等反复变形，因此，设计时应验算组合网架分条后的挠度值，一般应适当加高，施工中不应进行抬高调整。

2) 滑轨与导向轮

①滑轨。滑轨的形式较多，如图 17-63 所示，可根据各工程实际情况选用。滑轨与圈梁顶预埋件连接可用电焊或对销螺栓。

滑轨位置与标高，根据各工程具体情况而定。如弧形支座高与滑轨一致，滑移结束后拆换支座较方便。当采用扁钢滑轨时，扁钢应与圈梁预埋件同标高，当滑移完成后拆换滑轨时不影响支座安装。如滑轨在支座下通过，则在滑移完成后，应有拆除滑轨的工作，在施工组织设计应考虑拆除滑轨后支座落距不能过大（不大于相邻支座距离的 1/400）。当用滚动式滑移时，如把滑轨安置在支座轴线上，则最后应有拆除滚轮和滑轨的操作（拆除

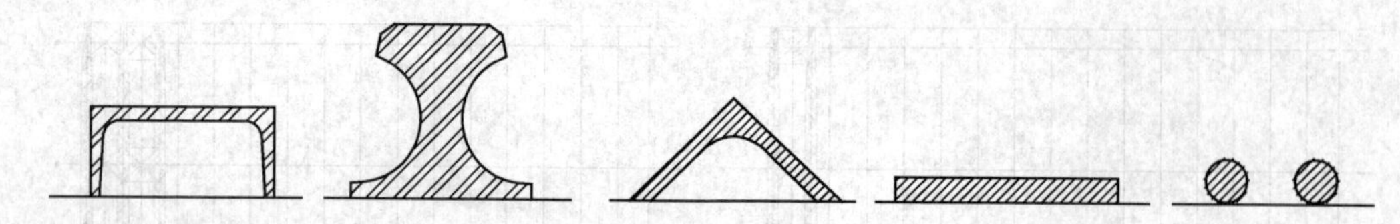

图 17-63　各种轨道形式

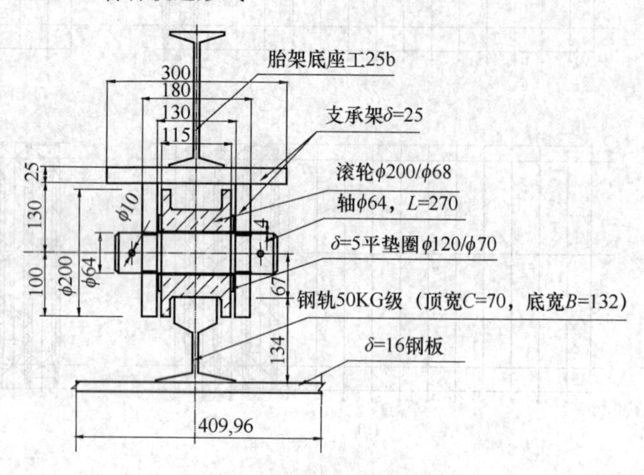


图 17-64　滚轮构造

时应先将滚轮全部拆除，使网架搁置于滑轨上，然后再拆除滑轨，以减少网架各支点的落差）。但可将滑轨设置在支座侧边，不发生拆除滚轮、滑轨时影响支座而使网架下落等问题。图 17-64 为滚轮构造示意。

滑轨的接头必须垫实、光滑。当滑动式滑移时，还应在滑轨上涂刷润滑油，滑撬前后都应做成圆弧倒角，否则易产生“卡轨”。

②导向轮。导向轮一般安装在导轨内侧，间隙 10～20mm，如图 17-65 所示。导向轮的主要作用是保险装置，在正常情况下，滑移时导向轮是脱开的，只有当同步差超过规定值或拼装偏差在某处较大时才碰上。但在实际工程中，由于制作拼装上的偏差，卷扬机不同时间的启动或停车也会造成导向轮顶上导轨的情况。

3）牵引力与牵引速度

①牵引力。网架水平滑移时的牵引力，可按式（17-8）、式（17-9）计算。

当为滑动摩擦时

$$F_t = \mu_1 \zeta G_{0K} \tag{17-8}$$

式中　$F_t$——总启动牵引力；

$G_{0K}$——网架总自重标准值；

$\mu_1$——滑动摩擦系数，钢与钢自然轧制表面，经粗除锈充分润滑的钢与钢之间可取 0.12～0.15；

$\zeta$——阻力系数，取 1.3～1.5。

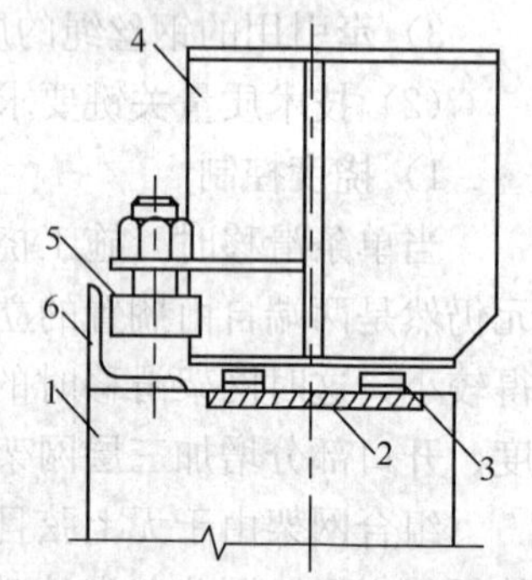


图 17-65　导轨与导向轮设置

1—圈梁；2—预埋钢板；3—滑轨；4—网架支座；5—导向轮；6—导轨

当为滚动摩擦时

$$F_t = \frac{K}{r_1}\frac{r}{r_1}\mu_2 G_{0k} \tag{17-9}$$

式中　$F_t$——总启动牵引力；

$K$——滚动摩擦系数，钢制轮与钢之间取 0.5mm；

$\mu_2$——摩擦系数在滚轮与滚轮轴之间，或经机械加工后充分润滑的钢与钢之间可取 0.1；

$r_1$——滚轮的外圆半径（mm）；

$r$——轴的半径（mm）。

式（17-8）及式（17-9）计算的结果系指总的启动牵引力。如选用两点牵引滑移，将上列结果除2可得每边卷扬机所需的牵引力。根据某工程实测结果，两台卷扬机在滑移过程中牵引力是不等的，在正常滑移时，两台卷扬机牵引力之比约1∶0.7，个别情况为1∶0.5。因此建议选用卷扬机功率应适当放大。

②牵引速度

为了保证网架滑移时的平稳性，牵引速度不宜太快，根据经验，牵引速度控制在1m/min左右较好。因此，如采用卷扬机牵引，应通过滑轮组降速。为使网架滑移时受力均匀和滑移平稳，当逐条积累较长时，宜增设钩扎点。

（3）同步控制

网架滑移时同步控制的精度是滑移技术的主要指标之一。当网架采用两点牵引滑移时，如不设导向轮，则滑移要求同步，主要是为了不使网架滑出轨道。当设置导向轮，牵引速度差（不同步值）应不使导向轮顶住导轨为准。当三点牵引时，除应满足上述要求外，还要求不使网架增加太大的附加内力，允许不同步值应通过验算确定。两点或两点以上牵引时必须设置同步监测设施。

当采用逐条积累滑移法并设有导向轮时，两点牵引时，其允许不同步值与导向轮间隙、网架累积长度等有关，网架累积越长，允许不同步值就越小，其几何关系见图17-66。设当B、D点正好碰上导轨时为A、B两牵引点允许不同步的极限值，如A点继续领先，则B、D点愈易压紧，即产生$R_1$及$R_2$的顶力，网架就产生施工应力，这在同步控制上是不允许的。故当B、D两点正好碰上导轨时，A、B两牵引点允许不同步值为$AE$，其计算公式见式（17-10）。

$$AE=\frac{AB\cdot AF}{AD} \tag{17-10}$$

式中 $AF$——两倍导向轮间隙；

$AB$——网架跨度；

$AD$——网架滑移单元长度。

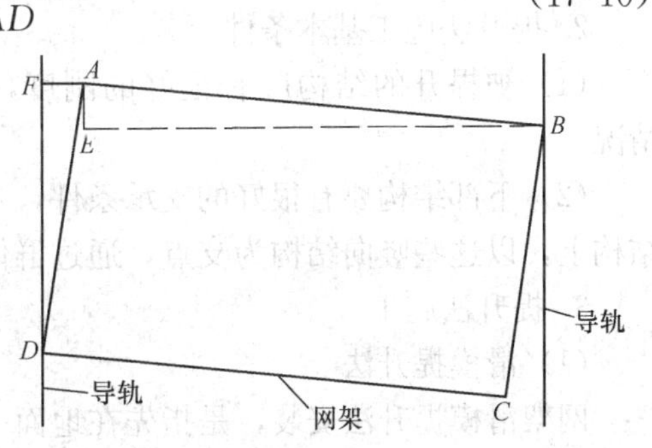

图17-66 网架滑移时不同步值的几何关系

式中$AB$、$AF$是已定值，而$AE$与$AD$成反比，因此对积累滑移法，$AE$值是个变数，随着网架的接长，$AE$逐渐变小，同步要求就越高。

《网架结构设计与施工规程》（JGJ 7—1991）规定网架滑移时两端不同步值不大于50mm，只是作为一般情况而言。各工程在滑移时应根据情况，经验算后再自行确定具体值，两点牵引时应小于上述规定值，三点牵引时经验算后应更小。

控制同步最简单的方法是在网架两侧的梁面上标出尺寸，牵引时同时报滑移距离，但这种方法精度较差，特别是在三点以上牵引时不适用。自整角机同步指示装置是一种较可靠的测量装置。这种装置可以集中于指挥台随时观察牵引点移动情况，读数精度为1mm。

（4）曲线滑移同步控制

胎架曲线滑移同步控制，首先要保证四条滑移轨道的准确铺设，圆弧轨道轴线定位点位误差不超过±3mm，间距误差不超过±5mm。

胎架曲线滑移同步，要求按同一角速度移动。在B、C、D、E轴线放置6m长的铝合金标尺，考虑胎架滑移速度为3cm/s，B轴标尺刻度以2cm为一格，不同轴线标尺面刻度按圆弧半径成比例刻画并进行编号。胎架滑移时，当最大半径E轴刻度滑动一根标尺时，四根标尺同时向前移动一整尺，胎架滑移一跨轴线9m后，每次以楼面定位轴线标志线为标尺零点，以减小标尺放置误差。这样可通过焊接在胎架上的指标杆所指示的标尺即时刻度了解不同轴线同步滑移情况。当刻度反映不同步时，可先停止整体滑移，对滑移滞后的部位单独进行卷扬机牵拉，直至同步为止，同步滑移控制目标为≤5cm。

5. 滑移施工法工艺流程（图17-67）

### 17.6.3.4　单元或整体提升法

提升施工法是利用提升装置将在地面或楼面拼装的结构逐步提升至既定位置的施工方法。采用这种施工方法，不需要大的吊车，设备投入也少，施工安全可靠，具有较好的综合效益。有原位整体提升、局部提升两种形式。安装方法有滑模提升、桅杆提升、升板机提升等。

1. 提升系统的组成

根据场地条件和提升装置的类型，提升结构主要有以下3类：利用主体结构（柱）的方式；设置临时支架的方式；主体结构（柱）、临时支架组合的方式。提升的动力一般有卷扬机+滑轮组、液压千斤顶，但目前以液压千斤顶运用为主。

液压提升体系主要分为两类，一类是固定液压千斤顶的方式，即液压千斤顶布置在结构柱或临时支架上提升结构，称之为“提升”；另一类是移动液压千斤顶的方式，即液压千斤顶布置在结构上随着结构的提升和结构一起向上移动，称之为“爬升”。

2. 提升法施工基本条件

（1）被提升的结构应有很好的刚度，不会出现因为提升中结构过大变形而损坏的情况。

（2）下部结构要有很好的支承条件，整个提升设备可设置于土建结构的柱等竖向承重结构上，以这些竖向结构为支点，通过群体布置的提升设备将整个结构缓步提升到位。

3. 提升法施工

（1）滑模提升法

网架滑模提升法安装，是指先在地面一定高度正位拼装网架，然后利用框架柱或墙的滑模装置将网架随滑模顶升到设计位置，见图17-68。

该方法可利用网架作滑模操作平台，节省设备和支撑胎架投入，施工简单安全，但需整套滑模设备且网架随滑模上升安装速度较慢。适用于安装30～40m的中小型网架屋盖。

1）提升前，先将网架拼装在1.2m高的枕木垫上，使网架支座位于滑模提升架所在的柱（或墙）截面内。每根柱安4根$\phi$28钢筋支承杆，安设四台千斤顶，每根柱一条油路，直接由网架上操作台控制，滑模装置同常规方法。

2）滑升时，利用网架结构当做滑模操作平台随同滑升到柱顶就位，网架每提升一节，用水平仪、经纬仪检查一次水平度和垂直度，以控制同步正位上升。

3）网架提升到柱顶后，将钢筋混凝土连系梁与柱头一起浇筑混凝土，以增强稳定性。

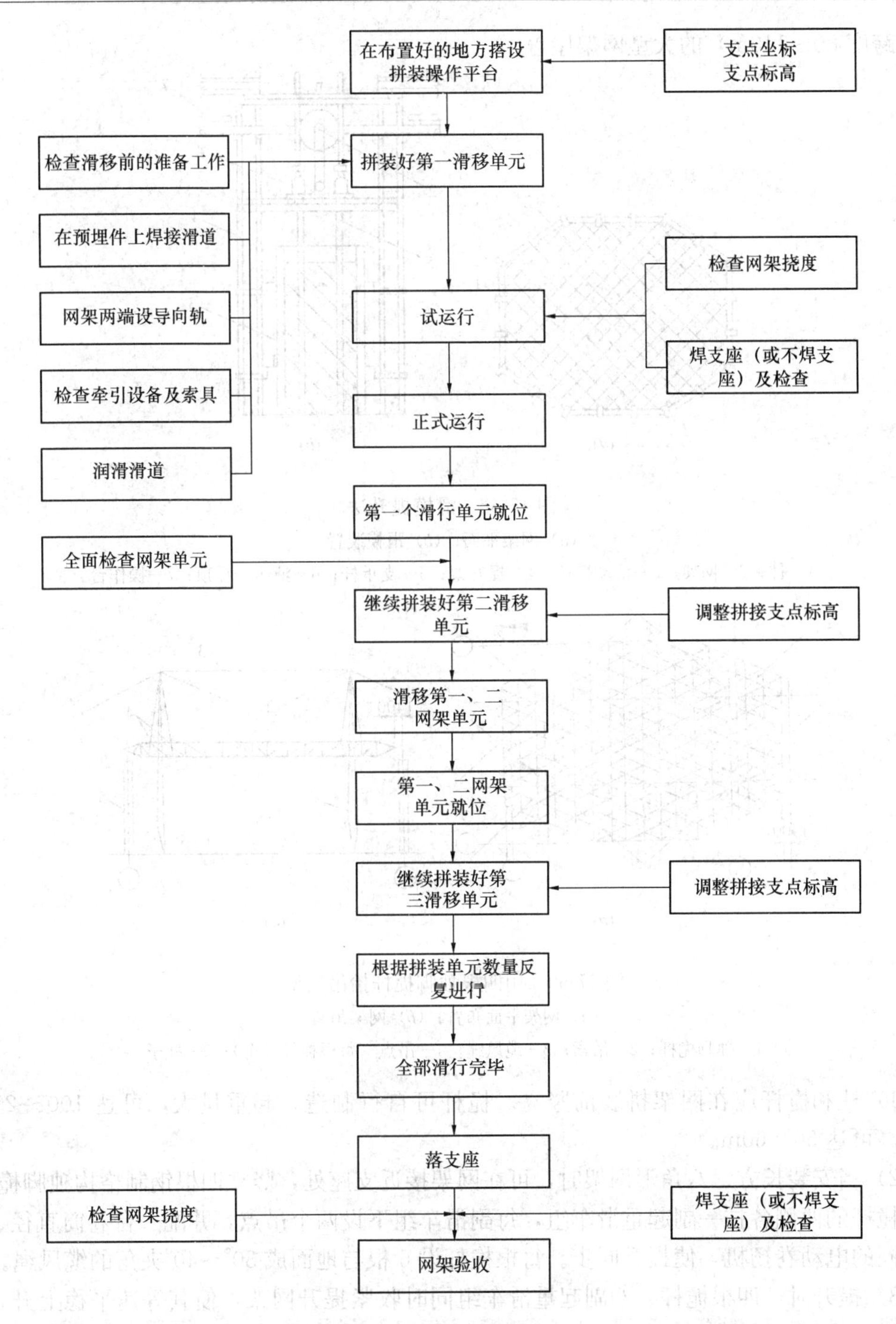

图 17-67 滑移施工法工艺流程

(2) 桅杆提升法

网架桅杆提升法安装，是指将网架在地面错位拼装，用多根独脚桅杆将其整体提升到柱顶以上，然后进行空中旋转和移位，落下就位安装，见图 17-69。

该方法所需设备投入大，准备工作及投入均较复杂，费时费工。适用于安装高、重、大（跨度 80～110m）的大型网架屋盖。

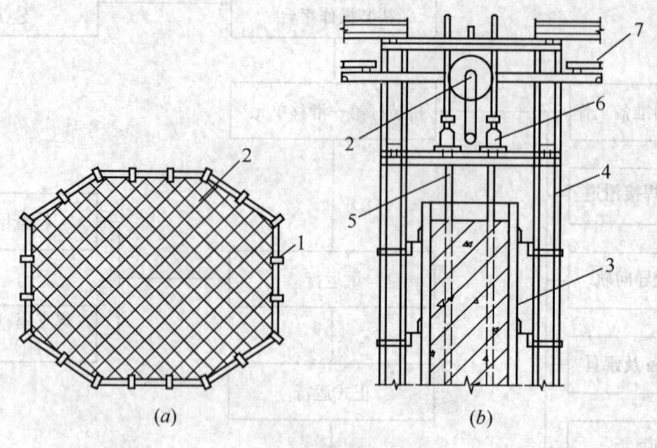


图 17-68　滑模提升法

（a）网架平面；（b）滑模装置

1—柱；2—网架；3—滑动模板；4—提升架；5—支承杆；6—液压千斤顶；7—操作台

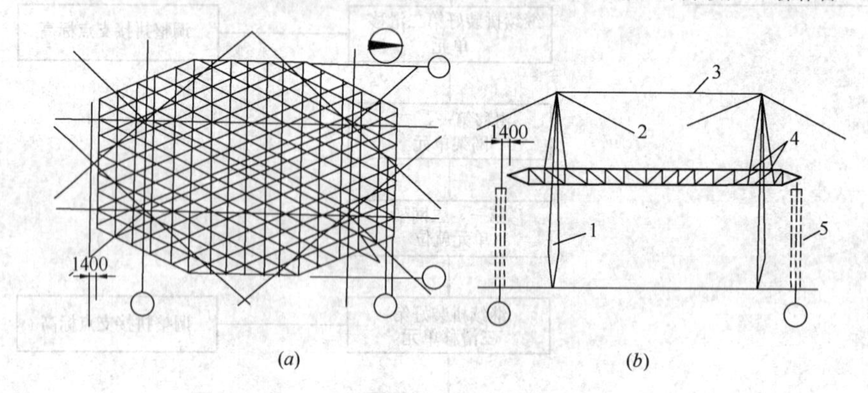


图 17-69　用四根独脚提杆抬吊网架

（a）网架平面布置；（b）网架吊装

1—独脚桅杆；2—吊索；3—缆风绳；4—吊点（每根桅杆 8 个）；5—柱子

1）柱和桅杆应在网架拼装前竖立。桅杆可自行制造，起重量大，可达 100～200t，桅杆高可达 50～60m。

2）当安装长方、八角形网架时，可在网架接近支座处，竖立四根钢制格构独脚桅杆。每根桅杆的两侧各挂一副起重滑车组，每副滑车组下设两个吊点，并配一台卷筒直径、转速相同的电动卷扬机，使提升同步。每根桅杆设 6 根与地面成 30°～40°夹角的缆风绳。

3）提升时，四根桅杆、八副起重滑车组同时收紧提升网架，使其等速平稳上升，相邻两桅杆处的网架高差应不大于 100mm。

4）当提到柱顶以上 500mm 时，放松桅杆左侧的起重滑车组，使桅杆右侧的起重滑车组保持不动，则松弛的滑车组拉力变小，因而其水平分力也变小，网架便向左移动，进行高空移位或旋转就位。

5）经轴线、标高校正后，用点焊固定。桅杆利用网架悬吊，采用倒装法拆除。

（3）升板机提升法

升板机提升法是指网架结构在地面上就位拼装成整体后，用安装在柱顶横梁上的升板机，将网架垂直提升到设计标高以上，安装支承托梁后，落位固定。

该方法不需要大型吊装设备和机具，安装工艺简单，提升平稳，提升差异小，同步性好，劳动强度低，功效高，施工安全，但需较多提升机和临时支撑短立柱，准备工作量大。适用于跨度 50～70m，高度 4m 以上，质量较大的大、中型周边支撑网架屋盖。

1）提升设备布置

图 17-70 为某工程的升板机提升法提升设备布置情况。提升点设在网架四边，每边7～8个。

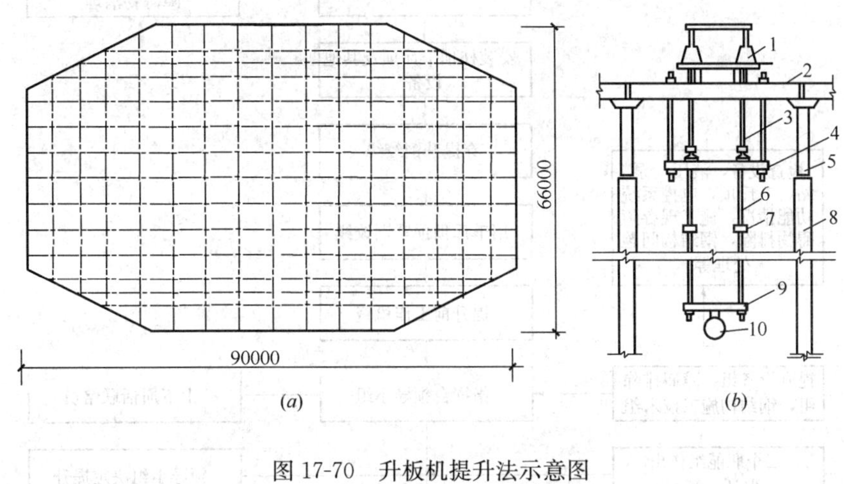


图 17-70　升板机提升法示意图

(a) 平面布置图；(b) 提升装置

1—提升机；2—上横梁；3—螺杆；4—下横梁；5—短钢柱；6—吊杆；7—接头；8—柱；9—横吊梁；10—支座钢球

2）提升操作

提升机每提升一节吊杆，用 U 形卡板塞入下横梁上部和吊杆上端的支承法兰之间，卡住吊杆。卸去上节吊杆，将提升螺杆下降，与下一节吊杆接好，再继续上升，如此循环往复，直到网架升至托梁以上。然后把预先放在柱顶牛腿的托梁移至中间就位，再将网架下降于托梁上，提升完成。

网架提升时应同步，每上升 600～900mm 观测一次，控制相邻两个提升点高差不大于 25mm。

4. 整体提升法施工工艺流程（图 17-71）

### 17.6.3.5　综合施工法

综合施工法就是同一结构采用两种及以上安装方法进行施工。事实上，当今大跨度结构有两个明显的发展特点，一是跨度规模不断增大，二是结构越来越新颖复杂。对于这种类型的大型大跨度及空间钢结构仅用一种施工方法是难以完成整个工程的施工的，一般都会采用多种施工方法同时进行。

针对不同工程的结构特点，其施工方法的综合选择也是不同的。一般来说，航站楼、车站等屋顶网架常用机械吊装、高空滑移为主，高空散件拼装为辅的综合施工法；场馆类大跨度则常用机械吊装、提升法为主，高空散件拼装为辅的综合施工法。

以天津梅江会展中心工程为例，说明大跨度预应力桁架综合施工法。

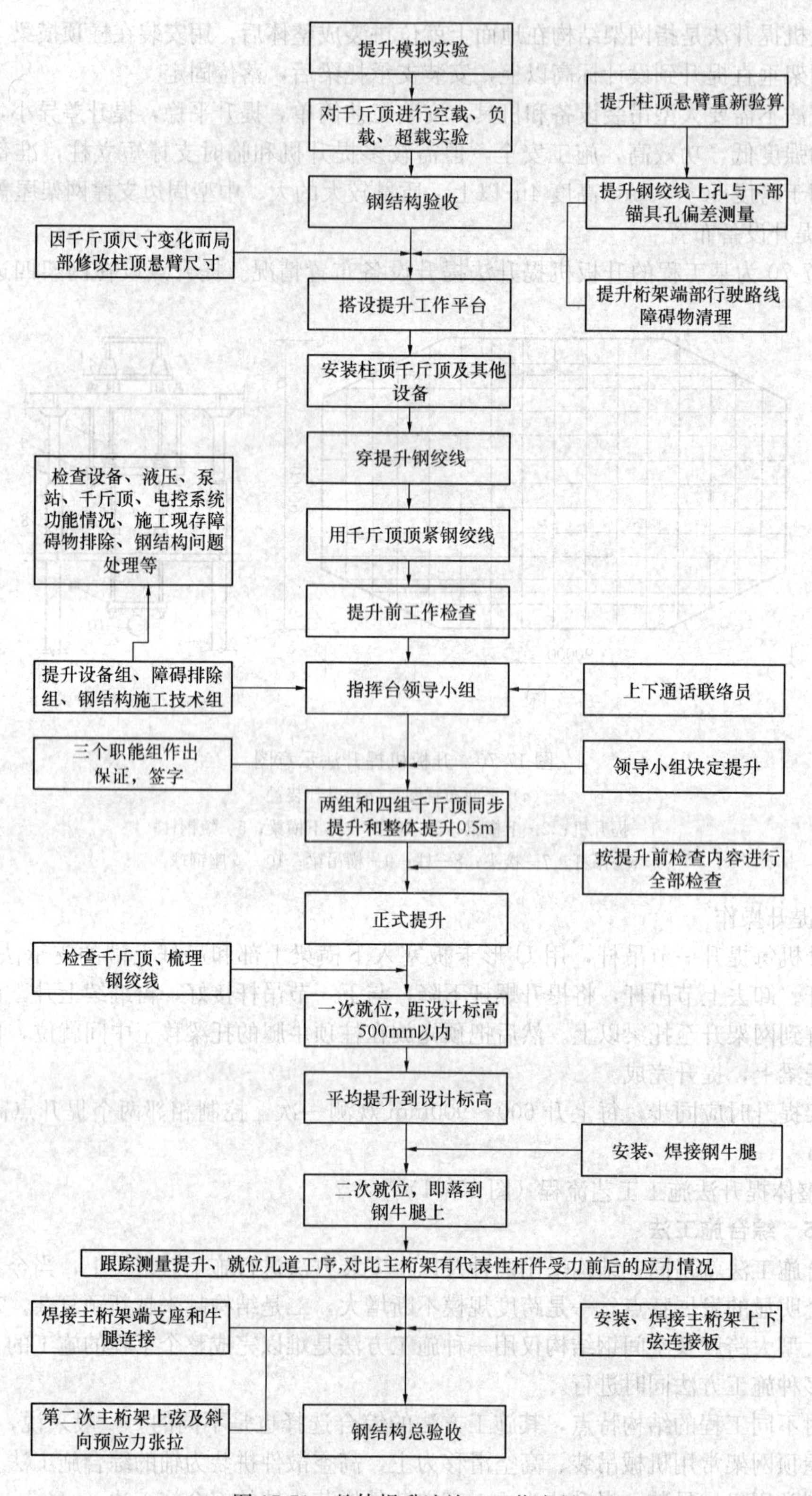


图 17-71 整体提升法施工工艺流程

天津梅江会展中心工程主体钢结构包含了A-F共6个展厅，以及东部登录大厅、多功能厅和中厅，一共有9个部分，总用钢量约为2.8万t，其中张弦桁架存在于ABCD四个主展厅的屋盖体系，共32榀。张弦桁架长度103m，最大跨度为89m，顶部标高最高点为35.6m，两端在支座位置采用了铸钢节点，支座形式为一端固定，一端滑动，主次桁架高度相同均为2.5m，宽度3.0m，弦杆为圆钢管，最大截面为ϕ457×26。跨中撑杆的高度为8m，撑杆采用圆钢管，均匀地布置9根，下弦索采用的是ϕ7×265半平行钢丝束，拉索张拉力为137t。图17-72为张弦桁架屋盖体系示意。

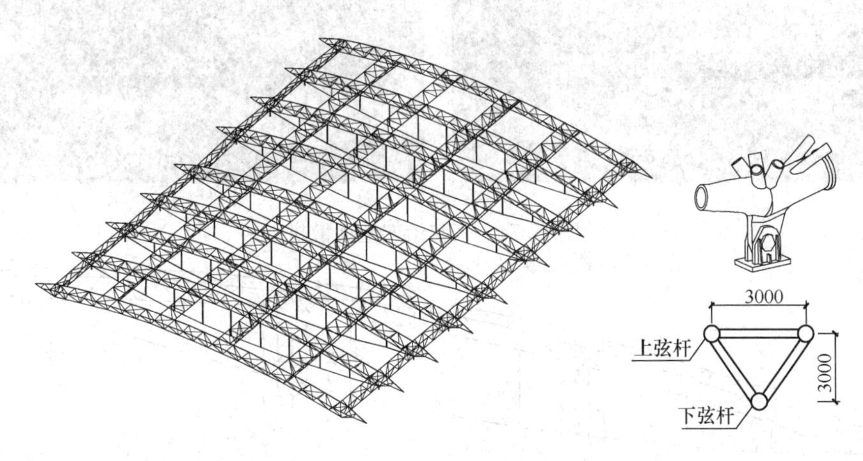


图17-72 张弦桁架屋盖体系

本工程张弦桁架施工流程见图17-73。

1. 桁架的地面拼装

本工程张弦桁架分六段进行散件制作，主弦杆长度控制在18m以内，在地面组装成三个大分段，拼装完成后分段长度在30m左右。分段桁架采用散件卧拼的方法，每个大分段设置5个支撑点，胎架选用型钢材料，经过结构计算控制拼装过程中的胎架自身变形，见图17-74。

桁架拼装尺寸按照设计要求进行设置，拼装时实时监测桁架节点位置坐标，及时调整避免累积误差，并在构件焊前焊后做好变形监测。

2. 分段桁架在张拉胎架上组拼

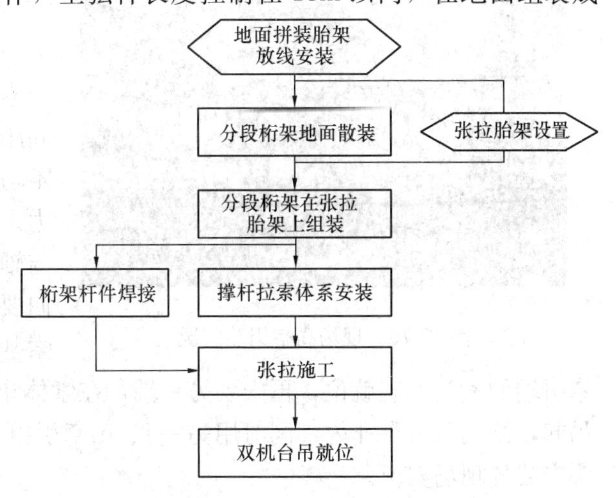


图17-73 张弦桁架施工流程

由于桁架下弦撑杆及拉索安装后高度将达到11m，为了便于桁架张拉体系的安装，施工中设置了一组高空张拉胎架（图17-75），胎架高度最高为11m，一组共设置四个独立胎架用来支撑桁架的三个分段，胎架选用圆管、工字钢等材料。张拉胎架的外形设计在计算机模型中进行，根据张弦桁架模型对胎架的细部尺寸进行计算，对碰撞位置进行调整，最终得到胎架的精确布置及细部节点尺寸。分段桁架就位后利用千斤顶调节节点标高，桁架分段安装顺序为先中间后两边，组对完成后安装撑杆及拉索。图 17-76 为现场高空组装实况。

图 17-74 张弦桁架地面散拼

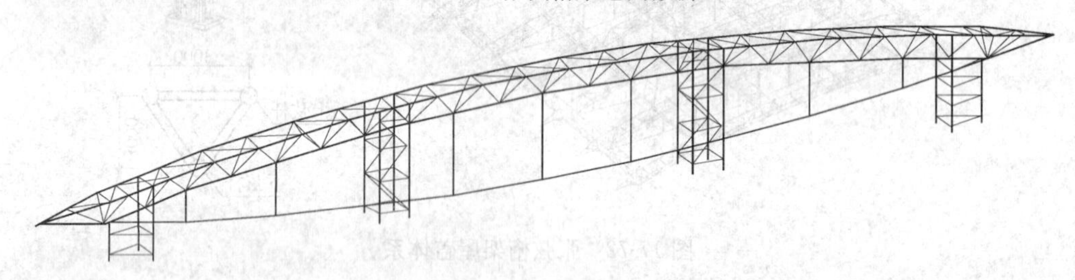

图 17-75 张拉胎架的设计模型

图 17-76 现场高空组装实况

3. 拉索的安装

拉索在地面开盘，借助捯链牵引放索。为防止索体在移动过程中与地面接触，损坏拉索防护层或损伤索股，在地面沿放索方向间距 2.5m 左右设置滑动小车，以保证索体不与底面接触，同时减少了与底面的摩擦力。由于拉索的长度要长于跨度，展开后应与轴线倾斜一定角度才能放下，因此牵引方向要与轴线倾斜一定角度，并在牵引时使拉索基本保持直线状移动。索头的安装：先将牵引端的索头安装就位，再安装另一端，在索体未进节点孔时用一只 2t 捯链将索头位置吊起，微调至节点孔内，同时用另一只 5t 牵引捯链进行牵引就位。图 17-77 为放索及索头安装的现场实况。

4. 张拉施工

按照理想模型在地面拼装完单榀张弦梁后，一次张拉到位，然后把张弦梁吊装到柱顶就位，此时桁架支座允许滑移，安装完次桁架和屋面结构后，固定桁架支座，并对张弦梁的上弦变形进行监测。

拉索采用单端张拉，张拉时对位移和材料应力进行双控。经计算，拉索的张拉力约

图 17-77 放索及索头安装

140t 左右，单端张拉，考虑共有四个展厅故选用 4 台 250t 千斤顶。预应力钢索张拉前根据设计和预应力工艺要求的实际张拉力对千斤顶、油泵进行标定。实际使用时，由此标定曲线上找到控制张拉力值相对应的值，并将其打在相应的泵顶标牌上，以方便操作和查验。

施工前用仿真模拟张拉工况，以此作为指导第一榀桁架试张拉的依据。计算表明索拱达到变形控制点时所需张拉索力为 137t，试张拉逐级加载分成 5 级，分别为 0.2、0.4、0.6、0.8、1.05 倍张拉索力，即 274kN、548kN、822kN、1096kN、1439kN。先测定张弦桁架中点的矢高，依次测定桁架端部水平位移，以及其他测点的位移和内力，并及时在现场进行计算机辅助分析，调整下部张拉。试张拉完成后，整理出各张拉技术参数的控制指标值，形成技术文件，用于指导正式张拉。

由于在张拉时桁架能够滑动，故必须减少桁架弦杆和胎架之间的摩擦力，因此在胎架和桁架之间设置滑动措施，减小张拉过程中对胎架的水平力，施工安全性更容易保证。

5. 双机抬吊施工

(1) 吊装参数计算如下：

主桁架长 103m，宽 3m，高约 2.5m，总重约 95t（包括吊钩及吊绳的质量），吊装选择 2 台 300t 汽车式起重机作为屋面桁架吊装的主吊机。根据有关规范规定：

每台汽车式起重机的额定起重量×80%＞双机抬吊分配吊重；

双机总额定负荷×75%＞双机抬吊构件质量；

则每台汽车式起重机的起重能力为：64t×80%＝51.2t＞95t/2；

则 2 台汽车式起重机的起重能力为：64t＋64t＝128t，则 128t×75%＝96t＞95t。

综上所述，所选 2 台 300t 汽车式起重机进行主桁架双机抬吊的方案可行。

图 17-78 双机抬吊现场实况

(2) 双机抬吊时为充分发挥 300t 汽车吊的起重性能，在选择吊点时尽可能缩短吊点间距，从而减少汽车式起重机吊装时的臂长，针对张弦桁架的吊装进行相应的施工模拟计算，对吊装过程中索应力及杆件应力的变化进行验算。图 17-78 为双机抬吊现场实况。

## 17.6.4　塔桅结构安装

### 17.6.4.1　塔桅结构安装的特点

(1) 高度大。塔桅结构属高耸的工程构筑物，其建筑高度大。

(2) 断面小。塔桅结构包括输电塔、无线电杆、电视桅杆、电视塔等，因功能设计要求，其建筑断面一般较小。

(3) 施工难度大。塔桅结构是以自重及风荷载（有时为地震荷载等）等水平荷载为结构设计主要依据的结构，施工时容易受到外部环境因素的影响，应选择专门的机械设备和吊装方法进行安装。

### 17.6.4.2　塔桅结构安装与校正

塔桅结构常用的安装方法有：高空散件（单元）法、整体起扳法和整体提升（顶升）法等。

1. 高空散件（单元）法

利用起重机械将每个安装单元或构件进行逐件吊运并安装，整个结构的安装过程为从下至上流水作业。在安装上部构件或安装单元前，下部所有构件均应根据设计布置和要求安装到位，并保证已安装的下部结构的稳定和安全。

(1) 高空散件法

对于截面宽度较大的桅杆（难以分段吊装）和塔架结构，一般宜采用高空散件法。常用的吊装设备有爬行抱杆（亦称悬浮抱杆）；对于大型塔桅结构（如电视塔），条件许可时，亦可采用塔式起重机吊装。

1) 爬行抱杆吊装

工程中常用的是一种旋转式多臂悬浮抱杆。由于塔架的塔柱通常是倾斜的，塔架宽度上下不一致，因此塔架构件吊装用的爬行抱杆一般设置在塔身内部。

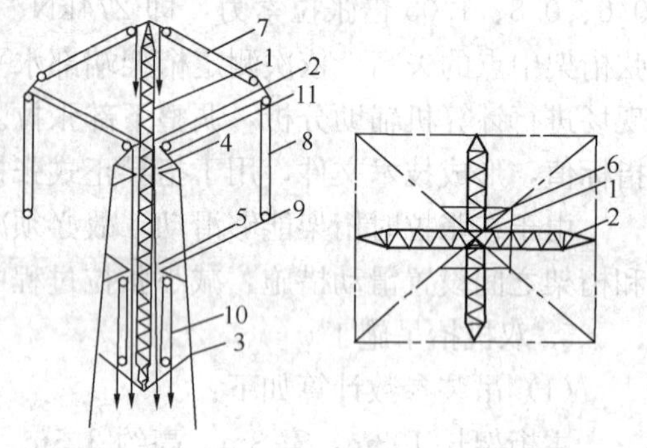


图 17-79　旋转式多臂悬浮抱杆的构造
1—中心抱杆；2—摇臂抱杆；3—中心抱杆底部支承钢索；4—侧向支承中腰箍；5—侧向支承下腰箍；6—侧向支承上腰箍；7—摇臂调幅滑轮组；8—摇臂吊装滑轮组；9—抱杆提升支架；10—抱杆提升滑轮组；11—抱杆在塔内的拉索

①抱杆的构造。抱杆主要由中心抱杆、摇臂抱杆、支承腰箍、摇臂调幅和吊装滑轮组、抱杆提升支架及部分拉索等组成。图 17-79 为某种旋转式多臂悬浮抱杆的构造示意。

②中心抱杆组装。利用吊车进行组装，先将抱杆下部两节和抱杆底部吊放到铁塔地面中心位置，用临时拉索临时固定，再将中、下腰箍套在中心抱杆上，然后继续吊装中心抱杆的上部各节，直至吊好上部各节之后，再套上上腰箍，再安装中心抱杆的吊装用调幅滑轮组，最后用调幅滑轮组吊装摇臂抱杆。

③悬浮抱杆提升。旋转式多臂悬浮抱杆提升前，应先将四个摇臂拔杆竖直，使起吊和调幅滑轮组的动滑轮、定滑轮碰头，然后将上腰箍提升到最高位置，将下腰箍和提升吊架提升到中腰箍下部，将中腰箍悬挂在摇臂支座下部。固定各道腰箍，使上、下两道腰箍的中心线与中心抱杆轴线重合（用两台经纬仪在两个方向观测校正）。松开抱杆上所有不受力的拉索和钢丝绳。

抱杆提升分两阶段：第一阶段以上腰箍及下腰箍作为中心抱杆提升时的侧向支承点，利用人推绞磨作为牵引力使中心抱杆和中腰箍升高。当中心抱杆上的摇臂抱杆支座即将碰到上腰箍时第一阶段结束，然后将中腰箍支承拉索联于铁塔主肢上，送去上腰箍并搁放在摇臂抱杆支座上部，即可进行第二阶段提升，直升到施工设计规定的吊装高度。

对于电视塔有时可以利用其本身的天线杆作为爬行抱杆进行塔架的吊装。施工时，先用汽车式起重机在塔架中心架设好天线杆，并用临时拉线固定，同时安装最下两层塔架。此后就利用天线杆上附设的起重设备，安装第三层以上的塔架，随着安装高度的增加，天线杆也逐节上升，同时在下面装好爬梯井道，待安装到顶端，将天线进行就位。

2）塔式起重机吊装

如采用塔式起重机吊装，可将起重机附着在主结构上，对于有内筒的塔桅结构，亦可将塔式起重机设置为内附式。下部主结构稳定后，方可进行塔式起重机的附着，用以完成上部结构的安装。

河南广播电视发射塔是一个具有内筒、高 388m 的全钢结构发射塔，塔身结构由内筒、外筒和底部五个“叶片”形斜向网架构成，外筒为格构式巨型空间钢架，内筒为竖向井道空间桁架构成的巨型筒，见图 17-80（*a*）。其塔身采用附着在内筒内的塔式起重机高空散件吊装，如图 17-80（*b*）所示。

（2）高空单元法

对于吊装截面宽度较小的桅杆，一般宜采用分节分段的高空单元法安装。根据使用吊装机具的不同，可分为爬行起重机吊装和爬行抱杆吊装两种。

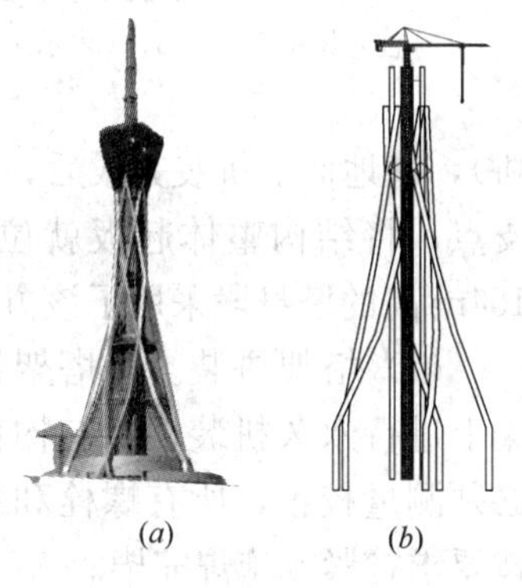

图 17-80 塔式起重机内附施工

（*a*）发射塔外观；（*b*）塔式起重机内附施工

1）爬行起重机吊装

①桅杆吊装前，先在地面上进行扩大拼装。拼装后的节段应符合吊升要求。

②桅杆吊装作业时，应先利用辅助桅杆将在地面上组装好的爬行起重机竖立起来，见图 17-81（*a*），并用缆风绳将其固定。

③爬行起重机固定好后，应先吊装最下面的两节钢桅杆，见图 17-81（*b*）。当最下面的两节桅杆吊装完毕并用缆风绳固定后，就使爬行起重机爬上桅杆，见图 17-81（*c*），将套管吊起并将其钢箍扣在桅杆第二节上。

④去掉固定起重机的缆风绳，使起重杆上升，并将起重杆下端横杆上的钢箍扣在桅杆上。此后，以上各节的桅杆即可用爬行起重机进行吊装。

2）爬行抱杆吊装

①截面较小的钢桅杆亦可采用爬行抱杆安装，见图 17-82。爬行抱杆由起重抱杆和缆风绳两部分组成。

②起重抱杆底部有铰链支座，安装与固定在钢桅杆上的悬臂支架上，起重抱杆可在一定范围内绕铰链转动。

③起重用卷扬机设在地面上，起重抱杆的四根缆风绳都通过地锚上的滑轮而固定在手动卷扬机上。

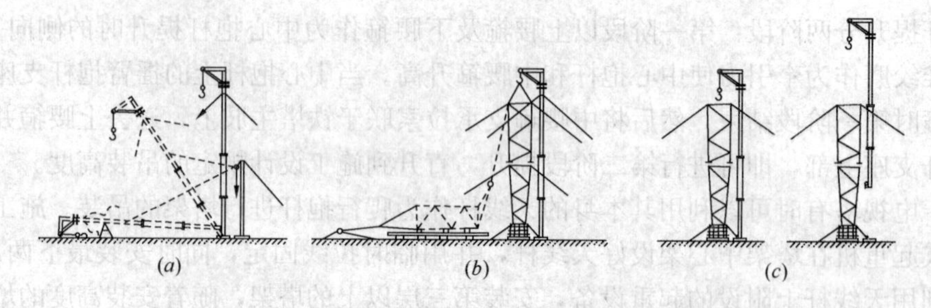

图 17-81　爬行起重机的竖立与爬升

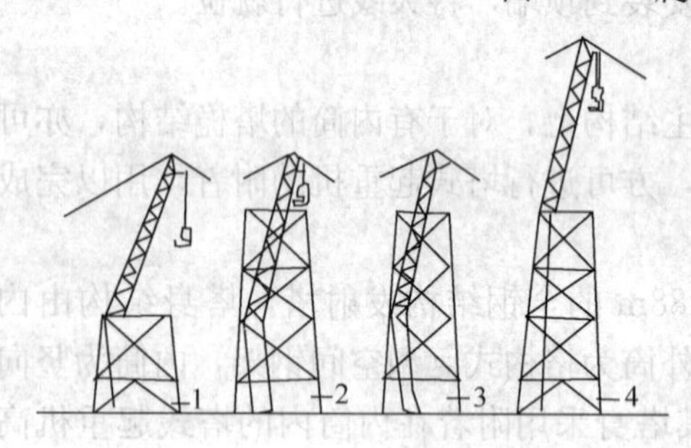

图 17-82　爬行抱杆吊装桅杆

注：图中 1、2、3、4 表示工作顺序。

④当把钢桅杆吊到其所能及的高度后，将吊钩绕过桅杆底部的滑轮，再固定于已安装桅杆的顶部。

⑤桅杆顶部固定后，即可开动起重卷扬机，同时等速放松固定抱杆缆风绳的四个手动卷扬机，便可将爬行抱杆上升至新的位置。

⑥在新的位置上固定起重桅杆，再还原吊钩的位置，即可继续向上吊装钢桅杆。

2. 整体起扳法

先将塔身结构在地面上进行平面拼装（卧拼），待地面上拼装完成后，再利用整体起扳系统（如拔杆或人字拔杆），以临时铰支座为支点，将结构整体起扳就位，并进行固定安装。上海某电视塔（总高 209.35m）底部 154m 高的塔身段采用了该方法，见图 17-83。

(1) 塔架拼装。将塔架构件在支架上进行永久拼装，所有构件的尺寸必须测量校正，所有螺栓和焊缝必须按要求拧紧或施焊完毕。

(2) 竖立人字拔杆。人字拔杆用于以倒杆翻转法整体吊装塔架。人字拔杆自身稳定性较好，其作用在于架高滑轮组，增大起扳的作用力矩。起扳用人字拔杆的高度不应小于起扳塔架高度的 1/3。

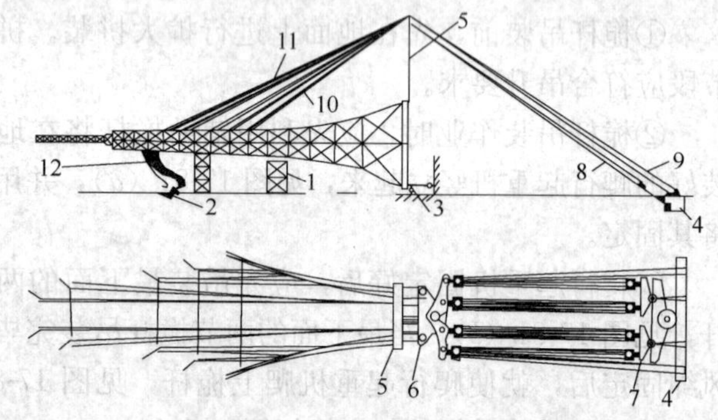

图 17-83　塔架整体吊装布置图

1—临时支架；2—副地锚；3—扳铰；4—主地锚；5—人字拔杆；6—上平衡装置（铁扁担）；7—下平衡装置；8—后保险滑轮组；9—起重滑轮组；10—前保险滑轮组；11—吊点滑轮组；12—回直滑轮组

为控制塔架起扳过程中人字拔杆顶部的水平位移，在人字拔杆前后设置保险滑轮组。前保险滑轮组以固定长度架人字拔杆顶端与塔架进行连接，以限制人字拔杆顶部位移；后保险滑轮组以人字拔杆顶部四只单门滑轮从四副起重滑轮组中各引出两根钢索建立可变连接，以便在收紧起重滑轮组的过程中，可以同时收紧后保险滑轮组，以控制人字拔杆顶部位移。

(3) 起扳。起重滑轮组锚固于主地锚上，通过卷扬机牵引，缓缓扳倒人字拔杆而使塔架整体竖立。当塔架起扳到一定角度（80°左右），为防止塔架因惯性和自身重力作用突然自动立直而倾覆，在塔架的背面设置回直滑轮组，通过反向收紧回直滑轮组，保证起扳过程的平滑可控。

起扳过程中各滑轮组需保证同步性，除采用同步卷扬机外，还专门设置了6、7两组铰接的铁扁担。

3. 整体提升（顶升）法

先将钢桅杆结构在较低位置进行拼装，然后利用整体提升（顶升）系统将结构整体提升（顶升）到设计位置就位且固定安装。天线杆处于塔身之上，位置较高，多采用此法吊装，即从塔身内部整体进行提升。上海某电视塔天线（53m）部分采用了该施工方法，见图17-84。

天线杆在塔架内部组装，在塔架中心横隔孔道内提升，其间隙约为300mm。由于天线杆的重心较高，在提升过程中易产生摇摆，因此应增设辅助钢架和滑道。

辅助钢架接在天线杆的下端，其主要作用是：固定吊点，使天线杆能全部升出塔架；降低天线杆重心，使天线杆提升稳定。

为平稳提升天线杆和辅助钢架，在塔架的横隔孔道内设置了四条滑道，使天线杆整个的提升过程限制在滑道内。

通过设置在塔架顶部的四副起重滑轮组整体提升天线杆和辅助钢架，达到设计位置后固定安装。天线部位的构件、设备，能事先安装而不影响天线杆提升者，应事先安装好后再与天线一起提升。其余者可以事先放在天线顶部，在天线杆上升过程中逐个安装，也可在天线安装完毕后，再用滑轮逐个吊升后进行安装。

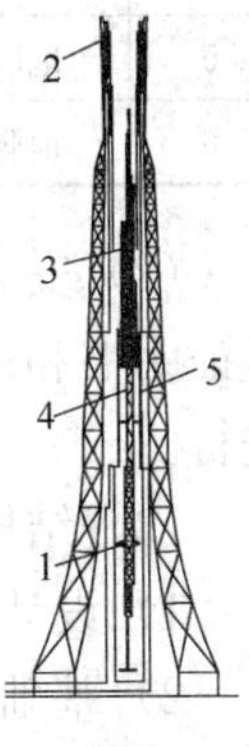

图17-84 整体提升天线杆

1—滑轮支座；2—提升滑轮组；3—天线杆；4—辅助钢架；5—滑道

塔桅结构的整体提升亦可采用液压整体提升（爬升）技术，以便更好地实现提升过程的平稳可控。广州新电视塔的天线部分就是以液压千斤顶为提升设备，由计算机多参数自动控制，实现实腹段天线的超高空连续提升、就位安装。

4. 塔桅结构校正

（1）控制塔桅结构的塔心定位中心点、垂直度、双向观测基准点、标高基准点，使其与土建定位轴线和标高一致，其偏差不得大于表17-67中的允许偏差。

**观测基准点、塔的定位中心点和标高的允许偏差（mm）** **表17-67**

| 项目 | 允许偏差 | 备注 |
|---|---|---|
| 观测基准点水平位置偏离轴线距离 | $\pm l/2000$，且不大于±3.0 | $l$——塔心到观测基准点的距离 |
| 塔的定位中心 | ±3.0 | |
| 标高 | ±2.0 | |

（2）安装前根据基础验收资料复核各项数据，并标注在基础面上。安装过程中控制塔脚锚栓位置、法兰支承面的偏差等，使其符合设计文件规定。当设计文件未作明确规定时，应满足表17-68的要求。

**17.6.4.3 塔桅结构安装的注意事项**

（1）塔桅结构安装时必须确保结构达到设计的强度、稳定要求，不出现永久性变形，并确保施工安全。

支承面、支座和地脚螺栓的允许偏差　(mm)　表 17-68

| 项次 | 项　目 | 允许偏差 | 备注 |
|---|---|---|---|
| 1 | 柱墩支承表面（法兰上端面）<br>（1）标高<br>（2）水平度（法兰上端面） | <br>±3.0<br>$l$/500，且不大于 3 | |
| 2 | 地脚螺栓位置扭转（任意截面处） | ±2.0 | |
| 3 | 塔基对角线上地脚螺栓法兰中心连线长度 | $l$/2000，且不大于±10.0 | $l$—对角线长度 |
| 4 | 相邻两组地脚螺栓法兰中心边长 | ±5.0 | |
| 5 | 地脚螺栓伸出法兰面的长度 | ±30.0 | |
| 6 | 地脚螺栓的螺纹长度 | ±30.0 | |

（2）安装前，应按照构件明细表和安装排列图（或编号图）核对进场的构件，检查质量证明书和设计更改文件。工厂预拼装的结构在现场安装时，应根据预拼装的合格记录进行。

（3）结构安装应具备下列条件：

1）设计文件齐备；

2）基础和地脚螺栓（锚栓）、地锚（桅杆）已验收通过；

3）构件齐全，质量合格，并有明细表、产品质量证明书和必要的预拼装记录；

4）施工组织设计或施工方案已经批准，必要的技术培训已经完成；

5）材料、劳动组织和安全措施齐备；

6）机具设备满足施工组织设计或施工方案要求，且运行良好；

7）施工场地符合施工组织设计或施工方案的要求；

8）水、电、道路满足需要并能保证连续施工。

（4）垂直度测定应在小于 2 级风、阴天或阳光未照射到结构上时进行。

（5）在 6 级风以上、雨、雪天和低温下（－10℃以下），不得进行高空作业。在雷雨季节应采取可靠的防雷措施后方可施工。

（6）在有高压线等不良环境条件下，安装时应采用安全对策。

（7）塔桅结构安装前表面不应有污渍。安装完毕后表面应清除油渍和污渍。

## 17.6.5　悬挑结构安装

### 17.6.5.1　悬挑结构特点

悬挑结构一般是由桁架结构体系构成的多层框架，具有以下施工特点和难点：

（1）悬挑跨度大，高空作业安全保障难；

（2）构件超重、节点构造复杂，多接头异形构件单件重且数量较多，结构的稳定性控制难度大；

（3）一般多为高强厚钢板焊接，焊缝多、焊接位置集中，焊接应力和变形控制较难；

（4）安装精度受结构自重和气候条件影响大，控制难度大；

（5）不可预见因素多，安装风险大。

#### 17.6.5.2 悬挑结构的安装准备工作

（1）做好设备选择与现场平面规划工作。采用的大型吊装设备必须满足悬臂最远端构件的吊装，同时规划好构件的转运路线、临时堆场与起吊区的设置。

（2）做好构件分段与供应计划。根据吊装设备的最大起重性能和安装定位的便利性，对节点与杆件进行组合分段，并制定详细的安装顺序进行配套供应。

（3）对与主体结构连接的部位进行重点控制，认真检查好连接部位的空间位形质量情况。

（4）做好临时稳固措施和测量校正措施设计工作，要确保措施的可操作性与安全可靠。

（5）做好作业人员行走通道和操作架设置工作，以保障作业安全。

（6）做好计算机全过程模拟计算分析，主要计算分析以下内容：

1）安装阶段的应力和位移变化情况；

2）关键构件的安装稳固与定位措施设计计算。

#### 17.6.5.3 悬挑结构的安装与校正

根据悬挑结构的悬挑跨度大小、自重、构件受力特征和现场条件，一般有无支撑安装和有支撑安装两种方法。前者是利用钢构件自身刚度，借助临时连接螺栓板或临时拉杆、侧向顶撑等临时稳固措施保证稳定性，逐步扩散累积安装成型；后者是在悬挑结构下方搭设临时支撑胎架对底部关键构件进行定位支承，从结构主体根部向外延伸安装，以此实现悬挑构件的就位，整个悬挑结构安装完成后进行分级卸载。两种方法的吊装设备一般选择大型塔式起重机。常见的悬挑结构安装方式如图 17-85 所示。

悬挑结构安装精度主要以底部的基础性构件的安装精度控制为主，一般方法为：通过高精度全站仪对悬挑结构端部基准点进行测量，通过起重机和捯链进行校正，使悬挑结构的轴线偏差符合规范要求。

(a)

(b)

图 17-85 常见悬挑结构安装方式

(a) 无支撑悬挑安装；(b) 有支撑悬挑安装

由于受自重影响，悬挑结构会出现下挠，为保证在承受恒荷载及活荷载下悬挑底部处于水平状态，施工时需要进行反变形预调处理，根据内业计算分析的预调值结果，采取工厂制作预调和现场安装预调相结合，在安装中将理论变形值与实际变化对照，及时修正预调值。

#### 17.6.5.4 悬挑结构安装注意事项

（1）悬挑跨度大，结构的稳定性控制难度大，要加强高空作业安全保障。

（2）做好构件分段与供应计划。根据吊装设备的最大起重性能和安装定位的便利性，对节点与杆件进行组合分段。

（3）与主体结构连接的部位为关键点，应重点控制，认真检查好连接部位的空间位形质量情况。

（4）做好临时稳固措施和测量校正措施设计工作，要确保措施的可操作性与安全可靠。

(5) 做好作业人员行走通道和操作架设置工作，以保障作业安全。

# 17.7　钢　结　构　测　量

## 17.7.1　测　量　准　备

钢结构施工测量前，应收集有关测量资料，熟悉施工设计图纸，明确施工要求，制定施工测量方案。主要准备工作有：

(1) 资料准备。钢结构施工前应具备下列资料：

1) 总平面图；

2) 建筑物的设计与说明；

3) 建筑物的轴线平面图；

4) 建筑物的基础平面图；

5) 建筑物的结构图；

6) 钢结构深化设计详图；

7) 场区控制点坐标、高程及点位分布图。

(2) 测量控制点移交与复验。钢结构施工单位进场，业主方或者总承包单位应提供测绘单位现场设置的坐标、高程控制点。

钢结构施工前，应对建筑物施工平面控制网和高程控制点进行复测，复测方法应根据建筑物平面不同而采用不同的方法：

1) 矩形建筑物的验线宜选用直角坐标法；

2) 任意形状建筑物的验线宜采用极坐标法；

3) 平面控制点距观测点位距离较长，量距困难或不便量距时，宜选用角度（方向）交汇法；

4) 平面控制点距观测点位距离不超过所用钢尺全长，且场地量距条件较好时，宜选用距离交汇法；

5) 使用光线测距仪验线时，宜选用极坐标法，光电测距仪的精度应不低于±（5+5$D$）mm，$D$为被测距离（km）。

(3) 测量仪器的准备。钢结构施工测量前，应选择满足工程需要的测量仪器设备，并经计量部门鉴定合格后投入使用。为达到符合精度要求的测量成果，除按规定周期进行鉴定外，在周期内的全站仪、经纬仪、铅直仪等主要有关仪器，还宜每2～3个月定期检校。各测量仪器的具体要求如下：

1) 全站仪：在多层与高层钢结构工程中，宜采用精度为2S、3+3PPM级全站仪。

2) 经纬仪：采用精度为2S级的光学经纬仪，如果是超高层钢结构，宜采用电子经纬仪，其精度宜在1/200000之内。

3) 水准仪：按国家三、四等水准测量及工程水准测量的精度要求，其精度为±3mm/km。

4) 钢卷尺：土建、钢结构制作、钢结构安装、监理等单位的钢卷尺，应统一购买通过标准计量部门校准的钢卷尺。使用钢卷尺时，应注意检校时的尺长改正数，如温度、拉力等，进行尺长改正。

（4）配备能够胜任该项目测量工作的专职测绘人员。

（5）编制针对该项目的专项安装测量方案。

（6）熟悉图纸并整理有关测量数据，为现场安装提供测量依据。

## 17.7.2 平面控制

1. 平面控制网的布设应遵循的原则

（1）平面控制应先从整体考虑，遵循先整体、后局部，高精度控制低精度的原则。

（2）首级控制网的布设应因地制宜，控制网点位应选在通视良好、土质坚实、便于施测、利于长期保存的地点，必要时还应增加强制对中装置且适当考虑发展。

（3）首级控制网的等级，应根据工程规模、控制网的用途和精度要求合理确定。

（4）加密控制网，可越级布设或同等级扩展，平面控制应先从整体考虑，遵循先整体、后局部，高精度控制低精度的原则。

（5）轴线控制网的布设要根据总平面定位图，现场施工平面布置图，基础、首层及上部施工平面图进行。

（6）针对钢结构施工的特殊性，宜采用建筑坐标系统。对于不规则图形或者不易采用建筑坐标系统的建筑物可沿用原有的坐标系统。

（7）各阶段钢结构安装与其他相关单位所引用的平面控制基准必须统一。

2. 平面控制网的建立应符合的规定

（1）可按场区地形条件、建筑物的设计形式和特点布设十字轴线或矩形控制网，平面布置异形的建筑可根据建筑物形状布设多边形控制网，且应满足以下规定：

1）矩形网应按平差结果进行实地修正，调整到设计位置。当增设轴线时，可采用现场改点法进行配赋调整；点位修正后，应进行矩形网角度的检测。

2）矩形网的角度闭合差，不应大于测角中误差的 4 倍。

3）多边形控制网，其测量精度应符合一级或者二级控制网的精度要求。

（2）首级控制网点，应根据设计总平面图和施工总布置图布设，并满足建筑物施工测设的需要。

（3）大中型的施工项目，应先建立场区控制网，再分别建立建筑物施工控制网；小规模或精度高的独立施工项目，可直接布设建筑物施工控制网，且应满足以下规定：

1）建筑物施工控制网，应根据场区控制网进行定位、定向和起算；控制网的坐标轴，应与工程设计所采用的主副轴线一致；施工控制网对于提高钢结构测校速度和准确度有很大作用。

2）场区平面控制网，应根据工程规模和工程需要分级布设。基础或者地下室施工阶段应建立一级或一级以上精度等级的平面控制网；首层施工完毕，作为上部施工测量基准的内控制网应满足二级精度的要求。建筑物施工平面控制网的主要技术要求，见第 7 章表 7-7。

（4）建筑物的轴线控制桩应根据建筑物的平面控制网测定，定位放线方法可选择直角坐标法、极坐标法、角度（方向）交会法、距离交会法等。

(5) 建筑物的围护结构封闭前，应根据施工需要将建筑物外部控制转移至内部。内部的控制点宜设置在浇筑完成的预埋件上或预埋的测量标板上。引测的投点误差，一级不应超过 2mm，二级不应超过 3mm。

(6) 上部楼层平面控制网，应以建筑物底层控制网为基础，通过仪器竖向垂直接力投测。竖向投测宜以每 50～80m 设一转点，控制点竖向投测的允许误差应符合第 7 章表 7-29 的规定。

(7) 轴线控制基准点投测至中间施工层后，应组成闭合图形复测并将闭合差调整。调整后的点位精度应满足边长相对误差达到 1/20000 和相应的测角中误差±10″的要求。设计有特殊要求的工程项目应根据限差确定其放样精度。

### 17.7.3 高 程 控 制

1. 高程控制网的布设应遵循的原则

(1) 首级高程控制网的等级，应根据工程规模、控制网的用途和精度要求合理选择。首级网应布设成环形网，加密网宜布设成附合路线或结点网。

(2) 为保证建筑物竖向施工的精度要求，在场区内建立高程控制网，以此作为保证施工竖向精度的首要条件。

(3) 一个测区及周围宜至少有 3 个高程控制点。

(4) 建筑物的±0.000 高程面应根据场区水准点测设。

(5) 引测的水准控制点需经复测合格后方可使用。

(6) 各阶段钢结构安装与其他相关单位所引用的高程基准必须统一。

2. 建筑物高程控制应符合的规定

(1) 一般建筑物高程控制网，应布设成闭合环线、附合路线或结点网形。宜采用水准测量，附合路线闭合差不应低于四等水准的要求。大中型施工项目的场区高程测量精度，不应低于三等水准。水准测量的主要技术要求见表 17-69。

(2) 水准点可设置在平面控制网的标桩或外围的固定地物上，也可单独埋设。水准点的个数不宜少于 3 个。

(3) 施工中，当少数高程控制点标识不能保存时，应将其高程引测至稳固的建（构）筑物上，引测的精度不应低于原高程点的精度等级。

**水准测量的主要技术要求**　　表 17-69

| 等级 | 二等 | 三等 | | 四等 | 五等 |
|---|---|---|---|---|---|
| 路线长度（km） | — | ≤50 | | ≤16 | — |
| $M_{\Delta}$（mm） | ≤±1 | ±3 | | ±5 | ±10 |
| $M_{W}$（mm） | 2 | 6 | | 10 | 15 |
| 仪器型号 | DS1 | DS1 | DS3 | DS3 | DS3 |
| 视线长度（m） | 50 | 100 | 75 | 100 | 100 |
| 前后视较差（m） | 1 | 3 | | 5 | 大致相等 |
| 前后视累积差（m） | 3 | 6 | | 10 | — |

续表

| 等级 | | 二等 | 三等 | | 四等 | 五等 |
|---|---|---|---|---|---|---|
| 视线离地面高度（m） | | 0.5 | 0.3 | | 0.2 | — |
| 基辅分划或黑红面读数较差（mm） | | 0.5 | 1.0 | 2.0 | 3.0 | — |
| 基辅分划或黑红面所测高差较差(mm) | | 0.7 | 1.5 | 3.0 | 5.0 | — |
| 水准尺 | | 因瓦 | 因瓦、双面 | | 双面 | 单面 |
| 观测次数 | 与已知点联测 | 往返 | 往返 | | 往返 | 往返 |
| | 环线或附合 | 往返 | 往返 | | 往 | 往 |
| 往返较差、环线或附合线路闭合差（mm） | 平丘地 | $\pm 4\sqrt{L}$ | $\pm 12\sqrt{L}$ | | $\pm 20\sqrt{L}$ | $\pm 30\sqrt{L}$ |
| | 山地 | — | $\pm 4\sqrt{n}$ | | $\pm 6\sqrt{n}$ | — |

注：1. $n$——水准路线单程测站数，每公里多于16站，按山地计算闭合差限差；

$L$——往返测段、附合或环线的水准路线长度（km）；

$M_W$——每公里高程测量高差中数的全中误差；

$M_\Delta$——每公里高程测量高差中数的偶然中误差；

2. 二等水准视线长度小于20m时，其视线高度不应低于0.3m。

（4）上部楼层标高的传递，宜采用悬挂钢尺测量方法进行，并应对钢尺读数进行温度、尺长和拉力改正。传递时一般宜从2处分别传递，对于面积较大的结构和高层结构宜从3处分别向上传递。传递的标高误差小于3mm时，可取其平均值作为施工层的标高基准，若不满足则应重新传递。标高的测量允许误差应符合表17-70的规定。

**标高竖向传递投测的测量允许误差（mm）　　表17-70**

| 项　目 | | 测量允许误差 |
|---|---|---|
| 每　层 | | ±3 |
| 总高 $H$ | $H$≤30m | ±5 |
| | 30m<$H$≤60m | ±10 |
| | 60m<$H$≤90m | ±15 |
| | 90m<$H$≤120m | ±20 |
| | 120m<$H$≤150m | ±25 |
| | 150m<$H$ | ±30 |

注：不包括沉降和压缩引起的变形值。

（5）对于矩形钢网架测量周边支承点或支承柱的间距和对角线；对于圆形钢网架的周边测量多边形的边及其对角线，然后进行简易平差，其边长测量值与设计值之差应小于10mm。网架周边支承柱的实测高程与设计高程之差应小于5mm。

### 17.7.4 单层及大跨度钢结构测量

1. 单层及大跨度钢结构测量特点及要求

单层及大跨度钢结构主要包括单层工业厂房、大跨度空间结构（如体育馆、火车站等）等，其测量特点及要求如下：

（1）鉴于单层及大跨度钢结构的结构特点，一般仅需在地面建立平面测量控制网，而无需将控制点向上引测。

(2) 钢柱安装前，应检查柱底支承埋件的平面、标高位置和地脚螺栓的偏差情况，并应在柱身四面分别画出中线或安装线，弹线允许误差为1mm。

(3) 竖直钢柱安装时，应采用经纬仪在相互垂直的两轴线方向上同时校测钢柱垂直度。当观测面为不等截面时，经纬仪应安置在轴线上；当观测面为等截面时，经纬仪中心与轴线间的水平夹角不得大于15°。倾斜钢柱安装时，可采用水准仪和全站仪进行三维坐标校测。

(4) 工业厂房中吊车梁与轨道安装测量应符合下列规定：

1) 根据厂房平面控制网，用平行借线法测定吊车梁的中心线。吊车梁中心线投测允许误差为±3mm，梁面垫板标高允许偏差为±2mm。

2) 吊车梁上轨道中心线投测的允许误差为±2mm，中间加密点的间距不得超过柱距的两倍，并将各点平行引测到牛腿顶部靠近柱子的侧面，作为轨道安装的依据。

3) 在柱子牛腿面架设水准仪按三等水准精度要求测设轨道安装标高。标高控制点的允许误差为±2mm，轨道跨距允许误差为±2mm，轨道中心线（加密点）投测允许误差为±2mm，轨道标高点允许误差为±2mm。

(5) 钢屋架安装后应有垂直度、直线度、标高、挠度（起拱）等实测记录。

2. 单层及大跨度钢结构测量实例（武汉新火车站）

(1) 钢结构测量工作内容及特点

钢结构测量工作内容包括：钢柱、夹层梁安装精度测量，大跨度超高拱结构、桁架的拼装曲线度控制，拱结构、网壳结构安装轴线、标高、垂直度控制，变形观测等。

钢结构测量具有以下特点：

1) 钢结构柱脚设置在混凝土桥墩上，由于受到沉降、收缩等影响，设置的测量点位会发生变化影响测量精度。

2) 自然条件的影响：施工场地大，永久参照物少，控制轴线标识困难。日照、风雨也会影响测量精度。

3) 人为因素的影响：由于参建专业工种多而且各专业间对测量精度、误差要求不同，容易在不同工种的工作面交接中造成误差积累。作业队伍多，工作面互相交叉，不仅对测量作业干扰很大而且对测量标识的保护工作也提出更高的要求。

(2) 测量前的准备工作

主要包括测量前的资料准备，测量基准点的交接、复验与测放、仪器设备工具的准备等，具体要求可参见本手册17.7.1节“测量准备”。

(3) 平面控制网测设

该工程南北长为600m，东西宽为320m。根据结构的布局特点，采用直角坐标法建立方格网，进行测控。根据总平面布置图及设计院提供的坐标，作出相应的控制轴线，并把各轴线点引测到场地外，做好标记并编号。

控制桩设置在安全、易保护位置，相邻点间通视良好，并利用护栏加以妥善保护，定期检查。每次放线时，将经纬仪架设在控制点上，后视另一相应的控制点，这样依次投出全部主控轴线。

控制网测量精度为$L/30000$（$L$为距离），测角中误差为$7''/\sqrt{N}$（$N$为建筑物结构的跨数）。根据已经布设好的轴线控制网引测各轴线，并据此测放拱结构、网壳结构定位轴线和定位标高。测量结束后在混凝土桥墩上弹出柱脚十字轴线并进行标识。

为了减少尺寸误差及提高测量精度，主轴线采用激光全站仪精确布设，控制轴线及控制点用钢筋混凝土标桩标识并严格保护。标桩的埋深不得浅于0.5m，桩顶标高以高于地面设计高程0.3m为宜，间距以50～100m为宜。为防止其他专业施工致使控制网变形，要定期对轴线控制网进行校核。

不同的施工阶段设置不同的平面轴线控制网，分为主体施工阶段轴线控制网和夹层施工阶段轴线控制网。夹层控制网先在地面作出定位轴线然后利用激光铅直仪引测到18.800m标高和25.000m标高。施工中分别在18.800m标高和25.000m标高预留200mm×200mm测量孔并加以保护。

主体施工阶段轴线控制网平面布置见图17-86。夹层施工阶段轴线控制网平面布置见图17-87。

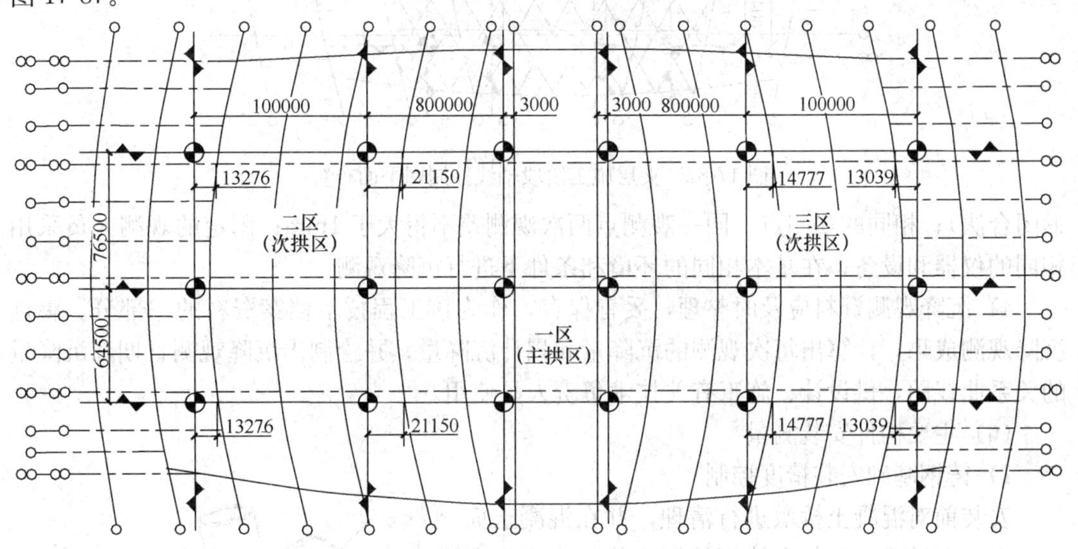


图17-86　主体施工阶段轴线控制网平面布置

（4）高程控制

根据原始控制点的标高，用水准仪引测水准点到混凝土桥墩上，并用红油漆做好标记。根据钢结构安装进度的要求加密水准点、标高控制点的引测采用往返观测的方法，其闭合误差小于$\pm 4\sqrt{N}$（$N$为测站数）。对于布设的水准点应定期进行检测，以防地基沉降引起高程控制点的异常变化。

（5）沉降观测

沉降观测分为施工期间观测和施工后观测。每次进行沉降观测时，对观测时间，建筑物的荷载变化，气象情况与施工条件的变化进行详细记录。建筑施工期间观测次数按设计要求确定。沉降观测注意事项：

1）建立二等水准网，基准点埋设稳固可靠，并定期检查。

2）以钢柱标高基准点为标记，做好沉降观测初始值记录，待正式施工后，引测到设计规定的沉降观测点。

3）沉降观测应坚持四同原则：相同的观测路线和观测方法（采用环形闭合方法或往

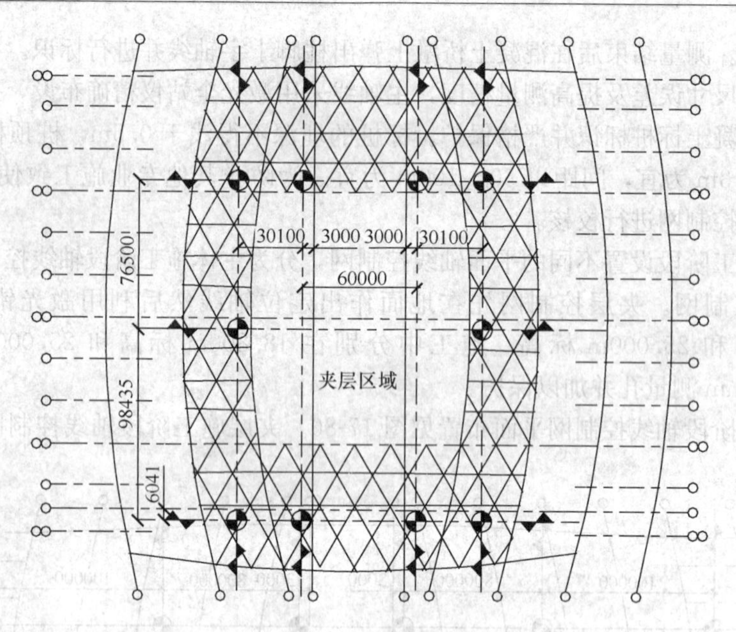


图 17-87　夹层施工阶段轴线控制网平面布置

返闭合法)；相同的观测点，同一观测点两次观测差不得大于 1mm；固定的观测人员采用相同的仪器和设备；在基本相同的环境和条件下进行沉降观测。

4) 沉降观测资料应及时整理，妥善保存，作为该工程技术档案资料的一部分。整理沉降观测成果，计算出每次观测的沉降量和累计沉降量，并绘制出沉降观测日期和沉降量的关系曲线图，供设计、施工有关技术负责人员使用。

(6) 主要构件安装测量

1) 铸钢基础安装精度控制

安装前对混凝土桥墩进行清理，并在混凝土面上标识出十字轴线。在每个铸钢件侧面找出十字中心线并进行标记。根据设计的底标高调整好预埋螺杆上的螺母，放置好垫块。当铸钢吊到螺杆上方 200mm 时，停机稳定，对准螺栓孔和十字线后缓慢下落。铸钢就位如图 17-88 所示。

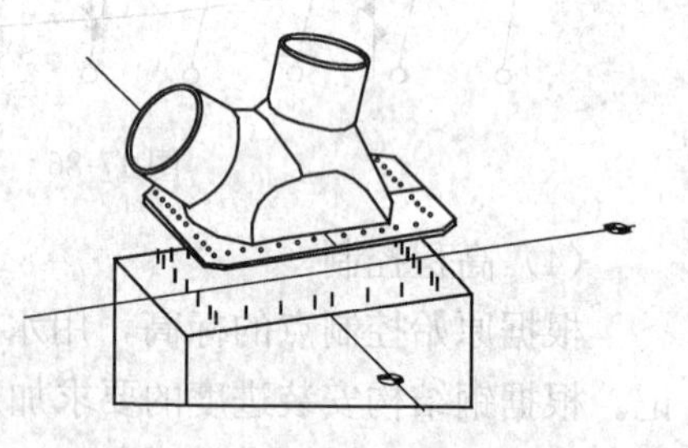

图 17-88　铸钢节点安装测量示意

检查铸钢件四边中心线与基础十字轴线的对准情况，要求铸钢件中线与基础面纵、横轴线重合。初步调整铸钢件底板的就位偏差，在 3mm 以内后使之落实，再利用千斤顶进行精确调整。将千斤顶放置在两条正交的轴线上，利用千斤顶推动铸钢件保证中心线的就位精度。

2) 拱结构安装测量

主拱分四部分安装，拱的轴线和标高校正采用两台全站仪进行。拼装后吊装前，在每段拱的端部设置测量控制点，并计算出此点的三维设计值。测量时，两台全站仪分别置于正交的轴线控制线上，精确对中整平后，固定照准部，然后纵转望远镜，照准拱结构头上的标识点并读数，与设计控制值相比后，判断校正方向并指挥吊装人员对拱进行校正，直到两个正交方向上均校正到正确位置。底部拱校正示意如图 17-89 所示。

主拱上部分两端分别在地面拼装，然后搭设安装胎架在高空进行拼接。次拱采用地面整体拼装，整体吊装。对于拱结构安装精度的控制，关键在于拼装质量的控制。主拱拼装精度控制示意如图 17-90 所示。

图 17-89 底部拱校正示意

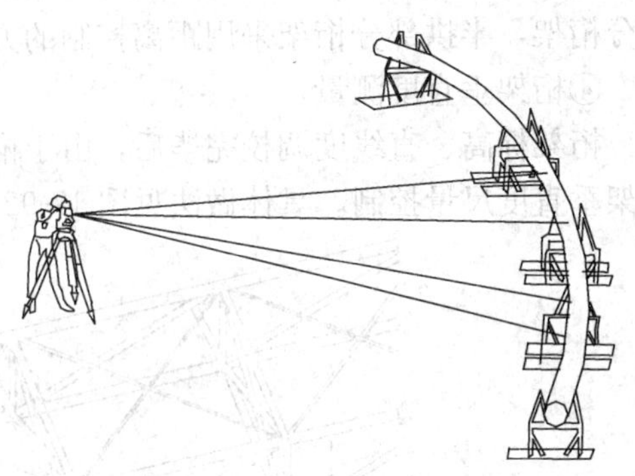

图 17-90 主拱拼装精度控制示意

3）网壳桁架的测量控制

①下弦节点的测量

下弦控制节点的投测：先将下弦控制点引测到 10.25m 的楼面上，并做好点位标记，然后架设全站仪进行角度和距离闭合，将边长误差控制在 1/15000 范围内，角度误差控制在 6" 范围内。

②桁架标高测量

由于桁架为折线形，桁架上各点标高在相对变化，因此，正确地控制其标高至关重要。施测时根据桁架分段，注意选定距分段点最近的下弦与腹杆汇交节点作为标高控制点，通过高精度水准仪将后视标高逐个引测至胎架上的某一点，做好标记，以此作为后视依据。根据引测各标高后视点，分别测出平台上相应下弦控制节点标记点位之实际标高，然后和相应控制节点设计标高相比较，即得出高差值，明确标注在胎架相应节点标记点上，以此作为屋架分段组装标高的依据，标高控制目标为±5mm。

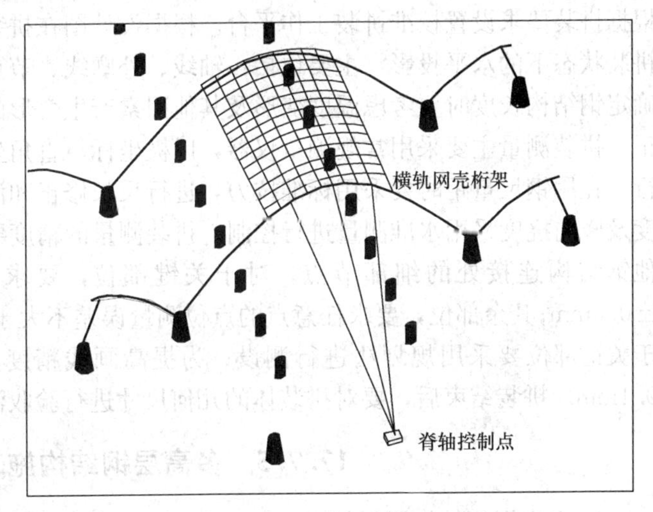


图 17-91 桁架直线度测控示意

③桁架直线度测量（图 17-91）

以脊轴控制点为核心，根据桁架下弦杆中心线在水平面上投影为一直线，桁架外边投影线对称于下弦中心线，所以桁架直线度的控制以控制下弦投影线的方法进行。桁架轴线测投，需要高精度的经纬仪（2″以上）配合 50m 钢尺（经过鉴定，并作温度修正）以标准拉力施测，在桁架的四个面标出实际的轴线，为下一榀桁架的安装校正提供依据。

中央网壳采用全站仪测量为主要手段进行精确的控制和监测，使中央网壳部分沿脊轴南北各三片层状杆件和下行各八纵列的主拱下弦杆、纵横杆件均牢固连接后方可安装半拱部分桁架，半拱部分桁架采用距离控制的方法为主要控制手段。

④桁架垂直度测量

桁架标高、直线度调校完毕后，由于桁架都是垂地布设的，采用线坠直线法直接进行桁架垂直度尺量控制。具体做法见图 17-92。

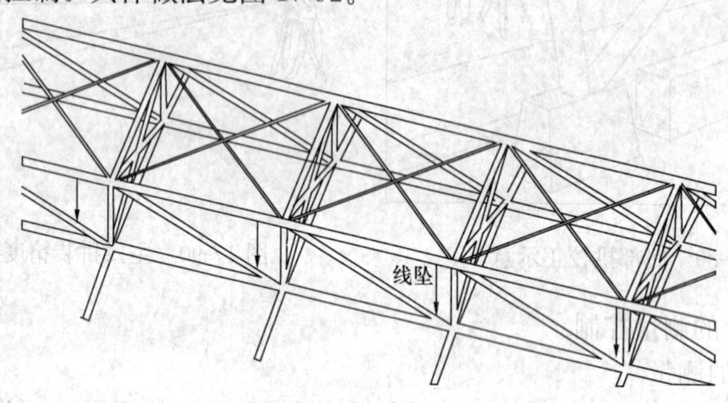


图 17-92　线坠控制桁架垂直度示意图

4）桁架拼装测量

在钢构件进入拼装现场之前，首先进行拼装场地平整度测量，使场地满足拼装要求；根据拼装要求设置校准拼装工作平台。根据设计图在拼装工作台上测定出待拼装钢结构在拼装状态下的水平投影，主要包括：轴线、外廓线、节点大样及待拼装体的平面挠度。在确定钢结构长度时要考虑温度变形及其他因素产生变形的影响，并对长度值进行相应的修正。拼装测量主要采用常规测量仪器，以极坐标、直角坐标及距离交会等常规测量方法进行。在用钢尺量距时要采用标准拉力，进行尺长修正和温度修正。待拼装体的平整度、高度及竖向挠度采用水准测量进行控制。拼装测量的精度要求很高，尤其是纵向长度和与其他钢结构连接处的细部节点。对于关键部位，要求任意点的点位测量误差不大于±0.5mm；其余部位，要求任意点的点位测量误差不大于±1.0mm。为保证测量精度，对于关键部位要采用规划法进行测设；为提高画线精度，采用钢针画线，画线宽度小于0.1mm。拼装结束后，要对拼装体的几何尺寸进行验收测量，为最终安装提供依据。

## 17.7.5　多高层钢结构施工测量

1. 多高层钢结构测量特点

（1）多高层钢结构因为楼层多、高度高，结构竖向偏差直接影响结构的受力状况，因此施工测量中要求竖向投点精度高，测量方法、仪器等的选择应综合考虑结构类型、施工方法、场地条件、气候条件等因素。

（2）随着楼层高度的增加，结构高处受到风、日照、温差、现场施工塔式起重机的运转等影响引起摆晃，将会对测量精度造成影响，因此需根据实际情况，合理选择控制点引测时间和分段传递的高度，建立一套稳定可靠的测量控制网。

（3）由于钢结构工程中大量使用焊接且构件的形式往往较为复杂，钢板也较厚，因此焊缝引起的焊接变形较大，测量施工中应重点关注，反复测量。

(4) 高层钢结构的钢柱一般连接多层钢梁，并且主梁刚度较大，因此钢梁安装时易导致钢柱变动，甚至可能波及相邻的钢柱。鉴于此，钢梁安装时，不仅应测量该钢梁两端钢柱的垂直度变化，还应监测邻近各钢柱的垂直度变化，且应待一区域整体完成后再进行整体测量校正，才能保证整体结构的测量精度。

(5) 高层钢结构安装时，应考虑对日照、焊接等可能引起构件伸缩或弯曲变形的因素采取相应措施，以便总结环境、时段、焊接等对结构的影响，测量时根据实际情况进行预偏，保证构件的安装精度满足要求。安装过程中，一般应作下列项目的试验观测与记录：

1) 柱、梁焊缝收缩引起柱身垂直度偏差值的测定；

2) 柱受日照温差、风力影响的变形测定；

3) 塔式起重机附着或爬升对结构垂直度的影响测定；

4)（差异）沉降和压缩变形对建筑物整体变形影响值的测定。

(6) 高层钢结构工程中，常存在部分空间复杂构件（如空间异形桁架、倾斜钢柱等），一般的测量方法不便施测。该类构件的定位可由全站仪直接架设在控制点上进行三维坐标测定，或由水准仪进行标高测设、全站仪进行平面坐标测定，共同测控。

2. 多高层钢结构测量实例（京基金融中心）

(1) 工程概况

京基金融中心是集甲级写字楼、六星级豪华酒店、大型商业、高级公寓、住宅为一体的大型综合性建筑群，总建筑面积为 584642m$^2$，地下室建筑面积 112283m$^2$。其主塔楼（A座）共 98 层，高 439m，地下 4 层，底标高－18.7m。大楼平面南北为弧形，东西面为一直线的垂直立面，顶部 98 层以上为拱结构。该工程测量的重点和难点在于主楼外筒钢柱在超高情况下的精确控制及内外筒连接钢梁的准确定位。

(2) 测量准备

1) 测量总体流程（图 17-93）

2) 测量仪器设备准备（表 17-71）

**测量仪器设备配置** 表 17-71

| 序号 | 名称 | 型号 | 数量 | 备注 |
|---|---|---|---|---|
| 1 | 全站仪 | GPT-7001<br>DTM-352<br>DTM-552 | 1/1/1 | 轴线引测，<br>二维坐标校正 |
| 2 | 经纬仪 | J2-2 | 2 | 钢柱校正，垂直度测量 |
| 3 | 激光铅直仪 | 1 | 1 | 垂直引测 |
| 4 | 水准仪 | S3E | 1 | 标高测量 |
| 5 | 经纬仪弯管目镜 | | 2 | 垂直度校正 |
| 6 | 对讲机 | | 8 | 2km |
| 7 | 塔尺 | 5m | 2 | 标高测量 |
| 8 | 水平尺 | 800 | 2 | 预埋件测量 |
| 9 | 反射接收靶 | 100mm×100mm | 4 | 接收反射点 |
| 10 | 磁铁线坠 | 0.5kg | 2 | 预埋件测量 |
| 11 | 钢卷尺 | 5m | 5 | 测量放线 |
| 12 | 大盘尺 | 50m | 2 | 测量放线 |
| 13 | 三脚架 | 英制/公制 | 1/4 | 架设仪器 |

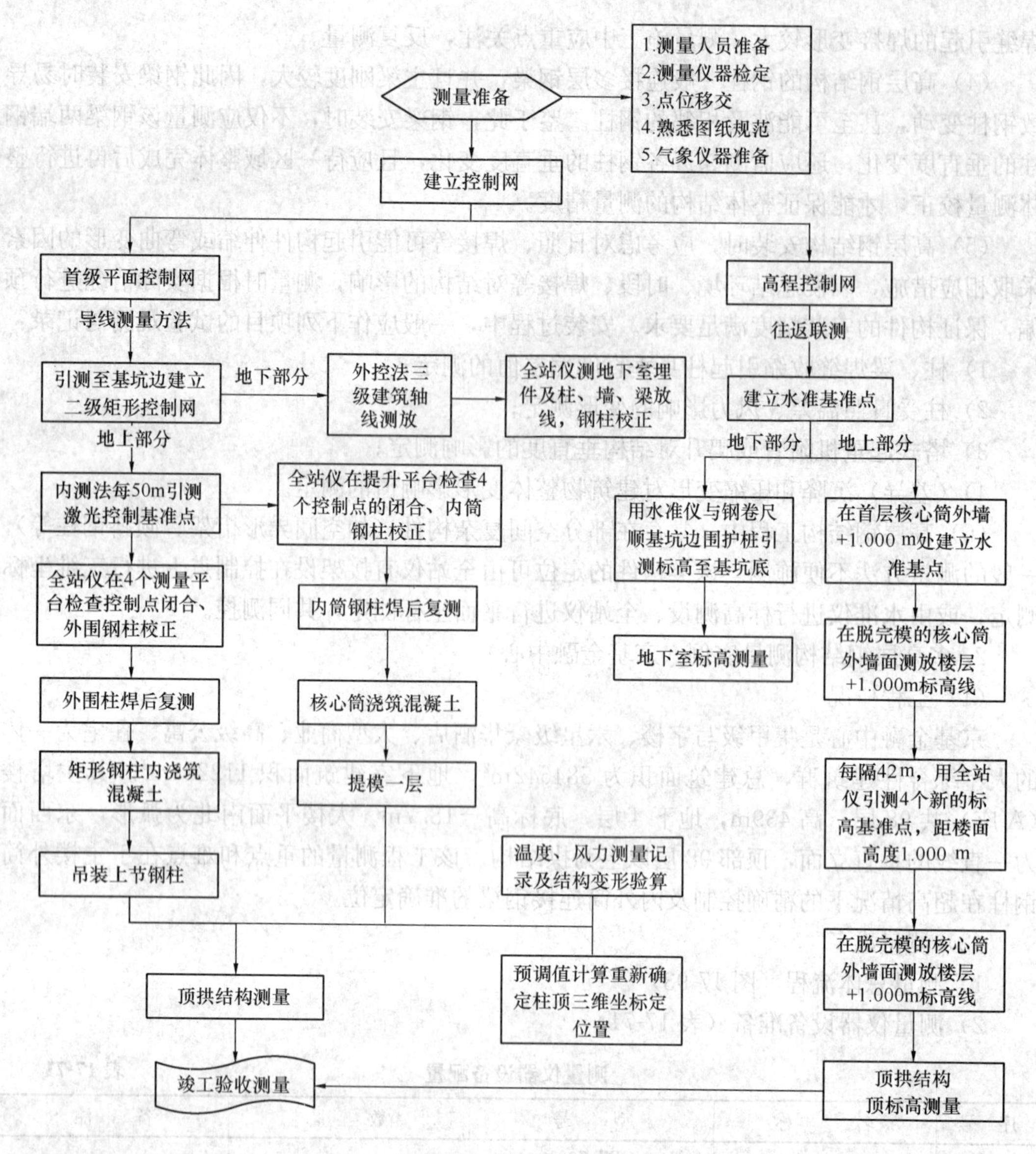


图 17-93 测量总体流程

3）测量内容的拟定（表 17-72）

**测量内容的拟定** **表 17-72**

| 序 号 | 主 要 测 量 工 作 |
|---|---|
| 1 | 城市大地坐标与建筑坐标转换统一 |
| 2 | 首级控制网的移交与复测 |
| 3 | 平面和高程二级控制网“外控法”布置 |
| 4 | 平面和高程二级控制网“内控法”垂直引测，同步控制内外筒轴线、标高 |
| 5 | 平面和高程三级控制网测量，控制柱、梁、剪力墙、门、洞口的轴线、标高 |
| 6 | 底板基础平面钢柱底预埋件、墙立面预埋件安装定位测量 |
| 7 | 钢柱三维坐标位置的定位校正测量，并分析气候条件对测量结果的影响 |

4）其他准备工作，可参见本手册第17.7.1节“测量准备”。

（3）控制网的建立

1）控制网的建立思路

由于该工程量较大，而且工况复杂，因而必须设置多级平面控制网，而且各级控制网之间必须形成有机的整体。由此本工程建立三级平面控制网，见表17-73。

三级控制网 表17-73

| 首级控制网 | 业主移交 |
|---|---|
| 二级控制网 | 布置在±0.000m楼面或基坑内的各主要轴线控制点、标高控制点 |
| 三级控制网 | 引测在柱、梁、剪力墙、门、洞口的轴线控制点、标高控制点 |

2）统一测量控制的坐标系

本工程±0.000相当于绝对标高+8.000m。设计蓝图“*X-O-Y*”为城市大地平面坐标系，与建筑平面坐标系“*x-o-y*”相同，不需要转换，直接可以引用。

3）首级控制网的建立

进场后，在业主、监理的主持下，总包对首级测量控制网办理正式的书面移交手续，实地踏勘点位，对已经损坏的点位作出标记说明。

复测首级控制网的点位精度，测量点位之间的边长距离和夹角，计算点位误差。如点位误差较大，总包需进一步和业主、监理核对并确认。

该控制网作为首级平面控制网，它是二级平面控制网建立和复核的唯一依据，也是幕墙装修测量、机电安装测量、沉降及变形观测的唯一依据，在整个工程施工期间，必须保证这个控制网的稳定可靠。该控制点的设置位置选择在稳定可靠处，且设置保护装置。总平面定位见图17-94。

4）二级控制网建立

二级平面控制网的布网以首级平面控制网为依据，布置在施工现场以内相对可靠处，用于为受破坏可能性较大的下一级平面控制网的恢复提供基准，同时也可直接引用该级平面控制网中的控制点测量。二级平面控制网应包括建筑物的主要轴线，并组成封闭图形。由于布设在基坑附近，每次使用时要复测二级控制点的坐标，确保二级控制点的准确性。

①地下室二级控制网

地下室4层（−4层～1层），基坑深度最深22.3m，周边做了基坑围护桩和锚固拉结。首级控制网的点位精度经复核无误后，在基坑周边布设首级控制网，采用外控法引测基坑内二级控制网。地下室二级控制网布置见图17-95。

②主楼1层～55层、56层～76层、77层～94层二级控制网

主楼核心筒1层～55层平面结构形式相似，采用的平面轴线控制网见图17-96。

56层～76层以上的核心筒墙体内缩，若取同一控制点，势必会导致控制点设置困难，需采取更多的措施，且精度不高。因此，56层以上的平面轴线控制点需要在56层作位置转换，见图17-97。

平面轴线控制点的位置转换方法，首先应以图纸设计的轴线点理论坐标为根据，用原控制点坐标为起算进行测设；然后布网测量并平差，与理论值比较，当误差在允许范围内时才可以继续上投。

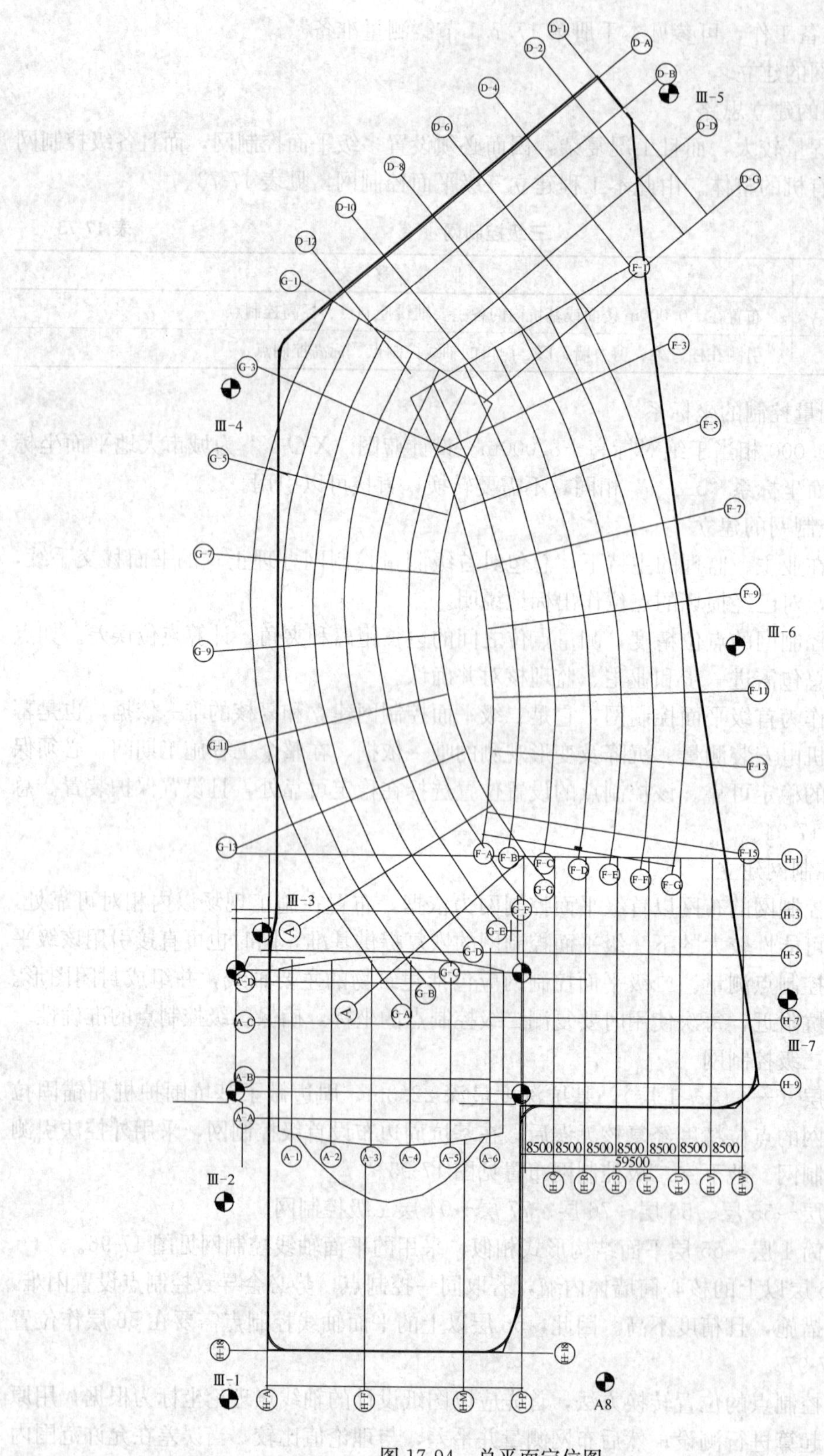


图 17-94　总平面定位图

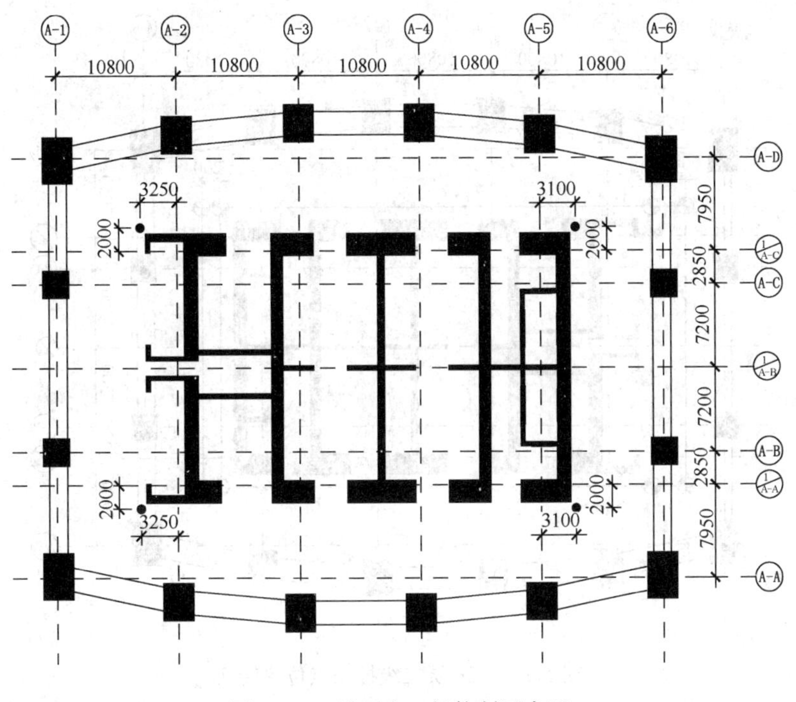


图 17-95 地下室二级控制网布置

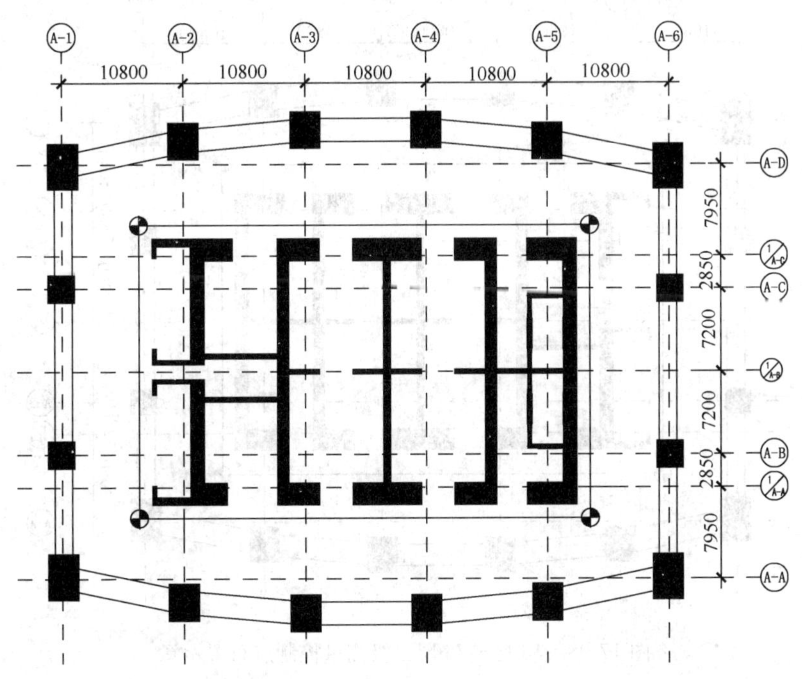


图 17-96 主楼 1 层～55 层二级测量控制点布置示意

主楼核心筒 56 层～76 层平面结构形式相似，采用的平面轴线控制网，见图 17-98。

77 层～顶层核心筒墙体内缩，因此，76 层以上的平面轴线控制点需要在 76 层作位置转换，转换方法同 56 层，见图 17-99。77 层～94 层的二级控制点见图 17-100。

(4) 控制点的向上引测

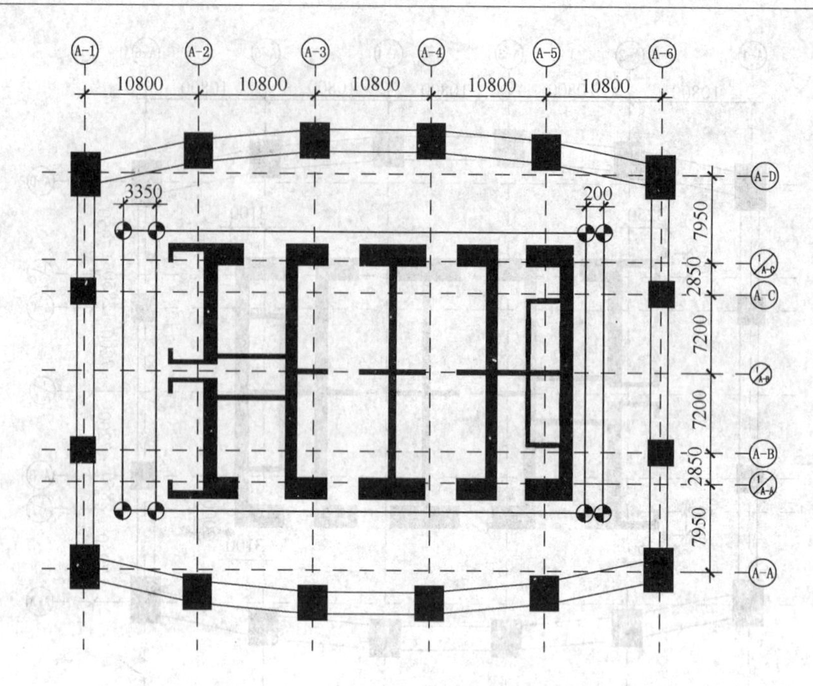


图 17-97 56 层二级控制点位置转换

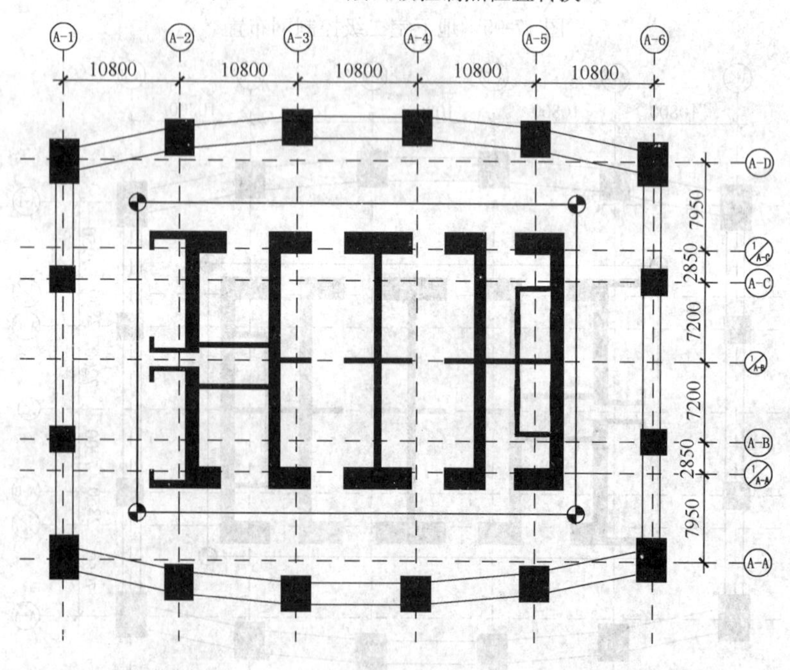


图 17-98 56 层～76 层二级测量控制点布置示意

1）平面轴线控制点的引测方法及要求

①地下室施工阶段的各结构部位定位放线，其平面轴线控制点的引测采用将基坑周边的首级测量控制点引测到基坑中，布置二级控制点，用极坐标法或直角坐标法进行细部放样。

②当楼板施工至±0.000 时，在基坑周边的二级测量控制点上架设全站仪，用极坐标

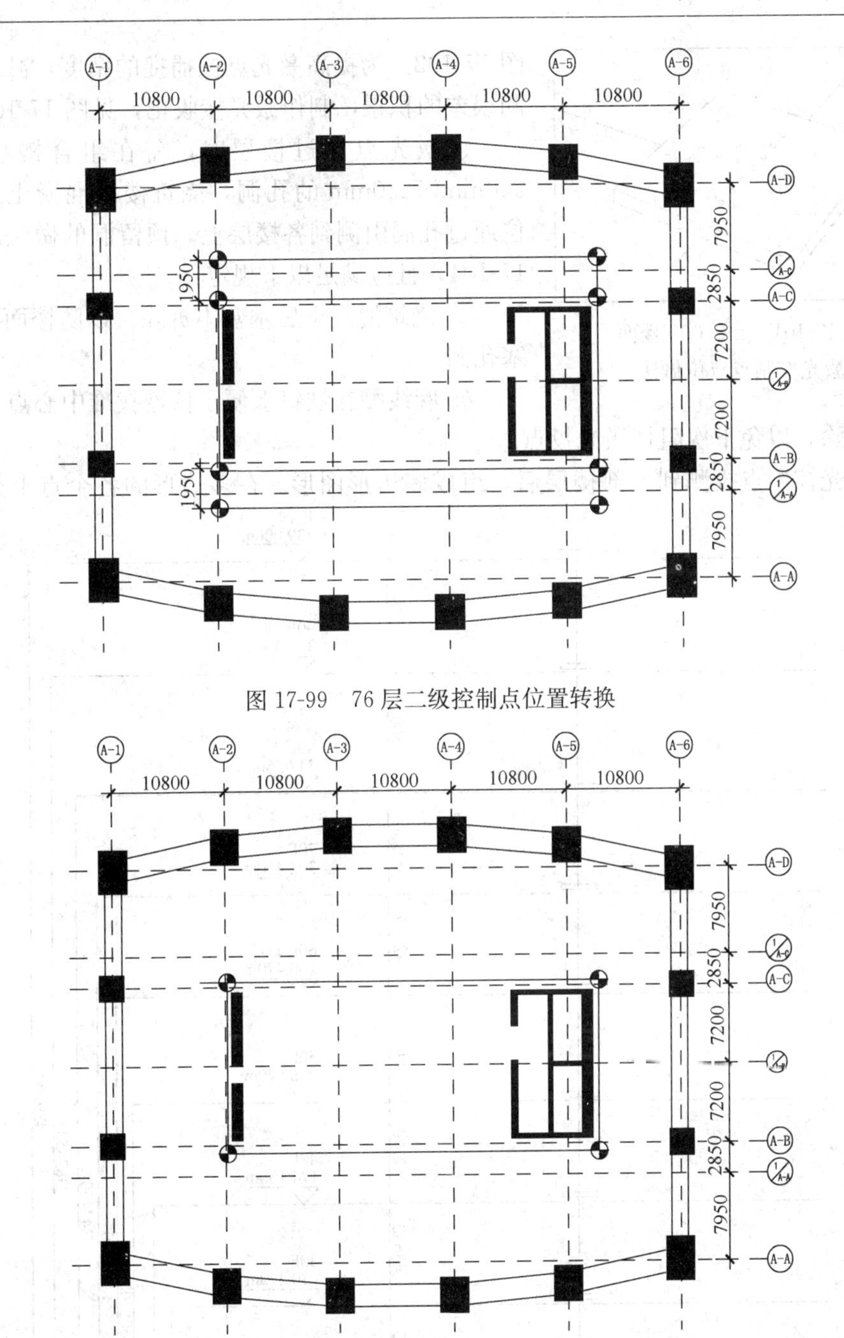


图 17-99　76 层二级控制点位置转换

图 17-100　77 层～94 层二级测量控制点布置示意

法或直角坐标法放样测设激光控制点。由于±0.000 层人员走动频繁，激光点测放到楼面后需进行特殊的保护，因此需在±0.000 层混凝土楼面预埋铁件，楼板混凝土浇筑完成且具有强度后，再次放样测设激光控制点并进行多边形闭合复测，调整点位误差，打上样冲眼十字中心点标示，示意见图 17-101。

③上部楼层平面轴线控制点的引测，首次在±0.000 层混凝土楼面激光控制点上架设激光铅直仪，垂直向上投递平面轴线控制点，以后每隔 42m 中转一次激光控制点，详见

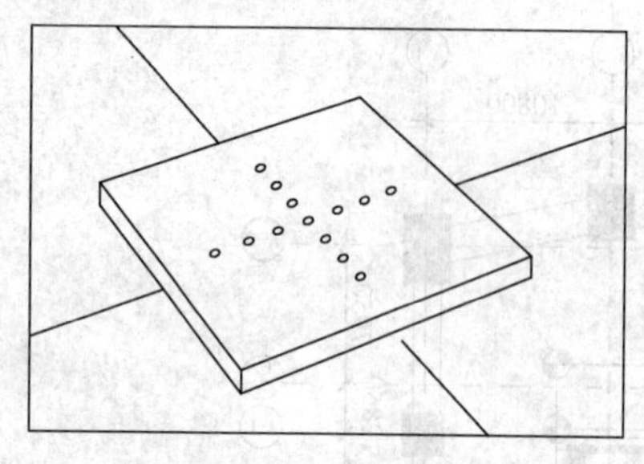

图 17-101　±0.000 楼面激光控制点点位做法

图 17-102。为提高激光点位捕捉的精度，减少分段引测误差的积累，制作激光接收靶，见图 17-103。

④激光点穿过楼层时，需在组合楼板上预留 200mm×200mm 的孔洞，浇筑楼板混凝土后，将点位通过孔洞引测到各楼层上。预留洞的做法示意如图 17-104，且应满足以下规定：

*a*. 浇筑混凝土后木盒不拆除，以防楼面垃圾物堵塞孔洞。

*b*. 麻线绷在铁钉上便于仪器找准中心点，用完后将麻线拆除，以免下次阻挡激光投点。

⑤激光控制点投测到上部楼层后，组成多边形图形。在多边形的各个点上架设全站

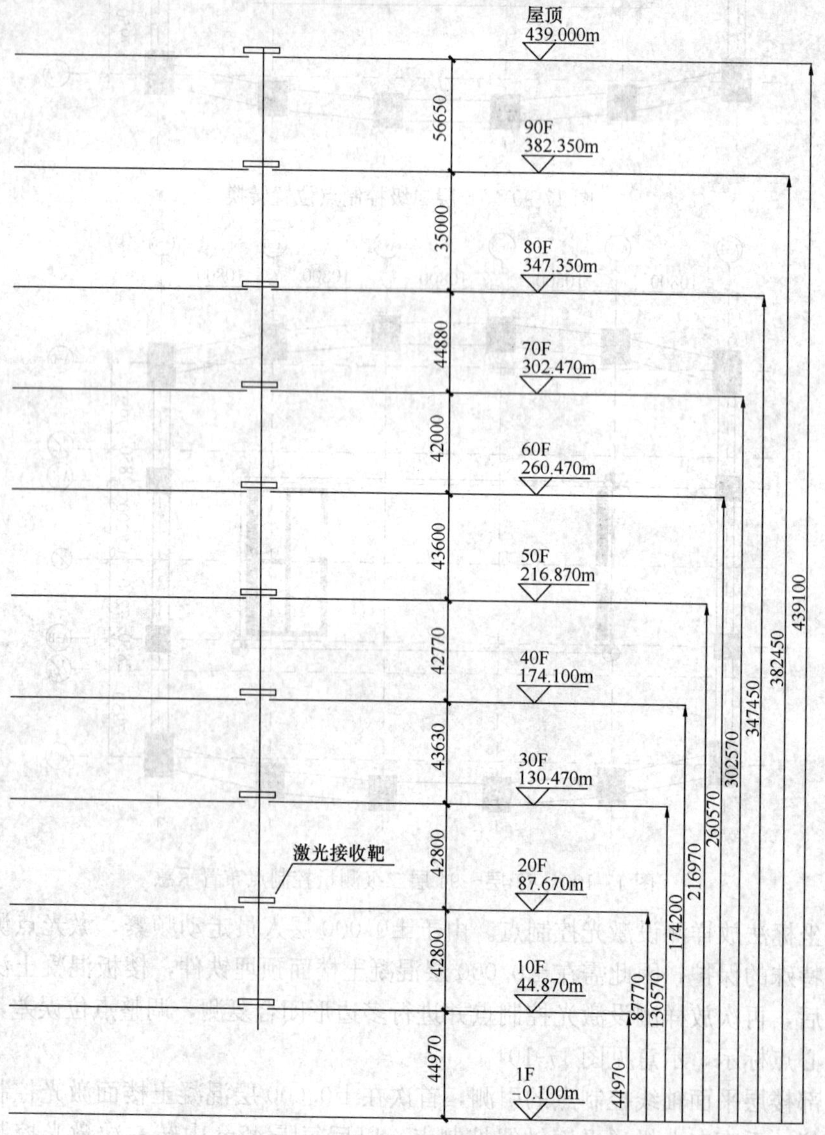


图 17-102　轴线、标高基准点垂直传递途径示意

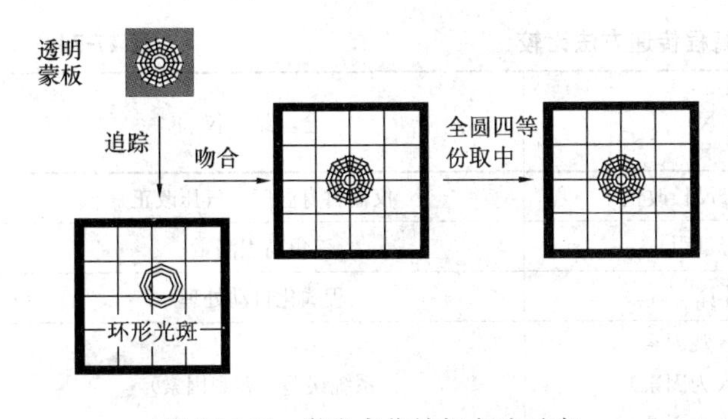


图 17-103 激光点位捕捉方法示意

仪，复测多边形的角度、边长误差，进行点位误差调整并做好点位标记。如点位误差较大，应重新投测激光控制点。

⑥由于钢结构施工在前，上部楼层的激光点位置未浇筑混凝土楼板，需在主楼核心墙侧面焊接测量控制点的悬挑钢平台，把激光控制点投测到钢平台上并做好标记。

2）平面控制轴线测放方法

任意架设仪器于钢柱上的M点，后视垂直引测上来的两通视基准点A、B，校核两通视点位A、B的投测精度至规范允许的范围内，计算通视边、A、B与建筑轴线的相对坐标关系，即可测放出该楼层所有的轴线。全站仪在钢柱上的架设方法示意见图17-105。

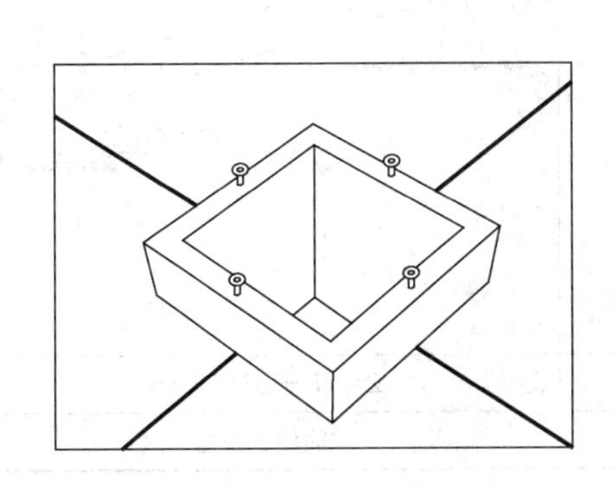

图 17-104 激光点穿过楼层的预留洞做法

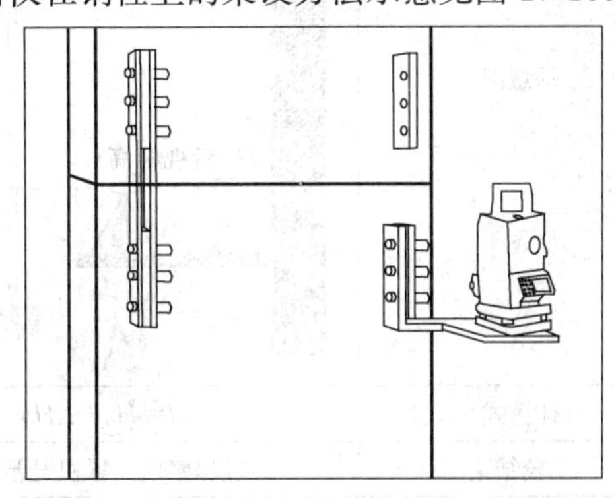

图 17-105 平面控制轴线测量放线示意

3）主楼标高控制点的引测方法

地下室施工阶段的高程点位要求尽量布置在基础沉降区及大型施工机械行走影响的区域之外。确保点位之间通视条件良好，便于联测。

主要方法如下：

①布设高程基点：根据总包提供的高程控制点，将其高程引测至2号M900D塔式起重机的下方，再将其转移到南面裙楼－4层混凝土柱上，做好标记，即为地下室高程控制点。此点每月与S1控制点进行闭合一次。

②标高控制网的垂直引测：在高程传递的过程中，有两种常规的方法可供选择，比较见表17-74。

4）控制点的引测施工

详细步骤为：

①地下室基准标高点引测

选择3～4个标高点组成闭合回路，用水准仪配合塔尺和钢卷尺顺着基坑围护桩往下量测至地下室基础。到基坑复测水准环路闭合差，当闭合差较大时重新引测标高基准点。

**高程传递方法比较**　　　**表 17-74**

| 比较项目＼引测方法 | 钢　尺 | 全　站　仪 |
| --- | --- | --- |
| 综合改正 | 温度、拉力、尺长改正 | 仪器自身温度、气压改正 |
| 引测原理 | 钢尺精密量距 | 三角高程测量 |
| 数据处理 | 人工计算 | 程式化自动处理 |
| 误差分析 | 系统误差（客观因素）<br>偶然误差（人为因素）<br>累积误差（人为因素） | 系统误差（客观因素） |
| 示意图 |  |  |
| 计算式 | $H=H_0+\Delta H$ | $Z=H_0+\Delta H+L\sin\alpha$ |
| 比较结论 | 过程繁琐、累积误差大 | 简便、快捷 |

②首层＋1.000m 标高基准点测量引测

用水准仪引测首层＋1.000m 标高线至剪力墙外墙面，各点之间复测闭合后弹墨线标示。

③地上各层＋1.000m 标高基准点测量引测

地上楼层基准标高点首次由全站仪从首层楼面竖向引测，每升高 42m 引测中转一次，42m 之间各楼层的标高用钢卷尺顺主楼核心筒外墙面往上量测。全站仪引测标高基准点的方法如下：

*a*. 在±0.000 层的混凝土楼面架设全站仪，输入当时的气温、气压数据，对全站仪进行气象改正设置。

*b*. 全站仪后视核心筒墙面＋1.000m 标高基准线，测得仪器高度值。对仪器内 *Z* 向坐标进行设置，包括反射棱镜的常数设置。示意见图 17-106。

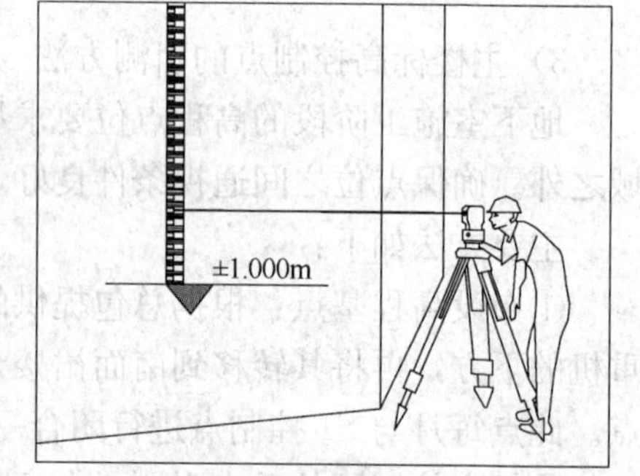


图 17-106　全站仪照准＋1.000m 标高线确定 *Z* 坐标值

*c*. 全站仪望远镜垂直向上，顺着激光控制点的预留洞口垂直往上测量距离，顶部反射棱镜放在土建提模架或需要测量标高的楼层位置，镜头向下对准全站仪。由于全息反射贴片配合远距离测距时反射信号较弱，影响测距的精度，故本工程用反射棱镜配合全站仪

进行距离测量。反射棱镜放置示意见图 17-107。

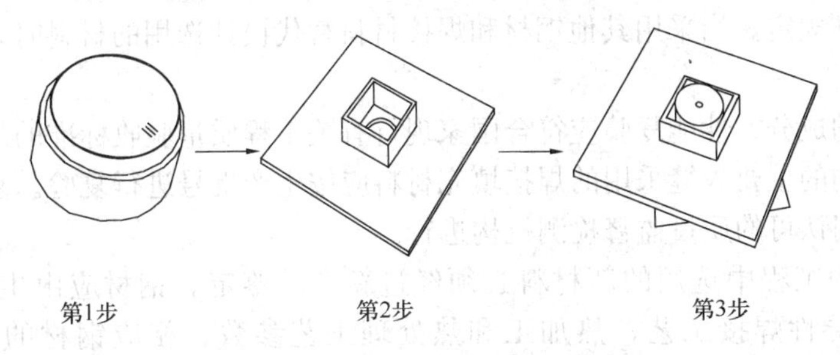


图 17-107 反射棱镜放置示意

*d*. 计算得到反射棱镜位置的标高后，用水准仪后视全站仪测得的标高点，测读水准仪标高值，将该处标高转移到剪力墙侧面距离本楼层高度＋1.000m 处，并弹墨线标示。

*e*. 轴线、标高基准点垂直传递途径示意，见图 17-102。

### 17.7.6 高耸结构的施工测量

高耸结构主要包括烟囱、电视塔等结构，其施工测量的特点、要求及部分工程实例可参见本手册第 7 章第 7.8.2.2 节。

## 17.8 钢结构的焊接施工

### 17.8.1 焊 接 准 备

1. 人员准备

焊接从业人员必须具有《钢结构焊接规范》(GB 50661) 规定的相关资质证书。

(1) 焊接技术责任人员应接受过专门的焊接技术培训，取得中级以上技术职称并有一年以上焊接生产或施工实践经验。

(2) 焊接质检人员应接受过专门的技术培训，有一定的焊接实践经验和技术水平，并具有质检人员上岗资质证。

(3) 无损探伤人员必须由国家授权的专业考核机构考核合格，其相应等级证书应在有效期内；并应按考核合格项目及权限从事焊缝无损检测和审核工作。

(4) 焊工应按《钢结构焊接规范》(GB 50661) 的规定考试合格并取得资格证书，其施焊范围不得超越资格证书的规定。

(5) 气体火焰加热或切割操作人员应具有气割、气焊操作上岗证。

(6) 焊接预热、后热处理人员应具备相应的专业技术。用电加热设备加热时，其操作人员应经过专业培训。

2. 机具准备

投入工程施工的焊接设备，其功能及焊接性能需达到相应工程焊接施工要求，并经过焊接工艺评定试验严格调试，满足使用要求后才可投入正式的焊接施工中。

3. 材料准备

(1) 建筑钢结构用钢材及焊接填充材料的选用应符合设计图的要求，并应具有钢厂和焊接材料厂出具的质量证明书或检验报告；其化学成分、力学性能和其他质量要求必须符合国家现行标准规定。当采用其他钢材和焊接材料替代设计选用的材料时，必须经原设计单位同意。

(2) 钢材的成分、性能复验应符合国家现行有关工程质量验收标准的规定；大型、重型及特殊钢结构的主要焊缝采用的焊接填充材料应按生产批号进行复验。复验应由国家技术质量监督部门认可的质量监督检测机构进行。

(3) 钢结构工程中选用的新材料必须经过新产品鉴定。钢材应由生产厂家提供焊接性资料、指导性焊接工艺、热加工和热处理工艺参数、相应钢材的焊接接头性能数据等资料；焊接材料应由生产厂家提供贮存及焊前烘焙参数规定、熔敷金属成分、性能鉴定资料及指导性施焊参数，经专家论证、评审和焊接工艺评定合格后，方可在工程中采用。

(4) 焊接T形、十字形、角接接头，当其翼缘板厚度等于或大于40mm时，设计宜采用抗层状撕裂的钢板。钢材的厚度方向性能级别应根据工程的结构类型、节点形式及板厚和受力状态的不同情况按《厚度方向性能钢板》(GB/T 5313) 进行选择。

(5) 焊条应符合《碳钢焊条》(GB/T 5117)、《低合金钢焊条》(GB/T 5118) 的规定。

(6) 焊丝应符合《熔化焊用钢丝》(GB/T 14957)、《气体保护电弧焊用碳钢、低合金钢焊丝》(GB/T 8110) 及《碳钢药芯焊丝》(GB/T 10045)、《低合金钢药芯焊丝》(GB/T 17493) 的规定。

(7) 埋弧焊用焊丝和焊剂应符合《埋弧焊用碳钢焊丝和焊剂》(GB/T 5293)、《埋弧焊用低合金钢焊丝和焊剂》(GB/T 12470) 的规定。

(8) 气体保护焊使用的氩气应符合《氩》(GB/T 4842) 的规定，其纯度不应低于99.95%。

(9) 气体保护焊使用的二氧化碳气体应符合《焊接用二氧化碳》(HG/T 2537) 的规定，大型、重型及特殊钢结构工程中主要构件的重要焊接节点采用的二氧化碳气体质量应符合标准中优等品的要求，即其二氧化碳含量 (V/V) 不得低于99.9%，水蒸气与乙醇总含量 (m/m) 不得高于0.005%，并不得检出液态水。

(10) 焊接材料应与母材相匹配。表17-75为常用结构钢钢材的焊接材料推荐选配表。

4. 技术准备

施工前应编制焊接工艺方案，并以此为依据编制焊接作业指导书。焊接工艺方案应以合格的焊接工艺评定试验、企业设备和资源状况为依据进行编制。对于首次采用的钢材、焊接材料、焊接方法、焊后热处理等，应进行焊接工艺评定试验，焊接工艺评定试验应按照本手册和《钢结构焊接规范》(GB 50661) 的有关规定及设计文件的要求执行。

(1) 焊接工艺评定程序

焊接工艺评定程序见表17-76。

(2) 焊接工艺评定试件的选择

根据《钢结构焊接规范》(GB 50661) 的规定，选择合适规格的试件进行焊接工艺评定。表17-77为评定合格的试件厚度在工程中适用的厚度范围。

**常用结构钢钢材的焊接材料推荐选配表** **表 17-75**

| 母材 | | | | | 焊接材料 | | | |
|---|---|---|---|---|---|---|---|---|
| (GB/T 700)和(GB/T 1591)标准钢材 | (GB/T 19879)标准钢材 | (GB/T 714)标准钢材 | (GB/T 4171)标准钢材 | (GB/T 7659)标准钢材 | 焊条电弧焊 | 实心焊丝气体保护焊 | 药芯焊丝气体保护焊 | 埋弧焊 |
| Q215 | — | — | — | ZG200-400H<br>ZG230-450H | GB/T 5117：<br>E43XX | GB/T 8110：<br>ER49-X | GB/T 17493：<br>E43XTX-X | GB/T 5293：<br>F4XX-H08A |
| Q235<br>Q255<br>Q275<br>Q295 | Q235GJ | Q235q | Q235NH<br>Q265GNH Q295NH<br>Q295GNH | ZG275-485H | GB/T 5117：<br>E43XX、E50XX<br>GB/T 5118：<br>E50XX-X | GB/T 8110<br>ER49-X<br>ER50-X | GB/T 17493：<br>E43XTX-X<br>E50XTX-X | GB/T 5293：<br>F4XX-H08A<br>GB/T 12470：<br>F48XX -H08MnA |
| Q345<br>Q390 | Q345GJ<br>Q390GJ | Q345q<br>Q370q | Q310GNH<br>Q355NH<br>Q355GNH | — | GB/T 5117：<br>E5015、16<br>GB/T 5118：<br>E5015、16-X<br>E5515①、16-X① | GB/T 8110<br>ER50-X<br>ER55-X | GB/T 17493：<br>E50XTX-X | GB/T 12470：<br>F48XX- H08MnA<br>F48XX-H10Mn2<br>F48XX-H10Mn2A |
| Q420 | Q420GJ | Q420q | Q415NH | — | GB/T 5118：<br>E5515、16-X<br>E6015②、16-X② | GB/T 8110<br>ER55-X<br>ER62-X② | GB/T 17493：<br>E55XTX-X | GB/T 12470：<br>F55XX-H10Mn2A<br>F55XX-H08MnMoA |
| Q460 | Q460GJ | — | Q460NH | — | GB/T 5118：<br>E5515、16-X<br>E6015、16-X | GB/T 8110<br>ER55-X | GB/T 17493：<br>E55XTX-X<br>E60XTX-X | GB/T 12470：<br>F55XX-H08MnMoA<br>F55XX-H08Mn2MoVA |

①仅适用于 Q345q 厚度不大于 16mm 时及 Q370q 厚度不大于 35mm 时；

②仅适用于 Q420q 厚度不大于 16mm 时。

注：1. 当设计或被焊母材有冲击要求规定时，熔敷金属的冲击功应不低于设计规定或母材规定；

2. 当所焊接的接头板厚大于等于 25mm 时，焊条电弧焊应采用低氢焊条焊接；

3. 表中 XX、X 为对应焊材标准中的焊材类别。

**焊接工艺评定程序** **表 17-76**

| 序号 | 焊接工艺评定程序 |
| --- | --- |
| 1 | 由技术员提出工艺评定任务书（焊接方法、试验项目和标准） |
| 2 | 焊接责任工程师审核任务书并拟定焊接工艺评定指导书（焊接工艺规范参数） |
| 3 | 焊接责任工程师将任务书、指导书下发焊接工艺评定责任人，安排组织实施焊接工艺评定 |
| 4 | 焊接责任工程师依据相关国家标准规定，监督由本企业熟练焊工施焊试件及试件和试样的检验、测试等工作 |
| 5 | 焊接工艺评定责任人负责工艺评定试样的送检工作，并汇总评定检验结果，提出焊接工艺评定报告 |
| 6 | 评定报告经焊接责任工程师审核，企业技术总负责人批准后，正式作为编制指导生产的焊接工艺的可靠依据 |
| 7 | 焊接工艺评定所用设备、仪表应处于正常工作状态，为项目正式施工使用的设备、试样的选择必须覆盖本工程的全部规格并具有代表性，试件应由本企业持有合格证书且技术熟练的焊工施焊 |

**评定合格的试件厚度在工程中适用的厚度范围** **表 17-77**

| 焊接方法类别 | 评定合格试件厚度 $t$（mm） | 工程适用厚度范围 | |
| --- | --- | --- | --- |
| | | 板厚最小值 | 板厚最大值 |
| 焊条手工电弧焊、$CO_2$气体保护焊、药芯焊丝自保护焊、非熔化极气体保护焊、埋弧焊 | ≤25 | 3mm | $2t$ |
| | $25<t\leqslant70$ | $0.75t$ | $2t$ |
| | >70 | $0.75t$ | 不限 |
| （熔嘴、丝极、板极）电渣焊 | ≥18 | $0.75t$，最小 18mm | $1.1t$ |
| （单丝、多丝）气电立焊 | ≥10 | $0.75t$，最小 10mm | $1.1t$ |
| （非穿透、穿透）栓钉焊 | $1/3d\leqslant t<12$ | $t$ | $2t$，且不大于 16 |
| | $12\leqslant t<25$ | $0.75t$ | $2t$ |
| | $t\geqslant25$ | $0.75t$ | $1.5t$ |

注：$d$ 为栓钉直径。

(3) 焊接工艺评定参考参数及焊缝外观尺寸检查

各种焊接工艺评定参考参数，见表 17-78～表 17-81；焊缝外观尺寸检查，可参考表 17-82。

**手工电弧焊参数参考** **表 17-78**

| 参数 / 位置 | 电弧电压（V） | | 焊接电流（A） | | 焊条极性 | 层厚（mm） | 层间温度（℃） | 焊条型号 |
| --- | --- | --- | --- | --- | --- | --- | --- | --- |
| | 平焊 | 其他 | 平焊 | 其他 | | | | |
| 首层 | 24～26 | 23～25 | 105～115 | 105～160 | 阳 | 3～4 | — | E43、E5015、E5016、E5018、E6015、E6016 Φ3.2 Φ4.0 |
| 中间层 | 29～33 | 29～30 | 150～180 | 150～160 | 阳 | 3～4 | 85～150 | |
| 面层 | 25～27 | 25～27 | 130～150 | 130～150 | 阳 | 3～4 | 85～150 | |

**$CO_2$ 气体保护焊（平焊）参数参考** **表 17-79**

| 参数 / 位置 | 电弧电压（V） | 焊接电流（A） | 焊丝伸出长度 | | 层厚（mm） | 焊丝极性 | 气体流量（L/min） | 层间温度（℃） | 焊丝型号 |
| --- | --- | --- | --- | --- | --- | --- | --- | --- | --- |
| | | | ≤40 | >40 | | | | | |
| 首层 | 22～24 | 180～200 | 20～25 | 30～35 | 6～7 | 阳 | 45～50 | — | ER50-6 ER50-2 Φ1.2mm |
| 中间层 | 25～27 | 230～250 | 20 | 25～30 | 5～6 | 阳 | 40～45 | 100～150 | |
| 面层 | 22～24 | 200～230 | 20 | 20 | 5～6 | 阳 | 35～40 | 100～150 | |

注：送丝速度为 5～5.5mm/s；气体有效保护面积为 1000mm²。

$CO_2$ 气体保护焊（横、立焊）参数参考　　表 17-80

| 参数 / 位置 | 电弧电压（V） | 焊接电流（A） | 焊丝伸出长度 | | 层厚（mm） | 焊丝极性 | 气体流量（L/min） | 层间温度（℃） | 焊丝型号 |
|---|---|---|---|---|---|---|---|---|---|
| | | | ≤40 | >40 | | | | | |
| 首层 | 22～24 | 180～200 | 20～25 | 30～35 | 6～7 | 阳 | 50～55 | — | ER50-6<br>ER50-2<br>Φ1.2mm |
| 中间层 | 25～27 | 230～250 | 20 | 25～30 | 5～6 | 阳 | 45～50 | 100～150 | |
| 面层 | 22～25 | 180～200 | 20 | 20 | 5～6 | 阳 | 40～45 | 100～150 | |

注：送丝速度为 5～5.5mm/s；气体有效保护面积为 1000mm$^2$。

$CO_2$ 气体保护焊（仰焊）参数参考　　表 17-81

| 参数 / 位置 | 电弧电压（V） | 焊接电流（A） | 焊丝伸出长度 | | 层厚（mm） | 焊丝极性 | 气体流量（L/min） | 层间温度（℃） | 焊丝型号 |
|---|---|---|---|---|---|---|---|---|---|
| | | | ≤40 | >40 | | | | | |
| 首层 | 20～24 | 90～100 | 20～25 | 30～35 | 3～4 | 阳 | 55～60 | — | ER50-6<br>ER50-2<br>Φ1.2mm |
| 中间层 | 23～25 | 120～140 | 20 | 25～30 | 3～4 | 阳 | 50～55 | 100～150 | |
| 面层 | 22～24 | 110～130 | 20 | 20 | 3～4 | 阳 | 45～50 | 100～150 | |

注：送丝速度为 3～3.5mm/s；气体有效保护面积为 1000mm$^2$。

焊缝外观尺寸检查参考（mm）　　表 17-82

| 焊接方法 | 焊缝余高 | | 焊缝错边量 | | 焊缝宽度 | |
|---|---|---|---|---|---|---|
| | 平焊 | 其他位置 | 平焊 | 其他位置 | 坡口每边增宽 | 宽度差 |
| 手工电弧焊 | 0～3 | 0～4 | ≤2 | ≤3 | 0.5～2.5 | ≤3 |
| $CO_2$ 气体保护焊 | 0～3 | 0～4 | ≤2 | ≤3 | 0.5～2.5 | ≤3 |

## 17.8.2 焊 接 工 艺

1. 焊接接头坡口形状和尺寸

坡口形状及尺寸是影响焊缝质量的重要因素，其基本要求是能得到致密的焊缝。《钢结构焊接规范》（GB 50661）规定各种焊接方法及接头坡口形状和尺寸标记应符合以下要求：

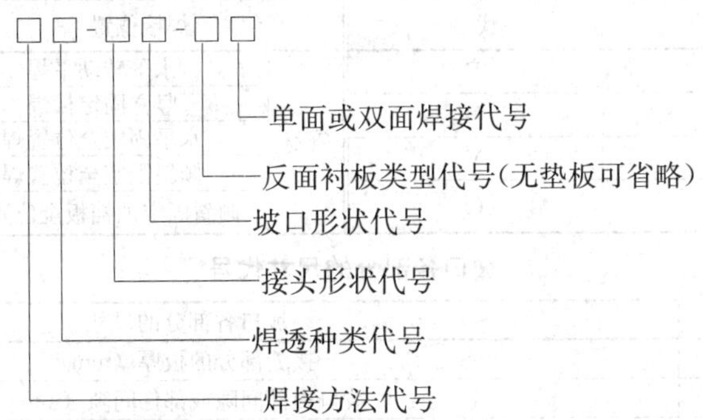


焊接方法、坡口形式、垫板种类及焊接位置等的代号说明，见表 17-83～表 17-87。

示例：MC—BI—Bs1 代表单面焊接、钢衬垫、I 形坡口、对接焊缝、焊条电弧焊的完全焊透焊接。

**焊接方法及焊透种类的代号**　　表 17-83

| 代号 | 焊接方法 | 焊透的种类 |
| --- | --- | --- |
| MC | 焊条电弧焊接 | 完全焊透焊接 |
| MP | | 部分焊透焊接 |
| GC | 气体保护电弧焊接<br>自保护电弧焊接 | 完全焊透焊接 |
| GP | | 部分焊透焊接 |
| SC | 埋弧焊接 | 完全焊透焊接 |
| SP | | 部分焊透焊接 |
| SL | 电渣焊 | 完全焊透 |

**接头形式及坡口形状的代号**　　表 17-84

| 接头形式 | | | 坡口形状 | |
| --- | --- | --- | --- | --- |
| 代　号 | 名　称 | | 代　号 | 名　称 |
| 板接头 | B | 对接接头 | I | I 形坡口 |
| | T | T 形接头 | V | V 形坡口 |
| | X | 十字接头 | X | X 形坡口 |
| | C | 角接接头 | L | 单边 V 形坡口 |
| | F | 搭接接头 | K | K 形坡口 |
| 管接头 | T | T 形接头 | U① | U 形坡口 |
| | K | K 形接头 | J① | 单边 U 形坡口 |
| | Y | Y 形接头 | | |

①当钢板厚度≥50mm 时，可采用 U 形或 J 形坡口。

**焊接面及垫板种类的代号**　　表 17-85

| 焊接面 | | 垫板种类 | |
| --- | --- | --- | --- |
| 代号 | 焊接面规定 | 代号 | 使用材料 |
| 1 | 单面焊接 | $B_S$ | 钢衬垫 |
| 2 | 双面焊接 | $B_F$ | 其他材料衬垫 |

**焊接位置的代号**　　表 17-86

| 焊接位置 | | 代号 | 焊接位置 | | 代号 |
| --- | --- | --- | --- | --- | --- |
| 板材 | 平焊 | F | 管材 | 水平转动平焊 | 1G |
| | 横焊 | H | | 竖立固定横焊 | 2G |
| | 立焊 | V | | 水平固定全位置焊 | 5G |
| | 仰焊 | O | | 倾斜固定全位置焊 | 6G |
| | | | | 倾斜固定加挡板全位置焊 | 6GR |

**坡口各部分的尺寸代号**　　表 17-87

| 代　号 | 坡口各部分的尺寸 |
| --- | --- |
| $t$ | 接缝部分的板厚（mm） |
| $b$ | 坡口根部间隙或部件间隙（mm） |
| $H$ | 坡口深度（mm） |
| $P$ | 坡口钝边（mm） |
| $\alpha$ | 坡口角度（°） |

2. 焊接材料的保管与烘干

（1）焊接材料应储存在干燥、通风良好的地方，由专人保管、烘干、发放和回收，并有详细记录。

（2）焊丝表面和电渣焊的熔化或非熔化导管应无油污、锈蚀。

（3）焊条使用前在300～430℃温度下烘干1.0～2h，或按厂家提供的焊条使用说明书进行烘干。焊条放入时烘箱的温度不应超过最终烘干温度的一半，烘干时间以烘箱到达最终烘干温度后开始计算。

（4）烘干后的低氢焊条应放置于温度不低于120℃的保温箱中存放、待用，使用时应置于保温筒中，随用随取。

（5）焊条烘干后放置时间不应超过4h，用于屈服强度大于370MPa的高强钢的焊条，烘干后放置时间不应超过2h。重新烘干次数不应超过2次。

（6）焊剂使用前应按制造厂家推荐的温度进行烘焙，已潮湿或结块的焊剂严禁使用。用于屈服强度大于370MPa的高强钢的焊剂，烘焙后在大气中放置时间不应超过4h。

（7）栓钉、焊接瓷环保存时应有防潮措施。受潮的焊接瓷环使用前应在120～150℃温度下烘干2h。

3. 焊前检查与清理

（1）施焊前应仔细检查母材，保证母材待焊接表面和两侧均匀、光洁，且无毛刺、裂纹和其他对焊缝质量有不利影响的缺陷；母材上待焊接表面及距焊缝位置50mm范围内不得有影响正常焊接和焊缝质量的氧化皮、锈蚀、油脂、水等杂质。

（2）检查母材坡口成型质量：采用机械方法加工坡口时，加工表面不应有台阶；采用热切割方法加工的坡口表面质量应符合《热切割、气割质量和尺寸偏差》(JB/T 10045.3)的相应规定；材料厚度小于或等于100mm时，割纹深度最大为0.2mm；材料厚度大于100mm时，割纹深度最大为0.3mm。割纹不满足要求时，应采用机械加工、打磨清除。

（3）结构钢材坡口表面切割缺陷需要进行焊接修补时，可根据《钢结构焊接规范》(GB 50661）规定制定修补焊接工艺，并记录存档；调质钢及承受周期性荷载的结构钢材坡口表面切割缺陷的修补还需报监理工程师批准后方可进行。

（4）钢材轧制缺陷的检测和修复应符合下列要求：

1）焊接坡口边缘上钢材的夹层缺陷长度超过25mm时，应采用无损检测方法检测其深度，如深度不大于6mm，应用机械方法清除；如深度大于6mm时，应用机械方法清除后焊接填满；若缺陷深度大于25mm时，应采用超声波测定其尺寸，当单个缺陷面积（$a\times d$）或聚集缺陷的总面积不超过被切割钢材总面积（$B\times L$）的4%时为合格，否则该板不宜使用。

2）钢材内部的夹层缺陷，其尺寸不超过第1）款的规定且位置离母材坡口表面距离（$b$）大于或等于25mm时不需要修理；如该距离小于25mm则应进行修补，修补方法满足本节第11条“返修焊”的要求。

3）夹层缺陷是裂纹时（图17-108），如裂纹长度（$a$）和深度（$d$）均不大于50mm，其修补方法应符合本节第11条“返修焊”的规定；如裂纹深度超过50mm或累计长度超过板宽的20%时，

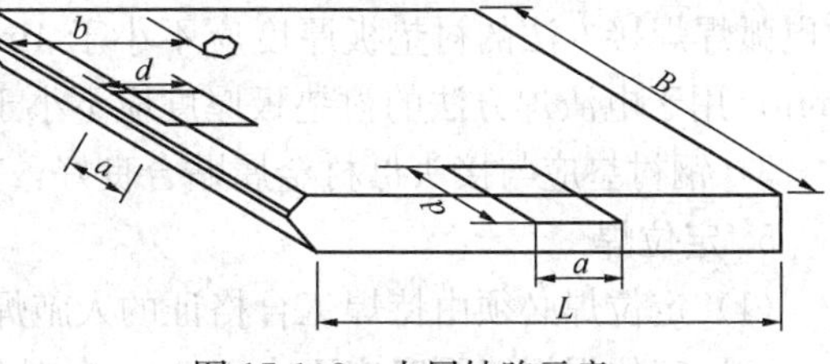

图17-108　夹层缺陷示意

该钢板不宜使用。

(5) 焊接接头组装精度应符合以下要求：

1) 施焊前应检查焊接部位的组装质量是否满足表17-88的要求。如坡口组装间隙超过表中允许偏差但不大于较薄板厚度2倍或20mm（取其较小值）时，可在坡口单侧或两侧堆焊，使其达到规定的坡口尺寸要求。禁止用焊条头、铁块等物堵塞或过大间隙仅在表面覆盖焊缝。

**坡口尺寸组装允许偏差**　　**表17-88**

| 序号 | 项　目 | 背面不清根 | 背面清根 |
|---|---|---|---|
| 1 | 接头钝边 | ±2mm | 不限制 |
| 2 | 无钢衬垫接头根部间隙 | ±2mm | +2mm<br>−3mm |
| 3 | 带钢衬垫接头根部间隙 | +6mm<br>−2mm | 不适用 |
| 4 | 接头坡口角度 | +10°<br>−5° | +10°<br>−5° |
| 5 | 根部半径 | +3mm<br>−0mm | 不限制 |

2) 对接接头的错边量严禁超过接头中较薄件厚度的1/10，且不超过3mm。当不等厚部件对接接头的错边量超过3mm时，较厚部件应按不大于1∶2.5坡度平缓过渡。

3) T形接头的角焊缝及部分焊透焊缝连接的部件应尽可能密贴，两部件间根部间隙不应超过5mm；当间隙超过5mm时，应在板端表面堆焊并修磨平整使其间隙符合要求。

4) T形接头的角焊缝连接部件的根部间隙大于1.5mm且小于5mm时，角焊缝的焊脚尺寸应按根部间隙值而增加。

5) 对于搭接接头及塞焊、槽焊以及钢衬垫与母材间的连接接头，接触面之间的间隙不应超过1.5mm。

4. 垫板、引弧板、引出板和引入板的装配及割除

(1) 引弧板、引出板和钢衬垫板的屈服强度应不大于被焊钢材标称强度，且焊接性相近。焊条电弧焊和气体保护电弧焊焊缝引弧板、引出板长度应大于25mm，埋弧焊引弧板、引出板长度应大于80mm。焊接完成后，引弧板和引出板宜采用火焰切割、碳弧气刨或机械方法等去除，不得伤及母材，此外，还需将割口处修磨，使焊缝端部平整，严禁使用锤击去除引弧板和引出板。

(2) 衬垫可采用金属、焊剂、纤维、陶瓷等，当使用钢衬垫时，应符合下述要求：

1) 保证钢衬垫与焊缝金属熔合良好，且钢衬垫在整个焊缝长度内应连续。

2) 钢衬垫应有足够的厚度以防止烧穿。用于焊条电弧焊、气体保护电弧焊和药芯焊丝电弧焊焊接方法的衬垫板厚度应不小于4mm；用于埋弧焊方法的衬垫板厚度应不小于6mm；用于电渣焊方法的衬垫板厚度应不小于25mm。

3) 钢衬垫应与接头母材金属贴合良好，其间隙不应大于1.5mm。

5. 定位焊

(1) 定位焊必须由持焊工合格证的人施焊，使用焊材与正式施焊用的焊材相当。

(2) 定位焊焊缝厚度应不小于3mm，对于厚度大于6mm的正式焊缝，其定位焊缝厚

度不宜超过正式焊缝厚度的 2/3；定位焊缝的长度应不小于 40mm，间距宜为 300～600mm。

(3) 钢衬垫焊接接头的定位焊宜在接头坡口内焊接；定位焊焊接时预热温度应高于正式施焊预热温度 20～50℃；定位焊缝与正式焊缝应具有相同的焊接工艺和焊接质量要求；定位焊焊缝若存在裂纹、气孔、夹渣等缺陷，要完全清除。

(4) 对于要求疲劳验算的动荷载结构，应制定专门的定位焊焊接工艺文件。

6. 焊接作业区域环境要求

(1) 焊条电弧焊和自保护药芯焊丝电弧焊，其焊接作业区最大风速不宜超过 8m/s、气体保护电弧焊不宜超过 2m/s，否则应设防风棚或采取其他防风措施。

(2) 当焊接作业处于下列情况下应严禁焊接：

1) 焊接作业区的相对湿度大于 90%；

2) 焊件表面潮湿或暴露于雨、冰、雪中；

3) 焊接作业条件不符合《焊接安全作业技术规程》规定要求时。

(3) 焊接环境温度不低于－10℃，但低于 0℃时，应采取加热或防护措施，确保焊接接头和焊接表面各方向大于或等于 2 倍钢板厚度且不小于 100mm 范围内的母材温度不低于 20℃，且在焊接过程中均不应低于这一温度；当焊接环境温度低于－10℃时，必须进行相应焊接环境下的工艺评定试验，评定合格后方可进行焊接，否则严禁焊接。

7. 预热及层间温度控制

(1) 预热温度和层间温度应根据钢材的化学成分、接头的拘束状态、热输入大小、熔敷金属含氢量水平及所采用的焊接方法等因素综合考虑确定或进行焊接试验以确定实际工程结构施焊时的最低预热温度。屈服强度大于 370MPa 的高强钢及调质钢的预热温度、层间温度的确定尚应符合钢厂提供的指导性参数要求。电渣焊和气电立焊在环境温度为 0℃以上施焊时可不进行预热，但板厚大于 60mm 时，宜对引弧区域的母材预热且不低于 50℃。常用结构钢材采用中等热输入焊接时，最低预热温度宜符合表 17-89 的规定。

**常用结构钢材最低预热温度要求（℃）** **表 17-89**

| 常用钢材牌号 | 接头最厚部件的板厚 $t$（mm） | | | | |
|---|---|---|---|---|---|
| | $t<20$ | $20\leqslant t\leqslant 40$ | $40<t\leqslant 60$ | $60<t\leqslant 80$ | $t>80$ |
| Q235、Q295 | / | / | 40 | 50 | 80 |
| Q345 | / | 40 | 60 | 80 | 100 |
| Q390、Q420 | 20 | 60 | 80 | 100 | 120 |
| Q460 | 20 | 80 | 100 | 120 | 150 |

注：1. “/”表示可不进行预热；

2. 当采用非低氢焊接材料或焊接方法焊接时，预热温度应比该表规定的温度提高 20℃；

3. 当母材施焊处温度低于 0℃时，应将表中母材预热温度增加 20℃，且应在焊接过程中保持这一最低道间温度；

4. 中等热输入指焊接热输入为 15～25kJ/cm，热输入每增大 5kJ/cm，预热温度可降低 20℃；

5. 焊接接头板厚不同时，应按接头中较厚板的板厚选择最低预热温度和道间温度；

6. 焊接接头材质不同时，应按接头中较高强度、较高碳当量的钢材选择最低预热温度；

7. 本表各值不适用于供货状态为调质处理的钢材；控轧控冷（热机械轧制）钢材最低预热温度可下降的数值由试验确定。

（2）对焊前预热及层间温度的检测和控制，工厂焊接时宜用电加热、大号气焊、割枪或专用喷枪加热；工地安装焊接宜用火焰加热器加热。测温器宜采用表面测温仪。

（3）预热时的加热区域应在焊接坡口两侧，宽度各为焊件施焊处厚度的1.5倍以上，且不小于100mm。测温时间应在火焰加热器移开以后。测温点应在离电弧经过前的焊接点处各方向至少75mm处。必要时应在焊件反面测温。图17-109为履带式电加热器。

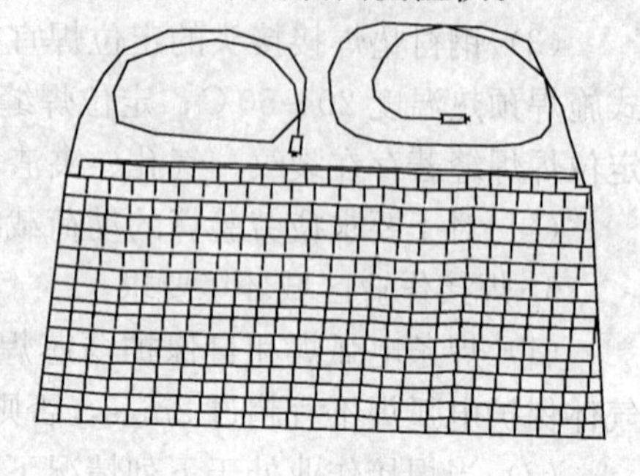

图17-109　履带式电加热器

（4）采用氧气和乙炔气体中性焰加热方法，焊缝焊接的层间温度控制在90～100℃，焊接过程中使用温度测温仪进行监控，当焊缝焊接温度低于要求时，立即加热到规定要求之后再进行焊接，单节点焊缝应连续焊接完成，不得无故停焊，如遇特殊情况立即采取措施，达到施焊条件后，重新对焊缝进行加热，加热温度比焊前预热温度相应提高20～30℃。

8. 焊后消除应力处理

（1）设计或合同文件对焊后消除应力有要求时，需经疲劳验算的结构中承受拉应力的对接接头或焊缝密集的节点或构件，宜采用电加热器局部退火和加热炉整体退火等方法进行消除应力处理；如仅为稳定结构尺寸，可选用振动法消除应力。

（2）焊后热处理应符合国家现行相关标准的规定。当采用电加热器对焊接构件进行局部消除应力热处理时，尚应符合下列要求：

1）使用配有温度自动控制仪的加热设备，其加热、测温、控温性能应符合使用要求；

2）构件焊缝每侧面加热板（带）的宽度至少为钢板厚度的3倍，且不应小于200mm；

3）加热板（带）以外构件两侧宜用保温材料适当覆盖。

（3）用锤击法消除中间焊层应力时，应使用圆头手锤或小型振动工具进行，不应对根部焊缝、盖面焊缝或焊缝坡口边缘的母材进行锤击。

9. 焊接工艺技术要求

（1）对于焊条手工电弧焊、半自动实芯焊丝气体保护焊、半自动药芯焊丝气体保护或自保护焊和自动埋弧焊焊接方法，根部焊道最大厚度、填充焊道最大厚度、单道角焊缝最大焊脚尺寸和单道焊最大焊层宽度宜符合表17-90的规定。经焊接工艺评定合格验证除外。

（2）多层焊时应连续施焊，每一焊道焊接完成后应及时清理焊渣及表面飞溅物，发现影响焊接质量的缺陷时，应清除后方可再焊。遇有中断施焊的情况，应采取适当的后热、保温措施，再次焊接时重新预热温度应高于初始预热温度。

（3）塞焊和槽焊可采用焊条手工电弧焊、气体保护电弧焊及自保护电弧焊等焊接方法。平焊时，应分层熔敷焊缝，每层熔渣冷却凝固后，必须清除方可重新焊接；立焊和仰焊时，每道焊缝焊完后，应待熔渣冷却并清除后方可施焊后续焊道。

（4）严禁在调质钢上采用塞焊和槽焊焊缝。

10. 焊接变形控制

**单道焊最大焊缝尺寸推荐表** **表 17-90**

| 焊道类型 | 焊接位置 | 焊缝类型 | 焊接方法 | | | | |
|---|---|---|---|---|---|---|---|
| | | | SMAW | GMAW/FCAW | SAW | | |
| | | | | | 单丝 | 串联双丝 | 多丝 |
| 根部焊道最大厚度 | 平焊 | 全部 | 10mm | 10mm | 无限制 | | |
| | 横焊 | | 8mm | 8mm | | | |
| | 立焊 | | 12mm | 12mm | 不适用 | | |
| | 仰焊 | | 8mm | 8mm | | | |
| 填充焊道最大厚度 | 全部 | 全部 | 5mm | 6mm | 6mm | 无限制 | |
| 单道角焊缝最大焊脚尺寸 | 平焊 | 角焊缝 | 10mm | 12mm | 无限制 | | |
| | 横焊 | | 8mm | 10mm | 8mm | 8mm | 12mm |
| | 立焊 | | 12mm | 12mm | 不适用 | | |
| | 仰焊 | | 8mm | 8mm | | | |
| 单道焊最大焊层宽度 | 所有（立焊除外，用于 SMAW、GMAW 和 FCAW） | 坡口焊缝 | 如坡口根部间隙＞12mm 或焊层宽度＞16mm，采用分道焊技术 | | 不适用 | | |
| | 平焊和横焊（用于 SAW） | 坡口焊缝 | 不适用 | | 焊层宽度＞16mm，采用分道焊技术 | 焊层宽度＞25mm，采用分道焊技术 | |

注：SMAW—焊条手工电弧焊；GMAW—半自动实心焊丝气体保护焊；FCAW—药芯焊丝气体保护或自保护焊；SAW—自动埋弧焊。

（1）在进行构件或组合构件的装配和部件间连接时，以及将部件焊接到构件上时，采用的工艺和顺序应使最终构件的变形和收缩最小。

（2）根据构件上焊缝的布置，可按下列要求采用合理的焊接顺序控制变形：

1）对接接头、T 形接头和十字接头，在工件放置条件允许或易于翻身的情况下，宜双面对称焊接；有对称截面的构件，宜对称于构件中和轴焊接；有对称连接杆件的节点，宜对称于节点轴线同时对称焊接；

2）非对称双面坡口焊缝，宜先焊深坡口侧，然后焊满浅坡口侧，最后完成深坡口侧焊缝，特厚板宜增加轮流对称焊接的循环次数；

3）对长焊缝宜采用分段退焊法或与多人对称焊接法同时运用；

4）宜采用跳焊法，避免工件局部热量集中。

（3）构件装配焊接时，应先焊预计有较大收缩量的接头，后焊预计收缩量较小的接头，接头应在尽可能小的拘束状态下焊接。对于预计有较大收缩或角变形的接头，可通过计算预估焊接收缩和角变形量的数值，在正式焊接前采用预留焊接收缩裕量或预置反变形方法控制收缩和变形。

（4）对于组合构件的每一组件，应在该组件焊接到其他组件以前完成拼接；多组件构成的复合构件应采取分部组装焊接，分别矫正变形后再进行总装焊接的方法降低构件的变形。

(5) 对于焊缝分布相对于构件的中和轴明显不对称的异形截面的构件，在满足设计计算要求的情况下，可采用增加或减少填充焊缝面积的方法或采用补偿加热的方法使构件的受热平衡，以降低构件的变形。

11. 返修焊

(1) 焊缝金属或母材的缺陷超过相应的质量验收标准时，可采用砂轮打磨、碳弧气刨、铲凿或机械方法等彻底清除。返修焊接之前，应清洁修复区域的表面。对于焊缝尺寸不足、咬边、弧坑未填满等缺陷应进行补焊。返修或重焊的焊缝应按原检测方法和质量标准进行检测验收。

(2) 对焊缝进行返修，宜按下述要求进行：

1) 焊瘤、凸起或余高过大：采用砂轮或碳弧气刨清除过量的焊缝金属；

2) 焊缝凹陷或弧坑、焊缝尺寸不足、咬边、未熔合、焊缝气孔或夹渣等应在完全清除缺陷后进行补焊；

3) 焊缝或母材的裂纹应采用磁粉、渗透或其他无损检测方法确定裂纹的范围及深度，用砂轮打磨或碳弧气刨清除裂纹及其两端各 50mm 长的完好焊缝或母材，修整表面或磨除气刨渗碳层后，用渗透或磁粉探伤方法确定裂纹是否彻底清除，再重新进行补焊；对于拘束度较大的焊接接头上焊缝或母材上裂纹的返修，碳弧气刨清除裂纹前，宜在裂纹两端钻止裂孔后再清除裂纹缺陷；

4) 焊接返修的预热温度应比相同条件下正常焊接的预热温度提高 30～50℃，并采用低氢焊接方法和焊接材料进行焊接；

5) 返修部位应连续焊成；如中断焊接时，应采取后热、保温措施，防止产生裂纹；厚板返修焊宜采用消氢处理；

6) 焊接裂纹的返修，应通知专业焊接工程师对裂纹产生的原因进行调查和分析，制定专门的返修工艺方案后按工艺要求进行；

7) 承受动荷载结构的裂纹返修以及静载结构同一部位的两次返修后仍不合格时，应对返修焊接工艺进行工艺评定，并经业主或监理工程师认可后方可实施；

8) 裂纹返修焊接应填报返修施工记录及返修前后的无损检测报告，作为工程验收及存档资料。

12. 焊件矫正

因焊接而变形超标的构件应采用机械方法或局部加热的方法进行矫正。采用加热矫正时，调质钢的矫正温度严禁超过最高回火温度，其他钢材严禁超过 800℃。加热矫正后宜采用自然冷却，低合金钢在矫正温度高于 650℃时严禁急冷。

13. 焊接质量检查

(1) 焊接质量检查内容

焊接质量检查是钢结构质量保证体系中的关键环节，包括焊接前检查、焊接中的检查和焊接后的检查，各阶段检查内容如下：

1) 焊前检验主要包括：检验技术文件（图纸、标准、工艺规范等）是否齐全；焊接材料（焊条、焊丝、焊剂、气体等）和基本金属原材料的检验；毛坯装配与焊接件边缘质量检验；焊接设备（焊机和专用胎、模具等）是否完善以及焊工操作水平的鉴定等。

2）焊中检验主要包括：焊接工艺参数（电流、电压、焊接速度、预热温度、层间温度及后热温度和时间等）；多层多道焊焊道缺陷的处理；采用双面焊清根的焊缝，应在清根后进行外观检查及规定的无损检测；多层多道焊中焊层、焊道的布置及焊接顺序等。

3）焊后检验主要包括：焊缝的外观质量与外形尺寸检测；焊缝的无损检测；焊接工艺规程记录及检验报告的确认。

（2）常用焊缝检验方法

1）焊缝检验包括外观检查和焊缝内部缺陷的检查。

2）外观检查主要采用目视检查（VT，借助直尺、焊缝检测尺、放大镜等），辅以磁粉探伤（MT）、渗透探伤（PT）检查表面和近表面缺陷。

3）内部缺陷的检测一般可采用超声波探伤（UT）和射线探伤（RT），宜首选超声波探伤，当要求采用射线探伤等其他探伤方法时，应在设计文件或供货合同中指明。

（3）抽样方法要求

根据《钢结构焊接规范》（GB 50661）的规定，抽样检查时除设计指定焊缝外应采用随机取样方式取样，同时尚应满足以下要求：

1）焊缝处数的计数方法：工厂制作焊缝长度小于等于1000mm时，每条焊缝为1处；长度大于1000mm时，将其划分为每300mm为1处；现场安装焊缝每条焊缝为1处。

2）可按下列方法确定检查批：

①制作焊缝可以同一工区（车间）按一定的焊缝数量组成批；多层框架结构可以每节柱的所有构件组成批；

②安装焊缝可以区段组成批；多层框架结构可以每层（节）的焊缝组成批。

3）批的大小宜为300～600处。

4）抽样检查的焊缝数如不合格率小于2%时，该批验收应定为合格；不合格率大于5%时，该批验收应定为不合格；不合格率为2%～5%时，应加倍抽检，且必须在原不合格部位两侧的焊缝延长线各增加一处，如在所有抽检焊缝中不合格率不大于3%时，该批验收应定为合格，大于3%时，该批验收应定为不合格。当批量验收不合格时，应对该批余下焊缝的全数进行检查。当检查出一处裂纹缺陷时，应加倍抽查，如在加倍抽检焊缝中未检查出其他裂纹缺陷时，该批验收应定为合格，当检查出多处裂纹缺陷或加倍抽查又发现裂纹缺陷时，应对该批余下焊缝的全数进行检查。

（4）外观检查

1）《钢结构焊接规范》（GB 50661）规定：外观检查应在所有焊缝冷却到环境温度后方可进行；焊缝外观质量应符合表17-91的要求。

**焊缝外观质量检查标准**　　**表17-91**

| 项目 | 一级 | 二级 | 三级 |
| --- | --- | --- | --- |
| 裂纹 | 不允许 | | |
| 未焊满 | 不允许 | ≤0.2＋0.02$t$且≤1mm，每100mm长度焊缝内未焊满累计长度≤25mm | ≤0.2＋0.04$t$且≤2mm，每100mm长度焊缝内未焊满累计长度≤25mm |
| 根部收缩 | 不允许 | ≤0.2＋0.02$t$且≤1mm，长度不限 | ≤0.2＋0.04$t$且≤2mm，长度不限 |

续表

| 项目 | 一级 | 二级 | 三级 |
|---|---|---|---|
| 咬边 | 不允许 | $\leqslant 0.05t$ 且 $\leqslant 0.5$mm，连续长度 $\leqslant$ 100mm，且焊缝两侧咬边总长 $\leqslant 10\%$ 焊缝全长 | $\leqslant 0.1t$ 且 $\leqslant$1mm，长度不限 |
| 电弧擦伤 | 不允许 | | 允许存在个别电弧擦伤 |
| 接头不良 | 不允许 | 缺口深度 $\leqslant 0.05t$ 且 $\leqslant 0.5$mm，每 1000mm 长度焊缝内不得超过 1 处 | 缺口深度 $\leqslant 0.1t$ 且 $\leqslant$1mm，每 1000mm 长度焊缝内不得超过 1 处 |
| 表面气孔 | 不允许 | | 每 50mm 长度焊缝内允许存在直径 $< 0.4t$ 且 $\leqslant$3mm 的气孔 2 个；孔距应 $\geqslant$6 倍孔径 |
| 表面夹渣 | 不允许 | | 深 $\leqslant 0.2t$，长 $\leqslant 0.5t$ 且 $\leqslant$20mm |

注：1. 外观检测采用目测方式，裂纹的检查应辅以 5 倍放大镜并在合适的光照条件下进行，必要时可采用磁粉探伤或渗透探伤，尺寸的测量应用量具、卡规；
2. 栓钉焊接接头的外观质量应符合《钢结构焊接规范》(GB 50661) 的要求。外观质量检验合格后进行打弯抽样检查，合格标准：当栓钉打弯至 30°时，焊缝和热影响区不得有肉眼可见的裂纹，检查数量应不小于栓钉总数的 1%并不少于 10 个；
3. 电渣焊、气电立焊接头的焊缝外观成形应光滑，不得有未熔合、裂纹等缺陷；当板厚小于 30mm 时，压痕、咬边深度不得大于 0.5mm；板厚大于或等于 30mm 时，压痕、咬边深度不得大于 1.0mm。

2）角焊缝焊脚尺寸应符合表 17-92 的规定；焊缝余高及错边应符合表 17-93 的规定。

角焊缝焊脚尺寸允许偏差　　表 17-92

| 序号 | 项　目 | 示　意　图 | 允许偏差 (mm) | |
|---|---|---|---|---|
| 1 | 一般全焊透的角接与对接组合焊缝 | t, $h_f$ | $h_f \geqslant \left(\frac{t}{4}\right)_0^{+4}$ 且 $\leqslant$10 | |
| 2 | 需经疲劳验算的全焊透角接与对接组合焊缝 | t, $h_f$ | $h_f \geqslant \left(\frac{t}{2}\right)_0^{+4}$ 且 $\leqslant$10 | |
| 3 | 角焊缝及部分焊透的角接与对接组合焊缝 | $h_f$, C | $h_f \leqslant 6$ 时 0～1.5 | $h_f > 6$ 时 0～3.0 |

注：1. $h_f > 8.0$mm 的角焊缝其局部焊脚尺寸允许低于设计要求值 1.0mm，但总长度不得超过焊缝长度的 10%；
2. 焊接 H 形梁腹板与翼缘板的焊缝两端在其两倍翼缘板宽度范围内，焊缝的焊脚尺寸不得低于设计要求值。

焊缝余高和错边允许偏差 表 17-93

| 序号 | 项 目 | 示 意 图 | 允许偏差（mm） | |
|---|---|---|---|---|
| | | | 一、二级 | 三级 |
| 1 | 对接焊缝余高 $C$ | | $B<20$ 时，$C$ 为 0～3；$B\geqslant 20$ 时，$C$ 为 0～4 | $B<20$ 时，$C$ 为 0～3.5；$B\geqslant 20$ 时，$C$ 为 0～5 |
| 2 | 对接焊缝错边 $d$ | | $d<0.1t$ 且 $\leqslant 2.0$ | $d<0.15t$ 且 $\leqslant 3.0$ |
| 3 | 角焊缝余高 $C$ | | $h_f\leqslant 6$ 时，$C$ 为 0～1.5；$h_f>6$ 时，$C$ 为 0～3.0 | |

（5）无损检测

1）《钢结构工程施工质量验收规范》（GB 50205）规定：低合金钢应以焊后 24h 外观检查结果为验收依据；对于标称屈服强度大于 690MPa（调质状态）的钢材，《钢结构焊接规范》（GB 50661）规定以焊后 48h 的检验结果作为验收依据。

2）《钢结构工程施工质量验收规范》（GB 50205）规定：设计要求全焊透的一、二级焊缝应做超声波探伤，探伤方法及缺陷分级应符合《钢焊缝手工超声波探伤方法和探伤结果分级法》（GB/T 11345）或《金属熔化焊焊接接头射线照相》（GB/T 3323）的规定。焊接球节点网架焊缝、螺栓球节点网架焊缝及圆管 T、K、Y 形节点相关线焊缝，其内部缺陷分级及探伤方法应分别符合《钢结构超声波探伤及质量分级法》（JG/T 203）和《钢结构焊接规范》（GB 50661）的规定。

一、二级焊缝的质量等级及缺陷分级应符合表 17-94 的要求。

一、二级焊缝的质量等级及缺陷分级 表 17-94

| 焊缝质量等级 | | 一级 | 二级 |
|---|---|---|---|
| 内部缺陷超声波探伤 | 评定等级 | Ⅱ | Ⅲ |
| | 检验等级 | B 级 | B 级 |
| | 探伤比例 | 100% | 20% |
| 内部缺陷射线探伤 | 评定等级 | Ⅱ | Ⅲ |
| | 检验等级 | AB 级 | AB 级 |
| | 探伤比例 | 100% | 20% |

注：探伤比例的计数方法按以下原则确定：（1）对工厂制作焊缝，应按每条焊缝计算百分比，且探伤长度应不小于 200mm，当焊缝长度不足 200mm 时，应对整条焊缝探伤；（2）对现场安装焊缝，应按同一类型、同一施焊条件的焊缝条数计算百分比，探伤长度应不小于 200mm，并应不少于 1 条焊缝。

14. 常见缺陷原因及其处理方法

焊缝常见缺陷产生原因及其处理方法，见表17-95。

焊缝常见缺陷产生原因及其处理方法　　表17-95

| 缺陷名称 | 特征 | 产生原因 | 检验方法 | 排除方法 |
|---|---|---|---|---|
| 焊缝形状不符合要求 | 由于焊接变形导致的焊缝形状翘曲或尺寸超差 | 1. 焊接顺序不正确；<br>2. 焊前准备不当，如坡口间隙过大或过小，未留收缩余量等；<br>3. 焊接夹具结构不良 | 1. 目视检验；<br>2. 用量具测量 | 外部变形可用机械方法或加热方法矫正 |
| 咬边 | 沿焊缝的母材部位产生的沟槽或凹陷 | 1. 焊接工艺参数选择不当，如电流过大、电弧过长；<br>2. 操作技术不正确，如焊枪角度不对，运条不适当；<br>3. 焊条药皮端部的电弧偏吹；<br>4. 焊接零件的位置安放不当 | 1. 目视检验；<br>2. 宏观金相检验 | 轻微的、浅的咬边可用机械方法修挫，使其平滑过渡；严重的、深的咬边应进行补焊 |
| 焊瘤 | 熔化金属流淌到焊缝之外未熔化的母材上所形成的金属瘤 | 1. 焊接工艺参数选择不正确；<br>2. 操作技术不正确，如焊条运条不适当，立焊时尤其容易产生；<br>3. 焊件位置安放不当 | 1. 目视检验；<br>2. 宏观金相检验 | 可用铲、挫、磨等手工或机械方法除去多余的堆积金属 |
| 烧穿 | 熔化金属自坡口背面流出、形成烧穿的缺陷 | 1. 焊条装配不当，如坡口尺寸不合要求，间隙过大；<br>2. 焊接电流太大；<br>3. 焊接速度太慢；<br>4. 操作技术不佳 | 1. 目视检验；<br>2. X射线探伤 | 消除烧穿孔洞边缘的多余金属，用补焊方法填平孔洞后，再继续焊接 |
| 焊漏 | 母材熔化过深，导致熔融金属从焊缝背面漏出 | 1. 接电流太大；<br>2. 接速度太慢；<br>3. 接头坡口角度、间隙太大 | 1. 目视检验；<br>2. 宏观金相检验；<br>3. X射线探伤 | 可用铲、挫、磨等手工或机械方法除去漏出的多余金属 |
| 气孔 | 熔池中的气泡在凝固时未能逸出而残留下来形成空穴，有密集气孔和条虫状气孔等 | 1. 焊件与焊接材料有油污、锈及其他氧化物；<br>2. 焊接区域保护不好；<br>3. 焊接电流过小，弧长过长，焊接速度太快 | 1. X射线探伤；<br>2. 金相检验；<br>3. 目视检验 | 铲除气孔处的焊缝金属，然后补焊 |

续表

| 缺陷名称 | | 特征 | 产生原因 | 检验方法 | 排除方法 |
|---|---|---|---|---|---|
| 夹渣 | | 焊后残留在焊缝中的熔渣 | 1. 焊接材料质量不好；<br>2. 焊接电流过小，焊速过快；<br>3. 熔渣密度太大，阻碍熔渣上浮；<br>4. 多层焊时熔渣未清除干净 | 1. X射线探伤；<br>2. 金相检验；<br>3. 超声探伤 | 铲除夹渣处的焊缝金属，然后补焊 |
| 裂纹 | 热裂纹 | 沿晶界面出现，裂纹断口处有氧化色。一般出现在焊缝上，呈锯齿状 | 1. 母材抗裂性能较差；<br>2. 焊接材料质量不好；<br>3. 焊接工艺参数选择不当；<br>4. 焊缝内拉应力大 | 1. 目视检验；<br>2. X射线探伤；<br>3. 超声波探伤；<br>4. 磁粉探伤；<br>5. 金相检验；<br>6. 着色探伤或荧光探伤 | 在裂纹两端钻止裂孔或铲除裂纹处的焊缝金属，而后进行补焊 |
| | 冷裂纹 | 断口无明显的氧化色，有金属光泽。产生在热影响区的过热区中 | 1. 焊接结构设计不合理；<br>2. 焊缝布置不当；<br>3. 焊接工艺措施不周全，如未预热或焊后冷却快 | | |
| | 再热裂纹 | 沿晶间且局限于热影响区的粗晶区内 | 1. 焊后所选择的热处理规范不正确；<br>2. 母材性能尚未完全掌握 | | |
| | 层状撕裂 | 沿平行于板面分层分布的非金属夹杂物方向扩展的阶梯状裂纹 | 1. 材质本身存在层状夹杂物；<br>2. 钢板的Z向应力较大；<br>3. 焊接接头含氧量太大 | 1. 金相检验；<br>2. 超声波检验 | 1. 严格控制钢板的硫含量；<br>2. 设计的接头减少Z向应力；<br>3. 降低焊缝金属的含氢量 |
| 未焊透 | | 母材与焊缝金属之间未熔化而留下的空隙，常在单面焊根部和双面焊中间 | 1. 焊接电流过小；<br>2. 焊接速度过快；<br>3. 坡口角度间隙过小；<br>4. 操作技术不佳 | 1. 目视检验；<br>2. X射线探伤；<br>3. 超声波探伤；<br>4. 金相检验 | 1. 对开敞性好的结构的单面未焊透，可在焊缝背面直接补焊；<br>2. 对于不能直接焊补的重要焊件，应铲除未焊透的焊缝金属，重新焊接 |
| 未熔合 | | 母材与焊缝金属间，焊缝金属与焊缝金属间未完全熔合在一起 | | | |
| 夹钨 | | 钨极进入到焊缝中的钨粒 | 氩弧焊时钨极与熔池金属接触 | 1. 目视检验；<br>2. X射线探伤 | 挖去夹钨处缺陷金属，重新焊接 |
| 弧坑 | | 焊缝熄弧处的低洼部分 | 操作时熄弧太快，未反复向熄弧处补充填充金属 | 目视检验 | 在弧坑处补焊 |
| 凹坑 | | 焊缝表面或焊缝背面形成的低于母材表面的局部低洼部分。弧坑也是凹坑的一种 | 焊接电流太大且焊接速度太快 | 目视检验 | 1. 对于对接焊缝，铲去焊缝金属重新焊接（指封闭结构）；<br>2. 对于T形接头和开敞性好的对接焊缝，可在其背面直接补焊 |

续表

| 缺陷名称 | 特征 | 产生原因 | 检验方法 | 排除方法 |
|---|---|---|---|---|
| 晶间腐蚀 | 焊接不锈钢时，焊缝或热影响区金属晶界上出现的细小裂纹 | 1. 焊接时母材中合金元素烧损过多；<br>2. 焊接方法选择不当；<br>3. 焊接材料选择不当 | 微观金相检验 | 铲去有缺陷的焊缝，重新焊接 |

## 17.8.3 高层钢结构焊接

1. 总体焊接顺序

一般根据结构平面图形的特点，以对称轴为界或以不同体形结合处为界分区，配合吊装顺序进行安装焊接。焊接顺序应遵循以下原则或程序：

(1) 在吊装、校正和栓焊混合节点的高强度螺栓终拧完成若干节间以后开始焊接，以利于形成稳定框架。

(2) 焊接时应根据结构体形特点选择若干基准柱或基准节间，由此开始焊接主梁与柱之间的焊缝，然后向四周扩展施焊，以避免收缩变形向一个方向累积。

(3) 一节间各层梁安装好后应先焊上层梁后焊下层梁，以使框架稳固，便于施工。

(4) 栓焊混合节点中，应先栓后焊（如腹板的连接），以避免焊接收缩引起栓孔间位移。

(5) 柱一梁节点两侧对称的两根梁端应同时与柱相焊，既可以减小焊接拘束度，避免焊接裂纹产生，又可以防止柱的偏斜。

(6) 柱一柱节点焊接自然是由下层往上层顺序焊接，由于焊缝横向收缩，再加上重力引起的沉降，有可能使标高误差累积，在安装焊接若干柱节后应视实际偏差情况及时要求构件制作厂调整柱长，以保证安装精度达到设计和规范要求。

(7) 桁架焊接顺序为：下弦杆→转换柱（竖向杆件）→上弦杆→斜撑，如图 17-110 所示。

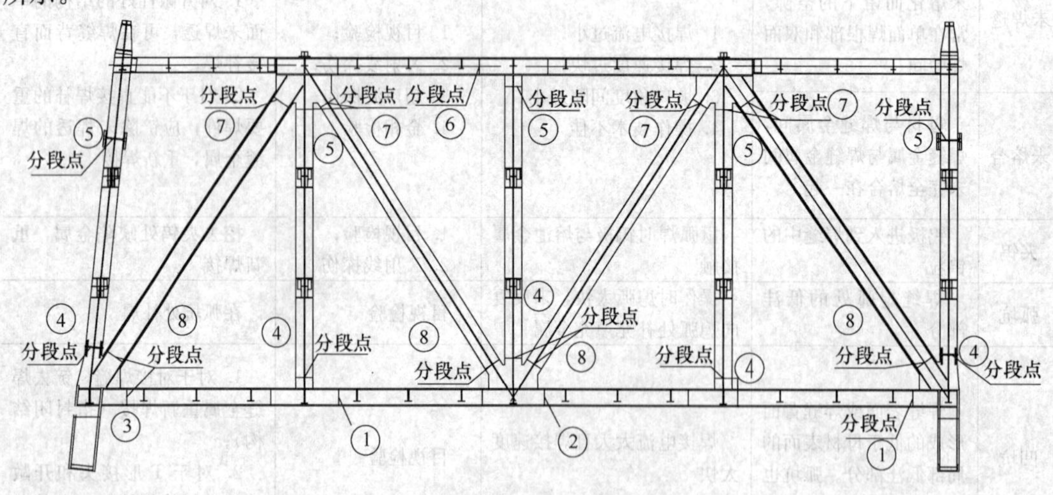


图 17-110 桁架的焊接顺序

(8) 框-筒或筒中筒结构总体上应采用先内后外，先柱后梁，再斜撑，先焊收缩量大的再焊收缩量小的焊接顺序。原则上相邻两根柱不要同时开焊。

2. 各类节点焊接顺序

(1) 钢柱的焊接顺序

1) 箱形柱的焊接顺序

由于箱形柱大部分钢板超厚，施焊时间较长，应采用多名焊工同时对称等速施焊，才能有效地控制施焊的层间温度，控制焊接应力，如图 17-111 所示（两名焊工同时施焊）。

当焊完第一个两层后，再焊接另外两个相对应边的焊缝，这时可焊完四层，再绕至另两个相对边，如此循环直至焊满整个焊缝。如遇焊缝间隙过大，应先焊大间隙焊缝，把另外相对边点焊牢固，然后依前顺序施焊。

2) 十字柱对接焊接顺序

先由两名焊工进行翼缘板的对称焊接，见图 17-112 中的步骤 1、2，然后两名焊工再同时对腹板进行中心点对称反向焊接，见步骤 3～6。

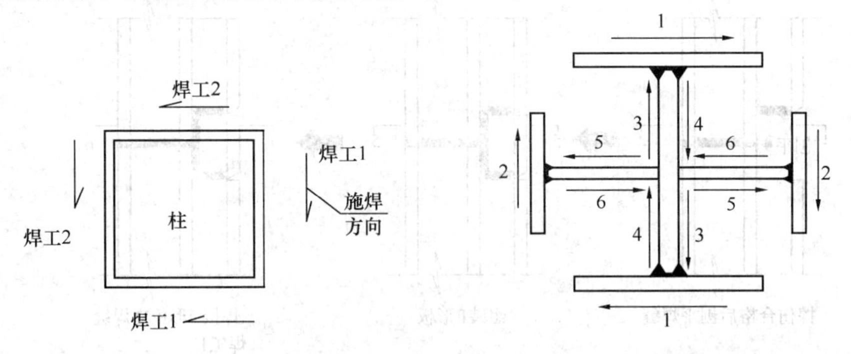


图 17-111 箱形柱的焊接顺序　　图 17-112 十字柱对接焊接顺序

十字柱腹板为双面坡口焊，焊完一侧后另一侧应清根。

3)“日”字形钢柱的焊接顺序（图 17-113）

4) 工字柱的焊接顺序

当一个区域的钢柱、钢梁安装校正完毕后开始焊接，焊接时首先由两名焊工对称焊接工字柱的翼缘，翼缘焊接完后再由其中一名焊工焊接腹板，焊接完毕后割除引弧板和引出、引入板，最后打磨探伤，见图 17-114。

5) 钢管柱焊接顺序

钢管柱焊接时采取 2 个人分段对称焊的方式进行，如图 17-115 所示，即先 1、2 同时对称焊，再 3、4 同时对称焊。

(2) 钢梁焊接顺序

1) 工字形梁的焊接顺序

当工字形梁翼缘采用焊接，腹极采用螺栓连接时，先焊接下翼缘，然后焊接上翼缘。

当工字形梁翼缘、腹板都采用焊接连接时，先焊接下翼缘，然后焊接上翼缘，最后焊接腹板。

在钢梁焊接时应先焊梁的一端，待此焊缝冷却至常温，再焊另一端。不得在同一根钢梁两端同时开焊，两端的焊接顺序应相同。见图 17-116。

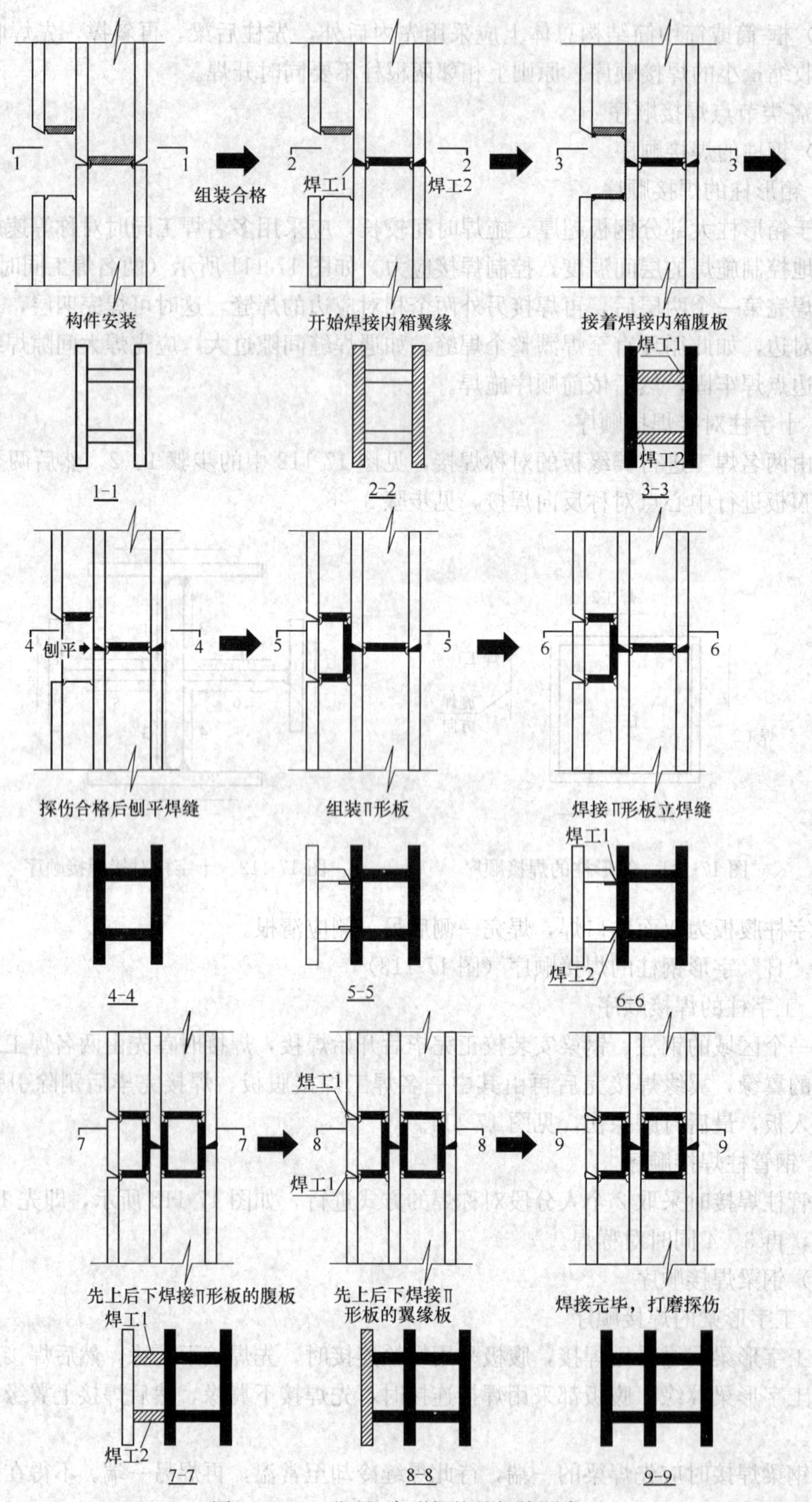


图 17-113　“日”字形钢柱的焊接顺序

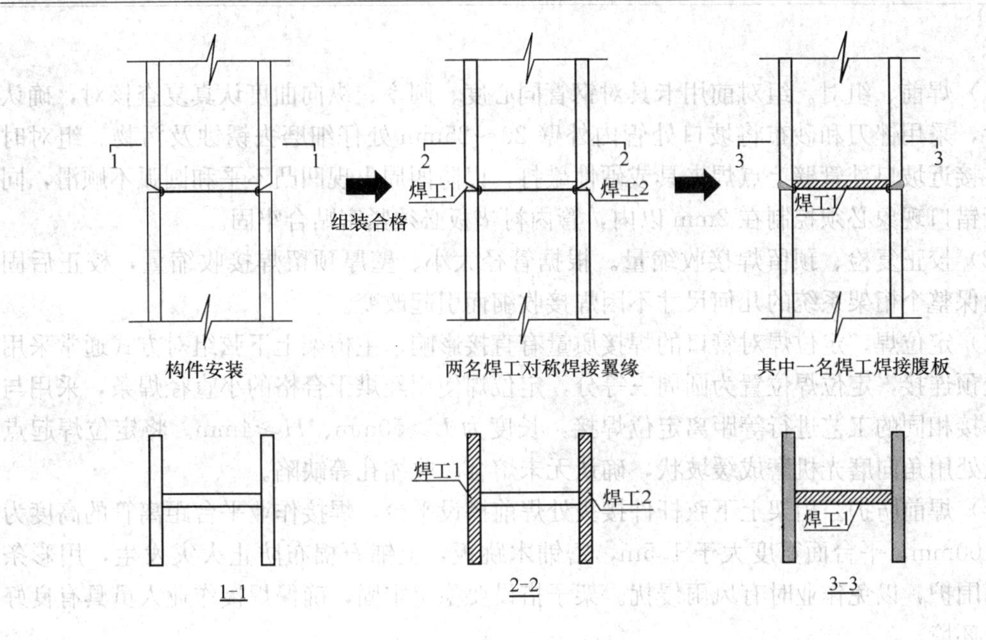


图 17-114 工字柱的焊接顺序

2）箱形梁的焊接顺序

箱形梁为了便于焊接、保证焊接质量，在上翼缘开封板，因此焊接时先焊接下翼缘，下翼缘焊接完毕后，由两名焊工同时对称焊接两个腹板，焊接完毕后割除下翼缘和两个腹板的引弧板，并打磨好，24h后对下翼缘和腹板进行探伤，合格后安装上翼缘的封板，然后先由一名焊工依次焊接上翼缘封板的两条平焊缝，最后由两名焊工对称焊接封板与腹板之间的两条横焊缝。

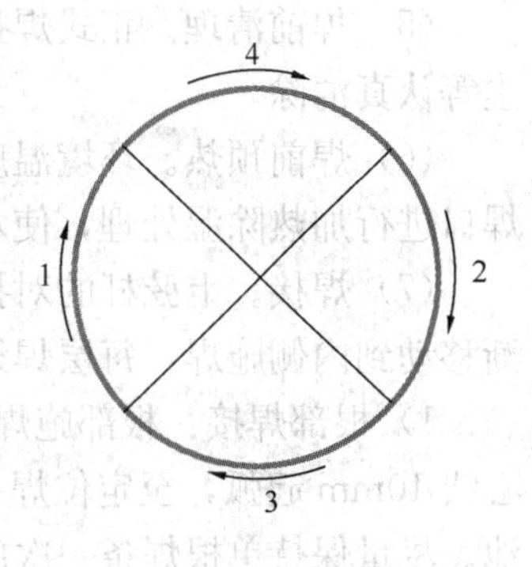


图 17-115 钢管柱焊接顺序

当箱形梁比较大时（梁高大于800mm），在焊接此钢梁的下翼缘板时，焊工需要进入箱形梁内进行焊接，此时需要在钢梁的外部有一名焊工配合焊接钢梁腹板和引弧板。

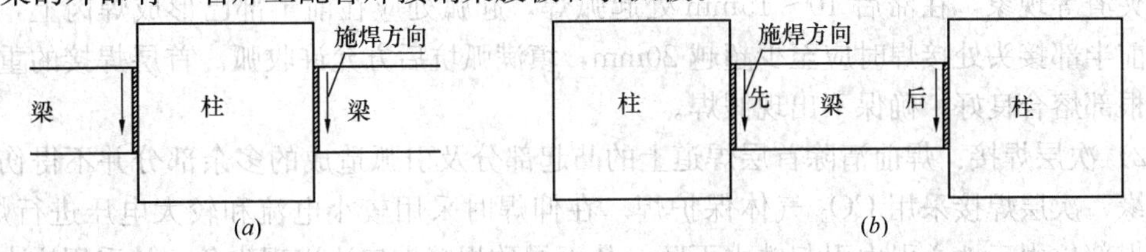


图 17-116 工字形梁的焊接顺序

## 17.8.4 钢管桁架焊接

1. 管对接焊接工艺

以下工艺主要针对的焊接方式为手工电弧焊与 $CO_2$ 气体保护焊相组合的焊接方式。对焊前、组对，核正复检、预留焊接收缩量，定位焊，焊前防护，焊前清理，焊前预热，焊接，焊后清理与外观检查，无损检测与缺陷返修等工序严格控制，才能确保焊接质量全面达标。

(1) 焊前、组对。组对前用卡具对钢管同心度、圆率、纵向曲度认真复查核对，确认合格后，采用锉刀和砂布将坡口处管内外壁 20～25mm 处仔细磨去锈蚀及污物。组对时不得在接近坡口处管壁上点焊夹具或硬性敲打，以防四周出现凹凸不平和圆弧不顺滑，同外径管错口现象必须控制在 2mm 以内，管内衬垫板必须紧密贴合牢固。

(2) 校正复检、预留焊接收缩量。根据管径大小、壁厚预留焊接收缩量，校正后固定，确保整个桁架系统的几何尺寸不因焊接收缩而引起改变。

(3) 定位焊。定位焊对管口的焊接质量有直接影响，主桁架上下弦组对方式通常采用连接板预连接，定位焊位置为圆周三等分，定位焊使用经烘干合格的小直径焊条，采用与正式焊接相同的工艺进行等距离定位焊接，长度为 $L>50$mm、$H\geqslant 4$mm。将定位焊起点与收弧处用角向磨光机磨成缓坡状，确认无未熔合、收缩孔等缺陷。

(4) 焊前防护。桁架上下弦杆件接头处焊前搭设平台，焊接作业平台距离管的高度为 600～700mm，平台面宽度大于 1.5m，密铺木跳板，上铺石棉布防止火灾发生，用彩条布密闭围护，以免作业时有风雨侵扰。架子搭设要稳定牢固，确保焊接作业人员具有良好的作业环境。

(5) 焊前清理。正式焊接前将定位焊和对接口处的焊渣、飞溅雾状附着物、油污、灰尘等认真清除。

(6) 焊前预热。环境温度低于＋10℃且空气湿度大于 80％时，采用氧-乙炔中性焰对焊口进行加热除湿处理，使对接口两侧 100mm 范围温度均匀达到 100℃左右。

(7) 焊接。上弦杆的对接焊采用左右两焊口同时施焊的方式，操作者采用外侧起弧逐渐移动到内侧施焊，每层焊缝均按此顺序实施，直至节点焊接完毕。

1) 根部焊接：根部施焊采用手工电弧焊，以较大电流值对小直径焊条自下部超越中心线 10mm 起弧，至定位焊接头处前行 10mm 收弧，重点防止出现未熔合与焊渣超越熔池。尽量保持单根焊条一次施焊完，收弧处应避免产生收缩孔。再次施焊在定位焊缝上退弧，在顶部中心处息弧时超越中心线 10～15mm，并填满弧坑。另一半焊前应采用剔凿除去已焊处至少 20mm 焊渣，用角向磨光机把前半部接头处修磨成较大缓坡，确认无未熔合及夹渣等现象，在滞后 10～15mm 处起弧焊，起弧处应在前半部已形成焊肉上，后半部与前半部接头处接焊时应至少超越 20mm，填满弧坑后方允许收弧。首层焊接的重点是确保根部熔合良好，确保不出现假焊。

2) 次层焊接：焊前清除首层焊道上的凸起部分及引弧造成的多余部分并不得伤及坡口边缘，次层焊接采用 $CO_2$ 气体保护焊。在仰焊时采用较小电流和较大电压进行焊接，因仰焊部位由于地心引力引起铁水下坠，从而导致焊缝坡口边出现尖角，故采用增大电压来增强熔滴的喷射力来解决。立焊部位电流、电压适中，焊至立爬坡时电流逐渐增大，至平焊部位电流再次增大，此时，充分体现了 $CO_2$ 气体保护焊机电流、电压远程控制的优越性。

3) 填充层焊接：采用 $CO_2$ 气体保护电弧焊，正常电流，较快焊速。注意搭头部位逐层逐道错开 50mm，要逐层逐道清除氧化渣皮、飞溅，刨削雾状附着物。在接近面层时注意均匀留出 1.5～2 mm 盖面层预留量，且不得伤及坡口边缘。

4) 面层焊接：面层焊缝直接关系外观质量及尺寸检查要求。施焊前对全焊缝进行一次检查与修补，消除凸凹处。焊接面层采用手工电弧焊进行，用偏小电流快速进行深层多道焊接并注意在坡口两边稍作停留，保证熔合良好。接头处换焊条与重新起弧动作要快，最后一道焊缝防止出现咬边或道间凹沟缺陷。其整个管口的焊接层次安排示意见图17-117。

(8) 焊后清理与外观检查。认真除去焊道上飞溅、焊瘤、咬边、气孔、夹渣、未熔合、裂纹等缺陷，对于相贯线角接形式焊缝，焊脚尺寸应符合设计要求及相贯钢管两者中较薄管壁厚度的1.5倍。

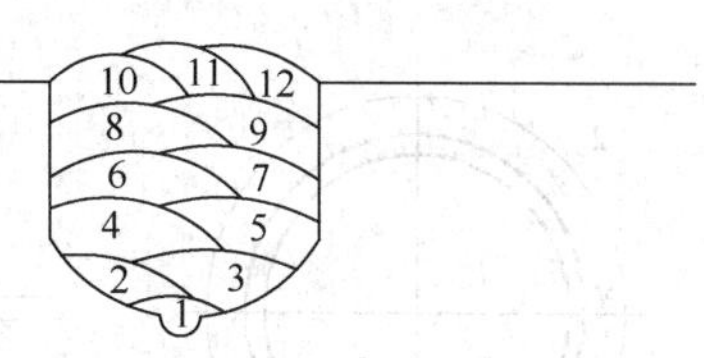


图 17-117 管口焊接层次示意

(9) 无损检测与缺陷返修。用角向磨光机作UT检验前清理，注意不得出现过深磨痕。经UT检验，焊缝符合规范及设计要求方允许拆除防护措施。探伤不合格的焊缝采用气刨对缺陷部分进行刨除，并用角向磨光机打磨清除渗碳及熔渣，确认缺陷清除后，采用与正式焊接相同的工艺进行补缝，24h后进行UT复探，并出具返修复探记录，同一部位返修次数不得超过2次，表17-96为广州新白云机场航站楼工程桁架管对接焊接工艺参数。

**桁架管对接焊接工艺参数** **表 17-96**

| 焊层 | 焊条焊丝牌号，直径 | 焊接方法 | 极性 | 焊接电流(A) | 电压(V) | 焊丝伸出长度(mm) | 气体流量(L/mim) | 运焊方式 | 层间温度(℃) |
|---|---|---|---|---|---|---|---|---|---|
| 首层 | E-5015，$\phi$3.2 | 手工焊 | 正极 | 110～120 | | | | 月牙形 | ≤80 |
| 次层 | TWE-711，$\phi$1.2 | $CO_2$ 气体保护焊 | 正极 | 140～160 | 22～24 | 25～30 | 40～60 | 直线往复形 | 85～110 |
| 填充 | TWE-711，$\phi$1.2 | $CO_2$ 气体保护焊 | 正极 | 160～170 | 24～26 | 25～30 | 40～60 | 直线往复形 | 85～110 |
| 面层 | E-5015，$\phi$4 | 手工焊 | 正极 | 140～150 | | | | 月牙形 | ≤110 |

2. 钢管焊接顺序

(1) 360°逆时针滚动平焊（图17-118）。

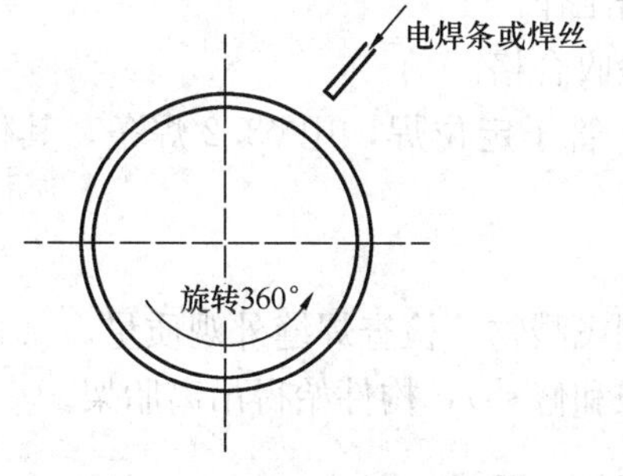


图 17-118 360°逆时针滚动平焊

(2) 半位置焊（旋转180°，见图17-119）。

(3) 全位置焊（工件不能转动，见图17-120）。

3. 管相贯线焊接工艺

斜腹杆与上下弦相贯及次桁架与主桁架相贯焊接处的焊前检查十分重要，部分构件由于制作误差、构件少量变形、安装误差造成焊接接头间隙较大，一般间隙在20mm以内时，可先逐渐堆焊填充间隙，冷却至常温，打磨清理干净，确认无焊接缺陷后再正常施焊，不能添加任何填料。

斜腹杆上口与上弦杆相贯处呈全位置倒向环焊，焊接时从环缝的最低位置处起弧，在横角焊的中心收弧，焊条呈斜线运行，使熔池保持水平状，斜腹杆下口与下弦杆相贯处应从仰角焊位置超越中心 5～10mm 处起弧，在平角焊位置收弧，焊条呈斜线和直线运行，使熔池保持水平状。

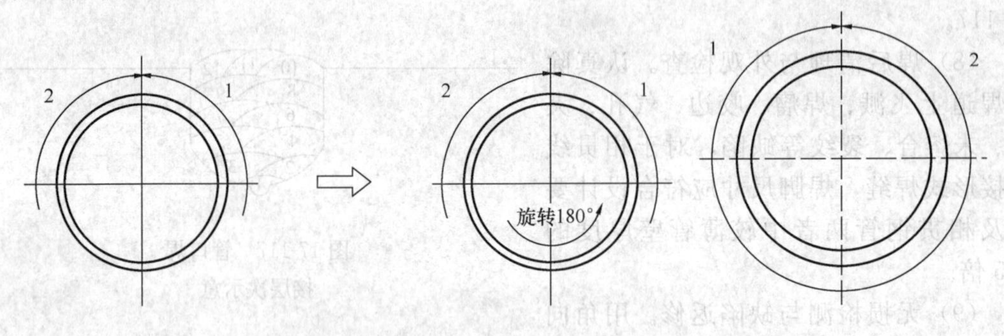


图 17-119 半位置焊　　图 17-120 全位置焊

次桁架弦杆与主桁架弦杆相贯处的焊接从坡口的仰角焊部位超越中心 5～10mm 处起弧，在平焊位置中心线处收弧，焊接时尽量使熔池保持水平状，注意左右两边的熔合，确保焊缝几何尺寸的外观质量，当相贯线夹角小于 30℃时采用角焊形式进行焊接，焊角尺寸为 1.5t。

表 17-97 为广州新白云机场航站楼工程所采用管相贯线焊接工艺参数。

**管相贯线焊接工艺参数**　　**表 17-97**

| 焊层 | 焊条焊丝牌号，直径 | 焊接方法 | 极性 | 焊接电流（A） | 电压（V） | 焊丝伸出长度（mm） | 气体流量（L/min） | 运焊方式 | 层间温度（℃） |
|---|---|---|---|---|---|---|---|---|---|
| 首层 | TWE-711，$\phi$1.2 | $CO_2$ 气体保护焊 | 正极 | 150～160 | 24～26 | 25～30 | 40～60 | 斜圆圈 | ≤80 |
| 填充层 | TWE-711，$\phi$1.2 | $CO_2$ 气体保护焊 | 正极 | 170～190 | 26～28 | 20～25 | 40～60 | 直线往复 | 80～110 |
| 面层 | TWE-711，$\phi$1.2 | $CO_2$ 气体保护焊 | 正极 | 160～180 | 25～27 | 20～25 | 40～60 | 直线往复 | 80～110 |

4. 施工注意事项

(1) 部件组装时，须加固好，以减少变形。

(2) 所有节点坡口，焊前必须打磨，严格做好清洁工作。

(3) 所有探伤焊缝坡口及装配间隙均应由质检员验收合格。

(4) 装配定位焊，要由具备合格证书的焊工操作，管子定位焊，用 $\phi$3.2 焊条，其他厚板允许用 $\phi$4 焊条定位焊。

(5) 内衬管安装中心应与母管一致，焊脚 5mm。

(6) 焊接完毕，焊工应清理焊缝表面的熔渣及两侧飞溅物，检查焊缝外观质量。

(7) 待探伤焊缝检查认可后（包括必要的焊缝加强和修补），构件始得吊离胎架。

### 17.8.5 空心球钢管网架结构焊接

1. 焊前准备

检验构件下料的长度、垂直度及剖口是否符合规范要求，应在定位架定位，并开始点固焊。点固焊所采用的焊接材料、型号应与焊接材质相匹配，焊接电流要比正式施焊电流大。点固焊点数和长度应以焊接过程中不致使其开裂和位置偏移为准，焊点两侧应平稳过渡，焊点高度一般不超过焊缝高度的2/3。点固焊完毕后，应清除熔渣、飞溅等。检查焊点质量，如出现开裂、气孔、熔合不良，应将其磨掉重焊。

2. 球一管接头坡口形式和尺寸

根据《网架结构设计与施工规程》(JGJ 7) 的要求，钢管与空心球全熔透焊接时，钢管应开坡口、留间隙、加内套，以实现焊缝与钢管的等强连接，否则应按角焊缝计算。大型网架为了减小焊接应力与收缩变形，应尽可能采用全熔透连接。

3. 焊接工艺

网架球一管节点的安装焊接应在合适的拼装胎架上进行小拼，以保证小拼单元的形状及尺寸准确。高空总拼的各单元应在地面进行预拼装，以保证整体尺寸的准确性。

在小拼或预总拼时，焊前应估算出节点焊缝的横向收缩量，采取钢管预留长度的方法使小拼及总体拼装的尺寸准确。

4. 焊接应力与变形控制

(1) 总体原则：任一平面或杆件（空间）尽可能安排双数焊工进行对称施焊，为最大限度地避免焊接应力导致构件变形，应先施焊完整个结构节点的打底焊，再施焊整个结构节点的填充焊，最后施焊节点的盖面焊，使各层应力有一个自由释放的过程。

(2) 在施焊前要求焊工先检查工装胎架是否对结构件进行了有效定位，结构两端是否有保型装置，并且做好防风、抗雨、保温等各项焊前准备工作，在施焊过程中尽可能使用一种焊接方法进行施焊，以减少焊接能量不同引起的附加焊接应力。

(3) 网架杆件焊接采用水平转动焊，先进行点焊，然后采用多层多道焊接工艺防止焊接变形。

(4) 严格控制焊接电弧在某一点（处）的停留时间。

5. 应注意的关键问题

(1) 防止空气侵入焊接区，应采用短弧焊。

(2) 一层打底焊，为使根部熔透，应适当采用大电流焊接。

(3) 禁止在坡口以外的钢管和锥头上引弧和收弧。

(4) 一层焊缝焊完后，应将其熔渣、飞溅、焊瘤清除干净，并检查其焊缝质量，待无缺陷后，再焊第二层焊缝，依此类推。

(5) 两层间的焊接接头应错开2～3mm，不能重叠。

(6) 严格检查接地情况，谨防杆件接地不良在杆件上出现打火现象。

### 17.8.6 铸钢节点焊接工艺

1. 母材的准备

(1) 当母材上沾有油时必须加热400℃左右把油烧掉，其他污物也要除去。

(2) 补焊前要把缺陷完全除去。如果裂纹有扩张趋势时要在裂纹两端钻止裂孔。

(3) 坡口制备推荐机加工并打磨，不推荐气刨。母材中的裂纹必须完全除去，而且应将坡口底部倒圆。

2. 焊接工艺

以采用较为实用的手工电弧焊焊接方法为例，焊条选用低氢型焊条（焊缝中扩散氢含量是直接影响焊接接头抗冷裂纹性能的主要因素，除环境条件及钢材表面洁净程度外，决定性因素是材料的影响），必须从组对、校正、复验、预留焊接收缩量、焊接定位、焊前防护、预热、层间温度控制、焊接、焊后热处理、保温、质检等各个工序严格要求，确保焊接质量达到设计要求及规范要求。

(1) 组对。组对前将铸钢件接头坡口内壁 15～20mm 的锈蚀及污物仔细清除，用角向磨光机将凹陷处磨平。坡口清理是工艺重点，其表面不得有不平整、锈蚀现象。在组对时严禁对铸钢件进行硬性敲打。

(2) 校正，预留焊接收缩量。组对后的校正应用专用器具认真核对，确认无误后，预留焊接产生的收缩量以保证整个焊接节点最终的收缩相等，避免焊接应力的产生，然后进行定位焊。

(3) 焊前防护及焊前清理。铸钢件接头处的焊接必须搭设操作平台，做好防风雨措施。正式焊接前，将定位焊处的渣皮，飞溅等附着物仔细清理干净。定位焊的起点与收弧处必须用角向磨光机修磨成缓坡状，并确认无未熔合、裂纹、气孔等缺陷，清除妨碍焊接的器物等物件。

(4) 焊前预热。焊接过程对预热、层间温度、焊后热处理等要求极高，焊前预热即是加热阻碍焊接区自由膨胀、收缩的部位，使其达到预定的温度值，预热温度取决于母材类别和厚度。

(5) 层间温度。在焊接过程中，焊缝的层间温度应始终控制在现场试验确定的温度范围限值之内。要求焊接过程连续，若出现停焊，则必须用加热工具加热到规定值后方可继续进行焊接。

(6) 焊后热处理与保温（消氢处理）。焊接节点完成尚未冷却前进行热处理与保温处理，即用氧-乙炔中性焰在焊缝两侧一定范围内全方位均匀烘烤，使温度控制在预定范围之内，用至少 4 层石棉布紧裹并用扎丝捆紧，保温至少 4h 以上，以保证焊缝的扩散氢有足够的时间逸出来消除氢脆的倾向，稳定金属组织和尺寸并消除部分残余应力。但同时也产生了一定的温度累积误差。

(7) 焊接。

1) 根部焊接：根部焊接主要关注点在于焊接的起弧和收弧处，用角向磨光机修磨成缓坡状并确认无未熔合现象后进行下一步工序。

2) 填充层焊接：在焊接填充层中，要充分保证焊接根部的温度，使填充层和根部的温度差保持在一个适当的水平，从而使焊接接头从压应力状态转变成拉应力状态（在焊缝厚度的 1/2～2/3 时易发生）的时间尽可能延长，这样从根本上避免冷热裂纹的产生。

在进行填充层焊接前应剔除首层焊道上的凸起部分与粘连在坡壁上的飞溅及粉尘，仔细检查坡口边沿有无未熔合及凹陷夹角，如有则用角向磨光机除去，但不得伤及坡口边沿。焊接时在坡口边注意停顿，以便于焊缝金属与母材的充分熔合。

3) 面层焊接：面层焊接直接关系到焊接接头的外观质量能否满足要求，因此在面层焊接时应注意选用小直径焊条，适中的电流、电压值并在坡口边熔合时间稍长。水平固定口可不采用多道面缝，垂直与斜固定口须采用多层多道焊。严格执行多层多道焊的原则以控制线能量的增加，焊缝严禁超高超宽。在焊道清理时尽量少用碳弧气刨以免焊道表面附着的高碳晶粒无法完全清除，致使焊缝内含碳量增加，从而出现延迟裂纹。

(8) 焊缝的清理与检测。要求焊缝不得有凹陷、超高、气孔、咬边、未熔合、裂纹等现象，在焊后至少 24h 后对焊缝进行超声波无损检测，对重要承力节点要进行跟踪复检监测。

### 17.8.7 厚板的焊接

厚钢板在轧制过程中部分元素（主要是锰、硫）产生层状偏析，导致厚钢板沿 Z 向（厚度方向）较易发生层状撕裂，另外厚钢板的焊接量较大，热输入多，其 Z 向的拘束度大，增加了层状撕裂的可能性，并导致焊接残余应力大，焊接变形难以控制。

1. 防止厚钢板层状撕裂的措施

(1) 严格控制材料准入

1) 对于工程中使用的厚钢板，宜采用有 Z 向性能要求的钢板。《钢结构焊接规范》(GB 50661) 规定：焊接 T 形、十字形、角接接头，当其翼缘板厚度等于或大于 40mm 时，宜采用抗层状撕裂的钢板。

2) 控制钢材的含硫量。按国家相关标准，复查钢材的含硫量，需满足标准要求。

3) 对母材进行 UT 检查。进仓前，应对每块厚钢板进行网格状 UT 检查，有裂纹、夹层及分层等缺陷存在的钢板不得使用。焊接前，对母材焊道中心线两侧各 2 倍板厚加 30mm 区域内进行 UT 检查，不得有裂纹、夹层及分层等缺陷存在。

(2) 改善、选用合理的节点和坡口形式

1) 选用合理的节点形式（表 17-98）

**防层状撕裂的节点形式　　表 17-98**

| 序号 | 不良节点形式 | 改善后节点形式 | 说　明 |
|---|---|---|---|
| 1 | 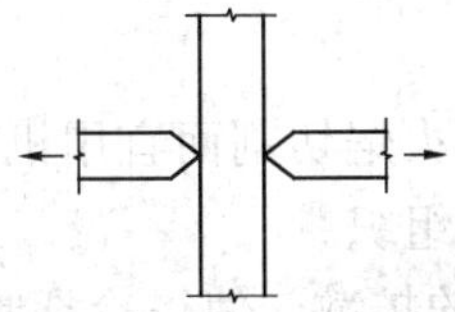 | 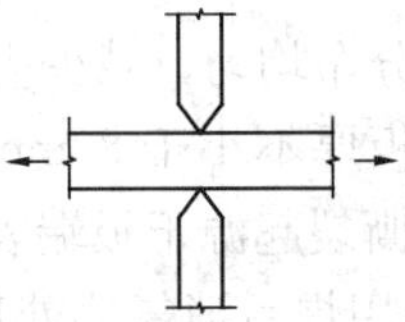 | 将垂直贯通板改为水平贯通板，变更焊缝位置，使接头总的受力方向与轧层平行，可大为改善抗层状撕裂性能 |
| 2 | 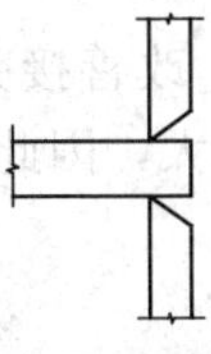 | 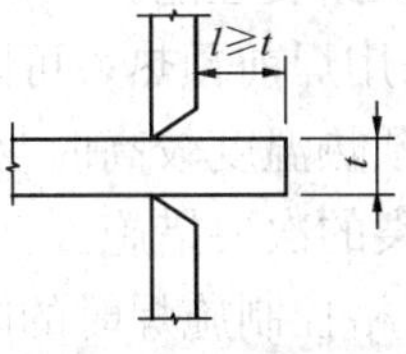 $l \geq t$ | 将贯通板端部延伸一定长度，有防止启裂的效果。此类节点多用于钢管与加劲板的连接接头 |
| 3 | 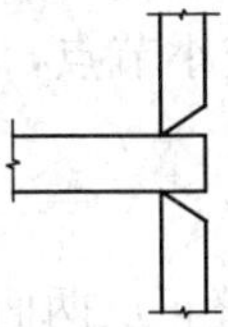 | 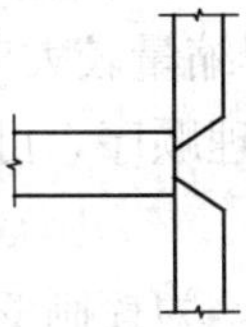 | 将贯通板缩短，避免板厚方向受焊缝收缩应力的作用。此类节点多用于钢板 T 形连接接头 |

2）采用合理的坡口形式（表 17-99）

**防层状撕裂的坡口形式** **表 17-99**

| 序号 | 不良坡口形式 | 改善后坡口形式 | 说　明 |
|---|---|---|---|
| 1 | | 0.3~0.5$t$　$t$ | 改变坡口位置以改变应变方向，使焊缝收缩产生的拉应力与板厚方向成一角度，在特厚板时，侧板坡口面角度应超过板厚中心，可减少层状撕裂倾向 |
| 2 | | | 在满足设计焊透深度要求的前提下，宜采用较小的坡口角度和间隙，以减少焊缝截面积和母材厚度方向承受的拉应力 |
| 3 | | | 在焊接条件允许的前提下，该单面坡口为双面坡口，可避免收缩应变集中，同时可以减少焊缝金属体积，从而可减少焊缝收缩应变 |

(3) 采用合理的焊接方法和工艺

1）采用低氢型、超低氢型焊条或气体保护电弧焊施焊，使得冷裂倾向小，有利于改善抗层状撕裂性能。

2）采用低强组配的焊接材料，使得焊缝金属具有低屈服点、高延性，易使应变集中于焊缝，减少母材热影响区的应变，可改善抗层状撕裂性能。

3）采用低强度焊条在坡口内母材板面上先堆焊塑性过渡层。减少母材热影响区的应变，防止母材层状撕裂。

4）采用对称多道焊，使应变分布均匀，减少应变集中。

5）箱形柱、梁角接接头，当板厚不小于 80mm，侧板边火焰切割面宜用机械方法去除淬硬层（图 17-121），防止层状撕裂起源于板端表面的硬化组织。

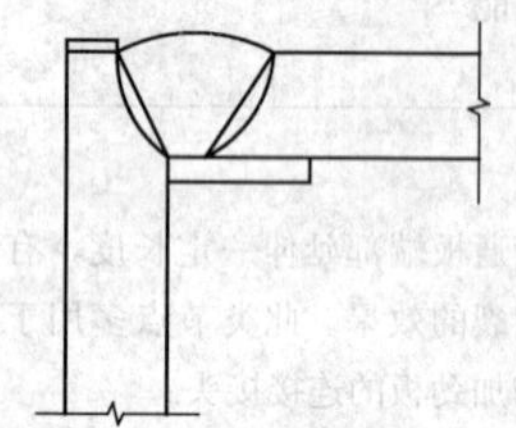

图 17-121　特厚板角接头防层状撕裂工艺措施

6）采用焊后消氢热处理加速氢的扩散，使得冷裂倾向减少，提高抗层状撕裂性能。

7）采用焊前预热，可降低冷却速度，改善接头区组织韧性，但采用的预热温度较高时易使收缩应变增大，因此该方法宜作为防层状撕裂的次要措施。

8）严格控制施焊时的防风雨措施。

9）根据焊前测量报告中的数据，合理修订焊接顺序。通过从内向外，先焊缩量较大节点、后焊缩量较小节点，从上到下，先单独后整体的顺序，分解拘束力的合理顺序，可减少撕裂源。

2. 防治厚板焊接变形的措施

(1) 厚板对接焊后的角变形控制。为控制变形，应对每条焊缝正反两面分阶段反复施焊，或同一条焊缝分两个时段施焊。对异形厚板结构，宜设置胎膜夹具，通过施加外部约束来减少焊接变形。

（2）制定合理的焊接顺序

根据不同的焊接方法、结构形式，制定不同的焊接顺序，埋弧焊一般采用逆向法、退步法；$CO_2$ 气体保护焊及手工焊采用对称法、分散均匀法；编制合理焊接顺序的方针是“分散、对称、均匀、减少拘束度”。

（3）采取反变形措施

预测板件焊后变形量，通过焊前预设反变形量来最终平衡焊接变形（如：对接焊后板件角变形）。反变形角度通过对焊缝焊接过程中热输入量的计算、以往工程经验及必要情况下的试验等综合确定。

（4）对结构进行优化设计

注重节点设计的合理性，深化设计中考虑的因素包括：构件分段易于切分；焊缝强度等级要求合理，易于施工；节点刚度分配合理，易于减少焊缝焊接时的拘束度。

3. 厚板焊后残余应力消除措施

（1）工件整平。在整平过程中，通过加大对工件切割边缘的反复碾压，可有效消除收缩应力。

（2）局部烘烤。控制加热温度范围，在构件完成后对其焊缝背部或两侧进行烘烤，对消除残余应力非常有效。

（3）超声波振动。超声波振动对消除残余应力极为有效，消除率可达75%以上。

（4）振动时效。振动时效法不受工件尺寸、形状、质量等限制，对消除工件应力有很明显效果。

（5）冲砂除锈。冲砂除锈时，利用喷射出的高压铁砂，对构件焊缝及其热影响区反复、均匀冲击，不仅可以除锈，也可清除构件部分残余应力。

# 17.9 现场防火涂装

## 17.9.1 常见防火涂料

钢结构防火涂料是施涂于建筑物或构筑物的钢结构表面，能形成耐火隔热保护层以提高钢结构耐火极限的涂料。防火涂料的分类方法很多，但应用最为广泛的是按厚度分类及按应用场合分类这两种方法。钢结构工程常见防火涂料的类别及适用范围，见表17-100。钢结构工程中常用的几种防火涂料技术性能，见表17-101～表17-103。

**钢结构工程常见防火涂料的类别及适用范围　　表17-100**

| 类别 | 组　成 | 特　点 | 厚度（mm） | 耐火时限（h） | 适用范围 |
|---|---|---|---|---|---|
| 薄涂型防火涂料（B类） | 胶粘剂（有机树脂或有机与无机复合物）10%～30%；有机和无机绝热材料30%～60%；颜料和化学助剂5%～15%；溶剂和稀释剂10%～25% | 附着力强，可以配色，一般不需外保护层 | 小于7 | 2.0 | 工业与民用建筑楼盖与屋盖钢结构，如LB型、SG-1型、SS-1型 |

续表

| 类别 | 组　成 | 特　点 | 厚度（mm） | 耐火时限（h） | 适用范围 |
|---|---|---|---|---|---|
| 超薄型防火涂料（B类） | 基料（酚醛、氨基酸、环氧等树脂）15%～35%；聚磷酸铵等膨胀阻燃材料35%～50%；钛白粉等颜料与化学助剂10%～25%；溶剂和稀释剂10%～30% | 附着力强，干燥快，可配色，有装饰效果，不需外保护层 | 1～3 | 0.5～1.0 | 工业与民用建筑梁、柱等钢结构，如LF型、SB-2型、ST1-A型 |
| 厚涂型防火涂料（H类） | 胶结料10%～40%；骨料30%～50%；化学助剂1%～10%；自来水10%～30% | 喷涂施工，密度小，物理强度及附着力低，需装饰面层隔护 | 大于7 | 1.5～4.0 | 有装饰面层的民用建筑钢结构柱、梁，如LG型、ST-1型、SG-2型 |

**LB钢结构膨胀防火涂料技术性能　　表17-101**

| 项　目 | | 指　标 |
|---|---|---|
| 颜色与状态 | | 面层涂料为白色和黄、蓝、绿、浅色均匀流体，底层涂料为灰白色膏状流体 |
| pH值 | | 7～8 |
| 干燥时间（h） | | 面层表干≤1 实干≥8；底层表干≤4 实干≥24 |
| 固含量（%） | | 面层≥50 底层≥65 |
| 粘结强度（MPa） | | ≥0.15 |
| 抗弯性能 | | 挠曲<L/50 |
| 抗震性能 | | 挠曲<L/100，无开裂、脱落 |
| 耐冻融循环性（次） | | ≥15 |
| 耐水性（h） | | ≥24 |
| 耐火性能 | 涂层厚度（mm） | ≤3　≤5　≤6 |
| | 耐火极限（h） | 0.5　1.0　1.5 |

**LF溶剂型钢结构膨胀防火涂料技术指标　　表17-102**

| 项　目 | | 指　标 |
|---|---|---|
| 在容器中的状态 | | 搅拌后呈白色稠状流体，无结块 |
| 细度（μm） | | ≤100 |
| 干燥时间，表面干燥（h） | | 4 |
| 附着力（级） | | 1 |
| 柔韧性（mm） | | 1 |
| 耐冲击性（N·cm） | | 490 |
| 外观与颜色 | | 与样品相比无明显变化 |
| 耐水性（h） | | 经48h浸水试验，涂膜无起皱、无剥落 |
| 耐湿热性（h） | | 经48h试验，涂膜无起皱、无剥落 |
| 耐火性能 | 涂层厚度（mm） | 1.49 |
| | 耐火极限（h） | 0.6 |

**LG钢结构防火隔热涂料技术性能　　表17-103**

| 检 测 项 目 | 技 术 指 标 |
|---|---|
| pH值 | 10～12 |
| 干燥固化时间（h） | 表面干燥≤4　实际干燥≤48 |

续表

| 检测项目 | | 技术指标 | | | | | |
|---|---|---|---|---|---|---|---|
| 初期干燥抗裂性 | | 无裂纹发生 | | | | | |
| 湿密度（kg/m³） | | ≤800 | | | | | |
| 粘结强度（MPa） | | ≥0.05 | | | | | |
| 抗压强度（MPa） | | ≥0.4 | | | | | |
| 干密度（kg/m³） | | ≤450 | | | | | |
| 热导率［W/（M·K）］ | | ≤0.09 | | | | | |
| 耐水性（h） | | ＞48 | | | | | |
| 耐冻融循环（次） | | ≥15 | | | | | |
| 耐火性能 | 涂层厚度（mm） | 8±2 | 12±2 | 17±2 | 27±2 | 32±2 | 37±2 |
| | 耐火极限（h） | 0.5 | 1.0 | 1.5 | 2.0 | 2.5 | 3.0 |

### 17.9.2 防火涂料的选用

（1）钢结构防火涂料必须有国家检测机构的耐火性能检测报告和理化性能检测报告，有消防监督机关颁发的生产许可证，方可选用。选用的防火涂料质量应符合国家有关标准的规定，有生产厂方的合格证，并应附有涂料品名、技术性能、制造批号、贮存期限和使用说明等。

（2）室内裸露钢结构、轻型屋盖钢结构及有装饰要求的钢结构，当规定其耐火极限在1.5h及以下时，宜选用薄涂型钢结构防火涂料。

（3）室内隐蔽钢结构、高层全钢结构及多层厂房钢结构，当规定其耐火极限在2.0h及以上时，应选用厚涂型钢结构防火涂料。

（4）露天钢结构，如石油化工企业的油（气）罐支撑、石油钻井平台等钢结构，应选用符合室外钢结构防火涂料产品规定的厚涂型或薄型钢结构防火涂料。

（5）对不同厂家的同类产品进行比较选择时，宜查看近两年内产品的耐火性能和理化性能检测报告、产品定型鉴定意见、产品在工程中的应用情况和典型实例，并了解厂方技术力量、生产能力及质量保证条件等。

（6）选用涂料时，应注意下列几点：

1）不要把饰面型防火涂料用于钢结构，饰面型防火涂料是保护木结构等可燃基材的阻燃涂料，薄薄的涂膜达不到提高钢结构耐火极限的目的。

2）不应把薄涂型钢结构膨胀防火涂料用于保护2h以上的钢结构。薄涂型膨胀防火涂料之所以耐火极限不太长，是由自身的原材料和防火原理决定的。这类涂料含较多有机成分，涂层在高温下会发生物理、化学变化，形成炭质泡膜后能起到隔热作用。膨胀泡膜强度有限，易开裂、脱落，炭质在1000℃高温下会逐渐灰化掉。要求耐火极限达2h以上的钢结构，必须选用厚涂型钢结构防火隔热涂料。

3）不得将室内钢结构防火涂料，未加改进或未采用有效的防水措施便直接用于喷涂保护室外的钢结构。露天钢结构环境条件比室内苛刻得多，完全暴露于阳光与大气之中，日晒雨淋，风吹雪盖，所以必须选用耐水、耐冻融循环、耐老化并能经受酸、碱、盐等化学腐蚀的室外钢结构防火涂料进行喷涂保护。

4）在一般情况下，室内钢结构防火保护不要选择室外钢结构防火涂料，为了确保室外钢结构防火涂料优异的性能，其原材料要求严格，并需应用一些特殊材料，因而其价格要比室内用钢结构防火涂料贵得多。但对于半露天或某些潮湿环境的钢结构，则宜选用室外钢结构防火涂料保护。

5）厚涂型防火涂料基本上由无机质材料构成，涂层稳定，老化速度慢，只要涂层不脱落，防火性能就有保障。从耐久性和防火性考虑，宜选用厚涂型防火涂料。

## 17.9.3　防火涂料施工工艺

**17.9.3.1　一般规定**

（1）钢结构防火涂料是一类重要的消防安全材料，防火喷涂施工质量的好坏，直接影响防火性能和使用要求。根据国内外的经验，钢结构防火喷涂施工应由经过培训合格的专业施工队施工，或者由研制该防火涂料的工程技术人员指导施工，以确保工程质量。

（2）通常情况下，应在钢结构安装就位且与其相连的吊杆、马道、管架及与其相关联的构件安装完毕，并经验收合格之后，才能进行喷涂施工。如若提前施工，对钢构件实施防火喷涂后，再进行吊装，则安装好后应对损坏的涂层及钢结构的接点进行补喷。

（3）喷涂前，钢结构表面应除锈，并根据使用要求确定防锈处理。除锈和防火处理应符合《钢结构工程施工质量验收规范》（GB 50205）中有关规定。对大多数钢结构而言，需要涂防锈底漆。防锈底漆与防火涂料不应发生化学反应。有的防火涂料具有一定的防锈作用，如试验证明可以不涂防锈漆时，也可不作防锈处理。

（4）喷涂前，钢结构表面的尘土、油污、杂物等应清理干净。钢构件连接处4～12mm宽的缝隙应采用防火涂料或其他防火材料，如硅酸铝纤维棉、防火堵料等填补堵平。当构件表面已涂防锈面漆，涂层硬而发光，会明显影响防火涂料粘结力时，应采用砂纸适当打磨再喷。

（5）施工钢结构防火涂料应在室内装饰之前和不被后期工程所损坏的条件下进行。施工时，对不需作防火保护的墙面、门窗、机器设备和其他构件应采用塑料布遮挡保护。刚施工的涂层，应防止雨淋、脏液污染和机械撞击。

（6）对大多数防火涂料而言，施工过程中和涂层干燥固化前，环境温度宜保持在5～38℃，相对湿度不宜大于90%，空气应流动。当风速大于5m/s、雨后或构件表面结晶时，不宜作业。化学固化干燥的涂料，施工温度、湿度范围可放宽，如LG钢结构防火涂料可在－5℃施工。

**17.9.3.2　超薄型防火涂料施工工艺**

1. 施工工具与方法

（1）喷涂底层（包括主涂层，以下相同）涂料，宜采用重力（或喷斗）式喷枪，配能够自动调压的0.6～0.9$m^3$/min的空压机，喷嘴直径为4～6mm，空气压力为0.4～0.6MPa。

（2）面层装饰涂料，可以刷涂、喷涂或滚涂，一般采用喷涂施工。喷底层涂料的喷枪，将喷嘴直径换为1～2mm，空气压力调为0.4MPa左右，即可用于喷面层装饰涂料。

（3）局部修补或小面积施工，或者机器设备已安装好的厂房，不具备喷涂条件时，可用抹灰刀等工具进行手工抹涂。

2. 涂料的搅拌与调配

（1）运送到施工现场的钢结构防火涂料，应采用便携式电动搅拌器予以适当搅拌，使其均匀一致，方可用于喷涂。

（2）双组分包装的涂料，应按说明书规定的配合比进行现场调配，边配边用。

（3）搅拌和调配好的涂料，应稠度适宜，喷涂后不发生流淌和下坠现象。

3. 底层施工操作与质量

（1）底涂层一般应喷2～3遍，每遍间隔4～24h，待前遍基本干燥后再喷后一遍。头遍喷涂以盖住基底面70%即可，二、三遍喷涂以每遍厚度不超过2.5mm为宜。每喷1mm厚的涂层，约耗湿涂料1.2～1.5kg/m²。

（2）喷涂时手握喷枪要稳，喷嘴与钢基材面垂直或成70°角，喷嘴到喷面距离为40～60mm。要求回旋转喷涂，注意搭接处颜色一致，厚薄均匀，要防止漏喷、流淌。确保涂层完全闭合，轮廓清晰。

（3）喷涂过程中，操作人员要携带测厚计随时检测涂层厚度，确保各部位涂层达到设计规定的厚度要求。

（4）喷涂形成的涂层是粒状表面，当设计要求涂层表面要平整光滑时，待喷完最后一遍应采用抹灰刀或其他适用的工具作抹平处理，使外表面均匀平整。

4. 面层施工操作与质量

（1）当底层厚度符合设计规定，并基本干燥后，方可进行面层喷涂料施工。

（2）面层喷涂料一般涂饰1～2遍。如头遍是从左至右喷，第二遍则应从右至左喷，以确保全部覆盖住底涂层。面涂用料为0.5～1.0 kg/m²。

（3）对于露天钢结构的防火保护，喷好防火的底涂层后，也可选用适合建筑外墙用的面层涂料作为防水装饰层，用量为1.0 kg/m²即可。

（4）面层施工应确保各部分颜色均匀一致，接茬平整。

**17.9.3.3 薄型防火涂料施工工艺**

薄型防火涂料施工工艺与超薄型防火涂料的施工工艺基本一致（只是每遍的涂装厚度要求不同，薄型防火涂料每遍施工厚度不超过2.5mm即可），可参照执行。

**17.9.3.4 厚型防火涂料施工工艺**

1. 施工方法与机具

一般是采用喷涂施工，机具可为压送式喷涂机或挤压泵，配能自动调压的0.6～0.9m³/min的空压机，喷枪口径为6～12mm，空气压力为0.4～0.6MPa。局部修补可采用抹灰刀等工具手工抹涂。

2. 涂料的搅拌与配置

（1）由工厂制造好的单组分湿涂料，现场应采用便携式搅拌器搅拌均匀。

（2）由工厂提供的干粉料，现场加水或其他稀释剂调配，应按涂料说明书规定配合比混合搅拌，边配边用。

（3）由工厂提供的双组分涂料，按配制涂料说明书规定的配合比混合搅拌，边配边用，特别是化学固化干燥的涂料，配制的涂料必须在规定的时间内用完。

（4）搅拌和调配涂料，使稠度适宜，即能在输送管道中畅通流动。喷涂后不会流淌和下坠。

3. 施工操作

（1）喷涂应分若干次完成，第一次喷涂以基本盖住钢基材面即可，以后每次喷涂厚度为5～10mm，一般以7mm左右为宜。必须在前一次涂层基本干燥或固化后再接着喷，通常情况下，每天喷一遍即可。

（2）喷涂保护方式，喷涂次数与涂层厚度应根据防火设计要求确定。耐火极限1～3h，涂层厚度10～40mm，一般需喷2～5次。

（3）喷涂时，持枪者应紧握喷枪，注意移动速度，不能在同一位置久留，造成涂料堆积流淌；输送涂料的管道长而笨重，应配一助手帮助移动和托起管道；配料及往挤压泵加料均要连续进行，不得停顿。

（4）施工过程中，操作者应采用测厚针检测涂层厚度，直到符合设计规定的厚度，方可停止喷涂。

（5）喷涂后的涂层要适当维修，对明显的突起，应采用抹灰刀等工具剔除，以确保涂层表面均匀。

4. 质量要求

（1）涂层应在规定时间内干燥固化，各层间粘结牢固，不出现粉化、空鼓、脱落和明显裂纹。

（2）钢结构的接头、转角处的涂层应均匀一致，无漏涂出现。

（3）涂层厚度应达到设计要求。如某些部位的涂层厚度未达到规定厚度值的85%以上，或者虽达到规定厚度值的85%以上，但未达到规定厚度值的部位的连续长度超过1m时，应补喷，使之符合规定的厚度。

### 17.9.4　防火涂装注意事项

（1）合理选择防火涂料品种，一般室内与室外钢结构的防火涂料宜选择相适用的涂料产品。

（2）防火涂料的贮运温度应按产品说明执行，不可在室外贮存和在太阳下暴晒。

（3）涂装前，需要涂装的钢构件表面应进行除锈，做好防锈、防腐处理，并将灰尘、油脂、水分等清理干净，严禁在潮湿的表面进行涂装作业。

（4）防火涂料一般不得与其他涂料、油漆混用，以免破坏其性能。

（5）涂料的调制必须充分搅拌均匀，一般不宜加水进行稀释；但有些产品可根据施工条件适量加水进行稀释。

（6）施工时，每遍涂装厚度应按设计要求进行，不得出现漏涂的情况，按要求进行涂装直到达到规定要求的厚度。

（7）施工时，根据外部环境因素做好防护措施。如夏季高温期，为防止涂层中水分挥发过快，必要时要采取临时养护措施；冬季寒冷期，则应采取保暖措施，必要时应停止施工。

（8）水性防火涂料施工时，无需防火措施，溶剂型防火涂料施工时，必须在现场配备灭火器材等防火设施，严禁现场明火、吸烟。

（9）施工人员应戴安全帽、口罩、手套和防尘眼镜。

（10）施工后，应做好养护措施，保证涂层避免雨淋、浸泡及长期受潮，养护后才能达到其性能要求。

# 17.10 钢结构工程质量控制

## 17.10.1 钢结构检验批的划分

根据《建筑工程施工质量验收统一标准》（GB 50300）中对建筑工程分部工程、分项工程划分，钢结构工程分别属于地基与基础分部工程、主体结构分部工程中的子分部工程[在地基与基础分部工程和主体结构分部工程中将劲钢（管）混凝土结构工程单独划分为一个子分部工程，但在实际操作中，劲钢（管）混凝土结构工程中的钢结构施工内容检验批划分仍按钢结构工程检验批划分，便于与《钢结构工程施工质量验收规范》（GB 50205）对应检验批统一]，在建筑屋面分部工程中，常用于钢结构工程中的金属板屋面则属于建筑屋面分部工程、瓦屋面子分部工程中的一个分项工程。表 17-104 为钢结构工程检验批划分对应表。

钢结构工程检验批划分对应表　　表 17-104

| 分部工程 | 子分部工程 | 分项工程 | 检验批 | 对应检验批号 |
| --- | --- | --- | --- | --- |
| 地基与基础 | 劲钢（管）混凝土 | 劲钢（管）焊接 | 钢结构制作（安装）焊接工程检验批 | 010901×××（Ⅰ） |
| | | | 焊钉（栓钉）焊接工程检验批 | 010901×××（Ⅱ） |
| | | 劲钢（管）与钢筋的连接 | 多层及高层钢构件安装工程检验批 | 010904××× |
| | 钢结构 | 焊接钢结构 | 钢结构制作（安装）焊接工程检验批 | 010901×××（Ⅰ） |
| | | | 焊钉（栓钉）焊接工程检验批 | 010901×××（Ⅱ） |
| | | 栓接钢结构 | 普通紧固件连接工程检验批 | 010902×××（Ⅰ） |
| | | | 高强度螺栓连接工程检验批 | 010902×××（Ⅱ） |
| | | 钢结构制作 | 钢结构零、部件加工工程检验批 | 010903××× |
| | | 钢结构安装 | 单层钢构件安装工程检验批 | 010904×××（Ⅰ） |
| | | | 多、高层钢构件安装工程检验批 | 010904×××（Ⅱ） |
| | | 钢结构涂装 | 防腐涂料涂装工程检验批 | 010905××× |
| | | | 防火涂料涂装工程检验批 | 010906××× |
| 主体结构 | 劲钢（管）混凝土 | 劲钢（管）焊接 | 钢结构制作（安装）焊接工程检验批 | 020401×××（Ⅰ） |
| | | | 焊钉（栓钉）焊接工程检验批 | 020401×××（Ⅱ） |
| | | 螺栓连接 | 普通紧固件连接工程检验批 | 020402×××（Ⅰ） |
| | | | 高强度螺栓连接工程检验批 | 020402×××（Ⅱ） |
| | | 劲钢（管）混凝土结构与钢筋的连接 | 单层钢构件安装工程检验批 | 020404××× |
| | | | 多层及高层钢构件安装工程检验批 | 020405××× |
| | | 劲钢（管）制作 | 钢结构零、部件加工工程检验批 | 020403××× |
| | | 劲钢（管）安装 | 单层钢构件安装工程检验批 | 020404××× |
| | | | 多层及高层钢构件安装工程检验批 | 020405××× |

续表

| 分部工程 | 子分部工程 | 分项工程 | 检验批 | 对应检验批号 |
|---|---|---|---|---|
| 主体结构 | 钢结构 | 钢结构焊接 | 钢结构制作（安装）焊接工程检验批 | 020401×××（Ⅰ） |
| | | | 焊钉（栓钉）焊接工程检验批 | 020401×××（Ⅱ） |
| | | 紧固件连接 | 普通紧固件连接工程检验批 | 020402×××（Ⅰ） |
| | | | 高强度螺栓连接工程检验批 | 020402×××（Ⅱ） |
| | | 钢结构零、部件加工 | 钢结构零、部件加工工程检验批 | 020403×××（Ⅰ） |
| | | 单层钢结构安装 | 单层钢构件安装工程检验批 | 020404××× |
| | | 多层及高层钢结构安装 | 多层及高层钢构件安装工程检验批 | 020405××× |
| | | 钢结构涂装 | 防腐涂料涂装工程检验批 | 020410××× |
| | | | 防火涂料涂装工程检验批 | 020411××× |
| | | 钢构件组装 | 钢构件组装工程检验批 | 020406××× |
| | | 钢构件预拼装 | 钢构件预拼装工程检验批 | 020407××× |
| | | 钢网架结构安装 | 钢网架安装工程检验批 | 020408××× |
| | | 压型金属板 | 压型金属板工程检验批 | 020409××× |
| | 网架和索膜结构 | 网架制作 | 钢网架制作工程检验批 | 020403×××（Ⅱ） |
| | | 网架安装 | 钢网架安装工程检验批 | 020408××× |
| | | 网架防火 | 防火涂料涂装工程检验批 | 020411××× |
| | | 防腐涂料 | 防腐涂料涂装工程检验批 | 020410××× |

注：1. 所有劲钢（管）混凝土分部工程的检验批均参照钢结构子分部工程中的检验批；

2. 表中所列检验批应根据钢结构工程结构形式、工程量、施工区域、施工顺序等再次进行划分，如高层钢结构的主体结构分部工程中高强度螺栓连接工程检验批应根据钢柱分段每两层或每三层一个子检验批；

3. 对应检验批中的后三位编号为子检验批编号；

4. 相同检验批的不同分项工程应按照最大分项工程原则进行归类划分，以便于具体实施。如高层钢结构中地下室结构有劲钢（管）混凝土结构，地上部分结构为劲钢（管）混凝土与钢框架结构，其中劲钢（管）混凝土结构中的钢构件数量相对钢结构工程整体数量较少，则应将劲钢（管）混凝土结构子分部、分项、检验批工程划分到钢结构子分部、分项、检验批工程中。而且，按照《钢结构工程施工质量验收规范》（GB 50205）的适用总则，对建筑工程的单层、多层、高层以及网架、压型金属板等钢结构工程施工质量的验收均适用。组合结构、地下结构中的钢结构可参照《钢结构工程施工质量验收规范》（GB 50205）进行施工质量验收。

## 17.10.2 原材料及成品验收

进场验收的检验批原则上应与各分项工程检验批一致，也可以根据工程规模及进料实际情况划分检验批。原材料及成品进场质量验收，见表 17-105。

**原材料及成品进场质量验收** **表 17-105**

| 项目 | 类型 | 质量要求 | 检验数量 | 检验方法 |
|---|---|---|---|---|
| 钢材 | 主控项目 | 钢材、钢铸件的品种、规格、性能等应符合现行国家标准和设计要求，进口钢材应符合设计和合同规定标准的要求 | 全数检查 | 检查质量合格证明文件、中文标志及检验报告 |

续表

| 项目 | 类型 | 质量要求 | 检验数量 | 检验方法 |
|---|---|---|---|---|
| 钢材 | 主控项目 | 对属于下列情况之一的钢材，应进行抽样复验，其复验结果应符合现行国家产品标准和设计要求。<br>①国外进口钢材；②钢材混批；③板厚等于或大于40mm，且设计有Z向性能要求的厚板；④建筑结构安全等级为一级，大跨度钢结构中主要受力构件所采用的钢材；⑤设计有复验要求的钢材；⑥对质量有疑义的钢材 | 全数检查 | 检查复验报告 |
| | 一般项目 | 钢板厚度及允许偏差应符合其产品标准的要求 | 每一品种、规格钢板抽查5处 | 用游标卡尺量测 |
| | | 型钢规格尺寸及允许偏差符合其产品标准的要求 | 每一品种、规格型钢抽查5处 | 用钢尺、游标卡尺量测 |
| | | 钢材表面外观质量除应符合国家现行有关标准外，尚应符合下列规定：<br>①当钢材的表面有锈蚀、麻点或划痕等缺陷时，其深度不得大于该钢材厚度负允许偏差值的1/2；②钢材表面的锈蚀等级应符合《涂装前钢材表面锈蚀等级和除锈等级》(GB 8923)规定的C级及C级以上；③钢材端边或断口处不应有分层、夹渣等缺陷 | 全数检查 | 观察检查 |
| 焊接材料 | 主控项目 | 焊接材料的品种、规格、性能等应符合现行国家产品标准和设计要求 | 全数检查 | 检查质量合格证明文件、中文标志及检验报告 |
| | | 重要钢结构采用的焊接材料应进行抽样复验，复验结果应符合现行国家产品标准和设计要求 | 全数检查 | 检查复验报告 |
| | 一般项目 | 焊钉及焊接瓷环的规格、尺寸及偏差应符合《电弧螺柱焊用圆柱头焊钉》(GB/T 10433)中的规定 | 按量抽查1%，且≥10套 | 用钢尺、游标卡尺量测 |
| | | 焊条外观不应有药皮脱落、焊芯生锈等缺陷；焊剂不应受潮结块 | 按量抽查1%，且≥10包 | 观察检查 |
| 连接用紧固标准件 | 主控项目 | 钢结构连接用高强度大六角头螺栓连接副、扭剪型高强度螺栓连接副、钢网架用高强度螺栓、普通螺栓、铆钉、自攻钉、拉铆钉、射钉、锚栓(机械型和化学试剂型)、地脚锚栓等紧固标准件及螺母、垫圈等标准配件，其品种、规格、性能等应符合现行国家产品标准和设计要求。高强度大六角头螺栓连接副和扭剪型高强度螺栓连接副出厂时应分别随箱带有扭矩系数和紧固轴力(预拉力)的检验报告 | 全数检查 | 检查质量合格证明文件、中文标志及检验报告 |

续表

| 项目 | 类型 | 质量要求 | 检验数量 | 检验方法 |
| --- | --- | --- | --- | --- |
| 连接用紧固标准件 | 主控项目 | 高强度大六角头螺栓连接副应按GB 50205附录B的规定检验其扭矩系数，其检验结果应符合规定 | 见GB 50205附录B | 检查复验报告 |
| | | 扭剪型高强度螺栓连接副应按GB 50205附录B的规定检验预拉力，其检验结果应符合规定 | 见GB 50205附录B | 检查复验报告 |
| | 一般项目 | 高强度螺栓连接副，应按包装箱配套供货，包装箱上应标明批号、规格、数量及生产日期。螺栓、螺母、垫圈外观表面应涂油保护，不应出现生锈和沾染脏物，螺纹不应有损伤 | 按包装箱数量抽查5%，且≥3箱 | 观察检查 |
| | | 对建筑结构安全等级为一级，跨度40m及以上的螺栓球节点钢网架结构，其连接高强度螺栓应进行表面硬度试验，对8.8级的高强度螺栓其硬度应为HRC21～29；10.9级高强度螺栓其硬度应力HRC32～36，且不得有裂纹或损伤 | 按规格抽查8只 | 硬度计、10倍放大镜或磁粉探伤 |
| 焊接球 | 主控项目 | 焊接球及制作焊接球所采用的原材料，其品种、规格、性能等应符合现行国家产品标准和设计要求 | 全数检查 | 检查质量合格证明文件、中文标志及检验报告 |
| | | 焊接球焊缝应进行无损检验，其质量应符合设计要求，当设计无要求时应符合GB 50205中规定的二级质量标准 | 每规格抽查5%，且≥3个 | 超声波探伤或检查检验报告 |
| | 一般项目 | 焊接球直径、圆度、壁厚减薄量等尺寸及允许偏差应符合GB 50205的规定 | 每规格抽查5%，且≥3个 | 用卡尺和测厚仪检查 |
| | | 焊接球表面应无明显波纹及局部凹凸不平不大于1.5m | 每规格抽查5%，且≥3个 | 用弧形套模、卡尺和观察检查 |
| 螺栓球 | 主控项目 | 螺栓球及制作螺栓球节点所采用的原材料，其品种、规格、性能应符合现行国家产品标准和设计要求 | 全数检查 | 检查质量合格证明文件、中文标志及检验报告 |
| | | 螺栓球不得有过烧、裂纹及褶皱 | 每规格抽查5%，且≥5只 | 10放大镜观察和表面探伤 |
| | 一般项目 | 螺栓球螺纹尺寸应符合《普通螺纹　基本尺寸》（GB/T 196）中粗牙螺纹的规定，螺纹公差必须符合《普通螺纹　公差》（GB/T 197）中6H级精度的规定 | 每规格抽查5%，且≥5只 | 标准螺纹规检查 |
| | | 螺栓球直径、圆度、相邻两螺栓孔中心线夹角等尺寸及允许偏差应符合GB 50205的规定 | 每规格抽查5%，且≥3个 | 卡尺和分度头仪检查 |

续表

| 项目 | 类型 | 质量要求 | 检验数量 | 检验方法 |
| --- | --- | --- | --- | --- |
| 封板锥头及套筒 | 主控项目 | 封板、锥头和套筒与制作封板、锥头和套筒所采用的原材料，其品种、规格、性能等应符合现行国家产品标准和设计要求 | 全数检查 | 检查质量合格证明文件、中文标志及检验报告 |
| | | 封板、锥头、套筒外观不得有裂纹、过烧及氧化皮 | 每种抽查5%，且≥10只 | 放大镜观察和表面探伤 |
| 压型金属板 | 主控项目 | 金属压型板及制造金属压型板所采用的原材料，其品种、规格、性能等应符合现行国家产品标准和设计要求 | 全数检查 | 检查质量合格证明文件、中文标志及检验报告 |
| | | 压型金属泛水板、包角板和零配件的品种、规格以及防水密封材料的性能应符合现行国家产品标准和设计要求 | 全数检查 | 检查质量合格证明文件、中文标志及检验报告 |
| | 一般项目 | 压型金属板的规格尺寸及允许偏差、表面质量、涂层质量等应符合设计要求和 GB 50205 的规定 | 每种抽查5%，且≥3只 | 观察和用10倍放大镜检查及尺量 |
| 涂装材料 | 主控项目 | 钢结构防腐涂料、稀释剂和固化剂等材料的品种、规格、性能等应符合现行国家产品标准和设计要求 | 全数检查 | 检查质量合格证明文件、中文标志及检验报告 |
| | | 钢结构防火涂料的品种和技术性能应符合设计要求，并应经过具有资质的检测机构检测符合国家现行有关标准的规定 | 全数检查 | 检查质量合格证明文件、中文标志及检验报告 |
| | 一般项目 | 防腐涂料和防火涂型号、名称、颜色及有效期应与其质量证明文件相符。开启后，不应存在结皮、结块、凝胶等现象 | 按桶数抽查5%，且≥3桶 | 观察检查 |
| 其他 | 主控项目 | 钢结构用橡胶垫的品种、规格、性能等应符合现行国家产品标准和设计要求 | 全数检查 | 检查质量合格证明文件、中文标志及检验报告 |
| | | 钢结构工程所涉及的其他特殊材料，其品种、规格、性能等应符合现行国家产品标准和设计要求 | 全数检查 | 检查质量合格证明文件、中文标志及检验报告 |

注：表中 GB 50205 表示《钢结构工程施工质量验收规范》(GB 50205—2001)。

## 17.10.3 工厂加工质量控制

### 17.10.3.1 加工制作质量控制流程

加工制作质量控制流程见图 17-122。

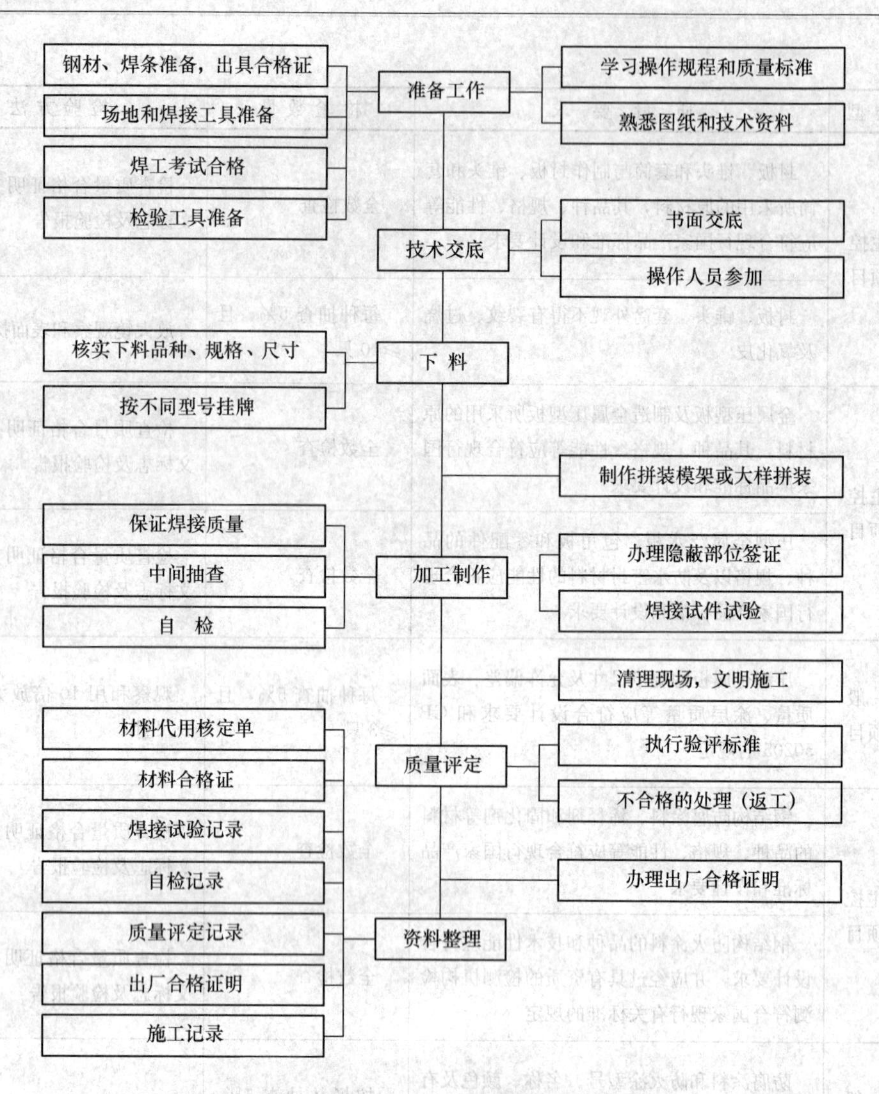


图 17-122　加工制作质量控制流程

#### 17.10.3.2　原材料采购过程质量控制（表 17-106）

原材料采购过程中质量控制措施　　表 17-106

| 序号 | 原材料采购过程中质量控制措施 |
|---|---|
| 1 | 计划科材料预算员根据标准及设计图及时算出所需原辅材料和外购零、部件的规格、品种、型号、数量、质量要求以及设计或甲方指定的产品 |
| 2 | 计划科预算根据工厂库存情况，及时排定原材料及零配件的采购需求计划，并具体说明材料品种、规格、型号、数量、质量要求、产地及分批次到货日期，送交供应科 |
| 3 | 供应科根据采购需求计划及合格分承包方的供应能力，及时编制采购作业任务书，责任落实到人，保质、保量、准时供货到厂。对特殊材料应及时组织对分承包方的评定，采购文件应指明采购材料的名称、规格、型号、数量、采用标准、质量要求及验收内容和依据 |
| 4 | 质检科负责进厂材料的及时检验、验收，根据作业指导书的验收规范和作业方法进行严格的进货检验，确保原材料的质量 |
| 5 | 加工厂检测中心应及时作出材料的化学分析、机械性能的测定 |
| 6 | 材料仓库应按规定保管好材料，并做好相应标识，做到堆放合理，标识明晰，先进先出 |

### 17.10.3.3 工厂加工质量的控制要求

根据《钢结构工程施工质量验收规范》(GB 50205)中对钢零件与钢部件加工工程质量验收的要求，工厂按设计文件的要求将原材料加工为零部件，继而通过组装形成设计要求的钢构件。表 17-107 为工厂加工质量的控制要求。

**工厂加工质量控制要求** **表 17-107**

| 项目 | 类型 | 质量要求 | 检验数量 | 检验方法 |
|---|---|---|---|---|
| 切割 | 主控项目 | 钢材切割面或剪切面应无裂纹、夹渣、分层和大于 1mm 的缺棱 | 全数检查 | 观察或用放大镜及百分尺检查，有疑义时作渗透、磁粉或超声波检查 |
| | 一般项目 | 气割的允许偏差应符合 GB 50205 中表 7.2.2 的规定 | 按剪切面数抽查 10%，且≥3 个 | 观察检查或用钢尺、塞尺检查 |
| | | 机械剪切的允许偏差应符合 GB 50205 中表 7.2.3 的规定 | 按剪切面数抽查 10%，且≥3 个 | 观察检查或用钢尺、塞尺检查 |
| 矫正和成型 | 主控项目 | 碳素结构钢在环境温度低于−16℃、低合金结构钢在环境温度低于−12℃时，不应进行冷矫正和冷弯曲。碳素结构钢和低合金结构在加热矫正时，加热温度不应超过 900℃。低合金结构钢在加热矫正后应自然冷却 | 全数检查 | 检查制作工艺报告和施工记录 |
| | | 当零件采用热加工成型时，加热温度应控制在 900～1000℃；碳素结构钢和低合金结构钢在温度分别下降到 700℃和 800℃之前，应结束加工；低合金结构钢应自然冷却 | 全数检查 | 检查制作工艺报告和施工记录 |
| | 一般项目 | 矫正后的钢材表面，不应有明显的凹陷或损伤，划痕深度不得大于 0.5mm，且不应大于该钢材厚度负允许偏差的 1/2 | 全数检查 | 观察检查和实测检查 |
| | | 冷矫正和冷弯曲的最小曲率半径和最大弯曲矢高应符合 GB 50205 中表 7.3.4 的规定 | 按件数抽查 10%，且≥3 件 | 观察检查和实测检查 |
| | | 钢材矫正后的允许偏差应符合 GB 50205 中表 7.3.5 的规定 | 按件数抽查 10%，且≥3 件 | 观察检查和实测检查 |
| 边缘加工 | 主控项目 | 气割或机械剪切的零件，需要进行边缘加工时，其刨削量不应小于 2.0mm | 全数检查 | 检查制作工艺报告和施工记录 |
| | 一般项目 | 边缘加工允许偏差应符合 GB 50205 中表 7.4.2 的规定 | 按加工面数抽查 10%，且≥3 件 | 观察检查和实测检查 |
| 制孔 | 主控项目 | A、B 级螺栓孔（Ⅰ类孔）应具有 H12 的精度，孔壁表面粗糙度 $R_a$ 不应大于 12.5μm。其孔径的允许偏差应符合 GB 50205 中表 7.6.1-1 的规定<br>C 级螺栓孔（Ⅱ类孔），孔壁表面粗糙度 $R_a$ 不应大于 25μm，其允许偏差应符合 GB 50205 中表 7.6.1-2 的规定 | 按构件数抽查 10%，且≥3 件 | 游标卡尺、孔径量规检查 |
| | 一般项目 | 螺栓孔孔距的允许偏差应符合 GB 50205 中表 7.6.2 的规定 | 按构件数抽查 10%，且≥3 件 | 钢尺检查 |
| | | 螺栓孔孔距的允许偏差超过规范规定的允许偏差时，应采用与母材材质相匹配的焊条补焊后重新制孔 | 全数检查 | 观察检查 |
| 端部铣平及安装焊缝坡口 | 主控项目 | 端部铣平的允许偏差应符合 GB 50205 中表 8.4.1 的规定 | 按铣平面数抽查 10%，且≥3 个 | 钢尺、角尺、塞尺检查 |
| | 一般项目 | 安装焊缝坡口的允许偏差应符合 GB 50205 中表 8.4.2 的规定 | 按坡口数抽查 10%，且≥3 个 | 焊缝量规检查 |
| | | 外露铣平面应作防锈保护 | 全数检查 | 观察检查 |

注：表中 GB 50205 表示《钢结构工程施工质量验收规范》(GB 50205—2001)。

## 17.10.4　现场安装质量控制

### 17.10.4.1　现场安装质量管理

1. 质量管理程序（图 17-123）

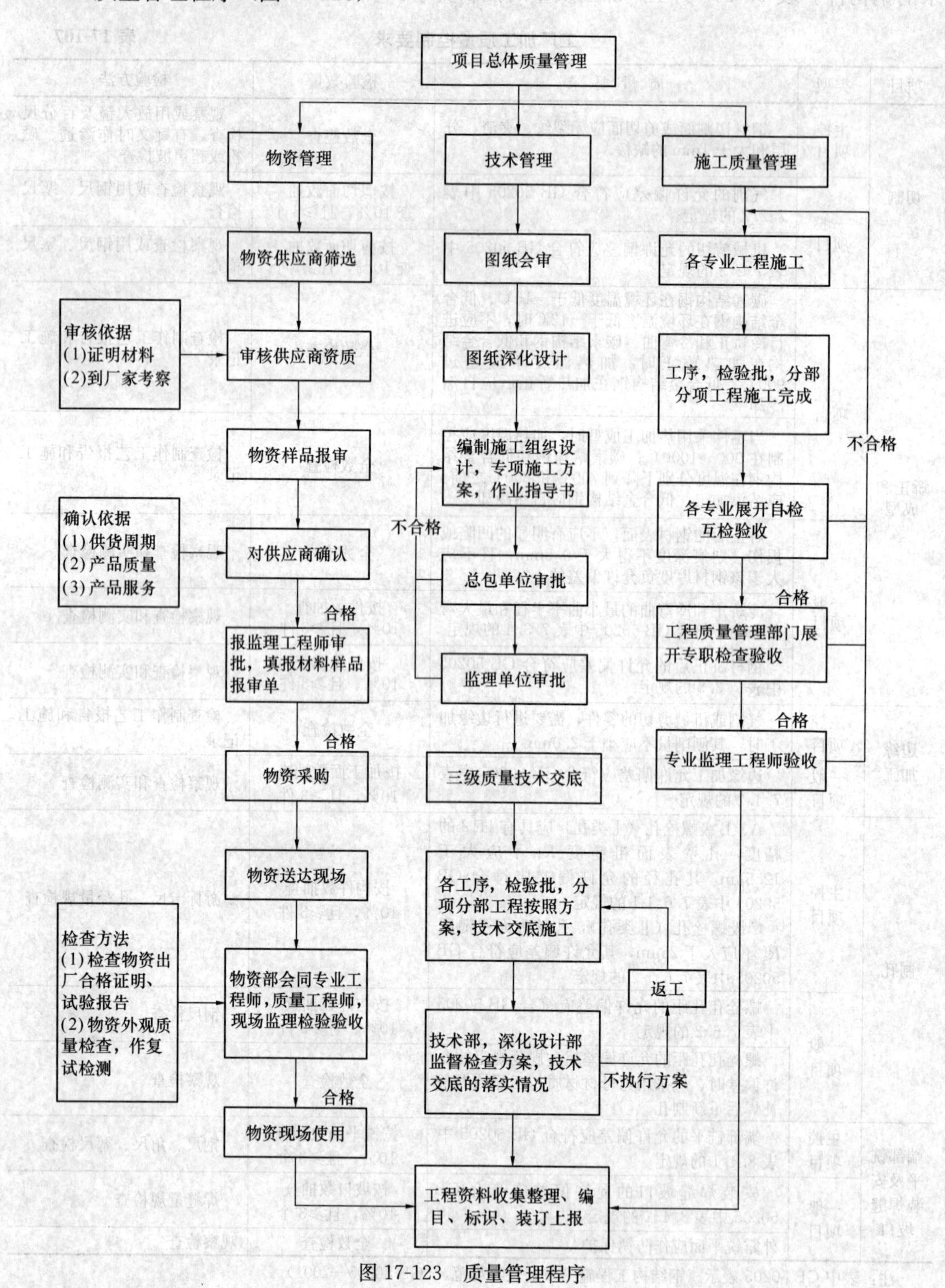

图 17-123　质量管理程序

2. 质量管理流程（图 17-124）

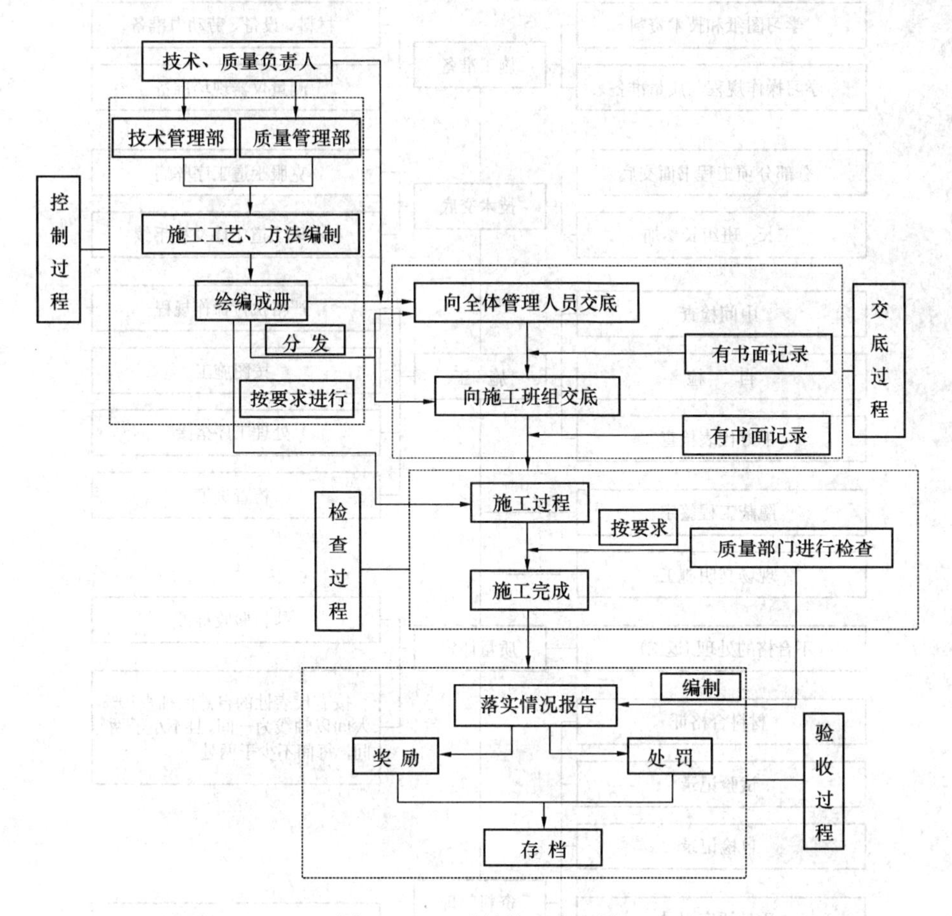


图 17-124 质量管理流程图

**17.10.4.2 现场安装质量控制**

（1）钢结构施工总体质量控制流程（图 17-125）。

（2）钢结构安装质量控制流程（图 17-126）。

（3）钢结构高强度螺栓连接质量控制流程（图 17-127）。

（4）钢结构焊接工程质量控制流程（图 17-128）。

（5）钢结构防腐涂装工程质量控制流程（图 17-129）。

（6）钢结构防火涂装工程质量控制流程（图 17-130）。

**17.10.4.3 钢结构安装质量保证措施**

（1）施工单位应按照 ISO 质量体系规范运作。

（2）根据工程具体情况，编写质量手册及各工序的施工工艺指导书，以明确具体的运作方式，对施工中的各个环节，进行全过程控制。

（3）建立由项目经理直接负责，质量总监中间控制，专职检验员作业检查，班组质检员自检、互检的质量保证组织系统。

（4）严格按照《钢结构工程施工规范》和各项工艺实施细则。

（5）认真学习掌握施工规范和实施细则，施工前认真熟悉图纸，逐级进行技术交底，

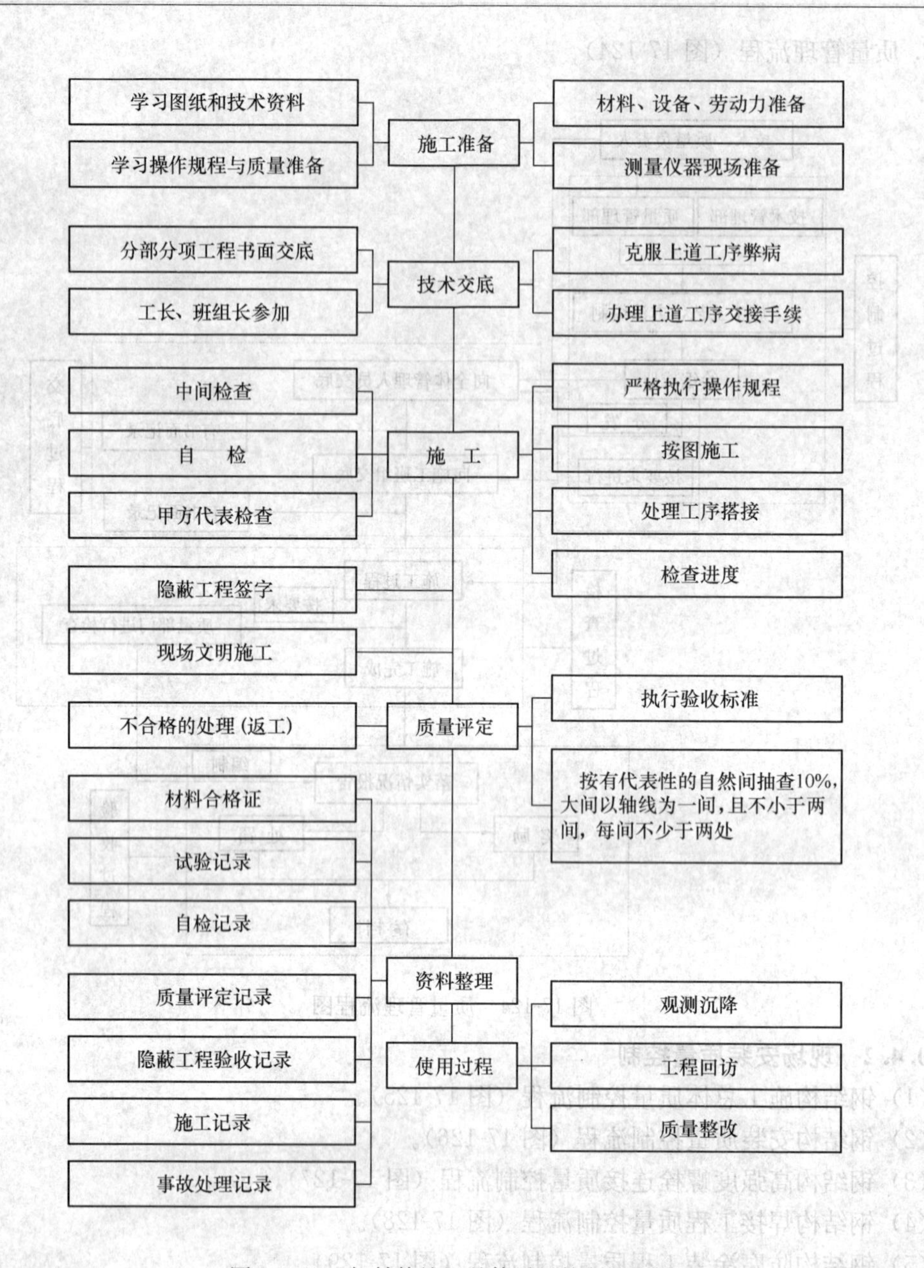


图 17-125　钢结构施工总体质量控制流程图

施工中健全原始记录，各工序严格进行自检、互检，重点是专业检测人员的检查，应严格执行上道工序不合格、下道工序不交接的制度，坚决不留质量隐患。

（6）针对工程实际认真制定各项质量管理制度，保证工程的整体质量。

（7）把好原材料质量关，所有进场材料必须有符合工程规范的质量说明书，材料进场后，要按产品说明书和安装规范的规定，妥善保管和使用，防止变质损坏。按规程应进行检验的，坚决取样检验，杜绝不合格产品进入工程项目，影响安装质量。

（8）所有特殊工种上岗人员，必须持证上岗，持证应真实、有效并检验审定，从人员素质上保证质量。

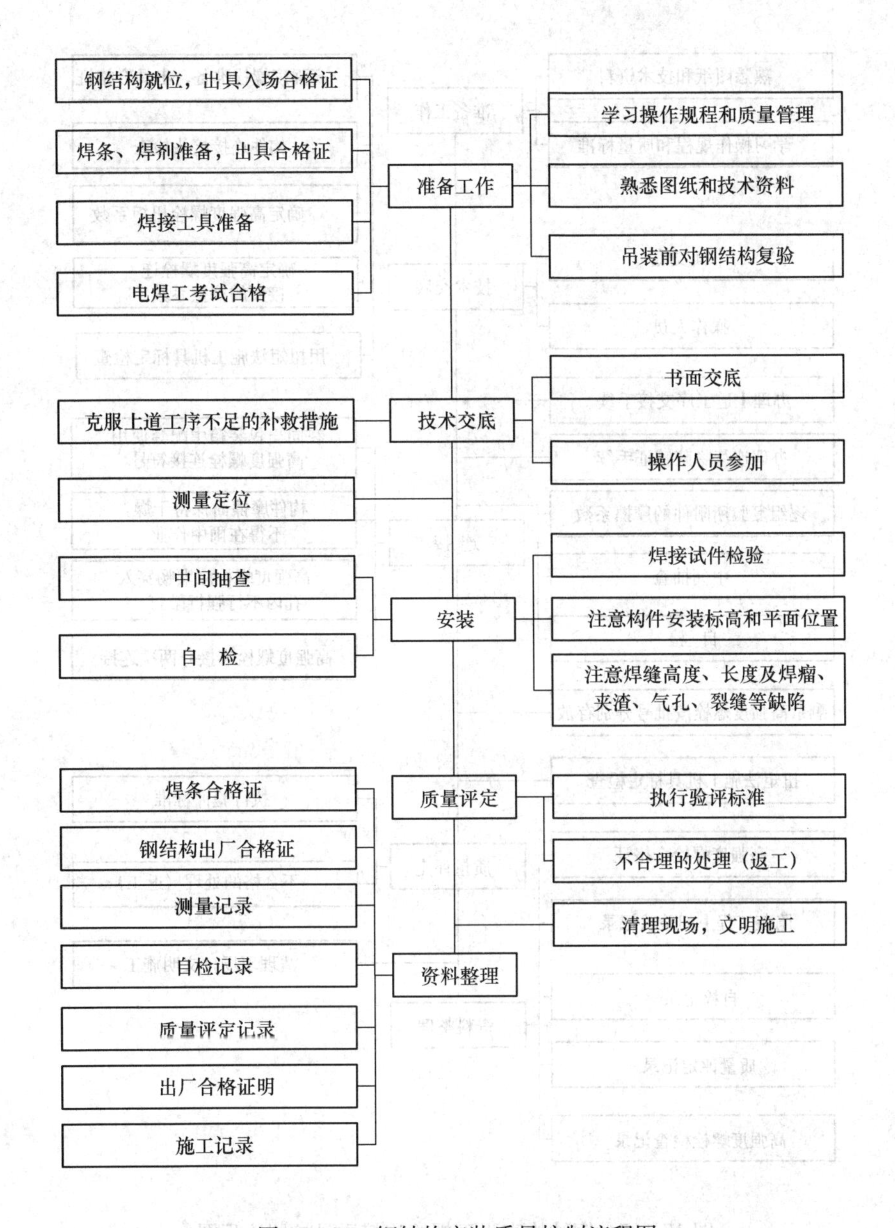


图 17-126 钢结构安装质量控制流程图

(9) 配齐施工中需要的机具、量具、仪器和其他检测设备，并始终保证其完善、准确、可靠。仪器、检测设备均应经过有关权威方面检测认证。

(10) 特殊工序如安装工序、焊接工序等应建立分项的质保小组。定期评定近期施工质量，及时采取提高质量的有效措施，全员参与确保高质量地完成施工任务。

(11) 根据工程结构特点，采取合理、科学的施工方法和工艺，使质量提高建立在科学可行的基础上。

(12) 对于一些工程，在需要的情况下可委派驻厂工程师，对构件的制作进行源头控制，不合格的产品严禁出厂。

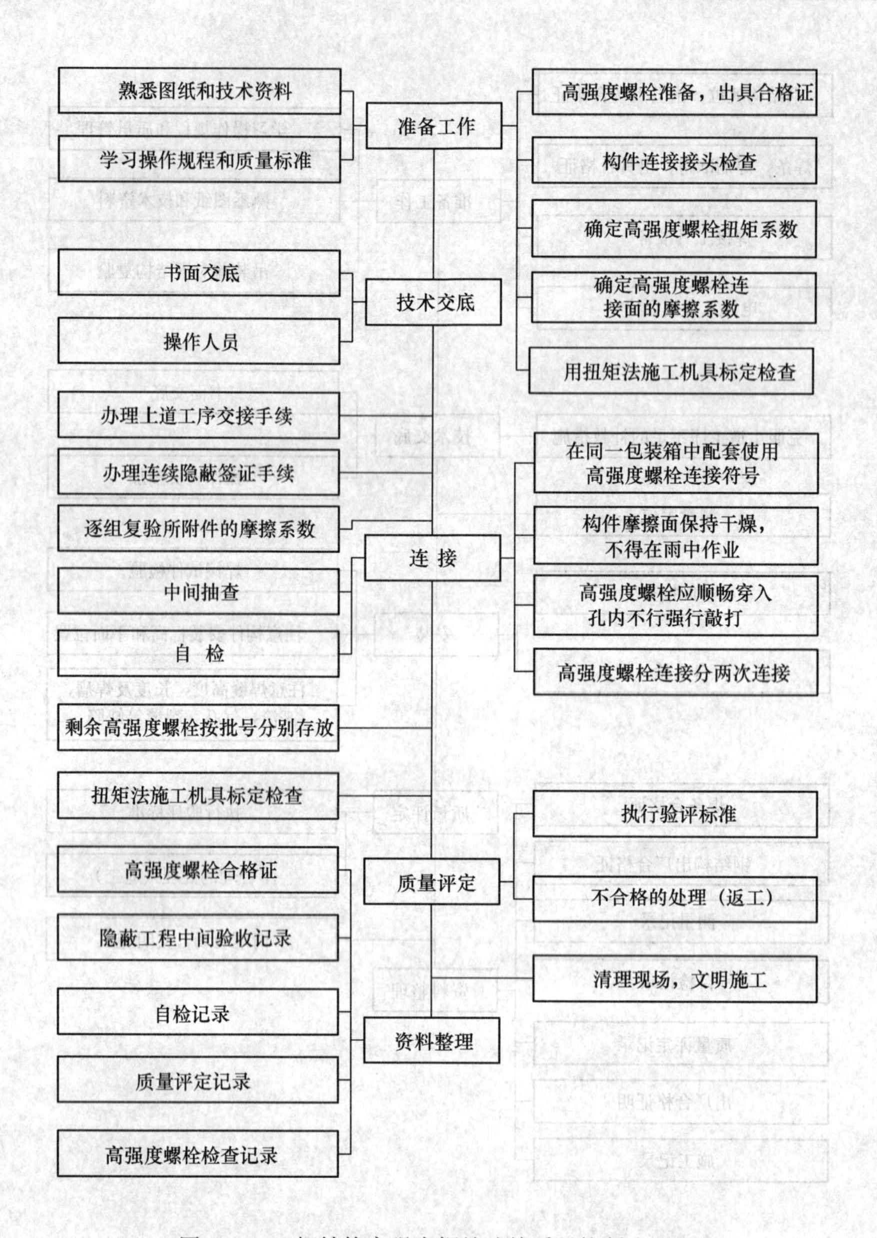


图 17-127　钢结构高强度螺栓连接质量控制流程图

（13）设置专门的验收班对进场构件进行严格的检查验收，特别是要注意对影响钢结构安装的构件外形尺寸偏差以及连接方式等进行检查，对于超过设计及有关规范的构件必须处理后再予以安装，保证顺利安装，并保证安装质量。

（14）测量校正采用高精度的全站仪、激光铅直仪、激光水准仪等先进仪器进行测量，确保安装精度。所有仪器均通过有关检测部门进行检测鉴定，合格后才能够投入使用。所有量具都与制作厂进行核对，确保制作安装的一致性。

（15）测量钢柱垂直度时，充分考虑日照、焊接等温度变化引起的热影响对构件的伸缩和弯曲引起的变化，事先对测量结果进行预控。焊接时应根据测量成果，编制合理的焊

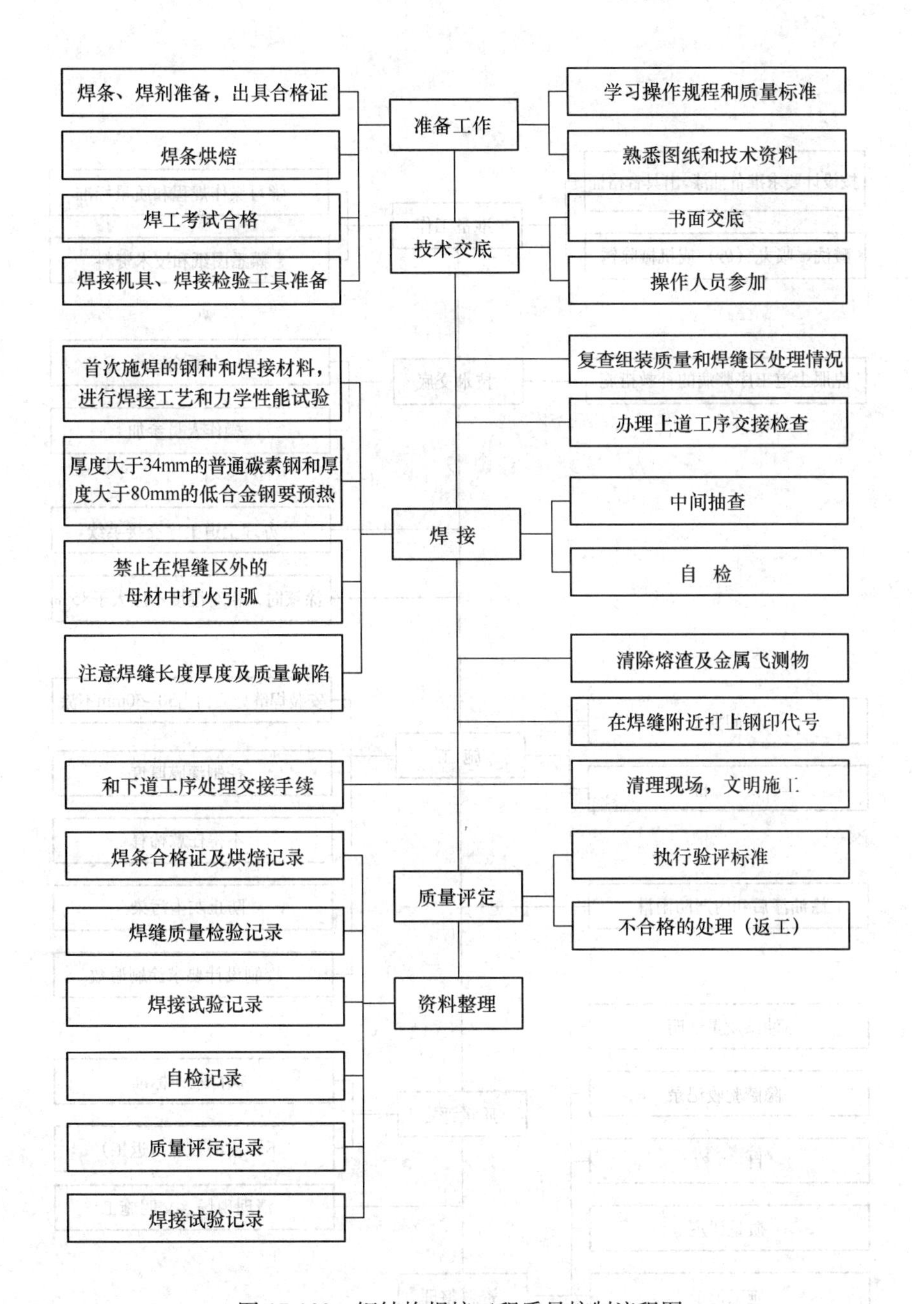


图 17-128 钢结构焊接工程质量控制流程图

接顺序对钢柱的垂直度偏差进一步进行校正，提高安装精度。

（16）在焊接部位搭设防护棚，确保优良焊接环境。

（17）尽量减少在成品钢构件上焊接临时设施，避免伤害母材。

（18）焊接钢梁时，根据钢柱的测量成果确定合理的焊接顺序，利用焊接变形对钢柱的垂直度进一步纠偏，使钢柱的垂直度的偏差值进一步缩小。

（19）减少构件分段，尽量在工厂进行加工制作。

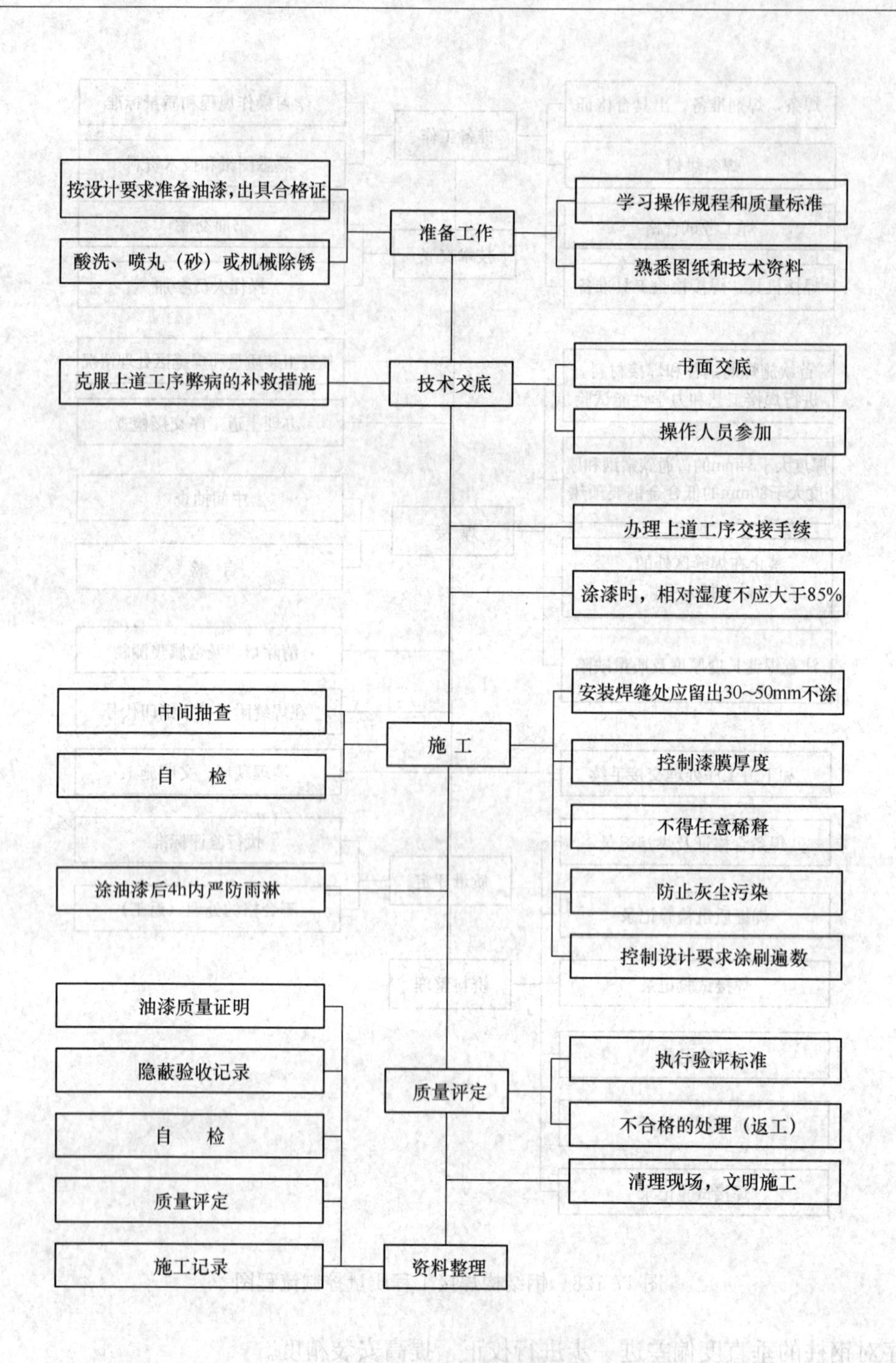


图 17-129　钢结构防腐涂装工程质量控制流程图

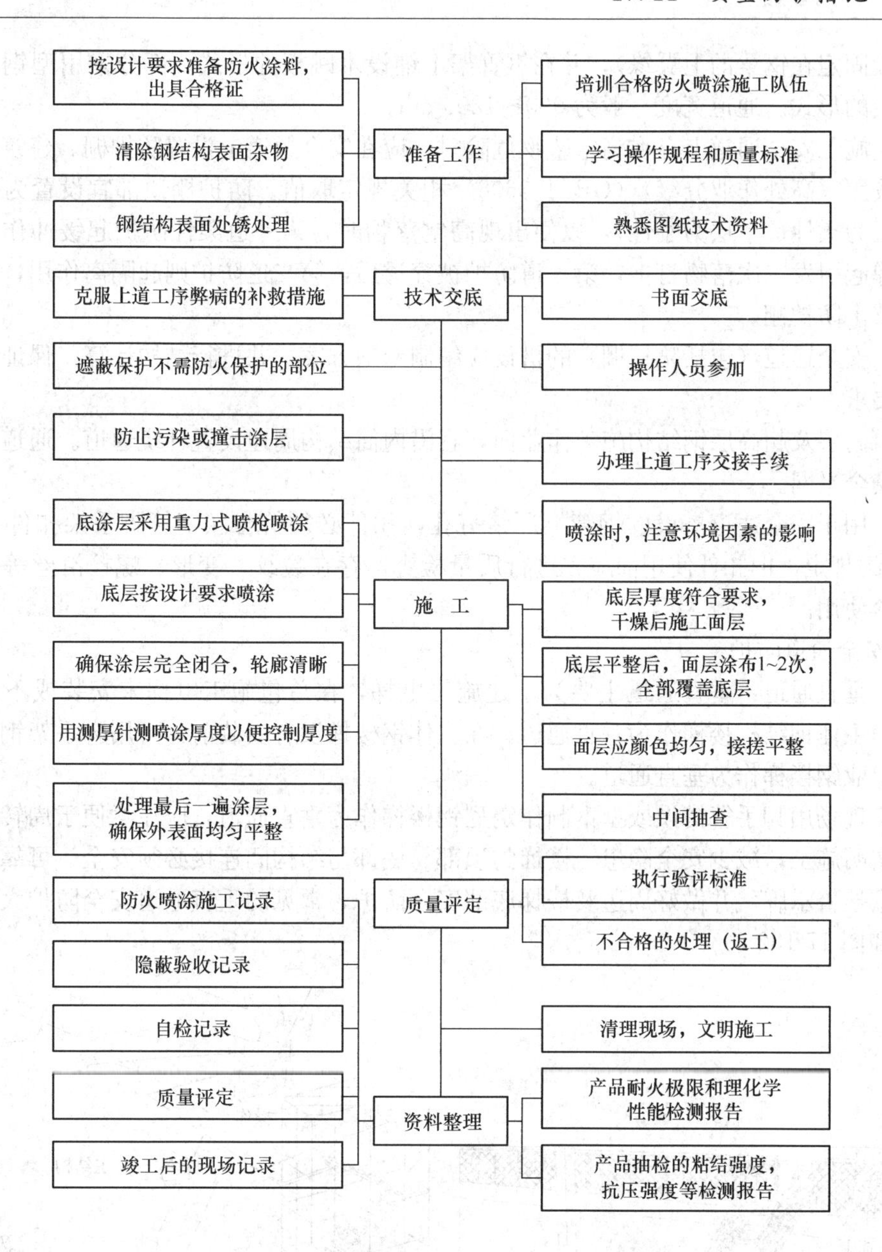


图 17-130 钢结构防火涂装工程质量控制流程图

# 17.11 安 全 防 护 措 施

## 17.11.1 钢结构施工安全通道的设置

1. 一般规定

(1) 钢结构施工安全通道的布置应以人员进出方便、危险因素少及搭设成本小等为原则进行。

(2) 高空安全通道一般采用钢管（脚手架管）搭设通道骨架，固定在结构的稳定单元上（一般固定在钢梁的上翼缘），并在钢管架上铺设木跳板的形式。部分采用型钢架上铺设钢格板的形式。通道宽度一般为 900～1200mm。

（3）施工安全通道上存在高空坠物危险时，应在安全通道上设置防护棚。建筑物坠落半径应按照《高处作业分级》（GB/T 3608）相关规定取值。防护棚顶部宜设置为双层结构（上层为柔性、下层为刚性），以便出现高空落物时，第一道柔性防护起缓冲作用，防止落物弹起引发二次落物打击，第一道防护被穿透后，第二道防护则起隔离作用，防止落物穿透整个防护棚。

（4）安全通道（包括防护棚）的搭设应编制专项方案，并进行结构计算，保证其安全性满足要求。

（5）高层及超高层钢结构施工作业面，宜沿内筒结构周边设置环绕通道。通道下方必须挂设安全平网。

（6）用于安全通道搭设的钢管上严禁打孔，扣件必须符合《钢管脚手架扣件》（GB 15831）的规定，旧扣件使用前应先进行质量检查，存在裂纹、变形、螺栓滑丝等现象的扣件严禁使用。

2. 安全通道防护

（1）垂直通道：垂直通道主要为土建施工电梯，在总包施工电梯未安装或不能使用时，采用主体钢结构楼梯作为垂直通道；在主体钢楼梯没有安装前，可用脚手架钢管搭设或制作专业钢楼梯作为垂直通道。

施工现场用脚手管搭设或型钢制作定型钢楼梯作为垂直通道，应注意便于周转和重复使用，文明施工，减少安全隐患。楼梯的顶部、底部与结构间连接必须安全、可靠，通道口必须悬挂警示牌，并做好周边及楼梯底部安全防护，常见的垂直通道安全防护大样见图 17-131 和图 17-132。

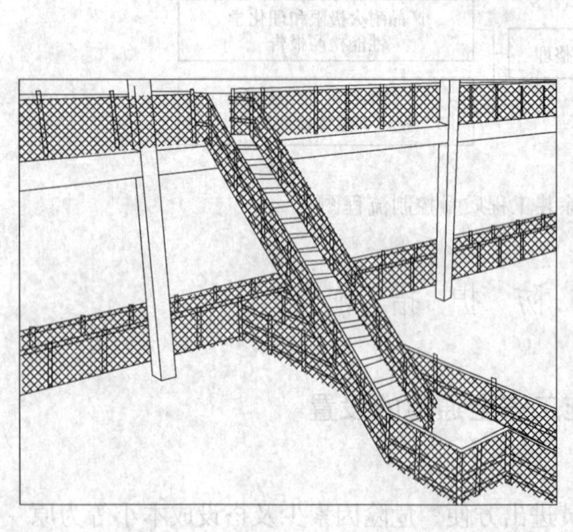

图 17-131　垂直通道安全防护大样一

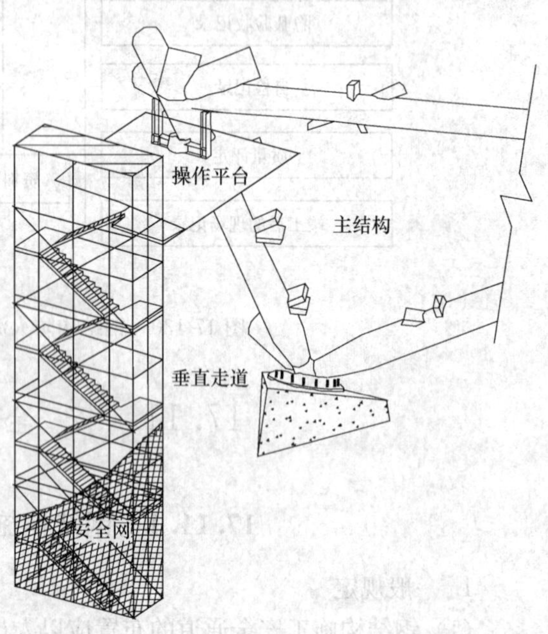


图 17-132　垂直通道安全防护大样二

（2）水平通道：一般施工区入口水平通道安全防护见图 17-133。楼层间的水平通道一般应至少铺设 3 块木脚手板，并绑扎牢固。通道两侧设置高度不低于 1.2m、立杆间隔不大于 2m 的防护栏杆，防护栏杆上应捆扎安全防护绳，安全防护绳的拉设不宜太紧，见图 17-134。

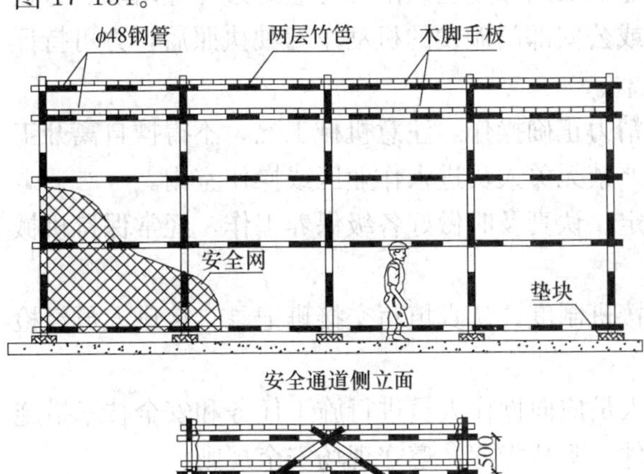


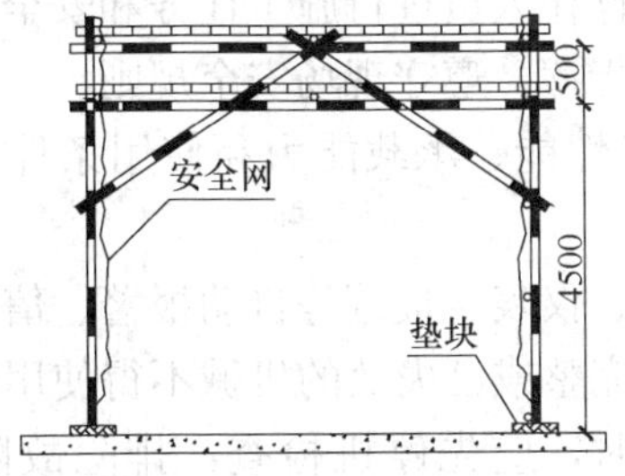


图 17-133 施工场地入口安全通道示意图

图 17-134 楼层间水平通道安全防护图

（3）脚手板：钢结构工程施工中所使用的脚手板，必须使用厚度 50mm 及以上的无损伤木质脚手板，禁止使用有结巴或断裂的木脚手板。木脚手板在铺设固定时，两端搭在受力杆上不得超过 500mm，并用铁丝或绳索进行拧紧固定，不得有探头板。禁止脚手板在不进行固定，或者是只固定一端的情况下进行使用。

（4）塔式起重机的行走通道：出入塔式起重机的行走通道应进行专项设计并进行安全验算，可利用塔式起重机附着杆件搭设行走通道。通道的一端必须与塔式起重机牢固连接，另一端搁置在楼面上，搁置长度应不小于 1m，并做好限位措施，防止架体脱离结构面。通道宽度以 0.9～1.2m 为宜，底部应满铺脚手板并牢固绑扎，防滑条间距以 450mm 为宜，见图 17-135。

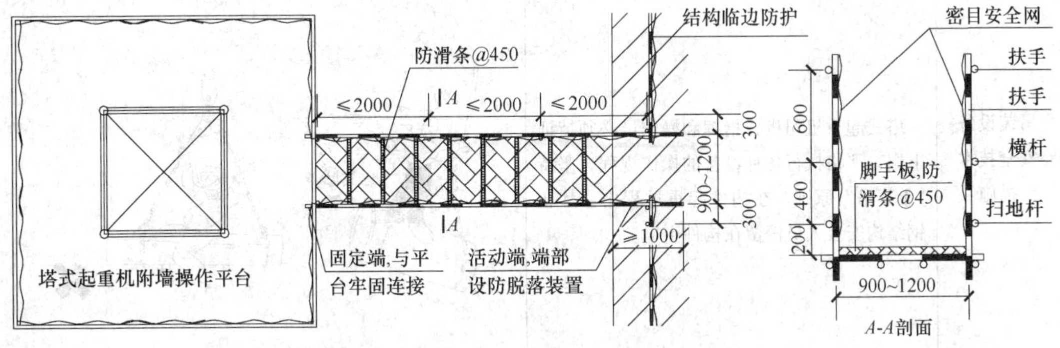


图 17-135 出入塔式起重机平台的安全通道

## 17.11.2　钢结构施工起重设备安全

1. 一般规定

(1) 操作人员应体检合格，无妨碍作业的疾病和生理缺陷，并应经过专业培训、考核合格取得建设行政主管部门颁发的操作证或公安部门颁发的机动车驾驶执照后，方可持证上岗。学员应在专人指导下进行工作。

(2) 操作人员在作业过程中，应集中精力正确操作，注意机械工况，不得擅自离开工作岗位或将机械交给其他无证人员操作。严禁无关人员进入作业区或操作室内。

(3) 操作人员应遵守机械有关保养规定，认真及时做好各级保养工作，经常保持机械的完好状态。

(4) 实行多班作业的机械，应执行交接班制度，认真填写交接班记录；接班人员经检查确认无误后，方可进行工作。

(5) 机械进入作业地点后，施工技术人员应向操作人员进行施工任务和安全技术措施交底。操作人员应熟悉作业环境和施工条件，听从指挥，遵守现场安全规则。

(6) 机械必须按照出厂使用说明书规定的技术性能、承载能力和使用条件，正确操作，合理使用，严禁超载作业或任意扩大使用范围。

(7) 机械上的各种安全防护装置及监测、指示、仪表、报警等自动报警、信号装置应完好齐全，有缺损时应及时修复。安全防护装置不完整或已失效的机械不得使用。

(8) 机械不得带病运转。运转中发现不正常时，应先停机检查，排除故障后方可使用。

(9) 凡违反本规程的作业命令，操作人员应先说明理由后可拒绝执行。由于发令人强制违章作业而造成事故者，应追究发令人责任，直至追究刑事责任。

(10) 当机械发生重大事故时，企业各级领导必须及时上报和组织抢救，保护现场，查明原因、分清责任、落实及完善安全措施，并按事故性质严肃处理。

(11) 高空、地面之间用对讲机通信联络，禁止喊叫指挥。起重指令应明确统一，严格按“十不吊”操作规程执行。

2. 吊装设备安全技术措施表17-108

吊装设备安全技术措施及示意图　　表17-108

| | 具体内容 | 示意图 |
|---|---|---|
| 吊装设备安全技术措施 | 塔式起重机司机、指挥和操作员必须持证上岗，严格执行各种设备的操作规程，坚持“十不吊”原则。在构件起重过程中，禁止钢结构安装人员停留在构件上 | 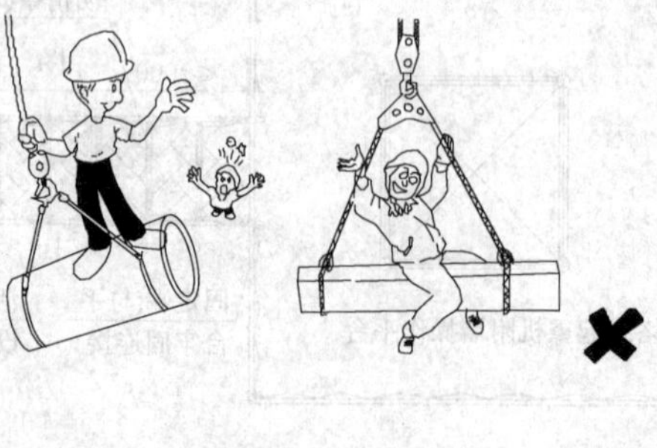 ✖ |

续表

|  | 具体内容 | 示意图 |
| --- | --- | --- |
|  | 塔式起重机和吊车起重区域，不得有人停留或通过，并设置警示标识 |  |
|  | 吊机站位处，应确保地基有足够承载力 |  |
| 吊装设备安全技术措施 | 起吊重物、吊钩应与地面成90°，严禁斜拉、横向起吊 |  |
|  | 吊机旋转部分，应与周围固定物有不小于1m的距离 |  |
|  | 吊机落钩前应明确位置，摆正构件，避免无目的随意摆放。构件下要垫放枕木以利于取出钢绳。落钩要使用慢速，经充分落钩后，待钢绳不受力才能靠近取钢绳。忌手放在构件下取物，钢绳退出时不允许使用吊钩直接拉动，避免钢绳弹出伤人 |  |

## 17.11.3　钢结构施工个人安全防护

1. 一般规定

(1) 工作应注意站立在平稳安全的位置，挥锤时须站在牢固的架子上；使用工具、材料及拆下的零件应放置在安全地点，禁止抛掷；不得手持重物上下。

(2) 在高空走动作业时，应搭安全渡板及安全网并佩带安全带，安全带应固定在牢固适当的位置。

(3) 遇有恶劣气候（如风力在六级以上）影响施工安全时，禁止进行露天高处及登高架设作业、起重作业。

(4) 高处作业及登高架设作业前，必须对有关防护设施及个人安全防护用品进行检查，不得在存在安全隐患的情况下强令或强行冒险作业。

(5) 钢结构工程施工登高、悬空作业必须系好安全带，穿好防滑鞋，戴好安全帽并系好帽带，作业人员使用双钩安全带，并遵循高挂低就的原则；登高作业还须使用安全绳，挂设点必须安全。

(6) 高处作业所用材料要堆放平稳，不得妨碍作业，并制定防止坠落的措施；使用工具应有防止工具脱手坠落伤人的措施；工具用完应随手放入工具袋（套）内，上下传递物件时禁止抛掷。

(7) 从事高空作业要定期体检。经医生诊断，凡患高血压、心脏病、贫血病、癫痫病以及其他不适于高空作业的，不得从事高空作业。

(8) 梯子不得缺档，不得垫高使用。梯子横档间距以 30cm 为宜。使用时上端要扎牢，下端应采取防滑措施。单面梯与地面夹角以 60°～70°为宜，禁止两人同时在梯上作业。如需接长使用，应绑扎牢固。人字梯底脚要拉牢。在通道处使用梯子，应有人监护或设置围栏。

(9) 没有安全防护设施，禁止在屋架的上弦、支撑、桁条、挑架的挑梁和未固定的构件上行走或作业。高空作业与地面联系，应设通信装置，并专人负责。

(10) 载人的外用电梯、吊笼，应有可靠的安全装置。除指派的专业人员外，禁止攀登起重臂、绳索和随同运料的吊篮、吊装物上下。

(11) 小型工具应配保险绳，使用时保险绳应系在安全带或手上。高空安装各种螺栓时，螺栓应装入工具包内随用随取，严禁小型工具、材料随意摆放。

(12) 高处作业人员，在钢梁上行走时，应将安全带挂在安全绳上（见图 17-136），在没有安全绳的钢梁上行走时，应采用双手扶梁骑马式前行（见图 17-137），禁止没有任何防坠措施在梁面直立行走。

图 17-136　有安全绳行走

图 17-137　无安全绳行走

2. 个人安全防护

(1) 安全绳

1) 为了便于双钩安全带的使用，供安全带悬挂的安全绳必须两根同时设置（双安全绳）。安全绳按规定应采用直径 9mm 及以上且检验合格的钢丝绳。

2) 钢丝绳用夹头对接连接时，每个接头使用至少三个夹头，间距 200mm，夹头按规定拧紧。

3) 安全绳高度为 1.2m，安全绳的松弛度为：安全绳的最低点与最高点垂直距离不大于 $L/20$（$L$ 为安全绳长度，m），安全立杆间距不得大于 8m。

(2) 安全帽

1) 所有安全帽、安全带进场须提供生产厂家生产许可证、专业机构的质量检测报告、安全标志等资料，由材料员、安全员、质检员检查验收合格后方可投入使用。

2) 安全帽在现场可采取如下方式检测：将安全帽放置在地面上，用一枚钢锤（材质为 45 号钢，质量 3kg，锤角为 60°，锤尖半径为 0.5mm，锤形最小长度为 40mm，锤尖硬度为 HRC45）从 1m 高处自由落下，冲击安全帽，以无损坏为合格。

3) 进入施工现场必须戴好安全帽，扣好帽带，帽衬与帽壳间要有间隙。

4) 施工现场使用的安全帽必须符合《安全帽》(GB 2811) 的规定。

(3) 安全带

1) 安全带现场检测方式：将一重 100kg 的沙袋系在安全带上，保险钩挂至一牢固点，再将沙袋抬高距保险钩挂点部位 1m，自由落下，安全带无损坏为合格。

2) 进入 2m 以上（含 2m）的高空作业必须挂好安全带的双保险钩，保险钩要高挂低用，在高处走动时必须保证有一个安全带保险钩挂在安全绳或其他可靠的物体上。

3) 安全带上各个部件不要任意拆掉，不要将挂绳打结使用。

4) 施工现场使用的安全带必须符合《安全带》(GB 6095) 的规定。

(4) 工作服

1) 施工现场管理及作业人员应穿着统一的工作服。工作服应选用轻薄、结实、舒适、防护功能有效的合格产品，不得超过使用期限。

2) 白帆布防护服能使人体免受高温的烘烤，并有耐燃烧等特点，主要用于焊接工。

3) 劳动布防护服对人体起一般屏蔽保护作用，主要用于非高温、重体力作业的工种，如起重工等工种。

4) 涤卡布防护服能对人体起一般屏蔽保护作用，主要用于后勤和职能人员等岗位。

(5) 电焊面罩

1) 电焊面罩主要用于防护各种焊接所产生的电弧光对人体的危害，保证焊接正常工作，提高焊接质量和效率。

2) 电焊面罩应选购具有国家生产许可证的专业生产厂家产品。类型可根据使用者的需要选用手持式、头戴式、翻盖头戴式、安全帽头戴式、光控式、太阳能光控式、太阳能自动变光式、空气过滤型自动变光式。

(6) 手套

1) 施工现场作业人员应佩戴合格的劳保手套，可根据各工种需要选用帆布、纱、绒、皮、橡胶、塑料、乳胶等材质制成的手套。

2）电工、电焊工应佩戴合格的绝缘手套，并做到每次使用前作绝缘性能的检查和每半年作一次绝缘性能复测。

3. 个人安全防护措施及示意图（表 17-109）

个人安全防护措施及示意图　　表 17-109

| | 具体内容 | 示意图 |
|---|---|---|
| 个人安全防护 | 坚持用好安全"三件宝"，所有进入现场人员必须戴安全帽，高空作业人员必须戴好安全帽、系好安全带、穿防滑绝缘鞋 | 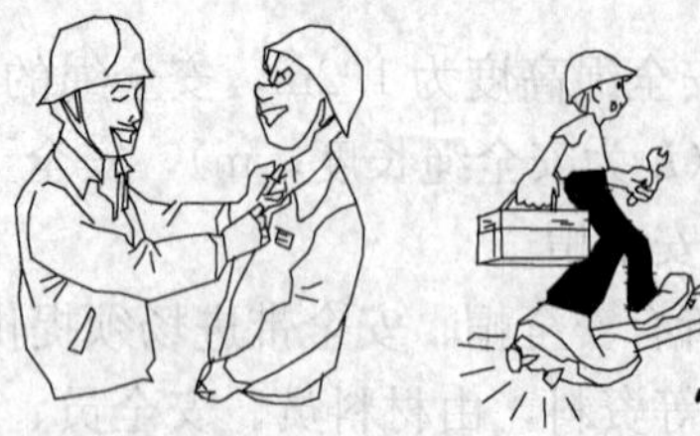  安全帽 安全带 绝缘鞋 |
| | 带电操作必须戴绝缘手套，进行可能导致眼睛受到伤害的工作时，必须佩戴护目镜 |  |
| | 高空作业人员应配带工具袋，小型工具、焊条头子、高强度螺栓尾部等放在专用工具袋内，不得放在钢梁或易失落的地方。使用工具时，要握持牢固。所有手动工具（如榔头、扳手、撬棍等）应穿上绳子套在安全带或手腕上，防止失落伤及他人 | 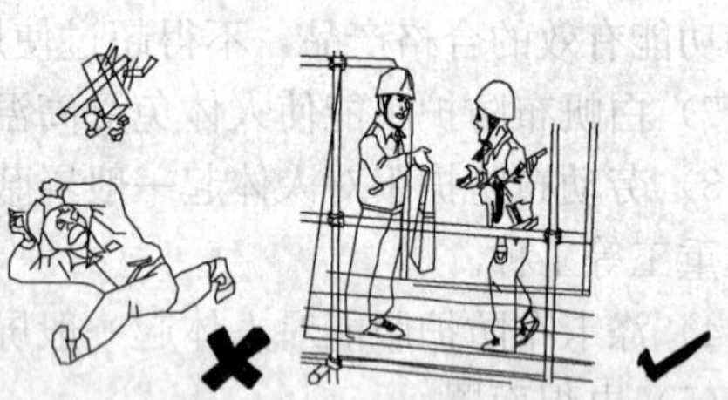 |
| | 施工作业时，长发必须盘入安全帽内，高空作业人员应身体健康，作业人员须体检合格，严禁带病作业，禁止酒后作业 |  |

### 17.11.4 钢结构施工临边及洞口安全防护

1. 一般规定

(1) 用于钢结构工程洞口、临边作业防护的安全防护绳以直径 9～11mm 的钢丝绳为宜，与结构或固定在结构上的钢管立柱捆绑连接；防护用的钢管栏杆及立柱应采用 $\phi48\times$ (3.0～3.50) 的管材，以扣件、夹具、套管、焊接或螺栓连接固定。

(2) 用于钢结构工程的洞口或临边防护栏杆采用钢管扣件搭设，也可采用配装式栏杆。防护栏杆由扫地杆、横杆、扶手及立柱组成，扫地杆离地 200mm，栏杆离地高度为 0.5～0.6m，扶手离地高度为 1.2m，立柱按不大于 2m 设置，距离结构或基坑边不得小于 100mm，与结构用扣件、夹具、套管、焊接或螺栓连接固定。

(3) 防护栏杆内侧应满挂密目安全网，或在栏杆下边设置 200mm 高踢脚板，踢脚板必须与立柱牢固连接。踢脚板上如有孔眼，直径不应大于 25mm。踢脚板板下边距离底面的空隙不应大于 10mm。

(4) 防护栏杆立柱的固定及其与横杆的连接，其整体构造应使防护栏杆在杆上任何处，都能经受任何方向的 1000N 外力。安全防护绳应能在任意位置经受 1000N 外力而不至断裂、滑动和脱落。

(5) 水平兜网、外挑网及用于钢结构工程的所有大孔、小孔安全网均应具有一定的阻燃性能。

(6) 搭拆临边脚手架、操作平台、安全挑网等时必须将安全带系在临边防护钢丝绳上或其他可靠的结构上。

2. 洞口防护

(1) 高层钢结构工程的洞口，必须铺设竹木模板或安全平网覆盖防护。平网周边应与钢结构的栓钉绑扎牢固。洞口周边栓钉尚未施工或没有栓钉的，应设置略大于洞口的钢管框架作为安全网连接处，水平网与钢管绑扎连接，绑扎点最大间距不应大于 0.2m，单边最少绑扎点不应少于三处，钢管框架应采取可靠措施防止水平滑动。

(2) 钢梁跨间空洞，水平向应满挂安全平网，立面间隔应按钢柱每节设置一道，重点部位（高度超高、结构转换层部位等存在重大危险源的部位）应层层挂设。安全网与钢梁间可用钢筋绑扎连接或用焊接在钢梁上的钢挂钩连接，钢筋和钢挂钩的直径不应小于 12mm。图 17-138 为钢梁跨间满挂安全平网示意。

(3) 不能覆盖到钢梁边缘，无法采取挂钩、钢筋绑扎连接时，可将安全网间相互连接起来，直至能覆盖到钢梁边缘并可以采取挂钩、钢筋绑扎连接为止，但最多相连接张数不应大于 5 张。

图 17-138 钢梁跨间满挂安全平网示意图

(4) 边长或直径为 20～40cm 的洞口可用盖板固定防护（盖板必须可靠，不能碎裂）。需对 40～150cm 的洞口架设脚手钢管、满铺竹笆做固定防护。边长或直径 150cm 以上的洞口下应张设密目安全网。

(5)“四口”安全防护。“四口”防护指的是楼梯口、电梯井口、通道口、预留洞口的安全防护。钢结构工程施工中，必须使用脚手架管和安全网对“四口”及压型钢板洞口进行防护。

(6) 因吊装拆开水平网而造成的预留口，使用时要设临边防护，暂时停用时要用水平防护网进行封闭。

(7) 1.5m×1.5m以下的孔洞，应加固定盖板，1.5m×1.5m以上的孔洞，四周必须设两道防护栏杆（1.2m高），中间张挂水平安全网，见图17-139、图17-140。

图17-139 洞口边长小于1.5m

图17-140 洞口边长大于1.5m

(8) 施工中的钢楼梯，应在楼梯口设置明显警示牌，并在1.2m高处拉设安全绳和警戒绳，严禁非施工人员进入施工中的钢楼梯行走。

(9) 尚未安装永久防护栏杆的钢楼梯，应在楼梯两侧1.2m高处分别拉设安全绳，安全绳与搭设或焊接在休息平台处的钢管立柱拉接，也可直接绑扎在两端的钢构件上。

(10) 钢楼梯口或中间踏步处应设照明设施，确保通行所需的光线照度。

3. 楼层临边安全防护

(1) 钢结构工程施工现场所有临边，均须设置安全防护绳，外围框架及其他重要危险部位还须设置安全防护栏杆。

(2) 高层及超高层钢结构施工楼层周边必须设置安全防护栏杆和外挑网，顶层结构可不设置外挑网。

(3) 外周防护栏杆应在地面钢梁吊装前安装完毕，高度以不小于2m为宜，扫地杆离地高度为200mm，其余横杆竖向间距不应大于1m，立杆间距不应大于1.8m。

(4) 防护栏杆应在内侧设置斜向支撑，支撑间距同立杆间距，支撑与外周防护栏杆互相倾斜，并通过底部水平连接杆形成稳定三角形。

(5) 外挑网应设置在结构四周（施工电梯位置除外），外挑脚手架长度以不小于6m为宜，与结构平面间夹角以30°为宜。

(6) 外挑网应分片设置，每片应使用钢管焊接成长6m、宽3m的框架，底层绑扎安全平网，大横杆以内再覆盖一层密目安全网。外挑网单片框架应分别与安全防护栏杆立柱通过旋转扣件连接固定，远端通过斜拉钢丝绳与上一楼层构件连接，每个框架之间相互独立，其间距不应大于50mm。外挑网竖向两道为一个单元，每道间距为一节，循环向上翻转提升，见图 17-141。

(7) 楼层临边应采用钢管栏杆防护，栏杆上横杆为 1.2m，下横杆为 0.6m，立杆间距不得大于 2m。

(8) 当楼层高度超过 9m 时，临边应设置外挑网防护，外挑网应按双层网防护进行设计。

(9) 钢梁吊装就位后，应在钢梁上部 1.2m 处设置安全防护绳，安全绳拉设不宜太紧，应捆绑在钢梁两端的钢构件上或设置于钢梁两端的拉杆上。拉杆与钢梁间可采取夹具、栓接、焊接等方式连接。

图 17-141 外挑网及楼层临边防护

(10) 当通行钢梁两侧临边不具备张挂安全平网条件时，必须在一侧上部 1.2m 处拉设安全绳。

(11) 高层及超高层钢结构施工作业面，应沿内筒结构周边设置环绕通道。通道采用钢管及脚手板搭设，宽度应不小于 1m，脚手板之间应使用铁丝绑扎固定。通道下方必须挂设安全平网。

### 17.11.5 钢结构自身整体安全及局部安全防护

(1) 钢结构安装过程中，应保证整体结构是可靠的。安装构件后，必要时应及时进行整体的防护，防止出现整体倒塌或变形，从而造成安全事故。

(2) 钢构件在吊装过程中，应及时就位固定，防止构件掉落，引发安全事故。

## 17.12 有关绿色施工的技术要求

1. 绿色施工的概念

绿色施工是指工程建设中，在保证质量、安全等基本要求的前提下，通过科学管理和技术进步，最大限度地节约资源与减少对环境负面影响的施工活动，实现四节一环保（节能、节地、节水、节材和环境保护）。

2. 绿色施工总体原则

(1) 绿色施工是建筑全寿命周期中的一个重要阶段。实施绿色施工，应进行总体方案优化。在规划、设计阶段，应充分考虑绿色施工的总体要求，为绿色施工提供基础条件。

(2) 实施绿色施工，应对施工策划、材料采购、现场施工、工程验收等各阶段进行控制，加强对整个施工过程的管理和监督。

3. 钢结构工程绿色施工技术要求

(1) 规划设计

1) 优化结构方案，通过有效控制构件的最大壁厚，合理设置坡口形式，合理分段分节，选择最优的焊接工艺参数，减小焊接工作量等手段，使连接构造比较合理，节约成本。

2）连接板、临时支撑等临时结构应设计为可重复使用的形式，避免损耗，节约成本。

（2）施工组织设计

1）优化施工方案，选择最合适的起重设备，在满足施工的条件下，尽量使用功率较小的设备，以节约能源，保护环境。

2）综合考虑工期与经济因素，合理选择钢构件运输渠道，节约资源，控制成本。

（3）加工制作

1）保持制作车间整洁干净，成品、半成品、零件、余料等材料要分别堆放，并有标识以便识别。

2）库房材料成堆、成型、成色进库，整洁干净。钢材必须按规格品种堆放整齐；油漆材料、焊材等辅助材料要存放在通风库房，并堆放整齐。

（4）构件及设备贮存

1）施工现场材料、机具、构件应堆放整齐，禁止乱堆乱放。

2）对施工现场的螺栓、电焊条等的包装纸、包装袋应及时分类回收，避免环境污染。

（5）安装施工

1）在多层与高层钢结构工程施工中，虽无泥浆污物产生，但也会产生烟尘等。因此在施工中，也要注意加强环保措施。

2）在压型钢板施工中，于钢梁、钢柱连接处一定要连接紧密、防止混凝土漏浆现象的发生。

3）当进行射线检测时，应在检测区域内划定隔离防范警戒线，并远距离控制操作。

4）废料要及时清理，并在指定地点堆放，保证施工场地的清洁和施工道路的畅通。

5）切实加强火源管理，车间禁止吸烟，电、气焊及焊接作业时应清理周围的易燃物，消防工具要齐全，动火区域要安放灭火器，并定期检查。

6）雨天及钢结构表面有凝露时，不宜进行普通紧固件连接施工；拧下来的扭剪型高强度螺栓梅花头要集中堆放，统一处理。

7）合理安排作业时间，用电动工具拧紧普通螺栓紧固件时，在居民区施工时，要避免夜间施工，以免施工扰民。

8）注意以下方面：选择合理的计算公式，正确估算用电量；合理确定变压器台数，尽量选择新型节电变压器；减少负载取用的无功功率，提高供电线路功率因数；推广使用节能用电设备，提高用电效率，保持三相负载平衡，消除中性线电耗；在施工过程中，降低供电线路接触电阻；加强用电管理，禁止擅自在供电线路上乱拉接电源等情况，使施工现场电力浪费降到最低。

（6）钢材表面处理及涂装施工

1）采用酸洗方式对钢材除锈时，洗液禁止倒入下水道，应收集到固定容器中，统一处理。

2）钢材表面打磨除锈之后应及时补涂油漆，防止二次除锈情况的发生。

3）防腐涂料施工现场或车间不允许堆放易燃物品，并应远离易燃物品仓库；防腐涂料施工现场或车间，严禁烟火，并应有明显的禁止烟火的宣传标志，同时备有消防水源或消防器材。

4）防腐涂料施工中擦过溶剂和涂料的棉纱、棉布等物品应存放在带盖的铁桶内，并定期处理，严禁向下水道倾倒涂料和溶剂。

5）防腐涂料使用前需要加热时，采用热载体、电感加热等方法，并远离涂装施工现场。

6）防腐涂料涂装施工时，严禁使用铁棒等金属物品敲击金属物体和漆桶，如需敲击应使用木制工具，防止因此产生摩擦或撞击火花。

7）对于接触导致的侵害，施工人员应穿工作服、戴手套和防护眼镜等，尽量不与溶剂、毒气接触。

8）施工现场尤其是焊接操作应做好通风排气装置，减少有毒气体的浓度。

9）涂装施工前，做好对周围环境和其他半成品的遮蔽保护工作，防止污染环境。

10）遵照国家或行业的各工种劳动保护条例规定实施环境保护。

## 参考文献


[1] 中华人民共和国国家标准．钢结构工程施工质量验收规范(GB 50205—2001)．北京：中国计划出版社，2001.

[2] 中国钢结构协会．建筑钢结构施工手册．北京：中国计划出版社，2002.

[3] 林寿、杨嗣信．钢结构工程．北京：中国建筑工业出版社，2009.

[4] 中国建筑工程总公司．钢结构工程施工工艺标准．北京：中国建筑工业出版社，2003.

[5] 建筑施工手册(第四版)编写组．建筑施工手册(第四版)．北京：中国建筑工业出版社，2003.

# 18 索膜结构工程

## 18.1 索膜结构的特点、类型及材料

索膜结构体系起源于远古时代人类居住的帐篷，但真正意义上的膜结构是20世纪中期发展起来的一种新型建筑结构形式，是一种建筑与结构完美结合的结构体系。它是用高强度的柔性薄膜材料（PVC或PTFE）与一定的支撑及张拉系统（钢架、钢柱或钢索等）相结合，通过预张力使膜形成具有一定刚度的空间稳定曲面，从而达到能承受一定外荷载，并满足造型效果和使用功能的一种空间结构形式。它集建筑学、结构力学、精细化工与材料科学、计算机技术等为一体，具有很高技术含量。其曲面可以随着建筑师的设计需要任意变化，结合整体环境，建造出标志性的形象工程。

膜结构从20世纪90年代以来在我国也得到了飞速的发展，目前已经建设了数十个大型膜结构体育建筑、文化娱乐建筑、商业建筑、交通运输建筑及其他标志性建筑。图18-1是国内已建的代表性膜结构工程。

(a)　(b)　(c)　(d)

图18-1　国内膜结构工程

(a) 上海八万人体育场；(b) 青岛颐中体育场；(c) 郑州杂技馆；(d) 大连金石滩影视艺术中心

### 18.1.1 索膜结构特点

#### 18.1.1.1 自洁性

膜材表面的涂层PTFE或PVDF均为惰性材料，具有较高的不燃性和稳定的化学性

能，并且耐腐蚀。惰性涂层不与灰尘微粒结合，长久不褪色，所以膜结构建筑表面经雨水冲刷即能自洁，经过长年使用仍然保持外观的洁净及室内的美观。

#### 18.1.1.2 透光性

膜材是半透明的织物，并且热传导性较低，对自然光具有反射、吸收和透射能力，其透光率随类型不同而异，可达4%～18%。经膜材透射的光呈漫反射状，光线柔和宜人无眩光，给人一种开敞、明亮的感觉。膜材的透光性既保证了适当的自然漫散射光照明室内，又极大程度上阻止了热能进入室内，因此膜结构在节能方面有它的独特效果。

#### 18.1.1.3 大跨度

膜结构建筑中所使用的膜材重量轻，常用膜材质量为0.5～2.5kg/m$^2$，并且膜结构是张力结构体系，能够充分发挥材料的抗拉性能，因此膜结构可以从根本上克服传统结构在大跨度建筑上所遇到的困难，它能创造出巨大的无遮挡可视空间，有效增加空间使用面积。

#### 18.1.1.4 轻量结构

膜材料与其他建筑材料相比要轻得多。不管在施工阶段还是在使用阶段，对膜面而言，风荷载均是主要荷载，故要特别注意施工阶段膜面和结构的安全。

#### 18.1.1.5 防火性和耐久性

采用PTFE膜材料的膜结构建筑具有耐热性、耐气候性、耐药物性、高强度、防火等特性，而且不易老化，经过长期使用仍能保持其最初时的强度，PTFE膜寿命在30年以上，PVDF膜寿命也有15年。

#### 18.1.1.6 安装的复杂性

膜面常与索结构结合，通过施加应力，形成结构刚度。合理施加预应力是涉及索膜结构安全的关键要素。其安装工效较高，只需投入较简便的施工机械，且较少影响屋顶以下分部工程的施工。但由于多为悬空作业，安全操作设施需要因工程不同特点而作特殊考虑。

### 18.1.2 索膜结构类型

索膜结构类型可分为充气膜结构和张拉膜结构两大类。张拉式膜结构是通过支承结构或钢索张拉成型，其造型非常优美灵活。图18-2为索膜结构的分类图。

#### 18.1.2.1 充气膜结构

充气膜结构又分为气承式膜结构和气肋式膜结构两种（图18-3），气承式膜结构靠室内外压力差（室内气压＞室外气压）形成和维持稳定膜面形态，并承受外荷载作用，可支撑于其他建筑或自成独立建筑。气承式膜结构适合建造平面为圆形、椭圆形（长短轴比小于2）、正多边形的穹顶结构。气肋式膜结构是向特定形状的封闭气囊内充入一定压力的气体以形成具有一定刚度和形状的构件，再由这些构件相互连接形成建筑空间。

膜结构
- 充气式膜结构
  - 气承式膜结构
  - 气肋（枕）式膜结构
- 张拉式膜结构

图18-2 索膜结构的分类

充气式膜结构需要不间断地充气，运行与维护费用高，空压机与新风机的自动控制系统和融雪热气系统的隐含事故率高。此外，气承式膜结构中室内的超压也会使人略感不适。这些缺点使人们对充气式膜结构的前途产生怀疑，因此美国自1985年以来在建造大跨度建筑时再也没有使用这种膜结构形式。但近年来，采用近乎全透明无基材膜材ETFE

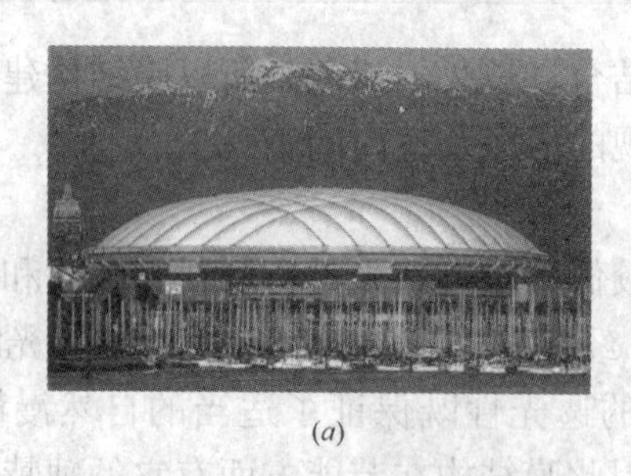
(*a*)

(*b*)

图 18-3　充气膜结构的基本形式

(*a*) 气承式；(*b*) 气肋式

的气肋（枕）式膜结构因其特殊的建筑光学效果得到了相当程度的应用（图 18-4*a*），最新的应用实例是 2008 北京奥体游泳馆（图 18-4*b*）。总体而言，张拉膜结构的应用远多于充气膜结构。

(*a*)

(*b*)

图 18-4　ETFE 气枕膜结构

(*a*) 气肋（枕）式膜结构；(*b*) 北京奥体游泳馆

### 18.1.2.2　张拉膜结构

张拉膜结构以钢索、钢结构构件等为边界，通过张拉边界或顶升飞柱等手段给膜面施加张力，维持设计的形状并承受荷载。张拉膜结构的基本外形有马鞍形、圆锥形（伞形）、拱支承形、脊谷式等，见图 18-5。应用于实际工程的张拉膜结构常常是这些基本外形的组合。

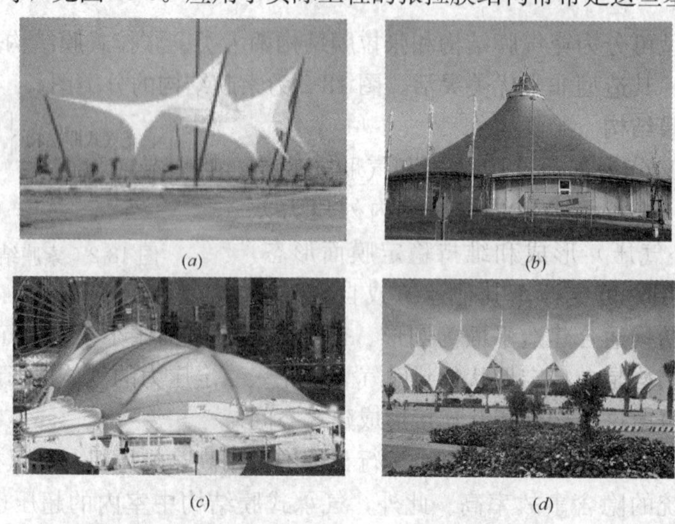
(*a*)　(*b*)　(*c*)　(*d*)

图 18-5　张拉膜结构的基本形式

(*a*) 马鞍形；(*b*) 圆锥形（伞形）；(*c*) 拱支承形；(*d*) 脊谷式

## 18.1.3 索膜结构材料

### 18.1.3.1 拉索与锚具

膜结构的拉索可采用热挤聚乙烯高强钢丝拉索、钢绞线或钢丝绳，也可根据具体情况采用钢棒等。拉索有多种钢索可供选用。热挤聚乙烯高强钢丝索是由若干高强度钢丝并拢经大节距扭绞、绕包，且在外皮挤包单护层或双护层的高密度聚乙烯而形成，在重要工程中宜优先考虑采用。钢丝绳宜采用无油镀锌钢芯钢丝绳。热挤聚乙烯高强钢丝拉索及其锚具的质量应符合现行国家标准。热挤聚乙烯高强钢丝拉索、钢绞线的弹性模量不应小于 $1.90\times10^5$MPa，钢丝绳的弹性模量不应小于 $1.20\times10^5$MPa。

拉索的锚接可采用浇铸式（冷铸锚、热铸锚）、压接式或机械式锚具。锚具表面应做镀锌、镀铬等防腐处理。当锚具采用锻造成型时，其材料应采用优质碳素结构钢或合金结构钢，优质碳素结构钢的技术性能应符合现行国家标准。

锚具与索连接的抗拉强度，浇铸式不得小于索抗拉强度的 95%，压接式不得小于索抗拉强度的 90%。

对组成热挤聚乙烯高强钢丝拉索、钢绞线、钢丝绳的钢丝，应进行镀锌或其他防腐镀层处理。对碳素钢或低合金钢棒应进行镀锌、镀铬等防腐处理。对外露的钢绞线、钢丝绳，可采用高密度聚乙烯护套或其他方式防护。锚具与有防护层的索的连接处应进行防水密封。

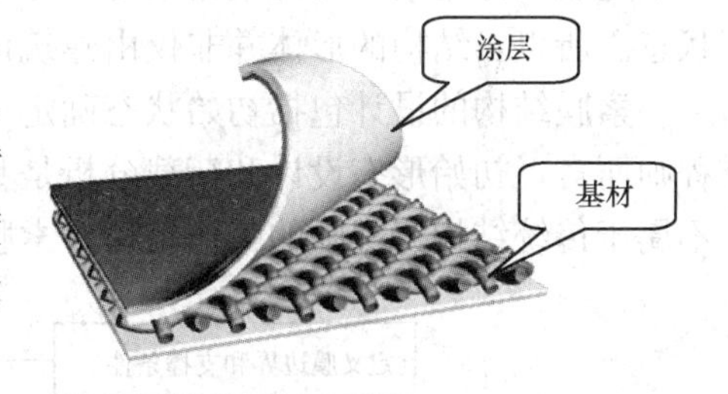

图 18-6 膜材结构

### 18.1.3.2 膜材

膜结构材料可分为两大类：无基材薄膜材料和基材涂层类膜材。前者是一种以 ETFE 为主要原料的高分子薄膜材料；后者（见图 18-6）中交叉编织的基材材料决定了其力学性能，如抗拉强度、抗撕裂强度等，而涂层、面层的种类决定了其物理性能，如耐久性、耐火性、防水性、自洁性、黏合度、颜色等。常用基材涂层类膜材中基材与涂层的种类见表 18-1。

常用基材与涂层种类 表 18-1

| | 名称 | 代号 | | 名称 | 代号 |
|---|---|---|---|---|---|
| 基材 | 玻璃纤维 | FG | 涂层 | 聚四氟乙烯 | PTFE |
| | 聚酰胺合成纤维 | PA | | 聚氯乙烯 | PVC |
| | 聚酯合成纤维 | PET | | 聚乙烯 | CSM |
| | 聚乙烯醇合成纤维 | PVA | | 氟树脂 | PVD |

目前膜结构建筑中最常用的膜材料基材主要为 PVC 膜材料和 PTFE 膜材料（俗称特富龙）。PVC 膜材是由聚酯纤维织物表面涂以聚氯乙烯涂层（PVC）而成。PVC 膜材在材料及加工费用上都比 PTFE 膜便宜，且具有质地柔软、易施工的优点。但在强度、耐久性、防火性等性能上较 PTFE 膜材差，所以只能作为一般临时性建筑的膜材。近年来已研发出在 PVC 膜材表面再加涂聚氟乙烯（PVF）涂层或聚偏氟乙烯（PVDF）涂层来提高其耐久性和自洁性的新技术，从而使聚酯织物的使用寿命延长到 15 年以上，得以在

永久性建筑中使用。PTFE膜材是在超细玻璃纤维织物上涂以聚四氟乙烯树脂涂层（PTFE）而成，具有强度高，徐变小，弹性模量大，耐久性、防火性与自洁性高等特点。但PTFE膜材与PVC膜材相比，材料与加工费用高，且柔软性低，在施工时为避免玻璃纤维被折断，须采用专用施工工具和技术。该类膜材使用寿命在30年以上，在永久性膜结构建筑得到大量应用。

## 18.2　索膜结构的深化设计

索膜结构是由拉索、膜材和压杆整体张拉形成的空间结构体系，它与传统结构有很大区别：作为一种柔性结构，索膜材料本身在自然状态下不具有保持固有形状和承载的能力，由这些材料组成的结构体系初始时也是一个机构，只有对膜材和索施加了一定的预应力后结构体系才获得承载所必须的刚度和形状。因此，索膜建筑设计与传统结构的设计过程有很大差别，传统建筑的设计过程是“先建筑，后结构”，而索膜建筑的设计过程首先要求建筑设计与结构设计紧密结合，寻求满足建筑功能要求的理想几何外形和合理的应力状态。所以，结构的形体并非仅由建筑设计决定，亦受受力状态的制约。

索膜结构的设计包括初始状态确定（俗称找形）、荷载分析和裁剪分析。对于结构工程师而言，初始形态设计和荷载分析是其关注的焦点。裁剪分析是一项更为专业的工作，不属于传统结构工程师的工作范畴。索膜结构的设计流程如图18-7。

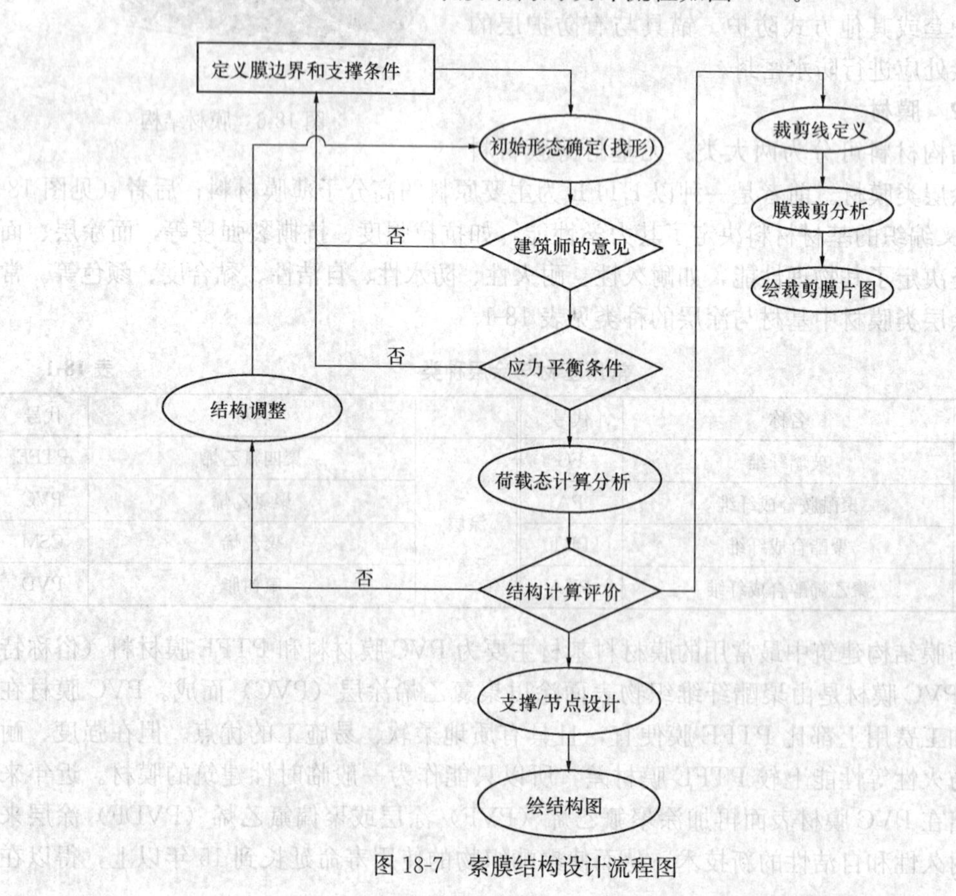


图18-7　索膜结构设计流程图

### 18.2.1 初始状态确定

索膜结构初始状态的确定包含了几何（形）和合理的应力状态（态）两个方面，其方法总体上来说可分为两类：物理模型法和数值分析法。20世纪70年代以前，物理模型法是人们研究索膜结构形态的重要方法，包括丝网模型法和皂泡模型法，1967年加拿大蒙特利尔展览会的德国大帐篷（German Pavilion）和1972年慕尼黑奥林匹克体育场均是采用物理模型法设计（见图18-8和图18-9）。但物理模型法的模型制作要花费大量的人力、物力，且需要一套复杂仪器设备和高超的近景摄影测量技术。由于测量手段存在着较大的随机因素，测量精度难以保证。因此，人们更加关注力学方法的研究，美国、英国、德国和日本等国学者相继提出并发展了以计算机技术为手段的张力结构的形状判定，并逐步取代了早期的模型法。物理模型法在工程实践和科学研究中已经很少单独使用，主要是同数值方法配合使用以及用于方案阶段的概念设计。

图18-8 德国大帐篷

图18-9 慕尼黑奥林匹克体育场

20世纪70年代以后，随着计算机数值分析技术的日益发展，各种膜结构的计算机数值分析方法也应运而生。经过近几十年的研究和实践，力密度法、动力松弛法和非线性有限单元法已经取代物理模型法而成为目前膜结构初始形态确定的主要方法。力密度法是一种用于索网结构的初始形态分析方法。在应用力密度法进行膜结构初始形态分析时，首先要将膜结构离散为由节点和杆单元构成的索网状结构模型，然后建立每一节点的静力平衡方程，通过预先给定索网中各杆单元的力与杆长的比值（即给定杆单元的力密度值）而将几何非线性问题转化为线性问题，结合边界节点的坐标联立求解这组线性方程组，得到索网各节点的坐标，从而得到膜结构的初始位形。不同的力密度分布，对应不同的外形。当外形符合要求时，由相应的力密度即可求得相应的膜面预应力分布。力密度法避免了初始坐标输入问题和非线性收敛问题，计算速度快，因而特别适合于索网结构和膜结构的初始形态分析，但对于具有大位移特征的膜结构初始形态确定问题，力密度法没有考虑节点变位对节点平衡的影响，因此有些学者认为力密度法虽然计算简单，但得到的初始位形解答误差较大。另一方面，力密度法找形得到的膜面应力分布难以控制，尽管可通过修正力密度值进行迭代以获得均匀的应力分布，但这样就失去了线性解的优势。此外，形状确定之后，还是需要采用非线性分析方法对膜结构进行荷载效应分析。

力密度法可以针对膜面的离散索网模型快速得到其平衡曲面。动力松弛法不建立结构平衡方程因而对计算机的内存要求极低，通过反复假定和迭代计算得到平衡的内力分布和相应的几何曲面。有限元法通过建立结构的平衡方程进行求解迭代计算结构的平衡曲面，迭代次数少但需存储和求解结构刚度矩阵。随着计算机软硬件技术的快速发展，有限单元法已经成为结构分析包括索膜结构初始状态分析的主流方法。

初始状态确定分析中可以将支承结构视作相对刚度极大的结构而只进行索膜部分的找形计算，然后再将连接处反力施加给支承结构，从而完成整个结构初始状态的分析。也可以考虑膜与索及支承结构的共同作用，直接分析计算得到整个体系的初始状态。需要根据具体的结构构成确定结构分析方法。

膜曲面可以是应力分布均匀的最小曲面，也可以是应力分布不均匀的平衡曲面。最小曲面具有刚度均匀、曲面光滑的优点。所以，形状确定分析应首先寻找最小曲面。但由于实际工程中不一定可以找到最小曲面或者最小曲面不是设计者所希望得到的曲面，这时也可改找平衡曲面。

膜面形状分析的目标是得到一个预应力自相平衡的曲面，而膜材弹性模量的数值并不影响膜面的平衡性质，所以分析计算时可以取小弹性模量以加快计算收敛速度。找形分析得到的膜面应力分布乘以任意倍数后仍然是自相平衡的，所以可以通过同时放大或缩小膜面预应力及其支承结构内力以得到希望得到的膜结构初始状态。

### 18.2.2　索膜结构荷载效应分析

索膜结构的初始状态一旦确定之后，需要进一步作荷载效应分析，以得到膜面在外部荷载作用下的应力状态，同时判断膜面是否会出现松弛、褶皱、应力集中等不利情况。膜结构在外荷载作用下，通过膜面曲率的变化和膜面应力重分布，以达到新的平衡状态，这一过程具有明显的大位移几何非线性特点，所以对该类柔性结构的有限元计算需要考虑结构的几何非线性，其工作状态的荷载效应分析要采用非线性有限单元法。就结构计算理论方面来说，膜结构与其他非线性结构的分析计算相比并无本质上的区别。

索膜结构荷载效应分析是结构在自重、风荷载、活荷载（雪荷载）作用下结构的内力和变形，因为非线性效应不具叠加性，所以必须首先进行各种荷载的组合，求解组合荷载下结构的变形和内力，判断是否满足强度与挠度等要求。

### 18.2.3　索膜结构裁剪分析

索膜结构的膜面是预应力状态下的光滑空间曲面，索膜结构裁剪分析的目的就是将空间曲面展开为无应力、平面且有幅宽限制的下料图，且膜面焊接接缝符合建筑美观要求，膜材用料经济。索膜结构裁剪分析的内容和步骤如下：

（1）裁剪线布置；

（2）空间膜曲面展开成平面膜面：将空间膜曲面的三维数据转化成相应的二维数据，采用几何方法，简单可行。但如果空间膜曲面本身是个不可展曲面，就须将空间膜曲面再剖分成多个单元，采用适当的方法将其展开。此展开过程是近似的，为保证相邻单元拼接协调，展开时要使得单元边长的变化为极小；

（3）应变补偿：对平面裁剪片进行应变补偿，处理膜片接缝处及边角处的补偿量；

（4）根据以上结果得到裁剪片施工图纸。

在裁剪分析时要注意膜面裁剪线的布置，裁剪线的布置应遵循以下原则：

(1) 视觉美观：空间膜曲面在布置裁剪线时，要充分考虑裁剪线即热合缝对美观的影响；

(2) 受力性能良好：膜材是正交异性材料，为使其受力性能最佳，应保证织物的经、纬方向与曲面上的主应力方向尽可能一致；

(3) 便于加工，避免裁剪线过于集中；

(4) 经济性：膜材用料最省，焊接接缝线总长最短。

裁剪线的确定方法一般有两类：测地线法和平面相交法。对可展曲面，空间曲面上的测地线在曲面展开后是直线；对不可展曲面，测地线在曲面展开后最接近直线。所以取测地线为裁剪线时，通过控制测地线两端间距可以得到均匀幅宽的裁剪片，减小废料，达到经济节约的目的。平面相交法是用一组平面（通常是一组竖向平面）去截找所得的曲面，将膜面分割成一个个膜片，以平面与空间曲面的交线作为裁剪线。平面相交裁剪线法常用于对称膜面的裁剪，所得到的裁剪线比较整齐、美观，易于符合设计者的意图。

可展曲面是指可以精确展开为平面的曲面，膜结构曲面一般为不可展曲面，只能近似展开为平面。展开的原则是平面弯成曲面后与其展开前曲面最为接近。对于狭长裁剪曲面片，可以在其宽度方向取为一个三角形网格，沿其长度方向划分为单个三角形网格，以三角形板代替三角形曲面，逐个展开得到近似平面。对于宽幅裁剪片，这样的展开会带来较大误差，可以采用数值方法按误差最小原则求解近似展开平面。

膜结构是在预张力作用下工作的，而膜材的裁剪下料是在无应力状态下进行的。因而在确定裁剪式样时，有一个对膜材释放预应力、进行应变补偿的问题。影响膜材应变补偿率的因素可归纳为以下几个方面：

(1) 膜面的预应力值及膜材的弹性模量和泊松比，这是影响应变补偿率的最直接因素；

(2) 裁剪片主应力方向与膜材经、纬向纤维间的夹角，因为膜材是正交异性材料；

(3) 热合缝及补强层的性能不同于单层膜，其应变补偿应区别对待；

(4) 环境温度及材料的热应变性能，尤其是双层膜结构环境温度相差较大时，要特别注意。

应变补偿常以补偿率的形式实施。严格说来，需根据膜材在特定应力比及应力水平下的双轴拉伸试验结果，结合上述因素综合考虑。

## 18.3 索膜结构的制作

### 18.3.1 钢制卷尺

索膜结构制作前应确定标准尺，制作过程及检查过程中使用的各尺应计量，并以标准尺为最终基准。

### 18.3.2 膜材原匹检查

膜材在入库之前，应根据厂商提供的不同批号对膜材的物理性能进行测试。测试合格的材料方可入库。测试数据全部进入电脑存档。

同一膜结构工程宜使用同一企业生产的同一批号的膜材。每批膜材均应具有产品质量保证书和检测报告，并应进行各项技术指标的进货抽检。膜材表面应无针孔、无明显褶皱和明显污渍，不应出现断丝、裂缝和破损等，色泽应无明显差异。

所有原匹在使用前均有操作人员使用灯光装置全面积进行外观检查，见图18-10。

(a)

(b)

图18-10　外观检查

(a) 膜材外观检查坐标定位；(b) 膜材外观检查——灯箱

#### 18.3.2.1　膜材的清扫

在工厂内，若膜材上有污垢时，用布、吸滚轮及溶剂等仔细地清扫。

#### 18.3.2.2　膜材的处理

为了避免在工程中搬运及工程中移动时发生折痕、折纹等损伤，应依照以下操作步骤进行：

(1) 作业人员在材料上作业时：

确认膜材与地面之间无异物后方可进行下一步作业。不可在膜材有松弛、浮起处作业。

(2) 进行膜材搬运及移动时：

在作业场地面上进行膜材搬运及移动时，由两人或两人以上进行，且用干净的工作手套托住膜材两端。

膜材经过的地面上若有障碍物时，应事先将其去除，同时用拖把清扫干净。

使用起重机等吊高、移动膜材，并吊挂在芯材管上，同时避免让钢索等接触到膜材。起重作业应由具有相应操作证的人员进行。

#### 18.3.2.3　膜材的储存

膜材应储存在干燥通风处，且不宜与其他物品混放。不应接触易褪色的物品或对其性能有危害的化学溶剂。

### 18.3.3　裁　　剪

通过与设计系统的数据共享，实现膜片配置的全自动化，配置结果传送到数控裁剪装置执行自动裁剪。裁断完成之后，由操作人员核对尺寸。所有裁断工序都留取原匹样片备案。

#### 18.3.3.1 制作环境

加工制作场地应平整，加工环境应满足一定的温、湿度要求。承放膜材的工作平台应干燥无污物，整个加工制作过程应保持膜材清洁。

#### 18.3.3.2 膜布裁剪操作要求

1. 作业内容

以设计部制作的裁剪资料（裁剪图）为基准，标出在膜板加工时必要的记号（折叠宽度、熔接宽度等），切割膜材。

2. 使用设备

（1）自动裁剪机；

（2）电脑主机。

3. 使用设备作业顺序

（1）将裁剪资料及膜材外观检查综合后可得知缺点位置，决定剪取材料的位置，且注意切割位置要避开膜材原料上的瑕疵点。

（2）将裁剪位置资料转送到自动裁剪机。

（3）用裁剪机自动进行膜材的标记、切割。

（4）自动剪裁的基准要求：

1）设计裁剪图电脑系统连线自动剪裁，剪裁线条均匀（曲线、直线）；

2）裁剪速度：7m/min；

3）自动裁剪误差：$L$＝5m±2mm/m；

$L$＝10m±4mm/m；

$L$＝10m 以上±8mm/m。

### 18.3.4 研　　磨

对需要研磨的膜材，在研磨前后使用微分卡控制研磨深度。研磨见图 18-11。

### 18.3.5 热　　合

当日使用的所有热合机均实行开机试验，根据当日所加工的膜材特性，通过调控机械的温度和操作时间进行取样，实现对膜片的均匀熔接和提高膜片剥离试验的强度，从而控制当日热合的合格程度和工艺稳定性。每道热合工序完成以后，均有专人进行检查。热合见图 18-12。

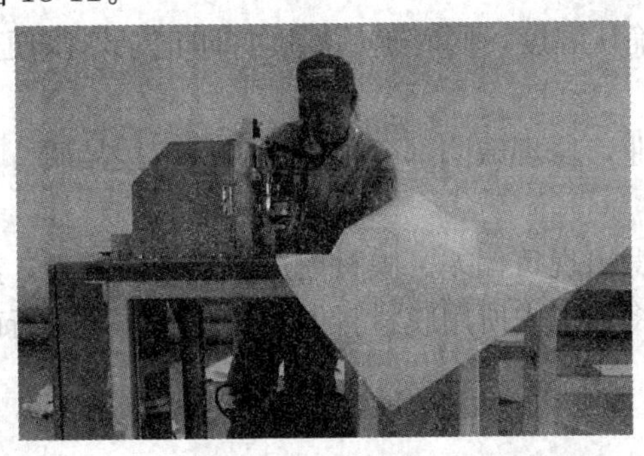

图 18-11 研磨

图 18-12 热合

**18.3.5.1　膜材的热合准备**

1. 使用设备

热合加工机械、张力装置、FEP 胶粘贴机。

热熔合设备必需具有将温度、压力、熔接时间控制在所制定的范围内的性能，条件则依据膜材的种类而定。

2. 热合基准

从事热合加工作业人员应具有相应操作技能合格证，并依据热合基准表 18-2 确认是否合格。

热　合　基　准　　表 18-2

| 项　目 | 判　定　标　准 |
| --- | --- |
| 接合部位拉张强度 | 母材强度的 80%以上 |
| 剥离强度 | 2.0kg/cm 以上 |
| 外观 | 焦痕在 2.5cm 以内曲面部分的胶卷没有不吻合的情形 |

3. 试验

热合加工制作前，应根据膜材的特点，对连接方式、搭接或对接宽度等进行试验。膜材热合处的拉伸强度应不低于母材强度的 80%，符合要求后方可正式进行热合加工。在热合过程中应严格按照试验参数进行作业，并做好热合加工记录。

4. 热合设备开始作业前的检查

热合作业者应在开始作业时先确认熔接设备的温度、压力、熔接时间并且记录。

**18.3.5.2　作业顺序**

热合作业人员依照加工顺序，确认膜板编号、扣件编号及转角编号、准备热合的裁剪片。

(1) 确认膜材重叠方向及熔接宽度，使用 FEP 胶卷暂粘机将 FEP 胶卷暂时固定住。重叠粘合部分至少要 20mm 以上。

(2) 热合部位曲率很大或是形状很复杂时，请使用暂粘机暂时固定住。粘点的间距则视形状而定。

(3) 确认热合部分没有 FEP 胶卷溢出、卷起及断裂等情形后再行热合。

(4) 在热合膜材两端安装张力装置，施加张力以防止熔接时膜材的热收缩。

**18.3.5.3　热合温度管理**

(1) 热合工在进行熔接时，应由温度表确认温度，同时确认温度打印记录，以便达到双重管理。

(2) 温度设定不适合时，应立即中止作业，修理缺陷部分并立刻确认熔接品质。

**18.3.5.4　热合品质确认**

热合缝应均匀饱满，线条清晰，宽度不得出现负偏差。膜材周边加强处应平整，热合后不得有污渍、划伤、破损现象。同时，应将加工中所用膜材料做成试验样本，进行破坏检查并且确认。

**18.3.5.5　FEP 胶卷的处理**

FEP 胶卷上如沾有灰尘、污垢等，将造成热熔合品质不良，务必清扫干净。用湿布擦拭 FEP 胶卷上的灰尘、污垢等，接着再用干布擦拭干净。FEP 胶卷上的伤痕是造成热合中胶卷断裂的原因，应避开有伤痕的部分。将 FEP 胶卷保管于密闭箱内，以防止灰尘及污垢等落于其上。开始作业时取出一卷（约 150m）使用，作业结束时再将剩下的 FEP 胶卷用套子套起来保管好。

## 18.3.6 收　边

收边是膜体热合的后道工序，收边后的尺寸根据图纸要求进行确认。收边见图 18-13。

图 18-13 收边

## 18.3.7 打　孔

（1）根据加工图，以油性笔在所定的位置上标出螺栓孔的位置。

（2）进行作业前先确定打孔机所定的直径。同时必须进行试打，以确认无缺陷或变形等问题。

（3）利用打孔工具进行打孔，打孔见图 18-14。

（4）为了确保打孔后螺栓孔距离的正确，应以螺栓定位图为依据使用标尺标定。

图 18-14 打孔

## 18.3.8 成 品 检 查

成品在捆包前实行全品检查，见图 18-15。

### 18.3.8.1 作业内容

通过检查的膜材在捆包之前，应清除污垢附着物，进而卷在钢管等芯材上捆包。

### 18.3.8.2 使用工具

使用工具包括：捆卷台、制品台车、钢管或纸管。

### 18.3.8.3 作业顺序

（1）如卷在钢管上，将两端设定在制品台车上，以施工时的展开顺序为基础确认卷起的方向，在装有缓动材（聚乙烯皮的气囊［AIR BAG］）管子上，以胶带固定卷妥。为了防止膜板发生折痕、压力等损伤，适当地放入缓动材料，仔

图 18-15　成品捆包

细卷妥进行捆包工作。

（2）不能以钢管卷取时，为了防止膜板发生严重折痕、折纹等，应在各折叠部分放入缓动材料后再进行捆包。

**18.3.8.4　捆包要求**

（1）经加工制作并检验合格的膜单元，应先行清洁，然后单独存放。

（2）膜单元的包装方式应根据膜材的特性、具体工程的特点确定。包装袋应结实、平滑、清洁，其内表面应无色或不褪色，与膜成品之间不得有异物，且应严密封口。在包装的醒目位置上应有标识，标明膜单元的编号、包装方式和展开方向。

（3）膜单元的运输工具上应铺垫层，并采取措施确保膜单元与运输工具间不发生相对移动和撞击。

### 18.3.9　索结构的制作

（1）钢丝绳下料前应进行预张拉。索的制作长度应考虑预拉力的影响。索长度的加工允许偏差：当长度不大于 50m 时，为±10mm；当长度大于 50m 且不大于 100m 时，为±15mm；当长度大于 100m 时，为±20mm。

（2）钢构件的制作应符合现行国家标准《钢结构工程施工质量验收规范》（GB 50205）的要求。

（3）膜结构的其他附属部件，应按设计图纸加工制作，并应符合国家现行有关标准的要求。

## 18.4　索膜结构的安装

### 18.4.1　工　艺　流　程

索膜结构安装工艺流程见图 18-16。

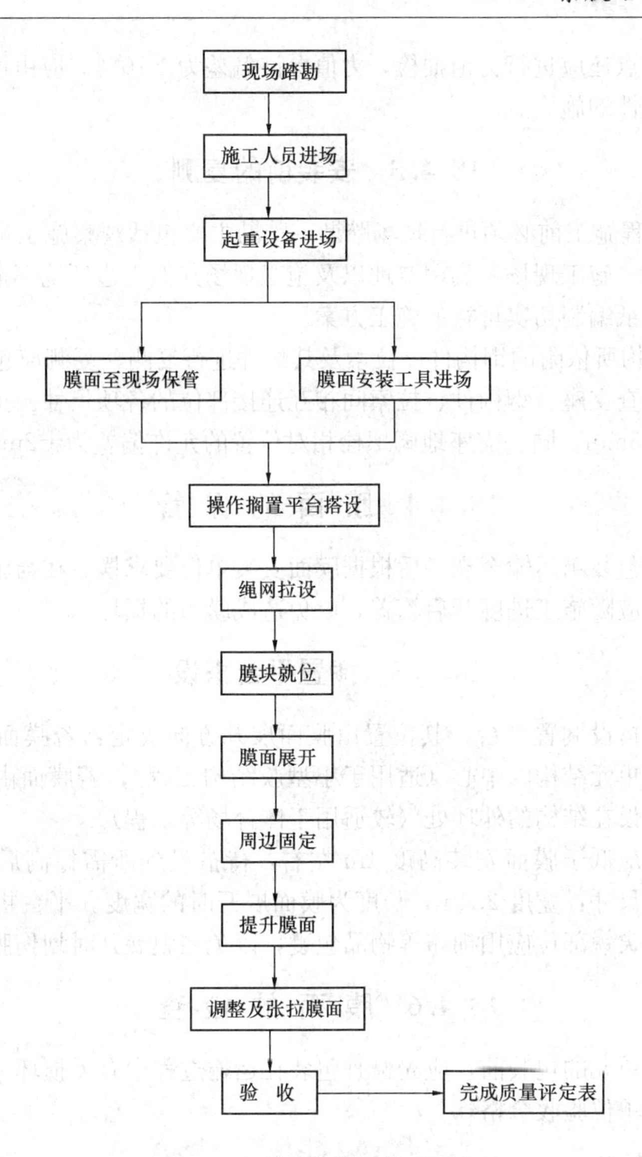


图 18-16 索膜结构安装工艺流程

## 18.4.2 施加预张力

(1) 对于通过集中施力点施加预张力的膜结构，在施加预张力前应将支座连接板和所有可调部件调节到位。

(2) 施力位置、位移量、施力值应符合设计规定。

(3) 施加预张力应采用专用施力机具。每一施力位置使用的施力机具，其施力标定值不宜小于设计施力值的两倍。

(4) 施力机具的测力仪表均应事先标定。测力仪表的测力误差不得大于 5%。

(5) 施加预张力应分步进行，各步的间隔时间宜大于 24h。工程竣工两年后宜第二次施加预张力。

(6) 施加预张力时应以施力点位移达到设计值为控制标准，位移允许偏差为±10%。

对有代表性的施力点还应进行力值抽检，力值允许偏差为±10%。应由设计单位与施工单位共同选定有代表性的施力点。

### 18.4.3　安装前的复测

（1）膜结构工程施工前必须进行现场踏勘，踏勘主要包括观察施工机械开行路线、现场高空线架设情况、施工现场可利用空地以及施工现场其他周边环境等情况。最后根据踏勘情况结合施工图纸编制切实可行的施工方案。

（2）应对膜结构所依附的钢构件、拉索及其配件进行复测，复测应包括轴线、标高等内容。安装前应检查支座、钢构件、拉索间相互连接部位的各项尺寸。支承结构预埋件位置的允许偏差为±5mm；同一支座地脚螺栓相对位置的允许偏差为±2mm。

### 18.4.4　膜面的保管

供货商将膜面包装箱运输至现场后根据膜面安装单位要求摆放在与施工相对应的区域内。包装箱卸车后应随施工进度开启箱盖，以免造成膜布的损坏。

### 18.4.5　搁置平台搭设

膜面施工前应搭设搁置平台，其位置由膜面展开方向决定：若膜面由中间向两边铺展，平台应搭设在单元结构的中心（适用于小型膜结构工程）；若膜面由结构外侧向内侧铺展，则平台应搭设在结构的外环处（较适用于体育场等工程）。

平台搭设高度应低于膜面安装高度1m左右，待搭设到所需标高后顶部用九夹板满铺。搁置平台平面尺寸：宽度2.4m，长度为膜面展开时的宽度。平台搭设完毕后，外露的脚手管、扣件及尖锐部位应用棉布等物品包裹，以免在膜展开时划伤膜面。

### 18.4.6　膜面的检查

在现场打开膜单元的包装前，应先检查包装在运输过程中有无损坏。打开包装后，膜单元成品应经安装单位验收合格。

### 18.4.7　绳网拉设

膜面铺设前需安装绳网，作为膜面展开时的依托。绳索可采用$\phi$14腈纶绳。绳网安装时平行于膜面展开方向每隔2.5m拉设一道绳索，绳索一端直接与结构相连接，另一端通过绳索紧绳机与结构相连，使绳网张紧，减少绳网垂度。

### 18.4.8　膜面安装

（1）膜面安装的前提条件。膜面安装前应确保必须施焊完毕、相关区域内构件的涂装工作必须结束，必须在无雨雪或工作风速小于8.2m/s（5级风）的气候条件下进行膜面的铺展。膜面安装技术指导人员抵达现场、必须进行两级技术交底。

（2）根据膜面安装要求，分散放置膜面安装固定材料以及临时张拉工具。膜面安装固定材料包括铝合金压板、止水橡胶带、不锈钢螺栓（包括螺帽及垫圈）；临时张拉工具包括绳索紧绳机、钢丝绳紧绳机、夹具和腈纶绳等。吊装膜单元前，应先确定膜单元的准确安装位置。膜单元展开前，应采取必要的措施防止膜材受到污染或损伤。展开和吊装膜单元时可使用临时夹板，但安装过程中应避免膜单元与临时夹板连接处产生撕裂。

(3) 将安装膜面的手工工具分发到各个班组。手工工具包括：大力钳、套筒扳手、羊角锤、美工刀及带安全挂钩的工具袋等。

(4) 将不锈钢螺栓依次安装在膜面连接板上，并将止水橡胶带按顺序排放在膜结构支架上。

(5) 膜面就位。在施工现场平地上拆除膜面包装箱的顶板及侧面板，确认膜面铺设方向后用吊车将膜面连同包装箱底板吊至搁置平台的中心。

(6) 展开膜面。膜面就位后，先在搁置平台上将膜面横向展开，并将灰色夹具按一定间隔与膜布上的孔位相连接（一般每隔 2m 安装一个灰色夹具），再用 $\phi14$ 腈纶绳与灰色夹具相连接，最后利用绳索紧绳机向铺展方向牵引膜面。

### 18.4.9 周边固定

将膜面拉至离安装位置 80cm 左右时，用钢丝绳紧绳机替换下绳索紧绳机并安装白色夹具（夹具数量可根据膜面松紧程度决定），再用钢丝绳紧绳机将膜面向膜结构支架处牵引。膜结构支架上的螺栓间距与膜布上的孔位是相匹配的，当膜布拉到其安装位置后即可将螺栓把膜面固定在膜结构支架上。膜面固定时部分孔位可能与支架上的螺栓位置不一致时，须要求现场开孔。开孔时用美工刀或冲头，严禁使用榔头直接敲击膜布进行开孔。当膜面周边固定好后，拆除所有夹具并松开绳网。

### 18.4.10 提升膜面

一个单元的膜面安装完毕后，应即刻提升膜面。提升的目的是防止天气突然变化（工作风力超过五级或下雨雪）而可能造成膜面的损坏和施工的不安全。提升膜面时应做到膜面周边受力基本均匀，膜面上无集水点。

### 18.4.11 调整及张拉膜面

(1) 当所有的膜面安装工作结束后，即可进行膜面的张拉。

(2) 膜面的张拉是通过张拉结构索，使膜面达到设计的应力。张拉时，在结构对称点上用千斤顶或捯链对钢索施力。

(3) 施工要求：张拉过程中随时用应力测试仪进行膜面应力的测试，并根据现场安装指导人员的指示随时停止膜面张拉工作。

## 18.5 施 工 设 备

### 18.5.1 制作设备、检测试验设备

制作设备、检测试验设备见表 18-3。

制作设备、检测试验设备表　　表 18-3

| 序号 | 设 备 名 称 | 规格型号 | 数量 | 产地 |
| --- | --- | --- | --- | --- |
| 1 | 移动电源系统 | | 1套 | |
| 2 | 膜材外观检查装置 | | 1台 | |
| 3 | 张力试验机 | | 1台 | |
| 4 | 自动膜片配图系统 | | 1套 | |
| 5 | 全自动画线装置 | | 1套 | |
| 6 | 全自动切割装置 | | 1套 | |
| 7 | 双针工业缝纫机 | | 2台 | |
| 8 | 单针工业缝纫机 | | 1台 | |
| 9 | 表面打磨机 | | 1台 | |
| 10 | 手动表面打磨机 | | 6台 | |
| 11 | 张力装置 | | 6对 | |
| 12 | 上下分离式热熔机 | MT7 | 1台 | |
| 13 | 定位热熔机 | MT8 | 2台 | |
| 14 | 端部热熔机 | MT9 | 2台 | |
| 15 | 上下移动式热熔机 | MT12 | 1台 | |
| 16 | 周边热熔机 | | 2台 | |
| 17 | 点焊机 | | 2台 | |
| 18 | 自走式热板热熔机 | | 1台 | |
| 19 | 自走式热风热熔机 | | 4台 | |
| 20 | 手动式热风热熔机 | | 4台 | |
| 21 | 高频热熔机 | | 1台 | |
| 22 | 打孔机 | | 2台 | |
| 23 | 移动台车 | | 8对 | |
| 24 | 捆包卷绕机 | | 1台 | |

## 18.5.2　安装工具和设备

以 30m×30m 的 Sheer fill 膜面为例，所需安装工具和设备见表 18-4。

安装工具和设备　　表 18-4

| 序号 | 设备名称 | 用　途 | 最小用量 | 备　注 |
| --- | --- | --- | --- | --- |
| 1 | 起重机 | 安装膜面索，就位膜面 | 1辆 | 根据起吊要求配置 |
| 2 | 绳索紧绳机 | 固定绳网，牵引膜面 | 30只 | |
| 3 | 钢丝绳紧绳机 | 安装膜面 | 100只 | |
| 4 | 灰色夹具 | 膜面牵引时夹紧膜面并能与紧绳机相连接 | 30只 | |

续表

| 序号 | 设备名称 | 用　途 | 最小用量 | 备　注 |
|---|---|---|---|---|
| 5 | 白色夹具 | 膜面安装时夹紧膜面并能与紧绳机相连接 | 80 只 | |
| 6 | 捯链 | 提升膜面 | | 根据所安装膜面对张拉的要求配置规格及数量 |
| 7 | 绳圈 | 大绳圈作为膜块起吊时的索具，小绳圈可将紧绳机与钢结构连接 | 大：4 只<br>小：110 只 | |
| 8 | 4 磅锤子 | | 4 把 | |
| 9 | 羊角锤子 | | 12 把 | |
| 10 | 套筒扳手 | 安装压板螺丝 | 20 把 | |
| 11 | 腈纶绳 | 拉设绳网，牵引膜面 | 1000m | |
| 12 | 电熨斗 | 当膜面上有拼缝或者当膜面出现破损时使用 | 2 把 | |
| 13 | 大力钳 | 固定压板螺栓 | 5 把 | |
| 14 | 方口钳 | 安装膜面与钢索连接节点专用工具 | 5 把 | |
| 15 | 工具包 | 放置螺栓、螺帽以及小工具 | 20 只 | |
| 16 | 安全带 | 保证高空操作人员的人身安全 | 20 副 | |
| 17 | 美工刀 | | 4 把 | |
| 18 | 质量检测设备 | 应力测试 | 一套 | |

# 18.6 质　量　检　验

## 18.6.1 制品品质基准

制品品质基准见表 18-5。

**制品品质基准　　　　表 18-5**

| 部　位 | 项　目 | 基 准 值 |
|---|---|---|
| 1. 外观 | (1) 污垢 | 没有非常明显的污垢 |
| | (2) 焦黑 | 依范本限度 |
| 2. 加工部位 | (1) 周边规格 | 依图面规格指示 |
| | (2) 热熔合部、折叠方向（水流向） | 重叠方向依照图面指示，零件的安装依照图面指示 |
| | (3) 零件 | |
| 3. 完成尺寸 | (1) 反粘部分尺寸、完成加工尺寸 | 设计值±0.2%<br>±10mm |
| | (2) 螺栓孔间距 | 不能超出误差范围 |

## 18.6.2 工厂内品质标准

工厂内品质标准见表 18-6。

**工厂内品质标准　　表 18-6**

| 工程名 | 项目 | 基准值 |
|---|---|---|
| 1. 原寸图工程 | (1) 记号的尺寸（1点）<br>(2) 记号的尺寸（1边）<br>(3) 伸展 | ±1mm<br>±2mm<br>±2mm |
| 2. 裁剪工程 | (1) 膜布表、里<br>(2) 裁剪曲折<br>(3) 膜布的方向性 | 按照指示<br>避免曲折（±2mm）<br>依照指示书 |
| 3. 熔接加工工程 | (1) 流向<br>(2) 熔接部残余<br>(3) 熔接部焦黑<br>(4) 熔接部刮痕<br>(5) 熔接幅宽 | 依照指示书<br>不要发生<br>限度范本<br>限度范本<br>±4mm |
| 4. 完成处理工程 | (1) 忘记开孔<br>(2) 孔位置位移（1点）<br>(3) 孔位置位移（5点） | 不要发生<br>±2mm<br>±5mm |
| 5. 包装工程 | (1) 膜材编号表示<br>(2) 展开方向表示<br>(3) 相合号码表示 | 须正确<br>须正确<br>须正确 |

## 18.6.3　膜材的检验分类

膜材的检验分类见表 18-7。

**膜材的检验分类　　表 18-7**

| 检验名称 | 检验定义 | 详细记述 | 检验区分 | |
|---|---|---|---|---|
| | | | 作业人员 | 检验负责人 |
| 膜材料物性检验 | 确认膜板制作使用的膜材是否和特性标准一致所进行的检验 | | | |
| 膜材料外观检验 | 确认膜板制作使用的膜材外观上是否有缺点，同时为了确定缺点位置所进行的检验 | | | |
| 熔接品质检验 | 确认熔接加工过程中，熔接设备是否可使熔接品质保持在基准值之内完成加工的检验 | | | |
| 工程内自主检验 | 确认各工程内施工品质是否为标准品质内所进行的检验，分成以下三类：<br>裁剪工程、熔接工程、完工工程 | | | |
| 制品检验 | 为了全部制作工程结束后，制品品质是否和标准值一致所进行的检验 | | | |

膜材的检验分类见图 18-17。

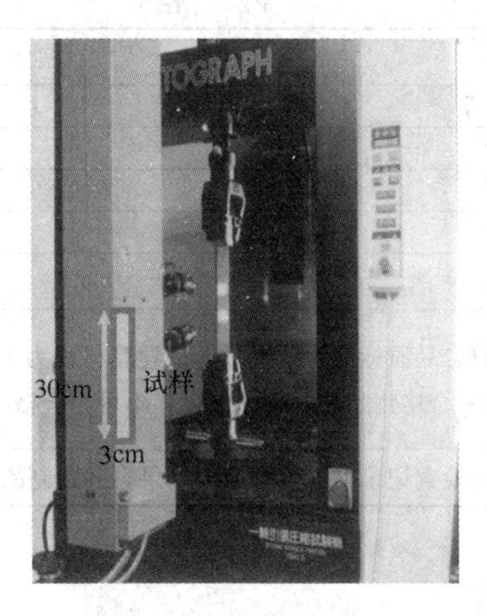


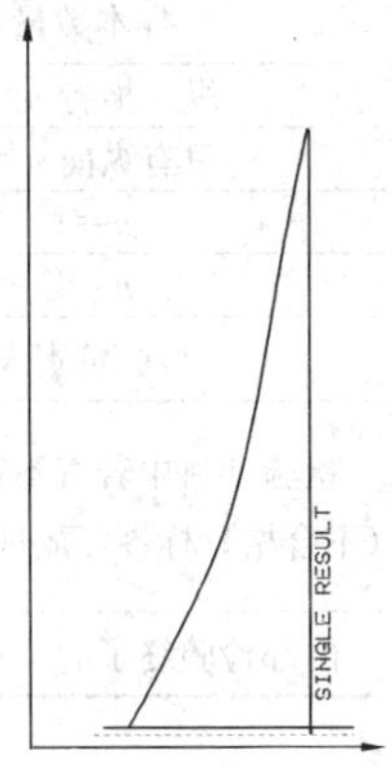

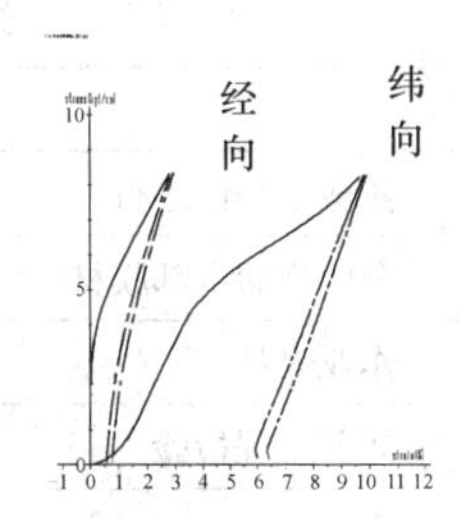


图 18-17 膜材的检验

## 18.6.4 膜材进货检查

### 18.6.4.1 物性检验

物性检验见表 18-8。

物 性 检 验 表 **表 18-8**

| 项 目 | 内 容 | |
|---|---|---|
| 时间 | 膜材进货时 | |
| 抽样 | 待全部膜材卷完后抽取试验片 | |
| 检验项目 | 样本数量 | 实验方法 |
| 重量 | 纵、横各 $n=3$ | |
| 厚度 | 纵、横各 $n=3$ | |
| 宽度 | $n=1$ | |
| 拉引强度 | 纵、横各 $n=5$ | |
| 抗拉伸度 | 纵、横各 $n=5$ | |
| 线密度 | 纵、横各 $n=5$ | |

续表

| 项　目 | 内　容 | |
|---|---|---|
| 检验项目 | 样本数量 | 实验方法 |
| 拉撕裂强度 | 纵、横各 $n=5$ | |
| 剥离强度 | 只有纵向 $n=5$ | |
| 弧度 | $n=1$ | |
| 斜度 | $n=1$ | |
| 负责人 | 检验负责人 | |
| 不合格处理 | 检验项目中若有不符合品质标准的结果时，该卷膜材视为不合格品。不合格品需贴上（不合格）标签，放进不合格物品放置场中保存，不可与合格品混合 | |
| 记录报告 | 内部检验终了后，在检查记录书中填写检验结果，并附制品检验成绩书 | |

#### 18.6.4.2　外观检验

外观检验见表 18-9。

**外观检验表**　　**表 18-9**

| 项　目 | 内　容 |
|---|---|
| 时间 | 裁剪工程前进行 |
| 抽样 | 全面检验全部膜材 |
| 负责人 | 作业人员 |
| 判断标准 | 裁剪工程检验 |
| 使用机器 | 检反机 |
| 顺序 | 将要进行检验的膜材料设定在检反机上，将膜材透过检反机上被设定好的光桌（light table），透过光可以目视看出缺点部分。被判定为缺点的部分用粘胶带做记号 |
| 记录报告 | 在检反记录书上写入缺点位置及缺点种类，同时向上级提出报告 |
| 缺点部分的处理 | 为避免制品当中有瑕疵，裁剪时应避开缺点处 |

### 18.6.5　热合品质检验要领

热合品质检验要领见表 18-10。

**热合品质检验要领表**　　**表 18-10**

| 项目 | 品质判定标准 | 样本数 | 负责人 |
|---|---|---|---|
| 剥离强度 | 2.5kg/cm | 自试验体中抽取 3 个样本 | 检验负责人 |
| 剥离状态 | 剥离的任一面露出玻璃纤维（依限度样品） | 抽取 1 个样本 | 作业负责人 |

### 18.6.6　工程自检要领

#### 18.6.6.1　裁剪工程检验

裁剪工程检验见表 18-11。

裁剪工程检验表 **表 18-11**

| 项　　目 | 内　　容 |
|---|---|
| 时间 | 裁剪工程结束后进行 |
| 抽样 | 作业开始时的起始产品　$n=1$ |
| 负责人 | 作业人员 |
| 图纸依据 | 依裁剪图制成的解析资料及尺寸图 |
| 判定标准 | 判定项目：标准值<br>转角点间距：（1）小于10m时±4mm；（2）大于且等于10mm以上时±8mm |
| 使用工具 | 钢制卷尺 |
| 不合格时的处理 | （1）比标准值大时，进行修正作业；（2）比标准值小时，须废弃，重新做裁剪 |
| 记录报告 | 作业人员在检验结果结束后，将结果记录在裁剪片确认卡上，同时在作业结束时向检验负责人提出报告 |

### 18.6.6.2　熔接工程自主检验

熔接工程自主检验见表18-12。

熔接工程自主检验表 **表 18-12**

| 项　　目 | 内　　容 |
|---|---|
| 时间 | 作业结束后进行 |
| 抽样 | 熔接部分尺寸、外观等全数做检验 |
| 负责人 | 作业人员 |
| 图纸依据 | 膜加工图 |
| 判定标准 | 以表18-6为准 |
| 使用工具 | 钢制卷尺 |
| 不合格时的处理 | 熔接部分尺寸若超过标准值不合格时，原则上作废弃处理 |
| 记录报告 | 作业人员在检验结束后，需将结果记载在熔接工程自主检验书中，同时在作业结束后向检查负责人提出报告 |

### 18.6.6.3　修饰工程自主检验

修饰工程自主检验见表18-13。

修饰工程自主检验表 **表 18-13**

| 项　　目 | 内　　容 |
|---|---|
| 时间 | 螺栓孔打孔作业后进行 |
| 抽样 | 针对全部螺栓孔进行检验 |
| 负责人 | 作业人员 |
| 图纸依据 | 膜加工图 |
| 判定标准 | 工厂内品质标准 |
| 记录报告 | 作业人员在检验结束后，需将结果记载在熔接工程自主检验书中，同时在作业结束后向检验负责人提出报告 |

#### 18.6.6.4　制作检验要领

制作检验要领见表18-14。

**制作检验要领表　　表18-14**

| 项　目 | 内　容 |
|---|---|
| 时间 | 全部制作工程结束后进行 |
| 抽样 | 尺寸、外观全数检验 |
| 负责人 | 检验负责人 |
| 图纸依据 | 裁剪图及膜加工图 |
| 判定标准 | 以表18-6为准 |
| 使用工具 | 钢制卷尺 |
| 不合格时的处理 | 外观上有破损或是有严重焦痕时，原则上视为取消处理 |
| 合格表示 | 合格制品，附上记载下列事项的检验合格书<br>检验年月日<br>检验负责人姓名<br>有“合格”记号<br>其他（若有其他特别指示时则依其指示） |
| 记录报告 | 作业人员在检验结束后，需将结果记载在检验书，之后与制品检验书一同交给相关人员。制品检验书的检验结果需包含以下两种：膜材物性检验、制品检验 |

### 18.6.7　膜面安装验收单

膜面安装验收单见表18-15。

**膜面安装验收单　　表18-15**

工程名称：　　　　　　　　　　施工单位：

| 序号 | 验收项目 | 验收标准 | 检查结果 | 示意图 |
|---|---|---|---|---|
| 1 | 周边螺栓安装情况 | 无缺失、无漏拧 | | |
| 2 | 径向索、边索、悬索安装情况 | 位置正确<br>调节完好 | | |
| 3 | 膜面外观 | 无破损、无污损<br>无明显折痕 | | |
| 4 | 油泵顶升距离 | 按膜面应力值控制 | | |
| 5 | 膜面平均应力 | | | |
| 验收意见： | | 施工单位签证： | 技术支持单位签证： | 监理单位签证： |

施工负责人：　　　温度：　　　填表人：　　　验收日期：

# 18.7 保修及维护保养

## 18.7.1 维 护 要 求

“PTFE”织物的成分性能提供了很好的对空气传媒的抵抗力，如：风、阳光、雨、微生物，灰尘和各种污染。维护须定时或专门检查并清洁。

维护要求的时间和内容主要决定于：膜织物的位置（垂直位置比水平位置污物积累少）；膜织物暴露于不同的气候条件（雨、冰雹、风）和有机物沉淀（叶子、花粉、灰尘、污染物）；积污物的性质及程度。两次维修操作的间隔见表18-16。

**两次维修操作的间隔** **表 18-16**

| 膜织物位置 | 轻沉淀物 | | 重沉淀物 | |
|---|---|---|---|---|
| | 轻度积污 | 重度积污 | 轻度积污 | 重度积污 |
| 垂直 | 36个月 | 24个月 | 24个月 | 12个月 |
| 水平 | 24个月 | 12个月 | 12个月 | 12个月 |

注：经历污染严重或被其他媒介玷污的膜织物需要比上表更多的定期维护。

## 18.7.2 维 护 检 查

### 18.7.2.1 定期检查

定期检查包括对膜的视觉检查以确定它的情况，包括下列检查项目：

（1）膜块周边及中间的裂缝；

（2）焊接部分剥落；

（3）断线和缝制点的裂缝；

（4）膜和索的磨损；

（5）表面的重度积污（树叶、昆虫等）；

（6）当严重异常现象出现时，应当通知承包商并由他们指导采取措施。

### 18.7.2.2 专门检查

专门检查包括在一个非正常的事件后立即进行检查，非正常情况包括：

（1）风暴中风速超过70km/h，但是不大于设计荷载；

（2）大雪或冰雹；

（3）被重物击中可能割伤或磨损织物；

（4）暴雨形成的膜上积水；

（5）闪电击中；

（6）地震。

### 18.7.2.3 清洁程序

1. 人员

除非注明，膜材应能够安全支承清洁及检查人员。应当谨慎保护人员和膜织物。清洁人员应在工作时戴上安全带并使用安全绳。膜材在湿或积灰时会很滑。清洁人员应当穿软橡皮白色鞋底的鞋，而且不能随身携带锋利的物品，例如：装饰性皮带或鞋带扣等。

2. 清洁

当膜材出现不能接受的肮脏或各种影响美感的污物聚集、超过表 18-16 规定的维护间隔时间、发生了 18.7.2.2 中提到的非正常事件时膜材需要清洁。

若清洁是必需的，则应遵照一定的程序进行直至得到令人满意的结果。如果有松弛或污物的重度积污，首先刷膜材再用清水冲洗膜材的两面。先刷洗暴露较多的一面。

膜材中的张拉力由于结构的不同而不同，但是不能出现“松弛”——当用张开的手击打膜面时张拉力应像“鼓面”。

某些积污用前述提到的清洗方法很难去除，这些积污可能含有矿物质、植物和动物积污，如油脂、柏油、石灰、树叶、花粉、树脂、鸟类和死昆虫等，可以在操作前评价其必要性并咨询承包商。

清理时，以下程序和产品不能使用：

(1) 各种磨料：如粉、流体、海绵等，压力水流喷口；

(2) 有机化学物：丙酮、汽油、苯、燃料、煤油、氯乙烯、松脂、甲苯。

(3) 无机化学物：阿摩尼亚、氮酸、硫磺、乙酸、盐酸、苏打、腐蚀性苏打、滤剂。

(4) 含酒精的清洁产品会引起膜材涂层损坏从而造成膜材使用寿命缩短。

(5) 附属结构件有各种清洁办法。除了日常常规清洁，附属结构必需按膜固定件、支撑构件、基座每一项做结构整体性的检查。

# 19 钢-混凝土组合结构工程

20 世纪 50 年代，我国从前苏联引入了型钢混凝土结构，主要用于工业厂房。到 20 世纪 80 年代，型钢混凝土结构逐步开始使用于高层建筑，并得到了进一步发展，逐步发展成为今天的钢-混凝土组合结构。

广义上来说，组合结构一般是指不同材质形成的构件，或者不同结构体系所组成的结构。在我国的建筑结构领域，一般把钢和混凝土共同受力的结构形式称作钢-混凝土组合结构。钢-混凝土组合结构的构件一般包括组合板、组合梁、钢管混凝土柱、型钢混凝土梁、型钢混凝土柱、型钢混凝土剪力墙等。

钢-混凝土组合结构适用于高层、超高层、大跨度建（构）筑物和市政工程。在建筑工程中主要用于框架结构、框架-剪力墙结构、框架-核心筒结构、筒中筒结构等。目前国内采用钢-混凝土组合结构的典型工程有：上海环球金融中心、上海金茂大厦、深圳发展中心大厦、广州新电视塔、南京火车南站交通枢纽工程等。

## 19.1 钢-混凝土组合结构的分类与特点

### 19.1.1 钢-混凝土组合结构的分类

钢-混凝土组合结构按照不同的分类方法可划分为多种类型，常用的分类方法有两种：按结构体系分类和按结构构件分类。

(1) 按结构体系分类，见表 19-1。

组合结构分类（一） 表 19-1

| 结构体系类型 | 组合结构分类 |
|---|---|
| 框架-核心筒（剪力墙）结构 | 型钢混凝土框架-钢筋混凝土核心筒（剪力墙）体系 |
| | 型钢混凝土框架-型钢混凝土核心筒（剪力墙）体系 |
| | 钢框架-钢筋混凝土核心筒（剪力墙）体系 |
| | 钢框架-型钢混凝土核心筒（剪力墙）体系 |
| 框架结构 | 型钢混凝土框架 |
| | 钢框架-组合楼板结构 |
| 筒中筒结构 | 钢外筒-型钢混凝土内筒结构 |
| | 钢外筒-混凝土内筒结构 |
| | 型钢混凝土筒中筒结构 |
| | 型钢混凝土外筒-混凝土内筒结构 |
| 特殊结构体系 | 带伸臂桁架的钢框架-混凝土内筒（剪力墙）体系 |

（2）按结构构件分类，钢-混凝土组合结构可分为压型钢板与混凝土组合板、组合梁、钢管-混凝土柱、型钢混凝土梁、型钢混凝土柱、型钢混凝土剪力墙等，见表19-2。

组合结构分类（二）　　表19-2

<table>
<tr><td rowspan="6">结构构件</td><td colspan="2">压型钢板与混凝土组合板</td></tr>
<tr><td colspan="2">组合梁</td></tr>
<tr><td colspan="2">钢管-混凝土柱</td></tr>
<tr><td rowspan="3">型钢（劲性）混凝土结构</td><td>型钢（劲性）混凝土梁</td></tr>
<tr><td>型钢（劲性）混凝土柱</td></tr>
<tr><td>型钢（劲性）混凝土剪力墙</td></tr>
</table>

### 19.1.2　钢-混凝土组合结构的特点

组合结构改善了结构的强度和韧性，为设计师提供了更大的空间。与钢结构相比较，钢-混凝土组合结构具有耐久性和耐火性好、造价经济、结构刚度高、受力性能好等优点。与混凝土结构相比较，钢-混凝土组合结构具有承载力高、结构自重轻、抗震性能好、有利于环境保护等优点。

## 19.2　组合结构深化设计与加工制作

组合结构的深化设计是指根据图纸和相关的规范标准，在不改变结构形式、结构布置、受力杆件、构件型号、材料种类、节点类型的前提下，为方便施工，对各节点（连接节点和支座节点）的细部尺寸、焊缝坡口尺寸、杆件分段、穿筋孔等进行的施工详图的深化设计。深化设计可参照第17章钢结构工程。

钢构件加工成型参照第17章钢结构工程，钢筋加工成型参照第14章钢筋工程。

## 19.3　组合结构施工总体部署

### 19.3.1　钢-混凝土组合结构的施工流程

#### 19.3.1.1　钢-混凝土组合结构的施工流程

（1）钢-混凝土组合结构常见施工流程有三种，可以分别称之为“A型”钢-混凝土组合结构施工流程、“B型”钢-混凝土组合结构施工流程、“C型”钢-混凝土组合结构施工流程，分别见图19-1、图19-2、图19-3。

（2）A型施工流程是先施工钢结构，后施工混凝土结构的框架结构建筑的典型施工流程。特点是施工速度快，简单易操作。适合于型钢混凝土框架结构、型钢混凝土框架-型钢混凝土核心筒（剪力墙）结构、钢框架组合楼板结构、钢框架-型钢混凝土核心筒（剪力墙）结构、型钢混凝土筒中筒结构、钢外筒-型钢混凝土内筒结构等结构形式的建筑施工。

（3）B型施工流程是先施工核心筒结构，再施工外框架结构的框架-筒体结构建筑的

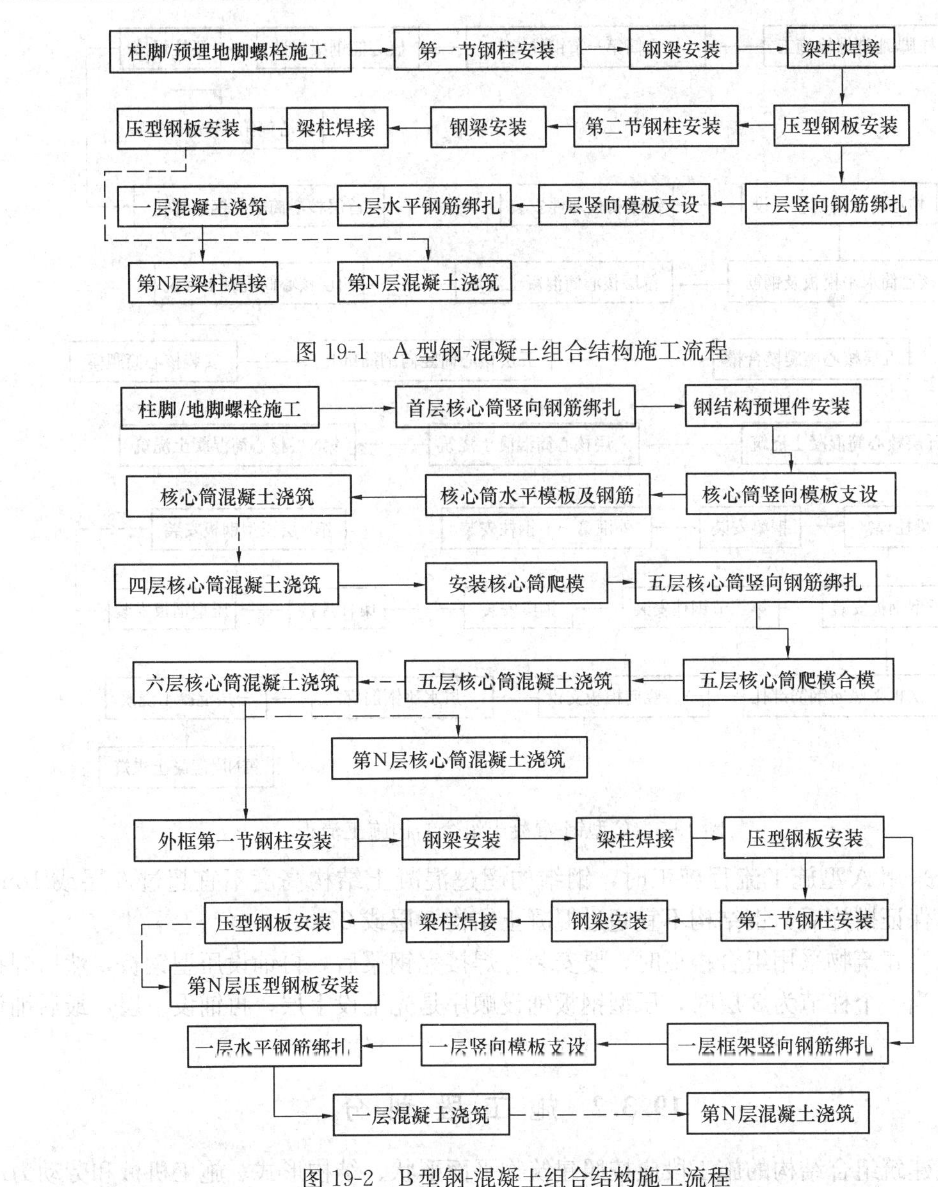


图 19-1 A型钢-混凝土组合结构施工流程

图 19-2 B型钢-混凝土组合结构施工流程

典型施工流程。特点是技术成熟。适合于型钢混凝土框架-钢筋混凝土核心筒（剪力墙）结构、钢框架-钢筋混凝土核心筒（剪力墙）结构、钢外筒-混凝土内筒结构、型钢外筒-混凝土内筒结构等结构形式的建筑施工。

（4）C型施工流程是A型、B型施工流程的组合，是型钢混凝土结构建筑的典型施工流程。特点是作业层次复杂。适合于型钢混凝土框架-型钢混凝土核心筒（剪力墙）结构、钢框架-型钢混凝土核心筒（剪力墙）结构、型钢混凝土筒中筒结构等结构形式的建筑施工。

#### 19.3.1.2 钢-混凝土组合结构的施工流程安排注意事项

（1）采用B、C型施工流程施工时，要合理安排核心筒与外框架的施工顺序。当核心筒混凝土结构采用爬模施工时，一般应在结构施工完4层后安装爬模，核心筒结构施工完成6层后开始外框钢结构安装。

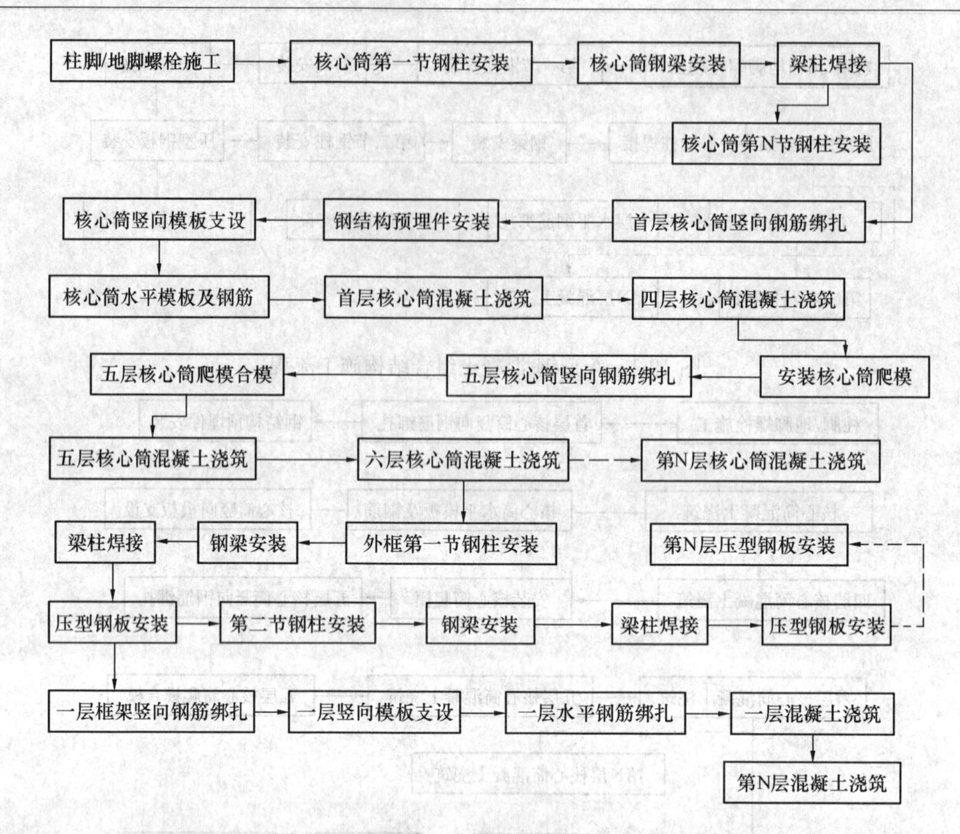


图 19-3　C 型钢-混凝土组合结构施工流程

(2) 采用 A 型施工流程施工时，钢结构超过混凝土结构高度不宜超过 6 层或 18m。采取技术保证措施后，钢结构不宜超过混凝土结构 9 层或 27m。

(3) 当建筑物采用组合楼板时，要安装、焊接完钢梁后，再铺设压型钢板，然后焊接抗剪件。当一个柱节为 3 层时，压型钢板铺设顺序是先铺设上层，再铺设下层，最后铺设中层。

## 19.3.2　施工段划分

高层建筑组合结构的施工段应按照建筑物平面形状、结构形式、施工机械和劳动力配置数量等进行划分。

施工流水段一般可分为竖向施工流水段和水平施工流水段。组合结构竖向施工流水段的划分与施工流程和结构形式有很大的关系。水平施工流水段的划分一般根据施工缝来确定。划分施工流水段时要保持工程量相当，尽量避免或减少划分施工流水段带来的不利因素。

### 19.3.2.1　竖向施工段划分

组合结构竖向流水段划分要根据建筑物结构形式和施工流程来确定。钢结构部分一般以一个柱节为一个施工流水段，混凝土结构一般以层或构件单层高为施工流水段，外装饰一般以层或装饰层为施工流水段。

组合结构，尤其是高层或超高层组合结构工程一般具有多个竖向施工流水段，如钢框架、核心筒、外框架、压型钢板等。

**19.3.2.2 水平施工段划分**

1. 钢结构安装流水段

钢结构安装的平面流水段划分应考虑钢结构安装过程中的整体稳定性、对称性和方便性，安装顺序一般由中央向四周扩展。

2. 混凝土结构施工流水段

混凝土结构的水平施工流水段划分要按照建筑物的形状确定，尽量减少施工缝。当不可避免形成施工缝时，其位置不应随意留置，应按设计要求和施工技术方案事先确定，留置部位应便于施工，满足结构安全要求。

## 19.3.3 主要大型施工设备的选择

组合结构工程的施工所需要的大型施工设备主要有：起重机械、施工升降机、混凝土输送泵等。

**19.3.3.1 起重机械的选择**

塔式起重机选择首要考虑设备性能，如吊装能力、设备高度、附着高度等。当选用多台塔式起重机，宜采用动臂式塔式起重机，可以有效避免群塔作业的降效问题。对于高层、超高层建筑，宜选用内爬升式塔式起重机，可以减少标准节的占用量。不同施工流程选用起重机械形式见表19-3。

**钢-混凝土组合结构起重设备形式选择** **表19-3**

| 施工流程类型 | 起重机械类型 |
|---|---|
| A型钢-混凝土组合结构施工流程 | 外附着式塔式起重机 |
| B型钢-混凝土组合结构施工流程 | 内爬升式塔式起重机 |
| | 外附着式塔式起重机 |
| C型钢-混凝土组合结构施工流程 | 内爬升式塔式起重机 |
| | 外附着式塔式起重机 |

**19.3.3.2 施工升降机的选择**

选择施工升降机时要充分考虑建筑物的高度、垂直运输量、施工升降机安装、附着和拆除的方便性、经济性。对于超高层建筑，宜选用中高速施工电梯。

当采用B、C型施工流程时，可以在核心筒内设置施工升降机或安装正式电梯作为临时施工人员运输机械，可以较好的减少人工降效。选用正式电梯作施工升降机使用时，宜选用无机房大荷载电梯，使用过程中应做好保护。

**19.3.3.3 混凝土输送泵的选择**

混凝土输送泵的选择主要考虑泵送高度、泵送效率。超高层建筑用的混凝土输送泵与混凝土强度等级也应匹配。

## 19.3.4 模板与支撑体系的选择

组合结构要尽量选择方便、简单、效率高的模板与支撑体系。竖向模板可选用爬模、提模等。水平模板尽 量选用压型钢板作模板或悬挂式楼板等。

为加快高层组合结构模板及支撑体系的周转，水平模板系统宜选用独立支撑模板体系和快拆体系。

# 19.4 组合结构的施工

## 19.4.1 一般规定

**19.4.1.1 材料**

组合结构用钢材、钢筋、混凝土等材料与钢结构、混凝土结构用材料要求一致。钢筋可参照第14章钢筋工程，混凝土可参照第15章混凝土工程，钢材、焊接材料、紧固件可参照第17章钢结构工程。

**19.4.1.2 一般构造要求**

1. 组合楼板的构造要求

(1) 对抗剪件的设置要求：

1) 抗剪件的设置位置：在组合楼板的端部（包括简支板端部及连续板的各跨端部）均应设置抗剪件。抗剪件应设置在端支座的压型钢板凹肋处。穿透压型钢板，固定在钢梁翼缘上。国内常见抗剪件多为圆柱头栓钉（组合楼板栓钉直径要求见表19-4）。

2) 栓钉的直径 $d$，见表19-4。

**组合楼板栓钉的直径要求** **表19-4**

| 板的跨度（m） | 栓钉直径（mm） |
|---|---|
| ≤3 | 13或16 |
| 3～6 | 16或19 |
| >6 | 19 |

① 当栓钉焊于钢梁受拉翼缘时，$d \leqslant 1.5t$；

② 当栓钉焊于无拉应力部位时，$d \leqslant 2.5t$（$d$ 为栓钉直径，$t$ 为梁翼缘板厚度）。

3) 栓钉的间距 $s$ 见表19-5。

组合楼板栓钉的间距要求：一般应在压型钢板端部每一个凹肋处设置栓钉，栓钉间距应满足表19-5的要求。

**栓钉间距要求** **表19-5**

| 布置方向 | 栓钉间距 |
|---|---|
| 沿梁轴线方向布置 | ≥5$d$（$d$ 为栓钉直径） |
| 垂直于轴线方向布置 | ≥4$d$（$d$ 为栓钉直径） |
| 距钢梁翼缘边的边距 | ≥35mm |

4) 栓钉顶面保护层厚度及栓钉高度：

栓钉顶面的混凝土保护层厚度应不小于15mm；栓钉焊后高度应大于压型钢板总高度加30mm。

(2) 压型钢板在钢梁上的支承长度应不小于50mm。

(3) 对压型钢板的厚度要求见表19-6。

压型钢板的厚度要求 表 19-6

| 压型钢板的作用 | 钢板的净厚度（mm） |
|---|---|
| 用于组合楼板 | ≥0.75 |
| 用于仅作模板 | ≥0.50 |

(4) 组合楼板的总厚度及压型钢板上的混凝土厚度：

组合楼板的总厚度不应小于 90mm，压型钢板顶面以上的混凝土厚度不应小于 50mm，且应符合楼板防火层厚度的要求，以及电气线管等铺设要求。

(5) 组合楼板混凝土内的配筋要求：

1）在下列情况之一时应配置钢筋：

① 为组合楼板提供储备承载力设置附加抗拉钢筋；

② 在连续组合楼板或悬臂组合楼板的负弯矩区配置连续钢筋；

③ 在集中荷载区段和孔洞周围配置分布钢筋；

④ 为改善防火效果配置受拉钢筋；

⑤ 在压型钢板上翼缘焊接横向钢筋时，横向钢筋应配置在剪跨区段内，其间距宜为 150～300mm。

2）钢筋直径、配筋率及配筋长度：

① 连续组合楼板的配筋长度：连续组合楼板中间支座负弯矩区的上部钢筋，应伸过板的反弯点，并应留出锚固长度和弯钩，下部纵向钢筋在支座处应连续配置；

② 连续组合楼板按简支板设计时的抗裂钢筋：此时的抗裂钢筋截面面积应大于相应混凝土截面的最小配筋率 0.2%；

③ 抗裂钢筋的配置长度从支承边缘算起不小于 $l/6$（$l$ 为板跨度），且应与不少于 5 根分布钢筋相交；

④ 抗裂钢筋最小直径 $d \geqslant 4$mm，最大间距 $s=150$mm，顺肋方向抗裂钢筋的保护层厚度宜为 20mm；

⑤ 与抗裂钢筋垂直的分布筋直径，不应小于抗裂钢筋直径的 2/3，其间距不应大于抗裂钢筋间距的 1.5 倍；

⑥ 集中荷载作用部位的配筋：在集中荷载作用部位应设置横向钢筋，其配筋率 $\rho \geqslant$ 0.2%，其延伸宽度不应小于板的有效工作宽度。

(6) 压型钢板及钢梁的表面处理：

压型钢板支承于钢梁上时，在其支承长度范围内应涂防锈漆，但其厚度不宜超过 50μm。压型钢板板肋与钢梁平行时，钢梁上翼缘表面不应涂防锈漆，以使钢梁表面与混凝土间有良好的结合。压型钢板端部的栓钉部位宜进行适当的除锌处理，以提高栓钉的焊接质量。

2. 钢-混凝土组合梁构造要求

(1) 一般要求

1）当楼板采用压型钢板组合板时，压型钢板板肋顶面以上的混凝土厚度不应小于 50mm。

2）当楼板采用普通混凝土楼板时，混凝土楼板厚度不应小于 100mm。

3）组合梁截面总高度不宜超过钢梁截面高度的 2.5 倍；混凝土板托高度 $h_{c2}$ 不宜超过翼缘板厚度 $h_{c1}$ 的 1.5 倍；板托的顶面不宜小于 $1.5h_{c2}$，且不宜小于钢梁上翼缘宽度。

4）组合梁边缘翼板的构造应满足以下要求：

有板托时，伸出长度不宜小于 $h_{c2}$；

无板托时，应同时满足伸出钢梁中心线不小于 150mm，伸出钢梁翼缘边不小于 50mm 的要求。

5）抗剪件的设置应符合以下规定：

① 栓钉连接件钉头下表面或槽钢连接件上翼缘下表面高出翼缘板底部钢筋顶面不宜小于 30mm；

② 连接件的外侧边缘与钢梁翼缘之间的距离不应小于 20mm；当有板托时不应小于 50mm，且连接件底部边缘至板托顶部的连线与钢梁顶面的夹角不应小于 45°；

③ 连接件沿梁跨度方向的最大间距不应大于混凝土翼板（包括板托）厚度的 4 倍，且不大于 400mm；

④ 连接件的外侧边缘至混凝土翼板边缘间的距离不应小于 100mm；

⑤ 连接件顶面的混凝土保护层厚度不应小于 15mm。

6）钢梁顶面不得涂刷油漆，在浇筑（或安装）混凝土翼板前应清除铁锈、焊渣、冰层、积雪、泥土和其他杂物。

（2）抗剪连接件构造要求

1）栓钉连接件宜选用普通碳素钢，并应符合现行国家标准《圆柱头焊钉》（GB 10433）的规定，单个栓钉的屈服强度不得小于 240N/mm²，其抗拉强度不得小于 400N/mm²。

2）弯起钢筋连接件一般采用 HPB300、HRB335 及 HRB400 钢筋。

3）槽钢连接件，一般为小型号的槽钢，材质多采用 Q235 钢材。

4）栓钉连接件的构造要求：

① 当栓钉位置不正对钢梁腹板时，如钢梁上翼缘板承受拉力，则栓钉杆直径不应大于上翼缘板厚度的 1.5 倍；如上翼缘板不承受拉力，则栓钉杆直径不应大于钢梁上翼缘板厚度的 2.5 倍；

② 栓钉长度不应小于其杆径的 4 倍，钉头高度不小于 $0.4d$；

③ 栓钉沿梁轴线方向的间距不应小于杆径的 6 倍，垂直于梁轴线方向的间距不应小于杆径的 4 倍；

④ 用压型钢板做底模的组合梁，栓钉直径不宜小于 19mm，以保证栓钉焊穿压型钢板；安装后栓钉应伸出压型钢板顶面 35mm 以上；混凝土凸肋高度不应小于栓钉直径的 2.5 倍；

⑤栓钉焊缝的平均直径应大于 $1.25d$，焊缝平均高度应大于 $0.2d$，焊缝最小高度应大于 $0.15d$。

5）槽钢连接件的构造要求，如图 19-4。

① 组合梁中的槽钢连接件一般采用 Q235 轧制的[8、[10、[12、[12.6 等小型槽钢，连接件宽度不能超过钢梁翼缘宽度减去 50mm；

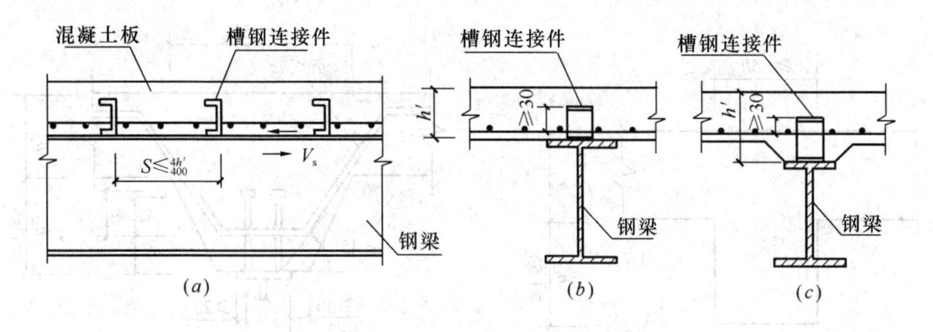


图 19-4 组合梁的槽钢连接件

(*a*) 组合梁纵剖面；(*b*) 横截面（无板托）；(*c*) 横截面（有板托）

② 布置槽钢连接件时，应使其翼缘肢尖方向与混凝土板中水平剪应力方向一致；

③ 槽钢连接件仅在其下翼缘的根部和趾部（垂直于钢梁的方向）与钢梁焊接，角焊缝尺寸根据计算确定，但不小于 5mm；平行于钢梁的方向不需要施焊，以减少钢梁上翼缘的焊接变形，节约焊接工料。

6) 弯起钢筋连接件的构造要求，如图 19-5。

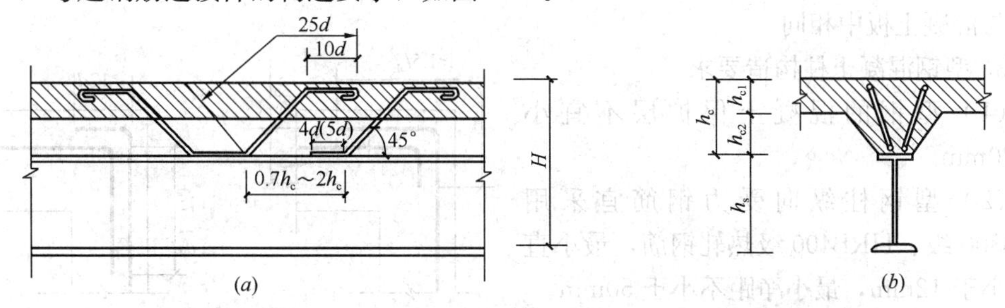


图 19-5 组合梁的弯起钢筋连接件

(*a*) 组合梁纵剖面；(*b*) 梁的横截面

① 弯起钢筋连接件一般采用直径不小于 12mm 的 HPB300 级钢筋或 HRB335 钢筋，弯起角度通常为 45°；

② 连接件的弯折方向应与板中纵向水平剪力的方向一致，并宜在钢梁上成对布置；

③ 每个弯起钢筋从弯起点算起的总长度不小于 $25d$，其中水平段长度不应小于 $10d$，当采用 HPB300 钢筋时端头设 180°弯钩；

④ 弯起钢筋沿梁轴线方向布置的间距不应小于混凝土板厚度（包括板托）的 0.7 倍，且不大于板厚的 2 倍；

⑤ 弯起连接件与钢梁连接的双侧焊缝长度为 $4d$（HPB300 级钢筋）或 $5d$（HRB335 级钢筋）；

⑥ 连接件顶面的混凝土保护层厚度不应小于 15mm。栓钉外侧或槽钢连接件端头至钢梁上翼缘侧边的距离不应小于 40mm，至混凝土板侧边的距离不应小于 100mm。

(3) 板托的构造要求

1) 板托顶部的宽度与板托的高度之比应该≥1.5，且板托的高度不大于 1.5 倍混凝土板的厚度，如图 19-6 所示。

2) 板边缘距连接件外侧的距离不得小于 40mm，板外轮廓应自连接件根部算起的 45°

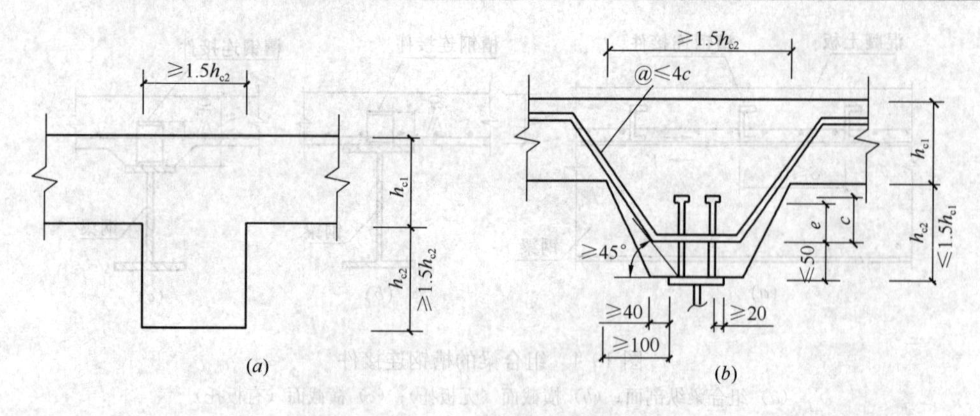


图 19-6　板托构造示意图

仰角之外。

3）板托中横向钢筋的下部水平段应该布置在距钢梁上翼缘 50mm 的范围内。

与混凝土板一样，为了保证板托中的连接件可靠的工作并有充分的抗掀起能力，连接件抗掀起端底面高出横向钢筋下部水平段的水平距离 $e$ 不得小于 30mm，横向钢筋的间距要求与混凝土板中相同。

3. 型钢混凝土柱构造要求

（1）型钢的混凝土保护层不宜小于 120mm。

（2）型钢柱纵向受力钢筋宜采用 HRB300 级、HRB400 级热轧钢筋，最小直径不小于 12mm，最小净距不小于 50mm。

型钢混凝土柱顶层纵向钢筋锚固形式如图 19-7 所示。

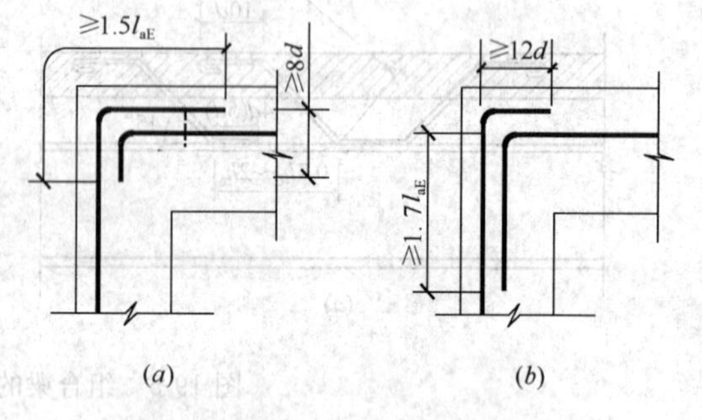


图 19-7　钢混凝土柱顶纵向钢筋锚固形式

(a) 顶层端节点（一）；(b) 顶层端节点（二）

（3）型钢混凝土柱的箍筋

型钢混凝土柱的箍筋宜采用 HPB300 级、HRB335 级热轧钢筋，应采用封闭式箍筋。箍筋加密区长度应取矩形截面的长边尺寸（圆形界面的直径）、层间柱净高的 1/6 和 500mm 之间的最大值。

加密区（重点区）和非加密区（非重点区）柱的箍筋可选择图 19-8 和图 19-9 所示的形式制作。

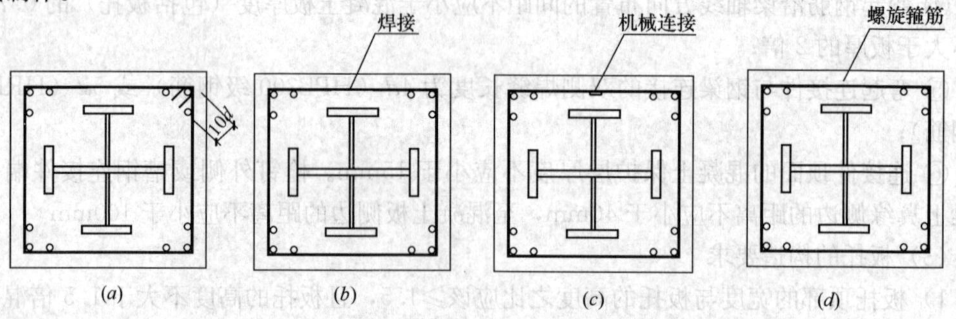


图 19-8　重点区柱的箍筋形式

(a) 弯折 135°的封闭箍；(b) 焊接箍；(c) 机械连接箍；(d) 螺旋箍筋

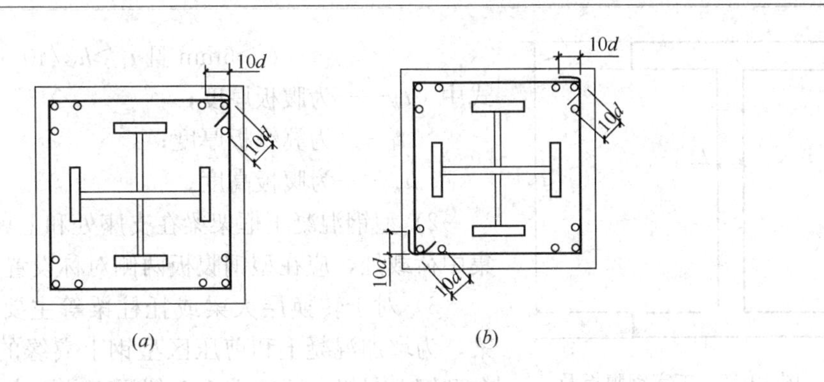


图 19-9 非重点区柱箍筋形式

(*a*) 一端弯折 90°，另一端弯折 135°的封闭箍；(*b*) 一端弯折 90°，另一端弯折 135°的 L 形组合箍

## 19.4.2 型钢混凝土结构施工

### 19.4.2.1 型钢混凝土梁施工

1. 型钢混凝土梁的截面形式

型钢混凝土梁根据型钢截面不同可分为实腹式型钢混凝土梁和空腹式型钢混凝土梁两种。实腹式一般为轧制或焊接的工字钢和 H 型钢，如图 19-10 所示。空腹式型钢截面分为桁架式和缀板式两种，桁架式一般由角钢焊成桁架，桁架之腹板可以采用钢缀板或圆钢(图 19-11*a*)，缀板式一般采用钢板将上下角钢连接成桁架（图 19-11*b*)。

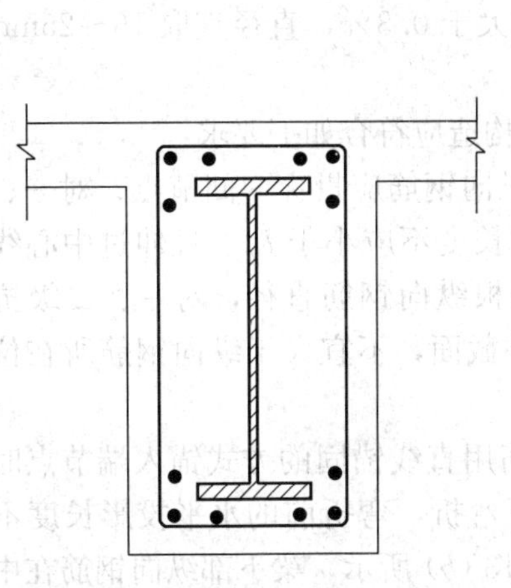

图 19-10 实腹式型钢混凝土梁截面形式示意图

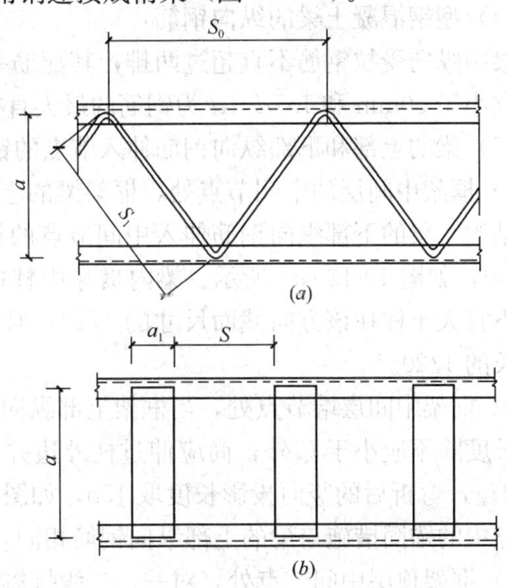


图 19-11 空腹式型钢混凝土梁

(*a*) 桁架式；(*b*) 缀板式

2. 型钢混凝土梁构造要求

(1) 型钢混凝土框架梁的截面宽度不宜小于 300mm。

(2) 实腹式：

1) 实腹式焊接工字钢腹板及翼缘板的厚度宜遵守如下规定，如图 19-12：

$$t_w \geqslant 6\text{mm 且 } t_w \geqslant h_w/100;$$

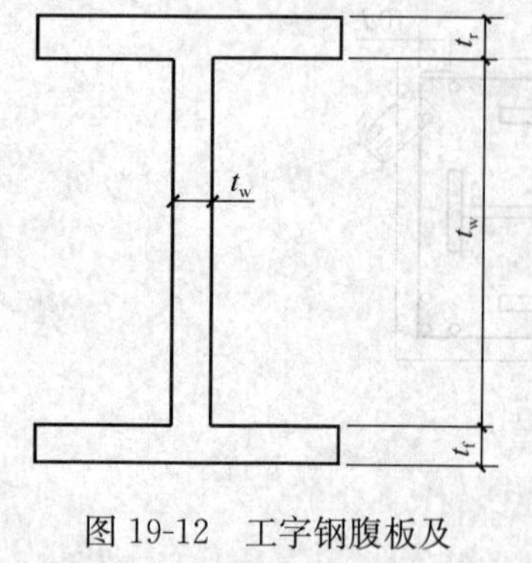

图 19-12　工字钢腹板及翼缘厚度

$t_f \geqslant 6mm$ 且 $t_f \geqslant h_w/40$。

式中　$t_w$——为腹板厚度；

$t_f$——为翼缘板厚度；

$h_w$——为腹板高度。

2）型钢混凝土框架梁在支座处和上翼缘受有较大固定集中荷载处，应在型钢腹板两侧对称设置支撑加劲肋。

3）对于转换层大梁或托柱梁等主要承受竖向荷载的梁，为增加混凝土和剪压区型钢上翼缘的粘结剪切力，宜在型钢上翼缘、距梁端 1.5 倍梁高范围内增设栓钉。

(3) 空腹式型钢：

1）桁架式空腹型钢，圆钢的直径 $d$ 不宜小于其长度 $S_1$ 的 1/40，腹杆间距 $S_0$ 应遵守以下规定：

$$S_0 \leqslant 40r_1$$
$$S_0 \leqslant 2a$$

式中　$r_1$——弦杆的回转半径；

$a$——上下弦杆间的距离。

2）缀板式空腹型钢的上下弦杆间的距离 $a$ 一般不宜大于 600mm，缀板的宽度 $a_1$ 不宜小于 $a/3$。缀板净距 $S$ 宜遵守以下规定：$S \leqslant 40r_1$ 且 $S \leqslant 1.5a_1$。

(4) 型钢混凝土梁的纵向钢筋：

梁中纵向受拉钢筋不宜超过两排，其配筋率宜大于 0.3%，直径宜取 16～25mm，净距不宜小于 30mm 和 1.5$d$（$d$ 为钢筋的最大直径）；

(5) 梁的上部和下部纵向钢筋伸入节点的锚固构造应符合如下要求：

1）框架中间层的中间节点处，框架梁的上部纵向钢筋应贯穿中间节点；对一、二级抗震结构，梁的下部纵向钢筋伸入中间节点的锚固长度不应小于 $l_{ae}$，且伸过中心线不应小于 5$d$，如图 19-13（$a$）所示。梁内贯穿中柱的每根纵向钢筋直径，对一、二级抗震结构，不宜大于柱在该方向截面尺寸的 1/20；对圆柱截面，不宜大于纵向钢筋所在位置截面弦长的 1/20。

2）框架中间层端节点处，当框架上部纵向钢筋用直线锚固的方式锚入端节点时，其锚固长度除不应小于 $l_{ae}$外，尚应伸过柱外边并向下弯折，弯折前的水平投影长度不应小于 $0.4l_{ae}$，弯折后的竖向投影长度取 15d，如图 19-13（$b$）所示。梁下部纵向钢筋在中间层端节点中的锚固措施与梁的上部纵向钢筋相同，但应竖直向上弯入节点。

3）框架顶层中间节点处，对一、二级抗震等级，贯穿顶层中间节点的梁的上部纵向钢筋的直径，不宜大于柱在该方向截面尺寸的 1/25。梁下部纵向钢筋在顶层中间节点中的锚固措施与梁下部纵向钢筋在中间层节点处的锚固措施相同如图 19-13（$c$）。

(6) 型钢混凝土框架梁高度超过 500mm 时，梁的两侧沿高度方向每隔 200mm，应设置一根纵向腰筋，且腰筋与型钢间宜配置拉结钢筋。

(7) 型钢混凝土悬臂梁自由端的纵向钢筋应设专门的锚固件。型钢混凝土梁的自由端型钢翼缘上宜设置栓钉。

(8) 型钢混凝土梁的箍筋：

型钢混凝土梁应沿全长设置箍筋，箍筋的直径不应小于 8mm，最大间距不得超过 300mm，同时箍筋的间距也不应大于梁高的 1/2。框架梁重点区域和非重点区域箍筋形式如图 19-14、图 19-15。为便于施工现场管理，箍筋形式宜统一。

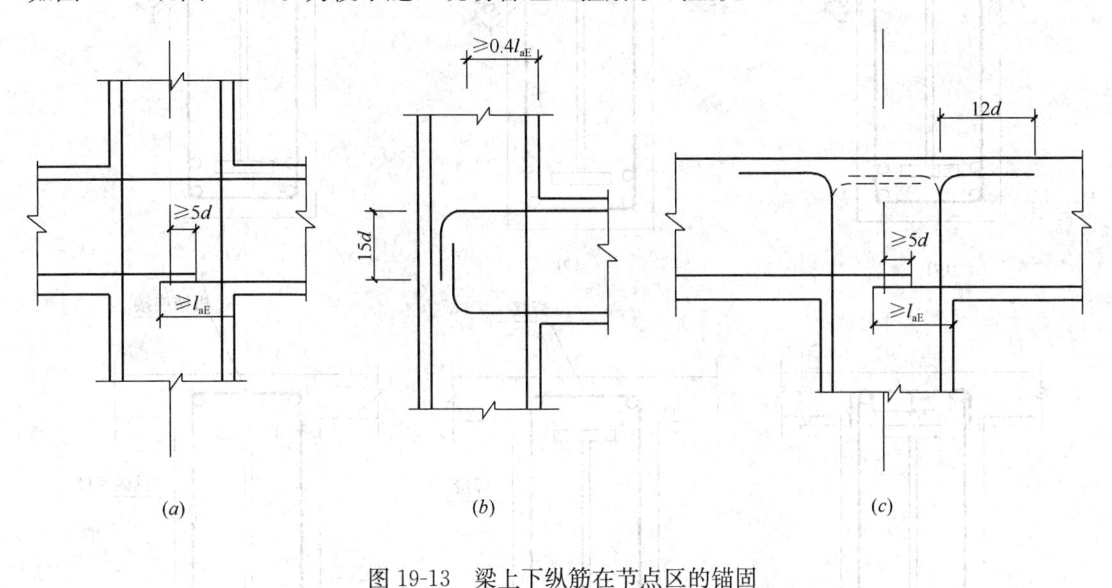


图 19-13 梁上下纵筋在节点区的锚固

(*a*) 框架中间层的中间节点；(*b*) 框架中间层的端节点；(*c*) 框架顶层的中间节点

(9) 型钢混凝土梁上开洞构造措施：

实腹式钢梁上开洞时，宜采用圆形孔，其位置、大小和加强措施应符合下列规定：

1) $h<400$mm 的梁上不允许开洞；开洞位置宜设置在剪力较小截面附近，同时建议开洞设置在梁跨中 $l_0-2h$ 的范围内，如图 19-16 所示。

2) 当孔洞位置离支座 1/4 跨度以外时，圆形孔的直径不宜大于 0.4 倍梁高，且不宜大于型钢截面高度的 0.7 倍，如图 19-17 所示；当孔洞位于离支座 1/4 跨度以内时，圆形孔的直径不宜大于 0.3 倍梁高，且不宜大于型钢截面高度的 0.5 倍。

3) 同一根梁上设置多个孔洞时，各孔洞之间的距离 $l$ 应满足 $l\geqslant1.5(\phi_1+\phi_2)$ 的要求，如图 19-18。

4) 当梁上开洞时，宜设置钢套管进行补强，套管壁厚度不宜小于梁型钢腹板厚度，套管与型钢梁腹板连接的角焊缝高度宜取 0.7 倍腹板厚度；或采用腹板孔周围两侧各焊上厚度稍小于腹板厚度的环形补强板，其环形板宽度应取 75～125mm；且孔边应设置构造箍筋和水平筋（图 19-19）。

3. 型钢混凝土梁的施工

(1) 型钢混凝土梁施工流程

构件的加工、制作→构件进场、检验→构件配套→测量、放线→吊具准备→钢梁吊装→钢梁校正→钢梁焊接（紧固）→模板支设→钢筋绑扎→混凝土浇筑

(2) 型钢混凝土梁施工技术要点

1) 钢构件加工、构件检验、测量放线、钢梁吊装、校准等工艺参照第 17 章钢结构工程，模板支设、混凝土浇筑参照第 15 章混凝土工程，钢筋制作与绑扎参照第 14 章钢筋

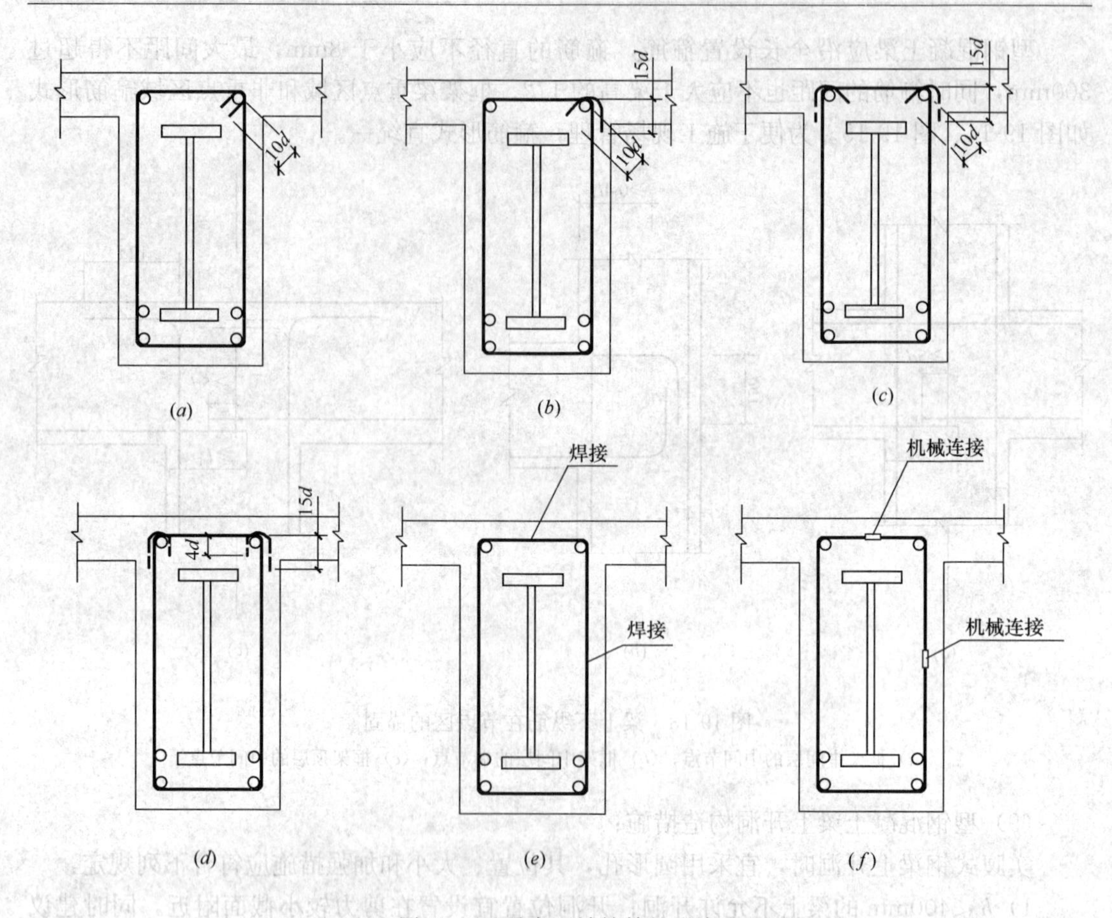


图 19-14　重点区域箍筋的形式

(a) 弯折 135°封闭箍筋；(b) 一端弯折 135°，一端弯折 90°封闭箍筋；
(c) 端部直钩和弯折 135°的 U 形筋组合箍筋；(d) 端部直钩和弯折 180°的 U 形筋组合箍筋；(e) 焊接封闭箍筋；(f) 机械连接封闭箍筋

工程。

2）当梁纵向受拉钢筋超过两排时，应分层浇筑，确保梁底混凝土密实。

3）节点区域内的钢筋较为密集时应采取以下措施：

① 在与型钢梁相连的型钢柱内留设穿筋孔，梁纵向钢筋连接方式采用机械连接，下排钢筋贯通，不在节点处锚固。

② 采用高强度、大直径钢筋，减少钢筋根数。

③ 在梁柱接头处和梁的型钢翼缘下部，预留排除空气的孔洞和混凝土浇筑孔，如图 19-20 所示。

4. 节点处理

(1) 实腹式型钢截面梁柱节点的形式如图 19-21。

(2) 图 19-22 为十字形空腹式型钢柱与空腹式型钢梁的节点形式，该节点便于混凝土填充。

(3) 型钢混凝土梁柱节点钢筋布置示意如图 19-23 所示。

(4) 常用钢筋穿孔的孔径见表 19-7。

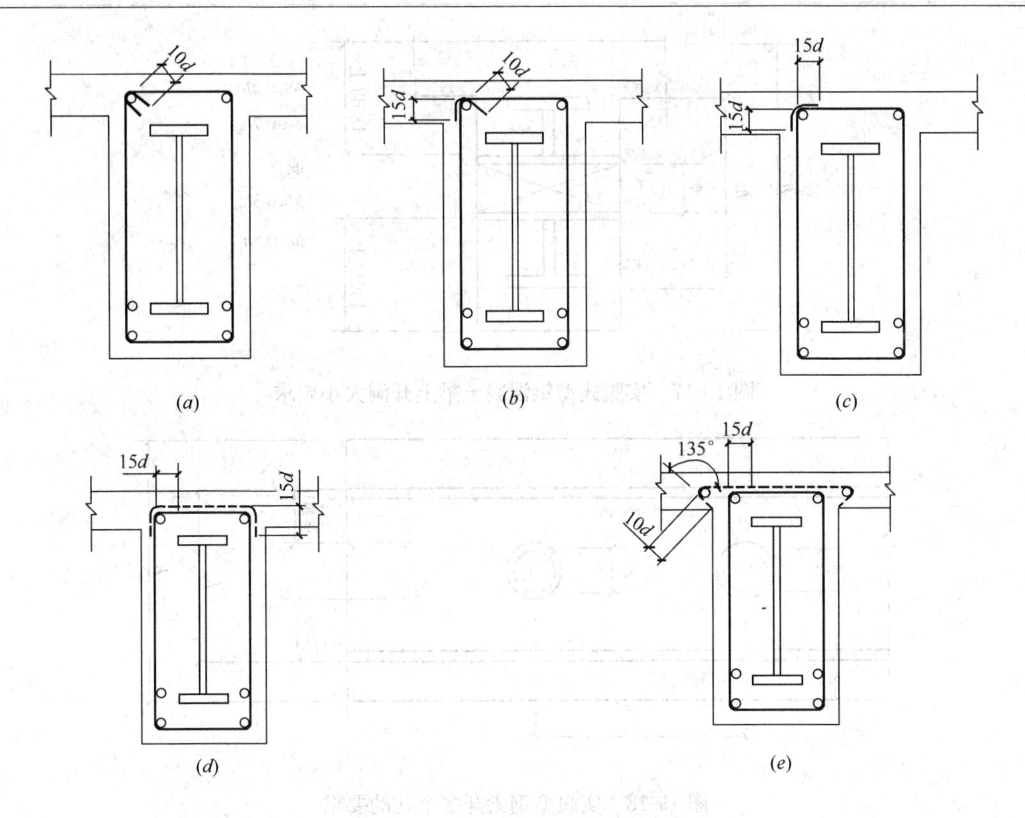


图 19-15 非重点区域箍筋的形式

(a) 弯折 135°封闭箍筋;(b) 一端弯折 135°,一端弯折 90°封闭箍筋;
(c) 弯折 90°的封闭箍筋;(d) 90°U 形筋组合箍筋;
(e) 在混凝土板内加 U 形箍筋

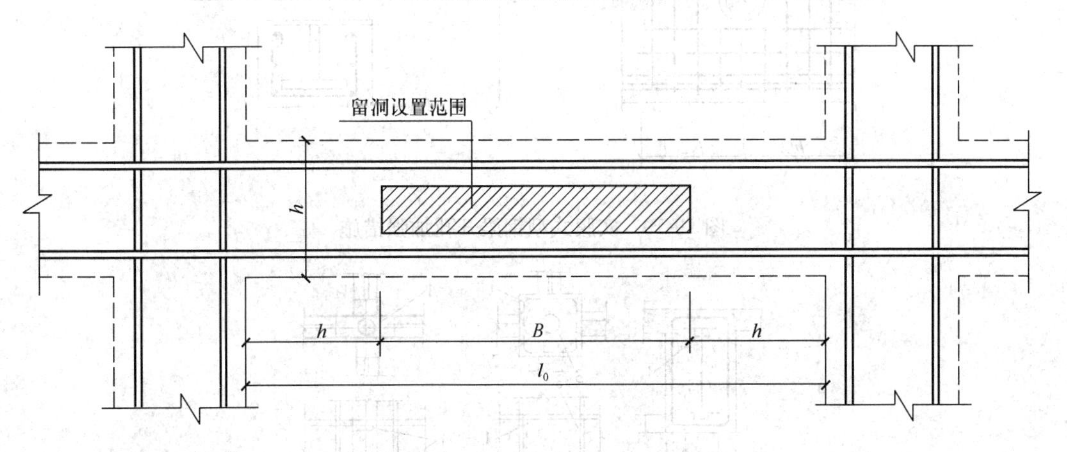


图 19-16 型钢混凝土梁上开孔位置

### 19.4.2.2 型钢混凝土柱、剪力墙施工

1. 型钢混凝土柱、剪力墙的形式

(1) 型钢混凝土柱的形式

型钢混凝土柱内型钢的截面形式可分为实腹式和格构式两大类。

实腹式型钢可采用 H 形轧制型钢和各种截面形式的焊接型钢,常见的截面形式有 I

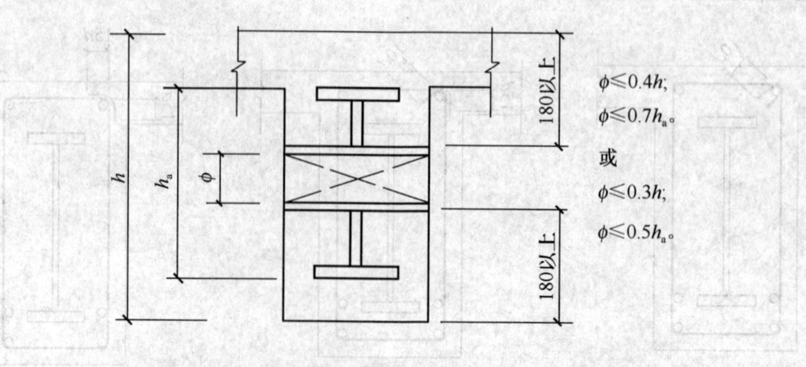


图 19-17 实腹式型钢混凝土梁上开洞大小要求

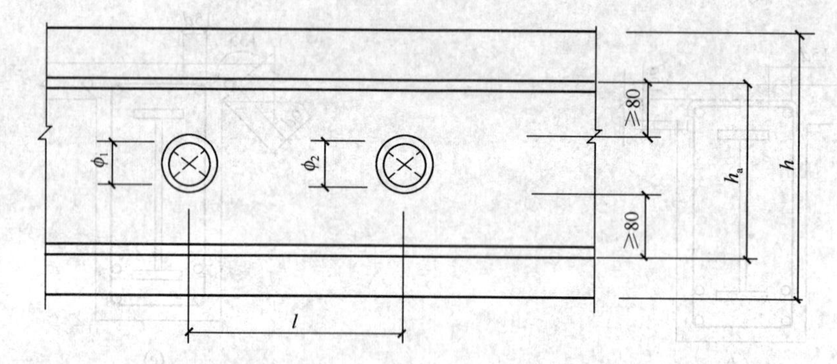


图 19-18 实腹型钢梁开多个孔的要求

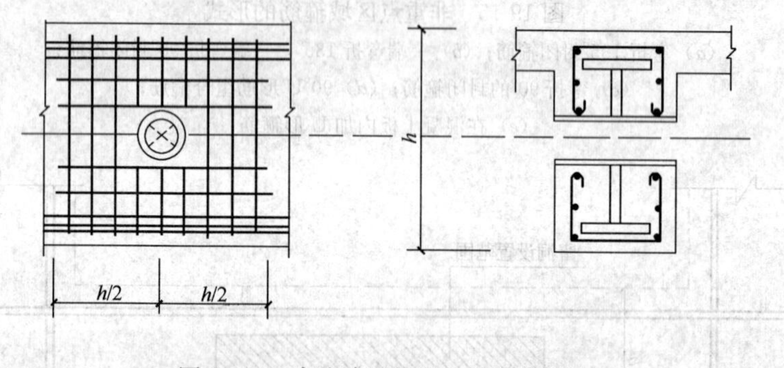


图 19-19 实腹式型钢梁开孔加强措施

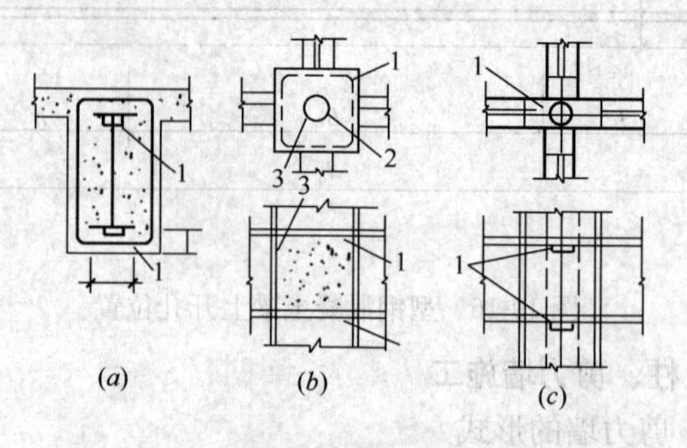


图 19-20 混凝土不易充分填满的部位

1—混凝土不易充分填满部位；2—混凝土浇筑孔；3—柱内加劲肋板

图 19-21 实腹式型钢节点

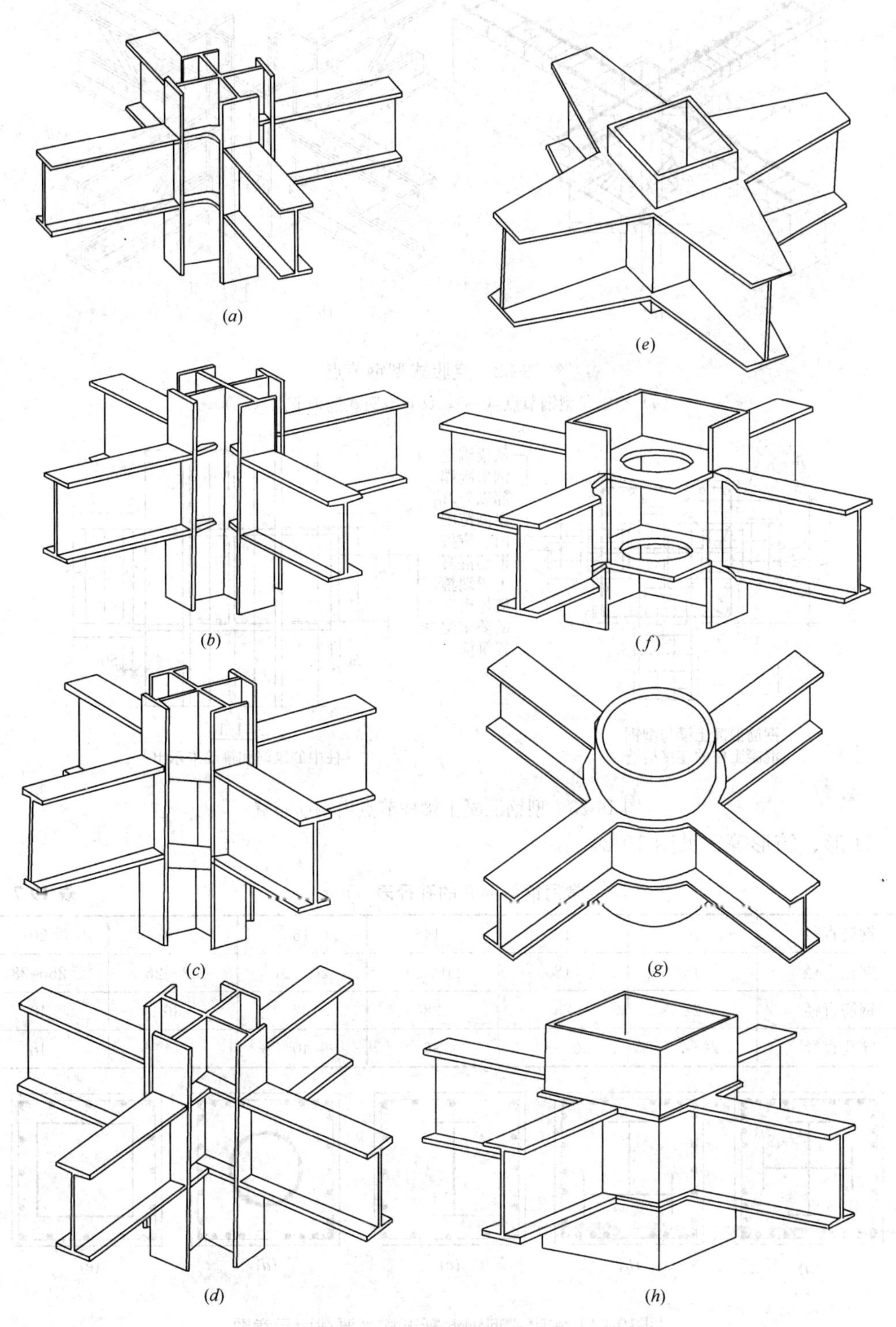


图 19-21 实腹式型钢节点

(a) 水平加劲板式；(b) 水平三角加劲板式；(c) 垂直加劲板式；(d) 梁翼缘贯通式；(e) 梁外隔板式；(f) 内隔板式；(g) 加劲环式；(h) 贯通隔板式

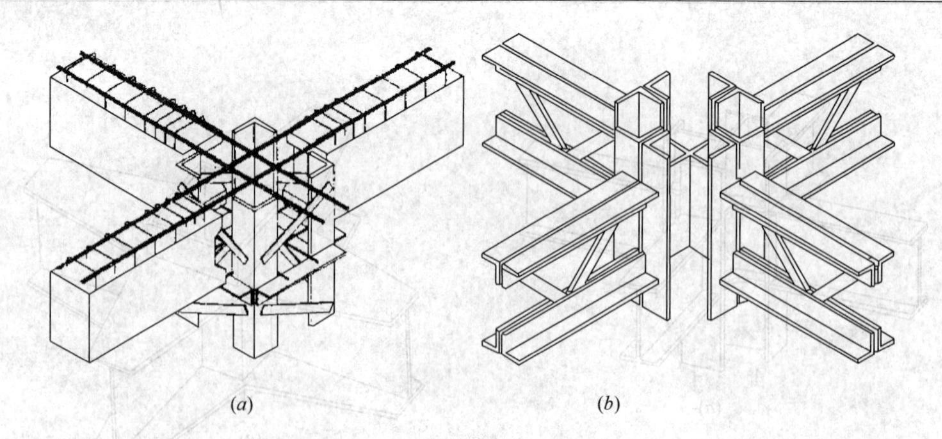
(a) (b)

图 19-22 空腹式型钢节点

(a) 空腹式型钢节点（一）；(b) 空腹式型钢节点（二）

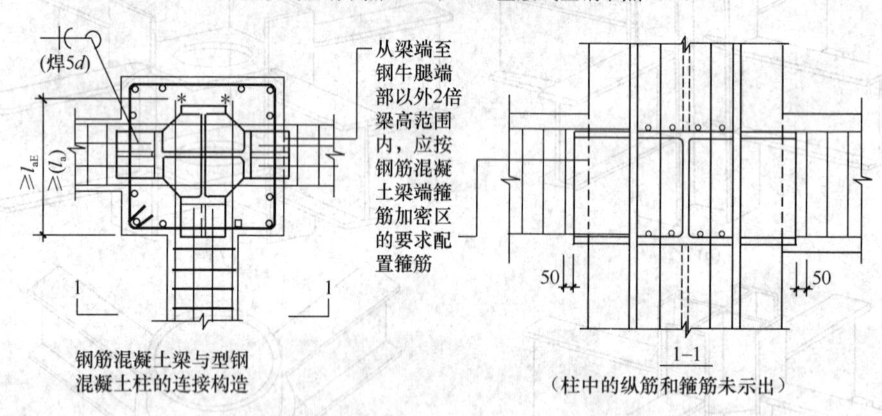


图 19-23 型钢混凝土梁柱节点内钢筋布置

形、H形、箱形等，见图 19-24。

**常用钢筋穿孔的孔径表**（mm） **表 19-7**

| 钢筋直径 | 10 | 12 | 14 | 16 | 18 | 20 |
|---|---|---|---|---|---|---|
| 穿孔直径 | 15 | 18 | 20～22 | 20～24 | 22～26 | 25～28 |
| 钢筋直径 | 22 | 25 | 28 | 32 | 36 | 40 |
| 穿孔直径 | 26～30 | 30～32 | 36 | 40 | 44 | 48 |

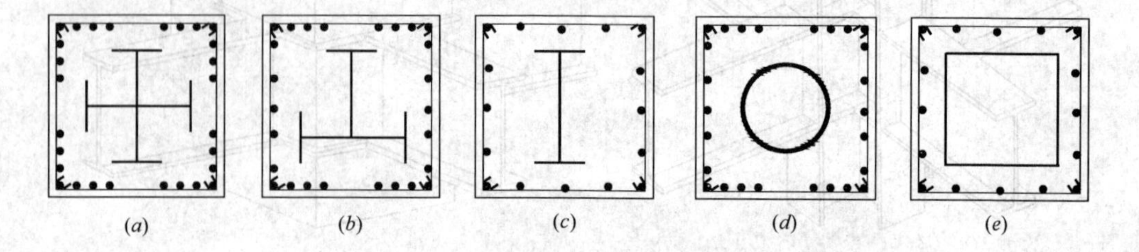
(a) (b) (c) (d) (e)

图 19-24 实腹式型钢混凝土柱主要截面示意图

格构式型钢构件一般是由角钢或槽钢加缀板或缀条连接而成的钢桁架。常见的截面形式有箱形、十字形、T字形等，见图 19-25。

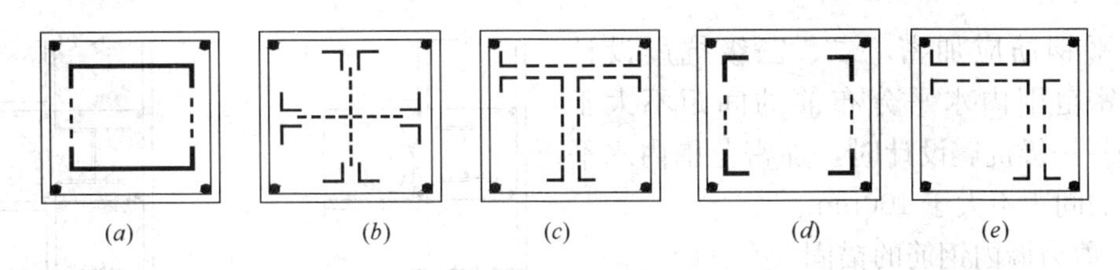


图 19-25 格构式型钢混凝土柱主要截面形式

(2) 型钢混凝土剪力墙的形式

型钢混凝土剪力墙常见的形式有：两端配型钢、周边配型钢柱和梁（梁有型钢梁和钢筋混凝土梁两种）、墙板内配钢板（单层、双层两种）、墙板内配钢板支撑、墙板内配型钢支撑，见图 19-26。

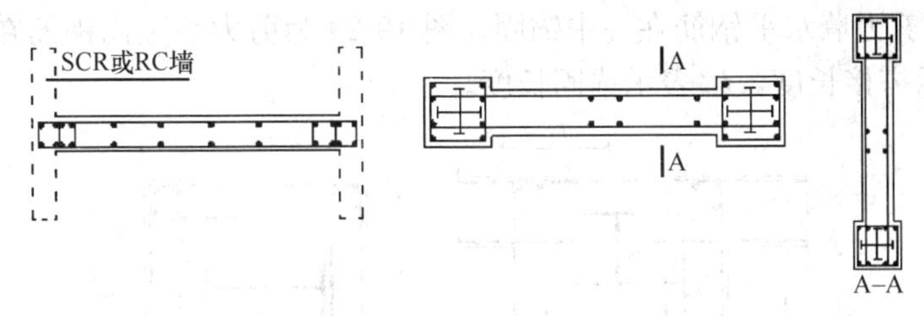


图 19-26 型钢混凝土剪力墙主要截面形式

2. 型钢混凝土柱、剪力墙构造

(1) 型钢混凝土柱构造要求

1) 型钢混凝土框架柱中箍筋的配置应符合国家标准《混凝土结构设计规范》(GB 50010)的规定；考虑地震作用组合的型钢混凝土框架柱，柱端箍筋加密区的构造要求应按表 19-8 的规定采用。

**框架柱端箍筋加密区的构造要求** **表 19-8**

| 抗震等级 | 箍筋加密区长度 | 箍筋最大间距 | 箍筋最小直径 |
|---|---|---|---|
| 一级 | 取矩形截面长边尺寸(或圆形截面直径)、层间柱净高的 1/6 和 500mm 三者中的最大值 | 取纵向钢筋直径的 6 倍、100mm 二者中的较小值 | $\phi10$ |
| 二级 | | 取纵向钢筋直径的 6 倍、100mm 二者中的较小值 | $\phi8$ |
| 三级 | | 取纵向钢筋直径的 6 倍、100mm 二者中的较小值 | $\phi8$ |
| 四级 | | | $\phi6$ |

注：1. 对二级抗震等级的框架柱，当箍筋最小直径不小于 $\phi10$ 时，其箍筋最大间距可取 150mm；

2. 剪跨比不大于 2 的框架柱、框支柱和一级抗震等级角柱应沿全长加密箍筋，箍筋间距均不应大于 100mm。

2) 框架柱内纵向钢筋的净距不宜小于 60mm。

(2) 型钢混凝土剪力墙

1) 型钢混凝土剪力墙的构造

一、二、三级抗震设计时，在剪力墙底部高度为 1.0 倍墙截面高度的塑性铰区域范围内，水平钢筋应加密。二、三级抗震设计时，加密范围内水平分布筋的间距不大于150mm；一级抗震设计时，加密范围内水平分布筋的间距不大于100mm。

2）剪力墙内钢筋的锚固

①无边框剪力墙腹板中水平钢筋应在型钢外绕过或与型钢焊接，如图19-27所示。

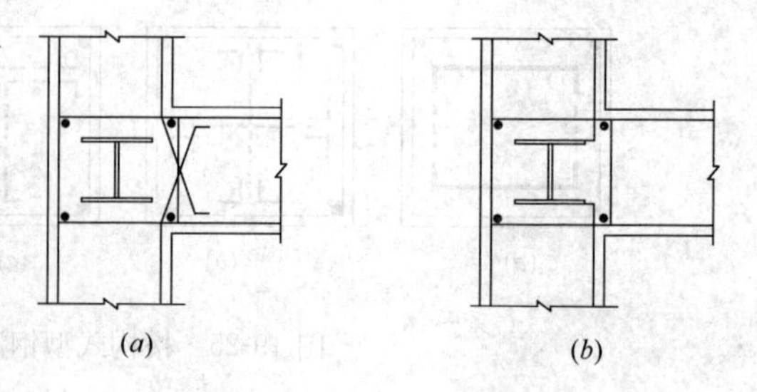


图19-27　无边框型钢混凝土剪力墙水平钢筋的锚固

(a) 无边框型钢混凝土剪力墙水平钢筋锚固（一）；(b) 无边框型钢混凝土剪力墙水平钢筋锚固（二）

②周边有型钢混凝土柱和梁的现浇混凝土剪力墙，剪力墙的水平钢筋应绕过或穿过周边柱型钢，且应满足钢筋的锚固长度要求。图19-28为剪力墙水平钢筋在柱中锚固。图19-29为剪力墙竖向钢筋在边框梁内的锚固。其中 $l_l$ 表示搭接长度，$l_{aE}$ 表示锚固长度。

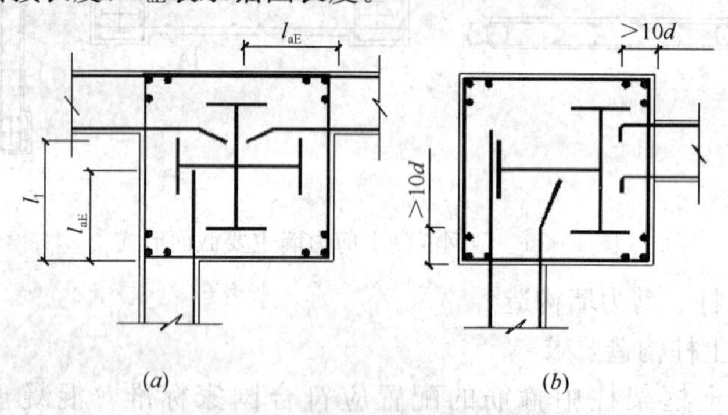


图19-28　剪力墙水平钢筋在型钢混凝土柱中的锚固示意图

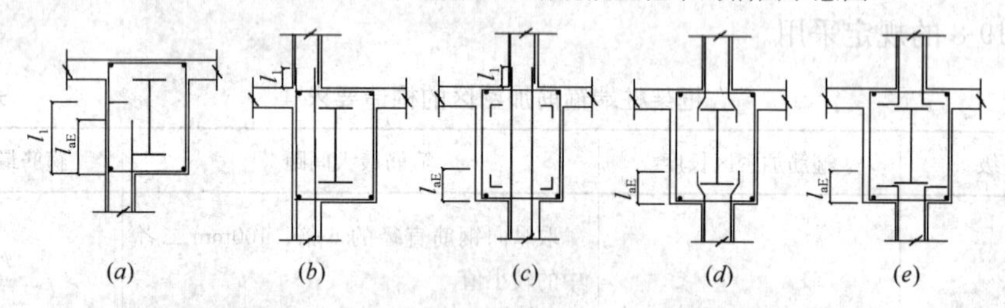


图19-29　剪力墙竖向钢筋在边框梁内的锚固

3. 型钢混凝土柱、剪力墙施工工艺流程

（1）型钢柱与剪力墙的施工流程

构件的加工、制作→构件进场、检验→构件配套→测量、放线→吊具准备→钢柱吊装→钢柱校正→钢柱焊接→型钢混凝土柱、墙钢筋绑扎→模板支设→混凝土浇筑

（2）型钢柱与剪力墙的施工要点

1）钢构件加工、制作、检验、测量放线、钢柱吊装、校正、焊接参照第17章钢结构工程，钢筋制作、绑扎参照第14章钢筋工程，模板参照第13章模板工程。

2）型钢混凝土柱、墙模板支设

当型钢混凝土柱、墙内的型钢截面较大时，型钢会影响普通对拉螺栓的贯通。对于型钢剪力墙和截面单边长度超过1200mm的型钢混凝土柱，一般采取在型钢上焊接T形对拉螺栓的方式固定模板。T 形对拉螺栓形式如图 19-30 所示。

3）对于边长小于 1200mm 的型钢柱，一般采用槽钢固定模板，如图 19-31 所示。

4）型钢和钢筋较密的混凝土墙、柱，应在钢筋绑扎过程中留好浇筑点并在钢筋上做出标记，选用小棒振捣，确保不出现漏振现象。

梁柱接头处要预留排气孔，保障混凝土浇筑质量，如图 19-32 所示。

4. 节点施工

(1) 型钢混凝土柱与混凝土柱的连接

当结构下部采用型钢混凝土柱，上部采用混凝土柱时，其间应设过渡层。过渡层全高范围内应按照混凝土柱箍筋加密区的要求配置箍筋。型钢混凝土柱内的型钢应伸至过渡层顶部梁高范围。如图 19-33 所示。

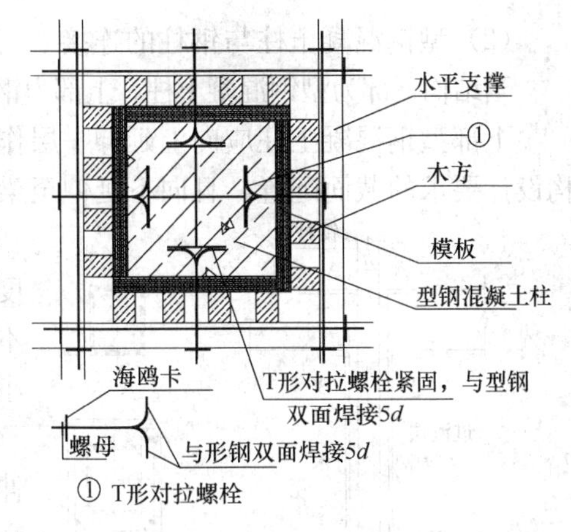


图 19-30 T 形对拉螺栓示意图

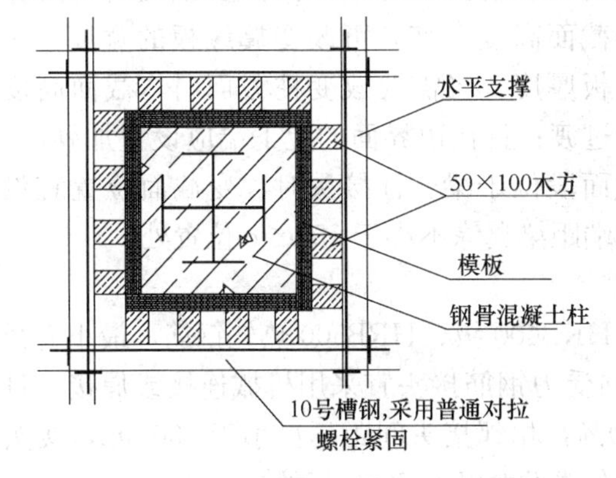


图 19-31 采用槽钢固定模板的形式示意图

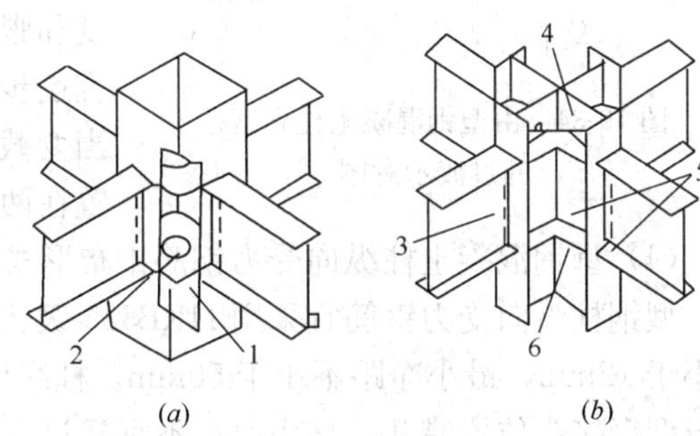


图 19-32 梁柱接头处预留孔洞位置

1—柱内加劲肋板；2—混凝土浇筑孔；3—箍筋通过孔；4—梁主筋通过孔；5—排气孔；6—柱腹板加劲肋

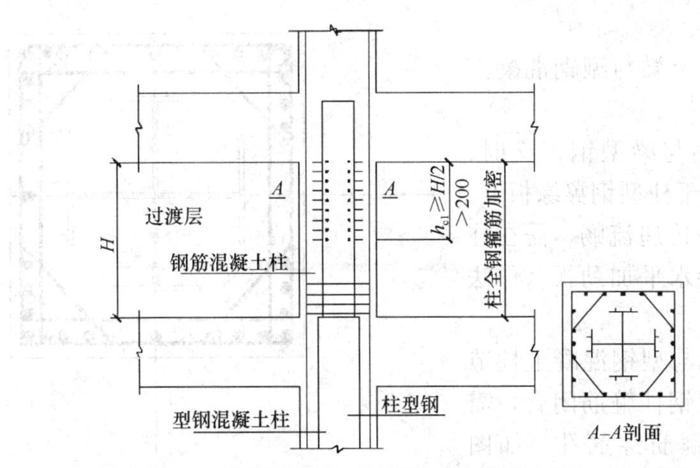


图 19-33 型钢混凝土柱过渡层剪力连接件（栓钉）示意图

（2）型钢混凝土柱与钢柱的连接

当结构下部为型钢混凝土柱，上部为钢柱时，应设置过渡层。过渡层应满足以下要求：

下部型钢混凝土柱应向上延伸一层作为过渡层，过渡层中的型钢截面应按照上部钢结构设计要求的截面配置，且向下延伸至梁下部2倍柱型钢截面高度位置，见图19-34。

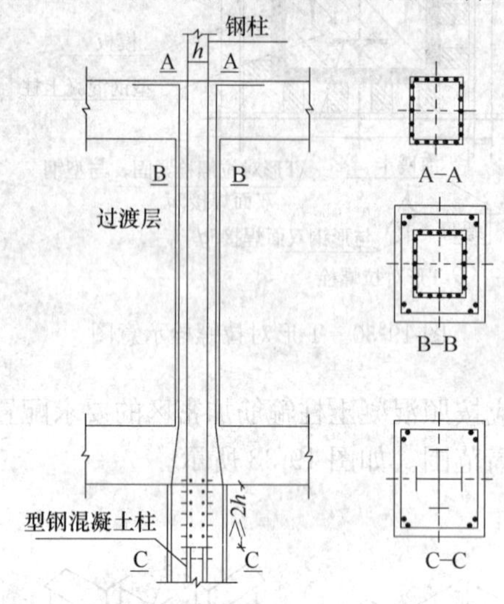


图19-34　由型钢混凝土柱到钢柱的过渡示意图

结构过渡层至过渡层以下2倍柱型钢截面高度范围内，应设置栓钉，栓钉的水平及竖向间距不宜大于200mm，栓钉至型钢钢板边缘距离不宜小于50mm，箍筋应沿柱全高加密。

十字形柱与箱形柱连接处，十字形柱腹板宜伸入箱形柱内，其伸入长度不宜小于柱型钢截面高度，且型钢柱对接接头不宜设置在过渡层范围内。

（3）型钢混凝土柱改变截面

型钢混凝土柱中型钢截面需要改变时，宜保持型钢截面高度不变，可改变翼缘板的宽度、厚度和腹板厚度。当需要改变柱截面时，截面高度宜逐步过渡；且在边界面的上下端应设置加劲肋；当变截面段位于梁、柱接头时，变截面位置宜设置在两端距梁翼缘不小于150mm位置处。

（4）型钢混凝土柱纵向受力钢筋排布形式

型钢柱纵向受力钢筋宜采用HRB335级、HRB400级、HRB500热轧钢筋，最小直径不小于12mm，最小净距不小于50mm。柱纵向受力钢筋接头宜采用机械连接或焊接，且宜与型钢接头位置错开。接头面积不宜超过50%，相邻接头间距不得小于500mm，接头最低点距柱端不宜小于柱截面边长，且宜设置在楼板面以上700mm处。

当型钢柱与钢梁或型钢梁相连时，纵向受力钢筋排布宜设置在柱的角部（如图19-35所示），避开与柱相连的型钢梁内型钢或钢梁的翼缘板。必要时要增加构造钢筋或形成钢筋束（如图19-35、图19-36所示）。

（5）型钢混凝土梁与型钢混凝土柱连接节点

节点处柱型钢与梁型钢正交时，梁型钢断开，焊接于柱型钢翼缘板上。为保证梁型钢内力传递流畅，需在柱型钢翼缘内部焊接水平加劲板（作法同钢结构）。

型钢混凝土梁与型钢混凝土柱节点区域，要保持型钢柱箍筋闭合，需要在钢梁上预留箍筋穿筋孔，如图19-37所示。

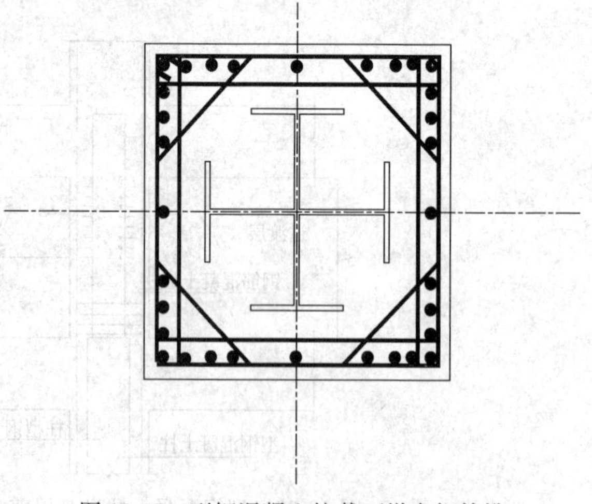

图19-35　型钢混凝土柱截面纵向钢筋排

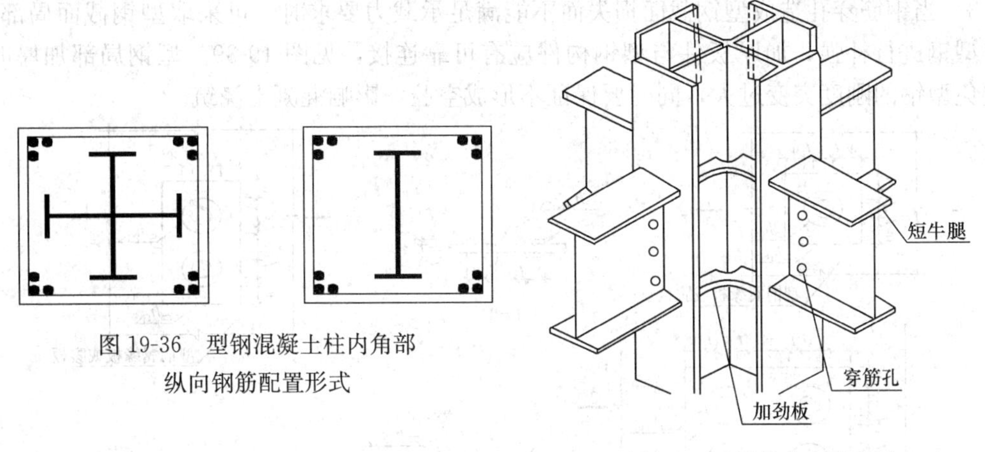


图 19-36 型钢混凝土柱内角部纵向钢筋配置形式

图 19-37 梁柱节点示意图

(6) 型钢混凝土柱与混凝土梁的连接

1) 型钢混凝土柱与混凝土梁相连接时，一般采用在型钢上留置穿筋孔、在型钢上设置钢筋连接板或短牛腿（图 19-37）或在型钢上焊接直螺纹套筒（钢筋连接器）。

2) 钢筋穿过型钢时，要尽量避开翼缘板，在腹板上留置穿筋孔，腹板截面损失率不宜大于 25%，见图 19-38。当必须在翼缘板上穿孔时，应对承载力进行验算，验算截面按照最小截面进行。

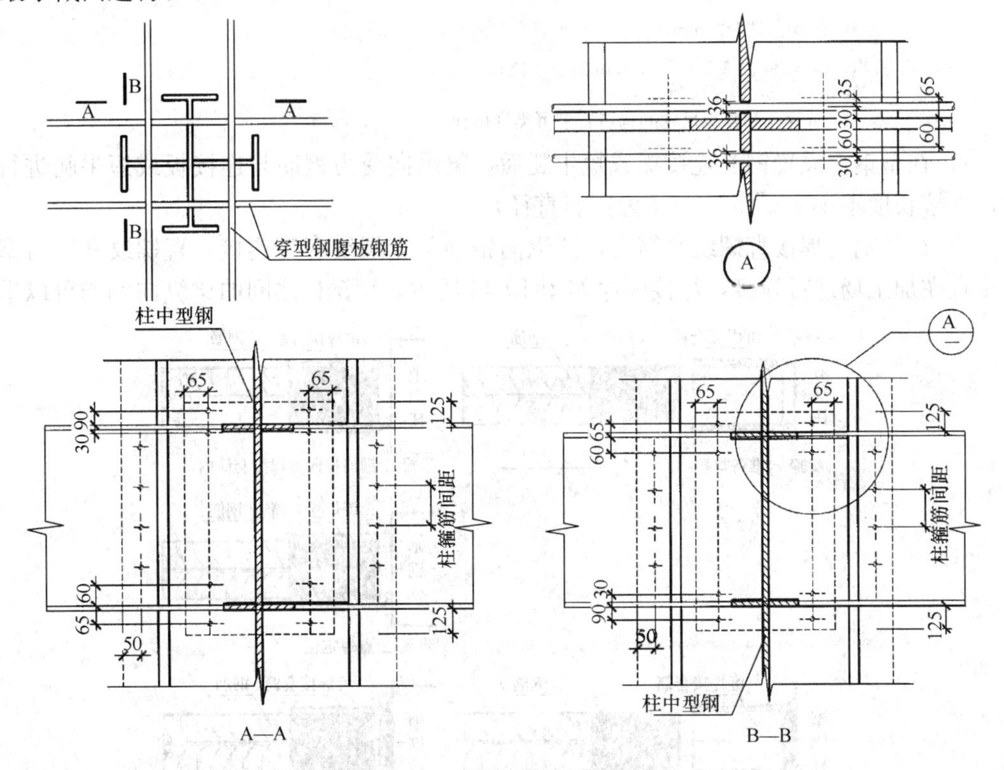


图 19-38 型钢腹权穿孔构造

注：在节点区两个方向梁的纵向钢筋，穿过型钢腹板时有上下错位。图中表示的是钢筋上下错位穿孔的关系，为了便于理解，示意性地标注了一些尺寸。实际工程中应根据具体情况确定相关的尺寸并放样。

3）当钢筋穿孔造成型钢截面损失而不能满足承载力要求时，可采取型钢截面局部加厚对型钢进行补强，加厚板件与型钢构件应有可靠连接，见图 19-39。型钢局部加厚时，要避免型钢的刚度突变过大，同时要保证不形成空腔，影响混凝土浇筑。

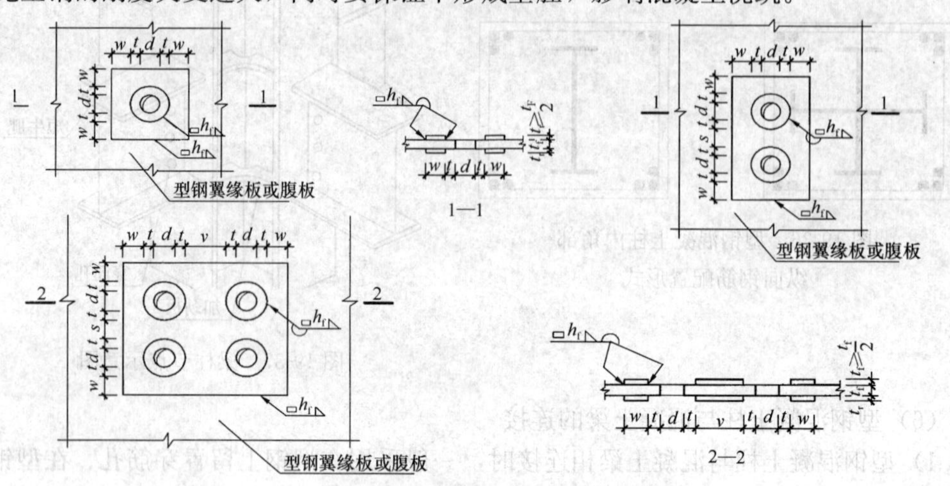


图 19-39　型钢翼缘板、腹板穿孔补强板构造

注：1. 图中角焊缝的焊脚尺寸 $h_f$（mm）

不应小于 $1.5\sqrt{t}$，$t$（mm）为较厚焊件厚度，且不宜大于较薄焊件厚度的 1.2 倍。

2. 补强板尺寸的建议值：

a. $t=h_f+2\sim4$mm；

b. $w\geqslant\frac{d}{2}$且$\geqslant$20mm；

c. $v$，$s\geqslant d$ 且$\leqslant12t_r$ 和 20mm 的较小值；

d. $t_r\geqslant0.5t_f$ 且$\leqslant0.7t_f$。

3. n×m 穿孔补强板尺寸的构造要求可类推得到。

4）在型钢上设置钢筋连接板或短牛腿后，梁纵向受力钢筋与连接板或短牛腿进行焊接，焊接长度不小于双面 $5d$（$d$ 为钢筋直径）。

5）在型钢上焊接直螺纹套筒后，梁纵向钢筋与直螺纹套筒连接。直螺纹套筒与型钢焊接宜在加工场进行焊接，焊接顺序如图 19-40 所示。型钢柱之间的梁纵向钢筋可以采取

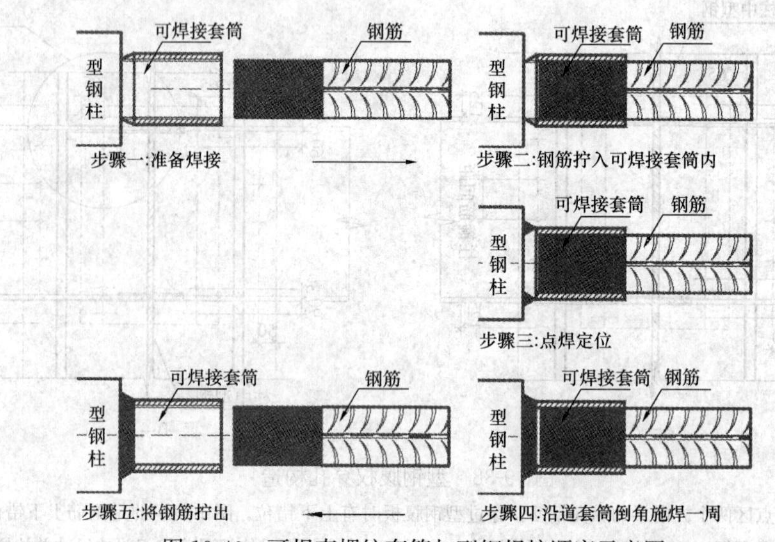


图 19-40　可焊直螺纹套筒与型钢焊接顺序示意图

搭接、焊接或分体式直螺纹（分体式直螺纹套筒如图 19-41 所示）等方式进行连接。采用分体式直螺纹套筒和可焊接直螺纹套筒与型钢连接如图 19-42 所示。

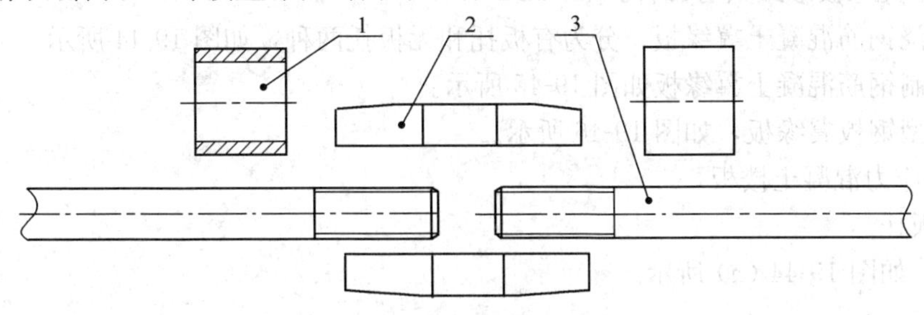


图 19-41 分体式直螺纹套筒示意图

1—锁套；2—半圆形套筒；3—钢筋

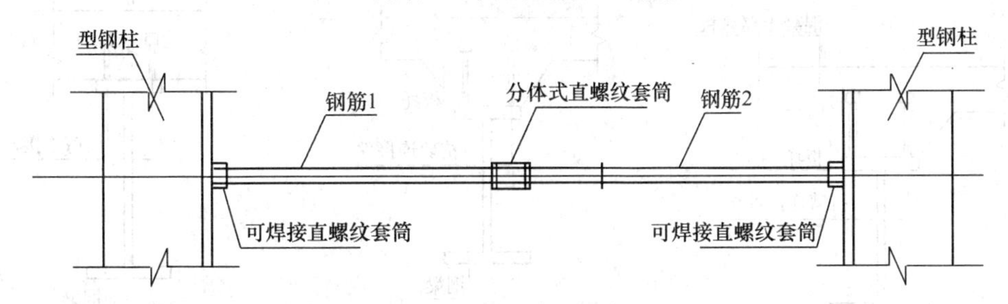


图 19-42 分体式直螺纹套筒连接示意图

（7）剪力墙水平筋与型钢柱的连接

剪力墙水平筋在柱内的锚固长度不应小于设计要求的锚固长度。当与钢柱相遇时，可以进行机械锚固，机械锚固长度为 $0.7l_{aE}$（$l_{aE}$为锚固长度）。

机械锚固作法有两种：一是在钢筋锚固段焊接长 $5d$（$d$ 为钢筋直径）与锚固钢筋同直径的短钢筋；二是在钢筋锚固端焊接厚度为 10mm，面积不小于 100mm×100mm，且不小于 10 倍钢筋截面积的钢板。

## 19.4.3 钢-混凝土组合梁施工

### 19.4.3.1 钢-混凝土组合梁的特点与应用

1. 钢-混凝土组合梁的特点

结构受力合理，提高了结构梁的稳定性。抗震性能好，抗疲劳强度高，并提高了抗冲击系数。施工方便，加快施工进度。耐火性能差，需要涂装防火涂料。

2. 钢-混凝土组合梁的应用

组合梁最早期开始用于基础设施建设领域，后来很快发展到用于房屋建筑。目前广泛应用于高层及超高层房屋建筑及工业建筑、桥梁、机场、车站、工业厂房以及结构的加固与修复。

### 19.4.3.2 钢-混凝土组合梁的组成、节点形式

1. 钢-混凝土组合梁的组成

钢-混凝土组合梁截面由混凝土翼缘板（楼板）或板托、钢梁以及抗剪连接件等构件组成，如图 19-43。

（1）混凝土翼缘板

混凝土翼缘板形式共有四种：

1）现浇钢筋混凝土翼缘板，分为有板托和无板托两种，如图 19-44 所示。

2）预制钢筋混凝土翼缘板如图 19-45 所示。

3）压型钢板翼缘板，如图 19-46 所示。

4）预应力混凝土楼板。

（2）板托

板托，如图 19-44（*a*）所示。

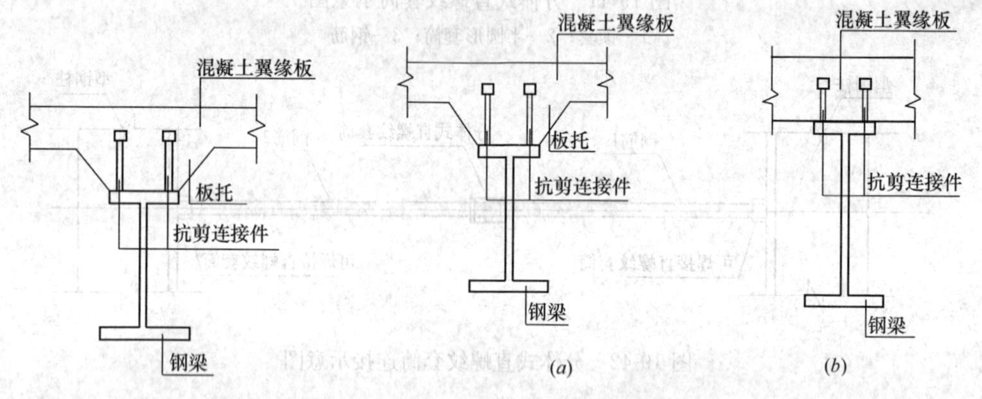


图 19-43　钢-混凝土组合梁组成

图 19-44　现浇混凝土翼缘板组合梁截面

（*a*）有托板式；（*b*）无托板式

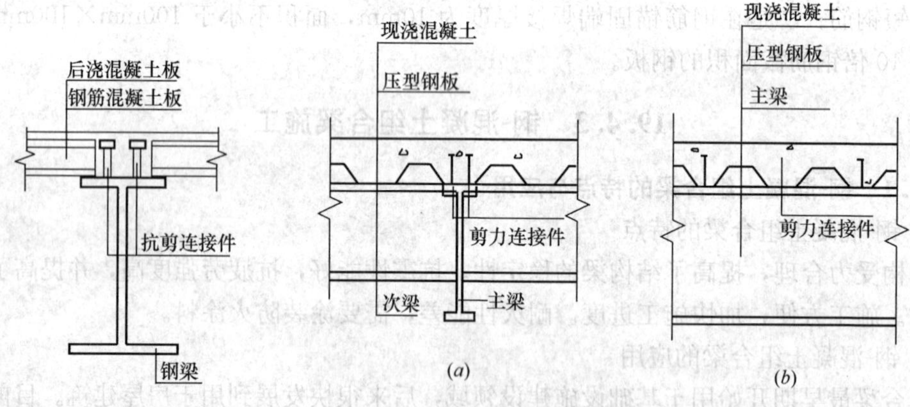


图 19-45　预制翼缘板组合梁截面

图 19-46　压型钢板组合梁截面

（*a*）压型钢板主肋平行主梁；（*b*）压型钢板主肋垂直主梁

（3）钢梁

钢梁形式共有四种。钢-混凝土组合梁中的钢梁，其截面形式如图 19-47 所示。

1）工字钢梁；

2）箱形钢梁；

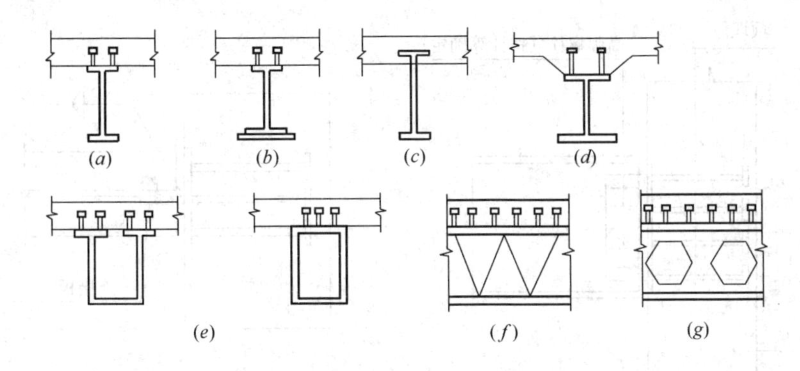

图 19-47 组合梁中的钢梁截面形式

(*a*) 小型工字梁；(*b*) 加焊不对称工字梁；(*c*) 焊接不对称工字梁；(*d*) 带混凝土板托组合梁；
(*e*) 箱形钢梁；(*f*) 轻钢桁架及普钢桁架梁；(*g*) 蜂窝梁

3) 轻钢桁架及普通钢桁架梁；

4) 蜂窝式梁。

(4) 抗剪连接件

一般实际工程中常用的抗剪连接件主要有栓钉、槽钢、弯筋、T 形钢连接件等，如图 19-48 所示。

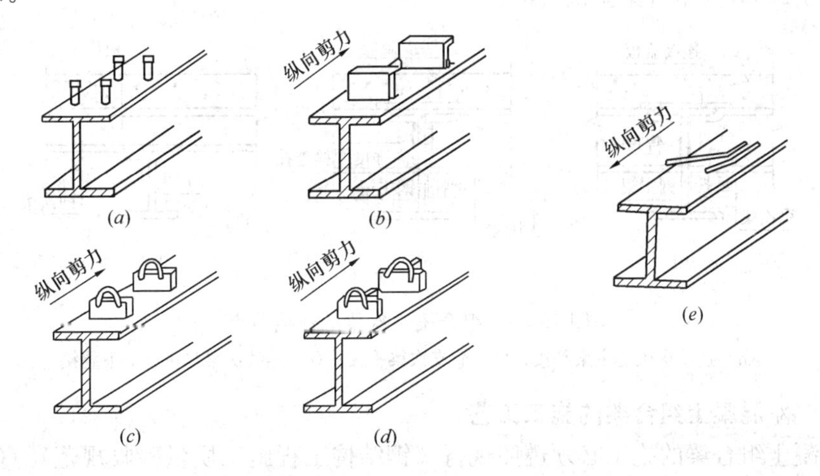


图 19-48 抗剪连接件形式

(*a*) 栓钉连接件；(*b*) 槽钢连接件；(*c*) 方钢连接件；(*d*) T 形钢连接件；(*e*) 弯筋连接件

2. 钢-混凝土组合梁的节点形式

(1) 钢-混凝土组合梁与钢筋混凝土墙（柱）的连接节点

组合梁垂直于钢筋混凝土墙（柱）的连接，一般为铰接节点。铰接连接时，可在钢筋混凝土墙中设置预埋件，预埋件上焊连接板，连接板与组合梁中的钢梁腹板用高强螺栓连接，如图 19-49 所示。也可在预埋件上焊支承钢梁的钢牛腿来连接钢梁。

(2) 钢-混凝土组合梁与型钢混凝土墙（柱）连接节点

当组合梁中的钢梁与型钢混凝土墙（柱）连接时，连接节点形式有三种：焊接、螺栓连接、栓焊连接。

(3) 钢-混凝土组合梁与钢柱或钢管柱的连接节点

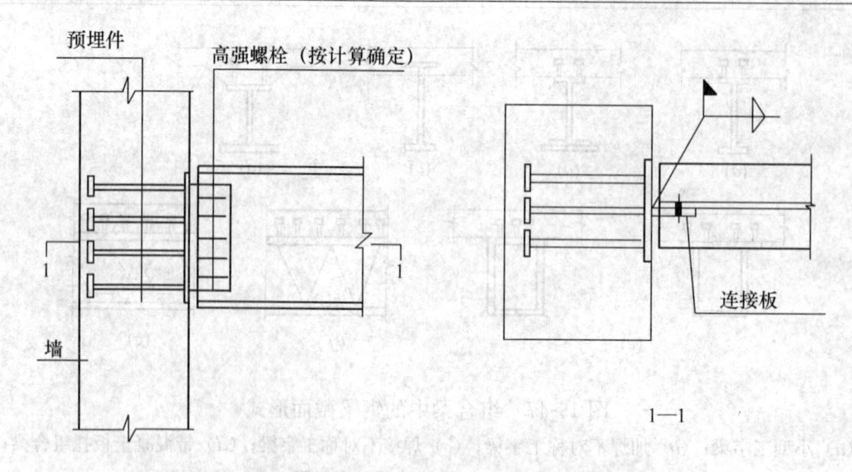


图 19-49　预埋件铰接节点

钢-混凝土组合梁和钢柱的连接节点分为焊接、螺栓连接、栓焊连接三种形式，其构造要求与组合梁与型钢混凝土墙（柱）的节点形式相同。

（4）主次梁连接节点

对于组合结构的主梁和次梁的连接，一般通过在主梁上设置连接板，采用高强螺栓进行连接。图 19-50 为组合梁主次梁的连接节点。

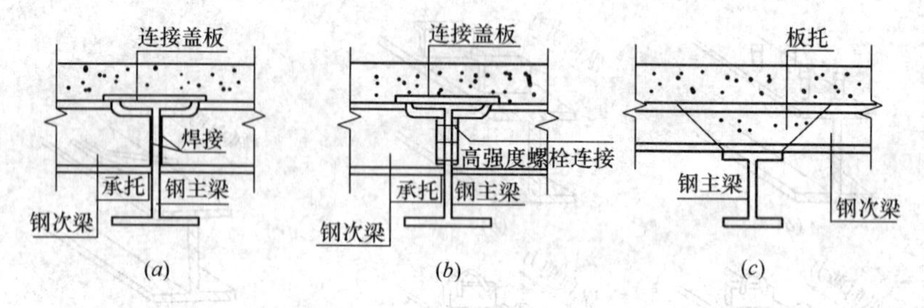


图 19-50　组合梁主次梁的连接节点

（*a*）连续次梁与主梁平接；（*b*）简支次梁平接；（*c*）连续次梁与主梁上下叠接

#### 19.4.3.3　钢-混凝土组合梁的施工工艺

钢-混凝土组合梁的施工必须遵照现行《钢结构工程施工质量验收规范》（GB 50205）及《混凝土结构工程施工质量验收规范》（GB 50204）等规范以及有关行业技术规程的规定，并应符合国家及行业有关安全技术规程的相关要求和规定。

1. 施工方法

钢-混凝土组合梁的常见施工方法主要有梁下不设置临时支撑和梁下设置临时支撑两种。

混凝土自重不大的压型钢板组合楼板（盖）结构一般采用不设置临时支撑的方法进行施工。对于混凝土自重较大的组合梁或者对变形要求较高的组合梁，需要在梁下设置支撑。

2. 工艺流程

施工准备→号料、下料→腹板及翼缘拼接→组装型钢梁→钢梁焊接→变形矫正及加劲肋焊接→连接件焊接→钢梁吊装与现场焊接→临时支撑→清除钢梁污物→混凝土板翼缘板

施工→组合钢梁涂料施工

3. 施工技术要点

(1) 施工准备工作

按要求做好技术准备和劳动力、材料、机械、作业条件准备。

(2) 放样、号料、下料

1) 放样

放样前要熟悉施工图纸，并逐个核对图纸之间的尺寸和相互关系。对数量较大或重要构件要以1∶1的比例放出实样，制成样板作为下料、成型、边缘加工和成孔的依据。放样时，要边缘加工的工件应考虑加工预留量，焊接构件要按规范要求放出焊接收缩量。

2) 号料

以样板为依据，在原材料上划出实际图形，并打上加工记号。

3) 下料

切割下料时，根据钢材截面形状、厚度以及切割边缘质量要求的不同可以采用机械切割法、气割法或等离子切割法。

(3) 腹板及翼缘拼接

拼接处一般应设坡口，当采用较薄钢板时（如板厚为8mm）可不设坡口。

(4) 组装型钢梁

组装前，必须将钢板表面及沿焊缝30～50mm范围内的铁锈、毛刺和油污清除干净。工字型钢梁的组装可用专门的固定胎具。

(5) 钢梁焊接

钢梁跨度较大时，宜将梁置于临时三脚架上（三脚架间距1.5～2m左右）施焊。对于上窄、下宽的工字形钢梁应按先下后上的焊接顺序。

(6) 矫正变形及加劲肋焊接

从梁中分别向梁端施焊加劲肋，用千斤顶、卡具及火焰修正梁腹板的起鼓及上、下翼缘的旁弯，将梁立正。

(7) 抗剪连接件的焊接

组合梁抗剪连接件应根据采用的组合梁混凝土翼缘板类型及具体设计和施工要求确定。

1) 当组合梁采用弯起钢筋、槽钢等做连接件（圆柱头焊钉除外）时，施焊时要采取分层次（分两遍焊）、交错施焊的方法，减少焊接变形。如果钢梁在地面上施工时，可使梁中部垫起使其呈T形悬臂状再进行焊接。梁的两侧仍用三脚架保证垂直位置，再分层次、交错施焊连接件。

2) 当组合梁采用焊钉做连接件时，施焊前应在母材表面按焊钉焊接的准确位置放线，然后清除母材上的锈、油、油漆等污物。焊钉端头和圆柱头部不得有锈蚀或污物，严重锈蚀的不得使用。受潮瓷环烘干后方可使用。当室外气温在0℃以下，降雨、雪或工件上残留水分时不得施焊。

焊钉焊接质量应符合《钢结构施工质量验收规范》(GB 50205)。

3) 焊钉焊接质量检查

焊钉焊接质量检查分为外观检查和破坏试验两种方法。焊钉破坏试验包括弯曲、拉伸及剪切试验。

① 外观检查

应满足以下三项要求：焊钉底部的焊脚应完整、密实并均匀分布；焊接后的焊钉长度正确，其长度公差在±2mm以内；焊钉应垂直于钢梁母材。

② 破坏试验

*a*. 弯曲检验：可用锤击使其从原来的轴线弯曲30°，或采用特制的导管将焊钉弯成30°，若焊钉焊缝完好，方为合格。

*b*. 反复弯曲试验：应在专门的双控拉压装置上进行，直到焊钉反复弯曲30°断裂为止，焊缝处不发生裂缝，方为合格。

*c*. 拉伸试验：应在拉力机上进行试验，焊钉的断裂应在焊接区之外，并应保证屈服抗拉强度、延伸率符合国家有关标准。

*d*. 剪切试验：用以检验焊缝的抗剪强度。

(8) 组合钢梁的安装与焊接

1) 钢梁吊装

① 吊装前的准备工程

钢梁吊装前应对钢梁进行验收，复核构件尺寸。

② 钢梁吊装

钢梁的安装顺序为先主梁后次梁的原则，即先安装柱与柱、柱与墙之间的框架梁，后安装梁与梁之间的次梁。

钢梁重量较轻时吊装一般可以利用专用扁担，采用捆绑法二点起吊。钢梁较重时，为避免钢丝绳磨损严重，通常采用设置吊耳进行吊装。起吊时应当保持钢梁处于基本平衡状态，以方便与墙（柱）的预埋件或钢牛腿组对。

③ 钢梁就位及临时固定

钢梁吊装到位后，用安装螺栓固定。安装螺栓的数量应计算确定，但不少于安装孔总数的1/3。

2) 钢梁校正与固定

钢梁校正主要包括调整主次梁的高低差和钢梁的错边。组合钢梁的高低差超标和钢梁错边，使用千斤顶进行校正。

3) 钢梁固定

钢梁校正完毕后，先进行高强螺栓连接，然后进行焊接。钢梁两端焊接不可同时进行。

① 高强螺栓安装检查

高强螺栓检查采用小锤敲击法逐个检查。高强度大六角螺栓除用“小锤敲击法”逐个检查外，还应进行扭矩检查，扭矩检查采用“松扣、回扣法”。扭矩检查应在终拧1h后进行，终拧后24h之内完成。

② 焊缝质量检查

焊缝检查包括焊缝外观质量检查和内部缺陷检查。

焊缝外部质量检查内容包括：焊缝尺寸、咬边、表面气孔、表面裂纹、表面凹坑、引熄弧部位的处理、未熔合、引熄弧板处理、焊工钢印等，通常采取肉眼观察的方法进行。

内部缺陷检查内容包括：焊缝内是否存在气孔、未焊透、夹渣、裂纹等缺陷。内部缺陷检查方式有：超声波探伤、磁粉探伤和X光探伤等方法。通常采用超声波探伤的方式对焊缝进行内部缺陷检查。

对碳素结构钢内部缺陷检查可在焊缝冷却到环境温度时检测；对低合金高强度结构钢内部缺陷检查应在完成环境24h后进行检测。

(9) 设置临时支撑

当根据设计要求，钢一混凝土组合梁需要设置临时支撑时，应在钢梁安装完成后，按照设计图纸要求设置临时支撑，直到翼缘板混凝土强度等级达到设计要求时，方可拆除临时支撑。

(10) 清理基层

钢梁顶面不得涂刷油漆，在浇筑混凝土板之前应清除铁锈、焊渣、冰层、积雪、泥土及其他杂物。

(11) 钢-混凝土组合梁翼缘板施工

钢-混凝土组合梁翼缘板，可采用预制翼缘板、预应力混凝土翼缘板、压型钢板组合楼板和现浇混凝土翼缘板。钢-混凝土组合梁翼缘板要严格遵守施工方案和操作规程进行。

(12) 组合钢梁涂料施工

外露钢梁的防腐涂装工程应在组合钢梁工厂组装或现场安装并质量验收合格后进行。钢梁的防火涂料涂装应在安装工程检验批和构件表面除锈及防腐底漆涂装检验批质量验收合格后进行。

## 19.4.4 钢管混凝土柱施工

### 19.4.4.1 钢管混凝土的构造要求

(1) 钢管外径不宜小于100mm，壁厚不小于4mm。

(2) 钢管混凝土用混凝土强度等级不小于C30。钢管混凝土用混凝土宜选用微膨胀混凝土，收缩率不大于万分之二。

(3) 钢管的钢材强度等级、钢管厚度和混凝土强度等级之间对应关系见表19-9。

**钢管混凝土的钢材及混凝土指标** **表19-9**

| 钢材 | | | | 混凝土 |
|---|---|---|---|---|
| 钢材种类 | 管壁厚度 (mm) | 钢材屈服强度 $f_y$ (MPa) | 强度设计值 $f$ (MPa) | 适用的混凝土强度等级 |
| Q235 | ≤16 | 235 | 215 | C30～C50 |
| | 16～40 | 225 | 205 | |
| | 40～60 | 215 | 200 | |
| | 60～100 | 205 | 190 | |
| Q345 (16Mn钢) | ≤16 | 345 | 315 | C40～C60 |
| | 16～25 | 325 | 300 | |
| | 25～36 | 315 | 290 | |
| | 36～60 | 295 | 270 | |
| | 60～100 | 275 | 250 | |

续表

| 钢材种类 | 钢材 | | | 混凝土 |
|---|---|---|---|---|
| | 管壁厚度（mm） | 钢材屈服强度 $f_y$（MPa） | 强度设计值 $f$（MPa） | 适用的混凝土强度等级 |
| Q390（15MnV钢） | ≤16 | 390 | 350 | C50～C80 |
| | 16～25 | 375 | 335 | |
| | 25～36 | 355 | 320 | |
| | 36～60 | 295 | 270 | |
| | 60～100 | 275 | 250 | |

### 19.4.4.2　钢管柱制作及组装

（1）按设计施工图要求由工厂提供的钢管应有出场合格证。由施工单位自行卷制的钢管，其钢板必须平直，不得使用表面锈蚀或受过冲击的钢板，并应有出厂证明书或试验报告单。钢管制作的尺寸允许偏差、质量标准及检验方法应符合表19-10、表19-11。

钢管构件外形尺寸的允许偏差（mm）　　表19-10

| 项　目 | 允许偏差（mm） | 检验方法 | 图　例 |
|---|---|---|---|
| 直径 $d$ | $\pm d/500$<br>$\pm 5.0$ | 钢尺检查 | |
| 构件长度 $l$ | ±3.0 | | |
| 管口圆度 | $d/500$，<br>且不应大于5.0 | | |
| 管面对管轴的垂直度 | $d/500$，<br>且不应大于3.0 | 用焊缝量规检查 | |
| 弯曲矢高 | $l/1500$，<br>且不应大于5.0 | 用拉线、吊线和钢尺检查 | |
| 对口错边 | $t/10$，<br>且不应大于3.0 | 用拉线和钢尺检查 | |

钢管柱质量标准和检验方法　　表19-11

| 序号 | 检验项目 | 类别 | 质量标准 | | 检验方法及器具 |
|---|---|---|---|---|---|
| | | | 合格 | 优良 | |
| 1 | 管材的品种、规格和质量 | 一类 | 必须符合设计要求和有关现行标准 | | 检查出厂证件和试验报告 |

续表

| 序号 | 检验项目 | 类别 | 质量标准 | | 检验方法及器具 |
|---|---|---|---|---|---|
| | | | 合格 | 优良 | |
| 2 | 钢管表面质量 | 一类 | 无裂纹、结疤、分层、凹坑、较重划伤（＞0.5mm），无片状老锈 | | 观察检查 |
| 3 | 纵向弯曲 | 三类 | ≤$l$/1000，且≤10mm | | 拉线和尺量检查 |
| 4 | 钢管椭圆度（图 19-52$a$） | 三类 | $\frac{\Delta}{D}$≤3/1000 | | 尺量检查 |
| 5 | 端头倾斜度（图 19-52$b$） | 三类 | $\frac{\Delta}{D}$≤$l$/1500，且≤0.3mm | | 直角尺、水平尺检查 |
| 6 | 牛腿及环梁顶面位置偏差 | 三类 | ≤2mm | | 尺量检查 |
| 7 | 牛腿及环梁顶板面翘曲 | 三类 | ≤2mm | | 水平尺和塞尺检查 |
| 8 | 每节柱长度偏差 | 三类 | ≤3mm | | 尺量检查 |

注：Δ为尺寸偏差值，见图 19-51。

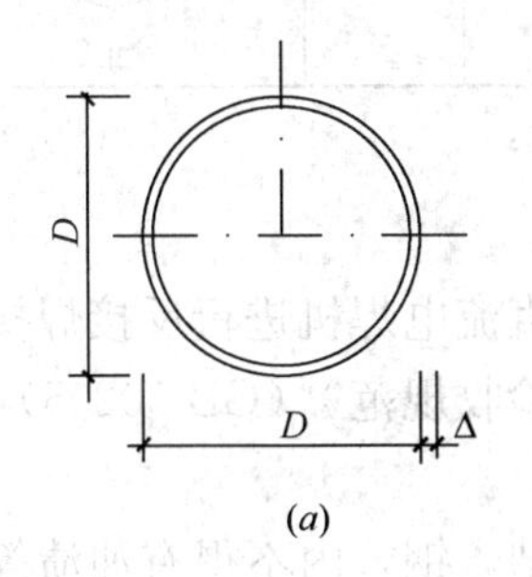


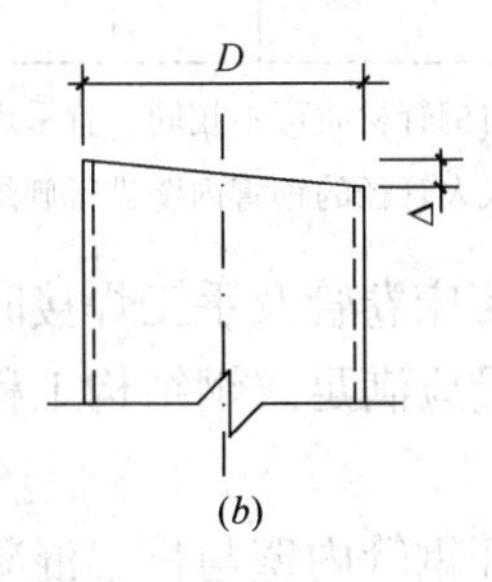


图 19-51 尺寸偏差Δ测量示意图

（$a$）钢管椭圆度；（$b$）端头倾斜度

（2）卷管方向应与钢板压延方向一致。卷制钢管前，应根据要求将板端开好坡口。钢管坡口端应与管轴线严格垂直。卷管过程中，应注意保证管端平面与管轴线垂直，根据不同的板厚，焊接坡口应符合表 19-12 的要求。采用螺旋焊缝接管时，拼接亦应按表 19-12 的要求预先开好坡口。

**焊缝坡口允许偏差** **表 19-12**

| 坡口名称 | 焊接方法 | 厚度 $\delta$ (mm) | 钝边 $a$ (mm) | 垫板厚度 $b$ (mm) | 内侧间隙 $c$ (mm) | 外侧间隙 $d$ (mm) | 坡口高度 $e$ (mm) | 坡口半径 $R$ (mm) | 坡口角度 $\alpha$ (°) | 坡口形式 | 附 注 |
|---|---|---|---|---|---|---|---|---|---|---|---|
| 齐边Ⅰ形 | 自动焊 | ＜14 | | | 0+2 | | | | | | |
| V形坡口 | 手工焊 | 6~8 | 1±1 | | 1±1 | | | | 70±5 | | |
| | | 10~26 | 2±1 | | 2±1 | | | | 60±5 | | |
| | 自动焊 | 16~22 | 7±1 | | 0±1 | | | | 60±5 | | |

续表

| 坡口名称 | 焊接方法 | 厚度 $\delta$ (mm) | 钝边 $a$ (mm) | 垫板厚度 $b$ (mm) | 内侧间隙 $c$ (mm) | 外侧间隙 $d$ (mm) | 坡口高度 $e$ (mm) | 坡口半径 $R$ (mm) | 坡口角度 $\alpha$ (°) | 坡口形式 | 附注 |
|---|---|---|---|---|---|---|---|---|---|---|---|
| U形坡口 | 自动焊 | <30 | 2±1 | 6 | 2±1 | 7±1 | | 3.5±1 | | | |
| | | >30 | 2±1 | 6 | 4±1 | 13±1 | | 6.5±1 | | | |
| | | >25 | 2±1 | | 0±1 | 13±1 | 3±1 | 6.5±1 | 90±5 | | 大管径 |

注：1. 垫板材质与钢管材质可不相同，宜采用Q235或Q345；

2. 焊工可进入大管径的钢管内壁进行旋焊。

（3）当采用滚床卷管及手工焊接时，宜采用直流电焊机进行反接焊接施工。

（4）焊缝质量应满足《钢结构工程施工质量验收规范》（GB 50205）二级质量标准的要求。

（5）为了保证钢管内壁与核心混凝土紧密粘结，钢管内不得有油渍等污物。

（6）钢管柱制作质量检验合格后，应对管柱进行除锈和喷刷油漆。油漆的遍数和厚度均应符合设计要求。如设计无要求时，宜涂装4～5遍。管柱在安装时尚有零部件需进行焊接处不油漆，待现场焊接完成后再补刷防腐漆。

**19.4.4.3　钢管混凝土节点形式**

钢管混凝土柱的节点种类根据钢管柱与各种构件的连接可分为钢管柱与钢梁连接、钢管柱与混凝土梁连接、钢管柱之间连接，根据节点的受力性能不同，又可分为刚接节点、铰接节点和半刚接节点。

1. 钢管柱与钢梁连接节点

（1）刚性连接构造见图19-52。

（2）铰接构造见图19-53。

2. 钢管柱与混凝土梁连接节点

（1）剪力传递构造见图19-54。

（2）弯矩传递构造：对于预制混凝土梁，和钢梁相同，也可采用钢加强环与钢梁上下翼板或与混凝土梁纵筋焊接的构造形式来实现。混凝土梁端与钢管之间的空隙用高一级的细石混凝土填实（图19-55）。对于有抗震要求的框架结构，在梁的上下沿均需设置加强环。

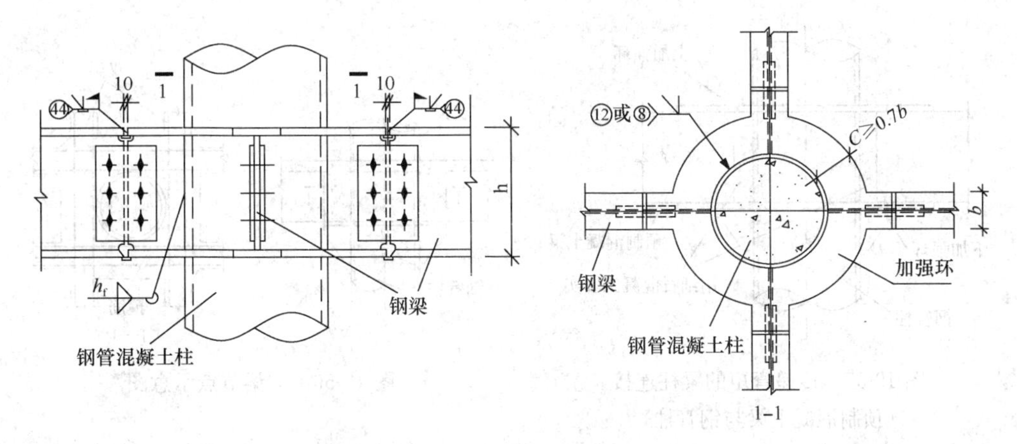


图 19-52　钢梁与圆钢管混凝土柱的刚性连接

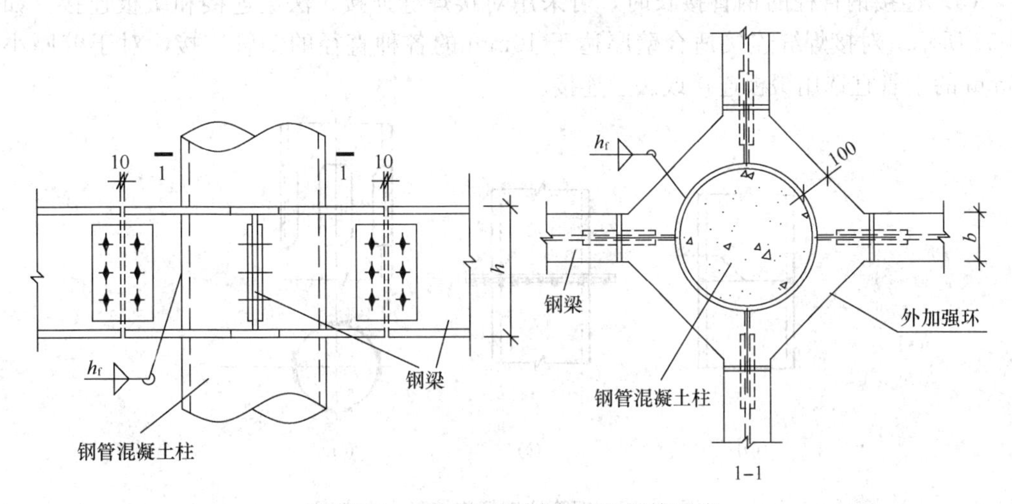


图 19-53　外加强环板式的梁柱铰接连接

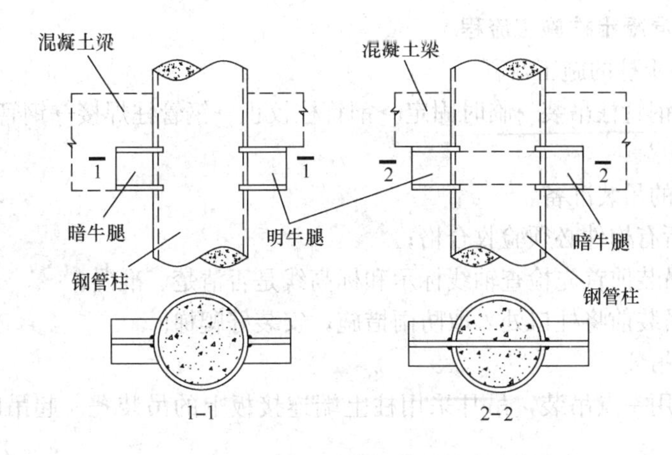


图 19-54　混凝土梁与钢管柱传递剪力连接节点

对于现浇混凝土梁，可采用连续双梁或将梁端局部加宽（图 19-56），使纵向钢筋连续绕过钢管的构造形式来实现。梁端加宽的斜度不小于 1/6。在开始加宽处须增设附加箍将纵向钢筋包住。

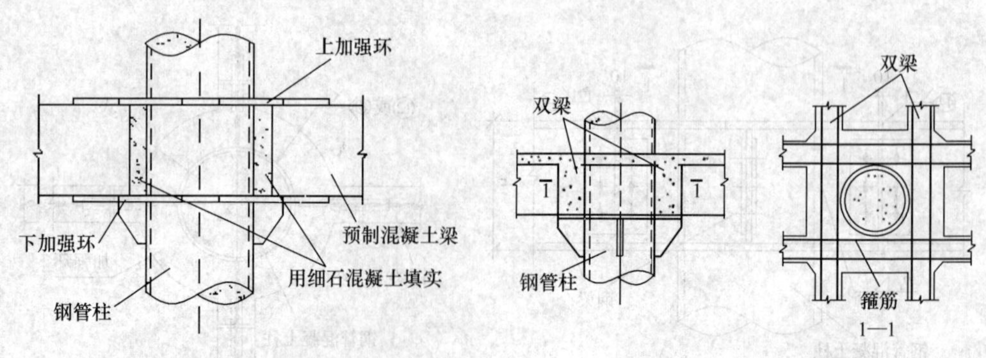


图 19-55　传递弯矩的梁柱连接（预制混凝土梁与钢管柱）

图 19-56　双梁节点示意图

（3）连接钢管柱的钢管接长时，可采用对接焊缝连接、法兰连接和缀板连接，如图 19-57 所示。对接焊缝连接适合壁厚达于 10mm 的各种直径的钢管连接，对于壁厚小于 10mm 的钢管宜选用缀板连接或法兰连接。

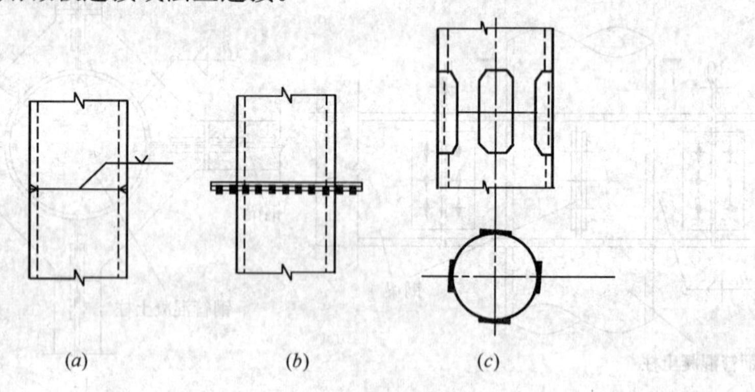


图 19-57　钢管柱钢管连接形式示意图

### 19.4.4.4　钢管混凝土柱施工流程

1. 钢管混凝土柱的施工流程

测量放线→钢管柱吊装→临时固定→钢管柱校正→钢管柱焊接→钢管混凝土浇筑

2. 钢管柱吊装

（1）钢管柱的吊装准备

1）吊装前所有构件必须验收合格；

2）钢管柱吊装前首先检查轴线标示和标高线是否清楚、准确；

3）钢管柱吊装前将柱口处采取防雨措施，安装好爬梯。

（2）钢管柱吊装

钢柱吊装采用一点吊装，吊耳采用柱上端连接板上的吊装孔。起吊时钢柱的根部要垫实。

（3）钢管柱就位、固定

钢管柱吊装就位后，将上柱柱底四面中心线与下柱柱顶中心线对位，通过上下柱头上的临时耳板和连接板，用安装螺栓进行临时固定，充分紧固后才能上柱顶摘钩。钢管柱焊接完成后方可割除耳板。

(4) 钢管柱的校正

钢管柱校正包含钢管柱的标高校正、钢管柱的轴线校正、钢管柱的垂直度校正。钢管柱安装精度要符合表19-13和表19-14的要求。

钢管柱吊装的允许偏差 **表19-13**

| 序 号 | 检查项目 | 允许偏差 |
|---|---|---|
| 1 | 立柱中心线和基础中心线 | ±5mm |
| 2 | 立柱顶面标高和设计标高 | +0，−20mm |
| 3 | 立柱顶面不平度 | ±5mm |
| 4 | 各立柱不垂直度 | 不大于长度的1/1000，且不大于15mm |
| 5 | 各柱之间的距离 | 不大于间距的1/1000 |
| 6 | 各立柱上下两平面相应对角线差 | 不大于长度的1/1000，且不大于20mm |

多层及高层钢结构主体结构总高度的允许偏差（mm） **表19-14**

| 项 目 | 允许偏差 | 图 例 |
|---|---|---|
| 用相对标高控制安装 | $\pm\Sigma(\Delta_h+\Delta_s+\Delta_w)$ | $H$ |
| 用设计标高控制安装 | $H/1000$，且不应大于30.0<br>$-H/1000$，且不应小于−30.0 | |

钢管柱吊装就位后，应立即进行校正，并采取临时固定措施以保证构件的稳定性。

1）标高校正：上下柱对正就位后，用连接板及高强螺栓上节柱柱根与下节柱柱头连接，螺栓暂不拧紧；量取下节柱柱顶标高线至上节柱柱底标高线之间的距离为400mm（实际须考虑焊接收缩余量进行调整），且至少三个面控制；通过吊钩升降及撬棍拨动，间距满足后适当拧紧高强螺栓，同时在上下柱连接耳板间打入铁楔，标高调整结束。

2）扭转校正：根据需要在上下柱连接耳板不同侧面相应放置垫板，然后加紧连接板，即可消除钢柱扭转偏差。

3）垂直度校正：在钢柱倾斜的同侧锤击铁楔或顶升千斤顶，即可方便校正钢柱垂直度至合格。钢柱垂直度校正可采用无缆风绳校正方法。无缆风绳校正法示意见图19-58。

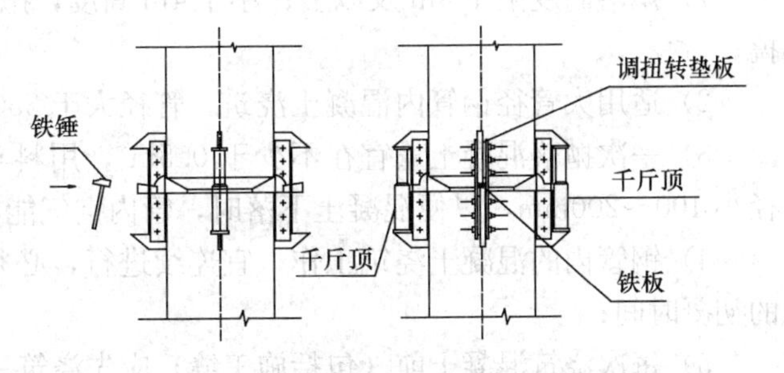

图19-58 无缆风绳校正法示意图

3. 钢管柱的焊接

钢管柱焊接应由两名焊工在相对称位置以相等速度同时施焊。以逆时针方向在距柱角50mm处起焊。焊完一层后，第二层以及以后各层均在离前一层起焊点30～50mm处起焊。每焊一遍应认真清查焊渣。

4. 混凝土浇筑

钢管混凝土浇筑方法可采用泵送顶升浇筑法、振捣浇筑法、高位抛落无振捣法。

(1) 泵送顶升浇筑法是指利用混凝土输送泵将混凝土从钢管柱下部预留的进料孔连续不断地自下而上顶入钢管柱内，通过泵送压力使得混凝土密实。在钢管接近地面的适当位置安装一个带止回阀的进料短钢管，直接与混凝土输送管相连，将混凝土连续不断地自下而上灌入钢管，无需振捣。如图19-59所示。

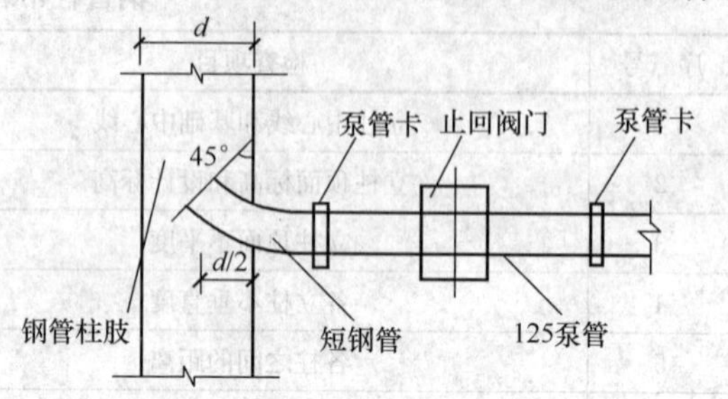

图19-59　泵送顶升法浇筑混凝土示意图

泵送顶升浇筑法的施工要点：

1) 当钢管直径小于350mm或选用半熔透直缝焊接钢管时不宜采用泵送顶升法。

2) 为了防止混凝土回流，在短钢管与输送泵之间安装止回阀。

3) 插入钢管柱内的短钢管直径与混凝土输送泵管直径相同，壁厚不小于5mm，内端向上倾斜45°，与钢管柱密封焊接。

4) 钢管柱顶部要设溢流孔或排气孔，孔径不小于混凝土输送泵管直径。

5) 混凝土强度达到设计强度50%后，割除钢短管，补焊封堵板。

6) 浇筑孔和溢流孔应在加工场内开设，不得后开。

(2) 振捣浇筑法是将混凝土自钢管上口灌入，用振捣器捣实。管径大于350mm时，采用内部振捣器，每次振捣时间不少于30s。当管径小于350mm时，可采用附着在钢管上的外部振捣器进行振捣，振捣时间不小于1min。一次浇灌高度不宜大于2m。

(3) 高位抛落无振捣法是钢管内混凝土的浇筑在拼接完一段或几段钢管柱后，利用混凝土本身的流动性，通过浇筑过程中从高空下落时的动能，使混凝土充满钢管柱，达到密实的目的。

采用高位抛落无振捣法浇筑混凝土应注意以下几点要求：

1) 抛落高度限于4m及以上；小于4m高度，抛落动能难以保证混凝土密实，需要振捣；

2) 适用大管径钢管内混凝土浇筑，管径大于350mm；

3) 一次抛落混凝土量宜在不少于0.5m$^3$，用料斗装填，料斗的下口尺寸应比钢管内径小100～200mm，以便混凝土下落时，管内空气能够排除；

4) 钢管内的混凝土浇筑工作，宜连续进行，必须间歇时，间歇时间不应超过混凝土的初凝时间；

5) 每次浇筑混凝土前（包括施工缝）应先浇筑一层厚度为5～10cm的与混凝土等级相同的水泥砂浆，以免自由下落的混凝土产生离析现象。

**19.4.4.5　钢管混凝土柱的施工技术要点**

1. 钢管柱变截面连接方式

(1) 不同壁厚的钢管连接方式见图19-60。

(2) 不同直径的钢管构造见图19-61。

2. 钢管柱混凝土密实度控制

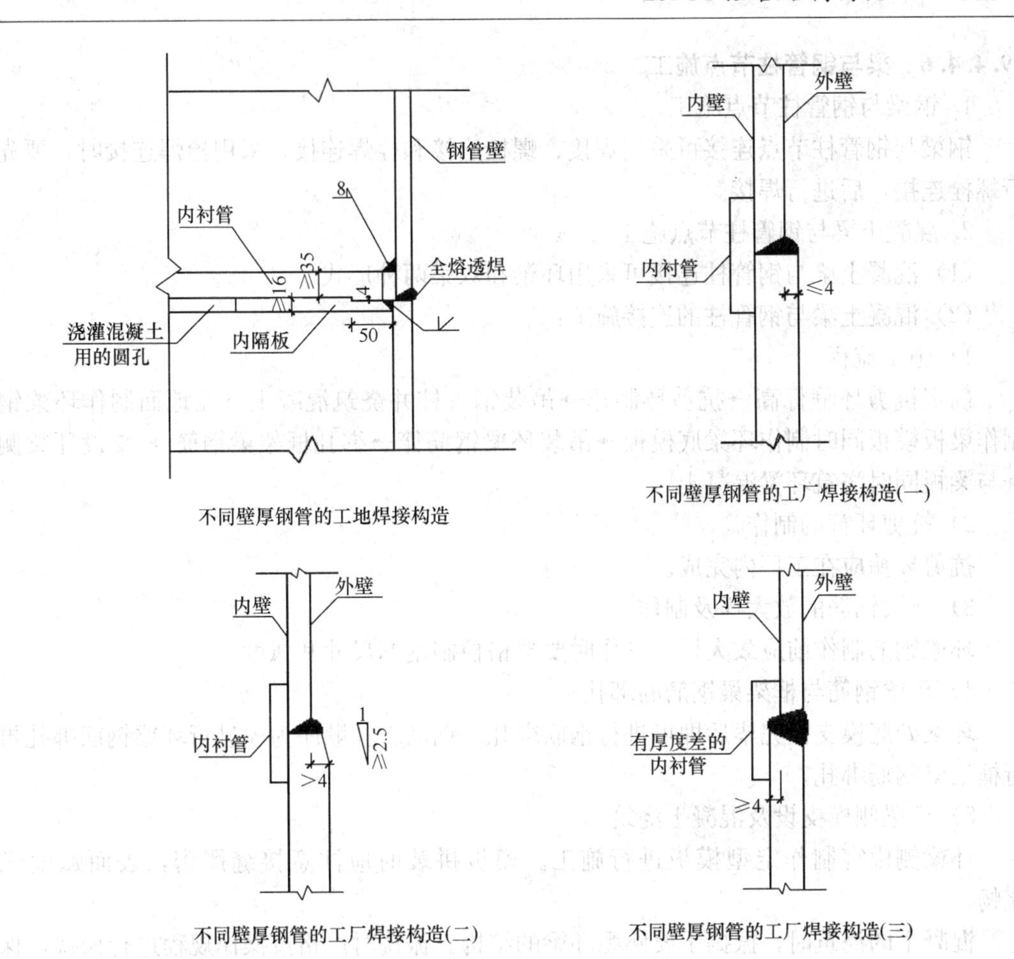


图 19-60 不同壁厚的钢管焊接构造

(1) 钢管柱混凝土配合比

钢管柱混凝土的配比设计考虑为了避免混凝土与钢管柱产生“剥离”现象，钢管柱混凝土内掺适量减水剂、微膨胀剂，掺量通过现场试验确定。除满足强度指标外，尚应注意混凝土坍落度不小于150mm，水灰比不大于0.45，粗骨料粒径可采用5～30mm。对于立式手工浇筑法，粗骨料粒径可采用10～40mm，水灰比不大于0.4。当有穿心部件时，粗骨料粒径宜减小为5～20mm，坍落度宜不小于150mm。为满足上述坍落度的要求，应掺适量减水剂。

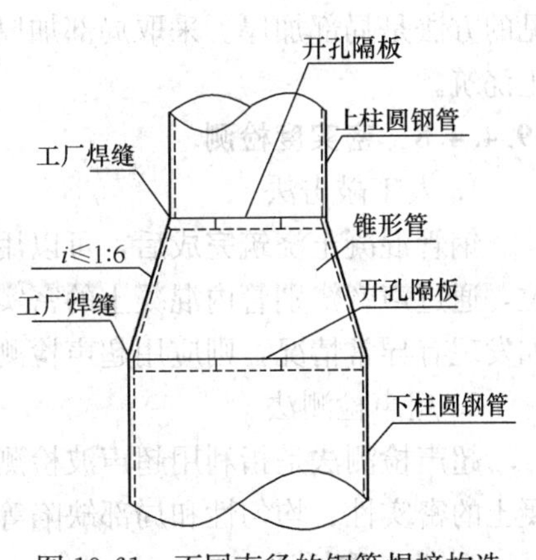


图 19-61 不同直径的钢管焊接构造

(2) 钢管柱浇筑

钢管内的混凝土浇筑工作，宜连续进行。必须间歇时，间歇时间不应超过混凝土的初凝时间。需留施工缝时，应将管封闭，防止水油和异物等落入。

每次浇筑混凝土前（包括施工缝）应先浇筑一层厚度为50～100mm与混凝土相同配合比的水泥砂浆，以免自由下落的混凝土产生离析现象。

### 19.4.4.6 梁与钢管柱节点施工

1. 钢梁与钢管柱节点施工

钢梁与钢管柱节点连接可采用焊接、螺栓连接和栓焊连接。采用栓焊连接时，要先进行螺栓连接，后进行焊接。

2. 混凝土梁与钢管柱节点施工

(1) 混凝土梁与钢管柱连接可采用环梁和双梁两种形式。

(2) 混凝土梁与钢管柱的连接施工：

1) 施工流程

确定抗剪环箍标高→抗剪环制作→吊装钢管柱并浇筑混凝土→在地面制作环梁钢筋制作梁板模板同时制作环梁底模板→吊装环梁钢筋笼→绑扎框架梁钢筋→ 支设环梁侧模→与梁板同时浇筑环梁混凝土

2) 抗剪环箍的制作

抗剪环箍应在工厂内完成。

3) 环梁钢筋的放大样及制作

环梁钢筋制作前应放大样。制作时要严格控制钢筋尺寸和弧度。

4) 环梁钢筋与框架梁钢筋的绑扎

环梁处底模支设完毕后即可进行钢筋绑扎。钢筋绑扎顺序为先进行环梁钢筋绑扎再进行框架梁钢筋绑扎。

5) 环梁侧模支设及混凝土浇筑

环梁侧模宜制作定型模板进行施工。模板拼装时应注意接缝严密，表面弧度光滑流畅。

混凝土的浇筑时，振捣手要熟悉环梁的结构。振捣时严格按操作规程进行振捣，保证混凝土的密实。

### 19.4.4.7 钢管开洞

1. 一般规定

钢管混凝土钢管不宜进行开洞。必须在钢管上开洞时，要征得结构设计单位的同意。

2. 开洞处理

钢筋穿过钢管时应尽量避免，当必须在钢管上穿孔时，应对钢管进行加固补强。最常见的方法是局部加厚。采取局部加厚措施时要注意钢管的刚度不宜突变过大，不影响混凝土浇筑。

### 19.4.4.8 密实度检测

1. 人工敲击法

钢管混凝土浇筑完成后，可以用人工敲击法检查浇注质量。用工具敲击钢管的不同部位，通过声音辨别管内混凝土的密实度。人工敲击法是对钢管混凝土密实度的初步检测，如发现有异常情况，则应用超声检测法检测。

2. 超声检测法

超声检测法是指利用超声波检测仪对混凝土进行检测，根据超声波的波形判断管内混凝土的密实性、均匀性和局部缺陷等。

3. 钻芯取样法

钻芯取样法是指用钻芯取样机对混凝土浇筑质量疑似部位进行环切取样，这种方法最能真实反映钢管柱内混凝土浇筑情况。但是对于主体结构是一种破坏，所以采用这种方法应当慎重，取样后，取样部位应采取封堵、补焊等加强措施。

## 19.4.5　压型钢板与混凝土组合楼板

压型钢板与混凝土组合板：在带有凹凸肋和槽纹的压型钢板上浇筑混凝土而制成的组合板，依靠凹凸肋和槽纹使混凝土与钢板紧密地结合在一起，是建筑工程中常用的楼板形式。根据压型钢板是否与混凝土共同工作可分为组合楼板和非组合楼板。压型钢板上可焊接附加钢筋或栓钉，以保证钢板与混凝土的紧密结合，形成一个整体，见图19-62。组合楼板中采用的压型钢板的形式有开口型板、缩口型板、闭口型板，见图19-63。

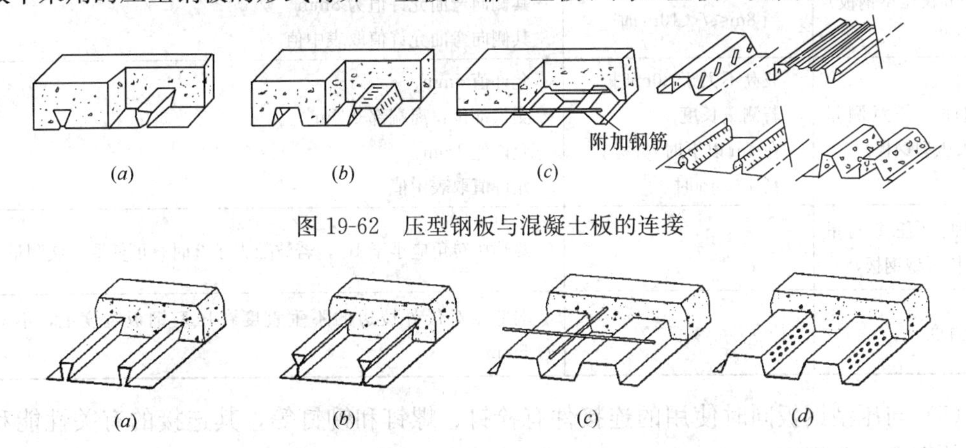


图19-62　压型钢板与混凝土板的连接

图19-63　压型钢板与混凝土组合板的基本形式
(a) 缩口板；(b) 闭口板；(c) 光面开口板；(d) 带压痕开口板

### 19.4.5.1　压型钢板与钢筋混凝土组合楼板的构造

(1) 压型钢板材质应符合现行国家标准《碳素结构钢》(GB/T 700) 以及《低合金高强度结构钢》(GB/T 1591) 的规定。压型钢板应采用热镀锌钢板，镀锌钢板分为合金化镀锌薄钢板和镀锌薄钢板两种，分别应符合国家标准《连续热镀锌薄钢和钢带》(GBJ 2518) 的要求。压型钢板双面镀锌层总含量应满足在使用期间不致锈蚀的要求，建议采用120～275g/m$^2$。当为非组合板时，镀锌层含量可采用较低值；当为组合板时，镀锌层含量不宜小于150g/m$^2$；当为组合板且使用环境条件恶劣时，镀锌层含量应采用上限值或更高值。基板厚度为0.5～2.0mm。

(2) 压型钢板板型要符合《建筑用压型钢板》(GB/T 12755)。

(3) 组合楼板用压型钢板净厚度不应小于0.75mm (不包括镀层)，非组合楼板用压型钢板净厚度不应小于0.5mm (不包括镀层)。

(4) 组合楼板用压型钢板的波高、波距应满足承重强度、稳定与刚度的要求。其板宽宜有较大的覆盖宽度并符合建筑模数的要求；屋面及墙面用压型钢板板型设计应满足防水、承载、抗风及整体连接等功能要求。其浇筑混凝土平均槽宽不小于50mm；开口式压型钢板以板中和轴位置计，缩口板、闭口板以上槽口计；当槽内放置栓钉时，压型钢板总高 $h_a$ (包括压痕) 不应超过80mm。在使用压型钢板时，还应符合表19-15的要求。

**压型钢板使用要求** 表 19-15

| | | |
|---|---|---|
| 波高和波距 | | 波高不大于 75mm，波高允许偏差为±1.0mm<br>波高大于 75mm，波高允许偏差为±2.0mm<br>以上两者波距允许偏差为±2.0mm |
| 覆盖宽度 | 当覆盖宽度不大于 75m 时 | 允许偏差为±5.0mm |
| 板长 | 当 $l$<10m 时<br>当 $l$≥10m 时 | 允许偏差：+5mm，−0<br>允许偏差：+8mm，−0 |
| 侧向弯曲（任意测量 10m 长压型钢板） | 波高不大于 80m 时<br>若 $l$<8m 时<br>当 8m<$l$<10m 时 | 其侧向弯曲允许值为 10mm<br>测量部位：离端部 0.5m<br>其侧向弯曲允许值为 8mm<br>其侧向弯曲允许值取表中值 |
| 翘曲（任意测量 5m 长压型钢板） | 波高不大于 80m 时<br>若测量长度<br>在 4m 以下时<br>当 4～5m 时 | 允许值 5mm<br>测量部位：离端部 0.5m<br>允许值 4mm<br>允许值取表中值 |
| 扭曲（任意测量 10m 长压型钢板） | | 两端扭转角应小于 10°，若波数大于 2 时，可任取一波测量 |
| 垂直度 | | 端部相对最外棱边的不垂直度在压型钢板宽度上，不应超过 5mm |

(5) 与压型钢板同时使用的连接件有栓钉、螺钉和铆钉等，其连接的有关性能和要求，须符合相关规定。

(6) 压型钢板不宜用于会受到强烈侵蚀性作用的建筑物，否则应进行有针对性的防腐处理。

(7) 组合楼板总厚度 $h$ 不小于 90mm，压型钢板板肋顶部以上混凝土 $h_c$ 不小于 50mm，混凝土强度等级不小于 C25。

(8) 组合楼板受力钢筋的保护层厚度见表 19-16。

**组合楼板受力钢筋保护层厚度** 表 19-16

| 环境等级 | 保护层厚度（mm） | |
|---|---|---|
| | 受力钢筋 | 非受力钢筋 |
| 一类环境 | 15 | 10 |
| 二 a 类环境 | 20 | 10 |

(9) 受力钢筋的锚固，搭接长度等应遵守《混凝土结构设计规范》(GB 50010) 中的规定。

(10) 压型钢板在钢梁、混凝土剪力墙或混凝土梁上的支撑长度不小于 50mm，在砌体上的支撑长度则不小于 75mm。

(11) 组合楼板端部应设置栓钉锚固件，栓钉应设置在端支座的压型钢板凹肋处，穿透压型钢板并将栓钉、压型钢板均焊牢于钢梁（预埋钢板）上。

(12) 焊后栓钉高度应大于压型钢板波高加 30mm，栓钉钉面混凝土保护层厚度不小于15mm。

(13) 组合楼板开孔大于50mm时应符合设计要求或《钢与混凝土组合楼（屋）盖结构构造》(05SG522) 的要求。

**19.4.5.2 压型钢板与混凝土组合楼板的施工流程**

1. 压型钢板与混凝土组合楼板施工流程

在铺板区复测梁标高、弹出钢梁中心线→铺设压型钢板→焊接栓定→（搭设支撑）→绑扎钢筋→浇筑混凝土

2. 压型钢板与混凝土组合楼板施工要点

(1) 压型钢板进场检验及堆放

压型钢板进场后，应检查出厂合格证和质量证明文件。并对压型钢板的外观质量和界面尺寸进行检查。质量证明文件应包括以下内容：

1) 标准编号；

2) 供方名称（或厂标）；

3) 工程名称、合同号、批号；

4) 规格（产品型号、厚度、长度）、数量；

5) 原材料标准号及牌号、镀层、涂层种类及颜色（涂层板）以及相应的质量证明（含化学成分与力学性能）；

6) 供方技术监督部门印记或产品合格证；

7) 发货日期。

压型钢板堆放场地应基本平整，叠堆不宜过高，以每堆不超过40张为宜。

(2) 施工放样

放样时需先检查钢构件尺寸，以避免钢构件安装误差导致放样错误。压型钢板安装时，于楼承板两端部弹设基准线，距钢梁翼缘边至少50mm处。

(3) 压型钢板吊装铺设

1) 吊装前应先核对压型钢板捆号及吊装位置。由下往上的顺序进行吊装，避免因先行吊放上层材料而阻碍下一层楼板吊放作业。

2) 需确认钢结构已完成校正、焊接、检测后方可进行压型钢板的铺设。

3) 铺放完压型钢板后，采用点焊临时固定。再将梁的中心钱，弹到压型钢板上，同时弹出各梁上翼缘边线 ，保证栓钉焊接位置的正确。

4) 压型钢板铺放要保证板端搭接在梁上的长度。根据弹好的基准线，进行铺板，保证板侧边尺寸、平整、顺直，位置正确，使压型钢板槽形开口贯通、整齐、不错位

5) 压型钢板铺设顺序应为由上而下，组合楼板施工顺序为由下而上。

6) 压型钢板端头封堵要严密，避免出现漏浆。端头封堵后，要保证压型钢板端部在梁上搭接长度≥50mm，并满足设计要求。

7) 梁柱接头处所需楼承板切口要用等离子切割机切割。

8) 压型钢板铺设完成后，要及时采用点焊的方式与钢梁固定。

(4) 混凝土的浇筑

1) 混凝土浇筑前，必须把压型钢板上的杂物、油脂等清除干净。

2) 混凝土浇筑前，压型钢板面上应铺设垫板，作为临时通道，避免压型钢板受损及

变形过大。

3）浇筑混凝土时，不得在压型钢板上集中堆放混凝土，混凝土浇筑点应设置在梁上。

**19.4.5.3　施工阶段压型钢板及组合楼板的设计**

组合楼板设计应遵守《混凝土结构设计规范》（GB 50010）、《建筑结构荷载规范》（GB 50009）、《建筑抗震设计规范》（GB 50011）、《高层民用建筑钢结构技术规程》（JGJ 99）的规定。

（1）组合楼板设计中次梁间距可根据经验和建筑要求等确定，一般以3.0m为宜。无支撑次梁间距一般由压型钢板供应厂商提供，当次梁间距大于无支撑次梁间距时，应进行验算。

（2）压型钢板的选择应根据建筑的功能及建筑要求选用，尽可能地选择施工时不使用临时支撑或少用临时支撑，施工荷载按实际可能的施工荷载计算或规范荷载取值。

（3）压型钢板板型，国家标准《建筑用压型钢板》（GB/T 12755）给出的板型有开口型压型钢板、闭口型压型钢板和缩口型压型钢板三种，见图19-64、图19-65、图19-66。

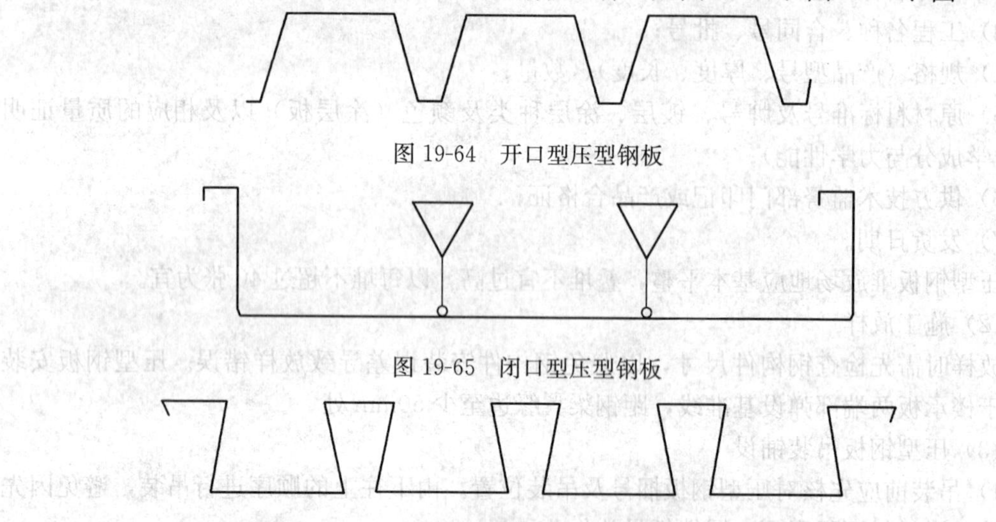

图19-64　开口型压型钢板

图19-65　闭口型压型钢板

图19-66　缩口型压型钢板

（4）压型钢板施工阶段设计。在施工阶段，压型钢板作为混凝土浇筑模板，应验算其强度和变形。计算受弯承载能力时，可采用弹性分析方法。其顺肋方向的正负弯矩和挠度按单向板计算，不考虑垂直肋方向的正负弯矩。压型钢板截面性质计算应符合《冷弯薄壁型钢结构技术规范》（GB 50018）规定。

施工阶段压型钢板承受的荷载：永久荷载（静荷载）：压型钢板、钢筋自重及混凝土湿重。可变荷载（活荷载）：施工荷载与附加荷载。此数据可按施工实际情况考虑。

1）荷载组合应符合国家标准《建筑结构荷载规范》（GB 50009）规定，并应分别验算实际工程中简支、双跨和多跨不同情况。强度设计时取荷载基本组合，挠度验算时取荷载标准组合。

2）压型钢板计算：

① 抗弯强度计算

施工阶段压型钢板正截面抗弯强度验算可采用《冷弯薄壁型钢结构技术规范》（GB

50018）取一个波宽数据进行计算的方法，也可采用计算单位宽压型钢板的计算方法。压型钢板应满足式（19-1）要求：

$$r_0 M \leqslant f W_s \tag{19-1}$$

式中 $M$——单位宽度上压型钢板弯矩设计值（N·mm）；

$f$——压型钢板抗拉强度设计值（$N/mm^2$）；

$W_s$——压型钢板单位截面抵抗矩，正、负弯矩分别计算，对应有正截面$W_{st}$和负截面$W_{sc}$（$mm^3/m$）；

$r_0$——结构重要性系数，可取0.9。

② 压型钢板容许挠度

在施工荷载效应组合下应分别满足式（19-2）、式（19-3）、式（19-4）的要求。

简支板 $$\Delta_1 = \frac{5ql^4}{384E_s I_s} \leqslant [\Delta] \tag{19-2}$$

两跨板 $$\Delta_2 = 0.42\Delta_1 \leqslant (\Delta) \tag{19-3}$$

多跨板 $$\Delta_3 = 0.53\Delta_1 \leqslant (\Delta) \tag{19-4}$$

式中 $\Delta_1$、$\Delta_2$、$\Delta_3$——简支板、两跨板、多跨板压型钢板的计算挠度（mm）；

$q$——压型钢板单位板宽承受的施工荷载标准值（$N/mm^2/m$）；

$E_s$——钢材弹性模量（$N/mm^2$）；

$I_s$——压型钢板截面有效惯性矩（$mm^4/m$）；

$l$——压型钢板计算跨度（mm）；

$(\Delta)$——挠度允许值（mm），取$l/180$和20mm较小者。

③ 当压型钢板挠度验算不满足要求时，考虑减小次梁间距或增设临时支撑，增设临时支撑可按连续板计算。应满足式（19-1）的要求。

3）组合楼板验算计算要点：

① 组合楼板使用阶段，设计除应遵守组合结构设计的一般原则外，还应遵守以下原则：

楼板有局部集中荷载时，组合楼板的有效工作宽度不应超过按下列公式计算的$b_{em}$值，如图19-67。

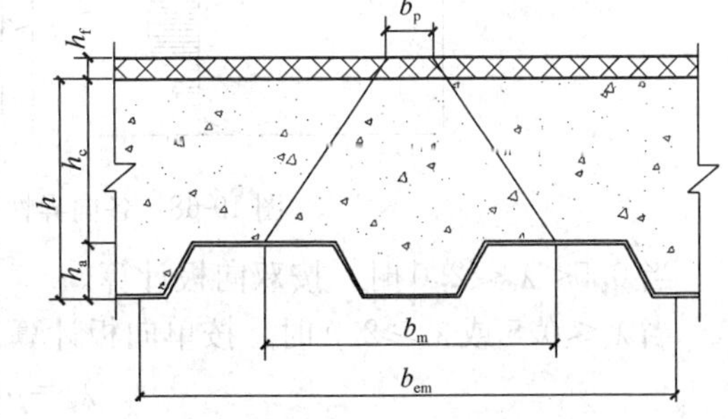


图19-67 集中荷载分布有效宽度

抗弯计算时，应满足式（19-5）、式（19-6）的要求。

简支板 $$b_{em} = b_m + 2l_p(1 - l_p/l) \tag{19-5}$$

连续板 $$b_{em} = b_m + 4l_p(1 - l_p/l)/3 \tag{19-6}$$

抗剪计算时，应满足式（19-7）、式（19-8）的要求。

简支板 $$b_{em} = b_m + l_p(1 - l_p/l)/3 \tag{19-7}$$

连续板 $$b_{em} = b_p + 2l_p(h_c + h_f) \tag{19-8}$$

式中 $l$——组合板跨度；

$l_p$——荷载作用点至组合楼板支座的较近距离；当跨内有多个集中荷载时，$l_p$应取产生较小$b_m$值的相应荷载作用点至组合楼板支座的较近距离；

$b_{em}$——集中荷载在组合楼板中的有效工作宽度；

$b_m$——集中荷载在组合楼板中的工作宽度；

$b_p$——荷载宽度；

$h_c$——压型钢板肋顶上混凝土厚度；

$h_f$——地面饰面厚度。

② 当压型钢板上浇混凝土 $h_c$＝50～100mm 时，弱边（垂直肋）方向的惯性矩较小，所分配的荷载也较小，可以认为板单向受力，此时应遵守下列规定：

*a*. 组合楼板强边（顺肋）方向的正弯矩和挠度，均按全部荷载作用的简支板计算（不论实际支撑如何）；

*b*. 强边方向的负弯矩按固定端板考虑；

*c*. 弱边（垂直肋）方向正负弯矩均不考虑。

③ 压型钢板上浇混凝土厚度 $h_c$ 大于 100mm 时，由于弱边（垂直肋）方向的惯性矩增大，忽略弱边的正负弯矩影响可能带来的弱边的不安全，但此时板不再是各向同性，承载力计算满足下列规定（图 19-68）：

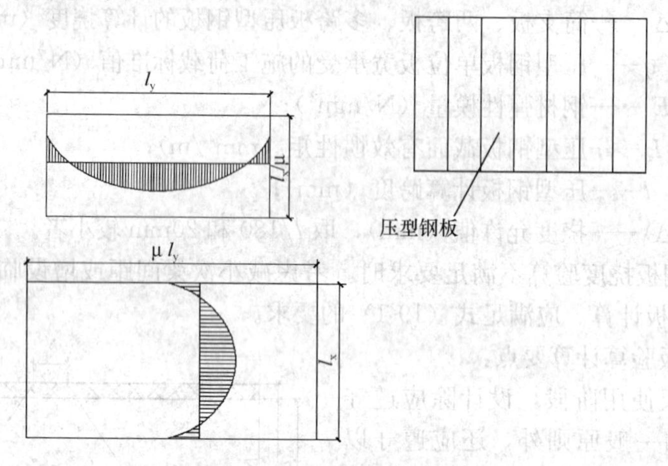


图 19-68　各向异性双向板的计算简图

当 $0.5<\lambda_e<2.0$ 时，按双向板计算。

当 $\lambda_e\leqslant0.5$ 或 $\lambda_e\geqslant2.0$ 时，按单向板计算。

$$\lambda_e=\mu l_x/l_y \tag{19-9}$$

$$\mu=(I_x/I_y)l/4 \tag{19-10}$$

式中　$\lambda_e$——有效边长比；

$\mu$——板的各向异性系数；

$l_x$、$l_y$——组合板强边、弱边方向的跨度；

$I_x$、$I_y$——组合板强边、弱边方向的截面惯性矩（计算 $I_y$ 时，只考虑压型钢板肋顶上混凝土厚度 $h_c$）。

对于各向异性双向板弯矩，将板形状按有效边长 $\lambda_e$ 进行修正后，视作各向同性板弯矩。

强边方向弯矩，取等于弱边方向跨度乘以系数 $\mu$ 后所得各向同性在短边方向的弯矩。

弱边方向弯矩，取等于强边方向跨度乘以系数 $\mu$ 后所得各向同性在长边方向的弯矩。

双向板设计，强边方向按组合楼板设计，弱边方向仅考虑肋上混凝土厚度 $h_c$。挠度计算偏于安全的按强边简支单向板计算。

④ 组合板周边的支撑条件，可按下列情况确定：

*a*. 当跨度大致相等，且相邻跨是连续的，楼板周边可视为固定边；

*b*. 当组合楼板上浇混凝土板不连续或相邻跨度相差较大，应将楼板周边视为简支边。

#### 19.4.5.4 耐火与耐久性

1. 耐火性能

根据防火规范的要求，楼板的耐火极限见表 19-17。

**组合楼板的耐火极限（h）** **表 19-17**

| 耐火等级 | 一级 | 二级 | 三级 | 四级 |
|---|---|---|---|---|
| 耐火极限 | 1.5 | 1.0 | 0.5 | 0.25 |

注：组合板的耐火等级根据《高层民用建筑设计防火规范》（GB 50045）规定。

对开口型压型钢板，其钢板上的混凝土厚度不应小于表 19-18 中的数值。

**开口型压型钢板中混凝土的最小厚度 $h_1$** **表 19-18**

| 混凝土类型 | 不同耐火等级混凝土的最小厚度（mm） | | | | | |
|---|---|---|---|---|---|---|
| | 30min | 60min | 90min | 120min | 180min | 240min |
| 普通混凝土 | 60 | 70 | 80 | 90 | 115 | 130 |
| 轻质混凝土 | 50 | 60 | 70 | 80 | 100 | 115 |

对缩口型压型钢板（指拱开口不超过拱面积的 10%，并且凹口不超过 20mm），其总厚度不得小于表 19-19 中的数值。

**闭口型、缩口型压型钢板中混凝土的最小厚度 $h_1$** **表 19-19**

| 混凝土类型 | 不同耐火等级混凝土的最小厚度（mm） | | | | | |
|---|---|---|---|---|---|---|
| | 30min | 60min | 90min | 120min | 180min | 240min |
| 普通混凝土 | 90 | 90 | 110 | 125 | 150 | 170 |
| 轻质混凝土 | 90 | 90 | 105 | 115 | 135 | 150 |

2. 防腐要求

组合楼板防腐性能设计是在设计文件中规定压型钢板镀锌量，镀锌量的大小决定其耐腐蚀年限。组合楼板用压型钢板应采用镀锌层两面总计不低于 275g/m$^2$ 的镀锌卷板。

### 19.4.6 柱 脚 施 工

#### 19.4.6.1 柱脚节点形式及构造

常用的型钢混凝土柱脚形式分为非埋入式和埋入式两种。

1. 埋入式柱脚

即柱脚的型钢伸入基础内部。有抗震设防时，型钢混凝土柱宜采用埋入式柱脚。根据型钢柱的形式，埋入式柱脚大样图见图 19-69、图 19-70、图 19-71。埋入式柱脚的埋入深度通过计算确定，但不宜小于型钢柱截面高度的 3 倍。钢柱脚底板厚度不宜小于钢柱较厚板件厚度，且不宜小于 30mm。锚栓直径一般为 20～42mm，不宜小于 20mm，锚栓规格及数量通过计算确定。柱脚底板的锚栓孔径，宜取锚栓直径加 5～10mm；锚栓垫板的锚栓孔径，取锚栓直径加 2mm；锚栓垫板的厚度一般为 0.4～0.5$d$（$d$ 为锚栓外径），但不宜小于 20mm。埋入式柱脚在型钢柱的四周需设置纵筋和箍筋，当柱纵向受力钢筋的中距大于 200mm 时，建议在柱脚埋深长度内，增设直径为 $\phi$16 的垂直架立钢筋。

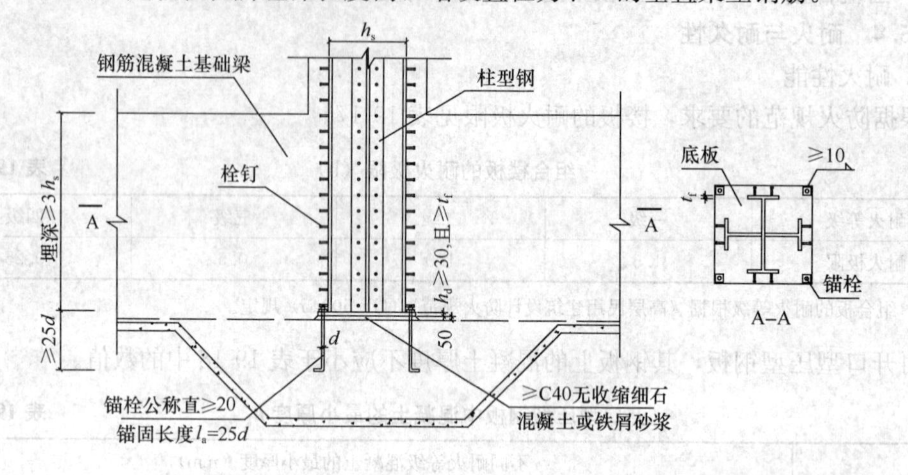


图 19-69　型钢混凝土柱埋入式型钢柱脚做法（一）

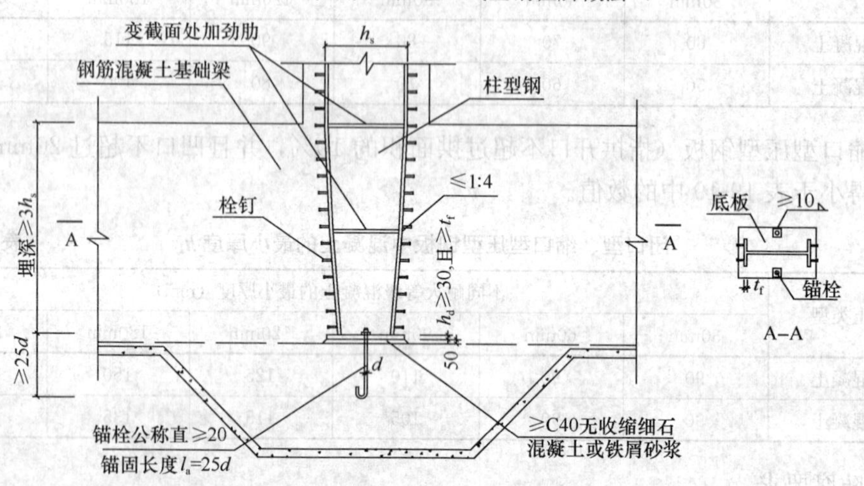


图 19-70　型钢混凝土柱埋入式型钢柱脚做法（二）

当为抗震设防的结构，柱翼缘与底板间宜采用完全熔透的坡口对接焊缝连接，柱腹板及加劲板与底板间宜采用双面角焊缝连接；当为非抗震设防的结构，柱底宜磨平顶紧，柱翼缘与底板间可采用半熔透的坡口对接焊缝连接，柱腹板及加劲板仍采用双面角焊缝连接。

采用埋入式柱脚时，在柱脚部位和柱脚向上延伸一层的范围内宜设置栓钉，栓钉的直径一般为 19mm 和 22mm，其竖向及水平间距不宜大于 200mm；当有可靠依据时，可通过计算确定栓钉数量。

采用埋入式柱脚时，对中间柱的柱脚型钢的混凝土保护层厚度不得小于 180mm；对边柱和角柱的柱脚型钢的外侧混凝土保护层不得小于 250mm。

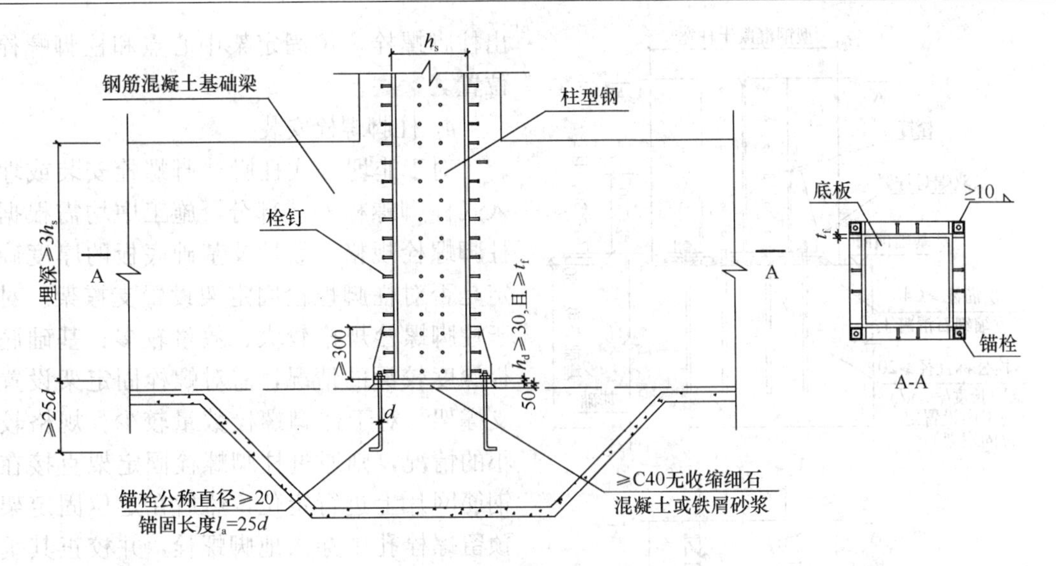


图 19-71 型钢混凝土柱埋入式型钢柱脚做法（三）

2. 非埋入式柱脚

非埋入式柱脚的型钢不埋入基础内部。型钢柱下端设有钢底板，钢柱脚底板厚度不宜小于钢柱较厚板件厚度，且不宜小于 30mm。利用地脚螺栓将钢底板锚固，锚栓直径一般为 20～42mm，不宜小于 20mm，锚栓规格及数量通过计算确定。柱内的纵向钢筋与基础内伸出的插筋相连接。基础顶面和柱脚底板之间采用二次灌注≥C40 无收缩细石混凝土或铁屑砂浆。非埋入式柱脚锚栓不承受底部剪力，其底部的水平剪力通过底板与其下部混凝土之间的摩擦力来抵抗。当摩擦力不能抵抗底板剪力时，设置抗剪键或柱脚外包钢筋混凝土以满足要求。设置抗剪键的型钢柱脚，可以直接焊接在型钢柱脚上，对于箱型柱或钢管柱也可在其内部设置。按照 H 形型钢柱、箱形柱及十字形型钢柱的形式，其非埋入式柱脚大样图见图 19-72、图 19-73、图 19-74。

**19.4.6.2 柱脚施工**

1. 工艺流程

施工准备→柱脚螺栓定位放线→柱脚螺栓安装→柱脚螺栓的复核→柱脚螺栓保护→首节钢柱吊装→底板下部灌浆料施工

2. 施工准备

（1）采用埋入式柱脚施工，需先将基础底部加强区部位浇筑完成后，安装完毕底部钢柱后浇筑剩余部分的基础。在基础底部加强区钢筋绑扎中需进行柱脚的预埋施工。非埋入式柱脚底部钢筋已经绑扎完成，上部钢筋已经开始绑扎。

（2）复验安装定位所用的轴线控制点和测量标高的水准控制点，并放出标高控制线和吊点辅助线。

（3）柱脚螺栓、柱脚螺栓定位固定架（上下两道水平框）、柱脚螺栓保护材料等预埋材料的准备到位，并对柱脚螺栓的规格型号，定位架上预留螺栓孔孔径、定位尺寸等进行了验收。

3. 柱脚螺栓定位放线

采用"十"字放样法，确定出"十"字的四个点，并由该四点在基坑底部垫层上确定

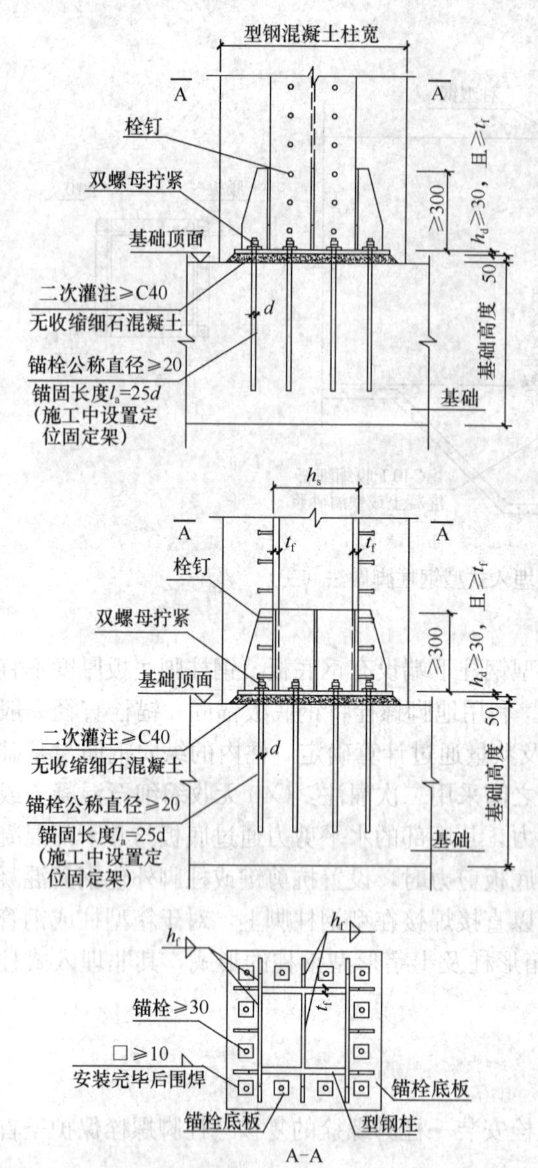


图 19-72　H 型型钢混凝土柱非埋入式柱脚做法

出柱脚螺栓定位固定架中心点和柱脚螺栓位置。

4. 柱脚螺栓安装

对于非埋入式柱脚柱脚螺栓安装或埋入式柱脚螺栓安装部分，施工中均需根据柱脚螺栓规格、数量及基础底板的厚度确定是否对柱脚螺栓固定架设置支撑架。对于柱脚螺栓规格较大、数量较多、基础底板深度较深的情况，需对螺栓固定架设置支撑架。对于柱脚螺栓数量较少、规格较小的情况，则通过柱脚螺栓固定架直接在钢筋网片上进行定位，然后在定位固定架预留螺栓孔中穿入地脚螺栓，并校正其垂直度、标高、间距等，并将其点焊在钢筋上。

5. 柱脚螺栓的复核

在柱脚螺栓安装完毕后，混凝土浇筑前，重新弹出精确的轴线和各螺栓的位置线进行复核，确保螺栓上下垂直、水平位置准确。在混凝土浇筑完毕之后，在其初凝之前，重新对柱脚螺栓的位置、标高等进行复核，以纠正混凝土浇筑时所产生的偏差。

6. 柱脚螺栓的保护

待柱脚螺栓安装完毕后即进行柱脚螺栓保护，即在螺栓丝扣上涂以黄油外封胶布或塑料袋包扎后，再用铁皮或PVC管等进行保护，以防螺牙附着混凝土或因锈蚀等损害其强度。

7. 第一节钢柱施工

对于埋入式柱脚，在基础底板浇筑前需将埋入部分钢柱安装就位后进行柱脚灌浆料施工和基础混凝土浇筑。对于非埋入式柱脚则需将首节钢柱完整就位后才能进行柱脚灌浆料的二次灌浆。

8. 柱脚二次灌浆料

在柱脚底板下混凝土浇筑中，需将柱脚底板下的混凝土面细致抹平压实。并在劲钢柱安装前要对预埋螺栓处的破面进行清理凿毛。待首节钢柱吊装结束并校核完成后，在柱脚底部支设模板，按照设计要求进行二次灌浆。

(1) 二次灌浆材料选择

二次灌浆除应满足设计要求外，尚应根据灌浆厚度按照表 19-20 选择水泥基灌浆材料。

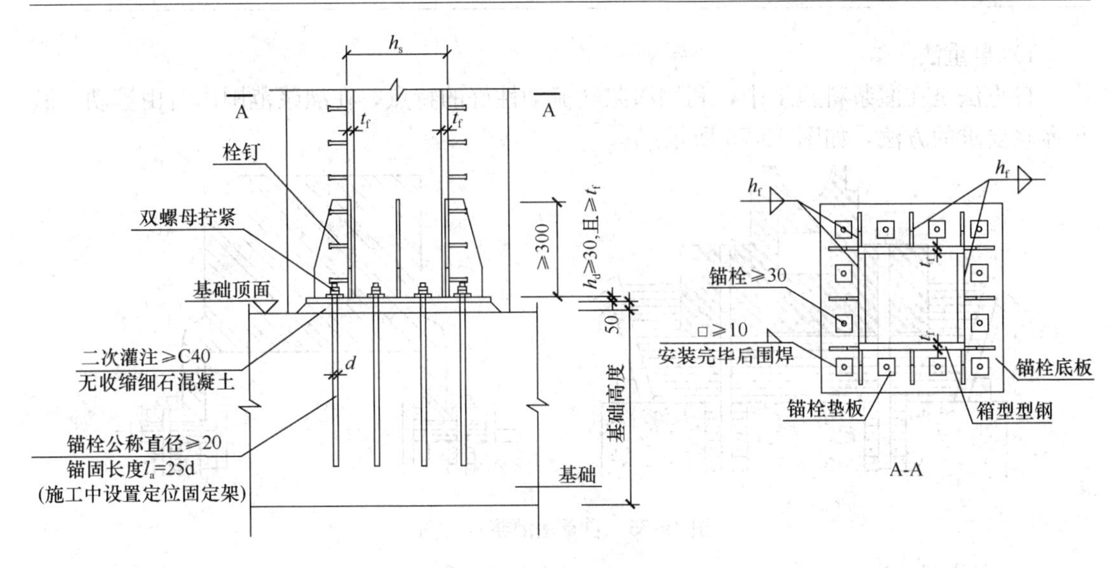


图 19-73 箱型型钢混凝土柱非埋入式柱脚做法

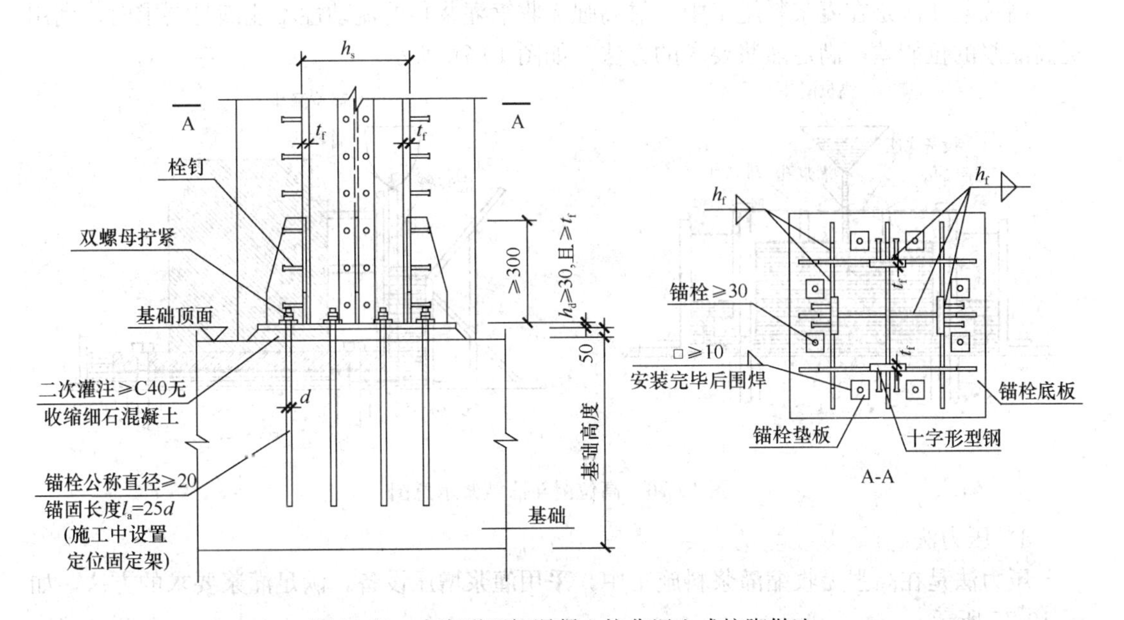


图 19-74 十字形型钢混凝土柱非埋入式柱脚做法

**二次灌浆用水泥基灌浆材料选择** **表 19-20**

| 灌浆层厚度（mm） | 水泥基灌浆材料类别 | 灌浆层厚度（mm） | 水泥基灌浆材料类别 |
|---|---|---|---|
| 5～30 | Ⅰ类 | 80～200 | Ⅲ类 |
| 20～100 | Ⅱ类 | ＞200 | Ⅳ类 |

注：1. 采用压力法或高位漏斗法灌浆施工时，可放宽水泥基灌浆材料的类别选择；

2. 当灌浆层厚度大于 150mm 时，可平均分成两次灌浆。根据实际分层厚度按上表选择合适的水泥基灌浆材料类别。第二次灌浆宜在第一次灌浆 24h 后，灌浆前应对第一次灌浆层表面做凿毛处理。

（2）二次灌浆施工方法

灌浆料施工方法有三种：自重法、高位漏斗法和压力法。

1）自重法

自重法是在灌浆料施工中，利用灌浆料流动性好的特点，在灌浆范围内自由流动，满足灌浆要求的方法，如图 19-75 所示。

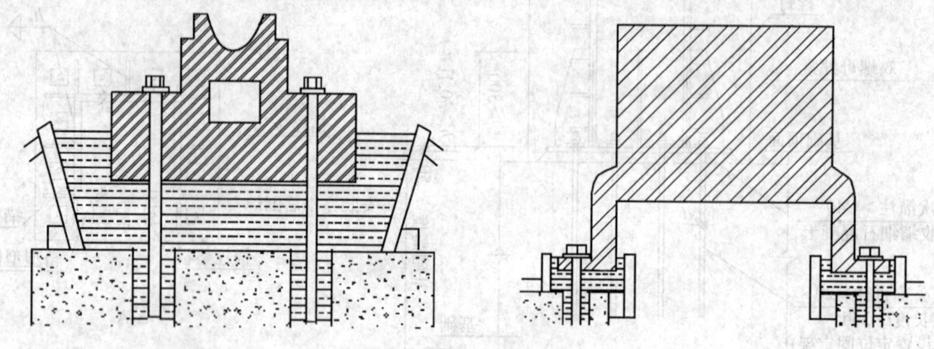

图 19-75　自重法灌浆示意图

2）高位漏斗法

高位漏斗法是在灌浆料施工中，靠高强无收缩灌浆料的流动性不能满足要求时，利用提高灌浆的位能差，满足灌浆要求的方法，如图 19-76 所示。

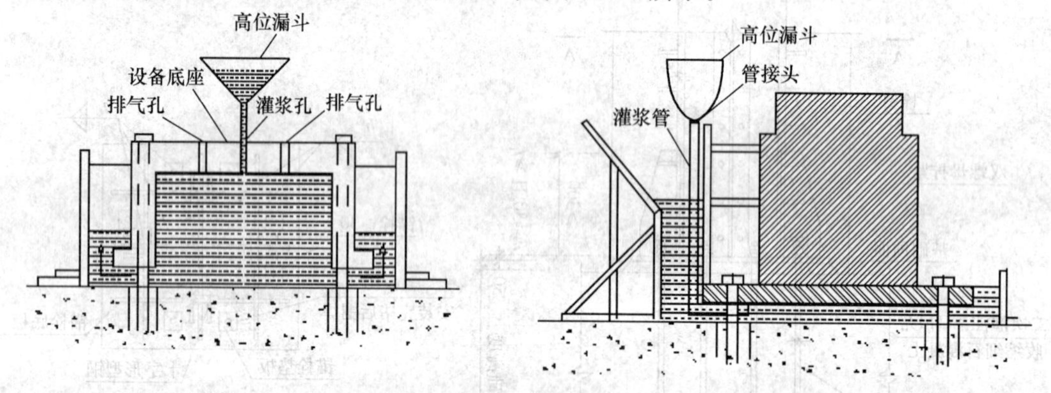


图 19-76　高位漏斗法灌浆示意图

3）压力法

压力法是在高强无收缩灌浆料施工中，采用灌浆增压设备，满足灌浆要求的方法，如图 19-77 所示。

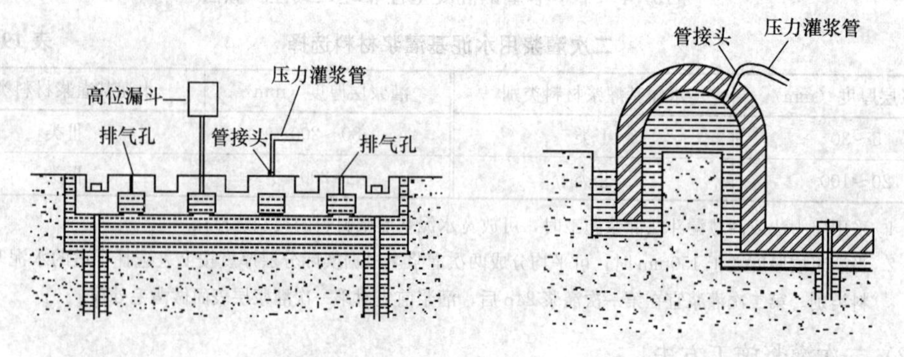


图 19-77　压力法灌浆示意图

(3) 灌浆注意事项

1) 浆料应从一侧灌入，直至另一侧溢出为止，以利于排出柱脚与混凝土基础之间的空气，使灌浆充实，不得从四侧同时进行灌浆。

2) 灌浆开始后，必须连续进行，不能间断，并应尽可能缩短灌浆时间。

3) 在灌浆过程中不宜振捣，必要时可用竹板条等进行拉动导流。

4) 每次灌浆层厚度不宜超过 100mm。

5) 灌浆完毕后，要剔除的部分应在灌浆层终凝前进行处理。

6) 在灌浆施工过程中直至脱模前，应避免灌浆层受到振动和碰撞。

7) 模板与柱脚间的水平距离应控制在 100mm 左右，以利于灌浆施工。

8) 灌浆环境温度不宜低于－5℃。

(4) 灌浆料养护

1) 灌浆完毕后 30min 内，应立即喷洒养护剂或覆盖塑料薄膜进行养护。

2) 灌浆料养护时间不少于 7d。

## 19.5 绿 色 施 工

钢-混凝土组合结构施工的环境保护主要有以下几点：

1. 噪声污染控制

施工现场应遵照《中华人民共和国建筑施工场界噪声限值》(GB 12523) 的要求制定降噪措施，并对施工现场场界噪声进行检测和记录，噪声排放不得超过国家标准。根据环保噪声标准 (dB) 日夜要求的不同，合理协调安排施工工序和作业时间将混凝土施工等噪声较大的工序放在白天进行，夜间避免进行噪声较大 的工作。除特殊情况外每晚 22：00时至次晨早 6：00 时严格控制强噪声作业。

材料进出场要采用吊装设备成捆吊装，严禁抛掷。

所有运输车辆进入现场后禁止鸣笛，夜间装卸材料应轻拿轻放，以减少噪声。

对混凝土输送泵等强噪声设备，实行封闭式隔声处理。

2. 光污染控制

电焊作业采取遮挡措施，避免电焊弧光外泄。

合理安排作业时间，尽量避免夜间施工。必要时夜间施工应合理调整灯光照射方向，减少对周围居民生活的干扰。

3. 施工周围环境、大气污染影响控制

运输容易散落、飞扬、流漏的物料的车辆，必须采取措施封闭严密。施工现场出口应设置洗车槽。建筑物内的施工垃圾应集中装袋，采用搭设封闭式临时专用垃圾道运输或容器吊运或用施工电梯运至地面。垃圾装车运出时，采用封闭式运输车。

4. 能源消耗控制

钢结构加工、钢材、水泥等大宗材料选择运距不超过 500km 之内的分供应商，以减少运输距离，降低能源消耗。

现场采用无纸化办公，减少木材消耗。

使用混凝土养护剂，减少施工用水消耗。

5. 土地使用控制

合理规划场地，减少场地占用面积。

不使用粘土实心砖，减少耕地资源消耗。

## 19.6 质量保证措施

### 19.6.1 深化设计质量控制措施

(1) 深化设计必须在符合原设计要求的前提下，满足车间加工和现场安装。

(2) 劲钢结构深化设计中应综合考虑与混凝土结构之间的连接节点处理，同时考虑与机电专业之间的预留节点。

(3) 深化设计单位应坚持设计绘图人、审图人、设计部三审制度，确保深化设计图纸的准确性和可行性。

(4) 对于截面较大的型钢混凝土柱、剪力墙、梁，经设计同意后在型钢腹板上需预留对拉螺栓孔，以确保混凝土浇筑质量。

(5) 对型钢柱、梁节点位置，在进行劲钢结构深化时，应提前考虑混凝土浇筑方案，必要时采取相应的措施，如在钢牛腿上开浇筑孔，或者在距离型钢柱一定距离内对型钢梁翼缘板的宽度减小，以便确保混凝土密实。

### 19.6.2 原材料质量控制措施

(1) 进场的钢材必须符合设计要求，进场后应及时按国家的相关规范规定对钢材的品种、规格、外观质量等进行检查验收。其规格、型号及允许偏差应符合产品标准的要求；其表面应光洁，不得有裂纹、结疤、气孔、夹层、折痕、重皮等缺陷；表面锈蚀、麻点或划痕的深度不得大于该材料厚度负偏差值的 1/2，且不大于 0.5mm。

(2) 按照国家现行规范规定需要进行复试的钢材，应按同一品种、规格、牌号、同一生产厂家、同一进场批次为一检验批，进行见证取样复试，其复试结果应符合现行国家产品标准和设计要求。对复试不合格的材料严禁使用。

(3) 型钢及压型钢板在装、卸过程中，严禁用钢丝绳捆绑直接起吊，需根据计算吊点进行吊装，以防变形。

(4) 钢材露天堆放时，堆放场地要平整，且高于周围地面，四周设置排水沟。堆放时尽量使钢材截面的背面朝上或朝外，顶部覆盖防雨防雪材料。

(5) 焊接材料必须具有出场合格证，其化学成分与机械性能必须符合国家标准。手工焊接用焊条应与母材强度相适应，并符合现行国家标准。焊条药皮应完整、厚度均匀，不得有偏心现象；药皮不得有裂纹、气孔及刻痕等缺陷；药皮应干燥、牢固；焊条芯不得有锈。严禁使用药皮脱落、焊芯生锈的焊条。

(6) 自动焊接或半自动焊接采用的焊丝和焊剂，应与母材强度相适应。焊丝的牌号、化学成分、机械性能及其他性能应符合设计图纸和现行国家规范规定，焊丝中的碳、硫、磷含量应符合标准。

(7) $CO_2$ 气体保护焊所用的 $CO_2$ 气体，应具有生产厂家出具的有关气体成分证明书，否则必须进行化验，确定其化学成分合格后，方可使用。其纯度不得低于99.5%。

(8) 焊条、焊丝、焊剂和熔嘴等焊接用材料应储存在干燥、通风良好的地方，并由专人保管。焊条、焊丝、焊剂和熔嘴在使用前必须按说明书及有关工艺文件的规定进行烘干。

### 19.6.3 测量质量控制措施

(1) 使用的计量器具，应定期进行检定，以确保其在有效期使用。在使用前及时对测量仪器进行检验，确保仪器在良好状态下运行。

(2) 当结构施工到一定高度时（一般60m左右），把型钢柱安装基准控制点向上转置，不得从下层柱的轴线引上。

(3) 结构的楼层标高可按相对标高或设计标高进行控制，标高传递采用多点闭合进行修正。

(4) 安装偏差的检测，应在结构形成空间刚度单元并连接紧固后进行。

### 19.6.4 焊接质量控制措施

(1) 凡以下情况应进行工艺试验，应在安装前进行焊接工艺试验或评定，并对焊工进行附加考试，同时在此基础上制定相应的施工工艺或方案。

1) 首次使用的结构钢材。

2) 首次使用的焊接材料，或焊接材料型号改变。

3) 焊接方法改变，或由于焊接设备的改变而引起焊接参数改变。

4) 焊接工艺改变：

① 双面对接焊改为单面焊。

② 单面对接电弧焊增加或去掉垫板，埋弧焊的单面焊反面成型。

③ 坡口形式改变，变更钢板厚度，要求焊透的T形接头。

5) 需要预热、后热或焊后做热处理。

(2) 承担工艺试验的焊接及现场焊接工作的焊工，应按现行行业标准《建筑钢结构焊接规程》(JGJ 81) 规定，持证上岗，并且确认焊工证在认可范围和有效期内。工艺试验应包括现场作业中所遇到的各种焊接位置，当现场有妨碍焊接操作时，还应作模拟障碍进行焊接试验。

(3) 焊接前，按照设计要求对接头坡口角度、钝边、间隙及错口量进行检查，焊缝的坡口形式和尺寸，应符合现行国家标准《手工电弧焊焊缝坡口的基本形式和尺寸》(GB 985) 和《埋弧焊焊缝坡口的基本形式和尺寸》(GB 986) 的规定。

焊接垫板或引弧板，其表面应清洁，要求与坡口相同，垫板与母材应贴紧，引弧板与母材焊接应牢固。

(4) 柱、梁、支撑等构件的长度尺寸应包括焊接收缩余量等变形值。在整个钢结构焊接过程中，设置专职测量人员，对柱的垂直度和梁的水平度进行监测，并测出每种焊缝的收缩量，作为构件加工参考量。

(5) 焊条使用前应进行烘干干燥。酸性焊条150～200℃烘干，保温时间1h，碱性焊条350～380℃烘干，保温时间1.5～2h。烘好后，焊条应放在110～120℃的保温箱中存放，随用随取，取出的焊条放在保温筒内，4h用完，否则需重新烘干。焊条烘干次数不超过两次。受潮的焊条不应使用。

(6) 正式焊接工作开始前，应根据工艺评定报告确定是否需要进行预热。一般来说对厚度大于40mm的碳素结构钢和厚度大于25mm低合金结构钢的焊缝区要进行预热。预热温度宜控制在60～140℃；预热区在焊道两侧，每侧宽度均应不大于焊件厚度的2倍，且不应小于100mm。在气温低于0℃的环境中进行焊接时，低碳钢也要进行预热。

(7) 对于板厚大于等于25mm的焊缝，焊后要进行消氢处理时，消氢处理的加热温度应为200～250℃，保温时间应依据工件板厚按每25mm板厚不小于0.5h，且总保温时间不得小于1h。达到保温时间后应缓冷至常温。

(8) 在焊接中应采用合理的焊接顺序控制变形：

1) 对于对接接头、T形接头和十字接头坡口焊接，在工件放置条件允许或易于翻身的情况下，宜采用双面坡口对称顺序焊接；对于有对称截面的构件，宜采用对称于构件中和轴的顺序焊接。

2) 对双面非对称坡口焊接，宜采用先焊完深坡口侧部分焊缝、后焊浅坡口侧焊缝、最后焊完深坡口侧焊缝的顺序。

3) 对长焊缝宜采用分段退焊法或与多人对称焊接法同时运用。

4) 宜采用跳焊法，避免工件局部加热集中。

(9) 控制焊缝变形其他工艺措施：

1) 通常情况下，宜采用熔化极气体保护电弧焊或药芯焊丝自保护电弧焊等能量密度较高的焊接方式，并采用较小的热输入。

2) 宜采用反弯变形法控制角变形。

3) 对一般构件可用定位焊固定同时限制变形；对大型、厚板构件宜用刚性固定法增加结构焊接时的刚性。

4) 对于大型结构宜采取分部组装焊接、分别矫正变形后再进行总装焊接或连接的施工方法。

(10) T形接头、十字接头、角接接头焊接时，宜采用以下防止板材层状撕裂的焊接工艺措施：

1) 采用双面坡口对称焊接代替单面坡口非对称焊接。

2) 采用低强度焊条在坡口内母材板面上先堆焊塑性过渡层。

3) Ⅱ类及Ⅱ类以上钢材箱形柱角接接头当板厚≥80mm时，板边火焰切割面宜用机械方法去除淬硬层。

4) 采用低氢型、超低氢型焊条或气体保护电弧焊施焊。

5) 提高预热温度施焊。

(11) 对于厚钢板焊接中，采用多层多道焊，能有效防止焊接裂纹。多层焊时应连续施焊，每一焊道完成后应及时清理焊渣和表面飞溅物。发现焊接质量缺陷时，应清除后方可再焊。在连续焊接过程中必须严格控制焊接区的母材温度，使层间温度符合焊接工艺文件要求。遇有中断施焊的情况，应采取适当的后热和保温措施。再次焊接时重新预热温度应高于初始预热温度。

(12) 厚钢板的焊接中，坡口底层焊道采用手工电弧焊时宜使用不大于Φ4mm的焊条施焊，底层根部焊道的最小尺寸应适宜，最大厚度不应超过 6mm。

(13) 栓钉焊接前，应将构件焊接面的油、锈清除；焊接后检查栓钉高度的允许偏差应在±2mm 以内，同时按有关规定检查其焊接质量。

(14) 在焊接过程中，设置专职人员对风速、温度、湿度进行测量记录，若出现风速大于 10m/s，相对湿度大于 90%，或雨、雪天等天气，且无有效保护措施，必须立即停止焊接。

(15) 焊接质检人员负责对焊接作业过程进行全过程的检查和控制，根据设计文件及规范要求确定焊缝检测部位和检测数量、填报签发检测报告。

(16) 焊缝表面缺陷超过相应的质量验收标准时，对气孔、夹渣、焊瘤、余高过大等缺陷应用砂轮打磨、铲凿、钻、铣等方法进行去除，必要时进行补焊；对焊缝尺寸不足、咬边、弧坑未填满等缺陷应进行补焊。

(17) 对于经无损检测确定焊缝内部存在的缺陷超标时，应按现行行业标准《建筑钢结构焊接技术规程》(JGJ 81) 中的相关要求进行返修。对两次返修后仍不合格的部位，应重新编制返修工艺，经工程技术负责人审批并报监理工程师认可后，方可执行。

### 19.6.5 现场安装质量控制措施

(1) 压型钢板的下料应在工厂进行，尽量减少在楼层现场的切割工作量。为保证下料的准确，应制作模具。

(2) 压型钢板铺设前应检查压型钢板的弯曲变形情况，对发生弯曲变形的压型板进行校正。同时对钢梁顶面清理干净，严防潮湿及涂刷油漆（可焊漆除外）。

(3) 压型钢板按图纸放线安装、调直、压实并采用对称点焊。要求波纹顺直，以便楼板钢筋在波内通过。压型钢板的凹槽与梁搭接，以便点焊。点焊固定电流应适当调小，防止将压型板焊穿。

(4) 压型钢板组合结构的钢筋绑扎过程中，上层钢筋应按设计间距均匀绑扎，分布钢筋的弯勾应按规范要求直角朝下，弯折在压型板的波谷内。绑扎板筋时一般用顺扣或八字扣，负弯矩钢筋和分布钢筋的每个相交点均要全数绑扎，绑扎完成后的组合楼板钢筋应间距一致，横平竖直。

(5) 压型钢板组合楼板施工中，应详细的参照楼板留洞图和布置图，先在压型钢板定位后弹出洞口边线，进行洞口预留。预留洞口尺寸小于等于 300mm 时，待混凝土浇筑完后，并达到设计强度的 75%以上，再切割压型钢板。预留洞口大于 300mm 时，在钢筋绑扎前切割出洞口，并按照设计要求进行洞口加强处理。

(6) 为防止混凝土浇筑过程中造成压型钢板变形过大，需搭设临时支架。应由施工实际确定，待混凝土达到一定的强度后方可拆除。

(7) 高强螺栓连接表面有浮锈、油污，螺栓孔有毛刺、焊瘤等，均应清理干净。在雨雪天气应避免高强度螺栓的安装施工，以免影响施工质量。

(8) 高强螺栓连接板若变形后出现间隙大，其间隙应按规定的允许间隙进行调整，应校正处理后再使用。

(9) 高强度螺栓在安装过程中如需要扩孔时，一定要防止金属碎屑夹在摩擦面之间，清理干净后才能进行安装。

(10) 高强螺栓应自由穿入螺孔，严禁强行将螺栓打入螺孔，并不得气焊扩孔。高强度螺栓应将配套的连接件（螺栓、螺母和垫圈等）放入同一包装内，避免混用。当天使用当天从库房中领出，当天未用完的高强度螺栓不能堆放在露天，防止损伤丝口。

(11) 高强螺栓所用的扭矩扳手必须定期校正，其偏差值不大于5%，严格按紧固顺序操作。紧固顺序为先中间，后边缘；先主要部位，后次要部位；先初拧，后终拧。初拧时要求达到设计的紧固力矩数值。扭剪型高强度螺栓尾部卡头被拧断，表示终拧结束。

(12) 型钢钢板制孔，应采用工厂车床制孔或现场采用等离子切割机操作，严禁现场用氧气切割开孔。

(13) 劲钢结构中的钢筋工程，必须根据规范及设计要求满足锚固和搭接要求。无论是柱或墙的钢筋都尽可能地减少纵向钢筋穿过型钢腹板的数量，且不宜穿过型钢翼缘。钢筋与型钢之间的连接可采用钢筋连接器进行连接。当必须在型钢翼缘上预留穿筋孔时，应由设计人员进行截面的承载能力验算，不满足承载力要求时，应进行补强。

(14) 型钢柱节点区最外侧箍筋必须是封闭箍筋。封闭箍应严格按要求放样加工，不得做成开口箍，也不得将箍筋直接焊在型钢混凝土柱上，必要时经设计人员同意可在型钢混凝土柱腹板上预留穿筋孔，将箍筋分成两段穿过后焊接成型。焊接位置应错开以保证抗震要求。内侧复合箍筋可以采用拉筋，弯钩构造满足抗震要求。

(15) 劲钢柱、剪力墙节点处，要事先确定出劲钢柱、剪力墙的竖向主筋、水平箍筋、剪力墙水平钢筋、梁纵向主筋及梁箍筋等各种钢筋的绑扎顺序，确定出哪种钢筋先绑扎，哪种钢筋后绑扎，以免柱、墙、梁的纵向主筋与箍筋等在绑扎顺序和方向上发生矛盾。

(16) 在型钢混凝土结构混凝土浇筑过程中，对于节点部位的混凝土必须严格控制混凝土原材料配合比，尤其是石子的粒径要严格控制。可根据实际情况，采用自密实混凝土或者细石混凝土进行浇筑。竖向柱、墙构件最好与水平构件梁、板分开浇筑。对于截面尺寸较大的型钢梁，可以按照规范要求分层分次浇筑。

(17) 对于型钢结构混凝土振捣可采用多种方法同时振捣，如振捣棒无法到达的部位，可在模板外设置附着式振捣器，进行辅助振捣。对确实无法进行混凝土浇筑的封闭区域，可以考虑采用高强灌浆料，在钢筋绑扎前预埋灌浆软管，通过灌浆以保证该部位的强度和密实度。

(18) 型钢混凝土结构中钢筋工程和混凝土工程必须符合现行国家规范《混凝土结构工程施工质量验收规范》(GB 50204) 中的相关要求。

## 参考文献

[1] 周明杰主编. 钢-混凝土组合结构设计与工程应用. 北京：中国建材工业出版社，2005.
[2] 日本钢结构协会著. 陈以一，傅功义译. 钢结构技术总览. 北京：中国建材工业出版社，2003.
[3] 周学军，王敦强编著. 钢与混凝土组合结构设计与施工. 济南：山东科学技术出版社，2004.
[4] 赵鸿铁著. 钢与混凝土组合结构. 北京：科学出版社，2001.
[5] 林宗凡著. 钢-混凝土组合结构. 上海：同济大学出版社，2004.
[6] 马怀中，王天贤著. 钢-混凝土组合结构. 北京：中国建筑工业出版社，2006.
[7] 肖辉，娄宇等著. 钢与混凝土组合梁的发展、研究与应用. 特种结构. 2005.3 第22卷第1期.
[8] 中建八局青岛公司主编. 钢与混凝土组合结构施工技术要点. 2008.

# 20 砌体工程

## 20.1 砌体结构特性

### 20.1.1 砌体结构材料强度等级和应用范围

砌体结构是由块体和砂浆砌筑而成的墙、柱作为建筑物主要受力构件的结构。砌体结构包括砖砌体、砌块砌体和石砌体结构。砌体的强度计算指标由块体和砂浆的强度等级确定。

**20.1.1.1 砌体结构材料**

构成砌体结构的材料主要包括块材、砂浆，必要时尚需要混凝土和钢筋。混凝土一般采用C20强度等级，钢筋一般采用HPB300、HRB335和HRB400强度等级或冷拔低碳钢丝。

1. 块材

砌体结构块材包括天然的石材和人工制造的砖及砌块。目前常用的有烧结普通砖、烧结多孔砖、蒸压灰砂砖、蒸压粉煤灰砖、普通混凝土小型空心砌块、轻骨料混凝土小型空心砌块、毛石和料石等。

烧结普通砖和烧结多孔砖一般是以黏土、页岩、煤矸石为主要原料，经焙烧而成的承重普通砖和多孔砖，其中烧结多孔砖孔洞率均小于30％。

蒸压灰砂砖、蒸压粉煤灰砖为非烧结硅酸盐砖，不得用于长期受热200℃以上、受急冷急热和有酸性介质侵蚀的建筑部位。MU15及MU15以上的蒸压灰砂砖可用于基础及其他建筑部位。蒸压粉煤灰砖用于基础或用于受冻融和干湿交替作用的建筑部位时，必须使用一等砖。

混凝土小型空心砌块以主规格190mm×190mm×390mm的单排孔和多排孔普通混凝土砌块以主。

轻骨料混凝土小型空心砌块材料常为水泥煤渣混凝土、煤矸石混凝土、陶粒混凝土、火山灰混凝土和浮石混凝土等，承重多排孔轻骨料砌块应用的限制条件为空洞率不大于35％。

石材根据其形状和加工程度分为毛石和料石（六面体）两大类，料石又分为细料石、半细料石、粗料石和毛料石。

2. 砂浆

砌体结构常用的砂浆种类按配合比分有：水泥砂浆（水泥和砂）、混合砂浆（水泥、石灰和砂）、石灰砂浆（石灰和砂）、石膏砂浆等。无塑性掺合料的纯水泥砂浆硬化快，一般多用于含水量较大的地下砌体中；混合砂浆强度较好，常用于地上砌体砌筑；石灰砂浆，强度小但属气硬性（即只能在空气中硬化），一般只用于地上砌体；石膏砂浆硬化快，一般用于不受潮湿的地上砌体中。

目前我国已开始推广应用专用的砌筑砂浆和干拌砂浆。砌筑砂浆是由水泥、砂、水以及根据需要掺入的掺合料和外加剂等按一定比例，采用机械拌合制成；干拌砂浆是由水泥、钙质消石灰、砂、掺合料以及外加剂按一定比例混合制成的混合物。干拌砂浆在施工现场加水经机械拌合后即成为砌筑砂浆。

**20.1.1.2 砌体材料的强度等级**

砌体材料的主要强度等级按各类块体和砂浆分类，块体的强度等级用符号 MU、砂浆的强度等级用符号 M 表示。主要强度指标如下：

烧结普通砖、烧结多孔砖的强度等级为：MU30、MU25、MU20、MU15 和 MU10；

蒸压灰砂砖、蒸压粉煤灰砖的强度等级为：MU25、MU20、MU15 和 MU10；

砌块的强度等级为：MU20、MU15、MU10、MU7.5 和 MU5；

石材的强度等级：MU100、MU80、MU60、MU50、MU40、MU30 和 MU20；

砂浆的强度等级：M15、M10、M7.5、M5 和 M2.5。

规范规定对烧结普通砖和烧结多孔砖砌体砂浆强度的最低等级为 M2.5，对蒸压灰砂砖、蒸压粉煤灰砖砌体砂浆强度的最低等级为 M5。

确定蒸压粉煤灰砖块体和掺有粉煤灰 15％以上的混凝土砌块强度等级时，块体抗压强度应乘以自然碳化系数，当无自然碳化系数时，应取人工碳化系数的 1.15 倍。

专用砌筑砂浆强度等级用“Mb”表示，砌块灌孔混凝土的强度等级用“Cb”表示。

**20.1.1.3 砌体结构的应用范围**

砌体结构适用于以受压为主的结构，以及便于就地取材的结构，综合归纳如下：

（1）民用建筑物中的墙体、柱、基础、过梁、地沟等；

（2）中小型工业建筑物中的墙体、柱、基础，工业构筑物中的烟囱、水池、水塔、中小型储仓等；

（3）交通工程中的拱桥、隧道、涵洞、挡土墙等；

（4）水利工程中的石坝、渡槽、围堰等。

## 20.1.2 影响砌体结构强度的主要因素

**20.1.2.1 块材和砂浆的强度**

块材和砂浆的强度是决定砌体抗压强度的最主要因素。试验表明，以砖砌体为例，砖强度等级提高一倍时，可使砌体抗压强度提高 50％左右；砂浆强度等级提高一倍，砌体抗压强度约可提高 20％，但水泥用量要增加 50％左右。

一般来说，砖本身的抗压强度总是高于砌体的抗压强度，砌体强度随块体和砂浆强度等级的提高而增大，但提高块体和砂浆强度等级不能按相同的比例提高砌体的强度。

**20.1.2.2 砂浆的性能**

砂浆的变形性能和砂浆的流动性、保水性对砌体抗压强度也有影响。砂浆强度等级越低，变形越大，砌体强度也越低。砂浆的流动性（即和易性）和保水性好，易使之铺砌成厚度和密实性都较均匀的水平灰缝，从而提高砌体强度。但是，如果流动性过大（采用过多塑化剂），砂浆在硬化后的变形率也越大，反而会降低砌体的强度。所以性能较好的砂浆应是有良好的流动性和较高的密实性。

#### 20.1.2.3 块体的形状和灰缝厚度

块体的外形对砌体强度也有明显的影响，块体的外形比较规则、平整，则砌体强度相对较高。如细料石砌体的抗压强度比毛料石砌体抗压强度可提高50%左右；灰砂砖具有比塑压黏土砖更为整齐的外形，砖的强度等级相同时，灰砂砖砌体的强度要高于塑压黏土砖砌体的强度。

砂浆灰缝的厚度对砌体强度有影响，越厚则越难保证均匀与密实，越影响砌体强度，所以当块体表面平整时，应尽量减薄灰缝厚度。

一般情况下，对砖和小型砌块砌体，灰缝厚度应控制在8～12mm，对料石砌体不宜大于20mm。

#### 20.1.2.4 砌筑质量

砌筑质量是指砌体的砌筑方式、灰缝砂浆的饱满度、砂浆层的铺砌厚度及均匀程度等，其中砂浆水平灰缝的饱满度对砌体抗压强度的影响较大，《砌体结构工程施工质量验收规范》(GB 50203)规定水平灰缝的砂浆饱满度不得低于80%，规范同时根据施工现场的质量管理水平、砂浆混凝土的强度及拌合方式、砌筑工人技术等级几个因素的综合水平划分施工质量控制等级。

砌体施工质量控制等级分为三级，如表20-1所示。工程设计图中应明确设计采用的施工质量控制等级，施工设计交底时应予以强调。一般情况下按B级质量控制水平进行施工，但对于配筋砌体剪力墙高层建筑宜按A级质量控制水平进行施工，配筋砌体不允许采用C级质量控制水平。

另外，块体在砌筑时的含水率、砌体龄期、搭缝方式和竖向灰缝的填满程度等也对砌体的抗压强度有影响。

**砌体施工质量控制等级　　表20-1**

| 项　目 | 施工质量控制等级 | | |
|---|---|---|---|
| | A | B | C |
| 现场质量管理 | 监督检查制度健全，并严格执行；施工方有在岗专业技术管理人员，人员齐全，并持证上岗 | 监督检查制度基本健全，并能执行；施工方有在岗专业技术管理人员，并持证上岗 | 有监督检查制度；施工方有在岗专业技术管理人员 |
| 砂浆、混凝土强度 | 试块按规定制作，强度满足验收规定，离散性小 | 试块按规定制作，强度满足验收规定，离散性较小 | 试块按规定制作，强度满足验收规定，离散性大 |
| 砂浆拌合 | 机械拌合；配合比计量控制严格 | 机械拌合；配合比计量控制一般 | 机械或人工拌合；配合比计量控制较差 |
| 砌筑工人 | 中级工以上，其中，高级工不少于30% | 高、中级工不少于70% | 初级工以上 |

### 20.1.3 砌体结构的构造措施

#### 20.1.3.1 墙、柱高度的控制

1. 高厚比

高厚比系指砌体墙、柱的计算高度 $H_0$ 与墙厚或柱边长的比值，即 $\beta = H_0/h$。砌体墙、柱的允许高厚比 $[\beta]$ 系指墙、柱高厚比的允许限值，是保证砌体结构稳定性的重要构造措施之一。一般墙、柱高厚比允许值见表 20-2。

**墙、柱的允许高厚比 [β] 值　　表 20-2**

| 砂浆等级 | 墙 | 柱 |
|---|---|---|
| M2.5 | 22 | 15 |
| M5 | 24 | 16 |
| ≥M7.5 | 26 | 17 |

注：1. 毛石墙、柱允许高厚比，应按表中数值降低 20%；
2. 组合砖砌体构件的允许高厚比，可按表中数值提高 20%，但不得大于 28；
3. 验算施工阶段砂浆尚未硬化的新砌体高厚比时，允许高厚比对墙取 14，对柱取 11。

2. 砌筑高度的限制

（1）砌体施工过程中，墙体工作段通常设在伸缩缝、沉降缝、防震缝、构造柱等部位。相邻工作段的高度差不得超过一个楼层，也不宜大于 4m。砌体临时间断处的高度差不得超过一步脚手架的高度。

（2）为了减少墙体因灰缝变形而引起的沉降，一般以每日砌筑高度不超过 1.8m 为宜。雨天施工时，每日砌筑高度不宜超过 1.2m。砖柱每日砌筑高度不宜超过 1.8m，独立砖柱不得采用先砌四周后填心的包心法砌筑。

（3）施工阶段尚未施工楼板或屋面的墙或柱，当可能遇到大风时，其允许自由高度不得超过表 20-3 的规定。如超过表中限值时，必须采用临时支撑等有效措施。

**墙、柱的允许自由高度　　表 20-3**

| 墙(柱)厚(mm) | 砌体密度>1600(kg/m³) | | | 砌体密度 1300～1600(kg/m³) | | |
|---|---|---|---|---|---|---|
| | 风载(kN/m²) | | | 风载(kN/m²) | | |
| | 0.3(约7级风) | 0.4(约8级风) | 0.5(约9级风) | 0.3(约7级风) | 0.4(约8级风) | 0.5(约9级风) |
| 190 | — | — | — | 1.4 | 1.1 | 0.7 |
| 240 | 2.8 | 2.1 | 1.4 | 2.2 | 1.7 | 1.1 |
| 370 | 5.2 | 3.9 | 2.6 | 4.2 | 3.2 | 2.1 |
| 490 | 8.6 | 6.5 | 4.3 | 7.0 | 5.2 | 3.5 |
| 620 | 14.0 | 10.5 | 7.0 | 11.4 | 8.6 | 5.7 |

注：1. 本表适用于施工处相对标高 $H$ 在 10m 范围内的情况。如 10m<$H$≤15m，15m<$H$≤20m 时，表中的允许自由高度应分别乘以 0.9、0.8 的系数；如 $H$>20m 时，应通过抗倾覆验算确定其允许自由高度；
2. 当所砌筑的墙有横墙或其他结构与其连接，而且间距小于表中机应墙、柱的自由高度的 2 倍时，砌筑高度可不受本表的限制；
3. 当砌体密度小于 1300kg/m³ 时，墙和柱的允许自由高度应另行验算确定。

#### 20.1.3.2　一般构造要求

1. 耐久性措施

（1）五层及五层以上房屋的外墙、潮湿房间墙，以及受振动或层高大于 6m 的墙、柱所用材料的最低强度等级如下：

1）砖采用 MU10；

2）砌块采用 MU7.5；

3）石材采用 MU30；

4）砂浆采用 M5。

对安全等级为一级或设计使用年限大于 50 年的房屋，墙、柱所有材料应按上述最低强度等级要求至少提高一级。

（2）对地面以下或防潮层以下、潮湿房间的砌体，所用材料的最低强度等级应符合表 20-4 的规定。对安全等级为一级或设计使用年限大于 50 年的房屋，墙、柱所有材料应按表中最低强度等级要求至少提高一级。

**地面以下或防潮层以下、潮湿房间所有砌体材料最低强度等级　　表 20-4**

| 基土的潮湿程度 | 烧结普通砖、蒸压灰砂砖 | | 混凝土砌块 | 石材 | 砂浆 |
|---|---|---|---|---|---|
| | 严寒地区 | 一般地区 | | | |
| 稍潮湿的 | MU10 | MU10 | MU7.5 | MU30 | MU5 |
| 很潮湿的 | MU15 | MU10 | MU7.5 | MU30 | MU7.5 |
| 含水饱和的 | MU20 | MU15 | MU10 | MU40 | MU10 |

（3）地面以下或防潮层以下的砌体，不宜采用多孔砖，特别是在冻胀地区如采用必须用水泥砂浆灌实。当采用混凝土小型空心砌块砌体时，其孔洞应采用强度等级不低于 Cb20 的混凝土灌实。

2. 整体性措施

（1）承重的独立砖柱，截面尺寸不应小于 240mm×370mm。

（2）砌块砌体应分皮错缝搭砌，上下皮搭砌长度不得小于 90mm，搭砌长度不满足上述要求时，应在水平灰缝内设置不少于 2$\phi$4 的焊接钢筋网片（横向钢筋的间距不应大于 200mm），网片每端均应超过该垂直缝，其长度不得小于 300mm。

（3）墙体转角处、纵横墙的交接处应错缝搭砌，以保证墙体的整体性。对不能同时砌筑而又必须留置的临时间断处，应砌成斜槎，斜槎长度不宜小于其高度的 2/3。若条件限制，留成斜槎困难时，也可做成直槎，但应在墙体内加设拉结钢筋，每 120mm 墙厚内不得少于 1$\phi$6，且每层不少于 2 根，沿墙高的间距不得超过 50mm，埋入长度从墙的留槎处算起，每边均不小于 500mm，末端做成弯钩。

（4）砌块墙与后砌隔墙交接处，应沿墙高每 400mm 在水平灰缝内设置不少于 2$\phi$4、横筋间距不应大于 200mm 的焊接钢筋网片。

（5）跨度大于 6m 的屋架和跨度大于 4.8m 的梁，其支承面下的砖砌体，应设置混凝土或钢筋混凝土垫块（当墙中设有圈梁时，垫块与圈梁宜浇成整体）。

（6）对厚度≤240mm 的砖砌体墙，当大梁跨度大于或等于 6m 时，其支承处宜加设山壁柱，或采取其他加强措施。

（7）预制钢筋混凝土板的支承长度，在墙上不宜小于 100mm，在钢筋混凝土圈梁上不宜小于 80mm；预制钢筋混凝土梁在墙上的支承长度不宜小于 240mm。

（8）支承在墙、柱上的屋架和吊车梁或搁置在砖砌体上跨度大于或等于 9m 的预制梁端部，应采用锚固件与墙、柱上的垫块锚固。

（9）山墙处的壁柱宜砌至山墙顶部。檩条或屋面板应与山墙锚固。采用砖封檐的屋檐，檐挑出的长度不宜超过墙厚的1/2，每皮砖挑出长度应小于或等于一块砖长的1/4～1/3。

3. 设置凹槽和管槽的要求

为防止在墙体中任意开凿沟槽埋设管线引起墙体承载力的降低或承载力不足，《砌体结构设计规范》（GB 50003）规定，不应在截面长边小于500mm的承重墙、独立柱内埋设管线；不宜在墙体中穿行暗线或预留、开凿沟槽，当无法避免时应采取必要的措施或按削弱后的截面验算墙体的承载力。

当设计无特殊要求时，参照国际标准《无筋砌体结构设计规范》（ISO 9652-1）的有关规定（表20-5），施工中可以设置小的凹槽和管槽而不需要计算，但必须保证：

（1）管槽距洞口的距离不应小于115mm，凹槽距洞口的距离不应小于2倍槽宽；

（2）2m长墙体内的凹槽和管槽总宽度不应大于300mm，小于2m的墙体其总宽度应成比例减小；

（3）任何凹槽或管槽之间的距离不应小于300mm；

（4）不允许在一面墙上同时设竖向凹槽和水平或斜向管槽；

（5）对墙厚为190mm的砌块墙体，不允许水平开槽，当受力较小时，允许在墙体竖向孔洞中设置管线。

**不需要计算允许的凹槽和竖向管槽的尺寸（mm）　　表20-5**

| 墙　厚 | 施工后形成的凹槽和管槽 | | 施工时形成的凹槽和管槽 | |
|---|---|---|---|---|
| | 最大深度 | 最大宽度 | 最大宽度 | 最小剩余墙厚 |
| ≤115 | 30 | 75 | 不允许 | 不允许 |
| 115～175 | 30 | 100 | 300 | 90 |
| 175～240 | 30 | 150 | 300 | 90 |
| 240～300 | 30 | 200 | 300 | 170 |
| 300～365 | 30 | 200 | 300 | 200 |

## 20.1.4　砌体结构裂缝防治措施

### 20.1.4.1　砌体裂缝概述

1. 裂缝的主要成因

砌体结构墙体裂缝的成因既有客观因素如地基沉降、温度、干缩，也有主观因素如设计疏忽、不合理，施工质量、材料不合格等，但最为常见的成因包括：地基不均匀沉降、温度变形和材料干缩、设计构造不合理和施工沉降以及受力裂缝。

（1）地基不均匀沉降

该裂缝与工程地质条件、基础构造、上部结构刚度、建筑体形以及材料和施工质量等因素有关。常见裂缝有以下几种类型：

1）斜裂缝：是最常见的一种裂缝。建筑物中间沉降大，两端沉降小，墙上出现“八”字形裂缝，反之则出现倒“八”字裂缝。

2）窗间墙上水平裂缝：这种裂缝一般成对地出现在窗间墙的上下对角处，沉降大的一边裂缝在下，沉降小的一边裂缝在上，靠窗口处裂缝较宽。

3）竖向裂缝：一般产生在纵墙顶层墙或底层窗台墙上，裂缝都是上面宽，向下逐渐缩小。

（2）温度变形和材料干缩

温度变形主要体现在砌体房屋顶层两端墙体上的裂缝，如门窗洞边的正八字斜裂缝，平屋顶下或屋顶圈梁下沿砖（块）灰缝的水平裂缝及水平包角裂缝（含女儿墙）。这类裂缝，在所有块体材料的墙上均很普遍。

干缩裂缝主要是采用干缩性较大的块材，如蒸压灰砂砖、粉煤灰砖、混凝土砌块等，随着含水率的降低，材料会产生较大的干缩变形。这类裂缝，在建筑上分布广、数量多，开裂的程度也较严重。最有代表性的裂缝分布为在建筑物底部1至2层窗台部位的垂直裂缝或斜裂缝，在大片墙面上出现的底部重上部较轻的竖向裂缝，以及不同材料和构件间差异变形引起的裂缝等。

多数情况下，温度变形和材料干缩单独或共同作用是引起砌体开裂的主要原因。

（3）设计构造不合理

设计构造不合理主要是指在扩建工程中，新旧建筑砖墙未采取适当的构造措施而砌成整体，在新、旧墙结合处往往会开裂。

另外，圈梁不封闭、变形缝设置不当、门窗洞口处未采取适当的构造措施等也可能造成砌体局部开裂。

（4）施工质量

由于砌体的组砌方式不合理，重缝、通缝多等施工质量问题，往往会引起不规则的较宽裂缝。另外，预留脚手眼的位置不当、断砖集中使用、砂浆不饱满等也易引起裂缝。

2. 裂缝宽度的控制

裂缝对建筑危害主要表现在对结构持久承载力和建筑正常使用功能的降低，其影响主要表现在以下四个方面：

（1）对于无筋结构，裂缝的出现表明结构承载力可能不足或存在严重问题。

（2）对于配筋结构，裂缝的超标会引起钢筋锈蚀，降低结构耐久性。

（3）对于建筑物的使用功能，裂缝主要是降低了结构的防水性能和气密性。

（4）对于用户，裂缝给人们造成一种不安全的精神压力和心理负担。

但鉴于裂缝成因的复杂性，砌体裂缝尚难完全避免，因此评价裂缝对建筑物的危害性非常重要。评价的主要指标是裂缝宽度，一般情况下，可参考表20-6的指标决定是否必须修补裂缝或者无须修补裂缝。

**必须修补与无须修补的裂缝宽度限值**（mm）　　**表20-6**

<table>
<tr><th rowspan="3">考虑因素<br>准　则</th><th rowspan="3">裂缝对钢筋腐蚀影响程度</th><th colspan="3">按耐久性考虑</th><th rowspan="3">按防水性考虑</th></tr>
<tr><th colspan="3">环境因素</th></tr>
<tr><th>恶劣的</th><th>中等的</th><th>优良的</th></tr>
<tr><td rowspan="3">必须修补的裂缝</td><td>大</td><td rowspan="2">>0.4</td><td>>0.4</td><td>>0.6</td><td rowspan="3">>0.2</td></tr>
<tr><td>中</td><td>>0.6</td><td>>0.8</td></tr>
<tr><td>小</td><td>>0.6</td><td>>0.8</td><td>>1.0</td></tr>
</table>

续表

<table>
<tr><td rowspan="3">考虑因素<br>准　则</td><td rowspan="3">裂缝对钢筋腐蚀影响程度</td><td colspan="3">按耐久性考虑</td><td rowspan="3">按防水性考虑</td></tr>
<tr><td colspan="3">环境因素</td></tr>
<tr><td>恶劣的</td><td>中等的</td><td>优良的</td></tr>
<tr><td rowspan="3">无须修补的裂缝</td><td>大</td><td rowspan="2">≤0.1</td><td rowspan="2">≤0.2</td><td>≤0.2</td><td rowspan="3">≤0.05</td></tr>
<tr><td>中</td><td rowspan="2">≤0.3</td></tr>
<tr><td>小</td><td>≤0.2</td><td>≤0.3</td></tr>
</table>

表中环境因素分为“恶劣的”、“中等的”和“优良的”三档。“恶劣的”指露天受雨淋，处于干湿交替状态或潮湿状态结冰，或受海水及有害气体腐蚀环境；“中等的”指不被雨淋的一般地上结构，浸泡在水中不结冰的地下结构及水下结构；“优良的”指与外界大气及腐蚀环境完全隔绝的情况。对钢筋腐蚀影响程度是按裂缝深度（贯通、中间、表面）、保护层厚度（＜40mm，40～70mm，＞70mm）、混凝土表面有无涂层、混凝土密实度及钢筋对腐蚀的敏感性等条件综合判断，对于中等的和优良的环境条件，对钢筋锈蚀及结构腐蚀的影响可以忽略不计。

无须修补的裂缝宽度限值 0.2～0.3mm 相当于《混凝土结构设计规范》（GB 50010）中三级裂缝控制等级规定值，此规定是比较严的。

#### 20.1.4.2 设计构造措施

根据《砌体结构设计规范》（GB 50003）的要求，设计应考虑防止或减轻墙体开裂的措施。一般来说，主要是基于“防”、“放”、“抗”三个原则来采取构造措施。

1. 基于“防”的措施

主要指适当的屋面构造处理以减少屋盖与墙体的温差，减少屋盖与墙体的变形。通常采取的措施包括保证屋面保温层的性能，采用低含水或憎水保温材料，防止屋面渗漏，南方则加设屋面隔热及通风层；外表浅色处理，外墙、屋盖刷白色等。

2. 基于“放”的措施

主要指屋面或墙体设置伸缩缝、滑动层和墙体设置控制缝等措施，有效降低温度或干缩变形应力。

(1) 伸缩缝的设置

砌体房屋伸缩缝的最大间距，见表 20-7。

**砌体房屋伸缩缝的最大间距（m）　　表 20-7**

| 屋盖或楼盖类别 | | 间　距 |
|---|---|---|
| 整体式或装配整体式钢筋混凝土结构 | 有保温层或隔热层的屋盖、楼盖 | 50 |
| | 无保温层或隔热层的屋盖 | 40 |
| 装配式无檩体系钢筋混凝土结构 | 有保温层或隔热层的屋盖、楼盖 | 60 |
| | 无保温层或隔热层的屋盖 | 50 |
| 装配式有檩体系钢筋混凝土结构 | 有保温层或隔热层的屋盖 | 75 |
| | 无保温层或隔热层的屋盖 | 60 |

续表

| 屋盖或楼盖类别 | 间 距 |
|---|---|
| 瓦材屋盖、木屋盖或楼盖、轻钢屋盖 | 100 |

注：1. 对烧结普通砖、多孔砖、配筋砌块砌体房屋取表中数值；对石砌体、蒸压灰砂砖、蒸压粉煤灰砖和混凝土砌块房屋取表中数值乘以0.8的系数。当有实践经验并采取有效措施时，可不遵守本表规定；
2. 在钢筋混凝土屋面上挂瓦的屋盖应按钢筋混凝土屋盖采用；
3. 按本表设置的墙体伸缩缝，一般不能同时防止由于钢筋混凝土屋盖的温度变形和砌体干缩变形引起的墙局部裂缝；
4. 温差较大且变化频繁地区和严寒地区不采暖的房屋及构筑物墙体的伸缩缝的最大间距，应按表中数值予以适当减小；
5. 层高大于5m的烧结普通砖、多孔砖、配筋砌块砌体结构单层房屋，其伸缩缝间距可按表中数值乘以1.3；
6. 墙体的伸缩缝应与结构的其他变形缝相重合，在进行立面处理时，必须保证缝隙的伸缩作用。

(2) 控制缝的设置

对于干缩性较大的块材墙体，设置适当的控制缝，把较长的砌体房屋的墙体划分为若干较小的区段，可以有效减小干缩、温度变形引起的裂缝。控制缝的设置位置和间距可以按下列规定使用：

1) 建筑物墙体高度或厚度突然变化处，门窗洞口的一侧或两侧一般应设置竖向控制缝，并宜在房屋阴角处设置控制缝；

2) 对于3层以下的房屋，应沿墙体的全高设置，对大于3层的房屋，可仅在建筑物的1～2层和顶层墙体的上列部位设置；

3) 控制缝在楼、屋盖的圈梁处可不贯通，但在该部位圈梁外侧宜留宽度和深度均为12mm的槽作成假缝，以控制可预料的裂缝；

4) 控制缝的间距一般为5～6m，不宜大于9m，落地门窗口上缘与同屋顶部圈梁下皮之间距离小于600mm者可视为控制缝；建筑物尽端开间内不宜设置控制缝；

5) 控制缝可作成隐式，与墙体的灰缝相一致，控制缝的宽度宜通过计算，且不宜大于14mm，控制缝应用弹性密封材料填缝。

3. 基于"抗"的措施

主要指通过构造措施，如设置圈梁、构造柱、芯柱，提高砌体强度，加强墙体的整性和抗裂能力，以减少墙体变形，减少裂缝，是砌体房屋普遍采用的抗裂构造措施。常见的措施如下：

(1) 设置柱或构造柱加圈梁加强砌体整体性；

(2) 采用玻璃纤维砂浆、玻璃丝网格布砂浆加芯柱，可以显著提高墙体的抗裂能力2～3倍；

(3) 使用高弹性涂料能有效地保护已开裂的墙体不受外界侵蚀；

(4) 轻质墙体与框架梁柱接槎部位、墙体预埋管线的两侧及裂缝多发位（如门窗等洞口的周边及墙体转折部位、房屋顶层的两端）必须加网防裂：

1) 饰面层为石材板块或很大尺寸的陶瓷板块者，墙体的两侧均用$\phi$1.5（或$\phi$1.6）镀锌钢丝网片、孔目约50mm×50mm～100mm×100mm；

2) 饰面层为小尺寸陶瓷板块、马赛克者，外墙面可用等于或小于$\phi$0.9镀锌钢丝网片，孔目约 15mm×15mm；

3）饰面层为抹灰层或涂料者，外墙面墙体易开裂部位可用小于 $\phi$0.9 镀锌钢丝网片，其余部位可用化纤丝或玻璃丝网格布，孔目 5mm×5mm～10mm×10mm；

4）仅需抹灰层防裂者，可用纤维网片或在抹灰砂浆中掺入抗裂纤维；

5）非常重要的外墙面（及用水房间）可全墙面双层加网，即墙体表面加设镀锌网片，抹灰层中加设纤维网片。

#### 20.1.4.3　施工保证措施

1. 时间保证

块材龄期应大于 28d（50d 以上更好），为避免砌体沉缩过大，宜控制日砌高度不超过 2m，填充墙顶宜在砌墙 7d 之后再填塞。管线安装开槽（宜用凹槽砌块或定制砌块，避免开槽打洞）宜在砌筑完毕 7d 后进行。墙体抹灰宜在管线、墙体修补完毕的 7d 之后进行（室外抹灰宜在结构主体封顶之后进行）。

2. 墙体质量保证

砌块进场或上墙之后，都要覆盖防雨水，施工前要根据砌块规格尺寸、灰缝厚度、门窗尺寸、芯柱位置、预埋管线等编制砌块排列图。非整砖要用无齿锯条切割，特殊部位宜采用异型砖。预埋线的两侧墙体需加网防裂。

3. 灰缝质量保证

保证灰缝质量关键是严格控制砌块上墙含水率和使用性能良好的砂浆，最好采用预拌砂浆或专用砌筑砂浆，如预拌砂浆、干粉砂浆等。砌墙时，轻质砌块只能适量洒水。砌筑砂浆的稠度对轻骨料混凝土小型空心砌块应为 60～90mm，对加气混凝土砌块、普通混凝土小型空心砌块应为 50～70mm。

#### 20.1.4.4　砌体结构裂缝处理措施

1. 填缝封闭修补

通常用于墙体外观维修和裂缝较浅，裂缝已经稳定的情况，具体做法为：先将裂缝清理干净，用勾缝刀、抹子、刮刀工具将 1∶3 的水泥砂浆或比砌筑强度高一级的水泥砂浆或掺有 108 胶的聚合水泥砂浆填入砖缝内。

2. 配筋填缝封闭修补

裂缝较宽时，可在裂缝相交的灰缝中嵌入细钢筋，然后再用水泥砂浆填缝。具体做法为：在裂缝两侧每隔 4～5 皮砖剔凿一道长 800～1000mm、深 30～40mm 的砖缝，埋入一根钢筋，端部弯成直钩并嵌入砖墙竖缝内，然后用强度等级为 M10 的水泥砂浆嵌填碾实。

施工时应注意以下几点：①两面不要剔同一条缝，最好隔两皮砖；②必须处理好一面，并等砂浆有一定强度后再施工另一面；③修补前剔开的砖缝要充分浇水湿润，修补后必须浇水养护。

3. 灌浆修补

当裂缝数量较多或较细，发展已基本稳定时，可采用灌浆补强方法，灌浆常用的材料有纯水泥浆、水泥砂浆、水玻璃砂浆或水泥灰浆等。在砌体修补中，常用纯水泥浆，若裂缝宽度大于 5mm 时可采用砂浆，裂缝细小时可采用压力灌浆。

### 20.1.5 砌体结构抗震构造措施

#### 20.1.5.1 多层砌体房屋的局部尺寸限制

多层砌体房屋的局部尺寸限值，见表20-8。

多层砌体房屋的局部尺寸限值（m） 表20-8

| 墙段部位 | 6度 | 7度 | 8度 | 9度 |
|---|---|---|---|---|
| 承重窗间墙最小宽度 | 1.0 | 1.0 | 1.2 | 1.5 |
| 承重外墙尽端至门窗洞边的最小距离 | 1.0 | 1.0 | 1.2 | 1.5 |
| 非承重外墙尽端至门窗洞边的最小距离 | 1.0 | 1.0 | 1.0 | 1.0 |
| 内墙阳角至门窗洞边的最小距离 | 1.0 | 1.0 | 1.5 | 2.0 |
| 无锚固女儿墙（非出入口处）的最大高度 | 0.5 | 0.5 | 0.5 | 0.0 |

注：1. 局部尺寸不足时应采取局部加强措施弥补；
2. 出入口处的女儿墙应有锚固；
3. 多层多排柱内框架房屋的纵向窗间墙宽度，不应小于1.5。

#### 20.1.5.2 防震缝的设置

多层砌体房屋遇有下列情况之一时，应设置防震缝分割。防震缝可结合沉降缝、伸缩缝一并设置，但缝宽应符合防震缝要求，即50～100mm。

（1）相邻房屋高差在6m以上或两层时；

（2）房屋有较大错层；

（3）结构的各部分刚度、质量或材料截然不同时。

## 20.2 砌筑砂浆

### 20.2.1 原材料要求

1. 水泥

水泥宜采用普通硅酸盐水泥或矿渣硅酸盐水泥，并应有出厂合格证或试验报告。砌筑砂浆用水泥的强度等级应根据设计要求进行选择。砂浆中采用的水泥，其强度等级不小于32.5级，宜采用42.5级。

水泥进场使用时，应对其品种、等级、包装或散装仓号、出厂日期等进行检查，并应对其强度、安定性及其他必要的性能指标进行复验，其质量必须符合现行国家标准《通用硅酸盐水泥》（GB 175）的有关规定。检验批应以同一生产厂家、同一编号为一批；当在使用中对水泥质量有怀疑或水泥出厂超过三个月（快硬硅酸盐水泥超过一个月）时，应复查试验，并按其复查结果使用；不同品种的水泥，不得混合使用。

2. 砂

砂宜用过筛中砂，其中毛石砌体宜用粗砂。砂浆用砂不得含有有害物质。砂的含泥量：对水泥砂浆和强度等级不小于M5的水泥混合砂浆不应超过5%；强度等级小于M5的水泥混合砂浆，不应超过10%；人工砂、山砂及特细砂，应经试配能满足砌筑砂浆技术条件要求。

3. 石灰膏

建筑生石灰、建筑生石灰粉熟化成石灰膏，其熟化时间分别不得少于7d和2d。沉淀池中储存的石灰膏，应防止干燥、冻结和污染。配制水泥石灰砂浆时，不得采用脱水硬化的石灰膏。建筑生石灰粉、消石灰粉不得替代石灰膏配制水泥石灰砂浆。

石灰膏的用量，应按稠度120±5mm计量，现场施工中石灰膏不同稠度的换算系数，可按表20-9确定。

**石灰膏不同稠度的换算系数　　表20-9**

| 稠度（mm） | 120 | 110 | 100 | 90 | 80 | 70 | 60 | 50 | 40 | 30 |
|---|---|---|---|---|---|---|---|---|---|---|
| 换算系数 | 1.00 | 0.99 | 0.97 | 0.95 | 0.93 | 0.92 | 0.90 | 0.88 | 0.87 | 0.86 |

4. 黏土膏

采用黏土或粉质黏土制备黏土膏时，宜用搅拌机加水搅拌，通过孔径不大于3mm×3mm的网过筛。用比色法鉴定黏土中的有机物含量时应浅于标准色。

5. 电石膏

制作电石膏的电石渣应用孔径不大于3mm×3mm的网过滤，检验时应加热至70℃并保持20min。没有乙炔气味后，方可使用。

6. 粉煤灰

粉煤灰进场使用前，应检查出厂合格证，以连续供应的200t相同等级的粉煤灰为一批，不足200t者按一批论。粉煤灰的品质指标应符合表20-10的要求。砌体砂浆宜根据施工要求选用不同级别的粉煤灰。

**粉煤灰品质指标　　表20-10**

| 序号 | 指标 | 级别 | | |
|---|---|---|---|---|
| | | Ⅰ | Ⅱ | Ⅲ |
| 1 | 细度，0.045mm方孔筛筛余（%），不大于 | 12 | 20 | 45 |
| 2 | 需水量比（%），不大于 | 95 | 105 | 115 |
| 3 | 烧失量（%），不大于 | 5 | 8 | 15 |
| 4 | 含水量（%），不大于 | 1 | 1 | 不规定 |
| 5 | 三氧化硫（%），不大于 | 3 | 3 | 3 |

7. 磨细生石灰粉

磨细生石灰粉的品质指标应符合表20-11的要求。

**建筑生石灰粉品质指标　　表20-11**

| 序号 | 指标 | | 钙质生石灰粉 | | | 镁质生石灰粉 | | |
|---|---|---|---|---|---|---|---|---|
| | | | 优等品 | 一等品 | 合格品 | 优等品 | 一等品 | 合格品 |
| 1 | CaO+MgO含量（%），不大于 | | 85 | 80 | 75 | 80 | 75 | 70 |
| 2 | $CO_2$含量（%），不大于 | | 7 | 9 | 11 | 8 | 10 | 12 |
| 3 | 细度 | 0.90mm筛筛余（%），不大于 | 0.2 | 0.5 | 1.5 | 0.2 | 0.5 | 1.5 |
| | | 0.125mm筛筛余（%），不大于 | 7.0 | 12.0 | 18.0 | 7.0 | 12.0 | 18.0 |

8. 水

水质应符合现行行业标准《混凝土用水标准》(JGJ 63) 的有关规定。

9. 外加剂

在砂浆中掺入的砌筑砂浆增塑剂、早强剂、缓凝剂、防冻剂、防水剂等砂浆外加剂，其品种和用量应经有资质的检测单位检验和试配确定。所用外加剂的技术性能应符合国家现行有关标准《砌筑砂浆增塑剂》(JC/T 164)、《混凝土外加剂》(GB 8076)、《砂浆、混凝土防水剂》(JC 474) 的质量要求。

## 20.2.2 砂浆技术条件

砌筑砂浆的强度等级宜采用 M20、M15、M10、M7.5、M5、M2.5。

水泥砂浆拌合物的密度不宜小于 1900kg/m$^3$；水泥混合砂浆拌合物的密度不宜小于 1800kg/m$^3$。

砌筑砂浆的稠度应按表 20-12 的规定选用。

**砌筑砂浆的稠度** **表 20-12**

| 砌体种类 | 砂浆稠度 (mm) | 砌体种类 | 砂浆稠度 (mm) |
|---|---|---|---|
| 烧结普通砖砌体<br>蒸压粉煤灰砖砌体 | 70～90 | 烧结多孔砖、空心砖砌体<br>轻骨料小型空心砌块砌体<br>蒸压加气混凝土砌块砌体 | 60～80 |
| 混凝土实心砖、混凝土多孔砖砌体<br>普通混凝土小型空心砌块砌体<br>蒸压灰砂砖砌体 | 50～70 | 石砌体 | 30～50 |

注：1. 采用薄灰砌筑法砌筑蒸压加气混凝土砌块砌体时，加气混凝土粘结砂浆的加水量按照其产品说明书控制；
2. 当砌筑其他块体时，其砌筑砂浆的稠度可根据块体吸水特性及气候条件确定。

砌筑砂浆的分层度不得大于 30mm。

水泥砂浆中水泥用量不应小于 200kg/m$^3$，水泥混合砂浆中水泥和掺合料总量宜为 300～350kg/m$^3$。

具有冻融循环次数要求的砌筑砂浆，经冻融试验后，质量损失率不得大于 5%，抗压强度损失率不得大于 25%。

施工中不应采用强度等级小于 M5 水泥砂浆替代同强度等级水泥混合砂浆，如需替代，应将水泥砂浆提高一个强度等级。

## 20.2.3 砂浆配合比的计算与确定

砌筑砂浆应通过试配确定配合比。当砌筑砂浆的组成材料有变更时，其配合比应重新确定。

### 20.2.3.1 水泥混合砂浆配合比计算

水泥混合砂浆配合比计算，应按下列步骤进行：

1. 计算砂浆试配强度 $f_{m,0}$

砂浆的试配强度应按下式计算：

$$f_{m,0} = f_2 + 0.645\sigma \quad (20\text{-}1)$$

式中　$f_{m,0}$——砂浆的试配强度，精确至0.1MPa；

$f_2$——砂浆抗压强度平均值，精确至0.1MPa；

$\sigma$——砂浆现场强度标准差，精确至0.01MPa。

当有统计资料时，砂浆现场强度标准差$\sigma$应按下式计算

$$\sigma=\sqrt{\frac{\sum_{i=1}^{n} f_{m,i}^{2}-n\mu f_{m}^{2}}{n-1}} \tag{20-2}$$

式中　$f_{m,i}$——统计周期内同一品种砂浆第$i$组试件的强度（MPa）；

$\mu f_m$——统计周期内同一品种砂浆$n$组试件强度的平均值（MPa）；

$n$——统计周期内同一品种砂浆试件的总组数，$n \geqslant 25$。

当不具有近期统计资料时，砂浆现场强度标准差$\sigma$可按表20-13取用。

**砂浆强度标准差$\sigma$选用值**（MPa）　　**表20-13**

| 施工水平 | 砂浆强度等级 | | | | | |
|---|---|---|---|---|---|---|
| | M2.5 | M5 | M7.5 | M10 | M15 | M20 |
| 优　良 | 0.50 | 1.00 | 1.50 | 2.00 | 3.00 | 4.00 |
| 一　般 | 0.62 | 1.25 | 1.88 | 2.50 | 3.75 | 5.00 |
| 较　差 | 0.75 | 1.50 | 2.25 | 3.00 | 4.50 | 6.00 |

2. 计算水泥用量$Q_C$

每立方米砂浆中的水泥用量，应按下式计算

$$Q_C=\frac{1000(f_{m,0}-\beta)}{\alpha \cdot f_{ce}} \tag{20-3}$$

式中　$Q_C$——每立方米砂浆的水泥用量，精确至1kg；

$f_{m,0}$——砂浆的试配强度，精确至0.1MPa；

$f_{ce}$——水泥的实测强度，精确至0.1MPa；

$\alpha$、$\beta$——砂浆的特征系数，其中$\alpha=3.03$，$\beta=-15.09$。

在无法取得水泥的实测强度时，可按下式计算$f_{ce}$：

$$f_{ce}=\gamma_c \cdot f_{ce,k} \tag{20-4}$$

式中　$f_{ce,k}$——水泥强度等级对应的强度值；

$\gamma_c$——水泥强度等级值的富余系数，该值应按实际统计资料确定。无统计资料时$\gamma_c$可取1.0。

3. 计算掺加料用量$Q_D$

水泥混合砂浆的掺加料用量应按下式计算：

$$Q_D=Q_A-Q_C$$

式中　$Q_D$——每立方米砂浆的掺加料用量，精确至1kg；石灰膏、黏土膏使用时的稠度为(120±5)mm；

$Q_C$——每立方米砂浆的水泥用量，精确至1kg；

$Q_A$——每立方米砂浆中水泥和掺加料的总量，精确至1kg；宜在300～350kg之间。

4. 确定砂用量$Q_S$

每立方米砂浆中的砂用量，应按干燥状态（含水率小于0.5%）的堆积密度值作为计算值（kg）。

5. 选用用水量 $Q_W$

每立方米砂浆中的用水量，根据砂浆稠度等要求可选用240～310kg。用水量中不包括石灰膏或黏土膏中的水。当采用细砂或粗砂时，用水量分别取上限或下限；砂浆稠度小于70mm时，用水量可小于下限；施工现场气候炎热或干燥季节，可酌量增加用水量。

**20.2.3.2 水泥砂浆配合比选用**

水泥砂浆材料用量可按表20-14选用。

**每立方米水泥砂浆材料用量** **表 20-14**

| 砂浆强度等级 | 每立方米砂浆水泥用量（kg） | 每立方米砂浆砂用量（kg） | 每立方米砂浆用水量（kg） |
|---|---|---|---|
| M2.5、M5 | 200～230 | 1m³ 砂的堆积密度值 | 270～330 |
| M7.5、M10 | 220～280 | | |
| M15 | 280～340 | | |
| M20 | 340～400 | | |

注：1. 此表水泥强度等级为32.5级，大于32.5级水泥用量宜取下限；
2. 根据施工水平合理选择水泥用量；
3. 当采用细砂或粗砂时，用水量分别取上限或下限；
4. 稠度小于70mm时，用水量可小于下限；
5. 施工现场气候炎热或干燥季节，可酌量增加用水量。

**20.2.3.3 配合比试配、调整与确定**

试配时应采用工程中实际使用的材料，并采用机械搅拌。搅拌时间，应自投料结束算起，对水泥砂浆和水泥混合砂浆，不得少于120s；对掺用粉煤灰和外加剂的砂浆，不得少于180s。

按计算或查表所得配合比进行试拌时，应测定砂浆拌合物的稠度和分层度，当不能满足要求时，应调整材料用量，直到符合要求为止。然后确定为试配时的砂浆基准配合比。

试配时至少应采用三个不同的配合比，其中一个为基准配合比，其他配合比的水泥用量应按基准配合比分别增加及减少10%。在保证稠度、分层度合格的条件下，可将用水量或掺加料用量作相应调整。

对三个不同的配合比进行调整后，应按现行行业标准《建筑砂浆基本性能试验方法》（JGJ70）的规定成型试件，测定砂浆强度，并选定符合试配强度要求且水泥用量最少的配合比作为砂浆配合比。

**20.2.3.4 砌筑砂浆配合比计算实例**

试计算M7.5水泥石灰砂浆配合比。水泥42.5级；石灰膏稠度120mm；中砂，堆积密度1450kg/m³；施工水平一般。

1. 计算砂浆试配强度 $f_{m,0}$

$$f_{m,0} = f_2 + 0.645\sigma = 7.5 + 0.645\sigma = 7.5 + 0.645 \times 1.88 = 8.7\text{MPa}$$

2. 计算水泥用量 $Q_C$

$$Q_C = \frac{1000(f_{m,0} - \beta)}{\alpha \times f_{ce}} = \frac{1000(8.7 + 15.09)}{3.03 \times 1 \times 42.5} = 185\text{kg}$$

3. 计算石灰膏用量 $Q_D$

$$Q_D = Q_A - Q_C = 340 - 185 = 155\text{kg}$$

4. 确定砂用量 $Q_S$

$$Q_S = 1450\text{kg}$$

5. 选用用水量 $Q_W$

$$Q_W = 280\text{kg}$$

水泥石灰砂浆配合比（水：水泥：石灰膏：砂）为 280：185：155：1450。

以水泥为1，配合比为 1.51：1：0.84：7.84。

### 20.2.4　砂浆的拌制与使用

(1) 配制砌筑砂浆时，各组分材料应采用质量计量，水泥及各种外加剂配料的允许偏差为±2%；砂、粉煤灰、石灰膏等配料的允许偏差为±5%。

(2) 砌筑砂浆应采用机械搅拌，搅拌时间自投料完起算应符合下列规定：

1) 水泥砂浆和水泥混合砂浆不得少于 120s；

2) 水泥粉煤灰砂浆和掺用外加剂的砂浆不得少于 180s；

3) 掺增塑剂的砂浆，其搅拌方式、搅拌时间应符合现行行业标准《砌筑砂浆增塑剂》(JC/T 164) 的有关规定；

4) 干混砂浆及加气混凝土砌块专用砂浆宜按掺用外加剂的砂浆确定搅拌时间或按产品说明书采用。

(3) 现场拌制的砂浆应随拌随用，拌制的砂浆应在 3h 内使用完毕；当施工期间最高气温超过 30℃时，应在 2h 内使用完毕。预拌砂浆及蒸压加气混凝土砌块专用砂浆的使用时间应按照厂方提供的说明书确定。

(4) 砌体结构工程使用的湿拌砂浆，除直接使用外必须储存在不吸水的专用容器内，并根据气候条件采取遮阳、保温、防雨雪等措施，砂浆在储存过程中严禁随意加水。

### 20.2.5　砂浆强度的增长关系

普通硅酸盐水泥拌制的砂浆强度增长关系见表 20-15（仅作参考）。

**用 42.5 级普通硅酸盐水泥拌制的砂浆强度增长关系**　　**表 20-15**

| 龄期 (d) | 不同温度下的砂浆强度百分率（以在 20℃时养护 28d 的强度为 100%） | | | | | | | |
|---|---|---|---|---|---|---|---|---|
| | 1℃ | 5℃ | 10℃ | 15℃ | 20℃ | 25℃ | 30℃ | 35℃ |
| 1 | 4 | 6 | 8 | 11 | 15 | 19 | 23 | 25 |
| 3 | 18 | 25 | 30 | 36 | 43 | 48 | 54 | 60 |
| 7 | 38 | 46 | 54 | 62 | 69 | 73 | 78 | 82 |
| 10 | 46 | 55 | 64 | 71 | 78 | 84 | 88 | 92 |
| 14 | 50 | 61 | 71 | 78 | 85 | 90 | 94 | 98 |
| 21 | 55 | 67 | 76 | 85 | 93 | 96 | 102 | 104 |
| 28 | 59 | 71 | 81 | 92 | 100 | 104 | — | — |

矿渣硅酸盐水泥拌制的砂浆强度增长关系见表 20-16 及表 20-17（仅作参考）。

**用 32.5 级矿渣硅酸盐水泥拌制的砂浆强度增长关系　表 20-16**

| 龄期(d) | 不同温度下的砂浆强度百分率（以在 20℃时养护 28d 的强度为 100%） | | | | | | | |
|---|---|---|---|---|---|---|---|---|
| | 1℃ | 5℃ | 10℃ | 15℃ | 20℃ | 25℃ | 30℃ | 35℃ |
| 1 | 3 | 4 | 5 | 6 | 8 | 11 | 15 | 18 |
| 3 | 8 | 10 | 13 | 19 | 30 | 40 | 47 | 52 |
| 7 | 19 | 25 | 33 | 45 | 59 | 64 | 69 | 74 |
| 10 | 26 | 34 | 44 | 57 | 69 | 75 | 81 | 88 |
| 14 | 32 | 43 | 54 | 66 | 79 | 87 | 93 | 98 |
| 21 | 39 | 48 | 60 | 74 | 90 | 96 | 100 | 102 |
| 28 | 44 | 53 | 65 | 83 | 100 | 104 | — | — |

**用 42.5 级矿渣硅酸盐水泥拌制的砂浆强度增长关系　表 20-17**

| 龄期(d) | 不同温度下的砂浆强度百分率（以在 20℃时养护 28d 的强度为 100%） | | | | | | | |
|---|---|---|---|---|---|---|---|---|
| | 1℃ | 5℃ | 10℃ | 15℃ | 20℃ | 25℃ | 30℃ | 35℃ |
| 1 | 3 | 4 | 6 | 8 | 11 | 15 | 19 | 22 |
| 3 | 12 | 18 | 24 | 31 | 39 | 45 | 50 | 56 |
| 7 | 28 | 37 | 45 | 54 | 61 | 68 | 73 | 77 |
| 10 | 39 | 47 | 54 | 63 | 72 | 77 | 82 | 86 |
| 14 | 46 | 55 | 62 | 72 | 82 | 87 | 91 | 95 |
| 21 | 51 | 61 | 70 | 82 | 92 | 96 | 100 | 104 |
| 28 | 55 | 66 | 75 | 89 | 100 | 104 | — | — |

# 20.3　砖砌体工程

## 20.3.1　砌筑用砖

### 20.3.1.1　烧结普通砖

烧结普通砖按主要原料分为黏土砖、页岩砖、煤矸石砖和粉煤灰砖。

烧结普通砖根据抗压强度分为 MU30、MU25、MU20、MU15、MU10 五个强度等级。

烧结普通砖根据尺寸偏差、外观质量、泛霜和石灰爆裂分为优等品、一等品、合格品三个质量等级。优等品适用于清水墙，一等品、合格品可用于混水墙。

烧结普通砖的外形为直角六面体，其公称尺寸为：长 240mm、宽 115mm、高 53mm。配砖规格为 175mm×115mm×53mm。

烧结普通砖的尺寸允许偏差应符合表 20-18 的规定。

**烧结普通砖尺寸允许偏差（mm）　表 20-18**

| 公称尺寸 | 优等品 | | 一等品 | | 合格品 | |
|---|---|---|---|---|---|---|
| | 样本平均偏差 | 样本极差≤ | 样本平均偏差 | 样本极差≤ | 样本平均偏差 | 样本极差≤ |
| 240 | ±2.0 | 6 | ±2.5 | 7 | ±3.0 | 8 |
| 115 | ±1.5 | 5 | ±2.0 | 5 | ±2.5 | 7 |
| 53 | ±1.5 | 4 | ±1.6 | 5 | ±2.0 | 6 |

烧结普通砖的外观质量应符合表 20-19 的规定。

**烧结普通砖外观质量（mm）　表 20-19**

| 项　目 | | | 优等品 | 一等品 | 合格品 |
|---|---|---|---|---|---|
| 两条面高度差 | | ≤ | 2 | 3 | 4 |
| 弯曲 | | ≤ | 2 | 3 | 4 |
| 杂质凸出高度 | | ≤ | 2 | 3 | 4 |
| 缺棱掉角的三个破坏尺寸 | | 不得同时大于 | 5 | 20 | 30 |
| 裂纹长度≤ | *a*. 大面上宽度方向及其延伸至条面的长度 | | 30 | 60 | 80 |
| | *b*. 大面上长度方向及其延伸至顶面的长度或条顶面上水平裂纹长度 | | 50 | 80 | 100 |
| 完整面 | | 不得少于 | 二条面和二顶面 | 一条面和一顶面 | — |
| 颜色 | | | 基本一致 | — | — |

注：装饰面施加的色差、凹凸纹、拉毛、压花等不能算做缺陷。
凡有下列缺陷之一者，不得称为完整面：
1）缺损在条面或顶面上造成的破坏面尺寸同时大于 10mm×10mm；
2）条面或顶面上裂纹宽度大于 1mm，其长度超过 30mm；
3）压陷、黏底、焦花在条面或顶面上的凹陷或凸出超过 2mm，区域尺寸同时大于 10mm×10mm。

烧结普通砖的强度应符合表 20-20 的规定。

**烧结普通砖强度（MPa）　表 20-20**

| 强度等级 | 抗压强度平均值≥ | 变异系数 $\delta \leqslant 0.21$ | 变异系数 $\delta > 0.21$ |
|---|---|---|---|
| | | 强度标准值 $f_k \geqslant$ | 单块最小抗压强度值≥ |
| MU30 | 30.0 | 22.0 | 25.0 |
| MU25 | 25.0 | 18.0 | 22.0 |
| MU20 | 20.0 | 14.0 | 16.0 |
| MU15 | 15.0 | 10.0 | 12.0 |
| MU10 | 10.0 | 6.5 | 7.5 |

#### 20.3.1.2 粉煤灰砖

粉煤灰砖以煤渣为主要原料，掺入适量石灰、石膏，经混合、压制成型、蒸养或蒸压而成的实心砖。

粉煤灰砖的外形为矩形体，公称尺寸为：长 240mm，宽 115mm，高 53mm。

粉煤灰砖根据抗压强度和抗折强度分为 MU20、MU15、MU10、MU7.5 四个强度等级。

粉煤灰砖根据尺寸偏差、外观质量、强度等级分为：优等品、一等品、合格品。

粉煤灰砖的尺寸偏差与外观质量应符合表20-21的规定。

**粉煤灰砖尺寸偏差与外观质量（mm）　　表20-21**

| 项目 | | 指标 | | |
|---|---|---|---|---|
| | | 优等品（A） | 一等品（B） | 合格品（C） |
| （1）尺寸允许偏差：长度 | | ±2 | ±3 | ±4 |
| 宽度 | | ±2 | ±3 | ±4 |
| 高度 | | ±1 | ±2 | ±3 |
| （2）对应高度差 | ≤ | 1 | 2 | 3 |
| （3）缺棱掉角的最小破坏尺寸 | ≤ | 10 | 15 | 20 |
| （4）完整面 | 不少于 | 二条面和一顶面或二顶面和一条面 | 一条面和一顶面 | 一条面和一顶面 |
| （5）裂缝长度 | ≤ | | | |
| 1）大面上宽度方向的裂纹（包括延伸到条面上的长度） | | 30 | 50 | 70 |
| 2）其他裂纹 | | 50 | 70 | 100 |
| （6）层裂 | | 不允许 | 不允许 | 不允许 |

注：在条面或顶面上破坏面的两个尺寸同时大于10mm和20mm者为非完整面。

粉煤灰砖强度应符合表20-22的规定，优等品的强度等级应不低于MU15。

**粉煤灰砖强度　　表20-22**

| 强度等级 | 抗压强度（MPa） | | 抗折强度（MPa） | |
|---|---|---|---|---|
| | 10块平均值≥ | 单块值≥ | 10块平均值≥ | 单块值≥ |
| MU30 | 30.0 | 24.0 | 6.2 | 5.0 |
| MU25 | 25.0 | 20.0 | 5.0 | 4.0 |
| MU20 | 20.0 | 16.0 | 4.0 | 3.2 |
| MU15 | 15.0 | 12.0 | 3.3 | 2.6 |
| MU10 | 10.0 | 8.0 | 2.5 | 2.0 |

#### 20.3.1.3　烧结多孔砖

烧结多孔砖以黏土、页岩、煤矸石等为主要原料，经焙烧而成的多孔砖。

烧结多孔砖的外形为矩形体，其长度、宽度、高度尺寸应符合下列要求：

（1）290mm、240mm、190mm、180mm；

（2）175mm、140mm、115mm、90mm。

烧结多孔砖的孔洞尺寸应符合表20-23的规定。

**烧结多孔砖孔洞规定　　表20-23**

| 圆孔直径 | 非圆孔内切圆直径 | 手抓孔 |
|---|---|---|
| ≤22mm | ≤15mm | 30～40mm×75～85mm |

烧结多孔砖根据抗压强度、变异系数分为MU30、MU25、MU20、MU15、MU10五个强度等级。

烧结多孔砖根据尺寸偏差、外观质量、强度等级和物理性能分为优等品、一等品、合格品三个等级。

烧结多孔砖的尺寸允许偏差应符合表20-24的规定。

烧结多孔砖尺寸允许偏差（mm）　　表20-24

| 公称尺寸 | 优等品 | | 一等品 | | 合格品 | |
|---|---|---|---|---|---|---|
| | 样本平均偏差 | 样本极差≤ | 样本平均偏差 | 样本极差≤ | 样本平均偏差 | 样本极差≤ |
| 290、240 | ±2.0 | 6 | ±2.5 | 7 | ±3.0 | 8 |
| 190、180、175、140、115 | ±1.5 | 5 | ±2.0 | 6 | ±2.5 | 7 |
| 90 | ±1.5 | 4 | ±1.7 | 5 | ±2.0 | 6 |

烧结多孔砖的外观质量应符合表20-25的规定。

烧结多孔砖外观质量　　表20-25

| 项　目 | | 指　标 | | |
|---|---|---|---|---|
| | | 优等品 | 一等品 | 合格品 |
| (1) 颜色（一条面和一顶面） | | 一致 | 基本一致 | — |
| (2) 完整面 | 不得少于 | 一条面和一顶面 | 一条面和一顶面 | — |
| (3) 缺棱掉角的三个破坏尺寸不得同时大于（mm） | | 15 | 20 | 30 |
| (4) 裂纹长度 | 不大于（mm） | | | |
| 1）大面上深入孔壁15mm以上宽度方向及其延伸到条面的长度 | | 60 | 80 | 100 |
| 2）大面上深入孔壁15mm以上长度方向及其延伸到顶面的长度 | | 60 | 100 | 120 |
| 3）条、顶面上的水平裂纹 | | 80 | 100 | 120 |
| (5) 杂质在砖面上造成的凸出高度 | 不大于（mm） | 3 | 4 | 5 |

注：1. 装饰面而施加的色差、凹凸纹、拉毛、压花等不算缺陷；
2. 凡有下列缺陷之一者，不能称为完整面：
1）缺损在条面或顶面上造成的破坏面尺寸同时大于20mm×30mm；
2）条面或顶面上裂纹宽度大于1mm，其长度超过70mm；
3）压陷、焦花、粘底在条面或顶面上的凹陷或凸出超过2mm，区域尺寸同时大于20mm×30mm。

烧结多孔砖的强度应符合表20-26的规定。

烧结多孔砖强度　　表20-26

| 强度等级 | 抗压强度平均值（MPa）$f \geqslant$ | 变异系数$\delta \leqslant 0.21$ 强度标准值（MPa）$f_k \geqslant$ | 变异系数$\delta > 0.21$ 单块最小抗压强度值（MPa）$f_{min} \geqslant$ |
|---|---|---|---|
| MU30 | 30.0 | 22.0 | 25.0 |
| MU25 | 25.0 | 18.0 | 22.0 |
| MU20 | 20.0 | 14.0 | 16.0 |

续表

| 强度等级 | 抗压强度平均值（MPa）$f \geqslant$ | 变异系数 $\delta \leqslant 0.21$ 强度标准值（MPa）$f_k \geqslant$ | 变异系数 $\delta > 0.21$ 单块最小抗压强度值（MPa）$f_{min} \geqslant$ |
|---|---|---|---|
| MU15 | 15.0 | 10.0 | 12.0 |
| MU10 | 10.0 | 6.5 | 7.5 |

#### 20.3.1.4 蒸压灰砂空心砖

蒸压灰砂空心砖以石灰、砂为主要原料，经坯料制备、压制成型、蒸压养护而制成的孔洞率大于15％的空心砖。

蒸压灰砂空心砖的规格及公称尺寸列于表20-27。孔洞采用圆形或其他孔形。空洞应垂直于大面。

蒸压灰砂空心砖公称尺寸　表20-27

| 规格代号 | 公称尺寸（mm） | | |
|---|---|---|---|
| | 长 | 宽 | 高 |
| NF | 240 | 115 | 53 |
| 1.5NF | 240 | 115 | 90 |
| 2NF | 240 | 115 | 115 |
| 3NF | 240 | 115 | 175 |

蒸压灰砂空心砖根据抗压强度分为MU25、MU20、MU15、MU10、MU7.5五个强度等级。

蒸压灰砂空心砖根据强度等级、尺寸允许偏差和外观质量分为优等品、一等品和合格品。

蒸压灰砂空心砖的尺寸允许偏差、外观质量和孔洞率应符合表20-28的规定。

蒸压灰砂空心砖尺寸允许偏差、外观质量和孔洞率　表20-28

| 项　目 | | 指　标 | | |
|---|---|---|---|---|
| | | 优等品 | 一等品 | 合格品 |
| (1) 尺寸允许偏差： | | | | |
| 长度（mm） | 不大于 | ±2 | ±2 | ±3 |
| 宽度（mm） | 不大于 | ±1 | ±2 | ±3 |
| 高度（mm） | 不大于 | ±1 | ±2 | ±3 |
| (2) 相对高度差（mm） | 不大于 | ±1 | ±2 | ±3 |
| (3) 孔洞率（％） | 不小于 | 15 | 15 | 15 |
| (4) 外壁厚度（mm） | 不小于 | 10 | 10 | 10 |
| (5) 肋厚度（mm） | 不小于 | 7 | 7 | 7 |
| (6) 缺棱掉角最小尺寸（mm） | 不大于 | 15 | 20 | 25 |
| (7) 完整面 | 不少于 | 1条面和1顶面 | 1条面或1顶面 | 1条面或1顶面 |
| (8) 裂纹长度（mm） | 不大于 | | | |
| 1）条面上高度方向及其延伸到大面的长度 | | 30 | 50 | 70 |

续表

| 项　目 | 指　标 | | |
|---|---|---|---|
| | 优等品 | 一等品 | 合格品 |
| 2）条面上长度方向及其延伸到顶面上的水平裂纹长度 | 50 | 70 | 100 |

注：凡有以下缺陷者，均为非完整面：

1. 缺棱尺寸或掉角的最小尺寸大于 8mm；
2. 灰球、黏土团、草根等杂物造成破坏面尺寸大于 10mm×20mm；
3. 有气泡、麻面、龟裂等缺陷造成的凹陷与凸起分别超过 2mm。

蒸压灰砂空心砖的抗压强度应符合表 20-29 的规定。优等品的强度等级应不低于 MU15，一等品的强度等级应不低于 MU10。

蒸压灰砂空心砖抗压强度　　表 20-29

| 强度等级 | 抗压强度（MPa） | |
|---|---|---|
| | 五块平均值不小于 | 单块最小值不小于 |
| MU25 | 25.0 | 20.0 |
| MU20 | 20.0 | 16.0 |
| MU15 | 15.0 | 12.0 |
| MU10 | 10.0 | 8.0 |
| NU7.5 | 7.5 | 6.0 |

## 20.3.2 烧结普通砖砌体

### 20.3.2.1 砌筑前准备

（1）选砖：用于清水墙、柱表面的砖，应边角整齐，色泽均匀。

（2）砖浇水：砖应提前 1～2d 浇水湿润，烧结普通砖含水率宜为 10%～15%。

（3）校核放线尺寸：砌筑基础前，应用钢尺校核放线尺寸，允许偏差应符合表 20-30 的规定。

放线尺寸允许偏差　　表 20-30

| 长度 $L$、宽度 $B$（m） | 允许偏差（mm） | 长度 $L$、宽度 B（m） | 允许偏差（mm） |
|---|---|---|---|
| $L$（或 $B$）≤30 | ±5 | 60<$L$（或 $B$）≤90 | ±15 |
| 30<$L$（或 $B$）≤60 | ±10 | $L$（或 $B$）>90 | ±20 |

（4）选择砌筑方法：宜采用“三一”砌筑法，即一铲灰、一块砖、一揉压的砌筑方法。当采用铺浆法砌筑时，铺浆长度不得超过 750mm，施工期间气温超过 30℃时，铺浆长度不得超过 500mm。

（5）设置皮数杆：在砖砌体转角处、交接处应设置皮数杆，皮数杆上标明砖皮数、灰缝厚度以及竖向构造的变化部位。皮数杆间距不应大于 15m。在相对两皮数杆的砖上边线处拉准线。

（6）清理：清除砌筑部位处所残存的砂浆、杂物等。

#### 20.3.2.2 砖基础

砖基础的下部为大放脚、上部为基础墙。

大放脚有等高或和间隔式。等高式大放脚是每砌两皮砖，两边各收进 1/4 砖长（60mm）；间隔式大放脚是每砌两皮砖及一皮砖，轮流两边各收进 1/4 砖长（60mm），最下面应为两皮砖（图 20-1）。

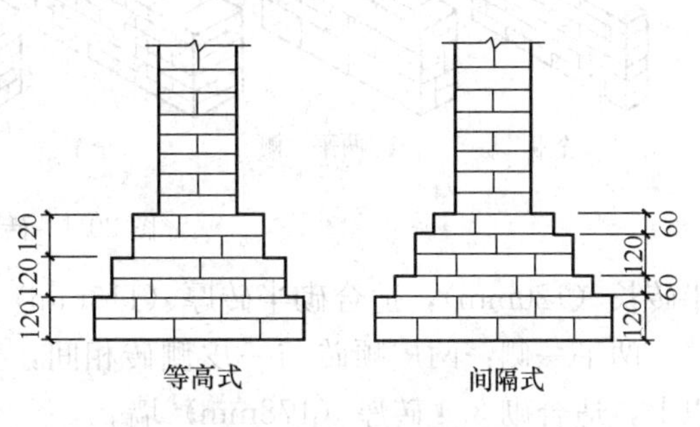

图 20-1 砖基础大放脚形式

砖基础大放脚一般采用一顺一丁砌筑形式，即一皮顺砖与一皮丁砖相间，上下皮垂直灰缝相互错开 60mm。

砖基础的转角处、交接处，为错缝需要应加砌配砖（3/4 砖、半砖或 1/4 砖）。

图 20-2 所示是底宽为 2 砖半等高式砖基础大放脚转角处分皮砌法。

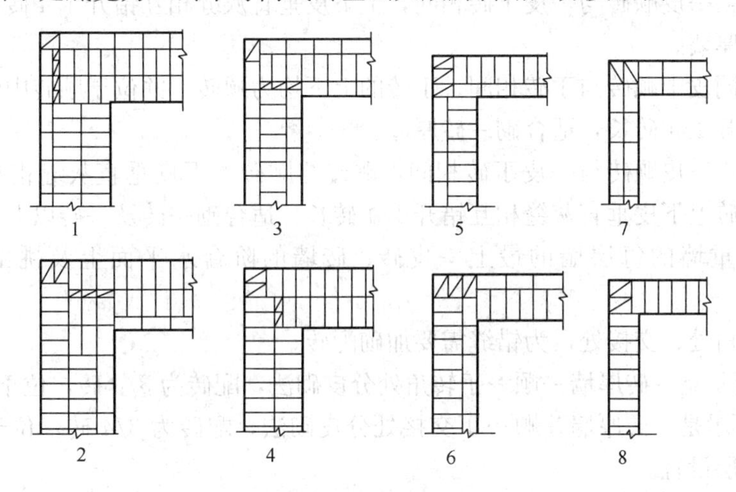

图 20-2 大放脚转角处分皮砌法

砖基础的水平灰缝厚度和垂直灰缝宽度宜为 10mm。水平灰缝的砂浆饱满度不得小于 80%。

砖基础底标高不同时，应从低处砌起，并应由高处向低处搭砌。当设计无要求时，搭砌长度 $L$ 不应小于砖基础底的高差 $H$，搭接长度范围内下层基础应扩大砌筑（图 20-3）。

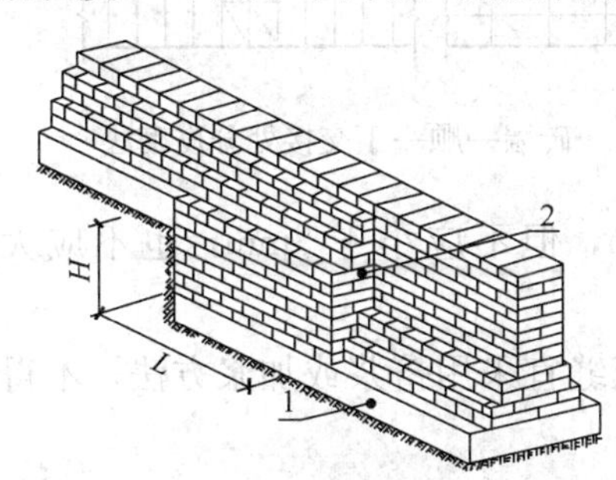

图 20-3 基底标高不同时的搭砌示意图（条形基础）

1—混凝土垫层；2—基础扩大部分

砖基础的转角处和交接处应同时砌筑，当不能同时砌筑时，应留置斜槎。

基础墙的防潮层，当设计无具体要求，宜用 1∶2 水泥砂浆加适量防水剂铺设，其厚度宜为 20mm。防潮层位置宜在室内地面标高以下一皮砖处。

#### 20.3.2.3 砖墙

砖墙根据其厚度不同，可采用全顺、两平一侧、全丁、一顺一丁、梅花丁或三顺一丁的砌筑形式（图 20-4）。

全顺：各皮砖均顺砌，上下皮垂直灰缝相互错开

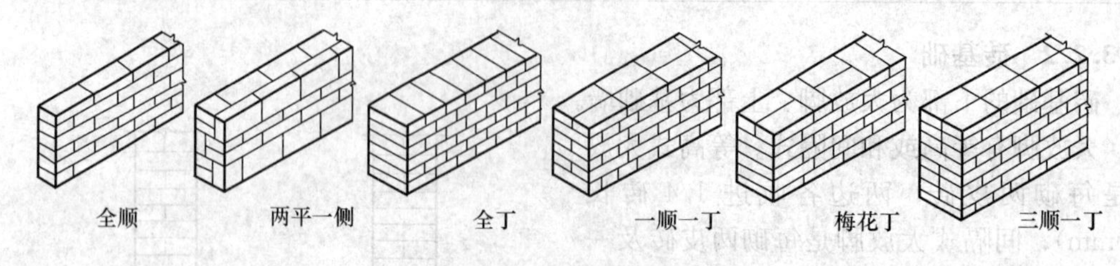


图 20-4　砖墙砌筑形式

半砖长（120mm），适合砌半砖厚（115mm）墙。

两平一侧：两皮顺砖与一皮侧砖相间，上下皮垂直灰缝相互错开 1/4 砖长（60mm）以上，适合砌 3/4 砖厚（178mm）墙。

全丁：各皮砖均丁砌，上下皮垂直灰缝相互错开 1/4 砖长，适合砌一砖厚（240mm）墙。

一顺一丁：一皮顺砖与一皮丁砖相间，上下皮垂直灰缝相互错开 1/4 砖长，适合砌一砖及一砖以上厚墙。

梅花丁：同皮中顺砖与丁砖相间，丁砖的上下均为顺砖，并位于顺砖中间，上下皮垂直灰缝相互错开 1/4 砖长，适合砌一砖厚墙。

正顺一丁：三皮顺砖与一皮丁砖相间，顺砖与顺砖上下皮垂直灰缝相互错开 1/2 砖长；顺砖与丁砖上下皮垂直灰缝相互错开 1/4 砖长。适合砌一砖及一砖以上厚墙。

一砖厚承重墙的每层墙的最上一皮砖、砖墙的阶台水平面上及挑出层，应整砖丁砌。

砖墙的转角处、交接处，为错缝需要加砌配砖。

图 20-5 所示是一砖厚墙一顺一丁转角处分皮砌法，配砖为 3/4 砖，位于墙外角。

图 20-6 所示是一砖厚墙一顺一丁交接处分皮砌法，配砖为 3/4 砖，位于墙交接处外面，仅在丁砌层设置。

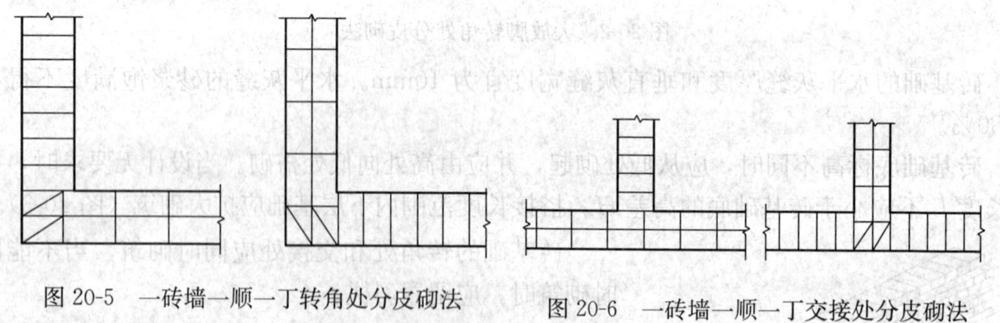

图 20-5　一砖墙一顺一丁转角处分皮砌法　　图 20-6　一砖墙一顺一丁交接处分皮砌法

砖墙的水平灰缝厚度和垂直灰缝宽度宜为 10mm，但不应小于 8mm，也不应大于 12mm。

砖墙的水平灰缝砂浆饱满度不得小于 80%；垂直灰缝宜采用挤浆或加浆方法，不得出现透明缝、瞎缝和假缝。

在墙上留置临时施工洞口，其侧边离交接处墙面不应小于 500mm，洞口净宽度不应超过 1m。临时施工洞口应做好补砌。

不得在下列墙体或部位设置脚手眼：

（1）120mm 厚墙；

（2）过梁上与过梁成 60°角的三角形范围及过梁净跨度 1/2 的高度范围内；

（3）宽度小于 1m 的窗间墙；

（4）墙体门窗洞口两侧 200mm 和转角处 450mm 范围内；

（5）梁或梁垫下及其左右 500mm 范围内；

（6）设计不允许设置脚手眼的部位。

施工脚手眼补砌时，应清除脚手眼内掉落的砂浆、灰尘；脚手眼处砖及填塞用砖应湿润，并应填实砂浆。

设计要求的洞口、管道、沟槽应于砌筑时正确留出或预埋，未经设计同意，不得打凿墙体和墙体上开凿水平沟槽。宽度超过 300mm 的洞口上部，应设置钢筋混凝土过梁。不应在截面长边小于 500mm 的承重墙体、独立柱内埋设管线。

正常施工条件下，砖砌体每日砌筑高度宜控制在 1.5m 或一步脚手架高度内。

砖墙工作段的分段位置，宜设在变形缝、构造柱或门窗洞口处；相邻工作段的砌筑高度不得超过一个楼层高度，也不宜大于 4m。

**20.3.2.4 砖柱**

砖柱应选用整砖砌筑。

砖柱断面宜为方形或矩形。最小断面尺寸为 240mm×365mm。

砖柱砌筑应保证砖柱外表面上下皮垂直灰缝相互错开 1/4 砖长，砖柱内部少通缝，为错缝需要应加砌配砖，不得采用包心砌法。

图 20-7 所示是几种断面的砖柱分皮砌法。

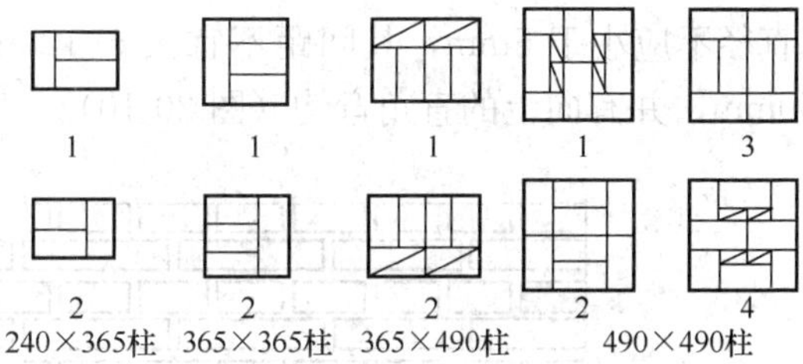

1 1 1 1 3
2 2 2 2 4
240×365柱 365×365柱 365×490柱 490×490柱

图 20-7 不同断面砖柱分皮砌法

砖柱的水平灰缝厚度和垂直灰缝宽度宜为 10mm，但不应小于 8mm，也不应大于 12mm。

砖柱水平灰缝的砂浆饱满度不得小于 80%。

成排同断面砖柱，宜先砌成两端的砖柱，以此为准，拉准线砌中间部分砖柱，这样可保证各砖柱皮数相同，水平灰缝厚度相同。

砖柱中不得留脚手眼。

砖柱每日砌筑高度不得超过 1.8m。

**20.3.2.5 砖垛**

砖垛应与所附砖墙同时砌起。

砖垛最小断面尺寸为 120mm×240mm。

砖垛应隔皮与砖墙搭砌，搭砌长度应不小于 1/4 砖长。砖垛外表面上下皮垂直灰缝应相互错开 1/2 砖长，砖垛内部应尽量少通缝，为错缝需要应加砌配砖。

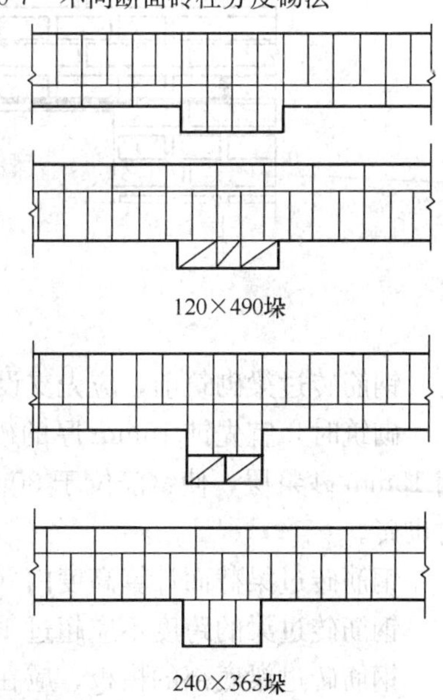


图 20-8 砖垛分皮砌法

图 20-8 所示是一砖半厚墙附 120mm×490mm 砖垛

和附 240mm×365mm 砖垛的分皮砌法。

### 20.3.2.6　砖平拱

砖平拱应用整砖侧砌，平拱高度不小于砖长（240mm）。

砖平拱的拱脚下面应伸入墙内不小于 20mm。

砖平拱砌筑时，应在其底部支设模板，模板中央应有 1%的起拱。

砖平拱的砖数应为单数。砌筑时应从平拱两端同时向中间进行。

砖平拱的灰缝应砌成楔形。灰缝的宽度，在平拱的底面不应小于 5mm；在平拱的顶面不应大于 15mm（图 20-9）。

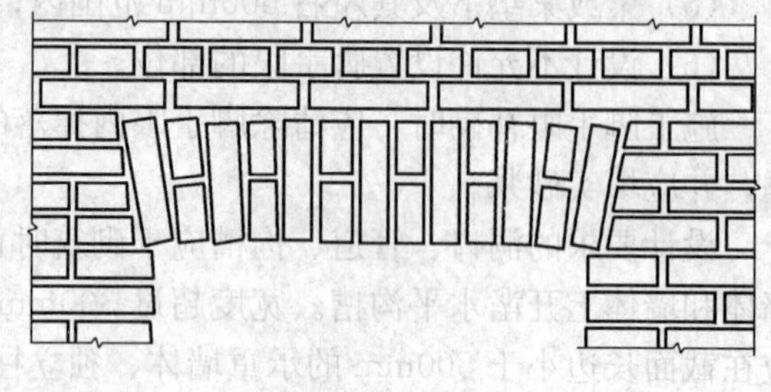
图 20-9　砖平拱

砖平拱底部的模板，应在砂浆强度不低于设计强度 50%时，方可拆除。

砖平拱截面计算高度内的砂浆强度等级不宜低于 M5。

砖平拱的跨度不得超过 1.2m。

### 20.3.2.7　钢筋砖过梁

钢筋砖过梁的底面为砂浆层，砂浆层厚度不宜小于 30mm。砂浆层中应配置钢筋，钢筋直径不应小于 5mm，其间距不宜大于 120mm，钢筋两端伸入墙体内的长度不宜小于 250mm，并有向上的直角弯钩（图 20-10）。

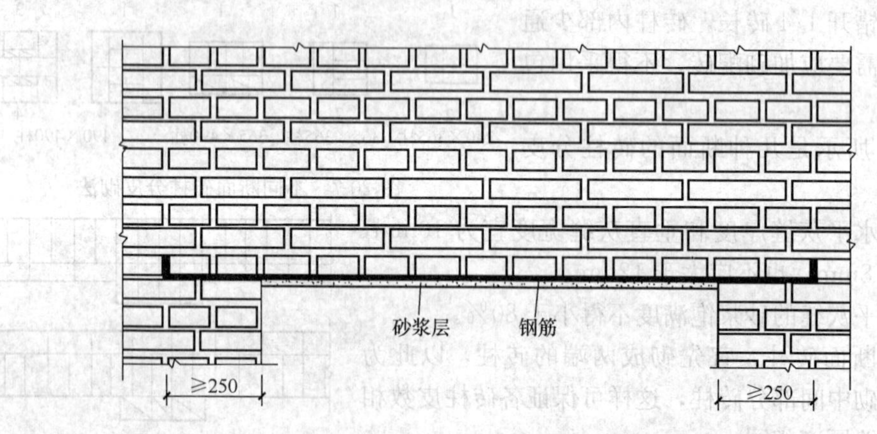

图 20-10　钢筋砖过梁

钢筋砖过梁砌筑前，应先支设模板，模板中央应略有起拱。

砌筑时，宜先铺 15mm 厚的砂浆层，把钢筋放在砂浆层上，使其弯钩向上，然后再铺 15mm 砂浆层，使钢筋位于 30mm 厚的砂浆层中间。之后，按墙体砌筑形式与墙体同时砌砖。

钢筋砖过梁截面计算高度内（7 皮砖高）的砂浆强度不宜低于 M5。

钢筋砖过梁的跨度不应超过 1.5m。

钢筋砖过梁底部的模板，应在砂浆强度不低于设计强度 50%时，方可拆除。

### 20.3.3 烧结多孔砖砌体

砌筑清水墙的多孔砖，应边角整齐、色泽均匀。

在常温状态下，多孔砖应提前1～2d浇水湿润。砌筑时砖的含水率宜控制在10%～15%。

对抗震设防地区的多孔砖墙应采用“三一”砌砖法砌筑；对非抗震设防地区的多孔砖墙可采用铺浆法砌筑，铺浆长度不得超过750mm；当施工期间最高气温高于30℃时，铺浆长度不得超过500mm。

方形多孔砖一般采用全顺砌法，多孔砖中手抓孔应平行于墙面，上下皮垂直灰缝相互错开半砖长。

矩形多孔砖宜采用一顺一丁或梅花丁的砌筑形式，上下皮垂直灰缝相互错开1/4砖长（图20-11）。

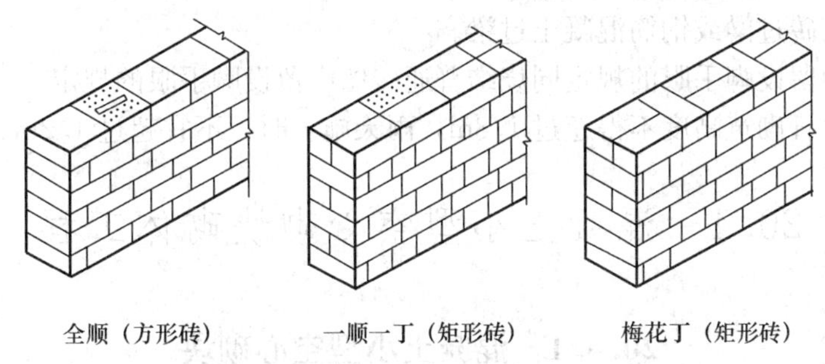


图20-11 多孔砖墙砌筑形式

方形多孔砖墙的转角处，应加砌配砖（半砖），配砖位于砖墙外角（图20-12）。

方形多孔砖的交接处，应隔皮加砌配砖（半砖），配砖位于砖墙交接处外侧（图20-13）。

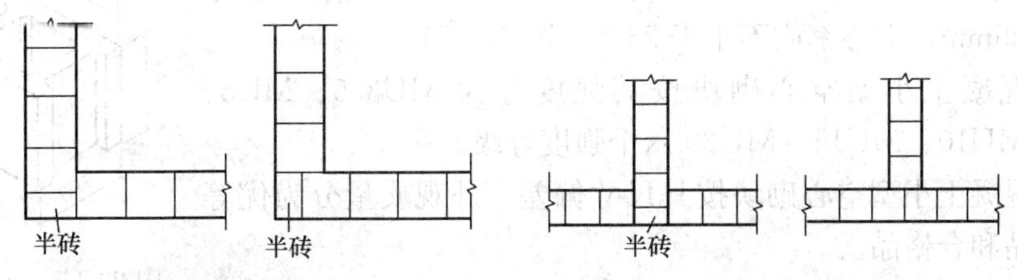


图20-12 方形多孔砖墙转角砌法　　图20-13 方形多孔砖墙交接处砌法

矩形多孔砖墙的转角处和交接处砌法同烧结普通砖墙转角处和交接处相应砌法。

多孔砖墙的灰缝应横平竖直。水平灰缝厚度和垂直灰缝宽度宜为10mm，但不应小于8mm，也不应大于12mm。

多孔砖墙灰缝砂浆应饱满。水平灰缝的砂浆饱满度不得低于80%，垂直灰缝宜采用加浆填灌方法，使其砂浆饱满。

除设置构造柱的部位外，多孔砖墙的转角处和交接处应同时砌筑，对不能同时砌筑又必须留置的临时间断处，应砌成斜槎（图20-14）。

施工中需在多孔砖墙中留设临时洞口，其侧边离交接处的墙面不应小于0.5m；洞口

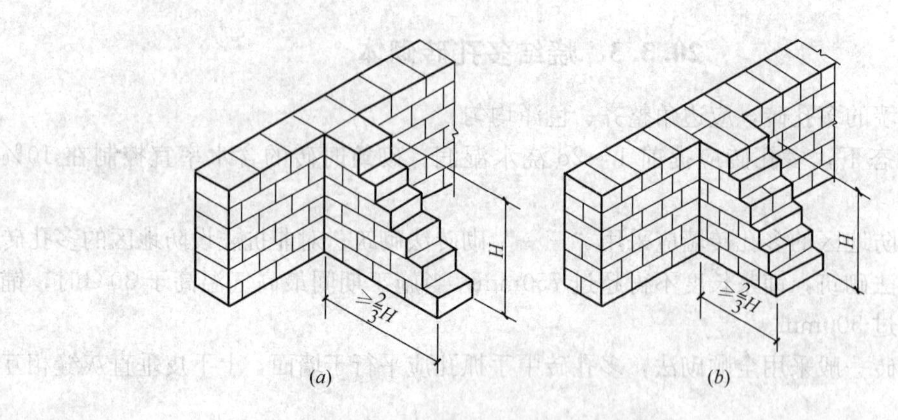


图 20-14　多孔砖墙留置斜槎
(a) 方形砖；(b) 矩形砖

顶部宜设置钢筋砖过梁或钢筋混凝土过梁。

多孔砖墙中留设脚手眼的规定同烧结普通砖墙中留设脚手眼的规定。

多孔砖墙每日砌筑高度不得超过 1.8m，雨天施工时，不宜超过 1.2m。

# 20.4　混凝土小型空心砌块砌体工程

## 20.4.1　混凝土小型空心砌块

### 20.4.1.1　普通混凝土小型空心砌块

普通混凝土小型空心砌块以水泥、砂、碎石或卵石、水等预制成的。

普通混凝土小型空心砌块主规格尺寸为 390mm×190mm×190mm，有两个方形孔，最小外壁厚应不小于 30mm，最小肋厚应不小于 25mm，空心率应不小于 25%（图 20-15）。

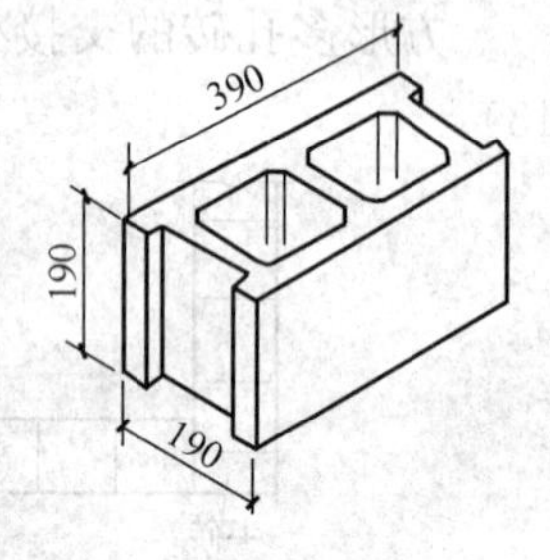


图 20-15　普通混凝土小型空心砌块

普通混凝土小型空心砌块按其强度分为 MU3.5、MU5、MU7.5、MU10、MU15、MU20 六个强度等级。

普通混凝土小型空心砌块按其尺寸偏差、外观质量分为优等品、一等品和合格品。

普通混凝土小型空心砌块的尺寸允许偏差应符合表 20-31 的规定。

普通混凝土小型空心砌块尺寸允许偏差（mm）　　表 20-31

| 项　目 | 优等品 | 一等品 | 合格品 |
|---|---|---|---|
| 长度 | ±2 | ±3 | ±3 |
| 宽度 | ±2 | ±3 | ±3 |
| 高度 | ±2 | ±3 | +3，−4 |

普通混凝土小型空心砌块的外观质量应符合表 20-32 的规定。

普通混凝土小型空心砌块外观质量　　表 20-32

| 项目 | | | 优等品 | 一等品 | 合格品 |
|---|---|---|---|---|---|
| （1）弯曲（mm） | | 不大于 | 2 | 2 | 3 |
| （2）掉角缺棱 | 个数 | 不大于 | 0 | 2 | 2 |
| | 三个方向投影尺寸的最小值（mm） | 不大于 | 0 | 20 | 30 |
| （3）裂纹延伸的投影尺寸累计（mm） | | 不大于 | 0 | 20 | 30 |

普通混凝土小型空心砌块的抗压强度应符合表 20-33 的规定。

普通混凝土小型空心砌块强度　　表 20-33

| 强度等级 | 砌块抗压强度（MPa） | |
|---|---|---|
| | 5 块平均值不小于 | 单块最小值不小于 |
| MU3.5 | 3.5 | 2.8 |
| MU5 | 5.0 | 4.0 |
| MU7.5 | 7.5 | 6.0 |
| MU10 | 10.0 | 8.0 |
| MU15 | 15.0 | 12.0 |
| MU20 | 20.0 | 16.0 |

#### 20.4.1.2 轻骨料混凝土小型空心砌块

轻骨料混凝土小型空心砌块以水泥、轻骨料、砂、水等预制成的。

轻骨料混凝土小型空心砌块主规格尺寸为 390mm×190mm×190mm。按其孔的排数有：单排孔、双排孔、三排孔和四排孔等四类。

轻骨料混凝土小型空心砌块按其密度分为：500、600、700、800、900、1000、1200、1400 八个密度等级。

轻骨料混凝土小型空心砌块按其强度分为：MUL5、MU2.5、MU3.5、MU5、MU7.5、MU10 六个强度等级。

轻骨料混凝土小型空心砌块按尺寸偏差、外观质量分为：优等品、一等品和合格品。

轻骨料混凝土小型空心砌块的尺寸允许偏差应符合表 20-34 的规定。

轻骨料混凝土小型空心砌块尺寸允许偏差（mm）　　表 20-34

| 项目 | 优等品 | 一等品 | 合格品 |
|---|---|---|---|
| 长度 | ±2 | ±3 | ±3 |
| 宽度 | ±2 | ±3 | ±3 |
| 高度 | ±2 | ±3 | +3，−4 |

注：最小外壁厚和肋厚不应小于 20mm。

轻骨料混凝土小型空心砌块的外观质量应符合表 20-35 的规定。

轻骨料混凝土小型空心砌块外观质量 表 20-35

| 项目 | | 优等品 | 一等品 | 合格品 |
|---|---|---|---|---|
| (1) 缺棱掉角(个数) | 不多于 | 0 | 2 | 2 |
| 3个方向投影的最小值(mm) | 不大于 | 0 | 20 | 30 |
| (2) 裂缝延伸投影的累计尺寸(mm) | 不大于 | 0 | 20 | 30 |

轻骨料混凝土小型空心砌块的密度应符合表 20-36 的规定，其规定值允许最大偏差为 100kg/m$^3$。

轻骨料混凝土小型空心砌块密度(kg/m$^3$) 表 20-36

| 密度等级 | 砌块干燥表观密度的范围 | 密度等级 | 砌块干燥表观密度的范围 |
|---|---|---|---|
| 500 | ≤500 | 900 | 810～900 |
| 600 | 510～600 | 1000 | 910～1000 |
| 700 | 610～700 | 1200 | 1010～1200 |
| 800 | 710～800 | 1400 | 1210～1400 |

轻骨料混凝土小型空心砌块的抗压强度，符合表 20-37 要求者为优等品或一等品；密度等级范围不满足要求者为合格品。

轻骨料混凝土小型空心砌块强度 表 20-37

| 强度等级 | 砌块抗压强度(MPa) | | 密度等级范围不大于 |
|---|---|---|---|
| | 5块平均值不小于 | 单块最小值不小于 | |
| MU1.5 | 1.5 | 1.2 | 800 |
| MU2.5 | 2.5 | 2.0 | |
| MU3.5 | 3.5 | 7.8 | 1200 |
| MU5 | 5.0 | 4.0 | |
| MU7.5 | 7.5 | 6.0 | 1400 |
| MU10 | 10.0 | 8.0 | |

## 20.4.2 混凝土小型空心砌块砌体

### 20.4.2.1 一般构造要求

(1) 混凝土小型空心砌块砌体所用的材料，除满足强度计算要求外，尚应符合下列要求：

1) 对室内地面以下的砌体，应采用普通混凝土小砌块和不低于 M5 的水泥砂浆。

2) 五层及五层以上民用建筑的底层墙体，应采用不低于 MU5 的混凝土小砌块和 M5 的砌筑砂浆。

(2) 在墙体的下列部位，应采用强度等级不低于 C20(或 Cb20)的混凝土灌实小砌块的孔洞：

1) 底层室内地面以下或防潮层以下的砌体；

2) 无圈梁的楼板支承面下的一皮砌块；

3) 没有设置混凝土垫块的屋架、梁等构件支承面下，高度不应小于 600mm，长度不应小于 600mm 的砌体；

4）挑梁支承面下，距墙中心线每边不应小于 300mm，高度不应小于 600mm 的砌体。

砌块墙与后砌隔墙交接处，应沿墙高每隔 400mm 在水平灰缝内设置不少于 2$\phi$4、横筋间距不大于 200mm 的焊接钢筋网片，钢筋网片伸入后砌隔墙内不应小于 600mm（图 20-16）。

#### 20.4.2.2 夹心墙构造

混凝土砌块夹心墙由内叶墙、外叶墙及其间拉结件组成（图 20-17）。内外叶墙间设保温层。

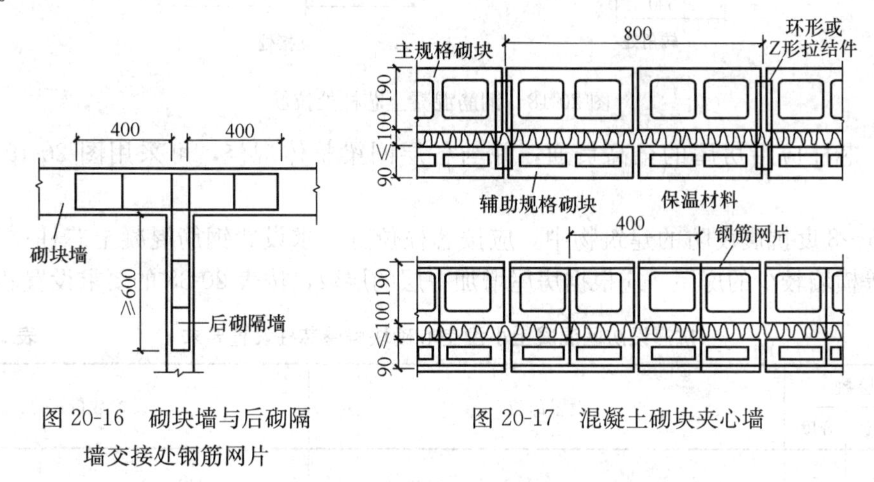


图 20-16 砌块墙与后砌隔墙交接处钢筋网片

图 20-17 混凝土砌块夹心墙

内叶墙采用主规格混凝土小型空心砌块，外叶墙采用辅助规格（390mm×90mm×190mm）混凝土小型空心砌块。拉结件采用环形拉结件、Z 形拉结件或钢筋网片。砌块强度等级不应低于 MU10。

当采用环形拉结件时，钢筋直径不应小于 4mm；当采用 Z 形拉结件时，钢筋直径不应小于 6mm。拉结件应沿竖向梅花形布置，拉结件的水平和竖向最大间距分别不宜大于 800mm 和 600mm；对有振动或有抗震设防要求时，其水平和竖向最大间距分别不宜大于 800mm 和 400mm。

当采用钢筋网片作拉结件，网片横向钢筋的直径不应小于 4mm，其间距不应大于 400mm；网片的竖向间距不宜大于 600mm，对有振动或有抗震设防要求时，不宜大于 400mm。

拉结件在叶墙上的搁置长度，不应小于叶墙厚度的 2/3，并不应小于 60mm。

#### 20.4.2.3 芯柱设置

墙体的下列部位宜设置芯柱：

（1）在外墙转角、楼梯间四角的纵横墙交接处的三个孔洞，宜设置素混凝土芯柱；

（2）五层及五层以上的房屋，应在上述部位设置钢筋混凝土芯柱。

芯柱的构造要求如下：

（1）芯柱截面不宜小于 120mm×120mm，宜用不低于 C20 的细石混凝土浇灌；

（2）钢筋混凝土芯柱每孔内插竖筋不应小于 1$\phi$10，底部应伸入室内地面下 500mm 或与基础圈梁锚固，顶部与屋盖圈梁锚固；

（3）在钢筋混凝土芯柱处，沿墙高每隔 600mm 应设 $\phi$4 钢筋网片拉结，每边伸入墙体不小于 600mm（图 20-18）；

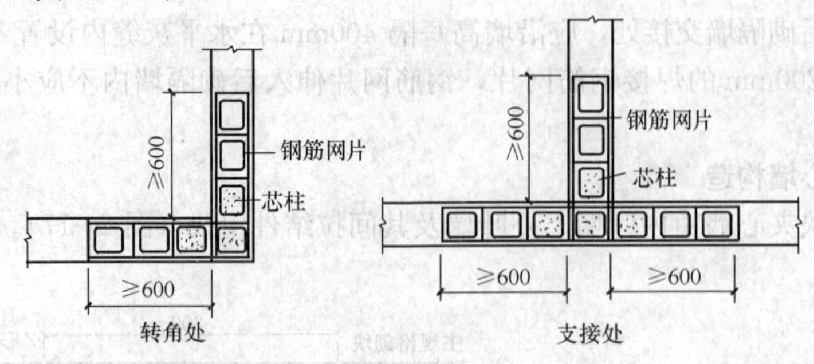


图 20-18　钢筋混凝土芯柱处拉筋

（4）芯柱应沿房屋的全高贯通，并与各层圈梁整体现浇，可采用图 20-19 所示的做法。

在 6～8 度抗震设防的建筑物中，应按芯柱位置要求设置钢筋混凝土芯柱；对医院、教学楼等横墙较少的房屋，应根据房屋增加一层的层数，按表 20-38 的要求设置芯柱。

**抗震设防区混凝土小型空心砌块房屋芯柱设置要求**　　**表 20-38**

| 房屋层数 | | | 设置部位 | 设置数量 |
|---|---|---|---|---|
| 6度 | 7度 | 8度 | | |
| 四 | 三 | 二 | 外墙转角、楼梯间四角、大房间内外墙交接处 | 外墙转角灌实 3 个孔；内外墙交接处灌实 4 个孔 |
| 五 | 四 | 三 | | |
| 六 | 五 | 四 | 外墙转角、楼梯间四角、大房间内外墙交接处，山墙与内纵墙交接处，隔开间横墙（轴线）与外纵墙交接处 | |
| 七 | 六 | 五 | 外墙转角，楼梯间四角，各内墙（轴线）与外墙交接处；8 度时，内纵墙与横墙（轴线）交接处和洞口两侧 | 外墙转角灌实 5 个孔；内外墙交接处灌实 4 个孔；内墙交接处灌实 4～5 个孔；洞口两侧各灌实 1 个孔 |

芯柱竖向插筋应贯通墙身且与圈梁连接；插筋不应小于 1$\phi$12。芯柱应伸入室外地下 500mm 或锚入浅于 500mm 基础圈梁内。芯柱混凝土应贯通楼板，当采用装配式钢筋混凝土楼板时，可采用图 20-20 的方式实施贯通措施。

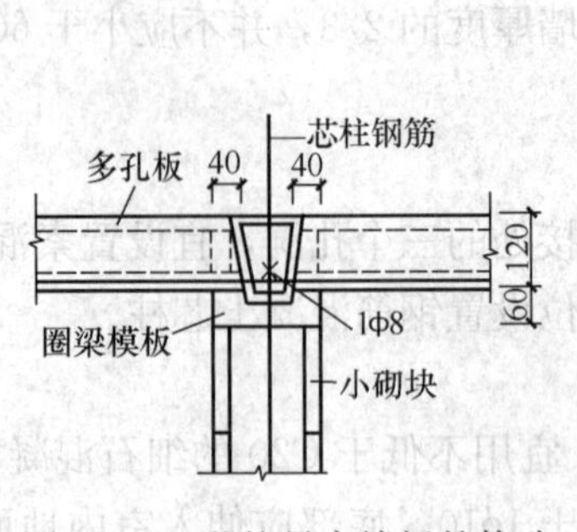


图 20-19　芯柱贯穿楼板的构造

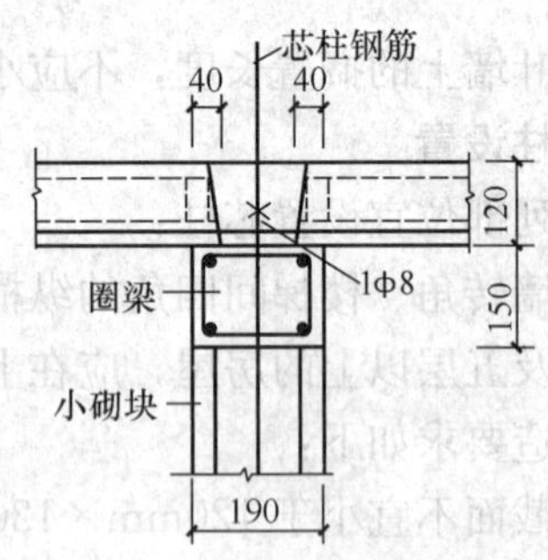


图 20-20　芯柱贯通楼板措施

抗震设防地区芯柱与墙体连接处，应设置 $\phi$4 钢筋网片拉结，钢筋网片每边伸入墙内不宜小于 1m，且沿墙高每隔 600mm 设置。

**20.4.2.4 小砌块施工**

施工采用的小砌块的产品龄期不应小于 28d。

普通混凝土小砌块不宜浇水，如遇天气干燥炎热，宜在砌筑前对其喷水润湿；对轻骨料混凝土小砌块应提前浇水湿润，块体的相对含水率宜为 40%～50%。雨天及小砌块表面有浮水时，不得施工。龄期不足 28d 及潮湿的小砌块不得进行砌筑。

应尽量采用主规格小砌块，小砌块的强度等级应符合设计要求，并应清除小砌块表面污物和芯柱用小砌块孔洞底部的毛边，剔除外观质量不合格的小砌块。

承重墙体使用的小砌块应完整、无破损、无裂缝。

在房屋四角或楼梯间转角处设立皮数杆，皮数杆间距不得超过 15m。皮数杆上应画出各皮小砌块的高度及灰缝厚度。在皮数杆上相对小砌块上边线之间拉准线，小砌块依准线砌筑。

小砌块砌筑应从转角或定位处开始，内外墙同时砌筑，纵横墙交错搭接。外墙转角处应使小砌块隔皮露端面；T 字交接处应使横墙小砌块隔皮露端面，纵墙在交接处改砌两块辅助规格小砌块（尺寸为 290mm×190mm×190mm，一头开口），所有露端面用水泥砂浆抹平（图 20-21）。

小砌块墙体应孔对孔、肋对肋错缝搭砌。单排孔小砌块的搭接长度应为块体长度的 1/2；多排孔小砌块的搭接长度可适当调整，但不宜小于小砌块长度的 1/3，且不宜小于 90mm。墙体的个别部位不能满足上述要求时，应在水平灰缝中设置拉结筑或 2$\phi$4 钢筋网片，钢筋网片每端均应超过该垂直灰缝，其长度不得小于 300mm（图 20-22），但竖向道缝仍不得超过两皮小砌块。

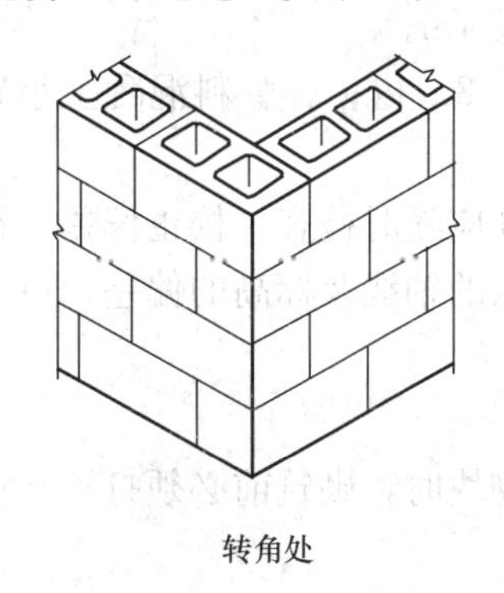


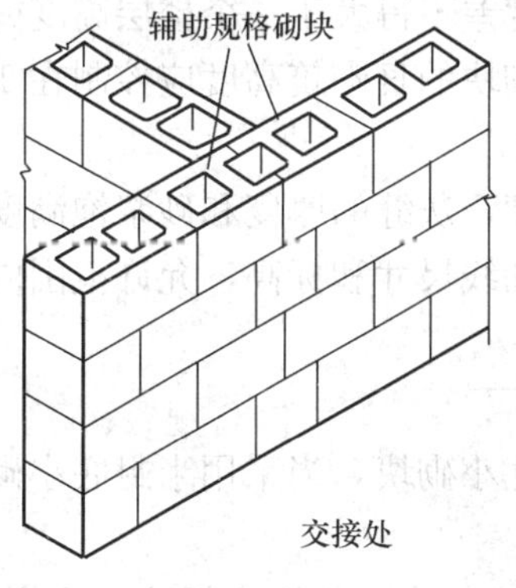


图 20-21 小砌块墙转角处及 T 字交接处砌法

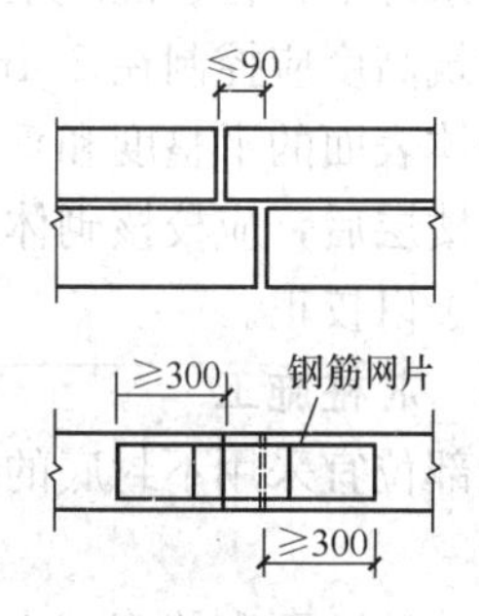


图 20-22 水平灰缝中拉结筋

小砌块应将生产时的底面朝上反砌于墙上；小砌块墙体宜逐块坐（铺）浆砌筑。

小砌块砌体的灰缝应横平竖直，全部灰缝均应铺填砂浆；水平灰缝的砂浆饱满度不得低于 90%；竖向灰缝的砂浆饱满度不得低于 80%；砌筑中不得出现瞎缝、透明缝。水平灰缝厚度和竖向灰缝宽度宜为 10mm，但不宜小于 8mm，也不应大于 12mm。当缺少辅助规格小砌块时，砌体通缝不应超过两皮砌块。

墙体转角处和纵横交接处应同时砌筑。临时间断处应砌成斜槎，斜槎水平投影长度不应小于斜槎高度（一般按一步脚手架高度控制）；如留斜槎有困难，除外墙转角处及抗震设防地区，砌体临时间断处不应留直槎外，可从砌体面伸出 200mm 砌成阴阳槎，并沿砌体高每三皮砌块（600mm），设拉结筋或钢筋网片，接槎部位宜延至门窗洞口（图 20-23）。

在散热器、厨房和卫生间等设备的卡具安装处砌筑的小砌块，宜在施工前用强度等级不低于 C20（或 Cb20）的混凝土将其孔洞灌实。

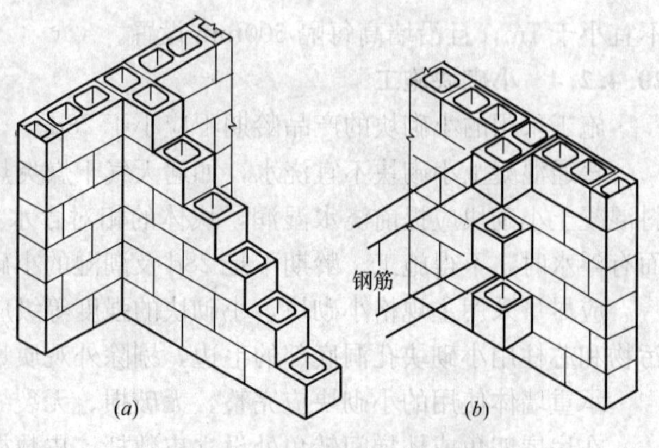

图 20-23　小砌块砌体斜槎和直接
(a) 斜槎；(b) 阴阳槎

承重砌体严禁使用断裂小砌块或壁肋中有竖向凹形裂缝的小砌块砌筑；也不得采用小砌块与烧结普通砖等其他块体材料混合砌筑。

小砌块砌体内不宜设脚手眼，如必须设置时，可用辅助规格 190mm×190mm×190mm 小砌块侧砌，利用其孔洞作脚手眼，砌体完工后用 C15 混凝土填实。但在砌体下列部位不得设置脚手眼：

(1) 过梁上部，与过梁成 60°角的三角形及过梁跨度 1/2 范围内；

(2) 宽度不大于 800mm 的窗间墙；

(3) 梁和梁垫下及左右各 500mm 的范围内；

(4) 门窗洞口两侧 200mm 内和砌体交接处 400mm 的范围内；

(5) 设计规定不允许设脚手眼的部位。

小砌块砌体相邻工作段的高度差不得大于一个楼层高度或 4m。

常温条件下，普通混凝土小砌块的日砌筑高度应控制在 1.8m 内；轻骨料混凝土小砌块的日砌筑高度应控制在 2.4m 内。

对砌体表面的平整度和垂直度，灰缝的厚度和砂浆饱满度应随时检查，校正偏差。在砌完每一楼层后，应校核砌体的轴线尺寸和标高，允许范围内的轴线及标高的偏差，可在楼板面上予以校正。

#### 20.4.2.5　芯柱施工

芯柱部位宜采用不封底的通孔小砌块，当采用半封底小砌块时，砌筑前必须打掉孔洞毛边。

在楼（地）面砌筑第一皮小砌块时，在芯柱部位，应用开口小砌块（或 U 形砌块）砌出操作孔。在操作孔侧面宜预留连通孔，必须清除芯柱孔洞内的杂物及削掉孔内凸出的砂浆，用水冲洗干净，校正钢筋位置并绑扎或焊接固定后，方可浇筑混凝土。

芯柱钢筋应与基础或基础梁中的预埋钢筋连接，上下楼层的钢筋可在楼板面上搭接，搭接长度不应小于 $40d$（$d$ 为钢筋直径）。

小砌块砌体的芯柱在楼盖处应贯通，不得削弱芯柱截面尺寸；芯柱混凝土不得漏灌。

浇筑芯柱混凝土应符合下列规定：

(1) 每次连续浇筑的高度宜为半个楼层，但不应大于 1.8m；

(2) 清除孔内掉落后砂浆等杂物，并用水冲淋孔壁；

（3）每浇筑400～500mm高度捣实一次，或边浇筑边捣实；

（4）浇筑混凝土前，应先注入适量与芯柱混凝土成分相同的去石砂浆；

（5）浇筑芯柱混凝土时，砌筑砂浆强度应大于1.0MPa。

## 20.4.3 新型空心砌块

### 20.4.3.1 框架结构填充PK混凝土小型空心砌块

框架结构填充PK混凝土小型空心砌块以水泥、砂、碎石或卵石、水等预制成的，可内填充保温材料，配合相关构造形成自保温墙结构。

PK混凝土空心砌块规格按宽度分为240mm，190mm，140mm，120mm，100mm五个系列。

外墙砌块强度等级不小于M5.0，内墙不小于M3.5；厨房卫生间等较潮湿房间宜采用不小于M5.0砌块。

工程使用砌块不得有断裂缝和缺棱少角，长、宽、高、壁厚、肋高和肋宽的容许偏差为±2mm。

砌块的主要性能指标应符合表20-39要求。

**砌块的主要性能指标** **表20-39**

| 吸水率 | 含水率 | 软化系数 | 传热系数 |
|---|---|---|---|
| ≤20% | ≤10% | ≥0.75 | ≤1.5 |

为防止小砌块收缩引起墙体裂缝，生产厂应按表20-40控制砌块的干缩率和相对含水率。

**砌块的干缩率和相对含水率表（%）** **表20-40**

| 使用地区条件 / 干缩率（%） | 年平均相对湿度 | | |
|---|---|---|---|
| | >70% | 50%～70% | <50% |
| <0.03 | 45 | 40 | 35 |
| 0.03～0.045 | 40 | 35 | 30 |
| >0.045～0.065 | 35 | 30 | 25 |

框架结构填充砌块墙体的平面网格宜采用300mm或150mm倍数，竖向高度宜符合100mm倍数。

门窗的平面与竖向（高度）尺寸就符合100mm的倍数。

为提高砌块墙体的施工效率，保证砌筑的质量，应根据墙体分段尺寸绘制墙体的砌块排列施工图。砌块的排列应尽量采用300mm长的主砌块，少用辅助砌块。应上下错缝搭接，一般搭接长度为150mm。

砌块填充墙墙体与框架柱、剪力墙、构造柱的拉结可根据工程设计选用预埋拉接钢筋、预埋铁件或植筋等方式。

外墙无窗台时，墙体每隔4～5皮砌块顶部凹槽设置钢筋混凝土带；内墙无窗台时，墙体每隔5～7皮砌块顶部凹槽设置钢筋混凝土带；有门窗洞口时，在窗台下一皮和门窗顶过梁上一皮砌块顶部凹槽设置钢筋混凝土带；钢筋混凝土带采用 2$\phi$6 钢筋（当墙厚为140mm、120mm、100mm 时采用 1$\phi$6 钢筋），C20 的细石混凝土现浇；门窗洞口的砌块端头用堵块或素混凝土填实，填实长度不小于 100mm，砌块顶部的凹槽用细石混凝土填实，从端头起填实长度不小于 100mm，墙体的构造钢筋应锚入框架柱、构造柱或剪力墙内，植筋深度不小于 100mm。

砌筑砂浆或抹灰砂浆强度等级不小于 M5，并且具有良好的和易性，其稠度控制在 70～80mm。内墙可采用混合砂浆，粉刷时就先用 M5 水泥砂浆填满灰缝，然后抹面。

墙体粉刷前应先清除基层的浮灰油污，然后用清水湿润，再刷界面剂一道，立即抹灰粉刷。采用干砌法砌筑的墙体应分层粉刷，第一层应施加压力将砂浆挤入横向竖向灰缝，灰缝中的砂浆饱满度不应小于 80％。

墙体与框架柱、梁、板及构造柱、剪力墙界面处应双面沿缝设置 200mm 宽的钢丝网，挂网前应清除墙体基层的浮灰油污，绷紧固定后再做粉刷。粉刷前应先刷一层界面剂，然后立即抹灰。

外墙节能采用 20～30mm 厚的内保温厚的内保温砂浆粉刷内面以及梁和柱的内面，使其满足外墙节能要求，也可在梁和柱的外面做外保温。

砌块的施工步骤为：将第一皮砌块用 M5 砂浆放线找平，然后干垒，干垒时每隔 3～7 皮砌块用砂浆放线找平一次，可沿横向灰缝进行找平，也可在砌块顶部凹槽的钢筋混凝土带上用细石混凝土放线调平。

当墙体长度与砌块规格长度不符时，可用连接片调节砌块长度，以满足墙体长度的要求。

粉刷时应及时检查灰缝砂浆的饱满度，如不满足要求应增加粉刷压力或改变砂浆的稠度。

# 20.5 石砌体工程

## 20.5.1 砌筑用石

石砌体所用的石材应质地坚实，无风化剥落和裂纹。用于清水墙、柱表面的石材，尚应色泽均匀。石材表面的泥垢、水锈等杂质，砌筑前应清除干净。

砌筑用石有毛石和料石两类。

毛石分为乱毛石和平毛石。乱毛石是指形状不规则的石块；平毛石是指形状不规则，但有两个平面大致平行的石块。毛石应呈块状，其中部厚度不应小于 200mm。

料石按其加工面的平整程度分为细料石、粗料石和毛料石三种。料石各面的加工要求，应符合表 20-41 的规定。料石加工的允许偏差应符合表 20-42 的规定。料石的宽度、厚度均不宜小于 200mm，长度不宜大于厚度的 4 倍。

**料石各面的加工要求** **表 20-41**

| 料石种类 | 外露面及相接周边的表面凹入深度 | 叠砌面和接砌面的表面凹入深度 |
| --- | --- | --- |
| 细料石 | 不大于 2mm | 不大于 10mm |

续表

| 料石种类 | 外露面及相接周边的表面凹入深度 | 叠砌面和接砌面的表面凹入深度 |
| --- | --- | --- |
| 粗料石 | 不大于 20mm | 不大于 20mm |
| 毛料石 | 稍加修整 | 不大于 25mm |

注：相接周边的表面是指叠砌面、接砌面与外露面相接处 20～30mm 范围内的部分。

料石加工允许偏差 表 20-42

| 料石种类 | 加工允许偏差（mm） | |
| --- | --- | --- |
| | 宽度、厚度 | 长度 |
| 细料石 | ±3 | ±5 |
| 粗料石 | ±5 | ±7 |
| 毛料石 | ±10 | ±15 |

注：如设计有特殊要求，应按设计要求加工。

石材的强度等级：MU100、MU80、MU60、MU50、MU40、MU30、MU20、MU15 和 MU10。

## 20.5.2 毛石砌体

### 20.5.2.1 毛石砌体砌筑要点

毛石砌体应采用铺浆法砌筑。砂浆必须饱满，叠砌面的粘灰面积（即砂浆饱满度）应大于 80%。砂浆初凝后，如移动已砌筑的石块，应将原砂浆清理干净，重新铺浆砌筑。

毛石砌体宜分皮卧砌，各皮石块间应利用毛石自然形状经敲打修整使之能与先砌毛石基本吻合、搭砌紧密；毛石应上下错缝，内外搭砌，不得采用外面侧立毛石中间填心的砌筑方法；中间不得有铲口石（尖石倾斜向外的石块）、斧刃石（尖石向下的石块）和过桥石（仅在两端搭砌的石块），见图 20-24。

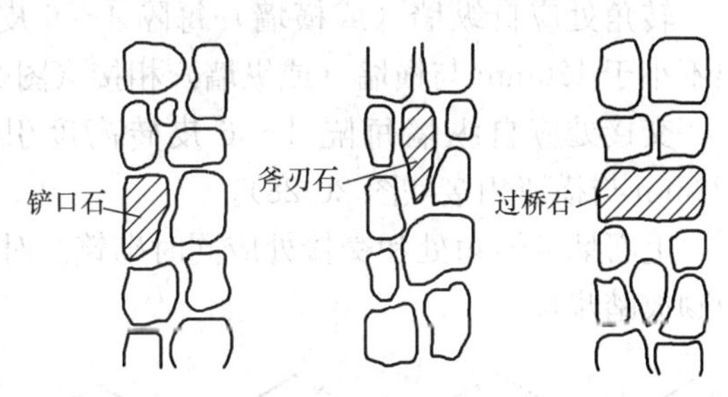

图 20-24 铲口石、斧刃石、过桥石示意图

毛石砌筑时，对石块间存在较大的缝隙，应先向缝内填灌砂浆并捣实，然后再用小石块嵌填，不得先填小石块后填灌砂浆，石块间不得出现无砂浆相互接触现象。

砌筑毛石挡土墙应按分层高度砌筑，并应符合下列规定：

（1）每砌 3～4 皮为一个分层高度，每个分层高度应将顶层石块砌平；

（2）两个分层高度间分层处的错缝不得小于 80mm。

毛石砌体灰缝厚度应均匀，毛石砌体外露面的灰缝厚度不宜大于 40mm。

### 20.5.2.2 毛石基础

砌筑毛石基础的第一皮石块应坐浆，并将石块的大面朝下。毛石基础的第一皮及转角处、交接处应用较大的平毛石砌筑。基础的最上一皮，宜选用较大的毛石砌筑。

毛石基础的扩大部分，如做成阶梯形，上级阶梯的石块应至少压砌下级阶梯石块的 1/2，相邻阶梯的毛石应相互错缝搭砌（图 20-25）。

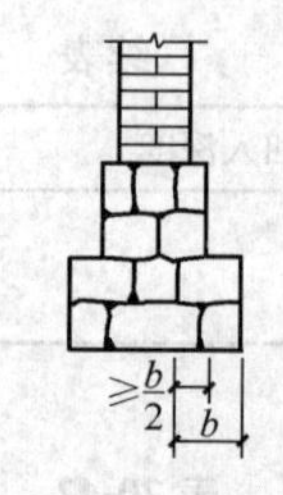


图 20-25 阶梯型毛石基础

毛石基础必须设置拉结石。拉结石应均匀分布。毛石基础同皮内每隔 2m 左右设置一块。拉结石长度：如基础宽度等于或小于 400mm，应与基础宽度相等；如基础宽度大于 400mm，可用两块拉结石内外搭接，搭接长度不应小于 150mm，且其中一块拉结石长度不应小于基础宽度的 2/3。

#### 20.5.2.3 毛石墙

毛石墙第一皮及转角处、交接处和洞口处，应用较大的平毛石砌筑；每个楼层墙体的最上一皮，宜用较大的毛石砌筑。

毛石墙必须设置拉结石。拉结石应均匀分布，相互错开。毛石墙一般每 0.7m$^2$ 墙面至少设置一块，且同皮内拉结石的中距不应大于 2m。拉结石长度：如墙厚等于或小于 400mm，应与墙厚相等；如墙厚大于 400mm，可用两块拉结石内外搭接，搭接长度不应小于 150mm，且其中一块拉结石长度不应小于墙厚的 2/3。

毛石墙每日约砌筑高度，不应超过 1.2m。

在毛石和实心砖的组合墙中，毛石砌体与砖砌体应同时砌筑，并每隔 4～6 皮砖用 2～3 皮丁砖与毛石砌体拉结砌合；两种砌体间的空隙应用砂浆填满（图 20-26）。

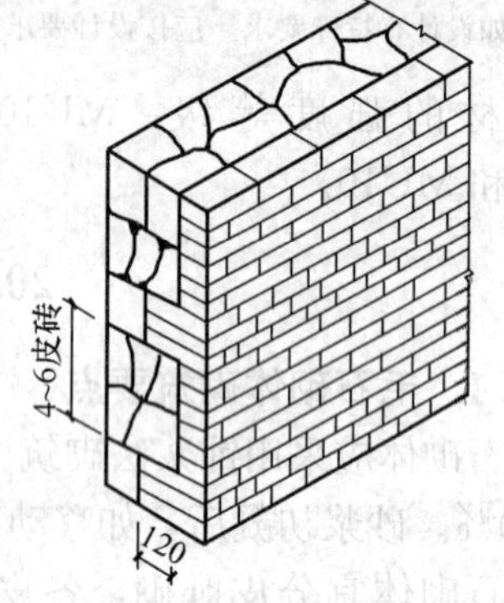


图 20-26 毛石与砖组合墙

毛石墙和砖墙相接的转角处和交接处应同时砌筑。

转角处应自纵墙（或横墙）每隔 4～6 皮砖高度引出不小于 120mm 与横墙（或纵墙）相接（图 20-27）。

交接处应自纵墙每隔 4～6 皮砖高度引出不小于 120mm 与横墙相接（图 20-28）。

毛石墙的转角处和交接处应同时砌筑。对不能同时砌筑而又必须留置的临时间断处，应砌成踏步槎。

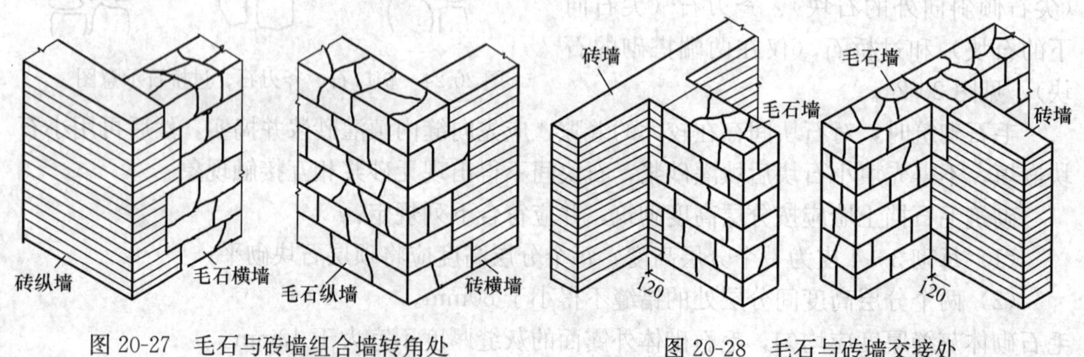


图 20-27 毛石与砖墙组合墙转角处　　图 20-28 毛石与砖墙交接处

## 20.5.3 料石砌体

#### 20.5.3.1 料石砌体砌筑要点

料石砌体应采用铺浆法砌筑，料石应放置平稳，砂浆必须饱满。砂浆铺设厚度应略高于规定灰缝厚度，其高出厚度：细料石宜为 3～5mm；粗料石、毛料石宜为 6～8mm。砂浆初凝后，如移动已砌筑的石块，应将原砂浆清理干净，重新铺浆砌筑。

料石砌体的灰缝厚度：细料石砌体不宜大于 5mm；粗料石和毛料石砌体不宜大于 20mm。

料石砌体的水平灰缝和竖向灰缝的砂浆饱满度均应大于 80%。

料石砌体上下皮料石的竖向灰缝应相互错开，错开长度应不小于料石宽度的 1/2。

料石挡土墙，当中间部分用毛石砌筑时，丁砌料石伸入毛石部分的长度不应小于 200mm。

**20.5.3.2 料石基础**

料石基础的第一皮料石应坐浆丁砌，以上各层料石可按一顺一丁进行砌筑。阶梯形料石基础，上级阶梯的料石至少压砌下级阶梯料石的 1/3（图 20-29）。

**20.5.3.3 料石墙**

料石墙厚度等于一块料石宽度时，可采用全顺砌筑形式。

料石墙厚度等于两块料石宽度时，可采用两顺一丁或丁顺组砌的砌筑形式（图 20-30）。

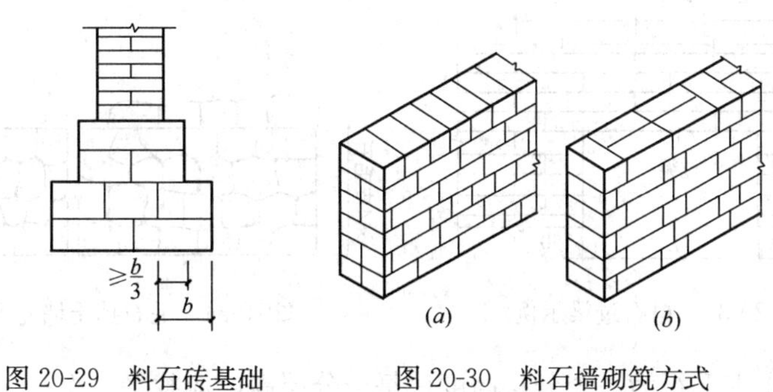


图 20-29 料石砖基础

图 20-30 料石墙砌筑方式
(a) 两顺一丁；(b) 丁顺组砌

两顺一丁是两皮顺石与一皮丁石相间。

丁顺组砌是同皮内顺石与丁石相间，可一块顺石与丁石相间或两块顺石与一块丁石相间。

在料石和毛石或砖的组合墙中，料石砌体和毛石砌体或砖砌体应同时砌筑，并每隔2～3 皮料石层用丁砌层与毛石砌体或砖砌体拉结砌合。丁砌料石的长度宜与组合墙厚度相同（图 20-31）。

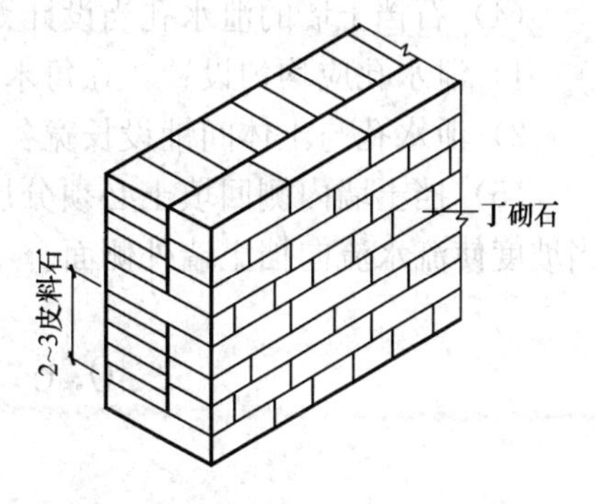


图 20-31 料石的砖的组合墙砌筑

**20.5.3.4 料石平拱**

用料石作平拱，应按设计要求加工。如设计无规定，则料石应加工成楔形，斜度应预先设计，拱两端部的石块，在拱脚处坡度以 60°为宜。平拱石块数应为单数，厚度与墙厚相等，高度为二皮料石高。拱脚处斜面应修整加工，使拱石相吻合（图 20-32）。

砌筑时，应先支设模板，并从两边对称地向中间砌。正中一块锁石要挤紧。所用砂浆强度等级不应低于 M10，灰缝厚度宜为 5mm。

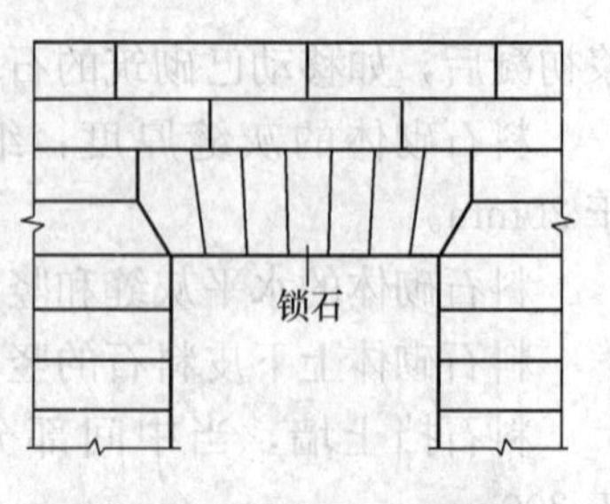

图 20-32　料石平拱示例

养护到砂浆强度达到其设计强度的70%以上时，才可拆除模板。

**20.5.3.5　料石过梁**

用料石作过梁，如设计无规定时，过梁的高度应为200～450mm，过梁宽度与墙厚相同。过梁净跨度不宜大于1.2m，两端各伸入墙内长度不应小于250mm。

过梁上续砌墙时，其正中石块长度不应小于过梁净跨度的1/3，其两旁应砌不小于2/3过梁净跨度的料石（图20-33）。

## 20.5.4　石挡土墙

（1）石挡土墙可采用毛石或料石砌筑。

（2）砌筑毛石挡土墙应符合下列规定（图20-34）：

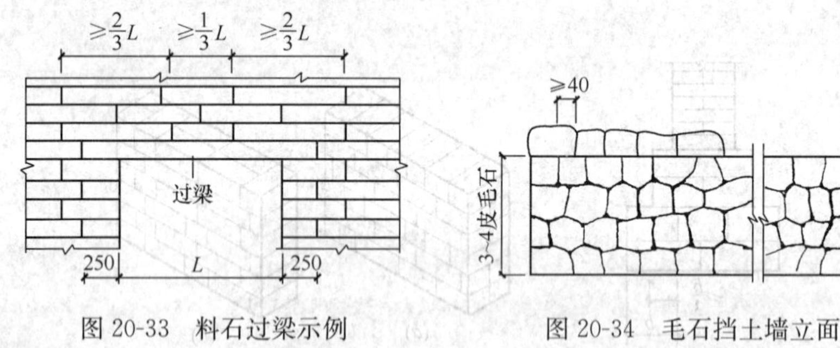

图 20-33　料石过梁示例　　图 20-34　毛石挡土墙立面

1）每砌3～4皮毛石为一个分层高度，每个分层高度应找平一次；

2）外露面的灰缝厚度不得大于40mm，两个分层高度间分层处的错缝不得小于80mm。

（3）料石挡土墙宜采用丁顺组砌的砌筑形式。当中间部分用毛石填砌时，丁砌料石伸入毛石部分的长度不应小于200mm。

（4）石挡土墙的泄水孔当设计无规定时，施工应符合下列规定：

1）泄水孔应均匀设置，在每米高度上间隔2m左右设置一个泄水孔；

2）泄水孔与土体间铺设长宽各为300mm、厚200mm的卵石或碎石作疏水层。

（5）挡土墙内侧回填土必须分层夯填，分层松土厚度应为300mm。墙顶土面应有适当坡度使流水流向挡土墙外侧面。

# 20.6　配筋砌体工程

## 20.6.1　面层和砖组合砌体

**20.6.1.1　面层和砖组合砌体构造**

面层和砖组合砌体有组合砖柱、组合砖垛、组合砖墙（图20-35）。

面层和砖组合砌体由烧结普通砖砌体、混凝土或砂浆面层以及钢筋等组成。

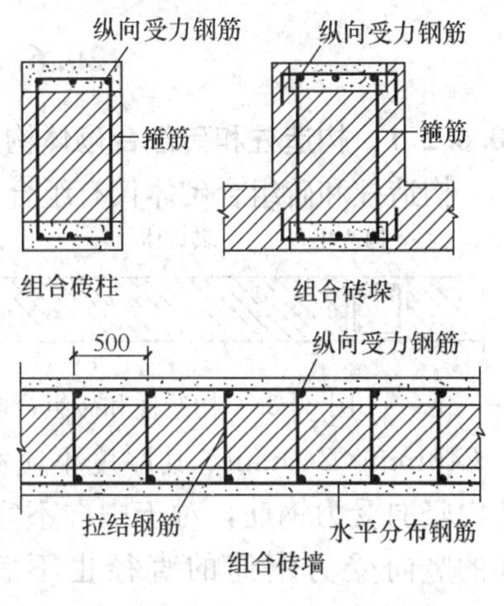

图 20-35 面层和砖组合砌体

烧结普通砖砌体，所用砌筑砂浆强度等级不得低于 M7.5，砖的强度等级不宜低于 MU10。

混凝土面层，所用混凝土强度等级宜采用 C20。混凝土面层厚度应大于 45mm。

砂浆面层，所用水泥砂浆强度等级不得低于 M7.5。砂浆面层厚度为 30～45mm。

竖向受力钢筋宜采用 HPB300 级钢筋，对于混凝土面层，亦可采用 HRB335 级钢筋。受力钢筋的直径不应小于 8mm。钢筋的净间距不应小于 30mm。受拉钢筋的配筋率，不应小于 0.1%。受压钢筋一侧的配筋率，对砂浆面层，不宜小于 0.1%；对混凝土面层，不宜小于 0.2%。

箍筋的直径，不宜小于 4mm 及 0.2 倍的受压钢筋直径，并不宜大于 6mm。箍筋的间距，不应大于 20 倍受压钢筋的直径及 500mm，并不应小于 120mm。

当组合砖砌体一侧受力钢筋多于 4 根时，应设置附加箍筋或拉结钢筋。

对于组合砖墙，应采用穿通墙体的拉结钢筋作为箍筋，同时设置水平分布钢筋。水平分布钢筋竖向间距及拉结钢筋的水平间距，均不应大于 500mm。

受力钢筋的保护层厚度，不应小于表 20-43 中的规定。受力钢筋距砖砌体表面的距离，不应小于 5mm。

**受力钢筋的保护层厚度** **表 20-43**

| 组合砖砌体 | 保护层厚度（mm） | |
|---|---|---|
| | 室内正常环境 | 露天或室内潮湿环境 |
| 组合砖墙 | 15 | 25 |
| 组合砖柱、砖垛 | 25 | 35 |

注：当面层为水泥砂浆时，对于组合砖柱，保护层厚度可减小 5mm。

设置在灰缝内的钢筋，应居中置于灰缝内，水平灰缝厚度应大于钢筋直径 4mm 以上。

### 20.6.1.2 面层和砖组合砌体施工

组合砖砌体应按下列顺序施工：

（1）砌筑砖砌体，同时按照箍筋或拉结钢筋的竖向间距，在水平灰缝中铺置箍筋或拉结钢筋；

（2）绑扎钢筋：将纵向受力钢筋与箍筋绑牢，在组合砖墙中，将纵向受力钢筋与拉结钢筋绑牢，将水平分布钢筋与纵向受力钢筋绑牢；

（3）在面层部分的外围分段支设模板，每段支模高度宜在 500mm 以内，浇水润湿模板及砖砌体面，分层浇灌混凝土或砂浆，并用捣棒捣实；

（4）待面层混凝土或砂浆的强度达到其设计强度的 30%以上，方可拆除模板。如有缺陷应及时修整。

## 20.6.2　构造柱和砖组合砌体

### 20.6.2.1　构造柱和砖组合砌体构造

构造柱和砖组合砌体仅有组合砖墙（图 20-36）。

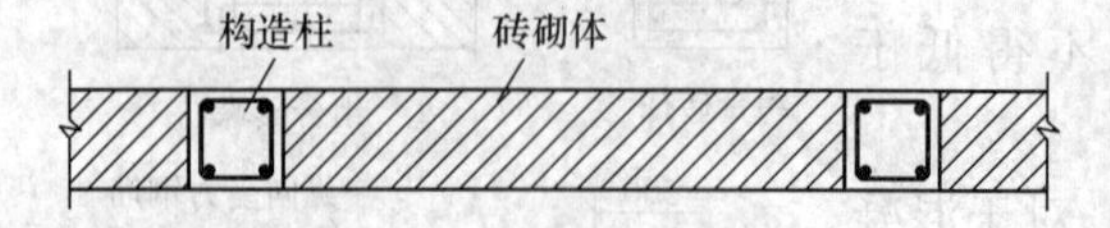


图 20-36　构造柱和砖组合墙

构造柱和砖组合墙由钢筋混凝土构造柱、烧结普通砖墙以及拉结钢筋等组成。

钢筋混凝土构造柱的截面尺寸不宜小于 240mm×240mm，其厚度不应小于墙厚，边柱、角柱的截面宽度宜适当加大。构造柱内竖向受力钢筋，对于中柱不宜少于 4$\phi$12；对于边柱、角柱，不宜少于 4$\phi$14。构造柱的竖向受力钢筋的直径也不宜大于 16mm。其箍筋，一般部位宜采用 $\phi$6，间距 200mm，楼层上下 500mm 范围内宜采用 $\phi$6、间距 100mm。构造柱的竖向受力钢筋应在基础梁和楼层圈梁中锚固，并应符合受拉钢筋的锚固要求。构造柱的混凝土强度等级不宜低于 C20。

烧结普通砖墙，所用砖的强度等级不应低于 MU10，砌筑砂浆的强度等级不应低于 M5。砖墙与构造柱的连接处应砌成马牙槎，每一个马牙槎的高度不宜超过 300mm，并应沿墙高每隔 500mm 设置 2$\phi$6拉结钢筋，拉结钢筋每边伸入墙内不宜小于 600mm（图 20-37）。

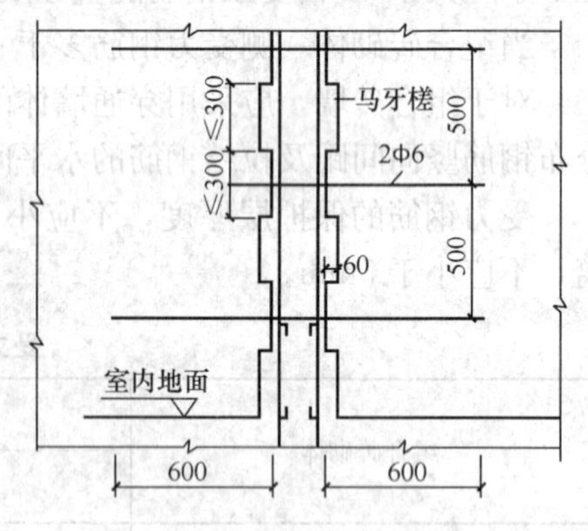


图 20-37　砖墙与构造柱连接

构造柱和砖组合墙的房屋，应在纵横墙交接处、墙端部和较大洞口的洞边设置构造柱，其间距不宜大于 4m。各层洞口宜设置在对应位置，并宜上下对齐。

构造柱和砖组合墙的房屋，应在基础顶面、有组合墙的楼层处设置现浇钢筋混凝土圈梁。圈梁的截面高度不宜小于 240mm。

### 20.6.2.2　构造柱和砖组合砌体施工

构造柱和砖组合墙的施工程序应为先砌墙后浇混凝土构造柱。构造柱施工程序为：绑扎钢筋、砌砖墙、支模板、浇混凝土、拆模。

构造柱的模板可用木模板或组合钢模板。在每层砖墙及其马牙槎砌好后，应立即支设模板，模板必须与所在墙的两侧严密贴紧，支撑牢靠，防止模板缝漏浆。

构造柱的底部（圈梁面上）应留出 2 皮砖高的孔洞，以便清除模板内的杂物，清除后封闭。

构造柱浇灌混凝土前，必须将马牙槎部位和模板浇水湿润，将模板内的落地灰、砖渣等杂物清理干净，并在结合面处注入适量与构造柱混凝土相同的去石水泥砂浆。

构造柱的混凝土坍落度宜为 50～70mm，石子粒径不宜大于 20mm。混凝土随拌随用，拌合好的混凝土应在 1.5h 内浇灌完。

构造柱的混凝土浇灌可以分段进行，每段高度不宜大于 2.0m。在施工条件较好并能确保混凝土浇灌密实时，亦可每层一次浇灌。

捣实构造柱混凝土时，宜用插入式混凝土振动器，应分层振捣，振动棒随振随拔，每次振捣层的厚度不应超过振捣棒长度的 1.25 倍。振捣棒应避免直接碰触砖墙，严禁通过砖墙传振。钢筋的混凝土保护层厚度宜为 20～30mm。

构造柱与砖墙连接的马牙槎内的混凝土必须密实饱满。

构造柱从基础到顶层必须垂直，对准轴线。在逐层安装模板前，必须根据构造柱轴线随时校正竖向钢筋的位置和垂直度。

## 20.6.3 网状配筋砖砌体

### 20.6.3.1 网状配筋砖砌体构造

网状配筋砖砌体有配筋砖柱、砖墙，即在烧结普通砖砌体的水平灰缝中配置钢筋网（图 20-38）。

网状配筋砖砌体，所用烧结普通砖强度等级不应低于 MU10，砂浆强度等级不应低于 M7.5。

钢筋网可采用方格网或连弯网，方格网的钢筋直径宜采用 3～4mm；连弯网的钢筋直径不应大于 8mm。钢筋网中钢筋的间距，不应大于 120mm，并不应小于 30mm。

钢筋网在砖砌体中的竖向间距，不应大于五皮砖高，并不应大于 400mm。当采用连弯网时，网的钢筋方向应互相垂直，沿砖砌体高度交错设置，钢筋网的竖向间距取同一方向网的间距。

设置钢筋网的水平灰缝厚度，应保证钢筋上下至少各有 2mm 厚的砂浆层。

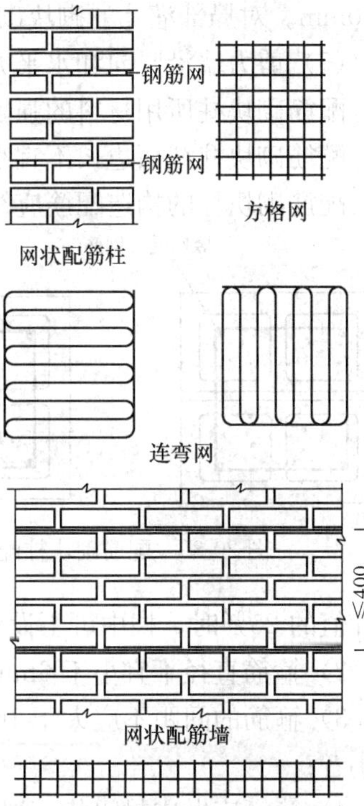

图 20-38 网状配筋砖砌体

### 20.6.3.2 网状配筋砖砌体施工

钢筋网应按设计规定制作成型。

砖砌体部分与常规方法砌筑。在配置钢筋网的水平灰缝中，应先铺一半厚的砂浆层，放入钢筋网后再铺一半厚砂浆层，使钢筋网居于砂浆层厚度中间。钢筋网四周应有砂浆保护层。

配置钢筋网的水平灰缝厚度：当用方格网时，水平灰缝厚度为 2 倍钢筋直径加 4mm；当用连弯网时，水平灰缝厚度为钢筋直径加 4mm。确保钢筋上下各有 2mm 厚的砂浆保护层。

网状配筋砖砌体外表面宜用 1∶1 水泥砂浆勾缝或进行抹灰。

## 20.6.4 配筋砌块砌体

### 20.6.4.1 配筋砌块砌体构造

配筋砌块砌体有配筋砌块剪力墙、配筋砌块柱。

施工配筋小砌块砌体剪力墙，应采用专用的小砌块砌筑砂浆砌筑，专用小砌块灌孔混凝土浇筑芯柱。

配筋砌块剪力墙，所用砌块强度等级不应低于MU10；砌筑砂浆强度等级不应低于M7.5；灌孔混凝土强度等级不应低于C20。

配筋砌体剪力墙的构造配筋应符合下列规定：

(1) 应在墙的转角、端部和孔洞的两侧配置竖向连续的钢筋，钢筋直径不宜小于12mm；

(2) 应在洞口的底部和顶部设置不小于2$\phi$10的水平钢筋，其伸入墙内的长度不宜小于35$d$和400mm（$d$为钢筋直径）；

(3) 应在楼（屋）盖的所有纵横墙处设置现浇钢筋混凝土圈梁，圈梁的宽度和高度宜等于墙厚和砌块高，圈梁主筋不应少于4$\phi$10，圈梁的混凝土强度等级不宜低于同层混凝土砌块强度等级的2倍，或该层灌孔混凝土的强度等级，也不应低于C20；

(4) 剪力墙其他部位的竖向和水平钢筋的间距不应大于墙长、墙高之半，也不应大于1200mm。对局部灌孔的砌块砌体，竖向钢筋的间距不应大于600mm；

(5) 剪力墙沿竖向和水平方向的构造配筋率均不宜小于0.07%。

配筋砌块柱所用材料的强度要求同配筋砌块剪力墙。

配筋砌块柱截面边长不宜小于400mm，柱高度与柱截面短边之比不宜大于30。

配筋砌块柱的构造配筋应符合下列规定（图20-39）：

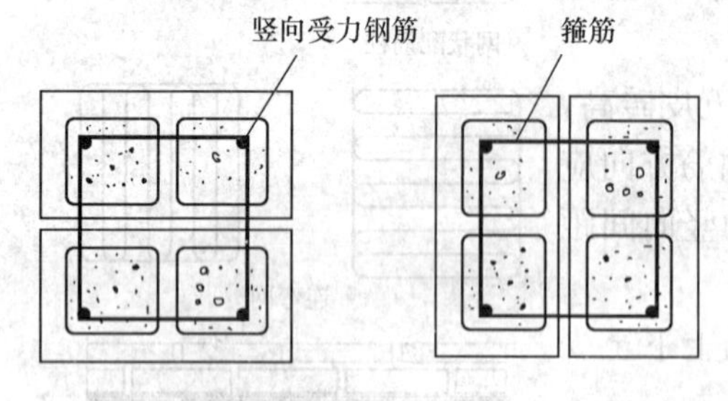

图20-39　配筋砌块柱配筋

(1) 柱的纵向钢筋的直径不宜小于12mm，数量不少于4根，全部纵向受力钢筋的配筋率不宜小于0.2%；

(2) 箍筋设置应根据下列情况确定：

1) 当纵向受力钢筋的配筋率大于0.25%，且柱承受的轴向力大于受压承载力设计值的25%时，柱应设箍筋；当配筋率小于0.25%时，或柱承受的轴向力小于受压承载力设计值的25%时，柱中可不设置箍筋；

2) 箍筋直径不宜小于6mm；

3) 箍筋的间距不应大于16倍的纵向钢筋直径、48倍箍筋直径及柱截面短边尺寸中较小者；

4) 箍筋应做成封闭状，端部应有弯钩；

5) 箍筋应设置在水平灰缝或灌孔混凝土中。

**20.6.4.2　筋砌块砌体施工**

配筋砌块砌体施工前，应按设计要求，将所配置钢筋加工成型，堆置于配筋部位的近旁。

砌块的砌筑应与钢筋设置互相配合。

砌块的砌筑应采用专用的小砌块砌筑砂浆和专用的小砌块灌孔混凝土。

钢筋的设置应注意以下几点：

1. 钢筋的接头

钢筋直径大于22mm时宜采用机械连接接头，其他直径的钢筋可采用搭接接头，并应符合下列要求：

（1）钢筋的接头位置宜设置在受力较小处；

（2）受拉钢筋的搭接接头长度不应小于 $1.1L_a$，受压钢筋的搭接接头长度不应小于 $0.7L_a$（$L_a$ 为钢筋锚固长度），但不应小于 300mm；

（3）当相邻接头钢筋的间距不大于 75mm 时，其搭接长度应为 $1.2L_a$。当钢筋间的接头错开 $20d$ 时（$d$ 为钢筋直径），搭接长度可不增加。

2. 水平受力钢筋（网片）的锚固和搭接长度

（1）在凹槽砌块混凝土带中钢筋的锚固长度不宜小于 $30d$，且其水平或垂直弯折段的长度不宜小于 $15d$ 和 200mm；钢筋的搭接长度不宜小于 $35d$；

（2）在砌体水平灰缝中，钢筋的锚固长度不宜小于 $50d$，且其水平或垂直弯折段的长度不宜小于 $20d$ 和 150mm；钢筋的搭接长度不宜小于 $55d$；

（3）在隔皮或错缝搭接的灰缝中为 $50d+2h$（$d$ 为灰缝受力钢筋直径，$h$ 为水平灰缝的间距）。

3. 钢筋的最小保护层厚度

（1）灰缝中钢筋外露砂浆保护层不宜小于 15mm；

（2）位于砌块孔槽中的钢筋保护层，在室内正常环境不宜小于 20mm；在室外或潮湿环境中不宜小于 30mm；

（3）对安全等级为一级或设计使用年限大于 50 年的配筋砌体，钢筋保护层厚度应比上述规定至少增加 5mm。

4. 钢筋的弯钩

钢筋骨架中的受力光面钢筋，应在钢筋末端作弯钩，在焊接骨架、焊接网以及受压构件中，可不作弯钩；绑扎骨架中的受力变形钢筋，在钢筋的末端可不作弯钩。弯钩应为 180°弯钩。

5. 钢筋的间距

（1）两平行钢筋间的净距不应小于 25mm；

（2）柱和壁柱中的竖向钢筋的净距不宜小于 40mm（包括接头处钢筋间的净距）。

# 20.7 填充墙砌体工程

## 20.7.1 烧结空心砖砌体

### 20.7.1.1 烧结空心砖

烧结空心砖以黏土、页岩、煤矸石等为主要原料，经焙烧而成的空心砖。

烧结空心砖的外形为直角六面体（图 20-40），其长度、宽度、高度应尺寸符合下列要求：

390mm，290mm，240mm，190mm，180（175）mm，140mm，115mm，90mm。

烧结空心砖根据体积密度分为 800 级、900 级、1100 级三个密度级别。

每个密度级根据孔洞及其排数、尺寸偏差、外观质量、强度等级和物理性能分为优等品、一等品和合格品三个等级。

烧结空心砖的尺寸允许偏差应符合表 20-44 的规定。

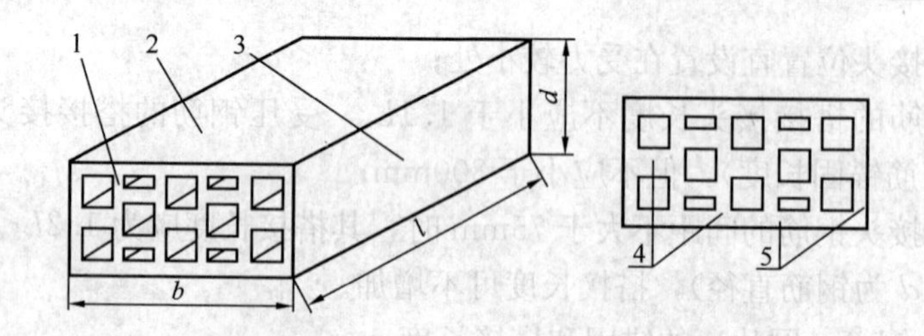


图 20-40　烧结空心砖

1—顶面；2—大面；3—条面；4—肋；5—壁；

$l$—长度；$b$—宽度；$d$—高度

**烧结空心砖允许偏差**（mm）　　**表 20-44**

| 尺　寸 | 优等品 | | 一等品 | | 合格品 | |
|---|---|---|---|---|---|---|
| | 样本平均偏差 | 样本极差≤ | 样本平均偏差 | 样本极差≤ | 样本平均偏差 | 样本极差≤ |
| ＞300 | ±2.5 | 6.0 | ±3.0 | 7.0 | ±3.5 | 8.0 |
| ＞200～300 | ±2.0 | 5.0 | ±2.5 | 6.0 | ±3.0 | 7.0 |
| 100～200 | ±1.5 | 4.0 | ±2.0 | 5.0 | ±2.5 | 6.0 |
| ＜100 | ±1.5 | 3.0 | ±1.7 | 4.0 | ±2.0 | 5.0 |

烧结空心砖的外观质量应符合表 20-45 的规定。

**烧结空心砖外观质量**　　**表 20-45**

| 项　　目 | | 优等品 | 一等品 | 合格品 |
|---|---|---|---|---|
| 1. 弯曲 | ≤ | 3 | 4 | 5 |
| 2. 缺棱掉角的三个破坏尺寸不得 | 同时＞ | 15 | 30 | 40 |
| 3. 垂直度差 | ≤ | 3 | 4 | 5 |
| 4. 未贯穿裂纹长度 | ≤ | | | |
| 1）大面上宽度方向及其延伸到条面的长度 | | 不允许 | 100 | 120 |
| 2）大面上长度方向或条面上水平面方向的长度 | | 不允许 | 120 | 140 |
| 5. 贯穿裂纹长度 | | | | |
| 1）大面上宽度方向及其延伸到条面的长度 | | 不允许 | 40 | 60 |
| 2）壁、肋沿长度方向、宽度方向及其水平方向的长度 | | 不允许 | 40 | 60 |
| 6. 肋、壁内残缺长度 | ≤ | 不允许 | 40 | 60 |
| 7. 完整面 | 不少于 | 一条面和一大面 | 一条面或一大面 | — |

注：凡有下列缺陷之一者，不能称为完整面：

1. 缺损在大面、条面上造成的破坏面尺寸同时大于 20mm×30mm；

2. 大面、条面上裂纹宽度大于 1mm，其长度超过 70mm；

3. 压陷、粘底、焦花在大面、条面上的凹陷或凸出超过 2mm，区域尺寸同时大于 20mm×30mm。

烧结空心砖的强度应符合表 20-46 的规定。

**烧结空心砖强度** **表 20-46**

| 强度等级 | 抗压强度（MPa） | | | 密度等级范围（kg/m³） |
|---|---|---|---|---|
| | 抗压强度平均值 $\bar{f}\geqslant$ | 变异系数 $\delta\leqslant0.21$ | 变异系数 $\delta>0.21$ | |
| | | 强度标准值 $f_k\geqslant$ | 单块最小抗压强度值 $f_{min}\geqslant$ | |
| MU10.0 | 10.0 | 7.0 | 8.0 | ≤1100 |
| MU7.5 | 7.5 | 5.0 | 5.8 | |
| MU5.0 | 5.0 | 3.5 | 4.0 | |
| MU3.5 | 3.5 | 2.5 | 2.8 | |
| MU2.5 | 2.5 | 1.6 | 1.8 | ≤800 |

烧结空心砖的密度级别应符合表 20-47 的规定。

**烧结空心砖密度级别** **表 20-47**

| 密度级别 | 5 块密度平均值（kg/m³） | 密度级别 | 5 块密度平均值（kg/m³） |
|---|---|---|---|
| 800 | ≤800 | 1000 | 901～1000 |
| 900 | 801～900 | 1100 | 1001～1100 |

#### 20.7.1.2 烧结空心砖施工

烧结空心砖在运输、装卸过程中，严禁抛掷和倾倒；进场后应按品种、规格、堆放整体，堆置高度不宜超过 2m。

采用普通砌筑砂浆砌筑填充墙时，烧结空心砖应提前 1～2d 浇（喷）水湿润，烧结空心砖的相对含水率 60％～70％。

空心砖墙应侧砌，其孔洞呈水平方向，上下皮垂直灰缝相互错开 1/2 砖长。空心砖墙底部宜砌 3 皮烧结普通砖（图 20-41）。

烧结空心砖墙与烧结普通砖交接处，应以普通砖墙引出不小于 240mm 长与空心砖墙相接，并与隔 2 皮空心砖高在交接处的水平灰缝中设置 2$\phi$6 钢筋作为拉结筋，拉结钢筋在空心砖墙中的长度不小于空心砖长加 240mm（图 20-42）。

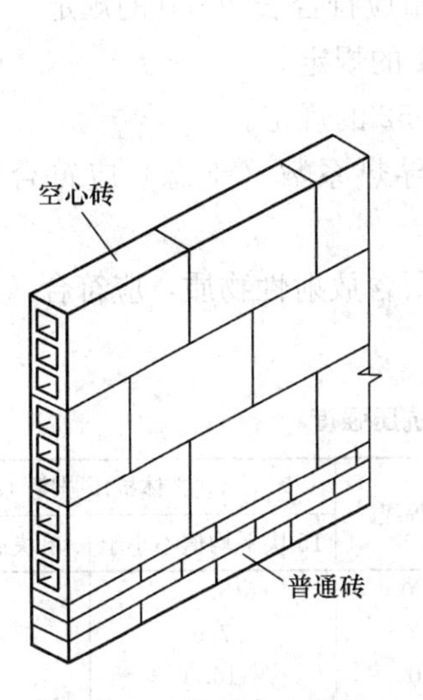


图 20-41 烧结空心砖墙

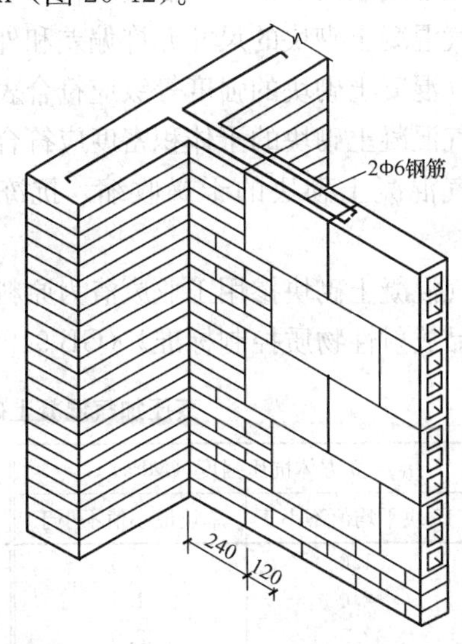


图 20-42 烧结空心砖墙与普通砖墙交接

烧结空心砖墙的转角处，应用烧结普通砖砌筑，砌筑长度角边不小于240mm。

烧结空心砖墙砌筑不得留置斜槎或直槎，中途停歇时，应将墙顶砌平。在转角处、交接处，烧结空心砖与普通砖应同时砌起。

烧结空心砖墙中不得留置脚手眼；不得对烧结空心砖进行砍凿。

## 20.7.2 蒸压加气混凝土砌块砌体

### 20.7.2.1 蒸压加气混凝土砌块

蒸压加气混凝土砌块是以水泥、矿渣、砂、石灰等为主要原料，加入发气剂，经搅拌成型、蒸压养护而成的实心砌块。

蒸压加气混凝土砌块的规格尺寸见表20-48。

**蒸压加气混凝土砌块的规格尺寸　　表20-48**

| 砌块公称尺寸 | | | 砌块制作尺寸 | | |
|---|---|---|---|---|---|
| 长度 $L$ | 宽度 $B$ | 高度 $H$ | 长度 $H_1$ | 宽度 $B_1$ | 度 $H_1$ |
| 600 | 100<br>125<br>150<br>200<br>250<br>300 | 200<br>250<br>300 | $L$~10 | $B$ | $H$~10 |

蒸压加气混凝土砌块按其抗压强度分为：A1、A2、A2.5、A3.5、A5、A7.5、A10七个强度等级；按其密度分为：B03、B04、B05、B06、B07、B08六个密度级别；按尺寸偏差与外观质量、密度和抗压强度分为优等品（A）、一等品（B）和合格品（C）。

蒸压加气混凝土砌块的抗压强度应符合表20-49的规定。

蒸压加气混凝土砌块的尺寸允许偏差和外观质量应符合表20-50的规定。

蒸压加气混凝土砌块的强度等级应符合表20-51的规定。

蒸压加气混凝土砌块的干体积密度应符合表20-52的规定。

蒸压加气混凝土砌块的干燥收缩、抗冻性和导热系数（干态）应符合表20-53的规定。

蒸压加气混凝土砌块掺用工业废渣为原料时，所含放射性物质，应符合《掺工业废渣建筑材料产品放射性物质控制标准》（GB 9196）。

**蒸压加气混凝土砌块的抗压强度　　表20-49**

| 强度等级 | 立方体抗压强度（MPa） | | 强度等级 | 立方体抗压强度（MPa） | |
|---|---|---|---|---|---|
| | 15块平均值不小于 | 单块最小值不小于 | | 15块平均值不小于 | 单块最小值不小于 |
| A1.0 | 1.0 | 0.8 | A5.0 | 5.0 | 4.0 |
| A2.0 | 2.0 | 1.6 | A7.5 | 7.5 | 6.0 |
| A2.5 | 2.5 | 2.0 | A10 | 10.0 | 8.0 |
| A3.5 | 3.5 | 2.8 | | | |

蒸压加气混凝土砌块尺寸允许偏差和外观质量　表 20-50

| 项目 | | | 指标 | | |
|---|---|---|---|---|---|
| | | | 优等品 | 一等品 | 合格品 |
| (1) 尺寸允许偏差 (mm) | | 长度 $L_1$ | ±3 | ±4 | ±5 |
| | | 宽度 $B_1$ | ±2 | ±3 | +3，−4 |
| | | 高度 $H_1$ | ±2 | ±3 | +3，−4 |
| (2) 缺棱掉角 | 个数，不多于（个） | | 0 | 1 | 2 |
| | 最大尺寸不得大于（mm） | | 0 | 70 | 70 |
| | 最小尺寸不得大于（mm） | | 0 | 30 | 30 |
| (3) 平面弯曲不得大于（mm） | | | 0 | 3 | 5 |
| (4) 裂纹 | 条数不多于（条） | | 0 | 1 | 2 |
| | 任一面上的裂纹长度不得大于裂纹方向的 | | 0 | 1/3 | 1/2 |
| | 贯穿一棱二面的裂纹长度不得大于裂纹所在面的裂纹方向尺寸总和的 | | 0 | 1/3 | 1/3 |
| (5) 爆裂、粘模和损坏深度不得大于（mm） | | | 10 | 20 | 30 |
| (6) 表面疏松、层裂 | | | 不允许 | 不允许 | 不允许 |
| (7) 表面油污 | | | 不允许 | 不允许 | 不允许 |

蒸压加气混凝土砌块的强度等级　表 20-51

| 密度级别 | | B03 | B04 | B05 | B06 | B07 | B08 |
|---|---|---|---|---|---|---|---|
| 强度等级 | 优等品 | A1.0 | A2.0 | A3.5 | A5.0 | A7.5 | A10 |
| | 一等品 | | | A3.5 | A5.0 | A7.5 | A10 |
| | 合格品 | | | A2.5 | A3.5 | A5.0 | A7.5 |

蒸压加气混凝土砌块的干体积密度（kg/m³）　表 20-52

| 密度级别 | | B03 | B04 | B05 | B06 | B07 | B08 |
|---|---|---|---|---|---|---|---|
| 体积密度 | 优等品≤ | 300 | 400 | 500 | 600 | 700 | 800 |
| | 一等品≤ | 330 | 430 | 530 | 630 | 730 | 830 |
| | 合格品≤ | 350 | 450 | 550 | 650 | 750 | 850 |

蒸压加气混凝土砌块的干燥收缩、抗冻性和导热系数　表 20-53

| 体积密度级别 | | | B03 | B04 | B05 | B06 | B07 | B08 |
|---|---|---|---|---|---|---|---|---|
| 干燥收缩值 | 标准法≤ | mm/m | 0.50 | | | | | |
| | 快速法≤ | | 0.80 | | | | | |
| 抗冻性 | 质量损失，% | ≤ | 5.0 | | | | | |
| | 冻后强度，MPa | ≥ | 0.8 | 1.6 | 2.0 | 2.8 | 4.0 | 6.0 |
| 导热系数（干态），W/(m·K) | | ≤ | 0.10 | 0.12 | 0.14 | 0.16 | — | — |

蒸压加气混凝土砌块按产品名称（代号 ACB）、强度等级、体积密度级别、规格尺寸、产品等级和标准编号的顺序进行标记。如强度等级为 A3.5、体积密度级别为 B05、优等品、规格尺寸为 600mm×200mm×250mm 的加气混凝土砌块，其标记为：

ACB　A3.5　B05　600×200×250A　GB11968

蒸压加气混凝土砌块应存放 5d 以上方可出厂。出厂产品应有产品质量说明书。说明书应包括：生产厂名、商标、产品标记、本派产品主要技术性能和生产日期。砌块贮存堆放应做到：场地平整、同品种、同规格、同等级做好标记，整齐稳妥，宜有防雨措施。产品运输时，宜成垛绑扎或有其他包装。绝热产品必须捆扎加塑料薄膜封包。运输装卸时，宜用专用机具，严禁摔、掷、翻斗车自翻卸货。

**20.7.2.2　蒸压加气混凝土砌块砌体构造**

蒸压加气混凝土砌块可砌成单层墙或双层墙体。单层墙是将蒸压加气混凝土砌块立砌，墙厚为砌块的宽度。双层墙是将蒸压加气混凝土砌块立砌两层，中间夹以空气层，两层砌块间，每隔 500mm 墙高在水平灰缝中放置 $\phi4\sim\phi6$ 的钢筋扒钉，扒钉间距为 600mm，空气层厚度约 70～80mm（图 20-43）。

承重蒸压加气混凝土砌块墙的外墙转角处、墙体交接处，均应沿墙高 1m 左右，在水平灰缝中放置拉结钢筋，拉结钢筋为 $3\phi6$，钢筋伸入墙内不少于 1000mm（图 20-44）。

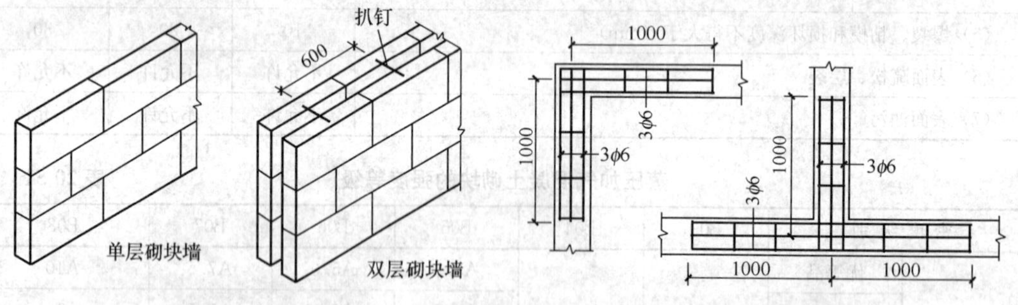


图 20-43　蒸压加气混凝土砌块墙　　　　图 20-44　承重砌块墙的拉结钢筋

非承重蒸压加气混凝土砌块墙的外墙转角处、与承重墙交接处，均应沿墙高 1m 左右，在水平灰缝中放置拉结钢筋，拉结钢筋为 $2\phi6$，钢筋伸入墙内不少于 700mm（图 20-45）。

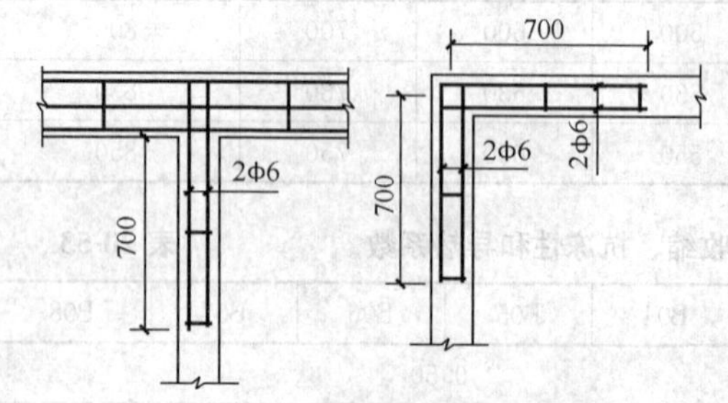


图 20-45　非承重砌块墙的拉结钢筋

蒸压加气混凝土砌块外墙的窗口下一皮砌块下的水平灰缝中应设置拉结钢筋，拉结钢筋为 $3\phi6$，钢筋伸过墙口侧边应不小于 500mm。

**20.7.2.3　蒸压加气混凝土砌块砌体施工**

蒸压加气混凝土砌块在运输、装卸过程中，严禁抛掷和倾倒。进场后应按品种、规格堆放整齐，堆置高度不宜超过 2m。蒸压加气混凝土砌块在运输及堆放中应防止雨淋。

蒸压砌筑填孔墙时，加气混凝土砌块的产品龄期不应小于 28d，蒸压加气混凝土砌块的含水率宜小于 30%。

承重蒸压加气混凝土砌块砌体所用砌块强度等级应不低于 A7.5，砂浆强度不低于 M5。

蒸压加气混凝土砌块砌筑前，应根据建筑物的平面、立面图绘制砌块排列图。在墙体转角处设置皮数杆，皮数杆上画出砌块皮数及砌块高度，并在相对砌块上边线间拉准线，依准线砌筑。

蒸压加气混凝土砌块采用蒸压加气混凝土砌块砌筑砂浆或普通砌筑砂浆砌筑时，应在砌筑当天对砌块砌筑面喷水湿润，蒸压加气混凝土砌块的相对含水率为40%～50%。

砌筑蒸压加气混凝土砌块宜采用专用工具（铺灰铲、锯、钻、镂、平直架等）。

在厨房、卫生间、浴室等处采用蒸压加气混凝土砌块砌筑墙体时，墙底部宜现浇混凝土坎台，其高度宜为150mm。

蒸压加气混凝土砌块墙的上下皮砌块的竖向灰缝应相互错开，相互错开长度宜为300mm，并不小于150mm。如不能满足时，应在水平灰缝设置2$\phi$6的拉结钢筋或$\phi$4钢筋网片，拉结钢筋或钢筋网片的长度应不小于700mm（图20-46）。

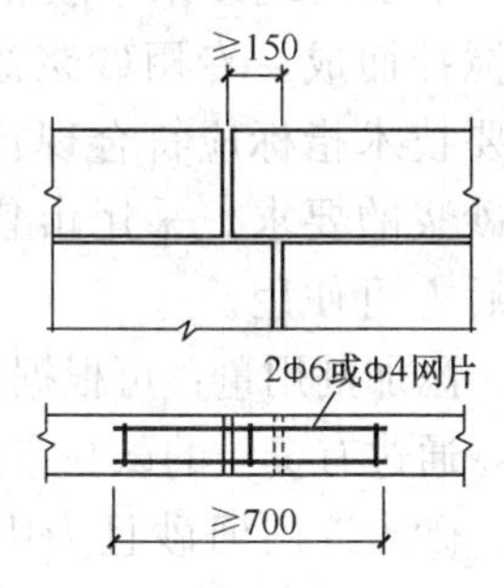


图20-46 蒸压加气混凝土砌块中拉结筋

填充墙拉结筋处的下皮小砌块宜采用半盲孔小砌块或用混凝土灌实孔洞的小砌块；薄灰砌筑法施工的蒸压加气混凝土砌块砌体，拉结筋应放置在砌块上表面设置的沟槽内。

蒸压加气混凝土砌块不应与其他块体混砌，不同强度等级的同类块体也不得混砌。

注：窗台处和因安装门窗需要，在门窗洞口处两侧填充墙上、中、下部可采用其他块体局部嵌砌；对与框架柱、梁不脱开方法的填充墙，填塞填充墙顶部与梁之间缝隙可采用其他块体。

蒸压加气混凝土砌块墙的灰缝应横平竖直，砂浆饱满，水平灰缝砂浆饱满度不应小于90%；竖向灰缝砂浆饱满度不应小于80%。水平灰缝厚度宜为15mm；竖向灰缝宽度宜为20mm。

蒸压加气混凝土砌块墙的转角处，应使纵横墙的砌块相互搭砌，隔皮砌块露端面。蒸压加气混凝土砌块墙的T字交接处，应使横墙砌块隔皮露端面，并坐中于纵墙砌块（图20-47）。

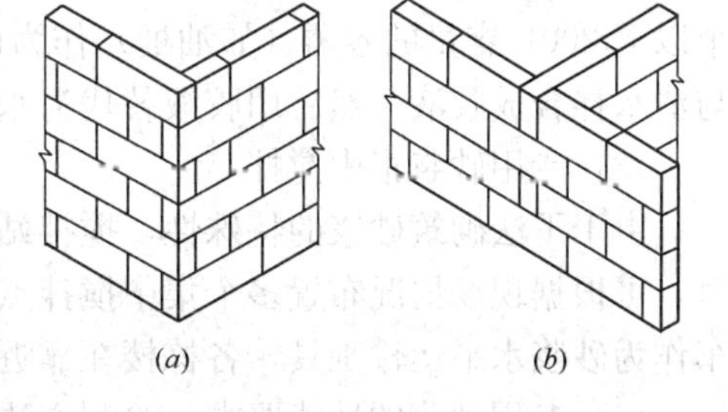


图20-47 蒸压加气混凝土砌块墙的转角处、交接处砌块
(a) 转角处；(b) 交接处

蒸压加气混凝土凝土砌块墙如无切实有效措施，不得使用于下列部位：

（1）建筑物室内地面标高以下部位；

（2）长期浸水或经常受干湿交替部位；

（3）受化学环境侵蚀（如强酸、强碱）或高浓度二氧化碳等环境；

（4）砌块表面经常处于80℃以上的高温环境。

（5）不设构造柱、系梁、压顶梁、拉结筋的女儿墙和栏板。

加气混凝土砌块墙上不得留设脚手眼。

每一楼层内的砌块墙体应连续砌完，不留接槎。如必须留槎时应留成斜槎，或在门窗洞口侧边间断。

#### 20.7.2.4 干法砌筑蒸压加气混凝土砌块

蒸压加气混凝土砌块材料吸水率高，砌筑完成后需浇水养护，增大了砌块墙体的含水率，易造成墙体产生干缩裂缝的质量通病。干法砌筑是指为防止砌块因受潮干缩变形，在砌体施工过程中不采用湿作业，而在砌筑砂浆中添加专用砂浆添加剂，提高砌筑砂浆的粘结性、保水性、触变性和流动性等特性，砌块砌筑时不需在砌筑面适量浇水，从而达到砌筑施工的干作业环境。

1. 干法砌筑砂浆

(1) 材料

干法砌筑砂浆（胶粘剂）一般由专用砂浆添加剂按照规定比例制成胶液掺入砂浆中搅拌而成。专用砂浆添加剂为蒸压加气砌块配套产品，由专门生产厂家供应，其主要技术指标应符合现行《蒸压加气混凝土用砌筑砂浆与抹面砂浆》（JC 890）中砌筑砂浆的要求。采用市售非砌块厂家配套产品除符合上述要求外，应经工程应用认可后方可使用。

添加剂用量：可根据生产厂家提供的专用砂浆添加剂的用量结合具体的砌筑砂浆等级，通过有资质的试验室试配，确定其配比。

砂子选用河砂且为中砂，并经过筛级配，不得含有草根、废渣等杂物，含泥量小于5%。

水泥采用普通硅酸盐水泥或矿渣硅酸盐水泥。

水应采用不含有害物质的洁净水。

砂浆试块应随即取样制作，严禁同盘砂浆制作多组试块。每一检验批且不超过一个楼层或250m³ 砌体所用的各种类型及强度等级的砌筑砂浆，应制作不少于一组试块，每组试块数量为6块。

(2) 胶液调配

干法砌筑砂浆由专用砂浆添加剂制成胶液掺入砂浆中搅拌而成。现场应配置2个或2个以上200L容量的容器（如油桶）作为调配胶液用，按照配合比要求将专用砂浆添加剂与清水拌合成胶液，然后用胶液替代清水搅拌制成干法砌筑砂浆。

(3) 专用砂浆集中搅拌

由于干法砌筑砂浆的特殊性，搅拌站应集中在一个地点（若工程场地过大或体量较大时，可根据现场情况布置多个集中搅拌点），以免与其他普通砂浆混淆，另配置小型翻斗车作为砂浆水平运输工具，各栋楼在靠近垂直运输设备的地方设砂浆中转池。

(4) 专用砂浆的性能要求与检测方法

保水性检测：将新拌的砂浆敷置在报纸上10～15min，以报纸上砂浆周边的水印在3.0～5.0mm 范围内为合格。

抗坠与粘结性检测：将砂浆敷抹在砌块上，以敷抹的砂浆在砌块倒立的情况下不脱落为合格。

流动性和触变性检测：检测时在平放的砌块上均匀敷抹10～12mm 厚砂浆，叠上另一砌块，稍等片刻再分开，以见两砌块的粘结面挂浆面积≥80%为合格。

2. 干法砌筑施工

(1) 砌体构筑

1) 切割砌块应使用手提式机具或专用的机械设备。

2) 胶粘剂应使用电动工具搅拌均匀，随拌随用，拌合量宜在3h内用完为限；若环境温度高于25℃时应在拌合后2h内用完。

3）使用胶粘剂施工时，严禁用水浇湿砌块。

4）墙体砌筑前，应对基层进行清理和找平，按设计要求弹出墙的中线、边线与门、窗洞口位置。立准皮数杆，拉好水准线。

5）砌筑每层楼第一皮砌块前，必须清理基面，洒少量水湿润基面，再用1∶2.5水泥砂浆找平，待第二天砂浆干后再开始砌墙。砌筑时在砌块的底面和两端侧面披刮粘结剂，按排块图砌筑，并应注意及时校正砌块的水平和垂直度。

6）常温下，砌块的日砌筑高度宜控制在1.8m内。

7）上一皮砌块砌筑前，宜先将下皮砌块表面（铺浆面）用毛刷清理干净后，再铺水平灰缝的胶粘剂。

8）每皮砌块砌筑时，宜用水平尺与橡胶锤校正水平、垂直位置，并做到上下皮砌块错缝搭接，其搭接长度不宜小于被搭接砌块长度的1/3。

9）砌块转角和交接处应同时砌筑，对不能同时砌筑需留设临时间断处，应砌成斜槎。斜槎水平投影长度不应小于高度的2/3。接槎时，应先清理槎口，再铺胶粘剂砌筑。

10）砌块水平灰缝应用刮勺均匀铺刮胶粘剂于下皮砌块表面；砌块的竖向灰缝可先铺刮胶粘剂于砌块侧面再上墙砌筑。灰缝应饱满，做到随砌随勒。灰缝厚度和宽度应为2～3mm。

11）已砌上墙的砌块不应任意移动或撞击。如需校正，应在清除原胶粘剂后，重新铺刮胶粘剂进行砌筑。

12）墙体砌完后必须检查表面平整度，如有不平整，应用钢齿磨砂板磨平，使偏差值控制在允许范围内。

13）墙体水平配筋带应预先在砌块的水平灰缝面开设通长凹槽，置入钢筋后，用胶粘剂填实至槽的上口平。

14）砌体与钢筋混凝土柱（墙）相接处，应设置拉结钢筋进行拉结或设L形铁件连接。当采用L形铁件时，砌块墙体与钢筋混凝土柱（墙）间应预留10～15mm的空隙，待墙体砌成后，再将该空隙用柔性材料嵌填。

15）砌块墙顶面与钢筋混凝土梁（板）底面间应有预留钢筋拉结并预留10～25mm空隙。在墙体砌筑完成7d后，先在墙顶每一砌块中间部位的两侧用经防腐处理的木楔楔紧，再用1∶3水泥砂浆或玻璃棉、矿棉、PU发泡剂嵌严。除用钢筋拉结外，另一种做法是在砌块墙顶面与钢筋混凝土梁（板）底面间预留40～50mm空隙，在墙体砌筑完成7d后用C20细石混凝土填充。

16）厨房、卫生间等潮湿房间及底层外墙的砌体，应砌在高度不小于200mm的C20现浇混凝土楼板翻边上，第一皮砌块的砌筑要求同第5条的规定，并应做好墙面防水处理。

17）砌块墙体的过梁宜采用预制钢筋混凝土过梁。过梁宽度宜比砌块墙厚度两侧各凹进10mm。

18）砌块砌体砌筑时，不应在墙体中留设脚手架洞。

19）墙体修补及空洞填塞宜用同质材料或专用修补材料修补。也可用砌块碎屑拌以水泥、石灰膏及适量的建筑胶水进行修补，配合比为水泥∶石灰膏∶砌块碎屑=1∶1∶3。

(2) 门窗樘与墙的连接

1) 当门洞不设钢筋混凝土门框时，木门樘安装，应在门洞两侧的墙体中按上、中、下位置每边砌入带防腐木砖的C15混凝土块，然后可用钉子或尼龙锚栓或其他连接件将门框固定其上。木门框与墙体间的空隙用PU发泡剂或聚合物防水砂浆封填。

2) 内墙厚度等于或大于200mm时，木门框用尼龙锚栓直接固定时，锚栓位置宜在墙厚的正中处，离墙面水平距离不得小于50mm。

3) 安装特殊装饰门，可用发泡结构胶密封木门框与墙体间的缝隙。

4) 安装塑钢、铝合金门窗，应在门窗洞两侧的墙体中按上、中、下位置每边砌入C20混凝土预制块，然后用尼龙锚栓或射钉将塑钢、铝合金门窗框连接铁件与预制混凝土块固定，门窗框与砌体之间的缝隙用PU发泡剂或聚合物防水砂浆填实。

(3) 墙体暗敷管线

1) 水电管线的暗敷工作，必须待墙体完成并达到一定强度后方能进行。开槽时，应使用轻型电动切割机和手工镂槽器。开槽的深度不宜超过墙厚的1/3。墙厚小于120mm的墙体不得双向对开管线槽。管线开槽应距门窗洞口300mm以外。

2) 预埋在现浇楼板中的管线弯进墙体时，应贴近墙面敷设，且垂直段高度宜低于一皮砌块的高度。

3) 敷设管线后的槽先刷界面剂，再用1∶3水泥砂浆填实，填充面应比墙面微凹2mm，再用胶粘剂补平，沿槽长两侧粘贴自槽宽两侧外延不小于100mm的耐碱玻纤网格布以防裂。

## 20.8 冬 期 施 工

(1) 当室外日平均气温连续5d稳定低于5℃时，砌体工程应采取冬期施工措施。

注：1. 气温根据当地气象资料确定；

2. 冬期施工期限以外，当日最低气温低于0℃时，也应按本章的规定执行。

(2) 冬期施工的砌体工程质量验收除应符合本章要求外，尚应符合现行行业标准《建筑工程冬期施工规程》(JGJ/T 104) 的有关规定。

(3) 砌体工程冬期施工应有完整的冬期施工方案。

(4) 冬期施工所用材料应符合下列规定：

1) 石灰膏、电石膏等应防止受冻，如遭冻结，应经融化后使用；

2) 拌制砂浆用砂，不得含有冰块和大于10mm的冻结块；

3) 砌体用块体不得遭水浸冻。

(5) 冬期施工砂浆试块的留置，除应按常温规定要求外，尚应增加1组与砌体同条件养护的试块，用于检验转入常温28d的强度。如有特殊需要，可另外增加相应龄期的同条件养护的试块。

(6) 地基土有冻胀性时，应在未冻的地基上砌筑，并应防止在施工期间和回填土前地基受冻。

(7) 冬期施工中砖、小砌块浇（喷）水湿润应符合下列规定：

1) 烧结普通砖、烧结多孔砖、蒸压灰砂砖、蒸压粉煤灰砖、烧结空心砖、吸水率较大的轻骨料混凝土小型空心砌块在气温高于0℃条件下砌筑时，应浇水湿润；在气温低于或等于0℃条件下砌筑时，可不浇水，但必须增大砂浆稠度；

2）普通混凝土小型空心砌块、混凝土多孔砖、混凝土实心砖及采用薄灰砌筑法的蒸压加气混凝土砌块施工时，不应对其浇（喷）水湿润；

3）抗震设防烈度为9度的建筑物，当烧结普通砖、烧结多孔砖、蒸压粉煤灰砖、烧结空心砖无法浇水湿润时，如无特殊措施，不得砌筑。

（8）拌合砂浆时水的温度不得超过80℃，砂的温度不得超过40℃。

（9）采用砂浆掺外加剂法、暖棚法施工时，砂浆使用温度不应低于5℃。

（10）采用暖棚法施工，块体在砌筑时的温度不应低于5℃，距离所砌的结构底面0.5m处的棚内温度也不应低于5℃。

（11）在暖棚内的砌体养护时间，应根据暖棚内温度，按表20-54确定。

**暖棚法砌体的养护时间** **表20-54**

| 暖棚的温度（℃） | 5 | 10 | 15 | 20 |
|---|---|---|---|---|
| 养护时间（d） | ≥6 | ≥5 | ≥4 | ≥3 |

（12）采用外加剂法配制的砌筑砂浆，当设计无要求，且最低气温等于或低于－15℃时，砂浆强度等级应较常温施工提高一级。

（13）配筋砌体不得采用掺氯盐的砂浆施工。

## 20.9 砌体安全技术

（1）在操作之前必须检查操作环境是否符合安全要求，道路是否畅通，机具是否完好牢固，安全设施和防护用品是否齐全，经检查符合要求后方可施工。

（2）砌基础时，应检查和经常注意基坑土质变化情况，有无崩裂现象。堆放砌筑材料应离开坑边1m以上。当深基坑装设挡土板或支撑时，操作人员应设梯子上下，不得攀跳。运料不得碰撞支撑，也不得踩踏砌体和支撑上下。

（3）墙身砌体高度超过地坪1.2m以上时，应搭设脚手架。在一层以上或高度超过4m时，采用里脚手架必须支搭安全网；采用外脚手架应设护身栏杆和挡脚板后方可砌筑。

（4）脚手架上堆料量不得超过规定荷载，堆砖高度不得超过3皮侧砖，同一块脚手板上的操作人员不应超过二人。

（5）在楼层（特别是预制板面）施工时，堆放机具、砖块等物品不得超过使用荷载。如超过荷载时，必须经过验算采取有效加固措施后，方可进行堆放及施工。

（6）不准站在墙顶上做画线、刮缝及清扫墙面或检查大角垂直等工作。

（7）不准用不稳固的工具或物体在脚手板面垫高操作，更不准在未经过加固的情况下，在一层脚手架上随意再叠加一层。

（8）砍砖时应面向内打，防止碎砖跳出伤人。

（9）用于垂直运输的吊笼、滑车、绳索、刹车等，必须满足负荷要求，牢固无损；吊运时不得超载，并须经常检查，发现问题及时修理。

(10) 用起重机吊砖要用砖笼；吊砂浆的料斗不能装得过满。吊杆回转范围内不得有人停留，吊件落到架子上时，砌筑人员要暂停操作，并避开一边。

(11) 砖、石运输车辆两车前后距离平道上不小于2m，坡道上不小于10m；装砖时要先取高处后取低处，防止垛倒砸人。

(12) 已砌好的山墙，应临时用联系杆（如擦条等）放置各跨山墙上，使其联系稳定，或采取其他有效的加固措施。

(13) 冬期施工时，脚手板上如有冰霜、积雪，应先清除后才能上架子进行操作。

(14) 如遇雨天及每天下班时，要做好防雨措施，以防雨水冲走砂浆，致使砌体倒塌。

(15) 在同一垂直面内上下交叉作业时，必须设置安全隔板，下方操作人员必须配戴安全帽。

(16) 人工垂直往上或往下（深坑）转递砖石时，要搭递砖架子，架子的站人板宽度应不小于60cm。

(17) 用锤打石时，应先检查铁锤有无破裂，锤柄是否牢固。打锤要按照石纹走向落锤，锤口要平，落锤要准，同时要看清附近情况有无危险，然后落锤，以免伤人。

(18) 不准在墙顶或架上修改石材，以免震动墙体影响质量或石片掉下伤人。

(19) 不准徒手移动上墙的料石，以免压破或擦伤手指。

(20) 不准勉强在超过胸部以上的墙体上进行砌筑，以免将墙体碰撞倒塌或上石时失手掉下造成安全事故。

(21) 石块不得往下掷。运石上下时，脚手板要钉装牢固，并钉防滑条及扶手栏杆。

(22) 已经就位的砌块，必须立即进行竖缝灌浆；对稳定性较差的窗间墙、独立柱和挑出墙面较多的部位，应加临时稳定支撑，以保证其稳定性。

在台风季节，应及时进行圈梁施工，加盖楼板，或采取其他稳定措施。

(23) 在砌块砌体上，不宜拉锚缆风绳，不宜吊挂重物，也不宜作为其他施工临时设施、支撑的支承点，如果确实需要时，应采取有效的构造措施。

(24) 大风、大雨、冰冻等异常气候之后，应检查砌体是否有垂直度的变化，是否产生了裂缝，是否有不均匀下沉等现象。

## 20.10　砌体工程质量控制

### 20.10.1　质　量　标　准

各类砌体的质量均分为合格与不合格两个等级。

各类砌体的质量合格均应达到以下规定：

(1) 主控项目应全部符合规定；

(2) 一般项目应有80%及以上的抽检处符合规定；有允许偏差的项目，最大偏差值为允许偏值的1.5倍。

达不到上述规定，则为质量不合格。

#### 20.10.1.1 砌筑砂浆的质量标准

（1）砌筑砂浆试块强度验收时其强度合格标准应符合下列规定：

1）同一验收批砂浆试块强度平均值应大于或等于设计强度等级值的1.10倍；

2）同一验收批砂浆试块抗压强度的最小一组平均值应大于或等于设计强度等级值的85%。

注：1. 砌筑砂浆的验收批，同一类型、强度等级的砂浆试块不应少于3组；同一验收批砂浆只有1组或2组试块时，每组试块抗压强度平均值应大于或等于设计强度等级值的1.10倍；对于建筑结构的安全等级为一级或设计使用年限为50年及以上的房屋，同一验收批砂浆试块的数量不得少于3组；
2. 砂浆强度应以标准养护，28d龄期的试块抗压强度为准；
3. 制作砂浆试块的砂浆稠度应与配合比设计一致。

抽检数量：每一检验批且不超过250m³砌体的各类、各强度等级的普通砌筑砂浆，每台搅拌机应至少抽检一次。验收批的预拌砂浆、蒸压加气混凝土砌块专用砂浆，抽检可为3组。

检验方法：在砂浆搅拌机出料口或在湿拌砂浆的储存容器出料口随机取样制作砂浆试块（现场拌制的砂浆，同盘砂浆只应作1组试块），试块标养28d后作强度试验。预拌砂浆中的湿拌砂浆稠度应在进场时取样检验。

（2）当施工中或验收时出现下列情况，可采用现场检验方法对砂浆或砌体强度进行实体检测，并判定其强度：

1）砂浆试块缺乏代表性或试块数量不足；

2）对砂浆试块的试验结果有怀疑或有争议；

3）砂浆试块的试验结果，不能满足设计要求；

4）发生工程事故，需要进一步分析事故原因。

#### 20.10.1.2 砖砌体工程的质量标准

1. 主控项目

（1）砖和砂浆的强度等级必须符合设计要求。

抽检数量：每一生产厂家，烧结普通砖、混凝土实心砖每15万块，烧结多孔砖、混凝土多孔砖、蒸压灰砂砖及蒸压粉煤灰砖每10万块各为一验收批，不足上述数量时按1批计，抽检数量为1组。砂浆试块的抽检数量：每一检验批且不超过250m³砌体的各类、各强度等级的普通砌筑砂浆，每台搅拌机应至少抽检一次。验收批的预拌砂浆、蒸压加气混凝土砌块专用砂浆，抽检可为3组。

检验方法：查砖和砂浆试块试验报告。

（2）砌体灰缝砂浆应密实饱满，砖墙水平灰缝的砂浆饱满度不得低于80%；砖柱水平灰缝和竖向灰缝饱满度不得低于90%。

抽检数量：每检验批抽查不应少于5处。

检验方法：用百格网检查砖底面与砂浆的粘结痕迹面积，每处检测3块砖，取其平均值。

（3）砖砌体的转角处和交接处应同时砌筑，严禁无可靠措施的内外墙分砌施工。在抗震设防烈度为8度及8度以上地区，对不能同时砌筑而又必须留置的临时间断处应砌成斜槎，普通砖砌体斜槎水平投影长度不应小于高度的 2/3（图 20-48），多孔砖砌体的斜槎长高比不应小于 1/2。斜槎高度不得超过一步脚手架的高度。

抽检数量：每检验批抽查不应少于 5 处。

检验方法：观察检查。

（4）非抗震设防及抗震设防烈度为 6 度、7 度地区的临时间断处，当不能留斜槎时，除转角处外，可留直槎，但直槎必须做成凸槎，且应加设拉结钢筋，拉结钢筋应符合下列规定：

1）每 120mm 墙厚放置 1$\phi$6 拉结钢筋（120mm 厚墙应放置 2$\phi$6 拉结钢筋）；

2）间距沿墙高不应超过 500mm，且竖向间距偏差不应超过 100mm；

3）埋入长度从留槎处算起每边均不应小于 500mm，对抗震设防烈度 6 度、7 度的地区，不应小于 1000mm；

4）末端应有 90°弯钩（图 20-49）。

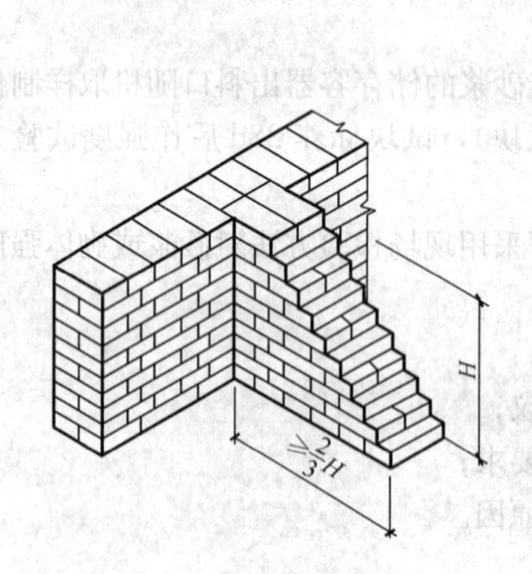


图 20-48　烧结普通砖砌体斜槎

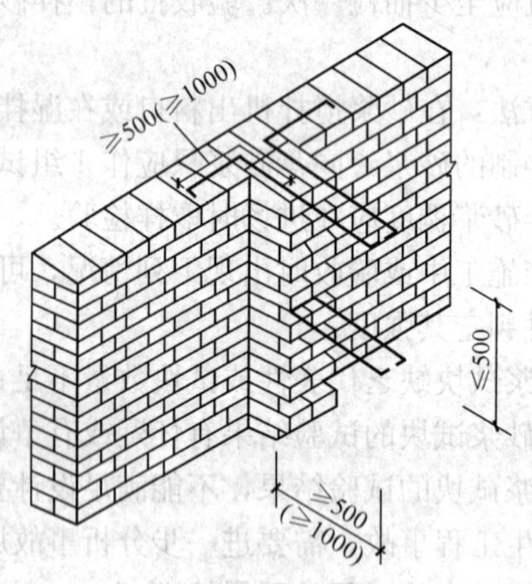


图 20-49　直槎处拉结钢筋示意图

抽检数量：每检验批抽查不应少于 5 处。

检验方法：观察和尺量检查。

2. 一般项目

（1）砖砌体组砌方法应正确，内外搭砌，上、下错缝。清水墙、窗间墙无通缝；混水墙中不得有长度大于 300mm 的通缝，长度 200～300mm 的通缝每间不超过 3 处，且不得位于同一面墙体上。砖柱不得采用包心砌法。

抽检数量：每检验批抽查不应少于 5 处。

检验方法：观察检查。砌体组砌方法抽检每处应为 3～5m。

（2）砖砌体的灰缝应横平竖直，厚薄均匀，水平灰缝厚度及竖向灰缝宽度宜为 10mm，但不应小于 8mm，也不应大于 12mm。

抽检数量：每检验批抽查不应少于 5 处。

检验方法：水平灰缝厚度用尺量 10 皮砖砌体高度折算；竖向灰缝宽度用尺量 2m 砌体长度折算。

（3）砖砌体尺寸、位置的允许偏差及检验应符合表 20-55 的规定。

砖砌体尺寸、位置的允许偏差及检验　　表 20-55

<table>
<tr><th>项次</th><th colspan="3">项目</th><th>允许偏差（mm）</th><th>检验方法</th><th>抽检数量</th></tr>
<tr><td>1</td><td colspan="3">轴线位移</td><td>10</td><td>用经纬仪和尺或用其他测量仪器检查</td><td>承重墙、柱全数检查</td></tr>
<tr><td>2</td><td colspan="3">基础、墙、柱顶面标高</td><td>±15</td><td>用水准仪和尺检查</td><td>不应少于 5 处</td></tr>
<tr><td rowspan="3">3</td><td rowspan="3">墙面垂直度</td><td colspan="2">每层</td><td>5</td><td>用 2m 托线板检查</td><td>不应少于 5 处</td></tr>
<tr><td rowspan="2">全高</td><td>≤10m</td><td>10</td><td rowspan="2">用经纬仪、吊线和尺或用其他测量仪器检查</td><td rowspan="2">外墙全部阳角</td></tr>
<tr><td>>10m</td><td>20</td></tr>
<tr><td rowspan="2">4</td><td rowspan="2">表面平整度</td><td colspan="2">清水墙、柱</td><td>5</td><td rowspan="2">用 2m 靠尺和楔形塞尺检查</td><td rowspan="2">不应少于 5 处</td></tr>
<tr><td colspan="2">混水墙、柱</td><td>8</td></tr>
<tr><td rowspan="2">5</td><td rowspan="2">水平灰缝平直度</td><td colspan="2">清水墙</td><td>7</td><td rowspan="2">拉 5m 线和尺检查</td><td rowspan="2">不应少于 5 处</td></tr>
<tr><td colspan="2">混水墙</td><td>10</td></tr>
<tr><td>6</td><td colspan="3">门窗洞口高、宽（后塞口）</td><td>±10</td><td>用尺检查</td><td>不应少于 5 处</td></tr>
<tr><td>7</td><td colspan="3">外墙上下窗口偏移</td><td>20</td><td>以底层窗口为准，用经纬仪或吊线检查</td><td>不应少于 5 处</td></tr>
<tr><td>8</td><td colspan="3">清水墙游丁走缝</td><td>20</td><td>以每层第一皮砖为准，用吊线和尺检查</td><td>不应少于 5 处</td></tr>
</table>

#### 20.10.1.3　混凝土小型空心砌块砌体工程的质量标准

1. 主控项目

（1）小砌块和芯柱混凝土、砌筑砂浆的强度等级必须符合设计要求。

抽检数量：每一生产厂家，每 1 万块小砌块为一验收批，不足 1 万块按一批计，抽检数量为 1 组；用于多层建筑的基础和底层的小砌块抽检数量不应少于 2 组。砂浆试块每一检验批且不超过 250m$^3$ 砌体的各种类型及强度等级的砌筑砂浆，每台搅拌机应至少抽检一次。

检验方法：检查小砌块和芯柱混凝土、砌筑砂浆试块试验报告。

（2）砌体水平灰缝和竖向灰缝饱满度，按净面积计算不得低于 90%。

抽检数量：每检验批不应少于 5 处。

检验方法：用专用百格网检测小砌块与砂浆粘结痕迹，每处检测 3 块小砌块，取其平均值。

（3）墙体转角处和纵横墙交接处应同时砌筑。临时间断处应砌成斜槎，斜槎水平投影长度不应小于斜槎高度。施工洞口可预留直槎，但在洞口砌筑和补砌时，应在直槎上下搭砌的小砌块孔洞内用强度等级不低于 C20（或 Cb20）的混凝土灌实。

抽检数量：每检验批抽查不应少于 5 处。

检验方法：观察检查。

（4）小砌块砌体的芯柱在楼盖处应贯通，不得削弱芯柱截面尺寸；芯柱混凝土不得漏灌。

抽检数量：每检验批抽查不应少于 5 处。

检验方法：观察检查。

2. 一般项目

(1) 砌体的水平灰缝厚度和竖向灰缝宽度宜为10mm，但不应小于8mm，也不应大于12mm。

抽检数量：每检验批抽查不应少于5处。

检验方法：水平灰缝厚度用尺量5皮小砌块的高度折算；竖向灰缝宽度用2m砌体长度折算。

(2) 小砌块砌体尺寸、位置允许偏差应符合表20-55的规定。

#### 20.10.1.4　石砌体工程的质量标准

1. 主控项目

(1) 石材及砂浆强度等级必须符合设计要求。

抽检数量：同一产地的同类石材抽检不应少于1组。砂浆试块的抽检数量：每一检验批且不超过250m$^3$砌体的各种类型及强度等级的砌筑砂浆，每台搅拌机应至少抽检一次。

检验方法：料石检查产品质量证明书，石材、砂浆检查试块试验报告。

(2) 砂浆灰缝饱满度不应小于80%。

抽检数量：每检验批抽查不应少于5处。

检验方法：观察检查。

2. 一般项目

(1) 石砌体尺寸、位置的允许偏差及检验方法应符合表20-56的规定。

**石砌体尺寸、位置的允许偏差及检验方法　　表20-56**

| 项次 | 项目 | | 允许偏差(mm) | | | | | | | 检验方法 |
|---|---|---|---|---|---|---|---|---|---|---|
| | | | 毛石砌体 | | 料石砌体 | | | | | |
| | | | | | 毛料石 | | 粗料石 | | 细料石 | |
| | | | 基础 | 墙 | 基础 | 墙 | 基础 | 墙 | 墙、柱 | |
| 1 | 轴线位置 | | 20 | 15 | 20 | 15 | 15 | 10 | 10 | 用经纬仪和尺检查，或用其他测量仪器检查 |
| 2 | 基础和墙砌体顶面标高 | | ±25 | ±15 | ±25 | ±15 | ±15 | ±15 | ±10 | 用水准仪和尺检查 |
| 3 | 砌体厚度 | | +30 | +20<br>−10 | +30 | +20<br>−10 | +15 | +10<br>−5 | +10<br>−5 | 用尺检查 |
| 4 | 墙面垂直度 | 每层 | — | 20 | — | 20 | — | 10 | 7 | 用经纬仪、吊线和尺检查或用其他测量仪器检查 |
| | | 全高 | — | 30 | — | 30 | — | 25 | 10 | |
| 5 | 表面平整度 | 清水墙、柱 | — | — | — | 20 | — | 10 | 5 | 细料石用2m靠尺和楔形塞尺检查，其他用两直尺垂直于灰缝拉2m线和尺检查 |
| | | 混水墙、柱 | — | — | — | 20 | — | 15 | — | |
| 6 | 清水墙水平灰缝平直度 | | — | — | — | — | — | 10 | 5 | 拉10m线和尺检查 |

抽检数量：每检验批抽查不应少于5处。

(2) 石砌体的组砌形式应符合下列规定：

1) 内外搭砌，上下错缝，拉结石、丁砌石交错设置；

2) 毛石墙拉结石每0.7m² 墙面不应少于1块。

检查数量：每检验批抽查不应少于5处。

检验方法：观察检查。

**20.10.1.5 配筋砌体工程的质量标准**

1. 主控项目

(1) 钢筋的品种、规格、数量和设置部位应符合设计要求。

检验方法：检查钢筋的合格证书、钢筋性能复试试验报告、隐蔽工程记录。

(2) 构造柱、芯柱、组合砌体构件、配筋砌体剪力墙构件的混凝土或砂浆的强度等级应符合设计要求。

抽检数量：每检验批砌体，试块不应少于1组，验收批砌体试块不得少于3组。

检验方法：检查混凝土或砂浆试块试验报告。

(3) 构造柱与墙体的连接应符合下列规定：

1) 墙体应砌成马牙槎，马牙槎凹凸尺寸不宜小于60mm，高度不应超过300mm，马牙槎应先退后进，对称砌筑；马牙槎尺寸偏差每一构造柱不应超过2处；

2) 预留拉结钢筋的规格、尺寸、数量及位置应正确，拉结钢筋应沿墙高每隔500mm设2$\phi$6，伸入墙内不宜小于600mm，钢筋的竖向移位不应超过100mm，且竖向移位每一构造柱不得超过2处；

3) 施工中不得任意弯折拉结钢筋。

抽检数量：每检验批抽查不应少于5处。

检验方法：观察检查和尺量检查。

(4) 配筋砌体中受力钢筋的连接方式及锚固长度、搭接长度应符合设计要求。

检查数量：每检验批抽查不应少于5处。

检验方法：观察检查。

2. 一般项目

(1) 构造柱一般尺寸允许偏差及检验方法应符合表20-57的规定。

**构造柱一般尺寸允许偏差及检验方法　　表20-57**

| 项次 | 项目 | | | 允许偏差(mm) | 检验方法 |
|---|---|---|---|---|---|
| 1 | 中心线位置 | | | 10 | 用经纬仪和尺检查或用其他测量仪器检查 |
| 2 | 层间错位 | | | 8 | 用经纬仪和尺检查或用其他测量仪器检查 |
| 3 | 垂直度 | 每层 | | 10 | 用2m托线板检查 |
| | | 全高 | ≤10m | 15 | 用经纬仪、吊线和尺检查或用其他测量仪器检查 |
| | | | >10m | 20 | |

抽检数量：每检验批抽查不应少于5处。

(2) 设置在砌体灰缝中钢筋的防腐保护应符合设计规定，且钢筋防护层完好，不应有肉眼可见裂纹、剥落和擦痕等缺陷。

抽检数量：每检验批抽查不应少于5处。

检验方法：观察检查。

（3）网状配筋砖砌体中，钢筋网规格及放置间距应符合设计规定。每一构件钢筋网沿砌体高度位置超过设计规定一皮砖厚不得多于一处。

抽检数量：每检验批抽查不应少于5处。

检验方法：通过钢筋网成品检查钢筋规格，钢筋网放置间距采用局部剔缝观察，或用探针刺入灰缝内检查，或用钢筋位置测定仪测定。

（4）钢筋安装位置的允许偏差及检验方法应符合表20-58的规定。

**钢筋安装位置的允许偏差和检验方法** **表20-58**

<table>
<tr><th colspan="2">项目</th><th>允许偏差（mm）</th><th>检验方法</th></tr>
<tr><td rowspan="3">受力钢筋保护层厚度</td><td>网状配筋砌体</td><td>±10</td><td>检查钢筋网成品，钢筋网放置位置局部剔缝观察，或用探针刺入灰缝内检查，或用钢筋位置测定仪测定</td></tr>
<tr><td>组合砖砌体</td><td>±5</td><td>支模前观察与尺量检查</td></tr>
<tr><td>配筋小砌块砌体</td><td>±10</td><td>浇筑灌孔混凝土前观察与尺量检查</td></tr>
<tr><td colspan="2">配筋小砌块砌体墙凹槽中水平钢筋间距</td><td>±10</td><td>钢尺量连续三档，取最大值</td></tr>
</table>

抽检数量：每检验批抽查不应少于5处。

#### 20.10.1.6 填充墙砌体工程的质量标准

1. 主控项目

（1）烧结空心砖、小砌块和砌筑砂浆的强度等级应符合设计要求。

抽检数量：烧结空心砖每10万块为一验收批，小砌块每1万块为一验收批，不足上述数量时按一批计，抽检数量为1组。砂浆试块的抽检数量：每一检验批且不超过250m³砌体的各类、各强度等级的普通砌筑砂浆，每台搅拌机应至少抽检一次。验收批的预拌砂浆、蒸压加气混凝土砌块专用砂浆，抽检可为3组。

检验方法：查砖、小砌块进场复验报告和砂浆试块试验报告。

（2）填充墙砌体应与主体结构可靠连接，其连接构造应符合设计要求，未经设计同意，不得随意改变连接构造方法。每一填充墙与柱的拉结筋的位置超过一皮块体高度的数量不得多于一处。

抽检数量：每检验批抽查不应少于5处。

检验方法：观察检查。

（3）填充墙与承重墙、柱、梁的连接钢筋，当采用化学植筋的连接方式时，应进行实体检测。锚固钢筋拉拔试验的轴向受拉非破坏承载力检验值应为6.0kN。抽检钢筋在检验值作用下应基材无裂缝、钢筋无滑移宏观裂损现象；持荷2min期间荷载值降低不大于5%。检验批验收可按表20-59通过正常检验一次、二次抽样判定。

抽检数量：按表20-60确定。

检验方法：原位试验检查。

**正常一次性抽样的判定** **表 20-59**

| 样本容量 | 合格判定数 | 不合格判定数 | 样本容量 | 合格判定数 | 不合格判定数 |
|---|---|---|---|---|---|
| 5 | 0 | 1 | 20 | 2 | 3 |
| 8 | 1 | 2 | 32 | 3 | 4 |
| 13 | 1 | 2 | 50 | 5 | 6 |

**检验批抽检锚固钢筋样本最小容量** **表 20-60**

| 检验批的容量 | 样本最小容量 | 检验批的容量 | 样本最小容量 |
|---|---|---|---|
| ≤90 | 5 | 281～500 | 20 |
| 91～150 | 8 | 501～1200 | 32 |
| 151～280 | 13 | 1201～3200 | 50 |

2. 一般项目

(1) 填充墙砌体尺寸、位置的允许偏差及检验方法应符合表 20-61 的规定。

**填充墙砌体尺寸、位置的允许偏差及检验方法** **表 20-61**

| 项次 | 项目 | | 允许偏差（mm） | 检验方法 |
|---|---|---|---|---|
| 1 | 轴线位移 | | 10 | 用尺检查 |
| 2 | 垂直度（每层） | ≤3m | 5 | 用 2m 托线板或吊线、尺检查 |
| | | ＞3m | 10 | |
| 3 | 表面平整度 | | 8 | 用 2m 靠尺和楔形尺检查 |
| 4 | 门窗洞口高、宽（后塞口） | | ±10 | 用尺检查 |
| 5 | 外墙上、下窗口偏移 | | 20 | 用经纬仪或吊线检查 |

抽检数量：每检验批抽查不应少于 5 处。

(2) 填充墙砌体的砂浆饱满度及检验方法应符合表 20-62 的规定。

**填充墙砌体的砂浆饱满度及检验方法** **表 20-62**

| 砌体分类 | 灰缝 | 饱满度及要求 | 检验方法 |
|---|---|---|---|
| 空心砖砌体 | 水平 | ≥80% | 采用百格网检查块体底面或侧面砂浆的粘结痕迹面积 |
| | 垂直 | 填满砂浆，不得有透明缝、瞎缝、假缝 | |
| 蒸压加气混凝土砌块、轻骨料混凝土小型空心砌块砌体 | 水平 | ≥80% | |
| | 垂直 | ≥80% | |

抽检数量：每检验批抽查不应少于 5 处。

(3) 填充墙留置的拉结钢筋或网片的位置应与块体皮数相符合。拉结钢筋或网片应置于灰缝中，埋置长度应符合设计要求，竖向位置偏差不应超过一皮高度。

抽检数量：每检验批抽查不应少于5处。

检验方法：观察和用尺量检查。

（4）砌筑填充墙时应错缝搭砌，蒸压加气混凝土砌块搭砌长度不应小于砌块长度的1/3；轻骨料混凝土小型空心砌块搭砌长度不应小于90mm；竖向通缝不应大于2皮。

抽检数量：每检验批抽查不应少于5处。

检验方法：观察检查。

（5）填充墙的水平灰缝厚度和竖向灰缝宽度应正确，烧结空心砖、轻骨料混凝土小型空心砌块砌体的灰缝应为8～12mm；蒸压加气混凝土砌块砌体当采用水泥砂浆、水泥混合砂浆或蒸压加气混凝土砌块砌筑砂浆时，水平灰缝厚度和竖向灰缝宽度不应超过15mm；当蒸压加气混凝土砌块砌体采用蒸压加气混凝土砌块粘结砂浆时，水平灰缝厚度和竖向灰缝宽度宜为3～4mm。

抽检数量：每检验批抽查不应少于5处。

检验方法：水平灰缝厚度用尺量5皮小砌块的高度折算；竖向灰缝宽度用尺量2m砌体长度折算。

## 20.10.2 质量保证措施

### 20.10.2.1 质量目标

要明确工程项目的质量目标，实现对业主的质量承诺，严格按照合同条款要求及现行规范标准组织施工。

### 20.10.2.2 质量保证体系

严格遵循企业质量方针，建立完善的质量保证体系，切实发挥各级管理人员的作用，使施工过程中每道工序质量均处于受控状态。

在施工过程中，以设计文件及现行规范标准为依据，按照企业《质量手册》、《程序文件》及工程项目的《质量计划》，通过对质量要素和质量程序的控制，切实落实质量责任制，项目经理应为质量第一责任人；项目部总工程师要对质量总负责，管生产的施工负责人必须管质量。实行"质量动态考核制"，由项目部、分公司、公司按照一定周期，对项目部管理人员和作业班组实行严格的质量动态考核，对各道工序从"人、机、料、法、环"诸方面加以控制，确保工程质量。

### 20.10.2.3 组织保证措施

（1）项目经理、工长、质检员、安全员、试验员、机械员等管理人员，应取得相应的专业技术职称或受过专业技术培训，具有较为丰富的同类型工程的施工及管理经验者，并持证上岗。

（2）工程专业技术人员，均应具备相应的技术职称，并按照有关规定要求进行相关知识的培训。

（3）新工人、变换工种人员和特殊工种作业人员，上岗前必须对其进行岗前培训，考核合格后方能上岗。

（4）施工中采用新工艺、新技术、新设备、新材料前必须组织专业技术人员对操作者进行培训。

（5）严格实行质量责任制，每项工作均由专人负责。

#### 20.10.2.4 质量管理制度

1. 技术交底制度

分项工程开工前，主管工程师根据施工组织设计及施工方案编制技术交底，对特殊过程应编写作业指导书，对关键工序应编写施工方案。分项工程施工前应向作业人员进行技术交底，讲清该分项工程的质量要求、技术标准，施工方法和注意事项等。

2. 工序交接检制度

工序交接检包括工种之间交接检和成品保护交接检。上道工序完成后，在进入下道工序前必须进行检验，并经监理签证。做到上道工序不合格，不准进入下道工序，确保各道工序的工程质量。坚持做到："五不施工"即：未进行技术交底不施工；图纸及技术要求不清楚不施工；施工测量桩未经复核不施工；材料无合格证或试验不合格者不施工；上道工序不经检查不施工。"三不交接"即：无自检记录不交接；未经专业技术人员验收合格不交接；施工记录不全不交接。

3. 隐蔽工程签证检查制度

凡属隐蔽工程项目，首先由班组、项目部逐级进行自检，自检合格后会同监理工程师一起复核，检查结果填入隐检表，由双方签字。隐蔽工程不经签证，不能进行隐蔽。

4. 施工测量复核制度

施工测量必须经技术人员复核后报监理工程师审核，确保测量准确，控制到位。

5. 施工过程的质量三检制

施工过程的质量检查实行三检制，即：班组自检、互检、工序交接检。工长负责组织质量评定，项目部质检员负责质量等级的核定，确保分项工程质量一次验收合格。

6. 严格执行材料、半成品、成品采购及验收制度

原材料采购需制定合理的采购计划，根据施工合同规定的质量、标准及技术规范的要求，精心选择合格分供方，同时严格执行质量检查和验收制度，按规定进行复试及见证取样，确认合格后方可使用。所有采购的原材料、半成品、成品进场必须由专业人员进场验收，核实质量证明文件及资料，对于不合格半成品或材质证明不齐全的材料，不许验收进场，材料进场后应及时标识，确保不误用、混用。

7. 仪器设备的标定制度

项目经理部设专职计量员，各种仪器、仪表，如经纬仪、水准仪、钢尺、天平、磅秤等均应按照规定程序进行定期标定，专人负责管理。

8. 质量奖惩制度

项目经理部应制订质量奖罚制度，可从总价中提出相应的费用建立项目质量保证基金，实行内部优质优价制度。同时实行质量风险金制度，项目经理部各级人员均按其所负责质量责任，在项目开工时，交付质量风险金，作为个人质量担保的费用，充分发挥经济杠杆的调节作用。

9. 持证上岗制度

焊工、电工、防水施工人员、试验工、测量工、架子工、司机、测量员、材料员、核算员、资料员、质检员、安全员、工长等均要经培训和严格考核，必须持证上岗。

10. 质量否决制度

质检员具有质量否决权、停工权和处罚权。凡进入工地的所有材料，半成品、成品，必须经质检员检验合格后才能用于工程。对分项工程质量验收，必须经过质检员核查合格后方可上报监理。

**20.10.2.5 阶段性施工质量控制措施**

1. 事前控制阶段

建立完善的质量保证体系、质量管理体系，编制质量保证计划，制定现场的各种管理制度，完善计量检测技术和手段。

认真进行设计交底、图纸会审等工作，并根据工程特点确定施工流程、工艺和方法。

对工程施工所需的原材料、半成品、构配件等进行质量检查和控制，并编制相应的检验计划。

对要采用的“四新”技术均要认真审核其技术审定书及运用范围。

检验现场的测量标准，建筑物的定位线及高程水准点等。

2. 事中控制阶段

完善工序质量控制，把影响工序质量的因素都纳入管理范围，及时检查和审核质量统计分析资料和质量控制图表，抓住影响质量的关键因素进行处理和解决。

严格工序间检查，做好各项隐蔽验收工作，加强三检制度的落实，对达不到质量要求的前道工序决不交给下道工序施工，直至质量符合要求为止。

认真审核设计变更和图纸修改，同时施工中出现特殊情况，如隐蔽工程未经验收而擅自封闭、掩盖或使用无合格证的材料，以及擅自变更工程材料等，技术负责人有权向项目经理建议下达停工令。

对完成的分部分项工程，按相应的质量评定标准进行检查、验收。

3. 事后控制阶段

按规定的质量验评标准对完成的单位工程进行检查验收。

整理所有的技术资料，并编目、建档。

在质量保修的阶段，按规定对本工程实施保修。

**20.10.2.6 消除质量通病的措施**

(1) 制订消除质量通病的规划，通过分析，列出具有普遍性且危害性较大的质量通病，综合分析其产生的原因，制定相应的措施。

(2) 通过图纸会审，改进设计，方案优化，消除设计原因造成的工程质量通病。

(3) 提高施工人员的素质，改进操作方法和施工工艺，认真按规范、规程及设计要求组织施工，对易产生质量通病部位及工序设置质量控制点。

(4) 对一些治理难度大及由于采用“四新”技术出现的新通病，组织力量进行QC活动攻关。

(5) 择优选购建筑材料、部件和设备，加强对进货的检验和试验，对一些性能未完全过关的新材料、新部件、新设备应慎重使用。

(6) 在不同材料的交接面（如砌块和混凝土），加钢丝网或纤维布的方法，防止裂缝出现。

# 20.11 绿 色 施 工

## 20.11.1 环 境 保 护

### 20.11.1.1 环境因素识别与管理

1. 人员因素

(1) 搅拌机械操作人员应经过培训，掌握搅拌机的操作及维修保养要求后，方可进行机械操作。避免由于人的因素造成搅拌机故障产生漏油、设备部件损坏等污染环境、浪费资源的现象。

(2) 材料员、计量员均持证上岗。材料员必须掌握材料堆放、装卸时环境因素的控制方法；计量员必须掌握砂浆拌制时各种材料的允许偏差，以保证施工中计量准确，避免因配合比不正确而造成返工，浪费水电和其他资源。

(3) 砌筑工人中，中、高级工人不少于70%，并应具有同类工程的施工经验。砌筑作业前，应由项目技术员对砌筑工人进行环境交底，使工人掌握砌筑过程中环境控制的要求及方法，避免因人的原因造成环境污染。

(4) 现场所有人员在施工前应掌握操作要领和环境控制要求，避免因人为不掌握环境控制措施而造成噪声排放、扬尘、废弃物、废水而污染环境。

2. 材料因素

(1) 水泥、粉煤灰、外加剂

1) 水泥、粉煤灰、外加剂进场后应进行复试，其成分中不得含有影响环境的有害物质。

2) 袋装水泥、粉煤灰、外加剂宜在库内存放。库内地面应为混凝土地面，并在堆放水泥、粉煤灰的位置上，架空 20 cm 满铺木跳板，跳板上铺设苫布，同时库房屋面应不渗漏，以防因材料受潮、受雨淋结块而不能使用或降级使用造成浪费。

3) 若袋装水泥、粉煤灰、外加剂在现场露天存放，则地面应砌三皮红砖，并抹 5cm 厚 1∶3 水泥砂浆，且水泥上应覆盖防雨布，以防雨淋受潮材料废弃。

4) 散装水泥必须在密封的罐装容器内存放，以防大风吹起扬尘污染环境。

5) 遇大风天气，露天存放的水泥应加强覆盖工作，避免大风将防雨布刮起产生扬尘。

(2) 砂子要求

1) 砌筑用砂宜采用中砂，砂子中不得含有有害物质及草根等杂物。砂子进场后，应堆放在三面砌 240mm 厚、500mm 高，外抹 1∶3 水泥砂浆的围护池中，并用双层密目安全网覆盖。密目网上下层接缝处相互错开不小于 500mm，密目网搭接时，搭接长度不小于 20 cm，确保覆盖严密以防风吹扬尘。

2) 四级风以上天气，禁止进行筛砂作业，以免扬尘。

3) 遇大风天气及干燥天气，应经常用喷雾器向砂子表面喷水湿润，增大表面砂子的含水率，以控制扬尘。

(3) 石灰膏及石灰粉

石灰膏及石灰粉宜选用成品，以免现场进行熟化作业时污染周边环境，且其成分中不得含有影响环境的物质。

(4) 砖

1) 砖进场后应有出厂合格证，并经复试不含影响环境的有害物质后方可使用。

2) 砖砌体常用砖有烧结普通砖、烧结多孔砖、蒸压灰砂砖、蒸压粉煤灰砖等，考虑到为节省耕地的目的，砌筑用砖尽量不采用烧结普通砖。

3) 砖在运输、装卸时，严禁倾倒和抛掷，应用人工用专用夹子夹起，轻拿轻放并码放整齐，避免材料损坏，产生固体废弃物。

(5) 水

1) 拌制砂浆用水，必须符合现行行业标准《混凝土用水标准》(JGJ 63) 的规定。

2) 现场临时道路洒水、浸泡砖用水，基层清理用水可用沉淀池沉淀后无有害物质污染的水，以节约水资源。

3) 现场材料堆放时，应严格按照施工平面布置图来布置，应做到堆放整齐有序，并应符合当地文明施工的要求。

3. 设备因素

(1) 砌筑作业使用的机械设备应选用噪声低、能耗低的设备，避免使用时噪声超标，耗费能源。施工中，机械设备应加强检修和维护，防止油品泄漏造成污染。维修机械和更换油品时，必须配置接油盘、油桶和塑料布，防止油品洒漏在地面或渗入土壤。应随即清理搅拌机。清理的杂物以袋装运至指定地点集中清运。油棉纱、废弃油桶及塑料布应集中处理，严禁现场焚烧污染空气。每一作业班结束后，应随即清理搅拌机。清理的杂物以袋装至指定地点收集一个运输单位后，交环保部门统一清运。

(2) 搅拌站四周应封闭，以减少噪声排放，且地面要进行硬化处理，硬化采用 5 cm 厚 C15 混凝土随浇随抹光，以防污水污染地面。搅拌站处沉淀池每 3～5d 要清掏一次，以免时间过长，杂物沉积过多，影响污水的沉淀效果。清掏后的杂物应由不渗漏的袋子装运至指定地点交由环保部门集中清运。

(3) 砂浆运输车辆、灰槽应完好不渗漏，以免运输时污染地面。灰车、灰槽用完后，及时清洗。清洗应在搅拌站处集中进行，且应边清洗边将污水清扫到沉淀池，避免污水四溢污染周边环境，污水经两级沉淀后排出。

(4) 向现场运送材料的车辆，应密封严实，以防运输途中，材料遗洒污染城市道路。施工现场上路前，必须在施工出入口处的车辆冲洗处将车辆轮胎冲洗干净后，方可出门上路。车辆冲洗污水必须流人沉淀池沉淀后方可排出，以防污水四溢污染地面。

(5) 水准仪、经纬仪、钢卷尺、线坠、水平尺、磅秤、砂浆试模等工具配备齐全，且各器具均经检定合格，以确保施工精度，避免质量不合格造成返工浪费材料。

**20.11.1.2　施工过程环境控制要求**

1. 砖的选用及加工

(1) 选砖

用于清水墙、柱的砖，应选用边角整齐、色泽均匀的砖，以避免墙体因达不到外观效果而返工，产生噪声、扬尘、固体废弃物，浪费人力及材料。

(2) 砖加工

砌筑非 90°的转角处及圆柱或多角柱的砖。砖加工时，应用云石机切割，以保证加工出的砖边角整齐。加工场地应在由隔间板围护起来的专用房间内进行，以减少噪声及粉尘外扬。操作工人应穿长袖工作服，戴好手套和口罩，必要时，还应戴耳塞，以减少噪声对人的伤害。

(3) 废弃物处置

切割出的边角废料清理时，应先用喷雾器洒水湿润后，再用袋子集中清运至指定地点，集一个运输单位后集中交环保部门清运。

(4) 砖润湿

砌筑用砖应提前 1～2 d 浇水湿润。浇水湿润应在搅拌站处集中进行，以保证浇水时产生的污水不四溢，且经沉淀池沉淀后排出。砖的含水率宜为 10%～15%，以避免因含水率过大而增大砂浆的流动性，产生砂浆流淌，污染墙面。

2. 定位放线

定位放线时，应保证其尺寸正确，并使其尺寸偏差尽量控制在负偏差允许范围内，以节约材料用量。

3. 基层清理

基层清理时，应先用喷雾器洒水湿润，以节约用水，减少扬尘，同时避免地面因洒水不当产生泥泞，污染地面。清理的杂物以袋装运至指定地点，集一个运输单位后交环保部门统一清运。

4. 砂浆配制

(1) 砂浆拌制时，四级风以上天气禁止作业，预防扬尘污染环境。

(2) 向料斗内倒水泥等粉状料时，应将粉状料袋子放在料斗内时，再开袋，并轻抖袋子，将粉状料抖落干净后再移开。

(3) 砂浆拌制，应随拌随用，避免拌制过多，砂浆初凝无法使用造成砂浆废弃。

(4) 砂浆运输车装运砂浆时，应低于车帮 10～15cm，避免砂浆运输时遗洒污染地面。砂浆运至指定地点后，应装入灰槽等容器内，严禁倾倒在地上，以免污染环境。

(5) 搅拌砂浆时产生的污水应经两级沉淀池沉淀后方可排到指定地点或进行二次利用。

(6) 清掏沉淀池的废弃物及水泥袋等应集中回收，储存在废弃物堆场集一个运输单位后，交当地环卫部门集中清运处理，清运时，应使用密封车，防止垃圾遗洒污染土地。

5. 排砖撂底、墙体盘角

(1) 排砖撂底：基础转角处、交接处，应加砌配砖（3/4 砖、半砖或 1/4 砖），以免通缝返工产生扬尘、噪声及固体废弃物。墙体应根据弹好的门窗洞口位置线，认真核对窗间墙、垛尺寸，其长度应符合排砖模数。如不符合模数时，可将门窗口的位置左右移动。若有七分头或丁砖，则应排在窗口中间，附墙垛或其他不明显的部位，以保证墙体外形整齐美观。

(2) 盘角：砌砖前应先盘角，每次盘角不要超过五层，新盘的大角要及时吊、靠，如有偏差及时修整。以免误差积累日后需返工浪费人力及材料，并产生扬尘、噪声及固体废弃物。

6. 立杆挂线

(1) 皮数杆的设置，应用红、白松方木制成，且材质应干燥、无疤痕、无劈裂，表面刨光，使人感到整洁。皮数杆的断面尺寸应根据建筑物的层高确定，一般为 40mm×

40mm～60mm×60mm。不应过大，以免浪费木材。

(2) 挂线：砌筑240mm墙反手挂线，370mm及以上墙必须双面挂线，若墙长，几人使用一根通线，则每隔10m设一支线点，砖柱施工要四面挂线，当多根柱子在同一轴线上时，要拉通线检查纵横柱网中心线，每层砖都要穿线看平，以保证墙体水平灰缝均匀一致，避免因灰缝质量不合格影响砌体抗压强度而造庭成返工，浪费人力及材料，并产生噪、扬尘、固体废弃物。

7. 砌筑

(1) 砌筑时，铺浆长度不得超过750mm，若施工期间气温超过30℃，铺浆长度不得超过500 mm，避免因强度不合格而剔凿返工，产生扬尘、噪声、固体废弃物，浪费人力及材料。

(2) 留槎：砖砌体的转角处和交接处应同时砌筑，对不能同时砌筑而又必须留置的临时间断处应砌成斜槎，斜槎水平投影长度不应小于高度的2/3，槎子必须平直、通顺以避免砌体结构因整体性和抗震性不符合要求而返工，造成材料、人力的浪费，并产生环境污染。非抗震设防及抗震设防烈度为6、7度地区的临时间断处留凸槎时，应沿墙高预埋拉结筋。拉结筋的位置一定要准确，以免事后剔凿而增加噪声及粉尘。

(3) 预埋木砖及钢筋做防腐处理时，要远离火源，做好的木砖及钢筋要在库房内存放，库内应按防火要求设置消防设施。项目应做好应急预案，使起火时最大限度地降低火灾损失并减少因火灾产生的有害气体污染空气。

(4) 砌筑时搭设脚手架应轻拿轻放，以减小噪声。脚手架铺设的木跳板上，每平方米内堆载不得超过3kN，以防砖因脚手板承载力不足而下落，造成损坏，并产生扬尘、固体废弃物。

(5) 施工需砍砖时，应向内侧砍，且脚手架外侧应挂密目网，以防砍砖时砖渣飞向脚手架外侧，使污染面积增大。

(6) 构造柱施工：

1) 构造柱竖向受力钢筋加工时，应集中在钢筋棚内加工，钢筋棚四周应封闭，以防噪声向外部传播。

2) 构造柱模板支设时，操作人员应将模板轻拿轻放，以减小噪声污染。模板必须与所在墙的两侧严密贴紧，支撑牢靠，以防模板缝漏浆污染地面。

3) 构造柱的底部（圈梁面上）应留出2皮砖高的孔洞，以便清除模板内的杂物。杂物清除前应洒水湿润降低扬尘，且将清理杂物以袋装运至指定地点，统一运走，不可任意排放，污染环境。

4) 混凝土浇筑时，宜采用插入式低噪声振捣棒，振捣时，振捣棒应由构造柱中心位置逐渐向四周缓慢移动振捣，以减少触碰钢筋和砖墙的几率，以降低噪声。

(7) 砌筑时，铲灰不应过多，以防遗洒。铺灰时，应轻轻均匀摊铺，避免铺灰用力过大而使灰落地，同时应做到随砌随将舌头灰刮到灰板上，以免灰落地污染地面。

(8) 落地灰应随时收集尽量二次利用，以免浪费资源。

(9) 砌筑时，安装等预埋管线工作应随时穿插配合工作，严禁事后凿墙产生扬尘、噪声、固体废弃物等污染环境。

(10) 砌筑时，要随砌随检查砌体的水平灰缝、竖向灰缝厚度及饱满度、墙体垂直度及外观尺寸偏差，发现问题及时纠正，避免因误差积累造成不合格而返工，浪费人力及材料，出现扬尘、噪声、固体废弃物，污染环境。

（11）烟囱砌筑养护时，10m以上应每隔2h，洒水养护一次，以免因上部风大使墙体干燥而裂。返工时，产生粉尘、噪声及固体废弃物污染。

（12）施工中，应尽量避免夜间施工。若在夜间施工，应保证照明灯罩的使用率为100%，以减小光污染，且做到人走灯灭，不浪费能源。

（13）施工现场禁止大声喧哗，以减小噪声。

（14）季节性施工及应急措施：

1）冬期施工

①冬期施工时，砖不宜浇水，以免因水在砖表面形成冰薄膜降低和砂浆的粘结力而影响工程质量造成返工产生扬尘、噪声、固体废弃物污染，浪费材料。

②石灰膏、黏土膏等应在库内存放，并覆盖草帘等保温材料，以免冻结，使用时再融化而浪费热能。

③当砂子中含有直径大于1cm的冻结块或冰块时，应采用锤子破碎或加热的方法去除砂中的冰块及冻结块，不宜采用过筛的方法，以避免扬尘。

④水加热宜采用电加热法，以免生炉火而产生有害气体污染环境。若生炉火应派专人看管，并使煤充分燃烧，以免产生一氧化碳污染空气。

⑤冬期不宜采用冻结法施工，以免因砂浆强度降低影响砌体质量造成返工产生扬尘、噪声、固体废弃物，污染环境浪费资源。

⑥在室外砌筑的工程，每日砌筑后应用草帘或塑料布等保温材料及时覆盖，以免砌体受冻降低强度影响工程质量而返工，造成环境污染浪费资源。

2）雨期施工

①雨期施工，砂子、砖应用苫布覆盖严密后，再用塑料布覆盖，以保证砂子、砖不受雨淋。

②雨后施工时，应及时检测砂子及砖的含水率，及时调整配合比，避免因配合比不正确返工产生扬尘、噪声、固体废弃物并浪费材料；对于砖含水率饱和的，禁止使用，以防砌筑时增大砂浆流动性而污染墙面、地面。

3）应急响应

①室外砌筑工程，遇下雨时，应停止施工，并用塑料布覆盖已砌好的砌体，以防雨水冲刷，砂浆流淌污染墙面及地面。

②施工现场应配备能满足砌体施工时用的发电机，以防突然停电时，影响施工进度并产生砂浆废弃的现象。

③施工现场应按消防要求配备消防器材及消防用水。消防用水的设置要综合考虑，既要满足消防要求，同时还可满足停水时，砌筑砂浆拌制的需要。

④施工中，应做好机械设备零部件的储备工作，以防因机械损坏不能及时维修而影响工期及砂浆初凝无法使用。

#### 20.11.1.3 环境监测要求

1. 砌筑作业前环境监测

（1）砌筑作业前，由项目工长及环保员检查现场施工道路是否硬化，是否洒水湿润，要求硬化率达100%，道路潮湿为合格。

（2）由机械员检查各机械设备的准备情况，要求设备完好，其规格型号、功率、运作时产生的噪声等各项指标符合环保施工方案的规定为合格。

（3）由工长及环保员检查搅拌站准备情况，要求搅拌站四周封闭，道路做混凝土硬化地面，并设有两级沉淀池，沉淀池处设溢流水管。

（4）由项目工程师检查项目部是否对操作人员进行了环保方面的交底，并抽查操作人员掌握程度，要求计量员掌握各材料称量时的允许偏差值，材料员掌握材料装运、堆放时的环境因素控制方法，砌筑工人掌握砌筑过程中每一工序有哪些环境因素并控制环境因素的产生方法。

（5）由项目工程师检查所有进场材料合格证及复试报告，确认材料合格，其成分中不含有毒有害物质后，方可施工。

（6）若夜间施工，应由工长检查照明灯罩的配备率，达100 %为合格。

（7）每天抽查一次进出厂车辆车轮是否清洗，是否无泥上路。

（8）检查冬雨期施工是否制定了防冻、防雨措施，是否准备了防冻防雨材料。

（9）检查仓库、材料堆场、钢筋棚、木工棚等是否按要求配备了消防器材，消防器材是否完好可用。

2. 砌筑过程中环境监测

（1）基层清理时，由工长监测是否用喷雾器喷水，地面是否潮湿无泥泞。

（2）由项目技术员每天随时巡视检查砌筑时材料、砂浆运输是否无遗洒，抽查搅拌机运转是否正常无渗漏油现象发生，其噪声是否符合限值要求。砂浆拌制时，材料称量偏差是否控制在要求范围内。

（3）施工中，由工长、质量员随时检查砌筑过程中，是否控制或减少了落地灰，落地灰是否进行了二次利用。

（4）施工中，每天至少一次由项目环保员对施工现场的噪声、污水、扬尘控制进行巡视检查，噪声监控按《建筑施工场界噪声测量方法》（GB 12524）的要求进行；污水必须经两级沉淀池沉淀，且应清水排放，严禁排放污浊水。对于饮用水源处、风景区应由环保部门对污水排放进行检测，检测合格后发放守法证明，方可排出。现场扬尘高度控制在1m以内，每班不少于目视检测一次。

（5）每天施工前检查仓库、钢筋棚、木工棚及现场材料堆放处是否按规定设置了消防灭火器材，且灭火器材应完好可用。

（6）由项目工长、材料员每天检查一次材料堆放是否按文明施工要求进行分类堆放、覆盖，是否避免或减少了扬尘的发生。

3. 砌筑完工后环境监测

（1）每天砌筑作业结束后至少检查一次，固体废弃物是否用袋装集中清运到指定地点交当地环保部门清运处理。

（2）每天完工后，检查一次机械设备是否进行清理，按期保养，清理的废机油、棉纱是否集中回收到指定地点交环保部门清运处理。

（3）每五天检查一次沉淀池是否按规定清掏，清掏的杂物是否分类堆放，并一交由环保部门统一清运。

（4）在饮水源区、风景区、旅游区施工时，两级沉淀池沉淀后的污水，其有害物质含量经当地环保部门检测，符合排污标准中规定值后（COD≤100mg/L，BODs≤30mg/L，SS≤70mg/L）方可排出。若施工材料没有发生变化，则由工长、环保员对两级沉淀后的污水排放情况每天至少目测一次，确定水质清亮后即可排出。若发生变化，则还需环保部门再检测合格后方可排出。

（5）每天至少巡视二次施工现场是否做到工完场清。

## 20.11.2 资 源 利 用

### 20.11.2.1 节水

砖润湿、拌制砂浆和现场产生的污水应经两级沉淀池沉淀后进行二次利用。现场临时道路洒水、浸泡砖用水，基层清理用水可用沉淀池沉淀后无有害物质污染的水，以节约水资源。

### 20.11.2.2 砂浆回收

（1）向料斗内倒水泥等粉状料时，应将粉状料袋子放在料斗内时，再开袋，开轻抖袋子，将粉状料抖落干净后再移开。

（2）砂浆拌制，应随拌随用，避免拌制过多，砂浆初凝无法使用造成砂浆废弃。

（3）砌筑时，铲灰不应过多，以防遗洒。铺灰时，应轻轻均匀摊铺，避免铺灰用力过大而使灰落地，同时应做到随砌随将舌头灰刮到灰板上，以免灰落地污染地面。落地灰应随时收集尽量二次利用，以免浪费资源。

# 21 季节性施工

我国疆域幅员辽阔，东西跨经度60多度，跨越5个时区，东西距离约5200km，南北跨越的纬度近50度，南北距离约为5500km，气候条件非常复杂。

本章主要介绍冬期、雨期及高温暑期等极端气候条件下的施工方法，包含冬期、雨期及暑期施工管理、土方、钢筋、混凝土、钢结构、砌筑、屋面、装饰等工程施工内容。

## 21.1 冬 期 施 工

在淮河—秦岭（我国南北方的地理分界线）以北的广大地区，每年都有较长时间的负温天气。在这些地区合理地利用冬期进行工程施工，对快速完成工程建设投资有重大的意义。

### 21.1.1 冬 期 施 工 管 理

#### 21.1.1.1 冬期施工基本资料（气象资料）

1. 冬期施工期限划分原则

《建筑工程冬期施工规程》（JGJ/T 104）规定，根据当地多年气象资料统计，当室外日平均气温连续5d稳定低于5℃时即进入冬期施工；当室外日平均气温连续5d高于5℃时解除冬期施工。

2. 冬期施工起止时间

根据全国各地气象观测站1951年～2008年的气象资料统计，全国部分城市室外旬平均气温稳定低于5℃的起止日期见表21-1。

**全国部分城市室外旬平均气温低于5℃起止时间表　　表21-1**

| 序号 | 城 市 | 起止时间 | 序号 | 城 市 | 起止时间 |
|---|---|---|---|---|---|
| 1 | 北京 | 11月中旬～3月上旬 | 9 | 大连 | 11月上旬～3月中旬 |
| 2 | 哈尔滨 | 10月中旬～4月上旬 | 10 | 丹东 | 11月中旬～3月下旬 |
| 3 | 齐齐哈尔 | 10月中旬～4月上旬 | 11 | 锦州 | 11月中旬～3月下旬 |
| 4 | 牡丹江 | 10月中旬～4月上旬 | 12 | 朝阳 | 11月上旬～3月下旬 |
| 5 | 海伦 | 10月中旬～4月上旬 | 13 | 营口 | 11月中旬～3月下旬 |
| 6 | 鸡西 | 10月中旬～4月上旬 | 14 | 本溪 | 11月上旬～3月下旬 |
| 7 | 嫩江 | 10月中旬～4月上旬 | 15 | 银川 | 11月上旬～3月上旬 |
| 8 | 沈阳 | 11月上旬～3月下旬 | 16 | 盐池 | 11月上旬～3月中旬 |

续表

| 序号 | 城　市 | 起止时间 | 序号 | 城　市 | 起止时间 |
|---|---|---|---|---|---|
| 17 | 拉萨 | 11月上旬～3月上旬 | 43 | 汉中 | 12月上旬～2月上旬 |
| 18 | 昌都 | 11月上旬～3月中旬 | 44 | 济南 | 12月中旬～2月下旬 |
| 19 | 那曲 | 9月上旬～4月中旬 | 45 | 潍坊 | 11月下旬～3月上旬 |
| 20 | 长春 | 11月上旬～4月上旬 | 46 | 青岛 | 12月上旬～3月上旬 |
| 21 | 延吉 | 10月下旬～4月上旬 | 47 | 威海 | 12月上旬～3月下旬 |
| 22 | 延安 | 11月中旬～3月上旬 | 48 | 菏泽 | 12月上旬～2月中旬 |
| 23 | 四平 | 11月上旬～3月下旬 | 49 | 曲阜 | 11月下旬～2月下旬 |
| 24 | 临江 | 11月下旬～4月上旬 | 50 | 西宁 | 10月下旬～3月下旬 |
| 25 | 上海 | 1月中旬～2月上旬 | 51 | 格尔木 | 10月中旬～4月中旬 |
| 26 | 郑州 | 12月上旬～2月下旬 | 52 | 贵南 | 10月中旬～4月中旬 |
| 27 | 安阳 | 11月下旬～2月下旬 | 53 | 玉树 | 10月中旬～4月上旬 |
| 28 | 武汉 | 12月下旬～1月下旬 | 54 | 敦煌 | 11月上旬～3月中旬 |
| 29 | 呼和浩特 | 10月下旬～3月下旬 | 55 | 酒泉 | 10月中旬～3月下旬 |
| 30 | 海拉尔 | 10月上旬～4月上旬 | 56 | 武都 | 12月中旬～2月上旬 |
| 31 | 锡林浩特 | 10月中旬～4月上旬 | 57 | 天水 | 11月下旬～2月下旬 |
| 32 | 二连浩特 | 10月下旬～4月上旬 | 58 | 乌鲁木齐 | 11月上旬～3月下旬 |
| 33 | 通辽 | 10月下旬～3月下旬 | 59 | 吐鲁番 | 11月中旬～2月下旬 |
| 34 | 长治 | 11月上旬～3月中旬 | 60 | 哈密 | 11月上旬～3月中旬 |
| 35 | 大同 | 10月下旬～3月中旬 | 61 | 伊宁 | 11月上旬～3月中旬 |
| 36 | 运城 | 11月中旬～2月下旬 | 62 | 徐州 | 12月中旬～2月下旬 |
| 37 | 天津 | 11月下旬～3月上旬 | 63 | 赣榆 | 12月上旬～3月上旬 |
| 38 | 石家庄 | 11月下旬～2月下旬 | 64 | 蚌埠 | 12月中旬～3月上旬 |
| 39 | 包头 | 11月中旬～2月下旬 | 65 | 安庆 | 1月上旬～2月上旬 |
| 40 | 承德 | 11月上旬～3月中旬 | 66 | 甘孜 | 10月下旬～3月下旬 |
| 41 | 西安 | 11月下旬～2月下旬 | 67 | 理塘 | 10月中旬～4月中旬 |
| 42 | 榆林 | 11月上旬～3月中旬 | | | |

3. 全国部分城市冬期旬平均气温

根据全国各地气象观测站1951年～2008年的气象资料统计，全国部分城市冬期分旬平均气温见表21-2。

#### 21.1.1.2　冬期施工准备工作

1. 组织准备

根据建设工程项目的施工总进度计划要求，确定建设工程要进行的冬期施工部位和分部分项工程。

设立室外气温观测点，安排好冬期测温人员，在进入规定冬期施工前15d开始进行大气测温，掌握日气温状况并与当地气象台站建立联系，及时收集气象预报情况，防止寒流突然袭击。

**全国部分城市冬期分旬平均气温表** **表 21-2**

| 城市名称 | 气温类别 | 9月份 | 10月份 | | | 11月份 | | | 12月份 | | | 1月份 | | | 2月份 | | | 3月份 | | | 4月份 |
|---|---|---|---|---|---|---|---|---|---|---|---|---|---|---|---|---|---|---|---|---|---|
| | | 下旬 | 上旬 | 中旬 | 下旬 | 上旬 | 中旬 | 下旬 | 上旬 | 中旬 | 下旬 | 上旬 | 中旬 | 下旬 | 上旬 | 中旬 | 下旬 | 上旬 | 中旬 | 下旬 | 上旬 |
| 北京 | 旬平均气温 | 22.0 | 15.7 | 13.1 | 10.2 | 7.4 | 4.4 | 1.6 | −0.5 | −1.8 | −3.3 | −4.0 | −4.3 | −3.4 | −2.5 | −0.9 | 0.4 | 2.8 | 5.6 | 8.0 | 11.4 |
| | 旬平均最高气温 | 27.7 | 21.9 | 19.2 | 16.4 | 13.3 | 9.9 | 6.9 | 4.8 | 3.5 | 1.9 | 1.6 | 1.2 | 2.3 | 3.5 | 5.0 | 6.0 | 8.7 | 11.6 | 14.1 | 17.8 |
| | 旬平均最低气温 | 17.1 | 10.4 | 7.9 | 5.0 | 2.4 | −0.1 | −2.8 | −4.9 | −6.3 | −7.7 | −8.6 | −9.1 | −8.4 | −7.6 | −5.8 | −4.5 | −2.3 | 0.3 | 2.2 | 5.4 |
| 哈尔滨 | 旬平均气温 | 12.1 | 9.0 | 5.9 | 2.6 | −1.2 | −5.6 | −9.1 | −12.2 | −14.5 | −17.1 | −18.4 | −19.2 | −18.1 | −16.1 | −14.1 | −11.2 | −7.9 | −3.6 | −0.1 | 4.0 |
| | 旬平均最高气温 | 18.4 | 15.5 | 12.0 | 8.2 | 4.3 | −0.5 | −3.9 | −7.0 | −9.1 | −11.7 | −12.7 | −13.3 | −11.9 | −9.5 | −7.5 | −4.7 | −1.6 | 2.4 | 5.7 | 10.3 |
| | 旬平均最低气温 | 6.5 | 3.3 | 0.6 | −2.1 | −5.8 | −10.2 | −13.7 | −16.8 | −19.3 | −22.0 | −23.6 | −24.4 | −23.7 | −22.0 | −20.2 | −17.4 | −14.1 | −9.5 | −5.8 | −1.9 |
| 齐齐哈尔 | 旬平均气温 | 11.9 | 8.7 | 5.3 | 1.6 | −2.6 | −7.1 | −10.8 | −13.9 | −15.8 | −18.0 | −18.9 | −19.4 | −18.1 | −16.1 | −14.1 | −11.4 | −8.3 | −4.2 | −0.8 | 3.2 |
| | 旬平均最高气温 | 18.2 | 15.2 | 11.6 | 7.4 | 3.2 | −1.3 | −5.1 | −8.2 | −9.9 | −12.2 | −12.9 | −13.2 | −11.4 | −9.1 | −7.3 | −4.3 | −1.4 | 2.6 | 5.7 | 10.1 |
| | 旬平均最低气温 | 6.4 | 3.1 | −0.1 | −3.3 | −7.3 | −11.8 | −15.5 | −18.6 | −20.6 | −22.7 | −23.9 | −24.6 | −23.5 | −21.9 | −20.1 | −17.7 | −14.6 | −10.5 | −7.1 | −3.3 |
| 牡丹江 | 旬平均气温 | 11.8 | 9.1 | 5.9 | 2.7 | −0.8 | −5.3 | −8.9 | −12.1 | −14.3 | −16.5 | −17.7 | −18.3 | −17.0 | −15.1 | −13.2 | −10.5 | −7.5 | −3.4 | −0.2 | 3.7 |
| | 旬平均最高气温 | 19.4 | 16.7 | 13.1 | 9.3 | 5.6 | 0.8 | −2.7 | −6.0 | −8.1 | −10.2 | −11.0 | −11.5 | −10.0 | −7.6 | −5.9 | −3.3 | −0.6 | 3.0 | 6.1 | 10.5 |
| | 旬平均最低气温 | 5.6 | 2.8 | 0.0 | −2.6 | −5.8 | −10.3 | −13.9 | −17.0 | −19.3 | −21.5 | −23.0 | −23.7 | −22.7 | −21.2 | −19.4 | −16.9 | −13.9 | −9.5 | −5.8 | −2.4 |
| 海伦 | 旬平均气温 | 10.6 | 7.4 | 4.0 | 0.4 | −4.0 | −9.0 | −12.7 | −16.2 | −18.9 | −21.0 | −22.0 | −22.5 | −21.2 | −19.1 | −17.2 | −14.1 | −11.1 | −6.2 | −2.2 | 2.0 |
| | 旬平均最高气温 | 16.9 | 13.6 | 10.0 | 5.7 | 1.4 | −3.7 | −7.5 | −11.1 | −13.8 | −16.1 | −17.0 | −17.4 | −15.7 | −13.2 | −11.1 | −7.8 | −4.8 | −0.3 | 3.4 | 8.0 |
| | 旬平均最低气温 | 5.0 | 1.9 | −1.0 | −4.1 | −8.6 | −13.6 | −17.3 | −20.7 | −23.4 | −25.3 | −26.4 | −27.1 | −26.0 | −24.4 | −22.8 | −19.8 | −17.1 | −12.0 | −7.7 | −3.7 |
| 鸡西 | 旬平均气温 | 11.9 | 9.1 | 6.0 | 2.6 | −1.0 | −5.4 | −8.8 | −11.8 | −13.9 | −15.7 | −16.6 | −17.3 | −16.2 | −14.2 | −13.0 | −10.2 | −7.6 | −3.9 | −0.6 | 3.4 |
| | 旬平均最高气温 | 18.9 | 16.0 | 12.5 | 8.7 | 4.9 | 0.2 | −3.3 | −6.5 | −8.5 | −10.5 | −11.1 | −11.6 | −10.4 | −8.1 | −6.9 | −4.0 | −1.5 | 2.0 | 5.1 | 9.7 |
| | 旬平均最低气温 | 5.9 | 3.0 | 0.4 | −2.4 | −5.8 | −10.1 | −13.6 | −16.4 | −18.4 | −20.0 | −21.1 | −21.9 | −21.0 | −19.4 | −18.3 | −15.8 | −13.3 | −9.5 | −6.0 | −2.3 |
| 嫩江 | 旬平均气温 | 9.2 | 5.9 | 2.3 | −1.6 | −6.6 | −11.5 | −15.5 | −19.2 | −21.4 | −23.9 | −24.7 | −25.1 | −23.5 | −21.6 | −20.1 | −17.0 | −13.6 | −8.7 | −4.1 | 0.6 |
| | 旬平均最高气温 | 16.5 | 13.2 | 9.5 | 4.9 | −0.1 | −4.9 | −8.9 | −12.6 | −14.9 | −17.4 | −17.9 | −18.0 | −15.8 | −13.4 | −11.5 | −8.4 | −5.3 | −1.2 | 2.7 | 7.5 |
| | 旬平均最低气温 | 2.9 | −0.5 | −3.7 | −7.3 | −12.4 | −17.4 | −21.2 | −24.9 | −27.3 | −29.7 | −30.6 | −31.2 | −30.1 | −28.6 | −27.8 | −24.8 | −21.3 | −16.3 | −10.9 | −6.0 |

续表

| 城市名称 | 气温类别 | 9月份 | 10月份 | | | 11月份 | | | 12月份 | | | 1月份 | | | 2月份 | | | 3月份 | | | 4月份 |
|---|---|---|---|---|---|---|---|---|---|---|---|---|---|---|---|---|---|---|---|---|---|
| | | 下旬 | 上旬 | 中旬 | 下旬 | 上旬 | 中旬 | 下旬 | 上旬 | 中旬 | 下旬 | 上旬 | 中旬 | 下旬 | 上旬 | 中旬 | 下旬 | 上旬 | 中旬 | 下旬 | 上旬 |
| 沈阳 | 旬平均气温 | 15.2 | 12.7 | 9.6 | 6.8 | 3.9 | −0.2 | −3.5 | −6.0 | −8.0 | −10.3 | −11.1 | −12.4 | −11.5 | −9.6 | −7.1 | −5.0 | −2.4 | 1.0 | 3.5 | 7.1 |
| | 旬平均最高气温 | 21.9 | 19.3 | 16.0 | 12.9 | 9.7 | 5.2 | 2.0 | −0.5 | −2.2 | −4.3 | −4.9 | −6.0 | −5.0 | −3.0 | −1.0 | 0.9 | 3.4 | 6.8 | 9.2 | 13.4 |
| | 旬平均最低气温 | 9.6 | 7.0 | 4.2 | 1.8 | −0.9 | −4.6 | −8.1 | −10.5 | −12.8 | −15.2 | −16.3 | −17.5 | −17.0 | −15.1 | −12.5 | −10.4 | −7.6 | −4.1 | −1.7 | 1.3 |
| 大连 | 旬平均气温 | 18.6 | 16.5 | 13.9 | 11.5 | 9.0 | 5.8 | 3.0 | 0.8 | −0.8 | −2.7 | −3.5 | −4.8 | −4.5 | −3.6 | −2.1 | −1.2 | 0.7 | 3.1 | 4.9 | 7.8 |
| | 旬平均最高气温 | 22.3 | 20.2 | 17.7 | 15.3 | 12.7 | 9.5 | 6.8 | 4.4 | 2.8 | 0.9 | 0.2 | −1.3 | −1.0 | 0.0 | 1.4 | 2.4 | 4.4 | 6.9 | 9.0 | 12.1 |
| | 旬平均最低气温 | 15.6 | 13.3 | 10.6 | 8.2 | 5.7 | 2.6 | −0.3 | −2.3 | −3.9 | −5.7 | −6.6 | −7.8 | −7.4 | −6.5 | −5.1 | −4.2 | −2.3 | 0.1 | 1.7 | 4.4 |
| 丹东 | 旬平均气温 | 16.0 | 13.7 | 11.3 | 8.6 | 6.1 | 2.5 | −0.4 | −3.1 | −4.9 | −6.4 | −7.5 | −8.1 | −7.7 | −6.2 | −4.2 | −2.9 | −0.8 | 1.5 | 3.8 | 6.5 |
| | 旬平均最高气温 | 22.1 | 19.8 | 17.2 | 14.3 | 11.4 | 7.5 | 4.2 | 1.5 | −0.2 | −1.7 | −2.7 | −3.1 | −2.4 | −0.8 | 1.1 | 2.3 | 4.4 | 6.7 | 9.1 | 12.2 |
| | 旬平均最低气温 | 11.3 | 9.0 | 6.4 | 4.0 | 1.7 | −1.4 | −4.2 | −6.9 | −8.9 | −10.2 | −11.6 | −12.2 | −12.0 | −10.6 | −8.6 | −7.2 | −5.0 | −2.6 | −0.6 | 1.8 |
| 锦州 | 旬平均气温 | 16.7 | 14.3 | 11.4 | 8.5 | 5.3 | 1.6 | −1.5 | −3.7 | −5.5 | −7.3 | −8.0 | −8.8 | −7.9 | −6.5 | −4.7 | −3.3 | −1.0 | 2.0 | 4.3 | 7.7 |
| | 旬平均最高气温 | 22.9 | 20.5 | 17.6 | 14.5 | 11.3 | 7.3 | 4.0 | 1.8 | 0.1 | −1.8 | −2.3 | −3.1 | −2.1 | −0.5 | 1.1 | 2.5 | 4.9 | 8.0 | 10.4 | 13.9 |
| | 旬平均最低气温 | 11.3 | 8.9 | 6.0 | 3.3 | 0.3 | −3.2 | −6.0 | −8.2 | −10.1 | −11.9 | −12.6 | −13.4 | −12.6 | −11.4 | −9.4 | −8.1 | −5.9 | −3.0 | −0.8 | 2.4 |
| 朝阳 | 旬平均气温 | 15.6 | 13.1 | 10.2 | 7.2 | 4.1 | 0.0 | −3.2 | −5.5 | −7.4 | −9.1 | −9.7 | −10.6 | −9.5 | −8.1 | −5.7 | −4.0 | −1.6 | 1.8 | 4.5 | 8.3 |
| | 旬平均最高气温 | 23.2 | 20.8 | 17.8 | 14.7 | 11.4 | 7.2 | 3.9 | 1.7 | 0.0 | −1.7 | −2.2 | −2.9 | −1.7 | 0.1 | 2.0 | 3.6 | 5.9 | 9.4 | 11.7 | 15.5 |
| | 旬平均最低气温 | 8.7 | 6.2 | 3.3 | 0.8 | −2.3 | −6.0 | −9.1 | −11.4 | −13.4 | −15.2 | −15.9 | −17.1 | −16.2 | −15.2 | −12.7 | −11.0 | −8.9 | −5.5 | −2.6 | 1.1 |
| 营口 | 旬平均气温 | 16.8 | 14.3 | 11.3 | 8.5 | 5.3 | 1.9 | −1.3 | −3.6 | −5.5 | −7.6 | −8.4 | −9.5 | −8.8 | −7.2 | −5.2 | −3.7 | −1.3 | 1.7 | 4.0 | 7.3 |
| | 旬平均最高气温 | 22.0 | 19.5 | 16.5 | 13.5 | 10.5 | 6.6 | 3.4 | 1.1 | −0.6 | −2.6 | −3.1 | −4.2 | −3.4 | −1.9 | −0.1 | 1.2 | 3.5 | 6.5 | 8.8 | 12.2 |
| | 旬平均最低气温 | 11.9 | 9.5 | 6.5 | 3.9 | 1.1 | −2.3 | −5.4 | −7.7 | −9.7 | −11.9 | −13.0 | −14.1 | −13.6 | −12.1 | −10.0 | −8.3 | −5.6 | −2.7 | −0.3 | 2.9 |
| 本溪 | 旬平均气温 | 14.5 | 12.1 | 9.3 | 6.7 | 3.3 | −0.1 | −3.5 | −5.9 | −8.1 | −10.0 | −11.0 | −12.1 | −11.4 | −9.2 | −6.8 | −5.3 | −2.3 | 0.8 | 3.1 | 6.7 |
| | 旬平均最高气温 | 21.0 | 18.7 | 15.7 | 12.7 | 9.5 | 5.4 | 2.1 | −0.3 | −2.2 | −4.0 | −4.8 | −5.8 | −4.9 | −2.8 | −0.9 | 0.4 | 3.2 | 6.3 | 8.5 | 12.5 |
| | 旬平均最低气温 | 9.2 | 6.6 | 3.9 | 1.6 | −1.1 | −4.6 | −8.2 | −10.5 | −12.9 | −14.9 | −16.2 | −17.5 | −16.9 | −14.7 | −12.1 | −10.5 | −7.3 | −4.1 | −1.7 | 1.3 |

续表

| 城市名称 | 气温类别 | 9月份 | 10月份 | | | 11月份 | | | 12月份 | | | 1月份 | | | 2月份 | | | 3月份 | | | 4月份 |
|---|---|---|---|---|---|---|---|---|---|---|---|---|---|---|---|---|---|---|---|---|---|
| | | 下旬 | 上旬 | 中旬 | 下旬 | 上旬 | 中旬 | 下旬 | 上旬 | 中旬 | 下旬 | 上旬 | 中旬 | 下旬 | 上旬 | 中旬 | 下旬 | 上旬 | 中旬 | 下旬 | 上旬 |
| 银川 | 旬平均气温 | 14.5 | 12.3 | 9.9 | 6.9 | 4.8 | 2.0 | −0.8 | −3.4 | −5.0 | −6.2 | −6.7 | −6.8 | −5.8 | −4.0 | −1.4 | 0.1 | 2.6 | 5.2 | 7.6 | 10.0 |
| | 旬平均最高气温 | 21.2 | 19.1 | 16.8 | 14.5 | 12.2 | 8.9 | 5.9 | 3.6 | 2.0 | 0.8 | 0.6 | 0.7 | 1.3 | 3.6 | 6.1 | 7.3 | 9.9 | 12.4 | 14.7 | 17.5 |
| | 旬平均最低气温 | 9.2 | 7.1 | 4.7 | 1.5 | −0.5 | −2.6 | −5.2 | −8.0 | −9.8 | −11.0 | −11.7 | −12.1 | −11.1 | −9.6 | −6.9 | −5.3 | −3.1 | −0.4 | 1.8 | 3.8 |
| 盐池 | 旬平均气温 | 13.4 | 11.0 | 8.6 | 5.7 | 3.3 | 0.2 | −2.8 | −5.1 | −6.5 | −7.7 | −8.1 | −8.6 | −8.6 | −6.8 | −4.1 | −2.7 | −0.4 | 2.6 | 4.9 | 7.8 |
| | 旬平均最高气温 | 20.5 | 18.2 | 16.1 | 13.8 | 11.5 | 8.0 | 5.0 | 2.8 | 1.3 | 0.0 | −0.3 | −0.5 | −0.6 | 1.4 | 3.9 | 5.0 | 7.6 | 10.3 | 12.6 | 15.7 |
| | 旬平均最低气温 | 7.3 | 5.1 | 2.6 | −0.6 | −2.8 | −5.6 | −8.5 | −10.9 | −12.4 | −13.7 | −14.1 | −14.9 | −14.9 | −13.4 | −10.6 | −9.0 | −6.8 | −3.8 | −1.7 | 0.6 |
| 拉萨 | 旬平均气温 | 12.2 | 11.0 | 8.9 | 6.3 | 4.1 | 2.7 | 1.3 | 0.0 | −1.4 | −2.1 | −2.0 | −1.9 | −0.6 | 0.4 | 1.5 | 2.6 | 3.8 | 5.0 | 6.1 | 7.3 |
| | 旬平均最高气温 | 19.5 | 18.6 | 17.1 | 15.0 | 13.0 | 12.0 | 10.8 | 9.6 | 7.9 | 7.3 | 7.2 | 7.0 | 8.0 | 8.4 | 9.5 | 10.2 | 11.3 | 12.4 | 13.4 | 14.6 |
| | 旬平均最低气温 | 6.6 | 5.0 | 2.2 | −0.7 | −2.8 | −4.4 | −5.8 | −7.1 | −8.3 | −9.4 | −9.5 | −9.3 | −8.3 | −7.2 | −6.0 | −4.7 | −3.6 | −2.2 | −1.0 | 0.4 |
| 昌都 | 旬平均气温 | 11.8 | 10.5 | 8.6 | 5.8 | 3.7 | 2.2 | 0.9 | −0.6 | −2.1 | −2.6 | −2.8 | −2.5 | −1.4 | −0.4 | 0.9 | 1.8 | 3.0 | 4.9 | 5.7 | 6.8 |
| 那曲 | 旬平均气温 | 4.4 | 2.5 | 0.1 | −3.2 | −5.8 | −8.0 | −9.3 | −10.8 | −12.5 | −12.9 | −13.3 | −13.4 | −12.0 | −11.2 | −9.8 | −8.8 | −7.2 | −5.7 | −4.4 | −2.7 |
| 长春 | 旬平均气温 | 13.2 | 10.6 | 7.2 | 4.0 | 0.7 | −3.9 | −7.3 | −9.9 | −12.0 | −14.3 | −15.1 | −16.1 | −15.3 | −13.3 | −11.2 | −8.7 | −5.9 | −2.2 | 0.7 | 4.6 |
| | 旬平均最高气温 | 19.6 | 16.9 | 13.4 | 9.7 | 6.2 | 1.3 | −2.1 | −4.7 | −6.6 | −8.9 | −9.6 | −10.5 | −9.6 | −7.3 | −5.2 | −2.7 | 0.1 | 3.8 | 6.5 | 11.0 |
| | 旬平均最低气温 | 7.7 | 5.2 | 1.9 | −0.8 | −4.0 | −8.4 | −11.8 | −14.3 | −16.5 | −18.8 | −19.7 | −20.7 | −20.1 | −18.4 | −16.4 | −14.2 | −11.4 | −7.5 | −4.7 | −1.1 |
| 延吉 | 旬平均气温 | 12.4 | 9.9 | 7.0 | 4.1 | 1.0 | −3.2 | −6.6 | −9.3 | −11.2 | −13.0 | −13.9 | −14.6 | −13.4 | −11.7 | −10.0 | −7.8 | −5.3 | −1.7 | 1.1 | 4.6 |
| | 旬平均最高气温 | 20.4 | 18.2 | 14.9 | 11.4 | 8.2 | 3.3 | −0.2 | −3.0 | −4.8 | −6.5 | −7.2 | −7.6 | −6.5 | −4.3 | −2.7 | −0.4 | 1.9 | 5.3 | 8.1 | 12.2 |
| | 旬平均最低气温 | 6.1 | 3.1 | 0.6 | −1.8 | −4.7 | −8.4 | −11.9 | −14.5 | −16.4 | −18.3 | −19.3 | −20.3 | −19.1 | −18.0 | −16.3 | −14.5 | −12.0 | −8.2 | −5.2 | −2.2 |
| 榆林 | 旬平均气温 | 13.6 | 11.5 | 9.2 | 6.0 | 3.6 | 0.3 | −2.9 | 52.0 | −7.5 | −8.8 | −9.3 | −9.7 | −9.3 | −7.2 | −4.3 | −2.4 | 0.0 | 2.9 | 5.2 | 8.3 |
| | 旬平均最高气温 | 20.8 | 18.7 | 16.5 | 13.8 | 11.2 | 7.5 | 4.3 | 59.3 | 0.1 | −1.2 | −1.4 | −1.7 | −1.3 | 1.0 | 3.4 | 5.0 | 64.8 | 67.6 | 12.5 | 16.1 |
| | 旬平均最低气温 | 7.7 | 5.7 | 3.4 | 0.0 | −2.2 | −5.0 | −8.3 | 46.6 | −13.2 | −14.8 | −15.6 | −16.0 | −15.7 | −13.9 | −10.6 | −8.3 | −6.1 | −3.2 | −1.1 | 1.4 |
| 四平 | 旬平均气温 | 13.7 | 11.1 | 8.0 | 5.0 | 1.8 | −2.6 | −5.9 | −8.4 | −10.6 | −12.8 | −13.7 | −14.7 | −13.9 | −12.1 | −9.6 | −7.5 | −4.7 | −1.0 | 1.7 | 5.7 |
| | 旬平均最高气温 | 20.6 | 18.0 | 14.7 | 11.1 | 7.7 | 2.9 | −0.4 | −2.9 | −4.9 | −6.9 | −7.6 | −8.5 | −7.6 | −5.4 | −3.3 | −1.2 | 1.5 | 5.1 | 7.7 | 12.1 |
| | 旬平均最低气温 | 8.0 | 5.4 | 2.4 | −0.1 | −3.1 | −7.2 | −10.7 | −13.0 | −15.2 | −17.5 | −18.6 | −19.6 | −19.0 | −17.4 | −15.0 | −13.2 | −10.3 | −6.4 | −3.7 | −0.2 |

续表

| 城市名称 | 气温类别 | 9月份 | 10月份 | | | 11月份 | | | 12月份 | | | 1月份 | | | 2月份 | | | 3月份 | | | 4月份 |
|---|---|---|---|---|---|---|---|---|---|---|---|---|---|---|---|---|---|---|---|---|---|
| | | 下旬 | 上旬 | 中旬 | 下旬 | 上旬 | 中旬 | 下旬 | 上旬 | 中旬 | 下旬 | 上旬 | 中旬 | 下旬 | 上旬 | 中旬 | 下旬 | 上旬 | 中旬 | 下旬 | 上旬 |
| 临江（通化） | 旬平均气温 | 11.9 | 9.8 | 7.1 | 4.1 | 1.4 | −2.7 | −6.3 | −9.7 | −12.5 | −14.9 | −15.9 | −16.9 | −15.7 | −13.4 | −10.5 | −8.2 | −5.1 | −1.3 | 1.2 | 4.7 |
| | 旬平均最高气温 | 20.2 | 18.2 | 15.3 | 11.4 | 8.1 | 3.6 | −0.3 | −3.6 | −6.2 | −8.3 | −9.0 | −9.5 | −8.0 | −5.3 | −2.7 | −0.6 | 1.9 | 5.2 | 7.7 | 12.1 |
| | 旬平均最低气温 | 6.3 | 3.5 | 0.9 | −1.3 | −3.7 | −7.4 | −11.0 | −14.5 | −17.6 | −20.0 | −21.3 | −22.6 | −21.8 | −19.8 | −17.0 | −14.5 | −11.0 | −6.9 | −4.3 | −1.4 |
| 上海 | 旬平均气温 | 22.4 | 20.6 | 19.1 | 16.8 | 15.5 | 13.0 | 10.2 | 7.7 | 6.5 | 5.6 | 4.2 | 3.5 | 3.7 | 4.1 | 5.3 | 5.7 | 7.4 | 8.6 | 9.7 | 12.2 |
| | 旬平均最高气温 | 26.3 | 24.8 | 23.2 | 21.4 | 20.0 | 17.5 | 14.7 | 12.6 | 11.1 | 9.9 | 8.3 | 7.5 | 7.7 | 8.1 | 9.3 | 9.8 | 11.5 | 12.8 | 13.8 | 16.7 |
| | 旬平均最低气温 | 19.1 | 17.1 | 15.5 | 12.9 | 11.6 | 9.3 | 6.5 | 3.8 | 2.8 | 2.3 | 1.0 | 0.4 | 0.6 | 1.0 | 2.2 | 2.5 | 4.1 | 5.4 | 6.5 | 8.8 |
| 郑州 | 旬平均气温 | 19.2 | 17.2 | 15.3 | 13.2 | 10.9 | 7.8 | 5.5 | 3.3 | 2.0 | 0.7 | 0.4 | −0.3 | 0.2 | 1.4 | 3.0 | 4.1 | 6.1 | 8.3 | 10.2 | 13.2 |
| | 旬平均最高气温 | 25.4 | 23.5 | 21.5 | 19.9 | 17.0 | 14.0 | 11.3 | 9.3 | 7.6 | 5.9 | 6.0 | 5.2 | 5.6 | 7.3 | 8.8 | 10.0 | 12.2 | 14.4 | 16.4 | 19.6 |
| | 旬平均最低气温 | 14.1 | 12.1 | 10.3 | 7.9 | 5.9 | 3.0 | 0.9 | −1.4 | −2.4 | −3.5 | −4.0 | −4.7 | −4.0 | −3.2 | −1.7 | −0.6 | 1.1 | 3.2 | 4.7 | 7.3 |
| 安阳 | 旬平均气温 | 19.2 | 17.0 | 14.9 | 12.6 | 9.9 | 6.8 | 4.1 | 1.9 | 0.6 | −0.8 | −1.3 | −1.6 | −1.0 | 0.3 | 2.0 | 3.4 | 5.5 | 8.0 | 9.9 | 13.1 |
| | 旬平均最高气温 | 25.5 | 23.4 | 21.1 | 19.2 | 16.[illegible] | 12.9 | 9.9 | 7.8 | 6.2 | 4.6 | 62.0 | 61.4 | 62.1 | 6.4 | 7.9 | 9.4 | 11.6 | 14.1 | 16.1 | 19.4 |
| | 旬平均最低气温 | 13.9 | 11.8 | 9.7 | 7.2 | 4.9 | 2.0 | −0.4 | −2.5 | −3.5 | −4.8 | −5.7 | −5.9 | −5.5 | −4.5 | −2.8 | −1.3 | 0.4 | 2.7 | 4.2 | 7.2 |
| 驻马店 | 旬平均气温 | 19.7 | 17.9 | 16.1 | 14.2 | 12.1 | 9.2 | 7.0 | 5.0 | 3.3 | 2.0 | 1.8 | 1.0 | 1.2 | 2.4 | 4.2 | 4.8 | 7.0 | 8.9 | 10.5 | 13.1 |
| | 旬平均最高气温 | 25.4 | 23.5 | 21.6 | 20.3 | 17.7 | 14.6 | 12.3 | 10.5 | 8.5 | 6.9 | 7.1 | 6.2 | 6.2 | 7.9 | 9.7 | 10.1 | 12.6 | 14.4 | 16.0 | 18.7 |
| | 旬平均最低气温 | 15.2 | 13.4 | 11.8 | 9.3 | 7.6 | 4.8 | 2.7 | 0.5 | −0.7 | −1.8 | −2.3 | −3.0 | −2.7 | −2.0 | −0.2 | 0.5 | 2.2 | 4.3 | 5.7 | 8.0 |
| 信阳 | 旬平均气温 | 19.9 | 17.9 | 16.3 | 14.3 | 12.5 | 9.8 | 7.5 | 5.6 | 4.2 | 3.0 | 2.3 | 1.7 | 2.0 | 3.1 | 4.4 | 5.3 | 7.3 | 9.4 | 10.9 | 13.8 |
| | 旬平均最高气温 | 25.4 | 23.5 | 21.8 | 20.4 | 18.3 | 15.2 | 12.9 | 11.0 | 9.3 | 7.6 | 7.2 | 6.5 | 6.7 | 8.2 | 9.4 | 10.2 | 12.4 | 14.5 | 16.1 | 19.3 |
| | 旬平均最低气温 | 15.7 | 13.7 | 12.1 | 9.7 | 8.2 | 5.6 | 3.4 | 1.5 | 0.4 | −0.6 | −1.4 | −1.9 | −1.6 | −0.8 | 0.6 | 1.5 | 3.3 | 5.4 | 6.8 | 9.4 |
| 卢氏 | 旬平均气温 | 16.8 | 14.8 | 13.1 | 11.2 | 9.0 | 6.2 | 4.1 | 1.9 | 0.5 | −0.7 | −1.0 | −1.5 | −1.1 | 0.4 | 2.1 | 3.1 | 5.1 | 7.3 | 9.2 | 11.8 |
| | 旬平均最高气温 | 23.4 | 21.5 | 19.8 | 18.6 | 16.3 | 13.2 | 10.9 | 9.0 | 7.4 | 5.9 | 6.0 | 5.5 | 5.5 | 7.4 | 8.9 | 9.9 | 12.2 | 14.3 | 16.2 | 19.0 |
| | 旬平均最低气温 | 11.9 | 9.8 | 8.3 | 5.9 | 3.9 | 1.3 | −0.7 | −3.1 | −4.1 | −5.2 | −5.9 | −6.3 | −5.8 | −4.7 | −2.9 | −2.0 | −0.4 | 1.9 | 3.5 | 5.7 |

续表

| 城市名称 | 气温类别 | 9月份 | 10月份 | | | 11月份 | | | 12月份 | | | 1月份 | | | 2月份 | | | 3月份 | | | 4月份 |
|---|---|---|---|---|---|---|---|---|---|---|---|---|---|---|---|---|---|---|---|---|---|
| | | 下旬 | 上旬 | 中旬 | 下旬 | 上旬 | 中旬 | 下旬 | 上旬 | 中旬 | 下旬 | 上旬 | 中旬 | 下旬 | 上旬 | 中旬 | 下旬 | 上旬 | 中旬 | 下旬 | 上旬 |
| 武汉 | 旬平均气温 | 21.8 | 19.7 | 18.0 | 15.9 | 14.2 | 11.4 | 9.1 | 7.1 | 5.8 | 4.6 | 3.7 | 3.3 | 3.5 | 4.6 | 6.1 | 6.8 | 8.7 | 10.6 | 11.9 | 14.9 |
| | 旬平均最高气温 | 26.7 | 24.6 | 23.0 | 21.2 | 19.5 | 16.3 | 14.1 | 12.2 | 10.5 | 9.1 | 8.3 | 7.7 | 7.9 | 9.2 | 10.5 | 11.1 | 13.2 | 15.0 | 16.4 | 19.5 |
| | 旬平均最低气温 | 18.1 | 16.0 | 14.3 | 11.7 | 10.3 | 7.6 | 5.4 | 3.2 | 2.2 | 1.2 | 0.2 | 0.0 | 0.2 | 1.1 | 2.7 | 3.4 | 5.1 | 7.0 | 8.3 | 11.0 |
| 呼和浩特 | 旬平均气温 | 12.3 | 9.9 | 7.3 | 3.9 | 1.0 | −2.3 | −5.5 | −8.4 | −10.2 | −11.5 | −12.1 | −12.2 | −11.8 | −10.1 | −7.2 | −5.5 | −2.5 | 0.3 | 2.9 | 6.3 |
| | 旬平均最高气温 | 19.5 | 17.3 | 14.6 | 11.1 | 8.0 | 4.1 | 0.9 | −2.0 | −3.8 | −5.2 | −5.7 | −5.5 | −5.0 | −2.9 | −0.2 | 1.5 | 4.3 | 7.3 | 9.7 | 13.6 |
| | 旬平均最低气温 | 5.9 | 3.7 | 1.3 | −1.6 | −4.2 | −7.0 | −10.3 | −13.2 | −15.0 | −16.4 | −17.1 | −17.3 | −17.2 | −15.8 | −12.9 | −11.2 | −8.3 | −5.5 | −3.1 | −0.6 |
| 海拉尔 | 旬平均气温 | 7.6 | 4.4 | 0.8 | −3.0 | −8.0 | −12.6 | −16.3 | −20.0 | −21.9 | −24.8 | −25.4 | −26.5 | −25.4 | −23.9 | −22.2 | −19.5 | −16.1 | −11.4 | −6.8 | 4.8 |
| | 旬平均最高气温 | 15.0 | 12.0 | 8.0 | 3.8 | −1.4 | −6.1 | −10.1 | −14.3 | −16.2 | −19.1 | −19.6 | −20.5 | −18.9 | −17.0 | −14.9 | −11.9 | −8.7 | −4.2 | −0.2 | 11.5 |
| | 旬平均最低气温 | 1.5 | −1.6 | −4.8 | −8.2 | −13.0 | −17.8 | −21.4 | −24.9 | −26.7 | −29.4 | −30.3 | −31.4 | −30.5 | −29.3 | −28.1 | −25.7 | −22.5 | −17.7 | −12.9 | −1.7 |
| 锡林浩特 | 旬平均气温 | 9.8 | 6.9 | 3.7 | 0.2 | −3.4 | −7.6 | −11.0 | −14.1 | −16.2 | −18.1 | −18.7 | −19.9 | −19.3 | −18.0 | −15.1 | −13.2 | −10.3 | −6.2 | −2.5 | 2.0 |
| | 旬平均最高气温 | 17.8 | 15.3 | 11.9 | 7.9 | 4.2 | −0.3 | −4.0 | −7.6 | −9.7 | −11.7 | −12.1 | −12.9 | −12.0 | −10.2 | −7.2 | −5.2 | −2.4 | 1.8 | 5.0 | 9.8 |
| | 旬平均最低气温 | 2.9 | 0.0 | −3.0 | −5.8 | −9.2 | −13.3 | −16.5 | −19.4 | −21.5 | −23.2 | −24.1 | −25.3 | −25.0 | −24.2 | −21.5 | −19.8 | −17.0 | −12.9 | −9.1 | −5.1 |
| 吉兰泰（乌海） | 旬平均气温 | 15.2 | 12.4 | 9.3 | 5.9 | 3.0 | −0.5 | −3.8 | −6.1 | −8.1 | −9.4 | −9.8 | −10.1 | −10.0 | −8.0 | −4.9 | −3.4 | −0.7 | 2.5 | 5.3 | 8.4 |
| | 旬平均最高气温 | 23.2 | 20.5 | 17.5 | 14.3 | 11.2 | 7.5 | 3.9 | 1.6 | −0.5 | −1.9 | −1.9 | −2.0 | −1.9 | 0.6 | 3.6 | 5.1 | 7.9 | 10.9 | 13.5 | 16.9 |
| | 旬平均最低气温 | 8.3 | 5.6 | 2.6 | −0.6 | −3.3 | −6.5 | −9.5 | −11.8 | −13.8 | −15.2 | −15.7 | −16.3 | −16.5 | −14.9 | −11.7 | −10.3 | −7.8 | −4.6 | −2.0 | 0.6 |
| 林西 | 旬平均气温 | 11.4 | 8.9 | 5.9 | 2.6 | −0.8 | −4.6 | −7.5 | −9.8 | −11.3 | −12.9 | −13.5 | −14.3 | −13.6 | −12.5 | −10.6 | −9.0 | −6.7 | −3.6 | −0.6 | 3.7 |
| | 旬平均最高气温 | 19.0 | 16.5 | 13.3 | 9.7 | 5.9 | 1.8 | −1.2 | −4.0 | −5.4 | −6.9 | −7.4 | −7.9 | −7.4 | −5.5 | −3.7 | −2.1 | 0.1 | 3.4 | 6.1 | 10.7 |
| | 旬平均最低气温 | 4.5 | 2.1 | −0.4 | −3.1 | −6.3 | −9.8 | −12.6 | −14.8 | −16.3 | −18.0 | −18.6 | −19.6 | −18.9 | −18.3 | −16.6 | −15.2 | −12.9 | −9.9 | −6.8 | −2.9 |
| 二连浩特 | 旬平均气温 | 11.6 | 8.4 | 5.0 | 1.3 | −2.4 | −6.6 | −10.3 | −13.1 | −15.7 | −17.2 | −17.9 | −18.7 | −18.0 | −16.3 | −13.2 | −11.5 | −7.8 | −3.8 | −0.6 | 3.6 |
| | 旬平均最高气温 | 19.7 | 16.8 | 13.3 | 9.4 | 5.5 | 1.3 | −2.9 | −5.9 | −8.5 | −10.2 | −10.7 | −11.0 | −10.2 | −7.8 | −4.5 | −2.8 | 0.7 | 4.9 | 7.6 | 12.1 |
| | 旬平均最低气温 | 4.5 | 1.6 | −1.6 | −4.8 | −8.2 | −12.3 | −15.8 | −18.5 | −20.9 | −22.4 | −23.2 | −24.3 | −23.8 | −22.6 | −19.7 | −18.3 | −14.7 | −10.9 | −7.8 | −4.1 |

续表

| 城市名称 | 气温类别 | 9月份 | 10月份 | | | 11月份 | | | 12月份 | | | 1月份 | | | 2月份 | | | 3月份 | | | 4月份 |
|---|---|---|---|---|---|---|---|---|---|---|---|---|---|---|---|---|---|---|---|---|---|
| | | 下旬 | 上旬 | 中旬 | 下旬 | 上旬 | 中旬 | 下旬 | 上旬 | 中旬 | 下旬 | 上旬 | 中旬 | 下旬 | 上旬 | 中旬 | 下旬 | 上旬 | 中旬 | 下旬 | 上旬 |
| 通辽 | 旬平均气温 | 13.8 | 11.0 | 7.8 | 4.5 | 0.9 | −3.3 | −6.5 | −9.1 | −11.0 | −13.1 | −13.6 | −14.4 | −13.2 | −11.6 | −9.5 | −7.4 | −4.9 | −1.3 | 1.6 | 5.8 |
| | 旬平均最高气温 | 21.1 | 18.4 | 14.9 | 11.3 | 7.6 | 3.0 | −0.1 | −2.9 | −4.6 | −6.7 | −7.0 | −7.7 | −6.5 | −4.4 | −2.5 | −0.4 | 2.1 | 5.6 | 8.3 | 12.8 |
| | 旬平均最低气温 | 7.6 | 4.8 | 1.9 | −1.0 | −4.3 | −8.3 | −11.6 | −14.0 | −15.9 | −18.1 | −18.8 | −19.7 | −18.7 | −17.4 | −15.3 | −13.5 | −11.0 | −7.5 | −4.4 | −0.7 |
| 太原 | 旬平均气温 | 14.4 | 12.3 | 10.4 | 7.6 | 5.3 | 2.3 | −0.6 | −2.8 | −4.3 | −5.4 | −5.8 | −6.1 | −5.6 | −4.0 | −1.9 | −0.5 | 1.8 | 4.3 | 6.5 | 9.8 |
| | 旬平均最高气温 | 22.0 | 20.0 | 17.9 | 15.5 | 12.8 | 9.2 | 6.3 | 4.0 | 2.6 | 1.6 | 1.5 | 1.3 | 1.8 | 3.8 | 5.7 | 7.0 | 9.3 | 11.8 | 13.9 | 17.4 |
| | 旬平均最低气温 | 8.4 | 6.3 | 4.4 | 1.5 | −0.4 | −2.8 | −5.6 | −8.0 | −9.8 | −11.1 | −11.9 | −12.2 | −11.7 | −10.3 | −7.9 | −6.3 | −4.4 | −1.9 | 0.0 | 2.8 |
| 运城 | 旬平均气温 | 19.0 | 16.8 | 14.6 | 11.9 | 9.5 | 6.4 | 3.7 | 1.5 | 0.0 | −1.0 | −1.3 | −1.5 | −1.0 | 0.6 | 3.0 | 4.0 | 6.3 | 8.6 | 10.6 | 13.3 |
| | 旬平均最高气温 | 24.5 | 22.4 | 20.3 | 18.3 | 15.8 | 12.4 | 9.6 | 7.9 | 5.8 | 4.8 | 4.9 | 4.8 | 5.0 | 7.0 | 9.3 | 10.2 | 12.8 | 15.0 | 17.0 | 19.7 |
| | 旬平均最低气温 | 14.2 | 11.9 | 9.9 | 6.9 | 4.6 | 1.7 | −0.9 | −3.3 | −4.5 | −5.6 | −6.2 | −6.4 | −5.8 | −4.5 | −2.2 | −1.0 | 0.7 | 3.3 | 4.9 | 7.3 |
| 介休 | 旬平均气温 | 15.1 | 73.5 | 11.2 | 8.8 | 6.3 | 3.5 | 0.8 | −1.2 | −2.7 | −3.9 | −4.4 | −4.7 | −4.6 | −2.8 | −0.9 | 0.7 | 2.7 | 5.2 | 7.4 | 10.4 |
| | 旬平均最高气温 | 22.2 | 20.2 | 18.3 | 16.2 | 13.4 | 10.0 | 7.1 | 5.1 | 3.5 | 2.3 | 2.2 | 2.2 | 2.3 | 4.3 | 6.2 | 7.4 | 9.9 | 12.4 | 14.5 | 17.9 |
| | 旬平均最低气温 | 8.9 | 7.1 | 5.1 | 2.7 | 0.5 | −1.8 | −4.2 | −6.1 | −7.7 | −9.1 | −9.8 | −10.3 | −10.3 | −8.8 | −6.6 | −4.8 | −3.1 | −0.8 | 0.9 | 3.4 |
| 原平 | 旬平均气温 | 14.0 | 11.8 | 9.7 | 6.8 | 4.1 | 0.9 | −2.1 | −4.3 | −6.0 | −7.4 | −7.9 | −8.1 | −7.4 | −5.6 | −3.4 | −1.8 | 0.5 | 3.0 | 5.3 | 8.6 |
| | 旬平均最高气温 | 21.5 | 19.4 | 17.2 | 14.5 | 11.6 | 8.1 | 5.1 | 3.0 | 1.3 | 0.0 | −0.2 | −0.4 | 0.0 | 2.1 | 4.1 | 5.4 | 7.8 | 10.4 | 12.7 | 16.2 |
| | 旬平均最低气温 | 7.7 | 5.7 | 3.7 | 0.7 | −1.7 | −4.3 | −7.2 | −9.8 | −11.6 | −13.2 | −13.8 | −14.1 | −13.4 | −11.8 | −9.3 | −7.4 | −5.3 | −2.8 | −0.9 | 1.8 |
| 大同 | 旬平均气温 | 12.7 | 10.5 | 8.0 | 4.9 | 2.1 | −1.4 | −4.4 | −6.7 | −8.8 | −10.1 | −10.5 | −11.1 | −10.9 | −9.1 | −6.4 | −5.0 | −2.3 | 0.5 | 2.7 | 6.2 |
| | 旬平均最高气温 | 20.1 | 17.7 | 15.3 | 12.2 | 9.3 | 5.4 | 2.4 | 0.0 | −2.1 | −3.4 | −3.6 | −4.0 | −3.7 | −1.5 | 1.1 | 2.3 | 5.1 | 7.9 | 9.9 | 13.7 |
| | 旬平均最低气温 | 6.4 | 4.4 | 2.0 | −0.9 | −3.7 | −6.7 | −9.9 | −12.3 | −14.4 | −15.7 | −16.3 | −17.0 | −16.9 | −15.4 | −12.6 | −11.1 | −8.6 | −5.7 | −3.5 | −0.8 |
| 天津 | 旬平均气温 | 19.7 | 17.1 | 14.6 | 11.7 | 8.8 | 5.3 | 2.2 | 0.2 | −1.4 | −2.9 | −3.7 | −4.0 | −3.5 | −2.4 | −0.6 | 0.7 | 3.0 | 6.0 | 8.5 | 11.9 |
| | 旬平均最高气温 | 25.6 | 23.1 | 20.3 | 17.6 | 14.5 | 10.7 | 7.4 | 5.3 | 3.6 | 2.2 | 1.8 | 1.4 | 2.1 | 3.6 | 5.3 | 6.4 | 8.8 | 12.0 | 14.6 | 18.3 |
| | 旬平均最低气温 | 14.9 | 12.3 | 10.0 | 7.1 | 4.4 | 1.2 | −1.6 | −3.6 | −5.2 | −6.7 | −7.9 | −8.2 | −7.8 | −6.9 | −4.9 | −3.6 | −1.5 | 1.3 | 3.5 | 6.5 |

续表

| 城市名称 | 气温类别 | 9月份 | 10月份 | | | 11月份 | | | 12月份 | | | 1月份 | | | 2月份 | | | 3月份 | | | 4月份 |
|---|---|---|---|---|---|---|---|---|---|---|---|---|---|---|---|---|---|---|---|---|---|
| | | 下旬 | 上旬 | 中旬 | 下旬 | 上旬 | 中旬 | 下旬 | 上旬 | 中旬 | 下旬 | 上旬 | 中旬 | 下旬 | 上旬 | 中旬 | 下旬 | 上旬 | 中旬 | 下旬 | 上旬 |
| 石家庄 | 旬平均气温 | 18.5 | 16.2 | 14.0 | 11.4 | 8.6 | 5.7 | 3.1 | 1.2 | −0.3 | −1.7 | −2.3 | −2.6 | −2.0 | −0.8 | 0.9 | 2.4 | 4.9 | 7.3 | 9.5 | 12.9 |
| | 旬平均最高气温 | 24.9 | 22.6 | 20.2 | 17.8 | 14.7 | 11.6 | 8.5 | 6.7 | 5.1 | 3.5 | 3.4 | 3.0 | 4.0 | 5.4 | 6.9 | 8.3 | 10.9 | 13.4 | 15.8 | 19.2 |
| | 旬平均最低气温 | 13.3 | 11.2 | 9.1 | 6.4 | 3.9 | 1.2 | −1.1 | −2.9 | −4.3 | −5.8 | −6.7 | −7.0 | −6.6 | −5.6 | −3.7 | −2.1 | −0.1 | 2.2 | 3.9 | 7.0 |
| 泊头 | 旬平均气温 | 18.5 | 15.5 | 13.9 | 11.0 | 8.7 | 4.7 | 3.1 | 0.4 | −0.6 | −1.5 | −2.9 | −3.0 | −2.3 | −1.1 | 1.7 | 3.4 | 5.0 | 7.1 | 9.4 | 11.9 |
| | 旬平均最高气温 | 24.3 | 20.9 | 19.6 | 16.5 | 14.2 | 9.8 | 7.8 | 4.6 | 4.4 | 3.4 | 2.3 | 1.7 | 3.2 | 4.6 | 7.7 | 8.6 | 10.9 | 12.6 | 15.4 | 17.8 |
| | 旬平均最低气温 | 13.8 | 11.2 | 9.1 | 6.5 | 4.2 | 0.7 | −0.5 | −3.0 | −4.3 | −5.2 | −6.7 | −6.7 | −6.4 | −5.5 | −2.9 | −0.8 | 0.1 | 2.4 | 4.2 | 6.7 |
| 乐亭 | 旬平均气温 | 17.6 | 15.3 | 12.6 | 9.7 | 7.0 | 3.6 | 0.8 | −1.4 | −3.2 | −4.7 | −5.5 | −6.2 | −5.7 | −4.7 | −2.6 | −1.4 | 0.8 | 3.4 | 5.5 | 8.8 |
| | 旬平均最高气温 | 23.9 | 21.6 | 18.8 | 15.9 | 13.1 | 9.5 | 6.3 | 4.2 | 2.4 | 1.2 | 0.9 | 0.1 | 0.6 | 1.9 | 3.6 | 4.5 | 7.0 | 9.6 | 11.8 | 15.2 |
| | 旬平均最低气温 | 12.0 | 9.8 | 7.2 | 4.5 | 2.0 | −1.1 | −3.6 | −5.7 | −7.7 | −9.3 | −10.5 | −11.1 | −10.7 | −10.1 | −7.5 | −6.3 | −4.0 | −1.4 | 0.4 | 3.3 |
| 怀来 | 旬平均气温 | 15.7 | 13.2 | 10.6 | 7.6 | 4.4 | 1.1 | −1.9 | −4.2 | −5.8 | −7.3 | −7.7 | −8.0 | −7.5 | −6.2 | −4.0 | −2.6 | −0.1 | 2.8 | 5.4 | 8.9 |
| | 旬平均最高气温 | 23.2 | 20.6 | 17.9 | 14.7 | 11.3 | 7.6 | 4.1 | 1.9 | 0.0 | −1.4 | 59.3 | −1.8 | −1.1 | 0.7 | 3.1 | 4.5 | 7.0 | 10.1 | 12.6 | 16.4 |
| | 旬平均最低气温 | 9.2 | 7.0 | 4.6 | 1.9 | −0.9 | −3.8 | −6.5 | −8.8 | −10.3 | −11.9 | −12.5 | −12.9 | −12.4 | −11.7 | −9.5 | −8.3 | −6.1 | −3.4 | −1.0 | 2.2 |
| 承德 | 旬平均气温 | 15.0 | 12.7 | 10.2 | 7.1 | 3.8 | 0.2 | −3.1 | −5.7 | −7.5 | −9.0 | −9.5 | −9.6 | −8.7 | −7.2 | −5.0 | −3.3 | −0.7 | 2.5 | 5.0 | 8.8 |
| | 旬平均最高气温 | 22.6 | 20.3 | 17.9 | 14.6 | 11.2 | 7.2 | 3.8 | 1.2 | −0.6 | −2.2 | −2.5 | −2.6 | −1.5 | 0.4 | 2.5 | 3.9 | 6.6 | 9.8 | 12.1 | 16.2 |
| | 旬平均最低气温 | 8.8 | 6.5 | 3.9 | 1.3 | −1.8 | −5.0 | −8.0 | −10.7 | −12.6 | −14.0 | −14.6 | −14.9 | −14.2 | −13.1 | −10.8 | −9.1 | −6.7 | −3.7 | −1.4 | 2.0 |
| 西安 | 旬平均气温 | 17.7 | 15.6 | 13.8 | 11.5 | 9.4 | 6.7 | 4.3 | 2.4 | 0.9 | 0.0 | −0.3 | −0.7 | −0.2 | 1.3 | 3.2 | 4.4 | 6.3 | 8.3 | 10.2 | 12.7 |
| | 旬平均最高气温 | 23.1 | 20.8 | 19.1 | 17.3 | 14.9 | 11.8 | 9.3 | 7.5 | 5.8 | 4.8 | 4.9 | 4.6 | 4.6 | 6.5 | 8.7 | 10.0 | 12.1 | 14.1 | 16.1 | 18.9 |
| | 旬平均最低气温 | 13.6 | 11.8 | 9.8 | 7.3 | 5.3 | 2.8 | 0.5 | −1.5 | −2.7 | −3.6 | −4.0 | −4.5 | −3.8 | −2.6 | −0.9 | 0.1 | 1.7 | 3.8 | 5.4 | 7.6 |
| 延安 | 旬平均气温 | 14.1 | 12.1 | 10.1 | 7.7 | 5.6 | 2.7 | −0.1 | −2.5 | −4.0 | −5.2 | −5.7 | −6.0 | −5.6 | −3.8 | −1.5 | 0.2 | 2.3 | 5.0 | 7.0 | 10.0 |
| | 旬平均最高气温 | 21.5 | 19.5 | 17.7 | 15.9 | 13.7 | 10.1 | 7.3 | 5.1 | 3.6 | 2.3 | 2.2 | 2.1 | 2.2 | 4.1 | 6.3 | 7.8 | 10.0 | 12.6 | 14.8 | 18.3 |
| | 旬平均最低气温 | 9.0 | 7.0 | 4.8 | 2.1 | 0.1 | −2.3 | −5.0 | −7.5 | −9.2 | −10.4 | −11.2 | −11.7 | −11.2 | −9.6 | −7.1 | −5.3 | −3.3 | −0.8 | 1.0 | 3.2 |

续表

| 城市名称 | 气温类别 | 9月份 | 10月份 | | | 11月份 | | | 12月份 | | | 1月份 | | | 2月份 | | | 3月份 | | | 4月份 |
|---|---|---|---|---|---|---|---|---|---|---|---|---|---|---|---|---|---|---|---|---|---|
| | | 下旬 | 上旬 | 中旬 | 下旬 | 上旬 | 中旬 | 下旬 | 上旬 | 中旬 | 下旬 | 上旬 | 中旬 | 下旬 | 上旬 | 中旬 | 下旬 | 上旬 | 中旬 | 下旬 | 上旬 |
| 汉中 | 旬平均气温 | 18.4 | 16.5 | 15.1 | 13.0 | 11.2 | 8.7 | 6.6 | 4.9 | 3.7 | 2.6 | 2.2 | 2.2 | 2.7 | 3.7 | 5.2 | 6.1 | 7.8 | 9.8 | 11.2 | 13.5 |
| | 旬平均最高气温 | 22.7 | 20.7 | 19.2 | 17.7 | 15.7 | 13.0 | 10.8 | 9.3 | 8.1 | 6.9 | 7.0 | 6.9 | 7.1 | 8.5 | 10.1 | 11.1 | 13.0 | 15.0 | 16.5 | 19.1 |
| | 旬平均最低气温 | 15.4 | 13.8 | 12.2 | 9.8 | 8.1 | 5.6 | 3.6 | 1.7 | 0.6 | −0.3 | −1.0 | −1.1 | −0.4 | 0.3 | 59.2 | 59.9 | 3.9 | 5.9 | 7.1 | 9.3 |
| 泾河 | 旬平均气温 | 18.0 | 17.1 | 15.8 | 13.1 | 12.4 | 9.1 | 6.2 | 2.7 | 3.2 | 1.1 | 0.0 | −0.7 | −0.5 | 1.4 | 4.6 | 6.5 | 8.0 | 9.4 | 14.1 | 15.3 |
| | 旬平均最高气温 | 21.5 | 21.3 | 20.7 | 18.1 | 19.2 | 13.2 | 10.5 | 6.1 | 8.5 | 4.0 | 4.6 | 2.5 | 3.6 | 6.3 | 9.8 | 12.5 | 13.8 | 14.8 | 20.9 | 21.6 |
| | 旬平均最低气温 | 15.4 | 14.1 | 12.1 | 9.5 | 7.0 | 5.9 | 2.5 | −0.2 | −1.0 | −1.4 | −3.4 | −3.3 | −3.8 | −2.4 | 0.5 | 2.3 | 3.4 | 5.2 | 8.5 | 10.1 |
| 济南 | 旬平均气温 | 20.2 | 18.1 | 16.0 | 13.7 | 11.3 | 7.9 | 5.1 | 2.9 | 1.4 | −0.1 | −0.6 | −1.2 | −0.8 | 0.4 | 2.3 | 3.3 | 5.6 | 8.4 | 10.1 | 13.5 |
| | 旬平均最高气温 | 25.6 | 23.5 | 21.2 | 19.0 | 16.3 | 12.7 | 9.8 | 7.4 | 5.9 | 4.2 | 3.9 | 3.5 | 3.9 | 5.4 | 7.3 | 8.3 | 10.7 | 13.8 | 15.6 | 19.3 |
| | 旬平均最低气温 | 15.7 | 13.6 | 11.6 | 9.4 | 7.2 | 4.0 | 1.3 | −0.9 | −2.2 | −3.5 | −4.3 | −4.8 | −4.5 | −3.6 | −1.7 | −0.7 | 1.4 | 3.8 | 5.4 | 8.6 |
| 惠民 | 旬平均气温 | 18.3 | 16.1 | 14.0 | 11.4 | 8.8 | 5.5 | 2.7 | 0.3 | −1.2 | −2.5 | −3.3 | −3.8 | −3.4 | −2.3 | −0.4 | 1.0 | 3.2 | 6.0 | 8.0 | 11.4 |
| | 旬平均最高气温 | 25.1 | 23.0 | 20.6 | 18.2 | 15.4 | 11.8 | 8.7 | 6.2 | 4.7 | 3.1 | 2.6 | 2.3 | 3.0 | 4.4 | 6.1 | 7.2 | 9.6 | 12.7 | 14.8 | 18.4 |
| | 旬平均最低气温 | 12.7 | 10.6 | 8.5 | 5.8 | 3.6 | 0.4 | −2.0 | −4.1 | −5.6 | −6.8 | −7.8 | −8.5 | −8.3 | −7.5 | −5.3 | −3.8 | −1.8 | 0.4 | 2.1 | 5.2 |
| 威海（成山头） | 旬平均气温 | 19.7 | 18.0 | 15.9 | 13.7 | 11.9 | 8.9 | 6.6 | 4.2 | 2.5 | 1.0 | 0.0 | −1.0 | −1.1 | −0.8 | 0.1 | 0.5 | 1.9 | 3.4 | 4.6 | 6.6 |
| | 旬平均最高气温 | 22.1 | 20.4 | 18.3 | 16.3 | 14.5 | 11.6 | 9.3 | 6.8 | 5.1 | 3.4 | 2.5 | 1.4 | 1.4 | 1.7 | 2.6 | 3.2 | 4.7 | 6.3 | 7.6 | 9.7 |
| | 旬平均最低气温 | 17.7 | 15.8 | 13.7 | 11.5 | 9.7 | 6.6 | 4.2 | 1.7 | 0.2 | −1.0 | −2.3 | −3.1 | −3.1 | −2.8 | −1.9 | −1.5 | −0.2 | 1.2 | 2.4 | 4.3 |
| 潍坊 | 旬平均气温 | 18.8 | 16.9 | 14.6 | 12.2 | 9.9 | 6.6 | 3.8 | 1.6 | −0.1 | −1.4 | −2.4 | −2.9 | −2.7 | −1.8 | −0.3 | 0.9 | 2.8 | 5.4 | 7.0 | 10.1 |
| | 旬平均最高气温 | 24.9 | 23.0 | 20.5 | 18.4 | 15.8 | 12.3 | 9.4 | 7.1 | 5.5 | 3.9 | 3.3 | 2.6 | 3.0 | 4.1 | 5.6 | 6.7 | 8.8 | 11.9 | 13.4 | 16.6 |
| | 旬平均最低气温 | 13.8 | 11.9 | 9.7 | 7.2 | 5.2 | 2.2 | −0.5 | −2.6 | −4.2 | −5.3 | −6.5 | −7.1 | −7.0 | −6.3 | −4.7 | −3.6 | −1.7 | 0.3 | 1.6 | 4.7 |
| 菏泽（定陶） | 旬平均气温 | 19.5 | 17.1 | 15.8 | 13.1 | 10.8 | 7.2 | 5.5 | 2.1 | 1.6 | 0.6 | −0.2 | −1.1 | −0.6 | 0.8 | 3.7 | 5.2 | 7.2 | 8.7 | 10.8 | 13.0 |
| | 旬平均最高气温 | 25.5 | 23.2 | 21.9 | 19.0 | 17.4 | 13.1 | 11.0 | 6.8 | 6.8 | 5.8 | 5.2 | 3.6 | 4.7 | 6.6 | 9.8 | 10.6 | 13.5 | 14.3 | 16.8 | 18.9 |
| | 旬平均最低气温 | 14.7 | 12.4 | 11.1 | 8.6 | 5.6 | 2.7 | 1.4 | −1.4 | −2.1 | −3.2 | −4.0 | −4.6 | −4.5 | −3.5 | −1.0 | 1.1 | 2.2 | 4.0 | 5.7 | 7.9 |

续表

| 城市名称 | 气温类别 | 9月份 | 10月份 | | | 11月份 | | | 12月份 | | | 1月份 | | | 2月份 | | | 3月份 | | | 4月份 |
|---|---|---|---|---|---|---|---|---|---|---|---|---|---|---|---|---|---|---|---|---|---|
| | | 下旬 | 上旬 | 中旬 | 下旬 | 上旬 | 中旬 | 下旬 | 上旬 | 中旬 | 下旬 | 上旬 | 中旬 | 下旬 | 上旬 | 中旬 | 下旬 | 上旬 | 中旬 | 下旬 | 上旬 |
| 兖州（曲阜） | 旬平均气温 | 12.1 | 19.0 | 16.9 | 14.9 | 10.1 | 6.9 | 4.3 | 2.0 | 0.5 | −0.7 | −1.4 | −1.7 | −1.4 | −0.2 | 1.7 | 3.0 | 5.1 | 7.6 | 9.4 | 12.1 |
| | 旬平均最高气温 | 18.6 | 25.5 | 23.6 | 21.5 | 16.6 | 13.3 | 10.4 | 8.1 | 6.5 | 5.1 | 4.6 | 4.3 | 4.7 | 6.2 | 7.9 | 8.9 | 11.4 | 13.9 | 15.7 | 18.6 |
| | 旬平均最低气温 | 6.0 | 13.6 | 11.4 | 9.5 | 5.0 | 2.0 | −0.5 | −2.6 | −3.8 | −4.9 | −5.8 | −6.2 | −6.0 | −5.2 | −3.2 | −1.9 | −0.2 | 2.0 | 3.4 | 6.0 |
| 青岛 | 旬平均气温 | 20.3 | 18.6 | 16.2 | 14.0 | 12.0 | 8.7 | 6.2 | 4.1 | 2.2 | 1.1 | 0.1 | −0.7 | −0.8 | −0.3 | 1.3 | 1.8 | 3.6 | 5.2 | 6.6 | 8.9 |
| 西宁 | 旬平均气温 | 10.7 | 8.7 | 6.6 | 4.1 | 1.9 | −0.5 | −3.2 | −4.8 | −6.4 | −7.5 | −8.0 | −8.3 | −7.6 | −6.0 | −3.8 | −2.8 | −0.4 | 2.2 | 3.9 | 6.1 |
| | 旬平均最高气温 | 17.5 | 15.9 | 13.8 | 12.1 | 10.3 | 7.6 | 5.1 | 3.9 | 2.4 | 1.5 | 1.2 | 1.0 | 1.2 | 2.8 | 4.9 | 5.6 | 7.9 | 10.3 | 11.7 | 14.0 |
| | 旬平均最低气温 | 5.8 | 3.8 | 1.6 | −1.4 | −3.8 | −5.9 | −8.6 | −10.7 | −12.4 | −13.6 | −14.4 | −14.9 | −13.9 | −12.6 | −10.3 | −9.0 | −6.7 | −3.8 | −1.9 | −0.1 |
| 格尔木 | 旬平均气温 | 10.2 | 7.7 | 4.8 | 1.6 | −0.8 | −3.4 | −6.0 | −7.4 | −8.7 | −9.6 | −10.0 | −10.4 | −8.7 | −7.0 | −5.0 | −4.2 | −2.0 | 0.8 | 2.6 | 4.6 |
| | 旬平均最高气温 | 17.8 | 15.8 | 13.0 | 10.4 | 8.0 | 5.3 | 2.6 | 1.2 | −0.3 | −1.3 | −1.7 | −2.1 | −0.3 | 1.3 | 3.6 | 4.3 | 6.5 | 9.3 | 10.8 | 12.8 |
| | 旬平均最低气温 | 4.0 | 1.1 | −1.8 | −5.2 | −7.5 | −10.1 | −12.4 | −14.0 | −15.2 | −16.1 | −16.4 | −17.1 | −15.4 | −13.9 | −12.2 | −11.4 | −9.2 | −6.4 | −4.7 | −2.7 |
| 青海贵南 | 旬平均气温 | 8.2 | 5.7 | 3.4 | 0.4 | −1.8 | −4.5 | −6.7 | −8.2 | −9.3 | −10.4 | −10.1 | −10.6 | −10.4 | −8.4 | −6.2 | −4.4 | −3.7 | −0.2 | 1.2 | 3.2 |
| | 旬平均最高气温 | 15.8 | 14.1 | 11.4 | 10.2 | 9.2 | 6.1 | 4.6 | 2.4 | 2.0 | 1.1 | 1.0 | 0.0 | −0.2 | 2.2 | 3.9 | 5.0 | 5.7 | 9.0 | 10.1 | 11.8 |
| | 旬平均最低气温 | 2.8 | 0.0 | −1.9 | −6.0 | −8.8 | −11.2 | −14.0 | −15.2 | −16.6 | −18.0 | −17.5 | −17.8 | −17.6 | −16.0 | −13.7 | −11.6 | −11.1 | −7.7 | −6.3 | −4.1 |
| 玉树 | 旬平均气温 | 7.7 | 6.1 | 4.0 | 1.2 | −1.1 | −2.8 | −4.3 | −5.7 | −7.2 | −7.4 | −7.8 | −7.8 | −6.9 | −6.1 | −4.4 | −3.2 | −1.7 | 0.0 | 1.3 | 2.7 |
| | 旬平均最高气温 | 16.3 | 14.5 | 12.5 | 10.1 | 8.3 | 7.2 | 5.7 | 4.5 | 3.0 | 2.5 | 2.3 | 1.5 | 2.4 | 2.9 | 4.5 | 5.1 | 6.8 | 8.6 | 9.7 | 11.1 |
| | 旬平均最低气温 | 2.2 | 0.7 | −1.6 | −4.9 | −7.6 | −9.8 | −11.5 | −13.2 | −14.8 | −15.1 | −15.5 | −15.2 | −14.4 | −13.3 | −11.7 | −10.0 | −8.7 | −6.9 | −5.5 | −4.1 |
| 青海都兰 | 旬平均气温 | 7.9 | 5.6 | 3.1 | 0.2 | −1.9 | −4.2 | −6.4 | −7.4 | −8.6 | −9.6 | −10.1 | −10.7 | −9.4 | −8.3 | −6.3 | −5.6 | −3.6 | −0.8 | 0.6 | 2.6 |
| | 旬平均最高气温 | 14.9 | 12.7 | 10.1 | 7.5 | 5.5 | 3.3 | 1.3 | 0.3 | −1.2 | −2.3 | −2.7 | −3.3 | −2.2 | −1.3 | 0.7 | 1.3 | 3.2 | 5.9 | 7.2 | 9.3 |
| | 旬平均最低气温 | 2.4 | 0.2 | −2.0 | −5.0 | −6.8 | −9.2 | −11.4 | −12.6 | −13.7 | −14.7 | −15.4 | −16.1 | −14.8 | −13.7 | −11.7 | −10.8 | −9.0 | −6.2 | −5.0 | −3.2 |

续表

| 城市名称 | 气温类别 | 9月份 | 10月份 | | | 11月份 | | | 12月份 | | | 1月份 | | | 2月份 | | | 3月份 | | | 4月份 |
|---|---|---|---|---|---|---|---|---|---|---|---|---|---|---|---|---|---|---|---|---|---|
| | | 下旬 | 上旬 | 中旬 | 下旬 | 上旬 | 中旬 | 下旬 | 上旬 | 中旬 | 下旬 | 上旬 | 中旬 | 下旬 | 上旬 | 中旬 | 下旬 | 上旬 | 中旬 | 下旬 | 上旬 |
| 青海达日 | 旬平均气温 | 4.2 | 2.6 | 0.3 | −2.7 | −5.1 | −7.1 | −9.2 | −10.8 | −12.2 | −12.6 | −12.7 | −12.8 | −12.0 | −11.2 | −9.6 | −8.3 | −7.0 | −4.5 | −3.1 | −1.4 |
| | 旬平均最高气温 | 11.5 | 9.8 | 7.5 | 4.8 | 3.2 | 1.7 | 0.3 | −0.9 | −2.3 | −2.7 | −2.9 | −3.6 | −2.9 | −2.4 | −0.9 | −0.4 | 1.1 | 3.4 | 4.2 | 5.8 |
| | 旬平均最低气温 | −0.6 | −2.2 | −4.4 | −7.9 | −11.0 | −13.7 | −16.4 | −18.6 | −20.2 | −20.6 | −20.6 | −20.6 | −20.0 | −18.7 | −17.3 | −15.5 | −14.0 | −11.0 | −9.0 | −7.0 |
| 青海大柴旦 | 旬平均气温 | 7.2 | 4.4 | 1.5 | −1.7 | −4.0 | −6.6 | −9.0 | −10.6 | −11.9 | −13.0 | −13.4 | −14.4 | −12.8 | −11.4 | −8.8 | −7.8 | −5.8 | −2.9 | −1.2 | 1.0 |
| | 旬平均最高气温 | 14.9 | 12.6 | 9.8 | 7.1 | 4.7 | 2.5 | 0.3 | −1.0 | −2.4 | −3.4 | −3.8 | −4.5 | −3.4 | −2.2 | −0.1 | 0.5 | 2.5 | 5.2 | 6.8 | 8.8 |
| | 旬平均最低气温 | −0.2 | −3.4 | −6.1 | −9.4 | −11.4 | −14.1 | −16.5 | −17.9 | −19.3 | −20.5 | −21.1 | −22.3 | −20.7 | −19.6 | −17.1 | −15.7 | −13.7 | −10.7 | −9.0 | −6.9 |
| 甘肃敦煌 | 旬平均气温 | 14.9 | 11.7 | 8.9 | 6.0 | 3.6 | 0.5 | −2.7 | −5.0 | −6.7 | −8.6 | −8.9 | −8.9 | −8.0 | −5.5 | −2.8 | −1.3 | 1.7 | 4.9 | 7.5 | 10.1 |
| | 旬平均最高气温 | 24.9 | 22.3 | 19.1 | 15.8 | 12.5 | 8.3 | 4.6 | 2.0 | 0.3 | −1.5 | −1.7 | −1.4 | −0.3 | 2.7 | 5.4 | 7.0 | 10.2 | 13.4 | 16.2 | 18.8 |
| | 旬平均最低气温 | 6.4 | 3.4 | 0.9 | −1.6 | −3.2 | −5.4 | −8.3 | −10.6 | −12.3 | −14.3 | −14.9 | −15.2 | −14.5 | −12.7 | −10.0 | −8.4 | −5.6 | −2.6 | −0.4 | 2.0 |
| 酒泉 | 旬平均气温 | 12.8 | 10.2 | 7.5 | 4.8 | 2.3 | −0.8 | −3.9 | −6.1 | −7.6 | −9.1 | −9.5 | −9.6 | −9.2 | −7.1 | −4.9 | −3.5 | −0.8 | 2.0 | 4.6 | 7.1 |
| | 旬平均最高气温 | 20.8 | 18.2 | 15.4 | 12.8 | 9.8 | 6.4 | 3.1 | 1.1 | −0.5 | −2.0 | −2.1 | −2.1 | −1.9 | 0.6 | 2.5 | 3.9 | 6.8 | 9.5 | 12.1 | 15.0 |
| | 旬平均最低气温 | 6.4 | 3.9 | 1.4 | −1.2 | −3.3 | −6.1 | −9.2 | −11.5 | −12.9 | −14.6 | −15.2 | −15.4 | −15.1 | −13.4 | −11.1 | −9.4 | −6.9 | −4.2 | −1.7 | 0.4 |
| 平凉 | 旬平均气温 | 13.0 | 10.9 | 9.0 | 6.7 | 4.9 | 2.3 | −0.1 | −2.0 | −3.2 | −4.2 | −4.6 | −4.9 | −4.7 | −3.3 | −1.3 | −0.2 | 2.0 | 4.0 | 6.1 | 8.6 |
| | 旬平均最高气温 | 18.9 | 16.6 | 15.0 | 13.3 | 11.6 | 8.6 | 6.2 | 4.5 | 3.2 | 2.1 | 2.2 | 2.1 | 1.7 | 3.3 | 5.2 | 6.1 | 8.6 | 10.6 | 12.6 | 15.6 |
| | 旬平均最低气温 | 8.5 | 6.6 | 4.6 | 1.9 | 0.2 | −2.0 | −4.3 | −6.3 | −7.5 | −8.8 | −9.5 | −9.9 | −9.5 | −8.1 | −6.0 | −4.8 | −3.0 | −0.9 | 0.9 | 2.8 |
| 武都 | 旬平均气温 | 18.2 | 16.6 | 15.0 | 13.4 | 12.1 | 9.7 | 7.4 | 5.5 | 4.4 | 3.3 | 3.1 | 3.1 | 3.4 | 4.9 | 6.5 | 7.2 | 9.1 | 10.9 | 12.3 | 14.3 |
| | 旬平均最高气温 | 23.1 | 21.1 | 19.6 | 18.5 | 17.1 | 14.5 | 12.3 | 10.4 | 9.2 | 8.1 | 8.0 | 7.9 | 8.0 | 9.8 | 11.5 | 12.1 | 14.2 | 16.3 | 17.9 | 20.1 |
| | 旬平均最低气温 | 14.7 | 13.3 | 11.7 | 9.8 | 8.3 | 6.0 | 3.7 | 1.8 | 0.6 | −0.4 | −0.7 | −0.7 | −0.2 | 1.1 | 2.7 | 3.5 | 5.1 | 6.8 | 8.0 | 9.9 |
| 天水北道区 | 旬平均气温 | 15.1 | 12.6 | 11.7 | 8.9 | 8.1 | 6.0 | 2.4 | 0.6 | −1.3 | −1.8 | −1.7 | −2.0 | −2.1 | −0.7 | 1.9 | 4.2 | 5.3 | 7.7 | 10.6 | 12.8 |
| | 旬平均最高气温 | 19.0 | 18.1 | 17.9 | 15.3 | 17.2 | 12.3 | 9.0 | 6.2 | 6.4 | 4.0 | 4.5 | 3.1 | 4.1 | 5.6 | 8.7 | 11.4 | 13.1 | 14.7 | 17.9 | 20.8 |
| | 旬平均最低气温 | 12.1 | 8.7 | 7.5 | 4.2 | 1.9 | 1.3 | −2.3 | −3.4 | −6.5 | −5.8 | −6.1 | −5.8 | −6.9 | −5.1 | −3.0 | −1.1 | −0.5 | 2.7 | 4.8 | 5.9 |
| 乌鲁木齐 | 旬平均气温 | 14.3 | 10.9 | 7.9 | 5.0 | 1.5 | −2.5 | −6.6 | −8.6 | −10.7 | −12.6 | −13.5 | −13.4 | −14.0 | −12.0 | −10.8 | −9.2 | −6.1 | −1.9 | 3.8 | 6.9 |
| | 旬平均最高气温 | 20.6 | 16.9 | 13.7 | 10.5 | 6.4 | 2.0 | −2.0 | −3.9 | −5.9 | −7.6 | −8.2 | −8.1 | −8.8 | −6.4 | −5.8 | −4.1 | −1.6 | 2.5 | 8.9 | 12.9 |
| | 旬平均最低气温 | 9.3 | 6.1 | 3.3 | 0.9 | −2.0 | −5.9 | −10.0 | −12.2 | −14.3 | −16.6 | −17.6 | −17.6 | −18.1 | −16.2 | −14.8 | −13.3 | −9.7 | −5.4 | −0.4 | 2.1 |

续表

| 城市名称 | 气温类别 | 9月份 | 10月份 | | | 11月份 | | | 12月份 | | | 1月份 | | | 2月份 | | | 3月份 | | | 4月份 |
|---|---|---|---|---|---|---|---|---|---|---|---|---|---|---|---|---|---|---|---|---|---|
| | | 下旬 | 上旬 | 中旬 | 下旬 | 上旬 | 中旬 | 下旬 | 上旬 | 中旬 | 下旬 | 上旬 | 中旬 | 下旬 | 上旬 | 中旬 | 下旬 | 上旬 | 中旬 | 下旬 | 上旬 |
| 吐鲁番 | 旬平均气温 | 20.8 | 17.0 | 13.4 | 9.6 | 6.2 | 2.6 | −1.1 | −4.2 | −6.3 | −7.9 | −8.9 | −8.6 | −7.1 | −4.1 | 0.0 | 2.5 | 6.1 | 9.5 | 13.7 | 16.4 |
| | 旬平均最高气温 | 29.6 | 25.8 | 22.2 | 18.1 | 14.0 | 9.6 | 5.2 | 1.5 | −1.0 | −2.9 | −3.6 | −2.9 | −1.1 | 2.5 | 6.7 | 9.2 | 12.9 | 16.4 | 20.7 | 23.4 |
| | 旬平均最低气温 | 13.8 | 10.4 | 7.1 | 3.8 | 1.0 | −2.2 | −5.6 | −8.4 | −10.3 | −11.8 | −13.0 | −13.0 | −11.9 | −9.5 | −5.6 | −3.4 | −0.1 | 2.9 | 6.8 | 9.6 |
| 哈密 | 旬平均气温 | 16.1 | 12.8 | 9.7 | 6.5 | 3.3 | −0.2 | −3.8 | −6.5 | −8.4 | −10.7 | −11.8 | −11.2 | −10.3 | −7.4 | −4.0 | −1.8 | 1.6 | 4.6 | 8.2 | 10.8 |
| | 旬平均最高气温 | 25.6 | 22.4 | 19.1 | 15.3 | 11.7 | 7.3 | 3.3 | 0.3 | −1.8 | −4.2 | −4.8 | −4.0 | −2.6 | 0.7 | 3.8 | 6.1 | 9.5 | 12.7 | 16.2 | 18.8 |
| | 旬平均最低气温 | 8.6 | 5.5 | 2.7 | 0.1 | −2.6 | −5.5 | −8.8 | −11.4 | −13.4 | −15.5 | −16.9 | −16.6 | −16.3 | −13.9 | −10.4 | −8.5 | −5.2 | −2.6 | 0.5 | 3.1 |
| 阿勒泰 | 旬平均气温 | 12.0 | 9.0 | 6.2 | 3.1 | −0.4 | −4.6 | −8.8 | −11.0 | −13.3 | −15.3 | −16.0 | −15.7 | −16.6 | −14.6 | −14.1 | −12.2 | −10.0 | −5.8 | −0.3 | 3.8 |
| | 旬平均最高气温 | 18.6 | 15.5 | 12.4 | 8.8 | 4.8 | 0.7 | −3.2 | −5.8 | −7.7 | −9.7 | −10.1 | −9.7 | −10.2 | −8.1 | −7.4 | −5.7 | −3.5 | −0.2 | 5.3 | 9.5 |
| | 旬平均最低气温 | 5.9 | 3.4 | 1.0 | −1.5 | −4.8 | −9.3 | −13.9 | −16.1 | −18.6 | −20.8 | −21.6 | −21.4 | −22.3 | −20.3 | −20.0 | −18.2 | −16.1 | −11.3 | −5.4 | −1.4 |
| 塔中 | 旬平均气温 | 19.1 | 16.2 | 11.3 | 8.9 | 5.3 | 1.3 | −2.4 | −6.2 | −8.3 | −9.1 | −9.9 | −9.1 | −10.4 | −7.5 | −1.7 | 2.2 | 4.6 | 8.5 | 11.9 | 13.6 |
| | 旬平均最高气温 | 27.6 | 25.6 | 21.4 | 19.9 | 16.4 | 11.5 | 7.1 | 2.6 | 1.2 | −0.6 | −1.1 | −0.5 | −1.4 | 2.2 | 7.3 | 10.8 | 14.0 | 16.9 | 21.2 | 22.2 |
| | 旬平均最低气温 | 10.2 | 6.2 | 1.5 | −1.3 | −4.2 | −7.7 | −10.6 | −13.6 | −16.1 | −16.2 | −17.3 | −17.0 | −18.6 | −16.5 | −11.0 | −6.9 | −5.2 | −0.5 | 1.8 | 4.8 |
| 伊宁 | 旬平均气温 | 14.9 | 12.2 | 9.1 | 7.3 | 4.6 | 1.6 | −1.5 | −3.4 | −5.1 | −7.5 | −8.7 | −9.0 | −9.5 | −7.4 | −5.9 | −4.0 | −0.8 | 2.9 | 7.6 | 9.7 |
| | 旬平均最高气温 | 23.5 | 20.8 | 17.8 | 15.3 | 11.9 | 8.0 | 4.8 | 2.4 | 0.8 | −1.6 | −2.4 | −2.4 | −2.7 | −0.9 | 0.1 | 2.2 | 5.0 | 9.0 | 14.7 | 17.2 |
| | 旬平均最低气温 | 7.4 | 4.9 | 2.2 | 1.0 | −0.9 | −3.3 | −6.3 | −8.2 | −10.1 | −12.7 | −14.4 | −15.4 | −15.9 | −13.8 | −11.6 | −9.7 | −6.0 | −2.2 | 1.5 | 3.1 |
| 克拉玛依 | 旬平均气温 | 16.7 | 13.3 | 9.9 | 6.7 | 2.9 | −1.0 | −5.3 | −8.4 | −11.6 | −14.2 | −15.6 | −16.0 | −16.5 | −14.5 | −11.4 | −9.1 | −5.0 | 0.4 | 6.3 | 9.2 |
| | 旬平均最高气温 | 22.3 | 18.7 | 14.9 | 11.3 | 7.1 | 2.8 | −1.5 | −5.1 | −8.1 | −10.4 | −11.5 | −11.6 | −11.8 | −9.8 | −6.8 | −4.4 | −0.4 | 5.1 | 11.8 | 15.0 |
| | 旬平均最低气温 | 12.0 | 8.7 | 5.6 | 2.8 | −0.6 | −4.2 | −8.4 | −11.1 | −14.6 | −17.4 | −19.0 | −19.5 | −20.2 | −18.4 | −15.3 | −13.4 | −9.1 | −3.8 | 1.5 | 4.3 |
| 徐州 | 旬平均气温 | 20.0 | 18.0 | 16.1 | 13.7 | 11.5 | 8.6 | 6.1 | 3.9 | 2.3 | 1.3 | 0.6 | 0.2 | 0.3 | 1.3 | 3.2 | 4.0 | 6.2 | 8.5 | 10.0 | 12.9 |
| | 旬平均最高气温 | 25.4 | 23.6 | 21.6 | 19.7 | 17.2 | 14.2 | 11.4 | 9.2 | 7.4 | 6.1 | 5.6 | 5.1 | 5.1 | 6.6 | 8.5 | 9.2 | 11.8 | 14.1 | 15.7 | 18.8 |
| | 旬平均最低气温 | 15.3 | 13.3 | 11.4 | 8.8 | 6.8 | 4.1 | 1.9 | −0.4 | −1.7 | −2.5 | −3.3 | −3.6 | −3.5 | −3.0 | −1.1 | −0.3 | 1.5 | 3.7 | 5.0 | 7.7 |

续表

| 城市名称 | 气温类别 | 9月份 | 10月份 | | | 11月份 | | | 12月份 | | | 1月份 | | | 2月份 | | | 3月份 | | | 4月份 |
|---|---|---|---|---|---|---|---|---|---|---|---|---|---|---|---|---|---|---|---|---|---|
| | | 下旬 | 上旬 | 中旬 | 下旬 | 上旬 | 中旬 | 下旬 | 上旬 | 中旬 | 下旬 | 上旬 | 中旬 | 下旬 | 上旬 | 中旬 | 下旬 | 上旬 | 中旬 | 下旬 | 上旬 |
| 东台 | 旬平均气温 | 20.5 | 18.6 | 16.9 | 14.7 | 13.1 | 10.4 | 7.8 | 5.7 | 4.1 | 3.1 | 2.1 | 1.5 | 1.5 | 2.3 | 3.6 | 4.3 | 6.0 | 7.5 | 8.9 | 11.5 |
| | 旬平均最高气温 | 25.3 | 23.8 | 22.0 | 20.1 | 18.3 | 15.4 | 12.9 | 10.8 | 8.8 | 7.6 | 6.6 | 5.9 | 5.7 | 6.9 | 8.2 | 9.1 | 11.1 | 12.5 | 13.9 | 16.7 |
| | 旬平均最低气温 | 16.7 | 14.6 | 12.9 | 10.4 | 9.0 | 6.5 | 3.9 | 1.7 | 0.4 | −0.3 | −1.2 | −1.6 | −1.7 | −1.1 | 0.1 | 0.7 | 2.1 | 3.6 | 4.8 | 7.2 |
| 赣榆 | 旬平均气温 | 19.7 | 17.8 | 15.9 | 13.5 | 11.5 | 8.4 | 5.8 | 3.5 | 1.9 | 0.7 | −0.1 | −0.8 | −0.5 | 0.2 | 1.9 | 2.8 | 4.7 | 6.7 | 8.3 | 10.8 |
| | 旬平均最高气温 | 24.4 | 22.9 | 21.0 | 18.9 | 16.6 | 13.6 | 10.9 | 8.8 | 6.9 | 5.4 | 4.8 | 4.0 | 4.1 | 5.1 | 6.7 | 7.7 | 9.9 | 11.8 | 13.6 | 16.1 |
| | 旬平均最低气温 | 15.5 | 13.3 | 11.5 | 8.9 | 7.2 | 4.1 | 1.6 | −0.6 | −2.0 | −3.0 | −3.9 | −4.6 | −4.2 | −3.9 | −2.0 | −1.1 | 0.4 | 2.4 | 3.7 | 6.2 |
| 蚌埠 | 旬平均气温 | 20.8 | 18.8 | 17.0 | 14.8 | 12.9 | 10.0 | 7.6 | 5.3 | 3.9 | 2.8 | 1.8 | 1.3 | 1.4 | 2.6 | 4.0 | 4.9 | 6.9 | 8.9 | 10.4 | 13.4 |
| | 旬平均最高气温 | 25.9 | 24.2 | 22.3 | 20.5 | 18.5 | 15.3 | 12.9 | 10.7 | 9.1 | 7.6 | 6.7 | 6.1 | 6.1 | 7.6 | 8.9 | 9.8 | 12.1 | 14.1 | 15.6 | 18.9 |
| | 旬平均最低气温 | 16.7 | 14.5 | 12.8 | 10.3 | 8.5 | 5.7 | 3.5 | 1.2 | 0.0 | −0.8 | −1.8 | −2.4 | −2.2 | −1.3 | 0.1 | 1.0 | 2.7 | 4.7 | 6.0 | 8.8 |
| 安庆 | 旬平均气温 | 22.2 | 20.2 | 18.6 | 16.4 | 14.8 | 12.1 | 9.7 | 7.5 | 6.1 | 5.2 | 4.2 | 3.6 | 3.8 | 4.6 | 6.1 | 6.7 | 8.6 | 10.3 | 11.6 | 14.5 |
| | 旬平均最高气温 | 26.2 | 24.3 | 22.7 | 20.8 | 19.3 | 16.2 | 13.7 | 11.7 | 10.1 | 9.0 | 7.9 | 7.3 | 7.4 | 8.3 | 9.9 | 10.5 | 12.6 | 14.3 | 15.7 | 18.8 |
| | 旬平均最低气温 | 18.9 | 16.9 | 15.3 | 12.9 | 11.3 | 8.8 | 6.5 | 4.2 | 3.0 | 2.3 | 1.3 | 0.9 | 1.1 | 1.7 | 3.2 | 3.8 | 5.4 | 7.2 | 8.4 | 11.1 |
| 甘孜 | 旬平均气温 | 10.0 | 8.8 | 7.0 | 4.2 | 2.1 | 0.4 | −1.2 | −2.7 | −4.4 | −4.7 | −4.7 | −4.6 | −3.4 | −2.6 | −1.0 | 0.0 | 1.3 | 2.8 | 3.9 | 5.2 |
| | 旬平均最高气温 | 18.0 | 16.9 | 15.1 | 12.9 | 11.4 | 10.2 | 8.6 | 7.3 | 5.5 | 5.3 | 5.4 | 4.8 | 6.1 | −2.6 | −1.0 | 0.0 | 9.8 | 11.4 | 12.6 | 13.7 |
| | 旬平均最低气温 | 4.7 | 3.6 | 1.5 | −1.7 | −4.3 | −6.4 | −7.8 | −9.4 | −11.2 | −11.8 | −12.0 | −11.7 | −10.7 | −2.6 | −1.0 | 0.0 | −5.5 | −4.0 | −2.9 | −1.5 |
| 理塘 | 旬平均气温 | 7.2 | 6.4 | 4.8 | 2.0 | 0.3 | −1.1 | −2.3 | −3.7 | −5.1 | −5.7 | −5.4 | −5.7 | −5.0 | −4.4 | −3.4 | −2.7 | −1.5 | −0.2 | 0.8 | 2.1 |
| | 旬平均最高气温 | 14.0 | 13.5 | 12.4 | 9.8 | 8.7 | 7.6 | 6.4 | 5.5 | 4.1 | 3.7 | 4.0 | 3.0 | 3.8 | 4.0 | 5.1 | 5.5 | 6.6 | 7.8 | 8.6 | 9.8 |
| | 旬平均最低气温 | 2.6 | 1.5 | −0.5 | −3.7 | −6.0 | −7.7 | −8.9 | −10.8 | −12.3 | −13.4 | −13.0 | −12.9 | −12.3 | −11.4 | −10.4 | −9.3 | −8.0 | −6.6 | −5.3 | −4.1 |

注：以上资料摘自中国气象科学数据网 1951 年～2008 年逐月分旬平均气温统计。

2. 技术准备

在进入冬期施工前，应根据工程特点及气候条件做好冬期施工方案编制。做好冬期施工混凝土、砂浆配合比的技术复核，及掺外加剂的试配试验工作。钢构件对温度变化的敏感性强，进入冬期施工前，应提前做好焊接工艺评定。

3. 现场准备

冬期施工前认真查看现场总平面布置图、临水平面布置图（临时排水沟、临水管线等）、临电平面布置图及相关资料，了解各类临时地下、地上管线、管沟平面位置及标高，找出要保温的地上管线及要保温的管沟等，并按施工方案保温。

为了防止大雪封路，保证施工道路畅通，现场配备一定的道路清扫机械，随时进行道路的清运工作。搭建加热用的锅炉房、搅拌站，敷设管道，对锅炉进行试火试压，对各种加热的材料、设备要检查其安全可靠性。

4. 资源准备

设置百叶箱、温度计等测温设备，监控每天气温以指导冬期施工。

大型机械设备要做好冬期施工所需油料的储备和工程机械润滑油的更换补充以及其他检修保养工作，以便在冬期施工期间运转正常。

保温材料：根据冬期施工的部位和分部分项工程，选择适当的保温材料，如塑料布、棉被、苯板、岩棉管等。

5. 安全与防火

做好冬期施工安全教育工作。

加强冬期劳动保护，做好防滑、防冻、防煤气中毒工作。

对供电线路做好检查，防止触电事故发生。

要采取防滑措施。大风雪后及时检查脚手架，雪后必须将架子上的积雪清扫干净，并检查马道平台，防止空中坠落事故发生。

冬期风大，物件要作相应固定，防止被风刮倒或吹落伤人，机械设备按操作规程要求，5 级风以上应停止工作。

配备足够的消防器材，并应及时检查更换。

## 21.1.2　建筑地基基础工程

### 21.1.2.1　一般规定

地基基础工程冬期施工，勘察单位提供的工程地质勘察报告中应包括冻土的主要性能指标。

建筑场地宜在冻结前清除地上和地下障碍物、地表积水，并应平整场地和道路。及时清除积雪、春融期应做好排水。

### 21.1.2.2　土方工程

土方工程冬期施工前应做好准备工作，要因地制宜地确定经济、合理的施工方案和切实可行的技术措施，开挖土方应做到连续施工，运输道路和施工现场应采取安全防护措施。

1. 土的冻结与保温

(1) 土的冻结温度

凡是含水的松散岩石和土体，当其温度处于0℃或负温时，其中的水分会转变成结晶状态且胶结了松散的固体颗粒，形成了冻土。

各种土的起始冻结温度是不一样的，一般湿砂或饱和砂均接近于0℃；塑性黏性土在－0.1～－1.2℃；粉质黏土在－0.6～－1.2℃；可塑的粉土在－0.2～－0.5℃；坚硬半坚硬黏土为－2～－5℃。

对同一种土，含水量越小，起始冻结温度就越低，含水量少的砂、砾石、碎石等粗粒土，在负温下也呈松散的状态。土的冻结温度值对确定土的冻结深度和融化深度具有重要的意义。

（2）我国冻土类型及分布

根据冻土冻结状态持续时间的长短，我国冻土可分为多年冻土、隔年冻土和季节冻土三种类型，见表21-3。

**按冻结状态持续时间分类　　表21-3**

| 类　型 | 持续时间（$T$） | 地面温度（℃）特征 | 冻融特征 |
| --- | --- | --- | --- |
| 多年冻土 | $T\geqslant 2$ 年 | 年平均地面温度≤0 | 季节融化 |
| 隔年冻土 | 1年 $<T<$ 2年 | 最低月平均地面温度≤0 | 季节冻结 |
| 季节冻土 | $T\leqslant 1$ 年 | 最低月平均地面温度≤0 | 季节冻结 |

多年冻土按形成和存在的自然条件不同，可分为高纬度多年冻土和高海拔多年冻土两种类型，它主要分布在大小兴安岭、青藏高原和东西部高山地区。

季节冻土主要分布在长江流域以北、东北多年冻土南界以南和高海拔多年冻土下界以下的广大地区，面积约514万$km^2$，在多年冻土地区可根据活动层与下卧土层的类别及其衔接关系，分为季节冻结层和季节融化层两种类型。

（3）土的保温

1）利用自然条件就地取材进行土的防冻工作。对于大面积的土方工程宜采用翻松耙平法施工，在拟施工的部位应将表层土翻松耙平，其厚度宜为250～300mm，宽度为开挖时冻结深度的两倍加基槽（坑）底宽之和。

翻松耙平后的冻结深度$L$可按式（21-1）计算：

$$L=\zeta(4M-M^2) \tag{21-1}$$

式中 $L$——翻松耙平或黏土覆盖后的冻结深度（cm）；

$\zeta$——土的防冻计算系数，按表21-4选用；

$M$——冻结指数，$M=\dfrac{\Sigma tT}{1000}$；

$t$——土体冻结时间（d）；

$T$——土体冻结期间的室外平均气温（℃），以正号代入。

**土的防冻计算系数 $\zeta$　　表21-4**

| 地面保温的方法 | $M$ 值 | | | | | | | | | | | |
| --- | --- | --- | --- | --- | --- | --- | --- | --- | --- | --- | --- | --- |
| | 0.1 | 0.2 | 0.3 | 0.4 | 0.5 | 0.6 | 0.7 | 0.8 | 0.9 | 1.0 | 1.5 | 2.0 |
| 翻松250～300mm并耙平 | 15 | 16 | 17 | 18 | 20 | 22 | 24 | 26 | 28 | 30 | 30 | 30 |

【例】 某市某工程，土质为黏土，冻结时间从11月20日开始，在冻结前将地面翻松250mm并耙平，该地区11月份的平均温度为－3.1℃，12月份的平均温度为－9℃，1月份的平均温度为－14℃，试计算该地在1月10日的冻结深度。

【解】 11月冻结30－19＝11d，12月冻结31d，1月份冻结9d。

$$11\text{月}\ tT=11\times3.1=34.1$$

$$12\text{月}\ tT=31\times9=279$$

$$1\text{月份}\ tT=9\times14=126$$

$$\Sigma tT=34.1+279+126=439.1$$

$$M=439.1/1000=0.44$$

从表21-4查得$\zeta$＝19，代入式（21-1）得该地在1月10日的冻结深度为：

$$L=19\times(4\times0.44-0.19)=30\text{cm}$$

2）在初冬降雪量较大的土方工程施工地区，宜采用雪覆盖法。开挖前，在即将开挖的场地宜设置篱笆或用其他材料堆积成墙，高度宜为500～1000mm，间距宜为10～15m，并应与主导风向垂直。面积较小的基槽（坑）可在预定的位置上挖积雪沟（坑），深度宜为300～500mm，宽度为预计深度的两倍加基槽（坑）底宽之和。

3）对于开挖面积较小的槽（坑），宜采用保温材料覆盖法。保温材料可用炉渣、锯末、刨花、稻草草帘、膨胀珍珠岩等再加盖一层塑料布。保温材料的铺设宽度为待挖基槽（坑）宽度的两倍加基槽（坑）底宽之和。保温材料覆盖的厚度$h$可按式（21-2）计算：

$$h=H/\beta \tag{21-2}$$

式中 $h$——保温材料厚度（mm）；

$H$——不保温时的土体冻结深度（mm）；

$\beta$——各种材料对土体冻结影响系数，按表21-5选用。

**各种材料对土体冻结影响系数β**　　　　表21-5

| 土壤种类＼保温材料 | 树叶 | 刨花 | 锯末 | 干炉渣 | 茅草 | 膨胀珍珠岩 | 炉渣 | 芦苇 | 草帘 | 泥炭土 | 松散土 | 密实土 |
|---|---|---|---|---|---|---|---|---|---|---|---|---|
| 砂土 | 3.3 | 3.2 | 2.8 | 2.0 | 2.5 | 3.8 | 1.6 | 2.1 | 2.5 | 2.8 | 1.4 | 1.12 |
| 粉土 | 3.1 | 3.1 | 2.7 | 1.9 | 2.4 | 3.6 | 1.6 | 2.04 | 2.4 | 2.9 | 1.3 | 1.08 |
| 粉质黏土 | 2.7 | 2.6 | 2.3 | 1.6 | 2.0 | 3.5 | 1.3 | 1.7 | 2.0 | 2.31 | 1.2 | 1.06 |
| 黏土 | 2.1 | 2.1 | 1.9 | 1.3 | 1.6 | 3.5 | 1.1 | 1.4 | 1.6 | 1.9 | 1.2 | 1.00 |

注：1. 表中数值适用于地下水位在冻结线1m以下；
2. 当地下水位较高时（饱和水的），其值可取1；
3. 松散材料表面应加以盖压，以免被风吹走。

【例】 某工地计划在2月份开挖基槽，利用气象资料分析，无保温层时土的冻结深度可达590mm，为防止土体冻结，用刨花覆盖保温。土为粉质黏土，应铺多厚的刨花？

【解】 查表21-5得$\beta$＝2.6，代入式（21-2）

刨花厚　　　　$h=590/2.6=230\text{mm}$

（4）已挖好较小基槽（坑）的保温与防冻可采用暖棚保温法，在已挖好的基槽（坑）上，宜搭好骨架铺上基层，覆盖保温材料。也可搭塑料大棚，在棚内采取供暖措施。若不能及时进行下道工序施工时，应在基槽（坑）底面铺设一层珍珠岩袋、稻草、炉渣等保温材料，上面搭设密封的塑料大棚。

基槽（坑）挖完后不能及时进行下道工序施工时，为了防止基槽（坑）的底部或相邻建筑物的地基及其他设施受冻，应在基底标高上预留适当厚度土层，并覆盖保温材料进行保温。

2. 冻土的挖掘

冻土的挖掘根据冻土层厚度可采用人工、机械和爆破方法。

（1）人工挖掘冻土可采用锤击铁楔子劈冻土的方法分层进行挖掘。楔子的长度视冻土层厚度确定，宜为300～600mm。

（2）机械挖掘冻土可根据冻土层厚度选用推土机松动、挖掘机开挖或重锤冲击破碎冻土等方法，其设备可按表21-6选用。

**冻土挖掘设备选择** **表21-6**

| 冻土厚度（mm） | 选择机械 |
|---|---|
| <500 | 铲运机、推土机、挖掘机 |
| 500～1000 | 大马力推土机、松土机、挖掘机 |
| 1000～1500 | 重锤或重球 |

当采用重锤冲击破碎冻土时，重锤可由铸铁制成楔形或球形，重量宜为2～3t。起吊设备可采用吊车、简易的两步搭或三步搭支架配以卷扬机。

（3）对于冻土层较厚、开挖面积较大的土方工程，可使用爆破法。当冻土层厚度小于或等于2m时宜采用炮孔法。炮孔的直径宜为50～70mm，深度宜为冻土层厚度的0.6～0.85倍，与地面呈60°～90°夹角。炮孔的间距宜等于最小抵抗线长度的1.2倍，排距宜等于最小抵抗线长度的1.5倍，炮孔可用电钻、风钻或人工打钎成孔。

炸药可使用黑色炸药、硝铵炸药或TNT炸药。冬季严禁使用甘油类炸药。炸药装药量宜由计算确定或不超过孔深的2/3，上面的1/3填装砂土。雷管可使用电雷管或火雷管。

当采用冻土爆破法施工时，土方工地离建筑物的距离应大于50m，距高压电线的距离应大于200m，并应符合《土方与爆破工程施工及验收规范》（GBJ 201）的有关规定。

（4）冬期开挖冻土时，应采取防止引起相邻建筑物地基或其他设施受冻的保温防冻措施。

（5）在挖方上边弃置冻土时，其弃土堆坡脚至挖方边缘的距离应为常温下规定的距离加上弃土堆的高度。

（6）开挖完的基槽（坑）应采取防止基槽（坑）底部受冻的措施。当基槽（坑）挖完不能及时进行下道工序施工时，应在基槽（坑）底标高以上预留土层，并覆盖保温材料保温。

3. 冻土的融化

冻土融化方法应视其工程量大小，冻结深度和现场施工条件等因素确定。可选择烟火烘烤、蒸汽融化、电热等方法，并应确定施工顺序。

工程量小的工程可采用烟火烘烤法，其燃料可选用刨花、锯末、谷壳、树枝皮及其他可燃废料。在拟开挖的冻土上应将铺好的燃料点燃，并用铁板覆盖，火焰不宜过高，并应采取可靠的防火措施。

当热源充足、工程量较小时，可采用蒸汽融化法。应把带有喷气孔的钢管插入预钻好的冻土孔中，通蒸汽融化。冻土孔径应大于喷汽管直径10mm，其间距不宜大于1m，深度应超过基底300mm。当喷汽管直径$D$为20～25mm时，应在钢管上钻成梅花状喷汽孔，下端应封死，融化后应及时挖掘并防止基底受冻。在基槽（坑）附近须先挖好排水井，并设泵抽水。

在电源比较充足地区，工程量又不大时，可用电热法融化冻土。电极宜采用$\phi$16～$\phi$25的下端带尖钢筋，电极打入冻土中的深度不宜小于冻结深度，并宜露出地面100～150mm。电极的间距宜按表21-7采用，电热时间应根据冻结深度、电压高低等条件确定。

**电极间距参考表**（mm）　　**表21-7**

| 冻结深度（mm）<br>电压（V） | 500 | 1000 | 1500 | 2000 |
|---|---|---|---|---|
| 380 | 600 | 600 | 500 | 500 |
| 220 | 500 | 500 | 400 | 400 |

当通电加热时可在地表铺锯末，其厚度宜为100～250mm，并宜采用1%～2%浓度的盐溶液浸湿。采用电热法融化冻土时，应采取安全防护措施。

4. 回填土

(1) 冬期土方回填时，每层铺土厚度应比常温施工时减少20%～25%。预留沉陷量应比常温施工时增加。

对于大面积回填土和有路面的路基及其人行道范围内的平整场地填方，可采用含有冻土块的土回填，但冻土块的粒径不得大于150mm，其含量（按体积计）不得超过30%。铺填时冻土块应分散开，并应逐层夯实。

(2) 冬期填方施工应在填方前清除基底上的冰雪和保温材料，填方边坡的表层1m以内，不得采用含有冻土块的土填筑，整个填方上层部位应用未冻的或透水性好的土回填，其厚度应符合设计要求。

冬期填方不宜超过的高度应根据表21-8的规定确定。

**冬期填方不宜超过的高度**　　**表21-8**

| 室外平均气温（℃） | 填方高度（m） |
|---|---|
| −5～−10 | 4.5 |
| −11～−15 | 3.5 |
| −16～−20 | 2.5 |

注：采用石块和不含冻块砂土（不包括粉砂）、碎石土类回填时，填方的高度可不受本表限制。

(3) 室外的基槽（坑）或管沟可采用含有冻土块的土回填；冻土块粒径不得大于150mm，含量不得超过15%，且应均匀分布；但管沟底以上500mm范围内不得用含有冻土块的土回填。

室内的基槽（坑）或管沟不得采用含有冻土块的土回填。回填土施工应连续进行并应夯实。当采用人工夯实时，每层铺土厚度不得超过 200mm，夯实厚度宜为 100～150mm。

在冻结期间暂不使用的管道及其场地回填时，冻土块的含量和粒径不受限制，但融化后应作适当处理。

(4) 室内地面垫层下回填的土方，填料中不得含有冻土块，并应及时夯（压）实，并经检测验证。填方完成后至地面施工前，应采取防冻措施。

(5) 永久性的挖填方和排水沟的边坡加固修整宜在解冻后进行。

(6) 对一些重大工程项目，为确保冬期回填的质量，必要时可用砂土进行回填。

**21.1.2.3 地基处理**

(1) 同一建筑物基槽（坑）开挖应同时进行，基底不得留冻土层。

(2) 基础施工应防止地基土被融化的雪水或冰水浸泡。

(3) 在寒冷地区工程地基处理中，为解决地基土防冻胀、消除地基土湿陷性等问题，可采用强夯法施工。

1) 强夯法冬期施工适用于各种条件的碎石土、砂土、粉土、黏性土、湿陷性土、人工填土等。当建筑场地地下水位距地表面在 2m 以下时，可直接施夯；当地下水位较高不利施工或表层为饱和黏土时，可在地表铺填 0.5～2m 的中（粗）砂、片石，也可以根据地区情况，回填含水量较低的黏性土、建筑垃圾、工业废料等而后再进行施夯。

2) 强夯施工技术参数应根据加固要求与地质条件在场地内经试夯确定，试夯可作2～3 组破碎冻土的试验，并应按《建筑地基处理技术规范》(JGJ 79) 的规定进行。

3) 冻土地基强夯施工时，应对周围建筑物及设施采取隔振措施。

4) 强夯施工时，回填时严格控制土或其他填料质量，凡夹杂的冰块必须清除。填方之前地表表层有冻层时也需清除。

5) 黏性土或粉土地基的强夯，宜在被夯土层表面铺设粗颗粒材料，并应及时清除黏结于锤底的土料。

**21.1.2.4 桩基础**

(1) 冻土地基可采用非挤土桩（干作业钻孔桩、挖孔灌注桩等）或部分挤土桩（沉管灌注桩、预应力混凝土空心管桩等）施工。

(2) 非挤土桩和部分挤土桩施工时，当冻土层厚度超过 500mm，冻土层宜选用钻孔机引孔，引孔直径应大于桩径 50mm。

(3) 钻孔机的钻头宜选用锥形钻头并镶焊合金刀片。钻进冻土时应加大钻杆对土层的压力，并防止摆动和偏位。钻成的桩孔应及时覆盖保护。

(4) 振动沉管成孔应制定保证相邻桩身混凝土质量的施工顺序；拔管时，应及时清除管壁上的水泥浆和泥土。当成孔施工有间歇时，宜将桩管埋入桩孔中进行保温。

(5) 灌注桩的混凝土施工应符合下列要求：

1) 混凝土材料的加热、搅拌、运输、浇筑应按本手册 21.1.5 有关规定进行。混凝土浇筑温度应根据热工计算确定，且不得低于 5℃。

2) 地基土冻深范围内的和露出地面的桩身混凝土养护应按本手册 21.1.5 有关规定进行。

3) 在冻胀性地基土上施工，应采取防止或减小桩身与冻土之间产生切向冻胀力的防护措施。

(6) 预应力混凝土空心管桩施工应符合下列要求：

1) 施工前，桩表面应保持干燥与清洁。

2) 起吊前，钢丝绳索与桩机的夹具应采取防滑措施。

3) 沉桩施工应连续进行，施工完成后应采用袋装保温材料覆盖于桩孔上保温。

4) 多节桩连接可采用焊接或机械连接。焊接和防腐要求应遵照本手册 21.1.6 有关规定执行。

5) 起吊、运输与堆放应符合本手册 21.1.6 有关规定。

(7) 冬期桩的现场试压工作，除遵照《建筑基桩检测技术规范》(JGJ 106)"单桩竖向抗压静载试验"和"单桩竖向抗拔静载试验"进行外，在冬期试桩还应考虑以下因素：

1) 要消除试桩在冻结深度内冻结的基土对其承载力的影响，为此在灌注桩试桩时要采取隔离措施，一般可在冻层内干卷两层油毡纸制成的筒（层间无粘结），放置于桩孔内，然后灌注桩身混凝土，或在入冻以前将桩周围土（直径按冻深决定）进行珍珠岩袋覆盖防冻。

2) 桩试压前，搭设保温暖棚。在试压期间，棚内温度要保持在零度以上，以保证试验用的仪表和设备油路运转正常。

#### 21.1.2.5　基坑支护

(1) 基坑支护冬期施工宜选用排桩和土钉墙的方法。

(2) 采用液压高频锤法施工的型钢或钢管排桩基坑支护工程，应考虑对周边建筑物、构筑物和地下管道的振动影响。

1) 当在冻土上施工时，应预先用钻机引孔，引孔的直径应大于型钢的最大边缘尺寸。

2) 型钢或钢管的焊接应按本手册 21.1.6 有关规定进行。

(3) 钢筋混凝土灌注桩的排桩施工应符合本手册 21.1.2.4 的规定，并符合下列要求：

1) 基坑土方开挖应待桩身混凝土达到设计强度时方可进行，且不宜低于 C25。

2) 基坑土方开挖前，排桩上部的自由端和外侧土应进行保温。

3) 排桩上部的冠梁钢筋混凝土施工遵照本手册 21.1.4 和 21.1.5 有关规定进行。

4) 桩身混凝土施工可选用氯盐型防冻剂。

(4) 锚杆施工应遵守下列规定：

1) 锚杆注浆的水泥浆配制可掺入适量的氯盐型防冻剂。

2) 锚杆体钢筋端头与锚板的焊接应遵守本手册 21.1.6 的相关规定。

3) 预应力锚杆张拉应待锚杆水泥浆体达到设计强度后方可进行。张拉力应为常温的 90%，待气温转至 5℃以上时，再张拉至 100%。

(5) 土钉墙混凝土面板施工应符合下列要求：

1) 面板下宜铺设 60～100mm 厚聚苯乙烯泡沫板。

2) 浇筑后的混凝土应按本手册 21.1.5 相关规定立即进行保温养护。

### 21.1.3　砌 体 工 程

#### 21.1.3.1　一般规定

(1) 砌体工程冬期施工主要方法，一般有外加剂法、暖棚法、蓄热法、电加热法等。由于外加剂法施工工艺简单，操作方便，负温条件下砂浆强度可持续增长，砌体不会发生冻胀变形，砖石工程冬期施工，通常优先采用外加剂法。对便于覆盖保温的地下工程，或急需使用的小体量工程，可采用暖棚法。

(2) 当地基土无冻胀性时，可在冻结的地基上砌筑，有冻胀性时，则应在未冻结的基土上砌筑。施工期间或回填之前，应防止地基受冻。

(3) 砌筑砂浆使用时温度，当采用外加剂法及暖棚法时，不应低于±5℃。砂浆的搅拌出机温度不宜高于35℃。

(4) 普通砖、空心砖和多孔砖在气温高于0℃以上时，仍应进行浇水湿润，当气温等于或低于0℃时，不宜再浇水湿润，但砂浆必须增大稠度。抗震设防烈度为9度的建筑物，普通砖、空心砖和多孔砖无法浇水湿润时，如无特殊措施不得砌筑施工。

(5) 加热方法，当有供汽条件时，可将蒸汽直接通入水箱，将水加热。也可将汽管直接插入砂内送汽加热，此时应测定砂的含水率的变化。砂子还可用火坑加热，加热时，可在砂上浇些温水，加水量不宜超过5%，以免冷热不匀，也可加快加热速度。砂不得在钢板上烧灼加热。

水、砂的温度应经常检查，每小时不少于一次。温度计停留在砂内的时间不应少于3min，在水内停留时间不应少于1min。

(6) 冬期施工砂浆搅拌时间应适当延长，一般要比常温时增加0.5～1倍。

(7) 通常情况下，采取以下措施减少砂浆在搅拌、运输、存放过程中的热量损失：

1) 搅拌机搭设保温棚或设在室内，采取供暖措施，保证环境温度不低于5℃。砂浆要随拌随运随用，避免二次倒运和积存。搅拌站应尽量设置在靠近施工点的位置，缩短运距。

2) 砂浆运输存放工具、设备应采取保温措施，如手推车、吊斗、灰槽，可在外面加设保温岩棉、棉被或聚苯板等保温材料作为保温层，手推车、吊斗上口可加木盖进行保温。

3) 施工时砂浆应储存在保温灰槽中，砂浆应随拌随用，砂浆存放时间普通砂浆不宜超过15min，掺外加剂砂浆不宜超过20min。

4) 保温灰槽和运输工具等应及时清理，下班后用热水冲洗干净，以免冻结。

(8) 严禁使用已冻结的砂浆，不得重新搅拌使用。

(9) 砌砖铺灰时，宜随铺随砌，防止砂浆温度降低太快。

(10) 每天完工后，应将砌体上面灰浆刮掉，用草帘、棉被等保温材料覆盖保温，基础砌体可随时用未冻土、中砂等回填沟槽保温防冻。

(11) 施工现场留置的砂浆试块，除按常温规定留置外，应增设不少于两组同条件养护试块，分别用于检验各龄期强度和转入常温28d的砂浆强度。

**21.1.3.2 材料要求**

(1) 普通砖、空心砖、灰砂砖、混凝土小型空心砌块、加气混凝土砌块和石材在砌筑前，应清除表面的冰雪、污物等，严禁使用遭水浸泡和冻结的砖或砌块。

(2) 砌筑砂浆宜优先选用干粉砂浆和预拌砂浆，水泥优先采用普通硅酸盐水泥，冬期砌筑不得使用无水泥拌制的砂浆。

(3) 石灰膏等宜保温防冻，当遭冻结时，应融化后才能使用。

(4) 拌制砂浆所用的砂，不得含有直径大于10mm的冻结块和冰块。

（5）拌合砂浆时，水温不得超过80℃，砂的温度不得超过40℃。砂浆稠度，应比常温时适当增加10～30mm。当水温过高时，应调整材料添加顺序，应先将水加入砂内搅拌，后加水泥，防止水泥出现假凝现象。冬期砌筑砂浆的稠度见表21-9。

冬期砌筑砂浆的稠度　表21-9

| 砌体种类 | 常温时砂浆稠度（mm） | 冬期时砂浆稠度（mm） |
| --- | --- | --- |
| 烧结砖砌体 | 70～90 | 90～110 |
| 烧结多孔砖、空心砖砌体 | 60～80 | 80～100 |
| 轻骨料小型空心砌块砌体 | 60～90 | 80～110 |
| 加气混凝土砌块砌体 | 50～70 | 80～100 |
| 石材砌体 | 30～50 | 40～60 |

#### 21.1.3.3　外加剂法

（1）采用外加剂法施工时，砌筑时砂浆温度不应低于5℃，当设计无要求且最低气温等于或低于－15℃时，砌筑承重砌体时，砂浆强度等级应比常温施工提高1级。

（2）在拌合水中掺入如氯化钠（食盐）、氯化钙或亚硝酸钠等抗冻外加剂，使砂浆砌筑后能够在负温条件下继续增长强度，继续硬化，可不必采取防止砌体冻胀沉降变形的措施。

砂浆中的外加剂掺量及其适用温度应事先通过试验确定。

（3）当施工温度在－15℃以上时，砂浆中可单掺氯化钠，当施工温度在－15℃以下时，单掺低浓度的氯化钠溶液降低冰点效果不佳，可与氯化钙复合使用，其比例为氯化钠∶氯化钙＝2∶1，总掺盐量不得大于用水量的10%，否则会导致砂浆强度降低。

（4）当室外大气温度在－10℃以上时，掺盐量在3%～5%时，砂浆可以不加热；当低于－10℃时，应加热原材料。首先应加热水，当满足不了温度需要时，再加热砂子。

（5）砂浆中的氯盐掺量，可以参考表21-10选取。

氯盐外加剂掺量（占拌合水重百分数）　表21-10

| 掺盐方式 | 氯盐种类 | 砌体种类 | 日最低气温（℃） | | | |
| --- | --- | --- | --- | --- | --- | --- |
| | | | ≥－10 | －11～－15 | －16～－20 | －21～－25 |
| 单盐 | 氯化钠 | 砖、砌块 | 3 | 5 | 7 | — |
| | | 石 | 4 | 7 | 10 | — |
| 复盐 | 氯化钠 | 砖、砌块 | — | — | 5 | 7 |
| | 氯化钙 | | — | — | 2 | 3 |

注：掺盐量以无水盐计。

（6）通常情况固体食盐仍含有水分，氯化钠的纯度在91%左右，氯化钙的纯度在83%～85%之间。

（7）盐类应溶解于水后再掺加并进行搅拌，如要再掺加微沫剂，应按照先加盐类溶液后加微沫剂溶液的顺序掺加。

（8）氯盐对钢筋有腐蚀作用，采用掺盐砂浆砌筑配筋砌体时，应对钢筋采取防腐措施，常用方法如下：

方法一：涂刷樟丹两至三道，在涂料干燥后即可以进行砌筑。

方法二：刷沥青漆，沥青漆可按照以下比例配制，30号沥青：10号沥青：汽油=1：1：2。

方法三：刷防锈涂料。防锈涂料可按照以下比例配制，水泥：亚硝酸钠：甲基硅酸钠：水=100：6：2：30。配制时，先用水溶解亚硝酸钠，与水泥搅拌后再加入甲基硅酸钠，最后搅拌4～5min。配好的涂料涂刷在钢筋表面约1.5mm厚，干燥后即可进行砌筑。

(9) 在下列情况下不得采用掺用氯盐的砂浆砌体：

1) 选用特殊材料，对装饰有特殊要求的工程；

2) 建筑工程使用环境湿度超过80%的；

3) 配筋、配管、钢铁埋件等金属没有可靠的防腐防锈处理措施的砌体；

4) 接近高压电线、高压设备的建筑物；

5) 经常处于地下水位变化范围内，处在水位以下未设防水层的结构。

(10) 砌体采用氯盐砂浆施工，每日砌筑高度不宜超过1.2m，墙体留置的洞口，距交接墙处不应小于500mm。

(11) 掺盐砂浆的粘结强度见表21-11。

**掺盐砂浆的粘结强度**（$N/mm^2$） **表21-11**

| 材料 | 常温养护28d | | −15℃恒温28d转常温养护28d的粘结强度 |
|---|---|---|---|
| | 砂浆抗压强度 | 粘结强度 | |
| 砖—砖 | 7.1 | 0.095 | 0.057 |
| 砖—砖 | 11.3 | 0.118 | 0.097 |
| 石—石 | 5.7 | 0.153 | 0.135 |

注：常温养护的砌体，用普通砂浆砌筑；负温转常温养护的砌体，用掺盐砂浆砌筑，砂浆中掺入5%的食盐。

用掺盐砂浆砌筑的砖砌体，其抗压强度与抗剪强度见表21-12。

**用掺盐砂浆砌筑的砌体强度** **表21-12**

| 砌筑季节 | 砖 | 龄期 (d) | 抗压强度 ($N/mm^2$) | 抗剪强度 ($N/mm^2$) | 砌筑时气温 |
|---|---|---|---|---|---|
| 冬期 | 干砖 | 90 | 2.6 | 0.36 | 日最低气温：−14～−26℃，日最高气温−9～−19℃ |
| | | 180 | 3.1 | 0.45 | |
| | 湿砖 | 90 | 2.9 | 0.21 | |
| | | 180 | 3.5 | 0.34 | |
| 常温期 | 湿砖 | 22 | 3.2 | 0.27 | 平均21℃ |

注：砖MU7.5，砂浆M5，冬期所用砂浆，掺入占水重5%的食盐。

普通水泥掺氯盐砂浆强度增长率见表21-13。

**掺氯化钠砂浆强度增长率**（%） **表21-13**

| 砂浆硬化温度 (℃) | 5%氯化钠 | | 10%氯化钠 | |
|---|---|---|---|---|
| | $f_7$ | $f_{28}$ | $f_7$ | $f_{28}$ |
| −5 | 32 | 75 | 45 | 95 |
| −15 | 14 | 30 | 20 | 40 |

#### 21.1.3.4　暖棚法

暖棚法是将需要保温的砌体和工作面，利用简单或廉价的保温材料，进行临时封闭，并在棚内加热，使其在正温条件下砌筑和养护。由于暖棚搭设投入大，效率低，通常宜少采用。在寒冷地区的地下工程、基础工程等便于围护的部位，量小且又急需使用的砌体工程，可考虑采用暖棚法施工。

暖棚的加热，可根据现场条件，应优先采用热风装置或电加热等方式，若采用燃气、火炉等，应加强安全防火、防中毒措施。

采用暖棚法施工时，砖石和砂浆在砌筑时的温度均不得低于5℃，而距所砌结构底面0.5m处的棚内气温也不应低于5℃。

在确定暖棚的热耗时，应考虑围护结构材料的热量损失，地基土吸收的热量和在暖棚内加热或预热材料的热量损耗。

砌体在暖棚内的养护时间，根据暖棚内的温度，按表21-14确定。

**暖棚法砌体的养护时间　　表21-14**

| 暖棚内温度（℃） | 5 | 10 | 15 | 20 |
|---|---|---|---|---|
| 养护时间（d） | ≥6 | ≥5 | ≥4 | ≥3 |

#### 21.1.3.5　外墙外保温施工

（1）外墙外保温系统冬期施工体系主要有EPS板薄抹灰外墙外保温系统和模板内置EPS板现浇混凝土（无网和有网）外墙外保温系统。

（2）建筑外墙外保温工程在冬期进行施工时，环境温度不应低于－5℃。

（3）外墙外保温工程施工期间以及完工后24h内，基层及环境空气温度不应低于5℃。

（4）外墙外保温系统在施工时，基层应干燥，清理干净，不得有潮湿、结冰、霜冻等现象；在雨、雪天气和五级以上大风天气情况时应停止施工。

（5）用于施工的EPS板胶粘剂、抗裂抹面砂浆等物资材料应存放于库房或暖棚内，液态材料不得受冻，粉状材料不得受潮。

（6）EPS板薄抹灰外墙外保温系统在冬期施工时应符合下列规定：

1）应采用低温型EPS板胶粘剂和低温型聚合物抹面胶浆，并应按产品说明书要求使用。

2）低温型EPS板胶粘剂和低温型EPS板聚合物抹面胶浆应满足表21-15、表21-16中的技术指标要求。

**低温型EPS板胶粘剂技术指标　　表21-15**

| 试验项目 | | 性能指标 |
|---|---|---|
| 拉伸粘结强度（MPa）（与水泥砂浆） | 原强度 | ≥0.60 |
| | 耐水 | ≥0.40 |
| 拉伸粘结强度（MPa）（与EPS板） | 原强度 | ≥0.10，破坏界面在EPS板上 |
| | 耐水 | ≥0.10，破坏界面在EPS板上 |

低温型 EPS 板聚合物抹面胶浆技术指标 表 21-16

| 试验项目 | | 性能指标 |
|---|---|---|
| 拉伸粘结强度（MPa）（与 EPS 板） | 原强度 | ≥0.10，破坏界面在 EPS 板上 |
| | 耐 水 | ≥0.10，破坏界面在 EPS 板上 |
| | 耐冻融 | ≥0.10，破坏界面在 EPS 板上 |
| 柔韧性 | 抗压强度/抗折强度 | ≤3.0 |

3）低温型 EPS 板胶粘剂和低温型聚合物抹面胶浆拌合环境温度应高于 5℃，拌合水温度不宜大于 80℃，且不宜低于 40℃。

4）EPS 板粘贴施工时，有效粘贴面积应大于 50%。

5）EPS 板粘贴完毕后，应养护至强度满足表 21-15、表 21-16 规定指标后方可进行面层的薄抹灰施工。

（7）模板内置 EPS 板现浇混凝土（无网或有网）外墙外保温系统冬期施工时应符合下列规定：

1）在 EPS 板安装施工前，应预先对 EPS 板内外表面进行预处理，对内外表面喷刷界面砂浆，施工过程应避免砂浆受冻，应在暖棚内等有加热保温措施的环境内进行。

2）模板内置 EPS 板现浇混凝土（有网）外墙外保温系统在进行面层抹灰时，抹面抗裂砂浆掺加的防冻剂应为非氯盐类防冻剂。

3）面层抹灰厚度应均匀，分层抹灰时，底层灰不得受冻，抹灰砂浆在硬化初期应采取保温措施，防止受冻。

## 21.1.4 钢 筋 工 程

### 21.1.4.1 钢筋负温下的性能与应用

1. 负温下钢筋的力学性能

负温条件下，随着温度的降低，钢筋的力学性能发生变化：屈服点和抗拉强度提高，伸长率和抗冲击韧性降低，脆性增加。影响钢筋负温力学性能的因素很多，一般有冷拉影响、化学成分影响、焊接影响、工艺缺陷影响等。

2. 负温下钢筋的应用

（1）在负温下承受静荷载作用的钢筋混凝土构件，其主要受力钢筋可选用符合国家标准和设计要求、施工规范规定的热轧钢筋、热处理钢筋、高强度圆形钢丝、钢绞线、冷轧带肋钢筋、冷拉钢筋及冷拔低碳钢丝。

（2）在−20～−40℃条件下直接承受中、重级工作制吊车的构件，其主要受力钢筋不宜采用冷拔低碳钢丝、冷轧带肋钢筋，可选用热轧钢筋、高强度圆形钢丝、钢绞线。当采用 HRB400 级及以上等级钢筋时，除有可靠的试验数据外，宜选用细直径且碳及合金元素含量为中、下限的钢筋。

（3）在寒冷地区缺乏使用经验的特殊结构构造，或者容易使预应力钢筋产生刻痕或咬伤的锚夹具，一般应进行构造、构件和锚夹具的负温性能试验。

（4）在负温条件下使用的钢筋，施工过程中要加强管理和检验。钢筋在运输、加工过程中应注意防止撞击，避免出现刻痕、缺口等缺陷。在焊接时不应采用排筋密焊。在使用高强度钢筋时应特别注意。

**21.1.4.2　钢筋负温冷拉和冷弯**

（1）冷拉钢筋应采用热轧钢筋加工制成，钢筋冷拉温度不宜低于－20℃，预应力钢筋张拉温度不宜低于－15℃。

（2）钢筋负温冷拉方法可采用控制应力方法或控制冷拉率方法。用作预应力混凝土结构的预应力筋，宜采用控制应力方法；不能分炉批的热轧钢筋冷拉，不宜采用控制冷拉率的方法。

（3）在负温条件下采用控制应力方法冷拉钢筋时，由于钢筋强度提高，伸长率随温度降低而减少，如控制应力不变，则伸长率不足，钢筋强度将达不到设计要求，因此在负温下冷拉的控制应力应较常温提高。冷拉率的确定应与常温时相同。

在负温下冷拉控制应力及最大冷拉率应符合表21-17的要求。

**冷拉控制应力及最大冷拉率　　表21-17**

| 钢筋牌号 | | 冷拉控制应力（N/mm²） | | 最大冷拉率（%） |
|---|---|---|---|---|
| | | 常温 | －20℃ | |
| HPB235 $d\leqslant 12$mm | | 280 | 310 | 10.0 |
| HRB335 | $d\leqslant 25$mm | 450 | 480 | 5.5 |
| | $d=28\sim 40$mm | 430 | 460 | |
| HRB400 | | 500 | 530 | 5.0 |

钢筋冷拉率在常温下由试验确定。测定同炉批钢筋冷拉率的冷拉应力应符合表21-18的要求。

**测定冷拉率时钢筋的冷拉应力　　表21-18**

| 钢筋牌号 | | 冷拉应力（N/mm²） |
|---|---|---|
| HPB235　$d\leqslant 12$mm | | 310 |
| HRB335 | $d\leqslant 25$mm | 480 |
| | $d=28\sim 40$mm | 460 |
| HRB400 | | 530 |

钢筋的试样不应少于4个，取试验结果的算术平均值作为该钢筋实际应用的冷拉率。

（4）在负温下冷拉后的钢筋，应逐根进行外观质量检查，其表面不得有裂纹和局部颈缩。

（5）钢筋冷拉设备仪表和液压工作系统油液应根据环境温度选用，并应在使用温度条件下进行配套校验。

（6）当温度低于－20℃时，不得对HRB335、HRB400钢筋进行冷弯操作，以避免在钢筋弯点处发生强化，造成钢筋脆断。

**21.1.4.3　钢筋负温焊接**

1. 钢筋负温焊接条件

钢筋在负温条件下，可采用闪光对焊、电弧焊、气压焊及电渣压力焊等焊接方法，焊接时应尽量在室内或临时钢筋棚内进行。若只能在室外焊接，当环境温度低于－20℃时，不宜施焊。雪天或施焊现场风力超过5.4m/s（3级风）时，应有挡风遮蔽措施。焊后未冷却的接头，严禁碰到冰雪、水。

当采用细晶粒热轧钢筋时，其焊接工艺应经试验确定。当环境温度低于－20℃时，不宜进行施焊。余热处理HRB400钢筋负温闪光对焊工艺及参数，可按常温焊接的有关规定执行。

2. 负温闪光对焊

(1) 负温闪光对焊，适用于热轧HPB235、HRB335、HRB400级钢筋，直径10～40mm；热轧HRB500级钢筋，直径10～25mm；余热处理钢筋，直径10～25mm。

(2) 热轧钢筋负温闪光对焊，宜采用预热闪光焊或闪光—预热—闪光焊工艺。钢筋端面比较平整时，宜采用预热闪光焊；端面不平整时，宜采用闪光—预热—闪光焊。钢筋直径变化时焊接工艺应符合表21-19规定。

钢筋负温闪光对焊焊接工艺　　表21-19

| 钢筋级别 | 直径（mm） | 焊接工艺 |
| --- | --- | --- |
| HPB235<br>HRB335<br>HRB400 | 12～14 | 预热—闪光焊 |
| | ≥16 | 预热—闪光焊或闪光—预热—闪光焊 |

(3) 负温闪光对焊工艺，应控制热影响区长度，热影响区长度随钢筋级别、直径的增加而适当增加。与常温焊接相比，应采取以下措施：

增加调伸长度，一般增加10%～20%，延长加热范围，增加预热留量、预热次数、预热间歇时间和预热接触压力，以降低冷却速度，改善接头性能。

宜采用较低的变压器级数，宜降低1～2级，以能够保证闪光顺利为准。

在闪光过程开始前，可通过增加预热留量与预热次数相结合的方法，进行预热，将钢筋接触几次，使钢筋温度上升，以利于闪光过程顺利进行。

宜适当减慢烧化过程的中期速度。

(4) 钢筋负温闪光对焊参数，在施焊时可根据焊件的钢种、直径、施焊温度和焊工技术水平灵活选用。

(5) 闪光对焊接头处不得有横向裂纹，与电极接触的钢筋表面，不得有烧伤。接头处弯折角度不应大于3°，轴线偏移不应大于直径的0.1倍，且不应大于2mm。

3. 负温电弧焊

(1) 帮条焊、搭接焊适用于热轧钢筋，直径10～40mm；余热处理钢筋，直径10～25mm。坡口焊适用于热轧钢筋，直径18～40mm；余热处理钢筋，直径18～25mm。

(2) 钢筋负温电弧焊时，可根据钢筋级别、直径、接头形式和焊接位置，选择焊条和焊接电流。焊接时应采取措施，防止产生过热、烧伤、咬肉和裂纹等缺陷，在构造上应防止在接头处产生偏心受力状态。

(3) 采取帮条焊时，帮条与主筋之间应用四点定位焊临时固定。搭接焊时应用两点固定。定位焊缝应距离帮条或搭接端部20mm以上。

帮条焊与搭接焊的焊缝厚度应不小于0.3倍钢筋直径，焊缝宽度应不小于0.7倍钢筋直径。

(4) 采用帮条焊时，帮条级别与主筋相同时，帮条直径可与主筋相同或小一个级别。帮条直径与主筋相同时，帮条级别可与主筋相同或小一个级别。两主筋端部之间应留一定的间隙，一般为2～5mm。

(5) 搭接焊时，钢筋端部应预弯，使两根钢筋在同一轴线上。

(6) 在进行帮条或搭接电弧焊时，平焊时，第一层焊缝，先从中间引弧，再向两端运弧；立焊时，先从中间向上方运弧，再从下端向中间运弧，使接头端部的钢筋达到一定的预热效果，降低接头热影响区的温度差。焊接时，第一层焊缝应具有足够的熔深，焊缝应熔合良好。以后各层焊缝焊接时，应采取分层控温施焊，层间温度宜控制在150～350℃之间，以起到缓冷作用，防止出现冷脆性。

(7) 采用坡口焊时，坡口面应平顺，边缘不得有裂纹和较大的毛边、缺楞。焊缝根部、坡口端面以及钢筋与钢垫板之间均应熔合良好，焊接过程中应及时除渣。为了避免接头过热，宜采用几个接头轮流施焊。加强焊缝的宽度应超过V形坡口边缘2～3mm，其高度也应超过2～3mm，并应平缓过渡至钢筋表面。坡口焊的加强焊缝的焊接，也应分两层控温施焊。

(8) 钢筋电弧焊接头进行多层施焊时，可采用回火焊道施焊法，即最后回火焊道的长度比前一层焊道在两端各缩短4～6mm，见图21-1，消除或减少前层焊道及过热区的淬硬组织，改善接头的性能。

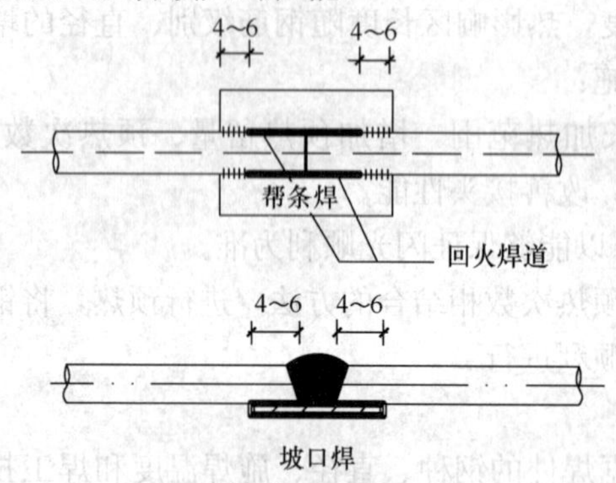

图21-1　钢筋负温电弧焊回火焊道示意

4. 负温电渣压力焊

(1) 电渣压力焊适用于现浇钢筋混凝土结构的竖向受力钢筋，不得用于梁板等结构中水平钢筋的连接。电渣压力焊宜用于HRB335、HRB400热轧带肋钢筋。当电源电压下降超过5%时，不宜进行焊接。焊剂应保持干燥，受潮时，使用前应经250～300℃烘焙2h。

(2) 负温电渣压力焊的焊接步骤与常温相同，焊接前，焊工应进行现场条件下的焊接工艺试验，焊接参数应做适当调整，应适当增加焊接电流、通电时间及接头的保温时间。

焊接电流的大小，应根据钢筋直径和焊接时的环境温度确定。它影响渣池温度、黏度、电渣过程的稳定性和钢筋熔化速度。若焊接电流过小，常会发生断弧，导致焊接接头不能熔合，因此应适当增加焊接电流。

焊接通电时间长短，也应根据钢筋直径和环境温度进行调整。焊接通电时间不足，会使钢筋端面熔化不均匀，不能紧密接触，不能保证接头的熔合，所以应适当延长通电时间。

钢筋负温电渣压力焊焊接参数见表21-20。

接头的保温时间，应根据环境温度适当延长，避免接头区降温太快，产生淬硬组织，增加冷脆性。焊接完毕，应停歇20s以上方可卸下夹具回收焊剂，渣壳宜延长5min后，再进行清理去渣。

**钢筋负温电渣压力焊焊接参数** **表 21-20**

<table>
<tr><th rowspan="2">钢筋直径<br>(mm)</th><th rowspan="2">焊接温度<br>(℃)</th><th rowspan="2">焊接电流<br>(A)</th><th colspan="2">焊接电压（V）</th><th colspan="2">焊接通电时间（s）</th></tr>
<tr><th>电弧过程</th><th>电渣过程</th><th>电弧过程</th><th>电渣过程</th></tr>
<tr><td rowspan="2">14～18</td><td>－10</td><td>300～350</td><td rowspan="8">35～45</td><td rowspan="8">18～22</td><td rowspan="2">20～25</td><td rowspan="2">6～8</td></tr>
<tr><td>－20</td><td>350～400</td></tr>
<tr><td rowspan="2">20</td><td>－10</td><td>350～400</td><td rowspan="6">25～30</td><td rowspan="6">8～10</td></tr>
<tr><td>－20</td><td>400～450</td></tr>
<tr><td rowspan="2">22</td><td>－10</td><td>400～450</td></tr>
<tr><td>－20</td><td>500～550</td></tr>
<tr><td rowspan="2">25</td><td>－10</td><td>450～500</td></tr>
<tr><td>－20</td><td>550～600</td></tr>
</table>

注：本表为采用常用 HJ431 焊剂和半自动焊机参数。

#### 21.1.4.4 钢筋负温机械连接

1. 钢筋机械连接

钢筋机械连接包括：带肋钢筋套筒挤压连接、钢筋剥肋滚轧直螺纹连接。

2. 一般规定

在寒冷地区处于负温下工作的混凝土构件中，钢筋的接头应选用Ⅰ级接头，且环境温度不低于－20℃，当环境温度低于—20℃时，尚需做专项低温性能试验。

3. 带肋钢筋套筒挤压连接

(1) 带肋钢筋套筒挤压连接施工时，当冬期施工环境温度低于－10℃时，应对挤压机的挤压力进行专项标定，在标定时应根据负温度和压力表读数之间的关系，画出温度—压力标定曲线，以便于在温度变动时查用。通常在常温下施工时，压力表读数一般在 55～80MPa 之间，负温时可参考进行标定。

(2) 由于钢材的塑性随着温度降低而降低，当环境温度低于－20℃时，应进行负温下工艺、参数专项试验，确认合格后才能大批量连接生产。

(3) 挤压前，应提前将钢筋端头的锈皮、沾污的冰雪、污泥、油污等清理干净；检查套筒的外观尺寸，清除沾污的污泥、冰雪等。

4. 钢筋剥肋滚轧直螺纹套筒连接

(1) 加工钢筋螺纹时，应采用水溶性切削冷却液，当气温在 0℃以下时，应使用掺入 15％～20％的亚硝酸钠溶液，不应使用油性液体作为润滑液或不加润滑液。

(2) 冬期施工过程中，钢筋丝头不得沾污冰雪、污泥冻团，应清洁干净。

(3) 钢筋连接用的力矩扳手应根据气温情况，进行负温标定修正。

### 21.1.5 混凝土工程

根据热源条件和所使用的原材料，《建筑工程冬期施工规程》(JGJ/T 104) 中给出的施工方法可分为两大类，即混凝土养护期间不加热的方法和养护期间加热的方法。混凝土养护期间不加热的方法包括蓄热法、综合蓄热法、负温养护法等；混凝土养护期间加热的方法主要包括蒸汽加热养护法、暖棚法、电加热法等，其中电加热法又可以分为电极加热法、电热毯法、工频涡流法、线圈感应加热法、电热器加热法、电热红外线加热法等。

**21.1.5.1 一般规定**

(1) 冬期浇筑的混凝土，其受冻临界强度应符合下列规定：

1) 采用蓄热法、暖棚法、加热法等施工的普通混凝土，采用硅酸盐水泥、普通硅酸盐水泥配制时，其受冻临界强度不应小于设计混凝土强度等级值的30%；采用矿渣硅酸盐水泥、粉煤灰硅酸盐水泥、火山灰质硅酸盐水泥、复合硅酸盐水泥时，不应小于设计混凝土强度等级值的40%；

2) 当室外最低气温不低于−15℃时，采用综合蓄热法、负温养护法施工的混凝土受冻临界强度不应小于4.0MPa；当室外最低气温不低于−30℃时，采用负温养护法施工的混凝土受冻临界强度不应小于5.0MPa；

3) 对强度等级等于或高于C50的混凝土，其受冻临界强度不宜小于设计混凝土强度等级值的30%；

4) 对有抗渗要求的混凝土，其受冻临界强度不宜小于设计混凝土强度等级值的50%；

5) 对有抗冻耐久性要求的混凝土，其受冻临界强度不宜小于设计混凝土强度等级值的70%；

6) 当采用暖棚法施工的混凝土中掺入早强剂时，可按综合蓄热法受冻临界强度取值；

7) 当施工需要提高混凝土强度等级时，应按提高后的强度等级确定受冻临界强度。

(2) 混凝土冬期施工应进行混凝土热工计算。

(3) 模板外和混凝土表面覆盖的保温层，不应采用潮湿状态的材料，也不应将保温材料直接覆盖在潮湿的混凝土表面，新浇混凝土表面应铺一层塑料薄膜。

(4) 整体结构如为加热养护时，浇筑程序和施工缝位置设置应采取能防止加大温度应力的措施。当加热温度超过45℃时，应进行温度应力核算。

(5) 对于型钢混凝土组合结构，浇筑混凝土前应对型钢进行预热，预热温度宜大于混凝土的入模温度。

**21.1.5.2 混凝土的材料要求**

1. 水泥

混凝土冬期施工应优先选用硅酸盐水泥和普通硅酸盐水泥，水泥强度等级不低于42.5级。最小水泥用量不宜低于280kg/m³，水胶比不应大于0.55。

高铝水泥一般不用于冬期施工的混凝土。因为高铝水泥重结晶导致强度降低，它对钢筋的保护作用也比硅酸盐水泥差，而且耐热性也不好，因此这类水泥只准用于有设计要求的特殊情况。

冬期混凝土采用大模板或滑模施工时，所用水泥强度，尚应考虑施工期间实际环境温度测定其冻结时间。

2. 骨料

冬期施工时，对骨料除要求没有冰块、雪团外，还要求清洁、级配良好、质地坚硬，不应含有易被冻坏的矿物。在掺用含钾、钠离子的防冻剂混凝土中，不得采用活性骨料或在骨料中混有这类物质的材料。

3. 拌合水

拌合水中不得含有导致延缓水泥正常凝结硬化的杂质，以及能引起钢筋和混凝土腐蚀的离子。

4. 外加剂

(1) 冬期施工要选用通过技术鉴定、符合质量标准且能清楚地掌握其对混凝土拌合物和硬化混凝土影响的外加剂，不应引起任何不期望的副作用，例如对钢筋的锈蚀和增加混凝土的渗透性等，应符合《混凝土外加剂应用技术规范》(GB 50119) 的相关规定。

(2) 采用非加热养护法施工所选用的外加剂，宜优先选用含引气成分的外加剂，含气量控制在3%～5%。

(3) 在日最低气温为0～－5℃，混凝土采用塑料薄膜和保温材料覆盖养护时，可采用早强剂或早强减水剂。

(4) 在日最低气温为－5～－10℃、－10～－15℃、－15～－20℃，采用上款保温措施时，宜分别采用规定温度为－5℃、－10℃、－15℃的防冻剂。

(5) 防冻剂的规定温度为按《混凝土防冻剂》(JC475) 规定的试验条件成型的试件，在恒负温条件下养护的温度。施工使用的最低气温可比规定温度低5℃。

(6) 防冻剂运到工地（或混凝土搅拌站）首先应检查是否有沉淀、结晶或结块。检验项目应包括密度（或细度）、抗压强度比、钢筋锈蚀试验，合格后方可入库、使用。

(7) 钢筋混凝土掺用氯盐类防冻剂时，氯盐掺量不得大于水泥质量的1.0%。掺用氯盐的混凝土应振捣密实，且不宜采用蒸汽养护。

(8) 在下列情况下，不得在钢筋混凝土结构中掺用氯盐。

1) 排出大量蒸汽的车间、浴池、游泳馆、洗衣房和经常处于空气相对湿度大于80%的房间以及有顶盖的钢筋混凝土蓄水池等在高湿度空气环境中使用的结构；

2) 处于水位升降部位的结构；

3) 露天结构或经常受雨、水淋的结构；

4) 有镀锌钢材或铝铁相接触部位的结构，和有外露钢筋、预埋件而无防护措施的结构；

5) 与含有酸、碱或硫酸盐等侵蚀介质相接触的结构；

6) 使用过程中经常处于环境温度为60℃以上的结构；

7) 使用冷拉钢筋或冷拔低碳钢丝的结构；

8) 薄壁结构，中级和重级工作制吊车梁、屋架、落锤或锻锤基础结构；

9) 电解车间和直接靠近直流电源的结构；

10) 直接靠近高压电源（发电站、变电所）的结构；

11) 预应力混凝土结构。

5. 混凝土矿物掺合料

(1) 粉煤灰

应选用Ⅰ级粉煤灰，或细度小于12%的超细粉煤灰。

(2) 硅灰

通常在冬期施工中和磨细粉煤灰或磨细矿渣复合使用，掺量一般不超过10%。

6. 保温材料

(1) 保温材料必须保持干燥，并要加强堆放管理，注意不要与冰雪混杂在一起堆放。

(2) 在选择保温材料时，以导热系数小，密封性好，坚固耐用，防风防潮，价格低廉、重量轻，便于搬运和支设，能够多次重复使用者为优。

### 21.1.5.3　混凝土的拌制

1. 混凝土原材料的加热

(1) 冬期施工混凝土原材料一般需要加热，加热时优先采用加热水的方法。加热温度根据热工计算确定，但不得超过表 21-21 的规定。如果将水加热到最高温度，还不能满足混凝土温度要求，再考虑加热骨料。

**拌合水及骨料加热最高温度（℃）**　　表 21-21

| 项　次 | 水泥强度等级 | 拌合水 | 骨　料 |
|---|---|---|---|
| 1 | 小于 42.5 | 80 | 60 |
| 2 | 42.5、42.5R 及以上 | 60 | 40 |

当水、骨料达到规定温度仍不能满足热工计算要求时，可提高水温到 100℃，但水泥不得与 80℃以上的水直接接触。

(2) 加热方法

1) 水泥不得直接加热，使用前宜运入暖棚内存放。

2) 水加热宜采用蒸汽加热、电加热或汽水加热等方法。加热水使用的水箱或水池应予保温，其容积应能使水达到规定的使用温度要求。

3) 砂加热应在开盘前进行，并应掌握各处加热均匀。当采用保温加热料斗时，宜配备两个，交替加热使用。每个料斗容积可根据机械可装高度和侧壁斜度等要求进行设计，每一个斗的容量不宜小于 3.5m³。

2. 投料程序

先投入骨料和加热的水，待搅拌一定时间后、水温降低到 40℃左右时，再投入水泥继续搅拌到规定时间，要避免水泥假凝。

拌制掺用防冻剂的混凝土，当防冻剂为粉剂时，可按要求掺量直接撒在水泥上面和水泥同时投入；当防冻剂为液体时，应先配制成规定浓度的溶液，然后再根据使用要求，用规定浓度溶液再配制成施工溶液。各溶液应分别置于明显标志的容器内，不得混淆，每班使用的外加剂溶液应一次配成。

3. 混凝土搅拌

为满足各组成材料间的热平衡，冬期拌制混凝土时间相对于表 21-22 规定的拌制时间可适当地延长。混凝土搅拌的最短时间见表 21-22。

**混凝土搅拌的最短时间**　　表 21-22

| 混凝土坍落度 (mm) | 搅拌机容积 (L) | 混凝土搅拌最短时间 (s) | 混凝土坍落度 (mm) | 搅拌机容积 (L) | 混凝土搅拌最短时间 (s) |
|---|---|---|---|---|---|
| ≤80 | <250 | 90 | >80 | <250 | 90 |
| | 250～500 | 135 | | 250～500 | 90 |
| | >500 | 180 | | >500 | 135 |

注：采用自落式搅拌机时，应较上表搅拌时间延长 30～60s；采用预拌混凝土时，应较常温下预拌混凝土搅拌时间延长 15～30s。

4. 混凝土拌合物的温度计算

一般混凝土拌合物的温度应通过热工计算予以确定。混凝土拌合物的温度计算包括两类：一是利用热量公式计算；二是利用有关数据，按事先编制的图表来计算。

由于混凝土拌合物的热量系由各种材料提供，各种材料的热量则可按材料的重量、比热容及温度的乘积相加求得，因而混凝土拌合物的温度计算见式（21-3）：

$$T_0 = \frac{0.92(m_{ce}T_{ce} + m_s T_s + m_{sa}T_{sa} + m_g T_g) + 4.2T_w(m_w - \omega_{sa}m_{sa} - \omega_g m_g)}{4.2m_w + 0.9(m_{ce} + m_s + m_{sa} + m_g)} + \frac{c_w(\omega_{sa}m_{sa}T_{sa} + \omega_g m_g T_g) - c_i(\omega_{sa}m_{sa} + \omega_g m_g)}{4.2m_w + 0.9(m_{ce} + m_s + m_{sa} + m_g)} \tag{21-3}$$

式中 $T_0$——混凝土拌合物的温度（℃）；

$m_w$、$m_{ce}$、$m_s$、$m_{sa}$、$m_g$——水、水泥、掺合料、砂、石用量（kg）；

$T_w$、$T_{ce}$、$T_s$、$T_{sa}$、$T_g$——水、水泥、掺合料、砂、石的温度（℃）；

$\omega_{sa}$、$\omega_g$——砂、石的含水率（%）；

$c_w$、$c_i$——水的比热容（kJ/kg·K）及冰的熔解热（kJ/kg）。

当骨料的温度低于0℃时，所含的水处于冻结状态，考虑到将冰的温度提高到0℃并变成水所需的热量：

当骨料温度大于0℃时，$c_w=4.2$，$c_i=0$；

当骨料温度小于等于0℃时，$c_w=2.1$，$c_i=335$。

**21.1.5.4 混凝土的运输和浇筑**

在运输过程中，要注意防止混凝土热量散失、表面冻结、混凝土离析、水泥浆流失、坍落度变化等现象。混凝土浇筑时入模温度除与拌合物的出机温度有关外，主要取决于运输过程中的蓄热程度。因此，运输速度要快，距离要短，倒运次数要少，保温效果要好。

（1）混凝土运输过程中的温度降低

1）拌合物的出机温度

拌合物出机温度可由式（21-4）计算：

$$T_1 = T_0 - 0.16(T_0 - T_p) \tag{21-4}$$

式中 $T_1$——混凝土拌合物出机温度（℃）；

$T_0$——混凝土拌合物的温度（℃）；

$T_p$——搅拌机棚内温度（℃）。

2）混凝土运输至浇筑时的温度降低

混凝土拌合物运输与输送至浇筑地点时的温度可按下列公式计算：

① 现场拌制混凝土采用装卸式运输工具时：

$$T_2 = T_1 - \Delta T_y \tag{21-5}$$

② 现场拌制混凝土采用泵送施工时：

$$T_2 = T_1 - \Delta T_b \tag{21-6}$$

③ 采用商品混凝土泵送施工时：

$$T_2 = T_1 - \Delta T_y - \Delta T_b \tag{21-7}$$

其中，$\Delta T_y$、$\Delta T_b$ 分别为采用装卸式运输工具运输混凝土时的温度降低和采用泵管输送混凝土时的温度降低，可按下列公式计算：

$$\Delta T_y = (\alpha t_1 + 0.032n) \times (T_1 - T_a) \tag{21-8}$$

$$\Delta T_b = 4\omega \times \frac{3.6}{0.04 + \frac{d_b}{\lambda_b}} \times \Delta T_1 \times t_2 \times \frac{D_w}{c_c \cdot \rho_c \cdot D_l^2} \tag{21-9}$$

式中　$T_2$——混凝土拌合物运输与输送到浇筑地点时温度(℃)；

$\Delta T_y$——采用装卸式运输工具运输混凝土时的温度降低(℃)；

$\Delta T_b$——采用泵管输送混凝土时的温度降低(℃)；

$\Delta T_1$——泵管内混凝土的温度与环境气温差(℃)，当现场拌制混凝土采用泵送工艺输送时：$\Delta T_1 = T_1 - T_a$；当商品混凝土采用泵送工艺输送时：$\Delta T_1 = T_1 - T_y - T_a$；

$T_a$——室外环境气温(℃)；

$t_1$——混凝土拌合物运输的时间(h)；

$t_2$——混凝土在泵管内输送时间(h)；

$n$——混凝土拌合物运转次数；

$c_c$——混凝土的比热容[kJ/(kg·K)]；

$\rho_c$——混凝土的质量密度（kg/m$^3$）；

$\lambda_b$——泵管外保温材料导热系数[W/(m·K)]；

$d_b$——泵管外保温层厚度（m）；

$D_l$——混凝土泵管内径（m）；

$D_w$——混凝土泵管外围直径（包括外围保温材料）（m）；

$\omega$——透风系数，可按表 21-31 取值；

$\alpha$——温度损失系数（$h^{-1}$）；采用混凝土搅拌车时：$\alpha = 0.25$；采用开敞式 T 型自卸汽车时，$\alpha = 0.20$；采用开敞式小型自卸汽车时，$\alpha = 0.30$；采用封闭式自卸汽车时：$\alpha = 0.1$；采用手推车或吊斗时：$\alpha = 0.50$。

（2）入模温度

混凝土入模温度和自然温度、保温材料及条件、结构表面系数和混凝土强度要求等因素有关，一般由热工设计来确定。考虑模板和钢筋的吸热影响，混凝土浇筑成型完成时的温度，可按式（21-10）计算：

$$T_3 = \frac{c_c m_c T_2 + c_f m_f T_f + c_s m_s T_s}{c_c m_c + c_f m_f + c_s m_s} \tag{21-10}$$

式中　$T_3$——考虑模板和钢筋吸热影响，混凝土成型完成时的温度（℃）；

$c_c$、$c_f$、$c_s$——混凝土、模板、钢筋的比热容[kJ/(kg·K)]：混凝土取 1kJ/(kg·K)；钢材取 0.48kJ/(kg·K)；

$m_c$——每立方米混凝土重量(kg)；

$m_f$、$m_s$——与每立方米混凝土相接触的模板、钢筋重量(kg)；

$T_f$、$T_s$——模板、钢筋的温度，未预热者可采用当时的环境气温(℃)。

**【例】** 设每立方米混凝土中的材料用量为：水 150kg，水泥 300kg，砂 600kg，石 1350kg。材料温度为：水 70℃，水泥 5℃，砂 40℃，石－3℃。砂含水率 5%，石含水率 2%。搅拌棚内温度为 5℃。混凝土拌合物用人力手推车运输，倒运共 2 次，运输和成型共历时 0.5h，当时气温－5℃。与每立方米混凝土相接触的钢模板和钢筋共重 450kg，并未预热。试计算混凝土浇筑完毕后的温度。

**【解】** 混凝土拌合物的理论温度：

$$T_0=[0.92\times(300\times5+600\times40-1350\times5)+4.2\times70\times(150-0.05\times600-0.02\times1350)+4.2\times0.05\times600\times40-2.1\times0.02\times1350\times3-330\times0.02\times1350]\div[4.2\times150+0.92\times(300+600+1350)]=15.1℃$$

混凝土从搅拌机中倾出时的温度：

$$T_1=15.1-0.16\times(15.1-5)=13.5℃$$

混凝土经运输成型后的温度：

$$T_2=13.5-(0.5\times0.5+0.032\times2)\times(13.5+5)=7.7℃$$

混凝土因钢模板和钢筋吸热后的温度：

$$T_3=(2400\times1\times7.7-450\times0.48\times5)\div(2400\times1+450\times0.48)=6.6℃$$

混凝土浇筑完毕后的温度为6.6℃。

(3) 混凝土运输和浇筑注意事项

1）冬期不得在强冻胀性地基土上浇筑混凝土，在弱冻胀性地基土上浇筑时，基土应进行保温，以免遭冻。

2）混凝土在浇筑前，应清除模板和钢筋上的冰雪和污垢。运输和浇筑混凝土用的容器应有保温措施。

3）混凝土拌合物入模浇筑，必须经过振捣，使其内部密实，并能充分填满模板各个角落，制成符合设计要求的构件，木模板更适合混凝土的冬期施工。模板各棱角部位应注意加强保温。

4）冬期振捣混凝土要采用机械振捣，振捣要迅速，浇筑前应做好必要的准备工作。混凝土浇筑前宜采用热风机清除冰雪和对钢筋、模板进行预热。

5）浇筑基础大体积混凝土时，施工前要对地基进行保温以防止冻胀。新拌混凝土的入模温度以7～12℃为宜。混凝土内部温度与表面温度之差不得超过20℃。必要时应做保温覆盖。

6）分层浇筑厚大的整体式结构混凝土时，已浇筑层的混凝土温度在未被上一层混凝土覆盖前不得低于2℃。采用加热养护时，养护前的温度不得低于2℃。

7）浇筑承受内力接头的混凝土（或砂浆），宜先将结合处的表面加热到正温。浇筑后的接头混凝土（或砂浆）在温度不超过45℃的条件下，应养护至设计要求强度，当设计无要求时，其强度不得低于设计强度的70%。

8）预应力混凝土构件在进行孔道和立缝的灌浆前，浇灌部位的混凝土须经预热，并宜采用热的水泥浆、砂浆或混凝土，浇灌后在正温下养护到强度不低于15N/mm$^2$。

#### 21.1.5.5 混凝土强度估算

(1) 用成熟度法估算混凝土强度

混凝土的强度可用成熟度法来估算。其应用范围及条件应符合下列规定：

1）本法适用于不掺外加剂在50℃以下正温养护和掺外加剂在30℃以下正温养护的混凝土，亦可用于掺防冻剂的负温混凝土，也适用于估算混凝土强度标准值60%以内的强度值。

2）使用本法估算混凝土强度，需要用实际工程使用的混凝土原材料和配合比，制作不少于5组混凝土立方体标准试件，在标准条件下养护，得出1d、2d、3d、7d、28d的强度值。

3）使用本法同时需取得现场养护混凝土的温度实测资料（温度、时间）。

（2）用计算法估算混凝土强度的步骤

1）用标准养护试件各龄期强度数据，经回归分析拟合成下列形式曲线方程：

$$f = ae^{-\frac{b}{D}} \tag{21-11}$$

式中　$f$——混凝土立方体抗压强度（$N/mm^2$）；

$D$——混凝土养护龄期（d）；

$a$、$b$——参数。

2）根据现场的实测混凝土养护温度资料，用式（21-12）计算混凝土已达到的等效龄期（相当于20℃标准养护的时间）。

$$D_e = \Sigma(\alpha_T \cdot \Delta t) \tag{21-12}$$

式中　$D_e$——等效龄期（h）；

$\alpha_T$——等效系数，按表21-23采用；

$\Delta t$——某温度下的持续时间（h）。

3）以等效龄期$D_e$代替$D$代入式（21-11）可算出强度。

**等效系数 $\alpha_T$**　　**表 21-23**

| 温度（℃） | 等效系数 $\alpha_T$ | 温度（℃） | 等效系数 $\alpha_T$ | 温度（℃） | 等效系数 $\alpha_T$ |
|---|---|---|---|---|---|
| 50 | 2.95 | 28 | 1.41 | 6 | 0.45 |
| 49 | 2.87 | 27 | 1.36 | 5 | 0.42 |
| 48 | 2.78 | 26 | 1.30 | 4 | 0.39 |
| 47 | 2.71 | 25 | 1.25 | 3 | 0.35 |
| 46 | 2.63 | 24 | 1.20 | 2 | 0.33 |
| 45 | 2.55 | 23 | 1.15 | 1 | 0.31 |
| 44 | 2.48 | 22 | 1.10 | 0 | 0.28 |
| 43 | 2.40 | 21 | 1.05 | −1 | 0.26 |
| 42 | 2.32 | 20 | 1.00 | −2 | 0.24 |
| 41 | 2.25 | 19 | 0.95 | −3 | 0.22 |
| 40 | 2.19 | 18 | 0.90 | −4 | 0.20 |
| 39 | 2.12 | 17 | 0.86 | −5 | 0.18 |
| 38 | 2.04 | 16 | 0.81 | −6 | 0.17 |
| 37 | 1.98 | 15 | 0.77 | −7 | 0.15 |
| 36 | 1.92 | 14 | 0.74 | −8 | 0.13 |
| 35 | 1.84 | 13 | 0.70 | −9 | 0.12 |
| 34 | 1.77 | 12 | 0.66 | −10 | 0.11 |
| 33 | 1.72 | 11 | 0.62 | −11 | 0.10 |
| 32 | 1.66 | 10 | 0.58 | −12 | 0.08 |
| 31 | 1.59 | 9 | 0.55 | −13 | 0.08 |
| 30 | 1.53 | 8 | 0.51 | −14 | 0.07 |
| 29 | 1.47 | 7 | 0.48 | −15 | 0.06 |

(3) 用图解法估算混凝土强度的步骤

1) 根据标准养护试件各龄期强度数据，在坐标纸上画出龄期—强度曲线；

2) 根据现场实测的混凝土养护温度资料，计算混凝土达到的等效龄期；

3) 根据等效龄期数值，在龄期—强度曲线上查出相应强度值，即为所求值。

**【例】** 某混凝土在试验室测得 20℃标准养护条件下的各龄期强度值如表 21-24。混凝土浇筑后测得构件的温度如表 21-25。试估算混凝土浇筑后 38h 时的强度。

**标养试件试验结果** **表 21-24**

| 标养龄期（d） | 1 | 2 | 3 | 7 |
|---|---|---|---|---|
| 抗压强度（$N/mm^2$） | 4.0 | 11.0 | 15.4 | 21.8 |

**混凝土浇筑后测温记录及计算** **表 21-25**

| 从浇筑起算的时间（h） | 温度（℃） | 间隔的时间（h） | 平均温度（℃） | $\alpha_T$ | $\alpha_T \cdot \Delta t$ |
|---|---|---|---|---|---|
| 0 | 14 | | | | |
| 2 | 20 | 2 | 17 | 0.88 | 1.72 |
| 4 | 26 | 2 | 23 | 1.16 | 2.32 |
| 6 | 30 | 2 | 28 | 1.45 | 2.90 |
| 8 | 32 | 2 | 31 | 1.65 | 3.30 |
| 10 | 36 | 2 | 34 | 1.85 | 3.70 |
| 12 | 40 | 2 | 38 | 2.14 | 4.28 |
| 38 | 40 | 26 | 40 | 2.30 | 59.80 |
| $T=\alpha_T \cdot \Delta t$ | | | | | 78.2 |

**【解】** ① 计算法

根据表 21-24 的数据，通过回归分析求得曲线方程为：

$$f = 29.459e^{-\frac{1.989}{D}}$$

根据测温记录，经计算求得等效龄期 $D_e$=78.2h（3.26d），见表 21-25。

取 $D_e$ 作为龄期 $D$ 代入上式，求得混凝土强度值：$f$=16.0（MPa）

② 图解法

将表 21-24 中的数据在坐标纸上绘出龄期—强度曲线，如图 21-2。

根据测温记录（表 21-25）计算等效龄期 $D_e$，在龄期—强度曲线上查得强度值为 16.0$N/mm^2$，即为所求值。

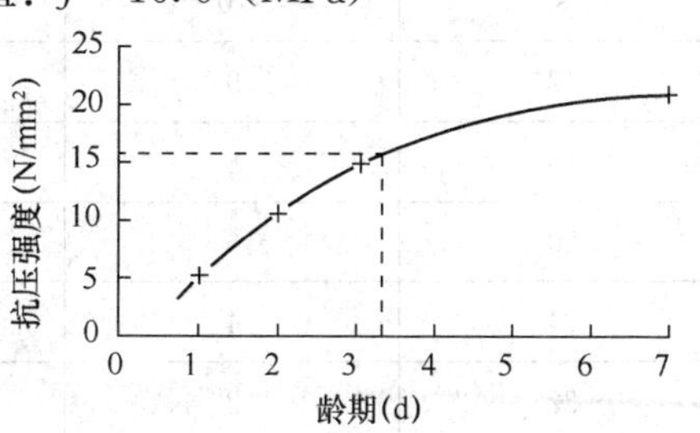

图 21-2 某混凝土的龄期—强度曲线（标养）

(4) 当采用蓄热法或综合蓄热法养护时，求算混凝土强度步骤

① 用标准养护试件各龄期强度数据，经回归分析拟合成成熟度强度曲线方程

$$f = a \cdot e^{-\frac{b}{M}} \tag{21-13}$$

式中　$f$——混凝土立方体抗压强度（$N/mm^2$）；

$a$、$b$——参数；

$M$——混凝土养护的成熟度（℃·h），按式（21-14）计算

$$M=\sum_0^t (T+15)\Delta t \tag{21-14}$$

式中　$T$——在时间段 $\Delta t$ 内混凝土平均温度（℃）；

$\Delta t$——温度为 $T$ 的持续时间（h）。

② 取成熟度 $M$ 代入式（21-13）可算出强度 $f$。

③ 取强度 $f$ 乘以综合蓄热法调整系数 0.8，即为混凝土实际强度。

**【例】** 某混凝土采用综合蓄热法养护，浇筑后混凝土测温记录如表 21-26。用该混凝土成型的试件，在标准条件下养护各龄期强度见表 21-27。求混凝土养护到 80h 时的强度。

**【解】** ① 根据标准养护试件的龄期和强度资料算出成熟度，见表 21-27

② 用表 21-27 的成熟度—强度数据，经回归分析拟合成如下曲线方程：

$$f=20.627e^{-\frac{2310.688}{M}}$$

③ 根据养护测温资料，按式（21-14）计算成熟度，见表 21-26

④ 取成熟度 $M$ 值代入上式即求出 $f$ 值

$$f=20.627e^{-\frac{2310.688}{M}}=3.8\text{MPa}$$

⑤ 将所得的 $f$ 值乘以系数 0.8

3.8×0.8=3.04MPa，即为经养护 80h 后混凝土达到的强度。

**混凝土浇筑后测温记录及计算　　表 21-26**

| 1 | 2 | 3 | 4 | 5 |
|---|---|---|---|---|
| 从浇筑起算（h） | 实测养护温度（℃） | 间隔的时间 $\Delta t$（h） | 平均温度（℃） | $(T+15)\Delta t$（℃·h） |
| 0 | 15 | | | |
| 4 | 12 | 4 | 13.5 | 114 |
| 8 | 10 | 4 | 11.0 | 104 |
| 12 | 9 | 4 | 9.5 | 98 |
| 16 | 8 | 4 | 8.5 | 94 |
| 20 | 6 | 4 | 7.0 | 88 |
| 24 | 4 | 4 | 5.0 | 80 |
| 32 | 2 | 4 | 3.0 | 144 |
| 40 | 0 | 4 | 1.0 | 128 |
| 60 | −2 | 20 | −1.0 | 280 |
| 80 | −4 | 20 | −3.0 | 240 |
| $M=\sum_0^{\Delta t}(T+15)\Delta t$ | | | | 1370 |

标准养护各龄期混凝土强度列表　表 21-27

| 龄期（d） | 1 | 2 | 3 | 4 |
|---|---|---|---|---|
| 强度（MPa） | 1.3 | 5.4 | 8.2 | 13.7 |
| 成熟度（℃·h） | 840 | 1680 | 2520 | 5880 |

### 21.1.5.6 蓄热法和综合蓄热法养护

（1）适用范围：当室外最低温度不低于－15℃时，地面以下的工程，或表面系数 $M$ 不大于 $5m^{-1}$ 的结构，宜采用蓄热法养护。对结构易受冻的部位，应采取加强保温措施。

当室外最低气温不低于－15℃时，对于表面系数为 $5\sim15m^{-1}$ 的结构，宜采用综合蓄热法养护，围护层散热系数宜控制在 $50\sim200kJ/(m^3\cdot h\cdot K)$ 之间。

（2）施工注意事项

1）采用综合蓄热法施工时，应选用早强剂或早强型复合防冻剂，并应具有减水、引气作用。

2）混凝土浇筑后要在裸露的混凝土表面先用塑料薄膜等防水材料覆盖，然后铺设保温材料。对边、棱角部位的保温厚度应增大到面部的 2～3 倍。混凝土在养护期间应防风、防失水。

3）混凝土浇筑后应有一套严格的测温制度，如发现混凝土温度下降过快或遇寒流袭击，应立即采取补加保温层或人工加热措施。

4）采用组合钢模板时，宜采用整装整拆方案，并确保模板保温效果和减少材料消耗。为了便于脱模，可在混凝土强度达到 $1N/mm^2$ 后，使侧模板轻轻脱离混凝土再合上继续养护到拆模。

5）采用综合蓄热法养护的混凝土，起始养护温度应满足热工计算的要求，且不得低于 5℃。

6）采用综合蓄热法养护时，当维护层的总传热系数与结构表面系数乘积 $KM_s$ 在 $50\sim200kJ/(m^3\cdot h\cdot K)$ 的范围时，应满足下列公式要求：

$$T_{m,a}\geqslant 10\{\ln[L/(223\times0.803^N)]-0.0022m_{ce,1}\} \quad (21\text{-}15)$$

式中　$T_{m,a}$——平均气温（℃），平均气温系指从混凝土浇筑完成开始至达到预期强度止这段时间的平均气温，可取 3 昼夜预报或预计气温，$T_{m,a}$ 不应低于 －12℃。

$L$——散热系数 $[kJ/(m^3\cdot h\cdot K)]$，$L=K\cdot M_s$；$L$ 的使用范围 $50\leqslant L\leqslant200$；

$M_s$——结构表面系数 $(m^{-1})$，$5\leqslant M_s\leqslant15$；

$K$——维护层的总传热系数 $[kJ/(m^2\cdot h\cdot K)]$；

$N$——水泥类别（$N=1\sim4$），为 1 时，将 1 代入式中；为 2 时，将 2 代入式中，余类推；

$m_{ce,1}$——水泥用量 $(kg/m^3)$，掺入的粉煤灰及磨细矿粉在有根据情况下，可用当量系数折合成水泥，一般情况，由于其早期水化热不高，可不计算，作为安全储备。

根据水泥新标准（GB 175）早期 3d 强度代替 7d 强度的特点，将水泥归纳为 4 类（宜按表 21-28 采用），以方便冬期施工热工计算。

**综合蓄热法可行性判别系数 $\xi$　　表 21-28**

| 水泥类别 | 1 | 2 | 3 | 4 |
| --- | --- | --- | --- | --- |
| 水泥名称 | P. Ⅱ52.5/ P. Ⅱ42.5/ P. O52.5<br>P. O42.5/ P. S52.5R/ P. S52.5 | P. Ⅱ42.5/ P. O42.5<br>P. O32.5R/ P. S42.5R | P. S42.5<br>P. S32.5R | P. S32.5 |
| $\xi$ | 1.97 | 1.50 | 1.28 | 1.00 |

式（21-15）为综合蓄热法可行范围的判别式，即满足式（21-15）环境温度 $T_{m,a}$ 条件时采用综合蓄热法可行。

（3）热工计算

1）蓄热法施工的混凝土养护，应根据以下原则计算和确定混凝土冷却到0℃所需要的保温材料、冷却时间和所达到的强度。

① 根据既定的保温模板、混凝土入模温度及室外气温来计算混凝土降到0℃时所需要的保温材料、冷却时间和所达到的强度。

② 根据混凝土温度降至0℃这段时间及其平均温度来计算混凝土是否达到要求的受冻临界强度。

③ 如计算满足不了要求，再采用增加或改变保温材料品种或厚度，改变水泥品种或提高入模温度等措施，使之达到要求。

2）混凝土在降至0℃时，采用蓄热法养护的混凝土受冻临界强度应符合表 21-29 的要求：

**蓄热法养护混凝土降至零度时的受冻临界强度　　表 21-29**

| 序　号 | 配制混凝土的水泥品种 | 强度下限值 | 备　注 |
| --- | --- | --- | --- |
| 1 | 硅酸盐水泥或普通硅酸盐水泥 | 设计强度的 30% | |
| 2 | 矿渣硅酸盐水泥 | 设计强度的 40% | |
| 3 | 混凝土强度等级不大于 C15 | 5MPa | 应与序号 1、2 规定同时满足 |

3）蓄热法的热工计算按以下方法进行：

① 混凝土蓄热养护开始到任一时刻 $t$ 的温度，可按式（21-16）计算：

$$T_4 = \eta e^{-\theta \cdot V_{ce} t_3} - \varphi e^{-V_{ce} t_3} + T_{m,a} \tag{21-16}$$

② 混凝土蓄热养护开始到任一时刻 $t$ 的平均温度，可按式（21-17）计算：

$$T_m = \frac{1}{V_{ce} t_3}\left(\varphi e^{-V_{ce} \cdot t_3} - \frac{\eta}{\theta} e^{-\theta \cdot V_{ce} \cdot t_3} + \frac{\eta}{\theta} - \varphi\right) + T_{m,a} \tag{21-17}$$

其中 $\theta$、$\varphi$、$\eta$，为综合参数，按式（21-18）计算：

$$\theta = \frac{\omega \cdot K \cdot M_s}{V_{ce} \cdot c_c \cdot \rho_c}$$

$$\varphi = \frac{V_{ce} \cdot Q_{ce} \cdot m_{ce,1}}{V_{ce} \cdot c_c \cdot \rho_c - \omega \cdot K \cdot M_s}$$

$$\eta = T_3 - T_{m,a} + \varphi \tag{21-18}$$

式中　$T_4$——混凝土蓄热养护开始到任一时刻 $t$ 的温度（℃）；

$T_m$——混凝土蓄热养护开始到任一时刻 $t$ 的平均温度（℃）；

$t_3$——混凝土蓄热养护开始到任一时刻的时间（h）；

$T_{m,a}$——混凝土蓄热养护开始到任一时刻 $t$ 的平均气温（℃）；

$\rho_c$——混凝土的质量密度（kg/m³）；

$m_{ce,1}$——每立方米混凝土水泥用量（kg/m³）；

$Q_{ce}$——水泥水化累积最终放热量（kJ/kg）；

$V_{ce}$——水泥水化速度系数（$h^{-1}$）；

$c_c$——混凝土的比热容［kJ/（kg·k)］；

$\omega$——透风系数；

$M_s$——结构表面系数（$m^{-1}$）；

$K$——结构围护层的总传热系数[kJ/(m²·h·K)]；

$e$——自然对数底，可取 $e=2.72$。

注：1. 结构表面系数 $M_s$ 值可按下式计算：

$$M_s = A/V \tag{21-19}$$

式中 $A$——混凝土结构表面积（m²）；

$V$——混凝土结构的体积（m³）。

2. 结构围护层总传热系数可按下式计算：

$$K = \frac{3.6}{0.04 + \sum_{i=1}^{n} \frac{d_i}{\lambda_i}} \tag{21-20}$$

式中 $d_i$——第 $i$ 层围护层厚度（m）；

$\lambda_i$——第 $i$ 层围护层的导热系数[W/(m·K)]。

3. 平均气温 $T_{m,a}$ 取法，可采用蓄热养护开始至 $t$ 时气象预报的平均气温，亦可按每时或每日平均气温计算。

4）水泥水化累积最终放热量 $Q_{ce}$ 水泥水化速度系数 $V_{ce}$ 及透风系数 $\omega$ 取值见表 21-30 和表 21-31。

**水泥水化累积最终放热量 $Q_{ce}$ 和水泥水化速度系数 $V_{ce}$ 表 21-30**

| 水泥品种及强度等级 | $Q_{ce}$（kJ/kg） | $V_{ce}$（$h^{-1}$） |
|---|---|---|
| 硅酸盐、普通硅酸盐水泥 52.5 | 400 | 0.018 |
| 硅酸盐、普通硅酸盐水泥 42.5 | 350 | 0.015 |
| 矿渣、火山灰质、粉煤灰、复合硅酸盐水泥 42.5 | 310 | 0.013 |
| 矿渣、火山灰质、粉煤灰、复合硅酸盐水泥 32.5 | 260 | 0.011 |

**透风系数 $\omega$ 表 21-31**

| 围护层种类 | 透风系数 $\omega$ | | |
|---|---|---|---|
| | $V_w<3m/s$ | $3m/s\leqslant V_w\leqslant 5m/s$ | $V_w>5m/s$ |
| 围护层有易透风材料组成 | 2.0 | 2.5 | 3.0 |
| 易透风保温材料外包不易透风材料 | 1.5 | 1.8 | 2.0 |
| 围护层由不易透风材料组成 | 1.3 | 1.45 | 1.6 |

注：$V_w$——风速。

5）当需要计算混凝土蓄热养护冷却至 0℃的时间时，可根据式（21-16）采用逐次逼近的方法进行计算。如果蓄热养护条件满足 $\frac{\varphi}{T_{m,a}} \geqslant 1.5$，且 $KM_s \geqslant 50$ 时，也可按式(21-21)直接计算：

$$t_0 = \frac{1}{V_{ce}} \ln \frac{\varphi}{T_{m,a}} \quad (21\text{-}21)$$

式中　$t_0$——混凝土蓄热养护冷却至0℃的时间（h）。

混凝土冷却至0℃的时间内，其平均温度可根据式（21-17）取 $t_3 = t_0$ 进行计算。

6）混凝土蓄热养护各种保温模板的传热系数，可用表21-32查得。

各种保温模板的传热系数　**表21-32**

| 保温模板构造 | 传热系数 $K$ [W/(m²·K)] |
|---|---|
| 钢模板，区格间填以聚苯乙烯板50mm厚 | 3.0 |
| 钢模板，区格间填以聚苯乙烯板50mm厚，外包岩棉毡30mm厚 | 0.9 |
| 钢模板，外包毛毡三层20mm厚 | 3.5 |
| 木模板25mm厚，外包岩棉毡30mm厚 | 1.1 |
| 木模板25mm厚，外包草帘50mm厚 | 1.0 |

### 21.1.5.7 暖棚法养护

（1）适用范围

暖棚法施工适用于地下结构工程和混凝土量比较集中的结构工程。

（2）暖棚构造

暖棚通常以脚手架材料（钢管或木杆）为骨架，用塑料薄膜或帆布围护。塑料薄膜可使用厚度大于0.1mm的聚乙烯薄膜，也可使用以聚丙烯编织布和聚丙烯薄膜复合而成的复合布。塑料薄膜不仅重量轻，而且透光，白天不需要人工照明，吸收太阳能后还能提高棚内温度。

加热用的能源一般为煤或焦炭，也可使用以电、燃气、煤油或蒸汽为能源的热风机或散热器。

（3）施工注意事项

1）当采用暖棚法施工时，棚内各测点温度不得低于5℃，并应设专人检测混凝土及棚内温度。暖棚内测温点应选择具有代表性的位置进行布置，在离地面500mm高度处必须设点，每昼夜测温不应少于4次。

2）养护期间应测量棚内湿度，混凝土不得有失水现象。当有失水现象时，应及时采取增湿措施或在混凝土表面洒水养护。

3）暖棚的出入口应设专人管理，并应采取防止棚内温度下降或引起风口处混凝土受冻的措施。

4）在混凝土养护期间应将烟或燃烧气体排至棚外，注意采取防止烟气中毒和防火措施。

（4）能耗计算

暖棚内的热量消耗，可根据暖棚尺寸、围护构造、地面的导热系数和室内换气次数（一般按每小时2次计算）等来计算确定。

#### 21.1.5.8 电加热法养护

(1) 分类及适用范围

混凝土的电加热养护根据其所用的发热元件不同分为不同的方法。常用的有：电极法、电热器法（一般用电热毯）、工频涡流法、线圈感应法、红外线加热法等。其适用范围见表 21-33。

电热法分类及适用范围　　表 21-33

| 分类 | 适用范围 |
|---|---|
| 电极法 | 适用于以木模板浇筑的混凝土构件，耗电量比其他方法高，只能在特殊条件下使用 |
| 电热毯法 | 适用于以钢模板浇筑的构件 |
| 工频涡流法 | 适用于大模板现浇墙体，梁、柱结构和梁柱接头等构件 |
| 线圈感应加热法 | 适用于梁、柱结构，以及各种装配式钢筋混凝土的接头混凝土的加热养护，亦可用于钢管及型钢混凝土的钢体、密筋结构的钢筋和钢板预热，及受冻钢筋混凝土结构构件的解冻 |
| 红外线加热法 | 适用于薄壁钢筋混凝土结构、装配式钢筋混凝土结构接头处混凝土、固定预埋铁件、受冻混凝土的加热 |

电极加热法养护混凝土的适用范围宜符合表 21-34 的规定。

电极加热法养护混凝土的适用范围　　表 21-34

| 分类 | | 常用电极规格 | 设置方法 | 适用范围 |
|---|---|---|---|---|
| 内部电极 | 棒形电极 | $\phi6$～$\phi12$ 的钢筋短棒 | 混凝土浇筑后，将电极穿过模板或在混凝土表面插入混凝土体内 | 梁、柱、厚度大于 150mm 的板、墙及设备基础 |
| 内部电极 | 弦形电极 | $\phi6$～$\phi12$ 的钢筋，长为 2.0～2.5m | 在浇筑混凝土前将电极装入，与结构纵向平行。电极两端弯成直角，由模板孔引出 | 含筋较少的墙、柱、梁、大型柱基础以及厚度大于 200mm 单侧配筋的板 |
| 表面电极 | | $\phi6$ 钢筋或厚 1～2mm、宽 30～60mm 的扁钢 | 电极固定在模板内侧，或装在混凝土的外表面 | 条形基础、墙及保护层大于 50mm 的大体积结构和地面等 |

(2) 施工要点

1) 电加热法养护混凝土的温度应符合表 21-35 的规定。

电加热法养护混凝土的温度（℃）　　表 21-35

| 水泥强度等级 | 结构表面系数（$m^{-1}$） | | |
|---|---|---|---|
| | <10 | 10～15 | >15 |
| 32.5 | 70 | 50 | 45 |
| 42.5 | 40 | 40 | 35 |

2) 混凝土采用电极加热法养护应符合下列要求：

① 电路接好应经检查合格后方可合闸送电。当结构工程量较大，需边浇筑边通电时，应将钢筋接地线，电热现场应设安全围栏。

② 棒形和弦形电极应固定牢固并不得与钢筋直接接触，电极与钢筋之间的距离应符

合表 21-36 的规定。

**电极与钢筋之间的距离**　　**表 21-36**

| 工作电压（V） | 最小距离（mm） |
| --- | --- |
| 65.0 | 50～70 |
| 87.0 | 80～100 |
| 106.0 | 120～150 |

注：当因钢筋密度大而不能保证钢筋与电极之间的上述距离时，应采取绝缘措施。

③ 电极加热法应使用交流电，不得使用直流电，电极的形式、尺寸、数量及配置应能保证混凝土各部位加热均匀，且仅应加热到设计混凝土强度标准值的 50%，在电极附近的辐射半径方向每隔 10mm 距离的温度差不得超过 1℃。

④ 电极加热应在混凝土浇筑后立即送电，送电前混凝土表面应保温覆盖。混凝土在加热养护过程中其表面不应出现干燥脱水，并应随时向混凝土上表面洒水或盐水，洒水应在断电后进行。

3）混凝土采用电热毯法养护应符合下列要求：

① 电热毯宜由四层玻璃纤维布中间夹以电阻丝制成，其几何尺寸应根据混凝土表面或模板外侧与龙骨组成的区格大小确定，电热毯的电压宜为 60～80V，功率宜为 75～100W/块。

② 当布置电热毯时，在模板周边的各区格应连续布毯，中间区格可间隔布毯，并应与对面模板错开，电热毯外侧应设置耐热保温材料（如岩棉板等）。

③ 电热毯养护的通电持续时间应根据气温及养护温度确定，可采取分段间断或连续通电养护工序。

4）混凝土采用工频涡流法养护应符合下列要求：

① 工频涡流法养护的涡流管应采用钢管，其直径宜为 12.5mm，壁厚宜为 3mm，钢管内穿铝芯绝缘导线其截面宜为 25～35mm$^2$，技术参数宜符合表 21-37 要求。

**工频涡流管技术参数**　　**表 21-37**

| 项　目 | 取　值 | 项　目 | 取　值 |
| --- | --- | --- | --- |
| 饱和电压降值（V/m） | 1.05 | 钢管极限功率（W/m） | 195 |
| 饱和电流值（A） | 200 | 涡流管间距（mm） | 150～250 |

② 各种构件涡流模板的配置应通过热工计算确定，也可按下列规则配置：

*a*. 柱：四面配置。

*b*. 梁：当高宽比大于 2.5 时，侧模宜采用涡流模板，底模宜采用普通模板；当高宽比小于等于 2.5 时，侧模和底模皆宜采用涡流模板。

*c*. 墙板：距墙板底部 600mm 范围内应在两侧对称拼装，涡流模板 600mm 以上部位应在两侧采用涡流和普通钢模交错拼装，并使涡流模板对应面为普通模板。

*d*. 梁柱节点：可将涡流钢管插入节点内，钢管总长度应根据混凝土量按 6.0kW/m$^3$ 计算，节点外围应保温养护。

5）当采用工频涡流法养护时，各阶段送电功率应使预养与恒温阶段功率相同，升温阶段功率应大于预养阶段功率的2.2倍，预养、恒温阶段的变压器一次接线为Y形，升温阶段接线应为△形。

6）混凝土采用线圈感应加热养护应符合下列要求：

① 变压器宜选择50kVA和100kVA低压加热变压器，电压宜在36～110V间调整。当混凝土量较少时也可采用交流电焊机。变压器的容量宜比计算结果增加20%～30%。

② 感应线圈宜选用截面面积为35mm$^2$铝质或铜质电缆，加热主电缆的截面面积150mm$^2$。可选用电流不宜超400A。

③ 当缠绕感应线圈时，宜靠近钢模板。构件两端线圈导线的间距应比中间加密一倍，加密范围宜由端部开始向内至一个线圈直径的长度为止。端头应密缠五圈。

④ 最高电压值宜为80V，新电缆电压值可采用100V，但应使接头绝缘，养护期间电流不得中断，并防止混凝土受冻。

⑤ 通电后应采用钳形电流表和万能表随时检查测定电流，并应根据具体情况随时调整参数。

7）采用红外线加热法对混凝土进行辐射加热养护时，辐射器与混凝土表面的距离不宜小于300mm，混凝土表面温度以70～90℃为好。

#### 21.1.5.9 蒸汽养护法

（1）蒸汽养护法适用范围

蒸汽养护法主要包含棚罩法、蒸汽套法、热模法、内部蒸汽法等，其特点及适用范围见表21-38。

蒸汽养护法特点及适用范围　　表21-38

| 方法 | 简述 | 特点 | 适用范围 |
|---|---|---|---|
| 棚罩法 | 用帆布或其他罩子扣罩，内部蒸汽养护混凝土 | 设施灵活，施工简便，费用较小，但耗汽量大，温度不易均匀 | 预制梁、板、地下基础、沟道等 |
| 蒸汽套法 | 制作密封保温外套，分段送汽养护混凝土 | 温度能适当控制，加热效果取决于保温构造，设施复杂 | 现浇梁、板、框架结构，墙、柱等 |
| 热模法 | 模板外侧配置蒸汽管，加热模板养护 | 加热均匀、温度易控制，养护时间短，设备费用大 | 墙、柱及框架结构 |
| 内部蒸汽法 | 结构内部留孔道，通蒸汽加热养护 | 节省蒸汽，费用较低，入汽端易过热，需处理冷凝水 | 预制梁、柱、桁架，现浇梁、柱、框架单梁 |

（2）施工要点

1）由于使用普通硅酸盐水泥的混凝土的最终强度比不经加热在低正温下硬化的混凝土强度低，所以蒸汽养护宜采用矿渣或火山灰水泥，但不得使用矾土水泥。

2）凡是掺有引气型的外加剂或氯盐的混凝土，在蒸汽作用下，会增加含气量，推迟凝结时间，降低强度，因此不宜用于蒸汽养护。

3）基土为不得受水浸的土，不宜采用蒸汽加热。

4）用于蒸汽加热的低压湿饱和蒸汽，要求相对湿度100%，温度95℃，压力0.05～0.07MPa。当使用高压蒸汽时，应通过减压阀或过水装置方可使用。

5）蒸汽养护应包括升温、恒温、降温三个阶段，各阶段加热延续时间可根据养护终了要求的强度确定。整体结构采用蒸汽养护时水泥用量不宜超过350kg/m³，水灰比宜为0.4～0.6，坍落度不宜大于50mm。采用蒸汽养护的混凝土可掺入早强剂或无引气型减水剂，但不宜掺用引气剂或引气减水剂，亦不应使用矾土水泥。蒸汽加热养护混凝土时应排除冷凝水并防止渗入地基土中；当有蒸汽喷出口时，喷嘴与混凝土外露面的距离不得小于30mm。

6）混凝土的最高加热温度如采用普通硅酸盐水泥时不应超过80℃，采用矿渣硅酸盐水泥时可提高到85℃。但采用内部通汽法时，最高加热温度不应超过60℃。

7）整体浇筑结构混凝土的升温和降温速度应按照表21-39规定执行。

**整体浇筑结构混凝土的升温和降温速度　　表21-39**

| 表面系数（$m^{-1}$） | 升温速度（℃/h） | 降温速度（℃/h） |
|---|---|---|
| ≥6 | 15 | 10 |
| <6 | 10 | 5 |

注：厚大体积的混凝土应根据实际情况确定。

### 21.1.5.10　掺外加剂法

（1）掺外加剂法适用范围

掺外加剂混凝土冬期施工主要包括低温早强混凝土、掺防冻剂的负温混凝土等，主要用于冬期不易保温的框架结构、高层建筑结构、一般梁、板、柱结构，以及地下结构或大面积的板式基础结构。当最低温度不低于－5℃时，可采用早强剂或早强减水剂；当最低温度不低于－20℃时，应采用防冻剂进行混凝土施工；若最低气温低于－20℃时，宜采用加热养护方法进行混凝土冬期施工。

（2）施工要点

1）施工时要求原材料进行加热，要求提高混凝土出机温度和入模温度。混凝土浇筑后，裸露面要及时覆盖塑料薄膜，避免风袭失水，也可以覆盖保温材料提高养护效果。

2）混凝土允许受冻临界强度时，低温早强混凝土控制为0℃，掺防冻剂的负温混凝土的控制温度为防冻剂规定的温度。

3）低温早强混凝土施工

① 当早强混凝土使用元明粉时，可以配置成溶液，亦可直接使用，使用时可以与水泥同时使用，适当延长搅拌时间，保证搅拌均匀。

② 若使用芒硝或有水硫酸钠，应先将硫酸钠配置成溶液，不允许有结晶沉淀析出。若有沉淀，应立即用热水将结晶化开后方准使用。

③ 配置硫酸钠溶液时，应注意其共溶性，如硫酸钠和氯化钙复合时，应先加入氯化钙溶液，出机前加入硫酸钠，并延长搅拌时间。

④ 如采用蒸汽养护时，注意早强剂的水泥适应性，并须有适当的预养时间。一般当温度为30℃时，预养温度不宜少于3～4h，初期强度不宜低于0.6MPa。

4）负温混凝土施工

① 搅拌混凝土时应设专人投放外加剂，要严格按要求剂量投入，并做好记录。使用液体外加剂时，应随时测定溶液的温度和浓度，当发现浓度有变化时，应加强搅拌或加热

搅拌，直到溶液达到要求浓度且均匀为止。

② 搅拌混凝土前，搅拌筒内部应用热水或蒸汽进行冲洗。混凝土搅拌时间应比常温搅拌时间延长50%。其具体出机温度，应根据当时的施工气温状况，拌合物运输过程中的热损失，以及拌合物捣运、浇筑入模温度要求等产生的热损失，通过热工计算确定。

③ 当防冻剂和其他外加剂复合使用时，除预先测定其相容性外，投入的次序要按试验室试验的要求进行。如外加剂中含有引气组分时，在搅拌出罐时，随时测定含气量，最大含气量不得超过7%。

④ 负温混凝土浇筑入模温度，在严寒地区应控制不低于10℃，在寒冷地区控制不低于5℃。

⑤ 混凝土在浇筑前，应清除模板或钢筋上的冰雪和污垢，但不得用蒸汽直接融化冰雪，防止再结冰。

⑥ 混凝土运到浇筑地点应立即进行浇筑，尽量减少热损失，提高入模温度。混凝土浇筑后，应采用机械振捣，注意相互之间衔接，间歇时间不宜超过15min，按随浇筑、随振捣、随覆盖保温的原则进行操作。

⑦ 负温混凝土浇筑后，可采用蓄热法养护。为防止冬期混凝土失水，混凝土浇筑后要立即用一层塑料薄膜覆盖，然后上面再盖一层草袋保温。对于框架结构如梁、柱等不易覆盖草袋保温时，应采用布条包裹覆盖养护。

⑧ 混凝土浇筑后，在养护期间应加强测温，特别注意前7d的测温。混凝土在养护期间，在达到允许受冻临界强度以前，混凝土的温度不得低于防冻剂的规定温度。当达到临界强度以后，混凝土内部温度允许低于规定温度，但后续时间亦要注意覆盖塑料布等养护，以防止混凝土失水影响水泥的后期水化反应，对混凝土强度增长不利。

#### 21.1.5.11 混凝土质量控制

(1) 冬期施工混凝土质量除应按相关章节进行控制外，还应符合以下规定：

1) 检查外加剂质量及掺量。外加剂进入施工现场后应进行抽样检验，合格后方准使用。

2) 检查水、骨料、外加剂溶液和混凝土出罐及浇筑时的温度。

3) 检查混凝土从入模到拆除保温层或保温模板期间的温度。

(2) 施工期间的测温项目与频次应符合表21-40的规定。

施工期间的测温项目与频次　　表21-40

| 测温项目 | 频次 |
|---|---|
| 室外气温 | 测量最高、最低气温 |
| 环境温度 | 每昼夜不少于4次 |
| 搅拌机棚温度 | 每一工作班不少于4次 |
| 水、水泥、矿物掺合料、砂、石及外加剂溶液温度 | 每一工作班不少于4次 |
| 混凝土出机、浇筑、入模温度 | 每一工作班不少于4次 |

(3) 混凝土养护期间温度测量应符合下列规定：

1) 采用蓄热法或综合蓄热法养护时，在混凝土达到受冻临界强度之前，应每隔4～6h测量一至两次。

2）掺防冻剂混凝土在强度未达到规范规定的受冻临界强度之前应每隔 2h 测量一次，达到受冻临界强度以后每隔 6h 测量一次。

3）采用加热法养护混凝土时，升温和降温阶段应每隔 1h 测量一次，恒温阶段每隔 2h 测量一次。

4）采用非加热法养护时，测温孔应设置在易于散热的部位；采用加热法养护时，应分别设置在离热源的不同位置。全部测温孔均应编号，并绘制布置图。测温孔应设在有代表性的结构部位和温度变化大易冷却的部位，孔深宜为 100～150mm，也可为板厚或墙厚的 1/2。

测温时，测温仪表应采取与外界气温隔离措施，测温仪表测量位置应处于结构表面下 20mm 处，并留置在测温孔内不少于 3min。

（4）检查混凝土质量除应按标准留置试块外，尚需做下列检查：

1）检查混凝土表面是否受冻、粘连、收缩裂缝，边角是否脱落，施工缝处有无受冻痕迹。

2）检查同条件养护试块的养护条件是否与施工现场结构养护条件相一致。

3）采用成熟度法检验混凝土强度时，应检查测温记录与计算公式要求是否相符，有无差错。

4）采用电热法养护时，应检查供电变压器二次电压和二次电流强度，每一工作班不少于两次。

（5）模板和保温层在混凝土达到要求强度并冷却到 5℃后方可拆除。拆模时混凝土温度与环境温度差大于 20℃时，拆模后的混凝土表面应及时覆盖，使其缓慢冷却。

（6）混凝土试件的留置除按《混凝土结构工程施工质量验收规范》（GB 50204）规定进行外，还应增加不少于两组同条件试件。

## 21.1.6　钢结构工程

### 21.1.6.1　一般规定

（1）在负温度下进行钢结构的制作和安装时，应按照负温度施工的要求，编制钢结构制作工艺规程和钢结构安装施工组织设计。

（2）钢结构制作和安装使用的钢尺、量具，应和土建施工单位使用的测量工具相一致，采用同一精度级别进行鉴定。并制定钢结构和土建结构的不同验收标准，不同温度膨胀系数差值的调整措施。

（3）冬期负温度下安装钢结构时，要注意温度变化引起的钢结构外形尺寸的偏差。

（4）在负温度下施工使用的钢材，宜采用 Q345 钢、Q390 钢、Q420 钢，其质量应分别符合国家现行标准的规定。所用钢材应具有负温冲击韧性保证值，Q235 钢和 Q345 钢试验温度应为 0℃和－20℃，Q390 钢和 Q420 钢试验温度应为－20℃和－40℃。

（5）负温度下焊接接头的板厚大于 40mm 时，节点的约束力较大，在板厚方向承受拉力作用时，要求钢板有板厚方向伸长率的保证，以防出现层状撕裂，应符合《厚度方向性能钢板》（GB/T 5313）的规定。

（6）负温度下施工的钢铸件应按《一般工程用铸造碳钢件》（GB/T 11352）中规定的 ZG200-400、ZG230-450、ZG270-500、ZG310-570 号选用。

(7) 负温度下钢结构焊接用的焊条、焊丝，在满足设计强度要求的前提下，应选用屈服强度较低、冲击韧性较好的低氢性焊条，重要结构可采用高韧性超低型焊条。但选用时，必须满足设计强度要求。

(8) 负温下钢结构用低氢型焊条烘焙温度宜为350～380℃，保温时间宜为1.5～2h，烘焙后应缓冷存放在110～120℃烘箱内，使用时应取出放在保温筒内，随用随取。当负温下使用的焊条外露超过4h时，应重新烘焙。焊条的烘焙次数不宜超过2次，受潮的焊条不应使用。

(9) 焊剂的含水量不得大于0.1%，在使用前必须按照质量证明书的规定进行烘焙。在负温度下露天进行焊接工作时，焊剂重复使用的时间间隔不得超过2h，当超过时，必须重新进行烘焙。

(10) 二氧化碳气体保护焊，其二氧化碳气体纯度不宜低于99.5%（体积比），含水率不得超过0.005%（质量比）。使用瓶装气体时，瓶内压力低于1MPa时，应停止使用。在负温下使用时，应检查瓶嘴有无冰冻堵塞现象。

(11) 钢结构制作和现场安装时，采用氧乙炔气切割钢材仍是常用手段，但冬期使用时，应注意以下两点：

1) 乙炔发生器应放置在0℃以上的条件下，以免发生水结冰以及降低乙炔气的产出量；

2) 氧气瓶应放置暖棚中。如露天放置，应注意检查因氧气瓶出气口的水分冻结产生的堵塞出气口。

(12) 钢结构中使用的螺栓，应有产品合格证。冬期施工时，高强度螺栓应在负温下进行扭矩系数、轴力的复验工作，符合要求后方能使用。

(13) 在负温度下钢结构基础锚栓施工应保护好螺纹端，不宜进行现场对焊。

#### 21.1.6.2 钢结构制作

(1) 在负温度条件下，钢结构放样前，需根据气温情况对尺寸进行计算修正。在冬期条件下放样时，其切割、铣、刨的尺寸，还需考虑由于气温影响产生的温度收缩量。

(2) 构件下料时，焊接接头的端头应根据工艺要求预留焊缝收缩量，多层框架和高层钢结构的多节柱，还要预留因荷载使柱子产生压缩的变形量。焊接收缩量和压缩变形量，必须与钢材在负温度下产生的收缩变形量相协调。

(3) 形状复杂和要求在负温下弯曲加工的构件，应按制作工艺要求的方向取料。弯曲构件的外侧不应有大于1mm的缺口和伤痕。

(4) 冬期施工时，对于普通碳素结构钢温度低于−20℃，低合金钢温度低于−15℃时的气温条件下，不得剪切和冲孔。如必须进行剪切和冲孔时，应局部进行加热到正温时，方可进行。

(5) 在冬期施工中，普通碳素结构钢温度低于−16℃，低合金结构钢温度低于−12℃时的温度环境下，不得进行冷矫正和冷弯曲，以免断裂或产生裂纹。当工作地点温度低于−30℃时，不宜进行现场火焰切割作业。

(6) 负温度下零件边缘需要加工时，应用精密切割机加工，焊缝坡口宜采用自动切割。重要结构的焊缝坡口，应用机械加工或自动切割加工，不宜用手工气割加工。采用坡口机、刨条机进行坡口加工时，不得出现鳞状表面。

(7) 构件必须按工艺规定的由里向外扩展的顺序进行组拼。如在负温下组拼焊接结构时，焊缝收缩预留值宜由试验确定。组拼时，点焊缝的数量和长度由计算确定。

(8) 零件冬期组装，必须把接缝两侧各50mm范围以内的毛刺、油污、铁锈、泥土、冰雪等清理干净，并保持接缝干燥，没有残留水分。

(9) 负温度下焊接中厚钢板、厚壁钢管时，应焊前预热。预热温度可由试验确定，当无试验数据时，可参考表21-41。

**负温下焊接中厚钢板、厚钢板、厚钢管的预热温度　　表21-41**

| 钢材种类 | 钢材厚度（mm） | 工作地点温度（℃） | 预热温度（℃） |
|---|---|---|---|
| 普通碳素钢构件 | <30 | <−30 | 36 |
| | 30～50 | −30～−10 | 36 |
| | 50～70 | −10～0 | 36 |
| | >70 | <0 | 100 |
| 普通碳素钢管构件 | <16 | <−30 | 36 |
| | 16～30 | −30～−20 | 36 |
| | 30～40 | −20～−10 | 36 |
| | 40～50 | −10～0 | 36 |
| | >50 | <0 | 100 |
| 低合金钢构件 | <10 | <−26 | 36 |
| | 10～16 | −26～−10 | 36 |
| | 16～24 | −10～−5 | 36 |
| | 24～40 | −5～0 | 36 |
| | >40 | <0 | 100～150 |

(10) 负温度下焊接，比常温更容易产生未焊透和积累各种缺陷。因此，构件组装定型后，应严格按焊接工艺规定进行。单条焊缝的两端必须设置引弧板和熄弧板，引弧板和熄弧板的材料应和母材相一致。严禁在焊接的母材上引弧。

(11) 负温度下焊接，热量损失较快。当板厚大于9mm时，应采用多层焊接工艺，焊缝应由下往上逐层堆焊并控制层间温度，原则上一条焊缝要一次焊完，不得中断。如中断再次施焊时，应先仔细清渣并检查缺陷，合格后方可进行预热，继续施焊，并且再次预热温度要高于初期预热温度。

(12) 在负温度下校正成形，推荐使用热校正。当采用冷校正时，严禁使用锤击敲打，应采用静力方式。

(13) 负温度下进行热校正时，钢材加热温度应控制在750～900℃（暗樱红色），宜搭设防风、防雨雪棚罩，温度较低时，应使用两把以上烤枪同时烘烤。温度在200～400℃之间时，结束校正，并使其缓慢冷却。

(14) 检查验收负温度下制作的钢构件时，外形尺寸应考虑温度的影响。当设计无要求时，等强接头和要求焊透的焊缝必须100%超声波检查，其余焊缝按30%～50%超声波抽样检查。

(15) 负温度下进行超声波探伤检查时，探头与钢材接触面间应使用不冻结的油基耦合剂，不应使用水基耦合剂。

(16) 经探伤不合格的焊缝应铲除重焊，并仍按在负温度下钢结构焊接工艺的规定进行施焊，焊后应采用同样的检验标准检验确定。

(17) 负温下制作的钢结构构件，在检查验收时，应考虑当时的气温对构件外形尺寸的影响。

**21.1.6.3 钢结构安装**

(1) 冬期运输钢构件时，注意清除运输车箱上的冰、雪，垫块、拉结点等部分，必须采取防滑措施，防止运输过程中构件滑动。

(2) 冬期堆存钢构件时，也要采取防滑措施。构件堆放场地必须平整坚实，无水坑，地面无结冰，无积雪，防止构件接触面下沉导致的构件变形。多层构件叠放时，必须保证构件的水平度，垫块必须在同一垂直线上，且垫块选用防溜滑材料。

(3) 负温度下，钢结构安装前，除按常规检查外，还须对构件根据负温度条件下的要求，对质量进行详细复验。凡是在运输、堆放过程中造成的构件变形、扭伤、脱漆或制作中存在的漏检等，偏差大于规定，影响安装质量时，必须在地面进行修理、矫正，符合设计要求及规范规定后方能起吊安装。

(4) 负温度下，钢结构安装前，要编制钢构件安装工艺流程图，并严格按照执行。平面上应从建筑物的中心逐步向四周扩展安装，立面上宜从下部逐件往上安装。

(5) 负温度下安装使用的吊环必须采用韧性好的钢材制作。绑扎、起吊钢构件的钢索与构件直接接触时，要加防滑隔垫。凡是与构件同时起吊的节点板、安装人员使用的挂梯、校正用的卡具、绳索必须绑扎牢固。直接使用吊环、吊耳起吊构件时，要检查吊环、吊耳连接焊缝有无损伤。

(6) 钢结构的冬期安装焊接要编制焊接工艺。在一节柱的一层构件安装、校正、栓接并预留焊缝收缩量后，平面上从结构中心开始向四周对称扩展焊接，严禁在结构外圈向中心焊接。同一个水平构件的两端不得同时进行焊接，待一端焊接完成并冷却到环境温度后，再焊接另一端。

(7) 构件上的积雪、结冰、结露，安装前应清除干净，但需注意保护涂层，不得损伤。需要补涂时，最好在地面上进行。

(8) 在负温度下安装钢结构所使用的专用机具、设备，应进行提前调试，必要时进行负温下试运行。对特殊要求的高强度螺栓、扳手、超声波探伤仪、测温计等，也要在低温下进行调试和标定。

(9) 负温度下安装的钢结构主要构件（柱子、主梁、支撑等），安装后应立即进行校正，并进行永久固定，以使当天安装的构件形成空间稳定体系，确保钢结构的安装质量和施工过程中的安全。

(10) 钢结构安装时，高强度螺栓接头摩擦面必须干净、干燥，不得有积雪、结冰、泥土、油污，并不得雨淋。检查符合要求后，方可拧紧螺栓，以保证达到设计要求的抗滑移系数。

(11) 多层钢结构安装时，楼面上的荷载必须限制，不得超过钢梁和楼板的承载能力。

(12) 冬期钢结构安装尽量减少高空作业，在起重设备能力允许的条件下，尽可能在地面拼装成较大的单元，整体吊装。

(13) 钢结构材料对温度较敏感，在冬期安装时，必须有调整尺寸偏差的措施。特别对由于温差引起高、长、大构件的伸长、缩短、弯曲等偏差，绝不可忽视。

(14) 在负温度下安装的质量，除应遵守《钢结构工程施工质量验收规范》(GB 50205) 要求外，尚应按设计的要求进行检查验收。

(15) 在负温度下安装过程中，需要提供临时固定或连接的，宜采用螺栓连接形式；当需要现场临时焊接时，安装完毕后，要妥善清理临时焊缝，防止形成较大应力集中和残余变形。

(16) 负温下进行钢—混凝土组合结构的组合梁和组合柱施工时，浇筑混凝土前应采取措施对钢结构部分加温至 5℃。

**21.1.6.4　钢结构负温焊接**

(1) 冬期钢结构制作和安装必须编制专门的焊接工艺规程。

(2) 负温下施工，应当在负温度下进行钢材的可焊性试验，试验通过方可进行负温焊接施工。当焊接场地环境温度低于－15℃时，应考虑温度对焊接工艺的影响，适当提高焊机的电流强度，每降低 3℃，焊接电流应提高 2%。

(3) 在负温度下露天焊接钢结构时，应考虑雨、雪和风的影响，当焊接场地环境温度低于－10℃时，应考虑焊接区域的保温措施，当焊接场地环境温度低于－30℃时，宜搭设临时防护棚，防止雨水、雪花飘落在炽热的焊缝上。

(4) 负温焊接，当采用低氢焊接材料时，焊接后焊缝宜进行焊后消氢处理，消氢处理的加热温度应为 200～250℃，保温时间应根据工件的板厚，每 25mm 板厚不小于 0.5h，且总保温时间不得小于 1h，确定达到保温时间后应缓冷至常温。并且现场设烘干箱，焊条烘干温度约 300℃，时间为 2～3h。

(5) 焊接施工时，同一条焊缝内，不同焊层宜选用不同直径的焊条。如：打底和盖面焊采用较细焊条，中部叠层焊采用较粗的焊条，提高焊接质量。

(6) 冬期负温焊接时，须焊前预热、焊后缓冷。采用喷灯或水焊工具在焊前加热，预热范围应在焊缝四周大于等于 100mm 区域内，钢管应在焊缝四周大于等于 200mm 左右，预热可采用氧乙炔火焰烘烤及其他电热红外线法烘烤。加热温度一般为 150～200℃，一人焊，另一人烤，施焊后再烘烤一段时间，自然冷却。焊完第一遍后连续焊第二遍，一次完成。

(7) 钢结构冬期施工时，尽量缩小制作单元块体，防止个别杆件因焊口应力集中产生裂缝。通过试验和计算，确定杆件焊接收缩量，总拼时，应从中间向两边或四周发展。单元块体焊接时，一般先焊下弦，使下弦收缩向上拱起，然后焊腹杆及上弦，减少或消除约束应力。

(8) 厚钢板组成的钢构件在负温度下焊接完成后，立即进行后热处理，既可消除焊接产生的残余应力，又可防止发生氢脆事故。在焊缝两侧板厚的 2～3 倍范围内，加热温度 150～300℃，保持 1～2h。后热处理完后，要采取石棉布、石棉灰等保温措施，使焊缝缓慢冷却，冷却速度不大于 10℃/min。

(9) 栓钉焊接前，应根据负温度值的大小，对焊接电流、焊接时间等参数进行测定，保证栓钉在负温度下的焊接质量。栓钉施焊环境温度低于 0℃时，打弯试验的数量应增加 1%；当栓钉采用手工电弧焊和其他保护电弧焊接时，其预热温度应符合相应工艺的要求。

(10) 钢结构的焊接加固时，必须由有对应类别资格的焊工施焊。施焊镇静钢板的厚度不大于 30mm 时，环境空气温度不应低于－15℃；当厚度超过 30mm 时，温度不应低于 0℃。

**21.1.6.5 钢结构防腐**

(1) 在负温度条件下，钢结构禁止使用水基涂料，且涂料应符合负温条件下涂刷的性能要求。

(2) 在低于 0℃的钢构件上涂刷防腐涂层前，应进行涂刷工艺试验。涂刷时必须将构件表面的铁锈、油污、边沿孔洞的飞边毛刺等清除干净，并保持构件表面干燥。

(3) 负温度下涂刷，为了加快涂层干燥速度，可用热风、红外线照射干燥。干燥温度和时间由试验确定。

(4) 钢结构制作前，应对构件隐蔽部位、夹层、成型后难以操作的复杂节点提前除锈、涂刷。

(5) 室内防腐涂装作业时，应有通风措施。露天作业时，雨、雪、大风天气或构件上有薄冰时不得进行涂刷工作。

(6) 构件涂装后需要运输时，应防止磕碰，防止地面拖拉，防止涂层损坏。

(7) 油漆工应有特殊工种作业操作证。

(8) 环境温度低于－10℃时，应停止涂刷作业。

## 21.1.7 屋面工程

屋面各层在施工前，均应将基层上面的冰、水、积雪和杂物等清扫干净，所用材料不得含有冰雪冻块。

**21.1.7.1 保温层施工**

(1) 冬期施工采用的屋面保温材料应符合设计要求，并不得含有冰雪、冻块和杂质。

(2) 干铺的保温层可在负温度下施工，采用沥青胶结的整体保温层和板状保温层应在气温不低于－10℃时施工，采用水泥、石灰或乳化沥青胶结的整体保温层和板状保温层，应在气温不低于 5℃时施工。如气温低于上述要求，应采取保温、防冻措施。

(3) 采用水泥砂浆粘贴板状保温材料以及处理板间缝隙，可采用掺有防冻剂的保温砂浆。防冻剂掺量应通过试验确定。

(4) 干铺的板状保温材料在负温施工时，板材应在基层表面铺平垫稳，分层铺设。板块上下层缝隙应相互错开，缝隙应采用同类材料的碎屑填嵌密实。

(5) 雪天和五级风及以上天气不得施工。

(6) 当采用倒置式屋面进行冬期施工时，应符合以下要求：

1) 倒置式屋面冬期施工，应选用憎水性保温材料，施工之前应检查防水层平整度及有无结冰、霜冻或积水现象，合格后方可施工。

2) 当采用 EPS 板或 XPS 板做倒置式屋面的保温层，可用机械方法固定，板缝和固定处的缝隙应用同类材料碎屑和密封材料填实。表面应平整无瑕疵。

3) 倒置式屋面的保温层上应按设计要求做覆盖保护。

**21.1.7.2 找平层施工**

(1) 屋面找平层施工应符合下列规定：

1）找平层应牢固坚实、表面无凹凸、起砂、起鼓现象。如有积雪、残留冰霜、杂物等应清扫干净，并应保持干燥。

2）找平层与女儿墙、立墙、天窗壁、变形缝、烟囱等突出屋面结构的连接处，以及找平层的转角处、水落口、檐口、天沟、檐沟、屋脊等均应做成圆弧。采用沥青防水卷材的圆弧，半径宜为 100～150mm；采用高聚物改性沥青防水卷材，圆弧半径宜为 50mm；采用合成高分子防水卷材，圆弧半径宜为 20mm。

（2）采用水泥砂浆或细石混凝土找平层时，应符合下列规定：

1）应依据气温和养护温度要求掺入防冻剂，且掺量应通过试验确定。

2）采用氯化钠作为防冻剂时，宜选用普通硅酸盐水泥或矿渣硅酸盐水泥，不得使用高铝水泥。施工温度不应低于−7℃。氯化钠掺量可按表 21-42 采用。

**氯化钠掺量**　　**表 21-42**

| 施工时室外气温（℃） | | 0～−2 | −3～−5 | −6～−7 |
|---|---|---|---|---|
| 氯化钠掺量（占水泥质量百分比，%） | 用于平面部位 | 2 | 4 | 6 |
| | 用于檐口、天沟等部位 | 3 | 5 | 7 |

（3）找平层宜留设分格缝，缝宽宜为 20mm，并应填充密封材料。当分格缝兼作排汽屋面的排汽道时，可适当加宽，并应与保温层连通。找平层表面宜平整，平整度不应超过 5mm，且不得有酥松、起砂、起皮现象。

#### 21.1.7.3 屋面防水层施工

（1）冬期施工的屋面防水层采用卷材时，可用热熔法和冷黏法施工。

屋面防水层施工时环境气温应符合一定的要求，详见表 21-43。

**防水材料施工环境气温要求**　　**表 21-43**

| 防水材料 | 施工环境气温 |
|---|---|
| 高聚物改性沥青防水卷材 | 热熔法不低于−10℃ |
| 合成高分子防水卷材 | 冷黏法不低于 5℃；焊接法不低于−10℃ |
| 高聚物改性沥青防水涂料 | 溶剂型不低于 5℃；热熔型不低于−10℃ |
| 合成高分子防水涂料 | 溶剂型不低于−5℃ |
| 防水混凝土、防水砂浆 | 符合混凝土、砂浆相关规定 |
| 改性石油沥青密封材料 | 不低于 0℃ |
| 合成高分子密封材料 | 溶剂型不低于 0℃ |

卷材低温柔性应符合表 21-44、表 21-45 要求。

**高聚物改性沥青防水卷材低温柔性**　　**表 21-44**

| 项　目 | SBS 弹性体改性沥青防水卷材 | APP 塑性体改性沥青防水卷材 | PEE 改性沥青聚乙烯胎防水卷材 |
|---|---|---|---|
| 温　度 | 18℃ | 5℃ | 10℃ |
| 性　能 | 3mm 厚 $r$=15mm；4mm 厚 $r$=25mm；3s 弯 180°，无裂纹 | | |

合成高分子防水卷材低温柔性　表 21-45

| 项　目 | 硫化橡胶类 | 非硫化橡胶类 | 树脂类 | 纤维增强类 |
|---|---|---|---|---|
| 低温弯折（℃） | −30 | −20 | −20 | 20 |
| 性　能 | 弯折无裂纹 | | | |

（2）当采用涂料做屋面防水层时，应选用合成高分子防水涂料（溶剂型），施工时环境气温不宜低于−5℃，在雨、雪天及五级风及以上时不得施工。防水涂料低温柔性应符合表 21-46 要求。

防水涂料低温柔性　表 21-46

| 材　料 | 项　目 | 性　能 | |
|---|---|---|---|
| 合成高分子防水涂料 | 柔性（℃） | 反应固化型，−30℃，弯折无裂纹 | 挥发固化型，−20℃，弯折无裂纹 |
| 高聚物改性沥青防水涂料 | 柔性（−10℃） | 3mm 厚，绕 $\phi$20mm 圆棒无裂纹、断裂 | |
| 聚合物水泥涂料 | 柔性（−10℃） | 绕 $\phi$10mm 棒无裂纹 | |

（3）热熔法施工宜使用高聚物改性沥青防水卷材，并应符合下列规定：

1）基层处理剂宜使用挥发快的溶剂，涂刷后应干燥 10h 以上，并应及时铺贴。

2）水落口、管根、烟囱等容易发生渗漏部位的周围 200mm 范围内，应涂刷一遍聚氨酯等溶剂型涂料。

3）热熔铺贴防水层应采用满粘法。当坡度小于 3%时，卷材与屋脊应平行铺贴；坡度大于 15%时卷材与屋脊应垂直铺贴；坡度为 3%～15%时，可平行或垂直屋脊铺贴。铺贴时应采用喷灯或热喷枪均匀加热基层和卷材，喷灯或热喷枪距卷材的距离宜为 0.5m，不得过热或烧穿，应待卷材表面熔化后，缓缓地滚铺铺贴。

4）卷材搭接应符合设计规定。当设计无规定时，横向搭接宽度宜为 120mm，纵向搭接宽度宜为 100mm。搭接时应采用喷灯或热喷枪加热搭接部位，趁卷材熔化尚未冷却时，用铁抹子把接缝边抹好，再用喷灯或热喷枪均匀细致地密封。平面与立面相连接的卷材，应由上向下压缝铺贴，并应使卷材紧贴阴角，不得有空鼓现象。

5）卷材搭接缝的边缘以及末端收头部位应以密封材料嵌缝处理，必要时也可在经过密封处理的末端接头处再用掺防冻剂的水泥砂浆压缝处理。

（4）热熔法铺贴卷材施工安全应符合下列规定：

1）易燃性材料及辅助材料库和现场严禁烟火，并应配备适当灭火器材；

2）溶剂型基层处理剂未充分挥发前不得使用喷灯或热喷枪操作；操作时应保持火焰与卷材的喷距，严防火灾发生；

3）在大坡度屋面或挑檐等危险部位施工时，施工人员应系好安全带，四周应设防护措施。

（5）冷粘法施工宜采用合成高分子防水卷材。胶粘剂应采用密封桶包装，储存在通风良好的室内，不得接近火源和热源。

（6）冷粘法施工应符合下列规定：

1）基层处理时应将聚氨酯涂膜防水材料的甲料：乙料：二甲苯按 1：1.5：3 的比例

配合，搅拌均匀，然后均匀涂布在基层表面上，干燥时间不应少于10h。

2）采用聚氨酯涂料做附加层处理时，应将聚氨酯甲料和乙料按1∶1.5的比例配合搅拌均匀，再均匀涂刷在阴角、水落口和通气口根部的周围，涂刷边缘与中心的距离不应小于200mm，厚度不应小于1.5mm，并应在固化36h以后，方能进行下一工序施工。

3）铺贴立面或大坡面合成高分子防水卷材宜用满粘法。胶粘剂应均匀涂刷在基层或卷材底面，并应根据其性能，控制涂刷与卷材铺贴的间隔时间。

4）铺贴的卷材应平整顺直粘结牢固，不得有皱折。搭接尺寸应准确，并应辊压排除卷材下面的空气。

5）卷材铺好压粘后，应及时处理搭接部位。并应采用与卷材配套的接缝专用胶粘剂，在搭接缝粘合面上涂刷均匀。根据专用胶粘剂的性能，应控制涂刷与粘合间隔时间，排除空气、辊压粘结牢固。

6）接缝口应采用密封材料封严，其宽度不应小于10mm。

(7) 涂膜屋面防水施工应选用溶剂型合成高分子防水涂料。涂料进场后，应储存于干燥、通风的室内，环境温度不宜低于0℃，并应远离火源。

(8) 涂膜屋面防水施工应符合下列规定：

1）基层处理剂可选用有机溶剂稀释而成。使用时应充分搅拌，涂刷均匀，覆盖完全，干燥后方可进行涂膜施工。

2）涂膜防水应由两层以上涂层组成，总厚度应达到设计要求，其成膜厚度不应小于2mm。

3）可采用涂刮或喷涂施工。当采用涂刮施工时，每遍涂刮的推进方向宜与前一遍互相垂直，并应在前一遍涂料干燥后，方可进行后一遍涂料的施工。

4）使用双组分涂料时应按配合比正确计量，搅拌均匀，已配成的涂料及时使用。配料时可加入适量的稀释剂，但不得混入固化涂料。

5）在涂层中夹铺胎体增强材料时，位于胎体下面的涂层厚度不应小于1mm，最上层的涂料层不应少于两遍。胎体长边搭接宽度不得小于50mm，短边搭接宽度不得小于70mm。采用双层胎体增强材料时，上下层不得互相垂直铺设，搭接缝应错开，间距不应小于一个幅面宽度的2/3。

6）天沟、檐沟、檐口、泛水等部位，均应加铺有胎体增强材料的附加层。水落口周围与屋面交接处，应作密封处理，并应加铺两层有胎体增强材料的附加层，涂膜伸入水落口的深度不得小于50mm，涂膜防水层的收头应用密封材料封严。

7）涂膜屋面防水工程在涂膜层固化后应做保护层。保护层可采用分格水泥砂浆或细石混凝土或块材等。

**21.1.7.4　隔气层施工**

隔气层可采用气密性好的单层卷材或防水涂料。冬期施工采用卷材时，可采用花铺法施工，卷材搭接宽度不应小于80mm。采用防水涂料时，宜选用溶剂型涂料。隔气层施工时气温不应低于－5℃。

## 21.1.8　建筑装饰装修工程

冬期室内建筑装饰装修工程施工可采用建筑物正式热源、临时性管道或火炉、电气取暖。若采用火炉取暖时，应预防煤气中毒，防止烟气污染，并应在火炉上方吊挂铁板，使煤火热度分散。室外建筑装饰装修工程施工前，根据外架子搭设，在西、北面应采取挡风措施。

**21.1.8.1　一般规定**

(1) 室外建筑装饰装修工程施工不得在五级及以上大风或雨、雪天气下进行。

(2) 外墙饰面板、饰面砖以及陶瓷锦砖饰面工程采用湿贴法作业时，不宜进行冬期施工。

(3) 外墙抹灰后需进行涂料施工时，抹灰砂浆内所掺的防冻剂品种应与所选用的涂料材质相匹配，具有良好的相溶性，防冻剂掺量和使用效果应通过试验确定。

(4) 装饰装修施工前，应将墙体基层表面的冰、雪、霜等清理干净。

(5) 室内抹灰前，应提前做好屋面防水层、保温层及室内封闭保温层。

(6) 室内装饰施工可采用建筑物正式热源、临时性管道或火炉、电气取暖。若采用火炉取暖时，应采取预防煤气中毒的措施。

(7) 室内抹灰、块料装饰工程施工与养护期间的温度不应低于5℃。

(8) 冬期抹灰及粘贴面砖所用砂浆应采取保温、防冻措施。室外用砂浆内可掺入防冻剂，其掺量应根据施工及养护期间环境温度经试验确定。

(9) 室内粘贴壁纸时，其环境温度不宜低于5℃。

(10) 裱糊工程施工时，混凝土或抹灰基层含水率不应大于8%。施工中当室内温度高于20℃，且相对湿度大于80%时，应开窗换气，防止壁纸皱折起泡。

**21.1.8.2　抹灰工程**

冬期抹灰工程需注意以下几点：

(1) 室外抹灰应待其完全解冻后进行；室内抹灰应待抹灰的一面解冻深度大于等于墙厚的一半时进行，不得采用热水冲刷冻结的墙面或用热水消除墙面的冰霜。

(2) 抹灰工程冬期施工时，房屋内部和室外大面积抹灰采用热作法，室外抹灰采用冷作法，气温低于−2℃时宜暂停施工。

(3) 室内抹灰工程结束后，在7d以内保持室内温度不低于5℃。当采用热空气加温时，应注意通风，排除湿气。当抹灰砂浆中掺入防冻剂时，温度可相应降低。

1. 热作法

(1) 采用热作法施工时，应设专人进行测温，距地面以上500mm处的环境温度应大于等于5℃，并且需要保持至抹灰层基本干燥为止。

(2) 热作法施工的具体操作方法与常温施工基本相同，但应注意以下几点：

1) 在进行室内抹灰前，应封好门窗口、门窗口的边缝、脚手眼及孔洞等。对施工洞口、运料口及楼梯间等要做好封闭保温措施。在进行室外施工前，应尽量利用外架子搭设暖棚。

2) 需要抹灰的砌体，应提前加热，使墙面保持在5℃以上，以便湿润墙面时不会结冰，砂浆和墙面可以牢固黏结。

3) 用临时热源加热时，应当随时检查抹灰层的温度，如干燥过快发生裂纹时，应当进行洒水湿润，使其与各层能很好地粘结，防止脱落。

4) 用热作法施工的室内抹灰工程，应在每个房间设置通风口或适当开放窗户，定期通风，排除湿空气。

5）用火炉加热时，必需装设烟囱，严防煤气中毒。

6）抹灰工程所用的砂浆，在正温度的室内或临时暖棚中制作。砂浆使用时的温度，在5℃以上。为了获得砂浆应有温度，可采用热水搅拌。

2. 冷作法

(1) 施工用的砂浆配合比和化学附加剂的掺入量，应根据工程具体要求由试验室确定。

(2) 采用氯化钠的化学附加剂时，应由专人配制成溶液，提前两天用冷水配制1∶3（质量比）的浓溶液，使用时再加清水配制成若干种符合要求比重的溶液。其掺量可参考表21-47。氯盐防冻剂禁用于高压电源部位和油漆墙面的水泥砂浆基层。

**砂浆中氯化钠掺量（占用水量的%）** **表21-47**

| 项目 | 室外气温（℃） | |
|---|---|---|
| | 0～－5 | －5～－10 |
| 挑檐、阳台、雨罩、墙面等抹水泥砂浆 | 4 | 4～8 |
| 墙面为水刷石、干黏石水泥砂浆 | 5 | 5～10 |

(3) 砂浆中掺入亚硝酸钠作防冻剂时，其掺量可参考表21-48。

**砂浆中亚硝酸钠掺量（占用水量的%）** **表21-48**

| 室外气温（℃） | 0～－3 | －4～－9 | －10～－15 | －16～－20 |
|---|---|---|---|---|
| 掺量（%） | 1 | 3 | 5 | 8 |

(4) 冷做法施工所用的砂浆须在暖棚中制作。砂浆要求随拌随用，冻结后的砂浆应待融化后再搅拌均匀方可使用，砂浆使用时的温度应控制在5℃以上。

(5) 防冻剂的配制和使用须由专业人员进行，配置时要先制成20%浓度的标准溶液，然后根据气温再配制成使用浓度溶液。

(6) 防冻剂的掺入量是根据砂浆的总含水量计算的，其中包括石灰膏和砂子的含水量。石灰膏中的含水量可按表21-49计算。

**石灰膏的含水率** **表21-49**

| 石灰膏稠度（mm） | 10 | 20 | 30 | 40 | 50 | 60 | 70 | 80 | 90 | 100 | 110 | 120 | 130 |
|---|---|---|---|---|---|---|---|---|---|---|---|---|---|
| 含水率（%） | 32 | 34 | 36 | 38 | 40 | 42 | 44 | 46 | 48 | 49 | 52 | 54 | 56 |

砂子的含水量可以通过试验确定。

(7) 采用氯盐作防冻剂时，砂浆内埋设的铁件均需涂刷防锈漆。

(8) 抹灰基层表面如有冰、霜、雪时，可用与抹灰砂浆同浓度的防冻剂热水溶液冲刷，将表面杂物清除干净后再行抹灰。

(9) 当施工要求分层抹灰时，底层灰不得受冻。抹灰砂浆在硬化初期应采取防止受冻的保温措施。

### 21.1.8.3 饰面砖（板）工程

经过上海、北京、哈尔滨等多个城市调研，外墙采用粘结法施工饰面砖、饰面板及陶瓷锦砖，在一年后发生脱落的质量问题十分普通，事故率占受调查建筑项目的50%左右，冬期施工采取措施不当是造成面砖脱落的重要原因之一。因此，从质量和安全角度考虑，《建筑工程冬期施工规程》（GB/T 104）规定，外墙饰面砖、饰面板及陶瓷锦砖等以粘贴方式固定的装饰块材不宜进行冬期施工。本手册所述内容，仅供当需要进行施工时参考。

(1) 外墙面的饰面板、饰面砖及陶瓷锦砖施工，不宜进行冬期施工，当需要进行施工时，应采用暖棚法进行。施工温度应符合以下要求：

1) 建筑块材地面工程施工时，对于采用掺有水泥、石灰的拌合料铺设以及用石油沥青胶结料铺贴时，各层环境温度不应低于5℃。采用有机胶结剂粘贴时，不应低于10℃。采用砂、石材料铺设时，不应低于0℃。

2) 细木板、多层板等木质材料应离开热源0.5m，避免过热开裂、变形。

(2) 石材干挂施工前，在结构施工阶段可依据块材大小采用螺栓固定的干作业法预埋一定数量的锚固件，锚固螺栓应采取防水、防锈措施。

如果结构施工时未留预埋件，可根据工程实际情况，采用“后锚固技术”（将钢筋或螺栓及其他杆件体牢固地锚植于混凝土、岩石等基材中的施工技术）设置锚固件，并在锚固件上焊接干挂石材骨架。具体要求如下：

1) 冬期施工外墙干挂石材植筋（化学锚栓）技术的一般适宜环境温度是日最低气温－5℃以上。当日最低气温低于－5℃时，应采取相应措施升温；若经试验证明所用植筋胶可在－5℃以下施工，可按试验规定条件进行而不采取升温措施。植筋的环境温度应按产品说明规定执行，并严格遵守植筋胶的固化及安装时间（参考见表21-50），待胶体完全固化后方可承载，固化期间严禁扰动，以防锚固失效。植筋后注意保温，防止受冻从而影响性能。

**植筋胶的固化及安装时间** **表21-50**

| 基材温度（℃） | 安装时间（min） | 固化时间（h） |
| --- | --- | --- |
| －5 | 25 | 6 |
| 0 | 18 | 3 |
| 5 | 13 | 1.5 |

2) 植筋时要明确基材状况确保其符合下列要求：

① 被锚固的钢筋或螺栓各项性能指标应达到设计要求。

② 混凝土体坚固、密实、平整，不应有起砂、起壳、蜂窝、麻面、油污等影响锚固承载力的瑕疵。

③ 根据设计要求的植筋直径，确定钻孔孔径与深度，一般孔径大于植筋直径4㎜，孔深度不小于钢筋锚固长度；植筋的锚固长度为10～15$d$。植筋间距应符合结构设计要求。

钻孔时应避开钢筋，尤其是预应力筋和非预应力受力钢筋。保证钻机、钻头与基材表面垂直，保证孔径与孔距尺寸准确，垂直孔或水平孔的偏差应小于2°。如果钻机突然停止或钻头不前进时，应马上停止钻孔，检查是否碰到内部钢筋。对于失败孔，应填满化学胶粘剂或用高强度等级的水泥砂浆灌注，另选新孔，重新操作。

④ 根据工程施工时的环境温度选择干挂结构胶，一般在0℃以上的环境下施工。

施工温度低于0℃时，可在粘胶部位加热，温度不超过65℃，或使用低温型石材干挂胶。

⑤ 植筋胶应存放于阴凉、干燥的地方，避免受阳光直接照射，长期（保质期内）存放温度为5～25℃。如果存放时间超过产品规定的保质期，则不得继续使用。

⑥ 干挂石材嵌缝应使用中性硅酮耐候密封胶，同一干挂石材墙面工程应采用具有证明无污染试验报告的同一品牌的中性硅酮耐候密封胶，在有效期内使用。使用时应设法将室内温度提高至5℃以上。

⑦ 在锚固件上焊接龙骨时，焊接熔合点距锚固件根部不宜小于50mm，或按厂家说明书操作，并符合设计要求，以免影响胶体，使锚固件承载力下降。

⑧ 钢筋插入孔内的部分要保持清洁、干燥、无锈蚀，如果孔壁潮湿，应用热风吹干。

⑨ 冬期施工中钻孔、清孔、注胶、插钢筋等工序的操作要求与常温操作相同。

#### 21.1.8.4　涂饰工程

1. 油漆工程

(1) 冬期油漆工程的施工应在采暖条件下进行，宜选择晴天干燥无风的天气环境。当需要在室外施工时，其最低环境温度不应低于5℃。木料制品含水率不得大于12%，油漆需要添加催干剂，禁止热风吹油漆面，以防止产生凝结水，基层应干燥，湿度应小于等于5%，不得有冰霜。

(2) 油漆应搅拌均匀，加盖，调配好当天的使用量，因为油漆在低温下容易稠化，所以使用前应放在热水器中用水间接地加热，不得直接放在火炉、电炉上加热，以防着火。

(3) 配制腻子时要用热水，可在加入的水中掺加1/4的酒精，按照产品说明书要求的温度进行控制，－3℃时腻子会结冰。

(4) 油漆工程冬期施工时，气温不能有剧烈的变化，施工完毕后至少保养两昼夜以上，直至油膜和涂层干透为止。

(5) 如果受冻木材的湿度不大于15%，则应先涂干性油并满刮腻子。

(6) 冬期安装木门、窗框后，及时刷底油，防止因北方冬期室内比较干燥，门窗框出现变形。

(7) 刷油质涂料时，环境温度不宜低于＋5℃，刷水质涂料时不宜低于＋3℃，并结合产品说明书所规定的温度进行控制，－10℃时各种油漆均不得施工。

(8) 涂料涂饰施工时，应注意通风换气和防尘。

(9) 刷调合漆时，应在其内加入调合漆质量2.5%的催干剂和5.0%的松香水，施工时应排除烟气和潮气，防止失光和发黏不干。

(10) 室外喷、涂、刷油漆、高级涂料时应保持施工均衡。粉浆类料浆宜采用热水配制，随用随配并应将料浆保温，料浆使用温度宜保持15℃左右。

2. 水溶性涂料

(1) 水溶性涂料涂饰施工时，应注意通风换气和防尘。

(2) 冬期施工时墙面要求保持干燥，涂刷时先刷一遍底漆，待底漆干透后，再涂刷施工。涂料施工时严禁加水，若涂料太稠，可加入稀释剂调释。

(3) 水溶性涂料在使用前应搅拌均匀，并应在产品说明书规定时间内用完，若超过规定时间不得使用。

3. 溶剂型涂料

(1) 冬期室内施工时，现浇混凝土墙面龄期不少于一个月，水泥砂浆抹面龄期不少于7d，涂刷溶剂型涂料时基层含水率小于等于8%。

(2) 施工基面要求平整，没有蜂窝麻面，清扫干净，不能有严重灰尘或油污现象，处理干净后再涂刷。混凝土或抹灰基层在涂饰涂料前，应随刷抗碱封闭漆，以免墙面易泛碱。若泛碱时，需用5%～10%的磷酸溶液处理，待酸性泛后1h，用清水冲洗墙面，干燥后再进行施工。

(3) 涂料太稠时，可用稀释剂调释。

#### 21.1.8.5 幕墙及玻璃工程

(1) 幕墙建筑密封胶、结构胶的选用应根据施工环境温度和产品使用温度条件确定，其技术性能应符合国家相关标准规定，化学植筋应根据结构胶产品使用温度规定进行，且不宜低于－5℃。

(2) 幕墙构件正温制作、负温安装时，应根据环境温度的差异考虑构件收缩量，并在施工中采取调整偏差的技术措施。

(3) 负温下使用的挂件连接件及有关连接材料须附有质量证明书，性能符合设计和产品标准的要求。

(4) 负温下使用的焊条外露不得超过2h，超过2h重新烘焙，焊条烘焙次数不超过3次。

(5) 焊剂在使用前按规定进行烘烤，使其含水量不超过0.1%。

(6) 负温下使用的高强度螺栓须有产品合格证，并在负温下进行扭矩系数、轴力的复验工作。

(7) 环境温度低于0℃时，在涂刷防腐涂料前进行涂刷工艺试验，涂刷时必须将构件表面的铁锈、油污、毛刺等清理干净，并保持表面干燥。雪天或构件上有薄冰时不得进行涂刷工作。

(8) 冬期运输、堆放幕墙结构时采取防滑措施，构件堆放场地平整、坚实、无水坑，地面无结冰。同一型号构件叠放时，构件应保持水平，垫铁放在同一垂直线上，并防止构件溜滑。

(9) 从寒冷处运到有采暖设备的室内的玻璃和镶嵌用的合成橡胶等型材，应待其缓暖后方可进行裁割和安装，施工环境温度不宜低于5℃。

(10) 预装门窗玻璃安装、中空玻璃组装施工，宜在保暖、洁净的房间内进行。外墙铝合金、塑钢框、扇玻璃不宜在冬期安装，如必须在冬期安装，应使用易低温施工的硅酮密封胶，其施工环境最低气温不宜低于－5℃，施工宜在中午气温较高时进行，并根据产品使用说明书要求操作。

### 21.1.9 混凝土构件安装工程

#### 21.1.9.1 构件的堆放及运输

(1) 混凝土构件运输及堆放前，应将车辆、构件、垫木及堆放场地的积雪、结冰清除干净，场地应平整、坚实。

(2) 混凝土构件在冻胀性土壤的自然地面上或冻结前回填土地面上堆放时，应符合下列规定：

1) 每个构件在满足刚度、承载力条件下，应尽量减少支承点数量；

2) 对于大型板、槽板及空心板等板类构件，两端的支点应选用长度大于板宽的垫木；

3) 构件堆放时，如支点为两个及以上时，应采取可靠措施防止土壤的冻胀和融化下沉；

4) 构件用垫木垫起时，地面与构件之间的间隙应大于150mm。

(3) 在回填冻土并经一般压实的场地上堆放构件时，当构件重叠堆放时间长，应根据构件质量，尽量减少重叠层数，底层构件支垫与地面接触面积应适当加大。在冻土融化之前，应采取防止因冻土融化下沉造成构件变形和破坏的措施。

(4) 构件运输时，混凝土强度不得小于设计混凝土强度等级值75%。在运输车上的支点设置应按设计要求确定。对于重叠运输的构件，应与运输车固定并防止滑移。

**21.1.9.2　构件的吊装**

(1) 吊车行走的场地应平整，并应采取防滑措施。起吊的支撑点地基应坚实。

(2) 地锚应具有稳定性，回填冻土的质量应符合设计要求。活动地锚应设防滑措施。

(3) 构件在正式起吊前，应先松动、后起吊。

(4) 凡使用滑行法起吊的构件，应采取控制定向滑行，防止偏离滑行方向的措施。

(5) 多层框架结构的吊装，接头混凝土强度未达到设计要求前，应加设缆风绳等防止整体倾斜的措施。

**21.1.9.3　构件的连接与校正**

(1) 装配整浇式构件接头的冬期施工应根据混凝土体积小、表面系数大、配筋密等特点，采取相应的保证质量措施。

(2) 构件接头采用现浇混凝土连接时，应符合下列规定：

1) 接头部位的积雪、冰霜等应清除干净；

2) 承受内力接头的混凝土，当设计无要求时，其受冻临界强度不应低于设计强度等级值的70%；

3) 接头处混凝土的养护应符合本手册21.1.5“混凝土工程”有关规定；

4) 接头处钢筋的焊接应符合本手册21.1.4“钢筋工程”有关规定。

(3) 混凝土构件预埋连接板的焊接除应符合本手册21.1.6“钢结构工程”相关规定外，尚应分段连接，并应防止累积变形过大影响安装质量。

(4) 混凝土柱、屋架及框架冬期安装，在阳光照射下校正时，应计入温差的影响。各固定支撑校正后，应立即固定。

## 21.1.10　越冬工程维护

**21.1.10.1　一般规定**

(1) 对于冬期有采暖要求而不能保证正常采暖的新建工程，跨年度施工的在建工程，以及停建、缓建的工程等，在入冬前均应按照当地的气候情况，编制越冬维护方案，防止越冬工程发生冻害。

(2) 越冬工程保温维护，应就地取材。保温层的厚度应由热工计算确定。

(3) 在制定越冬维护措施之前，应认真检查核对有关工程地质、水文、当地气温，以及地基土的冻胀特征和最大冻结深度等资料。

(4) 施工场地和建筑物周围应做好排水，防止施工用水及雨、雪水流入基础或基坑内。严禁地基和基础被水浸泡。

(5) 山区坡地建造的工程，入冬前应根据地表水流动的方向设置截水沟、泄水沟，及时疏导地表水，避免在建筑物周围积存及流入基坑内。不得在建筑物底部设置暗沟、盲沟疏水。

(6) 凡按采暖要求设计的房屋竣工后，应及时采暖，并应使建筑物内最低温度保持在5℃以上。当不能满足上述要求时，应采取防护措施。

**21.1.10.2 在建工程**

(1) 在冻胀土地区建造房屋基础时，应按设计要求做好防冻害处理。当设计无要求时，应采取以下措施：

1) 当采用独立式基础或桩基时，基础梁下部应进行掏空处理。强冻胀性土可预留200mm，弱冻胀性土可预留100～150mm，空隙两侧应用立砖挡土回填。

2) 当采用独立基础、毛石砌筑基础或短桩基础时，应考虑冻胀影响。可在基础侧壁回填厚度为150～200mm的中粗砂、炉渣或贴一层油纸，其深度宜为800～1200mm。同时消除切向冻胀力对桩的上拔影响。

3) 浅埋基础越冬时，应覆盖保温材料保护。基础外侧可回填150mm厚的中粗砂、炉渣等，深度为2/3冻深，消除切向冻胀力影响。

(2) 设备基础、构架基础、支墩、地下沟道以及地墙等越冬工程，均不得在已冻结的土层上施工。若上述工程在地基土未冻结时已施工完毕，越冬时有可能遭冻，应采用保温材料覆盖进行维护。

(3) 支撑在基土上的雨篷、阳台等悬臂构件的临时支柱，若在入冬后还不能拆除时，其支点地基土应采取保温防冻胀措施，防止冻胀顶坏上部结构。

(4) 水塔、烟囱、烟道等构筑物基础，在入冬前应回填至设计标高，必要时还应采取覆盖保温措施。

(5) 室外地沟、阀门井、检查井等除回填至设计标高外，还应该盖好盖板进行越冬维护。

(6) 供水、供热系统试水、打压调试后，如不能立即投入使用，在入冬前应将系统内的残存积水排净，避免冻胀破坏管道。

(7) 地下室、地下水池、冷却塔等构筑物基础，在入冬前应按设计要求进行越冬维护，当设计无要求时，应采取如下措施：

1) 基础及外壁侧面回填土应填至设计标高，如果还不具备回填条件时，应填松土、砂或采用其他材料覆盖进行保温。

2) 内部残存积水应排净，底板应采用保温材料覆盖，覆盖厚度应由热工计算确定。

**21.1.10.3 停、缓建工程**

(1) 冬期停、缓建工程应根据工程具体特点，停止在下列位置：

1) 砖混结构可停在基础上部地梁位置，楼层间的圈梁或楼板上皮标高位置。

2）现浇混凝土框架应停留在施工缝位置。

3）烟囱、冷却塔或筒仓宜停留在基础上皮标高或筒身任何水平位置。

4）混凝土水池底部，应按施工缝留置位置要求确定，并应有止水设施。

(2) 已开挖的基坑（槽）不宜挖至设计标高，预留 200～300mm，越冬时应对基底保温维护，待复工后挖至设计标高。

(3) 混凝土结构工程停、缓建时，在入冬前混凝土的强度应符合下列要求：

1）越冬期间不承受外力的结构构件，在入冬前混凝土强度除应达到设计要求外，尚不得低于抗冻临界强度。

2）装配式结构构件的整浇接头，混凝土强度不得低于设计强度标准值的 70%。

3）预应力混凝土结构强度不得低于混凝土设计强度标准值的 75%；后张法预应力混凝土孔道灌浆应在正温下进行，灌注的水泥浆或砂浆强度不应低于 $20N/mm^2$。

4）升板结构应将柱帽浇筑完，使混凝土达到设计要求的强度等级。

(4) 对于各类停、缓建的基础工程，不能及时回填的，顶面均应弹出轴线，标注标高后，用炉渣或松土回填保护。

(5) 装配式厂房柱子吊装就位后，应按设计要求嵌固好；已安装就位的屋架或屋面梁，应安装上支撑系统，并按设计要求固定，形成稳定的结构体系。

(6) 不能起吊的预制构件，应弹上轴线，做好记录。外露铁件涂刷防锈油漆，螺栓应涂刷防腐油进行保护。构件堆放胎具及支撑点应稳固，构件在满足刚度、承载力条件下，应尽量减少支撑点数量。支点数量为两个以上时，应考虑基土冻胀和融化下沉影响，采取可靠的堆放措施。

(7) 对于有沉降要求的建筑物和构筑物，应会同有关部门做好沉降观测记录。

(8) 现浇混凝土框架越冬时，当裸露时间较长，除按设计要求留设伸缩缝外，尚应根据建筑物长度和温差考虑留设后浇缝。后浇缝的位置，应与设计单位研究确定。后浇缝伸出外露的钢筋应进行保护，防止锈蚀，在复工后经检查合格方准浇筑混凝土。

(9) 屋面工程越冬可采取下列简易维护措施：

1）在已完成的基层上，入冬前先做一层卷材防水，待气温转暖复工时，经检查认定该层卷材没有起泡、破裂、折皱、黏贴不牢等质量缺陷时，可在其上继续铺贴上层卷材。否则应掀掉重新进行屋面防水施工。

2）在已完成的基层上，当基层为水泥砂浆找平层，无法继续进行卷材防水施工时，可在其上刷一道冷底子油，涂一层热沥青玛𤥻脂做临时防水，但雪后应及时清除积雪。当气温转暖后，经检查认定该层玛𤥻脂没有起层、空鼓、龟裂等质量缺陷时，可在其上涂刷热沥青玛𤥻脂，铺贴卷材进行防水层施工。

(10) 所有停、缓建工程均应有施工单位、建设单位和工程监理部门，对已完工程在入冬前进行检查和评定，并作记录，存入工程档案。

(11) 停、缓建工程复工时，应先按图纸对标高、轴线进行复测，并与原始记录对应检查，当偏差超出允许限值时，应分析原因提出处理方案，经与设计、建设、监理单位等商定后，方可复工。

# 21.2 雨 期 施 工

南方广大地区，每年都有较长的雨期。在这些地区，采取雨期施工措施，在雨期进行施工，对于保证工程进度和质量有着重要意义。

## 21.2.1 施 工 准 备

### 21.2.1.1 气象资料

雨期施工的起止时间：当日降雨量≥10mm时，即为一个雨日，应当采取雨期施工措施，保证现场施工质量和安全，使工程施工顺利进行。

各地历年降雨情况，可根据当地多年降雨资料，按照下列原则确定雨期的起始和终止时间：

(1) 雨期开端日的确定：从开端日（作为第1天）算起往后2天、3天、……、10天的雨日天数，占相应时段内天数的比例均≥50%。

(2) 雨日结束期的确定：从结束日（作为第1天）算起往前2天、3天、……、10天的雨日天数，占相应时段内天数的比例均≥50%。

(3) 一个雨期中（开端日至结束日）任何10天的雨日比例均≥40%，且没有连续5天（含5天）以上的非雨日。

全国部分城市各月平均降水量见表21-51。

全国部分城市各月平均降水量（mm） 表21-51

| 城市 \ 月份 | 1 | 2 | 3 | 4 | 5 | 6 | 7 | 8 | 9 | 10 | 11 | 12 |
|---|---|---|---|---|---|---|---|---|---|---|---|---|
| 北京 | 3.0 | 7.4 | 8.6 | 19.4 | 33.1 | 77.8 | 192.5 | 212.3 | 57.0 | 24.0 | 6.6 | 2.6 |
| 天津 | 3.1 | 6.0 | 6.4 | 21.0 | 30.6 | 69.3 | 189.8 | 162.4 | 43.4 | 24.9 | 9.3 | 3.6 |
| 石家庄 | 3.2 | 7.8 | 11.4 | 25.7 | 33.1 | 49.3 | 139.0 | 168.5 | 58.9 | 31.7 | 17.0 | 4.5 |
| 太原 | 3.0 | 6.0 | 10.3 | 23.8 | 30.1 | 52.6 | 118.3 | 103.6 | 64.3 | 30.8 | 13.2 | 3.4 |
| 呼和浩特 | 3.0 | 6.4 | 10.3 | 18.0 | 26.8 | 45.7 | 102.1 | 126.4 | 45.9 | 24.4 | 7.1 | 1.3 |
| 沈阳 | 7.2 | 8.0 | 12.7 | 39.9 | 56.3 | 88.5 | 196.0 | 168.5 | 82.1 | 44.8 | 19.8 | 10.6 |
| 长春 | 3.5 | 4.6 | 9.1 | 21.9 | 42.3 | 90.7 | 183.5 | 127.5 | 61.4 | 33.5 | 11.5 | 4.4 |
| 哈尔滨 | 3.7 | 4.9 | 11.3 | 23.8 | 37.5 | 77.9 | 160.7 | 97.1 | 66.2 | 27.6 | 6.8 | 5.8 |
| 上海 | 44.0 | 62.6 | 78.1 | 106.7 | 122.9 | 158.9 | 134.2 | 126.0 | 150.5 | 50.1 | 48.8 | 40.9 |
| 南京 | 30.9 | 50.1 | 72.7 | 93.7 | 100.2 | 167.4 | 183.6 | 111.3 | 95.9 | 46.1 | 48.0 | 29.4 |
| 杭州 | 62.2 | 88.7 | 114.1 | 130.4 | 179.9 | 196.2 | 126.5 | 136.5 | 177.6 | 77.9 | 54.7 | 54.0 |
| 合肥 | 31.8 | 49.8 | 75.6 | 102.0 | 101.8 | 117.8 | 174.1 | 119.9 | 86.5 | 51.6 | 48.0 | 29.7 |
| 福州 | 49.8 | 76.3 | 120.0 | 149.7 | 207.5 | 230.2 | 112.0 | 160.5 | 131.4 | 41.5 | 33.1 | 31.6 |
| 南昌 | 58.3 | 95.1 | 163.9 | 225.5 | 301.9 | 291.1 | 125.9 | 103.2 | 75.8 | 55.4 | 53.0 | 47.2 |
| 济南 | 6.3 | 10.3 | 15.6 | 33.6 | 37.7 | 78.6 | 217.2 | 152.4 | 63.1 | 38.0 | 23.8 | 8.6 |
| 台北 | 86.5 | 100.4 | 139.4 | 118.7 | 201.6 | 283.3 | 167.3 | 250.7 | 275.4 | 107.4 | 70.8 | 68.2 |

续表

| 城市 \ 月份 | 1 | 2 | 3 | 4 | 5 | 6 | 7 | 8 | 9 | 10 | 11 | 12 |
|---|---|---|---|---|---|---|---|---|---|---|---|---|
| 郑州 | 8.6 | 12.5 | 26.8 | 53.7 | 42.9 | 68.0 | 154.4 | 119.3 | 71.0 | 43.8 | 30.5 | 9.5 |
| 武汉 | 34.9 | 59.1 | 103.3 | 140.0 | 161.9 | 209.5 | 156.2 | 119.4 | 76.2 | 62.9 | 50.5 | 30.7 |
| 长沙 | 59.1 | 87.8 | 139.8 | 201.6 | 230.8 | 188.9 | 112.5 | 116.9 | 62.7 | 81.4 | 63.0 | 51.5 |
| 广州 | 36.9 | 54.5 | 80.7 | 175.0 | 293.8 | 287.8 | 212.7 | 232.5 | 189.3 | 69.2 | 37.0 | 24.7 |
| 南宁 | 38.0 | 36.4 | 54.4 | 89.9 | 186.8 | 232.0 | 195.1 | 215.5 | 118.9 | 69.0 | 37.8 | 26.9 |
| 海口 | 23.6 | 30.4 | 52.0 | 92.8 | 187.6 | 241.2 | 206.7 | 239.5 | 302.8 | 174.4 | 97.6 | 38.0 |
| 成都 | 5.9 | 10.9 | 21.4 | 50.7 | 88.6 | 111.3 | 235.5 | 234.1 | 118.0 | 46.4 | 18.4 | 5.8 |
| 重庆 | 20.7 | 20.4 | 34.9 | 105.7 | 160.0 | 160.7 | 176.7 | 137.7 | 148.5 | 96.1 | 50.6 | 26.6 |
| 贵阳 | 19.2 | 20.4 | 33.5 | 109.9 | 194.3 | 224.0 | 167.9 | 137.8 | 93.8 | 96.6 | 53.5 | 23.8 |
| 昆明 | 11.6 | 11.2 | 15.2 | 21.1 | 93.0 | 183.7 | 212.3 | 202.2 | 119.5 | 85.0 | 38.6 | 13.0 |
| 拉萨 | 0.2 | 0.5 | 1.5 | 5.4 | 25.4 | 77.1 | 129.5 | 138.7 | 56.3 | 7.9 | 1.6 | 0.5 |
| 西安 | 7.6 | 10.6 | 24.6 | 52.0 | 63.2 | 52.2 | 99.4 | 71.7 | 98.3 | 62.4 | 31.5 | 6.7 |
| 兰州 | 1.4 | 2.4 | 8.3 | 17.4 | 36.2 | 32.5 | 63.8 | 85.3 | 49.1 | 24.7 | 5.4 | 1.3 |
| 西宁 | 1.0 | 1.8 | 4.6 | 20.2 | 44.8 | 49.1 | 80.7 | 81.6 | 55.1 | 24.9 | 3.4 | 0.9 |
| 银川 | 1.1 | 2.0 | 6.0 | 12.4 | 14.8 | 19.9 | 43.6 | 55.9 | 27.3 | 14.0 | 5.0 | 0.7 |
| 乌鲁木齐 | 8.7 | 10.6 | 21.2 | 34.1 | 35.1 | 39.3 | 21.5 | 23.6 | 25.8 | 24.4 | 18.6 | 14.6 |

以上资料出自中国国家气象局，仅供参考。

### 21.2.1.2 施工准备

雨期施工主要解决雨水的排除，其原则是上游截水、下游散水；坑底抽水、地面排水。规划设计时，应根据各地历年最大降雨量和降雨时期，结合各地地形和施工要求通盘考虑。

(1) 雨期到来之前应编制雨期施工方案。

(2) 雨期到来之前应对所有施工人员进行雨期施工安全、质量交底，并做好交底记录。

(3) 雨期到来之前，应组织一次全面的施工安全、质量大检查，主要检查雨期施工措施落实情况，物资储备情况，清除一切隐患，对不符合雨期施工要求的要限期整改。

(4) 做好项目的施工进度安排，室外管线工程、大型设备的室外焊接工程等应尽量避开雨期。露天堆放的材料及设备要垫离地面一定的高度，防潮设备要有毡布覆盖，防止日晒雨淋。施工道路要用级配砂石铺设，防止雨期道路泥泞，交通受阻。

(5) 施工机具要统一规划放置，要搭设必要的防雨棚、防雨罩，并垫起一定高度，防止受潮而影响生产。雨期施工所有用电设备，不允许放在低洼的地方，防止被水浸泡。雨期前对现场配电箱、闸箱、电缆临时支架等仔细检查，需加固的及时加固，缺盖、罩、门的及时补齐，确保用电安全。

## 21.2.2 设备材料防护

雨期施工应对各部位及各分项施工的设备材料采取防护措施。

### 21.2.2.1 土方工程

1. 排水要求

(1) 坡顶应做散水及挡水墙，四周做混凝土路面，保证施工现场水流畅通，不积水，周边地区不倒灌。

(2) 基坑内，沿四周挖砌排水沟、设集水井，泵抽至市政排水系统，排水沟设置在基础轮廓线以外，排水沟边缘应离开坡脚≥0.3m。排水设备优先选用离心泵，也可用潜水泵。

2. 土方开挖

(1) 土方开挖施工中，基坑内临时道路上铺渣土或级配砂石，保证雨后通行不陷。

(2) 雨期土方工程需避免浸水泡槽，一旦发生泡槽现象，必须进行处理。

(3) 雨期时加密对基坑的监测周期，确保基坑安全。

3. 土方回填

(1) 土方回填应避免在雨天进行施工。

(2) 严格控制土方的含水率，含水率不符合要求的回填土，严禁进行回填，暂时存放在现场的回填土，用塑料布覆盖防雨。

(3) 回填过程中如遇雨，用塑料布覆盖，防止雨水淋湿已夯实的部分。雨后回填前认真做好填土含水率测试工作，含水率较大时将土铺开晾晒，待含水率测试合格后方可回填。

### 21.2.2.2 基坑支护工程

1. 土钉墙施工

(1) 需防止雨水稀释拌制好的水泥浆。

(2) 在强度未达到设计要求时，需采取防止雨水冲刷的措施。

(3) 自然坡面需防止雨水直接冲刷，遇大雨时可覆盖塑料布。

(4) 机电设备要经常检查接零、接地保护，所有机械棚要搭设严密，防止漏雨，随时检查漏电装置功能是否灵敏有效。

(5) 砂子、石子、水泥进场后必须使用塑料布覆盖避免雨淋。

2. 护坡桩施工

(1) 为防止雨水冲刷桩间土，随着土方开挖，需及时维护好桩间土。

(2) 需注意到坑内的降雨积水可能会对成桩机底座下的土层形成浸泡，从而影响到成桩机械的稳定性及桩身的垂直度。

3. 锚杆施工

(1) 需防止雨水稀释拌制好的水泥浆。

(2) 需注意锚杆周围雨期渗水冲刷对锚杆锚固力的影响，并及时采取有效的补救措施。

### 21.2.2.3 钢筋工程

(1) 钢筋的进场运输应尽量避免在雨天进行。

（2）雨后钢筋视情况进行防锈处理，不得把锈蚀的钢筋用于结构上。

（3）若遇连续时间较长的阴雨天，对钢筋及其半成品等需采用塑料薄膜进行覆盖。

（4）大雨时应避免进行钢筋焊接施工。小雨时如有必须施工部位应采取防雨措施以防触电事故发生，可采用雨布或塑料布搭设临时防雨棚，不得让雨水淋在焊点上，待完全冷却后，方可撤掉遮盖，以保证钢筋的焊接质量。

（5）雨后要检查基础底板后浇带，清理干净后浇带内的积水，避免钢筋锈蚀。

#### 21.2.2.4　模板工程

（1）雨天使用的木模板拆下后应放平，以免变形。钢模板拆下后应及时清理、刷脱模剂（遇雨应覆盖塑料布），大雨过后应重新刷一遍。

（2）模板拼装后应尽快浇筑混凝土，防止模板遇雨变形。若模板拼装后不能及时浇筑混凝土，又被雨水淋过，则浇筑混凝土前应重新检查、加固模板和支撑。

（3）制作模板用的多层板和木方要堆放整齐，且须用塑料布覆盖防雨，防止被雨水淋而变形，影响其周转次数和混凝土的成型质量。

#### 21.2.2.5　混凝土工程

（1）雨期搅拌混凝土要严格控制用水量，应随时测定砂、石的含水率，及时调整混凝土配合比，严格控制水灰比和坍落度。雨天浇筑混凝土应适当减小坍落度，必要时可将混凝土强度等级提高半级或一级。

（2）随时接听、搜集气象预报及有关信息，应尽量避免在雨天进行混凝土浇筑施工，大雨和暴雨天不得浇筑混凝土。小雨可以进行混凝土浇筑，但浇筑部位应进行覆盖。

（3）底板大体积混凝土施工应避免在雨天进行。如突然遇到大雨或暴雨，不能浇筑混凝土时，应将施工缝设置在合理位置，并采取适当措施，已浇筑的混凝土用塑料布覆盖。

（4）雨后应将模板表面淤泥、积水及钢筋上的淤泥清除掉，施工前应检查板、墙模板内是否有积水，若有积水应清理后再浇筑混凝土。

（5）雨期期间如果高温、阴雨造成温差变化较大，要特别加强对混凝土振捣和拆模时间的控制，依据高温天气混凝土凝固快、阴雨天混凝土强度增长慢的特点，适当调整拆模时间，以保证混凝土施工质量的稳定性。

（6）混凝土中掺加的粉煤灰应注意防雨、防潮。

#### 21.2.2.6　脚手架工程

（1）脚手架基础座的基土必须坚实，立杆下应设垫木或垫块，并有可靠的排水设施，防止积水浸泡地基。

（2）遇风力六级以上（含六级）强风和高温、大雨、大雾、大雪等恶劣天气，应停止脚手架搭设与拆除作业。风、雨、雾、雪过后要检查所有的脚手架、井架等架设工程的安全情况，发现倾斜、下沉、松扣、崩扣要及时修复，合格后方可使用。每次大风或大雨后，必须组织人员对脚手架、龙门架及基础进行复查，有松动应及时处理。

（3）要及时对脚手架进行清扫，并采取防滑和防雷措施，钢脚手架、钢垂直运输架均应可靠接地，防雷接地电阻不大于10Ω。高于四周建筑物的脚手架应设避雷装置。

（4）雨期要及时排除架子基底积水，大风暴雨后要认真检查，发现立杆下沉、悬空、接头松动等问题应及时处理，并经验收合格后方可使用。

#### 21.2.2.7 砌筑工程

(1) 施工前，准备足够的防雨应急材料（如油布、塑料薄膜等）。尽量避免砌体被雨水冲刷，以免砂浆被冲走，影响砌体的质量。

(2) 对砖堆应加以保护，淋雨过湿的砖不得使用，以防砌体发生溜砖现象。

(3) 雨后砂浆配合比按试验室配合比调整为施工配合比，其计算公式如下：

水泥：水泥用量不变

施工配合比中砂用量：

$$S = S_{SY} + S \times a \tag{21-22}$$

施工配合比中水用量：

$$W = W_{SY} - S \times a \tag{21-23}$$

式中 $S_{SY}$——实验室配合比中砂用量；

$S$——施工配合比中砂用量；

$W_{SY}$——实验室配合比中水用量；

$W$——施工配合比中水用量；

$a$——砂子含水率。

(4) 每天的砌筑高度不得超过 1.2m。收工时应覆盖砌体表面。确实无法施工时，可留接槎缝，但应做好接缝的处理工作。

(5) 雨后继续施工时，应复核砌体垂直度。

(6) 遇大雨或暴雨时，砌体工程一般应停止施工。

#### 21.2.2.8 钢结构工程

(1) 高强度螺栓、焊丝、焊条全部入仓库，保证不漏、不潮，下面应架空通风，四周设排水沟，避免积水。雨天不进行高强度螺栓的作业。

(2) 露天存放的钢构件下面应用木方垫起避免被水浸泡，并在周围挖排水沟以防积水。

(3) 在仓库内保管的焊接材料，要保证离地离墙不少于 300mm 的距离，室内要通风干燥，以保证焊接材料在干燥的环境下保存。电焊条使用前应烘烤，但每批焊条烘烤次数不超过两次。所有的电焊机底部必须架空，严禁焊机放置位置有积水。雨天严禁焊接作业。

(4) 涂料应存放在专门的仓库内，不得使用过期、变质、结块失效的涂料。

(5) 设专职值班人员，保证昼夜有人值班并做好值班记录，同时要设置天气预报员，负责收听和发布天气情况。

(6) 氧气瓶、乙炔瓶在室外放置时，放入专用钢筋笼，并加盖。

(7) 电焊机设置地点应防潮、防雨、防晒，并放入专用的钢筋笼中。雨期室外焊接时，为保证焊接质量，施焊部位都要有防雨棚，雨天没有防雨措施不准施焊。

(8) 因降雨等原因使母材表面潮湿（相对湿度达 80%）或大风天气，不得进行露天焊接，但焊工及被焊接部分如果被充分保护且对母材采取适当处置（如预热、去潮等）时，可进行焊接。

(9) 雨水淋过的构件，吊装之前应将摩擦面上水擦拭干。

(10) 现场施工人员一律穿着防滑鞋，严禁穿凉鞋、拖鞋；及时清扫构件表面的积水。

(11) 大雨天气严禁进行构件的吊运以及人工搬运材料和设备等工作。

(12) 雨天校正钢结构时对测量设备应进行防雨保护，测量的数据要在晴天复测。

(13) 环境相对湿度大于80%及下雨期间禁止进行涂装作业。

(14) 露天涂装构件，要时刻注意观察涂装前后的天气变化，尽量避免刚涂装完毕，就下雨造成油漆固化缓慢，影响涂装质量。

(15) 潮湿天气进行涂装，要用气泵吹干构件表面，保持构件表面达到涂装效果。

(16) 防火喷涂作业禁止在雨中施工。

**21.2.2.9　防水工程**

(1) 防水涂料在雨天不得施工，不宜在夏季太阳曝晒下和后半夜潮露时施工。

(2) 夏季屋面如有露水潮湿，应待其干燥后方可铺贴卷材。

**21.2.2.10　屋面工程**

(1) 保温材料应采取防雨、防潮的措施，并应分类堆放，防止混杂。

(2) 金属板材堆放地点宜选择在安装现场附近，堆放应平坦、坚实且便于排除地面水。

(3) 保温层施工完成后，应及时铺抹找平层，以减少受潮和浸水，尤其在雨期施工，要采取遮盖措施。

(4) 雨期不得施工防水层。油毡瓦保温层严禁在雨天施工。材料应在环境温度不高于45℃的条件下保管，应避免雨淋、日晒、受潮，并应注意通风和避免接近火源。

**21.2.2.11　装饰装修工程**

1. 一般规定

(1) 中雨、大雨或五级以上大风天气不得进行室外装饰装修工程的施工。水溶性涂料应避免在烈日或高温环境下施工；硅酮密封胶、结构胶、胶粘剂等材料施工应按照使用要求监测环境温度和空气相对湿度；空气相对湿度过高时应考虑合理的工序技术间歇时间。

(2) 抹灰、粘贴饰面砖、打密封胶等粘结工艺的雨期施工，尤其应保证基体或基层的含水率符合施工要求。

(3) 雨期进行外墙外保温的施工，所用保温材料的类型、品种、规格及施工工艺应符合设计要求。应采取有效措施避免保温材料受潮，保持保温材料处于干燥状态。

(4) 雨期室外装饰装修工程施工过程中应做好半成品的保护，大风、雨天应及时封闭外窗及外墙洞口，防止室内装修面受潮、受淋产生污染和损坏。

2. 外墙贴面砖工程

(1) 基层应清洁，含水率小于9%。外墙抹灰遇雨冲刷后，继续施工时应将冲刷后的灰浆铲掉，重新抹灰。

(2) 水泥砂浆终凝前遇雨冲刷，应全面检查砖黏结程度。

3. 外墙涂料工程

(1) 涂刷前应注意基层含水率（<8%）；环境温度不宜低于+10℃，相对湿度不宜大于60%。

(2) 腻子应采用耐水性腻子。使用的腻子应坚实牢固，不得粉化、起皮和裂纹。

(3) 施涂工程过程中应注意气候变化。当遇有大风、雨、雾情况时不可施工。当涂刷完毕，但漆膜未干即遇雨时应在雨后重新涂刷。

(4) 外墙抹灰在雨期时控制基层及材料含水率。外墙抹灰遇雨冲刷后，继续施工时应将冲刷后的灰浆铲掉，重新抹灰。

4. 木饰面涂饰清色油漆

(1) 木饰面涂饰清色油漆时，不宜在雨天进行油漆工程且应保证室内干燥。

(2) 阴雨天刮批腻子时，应用干布将施涂表面水气擦拭干净，保证表面干燥，并根据天气情况，合理延长腻子干透时间，一般情况以2～3d为宜。可在油漆中加入一定量化白粉，吸收空气中的潮气。

(3) 必须等头遍油漆干透后方可进行二遍油漆涂刷。油漆涂刷后应保持通风良好，使施涂表面同时干燥。

5. 内墙涂饰工程

(1) 内墙混凝土或抹灰基层涂刷溶剂型涂料时，含水率不得大于8%；涂刷乳液型时，含水率不得大于8%。木材基层的含水率不得大于8%。

(2) 阴雨天刮批腻子时，应用干布将墙面水气擦拭干净，并根据天气情况，合理延长腻子干透时间，一般情况以2～3d为宜。

(3) 采用防水腻子施工，使涂料与基层之间黏结更牢固，不容易脱落，同时避免因潮湿导致的墙面泛黄。

(4) 雨期对于墙面乳胶漆的影响不太大，但应注意适当延长第一遍涂料刷完后进行墙体干燥的时间，一般情况间隔2h左右，雨天可根据天气及现场情况作适当延长。

**21.2.2.12 建筑安装工程**

1. 水暖工程

(1) 材料及机具准备：提前准备好雨布、水泵、雨靴等防雨材料和用具。

(2) 提前做好路面，修好路边排水沟，做到有组织排水以保证水流畅通、雨后不滑不陷、现场不存水。

(3) 管材要做好防腐，架空码放，以防锈蚀。室外埋地和架空管道要定时检查基础支撑，发现问题应及时处理。

(4) 露天存放保温材料要架空码放，下方垫塑料布，上方用雨布覆盖，能入库尽量入库保管。所有机械棚要搭设严密，防止漏雨，机电设备采取防雨、防淹措施，安装接地装置，机动电闸箱的漏电保护装置要安全可靠。

(5) 对现场各类排水管井、管道进行疏通。准备水泵放在集水坑内，及时将地下室内雨水排出。

(6) 进行露天管道焊接工程施工时应注意以下几点：

1) 对受雨淋而锈蚀的管材应除锈；

2) 雨期施工防止焊条、焊药受潮，如不慎受潮，应烘干后方可使用；

3) 刮风时（风速大于5.4m/s），要采取挡风措施。

2. 电气工程

(1) 将现场所有用电设备、机具、电线、电缆等的绝缘电阻及塔式起重机、脚手架的接地电阻测试完毕并做好记录。

(2) 每天加强现场巡视，重点是配电箱内的电器是否完好、漏电开关是否动作、接线是否压接牢固、电缆线是否过热等。

(3) 发现问题应及时处理并做好记录，不能处理时应及时向上反映。

(4) 严格执行临时用电施工组织所有规定。现场用电必须按照《施工现场临时用电安全技术规范》(JGJ 46) 的规定实施。

(5) 在雨期施工前，对现场所有动力及照明线路、供配电电气设施进行一次全面检查，对线路老化、安装不良、瓷瓶裂纹、绝缘性降低以及漏跑电现象，必须及时修理或更换，严禁使用。

(6) 配电箱、电闸箱等，要采取防雨、防潮、防淹、防雷等措施，外壳要做接地保护。

(7) 现场的脚手架、塔式起重机外用电梯及高于 15m 的机具设备，均应设置避雷装置，并应经常检查和遥测。

(8) 接地体的埋深不小于 800mm，垂直接地体的长度不小于 2.5m，接地体的断面按电气专业设计要求埋设。

(9) 各种电气动力设备必须经常进行绝缘、接地、接零保护的遥测，发现问题应及时处理，严禁带隐患运行。动力设备的接地线不得与避雷地线一起安放。接地线如因某种原因必须拆除时，必须先做好新的接地线后再进行操作。

(10) 线路架设及避雷系统敷设时，要掌握气象预报情况，严禁在雷电降雨天气作业。

### 21.2.3　排水、防（雨）水

高于地面的施工现场只要相应的排水渠道不使场内积水即可；低于地面的基坑排水只要确定相应流量就可选用相匹配的水泵和组织人工排水。

1. 水泵选型原则

(1) 所选泵的型式和性能应符合装置流量、扬程、压力、温度、汽蚀流量、吸程等工艺参数的要求。

(2) 必须满足介质特性的要求。

对输送易燃、易爆有毒或贵重介质的泵，要求轴封可靠或采用无泄漏泵，如磁力驱动泵、隔膜泵、屏蔽泵。

对输送腐蚀性介质的泵，要求对流部件采用耐腐蚀性材料，如 AFB 不锈钢耐腐蚀泵、CQF 工程塑料磁力驱动泵。

(3) 机械方面可靠性高、噪声低、振动小。

(4) 经济上要综合考虑到设备费、运转费、维修费和管理费的总成本最低。

2. 水泵的选择

(1) 流量是选泵的重要性能数据之一，它直接关系到整个装置的生产能力和输送能力。选泵时，以最大流量为依据，兼顾正常流量，在没有最大流量时，通常可取正常流量的 1.1 倍作为最大流量。

(2) 装置系统所需的扬程是选泵的又一重要性能数据，一般要用放大扬程 5%～10% 余量后来选型。

(3) 液体性质，包括液体介质名称、物理性质、化学性质和其他性质、物理性质有温度、密度、黏度、介质中固体颗粒直径和气体的含量等，这涉及系统的扬程、有效气蚀余量计算和合适泵的类型；化学性质，主要指液体介质的化学腐蚀性和毒性，是选用泵材料和选用轴封形式的重要依据。

(4) 装置系统的管路布置条件指的是送液高度、送液距离、送液走向、吸入侧最低液面，排出侧最高液面等一些数据和管道规格及其长度、材料、管件规格、数量等，利用这些数据可进行系统扬程计算和气蚀余量的校核。

(5) 操作条件的内容很多，如液体的操作、饱和蒸汽力、吸入侧压力（绝对）、排出侧容器压力、海拔高度、环境温度操作是间隙的还是连续的、泵的位置是固定的还是可移的等。

## 21.2.4 防 雷

### 21.2.4.1 避雷针的设置

1. 安装避雷针是防止直击雷的主要措施

当施工现场位于山区或多雷地区，变电所、配电所应装设独立避雷针。正在施工建造的建筑物，当高度在20m以上应装设避雷针。施工现场内的塔式起重机、井字架及脚手架机械设备，若在相邻建筑物、构筑物的防雷设置的保护范围以外，则应安装避雷针。若最高机械设备上安装了避雷针，且其最后退出现场，则其他设备可不设避雷针。

2. 施工现场机械设备需安装避雷针的规定

避雷针的接闪器一般选用$\phi$16mm圆钢，长度为1～2m，其顶端应车制成锥尖。接闪器须热镀锌。

机械设备上的避雷针的防雷引下线可利用该设备的金属结构体，但应保证电气联结。机械设备所有的动力、控制、照明、信号及通信等线路，应采用钢管敷设。钢管与机械设备的金属结构体作焊接以保证其接地通道的电气联结。

### 21.2.4.2 避雷器

装设避雷器是防止雷电侵入波的主要措施。

高压架空线路及电力变压器高压侧应装设避雷器，避雷器的安装位置应尽可能靠近变电所。避雷器宜安装在高压熔断器与变压器之间，以保护电力变压器线路免于遭受雷击。避雷器可选用FS-10型阀式避雷器，杆上避雷器应排列整齐、高低一致。10kV避雷器安装的相间距离不小于350mm。避雷器引线应力求做到短直、张弛适度、连接紧密，其引上线一般采用16mm$^2$的铜芯绝缘线，引下线一般采用25mm$^2$的钢芯绝缘线。

避雷器防雷接地引下线采用“三位一体”的接线方式，即：避雷器接地引下线、电力变压器的金属外壳接地引下线和变压器低压侧中性点引下线三者连接在一起，然后共同与接地装置相连接。这样，当高压侧落雷使避雷器放电时，变压器绝缘上所承受的电压，即为避雷器的残压，将无损于变压器绝缘。

在多雷区变压器低压出线处，应安装一组低压避雷器，以用来防止由于低压侧落雷或由于正、反变换电压波的影响而造成低压侧绝缘击穿事故。低压避雷器可选用FS系列低压阀式避雷器或FYS型低压金属氧化物避雷器。

尚应注意，避雷器在安装前及在用期的每年三月份应作预防性试验。经检验证实处于合格状态方可投入使用。

此外，配电所的低压架空进线或出线处，宜将绝缘子铁脚与配电所接地装置用$\phi$8圆钢相连接。这样做的目的也是防止雷电侵入波。

#### 21.2.4.3　防止感应雷击的措施

防止感应雷击的措施是将被保护物接地。

按《电气装置安装工程接地装置施工及验收规范》（GB 50169）的要求，建筑物在施工过程中，其避雷针（网、带）及其接地装置，应采取自下而上的施工程序，即首先安装集中接地装置，后安装引下线，最后安装接闪器。建筑物内的金属设备、金属管道、结构钢筋均应做到有良好的接地。这样做可保证建筑物在施工过程中防止感应雷。

高度在 20m 以上施工用的大钢模板，就位后应及时与建筑物的接地装置连接。

#### 21.2.4.4　接地装置

众所周知，避雷装置是由接闪器（或避雷器）、引下线的接地装置组成。而接地装置由接地极和接地线组成。

独立避雷针的接地装置应单独安装，与其他保护的接地装置的安装分开，且保持有 3m 以上的安全距离。

除独立避雷针外，在接地电阻满足要求的前提下，防雷接地装置可以和其他接地装置共用。接地极宜选用角钢，其规格为 40mm×40mm×4mm 及以上；若选用钢管，直径应不小于 50mm，其壁厚不应小于 3.5mm。垂直接地极的长度应为 2.5m；接地极间的距离为 5m；接地极埋入地下深度，接地极顶端要在地下 0.8m 以下。接地极之间的连接是通过规格为 40mm×4mm 的扁钢焊接。焊接位置距接地极顶端 50mm。焊接采用搭接焊。扁钢搭接长度为宽度的 2 倍，且至少有 3 个棱边焊接。扁钢与角钢（或钢管）焊接时，为了保证连接可靠，应事先在接触部位将扁钢弯成直角形（或弧形），再与角钢（或钢管）焊接。

接地极与接地线宜选用镀锌钢材，其将埋于地下的焊接处应涂沥青防腐。

#### 21.2.4.5　工频接地电阻

建筑施工现场内所有施工用的设备、装置的防雷装置的工频接地电阻值不得大于 30Ω。而建筑物防雷装置的工频接地电阻值应满足施工图的设计要求。

### 21.2.5　防　台　风

(1) 成立以项目经理为首的防台风领导小组，并在接到气象台发布的台风预警后，现场立即停止施工。

(2) 台风到来之前，对现场排水系统进行全面检查，确保排水系统通畅、有效。

(3) 现场要根据各自的具体情况备足抢险物质和救生器材。

(4) 对现场所有大型机械进行检查。塔式起重机必须保证可以自由旋转，塔身附着装置无松动、无开焊、无变形。塔式起重机的避雷设施必须确保完好有效，塔式起重机电源线路必须切断。塔身存有易坠物，设有标牌和横幅的应全部清除。

(5) 施工临时用电必须符合标准规范要求，尤其要做好各配电箱的防雨措施，所有施工现场在台风期间要全部停止供电。

(6) 将脚手架上杂物清除，并检查脚手架的拉结点是否有效，及时整改。检查脚手架底部基础是否坚实，排水是否通畅。

(7) 对现场的临时设施进行全面检查，根据检查情况进行维护和加固，对不能保证人身安全的，要坚决予以拆除，防止坍塌。

(8) 施工单位须有专人 24h 值班，主动与气象台联系，随时掌握台风变化情况，并进行通报，根据台风变化调整应对措施。

(9) 当气象中心解除台风警报后，施工单位应首先对现场大型机械、临时水电、脚手架等进行全面检查，维护和加固完成后再复工。

# 21.3 暑期施工

## 21.3.1 暑期施工概念

最高气温超过35℃，现场施工必须采取防暑降温的措施，对施工人员也要进行必要的防暑降温措施，暑期施工包括对施工现场的技术措施和对施工人员身体健康的关注。

全国主要城市平均气温如表21-52；全国主要城市历年最高及最低气温如表21-53。

**全国主要城市平均气温（℃）** **表21-52**

| 气温 / 月份 / 城市 | 1 | 2 | 3 | 4 | 5 | 6 | 7 | 8 | 9 | 10 | 11 | 12 |
|---|---|---|---|---|---|---|---|---|---|---|---|---|
| 北京 | −4.6 | −2.2 | 4.5 | 13.1 | 19.8 | 24.0 | 25.8 | 24.4 | 19.4 | 12.4 | 4.1 | −2.7 |
| 天津 | −4.0 | −1.6 | 5.0 | 13.2 | 20.0 | 24.1 | 26.4 | 25.5 | 20.8 | 13.6 | 5.2 | −1.6 |
| 石家庄 | −2.9 | −0.4 | 6.6 | 14.6 | 20.9 | 23.6 | 26.6 | 25.0 | 20.3 | 13.7 | 5.7 | −0.9 |
| 太原 | −6.6 | −3.1 | 3.7 | 11.4 | 17.7 | 21.7 | 23.5 | 21.8 | 16.1 | 9.9 | 2.1 | −4.9 |
| 呼和浩特 | −13.1 | −9.0 | −0.3 | 7.9 | 15.3 | 20.1 | 21.9 | 20.1 | 13.8 | 6.5 | −2.7 | −11.0 |
| 沈阳 | −12.0 | −8.4 | 0.1 | 9.3 | 16.9 | 21.5 | 24.6 | 23.5 | 17.2 | 9.4 | 0.0 | −8.5 |
| 长春 | −16.4 | −12.7 | −3.5 | 6.7 | 15.0 | 20.1 | 23.0 | 21.3 | 15.0 | 6.8 | −3.8 | −12.8 |
| 哈尔滨 | −19.4 | −15.4 | −4.8 | 6.0 | 14.3 | 20.0 | 22.8 | 21.1 | 14.4 | 5.6 | −5.7 | −15.6 |
| 上海 | 3.5 | 4.6 | 8.3 | 14.0 | 18.8 | 23.3 | 27.8 | 27.7 | 23.6 | 18.0 | 12.3 | 6.2 |
| 南京 | 2.0 | 3.8 | 8.4 | 14.8 | 19.9 | 24.5 | 28.0 | 27.8 | 22.7 | 16.9 | 10.5 | 4.4 |
| 杭州 | 3.8 | 5.1 | 9.3 | 15.4 | 20.0 | 24.3 | 28.6 | 28.0 | 23.3 | 17.7 | 12.1 | 6.3 |
| 合肥 | 2.1 | 4.2 | 9.2 | 15.5 | 20.6 | 25.0 | 28.3 | 28.0 | 22.9 | 17.0 | 10.6 | 4.5 |
| 福州 | 10.5 | 10.7 | 13.4 | 18.1 | 22.1 | 25.5 | 28.8 | 28.2 | 26.0 | 21.7 | 17.5 | 13.1 |
| 南昌 | 5.0 | 6.4 | 10.9 | 17.1 | 21.8 | 25.7 | 29.6 | 29.2 | 24.8 | 19.1 | 13.1 | 7.5 |
| 济南 | −1.4 | 1.1 | 7.6 | 15.2 | 21.8 | 26.3 | 27.4 | 26.2 | 21.7 | 15.8 | 7.9 | 1.1 |
| 台北 | 14.8 | 15.4 | 17.5 | 21.5 | 24.5 | 26.6 | 28.6 | 28.3 | 26.8 | 23.6 | 20.3 | 17.1 |
| 郑州 | −0.3 | 2.2 | 7.8 | 14.9 | 21.0 | 26.2 | 27.3 | 25.8 | 20.9 | 15.1 | 7.8 | 1.7 |
| 武汉 | 3.0 | 5.0 | 10.0 | 16.1 | 21.2 | 25.7 | 28.8 | 28.3 | 23.3 | 17.5 | 11.1 | 5.4 |
| 长沙 | 4.7 | 6.2 | 10.9 | 16.8 | 21.6 | 25.9 | 29.3 | 28.7 | 24.2 | 18.5 | 12.5 | 7.1 |
| 广州 | 13.3 | 14.4 | 17.9 | 21.9 | 25.6 | 27.2 | 28.4 | 28.1 | 26.9 | 23.7 | 19.4 | 15.2 |
| 南宁 | 12.8 | 14.1 | 17.6 | 22.0 | 26.0 | 27.4 | 28.3 | 27.8 | 26.6 | 23.3 | 18.6 | 14.7 |
| 海口 | 17.2 | 18.2 | 21.6 | 24.9 | 27.4 | 28.1 | 28.4 | 27.7 | 26.8 | 24.8 | 21.8 | 18.7 |
| 成都 | 5.5 | 7.5 | 12.1 | 17.0 | 20.9 | 23.7 | 25.6 | 25.1 | 21.1 | 16.8 | 11.9 | 7.3 |
| 重庆 | 7.2 | 8.9 | 13.2 | 18.0 | 21.8 | 24.3 | 27.8 | 28.0 | 22.8 | 18.2 | 13.3 | 8.6 |
| 贵阳 | 4.9 | 6.5 | 11.5 | 16.3 | 19.5 | 21.9 | 24.0 | 23.4 | 20.6 | 16.1 | 11.4 | 7.1 |

续表

| 气温 月份 城市 | 1 | 2 | 3 | 4 | 5 | 6 | 7 | 8 | 9 | 10 | 11 | 12 |
|---|---|---|---|---|---|---|---|---|---|---|---|---|
| 昆明 | 7.7 | 9.6 | 13.0 | 16.5 | 19.1 | 19.5 | 19.8 | 19.1 | 17.5 | 14.9 | 11.3 | 8.2 |
| 拉萨 | −2.2 | 1.0 | 4.4 | 8.3 | 12.3 | 15.3 | 15.1 | 14.3 | 12.7 | 8.3 | 2.3 | −1.7 |
| 西安 | −1.0 | 2.1 | 8.1 | 14.1 | 19.1 | 25.2 | 26.6 | 25.5 | 19.4 | 13.7 | 6.6 | 0.7 |
| 兰州 | −6.9 | −2.3 | 5.2 | 11.8 | 16.6 | 20.3 | 22.2 | 21.0 | 15.8 | 9.4 | 1.7 | −5.5 |
| 西宁 | −8.4 | −4.9 | 1.9 | 7.9 | 12.0 | 15.2 | 17.2 | 16.5 | 12.1 | 6.4 | −0.8 | −6.7 |
| 银川 | −9.0 | −4.8 | 2.8 | 10.6 | 16.9 | 21.4 | 23.4 | 21.6 | 16.0 | 9.1 | 0.9 | −6.7 |
| 乌鲁木齐 | −14.9 | −12.7 | −0.1 | 11.2 | 18.8 | 23.5 | 25.6 | 24.0 | 17.4 | 8.2 | −1.9 | −11.7 |

**全国主要城市历年最高及最低气温（℃）** **表 21-53**

| 城市 | 最高气温 | 最低气温 | 城市 | 最高气温 | 最低气温 |
|---|---|---|---|---|---|
| 北京 | 41.5 | −9.1 | 上海 | 40.2 | −12.1 |
| 西安 | 42.9 | −8.9 | 深圳 | 38.7 | 0.2 |
| 昆明 | 31.5 | −5.4 | 天津 | 39.9 | −18.3 |
| 海口 | 40.5 | 2.8 | 温州 | 41.3 | −4.5 |
| 重庆 | 44 | −3.8 | 武汉 | 44.5 | −18 |
| 大连 | 35.3 | −20.1 | 福州 | 42.3 | −1.2 |
| 广州 | 38.7 | 0 | 唐山 | 32.9 | −14.8 |
| 南京 | 43 | −14 | 杭州 | 40.8 | −12.7 |
| 宁波 | 39.4 | −10 | 成都 | 43.7 | −21.1 |
| 青岛 | 35.4 | −16 | 哈尔滨 | 36.4 | −38.1 |

## 21.3.2 暑期施工措施

### 21.3.2.1 混凝土工程施工

暑期高温天气会对混凝土浇筑施工造成负面影响，消除这些负面影响的施工措施，要着重对混凝土分项工程施工进行计划与安排。

暑期高温天气：高温天气不仅仅是指夏季环境温度较高的情况，而是下述情形的任意组合：

(1) 高的外界环境温度；

(2) 高的混凝土温度；

(3) 低的相对湿度；

(4) 较大风速；

(5) 强的阳光照射。

在混凝土浇筑过程中，因温度变化而导致混凝土收缩产生的早期裂痕也相当严重。即使天气温度是相同的，有风、有阳光的天气与无风、潮湿的天气相比，施工中应采取更为严格的预防性措施。

1. 高温天气下对混凝土浇筑的影响

(1) 对混凝土搅拌的影响

1) 拌合水量增加；

2) 混凝土流动性下降快，因而要求现场施工水量增加；

3) 混凝土凝固速率增加，从而增加了摊铺、压实及成形的困难；

4) 控制气泡状空气存在于混凝土中的难度增加。

(2) 对混凝土固化过程的影响

1) 较高的含水量、较高的混凝土温度，将导致混凝土 28d 和后续强度的降低，或混凝土凝固过程中及初凝过程中混凝土强度的降低；

2) 整体结构冷却或不同断面温度的差异，使得固化收缩裂缝以及温度裂缝产生的可能性增加；

3) 水合速率或水中黏性材料比率的不同，会导致混凝土表面摩擦度的变化，如颜色差异等；

4) 高含水量、不充分的养护、碳酸化、轻骨料或不适当的骨料混合比例，可导致混凝土渗透性增加。

2. 高温天气下混凝土浇筑施工措施

(1) 商品混凝土的措施

此部分由商品混凝土厂家完成混凝土的降温工作，表现为以下几点：

1) 冷却混凝土拌合水，降低混凝土温度

通过降低拌合水的温度可以使混凝土冷却至理想温度，采用该种方法，混凝土温度的最大降幅可以达到 6℃。但是在施工过程中应注意冷却水的加入量不能超过混凝土拌合水的需求量，需求量的多少与混凝土骨料的湿度和配合比例有关。

2) 用冰替代部分拌合水

用冰替代部分拌合水可以降低混凝土温度，其降低温度的幅度受到用冰替代拌合水数量的限制，对于大多数混凝土，可降低的最大温度为 11℃。为了保证正确的配合比，应对加入混凝土中冰的质量进行称重。如果采用冰块进行冷却，需要使用粉碎机将冰块粉碎，然后加入混凝土搅拌器中。

3) 粗骨料的冷却

粗骨料冷却的有效方法是用冷水喷洒或用大量的水冲洗。由于粗骨料在混凝土搅拌过程中占有较大的比例，降低粗骨料大约 1±0.5 ℃的温度，混凝土的温度可以降低 0.5℃。由于粗骨料可以被集中在筒仓内或箱柜容器内，因此粗骨料的冷却可以在很短时间内完成，在冷却过程中要控制水量的均匀性，以避免不同批次之间形成的温度差异。骨料的冷却也可以通过向潮湿的骨料内吹空气来实现。粗骨料内空气流动可以加大其蒸发量，从而使粗骨料降温在 1℃温度范围内。该方法的实施效果与环境温度、相对湿度和空气流动的速度有关。如果用冷却后的空气代替环境温度下的空气，可以使粗骨料降低 7℃。

4) 混凝土拌制和运输

混凝土拌制时应采取措施控制混凝土的升温，并一次控制附加水量，减小坍落度损失，减少塑性收缩开裂。在混凝土拌制、运输过程中可以采取以下措施：使用减水剂或以粉煤灰取代部分水泥以减小水泥用量，同时在混凝土浇筑条件允许的情况下增大骨料粒径；混凝土拌合物的运输距离如较长，可以用缓凝剂控制混凝土的凝结时间，但应注意缓凝剂的掺量应合理，对于大面积的混凝土工程尤其如此；如需要较高坍落度的混凝土拌合物，应使用高效减水剂。有些高效减水剂产生的拌合物其坍落度可维持 2h。高效减水剂还能够减少拌合过程中骨料颗粒之间的摩擦，减缓拌合筒中的热积聚；在满足规范要求的情况下，尽量使用矿渣硅酸盐水泥、粉煤灰硅酸盐水泥；向骨料堆中洒水，降低混凝土骨料的温度；如有条件用地下水或井水喷洒，冷却效果更好；在炎热季节或大体积混凝土施工时，可以用冷水或冰块来代替部分拌合水；对于高温季节里长距离运输混凝土的情况，可以考虑搅拌车的延迟搅拌，使混凝土到达工地时仍处于搅拌状态，混凝土浇筑过程中，用麻袋或草袋覆盖泵管，严禁泵管曝晒，同时在覆盖物上浇水，降低混凝土入模温度。

(2) 施工现场的施工方法与措施

暑期气温高，干燥快，新浇筑的混凝土可能出现凝结速度加快、强度降低等现象，这时进行混凝土的浇筑、修整和养护等作业时应特别细心。在炎热气候条件下浇筑混凝土时，要求配备足够的人力、设备和机具，以便及时应付预料不到的不利情况。

1) 检测运到工地上的混凝土的温度，必要时可以要求搅拌站予以调节。

2) 暑期混凝土施工时，振动设备较易发热损坏，故应准备好备用振动器。

3) 与混凝土接触的各种工具、设备和材料等，如浇筑溜槽、输送机、泵管、混凝土浇筑导管、钢筋和手推车等，不要直接受到阳光曝晒，必要时应洒水冷却。

4) 浇筑混凝土地面时，应先湿润基层和地面边模。

5) 夏季浇筑混凝土应精心计划，混凝土应连续、快速地浇筑。混凝土表面如有泌水时，要及时进行修整。

6) 根据具体气候条件，发现混凝土有塑性收缩开裂的可能性时，应采取措施(如喷洒养护剂、麻袋覆盖等)，以控制混凝土表面的水分蒸发。混凝土表面水分蒸发速度如超过 0.5kg/(m²/h)时就可能出现塑性收缩裂缝；当超过 1.0kg/(m²/h)就需要采取适当措施，如冷却混凝土、向表面喷水或采用防风措施等，以降低表面蒸发速度。

7) 应做好施工组织设计，以避免在日最高气温时浇筑混凝土。在高温干燥季节，晚间浇筑混凝土受风和温度的影响相对较小，且可在接近日出时终凝，而此时的相对湿度较高，因而早期干燥和开裂的可能性最小。

3. 混凝土的养护

夏季浇筑的混凝土必须加强对混凝土的养护：

(1) 在修整作业完成后或混凝土初凝后立即进行养护。

(2) 优先采用麻袋覆盖养护方法，连续养护。在混凝土浇筑后的 1～7d，应保证混凝土处于充分湿润状态，并应严格遵守规范规定的养护龄期。

(3) 当完成规定的养护时间后拆模时，最好为其表面提供潮湿的覆盖层。

**21.3.2.2　暑期施工管理措施**

(1) 成立夏季工作领导小组，由项目经理任组长，办公室主任担任副组长，对施工现场管理和职工生活管理做到责任到人，切实改善职工食堂、宿舍、办公室、厕所的环境卫生，定期喷洒杀虫剂，防止蚊、蝇滋生，杜绝常见病的流行。关心职工，特别是生产第一线和高温岗位职工的安全和健康，对高温作业人员进行就业和入暑前的体格检查，凡检查不合格者不得在高温条件下作业。认真督促检查，做到责任到人，措施得力，确实保证职工健康。

(2) 做好用电管理，夏季是用电高峰期，定期对电气设备逐台进行全面检查、保养，禁止乱拉电线，特别是对职工宿舍的电线及时检查，加强用电知识教育。

(3) 加强对易燃、易爆等危险品的贮存、运输和使用的管理，在露天堆放的危险品采取遮阳降温措施。严禁烈日曝晒，避免发生泄露，杜绝一切自燃、火灾、爆炸事故。

**21.3.2.3 暑期高温天气施工防暑降温措施**

(1) 高温天气，是指市气象台发布高温天气预告最高气温达35℃以上（含35℃）的天气。

(2) 各工地应根据下列要求，合理安排工人作息时间，确保工人劳逸结合、有足够的休息时间，但因人身财产安全和公众利益需要，必须紧急处理或抢险的情况除外：

1) 日最高气温达到39℃以上时，当日应停止作业；

2) 日最高气温达到37℃以上时，当日工作时间不得超过4h；

3) 日最高气温达到35℃时，应采取换班轮休等方法，缩短工人连续作业时间，并不得安排加班；12～15时应停止露天作业（注：在没有降温设施的塔式起重机、挖掘机等的驾驶室内作业视同露天作业）；因特殊情况不能停止作业的，12～15时工人露天连续作业时间不得超过2h。

(3) 防暑降温措施

1) 施工现场应视高温情况向作业人员免费供应符合卫生标准的含盐清凉饮料，饮料种类包括盐汽水、凉茶和各种汤类等。

2) 施工现场应设置休息场所，场所应能降低热辐射影响，内设有座椅、风扇等设施。

3) 改善集体宿舍的内外环境，宿舍内有必要的通风降温设施，确保作业人员的充分休息，减少因高温天气造成的疲劳。

4) 高温时段发现有身体感觉不适的作业职工，及时按防暑降温知识急救方法办理或请医生诊治。

## 21.4 绿 色 施 工

### 21.4.1 雨 期 施 工

(1) 有条件的地区和工程应收集雨水养护。

(2) 利用雨水收集系统对现场机具、设备、车辆冲洗、喷洒路面、绿化浇灌等。

(3) 大型施工现场，在施工现场建立雨水收集利用系统，充分收集自然降水用于施工和生活中适宜的部位。

### 21.4.2 暑 期 施 工

(1) 建立太阳能收集系统，用来加热洗澡等方面的用水。

(2) 高温沙尘天气建立防沙尘系统，防止环境污染。

# 22 幕墙工程

## 22.1 施工测量放线与埋件处理

施工测量放线是整个幕墙施工的基础工作，直接影响着幕墙安装质量，必须对此项工作引起足够的重视，提高测量放线的精度，消除主体结构施工出现的误差是确保幕墙施工质量的重要环节。

幕墙的测量目标是依据主体结构测量的基准点，测放出幕墙能够利用的点位。幕墙的测量由控制的点位分为内控法和外控法。内控法就是主体结构的控制网布置在主体结构内部并在每层楼的楼板上预留测量口。外控法就是在主体结构的外围布置控制网，一般的控制网的基准都布置在1层，同时利用两台经纬仪或全站仪进行交点定位或距离测量，定出待测点的坐标。

### 22.1.1 准备工作

1. 图纸准备

经审核确认后的幕墙施工图。

总包方提供基准点、高程及坐标参数，基准点可靠性及精度等级情况。测量定位控制点平面图。

2. 技术准备

熟悉施工图纸及有关资料。

熟练使用各种测量仪器，掌握其质量标准。

对各种测量仪器在使用前进行全面检定与校核。

熟悉现场的基准点、控制点线的设置情况。

根据图纸条件及工程结构特征确定轴线基准点布置和控制网形式。

遵守先整体后局部的工作程序。

严格审核测量起始依据的正确性，坚持测量作业与计算工作步步有校核的工作方法。

测法要科学、简洁，精度要合理相称的工作原则。

执行三检制：自检、互检合格后请工地质量检查部门验线合格后报请监理验线，合格后再进行下步工序施工。

钢尺量距进行“三差”改正；经纬仪测角进行“正倒镜”法；水准仪测高程采用附和或闭合法；采用串测或变动仪器高；全站仪测点换站检查。

3. 仪器准备

仪器见表22-1。

施工所需仪器 表22-1

| 编号 | 设备名称 | 精度指标 | 用途 |
|---|---|---|---|
| 1 | 全站仪 | 2mm+2ppm | 工程控制点定位校核 |
| 2 | 电子经纬仪 | 2″ | 施工放样 |
| 3 | 水准仪 | 2mm | 标高控制 |
| 4 | 钢尺 | 1mm | 施工放样 |
| 5 | 激光经纬仪 | 1/20000 | 控制点竖向传递 |
| 6 | 激光垂准仪 | 1/40000 | 铅垂线点位传递 |
| 7 | 光电测距仪 | 3+2ppm | 施工放样 |
| 8 | 对讲机 | 5km | 通信联络 |
| 9 | 5~7m 盒尺 | 1mm | 施工放样 |

4. 机具准备

机具见表22-2。

施工所需机具 表22-2

| 编号 | 机具名称 | 用途 |
|---|---|---|
| 1 | 电锤 | 钻洞 |
| 2 | 电钻 | 钻孔 |
| 3 | 吊坠 | 吊线 |
| 4 | 墨斗 | 弹线 |
| 5 | 铅笔 | 标识 |
| 6 | 拉力器 | 拉直钢丝线 |

5. 材料准备

材料见表22-3。

施工所需材料 表22-3

| 编号 | 材料名称 | 用途 |
|---|---|---|
| 1 | 50角钢 | 制作支座 |
| 2 | M12×100 膨胀螺栓 | 固定支座 |
| 3 | 钢丝线（$\phi1\sim\phi5$） | 放线 |
| 4 | 红油漆 | 标记 |

### 22.1.2 主体建筑测量放线施工流程

总包基准点书面现场交接→测量与复核基准点→各控制线网设置→投射基准点→内控线弹设→外控制线布置→层间标高设置→测量结构埋件偏差→报验

1. 测量与复核基准点

为了保证建筑总体结构符合设计文件的要求，确保施工中不发生任何差错，在进入工地放线之前根据总包方提供基准点、基准线（基准点的连线）布置图，以及首层原始标高点（图 22-1、图 22-2），施工测量人员依据其基准点、基准线布置图，复核基准点、基准线及原始标高点。根据总包方提供的基准点及由基准线组成的控制网图上的数据，用全站仪对基准点轴线尺寸、角度进行检查校对，如复核结果与原来的基准点、基准线的差异在允许范围内，一律以原有的成果为准，不作改动；对经过多次复测，证明原有成果有误或点位有较大变动时，应报总包、监理，经审批后，才能改动。对出现的误差进行适当合理的分配，经检查确认后，填写基准线实测角度、尺寸、记录表。其依据为定位测量前，由总包提供四个相互关联的控制点和两个高程控制点，作为场区控制依据点。以高程控制点为依据，作投射点测量，将高程引测至场区内。平面控制网导线精度不低于1/10000，高程控制测量闭合差不大于$\pm 30\text{mm}\sqrt{L}$（$L$ 为附合路线长度，以“km”计）。在测设建筑物控制网时，首先要对起始依据进行复核。根据红线桩及图纸上的建筑物角点，反算出它们之间的相对关系，并进行角度、距离校测。校测允许误差：角度为±12″；距离相对精度不低于 1/15000。对起始高程点应用附合水准测量进行校核，高程校测闭合差不大于$\pm 10\text{mm}\sqrt{n}$（$n$ 为测站数）。将相关资料致函与总包单位或监理单位及业主，由其给予确认后方可再进行下一道工序的施工。

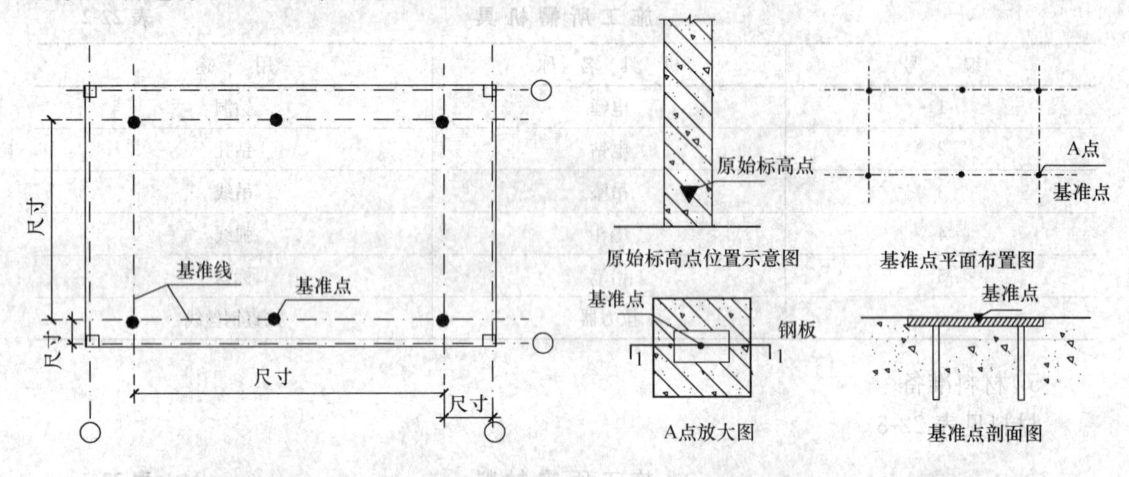


图 22-1　原始基准线示意图　　图 22-2　原始基准点、标高点示意图

2. 各控制网线的布置

（1）平面控制网布设原则

平面控制应先从整体考虑，遵循先整体、后局部、高精度控制低精度的原则。

平面控制网的坐标系统与工程设计所采用的坐标系统相一致，布设呈矩形。

布设平面控制网首先根据设计总平面图、现场施工平面布置图。

选点应在通视条件良好、安全、易保护的地方。

控制点位必须作好保护，需要时用钢管进行围护，并用红油漆做好标记。

（2）平面控制网的布设

检查总包给定的基准点并根据其主体结构基准点控制网与轴线关系尺寸，结合幕墙施工图纸计算出幕墙结构控制点与轴线的关系尺寸，依据以上已知数据转换为幕墙结构控制点与主体结构基准点控制网的关系尺寸，定出方便现场施工的方格网，并弹上墨线。弹完后用全站仪或者其他测量仪器进行复核，确保轴线偏位情况满足规范要求。

[例] 一般总包单位便于施工，主体结构控制线（基准线）一般设定离结构外围较远(2m左右)，而幕墙施工需将控制线进行外移（一般0.5～1m)，依据主体结构首层控制线，建立幕墙首层及各控制层内控制线，再由内控制线根据安装需求进行外移形成外控制线，按照图纸设计对控制线进行复核校正，使之符合设计及安装要求，见图22-3。

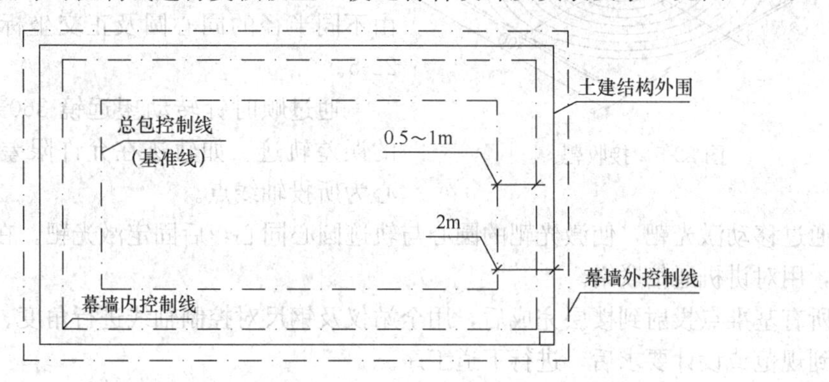


图22-3 控制网线示意图

3. 投射基准点

(1) 具体工程中，在考虑基准点投射的工作量和楼层的层数基础上，且保证测量精度的前提下，将基准点每隔3～10层进行投射一次，设置标准控制层。

(2) 投射基准点前，安排施工人员把测量孔部位的混凝土清理干净，然后在一层的基准点上架设激光垂准仪。将总包方提供的基准点作为一级基准控制点，通过一级基准控制点，采用激光垂准仪传递基准点。为了保证轴线竖向传递的准确性，把基准点一次性分别准确地投射到各控制层（见图22-4)。为了达到基准点的精度要求必须在相应的楼层投射完后进行闭合导线测量。另外在楼层较高的工程投射时，因高层受风力的影响可能造成投射点的偏差，因此在高层进行投射时必须在风力小于4级的条件下进行操作。

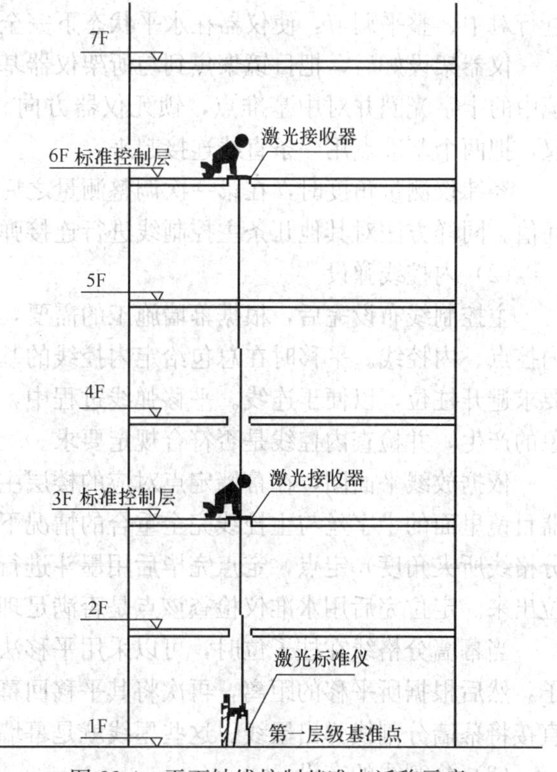


图22-4 平面轴线控制基准点迁移示意

(3) 架设激光垂准仪时，必须反复地进行整平及对中调节，以便提高投测精度。确认无误后，分别在各控制层的楼面上测量孔位置处把激光接收靶放在楼面上定点，再用墨斗线准确地弹一个十字架在主体结构上，十字架的交点为基准点。

(4) 投射操作方法：将激光垂准仪架设在首层楼面基准点，调平后，

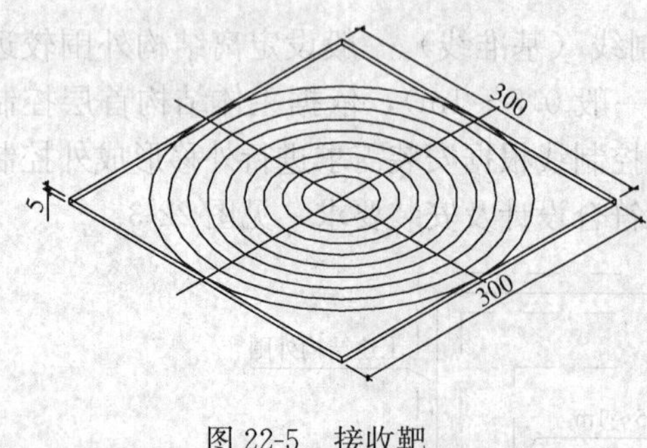

图 22-5　接收靶

接通电源射出激光束。

调焦，使激光束打在作业层激光靶上的激光点最小、最清晰。激光接收靶由 300mm×300mm×5mm 厚有机玻璃制作而成，接收靶上由不同半径的同心圆及正交坐标线组成，见图 22-5。

通过顺时针转动望远镜 360°，检查激光束的误差轨迹。如轨迹在允许限差内，则轨迹圆心为所投轴线点。

通过移动激光靶，使激光靶的圆心与轨迹圆心同心，后固定激光靶。在进行基准点传递时，用对讲机通信联络。

所有基准点投射到楼层完成后，用全站仪及钢尺对控制轴线进行角度、距离校核，结果达到规范或设计要求后，进行下道工序。

4. 内控线弹设

(1) 主控线的弹设

基准点投射完后，在各控制层的相邻两个测量孔位置做一个与测量通视孔相同大小的聚苯板塞入孔中，聚苯板保持与楼层面平。

依据先前做好的十字线交出墨线交点，再把全站仪架在墨线交点上对每个基准点进行复查，对出现的误差进行合理、适当的分配。

基准点复核无误后，用全站仪或经纬仪操作进行连线工作。先将仪器架在测量孔上并进行对中、整平调节，使仪器在水平状态下完全对准基准点。

仪器架设好后，把目镜聚焦到与所架仪器基准点相对应的另一基准点上，调整清楚目镜中的十字光圈并对中基准点，锁死仪器方向。再用红蓝铅笔及墨斗配合全站仪或经纬仪，把两个基准点用一条直线连接起来。

经纬仪测量角度时，在第一次调整测量之后，必须正倒镜再进行复测，出现误差取中间值。同样方法对其他几条主控制线进行连接弹设。

(2) 内控线弹设

主控制线布设完后，根据幕墙施工的需要，将控制线向主体结构外围进行平移，形成内控点、内控线。平移时在总包给定内控线的基础上进行，一般平移靠近结构边缘，同时要求避开柱位，以便于连线。平移弹线过程中，用全站仪或经纬仪进行监控，避免重叠现象的产生，并检查内控线是否符合规定要求。

依据放线平面图，在幕墙定点对应的楼层主控线点上架设经纬仪或全站仪，并确保仪器目镜里面的十字丝与主控线完全重合的情况下以主控线为起点旋转角度（主控线与幕墙分格线所夹角度）定点，定点完毕后用墨斗进行连线，把控制幕墙立柱进出、左右的点定位出来。定位完后用水准仪检查该点是否满足理论高程值，也就是标高的定位。

当幕墙分格线在柱子位时，可以采用平移法将幕墙分格线平移一定距离，使之避开柱子，然后根据所平移的距离，再次将其平移回幕墙分格位置；幕墙分格不在柱位的，即可直接将幕墙分割线弹出墨线。这些墨线就是幕墙的左右控制线。

(3) 分割线的布设

根据主控制线与幕墙完成面的距离（事先做出的幕墙放线图），顺着已放左右分格线将幕墙的出入位定出来，幕墙出入线一般定位其离幕墙完成面 300mm。一般需要在每层楼层上将幕墙分割线定位出来，同时也得在每层楼层上将幕墙标高控制线引线到结构外缘的结构柱上（一般定位建筑标高 1m 线），以方便幕墙施工。

5. 外控制线布置

（1）外控点控制网平面图制作

施工过程中怎样把每个立面单元分格交接部位的点、线、面位置定位准确、紧密衔接，是后期顺利施工的保障和基础。将控制分格点布置在幕墙分格立柱缝中，与立柱内表面平（注：现场控制钢丝线为距立柱内表面 7mm 控制线，定位在立柱里面，可以避免板块吊装或吊篮施工过程碰撞控制线而造成施工偏差，及可保证板块安装至顶层、外控线交点位置还能保留原控制线）。先在电脑里边作一个模图，然后再按模图施工。模图制作方法：

第一步：依据幕墙施工立面、平面、节点图找出分布点在不同楼层相对应轴线的进出、左右、标高尺寸，也就是把每个点确立 X、Y、Z 三维坐标数据。

第二步：依据总包提供的基准点、线以及基准点、线与土建轴线关系尺寸，幕墙外控点与土建轴线的关系尺寸，计算转换为幕墙外控点与内控点、线的关系尺寸。

第三步：模图制作依据计算出基准点与土建各轴线进出、左右的关系尺寸，把外控线做到平面图上，再依据第二步中计算出的幕墙外控点与基准点控制网的关系尺寸数据，把每个点做到平面图上。同样方法其余三个面全部定点绘制在平面图上。立面放线模图见图 22-6 所示。

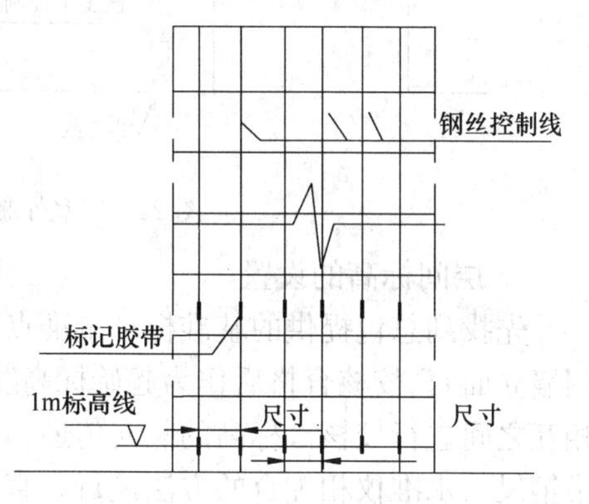

图 22-6 闭合尺寸示意图

（2）现场外控点、线布置

对照放线图用钢卷尺，从内控线的点上顺 90°墨线量取对应尺寸，把控制幕墙立柱进出、左右的一个点进行定位，也就是每个点 X、Y 坐标的定位。再用水准仪检查此点是否在理论的标高点上，也就是每个点 Z 坐标的定位。

用∟50 角钢制成支座，在定点位置用膨胀螺栓固定在楼台上。每个支座必须保持与对应点在同一高度。再用墨斗把分格线延长到支座上。沿墨线重新拉尺定点在钢支座上，用 $\phi$2.8 麻花钻在标注的点上打孔。依此方法从首层开始逐层在各标准楼层的每个面上做钢支座定外控点。

（3）所有外控点做完后，用钢丝进行上下楼层对应点的连线，这样外控线布置就完成了。

（4）放线完毕后，必须对外控点进行双重检测，确保外控制线尺寸准确无误：

用钢卷尺对每个单独立面的平面四个边边长、每个边的小分格进行尺寸闭合。再用水准仪把 1m 线引测在钢丝线上，在钢丝对应高度上粘上胶带做好 1m 标高线标记。最后用钢卷尺进行每层外控线的周圈尺寸闭合。

要及时准确地观测到施工过程中结构位移的准确数据，必须对现场的结构进行复查，检查数据及时反馈设计做出对应解决方案。例：为便于结构检查方便、简捷、准确、及时，将外控点在首层重新放置一次，使首层外控点与上面各楼层外控线点垂直投影重合。所以每次只要把激光垂准仪架设在首层外控点上，打开激光竖开关，检查激光点是否与各楼层外控点重合，就可以检查出结构是否产生了位移，检查结果当天反馈给设计师，及时做出应对方案。避免因结构偏差而产生的施工误差，确保工程的顺利施工，见图 22-7。

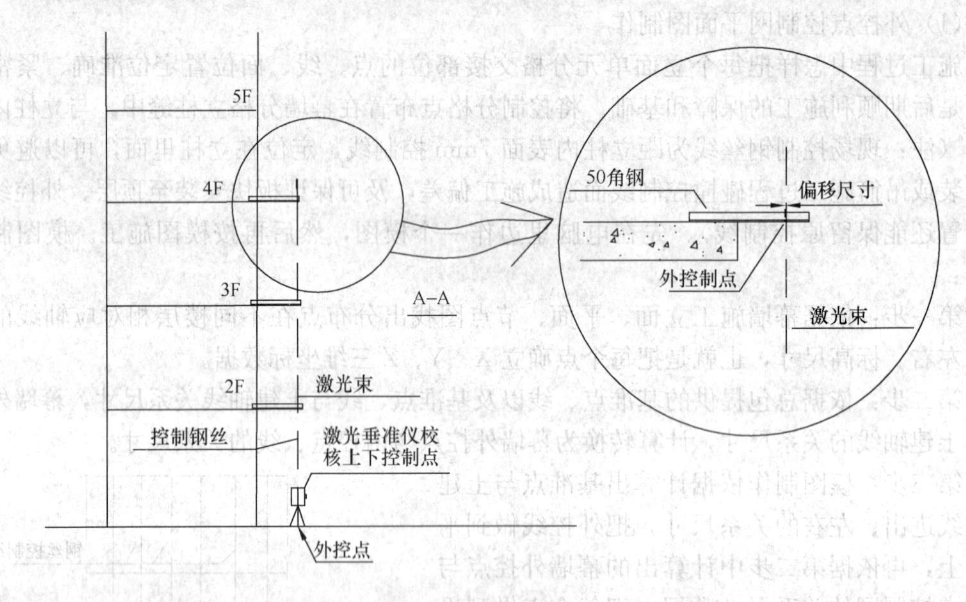


图 22-7　室外激光铅垂仪控制点校核示意图

6. 层间标高的设置

先找到总包提供的基准标高水准点。引测到首层便于向上竖直量尺位置（如电梯井周围墙立面），校核合格后作为起始标高线，并弹出墨线，用红油漆标明高程数据，以便于相互之间进行校核。标高的竖向传递，用钢尺从首层起始标高线竖直向上进行量取或用悬吊钢尺与水准仪相配合的方法进行，直至达到需要投测标高的楼层，并作好明显标记。在混凝土墙上把 50m 钢尺拉直下方悬挂一个 5～20kg 重物。等钢尺静止后再把一层的基准标高抄到钢尺上，并用红蓝铅笔做好标记。再根据基准标高在钢尺上的位置关系计算出上一楼层层高在钢尺上的位置。用水准仪把其读数抄到室内立柱或剪力墙上，并做好明显的标记。以此方法依次把上面的楼层都设置好，然后在每层同一位置弹设出＋1m 水平线作为幕墙作业时的检查用线，并用水准仪将其引线到外缘的结构柱上，这样依次把各个楼层的高程控制线设置好。在幕墙施工安装完成前，所有的高度标记及水平标记必须清晰完好并做上幕墙施工单位标记，标记不能被消除与破坏。

为了避免标高施测中出现上、下层标高超差，需要经常对标高控制点进行联测、复测、平差，检查核对后方可进行向上层的标高传递，在适当位置设标高控制点（每层不少于三点），精度在±3mm 以内，总高±15mm 以内调整闭合差，结构标高主要采取测设 1m 标高控制线，作为高程施工的依据。

另考虑到主体结构在施工过程中位移变形，标高放线过程中往往用一点引上的标高线与同层不能进行闭合，解决方法是参考土建提供的《主体结构竖向变形计算结果》，根据首层标高基准点联测：由于地下部分在结构上承受荷载后，会有沉降的因素，为保证地上部分的标高及楼层的净高要求，首层标高的+1.000m线由现场引测的水准点在两个墙体上（相隔较远的不同墙体）分别抄测标高控制点，作为地上部分高程传递的依据，避免因结构的不均匀沉降造成对标高的影响。另外为了保证水平标高的准确性，施工过程中应用全站仪在主体结构外围进行跟踪检查。过程中的施工误差及因结构变形而造成误差，在幕墙施工允许偏差中进行合理分配，确保立面标高处顺畅连接，见图22-8。

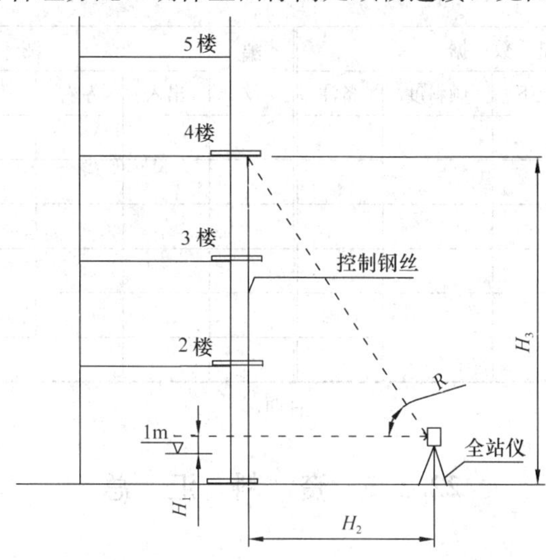


图22-8　室外全站仪标高控制示意图

待测点高度：$H_3=H_2\times \mathrm{tg}R+H_1$

$H_1$ 为测量仪器高，$H_2$ 为测量仪器距待测点水平距离，两者都可通过卷尺直接测出。

$H_3$ 计算出来后，根据其与1m线之间的高程关系，计算出待测点的高程，从而待测点的高程得以复核。

## 22.1.3　测量放样误差控制标准

1. 标高

（1）±0.000至1m线≤1mm；

（2）层与层之间1m线≤3mm；

（3）总标高±0.000至楼顶层≤±15mm。

2. 控制线

（1）墙完成面控制线≤±2mm；

（2）到外控线≤±1mm；

（3）结构封闭线≤±2mm。

3. 投点

各标准层之间点与点之间垂直度≤±1mm。

## 22.1.4　测量结构偏差

在幕墙左右、进出、标高控制线施测完后即进行主体结构及幕墙预埋件的检查，在测量埋件偏差时，根据结构边缘的左右、进出分格线直接对结构及埋件的左右、标高进行测量，根据所放垂直线对结构及埋件的进出进行测量。所有结构及埋件的测量记录必须清楚，对超出标准的结构和预埋件按标准表的格式（表 22-4）记录清楚，并及时上报项目部进行适当的纠偏处理。

**结构/预埋件安装检查表**　　表 22-4

施工部位：

| 编号 | 测量数据 | | | | | 编号 | 测量数据 | | | | |
|---|---|---|---|---|---|---|---|---|---|---|---|
| | 出入 | 左右 | 上下 | 倾斜度 | 备注 | | 出入 | 左右 | 上下 | 倾斜度 | 备注 |
| | | | | | | | | | | | |
| | | | | | | | | | | | |
| | | | | | | | | | | | |
| | | | | | | | | | | | |
| | | | | | | | | | | | |
| | | | | | | | | | | | |

检查人：　　　　　　　　　　　　　　　日期：

## 22.1.5　资　料　汇　总

技术交底记录；

基线复核记录；

结构检查记录；

施工队放线报验单；

项目部放线报验单。

## 22.1.6　测量放线质量保证措施

成立专业的测量小组，由专人负责，测量工程师、测量工、验线工均持证上岗。

加强测量管理，对各施工班组进行书面技术交底。

选用先进的测量仪器，测量仪器检测合格后方可使用。

编制有针对性的测量放线施工方案。

运用建筑三维模型和电脑放样计算复核技术，精确算出测量数据。

认真对现场移交的测量控制轴线、标高线进行复核，正确无误后再建立幕墙施工测量控制网。

加强过程测量验线复核工作，发现偏差及时纠正，消化处理，严禁偏差累计。

对测量放线的质量控制：利用全站仪把长度尺寸控制在 1mm 内。每个步骤施工中技术员及质量员，随时关注并检查。发现问题必须立即整改。

恶劣天气不得测量施工。

为避免风荷载及日照高温影响塔楼测量精度，测量时间全部选在无风、无暴晒的上午 7～9 点，下午 4～5 点时间进行测量。

高层建筑的压缩变形及沉降监测与土建测量同步，如有偏差不一致应及时与总包沟通。塔楼压缩、沉降变形位移数据应与总包一致，保证土建、幕墙的设计施工总体一致。

### 22.1.7 安全防护措施

进入施工现场必须戴好安全帽系好安全带，在高处或临边作业必须挂安全带。

施工之前必须先对要用的仪器设备进行检查，以确保安全施工。

在基坑边投放基础轴线时，确保架设的测量仪器稳定性。

操作人员不得从轴线洞口上仰视，以免掉物伤人。

轴线投测完毕，须将洞上防护盖板复位。

操作仪器时，同一垂直面上其他工作要尽量避开。

施测人员在施测中应坚守岗位，雨天或强烈阳光下应打伞。仪器架设好后，须有专人看护。

施测过程中，要注意旁边的模板或钢管堆，以免仪器碰撞或倾倒。

所用吊坠不能置于不稳定处，以防受碰被晃掉落伤人。

仪器使用完毕后需立即入箱上锁，由专人负责保管，存放在通风干燥的室内。

测量人员持证上岗，严格遵守仪器测量操作规程作业。

电焊工作业时必须持证上岗，配备灭火器，设立专职看火人，并在焊前清理干净周围的易燃物。

对于施工中破坏的安全网要及时进行恢复。

风力大于 4 级时不得进行室外测量。

使用钢尺测距须使尺带平坦，不能扭转折压，测量后应立即卷起入盒。

钢尺使用后表面有污垢及时擦净，长期贮存时尺带涂防锈清漆。

### 22.1.8 预埋件与结构的检查

在测量放样过程中，预埋件的检查与结构的检查相继展开，进行预埋件与结构的检查，并进行记录。依据预埋件的编号图，依次逐个进行检查，将每一编号处的结构偏差与预埋件的偏差值记录下来。将检查结果提交反馈给设计进行分析，若预埋件结构偏差较大，已超出相关施工各范围或垂直度达不到国家和地方标准的，则应将报告以及检查数据，呈报给业主、监理、总包，并提出建议性方案供有关部门参考，待业主、监理、设计同意后再进行施工。若偏差在范围内，则依据施工图进行下道工序的施工。

1. 预埋件上下、左右的检查

测量放样过程中，测量人员将预埋件标高线、分格线均用墨线弹在结构上。依据十字中心线，施工人员用钢卷尺进行测量，检查尺寸计算：理论尺寸－实际尺寸＝偏差尺寸。检查出预埋件左右、上下的偏差，如图 22-9 所示。

2. 预埋件进出检查

预埋件进出检查时，测量放线人员从首层与顶层间布置钢线检查，一般 15m 左右布置一根钢线，为减少垂直钢线的数量，横向使用鱼丝线进行结构检查，检查尺寸计算：理论尺寸－实际尺寸＝偏差尺寸。检查出预埋件进出的偏差，如图 22-10 所示。

3. 预埋件检查的记录

预埋件进场检查过程中，依据预埋件编号图进行填写上下、左右进出位记录，见表 22-5。

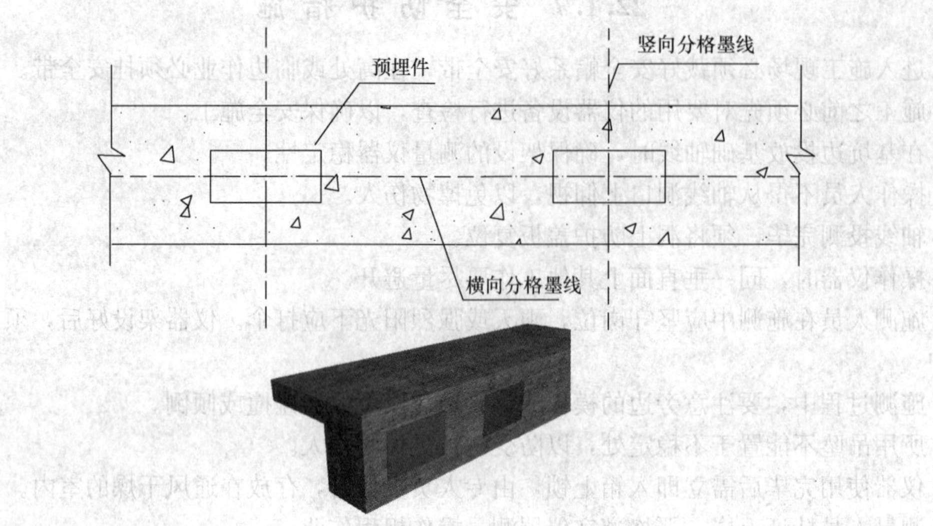


以平板预埋件为例

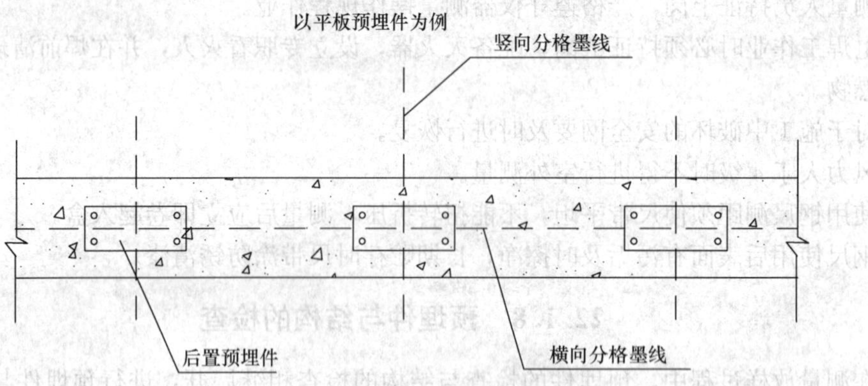


以后置预埋件为例

图 22-9　预埋件上下、左右检查

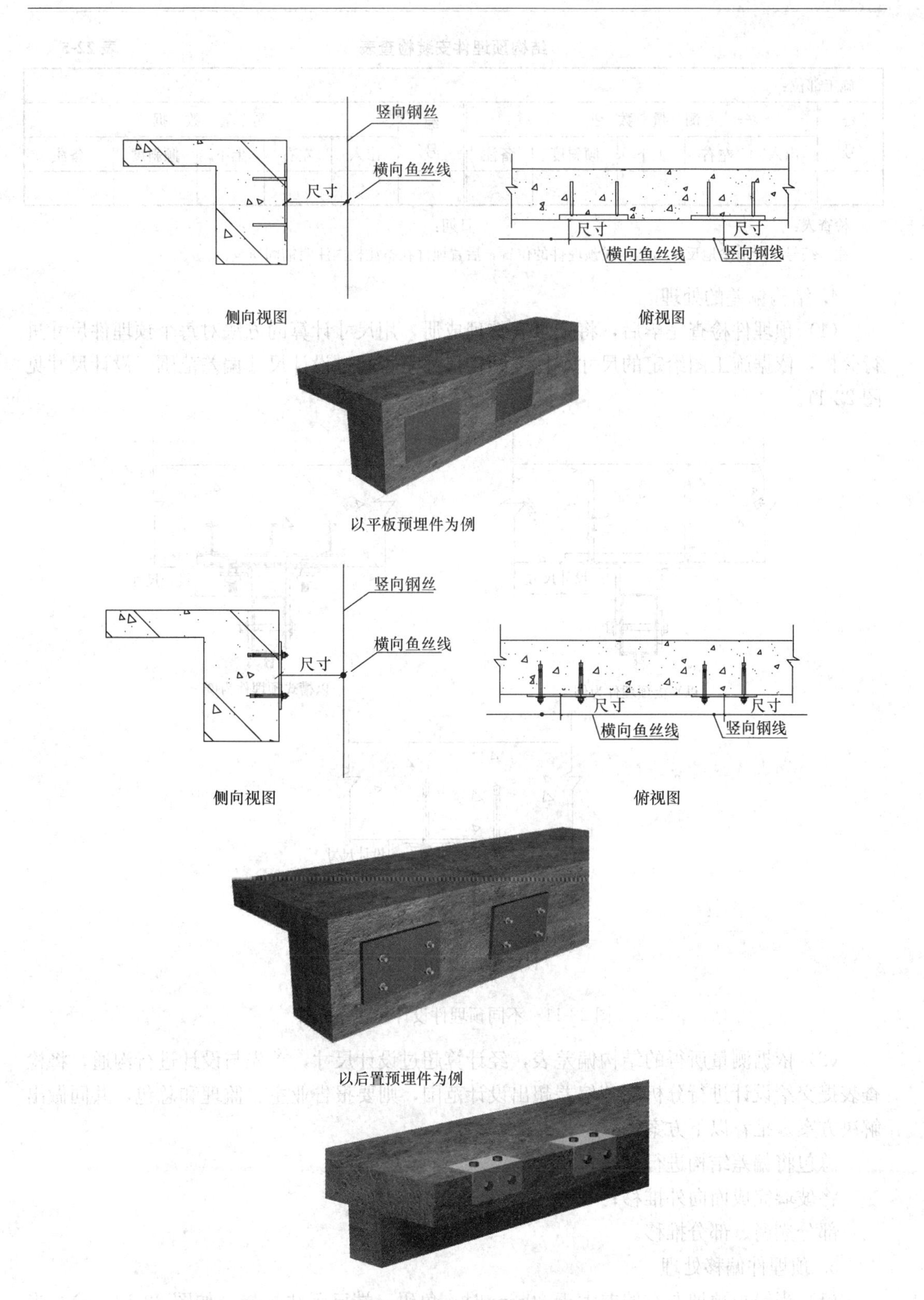


图 22-10 预埋件进出检查

结构预埋件安装检查表　　表 22-5

<table>
<tr><td colspan="12">施工部位：</td></tr>
<tr><td rowspan="2">编号</td><td colspan="5">测量数据</td><td rowspan="2">编号</td><td colspan="5">测量数据</td></tr>
<tr><td>出入</td><td>左右</td><td>上下</td><td>倾斜度</td><td>备注</td><td>出入</td><td>左右</td><td>上下</td><td>倾斜度</td><td>备注</td></tr>
<tr><td></td><td></td><td></td><td></td><td></td><td></td><td></td><td></td><td></td><td></td><td></td><td></td></tr>
</table>

检查人：　　日期：

注：编号要能清楚地反映出结构或预埋件的位置，后置埋件在备注栏内注明锚固质量。

4. 结构偏差的处理

(1) 预埋件检查完毕后，将记录表整理成册，用尺寸计算的方法对每个预埋件尺寸进行分析，依据施工图给定的尺寸，检查结构尺寸是否超过设计尺寸偏差范围。设计尺寸见图 22-11。

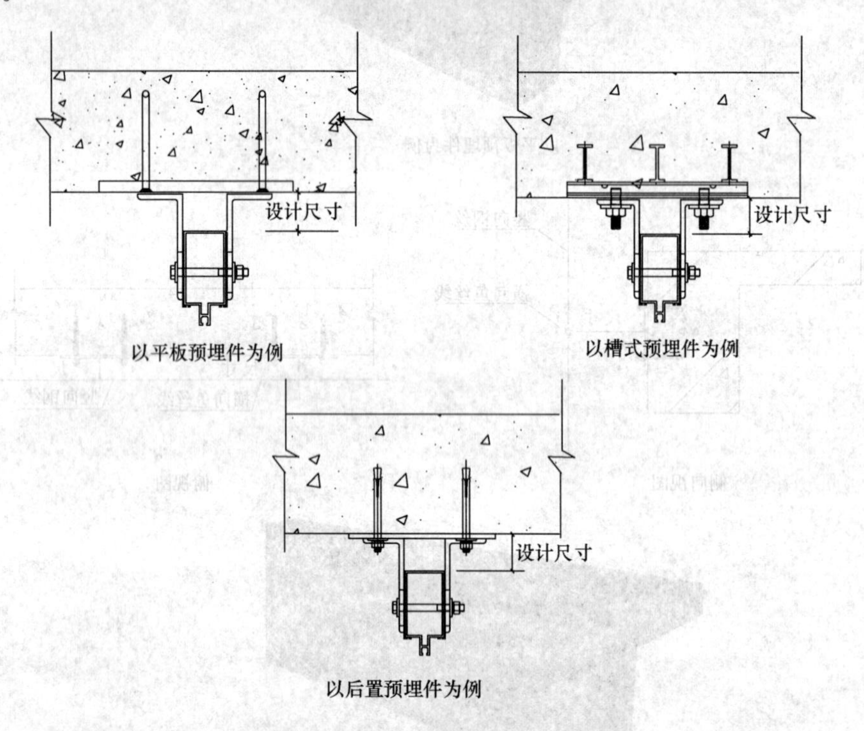


图 22-11　不同预埋件设计尺寸分析图

(2) 依据测量所得的结构偏差表，经计算超过设计尺寸，首先与设计进行沟通，将检查表提交给设计进行分析。若偏差超出设计范围，则要报告业主、监理和总包，共同做出解决方案。推荐以下方案：

总包将偏差结构进行剔凿；

将玻璃完成面向外推移；

部分剔凿、部分推移。

5. 预埋件偏移处理

(1) 当锚板预埋左右偏差大于 30mm 时，角码一端已无法焊接，如图 22-12 (*a*)，当槽式预埋件大于 45mm 时，一端则连接困难，如图 22-12 (*b*)。

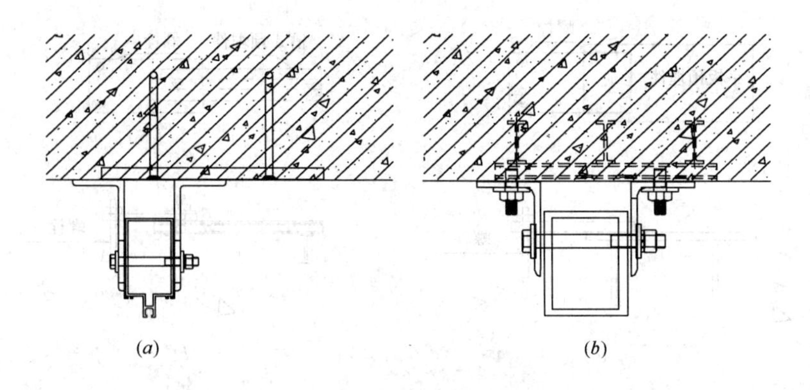

(*a*) (*b*)

图 22-12 锚板预埋偏移示意图

(2) 预埋件若超过偏差要求，应采用与预埋件等厚度、同材质的钢板进行补板。一般修补方法见表 22-6。

**不同偏差的修补方法** **表 22-6**

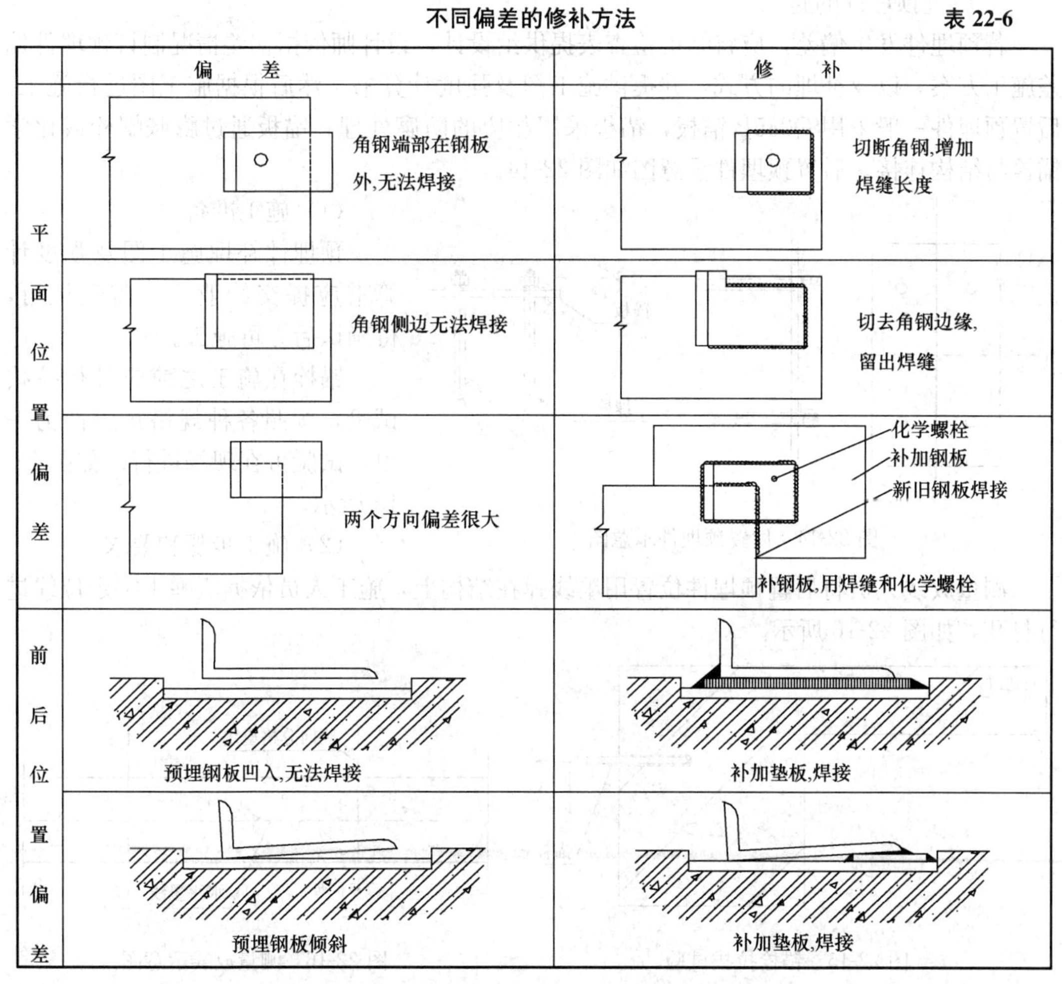


(3) 锚板预埋件补埋一端采用焊接方式，另一端采用锚栓固定，平板预埋件如图 22-13 (*a*)，槽式预埋件如图 22-13 (*b*)。

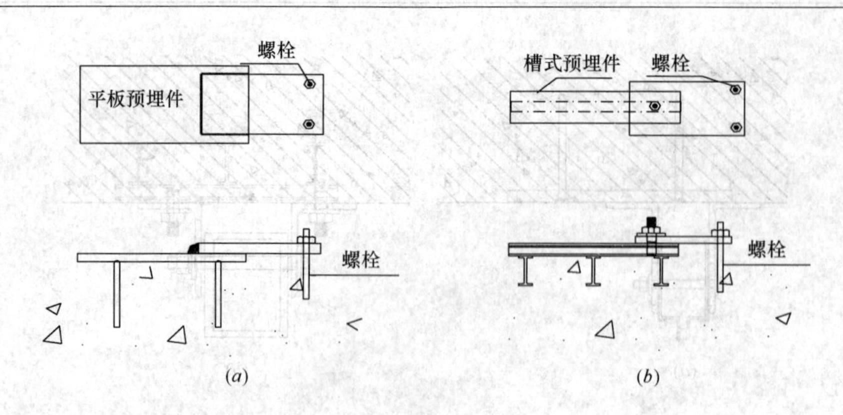


图 22-13　预埋件补埋固定方式

## 22.1.9　预埋件的施工

1. 后置预埋件的施工

若预埋件发生偏差，应将结构检查表提供给设计，设计师依据偏差情况制订预埋件偏差施工方案，以及补埋的方式，并提供施工图及强度计算书，然后根据施工图进行施工。后置预埋件一般采用 Q235B 锚板，锚板采用相应的防腐处理。锚板通过膨胀螺栓或化学锚栓与结构连接。后置预埋件示意图如图 22-14。

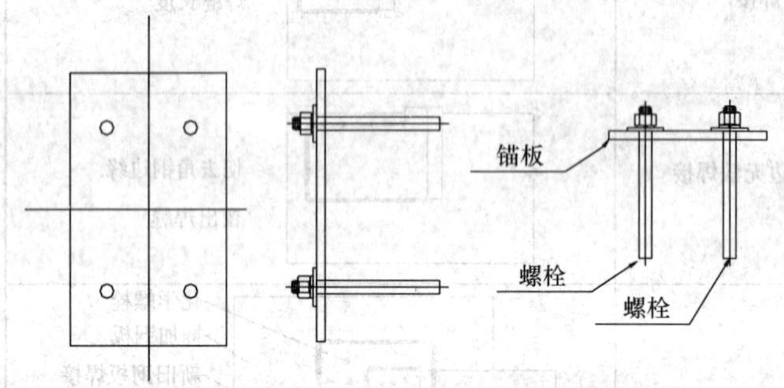


图 22-14　后置预埋件示意图

（1）施工准备

预埋件补埋施工图及强度计算书应提交给业主、监理认可，待确认后方可施工。

锚栓在施工之前应进行拉拔试验，按照各种规格每三件为一组，试验可在现场进行。如图 22-15 所示。

（2）施工步骤和要求

测量放线人员将后置预埋件位置用墨线弹在结构上，施工人员依据所弹十字定位线进行打孔，如图 22-16 所示。

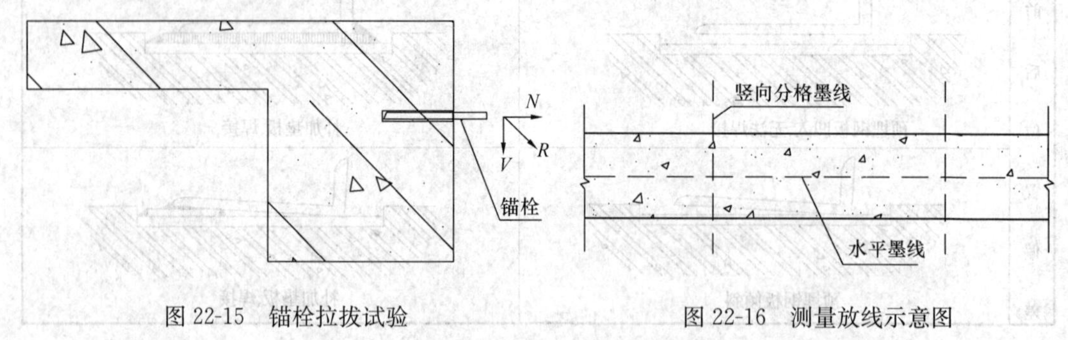


图 22-15　锚栓拉拔试验　　　图 22-16　测量放线示意图

为确保打孔深度，应在冲击钻上设立标尺，控制打孔深度。冲击钻如图 22-17 所示：打孔深度及打孔直径依据表 22-7 进行，混凝土配孔直径（适应 ASQ 混凝土强度为 C25～C60）。

打孔直径参照表 表 22-7

| 螺杆直径 (mm) | 钻孔直径 (mm) | 钻孔深度 (mm) | 安全剪力 (kN) | 安全拉力 (kN) |
|---|---|---|---|---|
| 8 | 10 | 80 | | |
| 10 | 12 | 90 | 12.6 | 13.8 |
| 12 | 14 | 110 | 18.3 | 19.8 |
| 16 | 18 | 125 | 22.9 | 34.6 |
| 20 | 25 | 170 | 54.0 | 52.4 |

注：1. 由于同一种直径的螺杆长度并不相同，故钻孔深度仅供参考；
2. 安全剪力和安全拉力是根据不同混凝土强度等级而测定的，不能作为设计施工依据，实际承受能力应以现场的拉拔试验为准。

在混凝土上打孔后，应吹去孔内的灰尘，保持孔内清洁，项目质量员应跟踪监督检查。

打完孔后，分别将膨胀螺栓或化学锚栓穿入钢板与结构固定。膨胀螺栓锚入时必须保持垂直混凝土面，不允许膨胀螺栓上倾或下斜，确保膨胀螺栓有充分的锚固深度，膨胀螺栓锚入后拧紧时不允许连杆转动。膨胀螺栓锁紧时扭矩力必须达到规范和设计要求。安装化学锚栓时先将玻璃管药剂放入孔中，再将锚栓进行安装。放入螺杆后高速进行搅拌（冲击钻转速为 750r/s），待洞口有少量混合物外露后即可停止，如图 22-18 所示。

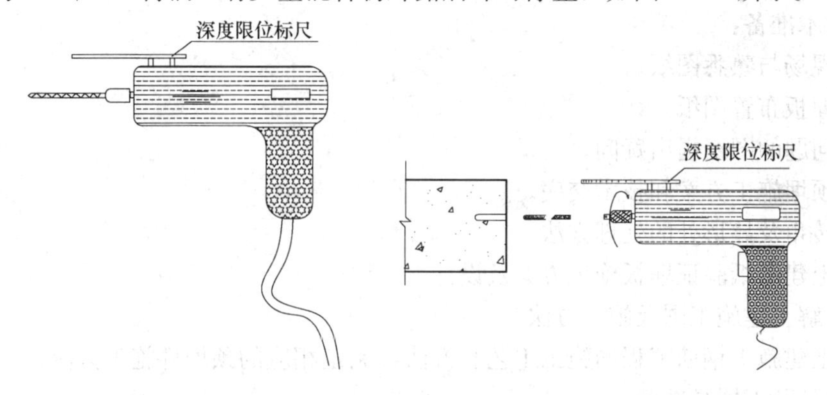


图 22-17 冲击钻示意图　　图 22-18 冲击钻使用示意图

打孔后各项数据要求，化学锚栓深度一定要达到标准，严禁将锚栓长度割短，锚栓与混凝土面应尽量成 90°角，即垂直于混凝土面。如图 22-19 所示。

当化学螺栓施工完毕后，不能立即进行下一步施工，而必须等到螺栓里的化学药剂反应、凝固完成后方可开始下步施工。具体时间见参见表 22-8。

化学反应时间 表 22-8

| 温度（℃） | 凝胶时间（min） | 硬化时间（min） |
|---|---|---|
| −5～0 | 60 | 300 |
| 0～10 | 30 | 60 |
| 10～20 | 20 | 30 |
| 2～40 | 8 | 20 |

后置预埋件安装如图 22-20 所示。

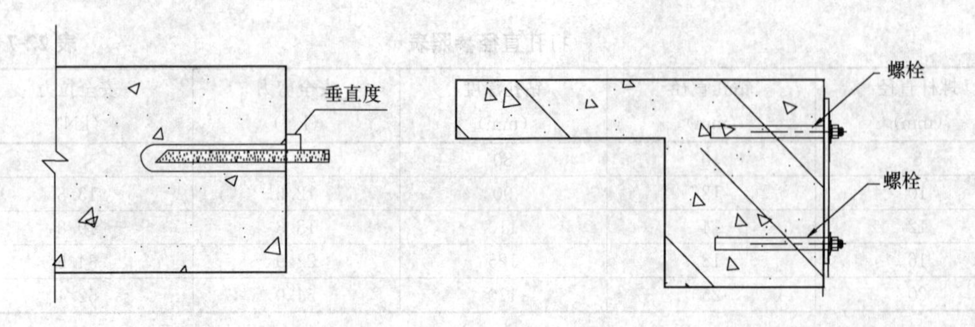


图 22-19　锚栓安装示意图　　图 22-20　后置预埋件安装示意图

2. 幕墙预埋件施工

预埋件是幕墙系统与主体结构连接件之一，预埋件制作、安装的质量好坏直接影响着幕墙与主体结构的连接功能，其安装的精确程度也直接影响着幕墙施工的精度及外观质量的好坏。作为幕墙安装施工的第一项作业，预埋件的制作和安装都是直接影响整个幕墙的施工、安装及整体效果的重要因素。

在主体结构施工过程中，应协同土建施工进度安排幕墙预埋件施工，保证预埋工作进展顺利，质量达标。

(1) 预埋件的定位安装

1) 技术准备：

查看现场与熟悉图纸。

熟悉埋板布置图纸。

对有问题的图纸提出疑问。

熟悉预埋施工方案和技术交底。

明确转角及异形处的处理方法。

对照土建图纸验证埋板施工方案及设计。

2) 了解土建施工图及施工方法：

了解土建施工钢筋工程的施工工艺和方法，制定相应的预埋件施工方法。

3) 成品及工器具准备：

半成品：预埋件由专业厂家加工制造，直接向施工现场供货。

预埋件送检：由现场监理单位抽样的预埋件试件送到专门检测机构进行构件试验。

器具:经纬仪、水准仪、水平尺、卷尺、紧线器、吊坠、钢丝线若干(根据工程需要增加)。

(2) 预埋件安装施工

施工工艺流程：熟悉了解图纸要求→在施工现场找准预埋区域→找出定位轴线→打水平（或检查土建水平）→拉水平线→查证错误→调整错误水平分格→验证分割准确性→预置预埋件→调整预埋件位置→加固预埋件（点焊）→拆模后找出预埋件

1) 在施工现场找准预埋区域：

针对不同工程实际情况，在现场上要找准预埋件的区域。本工程中预埋区域包括主体建筑外围护幕墙的预埋区域和主体建筑室内幕墙的预埋区域。

2) 找出定位轴线：

将施工图纸中的定位轴线与施工现场的定位轴线进行对照，确定定位轴线的准确位置。

3）找出定位点：

根据在现场查找的准确定位轴线，根据图纸中提供的有关内容，确定定位点；定位点数量不得少于两点，确定定位点时要反复测量一定要保证定位准确无误。

4）抄平（打水平）：

按规范要求使用水准仪（使用方法略），确定两个定位点的水平位置。

5）拉水平线：

在找出定位点位置抄平后，在定位点间拉水平线，水平线可选用细钢丝线，同时用紧线器收紧，保证钢丝线的水平度。

6）测量误差：

在水平线拉好后，对所在工作面进行水平方向的测量，同时检查各轴线（定位轴线）间的误差。通过测量出的结果分析产生误差的原因，核对有关规范（施工）对误差允许值的要求，在规定误差范围内的，可消化误差，超过误差范围应与有关方面协商解决。

7）调整误差：

对在规范允许范围内的误差进行调整时，要求每一定位轴线间的误差，在本定位轴线间消化，误差在每个分格间分摊小于2mm，如超过此范围请书面通知设计单位进行设计调整。

8）水平分割：

在误差调整后，在水平线上确定预埋件的中心位置，水平分割必须通尺分割，也可以在两定位轴线内进行分割，但最少不能少于在两定位轴线内分割。

9）验证水平分割的尺寸：

水平分割后，要进行复检。图纸中的对应部位分格要对照复核，同时对与定位轴线相邻的预埋件定位线进行测定检查，确认准确无误后进行下一道工序。

10）预置预埋件：

根据复检确认的分格位置，先将预埋件预置至各自的位置，预置的目的是检查预埋件安装时与主体结构中钢筋是否有冲突，同时查看是否存在难以固定或需要处理才可固定的情况。以土建单位提供的水平线标高、轴向基准点、垂直预留孔确定每层控制点，并以此采用经纬仪、水准仪为每块预埋件定位，并加以固定，以防浇筑混凝土时发生位移，确保预埋件置准确。

11）对预埋件进行准确定位并固定点焊：

对预埋件进行准确定位，要控制预埋件的三维误差（X向20、Y向10、Z向10），在实际准确定位时确保误差在要求范围内。在定位准确后，对预埋件进行点焊固定。发现预埋件受混凝土钢筋的限制而产生较大偏移的现象，必须在浇注混凝土前予以纠正。

12）加固预埋件：

为了使预埋件在混凝土浇捣过程中不至于因震动产生移位增加新的误差，故对预埋件必须进行加固。可采用拉、撑、焊接等措施进行加固，以增强预埋件的抗震力。

13）校核预埋件：

在混凝土模板拆除后，要马上找出预埋件，检查预埋件的质量。若有问题，应立即采取补救措施：在现场逐一进行复核验收。

在随主体结构预埋预埋件工作完成，开始进行幕墙施工工作之前，应对预埋件进行校核和修正，对不符合要求的预埋件进行处理，以确保幕墙龙骨位置准确无误。

3. 预埋件修正后检验、质量评定和资料整理

（1）现场拉拔测试

在现场监理工程师参与下，由专门检测机构进行预埋件现场拉拔试验，预埋件测试结果应能满足幕墙荷载要求。

（2）质量评定

预埋件施工属于隐蔽工程施工，在进行预埋件修正后，其质量验收必须按隐蔽工程验收有关规定进行。

主要有以下几个方面：

1）所用材料是否合格。

2）预埋件连接方式是否符合相关设计、规范要求。

3）定位是否准确。

4）固定是否牢固。

5）对其他工程是否造成影响。

6）资料是否已整理齐全。

（3）资料整理

1）随时进行资料收集和整理工作，做好记录。

2）资料整理应注意以下事项：

①记录半成品、材料质量、安装质量。

②标明施工日期、施工人员、质量检验人员。

③明确标明施工层、施工段、轴线位置，并绘制详图。

## 22.2 玻 璃 幕 墙

玻璃幕墙是由玻璃面板和金属构件组成的悬挂在建筑物主体结构外，不分担主体结构荷载，并可相对主体结构有一定位移能力的建筑外围护结构或装饰性结构，具有抗风压、防水、气密、隔热保温、隔声、防火、抗震、避雷和美观等性能。

### 22.2.1 构 造

1. 明框玻璃幕墙

金属框架的构件显露于玻璃面板外表面的框支承玻璃幕墙。其按龙骨材质不同可分为型钢龙骨和铝合金型材龙骨。

（1）型钢龙骨

玻璃幕墙的龙骨采用型钢形式。铝合金框与型钢进行连接，玻璃镶嵌在铝合金框的玻璃槽内，最后用密封材料密封。由于型钢龙骨抗风压性能优于铝合金型材龙骨，故其跨度尺寸可适当加大，见图 22-21 和图 22-22。

（2）铝合金型材龙骨

玻璃幕墙的龙骨采用特殊断面的铝合金挤压型材。玻璃镶嵌在铝合金挤压型材的玻璃槽内，最后用密封材料密封，见图 22-23 和图 22-24。

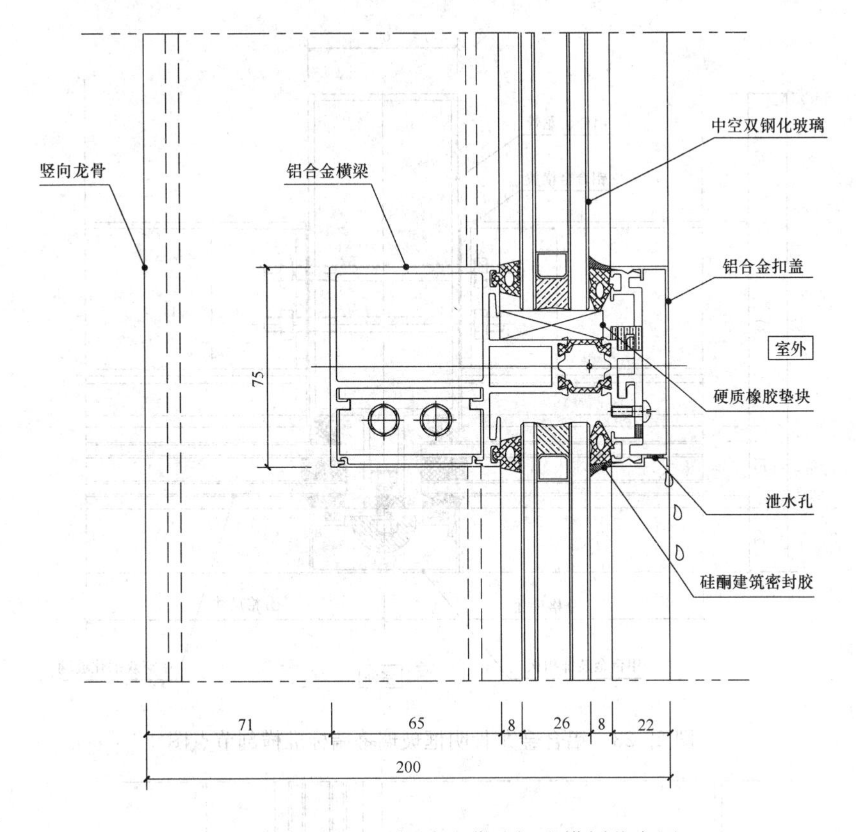


图 22-21 钢龙骨明框玻璃幕墙标准横剖节点图

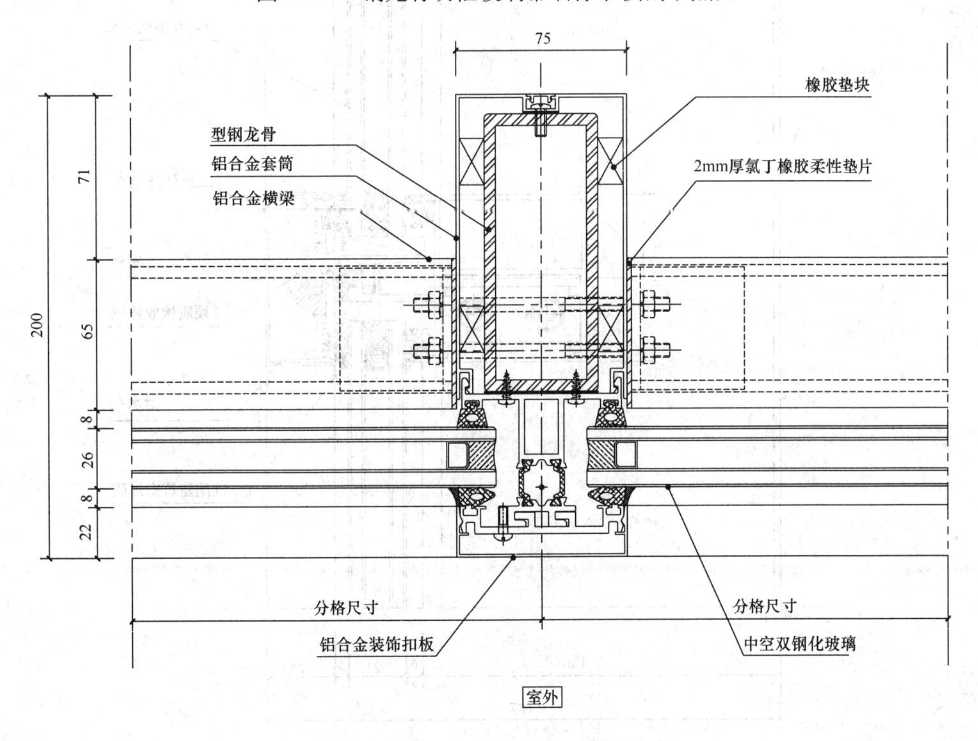


图 22-22 钢龙骨明框玻璃幕墙标准纵剖节点图

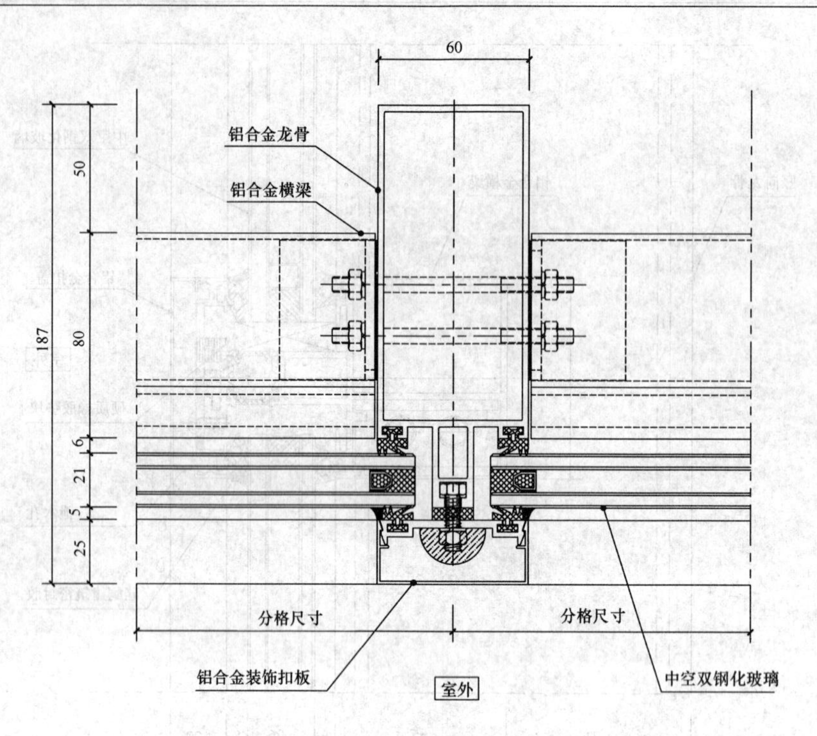


图 22-23　铝合金龙骨明框玻璃幕墙标准横剖节点图

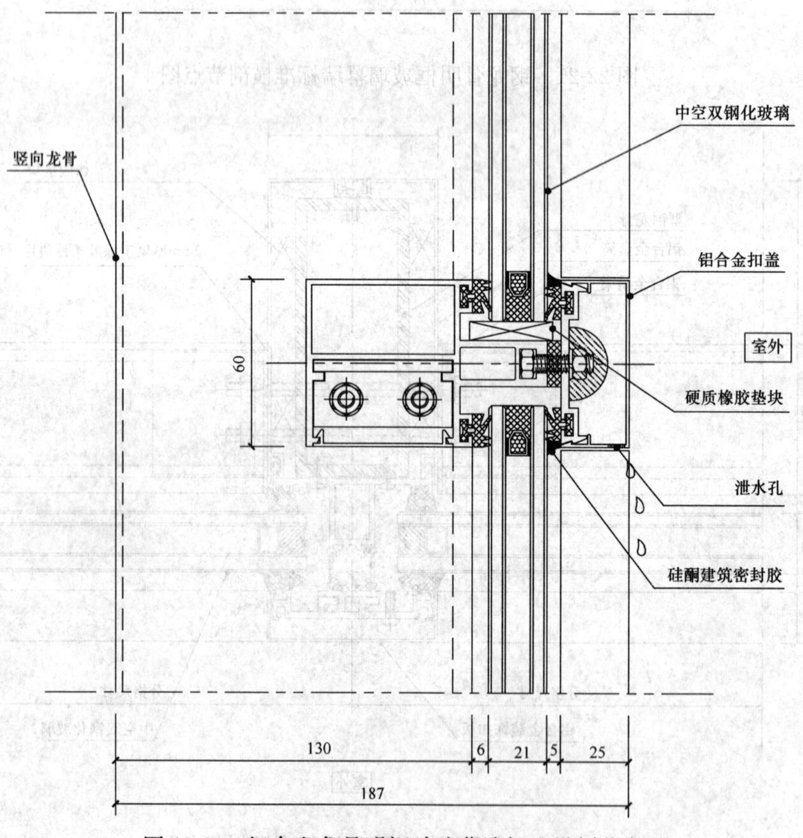


图 22-24　铝合金龙骨明框玻璃幕墙标准纵剖节点图

2. 全隐框玻璃幕墙

金属框架的构件不显露于玻璃面板外表面的框支承玻璃幕墙。其中玻璃用硅酮中性结构胶预先粘贴在铝合金附框上，铝合金附框及铝合金框架均隐藏在玻璃后部，从室外侧看不到铝合金框。这种幕墙的全部荷载均由玻璃通过硅酮中性结构胶传递给铝合金框架，见图 22-25 和图 22-26。

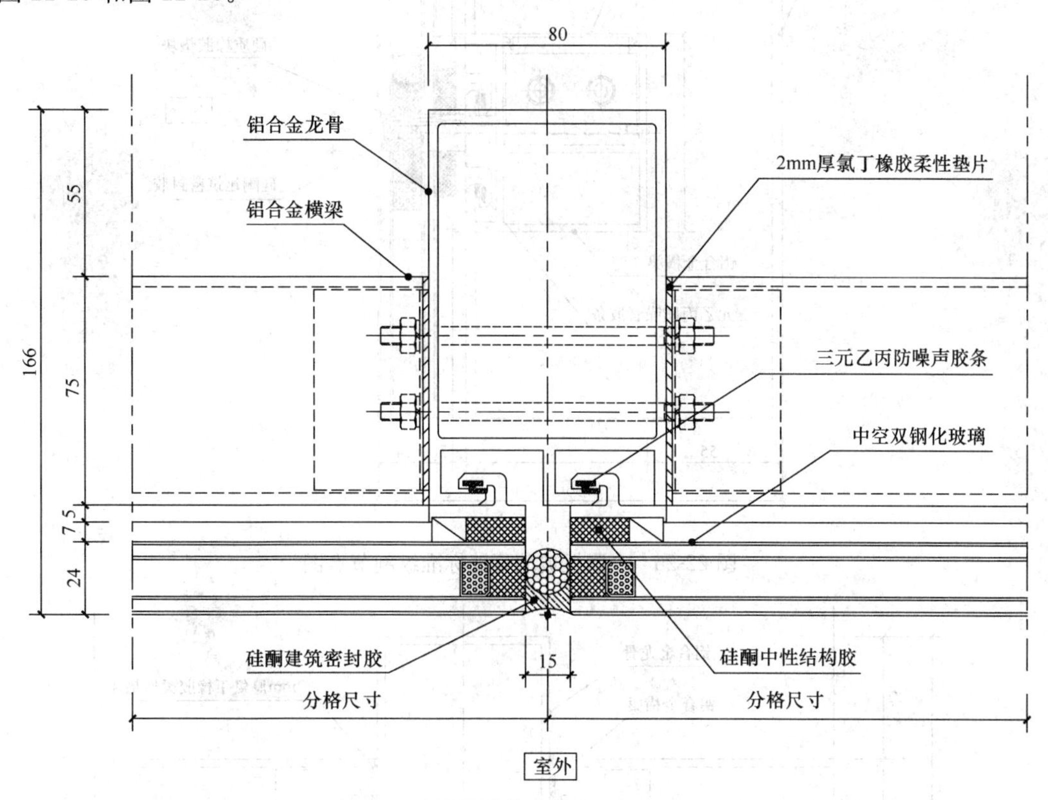


图 22-25 全隐框玻璃幕墙标准横剖节点图

3. 半隐框玻璃幕墙

(1) 横明竖隐玻璃幕墙

立柱隐藏在玻璃后部，玻璃安放在横梁的玻璃镶嵌槽内，镶嵌槽外加盖铝合金装饰盖板。玻璃的竖边用硅酮中性结构胶预先粘贴在铝合金附框上，玻璃上下两横边则固定在铝合金横梁的玻璃镶嵌槽中，外观上形成横向长条分格，见图 22-27 和图 22-28。

(2) 横隐竖明玻璃幕墙

幕墙玻璃横向采用硅酮中性结构胶粘贴在铝合金附框上，然后挂在铝合金横梁上，竖向用铝合金盖板固定在铝合金立柱的玻璃镶嵌槽内，外观上形成从上到下竖条状分格，见图 22-29 和图 22-30。

4. 点支承玻璃幕墙

幕墙玻璃采用不锈钢驳接爪固定，不锈钢驳接爪焊接在型钢龙骨上。幕墙玻璃的四角在玻璃生产厂家加工好 4 个与不锈钢驳接爪配套的圆孔，每个爪件与 1 块玻璃的 1 个孔位相连接，即 1 个不锈钢驳接爪同时与 4 块玻璃相连接，或者 1 块玻璃固定在 4 个不锈钢驳接爪上，见图 22-31 和图 22-32。

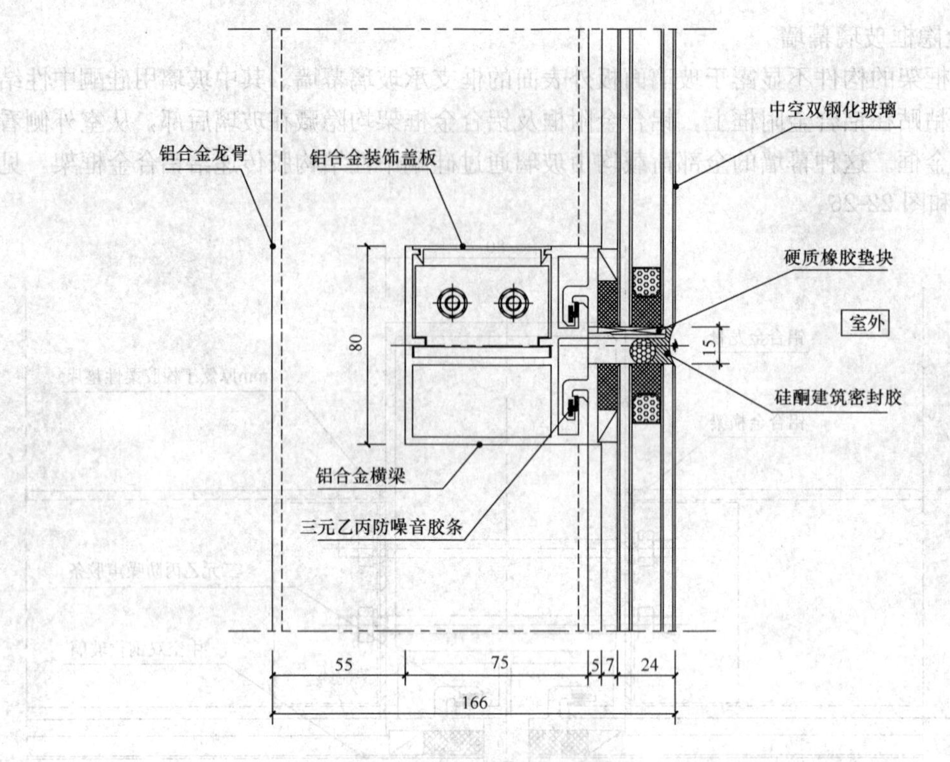


图 22-26　全隐框玻璃幕墙标准纵剖节点图

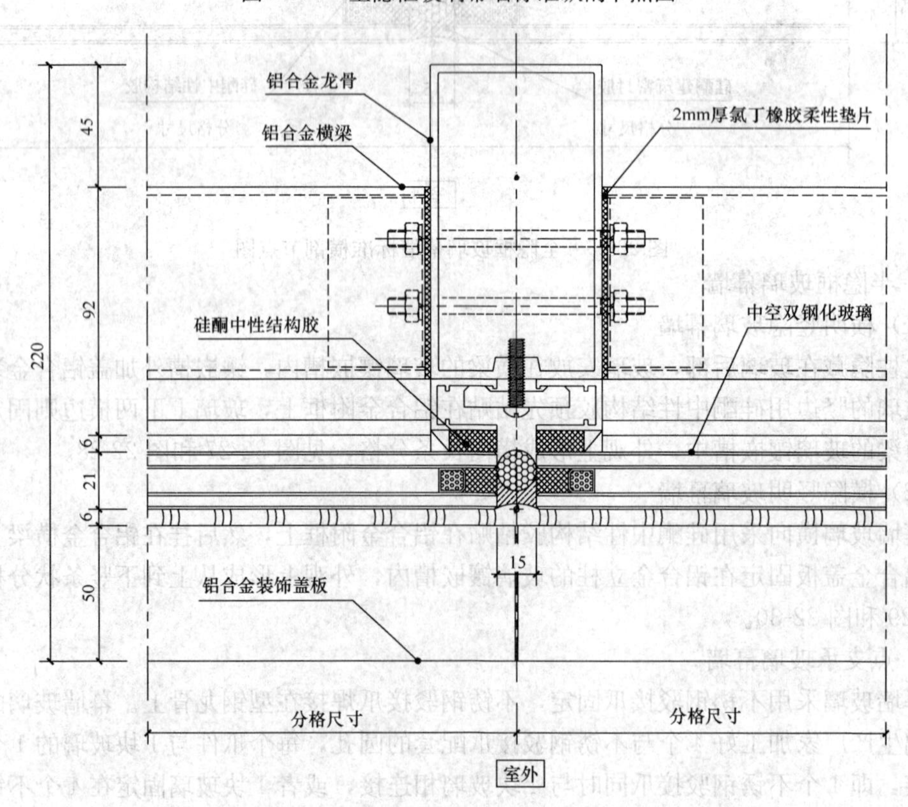


图 22-27　横明竖隐玻璃幕墙标准横剖节点图

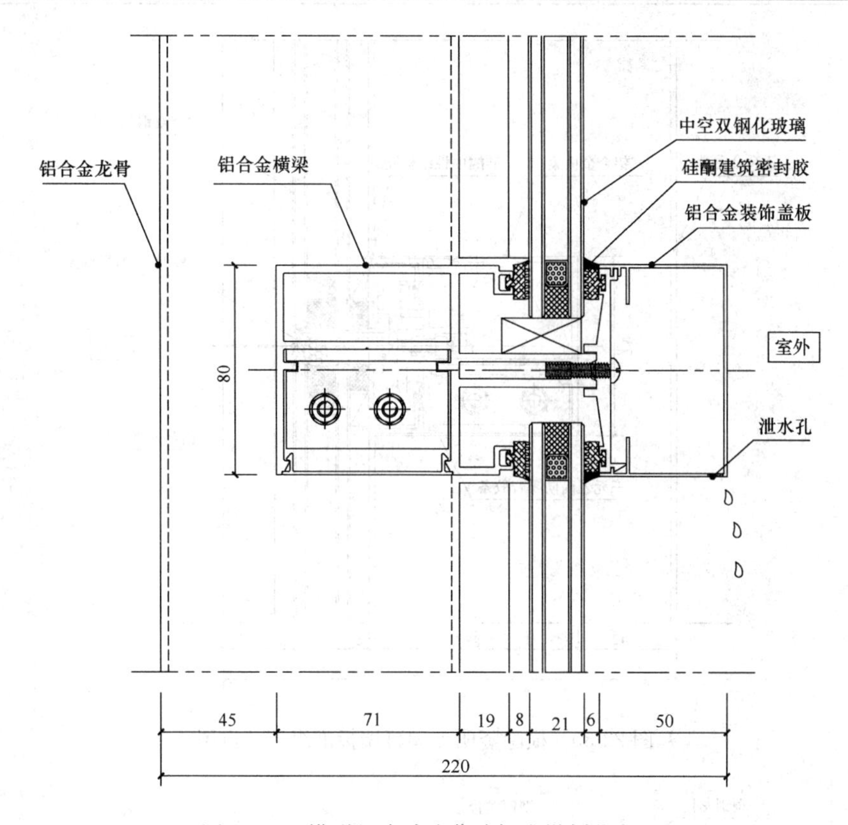


图 22-28 横明竖隐玻璃幕墙标准纵剖节点图

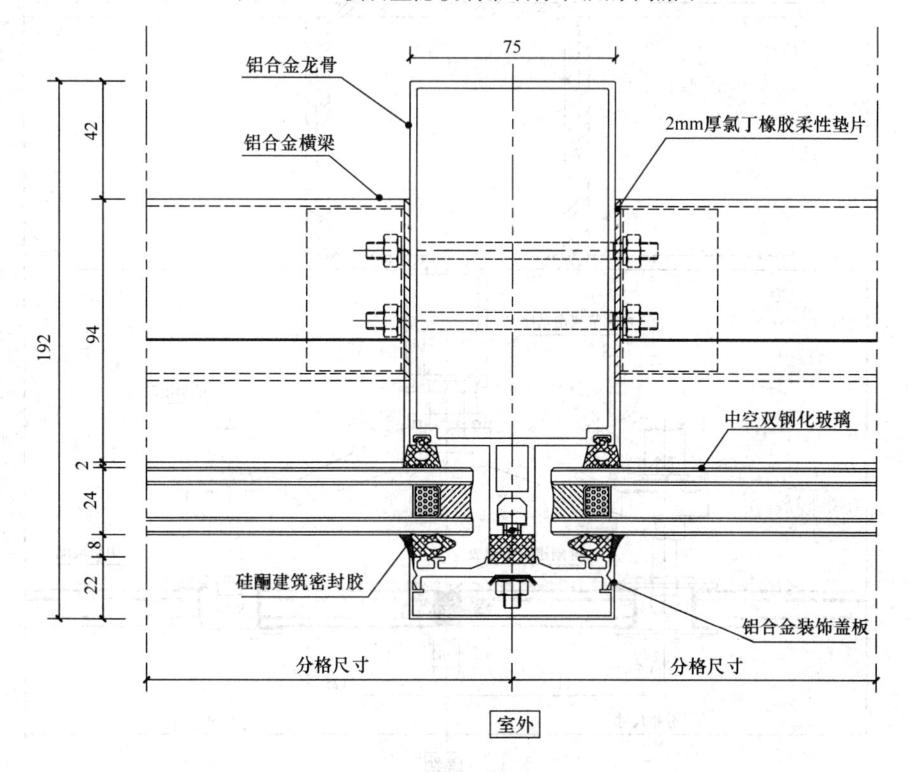


图 22-29 横隐竖明玻璃幕墙标准横剖节点图

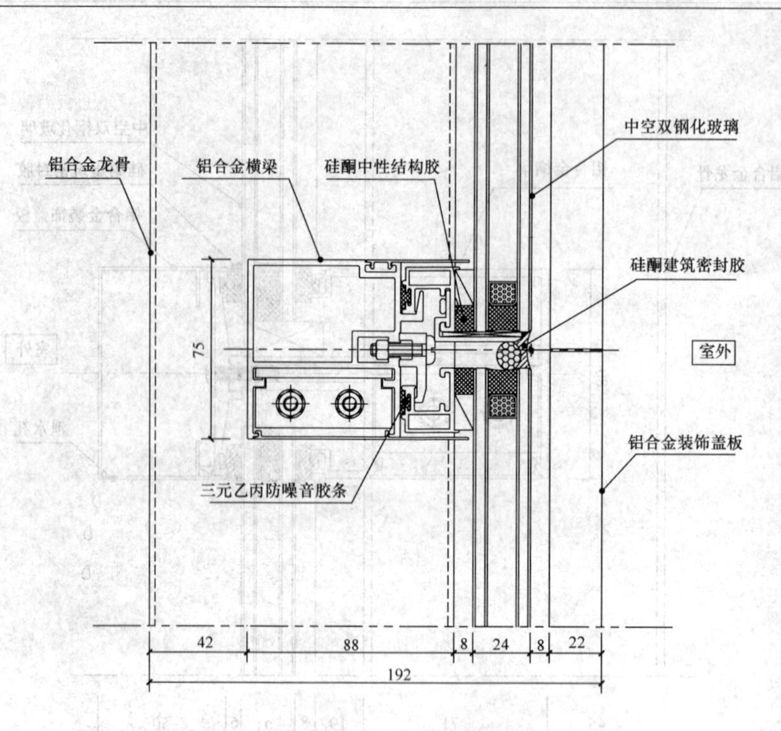


图 22-30　横隐竖明玻璃幕墙标准纵剖节点图

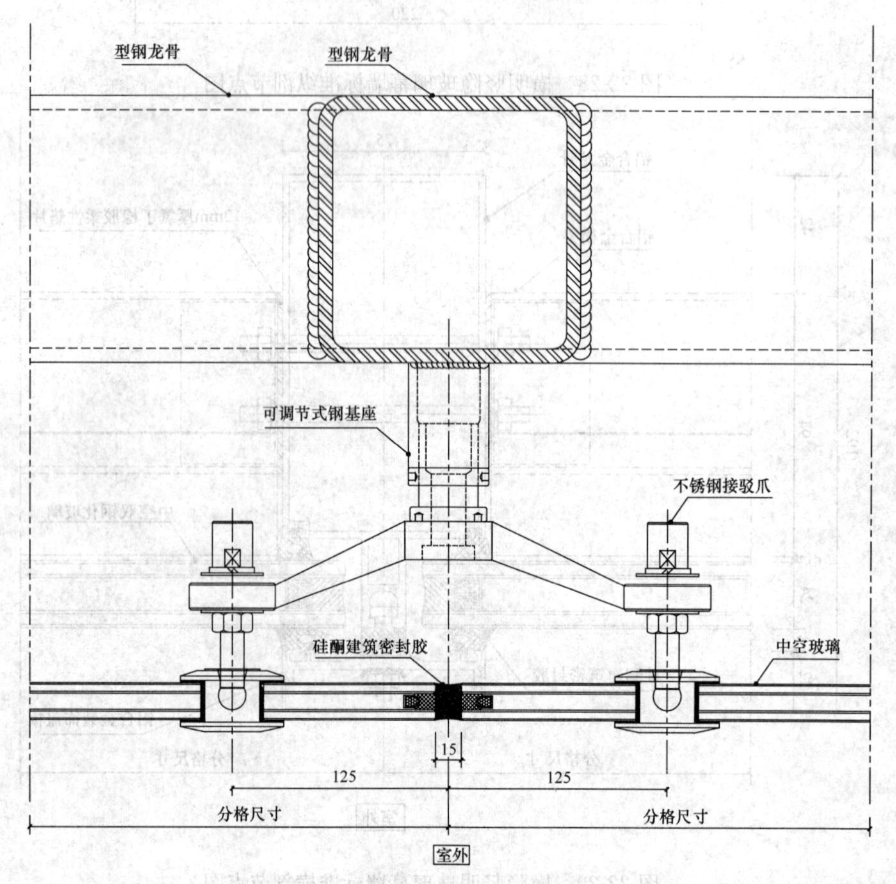


图 22-31　点支承玻璃幕墙标准横剖节点图

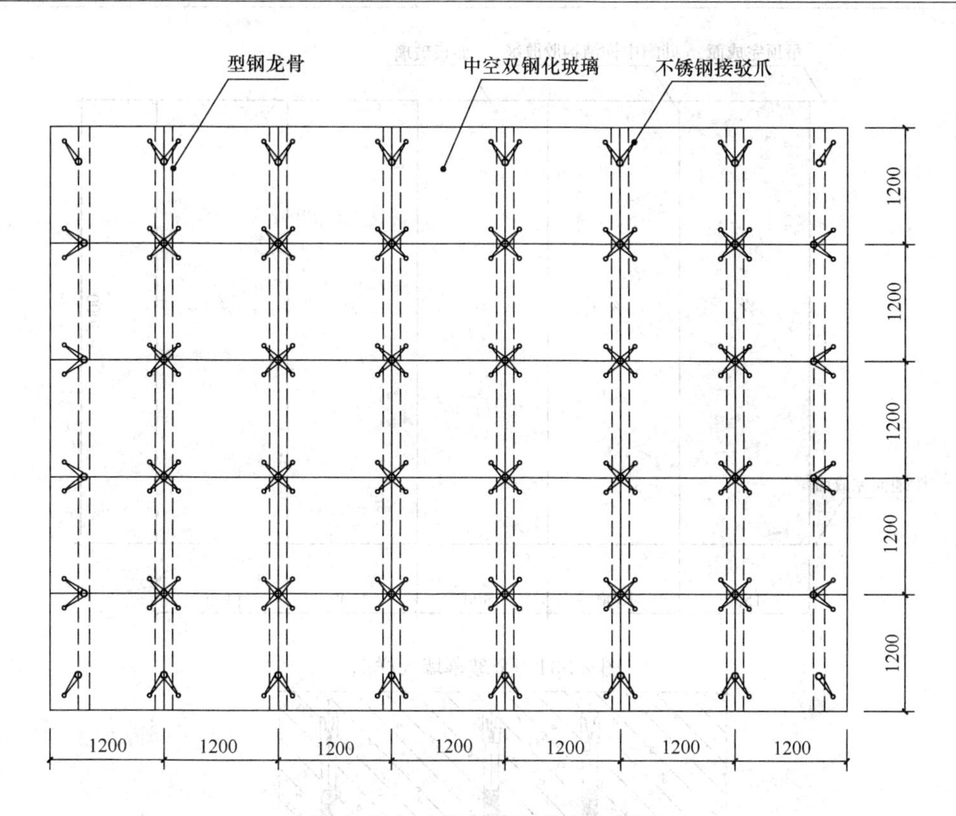


图 22-32 点支承玻璃幕墙大样图

常见的支承结构体系如图 22-33 所示。

图（*a*）钢结构系统：由单根钢梁或钢桁架组成的支承结构。

图（*b*）钢拉索系统：钢拉索和不锈钢支撑杆组成的支承结构。

图（*c*）全玻系统：由玻璃肋组成的支承结构。

图（*d*）钢拉索—钢结构系统：由钢拉索和钢结构组成的自平衡支承结构。

5. 全玻幕墙

由玻璃肋和玻璃面板构成的玻璃幕墙。

此种玻璃幕墙从外立面看无金属骨架，饰面材料及结构构件均为玻璃材料。因其采用大块玻璃饰面，使幕墙具有更大的通透性，因此多用于建筑物裙楼，见图 22-34。

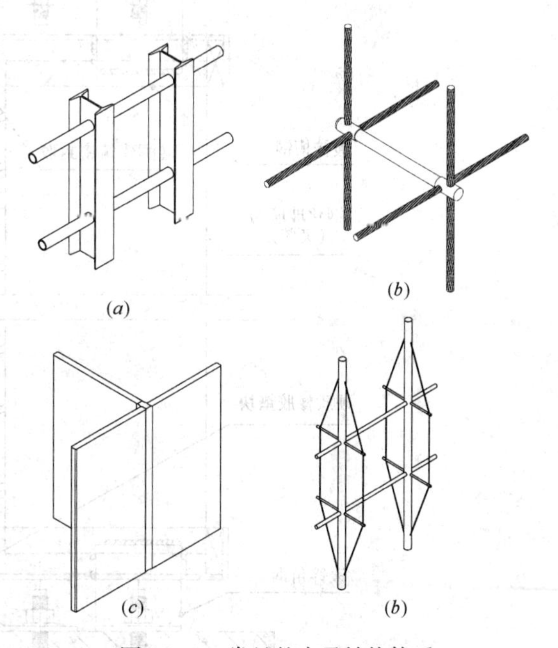


图 22-33 常见的支承结构体系

为了增强玻璃结构的刚度，保证在风荷载作用下安全稳定，除玻璃应有足够的厚度外，还应设置与面板玻璃垂直的玻璃肋，见图 22-35 和图 22-36。

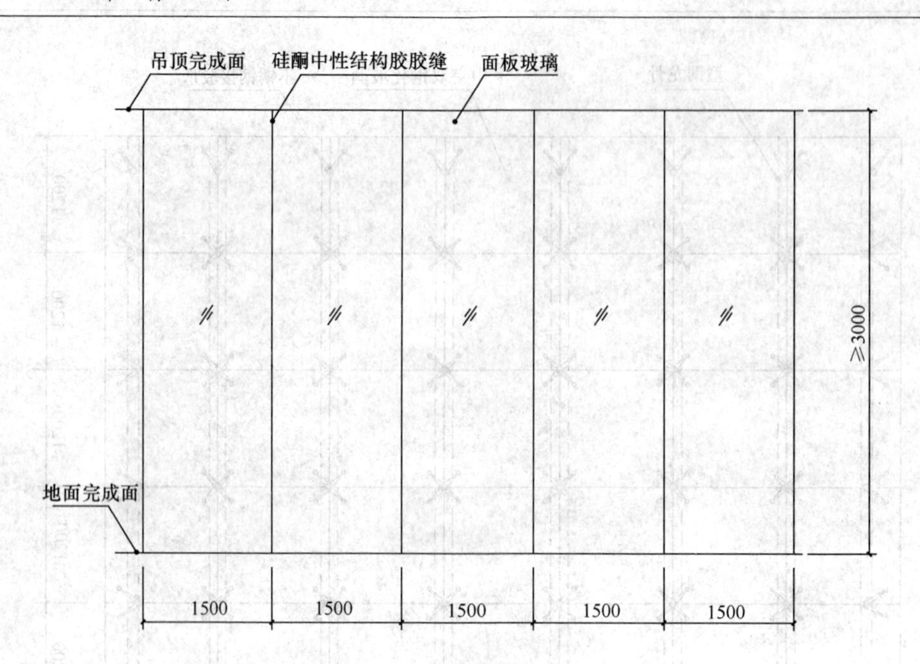


图 22-34　全玻幕墙大样图

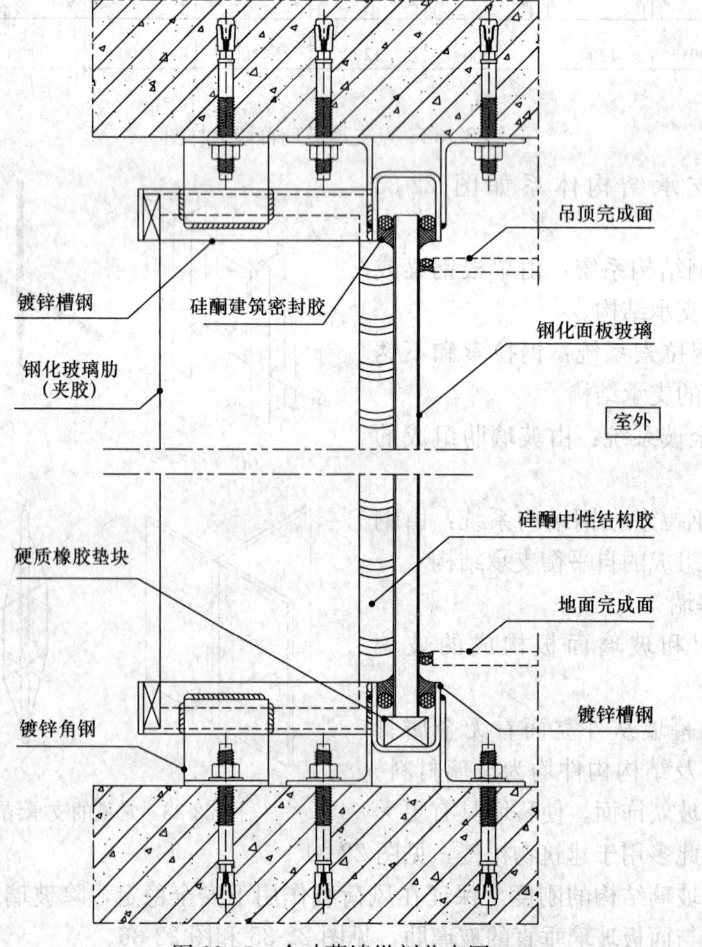


图 22-35　全玻幕墙纵剖节点图

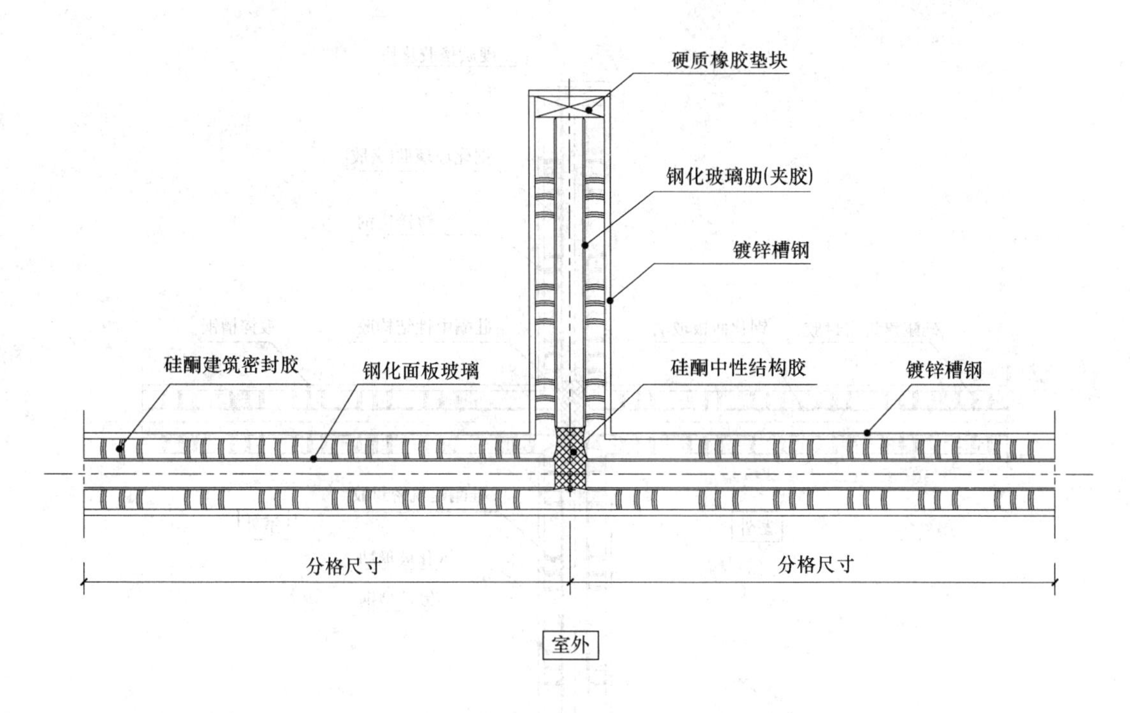


图 22-36 全玻幕墙横剖节点图

面板玻璃与玻璃肋构造形式有三种：玻璃肋布置在面板玻璃的单侧（图 22-36）；玻璃肋布置在面板玻璃的两侧（图 22-37*a*）；玻璃肋呈一整块，穿过面板玻璃，布置在面板玻璃的两侧（图 22-37*b*）。

在玻璃幕墙高度和宽度已定的情况下，通过计算确定玻璃肋的厚度。全玻幕墙结构设计应符合《玻璃幕墙工程技术规范》（JGJ 102—2003）第 7 章的规定。

（1） 全玻幕墙

墙面外观应平整，胶缝应平整光滑、宽度均匀。胶缝宽度与设计值的偏差不应大于 2mm。

玻璃面板与玻璃肋之间的垂直度偏差不应大于 2mm；相邻玻璃面板的平面高低偏差不应大于 1mm。

玻璃与镶嵌槽的间隙应符合设计要求，密封胶应灌注均匀、密实、连续。

玻璃与周边结构或装修的空隙不应小于 8mm，密封胶填缝应均匀、密实、连续。

（2） 点支承玻璃幕墙

玻璃幕墙大面应平整，胶缝应横平竖直、缝宽均匀、表面光滑，钢结构焊缝应平滑。防腐涂层应均匀、无破损。不锈钢件的光泽应与设计相符，且无锈斑。拉杆和拉索的预拉力应符合设计要求。

点支承幕墙安装允许偏差应符合表 22-9 的规定。

钢爪安装偏差应符合下列要求：

a. 相邻钢爪距离和竖向距离为±1.5mm；

b. 同层钢爪高度允许偏差应符合表 22-10 的规定。

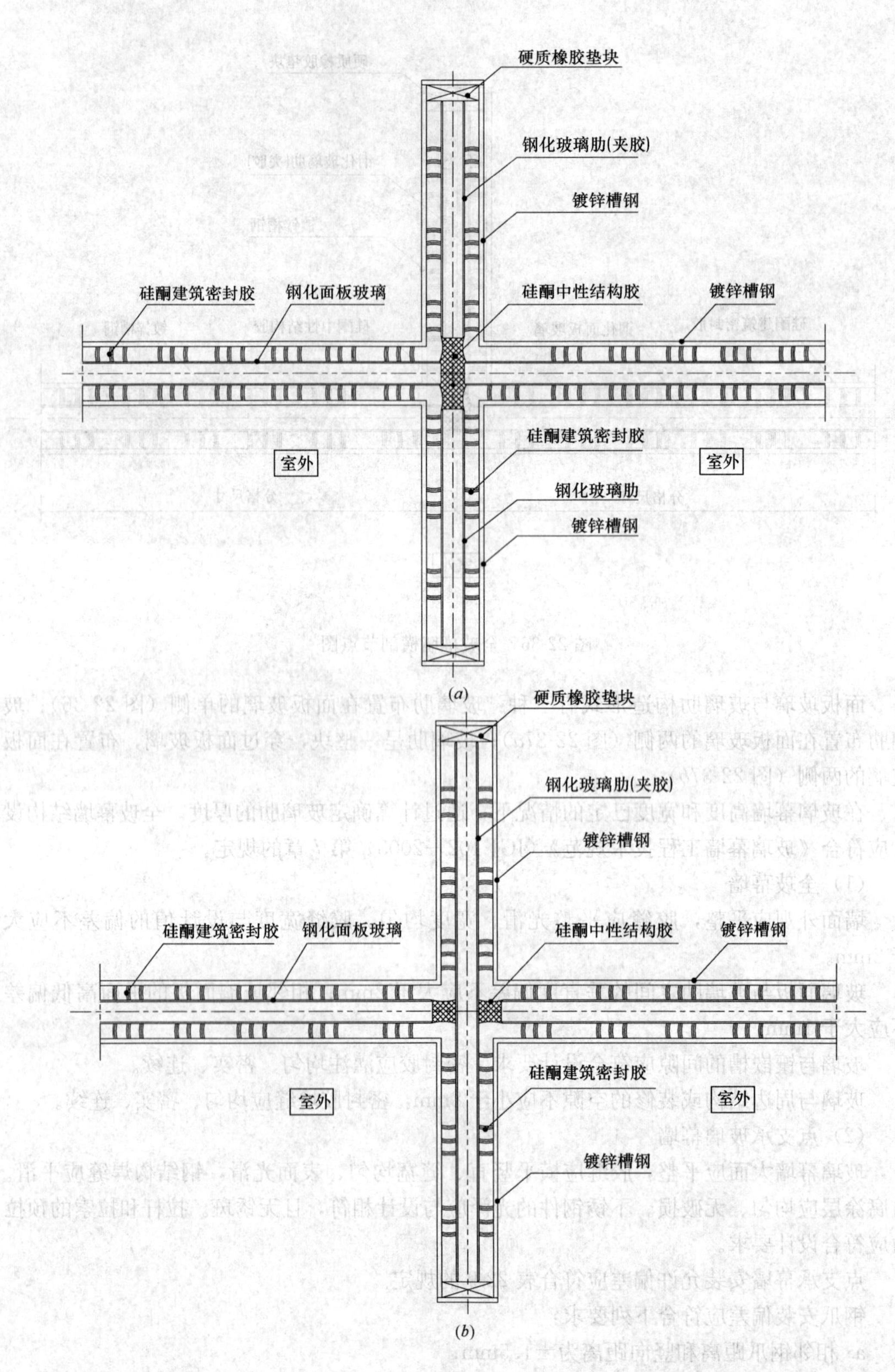


图 22-37　玻璃肋的布置

点支承幕墙安装允许偏差 表 22-9

| 项目 | | 允许偏差（mm） | 检查方法 |
|---|---|---|---|
| 竖缝及墙面垂直度 | 高度不大于 30m | 10.0 | 激光仪或经纬仪 |
| | 高度大于 30m 但不大于 50m | 15.0 | |
| 平面度 | | 2.5 | 2m 靠尺，钢板尺 |
| 胶缝直线度 | | 2.5 | 2m 靠尺，钢板尺 |
| 拼缝宽度 | | 2 | 卡尺 |
| 邻玻璃平面高低差 | | 1.0 | 塞尺 |

同层钢爪高度允许偏差 表 22-10

| 水平距离 $L$（m） | 允许偏差（×1000mm） |
|---|---|
| $L\leqslant35$ | $L/700$ |
| $35<L\leqslant50$ | $L/600$ |
| $50<L\leqslant100$ | $L/500$ |

## 22.2.2 材料选用要求

1. 一般规定

（1）玻璃幕墙用材料应符合国家现行标准的有关规定及设计要求。尚无相应标准的材料应符合设计要求，并应有出厂合格证。

（2）玻璃幕墙应选用耐气候性的材料。金属材料和金属零配件除不锈钢及耐候钢外，钢材应进行表面热浸镀锌处理、无机富锌涂料处理或采取其他有效的防腐措施，铝合金材料应进行表面阳极氧化、电泳涂漆、粉末喷涂或氟碳喷涂处理。

（3）玻璃幕墙材料宜采用不燃性材料或难燃性材料；防火密封构造应采用防火密封材料。

（4）隐框和半隐框玻璃幕墙，其玻璃与铝型材的粘结必须采用中性硅酮结构密封胶；全玻幕墙和点支承幕墙采用镀膜玻璃时，不应采用酸性硅酮结构密封胶粘贴。

（5）硅酮结构密封胶和硅酮建筑密封胶必须在有效期内使用。

2. 铝合金材料

玻璃幕墙采用铝合金材料的牌号所对应的化学成分应符合现行国家标准的规定，型材尺寸允许偏差应达到高精或超高精级。

铝合金型材采用阳极氧化、电泳涂漆、粉末喷涂、氟碳喷涂进行表面处理时，应符合现行国家标准《铝合金建筑型材》（GB/T 5237）规定的质量要求，表面处理层的厚度应满足表 22-11 的要求。

用穿条工艺生产的隔热铝型材，其隔热材料应使用 PA66GF25（聚酰胺 66＋25 玻璃纤维）材料，不得采用 PVC 材料。用浇注工艺生产的隔热铝型材，其隔热材料应使用 PUR（聚氨基甲酸乙酯）材料。连接部位的抗剪强度必须满足设计要求。

与玻璃幕墙配套用铝合金门窗应符合现行国家标准《铝合金门窗》（GB/T 8478—2008）的规定。

铝合金型材表面处理层的厚度　　表 22-11

| 表面处理方法 | | 膜度级别（涂层种类） | 厚度 $t$（$\mu$m） | |
|---|---|---|---|---|
| | | | 平均膜度 | 局部膜度 |
| 阳极氧化 | | 不低于 AA15 | $t \geqslant 15$ | $t \geqslant 12$ |
| 电泳涂漆 | 阳极氧化膜 | B | $t \geqslant 10$ | $t \geqslant 8$ |
| | 漆　膜 | B | — | $t \geqslant 7$ |
| | 复合膜 | B | — | $t \geqslant 16$ |
| 粉末喷涂 | | — | — | $40 \leqslant t \leqslant 120$ |
| 氟碳喷涂 | | — | $t \geqslant 40$ | $t \geqslant 34$ |

与玻璃幕墙配套用附件及紧固件应符合下列现行国家标准的规定：

《地弹簧》（GB/T 9296）

《平开铝合金窗执手》（GB/T 9298）

《铝合金窗不锈钢滑撑》（GB/T 9300）

《铝合金门插销》（GB/T 9297）

《铝合金门窗拉手》（GB/T 9301）

《铝合金窗锁》（GB/T 9302）

《铝合金门锁》（GB/T 9303）

《闭门器》（GB/T 9305）

《推拉铝合金门窗用滑轮》（GB/T 9304）

《紧固件　螺栓和螺钉》（GB/T 5277）

《十字槽盘头螺钉》（GB/T 818）

《紧固件机械性能　螺栓　螺钉和螺柱》（GB/T 3098.1）

《紧固件机械性能　螺母　粗牙和螺纹》（GB/T 3098.2）

《紧固件机械性能　螺母　细牙和螺纹》（GB/T 3098.4）

《紧固件机械性能　螺栓　自攻螺钉》（GB/T 3098.5）

《紧固件机械性能　不锈钢螺栓　螺钉和螺柱》（GB/T 3098.6）

《紧固件机械性能　不锈钢螺母》（GB/T 3098.15）

3. 钢材

（1）玻璃幕墙用碳素结构钢和低合金结构钢的钢种、牌号和质量等级应符合下列现行国家标准和行业标准的规定：

《碳素结构钢》（GB/T 700）

《优质碳素结构钢》（GB/T 699）

《合金结构钢》（GB/T 3077）

《低合金高强度结构钢》（GB/T 1591）

《碳素结构钢和低合金结构钢热轧薄钢板及钢带》（GB/T 912）

《碳素结构钢和低合金结构钢热轧厚钢板及钢带》（GB/T 3274

《结构用无缝钢管》（JBJ 102）

（2）玻璃幕墙用不锈钢材宜采用奥氏体不锈钢，且含镍量不应小于 8%。不锈钢材应符合下列现行国家标准、行业标准的规定：

《不锈钢棒》(GB/T 1220)

《不锈钢冷加工棒》(GB/T 4226)

《不锈钢冷轧钢板和钢带》(GB/T 3280)

《不锈钢热轧钢板和钢带》(GB/T 4237)

《不锈钢和耐热钢冷轧钢带》(GB/T 4239)

(3) 玻璃幕墙用耐候钢应符合现行国家标准《高耐候结构钢》(GB/T 4171) 及《焊接结构用耐候钢》(GB/T 4172) 的规定。

(4) 玻璃幕墙用碳素结构钢和低合金高强度结构钢应采取有效的防腐处理，当采用热浸镀锌防腐处理时，锌膜厚度应符合现行国家标准《金属覆盖层钢铁制件热浸镀锌层技术要求》(GB/T 13912) 的规定。

(5) 支承结构用碳素钢和低合金高强度结构钢采用氟碳喷漆喷涂或聚氨酯漆喷涂时，涂膜的厚度不宜小于 35$\mu$m；在空气污染严重及海滨地区，涂膜厚度不宜小于 45$\mu$m。

(6) 点支承玻璃幕墙用的不锈钢绞线应符合现行国家标准《冷顶锻用不锈钢丝》(GB/T 4232)、《不锈钢丝》(GB/T 4240)、《不锈钢丝绳》(GB/T 9944) 的规定。

(7) 点支承玻璃幕墙采用的锚具，其技术要求可按国家现行标准《预应力筋用锚具、夹具和连接器》(GB/T 14370) 及《预应力筋用锚具、夹具和连接器应用技术规程》(JGJ 85) 的规定执行。

(8) 点支承玻璃幕墙的支承装置应符合现行行业标准《点支式玻璃幕墙支承装置》(JG 138) 的规定；全玻幕墙用的支承装置应符合现行行业标准《点支式玻璃幕墙支承装置》(JG 138) 和《吊挂式玻璃幕墙支承装置》(JG 139) 的规定。

(9) 钢材之间进行焊接时，应符合现行国家标准《建筑钢结构焊接规程》(GB/T 8162)、《碳钢焊条》(GB/T 5117)、《低合金焊接条》(GB/T 518) 以及现行行业标准《建筑钢结构焊接技术规程》(JGJ 81) 的规定。

4. 玻璃

(1) 幕墙玻璃的外观质量和性能应符合下列现行国家标准、行业标准的规定：

《建筑用安全玻璃第二部分·钢化玻璃》(GB 15763.2)

《幕墙用钢化玻璃与半钢化玻璃》(GB 17841)

《夹层玻璃》(GB 9962)

《中空玻璃》(GB/T 11944)

《浮法玻璃》(GB 11614)

《建筑用安全玻璃　防火玻璃》(GB 15763.1)

《着色玻璃》(GB/T 18701)

《镀膜玻璃　第一部分　阳光控制镀膜玻璃》(GB/T 18915.1)

《镀膜玻璃　第二部分　低辐射镀膜玻璃》(GB/T 18915.2)

(2) 玻璃幕墙采用阳光控制镀膜玻璃时，离线法生产的镀膜玻璃应采用真空磁控溅射法生产工艺；在线法生产的镀膜玻璃应采用热喷涂法生产工艺。

(3) 玻璃幕墙采用中空玻璃时，除应符合现行国家标准《中空玻璃》(GB/T 11944) 的有关规定外，尚应符合下列规定：

1）中空玻璃气体层厚度不应小于 9mm。

2）中空玻璃应采用双道密封。一道密封应采用丁基热熔密封胶。隐框、半隐框及点支承玻璃幕墙用中空玻璃的二道密封应采用硅酮结构密封胶；明框玻璃幕墙用中空玻璃的二道密封宜采用聚硫类中空玻璃密封胶，也可采用硅酮密封胶。二道密封应采用专用打胶机进行混合、打胶。

3）中空玻璃的间隔铝框可采用连续折弯型或插角型，不得使用热熔型间隔胶条。间隔铝框中的干燥剂采用专用设备装填。

4）中空玻璃加工过程采取措施，消除玻璃表面可能产生的凹、凸现象。

5）幕墙玻璃应进行机械磨边处理，磨轮的目数应在 180 目以上。点支承幕墙玻璃的孔、板边缘均进行磨边和倒棱，磨边宜细磨，倒棱宽度不宜小于 1mm。

6）钢化玻璃宜经过二次热处理。

7）玻璃幕墙采用夹层玻璃时，应采用干法加工合成，其夹片宜采用聚乙烯醇缩丁醛（PVB）胶片；夹层玻璃合片时，应严格控制温、湿度。

8）玻璃幕墙采用单片低辐射镀膜玻璃时，应使用在线热喷涂低辐射镀膜玻璃；离线镀膜的低辐射镀膜宜加工成中空玻璃使用，且镀膜面应朝向中空气体层。

9）有防火要求的幕墙玻璃，应根据防火等级要求，采用单片防火玻璃或其制品。

10）玻璃幕墙的采用彩釉玻璃，釉料宜采用丝网印刷。

5. 建筑密封材料

玻璃幕墙的橡胶制品，宜采用三元乙丙橡胶、氯丁橡胶及硅橡胶。

密封胶条应符合国家现行标准《建筑橡胶密封垫预成型实心硫化的结构密封垫用材料规范》（HG/T 3099）及《工业用橡胶板》（GB/T 5574）的规定。

中空玻璃第一道密封用丁基热熔密封胶，应符合现行行业标准《中空玻璃用丁基热熔密封胶》（JG/T 914）的规定。不承受荷载的第二道密封胶应符合现行行业标准《中空玻璃用弹性密封胶》（JC/T 486）的规定；隐框或半隐框玻璃幕墙用中空玻璃的第二道密封胶除应符合《中空玻璃用弹性密封胶》（JC/T 486）的规定外，尚应符合第 6 节的有关规定。

玻璃幕墙的耐候密封应采用硅酮建筑密封胶；点支承幕墙和全玻幕墙使用非镀膜玻璃时，其耐候密封胶可采用酸性硅酮建筑密封胶，其性能应符合国家标准《幕墙玻璃接缝用密封胶》（JC/T 882）的规定。夹层玻璃板缝间的密封，宜采用中性硅酮建筑密封胶。

6. 硅酮结构密封胶

幕墙用中性硅酮结构密封胶及酸性硅酮结构密封胶的性能，应符合现行国家标准《建筑用硅酮结构密封胶》（GB 16776）的规定。

硅酮结构密封胶使用前，应经国家认可的检测机构进行与其相接触材料的相容性和剥离粘性试验，并应对邵氏硬度、标准状态拉伸粘结性能进行复验。检验不合格的产品不得使用，进口硅酮结构密封胶应具有商检报告。

硅酮结构密封胶生产商应提供结构胶的变位承受能力数据和质量保证书。

7. 其他材料

与单组份硅酮结构密封胶配合使用的低发泡间隔双面胶带，应具有透气性。

玻璃幕墙宜采用聚乙烯泡沫棒作填充材料，其密度不应大于 37kg/m³。

玻璃幕墙的隔热保温材料，宜采用岩棉、矿棉、玻璃棉、防火板等不燃或难燃材料。

## 22.2.3 安装工具

1. 手动真空吸盘

手动真空吸盘是一种带密封唇边的，在与被吸物体接触后形成一个临时性的密封空间，通过抽走或者稀薄密封空间里面的空气，产生内外压力差而进行工作的一种气动元件。是一种安装玻璃幕墙中抬运玻璃的工具，它由两个或三个橡胶圆盘组成，每个圆盘上备有一个手动扳柄，按动扳柄可使圆盘鼓起，形成负压将玻璃平面吸住，见图22-38。

图22-38 手动真空吸盘

使用时的注意事项：

(1) 玻璃表面应干净无杂物；

(2) 尽量减少圆盘摩擦；

(3) 吸盘吸附玻璃20min后，应取下重新吸附。

常用的手动真空吸盘的型号、规格及性能见表22-12。

手动真空吸盘性能表 表22-12

| 型 号 | 盘 数 | 负载能力（N） |
|---|---|---|
| 8702 | 2 | 500 |
| 8703 | 3 | 850 |

2. 牛皮带

牛皮带一般应用于玻璃近距离运输。运输过程中，玻璃两侧各由操作人员用一手动真空吸盘将玻璃吸附抬起，另一手握住玻璃的牛皮带，牛皮带两端安有木轴手柄，便于操作。

3. 电动吊篮

一种可取代传统脚手架的装修机械，主要适用于高层及多层建筑物外墙施工、装修、清洗与维护工程。吊篮是高处载人作业设备，在正式使用前应得到当地劳动安全部门认可以及严格执行国家和地方颁布的高处作业、劳动保护、安全施工和安全用电等以及其他有关部门的法规、标准，见图22-39。

图22-39 电动吊篮

4. 单轨吊

单轨吊是悬挂在楼板四周的型钢轨道与电动葫芦所组成的用于垂直吊运单元板及其他材料的专业设备，它具有操作方便、灵活、安装速度快等特点，见图22-40。

5. 嵌缝枪

嵌缝枪是一种应用聚氨酯嵌缝胶、聚硫密封胶等嵌缝胶料的专用施工配套工具，广泛应用于建筑伸缩缝，变形缝的嵌缝密封作业中，见图22-41。

操作时，可将胶筒或料筒安装在手柄棒上，扳动扳机，带棘爪牙的顶杆自行顶住胶筒

图 22-40　安装在型钢轨道的电动葫芦

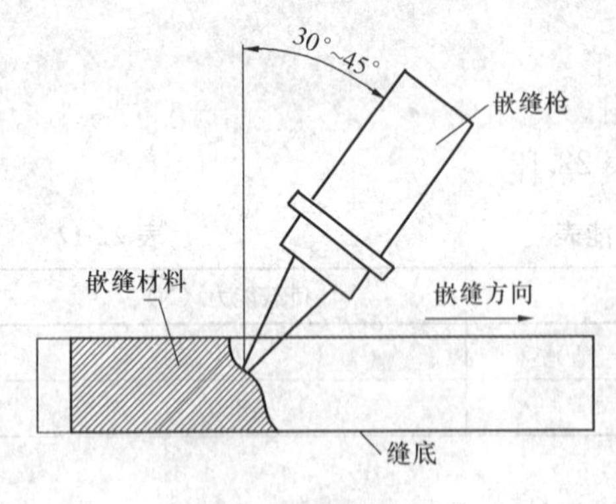


图 22-41　嵌封枪嵌缝

后端的活塞，缓缓将胶挤出，注入缝隙中，完成嵌缝工作。

6. 撬板和竹签

主要用于安装各种密封胶条。用撬板将玻璃与铝框撬出一定间隙。撬出间隙后立即将胶条塞入，嵌塞时可用竹签将胶条挤入间隙中。

7. 滚轮

在 V 形和 W 形防风、防雨胶带嵌入铝框架后，用滚轮将圆胶棍塞入。

8. 热压胶带电炉

用于将 V 形和 W 形防风、防雨胶带进行热压连接。热压胶带电炉接通 220V 电源后，电炉逐渐加热，将待压接头放入电炉的模具中即可进行热压连接。

## 22.2.4　加　工　制　作

1. 一般规定

玻璃幕墙在加工制作前应与土建设计施工图进行核对，对已建主体结构进行复测，并应按实测尺寸调整幕墙设计，并经设计单位同意后，方可加工组装。

幕墙所用材料、零配件必须符合幕墙施工图纸要求和现行有关标准的规定，并有出厂合格证。

加工幕墙构件所采用的设备、机具应满足幕墙构件加工精度要求，其量具应定期进行计量认证。

隐框玻璃幕墙玻璃板块加工制作时，应在洁净、通风的室内进行，且环境温度、湿度条件应符合结构胶产品的规定；注胶宽度和厚度应符合设计要求，严禁在现场进行加工制作。

除全玻璃幕墙外，不应在现场打注硅酮结构密封胶。

低辐射镀膜玻璃应根据其镀膜材料的粘结性能和其他技术要求，确定加工制作工艺；

镀膜与硅酮结构密封胶不相容时，应除去镀膜层。

严禁使用过期的硅酮结构密封胶和硅酮建筑密封胶。

2. 构件加工制作

(1) 玻璃幕墙的铝合金构件加工应符合下列要求：

1) 铝合金型材生产应符合《铝合金建筑型材》(GB 5237.1) 高精级要求；

2) 铝合金横梁长度允许偏差为±0.5mm，立柱长度允许偏差为±1mm，端头斜度的允许偏差为−15′；

3) 截料端头不应有加工变形，并应去除毛刺；

4) 孔位允许偏差为±0.5mm，孔距的允许偏差为±0.5mm，累计偏差为±1mm；

5) 铆钉的通孔尺寸偏差应符合现行国家标准《铆钉用通孔》(GB 152.1) 的规定；

6) 沉头螺钉的沉孔尺寸偏差应符合现行国家标准《沉头螺钉用沉孔》(GB 152.2) 的规定；

7) 圆柱头、螺栓的沉孔尺寸应符合现行国家标准《圆柱头、螺栓用沉孔》(GB 152.3) 的规定；

8) 螺丝孔的加工应符合设计要求。

(2) 玻璃幕墙铝合金构件中槽、豁、榫的加工应符合下列要求：

1) 铝合金构件的槽口尺寸允许偏差应符合表 22-13 的要求；

**槽口尺寸允许偏差** (mm) **表 22-13**

| 项目 | 简图 | a | b | c |
|---|---|---|---|---|
| 允许偏差 | 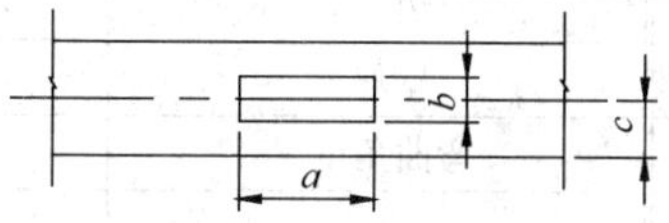 a b c | +0.5<br>0.0 | +0.5<br>0.0 | ±0.5 |

2) 铝合金构件豁口尺寸允许偏差应符合表 22-14 的要求；

**豁口尺寸允许偏差** (mm) **表 22-14**

| 项目 | 简图 | a | b | c |
|---|---|---|---|---|
| 允许偏差 | 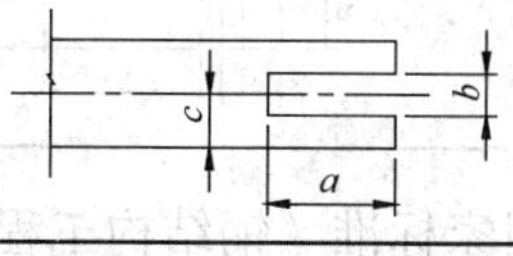 c b a | +0.5<br>0.0 | +0.5<br>0.0 | ±0.5 |

3) 铝合金构件榫头尺寸允许偏差应符合表 22-15 的要求；

**榫头尺寸允许偏差** (mm) **表 22-15**

| 项目 | 简图 | a | b | c |
|---|---|---|---|---|
| 允许偏差 | 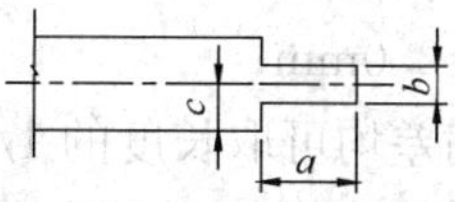 c b a | 0.0<br>−0.5 | 0.0<br>−0.5 | ±0.5 |

(3) 玻璃幕墙铝合金构件弯加工应符合下列要求：

1) 铝合金构件宜采用拉弯设备进行弯加工；

2）弯加工后的构件表面应光滑，不得有皱折、凹凸、裂纹。

(4) 玻璃幕墙的钢构件加工、平板型预埋件加工精度应符合下列要求：

1）锚板边长允许偏差为±5mm；

2）一般锚筋长度的允许偏差为＋10mm，两面为整块锚板的穿透式预埋件的锚筋长度的允许偏差为＋5mm，均不允许负偏差；

3）圆锚筋的中心线允许偏差为±5mm；

4）锚筋与锚板面的垂直度允许偏差为 $l_s/30$（$l_s$ 为锚固钢筋长度，单位为 mm）。

(5) 槽型预埋件表面及槽内应进行防腐处理，其加工精度应符合下列要求：

1）预埋件长度、宽度和厚度允许偏差分别为＋10mm、＋5mm 和＋3mm，不允许负偏差；

2）槽口的允许偏差为＋1.5mm，不允许负偏差；

3）锚筋长度允许偏差为＋5mm，不允许负偏差；

4）锚盘中心线允许偏差为±1.5mm；

5）锚筋与槽板的垂直度允许偏差为 $l_s/30$（$l_s$ 为锚固钢筋长度，单位为 mm）。

(6) 玻璃幕墙的连接件、支承件的加工精度应符合下列要求：

1）连接件、支承件外观应平整，不得有裂纹、毛刺、凹凸、翘曲、变形等缺陷；

2）连接件、支承件加工尺寸允许偏差应符合表 22-16 的要求；

**连接件、支承件尺寸允许偏差**（mm）　**表 22-16**

| 项　目 | 允许偏差 | 项　目 | 允许偏差 |
|---|---|---|---|
| 连接件高 $a$ | +5，−2 | 边距 $e$ | +1.0，0 |
| 连接件长 $b$ | +5，−2 | 壁厚 $t$ | +0.5，−0.2 |
| 孔距 $c$ | ±1.0 | 弯曲角度 $\alpha$ | ±2° |
| 孔宽 $d$ | +1.0，0 | | |
| 简图 | b, α, a, t, ≥40, e, d, a, e, c | | |

3）钢型材立柱及横梁的加工应符合现行国家标准《钢结构工程施工质量验收规范》(GB 50205) 的有关规定。

(7) 点支承玻璃幕墙的支承钢结构加工应符合下列要求：

1）应合理划分拼装单元；

2）管桁架应按计算的相贯线，采用数控机床切割加工；

3）钢构件拼装单元的节点位置允许偏差为±2.0mm；

4）构件长度、拼装单元长度的允许正、负偏差均可取长度的 1/2000；

5）管件连接焊缝应沿全长连续、均匀、饱满、平滑、无气泡和夹渣；支管壁厚小于 6mm 时可不切坡口；角焊缝的焊脚高度不宜大于支管壁厚的 2 倍；

6）钢结构的表面处理应符合《玻璃幕墙工程技术规范》(JGJ 102—2003) 的有关规定；

7）分单元组装的钢结构宜进行预拼装。

（8）杆索体系的加工尚应符合下列要求：

1）拉杆、拉索应进行拉断试验；

2）拉索下料前应进行调直预张拉，张拉力可取破断拉力的50%，持续时间可取2h；

3）截断后的钢索应采用挤压机进行套筒固定；

4）拉杆与端杆不宜采用焊接连接；

5）杆索结构应在工作台座上进行拼装，并应防止表面损伤。

（9）钢构件焊接、螺栓连接应符合现行国家标准《钢结构设计规范》（GB 50017）及行业标准《建筑钢结构焊接技术规程》（JGJ 81）的有关规定。

（10）钢构件表面涂装应符合现行国家标准《钢结构工程施工质量验收规范》（GB 50205）的有关规定。

3. 玻璃加工制作

（1）玻璃幕墙的单片玻璃、夹层玻璃、中空玻璃的加工精度应符合下列要求：

1）单片钢化玻璃，其尺寸的允许偏差应符合表22-17的要求；

2）采用中空玻璃时，其尺寸的允许偏差应符合表22-18的要求；

3）采用夹层玻璃时，其尺寸的允许偏差应符合表22-19的要求；

**钢化玻璃尺寸允许偏差（mm）** **表22-17**

| 项　目 | 玻璃厚度 | 玻璃边长 $L\leqslant2000$ | 玻璃边长 $L>2000$ |
|---|---|---|---|
| 边　长 | 6，8，10，12 | ±1.5 | ±2.0 |
| | 15，19 | ±2.0 | ±3.0 |
| 对角线差 | 6，8，10，12 | ≤2.0 | ≤3.0 |
| | 15，19 | ≤3.0 | ≤3.5 |

**中空玻璃尺寸允许偏差（mm）** **表22-18**

| 项　目 | 允许偏差 | |
|---|---|---|
| 边　长 | $L<1000$ | ±2.0 |
| | $1000\leqslant L<2000$ | +2.0，−3.0 |
| | $L\geqslant2000$ | ±3.0 |
| 对角线差 | $L\leqslant2000$ | ≤2.5 |
| | $L>2000$ | ≤3.5 |
| 厚　度 | $t<17$ | ±1.0 |
| | $17\leqslant t<22$ | ±1.5 |
| | $t\geqslant22$ | ±2.0 |
| 叠　差 | $L<1000$ | ±2.0 |
| | $1000\leqslant L<2000$ | ±3.0 |
| | $2000\leqslant L<4000$ | ±4.0 |
| | $L\geqslant4000$ | ±6.0 |

夹层玻璃尺寸允许偏差（mm）　　表 22-19

| 项　目 | | 允许偏差 |
|---|---|---|
| 边　长 | $L\leqslant2000$ | ±2.0 |
| | $L>2000$ | ±2.5 |
| 对角线差 | $L\leqslant2000$ | ≤2.5 |
| | $L>2000$ | ≤3.5 |
| 叠　差 | $L<1000$ | ±2.0 |
| | $1000\leqslant L<2000$ | ±3.0 |
| | $2000\leqslant L<4000$ | ±4.0 |
| | $L\geqslant4000$ | ±6.0 |

4）玻璃弯加工后，其每米弦长内拱高的允许偏差为±3.0mm，且玻璃的曲边应顺滑一致；玻璃直边的弯曲度，拱形时不应超过0.5%，波形时不应超过0.3%。

（2）全玻幕墙的玻璃加工应符合下列要求：

1）玻璃边缘应倒棱并细磨；外露玻璃的边缘应精磨；

2）采用钻孔安装时，孔边缘应进行倒角处理，并不应出现崩边。

（3）点支承玻璃加工应符合下列要求：

1）玻璃面板及其孔洞边缘均应倒棱和磨边，倒棱宽度不宜小于1mm，磨边宜细磨；

2）玻璃切角、钻孔、磨边应在钢化前进行；

3）玻璃加工的允许偏差应符合表22-20的规定；

点支承玻璃尺寸允许偏差　　表 22-20

| 项　目 | 边长尺寸 | 对角线差 | 钻孔位置 | 孔　距 | 孔轴与玻璃平面垂直度 |
|---|---|---|---|---|---|
| 允许偏差 | ±1.0mm | ≤2.0mm | ±0.8mm | ±1.0mm | ±12′ |

4）中空玻璃开孔后，开孔处应采取多道密封措施；

5）夹层玻璃、中空玻璃的钻孔可采用大、小孔相对的方式；

6）中空玻璃合片加工时，应考虑制作处和安装处不同气压的影响，采取防止玻璃大面变形的措施。

## 22.2.5　节点构造（含防雷）

玻璃幕墙节点是玻璃幕墙设计与施工的重点，根据幕墙结构体系的不同，其构造节点做法也相应地有所改变。

1. 一般节点构造

（1）立柱布置

幕墙立柱布置应考虑与窗间墙和柱的关系。在布置时，立柱尽可能与墙柱轴线重合，这样可以处理好建筑物与幕墙之间的间隙。见图22-42。

（2）横梁布置

横梁布置可分三种情况：与楼层持平（图22-43*a*）、与楼层踢脚板持平（图22-43*b*）、与楼层窗台持平（图22-43*c*）。

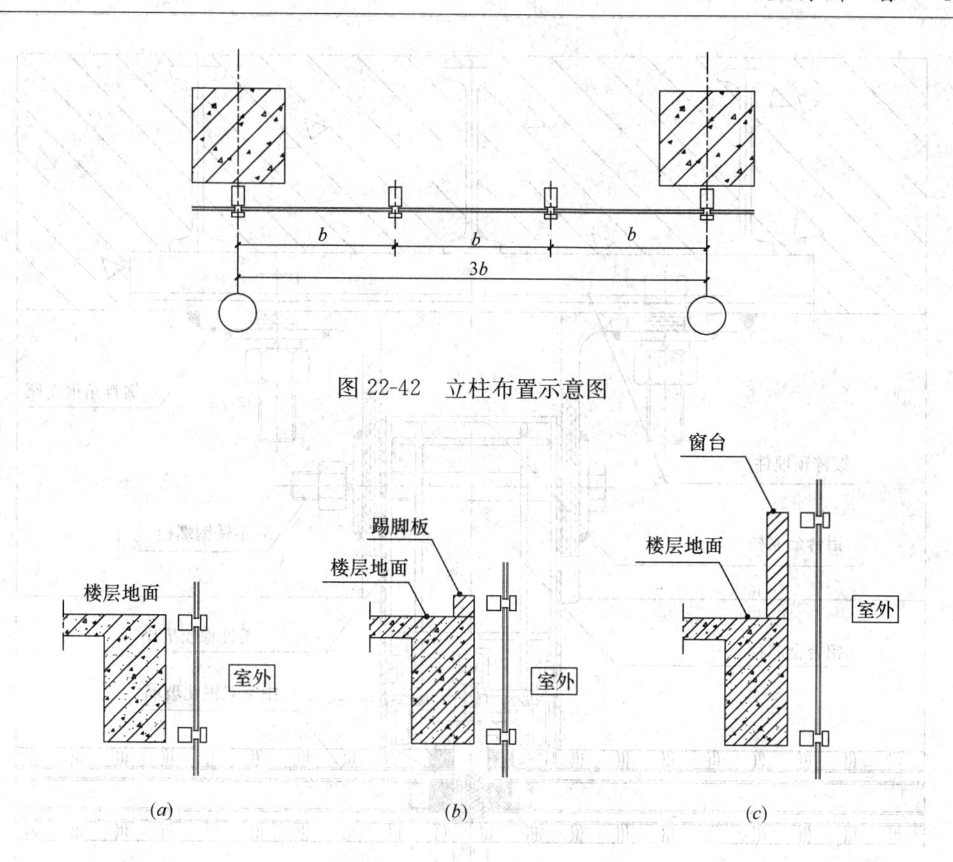


图 22-42 立柱布置示意图

图 22-43 横梁布置示意图

(3) 立柱与主体结构连接

立柱与主体结构之间的连接一般采用镀锌角钢，与预埋件焊接或膨胀螺栓锚固的方式与主体固定，固定牢靠且能承受较高的抗拔力。固定时一般采用两根镀锌角钢，将角钢的一条肢与主体结构相连，另一条肢与立柱相连。角钢与立柱间的固定，宜采用不锈钢螺栓。若立柱为铝合金材质，则应在角钢与立柱之间加设绝缘垫片，以避免发生电化学腐蚀（图 22-44）。

(4) 立柱接长

立柱需要接长时，应采用专门的连接件连接固定，同时应满足温度变形的需要。根据《玻璃幕墙工程技术规范》（JGJ102－2003）中第 6.3.3 节中规定，上下立柱之间应留有不小于 15mm 的缝隙，闭口型材可采用长度不小于 250mm 的芯柱连接，芯柱与立柱应紧密配合。芯柱与上柱或下柱之间应采用机械连接方法加以固定。开口型材上柱与下柱之间可采用等强型材机械连接。见图 22-45。

(5) 横梁与立柱连接

玻璃幕墙横梁与立柱的连接一般通过连接件、螺栓或螺钉进行连接，连接部位应采取措施防止产生摩擦噪声。立柱与横梁连接处应避免刚性接触，可设置柔性垫片或预留 1～2mm 的间隙，间隙内填胶。

2. 特殊部位节点构造

(1) 女儿墙处节点构造

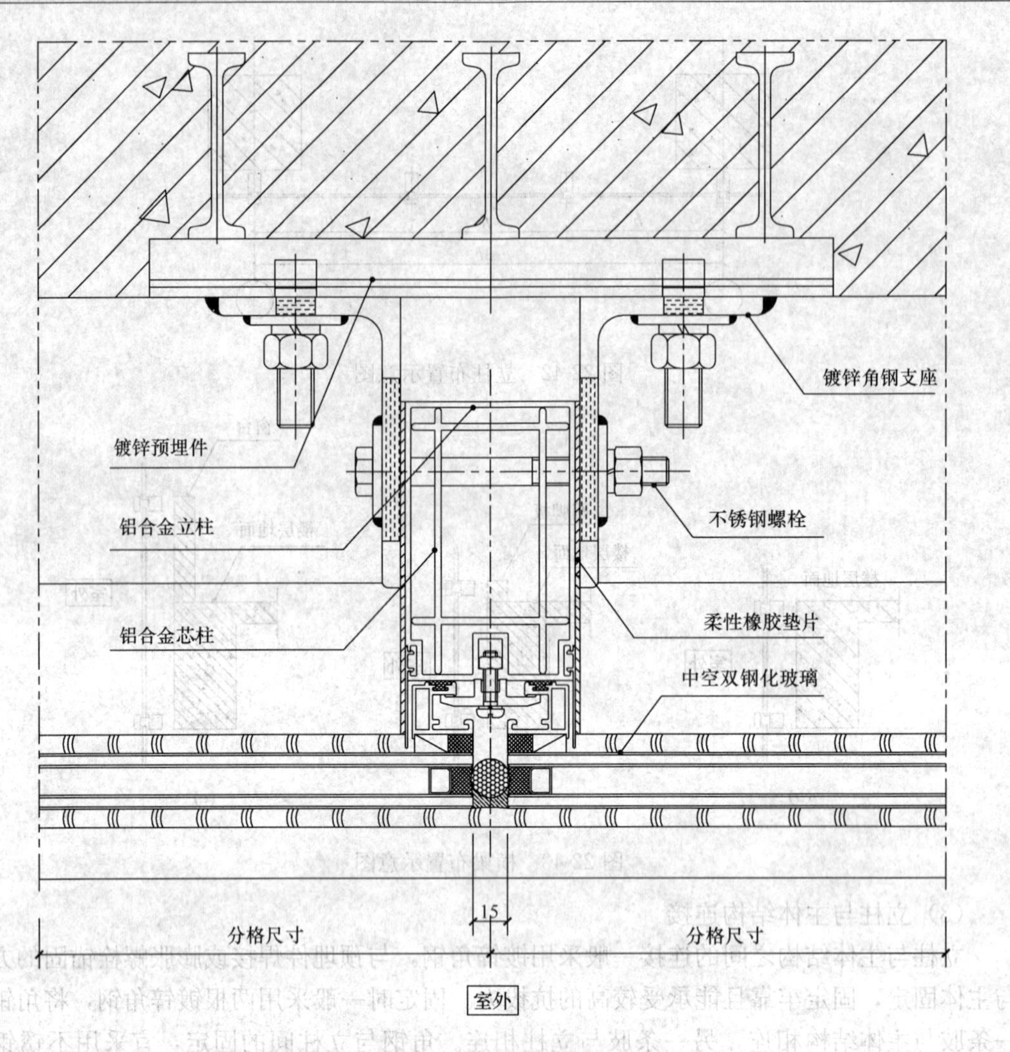


图 22-44　立柱与主体结构连接

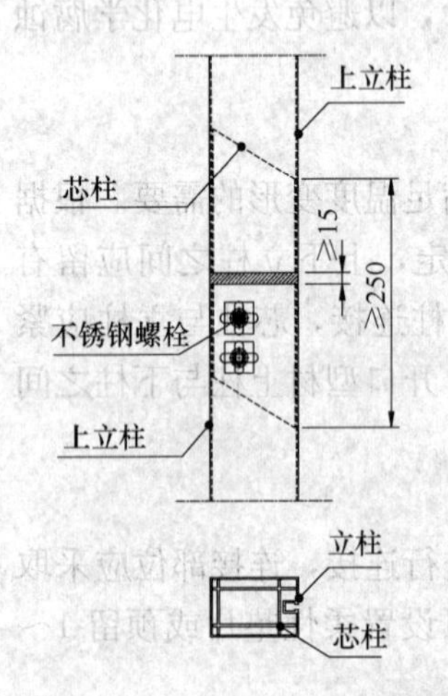


图 22-45　立柱接长示意图

女儿墙上部部位均属幕墙顶部水平部位的压顶处理，即用金属板封盖，使之能遮挡风雨浸透。水平盖板（铝合金板）的固定，一般先将骨架固定于基层上，然后再用螺钉将盖板与骨架牢固连接，并适当留缝，用硅酮建筑密封胶密封。见图22-46。

女儿墙压顶应设置泛水坡度，罩板安装牢固，不松动、不渗漏、无空隙。其内侧罩板深度不应小于150mm，罩板与女儿墙之间的缝隙应使用硅酮建筑密封胶密封。且女儿墙压顶罩板宜与女儿墙部位幕墙构架连接，女儿墙部位幕墙构架与防雷装置的连接节点宜明露，其连接应符合设计的规定。

（2）转角处节点构造

玻璃幕墙转角处节点构造应依据建筑主体结构转角形式不同进行设计，具体分为转阳角处理和转阴角处理。

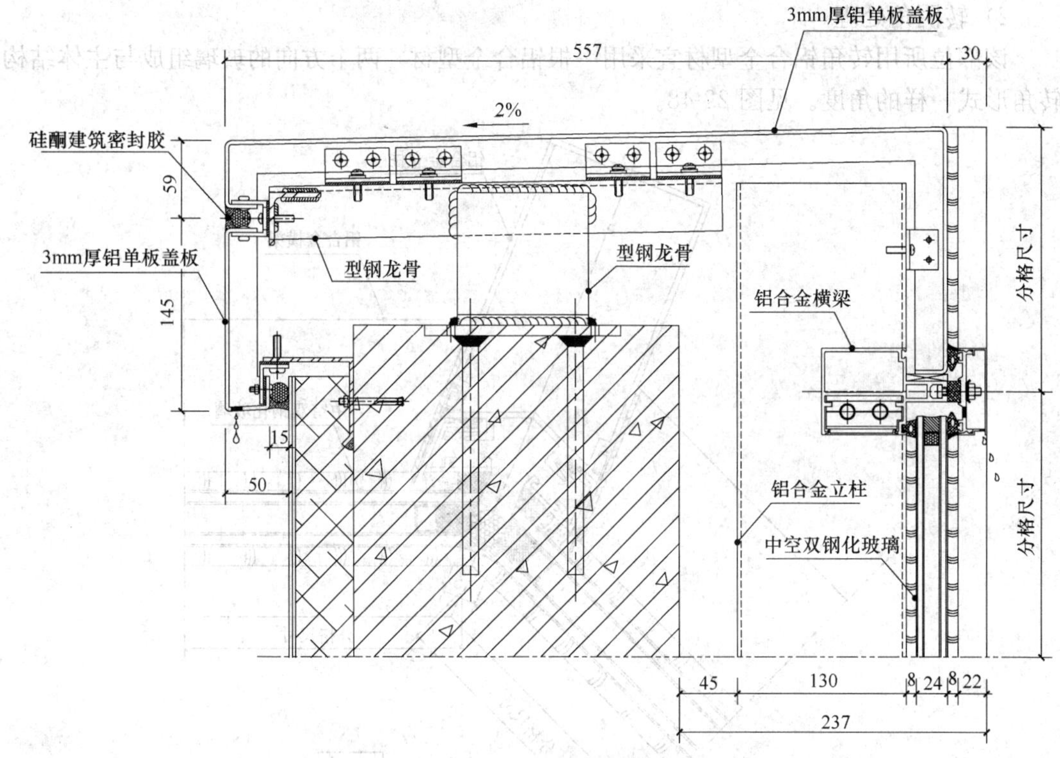


图 22-46 女儿墙处纵剖节点图

1）转阳角处理

该部位所用转角铝合金型材宜采用一根铝合金型材，两个方向的玻璃组成与主体结构转角形式一样的角度。见图 22-47。

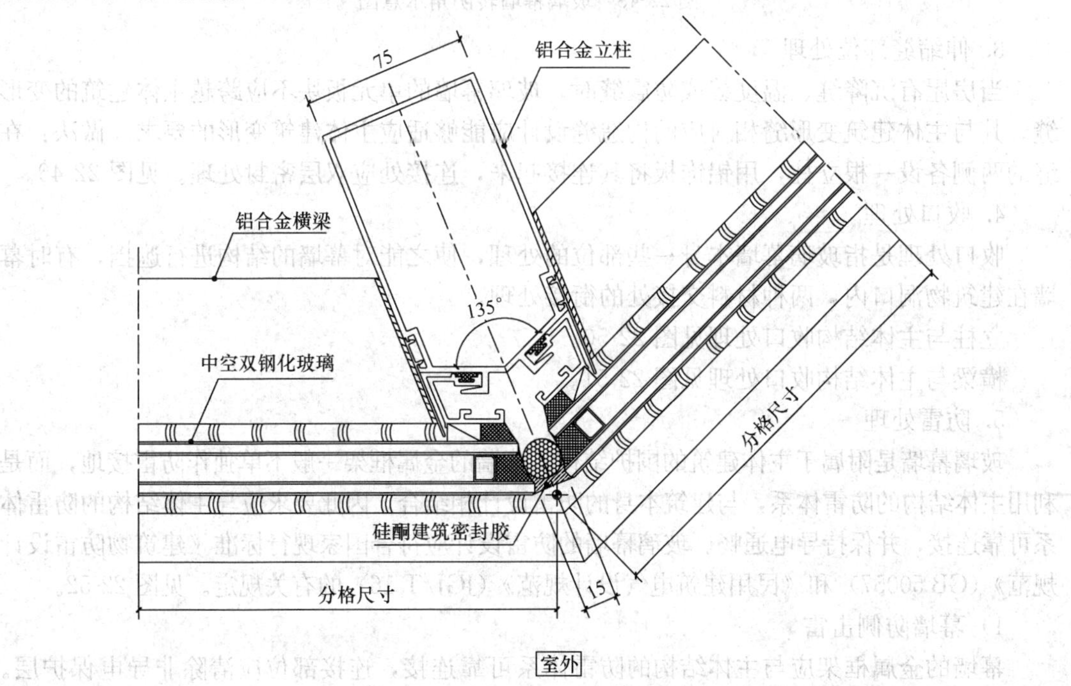


图 22-47 玻璃幕墙转阳角示意图

2）转阴角处理

该部位所用转角铝合金型材宜采用一根铝合金型材，两个方向的玻璃组成与主体结构转角形式一样的角度。见图 22-48。

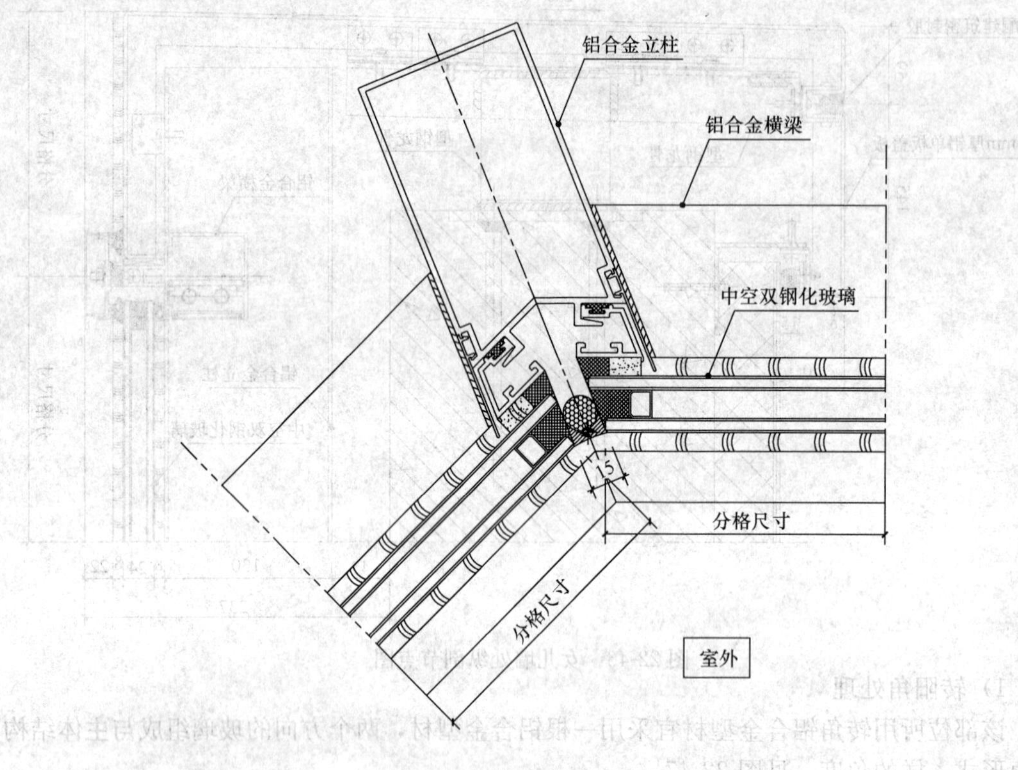


图 22-48　玻璃幕墙转阴角示意图

3. 伸缩缝部位处理

当房屋有沉降缝、温度缝或防震缝时，玻璃幕墙的单元板块不应跨越主体建筑的变形缝，其与主体建筑变形缝相对应的构造缝设计应能够适应主体建筑变形的要求。做法：在缝的两侧各设一根立柱，用铝饰板将其连接起来，连接处应双层密封处理。见图 22-49。

4. 收口处理

收口处理是指玻璃幕墙本身一些部位的处理，使之能对幕墙的结构进行遮挡，有时幕墙在建筑物洞口内，两种材料交接处的衔接处理。

立柱与主体结构收口处理见图 22-50。

横梁与主体结构收口处理见图 22-51。

5. 防雷处理

玻璃幕墙是附属于主体建筑的围护结构，幕墙的金属框架一般不单独作防雷接地，而是利用主体结构的防雷体系，与建筑本身的防雷设计相结合，因此要求应与主体结构的防雷体系可靠连接，并保持导电通畅。玻璃幕墙的防雷设计应符合国家现行标准《建筑物防雷设计规范》(GB 50057) 和《民用建筑电气设计规范》(JGJ/T 16) 的有关规定。见图 22-52。

1）幕墙防侧击雷

幕墙的金属框架应与主体结构的防雷体系可靠连接，连接部位应清除非导电保护层。通常，玻璃幕墙的铝合金立柱，在不大于 10m 范围内宜有一根立柱采用柔性导线上下连通，

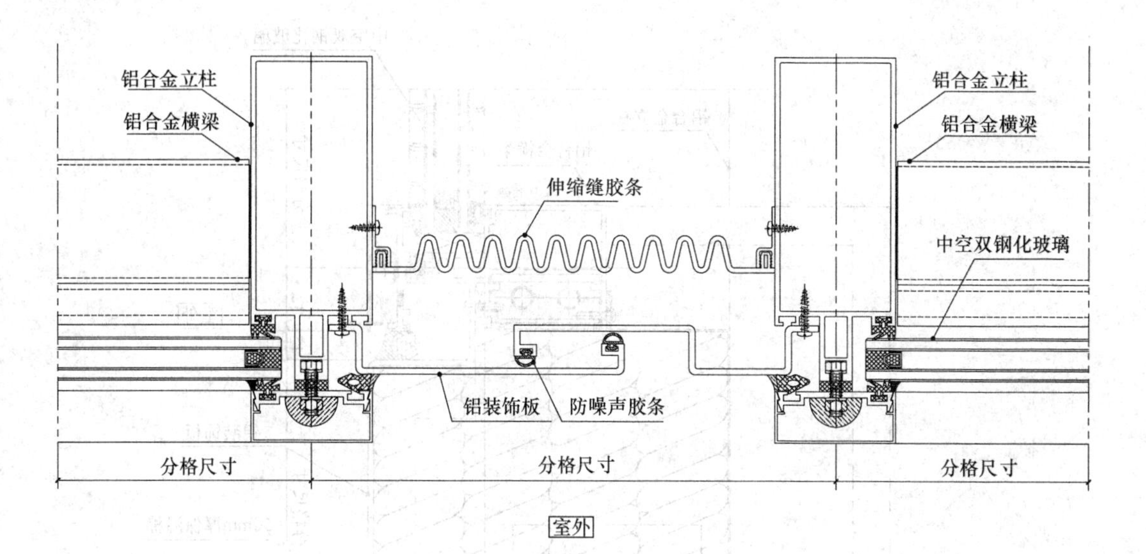


图 22-49 伸缩缝节点图

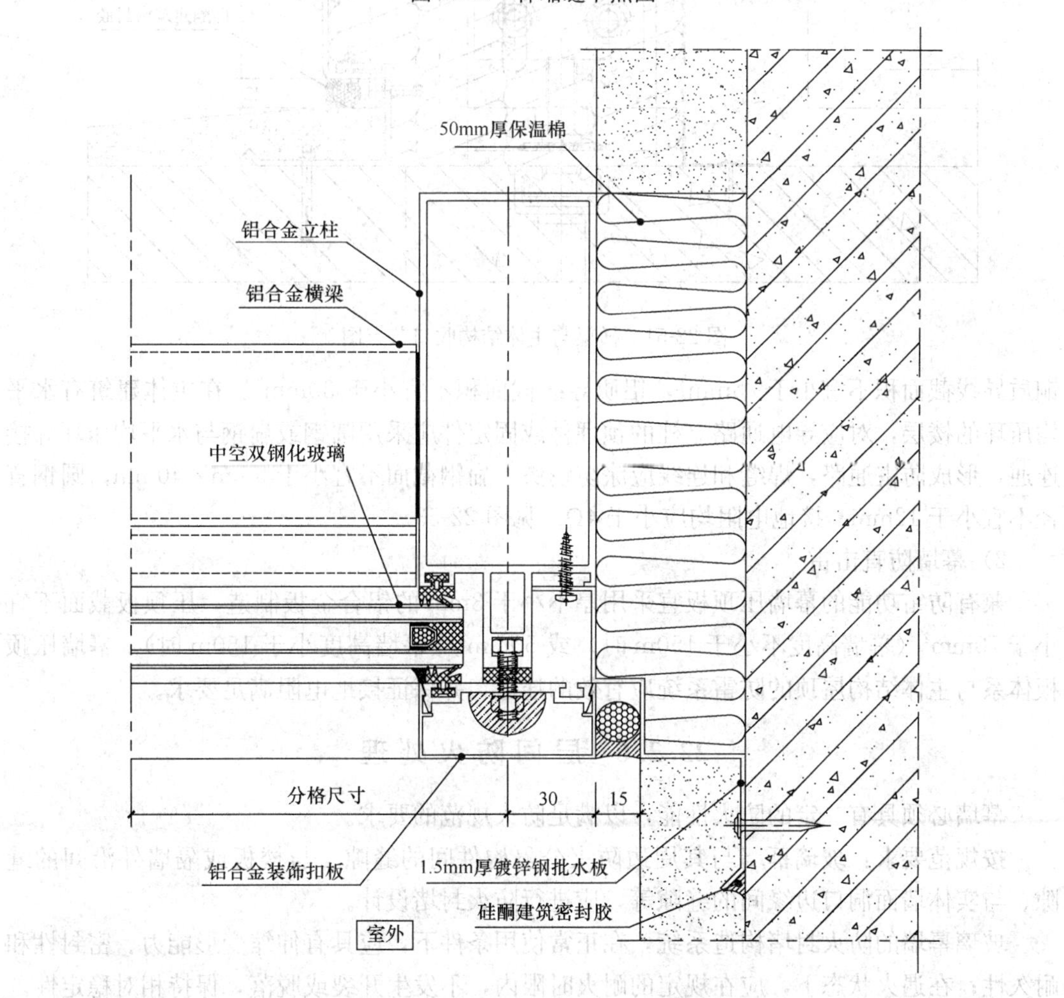


图 22-50 立柱与主体结构收口节点图

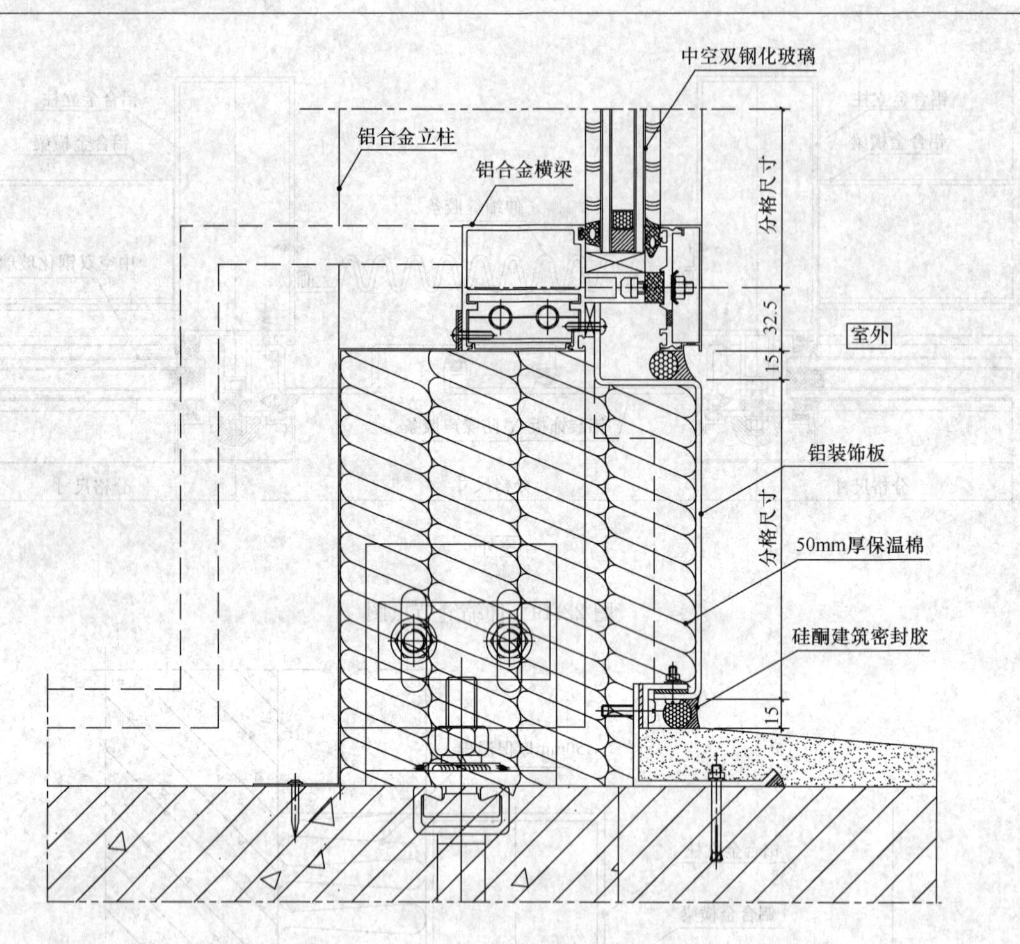


图 22-51　横梁与主体结构收口节点图

铜质导线截面积不宜小于 25mm²，铝质导线截面积不宜小于 30mm²。在主体建筑有水平均压环的楼层，对应导电通路立柱的预埋件或固定件应采用圆钢或扁钢与水平均压环焊接连通，形成防雷通路，焊缝和连线应涂防锈漆。扁钢截面不宜小于 5mm×40mm，圆钢直径不宜小于 12mm。接地电阻均应小于 4Ω。见图 22-53。

2）幕墙防直击雷

兼有防雷功能的幕墙压顶板宜采用厚不小于 3mm 的铝合金板制造，压顶板截面不宜小于 70mm²（幕墙高度不小于 150m 时）或 50mm²（幕墙高度小于 150m 时）。幕墙压顶板体系与主体结构屋顶的防雷系统应有效的连通，并保证接地电阻满足要求。

### 22.2.6　层间防火处理

幕墙必须具有一定的防火性能，以满足防火规范的要求。

按规范要求：玻璃幕墙与其周边防火分隔构件间的缝隙、与楼板或隔墙外沿间的缝隙、与实体墙面洞口边缘间的缝隙等，应进行防火封堵设计。

玻璃幕墙的防火封堵构造系统，在正常使用条件下，应具有伸缩变形能力、密封性和耐久性；在遇火状态下，应在规定的耐火时限内，不发生开裂或脱落，保持相对稳定性。

玻璃幕墙防火封堵构造系统的填充料及其保护性面层材料，应采用耐火极限符合设计

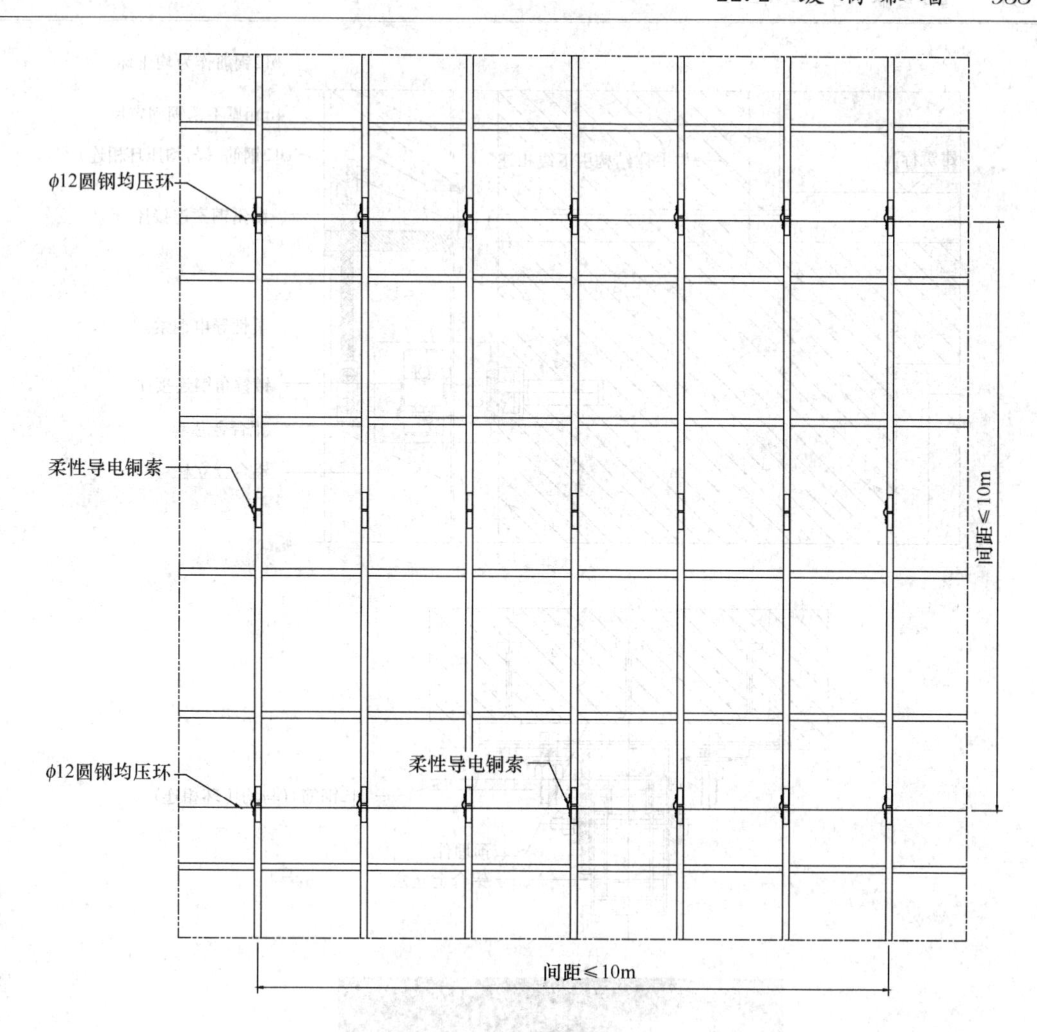


图 22-52 幕墙避雷系统示意图

要求的不燃烧材料或难燃烧材料。

无窗槛墙的玻璃幕墙，应在每层楼板外沿设置耐火极限不低于 1.0h、高度不低于 0.8m 的不燃烧实体裙墙或防火玻璃裙墙。

玻璃幕墙与各层楼板、隔墙外沿间的缝隙，当采用岩棉或矿棉封堵时，其厚度不应小于 100mm，并应填充密实；楼层间水平防烟带的岩棉或矿棉宜采用厚度不小于 1.5mm 的镀锌钢板承托；承托板与主体结构、幕墙结构及承托板之间的缝隙宜填充防火密封材料。当建筑要求防火分区间设置通透隔断时，可采用防火玻璃，其耐火极限应符合设计要求。

同一幕墙玻璃单元，不宜跨越建筑物的两个防火分区。

其节点构造可参照图 22-54。

### 22.2.7 安装施工

1. 构件式

构件式幕墙是将车间加工完成的构件运到工地，按照施工工艺逐个将构件安装到建筑结构上，最终完成幕墙安装。现阶段在我国应用较广泛的玻璃幕墙有明框玻璃幕墙、全

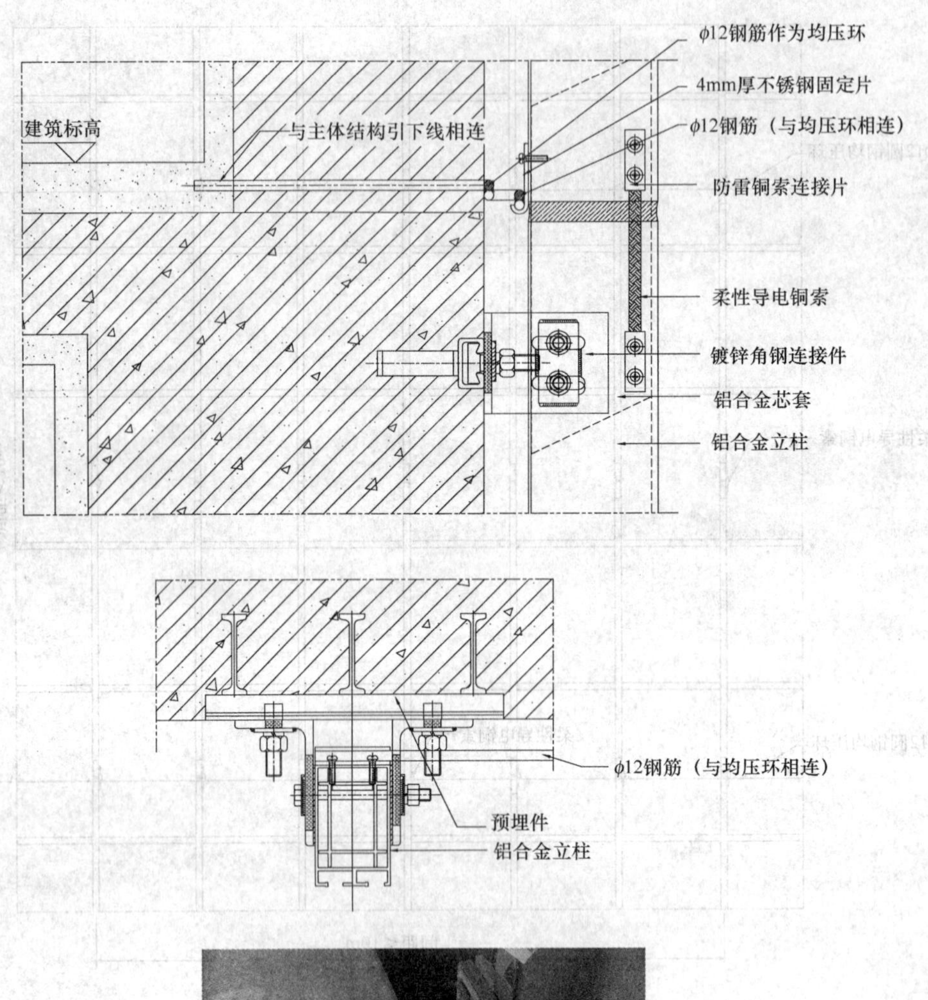

图 22-53　幕墙防雷连接节点示意图

（半）隐框玻璃幕墙、无框全玻璃幕墙及特殊玻璃幕墙等。

（1）确定施工顺序

普通幕墙安装施工顺序，如图 22-55 所示。

（2）弹线定位

根据结构复查时的放线标记，水准点按预埋件布置图，主体结构轴线，标高进行测量放线，定位。

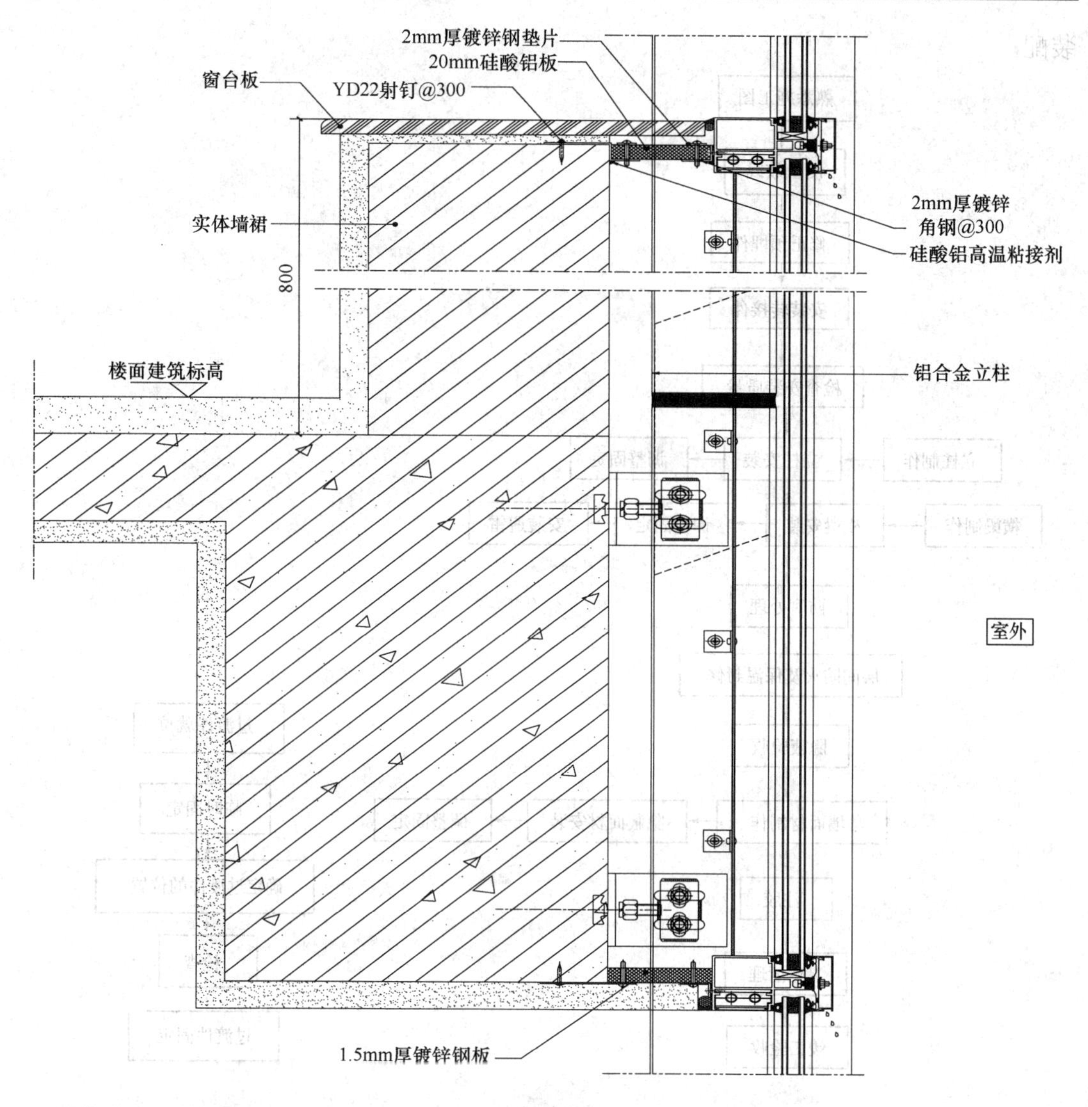


图 22-54 玻璃幕墙防火封堵示意图

(3) 预埋件的检查

预埋件是通过焊接钢筋与主体混凝土结构连接，预埋件的外侧必须紧贴外侧贴板（拆掉时所有的预埋件外侧均裸露混凝土面），预埋件锚筋必须与主体钢筋绑扎牢固。并注意与主体的防雷网电源连通，预埋件的允许误差严格控制在标高≤10mm，水平分格≤20mm。

(4) 支座及立柱的安装

1) 过渡件安装

过渡件是连接幕墙的重要部位，其安装的精度和质量是保证幕墙安装精度和外观质量的基础，是整个幕墙的基础，也是后续安装工作能够顺利进行的关键。过渡件的安装顺序见图 22-56。

2) 立柱的安装

a. 立柱的安装顺序按施工组织设计施工，立柱安装前先将连接件、套筒按设计图装配；

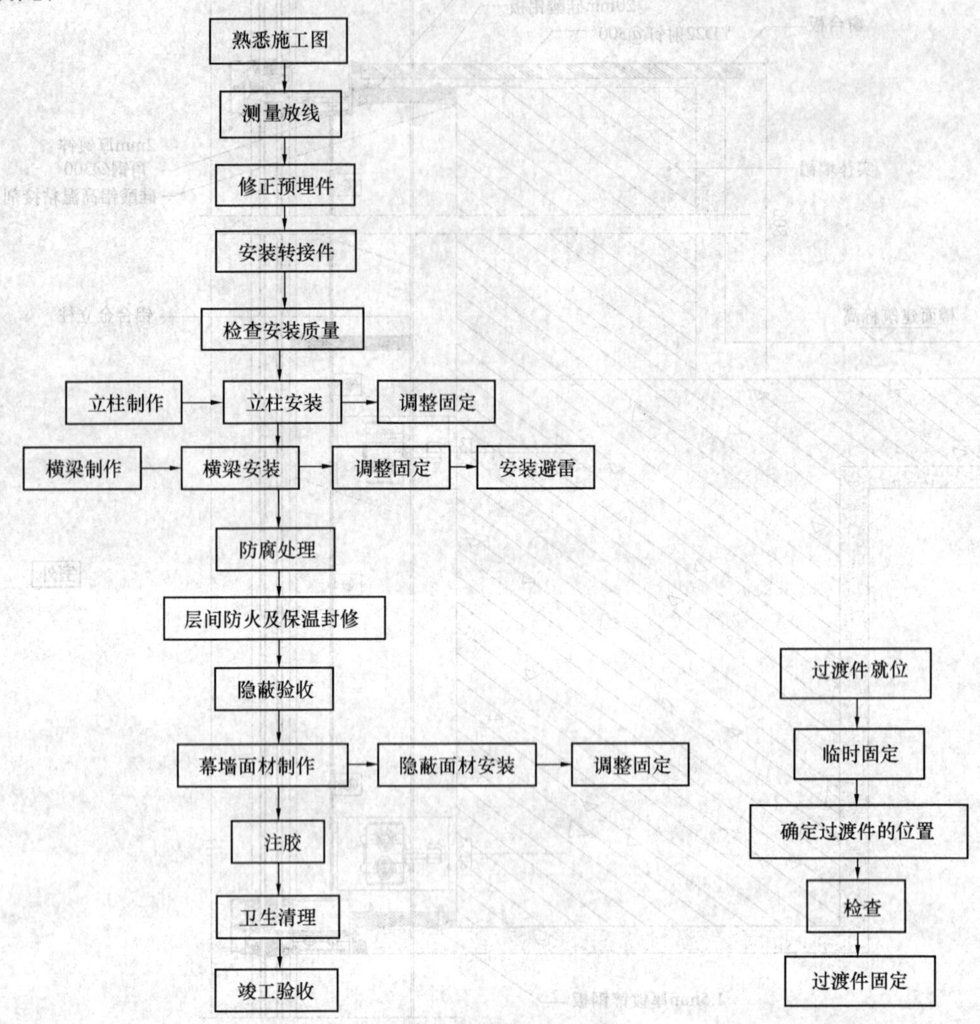


图 22-55　普通幕墙安装施工顺序图　　图 22-56　过渡件的安装顺序

b. 根据水平线，将每根立柱的水平标高位置调整好，用螺栓初步固定；

c. 调整主龙骨位置，上下与楼层标高线合适，左右与轴线的尺寸相对应，经检查校准合格后，用扭力扳手将螺母拧紧。

立柱安装完毕后，必须严格进行垂直度检查，整体确认无误后，将垫片、螺帽与铁件点焊上，以防止立柱变形。

注意事项：

a. 立柱与过渡件之间要垫胶垫；

b. 立柱安装时，应将螺帽稍拧紧些，以防脱落。

(5) 横梁安装

1) 根据图纸要求检查立柱上的角码位置是否准确；

2) 横梁上下表面与立柱正面应成直角，严禁向上或向下倾斜；

3) 安装完后，使用耐候密封胶密封立柱与横梁的接缝间隙；

4）幕墙竖向和横向构件的组装允许偏差，应符合表22-21。

**幕墙竖向和横向构件的组装允许偏差**（mm） **表22-21**

| 序号 | 项　目 | 尺寸范围 | 允许偏差（不大于） | | 检测方法 |
|---|---|---|---|---|---|
| | | | 铝构件 | 钢构件 | |
| 1 | 相邻两竖向构件间距尺寸（固定端头） | — | ±2.0 | ±3.0 | 钢卷尺 |
| 2 | 相邻两横向构件间距尺寸 | 间距不大于2000mm时 | ±1.5 | ±2.5 | 钢卷尺 |
| | | 间距大于2000mm时 | ±2.0 | ±3.0 | |
| 3 | 分格对角线差 | 对角线长不大于2000mm时 | 3.0 | 4.0 | 钢卷尺或伸缩尺 |
| | | 对角线长大于2000mm时 | 3.5 | 5.0 | |
| 4 | 竖向构件垂直度 | 高度不大于30m时 | 10 | 15 | 经纬仪或铅垂仪 |
| | | 高度不大于60m时 | 15 | 20 | |
| | | 高度不大于90m时 | 20 | 25 | |
| | | 高度不大于150m时 | 25 | 30 | |
| | | 高度大于150m时 | 30 | 35 | |
| 5 | 相邻两横向构件的水平高差 | — | 1.0 | 2.0 | 钢板尺或水平仪 |
| 6 | 横向构件水平度 | 构件长不大于2000mm时 | 2.0 | 3.0 | 水平仪或水平尺 |
| | | 构件长大于2000mm时 | 3.0 | 4.0 | |
| 7 | 竖向构件直线度 | — | 2.5 | 4.0 | 2m靠尺 |
| 8 | 竖向构件外表面平面度 | 相邻三立柱 | 2 | 3 | 经纬仪 |
| | | 宽度不大于20m | 5 | 7 | |
| | | 宽度不大于40m | 7 | 10 | |
| | | 宽度不大于60m | 9 | 12 | |
| | | 宽度不小于60m | 10 | 15 | |
| 9 | 同高度内横向构件的高度差 | 长度不大于35m | 5 | 7 | 水平仪 |
| | | 长度大于35m | 7 | 9 | |

（6）玻璃板块安装及调整

玻璃垫块及脱条的安装：

隐框玻璃注胶。单组份密封胶可以直接从筒状/肠状包装中用手动或气动喷枪中挤出，气动喷枪的操作压力不得超过275.8kPa，以防止密封胶内产生气泡。

双组份密封剂须使用打胶泵设备，按特定比例均匀混合，参阅双组份结构胶质控程序。

密封胶的施用应用一次完整的操作来完成，使结构胶均匀连续地以圆柱状挤出注胶枪嘴。枪嘴出口直径应小于注胶接口厚度，以便枪嘴深入接口1/2深度。枪嘴应均匀缓慢地移动并确保接口内已充满密封剂，防止枪嘴移动过快而产生气泡或空穴。

施用了密封剂之后应立即进行表面修饰，通常的方法是用一刮刀用力将接口外多出的密封胶用力向接口内压并顺利将接口表面刮平整，使密封剂与接口的侧边相接触。这样有助于减少内部空穴和保证良好的底物接触。

不要用水、肥皂或洗涤剂压实，因为他们可能会污染表面附近未固结的密封胶。

压实完成后立即除去掩盖纸胶带。

不要在极低的温度（结构密封剂在4℃以上时施用）或底物表面非常热（大于49℃）的情况下施用密封剂，如果将密封剂施于很热的底物上时可能会在底物表面附近产生气泡。

在密封剂施用和表面修饰后，随即在玻璃-铝框上标上日期和编号，水平搬放至固化储存区进行养护。在搬放过程中不允许使密封剂接口及其相粘合的底物间产生任何的位移和错位，否则会影响密封剂的粘合质量。

在固化期间不要再次搬动，玻璃-铝框不要受阳光的照射。

在确定接口内的密封剂完全固化后才能搬动玻璃-铝框，并经过认真的切装配框检查合格后才能装运和安装。

安装前应将铁件或钢架、立柱、避雷、保温、防锈部位检查一遍，合格后将相应规格的玻璃搬入就位，然后自上而下进行安装。

安装过程中拉线相邻面板的平整度和板缝的水平、垂直度，用木板模块控制板缝宽度，安装一块检查一块。

幕墙玻璃块，应先全部就位，临时固定，然后拉线调整。

安装过程中，如缝宽有误差，应均分在每一条板缝中，防止误差累积，在某一条板缝或某一块面材上。

(7) 开启扇的安装

安装过程中，应特别注意堆放和搬运的安全，保护好玻璃的表面质量，如有划伤和损坏应及时进行更换。

玻璃幕墙安装允许偏差应符合表22-22的规定。

**玻璃幕墙安装允许偏差表**　　**表22-22**

<table>
<tr><th colspan="2">项　目</th><th>允许偏差（mm）</th><th>检查方法</th></tr>
<tr><td rowspan="5">竖缝及墙面垂直度</td><td>幕墙高度（$H$）(m)<br>$H\leqslant30$</td><td>≤10</td><td rowspan="4">激光经纬仪或经纬仪</td></tr>
<tr><td>$60\leqslant H>30$</td><td>≤15</td></tr>
<tr><td>$90\leqslant H>60$</td><td>≤20</td></tr>
<tr><td>$H>90$</td><td>≤25</td></tr>
<tr><td colspan="2">幕墙平面度</td><td>≤2.5</td><td>2m靠尺、钢板尺</td></tr>
<tr><td colspan="2">竖缝直线度</td><td>≤2.5</td><td>2m靠尺、钢板尺</td></tr>
<tr><td colspan="2">横缝直线度</td><td>≤2.5</td><td>2m靠尺、钢板尺</td></tr>
<tr><td colspan="2">缝宽度（与设计值比较）</td><td>±2</td><td>卡尺</td></tr>
<tr><td colspan="2">两相邻面板之间接缝高低差</td><td>≤1</td><td>深度尺</td></tr>
</table>

(8) 装饰扣盖的安装

明框幕墙玻璃安装完毕后，即可进行扣盖安装。安装前，先选择相应规格、长度的内、外扣盖进行编号。安装时应防止扣盖的碰撞、变形。同一水平线上的扣盖应保持其水平度与直线度。将内外扣盖由上向下安装。

(9) 注胶

玻璃板块安装调整好后，注胶前先将玻璃、铝材及耐候胶进行相容性实验，如出现不相容现象，必须先刷底漆，在确认完成相容后再进行注胶。

注胶前，安装好各种附件，保证密封部位的清扫和干燥，采用甲苯对密封面进行清扫，最后用干燥清洁的纱布将溶剂蒸发后的痕迹拭去，保持密封面清洁、干燥。

护纸胶带为防止密封材料使用时污染装饰面，同时为使密封胶缝与面板交接线平直，应将纸胶带贴直。

注胶时应保持密实、饱满、均匀、外观平整、光滑、同时注意避免浪费。胶缝修整好后，应及时去掉保护胶带，并注意撕下的胶带不要污染周围的材料，同时清理粘在施工表面的胶痕。

2. 单元体式

单元体幕墙是由各种墙面板与支承框架在工厂制成完整的幕墙结构基本单位，直接安装在主体结构上的建筑幕墙。

典型的结构，见图 22-57、图 22-58。

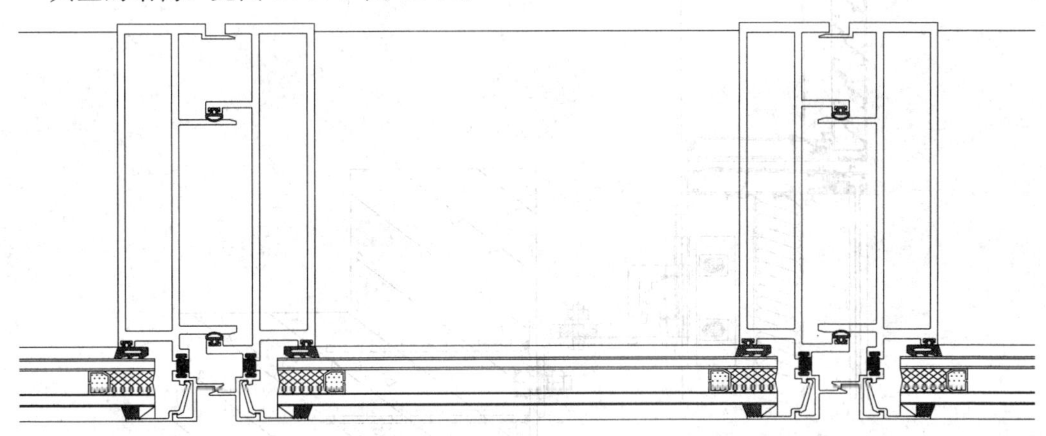

图 22-57 单元式幕墙横向剖面

单元体幕墙将幕墙的龙骨、面材及各种材料在工厂组装成一个完整的幕墙结构基本单位，运至施工现场，然后通过吊装，直接安装在主体结构上，通过板块间的插接配合以达到建筑外墙的各项性能要求。单元式幕墙的单板块高度一般为楼层高度，宽度在 1.2～1.8m 左右，可直接固定在楼层上，安装方便；单元构件在工厂内加工制作，可以把玻璃、铝板或其他材料在工厂内组装在一个单元板块上，可以进行工业化生产，大大提高劳动生产率和材料的加工精度；单元板块在厂内整件组装，有利于保证多元化整体质量，保证了幕墙的工程质量；单元体幕墙能够和土建配合同步施工，大大缩短了工程周期；幕墙单元板块安装连接接口构造易于设计，能吸收层间变位及单元变形，通常可承受较大幅度建筑物移动。但单元体幕墙也有着它的缺点，如要求高技术的成分多，铝型材的形状较复杂，铝型材用量较多，其造价要高于框架式幕墙，单元体幕墙一般适用于建筑体型较规正的高层或超高层建筑。

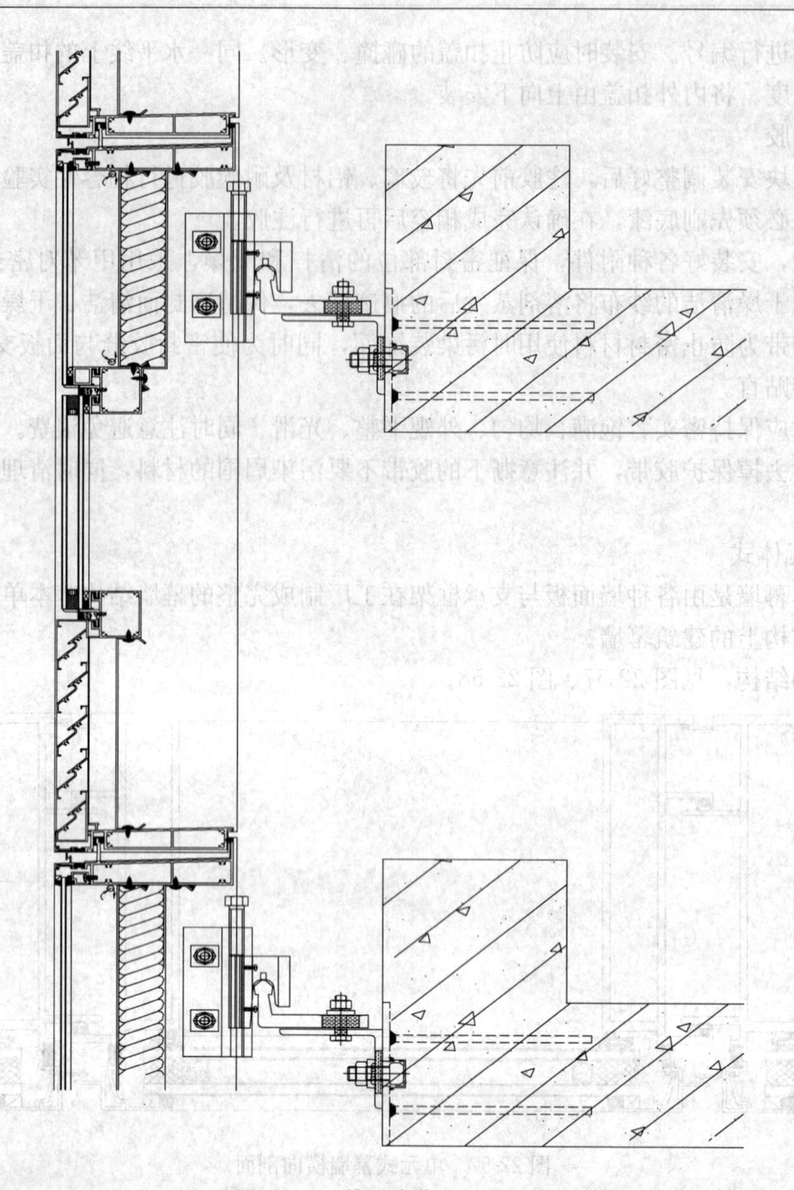

图 22-58　单元式幕墙纵向剖面

（1）确定施工顺序

单元式幕墙施工过程可分为：生产加工阶段、现场安装阶段及验收阶段。

1）生产加工阶段

熟悉施工图→确定材料→构件附件加工制作→单元支架制作→样板制作→批量生产

2）现场安装阶段

熟悉施工图→测量放线→预埋件校准→转接件安装→单元板块的运输→单元板块的垂直吊装→保温、防火、防雷等的安装→防水压盖的安装及调试→幕墙收口

3）验收阶段

定位轴线及标高的测量验收→面板安装质量验收→幕墙物理性能试验验收→隐蔽工程的验收→竣工资料归档

(2) 转接件的安装调试

单元式幕墙的转接件是指与单元式幕墙组件相配合，安装在主体结构上的转接件，它与单元板块上的连接构件对接后，按定位位置将单元板块固定在主体结构上，它们是一组对接构件，有严格的公差配合要求。单元板块上的连接构件与安装在主体结构上的转接件的对接和单元板块对插同步进行，故要求转接件要具有 X、Y 向位移微调和绕 X、Z 轴转角微调功能。单元式幕墙外表面平整度完全靠转接件的位置的准确和单元板块构造来保证的，在安装过程中无法调整，因此转接件要一次全部调整到位，达到允许偏差范围。如图 22-59 所示。

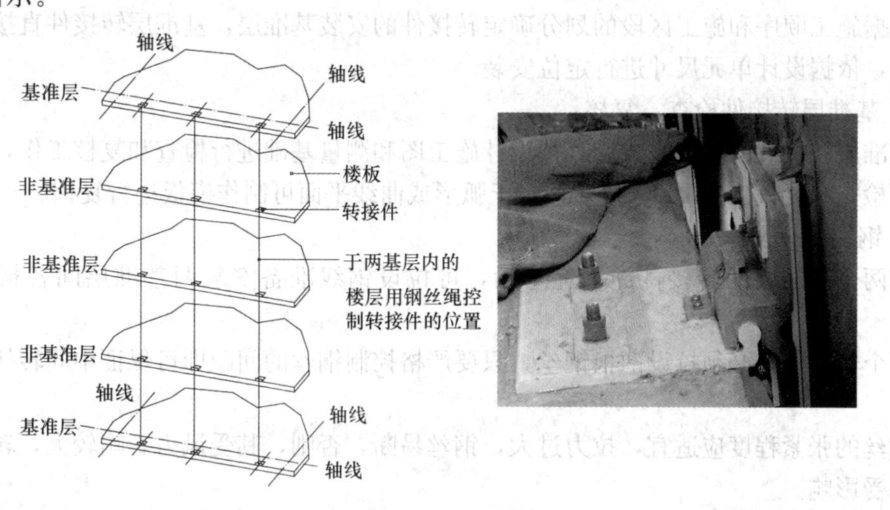


图 22-59 转接件的安装方式

转接件安装允许偏差见表 22-23。

**转接件安装允许偏差** **表 22-23**

| 序号 | 项　目 | 允许偏差（mm） | 检查方法 |
|---|---|---|---|
| 1 | 标高 | ±1.0<br>（有上下调节时±2.0） | 水准仪 |
| 2 | 转接件两端点平行度 | ≤1.0 | 钢尺 |
| 3 | 距安装轴线水平距离 | ≤1.0 | 钢尺 |
| 4 | 垂直偏差（上、下两端点与垂线偏差） | ±1.0 | 钢尺 |
| 5 | 两转接件连接点中心水平距离 | ±1.0 | 钢尺 |
| 6 | 两转接件上、下端对角线差 | ±1.0 | 钢尺 |
| 7 | 相邻三转接件（上下、左右）偏差 | ±1.0 | 钢尺 |

1）转接件安装前的准备：

进行转接件安装前，首先必须检查预埋件平面位置及标高，同时要将施工误差较大的预埋件处理，调整到允许范围内才能安装转接件。对工程整体进行测绘控制线，依据轴线位置的相互关系将十字中心线弹在预埋件上，作为安装支座的依据。

2）转接件的运输及存放：

转接件及附件由人货两用电梯或塔吊运至各楼层，分类整齐堆放在指定区域。

3）转接件的安装：

转接件的安装顺序如图 22-60 所示。

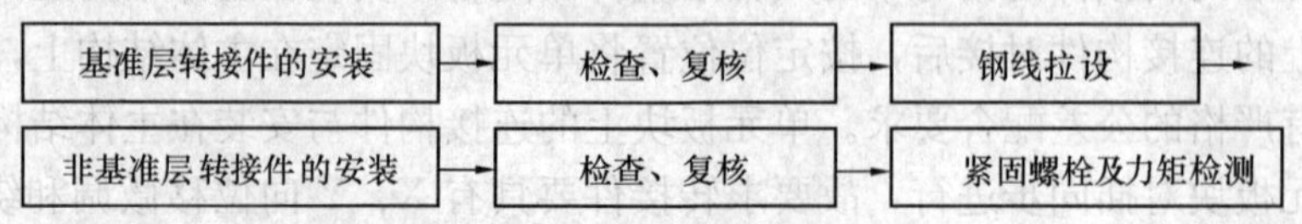


图 22-60 转接件的安装顺序

a. 基准层转接件的安装：

根据施工顺序和施工区段的划分确定转接件的安装基准层，基准层转接件直接依据轴线做出，依据设计单元尺寸进行定位安装。

b. 基准层转接件检查、复核：

基准层转接件的安装完成后，按设计施工图和测量基础进行检查和复核工作，基准层转接件检查和复核工作 100％覆盖，对于弧形或曲线平面可制作模板进行复核。

c. 钢线的拉设：

当两个基准层的转接件施工完毕后，可拉设钢线准备安装两基准层间各楼层的转接件。

每个转接件处必须拉设两根钢丝，只要严格控制钢丝的间距即可保证中间转接件的正确性。

钢丝的张紧程度应适宜，拉力过大，钢丝易断，否则，其受风力影响较大，转接件调节精度受影响。

钢丝在拉设过程中不应与任何物体相干涉。

d. 非基准层转接件的安装：

在拉设钢丝位置并调整时应自上而下顺序进行，以免未调节的转接件与钢丝发生干涉现象。

在没有钢丝的位置用预制模板调节，由于模板在制作时已考虑到转接件的允许偏差，所以在调整时应使转接件与模板接触处间隙均匀一致。

e. 非基准层转接件检查、复核：

非基准层转接件的检查、复核跟基准层转接件检查、复核基本相同。

f. 转接件紧固螺栓及力矩检测：

因转接件为单元式幕墙的承力部件，各部位螺栓应认真检验锁紧力矩是否达到设计要求，这对于安全生产是非常重要的。

（3）吊装设备的安装及调试

1）常用吊装设备的安装：

单轨吊的安装方法：

——将定做好的单轨道运输到需要安装的楼层，对准需要安装的位置边缘。

——逆时针安装。

——角钢（固定支点）预埋件固定。

——用绳子系好轨道两端，移至安装位置，用螺栓连接到固定支点上。

——单轨道比较长时，如圆弧就位，要用手动葫芦提升到安装位置，手拉葫芦与上层柱子连接。

——安装人员必须系好安全带。

——安装楼层设置安全绳与柱子连接，用于系安全带。

——安装部位下方设安全警戒线。根据轨道安装图纸进行施工调试。

2）注意事项：

——操作人员、安全员要经常检查单轨吊的运转情况，严禁机体带病工作。

——每次使用前必须是先试运转正常后方可使用，收工后要将电机移至安全位置锁定，并切断电源。

——电动葫芦要用防水布包裹以防渗水烧坏机体。

——遇到6级以上大风或雷雨天气时禁止使用。

3）单轨吊的拆除：

——拆除部位下方设安全警戒线。

——先将单轨吊上的电动葫芦与手拉葫芦连接，手拉葫芦的另一端固定在上一层楼板上，提升手拉葫芦将电动葫芦拉到室内。

——拆除人员必须系好安全带。

——拆除楼层设置安全绳与柱子连接，用于系安全带。

——用绳子系好轨道两端，松开固定轨道的螺栓，慢慢将一段轨道移到楼层内，解开绳子，将单轨吊运到下一个需要安装的楼层。

——逆时针拆除。

——单轨道比较长时，如圆弧部位，应将手动葫芦一端与上层柱子连接，另一端连接在轨道上，松开固定轨道的螺栓，慢慢提升手动葫芦将一段轨道移到楼层内，解开手动葫芦，将单轨道吊运到下一个需要安装的楼层。

——操作人员使用的扳手等工具必须用绳与手腕连接，防止坠落。

（4）卸货钢平台

1）安装方法：

——在设置平台的上层楼面，将两根保险钢丝绳分别固定在预先焊在梁上的专用吊钩上，也可采用在柱上绑扎固定的方式或固定在上层板底的预制构件上。

——钢丝绳的另一端连接一个5t的卸扣。

——用钢丝绳从平台外端两侧的吊环及对称的另两个吊环中穿入，并用卡扣锁牢。

——用塔吊将平台吊至安装楼面就位。

——在平台外端吊环上安装已悬挂好的受力钢丝绳。在内侧吊环上系好保险钢丝绳。

——在平台另一端吊环内固定受力钢丝绳，另一端通过卸扣固定在预先设定的梁上，收紧钢丝。

——检查平台安装牢固后，将两根保险绳上的花篮螺栓略微松开，使之收紧但不受力。

——将平台与本层预制钓钩用钢丝连接固定，或用锚栓与本层楼板固定，防止平台外移。

——松开塔吊吊钩。

——每次钢平台移动，均按重复以上过程。

2）平台安装注意事项：

——安装平台时地面应设警戒区，并有安全员监护和塔吊司机密切配合。

——钢丝绳与楼板边缘接触处加垫块并在钢丝绳上加胶管保护。

——平台外设置向内开、关门，仅在使用状态下开启。

3）吊篮：

——根据吊篮的特点，还应严格遵守以下的安全操作和使用规则。

——施工吊篮必须符合下列标准：

《高处作业吊篮》；

《高处作业吊篮安全规则》；

《高处作业吊篮性能试验方法》；

《高处作业吊篮用安全锁》。

——施工吊篮使用前必须核定该处楼板结构及屋面结构的承载力是否满足要求。

——施工吊篮工作环境要求如下：

——环境温度≤40℃；

——环境相对湿度≤90%（25℃）；

——电源电压偏离额定值±5%；

——工作处阵风风速≤10.8m/s（相当于6级风力）。

4）吊篮使用安全要求及措施：

——施工吊船日常检查每日使用前进行，定期的检查每月进行一次。

——施工吊篮四周设置钢丝网，底部全部用钢板密封。

——作业人员必须佩戴安全带，并将安全带牢系在吊船受力杆上。

——两台吊篮并列安装时，两吊篮间距应确保0.80m以上。

——操作人员必须在地面进出吊篮平台，不得在空中攀窗口出入，不允许作业人员在空中从一个平台跨入另一个平台，上下人员物料必须在吊篮降至地面后进行。

——注意观察吊篮上下方向有无障碍物，如开起的窗户，凸出物体等，以免吊篮碰挂。

——严禁超载运行，荷载尽量均匀，稳妥地放置。不得对平台施加冲击荷载。

——屋面悬挂装置应水平摆设，工作平台应保持水平状态上下运行，屋面悬挂装置安装间距应与吊篮平台长度相等。

——吊篮若要就近整体位移，必须先将钢丝绳从提升机和安全锁内退出，拔掉电源。

——严禁在空中进行检修和在吊篮运行中使用安全锁，电磁制动器进行手动刹车。

5）其他设备：

如塔吊，汽车吊等也有时作为施工现场临时选用的吊装设备之一。塔吊、汽车吊由于台班费高，一般工程均用于个别部位、抢工期时临时采用以及安全风险大的少量工程的单元板块吊装。

(5) 单元式幕墙的运输

单元板块的运输主要包括公路运输、垂直运输、板块在存放层内的平面运输三个方面。

1）单元板块的公路运输

根据工程单元板块尺寸大小和重量来决定周转架装单元板的数量；运输时两单元板块互相不接触，每单元板块独立放于一层。周转架下作专用滑轮，并可靠固定，以保证单元板块在途中不受破坏。单元板块与周转架的部位应用软质材料隔离，防止单元板块的划伤。尽量保持车辆行驶平稳，路况不好注意慢行。如图 22-61 所示。

卸车时一般需借助塔吊或汽吊完成。

运到工地后，首先检查单元板块在运输途中是否有损坏，数量、规格是否有错，检查单元板是否有出厂合格证，单元板块的标志是否清晰。以上条件满足后，再对每个单元板块进行复检，尺寸误差是否在公差范围内，单元板块的转接定位块的高度要作为重点进行检查。

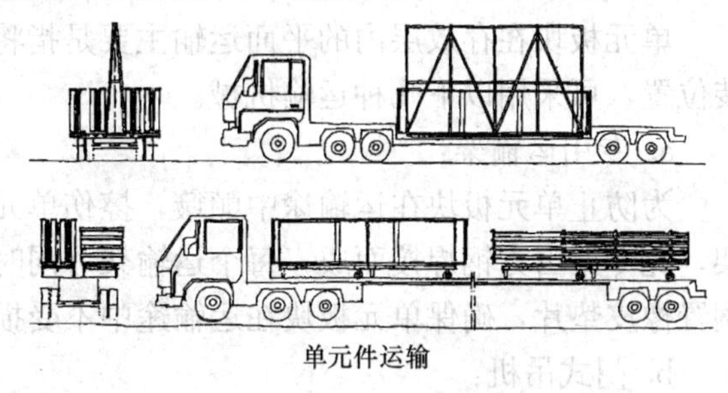


图 22-61 单元板块的公路运输

2）单元板块的垂直运输

单元板块的垂直运输是指实现板块由地面运至板块存放层的过程，一般采用以下方式：

a. 借用塔吊、进货平台实现垂直运输：

利用此方式进行垂直运输，需要专用的吊具，将单元板块运输到板块存放层，吊具形式如图 22-62 所示。

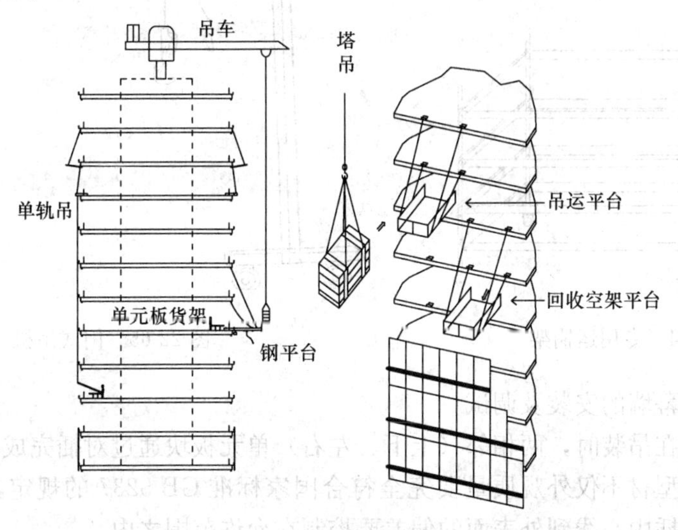


图 22-62 塔吊吊运方案

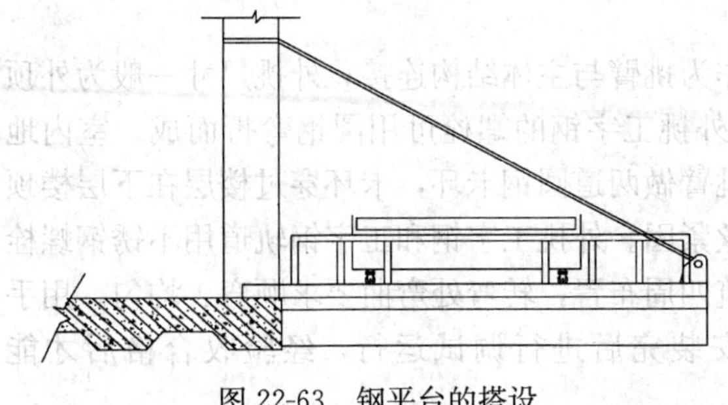

图 22-63 钢平台的搭设

搭设钢平台作为板块的临时存放平台，在单元板块存放平台所处的楼层安装横向钢导轨，通过横向钢导轨将钢平台上的板块转移到安装位置，再从上方吊下单元板块进行此楼层以下四层单元板块的安装。如图 22-63 所示。

b. 利用人货两用电梯进行垂直运输：

此种方式一般在无塔吊或塔吊拆除以

后采用。此种方式运输需采用特殊的板块周转架。受电梯空间的限制，每次至多运输 4～6 块，故工作效率较低。

c. 利用单元吊装机、进货平台实现垂直运输。

3）单元板块在存放层内的平面运输

单元板块在存放层内的平面运输主要是指将板块从叠形存放状态分解单块并运至预吊装位置，可采用以下几种运输机械。

a. 专用运输架：

为防止单元板块在运输途中颠簸，擦伤单元板块，可采用进行单元板块运输的移动专架，此专架由方钢焊接而成，每个运输架可同时运输 3～4 块单元板块，运输时在铁架上搁置橡皮垫片，确保单元板块在运输途中不受损伤。如图 22-64 所示。

b. 门式吊机：

吊机的几何尺寸应与单元板转运架外形尺寸相配套。如图 22-65 所示。

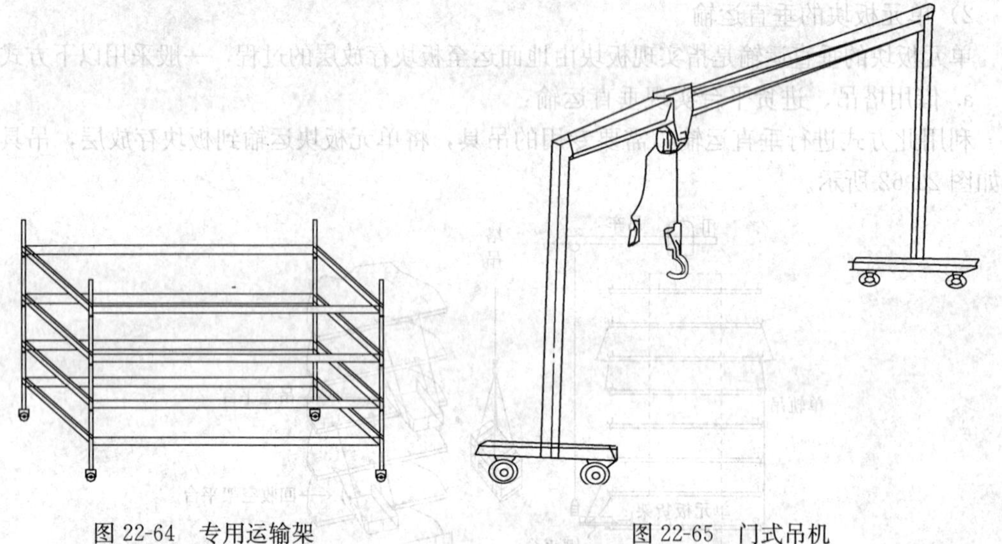

图 22-64　专用运输架　　　　图 22-65　门式吊机

（6）单元式幕墙的安装及调试

单元式幕墙在吊装时，两相邻（上下、左右）单元板块通过对插完成接缝，它要求单元式幕墙用的铝型材不仅外观质量要完全符合国家标准 GB 5237 的规定，还要求对插件的配合公差和对插中心线到外表面的偏差要控制在允许范围之内。

1）单元板块的吊装目前采用以下两种方式：

a. 利用单轨吊进行吊装：

横向吊装轨道的布置：可采用工字钢作为挑臂与主体结构连接，外挑尺寸一般为外顶端受力处到结构边距离 2m。室内用来固定外挑工字钢的螺栓可用圆钢弯折而成。室内地面固定需要用电锤在楼层地面打孔，每根挑臂做两道圆钢卡环，卡环穿过楼层在下层楼顶穿上一块钢板以增大受力面积，再用双螺丝紧固。外挑工字钢和工字钢轨道用不锈钢螺栓连接，轨道必须调节平整。环形轨道沿建筑四周布置，转弯处弯曲要求顺弯、均匀。用手拉葫芦和简易支架配合安装电动葫芦，安装完后进行调试运行，经验收合格后才能使用。

将存放层内的单元板块运输到接料平台上，将单元板块用专用连接装置与电动葫芦挂钩连接，钩好钢丝绳后慢慢启动吊机，使单元板块沿钢丝绳缓缓提升，然后再水平运输到安装位置，严格控制提升速度和重量，防止单元板块与结构发生碰撞，造成表面的损坏。单元板块沿环形轨道运至安装位置进行最后的就位安装。在起吊和运输过程中应注意保护单元板块，免受碰撞。

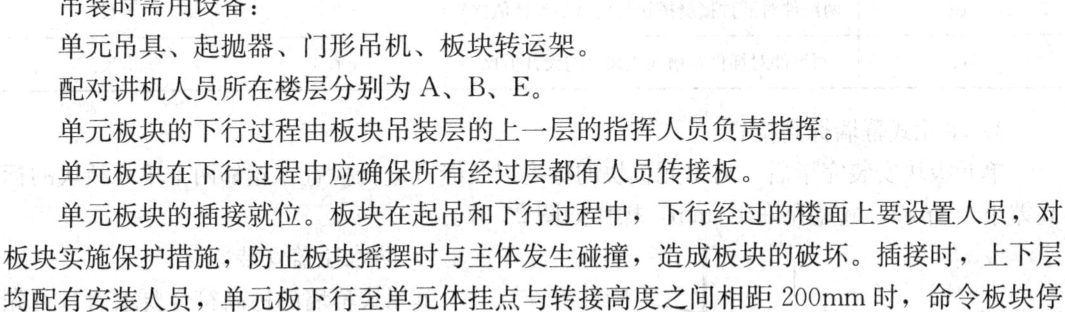


图 22-66 单元板块的吊装

A—单元吊具停放层；B—单元板块存放层；C—板块下行经过层面；D—板块安装上层；E—板块安装层

b. 利用单元吊具进行吊装：

吊装过程如图 22-66 所示。

吊装时需用设备：

单元吊具、起抛器、门形吊机、板块转运架。

配对讲机人员所在楼层分别为 A、B、E。

单元板块的下行过程由板块吊装层的上一层的指挥人员负责指挥。

单元板块在下行过程中应确保所有经过层都有人员传接板。

单元板块的插接就位。板块在起吊和下行过程中，下行经过的楼面上要设置人员，对板块实施保护措施，防止板块摇摆时与主体发生碰撞，造成板块的破坏。插接时，上下层均配有安装人员，单元板下行至单元体挂点与转接高度之间相距 200mm 时，命令板块停止下行，并进行单元板块的左右方向插接。待左右方向插接完成后，将板块坐到下层单元板块的上槽口位置，防止板块在风力作用下与楼体发生碰撞。先实现左右接缝的对接，再实现上下的板块对接。

2）板块的调整：

对接后进行六个自由度方向上的调整，调整的原则是横平竖直，并确保挂件与转接件的有效接触与受力。

单元式幕墙安装固定后的偏差应符合表 22-24 的要求。

**单元式幕墙安装允许偏差** **表 22-24**

| 序号 | 项目 | | 允许偏差（mm） | 检查方法 |
|---|---|---|---|---|
| 1 | 竖缝及墙面垂直度 | 幕墙高度 $H$（m）<br>$H \leqslant 30$m | ≤10 | 激光经纬仪或经纬仪 |
| | | 30m$<H\leqslant$60m | ≤15 | |
| | | 60m$<H\leqslant$90m | ≤20 | |
| | | $H>$90m | ≤25 | |
| 2 | 幕墙平面度 | | ≤2.5 | 2m 靠尺、钢板尺 |
| 3 | 竖缝直线度 | | ≤2.5 | 2m 靠尺、钢板尺 |
| 4 | 横缝直线度 | | ≤2.5 | 2m 靠尺、钢板尺 |
| 5 | 缝宽度（与设计值比） | | ±2 | 卡尺 |

续表

| 序号 | 项目 | | 允许偏差（mm） | 检查方法 |
|---|---|---|---|---|
| 6 | 耐候胶缝直线度 | $L\leqslant20m$ | 1 | 钢尺 |
| | | $20m<H\leqslant60m$ | 3 | |
| | | $60m<H\leqslant100m$ | 6 | |
| | | $H>100m$ | 10 | |
| 7 | 两相邻面板之间接缝高低差 | | ≤1.0 | 深度尺 |
| 8 | 同层单元组件标高 | 宽度不大于 35m | ≤3.0 | 激光经纬仪或经纬仪 |
| | | 宽度大于 35m | ≤5.0 | |
| 9 | 相邻两组件面板表面高低差 | | ≤1.0 | 深度尺 |
| 10 | 两组件对插件接缝搭接长度（与设计值比） | | +1.0 | 卡尺 |
| 11 | 两组件对插件距槽底距离（与设计值比） | | +1.0 | 卡尺 |

3）单元式幕墙标高检查：

单元板块安装完毕后，对单元板块的标高以及缝宽进行检查，相邻两个单元板块的标高差小于1mm，缝宽允许±1mm，操作如图 22-67。

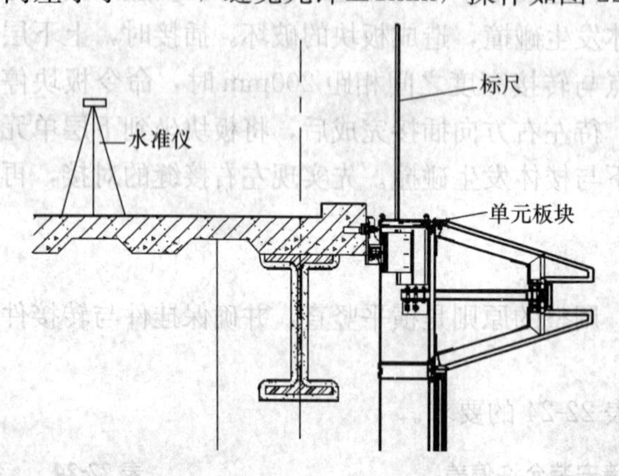

图 22-67　幕墙标高检查

4）防水压盖安装：

单元式幕墙的标高符合要求后，首先清洁槽内的垃圾，然后进行防水压盖的安装。首先，用清洁剂将单元式幕墙擦拭干净，再进行打胶工序，打胶一定要连续饱满，然后进行刮胶处理，打胶完毕后，待硅胶表干后进行渗水试验，合格后，再进行下道工序。

3. 点支承式

(1) 施工准备

在进行点支承玻璃幕墙施工前，必须做好一些技术准备工作。点支承玻璃幕墙的技术准备工作主要包括施工组织设计、施工技术交底等各项工作，点支承玻璃幕墙施工与普通幕墙施工基本相同。

1）施工组织设计

点支承玻璃幕墙工程的施工组织设计，包括绘制施工组织网络图，制定施工工艺程序，安排施工建设，组织劳动力资源，选择和分配施工机械工具等内容。

由于点支承玻璃幕墙受力结构实际上都是空间结构，结构各构件相互连接成为一个空间整体，以便抵抗各方向可能出现的荷载，在设计确认后，其施工工艺要求就必须明确。施工工艺的确定，是实现结构受力设计要求的有力保障，设计须现场技术交底尤为重要。

2）现场技术交底

工地现场技术人员、施工人员要熟悉设计图纸，了解设计意图、质量要素、节点做法，对各个环节要认真研究，透彻领会。必须建立施工图会审制度，如对图纸有不同意见或不理解部分，在施工图会审时提出，以求解答。

工地现场技术人员施工人员熟悉了解工程的所有细节后，开工前，要对进场工人进行技术交底，按施工顺序交底，使得工作人员在进行每步施工顺序时都了解安装要求，质量控制、交接环节的注意事项等。

3）材料的准备

对工程进场的材料必须进行进场检验，并形成检验入账记录，对不合格的材料必须进行及时更换，检验的内容主要包括：主要受力原材料的力学性能试验，外观质量验收，检查出场合格证等记录。

4）施工器具准备

使用的工器具有：测力仪、千斤顶、钢卷尺、水平仪、经纬仪等。

（2）确定施工顺序

点支承玻璃幕墙的施工顺序：

测量定位→锚墩结构制作安装→索-钢结构安装→索结构张拉→支承装置安装→玻璃安装→注胶、清洁→竣工验收

（3）钢桁架体系、拉索体系安装及调整

通过测量放线，确定设计轴线及标高位置后，锚墩结构验收调整完毕，就可以进行钢桁架体系或拉索体系的安装。

1）钢结构体系安装及调整

点支承玻璃幕墙钢结构体系的形式多种多样，这就使得钢结构安装工艺复杂而多样。根据钢结构形式分为梁式钢结构和钢桁架结构。

a. 梁式钢结构的安装及调整

梁式钢结构在点支承玻璃幕墙采用比较多见的 种钢结构形式，钢结构是单根圆管、单根工艺T梁、单根工艺工字梁或单根钢板等。由建筑师的设计要求，结构形式多种多样。

梁式钢结构，由于立柱是单根，所以加工制作及安装比较简单。结构安装之前，首先应根据施工设计图，检查立柱的尺寸及加工孔径是否与图纸一直，外观质量是否符合设计要术。安装时，利用吊装装置，将钢结构立柱吊起并基本就位，操作工人适当调整将立柱的下端引入底部柱脚的锚墩中，上端用螺栓和钢支座与主体结构连接。调整立柱安装精度，临时固定钢结构立柱。两立柱间可用钢卷尺校核尺寸，立柱垂直度可用2m靠尺校核，相邻立柱标高偏差及同层立柱的最大标高偏差，可用水准仪校核。对于立面、平面造型比较复杂的点支承玻璃幕墙，在测量放线时还可以拉钢丝线，钢丝线的直径为2mm较为合适。钢结构立柱的安装位置和精度整体调整完毕后，立即进行最终固定。允许偏差见表22-25。

b. 钢桁架结构的安装及调整

钢桁架的施工比梁式钢结构要复杂得多，钢桁架的结构构件一般采用钢管构件，按几何形态常分为平行弦桁架和鱼腹式桁架等，钢桁架的进场施工步骤，主要分为现场拼装、焊接、钢桁架安装、稳定杆安装及涂装等。

**梁式钢结构的安装允许偏差　　表 22-25**

| 项　目 | 允许偏差（mm） |
| --- | --- |
| 相邻两竖向构件间距 | ±2.5mm |
| 竖向构件垂直度 | L/1000 或≤5　L 为跨度 |
| 相邻竖向构件外表平面度 | 5 |
| 同层立柱最大标高偏差 | ±8 |
| 相邻立柱安装标高偏差 | ±3 |

（a）现场拼装、焊接：

钢桁架的现场拼装焊接，应在专用的平台上进行，平台一般用钢板制作，在拼装时先在平台上放样。分段施焊时应注意施焊时的顺序，尽可能采用对边焊接，以减少焊接变形及焊接应力，焊接完毕后，要及时进行防锈处理。

当钢桁架超长，在现场制作精度不能满足设计要求时，可以在工厂内进行制作，考虑运输吊装的方便，对于长度大于 12m 的桁架，应当将桁架分段，分段的位置距桁架节点的距离不得小于 200mm，在分段处应该设置定位钢板，分段钢桁架运输到工地后，在现场专用平台上进行拼装。在分段连接位置进行现场施焊或螺栓连接。分段连接位置应注意连接的质量和外观要求。主管的焊接应不少于二级焊接，须作超声波无损探伤检测。腹杆与主管之间相贯焊接为角焊接，全熔透焊缝及半焊缝。

**钢桁架组装的质量控制目标　　表 22-26**

| 检验验收项目 | | 质量控制目标 |
| --- | --- | --- |
| 加工 | 气割（长度和宽度） | 允许偏差为±3mm |
| | 杆件加工 | 允许偏差为±1mm |
| | 弯曲矢高 | 不大于 L/1500，5.0mm |
| | 焊接（对接） | Ⅱ级 |
| | 焊缝咬边、裂纹气孔、擦伤 | 不允许 |
| | 外观缺陷（表面夹渣、气孔） | 不允许 |
| 组装 | 拼接单元节中心偏 | 不大于 2mm |
| | 对口错位 | 不大于 L/10，3.0mm |

**焊接偏差控制目标　　表 22-27**

| 项　目 | | | 允许偏差（mm） | 项目 | | | 允许偏差（mm） |
| --- | --- | --- | --- | --- | --- | --- | --- |
| 对接 | 焊接余高 | S≤20 | 0.5～3 | 角焊缝 | 焊缝余高 | K<6 | 0～+2 |
| | | S=20～40 | 0.5～3 | | | K=6～10 | 0～+3 |
| | | S=40 | 0.5～4 | | | K>10 | 0～+3 |
| 焊缝错边 | | | ≤0.18 | | 焊脚尺寸 | K<6 | 0～+2 |
| 组合焊缝 | S=20～40 | | 0～+2 | | | K=6～4 | 0[illegible] |
| | S=40 | | 0～+3 | | | K>14 | 0[illegible] |

（b）钢桁架的安装：

组装完成后的钢桁架，在安装时，若需要吊装，应进行吊装位置的确定，在吊装过程中，防止失稳，吊装就位的钢桁架，应及时调整，然后立即进行钢桁架支座和预埋件焊接，并将钢桁架临时固定。对于立面、平面造型比较复杂的点支承玻璃幕墙，在测量放线时还可以拉钢丝线，钢桁架安装时可以通过钢丝线来控制安装位置和精度。整体调整完毕后，立即进行最终固定。

（c）稳定杆安装：

根据设计要求，布置稳定杆。稳定杆安装时应该注意施工顺序，一般是先中部再上端，然后下端。稳定杆安装时，注意不能影响钢桁架的安装精度要求。

（d）涂装：

钢结构涂装在工厂已完成底漆的工作，中间漆和面漆的工作在施工现场进行。

2）拉索体系的安装及调整

点支承玻璃幕墙拉索体系中，最为典型的结构体系为索桁架体系，索桁架体系的安装覆盖了拉索的安装和桁架的安装。索桁架的安装过程包括：钢桁架的拼装、索桁架的预拉、锚墩安装、索桁架就位、预应力张拉、索桁架空间整体位置检测与调整。

a. 钢桁架的拼装

在专用钢桁架的加工制作平台上进行钢桁架的放样，根据设计图纸要求确定钢桁架立柱的尺寸和标高，在焊接时，注意焊接的顺序，以免主管的焊接变形，焊接完毕后要及时进行防锈处理，主管的焊接应不少于二级焊接，并经作超声波探伤检测，腹杆与主管间相贯焊接为角焊缝、全熔透焊接或半熔透焊接。钢桁架组装的质量控制见表 22-26，钢桁架组装的焊接偏差质量控制目标见表 22-27。

b. 索桁架的预拉

索桁架在制作时必须施加预应力，工程经验表明索桁架在施工时对钢索所施加的预应力，在随后的使用中还会逐渐消减，所以在施工中对钢索必须进行多次预拉，具体的做法是按设计所需的预应力之 60%～80%张拉。索桁架的钢索张拉后放松一段时间，如是重复三次，即可完成索桁架的预拉工作，就可以解决钢索使用中的松弛现象。预应力张拉记录，见表 22-28。

**预应力张拉记录表　　表 22-28**

| 顺　序 | 时　间 | 百 分 比 |
|---|---|---|
| 第一次 | 锚固后 | 60% |
| 第二次 | 锚固后 | 80% |
| 第三次 | 锚固后 | 80% |

c. 锚墩安装

锚墩设置在主体结构上，它主要是承受索桁架中的拉力。施工时，先按设计图纸确定安装的位置，然后根据钢索的空间位置及角度将锚墩与主体焊接成整体，锚墩要求的质量要求，见表 22-29。

**锚墩安装质量要求　　　　表 22-29**

| 项　目 | 允许偏差（mm） |
| --- | --- |
| 预埋件标高 | ±8 |
| 预埋件平面位置 | ±15 |
| 锚墩标高 | ±1 |
| 锚墩平面位置 | ±1 |
| 锚墩角度 | ±8 |
| 锚（筋孔板）标高 | ±1 |
| 锚（筋孔板）平面位置 | ±1 |

d. 索桁架就位

借助安装控制线，就可以将已经预拉并按准确长度准备好的索桁架就位。根据设计图纸调整索桁架的安装位置，并用螺栓临时固定，索桁架就位时，若须吊装应进行吊装位置确定，以防止侧向失稳，吊装时吊装点不能设置在钢索上。

e. 预应力张拉

索桁架就位后，按设计给定的次序进行预应力张拉，张拉预应力时一般使用各种专门的千斤顶或扭力扳手。注意控制张拉力的大小，张拉过程中要用测力仪随时监测钢索的应力，以及检测索桁架的位置变化情况，如果发现索桁架的最终形态与设计差别比较大时，应及时作出调整，对于双层索（承重索，稳定索），为使预应力均匀分布，要同时进行张拉，张拉的顺序一般是先中间，再上端，然后下端，重复进行。全部预应力的施加分三个循环进行，每一次循环完成预应力的 60%，第二、三次循环各完成 20%。

f. 索桁架空间整体位置检测与调整

索桁架整体的检测严格对照施工图纸进行，检测支承结构体系的安装精度。对有偏差的部位进行调整，调整时应观察整体是否受到影响。调整合格后进行最终固定。索桁架安装质量要求见表 22-30。

**索桁架安装质量要求　　　　表 22-30**

| 项　目 | 允许偏差（mm） | 项　目 | 允许偏差(mm) |
| --- | --- | --- | --- |
| 上固定点标高 | ±1.0 | 索桁架跨度 | ±1.0(L≤10m)<br>±1.5(10m<L≤20m)<br>±2.0(20m<L≤40m)<br>±3.0(L>40m) |
| 轴线位移 | ±1.0 | | |
| 垂直度 | 1.0(L≤10m)<br>2.0(10m<L≤20m)<br>4.0(20m<L≤40m)<br>5.0(L>40m) | 相邻两索桁架间距<br>（上下固定点处） | ±1.0 |
| 两索桁架对角线差 | 1.5(L≤10m)<br>2.0(10m<L≤20m)<br>3.0(20m≤L<40m)<br>4.5(L≥40m) | 一个平面内索桁架的平面度 | 3.0(L≤10m)<br>4.0(10m<L≤20m)<br>5.0(20m<L≤40m) |
| | | 预应力张拉控制应力值 | 满足设计要求 |

注：L 为索桁架的跨度。

（4）爪件及附件安装及调整

爪件及附件都属于支承装置，它是支撑结构体系和面板的连接装置，所以在安装前必须待支撑结构体系验收合格后进行。根据施工设计图，按面板的分格图确定爪件的安装位置。安装爪件及附件时，若有焊接作业时，必须进行成品保护。点支承玻璃幕墙与主体接触处所用钢槽必须连接牢固。

爪件及附件安装完毕后要及时调整，调整工作主要包括：调整爪件整体平面度及标高位置，并使十字钢爪臂与水平呈45°夹角，H形钢爪和主爪臂与水平呈90°夹角。

（5）面板安装前的准备工作

面板安装质量直接关系到点支承玻璃幕墙建成后的最终外观效果，所以面板安装是点支承玻璃幕墙施工过程中重要的环节，为此在面板安装前应做好以下准备：

1）面板包装、运输和堆放

面板一般在工厂内加工制作而成，应用无腐蚀作用的包装材料包装，以防在运输中损坏面材，当采用木箱装箱时，木箱应牢固，并应有醒目的“小心轻放”的标识。在包装箱上应附装箱清单，清单应防水。在运输时应捆绑牢固。堆放位置应稳固可靠。

2）支撑结构及支撑装置尺寸校核

支撑结构安装完毕后，在面板安装之前，在该段时期内可能会产生误差，而面板的要求精度较高，虽然支撑装置有一定的调整量，但过大的误差，会影响面板的安装，所以必须校核支撑结构的垂度件、平整度，支撑装置的平整度、标高等。对发生超过允许偏差的部位要及时整改。

3）清理支撑结构

支撑结构施工时，不可避免地要产生很多垃圾及污染，以及个别位置防腐防锈不到位，或焊接处的打磨没做到光滑过渡，或边界钢槽上有建筑垃圾等。玻璃安装之前必须清理，清扫干净。

（6）面板的安装及调整

1）开箱检查面板

开箱时注意不能损坏面板，并收集包装箱上的包装清单。开箱后，应对面板规格尺寸进行检查，不合格面板不得使用。并复核实物与清单数量，规格尺寸是否相符。

2）二次搬运及堆放

面板搬运、临时堆放时应作好保护措施，堆放地点应选择交叉作业少的干燥与平整的位置，并尽量靠近安装部位，以减少二次搬运的距离。

3）安装顺序

点支撑玻璃幕墙面板安装顺序一般采用自上而下的安装顺序，安装上端面板时，若幕墙边界有钢槽，应在钢槽中装入氯丁橡胶垫块，面板上部先入槽，然后固定爪件。安装时可以制作临时支架支承面板。

4）面板吊运安装

吊运面板时应匀速将面板运至安装位置。当面板到位时，操作人员应及时控制稳定面板，以避免发生碰撞、倾覆意外事故，在工作面上要及时安装驳接头，然后把玻璃上紧固好的驳接头安在爪件上。固定螺栓使驳接头与爪件连成整体。安装面板时应调整好面板的平整度、垂直度、水平度、标高位置、面板上下、左右、前后的缝隙大小等，安装完成后，先紧固上端的连接螺栓，后紧固下端的连接螺栓。面板安装质量标准见表22-31。

**面板安装质量标准　表22-31**

| 项　目 | 允许偏差(mm) |
| --- | --- |
| 相邻面板高低差 | 1.5 |
| 相邻面板缝宽差 | 1.0 |
| 面板外表面平面度 | $H(L)\leqslant20$m时取4.0；$H(L)>20$m时取6.0 |
| 竖缝垂直度 | $L\leqslant20$m时取3.0；$L>20$m时取5.0 |
| 横缝水平度 | $L\leqslant20$m时取2.5；$L>20$m时取4.0 |
| 胶缝宽度(与设计值比较) | ±1.5 |
| 相邻面板平面度差 | ±1.0 |

(7) 打胶及清洁交付验收

1) 打胶及清洁

面板调整固定后才能进行面板拼缝的打胶，打胶时注意以下作业：

应用中性清洁剂清洁玻璃及钢槽打胶的部位，应用干净的不脱纱棉布擦净。清洁后不能马上注胶，表面干燥后才能注胶。

玻璃与钢槽之间的缝隙处，应先用泡沫棒填塞紧，注意平直、干燥，留出打胶厚度尺寸。

所有需注胶的部位应粘贴保护胶纸，贴胶纸时应注意纸与胶缝边平行，不得越过缝隙。保证注胶后的胶缝的美观。

注胶后应及时用专用刮刀修整胶缝，使胶缝断面成"凹"形状，并能保证满足胶的厚度要求。

注胶后，要检查胶缝里面是否有气泡，若有应及时处理，清除气泡。

注胶后，表面修饰好，将粘贴的胶纸撕掉，注意不得在注胶后马上撕胶纸，必须等硅酮胶固化之后进行。

对于玻璃板材，安装完毕后应作防护标志，以防人碰撞。

2) 交验

点支承玻璃幕墙交验应提供以下记录：

——定位轴线及标高的测量验收；

——预埋的隐蔽验收及锚固件的拉拔实验；

——支承结构制作安装质量验收；

——钢索、爪件等原材料力学性能实验及外观质量验收；

——钢索张拉记录及安装精度验收；

——玻璃安装质量验收；

——幕墙物理性能实验验收；

——防水，防雷验收；

——竣工资料审核。

4. 玻璃肋式

(1) 确定施工顺序

全玻璃幕墙现场施工顺序一般为：

测量放线→钢框（吊夹）安装→面板安装前的准备→面板安装及调整→注胶清理、交验

（2）钢附框或吊夹安装

1）复核基准线

在安装前应根据施工图纸复核安装基准线是否正确。测量放线的分格是否满足设计图纸分格要求，并对各控制点和控制线均作加固处理，以防破坏。

2）校核预埋件

检查预埋件偏差。对于预埋件施工误差不能满足全玻璃幕墙安装的，及时反馈与业主、监理公司及有关施工单位。根据设计变更对预埋件进行调整和加强处理。预埋件的允许误差控制为：标高≤10mm，水平分格≤20mm。

3）安装平台的搭设

在进行全玻璃幕墙安装时，若采用固定工作平台时，操作平台的搭设不得影响面板的搬运、吊装和安装。安装平台必须稳固。为防止侧倾应加支撑装置与主体结构连接牢固。平台搭设的外边线应与面板安装位置相距≥100mm，但不得超过500mm。并应设置安装防护措施。平台搭设完毕后应进行检查验收，检查合格才能使用。

4）钢附框、吊夹安装

检查钢附框的加工精度以及外观。没达到质量要求的及时整改。确定连接点的间距和数量，检查合格后固定钢附框、吊夹。

对于分段安装的钢附件，在安装时应调整好安装位置。焊接时应采用有效措施，避免或减少焊接变形。

吊夹安装位置必须稳固，应防止产生永久变形。

钢附件、吊夹安装位置校正准确后，立即进行最终固定，以保证钢附件、吊夹的安装质量。安装允许偏差及焊接允许偏差见表22-32、表22-33。

**钢附件、吊夹安装允许偏差** **表22-32**

| 项　目 | 允许偏差（mm） |
|---|---|
| 连接节点坐标差 | ±5 |
| 杆件纵向拼接点高差 | ±1 |
| 杆件长度误差 | ±1 |
| 杆件壁厚误差 | ±0.5 |

（3）面板安装前的准备工作

1）面板加工质量检查

单片玻璃、夹层玻璃、中空玻璃的加工精度应符合下列要求见表22-34、表22-35、表22-36。

2）外观检查

玻璃边缘应倒棱并细磨，外露玻璃的边缘应精磨。

边缘倒角处不应出现崩边。

玻璃上不允许有小气孔、斑点或条纹。

**焊接允许偏差（mm） 表 22-33**

| 项目 | | | 允许偏差 |
|---|---|---|---|
| 对接 | 焊接余高 | $S\leqslant20$ | 0.5～3 |
| | | $S=20\sim40$ | 0.5～3 |
| | | $S=40$ | 0.5～4 |
| | 焊缝错边 | | ≤0.18 |
| 组合焊缝 | $S=20\sim40$ | | 0～+2 |
| | $S\leqslant40$ | | 0～+3 |
| 角焊缝 | 焊缝余高 | $K<6$ | 0～+2 |
| | | $K=6\sim10$ | 0～+3 |
| | | $K>10$ | 0～+3 |
| | 焊脚尺寸 | $K<6$ | 0～+2 |
| | | $K=6\sim14$ | 0～+3 |
| | | $K>14$ | 0～+4 |

**单片钢化玻璃其尺寸允许偏差（mm） 表 22-34**

| 项目 | 玻璃厚度 | 玻璃边长≤2000 | 边长 $L>2000$ |
|---|---|---|---|
| 边长 | 6、8、10 | ±1.5 | ±2.0 |
| | 12、15、19 | ±2.0 | ±3.0 |
| 对角线差 | 6、8、10 | ≤2.0 | ≤3.0 |
| | 12、15、19 | ≤3.0 | ≤3.5 |

**中空玻璃其尺寸允许偏差（mm） 表 22-35**

| 项目 | | 允许偏差 |
|---|---|---|
| 边长 | $L<1000$ | ±2.0 |
| | $1000\leqslant L<2000$ | +2.0、−3.0 |
| | $L\geqslant2000$ | ±3 |
| 对角线差 | $L\leqslant2000$ | ≤2.5 |
| | $L>2000$ | ≤3.5 |
| 厚度 | $t<17$ | ±1.0 |
| | $17\leqslant t<22$ | ±1.5 |
| | $t\geqslant22$ | ±2.0 |
| 叠差 | $L<1000$ | ±2.0 |
| | $1000\leqslant L<2000$ | ±3.0 |
| | $2000\leqslant L<4000$ | ±4.0 |
| | $L\geqslant4000$ | ±6.0 |

采用夹层玻璃时其尺寸允许偏差（mm） **表 22-36**

| 项目 | | 允许偏差 |
|---|---|---|
| 边长 | $L \leqslant 2000$ | ±2.0 |
| | $L > 2000$ | ±2.5 |
| 对角线差 | $L \leqslant 2000$ | ≤2.5 |
| | $L > 2000$ | ≤3.5 |
| 叠差 | $L < 1000$ | ±2.0 |
| | $1000 \leqslant L < 2000$ | ±3.0 |
| | $2000 \leqslant L < 4000$ | ±4.0 |
| | $L \geqslant 4000$ | ±6.0 |

划痕<35mm，不得超过一条。

3）安装位置的检查及清理

检查钢附框的尺寸是否符合设计要求。

检查吊夹的安装位置及数量是否符合设计要求。

钢附框吊夹连接处是否牢固，焊接工作必须完毕。

清理施工部位的施工垃圾。

4）搬运、堆放

搬运面板时应轻拿轻放，严防野蛮装卸。

面板应尽可能放在安装部位，堆放处应干燥通风。堆放应稳固，面板不得直接与地面或墙面接触，应用柔性物隔离。

（4）面板、肋板的安装及调整

在钢附框的槽口上，按设计要求的间距，安装橡胶垫板，用吸盘提升玻璃面板，先入上端槽口，后入下端槽口。

面板安装之后应及时安装肋板，应随时检测和调整面板、肋板的水平度和垂直度，使墙面安装平整。

吊挂玻璃安装时，先固定上端吊夹与玻璃的连接，逐步调整玻璃的安装精度，每块玻璃的吊夹应位于同一平面，吊夹的受力应均匀。

注意玻璃与两边嵌入槽口深度及预留空隙应符合设计要求，左右空隙尺寸应相同。

玻璃安装后，要及时作好标记，以防碰撞。允许偏差见表 22-37。

（5）注胶、清理及交验

1）注胶及清理

玻璃安装完毕后，应及时调整面板玻璃及肋板玻璃的垂直度、平整度等，清理后及时注胶。对跨度大的玻璃而言，在注胶时会因为玻璃的弯曲变形而影响注胶的质量。此时应把面板与肋板位置调整好之后，临时固定牢固，先在无固定件位置注胶，待硅酮胶固化后，拆除临时固定件，再次注胶，注胶时注意接口处的处理。注胶胶缝尺寸允许偏差见表 22-38。

**全玻璃幕墙施工质量允许偏差**　　　**表 22-37**

| 项　目 | | | 允许偏差 | 测量方法 |
|---|---|---|---|---|
| 幕墙平面的垂直度 | 幕墙高度 $H$（m） | $H \leqslant 30$ | 10mm | 激光仪或经纬仪 |
| | | $30 < H \leqslant 60$ | 15mm | |
| | | $60 < H \leqslant 90$ | 20mm | |
| | | $H > 90$ | 25mm | |
| 幕墙的平面度 | | | 2.5mm | 2mm 靠尺，钢板尺 |
| 竖缝的直线度 | | | 2.5mm | 2mm 靠尺，钢板尺 |
| 横缝的直线度 | | | 2.5mm | 2mm 靠尺，钢板尺 |
| 线缝宽度（与设计值比较） | | | ±2.0mm | 卡尺 |
| 两相邻面板之间的高低差 | | | 1.0mm | 深度尺 |
| 玻璃面板与肋板夹角与设计值偏差 | | | $\leqslant 1°$ | 量角器 |

**注胶胶缝尺寸允许偏差**　　　**表 22-38**

| 项　目 | 允许偏差（mm） |
|---|---|
| 胶缝宽度 | +1，0 |
| 胶缝厚度 | ±1 |
| 胶缝空穴 | a. 最大面积不超过 $3mm^2$<br>b. 每米最多 3 处<br>c. 每米累计面积不超过 $8mm^2$ |
| 胶缝气泡 | a. 最大直径 2mm<br>b. 每米最多 10 个<br>c. 每米累计不超过 $12mm^2$ |

2）交验

钢附框及吊夹安装质量验收记录。

隐蔽工程验收记录。

面材质量验收记录。

竣工资料审核。

5. 特殊部位处理

特殊部位处理是指幕墙本身一些部位的处理，使之能对幕墙的结构进行遮挡，有时是幕墙在建筑物的洞口内，两种材料交接处的衔接处理。如建筑物的女儿墙压顶、窗台板、窗下墙等部位，都存在着如何收口处理等问题，主要体现在立柱侧面收口、横梁与结构相交部位收口等。

（1）单元幕墙收口

单元式幕墙的安装顺序为自左向右，由下往上。最后一个单元板块无法在水平方向平推进入空位，也不能先插一侧再插另一侧。在设计时，对最后一个单元板块的安装要考虑好接缝方法。现在一般采用二加一收口法，一处收口点留三单元空位，收口时两单元板块平推进入空位，再从上向下插最后一单元板块或先固定相邻两不用对插件的组件，定位固定后插入第三者插件完成接缝，第三者插件与单元板块要错位插接，达到互为收口。

（2）几种特殊情况下的收口

工程在幕墙施工时都留有人货两用电梯。电梯部分幕墙的安装要等工程收尾时，拆除电梯后才能施工。由于常规结构的限制，一个层间最后一个板块的插接几乎无法实现。为此，我们可对收口节点进行特别的设计，将收口板块原一体的插接杆取消，安装时沿幕墙面垂直推动收口板块，即将收口板块平推入幕墙内，调节水平后，采用工字形插接杆对左右板块进行插接密封及固定。

悬臂底部幕墙安装时，在悬臂底部下方设置钢平台，此部分的幕墙板块要等到钢平台拆除以后才能安装。采用悬臂底部的维护吊篮将单元板块从地面运输至安装位置，在钢平台上方，与悬臂悬挑方向垂直的维护吊篮轨道上安装电动葫芦，将维护吊篮里的单元板块吊起进行就位安装。

在单元板块存放的楼层的上一层安装一台单元板块专用吊机。通过专用吊机可以自下而上完成收口部位的安装。

6. 安装其他要求

（1）安装过程要求

1）玻璃幕墙施工过程中应分层进行抗雨水渗漏性能检查。

2）耐候硅硐密封胶的施工应符合下列要求：

——耐候硅酮密封胶的施工厚度应大于3.5mm，施工宽度不应小于施工厚度的2倍；较深的密封槽口底部应采用聚乙烯发泡材料填塞。

——耐候硅酮密封胶在接缝内应形成相对两面粘结，并不得三面粘结。

3）玻璃幕墙安装施工应对下列项目进行了隐蔽验收：

——构件与主体结构的连接节点的安装；

——幕墙四周、幕墙内表面与主体结构之间间隙节点的安装；

——幕墙伸缩缝、沉降缝、防震缝及墙面转角节点的安装；

——幕墙防雷接地节点的安装。

4）使用溶剂的场所严禁烟火。

5）应遵守所用溶剂标签上的注意事项。

（2）焊接要求

1）焊接前质量检验：

——母材和焊接材料的确认与必要的复验；

——焊接部位的质量和合适的夹具；

——焊接设备和仪器的正常运行情况；

——焊工操作技术水平的考核；

——焊接过程中的质量检验；

——焊接工艺参数是否稳定；

——焊条焊剂是否正确烘干；

——焊接材料选用是否正确；

——焊接设备运行是否正常；

——焊接热处理是否及时。

2）焊接后质量检验：

——焊缝外形尺寸；

——缺陷的目测；

——焊接接头的质量检验；

——破坏性的试验：破坏性试验，金相试验，其他；

——非破坏性试验：无损检测，强度及致密性试验。

3）焊接质量控制的基本内容：

——焊工资格核查；

——焊接工艺评定试验的核查；

——核查焊接工艺规程和标准的合理性；

——抽查焊接施工过程和产品的最终质量；

——核查无损检测。

焊缝质量等级及缺陷分级见表 22-39。

**焊缝质量等级及缺陷分级**（mm）　　**表 22-39**

<table>
<tr><th colspan="2">焊缝质量等级</th><th>一级</th><th>二级</th><th>三级</th></tr>
<tr><td rowspan="3">内部缺陷超声波探伤</td><td>评定等级</td><td>Ⅱ</td><td>Ⅲ</td><td>—</td></tr>
<tr><td>检验等级</td><td>B级</td><td>B级</td><td>—</td></tr>
<tr><td>探伤比例</td><td>100%</td><td>20%</td><td>—</td></tr>
<tr><td rowspan="14">外观缺陷</td><td rowspan="2">未满焊（指不足设计要求）</td><td rowspan="2">不允许</td><td>≤0.2+0.02t，且≤1.0</td><td>≤0.2+0.04t，且≤4.0</td></tr>
<tr><td colspan="2">每100.0焊缝内缺陷总长度≤25.0</td></tr>
<tr><td rowspan="2">根部收缩</td><td rowspan="2">不允许</td><td>≤0.2+0.02t，且≤1.0</td><td>≤0.2+0.04t，且≤4.0</td></tr>
<tr><td colspan="2">长度不限</td></tr>
<tr><td>咬边</td><td>不允许</td><td>≤0.05t，且≤0.5；<br>连续长度≤100.0，且焊缝两侧咬边总长≤10%焊缝全长</td><td>≤0.1t，且≤1.0，长度不限</td></tr>
<tr><td>裂纹</td><td colspan="3">不允许</td></tr>
<tr><td>弧坑裂纹</td><td colspan="2">不允许</td><td>允许存在个别长≤5.0的弧坑裂纹</td></tr>
<tr><td>电弧擦伤</td><td colspan="2">不允许</td><td>允许存在个别电弧擦伤</td></tr>
<tr><td>飞溅</td><td colspan="3">清除干净</td></tr>
<tr><td>接头不良</td><td>不允许</td><td>缺口深度≤0.05t，且≤0.5</td><td>缺口深度≤0.1t，且≤1.0</td></tr>
<tr><td>焊瘤</td><td colspan="3">不允许</td></tr>
<tr><td>表面夹渣</td><td colspan="2">不允许</td><td>深≤0.02t，长≤0.5t，且≤20</td></tr>
<tr><td>表面气孔</td><td colspan="2">不允许</td><td></td></tr>
</table>

（3）防腐处理

焊接作业完成后，焊缝焊渣必须全部清理干净，先使用防锈漆将焊接及受损部分进行处理，再用银粉漆进行保护，防锈处理必须要及时、彻底，防腐处理必须满足规范及设计要求。

（4）隐蔽验收

隐蔽工程验收由项目技术负责人、项目专职质量检查员、施工班组长、业主现场代表或监理工程师参加。验收内容如下：

——构件与主体结构的连接节点的安装。

——幕墙四周，幕墙内表面与主体结构之间间隙节点的安装。

——幕墙伸缩，沉降，防震缝及墙面转角节点的安装。

——幕墙排水系统的安装。

——幕墙防火系统节点安装。

——幕墙防雷接地点的安装。

——立柱活动连接节点的安装。

——梁柱连接节点的安装。

——幕墙保温，隔热构造的安装。

防雷做法：上下两根立柱之间采用 $8mm^2$ 铜编制线连接，连接部位立柱表面应除去氧化层和保护层。为不阻碍立柱之间的自由伸缩，导电带做成折环状，易于适应变位要求。在建筑均压环设置的楼层，所有预埋件通过 12mm 圆钢连接导电，并与建筑防雷地线可靠导通，使幕墙自身形成防雷体系。

## 22.2.8 安全措施

人员流动密度大、青少年或幼儿活动的公共场所以及使用中容易受到撞击的部位，其玻璃幕墙应采用安全玻璃；对使用中容易受到撞击的部位，应设置明显的警示标志。

玻璃幕墙安装施工应符合现行行业标准《建筑施工高处作业安全技术规范》(JGJ 80)、《建筑机械使用安全技术规程》(JGJ 33)、《施工现场临时用电安全技术规范》(JGJ 46) 的有关规定。

安装施工机具在使用前，应进行严格检查。电动工具应进行绝缘电压试验；手持玻璃吸盘机应进行吸附重量和吸附持续时间试验。

采用外脚手架施工时，脚手架应经过设计，并应与主体结构可靠连接。采用落地式钢管脚手架时，应双排布置。

当高层建筑的玻璃幕墙安装与主体结构施工交叉作业时，在主体结构的施工层下方应设置防护网；在距离地面约 3m 高度处，应设置挑出宽度不小于 6m 的水平防护网。

采用吊篮施工时，应符合下列要求：

——吊篮应进行设计，使用前应进行安全检查；

——吊篮不应作为竖向运输工具，并不得超载；

——不应在空中进行吊篮维修；

——吊篮上的施工人员必须配系安全带；

——现场焊接作业时，应采取防火措施。

## 22.2.9 质量要求

1. 玻璃幕墙观感质量应符合下列要求：

(1) 明框幕墙框料应横平竖直；单元式幕墙的单元接缝或隐框幕墙分格玻璃接缝应横平竖直，缝宽应均匀，并符合设计要求；

（2）玻璃的品种、规格与色彩应与设计相符，整幅幕墙玻璃的色泽应均匀；并不应有析碱、发霉和镀膜脱落等现象；

（3）装饰压板表面应平整，不应有肉眼可察觉的变形、波纹或局部压砸等缺陷；

（4）幕墙的上下边及侧边封口、沉降缝、伸缩缝、防震缝的处理及防雷体系应符合设计要求；

（5）幕墙隐蔽节点的遮封装修应整齐美观；

（6）淋水试验时，幕墙不应漏水。

2. 框支承玻璃幕墙工程抽样检验的质量要求应符合下列标准：

（1）铝合金料及玻璃表面不应有铝屑、毛刺、明显的电焊伤痕、油斑和其他污垢；

（2）幕墙玻璃安装应牢固，橡胶条应镶嵌密实、密封胶应填充平整；

（3）每平方米玻璃的表面质量应符合表 22-40 的规定；

**每平方米玻璃表面质量要求　　表 22-40**

| 项　目 | 质 量 要 求 |
|---|---|
| 0.1～0.3mm 宽划伤痕 | 长度小于 100mm；不超过 8 条 |
| 擦　痕 | 不大于 500mm$^2$ |

（4）一个分格铝合金框料表面质量应符合表 22-41 的规定；

**一个分格铝合金框料表面质量要求　　表 22-41**

| 项　目 | 质 量 要 求 |
|---|---|
| 擦伤、划伤深度 | 不大于氧化膜厚度的 2 倍 |
| 擦伤总面积（mm$^2$） | 不大于 500 |
| 划伤总长度（mm） | 不大于 150 |
| 擦伤和划伤处数 | 不大于 4 |

注：一个分格铝合金框料指该分格的四周框架构件。

（5）铝合金框架构件安装质量应符合表 22-42 的规定，测量检查应在风力小于 4 级时进行。

**铝合金框架构件安装质量要求　　表 22-42**

| 项　目 | | | 允许偏差（mm） | 检查方法 |
|---|---|---|---|---|
| 1 | 幕墙垂直度 | 幕墙高度不大于 30m | 10 | 激光仪或经纬仪 |
| | | 幕墙高度大于 30m、不大于 60m | 15 | |
| | | 幕墙高度大于 60m、不大于 90m | 20 | |
| | | 幕墙高度大于 90m、不大于 150m | 25 | |
| | | 幕墙高度大于 150m | 30 | |
| 2 | 竖向构件直线度 | | 2.5 | 2m 靠尺，塞尺 |
| 3 | 横向构件水平度 | 长度不大于 2000mm | 2 | 水平仪 |
| | | 长度大于 2000mm | 3 | |
| 4 | 同高度相邻两根横向构件高度差 | | 1 | 钢板尺、塞尺 |

续表

| | 项目 | | 允许偏差（mm） | 检查方法 |
|---|---|---|---|---|
| 5 | 幕墙横向构件水平度 | 幅宽不大于35m | 5 | 水平仪 |
| | | 幅宽大于35m | 7 | |
| 6 | 分格框对角线差 | 对角线长不大于2000mm | 3 | 对角线尺或钢卷尺 |
| | | 对角线长大于2000mm | 3.5 | |

注：1. 表中1～5项按抽样根数检查，第6项按抽样分格检查；
2. 垂直于地面的幕墙，竖向构件垂直度包括幕墙平面内及平面外的检查；
3. 竖向直线度包括幕墙平面内及平面外的检查。

3. 隐框玻璃幕墙的安装质量应符合表22-43的规定。

**隐框玻璃幕墙安装质量要求** **表22-43**

| | 项目 | | 允许偏差（mm） | 检查方法 |
|---|---|---|---|---|
| 1 | 竖缝及墙面垂直度 | 幕墙高度不大于30m | 10 | 激光仪或经纬仪 |
| | | 幕墙高度大于30m、不大于60m | 15 | |
| | | 幕墙高度大于60m、不大于90m | 20 | |
| | | 幕墙高度大于90m、不大于150m | 25 | |
| | | 幕墙高度大于150m | 30 | |
| 2 | 幕墙平面度 | | 2.5 | 2m靠尺，钢板尺 |
| 3 | 竖缝直线度 | | 2.5 | 2m靠尺，钢板尺 |
| 4 | 横缝直线度 | | 2.5 | 2m靠尺，钢板尺 |
| 5 | 拼缝宽度（与设计值比） | | 2 | 卡尺 |

4. 幕墙与楼板、墙、柱之间按设计要求安装横向、竖向连续的防火隔断；高层建筑无窗间墙和窗槛墙的玻璃幕墙，在每层楼板外沿设置耐火极限不低于1.00h、高度不低于0.80m的不燃烧实体裙墙。

5. 玻璃幕墙金属框架与防雷装置采用焊接或机械连接，形成导电通路，连接点水平间距不大于防雷引下线的间距，垂直间距不大于均压环的间距。

6. 玻璃幕墙的立柱、底部横梁及幕墙板块与主体结构之间有不小于15mm的伸缩空隙，排水构造中的排水管及附件与水平构件预留孔连接严密，与内衬板出水孔连接处应设橡胶密封圈。

## 22.3 金属幕墙

金属幕墙是指幕墙面板材料为金属板材的建筑幕墙，金属幕墙所使用的面材主要有以下几种：单层铝板、铝复合板、铝蜂窝板、防火板、钛锌塑铝复合板、夹芯保温铝板、不锈钢板、彩涂钢板、珐琅钢板等。

### 22.3.1 金属幕墙施工顺序

金属幕墙施工顺序如图22-68所示。

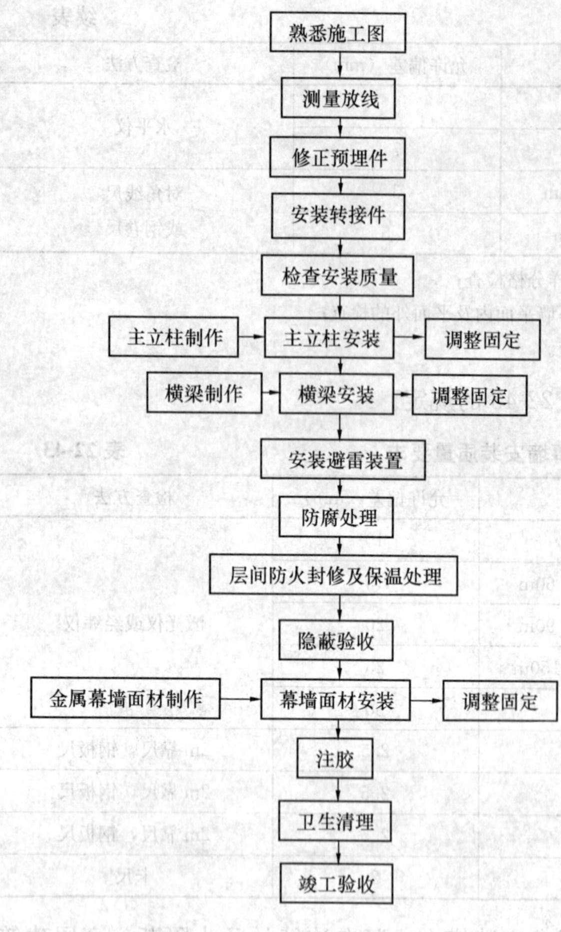


图 22-68　金属幕墙施工顺序

## 22.3.2　金属幕墙龙骨安装

1. 弹线定位

根据结构复查时的放线标记，水准点预埋件布置图，主体结构轴线，标高进行测量放线，定位。

2. 预埋件的检查

预埋件是通过焊接钢筋与主体混凝土结构连接，预埋件的外侧必须紧贴外侧贴板（拆掉时所有的预埋件外侧均裸露混凝土面），预埋件锚筋必须与主体钢筋绑扎牢固。并注意与主体的防雷网电源连通，预埋件的允许误差严格控制在标高≤10mm，水平分格≤20mm，无预埋件需安装后置预埋件，固定后置预埋件的化学锚栓需专门机构在现场按国家规范与设计要求做拉拔试验。

3. 连接件安装

连接件是连接幕墙的重要部位，其安装的精度和质量是幕墙安装精度、外观质量和整个幕墙的基础，也是后续安装工作能够顺利进行的关键。连接件先点焊进行临时固定，与立柱位置尺寸调整好后再与预埋件进行满焊。

4. 金属幕墙立柱的安装

(1) 立柱的安装顺序按施工组织设计施工；将连接件、套筒按设计图装配到幕墙立柱相应位置。

(2) 根据水平线，将每根立柱的水平标高位置调整好，用螺栓初步固定。

(3) 调整立柱位置，确保立柱上下端与每层标高线的尺寸，左右与轴线的尺寸符合设计尺寸要求，经检查校准合格后，用扭力扳手将螺母拧紧到设计值。

(4) 立柱安装完毕后，必须严格进行垂直度检查，整体确认无误后，将垫片、螺帽与铁件焊接，以防止立柱变形。

(5) 注意事项：

1) 立柱与连接件之间要垫胶垫，柔性接触；

2) 立柱安装临时固定时，应将螺帽稍拧紧些，加防松弹簧垫片以防脱落；

3) 幕墙主要竖向构件及主要横向构件的尺寸。

金属幕墙标准节点图见图 22-69。

5. 金属幕墙横梁安装

(1) 安装时水平拉鱼丝线，保证横料的直线度符号规范要求。

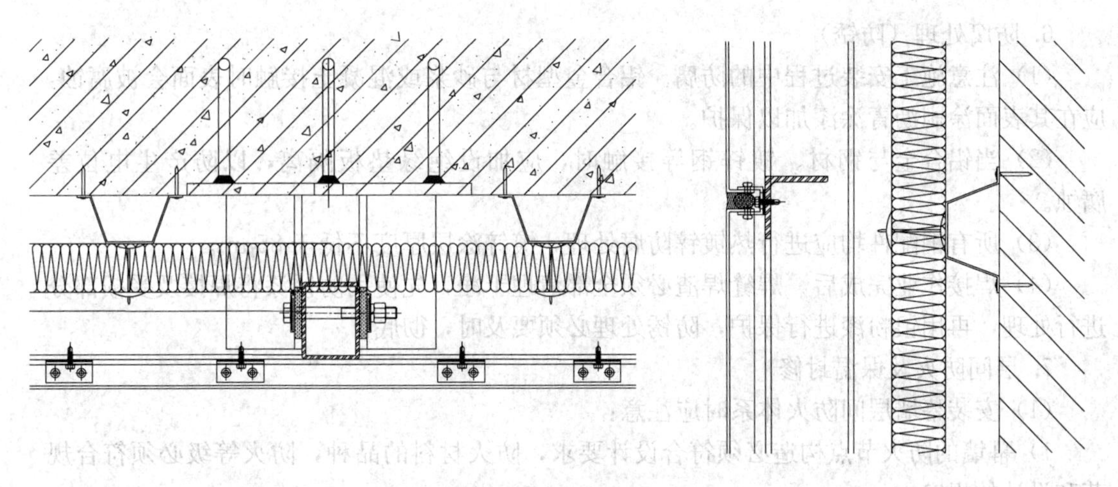

图 22-69 金属幕墙标准节点图

(2) 横梁上下表面与立柱正面应成直角，严禁向内或向外倾斜以影响横梁的水平度。

(3) 横料与立柱的两端连接处按图纸要求预留间隙尺寸，安装完后，在立柱与横梁的接缝间隙处打耐候密封胶密封。

(4) 幕墙立柱和横梁构件的装配允许偏差见表 22-44。

**幕墙立柱和横梁构件的装配允许偏差表**（mm） **表 22-44**

| 序号 | 项　目 | 尺寸范围 | 允许偏差 | 检查方法 |
|---|---|---|---|---|
| 1 | 相邻两立柱构件间距尺寸（固定端头） | | ±2.0 | 用钢卷尺 |
| 2 | 相邻两横梁构件距尺 | 间距≤2000 时<br>间距>2000 时 | ±1.5<br>±2.0 | 用钢卷尺 |
| 3 | 分格对角线差 | 对角线长≤2000 时<br>对角线长>2000 时 | 1.0<br>3.5 | 用钢卷尺或伸缩尺 |
| 4 | 立柱垂直度 | $H\leqslant30$<br>$30<H\leqslant60$<br>$60<H\leqslant90$<br>$H>90$ | 10mm<br>15mm<br>20mm<br>25mm | 用经纬仪或激光仪 |
| 5 | 相邻两构件的水平标高差 | | 1 | 用钢板尺或水平仪 |
| 6 | 横梁构件水平度 | 构件长≤2000 | 2 | 水平仪或水平尺 |
| | | 构件长>2000 | 3 | |
| 7 | 立柱构件外表平面度 | | 2.5 | 用 2.0m 靠尺 |
| 8 | 立柱构件外表平面度 | 相邻三立柱<br>60m>宽度 | ≤10 | 用激光仪 |
| 9 | 用高度内主要横梁构件的高度差 | 长度≤35<br>长度>35 | ≤5<br>≤7 | 用水平仪 |

6. 防腐处理（防锈）

(1) 注意施工安装过程中的防腐。铝合金型材与砂浆或混凝土接触时表面会被腐蚀，应在其表面涂刷沥青涂漆加以保护。

(2) 当铝合金与钢材、镀锌钢等接触时，应加设绝缘垫板隔离，以防产生电位差腐蚀。

(3) 所有钢配件均应进行热镀锌防腐处理，镀锌涂层厚度不低于 85μm。

(4) 焊接作业完成后，焊缝焊渣必须全部清理干净，先使用防锈漆将焊接及受损部分进行处理，再用银粉漆进行保护，防锈处理必须要及时，彻底。

7. 层间防火及保温封修

(1) 安装幕墙层间防火体系时应注意：

1) 幕墙的防火节点构造必须符合设计要求，防火材料的品种，防火等级必须符合规范和设计的规定；

2) 防火材料固定应牢固，不松脱，无遗漏，采用射钉将其固定在结构面上，射钉的间距应以 300mm 宽为限，拼缝处不留缝隙；

3) 防火镀锌钢板不得与铝合金型材直接接触，衬板就位后，应进行密封处理；

4) 防火镀锌钢板与主体结构间的缝隙必须用防火密封胶密封。

(2) 安装幕墙保温、隔热构造时应注意以下几方面：

1) 保温棉塞填应饱满、平整、不留间隙、其密度应符合设计要求；

2) 保温材料安装应牢固，应有防潮措施，在以保温为主的地区，保温棉板的隔汽铝箔面应朝室内，无隔汽铝箔面时，应在室内设置内衬隔汽板；

3) 保温棉与金属应保持 30mm 以上的距离，金属板可与保温材料结合在一起，确保结构外表面应有 50mm 以上的空气层。

8. 隐蔽验收

由项目技术负责人、项目专职质量检查员、施工班组长、业主现场代表监理工程师或质检站参加隐蔽验收，隐蔽工程验收按类别按规范要求进行。

(1) 防雷做法

上下两根立柱之间采用 $8mm^2$ 铜编制线连接，连接部位立柱表面应除去氧化层和保护层。为不阻碍立柱之间的自由伸缩，导电带做成折环状，易于适应变位要求。在建筑均压环设置的楼层，所有预埋件通过 12mm 圆钢连接导电，并与建筑防雷地线可靠导通，使幕墙自身形成防雷体系。

(2) 焊接质量要求见表 22-45。

**焊接允许偏差（mm）　　表 22-45**

| 项目 | | | 允许偏差 |
|---|---|---|---|
| 对接 | 焊接余高 | $S \leqslant 20$ | 0.5～3 |
| | | $S=20 \sim 40$ | 0.5～3 |
| | | $S=40$ | 0.5～4 |
| 焊缝错边 | | | ≤0.18 |
| 组合焊缝 | $S=20 \sim 40$ | | 0～+2 |
| | $S \leqslant 40$ | | 0～+3 |

续表

| 项目 | | | 允许偏差 |
|---|---|---|---|
| 角焊缝 | 焊缝余高 | $K<6$ | 0～+2 |
| | | $K=6\sim10$ | 0～+3 |
| | | $K>10$ | 0～+3 |
| | 焊脚尺寸 | $K<6$ | 0～+2 |
| | | $K=6\sim14$ | 0～+3 |
| | | $K>14$ | 0～+4 |

### 22.3.3 金属幕墙安装及调整

1. 安装前应将铁件或钢架、立柱、避雷、保温、防锈等部位检查一遍，合格后将相应规格的金属面板搬入就位，然后自上而下进行安装；

2. 安装过程中拉线控制相邻面板的平整度和板缝的水平、垂直度，用木板模块控制板缝宽度，安装一块检查一块；

3. 安装过程中，如缝宽有误差，应均分在每一条板缝中，防止误差累计在某一条板缝或某一块面材上；

4. 安装过程中，应特别注意堆放和搬运的安全，保护好金属的表面质量，如有划伤和损坏应及时进行更换；

5. 金属面板的保护膜安装过程中要保护好，打完胶后才可撕保护膜；

6. 金属幕墙安装允许偏差应符合表 22-46 的规定；

**金属幕墙安装的允许偏差和检验方法　　表 22-46**

| 项次 | 项目 | | 允许偏差 (mm) | 检验方法 |
|---|---|---|---|---|
| 1 | 幕墙垂直度 | 幕墙高度≤30m | 10 | 用经纬仪检查 |
| | | 30m<幕墙高度≤60m | 15 | |
| | | 60m<幕墙高度≤90m | 20 | |
| | | 幕墙高度>90m | 25 | |
| 2 | 幕墙水平度 | 层高≤3m | 3 | 用水平仪检查 |
| | | 层高>3m | 5 | |
| 3 | 幕墙表面平整度 | | 2 | 用 2m 靠尺和塞尺检查 |
| 4 | 板材立面垂直度 | | 3 | 用垂直检测尺检查 |
| 5 | 板材上沿水平度 | | 2 | 用 1m 水平尺和钢直尺检查 |
| 6 | 相邻板材板角错位 | | 1 | 用钢直尺检查 |
| 7 | 阳角方正 | | 2 | 用直角检测尺检查 |
| 8 | 接缝直线度 | | 3 | 拉 5m 线，不足 5m 拉通线，用钢直尺检查 |
| 9 | 接缝高低差 | | 1 | 用钢直尺和塞尺检查 |
| 10 | 接缝宽度 | | 1 | 用钢直尺检查 |

7. 根据具体情况做好收边收口防水处理。

### 22.3.4　金属幕墙注胶与交验

1. 注胶

(1) 注胶不宜在低于5℃的条件下进行，温度太低胶液发生流淌，延缓固化时间甚至影响拉结拉伸强度，必须严格按产品说明书要求施工。严禁在风雨天进行，防止雨水和风沙浸入胶缝。

(2) 充分清洁板材间缝隙，不应有水、油渍、涂料、铁锈、水泥砂浆、灰尘等。充分清洁粘结面，加以干燥。

(3) 为调整缝的深度，避免三边粘胶，缝内填泡沫塑料棒。

(4) 在缝两侧贴美纹纸保护面板不被污染。

(5) 注胶后将胶缝表面抹平，去掉多余的胶。

(6) 注胶完毕，等密封胶基本干燥后撕下多余美纹纸，必要时用溶剂擦拭面板。

(7) 胶在未完全硬化前，不要沾染灰尘和划伤。

2. 交验

交验时应提交下列资料：

(1) 工程的竣工图、结构计算书、热工计算书、设计变更文件及其他设计文件。

(2) 隐蔽工程验收文件。

(3) 硅酮胶相容性、粘结性测试报告、剥离试验结果。

(4) 防雷记录及防雷测试报告。

(5) 竣工资料审核。

## 22.4　石　材　幕　墙

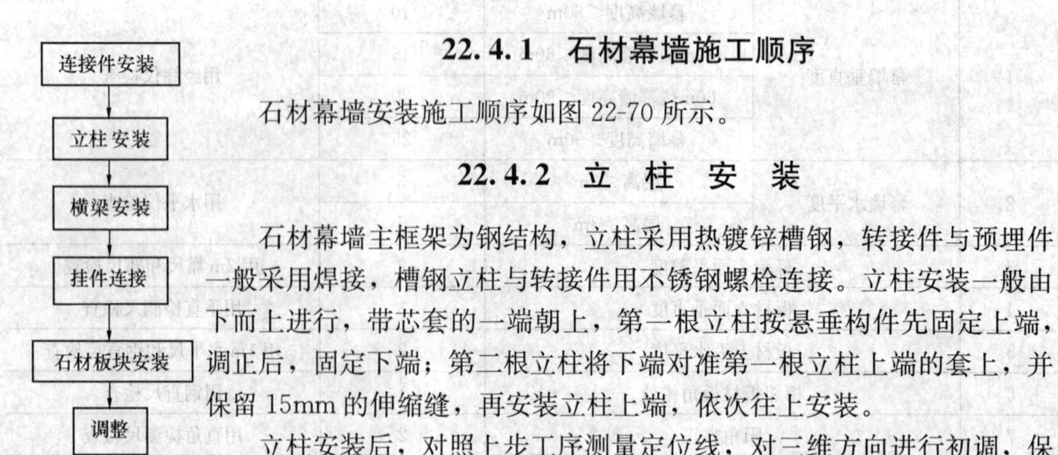


图 22-70　石材幕墙安装施工顺序

### 22.4.1　石材幕墙施工顺序

石材幕墙安装施工顺序如图 22-70 所示。

### 22.4.2　立　柱　安　装

石材幕墙主框架为钢结构，立柱采用热镀锌槽钢，转接件与预埋件一般采用焊接，槽钢立柱与转接件用不锈钢螺栓连接。立柱安装一般由下而上进行，带芯套的一端朝上，第一根立柱按悬垂构件先固定上端，调正后，固定下端；第二根立柱将下端对准第一根立柱上端的套上，并保留 15mm 的伸缩缝，再安装立柱上端，依次往上安装。

立柱安装后，对照上步工序测量定位线，对三维方向进行初调，保持误差小于 21mm，待基本安装完成后在下道工序前再进行全面调整。

### 22.4.3　横　梁　安　装

(1) 工艺操作流程：

施工准备 → 检查各材料质量 → 就位 → 安装 → 检查

(2) 立柱安装完毕，检查质量符合要求后，才可安装横梁。横梁采用型钢制作，用螺栓与主龙骨连接，并应确保水平度偏差等符合设计要求，位置调整达到安装精度之后，方可进行焊接固定。焊缝处经彻底清渣后涂刷防锈漆。立柱和横梁安装允许偏差见表 22-47 和表 22-48。

**石材幕墙立柱安装允许偏差** **表 22-47**

| 项目 | | 允许偏差（mm） | 检查方法 |
|---|---|---|---|
| 竖缝及墙面垂直度 | 幕墙高度（$H$）（m） | ≤10 | 激光经纬仪或经纬仪 |
| | $H \leqslant 30$ | | |
| | $60 \leqslant H > 30$ | ≤15 | |
| | $90 \leqslant H > 60$ | ≤20 | |
| | $H > 90$ | ≤25 | |
| 幕墙平面度 | | ≤2.5 | 2m 靠尺、钢板尺 |
| 竖缝直线度 | | ≤2.5 | 2m 靠尺、钢板尺 |

**石材幕墙横梁安装允许偏差** **表 22-48**

| 项目 | 允许偏差（mm） | 检查方法 |
|---|---|---|
| 横缝直线度 | ≤2.5 | 2m 靠尺、钢板尺 |
| 缝宽度（与设计值比较） | ±2 | 卡尺 |
| 两相邻面板之间接缝高低差 | ≤1.0 | 深度尺 |

### 22.4.4 石材金属挂件安装

背栓式干挂石材金属挂件安装（图 22-71）：

背栓式干挂石材幕墙是在石材背后钻成燕尾孔与凸形胀栓结合后与龙骨连接，并由金属支架组成的横竖龙骨通过预埋件连接固定在外墙上。

背栓铝合金挂件的定位、安装是背栓式石材幕墙中至关重要的一环。它位置是否准确直接关系到石材幕墙的外观效果，铝合金挂件采用分段形式，通过螺栓与横龙骨相连。

### 22.4.5 石材面板安装前的准备工作

由于石材板块安装在整个幕墙安装中是最后的成品环节，在施工前要做好充分的准备工作。在安排计划时根据实际情况及工程进度计划按要求安排好人员，一般情况下每组安排 4～5 人，材料工器具准备并要检查施工工作面的石材板块是否全部备齐，是否有到场损坏的板材，施工现场准备要在施工段留有足够的场所满足安装需要。

### 22.4.6 石材面板安装及调整

根据放线实测结果结合石材加工图，施工图，对验收合格的石材进行安装前复查。

石材板块安装按设计位置石材尺寸编号安装，板块接线缝宽度、水平、垂直及板块平整度应符合规定要求。板块经自检、互相和专检合格后，方可安装。

安装时，左右、上下的偏差不大于 1.5mm。

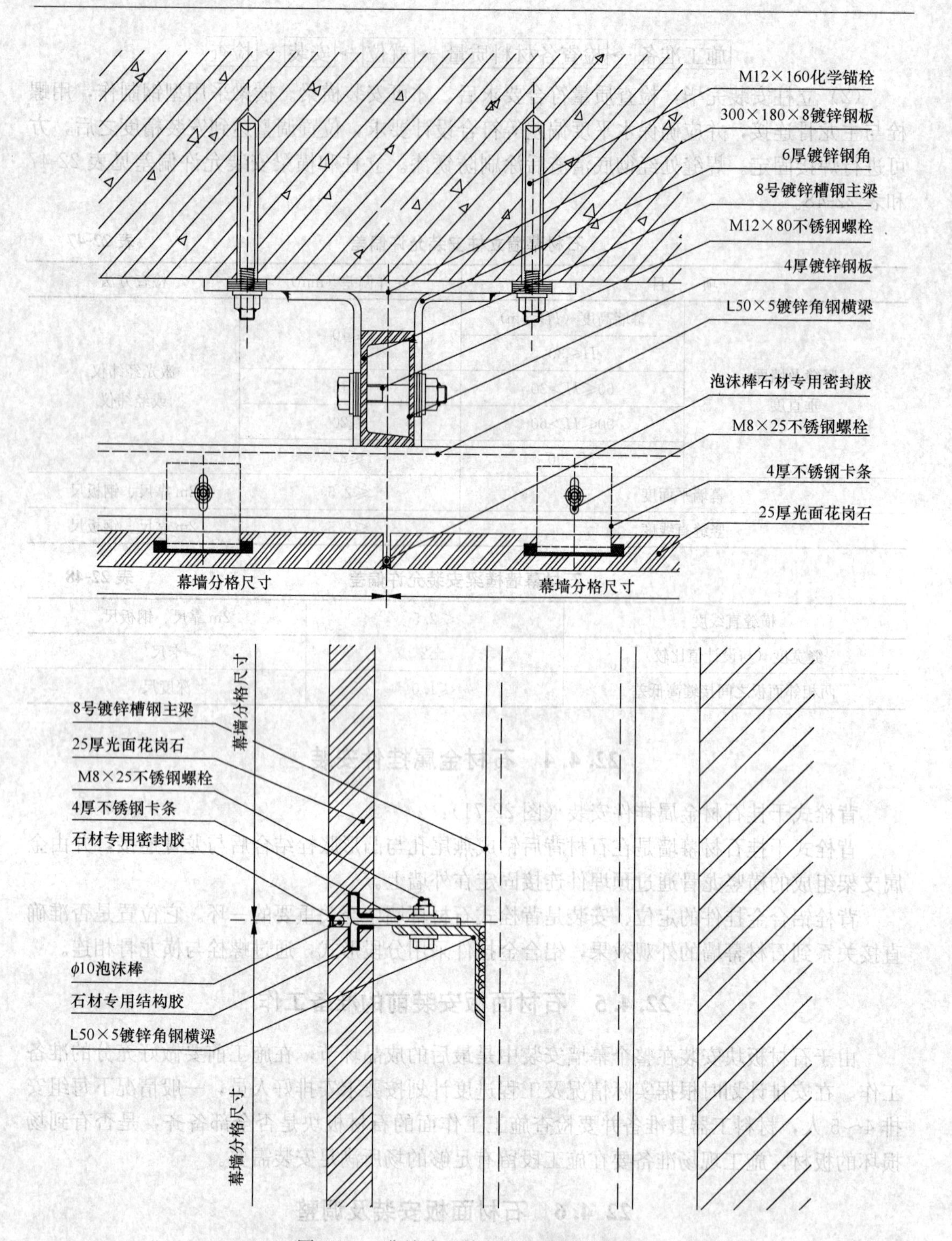


图 22-71　背栓式干挂石材金属挂件安装

固定螺栓，镶固固定件，如果石材水平面线不平齐则调整微调螺栓调整平齐，紧固螺栓，并将螺母用胶固定，防止螺母松动。

石材板块初装完成后对板块进行调整，调整的标准，即横平，竖直，面平。横平即横向缝水平，竖直即竖向缝垂直，面平即各石材在同一平面内。

### 22.4.7 石材打胶（开放式除外）

石材板块安装完后，板块间缝隙必须用石材专用胶填缝，予以密封。防止空气渗透和雨水渗漏。

打胶前，先清理板缝，按要求填充泡沫棒。

在需打胶的部位的外侧粘贴保护胶纸，胶纸的粘贴要符合胶缝的要求。

打胶时要连续均匀。操作顺序为：先打横向后打竖向，竖向胶缝应自下而上进行，胶注满后，应检查里面是否有气泡、空心、断缝、杂质，若有应及时处理。

隔日打胶时，胶缝连接处应清理打好的胶头，切除已打胶的胶尾，以保证两次打胶的连接紧密统一。

### 22.4.8 石材质量及色差控制

依据石材编号检查石材的色泽度，使同一幕墙的石材不要产生明显色差，最低限度要求，颜色逐渐过渡。

用环氧树脂腻子修补缺棱掉角或麻点之处并磨平，破裂者用环氧树脂胶粘剂粘结。

## 22.5 人造板材幕墙

### 22.5.1 人造板材幕墙的主要类型

人造板材幕墙目前主要包含微晶玻璃板、石材铝蜂窝板、瓷板、陶板、纤维水泥板幕墙等，人造板材性能优良，与天然石材等相比具有更好的理化优势，其中微晶玻璃板加工的主要工序为板连接部位的开槽或钻背栓孔，由于其材质硬度高、脆性大，加工中应采用能满足幕墙面板设计精度要求的专用机械设备进行加工，微晶玻璃板开槽尺寸允许偏差见表 22-49。

**微晶玻璃板开槽尺寸允许偏差（mm）** **表 22-49**

| 项目 | 槽宽度 | 槽长度 | 槽深度 | 槽端到板端边距离 | 槽边到板面距离 |
|---|---|---|---|---|---|
| 允许偏差 | $^{+0.5}_{0}$ | 短槽：$^{+10.0}_{0}$ | $^{+1.0}_{0}$ | 短槽：$^{+10.0}_{0}$ | $^{+0.5}_{0}$ |

幕墙用石材铝蜂窝板面板石材为亚光面或镜面时，厚度宜为 3～5mm；面板石材为粗面时，厚度为 5～8mm。石材表面应涂刷符合《建筑装饰用天然石材防护剂》(JC/T 973) 规定的一等品及以上要求的饰面型石材防护剂，其耐碱性、耐酸性宜大于 80%。

石材铝蜂窝板加工允许偏差见表 22-50。

幕墙用纤维水泥板的基板应采用现行行业标准《纤维水泥平板 第 1 部分：无石棉纤维水泥平板》(JC/T 412.1) 规定的高密度板，且密度 D 不小于 1.5g/cm$^3$，吸水率不大于 20%，力学性能为 V 级。采用穿透连接的基板厚度应不小于 8mm，采用背栓连接的基板厚度应不小于 12mm，采用短挂件连接、通长挂件连接的基板厚度应不小于 15mm。基板应进行表面防护与装饰处理。

石材铝蜂窝板加工允许偏差（mm）　　　　表 22-50

| 项目 | | 技术要求 | |
|---|---|---|---|
| | | 亚光面、镜面板 | 粗面板 |
| 边长 | | 0.0<br>−1.0 | |
| 对边长度差 | ≤1000 | ≤2.0 | |
| | >1000 | ≤3.0 | |
| 厚度 | | ±1.0 | +2.0<br>−1.0 |
| 对角线差 | | ≤2.0 | |
| 边直度 | 每米长度 | ≤1.0 | |
| 平整度 | 每米长度 | ≤1.0 | ≤2.0 |

陶板幕墙又称陶土板幕墙，其面板材料是以天然陶土为主料，经高压挤出成型、低温干燥并在 1200℃的高温下烧制而成。陶土幕墙产品可分为单层陶土板与双层中空式陶土板以及陶土百叶等。陶土板的加工一般以切割为主，其加工允许偏差见表 22-51。

陶土板加工允许偏差　　　　表 22-51

| 项目 | | 允许偏差（mm） |
|---|---|---|
| 边长 | 长度 | ±1.0 |
| | 宽度 | ±2.0 |
| 厚度 | | ±2.0 |
| 对角线长度 | | ≤2.0 |
| 表面平整度 | | ≤2.0 |

### 22.5.2　人造板材幕墙施工顺序

人造板材幕墙安装施工顺序如图 22-72 所示。

### 22.5.3　立　柱　安　装

1. 弹线定位

人造板材幕墙的弹线定位和普通幕墙弹线定位方式一致。

2. 预埋件检查

人造板材幕墙预埋件的检查和普通幕墙预埋件的检查方式一致。

幕墙与混凝土结构主体的连接主要靠预埋件、转接件。无预埋件的需采用后置预埋件，在土建主体上进行后埋。后埋的方式是，在铁件布置点的位置采用化学螺栓固定铁板，再在铁板表面通过钢制转接件固定幕墙立柱。在施工过程中注意预埋件的水平度、垂直度和相对位置。

3. 连接件安装

连接件是连接幕墙的重要构件，其安装的精度和质量是幕墙安装精度、外观质量和整个幕墙的基础，也是后续安装工作能够顺利进行的关键。连接件的安装顺序见图 22-73。

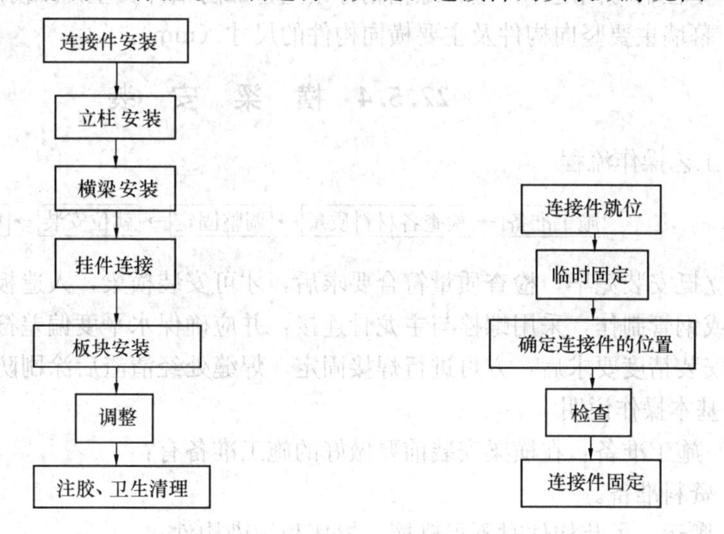


图 22-72 人造板材幕墙安装施工顺序　　图 22-73 连接件的安装顺序

连接件先点焊进行临时固定，与立柱位置尺寸调整好后再与预埋件进行满焊，焊接质量满足国家焊接规范要求。

4. 立柱安装

人造板材幕墙主框架一般为钢结构或钢铝相结合的结构，立柱是幕墙安装施工的关键之一。它的准确和质量将影响整个幕墙的安装质量。通过连接件幕墙的平面轴线与建筑物的外平面轴线距离允许偏差应控制在 2mm 以内，特别是建筑平面呈弧形、圆形、四周封闭的幕墙，其内外轴线距离将影响到幕墙的周长，应认真对待。

(1) 立柱先按图采用螺栓连接好连接件，再将连接件（铁码）点焊在预埋钢板上，然后调整位置。立柱的垂直度可由吊锤控制，位置调整准确后，才能将铁码正式焊接在预埋铁件上。安装误差要求：标高±3mm；前后±2mm；左右±3mm。必须随时检查施工质量，平整度、垂直度偏差应符合规范规定。

(2) 立柱安装一般由下而上进行，带芯套的一端朝上。第一根立柱按悬垂构件先固定上端，调正后固定下端；第二根立柱将下端对准第一根立柱上端的芯套用力将第二根立柱套上，并保留 15mm 的伸缩缝，再吊线安装梁上端，依此往上安装。

(3) 立柱安装后，对照上步工序测量定位线，对三维方向进行初调，保持误差＜1mm，待基本安装完成后在下道工序再进行全面调整。

(4) 施工中的关键问题：

1) 立柱选择型号、规格正确无误。

2) 螺栓安装避免出现死角，以保持螺栓孔的可调节性。

3) 选择恰当的安装顺序。

4) 注意材料安全（防损伤、防丢失），操作安全。

5) 注意使用镀锌角码时不得忘记立柱与角码之间的防腐处理。

（5）注意事项：

1）立柱与连接件之间要垫胶垫；

2）立柱临时固定时，应将螺帽稍拧紧些，加防松弹簧垫片以防脱落；

3）幕墙主要竖向构件及主要横向构件的尺寸（mm）。

### 22.5.4 横 梁 安 装

1. 工艺操作流程

施工准备→检查各材料质量→调整固定→就位安装→检查

主立挺安装完毕，检查质量符合要求后，才可安装横梁，人造板幕墙横梁一般采用镀锌角钢或钢管制作，采用螺栓与主龙骨连接，并应确保水平度偏差符合设计要求，位置调整达到安装精度要求后，方可进行焊接固定。焊缝处经清渣后涂刷防锈漆与面漆。

2. 基本操作说明

（1）施工准备：在横梁安装前要做好的施工准备有：

1）资料准备。

2）搬运、吊装构件时不得碰撞、损坏和污染构件。

3）对安装人员应进行相应的技术培训。

4）对施工段现场进行清理。

（2）检查各种材料质量：在安装前要对所使用的材料质量进行合格检查，包括检查横梁是否已被破坏，冲口是否按要求冲口，同时所有冲口边是否有变形，是否有毛刺边等，如发现类似情况要将其清理后再进行安装。

（3）就位安装：横梁就位安装先找好位置，将横梁角码预置于横梁两端，再将横梁垫圈预置于横梁两端，用螺栓穿过横梁角码，垫圈及立柱，逐渐收紧螺栓。连接处应用弹性橡胶垫，橡胶垫应有10％～20％的压缩性，以适应和消除横向温度变形的影响。

（4）检查：横梁安装完成后要对横梁进行检查，主要查以下几个内容：各种横梁的就位是否有错、横梁与立柱接口是否吻合、横梁垫圈是否规范整齐、横梁是否水平、横梁外侧面是否与立柱外侧面在同一平面上。

（5）安装精度：宜用水准仪对横梁杆件进行周圈贯通，对变形缝、沉降缝、变截面处等进行妥善处理，使其满足设计使用要求。

### 22.5.5 人造板材金属挂件安装

（1）人造板幕墙板材金属挂件一般为不锈钢挂件与铝挂件，铝挂件常用于背栓式微晶石幕墙与陶土板幕墙中，其中陶土板幕墙中的铝挂件形式较丰富。注意以下几点：

1）金属挂件按尺寸批量加工生产，去除毛刺。

2）金属挂件与人造板按设计图显示进行尺寸间隙连接。

3）金属挂件与面板连接需在槽内注无污染的硅酮耐候胶。

4）金属挂件固定连接于横梁上，对金属挂件进行微调，检查板面是否安装平整。

（2）陶土板幕墙金属挂件与板的连接方式基本有以下几种：

1）板块之间直接卡接：板块通过挤压成型，在板块的上下均形成连接槽，安装时将上面板块的下边槽和下面板块的上边槽卡到同一个横料中，依靠横料的弹性变形将上下两个板块牢固的连接在一起。为了消除板块和龙骨间的缝隙，在每块板块后面还加装板式弹簧，确保幕墙表面美观、平整。

2）采用挂件挂接：在板的上下部分均形成连接槽，在槽中安装专用的T形挂件，然后将板块直接挂在横料上面，依靠板块的重力将板块与横料连接在一起。

3）采用背栓式挂接：与常规的背栓挂接方式相似，在烧制陶土板时将板块背面预制带有背栓连接孔的凸台，通过背栓与挂件连接，再由挂件与横料实现挂接。

4）采用压板压接：为使板块形状简单，采用压板压接的方式进行人造板幕墙面板的安装，该安装方式可使立面外观线条丰富多样，更具有安全感与观感效果。

### 22.5.6 人造板材安装前的准备工作

人造板安装前根据板材类型及板材厚度，同时结合设计要求选用以下不同的固定方式。

（1）在安装前检查连接件是否符合要求，是否是合格品，热浸镀锌是否按标准进行，开口槽是否符合产品标准。

（2）安装预埋件。预埋件的作用就是将连接件固定，使幕墙结构与主体混凝土结构连接起来。故安装连接件时首先要安装预埋件，只有安装准确了预埋件才能很准确地安装连接件。

（3）对照立柱垂线。立柱的中心线也是连接件的中心线，故在安装时要注意控制连接件的位置，其偏差小于2mm。

（4）拉水平线控制水平高低及进深尺寸。虽然预埋件已控制水平高度，但由于施工误差影响，安装连接件时仍要拉水平线控制其水平及进深的位置以保证连接件的安装准确无误。

（5）点焊。在连接件三维空间定位确定准确后要进行连接件的临时固定即点焊。点焊时每个焊接面点2～3点，要保证连接件不会脱落。点焊时要两人同时进行，1人固定位置，另1个点焊，协调施工同时两人都要做好各种防护措施；点焊人员必须是有焊工技术操作证者，以保证点焊的质量。

（6）检查。对初步固定的连接件按层次逐个检查施工质量，主要检查三维空间误差，一定要将误差控制在误差范围内。三维空间误差工地施工控制范围为垂直误差小于2mm，水平误差小于2mm，进深误差小于3mm。

（7）加焊正式固定。对验收合格的连接件进行固定，即正式焊接，焊接操作时要按照焊接的规格及操作规定进行，一般情况下连接的两边都必须满焊。

（8）验收。对焊接好的连接件，现场管理人员要对其进行逐个检查验收，对不合格处进行返工改进，直至达到要求为止。

（9）防腐。连接件在车间加工时亦进行过防腐处理（镀锌防腐），但由于焊接对防腐层的破坏故仍需进行防腐处理，具体处理方法如下：

1）清理焊渣。

2）刷防锈漆。

3）刷保护面漆，有防火要求时要刷防火漆。

4）焊接工序和玻璃幕墙的工序相同。

（10）连接件施工质量评定：

1）三维方向的误差控制。

2）连接件本身的翘曲、扭曲质量控制。

3）铁件防腐处理：

①注意施工安装过程中的防腐。铝合金型材与砂浆或混凝土接触时表面会被腐蚀，应在其表面涂刷沥青涂漆加以保护。当铝合金与钢材、镀锌钢等接触时，应做隔离处理。

②设绝缘垫板隔离，以防产生电位差腐蚀。所有钢配件均应进行热镀锌防腐处理，镀锌涂层厚度不低于 85μm。如在现场须焊接时，须对焊接部位作防腐处理。

（11）按照设计要求安装人造板材幕墙的防火装置，办理隐蔽验收。

（12）安装人造板材幕墙的防雷装置。幕墙竖向龙骨间用热镀锌扁钢焊接连接，幕墙形成的避雷网格的间距小于 10m×10m，避雷钢筋与预埋件和土建避雷引下线焊接，长度不小于 100mm，具体做法为去除龙骨处镀锌层，扁钢粘锡采用螺栓将扁钢与方钢管连接，扁钢周围涂耐候胶，进行接地电阻测试，并保证接地电阻符合设计要求，对人造板幕墙的主龙骨骨架及防雷装置系统自检合格进行质量评定后，办理隐蔽、签证。经业主、监理、地方质检部门检查验收后进行面板安装。

（13）人造板材幕墙保温节能处理。人造板材幕墙有内墙保温处理与外墙保温处理两种。板材安置前检查保温节能是否符合设计与规范要求。

### 22.5.7　人造板材安装及调整

1. 人造板材幕墙中微晶石板材安装与调整

（1）根据弹线实测结果结合板材加工图、施工图，对合格的板材进行安装前尺寸复查。

（2）依据板材编号，检查板材的表面质量，避免不合格板上墙。

（3）按图纸要求，用经纬仪打出大角两个面的竖向控制线，在大角上下两端固定挂线的角钢，用钢丝挂竖向控制线，并在控制线的上、下作出标记。

（4）安装前在立柱、横梁上定位画线，确定人造板材在立面上的水平、垂直位置。对平面度要逐层设置控制点。根据控制点拉线，按拉线调整检查，切忌跟随框格体系歪框、歪件、歪装。对偏差过大的应坚决按要求重做、重新安装。

（5）支底层板材托架，放置底层面板，调节并暂时固定。

（6）固定螺栓，镶铝合金固定件，如果板材与平面线不平齐则调整微调螺栓，调整平齐，紧固螺栓，并将螺母用云石胶固定，防止螺母松动。

（7）板间缝按设计要求留出正确尺寸。

2. 人造板材幕墙中陶土板板材安装与调整

（1）陶土板背后有自带的安装槽口，通过该槽口穿入挂件，挂件挂装在龙骨或者特制钢角码上。

（2）陶土板与挂件之间和挂件与龙骨之间建议采用柔性连接。

（3）陶土板横向的接缝处宜留有 5mm 左右的搭接量，以阻止雨水直接倒灌，竖向的接缝处宜留有 2～5mm 的安装缝隙，可以内置卡缝件（金属或者三元乙丙），兼有堵水和防止侧移的作用。

(4) 陶土板建议自下而上挂装，若楼层较高，可以分区段同时进行。

(5) 陶土板安装的时候严禁刷油漆，避免油漆污染到陶土板。

(6) 根据具体情况做好收边收口防水处理。

人造板材幕墙标准节点见图 22-74。

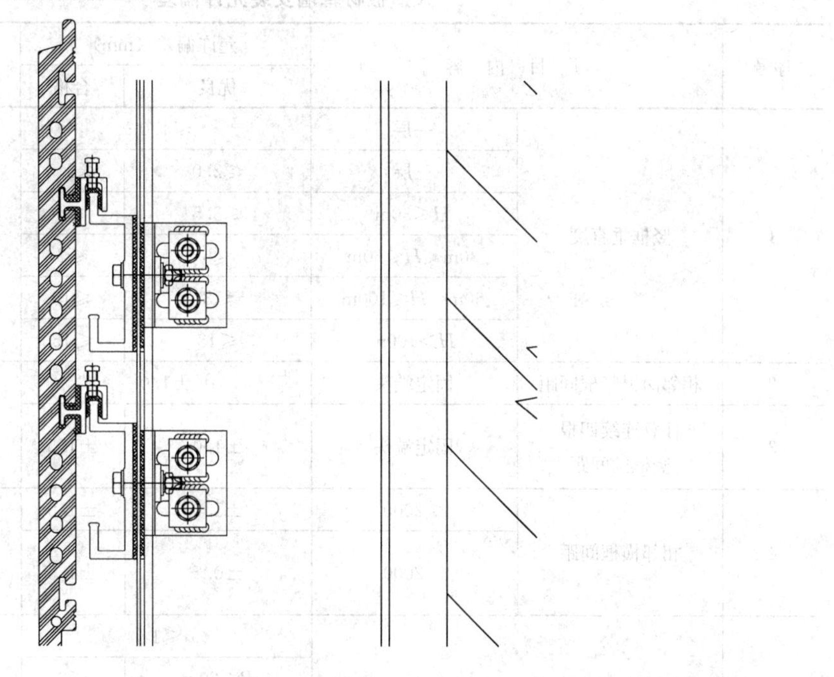

图 22-74 人造板材幕墙标准节点图

## 22.5.8 人造板材质量及色差控制

(1) 人造板材幕墙工程材料是保证幕墙质量和安全的关键，人造板材幕墙的板材施工前还需按照国家规定要求进行材料送检。

(2) 选用颜色均匀、色差小、没有崩边，没有缺角，没有暗裂，没有损伤的人造板材。

(3) 在选材时一定要注意板材的受力性能和外面质量，外观尺寸偏差、表面平整度、光洁度必须符合有关规定，四周直线平直，四角垂直，开槽正确无误。

(4) 要求要选用优质的材料。

(5) 注意同批次人造板材尽量安装在同一立面，减少不同批次板造成的细微色差。

## 22.5.9 人造板材幕墙打胶与交验

(1) 人造板幕墙宜采用中性耐候硅酮密封胶进行打胶嵌缝处理。

(2) 交验时应提交下列资料：

1) 龙骨面板、硅酮胶等材料、配件、连接件的产品合格证或质量保证书。

2) 隐蔽工程验收证书。

3) 硅酮胶相容性、粘结性测试报告、剥离试验结果。

4）防雷记录及防雷测试报告。

5）施工过程中各部件及安装质量检查记录。

6）竣工资料审核。

人造板材幕墙安装允许偏差见表 22-52。

**人造板材幕墙安装允许偏差　　表 22-52**

| 序号 | 项目内容 | | 允许偏差（mm） | | 检验方法及检测设备 |
|---|---|---|---|---|---|
| | | | 优良 | 合格 | |
| 1 | 竖框垂直度 | 一层 | ≤1.0 | | 经纬仪或吊线和钢板尺检查 |
| | | 三层 | ≤2.0 | ≤2.5 | |
| | | $H$≤30m | ≤3.5 | ≤4 | |
| | | 30m<$H$≤60m | ≤6 | ≤7 | |
| | | 60m<$H$≤100m | ≤8 | ≤10 | |
| | | $H$>100m | ≤13 | ≤15 | |
| 2 | 相邻两根竖框间距 | 固定端头 | ±1.0 | | 钢卷尺 |
| 3 | 任意连续四根竖框的间距 | 固定端头 | ±1.0 | ±1.5 | |
| 4 | 相邻横框间距 | ≤2000 | ±1.0 | ±1.0 | 钢卷尺 |
| | | >2000 | ±0.5 | ±1.5 | |
| 5 | 同一标高平面内横框水平度（$B$ 为宽度尺寸） | | ≤1 | | 水准仪<br>水平尺<br>塞尺 |
| | | | $B$≤20m | ≤3 | |
| | | | $B$≤30m | ≤4 | |
| | | | $B$≤60m | ≤6 | |
| | | | $B$≤60m | ≤7 | |
| 6 | 同层竖框外表面平面度（相对位置）（$b$ 宽度尺寸） | | ≤0.5 | | 经纬仪或吊线和钢板尺检查 |
| | | | $b$≤20m | ≤2 | |
| | | | 20m<$b$≤60m | ≤2.5 | |
| | | | $b$>60m | ≤3 | |
| 7 | 竖缝及墙面的垂直度 | 高度≤20m | ≤2.5 | ≤3 | 激光仪或经纬仪 |
| | | 20m<高度≤60m | ≤4 | ≤6 | |
| | | 高度≤60m | ≤7 | ≤9 | |
| 8 | 幕墙平面度 | | ≤2 | ≤2.5 | 2m 靠尺、钢板尺 |
| 9 | 竖缝直线度 | | ≤2 | ≤2.5 | 2m 靠尺、钢板尺 |
| 10 | 横缝水平度 | | ≤2 | ≤3 | 用水平尺 |
| 11 | 胶缝宽度（与设计值比较），全长 | | ±1 | ±1.5 | 用卡尺或钢板尺 |
| 12 | 胶缝厚度 | | ±0.5 | ±1.0 | 钢板尺、塞尺 |
| 13 | 两相邻板块之间接缝高低差 | | ≤0.5 | ≤1.0 | 钢板尺、塞尺 |
| 14 | 翻窗与幕墙相邻表面高低差 | | ≤0.5 | ≤1.0 | |

# 22.6 采 光 顶

采光顶是一种集功能、技术、艺术为一体的建筑构件。按支承结构常用形式可分为单梁、井字梁架、桁架、网架、索结构等。

按支承结构常用材料可分为玻璃、钢材、铝材、钢拉索、木材等。

根据采光顶所用的面材的材料分：玻璃采光顶、透明塑料采光顶、金属板材及组合材料采光顶等。

根据外形造型分：平顶采光顶（排水坡在5%以内)、坡顶采光顶、圆穹顶采光顶等（图22-75～图22-77)。

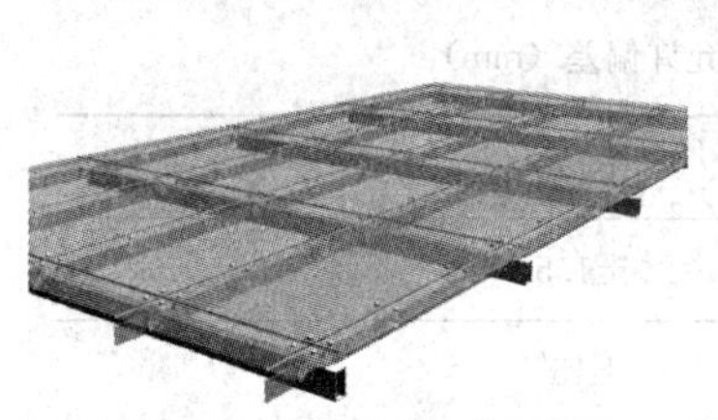

图22-75 平顶采光顶

图22-76 坡顶采光顶

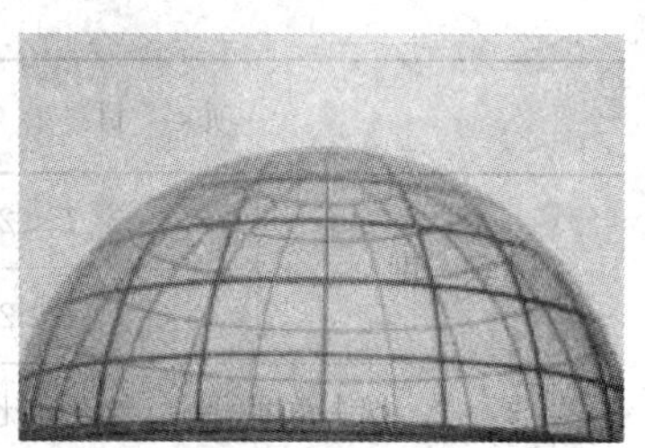

图22-77 圆穹顶采光顶

## 22.6.1 采光顶施工顺序

采光顶的施工顺序：

测量放线→龙骨的制作与安装→附件制作采购及安装→面板制作和安装→注胶清洁及交验

## 22.6.2 测量放线及龙骨安装与调整

1. 测量放线

(1) 平面控制

根据采光顶的形状和设计图纸中坐标位置，确定控制点和控制线的布置，并确定预埋件安装位置及龙骨安装位置。

(2) 高程控制

根据土建主体标高控制点，确定采光顶高度控制。外形造型的不同，高度控制点应分别对应确定。对于圆穹造型的必须曲线计算，满足安装的精度。

2. 龙骨制作

龙骨制作要经过选料、放样、材料测试、下料、拼装、总装等工序，而每一个工序所采用的施工方案、施工技术、施工机械设备、劳动力组织等都有所不同，必须科学组织、严格施工。

在选定型材后，重要的一步是放样。采光顶是由很多种有连接角度的龙骨组装而成，每一参数变动都会使其他参数变化，所以放样必须进行精确计算。

由于要增加采光顶的通透性，使用结构胶装配玻璃的采光顶比较常用。

为了满足质量要求，必须将选定的型材、玻璃、玻璃垫条、垫杆等与结构胶、耐候胶进行相容性试验和粘接性试验。符合设计要求后方可使用。

龙骨下料后，应根据节点图确定安装孔位，以及进行连接件的制作加工。对于造型复杂的，应在工厂进行试拼装和安装，以确定各部位连接准确及采光顶各部位几何尺寸的精确。

3. 龙骨的安装及调整

龙骨安装前，应根据测量放线，在施工现场进行挂线。检查预埋件位置偏差。对于后置预埋件，一般采用化学锚栓固定。

龙骨与连接件的连接方式有两种：一种是焊接，一种是螺栓连接。两种连接的强度必须进行验算并符合构造要求。采光顶龙骨加工尺寸允许偏差见表 22-53。

采光顶龙骨加工尺寸允许偏差　表 22-53

| 项目 | | 允许偏差（mm） |
|---|---|---|
| 长度 | $L<2000$mm | ±1.0 |
| | $L\geqslant2000$mm | ±1.5 |
| 端头角度偏差（与设计比较） | | ±15′ |
| 擦伤划伤 | | a. 擦伤划伤深度不得大于氧化膜厚度<br>b. 每米不得多于 5 处<br>c. 一处划伤长度≤50<br>d. 一处擦伤面积≤5mm² |

当龙骨材料采用钢拉索时，其安装方法可参考点支承玻璃幕墙钢拉索的安装方法。

对于圆穹龙骨的安装时，必须考虑临时支撑固定，防止侧倒。

对于群体采光顶，所用龙骨体系重、大时应采用吊装，吊装时应控制安装精度。严格按吊装工艺要求及注意事项进行吊装。

龙骨安装就位后，应及时进行临时固定。主龙骨安装完成后，进行全面调整，调整完毕后，应及时进行永久固定。龙骨安装允许偏差见表 22-54。

龙骨安装允许偏差（mm）　表 22-54

| 项目 | | 允许偏差 |
|---|---|---|
| 顶部 | 水平高差 | ±2 |
| | 水平平直 | ±2 |
| 檐口 | 水平高差 | ±2 |
| | 水平平直 | ±2 |
| 同距（边长） | ≤3000 | ≤4 |
| | <3000 | ≤3 |
| 跨度（边→边） | ≥8000 | ≤0.0012$L$，且≤20 |
| | ≥5000 | ≤6 |
| | ≥3000 | ≤4 |
| | <3000 | ≤3 |

续表

| 项目 | | 允许偏差 |
|---|---|---|
| 高度（底→底） | ≥5000 | ≤0.0015$H$且≤15 |
| | ≥3000 | ≤4.5 |
| | ≥2000 | ≤3 |
| | <2000 | ≤2 |
| 分格尺寸 | ≥2000 | ≤2 |
| | <2000 | ≤1.5 |
| 圆曲率半径 | $r$≥3000 | ±6 |
| | $r$≥2000 | ±4 |
| | $r$<2000 | ±3 |
| 斜杆上表面同一位置平面度 | 相邻三根杆 | ±2 |
| | 长度≤2000 | ±4 |
| | 长度≤4000 | ±5 |
| | 长度≤6000 | ±6 |
| | 长度≤8000 | ±8 |
| | 长度>8000 | ±10 |
| 横杆同一位置平直度 | 相邻两杆 | 1 |
| | 长度≤2500 | 5 |
| | 长度>2500 | 7 |
| 锥体对角线（奇数锥为角到对边垂直） | ≥5000 | 7 |
| | ≥3000 | 4 |
| | <3000 | 3 |

### 22.6.3 附件安装及调整

由于采光顶所处位置比较特殊，覆盖在建筑物的最上面，所以要起到防止风雪侵袭、抵抗冰雹、保温隔热、防雷防火的作用。支撑结构体系能承担本身重量，抵抗风和积雪的外力作用，但无法解决采光顶的防水、保温、防雷、防火等问题，而能解决以上问题，必须通过各种附件的安装来达到目的。

（1）排水、防水附件的安装要严格按施工设计图施工，在材料搭接的部位要牢固，并应注胶密实。要求做到无缝、无孔，以防止雨水渗漏。在安装时还应控制好排水坡度和排水方向，在有檐口的地方，应注意采光顶与檐口的节点做法。

（2）采光顶位于建筑物顶部，是附属于主体建筑的围护结构。其金属框架应与主体结构的防雷系统可靠连接，必要时应在其尖顶部位设接闪器，并与其金属框架形成可靠连接，安装完毕后，必须作防雷测试。

（3）安装采光顶防火附件装置时，应按设计要求进行。防火材料的厚度要达到设计要求，自动灭火设备应安装牢固。

### 22.6.4 面板安装前的准备工作

1. 面板的包装、运输和贮存

面板的存放、搬运、吊装时不得碰撞、损坏。

2. 龙骨及附件的检查验收

(1) 面板安装前，由施工人员对龙骨及附件进行复核。对于误差过大的必须进行修整。

(2) 对龙骨表面处理的外观质量进行检查，对没达到设计要求的部位进行返修，同时对安装部位留存的垃圾进行清理。

(3) 对面板的加工尺寸进行现场复查，确定面板的质量，外观尺寸满足设计要求。采光顶面板裁切允许偏差见表 22-55。

**采光顶面板裁切允许偏差** (mm)　**表 22-55**

| 项　目 | | 允许偏差 |
|---|---|---|
| 边长 | ≥2000 | ±2 |
| | <2000 | ±1.5 |
| 对角线 | ≥3000 | ≤3 |
| | <3000 | ≤2 |
| 圆曲率半径 | $r$≥2000mm | ±2 |
| | $r$<2000mm | ±1.5 |

面板外观质量的检查应符合设计规定。

## 22.6.5 面板安装及调整

采光顶面板的安装顺序一般采用先中间后两边或先上后下的安装方法。

1. 确定安装位置

根据面板的编号，依据安装布置图，把面板准备齐全，并运输到安装位置附近，并把安装位置清扫干净，确定安装控制点和控制线。

2. 准备紧固装置

选择完好的紧固装置，并确定紧固装置的安装位置。若安装隐框形式的面板，必须确定压板的间距，以及压板的大小。若安装全玻璃面板，应把驳接头先固定在全玻璃面板上，并在驳接头上注防水胶。

3. 安装面板及调整

根据采光顶龙骨上所作的安装控制点和安装控制线安装面板。先局部临时固定面板，然后调整面板的水平高差，胶缝的大小和宽度等满足设计要求后，应及时固定紧固装置，紧固件的间距和数量必须符合设计要求。

采光顶面板安装允许偏差见表 22-56。

**采光顶面板安装允许偏差** (mm)　**表 22-56**

| 项　目 | 允许偏差 |
|---|---|
| 脊（顶）水平高差 | ±3 |
| 脊（顶）水平错位 | ±2 |
| 檐口水平高差 | ±3 |

续表

| 项 目 | | 允 许 偏 差 |
|---|---|---|
| 檐口水平错位 | | ±2 |
| 跨度差（对角线或角到对边垂高） | ＜2000mm | ±3 |
| | ≥2000mm | ±4 |
| | ≥4000mm | ±6 |
| | ≥6000mm | ±9 |
| 上表面平直 | 相邻两块 | ±1 |
| | ≤5000 | ±3 |
| | ＞5000 | ±5 |
| 胶缝底宽度 | 与设计值差 | ±1 |
| | 同一条胶缝 | ±0.5 |

### 22.6.6 注胶、清洁和交验

1. 注胶和清洁

面板安装调整完毕后，应及时固定，确定连接点的可靠牢固，然后才能注胶。注胶不得遗漏或密封胶粘接不牢。胶缝表面应平整、光滑，胶缝两边面板上不应有胶污渍，注胶后要检查胶缝里面是否有气泡，若有应及时处理避免漏水。胶固化后，应对面板及胶缝进行清理交验。注胶胶缝尺寸允许偏差见表 22-57。

**注胶胶缝尺寸允许偏差** **表 22-57**

| 项 目 | 允 许 偏 差（mm） |
|---|---|
| 胶缝高度 | +1，0 |
| 胶缝厚度 | ±1 |
| 胶缝空穴 | a. 最大面积不超过 3$mm^2$<br>b. 每米最多 3 处<br>c. 没处累计面积不超过 8$mm^2$ |
| 胶缝气泡 | a. 最大直径 2mm<br>b. 每米最多 10 个<br>c. 每米累计不超过 12$mm^2$ |

2. 交验

采光顶交验时应提交下列资料：

(1) 龙骨面板、硅酮胶等材料、配件、连接件的产品合格证或质量保证书。

(2) 隐蔽工程验收证书。

(3) 硅酮胶相容性、粘结性测试报告、剥离试验结果。

(4) 形式试验报告（强度、气容、水温、抗冲击等）。

(5) 防雷记录及防雷测试报告。

(6) 施工过程中各部件及安装质量检查记录。

(7) 竣工资料审核。

# 22.7　双层（呼吸式）玻璃幕墙

双层玻璃幕墙，又称呼吸式幕墙、热通道幕墙、气循环幕墙等，是指由外层幕墙、热通道、内层幕墙（或门、窗）构成，且在热通道内能够形成空气有序流动的建筑幕墙。

双层（呼吸式）玻璃幕墙根据通风层的结构的不同可分为“封闭式内循环体系”和“敞开式外循环体系”两种（图 22-78）。

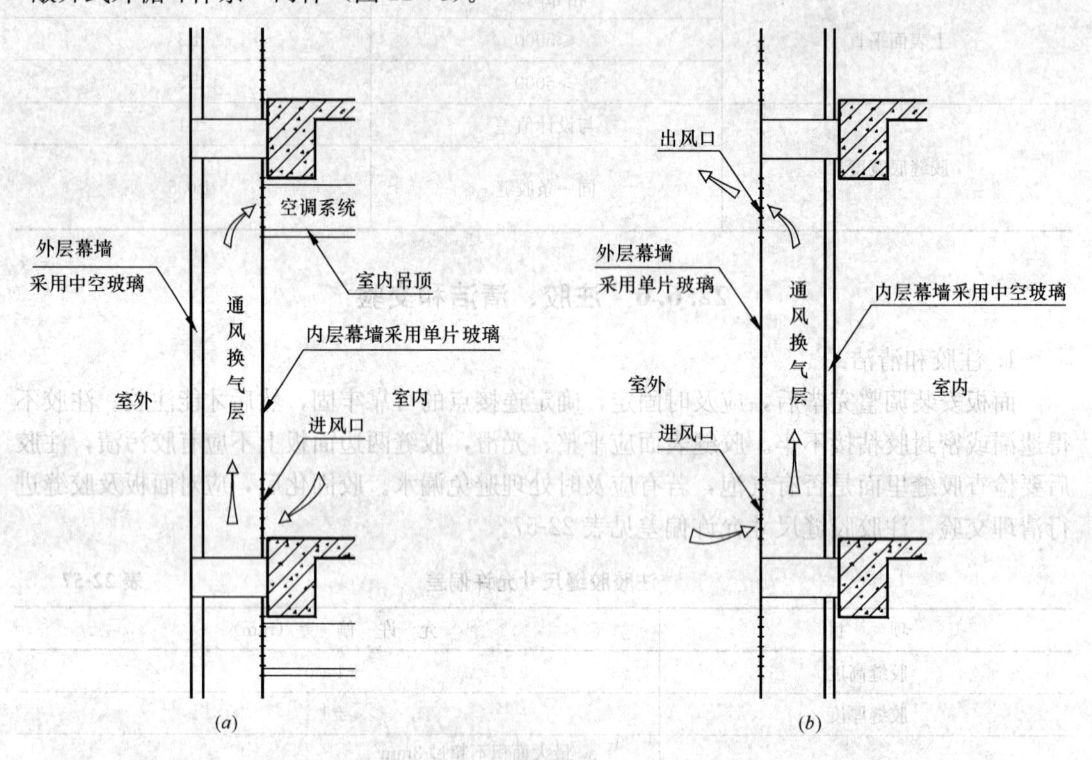


图 22-78　双层幕墙空气循环示意图

(a) 封闭式内循环体系；(b) 敞开式外循环体系

封闭式内循环体系双层幕墙　封闭式内循环体系双层幕墙从室内的下通道吸入空气，在热通道内升至上部排风口，再从吊顶的风管排出。该循环在室内进行，外幕墙完全封闭。封闭式内循环体系双层幕墙，其外层一般由断热型材与中空玻璃组成外层玻璃幕墙，其内层一般为单层玻璃组成的玻璃幕墙或可开启窗（门）。

敞开式外循环体双层系幕墙　与封闭式内循环体系双层幕墙相反，其内层是封闭的，采用中空玻璃与断热型材，其外层采用单层玻璃或夹胶玻璃，设有进风口和出风口，利用室外新风进入热通道带走热量从上部排风口排出。夏季开启上下风口，可起自然通风作用；冬季关闭风口，形成温室保暖（图 22-79）。

根据双层幕墙结构形式、热通道布置方式等的不同，双层幕墙还可以分为以下类型：

(1) 按双层幕墙面板的支承形式可分为：

1) 框支承式双层幕墙：内、外两层幕墙均为框支承结构形式的双层幕墙；

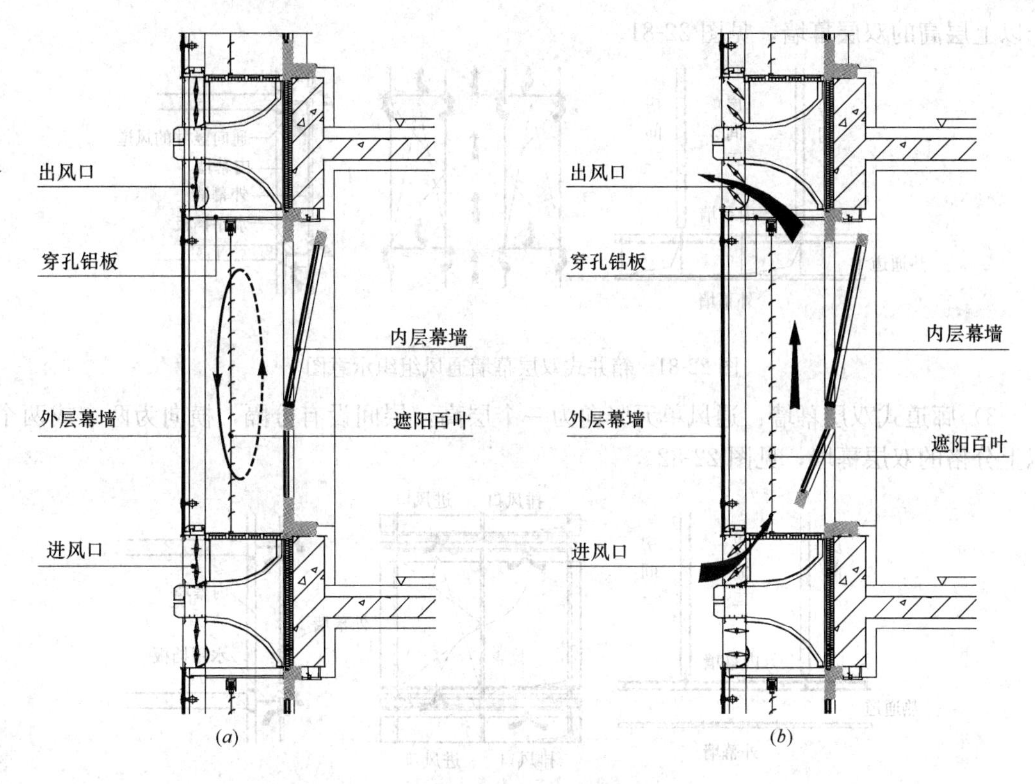


图 22-79 敞开式外循环体系幕墙冬夏季工作示意图
（a）冬季；（b）夏季

2）框支承一点式双层幕墙：内层幕墙为框支承结构形式，外层幕墙为点支承结构形式的双层幕墙。

（2）按双层幕墙安装方法的不同可分为：

1）构件式双层幕墙：在现场依次安装立柱、横梁、玻璃面板等组件的双层幕墙；

2）单元式双层幕墙：由各种墙面板与支承框架在工厂制成完整的幕墙结构基本单位，直接安装在主体结构上的双层幕墙。

（3）按双层幕墙热通道的布置方式可分为：

1）箱式窗双层幕墙：通风单元横向为一个分格，竖向为一个层高，层间及各分格间均设有隔断的双层幕墙，见图 22-80。

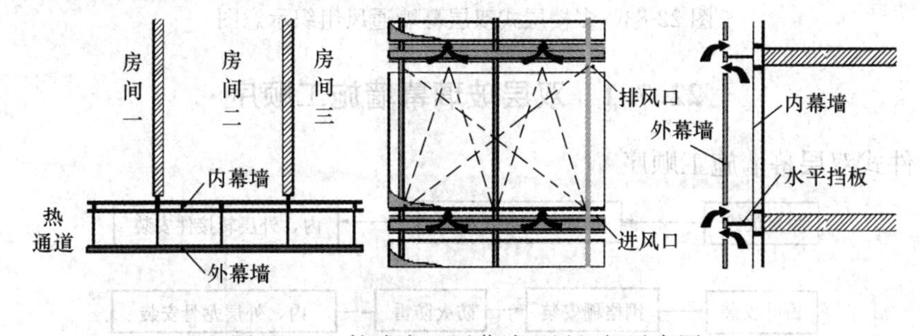


图 22-80 箱式窗双层幕墙通风组织示意图

2）箱井式双层幕墙：通风单元横向为一个分格，分格间设有隔断，竖向为两个或两个以上层高的双层幕墙，见图 22-81。

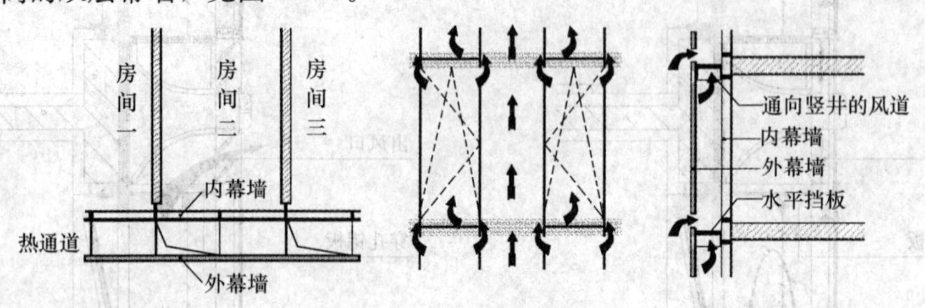


图 22-81　箱井式双层幕墙通风组织示意图

3）廊道式双层幕墙：通风单元竖向为一个层高，层间设有分隔，横向为两个或两个以上分格的双层幕墙，见图 22-82。

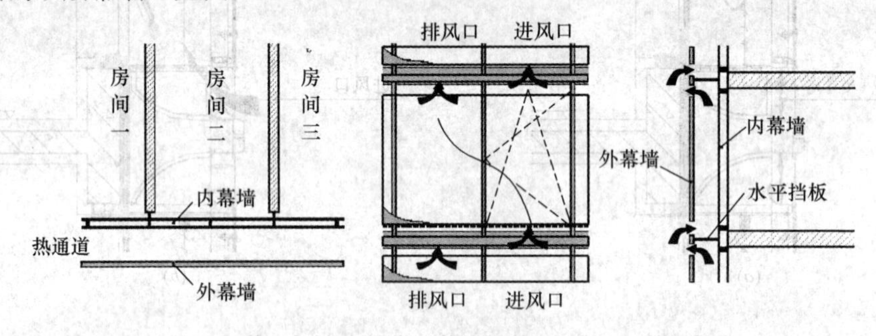


图 22-82　廊道式双层幕墙通风组织示意图

4）多楼层式双层幕墙：通风单元竖向为两个或两个以上层高，横向为两个或两个以上分格的双层幕墙，见图 22-83。

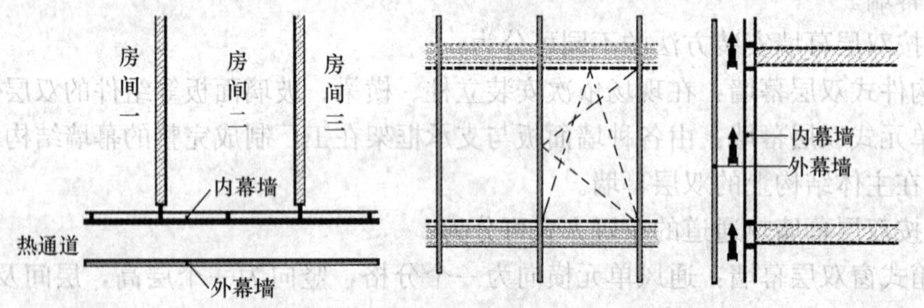


图 22-83　多楼层式双层幕墙通风组织示意图

## 22.7.1　双层玻璃幕墙施工顺序

1. 构件式双层幕墙施工顺序

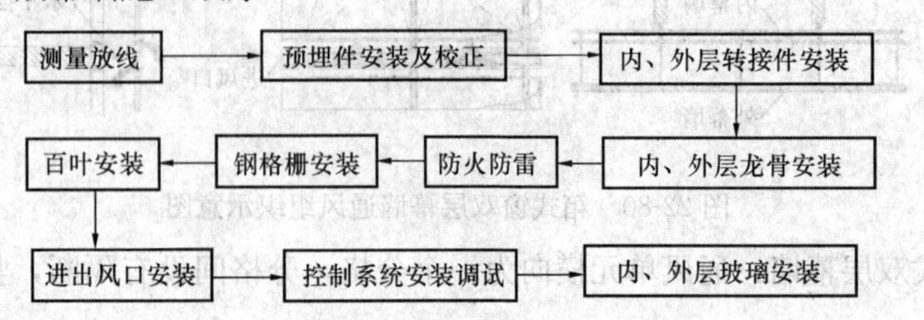

2. 单元式双层幕墙施工顺序

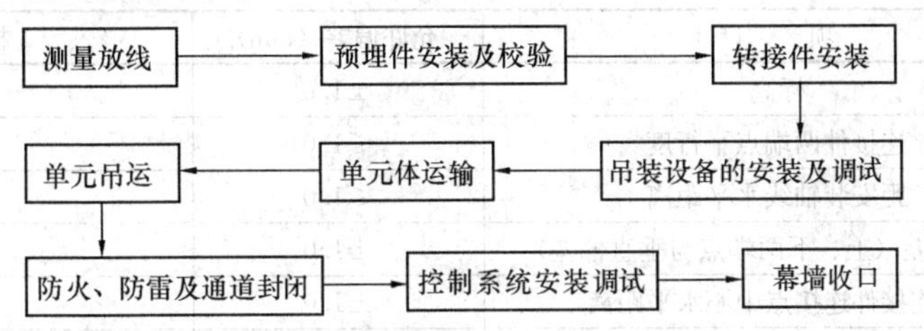


## 22.7.2 转接件的安装调试

转接件是指在主体结构与幕墙单元板块之间起连接作用的配件（预埋件除外）。它一方面是要传递和承受力的作用，一方面还要提供幕墙变形移动的可能。所以其安装质量将直接影响到幕墙的各项性能指标（图 22-84）。

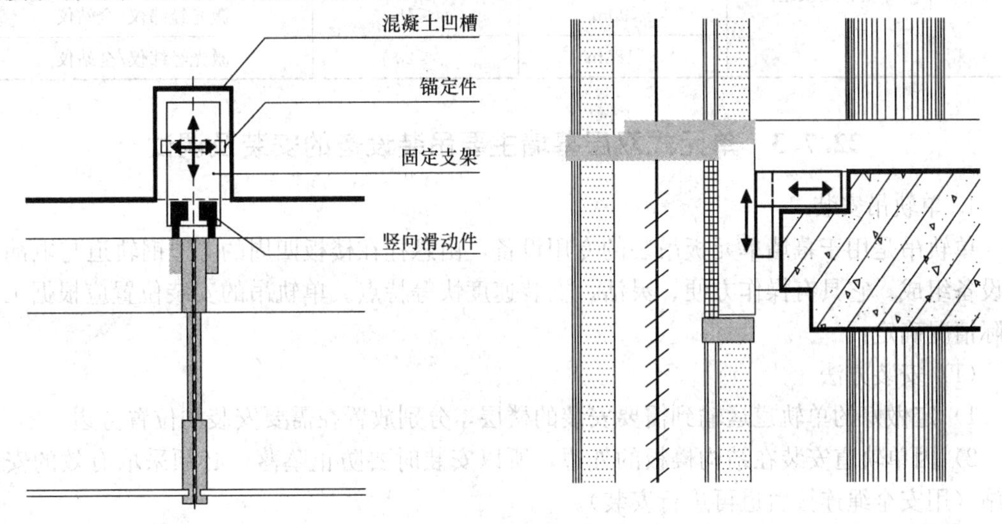


图 22-84 双层幕墙转接件示意图

(1) 熟悉图纸及所用材料：要求在熟悉图纸的基础上，了解各连接件的连接方式及孔位方向代表的含义。

(2) 选择转接件：由于土建结构的误差（垂直度、平面度等）远远大于幕墙安装的精度要求，即幕墙与主体结构的净空有宽有窄，甚至在不同的部位可以相差很大，所以方形转接件的宽度在不同的部位可能会有不同的规格，这一点安装人员必须注意。

(3) 安装转接件：转接件选定后，便可与预埋件安装连接。方法是先将不锈钢螺栓套上方垫片插入预埋件中间大孔槽并移至边侧，再将转接件套入螺杆并依次加上锯齿形方垫片和圆垫片，最后将螺母拧上。

(4) 利用每层的横向定位点拉好水平线作为基准线，调整转接件与基准线垂直距离(可从设计图纸上确定)，然后将螺母拧紧。

(5) 安装钢挂槽：将钢槽与转接件通过不锈钢螺栓连接，同样螺母不要拧紧，以便挂板时前后调节。

(6) 双层幕墙转接件安装允许偏差见表 22-58。

双层幕墙转接件安装允许偏差　表 22-58

| 序号 | 项　目 | | 允许偏差（mm） | 检查方法 |
|---|---|---|---|---|
| 1 | 标高 | | ±1.0 | 水准仪 |
| 2 | 连接件两端点平行度 | | ≤1.0 | 钢尺 |
| 3 | 距安装轴线水平距离 | | ≤1.0 | 钢尺 |
| 4 | 垂直偏差（上、下两端点与垂直偏差） | | ±1.0 | 钢尺 |
| 5 | 两连接件连接点中心水平距离 | | ±1.0 | 钢尺 |
| 6 | 两连接件上、下端对角线差 | | ±1.0 | 钢尺 |
| 7 | 相邻三连接件（上下、左右）偏差 | | ±1.0 | 钢尺 |
| 8 | 全楼层最大水平度误差 | | ≤5 | 水准仪 |
| 9 | 垂直度误差 | ≤30m | ≤5 | 激光经纬仪/全站仪 |
| | | ≤60m | ≤10 | 激光经纬仪/全站仪 |
| | | ≤90m | ≤15 | 激光经纬仪/全站仪 |
| | | ≤180m | ≤20 | 激光经纬仪/全站仪 |

### 22.7.3　单元式双层幕墙主要吊装设备的安装及调试

1. 单轨吊安装

单轨吊是用于幕墙单元板吊装的专用设备，由悬挂在楼板四周的 I 型钢轨道与电葫芦等设备组成。它具有操作方便、灵活、安装速度快等特点。单轨吊的安装位置应根据工程实际情况确定：

（1）安装方法

1）定做好的单轨道运输到需要安装的楼层，分别放置在需要安装的位置旁边。

2）因单轨道安装在结构楼板的外边，所以安装时要防止坠落，必须采取有效的安全措施（用安全绳连接轨道再进行安装）。

3）安装程序：

a. 角钢（固定支点）与预埋件固定。

b. 单轨道安装时两端各二人用绳子系好轨道两端，移至安装位置，用螺栓连接到固定支点上，方可松开绳子。

c. 单轨道比较长时，要用手拉葫芦提升至安装位置，手拉葫芦与上层楼板底梁连接。

d. 安装楼层设置安全绳与柱子连接，高度约 2m，系安全带用。安装部位下方设安全警戒线。

e. 根据轨道图纸进行施工调试。

（2）注意事项

使用期间操作人员、安全人员要经常检查运转情况，严禁带病工作。

每次使用前必须先试运转正常后方可以使用，收工后要将电机移至安全的地方，并切断电源。

电动葫芦要用防水布包裹以防止渗水烧坏机体。

遇到六级以上大风或雷雨天气禁止使用。

2. 卸货钢平台安装

（1）安装方法

在设置平台的上层楼面，将两根保险绳分别固定在预先焊在梁上的专用吊钩上，也可采用在柱上绑扎固定的方式或固定在上层板底梁的预制构件上。

钢丝绳的另一端连接一个5t的卸扣。

将钢丝绳从平台外端两侧的吊环及对称的另两个吊环中穿入，并用卡扣锁牢。

用塔吊将平台吊至安装楼面就位。

在平台外端吊环上安装已悬挂好的受力钢丝绳。在内侧吊环上系好保险钢丝绳。

在平台另一端吊环内固定受力钢丝绳，另一端通过卸扣固定在预先设定的梁上，收紧钢丝。

检查平台安装牢固后，将两根保险绳上的花篮螺栓略微松开，使之处于收紧但不受力。

将平台与本层的预制钓钩用钢丝连接固定。或用锚栓与本层楼板固定，防止平台外移。

松开塔吊吊钩。

每次钢平台移动，均按重复以上过程。

（2）平台安装注意事项

安装平台时地面应设警戒区，并有安全员监护和塔吊司机密切配合。

钢丝绳与楼板边缘接触处加垫块并在钢丝绳上加胶管保护。

平台外设置向内开、关门，仅在使用状态下开启。

保险丝绳上使用的葫芦挂钩需有保险锁，弯钩朝上。

吊索保险绳每端不少于3只钢丝头。

楼层防护栏杆和钢平台之间不得留有空隙。

3. 构件式双层幕墙骨架安装

（1）竖龙骨安装

立柱是通过螺栓与转接件连接固定。安装时，将竖龙骨按节点图放入两连接件之间，在竖龙骨与两侧转接件相接触面放置防腐垫片，穿入连接螺栓，并按要求垫入平、弹垫，调平、拧紧螺栓。立柱之间连接采用插接，完成竖骨料的安装，再进行整体调平（调平范围横向相邻不少于3根，竖向相邻不少于2根）。相邻两根主梁安装标高偏差不大于3mm，同层主梁的最大标高偏差不大于5mm。主梁找平、调整：主梁的垂直度可用吊坠控制，平面度由两根定位轴线之间所引的水平线控制。安装误差控制：标高±3mm、前后：±2mm、左右：±3mm。

（2）横龙骨安装

在进行横梁安装之前，横梁与竖龙骨之间先粘贴柔性垫片，再通过横料角码采用不锈钢螺栓连接。横梁安装应注意平整并拧紧螺钉。骨架安装过程中跟进防雷的连接、防腐处理等，防腐处理采用无机富锌漆，刷两道，厚度不小于100$\mu$m。注意竖向位置有防雷要求的需做好电气连通，安装过程中必须作好检验记录，项目部及时做好内部验收、整改等工作，合格后组织报验，验收通过后方可转入下道工序。

需要注意的是外层幕墙是悬挂在主体结构外，龙骨与主体结构连接的连接构件悬挑尺寸较大，应对其安装精度、焊接质量等进行严格检查和控制，以保证幕墙的结构安全性能。

4. 双层幕墙安装（图22-85）

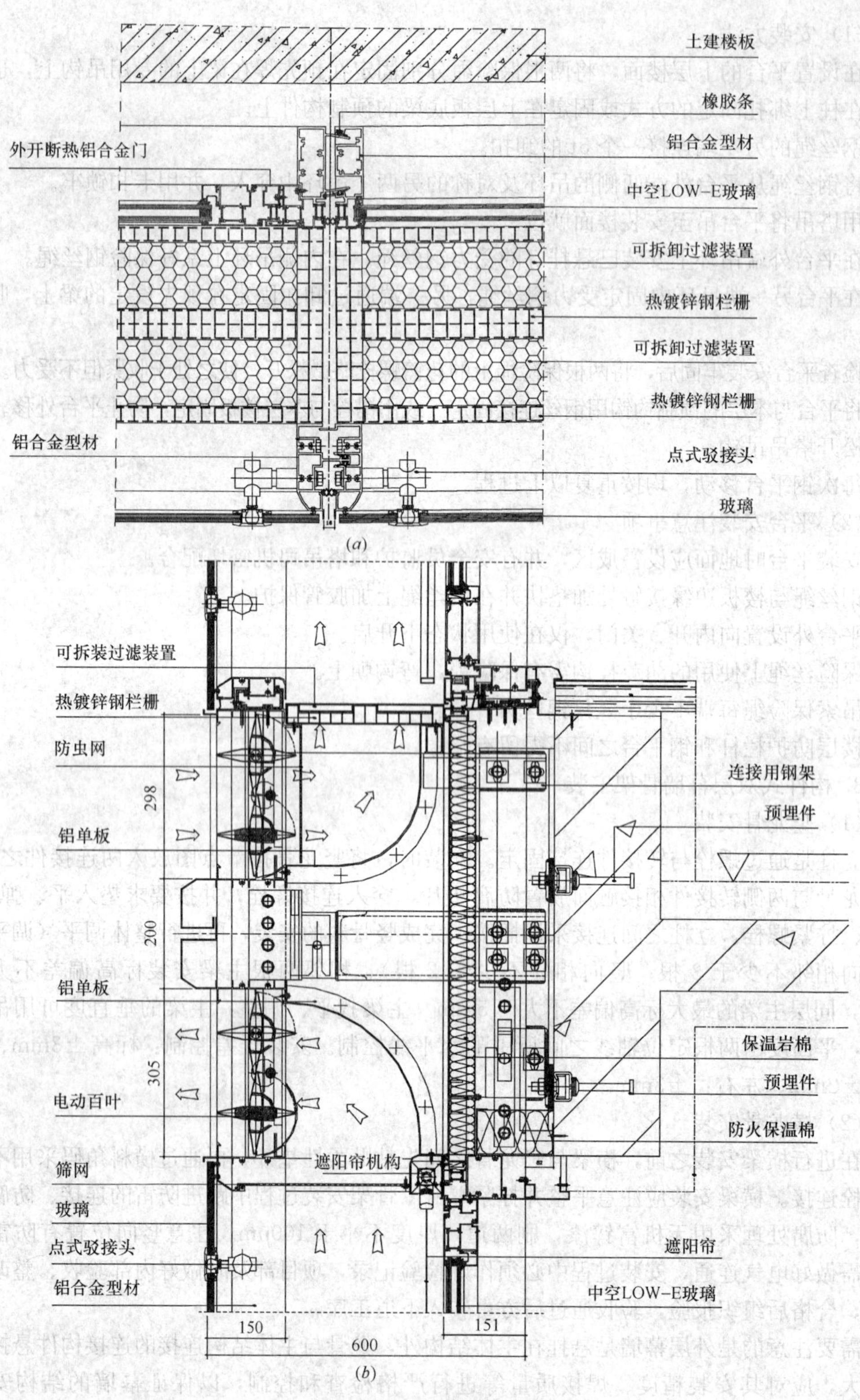


图 22-85　双层幕墙节点图

(a) 横剖节点图；(b) 纵剖节点图

从经济性及既有建筑节能改造适用性等方面考虑，部分双层幕墙其内层采用铝合金门窗，其安装精度应满足《铝合金门窗》（GB/T 8478—2008）、《建筑装饰装修工程质量验收规范》（GB 50210—2001）等规范和标准的要求。安装固定后的允许偏差见表 22-59。

**幕墙组装就位固定后允许偏差**（mm） **表 22-59**

| 项目 | | 允许偏差 | 检测方法 |
|---|---|---|---|
| 竖缝及墙面垂直度（幕墙高度 $H$） | $H\leqslant30$m | ≤10 | 激光经纬仪 |
| | 30m$<H\leqslant$60m | ≤15 | |
| | 60m$<H\leqslant$90m | ≤20 | |
| | 90m$<H\leqslant$150m | ≤25 | |
| | $H>150$m | ≤30 | |
| 幕墙平面度 | | ≤2.5 | 2m 靠尺、钢板尺 |
| 竖缝直线度 | | ≤2.5 | 2m 靠尺、钢板尺 |
| 横缝直线度 | | ≤2.5 | 2m 靠尺、钢板尺 |
| 缝宽度（与设计值比较） | | ±2 | 卡尺 |
| 两相邻面板之间接缝高低差 | | ≤1.0 | 深度尺 |

5. 单元体式双层幕墙单元体吊装

（1）吊装准备

1）吊运前，吊运人员根据吊运计划对将要吊运的单元板块做最后检验，确保无质量、安全隐患后，分组码放，准备吊运。

2）对吊运相关人员进行安全技术交底，明确路线、停放位置。预防吊运过程中造成板块损坏或安全事故。

3）吊装设备操作人员按照操作规程，了解当班任务，对吊装设备进行检查，确保吊装设备能正常使用。

4）单元体板块的固定：先将钢架和玻璃吸盘固定，通过吸盘吸住单元板块上的玻璃后，将钢架、吸盘和单元板块用防护绳捆绑固定，防止意外脱落。此时再将钢架吊起，即可达到吊装的目的。见图 22-86 所示。

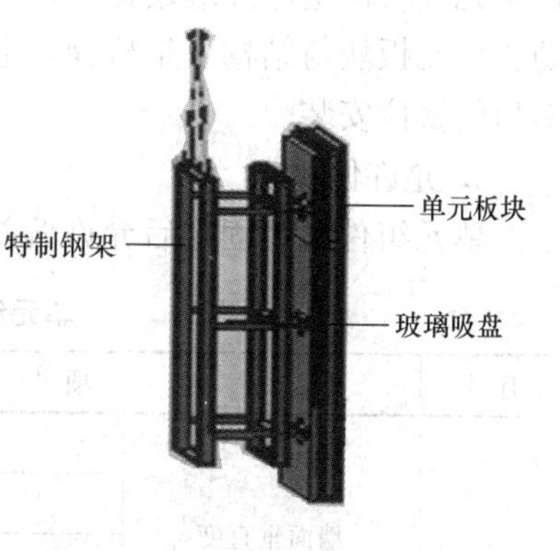

图 22-86 单元件固定示意图

（2）地面转运

1）地面转运人员根据吊运计划，将存放的单元板块，重新码放，码放层数不超过三层。

2）使用叉车进行运输，在交通员的指挥下驶向吊运存放点，行驶时注意施工现场交通安全。

3）卸货。叉车按起重机信号员的要求，将板块卸于起吊点，然后驶回板块存放点，继续执行地面转运任务。

4）地面转运人员在单元板块转运架的吊点上装上绳索，等待吊运。吊绳连接必须牢固，注意防止吊绳滑脱与摩擦板块。

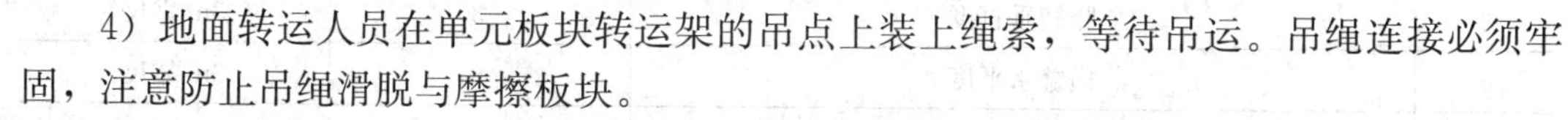

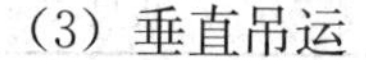

（3）垂直吊运

1）在地面信号员的指挥下，卷扬机操作员放下吊钩，接近地面时，减慢吊钩速度，并按信号员指挥停车，等待吊挂。

2）地面转运人员将吊绳挂在吊钩上，扶住单元板块转运架，防止晃动，起重机开始提升，升高 0.5m，确认正常后，人员应从起吊点撤离，起重机提速上行，启动时应低速运行，然后逐步加快达到全速。

3）提升过程中，注意保持匀速，平稳上行。一次起升工作高程后进行变幅动作，操作平稳，在到达限位开关时，要减速停车。起吊过程中遇到暴风骤起，应将起吊物放下。

（4）楼内转运存放

1）在接料平台上的信号员指挥下，卷扬机操作人员进行变幅动作，操作力求平稳，逐步减速而停车，不得猛然制动。

2）按照接料平台上的信号员，缓慢将单元板块移动到转运平台上，并悬停，高度小于 0.5m。

3）待楼层转运人员在转运架下方安装上尼龙万向轮后，慢慢放下，取下吊钩，卸下吊绳，将板块推进楼内。起重机将楼内空闲的单元板块转运架吊起，运到楼下。

4）楼层转运人员将转运架推至板块存放处，卸下尼龙万向轮，将板块存放在楼内，板块间距 0.5m，便于操作人员检查，并应空出楼内的运输通道。

（5）水平转运

1）将堆放在楼层内的单元板块人工转运至发射车上，推到接料平台上，单元体正面平放，采用环形轨道上的电动葫芦起吊布位。在起吊时注意保护单元板块，免受碰撞。

2）环形轨道沿建筑四周布置，转弯处弯曲要求顺弯、均匀。用手拉葫芦和简易支架配合安装电动葫芦，安装完后进行调试运行，报总包和监理安全部验收合格后才能使用。

3）将固定好特制钢架的单元板块与电动葫芦挂钩连接，钩好钢丝绳慢慢启动吊机，使单元板块沿钢丝绳缓缓提升，然后再水平运输到安装位置，严格控制提升速度和重量，防止单元板块与结构发生碰撞，造成表面的损坏。单元板块沿环形轨道运至安装位置进行最后的就位安装。

6. 允许偏差

单元组件吊装固定后允许偏差见表 22-60。

**单元组件吊装固定后允许偏差（mm）　　表 22-60**

| 序号 | 项　目 | | 允许偏差 | 检查方法 |
|---|---|---|---|---|
| 1 | 墙面垂直度 | $H \leqslant 30m$ | 10 | 经纬仪 |
| | | $30m < H \leqslant 60m$ | 15 | |
| | | $60m < H \leqslant 90m$ | 20 | |
| | | $H > 90m$ | 25 | |
| 2 | 墙面平整度 | | 2 | 3m 靠尺 |
| 3 | 竖缝垂直度 | | 3 | 3m 靠尺 |
| 4 | 横缝水平度 | | 3 | 3m 靠尺 |
| 5 | 组件间接缝宽度（与设计值对比） | | ±1 | 板尺 |

续表

| 序号 | 项　目 | | 允许偏差 | 检查方法 |
|---|---|---|---|---|
| 6 | 耐候胶缝直线度 | $L\leqslant 20m$ | 1 | 钢尺 |
| 7 | | $20m<H\leqslant 60m$ | 3 | |
| 8 | | $60m<H\leqslant 100m$ | 6 | |
| 9 | | $H>100m$ | 10 | |
| 10 | 两组件接缝高低点 | | ≤1.0 | 深度尺 |
| 11 | 对插件与槽底间隙（与设计值对比） | | +1.0，0 | 板尺 |
| 12 | 对插件搭接长度 | | +1.0，0 | 板尺 |

## 22.7.4 马道格栅、进出风口、遮阳百叶等附属设施制作及安装

1. 加工精度

(1) 钢制穿孔板马道加工精度应符合表22-61的要求。

**钢制穿孔板马道加工尺寸允许偏差**（mm） **表22-61**

| 项　目 | | 尺寸允许偏差 |
|---|---|---|
| 边长 | 边长不大于2000mm | ±1.5 |
| | 边长大于2000mm | ±2.0 |
| 对角线差 | 长边不大于2000mm | ≤2.0 |
| | 长边大于2000mm | ≤3.0 |
| 网格分格边长 | 网格分格边长不大于100mm | ±1.0 |
| | 网格分格边长大于100mm | ±1.5 |
| 厚　度 | 厚度不大于50mm | ±1.0 |
| | 厚度大于50mm | ±1.5 |

(2) 进出风口及通风百叶组装应符合表22-62的要求。

**进出风口及通风百叶组装尺寸允许偏差**（mm） **表22-62**

| 项　目 | | 尺寸允许偏差 |
|---|---|---|
| 组件（窗）洞口尺寸 | 长（宽）度 | +1.0，0 |
| | 对角线长度 | ±1.5 |
| 直装式百叶长度 | | 0，−1 |
| 嵌入式百叶组件 | 长（宽）度 | 0，−1 |
| | 对角线长度 | ±1.5 |
| 百叶外表面平整度 | | ≤1.0 |
| 相邻两百叶间距 | | ≤1.5 |
| 百叶长度方向的挠曲 | | $\leqslant L/200$ |
| 固定式百叶角度 | | ±1 |
| 可调式百叶与水平面最大角度 | | ±1.5 |
| 可调式百叶与水平面最小角度 | | ±2 |
| 防鸟（虫）网框 | 长（宽）度 | ±1.0 |
| | 对角线长度 | ≤1.5 |

（3）遮阳百叶组装应符合表 22-63 的要求。

**遮阳百叶组装尺寸允许偏差**（mm）　　**表 22-63**

| 项　目 | 尺寸允许偏差 |
| --- | --- |
| 遮阳百叶两端高低差 | ≤2.0 |
| 遮阳百叶外缘距外层幕墙玻璃内表面距离（与设计值相比） | ±2.0 |
| 遮阳百叶外缘两端距离 | ≤2.0 |
| 百叶底槽两端距箱体侧边距离 | ±2.0 |
| 百叶底槽两端距离 | ≤2.0 |

2. 安装工艺

（1）遮阳百叶安装

百叶帘预制　根据设计尺寸及现场玻璃幕墙分割尺寸，在工厂将百叶、提绳、提升带、导向钢丝、收紧器和底杆拼装成一幅帘。

挂线　挂线指利用测量好的基准点悬挂水平和垂直线，在尽可能地范围内挂上通线，方便施工，尽可能地减少误差。挂线是金属百叶安装的关键步骤，也是很实质的步骤，其误差的大小影响后期工序的安装质量和安装进度。挂线必须准确，要求横平竖直，要考虑立柱和叶片的安装位置。

遮阳百叶盒及导索连接件、紧固件安装根据挂线位置将上述构件就位，调整好以后与主体结构预埋件连接固定。安装支架、上梁、电机、中联器、卷绳器、中心轴和边滑轨。

将导索安装在页合及紧固件之间，拉伸到位后锁紧固定。

接通电源，安装控制按钮，进行调试，保证同控制回路的电动百叶（收起、放下、关闭或旋转一定角度）保持同步。调试完后可安装装饰板。

图 22-87　格栅示意图

安装要求：遮阳装置安装应保证横平竖直，水平标高偏差应不超过±2.0mm；电动开启装置应保证遮阳百叶开启、转动灵活。

（2）马道钢格栅安装（图 22-87）

检查钢格栅支撑构件的安装精度。

安装钢格栅连接码件，连接码件的数量和安装位置应严格按设计要求布置，检查码件安装精度。

根据施工图将对应规格的钢格栅搬运就位。

铺设钢格栅，调整好后用螺栓与码件连接紧固。

马道安装要求：马道与内外层幕墙之间的安装应平整稳固；相邻两块马道的水平标高偏差应不大于 2mm；马道安装时应注意保护，不允许有任何不洁净物进入马道通风孔。

格栅安装要求：两相邻组件边框高低差应不大于 2.0mm，接缝间距偏差应不大于 3.0mm；组件内外高低差应不大于 2.0mm。

（3）防火、防雷安装

双层幕墙与其周边防火分隔构件间的缝隙、与楼板或隔墙外沿间的缝隙、与实体墙面、洞口边缘间的缝隙、通风单元隔断处内层幕墙与外层幕墙间的缝隙等，均应进行防火封堵。

双层幕墙同一通风单元，不应跨越建筑物的两个防火分区。

双层幕墙应采取防雷措施，内、外层幕墙的金属构件应相互连接形成导电通路，并和主体结构防雷体系可靠连接。对有防雷击电磁脉冲屏蔽要求的建筑，双层幕墙应采取将其自身金属结构连接构成具有防雷击电磁脉冲的屏蔽措施。

（4）安装要求

双层幕墙（内、外层幕墙）安装完成后内外层幕墙（门窗）间距（通道净宽，以主要杆件为准，与设计值比）偏差应不大于 5.0mm。

双层幕墙进排风口示意图见图 22-88。

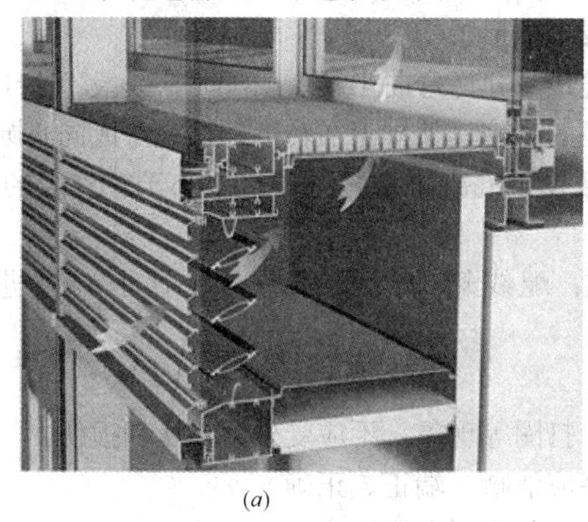
(*a*)

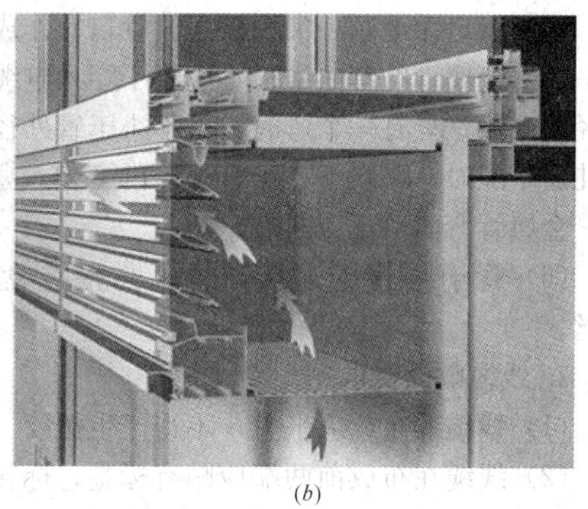
(*b*)

图 22-88 双层幕墙进排风口示意图

(*a*) 进风口示意图；(*b*) 排风口示意图

## 22.7.5 构件式双层幕墙玻璃安装、注胶

1. 玻璃安装

（1）在需要安装玻璃的分格下部横料凹槽内放置宽度合适、长度不小于 100mm，数量不小于两块的橡胶垫块，然后将玻璃放入龙骨凹槽内，调整好玻璃四周与龙骨间的空隙后，安装横料装饰扣盖。

（2）玻璃安装应将尘土和污物擦拭干净。

（3）玻璃与构件避免直接接触，玻璃四周与构件凹槽底保持一定空隙，每块玻璃下部不少于两块弹性定位垫块，垫块的宽度与槽口宽度相等，长度不小于 100mm，玻璃两边嵌入量及空隙符合设计要求。

（4）玻璃四周橡胶条按规定型号选用，镶嵌平整，橡胶条长度应比边框槽口长 1.5%～2%。

（5）同一平面的玻璃平整度要控制在3mm以内，嵌缝的宽度误差要控制在2mm以内。

2. 注胶

按照设计要求在玻璃四周与龙骨之间的间隙内施注密封胶。密封胶的打注应饱满、密实、连续、均匀、无气泡，宽度和厚度应符合设计要求和技术标准的规定。

### 22.7.6　控制系统安装及调试

双层幕墙的控制系统主要包括遮阳控制系统、进出风口自动调节系统、电动开窗系统、温度传感器、阳光传感器、风速传感器等。

1. 金属管道敷设

（1）严格按图纸施工，配合其他专业做好管道综合。

（2）预埋（留）位置准确、无遗漏。

（3）管道支吊架整齐、美观、牢固、管道连接处清洁、美观、电气连接严密、牢靠。

（4）管口无毛刺、尖锐棱角。管口宜作成喇叭形。

（5）金属管的弯曲半径不应小于穿入电缆最小允许弯曲半径。明配时，一般不小于管外径的6倍；只有一个弯时，可不小于管外径的4倍；整排管在转弯处，宜弯成同心圆的弯儿。暗配时，一般不小于管外径的6倍；敷设于混凝土楼板下，可不小于管外径的10倍。金属管弯曲后不应断裂。

（6）管子与管子连接，管子与接线盒、配线箱的连接都需要在管子端口进行套丝。

2. 线缆敷设要求

（1）线缆的布放应平直，不得产生扭绞、打圈等现象，不应受外力挤压和损伤。

（2）线缆在布放前两端应贴有标签，标签应清晰、端正、正确。

（3）电源线、信号线缆、双绞线缆、光缆及其他弱电线缆应分离布放。

（4）非屏蔽双绞线应采用先进的双绞技术，利用线对之间不同的绞距产生自感电容、电感进行自屏蔽，同时线对之间再进行绞合，这样有利于屏蔽了电磁干扰。系统要求配备全封闭、铁线槽、铁线管路由，并作接地处理。另外设计路由时要求强电与弱电管线和插座相距50cm以上距离，避免相贴近，长距离平行布置，则完全能满足抗干扰的要求。

（5）线缆之间不得有接头。

3. 设备安装

（1）中央控制室设备安装

设备在安装前应进行检验，并符合下列要求：

1）设备外形完整，内外表面漆层完好。

2）设备外形尺寸、设备内主板及接线端口的型号、规格符合设计规定，备品备件齐全。

3）按照图纸连接主机、不间断电源、打印机、网络控制器等设备。

4）设备安装应紧密、牢固，安装用的紧固件应做防锈处理。

5）设备底座应与设备相符，其上表面应保持水平。

中央控制及网络控制器等设备的安装要符合下列规定：

1）控制台、网络控制器应按设计要求进行排列，根据柜的固定孔距在基础槽钢上钻孔，安装时从一端开始逐台就位，用螺丝固定，用小线找平找直后再将各螺栓紧固。

2）对引入的电缆或导线，首先应用对线器进行校线，按图纸要求编号。

3）标志编号应正确且与图纸一致，字迹清晰，不易褪色；配线应整齐，避免交叉，固定牢固。

4）交流供电设备的外壳及基础应可靠接地。

5）中央控制室应根据设计要求设置接地装置。采用联合接地时，接地电阻应小于1Ω。

（2）现场控制器的安装

安装现场控制器箱。

现场控制器接线应按照图纸和设备说明书进行，并对线缆进行编号。

（3）温、湿度传感器的安装

室内外温、湿度传感器的安装位置应符合以下要求：

1）温、湿度传感器应尽可能远离窗、门和出风口的位置。

2）并列安装的传感器，距地高度应一致，高度差不应大于1mm，同一区域内高度差不大于5mm。

3）温、湿度传感器应安装在便于调试、维修的地方。

4）温度传感器至现场控制器之间的连接应符合设计要求，尽量减少因接线引起的误差。

（4）电动执行机构的安装

执行机构应固定牢固，操作手轮应处于便于操作的位置，并注意安装的位置便于维修、拆装。

执行机构的机械传动应灵活，无松动或卡涩现象。

4. 校线及调试

（1）在各分项工程进行的同时做好各系统的接校线检查，为调试做好准备。

（2）严禁不经检查立即上电。

（3）严格按照图纸、资料检查各分项工程的设备安装、线路敷设是否与图纸相符。

（4）逐个检查各设备、点位的安装情况，接线情况。如有不合格填写质量反馈单，并做好相应的记录。

（5）各设备、点位检查无误完毕后，对各设备、点位逐个通电试验。通电试验为两人一组，涉及强电要挂牌示警，并记录。

（6）通电实验后，进行单体调试，单体调试正常后，方可进行系统联调。涉及其他施工单位者，要事先通知到位，并做好相应记录。

## 22.8 太阳能光伏发电玻璃幕墙（光电幕墙）

太阳能光伏建筑一体化（BIPV）系统，是应用太阳能发电的一种新概念，太阳能光伏发电幕墙是BIPV的一种重要形式，是将太阳能光伏发电组件安装在建筑的围护结构外表面来提供电力的系统。光伏组件可由非晶硅百叶式光伏组件、单晶体硅组件、多晶硅组件、非晶硅薄膜、纳米晶太阳能电池等组成，可安装在建筑物的屋顶和当地阳光效果好的立面上。它与建筑幕墙融为一体，具有良好的视觉效果。

## 22.8.1　施　工　顺　序

太阳能光伏发电玻璃幕墙施工顺序见图 22-89。

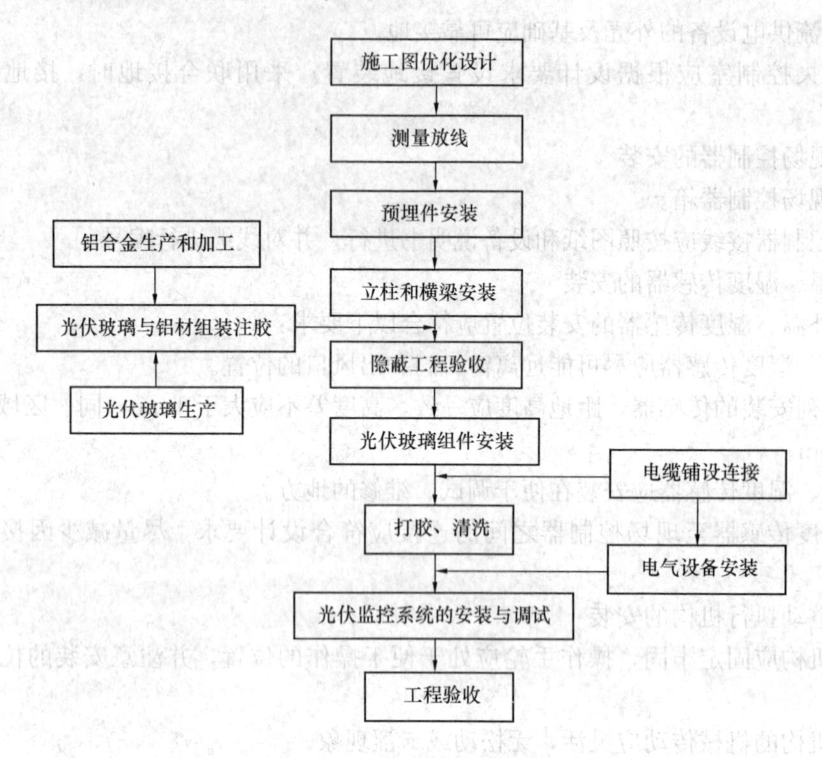


图 22-89　太阳能光伏玻璃幕墙施工工艺流程图

## 22.8.2　立　柱　安　装

1. 支座与立柱的连接

首先是测量放线和预埋件的检查、调整，然后是立柱的安装，考虑到施工安装的安全性及可操作性，立柱在安装之前首先将支座在楼层内用不锈钢螺栓与立柱连接起来，支座与立柱接触处加设隔离垫，防止电位差腐蚀，隔离垫的面积不应小于连接件与竖料接触的面积。连接完毕后，用绳子捆扎吊出楼层，进行就位安装。

2. 立柱安装与调节

立柱吊出楼层后，将支座与预埋件进行上下、左右、前后的调节。经检查符合要求后再进行焊接。

3. 立柱的分格安装控制

立柱的安装依据竖向钢直线以及横向尼龙线进行调节安装，直至各尺寸符合要求，立柱安装后进行轴向偏差的检查，轴向偏差控制在±1mm 范围内，竖料之间分格尺寸控制在±1mm，否则会影响横料的安装。见图 22-90、图 22-91。

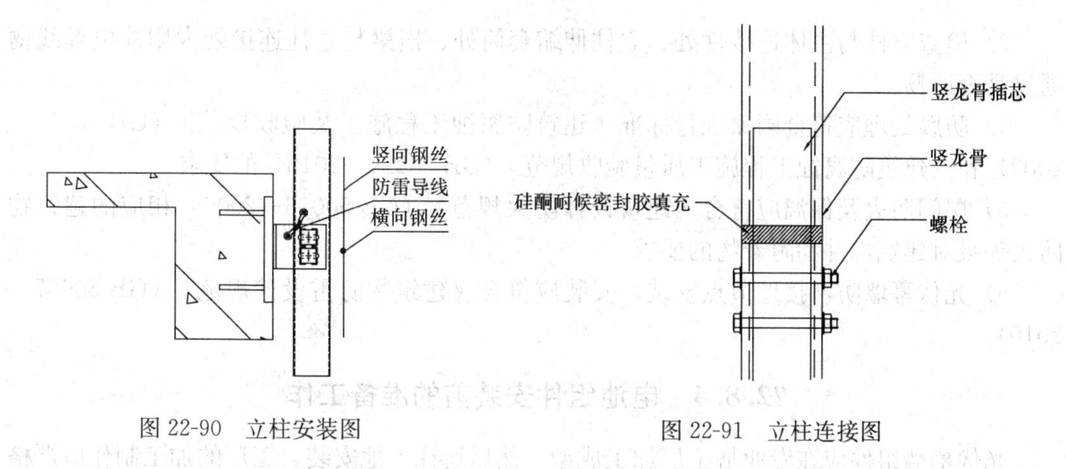


图 22-90 立柱安装图　　图 22-91 立柱连接图

底层立柱安装完毕后，在安装上一层立柱时，两立柱之间安装套筒，立柱安装调节完毕，两立柱之间打胶密封，防止雨水入侵。上下连接套筒插入长度不得小于 250mm。

## 22.8.3 横 梁 安 装

（1）将横梁两端的连接件和弹性橡胶垫安装在立柱的预定位置，要求安装牢固、接缝严密。同一层横梁的安装应由下向上进行，当安装完一层高度时，应进行检查、调整、校正、固定，使其符合质量要求。相邻两根横梁的水平标高偏差不应大于 1mm。同层标高偏差：当一幅宽度小于或等于 35m 时，不应大于 5mm；当一幅宽度大于 35m 时，不应大于 7mm。

1）横梁未安装之前，应将角码插到横梁的两端，用螺栓固定在立柱上。横梁承受光伏玻璃的重压，易产生扭转，因而立柱上的孔位、角码的孔位应采用过渡配合，孔的尺寸比螺杆直径大 0.1～0.2mm。如图 22-92 所示。

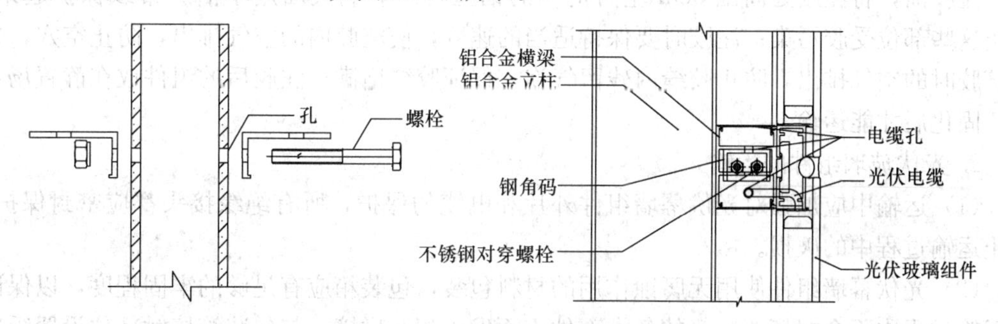


图 22-92 横梁安装图

2）由于光电幕墙热胀冷缩会产生一些噪声，设计考虑到此因素，整根横梁尺寸应比分格尺寸短 4～4.5mm，横梁两端安装 2mm 厚防噪声隔离片。

3）在安装过程中，横梁两端的高低应控制在±1mm 范围内。同一面标高偏差不大于 3mm。

（2）隐蔽验收：

1）检查构件与主体结构连接点的安装。

2）预埋件锚固检查，龙骨安装质量检查。

3）检查立柱与主体连接件处、立柱伸缩套筒处、横梁与立柱连接处太阳能电缆线槽通过是否通畅。

4）防腐处理应符合国家现行标准《建筑防腐蚀工程施工及验收规范》（GB 50212—2002）和《建筑防腐蚀工程施工质量验收规范》（GB 50224—2010）的要求。

5）层间防火及保温应符合《建筑设计防火规范》（GB 50016—2006）相应的建筑物防火等级对建筑构件和附着物的要求。

6）光伏幕墙防雷接地节点安装，安装应符合《建筑物防雷设计规范》（GB 50057—2010）。

### 22.8.4 电池组件安装前的准备工作

光伏幕墙组件应在专业加工厂加工成型，然后运往工地安装。工厂的加工制作应严格按照国家和行业相关标准规范执行。还应根据工地的实际需要和进度计划制定相应的加工计划和工艺规程。

1. 光伏玻璃组件的制作

（1）铝附框装配

铝附框按设计好的加工工艺进行装配，装配后进行以下检查：铝附框对边长度差；铝附框对角线长度差；铝料之间的装配缝隙；相邻铝料之间的平整度；加工好后送组装车间。

（2）玻璃、铝附框、太阳能电池组件的定位和组装

玻璃、铝附框、太阳能电池组件的定位采用定位夹具保证三者的基准线重合后，再按顺序组装，组装过程中应特别注意前片玻璃和后片玻璃的安装顺序。

（3）注胶和养护

注胶前，将注胶处周围5cm左右范围的铝型材或玻璃表面用不沾胶带纸保护起来，防止这些部位受胶污染；注胶时要保持适当的速度，使空腔内的空气排出，防止空穴，并将挤胶时的空气排出，防止胶缝内残留气泡，保证胶缝饱满；注胶后的组件放在静置场养护，固化后才能运输。

2. 光伏玻璃组件的运输

（1）运输中应加强对光伏幕墙组件外片和电缆的保护，所有绝缘接头都应密封保护，防止运输过程中的破损。

（2）光伏幕墙组件使用无腐蚀作用的材料包装，包装箱应有足够的牢固程度，以保证在运输过程中不会损坏；装箱的各类部件应不发生相互碰撞，与包装箱接触部位设置缓冲胶垫隔离。

（3）包装箱上有明显的"怕湿"、"小心轻放"、"向上"等标志。

（4）在运输过程中，采取有效措施，防止风、雨对组件的损坏。

（5）运至工地后，小心卸货。

3. 幕墙组件的保护与清洁

（1）光伏幕墙组件上应标有带电警告标识。

（2）制定保护措施，不得使其发生碰撞变形、变色、污染等现象。

（3）光伏幕墙组件表面的粘附物应及时清除。

（4）光伏幕墙组件贮存应放在通风干燥的地方，严禁与酸碱物质接触，并防止雨水渗入。

（5）组件不允许直接接触地面，应用不透水材料在板块底部垫高100mm以上。

4. 安装前的准备工作

（1）安装前，应对安装场地进行系统的检查。

（2）光伏幕墙组件以及固定用的螺栓，连接电缆及套管，配线盒等配件都要在安装前全部运到现场。

（3）安装时所需的工具装备和备件必须准备齐全，否则会影响整个工程的进度。

（4）安装前，施工员应从运输包装箱中取出组件，进行检查。在阳光下测量每个组件的Voc、Isc等技术参数是否正常。

### 22.8.5 电池组件安装及调整

1. 光伏玻璃电池组件安装过程

（1）安装前应仔细地阅读每块组件的编号和技术参数，根据设计图将每块组件归入所在的发电单元中。

（2）以发电单元为组进行安装，安装时应严格按照设计电路图进行光伏玻璃幕墙的串并联连接，每一组安装完毕后，应测试其电路参数，以确保能正常工作。

（3）光伏玻璃电池组件的物理性能略低于普通玻璃幕墙组件，在安装过程中，不得碰撞或受损，要防止组件表面受到硬物冲击，否则容易造成组件内部线路的断路。

（4）吊装光伏玻璃幕墙组件时，底部要衬垫木板或包装纸箱，以免挂索损伤组件。吊装作业前，应安排好安全围护措施。吊装时注意吊装机械和物品不要碰到周围建筑和其他设施。

（5）光伏玻璃幕墙组件应采用专门设计的铝合金边框，专用边框与建筑外挂龙骨形成特殊的沟槽结合，确保机械强度足够并且不漏雨，安全可靠。

（6）所有的紧固件采用不锈钢材料，电镀材料，尼龙材料或其他防腐材料，并有足够的强度，以便将光伏幕墙组件可靠的固定在龙骨上。结构热胀冷缩时产生的力不应该影响光伏玻璃组件的性能和使用。

（7）光伏玻璃电池组件应排列整齐、表面平整、缝宽均匀，安装允许偏差应满足《建筑幕墙》（GB/T 21086—2007）的有关要求。

（8）安装完毕后，盖好扣板，作好防漏电措施。

（9）工程完成后，要注意清扫现场和回收工业废料。

2. 施工时应采取的安全措施

（1）安装人员在施工前必须通过安全教育，经过培训并考核合格的人员完成。施工现场应配备必要的安全设备，并严格执行保障施工人员人身安全的措施。

（2）严禁雨天施工，潮湿将导致绝缘保护失效，发生安全事故。

（3）在安装过程中，不得触摸组件接头的金属部分，谨防触电，安装时，不得戴金属首饰。

（4）不要企图拆卸组件或移动任何铭牌或黏附的部件、在组件的表面涂抹或粘贴任何物体。

(5) 不要用镜子或透镜聚焦阳光照射到组件上。

(6) 光伏玻璃幕墙组件的两输出端，不能短路，否则可能造成人身事故或引起火灾。在阳光下安装时，最好用黑色塑料膜等不透光材料盖住光伏组件。

(7) 组件安装完成后，检查固定组件附带的电缆与接头，防止其处于断路或短路状态。

(8) 完成或部分完成的光伏玻璃幕，遇有光伏组件破裂的情况应及时设置限制接近的措施，并由专业人员处置。

(9) 施工过程中，不应破坏建筑物的结构和附属设施，不得影响建筑物在设计使用年限内承受各种载荷的能力。如因施工需要不得已造成局部破损，应在施工结束时及时修复。

3. 光伏玻璃电池组件的调试

(1) 调试前的准备工作

光伏玻璃电池组件的调试应选择以晴天，并且待日照和风力达到稳定时进行，最好在中午前后的10：00～14：00之间测试。首先检查安装使用条件是否符合设备使用说明书和相关标准、规程的规定。调试前，应对组件表面清理、擦拭干净，并确保所有开关都处于关断状态，准备好有关测试的仪器、仪表和工具及记录本。调试时应由有资质的工程师负责，可会同有关设备供应商一起进行。

(2) 光伏玻璃电池组件的检查

光伏玻璃电池组件应满足《玻璃幕墙工程质量检验标准》(JGJ/T 139—2001) 的有关要求。

应仔细观察方阵外观，是否平整、美观，组件表面是否清洁，用手触摸组件，检查是否松动，接线是否固定，是否极接触良好等。

检查光伏幕墙使用的材料及部件等是否符合设计要求，光伏幕墙应与普通幕墙共同接受幕墙相关的物理性能检测。

光伏玻璃幕墙组件之间的连接是否规范合理以及安全可靠，导线的捆扎是否整齐规范，连接导线是否有破皮漏电等现象。

检查光伏玻璃幕墙具有良好的接地系统，用摇表测量组件对地电阻，确定绝缘电阻是否在正常范围之内。

检查光伏玻璃幕墙接线箱的防雨性能，确定其防护等级是否达到IP65，接线箱的引出线设计是否合理，接线箱内部接线是否规范合理，接线箱内部元件电流容量和耐压等级是否能够承受光伏方阵电压和电流的极限值。

组件串联检查：测量光伏玻璃幕墙串的开路电压，确定组件串的开路电压是否在正常的范围内，检查相同数量组件串联的组件串开路电压是否接近；测量组件串的电流，确定此电流是否在正常的范围内；

组件并联检查：测量所有并联的太阳电池组件串的开路电压是否相同，测量电压相同后方可进行并联。并联后电压应基本不变，测量的总短路电流应大体等于各个组件串的短路电流之和。

### 22.8.6 打 胶

太阳能光伏玻璃组件安装固定完成后，进行打胶工序。在装饰条接缝两侧先贴好保护胶带，按工艺要求进行净化处理，净化后及时进行打胶，打胶过程中密封胶不可以与光伏电缆直接接触，打胶后应刮掉多余的胶，并作适当的修整，拆掉保护胶带及清理胶缝四周，胶缝与基材粘结应牢固无孔隙，胶缝平整光滑、表面清洁无污染。

### 22.8.7 太阳能电缆线布置

1. 导线的选择

选用合适的绝缘电线及电缆，应根据通过电流的大小，依照有关电工规范或生产厂家提供的数据，选择合适直径的导线，直径太小，可能使导线过热，造成能量浪费。

2. 导线的安装

接线前应检测光伏玻璃幕墙组件的电性能是否正常，按照组件串并联的设计要求，用导线将组件的正、负极进行连接，要特别注意极性不要接错。导线连接的原则是，尽量粗而短，以减少线路损耗。特别注意在夏天安装时，导线电缆连接不能太紧，要留有余量，以免冬天温度降低时形成接触不良，甚至拉断电缆。

光伏幕墙的正、负极及接地线应用不同颜色的导线电缆连接，以免混淆极性，造成事故。

导线电缆之间的连接必须可靠，不能随意将两根电缆绞在一起。外包层不得使用普通胶布，必须使用符合绝缘标准的橡胶套。最好在电缆外面套上绝缘套管。导线的连接应符合《家用和类似用途电器的安全通用要求》(GB 4706.1—2005) 的要求。

### 22.8.8 电气设备安装调试

电气装置安装应符合《建筑电气工程施工质量验收规范》(GB 50303) 的相关要求。安装应严格按照电器施工要求进行。通常，控制器和逆变器安装在室内，事先要建造好配电间。安装存放处应避开高腐蚀性、高粉尘、高温、高湿性环境，特别应避免金属物质落入其中。配电间的位置要尽量接近太阳能光电幕墙和用户，以减少线路损耗。不能将控制器直接放在蓄电池上。在室外，控制器和逆变器必须具备密封防潮等功能。在功率调节器、逆变器、控制器的表面，不得设置其他电气设备和堆放杂物，保证设备的通风环境。

1. 蓄电池的安装与维护

(1) 蓄电池的安装在整个过程中起着非常重要的作用，必须在安全、布线、温度控制、防腐蚀、防积灰和通风等方面给予充分的重视。

(2) 蓄电池和系统的其他部分应隔离开来。

(3) 蓄电池的电压低于要求值时，应将多块蓄电池并联起来，使电压达到要求。

(4) 蓄电池的正确布线，对系统的安全和效率都十分重要。

(5) 蓄电池安装及注意事项：

1) 放置蓄电池的位置应选择在离太阳能光电幕墙较近的地方。连接导线应尽量缩短，导线直径不可太细，以尽量减少不必要的线路损耗。

2) 蓄电池应放在室内通风良好、不受阳光直射的地方。距离热源不得少于2m，室内温度应经常保持 10～25℃之间。

3）蓄电池不能直接放在潮湿的地面上，电池与地面之间应采取绝缘措施，例如用较好的绝缘衬垫或柏油涂的木架与地板隔离，以防受潮和引起自放电的损失。

4）蓄电池要放置在专门场所，场所要清洁、通风、干燥，避免日晒，远离热源，避免与金工操作或有粉末杂物作业操作合在一处，以免金属粉末尘埃落在电池上面。

5）各接线夹和蓄电池极柱必须保持紧密接触。连接导线连接后，需在各连接点上涂一层薄的凡士林油膜，以防连接点锈蚀。

6）加完电解液的蓄电池应将加液孔的盖子拧紧，以防止杂质掉入蓄电池内部。胶塞上的通气孔必须保持通畅。

7）不能将酸性蓄电池和碱性蓄电池同时安置在同一房间内，室内也不宜放置仪表器件和易受酸气腐蚀的物品。

8）要准备一定数量的 3%～5%硼酸水溶液或苏打水，以防皮肤灼伤。在进行安装时要带好手套和口罩，做好防护工作，注意室内通风，以免引起铅中毒。

9）要由熟练的专业技术人员担任或指导做好初充电工作。

2. 控制器与逆变器的安装

控制器和逆变器在开箱时，要先检查有无质保卡、出厂检验合格证书和产品说明书，外观有否损坏，内部连线和螺钉是否松动等，如有问题，应及时与生产厂家联系解决。

(1) 控制器的安装

户用控制器一般已经安装在一体化机箱内。安装时要请注意先连接蓄电池，再连接光伏玻璃幕墙和输出，连接时注意正负极并注意边线质量和安全性；连接太阳电池时应当将光伏玻璃幕墙的输入开关打在关闭状态，以免拉弧。

(2) 逆变器的安装

1）安装的一般要求：

逆变器可以安装在墙体上或者安装支架上，细节需要参考《逆变器用户手册》。

逆变器与系统的直流侧和交流侧都应有绝缘隔离的装置。

光伏玻璃幕墙系统直流侧应考虑必要的触电警示和防止触电安全措施，交流侧输出电缆和负荷设备间应接有自动切断保护装置。所有接线箱（包括系统、方阵和组件串等的接线箱）都应设警示标签，注明当接线箱从光伏逆变器断开后，接线箱内的器件仍有可能带电。

太阳能光伏玻璃幕墙、接线箱、逆变器、保护装置的主回路与地（外壳）之间的绝缘电阻应不少于 1MΩ。应能承受 AC2000V，1min 工频交流耐压，无闪络、击穿现象。

接入公用电的光伏系统应具备极性反接保护功能、短路保护功能、接地保护功能、功率转换和控制设备的过热保护功能、过载保护和报警功能、防孤岛效应保护等功能。控制逆变器上表面不得设置其他电气设备和杂物，不得破坏逆变器的通风环境。

小型户用逆变器一般已经安装在一体化机箱内。接线前先将逆变器的输入开关打至断开状态，然后接线。接线注意正负极并注意接线质量和安全性。接好线后首先测量从控制器过来的直流电的电压是否正常，如果正常，再打开逆变器的输入开关。

2）安装步骤：

并网逆变器接线步骤：

a. 光伏玻璃幕墙系统接线；

b. 将光伏玻璃幕墙输出线连接到接线箱；

c. 将连接箱输出端连接到逆变器的输入端；

d. 将逆变器通信接口信号输出端通过专用通信电缆接到系统监控上位机。

3）注意的安全事项：

a. 一串组件正负极之间的电压是致命的；

b. 在给电网供电操作中，不得在断开逆变器和电网连接之前断开组件和逆变器的连接；

c. 确保组件连接器的正负极与组件的正负电压极性准确对应；

d. 在只接一串组件时，关闭其他不使用的插口的连接器；

e. 组件的连接器接到逆变器时，检查极性是否正确，并检查组件正负极间的电压是否小于等于逆变器的最大电压。

4）安装应注意的事项：

a. 安装地点外界温度必须在－25～55℃之间；

b. 逆变器不能安装在阳光直射处；

c. 逆变器安装位置应该水平；

d. 与易燃物保持距离；

e. 不要安装在有爆炸性气体的区域；

f. 为了不产生噪声，不能安装在薄而轻的表面上，要安装在坚实的表面上；

g. 保证有足够的散热空间。

3. 电气设备线路的连接

（1）电缆线路施工应符合国家现行标准《电气装置安装工程电缆线路施工及验收规范》（GB 50168）的规定。

（2）两根电缆的连接，外包层不得使用胶布，必须使用符合绝缘标准的橡胶套。

（3）穿过楼屋面和墙面的电缆，其防水套管与建筑主体之间的缝隙必须做好防水密封。

（4）线路连接应注意事项：

1）选用适合于光伏系统应用的电缆；

2）电缆可以抵抗紫外线辐射和恶劣的气候；

3）应该有大于1000V的额定电压；

4）导线的横截面积取决于最大短路电流和电线的长度；

5）在极低气温下，安装电线必须格外小心；

6）推荐使用4mm$^2$或者更大横截面积的电缆，并使电线尽可能的短以减少能量损耗；

7）在互联组件时，要保证将连接电缆固定在安装组件的支撑架上，限制电线松弛部分的摆动幅度；

8）防止将电线安置在锐利的边角上；

9）遵守电线的允许最小弯曲半径；

10）电路接上负载时，不能拔开连接器；

11）在小动物和孩子可以接触到的地方，必须用套管。

4. 接地及防雷安装

（1）光电幕墙安装避雷装置，光伏系统和并网接口设备的防雷和接地，应符合《光伏（PV）发电系统过电压保护—导则》（SJ/T 11127）中的规定。电气系统的接地应符合现行国家标准《电气装置安装工程接地装置施工及验收规范》（GB 50169—2006）的要求。

（2）接地安装：推荐使用环形接线片连接接地电缆。将接地电缆焊接在接线片的插口内，然后用 M8 螺钉插入接线片的圆环和组件框架中部的孔，用螺母紧固。应该使用弹簧垫圈，以防止螺钉松脱导致接地不良。

5. 电气设备的调试

（1）调试前期准备工作

1）熟悉设计图纸和有关技术文件，了解光伏玻璃幕墙发电系统运行全过程；

2）备好调试所需要仪器仪表、必要工具和有关记录表格；

3）根据图纸检查系统连线是否完毕，确保电源和通讯接线正确无误；

4）检查逆变器直流侧（光伏方阵到逆变器）接线是否正确；

5）检查逆变器交流侧（逆变器到输出连接箱）接线是否正确；

6）检查通信系统接线是否正确；

7）提供并网调试电源，三相电源接入输出连接箱。

（2）蓄电池的调试

安装结束后要测量蓄电池电压，正负极性，并检查接线质量和安全性。开口电池应测量电液密度，单只电压要一致。

（3）控制器的调试

安装结束后，首先观察蓄电池的电压是否正常，然后测量充电电流，如果有条件，再观察蓄电池的充满保护和蓄电池欠压保护是否正确。

普通控制器只需要观察蓄电池电压、充电电流和放电电流，基本上不需要调试；智能控制器在出厂前已经调试好，一般现场不需要调试，但可以检查电压设置点，温度补偿系数的设置和手动功能是否正常。

（4）逆变器的调试

安装结束后，对逆变器进行全面检测，其主要技术指标应符合国标《家用太阳能光伏电源系统技术条件和试验方法》（GB/T 19064—2003）的要求。测量逆变器输出的工作电压，检测输出的波形、频率、效率、负载功率因数等指标是否符合设计要求。测试逆变器的保护、报警等功能，并做好记录。

6. 检测过程

连入光伏系统之前，应对其输出的交流电质量和保护功能进行单独测试。电能计量装置应符合《电测量及电能计量装置设计技术规程》（DL/T 5137—2001）和《电能计量装置技术管理规程》（DL/T 448—2000）的要求。

（1）性能测试

1）电能质量测试

连接好线路后，即可进行以下参数的测量：

a. 工作电压和频率；

b. 电压波动和闪变；

c. 谐波和波形畸变；
d. 功率因数；
e. 输出电压不平衡度；
f. 输出直流分量检测。
2）保护功能测试
a. 过电压/欠电压保护；
b. 过/欠频率；
c. 防孤岛效应；
d. 电网恢复；
e. 短路保护；
f. 反向电流保护。
（2）线路连接测试
先将并网逆变控制器与太阳能光伏玻璃幕墙连接，测量直流端的工作电流和电压、输出功率，若符合要求，可将并网逆变控制器与电网连接，测量交流端的电压、功率等技术数据，同时记录太阳辐照强度、环境温度、风速等参数，判断是否与设计要求相符合。
（3）系统测试
设备投入试运行应由技术人员连续监测一个工作日，且该工作日应当是辐照良好的天气，在监测工作日内观察并记录设备运行参数，应保证所有设备所有时间段内都符合设计规定的要求。
光伏电站的所有发电设备和配套件都必须严格符合相应的鉴定定型和安全标准的要求。
测试电路图 22-93 所示电路是对光伏并网发电系统测量的一个测试框图。

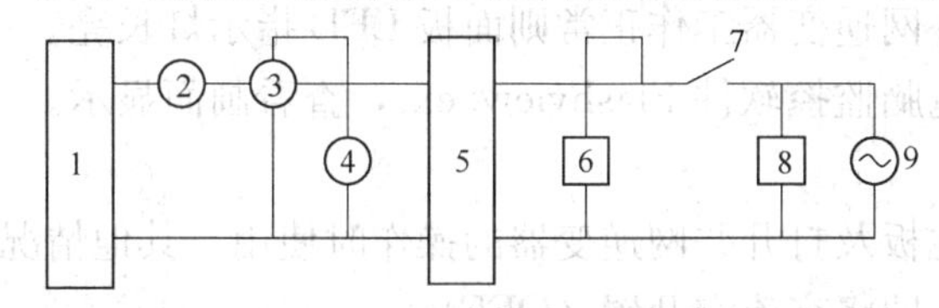


图 22-93 系统电路测试图
1—太阳能光伏玻璃幕墙；2—直流电流表；3—直流功率表；4—直流电压表；5—并网逆变器；6—电能质量分析仪；7—电网解并列点；8—可变交流负载；9—电压和频率可调的净化交流电源（模拟电网），其可提供的电流容量至少应当是光伏发电系统提供电流的 5 倍

## 22.8.9 发电监控系统与演示软件安装与调试

1. 发电监控系统（图 22-94、图 22-95）
光伏监控系统具有数据采集、数据传输和系统控制功能。在设计和选择光伏监控系统时一般应遵循准确度、可靠性、工作容量、抗干扰能力、动作速度、工作频段、通用性和经济性等技术要求。
智能型太阳能并网逆变器采用了先进的 DSP 数字处理系统，及先进的智能模块，能自动跟踪电网，有效的检测孤岛效应，能自动检测方阵的最佳工作点 MPPT，有效的选择

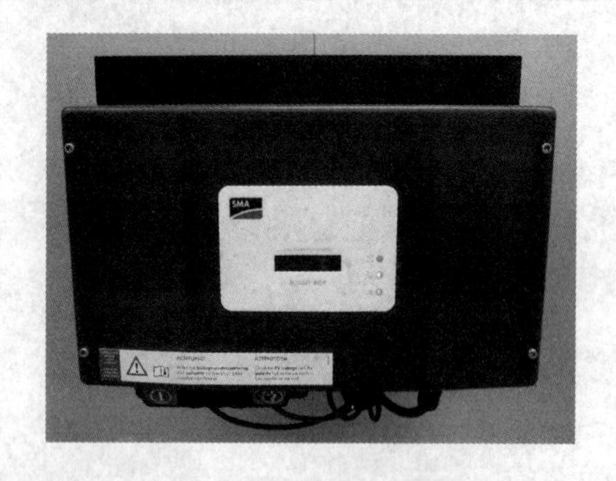

图 22-94 并网逆变器

图 22-95 交流配电箱

最佳并网模式，完善的保护功能，运行后无需人为干预控制，当到晚上时，其会自动关机，没有足够的能量并网发电时，其工作在待机模式，能自动的记录系统的工作状态，如太阳能电池板电压、当日发电量、发电累计量、辐照度、环境温度、电池板温度及发电功率等一系列参数。在逆变器的面板上有三个 LED 灯，通过这些灯我们一眼就知道逆变电源的工作状态。

逆变器的启动过程、运行状态及简单的故障处理：

(1) 开机启动过程：

在设备启动前先检查所有的开关是否在关断位置（OFF)。

装好并网逆变器的 ESS，先推上太阳能电池方阵空开置（ON)，看逆变器显示是否正常（电池板电压)，并网逆变器面板 LED 指示灯是否显动。

再合上交流空开置（ON)，并网逆变器面板 LED 指示灯是否显动，等几分钟看设备是否正常工作，如果并网逆变器工作正常则面板 LED 指示灯长亮。

开机完成，开启电脑监控软件 Flashview. exe，查看画面显示。

(2) 关机过程：

只对用户检修电池板及打开并网逆变器的操作时使用，其他情况严禁该操作：

断开交流电连接，即将交流空开置（OFF)；

断开并网逆变器的 ESS，再将太阳能电池方阵空开置（OFF)；

如果要打开并网逆变器，则必须拔下所有连接的插头，等待 10s（使设备内部电容放电完成)；

松开并网逆变器前面板上的六角螺母，小心移下前面板，然后拔下前面板内部的接地(PE) 连接。

幕墙光伏系统演示见图 22-96。

2. 演示软件安装与调试

初次启动 Flashview. exe 设置

1) 先设置好 TCP/IP（图 22-97)，点击确定后，再打开 Flashview. exe 软件（图 22-98)。

2) 初次打开时要进行站点设置：

选择好语言栏 Chinese；

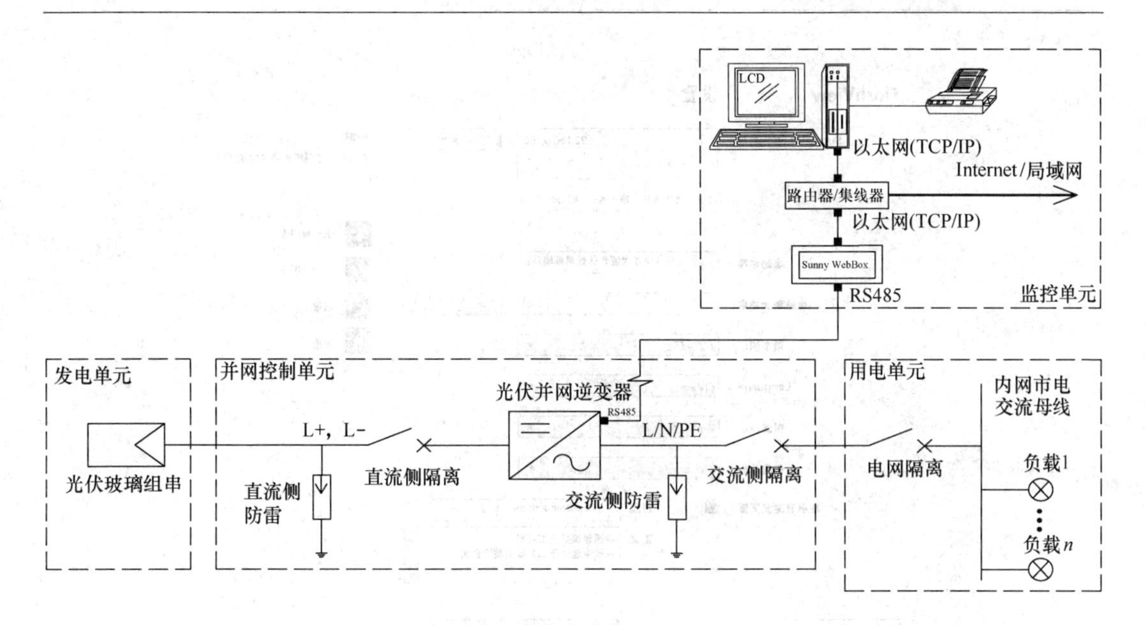


图 22-96 幕墙光伏系统演示

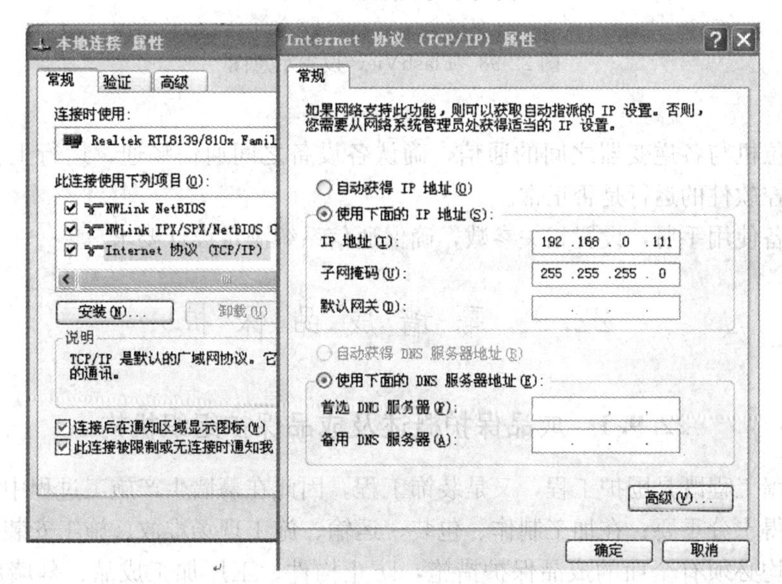


图 22-97 IP 设置示意图

在 Sunny WebBox 地址栏输入 192.168.0.168，然后点击检测，看连接是否正常，如果连接正常，则会显示 OK；

输入电站名称、图表显示方试（自动 10s）及自定义画面等；

点击保存更改设置完成；

系统将自动播放画面。

3）通信、监控系统

根据用户手册检查 1 号变电所三台 Ingecon 25 型逆变器无线通信安装是否到位，2～4号变电所 6 台 SG30K3 型逆变器 RS485 通信板与通信电缆连接是否正确无误。

检查上位机 COM 口与逆变器的 RS485 通信板连接是否正确，上位机监控软件安装是

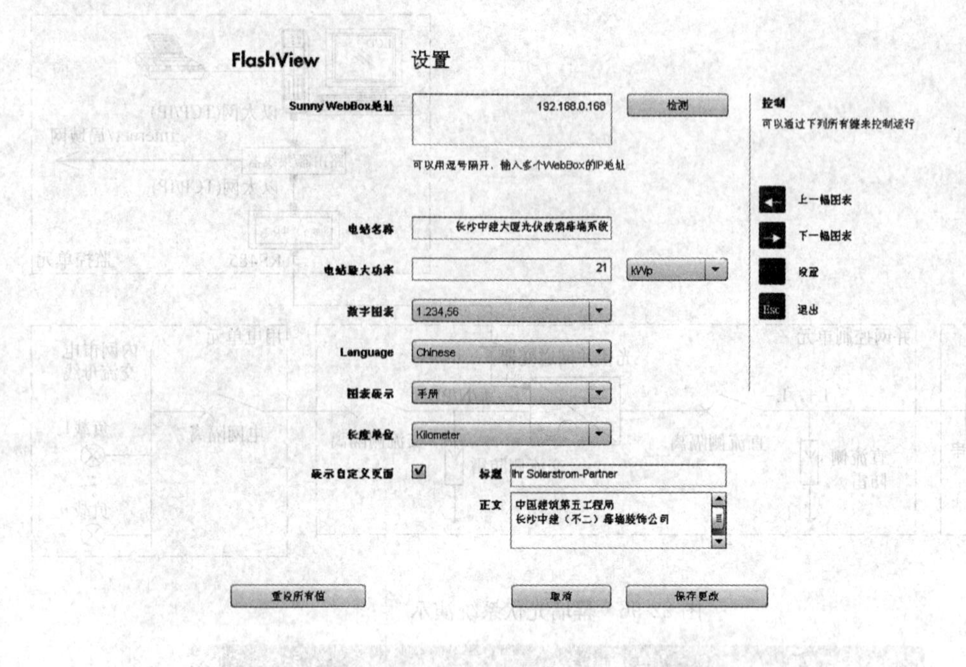


图 22-98 FlashView 设置示意图

否到位。

测试上位机与各逆变器之间的通信，确认各设备之间通信畅通，运行上位机专用软件，测试监控软件的运行是否正常。

根据设备使用手册，设置相关参数，确保通信系统满足设计要求。

# 22.9 幕墙成品保护

## 22.9.1 成品保护概述及成品保护组织机构

由于幕墙工程既是围护工程，又是装饰工程，因此在幕墙生产施工过程中，幕墙成品保护工作显得十分重要；在加工制作、包装、运输、施工现场堆放、施工安装及已完幕墙成品各环节均必须有全面的成品保护措施，防止构件、工厂加工成品、幕墙成品受到损坏，否则将无法确保工程质量。

如何进行成品保护必将对整个工程的质量产生极其重要的影响，必须重视并妥善地进行好成品保护工作，才能保证工程优质高速地进行施工。这就要求我们成立成品保护管理组织机构，它是确保半成品、成品保护得以顺利进行的关键。通过这个专门机构，对加工制作、包装、运输、施工现场堆放、施工安装及已完幕墙成品进行有效保护，确保整个工程的质量及工期。

成品保护管理组织机构必须根据工程实际情况制定具体半成品、成品保护措施及奖罚制度，落实责任单位或个人；然后定期检查，督促落实具体的保护措施，并根据检查结果，对贡献大的单位或个人给予奖励，对保护措施不得力的单位或个人采取相应的处罚。

工程施工过程中，加工制作、运输、施工现场堆放、施工安装及已完幕墙交付前均需制定详细的成品、半成品保护措施，防止幕墙的损坏，造成无谓的损失，任何单位或个人忽视了此项工作均将对工程顺利开展带来不利影响。

在幕墙工程制作安装过程中，成立成品保护小组，负责成品和半成品的检查保护工作，并制订“成品保护作业指导书”。

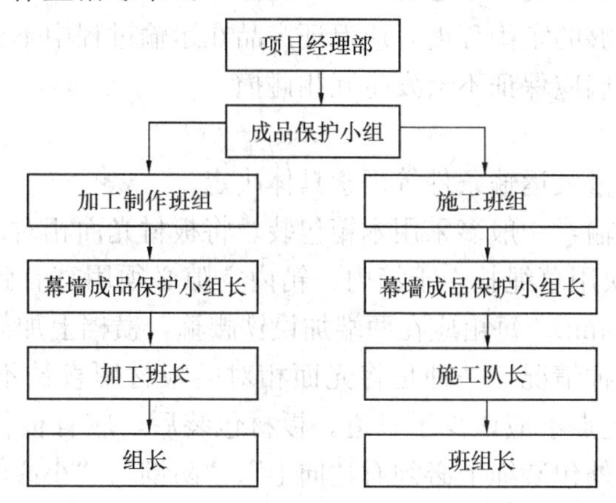


## 22.9.2 生产加工阶段成品保护措施

(1) 成品在放置时，在构件下安置一定数量的垫木，禁止构件直接与地面接触，并采取一定的防止滑动和滚动措施，如放置止滑块等；构件与构件需要重叠放置的时候，在构件间放置垫木或橡胶垫以防止构件间碰撞。

(2) 型材周转车、工器具等，凡与型材接触部位均以胶垫防护，不允许型材与钢质构件或其他硬质物品直接接触。

(3) 型材周转车的下部及侧面均垫软质物。

(4) 构件放置好后，在其四周放置警示标志，防止工厂在进行其他吊装作业时碰伤工程构件。

(5) 成品必须堆放在车间中的指定位置。

(6) 玻璃周转用玻璃架，玻璃架上设有橡胶垫等防护措施。

## 22.9.3 包装阶段成品保护措施

1. 金属材料包装

(1) 不同规格、尺寸、型号的型材不能包装在一起。

(2) 包装应严密、牢固，避免在周转运输中散包，型材在包装前应将其表面及腔内铝屑及毛刺刮净，防止刮伤，产品在包装及搬运过程中避免装饰面的磕碰、划伤。

(3) 板材及铝型材包装时要先贴一层保护胶带，然后外包牛皮纸；产品包装后，在外包装上用水笔注明产品的名称、代号、规格、数量、工程名称等。

(4) 包装人员在包装过程中发现型材变形、装饰面划伤等产品质量问题时，应立即通知检验人员，不合格品严禁包装。

(5) 包装完成后，如不能立即装车发送现场，要放在指定地点，摆放整齐。

(6) 对于组框后的窗尺寸较小者可用纺织带包裹，尺寸较大不便包裹者，可用厚胶条分隔，避免相互擦碰。

2. 玻璃包装

(1) 为了某些功能要求，许多幕墙玻璃都经过特殊的表面处理，包装时应使用无腐蚀作用的包装材料，以防止损害面板表面。

(2) 包装箱上应有醒目的“小心轻放”、“向上”等标志。

(3) 包装箱应有足够的牢固程度，应保证产品在运输过程中不会损坏。

(4) 装入箱内的玻璃应保证不会发生互相碰撞。

3. 板材的包装

板材包装应根据数量及运输条件等因素具体决定。

(1) 对于长距离运输，一般多采用木箱包装。将板材光面相对。按顺序立放于内衬防潮纸的箱内，或2～4块用草绳扎立于箱内，箱内空隙必须用富有弹性的软材料塞紧。木箱板材厚度不得小于20mm。每箱应在两端加设铁腰箍，横档上加设铁包角。

(2) 草绳包装有两种情况，一种是将光面相对的板材用直径不小于10mm的草绳按“井”字形捆扎，每捆扎点不应该少于三道。板材包装后，应有板材编号或名称、规格和数量等标志。包装箱及外包装绳上必须有“向上”、“防潮”、“小心轻放”的指示标志，其符号及使用方法应符合《包装储运图示标志》(GB/T 191—2008) 的规定。

### 22.9.4　运输过程中成品保护措施

吊运大件必须有专人负责，使用合适的工具，严格遵守吊运规则，以防止在吊运过程中发生振动、撞击、变形、坠落或者损坏。

装车时，必须有专人监管，清点物件的箱号及打包件号，在车上堆放牢固、稳妥，并增加必要的捆扎，防止构件松动、损伤。

在运输过程中，保持平稳，超长、超宽、超高物件运输，必须由经过培训的驾驶员、押运人员负责，并在车辆上设置标记。

严禁野蛮装卸。装卸人员装卸前，要熟悉构件的重量、外形尺寸，并检查吊马、索具的情况，防止意外。

构件到达施工现场后，及时组织卸货，分区堆放好。

现场采用汽车吊运送构件时，要注意周围地形、空中情况，防止汽车吊倾覆及构件碰撞。

运输架上安装胶条减震并防止材料划伤，绑扎绳与材料接触部位用软质材料隔开以保护材料。

选择技术高、路况熟、责任心强的运输司机，并对运输司机进行教育交底，强化成品保护意识，同承运方签定协议，制订损坏赔偿条款。

需要发运材料和已发运材料用涂色法标于立面图上，及时与项目部联　系沟通发运情况。每日通知项目部联系沟通发运情况。每日通知项目部材料的发运计划，以便于项目部安排卸车及挂装。

场内材料运输：

(1) 运输车辆从进入现场，沿施工道路到达材料堆放场地，进行分类堆放。

(2) 幕墙板块存放安装过程中均轻拿轻放，工具与其接触表面均为软质材料避免引起板块变形、划伤。

(3) 为使产品不被变型损伤，主要以铁架装货形式进行运输。常用铁架有（图 22-99）：A 字形架、L 形架主要装运玻璃；槽形可移动架，主要装运铝型材。所有铁架与材料接触部位加垫弹性橡胶避免材料表面划伤、损坏。

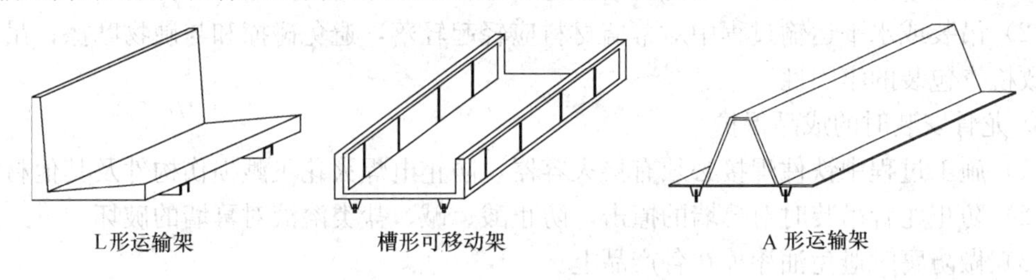


图 22-99 各种运输架

## 22.9.5 施工现场半成品保护措施

1. 工地半成品的检查

(1) 产品到工地后，未卸货之前，对半成品进行外观检查，首先检查货物装运是否有撞击现象，撞击后是否有损坏，有必要时撕下保护膜进行检查。

(2) 检查半成品保护膜是否完善，无保护膜的是否有损伤，无损伤的，补贴好保护纸后再卸货。

2. 搬运

(1) 装在货架上的半成品，应尽量采用叉车、吊车卸货，避免多次搬运造成半成品的损坏。

(2) 半成品在工地卸货时，应轻拿轻放，堆放整齐。卸货后，应及时组织运输组人员将半成品运输到指定装卸位置。

(3) 半成品到工地后，应及时进行安装。来不及安装的物料摆放地点应避开道路繁忙地段或上部有物体坠落区域，应注意防雨、防潮，不得与酸、碱、盐类物质或液体接触。

(4) 玻璃用木箱包装，便于运输也不易被碰坏。

3. 堆放

(1) 构件进场应堆放整齐，防止变形和损坏，堆放时应放在稳定的枕木上，并根据构件的编号和安装顺序来分类。构件堆放场地应做好排水，防止积水对构件的腐蚀。

(2) 待安装的半成品应轻拿轻放，长的铝型材安装时，切忌尾部着地。

(3) 待安装的材料离结构边缘应大于 1.5m。

(4) 五金件、密封胶应放在五金仓库内。

(5) 幕墙各种半成品的堆放应通风、干燥，远离湿作业。

(6) 从木箱或钢架上搬出来的板块及其他构件，需用木方垫起 0.1m，并且不得堆放挤压。

## 22.9.6 施工过程中成品保护措施

1. 拼装作业时的成品保护措施

(1) 在拼装、安装作业时，应避免碰撞、重击。减少在构件上焊接过多的辅助设施，以免对母材造成影响。

(2) 拼装作业时，在地面铺设刚性平台，搭设刚性台架进行拼装，拼装支撑点的设置要进行计算，以免造成构件的永久变形。

2. 吊装过程的成品保护

（1）用吊车卸半成品时，要防止钢丝绳收紧将半成品两侧夹坏。

（2）吊装或水平运输过程中对幕墙材料应轻起轻落，避免碰撞和与硬物摩擦；吊装前应细致检查包装的牢固性。

3. 龙骨安装时的成品保护

（1）施工过程中铁件焊接必须有接火容器，防止电焊火花飞溅损伤构件及其他材料。

（2）防止龙骨吊装时对幕墙的撞击，防止酸、碱、盐类溶液对幕墙的破坏。

（3）做防腐时避免油漆掉在各产品上。

4. 面材安装时的成品保护

（1）所有面材用保护膜贴紧，直到竣工清洗前撕掉，以保证表面不轻易被划伤或受到水泥等腐蚀。

（2）玻璃吸盘在进行吸附重量和吸附时间检测后方能投入使用。

（3）为避免破坏已完工的产品，施工过程中必须做好保护，防止坠落物损伤成品。

（4）打胶前应先在面材上贴好美纹纸，防止污染面材。

（5）贴有保护膜的型材等在胶缝处注胶时将保护膜揭开，而不允许用小刀直接在玻璃上将保护膜划开，以免利器损伤玻璃镀膜。

（6）在操作过程中若发现砂浆或其他污物污染了饰面板材，应及时用清水冲洗干净，再用干抹布抹干，若冲洗不净时，应采用其他的中性洗洁液或与生产厂商联系，不得用酸性或碱性溶剂清洗。

（7）在玻璃的全部操作过程中均须避免与锋利和坚硬的物品直接以一定压强接触。

### 22.9.7　移交前成品保护

1. 设置临时防护栏，防护栏必须自上而下用安全网封闭。

2. 安装上墙的饰面板块在未检查验收前不得将其保护膜拆除。

3. 为了防止已装板块污染，在板片上方用彩条布或木板固定在板口上方，在已装单元体上标明或做好记号。特别是底层或人可接近部位用立板包裹扎牢，未经交付时不得剥离，有损坏及时补上。对开启窗应锁定，防止风吹打、撞击。

4. 幕墙在施工过程中或施工结束后，用保护材料将室内暴露部分遮盖，暂时密封保护，以防止其他施工项目破坏幕墙，对于这些临时保护措施，请其他施工人员维护，不得随便拆除这些保护材料；其次派出专职安全员每天进行巡回检查，一是检查临时保护措施的完整性，一有破坏马上重新维护，二是防止其他人员的人为破坏，这些工作均需建设方与总包方给予大力的配合。

## 22.10　幕墙相关试验

### 22.10.1　试　验　计　划

幕墙工程开工后，项目经理部应根据满足工程技术规范和设计要求的测试、检查试验及一切要求，编制项目试验计划，明确试验时间，分阶段和步骤进行相关试验。一般工程将进行如下试验：

四性试验（包括抗风压性能试验、水密性能试验、气密性能试验、平面内变形性能试验）、幕墙的耐撞击性能检测、结构胶相容性检测、密封胶的性能检测、石材的各种性能试验、氟碳树脂层物理性能试验、喷淋试验、隔声性能检测及后置预埋件、锚栓的拉拔试验等。

以上试验根据幕墙种类为必做试验；结合工程特性以及业主、总包、监理要求选作其他试验项目。

### 22.10.2　试验标准及试验方法

幕墙性能试验主要试验内容一般为：雨水渗漏试验、空气渗透试验、风压变形试验、平面内变形性能试验，试验过程中严格执行《建筑幕墙气密、水密、抗风压性能检测方法》（GB/T 15227—2007）、《建筑幕墙》（GB/T 21086—2007）测试标准，检验结果等级符合（GB/T 21086—2007），并邀请业主和总包、监理代表到现场见证试验过程。

幕墙试验主要程序：确定检测中心→取代表意义的单元→设计样品制作→试验室样品安装→气密性能试验→水密性能试验→抗风压性能试验→平面内变形性能试验→出具检测报告

为保证幕墙试验符合幕墙工程技术规范，安排的主要试验内容有：抗风压性能试验；水密性能试验；气密性能试验；平面内变形性能试验。

幕墙试验的机构：国家认可的建筑工程质量监督检验中心。

国家建筑工程质量监督检验中心，将负责主持模拟试验及编制实验报告。

1. 试验标准

按照幕墙的各项性能应符合以下国家标准规定：

（1）抗风压性能

1）幕墙的抗风压性能指标应根据幕墙所受的风荷载标准值（$w_k$）确定，其指标值不应低于风荷载标准值，且不应小于1.0kPa。风荷载标准值的计算应符合《建筑结构荷载规范》（GB 50009）的规定。

2）在抗风压性能指标值作用下，幕墙的支承体系和面板的相对挠度和绝对挠度不应大于表22-64的要求。

**幕墙支承结构、面板相对挠度和绝对挠度要求　　表22-64**

| 支撑结构类型 | | 相对挠度 | 绝对挠度（mm） |
|---|---|---|---|
| 构件式玻璃幕墙<br>单元式幕墙 | 铝合金型材 | $L/180$ | 20（30） |
| | 钢型材 | $L/250$ | 20（30） |
| | 玻璃面板 | 短边距/60 | — |
| 石材幕墙<br>金属板幕墙<br>人造板材幕墙 | 铝合金型材 | $L/180$ | — |
| | 钢型材 | $L/250$ | — |

续表

| 支撑结构类型 | | 相对挠度 | 绝对挠度（mm） |
|---|---|---|---|
| 点支承玻璃幕墙 | 钢结构 | $L/250$ | — |
| | 索杆结构 | $L/200$ | — |
| | 玻璃面板 | 长边孔距/60 | |
| 全玻幕墙 | 玻璃肋 | L/200 | — |
| | 玻璃面板 | 跨距/60 | |

注：表中 $L$ 为跨度。

3）开放式建筑幕墙的抗风压性能应符合设计要求。

4）抗风压性能分级指标 $P_3$ 应符合前面 1）条的规定，并符合表 22-65 的要求。

建筑幕墙抗风压性能分级　　表 22-65

| 分级代号 | 1 | 2 | 3 | 4 | 5 |
|---|---|---|---|---|---|
| 分级指标值 $P_3$（kPa） | $1.0 \leqslant P_3 < 1.5$ | $1.5 \leqslant P_3 < 2.0$ | $2.0 \leqslant P_3 < 2.5$ | $2.5 \leqslant P_3 < 3.0$ | $3.0 \leqslant P_3 < 3.5$ |
| 分级代号 | 6 | 7 | 8 | 9 | |
| 分级指标值 $P_3$（kPa） | $3.5 \leqslant P_3 < 4.0$ | $4.0 \leqslant P_3 < 4.5$ | $4.5 \leqslant P_3 < 5.0$ | $P_3 \geqslant 5.0$ | |

注　1. 9 级时需要同时标注 $P_3$ 的测试值。如：属 9 级（5.5kPa）。
　　2. 分级指标值 $P_3$ 为正、负风压测试值绝对值的较小值。

（2）水密性能

根据幕墙水密性能指标应按如下方式确定：

《建筑气候区划标准》（GB 50178）中，$\text{III}_A$ 和 $\text{IV}_A$ 地区，即热带风暴和台风多发地区按下式计算，且固定部分不宜小于 1000Pa，可开启部分与固定部分同级。

$$P = 1000\mu_z\mu_c w_0$$

式中　$P$——水密性能指标；

$\mu_z$——风压高度变化系数，应按 GB 50009 的有关规定采用；

$\mu_c$——风力系数，可取 1.2；

$w_0$——基本风压（$kN/m^2$），应按 GB 50009 的有关规定采用。

其他地区可按 $\text{III}_A$ 和 $\text{IV}_A$ 地区 $P$ 计算值的 75%进行设计，且固定部分取值不宜低于 700Pa，可开启部分与固定部分同级。

水密性能分级指标值应符合表 22-66 的要求。

建筑幕墙水密性能分级　　表 22-66

| 分级代号 | | 1 | 2 | 3 | 4 | 5 |
|---|---|---|---|---|---|---|
| 分级指标值 $\Delta P$（Pa） | 固定部分 | $500 \leqslant \Delta P < 700$ | $700 \leqslant \Delta P < 1000$ | $1000 \leqslant \Delta P < 1500$ | $1500 \leqslant \Delta P < 2000$ | $\Delta P \geqslant 2000$ |
| | 开启部分 | $250 \leqslant \Delta P < 350$ | $350 \leqslant \Delta P < 500$ | $500 \leqslant \Delta P < 700$ | $700 \leqslant \Delta P < 1000$ | $\Delta P \geqslant 1000$ |

注：5 级时需同时标注固定部分和开启部分 $\Delta P$ 的测试值。

有水密性要求的建筑幕墙在现场淋水试验中，不应发生水渗漏现象。

开放式建筑幕墙的水密性能可不作要求。

(3) 气密性能

1) 气密性能指标应符合《民用建筑热工设计规范》(GB 50176)、《公共建筑节能设计标准》(GB 50189)、《居住建筑节能检测标准》(JGJ/T 132—2009)、《夏热冬冷地区居住建筑节能设计标准》(JGJ 134)、《严寒和寒冷地区居住建筑节能设计标准》(JGJ 26)的有关规定，并满足相关节能标准的要求。一般情况可按表 22-67 确定。

**建筑幕墙气密性能设计指标一般规定** **表 22-67**

| 地区分类 | 建筑层数、高度 | 气密性能分级 | 气密性能指标小于 | |
|---|---|---|---|---|
| | | | 开启部分 $q_L$ s(m³/m·h) | 幕墙整体 $q_A$ s(m³/m·h) |
| 夏热冬暖地区 | 10 层以下 | 2 | 2.5 | 2.0 |
| | 10 层及以上 | 3 | 1.5 | 1.2∶U |
| 其他地区 | 7 层以下 | 2 | 2.5 | 2.0 |
| | 7 层以上 | 3 | 1.5 | 1.2∶U |

2) 开启部分气密性能分级指标 $q_L$ 应符合表 22-68 的要求。

**建筑幕墙开启部分气密性能分级** **表 22-68**

| 分级代号 | 1 | 2 | 3 | 4 |
|---|---|---|---|---|
| 分级指标值 $q_L/[m^3/(m \cdot h)]$ | $4.0 \geq q_L > 2.5$ | $2.5 \geq q_L > 1.5$ | $1.5 \geq q_L > 0.5$ | $q_L \leq 0.5$ |

3) 幕墙整体（含开启部分）气密性能分级指标 $q_A$ 应符合表 22-69 的要求。

**建筑幕墙整体气密性能分级** **表 22-69**

| 分级代号 | 1 | 2 | 3 | 4 |
|---|---|---|---|---|
| 分级指标值 $q_A/[m^3/(m^2 \cdot h)]$ | $4.0 \geq q_A > 2.0$ | $2.0 \geq q_A > 1.2$ | $1.2 \geq q_A > 0.5$ | $q_A \leq 0.55$ |

4) 开放式建筑幕墙的气密性能不作要求。

(4) 平面内变形性能和抗震要求

抗震性能应满足《建筑抗震设计规范》(GB 50011—2010) 的要求。

1) 平面内变形性能：

建筑幕墙平面内变形性能以建筑幕墙层间位移角为性能指标。在非抗震设计时，指标值应不小于主体结构弹性层间位移角控制值；在抗震设计时，指标值不小于主体结构弹性层间位移角控制值的 3 倍。主体结构楼层最大弹性层间位移角控制值可按表 22-70 的规定执行。

平面内变形性能分级指标 γ 应符合表 22-71 的要求。

2) 建筑幕墙应满足所在地抗震设防烈度的要求。对有抗震设防要求的建筑幕墙，其试验样品在设计的试验峰值加速度条件下不应发生破坏。幕墙具备下列条件之一时应进行振动台抗震性能试验或其他可行的验证试验：

**主体结构楼层最大弹性层间位移角　　表 22-70**

| 结构类型 | | 建筑高度 $H$ (m) | | |
|---|---|---|---|---|
| | | $H\leqslant150$ | $150<H\leqslant250$ | $H>250$ |
| 钢筋混凝土结构 | 框架 | 1/550 | — | — |
| | 板柱－剪力墙 | 1/800 | — | — |
| | 框架－剪力墙、框架－核心筒 | 1/800 | 线性插值 | — |
| | 筒中筒 | 1/1000 | 线性插值 | 1/500 |
| | 剪力墙 | 1/1000 | 线性插值 | — |
| | 框支层 | 1/1000 | — | — |
| 多、高层钢结构 | | 1/300 | | |

注：1. 表中弹性层间位移角＝$\Delta/h$，$\Delta$ 为最大弹性层间位移量，$h$ 为层高。
2. 线性插值系指建筑高度在 150～250m 间，层间位移角取 1/800(1/1000)与 1/500 线性插值。

**建筑幕墙平面内变形性能分级 1G3　　表 22-71**

| 分级代号 | 1 | 2 | 3 | 4 | 5 |
|---|---|---|---|---|---|
| 分级指标值 $\gamma$ | $\gamma<1/300$ | $1/300\leqslant\gamma<1/200$ | $1/200\leqslant\gamma<1/150$ | $1/150\leqslant\gamma<1/100$ | $\gamma\geqslant1/100$ |

a. 面板为脆性材料，且单块面板面积或厚度超过现行标准或规范的限制；

b. 面板为脆性材料，且与后部支承结构的连接体系为首次应用；

c. 应用高度超过标准或规范规定的高度限制；

d. 所在地区为 9 度以上（含 9 度）设防烈度。

(5) 其他试验标准按国家相关标准要求执行。

2. 试验方法

(1) 抗风压性能试验

试件首先按设计要求安装于检测台上，安装完毕后须进行核查，确认符合设计要求后，即可进行检测。

在试件所要求布置测点的位置上，安装好位移测量仪器械。测点规定为：受力杆件的中间测点布置在杆件的中点位置；两侧端点布置在杆件两端点往中点方向移 10mm 处。镶嵌部分的中心测点位置在两对角线交点位置上，两侧端点布置在镶嵌部分的长度方向两端向中点方向，距镶嵌边缘 10mm 处。

1) 预备加压：

以 250Pa 的压力加荷 5min，作为预备加压，待泄压平稳后，记录各测点的初始位移量。预备压力为 $P_0$。

2) 变形检测：

先进行正压检测，后进行负压检测。检测压力分级升降，每级升降压力不超过 250Pa，每级压力作用时间不少于 10s。压力升、降到任一受力杆件挠度值达到 $L/360$ 为止。记录每级压力差作用下的面法线位移量和达到 $L/360$ 时之压力值 $P_1$。

3) 反复受荷检测：

以每级检测压力为波峰，波幅为 1/2 压力值，进行波动检测，最高波峰值为 $P_1\times1.5$，每级波动压力持续时间不少于 60s，波动次数不少于 10 次。记录尚未出现功能障碍或损坏时的最大检测压力值 $P_2$。

4）安全检测：

如反复受荷检测未出现功能障碍或损坏，则进行安全检测，使检测压力升至 $P_3$，随后降至 0，再降至 $-P_3$，然后升到 0，升降压时间不少于 1s，压力持续时间不少于 3s，必要时可持续至 10s。然后记录功能障碍，残余变形或损坏情况和部位。$P_3=2P_1$，即相对挠度≤$L/180$。如挠度绝对值超过 20mm 时，以 20mm 所对应的压力值为 $P_3$ 值。

（2）水密性能检测

试件首先按设计要求安装于检测台上，安装完毕后须检查，确认符合设计要求后即可进行检测。

1）预备加压：

以 250Pa 的压力对试件进行预备加压，持续时间为 5min。然后使压力降为零，在试件挠度消除后开始进行检测。

2）淋水：

以 4L/m$^2$ · min 的水量对整个试件均匀地喷淋，直至检测完毕。水温应在 8～25℃的范围内。

3）加压：

在淋水的同时，按规定的各压力级依次加压。每级压力的持续时间为 10min，直到试件开启部分和固定部分室内侧分别出现严重渗漏为止。加压形式分为稳定和波动两种，见表 22-72 和表 2-73 所示。波动范围为稳定压的 3/5，波动周期为 3s。

稳 定 加 压（Pa）　　表 22-72

| 加压顺序 | 1 | 2 | 3 | 4 | 5 | 6 | 7 | 8 | 9 |
|---|---|---|---|---|---|---|---|---|---|
| 稳定压 | 100 | 150 | 250 | 350 | 500 | 700 | 1000 | 1600 | 2500 |

波 动 加 压（Pa）　　表 22-73

| 加压顺序 | | 1 | 2 | 3 | 4 | 5 | 6 | 7 | 8 | 9 |
|---|---|---|---|---|---|---|---|---|---|---|
| 波动压 | 上限值 | 100 | 150 | 250 | 350 | 500 | 700 | 1000 | 1600 | 2500 |
| | 平均值 | 70 | 110 | 180 | 250 | 350 | 500 | 700 | 1100 | 1750 |
| | 下限值 | 40 | 70 | 110 | 150 | 200 | 300 | 400 | 600 | 1000 |

4）记录：

记录渗漏时的压力差值、渗漏部位和渗漏状况。

5）判断：

以试件出现严重渗漏时所承受的压力差值作为雨水渗漏性能的判断基础。以该压力差的前一级压力差作为试件雨水渗漏性能的分级指标值。

（3）气密性能检测

试件首先按设计要求安装于检测台上，安装完毕后须核查，确认符合设计要求后即可进行检测。

1）预备加压：以 250Pa 的压力对试件进行预备加压，持续时间为 5min。然后使压力降为零，在试件挠度消除后开始进行检测。

2）按表22-74所规定的各压力级依次加压，每级压力作用时间不少于10s，记录各级压力差作用下通过试件的空气渗透量测定值，并以100Pa作用下的测定值作为$q$。

加压顺序表（Pa）　　表22-74

| 加压顺序 | 1 | 2 | 3 | 4 | 5 | 6 | 7 | 8 | 9 | 10 | 11 | 12 | 13 |
|---|---|---|---|---|---|---|---|---|---|---|---|---|---|
| 检测压力 | 10 | 20 | 30 | 50 | 70 | 100 | 150 | 100 | 70 | 50 | 30 | 20 | 10 |

（4）平面内变形能力试验

1）平面内变形性能定义：幕墙在楼层反复变位作用下保持其墙体及连接部位不发生危及人身安全的破损的平面内变形能力，用平面内层间位移角进行度量。

2）检测方法：采用拟静力法。

3）检测装置：目前检测装置加载方式有使试件呈连续平行四边形方式和使试件对称变形方式两种。前者采用专门加载用的框架，后者利用压力箱的边框支承活动梁。以第一种加载方式进行仲裁检测。

a. 试件达到试验要求，按国家标准。

b. 按国家标准要求整理测定值与检测报告。

c. 平面内变形性能要求为±17.5mm，达到此变形时，幕墙玻璃，铝板没有损坏，恢复后，开启部分仍可正常开启。

（5）结构胶相容性检测

1）试验仪器与材料：

a. 试验仪器。紫外线灯；紫外线强度计，量程为1000～4000$\mu$W/cm$^2$；温度计，量程0～100℃。

b. 试验材料。清洁浮法玻璃板，尺寸为76mm×50mm×6mm，应制备12块；防粘带，每块玻璃板用一条，尺寸为25mm×76mm；清洗剂，用50%乙丙醇－蒸馏水溶液；试验结构胶；基准密封胶，与试验结构胶成分相近的半透明密封胶。

2）试件制备和准备：

试验室条件。结构胶样品应在标准条件下至少放置24h。

试件制备。清洁玻璃、附件，用清洗剂洗净擦除水分后自然风干；在玻璃板一端粘贴防粘带，覆盖宽度约25mm；制备12块试件，6块为校验试件，另6块为试验试件。附件应裁切成条状，尺寸为6.5mm×51mm×6.5mm，放置在玻璃板的中间。分别将基准密封胶和试验结构胶挤注在附件两侧至上部，并与玻璃粘结密实，两种胶相接处高于附件约3mm。

3）试验程序：

a. 试件编好号后在试验室标准条件下放置24h。取试验试件和校验试件各三块组成一组试件。将两组试件放在紫外线灯下，一组试件的密封缝向上，另一组试件的玻璃面向上。

b. 光照试验：启动紫外线灯连续照射试样21d。用紫外线强度计和温度计测量试样表面，紫外线辐射强度为2000～3000$\mu$W/cm$^2$，温度为（50±2）℃。紫外线强度每周测定一次。

c. 观察颜色变化和测定粘结力。

d. 光照结束后，取出试样冷却4h。

e. 仔细观察并记录试验试件、校验试件上结构胶的颜色及其他变化。

f. 测量结构胶与玻璃粘结性。

g. 测量结构胶与附件粘结性。

h. 试验报告。将试验结果如实记录并填写试验报告。

(6) 密封胶的性能检测

1) 蝴蝶测试(图 22-100)

这个程序是为了确定双组分密封剂是否已彻底混合均匀。混合不均匀会引起产品性能的极大变化。

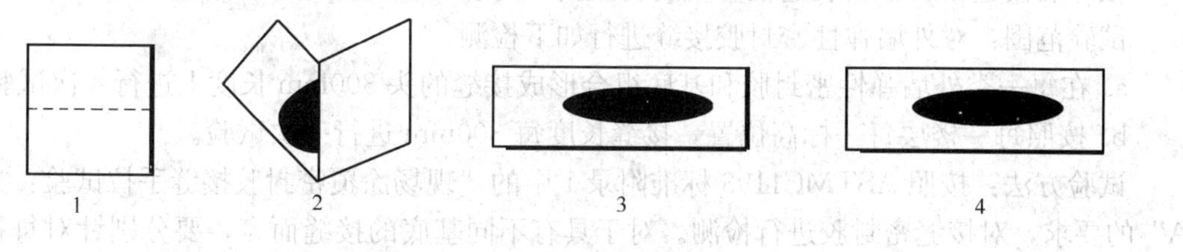


图 22-100 蝴蝶测试过程

试验方法:①将纸折叠(A4 白色复印纸);②将混合后的密封剂涂在纸上,将纸折叠使密封剂平整;③打开纸,检查密封剂,如果密封剂上出现白色条纹表示混合不充分。④如果没有条纹出现则表明已充分混合,并在纸上记录年月日及结构胶基质与固化剂的批号。

2) 拉断时间测试(图 22-101)

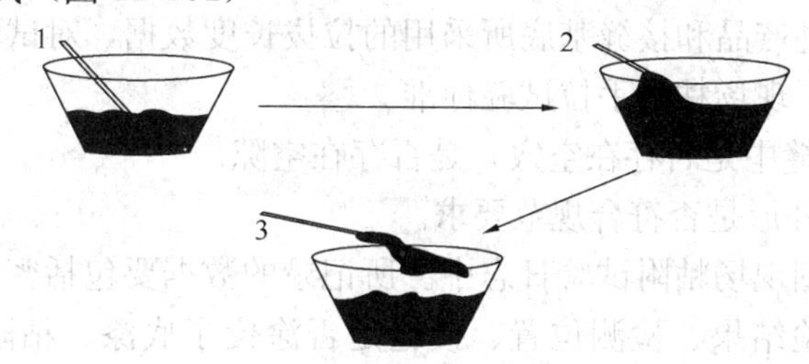


图 22-101 拉断时间测试过程

1—小棍;2—密封剂未突然断裂;3—密封剂已突然断裂

此程序用来测试密封剂的固化速率。不正常的拉断时间(或长或短)表明混合过程中基质/固化剂的比例存在问题。

试验方法:①将小棍(压舌板)浸入混合后的密封剂,并开始计时;②固化周期内每隔 5 分钟将小棍从密封剂内拉出并观察密封剂扯起的部分是否发生突然断裂;③如果不发生断裂,重复步骤①和②,直至发生突然断裂,并记录拉断的时间。(注:混合比例正常的 SSG4400,突然拉断时间应在 20～50min 之间)。

3) 粘合一剥离测试(图 22-102)

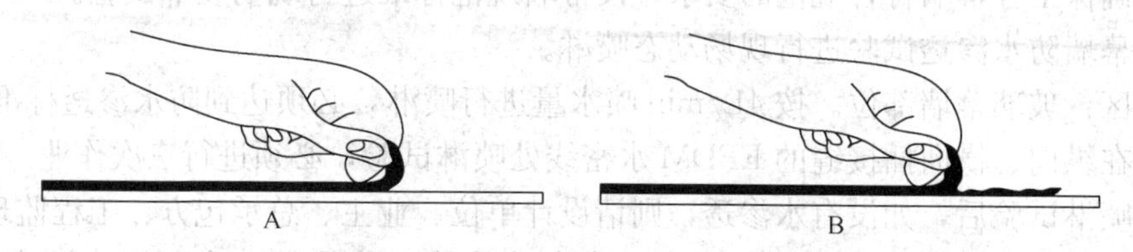


图 22-102 粘合、剥离测试过程

此程序是来确定胶与被粘合材料之粘合能力及其发展情况。

试验方法：①清洁被测试的玻璃；②在表面施用有机硅密封剂条；③让密封剂固化(SSG4000/7d，SSG4400/3d)；④用手拉密封胶条，并观察是否发生内聚破坏或脱胶，并记录内聚破坏的百分比（观察发生上述内聚破坏B的密封剂粘合面积的百分比，即为内聚破坏的百分比）。100％减去内聚破坏的百分比即为脱胶的百分比。

4）现场粘附试验

在外墙接缝密封胶安装过程中，现场检测密封胶对接缝基底的粘附情况：

试验范围：对外墙弹性密封胶接缝进行如下检测：

a. 在每一类外墙弹性密封胶和基底组合形成接缝的头300mm长度上进行4次试验。

b. 按照每一楼层每一标高位置，接缝长度每300mm进行一次试验。

试验方法：按照ASTMC1193标准附录1中的“现场涂覆密封胶接缝手拉试验：方法A”的要求，对接缝密封胶进行检测。对于具有不同基底的接缝而言，要分别针对每种基底测试附着情况；沿一侧切割，验证另一侧的附着情况。对另一侧也重复此试验步骤。

检查接缝是否填缝完整，是否有空隙，接缝外形是否符合技术规范要求，将检查结果记录到现场粘附试验日志中。

检验受测接缝，报告下列情况：

a. 接缝中与拉出部分相连的密封胶是否未能附着到接缝基底上，还是出现了粘结性撕裂现象，要报告每种产品和接缝基底所采用的拉拔长度数据，对试验结果进行对比，确定粘附情况是否通过了现场粘附手拉试验标准。

b. 密封胶填充接缝中是否存在空穴，是否存在空隙。

c. 密封胶尺寸和外形是否符合规范要求。

将试验结果记录到现场粘附试验日志中。所记录的数据要包括密封胶的安装日期、安装人员姓名、检测试验结果、检测位置、接缝是否涂覆了底漆、粘附情况以及拉长百分比、填入何种密封胶、密封胶的外形以及密封胶的尺寸。

要对参与拉拔试验的密封胶进行修补，按照与原先进行接缝密封所采用的相同操作步骤重新涂覆密封胶，确保先前的密封胶表面是清洁的，重新涂覆的密封胶要与原先涂覆的密封胶完全接触。

对现场试验结果的评价：如果试验未能证明密封胶粘附不合格或者不符合其他给定要求，那么则认为密封胶的施作达到了满意效果。如果试验过程中发现密封胶未能粘附到基底上或者不符合其他要求，那么要将密封胶清楚拆下。如果密封胶涂覆不合格，要重新涂覆，重新试验，直至试验结果能够证明密封胶达到了规定要求。

（7）幕墙喷淋试验

为了确保工程幕墙符合规范的要求，按幕墙规范标准进行现场喷淋试验。

工程幕墙防水渗透试验进行现场动态喷淋。

重点区：玻璃幕墙部位。按4L/min喷水量进行喷淋，必须达到防水渗透标准。

重点在纵向、横向插接缝的EPDM水密线处喷淋试验，必须进行三次作业。

现场喷淋试验后，如没有水渗透，则请设计单位、业主、总承包方、工程监理现场评定是否再增加喷淋试验范围。业主同意，渗水试验检查除贯彻《表面污染测定》GB/T 15222标准外，还可参考AAMA501.2标准复查。

喷淋试验应尽早安排，安装面积约为 10m×30m。在竣工交付前，业主、总承包方、设计单位、工程监理随意抽出 4 个 10m×30m 区域做抽查喷淋试验。

对现场幕墙做喷淋试验时，不准有上、下、左、右接缝打胶，以真实检查内涵道排水装置和 EPDM 胶条防水效果，等压防水功能。不准有任何水渗入幕墙结构体内，喷淋用的水源，喷水设备及管道以及试验程序，由幕墙分包单位准备，并在试验前，将计划送给业主/总承包方、设计单位、工程监理审阅，经批准后方可试验，如试验仍发现有渗水现象，应立即进行修补，修补后再进行上述试验二次，不渗即通过。

试验用水酸碱值须在 6～8 之间，不准用污水代替。

试验后程序：修理或更换部件，包括泄漏或发现有缺陷的接缝和密封胶，并根据要求重新试验，对试验程序、结果和应遵守的修改或纠正程序提供完整的书面报告。

现场喷淋试验记录见表 22-75。

**现场喷淋试验记录** 表 22-75

<table>
<tr><td>工程名称</td><td colspan="2"></td><td colspan="2">外装类型</td><td colspan="2"></td></tr>
<tr><td>建设单位</td><td colspan="2"></td><td colspan="2">监理单位</td><td colspan="2"></td></tr>
<tr><td>设计单位</td><td colspan="2"></td><td colspan="2">施工单位</td><td colspan="2"></td></tr>
<tr><td colspan="3">管径（规范要求 20mm 直径普通软管）</td><td colspan="4">高度（规范要求 20m 作为一个试验段）</td></tr>
<tr><td colspan="3">喷水时间（规范要求每处至少 5 分钟）</td><td colspan="4">水压（规范要求水压力 210kPa 以上）</td></tr>
<tr><td colspan="7">试验过程及试验结果描述<br>试验范围：<br>试验装置：<br>过程及结果描述：</td></tr>
<tr><td>参加试验的相关方</td><td>建设方代表：<br>年 月 日</td><td colspan="2">监理方代表：<br>年 月 日</td><td colspan="2">设计方代表：<br>年 月 日</td><td>施工方代表：<br>年 月 日</td></tr>
</table>

（8）后置预埋件、锚栓的拉拔试验

通过对后置预埋件、锚固件进行拉拔力试验来验证后置预埋件、埋入锚固件的适合性。试验负载应为设计荷载的 150%，鉴于后置预埋件、埋入锚固件设计的复杂性，试验次数由业主确定，但不应小于总数的 5%，由业主选择试验埋入位置。如埋入试验失败，应进一步试验来查明问题程度，附加试验量由业主确定。

（9）其他试验方法按国家相关标准要求执行。

## 22.10.3 试 验 后 程 序

试验后根据试验报告对试验结果进行分析，对于合格、满足相关标准规范的试验对象以及低于不合格、不满足相关标准规范的试验采取相应的不同处理措施。

1. 不合格试验结果的处理程序

试验检测→试验报告→结果分析→不合格→重新加工、制作、安装或进行纠正处理→

再次组织试验检测→（不合格→再次进入不合格试验结果的处理程序）合格→进入合格试验结果的处理程序

对于不合格部位或部件，应进行修理或更换，包括泄漏或发现有缺陷的工程材料或工程部位，并根据要求重新试验，对试验程序、结果和应遵守的修改或纠正程序提供完整的书面报告。

2. 合格试验结果的处理程序

试验检测→试验报告→结果分析→合格→试验报告存档→进行正常工程流程→组织工程验收

对于合格的试验检测对象，应对试验结果的成功经验进行总结，做好资料的整理、存档工作。

3. 现场观察及试验样板的制作

为了保证工程质量，实行样板引路制度，在现场安装1：1实物样板，经相关单位审查合格后正式施工，将问题和隐患早暴露出来，防止大面施工后发现问题，造成停工、返工现象的发生。

（1）观察样板制作工作流程

施工图确认→观察样板安装位置报批、确定→样板制作施工→相关检测、验收→试验数据及观察效果善后处理→进入大面积施工。

（2）施工图确认

提交模拟观察样板按照1：1的实物进行设计的装配图及计算书供建筑师审核，计算书内容包括建筑结构、锚固、连接点等内容。观察样板制作严格按照确认、审核后的图纸进行施工。

（3）观察样板安装位置报批、确定

在图纸确认后，按照业主要求选择安装部位作为观察样板报业主批准，该观察样板应具有典型性，能代表外墙主要材料的颜色、位置关系、层次关系、分格尺寸及比例关系。

（4）样板制作施工

进入样板制作施工阶段，应根据所确定的制作部位及幕墙板块所在区域选择施工方案，具体情况视现场状况而定。

（5）相关检测、验收

在得到业主及建筑师批准后再进行试验样板并进行测试。性能测试样板按照实物模型拟安排在相关检测中心进行检测。

样板测试过程中，应记录所有在模拟样板上的调校及更改于装配图上。测试满意后，提交此更改图作为试验报告的一部分。试验报告由幕墙设计顾问签署及送交建筑师作验收的依据。

将一份批准后的试验样板制作图及结构计算给予测试单位。并告知测试单位保持该份文件于测试场地并在上述制配图上清楚及准确记录所有修改地方，作为日后的记录图纸，在测试过程中应拍照记录试验的情况及所遇到的技术问题，记录照片将附于试验报告之内。

（6）试验数据及观察效果善后处理

样板安装完后，按验收标准进行检查，从以下各方面进行核查：

1）分格尺寸是否与设计相符。

2）颜色是否满足设计要求。

3）结构连接是否安全可靠，是否符合设计要求。

4）材料规格是否正确。

5）材料物理性能是否合格。

6）观感效果是否满意。

（7）进入大面积施工

经各方观察评议后，如再调整则按以上程序进行变更后再评议，若无异议后即可确认封样、订货、采购、安装，进入工程大面积施工阶段。

4. 试验样板的制作

为了配合质量检测与试验，必须拟装配框架玻璃幕墙试验样板一块，送相关权威机构进行幕墙四项性能及其他试验。样板关键节点要求与工程实际情况相同。

# 22.11 安全生产

## 22.11.1 安全概述

安全泛指没有危险、不受威胁和不出事故的状态，而生产过程中的安全是指不发生工伤事故、职业病、设备和财产损失的状况，也就是指人不受伤害，物不受损失。

安全生产是指为了使劳动过程在符合安全要求的物质条件和工作秩序下进行，防止伤亡事故、设备事故及各种灾害的发生、保障劳动者的安全健康和生产作业过程的正常进行而采取的各种措施和从事的一切活动。

安全管理是指以国家法律、法规、规定和技术标准为依据，采取各种手段，对生产经营单位的生产经营活动的安全状况，实施有效制约的一切活动。

## 22.11.2 施工安全具体措施

幕墙属于外墙施工，需采取的安全措施较多，为确保安全，现场需组建专职安全管理机构，负责工程安装中所需的一切安全设施的搭设，安全措施设大致分为以下几大类：高空作业安全措施；吊篮安全措施；用水、用电、防火安全措施；现场周边环境安全管理措施。

1. 高空作业安全措施

（1）在高层建筑幕墙安装与上部结构施工交叉作业时，结构施工层下方须架设挑 3m 左右的硬防护，搭设挑出 6m 水平安全网，如果架设竖向安全平网有困难，可采取其他有效方法，保证安全施工。幕墙施工单位为了确保施工安全，搭设可移动钢防护平台；悬臂底部施工搭设三层安全平网。

（2）上班前必须认真检查机械设备、用具、绳子、坐板、安全带有无损坏，确保机械性能良好及各种用具无异常现象方能上岗操作。

（3）操作绳、安全绳必须分开生根并扎紧系死，靠沿口处要加垫软物，防止因磨损而断绳，绳子下端一定要接触地面，放绳人同时也要系临时安全绳。

(4) 施工员上岗前要穿好工作服，戴好安全帽，上岗时要先系安全带，再系保险锁(安全绳上)，尔后再系好卸扣(操作绳上)，同时坐板扣子要打紧，固死，如图 22-103。

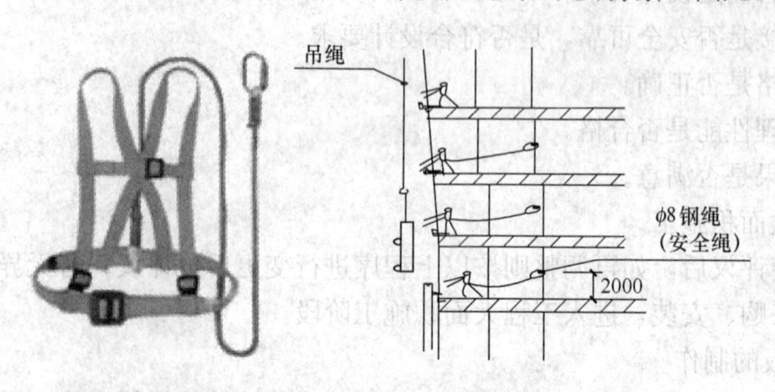


图 22-103　施工员上岗的安全措施

(5) 下绳时，施工负责人和楼上监护人员要给予指挥和帮助。

(6) 操作时辅助用具要扎紧扎牢，以防坠伤人，同时严禁嬉笑打闹和携带其他无关物品。

(7) 楼上、地面监护人员要坚守在施工现场，切实履行职责，随时观察操作绳、安全绳的松紧及绞绳、串绳等现象，发现问题及时报告，及时排除。

(8) 楼上监护人员不得随意在楼顶边沿上来回走动。需要时，必须先系好自身安全绳，尔后再进行辅助工作。地面监护人员不得在施工现场看书看报，更不得随意观赏其他场景。并要随时制止行人进入危险地段及拉绳、甩绳现象发生。

(9) 操作绳、安全绳需移位、上下时，监护人员及辅助工人要一同协调安置好，不用时需把绳子打好捆紧。

(10) 施工员要落地时，要先察看一下地面、墙壁的设施，操作绳、安全绳的定位及行人流量的多少情况，待地面监护人员处理、调整，同意后方可缓慢下降，直至地面。

(11) 高空作业人员和现场监护人员必须服从施工负责人的统一指挥和统一管理。

(12) 高空操作人员应符合超高层施工体质要求，开工前检查身体。

(13) 高空作业人员应佩带工具袋，工具应放在工具袋中不得放在钢梁或易失落的地方，所有手工工具(如手锤、扳手、撬棍)，应穿上绳子套在安全带或手腕上，防止失落伤及他人。

(14) 高空作业人员严禁带病作业，施工现场禁止酒后作业，高温天气做好防暑降温工作。

(15) 吊装时应架设风速仪，风力超过 6 级或雷雨时应禁止吊装，夜间吊装必须保证足够的照明，构件不得悬空过夜。吊装前起重指挥要仔细检查吊具是否符合规格要求，是否有损伤，所有起重指挥及操作人员必须持证上岗。

2. 吊篮安全措施

(1) 吊篮操作工，必须经市认定的机构培训合格，执证上岗。无操作上岗证的人员，严禁操作吊篮。

(2) 进入吊篮，必须戴好安全帽，戴好安全带、钩牢保险钩（拴在安全保险绳上)。

(3) 吊篮操作工和上篮人员，应严格遵守吊篮"使用说明书"和"安全技术规定"。

(4) 吊篮操作人员必须身体健康，无高血压病、贫血病、心脏病、癫痫病和其他不适宜高空作业的疾病，严禁酒后操作，禁止在吊篮内玩笑戏闹。

(5) 吊篮搭设构造必须遵照专项安全施工组织设计（施工方案）规定，组装或拆除时，应3人配合操作，严格按搭设程序作业，任何人不允许改变方案。

(6) 吊篮的负载按出厂使用说明书的规定执行，吊篮上的作业人员和材料应对称分布，不得集中在一头，保持吊篮负载平衡。

(7) 承重钢丝绳与挑梁连接必须牢靠，并应有预钢丝绳受剪的保护措施。

(8) 吊篮的位置和挑梁的设置应根据建筑物的实际情况而定。挑梁挑出的长度与吊篮的吊点必须保持垂直，安装挑梁时，应使挑梁探出建筑物的一端稍高于另一端。挑梁在建筑物内外的两端应用钢管连接牢固，成为整体。

(9) 每班第一次升降吊篮前，必须先检查电源、钢丝绳、屋面梁、臂梁架压铁是否符合要求，检查安全锁和升降电机是否完好。

(10) 吊篮升降范围内，必须清除外墙面的障碍物。

(11) 严禁将吊篮作为运输材料和人员的"电梯"使用，严格控制吊篮内的荷载。

(12) 上篮作业人员必须在上、下午离开吊篮前，对安全锁、升降机及钢丝绳等沾污的水泥浆等杂物垃圾作一次清除，以确保机械的安全可靠性。

(13) 上吊篮人员在操作前必须做到下列几点：

1) 检查电源线连接点，观察指示灯；

2) 按启动按钮，检查平台是否处于水平；

3) 检查限位开关；

4) 检查提升器与平台的连接处；

5) 检查安全绳与安全锁连接是否可靠，动作是否正常。

(14) 电动升降吊篮必须实施二级漏电保护。

3. 用水、用电、防火安全措施

(1) 用水安全措施

水、电由总包方预留出接驳位置，提供施工用水、二级配电箱。用水用电量由计算确定。

按满足施工及生活要求接驳采用。水源从指定地点接至施工区域，设置出水口，出水口下方设专业接水容器，容积在2m³便于接水，防止外溢，既能满足施工用水，又能满足消防要求。

(2) 用电安全措施

严格按照《施工现场临时用电安全技术规范》(JGJ 46—2005) 和《建筑施工安全检查标准》(JGJ 59—99) 以及各省市文明安全工地检查评分标准进行现场的临电管理和维护。

执行总包方的有关安全用电管理规定，教育施工人员，提高安全用电的意识，定期组织检查本单位配电线路及用电设备，保证各种电气设备安全可靠运行，并对检查中发现的问题和隐患定人、定措施、定时间进行解决和整改，做好检查记录。

所有电器设备采用 TN-S 接法，做到三级配电，现场施工用电执行一机、一闸、一漏电保护的“三级”保护措施。其电箱设门、设锁、编号、注明责任人。电缆线为三相五线制，并规定黄绿双色线为保护零线，不得作为相线使用。

配电箱和开关箱中，逐级漏电保护器的额定漏电动作电流和额定漏电动作时间应作合理配合，使之具有分级保护分段保护的功能。施工现场的漏电保护开关在总配电箱、分配电箱上安装的漏电保护开关的动作电流为 50～100MA，保护该线路：开关箱内安装的漏电保护开关的漏电动作电流就为 30MA 以下额定漏电动作时间小于 0.1s。使用于潮湿和有腐蚀介质场所的漏电保护器应采用防溅型产品，其额定漏电动作电流应不大于 15MA，额定漏电动作时间应小于 0.1s。

机械设备必须执行工作接地和重复接地的保护措施。单相 220V 电气设备应有单独的保护零线或地线。严禁在同一系统中接零、接地两种混用，不用保护接地做照明零线。定期对电器设备进行检修，定期对电器设备进行绝缘、接地电阻测试。

现场严禁拖地线，导线型号及规格、最大弧垂距地高度、接地要符合工艺标准，电缆穿过建筑物、道路，易损部位要加套管；施工区所使用的各种电箱、机械，设备、电焊机必须用绝缘板垫起，严禁设置在水中。

电箱内所配置的电闸、漏电、熔丝荷载必须与设备额定电流相等。不使用偏大或偏小额定电流的电熔丝，严禁使用金属丝代替电熔丝。

保护好露天电气设备，以防雨淋和潮湿，检查漏电保护装置的灵敏度，使用移动式和手持电动设备时，一要有漏电保护装置，二要使用绝缘护具，三要电线绝缘良好。大雨过后要检查脚手架的下部是否下沉，如有下沉，则应立即加固。

在任何用电范围内，均需接受电工的管理、指导，不得违反。

严禁一制多机（或工具）用电。

一切电线接头均要接触牢固，严禁随手接电，电线接头严禁裸露。

一切临时电路均要在 2m 高度以上，严禁拖地电线长度超过 5m。

任何拖地电线必须做好防水、防漏电工作。

每一工作小区（分区）设一漏电保护开关。

照明灯泡悬泡挂，严禁近人及靠近木材、电线、易燃品。

凡用电工种须配备的机具均设地线接地。

电工经专门培训，持供电局核发的操作许可证上岗，非电气操作人员不准擅动电气设施，电动机械发生故障，要找电工维修。

各级配电箱要做好防雨、防砸、防损坏，配电箱周围 2m 内不准堆放任何材料或杂物。高低压线下方不得设置架具材料及其他杂物。

（3）防火安全措施

在施工生产全过程中认真贯彻实施“预防为主、防消结合”的方针，确保项目不出现消防、伤亡事故。

建立安全管理委员会，成立以项目经理负责的安全管理小组，其他部门配合的管理体系，结合工程施工特点，对每位员工进行消防保卫方面的教育培训，做到每个人在思想上的重视。

为了加强施工现场的防火工作，严格执行防火安全规定，消除安全隐患，预防火灾事故的发生，进入施工现场的单位要建立健全防火安全组织，责任到人，确定专（兼）职现场防火员。

施工现场执行用火申请制度，如因生产需要动用明火，如电焊、气焊（割）、熬油膏等，必须实行工程负责人审批制度输动用明火许可证。在用火操作引起火花的部位应有控制措施，在用火操作结束离开现场前，要对作业面进行一次安全检查，熄火、消除火源溶渣，消除隐患。

在防火操作区内根据工作性质，工作范围配备相应的灭火器材，或安装临时消防水管，工地工棚搭建避免使用易燃物品搭设，以防火灾发生。

工地上乙炔、氧气等易燃爆气体罐分开存放，挂明显标记，严禁火种，并且使用时由持证人员操作。

严格用电制度，施工单位配有专职电工，合格的配电箱，如需用电应事先与电工联系，严禁各施工单位擅自乱拉乱接电源，严禁使用电炉。

在有易燃物料的装潢施工现场，木加工棚等禁止吸烟和使用小太阳灯照明，如有违反规定处以罚款。

施工现场危险区还应有醒目的禁烟、禁火标志。

4. 现场周边环境安全管理措施

(1) 环境保护和职业健康安全的目的和内容

随着社会各方面对环保方面的要求越来越高，项目建设实施环境保护是响应政府号召，造福社会的义举，同时实施的职业健康安全管理将极大地减少生产事故和劳动疾病的发生。实施环境和职业健康安全管理体系，从自身约束做起，幕墙施工单位在生产各方面制定了严格的生产制度，确保在工程项目施工生产中不污染环境、不危害工人和他人的健康安全，从而实现幕墙施工单位的安全生产目标。

(2) 环境保护措施

设计用料尽可能选用无污染可回收利用的材料，合理解决幕墙光污染问题。

积极开展“5S”管理：即整理、整顿、清扫、清洁及素养；严格遵守各省市施工的有关规定，力争避免和消除对周围环境的影响与破坏，积极主动协调与其他施工单位的关系。

生活工作基地严格按甲方划定的范围设置临时可靠的围界，实行封闭管理，临建布置整齐、有序，道路排水通畅，“五小设施”齐全，生活污水合理排泄，生活区管理规定上墙挂牌昭标全体，生活和工作基地进行文明管理考核，营造一个环境整洁的生活、生产基地。

施工现场及楼层内的建筑垃圾、废物应及时清理到指定地点堆放，并及时清运出场，保证施工场地的清洁和施工道路的畅通，严禁高空乱抛物料。控制人为噪声进入施工现场，不得高声喊叫、乱吹口哨、码放时要轻拿轻放，禁止摔打物品，禁止故意敲打制造噪声。

在施工现场平面布置和组织施工过程中严格执行国家和地区行业有关噪声污染，环境保护的法律法规和规章制度。

针对施工场地粉尘、施工噪声、施工垃圾对周围环境的污染，施工给周围居民带来生活不便。

(3) 施工噪声污染防护措施

对使用的工程机械和运输车辆安装消声器并加强维修保养，降低噪声。机械车辆途经居住场所时应减速慢行，不鸣喇叭。在比较固定的机械设备附近，修建临时隔音屏障，减少噪声传播。

合理安排施工作业时间，尽量降低夜间车辆出入频率，夜间施工不得安排噪声很大的机械。适当控制机械布置密度，条件允许时拉开一定距离，避免机械过于集中形成噪声叠加。

### 22.11.3 安全设施硬件投入

1. 投入的安全防护用具

(1) 安全防护用品，包括安全帽、安全带、安全网、安全绳及绝缘鞋、绝缘手套、防护口罩等其他个人防护用品；

(2) 安全防护设施，包括各种“临边、洞口”的防护用具等；

(3) 电气产品，包括手持电动工具、木工机具、钢筋机械、振动机具、漏电保护器、电闸箱、电缆、电器开关、插座及电工元器件等；

(4) 架设机具，包括用竹、木、钢等材料组成的各类脚手架及其零部件、登高设施、简易起重吊装机具等。

2. 安全防护用具及各种机械安全使用说明及规范

(1) 检查现场购买及已有的安全防护用具、机械设备等是否具有检测合格证明及下列资料：

1) 产品的生产许可证（指实行生产许可证的产品）和出厂产品合格证；

2) 产品的有关技术标准、规范；

3) 产品的有关图纸及技术资料；

4) 产品的技术性能、安全防护装置的说明。

(2) 现场使用的安全防护用具及机械设备，进行定期或者不定期的抽检，发现不合格产品或者技术指标和安全性能不能满足施工安全需要的产品，必须立即停止使用，并清除出施工现场。

(3) 必须采购、使用具有生产许可证、产品合格证的产品，并建立安全防护用具及机械设备的采购、使用、检查、维修、保养的责任制。

(4) 施工现场新安装或者停工 6 个月以上又重新使用的塔式起重机、龙门架（井字架）、整体提升脚手架等，在使用前必须组织由本企业的安全、施工等技术管理人员参加的检验，经检验合格后方可使用。不能自行检验的，可以委托当地建筑安全监督管理机构进行检验。

(5) 由项目经理总负责的安全组织机构必须对施工中使用的安全防护用具及机械设备进行定期检查，发现隐患或者不符合要求的，应当立即采取措施解决。

(6) 所有操作及施工人员必须了解所有机械包括各类电动工具的安全保护和接地装置和操作说明。

(7) 主要作业场所必须安置 24h36V 安全照明和必要的警示等以防止各种可能的事故。

(8) 使用的所有机械设备应有安全操作防护罩和详细的安全操作要点等。

(9) 所有特殊工种和机械设备操作人员必须是经过专业培训并取得相关证书，技术熟练、持有特殊工种操作证的人员；所有工作在进场作业前必须严格进行“三级”教育，考核并颁发安全上岗证；按发包人和监理工程师的要求，随时向业主、发包人和监理工程师出示这类证件；业主、发包人和监理工程师有权将不具备这类证件的专业工人或其他工人逐出现场；尽管如此，分包人保证业主和发包人免于任何因分保人违章使用工人而可能导致的任何损失或损害。

# 23 门 窗 工 程

## 23.1 木 门 窗

### 23.1.1 木 门 窗 分 类

1. 按主要材料分：

(1) 实木门窗；

(2) 实木复合门窗；

(3) 木质复合门窗；

(4) 综合木门窗。

2. 按门窗周边形状分：

(1) 平口门窗；

(2) 企口凸边门窗；

(3) 异型边门窗。

3. 按使用场所分：

(1) 外门窗；

(2) 内门窗；

(3) 室内门窗。

4. 按产品表面饰面分：

(1) 涂饰门窗；

(2) 覆面门窗；

(3) 覆面、涂饰复合门窗。

5. 按门扇内部填充材料多少分：

(1) 实芯门扇；

(2) 半实芯门扇。

### 23.1.2 木门窗技术要求

#### 23.1.2.1 材料

门窗的主要材料及填充材料应符合设计及相关规范要求，并附有检测报告。

木门窗的主要材料包括：木材、指接材、胶合木（集成材）、人造板、饰面材料、涂料、密封材料、胶粘剂、五金配件及玻璃等。

门窗内芯填充材料可使用木材、人造板、纸质蜂窝等材料，但不得使用废弃的未经处理的木质材料。

### 23.1.2.2 外观质量

（1）实木门窗和传统木门窗外观质量

应符合表23-1中1～8项及（4）规定。

（2）装饰单板覆面门窗外观质量

应符合表23-1中9～16项及（4）规定。

（3）其他覆面材料门窗外观质量

应符合表23-1中17～22项及（4）规定。

（4）涂饰、加工制作、五金锁具及合页安装、玻璃等外观质量

应符合表23-1中23～40项规定。

外观质量要求　　表23-1

| 序号 | 类别 | 项目 | 要求 | | 不合格分类 |
|---|---|---|---|---|---|
| 1 | 木材制品（实木） | 半活节、未贯通死节 | 窗棂、压条及线条 | 直径＜5mm不计，≤材宽的1/3，计个数，单面任1延米个数≤3 | C |
| | | | 外窗受力构件 | 直径＜3mm，单面任1延米个数≤3 | B |
| | | | 其余部件 | 直径＜20mm不计，≤材宽的2/5，计个数，单面任1延米个数≤5 | C |
| 2 | | 死节、树脂道 | 门窗边、框、窗棂、压条及线条 | 不允许 | B |
| | | | 其余部件 | 直径＜12mm不计，≤材宽的2/5，计如活节个数，要修补，单面任1延米个数≤3 | B |
| 3 | | 髓心 | 窗棂、压条及线条 | 不允许 | C |
| | | | 其余部件 | 不露出表面的允许 | C |
| 4 | | 裂纹 | 外窗受力构件、窗棂、压条、镶板及线条 | 不允许 | B |
| | | | 其余部件 | 深度及长度≤厚度及材长的1/5 | B |
| 5 | | 贯通裂缝 | 框 | 长度不得超过100mm | A |
| | | | 其余部件 | 不允许 | A |
| 6 | | 斜纹的斜率 | 框 | ≤12% | B |
| | | | 窗棂、压条及线条 | ≤5% | B |
| | | | 门镶板 | 不限 | — |
| | | | 其余部件 | ≤7% | B |
| 7 | | 油眼、虫眼 | 窗棂、压条及线条 | 不允许 | B |
| | | | 其余部件 | 不露出表面的允许 | B |
| 8 | | 腐朽 | 所有部件 | 不允许 | A |

续表

| 序号 | 类别 | 项目 | | 要求 | 不合格分类 |
|---|---|---|---|---|---|
| 9 | 装饰单板饰面 | 活节 | 阔叶树材 | 不限 | C |
| 10 | | | 针叶树材 | 最大单个直径≤20mm | |
| 11 | | 半活节、夹皮和树脂囊、树胶道 | | 最大单个直径≤20mm，每平方米表面的缺陷≤4个；单个直径≤5mm不计，脱落处要填补 | B |
| 12 | | 死节、孔洞 | | 最大单个直径≤5mm，每平方米表面的缺陷≤4个；单个直径≤3mm不计，脱落、开裂处要填补 | A |
| 13 | | 腐朽 | | 不允许 | A |
| 14 | | 鼓泡、分层 | | 面积≤20mm²，每平方米的数量≤1个 | A |
| 15 | | 凹陷、压痕 | | 面积≤100mm²，每平方米的数量≤1个 | C |
| 16 | | *裂缝、条缺损（缺丝）、叠层、补条、补片、透胶、板面污染、划痕、拼接离缝 | | 不明显 | C |
| 17 | 其他覆面材料饰面 | 干、湿花 | | 不允许 | B |
| 18 | | 污斑 | | 不明显，3～30mm²允许的每平方米的数量≤1个 | C |
| | | 表面压痕、划痕、皱纹 | | 不明显 | B |
| 19 | | 透底、纸板错位、纸张撕裂、局部缺纸、龟裂、鼓泡、分层、崩边等 | | 不允许 | A |
| 20 | | 表面孔隙 | | 表面孔隙总面积不超过总面积的0.3%允许 | C |
| 21 | | 颜色不匹配、光泽不均 | | 明显的不允许 | C |
| 22 | 涂饰 | 漆膜鼓泡 | | 不允许 | B |
| 23 | | 针孔、缩孔、白点 | | $\phi$≤0.5mm，单面每平方米的数量≤5个 | C |
| 24 | | 皱皮、雾光 | | 不超过板面积的0.2% | B |
| 25 | | *粒子、刷毛、积粉、杂渣 | | 不明显 | C |
| 26 | | 漏漆、褪色、掉色 | | 不允许 | A |
| 27 | | 色差 | | 不明显 | B |
| 28 | | *加工痕迹、划痕、白楞、流挂 | | 不明显 | C |

续表

| 序号 | 类 别 | 项 目 | 要 求 | 不合格分类 |
|---|---|---|---|---|
| 29 | 加工制作 | *毛刺、刀痕、划痕、崩角、崩边、污斑及砂迹 | 不明显 | C |
| 30 | | 倒棱、圆角、圆线 | 均匀 | C |
| 31 | | 允许范围内缺陷修补 | 不明显 | C |
| 32 | | 榫接部位 | 牢固、无断裂；不得有材质缺陷 | A |
| 33 | | 割角组装、拼缝等 | 端正、平整、严密（拼缝间隙及高低差≤0.2mm） | B |
| 34 | | 人造板外露面 | 不允许，应进行涂饰或封边密封处理 | A |
| 35 | | *密封胶条安装不平直、不均匀、接头不严密，咬边，脱槽或脱落 | 不允许 | C |
| 36 | | *雕刻 | 线条流畅、铲底应平整、不得有刀痕和毛刺及缺角，贴雕与底板粘贴严密牢固 | C |
| 37 | | 软、硬包覆部位 | 应平服饱满、无明显皱褶、圆滑挺直、外露泡钉无损坏及排列整齐 | B |
| 38 | 五金锁具及合页安装 | *位置不准确、不牢固、启闭不灵活 | 不允许 | B |
| 39 | 玻璃 | *线道、划伤、麻点、砂粒、气泡 | 不明显 | C |
| 40 | 传统木门窗 | 符合《古建筑修建工程质量检验评定标准（北方地区）》（CJJ 39）及《古建筑修建工程质量检验评定标准（南方地区）》（CJJ 70）规定 | | |

注：1. 按产品的相应类别项进行检查。
2. 不明显是指正常视力在视距末1m内可见的缺陷。
3. 明显是指正常视力在视距1.5m内可清晰观察到。
4. 表中*表示每一项目中有2个以上单项，出现一个单项不合格，即按一个不合格计算。
5. 不合格项分类，A为严重不合格项，B为不合格项，C为较轻不合格项。
6. 若某B、C类缺陷明显到影响产品质量时，则按A类判定。

#### 23.1.2.3 木门窗安装要点

1. 先立门窗框（立口）

（1）立门窗框前须对成品加以检查，进行校正规方，钉好斜拉条（不得少于2根），无下坎的门框应加钉水平拉条，以防在运输和安装中变形；

（2）立门窗框前要事先准备好撑杆、木橛子、木砖或倒刺钉，并在门窗框上钉好护角条；

（3）立门窗框前要看清门窗框在施工图上的位置、标高、型号、门窗框规格、门扇开启方向、门窗框是里平、外平或是立在墙中等，按图立口；

(4) 立门窗框时要注意拉通线，撑杆下端要固定在木橛子上；

(5) 立框子时要用线坠找直吊正，并在砌筑砖墙时随时检查有否倾斜或移动。

2. 后塞门窗框（后塞口）

(1) 后塞门窗框前要预先检查门窗洞口的尺寸、垂直度及木砖数量；如有问题，应事先修理好；

(2) 门窗框应用钉子固定在墙内的预埋木砖上，每边的固定点应不少于两处，其间距应不大于1.2m；

(3) 在预留门窗洞口的同时，应留出门窗框走头（门窗框上、下坎两端伸出口外部分）的缺口，在门窗框调整就位后，封砌缺口；当受条件限制，门窗框不能留走头时，应采取可靠措施将门窗框固定在墙内木砖上；

(4) 后塞门窗框时需注意水平线要直。多层建筑的门窗在墙中的位置，应在一直线上。安装时，横竖均拉通线。当门窗框的一面需镶贴脸板，则门窗框应凸出墙面，凸出的厚度等于抹灰层的厚度；

(5) 寒冷地区门窗框与外墙间的空隙，应填塞保温材料。

3. 木门窗扇安装

(1) 安装前检查门窗扇的型号、规格、质量是否合乎要求；如发现问题，应事先修好或更换；

(2) 安装前先量好门窗框的高低、宽窄尺寸，然后在相应的扇边上画出高低宽窄的线，双扇门窗要打叠（自由门除外），先在中间缝处画出中线，再画出边线，并保证梃宽一致，上下冒头也要画线刨直；

(3) 画好高低、宽窄线后，用粗刨刨去线外部分，再用细刨刨至光滑、平直，使其符合设计尺寸要求；

(4) 将扇放入框中试装合格后，按扇高的1/8～1/10，在框上按合页大小画线，并剔出合页槽，槽深一定要与合页厚度相适应，槽底要平；

(5) 门窗扇安装的留缝宽度，应符合有关标准的规定。

4. 木门窗小五金安装

(1) 有木节处或已填补的木节处，均不得安装小五金；

(2) 安装合页、插销、L铁、T铁等小五金时，先用锤将木螺钉打入长度的1/3，然后用螺钉旋具将木螺钉拧紧、拧平，不得歪扭、倾斜。严禁打入全部深度。采用硬木时，应先钻2/3深度的孔，孔径为木螺钉直径的0.9倍，然后再将木螺钉由孔中拧入；

(3) 合页距门窗上、下端宜取立梃高度的1/10，并避开上、下冒头。安装后应开关灵活。门窗拉手应位于门窗高度中点以下，窗拉手距地面以1.5～1.6m为宜，门拉手距地面以0.9～1.05m为宜，门拉手应里外一致；

(4) 门锁不宜安装在中冒头与立梃的结合处，以防伤榫。门锁位置一般宜高出地面900～950mm；

(5) 门窗扇嵌L铁、T铁时应加以隐蔽，作凹槽，安完后应低于表面1mm左右。门窗扇为外开时，L铁、T铁安在内面；内开时，安在外面；

(6) 上、下插销要安在梃宽的中间；如采用暗插销，则应在外梃上剔槽。

5. 后塞口预安窗扇的安装

预安窗扇就是窗框安到墙上以前，先将窗扇安到窗框上，方便操作，提高工效。其操作要点为：

（1）按图纸要求，检查各类窗的规格、质量；如发现问题，应进行修整；

（2）按图纸的要求，将窗框放到支撑好的临时木架（等于窗洞口）内调整，用木拉子或木楔子将窗框稳固，然后安装窗扇；

（3）对推广采用外墙板施工者，也可以将窗扇和纱窗扇同时安装好；

（4）有关安装技术要点，与现场安装窗扇要求一致；

（5）装好的窗框、扇，应将插销插好，风钩用小圆钉暂时固定，把小圆钉砸倒，并在水平面内加钉木拉子，码垛垫平，防止变形；

（6）已安好五金的窗框，将底油和第一道油漆刷好，以防止受湿变形；

（7）在塞放窗框时，应按图纸核对，做到平整方直，如窗框边与墙中预埋木砖有缝隙时，应加木垫垫实，用大木螺钉或圆钉与墙木砖联固，并将上冒头紧靠过梁，下冒头垫平，用木楔夹紧。

**23.1.2.4 木门窗制作与安装质量标准**

1. 主控项目

（1）木门窗的木材品种、材质等级、规格、尺寸、框扇的线型及人造木板的甲醛含量应符合设计要求。设计未规定材质等级时，所用木材的质量应符合《建筑装饰装修工程质量验收规范》(GB 50210—2001) 附录 A 的规定。

（2）木门窗应采用烘干的木材，含水率应符合《建筑木门、木窗》（JG/T 122）的规定。

（3）木门窗的防火、防腐、防虫处理应符合设计要求。

（4）木门窗的结合处和安装配件处不得有木节或已填补的木节。木门窗如有允许限值以内的死节及直径较大的虫眼时，应用同一材质的木塞加胶填补。对于清漆制品，木塞的木纹和色泽应与制品一致。

（5）门窗框和厚度大于 50mm 的门窗扇应用双榫连接。榫槽应采用胶料严密嵌合，并应用胶楔加紧。

（6）胶合板门、纤维板门和模压门不得脱胶。胶合板不得刨透表层单板，不得有戗槎。制作胶合板门、纤维板门时。边框和横楞应在同一平面上，面层、边框及横楞应加压胶结。横楞和上、下冒头应各钻两个以上的透气孔，透气孔应通畅。

（7）木门窗的品种、类型、规格、开启方向、安装位置及连接方式应符合设计要求。

（8）木门窗框的安装必须牢固。预埋木砖的防腐处理、木门窗框固定点的数量、位置及固定方法应符合设计要求。

（9）木门窗扇必须安装牢固，并应开关灵活，关闭严密，无倒翘。

（10）木门窗配件的型号、规格、数量应符合设计要求，安装应牢固，位置应正确，功能应满足使用要求。

2. 一般项目

（1）木门窗表面应洁净，不得有刨痕、锤印。

（2）木门窗的割角、拼缝应严密平整。门窗框、扇裁口应顺直，刨面应平整。

(3) 木门窗上的槽、孔应边缘整齐，无毛刺。

(4) 木门窗与墙体间缝隙的填嵌材料应符合设计要求，填嵌应饱满。寒冷地区外门窗（或门窗框）与砌体间的空隙应填充保温材料。

(5) 木门窗批水、盖口条、压缝条、密封条的安装应顺直，与门窗结合应牢固、严密。

(6) 木门窗尺寸允许偏差及形状位置公差应符合表 23-2 的规定。

**制作尺寸允许偏差、形状和位置公差及测定方法　　表 23-2**

| 序号 | 项目 | 构件名称 | | 尺寸允许偏差及形状位置公差 | 测定方法 | 不合格项分类 |
|---|---|---|---|---|---|---|
| 1 | 高度 | 框 | | （框、扇的设计尺寸）±1.5mm | 按《门扇尺寸、直角度和平面度检测方法》（GB/T 22636—2008）中 4.1/4.2 方法进行。<br>高度、宽度精确到 0.5mm，厚度精确到 0.2mm | C |
| | | 扇 | | | | |
| 2 | 宽度 | 框 | | （框、扇的设计尺寸）±1.5mm | | B |
| | | 扇 | | | | |
| 3 | 厚度 | 扇 | | （设计尺寸）±1mm | | B |
| 4 | 两对角线长度之差 | 框 | | ≤2.5mm | 用钢卷尺测量两对角线长度之差，框量裁口里角，扇量外角，精确至 1mm | C |
| | | 扇 | | ≤2mm | | B |
| 5 | 裁口、线条和结合处高低差 | 框、扇 | | ≤0.5mm | 钢板尺、塞尺 | C |
| 6 | 相邻棂子两端间距 | 扇 | | ≤1mm | 钢板尺、钢卷尺 | C |
| 7 | 翘曲（顺弯、翘弯、横弯） | 门框 | 顺弯 | ≤2.0mm/m | 用长度不小于被测件尺寸的基准靠尺，仅靠框或扇最大凹面的长边或短边，用塞尺或钢板尺量取最大弦高，精确至 0.5mm。靠长边测量结果为顺弯、翘弯，靠短边测量结果为横弯（图示见《锯材缺陷》GB/T 4823） | B |
| | | | 横弯 | ≤0.8mm/m | | B |
| | | 门扇 | 顺弯 | ≤2.0mm/m | | A |
| | | | 翘弯 | ≤1.0mm/m | | B |
| | | 窗框 | 顺弯 | ≤1.5mm/m | | B |
| | | | 横弯 | ≤0.5mm/m | | B |
| | | 窗扇 | 顺弯 | ≤1.5mm/m | | A |
| | | | 翘弯 | ≤1.0mm/m | | B |
| 8 | 局部表面平面度 | 扇 | | ≤0.5mm/m | 按 GB/T 22636—2008 中 4.4.3 方法进行 | B |

注：1. 门窗单扇尺寸≥900mm×2200mm 时按设计要求允许偏差值。

2. 不合格项分类，A 为严重不合格项，B 为不合格项，C 为较轻不合格项。

（7）平开整樘门窗装配配合缝隙、允许偏差和检验方法应符合表23-3规定。

平开整樘门窗装配配合缝隙、允许偏差和检验方法　表23-3

| 序号 | 项目 | | 配合缝隙（mm） | 允许偏差（mm） | 检验方法 | 不合格项分类 |
|---|---|---|---|---|---|---|
| 1 | 门窗框的正、侧面垂直度 | | — | 2 | 用线坠和钢直尺或者水平垂直度检测仪器 | A |
| 2 | 框与扇接缝高低差 | | — | 1 | 用钢直尺和塞尺 | B |
| | 扇与扇接缝高低差 | | | 1 | | |
| 3 | 门窗扇对口缝 | | 1～3.5 | — | 用钢直尺和斜形塞尺 | B |
| 4 | 工业厂房、围墙双扇大门对口缝 | | 2～7 | — | | C |
| 5 | 门窗扇与上框间留缝 | 外门、内门 | 1～3（3.5） | — | | B |
| | | 室内门 | 1～2.5 | | | |
| 6 | 门窗扇与合页侧框间留缝 | 外门、内门 | 1～3（3.5） | — | | B |
| | | 室内门 | 1～2.5 | | | |
| 7 | 门窗扇与锁侧框间留缝 | 外门、内门 | 1～3（3.5） | — | | B |
| | | 室内门 | 1～2.5 | | | |
| 8 | 门扇与下框间留缝 | | 3～5 | — | 用钢直尺和斜形塞尺 | C |
| 9 | 窗扇与下框间留缝 | | 1.5～3 | — | | C |
| 10 | 双层门窗内外框间距 | | — | 4 | 用钢直 | C |
| 11 | 无下框时扇与地面间留缝 | 外门、内门 | 4～7 | — | 用钢直尺和斜形塞尺 | C |
| | | 室内门 | 4～8 | | | C |
| | | 卫生间门 | | | | C |
| | | 厂房大门 | 10～20 | | | C |
| | | 围墙大门 | | | | C |
| 12 | 框与扇搭接量 | 门 | — | ±2 | 钢板尺 | C |
| | | 窗 | — | ±1 | 钢板尺 | C |

注：不合格项分类，A为严重不合格项，B为不合格项；C为较轻不合格项。

# 23.2 木复合门

## 23.2.1 木复合门的种类与标记

木复合门扇指以木材、人造板等为主要材料复合制成，面层为单板或其他覆面材料装饰的门扇。

木复合门框指以木材、人造板等材料为芯板，面层为单板或其他覆面材料装饰的门框。

木复合门是木复合门扇和复合门框的组合。

1. 木复合门的分类与代号

(1) 按饰面材料

单板——D；　高压装饰板——G；　浸渍胶膜纸——J；

PVC 薄膜——P；　浮雕纤维板——F；　直接印刷——Z；

涂料饰面——T。

(2) 按门扇和门框内芯材料

胶合板——j；　刨花板——b；　纤维板——x；　空心刨花板——k；

网格芯材——w；　木条——m；　蜂窝纸——f；　集成材——c。

(3) 按门扇边缘形状

平口扇——P；

企口扇——Q。

(4) 按开启方式

1) 按平开门扇开启方式

常用平开门扇开启方式的代号应符合表 23-4 的规定。

**常用平开门扇开启方式的代号及图示**　　表 23-4

| 图　示 | 代号 | 图　示 | 代号 | 图　示 | 代号 | 图　示 | 代号 |
|---|---|---|---|---|---|---|---|
| 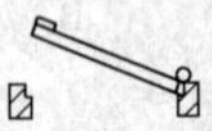  | R |   | L | 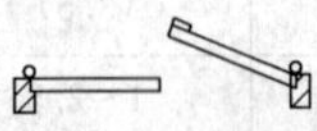  | Rx | 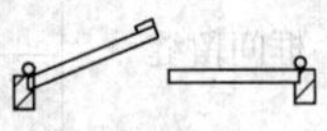  | Lx |
|   | Rw |   | Lw | 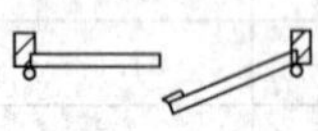  | Rxw | 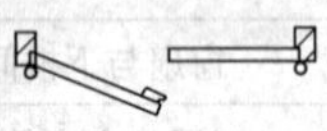  | Lxw |

注：右开［单扇］内平开门—R；左开［单扇］内平开门—L；右开双扇内平开门——Rx；左开双扇内平开门——Lx；右开［单扇］外平开门——Rw；左开［单扇］外平开门——Lw；右开双扇外平开门——Rxw；左开双扇外平开门——Lxw。

2) 按推拉门扇开启方式

常用推拉门扇开启方式的代号应符合表 23-5 的规定。

**常用推拉门扇开启方式的代号及图示**　　表 23-5

| 图　示 | 代号 | 图　示 | 代号 | 图　示 | 代号 |
|---|---|---|---|---|---|
| 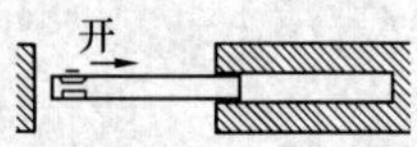 开 | R 移 | 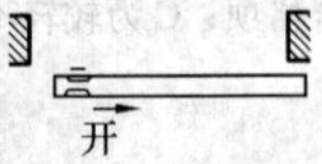 开 | Rw 移 | 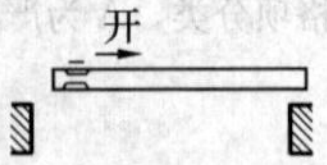 开 | Rn 移 |
| 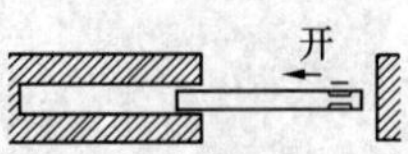 开 | L 移 | 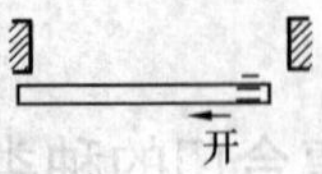 开 | Lw 移 | 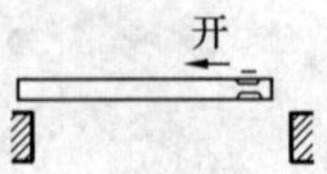 开 | Ln 移 |

注：墙中单扇右推拉门——R 移；墙外单扇右推拉门（扇在室外）——Rw 移；墙外单扇右推拉门（扇在室内）——Rn 移；墙中单扇左推拉门——L 移；墙外单扇左推拉门（扇在室外）——Lw 移；墙外单扇左推拉门（扇在室内）——Ln 移。

3）其他门扇

其他门扇开启分类可按 GB/T 5823—2008 中 3.3 项进行，并采用技术文件及图纸表达。

（5）按门扇厚度

按常用门扇厚度 35mm、40mm、45mm、50mm，以及其他特殊厚度分类，以厚度 mm 数值作标记。

2. 标记

木复合门的标记由饰面材料、门扇内芯材料、门框内芯材料、门扇周边形状、洞口宽高/厚尺寸、开启方向、门扇厚度顺序符号组合而成；其他内容可采用技术文件及图纸表达。

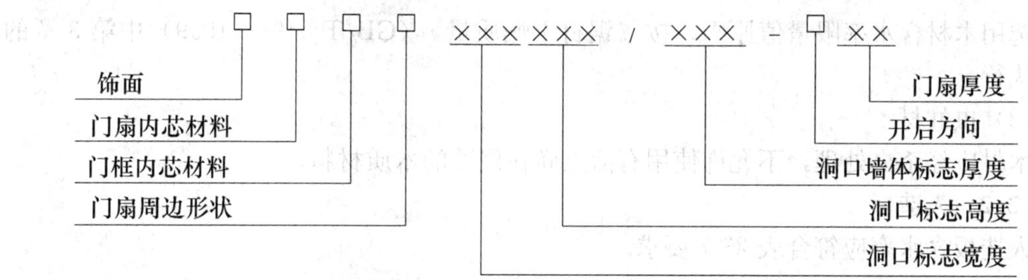


示例 1：单板饰面、门扇内芯为空心刨花板、门框内芯为刨花板、企口扇，洞口宽 900mm、高 2100mm、墙厚 155mm，右开［单扇］内平开门，门扇厚 40mm；

标记为：DkbQ090210/155-R40。

示例 2：聚氯乙烯薄膜饰面、门扇内芯为网格芯材、门框内芯为木条、平口扇，洞口宽 1500mm、高 2200mm、墙厚 240mm，右开双扇外平开门，门扇厚 45mm；

标记为：PwmP150220/240-Rxw45。

示例 3：浮雕纤维板饰面、门扇内芯为蜂窝纸、门框内芯为刨花板、平口扇，洞口宽 950mm、高 2100mm、墙厚 180mm，墙中单扇左推拉门，门扇厚 42mm；

标记为：FfbP095210/180-L 移 42。

示例 4：高压装饰板饰面、门扇内芯为木条、门框内芯为集成材、平口扇，洞口宽 800mm、高 2000mm、墙厚 165mm，墙外单扇右推拉门（扇在室外），门扇厚 50mm；

标记为：GmcP080200/165-Rw 移 50。

## 23.2.2 木复合门技术要求

### 23.2.2.1 材料

1. 木材

（1）木材材质

① 不露出表面的木材小枋

按《指接材 非结构用》（GB/T 21140—2007）中第 7 章的要求，可选用外观质量达到合格品的Ⅲ类指接材。

② 不露出表面的木材板材

质量应符合《集成材 非结构用》（LY/T 1787—2008）中表 2 合格品的要求，表面加工材厚度允许偏差为±0.5mm。

③ 露出表面的木材

用料质量应符合《木家具通用技术条件》(GB/T 3324—2008) 中 5.3.2 的要求。

(2) 木材含水率

经干燥后的木材含水率应符合表 23-6 要求。

木材含水率要求　　表 23-6

| 序号 | 检验材料 | 含水率要求 |
| --- | --- | --- |
| 1 | 不露出表面的木材小枋 | 8%～15% |
| 2 | 不露出表面的木材板材 | 8%～当地木材平衡含水率 |
| 3 | 露出表面的木材 | 8%～12% |

选用木材含水率限量值原则，按《锯材干燥质量》(GB/T 6491—1999) 中第 3 章的规定执行。

(3) 虫蛀材

木材应经杀虫处理，不允许使用有活虫尚在侵蚀的木质材料。

#### 23.2.2.2　人造板

人造板含水率应符合表 23-7 要求。

人造板含水率要求　　表 23-7

| 序号 | 检验材料 | 含水率要求 |
| --- | --- | --- |
| 1 | 中密度纤维板 | 4%～13% |
| 2 | 刨花板 | 4%～13% |
| 3 | 胶合板 | 6%～16% |

#### 23.2.2.3　尺寸偏差和形位偏差

1. 尺寸偏差

(1) 允许偏差

门扇、门框外形尺寸允许偏差应符合表 23-8 规定。

门扇、门框外形尺寸允许偏差　　表 23-8

| 序号 | 项目 | 尺寸允许偏差/mm | | | 备注 |
| --- | --- | --- | --- | --- | --- |
| | | 高 | 宽 | 厚 | |
| 1 | 门扇 | +2<br>−1 | ±1 | ±1 | 门扇外口尺寸为标志尺寸 |
| 2 | 门框 | ±2 | ±1 | — | 门框里口尺寸为标志尺寸 |
| 3 | 门框侧壁宽度 | ±0.3 | | | 配对时适用 |
| 4 | 门框槽口深度 | +1.0<br>−0.5 | | | |
| 5 | 门框槽口宽度 | ±0.3 | | | |

(2) 门扇、门框外形尺寸示意图

门扇、门框外形尺寸示意图（见图 23-1）。

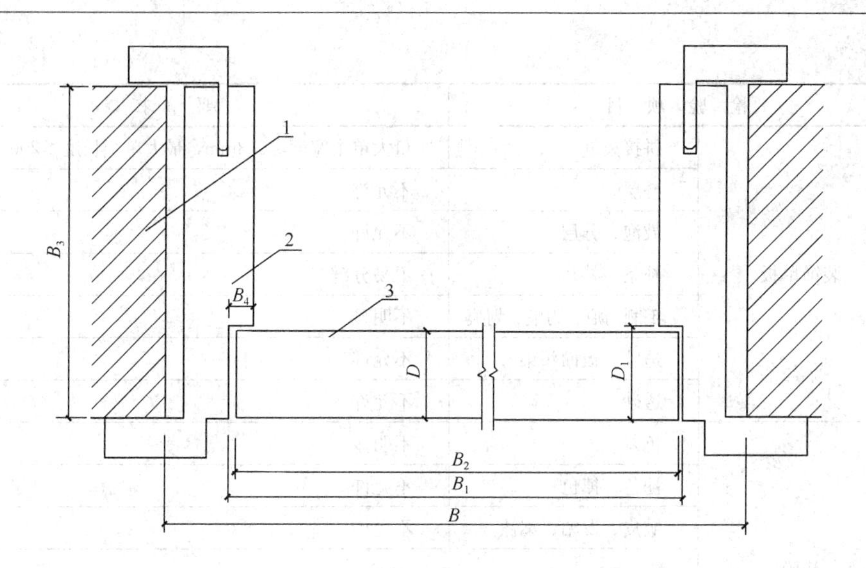


图 23-1 门扇、门框外形尺寸示意图

说明：1—墙体；2—门框；3—门扇；$B$—门洞宽度；$B_1$—门框里口宽度；$B_2$—门扇外口宽度；$B_3$—门框侧壁宽度；$B_4$—门框槽口宽度；$D$—门扇厚度；$D_1$—门框槽口深度。

2. 形位偏差

(1) 门扇形位偏差

门扇形位偏差应符合表 23-9 规定。

**门扇形位偏差** **表 23-9**

| 序号 | 项目 | 指标 | | | |
|---|---|---|---|---|---|
| | | 对角线差/mm | 整体扭曲平面度/mm | 整体弯曲平面度/‰ | 局部平面（直）度/mm |
| 1 | 门扇 | ≤2.0 | ≤3.0 | ≤1.5 | ≤0.2 |

(2) 门框形位偏差

门框形位偏差应符合表 23-10 规定。

**门框形位偏差** **表 23-10**

| 序号 | 项目 | 指标 | | | | |
|---|---|---|---|---|---|---|
| | | 对角线差 mm | 扭曲平面度 mm | 边框、上框长方向弯曲平面度/‰ | 侧壁宽方向弯曲平面度/‰ | 局部平面（直）度 mm |
| 1 | 门框 | ≤2.0 | ≤4.0 | ≤4.0 | ≤3.0 | ≤0.2 |

### 23.2.2.4 外观要求

外观应符合表 23-11 要求。

**外 观 要 求** **表 23-11**

| 序号 | 检 验 项 目 | 要 求 |
|---|---|---|
| 1 | 饰面材料品种、纹理、拼花图案 | 符合设计图纸或样板的要求 |

续表

| 序号 | 检验项目 | | 要求 |
| --- | --- | --- | --- |
| 2 | 装饰单板 | 拼接离缝 | 最大单个宽度≤0.3mm，最大单个长度≤200mm |
| 3 | | 叠层 | 不允许 |
| 4 | | 鼓泡、分层 | 不允许 |
| 5 | | 补条、补片 | 不易分辨 |
| 6 | | 毛刺沟痕、刀痕、划痕 | 不明显 |
| 7 | | 透胶、板面污染 | 不允许 |
| 8 | | 透砂 | 不允许 |
| 9 | 漆膜 | 色差 | 不明显 |
| 10 | | 褪色、掉色 | 不允许 |
| 11 | | 皱皮、发粘、漏漆 | 不允许 |
| 12 | | 漆膜涂层 | 应平整光滑、清晰，无明显粒子、涨边现象；应无明显加工痕迹、划痕、雾光、白棱、白点、鼓泡、油白、流挂、缩孔、刷毛、积粉和杂渣。缺陷处不超过4处（若有一个检验项目不符合要求时，应按一个不合格计数） |
| 13 | 软、硬质材料覆面 | 污斑 | 同一板面外表，允许1处，面积在 $3mm^2 \sim 30mm^2$ 内 |
| 14 | | 划痕、压痕 | 不明显 |
| 15 | | 色差 | 不明显 |
| 16 | | 鼓泡、龟裂、分层 | 不允许 |
| 17 | 装饰线条 | 腐朽材、树脂囊 | 不允许 |
| 18 | | 外形 | 均匀、顺直、凹凸台阶匀称；割角拼接严密 |
| 19 | 门扇 | 开启方向 | 符合设计要求 |
| 20 | | 底缘 | 可不贴封边材料，宜用涂料封闭 |

### 23.2.2.5 理化和力学性能

1. 表面理化性能

门扇、门框表面理化性能应符合表23-12的要求。

**门扇、门框表面理化性能要求** **表 23-12**

| 序号 | 检验项目 | | 要求 |
| --- | --- | --- | --- |
| 1 | 漆膜 | 附着力 | 涂层交叉切割法。不应低于3级 |
| 2 | | 抗冲击 | 冲击高度50mm。不应低于3级 |
| 3 | 软、硬质材料覆面 | 耐划痕 | 加载1.5N。表面无整圈连续划痕 |
| 4 | | 抗冲击 | 冲击高度50mm。不应低于3级 |
| 5 | 表面胶合强度 | | ≥0.4MPa |

注：表面胶合强度是指贴面、覆面材料与基材的胶合强度。

2. 力学性能

力学性能应符合表23-13的要求。

力学性能要求 表 23-13

| 序号 | 检验项目 | 要求 |
|---|---|---|
| 1 | 门扇启闭力 | 启闭灵活；门扇开启力和关闭力不大于 49N |
| 2 | 门扇反复启闭性能 | 反复启闭不少于 10 万次，启闭无异常，使用无障碍 |
| 3 | 软重物体撞击试验 | 30kg 沙袋撞击后保持良好完整性，锁具、铰链等无松动脱落 |

### 23.2.2.6 甲醛释放量

成品木复合门的甲醛释放量应符合《室内装饰装修材料 人造板及其制品中甲醛释放限量》(GB 18580—2001) 限量标准中 E1 级产品的要求。

### 23.2.2.7 特殊性能

对有保温性能和空气声隔声性能要求的木复合门，其特殊性能应符合表 23-14 的规定。

特殊性能指标 表 23-14

| 序号 | 项目 | 指标 |
|---|---|---|
| 1 | 保温性能 | GB/T 8484—2008 中第 4 章分级 |
| 2 | 空气声隔声性能 | GB/T 8485—2008 中第 4 章分级 |

### 23.2.2.8 装配要求及检验方法

装配要求及检验方法应符合表 23-15 的规定。

装配要求及检验方法 (mm) 表 23-15

| 序号 | 项目 | 留缝限值 | 允许偏差 | 检验方法 |
|---|---|---|---|---|
| 1 | 门框里口对角线差 | | 2 | 用精度为 1mm 钢卷尺检验 |
| 2 | 门扇与门框、门扇与门扇接缝高低差 | — | 1 | 用精度为 0.02mm 的游标卡尺检验 |
| 3 | 双扇门对口缝 | 1.5～2.5 | — | 用精度为 0.1mm 塞尺检验 |
| 4 | 门扇与上框间留缝 | 1.0～2.0 | — | 用精度为 0.1mm 塞尺检验 |
| 5 | 门扇与边框间留缝 | 1.5～3.0 | — | 用精度为 0.1mm 塞尺检验 |
| 6 | 门扇与下框间留缝 | 3～5 | — | 用精度为 0.5mm 塞尺检验 |
| 7 | 无下框的门扇与地面间留缝 | 4～8 | — | 用精度为 0.5mm 塞尺检验 |
| 8 | 企口门扇与门框外表面间留缝 | 1.0～2.0 | — | 用精度为 0.1mm 塞尺检验 |
| 9 | 横、竖贴脸 45°接缝高低差 | 0.2 | — | 用靠尺和精度为 0.1mm 塞尺检验 |

注1：企口门扇无序号 2 (框与扇)、4、5 项要求。

2：平口门扇无序号 8 项要求。

# 23.3　铝 合 金 门 窗

## 23.3.1　铝合金门窗的种类和规格

### 23.3.1.1　用途

1. 按建筑外围护用和内围护用，划分门窗为两类：

（1）外墙用，代号为 W；

（2）内墙用，代号为 N。

2. 功能

按使用功能划分门、窗类型和代号及其相应的性能项目，分别见表 23-16 和表 23-17。

**门的功能类别和代号**　　**表 23-16**

| 性能项目 | 种类 | 普通型 | | 隔声型 | | 保温型 | | 遮阳型 |
|---|---|---|---|---|---|---|---|---|
| | 代号 | PT | | GS | | BW | | ZY |
| | | 外门 | 内门 | 外门 | 内门 | 外门 | 内门 | 外门 |
| 抗风压性能（$P_3$） | | ◎ | | ◎ | | ◎ | | ◎ |
| 水密性能（$\Delta P$） | | ◎ | | ◎ | | ◎ | | ◎ |
| 气密性能（$q_1$；$q_2$） | | ◎ | ○ | ◎ | | ◎ | | ◎ |
| 空气声隔声性能（$R_w+C_{tr}$；$R_w+C$） | | | | ◎ | ◎ | | | |
| 保温性能（$K$） | | | | | | ◎ | ◎ | |
| 遮阳性能（$SC$） | | | | | | | | ◎ |
| 启闭力 | | ◎ | ◎ | ◎ | ◎ | ◎ | ◎ | ◎ |
| 反复启闭性能 | | ◎ | ◎ | ◎ | ◎ | ◎ | ◎ | ◎ |
| 耐撞击性能[a] | | ◎ | ◎ | ◎ | ◎ | ◎ | ◎ | ◎ |
| 抗垂直荷载性能[a] | | ◎ | ◎ | ◎ | ◎ | ◎ | ◎ | ◎ |
| 抗静扭曲性能[a] | | ◎ | ◎ | ◎ | ◎ | ◎ | ◎ | ◎ |

注：1. ◎为必需性能；○为选择性能。

2. 地弹簧门不要求气密、水密、抗风压、隔声、保温性能。

[a]耐撞击、抗垂直荷载和抗静扭曲性能为平开旋转类门必需性能。

**窗的功能类别和代号**　　**表 23-17**

| 性能项目 | 种类 | 普通型 | | 隔声型 | | 保温型 | | 遮阳型 |
|---|---|---|---|---|---|---|---|---|
| | 代号 | PT | | GS | | BW | | ZY |
| | | 外窗 | 内窗 | 外窗 | 内窗 | 外窗 | 内窗 | 外窗 |
| 抗风压性能（$P_3$） | | ◎ | | ◎ | | ◎ | | ◎ |
| 水密性能（$\Delta P$） | | ◎ | | ◎ | | ◎ | | ◎ |
| 气密性能（$q_1/q_2$） | | ◎ | | ◎ | | ◎ | | ◎ |

续表

| 性能项目 | 种类 | 普通型 | | 隔声型 | | 保温型 | | 遮阳型 |
|---|---|---|---|---|---|---|---|---|
| | 代号 | PT | | GS | | BW | | ZY |
| | | 外窗 | 内窗 | 外窗 | 内窗 | 外窗 | 内窗 | 外窗 |
| 空气声隔声性能（$R_w+C_{tr}/R_w+C$） | | | | ◎ | ◎ | | | |
| 保温性能（$K$） | | | | | | ◎ | ◎ | |
| 遮阳性能（$SC$） | | | | | | | | ◎ |
| 采光性能（$T_t$） | | ○ | | ○ | | ○ | | ○ |
| 启闭力 | | ◎ | ◎ | ◎ | ◎ | ◎ | ◎ | ◎ |
| 反复启闭性能 | | ◎ | ◎ | ◎ | ◎ | ◎ | ◎ | ◎ |

注：◎为必需性能；○为选择性能。

3. 品种

按开启形式划分门、窗品种与代号，分别见表 23-18、表 23-19。

门的开启形式品种与代号　　表 23-18

| 开启类别 | 平开旋转类 | | | 推拉平移类 | | | 折叠类 | |
|---|---|---|---|---|---|---|---|---|
| 开启形式 | （合页）平开 | 地弹簧平开 | 平开下悬 | （水平）推拉 | 提升推拉 | 推拉下悬 | 折叠平开 | 折叠推拉 |
| 代号 | P | DHP | PX | T | ST | TX | ZP | ZT |

窗的开启形式品种与代号　　表 23-19

| 开启类别 | 平开旋转类 | | | | | | | |
|---|---|---|---|---|---|---|---|---|
| 开启形式 | （合页）平开 | 滑轴平开 | 上悬 | 下悬 | 中悬 | 滑轴上悬 | 平开下悬 | 立转 |
| 代号 | P | HZP | SX | XX | ZX | HSX | PX | LZ |

| 开启类别 | 推拉平移类 | | | | | 折叠类 |
|---|---|---|---|---|---|---|
| 开启形式 | （水平）推拉 | 提升推拉 | 平开推拉 | 推拉下悬 | 提拉 | 折叠推拉 |
| 代号 | T | ST | PT | TX | TL | ZT |

4. 产品系列

以门、窗框在洞口深度方向的设计尺寸——门、窗框厚度构造尺寸（代号为 $C_2$，单位为毫米）划分。

门、窗框厚度构造尺寸符合$\frac{1}{10}$M（10mm）的建筑分模数数列值的为基本系列；基本系列中按 5mm 进级插入的数值为辅助系列。

门、窗框厚度构造尺寸小于某一基本系列或辅助系列值时，按小于该系列值的前一级标示其产品系列（如门、窗框厚度构造尺寸为 72mm 时，其产品系列为 70 系列；门、窗框厚度构造尺寸为 69mm 时，其产品系列为 65 系列）。

5. 规格

以门窗宽、高的设计尺寸——门、窗的宽度构造尺寸（$B_2$）和高度构造尺寸（$A_2$）的千、百、十位数字，前后顺序排列的六位数字表示。例如，门窗的 $B_2$、$A_2$ 分别为 1150mm 和 1450mm 时，其尺寸规格型号为 115145。

#### 23.3.1.2　命名和标记

1. 命名方法

按门窗用途（可省略）、功能、系列、品种、产品简称（铝合金门，代号 LM；铝合金窗，代号 LC）的顺序命名。

2. 标记方法

按产品的简称、命名代号－尺寸规格型号、物理性能符号与等级或指标值（抗风压性能 $P_3$—水密性能 $\Delta P$—气密性能 $q_1/q_2$—空气声隔声性能 $R_w C_{tr}/R_w C$—保温性能 $K$—遮阳性能 $SC$—采光性能 $T_r$）、标准代号的顺序进行标记。

3. 命名与标记示例

示例 1：命名——（外墙用）普通型 50 系列平开铝合金窗，该产品规格型号为 115145，抗风压性能 5 级，水密性能 3 级，气密性能 7 级，其标记为：

铝合金窗　WPT50PLC-115145（$P_3$5－$\Delta P$3－$q_1$7）GB/T 8478—2008

示例 2：命名——（外墙用）保温型 65 系列平开铝合金门，该产品规格型号为 085205，抗风压性能 6 级，水密性能 5 级，气密性能 8 级，其标记为：

铝合金门　WBW65PLM-085205（$P_3$6－$\Delta P$5－$q_1$8）GB/T 8478—2008

示例 3：命名——（内墙用）隔声型 80 系列提升推拉铝合金门，该产品规格型号为 175205，隔声性能为 4 级的产品，其标记为：

铝合金门　NGS80STLM-175205（$R_w$＋$C$4）GB/T 8478—2008

示例 4：命名——（外墙用）遮阳型 50 系列滑轴平开铝合金窗，该产品规格型号为 115145，抗风压性能 6 级，水密性能 4 级，气密性能 7 级，遮阳性能 SC 值为 0.5 的产品，其标记为：

铝合金窗　WZY50HZPLC-115145（$P_3$6－$\Delta P$4－$q_1$7－$SC$0.5）

### 23.3.2　铝合金门窗技术要求

#### 23.3.2.1　型材

1. 一般要求

铝合金门窗所用的材料及附件应符合有关标准的规定，不同金属材料接触面应采取防止双金属腐蚀的措施。

2. 铝合金型材

（1）基材壁厚及尺寸偏差

1）外门窗框、扇、拼樘框等主要受力杆件所用主型材壁厚应经设计计算或试验确定。主型材截面主要受力部位基材最小实测壁厚，应不低于表 23-20 的规定。

主型材基材最小实测壁厚　　表 23-20

| 门、窗种类 | 外　门 | 外　窗 |
| --- | --- | --- |
| 型材壁厚 | 2.0 | 1.4 |

2）有装配关系的型材，尺寸偏差应选用《铝合金建筑型材　第 1 部分：基材》（GB 5237.1—2008）规定的高精级或超高精级。

（2）表面处理

铝合金型材表面处理层厚度要求，应不低于表 23-21 的规定。

**铝合金型材表面处理层厚度要求　　表 23-21**

<table>
<tr><th>品种</th><th>阳极氧化<br>阳极氧化加电解着色<br>阳极氧化加有机着色</th><th colspan="2">电泳涂漆</th><th>粉末喷涂</th><th>氟碳漆喷涂</th></tr>
<tr><td rowspan="2">表面处理层厚度</td><td>膜厚级别</td><td colspan="2">膜厚级别</td><td>装饰面上涂层<br>最小局部厚度<br>μm</td><td>装饰面平均膜厚<br>μm</td></tr>
<tr><td>AA15</td><td>B<br>（有光或哑光透明漆）</td><td>S<br>（有光或哑光有色漆）</td><td>≥40</td><td>≥30（二涂）<br>≥40（三涂）</td></tr>
</table>

3. 钢材

铝合金门窗所采用钢材宜采用奥氏体不锈钢材料。采用其他黑色金属，应根据使用需要，采取热浸镀锌、电镀锌、黑色氧化、防锈涂料等防腐处理。

4. 玻璃

铝合金门窗应采用《平板玻璃》（GB 11614—2009）规定的建筑级浮法玻璃或以其为原片的各种加工玻璃。玻璃的品种、厚度和最大许用面积应符合《建筑玻璃应用技术规程》（JGJ 113—2009）有关规定。平型钢化玻璃及其加工的夹层玻璃或钢化玻璃或钢化中空玻璃弯曲度应符合《建筑用安全玻璃　第 2 部分：钢化玻璃》（GB 15763.2—2005）的有关规定。

5. 密封材料

铝门窗玻璃镶嵌、杆件连接及附件装配所用密封胶应与所接触的各种材料相容，并与所需粘接的基材粘接。隐框窗用的硅酮结构密封胶应具有与所接触的各种材料、附件相容性，与所需粘接基材的粘结性。

6. 五金配件

铝门窗框扇连接、锁固用功能性五金配件应满足整樘门窗承载能力的要求，其反复启闭耐久性应满足门窗设计使用年限要求。

7. 连接件与紧固件

铝门窗与洞口安装连接件应采用厚度不小于 1.5mm 的 Q235 钢材。

铝门窗组装机械连接应采用不锈钢紧固件。不允许使用铝及铝合金抽芯铆钉做门窗受力连接用紧固件。

**23.3.2.2　外观**

1. 产品表面不应有铝屑、毛刺、油污或其他污渍；密封胶缝应连续、平滑，连接处不应有外溢的胶粘剂；密封胶条应安装到位，四角应镶嵌可靠，不应有脱开的现象。

2. 门窗框扇铝合金型材表面没有明显的色差、凹凸不平、划伤、擦伤、碰伤等缺陷。在一个玻璃分格内，铝合金型材表面擦伤、划伤应符合表 23-22 的规定。

门窗框扇铝合金型材表面擦伤、划伤要求　　表 23-22

| 项　目 | 要　求 | |
|---|---|---|
| | 室 外 侧 | 室 内 侧 |
| 擦伤、划伤深度 | 不大于表面处理层厚度 | |
| 擦伤总面积（$mm^2$） | ≤500 | ≤300 |
| 划伤总长度（mm） | ≤150 | ≤100 |
| 擦伤和划伤处数 | ≤4 | ≤3 |

3. 铝合金型材表面在许可范围内的擦伤和划伤，可采用室温固化的同种、同色涂料进行修补，修补后应与原涂层的颜色和光泽基本一致。

4. 玻璃表面应无明显色差、划痕和擦伤。

### 23.3.2.3　尺寸

1. 规格

(1) 单樘门窗尺寸规格

单樘门、窗的宽、高尺寸规格，应按《建筑门窗洞口尺寸系列》(GB/T 5824—2008) 规定的门、窗洞口标志尺寸的基本规格或辅助规格，根据门、窗洞口装饰面材料厚度、附框尺寸、安装缝隙确定。应优先设计采用基本门窗。

(2) 组合门窗尺寸规格

有两樘或两樘以上的单樘门、窗采用拼樘框连接组合的门、窗，其宽、高构造尺寸应与《建筑门窗洞口尺寸系列》(GB/T 5824—2008) 规定的洞口宽、高标志尺寸相协调。

2. 门窗及装配尺寸

(1) 门窗及框扇装配尺寸偏差

门窗尺寸及形状允许偏差和框扇组装尺寸偏差应符合表 23-23 的规定。

门窗及装配尺寸偏差（mm）　　表 23-23

| 项　目 | 尺 寸 范 围 | 允 许 偏 差 | |
|---|---|---|---|
| | | 门 | 窗 |
| 门窗宽度、高度构造内侧尺寸 | <2000 | ±1.5 | |
| | ≥2000　<3500 | ±2.0 | |
| | ≥3500 | ±2.5 | |
| 门窗宽度、高度构造内侧尺寸对边尺寸之差 | <2000 | ≤2.0 | |
| | ≥2000　<3500 | ≤3.0 | |
| | ≥3500 | ≤4.0 | |
| 门窗框与扇搭接宽度 | | ±2.0 | ±1.0 |
| 框、扇杆件接缝高低差 | 相同截面型材 | ≤0.3 | |
| | 不同截面型材 | ≤0.5 | |
| 框、扇杆件装配间隙 | | ≤0.3 | |

(2) 玻璃镶嵌构造尺寸

玻璃镶嵌构造尺寸应符合《建筑玻璃应用技术规程》(JGJ 113—2009) 规定的玻璃最小安装尺寸要求。

(3) 隐框窗玻璃结构粘结装配尺寸

隐框窗扇梃与硅酮结构密封胶的粘结宽度、厚度，应考虑风荷载作用和玻璃自重作用，按照《玻璃幕墙工程技术规范》（JGJ 102—2003）的有关规定设计计算确定。每个窗扇下梃处应设置两个承受玻璃自重的铝合金托条，其厚度不小于 2mm，长度不小于 50mm。

## 23.3.3 铝合金门窗安装要点

### 23.3.3.1 成品堆放及测量复核要点

（1）铝合金门窗应采用预留洞口法安装，不得采用边安装边砌墙或先安装后砌墙的施工方法。安装前洞口需进行一道水泥砂浆的粉刷，使洞口表面光洁、尺寸规整。外窗窗台板基体上表面应浇成 3%～5%的向外泛水，其伸入墙体内的部分应略高于外露板面。门窗洞口尺寸应符合现行国家标准《建筑门窗洞口尺寸系列》（GB/T 5824—2008）的规定。门窗框与洞口宽度和高度的间隙，应视不同的饰面材料而定，一般可参考表 23-24。

门窗框与洞口宽度和高度的间隙　　表 23-24

| 墙体饰面材料 | 门窗框与洞口宽度和高度的间隙（mm） | 墙体饰面材料 | 门窗框与洞口宽度和高度的间隙（mm） |
|---|---|---|---|
| 一般粉刷 | 20～25 | 泰山面砖贴面 | 40～45 |
| 马赛克贴面 | 25～30 | 花岗石板材贴面 | 45～50 |
| 普通面砖贴面 | 35～40 | | |

注：1. 门下部与洞口间隙还应根据楼地面材料及门下槛形式的不同进行调整，确保有槛平开门下槛边与高的一侧地面平齐，并要特别注意室内地面的装修标高。
2. 有槛平开门框高比洞口高减小 10～20mm，无槛平开门框高比洞口高增加 30mm。

（2）无副框（湿法作业）的铝合金门窗框及有副框（干法作业）铝合金门窗副框的安装，宜在室内粉刷和室外粉刷的找平、刮糙等湿作业完工且硬化后进行。当需要在湿作业前安装时，应采取保护措施。门框的安装，应在地面工程施工前进行。内装修为水泥砂浆面层的，宜在面层施工前进行。

（3）当铝合金门窗采用预埋木砖法与墙体连接时，其木砖应进行防腐处理。

（4）安装铝合金门、窗框前，应逐个核对门、窗洞口的尺寸，与铝合金门、窗框的规格是否相适应。按室内地面弹出的 50 线和垂直线，标出门、窗框安装的基准线，作为安装时的标准。对于同一类型的铝合金门窗，其相邻的上、下、左、右洞口应保持通线，洞口应横平竖直；对于高级装饰工程及放置过梁的洞口，应做洞口样板。如在弹线时发现预留洞口的尺寸有较大的偏差，应及时调整、处理。洞口宽度与高度的允许尺寸偏差应符合表 23-25 的规定。

洞口宽度与高度的允许尺寸偏差（mm）　　表 23-25

| 洞口宽度高度 | <2400 | 2400～4800 | >4800 |
|---|---|---|---|
| 未粉刷墙面 | 10 | 15 | 20 |
| 已粉刷墙面 | 5 | 10 | 15 |

（5）对于铝合金门，需要特别注意室内装修的完成标高。地弹簧的表面应与室内装饰面标高一致，特殊要求的另行设计对待。

（6）铝合金组合窗的洞口，应在拼樘料的对应位置设预埋件或预留孔洞。当洞口需要设置预埋件时，应检查预埋件的数量、规格及位置。预埋件的数量应和固定片的数量一致，其三维位置应正确。预埋件平行于拼樘料轴线方向的位置偏差不大于10mm，其他方向的位置偏差不大于20mm。

（7）铝合金门窗安装应在洞口尺寸符合规定且验收合格，并办好工种间交接手续后，方可进行。门、窗框安装的时间，应选择主体结构基本结束后进行。扇安装的时间，宜选择在室内外装修基本结束后进行，以免土建施工时将其损坏。

（8）无副框（湿法作业）铝合金门窗安装前要采取保护措施，中竖框、中横框要用塑料带等捆缠严密或用胶带粘贴，边框、上下框要用胶带粘贴三面进行保护（边框、上下框严禁用塑料带等捆缠）。门窗框四周侧面应按设计要求进行防腐处理。

（9）安装铝合金门窗时环境温度不应低于5℃，当环境温度小于0℃时，安装前应在室温下放置24h。

（10）装运铝合金门窗的运输工具应具有防雨措施并保持清洁。运输时应竖直立放并与车体用绳索攀牢，防止因车辆颠振而损坏。樘与樘之间应用非金属软质材料隔开；五金配件应相互错开，以避免相互磨损和碰撞窗扇。确保玻璃无损伤。

（11）装卸铝合金门窗时，应轻拿慢放，不得撬、甩、摔。吊运点应选择窗框外沿，其表面应用非金属软质材料隔开，不得在框扇内插入抬杠起吊。

（12）安装铝合金门窗的构件和附件的材料品种、规格、色泽和性能应符合设计要求。门窗安装前，应按设计图纸的要求检查门窗的数量、品种、规格、开启方向、外形等。门窗的五金件、密封条、紧固件应齐全。如发现型材有变形、表面磨损等情况，不得安装上墙；五金配件有松动现象者，应进行修理调整。

**23.3.3.2　框的安装要点**

（1）根据设计要求，按照在洞口上弹出的窗、门位置线，将铝合金窗、门框立于墙的中心线部位或内侧，使窗、门框表面与饰面层相适应。

（2）铝合金门窗框湿法安装时当塞缝材料有腐蚀性时，需检查门窗框防腐处理是否已全面到位：阳极氧化、着色表面处理的铝型材，必须涂刷环保的、与外框和墙体砂浆粘结效果好的防腐蚀保护层；采用电泳涂漆、粉末喷涂和氟碳漆喷涂表面处理的铝型材，不需涂刷防腐蚀涂料。

（3）铝合金门窗框在洞口墙体就位，用木楔、垫块或其他器具调整定位并临时楔紧固定时，不得使门窗框型材变形和损坏。待检查立面垂直、左右间隙大小、上下位置一致，均符合要求后，再将镀锌锚板固定在门、窗洞口内。

（4）连接件与墙体、连接件与门窗框的连接方式，见表23-26选择。

**连接件与墙体的连接方式　　表23-26**

| 连接件与墙体的连接方式 | 适用的墙体结构 | 连接件与墙体的连接方式 | 适用的墙体结构 |
|---|---|---|---|
| 焊接连接 | 钢结构 | 金属膨胀螺栓连接 | 钢筋混凝土结构、砖墙结构 |
| 预埋件连接 | 钢筋混凝土结构 | 射钉连接 | 钢筋混凝土结构 |

注：连接件与门窗框的连接宜采用卡槽连接。若采用紧固件穿透门窗框型材固定连接件时，紧固件宜置于门窗框型材的室内外中心线上，且必须在固定点处采取密封防水措施。

(5) 铝合金门窗框与洞口墙体的连接固定应符合下列要求：

1) 连接件应采用 Q235 钢材，其表面应进行热镀锌处理，镀锌层厚度≥45μm。连接件厚度不小于 1.5mm，宽度不小于 20mm，在外框型材室内外两侧双向固定。固定点的数量与位置应根据铝门窗的尺寸、荷载、重量的大小和不同开启形式、着力点等情况合理布置。连接件距门窗边框四角的距离不大于 180mm，其余固定点的间距不大于 500mm。如图23-2 所示。

2) 门窗框与连接件的连接宜采用卡槽连接。若采用紧固件穿透门窗框型材固定连接件时，紧固件宜置于门窗框型材的室内外中心线上，且必须在固定点处采取密封防水措施。如图 23-2 所示。

3) 连接件与洞口混凝土墙基体可采用特种钢钉（水泥钉）、射钉、塑料胀锚螺栓、金属胀锚螺栓等紧固件连接固定。

图 23-2 铝合金门窗连接件分部图

$w_1 \leqslant 500$mm；$w_2 \leqslant 180$mm；

$h_1 \leqslant 500$mm；$h_2 \leqslant 180$mm

注：对于铝合金平开门铰链部位的连接件需适当增加，以提高门外框铰链部位连接受力的强度，防止外框受力拉脱、起鼓现象发生。

4) 对于砌体墙基体，可按图 23-3 所示洞口两侧在锚固点处预埋强度等级在 C20 以上的实心混凝土预制块，或根据各类砌体材料的应用技术规程或要求，确定合适的连接固定方法。严禁用射钉直接在砌体上固定。

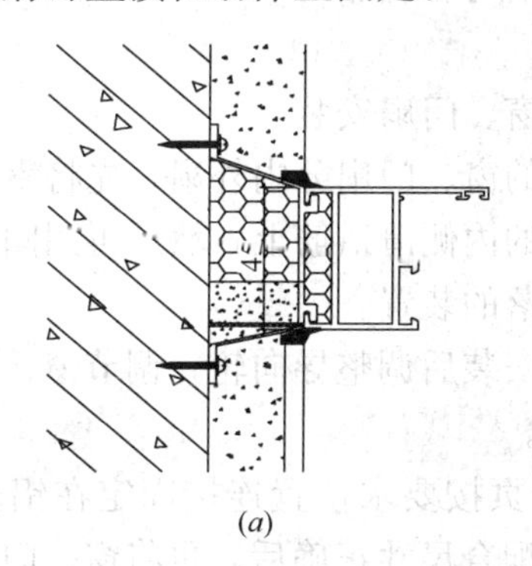

(*a*)

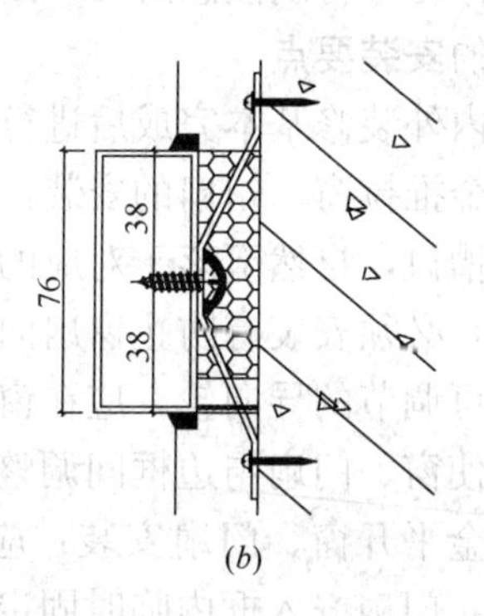


(*b*)

图 23-3 铝合金门窗框与连接件示意图

(*a*) 卡槽连接；(*b*) 螺钉连接

(6) 铝合金门窗框与洞口墙体安装缝隙的填塞，宜采用隔声、防潮、无腐蚀性的材料，如聚氨酯 PU 发泡填缝料等。根据工程情况合理选用发泡剂和防水水泥砂浆结合填充法，将铝框固定后门窗上部及两侧（除两侧底部 200mm）与墙体接触部位采用发泡剂填充，门窗底部及两侧底部 200mm 处采用防水水泥砂浆填充，填塞时不能使门窗框胀突变形，临时固定用的木楔、垫块等不得遗留在洞口缝隙内。铝门窗边框四周的外墙结构面 300mm 立面范围内，增涂二道防水涂料，以减少雨水渗漏的机会。在施工中注意不得损坏门窗上面的保护膜；应随时擦净铝型材表面沾上的水泥砂浆，以免腐蚀影响。

(7) 铝合金门窗框与洞口墙体安装缝隙的密封应符合下列要求：

1) 铝合金门窗框与洞口墙体密封施工前，应先对待粘结表面进行清洁处理，门窗框型材表面的保护材料应除去，表面不应有油污、灰尘；墙体部位应洁净、平整、干燥。

2) 铝合金门窗框与洞口墙体的密封，应符合密封材料的使用要求。门窗框室外侧表面与洞口墙体间留出密封槽，确保墙边防水密封胶胶缝的宽度和深度均不小于6mm。

3) 铝合金密封材料应采用与基材相容并且粘结性能良好的中性耐候密封胶。密封胶施工应挤填密实，表面平整。

(8) 铝合金门窗框干法安装时，预埋副框和后置铝框在洞口墙基体上的预埋、安装应连接牢固，防水密封措施可靠。后置铝框在洞口墙基体上的安装施工，应按以上铝合金门窗框湿法安装规定执行。

(9) 铝合金门窗框与预埋副框应连接牢固，并采取可靠的防水密封处理措施。门窗框与副框的安装缝隙防水密封胶宽度不应小于6mm。

(10) 大型窗、带型窗的拼接料，需增设角钢或槽钢加固时，则其上、下端要与洞口墙上的预埋镶板直接可靠焊接，预埋件均匀设置可按每1m间距进行。

(11) 需要焊接工作时严禁在铝合金门、窗上连接地线进行。当洞口预埋件与固定铁码焊接时，门、窗框上要盖上防止焊接时烧伤门窗的橡胶石棉布。

(12) 搭设和捆绑脚手架时严禁利用安装完毕的铝合金门、窗框，避免其受力损坏门、窗框。

(13) 在全部竣工后，需剥去铝合金窗、门上的保护膜，如有脏物、油污，可用醋酸乙酯擦洗（操作时应特别注意防火，因醋酸乙酯为易燃品）。

**23.3.3.3 扇的安装要点**

(1) 在室内外装修基本完成后进行铝合金窗、门扇安装。

(2) 铝合金推拉窗、门扇的安装：将配好的窗、门扇分内外扇，先将室内扇插入上滑道的室内侧滑槽口，自然下落于对应的下滑道的内侧滑道筋上，然后再用同样的方法安装室外扇。同时，必须安装有防止窗扇向室外脱落的装置。

(3) 对于可调节的导向轮，应在窗、门扇安装后调整导向轮，调节窗、门扇在滑道筋上的高度，并使窗、门扇与边框间调整至平行。

(4) 铝合金平开窗、门扇安装：应先把合页按要求位置连接固定在铝合金窗、门框上，然后将窗、门扇嵌入框内临时固定，调整配合尺寸正确后，再将窗、门扇固定在合页上，必须保证上、下两个转动合页铰链体在同一个轴线上。

(5) 铝合金地弹簧门扇安装：应先埋设地弹簧主机在地面上，并浇筑混凝土使其固定。主机轴应与中横档上的顶轴必须在同一垂线上，主机上表面与地面装饰上表面齐平。待混凝土达到设计强度后，调节上门顶轴将门扇装上，最后调整好门扇间隙和门扇开启速度。

**23.3.3.4 五金件的安装要点**

(1) 五金件的安装位置应准确，数量应齐全，安装应牢固；

(2) 五金件应满足门窗的机械力学性能要求和使用功能，具有足够的强度，易损件应便于更换；

(3) 五金件的安装应采取可靠的密封措施，可采用柔性防水垫片或打胶进行密封；

（4）单执手一般安装在扇中部，当采用两个或两个以上锁点时，锁点分布应合理；

（5）铰链在结构和材质上，应能承受最大扇重和相应的风荷载，安装位置距扇两端宜为200mm，框、扇安装后铰链部位的配合间隙不应大于该处密封胶条的厚度；

（6）在五金件的安装时，应考虑门窗框、扇四周搭接宽度均匀一致；

（7）五金件不宜采用自攻螺钉或铝拉铆钉固定。

#### 23.3.3.5 玻璃的安装要点

铝合金窗、门安装的最后一道工序是玻璃安装，其内容包括玻璃裁划、玻璃入位、玻璃打胶密封与固定。

（1）玻璃裁划：应根据窗、门扇（固定扇则为框）的尺寸来计算玻璃下料尺寸裁划玻璃。一般要求玻璃侧面及上、下都应与铝材面留出一定的尺寸间隙，以确保玻璃胀缩变形的需要。浮法玻璃、中空玻璃与玻璃槽口配合尺寸应符合表23-27和表23-28的要求。

**浮法玻璃与门窗玻璃槽口的配合尺寸（mm）　表23-27**

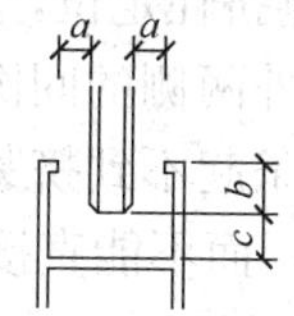


| 门窗种类 | 玻璃厚度 | 配合尺寸 | | |
|---|---|---|---|---|
| | | $a\geqslant$ | $b\geqslant$ | $c\geqslant$ |
| 铝平开门<br>铝推拉门 | 5、6<br>8 | 2.5<br>3 | 6<br>8 | 4<br>5 |
| 铝平开窗<br>铝推拉窗 | 3<br>4、5、6<br>8 | 2.5<br>2.5<br>3 | 5<br>6<br>8 | 3<br>3<br>3 |
| 弹簧门 | 5<br>6<br>8 | 2.5<br>3<br>3 | 6<br>6<br>8 | 5<br>6<br>8 |

**中空玻璃与门窗玻璃槽口的配合尺寸（mm）　表23-28**

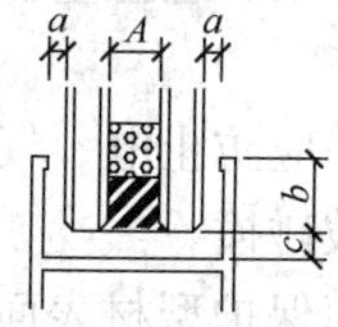


| 门窗种类 | 铝平开门、铝推拉门、铝平开窗、铝推拉窗 | | | | | | | | | |
|---|---|---|---|---|---|---|---|---|---|---|
| 玻璃＋<br>A＋玻璃 | 固定部分 | | | | | 可动部分 | | | | |
| | $a\geqslant$ | $b\geqslant$ | $c\geqslant$ | | | $a\geqslant$ | $b\geqslant$ | $c\geqslant$ | | |
| | | | 下边 | 上边 | 两侧 | | | 下边 | 上边 | 两侧 |
| 3＋A＋3<br>4＋A＋4<br>5＋A＋5<br>6＋A＋6 | 5 | 12<br>13<br>14<br>15 | 7 | 6 | 5 | 5 | 12<br>13<br>14<br>15 | 7 | 3 | 3 |

(2) 玻璃的最大允许面积应符合现行行业标准《建筑玻璃应用技术规程》(JGJ 113—2009) 的规定。

(3) 玻璃入位：当单块玻璃尺寸较小时，可直接用双手夹住入位；如果单块玻璃尺寸较大时，就需用玻璃吸盘便于玻璃入位安装。

(4) 玻璃压条可采用 45°或 90°接口，安装压条时不得划花接口位，安装后应平整、牢固，贴合紧密，其转角部位拼接处间隙应不大于 0.5mm，不得在一边使用两根或两根以上的玻璃压条。

(5) 安装镀膜玻璃时，镀膜面应朝向室内侧；安装中空镀膜玻璃时，镀膜玻璃应安装在室外侧，镀膜面应朝向室内侧，中空玻璃内应保持清洁、干燥、密封。

(6) 玻璃密封与固定：玻璃入位后，应及时用胶条固定。密封固定的方法有三种：

1) 用橡胶条压入玻璃凹槽间隙内，两侧挤紧，表面不用注胶；

2) 用橡胶条嵌入凹槽间隙内挤紧玻璃，然后在胶条上表面注上硅酮密封胶；

3) 用 10mm 长的橡胶块将玻璃两侧挤住定位，然后在凹槽中注入硅酮密封胶。

(7) 玻璃应放在凹槽的中间，内、外两侧的间隙应控制在 2～5mm 之间。间隙过小，会造成密封困难；间隙过大，会造成胶条起不到挤紧、固定玻璃的作用。玻璃的下部应用 3～5mm 厚的氯丁橡胶垫块将玻璃垫起，而不能直接坐落在铝材表面上，否则玻璃会因热应力胀开。

(8) 玻璃密封条安装后应平直，无皱曲、起鼓现象，接口严密、平整并经硫化处理；玻璃采用密封胶安装时，胶缝应平滑、整齐，无空隙和断口，注胶宽度不小于 5mm，最小厚度不小于 3mm。

(9) 平开窗扇、上悬窗扇、窗固定扇室外侧框与玻璃之间密封胶条处，宜涂抹少量玻璃胶。

**23.3.3.6 门窗保护及清理要点**

(1) 铝合金门窗安装完成后，应及时制定清扫方案，清扫表面粘附物，避免排水孔堵塞并采取防护措施，不得使门窗受污损。

(2) 已装门窗、扇的洞口，不得再作运料通道。

(3) 严禁在门窗框、扇上安装脚手架、悬挂重物；外脚手架不得顶压在门窗框、扇或窗撑上，严禁蹬踩门窗框、扇或窗撑。

(4) 应防止利器划伤门窗表面，并应防止电、气焊火花烧伤或烫伤表面。

(5) 立体交叉作业时，门窗严禁被碰撞。

(6) 铝合金窗、门交工前，应撕掉保护型材表面的塑料胶带纸；如胶带纸胶痕仍附着在型材表面上，宜用香蕉水清洗干净。

(7) 铝合金窗、门框扇，充分清洗干净可采用水或浓度为 1%～5%的 pH 值为 7.3～9.5 的中性洗涤剂，再用软布擦干即可。严禁用酸性或碱性制剂清洗型材表面，严禁用钢刷刷洗型材表面，否则将损伤铝门窗表面美观。

(8) 用清水将玻璃擦洗干净，对于浮灰或其他杂物，全部要清除干净。

(9) 最后待定位销孔与销位置对上后，将定位销完全调出，并插入定位销孔中连接牢。

### 23.3.4 铝合金门窗安装质量标准

(1) 铝合金门窗安装质量应符合《建筑工程施工质量验收统一标准》(GB 50300) 和《建筑装饰装修工程质量验收规范》(GB 50210) 等的要求。

(2) 在安装过程中，施工单位应按工序进行自检，按表23-29进行。在自检合格的基础上，再申报验收部门抽检。

铝门窗安装质量要求和检验方法　表23-29

| 项目 | | 质量要求 | 检验方法 |
|---|---|---|---|
| 铝门窗表面 | | 洁净、平整、光滑、色泽一致，无锈蚀。大面应无划痕、碰伤，漆膜或保护层应连续 | 观察 |
| 五金件 | | 型号、规格、数量符合设计要求，安装牢固、位置正确、达到各自使用功能 | 观察、量尺 |
| 玻璃密封条 | | 密封条与玻璃及玻璃槽口的接触应紧密、平整，不得卷边、脱槽 | 观察 |
| 隔热材料 | | 外观应光滑、平整，表面不应有毛刺、麻点、裂纹、起皮、气泡及其他缺陷 | 观察 |
| 密封质量 | | 门窗关闭时，扇与框间无明显缝隙，无倒翘，密封面上的密封条应处于压缩状态 | 观察 |
| 玻璃 | 单玻 | 安装好的玻璃不得直接接触型材，玻璃应平整、安装牢固、不得有裂纹、损伤和松动现象，表面应洁净，单面镀膜玻璃的镀膜层及磨砂玻璃的磨砂层应朝向室内 | 观察 |
| | 双玻 | 安装好的玻璃应平整、安装牢固、不应有松动现象，内外表面均应洁净，玻璃夹层内不得有灰尘和水汽，双玻隔条不得翘起，镀膜玻璃应在最外层，镀膜层应朝向室内 | 观察 |
| 拼樘料 | | 应与窗框连接紧密，不得松动，螺钉间距应≤500mm，两端均应与洞口固定牢固，拼樘料与窗框间用嵌缝膏密封 | 观察 |
| 压条 | | 带密封条的压条必须与玻璃全部贴紧，压条与型材的接缝处应无明显缝隙，接头缝隙应≤0.5mm | 观察、塞尺 |
| 开关部件 | 开关部件 | 平开门窗扇关闭严密，搭接量均匀，开关灵活、密封条不得脱槽，铝窗开关力≤50N | 观察、弹簧秤 |
| | 推拉门窗扇 | 关闭严密，扇与框搭接量符合设计要求，铝窗开关力≤50N | 观察、深度尺、弹簧秤 |
| | 旋转窗 | 关闭严密，间隙基本均匀，开关灵活 | 观察 |
| 框与墙体连接 | | 门窗框应横平竖直、高低一致，固定片安装位置应正确，间距应≤500mm。框与墙体应连接牢固，缝隙内应用弹性材料填嵌饱满，表面用密封膏密封，无裂缝。填塞及密封材料与施工方法等应符合相关规程的要求 | 观察 |
| 排水孔 | | 畅通，位置、数量正确 | 观察 |

（3）主控项目：

1）铝合金门窗的品种、类型、规格、尺寸、性能、开启方向、安装位置、连接方式应符合设计要求。铝合金门窗的防腐处理及填嵌、密封处理应符合设计要求。

2）铝合金门窗框的安装必须牢固。预埋件的数量、位置、埋设方式、与框的连接方式，必须符合设计要求。

3）铝合金门窗扇必须安装牢固，并应开关灵活、关闭严密，无倒翘。推拉门窗扇必须有防脱落措施。

4）铝合金门窗配件的型号、规格、数量应符合设计要求，安装应牢固，位置应正确，功能应满足使用要求。

（4）一般项目：

1）铝合金门窗表面应洁净、平整、光滑、色泽一致，无锈蚀。大面应无划痕、碰伤，漆膜或保护层应连续。

2）铝合金门窗框与墙体之间的缝隙应填嵌饱满，并采用密封胶密封。密封胶表面应光滑、顺直，无裂纹。

3）铝合金门窗扇的橡胶密封条或毛毡密封条应安装完好，不得脱槽。

4）有排水孔的铝合金门窗，排水孔应畅通，位置和数量应符合设计要求。

5）铝合金门窗推拉门窗扇开关力应不大于50N。

（5）允许偏差项目：铝合金门窗安装的允许偏差和检验方法应符合表23-30的规定。

**铝门窗安装的允许偏差和检验方法**　　**表23-30**

| 项次 | 项　目 | | 允许偏差（mm） | 检 验 方 法 |
|---|---|---|---|---|
| 1 | 门窗槽口宽度、高度（mm） | ≤1500 | 1.5 | 用钢尺检查 |
| | | >1500 | 2 | |
| 2 | 门窗槽口对角线长度差（mm） | ≤2000 | 3 | 用钢尺检查 |
| | | >2000 | 4 | |
| 3 | 门窗框的正面、侧面垂直度 | | 2.5 | 用垂直检测尺检查 |
| 4 | 门窗横框的水平度 | | 2 | 用1m水平尺和塞尺检查 |
| 5 | 门窗横框标高 | | 5 | 用钢尺检查 |
| 6 | 门窗竖向偏离中心 | | 5 | 用钢尺检查 |
| 7 | 双层门窗内外框中心距 | | 4 | 用钢尺检查 |
| 8 | 推拉门窗扇与框搭接量 | | 1.5 | 用钢直尺检查 |

# 23.4 铝 塑 复 合 门 窗

## 23.4.1 铝塑复合门窗的种类和代号

铝塑复合门窗的种类划分是依据门、窗的开启形式进行划分的，具体的划分种类见表23-31。

铝塑复合门窗的种类划分 表 23-31

| 序号 | 划分方式 | 种类 | 代号 |
|---|---|---|---|
| 1 | 窗按照开启形式划分 | 固定窗 | G |
| | | 上悬窗 | S |
| | | 中悬窗 | C |
| | | 下悬窗 | X |
| | | 立转窗 | L |
| | | 平开窗 | P |
| | | 滑轴平开窗 | HP |
| | | 滑轴窗 | H |
| | | 平开下悬窗 | PX |
| 2 | 门按照开启形式划分 | 平开门 | P |
| | | 平开下悬门 | PX |
| | | 推拉门 | T |
| | | 推拉下悬门 | TX |
| | | 折叠门 | Z |
| | | 地弹簧门 | DH |

## 23.4.2 铝塑复合门窗的规格

1. 门窗的规格由门窗框的构造尺寸确定。门窗框的构造尺寸应符合以下要求：

（1）根据洞口尺寸和墙体饰面层的厚度及窗框厚度、窗的力学性能和物理性能要求决定，同时应符合《塑料门窗工程技术规程》（JGJ 103—2008）的要求。

（2）根据外窗抗风压强度计算结果、开启扇自重和选用五金件的承载能力经强度计算确定。

2. 根据洞口尺寸系列应符合《建筑门窗洞口尺寸系列》（GB/T 5824—2008）的规定。当采用组合窗时，组合后的洞口尺寸应符合《建筑门窗洞口尺寸系列》（GB/T 5824—2008）的规定。

## 23.4.3 铝塑复合门窗的标记方法

由开启形式、铝塑窗（门）代号、窗（门）框厚度、规格、性能代号及纱窗代号组成。

当抗风压、水密、气密、保温、隔声、采光等性能和纱扇无要求时填写。

## 23.4.4　铝塑复合门窗材质要求

### 23.4.4.1　铝塑复合型材

1. 材料要求

PVC—U 塑料基材应符合《门、窗用未增塑聚氯乙烯（PVC-U）型材》（GB/T 8814）的要求，主要受力杆件型材壁厚不小于 2.3mm。

铝合金型材应符合《铝合金建筑型材》（GB/T 5237.1～5237.5）的要求，主要受力杆件型材壁厚不小于 1.4mm。

2. 外观

产品表面应无明显凹凸、裂痕、杂质等缺陷，型材端部应清洁、无毛刺。

3. 尺寸和偏差

铝塑复合型材的厚度允许偏差为±0.3mm。

铝塑复合型材的壁厚允许偏差为 0～+0.2mm。

4. 主型材的质量

主型材每米长度的质量应不小于每米标称质量的 94%。

5. 直线偏差

长度为 1m 的铝塑复合型材的直线偏差应≤1mm。

6. 纵向抗剪特征值

铝塑复合型材通过齿状机械咬合结构复合时，铝塑复合型材在室温 23±2℃、低温 −20±2℃、高温 70±2℃时的纵向抗剪特征值应大于或等于 24N/mm。

7. 横向抗拉特征值

铝塑复合型材通过齿状机械咬合结构复合时，铝塑复合型材在室温 23±2℃时的横向抗拉特征值应大于或等于 24N/mm。

8. 横向抗拉特征值铝塑复合型材通过齿状机械咬合结构复合时，铝塑复合型材在温度 70±2℃和 10±0.5N/mm 横向拉伸连续载荷作用下经过 1000h 后，低温−20±2℃、高温 70±2℃时的横向抗拉特征值应大于或等于 24N/mm。

### 23.4.4.2　玻璃

门窗玻璃应采用符合《平板玻璃》（GB 11614—2009）规定的建筑级浮法玻璃，或以其为原片的各种加工玻璃。玻璃的品种、厚度和最大许用面积应符合《建筑玻璃应用技术规程》（JGJ 113—2009）的有关规定。中空玻璃应符合《中空玻璃》（GB/T 11944）的要求。

### 23.4.4.3　密封及弹性材料

门窗玻璃镶嵌、杆件连接及附件装配所用密封胶应与所接触的各种材料相容，并与所需粘结的基材粘结。隐框窗用的硅酮结构密封胶应具有与所接触的各种材料、附件相容性，与所需粘结基材的粘结性。

玻璃支承块、定位块等弹性材料应符合《建筑玻璃应用技术规程》（JGJ 113—2009）的要求。密封材料应满足以下相应的标准要求：《工业用橡胶板》（GB/T 5574—2008）、《硅酮建筑密封胶》（GB/T 14683—2003）、《硫化橡胶分类橡胶材料》（GB/T 16589—

1996)、《建筑用硅酮结构密封胶》(GB 16776—2005)、《硫化橡胶和热塑性橡胶建筑用预成型密封垫的分类、要求和试验方法》(HG/T 3100—2004)、《建筑门窗用密封胶条》(JG/T 187—2006)、《聚硫建筑密封胶》(JC/T 483—2006)、《建筑窗用弹性密封胶》(JC/T 485—2007)、《建筑门窗密封毛条技术条件》(JC/T 635—1996)。

**23.4.4.4 五金件、附件、紧固件、增强型钢**

五金件、附件、紧固件、增强型钢应满足相应标准要求。门窗框扇连接、锁固用功能性五金配件应满足整樘门窗承载能力的要求，其反复启闭性能应满足门窗反复启闭性能要求。

门窗组装机械连接应采用不锈钢紧固件。不应使用铝及铝合金抽芯铆钉做门窗受力连接用紧固件。

增强型钢应做防锈处理，壁厚不应小于1.5mm。

## 23.4.5 铝塑复合门窗质量要求

**23.4.5.1 外观质量要求**

门窗构件可视面应表面平整，不应有明显的色差、凹凸不平、严重的划伤、擦伤、碰伤等缺陷，不应有铝屑、毛刺、油污或其他污迹。连接处不应有外溢的胶粘剂。

**23.4.5.2 门、窗的装配质量标准**

1. 外形尺寸允许偏差

(1) 门框、门扇外形尺寸允许偏差，见表23-32。

**门框、门扇外形尺寸允许偏差**(mm) **表23-32**

| 项　目 | 尺寸范围 | 偏差值 |
|---|---|---|
| 门宽度和高度构造内侧尺寸对边尺寸之差 | — | ±4.0 |
| 宽度和高度 | ≤2000 | ±2.0 |
| | >2000 | ±3.0 |

(2) 窗框、窗扇外形尺寸允许偏差，见表23-33的规定。

**窗框、窗扇外形尺寸允许偏差**(mm) **表23-33**

| 项　目 | 尺寸范围 | 偏差值 |
|---|---|---|
| 窗宽度和高度构造内侧尺寸对边尺寸之差 | — | ±4.0 |
| 宽度和高度 | ≤1500 | ±2.0 |
| | ≥1500 | ±2.5 |

2. 门窗框、门窗扇对角线之差不应大于3.0mm。

3. 门窗框、门窗扇相邻构件装配间隙不应大于0.5mm；相邻两构件的同一平面高低差不应大于0.6mm。

4. 平开门窗、平开下悬门窗关闭时，门窗框、扇四周的配合间隙为3.5～5mm，允许偏差±1.0mm。

5. 平开门窗、平开下悬门窗关闭时，窗扇与窗框搭接量允许偏差±1.0mm，门扇与门框搭接量允许偏差±2.0mm。搭接量的实测值不应小于3mm。

6. 主要受力杆件的塑料型材腔体中应放置增强型钢，用于固定每根增强型钢的紧固件不得少于三个，其间距不应大于 300mm，距型材端头内角距离不应大于 100mm。固定后的增强型钢不得松动。

7. 五金配件安装位置应正确，数量应齐全，能承受往复运动的配件在结构上应便于更换。五金配件承载能力应与扇重量和抗风压要求相匹配，门、窗扇的锁闭点不应少于 2 个。当扇高大于 1.2m 时，锁闭点不应少于 3 个。外平开窗扇的宽度不宜大于 600mm，高度不宜大于 1500mm。

8. 门、窗应有排水措施。框梃、框组角、扇组角连接处的四周缝隙应有密封措施。

9. 密封条装配后应均匀、牢固，接口严密，无脱槽、收缩、虚压等现象。

10. 压条装配后应牢固。压条角部对接处的间隙不应大于 1mm。

11. 玻璃的最大许用面积应根据《建筑玻璃应用技术规程》(JGJ 113—2009) 的方法经计算确定，玻璃的装配应符合《建筑玻璃应用技术规程》(JGJ 113—2009) 的规定。

**23.4.5.3　门、窗的性能**

1. 力学性能

平开窗、悬窗及其组合窗各项力学性能应符合表 23-34 的要求，推拉窗各项力学性能应符合表 23-35 的要求，平开门、平开下悬门及推拉下悬门各项力学性能应符合表 23-36 的要求，推拉门各项力学性能应符合表 23-37 的要求。

**平开窗、悬窗及其组合窗各项力学性能　表 23-34**

| 项　目 | 技 术 要 求 |
|---|---|
| 锁紧器（执手）的启闭力 | 不大于 80N（力矩不大于 10N·m） |
| 启闭力 | 平铰链不大于 80N，滑撑铰链不小于 30N、不大于 80N |
| 悬端吊重 | 在 50N 作用力下残余变形不大于 2mm，试件不损坏仍保持使用功能 |
| 翘曲 | 在 300N 作用力下，允许有不影响使用的残余变形，试件不损坏，仍保持功能 |
| 反复启闭 | 经不少于 10000 次的开关试验，试件及五金件不损坏，其固定处及玻璃压条不松脱 |
| 大力关闭 | 经模拟 7 级风连续开关 10 次，试件不损坏，仍保持开关功能 |
| 窗撑试验 | 在 200N 的作用下不允许移位，连接处型材不应破裂 |

**推拉窗力学性能　表 23-35**

| 项　目 | 技 术 要 求 | | | |
|---|---|---|---|---|
| 启闭力 | 左右推拉窗 | 不小于 100N | 上下推拉窗 | 不大于 135N |
| 弯曲 | 在 300N 作用力下，试件不损坏，允许有不影响使用的残余变形，仍保持使用功能 | | | |
| 扭曲（没有凸出把手的推拉除外） | 在 200N 作用力下，试件不损坏，允许有不影响使用的残余变形 | | | |
| 反复启闭 | 经不少于 10000 次的开关试验，试件及五金件不损坏，其固定处及玻璃压条不松脱 | | | |

平开门、平开下悬门及推拉下悬门力学性能 表 23-36

| 项目 | 技术要求 |
| --- | --- |
| 锁紧器（执手）的启闭力 | 不大于 100N（力矩不大于 10N·m） |
| 启闭力 | 不大于 80N |
| 悬端吊重 | 在 500N 作用力下残余变形不大于 2mm，试件不损坏仍保持使用功能 |
| 翘曲 | 在 300N 作用力下，允许有不影响使用的残余变形，试件不损坏，仍保持功能 |
| 反复启闭 | 经不少于 100000 次的开关试验，试件及五金件不损坏，其固定处及剥离压条不松脱 |
| 大力关闭 | 经模拟 7 级风连续开关 10 次，试件不损坏，仍保持开关功能 |
| 型材抗剪切力 | 大于等于 2400N |
| 垂直荷载强度 | 对门施加 30kg 荷载，门扇下荷后的下垂量不应大于 2mm |
| 软物撞击 | 试验后无破损，仍保持开关功能 |
| 硬物撞击 | 无破损 |

注：1. 垂直荷载强度适用于平开门、地弹簧门。
2. 全玻璃门不检测软、硬物体撞击性能。
3. 反复启闭次数可由供需双方协商确定。

推拉门力学性能 表 23-37

| 项目 | 技术要求 |
| --- | --- |
| 启闭力 | 不大于 100N |
| 弯曲 | 在 300N 作用力下，试件不损坏，允许有不影响使用的残余变形，仍保持使用功能 |
| 扭曲 | 在 200N 作用力下，试件不损坏，允许有不影响使用的残余变形 |
| 反复启闭 | 经不少于 100000 次的开关试验，试件及五金件不损坏，其固定处及玻璃压条不松脱 |
| 型材抗剪切力 | 大于等于 2400N |
| 软物撞击 | 试验后无破损，仍保持开关功能 |
| 硬物撞击 | 无破损 |

注：1. 无凸出把手的推拉门不做扭曲试验。
2. 全玻璃门不检测软、硬物体撞击性能。
3. 反复启闭次数可由供需双方协商确定。

2. 物理性能

(1) 抗风压性能

以安全检测压力值（$P_3$）进行分级，分级应符合表 23-38 的规定。

抗风压性能分级（kPa） 表 23-38

| 分级 | 1 | 2 | 3 | 4 | 5 | 6 | 7 | 8 | 9 |
| --- | --- | --- | --- | --- | --- | --- | --- | --- | --- |
| 分级指标值 $P_3$ | $1.0 \leq P_3 < 1.5$ | $1.5 \leq P_3 < 2.0$ | $2.0 \leq P_3 < 2.5$ | $2.5 \leq P_3 < 3.0$ | $3.0 \leq P_3 < 3.5$ | $3.5 \leq P_3 < 4.0$ | $4.0 \leq P_3 < 4.5$ | $4.5 \leq P_3 < 5.0$ | $P_3 \geq 5.0$ |

注：第 9 级应在分级后同时注明具体检测压力差值。

(2) 气密性能

以单位缝长空气渗透量 $q_1$ 和单位面积空气渗透量 $q_2$ 进行分级，分级应符合表 23-39 的规定。

**气密性能分级** **表 23-39**

| 分级 | 1 | 2 | 3 | 4 | 5 | 6 | 7 | 8 |
|---|---|---|---|---|---|---|---|---|
| 单位开启缝长分级指标值 $q_1[m^3/(m \cdot h)]$ | $4.0 \geqslant q_1 > 3.5$ | $3.5 \geqslant q_1 > 3.0$ | $3.0 \geqslant q_1 > 2.5$ | $2.5 \geqslant q_1 > 2.0$ | $2.0 \geqslant q_1 > 1.5$ | $1.5 \geqslant q_1 > 1.0$ | $1.0 \geqslant q_1 > 0.5$ | $q_1 \leqslant 0.5$ |
| 单位面积分级指标值 $q_2[m^3/(m^2 \cdot h)]$ | $12 \geqslant q_2 > 10.5$ | $10.5 \geqslant q_2 > 9.0$ | $9.0 \geqslant q_2 > 7.5$ | $7.5 \geqslant q_2 > 6.0$ | $6.0 \geqslant q_2 > 4.5$ | $4.5 \geqslant q_2 > 3.0$ | $3.0 \geqslant q_2 > 1.5$ | $q_2 \leqslant 1.5$ |

(3) 水密性能

以分级指标值 $\Delta P$ 进行分级，分级应符合表 23-40 规定。

**水密性能分级**（Pa） **表 23-40**

| 分级 | 1 | 2 | 3 | 4 | 5 | 6 |
|---|---|---|---|---|---|---|
| 分级指标值 $\Delta P$ | $100 \leqslant \Delta P < 150$ | $150 \leqslant \Delta P < 250$ | $250 \leqslant \Delta P < 350$ | $350 \leqslant \Delta P < 500$ | $500 \leqslant \Delta P < 700$ | $\Delta P \geqslant 700$ |

注：第 6 级应在分级后同时注明具体检测压力差值。

(4) 保温性能

以分级指标值 $K$ 进行分级，分级应符合表 23-41 的规定。

**保温性能分级**（$W/m^2$） **表 23-41**

| 分级 | 1 | 2 | 3 | 4 | 5 |
|---|---|---|---|---|---|
| 分级指标值 | $K \geqslant 5.0$ | $5.0 > K \geqslant 4.0$ | $4.0 > K \geqslant 3.5$ | $3.5 > K \geqslant 3.0$ | $3.0 > K \geqslant 2.5$ |
| 分级 | 6 | 7 | 8 | 9 | 10 |
| 分级指标值 | $2.5 > K \geqslant 2.0$ | $2.0 > K \geqslant 1.6$ | $1.6 > K \geqslant 1.3$ | $1.3 > K \geqslant 1.1$ | $K < 1.1$ |

(5) 空气声隔声性能

分级指标值应符合表 23-42 的规定。

**门窗的空气声隔声性能分级**（dB） **表 23-42**

| 分级 | 外门、外窗的分级指标值 | 内门、内窗的分级指标值 |
|---|---|---|
| 1 | $20 \leqslant R_w + C_{tr} < 25$ | $20 \leqslant R_w + C < 25$ |
| 2 | $25 \leqslant R_w + C_{tr} < 30$ | $25 \leqslant R_w + C < 30$ |
| 3 | $30 \leqslant R_w + C_{tr} < 35$ | $30 \leqslant R_w + C < 35$ |
| 4 | $35 \leqslant R_w + C_{tr} < 40$ | $35 \leqslant R_w + C < 40$ |
| 5 | $40 \leqslant R_w + C_{tr} < 45$ | $40 \leqslant R_w + C < 45$ |
| 6 | $R_w + C_{tr} \geqslant 45$ | $R_w + C \geqslant 45$ |

注：用于对建筑内机器、设备噪声源隔声的建筑内门窗，对中低频噪声宜用外门窗的指标值进行分级；对中高频噪声仍可采用内门窗的指标值进行分级。

(6) 采光性能

分级指标值 $T_r$ 按表 23-43 的规定。

采光性能分级 表 23-43

| 分级 | 1 | 2 | 3 | 4 | 5 |
|---|---|---|---|---|---|
| 分级指标值 $T_r$ | $0.20 \leqslant T_r < 0.30$ | $0.30 \leqslant T_r < 0.40$ | $0.40 \leqslant T_r < 0.50$ | $0.50 \leqslant T_r < 0.60$ | $T_r \geqslant 0.60$ |

注：$T_r$ 值大于 0.60 时应给出具体值。

(7) 物理性能分级指标及确定

门窗的物理性能分级指标包括抗风压、气密性、水密性、保温性、空气声隔声性能及采光性能应符合订货合同中的要求。在订货合同中未提出要求的，抗风压性能、气密性、水密性、保温性、空气声隔声性能及采光性能不应低于标准规定的最低值。

# 23.5 塑 钢 门 窗

## 23.5.1 塑钢门窗的种类和规格

塑钢门窗的种类划分有三种方式：按原材料划分、按开闭方式划分和按构造划分，具体的划分种类见表 23-44。

塑钢门窗的种类划分 表 23-44

<table>
<tr><th>序号</th><th>划分方式</th><th colspan="2">种类</th></tr>
<tr><td rowspan="3">1</td><td rowspan="3">按原材料划分</td><td colspan="2">PVC 钙塑门窗</td></tr>
<tr><td colspan="2">改性 PVC 塑钢门窗</td></tr>
<tr><td colspan="2">其他以树脂为原材的塑钢门窗</td></tr>
<tr><td rowspan="5">2</td><td rowspan="5">按开闭方式划分</td><td colspan="2">平开门窗</td></tr>
<tr><td colspan="2">固定门窗</td></tr>
<tr><td colspan="2">推拉门窗</td></tr>
<tr><td colspan="2">悬挂窗</td></tr>
<tr><td colspan="2">组合窗等</td></tr>
<tr><td rowspan="5">3</td><td rowspan="5">按构造划分</td><td rowspan="4">全塑门窗</td><td>全塑整体门</td></tr>
<tr><td>组装门</td></tr>
<tr><td>夹层门</td></tr>
<tr><td>复合门窗等</td></tr>
<tr><td colspan="2">复合 PVC 门窗</td></tr>
</table>

以下主要按开闭方式划分，分别对塑钢门和塑钢窗的各种类和规格进行叙述。

（1）塑钢门的种类和规格，见表 23-45。

**塑钢门的种类和规格** **表 23-45**

| 种类 | 规格（洞口尺寸） | | 塑钢门样式图例 |
|---|---|---|---|
| | b（mm） | h（mm） | |
| 内平开门 | 700<br>800<br>900<br>1100<br>1200<br>1300<br>1500<br>1800 | 2000<br>2100<br>2300<br>2400 | 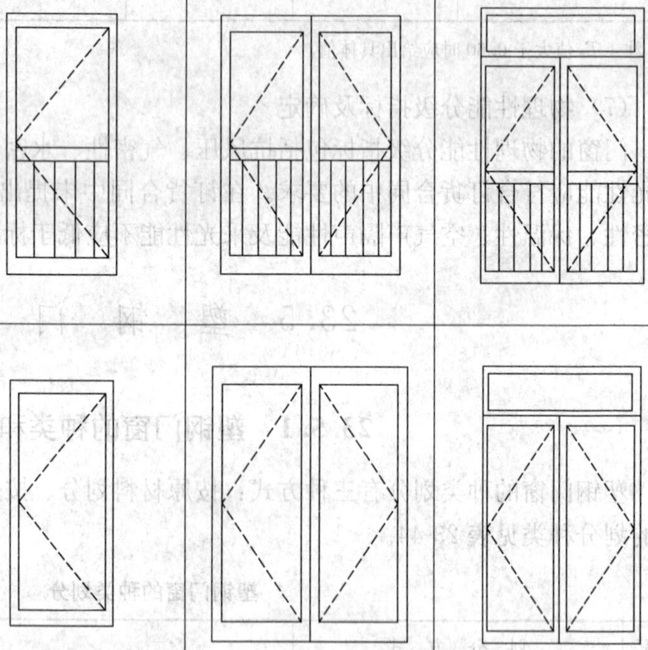 |
| 外平开门 | 700<br>800<br>900<br>1100<br>1200<br>1300<br>1500<br>1800 | 2000<br>2100<br>2300<br>2400 |  |

续表

| 种 类 | 规格（洞口尺寸） | | 塑钢门样式图例 |
| --- | --- | --- | --- |
| | b（mm） | h（mm） | |
| 推拉门 | 1500<br>1800<br>2100<br>2400<br>2700<br>3000 | 2000<br>2100<br>2400<br>2500<br>2700<br>3000 | |

(2) 塑钢窗的种类和规格，见表 23-46。

**塑钢窗的种类和规格** **表 23-46**

| 种 类 | 规格（洞口尺寸） | | 塑钢窗样式图例 |
|---|---|---|---|
| | b（mm） | h（mm） | |
| 内平开窗 | 600<br>900<br>1200<br>1500<br>1800<br>2100<br>2400 | 600<br>900<br>1200<br>1400<br>1500<br>1800<br>2100 | |
| 外平开窗 | 600<br>900<br>1200<br>1500<br>1800<br>2100<br>2400 | 600<br>900<br>1200<br>1400<br>1500<br>1800<br>2100 | |
| 上悬窗 | 600<br>900<br>1200<br>1500 | 600<br>900<br>1200<br>1400<br>1500<br>1800<br>2100 | |

续表

| 种类 | 规格（洞口尺寸） | | 塑钢窗样式图例 |
| --- | --- | --- | --- |
| | b（mm） | h（mm） | |
| 内开下悬窗 | 600<br>900<br>1200<br>1500<br>1800<br>2100 | 900<br>1200<br>1400<br>1500<br>1800<br>2100 | 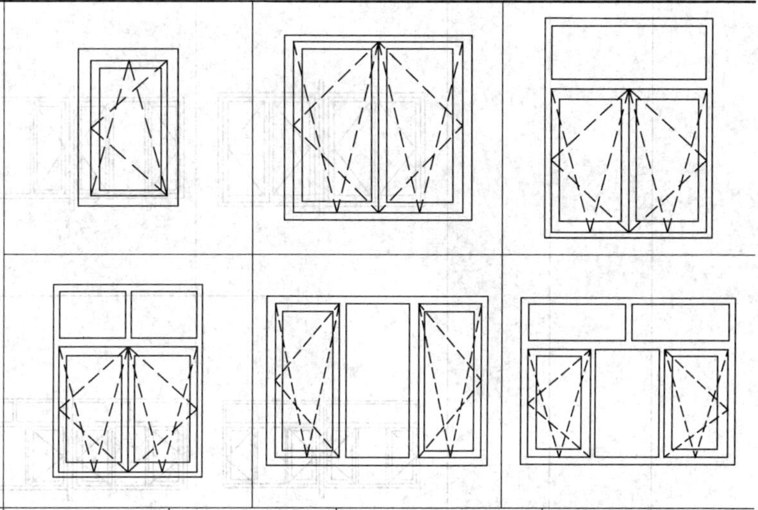 |
| 推拉窗 | 600<br>900<br>1200<br>1500<br>1800<br>2100<br>2400<br>2700<br>3000 | 600<br>900<br>1200<br>1400<br>1500<br>1800<br>2100 | 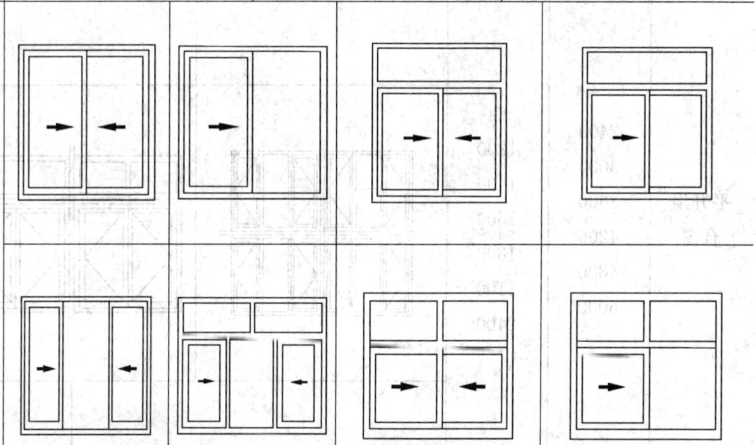 |

续表

| 种 类 | 规格（洞口尺寸） | | 塑钢窗样式图例 |
|---|---|---|---|
| | b（mm） | h（mm） | |
| 平开组合窗 | 2400<br>3000<br>3600<br>4200<br>4800<br>6000 | 900<br>1200<br>1400<br>1500<br>1800<br>2100<br>2400 | |

续表

| 种类 | 规格（洞口尺寸） |  | 塑钢窗样式图例 |
|---|---|---|---|
|  | b（mm） | h（mm） |  |
| 内平开下悬组合窗 | 2400<br>3000<br>3600<br>4200<br>4800<br>6000 | 900<br>1200<br>1400<br>1500<br>1800<br>2100<br>2400 |  |
| 推拉组合窗 | 2400<br>3000<br>3600<br>4200<br>4800<br>6000 | 1200<br>1500<br>1800<br>2100<br>2400<br>2700 |  |

## 23.5.2　门窗及其材料质量要求

(1) 塑钢门窗质量应符合国家现行标准《未增塑聚氯乙烯（PVC-U）塑料门》（JG/T 180—2005）、《未增塑聚氯乙烯（PVC-U）塑料窗》（JG/T 140—2005）的有关规定。门窗产品应有出厂合格证。

(2) 塑钢门窗采用的型材应符合现行国家标准《门、窗用未增塑聚氯乙烯（PVC-U）型材》（GB/T 8814—2004）的有关规定，其老化性能应达到S类的技术指标要求。型材壁厚应符合国家现行标准《未增塑聚氯乙烯（PVC-U）塑料门》（JG/T 180—2005）、《未增塑聚氯乙烯（PVC-U）塑料窗》（JG/T 140—2005）的有关规定。

(3) 塑钢门窗采用的密封条、紧固件、五金配件等，应符合国家现行标准的有关规定。

(4) 增强型钢的质量应符合国家现行标准《聚氯乙烯（PVC）门窗增强型钢》（JG/T 131—2000）的有关规定。增强型钢的装配应符合国家现行标准《未增塑聚氯乙烯（PVC-U）塑料门》（JG/T 180—2005）、《未增塑聚氯乙烯（PVC-U）塑料窗》（JG/T 140—2005）的有关规定。

(5) 塑钢门窗用钢化玻璃的质量应符合现行国家标准《建筑用安全玻璃　第2部分：钢化玻璃》（GB 15763.2—2005）的有关规定。

(6) 塑钢门窗用中空玻璃除应符合现行国家标准《中空玻璃》（GB/T 11944—2002）的有关规定外，尚应符合下列规定：

1) 中空玻璃用的间隔条可采用连续折弯型或插角型且内含干燥剂的铝框，也可使用热压复合式胶条；

2) 用间隔铝框制备的中空玻璃应采用双道密封，第一道密封必须采用热熔性丁基密封胶。第二道密封应采用硅酮、聚硫类中空玻璃密封胶，并应采用专用打胶机进行混合、打胶。

(7) 用于中空玻璃第一道密封的热熔性丁基密封胶应符合国家现行标准《中空玻璃用丁基热熔密封胶》（JC/T 914—2003）的有关规定。第二道密封胶应符合国家现行标准《中空玻璃用弹性密封胶》（JC/T 486—2001）的有关规定。

(8) 塑钢门窗用镀膜玻璃应符合现行国家标准《镀膜玻璃　第1部分：阳光控制镀膜玻璃》（GB/T 18915.1—2002）及《镀膜玻璃　第2部分：低辐射镀膜玻璃》（GB/T 18915.2—2002）的有关规定。

## 23.5.3　塑钢门窗安装要点

1. 塑钢门窗安装工序

门窗及所有材料进场时，均应按设计要求对其品种、规格数量、外观和尺寸进行验收，材料包装应完好，并应有产品合格证、使用说明书及相关性能的检测报告。安装前，应放置在清洁、平整的地方，并且应避免日晒雨淋。不应直接接触地面，下部应放置垫木，并且均应立放；门窗与地面所成角度不应小于70°，并且应采取防倾倒措施。门窗放置时，不得与腐蚀物质接触。环境温度应低于50℃；与热源的距离不应小于1m。安装时，将根据各塑钢门窗的类型采取相应安装工序，见表23-47。

**塑钢门窗的安装工序** **表 23-47**

| 序号 | 门窗类型<br>工序名称 | 单樘窗 | 组合门窗 | 普通门 |
|---|---|---|---|---|
| 1 | 洞口找中线 | + | + | + |
| 2 | 补贴保护膜 | + | + | + |
| 3 | 安装后置埋件 | — | * | — |
| 4 | 框上找中线 | + | + | + |
| 5 | 安装附框 | * | * | * |
| 6 | 抹灰找平 | * | * | * |
| 7 | 卸玻璃（或门、窗扇） | * | * | * |
| 8 | 框进洞口 | + | + | + |
| 9 | 调整定位 | + | + | + |
| 10 | 门窗框固定 | + | + | + |
| 11 | 盖工艺孔帽及密封处理 | + | + | + |
| 12 | 装拼樘料 | — | + | — |
| 13 | 打聚氨酯发泡胶 | + | + | + |
| 14 | 装窗台板 | * | * | — |
| 15 | 洞口抹灰 | + | + | + |
| 16 | 清理砂浆 | + | + | + |
| 17 | 打密封胶 | + | + | + |
| 18 | 安装配件 | + | + | + |
| 19 | 装玻璃（或门、窗扇） | + | + | + |
| 20 | 装纱窗（门） | * | * | * |
| 21 | 表面清理 | + | + | + |
| 22 | 去掉保护膜 | + | + | + |

注：1. 表中“+”号表示应进行的工序；

2. “*”号表示可选择工序；

3. “—”号表示不选择工序。

2. 塑钢门窗安装要点

（1）洞口要求：应测出各窗洞口中线，并应逐一作出标记。对于同一类型的门窗洞口，上下、左右方向位置偏差应符合表 23-48 要求；门窗洞口宽度与高度尺寸的允许偏差应符合表 23-49 的规定；门窗的构造尺寸应考虑预留洞口与待安装门、窗框的伸缩缝间隙及墙体饰面材料的厚度。伸缩缝间隙应符合表 23-50 的规定。

**相邻门窗洞口位置偏差**（mm） **表 23-48**

| 位　置 | 中心线位置偏差 | 左右位置相对偏差 | |
|---|---|---|---|
| | | 建筑高度 $H<30$m | 建筑高度 $H\geqslant30$m |
| 同一垂直位置 | 10 | 15 | 20 |
| 同一水平位置 | 10 | 15 | 20 |

洞口宽度或高度尺寸的允许偏差（mm）　表 23-49

| 洞口类型 \ 洞口宽度或高度 | | ＜2400 | 2400～4800 | ＞4800 |
|---|---|---|---|---|
| 不带附框洞口 | 未粉刷墙面 | ±10 | ±15 | ±20 |
| | 已粉刷墙面 | ±5 | ±10 | ±15 |
| 已安装附框的洞口 | | ±5 | ±10 | ±15 |

洞口与门、窗框伸缩缝间隙（mm）　表 23-50

| 墙体饰面层材料 | 洞口与门、窗框的伸缩缝间隙 |
|---|---|
| 清水墙及附框 | 10 |
| 墙体外饰面抹水泥砂浆或贴陶瓷马赛克 | 15～20 |
| 墙体外饰面贴釉面瓷砖 | 20～25 |
| 墙体外饰面贴大理石或花岗石板 | 40～50 |
| 外保温墙体 | 保温层厚度＋10 |

注：窗下框与洞口的间隙可根据设计要求选定。

（2）补贴保护膜：安装前，塑钢门窗扇及分格杆件宜作封闭型保护。门、窗框应采用三面保护，框与墙体连接面不应有保护层。保护膜脱落的，应补贴保护膜。

（3）框上找中线：应根据设计图纸确定门窗框的安装位置及门扇的开启方向。当门窗框装入洞口时，其上下框中线应与洞口中线对齐。

（4）框进洞口：应根据设计图纸确定门窗框的安装位置及门扇的开启方向。当门窗框装入洞口时，其上下框中线与洞口中线对齐；门窗的上下框四角及中横梃的对称位置用木楔或垫块塞紧作临时固定。

（5）调整定位：安装时，应先固定上框的一个点，然后调整门框的水平度、垂直度和直角度，并应用木楔临时定位。

（6）门窗框固定及盖工艺孔帽及密封处理：

1）当门窗框与墙体间采用固定片固定时，应使用单向固定片，固定片应双向交叉安装。与外保温墙体固定的边框固定片，宜朝向室内。固定片与窗框连接应采用十字槽盘头自钻自攻螺钉直接钻入固定，不得直接锤击钉入或仅靠卡紧方式固定。

2）当门窗框与墙体间采用膨胀螺钉直接固定时，应按膨胀螺钉规格先在窗框上打好基孔。安装膨胀螺钉时，应在伸缩缝中膨胀螺钉位置两边加支撑块。膨胀螺钉端头应加盖工艺孔帽（图 23-4），并应用密封胶进行密封。

3）固定片或膨胀螺钉的位置应距门窗端角、中竖梃、中横梃 150～200mm，固定片或膨胀螺钉之间的间距应符合设计要求，并不得大于 600mm（图 23-5）。不得将固定片直接装在中横梃、中竖梃的端头上。平开门安装铰链的相应位置宜安装固定片或采用直接固定法固定。

4）目前建筑外墙基本都采用了外保温材料，根据墙体材料不同，塑钢窗的固定连接方法不同，具体连接方式见图 23-6。

（7）装拼樘料

拼樘料的连接应符合表 23-51 的要求。

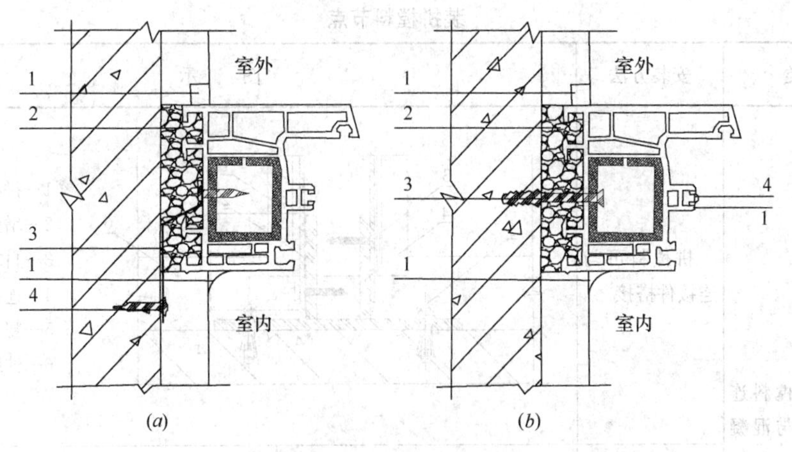


1—密封胶；2—聚氨酯发泡胶；3—固定片；4—膨胀螺钉　　1—密封胶；2—聚氨酯发泡胶；3—膨胀螺钉；4—工艺孔帽

图 23-4　窗安装节点图

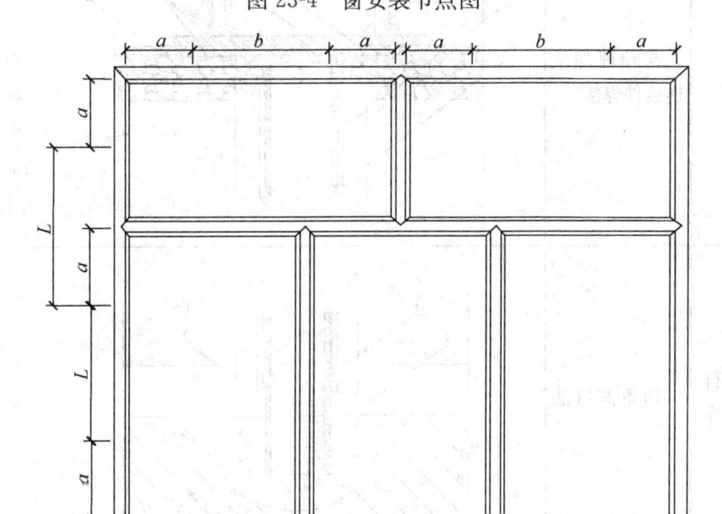


图 23-5　固定片或膨胀螺钉的安装位置

a—端头（或中框）至固定片（或膨胀螺钉）的距离；L—固定片（或膨胀螺钉）之间的距离

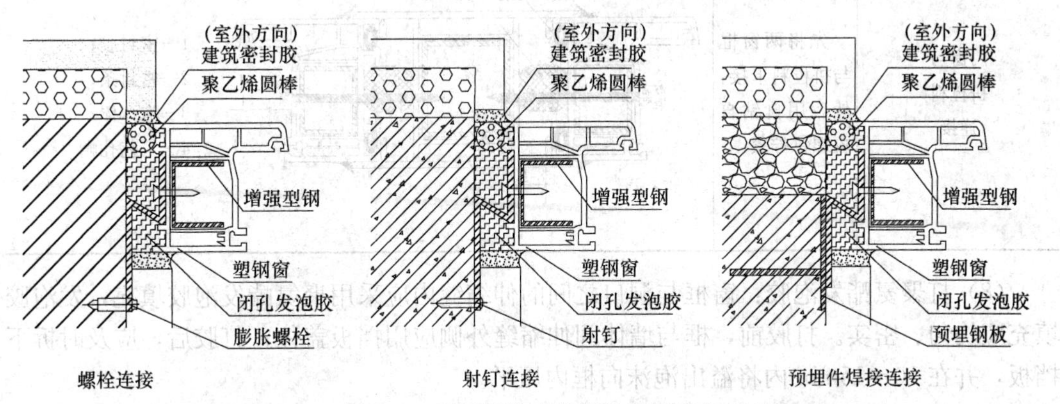


图 23-6　不同墙体有外保温连接节点

**装拼樘料节点　　表 23-51**

| 分　类 | | 安装方法 | 图　示 |
| --- | --- | --- | --- |
| 拼樘料与洞口的连接 | 拼樘料连接件与混凝土过梁或柱的连接 | 拼樘料可与连接件搭接 | 1—拼樘料；<br>2—增强型钢；<br>3—自攻螺钉；<br>4—连接件；<br>5—膨胀螺钉或射钉；<br>6—伸缩缝填充物 |
| | | 与预埋件或连接件焊接 | 1—预埋件；<br>2—调整垫块；<br>3—焊接点；<br>4—墙体；<br>5—增强型钢；<br>6—拼樘料 |
| | 拼樘料与砖墙连接 | 预留洞口法安装 | >30mm<br>1—拼樘料；<br>2—伸缩缝填充物；<br>3—增强型钢；<br>4—水泥砂浆 |
| 门窗与拼樘料连接 | | 先将两窗框与拼樘料卡接，然后用自钻自攻螺钉拧紧 | 8-10<br>1—密封胶；<br>2—密封条；<br>3—泡沫棒；<br>4—工艺孔帽 |

(8) 打聚氨酯发泡胶：窗框与洞口之间的伸缩缝内应采用聚氨酯发泡胶填充，发泡胶填充应均匀、密实。打胶前，框与墙体间伸缩缝外侧应用挡板盖住；打胶后，应及时拆下挡板，并在 10～15min 内将溢出泡沫向框内压平。

(9) 洞口抹灰：当外侧抹灰时，应作出披水坡度。采用片材将抹灰层与窗框临时隔开，留槽宽度及深度宜为5～8mm。抹灰面应超出窗框（图23-7），但厚度不应影响窗扇的开启，并不得盖住排水孔。

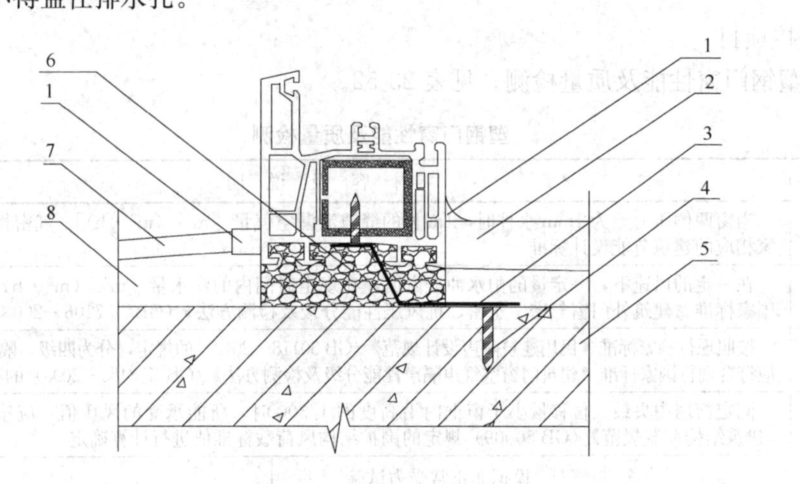


图23-7　窗下框与墙体固定节点图

1—密封胶；2—内窗台板；3—固定片；4—膨胀螺钉；5—墙体；6—防水砂浆；7—装饰面；8—抹灰层

（10）打密封胶：打胶前应将窗框表面清理干净，打胶部位两侧的窗框及墙面均用遮蔽条遮盖严密，密封胶的打注应饱满，表面应平整、光滑，刮胶缝的余胶不得重复使用。密封胶抹平后，应立即揭去两侧的遮蔽条。

（11）装玻璃（或门、窗扇）：玻璃应平整、安装牢固，不得有松动现象。安装好的玻璃不得直接接触型材，应在玻璃四边垫上不同作用的垫块。中空玻璃的垫块宽度应与中空玻璃的厚度相匹配，其垫块位置宜按图23-8放置。

（12）表面清理及去掉保护膜：应在所有工程完工后及装修工程验收前去掉保护膜。

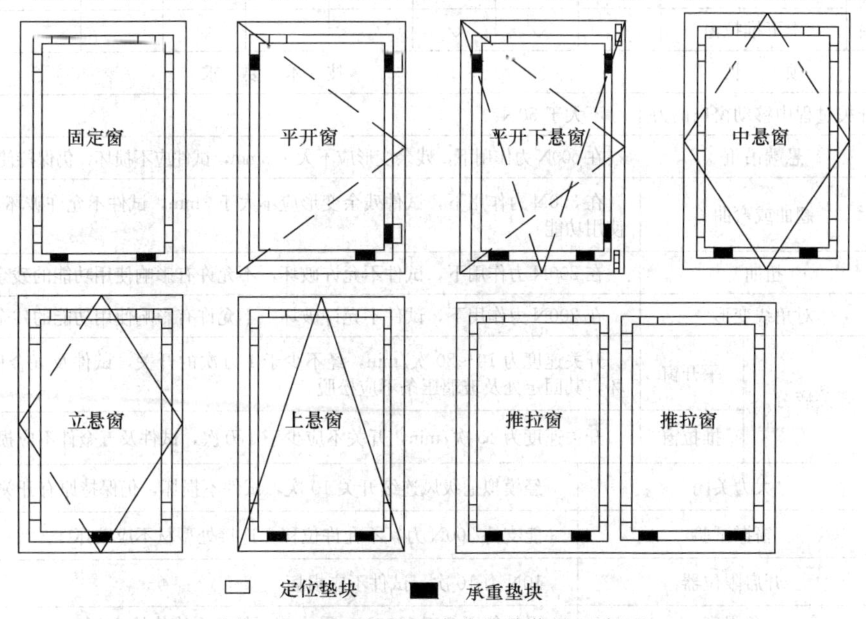


图23-8　承重垫块和定位垫块位置示意图

## 23.5.4　塑钢门窗安装质量标准

1. 主控项目

(1) 塑钢门窗性能及质量检测，见表 23-52。

**塑钢门窗性能及质量检测　　表 23-52**

| 名称 | 内容及说明 |
|---|---|
| 气密性 | 当窗两侧压力差为 1mm 水柱时，1m 长的缝隙泄漏空气量 [$m^3$/($m^2$·h)]，气密性能必须满足国家相应的建筑节能设计标准 |
| 水密性 | 在一定的风速下，一定量的雨水冲击窗面，在规定时间内的渗水量 [$m^3$/($m^2$·h)]，应符合现行国家标准《建筑外门窗气密、水密、抗风压性能分级及检测方法》(GB/T 7106—2008) 的有关规定 |
| 隔音性 | 按照现行国家标准《民用建筑隔声设计规范》(GB 50118—2010) 的规定，分为四级，隔声量 25～40dB，应符合现行国家标准《建筑门窗空气声隔声性能分级及检测方法》(GB/T 8485—2008) 的有关规定 |
| 抗风压强度 | 测定窗扇中央最大位移量小于窗框内沿高度的 1/300 时，所能承受的风压值，应按现行国家标准《建筑结构荷载规范》(GB 50009) 规定的围护结构风荷载标准值进行计算确定 |

力学性能及检测方法——力学性能检测项目

| 窗的种类 | | | 模拟非正常受力试验 | | | | 窗撑和开启限位器 | 窗的开启力 | 开关疲劳 | 大力关闭 | 角强度 |
|---|---|---|---|---|---|---|---|---|---|---|---|
| | | | 悬端吊重 | 翘曲或弯曲 | 扭曲 | 对角线变形 | | | | | |
| 平开窗 | 垂直轴 | 内开 | ✓ | ✓ | | | | ✓ | ✓ | ✓ | ✓ |
| | | 外开 | ✓ | ✓ | | | ✓ | ✓ | ✓ | ✓ | ✓ |
| | 滑轴平开窗 | | ✓ | ✓ | | | ✓ | ✓ | ✓ | ✓ | ✓ |
| 悬窗 | 上悬窗 | | | ✓ | | | ✓ | ✓ | ✓ | ✓ | ✓ |
| | 下悬窗 | | | ✓ | | | ✓ | ✓ | ✓ | ✓ | ✓ |
| | 中悬窗 | | | ✓ | | | ✓ | ✓ | ✓ | ✓ | ✓ |
| | 立转窗 | | ✓ | ✓ | | | ✓ | ✓ | ✓ | ✓ | ✓ |
| 推拉窗 | 左右推拉窗 | | | ✓ | ✓ | ✓ | | ✓ | ✓ | | ✓ |
| | 上下推拉窗 | | | ✓ | ✓ | | ✓ | ✓ | | | ✓ |

力学性能及检测方法——力学性能要求

| 项目 | | 技术要求 |
|---|---|---|
| 开关过程中移动窗扇的力 | | 不大于 50N |
| 悬端吊重 | | 在 500N 力作用下，残余变形应不大于 3mm，试件应不损坏，仍保持使用功能 |
| 翘曲或弯曲 | | 在 300N 力作用下，试件残余变形应不大于 3mm，试件不允许破坏，仍保持使用功能 |
| 扭曲 | | 在 200N 力作用下，试件不允许破坏，不允许有影响使用功能的残余变形 |
| 对角线变形 | | 在 200N 力作用下，试件不允许破坏，不允许有影响使用功能的残余变形 |
| 开关疲劳 | 平开窗 | 开关速度为 10～20 次/min，经不少于 1 万次的开关，试件及五金件不应损坏，其固定处及玻璃压条不应松脱 |
| | 推拉窗 | 开关速度为 15 次/min，开关不应少于 1 万次，试件及五金件不应损坏 |
| 大力关闭 | | 经模拟七级风连续开关 10 次，试件不损坏，仍保持原有开关功能 |
| 窗撑试验 | | 能支持 200N 力，不允许位移，连接处型材不应破坏 |
| 开启限位器 | | 10N 力 10 次，试件不应损坏 |
| 角强度 | | 平均值不低于 3000N，最小值不低于平均值的 70% |

（2）塑钢门窗的品种、类型、规格、尺寸、开启方向、安装位置、连接方式及填嵌密封处理应符合设计要求，内衬增强型钢的壁厚及设置应符合国家现行标准《未增塑聚氯乙烯（PVC-U）塑料门》（JG/T 180—2005）、《未增塑聚氯乙烯（PVC-U）塑料窗》（JG/T 140—2005）的有关规定。门窗产品应有出厂合格证。

（3）塑钢门窗框、副框和扇的安装必须牢固。固定片或膨胀螺栓的数量与位置应正确，连接方式应符合设计要求，固定片应符合国家现行标准《聚氯乙烯（PVC）门窗固定片》（JG/T 132—2000）的有关规定。固定点应距窗角、中横框、中竖框150～200mm，固定点间距应不大于600mm。

（4）塑钢门窗拼樘料内衬增强型钢的规格、壁厚必须符合设计要求，如无设计要求，则应符合现行国家标准《门、窗用未增塑聚氯乙烯（PVC-U）型材》（GB/T 8814）的有关规定，其老化性能应达到S类的技术指标要求。型钢应与型材内腔紧密吻合，其两端必须与洞口固定牢固。窗框必须与拼樘连接紧密，固定点间距应不大于600mm。

（5）塑钢门窗扇应开关灵活、关闭严密，无倒翘。推拉门窗扇必须有防脱落措施。

（6）塑钢门窗配件的型号、规格、数量应符合设计要求，安装应牢固，位置应正确，功能应满足使用要求。

（7）塑钢门窗框与墙体间缝隙应采用闭孔弹性材料填嵌饱满，表面应采用密封胶密封。密封胶应粘结牢固，表面应光滑、顺直，无裂纹。

2. 一般项目

（1）塑钢门窗表面应洁净、平整、光滑，大面无划痕、碰伤。

（2）塑钢门窗扇的密封条不得脱槽。旋转窗间隙应基本均匀。

（3）塑钢门窗扇的开关力应符合下列规定：

1）平开门窗扇平铰链的开关力应不大于80N；滑撑铰链的开关力应不大于80N，并不小于30N。

2）推拉门窗扇的开关力应不大于100N。

（4）玻璃密封条与玻璃及玻璃槽口的连缝应平整，不得卷边、脱槽。

（5）排水孔应畅通，位置和数量应符合设计要求。

（6）塑钢门窗安装的允许偏差和检验方法应符合表23-53的规定。

**塑钢门窗的安装允许偏差** **表23-53**

| 项目 | | 允许偏差（mm） | 检验方法 |
|---|---|---|---|
| 门、窗框外形（高、宽）尺寸长度差（mm） | ≤1500 | 2 | 用精度1mm钢卷尺，测量外框两相对外端面，测量部位距端部100mm |
| | ＞1500 | 3 | |
| 门、窗框两对角线长度差（mm） | ≤2000 | 3 | 用精度1mm钢卷尺，测量内角 |
| | ＞2000 | 5 | |
| 门、窗框（含拼樘料）正、侧面垂直度 | | 3 | 用1m垂直检测尺检查 |
| 门、窗框（含拼樘料）水平度 | | 3.0 | 用1m水平尺和精度0.5mm塞尺检查 |
| 门、窗下横框的标高 | | 5 | 用精度1mm钢直尺检查，与基准线比较 |

续表

| 项　目 | | 允许偏差 (mm) | 检 验 方 法 |
|---|---|---|---|
| 双层门、窗内外框间距 | | 4.0 | 用精度 0.5mm 钢直尺检查 |
| 门、窗竖向偏离中心 | | 5.0 | 用精度 0.5mm 钢直尺检查 |
| 平开门窗及上悬、下悬、中悬窗 | 门、窗扇与框搭接量 | 2.0 | 用深度尺或精度 0.5m 钢直尺检查 |
| | 同樘门、窗相邻扇的水平高度差 | 2.0 | 用靠尺或精度 0.5m 钢直尺检查 |
| | 门、窗框扇四周的配合间隙 | 1.0 | 用楔形塞尺检查 |
| 推拉门窗 | 门、窗扇与框搭接量 | 2.0 | 用深度尺或精度 0.5m 钢直尺检查 |
| | 门、窗扇与框或相邻扇立边平行度 | 2.0 | 用精度 0.5m 钢直尺检查 |
| 组合门窗 | 平面度 | 2.5 | 用靠尺或精度 0.5m 钢直尺检查 |
| | 竖缝直线度 | 2.5 | 用靠尺或精度 0.5m 钢直尺检查 |
| | 横缝直线度 | 2.5 | 用靠尺或精度 0.5m 钢直尺检查 |

# 23.6　彩 板 门 窗

## 23.6.1　彩板门窗的种类和规格

我国目前彩板门窗种类主要有平开门窗、推拉门窗、悬窗、固定窗、百叶窗、地弹簧门等数种。

(1) 平开彩板门，规格见表 23-54。

平 开 彩 板 门　　表 23-54

| 种类 | 洞口高度 h (mm) | 洞口宽度 b (mm) | | |
|---|---|---|---|---|
| | | 700、900 | 1200、1500、1800 | 2400、2700、3000、3600 |
| 平开彩板门 | 2100<br>2400 | 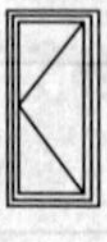 |  | 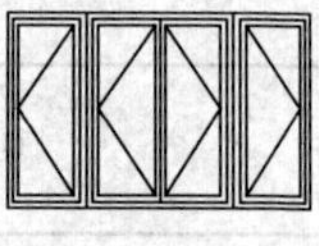 |
| | 2400<br>2700<br>3000（四扇） |  | 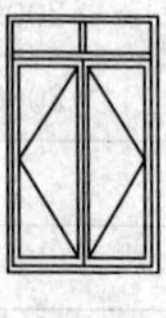 |  |

（2）推拉彩板门，规格见表 23-55。

**推 拉 彩 板 门** **表 23-55**

| 种类 | 洞口高度 $h$ (mm) | 洞口宽度 $b$ (mm) | |
|---|---|---|---|
| | | 1500、1800、2100 | 2400 |
| 推拉彩板门 | 2100<br>2400 | 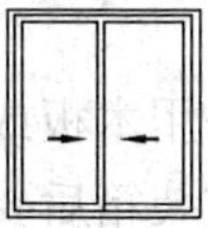 | 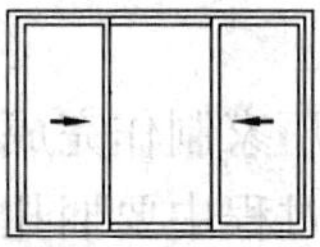 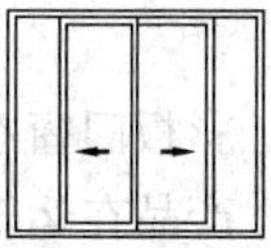 |
| | 2400<br>2700 | 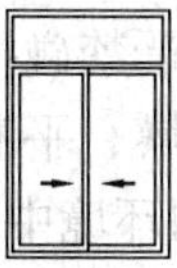 | 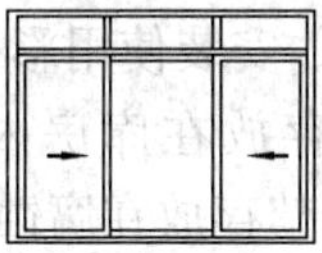 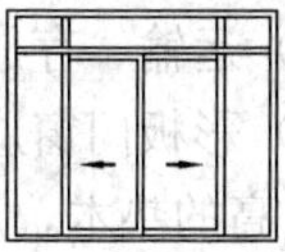 |

（3）平开彩板窗，规格见表 23-56。

**平 开 彩 板 窗** **表 23-56**

| 种类 | 洞口高度 $h$ (mm) | 洞口宽度 $b$ (mm) | | |
|---|---|---|---|---|
| | | 700 | 1200、1500 | 1800、2100、2400 |
| 平开彩板窗 | 900<br>1200<br>1500 | 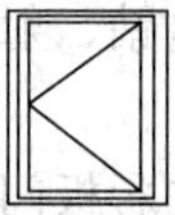 |  | 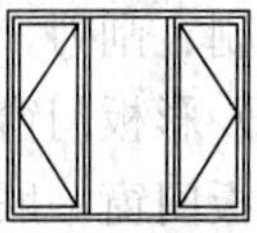 |
| | 1800<br>2100<br>2400 |  |  | 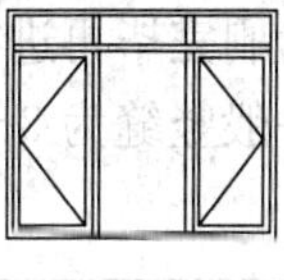 |

（4）推拉彩板窗，规格见表 23-57。

**推 拉 彩 板 窗** **表 23-57**

| 种类 | 洞口高度 $h$ (mm) | 洞口宽度 $b$ (mm) | |
|---|---|---|---|
| | | 1200、1500、1800、2100 | 2400 |
| 推拉彩板窗 | 900<br>1200<br>1500 | 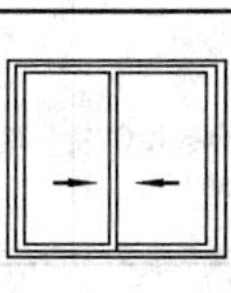 | 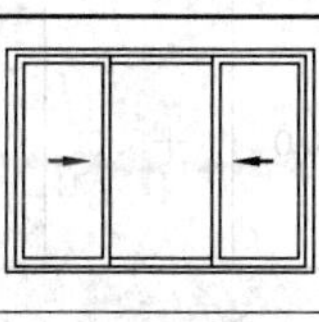 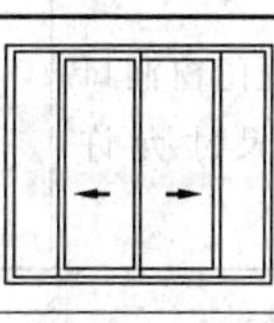 |
| | 1800<br>2100<br>2400 | 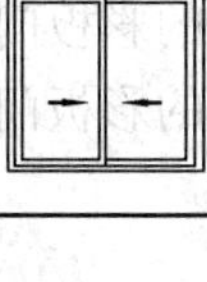 | 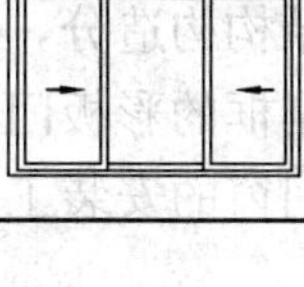 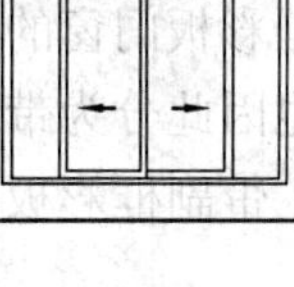 |

### 23.6.2　彩板门窗安装要点

1. 彩板门窗安装前的施工准备

(1) 产品出厂时应附有商标、产品名称、规格、数量、厂名及出厂日期。产品的规格、型号和颜色等均应符合设计和现行标准要求，并有出场合格证书、产品性能检验报告。

(2) 彩板门窗在厂家制作完成后，包装全部采用木板或集装箱，一律立放，不准堆放或挤压，产品在运输过程中要捆扎牢固，在装车或装箱后要求稳定，避免运输中因颠簸造成产品破损。

(3) 运输、存放、安装使用彩板门窗过程中，严禁碰撞与划伤。

(4) 彩板门窗应存放在库房内，地面要求干燥、平整，产品堆放时下设距离地面100mm高的垫木，严禁存放在腐蚀性严重或潮湿的环境中。

(5) 门窗拆箱后按设计图纸核对门窗规格、尺寸、开启方式，检查运输贮存中门窗产品是否有损坏。构件、玻璃及零附件是否配套。

(6) 彩板门窗口若是沾有灰尘、油污等脏物，严禁用硬物或有机清洁剂擦拭，宜用中性水溶性洗涤剂清洗。

(7) 准备好脚手架和安全设施，严禁用门窗作为脚手架。

(8) 主要机具准备：螺钉旋具、粉线包、托线板、线坠、扳手、手锤、钢卷尺、塞尺、毛刷、刮刀、扁铲、铁水平、丝锥、笤帚、冲击电钻、射钉枪、电焊机、面罩等。

(9) 彩板门窗与洞口的间隙要求

彩板门窗一般分为带副框的彩板门窗和不带副框的彩板门窗。带副框的彩板门窗安装一般是先装副框，连接固定后再进行室内外的装饰作业；不带副框的彩板门窗一般是在室内外粉刷完毕再进行安装。洞口粉刷后形成的尺寸必须准确，洞口与门窗外框之间的缝隙，一般竖缝为3～5mm，横缝为6～8mm。门窗对洞口精度的要求见表23-58。

**门窗洞口精度要求**（mm）　　**表23-58**

| 构造类别 | 宽度 | | 高度 | | 对角线差 | | 正面、侧面垂直度 | | 平行度 |
|---|---|---|---|---|---|---|---|---|---|
| | ≤1500 | >1500 | ≤1500 | >1500 | ≤2000 | >2000 | ≤2000 | >2000 | |
| 有副框门窗或组合拼装安装的允许偏差 | ≤2.0 | ≤3.0 | ≤2.0 | ≤3.0 | ≤4.0 | ≤5.0 | ≤2.0 | ≤3.0 | ≤3.0 |
| 无副框门窗洞口粉刷后尺寸允许偏差 | +3.0 | +5.0 | +6.0 | +8.0 | ≤4.0 | ≤5.0 | ≤3.0 | ≤4.0 | ≤5.0 |

2. 彩板门窗的安装工序

根据彩板门窗的结构构造分，一般分为带副框的彩板门窗和不带副框的彩板门窗。安装方法也因此分为带副框的彩板门窗安装和无副框的彩板门窗安装。

(1) 带副框彩板门窗的安装工序

有副框的彩板门窗的安装工序，如图 23-9 所示。

(2) 无副框彩板门窗的安装工序，如图 23-10 所示。

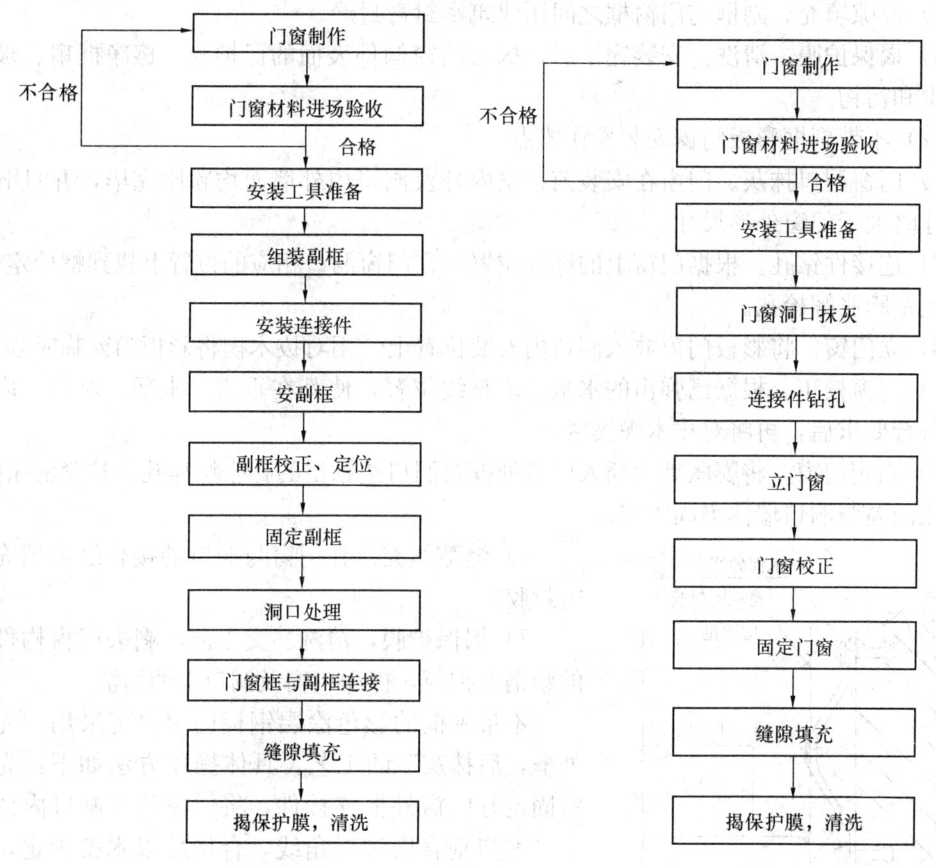


图 23-9 有副框彩板门窗安装工序

图 23-10 无副框彩板门窗安装工序

3. 彩板门窗的安装要点

(1) 带副框彩板门窗安装操作要点

1) 组装副框。按门窗设计尺寸，在工厂组装好副框。

2) 安装连接件。按照设计图纸确定的固定点位置，用自攻螺钉将连接件固定在副框上。

3) 安副框。将副框放入门窗洞口内，根据安装前弹好的安装线，使副框大致就位，用对拔木楔将副框临时固定。

4) 副框校正、定位。根据已弹好的水平、垂直线位置，使副框在垂直、水平和对角线等均符合要求后，用对拔木塞将副框临时固定好。

5) 固定副框。门窗洞口有预埋件时将副框上的连接件与预埋件逐个焊牢；若无预埋件，则用膨胀螺栓或射钉枪对其进行固定。

6) 洞口处理。在副框两侧留出槽口，然后进行室内外墙面抹灰或粘贴装饰面层。留出的槽口待其干后，注入密封膏封严。

7) 门窗框与副框连接。室内外装饰完毕并干燥后，副框与门窗外框接触的顶面、侧面上贴上密封胶条；然后，将彩板门窗外框放入副框内，校正后用自攻螺钉将外框与副框固定，并盖上塑钢螺钉盖。安装推拉窗时，还应调整好滑块。

8）缝隙填充。副框与门窗框之间用建筑密封膏封严。

9）揭保护膜，清洗。安装完毕后，揭去门窗构件表面的保护膜，擦净框扇、玻璃上的灰尘和污物。

（2）不带副框彩板门窗安装操作要点

1）门窗洞口抹灰。门窗在安装前，室内外及洞口内外墙面均粉刷完毕，并且洞口宽高尺寸略大于门窗外形尺寸。

2）连接件钻孔。根据门窗上的螺栓位置，在门窗洞口相应的位置上找到螺栓定位点，在墙上钻膨胀螺栓孔。

3）立门窗。将彩板门窗放入洞口内安装位置上，用对拔木楔将彩板门窗临时固定。

4）门窗校正。根据已弹出的水平、垂直线位置，使其在垂直、水平、对中、内角方正均符合要求后，再将对拔木楔楔紧。

5）固定门窗。将膨胀螺栓插入门窗外框及洞口边钻出的膨胀螺栓孔，拧紧膨胀螺栓，将彩板门窗与洞口墙体牢固固定。

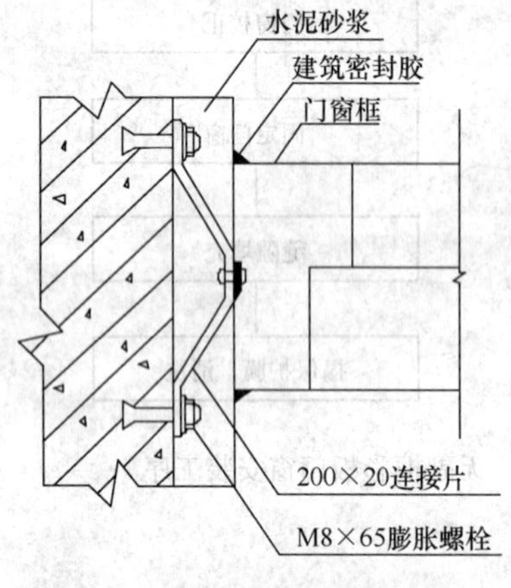


图 23-11　无副框彩板门窗安装节点

6）缝隙填充。在门窗与洞口的接合缝隙填充建筑密封胶。

7）揭保护膜，清洗。交工前，剥去门窗构件表面的塑钢保护膜，擦净门窗及洞口上的污渍。

不带副框的彩色涂层钢板门窗也可采用“先安装外框，后抹灰”的工艺。具体操作方法如下：先用螺钉固定好门窗外框连接件，将门窗放入洞口内调整好水平度与垂直度和对角线，合格后以木楔固定，用射钉枪将连接件与洞口连接，门窗框及玻璃用薄膜保护，然后对室内外进行装饰。待砂浆干燥后将内扇装好，安装过程中主要保护门窗上的涂层，禁止划伤。

无副框彩板门窗安装节点，如图 23-11 所示。

## 23.6.3　彩板门窗安装质量标准

1. 主控项目

（1）金属门窗的品种、类型、规格、尺寸、性能、开启方向、安装位置、连接方式及铝合金门窗的型材壁厚应符合设计要求。金属门窗的防腐处理及填嵌、密封处理应符合设计要求。

（2）金属门窗框和副框的安装必须牢固。预埋件的数量、位置、埋设方式、与框的连接方式必须符合设计要求。

（3）金属门窗扇必须安装牢固，并应开关灵活、关闭严密，无倒翘。推拉门窗扇必须有防脱落措施。

（4）金属门窗配件的型号、规格、数量应符合设计要求，安装应牢固，位置应正确，功能应满足使用要求。

2. 一般项目

(1) 彩板门窗表面应洁净、平整、光滑、色泽一致，无锈蚀。大面应无划痕、碰伤。漆膜或保护层应连续。

(2) 彩板门窗框与墙体之间的缝隙应填嵌饱满，并采用密封胶密封。密封胶表面应光滑、顺直，无裂纹。

(3) 彩板门窗窗扇的橡胶密封条或毛毡密封条应安装完好，不得脱槽。

(4) 有排水孔的彩板门窗，排水孔应畅通，位置和数量应符合设计要求。

(5) 彩板门窗安装的允许偏差和检验方法应符合表 23-59 的规定。

**彩板门窗安装的允许偏差和检验方法** (mm) **表 23-59**

| 项次 | 项目 | | 允许偏差 | 检验方法 |
|---|---|---|---|---|
| 1 | 门窗槽口宽度、高度 | ≤1500 | 2 | 用钢尺检查 |
| | | >1500 | 3 | |
| 2 | 门窗槽口对角线长度差 | ≤2000 | 4 | 用钢尺检查 |
| | | >2000 | 5 | |
| 3 | 门窗框的正面、侧面垂直度 | | 3 | 用垂直检测尺检查 |
| 4 | 门窗横框的水平度 | | 3 | 用 1m 水平尺和塞尺检查 |
| 5 | 门窗横框标高 | | 5 | 用钢尺检查 |
| 6 | 门窗竖向偏离中心 | | 5 | 用钢尺检查 |
| 7 | 双层门窗内外框间距 | | 4 | 用钢尺检查 |
| 8 | 推拉门窗扇与框搭接量 | | 2 | 用钢直尺检查 |

# 23.7 特 种 门 窗

## 23.7.1 防 火 门

防火门按开启方式，可分为平开防火门和防火卷帘两大类。平开防火门可按多种方式进行分类，最常用的是按材质分的木质防火门和钢质防火门，本节重点介绍木质防火门、钢质防火及防火卷帘，防火卷帘的安装同普通卷帘门，参见 23.6.3 卷帘门窗章节。

### 23.7.1.1 防火门的种类及代号

1. 平开防火门的种类及代号

平开防火门可根据材质、门扇数量、结构类型、耐火性能等进行分类，主要用于疏散的走道、楼梯间和前室防火门，应具有自动关闭的功能。双扇和多扇防火门还应具有按顺序关闭的功能。具体分类及代号见表 23-60。

**平开防火门的种类及代号** **表 23-60**

| 分类方法 | 名称 | 耐火性能 | 代号 |
|---|---|---|---|
| 按材质分 | 木质防火门 | — | MFM |
| | 钢质防火门 | — | GFM |
| | 钢木质防火门 | — | GMFM |
| | 其他材质防火门 | — | ** FM（** 代表其他材质的具体表述大写拼音字母） |

续表

| 分类方法 | 名称 | 耐火性能 | 代号 |
| --- | --- | --- | --- |
| 按门扇数量分 | 单扇防火门 | — | 1 |
| | 双扇防火门 | — | 2 |
| | 多扇防火门 | — | 代号为门扇数量，用数字表示 |
| 按结构类型分 | 门扇上带防火玻璃的防火门 | — | b |
| | 防火门门框 | — | 门框双槽口代号为s，单槽口代号为d |
| | 带亮窗防火门 | — | 1 |
| | 带玻璃带亮窗防火门 | — | b1 |
| | 无玻璃防火门 | — | — |
| 按耐火性能分 | 隔热防火门（A类） | NG≥0.50h，NW≥0.50h | A0.50（丙级） |
| | | NG≥1.00h，NW≥1.00h | A1.00（乙级） |
| | | NG≥1.50h，NW≥1.50h | A1.50（甲级） |
| | | NG≥2.00h，NW≥2.00h | A2.00 |
| | | NG≥3.00h，NW≥3.00h | A3.00 |
| | 部分隔热防火门（B类） | NG≥0.50h，NW≥1.00h | B1.00 |
| | | NG≥0.50h，NW≥1.50h | B1.50 |
| | | NG≥0.50h，NW≥2.00h | B2.00 |
| | | NG≥0.50h，NW≥3.00h | B3.00 |
| | 非隔热防火门（C类） | NW≥1.00h | C1.00 |
| | | NW≥1.50h | C1.50 |
| | | NW≥2.00h | C2.00 |
| | | NW≥3.00h | C3.00 |

备注：NG耐火隔热性，NW耐火完整性

2. 防火卷帘的种类及代号

防火卷帘可根据耐风压强度、帘面数量、启闭方式、耐火极限等进行分类，可作防火门及防火分隔用，设在走道上的防火卷帘，应在卷帘的两侧设置启闭装置，并应具有自动、手动和机械控制的功能。具体分类及代号见表23-61。

**防火卷帘的种类及代号** **表23-61**

| 分类方法 | 名称 | 性能/特征 | | 代号 |
| --- | --- | --- | --- | --- |
| 按耐风压强度分 | — | 耐风压强度（Pa） | 490 | 50 |
| | — | | 784 | 80 |
| | — | | 1177 | 120 |
| 按帘面数量分 | — | 帘面数量 | 1个 | D |
| | — | | 2个 | S |

续表

| 分类方法 | 名称 | 性能/特征 | | | | 代号 |
|---|---|---|---|---|---|---|
| 按启闭方式分 | — | 启闭方式 | 垂直卷 | | | $C_Z$ |
| | — | | 侧向卷 | | | $C_X$ |
| | — | | 水平卷 | | | $S_P$ |
| 按耐火性能及材质分 | 钢质防火卷帘（GFJ） | 耐火极限（h） | ≥2.00 | 帘面漏烟量 $m^3$/（$m^2$·min） | — | F2 |
| | | | ≥3.00 | | — | F3 |
| | 钢质防火、防烟卷帘（GFYJ） | | ≥2.00 | | ≤0.2 | FY2 |
| | | | ≥3.00 | | | FY3 |
| | 无机纤维复合防火卷帘（WFJ） | | ≥2.00 | | — | F2 |
| | | | ≥3.00 | | — | F3 |
| | 无机纤维复合防火、防烟卷帘（WFYJ） | | ≥2.00 | | ≤0.2 | FY2 |
| | | | ≥3.00 | | | FY3 |
| | 特级防火卷帘（TFJ） | | ≥3.00 | | ≤0.2 | TY3 |

**23.7.1.2　防火门的规格**

防火门规格用洞口尺寸表示，洞口尺寸应符合《热作模具钢热疲劳试验方法》（GB/T 15824—2008）的相关规定，特殊洞口尺寸可由生产厂方和使用方按需要协商确定。

**23.7.1.3　防火门的标记方法**

1. 平开防火门的标记方法

平开防火门标记为：

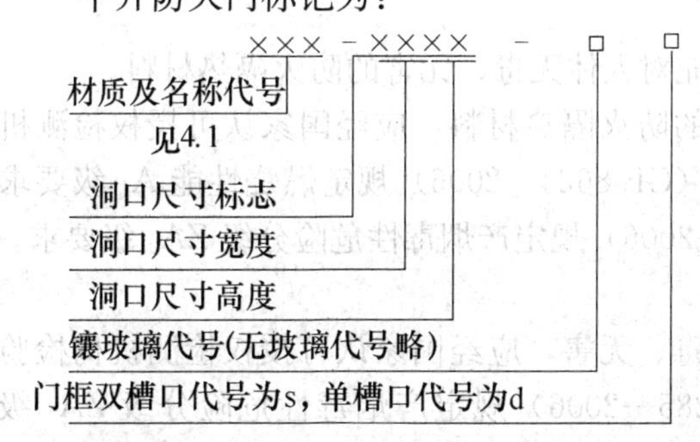


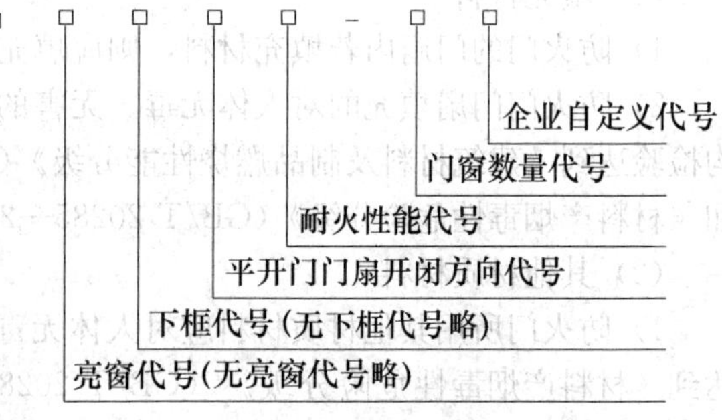


示例 1：GFM-0924-bslk5A1.50（甲级）-1。表示隔热（A 类）钢质防火门，其洞口宽度为 900mm，洞口高度为 2400mm，门扇镶玻璃、门框双槽口、带亮窗、有下框，门扇顺时针方向关闭，耐火完整性和耐火隔热性的时间均不小于 1.50h 的甲级单扇防火门。

示例 2：MFM-1221-d6B1.00-2。表示半隔热（B 类）木质防火门，其洞口宽度为 1200mm，洞口高度为 2100mm，门扇无玻璃、门框单槽口、无亮窗、无下框门扇逆时针方向关闭，其耐火完整性的时间不小于 1.00h、耐火隔热性的时间不小于 0.50h 的双扇防火门。

2. 防火卷帘的标记方法

防火卷帘标记为：

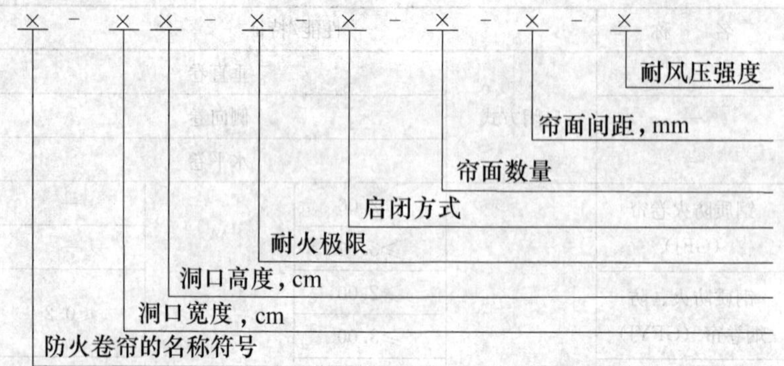


注：1. 防火卷帘的帘面数量为一个时，代号中帘面间距无要求。

2. 防火卷帘为无机纤维复合防火卷帘时，代号中耐风压强度无要求。

3. 钢质防火卷帘在室内使用，无抗风压要求时，代号中耐风压强度无要求。

4. 特级防火卷帘在名称符号后加字幕 G、W、S 和 Q，表示特级防火卷帘的结构特征，其中 G 表示帘面由钢质材料制作，W 表示帘面由无机纤维材料制作：S 表示帘面两侧带有独立的闭式自动喷水保护；Q 表示帘面为其他结构形式。

示例 1：GFJ-300300-F2-$C_1$-D-80 表示洞口宽度为 300cm，高度为 300cm，耐火极限不小于 2.00h，启闭方式为垂直卷，帘面数量为一个，耐风压强度为 80 型的钢质防火卷帘。

示例 2：TFJ（W）-300300-TF3-$C_2$-2-240 表示帘面由无机纤维制造，洞口宽度为 300cm，高度为 300cm，耐火极限不小于 3.00h，启闭方式为垂直卷，帘面数量为两个，帘面间距为 240mm 的特级防火卷帘。

**23.7.1.4　防火门及材料质量要求**

1. 平开防火门

（1）填充材料

1）防火门的门扇内若填充材料，则应填充对人体无毒、无害的防火隔热材料。

2）防火门门扇填充的对人体无毒、无害的防火隔热材料，应经国家认可授权检测机构检验达到《建筑材料及制品燃烧性能分级》（GB 8624—2006）规定燃烧性能 $A_1$ 级要求和《材料产烟毒性危险分级》（GB/T 20285—2006）规定产烟毒性危险分级 $ZA_2$ 级要求。

（2）其他材质材料

1）防火门所用其他材质材料应对人体无毒、无害，应经国家认可授权检测机构检验达到《材料产烟毒性危险分级》（GB/T 20285—2006）规定产烟毒性危险分级 $ZA_2$ 级要求。

2）防火门所用其他材质材料应经国家认可授权检测机构检验达到《建筑材料难燃性试验方法》（GB/T 8625—2005）规定难燃性要求或《建筑材料及制品燃烧性能分级》（GB 8624—2006）规定燃烧性能 $A_1$ 级要求，其力学性能应达到有关标准的相关规定并满足制作防火门的有关要求。

（3）胶粘剂

1）防火门所用胶粘剂应是对人体无毒、无害的产品。

2）防火门所用胶粘剂应经国家认可授权检测机构检验达到《材料产烟毒性危险分级》

(GB/T 20285—2006）规定产烟毒性危险分级 $ZA_2$ 级要求。

(4) 防火锁

1）防火门安装的门锁应是防火锁。

2）在门扇的有锁芯机构处，防火锁均应有执手或推杠机构，不允许以圆形或球形旋钮代替执手（特殊部位使用除外，如管道井门等)。

3）防火锁应经国家认可授权检测机构检验合格，其耐火性能应符合规范规定。

(5) 防火合页（铰链）

防火门用合页（铰链）板厚应不少于 3mm，其耐火性能应符合规范规定。

(6) 防火闭门装置

1）防火门应安装防火门闭门器，或设置让常开防火门在火灾发生时能自动关闭门扇的闭门装置（特殊部位使用除外，如管道井门等)。

2）防火门闭门器应经国家认可授权检测机构检验合格，其性能应符合《防火门闭门器》(GA 93—2004）的规定。

3）自动关闭门扇的闭门装置，应经国家认可授权检测机构检验合格。

(7) 防火顺序器

双扇、多扇防火门设置盖缝板或止口的应安装顺序器（特殊部位使用除外)，其耐火性能应符合规范规定。

(8) 防火插销

采用钢质防火插销，应安装在双扇防火门或多扇防火门的相对固定一侧的门扇上（若有要求时)，其耐火性能应符合规范规定。

(9) 盖缝板

1）平口或止口结构的双扇防火门宜设盖缝板。

2）盖缝板与门扇连接应牢固。

3）盖缝板不应妨碍门扇的正常启闭。

(10) 防火密封件

1）防火门门框与门扇、门扇与门扇的缝隙处应嵌装防火密封件。

2）防火密封件应经国家认可授权检测机构检验合格，其性能应符合《防火膨胀密封件》(GB 16807—2009）的规定。

(11) 防火玻璃

1）防火门上镶嵌防火玻璃的类型

A 类防火门若镶嵌防火玻璃，其耐火性能应符合 A 类防火门的条件。

B 类防火门若镶嵌防火玻璃，其耐火性能应符合 B 类防火门的条件。

C 类防火门若镶嵌防火玻璃，其耐火性能应符合 C 类防火门的条件。

2）防火玻璃应经国家认可授权检测机构检验合格，其性能符合《建筑用安全玻璃第 1 部分：防火玻璃》(GB 15763.1—2009）的规定。

(12) 加工工艺质量

使用钢质材料或难燃木材，或难燃人造板材料，或其他材质材料制作防火门的门框、门扇骨架和门扇面板；门扇内若填充材料，则应填充对人体无毒、无害的防火隔热材料，与防火五金配件等共同装配成防火门。

(13) 门扇重量

门扇重量不应小于门扇的设计重量。

(14) 尺寸极限偏差

防火门门扇、门框的尺寸极限偏差，应符合表 23-62 的规定。

尺寸极限偏差（mm）　表 23-62

| 名　称 | 项　目 | 公　差 |
|---|---|---|
| 门　扇 | 高度 $H$ | ±2 |
| | 宽度 $D$ | ±2 |
| | 厚度 $T$ | +2、-1 |
| 门　框 | 内裁口高度 $H'$ | ±3 |
| | 内裁口宽度 $W'$ | ±2 |
| | 侧壁宽度 $T'$ | ±2 |

(15) 形位公差

门扇、门框形位公差应符合表 23-63 的规定。

形　位　公　差　表 23-63

| 名　称 | 项　目 | 公　差 |
|---|---|---|
| 门　扇 | 两对角线长度差 $[L_1-L_2]$ | ≤3mm |
| | 扭曲度 $D$ | ≤5mm |
| | 宽度方向弯曲度 $B_1$ | <2‰ |
| | 高度方向弯曲度 $B_2$ | <2‰ |
| 门框 | 内裁口两对角线长度差 $[L_1'-L_2']$ | ≤3mm |

(16) 配合公差

1) 门扇与门框的搭接尺寸不应小于 12mm。

2) 门扇与门框的配合活动间隙：

门扇与门框有合页一侧的配合活动间隙不应大于设计图纸规定的尺寸公差。

门扇与门框有锁一侧的配合活动间隙不应大于设计图纸规定的尺寸公差。

门扇与上框的配合活动间隙不应大于 3mm。

双扇、多扇门的门扇之间缝隙不应大于 3mm。

门扇与下框或地面的活动间隙不应大于 9mm。

门扇与门框贴合面间隙，门扇与门框有合页一侧、有锁一侧及上框的贴合面间隙均不应大于 3mm。

3) 门扇与门框的平面高低差不应大于 1mm。

(17) 防火门门扇应启闭灵活，无卡阻现象。

(18) 防火门门扇开启力不应大于 80N。

(19) 在进行 500 次启闭试验后，防火门不应有松动、脱落、严重变形和启闭卡阻现象。

2. 防火卷帘

（1）外观质量

1）防火卷帘金属零部件表面不应有裂纹、压坑及明显的凹凸、锤痕、毛刺、孔洞等缺陷。其表面应做防锈处理，涂层、镀层应均匀，不得有斑驳、流淌现象。

2）防火卷帘无机纤维复合帘面不应有撕裂、缺角、挖补、破洞、倾斜、跳线、断线、经纬纱度明显不匀及色差等缺陷；夹板应平直，夹持应牢固，基布的经向应是帘面的受力方向，帘面应美观、平直、整洁。

3）相对运动件在切割、弯曲、冲钻等加工处不应有毛刺。

4）各零部件的组装、拼接处不应有错位。焊接处应牢固，外观应平整，不应有夹渣、漏焊、疏松等现象。

5）所有紧固件应紧固，不应有松动现象。

（2）材料

1）防火卷帘主要零部件使用的各种原材料，应符合相应国家标准或行业标准的规定。

2）防火卷帘主要零部件使用的原材料厚度，应符合表 23-64 的规定。

**原材料厚度** **表 23-64**

| 序号 | 零部件名称 | 原材料厚度（mm） |
|---|---|---|
| 1 | 帘板 | 普通型帘板厚度≥1.0；复合型帘板中任一帘片厚度≥0.8 |
| 2 | 夹板 | ≥3.0 |
| 3 | 座板 | ≥3.0 |
| 4 | 导轨 | 掩埋型≥1.5；外露型≥3.0 |
| 5 | 门楣 | ≥0.8 |
| 6 | 箱体 | ≥0.8 |

（3）尺寸公差

防火卷帘的主要零部件尺寸公差应符合表 23-65 的规定。

**尺 寸 公 差** **表 23-65**

| 主要零部件 | 图示 | 尺寸公差（mm） | | |
|---|---|---|---|---|
| 帘板 | $L$ | 长度 | $L$ | ±2.0 |
| | $h$ | 宽度 | $h$ | ±1.0 |
| | $s$ | 厚度 | $s$ | ±1.0 |
| 导轨 | $b$ | 槽深 | $a$ | ±2.0 |
| | $a$ | 槽宽 | $b$ | ±2.0 |

### 23.7.1.5 木质防火门

用难燃木材或难燃木材制品作门框、门扇骨架、门扇面板；门扇内若填充材料，则填充对人体无毒、无害的防火隔热材料，并配以防火五金配件所组成的具有一定耐火性能的门。

1. 木质防火门的种类和规格

木质防火门分按材质可分为木夹板防火门、木夹板装饰防火门和模压板防火门三种，种类及规格详见表 23-66。

木质防火门 表 23-66

| 种类 | 型号 | 洞口高度 h（mm） | 洞口宽度 b（mm） | | | 备注 |
|---|---|---|---|---|---|---|
| | | | 800、900、1000 | 1200 | 1500、1800、2100 | |
| 木夹板防火门 | 2M01 | 2000<br>2100<br>2400 | 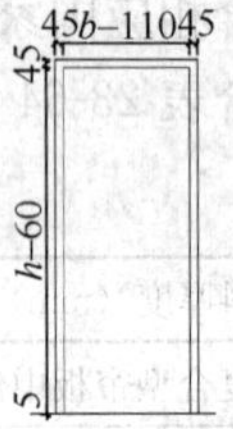 45 b−110 45<br>45<br>h−60<br>5 | 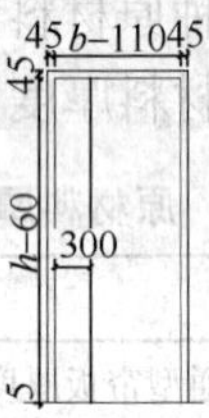 45 b−110 45<br>45<br>h−60<br>300<br>5 | 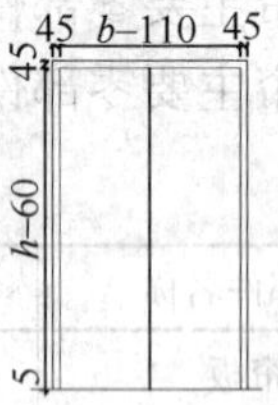 45 b−110 45<br>45<br>h−60<br>5 | 门扇上不带防火玻璃，无亮窗 |
| | | 2700 | 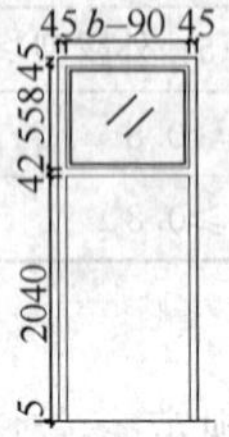 45 b−90 45<br>45<br>558<br>42<br>2040<br>5 | 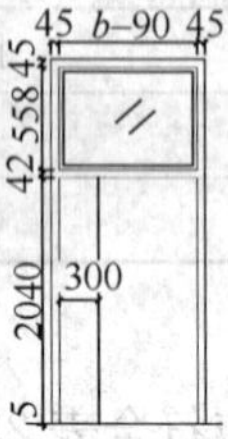 45 b−90 45<br>45<br>558<br>42<br>2040<br>300<br>5 | 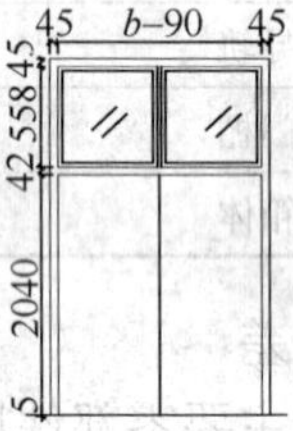 45 b−90 45<br>45<br>558<br>42<br>2040<br>5 | 门扇上不带防火玻璃，有亮窗 |
| | 2M02～2M09 | 2000<br>2100<br>2400 | 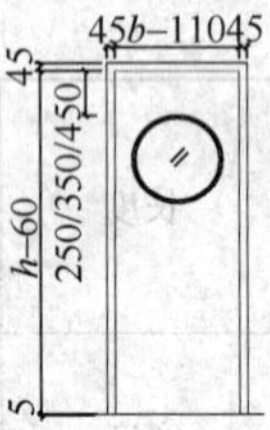 45 b−110 45<br>45<br>250/350/450<br>h−60<br>5 | 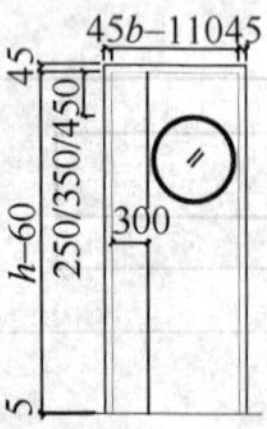 45 b−110 45<br>45<br>250/350/450<br>h−60<br>300<br>5 | 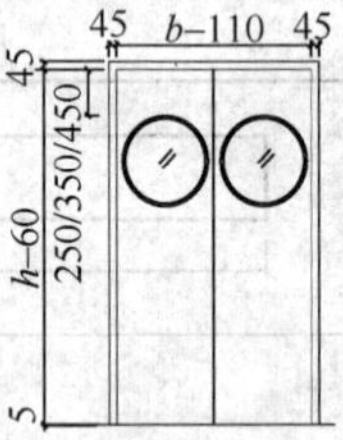 45 b−110 45<br>45<br>250/350/450<br>h−60<br>5 | 1. 上排无亮窗，下排有亮窗。<br>2. 门扇上带防火玻璃，有多种形状，图例取圆形为例 |
| | | 2700 | 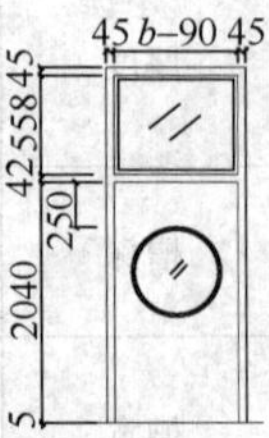 45 b−90 45<br>45<br>558<br>42<br>250<br>2040<br>5 | 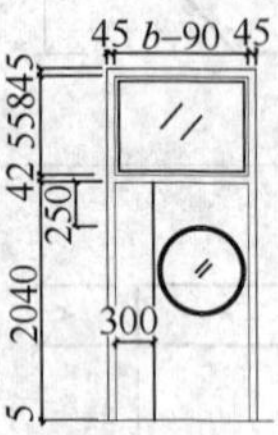 45 b−90 45<br>45<br>558<br>42<br>250<br>2040<br>300<br>5 | 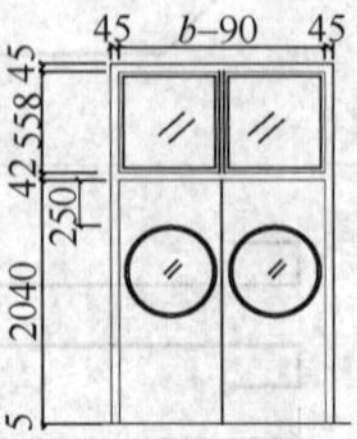 45 b−90 45<br>45<br>558<br>42<br>250<br>2040<br>5 | |

续表

| 种类 | 型号 | 洞口高度 $h$（mm） | 洞口宽度 $b$（mm） | | | 备 注 |
|---|---|---|---|---|---|---|
| | | | 800、900、1000 | 1200 | 1500、1800、2100 | |
| 木夹板装饰防火门 | 3M10～3M17 | 2000<br>2100<br>2400 | 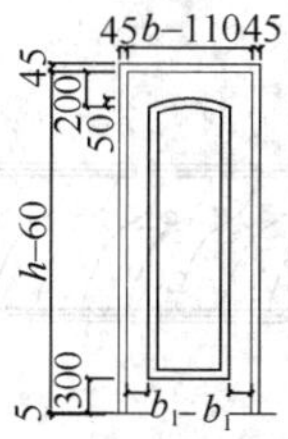 45 $b$–110 45<br>45<br>200<br>50<br>$h$–60<br>300<br>5<br>$b_1$ $b_1$ | 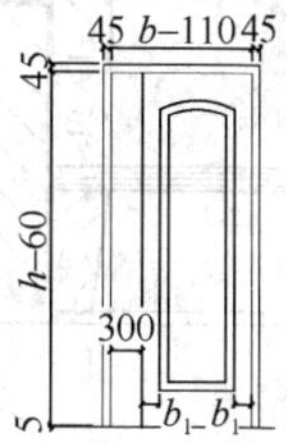 45 $b$–110 45<br>45<br>$h$–60<br>300<br>5<br>$b_1$ $b_1$ | 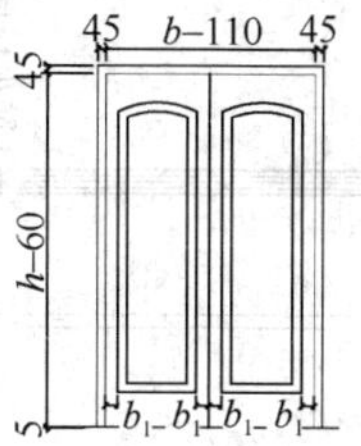 45 $b$–110 45<br>45<br>$h$–60<br>5<br>$b_1$ $b_1$ $b_1$ $b_1$ | 1. 上排无亮窗，下排有亮窗。<br>2. 门扇装饰有多种形状，图例为其中一种。$b_1$一般取120～200 |
| | | 2700 | 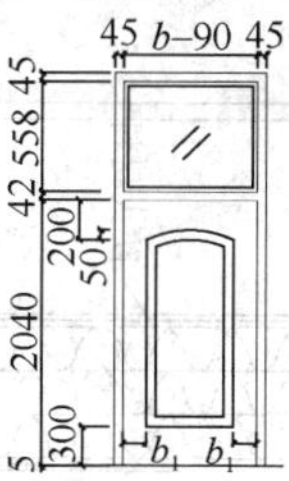 45 $b$–90 45<br>45<br>42 558<br>200<br>50<br>2040<br>300<br>5<br>$b_1$ $b_1$ | 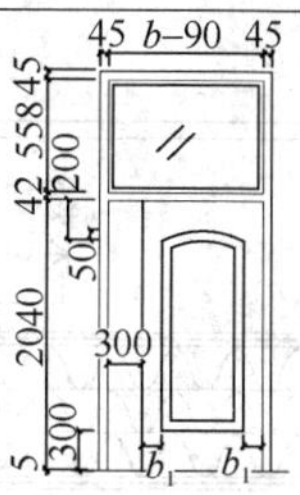 45 $b$–90 45<br>45<br>42 558<br>200<br>50<br>2040<br>300<br>300<br>5<br>$b_1$ $b_1$ | 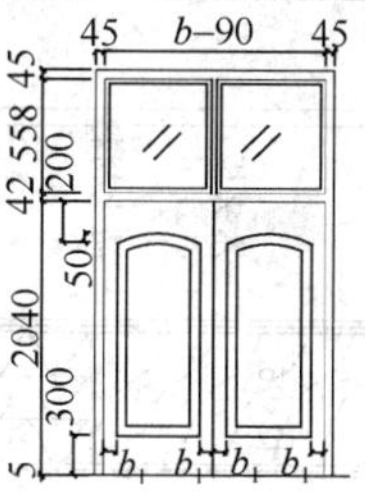 45 $b$–90 45<br>45<br>42 558<br>200<br>50<br>2040<br>300<br>5<br>$b_1$ $b_1$ $b_1$ $b_1$ | |
| 模压板防火门 | 4M18～3M24 | 2000<br>2100<br>2400 | 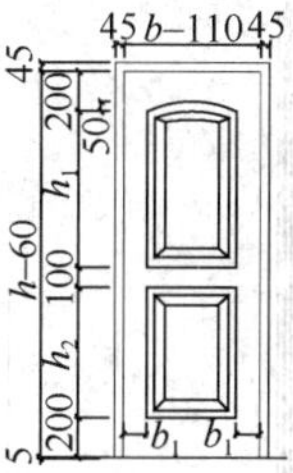 45 $b$–110 45<br>45<br>200<br>50<br>$h_1$<br>$h$–60<br>100<br>$h_2$<br>200<br>5<br>$b_1$ $b_1$ | 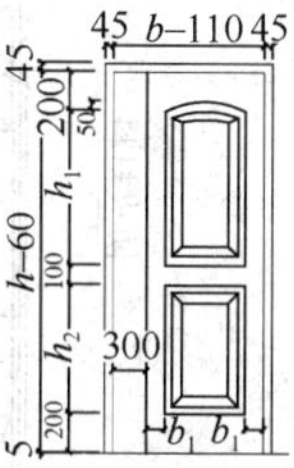 45 $b$–110 45<br>45<br>200<br>50<br>$h_1$<br>$h$–60<br>100<br>$h_2$<br>300<br>200<br>5<br>$b_1$ $b_1$ | 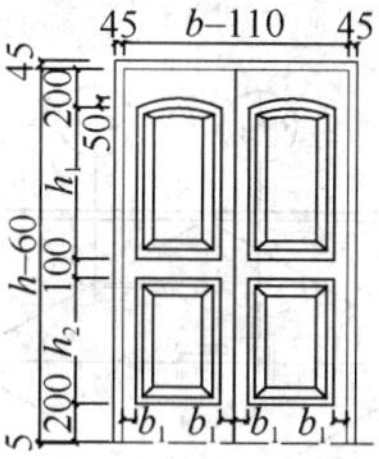 45 $b$–110 45<br>45<br>200<br>$h_1$<br>$h$–60<br>100<br>$h_2$<br>200<br>5<br>$b_1$ $b_1$ $b_1$ $b_1$ | 1. 上排无亮窗，下排有亮窗。<br>2. 门扇有多种造型，图例为其中一种。左图中$b_1$一般取120～200；$h_1$比$h_2$100左右 |
| | | 2700 | 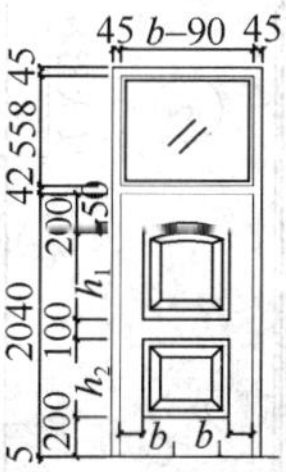 45 $b$–90 45<br>45<br>42 558<br>200<br>50<br>$h_1$<br>2040<br>100<br>$h_2$<br>200<br>5<br>$b_1$ $b_1$ | 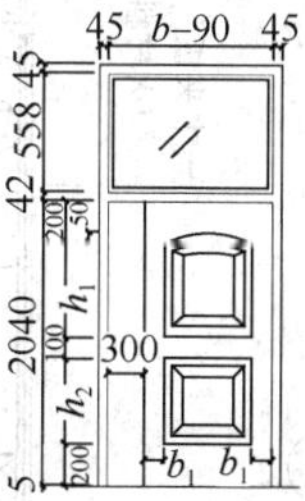 45 $b$–90 45<br>45<br>42 558<br>200<br>50<br>$h_1$<br>2040<br>300<br>$h_2$<br>200<br>5<br>$b_1$ $b_1$ | 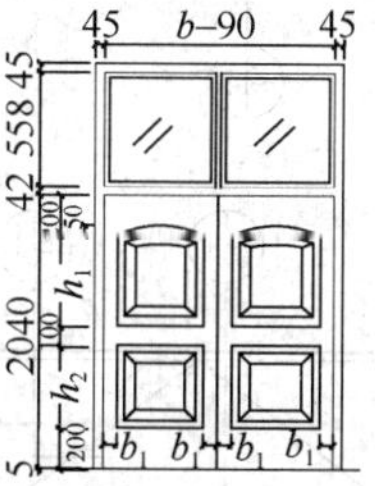 45 $b$–90 45<br>45<br>42 558<br>200<br>50<br>$h_1$<br>2040<br>$h_2$<br>200<br>5<br>$b_1$ $b_1$ $b_1$ $b_1$ | |

注：框口尺寸等于洞口尺寸 $b$－20mm；框口尺寸等于洞口尺寸 $h$－10mm

2. 木质防火门的节点构造

（1）木夹板防火门

1）2M01型：见图23-12。

2）2M02～2M09型：见图23-13。

（2）木夹板装饰防火门：见图23-14。

（3）模压板防火门：见图23-15。

3. 木质防火门的技术要求

（1）耐火性能试验要求

木质防火门的耐火性能按《门和卷帘的耐火试验方法》（GB/T7633—2008）进行试

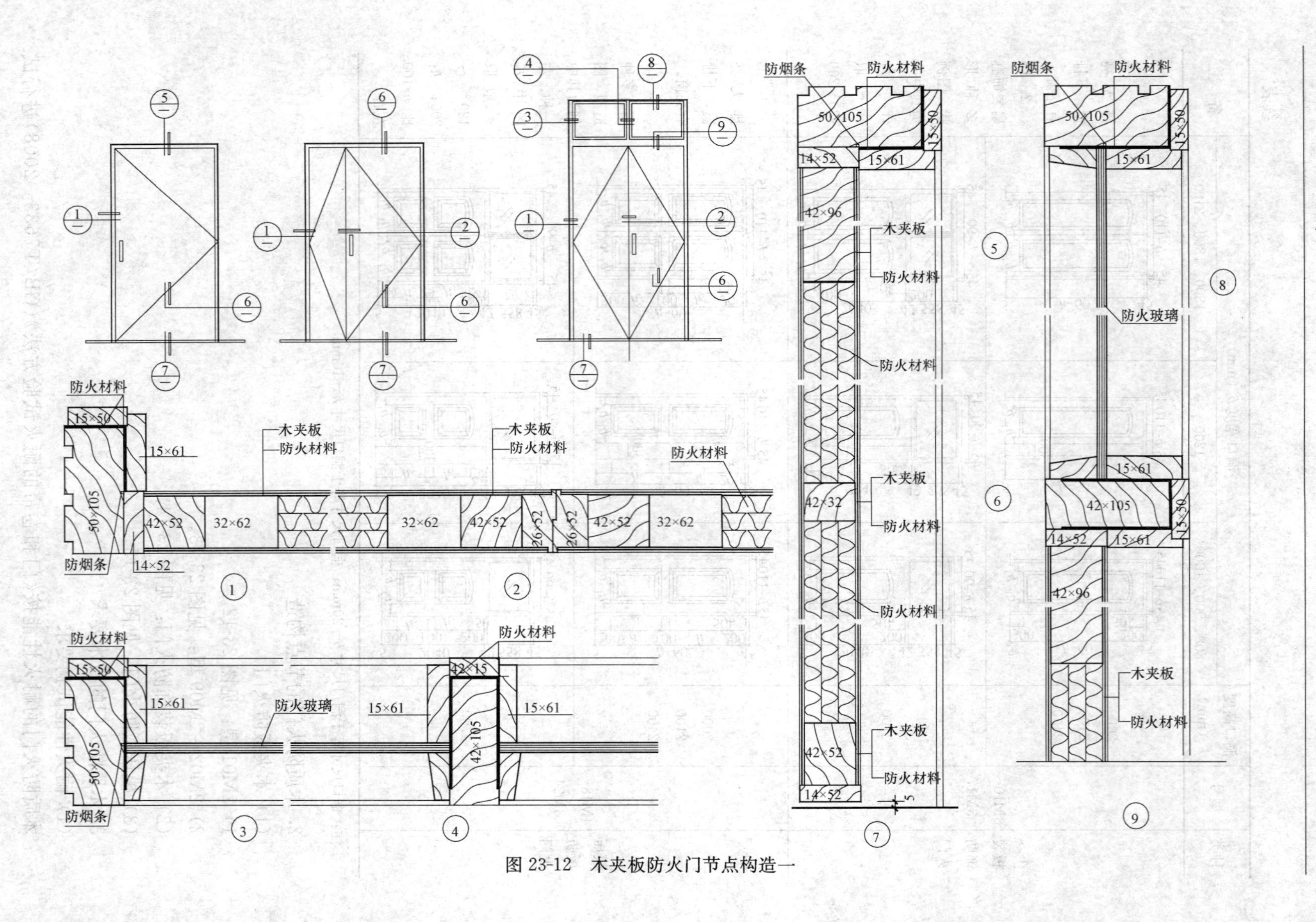


图 23-12 木夹板防火门节点构造一

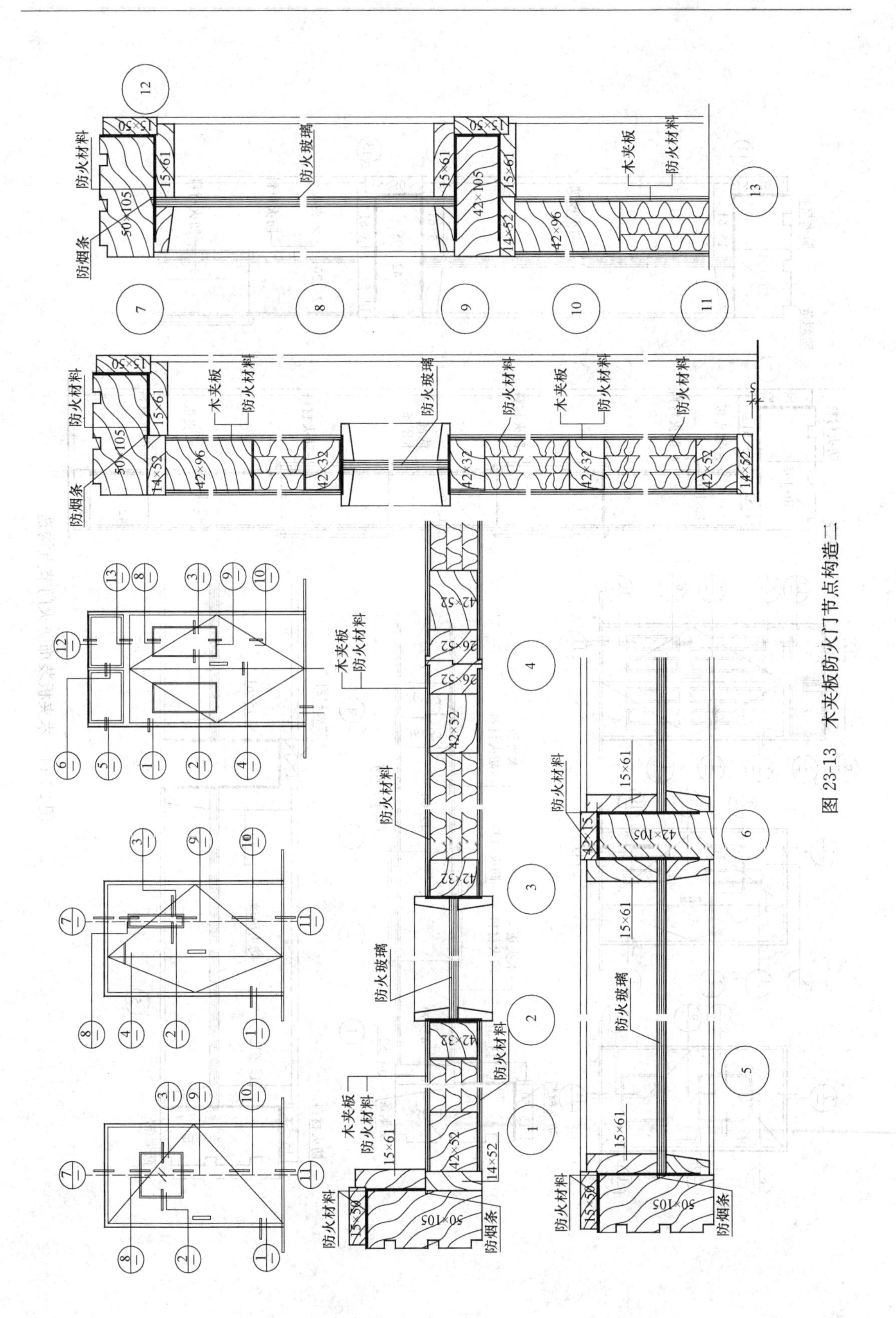


图 23-13 木夹板防火门节点构造二

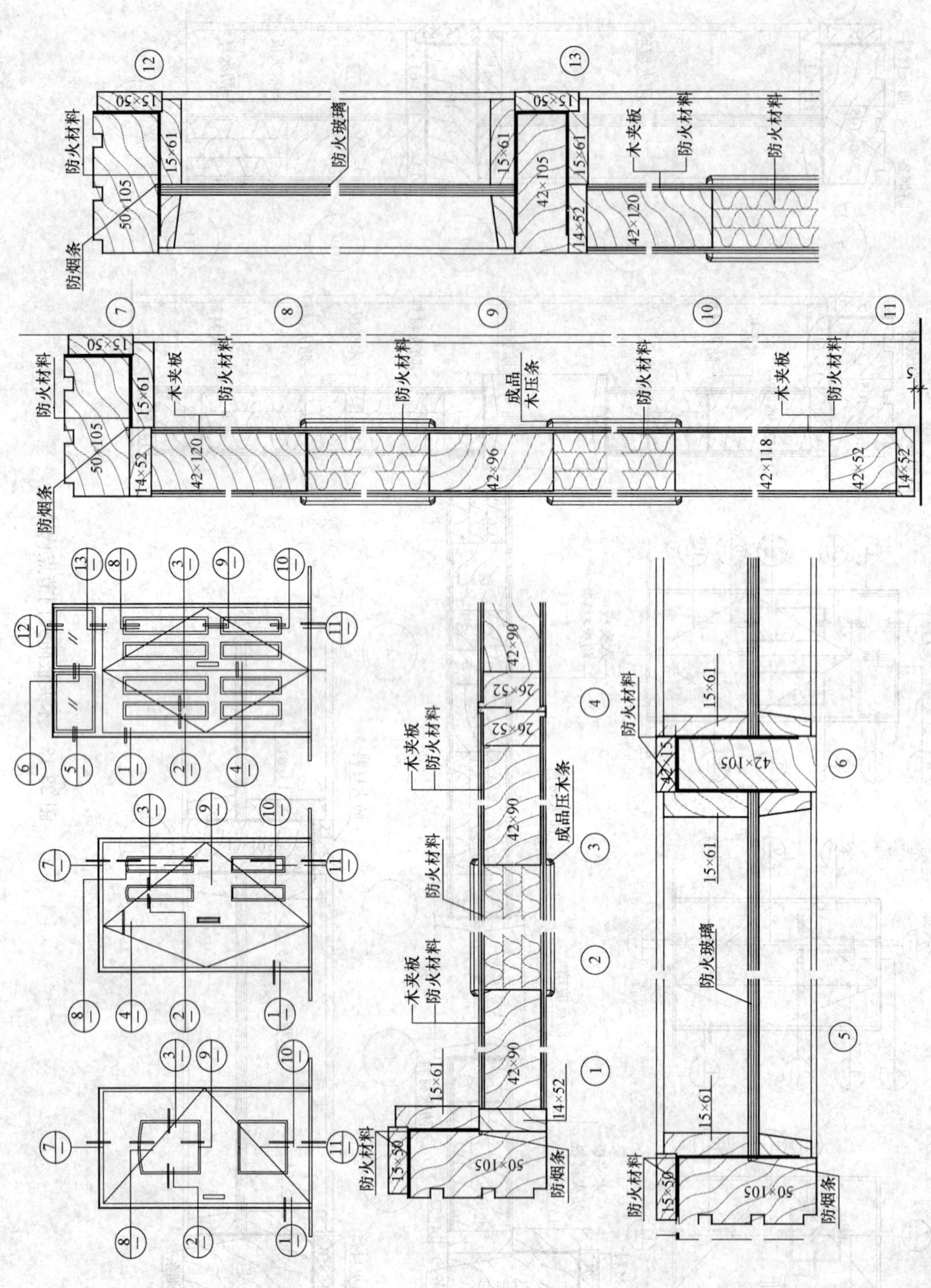


图 23-14　木夹板装饰防火门节点构造

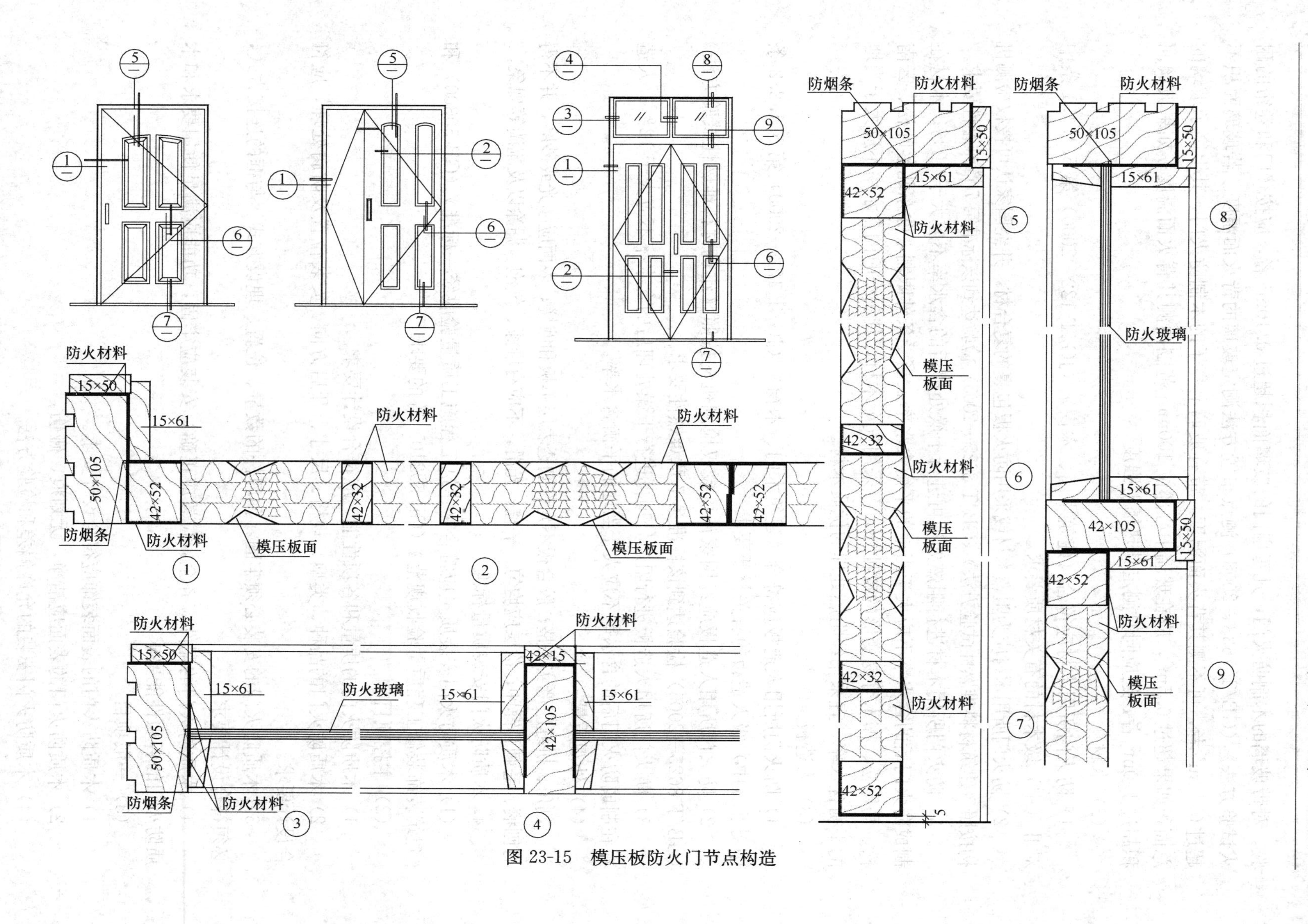


图 23-15 模压板防火门节点构造

验。对带玻璃的木制防火门，凡每扇门的玻璃面积超过 0.10m² 者，应按《门和卷帘的耐火试验方法》（GB/T 7633—2008）测点布置方法测定玻璃的背火面温度。若玻璃面积不超过 0.10m² 者，可不测其背火面温度。带有玻璃上亮子的木制防火门，其上亮子玻璃的总面积如果超过 0.5m²，应在玻璃中心部位 100mm 范围内测其背火面温度；如果玻璃面积超过 1.0m² 者，还应同时测定其热辐射强度。

（2）木材

1）防火门所用木材应符合《建筑木门、木窗》（JG/T 122—2000）第 5.1.1.1 条中对Ⅱ（中）级木材的有关材质要求。

2）防火门所用木材应为阻燃木材或采用防火板包裹的复合材，并经国家认可授权检测机构按照《建筑材料难燃性试验方法》（GB/T 8625—2005）检验达到该标准第 7 章难燃性要求。

3）防火门所用木材进行阻燃处理再进行干燥处理后的含水率不应大于 12%；木材在制成防火门后的含水率不应大于当地的平衡含水率。当受条件限制，除东北落叶松、云南松、马尾松、桦木等易变形的树种外，可采用气干木材，其制作时的含水率不应大于当地的平衡含水率。宜采用经阻燃处理的优质木材。

（3）人造板

1）防火门所用人造板应符合《建筑木门、木窗》（JG/T 122—2000）第 5.1.2.2 条中对Ⅱ（中）级人造板的有关材质要求。

2）防火门所用人造板应经国家认可授权检测机构按照《建筑材料难燃性试验方法》（GB/T 8625—2005）检验达到该标准第 7 章难燃性要求。

3）防火门所用人造板进行阻燃处理再进行干燥处理后的含水率不应大于 12%；人造板在制成防火门后的含水率不应大于当地的平衡含水率。

（4）外观质量

割角、拼缝应严实平整；胶合板不允许刨透表层单板和戗槎；表面应净光或砂磨，并不得有刨痕、毛刺和锤印；涂层应均匀、平整、光滑，不应有堆漆、气泡、漏涂以及流淌等现象。

4. 木质防火门安装质量标准

（1）木质防火门安装质量应符合《建筑工程施工质量验收统一标准》（GB 50300）和《建筑装饰装修工程质量验收规范》（GB 50210）等的要求。

（2）主控项目

1）木质防火门的质量和各项性能，应符合设计要求。

2）木质防火门的品种、类型、规格、尺寸、开启方向、安装位置及防腐处理，应符合设计要求。

3）木质防火门的安装必须牢固，预埋件的数量、位置、埋设方式、与框的连接方式，必须符合设计要求

4）木质防火门的配件应齐全，位置应正确，安装应牢固，功能应满足使用要求和木质防火门的各项性能要求。

（3）一般项目

1）木质防火门的表面装饰应符合设计要求。

2）木质防火门的表面应洁净，无划痕、碰伤。

（4）木质防火门安装的允许偏差和检验方法

应符合《建筑装饰装修工程质量验收规范》（GB 50210）中关于木门窗的相关规定。

### 23.7.1.6 钢制防火门

1. 钢质防火门的种类和规格，见表23-67。

**钢质防火门** **表23-67**

| 种类 | 型号 | 洞口高度 $h$（mm） | 洞口宽度 $b$（mm） | | | 备注 |
|---|---|---|---|---|---|---|
| 钢质防火门 | 1M01 | 2000<br>2100<br>2400 | 800、900、1000 | 1200 | 1500、1800、2100 | 1. 门扇上不带防火玻璃。<br>2. 上排无亮窗，下排有亮窗。<br>3. 左图2700高的 $h_1$ 取558，3000、3000高的 $h_1$ 取858 |
| | | | 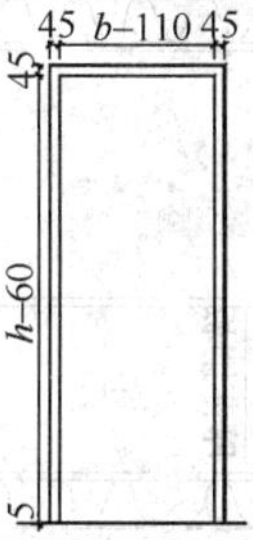 45 $b$–110 45<br>45<br>$h$–60<br>5 | 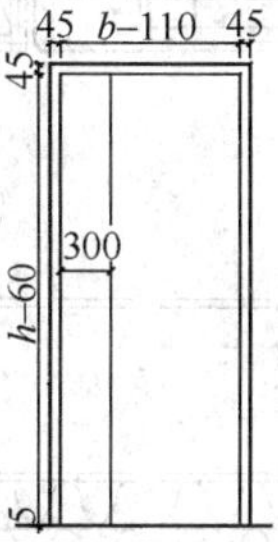 45 $b$–110 45<br>45<br>300<br>$h$–60<br>5 | 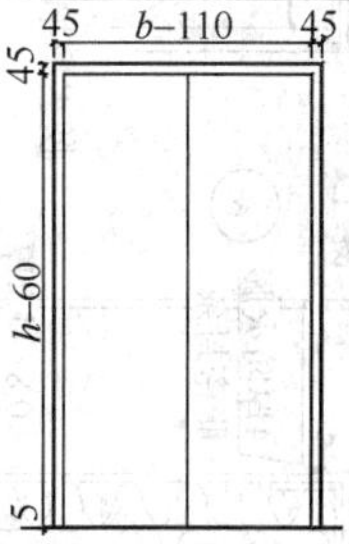 45 $b$–110 45<br>45<br>$h$–60<br>5 | |
| 钢质防火门 | | 2700<br>3000<br>3300 | 1500、1800、2100、2400、2700、3000 | | | |
| | | | 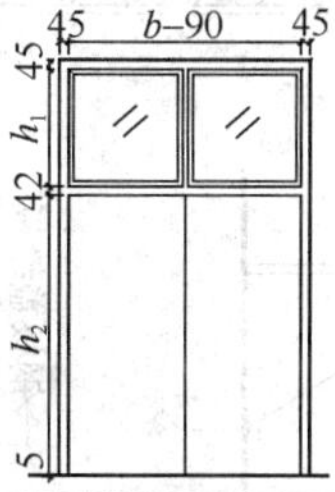 45 $b$–90 45<br>45<br>$h_1$<br>42<br>$h_2$<br>5 | | | |
| 钢质防火门 | 1M02～1M10 | 2000<br>2100<br>2400 | 800、900、1000 | 1200 | 1500、1800、2100 | 1. 上排无亮窗，下排有亮窗。<br>2. 门扇上带防火玻璃，有多种形状，图例取圆形为例。<br>3. 左图2700高的 $h_1$ 取558，3000、3000高的 $h_1$ 取858。 |
| | | | 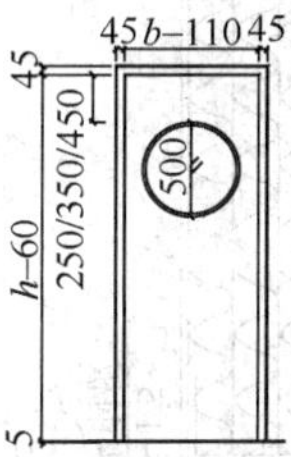 45 $b$–110 45<br>45<br>250/350/450<br>500<br>$h$–60<br>5 | 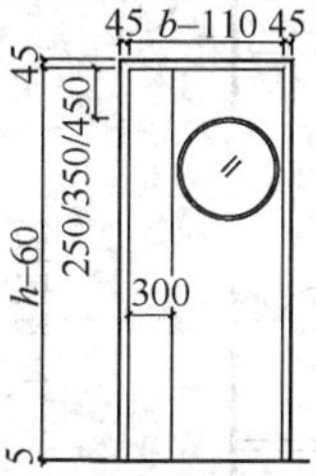 45 $b$–110 45<br>45<br>250/350/450<br>300<br>$h$–60<br>5 | 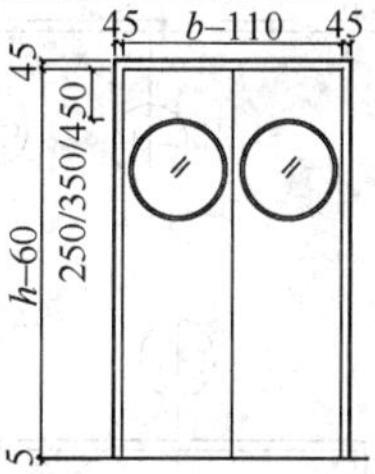 45 $b$–110 45<br>45<br>250/350/450<br>$h$–60<br>5 | |
| | | 2000<br>3000<br>3300 | 1500、1800、2100、2400、2700、3000 | | | |
| | | | 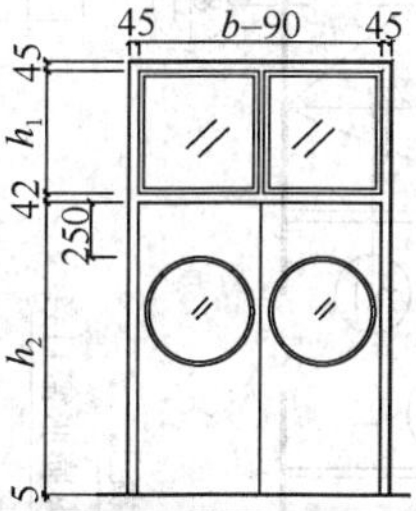 45 $b$–90 45<br>45<br>$h_1$<br>42<br>250<br>$h_2$<br>5 | | | |

备注：1. 框口尺寸等于洞口尺寸 $b$—20mm；框口尺寸等于洞口尺寸 $h$—10mm。
2. $h$ 为2400mm的钢制防火门也有带亮窗的，洞口宽度（mm）为800、900、1000、1200、1500、1800、2100七种规格，图例未显示。

2. 钢质防火门的节点构造

（1）1M01型：见图23-16。

（2）1M02～1M10型：见图23-17。

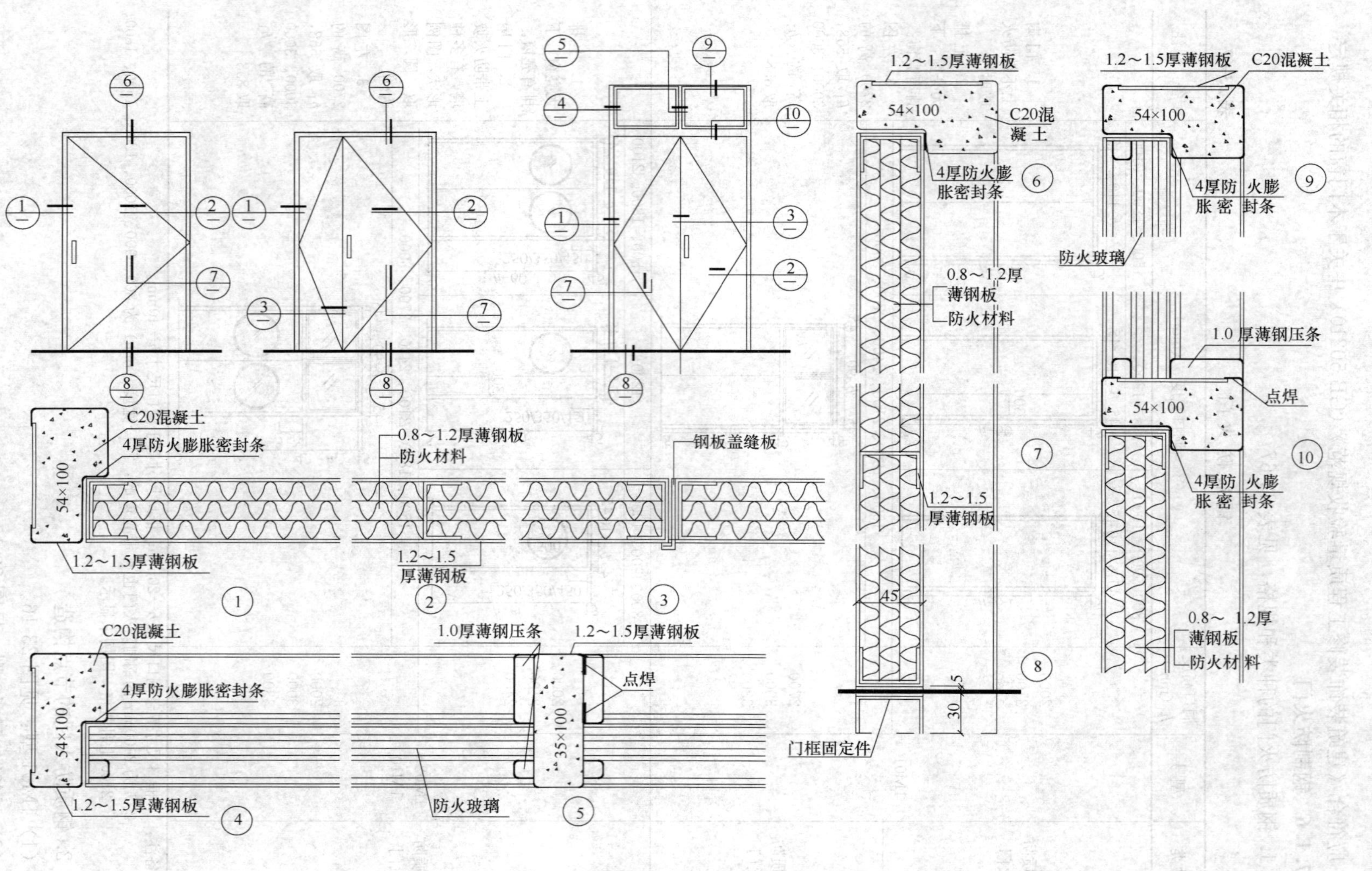


图 23-16　钢质防火门节点构造一

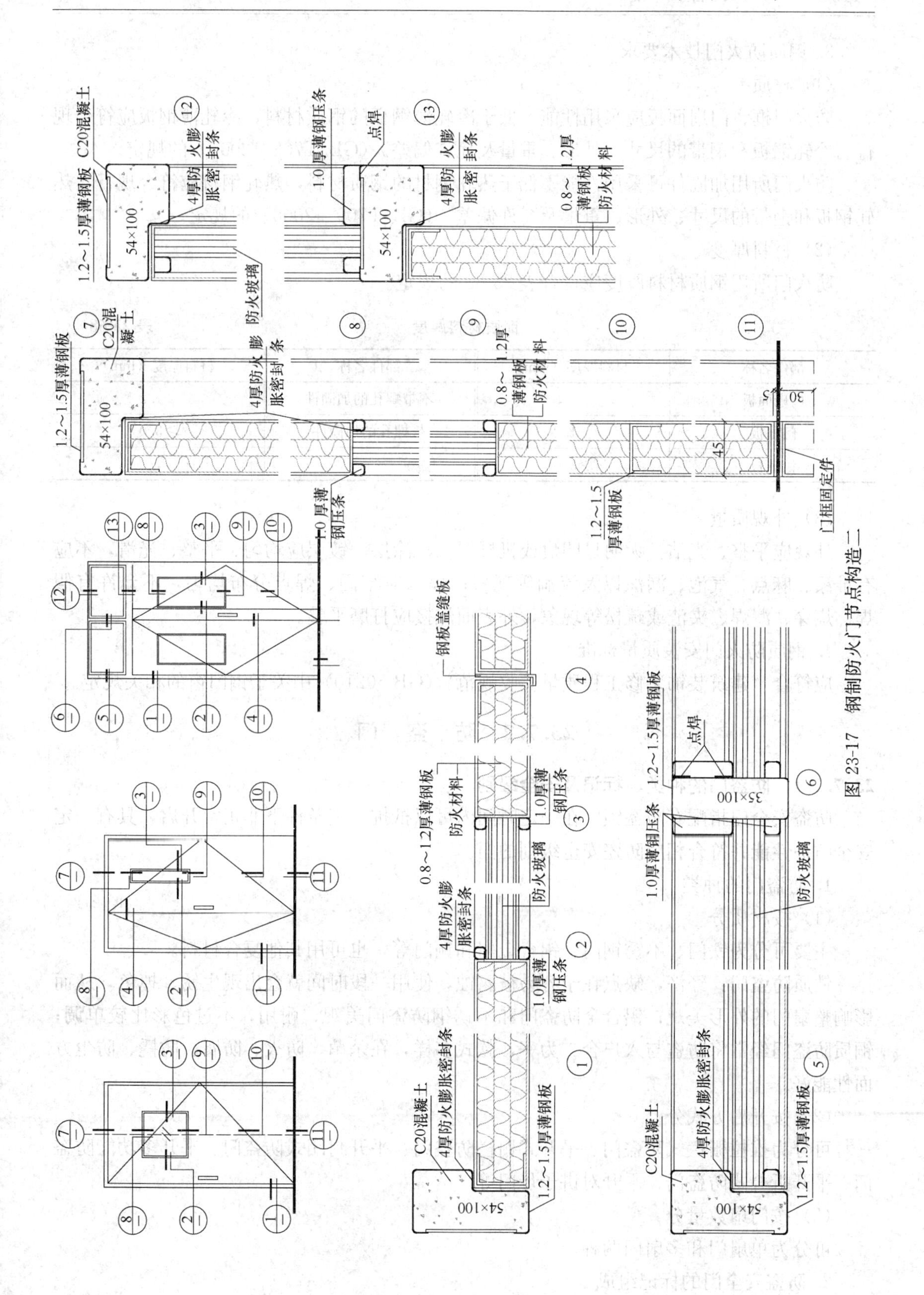


图 23-17 钢制防火门节点构造二

3. 钢质防火门技术要求

(1) 材质

防火门框、门扇面板应采用性能不低于冷轧薄钢板的钢质材料，冷轧薄钢板应符合现行《冷轧钢板和钢带的尺寸、外形、重量及允许偏差》(GB/T708—2006) 的规定。

防火门所用加固件可采用性能不低于热轧钢材的钢质材料，热轧钢材应符合现行《热轧钢板和钢带的尺寸、外形、重量及允许偏差》(GB/T709—2006) 的规定。

(2) 材料厚度

防火门所用钢质材料厚度应符合表 23-68 的规定。

**钢质材料厚度**　　**表 23-68**

| 部件名称 | 材料厚度 (mm) | 部件名称 | 材料厚度 (mm) |
| --- | --- | --- | --- |
| 门扇面板 | ≥0.8 | 不带螺孔的加固件 | ≥1.2 |
| 门框板 | ≥1.2 | 带螺孔的加固件 | ≥3.0 |
| 铰链板 | ≥3.0 | | |

(3) 外观质量

外观应平整、光洁，无明显凹痕或机械损伤；涂层、镀层应均匀、平整、光滑，不应有堆漆、麻点、气泡、漏涂以及流淌等现象；焊接应牢固、焊点分布均匀，不允许有假焊、烧穿、漏焊、夹渣或疏松等现象，外表面焊接应打磨平整。

4. 钢质防火门安装质量标准

应符合《建筑装饰装修工程质量验收规范》(GB 50210) 中关于钢门窗的相关规定。

## 23.7.2　防　盗　门

### 23.7.2.1　防盗门的种类、标记及安全级别

防盗安全门指配有防盗锁，在一定时间内可以抵抗一定条件下非正常开启，具有一定安全防护性能并符合相应防盗安全级别的门。

1. 防盗门的种类

(1) 按材质分

主要可分为铁门、不锈钢门、铝合金门和铜门等，也可用其他复合材料。

铁质防盗门：经济，缺点在于容易被腐蚀，使用一段时间就会出现生锈、掉色，从而影响整扇门的外形美观；铝合金防盗门和不锈钢防盗门美观、耐用，不过色彩比较单调；铜质防盗门经常将防盗与入户合二为一，款式多样，在杀菌、防火、防腐、防撬、防尘方面性能好。

(2) 按开启方式分

可分为推拉栅栏式防盗门、平开式栅栏防盗门、平开封闭式防盗门、平开多功能防盗门、平开折叠式防盗门、平开对讲子母门等。

(3) 按门扇数量分

可分为单扇门和多扇门两种。

2. 防盗安全门的标记组成

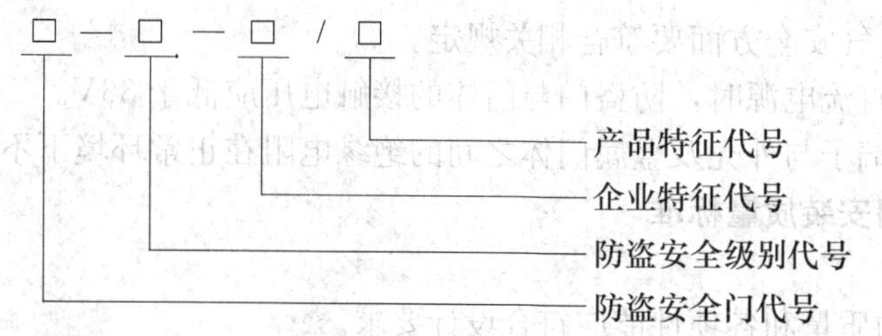


3. 防盗门的安全级别

防盗安全门的代号为FAM，根据安全级别分为4类：甲（J)、乙（Y)、丙（B)、丁（D)，见表23-69。

防盗门安全级别　　表23-69

| 项　目 | 耐火性能代号 | | | |
|---|---|---|---|---|
| | 甲　级 | 乙　级 | 丙　级 | 丁　级 |
| 门扇钢板厚度（mm） | 符合设计要求 | 外面板≥1.0−δ<br>内面板≥1.0−δ | 外面板≥0.8−δ<br>内面板≥0.8−δ | 外面板≥0.8−δ<br>内面板≥0.6−δ |
| 防破坏时间（min） | ≥30 | ≥15 | ≥10 | ≥6 |
| 机械防盗锁防盗级别 | B | A | | |
| 电子防盗锁防盗级别 | B | A | | |

注：1. 级别分类原则应同时符合同一级别的各项指标。
2. "δ" 为《冷轧钢板和钢带的尺寸、外形、重量及允许偏差》(GB/T 708)、《热轧钢板和钢带的尺寸、外形、重量及允许偏差》(GB/T 709) 中规定的允许偏差。

## 23.7.2.2 防盗门的技术要求

（1）防盗门所选板材材质应符合相关的国家标准或行业标准规定，主要构件及五金附件应与防盗门使用功能协调一致，有效证明符合相关标准的规定。

（2）门框、门扇构件表面应平整、光洁，无明显凹痕和机械损伤。

（3）防盗门应具备防破坏性能。

1）选择非钢质板材的门扇，应能阻止在门扇上打开一个不小于615cm$^2$ 穿透门扇的开口，防破坏时间须满足相应安全等级的要求。

2）锁具应在相应安全等级规定的防破坏时间内，承受各种破坏试验，门扇不应被打开。

3）铰链在承受是用普通机械手工工具对其实施冲击、錾切破坏时，在相应安全等级规定的防破坏时间内不得断裂；铰链表面、转轴被破坏后不应将门扇打开；铰链与门框、门扇采用焊接时，焊缝不应高于铰链表面。

（4）防盗门应具备防闯入性能。

门框与门扇之间或其他部位应安装防闯入装置，装置本身及连接强度应可承受30kg砂袋3次冲击试验，不应断裂或脱落。

（5）防盗门宜采用三方位多锁舌锁具，门框与门扇间的锁闭点数按防盗门安全级别甲、乙、丙、丁应分别不少于12、10、8、6个。主锁舌伸出有效长度应不小于16mm，并应有锁舌止动装置。

（6）防盗门电气安全方面要符合相关规定。

1）若使用交直流电源时，防盗门与门体的接触电压应低于 36V。

2）电源引入端子与外壳及金属门体之间的绝缘电阻在正常环境下不小于 200MΩ。

#### 23.7.2.3　防盗门安装质量标准

1. 主控项目

（1）防盗门的质量和各项性能应符合设计要求。

（2）防盗门的品种、类型、规格、尺寸、开启方向、安装位置及防腐处理，应符合设计要求。

（3）防盗门的安装必须牢固。预埋件的数量、位置、埋设方式、与框的连接方式，必须符合设计要求。

（4）防盗门的配件应齐全，位置应正确，安装应牢固，功能应满足使用要求和各项性能要求。

（5）防盗门的表面装饰应符合设计要求。

（6）防盗门的表面应洁净，无划痕、碰伤。

2. 一般项目

（1）防盗门表面应洁净、平整、光滑、色泽一致，无锈蚀。大面应无划痕、碰伤。漆膜或保护层应连续。

（2）防盗门框与墙体之间的缝隙应填嵌饱满，并采用密封胶密封。密封胶表面应光滑、顺直，无裂纹。

（3）防盗门扇的橡胶密封条或毛毡密封条应安装完好，不得脱槽。

（4）防盗门安装的允许偏差应符合表 23-70 的规定。

**防盗门安装的允许偏差**　　**表 23-70**

| 项 次 | 项　目 | | 允许偏差（mm） |
|---|---|---|---|
| 1 | 门槽口宽度、高度 | ≤1500mm | 1.5 |
| | | >1500mm | 2 |
| 2 | 门槽口对角线长度差 | ≤2000mm | 3 |
| | | >2000mm | 4 |
| 3 | 门框的正面、侧面垂直度 | | 2.5 |
| 4 | 门横框的水平度 | | 2 |
| 5 | 门横框标高 | | 5 |
| 6 | 门竖向偏离中心 | | 5 |
| 7 | 双层门内外框间距 | | 4 |
| 8 | 推拉门扇与框搭接量 | | 1.5 |

### 23.7.3　卷 帘 门 窗

#### 23.7.3.1　卷帘门窗的种类

1. 按使用功能分类

可分为防火卷帘门和普通卷帘门窗（防火卷帘门在 23.6.1 中已作介绍），防火卷帘主要用于将建筑物进行防火分隔，通过发挥防火卷帘的防火性能，延缓火灾对建筑物的破坏，降低火灾的危害，保障人身和财产的安全，而普通卷帘门窗主要起封闭作用。

2. 按开启方式分类

可分为手动卷帘门窗、电动卷帘门窗。手动防火卷帘通过在卷轴上装设弹簧，以平衡页片质量，采用手动铰链进行启闭操作；电动防火卷帘则采用电动卷门机来达到启闭控制，同时还配备专供停电或者故障时使用的手动启闭装置。

### 23.7.3.2 卷帘门窗的节点构造

1. 安装方式节点

卷帘门主要有三种安装方式：洞外安装、洞中安装和洞内安装，见图 23-18。

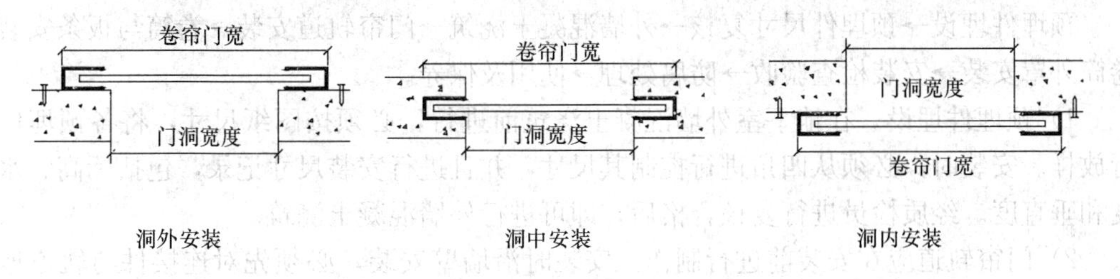


图 23-18 卷帘门窗安装方式节点示意图

2. 不同类型帘片构造

卷帘门常见类型见图 23-19。

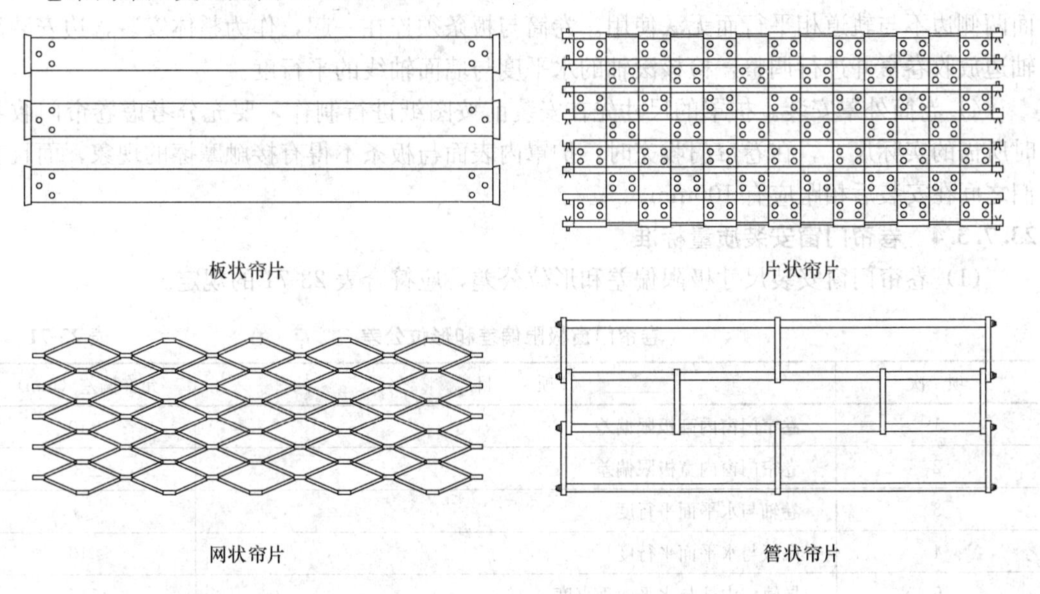


图 23-19 卷帘门常见类型示意图

### 23.7.3.3 卷帘门窗安装要点

（1）安装前首先按设计型号查阅产品说明书和电气原理图，检查表面处理和零附件，并检测产品各部位基本尺寸，检查门洞口是否与卷帘门尺寸相符，导轨、支架的预埋件位置、数量是否正确。

（2）防火卷帘门必须配置温感、烟感、光感报警系统和水幕喷淋系统，出厂产品必须由公安部批准的生产厂家产品。

（3）安装：测量洞口标高，弹出两轨垂线及卷筒中心线；边框、导槽应尽量固定在预埋铁板上，也可用膨胀螺栓固定。导槽使用M8螺栓，边框使用M12螺栓。电动门边框如果是砖墙，需用穿墙螺栓或按图纸要求进行；门帘板有正反，安装时要注意，不得装反；所有紧固零件（如螺钉等）必须紧固，不准有松动现象；卷帘轴安装时注意轴线的水平，轴与导槽的垂直度；防火卷帘门安装水幕喷淋系统，应与总控制系统连接。安装后进行调试，先手动运行，再用电动机启闭数次，调整至无卡位、阻滞及异常噪声等现象为止。全部调试完毕，安装防护罩。对于各种防火性能，要求安装好以后进行调试。

（4）施工工艺

预埋件埋设→预埋件尺寸复核→外墙混凝土浇筑→门帘轨道安装→卷筒与板条安装→卷筒外罩安装→安装检查验收→防腐处理→使用及保养。

1）预埋件埋设。在地下室外墙混凝土浇筑前进行，必须按图纸尺寸，将各预埋件进行放样。安装时，必须从四角进行控制其尺寸，并且进行安装尺寸记录，包括标高、水平度和垂直度。经质检员进行复核合格后，即可进行外墙混凝土浇筑。

2）门帘轨道应在安装前进行制作。安装时沿墙壁安装，必须先对连接件与轨道连接的部位进行标志，打十字形标记，以便能较精确地对准安装。轨道与预埋件的连接采用焊接连接。

3）卷筒与板条安装。卷筒滚轴安装时须核检其水平度，不能产生倾斜，以免板门平面两侧边不与轨道相平行而无法使用。卷筒与板条须连在一起，作为整体安装，边安装滚轴边放收卷帘并进行调整，检核滚轴的水平度与墙面轴线的平行度。

4）卷筒外罩安装。护罩的尺寸先在安装前按图纸进行制作，要充分考虑卷帘门收卷时所需的实际尺寸。在卷帘门收完时，护罩内表面与板条不得有接触摩擦的现象，而且它们之间在安装后相距应有100mm。

#### 23.7.3.4　卷帘门窗安装质量标准

（1）卷帘门窗安装尺寸极限偏差和形位公差，应符合表23-71的规定。

**卷帘门窗极限偏差和形位公差**　　**表23-71**

| 项　次 | 项　　目 | 允许偏差（mm） |
|---|---|---|
| 1 | 卷帘门窗内高极限偏差 | ±10 |
| 2 | 卷帘门窗内宽极限偏差 | ±3 |
| 3 | 卷轴与水平面平行度 | ≤3 |
| 4 | 底板与水平面平行度 | ≤10 |
| 5 | 导轨、中柱与水平面垂直度 | ≤15 |

（2）卷帘门窗应具备启闭顺畅、平稳，手动卷帘门对其比例有要求，见表23-72。

**手动卷帘门启闭力**　　**表23-72**

| 项　　次 | 卷帘门窗内宽 $B$（mm） | 指　标 $N$ |
|---|---|---|
| 1 | ≤1800 | ≤98 |
| 2 | ＞1800 | ≤118 |

## 23.7.4 金属转门

### 23.7.4.1 金属转门的种类和规格

金属转门一般适用于宾馆、机场、使馆、商店等中、高级民用、公共建筑设施的启闭，可起到控制人的流量和保持室内温度的作用。

1. 金属转门的种类

（1）按材质分

金属转门按材质分铝制、钢制两种。铝制结构是用铝、镁、硅合金挤压成型，经阳极氧化成银白、古铜等颜色，美观大方；钢制结构是用20号碳素结构无缝异型管冷拉成各种类型转门、转壁框架，然后喷涂各种油漆，进行装饰处理。

（2）按驱动方式分

根据驱动方式的不同，可分为由人力推动旋转的人力推动转门和利用电机、自动化推动的自动转门两种。

（3）按门扇构造分

根据门扇构造不同，金属转门可分为十字金属转门和三扇式金属转门。

2. 金属转门的规格

金属转门的常规规格见表23-73。

金属转门的常规规格　　表23-73

| 立面形状 | 基本尺寸（mm） | | |
|---|---|---|---|
| | $B\times A_1$ | $B_1$ | $A_2$ |
| 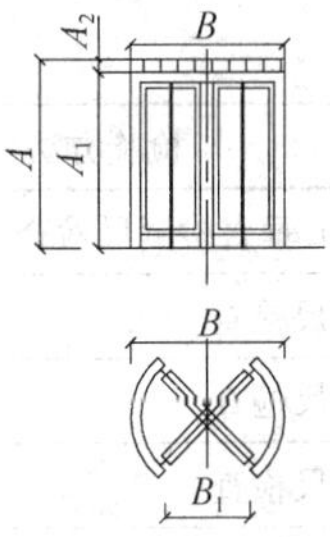 | 1800×2200 | 1200 | 130 |
| | 1800×2400 | 1200 | 130 |
| | 2000×2200 | 1300 | 130 |
| | 2000×2400 | 1300 | 120 |

### 23.7.4.2 金属转门的技术要求

（1）铝结构应采用合成橡胶密封固定玻璃，以保证其具有良好的密闭、抗震和耐老化性能，活扇与转壁之间应采用聚丙烯毛刷条，钢结构玻璃应采用油面腻子固定。铝结构应采用厚5～6mm玻璃，钢结构采用厚6mm玻璃，玻璃规格根据实际使用尺寸配装。

（2）门扇一般应逆时针旋转，保证转动平稳、坚固耐用，便于擦洗清洁和维修。

（3）门扇旋转主轴下部，应设有可调节阻尼装置，以控制门扇因惯性产生偏快的转速，保持旋转体平稳状态。4只调节螺栓逆时针旋转为阻尼增大。

（4）连接铁件焊接固定后，必须进行防腐处理。

（5）门扇正面、侧面垂直度是转门安装质量控制的核心，也是保证转门旋转平稳、间隙均匀的前提条件，必须重点控制。

（6）转壁安装先临时固定，不可一次固定死。应待转门门扇的高低、松紧和旋转速度均调整适宜后，方可完全固定。

#### 23.7.4.3　金属转门安装质量标准

1. 主控项目

(1) 金属转门的质量和各项性能应符合设计要求。

检验方法：检查生产许可证、产品合格证书和性能检测报告。

(2) 金属转门的品种、类型、规格、尺寸、旋转方向，安装位置及防腐处理应符合设计要求。

检验方法：观察和尺量检查；进场验收和过程隐蔽验收。

(3) 金属转门安装必须牢固。预埋件的数量、位置、埋设方式及与转门顶、转壁的连接方式必须符合设计要求。

检验方法：观察检查；手扳检查；隐蔽前验收。

(4) 金属转门的配件应齐全，位置应正确，安装应牢固，功能满足使用要求和金属转门的各项性能要求。

检验方法：观察和手扳检查。

2. 一般项目

(1) 金属转门表面漆膜应连续、均匀、光滑、坚固、色泽一致且符合设计要求。

检验方法：观察。

(2) 金属转门表面应洁净，无划痕、碰伤。

检验方法：观察。

(3) 金属转门安装的允许偏差和检验方法应符合表 23-74 的规定。

金属转门安装允许偏差和检验方法　　表 23-74

| 项次 | 项　目 | 允许偏差 (mm) | 检验方法 |
|---|---|---|---|
| 1 | 门扇正、侧面垂直度 | 1.5 | 用 1m 垂直检测尺检查 |
| 2 | 门扇对角线长度差 | 1.5 | 用钢尺检查 |
| 3 | 相邻扇高度差 | 1 | 用钢尺检查 |
| 4 | 扇与圆弧边留缝 | 1.5 | 用塞尺检查 |
| 5 | 扇与上顶间留缝 | 2 | 用塞尺检查 |
| 6 | 扇与地面间留缝 | 2 | 用塞尺检查 |

## 23.8　纱　门　窗

### 23.8.1　纱门窗的种类与标记

纱门窗是由门窗框和纱网组成，具有采光、透气、防虫防蚊作用。纱门窗框架是紧附在门窗框上，与木门窗、铝合金门窗、塑钢门窗等配合使用。

1. 纱门窗的种类与代号

纱门窗的种类划分有两种方式：按纱网启闭形式划分、按可视框架用型材材质划分，具体的划分见表 23-75。

纱门窗的种类划分与代号 表 23-75

| 序号 | 划分方式 | | 种 类 | 代 号 |
|---|---|---|---|---|
| 1 | 按纱网启闭形式划分 | 纱门 | 卷轴纱门 | JSM |
| | | | 折叠纱门 | ZSM |
| | | | 纱门扇 | SMS |
| | | 纱窗 | 卷轴纱窗 | JSC |
| | | | 折叠纱窗 | ZSC |
| | | | 纱窗扇 | SCS |
| 2 | 按可视框架用型材材质划分 | | 铝合金纱门窗 | L |
| | | | 塑料纱门窗 | S |
| | | | 其他材质的纱门窗 | Q |

2. 纱门窗的标记

纱门窗的标记方法由材质、类别、规格组成。

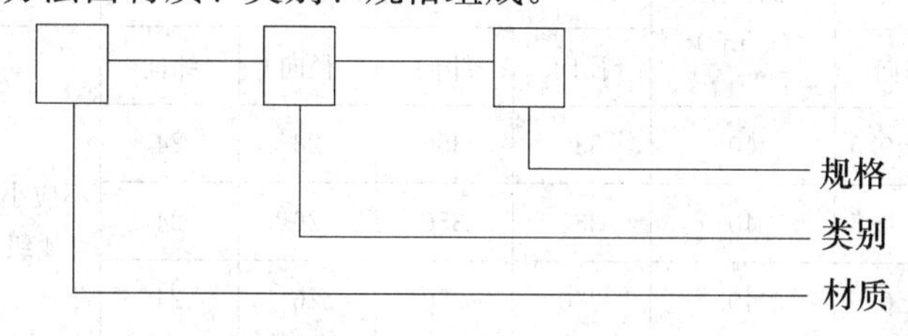


示例：

铝合金折叠纱门，框架宽度 900mm，高度 2100mm。

标记为：L-ZSM-090210

## 23.8.2 纱门窗型材质量要求

1. 型材

（1）纱门窗用铝合金型材应符合《铝合金建筑型材》（GB 5237.1～GB 5237.5）的要求，其实测壁厚不应小于 1.0mm。

（2）纱门窗用型材未增塑聚氯乙烯（PVC-U）型材应符合《门、窗用未增塑聚氯乙烯（PVC-U）型材》（GB/T 8814—2004）的要求，老化时间不应小于 6000h，不检测抗冲击性能。

（3）卷轴纱窗、折叠纱窗用未曾塑聚氯乙烯（PVC-U）型材实测壁厚不小于 1.2mm，卷轴纱窗、折叠纱窗用未曾塑聚氯乙烯（PVC-U）型材实测壁厚不应小于 1.5mm。纱窗扇用未曾塑聚氯乙烯（PVC-U）型材实测壁厚不应小于 2.2mm，纱门扇用未曾塑聚氯乙烯（PVC-U）型材实测壁厚不应小于 2.5mm。

2. 纱网

（1）卷轴纱门窗用纱网应符合《玻璃纤维防虫网布》（JC/T 173—2005）的要求。

（2）折叠纱门窗用纱网应符合表 23-76 和表 23-77 的要求。

**聚酯纱网物理性能　　表 23-76**

| 规格 | 经纬密度 | | 单位面积质量 (g/m²) | 拉伸断裂强力 ≥N/25mm | | 织物稳定性 ≥N/50mm | | 色牢度 | 甲醛含量 | 表面抗湿性 |
|---|---|---|---|---|---|---|---|---|---|---|
| | 径向 | 纬向 | | 径向 | 纬向 | 径向 | 纬向 | | | |
| 18×16P | 18±1 | 16±1 | ≥75 | 230 | 210 | 140 | 98 | 不应小于4级 | 不应大于75mg/kg | 不应小于3级 |
| 16×18P | 16±1 | 18±1 | ≥75 | 230 | 210 | 140 | 98 | | | |
| 18×18P | 18±1 | 18±1 | ≥75 | 230 | 210 | 140 | 98 | | | |
| 20×20P | 20±1 | 20±1 | ≥75 | 230 | 210 | 140 | 98 | | | |

聚酯纱网的拒油性不应小于6级，耐盐性在浸泡48h后拉伸断裂强力无异常，外观疵点和质量要求应符合《玻璃纤维防虫网布》(JC/T 173—2005) 的要求。

**聚丙烯纱网物理性能　　表 23-77**

| 规格 | 经纬密度 | | 单位面积质量 (g/m²) | 拉伸断裂强力 ≥N/25mm | | 织物稳定性 ≥N/50mm | | 色牢度 | 甲醛含量 | 耐碱 |
|---|---|---|---|---|---|---|---|---|---|---|
| | 径向 | 纬向 | | 径向 | 纬向 | 径向 | 纬向 | | | |
| 18×16P | 18±0.5 | 16±0.5 | 40 | 330 | 350 | 26 | 24 | 不应小于4级 | 不应大于75mg/kg | 浸泡48h后拉伸断裂强力无异常 |
| 16×18P | 16±0.5 | 18±0.5 | 40 | 330 | 350 | 26 | 24 | | | |
| 18×18P | 18±0.5 | 18±0.5 | 40 | 330 | 350 | 26 | 24 | | | |
| 20×20P | 20±0.5 | 20±0.5 | 40 | 330 | 350 | 26 | 24 | | | |

外观疵点和质量要求应符合《玻璃纤维防虫网布》(JC/T 173—2005) 的要求。

(3) 纱门窗扇用纱网应符合《窗纱技术条件》(QB/T 3883—1999) 的要求。

3. 弹簧

(1) 弹簧材料应符合《冷拉碳素弹簧钢丝》(GB/T 4357—2009) 的规定。

(2) 纱门窗用弹簧钢丝的直径不应小于1.0mm。

(3) 弹簧钢丝的耐腐蚀性能应满足《建筑门窗五金件通用要求》(JG/T 212—2007) 要求。

4. 其他常用材料

十字槽盘头自钻螺钉应符合《十字槽盘头自攻螺钉》(GB 845) 要求；十字槽沉头自钻螺钉应符合《十字槽沉头自攻螺钉》(GB 846) 要求；十字槽半沉头自钻螺钉应符合《十字槽半沉头自攻螺钉》(GB 847) 要求；紧固件机械性能、螺母、细牙螺纹应符合《紧固件机械性能螺母细牙螺纹》(GB/T 3098.4) 要求；十字槽盘头自钻自攻螺钉应符合《十字槽盘头自钻自攻螺钉》(GB/T 15856.1) 要求；十字槽沉头自钻自攻螺钉应符合《十字槽沉头自钻自攻螺钉》(GB/T 15856.2) 要求；建筑门窗密封毛条技术条件应符合《建筑门窗密封毛条技术条件》(JC/T 635) 要求；建筑门窗用密封胶条应符合《建筑门窗用密封胶条》(JG/T 187—2006) 要求。

### 23.8.3 纱门窗的安装要点

1. 纱门窗的安装工序，如图 23-20 所示。

2. 纱门窗安装要点

(1) 型材必须符合 23.7.2 要求，材料厚度用游标卡尺检测，纱网与其他配件应符合相关规范的要求，材料进场验收应有材质证明材料与进场检验记录。

(2) 纱门窗框制作，纱门窗扇的框根据门窗的规格下料，纱门窗扇框自带轨道的用自攻螺钉固定在门窗框上，固定距离应不大于 200mm，纱门窗扇无翘曲，与门窗框缝隙严密，活动纱门扇与固定纱门扇平行，咬口严密，推拉自如；折叠纱门窗、卷轴纱门窗的框架与门窗框连接，框架应与门窗框大小重合，用自攻螺钉固定无缝隙。

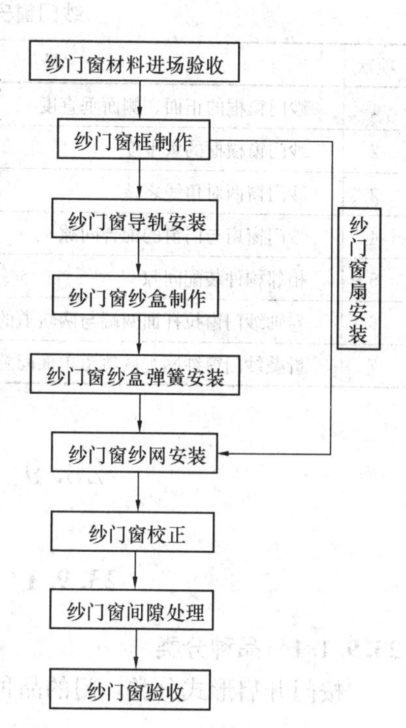

图 23-20 纱门窗安装工序

(3) 导轨安装与纱门窗框垂直，紧贴纱门窗框，导轨内侧与门窗玻璃大小一致。

(4) 纱门窗纱盒制作用砂轮切割机下料，两端应平滑、无毛刺，长度应比导轨距离小约 10mm。

(5) 把纱网裁成比导轨两端各宽 20mm，反边咬合并穿上钢丝绳；把纱网卷到中轴上。

(6) 把弹簧与紧固件插入纱盒中，紧固件与纱盒咬合，用自钻螺钉把紧固件固定，纱盒制作完成后纱网内部应平整、无褶皱，弹簧回转有力。

(7) 纱网的夹网条应牢固，应将夹网条垂直放置在上下轨道中。夹网条拉动时，应与轨道平行运行，反复拉动数次后收放自如。

(8) 纱门窗的纱网应用磁条与夹网条固定，夹网条与磁条应平行。

(9) 纱门窗在固定前应校正其垂直度、水平度，各项偏差应符合规范要求。

(10) 应用建筑密封胶把纱门窗框与门窗框的缝隙密封，密封严密、无缺陷。

(11) 纱门窗扇与门窗框的间隙应用密封毛条固定，间隙应符合规范要求。

### 23.8.4 纱门窗安装质量标准

1. 主控项目

(1) 纱门窗的品种、类型、规格、尺寸、启闭性能、抗风性能、开启方向、安装位置及型材、纱网、弹簧应符合设计要求。

(2) 纱门窗角部连接应牢固，连接处无毛刺，纱网安装牢固、平整。

(3) 纱门窗扇安装后应启闭灵活，安装可靠；纱网启闭应顺畅、无卡滞，并能全部收回纱盒内。

2. 一般项目

(1) 纱门窗不应有明显的色差、划伤、裂纹、凹凸不平等缺陷。

（2）纱门窗扇用硅化密封毛条、密封胶条应安装完好，不得脱槽。

（3）纱门窗安装的允许偏差和检验方法，应符合表23-78的规定。

纱门窗安装的允许偏差和检验方法（mm）　表23-78

| 项次 | 项　　目 | 允许偏差 | 检　验　方　法 |
|---|---|---|---|
| 1 | 纱门窗框的正面、侧面垂直度 | ≤3 | 用垂直检测尺检查 |
| 2 | 纱门窗横框的水平度 | ≤3 | 用1m水平尺和塞尺检查 |
| 3 | 纱门窗两对角线之差 | ≤3 | 用钢卷尺检查 |
| 4 | 纱门窗扇与门窗的配合间隙 | ≤1 | 用塞尺检查 |
| 5 | 相邻构件装配间隙 | ≤1 | 用塞尺检查 |
| 6 | 卷轴纱门窗拉杆面两端与两轨道的间隙之和 | ≤3 | 用塞尺检查 |
| 7 | 折叠纱门窗纱网与两轨道单面间隙 | ≤3 | 用塞尺检查 |

# 23.9　铝木复合门窗

## 23.9.1　铝木复合门窗的种类和标记

### 23.9.1.1　品种分类

按门开启形式分类，门的品种和代号符合表23-79规定。

门品种和代号　表23-79

| 开启形式 | 平开 | 推拉 | 折叠 |
|---|---|---|---|
| 代号 | P | T | Z |

按窗开启形式分类，窗的品种和代号符合表23-80规定。

窗品种和代号　表23-80

| 开启形式 | 固定 | 平开 | 推拉 | 上悬 | 下悬 | 提拉 | 折叠 | 平开下悬 |
|---|---|---|---|---|---|---|---|---|
| 代号 | G | P | T | S | X | TL | TP | PX |

注：1. 固定窗与平开窗或推拉窗组合时为平开窗或推拉窗。

2. 百叶窗符号为Y，纱扇窗符号为S。

### 23.9.1.2　功能类型

按门使用功能分类，门的功能类型和代号符合表23-81规定。

门功能类型和代号　表23-81

| 性能项目 | 种　类 | | |
|---|---|---|---|
| | 隔声型 | 保温型 | 遮阳型 |
| 抗风压性能（$P_3$） | ◎ | ◎ | ◎ |
| 水密性能（$\Delta P$） | ◎ | ◎ | ◎ |
| 气密性能（$q_1/q_2$） | ◎ | ◎ | ◎ |

续表

| 性能项目 | 种类 | | |
|---|---|---|---|
| | 隔声型 | 保温型 | 遮阳型 |
| 保温性能（$K$） | ○ | ◎ | |
| 空气声隔声性能（$R_w$） | ◎ | ○ | ○ |
| 遮阳性能（$SC$） | ○ | ○ | ◎ |
| 启闭力 | ◎ | ◎ | ◎ |
| 反复启闭性能 | ◎ | ◎ | ◎ |
| 撞击性能 | ◎ | ◎ | ◎ |
| 垂直荷载强度 | ◎ | ◎ | ◎ |

注：◎为必须项目，○为选择项目。

按窗使用功能分类，窗的功能类型和代号符合表23-82规定。

**窗功能类型和代号** **表23-82**

| 性能项目 | 种类 | | |
|---|---|---|---|
| | 隔声型 | 保温型 | 遮阳型 |
| 抗风压性能（$P_3$） | ◎ | ◎ | ◎ |
| 水密性能（$\Delta P$） | ◎ | ◎ | ◎ |
| 气密性能（$q_1/q_2$） | ◎ | ◎ | ◎ |
| 保温性能（$K$） | ○ | ◎ | — |
| 空气声隔声性能（$R_w$） | ◎ | ○ | ○ |
| 遮阳性能（$SC$） | ○ | ○ | ◎ |
| 采光性能 | | | |
| 启闭力 | ◎ | ◎ | ◎ |
| 反复启闭性能 | ◎ | ◎ | ◎ |

注：◎为必须项目，○为选择项目。

**23.9.1.3 规格**

1. 门窗洞口系列应符合《建筑门窗洞口尺寸系列》（GB/T 5824—2008）的规定。

2. 门窗的构造尺寸可根据门窗洞口饰面材料厚度、附框尺寸确定。

**23.9.1.4 命名、标记**

1. 标记方法

型号由门窗型号、规格、性能标记、代号组成。

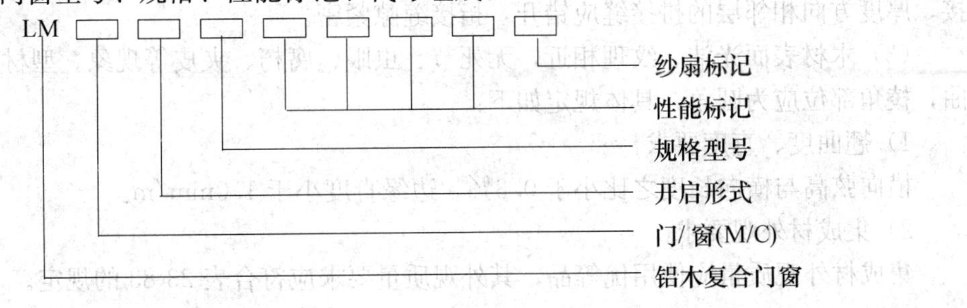

当抗风压、水密、气密、保温、隔声、采光等性能和纱扇无要求时不填写。

2. 标记示例

示例：铝木复合平开窗规格型号为1521、抗风压性能为4kPa，水密性为350Pa，气密性为0.5m$^2$/（m·h），保温性能2.3W/（m$^2$·K），隔声性能35dB，采光性能0.4，遮阳性能为SC0.6，带纱扇。

标记为：LMCP1521-P7（4.0）—$\Delta P$350－$q_1$ 或 $q_2$（0.5）－$K$2.3－$R_w$35－$SC$0.6－S

## 23.9.2　门窗及其材料质量要求

门窗用铝合金材料、木材、玻璃、五金配件等材料应符合相关现行国家标准、行业标准规定。

### 23.9.2.1　铝合金型材

（1）铝合金型材尺寸精度应选用高精级，以铝合金型材为主要受力杆件的门窗，其主要承荷载构件的铝合金基材部分，门的最小实测壁厚不应低于2.0mm，窗的最小实测壁厚不应低于1.4mm；以木材为主要受力杆件的门窗，基材最小实测壁厚不应低于1.4mm。

（2）铝合金型材表面处理应符合下列规定：

1）阳极氧型材：阳极氧化膜膜厚应符合AA15级要求，氧化膜平均厚不应小于15μm，局部膜厚不小于12μm；

2）电泳涂漆型材：阳极氧化复合膜，表面漆膜采用透明漆符合B级要求，复合膜局部膜厚不应小于16μm；表面漆膜采用有色漆符合S级要求，复合膜局部膜厚不应小于21μm；

3）粉末喷涂型材：装饰面上涂层最小局部厚度应大于40μm；

4）氟碳漆喷涂型材：二涂层氟碳漆膜，装饰面平均漆膜厚度不应小于30μm；三涂层氟碳漆膜，装饰面平均漆膜厚度不应小于40μm。

（3）铝合金隔热采用型材穿条工艺的复合铝型材其隔热材料应使用聚酰胺66加25%玻璃纤维，采用浇注工艺的复合铝型材其隔热材料应使用高密度聚氨基甲酸乙酯材料。

### 23.9.2.2　木材

（1）木材应选用同一树种材料，集成材的含水率在应在8%～15%。甲醛释放含量不大于1.5mg/L。

（2）集成材外观质量应使用优等品，可视面拼条长度应大于250mm，宽度方向无拼接，厚度方向相邻层的拼接缝应错开，指接缝隙紧密。

（3）木材表面光洁、纹理相近，无死节、虫眼、腐朽、夹皮等现象。型材平整、无翘曲，棱角部位应为圆角，具体规定如下：

1）翘曲度、直度要求

横向弦高与横向长度之比小于0.3%，边缘直度小于1.0mm/m。

2）集成材外观要求

集成材外观质量应使用优等品，其外观质量要求应符合表23-83的规定。

集成材外观质量要求 表 23-83

| 缺陷种类 | | 计算方法 | 优等品 | 一等品 | 合格品 |
|---|---|---|---|---|---|
| 节子 | 活节 | 最大单个长径（mm） | 10 | 30 | 不限 |
| | 死节 | 最大单个长径（mm） | 不允许 | 2 | 5 |
| | | 每平方米板面个数 | | 2 | 3 |
| 腐朽 | | 不大于木材面积（%） | 不允许 | 3 | 15 |
| 裂纹 | | 最大单个长宽度（mm） | 不允许 | 50 | 100 |
| | | 最大单个宽度（mm） | | 0.3 | 2 |
| 虫眼 | | 最大单个长径（mm） | 不允许 | 2 | 5 |
| | | 每平方米板面个数 | | 修补完好允许 3 | 修补完好允许 5 |
| 髓心 | | 占材面宽度不大于 | 不允许 | 不允许 | 5% |
| 夹皮 | | 最大单个长度（mm） | 不允许 | 10 | 30 |
| | | 最大单个宽度（mm） | | 2 | 5 |
| | | 每平方米板面个数 | | 3 | 5 |
| 变色 | | 化学变色和真菌变色占材面面积（%）不大于 | 不允许 | 3 | 5 |
| 树脂道 | | 最大单个长度（mm） | 不允许 | 10 | 30 |
| | | 最大单个宽度（mm） | | 2 | 5 |
| | | 每平方米板面个数 | | 3 | 5 |
| 逆纹 | | 不大于材面面积（%） | 不允许 | 5 | 不限 |
| 边板 | | 不大于木条宽度 | 不允许 | 1/3 | 不限 |
| 指接缝隙 | | 最大宽度（mm） | 不允许 | 0.2 | 0.3 |
| | | 每平方米板面个数 | | 3 | 5 |
| 边角残损 | | 最大厚度（mm） | 不允许 | 2 | 2 |
| | | 最大宽度（mm） | | 3 | 3 |
| | | 最大长度（mm） | | 50 | 50 |
| | | 每平方米板面个数 | | 1 | 1 |

注：1. 产品分正面材面和背面材面，优等品背面的外观质量不低于一等品要求。

2. 贯通死节不许有；活节不许有开裂。

（4）木材修补规定

木材属天然材质允许有部分修补，下列缺陷允许修补，修补后应满足以下规定：

1）死节、虫眼直径小于 3mm，长度小于 35mm 允许用腻子修补，直径大于 3mm，长度大于 35mm 用同一树种材修补；

2）由加工引起的劈裂，宽度小于 3mm，深度小于 3mm，长度小于 8mm 裂缝允许用腻子填平，超过的裂缝用同一树种材修补；

3）树脂道外露，宽度小于 3mm，长度小于 10mm 树脂道外露，用同一树种材修补；

4）补块应使用同一树种木材，木材的纹理、颜色应与原材料接近，修补后的木材应接缝严密，胶接牢固。腻子修补应牢固、平整，颜色应与原木材接近。

#### 23.9.2.3　水性涂料

木材用水性涂料应符合《室内装饰装修用水性木器涂料》(GB/T 23999—2009) 的规定，面漆应符合C类漆要求，底漆应符合D类漆要求。漆膜厚度宜为80～120μm。

#### 23.9.2.4　玻璃

1) 根据工程设计及功能需要选用浮法玻璃、着色玻璃、镀膜玻璃、中空玻璃、真空玻璃、钢化玻璃、夹层玻璃、夹丝玻璃等。玻璃的品种、规格、尺寸、颜色，应符合设计要求。

2) 中空玻璃应采用双道密封，可使用加入干燥剂的金属间隔框，亦可使用塑性密封胶制成的含有干燥剂和波浪形铝带胶条。

#### 23.9.2.5　密封材料

1) 铝木复合门窗工程应使用中性耐候密封胶或聚氨酯密封胶。

2) 门窗用密封胶条应使用硫化橡胶类材料或热塑性弹性体类材料。密封毛条应使用加片型的防水硅化密封毛条。

#### 23.9.2.6　五金配件、紧固件

1) 门窗用五金配件应符合门窗功能设计要求，同时应满足反复启闭的耐久性要求，合页、滑撑、滑轮等五金件的选用应满足门窗承载力要求。

2) 五金配件、紧固件等采用黑色金属材料制作的产品，应采取热浸镀锌、电镀锌、黑色氧化等有效防腐处理；采用合金压铸材料、工程塑料等制作的产品，应能满足强度要求和耐久性能。活动五金件应便于维修和更换。

3) 连接卡件宜采用尼龙66或ABS等材料，固定卡连接件螺钉直径应不小于3.5mm。

### 23.9.3　铝木复合门窗安装要点

1. 铝木复合门窗安装工序

2. 铝木复合门窗安装要点

(1) 现场测量：对工程有关建筑结构尺寸和门窗洞口尺寸进行复核，重点检查洞口尺寸、洞口水平标高及洞口垂直度。

(2) 细化设计：对异形门窗安装前要先测量洞口，确认洞口是否符合土建图纸。如果洞口尺寸与土建图纸有出入，立即与土建施工队协调，进行细化设计。切忌盲目改制门窗，细化设计的内容主要为安装位置的弦长、弦高、弧长、角度等。

(3) 放样吊线：根据定位轴线，弹出门窗洞口中心线，从中线确定其洞口宽度。根据标高基准线，在洞口两侧弹出同一标高水平线。各洞口中心线从顶层到底层偏差应不超过±5mm，同一层楼水平标高误差应不超过±2.5mm。

(4) 安装门窗框：

1) 门窗框到达工地临时仓库后，根据图纸和编号将各种型号和规格的门窗框分类。

2) 在门窗框的装饰表面贴保护胶纸，以避免砂浆腐蚀型材表面。

3) 门窗框就位根据已弹好的安装线将门窗框放置在洞口的正确位置。调整正面和侧面垂直度、水平度和对角线合格后，用对拔楔临时固定。木楔应垫在边横框能受力的部位，以防止窗框挤压变形。

(5) 门窗框固定：采用自攻钉将窗框与副框固定。

窗框允许的安装偏差为：

相邻两根立柱固定端间距尺寸：±2mm；

垂直度：$H \leqslant 2$m 时　　2mm；

　　　　2m$<H\leqslant$5m 时　　5mm；

相邻三根立柱的表面平面度：<2mm；

水平度：$L \leqslant 2$m 时　　2mm；

　　　　$L>2$m 时　　3mm；

对角线长度：$L \leqslant 2$m 时　　3mm；

　　　　　　$L>2$m 时　　3.5mm。

(6) 门窗框边塞缝：窗框安装完毕后，对所有门窗框与洞口之间的防水塞缝处理，并严格按照有关建筑门窗施工规范进行。门窗框周边缝隙用发泡剂填充饱满。门窗框上如沾上砂浆或其他污染物，应立即用软布清洗干净。切忌用金属具刮洗，以防损坏型材表面。待完全干后，在填缝的室外侧打胶处理。

(7) 注防水及密封胶：待外墙抹灰干燥后，用胶枪将密封胶均匀地注入抹灰层与门窗框之间留好的槽内并根据胶的干稀程度适时用刮刀将胶缝刮平，然后立即撕去胶缝两侧的保护胶纸。在胶固化前，任何物体都不要与胶面接触。

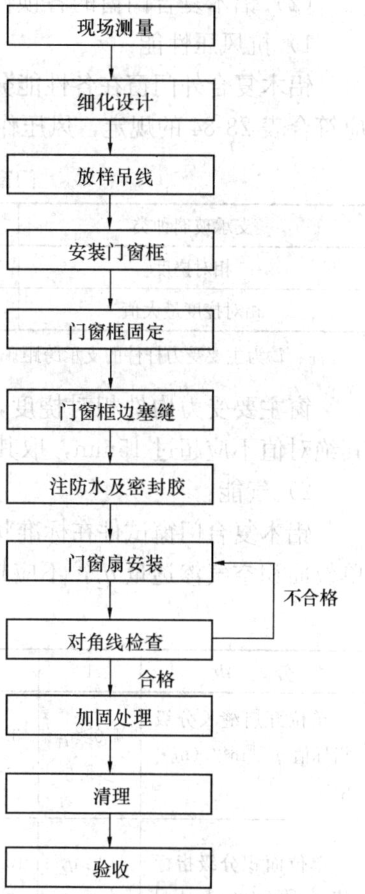

(8) 门窗扇安装：玻璃组件进入安装现场后，在摆放时底边要用约50mm厚的木板垫起，玻璃与地面的倾角不得大于75°。玻璃组件不得受到撞击。待外墙抹灰等工作完成以后，即可安装门窗扇、玻璃。安装玻璃前，应清除槽口内灰浆、杂物。玻璃嵌入框内后应立即用垫条临时固定，玻璃的四边嵌入框内均匀。

现场测量 → 细化设计 → 放样吊线 → 安装门窗框 → 门窗框固定 → 门窗框边塞缝 → 注防水及密封胶 → 门窗扇安装 → 对角线检查（不合格 → 门窗扇安装；合格 ↓）→ 加固处理 → 清理 → 验收

图 23-21　铝木复合门窗安装工序

(9) 对角线检查：利用钢卷尺等工具，对门窗扇的对角线进行拉线检查。检查门窗扇的方正情况、大小尺寸等，如不合格，则要求重新拼装门窗扇；如果符合要求，则可进入固定处理。

(10) 固定处理：采用尼龙66或ABS连接件螺钉固定合页、滑撑、滑轮等五金，将门窗扇固定于门窗框上，门窗扇应开关灵活、关闭严密、间隙均匀；附件应配套齐全、安装正确牢固、灵活适用。

(11) 清理及验收：当铝木复合门窗安装完毕后，用软布对门窗内外进行清理，在全面清理干净后，先进行自检。自检通过后，方可通知各相关方进行验收。

### 23.9.4　铝木复合门窗安装质量标准

1. 主控项目

(1) 铝木复合门窗用铝合金材料、木材、玻璃、五金配件等材料应符合相关现行国家标准、行业标准规定。

(2) 铝木复合门窗的各项性能要满足以下要求。

1) 抗风压性能:

铝木复合外门窗在各性能分级指标值风压作用下，主要受力杆件相对（面法线）挠度应符合表 23-84 的规定，风压作用后门窗不应出现使用功能障碍和损坏。

门窗主要受力杆件相对面法线挠度要求 表 23-84

| 支承玻璃种类 | 单层玻璃、夹层玻璃 | 中空玻璃 |
|---|---|---|
| 相对挠度 | $L/100$ | $L/150$ |
| 相对挠度最大值 | 20 | |

注：$L$ 为主要受力杆件的支承跨距。

窗主要受力构件相对挠度，单层、夹层玻璃挠度$\leqslant L/120$，中空玻璃挠度$\leqslant L/180$。其绝对值不应超过 15mm，取其较小值。

2) 气能:

铝木复合门窗试件在标准状态下，压力差为 10Pa 时的单位开启缝长空气渗透量 $q_1$ 和单位面积空气渗透量 $q_2$，不应超过表 23-85 中各分级指相应指标值。

门窗气密性能分级 表 23-85

| 分　级 | 1 | 2 | 3 | 4 | 5 | 6 | 7 | 8 |
|---|---|---|---|---|---|---|---|---|
| 单位开启缝长分级指标值 $q_1$ [m³/(m·h)] | $4.0\geqslant q_1>3.5$ | $3.5\geqslant q_1>3.0$ | $3.0\geqslant q_1>2.5$ | $2.5\geqslant q_1>2.0$ | $2.0\geqslant q_1>1.5$ | $1.5\geqslant q_1>1.0$ | $1.0\geqslant q_1>0.5$ | $q_1\leqslant 0.5$ |
| 单位面积分级指标值 $q_2$ [m³/(m²·h)] | $12\geqslant q_2>10.5$ | $10.5\geqslant q_2>9.0$ | $9\geqslant q_2>7.5$ | $7.5\geqslant q_2>6.0$ | $6.0\geqslant q_2>4.5$ | $4.5\geqslant q_2>3.0$ | $3.0\geqslant q_2>1.5$ | $q_2\leqslant 1.5$ |

注：门窗的气密性能指标即单位开启缝长或单位面积空气渗透量可分为正压和负压下测量的正值和负值。

3) 空气声隔声性能:

铝木复合门窗的空气声隔声性能及分级指标值，应符合表 23-86 的规定。

门窗的空气声隔声性能分级 表 23-86

| 分级 | 外门、外窗的分级指标值（dB） | 内门、内窗的分级指标值（dB） |
|---|---|---|
| 1 | $20\leqslant R_w+C_{tr}<35$ | $20\leqslant R_w+C<35$ |
| 2 | $25\leqslant R_w+C_{tr}<30$ | $25\leqslant R_w+C<30$ |
| 3 | $30\leqslant R_w+C_{tr}<35$ | $30\leqslant R_w+C<35$ |
| 4 | $35\leqslant R_w+C_{tr}<40$ | $35\leqslant R_w+C<40$ |
| 5 | $40\leqslant R_w+C_{tr}<45$ | $40\leqslant R_w+C<45$ |
| 6 | $R_w+C_{tr}\geqslant 45$ | $R_w+C\geqslant 45$ |

注：用于对建筑内机器、设备噪声源隔声的建筑内门窗，对中低频噪声宜用外门窗的指标值进行分级；对中高频噪声仍可采用内门窗的指标值进行分级。

4) 保温性能:

铝木复合门窗保温性能分级及指标值分别应符合表 23-87 的规定。

保温性能分级 表 23-87

| 分级 | 1 | 2 | 3 | 4 | 5 |
| --- | --- | --- | --- | --- | --- |
| 分级指标值（$W/m^2$） | $K \geqslant 5.0$ | $5.0 > K \geqslant 4.0$ | $4.0 > K \geqslant 3.5$ | $3.5 > K \geqslant 3.0$ | $3.0 > K \geqslant 2.5$ |
| 分级 | 6 | 7 | 8 | 9 | 10 |
| 分级指标值（$W/m^2$） | $2.5 > K \geqslant 2.0$ | $2.0 > K \geqslant 1.6$ | $1.6 > K \geqslant 1.3$ | $1.3 > K \geqslant 1.1$ | $K < 1.1$ |

(3) 铝木复合门窗框和扇的安装必须牢固。固定卡件的数量与位置应正确，连接方式应符合设计要求。

(4) 铝木复合门窗扇应开关灵活、关闭严密，无倒翘。推拉门窗扇必须有防脱落措施。

(5) 铝木复合门窗框与墙体间缝隙应采用发泡剂填充饱满，在填缝的室外侧打胶处理。

2. 一般项目

(1) 铝木复合门窗表面应洁净、平整、光滑，大面无划痕、碰伤。

(2) 铝木复合门窗扇的密封条不得脱槽。旋转窗间隙应基本均匀。

(3) 铝木复合门窗扇的开关力应符合下列规定：

1) 门窗应在不超过 50N 的启闭力作用下，能灵活开启和关闭。门反复启闭次数不应少于 10 万次，窗反复启闭次数不应少于 1 万次。

2) 带有自动关闭装置（闭门器、地弹簧）门、提升推拉门、折叠推拉窗、无提升力平衡装置提拉窗等，启闭力性能指标由供需双方协商确定。

(4) 密封胶应具有良好的耐候性，品种、规格、外观质量均符合国家现行的相关规范标准要求。

(5) 铝木复合门窗安装的允许偏差应符合表 23-88 的规定。

铝木复合门窗的安装允许偏差 表 23-88

| 项　　目 | 铝木复合门尺寸要求 | | 铝木复合窗尺寸要求 | |
| --- | --- | --- | --- | --- |
| | 尺寸范围（mm） | 允许偏差（mm） | 尺寸范围（mm） | 允许偏差（mm） |
| 框（扇）高度、宽度 | ≤2000 | ±1.5 | ≤2000 | ±1.5 |
| | ＞2000 | ±2.0 | ＞2000 | ±2.0 |
| 框槽口对边尺寸之差 | ≤2000 | ≤1.0 | ≤2000 | ≤1.0 |
| | ＞2000 | ≤1.5 | ＞2000 | ≤1.5 |
| 框（扇）对角线尺寸之差 | ≤3000 | ≤3.0 | ≤2000 | ≤2.5 |
| | ＞3000 | ≤4.0 | ＞2000 | ≤3.5 |
| 门窗框扇搭接宽度 | | ±1.5 | | ±1.0 |
| 框扇杆件接缝高低差 | | ≤0.2 | | ≤0.2 |
| 框扇杆件装配间隙（铝型材） | | ≤0.3 | | ≤0.3 |
| 框扇杆件装配间隙（木型材） | | ≤0.5 | | ≤0.5 |

# 23.10　门　窗　节　能

## 23.10.1　外门窗主要节能要求

（1）居住建筑外门窗传热系数、遮阳系数限值，见表23-89～表23-92。

严寒地区外门窗传热系数限值　　表23-89

| 项　目 | | 外门窗传热系数 $K$ [W/(m²·K)] | | |
|---|---|---|---|---|
| | | 严寒地区A区 | 严寒地区B区 | 严寒地区C区 |
| 外门 | 户门 | 1.5 | 1.5 | 1.5 |
| | 阳台门下部门芯板 | 1.0 | 1.0 | 1.0 |
| 外窗（含阳台门透明部分） | 窗墙面积比≤0.2 | 2.5 | 2.8 | 2.8 |
| | 0.2<窗墙面积比≤0.3 | 2.2 | 2.5 | 2.5 |
| | 0.3<窗墙面积比≤0.4 | 2.0 | 2.1 | 2.3 |
| | 0.4<窗墙面积比≤0.5 | 1.7 | 1.8 | 2.1 |

寒冷地区外门窗传热系数和遮阳系数限值　　表23-90

| 项　目 | | 外门窗传热系数 $K$ [W/(m²·K)] | | 遮阳系数（东西向/南北向） |
|---|---|---|---|---|
| | | 寒冷地区A区 | 寒冷地区B区 | |
| 外门 | 户门 | 2.0 | 2.0 | — |
| | 阳台门下部门芯板 | 1.7 | 1.7 | — |
| 外窗（含阳台门透明部分） | 窗墙面积比≤0.2 | 2.8 | 3.2 | — |
| | 0.2<窗墙面积比≤0.3 | 2.8 | 3.2 | — |
| | 0.3<窗墙面积比≤0.4 | 2.5 | 2.8 | 0.7/— |
| | 0.4<窗墙面积比≤0.5 | 2.0 | 2.5 | 0.6/— |

夏热冬冷地区不同朝向、不同窗墙面积比的外门窗传热系数限值　　表23-91

| 建　筑 | 窗墙面积比 | 传热系数 $K$ [W/(m²·K)] | 外窗综合遮阳系数 $SC_w$（东、西向/南向） |
|---|---|---|---|
| 体形系数≤0.40 | 窗墙面积比≤0.20 | 4.7 | —/— |
| | 0.20<窗墙面积比≤0.30 | 4.0 | —/— |
| | 0.30<窗墙面积比≤0.40 | 3.2 | 夏季≤0.40/夏季≤0.45 |
| | 0.40<窗墙面积比≤0.45 | 2.8 | 夏季≤0.35/夏季≤0.40 |
| | 0.45<窗墙面积比≤0.60 | 2.5 | 东、西、南向设置外遮阳<br>夏季≤0.25 冬季≥0.60 |

续表

| 建 筑 | 窗墙面积比 | 传热系数 $K$ [W/(m²·K)] | 外窗综合遮阳系数 $SC_w$（东、西向/南向） |
|---|---|---|---|
| 体形系数＞0.40 | 窗墙面积比≤0.20 | 4.0 | —/— |
| | 0.20＜窗墙面积比≤0.30 | 3.2 | —/— |
| | 0.30＜窗墙面积比≤0.40 | 2.8 | 夏季≤0.40/夏季≤0.45 |
| | 0.40＜窗墙面积比≤0.45 | 2.5 | 夏季≤0.35/夏季≤0.40 |
| | 0.45＜窗墙面积比≤0.60 | 2.3 | 东、西、南向设置外遮阳 夏季≤0.25 冬季≥0.60 |

注：表中的“东、西”代表从东或西偏北30°（含30°）至偏南60°（含60°）的范围；“南”代表从南偏东30°至偏西30°的范围。

**夏热冬暖地区北区外窗传热系数和综合遮阳系数限值　　表 23-92**

| 外 墙 | 外窗的综合遮阳系数 $S_w$ | 外门窗传热系数 $K$ [W/(m²·K)] | | | | |
|---|---|---|---|---|---|---|
| | | 平均窗墙面积比 $CM$≤0.25 | 平均窗墙面积比 0.25＜$CM$≤0.3 | 平均窗墙面积比 0.3＜$CM$≤0.35 | 平均窗墙面积比 0.35＜$CM$≤0.4 | 平均窗墙面积比 0.4＜$CM$≤0.45 |
| $K$≤2.0 $D$≥3.0 | 0.9 | ≤2.0 | — | — | — | — |
| | 0.8 | ≤2.5 | — | — | — | — |
| | 0.7 | ≤3.0 | ≤2.0 | ≤2.0 | — | — |
| | 0.6 | ≤3.0 | ≤2.5 | ≤2.5 | ≤2.0 | — |
| | 0.5 | ≤3.5 | ≤2.5 | ≤2.5 | ≤2.0 | ≤2.0 |
| | 0.4 | ≤3.5 | ≤3.0 | ≤3.0 | ≤2.5 | ≤2.5 |
| | 0.3 | ≤4.0 | ≤3.0 | ≤3.0 | ≤2.5 | ≤2.5 |
| | 0.2 | ≤4.0 | ≤3.5 | ≤3.0 | ≤3.0 | ≤3.0 |
| $K$≤1.5 $D$≥3.0 | 0.9 | ≤5.0 | ≤3.5 | ≤2.5 | — | — |
| | 0.8 | ≤5.5 | ≤4.0 | ≤3.0 | ≤2.0 | — |
| | 0.7 | ≤6.5 | ≤4.5 | ≤3.5 | ≤2.5 | ≤2.0 |
| | 0.6 | ≤6.5 | ≤5.0 | ≤4.0 | ≤3.0 | ≤3.0 |
| | 0.5 | ≤6.5 | ≤5.0 | ≤4.5 | ≤3.5 | ≤3.5 |
| | 0.4 | ≤6.5 | ≤5.5 | ≤4.5 | ≤4.0 | ≤3.5 |
| | 0.3 | ≤6.5 | ≤5.5 | ≤5.0 | ≤4.0 | ≤4.0 |
| | 0.2 | ≤6.5 | ≤6.0 | ≤5.0 | ≤4.0 | ≤4.0 |
| $K$≤1.0 $D$≥2.5 或 $K$≤0.7 | 0.9 | ≤6.5 | ≤6.5 | ≤4.0 | ≤2.5 | — |
| | 0.8 | ≤6.5 | ≤6.5 | ≤5.0 | ≤3.5 | ≤2.5 |
| | 0.7 | ≤6.5 | ≤6.5 | ≤5.5 | ≤4.5 | ≤3.5 |
| | 0.6 | ≤6.5 | ≤6.5 | ≤6.0 | ≤5.0 | ≤4.0 |
| | 0.5 | ≤6.5 | ≤6.5 | ≤6.5 | ≤5.0 | ≤4.5 |
| | 0.4 | ≤6.5 | ≤6.5 | ≤6.5 | ≤5.5 | ≤5.0 |
| | 0.3 | ≤6.5 | ≤6.5 | ≤6.5 | ≤5.5 | ≤5.0 |
| | 0.2 | ≤6.5 | ≤6.5 | ≤6.5 | ≤6.0 | ≤5.5 |

夏热冬暖地区南区居住建筑的节能设计对外窗的传热系数不作规定。

（2）居住建筑外窗气密性能要求，见表 23-93。

**居住建筑外窗气密性能要求　　表 23-93**

| 地区区属 | 气密性要求 | 相关标准 |
|---|---|---|
| 严寒、寒冷地区 | ≥4 级 | 《建筑外门窗气密、水密、抗风压性能分级及检测方法》(GB/T 7106—2008) |
| 夏热冬冷地区 1～6 层居住建筑的外窗及阳台门 | ≥3 级 | 《建筑外门窗气密、水密、抗风压性能分级及检测方法》(GB/T 7106—2008) |
| 夏热冬冷地区 7 层及 7 层以上居住建筑的外窗及阳台门 | ≥2 级 | 《建筑外门窗气密、水密、抗风压性能分级及检测方法》(GB/T 7106—2008) |
| 夏热冬暖地区 1～9 层居住建筑外窗及阳台门 | 在 10Pa 压差下，每小时每米缝隙的空气渗透量不应大于 2.5m³；每小时每平方米面积空气渗透量不应大于 7.5m³ | 《夏热冬暖地区居住建筑节能设计标准》(JGJ 75—2003) |
| 夏热冬暖地区 10 层及 10 层以上居住建筑外窗及阳台门 | 在 10Pa 压差下，每小时每米缝隙的空气渗透量不应大于 1.5m³；每小时每平方米面积空气渗透量不应大于 4.5m³ | 《夏热冬暖地区居住建筑节能设计标准》(JGJ 75—2003) |

（3）公共建筑门窗的传热系数、遮阳系数限值。见表 23-94～表 23-96。

**严寒地区外门窗传热系数限值　　表 23-94**

| 单一朝向外窗 | | 外门窗传热系数 K [W/(m²·K)] | |
|---|---|---|---|
| | | 体形系数≤0.3 | 0.3<体形系数≤0.4 |
| 严寒地区 A 区 | 窗墙面积比≤0.2 | ≤3.0 | ≤2.7 |
| | 0.2<窗墙面积比≤0.3 | ≤2.8 | ≤2.5 |
| | 0.3<窗墙面积比≤0.4 | ≤2.5 | ≤2.2 |
| | 0.4<窗墙面积比≤0.5 | ≤2.0 | ≤1.7 |
| | 0.5<窗墙面积比≤0.7 | ≤1.7 | ≤1.5 |
| | 屋顶透明部分 | ≤2.5 | |
| 严寒地区 B 区 | 窗墙面积比≤0.2 | ≤3.2 | ≤2.8 |
| | 0.2<窗墙面积比≤0.3 | ≤2.9 | ≤2.5 |
| | 0.3<窗墙面积比≤0.4 | ≤2.6 | ≤2.2 |
| | 0.4<窗墙面积比≤0.5 | ≤2.1 | ≤1.8 |
| | 0.5<窗墙面积比≤0.7 | ≤1.8 | ≤1.6 |
| | 屋顶透明部分 | ≤2.6 | |

**寒冷地区外门窗传热系数和遮阳系数限值** **表 23-95**

| 单一朝向外窗 | | 体形系数≤0.3 | | 0.3<体形系数≤0.4 | |
|---|---|---|---|---|---|
| | | 传热系数 $K$ [W/(m²·K)] | 遮阳系数 $SC$ (东、南、西向/北向) | 传热系数 $K$ [W/(m²·K)] | 遮阳系数 $SC$ (东、南、西向/北向) |
| 寒冷地区 | 窗墙面积比≤0.2 | ≤3.5 | — | ≤3.0 | — |
| | 0.2<窗墙面积比≤0.3 | ≤3.0 | — | ≤2.5 | — |
| | 0.3<窗墙面积比≤0.4 | ≤2.7 | ≤0.70/— | ≤2.3 | ≤0.70/— |
| | 0.4<窗墙面积比≤0.5 | ≤2.3 | ≤0.60/— | ≤2.0 | ≤0.60/— |
| | 0.5<窗墙面积比≤0.7 | ≤2.0 | ≤0.50/— | ≤1.8 | ≤0.50/— |
| | 屋顶透明部分 | ≤2.7 | ≤0.50 | ≤2.7 | ≤0.50 |

注：有外遮阳时，遮阳系数＝玻璃的遮阳系数×外遮阳的遮阳系数；

无外遮阳时，遮阳系数＝玻璃的遮阳系数。

**夏热冬冷、夏热冬暖地区外门窗传热系数和遮阳系数限值** **表 23-96**

| 单一朝向外窗 | | 传热系数 $K$ [W/(m²·K)] | 遮阳系数 $SC$ (东、南、西向/北向) |
|---|---|---|---|
| 夏热冬冷地区 | 窗墙面积比≤0.2 | ≤4.7 | — |
| | 0.2<窗墙面积比≤0.3 | ≤3.5 | ≤0.55/— |
| | 0.3<窗墙面积比≤0.4 | ≤3.0 | ≤0.50/0.60 |
| | 0.4<窗墙面积比≤0.5 | ≤2.8 | ≤0.45/0.55 |
| | 0.5<窗墙面积比≤0.7 | ≤2.5 | ≤0.40/0.50 |
| | 屋顶透明部分 | ≤3.0 | ≤0.40 |
| 夏热冬暖地区 | 窗墙面积比≤0.2 | ≤6.5 | — |
| | 0.2<窗墙面积比≤0.3 | ≤4.7 | ≤0.50/0.60 |
| | 0.3<窗墙面积比≤0.4 | ≤3.5 | ≤0.45/0.55 |
| | 0.4<窗墙面积比≤0.5 | ≤3.0 | ≤0.40/0.50 |
| | 0.5<窗墙面积比≤0.7 | ≤3.0 | ≤0.35/0.45 |
| | 屋顶透明部分 | ≤3.5 | ≤0.35 |

注：有外遮阳时，遮阳系数＝玻璃的遮阳系数×外遮阳的遮阳系数；

无外遮阳时，遮阳系数＝玻璃的遮阳系数。

(4) 公共建筑外窗的气密性不应低于《建筑外门窗气密、水密、抗风压性能分级及检测方法》(GB/T 7106—2008) 规定的 4 级。

(5) 外门窗气密性、保温性分级表，见表 23-97、表 23-98。

**建筑外门窗气密性能分级表** **表 23-97**

| 分级 | 1 | 2 | 3 | 4 | 5 | 6 | 7 | 8 |
|---|---|---|---|---|---|---|---|---|
| 单位缝长分级指标值 $q_1$/[m³/(m·h)] | $4.0 \geq q_1 > 3.5$ | $3.5 \geq q_1 > 3.0$ | $3.0 \geq q_1 > 2.5$ | $2.5 \geq q_1 > 2.0$ | $2.0 \geq q_1 > 1.5$ | $1.5 \geq q_1 > 1.0$ | $1.0 \geq q_1 > 0.5$ | $q_1 \leq 0.5$ |

续表

| 分级 | 1 | 2 | 3 | 4 | 5 | 6 | 7 | 8 |
|---|---|---|---|---|---|---|---|---|
| 单位面积分级指标值 $q_2$/[m³/(m²·h)] | 12≥$q_2$>10.5 | 10.5≥$q_2$>9.0 | 9.0≥$q_2$>7.5 | 7.5≥$q_2$>6.0 | 6.0≥$q_2$>4.5 | 4.5≥$q_2$>3.0 | 3.0≥$q_2$>1.5 | $q_2$≤1.5 |

外门、外窗传热系数分级［W/(m²·K)］ 表 23-98

| 分级 | 1 | 2 | 3 | 4 | 5 |
|---|---|---|---|---|---|
| 分级指标值 | K≥5.0 | 5.0>K≥4.0 | 4.0>K≥3.5 | 3.5>K≥3.0 | 3.0>K≥2.5 |
| 分级 | 6 | 7 | 8 | 9 | 10 |
| 分级指标值 | 2.5>K≥2.0 | 2.0>K≥1.6 | 1.6>K≥1.3 | 1.3>K≥1.1 | K<1.1 |

## 23.10.2 门窗节能性能指标参数

门窗的节能性能应按国家计量认证的质检机构提供的测定值采用；如无测定值，可按表 23-99～表 23-105 参考采用。

（1）铝合金节能门窗性能参数值，见表 23-99。

铝合金节能门窗性能参数值 表 23-99

| 门窗型号（项目） | | 玻璃配置（白玻） | 抗风压性能（kPa） | 水密性能 ΔP(Pa) | 气密性能 $q_1$ [m³/(m·h)] | 气密性能 $q_2$ [m³/(m²·h)] | 保温性能 K [W/(m²·K)] |
|---|---|---|---|---|---|---|---|
| A型 | 60 系列平开窗 | 5+9A+5 | ≥3.5 | ≥500 | ≤1.5 | ≤4.5 | 2.9～3.1 |
| | | 5+12A+5 | ≥3.5 | ≥500 | ≤1.5 | ≤4.5 | 2.7～2.8 |
| | | 5+12A+5 暖边 | ≥3.5 | ≥500 | ≤1.5 | ≤4.5 | 2.5～2.7 |
| | | 5+12A+5 Low-E | ≥3.5 | ≥500 | ≤1.5 | ≤4.5 | 1.9～2.1 |
| | | 5+12A+5+6A+5 | ≥3.5 | ≥500 | ≤1.5 | ≤4.5 | 2.2～2.4 |
| | 70 系列平开窗 | 5+12A+5 | ≥3.5 | ≥500 | ≤1.5 | ≤4.5 | 2.6～2.8 |
| | | 5+12A+5 暖边 | ≥3.5 | ≥500 | ≤1.5 | ≤4.5 | 2.4～2.6 |
| | | 5+12A+5 Low-E | ≥3.5 | ≥500 | ≤1.5 | ≤4.5 | 1.8～2.0 |
| | | 5+12A+5+6A+5 | ≥3.5 | ≥500 | ≤1.5 | ≤4.5 | 2.1～2.4 |
| | 90 系列推拉窗 | 5+12A+5 | ≥3.5 | ≥350 | ≤1.5 | ≤4.5 | <3.1 |
| | 60 系列平开门 | 5+12A+5 | ≥3.5 | ≥500 | ≤0.5 | ≤1.5 | <2.5 |
| | 60 系列折叠门 | 5+12A+5 | ≥3.5 | ≥500 | ≤0.5 | ≤1.5 | <2.5 |
| | 提升推拉门 | 5+12A+5 | ≥3.5 | ≥350 | ≤1.5 | ≤4.5 | <2.8 |
| B型 | EAHX50 平开窗 | 5+12A+5 | ≥3.5 | ≥350 | ≤1.5 | ≤4.5 | 2.7～2.8 |
| | EAHX55 平开窗 | 5+12A+5 | ≥3.5 | ≥350 | ≤1.5 | ≤4.5 | 2.7～2.8 |
| | EAHD55 平开窗 | 5+9A+5+9A+5 | ≥4 | ≥350 | ≤1.5 | ≤4.5 | 2.0 |
| | EAHX60 平开窗 | 5+12A+5 | ≥3.5 | ≥350 | ≤1.5 | ≤4.5 | 2.7～2.8 |
| | EAHD60 平开窗 | 5+9A+5+9A+5 | ≥4 | ≥350 | ≤1.5 | ≤4.5 | 2.0 |
| | EAHX65 平开窗 | 5+12A+5 | ≥3.5 | ≥350 | ≤1.5 | ≤4.5 | 2.7～2.8 |
| | EAHD65 平开窗 | 5+9A+5+9A+5 | ≥4 | ≥350 | ≤1.5 | ≤4.5 | 2.0 |
| | EAH70 平开窗 | 5+9A+5+9A+5 | ≥4 | ≥350 | ≤1.5 | ≤4.5 | 2.0 |

（2）塑料节能门窗性能参数值，见表 23-100。

**塑料节能门窗性能参数值　　表 23-100**

| 门窗型号 \ 项目 | | 玻璃配置（白玻） | 抗风压性能（kPa） | 水密性能 $\Delta P$(Pa) | 气密性能 $q_1$ [m$^3$/(m·h)] | 气密性能 $q_2$ [m$^3$/(m$^2$·h)] | 保温性能 $K$ [W/(m$^2$·K)] |
|---|---|---|---|---|---|---|---|
| C型 | 60 系列平开窗 | 4+12A+4 | 5.0 | 333 | 0.42 | 1.62 | 1.9 |
| | 60A 系列平开窗 | 4+12A+4 | 4.9 | 300 | 0.41 | 1.58 | 1.9 |
| | 66 系列平开窗 | 4+12A+4 | 4.9 | 300 | 0.41 | 1.58 | 1.9 |
| | 65 系列平开窗 | 4+12A+4 | 5.0 | 150 | 0.46 | 1.73 | 2.0 |
| | 68 系列平开窗 | 5+9A+5 | 4.8 | 333 | 0.22 | 0.80 | 2.1 |
| | 70A 系列平开窗 | 5+9A+4+9A+5 | 3.5 | 133 | 0.46 | 1.76 | 1.7 |
| | 80 系列推拉窗 | 4+12A+4 | 1.6 | 167 | 1.37 | 4.36 | 2.3 |
| | 88 系列推拉窗 | 4+12A+4 | 2.1 | 250 | 1.21 | 3.83 | 2.2 |
| | 88A 系列推拉窗 | 4+12A+4 | 2.1 | 250 | 1.21 | 3.83 | 2.2 |
| | 95 系列推拉窗 | 4+12A+4 | 2.9 | 250 | 1.74 | 5.44 | 2.1 |
| | 106 系列平开门 | 4+12A+4 | 3.5 | 100 | 1.05 | 3.28 | 2.1 |
| | 62 系列推拉门 | 4+12A+4 | 1.5 | 100 | 1.51 | 4.38 | 2.2 |
| D型 | 60 系列内平开窗 | 4+12A+4 | 3.6 | 300 | 0.40 | 0.90 | 1.9 |
| | 60 系列内平开窗 | 4+12A+4 | 3.6 | 300 | 0.40 | 0.90 | 1.9 |
| | 80 系列推拉窗 | 5+9A+5 | 3.2 | 250 | 1.00 | 3.10 | 2.2 |
| | 88 系列推拉窗 | 5+6A+5 | 3.2 | 250 | 1.00 | 3.10 | 2.3 |
| E型 | 60F 系列平开窗 | 4+12A+4 | 4.9 | 420 | 0.02 | 1.00 | 2.176 |
| | 60G 系列平开窗 | 4+12A+4 | 4.7 | 390 | 0.15 | 1.20 | 2.198 |
| | 60C 系列平开窗 | 4+12A+4+12A+4 | 5.0 | 450 | 0.64 | 1.26 | 1.769 |
| | 60C 系列平开窗 | 框 4+10A+4+10A+4<br>扇 4+12A+4+12A+4 | 3.0 | 250 | 0.60 | 1.00 | 1.893 |

（3）塑料节能门窗性能参数值，见表 23-101。

**塑料节能门窗性能参数值　　表 23-101**

| 门窗型号 \ 项目 | | 玻璃配置（白玻） | 抗风压性能（kPa） | 水密性能 $\Delta P$(Pa) | 气密性能 $q_1$ [m$^3$/(m·h)] | 气密性能 $q_2$ [m$^3$/(m$^2$·h)] | 保温性能 $K$ [W/(m$^2$·K)] |
|---|---|---|---|---|---|---|---|
| F型 | AD58 内平开窗 | 6Low-E+12A+5 | 4.0 | 500 | 0.5 | — | 1.8 |
| | AD58 外平开窗 | 6Low-E+12A+5 | 3.5 | 500 | 0.5 | — | 1.82 |
| | MD58 内平开窗 | 6Low-E+12A+5 | 4.5 | 700 | 0.5 | — | 1.73 |
| | AD60 彩色共挤内平开窗 | 6Low-E+12A+5 | 4.0 | 600 | 0.5 | — | 1.82 |
| | AD60 彩色共挤外平开窗 | 6Low-E+12A+5 | 3.5 | 600 | 0.5 | — | 1.82 |

续表

| 门窗型号 | | 玻璃配置（白玻） | 抗风压性能（kPa） | 水密性能 ΔP(Pa) | 气密性能 $q_1$ [m³/(m·h)] | 气密性能 $q_2$ [m³/(m²·h)] | 保温性能 K [W/(m²·K)] |
|---|---|---|---|---|---|---|---|
| F型 | MD60 塑铝内平开窗 | 6Low-E+12A+5 | 4.0 | 350 | 1.0 | — | 2.0 |
| | MD65 内平开窗 | 6Low-E+12A+5 | 4.0 | 600 | 0.5 | — | 1.70 |
| | MD70 内平开窗 | 6Low-E+12A+5 | 4.5 | 700 | 0.5 | — | 1.5 |
| | 美式手摇外开窗 | 5+12A+5 | 3.0 | 350 | 1.0 | — | 2.5 |
| | 上、下提拉窗 | 5+12A+5 | 3.5 | 350 | 1.0 | — | 2.5 |
| | 83 推拉窗 | 5+12A+5 | 4.5 | 350 | 1.0 | — | 2.5 |
| | 85 彩色共挤推拉窗 | 5+12A+5 | 3.5 | 350 | 1.0 | — | 2.5 |
| | 73 推拉门 | | 3.5 | 350 | 1.5 | — | 2.5 |
| | 90 推拉门 | | 4.0 | 350 | 1.5 | — | 2.5 |
| | 90 彩色共挤推拉门 | | 4.0 | 350 | 1.5 | — | 2.5 |

（4）玻璃钢节能门窗性能参数值，见表 23-102。

**玻璃钢节能门窗性能参数值** **表 23-102**

| 门窗型号 | | 玻璃配置（白玻） | 抗风压性能（kPa） | 水密性能 ΔP(Pa) | 气密性能 $q_1$ [m³/(m·h)] | 气密性能 $q_2$ [m³/(m²·h)] | 保温性能 K [W/(m²·K)] |
|---|---|---|---|---|---|---|---|
| G型 | 50 系列平开窗 | 4+9A+5 | 3.5 | 250 | 0.10 | 0.3 | 2.2 |
| | 58 系列平开窗 | 5+12A+5Low-E | 5.3 | 250 | 0.46 | 1.20 | 2.2 |
| | 58 系列平开窗 | 5+9A+4+6A+5 | 5.3 | 250 | 0.46 | 1.20 | 1.8 |
| | 58 系列平开窗 | 5Low-E+12A+4+9A+5 | 5.3 | 250 | 0.46 | 1.20 | 1.3 |
| | 58 系列平开窗 | 4+V(真空)+4+9A+5 | 5.3 | 250 | 0.46 | 1.20 | 1.0 |

（5）铝塑节能门窗性能参数值，见表 23-103。

**铝塑节能门窗性能参数值** **表 23-103**

| 门窗型号 | | 玻璃配置（白玻） | 抗风压性能（kPa） | 水密性能 ΔP(Pa) | 气密性能 $q_1$ [m³/(m·h)] | 气密性能 $q_2$ [m³/(m²·h)] | 保温性能 K [W/(m²·K)] |
|---|---|---|---|---|---|---|---|
| H型 | 60 系列平开窗 | 5+9A+5 | ≥4.5 | ≥350 | ≤1.5 | ≤4.5 | 2.7～2.9 |
| | | 5+12A+5Low-E | ≥4.5 | ≥350 | ≤1.5 | ≤4.5 | 2.3～2.6 |
| | | 5+12A+5Low-E | ≥4.5 | ≥350 | ≤1.5 | ≤4.5 | 1.8～2.0 |
| | | 5+12A+5+12A+5 | ≥4.5 | ≥350 | ≤1.5 | ≤4.5 | 1.6～1.9 |
| | | 5+12A+5+12A+5 Low-E | ≥4.5 | ≥350 | ≤1.5 | ≤4.5 | 1.2～1.5 |

(6)木包铝节能门窗性能参数值，见表23-104。

木包铝节能门窗性能参数值　　表23-104

| 门窗型号＼项目 | | 玻璃配置(白玻) | 抗风压性能(kPa) | 水密性能 $\Delta P$(Pa) | 气密性能 | | 保温性能 $K$ [W/(m²·K)] |
|---|---|---|---|---|---|---|---|
| | | | | | $q_1$ [m³/(m·h)] | $q_2$ [m³/(m²·h)] | |
| J型 | 60系列平开窗 | 5+12A+5 | 3.5 | ≥500 | ≤0.5 | — | 2.7 |

(7) 玻璃性能参数值，见表23-105。

建筑门窗所用玻璃的光学、热工性能主要包括玻璃中部的传热系数、遮阳系数、可见光透射比。建筑门窗的性能指标应与所采用玻璃的性能指标相对应。采用不同的玻璃时，应重新计算或测试门窗的热工性能指标。

玻璃性能参数值　　表23-105

| 玻璃种类 | 玻璃及膜代号 | 反射颜色 | 中空6+6A+6 | | | 中空6+9A+6 | | | 中空6+12A+6 | | |
|---|---|---|---|---|---|---|---|---|---|---|---|
| | | | 透光折减系数 $T_r$（%） | 传热系数 $K$ | 遮阳系数 $SC$ | 透光折减系数 $T_r$（%） | 传热系数 $K$ | 遮阳系数 $SC$ | 透光折减系数 $T_r$（%） | 传热系数 $K$ | 遮阳系数 $SC$ |
| 白玻 | | — | 80 | 3.15 | 0.87 | 80 | 2.87 | 0.87 | 80 | 2.73 | 0.87 |
| 绿玻 | | — | 67 | 3.15 | 0.54 | 67 | 2.87 | 0.54 | 67 | 2.73 | 0.53 |
| 热反射镀膜 | CCS108 | 蓝灰色 | 9 | 2.78 | 0.20 | 9 | 2.40 | 0.19 | 9 | 2.23 | 0.18 |
| | CSY120 | 灰色 | 17 | 2.96 | 0.29 | 17 | 2.63 | 0.28 | 17 | 2.47 | 0.28 |
| | CMG165 | 银灰色 | 59 | 3.15 | 0.71 | 59 | 2.87 | 0.71 | 59 | 2.73 | 0.71 |
| 单银Low-E | CBB12-48/TS | 银灰色 | 39 | 2.43 | 0.37 | 39 | 1.96 | 0.36 | 39 | 1.75 | 0.36 |
| | CBB14-50/TS | 浅灰色 | 47 | 2.54 | 0.42 | 47 | 2.10 | 0.42 | 47 | 1.90 | 0.41 |
| | CBB12-60/TS | 银灰色 | 53 | 2.45 | 0.45 | 53 | 1.98 | 0.44 | 53 | 1.78 | 0.44 |
| | CBB14-60/TS | 浅灰色(冷) | 53 | 2.50 | 0.47 | 53 | 2.04 | 0.46 | 53 | 1.84 | 0.46 |
| | CEB13-63/TS | 蓝色 | 54 | 2.52 | 0.51 | 54 | 2.08 | 0.51 | 54 | 1.88 | 0.50 |
| | CEF11-38/TS | 银灰色 | 36 | 2.43 | 0.31 | 36 | 1.96 | 0.30 | 36 | 1.75 | 0.29 |
| | CBF16-50/TS | 蓝灰色 | 42 | 2.46 | 0.37 | 42 | 1.99 | 0.36 | 42 | 1.79 | 0.36 |
| | CBF13-69/TS | 浅蓝色 | 60 | 2.46 | 0.50 | 60 | 1.99 | 0.49 | 60 | 1.79 | 0.49 |
| | CES11-70/TS | 无色 | 63 | 2.51 | 0.56 | 63 | 2.05 | 0.55 | 63 | 1.85 | 0.55 |
| | CES11-80/TS | 无色 | 69 | 2.50 | 0.59 | 69 | 2.04 | 0.58 | 69 | 1.84 | 0.58 |
| | CES11-85/TS | 无色 | 75 | 2.49 | 0.63 | 75 | 2.04 | 0.62 | 75 | 1.83 | 0.62 |
| 住宅Low-E | SuperSE-Ⅰ | 无色 | 77 | 2.50 | 0.68 | 77 | 2.05 | 0.68 | 77 | 1.85 | 0.68 |
| | SuperSE-Ⅲ | 灰色 | 57 | 2.42 | 0.47 | 57 | 1.95 | 0.47 | 57 | 1.83 | 0.46 |
| 双银Low-E | CBD13-58S/TS | 蓝灰色 | 52 | 2.40 | 0.37 | 52 | 1.91 | 0.37 | 52 | 1.71 | 0.36 |
| | CBD12-68S/TS | 无色 | 61 | 2.42 | 0.38 | 61 | 1.95 | 0.38 | 61 | 1.74 | 0.37 |
| | CBD12-78S/TS | 无色 | 69 | 2.44 | 0.47 | 69 | 1.96 | 0.46 | 69 | 1.78 | 0.46 |

## 23.10.3　门窗节能技术、措施

(1) 提高门窗气密性能。门窗的面板缝隙采取良好的密封措施，采用耐久的密封条密封或注密封胶密封。

(2) 提高建筑门窗的保温性能。宜采用中空玻璃。当需进一步提高保温性能时，可采用Low-E中空玻璃、充惰性气体的Low-E中空玻璃、两层或多层中空玻璃。

(3) 门窗型材、玻璃、密封胶、玻璃胶条、固定片、滑轮、填塞材料选用保温隔热、耐候性、耐久性、密封性、隔声性等性能良好的材料，选择合理的节点构造和施工工艺。采用隔热型材、隔热连接紧固件、隐框结构等措施，避免形成热桥。

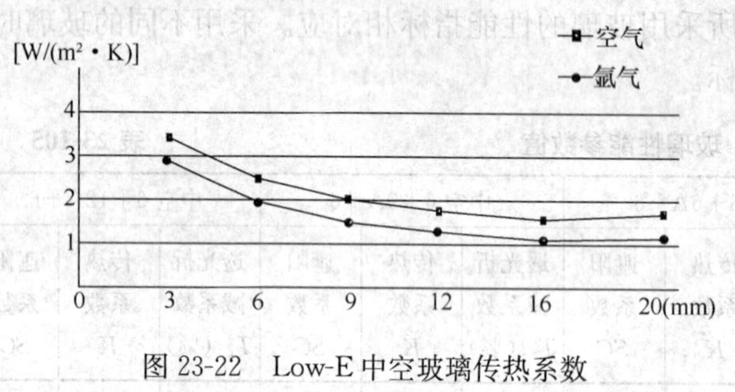


图 23-22　Low-E中空玻璃传热系数与气体间层厚度关系

(4) 开启扇采用双道或多道密封，并采用弹性好、耐久的密封条。推拉窗开启扇四周采用中间带胶片毛条或橡胶密封条密封。

(5) 采用中空玻璃时，中空玻璃气体间层的厚度不宜小于9mm，Low-E中空玻璃中部的传热系数与气体间层厚度的关系见图23-22。

(6) 门窗型材可采用木-金属复合型材、隔热铝合金型材、隔热钢型材、玻璃钢型材等。

(7) 提高建筑门窗的隔热性能，降低遮阳系数，采用吸热玻璃、镀膜玻璃（包括热反射镀膜、Low-E镀膜等）。进一步降低遮阳系数，可采用吸热中空玻璃、镀膜（包括热反射镀膜、Low-E镀膜等）中空玻璃等。

(8) 严寒、寒冷、夏热冬冷地区，门窗周边与墙体或其他围护结构连接处采用弹性结构，防潮型保温材料填塞，缝隙采用密封剂或密封胶密封。

(9) 建筑外窗遮阳合理采用建筑外遮阳和特殊的玻璃系统相配合，建筑设计结合外廊、阳台、挑檐等进行建筑遮阳，门窗采用花格、外挡板、外百叶、外卷帘、玻璃内百叶等，构成遮阳一体化的门窗遮阳系统。

(10) 夏热冬暖地区、夏热冬冷地区的建筑及寒冷地区制冷负荷大的建筑，外窗设置外部遮阳。

(11) 严寒地区居住建筑、寒冷地区和夏热冬冷地区北向卧室、起居室不应设置凸窗。其他地区或其他朝向居住建筑不宜设置凸窗。凸窗的传热系数比相应的平窗降低10%，其不透明的顶部、底部和侧面的传热系数不大于外墙的传热系数。

## 23.10.4　外门窗节能质量验收

1. 门窗材料复检项目

(1) 严寒、寒冷地区：气密性、传热系数和中空玻璃露点；

(2) 夏热冬冷地区：气密性、传热系数，玻璃遮阳系数、可见光透射比、中空玻璃露点；

(3) 夏热冬暖地区：气密性，玻璃遮阳系数、可见光透射比、中空玻璃露点。

2. 外窗气密性现场实体检测

外窗气密性现场实体检测结果应符合设计要求，其抽样数量不应低于《建筑节能工程施工质量验收规范》（GB 50411—2007）的要求：每个单位工程的外窗至少抽查3樘。当一个单位工程外窗有2种以上品种、类型和开启方式时，每种品种、类型和开启方式的外窗均应抽查不少于3樘。

检验出现不符合设计要求和标准规定的情况时，应委托有资质的检测机构扩大一倍数量抽样，对不符合要求的项目或参数再次检验。仍然不符合要求时应给出“不符合设计要求”的结论。对于不符合设计要求和国家现行标准规定的建筑外窗气密性，应查找原因进行修理，使其达到要求后重新进行检测，合格后方可通过验收。

# 23.11 门窗绿色施工

## 23.11.1 环境保护

1. 噪声与振动控制

（1）现场噪声排放不得超过国家标准《建筑施工场界噪声排放标准》（GB 12523—2011）的规定。

（2）使用低噪声、低振动的机具，采取隔声与隔振措施，避免或减少施工噪声和振动。

2. 光污染控制

（1）尽量避免或减少施工过程中的光污染。夜间室外照明灯加设灯罩，透光方向集中在施工范围。

（2）金属门窗安装应尽量避免在夜间进行焊接作业；如不可避免，应采取遮挡措施，避免电焊弧光外泄。

3. 施工垃圾污染控制

（1）结构施工中应对门窗洞口模板体系采取适当加强措施，避免预留洞口尺寸偏差过大，造成过后剔凿处理。

（2）油漆、密封胶使用时应采取隔离措施，避免污染、遗洒，废弃物应回收后交有资质的单位处理，不能作为建筑垃圾外运或填埋，避免污染土壤和地下水。

（3）门窗油漆时，应注意保持室内通风，防止室内空气中的甲醛含量超标。

（4）门窗成品保护膜统一回收处理。

## 23.11.2 节材与材料资源利用

（1）根据施工、库存情况合理安排门窗材料采购、进场时间和每次进场数量，减少库存积压。

（2）门窗、玻璃等板材在工厂采购或定制，减少材料浪费和现场垃圾。

（3）订制门窗施工前应复核门窗尺寸，最大限度避免废料的数量。

（4）门窗运输应选择合适的运输工具，并采取适宜包装，防止装卸和运输过程中损坏。

（5）现场门窗成品堆放有序，存储环境适宜，防止因日晒、雨淋、受潮、受冻、高温等环境因素造成损坏；健全物资保管制度，落实保管责任人。

（6）玻璃裁割成型后应分类堆放，不应搁置和倚靠在可能损伤玻璃边缘和玻璃面的物体上，且应防止玻璃被风吹倒。

（7）油漆及密封胶随用随开启，不用时及时封闭，防止变质，造成浪费。

（8）提高现场制作人员的操作水平，根据窗框尺寸精确进行窗扇的下料和制作，使框、扇尺寸配合良好。

（9）安装玻璃时，避免与太多工种交叉作业，以免在安装时各种物体与玻璃碰撞，造成损坏。

# 网上增值服务说明

为了给广大建筑施工技术和管理人员提供优质、持续的服务，我社针对本书提供网上免费增值服务。

增值服务的内容主要包括：

（1）标准规范更新信息以及手册中相应内容的更新；

（2）新工艺、新工法、新材料、新设备等内容的介绍；

（3）施工技术、质量、安全、管理等方面的案例；

（4）施工类相关图书的简介；

（5）读者反馈及问题解答等。

增值服务内容原则上每半年更新一次，每次提供以上一项或几项内容，其中标准规范更新情况、读者反馈及问题解答等内容我社将适时、不定期进行更新，请读者通过网上增值服务标验证后及时注册相应联系方式（电子邮箱、手机等），以方便我们及时通知增值服务内容的更新信息。

**使用方法如下：**

1. 请读者登录我社网站（www. cabp. com. cn）“图书网上增值服务”板块，或直接登录（http：//www. cabp. com. cn/zzfw. jsp），点击进入“建筑施工手册（第五版）网上增值服务平台”。

2. 刮开封底的网上增值服务标，根据网上增值服务标上的 ID 及 SN 号，上网通过验证后享受增值服务。

3. 如果输入 ID 及 SN 号后无法通过验证，请及时与我社联系：

E-mail：sgsc5@cabp. com. cn

联系电话：4008-188-688；010-58337206（周一至周五工作时间）

如封底没有网上增值服务标，即为盗版书，欢迎举报监督，一经查实，必有重奖！

为充分保护购买正版图书读者的权益，更好地打击盗版，本书网上增值服务内容只提供在线阅读，不限定阅读次数。

防盗版举报电话：010-58337026

网上增值服务如有不完善之处，敬请广大读者谅解并欢迎提出宝贵意见和建议（联系邮箱：sgsc5@cabp. com. cn），谢谢！